http://www.ssec.com.cn

SINOPEC Shanghai Engineering Company Limited

多年来，上海工程公司保持与壳牌（Shell）、英国石油（BP）、埃克森美孚（Exxon Mobil）、巴斯夫（BASF）、拜尔（Bayer）、道化学（Dow Chemical）、诺华（Novatis）、施贵宝、辉瑞、杨森、葛兰素等国际石油化工、医药行业巨头合作，并提供工程设计和项目管理服务；与Bachtel、Fluor、Toyo、Chiyoda、Technip、JGC、Lugi、Amec、CTCI、Lummus、FW、TR、Aker等国际著名工程公司建立了紧密合作关系，共同承担过一系列国内外重大工程项目，赢得了良好的赞誉和知名度。

秉承历史的辉煌，上海工程公司将一如既往地以优良的工程品质服务于国内外各界，携手共创灿烂的明天。

董事长、总经理：吴德荣
公司地址：上海市浦东新区张杨路769号
电话总机：021－58366600　　邮　编：200120
网　　址：www.ssec.com.cn　E-mail：ssec@ssec.com.cn

■高温油泵(≤450℃)

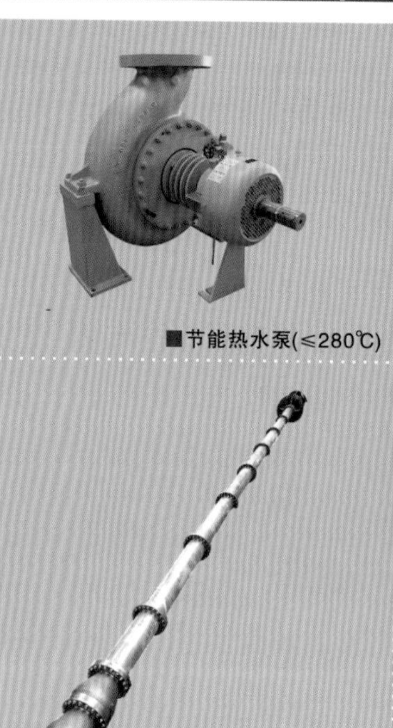

■节能热水泵(≤280℃)

■长18米高温熔盐泵(≤600℃)

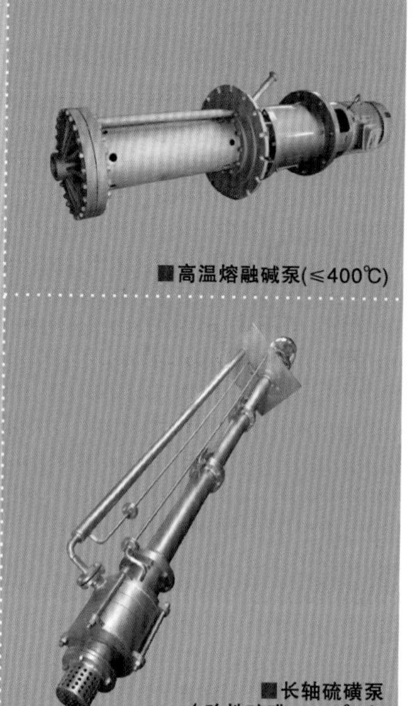

■高温熔融碱泵(≤400℃)

■长轴硫磺泵
(改性硫磺≤450℃)

BB2径向剖分导热油泵

BB5双壳体高压给水泵

BB3水平中开多级泵

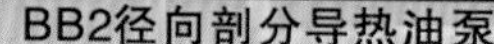

《化工工艺设计手册》第五版

编委会名单

编写及校审人员名单

篇、章	名称	编写人员	校审人员
第 1 篇	**工厂设计**		
第 1 章	典型的化工企业构成	吴德荣　何勤伟	王江义
第 2 章	化工设计的主要内容和过程	王江义　李真泽	吴德荣
第 3 章	工厂和装置的物料、能量和公用工程平衡	王玉枫	陈明辉
第 4 章	厂址选择和工厂布置	蔡　炜	王江义
第 5 章	工程经济	周　燕　李纤曙 黄　琦　施大伟	施大伟
第 6 章	环境保护	何小娟	沈　江　王　玲
第 7 章	劳动安全卫生	何　琨　贾　徽	王江义
第 8 章	工程设计项目专篇编制规定	陈为群　沈江涛	王江义
第 9 章	工程设计常用安全卫生标准规范和有关资料	陈为群　沈江涛	王江义
第 2 篇	**化工工艺流程设计**		
第 10 章	过程工程和化工工艺设计	堵祖荫　何　琨	吴德荣
第 11 章	化工过程技术开发和化工工艺流程设计	堵祖荫　李　勇	王江义
第 12 章	化工装置工艺节能技术和综合能耗计算	堵祖荫　王　俭	李真泽
第 13 章	物化数据	吕世军　丁智翔	王江义
第 3 篇	**化工单元工艺设计**		
第 14 章	反应器	吴德荣　王玉枫	陈明辉　吴德荣
第 15 章	发酵	石荣华　丁伟军	杨丽敏
第 16 章	液体搅拌	虞　军　秦叔经	石荣华　蒋　国
第 17 章	蒸馏和吸收	陈　迎　许慎艳	李真泽
第 18 章	液液萃取	陈　迎	张　斌
第 19 章	吸附及变压吸附	陈愈安	杨建平
第 20 章	膜分离设备	石荣华　丁伟军	王　玲
第 21 章	离心机和过滤机	陈　伟　王　刚	蒋　国

章节	名称	编写	审校
第 22 章	换热器	王　俭	华　峰
第 23 章	容器	申国勤	王玉枫
第 24 章	储罐	戴　杰　刘文光	汪建羽
第 25 章	工业炉	王祖真	汪　扬
第 26 章	干燥器	缪　晡	石荣华
第 27 章	泵	陈　伟　谷　峰 周景芝	蒋　国
第 28 章	压缩和膨胀机械	陈　伟　张　红 谷　峰　王　刚 周景芝　宋黎明	华　峰　蒋　国
第 29 章	固体物料输送和储存	赵凯烽　许　燕 严　琦　童志阳	李　勇
第 4 篇　化工系统设计			
第 30 章	管道及仪表流程图设计	薛宏庆	华　峰
第 31 章	管道及仪表流程图基本单元典型设计	叶　海	华　峰
第 32 章	公用工程分配系统和辅助系统设计	张　红	华　峰
第 33 章	管道流体力学计算	薛宏庆	华　峰
第 34 章	安全泄放设施的工艺设计	曾颖群	李真泽
第 35 章	火炬系统设计	张　艺	印立峰
第 36 章	典型管道配件的工艺设计	曾颖群	陈明辉
第 5 篇　配管设计			
第 37 章	装置(车间)布置设计	刘文光　陈芩晔	汪建羽
第 38 章	管道布置和设计	汪建羽	刘文光
第 39 章	金属管道和管件	凌元嘉	汪建羽　吴寿勇
第 40 章	非金属管道和管件	吴寿勇	汪建羽
第 41 章	管道应力分析设计	方　立	汪建羽
第 42 章	设备及管道的绝热、伴热、防腐和标识	周新南	汪建羽
第 6 篇　相关专业设计和设备选型			
第 43 章	自动控制	李　冰　俞旭波 陈　新	华　峰　李　冰
第 44 章	电气设计	姚益民　陈志平	马　坚　张卫杰
第 45 章	电信设计	唐晓方　姚益民	马　坚　陈志平
第 46 章	给排水设计	陈宇奇　胡　金	吴丽光
第 47 章	热力设计	马　辉	郭　琦
第 48 章	设备设计和常用设备系列	沈江涛　杨　芳	黄正林
第 49 章	供暖通风和空气调节	杨一心　周　渊 项志鋐　陈金元	杨一心
第 50 章	分析化验楼设计和仪器设备	何　琨	陈为群
第 51 章	科学实验建筑	高志刚　程　华	杨丽敏　陈芩晔
第 52 章	制剂生产常用设备	杨　军　柴　健	陈芩晔　杨丽敏
第 53 章	天然药物生产装备	赵肖兵	缪　晡
封面设计		戴晓辛	

"十三五" 国家重点出版物出版规划项目

CHEMICAL PROCESS DESIGN HANDBOOK

中石化上海工程有限公司 编

化工工艺设计手册

第五版 上册

化学工业出版社

·北京·

《化工工艺设计手册》(第五版) 分上、下两册出版，共含6篇53章。上册包括工厂设计、化工工艺流程设计、化工单元工艺设计3篇；下册包括化工系统设计、配管设计、相关专业设计和设备选型3篇。《化工工艺设计手册》(第五版) 在保持原有内容框架的基础上，在化工工艺设计内容的系统性、完整性上实现了跃升，以化工工艺流程设计、设备工艺设计、工艺系统设计的三大基本程序为核心，形成了化工企业工艺设计内容的完整序列。本次修订反映了第四版出版以来化工工艺设计技术和方法上的新进展，除新增化工工艺流程设计一篇外，其他各篇在专业内容和设计现代化方面都进行了充实，内容更为翔实和丰富。

本手册可供化工、石油化工、医药、轻工等行业从事工艺设计的工程技术人员使用，也可供其他行业和有关院校的师生参考。

图书在版编目 (CIP) 数据

化工工艺设计手册. 上册/中石化上海工程有限公司编. —5版. —北京：化学工业出版社，2018.1 (2025.1重印)
ISBN 978-7-122-30906-8

Ⅰ.①化… Ⅱ.①中… Ⅲ.①化工过程-工艺设计-手册 Ⅳ.①TQ02-62

中国版本图书馆CIP数据核字 (2017) 第266835号

责任编辑：周国庆　辛　田　　　　文字编辑：冯国庆
责任校对：边　涛　　　　　　　　装帧设计：张　辉

出版发行：化学工业出版社 (北京市东城区青年湖南街13号　邮政编码100011)
印　　装：中煤 (北京) 印务有限公司
787mm×1092mm　1/16　印张91¼　字数3360千字　2025年1月北京第5版第6次印刷

购书咨询：010-64518888　　　　售后服务：010-64518899
网　　址：http://www.cip.com.cn
凡购买本书，如有缺损质量问题，本社销售中心负责调换。

定　　价：288.00元

京化广临字2018——7

前言

一部优秀的工具书，能成为工程师们的良师益友。

这是我们编撰《化工工艺设计手册》的初衷，也是我们持续升版的动力。

《化工工艺设计手册》由中石化上海工程有限公司（原上海医药工业设计院）倾力打造，凝结了公司几代资深技术专家和设计大师们几十年从事化工、石油化工、医药工程等领域技术开发、工程咨询、工程设计、工程总承包、工程管理的智慧结晶和技术积淀，自1986年首次出版以来，广受化工工艺设计人员欢迎，已成为化工工艺设计人员的必备手册，成为行业内颇具影响力的大型化工工艺设计工具书。手册第四版荣获中国石油和化学工业联合会“科技进步二等奖”及中国石油和化学工业“优秀出版物奖（图书类）一等奖”。

本次修订主要反映第四版出版以来化工工艺设计技术和方法上的新进展，并以持续提升、精益求精的理念对第四版内容进行修订、补充和完善，延续手册“精品图书”的一贯风格，努力把手册推向新的高度。值得欣喜的是，手册第五版入选国家新闻出版广电总局《“十三五”国家重点出版物出版规划项目》，成为手册一个新的起点。

我国经济发展进入新常态，供给侧结构性改革不断深化，工程公司面临市场激烈竞争的新形势和环保绿色高附加值发展模式的新要求，创新开发提升工程公司的核心竞争力比以往更为重要，尤为迫切。为此，本次修订增设了化工工艺流程设计一篇，从过程工程着手，阐明化工工艺设计主要程序和内容，并具体说明化工过程技术开发和化工工艺流程设计的内容、程序和方法，以及化工装置工艺节能技术和综合能耗的计算。

本次修订在化工工艺设计内容的系统性、完整性上实现了跃升，形成了工厂设计、化工工艺流程设计、化工单元工艺设计、化工系统设计、配管设计、相关专业设计和设备选型六大篇，并以工艺设计的化工工艺流程设计、设备工艺设计、工艺系统设计的三大基本程序为核心，形成了化工企业工艺设计内容的完整序列。

在修订过程中，充分吸收了中石化上海工程有限公司近年来工程业务成果和丰富实践经验，除新增化工工艺流程设计一篇外，其他各篇在专业内容和设计现代化方面都进行了充实，从原来的37章增加至现在的53章，内容更为翔实和丰富。

衷心感谢广大专家和读者给予我们的支持和对本手册的厚爱，同时也期待广大专家和读者继续提供宝贵意见，以便我们不断改进和完善。

吴德荣

目录

第1篇　工厂设计

第9章 工程设计常用安全卫生标准规范和有关资料 …… 220

第2篇 化工工艺流程设计

第3篇 化工单元工艺设计

第1篇

工厂设计

第1章 典型的化工企业构成

1 化工企业的常规构成

1.1 化工企业的组织机构

不同化工企业生产的产品可能各不相同，生产规模、工艺流程等方面也都可能存在悬殊差别，但大多分为管理和生产两大部门。其中生产部门是最为关键的部门，集中了企业绝大多数的员工和最主要的资源。化工企业中的生产部门一般包括主生产车间、公用工程设施和辅助设施等部分。其中主生产车间是核心，其所管理的生产装置技术水平的高低往往决定了一个企业是否具有竞争力。生产车间内一般包括一套或数套关联密切的工艺生产装置，根据企业规模的不同及所属行业的不同，工艺生产车间的数目和规模会有很大差别。例如规模大、涉及产业链长的大型石化企业，可能拥有几十套大型生产装置，而一些中、小化工企业可能仅拥有一套工艺生产装置。

化工企业一般都会根据工艺生产装置的需要和区域配套条件设立一些公用工程设施与辅助生产设施，如供水、供电、供热、供风、通信和“三废”处理设施，以及化验室、检（维）修车间、仓库、消防设施等。

1.2 化工企业的基本工程组成

化工企业的基本工程组成可用表 1-1 来表示。由该表可见，化工企业除了需要建设各种工艺生产装置外，还需要建设各项公用工程、辅助生产设施和厂外系统设施。由于不同生产装置的需求不同，企业所在区域的自然条件和配套条件不同，不同企业配套所需公用工程、辅助生产设施和厂外系统设施的内容及规模也往往会有较大差别。

表 1-1 化工企业的基本工程组成

序号	工程名称	备注
1.0	工艺装置	
1.1	A产品装置	
1.2	B产品装置	
1.3	C产品装置	
2.0	总图及储运	
2.1	总图	包括全厂总图、全厂竖向、围墙、大门及护栏、运输车辆、挡土墙、绿化、道路等
2.2	储运系统	包括罐区、装卸站等运输设施
2.3	厂内管线	
2.4	火炬	
3.0	公用工程	
3.1	给排水	包括给排水管网、循环水场、消防泵站、泡沫站、污水提升泵站、雨水提升泵站、紧急事故废水储存池、污水处理场等
3.2	热力	包括锅炉、化学水处理、凝结水站等
3.3	电气	包括变(配)电站、全厂供电系统、全厂照明系统、全厂继电保护系统等
3.4	电信	包括电信设施、电信线路、火灾自动报警系统等
3.5	空分、空压	包括提供氮、氧的空分设施和提供压缩空气的空压设施及仪表空气净化设施
4.0	辅助生产设施	
4.1	中央控制室	
4.2	中央化验室	
4.3	全厂信息化系统	
4.4	仓库	包括产品(包装)仓库、化学品及危险品仓库、综合仓库、危险废物临时仓库等
4.5	检(维)修中心	
4.6	消防/气防站	
4.7	其他辅助生产设施	包括办公楼、综合楼、倒班宿舍、食堂、汽车库、职工浴室等
5.0	厂外系统	
5.1	厂外、厂际管线	
5.2	厂外道路	
5.3	厂外供电系统	
5.4	厂外电信系统	
5.5	码头	

2 化工企业建设的园区化

近年来，为推动我国化工产业的持续、健康发展，国家相继出台了一系列政策，明确并强调中国化工产业要走“园区化”的发展道路。如工信部在石油化工行业“十二五”规划中提出“化工企业要园区化聚集，新建危险化学品生产企业必须设置在化工园区内，对不在规划区域内的危险化学品生产储存企业制订‘关、停、并、转（迁）’计划，推动重大危险源过多或分散、安全距离不足、安全风险高以及在城市主城区、居民集中区、饮水源区、江河水资源保护地、生态保护区、风景名胜区等环境敏感区域内的危险化学品生产企业搬迁进入化工园区。”

2.1 化工园区的基本构成条件

在中国，化工园区通常是由某级政府机构或组织统一规划开发，拥有特定土地区域范围，以石化、化工产业为发展方向，具有如下特征的产业集聚区。

① 具备成熟的产业链。

② 具备完善的功能配套体系：一般由专业公司为化工园区内的企业提供配套的水、电、汽、风、储运等公用工程。

③ 具备完善的环保体系：一般由专业公司负责对化工园区内产生的废水、固体废物等进行集中处理。

④ 具备完善的安全体系：形成了完善的应急机制，建有事故应急处理公司和响应中心，将消防及安监整合到管理中。

2.2 化工园区的主要优势

对化工企业来说，将企业集中建在化工园区中的主要优势如下。

(1) 节省原料运输成本

处于产业链上下游的化工企业建在同一园区内，上游企业的产品可就近送往下游企业作为原料，可有效节省原料运输成本。对大型企业来说，节省的原料运输成本将十分可观。

(2) 减少建设投资、加快建设进度

化工园区内的企业可共享由专业公司提供配套的水、电、汽、风、储运等公用工程设施的服务，企业不需要单独建设所需的公用工程，可以更聚焦于核心工艺生产装置的建设，从而减轻项目投资压力，加快项目建设进度。由具有专业经验的公司负责水、电、汽、风、储运等公用工程设施的建设和运行，也使化工园区内的企业有机会以优惠的价格获得有关公用工程的使用权，从而降低企业的生产成本。

(3) 降低企业处理“废物”的压力

化工园区内由专业公司负责废水、固体废物等治理设施的建设和运行，企业不需要单独建设所需的废物治理设施（或仅需要建设部分废物治理设施），不仅能加快项目建设进度，同时更能保证企业排出的废物得到全面、可靠的治理。

(4) 提高企业运行的安全系数

化工园区内由于统一设置了事故应急响应中心和事故应急处理设施，包括消防站、事故水池等，将消防、安监等各方面力量充分整合于化工园区安全管理之中，能大大提高化工园区内化工企业运行的安全系数。

一方面政府部门在强力推进；另一方面企业入驻化工园区后能享受到产业链集聚的优势，享受到化工园区内配套公用工程、废物治理设施及消防和安监设施提供的便捷服务，从而获得坚实的发展基础和切实的经济效益，双方相向而行，使得中国化工产业的园区化发展成为一种必然的趋势。

2.3 生态工业园

自20世纪80年代以来，工业生态学和循环经济的理念开始为人们所接受。工业生态学理论把工业生产视为一种类似于自然生态系统的封闭体系，其中一个单元产生的“废物”或副产品是另一个单元的“营养物”和投入原料。这样，区域内彼此靠近的工业企业就可以形成一个相互依存、类似于生态食物链过程的“工业生态系统”。循环经济理论则以物质、能量的梯次和闭路循环使用为特征，强调以“资源→产品→再生资源”为主的物质流动经济模式替代传统工业经济高强度地开采和消耗资源、高强度地破坏生态环境的物质单向流动模式，即“资源→产品→废物”模式，使环境保护和经济增长实现有机结合。

在传统工业园区具有的集聚效应基础上，综合运用工业生态学和循环经济理论打造的工业园区可冠之为生态工业园。建设生态工业园的目的，就是要使参与企业的环境影响达到最小化，同时提高其经济效益，使企业的经济增长建立在环境保护的基础上，充分体现人与自然和谐相处的思想。目前许多国家都在进行生态工业园的规划建设，在已建的生态工业园中，以丹麦卡伦堡生态工业园最具代表性，而广西贵港国家生态工业（制糖）示范区则是中国的第一个生态工业园。作为化工园区升级版的生态工业园无疑将成为21世纪经济可持续发展的一种重要模式。

第2章 化工设计的主要内容和过程

1 化工设计主要过程概述

典型的石油化工工程建设项目一般包括项目前期、工程设计、设备材料采购、施工建设、投料试车等阶段。

对于工程建设项目所需的工艺技术，应在项目可行性研究报告批准前完成技术比选工作，并在工程设计开展前，以工艺设计包的书面形式固定下来，作为工程设计的输入。

工程公司在各阶段的工作内容简介如下。

(1) 项目前期（工程研究阶段）

① 项目预可行性研究　着重研究项目建设的必要性、与国家产业政策的符合性及主要建设条件是否具备，并在初步调研工艺技术来源的基础上，进行工艺技术方案的初步比选，确定工程技术方案的初步规划，估算项目建设的投资与经济效益，提出项目预可行性研究报告（或项目建议书）。

② 项目可行性研究　项目预可行性研究报告（或项目建议书）得到企业主管部门批准后，以项目预可行性研究报告（或项目建议书）及其批准文件为依据，开展项目可行性研究工作，着重研究项目建设的技术可行性与经济可行性，包括：a. 进行充分的市场调研与分析，预测市场的走向，明确产品的目标市场；b. 在工艺技术询比价的基础上，进行工艺技术方案的比选，明确工程技术方案，估算项目所需资源的配置与消耗，估算项目建设的投资与技术经济效益；c. 分析项目的风险及其对国民经济、社会的影响；d. 提出项目可行性研究报告。

③ 编制项目申请报告　对于列入需要国家或省级地方政府核准备案项目目录的建设项目，还应按国家与省级地方政府的有关规定，编制项目申请报告，着重阐明项目建设与国家及地方产业政策的符合性、对自然资源与环境的影响、对国民经济与社会的影响。

④ 工艺技术询价　对于采用现有工艺技术的建设项目，编制工艺技术（包括工艺技术及其许可、工艺设计包）询价文件，并积极参与工艺技术的询比价工作。

⑤ 工艺设计包开发　对于需要自行开发的工艺技术，应在充分调研的基础上进行技术路线的比选，结合自身现有资源和潜在用户的需求，选择安全可靠、环境友好、资源消耗少并利于推广的工艺路线，作为开发自主知识产权工艺设计包的技术路线，联合学术研究单位、生产企业、关键设备制造厂，完成所需工艺技术的研究与开发，并以工艺设计包的形式固定下来，作为工程设计的输入。

⑥ 过程安全风险评估　在项目前期阶段，应适时开展建设项目初步过程安全风险评估（PHA）工作，搜集危险化学品的安全与职业卫生相关数据，初步识别过程风险，采用本质安全设计策略，提出风险控制措施，编制过程风险管理计划，作为工程设计的指导和依据。在工艺设计包开发阶段，应在PHA的基础上，进一步开展装置危险性与可操作性评估（HAZOP）及安全完整性（SIL）评估，作为工艺设计包工艺流程完善与安全联锁系统的设计依据。

(2) 工程设计

工程设计一般分为基础工程设计与详细工程设计两个阶段，并适时进行设计安全评估。对于由三套及以上工艺生产装置组成的大型工程建设项目，应开展总体设计，并在基础工程设计阶段开展工厂基础工程设计。

① 总体设计　对于由三套及以上工艺生产装置组成的大型工程建设项目，应依据批准的可行性研究报告及其批准文件，开展总体设计。在总体设计阶段，应确定建设项目的工程设计标准、原则与技术条件；在初步确定各单项工程内容范围、建设方案、配套公用工程及工程建设投资估算的基础上，优化工厂总平面布置，优化公用工程系统的设计方案，提高投资效益；明确对建设项目总工艺流程、总平面布置、总定员、总进度和总投资的控制目标。总体设计文件经企业主管部门审核批准后，可以作为开展工厂基础工程设计的依据。

② 基础工程设计　应依据批准的可行性研究报告或总体设计文件，以及工艺设计包和建设单位工程建设条件等设计基础资料进行，提出全面、详细的工程实施技术方案与准确的投资概算，供建设单位进行审查、物资采购准备和施工建设准备，并完成供政府主管部门审查的设计专篇。在此期间，应及时进行过程安全评估（包括HAZOP审查与SIL分析等），保证装置设计的安全可靠。

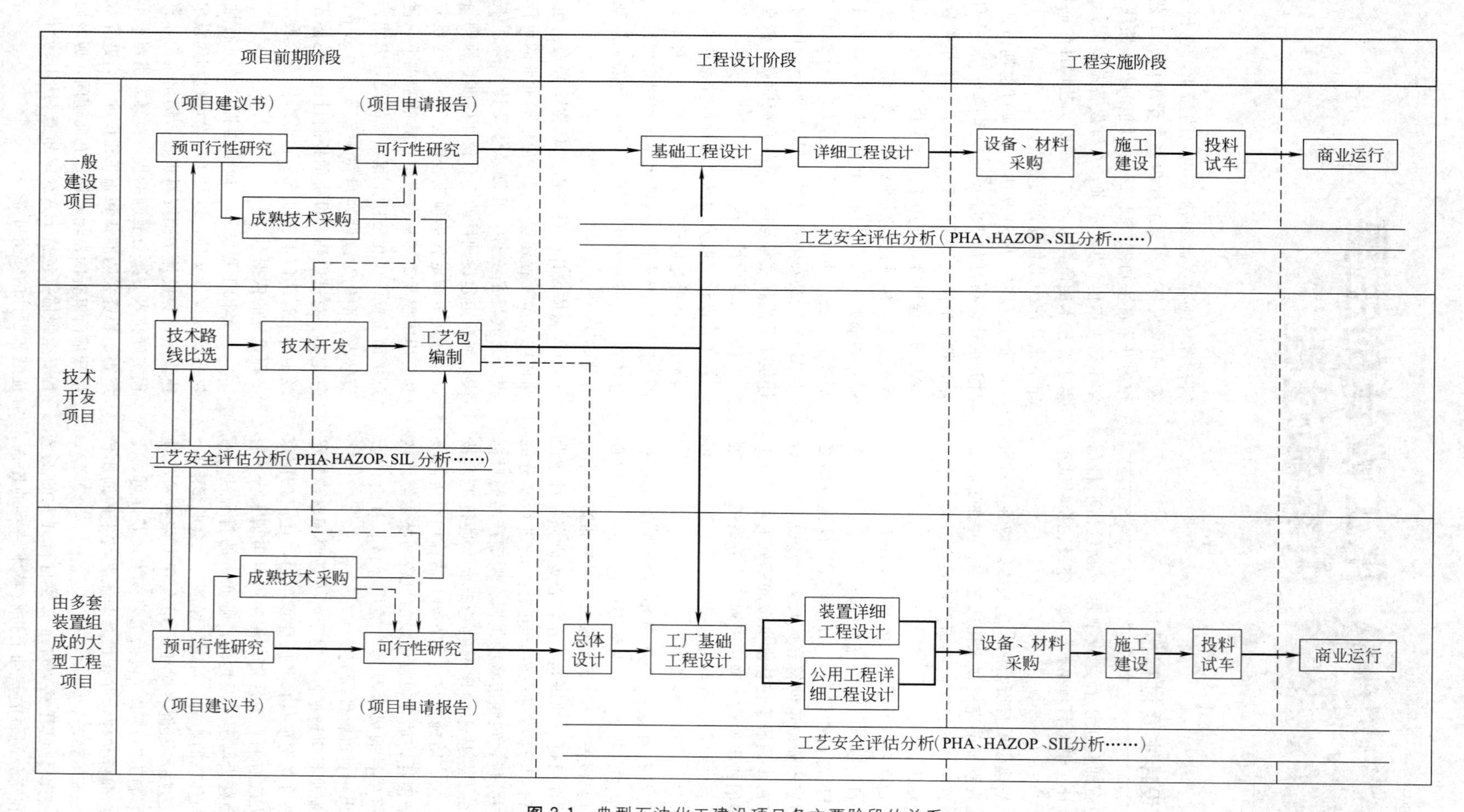

图 2-1 典型石油化工建设项目各主要阶段的关系
总体工程指除工艺装置外整个项目统一设置的公用工程及辅助设施

对于由三套及以上工艺生产装置组成的大型工厂建设项目，尚需在单个工艺生产装置基础工程设计的基础上，对全厂进行物料平衡、燃料平衡和能量平衡核算，开展全厂总图与运输、公用工程配套、全厂性储运、仓库与维修、中心控制室、中心化验室、行政生活设施，以及项目范围内厂外设施（如码头、铁路、供电、厂外管道等）等各项建设内容的基础工程设计工作，并提出全厂统一的设计专篇，以确保设计内容的完整性、协调性和系统性，称为工厂基础工程设计。

③ 详细工程设计　应依据批准的基础工程设计及建设单位工程建设条件进行，进一步细化落实基础工程设计提出的工程实施方案，提交的文件包括与设备的采购制造、施工建设、装置投产运行有关的所有图纸、表格和文字说明。在此期间，应对装置中在基础工程设计阶段因信息缺乏而未做过程安全评估的部分（比如大型机组等成套设备），以及对基础工程设计的重大变更部分进行补充评估，并关闭所有设计安全评估的意见与建议。

(3) 设备与材料采购

依据详细工程设计过程中提交的材料表和数据表，编制材料与设备的询价文件，通过招投标、供货商设计文件催交与审查、货物的催交、检验、验收、入库等一系列过程，完成采购工作。

(4) 施工建设

由施工单位依据详细工程设计过程中提交的施工图纸、材料表、供货商图纸等，进行施工建设与设备的单机试车，并经建设单位组织的施工质量审查和施工单位的确认后，施工单位将建设完成的装置交付建设单位（即“中交”）。

(5) 投料试车

“中交”后，建设单位在工艺技术提供方的指导下按操作程序向装置投入生产原料进行试生产，稳定运行后进行装置的性能考核。通过性能考核的装置还需通过建设单位与政府相关部门组织的竣工验收后方可进入商业运行状态。至此，完成了整个项目的工程建设过程。

典型石油化工建设项目各主要阶段的关系如图2-1所示。

本章简要介绍工程建设项目中，项目前期与工程设计阶段工艺工程师的主要工作内容，设计条件交接和会签，以及常用设计工具等。

2　项目前期阶段

2.1　预可行性研究阶段工艺专业的主要工作内容

2.1.1　预可行性研究的目的

(1) 项目的利益相关者

在化工建设项目的前期阶段，主要利益相关者包括投资者和政府。

(2) 利益相关者关心的问题

① 经济效益　投入的钱能不能收回？投资什么项目能得到更多的收益？投资的风险有多大？这些当然是投资者最关心的问题。

② 宏观经济影响　一个项目的建设必然会对宏观经济带来一定的影响，究竟这种影响有多大？从长远和广泛的意义来看对宏观经济究竟是利大于弊还是弊大于利？是否符合国家政策？这些问题是政府部门关心的问题。

③ 健康、环境与安全　企业的发展应树立和落实科学发展观，创造和谐社会。经济发展需与人口、资源、环境相协调，不断保护和增强发展的可持续性，不应进行掠夺式的开发，不应给社会环境、公众安全带来危害，企业必须承担相应的社会责任。政府部门需对这些问题进行考察与监管。

在未把这些问题考虑清楚之前，投资者一般不会贸然投资，政府也不会轻易批准。

(3) 预可行性研究的目的

经过投资机会研究，项目业主认为某工程项目的设想具有一定的生命力，但尚未掌握足够的数据去进行详细的可行性研究，或对项目的经济性有怀疑，尚不能确定项目的取舍。为了避免花费过多或费时太长，以较少的费用、较短的时间得出结论，有时还需对某些关键性的问题进行辅助研究。

预可行性研究是指在机会研究的基础上，对项目方案进行的进一步技术经济论证，为项目是否可行进行的初步判断。这种研究的主要目的是判断项目是否值得投入更多的人力和资金进行进一步深入研究；判断项目的设想是否有生命力，并据以做出是否进行投资的初步决定；确定是否需要通过市场分析、科学实验、工业试验等功能研究或辅助研究。

2.1.2　预可行性研究的内容

预可行性研究与可行性研究的内容基本相同，只是由于一时条件不具备，对其深度与精确度的要求有所不同。因此两者的目标、功能定位、论证内容、侧重点有些许差异。

(1) 项目目标及功能定位

① 效益目标定位　避免误导投资者产生过高期望的盲目乐观或缺乏投资信心的盲目悲观。

② 投资规模定位　考察多方面因素，确定合理、适当的投资规模。

③ 项目市场定位　考察产品销售市场、服务对象及原材料、能源供应条件，决定着产品的设计方案、生产规模、质量档次等内容。

④ 项目功能定位　决定着项目的基本框架及其他各个方面。

(2) 项目方案初步论证

预可行性研究介于机会研究和可行性研究的中间阶段，方案初步论证的重点是市场分析并对项目建议方案进行初步评价，主要从宏观上考察项目建设的必要性和主要建设条件是否具备。通过研究明确两方面的问题：一是项目构成，包括产品方案、生产规模、原料来源、工艺路线、设备选型、厂址比较和建设进度；二是比较粗略地估算经济指标，进行财务及经济评价，采用快速评价法进行社会评价。研究重点包括：

① 项目是否符合国家产业政策和生产力布局；

② 产品市场销售前景；

③ 厂址环境；

④ 工艺方案比较；

⑤ 企业组织和人力资源；

⑥ 预算和进度安排。

(3) 辅助研究

辅助研究又称专题研究，主要针对某些模糊不清而又关系重大的特定问题进行研究，包括产品市场研究、原材料供应研究、工艺技术方案研究、试验、厂址比选研究、规模经济研究、设备选择研究、环境影响评价等。

(4) 预可行性研究报告的格式

预可行性研究报告的格式与内容基本上按照可行性研究报告的要求，一般含有以下篇章。

一、总论

二、需求预测

三、产品方案和生产规模

四、工艺技术方案

五、原材料、燃料和动力供应

六、建厂条件和初步厂址方案

七、公用工程和辅助设施方案

八、环境保护和劳动安全卫生

九、工厂组织和定员

十、项目实施计划

十一、投资估算和资金筹措方案

十二、财务、经济评价及社会效益评价

十三、结论与建议

有关详细内容可见《中国石油化工集团公司石油化工项目可行性研究报告编制规定》(2005) 154 号文件。

2.1.3 预可行性研究阶段工艺专业的主要工作

承担编制预可行性研究报告的咨询机构必须客观、公正，对报告的质量负责。预可行性研究报告应如实反映研究过程中出现的主要不同意见，不应有虚假说明、误导性陈述和重大遗漏。

(1) 充分了解项目特点和委托内容

充分了解项目特点和委托内容是开展工作的基础，也是提高工作效率的重要方面。

(2) 收集资料

在充分了解项目特点和委托内容的基础上有的放矢地开展收集资料工作。为了完成一个项目，通常需要收集很多资料，其中工艺专业必须得到的资料有：

① 项目范围；

② 产品方案或原料方案；

③ 国家产业政策；

④ 原辅材料供应状况；

⑤ 国内外工艺技术路线的特点、主要技术经济指标；

⑥ 主要工艺设备的特点及是否需要引进；

⑦ 不同工艺路线的“三废”排放情况和安全卫生情况；

⑧ 总图储运条件；

⑨ 公用工程供应及界外配套条件；

⑩ 建设地点的气象、水文、地质资料。

(3) 工艺专业的主要工作

① 根据业主要求确定项目工程范围和特点，编制工艺专业设计统一规定，开展工艺设计工作。若为总体设计单位，还应编制总体设计统一规定中的工艺专业内容。

② 根据需要参加或组织大型工程项目的总体规划设计或总体设计。

③ 根据国家产业政策和产品方案、原料来源与方案对工艺技术进行比选，提出推荐工艺技术。在这一阶段，推荐技术可以不止一个。

④ 根据所掌握的技术经济指标估算原辅材料和公用工程规格、用量，向各专业提出设计条件。有条件时应进行初步的 P&ID 设计和物料平衡及热量平衡计算，以得到较准确的数字。

⑤ 列出主要设备一览表，研究主要设备特点，提出国内外专家的初步意见。

⑥ 进行装置或车间的设备规划布置，提出装置的占地面积要求和建筑、结构要求。

⑦ 根据工艺特点分析装置的危险性，并提出相应的防范对策。

⑧ 提出定员要求。

⑨ 对与工艺专业有关的报价资料进行技术评价。

⑩ 参加技术交流和合同谈判中与工艺有关的设计基础确定及技术评价工作，提出工艺部分的投资估算条件。

2.2 可行性研究阶段工艺专业的主要工作内容

可行性研究阶段工艺专业的主要工作内容与预可行性研究阶段相同，但工作深度不同。

项目可行性研究报告的编制以预可行性研究报告(或项目建议书)及其批复文件为依据；以国家的法律、法规、政策和行业规划为指导；以信息化带动的科技含量高、经济效益好、资源消耗低、环境污染少、人力资源优势得到充分发挥的新兴工业化的要求为基本原则；重视节约资源、保护环境和安全生产，大力发展循环经济，建设节约型社会。

① 对全厂性和综合性项目进行总工艺流程的多方案研究，提出优化的研究结论和建议，给出推荐方案的总工艺流程图、总物料平衡图、总燃料平衡图和其他必要的平衡表。

② 产品方案比选：结合项目目标市场分析、国家产业政策、资源、环境、原材料、燃料供应技术与装备条件等，对各种产品方案进行研究，提出推荐建设规模和产品方案表，阐述推荐方案所具备的先进性、可靠性和经济性。

③ 工艺技术选择：从投资、单耗、操作维修费用、技术使用权费用、环境与安全影响、全厂总工艺流程方案等方面对各生产装置的技术方案进行评价与选择；对全厂性和联合装置项目，还应进行总工艺流程的优化研究。

④ 如有条件，应进行初步的物料平衡和热量平衡计算，确定主要设备名称与参数。

⑤ 如有工艺设计包，应审核其是否能满足基础工程设计要求。

⑥ 根据各装置的物料和工艺特性，收集整理物料安全数据，研究生产过程的安全、健康、环保问题，并提出相应对策。

⑦ 计算需要的火炬排放量、火炬系统能力、仓储设施能力。

⑧ 研究工厂系统工程，确定储运、厂内外工艺及热力管网参数，提出公用工程条件。

⑨ 根据工艺和物料特点，提出设备和管道的设计、选材要求。

⑩ 进行初步的装置平面布置，提出合理的装置占地面积要求和初步平面布置方案。

⑪ 按工程主项表提出有关的投资估算条件。

2.3　技术采购阶段工艺专业的主要工作内容

技术采购阶段包括技术市场调研、技术询价、技术与商务报价的比选和评价、技术采购合同（包括合同技术附件）谈判、签署技术采购合同等过程。这个阶段，工艺专业的工作应根据委托方的要求来定，一般有以下内容。

① 了解业主要求，确定技术询价内容与范围。

② 参与或组织国内外技术市场调研，研究并掌握生产工艺路线及技术发展的最新趋势。

③ 研究产品方案、生产规模、年开工时数等设计基础条件，进行优化，提出推荐意见。

④ 研究原料规格、来源，公用工程规格。

⑤ 分析、评价不同工艺技术方案的优缺点，提出推荐方案。

⑥ 进行装置边界的初步物料平衡、热量平衡等基本工艺计算，确定公用工程需求和主要设备工艺参数。

⑦ 进行初步的平、竖面设备布置，规划装置占地面积。

⑧ 向各专业提出设计条件。

⑨ 编制技术询价书中工艺专业的有关文字、表格、图纸等。

⑩ 按技术询价书的要求，比照《石油化工装置工艺设计包（成套技术工艺设计包）内容规定》（SHSG-052—2003），审查工艺技术提供方的技术报价文件，并形成审查意见。

⑪ 参与工艺技术采购合同的谈判工作，并签署技术附件中与工艺专业相关的章节内容。

3　技术开发阶段

3.1　技术路线选择阶段工艺专业的主要工作内容

通过技术路线比对，分析现有技术的优劣，结合自身现有资源和潜在用户的需求，选择安全可靠和利于推广的工艺路线，作为开发自主知识产权工艺设计包的技术路线。

3.1.1　技术路线比对

(1) 比对的目的

通过技术路线比对，分析每个技术路线的特点，掌握技术路线的适用范围和限制条件。

(2) 技术路线比对的主要内容

技术路线比对的主要内容包括：

① 产品质量；

② 产品方案；

③ 原料方案；

④ 公用工程规格；

⑤ 主要经济指标；

⑥ 流程特点；

⑦ 特殊的“三废”处理要求；

⑧ 反应器；

⑨ 关键及特殊设备设施；

⑩ 设备台数及引进设备；

⑪ 装置面积；

⑫ 装置投资；

⑬ 现有的技术提供方和实际业绩；

⑭ 安全可靠性和既往事故；

⑮ 其他特殊要求。

3.1.2　技术路线的选择

技术路线的选择要综合各方面因素，选出适合实际情况的技术路线。既要结合潜在用户的实际情况，也要分析技术发展的前景，使开发技术适宜推广。适宜推广的技术除经济技术指标外，还需从用户角度出发，考虑建设、生产运行、产品销售等环节是否有制约因素。主要包括以下几个方面：

① 原料来源；

② 公用工程规格；

③ 产品储运；

④ 副产品的利用；

⑤ 环保限制；

⑥ 催化剂成本。

3.2 研究开发阶段工艺专业的主要工作内容

在研究开发阶段，工艺专业的主要工作是为后续工艺设计包编制做准备。一方面配合研究单位确定反应条件、反应器形式、参数和分离方案等工艺设计包编制的基础数据及方案；另一方面，需要与研究单位共同确定工艺设计包编制的初版条件，至少包括初版的PFD和物料热量平衡、反应器的形式和主要设计参数、特殊设备的初版设计条件和供应商清单。

3.2.1 研究开发的分类

研究开发一般分为四类。

① 既往已有成熟工艺，由于催化剂的国产化和改进，需要研究开发新工艺。主要工作内容为根据应用新催化剂对流程和设备产生的影响。

② 既往已有成熟工艺，局部新工艺改进。主要是分析研究局部改进的工艺对流程和设备的影响。

③ 既往已有成熟工艺，随着工程规模放大，需要研究新工艺。主要工作为设备放大和选择，能源综合利用。

④ 既往没有成熟工艺，工艺主体需要研究开发。此类开发工艺专业涉及的内容比较多，重点研究解决如反应条件、反应器设计、特殊或专用设备设计、分离方案等关键工艺设计问题。

3.2.2 几项需重点研究的内容

(1) 反应条件

① 反应温度、压力　根据反应动力学报告，确定适合的操作温度和操作压力，确定温度、压力的控制范围，极端情况下的温度、压力。

② 反应产物组成　由于实验条件所限，常以间歇反应来替代连续反应。因此，一方面需要研究单位提供连续反应的反应产物组成；另一方面也需要协助研究单位，通过分析确定反应产物的组成。

反应产物的组成不仅要考虑反应本身的需要，也需要结合设备、控制等方面，结合工程实施和生产操作的实际情况，综合分析确定。

③ 进料　要根据反应和催化剂的要求及限制，协助研究单位确定进料规格。

要根据反应的转化率、选择性等反应特性，并结合后续分离时的损失，协助研究单位确定初步的进料量与产品规模的关系。

(2) 反应器

反应器的设计可按本手册第3篇“化工单元工艺设计”的第14章“反应器”进行选型与设计。

① 反应器的类型　反应器的类型由研究单位根据反应特性和催化剂性质选定。工艺专业结合工程经验提出意见。

② 反应器的设计参数　由研究单位提出初步的反应器设计参数和外形尺寸。工艺专业结合工程经验提出意见。

③ 特殊或专用设备的设计参数　进行初步的市场调研，可以找到满足工艺要求的设备及设备的规模。

④ 分离方案　除常规分离方案需要遵循的原则外，工程实施时要特别注意分离方案的安全环保限制和经济性。

3.3 工艺设计包开发阶段工艺专业的主要工作内容

工艺专业的主要工作内容为按照本章第4节“工艺设计包开发阶段”的要求，完成相关内容，并向相关专业提出条件。

3.3.1 工艺专业需完成的工作

参见本章第4节“工艺设计包开发阶段”所介绍的工艺设计包成品文件内容。

3.3.2 工艺设计包开发阶段工艺专业需提出的条件

(1) 特殊管线索引表

向材料专业提出特殊管线索引表、主要介质特性及建议的材料选用方案，材料专业返回《特殊管道材料等级规定》。

(2) 特殊管道附件数据表

向材料专业提出特殊管道附件数据表的工艺要求参数，材料专业返回机械要求。

(3) 仪表索引表和仪表工艺数据表

工艺专业提出PFD、P&ID、仪表索引表和仪表工艺数据表，仪表专业返回仪表的初步选型建议。

(4)“三废”排放说明

向环境保护专业提交“三废”排放说明，环境保护专业返回建议的“三废”处理方案。

(5) 设备数据表

向静设备专业和动设备专业提交设备数据表，静设备专业和动设备专业返回机械及制造的特殊要求。

(6) 其他

对于成套设备，需向相关成套设备负责专业提出工艺要求和相关参数，由相关专业返回机械及制造的特殊要求。

4 工艺设计包开发阶段

本阶段的目的是为了将技术开发阶段的成果以工艺设计包的形式固化下来，保证工程设计有完整可靠的技术基础，满足开展基础工程设计及指导建设单位编制详细操作手册与分析化验手册的要求。

工艺设计包一般包括化工装置工艺设计包、工艺手册、分析化验手册三个部分，具体如下。

4.1　化工装置工艺设计包

4.1.1　设计基础

(1) 概况

① 项目背景　说明项目来源、与业主及相关单位的关系、与相关装置的关系。

② 设计依据　说明依据的合同、批文、技术文件等。要给出文件名称、编号、发出单位，如：

a. 项目建议书或可行性研究报告的批文；

b. 技术转让或引进合同；

c. 设计委托合同（含当地的地质及自然条件）；

d. 相关会议纪要；

e. 国内开发技术的鉴定书；

f. 其他依据的重要文件。

③ 技术来源及授权　说明工艺技术使用的专利、专有技术及工艺技术的提供者。说明专利使用、授权的限制及排他性要求。说明专有技术的范围。

④ 设计范围　说明工艺设计包所涉及的范围和界面的划分。

(2) 装置规模及组成

可以用每年或每小时原料加工量或每年或每小时主要产品产量表示装置规模。要说明规模所依据的年操作小时数。

如果有不同的工况，应分别说明装置在不同工况下的工作能力。

如果有多个产品、中间产品、副产品，或装置由多部分组成，要列出各部分的名称；各部分加工量和产品、中间产品、副产品的产率、转化率、产量。

(3) 原料、产品、中间产品、副产品的规格

说明原料状态、组成、杂质含量、馏程、色泽、密度、黏度、折射率等所有必须指定的参数。同时列出每一个参数的分析方法及标准号。特殊分析方法要加以说明。如果不同工况有不同的原料，要分别列出。

分别说明产品、中间产品、副产品的规格及所依据的标准，同时按标准列出每一个参数的分析方法及标准号。

(4) 催化剂、化学品规格

分别列出催化剂型号、形状、尺寸、组成、转化率、选择性、预期寿命等所有必须确定的理化性质和参数。

分别列出化学品的化学名称、分子式、外观、状态、主要组成、杂质含量等必须符合工艺要求的特性参数。如果是可以直接购买的化学品，应列出其商品名、产品标准号。

(5) 公用物料和能量规格

列出水、蒸汽、压缩空气、氮气、电等的规格，如：

① 循环水——温度（入口/出口）、压力（入口/出口）；

② 新鲜水、软化水、脱氧水、除盐水、蒸汽——温度、压力；

③ 压缩空气（仪表空气、工厂空气）——温度、压力、露点、含油要求；

④ 氮气、氧气——温度、压力、纯度；

⑤ 燃料油（燃料气）——温度、压力、热值、组成；

⑥ 热载体——组成、沸点、比热容、密度、黏度；

⑦ 载冷介质——温度、压力、组成、比热容、密度、黏度；

⑧ 电——供电电压、频率、相/接线方式。

(6) 性能指标

应分别列出性能指标的期望值和保证值，如产品产量、产率、转化率、产品质量、特征性消耗指标等。

(7) 软件及其版本说明

列出根据合同规定工艺设计包设计使用的软件及其版本。

(8) 建议采用的标准规范

列出要求工程设计执行的国际标准、国家标准、行业标准或专利持有者指定的标准和规范等。

4.1.2　工艺说明

(1) 工艺原理及特点

说明设计的工艺过程的物理、化学原理及特点，可以列出反应方程式。复杂的、多步骤过程可以用方框图表示相互关系并分别说明各部分原理。

(2) 主要工艺操作条件

说明工艺过程的主要操作条件：温度、压力、物料配比等，要分别给出不同工艺工况的条件。对于间歇过程还要给出操作周期、物料一次加入量等。

(3) 工艺流程说明

按顺序说明物料通过工艺设备的过程及分离或生成物料的去向。

说明主要工艺设备的关键操作条件，如温度、压力、物料配比等。对于间断操作，则需说明一次操作投料量和时间周期。

说明过程中主要工艺控制要求，包括事故停车的控制原则。

(4) 工艺流程图（process flow diagram，PFD）

表示工艺设备及其位号、名称；主要工艺管道；特殊阀门位置；物流的编号、操作条件（温度、压力、流量）；工业炉、换热器的热负荷；公用物料的名称、操作条件、流量；主要控制、联

锁方案。

(5) 物料平衡和热量平衡表

列出各主要物流数据，包括每股物流的起止点、组成、总质量及分子流量、温度、压力、平均分子量、气相分子分率，气相和液相的质量流量、体积流量、密度、黏度、热焓、比热容、热导率，气相的压缩因子、绝热指数，液相的表面张力等主要物性参数。应给出不同工况的数据。

4.1.3 物料平衡

(1) 工艺总物料平衡

列出装置所有产品方案的总物料平衡，包括各种物料的每小时量、每年量、收率。

由多个产品、中间产品、副产品和多部分组成的装置，用物料平衡图表示物料量及各部分的相互关系。

一些对于工艺过程的操作或产品质量影响较大的物料应分别给出该物料的平衡，如硫平衡、氢平衡。

(2) 公用物料平衡图

对于如水的多次利用或蒸汽逐级利用的复杂情况，可采用平衡图说明物料量及各用户之间的相互关系。

4.1.4 消耗量

(1) 原料消耗量

原料的年消耗量。如果有多种原料，要分别列出。

(2) 催化剂、化学品消耗量

催化剂消耗量包括催化剂名称、首次装入量、寿命、年消耗量、每吨原料消耗量。

化学品消耗量包括化学品名称、年消耗量、每吨原料消耗量。

由专利商提供的催化剂和化学品要加以注明。

(3) 公用物料及能量消耗

分别列出水、电、蒸汽、氮气、压缩空气等正常操作和最大消耗量。

① 水量　包括循环冷却水、循环热水、新鲜水、软化水、脱氧水、除盐水等的用户名称、温度、压力、流量。

② 电量　包括用户名称、设备台数、操作台数、备用台数、电压、计算轴功率。

③ 蒸汽量　包括蒸汽压力等级、用户名称、用量、冷凝水量。

④ 氮气、压缩空气量　包括用户名称、用量。

⑤ 燃料量　包括燃料油、燃料气的用户名称、用量。

⑥ 冷冻量　包括用户名称、使用参数、用量。

在公用物料和能量表中工艺过程产生的物料和能量如蒸汽、冷凝水或电等计负值。

4.1.5 界区条件表

列出包括原料、产品、中间产品、副产品、化学品、公用物料、不合格品等所有物料进出界区的条件：状态、温度、压力（进出界区处）、流向、流量、输送方式等。

4.1.6 卫生、安全、环保说明

(1) 装置中危险物料性质及特殊的储运要求

列出装置中影响人体健康和安全的危险物料（包括催化剂）的性质，如相对密度或密度、分子量、闪点、爆炸极限、自燃点、卫生允许最高浓度、毒性危害程度级别、介质的交叉作用。如果有特殊的储运要求，也需提出。

(2) 主要卫生、安全、环保要点说明

根据工艺特点，提出有关卫生、安全、环保的关键点，如工艺条件偏差或失控后果，建议的主要预防处理措施及对安全仪表系统的要求。

(3) 安全泄放系统说明

说明不同事故情况下的安全泄放和吹扫数据，给出火炬系统负荷研究的结果，提出建议的火炬系统负荷。

(4)“三废”排放说明

列表说明废气、废水、固体废物的来源、温度、压力、排放量、主要污染物含量、排放频度、建议处理方法等。

4.1.7 分析化验项目表

列出为保证操作需要和产品质量要求需要分析的物料名称、分析项目、分析频率（开车/正常操作）、分析方法。

4.1.8 工艺管道及仪表流程图（P&ID）

表示P&ID中的工艺设备及其位号、名称；主要管道（包括主要工艺管道、开停工管道、安全泄放系统管道、公用物料管道）及阀门的公称直径、材料等级和特殊要求；安全泄放阀；主要控制、联锁回路。

4.1.9 建议的设备布置图及说明

给出主要设备相对关系和建议的相对尺寸，说明特殊要求和必须符合的规定。

4.1.10 工艺设备一览表

列出P&ID中的设备的位号、名称、台数（操作/备用）、操作温度、操作压力、技术规格、材质等。

专利设备列出推荐的供货商。

4.1.11 工艺设备

(1) 工艺设备说明

说明P&ID中的工艺设备特点、选型原则、材料选择的要求。

(2) 工艺设备数据表

对P&ID中的工艺设备按容器（含塔器、反应器）、换热器、工业炉、机泵、机械等分类逐台列表。对于主要静设备应附简图。

① 容器　位号、名称、数量、介质物性、操作条件（温度、压力、流量等）、工艺设计和机械设计条件、规格尺寸和最低标高要求、主要接口规格和管口表、对内件的要求、正常和最高/最低液位、主要部件的材质及腐蚀裕度、关键的设计要求及与工艺有关的必须说明的内容。

② 换热器（工业炉）　位号、名称、台数、介质物性、热负荷、操作条件（温度、压力、流量等）、设计条件、形式、传热面积、主要部件的结构和材质、腐蚀裕度、污垢系数，对于有相变化的换热设备，应提供气化或冷凝侧的 5 点以上包括流量、物性、热力学性质的数据或曲线。

③ 转动机械　位号、名称、台数、介质物性、操作条件（温度、压力、流量等）、设计条件、机械和材料规格、驱动器形式、对性能曲线的要求。

4.1.12　自控仪表

(1) 主要仪表数据表

列出 P&ID 中的控制仪表的名称、编号、工艺参数、形式或主要规格等。

(2) 联锁说明

说明主要的联锁逻辑关系。

4.1.13　特殊管道

(1) 特殊管道材料等级规定

规定特殊管道的材料等级及相应配件的要求，不包括一般的、公用物料的管道。

(2) 特殊管道索引表

特殊管道表应包括的项目一般为管道号、公称直径、P&ID 图号、管道起止点、物流名称、物流状态、操作压力及操作温度等。

(3) 特殊管道附件数据表

如果有特殊管道附件，要逐个提出工艺和机械要求，必要时附简图。

4.1.14　主要安全泄放设施数据表

列出安全阀、爆破片、呼吸阀等名称、位号、泄放介质、工艺参数、泄放量等。

4.1.15　有关专利文件目录

列出相关专利名称、专利号、授权区域。

4.2　工艺手册

4.2.1　工艺说明

(1) 工艺原理、工艺特点

说明过程的物理化学原理及其特点。

(2) 操作变量分析

分析与过程有关的操作变量的影响。可以采用文字、图形、表格等所有便于表达清楚的形式。

4.2.2　正常操作程序

按部分说明正常操作的控制步骤和方法。

4.2.3　开车准备工作程序

根据不同的工艺复杂程度分别说明，如容器检查、水压试验、管道检查等的步骤和工作要点。

4.2.4　开车程序

按先后次序和部分说明开车步骤要点。

4.2.5　正常停车程序

按先后次序和部分说明停车步骤要点。

4.2.6　事故处理原则

分别说明在可能发生的事故中所采取的紧急处理方法及步骤要点。

4.2.7　催化剂装卸

说明催化剂装填步骤及要点。

说明催化剂卸载步骤及要点。

4.2.8　采样

分别说明采样地点、正常操作时的频率、采样方法等。

4.2.9　工艺危险因素分析及控制措施

说明装置中易燃易爆及有毒有害物料的安全和卫生控制指标。

分析装置操作中可能发生的主要危险，提出相应采取的防护原则或方法。

4.2.10　环境保护

说明正常操作、开停车、检修时的污染源，从工艺角度提出减少污染的控制方法或原则。

4.2.11　设备检查与维护

对于装置中的专利设备或专有设备、设施，要说明其检查与维护方法，如：

① 检查步骤；

② 主要维修点；

③ 使用的润滑油、液压油等的介质规格要求；

④ 特殊检修方法和工具；

⑤ 检修的安全注意事项与安全措施；

⑥ 设备和设施控制系统的调试要求及调试参数。

4.3　分析化验手册

分析化验手册要说明分析化验方法名称、标准来源、标准编号、使用的仪器设备及其安装调试方法、操作方法、精度要求等。

对于原料、产品、排放物、催化剂、化学品等，必须按照工艺提供者指定的方法或特定仪器进行分析化验，对不能采用国家标准、行业标准、国际通用标准（如 ASTM 标准）等分析化验方法的特殊项目，应有详细说明。

5　总体设计阶段

5.1　总体设计原则及总的工作内容

5.1.1　总体设计原则与目的

对于三套及以上工艺装置的新建大型石油化工建设项目，应进行总体设计。对于涉及多套改（扩）建装置、配套设施的建设项目，也可参照总体设计的要求进行总体设计。

总体设计应根据批复的项目申请报告或可行性研究报告，以及各工艺装置工艺设计包或等同工艺设计包的设计文件进行。

总体设计的目的是确定工程设计标准、设计原则和技术条件，优化工程总平面布置，优化公用工程系统的设计方案，提高投资效益，实现对建设项目总工艺流程、总平面布置、总定员、总进度和总投资的控制目标，确保建设项目满足环保、安全和职业卫生的法律法规要求。

5.1.2　总体设计的工作内容

(1) 总体设计的主要工作内容

总体设计文件的深度应达到设计范围明确、所需建设的单项工程考虑齐全等要求，经审核批准后与《总体设计统一规定》一并作为各单项工程开展基础工程设计的依据。总体设计必须完成下列工作内容。

① 一定　定设计主项和分工。

② 二平衡　全厂物料平衡；全厂燃料和能量平衡。

③ 三统一　统一设计原则（如工程设计水平、工程管理体制、信息管理水平、公用工程设置、节能减排、环保、安全和职业卫生等原则）；统一技术标准和适用法规要求；统一设计基础（如气象条件、地址条件、公用工程设计参数、原材料和辅助材料规格等）。

④ 四协调　协调设计内容、深度和工程有关规定；协调环境保护、安全设施、职业卫生、节能减排和消防设计方案；协调公用工程、辅助生产设施设计规模；协调行政生活设施。

⑤ 五确定　确定总工艺流程图；确定总平面布置；确定总定员；确定总投资；确定总进度。

(2) 总体设计文件的主要内容

① 建设项目概述　应包括下列主要内容。

a. 项目名称和建设地点。

b. 项目内容。说明建设项目中生产装置的名称和建设规模，简要说明配套公用工程和辅助设施的内容。

c. 建设项目的管理体制和资金来源等。

② 设计依据　列出有关设计依据的文件（包括文件名称、文号、日期。重要的文件宜作为总体设计附件）。

a. 项目申请报告、可行性研究报告及其批文和修改文件。

b. 对于大型新建项目，应列出厂址选择报告及批准文件。

c. 主管部门和建设单位对总体设计重大问题的决定（如重要的会议纪要、批复文件）。

d. 建设项目的区域规划资料。

e. 厂外工程意向协议。

f. 与有关方面签订的依托社会和老企业项目的有关协议。

g. 各引进项目（装置）与外商签订的引进合同和会议文件等。

h. 资金来源、贷款方式和协议等有关文件。

i. 设计合同。

j. 建设单位提出的工厂管理体制、组织机构和人员设置的主要原则。

k. 建设单位提供的设计基础（含项目采用的标准规范）。

l. 工艺设计包设计文件。

m. 批复的环境影响报告书。

n. 安全预评价报告。

o. 职业卫生预评价报告。

p. 工程建设场地地震安全性评价报告。

q. 其他有关重要文件。

③ 设计原则和主要规定　根据国家有关方针、政策，结合建设项目的具体情况，说明本项目应遵循的一些主要设计原则，重点说明以下内容。

a. 生产装置联合化、全厂总流程系统化、厂内公用工程系统化原则。

b. 公用工程供应集中化、社会化原则。

c. 各工艺装置的工艺技术路线选择，确定工程技术标准的原则，引进国外技术和国产化的程度等。

d. 生产装置、公用工程和辅助设施的自动化水平以及仪表和控制系统选型原则、仪表动力供应和气源供应设计规定等。

e. 公用工程、辅助生产设施、非生产设施等的规模、标准、布局和其余量的设计原则。

f. 机修、电修、仪修、全厂性仓库的设置原则。

g. 储运设施设置原则。

h. 行政和生活设施的设计原则。

i. 环保、安全、职业卫生、消防、节能、节水的设计原则。

j. 总体设计的统一规定。

k. 工程设计标准选用规定。

l. 装置设计与总体设计的界区范围分工原则。

④ 厂址概况　说明下列内容并附地理位置图、区域位置图。

a. 工厂地理位置和区域位置，地区概况。

b. 当地自然条件，包括工程地质、水文地质、气象条件、地震烈度等。

c. 生产区、生活区的位置。

d. 全厂占用土地和现有村庄（或居民点）拆迁的情况。

e. 地区和城市的现况及发展规划，地区协作配合条件和生活设施依托条件等区域规划状况。

⑤ 建厂条件 说明供水、供电、供气、通信、交通运输等基础设施现状和发展规划，可供给本工程的条件，原料、燃料供应，施工建设条件等。

5.2 总体院工艺专业的工作内容

5.2.1 建设规模的确定

根据批准的项目申请报告或项目可行性研究报告和具体的总体设计方案，确定各生产装置、公用工程和辅助设施的名称和规模、年操作小时、工艺技术路线、技术来源（分别列出专利商和工程承包商的国别及公司名称，含引进技术范围和国产化程度），并按表2-1列表说明。

表2-1 工艺技术路线和技术来源一览表

序号	装置名称和规模	年操作小时数

工艺技术路线	技术来源	备注

5.2.2 产品方案的确定

研究确定总体物料平衡，并分装置简要说明产品、主要副产品和中间产品的名称、产量、商品量。如有多个产品方案，应分别表示，见表2-2。

表2-2 产品方案一览表

序号	产品(副产品)名称	产量/(t/a)	商品量/(t/a)	备注
一	××装置			
1	××			
2	××			

在研究产品方案的同时，应根据各装置进/出物料与公用工程和燃料的消耗数据开展全厂装置间物料平衡、燃料和蒸汽的平衡计算，并与产品方案一起进行调整与优化，最终确定产品方案与物料和能量（燃料和蒸汽）的平衡。

5.2.3 全厂工艺总流程及公用系统平衡简述

① 全厂工艺总流程说明。

② 全厂装置间物料平衡简述（附全厂物料平衡图）。

③ 全厂燃料平衡简述（附全厂燃料平衡图）。

④ 有特殊物料时，需进行典型元素的平衡计算，如氢、硫、氯等（必要时附全厂物料平衡图）。

⑤ 全厂火炬系统能力简述（附全厂火炬能力平衡图）。

⑥ 全厂蒸汽及凝结水平衡简述（附全厂蒸汽平衡图和凝结水平衡图）。

⑦ 全厂蒸汽平衡图（附全厂装置空气、仪表空气、氮气平衡表）。

⑧ 全厂供电平衡简述（附全厂供电系统图）。

5.2.4 原料、燃料和辅助物料供应

根据全厂装置间物料和燃料平衡，分装置说明原料、燃料和辅助物料年用量、开车用量、来源和进厂输送方式，见表2-3。按装置说明主要催化剂、吸附剂、干燥剂和化学品等辅助物料的名称、主要规格、年用量、一次充填量和来源，见表2-4。

表2-3 原料、燃料和辅助物料用量表

序号	名称	主要规格	年用量/t

开车用量/t	来源	进厂运输方式

表2-4 主要催化剂、吸附剂、干燥剂和化学品等辅助物料用量表

序号	名称	主要规格	年用量/t

一次填充量/m^3	来源	备注

5.2.5 主项表、设计分工的确定

列出纳入本工程投资范围的工厂界区内、外的工程。依托社会或企业但需改造和扩充的项目，也应列入，见表2-5。

表2-5 全厂主项和设计分工表

序号	主项名称	设计单位	备注

5.2.6 全厂管理体制和总定员

① 工厂管理体制和人员设置的主要原则应对工厂管理体制、工厂组织机构和人员设置进行说明。

② 生产岗位的工作班制、年开工日数应对各类生产和辅助生产岗位的工作班制、年开工日数进行说明。

③ 工厂总定员应对全厂各管理部门和生产岗位定员进行说明，见表2-6。

表 2-6 工厂总定员表

序号	部门、装置或主项名称	工作班次	定员/人	备注

5.2.7 中心化验室

说明中心化验室的主要任务和职责范围、设置原则、负责的装置范围及与装置分析室之间的关系；说明中心化验室是否设置实验室信息管理系统(LIMS)；说明中心化验分析仪器设备的引进及配置原则；说明中心化验室的总建筑面积、功能划分原则及主要房间的组成情况、空调及通风设施的要求与设置。列出中心化验室所需水、电、气等公用工程消耗的估算量，原料及产品主要分析项目和中心化验室主要仪器设备等。

5.3 装置院工艺专业的工作内容

5.3.1 装置概况说明

说明装置规模、年操作小时数、生产班制及专利技术来源。对于引进项目，应概括说明软、硬件引进和国产化情况；装置布置原则（联合布置还是单独布置）；辅助设施（车间化验室、办公室、维修间等）设置情况。

5.3.2 装置组成说明

简要说明装置的组成，见表2-7。

表 2-7 装置主项表

序号	主项名称	备 注

5.3.3 工艺流程简述

简要叙述工艺流程和工艺特点，附概略流程图和主要设备一览表（表2-8）。

表 2-8 主要设备一览表

序号	设备位号	设备名称	数量

主要规格	主体材料	估重	备注①

① 如为制造周期超过12个月的长周期订货设备，应在备注中注明。

5.3.4 产品、副产品、原料、催化剂、化学品、公用物料的技术规格

分别列出产品、副产品、原料、催化剂、化学品、公用物料的技术规格。

5.3.5 消耗（或产出）定额和消耗（或产出）量

列出消耗（或产出）定额和消耗（或产出）量表（表2-9）。

表 2-9 消耗（或产出）定额和消耗（或产出）量表

序号	名称	主要规格	单位	每吨产品消耗定额（或产出定额）

消耗量①		产出量①		备注②
小时	年	小时	年	

① 按照项目统一规定，注出消耗、产出量的单位。

② 备注栏中注明：开工用量或一次充填量；如为间断，应注明频率和时间；必要时，应注明正常量和最大量。

5.3.6 界区条件

说明产品、副产品、原料、燃料、催化剂、化学品和公用物料在界区处的条件，见表2-10。

表 2-10 界区条件表

序号	名称	界区		状态	输送方式
		进	出		

压力(表)/MPa	温度/℃	流量/(t/h)		频次	持续时间	备注
		连续	间断			

注：1. 如有特殊要求，应在备注栏中加以说明。

2. 压力按表压计。

5.4 总体设计阶段总体院与装置院的条件关系表

装置院必须以条件表的形式将各装置的条件提交给总体院，各装置院如有必须单独说明的事宜，另用表格或文字说明。总体条件关系表见表2-11。

表 2-11　总体条件关系表

附表名称	工艺	分析	环保	给排水	总图运输	热工	储运	外管	自控	电气	电信	设备	土建	暖通	概算
建设项目表	√														
产品和副产品条件表	√						√								
原料、辅助化工原料和燃料消耗条件表	√						√								
溶剂、催化剂消耗条件表	√														
罐区条件表	√						√								
仪表空气、装置空气、氮气用量条件表	√						√								
工厂主要原料和产品进出厂方式表	√				√		√								
道路运输条件表					√										
铁路/水道运输条件表					√										
给排水条件表	√			√											
电气条件表										√					
电修条件表										√					
蒸汽和凝结水条件表	√					√									
化学软水和脱盐水条件表	√					√									
外管条件表	√						√	√							
电信条件表											√				
机修条件表	√														
化工原料、产品分析项目条件表	√	√													
仪表和自动化装置条件表									√						
定员表	√														
高架源排放废气条件表	√		√												
无组织排放废气条件表	√		√												
废渣(液)条件表	√		√												
初期污染雨水水量、水质条件表	√			√											
生产污水水量、水质条件表	√			√											
噪声条件表	√		√									√			
化学品和危险品仓库条件表	√														
固体物料包装条件表	√														
火炬条件表	√														
建筑物、构筑物条件表	√												√		
暖通空调条件表	√	√							√	√				√	
大型动力设备条件表（W≥150kW）	√											√			
综合概算表															√
进口设备材料费用一览表															√
码头泊位设置及运量分配表					√										

6 基础工程设计阶段

基础工程设计是在工艺设计包的基础上进行工程化的一个工程设计阶段，为提高工程质量、控制工程投资、确保建设进度提供条件。其依据是批准的可行性研究报告或总体设计文件，以及工艺设计包和建设单位工程建设条件等设计基础资料。

化工装置的基础工程设计对象是“装置”。对于储运或独立的公用设施、辅助设施，如循环水场、污水处理场、空分、空压、罐区等，需要且可单独立项的，可视为“装置”。

6.1 基础工程设计开工条件与文件深度

① 基础工程设计文件应依据合同及批准的总体设计或可行性研究报告、工艺设计包和设计基础资料进行编制。

② 基础工程设计阶段，所有的技术原则和技术方案均应确定，设计文件的深度应达到能满足业主审查、工程物资采购准备和施工准备、开展详细工程设计及政府行政主管部门审查的要求。

6.2 基础工程设计文件中工艺专业设计文件

6.2.1 工艺部分

(1) 文字说明

文字说明部分包括工艺设计基础和工艺说明。

① 工艺设计基础　该部分应说明装置能力、产品方案、装置组成及其名称，原料、产品和副产品的技术规格，催化剂、化学品的技术规格，原料、催化剂、化学品的消耗量，产品、副产品的产量，公用物料和能量规格，公用物料、能量消耗定额，综合能耗、装置的依托条件和利旧情况等。

② 工艺说明　该部分应叙述生产方法、工艺技术路线、工艺特点和每个部分的作用、工艺流程简述、副产品的回收利用、“三废”处理原则、工艺节能与节水情况、分类设备统计与分交情况、生产过程中主要物料的危险、危害分析以及生产过程中的其他危害分析等。

(2) 表格

表格包括界区条件表，管道表，工艺设备表，工艺设备数据表，安全阀、爆破片数据表或规格书及一览表。工艺设备数据表包括容器、换热器、工业炉、各种泵、机械、安全阀、爆破片等的相关数据。

(3) 图纸

图纸包括工艺流程图（PFD），公用物料流程图（UFD），管道及仪表流程图（P&ID、U&ID）。

6.2.2 分析化验

分析化验的文件包括设计说明、分析项目表、分析仪器设备表、综合材料表、主要分析仪器设备规格书和分析室平面布置图。

6.3 基础工程设计文件中工艺专业的工作内容

6.3.1 工艺部分

① 根据批准的可行性研究报告或合同，确定产品方案、生产规模、设计基础。

② 绘制 PFD、P&ID、UFD、U&ID，进行物料平衡和能量平衡计算，编制物料与热量平衡表。

③ 根据工艺要求进行设备计算，确定工艺设备参数，编制工艺设备表、设备数据表，对各类设备进行分类统计，与相关专业研究设备分交方案并统计汇总。

a. 容器类设备的容积、直径、长度等工艺特性参数计算。

b. 塔器类设备的直径、塔板参数、填料规格、内件结构等工艺参数计算。

c. 换热器类设备的换热面积和结构参数计算或选型。

d. 管径计算，确定阀门类别。

e. 机泵类设备的流量、扬程、压差计算。

f. 其他工艺设备的工艺参数计算和选型。

④ 编制设备采购技术文件（依据合同）。

⑤ 编制管道表、安全阀、爆破片一览表和数据表、界区条件表。

⑥ 会同仪表专业，设计装置的自动控制、安全联锁。

⑦ 若为引进工艺设计包则参与进行工艺设计包审查，并以工艺设计包为依据进行上述工艺设计工作。

⑧ 根据物料和工艺特性，收集整理物料安全数据，落实环评和劳动安全卫生评价的批复意见，进行生产过程的安全、健康、环保设计。

⑨ 计算需要的火炬排放量、火炬系统能力、仓储设施能力。

⑩ 根据工艺和物料特点，提出设备和管道的设计、选材要求，根据工艺要求确定设备、管道的保温(冷)类型。

⑪ 提出平面布置方案，供配管专业进一步细化。

⑫ 按工程主项表提出各专业设计条件。

⑬ 提出投资概算条件。

⑭ 参加工艺安全风险评估（HAZOP、SIL 分析等），并落实评估意见与建议。

6.3.2 分析化验

目前，分析化验的内容一般由工艺人员来完成，因为大多数项目都有工艺设计包或现有装置，若没有则需要由熟悉分析化验的专业技术人员来完成。主要工作如下：

① 明确分析化验室的任务、与工厂中心化验室的关系及分工；

② 编制分析项目表、分析仪器设备表、综合材料表和主要分析仪器设备规格书；

③ 绘制分析室平面布置图；

④ 提出分析化验部分的概算资料。

7 工厂基础工程设计

对于由三套及以上工艺生产装置组成的大型工厂建设项目，应进行工厂基础工程设计，以确保设计内容的完整性、协调性和系统性。

7.1 工厂基础工程设计的主要内容

工厂基础工程设计文件包括以下内容：

① 对整个工厂设计的总说明；

② 各装置基础工程设计；

③ 全厂总图与运输、公用工程、全厂性储运、仓库与维修、中心控制室、中心化验室、行政生活设施等厂内建设内容的基础工程设计；

④ 建设项目范围内厂外设施（如码头、铁路、供电、厂外管道等）的基础工程设计内容；

⑤ 全厂统一的设计专篇。

7.2 工艺专业相关设计工作

7.2.1 全工厂性设计

根据总体设计批复意见进行下列工作：

① 简要说明全厂总工艺加工方案，确定全厂总工艺流程；

② 提出全厂总物料平衡、总燃料平衡和其他必要的平衡；

③ 提出各工艺装置界区条件；

④ 进行工厂系统设计，确定储运、厂内外工艺及热力管网参数，提出公用工程条件。

7.2.2 各工艺装置基础工程设计

对于各工艺装置，其基础工程设计的内容和深度要求与装置基础工程设计的要求完全一致。

7.2.3 中心化验室基础工程设计

中心化验室基础工程设计包括如下内容。

① 概述中心化验室所属工厂概况、中心化验室的建设性质、设置原则、总图位置与规模、建设与设计依据、负责的各装置概况等。

② 中心化验室设计。包括提出分析项目表、分析仪器设备表、综合材料表；绘制中心化验室平面布置图；提出采暖通风和空调要求；提出中心化验室需要的水、电、气等公用工程规格要求和消耗量；确定中心化验室定员。

③ 提出中心化验室相关的概算条件。

8 详细工程设计阶段

8.1 详细工程设计文件的组成

8.1.1 工艺部分

详细工程设计文件由文表和图纸两大部分构成。

① 文表类　包括设计说明、工艺设备表、管道表等。

② 图纸类　包括管道及仪表流程图（P&ID）、公用工程管道及仪表流程图（U&ID）等。

对于多个装置且由几个设计单位完成的大型工程设计项目应绘制装置联络图，图中应标明各装置之间相互连接的管道（包括管件、阀门、仪表，装置内 P&ID 已有标示的管件、阀门、仪表等除外）及各装置界区线。

8.1.2 分析化验

分析化验详细工程设计文件文表类包括文件目录、说明书、综合材料表、分析仪器设备表。

分析化验详细工程设计文件设计图类包括分析仪器设备布置图、管道安装（布置）图、管道空视图（必要时）。

8.2 详细工程设计阶段工艺专业的工作

8.2.1 工艺部分

① 落实基础工程设计批复意见，对 P&ID、U&ID 进一步完善。

② 对全厂性和综合性项目按批复意见进行总工艺流程调整，给出最终的总工艺流程图、总物料平衡图、总燃料平衡图和其他必要的平衡表。

③ 对与工艺专业有关的报价资料进行技术评价。

④ 根据供货商资料和其他专业的返回意见对 P&ID、U&ID 进行调整。

⑤ 根据最终的设备和配管布置对机泵扬程及 $NPSH_a$ 进行复核。

⑥ 计算和选择 P&ID 中所有的安全阀、爆破片、小型消音器、疏水器、过滤器等系统元件，并提出这些元件的数据表。

⑦ 对于多个装置且由几个设计单位完成的大型工程设计项目应绘制装置联络图，并确定相关工艺控制条件、方案和工作界面。

⑧ 提出各专业设计条件。

⑨ 对设备图纸进行会签，确认符合工艺要求。

⑩ 检查设备布置图、管道布置图，确认符合工艺、环保、安全要求。

⑪ 参加工艺安全风险评估（HAZOP、SIL 分析等），并落实评估意见与建议。

8.2.2 分析化验

① 编制文件目录、说明书、综合材料表、分析

仪器设备表。

② 绘制分析仪器设备布置图、管道安装（布置）图、管道空视图（必要时）。

③ 向有关专业提出设计条件，如分析室的建筑、通风、空调、上下水等。

9 设计条件和图纸会签

9.1 设计条件的交接

设计条件是各专业开展设计工作的依据，各专业的设计条件能否正确和及时提出，是关系到设计效率、设计质量、设计水平的重要因素。因此，提出条件专业应认真负责，做好必要的调查研究及设计计算。必要时应与接受条件专业事先协商，并对所提条件的正确性负责。

设计条件应按计划进度提交。当某些条件确有困难时，由项目经理（设计经理）或装置负责人组织有关专业协商确定。各专业应主动协作，创造条件，开展设计工作。设计条件一般由规定的条件表和条件图组成。

设计条件签署中不能一人单独签署或一人同时在两栏中签署。不符合签署规定的条件，接受条件专业应予拒收。接受条件专业应在初步核对条件后，在条件单上签收，并由提出条件专业与接受条件专业各执一份。接受条件专业应认真核对条件，如发现有不合理之处，应及时与提出条件专业联系，经协商后确定。

凡在设计过程中对条件表内容确有修改处，均要用符号“△”标志在修改处，并在其中标明修改码，如“△2”，表示第2次修改，同时将编制、校核、日期等做必要的变更，每次修改的条件表由设计人保存备查。

专业间条件往来以书面形式妥善保存，若以电子文本形式往来，则应在项目中做出规定，按项目规定办理。待工程完成后将纸质文本或电子文本与其他归档资料进行整理，一并归档。

9.1.1 公司外部条件

(1) 项目基础工程设计（初步设计）阶段

这是开始阶段，工艺专业需要落实的公司外部条件如下。

① 可行性研究报告和上级主管部门对可行性研究报告的批复文件。

② 各级主管部门对投资来源的批文。

③ 主要原材料供应落实的有关部门的批文或协议书，关键原材料如煤、石油、天然气等应尽量有原材料供应的可行性研究报告。

④ 水、电（包括弱电）、汽及煤气供应落实的批文。

⑤ 环境影响报告书（或报告表）及其批文、消防部门的批文、安全卫生评价。

⑥ 交通运输条件的文件。

⑦ 工艺操作规程、主要工艺设备表。

⑧ 基础工程设计（初步设计）委托书。

(2) 详细工程设计（施工图）阶段

在这一阶段，工艺专业需要落实的公司外部条件如下。

① 基础工程设计（初步设计）文件和国家有关部门对基础工程设计（初步设计）的批文。

② 详细工程设计（施工图设计）委托书。

③ 同基础工程设计（初步设计）阶段应提供的条件。

④ 主要设备订货清单及其有关技术资料和必需的设计安装资料。

9.1.2 公司内部条件的交接

除外部条件外，工艺专业大多是向其他专业提条件（返回内容除外），但个别专业也有一些要求会提交工艺专业，具体表现在各专业提出条件中。在基础工程设计（初步设计）和详细工程设计（施工图设计）中工艺专业提出的条件见表2-12，内容深浅程度可根据设计阶段适当调整。

表2-12 在基础工程设计（初步设计）和详细工程设计（施工图设计）中工艺专业提出的条件

序号	接受条件专业	条件名称	返回内容	备注
1	环保	“三废”排放条件表	公用工程消耗条件表	
2	热力	蒸汽及冷凝水条件表	公用工程消耗条件表	
3	空压冷冻	①冷冻设计条件表 ②压缩空气（或氮气、氧气）条件表	公用工程消耗条件表	
4	配管	①管道及仪表流程图、P&ID修改条件表 ②设备布置图（初版） ③设备一览表 ④管道特性一览表 ⑤特殊管件、阀门条件表、数据表 ⑥建（构）筑物特征条件表 ⑦机泵数据表	• P&ID修改条件表 • 设备布置图	

续表

序号	接受条件专业	条件名称	返回内容	备注
5	应力	①管道及仪表流程图 ②设备一览表 ③管道特性一览表 ④安全阀、调节阀推(或反)力数据		
6	安装	①建(构)筑物特征条件表 ②管道特性一览表 ③超限设备条件表	超限设备一览表	
7	材料	①管道特性一览表 ②特殊管件工艺数据表		
8	给排水	①车间人员生活用水条件表 ②供水条件表 ③排水条件表 ④消防条件表 ⑤建(构)筑物特征条件表	公用工程消耗条件表	②、③项与配管专业共提
9	外管	①全厂公用工程平衡表 ②外管条件表(安装专业提保温要求、配管专业提连接形式) ③进出界区条件一览表		③项与配管专业共提
10	设备	设备设计条件表(包括设备条件草图和各接管及开孔标高)	总图、关键零部件图	与配管、仪表、安装专业共提
11	工业炉	①炉子设备条件表(裂解炉、工业炉、焚烧炉等) ②火炬条件表 ③管道和仪表流程图及说明(如需要)	• 泄放背压 • 公用工程消耗条件表	会签P&ID
12	机修	机修条件表(由工业炉专业提炉类条件)	公用工程消耗条件表	
13	运搬	①仓库堆料要求,温度、湿度要求 ②运输机械条件表 ③货物及排渣运输条件表 ④料仓(斗)设计条件表 ⑤机械化运输条件表 ⑥必要的工艺流程图	• 设备总图 • 布置图 • 公用工程消耗条件表	
14	机泵	大于17kW机泵一览表、压缩机一览表		
15	仪表	①P&ID、仪表条件表、流量计条件表 ②建(构)物特征条件表 ③调节阀条件表 ④管道特性一览表 ⑤复杂控制要求、联锁程控要求	• 仪表用气要求 • 公用工程消耗条件表	共同完成P&ID
16	电气、电信	①建(构)筑物特征条件表 ②用电设备条件表(由配管专业提进线方位) ③危险场所划分条件表 ④防雷条件表(由配管专业提有关配管突出物) ⑤电加热条件表(由配管专业提方位) ⑥电信设备条件表(由配管专业提设置位置,附图) ⑦联锁要求		电气设备防爆、防腐、防护等级确定、大容量用电设备电压等级确定,共同商议
17	土建	①建(构)筑物特征条件表 ②设备一览表 ③洁净、防腐、装修要求	建筑平、立、剖面图	③项与配管共提
18	总图	①建(构)筑物特征条件表 ②货物及排渣运输条件表 ③超限设备条件表 ④进、出界区条件一览表	总平面图及竖向布置图	• 总平面图确定,共同商议 • ④项与配管专业共提
19	暖风	①建(构)筑物特征条件表 ②采暖通风、空调条件表 ③局部通风条件表 ④设备一览表	公用工程消耗条件表	

9.2 设计图纸会签

设计图纸会签应在相关专业的成品底图完成阶段进行，需要会签的图纸先由设计人自校，并经校审人校审签署后提交给会签专业设计人会签。会签中由于遗漏、差错而引起的成品质量问题，由项目经理/设计经理或装置（车间）负责人负责组织协商解决。经协商各专业意见仍不能取得一致时，由项目经理/设计经理裁决。

被签专业设计人应按时将会签图纸提请会签人及时会签。

9.2.1 基础工程设计（初步设计）图纸会签

基础工程设计（初步设计）阶段工艺专业会签图纸内容提要见表 2-13。

9.2.2 详细工程设计（施工图）图纸会签

详细工程设计（施工图）阶段工艺专业会签图纸内容提要见表 2-14。

表 2-13 基础工程设计（初步设计）阶段工艺专业会签图纸内容提要

序号	被签专业		会签专业	
	专业名称	被签图纸（含表格）名称	专业名称	会签内容提要
1	总图	总平面布置图	工艺	生产装置(车间)及相关单体的名称(编号)、位置;室外工艺主要设备定位尺寸
2	建筑	建筑物平立面图	工艺	确认主要建(构)筑物柱网尺寸,轴线编号,各楼层房间名称、位置尺寸、电梯、出入门位置,各楼层及屋面标高。主要设备与吊装留洞位置,爆炸危险区域划分及空气洁净度区域划分范围,防腐区域范围,吊顶形式和技术夹层高度,气闸室、传递窗位置,管道井、检修门及主要设备操作台位置等
3	电气	高低压配电系统图、爆炸危险区域划分图	工艺	确认用电设备位号、名称、电容量 按易燃、易爆介质特性和释放源的位置、级别,确定爆炸危险区域划分符合工艺设计条件要求
4	暖风	暖风设备、风管平面布置图	工艺	要求机械通风的房间名称、吸风口位置;装设局部排风罩的设备位号及部位;设事故排风的房间或设备名称;洁净室事故排风地点、控制开关位置及送风、回风和排风的启闭联锁要求
5	设备	设备工程图	工艺	确认总装配图工艺几何尺寸、工艺设计参数、工艺操作参数、工艺介质特性、选材、主要管口规格、等级及工艺条件涉及的关键零部件结构形式尺寸。核对主要容器和换热器的设备裙座及支撑高度
6	配管	设备平立面布置图、主要管道研究图	工艺	校核设备标高、泵的 NPSH(净正吸入压头)及压差要求 符合工艺流程、设备布置的条件要求,确认对设备布置有影响的主要管道具体位置、走向,对特殊要求(两相流、易振动、高黏度介质、不得有"袋形"管道等)的配管位置及走向,满足工艺要求
7	工业炉	工业炉工程图	工艺	确认工艺设计参数(包括热负荷、物料流量、操作温度、操作压力、介质特性等)、选材要求、主要部件的工艺尺寸(如炉管尺寸等)、对工艺有要求的接管规格及等级
8	电信	电信设备配置图	工艺	确认电信设备名称、数量、配置位置
9	外管	管道走向图	工艺	确认进出装置(车间)界区交接点管道的管径、物料流向及代号、等级及保温(冷)
10	机泵	机、泵数据表	工艺	核对操作条件
11	仪表	可燃气体及有毒气体检测平面图、联锁逻辑原理图	工艺	确认信号报警点的位置及工艺参数 确认联锁系统的逻辑关系和工艺参数
12	给排水	总体给排水消防管道平面布置图	工艺	要求消防的区域位置、设备名称/位号,确认进出装置(车间)界区的给排水主管的初步位置与管径

表 2-14　详细工程设计（施工图）阶段工艺专业会签图纸内容提要

序号	被签专业		会签专业	
	专业名称	被签图纸（含表格）名称	专业名称	会签内容提要
1	总图	总平面布置图	工艺	生产装置（车间）及相关单体的名称（编号）、位置；室外工艺主要设备定位尺寸
2	建筑	建筑设计及施工说明，建筑平、立、剖面图	工艺	厂房生产类别，耐火等级，有特殊要求的说明 车间（装置）指北针；生产、辅助、生活房间分隔名称、尺寸；装置轴线编号、柱网尺寸；室内外地坪、楼层及屋面标高、门窗位置尺寸、开启方向；设备区域地坪围护尺寸、地坪防腐区域及防腐措施；防爆墙及泄爆口位置；地沟位置、走向、尺寸及出水口位置、地漏位置尺寸；安全出口位置；技术夹层高度及检修人行走道位置；气闸室或传递窗位置；洁净室内装修要求等
3	电气	动力及照明平面图、防雷及静电接地平面图	工艺	动力用电设备位号、名称、电容量、台数、启动控制开关及检修插座位置、事故停机按钮位置、局部照明及事故照明的地点；特殊用电设备的工艺参数；烟囱、高塔障碍照明的设置位置 要求静电接地的设备位置及接地点位置；露天布置的高塔、油罐避雷设施
4	暖风	暖风设备、风管平面布置图	工艺	要求机械通风的房间名称、吸风口位置；装设局部排风罩的设备位号及部位；设事故排风的房间或设备名称、吸风口及排风口位置；事故排风地点、控制开关位置及送风、回风和排风的启闭联锁要求
5	设备	设备总装配图（含主要零件图）	工艺	设备总图工艺尺寸；工艺设计参数及操作参数，如温度、压力、介质特性、耐腐蚀材料选用、传动设备的转速和功率等；工艺条件涉及的关键零部件图，如塔盘、降液管、分布器、换热管布置排列、搅拌器形式尺寸、挡板、导流筒等部件图
6	配管	设备平面布置图	工艺	校核设备标高、泵的 NPSH（净正吸入压头）及压差要求
7	工业炉	工业炉总装配图	工艺	总图和工艺参数，如热负荷、物料流量、操作压力、操作温度、介质特性、防爆、耐腐蚀对结构、材质的要求，主要零部件尺寸（如炉管）及对工艺有要求的接管方位等
8	电信	电信配线图	工艺	电话机（生产车间、辅助生产厂房及化验室）、电视监控、扩音对讲电话；调度电话；火灾报警（自动、手动）设置场所和要求
9	应力	管系柔性和应力一览表	工艺	管道介质名称、特性、管径、管道材料选材要求、工艺操作温度、操作压力
10	材料	管道材料等级表及配套手册	工艺	管道操作温度、操作压力、介质名称、介质特性（介质腐蚀性能、浓度、密度等）
11	安装	设备、管道保温及油漆一览表	工艺	设备位号、管道编号及规格、操作温度、保温（冷）及其他要求
12	配管	特殊管件数据表	工艺	核对操作温度、操作压力、设计温度、设计压力、介质名称、介质特性、处理能力及其他工艺要求的相关工艺数据是否齐全、有误
13	外管	外管管道特性一览表	工艺	核对操作温度、操作压力、设计温度、设计压力、介质名称、交接点等工艺数据是否齐全、有误
14	外管	外管管线平面布置图	工艺	管道编号、等级、输送起讫点、管径、管材、管道坡度、静电接地及埋地特殊要求
15	机泵	机泵数据表	工艺	核对操作条件
16	仪表	仪表一览表（规格书）	工艺	核对工艺条件、检测及控制参数

10 常用工具

10.1 工艺设计中常用的手册和指南

国内外各种化工或化学工程设计手册、针对各种单元操作和系统各部分的设计计算、设置及选型的手册等都可作为工艺设计参考手册，这些手册都属于综合汇编形式。

综合汇编形式的手册内容集中、排序清晰、查阅方便，被广泛应用于日常工作中。但是，由于综合汇编形式的手册更新周期一般比较长，其中所引用或汇编的规范或标准可能已经被更新甚至被废弃或替代，使用中应检查并确保采用标准规范的有效版本。

10.2 工艺设计中常用的计算机软件

10.2.1 Aspen ONE Engineering

Aspen ONE Engineering 是一套由美国 Aspen Tech 公司推出的工程应用软件，被广泛应用于炼油、石油化工、化工、化纤、合成制药等领域。该软件涵盖了从工艺过程设计与优化、工程设计与优化、生产操作模拟和实时测量与优化等一个工程项目整个生命周期的应用。该套件包括了 Aspen Plus、Aspen Properties、Aspen Polymers Plus、Aspen Energy Analyzer、Aspen Dynamic、Aspen Custom Modeler、Aspen Exchanger Design and Rating、Aspen Basic Engineering 等主要用于流程模拟、工程设计与优化的软件。现分别简单介绍如下。

(1) Aspen Plus

Aspen Plus 是美国 Aspen Tech 公司最早开发的稳态模拟软件。早在 20 世纪 80 年代初已开始商品化，积累 30 多年的经验及不断增补完善，已成为世界级标准流程模拟软件，也是目前国际上功能最强的商品化流程模拟软件。该软件包括由 50 多种严格的单元操作模型组成的模型库及 5000 多种化合物的物性数据库，在科研开发-工程设计-生产管理各个阶段均有广泛的应用。在科研开发上用此软件可以减少中试层次及实验次数，加速产品上市过程；在工程设计中应用此软件可以快速筛选各种流程方案，迅速确定物料及能量衡算，自动形成 PFD；在生产中使用它可模拟诊断生产装置不正常运行的工况并优化操作参数，节能降耗，也可以标定生产流程各部位的能力，找出“瓶颈”位置及增产方案。

Aspen Plus 的高级应用可扩展到共沸蒸馏、反应蒸馏、电解质过程、分馏塔用能分析（Column Targeting)、联立方程（EO）求解模拟等。

(2) Aspen Polymers Plus

Aspen Polymers Plus 是一种模拟聚合物生产过程的通用模拟计算软件包。由于聚合过程的复杂性，Aspen Tech 公司开发了一套独特的高分子聚合物结构表达方法——“链节方法”来表达聚合物结构特性（专利方法)；开发了计算高聚物性质及相平衡的数学模型及相应的数据库；内置了各种类型聚合反应的严格反应动力学计算模型，可以利用实验室或现场测试数据来拟合计算反应动力学模型中的参数；还具有根据化学组成、平均分子量及相对分子量分布、线性度等来估算产品物理性质的能力。

(3) Aspen Dynamics

Aspen Dynamics（AD）是一种图形用户界面软件，可以将稳态模拟软件 Aspen Plus 中生成的基础文件读进来，利用 AD 中内置的单元操作和各种自动控制模型库，进行动态生产过程的模拟，从稳态过程计算到模拟控制特性、参数整定等，可以一气呵成。

(4) Aspen Custom Modeler

Aspen Custom Modeler（ACM）也是一种图形用户界面软件，为用户提供一个比较友好的开发环境。使用者可以运用声明式编程语言，开发自己的单元操作模型，处理比较特殊的单元设备和过程。ACM 常用的几个方面：改进过程控制方案，测试可能的控制方案，研究先进控制方案，开发用户模型及优化过程操作。

如果同时有 AD 和 ACM 的使用许可，可以综合两个软件的优点，既利用 AD 的模型库，又利用 ACM 的开发环境，快速灵活地开发自己的特殊模型，模拟比较复杂的单元设备和过程。

(5) Aspen Energy Analyzer

Aspen Energy Analyzer 是一个基于过程综合与集成的夹点技术的计算软件。它应用工厂现场操作数据或者 Aspen Plus 模拟计算的数据，来设计能耗最小、操作成本最低的化工厂和炼油厂过程流程。它的典型作用有以下几个方面：

① 老厂节能的过程集成方案设计；

② 老厂扩大生产能力的“脱瓶颈”分析；

③ 能量回收系统（例如换热器网络）的设计分析；

④ 公用工程系统合理布局的优化（包括工业炉、蒸汽透平、制冷系统等模型在内)。

采用这种夹点技术进行流程设计，根据一些大型石化公司经验，一般对老厂改造，可以节能 20%左右，投资回收期一年左右；对新厂设计往往可节省操作成本 30%，并同时降低投资 10%～20%。

(6) Aspen Exchanger Design and Rating

Aspen Exchanger Design and Rating 是一个换热器的设计和模拟软件。该软件可以设计和模拟包括列管式换热器、空冷器、热虹吸式再沸器等热交换设备。该软件可以直接嵌入 Aspen Plus 流程模拟中，在流程模拟的同时直接进行严格的换热器模拟计算。它还可以直接利用 Aspen Plus 的物性模拟计算结果，减少重复输入的麻烦。

该软件还提供了列管式换热器的布管设计工具、列管式换热器机械设计工具。这两个工具为列管式换热器的机械设计自动化提供了可能性。

根据机械设计的结果，还可以利用该软件提供的费用估算功能计算出较为准确的换热器的制造费用。

(7) Aspen Basic Engineering

Aspen Basic Engineering 是一个基于带属性 PFD 的自动化工艺设计平台，包括一个绘图工具和数据表编辑工具及系统管理工具。用户可以利用绘图工具自带的、可自定义和扩充图形库中的图符快速绘制带有属性的 PFD。所谓带有属性，就是指 PFD 中每个符号，比如设备、管道、仪表等都分别带有自己独特的属性（或称参数)，这些属性或参数都存储于同一个数据库中。利用数据表编辑工具可以定义或修改属性。除数据表编辑工具外，用户还可以在绘图工具中完成对某台设备的主要属性或参数的定义或修改。在绘图环境中，双击图符还可以直接调用数据表编辑工具，打开与图符对应的数据列表，以便修改属性或参数。而一旦完成或修改，PFD、数据表、设备表、仪表数据表等中对应的参数都将自动修改一致，这样可大大减轻设计人员的重复劳动和人为出错的可能性。

此外，软件还提供了设计版本和设计工况的管理，前者能够防止对属性或参数的随意修改，也便于大家在同一设计条件和基准下工作；后者便于多方案的设计和比较。这两个实用功能可以使软件更能满足实际应用的需要。

软件还支持用户自定义图符和数据表样式，来扩充标准图形库和数据表。软件自带的知识库功能支持用户以 VBScript 进行简单的编程，以提高设计的自动化程度，满足用户的个性化需求。

(8) Aspen Hysys

与 Aspen Plus 类似，Aspen Hysys 也是一个过程模拟软件，最早由 Hypro Tech 公司研发，2004 年 Aspen Tech 公司将 Hypro Tech 收购，并将 Hysys 并入 AES。Hysys 的最大特点是将稳态和动态模拟有机地结合在一起，进行动态模拟时，允许用户直接修改流程，并马上得到动态模拟的结果，不用先进行稳态模型的计算，再将稳态模型转换到动态模型。

(9) Aspen Economics

Aspen Economics 是 Aspen Economic Evaluation 软件产品家族的统称，包含 Aspen Process Economic Analyzer、Aspen Capital Cost Esitmator、Aspen In-Plant Cost Estimator 等模块。利用这套软件，企业不仅可以快速、准确地对工艺设计的项目投资效益进行评估，还可以对项目的投资预算进行详细测算，确定工程上的决策对于项目经济性的影响，以更有效地管理项目。与项目管理软件 Primavera 结合使用，还可以对工厂现有装置的维护、改造等投资项目进行有效规划与管理。这套软件还包含了独有的内置工程设计方案库与投资估算数据库，可快速地提供综合、准确的投资估算。

10.2.2 SimSci PRO/Ⅱ

SimSci PRO/Ⅱ是一个历史最久的、通用性的化工稳态流程模拟软件，最早起源于 1967 年 SimSci 公司开发的世界上第一个蒸馏模拟器 SP05，1973 年 SimSci 推出基于流程图的模拟器，1979 年又推出基于 PC 机的流程模拟软件 Process（即 PRO/Ⅱ的前身），很快成为该领域的国际标准。自此，PRO/Ⅱ获得了长足的发展，客户遍布全球各地。

类似于 AspenTech，SimSci 也推出了 Process Engineering Suite (PES) 系列软件，除作为过程模拟与设计软件的 PRO/Ⅱ外，还包括了用于数据回归的 DATACON、用于管道系统水力学计算的 INPLANT、用于换热器及换热网络设计的 HEXTRAN、用于火炬系统设计的 VISUAL FLARE 4 个软件模块。

SimSci PRO/Ⅱ可广泛应用于各种化学化工过程的严格的质量和能量平衡计算，从油气分离到反应精馏，SimSci PRO/Ⅱ提供了全面的、有效的、易于使用的解决方案。与其他模块结合使用，可以为工艺系统的工程设计与优化提供更为完整的解决方案。

SimSci PRO/Ⅱ拥有完善的物性数据库、强大的热力学物性计算系统以及丰富的单元操作模块。它可以用于流程的稳态模拟、物性计算、设备设计、费用估算/经济评价、环保评测以及其他计算。现已可以模拟整个生产厂从包括管道、阀门到复杂的反应与分离过程在内的几乎所有装置和流程，广泛用于油气加工、炼油、化学、化工、聚合物、精细化工/制药等行业。采用图形界面是建立和修改流程模拟及复杂模型的理想工具，用户可以很方便地建立某个装置甚至是整个工厂的模型，并允许以多种形式浏览数据和生成报表。加载模块与各种流行工程设计软件的交互接口使其应用得到更大的扩展。

SimSci PRO/Ⅱ可广泛应用于工厂设计、工艺方案比较、老装置改造、装置标定、开车指导、可行性研究、“脱瓶颈”分析、工程技术人员和操作人员的培训等领域。SimSci PRO/Ⅱ的推广使用，可达到优化生产装置、降低生产成本和操作费用、节能降耗等目的，能产生巨大的经济效益。

10.2.3 HTRI

HTRI (Heat Transfer Research, Inc.) 是一个进行传热研究的国际会员组织，HTRI 软件是由其开发的一套换热器设计、校核和模拟软件。

多年来，HTRI 软件已经成功地应用于各种工业装置的设计中。其计算的基础数据和计算方法的修正来源于各种工业装置中实际操作应用的换热设备的操作数据的反馈，因而其计算的结果能够较好地符合设备的现实操作情况。随软件提供的换热设备设计手册十分详细地介绍了各种换热设备的结构、选型和计算方法。不仅如此，该组织每年还收集整理并向会员单位发表来自传热研究、工程设计、生产操作等各方面的文献资料，具有十分重要的参考价值。

新版本的 HTRI 已经将不同形式换热设备的计算集成到一个称为 Xchanger Suite 的软件中去。该软件实际上是一个换热器设计、校核和模拟的集成图形化用户界面环境。在该用户界面里，用户可以调用 Xace、Xist、Xphe、Xjpe、Xhpe、Xfh、Xvib 和 Xtlo 八个计算模块，分别进行空冷器、单相或两相列管式换热器（包括釜式或热虹吸式再沸器、降膜式蒸发器、回流冷凝器等）、板式换热器、夹套管式换热器、弯管式换热器、工业炉等换热设备的设计、校核和模拟，以及严格的列管振动分析和研究、严格的图形化列管布置和研究。

10.2.4 FRI Device Rating Program

Device Rating Program（DRP）是FRI开发的塔设备元件计算软件。FRI（Fractional Research Institute）是一个国际传质研究组织，专门从事传质分离设备的研究和开发。每年该协会为会员单位提供最新的有关传质分离元件的计算软件。此外，每年的会员大会上，FRI还向会员单位提供由该协会收集整理的来自传质研究、工程设计、生产操作等各方面的有关传质设备的开发、研究和计算的最新成果的文献资料，具有十分重要的参考价值。

DRP提供了传质分离元件的设计、校核和模拟计算功能。除了能够对最常用的板式塔盘进行计算外，还能计算浮阀塔、填料塔。软件中还提供了设计范例和专家诊断功能，用户可以参考类似应用的范例作为设计的起点，专家诊断功能还可对用户的设计提出专家诊断意见。

10.2.5 CFD软件

CFX与Fluent都是美国Ansys公司推出的计算流体动力学（Computational Fluid Dynamics，CFD）的软件，它们都采用空间有限元计算法，专门用于流体仿真计算。软件通过建立流体计算空间的模型，对该模型进行空间网格划分，再由程序对每个网格节点进行计算，得到流体计算空间在设定的边界条件下的动力学状况。

目前，CFD软件已经广泛应用于航空、航天、汽车、流体输送、液体搅拌与混合器设计、反应器设计等需要分析研究流体流动状况受边界条件影响的领域。

软件提供的后处理器，可以提供各种参数的流线图、矢量图、分布图，可以是静态的，也可以是动态的。这些图可以直观地反映计算流体空间的特性，以便进行分析和研究。

10.2.6 Smart Plant P&ID

Smart Plant P&ID是由美国INTERGRAPH（鹰图）公司推出的基于P&ID的工艺系统自动化设计平台。利用软件提供的、可以由用户自定义和扩充的图形库中的图符，用户可以快速绘制带有属性的P&ID。所谓带有属性，是指P&ID中每个图符（比如设备、仪表、管线、管件、阀门等）都可以定义属性（或称参数）。这些属性或参数都存储于同一个数据库中。用户在图形编辑环境下双击图符就可以打开属性修改对话框，直接对图符的属性进行定义或修改。利用软件的导出功能，用户可以把数据库中的数据导出到电子表格软件中，自动生成各种样式的数据表，比如设备数据表、仪表数据表、管线特性一览表、设备一览表等；利用软件的导入功能，可以将设备工艺计算得到的数据自动导入数据库。这样，复杂的工艺系统设计可以简化为以P&ID设计为中心的自动化设计过程。今后，该公司将重点开发以Smart Plant P&ID为核心软件的工艺系统设计自动化平台。

Smart Plant P&ID软件还支持用户自定义图符和数据表样式，来扩充标准图形库和数据表。软件自带的自动化功能支持用户以VBScript进行简单的编程，以提高设计的自动化程度，满足用户的个性化需求。

10.2.7 CRANE

该程序由英国的CRANE公司出版，在国际上各大工程公司中应用较广，主要可应用于烃类下列流型：

① 单相流（不可压缩流体）；

② 单相流（可压缩流体）；

③ 气液两相流（非闪蒸型）；

④ 气液水三相流（非闪蒸型）。

CRANE公司著有*Flow of Fluids Through Valves，Fittings and Pipe*（1979年出版）一书，程序中的管件阻力系数均摘自该书。

对于一个给定的管道轴测图（或单管图），输入轴测图有关特征和热力学性质，CRANE能计算出所有流体动力学性质；如果输入轴测图进出口标高和流体蒸气压，CRANE程序能算出$NPSH_a$（Net Positive Suction Head available）。

第3章 工厂和装置的物料、能量和公用工程平衡

在进行化工厂设计时，首先要按照确定的设计基础（工厂、装置规模、工艺流程、原料、辅助原料及公用工程的规格，产品及主要副产品的规格，厂区的自然条件等）进行装置的物料和能量（热量）衡算（即工艺计算），并据此进行全厂的物料、燃料及公用工程平衡。

全厂的物料、燃料、公用工程平衡是以装置的物料、能量衡算为基础的，两者均为化工厂设计最重要的量化中间成果。全厂的物料、燃料、公用工程平衡对设计者确定产品方案、优化装置设置、确定配套公用工程设施的规模、进行工厂总体设计等方面至关重要。

因此，设计者必须了解这些量化的中间成果的基本内容和它们的表达形式。

1 工厂的物料、燃料和公用工程平衡

工厂的物料、燃料和公用工程平衡通常用图示加表格的形式来表示。表格形式常为简单的收入和支出形式，收入项表示输入和发生，支出项表示输出及用户消耗。表格的优点为易于计算，但一般只能表示出物料的进出关系，而图的优点是直观，可以表达出比较复杂的平衡关系。

1.1 物料平衡

工厂的总物料平衡包括工厂内各装置从原料到中间产品直至最终产品的所有物料。以乙烯工厂（包括乙烯装置、丁二烯抽提装置和裂解汽油加氢装置）为例说明如下。

某乙烯工厂全厂物料平衡如图 3-1 所示，包括乙烯装置、丁二烯抽提装置和裂解汽油加氢装置的总物料平衡。

对每个装置可采用表格的形式进一步说明，本例中，乙烯装置的物料平衡表见表 3-1，丁二烯抽提装置的物料平衡表见表 3-2，裂解汽油加氢装置的物料平衡表见表 3-3。

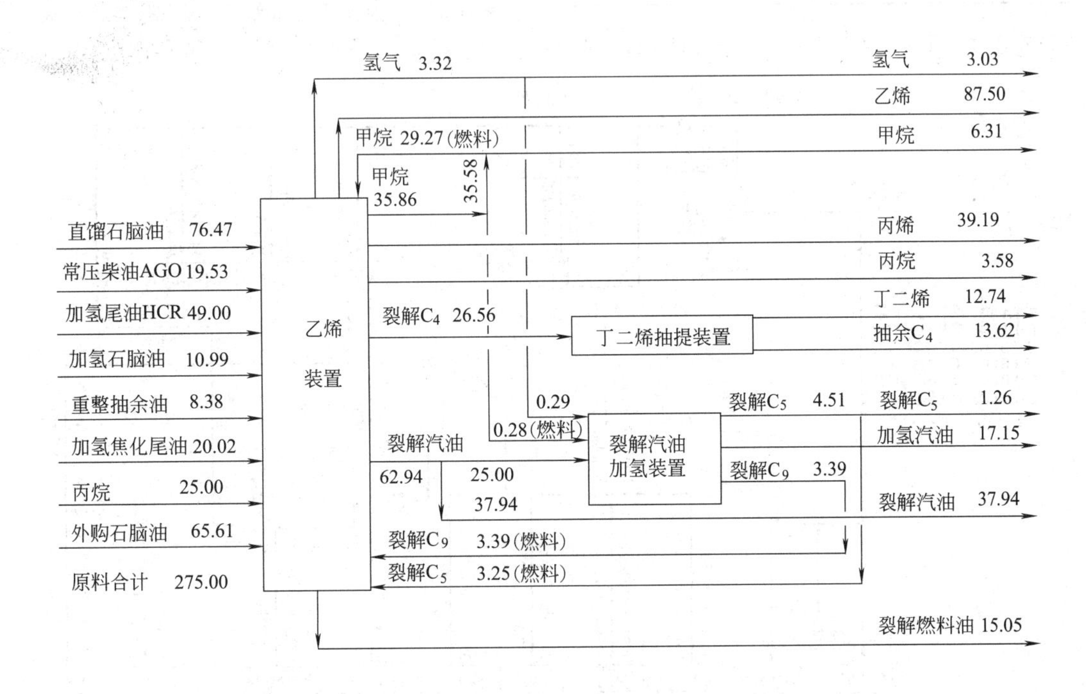

图 3-1 某乙烯工厂全厂物料平衡（单位：t/h）

表 3-1 乙烯装置的物料平衡表 单位：t/h

原料		产品	
名称	数量	名称	数量
直馏石脑油	76.47	氢气	3.32
常压柴油	19.53	甲烷	35.86
加氢尾油	49.00	乙烯	87.50
加氢石脑油	10.99	丙烯	39.19
重整抽余油	8.38	丙烷	3.58
加氢焦化尾油	20.02	裂解 C_4	26.56
丙烷	25.00	裂解汽油	62.94
外购石脑油	65.61	裂解燃料油	15.05
		损失	1.00
合计	275.00	合计	275.00

表 3-2 丁二烯抽提装置的物料平衡表

单位：t/h

原料		产品	
名称	数量	名称	数量
裂解 C_4	26.56	丁二烯	12.74
		抽余 C_4	13.62
		损失	0.20
合计	26.56		26.56

表 3-3 裂解汽油加氢装置的物料平衡表

单位：t/h

原料		产品		备注
名称	数量	名称	数量	
氢气	0.29	裂解 C_5	4.51	
裂解汽油	25.00	加氢汽油	17.15	
		裂解 C_9	3.39	乙烯装置燃料
		损失	0.24	
合计	25.29	合计	25.29	

另外，对于几个装置均涉及的一些物料（公共物料），常针对该物料列出平衡表，本例中，氢气（表3-4）、甲烷（表3-5）、裂解汽油（表3-6）、裂解 C_5（表3-7）等也可分别列表表示。

表 3-4 氢气平衡表 单位：t/h

产出装置	数量	用户名称	数量
乙烯装置	3.32	裂解汽油加氢装置	0.29
		外送	3.03
合计	3.32	合计	3.32

表 3-5 甲烷平衡表 单位：t/h

产出装置	数量	用户名称	数量
乙烯装置	35.86	乙烯装置燃料	29.27
		加氢装置燃料	0.28
		外送	6.31
合计	35.86	合计	35.86

表 3-6 裂解汽油平衡表 单位：t/h

产出装置	数量	用户名称	数量
乙烯装置	62.94	裂解汽油加氢装置	25.00
		外送	37.94
合计	62.94	合计	62.94

表 3-7 裂解 C_5 平衡表 单位：t/h

产出装置	数量	用户名称	数量
裂解汽油加氢装置	4.51	乙烯装置燃料	3.25
		外送	1.26
合计	4.51	合计	4.51

1.2 燃料平衡

燃料平衡应包括工厂范围内各装置所产生和消耗的所有固体、液体及气体燃料，常用图或多张表格来表示。如图 3-2 所示是燃料平衡图的例子。

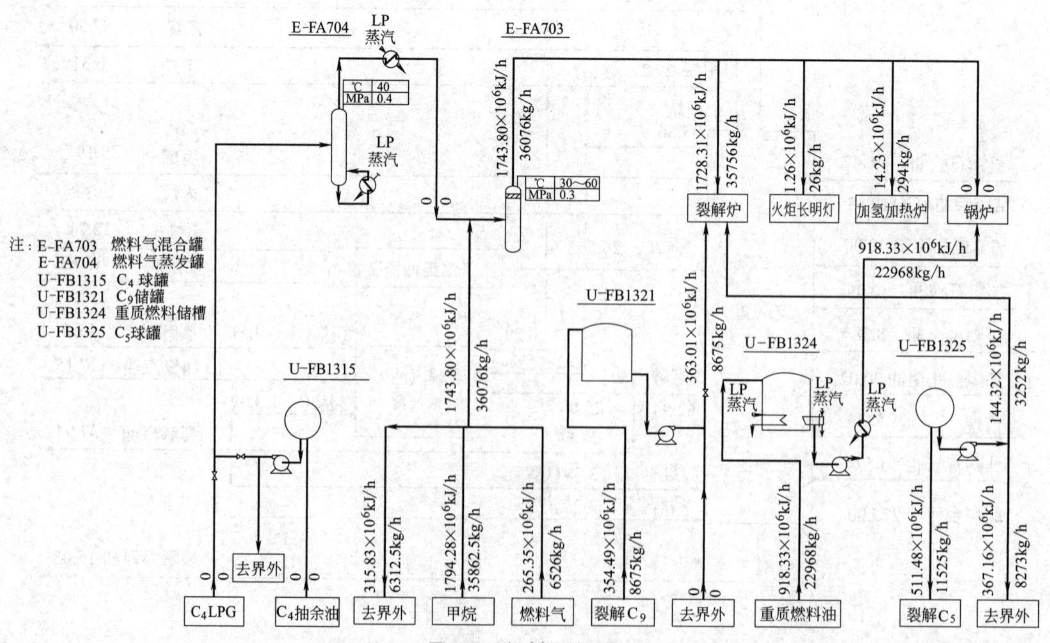

图 3-2 燃料平衡图

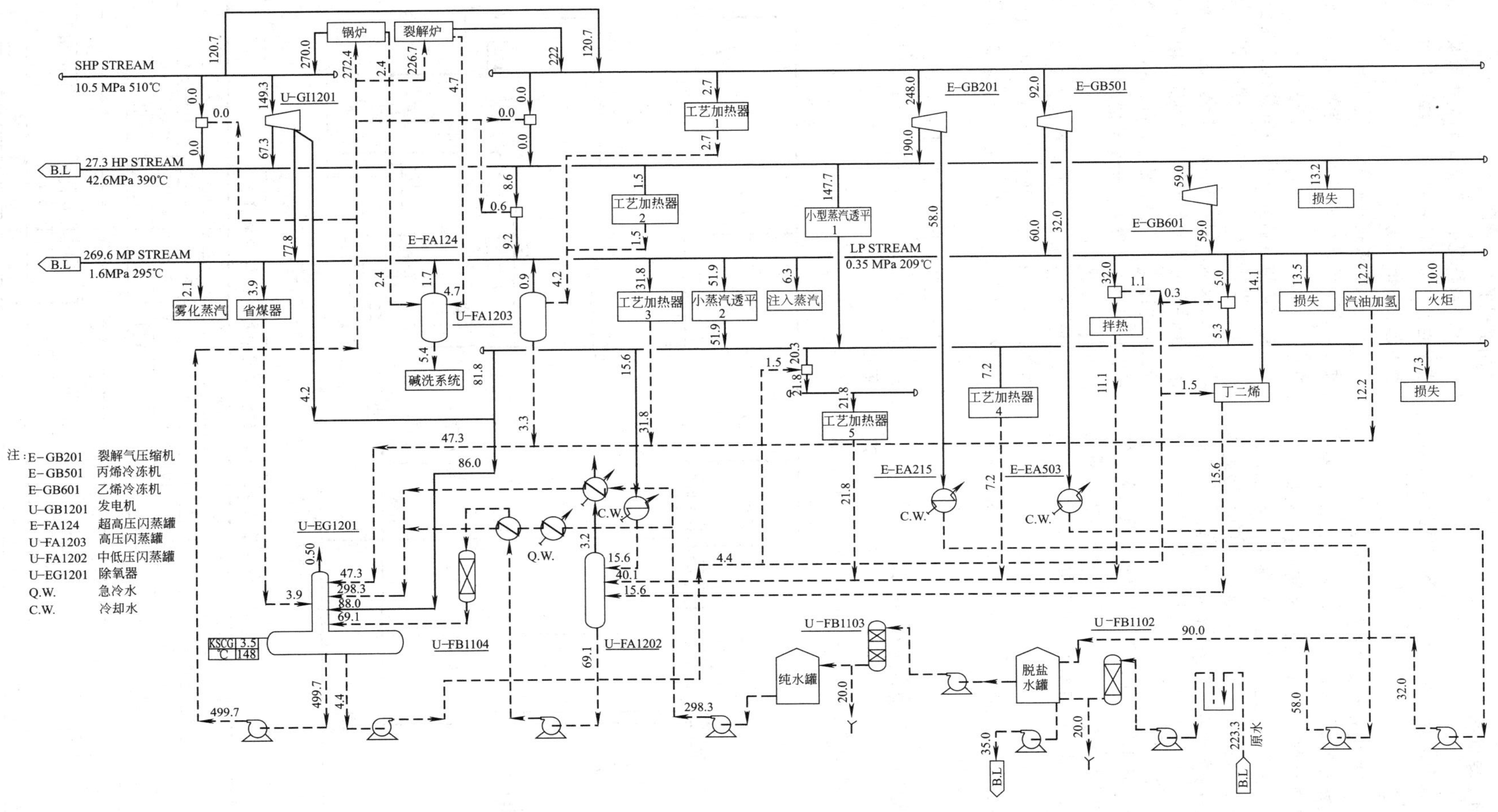

图 3-3　蒸汽及凝水系统平衡图

1.3　公用工程平衡

公用工程平衡包括工厂范围内各装置的水、电、汽、气等的平衡。

1.3.1　蒸汽及凝水系统平衡

蒸汽及凝水系统平衡包括工厂内各装置蒸汽的发生（从锅炉或废热锅炉），蒸汽的输入和输出量；各级蒸汽的用户（蒸汽透平、工艺加热器及直接注入蒸汽），冷凝水回收系统，锅炉给水系统及除氧器，可用图或表格来表示。蒸汽及凝水系统平衡图如图3-3所示。

1.3.2　水平衡

水平衡包括工厂内各装置的工业水、低硅水、生活水及循环冷却水平衡，可用图或表格来表示。如图3-4所示是某乙烯工厂循环冷却水平衡图。

1.3.3　风平衡

风平衡包括工厂内各装置的氮气、工厂风、仪表风等平衡，可用图或表格来表示。

2　装置的物料衡算及热量衡算

装置的物料衡算及热量衡算是工厂物料、燃料及公用工程平衡计算的基础。

大多数情况下，装置的物料衡算及热量衡算由该装置的工艺包设计者完成，这些结果也常用来评价一个工艺技术的优劣。

一些流程或技术简单的工艺装置，常不做工艺包设计，由工程设计人员完成装置的物料衡算及热量衡算。

装置的物料衡算及热量衡算包括流程的优化设计。根据设计基础中的原料、公用工程等约束条件及装置工艺技术的自身特点，工艺人员调整设计（操作）条件，可使整个装置达到最优。因为需要进行大量的工艺计算，为提高效率，除了一些较简单的装置可以采用手工计算外，大多数情况下是依靠流程模拟软件进行计算的。

装置物料衡算及热量衡算的结果通常以工艺物料流程图（PFD）及物流表的形式给出，用于全厂物料、燃料、公用工程平衡计算和单元设备计算。

某苯乙烯装置工艺物料流程图之一如图3-5所示，表3-8是与该物料流程图相对应的部分物流表。

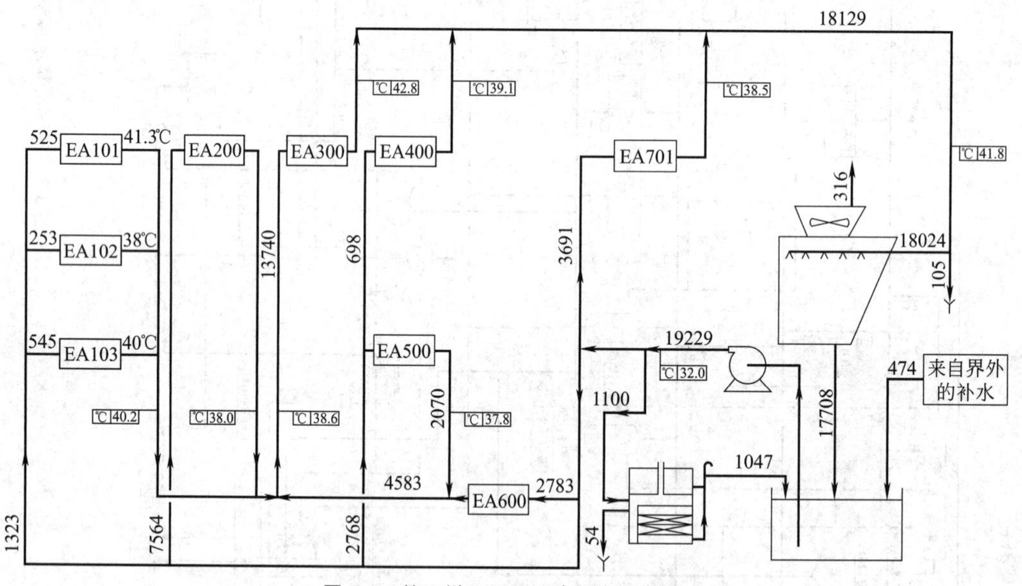

图3-4　某乙烯工厂循环冷却水平衡图

表3-8　与某苯乙烯工艺物料流程图相对应的部分物流表

流股号	105	106	110	111	112	113	114	115	116	117	118
来自	E-103	E-104	X-101	V-106	E-105	E-105	E-107	E-105	E-106	E-106	E-107
至	X-101	V-105	E-105	X-101	E-106	V-105	E-106	E-106	V-105	V-107	V-105
相态	气相	液相	气相	液相	气相	液相	气相	气相	液相		液相
质量流量/(kg/h)											
空气											
氢气	261.85		261.89		261.89			261.89		261.89	
甲烷	23.58		23.61		23.61			23.61		23.61	
二氧化碳	155.36		155.61		155.61			155.61		155.61	

续表

苯	91.98	0.03	173.43	2.37	158.06	15.37	38.59	196.64	75.11	121.54	
甲苯	403.38	0.88	461.66	2.11	364.61	97.06	34.34	398.95	258.99	139.96	
非苯烃类	35.41	0.44	35.90		19.92	15.97		19.92	17.18	2.75	
乙苯	7115.78	211.00	7268.66	1.38	4353.52	2915.14	22.38	4375.90	3654.77	821.12	
对二甲苯	93.54	1.17	95.00	0.01	53.97	41.03	0.11	54.08	46.20	7.87	
间二甲苯	54.28	0.71	55.02		30.54	24.48	0.06	30.60	26.38	4.22	
邻二甲苯	4.14	0.06	4.18		2.13	2.04		2.14	1.89	0.25	
苯乙烯	12693.98	2.02	12832.63	0.80	6622.54	6210.09	12.96	6635.49	5830.59	804.90	
α-甲基苯乙烯	12.97		12.99		4.41	8.57		4.41	4.16	0.26	
异丙苯		0.11									
高沸物	57.55		57.55		3.64	53.91		3.64	3.61	0.02	
渣油											
聚合物											
NSI											
TBC											
水	28956.12	4.49	32026.58	1951.66	6049.45	25977.13	698.05	6747.50	5976.92	770.57	810.08
总流量/(kg/h)	49959.92	220.91	53464.71	1958.33	18103.90	35360.79	806.49	18910.38	15895.80	3114.57	810.08
温度/℃	120.0	98.2	68.0	52.2	57.0	57.0	71.9	58.8	38.0	36.3	71.9
压力(绝)/kPa	33.0	100.0	32.0	381.3	30.0	30.0	34.0	29.0	28.0	28.0	34.0
密度/(kg/m^3)	0.261	785.186	0.286	986.708	0.341	942.190	0.221	0.304	910.951	0.173	976.544
平均分子量	25.77	96.50	25.29	18.06	31.09	23.09	18.60	28.80	33.84	15.86	18.02
气相黏度/mPa·s	0.0128		0.0109		0.0104		0.0110	0.0106		0.0100	
液相黏度/mPa·s		0.302		0.528		0.489			0.679	0.556	0.393

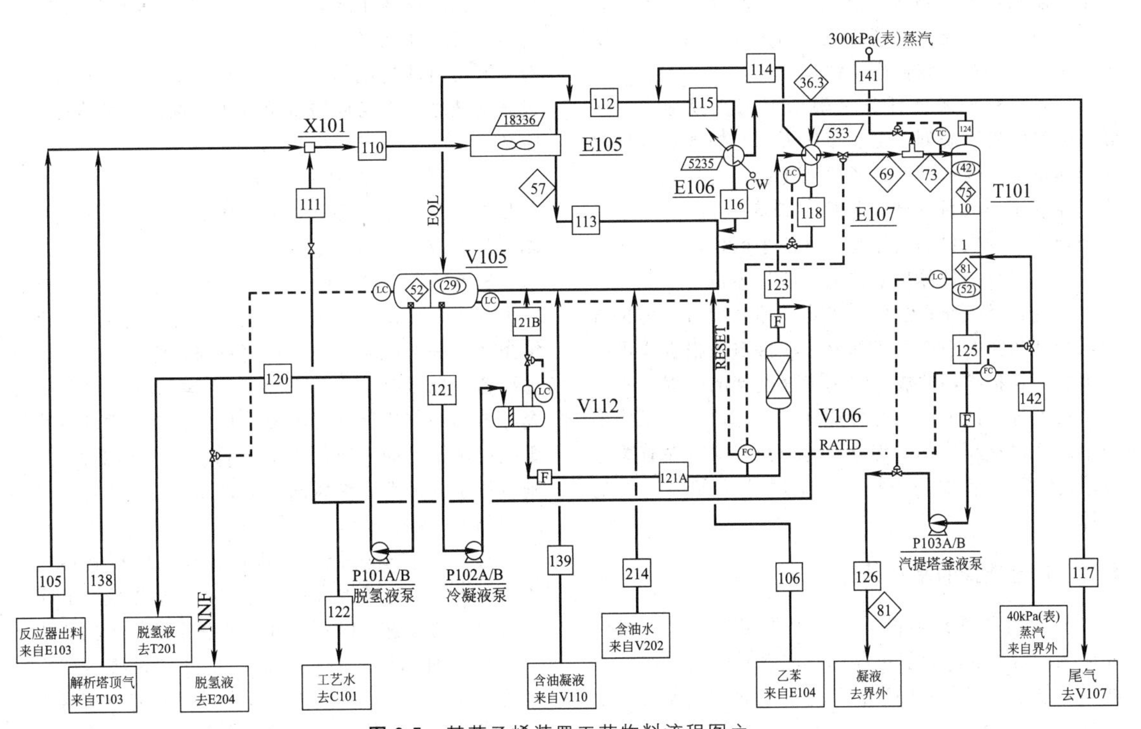

图 3-5　某苯乙烯装置工艺物料流程图之一

第4章 厂址选择和工厂布置

1 厂址选择

厂址选择是工业基本建设中的一个重要环节，是一项政策性和技术性很强、牵涉面很广、影响面很深的工作。从宏观上说，它是实现国家长远规划、工业布局规划、决定生产力布局的一个具体步骤和基本环节。这是因为国家的长远发展规划和工业布局，地区生产力和经济的发展，一般都是通过许多具体的建设项目来实现的。不管是原先的大中型项目的定址或近年来的经济开发区等的开发，均体现了国家的鼓励发展方向长远发展需要的具体步骤。从微观上讲，厂址选择又是具体的工业企业建设和设计的前提。厂址选择是否得当，关系到工厂企业的投入和建成后的运营成本，对工厂企业的经济效益影响极大。国家历来对工厂定点很重视，我们应该慎重对待。

厂址选择的基本任务是根据国家（或地方、区域）的经济发展规划、工业布局规划和拟建工程项目的具体情况及要求，经过考察和比选，合理地选定工业企业或工程项目的建设地区（即大区位），确定工业企业或工程项目的具体地点（即小区位）和工业企业或工程项目的具体坐落位置（即具体位置）。

厂址选择工作在阶段上讲属于编制项目申请报告或可行性研究的一个组成部分，项目申请报告或可行性报告一经批准，便成为编制工程设计的依据。

在工程设计中，我们最常参与的“选厂”工作多为小区位选择和具体坐落位置的选择。只有在有关建设单位及其主管部门委托或邀请时才参与大区位的选择。

1.1 厂址选择的基本原则

① 厂址位置必须符合国家工业布局，以及城市或地区的规划要求，尽可能选择成熟开发的工业区入驻，以便于生产上的协作、公用工程的供应和生活上的方便。

② 厂址宜选在原料、公用工程供应和产品销售便利的地区，以及在仓储物流、机修、交通条件和生活设施等方面有良好基础与协作条件的地区。

③ 厂址应靠近水量充足、水质良好的水源地，当有城市供水、地下水和地面水三种供水条件时，应该进行经济技术比较后再选用。

④ 厂址应尽可能靠近原有交通线（水运、铁路、公路），即应有便利的交通运输条件，以避免为了新建企业需修建过长的专用交通线，增加新建企业的建厂费用和运营成本。在有条件的地方，要优先采用水运。对于有超重、超大或超长设备的工厂，还应注意沿途是否具备运输条件。

⑤ 厂址应尽可能靠近热电供应地，一般情况下，厂址应该考虑电源的可靠性（中小型工厂尤其如此），并应尽可能利用热电站的蒸汽供应，以减少新建工厂的热力和供电方面的投资。

⑥ 选厂应注意节约用地，不占或少占良田、耕地、菜园、果园等。厂区的大小、形状和其他条件应满足工艺流程合理布置的需要，并应有发展的可能性。

⑦ 选厂应十分注意环境保护，并对工厂投产后对于环境可能造成的影响做出预评价。工厂及其所属设施的选址，应与周边城镇及居民点保持足够的卫生距离。

⑧ 散发有害物质的工业企业厂址，应位于与城镇相邻的工业企业和居住区全年最小频率风向的上风侧，且不应位于窝风地段。

⑨ 有较高洁净度要求的生产企业厂址，应选择在大气含尘量低、含菌浓度低、无有害气体、自然环境条件良好的区域，且应远离铁路、码头、机场、交通要道，以及散发大量粉尘和有害气体的工厂、储仓、堆场等有严重空气污染、水质污染、振动或噪声干扰的区域。如不能远离有严重空气污染的区域时，则应位于其最大频率风向的上风侧，或全年最小频率风向的下风侧。

⑩ 厂址应避离低于洪水位或在采取措施后仍不能确保不受水淹的地段；厂址的自然地形应有利于厂房与管线的布置，以及内外交通联系和场地的排水。

⑪ 厂址附近应有可靠的污水处理设施，如工厂自建污水处理厂，且处理达标后的废水要直接排入厂址附近的自然水体，则其排污点需得到环评报告的论证和相关部门的批准。

⑫ 厂址应不妨碍或破坏农业水利工程，应尽量避免拆除民房或建（构）筑物、砍伐果园和拆迁大批墓穴等。

⑬ 厂址应具有满足建设工程需要的工程地质条

件和水文地质条件。

⑭ 厂址应避免布置在下列地区。

a. 地震断层带地区和基本烈度为 9 度以上的地震区。

b. 土层厚度较大的Ⅲ级自重湿陷性黄土地区。

c. 易受洪水、泥石流、滑坡、土崩等危害的山区。

d. 有喀斯特、流砂、游泥、古河道、地下墓穴、古井等地质不良地区。

e. 有开采价值的矿藏地区。

f. 对机场、电台等使用有影响的地区。

g. 有严重放射性物质影响的地区及爆破危险区。

h. 国家规定的历史文物，如古墓、古寺、古建筑等地区。

i. 园林风景和森林自然保护区、风景游览地区。

j. 水土保护禁垦区和生活饮用水源第一卫生防护区。

k. 自然疫源区和地方病流行地区。

1.2　工业企业厂址的基本条件

1.2.1　场地条件

厂址必须有建厂所必需的足够面积和较适宜的平面形状，这是能否建厂的基本条件，也是对厂址的最基本的要求。

工厂的厂址必须有满足其建设和生产所需要的足够的面积。工厂所需要的面积与其类别、性质、规模、设备、布置形式、场地的地形及场地外形等多种因素有关，同时也与工厂的生产工艺过程、运输方式、建筑形式、密度、层数以及生产过程的机械化、自动化水平等因素有关。不同类型、不同性质、不同规模的工厂对厂址面积的要求不一样。工业企业场地面积一般应包括厂区用地、渣场用地、厂外工程设施用地和交通设施用地几部分，并应考虑工业企业建设阶段所需要的施工用地。对厂址面积的要求，在厂址选择中应注意以下问题。

① 场地的有效面积必须使工厂企业在满足生产工艺过程中货物运输和安全卫生要求的条件下，能够经济合理地布置厂内外的一切工程设施，并为工厂的发展留有余地和可能。

② 一般情况下，厂区应集中于一处，不要分散成零碎的几块，以利于新建工厂各种设施的合理布置及投产后各部分间的相互联系和管理。

③ 在选择的厂区范围内，不应受到铁路干线、山洪沟渠或其他自然屏障的切割，以保证厂区面积的有效利用和工厂各种设施的合理布置。

④ 渣场、厂外工程设施和交通设施是厂区以外的另几项用地。如果有，应同时考虑和选定，并应注意如下几点。

a. 渣场的位置对于厂区和居住区来说，其方位和距离均应合理适宜，其面积（体积）应在开展综合利用的前提下满足渣量堆存的要求。

b. 厂外工程设施是指独立于厂区以外的工程，如区域变电站、工业水厂、取水设施、污水排放设施等，其用地要根据实际需要计算，不应放大也不应减小，以免造成浪费或不能满足工程设施的建设要求。

c. 交通设施是指铁路专用线、工业站、码头、厂外公路专线等。这些设施的选址应保证工厂运输的便捷，减少工程量，节约工程投资。

⑤ 在选择厂址时既要考虑工厂近期建设的合理性，又要留有余地。厂址除了要满足近期建设外，应至少有一个方向可供并利于其发展的可能，不要将厂址定在四周都已经被限得很闭塞的场地上，以至于只能将工厂的发展用地留于厂外。

大多数工厂都在发展，技术也在不断更新和进步。不管是一次规划（设计）分期建设，还是一次设计一次建设的工厂，工厂产品品种的增加或改变，产量的提高，总是必然的，随之而来的工厂扩建、改造和发展也将成为必然。国内外有人将是否有良好的发展条件视为是否具有现代化水平的总图运输方案的条件之一，原因就在于此。因此，在选择厂址时，既应考虑到近期合理，又要预留有远期发展的可能。在具体处理远期和近期关系时，应坚持“远近结合，以近期为主，近期集中，远期外围，由近及远，自内向外”的布置原则，做到统筹安排，全面规划，既着眼于目前，又展望于将来，以达到近期紧凑、远期合理的目的。选择厂址时还要防止在厂内大圈空地、多征少用和早征迟用的错误做法。

⑥ 厂区的平面形状应使其有效利用的区域面积尽可能大，所以选址时除有足够数量的面积外，还应考虑其平面形状的优劣。一般选址中，应尽可能避免选择三角地带、边角地带和不规则的多边形地带以及窄长地带为拟建厂的厂址。因为三角地带、边角地带的平面利用率较差，而不规则的多边形和窄长地带则较难布置。国外有资料表明，厂址以边长比为1∶1.5的矩形场地比较经济合理。

1.2.2　地形、地质和水文地质条件

(1) 地形

厂区的地形对工厂企业的建设和生产都会产生很大影响。它既影响到工厂企业各种设施的合理布局、场地的处理和改造、管道布置、交通运输系统的布局、场地排水等，也影响到工厂场地的有效利用，从而影响到工厂的建设周期、投资和长期运营费用。复杂的地形、低洼的地形会增加场地处理工程量，不良的地形和周围环境会影响到新建工厂的生产和生活环境，所以对工厂的地形地貌应该有所选择。

一般厂址宜选择在地形较简单、平坦而又开阔且便于地面水能够自然排出的地带，而不宜选择在地形

复杂和易受洪水或内涝威胁的低洼地带。

厂址应避开易形成窝风的窝风地带和大挖大填地带。

(2) 地质和水文地质条件

工厂企业建设厂址的地基应该有较高的承载力和稳定性。厂址宜避开古河道和软土地基等不良地带。

厂址应该尽可能避开大挖大填区和大量基岩暴露或浅埋的地带，因为前者会使厂区地基不均匀，处理难度较大，且两者都会给建设带来大量的土石方工程。

厂址应尽量选择在地下水位较低的地区和地下水对钢筋及混凝土无侵蚀性的地区。

1.2.3 供排水条件

(1) 供水

工厂企业的建设厂址必须具有充足、可靠的水源。无论是地表水、地下水或其他形式的水源，其可供水量必须能满足工厂企业建设和生产所需的水量及水质要求。

(2) 排水

厂址周边应具有可靠的污水处理设施或具有经环评报告论证且经政府部门批准的可供处理后达标的废水排放的自然水体。

1.2.4 供电条件

厂址应尽可能靠近电热供应地，应该考虑电源的可靠性，并应尽可能利用热电站的蒸汽供应，以减少工厂在电热基础设施上的投入，中小型工厂企业尤其如此。

1.2.5 交通运输条件

厂址应有便利的交通运输条件，即应尽可能靠近原有的交通运输线路（水运、铁路或公路)。对于有超长、超大或超重设备的工厂，还应注意调查清楚原有的运输线路是否具备上述特殊设备的运输条件。

1.3 厂址选择的工作阶段

厂址选择在工程建设中划归于建设前期工作，是可行性研究的重要组成部分。一般可分为准备阶段、现场工作阶段和编制报告阶段三个阶段，各工作阶段的内容如下。

1.3.1 准备阶段

在准备阶段，总图专业人员的主要工作是参与“拟定选厂指标”和“编写设计基础资料收集提纲”。

(1) 拟定选厂指标

拟定选厂指标的主要内容如下。

① 拟建工厂的产品方案，产品的品种和规模，主要副产品的品种、规模等。

② 基本的工艺流程、生产特性。

③ 工厂的项目构成，即主要项目表。

④ 所需原材料、燃料的品种、数量、质量要求，它们的供应来源或销售去向及其适用的运输方式。

⑤ 全厂年运输量（输入输出量）和主要包装方式。

⑥ 全厂职工人数估计和最大班人数估计。

⑦ 水、电、气等公用工程的耗量及其主要参数。

⑧“三废”排放数量、类别、性质和可能造成的污染程度。

⑨ 工厂的理想总平面布置图和它的发展要求，框出拟建工厂的用地数量。

工厂的用地面积应包括生产区、辅助设施、行政管理设施以及合理的发展用地的总和。

⑩ 其他特殊要求。如工厂需要的外协项目、洁净工厂的环境要求、需要一定防护距离的要求等。

(2) 编写设计基础资料收集提纲

为满足新建工程对设计基础资料的要求，现场工作阶段必须做好设计资料的收集工作（资料收集提纲详见本章第5小节)。如果有条件，设计基础资料的大部分应在现场踏勘之前，由建设单位提供。这样可以使现场工作更有针对性，从而提高工作效率。

1.3.2 现场工作阶段

准备工作完成后，开始现场工作。现场工作的目的是落实建厂条件，其主要工作如下。

① 向当地政府和主管部门汇报拟建工厂的生产性质、建厂规模及工厂对厂址的基本要求、工厂建成后对当地可能的影响（好的影响和可能产生的不利影响)，听取他们对建厂方案的意见。

② 根据当地推荐的厂址，先行了解区域规划的有关资料，确定踏勘对象，为现场踏勘做进一步准备。

③ 按收集资料提纲的内容，向当地有关部门一一落实所需资料和进行必要的实地调查及核实。

④ 进行现场踏勘。

对每个现场来说，现场踏勘的重点是在收集资料的基础上进行实地调查和核实，并通过实地观察和了解，获得真实的和直观的形象。现场踏勘应该包括如下内容。

a. 踏勘地形图所表示的地形、地物的实际状况，看它们是否与所提地形图相符，以确定如果选用，该区是否要进行重新测量，并研究厂区自然地形的改造和利用方式，以及场地原有设施加以保留或利用的可能。

b. 研究工厂在现场基本区划的几种可能方案。

c. 研究确定铁路专用线接轨点和进线方向，航道和建造码头的适宜地点，公路的连接和工厂主要出入口的位置。

d. 实地调查厂区历史上洪水淹没的情况。

e. 实地观察厂区的工程地质状况。

f. 实地踏勘工厂水源地和排水口，研究确定可能的取水方案和污水排除措施。

g. 实地调查热电厂及厂外各种管线可能的走向。

h. 现场环境污染状况的调查。

i. 周围地区工厂和居民点分布状况及协调要求。

j. 各种外协条件的了解和实地观察。

在踏勘中，应注意核对所汇集的原始资料，那些无原始资料的项目应在现场收集，并注意随时做出详细记录。一般应踏勘两个以上厂址，经比较后择优建厂。

1.3.3 编制报告阶段

在现场工作结束后，可开始编制选厂报告。项目总负责人应组织选厂工作小组人员在现场工作的基础上，选择几个可供比较的厂址方案，进行综合分析，对各方面的条件进行优劣比较后得出结论性意见，推荐出较为合理的厂址，并写出报告和绘制拟选厂址方案图。厂址选择报告应包括下列内容。

① 选厂的根据，新建厂的工艺生产路线，选厂工作的经过。

② 建厂地区的基本概况。

③ 厂址方案比较。比较内容：厂址技术条件比较（表 4-1），建设费用和经营费用比较（表4-2）。

④ 对各个厂址方案的综合分析和结论。

⑤ 当地政府和主管部门对厂址的意见。

⑥ 附件。区域位置规划图[（1∶10000）～（1∶50000）]，内容应包括厂区位置、工业备用地、生活区位置、水源和污水排出口位置、各类管线及厂外交通运输路线规划、码头位置、铁路专线走向方案及接轨站位置等；企业总平面布置方案示意图[（1∶500）～（1∶2000）]；各项协议文件。

表 4-1　厂址技术条件比较

内　容		厂址方案			备注
		甲	乙	丙	
厂区基本情况	1. 区域位置				
	2. 占地面积/ha				
	3. 占用农田/亩 水田 旱田				
	4. 农田粮食产量(亩产量及总产量)/kg				
	5. 搬迁居民户数/(户/人)				
	6. 拆迁建(构)筑物面积/m^2				
	7. 厂区周围环境及有无发展余地				
	8. 气象、厂区主导风向及对周围环境的影响				
	9. 地形、地貌(新定厂址高程)				
	10. 地质条件(土壤、水文地质、地震烈度、地耐力及地层的稳定性等)				
	11. 场地平整、土石方工程量/m^3				
	12. 人防条件				
	13. 水文、防排洪				
	14. 本厂对当地卫生条件的影响，附近工厂对本厂的影响				
	15. 协作条件(城镇生活福利设施的利用)				
	16. 建设施工条件				
交通运输	17. 铁路：等级、里程、桥隧工程量和接轨条件				
	18. 公路：等级、里程、桥隧工程量和连接条件				
	19. 水运设施的建设规模及条件				
	20. 经营条件(原料、成品、燃料等运输的合理性)				
供排水	21. 水域名称、最枯流量、最高水温				
	22. 取水口位置及距厂距离、取水总扬程、地下水利用情况				
	23. 清净水排水距离、排水堤排总扬程、污水排水口位置及距离、污水堤排总扬程				
供气	24. 供气地点：输气管道直径及长度、敷设跨越区带情况				
供电	25. 供电电源名称、电压等级、距离及跨越，施工用电电源距离及跨越，工厂水源地供电方式				
可比部分	26. 建设投资				
	27. 经营费(年)				
其他	28. 如电信、消防、劳动力素质及来源等				

注：1ha＝10^4m^2；1 亩≈$666.67m^2$。

表 4-2　建设费用和经营费用比较

序号	费用名称	方案甲		方案乙		方案丙		备注
		数量	金额	数量	金额	数量	金额	
1	场地开拓费 (1) 土石方及场地平整费 (2) 建筑物拆迁及赔偿费 (3) 青苗赔偿及土地征购费							
2	交通运输设施费用（应分别列出铁路、公路、厂外管线、码头等设施费用及增容费用）							
3	供水：取水、管道、净化设施费							
4	排水：污水处理设施、管道费用							
5	动力线路、设备、增容费等							
6	住宅及福利设施费							
7	临时设施建设费							
8	建材运输费							
9	大型设备运输费							
10	基础处理费							
11	其他建设期间发生的工程费							
	合　计							
1	原材料、燃料、产品等运营费							
2	给排水运营费							
3	动力供应运营费							
4	其他运营费用							
	合　计							

2　工厂布置

2.1　工厂布置的基本任务

工厂布置涉及的对象是生产过程中使用的机器设备、各种物料（如原材料、半成品和成品以及公用系统的各种介质，它们按不同的性质和形态储存在不同的场所）、从事生产的操作人员、铁路和道路以及各种物料管线等。

工厂布置的基本任务是结合厂区的各种自然条件和外部条件确定生产过程中各种对象的空间位置，以获得最合理的物料和人员的流动路线，创造协调而又合理的生产和生活环境，组织全厂构成一个能高度发挥效能的生产整体。因此，工厂布置实质是为了寻求物料和人员的最佳运输方案。

按我国习惯做法，工厂布置划分为厂区布置和厂房（装置）布置两部分，前者习惯称为总图布置，后者称为车间布置。就工作的分工而言，这样的划分可以使总图专业和工艺专业有各自明确的工作范围，但就工作的性质而言，两者是不可分割的整体，因为它们具有相同的工作任务，只是工作范围大小之分，即厂区布置是全局，而各个厂房布置则是局部。

本节叙述的重点是厂区布置，也即习惯称为总图布置的有关内容。

厂区布置的具体任务如下。

① 根据工业企业的生产特性、工艺要求、运输及安全卫生要求，结合各种自然条件和当地条件，合理地布置全厂建（构）筑物、各种设施和交通运输路线，确定它们之间的相互位置和具体的地点，即工业企业的总平面布置。

② 根据建厂场地的自然地形状况和总平面布置要求，合理地利用和改造厂区的自然地形，协调厂内外的建（构）筑物及设施、交通路线的高程关系，即进行工厂企业的竖向布置和土方调配规划。

③ 正确选择厂内外各种运输方式，合理地组织运输系统和处理人流、货流。负责设计运输设施或提出方案委托设计。

④ 合理地综合布置厂内室外地上、地下各种工程技术管线，使它们不互相抵触和冲突，使各种管网的线路径直和短捷，与总平面及竖向布置相协调。

⑤ 进行厂区的绿化及美化设计或提出设计要求，委托设计。

2.2　工厂总平面布置

2.2.1　工厂总平面布置的一般原则

从工程角度来看，化工厂的总平面布置应该注意以下要求。

(1) 工厂总平面布置应满足生产和运输要求

① 厂区布置应符合生产工艺流程的合理要求，应使工厂各生产环节具有良好的联系，保证它们间的径直和短捷的生产作业线，避免生产流程的交叉和迂回往复，使各种物料的输送距离最小。

② 供水、供电、供热、供气、供冷及其他公用设施，在注意其对环境影响和厂外管网联系的情况下，应力求靠近负荷中心，以使各种公用系统介质的输送距离最小。

③ 厂区内的铁路和道路，要径直和短捷。不同货流之间，人流与货流之间，都应该尽可能避免交叉和迂回。货运量大，车辆往返频繁的设施（仓库、堆场、车库、运输站场等），宜靠近厂区边缘地段布置。

④ 当厂区较平坦、方整时，一般采用矩形街区布置方式，以使布置紧凑，用地节约，实现运输及管网的短捷，厂容整齐。

总之，符合生产和运输要求，实质上是要求总平面布置实现生产过程中的各种物料和人员的输送距离最小，最终实现生产的能耗最小。

(2) 工厂总平面布置应满足安全和卫生要求

化工企业生产具有易燃、易爆和有毒有害等特点，厂区布置应充分考虑安全布局，严格遵守防火、卫生等安全规范、标准和有关规定，其重点是防止火灾爆炸的发生，以利保护国家财产，保障工厂职工的人身安全，改善劳动条件，具体布置时应注意以下几点。

① 火灾危险性较大以及散发大量烟尘或有害气体的生产车间、装置和场所，应布置在厂区边缘或其他车间、场所的下风侧。

② 经常散发可燃气体的场所，如易燃液体罐区、隔油池、易燃液体装卸站台等，应远离各类明火源，并应布置在火源的下风侧或平行风侧和厂区边缘；不散发可燃气体的可燃材料库或堆放场地则应位于火源上风侧。

③ 储存和使用大量可燃液体或比空气重的可燃气体储罐及车间，一般不宜布置在人多场所及火源的上坡侧。对由于工艺要求而设在上坡地段的可燃液体罐区，应采取有效安全措施，如设置防火墙、导流墙或导流沟，以避免流散的液体威胁坡下的车间。

④ 火灾、爆炸危险性较大和散发有毒有害气体的车间、装置或设备，应尽可能露天或半敞开布置，以相对降低其危险性、毒害性和事故的破坏性，但应注意生产特点对露天布置的适应性。

⑤ 空压站、空分车间及其吸风口等处理空气介质的设施，应布置在空气较洁净的地段，并应位于散发烟尘或有害气体场所的上风侧，否则应采取有效措施。

⑥ 厂区消防道路布置，一般应满足使机动消防设备能从两个不同方向迅速到达危险车间、危险仓库和罐区等要求。

⑦ 厂区建筑物的布置应有利于自然通风和采光。

⑧ 厂区应考虑合理的绿化，以减轻有害烟尘、有害气体和噪声的影响，改善气候和日晒状况，为工厂的生产、生活提供良好的环境。

⑨ 环境洁净要求较高的工厂总平面布置，洁净车间应布置在上风侧或平行风侧，并与污染源保持较大距离。在货物运输组织上尽可能做到“黑白分流”。

(3) 工厂总平面布置应考虑工厂发展的可能性和妥善处理工厂分期建设的问题

由于工艺流程的更新、加工程度的深化、产品品种的变化和综合利用的增加等原因，化工厂的布局应有较大的弹性，即要求在工厂发展变化、厂区扩大后，现有的生产、运输布局和安全布局方面仍能保持合理的布置。具体注意以下几点。

① 分期建设时，总平面布置应使前后各期工程项目尽量分别集中，使前期工程尽早投产，后期有适当的、合理的布局。

② 应使后期施工与前期生产之间的相互干扰尽可能小。后期工程一般不宜布置在前期工程地段内，其外管还应避免穿过前期工程危险区域或者车间内部，以利于安全生产和施工。

③ 考虑远期和近期的关系，应坚持“远近结合，以近为主，近期集中，远期外围，由近及远，自内向外”的布置原则，以达到近期紧凑，远期合理的目的。

④ 在预留发展用地时，总平面布置至少应有一个方向可供发展的可能，并主要将发展用地留于厂外，防止在厂内大圈空地、多征少用、早征迟用和征而不用的错误做法。

(4) 工厂总平面布置必须贯彻节约用地原则

节约用地是我国的基本国策。生产要求、安全卫生要求和发展要求与节约用地是相辅相成的。保证径直和短捷的生产作业线必然要求工厂集中及紧凑的布置，而集中及紧凑的布置不仅节约了能源，也同样节约了土地。在安全卫生要求方面，如能妥善安排不同对象的不同安全间距要求，既可保证必要的安全距离，又可使土地得到充分利用。在对待发展要求方面，坚持“近期集中，远期外围，由近及远，自内向外”的布置原则，可以使近期工程因集中布置而节约近期用地，并为远期工程的发展创造最大的灵活性。

节约土地还可通过以下手段实现：不占或少占良

田耕地，利用坡地瘠地；采用综合厂房或联合装置，并尽可能采用露天布置；采用多层厂房，向空中发展；建筑物的平面外形力求整齐、统一；合理布置管线，压缩红线间距。

(5) 工厂总平面布置应考虑各种自然条件和周围环境的影响

① 重视风向和风向频率对总平面布置的影响，布置建（构）筑物位置时要注意它们与主导风向的关系。山区建厂还应考虑山谷风的影响和山前山后气流的影响，要避免将厂房建在窝风地段。

② 应注意工程地质条件的影响，厂房应布置在土层均匀、地耐力强的地段。一般挖方地段宜布置厂房，填方地段宜布置道路、地坑、地下构筑物等。

③ 地震区、湿陷性黄土区的工厂布置还应遵循有关规范的规定。

④ 工厂总平面布置应满足城市规划、工业区域规划的有关要求，做到局部服从全体，注意与城市规划的协调。

(6) 工厂总平面布置应为施工安装创造有利条件

① 工厂布置应满足施工和安装（特别是大型设备吊装）机具的作业要求。

② 厂内道路的布置同时应考虑施工安装的使用要求。兼顾施工要求的道路，其技术条件、路面结构和桥涵荷载标准等应满足施工安装的要求。

2.2.2 总平面布置设计的主要技术经济指标

在工业企业总平面设计中，往往用总平面布置图中的主要技术经济指标的优劣、高低来衡量总图设计的先进性和合理性。但总图设计牵涉的面很广，影响的因素太多。因此光凭这些指标是不能全面评价的。近年来，就如何评价总平面设计的合理性和先进性这个问题有各种补充见解，有些看来是合理的，诸如应增加单位占地面积的产值（率）等，然而做起来很难。故目前我们用以评价工厂企业总平面设计的合理性、先进性仍多数沿用多年来一直所使用的各项指标。

(1) 评价总图设计合理性与否的主要技术经济指标（表4-3）

(2) 建筑系数

$$建筑系数=\frac{\begin{matrix}建筑物\\占地面积\end{matrix}+\begin{matrix}构筑物\\占地面积\end{matrix}+\begin{matrix}露天生产装置或\\设备占地面积\end{matrix}+\begin{matrix}露天堆场及操作\\场地占地面积\end{matrix}}{厂区占地面积}\times100\%$$

① 新设计的建（构）筑物占地面积，应按其外墙建筑轴线尺寸计算。

② 现有的建（构）筑物占地面积，应按其外墙面尺寸计算。

③ 圆形建（构）筑物用地面积，应按实际投影面积计算。

④ 储罐区用地面积，设防火堤或围堰时，应按防火堤轴线或围堰最外边计算；未设防火堤或围堰时，应按成组设备的最外边缘计算。

⑤ 球罐用地面积，周围有铺砌场地时，应按铺砌面积计算；周围无铺砌场地时，应按球罐投影面积计算。

⑥ 火炬用地面积，应按防护对象允许的最大辐射热强度的防护半径内的面积计算。

⑦ 天桥、栈桥用地面积，应按其外壁投影面积计算。

⑧ 外管廊用地面积，架空敷设可按管架支柱间的轴线宽度加1.5m乘以管架长度计算；沿地敷设应按其宽度加1.0m乘以管线带长度计算。

⑨ 露天生产装置用地面积，应按生产装置的界区范围（BL线）内面积计算；露天设备用地面积，独立设备应按其投影面积计算，成组设备应按设备场地铺砌范围计算，但当铺砌场地超出设备基础外缘1.2m时，可计算至设备基础外缘1.2m处。

⑩ 露天堆场用地面积，应按堆场场地边缘或实际地坪计算。

⑪ 露天操作场地用地面积，应按操作场地边缘或实际地坪计算。

表4-3 主要技术经济指标

序号	名称	单位	数量	备注
1	厂区占地面积	m^2		
2	厂外工程占地面积	m^2		
3	厂区内建(构)筑物占地面积	m^2		
4	厂内露天堆场、作业场地占地面积	m^2		
5	道路、停车场占地面积	m^2		
6	铁路长度及其占地面积	m,m^2		
7	管线、管沟、管架占地面积	m^2		
8	围墙长度	m		
9	厂区内建筑总面积	m^2		
10	厂区内绿化占地面积	m^2		
11	建筑系数	%		
12	利用系数	%		
13	容积率	%		
14	绿化(用地)系数	%		
15	土石方工程量	m^3		

⑫ 厂区占地面积，按厂区围墙所围地域计算，并包括厂前区占地面积。如厂区围墙内有预留用地时，厂区占地面积应扣除预留用地面积。

(3) 利用系数

利用系数＝建筑系数＋管道及管廊占地系数＋道路占地系数＋铁路占地系数

① 管道及管廊占地系数

$$管道及管廊占地系数=\frac{管道占地面积+管廊占地面积}{厂区占地面积}\times 100\%$$

a. 管道占地面积　按管道长度乘以管道计算宽度确定。管道计算宽度按下列规定计算。

ⓐ 地下管线及沟渠　按管线外径或沟渠外沿宽度加 1.0m 计算。

ⓑ 电缆　电缆与管道相邻时，按电缆敷设宽度加 1.0m 计算；当电力电缆与电信电缆相邻敷设时，按电缆敷设宽度加 0.75m 计算。

ⓒ 电杆　按 0.5m 计算。

敷设在管廊及道路下面的管道不得重复计算其占地面积。

b. 管廊占地面积　架空管廊按管架支柱间的轴线宽度加 1.5m 乘以架空管廊的长度计算；沿地敷设的管线带，按管墩宽度加 1.0m 乘以管道带长度计算。

② 道路占地系数

$$道路占地系数=\frac{道路占地面积+广场占地面积+人行道占地面积}{厂区占地面积}\times 100\%$$

a. 道路占地面积　道路长度乘以道路占地宽度。城市型道路占地宽度，按路面宽度计算；公路型道路占地宽度，计算至道路边沟外沿。

b. 广场占地面积　包括停车场、回车场、办公楼、食堂及工厂出入口前的广场，均按设计占地面积计算。

c. 人行道占地面积　按设计占地面积计算。

③ 铁路占地系数

$$铁路占地系数=\frac{铁路占地面积}{厂区占地面积}\times 100\%$$

式中，铁路占地面积按线路长度乘以占地宽度计算。铁路占地宽度，有边沟时计算至边沟外沿；无边沟时计算至路堤坡脚或路肩外沿；路堑计算至坡顶。

(4) 工厂容积率

工厂容积率和建筑密度（系数）是城市规划中的建筑容量控制指标。不同的城市、城市中的不同区域，其建筑容量控制指标不同。近年来工厂企业的总平面设计，特别是置于开发区中的工厂企业总平面设计，规划部门对工厂企业的建筑容量控制指标也要求列出。故此应对工厂容积率有所了解。

$$工厂容积率=\frac{计算工厂容积率的总建（构）筑物面积}{基地占地面积}\times 100\%$$

计算工厂容积率的总建（构）筑物面积，应符合下列规定。

① 建（构）筑物计算面积，应按建（构）筑物的建筑面积计算；当层高超过 8m 时，该层建筑面积应加倍计算；高度超过 8m 的化学反应装置、容器装置等设施，应加倍计算。

② 圆形构筑物计算面积，应按实际投影面积计算。

③ 储罐区计算面积，应按防火堤轴线或围堰最外边计算，未设防火堤的储罐区，应按成组设备的最外边缘计算。

④ 天桥、栈桥的计算面积，应按其外壁投影面积计算。

⑤ 外管廊计算面积，架空敷设可按管架支柱间的轴线宽度加 1.5m 乘以管架长度计算；沿地敷设应按其宽度加 1.0m 乘以管线带长度计算。

⑥ 工艺装置计算面积，应按工艺装置铺砌界线计算。

⑦ 露天堆场计算面积，应按堆场实际地坪面积计算。

⑧ 露天设备计算面积，应按设备场地铺砌范围计算。

⑨ 基地占地面积，是指工厂企业被围墙所围的厂区占地面积。

(5) 厂区绿化用地系数（详见本章第 4.1 小节）

(6) 其他指标

在编制项目申请报告时，还应根据国土资发［2008］24 号关于发布和实施《工业项目建设用地控制指标（试行）》的要求，列出四项工业项目建设用地控制指标，包括投资强度、容积率、建筑系数、行政办公及生活服务设施用地所占比重。

① 投资强度　项目用地范围内单位面积固定资产投资额。

计算公式：

$$投资强度=\frac{项目固定资产总投资}{项目总用地面积}$$

其中，项目固定资产总投资包括厂房、设备和地价款。

② 行政办公及生活服务设施用地所占比重　行政办公及生活服务设施占用土地面积（或分摊土地面积）与项目总用地面积之比。

计算公式：

$$行政办公及生活服务设施用地所占比重=\frac{行政办公生活服务设施占用土地面积}{项目总用地面积}\times 100\%$$

当无法单独计算行政办公及生活服务设施占用土地面积时，可以采用行政办公及生活服务设施建筑面积占总建筑面积的比重计算得出的分摊土地面积代替。

2.3　竖向布置

竖向布置和平面布置是工厂布置不可分割的两部分内容。平面布置的任务是确定全厂建（构）筑物、铁路、道路、码头、装卸站台和工程管道的平面坐标，竖向布置的任务则是确定它们的标高。竖向布置的目的是合理地利用和改造厂区的自然地形，协调厂内外的高程关系，在满足生产工艺、运输、卫生安全等方面要求的前提下使工厂场地的土方工程量最小，使工厂区的雨水能顺利排除，并不受洪水淹没的威胁。

2.3.1 竖向布置的基本任务

① 确定竖向布置方式，选择设计地面的形式。

② 确定全厂建（构）筑物及铁路、道路、排水构筑物和露天场地的设计标高，使其互相协调，并合理地与厂外运输线路相互衔接。

③ 确定工程场地的平整方案及场地排水方式，拟定排水措施方案。

④ 进行工厂的土石方工程规划，计算土石方工程量，拟定土石方调配方案。

⑤ 合理确定必须设置的各种工程构筑物和排水构筑物，如道路、堡坎、护坡、桥梁、隧道、涵洞及排水沟等，并进行设计或提出条件委托设计。

2.3.2 竖向布置的技术要求

① 应满足生产工艺布置和运输、装卸对高程的要求，并为它们创造良好条件。

② 因地制宜，充分考虑地形及地质因素，合理利用和改造地形，使场地的设计标高尽量与自然地形相适应，力求使场地的土石方工程总量最小，并使整个工厂区和各分区的填挖方基本平衡，在土石方调配中应使其运距最短。

③ 要充分考虑工程地质和水文地质条件，满足工程地质和水文地质的要求，提出合理的应对措施(如防洪、排水、防崩塌和滑坡等)。

④ 要适应建（构）筑物的基础和管线埋设深度的要求。

⑤ 场地标高和坡度的确定，应保证场地不受洪水威胁，使雨水能迅速、顺利地排出，并不受雨水的冲刷。

⑥ 应保证厂内外的出入口、交通线路有合理的衔接，并使厂区场地高程与周围也有合理的衔接关系。

⑦ 应考虑方便施工问题，在分期建设的工厂还应符合分期分区建设的要求，尽量使近期施工工程的土石方量最小，远期土石方施工不致影响近期生产安全。

⑧ 要充分考虑并遵循有关规范的要求（如土石方和爆破工程施工验收规范，湿陷性黄土地区建筑设计规范等)。

2.3.3 竖向布置方式

根据工厂场地设计的整平面之间连接或过渡方法的不同，竖向布置方式可分为平坡式、阶梯式和混合式3种。

(1) 平坡式

整个厂区没有明显的标高差或台阶，即设计整平面之间的连接处的标高没有急剧变化或者标高变化不大的竖向处理方式称为平坡式竖向布置。这种布置对生产运输和管网敷设的条件较阶梯式好，一般适用于建筑密度较大，铁路、道路和管线较多，自然地形坡度小于4%的平坦地区或缓坡地带（场地面积不大时也常用此方式），但此方式土石方量较大，排水条件较差，当地形起伏变化较大时，往往出现大填大挖和大量深基现象。采用平坡式布置时，平整后的坡度不宜小于5‰，以利于场地的排水。

(2) 阶梯式

整个工程场地划分为若干个台阶，台阶间连接处标高变化大或急剧变化，以陡坡或挡土墙相连接的布置方式称阶梯式布置。这种布置方式土石方量较平坡式显著降低，易就地平衡，排水条件较好，但运输和管网敷设条件较差，需设护坡或挡土墙。此种布置方式多用于山区、丘陵地带，场地自然地形坡度大于4%（或场地面积较大，坡度大于3%)，运输联系简单，管线不多的工厂设计中。采用此方式，要切实做好护坡、挡土墙等设施。

(3) 混合式

在厂区竖向设计中，平坡式和阶梯式均兼有的设计方法称为混合式。它吸取了前两者的优点，避开其缺点，这种方式多用于厂区面积比较大或厂区局部地形变化较大的工程场地设计中，在实际工作中往往多采用这种方法。

在工程设计中，又可以根据厂房间距的大小，室外设备的多少，地上地下工程管网的疏密程度，结合工厂自然地形实际情况进行连续式或重点式的设计。一般情况下，地上地下管道及建（构）筑物、道路等的布置比较紧凑时，要求厂区地平标高基本一致时，则要进行工程场地的全部平整，即为连续式竖向布置；反之，厂房较稀疏，管道少，车间相互联系少的，可将建（构）筑物周围及道路等地段进行局部平整，其余保留原有地形，场地做好排引水措施，此谓“重点式”布置，一般只适用于山区。

2.3.4 土石方工程计算

土石方工程量的计算是竖向设计的工作内容之一，是进行工厂土石方规划和组织土石方工程施工的依据，它同时起校核工厂竖向设计是否合理的作用。土石方工程计算最终要出工厂土石方工程图，如果缺土，应说明土方来源，如果余土，应说明余土处理办法，即落实土方的去路。

土石方的计算方法有方格网计算法、断面计算法、局部分块计算法和整体计算（又称方格网综合近似计算）法4种。一般常用的多为方格网计算法和局部分块计算法，因为这两种方法精度较高，缺点是工作量大。断面计算法和方格网综合近似计算法则多用于方案比较或精度要求不高的工程中，因为这两种方法的计算结果误差较大，但计算简便，能较快得出结果。土石方量计算，还应包括各种工程的填方、挖方工程量，并列表进行土石方工程的平衡。

2.4　管线综合布置

在化工企业中，除各种公用系统管网外，许多物料原料、半成品和成品也利用管道输送，因而厂区内有庞大、复杂的工程技术管网。

工程技术管网的布置、敷设方式等会对工厂的总平面布置、竖向布置和工厂建筑群体以及运输设计产生影响。因此，合理地进行管道布置是至关重要的。工厂管线综合布置的目的是避免各专业管网之间的拥挤和冲突，确定合理的间距和相对位置，使它们与工厂总体布置相协调，并减少生产过程中的动力消耗，节约投资，节约用地，保证安全，方便施工和检修，便于扩建。

2.4.1　管线综合布置的工作内容

① 确定各类管网的敷设方式。在确定敷设方式时，除按规定必须埋设地下的管道外，厂区管道应尽可能布置在地上，并按照条件采用集中管架或管墩敷设，以节约投资，减少占地，便于施工、检修。

② 确定各专业管网的走向和具体位置，即确定地下管线、地上管架和架空线等的坐标或相对尺寸。

③ 协调各专业管网，避免它们之间的拥挤和相互冲突。

2.4.2　管线综合布置的原则和要求

工厂管道布置要尽可能达到技术上和经济上的合理。具体要注意以下各点。

① 管道一般宜平直敷设，与道路、建筑、管线之间互相平行或成直角交叉。

② 管道布置应满足管道最短，直线敷设，减少弯转，减少与道路、铁路的交叉和管线间的交叉等要求。

③ 为了压缩管道占地，应利用各种管道的不同埋设深度，由建筑物基础外缘至道路中心，由浅入深地依次布置。一般情况下，其顺序是弱电电缆、电力电缆、管沟（架）、给水管、循环水管、雨水管、污水管、照明电杆（缆）。

④ 管道不允许布置于铁路线路下面，并尽可能布置于道路外面，只是在施工顺序许可的条件下或者布置有困难的情况下，可将检修次数较少的雨水管、污水管埋设在道路下面。

⑤ 管道不应重叠布置。

⑥ 干管应靠近主要使用单位，并应尽量布置在连接支管最多的一边。

⑦ 地下管道可布置在绿化带下，但不允许布置于乔木下面。

⑧ 应考虑企业的发展可能，预留必要的管线位置。

⑨ 各种管道间的相互关系及它们与建（构）筑物、公路、铁路的关系应保证满足下列要求：管道敷设、修建检查井、膨胀伸缩节等所要求的间距；翻修时不致损坏相邻管道或建（构）筑物基础，不妨碍公路、铁路的正常通行；不致发生管内液体冻结，管道受机械损伤，电流损害地下构筑物，管道损坏时液体冲刷或侵蚀建构筑物基础，污水污染生活饮用水，易爆炸或有毒气体渗入下水道、管沟、地下室，易挥发的液体及电缆受到热力管道的作用易变热，损害地面绿化等现象；尽可能满足机械化施工，而又不使邻近的管道、建（构）筑物、铁路、公路遭受损坏。

⑩ 管道交叉时的避让原则是：小管让大管；易弯曲的管让难弯曲的管；压力管让重力管；软管让硬管；临时管让永久管；施工量小的管让施工量大的管；新管让旧管。

除此之外，管道敷设还应该满足各有关规范、规程、规定的要求。地下管道之间，地上、地下管道与其他设施之间的水平（垂直）净距应符合表 4-4～表 4-12 的要求。

表 4-4　管线的最小覆土深度　　单位：m

管线名称		电力管线		电信管线		热力管线		燃气管线	给水管线	中水管线	雨水排水管线	污水排水管线
		直埋	管沟	直埋	管沟	直埋	管沟					
最小覆土深度	人行道下	0.50	0.40	0.70	0.40	0.50	0.20	0.60	0.60	0.60	0.60	0.60
	车行道下	0.70	0.50	0.80	0.70	0.70	0.20	0.80	0.70	0.70	0.70	0.70
	铁路(轨底)	1.00	1.00	1.00	1.00	1.20	1.20	1.00	1.00	1.00	1.20	1.20

注：1. 10kV 以上直埋电力电缆管线的覆土深度不应小于 1.0m。

2. 人行道下、车行道下是指路面结构层底。

表 4-5　管架与建（构）筑物之间的最小水平净距　　单位：m

建(构)筑物的名称	最小水平净距	建(构)筑物的名称	最小水平净距
建筑物有门窗的墙壁外边或突出部分外边	3.0	人行道外沿	0.5
建筑物无门窗的墙壁外边或突出部分外边	1.5	厂区围墙(中心线)	1.0
铁路(中心)	3.75 或建筑限界	照明、通信杆柱(中心)	1.0
道路	1.0		

注：1. 表中最小水平净距除注明者外，管架自最外边缘算起；城市型道路，自路面边缘算起；公路型道路，自路肩边缘算起。

2. 本表不适用于低架式、地下式及建筑物支撑式管架。

3. 易燃及可燃液体、可燃气体和液化石油气管道的管架与建（构）筑物之间最小水平净距，应符合《石油化工企业设计防火规范》（GB 50160）和《石油天然气工程设计防火规范》（GB 50183）等规范的规定。

表 4-6 架空管线与建（构）筑物的最小水平净距 单位：m

名称		建筑物(凸出部分)		道路(路缘石)	铁路(轨道中心)	热力管线
		非燃烧材料屋顶	爆炸或火灾危险性建筑			
电力	10kV 边导线	2.0	1.5 倍杆高	0.5	杆高加 3.0m	2.0
	35kV 边导线	3.0	1.5 倍杆高且不少于 30m	0.5	杆高加 3.0m	4.0
	110kV 边导线	4.0	1.5 倍杆高且不少于 30m	0.5	杆高加 3.0m	4.0
通信杆线		2.0	1.5 倍杆高	0.5	4/3 杆高	1.5
热力管线		—	1.5	1.5	3.0	—

注：1. 表中最小水平净距除注明者外，城市型道路，自路面边缘算起；公路型道路，自路肩边缘算起。

2. 易燃及可燃液体、可燃气体和液化石油气管道与建（构）筑物之间最小水平净距，应符合《石油化工企业设计防火规范》(GB 50160) 和《石油天然气工程设计防火规范》(GB 50183) 的规定。

表 4-7 架空管线之间及其与建（构）筑物之间交叉时的最小垂直净距 单位：m

名称		建筑物(顶端)	道路(地面)	铁路(轨顶)	电信线		热力管线
					电力线有防雷装置	电力线无防雷装置	
电力电缆	10kV 及以下	3.0	7.0	7.5	2.0	4.0	2.0
	35～110kV	4.0	7.0	7.5	3.0	5.0	3.0
电信线		1.5	4.5	7.0	0.6	0.6	1.0
热力管线		0.6	4.5	6.0	1.0	1.0	0.25

注：当建筑物为易燃材料屋顶及具有爆炸火灾危险性时，不允许跨越。

表 4-8 地下管线与树木的最小水平净间距 单位：m

地下管线名称	最小间距		地下管线名称		最小间距	
	至乔木中心	至灌木中心			至乔木中心	至灌木中心
给水管道	1.5	—	电信管线	直埋	2.0	0.5
排水管道	1.5	—		管沟	1.5	—
热力管道	2.0	2.0	电力管线	直埋	2.0	0.5
燃气管道	1.5	1.5		管沟	1.5	—
氧气管、乙炔管、压缩空气管	1.5	1.0				

注：表中最小水平间距除注明者外，管线自管壁或防护设施外缘算起；电缆按最外一根算起。

表 4-9 地下管线交叉时的最小垂直净距 单位：m

管道名称		给水管道	排水管道	热力管道	燃气管道	电信管线		电力管线	
						直埋	管沟	直埋	管沟
给水管道		0.15	—	—	—	—	—	—	—
排水管道		0.40	0.15	—	—	—	—	—	—
热力管道		0.15	0.15	0.15	—	—	—	—	—
燃气管道		0.15	0.15	0.15	0.15	—	—	—	—
电信管线	直埋	0.50	0.50	0.15	0.50	0.25	0.25	—	—
	管沟	0.15	0.15	0.15	0.15	0.25	0.25	—	—
电力管线	直埋	0.15	0.50	0.50	0.50	0.50	0.50	0.50	0.50
	管沟	0.15	0.50	0.50	0.15	0.50	0.50	0.50	0.50
沟渠(基础底)		0.50	0.50	0.50	0.50	0.50	0.50	0.50	0.50
涵洞(基础底)		0.15	0.15	0.15	0.15	0.20	0.25	0.50	0.50
铁路(轨底)		1.00	1.20	1.20	1.20	1.00	1.00	1.00	1.00

表 4-10 架空管道、管架跨越铁路、道路的最小垂直间距 单位：m

名称		最小净空高度
铁路(从轨顶算起)	液化烃、可燃液体和可燃气体管道	6.0
	其他一般管线	5.5
道路(从路拱算起)	主要道路	5.0
	装置道路	4.5
人行道(从路面算起)	街区外	2.5
	街区内	2.2

注：1. 表中最小净空高度：管线自防护设施的外缘算起；管架自最低部位算起。

2. 铁路一栏的数字，不适用于电力牵引机车的铁路线路。

3. 有大件运输要求或在检修期间有大型起吊设备通过的道路，应根据需要确定净空高度。

表 4-11 地下管道与建（构）筑物之间的最小水平间距

单位：m

名称	给水管/mm				排水管/mm					
					生产废水管与雨水管			生产与生活污水管		
	<75	75~150	200~400	>400	<800	800~1500	>1500	<300	400~600	>600
建(构)筑物基础外缘	2.0	2.0	2.5	3.0	1.5	2.0	2.5	1.5	2.0	2.5
铁路(中心线)	3.3	3.3	3.8	3.8	3.8	4.3	4.8	3.8	4.3	4.8
道路	0.8	0.8	1.0	1.0	0.8	1.0	1.0	0.8	0.8	1.0
管架基础外缘	0.8	0.8	1.0	1.0	0.8	0.8	1.2	0.8	1.0	1.2
照明、通信杆柱(中心)	0.8	0.8	1.0	1.0	0.8	1.0	1.2	0.8	1.0	1.2
围墙基础外缘	1.0	1.0	1.0	1.0	1.0	1.0	1.0	1.0	1.0	1.0
排水沟外缘	0.8	0.8	0.8	1.0	0.8	0.8	1.0	0.8	0.8	1.0

名称	热力沟(管)	煤气管压力 p/MPa					压缩空气管	乙氧炔气管管	电力电缆/kV		电缆沟	通信电缆
		$p\leq 0.005$	$0.005<p\leq 0.2$	$0.2<p\leq 0.4$	$0.4<p\leq 0.8$	$0.8<p\leq 1.6$			<10	10~35		
建(构)筑物基础外缘	1.5	1.0	1.0	1.5	4.0	6.0	1.5	注4,注5	0.5	0.6	1.5	0.5
铁路(中心线)	3.8	4.0	4.0	5.0	5.0	6.0	2.5	2.5	2.5	3.0	2.5	2.5
道路	0.8	0.6	0.6	0.6	1.0	1.0	0.8	0.8	0.8	1.0	0.8	0.8
管架基础外缘	0.8	0.8	0.8	1.0	1.0	2.0	0.8	0.8	0.5	0.5	0.8	0.5
照明、通信杆柱(中心)	0.8	0.6	0.6	0.6	1.0	1.5	0.8	0.8	0.5	0.5	0.8	0.5
围墙基础外缘	1.0	0.6	0.6	0.6	1.0	1.0	1.0	1.0	0.5	0.5	1.0	0.5
排水沟外缘	0.8	0.6	0.6	0.6	1.0	1.0	0.8	0.8	0.8	1.0	1.0	0.8

注：1. 表中最小水平间距除注明者外，管道均自管壁、沟壁或防护设施的外缘或最外一根电缆算起；道路为城市型时，自路面边缘算起，为公路型时，自路肩边缘算起。

2. 当排水管道为压力管时，与建(构)筑物基础外缘的间距，应按表列数值增加一倍。

3. 给水管道至铁路路堤坡脚的间距，不宜小于路堤高度，并不得小于5.0m；至铁路路堑坡顶的间距，不宜小于路堑高度，并不得小于10m；排水管道至铁路路堤坡脚或路堑坡顶的间距，不宜小于路堤或路堑高度，并不得小于5.0m。

4. 乙炔管道距有地下室及生产火灾危险性为甲类的建(构)筑物的基础外缘和通行沟道的外缘的间距为3.0m；距无地下室的建(构)筑物基础外缘的间距为2.0m。

5. 氧气管道距有地下室的建(构)筑物基础外缘和通行沟道的外缘的水平间距分别为：氧气压力不大于1.6MPa时，采用3.0m；氧气压力大于1.6MPa时，采用5.0m。距无地下室的建(构)筑物基础外缘净距为：氧气压力不大于1.6MPa时，采用1.5m；氧气压力大于1.6MPa时，采用2.5m。

6. 通信电缆管道距建(构)筑物基础外缘的间距应为1.2m；电力电缆排管（即电力电缆管道）间距要求与电缆沟相同。

7. 表列埋地管道与建(构)筑物基础的间距，均是指埋地管道与建(构)筑物的基础在同一标高或其以上时，当埋地管道深度大于建(构)筑物基础深度时，应按土壤性质计算确定，但不得小于表列数值。

8. 高压电力杆柱或铁塔（基础外边缘）距本表中各类管道间距，应按表列照明及通信杆柱间距增加50%。

9. 当为双柱式管架分别设基础时，在满足本表要求时，可在管架基础之间敷设管线。

10. 各种管道的规格是指公称直径。

表 4-12　地下管道之间的最小水平间距

单位：m

名称			给水管/mm				排水管/mm						热力沟(管)
							生产废水管与雨水管			生产与生活污水管			
			＜75	75～150	200～400	＞400	＜800	800～1500	＞1500	＜300	400～600	＞600	
给水管/mm		＜75	—	—	—	—	0.7	0.8	1.0	0.7	0.8	1.0	0.8
		75～150	—	—	—	—	0.8	1.0	1.2	0.8	1.0	1.2	1.0
		200～400	—	—	—	—	1.0	1.2	1.5	1.0	1.2	1.5	1.2
		＞400	—	—	—	—	1.0	1.2	1.5	1.2	1.5	2.0	1.5
排水管/mm	生产废水管与雨水管	＜800	0.7	0.8	1.0	1.0	—	—	—	—	—	—	1.0
		800～1500	0.8	1.0	1.2	1.2	—	—	—	—	—	—	1.2
		＞1500	1.0	1.2	1.5	1.5	—	—	—	—	—	—	1.5
	生产与生活污水管	＜300	0.7	0.8	1.0	1.2	—	—	—	—	—	—	1.0
		400～600	0.8	1.0	1.2	1.5	—	—	—	—	—	—	1.2
		＞600	1.0	1.2	1.5	2.0	—	—	—	—	—	—	1.5
热力沟(管)			0.8	1.0	1.2	1.5	1.0	1.2	1.5	1.0	1.2	1.5	—
煤气管(压力 p)/MPa	$p \leqslant 0.005$		0.8	0.8	0.8	1.0	0.8	0.8	1.0	0.8	0.8	1.0	1.0
	$0.005 < p \leqslant 0.2$		0.8	1.0	1.0	1.2	0.8	1.0	1.2	0.8	1.0	1.2	1.2
	$0.2 < p \leqslant 0.4$		0.8	1.0	1.2	1.2	0.8	1.0	1.2	0.8	1.0	1.2	1.2
	$0.4 < p \leqslant 0.8$		1.0	1.2	1.2	1.5	1.0	1.2	1.5	1.0	1.2	1.5	1.5
	$0.8 < p \leqslant 1.6$		1.2	1.2	1.5	2.0	1.2	1.5	2.0	1.2	1.5	2.0	2.0
压缩空气管			0.8	1.0	1.2	1.5	0.8	1.0	1.2	0.8	1.0	1.2	1.0
乙炔管			0.8	1.0	1.2	1.5	0.8	1.0	1.2	0.8	1.0	1.2	1.5
氧气管			0.8	1.0	1.2	1.5	0.8	1.0	1.2	0.8	1.0	1.2	1.5
电力电缆/kV	＜1		0.6	0.6	0.8	0.8	0.6	0.8	1.0	0.6	0.8	1.0	1.0
	1～10		0.8	0.8	1.0	1.0	0.8	1.0	1.0	0.8	1.0	1.0	1.0
	＜35		1.0	1.0	1.0	1.0	1.0	1.0	1.0	1.0	1.0	1.0	1.0
电缆沟			0.8	1.0	1.2	1.5	1.0	1.2	1.5	1.0	1.2	1.5	2.0
通信电缆	直埋电缆		0.5	0.5	1.0	1.2	0.8	1.0	1.0	0.8	1.0	1.0	0.8
	电缆管道		0.5	0.5	1.0	1.2	0.8	1.0	1.0	0.8	1.0	1.0	0.6

续表

名称			煤气管压力 p/MPa					压缩空气管	乙炔管	氧气管	电力电缆/kV			电缆沟	通信电缆	
			$p\leqslant 0.005$	$0.005<p\leqslant 0.2$	$0.2<p\leqslant 0.4$	$0.4<p\leqslant 0.8$	$0.8<p\leqslant 1.6$				<1	1～10	<35		直埋电缆	电缆管道
给水管/mm	<75		0.8	0.8	0.8	1.0	1.2	0.8	0.8	0.8	0.6	0.8	1.0	0.8	0.5	0.5
	75～150		0.8	1.0	1.0	1.2	1.2	1.0	1.0	1.0	0.6	0.8	1.0	1.0	0.5	0.5
	200～400		0.8	1.0	1.2	1.2	1.5	1.2	1.2	1.2	0.8	1.0	1.0	1.2	1.0	1.0
	>400		1.0	1.2	1.2	1.5	2.0	1.5	1.5	1.5	0.8	1.0	1.0	1.5	1.2	1.2
排水管/mm	生产废水管与雨水管	<800	0.8	0.8	0.8	1.0	1.2	0.8	0.8	0.8	0.6	0.8	1.0	1.0	0.8	0.8
		800～1500	0.8	1.0	1.0	1.2	1.5	1.0	1.0	1.0	0.8	1.0	1.0	1.2	1.0	1.0
		>1500	1.0	1.2	1.2	1.5	2.0	1.2	1.2	1.2	1.0	1.0	1.0	1.5	1.0	1.0
	生产与生活污水管	<300	0.8	0.8	0.8	1.0	1.2	0.8	0.8	0.8	0.6	0.8	1.0	1.0	0.8	0.8
		400～600	0.8	1.0	1.0	1.2	1.5	1.0	1.0	1.0	0.8	1.0	1.0	1.2	1.0	1.0
		>600	1.0	1.2	1.2	1.5	2.0	1.2	1.2	1.2	1.0	1.0	1.0	1.5	1.0	1.0
热力沟(管)			1.0	1.2	1.2	1.5	2.0	1.0	1.5	1.5	1.0	1.0	1.0	2.0	0.8	0.6
煤气管(压力 p)/MPa	$p\leqslant 0.005$		—	—	—	—	—	1.0	1.0	1.0	0.8	1.0	1.2	1.2	0.8	1.0
	$0.005<p\leqslant 0.2$		—	—	—	—	—	1.0	1.0	1.2	0.8	1.0	1.2	1.2	0.8	1.0
	$0.2<p\leqslant 0.4$		—	—	—	—	—	1.0	1.0	1.5	0.8	1.0	1.2	1.5	0.8	1.0
	$0.4<p\leqslant 0.8$		—	—	—	—	—	1.2	1.2	2.0	0.8	1.0	1.2	1.5	0.8	1.0
	$0.8<p\leqslant 1.6$		—	—	—	—	—	1.5	2.0	2.5	1.0	1.2	1.5	2.0	1.2	1.5
压缩空气管			1.0	1.0	1.0	1.2	1.5	—	1.5	1.5	0.8	0.8	1.0	1.0	0.8	1.0
乙炔管			1.0	1.0	1.0	1.2	2.0	1.5	—	1.5	0.8	0.8	1.0	1.5	0.8	1.0
氧气管			1.0	1.2	1.5	2.0	2.5	1.5	1.5	—	0.8	0.8	1.0	1.5	0.8	1.0
电力电缆/kV	<1		0.8	0.8	0.8	0.8	1.0	0.8	0.8	0.8	—	—	—	0.5	0.5	0.5
	1～10		1.0	1.0	1.0	1.0	1.2	0.8	0.8	0.8	—	—	—	0.5	0.5	0.5
	<35		1.2	1.2	1.2	1.2	1.5	1.0	1.0	1.0	—	—	—	0.5	0.5	0.5
电缆沟			1.2	1.2	1.5	1.5	2.0	1.0	1.5	1.5	0.5	0.5	0.5	—	0.5	0.5
通信电缆	直埋电缆		0.8	0.8	0.8	0.8	1.2	0.8	0.8	0.8	0.5	0.5	0.5	0.5	—	—
	电缆管道		1.0	1.0	1.0	1.0	1.5	1.0	1.0	1.0	0.5	0.5	0.5	0.5	—	—

注：1. 表中最小水平间距均自管壁、沟壁或防护设施的外缘或最外一根电缆算起。
2. 当热力沟（管）与电力电缆间距不能满足本表规定时，应采取隔热措施，以防电缆过热。
3. 局部地段电力电缆穿管保护或加隔板后与给水管道、排水管道、压缩空气管道的间距可减少到0.5m，与穿管通信电缆的间距可减少到0.1m。
4. 表列数据是按给水管在污水管上方制定的。生活饮用水给水管与污水管之间的间距应按本表数据增加50%；生产废水管和雨水沟（渠）与给水管之间的间距可减少20%，而与通信电缆、电力电缆之间的距离可减少20%，但不得小于0.5m。
5. 当给水管与排水管共同埋设的土壤为沙土类，且给水管的材质为非金属或非合成塑料时，给水管与排水管的间距不应小于1.5m。
6. 仅供采暖用的热力沟与电力电缆、通信电缆及电缆沟之间的间距可减少20%，但不得小于0.5m。
7. 110kW级的电力电缆与本表中各类管线的间距，可按35kV数值增加50%确定。电力电缆排管（即电力电缆管道）的间距要求与电缆沟相同。
8. 氧气管与同一使用目的的乙炔管同一水平敷设时，其间距可减至0.25m，但管道上部0.3m高度范围内，应用沙类土、松散土填实后再回填上。
9. 煤气管与生产废水管及雨水管的间距是指非满流管，当为满流管时，可减少10%。与盖板式排水沟（渠）的间距宜增加10%。
10. 天然气管与各类管线的间距同煤气管间距。
11. 管径是指公称直径。
12. 表中“—”表示间距未作规定，可根据具体情况确定。

3 工厂运输设计

工厂运输设计是总平面设计的重要工作内容之一，其基本任务是正确选择厂内外的各种运输方式，合理地组织厂内外运输系统和人流、货流的流向，使厂内外运输、装卸、储存或使用形成完整、连续而又合理的运输系统，负责运输设施的设计或提出方案委托设计。

工厂常用的运输方式主要有铁路运输、公路（道路）运输、水路运输和其他特种运输（如皮带输送、管道输送等）。

3.1 运输方式的选择

厂内外运输方式应根据工厂的货运数量、货运流向、货运性质、货物（包括超限超重的设备）的单位重量和尺寸以及工厂所在地区的交通运输条件等因素选定。

① 具备水运条件，指能适应货物流向要求，有适当水深的航道和适宜建造码头的地点等条件的地区，此时应首先考虑水路运输。特别是对有大宗原料、燃料和成品运输以及有超限、超重单件设备的化工厂，水运更具有投资少、运费便宜和运输便利等优点，有水运条件的应该优先选用。

② 在没有水运条件的地区，工厂运输宜采用公路（又称道路）运输。公路运输有运输方便、灵活性大、适应性强、运输工具多样、可充分利用地方运输力量等优点。同时还具有投资省、工期短、运输组织简单等水运、铁路运输所没有的优点。一般货运量不太大的工厂、山区工厂和经常变动货运量的工厂多采用公路运输。厂内也多用公路运输。

③ 铁路运输具有运量大、速度快、不受气候条件的限制、保证性强、运费比公路运费低等优点（比水路运费高），但也有投资费用大、技术要求高、占地大、施工周期长、使用不灵活、运输管理要求严格等缺点。因此应该按照货运量、货运流向、货物性质及铁路建设工程量等因素，经过方案比较后选用。具备下列条件之一者，可选用铁路运输。

a. 一般年运量重车方向大于6万吨或双方向大于10万吨。

b. 有特殊要求者（如油品运输和大件运输）。

c. 年运量未达到a项规定，但接轨条件较好，取送车方便，线路较短（一般专线长度小于1km），且经济合理者。

另外，有的厂近期运量不大，不需修建铁路，但有规划发展或扩建需考虑铁路运输者，工厂布置应同时规划将来修建铁路的可能性。

3.2 水路运输的基本技术条件

① 码头位置应选在平直河段或凹岸和岸坡稳定、河（海）床稳定、水域较宽的地段。码头的水域应满足船舶航行、回转、泊稳、停靠和装卸作业的要求，陆域应高出最高洪水位，或具备可靠的防洪、防潮设施，并有相应的腹地以满足装卸作业和储运设施的布置要求。

② 码头的形式有岸壁式、斜坡式、趸船式和墩式等多种，码头的形式应根据河床水位变化、采用的船型、货物吞吐量以及装卸机械等因素综合比较后确定。

③ 码头岸线的长度是根据泊位数计算决定的，泊位数取决于货物吞吐量（按通航季节最大月货运量计算）、采用的船型和装卸能力等因素。

$$N(\text{泊位数})=\frac{Q(\text{最大月吞吐量,t})}{B(\text{一个泊位月通过能力,t})}$$

$$B(\text{一个泊位月通过能力,t})=\frac{W(\text{采用船型的载重量,t})\times a(\text{月工作小时数})}{b(\text{装卸一船货物所需时间,h})}$$

$$L(\text{码头岸线长度,m})=N(\text{泊位数})\times[L(\text{船长,m})+c(\text{船间富余长度})]$$

④ 码头陆域宽度取决于采用的装卸设备、运输车辆、陆域区的运输道路布局以及货物周转堆放所需的面积。

码头水域面积应符合下列要求。

① 码头水域船舶回转宽度不应小于最大船长的2.5～4倍。

② 码头水域船舶回转的水流方向长度不应小于最大船长的2.5倍。

③ 码头前的水面深度应符合船舶的水深要求（见下式）。

码头前设计水深＝采用最大船型吃水深度(m)＋富余水深（一般为0.3～0.4m)＋深度影响富余水深(一般为0.4m)。

一般货船的吃水深度可参见表4-13。

表4-13 一般货船的吃水深度

船舶类别	船舶总长/m	吃水深度/m
25t甲板驳	25.15	0.60
50t甲板驳	30.00	0.68
100t货驳	23.36	1.60
200t甲板驳	37.50	1.40
300t甲板驳	45.18	1.30
550t货驳	56.20	2.30
1000t甲板驳	72.00	2.50
2000t煤驳	82.00	2.70
3000t货轮	101.15	6.00
10000t货轮	161.40	8.46
15000t货轮	149	8.60
20000t货轮	164	9.26
30000t货轮	187	10.30
50000t货轮	225	11.70
100000t货轮	278	14.00
200000t货轮	327	19.10

3.3 准轨铁路运输的主要技术条件

工业企业铁路专用线是指全国铁路网以外的专供工业企业客货运输的铁路线。工业企业铁路专用线分为厂外线和厂内线。厂外线是指工业企业与全国铁路网或其他企业及原（燃）料基地衔接的铁路。厂内线是指专为工业企业内部运输的铁路线，包括联络线（指通行路网列车的线或厂内运输干线）、站线、码头线、仓库线、货物装卸线、渣线及露天采矿场、储木场等区域内的永久性铁路。

铁路运输的技术要求比其他运输方式的技术要求要高，它影响铁路线路的布置、工厂厂址的确定和工厂总平面布置的合理性。因此在厂址选择时，就应该考虑到线路的接轨交接方式、线路走向等问题，以便合理地处理好厂址、总平面布置与运输三者的相互关系。

3.3.1 铁路设计的基本技术条件

(1) 接轨要求

工业企业铁路专用线与路网铁路接轨时，应取得该管辖铁路局的同意；在设计线上接轨时，应经该管辖铁路设计单位的同意。

工业企业铁路专用线一般宜在区段站上接轨，也可在中间站上接轨，前者业务设备齐备，便于办理货物作业及车辆取送；后者设备规模较小，往往需增设线路设备，提高车站等级，增加建厂投资，但它机遇多，因而仍是企业铁路接轨的重要对象。

接轨位置应便于对工业企业厂外线以最短行程取送车辆，尽量避免或减少对车站咽喉区的交叉和干扰。

接轨时，应注意接轨点与厂区铁路系统的高差，以保证厂外线纵坡设计的技术要求，减少工程量。

新建的工业企业铁路不应在区间与路网铁路接轨，只有在特殊情况下，经铁路局同意，方可在区间与路网铁路接轨，但在接轨点应开设车站或设置线路管理所，以确保行车安全。

工业企业铁路在车站咽喉区区间正线或站内正线及到发线上接轨时，应设安全线。

(2) 铁路专用线等级

铁路专用线等级见表4-14。运营期限不满10年的企业专用线，不分等级，按限期使用铁路的有关规定设计。

表4-14　铁路专用线等级　单位：万吨/年

铁路等级	重车方向货运量
Ⅰ级	＞4.0
Ⅱ级	1.5～4.0
Ⅲ级	＜1.5

(3) 铁路专用线的最大纵坡（表4-15）

(4) 铁路专用线的最小平面曲线半径（表4-16）

表4-15　铁路专用线的最大纵坡

铁路等级	限制坡度/‰		加力牵引坡度/‰	
	蒸汽牵引	内燃、电力牵引	蒸汽牵引	内燃、电力牵引
Ⅰ级	15	20	20	30
Ⅱ级	20	25	25	30
Ⅲ级及限期线	25	30	25	30

表4-16　铁路专用线的最小平面曲线半径

单位：m

铁路等级	一般地段	困难地段
Ⅰ级	600	350
Ⅱ级	350	300
Ⅲ级及限期线	250	200

3.3.2 工业企业站场线的主要技术要求

① 车站和车场应设在直线上。在困难条件下，可设在曲线上，其曲线半径：Ⅰ级、Ⅱ级铁路专用线不得小于600m，Ⅲ级铁路专用线不得小于500m。在特别困难条件下，Ⅰ级、Ⅱ级铁路专用线不得小于500m，Ⅲ级铁路专用线不得小于400m。

为工业企业内部运输设置的车站和车场（有大量调车作业的车站和车场除外），在困难条件下，可布置在半径不小于400m的曲线上；仅有2～3条配线时，可布置在半径不小于300m的曲线上。

② 装卸线应设在直线上。在困难条件下，可设在半径不小于500m的曲线上；不靠站台的装卸线（易燃、易爆、危险品的装卸线除外）可设在半径不小于300m的曲线上；如无车辆摘挂作业，可设在半径不小于200m的曲线上。

③ 车站应设在平道上。必须设在坡道上时，其坡度不得超过1.5‰。在困难条件下，中间站不得设在大于2.5‰的坡道上。在特别困难的条件下，有充分依据时，不办理调车、甩车或摘下机车等作业的中间站，可设在不大于6‰的坡道上。改建无调车作业的车站，可设在不大于8‰的坡道上。

为工业企业内部运输设置的且不办理调车及挂车作业的车站，在困难条件下，可设在不大于8‰的坡道上。

所有设在坡道上的车站，均应保证列车启动。

④ 在作业区范围内的一般货物装卸线、漏斗仓线、高架卸煤（货）线、机车整备线、停放线以及客货车辆的检修、整备、停留的线路，均应设在平道上。在困难条件下，可设在不大于1.5‰的坡道上。

建筑物内的线路、灰坑和检查坑及其前后一辆机车长度范围内的线段，以及车辆洗刷消毒、装卸有害液体、压缩气体、易燃、易爆、危险品等的作业区范围内的线段，均应设在平道上。

⑤ 货物装卸线除满足平均一次来车数的长度外，还应保证货物装卸两侧有足够的货位。普通货物装卸线的有效长度可根据下式计算。

$$L=L_{铁}+L_{机}+10$$

式中 $L_{铁}$——平均一次车组长度，等于车辆数×车辆平均长度（罐车按12m计，其他车辆可按14m计），m；

$L_{机}$——机车全长，m，型号不同，全长也不同，一般为17～29.3m；

10——停车附加距离，m。

3.3.3 标准轨距铁路建筑限界

(1) 建限-1（图4-1）

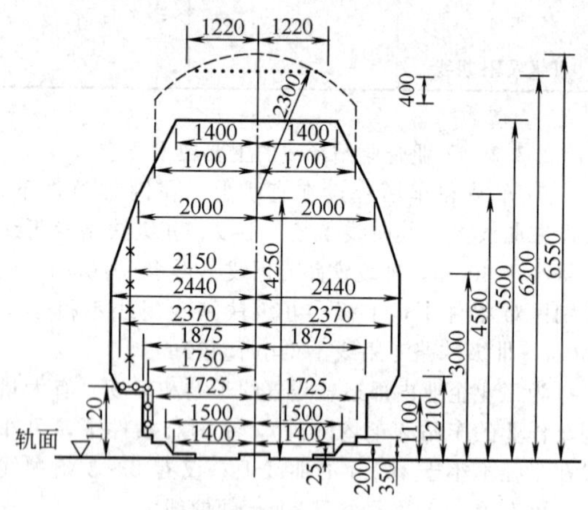

图4-1 建限-1

—×—×— 信号机、水鹤的建筑接近限界（正线不适用）；

—○—○— 站台建筑接近限界（正线不适用）；

——— 各种建筑物的基本接近限界；

------- 适用电力机车牵引线路跨线桥、天桥及雨棚等建筑物；

······· 电力机车牵引的线路跨线桥在困难条件下的最小高度

1. 旅客站台上的柱类建筑物离站台边缘至少1.5m，建筑物离站台边缘至少2.0m，专为行驶旅客列车的线路上可建1100mm的高站台。

2. 曲线上建筑限界加宽办法。

曲线内侧加宽（mm）

$$W_1=\frac{40500}{R_i}+\frac{H}{1500}h$$

曲线外侧加宽（mm）

$$W_2=\frac{44000}{R_i}$$

曲线内外侧加宽（mm）

$$W=W_1+W_2=\frac{84500}{R_i}+\frac{H}{1500}h$$

式中 R_i——曲线半径，m；

H——计算点自轨面算起的高度，mm；

h——外轨超高，mm；

$\frac{H}{1500}h$——可用内侧轨顶为轴将有限界旋转 θ 角 $\left(\theta=\tan^{-1}\frac{h}{1500}\right)$ 求得。

(2) 建限-2（图4-2）

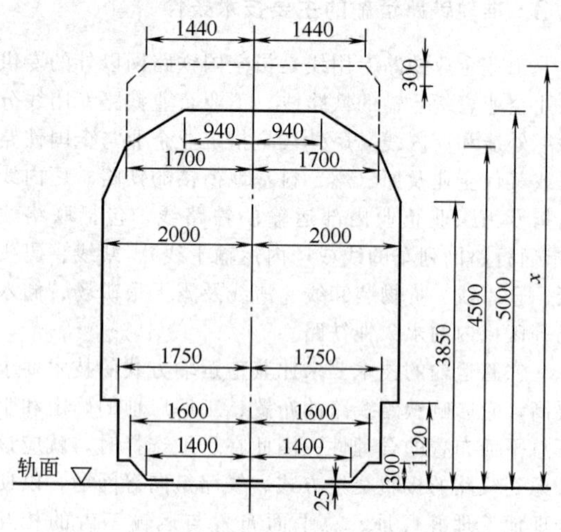

图4-2 建限-2

—— 适用于新建及改建使用蒸汽及内燃机车、车辆的车库门、转车盘、洗车架、专用煤水线等建筑，以及机车走行线上各建筑物和旅客列车到发线及超限货车不进入的线路上的雨棚；

----- 适用于电力机车使用的上述各种建筑物，x 值按接触网高度（有或无承力索）确定

(3) 机车车辆上部限界（图4-3）

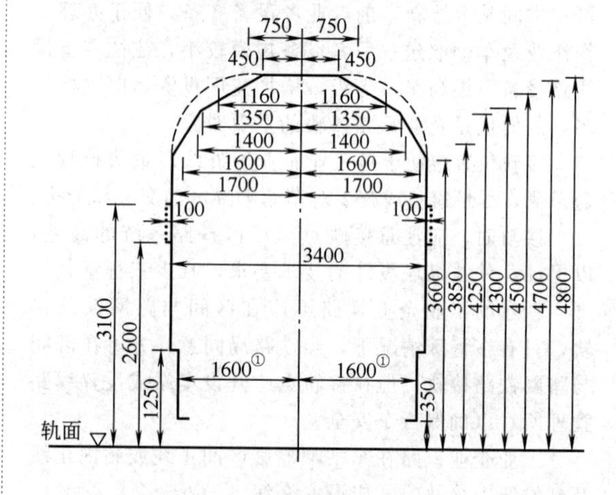

图4-3 机车车辆上部限界

—— 机车车辆限界基本轮廓；

----- 电气化铁路干线上运用的电力机车；

······ 列车信号装置限界轮廓

电力机车在距轨面高350～1250mm范围内其上部限界为1675mm

3.4 公路运输的主要技术条件

3.4.1 工厂道路分类

工厂道路分为厂外道路和厂内道路。

厂外道路是指工厂企业与公路、城市道路、车站、

港口、原料基地、其他工厂企业等相连接的对外道路；或本工厂企业分散的厂区、居住区等之间的联络道路；或通往本工厂企业外部各种辅助设施的辅助道路。

厂内道路为厂区、库区、站区的内部道路。

3.4.2　厂外道路

① 厂外道路等级划分见表 4-17。

② 厂外道路主要技术条件见表 4-18。

表 4-17　厂外道路等级划分

道路等级	适　用　条　件
一	具有重要意义的国家重点厂矿企业区的对外道路，年平均日双向汽车交通量在 5000 辆以上时，宜采用一级道路
二	大型联合企业，如钢铁厂、油田、煤田、港口等的主要对外道路，年平均日双向交通量在 2001～5000 辆时，宜采用二级道路
三	大中型厂矿企业的对外道路、小型厂矿企业运输繁忙的对外道路、联络道路，年平均日双向交通量在 201～2000 辆时，宜采用三级道路
四	小型厂矿企业的对外道路、运输不繁忙的联络道路，年平均日双向交通量在 200(含)辆以下时，宜采用四级道路
辅助道路	通往本厂矿企业外部各种辅助设施(如水源地、总变电所、炸药库等)的道路，年平均日双向交通量在 20(含)辆以下时，宜采用辅助道路的技术指标

表 4-18　厂外道路主要技术条件

技术条件	厂外道路等级								辅助道路
	一		二		三		四		
地形	平原微丘	山岭重丘	平原微丘	山岭重丘	平原微丘	山岭重丘	平原微丘	山岭重丘	
计算车速/(km/h)	100	60	80	40	60	30	40	20	15
路面宽度/m	2×7.5	2×7	9(7)	7	7	6	3.5(6)		3.5
路基宽度/m	23	19	12(10)	8.5	8.5	7.5	6.5(7)		4.5
路肩宽度/m	≥2.25(1.5)	≥1.00	1.50 或 2.50	0.75	0.75	0.75	0.50 或 1.50	—	0.75
极限最小圆曲线半径/m	400	125	250	60	125	30	60	15	15
一般最小圆曲线半径/m	700	200	400	100	200	65	100	30	—
不设超高最小圆曲线半径/m	4000	1500	2500	600	1500	350	600	150	—
停车视距/m	160	75	110	40	75	30	40	20	15
会车视距/m	—	—	220	80	150	60	80	40	—
最大纵坡/%	4	6	5	7	6	8	6	9	9
凸竖曲线半径/m 极限最小值	6500	1400	3000	450	1400	250	450	100	100
凸竖曲线半径/m 一般最小值	10000	2000	4500	700	2000	400	700	200	
凹竖曲线半径/m 极限最小值	3000	1000	2000	450	1000	250	450	100	100
凹竖曲线半径/m 一般最小值	4500	1500	3000	700	1500	400	700	200	
竖曲线最小长度/m	85	50	70	35	50	25	35	20	15

注：1. 辅助道路的圆曲线半径，在工程艰巨的路段，可采用 12m。

2. 年平均日双向交通量稍超过 200 辆，远期交通量发展不大，可采用四级厂外道路的技术指标，但路面宽度宜采用 6m，路基宽度宜采用 7m。交通量接近下限的平原、微丘区的二级厂外道路路面宽度可采用 7m，路基宽度可采用 10m。

3. 交通量极少、工程艰巨的辅助道路，其路面宽度可采用 3m。

4. 四级厂外道路，在工程或交通量较小的路段，路基宽度可采用 4.5m，但应在适当的间隔距离内设置错车道。辅助道路应根据需要设置错车道路。错车道路宜设在纵坡不大于 4% 的路段。相邻两错车道的间距不宜大于 300m。

5. 错车道的等宽长度不得小于行驶车辆的最大车长的 2 倍（但四级厂外道路不得小于 20m）。

6. 错车道的渐宽长度不得小于行驶车辆中的最大车长的 1.5 倍。

③ 厂外道路的其他技术要求还有平曲线超高、平曲线加宽、纵坡长度限制、在设有超高的平曲线上的合成坡度限制等，当遇到时应遵照国家现行的公路工程技术标准的有关要求设计。

3.4.3　厂内道路

(1) 厂内道路类别

① 主干道　指连接厂区主要出入口的道路，或运输繁忙（货物运输或人流集中）的全厂性主要道路。

② 次干道　指连接厂区次要出入口的道路，或厂内车间、仓库、码头等之间运输繁忙的道路。

③ 支道　指厂内车辆和行人都较少的道路及消防车道等。

④ 车间引道　指车间、仓库等出入口与主、次干道或支道相连接的道路。

⑤ 人行道　指专供厂内行人通行的道路。

(2) 厂内道路的一般技术要求

① 路面宽度　主干道一般为7～9m（大型企业可为9～12m，小型企业可为6～7m）。

次干道一般为6～7m（大型企业可为7～9m）。

支道一般为3.5～4.5m（小型企业可为3～4m）。

人行道，沿主干道设置时一般为1.5m，其他地方不小于0.75m，如需大于1.5m时，宜按0.5m的宽度加宽。

② 圆曲线半径　厂内车行道的圆曲线半径一般不宜小于15m，如需行驶单挂车时，不宜小于20m。交叉口路面内缘最小转弯半径一般为：

行驶小客车、小货卡	6m
行驶8t以下卡车等	9m
行驶10～15t货卡或4～8t卡车带挂车	12m
行驶15～25t平板挂车	15m
行驶40～60t平板挂车	18m

但车间引道及场地条件困难的主、次干道和支道，除陡坡处外，上述数值可减少3m。

③ 道路最大纵坡　应满足表4-19的要求。

(3) 道路布置

厂内道路的布置应符合下列要求。

① 应方便工厂的生产联系，满足工厂交通运输、施工安装、设备检修、消防及环境卫生的要求。

② 应与总平面布置、竖向设计及管线布置相协调，并有利于雨水排除。

③ 一般宜环状布置，并与厂内主要区域或厂房建筑的轴线平行或垂直。

④ 与厂外道路连接方便、短捷。

⑤ 建设期间的施工道路应尽可能与永久性道路相结合。

⑥ 厂前区、车间或生产装置比较集中的生产区及卫生要求较高的区域，宜采用城市型道路；独立的罐区、厂区边缘、人员活动较少地段及通往厂外设施的道路可采用公路型道路。

⑦ 道路路面应根据生产需要，考虑防尘、防火、防腐要求，一般宜采用高级或次高级路面；路面结构应满足交通运输要求；路面种类不宜过多。

⑧ 受用地条件影响，不能实现环形布置的道路尽头，应设置回车场；回车场面积应根据汽车最小转弯半径和路面宽度确定。

表4-19　道路最大纵坡

项　目	道路类别					
	主干道		次干道		支道、车间引道	
场地条件	一般	困难	一般	困难	一般	困难
最大纵坡/%	6	8	8	9	9	11

注：1. 在海拔2000m以上的地区，均按一般条件考虑；在寒冷冰冻、积雪地区，不应大于8%。运输繁忙的车间不宜增加引道。

2. 运输易燃、易爆危险品专用道路的最大纵坡，不得大于6%。

3. 经常通行大量自行车时，其纵坡宜小于2.5%；最大纵坡不应大于3.5%。纵坡限制坡长应符合表4-20的规定。

4. 纵坡变更处的相邻两个坡度代数差大于2%时，应设置竖曲线。竖曲线半径不应小于100m，曲线长度不应小于15m。

表4-20　纵坡限制坡长

纵坡/%	2.5	3.0	3.5
限制坡长/m	300	200	150

4　工厂绿化

4.1　一般要求

① 工业企业的绿化布置，应符合工业企业总体规划要求，与总平面布置统一进行，并应合理安排绿化用地。

绿化布置应根据企业性质、环境及环境保护、厂容及景观的要求，结合当地自然条件、植物生态习性、抗污性能和苗木来源等，因地制宜进行。

② 绿化布置应符合下列要求：充分利用厂区非建筑地段及零星空地进行绿化；利用管架、栈桥、架空线路等设施的下面及地下管线带上面的场地布置绿化。

满足生产、检修、运输、安全、卫生及防火要求，避免与建（构）筑物、地下设施的布置相互影响。

③ 工业企业的绿化布置，应根据不同类型的企

业及其生产特点，污染性质和程度，以及所要达到的绿化效果，合理地确定各类植物的比例与配置方式。

④ 工厂绿化布置采用“厂区绿化覆盖面积系数及厂区绿化用地系数”两项指标。前者反映厂区绿化水平，后者反映厂内绿化用地状况。两项指标的计算公式如下。

$$厂区绿化覆盖面积系数=\frac{厂区绿化覆盖总面积}{厂区占地面积}\times100\%$$

厂区绿化覆盖总面积（m^2）＝乔木、灌木平均绿化覆盖面积（m^2）＋垂直绿化面积（m^2）＋草坪面积（m^2）＋花卉面积（m^2）

乔木、灌木平均绿化覆盖面积按表 4-21 计算。垂直绿化面积、草坪面积及花卉面积按设计面积计算。

表 4-21　乔木、灌木平均绿化覆盖面积

植物类别	平均覆盖面积/m^2
单株常绿大乔木	10
单株落叶大乔木	16
单株常绿小乔木	6
单株落叶小乔木	10
单株大灌木	4
单株小灌木	2
单行绿篱	$0.80m\times L$
双行绿篱	$1.20m\times L$
行道树	$4m\times L$

注：L 为绿化带长度，m。

厂区占地面积按厂区围墙坐标计算，并包括厂前区占地面积。如厂区围墙内有预留用地时，厂区占地面积应扣除预留用地面积。

$$厂区绿化用地系数=\frac{厂区绿化用地计算总面积}{厂区占地面积}\times100\%$$

式中，厂区绿化用地面积是指厂区内种植乔木、灌木、花卉和铺植草皮用地面积的总和（上海市也将厂区内绿化区、厂前区等所设置的美化用水池列为绿化面积）。

⑤ 化工及医药企业的绿化用地系数。项目建设所在地的当地政府出具的规划许可文件中提出的绿化系数要求，应作为项目设计的依据。

工业企业总平面设计规范（GB 50187—2012）并没有对工业企业的绿化用地系数做出具体规定。参照化工企业总图运输设计规范及近年全国各开发区、生产基地和园区与城市规划部门对工厂企业绿化的要求，化工及医药企业的绿化用地系数可参考表 4-22。

表 4-22　绿化用地系数建议值

绿化类别	工厂类别	厂区绿地率/%
Ⅰ类	制药厂、电影胶片厂、感光材料厂、磁带厂等对环境洁净度要求高的工厂	20～30
Ⅱ类	化肥厂、油漆厂、染料及染料中间体厂、橡胶制品厂、涂料厂、颜料厂、塑料制品厂等	12～25
Ⅲ类	石油化工厂、纯碱厂、合成橡胶厂、合成纤维树脂厂、合成塑料厂、有机溶剂厂、氯碱厂、硫酸厂、农药厂、焦化厂、煤气厂等	12～20

注：1. 当工厂所在地的土壤及气候条件适于绿化植物生长，且厂区用地许可时用上限；当工厂所在地的土壤及气候条件不利于绿化植物生长，或厂区用地不许可时用下限。

2. 当Ⅱ类工厂设有酸类或氯碱生产装置时，厂区绿地率可按Ⅲ类工厂选用。

3. 当改（扩）建工厂绿化用地困难时，其厂区绿地率可适当降低。

4.2　绿化布置

① 工厂企业的绿化布置，应以下列地段为重点：

a. 进厂主干道及主要出入口；

b. 生产管理区、厂前区；

c. 洁净度要求高的生产车间（如制剂药品厂房、感光材料厂房、磁带、电子元器件厂房等）、装置及建筑物；

d. 散发有害气体、粉尘及产生高噪声的生产车间、装置及堆场；

e. 受西晒的生产车间及建筑物；

f. 受雨水冲刷的地段；

g. 厂区生活服务设施周围；

h. 居住区。

② 受风沙侵袭的工业企业，应在厂区受风沙侵袭盛行风向的上风侧设置半通透结构的防风林带。对环境构成污染的工厂、灰渣场、尾矿堤、排土场和大型泵、燃料堆场，应视全年盛行风向和对环境的污染情况设置紧密结构的防护林带。

③ 具有易燃、易爆的生产、储存及装卸设施附近，宜种植能减弱爆炸气浪和阻挡火势向外蔓延、枝叶茂密、含水分大、防爆及防火效果好的大乔木及灌木，但不得种植含油脂较多的树种。在易燃、可燃液体及液化石油气储罐的防火堤内，不得种植任何植物。

④ 散发液化石油气及相对密度大于 0.7 的可燃气体和可燃蒸气的生产、储存及装卸设施附近，绿化布置应注意通风，不宜布置不利于重气体扩散的绿篱及茂密的灌木。

⑤ 对空气洁净度要求高的生产车间、洁净厂房（如医药制剂厂房、感光材料厂房、磁带厂房、胶片厂

房、电子元器件厂房等）、装置及建筑物附近的绿化，不应种植散发花絮、纤维质及带绒毛果实的树种，并应铺植草皮，做到使厂房周围无露土地面。

医药制剂生产厂房周围不宜种花，以防花粉污染。

⑥ 生产管理区和主要出入口的绿化布置，应具有较好的观赏及美化效果。应考虑与厂前宣传栏喷水池、雕塑及其他美化建筑小品等合理配置。

⑦ 地上管架、地下管线、输电线路、屋外高压配电装置附近的绿化布置，应满足安全生产及检修要求。

⑧ 道路两侧应布置行道树。主干道两侧可由各类树木、花卉组成多层次的行道绿化带。

⑨ 道路弯道及交叉口、铁路与道路平交道口附近的绿化布置，应符合行车视距的有关规定。

⑩ 在有条件的生产车间或建筑物墙面、挡土墙顶及护坡等地段，宜布置垂直绿化。

⑪ 树木与建（构）筑物及地下管线的最小间距，应符合表4-23的规定。

⑫ 工厂企业绿化树种和草种的选择还应符合下列要求。

a. 应根据生产特点、厂区环境污染状况等，选择耐性、抗性或滞尘能力强的树种和草种。

b. 应根据工厂生产的防火、防爆及卫生洁净要求，选择有利于安全和卫生、洁净的树种及草种。

c. 根据环境监测要求选择相应的敏感植物。

d. 宜选择乡土树种和草种。

e. 宜选择苗木来源可靠、产地较近、价格较低的树种和草种。

f. 宜选择栽植培育简单、易成活、病虫害少、耐修剪及养护管理方便的树种和草种。

g. 宜选择常绿树种和草种或常绿树与落叶树相结合，并合理配置常绿植物和落叶树，保持四季常青。

h. 注意树种配置，宜按多树种、高低、大小搭配，不宜单一树种配置，以达到绿化的多重效果。

表4-23 树木与建(构)筑物及地下管线的最小间距

建(构)筑物及地下管线名称	最小间距/m	
	至乔木中心	至灌木中心
建筑物外墙		
有窗	3.0～5.0	1.5
无窗	2.0	1.5
挡土墙顶或墙脚	2.0	0.5
高2m及2m以上的围墙	2.0	1.0
标准轨距铁路中心线	5.0	3.5
窄轨铁路中心线	3.0	2.0
道路边缘	1.0	0.5
人行道边缘	0.5	0.5
排水明沟边缘	1.0	0.5
给水管	1.5	不限
排水管	1.5	不限
热力管	2.0	2.0
煤气管	1.5	1.5
氧气管、乙烯管、压缩空气管	1.5	1.0
电缆	2.0	0.5

注：1. 表中最小间距除注明者外，建（构）筑物自最外边轴线算起；城市型道路自路面边缘算起，公路型道路自路肩边缘算起；管线自管壁或设施外缘算起；电缆按最外一根算起。

2. 树林至建筑物外墙（有窗时）的距离，当树冠直径小于5m时采用3m，大于5m时采用5m。

3. 树林至铁路、道路弯道内侧的间距符合视距要求。

4. 建（构）筑物至灌木中心是指灌木丛最外边的一株灌木中心。

5 常用参考资料

5.1 新建厂设计基础资料收集提纲（表4-24）

表4-24 新建厂设计基础资料搜集提纲

项目	要求
地形	1. 地理位置地形图：比例尺寸为(1:25000)～(1:50000) 2. 区域位置地形图：比例尺寸为1:10000 3. 厂址地形图：比例尺寸为(1:500)～(1:2000) 4. 厂外铁路，厂外道路，输水管线，污水排除管线，供电线路，原料、成品输送管线，热力管线等经过地带地形图，比例尺寸为(1:500)～(1:2000)
气象	一、气温和湿度 1. 年平均温度、绝对最高温度、绝对最低温度及湿度 2. 最热月的最高干球温度和湿球温度 3. 平均相对湿度、最大相对湿度、最小相对湿度和绝对湿度 4. 最热、最冷月份的平均温度 5. 土壤冻结最大深度 6. 最热月份13时的平均温度及相对湿度 二、降雨量 1. 当地采用的雨量计算公式

续表

项　目	要　　　　求
气象	2. 历年和逐月的平均降雨量，最大、最小降雨量 3. 一昼夜、1h、10min 最大强度降雨量 4. 一次暴雨持续时间及其最大降雨量以及连续最长降雨天数 5. 初冬雪日期、积雪时间、积雪密度及最大厚度 三、风 1. 历年来的全年、每季、每月平均风速及最大风速 2. 历年来的全年、夏季、冬季风向频率、风玫瑰图 3. 风的特殊情况：风暴、大风雪情况及其原因，山区小气候风向频率变化情况 4. 沙暴情况，雷暴情况 四、云雾及日照 1. 历年来的全年晴天及阴天日数 2. 逐月阴天的平均、最多、最少日数及雾天日数 五、大气压 1. 累年平均气压、绝对最高气压、绝对最低气压 2. 历年最热三个月平均气压的平均值 六、全年及逐月平均蒸发量 七、空气污浊度
水文	1. 防洪和防潮措施设计基础资料 (1)历年最高水位、50 年最高水位、100 年最高水位 (2)年最高水位 (3)最高和最低流量 (4)海水历年最高潮水位、历年最低潮水位、百年一遇最高潮水位、多年平均潮水位 (5) 多年平均径流量 (6)最枯、最丰、平均年径流量 2. 建设水源地及污水排除构筑物、码头设计基础资料 (1)年平均流量、逐月的最大及最小平均流量、流速，湖泊的储水量 (2)夏季水的最高温度 (3)航运及浮运情况 (4)河床或湖(海)底的特征、断面 (5)拟建水源地、污水排除构筑物、码头地址及至厂区所经地带的地形、地貌和水文地质资料 (6)河流如果作为供水水源地，必须有水质分析资料，水源地的环境卫生情况，上游 10～15km 的工业企业及住宅区排出污水的性质和上游拟建的住宅区及工业企业的资料，建立卫生安全区的措施 (7)河流如果作为污水排出地点，必须了解河流下游 10km 内河水使用的情况(居民点生活用水或农业和副业用水)，必须取得城市卫生机关许可
工程地质及水文地质	1. 地貌类型、地质构造、地层、土层的成因及年代 2. 物理地质现象，如滑坡、沉陷、岩熔、崩塌、冲蚀、潜蚀等调查、观测资料和结论报告 3. 人为的地表破坏现象，如土坑、地下古墓、洞巷、人工边坡变形等 4. 有用矿藏及开采评价 5. 地震等级、震速、震源、抗震要求 6. 说明土壤特性及地基耐压力的分析资料，试验报告，土层冰结深度 7. 土层含水性，含水层深度、流向、流量与长期观测资料，地下水对混凝土基础的侵蚀性 8. 水文地质构造，蓄水层性质、深度及厚度 9. 水井涌水量、互阻抽水试验资料以及地下水开采储量评价 10. 地下水物理化学与细菌分析资料 11. 水井附近的卫生条件，关于建立水源安全区的规定 12. 从水源地到厂区的水道所经地带的地形图及水文、工程地质资料
交通运输	一、铁路 1. 邻近的铁路线、车站(或工业编组站)的特征及至厂区的距离；车站机务设施、运输组织、通信信号和养护分工等情况；接收企业运输后，是否将引起车站的改建或扩建 2. 可能接轨地点的坐标、标高(所属系统)和换算公式，平面图及纵断面图 3. 铁路管理部门对设计线路的技术条件(允许最小曲线半径限制坡度和道岔型号等)的规定及协议文件 4. 运输重型或大型产品时，应了解所经过的桥梁等级和隧道大小

续表

项目	要求
交通运输	二、公路 1. 邻近公路的情况，企业运输所经公路等级、路面宽度、路面结构、主要技术条件、桥涵等级、隧道大小、公路的泥泞期及停车期，公路的发展及改建计划 2. 公路可能接线地点的坐标和标高、至企业的距离、公路平面图及纵断面图 3. 当地的运输能力及运价 三、水运 1. 通航河流系统、通航里程、航运条件、航运价格、通航时间及航运发展 2. 航行的最大船只吨位及吃水深度 3. 利用现有码头的可能性，或建设专用码头的地点和情况 四、管道 1. 管道接管点至企业的距离、管径、压力、输送量 2. 接管处的坐标和标高 3. 管道输送的动力和安全等情况
供排水	一、供水 1. 采用地面水或地下水作水源时，搜集资料内容详见水文地质部分 2. 利用自来水作水源时，应搜集下列设计基础资料 (1)水源地点 (2)输水管线能力、可供本企业的水量 (3)供水方式，平均供水或变量供水 (4)供水条件，是否需本企业担负部分管道或水利工程的建造费用，厂区是否需要建造储水池 (5)供水连接地点(具体坐标)、管道直径，附连接区域系统图 (6)连接点的最低水压，发生火灾时的水压 (7)连接点的管道敷设深度(具体绝对标高) (8)水的物理、化学及细菌分析资料，全年水温状况 (9)管道材料、水的价格 二、排水 1. 排入河流时，搜集资料详见工程地质及水文地质部分，应取得卫生机关许可 2. 排入城市下水道时，应搜集下列资料 (1)下水道是分流制还是合流制，雨水管道是明沟还是暗沟 (2)下水道系统图或规划图 (3)可能连接地点的具体坐标 (4)连接点管道的埋深、绝对标高、管径和坡度 (5)允许排入下水道的水量 (6)生产、生活污水的处理方式，排入下水道内要求污水的净化程度 (7)厂区至接管地点或至净化设施等处的地形、地质资料
供电	1. 发电站或区域变电站的位置、至企业的距离、引入供电线的几个可能方向 2. 供电电源的简要说明，如系统结构、供电可靠性，对企业的专线是放射式、树干式或其他方式供电及线路长度 3. 可能的供电量、目前及远期供电电压 4. 系统短路电流参数及土壤电阻系数 5. 备用电源情况 6. 电业单位是否还有其他的特殊要求 7. 厂外输电线路设计施工分工
弱电及电信	1. 企业附近已有电话、电报、转播站及各种信号设备情况 2. 企业利用已有设备的可能性 3. 已有设备与工厂的距离 4. 电话、网络系统的形式 5. 连接已有设备需要的投资 6. 线路情况(架空还是埋地)
原料、燃料	1. 原料、燃料的供应距离、输送方式和输送价格 2. 原料、燃料的质量分析资料 3. 原料、燃料的供应量和价格

续表

项目	要求
供热、供气	1. 可能供给的热源和热量 2. 接管点的管径、坐标、标高和与企业的距离 3. 蒸汽或热水的温度和价格 4. 可能供给的气量、气压及化学分析资料 5. 价格(煤气、天然气) 6. 压缩空气、氧气、乙炔及其他气体供应情况
居民点	1. 居民点的位置、现有人口和社会情况 2. 当地农业人口平均土地量、劳动力、当地经济的发展规划
施工条件	1. 当地建筑材料的生产、供应情况;产地至企业的距离;运输距离及材料价格 2. 地方施工能力;人员配备、建筑机械数量,最大起重能力,预制构件、预应力构件的制作能力 3. 施工运输条件:利用铁路、公路、水运及地方其他运输工具的条件和价格 4. 劳动力的来源、人数及生活安排 5. 施工用水、用电条件
其他	注意废渣场的选择及废渣堆置

注：实际工作中可根据项目的要求有所取舍。

5.2 改扩建项目设计基础资料收集提纲（表4-25）

表4-25 改扩建项目设计基础资料收集提纲

项目	要求
总图运输	1. 总平面布置图[建(构)筑物布置、交通运输线路布置、建筑系数等]及铁路和道路图 2. 竖向布置图,包括厂内所有建(构)筑物、道路、铁路、各种场地标高,以及全厂场地现有的排水情况 3. 管道综合图,包括厂内所有管道的坐标、标高、管径、管材以及管架横断面和结构形式 4. 现有交通运输情况、装卸定员、机车、汽车、电瓶车、消防车等车库的设备布置图及工艺、土建情况、定员、工作制度、生产能力 5. 现有仓库的建筑面积、结构形式、起重运输设备的情况,库内储存材料的品种、数量、储存面积、堆存高度、储存方式、储存期限
土建	1. 车间的建筑布置图,包括车间面积的利用情况,吊车数量及吨位,改建和扩建的可能性 2. 车间的结构情况,包括各种结构部分有无腐蚀损坏现象,车间主要结构部分的计算书 3. 车间内地下构筑物的调查 4. 车间和厂内生活辅助建筑现状及使用情况
供电	1. 原有的主要电力系统图,与厂外电源连接的说明、短路电流及接地电流的资料、电费制度和电的成本 2. 电气设备的性质及情况、设备的安装容量、实际负荷情况 3. 厂区照明系统的情况 4. 供电系统及变电所位置,总平面图,注明线路电压、地沟尺寸及敷设方式 5. 变电所平剖面图及设备情况
电讯	1. 现有电讯设备情况 2. 现有电讯线路的特点 3. 电话总机房及其他电讯设备房屋的平剖面图 4. 电讯线路总平面图
采暖通风	1. 现有采暖通风设备数量、型号、规格、特性等 2. 现有采暖通风管路系统、敷设形式、管径、空气量、冷热负荷等 3. 车间内采暖通风设备及管道布置图,包括热力管道入口位置和机器房位置
供排水	1. 供水和排水总平面布置图,包括构筑物、管道直径、材料、埋深、坡度,附排水管道纵剖面图 2. 车间内供水和排水管道布置图,包括管路位置、安装高度、埋深、坡度、管径、材料等 3. 供水水源及厂内供水情况 4. 生产、生活、消防用水量 5. 污水、雨水排出口情况 6. 污水处理方式、处理能力及排放标准

续表

项目	要求
动力及其他	一、热力 1. 热源、热媒介质、热媒参数(温度、压力) 2. 现有的主要供应系统及热负荷量,采暖、通风和生产用蒸汽每小时平均消耗量和最大消耗量,所用气压 3. 锅炉房的土建和设备布置图,说明其燃料供应情况和扩建的可能性 4. 热力管沟总平面图,包括管沟坐标、标高、坡长、管径、伸缩节形式、地沟的构造,附管路纵断面图 5. 车间内热力管布置图,包括管道位置、标高、管径 二、压缩空气 1. 现有的供应系统及其负荷情况 2. 压缩空气站的土建和设备布置图 3. 压缩空气管道总平面图 4. 车间内压缩空气管道布置图 三、煤气 1. 现有供应系统、负荷情况及煤气特性 2. 煤气站的土建和设备布置图 3. 煤气管道总平面图 4. 车间内煤气管道布置图 四、其他 1. 住宅建筑现状,现有居民数及平均每人的居住面积 2. 文化福利建筑的现状、容纳人数及使用情况 3. 机修能力 4. 地质、气象、施工条件等

注:根据改(扩)建项目的具体繁简情况,可对表中所列提纲有所取舍。

5.3 常用规范

GB 50016—2014 建筑设计防火规范
GB 50187—2012 工业企业总平面设计规范
GB 50489—2009 化工企业总图运输设计规范
GB 50160—2008 石油化工企业设计防火规范
GBJ 22—87 厂矿道路设计规范
GBZ 1—2010 工业企业设计卫生标准
GB 50012—2012 Ⅲ、Ⅳ级铁路设计规范
GB 8195—2011 石油加工业卫生防护距离
GB 50984—2014 石油化工厂布置设计规范
GB 50542—2009 石油化工厂区管线综合技术规范

第5章 工程经济

1 概述

工程经济指从经济角度对工程技术方案进行评价的理论和方法，是为工程项目建设前期中涉及投资决策工作（如可行性研究阶段等）服务的。但设计领域所指的工程经济工作，则一直延伸到建设期的施工图阶段。设计部门的工程经济专业实际上包含两个专业，即经济分析（或技术经济）专业和概预算专业。由于设计部门的工作现在向两头延伸，向前延伸到咨询，向后则以工程公司的形式延伸到工程施工建设，因此，工程经济工作中的工作内容则更为广泛，详见表5-1。由表5-1可见，经济分析工作主要在建设前期，而概预算专业的投资测算工作则贯穿建设全过程，且对测算准确度有明确要求。在项目建议书、可行性研究和初步设计阶段中，投资测算及经济分析的主要内容列于表5-2。

本章着重介绍可行性研究阶段的投资估算、资金筹措、产品成本估算和经济评价（财务评价和国民经济评价），以及初步设计阶段的投资概算。其他各阶段同类型的内容可参照编写。

工程经济工作是一项严肃的工作，它以国家或各部门制定的各项法规、规定为依据。但由于近几年经济形势的飞速发展，一些规定中的内容和数据随年代及颁发部门的不同差别很大。本章内容仅供使用人参考，引用数据时，务必注意以相关部门当年颁布的数据为准，同时引用时必须参照该项材料的原始来源（见本章后的参考文献），判断其时效性后予以取舍。

表5-1 工程项目建设各阶段的工程经济工作

工程项目建设阶段			建设前期			建设期	
承担部门			咨询		设计		施工
工作内容			项目建议书（预可行性研究报告）	可行性研究报告	基础设计、初步设计说明书（复杂或较大工程增加技术设计）	详细设计、施工图设计	施工
经济分析内容			产品成本估算，财务及国民经济分析（资金筹措设想）	产品成本估算，财务及国民经济评价（资金筹措）	技术经济分析	—	—
投资测算形式			估算	估算	概算（修正概算）	施工图预算	施工预算、结算
投资测算要求	国内	现今	—	最高限额	不得任意突破最高限额		
		国计[1988]30号文①	—	—	不得大于投资概算10%	不得突破概算	
	国外	联合国工发组织	机会研究20%，预可行性研究30%	10%	—	—	—
		美国工程师协会	机会研究40%	25%	初步设计12%，技术设计6%	3%	—

① 国家计委［1988］30号《关于控制建设工程造价的若干规定》文件。

表5-2 工程项目建设前期各阶段工程经济工作主要内容

名称	项目建议书	可行性研究报告	初步设计说明书	
			车间（装置）	总体及总概算书
说明	化工投资项目申请报告编制办法（中石化联产发[2012]115号）	化工投资项目可研报告编制办法（中石化联产发[2012]115号）	各行业主管部（局）一般都颁发各类有关设计规定，初步设计说明书的内容均应执行各行业的规定。其中投资方面均以“概算书”形式单独成册	

续表

名称	项目建议书	可行性研究报告	初步设计说明书	
			车间(装置)	总体及总概算书
主要内容	一、投资估算 1. 建设投资估算 (1)主体工程和协作配套工程所需的建设投资估算 (2)外汇需要量估算 (3)必要时采用影子价格或修正价格估算建设投资 2. 流动资金估算 3. 初步计算建设期贷款利息 4. 老厂改(扩)建和更新改造项目,应简要说明利用原有固定资产原值和净值情况 二、资金筹措 1. 资金来源、筹措方式及贷款偿还方式。利用外资项目时要说明利用外资的可能性 2. 贷款利率、管理费、承诺费等情况 3. 逐年资金筹措数额和安排使用设想 三、产品成本估算 1. 按国家现行价格估算产品的单位成本 2. 必要时采用影子价格估算产品的单位成本 四、财务分析(企业角度) 1. 静态指标 (1)投资利润率 (2)投资收益率 (3)投资利税率 (4)投资净产值率 (5)投资回收期 (6)换汇成本或节汇成本 2. 借款偿还期初步测算 3. 老厂改(扩)建和更新改造项目分析[原则上宜采用"有无对比法",但根据项目的具体情况有时也可计算改(扩)建后的分析指标] 五、国民经济分析 从国家角度考察项目的费用和效益,计算分析静态指标的投资净效益、净效益能耗(t/万元)	一、投资估算 1. 编制说明 (1)工程项目简要情况 (2)投资估算的范围 2. 编制依据 (1)国家部委或地方政府等决策部门的有关文件 (2)建筑、安装工程费用定额、指标的选取依据 (3)设备、材料价格的确定依据 (4)引进硬件费和软件费的确定依据 (5)引进从属费用的计算依据 (6)人民币外汇牌价的选取依据 (7)其他专项费用的计取依据 3. 投资估算表 (1)建设项目建设投资估算表 (2)单项工程建设投资估算表 4. 投资估算分析 (1)费用项目投资比例分析 (2)分析影响投资的主要因素 5. 有关事项说明 (1)说明存在的主要问题 (2)老厂改(扩)建和技术改造项目,要说明利用原有固定资产原值、净值和重估值情况 (3)其他事项说明 二、项目总资金 列出项目的总投资,包括投资总额(投资估算值和包括建设期利息在内的动态投资)和流动资金 三、资金筹措 1. 自有资金 (1)注册资金(资本金) (2)说明资本金的来源、渠道及投资方式 2. 借入资金 (1)长期借款 说明提供资金的银行或金融机构、年利率、计算办法及偿还要求 (2)流动资金借款 说明流动资金的来源及贷款利率 四、产品成本估算 1. 产品成本估算依据及说明 (1)原辅材料及公用系统(或燃料、动力)价格 (2)人员工资 (3)折旧费 (4)摊销费 (5)维修费 (6)其他费用 (7)财务费用 2. 生产成本估算 编制生产成本及费用估算表,并将成本结果摘要列出,对其中的重要问	一、单位工程(车间或装置)概算 1. 总图运输 2. 建筑物 3. 构筑物 4. 静置设备 5. 机械设备 6. 工业炉 7. 金属储罐 8. 工艺管道 9. 电气 10. 电信 11. 自控仪表 12. 给排水 13. 采暖通风 14. 热工 15. 分析化验 16. 催化剂和化学药剂 17. 劳动安全卫生 18. 特定条件下的费用 19. 安全生产费 20. 工器具及生产用具购置费 二、综合概算书(单独成册,内容参见本表右栏总概算书第1、3、4部分) 三、产品成本计算 1. 计算依据 (1)各种原辅材料、中间产品的单价及公用系统(或燃料、动力)单价,即价格依据 (2)工资和福利费、折旧费、维修费及其他制造费依据 2. 成本计算 (1)原辅材料及公用系统(或燃料、动力)的消耗费用(元/单位产品) (2)车间(装置)成本(元/单位产品)	一、投资概算 以"总概算书"单独成册,主要内容如下 1. 编制说明 (1)工程概况 (2)资金来源、投资方式与投资单位 (3)建设项目的设计范围及设计分工 (4)编制依据 项目批文及有关文件依据,采用价格、指标、定额及费用费率依据 (5)建筑、安装"三材"用量等材料分析表 (6)环境保护及综合利用、劳动安全、工业卫生和消防三项投资占工程费用投资的比例 (7)其他说明 2. 总概算 3. 综合概算 4. 单位工程概算 二、产品成品计算 由于可行研究阶段的"成本估算""财务评价"中的各项工作,对项目的技术经济内容已做过很深入的探讨,项目"可行性研究报告"的评估和批准,确认项目可行,所以初步设计阶段"设计说明书"中"技术经济"章节的任务,只是按现阶段的条件变化和现行价格,对项目的"成本"和"财务评价"结果予以核定,为此其内容与可行性研究报告内容相同 三、财务评价 内容与可行性研究报告相同,但不确定分析中,一般只做"盈亏分析"即可

续表

名称	项目建议书	可行性研究报告	初步设计说明书	
			车间(装置)	总体及总概算书
主要内容		题进行分析 五、财务评价(企业角度) 1. 财务分析 (1)财务分析的依据和说明。投产后生产负荷安排;项目寿命期;销售价格;税金;项目还款的资金来源,借款偿还说明及现金流量 (2)财务分析及评价指标计算损益;还款能力估算;借款偿还;财务外汇平衡;资金来源与资金应用平衡;资产负债估算;现金流量计算;主要财务静态指标及综合技术经济指标 2. 不确定分析 (1)盈亏分析 (2)敏感性分析 (3)概率分析 3. 清偿能力分析 资产负债情况分析,借款偿还分析 4. 结论 (1)财务静态指标的分析及评价 (2)财务动态指标的分析及评价 (3)评价项目清偿能力 (4)综述不确定因素影响及风险程度 (5)得出财务效益好或不好的结论时,应分析评价造成结果的原因,提出采取优惠经济措施的建议(如有条件时) 六、国民经济评价(从国家角度) 1. 国民经济评价的依据和说明 2. 基本计算报表分析 (1)全部投资经济现金流量表 (2)国内投资经济现金流量表 3. 评价的主要指标 (1)静态指标　投资净效益率;净效益能耗 (2)动态指标　经济内部收益率;经济净现值;经济净现值率;经济换汇成本或经济节汇成本 4. 不确定分析 (1)敏感性分析 (2)概率分析		

	后评价报告(单独委托)
主要内容	一、后评价内容 1. 对评价时点已反映出的效益进行评价 2. 对目标的实现程度和项目可持续性进行评价 二、后评价依据 1. 企业现状及项目现状 2. 项目各阶段(包括前期、建设、试生产、正式生产中)所有文件 包括项目建议书及评估文件、上级批复意见;可行性研究报告及评估报告和上级批复意见;引进技术谈判资料;初步设计及审查文件;项目开工报告;概预算调整报告;竣工验收报告;项目运行前后各年企业主要财务报表(项目前一年至评价时点连续各年)等

续表

<table>
<tr><th rowspan="2">名称</th><th rowspan="2">项目建议书</th><th rowspan="2">可行性研究报告</th><th colspan="2">初步设计说明书</th></tr>
<tr><th>车间(装置)</th><th>总体及总概算书</th></tr>
<tr><td>主要内容</td><td colspan="4">3. 项目实施过程中的有关记录
4. 其他后评价所需条件
三、后评价中涉及工程经济专业的评价内容
1. 实施过程评价中的投资评价
2. 实施效果评价
(1)原料供应与产品销售评价
(2)成本分析与营销分析
(3)企业财务状态评价、效绩评价和项目目标效果评价
四、后评价中的效益评价方法
1. 项目实施结果与预期目标对比
将后评价中实际行动结果与前期可行性研究和评估的预测结论相比较，发现变化和分析原因
2. 有无对比
将项目实际发生情况与若无项目可能发生情况进行对比，以度量项目的真实效益、影响和作用
3. 项目之间横向对比
将后评价的项目与国内外同类项目进行对比，找出优点与差距，分析原因
五、项目后评价的评价指标
1. 项目效益指标
(1)总投资
(2)总成本费用
(3)销售收入
(4)税后利润
(5)投资利润率
(6)成本利润率
(7)财务内部收益率
(8)投资回收期
2. 企业效益指标
(1)企业财务与经营指标　包括连续三年企业的销售收入、总成本、折旧与摊销、利润总额和需偿还的本金等
(2)企业效绩指标　包括净资产收益率、总资产报酬率、成本费用利润率、毛利率、销售利润率等</td></tr>
<tr><td colspan="5">项目申请报告</td></tr>
<tr><td>主要内容</td><td colspan="4">1. 项目申请报告编制依据
1.1 《中华人民共和国行政许可法》
1.2 《国务院关于投资体制改革的决定》
1.3 《企业投资项目核准暂行办法》
1.4 《外商投资项目核准暂行管理办法》
1.5 《国际金融组织和外国政府贷款投资项目管理暂行办法》
2. 项目申请报告编制对象
企业投资建设实行核准制的项目，需向政府提交项目申请报告
3. 项目申请报告的内容
对拟建项目从规划布局、资源利用、征地移民、生态环境、经济和社会影响等方面进行综合论证
3.1　申请单位及项目概况
3.2　发展规划、产业政策和行业准入分析
(1)发展规划分析
(2)产业政策分析
(3)行业准入分析
3.3　资源开发及综合利用分析
(1)资源开发方案
(2)资源利用方案
(3)资源节约措施
3.4　节能方案分析
(1)用能标准和节能规范
(2)能耗状况和能耗指标分析
(3)节能措施和节能效果分析
3.5　建设用地、征地拆迁及移民安置分析
(1)项目选址及用地方案</td></tr>
</table>

续表

名称	项目建议书	可行性研究报告	初步设计说明书	
			车间(装置)	总体及总概算书
主要内容	(2)土地利用合理性分析 (3)征地拆迁和移民安置规划方案 3.6 环境和生态影响分析 (1)环境和生态现状 (2)生态环境影响分析 (3)生态环境保护措施 (4)地质灾害影响分析 (5)特殊环境影响 3.7 经济影响分析 (1)经济费用效益或费用效果分析 (2)行业影响分析 (3)区域经济影响分析 (4)宏观经济影响分析 3.8 社会影响分析 (1)社会影响效果分析 (2)社会适应性分析 (3)社会风险及对策分析 4. 项目申请报告中工程经济专业所涉的内容 4.1 经济效益影响分析 对投资项目所耗费的社会资源及其产生的经济效果进行分析、论证，从而判断拟建项目的经济合理性 4.2 行业影响分析 阐述行业现状的基本情况以及企业在行业中所处的地位，分析拟建项目对所在行业及关联产业的影响，并对是否可能导致垄断等进行论证 4.3 区域经济影响分析 对于区域经济可能产生重大影响的项目，从区域经济发展、产业空间布局、当地财政收支、社会收入分配、市场竞争结构等角度进行分析论证 4.4 宏观经济影响分析 对于投资规模巨大、对国民经济有重大影响的项目，进行宏观经济影响分析；对于涉及国家经济安全的项目，分析拟建项目对经济安全的影响，提出维护经济安全的措施 5. 经济影响分析适用方法 5.1 经济费用-效益分析(费用、产出可量化) (1)直接费用、直接效益 (2)间接费用、间接效益(如可量化) 5.2 费用-效果分析法(产出难以量化) (1)最小费用法 (2)最大效果法 (3)增量费用效果分析 5.3 文字定性叙述(费用、产出均难以量化) 6. 经济影响分析评价指标(如可量化) 6.1 经济内部收益率(EIRR) 6.2 经济净现值(ENPV) 6.3 经济效益费用比			

2 投资估算

建设项目可行性研究报告的投资估算应对总造价起控制作用，其投资估算应作为工程造价的最高限额，不得任意突破。本节以原国家石油和化学工业局1999年颁发的投资估算编制办法为基础，介绍中国工程（包括引进工程）项目以及中外合资项目建设投资的估算办法。

2.1 国内工程项目建设投资估算

建设项目总投资由建设投资、固定资产投资方向调节税、建设期借款利息和流动资金组成。其中建设投资分为固定资产、无形资产、递延资产及预备费四个部分；固定资产费用由工程费用和固定资产其他费用组成。费用组成和编制方法见表5-3～表5-6。其计算结果按表5-7的要求分项列入。表格形式可以根据各主管部门的要求选择确定。

表5-3 工程费用组成和编制方法

名称	项目定义和内容	费用内容	编制方法	备注
一、设备购置费	1. 需要安装和不需要安装的全部设备。包括主要生产、辅助生产、公用工程、服务性工程、生活福利项目、厂外工程的工艺设备、机电设备、仪器、仪表、运输车辆及其他等购置费		按设备表逐项计算，设备价格如下 1. 通用设备 按制造厂报价或出厂价（含增值税和附加）及中国机电产品市场价格计价，要采用可行性研究报告编制时的基年价格 2. 非标设备 按制造厂的报价或按国家主管部门规定的非标准设备指标计价	
	2. 工具、器具及生产家具购置费。指建设项目为保证初期正常生产所必须购置的第一套不够固定资产标准（2000元以下）的设备、仪器、工卡模具、器具等的费用		按建设项目的性质和不同化工产品情况确定，一般可按固定资产费用中占工程设备费用的比例估算 1. 新建的项目可按设备费用的0.8‰～2‰估列 2. 改（扩）建和技术改造项目可按设备费用的0.5‰～1‰估列	
	3. 备品、备件购置费。指直接为生产设备配套的初期生产必须备用的用以更换机器设备中易损坏的重要零部件及其材料的购置费		根据不同行业情况确定，一般可按设备价格的5‰估列	
	4. 设备内部填充物购置费。指树脂、干燥剂、活性炭、催化剂等设备内填充的物料，如填料及设备用的油品、润滑油等首次填充物购置费		按生产厂报价或出厂价	
	5. 生产用的贵重金属和材料购置费。指生产硝酸用的铂金网、离子膜，烧碱用的离子膜等		按生产厂报价或出厂价	
	6. 成套设备订货手续费。指成套设备公司根据发包单位按设计委托的成套设备供应清单进行承包供应所收取的费用		一般可按设备总价的1%～1.5%估列	如不用成套供应，可不计列
	7. 车辆购置附加费。国内生产或组装的车辆，其车辆购置附加费由生产厂或组装厂代征		以车辆的实际销售价格（不含增值税）为计费依据，车辆购置附加费费率为10%	
	8. 设备运杂费率。按建厂所在省、自治区、直辖市规定的设备运杂费率计算 设备运杂费，指设备从制造厂交货地点或调拨地点到达施工工地仓库所产生的一切费用	包括运输费、包装费、装卸费、仓库保管费等	根据建厂所在不同地区规定设备运杂费率，按设备原价的百分比计算，列入设备费内，运杂费率见下表	

续表

<table>
<tr><th>名称</th><th>项目定义和内容</th><th>费用内容</th><th>编制方法</th><th>备注</th></tr>
<tr><td>一、设备购置费</td><td></td><td></td><td>设备运杂费率
<table><tr><th>类别</th><th>建设项目所在地区</th><th>费率/%</th></tr><tr><td>1</td><td>上海、天津、大连、青岛、烟台、秦皇岛、广州、连云港、南通、宁波</td><td>5.5～6.5</td></tr><tr><td>2</td><td>辽宁、吉林、河北、北京、江苏、浙江、山东、广东</td><td>6.5～7.5</td></tr><tr><td>3</td><td>河南、陕西、湖北、湖南、江西、黑龙江、福建、安徽、四川、重庆、山西</td><td>7.5～8.5</td></tr><tr><td>4</td><td>内蒙古、甘肃、宁夏、广西、海南</td><td>8.5～9.5</td></tr><tr><td>5</td><td>青海、贵州、云南</td><td>10.0～11.0</td></tr><tr><td>6</td><td>西藏、新疆</td><td>11.5～12.0</td></tr></table>注：1. 当设备订货地距离建设厂址较远(跨省区运输)时，设备运杂费的费率可按建设项目所在地的费率，取上限。
2. 当被运输的设备中，不锈钢材质占设备材质比例低于20%时，设备运杂费的费率可按建设项目所在地的费率，取上限。
3. 当建设项目所在地距离铁路、码头卸货站的距离超过50km时，设备运杂费的费率可按建设项目所在地区费率的上限再增加30%计取。
4. 设备运杂费的费率中，设备保管费的费率为该类别费率的40%。</td><td></td></tr>
<tr><td>二、建筑工程费</td><td>1. 建筑物工程。生产、辅助生产厂房、库房、行政及生活福利设施等
2. 构筑物工程。各种设备基础、气柜、油罐、工业炉基础、操作平台、管架、烟囱、地沟、铁路专用线、码头、公路、道路、围墙、大门、冷却塔、水池和防洪设备及其栈桥的构筑物部分
3. 大型土石方、场地平整及厂区绿化等
4. 属于民用工程的上下水、煤气管道、电气照明、采暖和空调工程等</td><td>人工费
材料费
施工机械使用费
企业管理费
利润
规费
税金</td><td>按照设计图纸建筑工程量，以及建厂所在省、自治区、直辖市建(构)筑物工程概算综合指标估算，房屋建筑按每平方米造价估算，冷却塔、水池等按每座造价估算
建筑工程一般以直接费用为基础，按照建厂所在省、自治区、直辖市规定的间接费率执行
以建筑工程的直接费用与间接费用之和为基数，按照费率7%计取
营业税以建筑工程的直接费用、间接费用和计划利润之和为基数(不包括技术装备费、施工机构迁移费)，按照费率3%计取；城市维护建筑税按所在地区不同，按营业税的5%～7%计算；教育费附加按营业税的3%计征</td><td>建筑工程费也可按综合指标估算，如建筑物按元/m^2估算，总图竖向布置和构筑物按钢筋混凝土元/m^3估算，土石方按元/m^3估算；道路按元/m^2估算，也可参照历史资料，并考虑物价上涨因素、不同地区及地质条件的变化，按其占工程费用的百分比估算</td></tr>
</table>

续表

名称	项目定义和内容	费用内容	编制方法	备注
三、安装工程费	1. 主要生产、辅助生产、公用工程项目的机电设备、专用设备、仪器仪表等设备安装及配线 2. 工艺、供热、给排水等各种管道及供电外线安装 3. 设备内部填充(催化剂、活性炭、拉西环及鲍尔环等)、内衬、设备及管道的防腐、保温(保冷)等 4. 生产性室内上下水、煤气管道、采暖工程、通风工程、电气照明、避雷工程等 5. 工业炉安装	人工费 材料费 施工机械使用费 企业管理费 利润 规费 增值税	工艺设备、机械设备，按每吨设备、每台设备或占设备原价的百分比估算；管道工程，根据划分车间(装置)内部管道和全厂性管道，按不同材质的质量(包括管件)分别以每吨估算，或占设备原价的百分比估算；供电外线、长途通信、长输管道按千米估算；自控仪表分不同性质的车间(装置)，设备和材料安装均按占设备原价及占主要材料的百分比估算；变配电设备、电力配线按主要设备和主要材料的百分比估算 安装工程以人工费为基础，按规定的间接费率计算 以安装工程的直接费用与间接费用之和为基数，按规定费率计取 取费基数和税率均与建筑工程相同	为简化计算，安装工程费也可根据积累数据采用系数法估算，即各类设备的定额直接费用按设备原价的百分比计算，相应费用(其他直接费用、间接费用、计划利润、技术装备费、利润、税金、在特定条件下产生的费用)则按金额计算 直接费用的百分比计算，所采用的系数应按不同设备分类和专业确定

表 5-4 其他固定资产费用的组成和编制方法

名称	项目定义和内容	费用内容	编制方法	备注
一、土地征用及拆迁补偿费	按《中华人民共和国土地管理法》和《城市国有土地使用权价格管理暂行办法》等法律、法规规定应支付的费用		根据建厂所在省、市、自治区人民政府制定颁发的土地征用、拆迁、补偿费和耕地占用税、土地使用税等费税标准估算	
二、临时设施费	是指建设实施期间使用的临时设施的搭设、维修、拆除、摊销或租赁费用，分建设和办公两部分		临时设施费＝工程费×临时设施费率 新建项目费率为0.5% 改扩建项目费率为0.25%	
三、评价费	各类评价所产生的费用			
四、工程建设管理	是指监理单位根据国家批准的工程项目建设文件、有关法律、法规和监理合同(协议书)及其他工程建设合同，对建设项目实施第三方监督管理所产生的费用		按国家发改委、建设部《关于印发〈建设工程监理与相关服务收费管理规定〉的通知》(发改价格〔2007〕670号)规定，结合项目建设的实际需要计算	

续表

名称	项目定义和内容	费用内容	编制方法	备注
五、超限设备运输特殊措施费	指超限设备在运输过程中需进行的路面拓宽、桥梁加固、码头等改造时所产生的特殊措施费		按具体情况列入费用	一般情况下，符合下列条件之一者，均为超限设备：长度大于18m；宽度大于3.8m；高度大于3.1m；净重大于40t
六、工程保险费	指建设项目在建设期间根据需要，对施工工程实施保险所需的费用		根据保险公司规定的保险费率估算	
七、锅炉和压力容器检验费	指锅炉和压力容器按规定付给国家授权检验部门的检验费		一般可按应检验设备价格的6‰～10‰估算	
八、施工机构迁移费	指施工企业由建设单位指定承担施工任务，由原驻地迁移到工程所在地所产生的一次性搬迁费用	费用包括被调迁职工（包括随同家属）的差旅费、调迁期间的工资以及施工机械设备、工具用具、周转使用材料等运杂费	可按建筑、安装工程费的1%～1.5%估算	实行招标和投标项目时该费用不计列
九、勘察设计费	指为本建设项目提供项目建议书、可行性研究报告及设计文件等所需的费用	1. 编制项目建议书、可行性研究报告和环境评价、工程咨询以及为编制上述文件所进行的勘察、设计、研究、试验等所需的费用 2. 委托勘察设计单位进行初步设计、施工图设计及概、预算编制等费用 3. 在规定的范围内由建设单位自行完成的勘察、设计工作所需的费用	按国家发展计划委员会建设部发布的《工程勘察设计收费标准》有关规定进行估算	依据文件为计价格[2002]10号“关于《工程勘察设计收费管理规定》的通知”，国家计委《关于印发〈建设项目前期工作咨询收费暂行规定〉的通知》（计投资[1999]1283号）规定
十、技术转让费	指为本建设项目提供技术成果转让所需的费用		按研究、高校、生产、设计等部门技术转让费报价估算	
十一、土地（场地）使用权	指筹建机构在项目前期阶段（可行性研究报告批准前）为筹建项目所产生的费用			
十二、建设单位管理费	指对建设项目从立项、筹建、建设、联合试运转、竣工验收交付使用到后评价等全过程进行管理所需费用	1. 新建项目为保证筹建和建设工程正常进行而购置必要的办公设备及生活家具、用具、交通工具等所需的费用	以固定资产费用中工程费用为计算基础，按照建设项目不同产品和规模分别制定的建设单位管理费率计算 对于改（扩）建和技术改造项目应适当降低费率，建设单位管理费取费标准可按下列规定估算	

续表

<table>
<tr><th>名称</th><th>项目定义和内容</th><th>费用内容</th><th>编制方法</th><th>备注</th></tr>
<tr><td>十三、建设单位管理费</td><td>指对建设项目从立项、筹建、建设、联合试运转、竣工验收交付使用到后评价等全过程进行管理所需费用</td><td>2. 工作人员的基本工资、工资性补贴、劳动保险费、职工福利费、工会经费、劳动保护费、办公费、差旅交通费、固定资产使用费、工具用具使用费、技术图书资料费、职工教育经费、工程招标费、工程质量监督检测费、合同契约公证费、咨询费、法律顾问费、审计费、业务招待费、竣工交付使用清理及竣工验收、后评价等费用
3. 房产税、车船使用税、印花税
4. 工程监理费
5. 临时设施费</td><td>建设单位管理费率表<table>
<tr><th>建设项目规模(工程费用)/万元</th><th>建设单位管理费率/%</th></tr>
<tr><td>1000</td><td>3.00</td></tr>
<tr><td>5000</td><td>2.91</td></tr>
<tr><td>10000</td><td>2.88</td></tr>
<tr><td>50000</td><td>2.73</td></tr>
<tr><td>100000</td><td>2.58</td></tr>
<tr><td>200000</td><td>1.85</td></tr>
<tr><td>300000</td><td>1.59</td></tr>
<tr><td>600000</td><td>1.24</td></tr>
<tr><td>60亿以上</td><td>0.81</td></tr>
</table>注：1. 工程费用小于1000万元者，仍按1000万元作为计算基础。
2. 根据建设项目规模，采用直接插入法计算。
3. 成套引进的建设项目，应乘以系数0.9。
4. 改(扩)建项目，应乘以系数0.5～0.75。
5. 依托老厂的新建项目，应乘以系数0.75～0.85。</td><td></td></tr>
<tr><td>十四、生产准备费</td><td>指新建企业或新增生产能力的企业，为保证竣工交付使用进行必要的生产准备所产生的费用</td><td>1. 生产人员培训费：企业自行培训、委托其他单位培训人员的工资、工资性补贴、职工福利费、差旅交通费、学习资料费、学习费、劳动保护费
2. 生产单位提前进厂人员费：指提前进厂参加施工、设备安装、调试等以及熟悉工艺流程和设备性能等人员的工资、工资性补贴、职工福利费、差旅交通费、劳动保护费等</td><td>根据不同建设规模，进厂费按设计定员人数×80%[1730元/(人·月)×提前进厂月数]估算；培训费按培训人数×[1820元/人+3860元/(人·月)×培训期(月)]估算</td><td></td></tr>
<tr><td>十五、联合试转费</td><td>指新建企业或新增加生产能力的扩建企业，在竣工验收前按照设计规定的工程质量标准，对整个生产线或车间进行无负荷或有负荷联合试运转所产生的费用支出大于试运转收入的差额部分费用，不包括应由设备安装工程费项下开支的调试费及试车费用</td><td>1. 试运转所需材料、燃料、油料及动力消耗、低值易耗品及其他物料消耗、机械使用费
2. 联合试运转人员工资及施工企业参加试运转人员的工资及管理费用
3. 试运转收入：指试运转产品收入及其他收入</td><td>按不同建设规模及技术成熟不同程度，以项目固定资产费用中工程费用为计算基础，一般可按0.3%～3.0%计算，采用新技术及特殊项目，根据情况可适当调高</td><td></td></tr>
</table>

续表

名称	项目定义和内容	费用内容	编制方法	备注
十六、办公及生活家具购置费	指新建项目为保证初期正常生产、生活和管理所必需的或改(扩)建和技术改造项目需补充的办公、生活家具、用具等费用	企业办公室、会议室、资料档案室、阅览室、文娱室、职工食堂、理发室、浴室、单身宿舍及可行性研究报告中拟建的托儿所、幼儿园、医务室、招待所、子弟学校等家具、用具、器具购置费	新建项目以可研报告定员人数为计算基础,每人按3640元计;改(扩)建和技术改造项目以新增定员人数为计算基础,每人按2270元计	
十七、研究试验费	指为本建设项目提供或验证设计参数、数据资料等进行必要的研究试验以及设计规定在施工中必须进行试验和验证所需的费用	费用包括自行或委托其他部门研究试验所需的人工费、材料费、试验设备及仪器使用费等	按照可行研究报告提出研究试验项目内容和要求估算	
十八、供电贴费	指建设项目按规定应向供电部门交纳的供电工程贴费	费用包括用户申请用电或增加用电容量时,应向供电部门交纳的费用,供电工程贴费由供电、配电和施工临时用电贴费三部分组成	按地方政府供电贴费标准规定的通知估算	
十九、城市基础设施配套费	指建设项目按规定向地方交纳的城市基础设施配套费用		按建设项目所在省、市、自治区人民政府规定的征收范围和费用标准估算	

表5-5 预备费用的内容和编制方法

名称	项目定义和内容	费用内容	编制方法	备注
一、基本预备费	指建设项目在可行性研究及投资估算时难以预料的工程和费用	1. 在可行性研究的范围内,初步设计、技术设计、施工图设计及施工过程中所增加的工程和费用,设计变更、局部地基处理等增加的费用 2. 一般自然灾害造成的损失和预防自然灾害所采取的措施而产生的费用 3. 竣工验收时为鉴定工程质量,对隐蔽工程进行必要的挖掘和修复费用	以固定资产、无形资产和递延资产费用之和为计算基数,基本预备费可按9%~15%估算 可行性研究阶段可按9%~12%估算 项目建议书阶段可按10%~15%估算 根据可行性研究阶段不同和工作深度及技术成熟情况,在上述范围内由编制单位确定	
二、涨价预备费	指建设项目在建设期内由于价格上涨引起工程造价变化的预测和预留费用	1. 设备、工器具价格上涨 2. 建筑、安装工程费用上涨 3. 其他建设费用上涨	以项目编制可行性研究时为基期,到项目建成为止,估算项目费用价格上涨指数,以固定资产费用、无形资产费用及递延资产费用的计算基数,按分年度投资比例估算 根据国家公布的最新固定资产投资价格指数估算	计投资[1999]1340号文(1999年9月20日)规定投资价格指数按0计算

表 5-6 专项费用的组成和编制方法

名称	项目定义和内容	费用内容	编制方法	备注
一、投资方向调节税	指依照《中华人民共和国固定资产投资方向调节税暂行条例》的规定，应缴纳的费用		固定资产投资方向调节税根据国家产业政策和项目经济规模实行差别税率；固定资产投资项目按其单位工程分别确定适用的税率；税目和税率依据《中华人民共和国固定资产投资方向调节税暂行条件》所附的“固定资产投资方向调节税税目税率表”执行	根据财税字(1999)＞99号文《关于暂停征收固定资产投资方向调节税的通知》已在2000年1月1日执行，暂停征收
二、建设期贷款、利息	指项目建筑投资中分年度使用金融部门等借款资金，在建设期内应计的借款利息，包括为项目融资而产生的借款利息、手续费、承诺费、管理费及其他财务费用等		在建设期间，根据人民币或外汇的贷款年利率分别计算贷款利息额	按本章“财务评价”中的计算结果列入
三、流动资金	指建设项目建成投产后为维持正常生产和经营，用于购买原材料、燃料、支付工资和其他生产、经营费用等必不可少的周转资金，流动资产减去流动负债即为所需流动资金		1. 按流动资金构成分项估算 2. 或参照同类生产企业百元产值占用流动资金的额度分析计取 3. 也可按项目一个半月到三个月的总成本费用(或产品的总成本费用)减去贷款利息估算	

表 5-7 项目总投资估算

序号	工程或费用名称	估算价值/万元					占建设投资的比例/%	备注
		设备购置费	安装工程费	建筑工程费	其他建设费	合计		
1	建设投资							
1.1	固定资产费用							
1.1.1	工程费用							
1.1.1.1	主要生产项目							
(1)	××装置(车间)							
(2)	……							
	小计							
1.1.1.2	辅助生产项目							
	……							
	小计							
1.1.1.3	公用工程项目							
(1)	供排水							
(2)	供电及电讯							
(3)	供汽							
(4)	总图运输							
(5)	厂区外管							
(6)	……							
	小计							
1.1.1.4	服务性工程项目							
	……							
	小计							
1.1.1.5	生活福利设施项目							
	……							
	小计							
1.1.1.6	厂外工程项目							
(1)	……							
(2)	……							
	小计							

续表

序　号	工程或费用名称	估算价值/万元					占建设投资的比例/%	备注
		设备购置费	安装工程费	建筑工程费	其他建设费	合计		
1.1.2	固定资产其他费用							
1.1.2.1	土地征用及拆迁补偿费							
1.1.2.2	超限设备运输特殊措施费							
1.1.2.3	工程保险费							
1.1.2.4	锅炉和压力容器检验费							
1.1.2.5	施工机构迁移费							
1.1.2.6	勘察设计费							
1.1.2.7	技术转让费							
1.1.2.8	土地(场地)使用权							
1.1.2.9	建设单位管理费							
1.1.2.10	生产准备费							
1.1.2.11	联合试运转费							
1.1.2.12	办公及生活家具购置费							
1.1.2.13	研究试验费							
1.1.2.14	供电贴费							
1.1.2.15	城市基础设施配套费							
1.1.2.16	……							
	小计							
1.2	预备费							
1.2.1	基本预备费							
1.2.2	涨价预备费							
	小计							
	建设投资合计							
2	固定资产投资方向调节税							
3	建设期借款利息							
4	固定资产投资							
5	流动资金							
6	项目总投资							
7	报批(上报)项目总投资							

2.2 引进工程项目建设投资估算

引进工程项目的建设投资包括固定资产费用、无形资产费用、递延资产费用、预备费。其中固定资产费用分为引进的硬件费用、国内配套工程费用、固定资产其他费用；无形资产费用分为引进的软件费用、国内的软件费用等；递延资产费用分为引进其他费用、国内建筑其他费用。引进工程项目各项投资费用的组成和编制方法见表5-8。项目总投资估算见表5-9。

表5-8　引进工程项目各项投资费用的组成和编制方法

名　　称	项目内容和定义	编制方法	备　　注
(一)国外部分 1. 硬件费用	指设备、备品、备件、材料、化学药剂、催化剂、润滑油及专用工具等费用以及相应的从属费、国外运费、运输保险费	按编制项目可行性研究时人民币外汇牌价折算成人民币后，列入固定资产费用中工程费的设备购置费和安装工程费用栏	硬件费用中货价、国外运费、运输保险费的计算方法，详见本章第7节"设计概算"
2. 软件费用	指基础设计、技术资料、专利、技术秘密和技术服务等费用，以及相应从属费	按编制项目可行性研究时人民币外汇牌价折算成人民币后，列入无形资产费用中其他建设费栏	
(二)国内部分 1. 从属费用	包括关税、增值税、消费税、外贸手续费、银行财务费、海关监管手续费	按人民币计算后硬件从属费用列入固定资产费用工程中的设备购置、安装工程费用栏，软件从属费用列入无形资产费用其他建设费栏	各项从属费用的计算方法，详见本章第7节"设计概算"
2. 国内运杂费	指引进设备和材料运抵我国到岸港口，或与我国接壤的陆地交货点到项目建设现场仓库，或安装现场，所产生	国内运杂费的计算以硬件的离岸价(FOB)为基数，国内运杂费费率根据交通运输条件的不同，分地区计算	费率详见本章第7节"设计概算"

续表

名称	项目内容和定义	编制方法	备注
2. 国内运杂费	的铁路、公路、水路及市内运输的运费和保险费、货物装卸费、包装费、仓库保管费等	由于同一地区中，交通运输条件不同，为了客观地反映这一差距，对于同一地区中如拟建厂区距铁路、水运码头超过 50km 时，可按厂区所在省、市、自治区的运杂费费率适当提高，但所提高的费率最高不超过本地区规定费率的 30％	
3. 国内安装费	指引进的设备和材料在国内进行安装施工而产生的费用	可按《化工引进项目工程建设概算编制规定》中安装费费用标准和《化工建设建筑安装工程费用定额》结合项目具体情况按综合费用指标估算	
（三）国内配套工程费	国内配套工程费包括主要生产装置或车间、国内设备分交方案及辅助生产、公用工程、服务性工程、生活福利设施和厂外工程配套项目设备费、建筑工程费、安装工程费		可按本章表 5-4 编制
（四）固定资产其他费用 1. 引进设备材料检验费	指对引进设备和材料根据《中华人民共和国进出口商品检验条件》和化工行业标准《化工建设项目进口设备、材料检验大纲》的规定而产生的检验费	引进设备和材料检验费＝硬件外币金额×人民币外汇牌价×(0.5％～1.0％)	
2. 土地征用及拆迁补偿费			可按本章表 5-4 编制
3. 超限设备运输特殊措施费			可按本章表 5-4 编制
4. 工程保险费			可按本章表 5-4 编制
5. 压力容器检验费			可按本章表 5-4 编制
6. 施工机构迁移费			可按本章表 5-4 编制
（五）无形资产费用 1. 引进部分软件费和相应的贸易从属费(分装置列出)			
2. 勘察设计费			可按本章表 5-4 编制
3. 技术转让费			可按本章表 5-4 编制
4. 土地（场地）使用权			可按本章表 5-4 编制
（六）递延资产费用 1. 外国工程技术人员来华费用	指来华外国工程技术人员的工资、生活补贴、往返旅费和医药费，招待所家具和办公用具费及招待费等	(1)外国工程技术人员来华费用中的工资、生活补贴、往返旅费和医药费，其人数、期限及费用标准，按照可行性研究规划的人数、期限，参照类似合同或协议有关规定估算，其中工资和旅费的外币金额，按人民币外汇牌价卖出价折合成人民币，并计算银行财务费 (2)外国工程技术人员来华招待所家具和办公用具费，每人按 3500～4000 元估算，家属减半(已有外招并配有家具者，应适当调低费用)，按可行性研究规划的高峰人数估算	

续表

名　　称	项目内容和定义	编制方法	备　　注
2. 出国人员费用	指派出人员到国外考察设计联络、联合设计、设备材料采购、设备材料检验及培训等所需旅费、生活费和服装费等	(1)出国人员的旅费按中国国际航空公司、东方航空公司和南方航空公司等提供的费用标准估算 (2)出国人员的生活费及制装费按财政部《关于临时出国人员费用开支标准和管理办法的规定》的通知执行	
3. 图纸资料翻译、复制费	指引进项目为了施工、生产的需要对图纸资料进行翻译、复制所需的费用	根据项目具体情况估算费用	
4. 备品备件测绘费	指引进项目为了生产维修的需要，对关键设备易损件进行测绘所需的费用	根据项目具体情况估算费用	
5. 对外借款担保费	指利用买方信贷、卖方信贷和商业贷款等建设项目，需要贷款担保时产生的费用；贷款担保是指外方债权人为了确保债务的履行而设立的一种法律关系；借助于这种关系，债权人可以督促中方债务人履行债务，或在债务人不能履行时使债权人的权利得到一定的保障；办理外汇贷款担保，必须是经国家外汇管理局批准的可以直接对外办理外汇担保业务的金融机构	对外借款担保费按有关银行、投资公司规定的担保费率估算，担保费率与借款人的信用等级有关，可按对外借款担保金额为基数，年费率可暂按1.0%～1.5%估算	
6. 国内配套工程及其他费用项目	建设单位管理费、生产准备费、联合试运转费、办公及生活家具购置费、研究试验费、供电贴费和城市基础设施配套费		
(七)预备费用 1. 基本预备费	指引进项目在可行性研究中难以预料的引进硬件、软件费和国内配套部分的工程及有关费用	(1)人民币部分按固定资产、无形资产和递延资产费用之和为计算基数，费率按9%～15%计，可行性研究阶段可按9%～12%估算，项目建议书阶段可按10%～15%估算 (2)外汇部分按固定资产、无形资产和递延资产费用中外汇金额与相应的贸易从属费用(外汇部分)为计算基数，费率按4%～8%计，可行性研究阶段可按4%～6%估算，项目建议书阶段可按5%～8%估算 (3)贸易从属费用中的人民币部分的预备费率与外币部分相同 根据可行性研究阶段不同和工作深度，结合引进项目具体情况，在上述规定范围内由编制单位确定 利用世界银行、亚洲开发银行和国外政府贷款或混合贷款的项目，外汇金额必须按上限估算基本预备费	
2. 涨价预备费	涨价预备费是指建设项目在建设期间引进的硬件和软件费及国内配套工程费用，由于价格上涨引起工程造价变化的预测、预留费用，费用包括以下内容 (1)引进部分硬件、软件费和其他费用上涨 (2)国内配套部分设备、工器具价格上涨和建筑安装工程费用及其他费用上涨	(1)人民币部分以编制项目可行性研究时为基期到项目建成为止，估算国内配套工程费用价格上涨指数；以固定资产、无形资产及递延资产费用之和中的人民币部分为计算基数，按分年度投资比例估算，近期价格上涨指数暂按4%估算 (2)外汇部分以编制项目可行性研究时为基期到技术引进和设备进口项目合同生效时为止，估算引进费用外汇价格上涨指数；以固定资产、无形资产及递延资产费用之和中的外汇部分	

续表

名 称	项目内容和定义	编制方法	备 注
2. 涨价预备费		为计算基数，按分年度投资比例估算，近期价格上涨指数暂按2%～3%估算 利用世界银行、亚洲开发银行和有些政府贷款或混合贷款的项目，外汇必须估算费用价格上涨指数	

表5-9 项目总投资估算（适用于引进项目）

序 号	工程或费用名称	估算价值/万元					占建设投资的比例/%	备注
		设备购置费	安装工程费	建筑工程费	其他建设费	合计		
1	建设投资							
1.1	固定资产费用							
1.1.1	工程费用							
1.1.1.1	主要生产项目							
(1)	引进部分硬件费							
①	××装置(或系统)							
②	……							
	贸易从属费							
	国内运杂费							
	小计							
(2)	国内配套部分							
①	××装置(或系统)配套工程							
②	……							
	小计							
1.1.1.2	辅助生产项目							
	……							
	小计							
1.1.1.3	公用工程项目							
(1)	供排水							
(2)	供电及电讯							
(3)	供汽							
(4)	总图运输							
(5)	厂区外管							
(6)	……							
	小计							
1.1.1.4	服务性工程项目							
	……							
	小计							
1.1.1.5	生活福利设施项目							
	……							
	小计							
1.1.1.6	厂外工程项目							
(1)	……							
(2)	……							
	小计							
1.1.2	固定资产其他费用							
1.1.2.1	土地征用及拆迁补偿费							
1.1.2.2	超限设备运输特殊措施费							
1.1.2.3	工程保险费							

续表

序 号	工程或费用名称	估算价值/万元					占建设投资的比例/%	备注
		设备购置费	安装工程费	建筑工程费	其他建设费	合计		
1.1.2.4	设备材料检验费							
1.1.2.5	锅炉和压力容器检验费							
1.1.2.6	施工机构迁移费							
1.1.2.7	……							
	小计							
1.2	无形资产费用							
1.2.1	引进部分软件费							
1.2.1.1	××装置(或系统)							
1.2.1.2	……							
	贸易从属费							
	小计							
1.2.2	勘察设计费							
1.2.3	技术转让费							
1.2.4	土地(场地)使用权							
1.2.5	……							
	小计							
1.3	递延资产费用							
1.3.1	建设单位管理费							
1.3.2	生产准备费							
1.3.3	联合试运转费							
1.3.4	办公及生活家具购置费							
1.3.5	外国工程人员来华费用							
1.3.6	出国人员费用							
1.3.7	图纸资料翻译、复制费							
1.3.8	备品、备件测绘费							
1.3.9	对外借款担保费							
1.3.10	研究试验费							
1.3.11	供电贴费							
1.3.12	城市基础设施配套费							
1.3.13	……							
	小计							
1.4	预备费							
1.4.1	基本预备费							
1.4.2	涨价预备费							
	小计							
	建设投资合计							
2	固定资产投资方向调节税							
3	建设期借款利息							
4	固定资产投资							
5	流动资金							
6	项目总投资							
7	报批(上报)项目总投资							

2.3 中外合资企业工程项目投资估算

2.3.1 投资估算的特点和要求

① 根据《合资法》规定，合资企业董事会是合资企业的最高权力机构，讨论决定合资企业的一切重大问题。合资企业投资估算要得到中方主管部门及外方总部（企业或公司）或董事会审查认可后方可实施，编制时必须考虑到国际上惯用的项目划分及费用计算等内容。

② 中外合资项目建设可行性研究报告及投资估算。一般都是由国外投资方（企业或公司人）与国内受委托编制部门（设计院或工程公司，咨询单位）共

同编制可行性研究报告及投资估算，因此投资估算内容包括按国内形式及按外方要求形式划分项目各一份，但投资总数是相同的，并且要有中文本及外文本。

③ 国际工程项目可行性研究报告对每个阶段投资估算准确性的要求及收费率见表5-10。

表5-10 国际工程项目可行性研究报告对每个阶段投资估算准确性的要求及收费率

工程项目建设阶段	对投资估算准确性的要求/%	各阶段工作的收费率/%
机会研究	±30	0.1～0.2
初步可行性研究	±20	0.15～0.25
可行性研究	±10	0.2～1

④ 国内有关单位在承担中外合资项目可行性研究报告时，必须要有主管部门批准的项目建议书方可进行。国内合资单位在上报合资项目建议书时，其投资估算准确精度必须达到国外“机会研究”的要求。

新建项目的项目建议书，国内合资方按其隶属关系向主管部门上报审批，外方由总部认可。扩建项目的项目建议书必须通过董事会单批，否则在进行可行性研究时投资出入可能过大，董事会中外方人员难以认可。

⑤ 中外合资项目可行性研究报告，一般分两个阶段进行，第一阶段进行初步（预）可行性研究，中外技术人员及工程经济人员会谈讨论确定项目细节问题及初步估算数；第二阶段编制可行性研究报告，包括投资估算及经济分析，中方报主管部门审批，大型项目需经国际咨询公司评估才能审批，外方直接报总部董事会审批认可。

2.3.2 估算文件的组成和内容

① 中外合资项目投资估算文件包括编制说明、投资估算分析、总估算表、单项工程综合估算表、单位工程估算表和工程建设其他费用估算表等。

② 编制说明应包括下列主要内容。

a. 中外合资方各方名称、合资企业生产规模、产品品种、公用工程、生活福利设施和厂外工程等简要情况。

b. 估算总投资、外币金额（外币牌价）、注册资本和出资方式。

c. 主要编制依据。上级机关批准的项目建议书，采用的建筑安装工程定额、指标、设备、材料价格取定，外方初步报价资料、间接费、计划利润、税金等综合费用取定和其他费用确定。

d. 资金筹措及意向依据。

e. 建筑用钢材、木材、水泥等主要用量。

f. 估算投资计算到何年份，即建设年限、在建设期间主要设备、材料价格上涨率的确定（包括国外引进的设备、材料）。

③ 投资估算分析的主要内容。

a. 与项目建议书估算的差距及主要影响因素。

b. 主要生产项目（各生产装置）、辅助生产项目、公用工程项目（给排水、供电和电讯、供汽、总图运输及外管）、服务性工程、生活福利设施、厂外工程、其他费用、预备费等各占建设投资的比例，以及建筑、设备、安装和其他费用各占建设投资的比例。

④ 估算投资一般为中、外文本两种。中文本除单位工程估算表和工程建设其他费用估算表外，都应复制报主管机关及评估机构，但上述两表底稿供中方评估会及审查会上解答有关问题。外文本中有说明和总估算以及按外方格式要求填写的估算表，报董事会审批。

2.3.3 投资估算的编制方法

中外合资项目投资估算的编制方法见表5-11。有时，外方要求中方报出施工用工日及工日单价。关于工程费中人工费比例，根据国外资料及国内工程项目测算得出，详见表5-12（以国家概预算定额为基础）。人工费单价应为定额工日单价加上各种费率后的综合单价。

表5-11 中外合资项目投资估算的编制方法

名称		项目内容或定义	编制方法	备注
工程费用	一、设备购置费	工厂企业所需全部设备和工器具及生产家具购置费，包括主要生产、辅助生产、公用工程的专用设备、机电设备、仪器仪表设备以及运输设备的购置费，并包括备品、备件的购置费		
	(一)设备费确定	设备费是按照设备表或设备清单所列出的设备逐个计算求得的	主要生产装置(车间)设备费确定，中外双方技术及经济人员都应按已确定设备逐个报出各方所询到的价格，一般都用外币价格报出，然后根据双方所报价格高低及技术性能，确定采用国内购置还是国外购置(有些专用设备及国内暂时无法制造的设备由国外引进)，汇总得出国外购买设备的	实际价格则应由合资企业组织采购小组，通过国际招标采购确定，应避免由外方单独负责设备采购，以使引进设备价格过高

续表

<table>
<tr><th colspan="2">名　　称</th><th>项目内容或定义</th><th>编 制 方 法</th><th>备　　注</th></tr>
<tr><td rowspan="4">工程费用</td><td>（一）设备费确定</td><td>设备费是按照设备表或设备清单所列出的设备逐个计算求得的</td><td>总价（用人民币购置设备总价）及国内购买设备的总价（用人民币购置设备总价），中方技术及经济人员在报价前首先按外方提供的设备清单，落实国内能否制造及收集其现行出厂价格</td><td></td></tr>
<tr><td>（二）设备价格的确定
1. 国内设备价格的确定</td><td></td><td>（1）通用设备价格以现行国家定价（出厂价格）为基价时，应考虑如下加价率：对设备如要求外表精加工时，按基价增加15%，设备价格浮动系数按基价的15%～20%上浮，设备价格上涨率（通货膨胀率）可取基价的8%～10%（指在估算时的价格应考虑到实际购置设备时所产生的增加费用）；车辆价格中如不包括车辆购置附加费时，国内车辆应增加10%附加费，国外车辆15%附加费；故国内单件设备价格是考虑各种附加因素后的价格，得出每台设备的人民币价格，再除以外币汇率，即得出设备外币价格，作为向外方报出厂价格的依据
（2）非标设备价格，暂按原化工部、机械部编制的“化工炼油专用设备统一计价表”为基价，综合加价率100%，还应考虑钢材等现行市场价因素，得出非标设备价格，另应计算设计价格上涨率；也可采用向制造厂询价或初步协商价来确定设备价格</td><td>（1）如向生产厂直接询价时，也应考虑有关加价因素
（2）通用设备及非标设备价格的确定方法，适用于主要生产设备、辅助生产设备、公用工程设备等</td></tr>
<tr><td>2. 引进设备价格的确定</td><td>外方所报设备价格一般为设备原价或离岸价（FOB），需另行计算的费用有：国外设备采购保管费、海运费、保险费、银行财务费、外贸手续费等；根据合资法实施条例规定，合资企业进口机械设备、零部件、材料免除关税与增值税；如外方设备总价内不包括备品、备件时，还应计算备品、备件价格，及设备上涨率</td><td>（1）国外设备、材料采购保管费（包括运至岸边运费）一般可按工厂交货价（FXW）的4%计取（工厂交货价格指卖方出口国家制造厂的价格）
（2）国外设备备品、备件，可按引进设备原价的3%～5%计算
（3）海运费及保险费，一般可按引进设备费的5%～7%计算；近洋可取3%～4%（国际上运保费一般为5.75%）
（4）公司手续费及银行财务费，可取2.1%，其中：公司手续费以到岸价（CIF）的1.6%计，银行财务费按到岸价的0.5%计，如合资企业自行办理进口，可不计公司手续费
（5）对中外合资、中外合作、外商独资经营企业，法律规定在投资额度内准予免税进口的机器设备等，货物暂免征收海关监管手续费
（6）对于外方作为投资的设备自行报价时，包括旧设备等，要进行详细核实，避免外方作价过高，使中方蒙受损失</td><td></td></tr>
<tr><td>3. 设备运杂费计算</td><td>指设备从制造厂或交货地点到施工工地所产生的一切费用，包括装卸费、运输费、仓库保管费等，并包括设备成套公司的成套服务费</td><td colspan="2">计算办法：国内设备按设备价百分比计算；引进设备的国内运杂费按货价百分比计算；引进设备在计算费用时，有海港地区的可取费率低限，详见下表
<table>
<tr><th rowspan="2">建设项目所在地区</th><th colspan="2">设备运杂费率/%</th></tr>
<tr><th>国内设备</th><th>到港设备</th></tr>
<tr><td>上海、天津、大连、青岛、烟台、秦皇岛、广州、连云港、南通、宁波</td><td>5.5～6.5</td><td>1.5</td></tr>
<tr><td>辽宁、吉林、河北、北京、江苏、浙江、山东、广东</td><td>6.5～7.5</td><td>2.0</td></tr>
<tr><td>河南、陕西、湖北、湖南、江西、黑龙江、福建、安徽、四川、重庆、山西</td><td>7.5～8.5</td><td>2.5</td></tr>
<tr><td>内蒙古、甘肃、宁夏、广西、海南</td><td>8.5～9.5</td><td>3.0</td></tr>
<tr><td>青海、贵州、云南</td><td>10.0～11.0</td><td>3.5</td></tr>
<tr><td>西藏、新疆</td><td>11.5～12.0</td><td>4.5</td></tr>
</table>
引进设备的海运费，如能提供设备重量时，可参照中国技术进出口总公司有关规定计算；海运费重量指毛重，设备净重与毛重增加系数为10%～15%</td></tr>
</table>

续表

<table>
<tr><th colspan="2">名　称</th><th>项目内容或定义</th><th>编制方法</th><th>备　注</th></tr>
<tr><td rowspan="4">工程费用</td><td>3. 设备运杂费计算</td><td>指设备从制造厂或交货地点到施工工地所产生的一切费用，包括装卸费、运输费、仓库保管费等，并包括设备成套公司的成套服务费</td><td colspan="2">海运保险费：离岸货价(FOB)×1.065(运保常数)×5%(保险费率)
海运进口货物运价　单位：美元/t<table><tr><th>航区</th><th>日本、中国香港</th><th>斯里兰卡、巴基斯坦</th><th>欧洲，地中海地区，波斯湾、红海地区</th><th>美国、加拿大东海岸地区</th><th>美国、加拿大西海岸地区</th><th>中美洲地区</th></tr><tr><td>成套设备</td><td>103</td><td>177</td><td>312</td><td>420</td><td>349</td><td>268</td></tr></table>当设备每件超过40t，或40m³，或长18m时，每吨增加1.5美元</td></tr>
<tr><td>4. 工器具及生产家具购置费</td><td>指新建项目为保证初期正常生产所必须购置的第一套不够固定资产标准的设备、仪器、工卡模具、器具等费用</td><td>费用按生产工人(设计定员)3640元/人计算</td><td></td></tr>
<tr><td>二、安装工程费</td><td>包括主要生产、辅助生产、公用工程项目的机电设备、专用设备、仪器仪表等安装及配线，工艺、供热、空压、冷冻、给排水、煤气等各种管道安装；设备内部填充(催化剂、活性炭、拉西环)、设备及管道防腐保温(冷)、设备支架、操作平台等安装；室内上下水、采暖通风、电气照明、防雷、供电外线、通信线路、工业炉安装等工程安装费由直接费、间接费、计划利润、营业税组成</td><td colspan="2">(1)如采用概算指标、概算定额计算安装费时，可根据当地有关规定把间接费、计划利润、营业税率等计算成综合费率一并计取，并根据实际情况适当调整综合费率；调整费率内容包括按国外技术要求施工增加费，人工、机械及间接费增加因素；安装费中的主辅材料都应按编制时的市场行情计算，还应考虑安装费上涨率，可按安装费的15%计取
(2)安装工程费估算参考指标：使用时应根据设备和安装复杂程度而采用不同的费率，如安装复杂、保温及安装支架较多的项目可取上限，大型钢结构平台及管廊工程、电缆桥架等，应单独估算，详见下表
安装工程费估算参考指标<table><tr><th colspan="2" rowspan="2">名　称</th><th colspan="6">设备原价/%</th></tr><tr><th>工艺设备</th><th>工艺管道</th><th>自控</th><th>电气</th><th>空调、通风</th><th>安装工程费综合指标</th></tr><tr><td rowspan="2">设备</td><td>引进设备</td><td>3～4</td><td></td><td>5</td><td>3</td><td>3</td><td rowspan="2">全部设备费
25～40</td></tr><tr><td>国内设备</td><td>4～5</td><td></td><td>10</td><td>5</td><td>5</td></tr><tr><td rowspan="2">管道</td><td>引进设备</td><td></td><td>15～30</td><td>40</td><td>50</td><td></td><td></td></tr><tr><td>国内设备</td><td></td><td>20～40</td><td>50</td><td>70</td><td></td><td></td></tr></table></td></tr>
<tr><td>三、建筑工程费</td><td>包括生产、辅助生产厂房、行政及生活福利房屋；构筑物工程，即各种设备基础、操作平台、管廊、管架、管沟、冷却塔、水池、烟囱、公路、道路、围墙大门、桥梁、铁路、码头、栈桥等；场地平整、土石方工程和绿化工程；民用建筑的照明，室内上下水，煤气和采暖工程等；建筑工程费由直接费、间接费、计划利润、营业税等部分组成</td><td colspan="2">(1)如能列出建筑工程量，可按建厂地区概(预)算定额计算直接费，并根据当地有关规定把间接费、计划利润、工农业税等组成综合费率一并计算有关费用；在计算直接费时还应把主材费调整到现行市场价，并考虑建筑工程费上涨率，可按建筑工程费的15%计入
(2)建筑工程估算指标中，房屋建筑可按建筑面积、结构形式，套用当地同类型、类似工程平方米造价指标，设备基础、水池、冷却塔、烟囱等按立方米造价指标及每座造价指标计算，管廊、管沟等也可按米造价指标套用，钢结构、钢平台可按质量(t)造价指标套用，辅助建筑也可根据当地现行造价指标计算</td></tr>
<tr><td rowspan="3">固定资产其他费用</td><td>一、超限设备运输特殊措施费</td><td></td><td></td><td>国内部分可按本章表5-4编制</td></tr>
<tr><td>二、锅炉和压力容器检验费</td><td></td><td></td><td>国内部分可按本章表5-4编制</td></tr>
<tr><td>三、施工机构迁移费</td><td></td><td></td><td>国内部分可按本章表5-4编制</td></tr>
</table>

续表

名称		项目内容或定义	编制方法	备注
固定资产其他费用	四、建设期间保险费	按合资法第八条规定,合营企业各项保险应向中国保险公司投保;中国人民银行、国家计委、国家建委、财政部、外经贸部、外汇管理总局(79)财基字第287号的联合通知规定,今后对引进成套设备、补偿贸易的财产等都要有运输保险的决定,合营企业在施工安装阶段应投保安装工程险、建筑工程险和第三者责任险,建成投产后各类财产保险列入生产成本;建筑、安装工程一切保险(包括第三者责任险),保险公司承包机械设备、材料等运到工地开始,到建筑、安装工程完成,试车、验收完毕为止,整个建设过程中由于火灾、雷电、爆炸、洪水、地震、设计错误、建筑、安装技术不善、工人和技术人员缺乏经验、疏忽、过失等原因造成的损失以及由此而造成第三者人身伤亡和财产损失,按该保险条款由保险公司负责赔偿,根据国务院“凡需赔偿外汇的保险业务,其保险费收取外币”的规定,合资项目保险费一律收取外币,对工程项目仅需人民币赔付的部分,可按人民币投保,赔款时赔付人民币	安装工程保险参考费率:矿山4‰,化工3.5‰,轧钢4.5‰,农机3.2‰,纺织2.8‰,热电站4.5‰,水电站4‰,住宅大楼1.8‰,商业大楼2.2‰,旅馆、医院、学校大楼2‰~4‰,普通工厂厂房2.6‰,普通仓库2.7‰	
无形资产	一、土地(场地)使用权 1. 土地使用费	指中方投资者作为投资或中外合资企业购入的土地(场地)使用权的价值 指中外合资企业在合营期内向当地政府缴纳的用地费用,不包括征地、拆迁以及直接配套的基础设施费用	土地使用费根据建厂所在地区规定的土地等级和收费标准,按照土地位置、周围环境、公共设施、交通情况及土地用途确定 根据项目所在省、市、自治区和当地政府土地使用费收费标准估算费用	
	2. 场地开发费	指土地征用、拆迁安装费和为企业直接配套的供水、供电、排水、通信等公共设施应摊的费用	根据建设项目所在省、市、自治区不同区域和行业规定收费标准估算费用	

续表

名称		项目内容或定义	编制方法	备注
无形资产	二、商标权	指根据《商标法》估算的商标的设计和注册费用及商标的信誉费用	按产品商标的价值估算费用	
	三、引进部分软件费和贸易从属费			
	四、勘察设计费 1. 勘察费	指委托勘察单位进行建设场地勘察所产生的工程勘察费	费用计算按国家物价局、建设部制定的“工程勘察收费标准”(修订本)中规定的中外合资建设项目的勘察设计标准收费，参照国际勘察收费标准，由承包方与委托方具体协商确定，一般可按国内标准为基础，乘以系数2.5～3.5	
	2. 工程设计费	指委托设计单位进行可行性研究报告编制和工程设计时，按规定应支付的编制费及设计费	费用计算按国家物价局、建设部制定的“工程设计收费标准”(修订本)中规定的中外合资建设项目的勘察设计标准，参照国家勘察设计收费标准，由承包方与委托方具体协商确定，一般可按以下费率计取：可行性研究报告，取工程费×(0.3%～0.8%)，工程设计费取工程费×(5%～8%)(引进部分可适当收取外币)	
递延资产(开办费)	1. 土地(场地)使用费和开发费	指中方投资者不作为投资，中外合资双方应缴纳的土地使用费和场地开发费		
	2. 对外借款担保费	中外合资双方按注册资本金各自投资比例筹措对外借款，按外汇贷款金额，由中外合资双方金融机构分别担保所产生的费用	担保费估算可参照有关收费标准由双方协商确定	
	3. 建设单位管理费	建设单位管理费中的工程建设监理费由双方参照国际标准协商确定，建设单位管理费估算应结合中外合资项目的实际情况，参照有关收费标准确定		
	4. 供电贴费	按国家规定，建设项目应交付供电工程贴费、施工临时用电贴费	费用计算：按水利、电力部及各地供电部门制定现行贴费标准计算	
	5. 供水贴费、煤气贴费、污水废水排放费	各项费用根据各地区制定的有关规定计算(按规定，供水、煤气、污水等贴费、增容费均不计投资规模)		
	6. 环境预评价费	指由于企业生产后对环境造成污染的预测费用	计算方法：此项费用可根据合资企业与环保部门所签订协议计算	

续表

名称		项目内容或定义	编制方法	备注
递延资产（开办费）	7. 引进设备和材料国内检验费	指合资企业所引进设备和材料在国内的检验费，包括委托有关单位进行检验的费用	费用计算：引进设备和材料检验费为设备、材料外币金额×外汇牌价×(0.3%～0.5%)	
	8. 出国人员费用	指派出人员到国外考察、设计联络、合作设计、设备、材料采购及设备、材料检验所需的旅费、生活费和服装费等	费用计算：出国人员数×45000元/人	
	9. 外国工程技术人员来华费用	指来华外国工程技术人员的工资、生活补贴、往返旅费、医药费、招待所家具和办公用具及招待费等	费用计算：外国工程技术人员工资及补贴、旅费等按外方初步提供人员数及有关资料计算，外国工程技术人员招待费按人员数×5000元/人计	
	10. 软件费	指引进部分的国外设计、技术资料专利费和技术保密费等	计算方法：根据外方初步提出资料或协议计算	
	11. 翻译费、设计模型费	翻译费：指设计图纸、资料、施工安装技术规范、生产操作规程资料等翻译费用 设计模型费：指按生产装置的设备、管线所制作模型的费用	翻译费计算方法：按引进设备、材料外币金额×外汇牌价×(0.2%～0.5%) 设计模型费计算方法：按装置模型80000元/m^2(模型面积)	
	12. 联合试运转费	指新建或扩建企业，在竣工验收前，按照设计规定的工程质量标准，进行整个装置(车间)的负荷或无负荷联合试运转所产生的费用，支出大于试运转收入的亏损部分，以及必要的工业炉烘炉费，不包括应由设备安装费开支的单体试运转费用；费用内容包括试运转所需原料、燃料、油料和动力的消耗费用，机械使用费用，低值易损品及其他物品的费用，施工单位参加联合试运转人员的工资，所邀请专家指导试运转开车所需费用等；试运转收入包括试运转产品销售和其他收入	费用计算：以单项工程费用为基础，分别计算各装置所需的试运转费，一般化工装置试运转费可按单项工程费的0.3%～0.5%计取，其他行业可根据产品不同确定	不产生试运转费的工程或者试运转收入和支出相抵消的工程不列此项费用

续表

名称		项目内容或定义	编制方法	备注
预备费		(1)指在已批准的可行性研究报告投资后，在进行初步设计、技术设计、施工图设计和施工过程中所增加的工程和费用 (2)由于一般自然灾害所造成的损失和预防自然灾害所采取的措施费用 (3)在上级主管部门组织竣工验收时，验收委员会（或小组）为鉴定工程质量，必须开挖和修复隐蔽工程的费用 (4)施工图包干系数，指建筑安装工程实行按施工图预算包干所增加的费用	原则上参照化工引进项目估算要求，但要结合中外合资化工项目具体情况由双方协商确定	
其他应计入费用	一、建设期间银行贷款利息	按中国人民银行、国家计委银发(1991)88号通知执行，建设期间贷款利息列入设计概算，但不作为其他费用取费基础		
	二、固定资产投资方向调节税	按照国务院第82号《中华人民共和国固定资产投资方向调节税暂行条例》的规定，中外合资经营企业、中外合作经营企业和外资企业的固定资产投资方向税，暂不执行		
	三、汇率变动部分	中外合作项目的估算投资一般用外币表示，外方也以外币投入（机器设备作价也都以外币表示），故对外方投入投资部分不存在汇率变动部分；而中方投入以人民币折算外币后投入，故对中方所筹资金中在建设期间存在汇率变动的部分，应予考虑		
	四、流动资金	指建设项目建成投产所需的流动资金		

表5-12 工程费用中人工费比例

项目内容	人工费/%	资料来源
工程费	30	国外资料
	15～20	国内工程测算
建筑工程	8～12	国内工程测算
安装工程	7～8	国内工程测算
安装工程费	其中：主材约占60%,安装费约占40%	国内工程测算

2.3.4 投资估算表

项目总投资估算表见表5-13，填写表格的注意事项如下。

① 为了适应国际惯例，填写外币金额时用千元表示，不取小数；填写人民币金额时用万元表示，取一位小数。

② 如建筑、设备、安装、其他栏需要外币表示时，可在人民币数额下再加一行折成的外币数即可。

③ 编制单位进行工程估算及综合估算时，引进设备、材料的采购保管费、海运费、保险费等均应分开列出，以便外方要求把估算值填入外方估算表时可分别列出，但最后总估算值要保持一致。

④ 填表时还应考虑经济评价时需要，把设备费中的电子设备（包括电气、仪表、仪器等）单独分开列出，因为电子设备的设备折旧费率不一样。

表5-13 项目总投资估算表（适用于中外合资项目）

序号	工程或费用名称	估算价值/万元					占建设投资的比例/%	备注
		设备购置费	安装工程费	建筑工程费	其他建设费	合计		
1	建设投资							
1.1	固定资产费用							
1.1.1	工程费用							
1.1.1.1	主要生产项目							
(1)	引进部分硬件费							
①	××装置(或系统)							
②	……							
	贸易从属费							
	国内运杂费							
	小计							
(2)	国内配套部分							
①	××装置(或系统)配套工程							
②	……							
	小计							
1.1.1.2	辅助生产项目							
	……							
	小计							
1.1.1.3	公用工程项目							
(1)	供排水							
(2)	供电及电讯							
(3)	供汽							
(4)	总图运输							
(5)	界区外管							
(6)	……							
	小计							
1.1.1.4	服务性工程项目							
	……							
	小计							
1.1.1.5	生活福利设施项目							
	……							
	小计							
1.1.1.6	界区外工程项目							
(1)	……							
(2)	……							
	小计							
1.1.2	固定资产其他费用							

续表

序号	工程或费用名称	估算价值/万元					占建设投资的比例/%	备注
		设备购置费	安装工程费	建筑工程费	其他建设费	合计		
1.1.2.1	超限设备运输特殊措施费							
1.1.2.2	工程保险费							
1.1.2.3	设备材料检验费							
1.1.2.4	锅炉和压力容器检验费							
1.1.2.5	施工机构迁移费							
1.1.2.6	……							
	小计							
1.2	无形资产费用							
1.2.1	引进部分软件费							
1.2.1.1	××装置(或系统)							
1.2.1.2	……							
	贸易从属费							
	小计							
1.2.2	土地(场地)使用权							
1.2.3	商标权							
1.2.4	勘察设计费							
	小计							
1.3	开办费							
1.3.1	土地使用费和开发费							
1.3.2	建设单位管理费							
1.3.3	生产准备费							
1.3.4	联合试运转费							
1.3.5	办公及生活家具购置费							
1.3.6	外国工程技术人员来华费用							
1.3.7	出国人员费用							
1.3.8	对外借款担保费							
1.3.9	研究试验费							
1.3.10	供电贴费							
1.3.11	……							
	小计							
1.4	预备费							
1.4.1	基本预备费							
1.4.2	涨价预备费							
	小计							
	建设投资合计							
2	建设期借款利息							
3	流动资金							
4	项目总投资							

2.4 工艺装置的投资估算

2.4.1 概算法

在可行性研究阶段，工艺装置工作已达一定的深度，具有工艺流程图及主要工艺设备表，引进设备也通过对外技术交流可以编制出引进设备一览表。根据这些设备表和各个设备的单价，可逐一算得主要工艺设备的总费用。再根据数据，测算出工艺设备总费用。装置中其他专业设备费、安装材料费、设备和材料安装费也可以采用工程中累积的比例数逐一推算出，最后得到该工艺装置的投资。在此过程中，每个设备的单价，通常是按概算法得出的。

(1) 非标设备

按设备表上的设备重量（或按设备规格估测重量）及类型、规格，乘以统一计价标准（如三部颁发的“非标设备统一计价标准”）的规定算得。或按设备制造厂询价的单价乘以设备重量测算。

(2) 通用设备

按国家、地方主管部门当年规定的现行产品出厂价格或直接询价。

(3) 引进设备

要求外国设备公司报价或采用近期项目中同类设备的合同价乘以物价指数测算。

2.4.2 指数法

在工程项目早期，通常是项目建议书阶段，因资料较少，无法按概算法进行投资估算时，可采用指数法匡算装置投资。

(1) 规模指数法

计算式

$$C_1=C_2\left(\frac{S_1}{S_2}\right)^n$$

式中 C_1——拟建工艺装置的建设投资；

C_2——已建成工艺装置的建设投资；

S_1——拟建工艺装置的建设规模；

S_2——已建成工艺装置的建设规模；

n——装置的规模指数。

通常情况下，取装置的规模指数 $n=0.6$。当采用增加装置设备大小达到扩大生产规模时，$n=0.6\sim0.7$；当采用增加装置设备数量达到扩大生产规模时，$n=0.8\sim1.0$；对于试验性生产装置和高温高压的工业性生产装置，$n=0.3\sim0.5$；对生产规模扩大 50 倍以上的装置，用指数法计算误差较大，一般不用。

(2) 价格指数法

计算式

$$C_1=C_2\left(\frac{F_1}{F_2}\right)^n$$

式中 C_1——拟建工艺装置的建设投资；

C_2——已建成工艺装置的建设投资；

F_1——拟建工艺装置建设时的价格指数（cost index）；

F_2——C_2 装置建设时的价格指数。

价格指数是指各种机器设备的价格以及所需的安装材料和人工费加上一部分间接费，按一定百分比根据物价变动情况编制的指数。

规模指数法和价格指数法适用于拟建设装置的基本工艺技术路线与已建成的装置基本相同，只是生产规模有所不同的工艺装置建设投资的估算。

3 资金筹措

在资金筹措阶段，建设项目所需要的资金总额由自有资金、赠款和借入资金三部分组成。

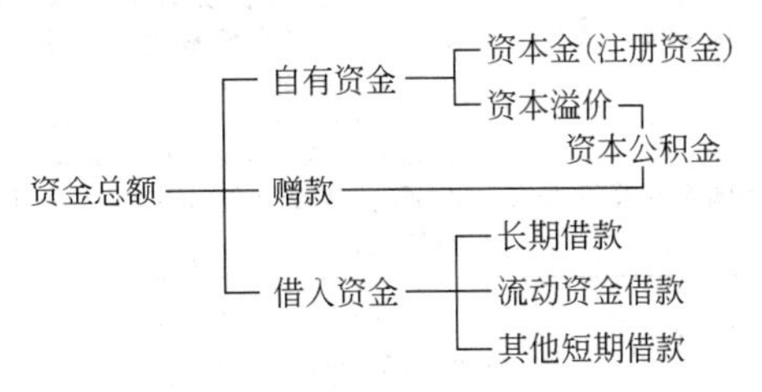

自有资金是指投资者缴付的出资额，包括资本金和资本溢价。

资本金是指新建项目设立企业时在工商行政管理部门登记的注册资金。根据投资主体的不同，资本金可分为国家资本金、法人资本金、个人资本金及外商资本金。资本金的筹集可以采取国家投资、各方集资或者发行股票等方式。

资本溢价是指在资金筹集过程中，投资者缴付的出资额超出资本金的金额。

借入资金是指通过国内外银行贷款、国际金融组织贷款、外国政府贷款、出口信贷、发行债券、补偿贸易等方式筹集的资金。

资金筹措渠道分国（境）内和国（境）外两种：国（境）内资金筹措，主要通过现行的、纳入国家建设计划之内的渠道；国（境）外资金筹措的渠道，通常采取利用国（境）外贷款和直接利用外商投资等方式。吸收外商直接投资，主要采取的方式是外商独资建设、中外合资建设、中外合作经营、补偿贸易等。按现行计划口径，中外合资建设、中外合作经营项目中外商投资部分，计算建设项目总投资，不计算基本建设投资规模。外商独资建设项目不纳入国家基本建设计划。资金筹措渠道详见表 5-14 和表 5-15。

表 5-14 资金筹措渠道

名　称	内容定义	说　明
(1)非货币出资	实物、工业产权、非专利技术、土地使用权	知识产权、土地使用权等可以用货币估价并可以依法转让的非货币财产可作价出资，但法律、行政法规规定不得作为出资的财产除外
(2)货币出资	①中央与地方各级政府预算内资金 ②国家批准的各项专项建设资金 ③“拨改贷”和经营性基本建设基金回收本息 ④土地批租收入 ⑤国有企业产权转让收入 ⑥地方政府按国家有关规定收取的各项费用及其他预算外资金 ⑦国家授权的投资机构及企业法人的所有者权益 ⑧企业折旧基金及投资者按国家规定从资本市场上筹措的资金 ⑨国家规定的其他可作为项目资本金的资金	包括资本金、资本公积金、盈余公积金、未分配利润、股票上市收益等 对货币资金出资比例限定不低于 30%

表5-15 外部资金筹措渠道

名称	内容或定义	资金来源或说明
(1)国内资金来源 ①银行贷款	利用国内银行信贷资金安排的建设投资	为了严格建设贷款，保持信贷平衡，规定银行建设贷款指标是指令性计划，既要列入国家信贷计划，又要列入国家基本建设计划
②国家预算贷款	由国家预算拨交政策性银行作为贷款资金，包括国家预算基建投资贷款和国家预算更新改造贷款	
③国家预算拨款	也称财政拨款，由国家预算直接拨付给建设部门、建设单位和更新改造企业无偿使用的建设资金	
④发行债券	筹资者为筹措资金向众多出资者出具的表明债务金额的凭证	由该筹资者发行，出资者认购并持有，这里仅指企业债券
⑤国内如银行金融机构贷款	除商业银行以外的所有金融机构(国内主要有信托、租赁、保险、财务公司等)发放的	
(2)国外资金来源 ①外国政府贷款	政府贷款也叫国家贷款，是国家政府间根据协议而提供的优惠长期贷款，这种贷款要列入贷款国的财政预算，并需经相应的立法机构通过，然后由国家设立专门基金或由国家建立专门的金融机构，进行贷放	政府贷款可分为赠送的、无息的和有息的，一般政府贷款年利率为2%～3%，偿还期在20～30年，长者可达50年(其中含10年左右的只付息不还本的宽限期)，这种贷款一般都有限定用途，大都用于借款国支付从贷款国进口设备等资本货物
②国际金融组织贷款	如世界银行贷款、亚洲开发银行贷款、国际农业基金会贷款等，它们是按照各金融组织自己设立的目的和规定的方向，根据申请国的申请，经审查核准后提供的贷款	
	a. 世界银行是国际复兴开发银行的简称，其附属机构是国际开发协会和国际金融公司	国际复兴开发银行提供的贷款，通常称为“硬贷款”，一般为项目贷款，通常只占项目投资的40%～50%，其余部分要由借款人自行解决；贷款期限一般为15～20年(含宽限期5年)，实行浮动利率制，每半年浮动一次，但签订贷款协议后均按签约时的利率执行，不再浮动，还需交纳0.25%的承诺费；国际开发协会只对发展中国家会员国政府提供贷款，通常称为“软贷款”，贷款期限为50年(其中含宽限期10年)，不计利息，只收0.75%的手续费
	b. 亚洲开发银行是亚太地区区域性政府间的国际金融机构，旨在向该地区的发展中国家提供贷款和技术援助	亚洲开发银行贷款可分为三种：a. 普通贷款，常称为“硬贷款”，贷款利率为浮动利率，每半年调整一次，贷款期限为10～30年(其中含2～7年宽限期)，另外还需交0.75%的承诺费；b. 亚洲开发银行提供的“软贷款”，只向人均国民收入低于一定数额，且还债能力有限的成员国提供，贷款期限为40年(其中含10年宽限期)，不收利息，仅收取1%的手续费；c. 技术援助特别基金提供的赠款，用于技术援助，但数额有限
③出口信贷	出口信贷是西方国家的本国银行向本国出口商(卖方)或外国进口商(买方)提供较低利率的贷款，是由政府对银行贴息并提供担保，以支持本国工业产品出口，出口信贷可分为卖方信贷和买方信贷两种形式	
	a. 卖方信贷是卖方银行向本国出口商提供贷款，以满足出口商资金周转的需要，使买方可以采用延期付款的形式采购，待买方分期偿付贷款时，再还给卖方银行	一般在签订合同后，买方要自行筹资支付10%～15%的定金，其余贷款待投产后在一定期限内分批付清
	b. 买方信贷又分为贷给买方企业的信贷和贷给买方银行的信贷两种形式，贷给买方企业的信贷，是由卖方银行直接贷款给国外进口商	合同签订后，买方需另筹资金支付15%左右的定金，其余贷款通过卖方银行，按即期现汇付款形式支付给卖方，贷给银行的买方信贷，由卖方银行贷款给买方银行

续表

名称	内容或定义	资金来源或说明
④商业贷款	指在国际资金市场上筹措的自由外汇贷款，这种贷款可以指定用途，也可以由借款人自由运用，不受约束，不限采购国家，手续十分简便	一般利率较高，随市场利率浮动；一般是在伦敦金融市场上银行同业间拆放利率(LIBOR)的基础上，加适当利差，同时还另收取管理费、承诺费和代理费(银行贷款时才有)等有关费用 商业贷款按照贷款期限的不同，可划分为以下三种：a. 短期贷款，指一年以内的，完全凭银行信用，是银行间的短期贷款；b. 双边中期贷款，指一家银行或借款人提供的贷款，期限一般为3～5年，这种贷款要签订贷款协议；c. 银行贷款，即由一家银行牵头，许多家银行参加，组成国际性的银团，为一家借款银行筹集资金
⑤混合贷款、联合贷款、银团贷款、非银行金融机构贷款	混合贷款：也称政府混合贷款，指政府贷款、出口信贷与商业银行贷款混合组成的一种优惠贷款形式	政府出资必须占有一定的比重，目前一般达到30%～50%，有指定用途，利率较优惠，一般为2%～3%，贷款期限30～50年(宽限期可达10年)，但贷款手续复杂，对项目选择、评估、使用有一套特定的程序与要求，较出口信贷复杂
	联合贷款：商业银行与世界性区域性国际金融组织以及各国发展基金对外援助机构联合起来向某一国家提供资金的一种形式	比一般贷款具有灵活性与优惠性，利率较低，贷款期限较长，有指定用途
	银团贷款：由一家或几家银行牵头，多家国际商业银行参加，共同向一国政府、企业某个项目(一般大型基础设施项目)提供资金额较大、期限较长的一种贷款	需由一家牵头银行与借款人共同议定贷款条件和相关文件，再安排参加银行，确定贷款额，达成正式协议后，再移交代理银行，贷款利率较优惠，贷款期限比较长，且没有指定用途
	非银行金融机构贷款：除商业银行和专业银行以外的所有金融机构。主要包括公募基金、私募基金、信托、证券、保险、融资租赁等机构及财务公司等	

4 产品成本估算

产品成本是指工业企业用于生产某种产品所消耗的物化劳动和活劳动，是判定产品价格的重要依据之一，也是考核企业生产经营管理水平的一项综合性指标。产品总成本的内容和估算方法见表5-16。

产品总成本按其与产量变化的关系分为可变成本和固定成本。可变成本是指在产品总成本中，随产量的增减而成比例地增减的那一部分费用，如原材料费用等。固定成本是指与产量的多少无关的那一部分费用，如固定资产折旧费、管理费用等。经营成本是指总成本费用扣除折旧费、维简费、摊销费和借款利息的剩余部分，经营成本的概念用于现金流量表计算的过程中。

中外合资企业项目的成本估算可参见《外商投资企业会计制度》和《外商投资工业企业会计科目和会计报表》的有关规定。

表5-16 产品总成本的内容和估算方法

名称	内容或定义	估算方法
一、生产成本	包括各项直接支出费(直接材料、燃料及动力、直接工资和其他直接支出费)及制造费用	
1. 直接材料费	一般包括原料及主要材料、辅助材料费	直接材料费＝消耗定额×该种材料价格 材料价格指材料的入库价，入库价＝采购价＋运费＋途耗＋库耗 途耗指原材料采购后，运进企业仓库前的运输途中的损耗，与运输方式、原材料包装形式、运输管理水平等因素有关 库耗指企业所需原材料入库和出库间的差额，库耗与企业管理水平等有关

续表

名称	内容或定义	估算方法
2. 燃料及动力费		燃料费用的计算方法与原材料费用相同，动力费用＝消耗定额×动力单价 动力供应有外购和自产两种情况，动力外购指向外界购进动力供企业内部使用，如向本地区热电站购进电力等，此时动力单价除供方提供的单价之外，还需增加本厂为该项动力而支出的一切费用；自产动力指厂内自设水源地、自备电站、自设锅炉房供蒸汽、自设冷冻站、自设煤气站等，则各种动力均需按照成本估算的方法分别计算其单位车间成本，作为产品成本中动力的单价
3. 直接工资和其他直接支出	直接工资是企业直接从事产品生产的人员的工资、奖金、津贴和各种补贴，其他直接支出费指目前包括直接从事产品生产人员的职工福利费等	
4. 制造费	为组织和管理生产所发生的各项费用，包括生产单位（分厂、车间）管理人员的工资，职工福利费、折旧费、维简费、修理费及其他制造费用[办公费、差旅费、劳动保护费、水电费、保险费、租赁费（不包括融资租赁）、物料消耗、环保费等]	
二、管理费	是指企业行政管理部门为管理和组织经营活动而产生的各项费用，包括公用经费（工厂总部管理人员工资、职工福利费、差旅费、办公费、折旧费、修理费、物料消耗、低值易耗品摊销以及其他公司经费）、工会经费、职工教育经费、劳动保险费、董事会费、咨询费、顾问费、交际应酬费、税金（房产税、车船使用税、土地使用税、印花税等）、土地使用费、技术转让费、无形资产摊销、开办费摊销、研究发展费以及其他管理费用	
三、财务费	为筹集资金而产生的各项费用，包括生产经营期间产生的利息收支净额、汇兑损益净额、外汇的手续费、金融机构的手续费以及因筹资而产生的其他财务费用	
四、销售费	为销售产品和提供劳务而产生的各项费用，企业在销售产品、自制半成品和提供劳务等过程中产生的各项费用以及专设销售机构的各项经费	
五、总成本	指项目在一定期间内（一般为1年）为生产和销售产品而消费的全部成本及费用	总成本＝生产成本＋管理费＋财务费＋销售费

5 财务评价

财务评价是遵循现行财税制度和规定，根据现行市场价格，计算工程项目在财务上的收入和支出，并测算一个项目投入的资金所能带来的利润，考察项目的盈利能力、清偿能力以及外汇平衡等财务状况，据以判别工程项目的财务可行性。

财务评价主要是进行投资获利分析、财务清偿能力分析和资本结构（或流动性）分析。其主要评价指标是投资利润率、投资利税率 、投资回收期和借款偿还期等。财务评价的分析内容见表5-17。

5.1 报表形式

财务评价的方法是通过一系列财务报表的编制来计算上述三项分析的评价指标，考察项目的财务状况。财务报表分为基本报表和辅助报表，辅助报表是编制基本报表的依据。

表 5-17 财务评价分析内容

项目	投资获利分析	财务清偿能力分析	资本结构分析
分析目的	决定项目的财务盈亏	审查项目的清偿能力	确定资金的充裕程度
考虑的时间范围	单个年份	债务偿还期间	投资的整个过程
对资金的处理	看作资产的折旧	看作现金出入	看作自有资本、借款和残值
使用的价格	现行市场价格	现行市场价格	不变价格
评判标准	利润率、内部收益率	现金盈余与短缺	债务与产权比例
时间因素	静态分析不需折现 动态分析要折现	不需折现	折现值

5.1.1 基本报表

(1) 现金流量表（全部投资）

该表不分投资资金来源，以全部投资作为计算基础，用以计算全部投资所得税前和所得税后的财务内部收益率、财务净现值及投资回收期等评价指标考察项目全部投资的盈利能力，为各个投资方案（不论其资金来源及利息多少）进行比较建立共同基础，见表5-18。

(2) 现金流量表（自有资金）

该表从投资者角度出发，以投资者的出资额作为计算基础，把借款本金偿还和利息支付作为现金流出，用以计算自有资金财务内部收益率、财务净现值等评价指标，考察项目自有资金的盈利能力，见表5-19。

(3) 损益表

该表反映项目计算期内各年的利润总额、所得税及税后利润的分配情况，用以计算投资利润率、投资利税率和资本金利润率等指标，见表5-20。

(4) 资金来源与运用表

该表反映计算期内各年的资金盈余或短缺情况，用于选择资金筹措方案，制定适宜的借款及偿还计划，并为编制资产负债表提供依据，见表5-21。

(5) 资产负债表

该表综合反映项目计算期内各年末资产、负债和所有者权益的结构是否合理，用以计算资产负债率、流动比率及速动比率，进行清偿能力分析，见表5-22。

(6) 财务外汇平衡表

该表适用于有外汇收支的项目，用以反映项目计算期内各年外汇余缺程度，进行外汇平衡分析，见表5-23。

表 5-18 现金流量表（全部投资） 单位：万元

序号	项目 \ 年份	建设期		投产期		达到设计能力生产期				合计
		1	2	3	4	5	6	…	n	
	生产负荷/%									
1	现金流入									
(1)	产品销售(营业)收入									
(2)	回收固定资产余值									
(3)	回收流动资金									
2	现金流出									
(1)	建设投资									
(2)	流动资金									
(3)	经营成本									
(4)	营业税金及附加									
(5)	调整所得税									
3	净现金流量(1－2)									
4	累计净现金流量									
5	所得税前净现金流量(3＋所得税)									
6	所得税前累计净现金流量									

计算指标		所得税后	所得税前
	财务内部收益率：		
	财务净现值：	(i_c＝ %)	(i_c＝ %)
	投资回收期：		

注：1. 根据需要可在现金流入和现金流出栏里增减项目。

2. 生产期发生的更新投资作为现金流出可单独列项或列入建设投资项目中。

表 5-19 现金流量表（自有资金） 单位：万元

序号	项目＼年份	建设期		投产期		达到设计能力生产期				合计
		1	2	3	4	5	6	…	n	
	生产负荷/%									
1	现金流入									
(1)	产品销售(营业)收入									
(2)	回收固定资产余值									
(3)	回收流动资金									
2	现金流出									
(1)	自有资金									
(2)	借款本金偿还									
(3)	借款利息支付									
(4)	经营成本									
(5)	营业税金及附加									
(6)	所得税									
3	净现金流量(1−2)									

计算指标：财务内部收益率：

财务净现值(i_c=　　%)

注：1. 同表 5-18 的注释。

2. 自有资金是指项目投资者的出资额。

表 5-20 损益表 单位：万元

序号	项目＼年份	投产期		达到设计能力生产期				合计
		3	4	5	6	…	n	
	生产负荷/%							
1	产品销售(营业)收入							
2	营业税金及附加							
3	总成本费用							
4	利润总额(1−2−3)							
5	所得税							
6	税后利润(4−5)							
7	可供分配利润							
(1)	盈余公积金							
(2)	应付利润							
(3)	未分配利润							
	累计未分配利润							

注：利润总额应根据国家规定，先调整为应纳税所得额（如减免所得税、弥补上年度亏损等），再计算所得税。

表 5-21 资金来源与运用表 单位：万元

序号	项目＼年份	建设期		投产期		达到设计能力生产期				合计
		1	2	3	4	5	6	…	n	
	生产负荷/%									
1	资金来源									
(1)	利润总额									
(2)	折旧费									
(3)	摊销费									
(4)	长期借款									
(5)	流动资金借款									
(6)	其他短期借款									
(7)	自有资金									
(8)	其他									
(9)	回收固定资产余值									
(10)	回收流动资金									
2	资金运用									
(1)	建设投资									

续表

序号	年份 项目	建设期		投产期		达到设计能力生产期				合计
		1	2	3	4	5	6	…	n	
(2)	建设期利息									
(3)	流动资金									
(4)	所得税									
(5)	应付利润									
(6)	长期借款资金偿还									
(7)	流动资金借款本金偿还									
(8)	其他短期借款资金偿还									
3	盈余资金									
4	累计盈余资金									

表5-22 资金负债表 单位：万元

序号	年份 项目	建设期		投产期		达到设计能力生产期				合计
		1	2	3	4	5	6	…	n	
1	资产									
(1)	流动资产总额									
	应收账款									
	存货									
	现金									
	累计盈余资金									
(2)	在建工程									
(3)	固定资产净值									
(4)	无形及递延资产净值									
2	负债及所有者权益									
(1)	流动负债总额									
	应付账款									
	流动资金借款									
	其他短期借款									
(2)	长期借款									
	负债小计									
(3)	所有者权益									
	资本金									
	资本公积金									
	累计盈余公积金									
	累计未分配利润									

注：计算指标为资产负债（%）；流动比率（%）；速动比率（%）。

表5-23 财务外汇平衡表 单位：万元

序号	年份 项目	建设期		投产期		达到设计能力生产期				合计
		1	2	3	4	5	6	…	n	
	生产负荷/%									
1	外汇来源									
(1)	产品销售外汇收入									
(2)	外汇借款									
(3)	其他外汇收入									
2	外汇运用									
(1)	固定资产投资中外汇支出									
(2)	进口原材料									
(3)	进口零部件									
(4)	技术转让费									
(5)	偿付外汇借款本息									
(6)	其他外汇支出									
(7)	外汇余缺									

注：1. 其他外汇收入包括自筹外汇等。

2. 技术转让费是指生产期支付的技术转让费。

5.1.2 辅助报表

总投资估算表，流动资金估算表，投资计划与资金筹措表，主要产出物和投入物使用价格依据表，单位产品生产成本估算表，固定资产折旧估算表，无形及其他资产摊销估算表，总成本估算表，产品销售（营业）收入和销售税金及附加估算表，以及借款还本付息计算表，详见表5-24～表5-33。

表5-24　总投资估算表

序号	工程或费用名称	估算价值/万元或万美元					占建设投资的比例/%	备注
		设备购置费	安装工程费	建筑工程费	其他建筑费用	合计		
一、	投资建设							
1	固定资产投资							
(1)	工程费用							
	•							
	•							
	•							
(2)	固定资产其他费用							
	•							
2	无形资产费用							
3	其他资产费用							
4	预备费用							
	基本预备费							
	涨价预备费							
二、	固定资产投资方向调节税							
三、	建设期利息							
四、	流动资产							
五、	项目总投资(一+二+三+四)							

注：工程或费用名称，可根据本部门的要求分项列出。

表5-25　流动资金估算表　　单位：万元

序号	年份 项目	最低周转天数	周转次数	投产期		达到设计能力生产期				合计
				3	4	5	6	…	n	
1	流动资产									
(1)	应收账款									
(2)	存货									
	原材料									
	燃料									
	在产品									
	产成品									
	其他									
(3)	现金									
2	流动负债									
	应付账款									
3	流动资金(1－2)									
4	流动资金本年增加额									

注：原材料、燃料栏目应分别列出具体名称，分别计算。

表5-26　投资计划与资金筹措表　　单位：万元或万美元

序号	年份 项目	建设期								投产期								合计
		1				2				3				4				
		外币	折人民币	人民币	小计	外币	折人民币	人民币	小计	外币	折人民币	人民币	小计	外币	折人民币	人民币	小计	
1	总投资																	
(1)	建设投资																	
(2)	建设期利息																	
(3)	流动资金																	

续表

序号	年份 项目	建设期								投产期								合计
		1				2				3				4				
		外币	折人民币	人民币	小计	外币	折人民币	人民币	小计	外币	折人民币	人民币	小计	外币	折人民币	人民币	小计	
2	资金筹措																	
(1)	自有资金																	
	其中:用于流动资金																	
(2)	借款																	
	长期借款																	
	流动资金借款																	
	其他短期借款																	
(3)	其他																	

注：如有多种借款方式时，可分项列出。

表5-27 主要产出物和投入物使用价格依据表

序号	名称	规格	产地	单位	单价	价格依据
1	××××					
2	××××					

表5-28 单位产品生产成本估算表 单位：元

序号	项目	规格	单位	消耗定额	单价	金额
1	原材料					
	•					
	•					
	•					
2	燃料和动力					
	•					
	•					
	•					
3	工资和福利费					
4	制造费用					
5	副产品回收					
6	生产成本(1+2+3+4－5)					

表5-29 固定资产折旧费估算表 单位：万元

序号	年份 项目	折旧年限	投产期		达到设计能力生产期				合计
			3	4	5	6	…	n	
	固定资产合计								
	原值								
	折旧费								
	净值								
1	房屋及建筑物								
	原值								
	折旧费								
	净值								
2	××设备								
	原值								
	折旧费								
	净值								
	××设备								
	原值								
	折旧费								

续表

序号	项目 \ 年份	折旧年限	投产期		达到设计能力生产期				合计
			3	4	5	6	…	n	
	净值								
3	•								
	•								
	•								

注：1. 本表自生产年份起开始计算，各类固定资产按《工业企业财务制度》规定的年限分列。
2. 生产期内发生的更新改造投资列入其投入年份。

表 5-30　无形及其他资产摊销估算表　　单位：万元

序号	项　　目	摊销年限	原值	投产期		达到设计能力生产期				合计
				3	4	5	6	…	n	
1	无形资产小计									
(1)	土地使用权									
	摊销									
	净值									
(2)	专有技术和专利权									
	摊销									
	净值									
(3)	其他无形资产									
	摊销									
	净值									
2	其他资产(开办费)									
	摊销									
	净值									
3	无形及其他资产合计(1+2)									
	摊销									
	净值									

注：摊销期相同的项目允许适当归并。

表 5-31　总成本估算表　　单位：万元

序号	项　　目	摊销年限	原值	投产期		达到设计能力生产期				合计
				3	4	5	6	…	n	
1	外购原材料									
	•									
	•									
	•									
2	外购燃料及动力									
	•									
	•									
	•									
3	工资及福利费									
4	修理费									
5	折旧费									
6	维简费									
7	摊销费									
8	利息支出									
9	其他费用									
	其中:土地使用税									
10	总成本费用(1+2+…+9)									
	其中:1. 固定成本									
	2. 可变成本									
11	经营成本(10−5−6−7−8)									

表 5-32　产品销售（营业）收入和销售税金及附加估算表

单价单位：元或美元

销售收入单位：万元或万美元

序号	产品名称	单位	单价		生产负荷××%						生产负荷××%						生产负荷100%					
					销售量			销售收入			销售量			销售收入			销售量			销售收入		
			外销	内销	外销	内销	小计	外销	内销	小计	外销	内销	小计	外销	内销	小计	外销	内销	小计	外销	内销	小计
1	产品销售(营业)收入																					
	•																					
	•																					
	•																					
2	营业税金及附加																					
(1)	增值税、营业税																					
	•																					
	•																					
(2)	资源税																					
(3)	消费税																					
(4)	城市维护建设税																					
(5)	教育费附加																					

表 5-33　借款还本付息计算表

单位：万元

序号	项目　　　　　年份	利率/%	建设期		投产期		达到设计能力生产期			
			1	2	3	4	5	6	…	n
1	借款及还本付息									
1.1	年初借款本息累计									
	本金									
	建设期利息									
1.2	本年借款									
1.3	本年应计利息									
1.4	本年还本									
1.5	本年付息									
2	偿还借款本金的资金来源									
2.1	利润									
2.2	折旧									
2.3	摊销									
2.4	其他资金									
	合计(2.1+2.2+2.3+2.4)									

5.2　财务评价的主要指标

进行财务评价分析时，所需计算的主要指标之间的关系如下，这些指标的计算方法和用途见表5-34。

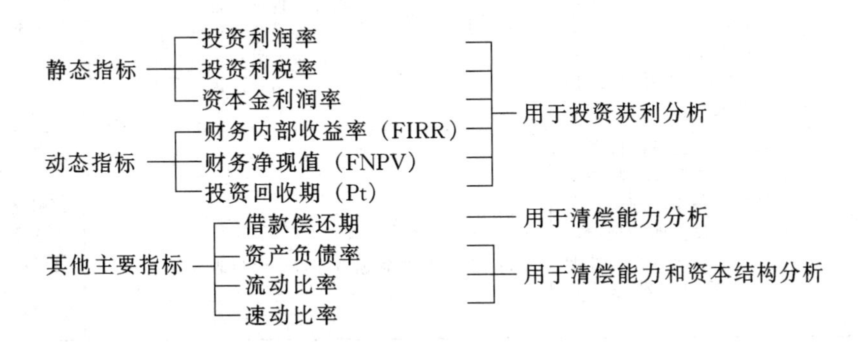

表 5-34 财务评价的主要指标

指标名称	内容或定义	计算方法	用途或说明
一、静态指标 1. 投资利润率	指项目达到设计生产能力后的一个正常生产年份的年利润总额与项目总投资的比率，它是考察项目单位投资盈利能力的静态指标，对生产期内各年的利润总额变化幅度较大的项目，应计算生产期平均利润总额与项目总投资的比率	$投资利润率=\frac{年利润总额或平均利润总额}{项目总投资}\times 100\%$ 年利润总额＝年产品销售收入－年产品销售税金及附加－年总成本费用 年销售税金及附加＝年增值税＋年营业税＋年资源税＋年城市维护建设税＋年教育费附加 项目总投资＝固定资产投资＋投资方向调节税＋建设期利息＋流动资金	投资利润率可根据损益表中的有关数据计算求得，在财务评价中，将投资利润率与行业投资利润率对比，以判别项目单位投资盈利能力是否达到本行业的平均水平
2. 投资利税率	指项目达到设计生产能力后的一个正常生产年份的年利税总额或项目生产期内的平均利税总额与项目总投资的比率	$投资利税率=\frac{年利税总额或平均利税总额}{项目总投资}\times 100\%$ 年利税总额＝年销售收入－年总成本费用 年利税总额＝年利润总额＋年销售税金及附加	投资利税率可根据损益表中的有关数据计算求得，在财务评价中，将投资利税率与行业平均投资利税率对比，以判别项目单位投资对国家积累的贡献是否达到本行业的平均水平
3. 资本金利润率	指项目达到设计生产能力后的一个正常生产年份的年利润总额或项目生产期内的平均利润总额与资本金的比率，它反映投入项目的资本金的盈利能力	$资本金利润率=\frac{年利润总额或年平均利润总额}{资本金}\times 100\%$	
二、动态指标 1. 财务内部收益率(FIRR)	指项目在整个计算期内各年净现金流量现值累计等于零时的折现率，它反映项目所占用资金的盈利率，是考察项目盈利能力的主要动态评价指标	$\sum_{t=1}^{n}(CI-CO)_t(1+FIRR)-t=0$ 式中 CI——现金流入量； CO——现金流出量； $(CI-CO)_t$——第 t 年的净现金流量； n——计算期 财务内部收益率可根据财务现金流量表净现金流量用试差法计算求得	在财务评价中，将求出的全部投资或自有资金（投资者的实际出资）的财务内部收益率（FIRR）与行业的基准收益率或设定的折现率（i_c）比较，当 $FIRR\geqslant i_c$ 时，即认为其盈利能力已满足最低要求，在财务上是可以考虑接受的
2. 投资回收期(Pt)	指以项目的净收益抵偿全部投资（固定资产投资、投资方向调节税和流动资金）所需要的时间，它是考察项目在财务上的投资回收能力的主要动态评价指标，投资回收期（以年表示）一般从建设开始年算起，如果从投产年算起时，应予注明	$\sum_{t=1}^{n}(CI-CO)_t=0$ 投资回收期可根据财务现金流量表（全部投资）中累计净现金流量计算求得，详细计算公式为 $投资回收期(Pt)=累计净现金流量开始出现正值年份数-1+\frac{上年累计净现金流量的绝对值}{当年净现金流量}$	在财务评价中，求出的投资回收期（Pt）与行业的基准投资回收期（Pc）比较，当 Pt≤Pc 时，表明项目投资能在规定的时间内收回
3. 财务净现值(FNPV)	指按行业的基准收益率或设定的折现率，将项目计算期内各年净现金流量折现到建设初期的现值之和，它考察项目在计算期内盈利能力的动态评价指标	$FNPV=\sum_{t=1}^{n}(CI-CO)_t(1+i_c)-t$ 财务净现值可根据财务现金流量表计算求得	财务净现金值大于或等于零的项目是可以考虑接受的

续表

指标名称	内容或定义	计算方法	用途或说明
三、其他主要指标 1. 资产负债率	反映项目各年所面临的财务风险程度及偿债能力的指标	$资产负债率=\frac{负债合计}{资产合计}\times 100\%$	
2. 借款偿还期	指在国家财政规定及项目具体财务条件下，以项目投产后可用于还款的资金偿还固定资产投资国内借款本金和建设期利息（不包括已用自有资金支付的建设期利息）所需要的时间	$Id=\sum_{t=1}^{Pd} R_t$ 式中 Id——固定资产投资，国内借款本金和建设期利息之和； Pd——固定资产投资，国内借款偿还期（从借款开始年计算，当从投产年算起时，应予注明）； R_t——t 年时可用于还款的资金 借款偿还期可由资金来源与运用表及国内借款还本付息计算表直接推算，以年表示。详细计算公式为 $借款偿还期=借款偿还后开始出现盈余的年份-开始借款年份+\frac{当年偿还借款额}{当年可用于还款的资金额}$ 涉及外资的项目，其国外借款部分的还本付息，应按已明确的或预计可能的借款偿还条件（包括偿还方式及偿还期限）计算	当借款偿还期满足贷款机构的要求期限时，即认为项目是有清偿能力的
3. 流动比率	反映项目各年该付流动负债能力的指标	$流动比率=\frac{流动资产}{流动负债}$	一般认为取值为2∶1是较适宜比例
4. 速动比率	反映项目快速偿付流动负债能力的指标	$速动比率=\frac{流动负债总额-存货}{流动负债总额}$	一般要求其值大于1比较稳妥
5. 已获利息倍数	反映项目的利润偿付利息的保证倍率	$已获利息倍数=\frac{EBIT}{利息费用}$	一般要求其值大于2，否则表明付息保障程度不足
四、其他盈利能力指标 1. 净资产利润率	反映所有者投入企业资本的获利能力	$净资产利润率=\frac{净利润}{净资产额}$	
2. 资本利润率	对股份公司来说，就是股本利润率	$资本利润率=\frac{净利润}{实收资本（股本）总额}$	
3. 销售利润率	表明企业销售收入的收益水平指标	$销售利润率=\frac{净利润}{销售净额}$	
4. 投资的报酬率	用于衡量企业管理当局对可用资源的适用效率指标	$投资报酬率=\frac{净利润}{总资产平均余额}$	
五、其他财务指标 EBIT(earnings before interest and tax)	息税前利润又称税前营业利润	EBIT＝经营收入－经营费用	
EBITDA(earnings before interest tax depreciation and amortization)	息税折旧摊销前利润	EBITDA＝EBIT＋折旧＋摊销	
PAT(profit after tax)	净利润，息税后收益	PAT＝EBIT－利息－所得税－少数股东权益	

续表

指标名称	内容或定义	计算方法	用途或说明
FFO(fund for operating)	经营资金	FFO=PAT+折旧	
NCF(net cash flow)	净现金流量	NCF=FFO−股息	
TC(total capital)	总资本		
CE(capital employed)	已占用(投入)资本	CE=TC−额外现金	
WACC(weighted average cost of capital)	加权平均资本成本	$WACC=K_e\frac{E}{E+D}+K_d\frac{D}{E+D}(1-t)$	E——股东权益；D——负债；K_d——贷款利率；K_e——股东权益成本；t——企业所得税税率
ROCE(return on capital employed)	已占用资本回报率	$ROCE=\frac{税后经营利润}{已占用资本}$	税后经营利润=EBIT×(1−税率)；已占用资本=总资本−额外现金；总资本=股东资本+长期贷款+股东贷款+少数股东权益
ROACE(return on average capital employed)	平均已占用资本回报率	$ROACE=\frac{税后经营利润}{平均已占用资本}$	平均已占用资本=$\frac{1}{2}$(期初已占用资本+期末已占用资本)
EPS(earnings per share)	每股收益	$EPS=\frac{(EBIT-I)(1-t)-D_p}{N}$	I——债务利息；t——企业所得税税率；D_p——优先股股利；N——发行在外的普通股股数

5.3 不确定性分析

在对工程项目的经济评价中，由于经济计算所采用的数据大部分来自预测或估计，其中必然包含某些不定因素和风险，为使评价结果更符合实际，提高经济评价的可靠性，减少项目实施的风险，需要做不确定性分析，分析这些不确定因素的变化对工程项目投资经济效果的影响。

不确定性分析包括盈亏平衡分析、敏感性分析和概率分析。盈亏平衡分析只用于财务评价，敏感性分析和概率分析可同时用于财务评价及国民经济评价。

5.3.1 盈亏平衡分析

盈亏平衡分析是通过分析销售收入、可变成本、固定成本和盈利四者之间的关系，求出当销售收入等于生产成本时（即盈亏平衡时的产量）售价、销售量和成本三个变量间的最佳盈利方案。盈亏平衡点有以下三种表示方法。

① 以BEP1表示盈亏平衡点的生产［销售］量时，计算公式为

$$BEP1=\frac{f}{P(1-T_t)-V}$$

式中 f——年总固定成本（包括基本折旧）；

P——单位产品价格；

T_t——单位产品销售税金；

V——单位产品可变成本。

BEP1值小，说明项目适应市场需求变化的能力大，抗风险能力强。

② 以BEP2表示盈亏平衡点的总销售收入，计算公式为

$$BEP2=Y=PX$$

式中 Y——年总销售收入；

P——销售单价；

X——产品产量，即所求的盈亏点的生产量。

③ 以BEP3表示盈亏平衡点的生产能力利用率，

计算公式为

$$BEP3=\frac{f}{r-V'}$$

式中　f——年总固定成本（包括基本折旧）；

r——达到设计能力时的销售收入（不包括销售税金）；

V'——年总可变成本。

某项目盈亏平衡图如图5-1所示。

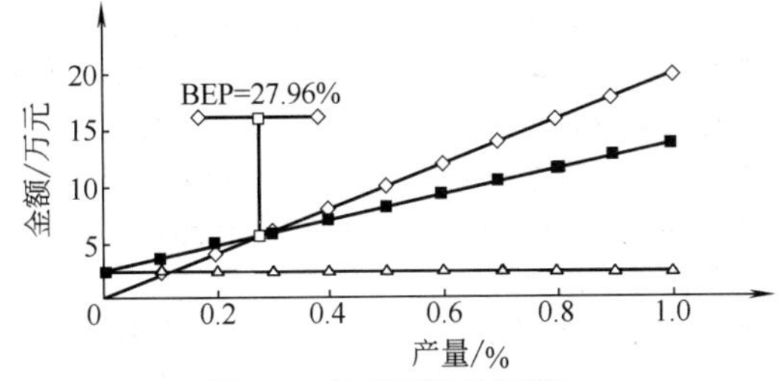

图5-1　某项目盈亏平衡图

■总成本；◇销售收入减税金；△固定成本

5.3.2　敏感性分析

敏感性分析是通过分析、预测项目主要因素发生变化时对经济评价指标的影响，从中找出敏感因素，并确定其影响程度。在项目计算期内可能发生变化的因素有产品产量（生产负荷）、产品价格、产品成本或主要原材料与动力价格、固定资产投资、建设工期及汇率等。敏感性分析通常是分析这些因素单独变化或多因素变化对内部收益率的影响，必要时也可分析对静态投资回收期和借款偿还期的影响，项目对某种因素的敏感程度可以表示为该因素按一定比例变化时引起评价指标变动的幅度（列表表示），也可以表示为评价指标达到临界点（如财务内部收益率等于财务基准收益率或经济内部收益率等于社会折现率）时允许某个因素变化的最大幅度，即极限变化。为求此极限，可绘制敏感性分析图，如图5-2所示。

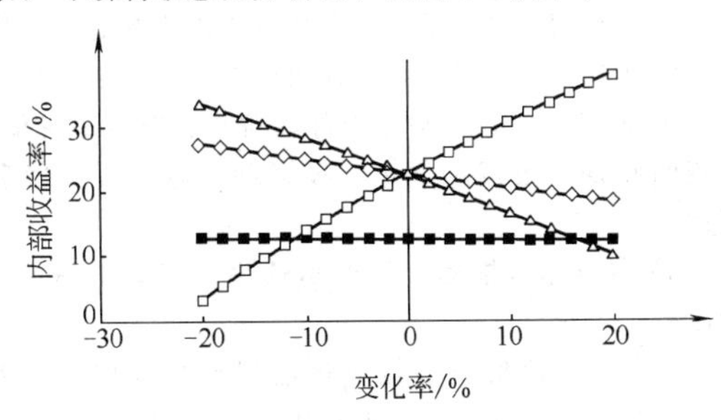

图5-2　敏感性分析图

■基准收益率；◇建设投资；

△经营成本；□销售收入

5.3.3　概率分析

概率分析是运用概率方法和数理统计方法，对风险因素的概率分布和风险因素对评价指标的影响进行定量分析，在项目可行性研究中，风险分析是研究分析产品的销售量、销售价格、产品成本、投资、建设工期等风险变量可能出现的各种状态及概率分布，计算项目评价指标内部收益率（IRR）、净现值（NPV）等概率分布，以确定项目偏离预期指标的程度和发生偏离的概率，判定项目的风险程度，为项目投资决策提供依据。

(1) 概率分析步骤

① 选定一个或几个评价指标，通常将财务内部收益率、财务净现值等作为评价指标。

② 选定需要进行概率分析的风险因素，通常有产品价格、销售量、主要原材料价格、投资额以及外汇汇率等。针对项目不同情况，通过敏感性分析，选择最为敏感的因素进行概率分析。

③ 预测风险因素变化的取值范围及概率分布，一般分为两种情况：一是单因素概率分析；二是多因素概率分析。

④ 根据测定的风险因素值和概率分布，计算评价指标的相应取值和概率分布。

⑤ 计算评价指标的期望值和项目可接受的概率。

⑥ 分析计算结果，判断其可接受性，研究减轻和控制风险因素的措施。

(2) 风险概率的分析方法

① 确定风险变量概率分布

a. 离散概率分布　离散概率分布是指根据分析人员的主观判断，只取有限个随机变量，并能以各种确定的概率值表示的概率分布情况。

如原材料价格在项目寿命期内可能下降5%、10%、15%、20%，这是下降比例有限的。

产品市场需求可能出现低于预期值20%、低于预期值10%、等于预期值、高于预期值10%四种状态，即认为市场需求是离散型随机变量。

b. 连续概率分布　当一个变量的取值范围为一个区间、无法按一定次序一一列举出来时，这种变量称为连续变量。

如市场需求量在某一数量范围内，假定在预期值的上下10%内变化，市场需求就是一个连续变量，它的概率分布用概率密度函数表示。

常用的连续概率分布有正态分布、三角分布、阶梯分布、梯形分布（三角分布特例）、直线分布（阶梯分布特例）。概率分析就是要分析和研究随机变量的概率分布情况，并据以测得期望值与标准差，在项目评估中进行概率分析时，一般只分析和研究离散型随机变量的概率分布情况。

② 风险因素概率分布的测定方法　风险因素概率分布的测定是概率分析的关键，也是进行概率分析的基础，其测定方法，应根据评价需要，以及资料的可得性和费用条件来选择或通过专家调查法确定，或者用历史统计资料和数理统计分析方法进行测定。

③ 概率分析法　根据测定的风险因素值和概率分布，即可计算评价指标相应取值和概率分布，计算评价指标的期望值和项目可接受的概率。

a. 概率树分析 如风险因素概率服从离散型分布的，可采用此法，概率树分析是在构造概率树的基础上，计算项目净现值的期望值和净现值大于或等于零的概率。

ⓐ 构造概率树 理论上概率树分析适合于所有状态有限的离散变量，根据每个输入变量状态的组合计算项目评价指标，每种变量可能发生的各种状态的概率之和必须等于1，将所有风险变量的各种状态组合起来，分析计算每组状态下的评价指标及相应的概率，得到评价指标的概率分布，然后统计出评价指标低于或高于基准值的累计概率，计算评价指标的期望值、方差、标准值和离散系数。

ⓑ 计算净现值的期望值 根据已计算的每种变量可能发生的各种状态下的概率分布与各种状态下的净现值分别相乘，得出加权净现值，再求和得出财务净现值的期望值。

随机变量取值越多，相应的概率分布值越多，其加权平均值也就越接近于实际可能的值。

ⓒ 净现值大于或等于零的概率计算 概率分析应求出净现值大于或等于零的概率，从该概率值的大小可以估计项目承受风险的程度，累计概率值越接近1，说明项目的风险越小；反之，项目的风险越大。

b. 蒙特卡洛模拟法 蒙特卡洛模拟技术，是用随机抽样的方法抽取一组满足输入变量的概率分布特征的数值，输入这组变量计算项目评价指标，通过多次抽样计算可获得评价指标的概率分布及累计概率分布、期望值、方差、标准差，计算项目可行或不可行的概率，从而估计项目投资所承担的风险。

此方法适用于随机变量的风险因素较多，或者风险因素变化值服从连续分布，不能用理论方法计算时，可采用此法。

5.4 改扩建与技术改造项目的经济评价

改扩建与技术改造项目是在原有企业的基础上进行的，与新建项目相比具有以下特点。

① 在不同程度上利用了原有资产和资源，以增量调动存量，以较小的新增投入取得较大的新增效益。

② 原来已在生产经营，而且其状况还会发生变化，因此项目效益和费用的识别，计算较复杂。

③ 建设期内建设与生产同步进行。

④ 项目与企业既有区别又有联系，有些问题的分析范围需要从项目扩展至企业。因此，改扩建与技术改造项目的经济评价除应遵循一般新建项目经济评价的原则和基本方法外，还必须针对以上特点，在具体评价方法上做一些特别的规定。

改扩建与技术改造项目的目标不同，实施方法各异。其效益可能表现在增加产量、扩大品种、提高质量、降低能耗、合理利用资源、提高技术装备水平、改善劳动条件或减轻劳动强度、保护环境和综合利用等一个方面或几个方面。其费用（代价）不仅包括新增投资，新增经营费用，还包括由项目建设可能带来的停产或减产损失，以及原有固定资产拆除费等。

改扩建项目的经济评价分为财务评价和国民经济评价。财务评价应进行盈利能力分析、清偿能力分析。对涉及外汇收支的项目，还应进行外汇平衡分析。财务评价计算的指标有财务内部收益率、财务净现值、投资回收期、投资利润率、投资利税率、资本金利润率、资产负债率、固定资产投资借款偿还期、流动比率、速动比率。国民经济评价进行盈利能力分析涉及产品出口创汇及替代进口节汇的项目，还应进行外汇效果分析。国民经济评价计算的指标有经济内部收益率、经济净现值、经济外汇净现值、经济换汇（节汇）成本。评价方法一般采用“有无法”和“增量法”两种手段。

“有无法”是先计算改扩建后（即“有项目”）以及不改扩建（即“无项目”）两种情况下的效益和费用，然后通过这两套数据的差额（即增量数据，包括增量效益和增量费用），计算增量指标。

“增量法”是指有些改扩建项目，如新建生产车间或生产线，新增一种或数种产品，其效益和费用能与原有企业分开计算的，可视同新建项目，直接采用增量效益和增量费用，计算增量指标。

5.5 中外合资企业项目的经济评价

中外合资经营项目在合资各方共同确认的可行性研究报告中只进行财务评价，当审批机关需要时，中方投资者应上报国民经济评价。财务评价是合资项目经济评价的重要组成部分，它是在国家现行财税制度和价格体系基础上，对项目进行财务效益分析，考察项目的盈利能力、清偿能力、外汇平衡等财务状况，以及中外合资各方投资的盈利水平。财务评价在配合中外合资各方的协议、合同、章程谈判、促进合资各方在平等互利基础上的经济合作等方面也具有重要作用。中外合资企业项目财务评价的指标有以下几项。

① 盈利性指标 财务内部收益率、财务净现值、投资回收期、投资利润率、投资利税率、资本净利润率。

② 清偿能力指标 资产负债率、流动比率、速动比率。

编制财务评价报表除上述已列的基本报表（表5-18～表5-23）外，还应根据中外合资项目的特点，补充一些表格，如财务现金流量表中分别补充中方合营者与外方合营者各自的财务现金流量表等。

6 国民经济评价

国民经济评价是从国民经济角度出发，站在国家的立场上，使用影子价格（或称经济价格、效率价格或调整价格），考察项目要求经济整体支付的代价和为经济整体提供的效益，分析测算项目经国家或全民所做出的贡献大小，依此评价项目的可取性。经济评价特别注重项目对整个经济的贡献，即审查项目的净效益能否充分抵偿项目所耗用的资源，以求合理有效地配置和使用国家有限资源。经济评价使用的价值标准是根据市场价格调整计算出来的接近于社会价值的影子价格（或称经济调整价格）。经济评价的最主要指标是投入的资金（即投资成本）所能带来的国民收入增长额，可以称为资金产出率（或称投资收益率或投资内部收益率）。经济评价是考虑项目对整个社会总生产和福利效果。

6.1 报表形式

6.1.1 基本报表

基本报表包括国民经济效益费用流量表（表5-35）、国民经济效益费用流量表（表5-36）和经济外汇流量表（表5-37）。

6.1.2 辅助报表

辅助报表包括国民经济评价投资调整计算表、国民经济评价销售收入调整计算表和国民经济评价经营费用调整计算表，见表5-38～表5-40。

表5-35 国民经济效益费用流量表（全部投资） 单位：万元

序号	项目 \ 年份	建设期		投产期		达到设计能力生产期				合计
		1	2	3	4	5	6	…	n	
	生产负荷/%									
1	效益流量									
(1)	产品销售(营业)收入									
(2)	回收固定资产余值									
(3)	回收流动资金									
(4)	项目间接效益									
2	费用流量									
(1)	固定资产投资									
(2)	流动资金									
(3)	经营费用									
(4)	项目间接费用									
3	净效益流量(1－2)									

注：1. 计算指标为经济内部收益率、经济净现值（i_s=　　%）。
2. 生产期产生的更新改造投资作为费用流量单独列项或列入固定资产投资项中。

表5-36 国民经济效益费用流量表（国内投资） 单位：万元

序号	项目 \ 年份	建设期		投产期		达到设计能力生产期				合计
		1	2	3	4	5	6	…	n	
	生产负荷/%									
1	效益流量									
(1)	产品销售（营业）收入									
(2)	回收固定资产余值									
(3)	回收流动资金									
(4)	项目间接效益									
2	费用流量									
(1)	固定资产投资(中国内资金)									
(2)	流动资金(中国内资金)									
(3)	经营费用									
(4)	流至国外的资金									
	国外借款本金偿还									
	国外借款利息支付									
	其他									
(5)	项目间接费用									
3	净效益流量(1－2)									

注：1. 计算指标为经济内部收益率、经济净现值（i_s=　　%）。
2. 生产期产生的更新改造投资作为费用流量单独列项或列入固定资产投资项中。

表5-37 经济外汇流量表 单位：万美元

序号	项目 \ 年份	建设期		投产期		达到设计能力生产期				合计
		1	2	3	4	5	6	…	n	
	生产负荷/%									
1	外汇流入									
(1)	产品销售外汇收入									
(2)	外汇借款									
(3)	其他外汇收入									
2	外汇流出									
(1)	固定资产投资中外汇支出									
(2)	进口原材料									
(3)	进口零部件									
(4)	技术转让费									
(5)	偿付外汇借款本息									
(6)	其他外汇支出									
3	净效益流量(1－2)									
4	产品替代进口收入									
5	净外汇效果(3＋4)									

注：1. 计算指标为经济净现值（i_s=　　%）、经济换汇成本或经济节汇成本。
2. 技术转让费是指生产期支付的技术转让费。

表 5-38 国民经济评价投资调整计算表　　单位：万元或万美元

序号	项目	财务评价				国民经济评价				国民经济评价比财务评价增减(±)
		合计	其中			合计	其中			
			外币	折合人民币	人民币		外币	折合人民币	人民币	
1	固定资产投资									
(1)	建筑工程									
(2)	设备									
	进口设备									
	国内设备									
(3)	安装工程									
	进口材料									
	国内部分材料及费用									
(4)	其他费用									
	其中：(1)土地费用									
	(2)涨价预备费									
2	流动资金									
3	合计									

表 5-39 国民经济评价销售收入调整计算表　　单价单位：元或美元　销售收入单位：万元或万美元

序号	产品名称	年销售量					财务评价					国民经济评价						
		单位	内销	替代进口	外销	合计	内销		外销		合计	内销		替代进口		外销		合计
							单价	销售收入	单价	销售收入		单价	销售收入	单价	销售收入	单价	销售收入	
1	投产第一年负荷(××%)																	
	•																	
	•																	
	•																	
	小计																	
2	投产第二年负荷(××%)																	
	•																	
	•																	
	•																	
	小计																	
3	正常生产年份(100%)																	
	•																	
	•																	
	•																	
	小计																	

表 5-40 国民经济评价经营费用调整计算表　　单位：元或万元

序号	项目	单位	年耗量	财务评价		国民经济评价	
				单位	年经营成本	单价(或调整系数)	年经营费用
1	外购原材料						
	•						
	•						
	•						
2	外购燃料和动力						
(1)	煤						
(2)	水						

续表

序号	项　　目	单位	年耗量	财务评价		国民经济评价	
				单位	年经营成本	单价(或调整系数)	年经营费用
(3)	电						
(4)	汽						
(5)	重油						
	·						
	·						
	·						
3	工资及福利费						
4	修理费						
5	其他费用						
6	合计						

6.2 国民经济评价的主要指标

国民经济评价的主要指标见表5-41。

表5-41　国民经济评价的主要指标表

指标名称	内容或定义	计算方法	用途或说明
一、国民经济盈利能力分析指标 1. 经济内部收益率(EIRR)	是反映项目对国民经济净贡献的相对指标，是项目在计算期各年经济净效益流量的现值累计等于零时的折现率	$\sum_{t=1}^{n}(B-C)_t(1+EIRR)^{-t}=0$ 式中　B——现金流入量； C——现金流出量； $(B-C)_t$——第t年的净现金流量； n——计算期	经济内部收益率等于或大于社会折现率，表明项目对国民经济的净贡献达到或超过了要求的水平，这时应认为项目是可以考虑接受的
2. 经济净现值(ENPV)	是反映项目对国民经济净贡献的绝对指标，它是指用社会折现率将计算期内各年的净效益流量折算到建设期初的现值之和	$ENPV=\sum_{t=1}^{n}(B-C)_t(1+i_s)^{-t}$ 式中　i_s——社会折现率	经济净现值等于或大于零表示国家为拟建项目付出代价后，可以得到符合社会折现率的社会盈余，或除得到符合社会盈余外，还可以得到以现值计算的超额社会盈余，这时就认为项目是可以考虑接受的
3. 经济外汇净现值(ENPVF)	是反映项目实施后对国家外汇收支直接或间接影响的重要指标，用以衡量项目对国家外汇真正的净贡献(创汇)或净消耗(用汇)	经济外汇净现值可通过经济外汇流量表计算求得，其表达式为 $ENPVF=\sum_{t=1}^{n}(FI-FO)_t(1+i_s)^{-t}$ 式中　FI——外汇流入量； FO——外汇流出量； $(FI-FO)_t$——第t年的净外汇流量； n——计算期 当有产品替代进口时，可按净外汇效果计算经济外汇净现值	
二、国民经济外汇效果分析指标 1. 经济换汇成本	当有产品直接出口时，应计算经济换汇成本，它是用货物影子价格、影子工资和社会折现率计算的为生产出口产品而投入的国内资源现值(以人民币表示)与生产出口产品的经济外汇净现值(通常以美元表示)之比，即换取1美元外汇所需要的人民币金额，是分析评价项目实施后在国际上的竞争力，进而判断其产品应否出口的指标	$经济换汇成本=\frac{\sum_{t=1}^{n}DR_t(1+i_s)^{-t}}{\sum_{t=1}^{n}(FI'-FO')_t(1+i_s)^{-t}}$ 式中　DR_t——项目在第t年为出口产品投入的国内资源(包括投资、原材料、工资、其他投入和贸易费用)，元； FI'——生产出口产品的外汇流入，美元； FO'——生产出口产品的外汇流出(包括应由出口产品分摊的固定资产投资及经营费用中的外汇流出)，美元； n——计算期	当经济换汇成本(元/美元)小于或等于影子汇率，表明该项目产品出口是有利的

续表

指标名称	内容或定义	计算方法	用途或说明
2. 经济节汇成本	当有产品替代进口时，应计算经济节汇成本，它等于项目计算期内生产替代进口产品所投入的国内资源的现值与生产替代进口产品的经济外汇现值之比，即节约1美元外汇所需的人民币金额	经济换汇成本$=\dfrac{\sum_{t=1}^{n}DR'_t(1+i_s)^{-t}}{\sum_{t=1}^{n}(FI'-FO')_t(1+i_s)^{-t}}$ 式中 DR'_t——项目在第t年为生产替代进口产品投入的国内资源（包括投资、原材料、工资、其他投入和贸易费用），元； FI'——生产替代进口所节约的外汇，美元； FO'——生产替代进口产品的外汇流出（包括应由出口产品分摊的固定资产投资及经营费用中的外汇流出），美元	当经济换汇成本（元/美元）小于或等于影子汇率，表明该项目产品替代出口是有利的

7 设计概算

设计概算是项目设计文件不可分割的组成部分，设计单位必须保证设计文件的完整性。在初步设计、技术简单项目的设计方案中均应有概算篇章，技术设计应有修正概算，施工图设计应有预算。概算均应包括主要材料表。概算编制工作，由设计单位负责。

7.1 设计概算的编制要求

① 编制设计概算要严格执行国家有关经济政策和法令，同时要完整地反映设计内容和施工现场条件，客观地预测和搜集建设场地周围影响造价等动态因素，确保设计概算投资的真实性和正确性。凡是设计概算投资突破已被批准可行性研究报告估算的许可幅度时，应对设计进行重新修正，重编概算。否则应重新补充可行性研究估算调整报告。

② 经批准的初步设计概算作为最高限价，是确定和控制建设项目全部投资的法定性文件。它是编制固定资产投资计划，签订建设项目总承包合同和贷款合同，实行投资包干的依据，同时也是控制施工图预算和考核设计经济合理性，以及设计单位推行“限额设计”的依据。施工阶段设计预算不得任意突破初步设计总概算。

③ 设计概算文件包括封面、签署页及目录，编制人员上岗证书号，编制说明；总概算表，建设工程“其他费用”费率及计算表，单项工程综合概算和单位工程概算表等。

④ 设计概算应由设计单位负责编制。一个建设项目若由几个设计单位分工负责时，应由一个主体设计单位负责提出统一概算的编制原则和取费标准，并协调好各方面的衔接工作。建设单位应积极向设计单位提供编制概算所必需的有关资料和文件。

7.2 总概算

总概算是反映建设工程总投资的文件，包括建设项目从筹建开始到设备购置和建筑、安装工程的完成及竣工验收交付使用前所需的全部建设资金。总概算是按一个独立体制生产厂进行编制的。如是大型联合企业，且各分厂又具有相对独立性或独立经济核算的单位，可分别编制各分厂的总概算，联合企业则按照各分厂总概算汇总，编制总厂的总概算。若联合企业中辅助生产项目及公用工程是各分厂共用者，一般以一个联合企业编制总概算。

7.2.1 编制方法和要求

编写时力求文字简洁，确切地阐明有关事项，扼要概括工程全貌，一般应包括以下主要内容。

① 工程概况。简述建设项目性质，属新建或扩建，技术改造或合资，主要生产产品品种及规模和公用工程等配套情况，建设周期和建设地点，概括总投资结构，组成和建筑面积。

对于有引进项目，还应说明引进内容以及国内配套工程等主要情况。

② 资金来源与投资方式。资金来源，如中央、地方、企业；或国外投资方式，如拨款、借贷、自筹、中外合资、合作等。

③ 建设项目设计范围及设计分工。

④ 编制依据。项目批文及有关文件依据，列出“可行性研究报告”批文和有关“立项”文件（必须写明批文的主管部门名称、批文文号及批文时间）与委托设计单位签订的合同、协议及有关单位和文号。

⑤ 分别列出以下各项所采用定额、指标、价格及费用费率依据，包括建筑工程，安装工程，设备、材料价格，其他费用的费率和依据（如建设单位费用，地方配套费等），施工综合费率（如其他直接费、间接费、计划利润等），引进项目报价、结算条件

(FOB，C&F，CIF)；支付币种、外币市场汇价、减免税依据及“二税四费”从属费用的依据及计算。

⑥ 建筑、安装“三材”（钢材、水泥、木材）用量等材料分析表。

⑦ 环境保护及综合利用，劳动安全与工业卫生，消防三项分别占工程费用投资的比例。

⑧ 有关事项说明包括把工程项目中应计入项目费用而未计入的情况予以说明，阐明理由，总概算投资与批准可行性研究估算进行对照分析（包括建设面积情况），以说明与原批文要求对照情况，“固定资产投资方向调节税”取定的税率理由。

7.2.2　总概算项目设置内容

根据“设计工程项目一览表及总平面图”列项，费用数据根据单项工程综合概算及其他费用概算列入，采用表5-42进行编制。

总概算由建设项目概算投资和动态投资两部分组成。建设项目概算投资包括工程费用、其他费用和预备费。动态投资包括建设期设备，材料上涨价格，建设期贷款利息（包括延期付款利息），固定资产投资方向调节税，市场汇价、汇率变动预测，铺底流动资金等。其中工程费用项目划分见表5-42。

7.3　综合概算

编制综合概算是反映一个单项工程（车间或装置）投资的文件，也可按一个独立建筑物进行编制。

单项工程是指建成后能独立发挥生产能力和经济效益。单项工程综合概算是编制总概算工程费用的组成部分和依据，也是其相应的单位工程概算汇总文件。编制采用的表格见表5-43和表5-44。

表5-42　工程费用中项目的划分

代号	项目名称	项目内容
100	主要生产项目	是指直接参与生产产品的工程项目,包括原料储存,产品的生产、包装和储存等全部工序,以及空分、冷冻、催化剂制备、仪表用压缩空气站、集中控制室和厂区内工艺外管等
200	辅助生产项目	是指为生产项目服务的工程项目,包括机修、电修、仪修、建筑维修、防腐维修和中央化验室、监测站、维修用空分和空压站、冷冻站、油回收装置、设备及材料仓库以及气体防护站、安全及工业卫生管理站等
300	公用工程项目	是为全厂统一设置的共用设施的工程项目
310	供排水	包括直流水、循环水、污水处理及排水的泵房、冷冻塔、各种水池、污水处理装置、供排水管网及消防设施等
320	供电及电讯	包括全厂变(配)电所、开关所、电话站、安全报警、广播站以及全厂输电线路、通信网络、道路照明等
330	供汽	锅炉房、供热站、脱盐水(软化水)装置等
340	总图运输	包括厂区内码头、防洪(截洪)沟、围墙及大门(收发门卫)、铁路、公路、道路、运输车辆、大型土石方、排污沟渠和厂区绿化等
350	厂区外管	包括装置外、厂区内的供热外管
400	服务性工程项目	是指为厂前区的办公及生活服务的工程项目,包括厂部办公楼、综合楼、档案楼(室)、培训中心(楼)、食堂、汽车库、消防车库、自行车库(棚)、医务所(室)、哺乳用休息室、倒班宿舍、厂前区浴室及招待所、厂前区更衣室及公共厕所等
500	厂外工程项目	是指为建设单位的建设、生产办公等活动直接服务的工厂围墙以外的工程项目,包括水源工程(取水设施)及远距离输水与排水管线(包括符合排放标准的排污管线)、厂区外围截(防)洪沟及挡土墙、热电站、厂区外部输电及通信线路、远距离输油及输汽管线、地下原料管道、铁路及其编组站、公路、码头、堆(渣)场等
600	工器具及生产家具购置费	

表5-43　总概（预）算表

工程名称：　　　　单位：万元

序号	主项号	工程和费用名称	设备购置费	安装工程费	建筑工程费	其他费用	合计	占总投资/%
1	2	3	4	5	6	7	8	9
18								

编制：　　校核：　　审核：　　年　月　日

证号：　　证号：　　证号：

表 5-44　综合概（预）算表

序号	工程项目名称	概(预)算价值/万元	单位工程概(预)算价值/万元														
			工艺				电气		自控		照明	避雷	采暖通风		室内供排水	建(构)筑物
			设备	化验	安装	管道	设备	安装	设备	安装			设备	安装		
1	2	3	4	5	6	7	8	9	10	11	12	13	14	15	16	17
19																

编制：　　　　校核：　　　　审核：　　　　年　月　日
证号：　　　　证号：　　　　证号：

综合概算按照单位工程概算及项目，一般依据下列顺序填列：一般土建工程；特殊构筑物；室内给排水工程（包括消防）；照明及避雷工程；采暖工程；通风、空调工程；工艺设备及安装工程（包括备品备件）；工艺管道及安装工程；自控设备及安装工程；电力设备及安装工程；电讯及安全报警工程；车间化验室设备。

7.4 单位工程概算

编制单位工程概算是反映单项工程综合概算中各单位工程投资额的文件，是编制单项工程综合概算中的单位工程费用的依据。单位工程是指具有单独设备、可以独立组织施工的工程。费用划分为设备购置费、安装工程费、建筑工程费、其他费用。费用组成包括直接费、其他直接费、间接费、其他间接费、计划利润、税金六项费用。其中直接费，由材料费（包括辅助材料）、人工费、机械使用费三种费用构成。编制采用的表格形式见表 5-45 和表 5-46。

表 5-45　设备（材料）安装工程概（预）算表

工程名称：　　　　概（预）算价值/万元
其中设备费/万元
材料费/万元
项目名称：　　　　安装费/万元 表（三）

序号	编制依据(价格及安装费)	设备(材料)名称及规格型号	单位	数量	质量/t		单价/元			总价/元			备注
					单重	总重	设备(材料)费	安装费		设备(材料)费	安装费		
								合计	其中工资		总计	其中工资	
1	2	3	4	5	6	7	8	9	10	11	12	13	14
16													

编制：　　　　校核：　　　　年　月　日
证号：　　　　证号：

表 5-46　建筑工程概（预）算表

工程名称：　　　　三材用量/钢材 t　　概（预）算价值/万元
木材 m^3　　单位造价/(元/m^2)
项目名称：　　　　水泥 t　　表（二）

序号	编制依据(指标或定额号)	名称及规格	单位	数量	单价/元		总价/元		三材用量					
					合计	其中工资	合计	其中工资	钢材/t		木材/m^3		水泥/t	
									定额	合计	定额	合计	定额	合计
1	2	3	4	5	6	7	8	9	10	11	12	13	14	15
17														

编制：　　　　校核：　　　　年　月　日
证号：　　　　证号：

7.4.1 建筑工程

(1) 建筑工程费的内容

① 一般土建工程，包括主要生产、辅助生产、公用工程等的厂房、库房、行政及生活福利设施等建筑工程费。

② 构筑物工程，包括各种设备基础（含气柜基础、油罐基础、工业炉窑的基础）、操作平台、栈桥、管架（廊）、烟囱、地沟、冷却塔、水池、码头、铁路专用线、公路、道路、围墙、大门及防洪设施等工程。

③ 大型土石方、场地平整以及厂区绿化等工程费。

④ 为生活服务的室内供排水、煤气管道、照明及避雷、采暖通风等的安装工程费。

(2) 建筑单位工程概预算书的编制

① 建筑工程费应根据主要建筑物（主厂房等）设计工程量，按工程所在省、自治区、直辖市制定的建筑工程概算指标（或定额）进行编制；如工程所在地无概算指标（或工程量深度不能满足定额要求）时，主要建（构）筑物和其他辅助建（构）筑物可按类似工程的预算值进行编制。

② 为生活服务的室内水、暖、电及煤气等的安装工程费应根据设计工程量，按《化工建设概算定额》和《化工建设建筑安装工程费用定额》或工程所在地的“平方米造价大指标”进行编制。

③ 根据直接费和其他直接费，按规定的间接费费率计算间接费和其他间接费，汇总概算成本。根据概算成本，按规定的取费标准计算利润和税金，编出单位工程概算书。各省、市都有各自组成的费率标准。一般建筑安装工程工程费构成如图5-3所示。

(3) 建筑单位工程概算的编制依据

① 定额和地区单位估价表　这是计算直接费的主要依据，工程量的选用都必须根据所选用的定额为依据，因为一般的定额都包括计算规则和定额单价两大部分内容，所计算的工程量必须符合定额内容。定额大致有以下几种。

a. 土建工程　建筑工程概算定额（指标）、建筑工程综合预算定额、建筑工程预算定额。

b. 安装工程　全国统一安装工程预算定额（各省市单位估价表）、各专业部设计概算定额（指标）。

② 取费标准　按各省、市、自治区有关现行规定的取费标准计算。

③ 工程的设计蓝图和说明　由于直接费计算的内容是设计的要求，设计内容主要是针对设计意图、结构主体、建筑构造和建筑标准，必须熟悉和掌握。

④ 施工过程　施工过程中应了解施工方法、施工机械安排以及施工中有关的特殊措施。如地下室、深水池的围护桩，深梁巨柱筒仓的模板、脚手架特殊措施以及大型复杂的施工项目。应该事先了解设计要求及施工方法，充实编制内容，再正确计算出投资实际造价。

(4) 统一计算方法（土建工程）

① 计算方法的统一可以避免在工程量计算时漏算，尤其是比较复杂的工程，更需要坚持统一方法。计算的统一方法的程序是：外墙部位，自左上角开始，按顺时针方向循序计算；内墙部位，先横后竖，自上至下，自左至右。

② 计算部位　利用图纸上轴线编号，用来注明所计算的部位（图5-4）。平面图轴线编号横向从下至上用英文字母编列，竖向从左至右用数字编列。部位的注法一般是采用“点”，用相交的两根轴线的编号，如图中甲点即为B/4。“线”注明所在轴以及该线段两边的轴线号，如图中乙点即为3/C-D。“面”用四面的轴线号。

(5) 建筑安装工程费用的内容

① 直接费　是与每一单位建筑安装产品的生产直接有关的费用，是根据施工图所含各部分项数量与单位估价表所确定单价的乘积计算确定的。直接费由人工费、材料费、施工机械使用费和措施费四个项目组成。

人工费指直接从事建筑安装工程的施工工人（包括现场内水平、垂直运输等辅助工人）和附属辅助生产工人（制作构件等工人）的基本工资、附加工资和工资性质的补贴。

材料费指为完成建筑安装工程所耗用的材料、构件、零配件和半成品的价值以及周转材料（脚手架、模板等）的摊销费。材料费应按建筑安装工程预算定额规定的材料用量和当地材料预算价格计算确定。

施工机械使用费指建筑安装工程施工使用施工机械所产生的费用。其费用按建筑安装工程预算定额规定的机械台班数量和台班价格计算确定。

措施费指为完成工程项目施工，产生于该工程施工前和施工过程中非工程实体项目的费用。

② 间接费　企业管理费和规费。

企业管理费是指为组织和管理建筑安装施工所产生的各项经营管理费用。由于不易直接计入单位工程直接费中，而采取按规定的计算程序和费率标准，间接计算的办法，编制到建筑安装工程造价中去。

规费是指政府和有关权力部门规定必须缴纳的费用。

③ 利润　是指施工企业完成所承包的项目所获得的盈利。

④ 税金　是指国家对建筑安装企业和承包建筑安装工程，修缮业务及其他工程作业所取得的收入，应征收的营业税、城市维护建设税和教育费附加。

(6) 概（预）算定额的活口部分处理办法

① 钢筋调整。在单项工程中，实际钢筋用量和预埋铁件数量（包括构件的加固筋、锚固筋、插筋等以及经过建设单位签证同意的以大代小的钢筋量）与定额规定的钢筋用量、预埋铁件数量有增减时，可按

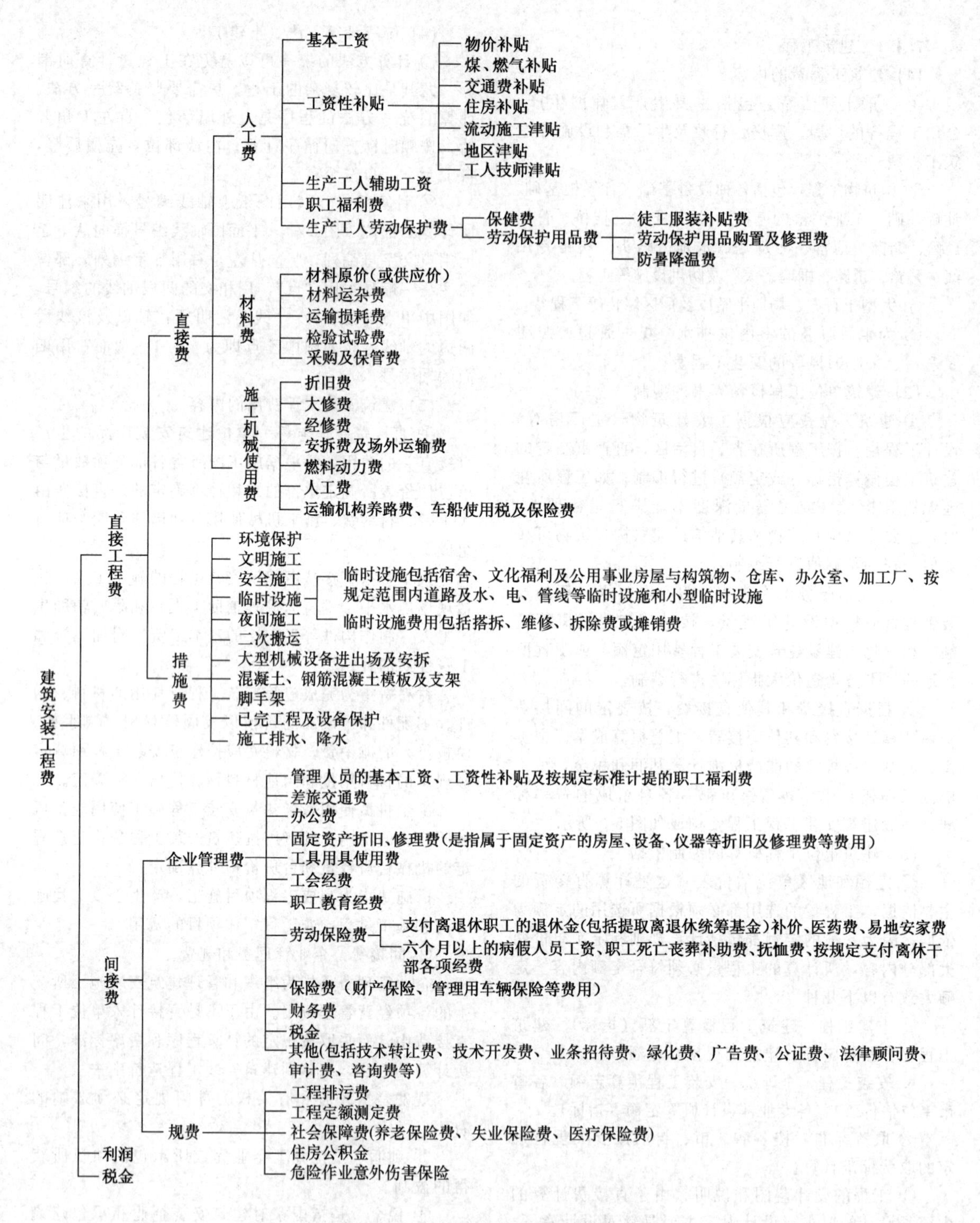

图5-3 一般建筑安装工程工程费构成

下列规定调整：必须是整个单项工程一起计算（除工厂预制定型构件中的钢筋用量外），钢筋总用量增减的幅度超过规定标准5%以上者，可调整其全部增减数量，实际用钢量调整按下式计算。

调整量＝按施工图计算及有关规定用量×(1＋损耗率1%)－定额用量

② 当混凝土标号与设计不符合时，是否可以调整，如何换算混凝土标号价格差，定额中注明混凝土标号者，如设计混凝土标号与之不同时，其标号之差的价格允许调整，但含量不变。定额中未注明混凝土标号者，系综合取定，一般不予调整。混凝土标号改为强度等级后，价格及水泥含量均允许调整。

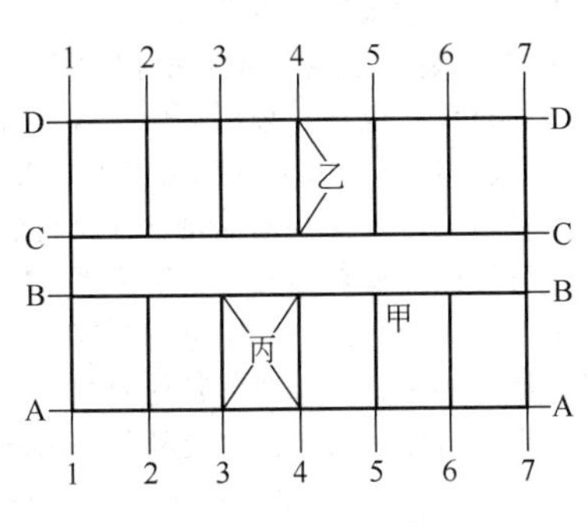

图5-4　计算部位

③ 定额价格中带有（　）或_者，其主材价格是暂估价，编制预算时可按实际调整，但含量和其他项目不变。

④ 上下限规定。定额及说明中注有“×××”以内或以上者，均包括“×××”本身在内，注有“×××”以外或以上者，则不包括“×××”本身在内。

⑤ 机械进出场费包括土方机械进出场费、打桩机械进出场费和吊装机械进出场费（包括进出场及安拆费）等，均应按单项工程另行计算，计取一切费率。

⑥ 超运距费的计算办法。如施工点在材料预算价格运输包干范围外都可计算超运距费，按各省、市规定计算。以上海为例（1993年7月1日起执行）：钢材0.42元/(t·km)，包装水泥0.34元/(t·km)，散装水泥0.49元/(t·km)，规格石子、黄砂0.31元/(t·km)，砖、瓦、石灰、块石、砌块0.34元/(t·km)，商品混凝土（槽罐车）1.53元/(t·km)。

⑦ 超高费。定额中一般不列入定额子目内，而是在总说明内，容易漏项。凡地面以上的八层及八层以上建筑（不包括屋面上的塔楼层）或室内地坪(±0.00)及檐口高度（主楼檐口）在20m以上的建筑物都应计算超高费。附属于高层旁边的裙房和其他建筑，其高度在七层以下或20m以下的不计算超高费。

7.4.2　设备工程

① 设备购置费内容

a. 需要安装和不需要安装的全部设备，包括主要生产、辅助生产、公用工程项目的化工工艺（专用）设备、机电设备、化验仪器、自控仪表、其他机械、ϕ300mm以上的电动阀门以及运输车辆等购置费。

b. 工器具及生产家具购置费，是指为保证建设项目初期正常生产所必需；购置的第一套不够固定资产标准的设备、仪器、工卡模具、器具以及柜、台、架等费用。

c. 备品备件购置费，是指直接为生产设备配套的初期生产必须备用的用以更换机器设备中比较容易损坏的重要零部件及其材料的购置费。

d. 各种化工原料、化学药品（如树脂、朱光砂、干燥剂、催化剂等）和设备内的一次性填充物料（如各种瓷环、钢环、塑料环、钢球及润滑油、冷却油等）的购置费。

e. 贵重金属铂、金、银及其制品，其他贵重材料及其制品，如生产硝酸用的铂网、烧碱用的离子膜、不锈钢网、玻璃钢风筒、玻璃钢冷却塔及其填料用的改性聚氯乙烯等的购置费。

② 设备和材料划分　为了同国家计划、统计、财务等部门划分口径一致和计算费率等问题，编制概算时必须正确进行划分。

③ 设备规格及工程量　要按照初步设计“设备一览表”所列内容，采用表5-45进行编制。

④ 设备费的编制办法　设备费包括设备原价、设备运杂费以及可能产生的设备成套业务费。

a. 设备原价　通用设备，可按国家、地方主管部门当年规定的现行产品出厂价格计列，也可按当年生产厂的销售价计算。非标准设备，目前在尚无最新统一计价标准情况下，可按照设计时所选定的专业制造厂当年提供的报价资料计算。国外引进设备，以合同价（或报价）为依据，并根据其不同交货条件，一般以离岸价（FOB）、离岸运输价（C&F）、到岸价（CIF），分别计算“二税四费”等从属费用（国外海运费、运输保险费、银行财务费、外贸手续费、关税、增值税）。对减免税项目，减免部分应另增到“海关临管费”（3‰），外汇折算应按国家外汇管理局公布的银行牌价（卖出价）为准。工器具及生产家具器具购置费，根据建设项目的性质，按占工程费用的比例估列，新建工程按第一部分工程费用的0.8‰～2‰估列，改扩建工程按第一部分工程费的0.5‰～1‰估列。

b. 设备运杂费　是指设备从制造厂交货地点到达施工工地仓库或施工组织设计指定的设备堆放地点所产生的铁路、公路、水路运输的一切费用，包括运输费（含基本动费及装卸、搬运费、保险等杂费），货物包装、运输支架费，设备采购供销手续费，仓库保管费等；不包括超限设备运输的特殊措施费。设备运杂费按设备原价乘以规定的费率列入设备购置费内（设备运杂费率详见表5-49）。

c. 设备成套供应业务费　是指设备成套公司根据发包单位按设计委托成套设备供应清单进行承包供应所收取的费用。如工程需要成套供应，则按有关规定费率计取；如不需要成套供应，则不计此费用。

7.4.3　安装工程

(1) 安装工程费的项目

① 主要生产、辅助生产、公用工程项目中需要安装的工艺、电气（含电讯）、自控、机运、机修、电修、

仪修、通风空调、供热等通用（定型）设备、专用（非标准）设备及现场制作的气柜、油罐的安装工程费。

② 工艺、供热、供排水、通风空调、净化及除尘等各种管道的安装工程费。

③ 电气（含电讯及供电外线）、自控及其他管、线（缆）等材料的安装工程费。

④ 现场进行的设备（含冷却塔、污水处理装置等）内部充填、内衬、设备及管道防腐、保温（冷）等工程费。

⑤ 为生产服务的室内供排水、煤气管道、照明及避雷、采暖通风等的安装工程费。

⑥ 工业炉、窑的安装及砌筑、衬里等安装工程费。

(2) 安装工程费编制办法

① 设备安装费 根据初步设计设备工程量，按照设备类型、规格采用“概算指标”或“预算定额”，以元/台、元/t、元/套进行逐项计算；也可以采用类似工程扩大指标以“%”计算费用。

② 材料及安装费 主材费，根据初步设计工程量，按照不同材质、规格，采用近期“概算指标”或“预算定额”逐项计算；也可以采用当年市场销售价，但必须把材料运杂费及安装损耗量计入材料原价。材料安装费，可按照“概算指标”“预算定额”编制或采用类似工程扩大指标以“%”进行计算。其他工程费用，指其他直接费、间接费、其他间接费利润、税金，按照部颁“指标”或地方“定额”编制概算费率计算。为了简化计算工作量，可把上述费用合并为“综合费率”进行计算。关于取费内容、费率和计算程序，可参阅表5-47。

7.5 其他费用和预备费

其他费用和预备费的组成及编制办法见表5-48和表5-49。

表5-47 化工建设安装工程费用计算方法及费率表（2006）

序号	项目名称	计算方法	费率/%	备注
	人工工日单价	39.92元/工日		计算基础
一	直接费	(一)+(二)+(三)		
(一)	直接工程费(A)	A=1+2+3		
1	人工费(a)	a=1		
2	材料费			
3	施工机械使用费			
(二)	主材费			
4	主材费(B)	B=4		
(三)	措施费			
5	环境保护费	a×费率	0.85	
6	文明施工费	a×费率	0.92	
7	安全施工费	a×费率	0.92	
8	临时设施费	a×费率	14.70	
9	夜间施工费	a×费率	2.70	
10	二次搬运费	a×费率	0.65	
11	已完工程及设备保护费	a×费率	0.60	
12	施工排水、降水费	a×费率	0.77	
13	冬季、雨季施工增加费	a×费率	5.02	
14	生产工具、用具使用费	a×费率	2.25	
15	工程定位复测点交费	a×费率	0.11	
16	配合联动试车费	(A+B)×费率	0.57	
二	间接费			
(一)	规费	(一)+(二)		
17	工程排污费	a×费率	0.42	
18	工程定额测定费	a×费率	0.38	
19	养老保险费	a×费率	20.00	
20	失业保险费	a×费率	2.00	
21	医疗保险费	a×费率	7.00	
22	住房公积金	a×费率	8.00	
23	危险作业意外伤害保险费	a×费率	2.00	
(二)	企业管理费	a×费率	37.38	
三	利润	a×费率	18.73	
四	税金	(A+B)×费率		根据工程项目所在地规定计算

注：1. 序号5～15为29.49×a。

2. 序号17～23为39.80×a。

3.《化工建设安装工程费用定额》与原国家石油和化学工业局颁发的《化工建筑安装工程预算定额》（国石化建发[1998] 91号)、中国石油和化学工业协会发布的《化工建设概算定额》（中石化协办发[2003] 10号)、中国建设工程造价管理协会化工工程委员会印发的《化工建设工程综合单价消耗量定额》（中价化发[2005] 01号）配套使用。

表5-48 设计概算中的其他费用、预备费等的编制办法

<table>
<tr><th colspan="2">名称</th><th>项目内容或定义</th><th>费用内容或包括范围</th><th>编制方法</th></tr>
<tr><td rowspan="3">其他费用</td><td>1. 土地使用费</td><td>指建设项目通过划拨或土地使用权出让方式取得土地使用权所需土地征用及迁移补偿费或土地使用权出让金</td><td>(1)土地征用及迁移补偿费是指建设项目通过划拨方式取得无限期的土地使用权，依据《中华人民共和国土地管理法》等规定所支付的费用，包括以下内容
① 土地补偿费是指征用耕地补偿费；被征用土地地上、下附着物及青苗补偿费；征用城市郊区菜地缴纳的菜地开发建设基金；耕地占用税或城镇土地使用税；土地登记费及征地管理费等
② 征用耕地安置补助费是指征用耕地需安置农业人口的补助费
③ 征地动迁费是指征用土地上房屋及附属构筑物、城市公用设施等拆除、迁建补偿费、搬迁运输费、企业单位因搬迁造成的减产、停产损失补偿费、拆迁管理费等
(2)土地使用权出让金是指建设项目通过土地使用权出让方式，取得有限期的土地使用权，依照《中华人民共和国城镇国有土地使用权出让和转让暂行条例》规定，支付的土地使用权出让金
(3)土地(场地)开发费是指土地征用费、拆迁安置费和为企业直接配套的供水、供电、排水、通信、道路等公共设施应摊的费用</td><td>土地使用费根据建设项目划拨或土地使用权出让的建设用地、临时用地面积，按工程所在省、自治区、直辖市人民政府制定颁发和各项补偿费、补贴费、安置补助费、开发费、税金、土地使用权出让金标准计算</td></tr>
<tr><td>2. 专利及专向技术使用费</td><td>专利及专有技术使用费内容是指为本建设项目提供技术成果转让所需的费用；设计及技术资料费、专利专有技术使用费和技术保密费；商标使用费、特许经营权费</td><td>专利及专有技术使用费编制方法：按研究、高校、生产、设计等部门技术转让、使用费报价或合同计算</td><td></td></tr>
<tr><td>3. 建设单位管理费</td><td>指建设项目从立项、筹建、建设、联合试运转、竣工验收、交付使用及后评估等全过程管理所需费用</td><td>(1)建设单位开办费是指新建项目为保证筹建和建设期间工作正常进行所需办公设备、生活家具、用具、交通工具等购置费用
(2)建设单位经费是指工作人员的基本工资、工资性补贴、劳动保险费、职工福利费、劳动保护费、办公费、差旅交通费、工会经费、职工教育经费、固定资产使用费、工具用具使用费、标准定额使用费用、技术图书资料费、生产工人招募费、工程招标费、工程质量监督检测费、合同契约公证费、咨询费、审计费、法律顾问费、业务招待费、排污费、绿化费、竣工交付使用清理及竣工验收费、后评估等费用
(3)房产税、车船使用税、印花税
(4)建设单位委托具有总承包资质和条件的工程公司，对工程建设项目进行从项目立项后开始，直至生产考核止，全过程的总承包组织管理所需的费用。费用包括组织勘察设计、设备和材料采购、组织施工、试车等全过程的管理费用。不包括勘察设计费、设备和材料采购保管费及临时设施费</td><td>建设单位管理费以项目“工程费用”为计算基础，按照建设项目不同规模分别制定的建设单位管理费率计算。计算公式如下
建设单位管理费＝工程费用×建设单位管理费率
建设单位管理费率表<table><tr><th>建设项目规模(工程费用)/万元</th><th>建设单位管理费率/%</th></tr><tr><td>1000</td><td>3.00</td></tr><tr><td>5000</td><td>2.91</td></tr><tr><td>10000</td><td>2.88</td></tr><tr><td>50000</td><td>2.73</td></tr><tr><td>100000</td><td>2.58</td></tr><tr><td>200000</td><td>1.85</td></tr><tr><td>300000</td><td>1.59</td></tr><tr><td>600000</td><td>1.24</td></tr><tr><td>600000以上</td><td>0.81</td></tr></table>注：1. 工程费用小于1000万元者，仍按1000万元作为计算基础；
2. 根据建设项目规模，采用直线插入法计算；
3. 成套引进的建设项目，应乘以0.9系数；
4. 改、扩建项目，应乘以0.5～0.75系数；
5. 依托老厂的新建项目，应乘以0.75～0.85系数</td></tr>
</table>

续表

名称		项目内容或定义	费用内容或包括范围	编制方法
其他费用	4. 前期工作费和可行性研究费	(1)前期工作费内容是指建设项目可行性研究报告批准立项之前产生的各项费用。 (2)可行性研究费内容是指在建设项目前期工作中，编制和评估项目建议书(或预可行性研究报告)及可行性研究报告所需的费用		按前期工作费实际发生额直接计入经营成本或直接计入基建投资。按照建设单位委托咨询单位签订合同计算，或按照《国家计委关于印发“建设项目前期工作咨询收费暂行规定”的通知》(计投资[1999]1283号)的规定计算
	5. 研究试验费	指为本建设项目提供或验证设计参数、数据资料等进行必要的研究试验及按设计规定的施工中必须进行试验、验证所需的费用，以及支付科技成果、先进技术等的一次性技术转让费	费用内容包括自行或委托其他部门研究试验所需人工费、材料费、试验设备及仪器使用费等，不包括下列费用 (1)应由科技三项费用(即新产品试制费、中间试验费和重要科学研究补助费)开支的项目 (2)应由建筑安装工程费开支的施工企业对建筑材料、构件和建筑物进行一般鉴定、检查所支付的费用及技术革新的研究试验费	按照有关技术转让和研究试验合同或设计提出的研究试验内容及要求进行费用估算
	6. 生产准备费	指新建企业或新增生产能力的企业，为保证竣工交付使用进行必要生产准备所产生的费用	(1)生产人员培训费是指自行培训、委托其他单位培训人员的工资、工资性补贴、职工福利费、差旅交通费、学习费、劳动保护费 (2)生产单位提前进厂费是指生产单位提前进厂参加施工、设备安装、调试等以及熟悉工艺流程及设备性能等人员的工资、工资性补贴、职工福利费、差旅交通费、劳动保护费等	(1)生产人员培训费 生产人员培训以培训人数和培训期(月数)为计算基础，其计算公式如下 生产人员培训费＝培训人数×[1820元/人＋3860元/人×月×培训期(月)] 注：一般情况下，培训人数按设计定员的60%计 (2)生产单位提前进厂费 生产单位提前进厂费以设计定员(人数)、提前进厂期(月数)为计算基础，其计算公式如下 生产单位提前进厂费＝设计定员(人数)×80%×[1730元/人×月×提前进厂期(月)] 注：提前进厂期由建设单位提出；若在概算编制阶段建设单位不能提出时，提前进厂期可按下列数据计取 大型项目 10个月 中小型项目 8个月
	7. 办公和生活家具购置费	指为保证新建、改建、扩建项目初期正常生产、使用和管理所必须购置办公和生活家具、用具的费用；改(扩)建项目所需办公和生活用具购置费，应低于新建项目的费用	范围包括办公室、会议室、档案室、阅览室、文娱室、食堂、浴室、理发室、单身宿舍和设计规定必须建设的托儿所、卫生所、招待所、中小学等家具用具	办公和生活家具购置费，新建工程以设计定员(人数)为计算基础，按每人3640元计；改(扩)建工程以新增设计定员(人数)为计算基础，按每人2270元计，其计算式如下 新建工程： 办公和生活家具购置费＝3640元/人×设计定员(人数) 改、扩建工程： 办公和生活家具购置费＝2270元/人×新增设计定员(人数)

续表

名称		项目内容或定义	费用内容或包括范围	编制方法
其他费用	8. 联合试运转费	指新建企业或新增加生产工艺过程的扩建企业,在竣工验收前,按照设计规定的工程质量标准,进行整个车间(装置)的负荷或无负荷联合试运转所产生的费用支出大于试运转所产生的费用支出,大于试运转产品等收入的亏损部分,必要的工业炉烘炉费,不包括应由设备安装费用开支的试车费用 不产生试运转费用的工程或者试运转收入和支出可相抵消的工程不列此费用项目	费用内容包括试运转所需的原料、燃料、油料和动力的消耗费用、机械使用费用、低值易耗品及其他物品的费用和施工单位参加联合试运转人员的工资及专家指导开车费用等 试运转收入包括试运转产品销售和其他收入	联合试运转费编制方法:按照不同建设规模及技术成熟不同程度,以项目固定资产费用中工程费费用为计算基础,乘以0.3%～3.0%计算。一般情况下,化工装置联合试运转费,原则上不列此项目费用,当化工装置为新工艺、新产品时,联合试运转确实可能发生亏损的,需经有关部门批准按上述费率计算些项费用
	9. 环境评价费	指按照《中华人民共和国环境保护法》《中华人民共和国环境影响评价法》等规定,为全面、详细评价本建设项目对环境可能产生的污染或造成的重大影响所需的费用;编制环境影响报告书(含大纲)、环境影响报告表和评估环境影响报告书(含大纲)、环境影响报告表等所需的费用		依据环境影响评价委托合同计列或按照国家发改委、国家环境保护局《关于规范环境影响咨询收费有关问题的通知》(计价格[2002]125号)规定计算计列
	10. 勘察设计费	指为本建设项目提供项目建议书、可行性研究报告及设计文件等所需的费用	(1)编制建设项目建议书、可行性研究报告及投资估算、工程咨询、评价以及为编制上述文件所进行勘察、设计、研究试验等所需费用 (2)委托勘察、设计单位进行初步设计、施工图设计及概(预)算编制等所需费用 (3)在规定的范围内由建设单位自行完成的勘察、设计工作所需费用	勘察设计费按国家发改委颁发计价格[2002]10号文工程勘察设计收费标准和有关规定进行编制
	11. 城市基础设施配套费	指建设项目按规定向地方交纳的城市基础设施配套费用		按建设项目所在省、直辖市、自治区"人民"政府规定的征收范围和费用标准进行计算

续表

名称		项目内容或定义	费用内容或包括范围	编制方法
其他费用	12. 施工机构迁移费	指施工机构根据建设任务的需要，经有关部门决定成建制(指公司或公司所属工程处、工区)由原驻地迁移到另一地区所产生的一次性搬迁费用，不包括：①应由施工企业自行负担的，在规定距离范围内调动施工力量以及内部平衡施工力量所产生的迁移费用；②由于违反基建程序，盲目调迁队伍所产生的迁移费；③因中标而使施工机构迁移所产生的迁移费	费用内容包括职工及必须随迁的家属的差旅费、调迁期间的工资、施工机械、设备、工具用具和周围性材料的搬迁费	施工机构迁移费在施工单位未确定前，设计概算可按建筑安装工程费的1%计列；施工单位确定后，由施工单位编制迁移费预算，预算的基础数据、计算方式、费用拨付规定如下 (1)基础数据 ① 迁移人数　按施工组织设计确定的进场人数和必须随迁的家属人数(按迁移职工的15%计算) ② 迁移天数　迁移前5天＋在途中天数＋迁移后5天 ③ 迁移时间的人工费　干部按平均日人工费按23.20元/(人·日)计算，工人按平均日人工费按22.70元/(人·日)计算 (2)计算公式 迁移费＝差旅费＋行李费＋迁移期间总工资＋施工机械、周转材料、工具用具、家具炊具等运杂费＋施工机械停置台班费＋管理费 ① 差旅费＝[车船费＋(住宿费＋出差补助费)×(在途天数＋到达后天数5)]×迁移人数 ② 行李费＝迁移人数×(快件50kg×运输单价＋慢件100kg×运输单价)＋起终点的装卸运杂费 ③ 施工机械、周转材料、家具、工具用具、炊具等运杂费、拆装费、包装费、封车和压车费、通行费(收费的桥或路)，汽车运输按公路运输部门规定的单价乘以运距计算 ④ 施工机械停置台班费按使用台班费的60%计算 ⑤ 管理费＝迁移期间总工资额×20% (3)费用拨付 迁移前5天先按施工单位的预算预付50%，预算审定后一次付清
	13. 劳动安全卫生评价费	指按照劳动部《建设项目(工程)劳动安全卫生监察规定》和建设项目(工程)劳动安全卫生预评价管理办法》的规定，为预测和分析建设项目存在的职业危险、危害因素的种类和危险危害程度，并提出先进、科学、合理可行的劳动安全卫生技术和管理对策所需的费用；编制建设项目劳动安全卫生预评价大钢和劳动安全卫生预评价报告书以及编制上述文件所进行的工程分析和环境现状条件分析等所需费用		依据劳动安全卫生预评价委托合同计列或按照有关部门，建设项目所在省、直辖市、自治区劳动卫生行政部门规定和标准进行计算

续表

名称		项目内容或定义	费用内容或包括范围	编制方法
其他费用	14. 特殊安全监督设备检验	指在施工现场组装的锅炉及压力容器，消防设备、燃气设备、电梯等特殊设备和设施，由安全监察部门按照有关安全监察条例和实施细则以及设计技术要求进行安全检验，应由建设项目支出的、向安全监察部门缴纳的费用		按受检的特殊设备费为基础乘以一定的费率计算，或者按照建设项目所在省、直辖市、自治区安全监察部门的规定标准计算。其计算公式如下 特殊安全监督设备检验费=受检的特殊设备费×费率(1%)
	15. 临时设施费	指建设期间建设单位所用临时设施的搭设、维修、摊销费用或租赁费用		临时设施费以项目“工程费用”为计算基础，按照临时设施费率计算，其计算公式如下 临时设施费=工程费用×临时设施费率 建设项目性质 | 临时设施费率 新建项目(依托老厂) | 0.5(0.4) 改、扩建项目 | 0.3 注：成套引进的建设项目，应乘以系数0.9
	16. 工程保险费	指建设项目在建设期间需要对施工工程实施保险部分所需的费用		按国家及保险机构有关规定计算。化工引进工程项目必须投保，国内工程项目坚持自愿原则。投保工程保险费率按3‰计算
	17. 工程建设监理费	指建设单位委托取得法人资格、具备监理条件的工程监理单位，按合同和技术规范要求，对承包商(设计及施工)实施全面监理与管理所产生的费用		监理费：当工程建设监理费另行签定合同时，按发改价格[2007]670号“关于印发《建设工程监理与相关服务收费管理规定》的通知中新规定的费率计算，具体收费标准应由建设单位和工程建设监理单位协商确定的合同价款为准。此项费用应单独计列
	18. 总承包管理费	指具有总承包资质和条件的工程公司，对工程建设项目进行从项目立项后开始，直到生产考核为止全过程的总承包组织管理所需的费用	费用内容包括组织勘察设计、设备和材料采购、组织施工、试车等全过程的管理费用，不包括勘察设计费、设备和材料采购、保管费及临时设施费	总承包管理费以总承包项目的工程费用为计算基础，以工程建设总承包费率2.5%计算 工程建设总承包费用不在工程概算中单列，从建设单位管理费及预备费中支付
引进技术和引进设备的其他费用	1. 应聘来华的外国工程技术人员的来华费用		(1)外国工程技术人员来华费包括工资、生活补助、返外旅费和医药费等	其人数、期限及取费标准，按合同或协议的有关规定计算；外国工程技术人员工资和旅费的外币金额，按人民币外汇牌价卖出价折算成人民币，并计算银行财务费用
			(2)来华的国外工程技术人员招待所家具和办公用具费	本项目费用为外币支付，应按有关规定折成人民币，每人按13600～15900元计算，家属减半，人数按合同或协议规定的高峰人数计算
			(3)来华的外国工程人员的招待费	每人按27300元计算，人数按合同或规定人数计算
	2. 出国人员费用		包括设计联络、出国考察、联合设计、设备材料检验和到国外培训所产生的旅费、生活费和服装费等，出国人数及期限按合同或协议规定计算	(1)旅费按中国民航总局提出的现行标准计算 (2)生活费及服装费按财政部、外交部的现行规定：外币按外汇牌价卖出价折算成人民币，并计算银行财务费

续表

名称		项目内容或定义	费用内容或包括范围	编制方法
引进技术和引进设备的其他费用	3. 引进设备材料检验费(含商检费)		指引进设备材料在国内的检验费,包括委托有关单位进行检验的费用;商检费是指国家"商检机构和有关检验机构执行检验和办理公证鉴定"所收取的费用	设备材料检验费=设备材料费×(0.5%～1%)
	4. 超限设备运输特殊措施费	指超限设备在运输过程中需进行的路面拓宽,桥梁加固,铁路设施,港口改造时产生的特殊措施费		凡符合下列条件之一的设备,即为超限设备 几何尺寸长＞18m 的设备 几何尺寸宽＞3.8m 的设备 几何尺寸高＞4.0m 的设备 净重＞40t 的设备
	5. 引进设备材料保险费	指从国外引进设备、材料,在项目建成投产前,建设单位向保险公司投保建筑安装工程险应缴付的保险费		引进设备、材料费×3‰(保险费率)
	6. 银行担保及承诺费	指引进项目由国内外金融机构出面承担风险和责任担保所产生的费用以及支付货款机构的承诺费用		按担保或承诺协议计取或以担保金额或承诺金额为基数乘以费率计算
	7. 其他	备品备件测绘,图纸资料翻译复制费、模型设计费		由设计或建设单位提出经审批后计算
预备费	预备费	指在初步设计和概算中难以预料的工程的费用,其中包括实行按施工图预算加系数包干的预算包干费用,其用途如下 (1)在进行技术设计、施工图设计和施工过程中,在批准的初步设计和概算范围内所增加的工程和费用 (2)设备、材料的价差 (3)由于一般自然灾害所造成的损失和预防自然灾害所采取的措施费用 (4)在上级主管部门组织竣工验收时,验收委员会(或小组)为鉴定工程质量,必须开挖和修复隐蔽工程的费用		(1)基本预备费 基本预备费按下述公式计算 基本预备费=计算基础×基本预备费率 计算基础=固定资产费用+无形资产费用+递延资产费用 基本预备费率按4%～8%计算 有引进工程项目的计算基础中应扣除软件费(包括软件从属费用),费率按5%计算 (2)差价预备费 根据工程的具体情况,科学地预测影响工程造价诸因素(如人工、设备、材料、施工机械、利率、汇率等)的变化,综合取定工程造价调整预备费。已签订引进合同的项目不计取

续表

<table>
<tr><th colspan="2">名　称</th><th>项目内容或定义</th><th>费用内容或包括范围</th><th>编　制　方　法</th></tr>
<tr><td rowspan="2">动态投资部分</td><td>1. 建设期贷款利息</td><td></td><td></td><td>按中国人民银行、国家计委“银发[1991]88号”执行，建设期间贷款利息列入设计概算，但不作为计算其他费用的取费基础，按现行利率计算</td></tr>
<tr><td>2. 固定资产投资方向调节税</td><td></td><td></td><td>固定资产投资方向调节税根据项目征收情况，计入其他基建费和建筑工程费栏内。根据财税字[1999]799号文《关于暂停征收固定资产投资方向调节税的通知》，自2000年1月1日暂停征收</td></tr>
</table>

表5-49　设计概算工程费用中几项费用指标

<table>
<tr><th>名　称</th><th>内　　容</th><th>编　制　方　法</th></tr>
<tr><td>1. 设备运杂费</td><td>指设备从制造厂交货地点至工地仓库运费、供应部门调拨手续费、成套公司的成套服务费、采购和仓库保管费用</td><td>
根据建厂所在的地区规定不同的运杂费率，按设备总价的百分比计算，列入设备费内
设备运杂费率(国内设备)
<table>
<tr><th>类别</th><th>建设项目所在地区</th><th>费率/%</th></tr>
<tr><td>1</td><td>上海、天津、大连、青岛、烟台、秦皇岛、广州、连云港、南通、宁波</td><td>5.5～6.5</td></tr>
<tr><td>2</td><td>辽宁、吉林、河北、北京、江苏、浙江、山东、广东</td><td>6.5～7.5</td></tr>
<tr><td>3</td><td>河南、陕西、湖北、湖南、江西、黑龙江、福建、安徽、四川、重庆、山西</td><td>7.5～8.5</td></tr>
<tr><td>4</td><td>内蒙古、甘肃、宁夏、广西、海南</td><td>8.5～9.5</td></tr>
<tr><td>5</td><td>青海、贵州、云南</td><td>10.0～11.0</td></tr>
<tr><td>6</td><td>西藏、新疆</td><td>11.5～12.0</td></tr>
</table>
注：1. 当设备订货地距离建设厂址较远(跨省区运输)时，设备运杂费的费率可按建设项目所在地的费率，取上限费率
2. 当被运输的设备，不锈钢材质占设备材质比例低于20%时，设备运杂费的费率可按建设项目所在地的费率，取上限费率
3. 当建设项目所在地距离铁路、码头卸货站的距离超过50km时，设备运杂费的费率可按建设项目所在地区费率的高限再增加30%计取
4. 设备运杂费费率中，设备保管费费率为该类别费率的40%
</td></tr>
<tr><td>2. 引进项目设备、材料的国内运杂费</td><td></td><td>
运杂费以引进设备、材料(硬件费)货价为基价的百分比计算
引进设备(材料)运杂费费率表
<table>
<tr><th>类别</th><th>建设项目所在地区</th><th>费率/%</th></tr>
<tr><td>1</td><td>上海、天津、大连、青岛、烟台、秦皇岛、广州、连云港、南通、宁波、温州、湛江、北海、厦门</td><td>1.5</td></tr>
<tr><td>2</td><td>辽宁、吉林、河北、北京、江苏、浙江、山东、广东、海南</td><td>2.0</td></tr>
<tr><td>3</td><td>山西、广西、江西、陕西、福建、河南、湖北、湖南、安徽、黑龙江</td><td>2.5</td></tr>
<tr><td>4</td><td>四川、重庆、云南、贵州、宁夏、内蒙古、甘肃</td><td>3.0</td></tr>
<tr><td>5</td><td>青海、新疆</td><td>3.5</td></tr>
<tr><td>6</td><td>西藏</td><td>4.5</td></tr>
</table>
注：1. 当建设厂址距铁路、水运码头超过50km时，按建设厂址所在地的费率适当提高，但不得超过本地区所取费率的30%。
2. 引进设备(材料)运杂费费率中，设备保管费费率为该类别费率的40%
</td></tr>
<tr><td>3. 工器具及生产家具购置费</td><td>指新建项目为保证初期正常生产所必须购置的第一套不够固定资产标准的设备、仪器、工卡模具、器具等的费用</td><td>(1)新建工程按工程费用的0.8‰～2‰计列
(2)改扩建工程按工程费用的0.5‰～1‰计列</td></tr>
</table>

续表

名称	内容	编制方法
4. 绿化费	指新建企业为满足环境保护的需要，按设计规定的交工验收前进行厂区或场地所需的费用[不包括应由企业生产费用开支的改（扩）建项目所需的绿化费] 费用内容包括种植树苗、草皮所需人工、材料、机械使用费等	费用指标及计算办法 (1)新建企业为满足环保需要，根据设计规定的绿化面积，按每平方米28元计列(不含美化用花木) (2)改（扩）建工程绿化费或为美化环境而种植的高级花草树林费用，均由企业生产费开支

7.6 引进项目投资编制办法

目前在工程项目建设过程中经常遇到引进某种产品生产装置及单机设备或材料等，现按我国现行的进出口制度条件编写有关“引进项目投资编制办法”。

为了做好引进项目投资工作，在与外商谈判时，涉及合同中有关经济部分的谈判，必须要有工程经济人员参加，引进项目合同附判，应有能满足国内编制概预算条件的要求和技术经济资料。

引进项目中国内配套部分的概（预）算编制，执行国内有关系统编制办法。

7.6.1 引进项目价格计算基础

① 引进项目的外币金额应以与外商签订的合同价或协议价款为基础，或报价资料中报价数进行计算。

② 外币折算应以合同签订生效后第一次付款日期的外汇汇价作基准，如不具备上述条件时，也可按合同签订日期或概（预）算编制日期国家外汇管理局公布的外汇牌价的卖出价进行编制。

7.6.2 引进项目费用内容

引进项目合同总价，一般由下列两部分组成：硬件费，指机器、设备、备品备件、材料、化学药剂、催化剂、润滑油及专用工具等费用；软件费，指设计费、技术资料费、专利费、技术秘密及技术服务费等费用。

7.6.3 引进项目费用支付

引进项目费用支付分外币和人民币两种。

(1) 以外币支付的费用

① 硬件费　以外币金额折算成人民币，分别列入概算中工程费用的设备栏内和安装栏内的材料部分。

② 软件费　以外币金额折算成人民币，列入概算中工程费的其他费栏内。

③ 从属费用　包括硬件的国外运费和运输保险费。以外币金额折算成人民币，列入概算中设备及安装栏内。

④ 其他费用　指外国工程技术人员来华的工资和生活费及出国人员旅费和生活费等，计算成外币金额后折算成人民币，列入概算中其他费用中的其他栏内。

(2) 以人民币支付的费用

① 从属费用　其中进口关税，增值税，银行财务费，外贸手续费和海关监管手续费，计算得出后随货物性质列入概算中工程费的设备及安装栏内。

② 国内运杂费　按运杂费率计算后随同硬件费性质列入设备、安装工程栏内。

③ 安装费　列入安装工程费栏内。

④ 其他费用　列入其他费用中其他栏内。

7.6.4 引进项目的合同价款计算方法

引进技术和设备的项目货价与从属费计算方法包括货价、国外运费、运输保险费、关税、增值税、银行财务费、外贸手续费、海关监管手续费等。

① 货价引进项目的硬件和软件的外币金额　按下式折算成人民币。

货价＝外币金额×人民币市场汇价(卖出价)

② 国外运费

a. 硬件的海运费按下式计算（软件可不计）。

海运费＝设备、材料总重(毛重)×运费单价×人民币市场汇价(卖出价)

运费单价按海运费率的规定计算，如设备、材料质量只有净重时，可乘以1.15的毛重系数。

b. 如缺乏设备、材料质量资料时，可按以下方式的平均海运费率进行计算。

海运费＝外币金额×平均海运费率×人民币市场汇价(卖出价)

中技公司平均海运费率为4%和6%（6%为南美洲、欧洲海区，4%为日本、新加坡、澳大利亚海区)。

c. 软件的技术资料中已包括运费。

③ 运输保险费

a. 按FOB价格条件的运输保险费

海运的运输保险费＝外币金额×1.0635×3.5‰(海运保险费率)×人民币市场汇价(卖出价)

空运的运输保险费＝外币金额×1.0645×4.5‰(空运保险费率)×人民币市场汇价(卖出价)

式中，常数1.0635中的“1”为货价，“0.06”为运费定额，“0.0035”为保险费率。

b. 按C&F价格条件的运输保险费

海运的运输保险费＝外币金额×1.0035×3.5‰（海运保险费率）×人民币市场汇价(卖出价)

空运的运输保险费＝外币金额×1.0045×4.5‰（空运保险费率）×人民币市场汇价(卖出价)

④ 关税

关税＝外币金额×人民币市场汇价(中间价)×1.0635×关税率

关税率按海关总署的税则规定，与我国有贸易关系的国家引进石油、化工、医药项目，一般取20%。

⑤ 增值税

增值税＝[外币金额×人民币市场汇价(中间价)×1.0635＋关税]×增值税率

按1993年12月13日国务院令发布《中华人民共和国增值税暂行条例》，增值税率为17%。当关税率为20%，增值税率为17%时，增值税常数为0.21695。

增值税＝外币金额×人民币市场汇价(中间价)×0.21695

⑥ 银行财务费 硬件和软件均计算银行财务费。

银行财务费＝离岸货价×5‰

⑦ 外贸手续费 硬件和软件均计算外贸手续费。

外贸手续费＝(外币金额＋国外运费＋运输保险费)×人民币市场汇价(卖出价)×1.5%

已签引进合同的项目，根据合同额，按对外经济部门规定的不同费率计算。

FOB≤100万美元时，可按1.2%计取；

101万美元＜FOB＜500万美元时，可按1.2%计取；

501万美元＜FOB＜1000万美元时，可按1.0%计取；

1001万美元＜FOB＜2000万美元时，可按0.9%计取；

2001万美元＜FOB＜5000万美元时，可按0.8%计取；

FOB＞5000万美元时，可按0.7%计取。

在引进费用计算时，还须遵照中国技术进出口总公司现行的海运费率，中国对外贸易运输总公司实行的国际铁路货物联运办法及国际铁路集装箱运费标准，对外经济贸易部规定的技术引进外贸手续费标准，中国机械进出口总公司制定的进口商品结算常数表，中国仪表进出口总公司制定的综合常数表等文件规定。

7.6.5 单机设备引进和材料引进费用的计算

(1) 单机设备引进费用计算方法

单机引进费用计算包括货价、国外运费、运输保险费、关税、增值税、进口调节税、银行财务费、外贸手续费、海关监管手续费。

① 货价＝外币金额×人民币市场汇价（卖出价）

② 单机引进的机械和仪表从属费用，应按类别分别采用中国机械进出口总公司和中国仪表进出口公司所制定的各种常数表计算。

③ 凡通过小国技术进口总公司引进的单机及仪表和零配件，其各种费用的计算方法同引进项目。

④ 凡引进国家控制进口的机电产品，还要加征进口调节税，税率一般为10%～30%。

进口调节税＝到岸货价×调节税率。

(2) 材料引进计算方法

材料引进费用计算包括货价、国外运费、运输保险费、关税、增值税、银行财务费、外贸手续费。各项费用计算方法如下。

货价＝外币金额×人民币市场汇价(卖出价)

国外运费＝材料质量(毛量)×运费单价×人民币市场汇价(卖出价)

运输保险费＝(外币金额＋运费)×人民币市场汇价(卖出价)×2.5‰

关税＝(货价＋运费＋保险费)×关税率

增值税＝(货价＋运费＋保险费＋关税)×增值税率

银行财务费＝离岸货价×5‰

外贸手续费＝(货价＋运费＋保险费)×1.5‰

7.6.6 国内运杂费

引进设备、材料的国内运杂费，指合同确定的在我国到岸港口或与我国接壤的陆地交货地点到建设现场仓库或安装地点或施工组织指定的堆放地点，所产生的铁路、公路、水路及市内运输的运费和保险费、货物装卸费、包装费、仓库保管费等。费率见表5-48。

7.6.7 引进项目及引进设备、材料安装费

(1) 引进项目安装费

可参照“化工引进项目工程建设概算编制规定”有关安装费计算。

(2) 引进设备、材料安装费

可按“化工建设概算定额”中有关方法计算。

7.6.8 引进项目其他费用和预备费

其他费用和预备费，取费标准见表5-48。

7.6.9 引进设备、材料费用有关名词解释

国际贸易中，由于交货地点不同，常用以下几种术语。

① 内陆交货价 指陆地接壤的国家之间，买卖双方约定地点交接货物。

约定在铁路交货点的货价，缩写为EOR。

约定在公路（卡车）交货点的货价，缩写为FOT。

② 工厂交货价 指卖方在出口国家制造厂交货

价，缩写为EXW。

③ 装运港交货价　指卖方在出口国家的装运港交货的价格。

离岸价（free on board）为装运港船上交货的价格，缩写为FOB。

离岸运输价（cost and freight）为包括海运费在内的交货价格，缩写为C&F。

到岸价（cost insurance freight）为包括海运费、运输保险费在内的交货价，缩写为CIF。

装运港船边交货价，缩写为FAS。

8　化工建设设备材料划分

8.1　工艺及辅助生产设备与材料

8.1.1　设备范围

包括按国家规定的产品标准批量生产的定型设备和国家未定型、按设计单位提供制造图纸加工制作的非标准专用设备。

① 加工制作的化工专用设备。

a. 整体到货的一般容器，包括槽、罐、储斗等。

b. 反应容器，包括反应器、发生器、反应釜、聚合釜、混合器、结晶器、塔类、电解槽等。

c. 换热容器，包括换热器、冷凝器、加热器、蒸发器、冷却排（盘）管、废热锅炉等。

d. 分离容器，包括分离器、过滤器、干燥洗涤器等。

e. 储运容器，包括盛装生产和生活用的原料、气体钢瓶、槽罐车等。

f. 分片供货的球罐、塔类、容器、现场制造的气柜、储罐、油罐等本体出厂价值。

② 通用设备，包括各种泵类、压缩机、鼓风机、空分设备、冷冻设备以及配套电机和成套附属设备。

③ 起重、运输、包装机械，包括各种起重机、运输机、电梯、运输车辆、包装机、成型机、缝袋机、称量设备等。

④ 其他机械，包括破碎机、振动筛、离心机、加料器、喷射器、混合设备、脱水干燥、净化分离、压滤机、除尘器、过滤机以及机电、仪表修理设备等。

⑤ ϕ300mm以上的电动阀门。

⑥ 设备内的一次性填充物料，如各种瓷环、钢环、塑料环、钢球等；各种化学药品，如树脂、珠光砂、干燥剂、催化剂等；贵重金属及其他贵重材料，如铂网、离子膜等，均为设备的组成部分。

⑦ 一次性大型转动机械冷却油，如透平油、变压器油等；设备安装过程的一次性填充用油，如热载体导热油、润滑油等。

⑧ 随设备供应的配件和附属于设备本体制作成型的梯子、平台、栏杆、吊装柱以及随设备供应的阀门、管材、管件等。

⑨ 备品备件、化验分析仪器、生产工器具以及生产用台、柜、架等。

⑩ 热力设备、成套或散装供货的锅炉及其附属设备，汽轮发电机及其附属设备，各种工业用水箱、油箱、储槽和水处理设备等。

8.1.2　材料范围

① 不属于设备供货，由施工企业现场制作安装的操作平台、栏杆、梯子、支架零部件及其他工艺金属构件。

② 设备内由施工企业现场加工的衬里材料，包括玻璃钢、塑料、橡胶板、瓷板、石墨板、铸石板、铅板和锡板等。

③ 设备或管道有施工企业现场施工的各种保温、保冷、防腐、刷油漆所用材料。

④ 各种材质的管材、阀门、管件、紧固件以及现场制作安装的支架、塔架、金属构件、预埋件。

⑤ 排气筒、火炬筒及其支架为材料（火炬头为设备）。

8.2　工业炉设备与材料

8.2.1　设备范围

① 在设备制造厂加工订货的各种工业炉　如煤气发生炉、气化炉及一、二段转化炉、变换炉、转窑和电石炉等。

② 附属设备供货的配件　如反应器、换热器、炉门、烟道闸板、加煤装置、烧嘴、风机、吹灭器、点火器、油泵、过滤器、油罐、缓冲器和灭火器等。

③ 炉窑

a. 属于炉窑本体的金属铸件、锻件、加工件以及测温装置、计器仪表、消烟回收、除尘装置等。

b. 装置在炉窑中的成品炉管、电机、鼓风机和炉窑传动、提升装置等。

c. 随炉供应已安装就位的金具、耐火衬里、炉体金属预埋件等。

8.2.2　材料范围

① 现场制作安装的金属构件、钢平台、爬梯、栏杆、烟囱、吊支架、风管、炉管以及随炉墙砌筑时埋置的铸铁块、看火孔、窥视孔、人孔等各种成品埋件和挂钩等。

② 各种管材、管件阀门、法兰、绝热防腐以及各种现场砌筑的材料和填料等。

8.3　自控设备与材料

8.3.1　设备范围

凡是生产装置上的各种控制点用温度、压力、流量、液位测量仪表、显示仪表、单元组合仪表、执行机构、转换器、变送器、调节阀、分析仪器、操作台、工业电视机、电子计算机和成套供应的盘、箱、柜、屏等。

8.3.2 材料范围

① 仪表设备连接的测量管，气源和气信号连接用的管路、穿线管、保温伴热管等，连接管（缆）材及连接相应的阀门（不包括调节阀）管件、电缆桥架、各种支架、固定安装仪表盘箱用的钢材以及仪表加工件等。

② 电气材料，如各种电线、电缆、补偿导线、接线端子板、信号灯、蜂鸣器、各种开关、按钮及继电器、接线盒、熔断器、现场制作的盘箱等。

8.4 电气设备与材料

8.4.1 设备范围

各种电力变压器、互感器、调压器、感应移相器、电抗器、高压断路器、高压熔断器、稳压器、电源调整器、启动器、控制器、变阻器、稳流器、信号发生器、避雷器、高压隔离开关、万能转移开关、空气开关、组合开关、行程开关、限位开关、直流快速开关、铁壳开关、电力电容器、蓄电池、磁力启动器、报警器、电流表、电压表、万能表、功率表、兆欧表、电度表、频率表、电位表计、交直流电桥、检流计、高斯计、高阻计、测试量仪器、成套供应的箱、盘、柜、屏（包括动力配电箱、电容器柜等）及其随设备带来的母线和支持瓷瓶操作台等。

8.4.2 材料范围

各种电线、电缆、母线、管材及其管配件型钢、桥架、支吊架、槽盒、立柱、托臂、灯具及其开关、控制按钮、信号灯、荧光灯、灯座插头、蜂鸣器、P型开关、保险器、熔断器、各种绝缘子、金具、电线杆、铁塔、各种支架杆上避雷器、各种避雷针、各种小型装在墙上的照明配电箱、电源插座箱、0.5kVA照明变压器、电扇等小型电器等均为材料。

8.5 电信设备与材料

8.5.1 设备范围

① 市内及长途电话设备（各种电话机、纵横制交换机、程控交换机、其他交换机、各种长途交换设备及其配套设备和随机附件）。

② 载波通信设备、微波通信设备、电报通信设备、中短波通信设备、移动通信设备、数字通信设备、通信电源设备、通信常用仪表。

③ 其他通信及广播设备。

a. 传真设备、数据通信设备、充气设备、配线架、通信用的机动车辆、工具、器具。

b. 有线广播设备、闭路电视设备、报警信号设备、中短波电视天线装置有线电视，数码电视，工厂对讲系统等。

c. 门禁系统、智能建筑自动控制系统，安全防范系统设备。

8.5.2 材料范围

电信用杆及附件、钢木横担、各种线路（钢线、铜线、铝线、钢绞线、电信电缆）电缆挂钩、挂带瓷瓶、人手孔铁盖圈及附件、电缆桥架、各种材质电话管道、胶木绝缘板、插头、插座、信号灯、荧光灯、防爆灯、手灯、端子板、开关、蜂鸣器、按钮、按键、型钢等。

8.6 给排水、污水处理设备与材料

8.6.1 设备范围

各种水泵、鼓风机、玻璃钢塔及玻璃钢风筒、冷却塔及污水处理池内各种填料、加氯机、加药设备、电渗析器、溶药器、离子交换器、起重设备、空压机、各种曝气机、刮泥（沫、砂、油）机、搅拌机械、调节堰板、各种过滤机（中和过滤机、活性炭过滤机、真空过滤机等）、压滤机、挤干机、离心机、污泥脱水机、石灰消化器、启闭机械、机械格栅、各种非标准储槽（罐）、循环水系统的旋转滤网、脱盐水装置、电渗析装置、海水淡化装置等（包括ϕ300mm以上的电动阀门）。

8.6.2 材料范围

各种管材、阀门、管件、支架、栓类、民用水表、卫生器具、现场加工的各种水箱、喷嘴、曝气头、钢板闸门、拦污格栅、污水池内各种现场加工制作安装的非标钢制件以及各种防腐、绝热材料。

8.7 采暖通风设备与材料

8.7.1 设备范围

各种通风机、空调机、暖热风机、空气加热器、冷却器、除尘设备、过滤器、泵、空气吹淋装置、外购消声器、净化工作台等。

8.7.2 材料范围

各种材质的通风管、排气管、蒸汽管、散热器及其管配件、阀门、风帽、支架、绝热和现场加工制作的调节阀、风口及其他部件、构件等均为材料。

8.8 劳动安全卫生设备与材料

8.8.1 设备范围

便携式尘毒检测仪、便携式气体检测仪、便携式气体检测报警器、便携式各种气体检测报警器、便携式各种气体检测报警仪、便携式可燃气体检测仪、数字粉尘仪、超声测量仪、公害振动噪声计、静电测试仪、自动苏生器、呼吸供应系统、滤毒罐再生设备、氧气呼吸器校验仪、氧气呼吸器（含备用氧气瓶）、

空气呼吸器（含备用空气瓶）、车式长管空气呼吸器、医用氧气钢瓶、钢瓶手推车、单人床、小型送风机、台钻、台秤、台式电动砂轮机、救护车及其配套担架、对讲机、自动（调度、录音）电话、维修工具、空气或氧气充装泵及其附件、防护器具柜、备品备件柜、资料柜、更衣柜、电视机、计算机、摄像机、幻灯机、照相机、音响。

安全防范设备：入侵探测器、入侵报警控制器、报警信号传输设备、出入口前端设备、出入口控制设备、安全检查设备、金属武器探测门、电视监控摄像设备、监视器、镜头、机械设备、视频控制设备、音频、视频及脉冲分配器、视频补偿器、视频传输设备及汉字发生设备、录像（录音）设备、防护系统（排风、高温、制冷）、终端显示装置、显示装置-监控模拟盘。

8.8.2 材料范围

担架、防酸（碱、毒）防护衣、过滤式（佩带式、长管式）防毒面具、橡胶皮鞋、各类橡胶防护手套、事故警铃、防尘防酸性气体口罩、护目镜、防目镜、洗眼器、防噪声耳塞、安全帽、安全绳、安全带、急救药箱及被褥、绝缘棒、木架、黑板、插座、插头、按钮、接口、电线、电缆。

8.9 消防设备与材料

8.9.1 设备范围

手提式二氧化碳（卤代烷、干粉、泡沫）灭火器、手推车式干粉灭火器、消防车、消防炮、火灾自动报警系统（探测器、报警控制器、联动控制器、报警联动一体机、重复显示器、警报装置、远程控制器、火灾事故广播系统、消防通信、报警备用电源）、水灭火系统（湿式报警装置、温感式水幕装置、水流指示器、减压孔板、末端试水装置、消防水泵及其接合器、隔膜式气压水罐）、气体灭火系统（气体驱动装置、气体储存装置、二氧化碳称重捡漏装置）、泡沫灭火系统（泡沫发生器、压力储罐式泡沫比例混合器、平衡压力式比例混合器、环泵式负压比例混合器、管线式负压比例混合器）、灌装泡沫蛋白、区域火灾报警显示盘、声光报警器、光纤光栅感温探测器、全天候彩色一体化摄像机、摄像塔、可挠性泡沫钢管。

8.9.2 材料范围

木棍、木钩、木架、桶、梯子各种材质的管道，管件、喷头、阀门、消火栓、管道支吊架、金属材料、电缆、电线。

8.10 环境监测设备与材料

8.10.1 设备范围

气相色谱仪、各类光度计、数字酸度计、自动电位滴定仪、各类称量及分析天平、生化需氧量测试仪、生化培养箱、化学耗氧测定仪、高倍生物显微镜、电热恒温水浴锅、电热干燥箱、精密声级仪、电热板、各类电炉、烟气测试仪、大气采样仪、粉尘采样器、电砂浴、溶解氧测定仪、油分浓度分析仪、数字离子计、振荡器、粉碎机、磁力搅拌器、微型计算机、电冰箱、照相机、保险柜、玻璃仪器气流烘干机、离心机、电子交流稳压器、湿示气体流量计、旋片式真空泵、铂金坩埚、定时钟、玛瑙磁体、动槽式水银气压表、轻便三杯风向风速仪、各类测量温度计、玻璃钢通风柜、各类氮气（氢气、空气）发生器、测汞仪、污水生化处理快速测定仪、离子活度仪、微电脑明渠、水质自动采样器、环境污染检测车、测氧仪、汞富集解吸器、真读式流量计、组合实验台、仪器桌、天平台、药品柜、仪器桌等。

8.10.2 材料范围

低质易耗品、现场制作各种台、柜、支架。

8.11 分析化验设备与材料

8.11.1 设备范围

(1) 化工与医药

气相色谱仪、各类光度计、酸度计、电导率仪、通用离子计、各类电位滴定仪、示波极谱仪、综合水质分析仪、碳氢元素测定仪、双管定硫仪、破碎缩分联合制样机、标准筛振筛机、开口（闭口）闪点测定器、恩式黏度计、石油产品凝固点测定器、浊度计、各类称量及分析天平、台秤、高倍生物显微镜、高压蒸汽消毒器、超净工作台、各类干燥箱、各类电炉、电热恒温水浴锅、电砂浴、超级恒温浴（水浴、油浴）、各类电热设备、各类搅拌器、离心机、电热蒸馏水器、卡尔·费休仪、露点仪、钠离子浓度计、水质自动采样器、水分快速测定仪、调速多用振荡器、超声波清洗器、红外线灯、颗粒强度测定仪、比表面孔经测定仪、湿式气体流量计、奥氏气体分析仪、数字式阿贝折射仪、可燃气体测爆仪、电石发气量测定仪、参数测定仪、集成电路功能测试仪、BOD_5 测定仪、化学耗氧测定仪、溶氧仪、电冰箱、旋片式真空泵、定（动）槽水银气压计、铂金坩埚、保险柜、振动机、标准筛、电热恒温培养箱、电吹风机、各类气体钢瓶、钢瓶手推车、液体比重计、电动打孔器、玻璃切割工具、万用电表、便携式示波器、旋转式直流电阻箱、运算放大器参数测定仪、高阻直电位差计、万能电桥、分压箱、高低频毫伏表、滑线变阻器、直流电流表、交流电流表、直流电压表、直流电位差计、秒表、气压温度计、不锈钢取样钢瓶、压力表、组合式实验台、药品柜、资料柜、更衣柜、计算器、计算机。

(2) 塑料加工

转矩流变仪、电子式万能试验机、光学洛氏硬度计、落锤式冲击试验机、简支梁冲击实验机、臭氧老化试验机、台式测厚仪、橡胶比重计、橡胶硬度计、热变维卡软化点温度测定仪、超低温试验箱、高阻电桥、上皿电子天平、热老化式试验箱、定时钟、损耗因素及电容电桥、脆性温度测试机、耐电压测定仪、冲片机、哑铃状截刀、焊角强度试验、通风柜。

(3) 橡胶制品

高速耐久性试验机、强度脱圈试验机、轮胎水压爆破试验机、轮胎断面切割机、磨片机、轮胎拆装机、空气压缩机、试验轮辋、平板硫化机、炼胶机、电子卡尺、游标卡尺、测厚规、测厚仪、红外测温器、数字式表面温度计、架盘药物天平、架盘天平、电子计数秤、电子精密天平、电子秒表、机械秒表、橡胶硬度计、国际橡胶硬度计、橡胶门尼黏度计、流变仪、比重计、电子拉力机、全自动滴定管、空气热老化实验箱、定负荷压缩生热试验机、橡胶疲劳试验机、红外光谱仪、自动电位滴定仪、苯胺点测定器、熔点测定仪、酸度计、软化点测定仪、阿贝折射仪、开口闪点试验器、石油产品凝点试验器、运动黏度测定器、恩式黏度测定器、炭黑比表面积测定仪、电热恒温水浴锅、生物显微镜、灰/挥发分测定仪、箱式电阻炉、温度控制仪、口闪点温度计、恩式黏度温度计、竹节式温度计、苯胺点温度计、凝固点温度计、无转子硫变仪、门尼黏度计。

8.11.2 材料范围

现场制作各种柜、台、架，各种材质管材、阀门、管体、支架、金属材料、紧固件、低质易耗品。

8.12 橡胶设备与材料

8.12.1 设备范围

① 各类切胶机、粉碎筛选机、破胶机、再生胶切胶洗涤机、再生胶清洗罐、再生胶其他设备。

② 各类密炼机、开炼机、热炼机、混炼机。

③ 各类压片机、胶片冷却装置、切条机。

④ 各类橡胶挤出（压出）机，胎面、胎侧挤出联动装置，钢丝带束层挤出生产线、钢丝圈压出及其联动装置。

⑤ 各类棉线、钢丝编织（缠绕）机、钢丝盘翻转机、压铅装置。

⑥ 各类压延机及其联动装置、内衬层压延生产线、纤维帘布压延生产线、裁断、整理、贴合及包布机。

⑦ 各类成型机、定型机、成型机头。

⑧ 各类硫化机、硫化罐、硫化模具、模型清洗机。

⑨ 乳胶浸渍制品联动生产线、乳胶制品其他设备。

⑩ 轮胎包装线、轮胎修补机、轮胎修剪机、轮胎翻修其他设备、其他内胎制造设备、砂轮机、电子秤。

⑪ 各类炼胶机、胶浆搅拌机、加油机、储油罐。

⑫ 机械化输送设备、机械化输送轨道等主机、辅机及其附属的金属构件。

⑬ 现场分析检验设备：电子拉力机、橡胶硬度计、比重计、硫化仪、门尼黏度计等。

8.12.2 材料范围

① 不属于设备供货，由施工企业现场制作安装的操作平台，栏杆、梯子、支架、设备电机防护罩及其他工艺金属构件。

② 各种材质的管材、阀门、管件、紧固件以及现场制作安装的支架、金属构件、塔架、预埋件。

8.13 医药设备与材料

8.13.1 设备范围

① 片剂、胶囊、颗粒剂 包括粉碎、过筛、称量、造粒、研磨、总混、整粒、压片、胶囊填充、包衣、包装、贴标签、装盒、装箱、捆扎等机械设备及其底座、随机带来的辅机、附属设备、安全防护罩、附件、电动机、传送设施。

② 软胶囊 包括称量、配制、熔胶、制粒、干燥笼、贴标签、铝塑包装、装盒、装箱、封箱、捆扎等机械设备及其底座、随机带来的辅机、附属设备、安全防护罩、附件、电动机、传送设施。

③ 霜剂、软膏 包括称量、配制、灌装、印字或贴标签、装盒、装箱、封箱、捆扎等机械设备及其底座、随机带来的辅机、附属设备、安全防护罩、附件、电动机、传送设施。

④ 中成药（水蜜丸、水丸） 包括捏合机、出条机、筛丸机、送丸机、颗粒剂和块剂的装袋、装瓶、贴标签、装盒、装箱、封箱、捆扎、等机械设备及其底座、随机带来的辅机、附属设备、安全防护罩、附件、电动机、传送设施。

⑤ 液体制剂（口服液） 包括称量、配制、理瓶、洗瓶、洗塞、干燥和灭菌、铝盖消毒、灌装、加塞、压盖、灯检、贴标签、折说明书、装盒、装箱、封箱、捆扎、塑料瓶吹塑机灯机械设备及其底座、随机带来的辅机和附属投备、安全防护罩、附件、电动机、传送设施。

⑥ 针剂（水针、冻干粉针剂、输液） 包括理瓶、洗瓶、罐封、灌装、加塞、冻干、压盖、灭菌、漏检、灯检、印字或贴标签、装盒、装箱、封箱、捆扎等机械设备及其底座、随机带来的辅机和附属设备、安全防护罩、附件、电动机、传送设施。

⑦ 生物制品原料药 包括接种（生物安全）台、摇床、转瓶培养机、生物发酵罐、超声波破碎仪、高

压匀浆泵、色谱分析仪等机械设备。

⑧ 动物脏器、组织提取 包括搅拌机、胶体磨、冻融设备、超滤设备、蒸汽灭菌等机械设备。

⑨ 血制品 包括割袋机、溶浆罐、反应罐、配制罐、提取罐、色谱分析仪、超滤装置等机械设备。

⑩ 中药前处理 包括风送机、去石机、洗药机、切药机、浸泡槽、粉碎机、煅烧炉、超微粉碎机、柴田式粉碎机、中药饮片清洗、浸润、筛选、切割等机械设备。

⑪ 中药提取 包括多功能提取罐、动态提取罐、提取液渗滤罐、冷凝器、油水分离器、碟片式分离器、刮板式薄膜蒸发器、强制循环蒸发器、水沉降罐、酒沉降罐、压滤设备、浓缩、干燥、离心、制膏等机械设备。

⑫ 纯化水制备装置 包括离子交换柱、反渗透设备、电渗析器、原水箱、泵、机械过滤器、活性炭过滤器、加药装置、纯水泵、纯水箱等机械设备。

⑬ 注射水制备装置 包括离子水输送泵、水箱、多效蒸馏水机、纯蒸汽发生器等机械设备。

⑭ 气体净化装置（压缩空气、氮气、氧气） 包括预过滤器、蒸汽过滤器、二氧化碳过滤器、金属过滤器、粗过滤器等机械设备。

⑮ 洗衣设备 包括工作服及无菌清洗消毒的家用洗衣机、工业洗衣机、烘干机、消毒柜等机械设备。

⑯ 化学原料制药装置 包括各类非标准塔、槽、罐、热交换器、分离器、干燥器、加热炉、各类定型设备的压缩机、风机、泵等机械设备。

8.13.2 材料范围

① 不属于医药设备供货，由施工企业现场制作安装的操作平台，栏杆、梯子、支架、安全防护罩、附件、零部件及其他工艺金属构件。

② 各种材质的管材、阀门、管件、紧固件以及现场制作安装的支架。

③ 设备或管道由施工企业现场施工的各种保温、保冷、防腐刷油漆所用材料。

9 费用控制

费用控制的基本原则如下。

① 详细了解工程项目任务和合同的要求，明确工作条件，特别是限制性条件以及掌握项目实施的具体情况，这是严格进行费用控制的基础。

② 满足合同的技术和商务要求，按照进度计划完成任务，并在批准的控制估算内推行限额设计、限额采购和严格的施工费用控制，尽量降低费用，这是费用控制的目的。

③ 根据各阶段费用控制的基准，采用跟踪、监督、对比、分析、预测等手段，以业主变更或项目变更的方式，对可能产生和已经产生的费用变化进行修正或调整，使项目在严格控制下实施，这是费用控制的基本方法。

④ 严格控制变更和签证的费用，只有经过规定的审批程序并获准之后，变更才能在项目中实施，这是费用控制应遵守的准则。

9.1 费用控制实施步骤

(1) 制定控制基准

项目费用控制的基准是批准的控制估算，费用控制的目的就是将项目产生的费用严格控制在批准的控制估算范围以内。

(2) 进行跟踪和监测

在项目实施过程中，费用控制工程师应不断地对认可的预计费用和执行中实际产生的费用进行评价，即在设计、采购、施工各阶段对费用的实耗值和赢得值定期进行比较，对项目实施过程中产生的差异要及时核对，使项目费用得到严格控制，在保证装置安全、质量及进度的前提下，以达到不增加或降低控制估算的目的。

(3) 变更和调整

① 针对项目实施过程中发现的问题采取有效措施，对原定的工程进度计划和预计费用进行变更和调整，达到既满足合同要求又不超出允许的费用限额为目的。

② 发生变更时，由项目经理或其他人员发布项目变更通知单，只有根据批准的业主变更单或项目变更单方可进行相应的预算变更。在总承包项目中，必须制定一个内部控制基准，该基准是使项目组内部控制费用不超过的最高金额（即批准的控制估算），以保证公司获得合理的利润。在项目实施过程中，因业主原因发生的业主变更，由于修改了原固定价合同规定的任务范围或内容，所产生的追加费用由业主承担，故不影响控制估算，但由于项目组内部原因发生项目变更而导致的费用增加，通常由项目内部调整处理，力求不突破批准的控制估算原定的总金额。

(4) 对控制基准进行修改

在变更的基础上，以满足合同和项目要求为前提，修订原先的控制估算作为新的控制基准，批准后开始按新基准进行费用控制的循环。

上述四个步骤组成费用控制周而复始地循环。伴随工程进展的不同阶段，在连续的循环过程中，促使工程项目符合合同规定的质量、进度和费用的目标，循序渐进地完成任务。

9.2 项目设计阶段费用控制

(1) 概述

工程设计是进行全面规划和具体描述实施意图的过程，是技术转化为生产力的纽带，是处理技术与经济关系的关键性环节，也是控制工程费用的重点阶段。设计是否经济合理，对控制工程费用具有十分重要的意义。

(2) 限额设计的意义

限额设计是控制工程费用的重要手段。限额设计是按上阶段批准的费用控制下一阶段的设计，而且在设计中以控制工程量为主要内容，抓住了控制工程费用的核心。

限额设计有利于处理好技术与经济的对立统一关系，提高设计质量。限额设计并不是一味考虑节约投资，也绝不是简单地将投资“砍一刀”，而是包含了尊重科学、尊重实际、实事求是、精心设计和保证科学性的实际内容。

限额设计有利于强化设计人员的费用意识，增强设计人员通过优化设计节约投资的自觉性。

(3) 限额设计的一般做法

① 投资限额的确定　这是限额设计的关键。如果投资限额过高，实行限额设计就失去了意义；如果投资限额过低，限额设计也只能陷入“巧妇难为无米之炊”的境地。目前一般根据承包合同的费用情况，结合费用工程师积累的工作经验确定投资限额。

② 投资分解　把投资限额合理地分配到单项工程、单位工程甚至分部工程中去，通过层层限额设计，实现对投资限额的控制和管理。

③ 工程量控制　这是实现限额设计的主要途径，工程量的大小直接影响工程造价，但是工程量的控制应以设计方案优化为手段，切不可以牺牲质量和安全为代价。

(4) 设计变更

由于设计要求（或同意），修改任务范围或内容而导致批准的项目总费用和（或）进度计划发生了变化，则称为设计变更。

① 设计变更应尽量提前，变更发生得越早，损失越小；反之就越大。如在设计阶段变更，则只需修改图纸，其他费用尚未产生，损失有限；如果在采购阶段变更，不仅需要修改图纸，而且设备材料还须重新采购；如果在施工阶段变更，除上述费用外，已施工的工程还须拆除，势必造成重大变更损失。

② 设计变更尽量控制在设计阶段初期，尤其对影响工程造价的重大设计变更，要用先算账后变更的办法解决，使工程造价得到有效的控制。

③ 对于重大的设计变更应报告公司各级管理部门，经评审后才能实施。

9.3 采购阶段费用控制

在项目的生命周期内，其大部分费用都产生在采购阶段。因此，采购阶段也是项目费用控制的关键阶段之一。

(1) 目的

为达到采购阶段全面实现费用控制，规定采购阶段的费用控制方法、批准程序和要求，并向有关专业提出具体要求和有关说明。

(2) 工作程序及要求

项目采购阶段费用控制基本原则：在满足设备和散装材料使用功能的前提下，尽量降低费用。通过限额采购工作包对全部费用进行跟踪，并按限额价格对工作包进行控制。

① 确定工作包　在总承包合同签订之后，项目采购阶段开始之前的一个月内，设计经理组织设计人员提出设备和散装材料清单。

项目费用控制工程师在项目控制经理的组织下，同计划工程师、材料控制工程师及采购负责人一起，根据设计组提出的设备和散装材料清单，确定限额采购工作包。限额采购工作包作为控制项目采购费用的最小单元，是采购费用跟踪和审批的基准。

② 确定限额采购价格　限额单价制定的对象是工作包中的单件设备或散装材料，每一种设备和散装材料的价格是唯一的。

在设计提出设备和散装材料清单后，费用控制工程师在项目控制经理的组织下，同项目采购负责人根据已确定的工作包和总承包合同、公司预期效益、目前市场形势及相关价格信息确定出限额采购设备和散装材料的价格及相应的运杂费，并发表限额采购清单。在项目实施过程中，此限额单价对采购组具有约束力，为设备和散装材料在项目采购中的最高限价。

确定限额单价之后，根据限额采购价格和工作包中的设备及散装材料数量计算出每个工作包的限额采购费用，作为项目进行设备和散装材料费用跟踪检测的基础。

③ 采购的实施和跟踪　限额采购清单发表后，采购组可依据此价格进行本项目设备及散装材料的采购工作。

在采购阶段，根据需要，费用控制工程师参与重要设备和散装材料的采购合同的谈判。在合同谈判期间，主要对分承包商的价格、供货方式、制造周期、运输方式、到货地点等对费用影响较大的方面进行分析比较，并提出合同谈判评审意见。

④ 限额价格的调整　在采购合同签订之前，因重大原因将导致采购价格超出工作包限额价格时，采购负责人应及时以书面形式提出“采购费用变更报告”，报项目费用控制工程师，经控制经理确认并报项目经理批准后方可调整，必要时应报公司经理批准。

在合同谈判期间，当与供货商协商确定的最终价格（或供货商的最终报价）超出限额采购工作包价格时，采购负责人也应提交“采购费用变更报告”，按上述程序批准之后方可执行。

⑤ 费用控制报告　费用控制工程师每月将采购

费用汇总到月进展报告中。

9.4 施工阶段费用控制

施工阶段相对设计和采购阶段来说，所产生的费用对工程阶段的影响仅为10%～15%，但也不能忽视。在此阶段，大量的变更和签证将会发生，如控制不利，对项目总费用也将造成较大的影响。因此，在施工阶段主要工作是在按规定审批工程款的同时，加强对现场变更和签证的事前控制。

(1) 目的

为达到施工阶段全面实现费用控制，规定施工阶段的费用控制方法、批准程序和要求，并向有关专业提出具体要求和有关说明。

(2) 工作程序及要求

① 制订控制目标　在施工开始之前的一个月内，费用控制工程师应制订本项目施工阶段的费用控制目标。首先，根据施工分承包合同及项目总体网络计划，费用控制工程师编制项目工程款支付计划，作为施工阶段费用控制主要目标。同时根据批准的控制估算和限额设计制定项目设计变更的控制目标。

现场签证相对于设计变更来说，产生的偶然性较大，故对其产生的费用较难控制。费用控制工程师应根据施工分承包合同（包干费用）、现场详勘资料、施工组织设计汇同施工管理部门一起制订现场签证的控制目标。

控制目标经控制经理审核，项目经理批准后，作为项目施工阶段费用控制的基准。

② 引进竞争机制　采取招标方式确定施工单位编制标底，合理确定标价，防止采用压低价格中标的不正当竞争。在施工合同签订中，尽可能地对一些影响造价的条款细化，避免以后引起争议。

③ 工程款的审核　在施工开始之前，费用控制工程师按施工分承包合同规定完成预付款申请单（包括工程预付款和预付备料款），报控制经理、项目经理批准后送交财务组。

施工开始之后，按照施工分承包合同中规定的上报日期，施工分承包方应按时上报当月工程量报表及付款申请单。专业工程师审核工程量之后，将审核后的工程量表提交给费用控制工程师。

费用控制工程师根据施工分承包合同综合单价及合同有关条款（工程量计算规则、分部分项工程的划分等）计算当月完成的工程量费用。包干费用原则上按当月受益的单位工程进行支付。对于包干费用数额不大的项目，可根据施工总执行计划在施工开始之前，与分承包商协商按比例做出支付计划，经施工经理批准后按月支付（必要时报控制经理和项目经理批准），列入当月工程款中。工程进度奖和工程质量奖的支付按合同规定执行。

费用控制工程师将工程量费用及合同规定的其他费用汇总后编制付款申请单。

④ 合同价款的调整　如月度工程款中所列的分项工程为合同工程量清单之外的内容，或最终版施工图工程量与合同工程量清单中的工程量不符，或因发生的设计变更和现场签证而造成费用的变化，须对合同价款进行调整。

除施工分承包合同中另有规定外，合同价款的调整应与项目施工同时进行。如最终版施工图工程量与合同工程量清单中的工程量不符，分项工程的工程量应以最终版的施工图（或项目数据库）的工程量为准；如分项工程为合同工程量清单之外的内容，还需对此部分分项工程补充综合单价，补充综合单价应依据分承包合同中规定的定额或价格资料及分承包合同中规定的费用计算表。

在设计变更下发之后，如有费用变化，施工分承包方须提出费用变更报告，报费用控制工程师审核，审核后的变更报告经控制经理、施工经理批准后返回到分承包商，作为费用支付和工程结算的依据。审核后的工程量及综合单价可补充到数据库中，进行进度/费用综合检测。

对现场签证价款的确认程序应根据公司标准执行，确认后的价款支付可采用两种方法：一种是将签证费用按月汇总到付款申请单中分期支付；另一种是所有的签证费用经审核后在工程结算后一起支付。前者一般适用于大型项目，后者一般适用于中、小型项目。

⑤ 费用报告　费用控制工程师按总承包合同规定日期每月配合现场进度/计划工程师完成对业主的建设工程月报，其内容按业主认可的格式及有关要求进行编制。

此外，费用控制工程师还应每月将施工费用汇总到项目月进展报告中。

10 工程结算

工程完工后，应按合同约定价款进行工程结算。

(1) 结算原则

① 工程结算由总（承）包人编制，发包人在合同约定的时间内审核。

② 索赔价款结算发（承）包人未能按合同约定履行自己的各项义务或发生错误，给另一方造成经济损失的，由受损方按合同约定提出索赔，索赔金额按合同约定计算。

③ 合同外的零星工程价款结算依据发包人批准的签证（工日数、材料数量和单价等）。签证未获发包人批准，承包人施工后发生争议，责任由承包人自负。

(2) 结算基本程序

① 工程完工后，发包人应发出工程结算通知，

通知单上应载明结算工程名称、分包单位、结算资料清单和份数、资料提交的时间、结算联系人和电话等。

② 承包人收到结算通知后，按要求准备结算资料，在规定时间的内送发包人审核。

③ 发包人应在30天内（或合同约定期限）提出审核意见。

④ 经承包人确认后形成工程结算报告。

⑤ 根据工程结算报告，发包人向承包人支付工程结算价款，保留5%质保金。

⑥ 工程交付1年，质保期到期后清算。质保期内如有反修，产生的费用应在质量保证金内扣除。

工程结算不仅可以对前期估算进行最终检验，其计算的费用是在工程全部完成时进行的，是项目的实际成本。此外，工程结算的结果还是对整个项目费用控制效果的考核，其结算值是最终对采购分承包商和施工分承包商结算尾款的依据，因此工程结算是项目费用控制的重要环节。

参考文献

[1] 化工投资项目可行性研究报告编制办法（中石化联产[2012]115号）

[2] 化工建设项目可行性研究投资估算编制办法 化工部 1999

[3] 石油化工项目可行性研究投资估算编制办法 中国石油化工总公司 2000

[4] 化工建设设计概算编制办法 中国建设工程造价管理协会化工工程委员会 2009

[5] 化工引进项目工程建设概算编制规定 化工部（91）化基字第786号

[6] 建设项目经济评价方法与参数（第三版） 国家发展改革委、建设部[2006]发改投资1325号

[7] 投资项目评估学 东北财经大学出版社

第6章 环境保护

1 建设项目环境保护法规和文件

本节所列法规文件，为环境保护的主要法规和规定。

① 中华人民共和国环境保护法　全国人大常委会　2014年4月24日修订

② 中华人民共和国海洋环境保护法　全国人民代表大会常务委员会　2016年11月7日修订

③ 中华人民共和国水污染防治法　全国人民代表大会常务委员会　2017年6月27日修订

④ 中华人民共和国环境噪声污染防治法　全国人民代表大会常务委员会　1996年10月29日

⑤ 中华人民共和国防治海岸工程建设项目污染损害海洋环境管理条例　国务院　2007年9月25日

⑥ 中华人民共和国环境影响评价法　全国人民代表大会常务委员会　2016年7月2日

⑦ 中华人民共和国放射性污染防治法　全国人民代表大会常务委员会　2003年6月28日

⑧ 中华人民共和国固体废物污染环境防治法　全国人民代表大会常务委员会　2016年11月7日修订

⑨ 中华人民共和国可再生能源法　全国人民代表大会常务委员会　2009年12月26日

⑩ 中华人民共和国清洁生产促进法　全国人民代表大会常务委员会　2016年5月16日修订

⑪ 中华人民共和国大气污染防治法　全国人民代表大会常务委员会　2015年8月29日修订

⑫ 建设项目环境保护管理条例　国务院　2017年10月1日

⑬ 建设项目环境保护设计规定　国务院　1987年3月20日

⑭ 中华人民共和国水污染法实施细则　国务院　2000年3月20日

⑮ 国家危险废物名录　国家环保部、国家发改委　2016年8月1日

⑯ 环境监测管理办法　国家环保总局　2007年7月25日

⑰ 挥发性有机物（VOC）污染防治技术政策　环境保护部　2013年5月24日

⑱“十三五”节能减排综合性工作方案　国务院　2016年12月20日

⑲ 控制污染物排放许可制实施方案　国务院　2016年11月22日

⑳ 企业水平衡测试通则　GB/T 12452—2008

2 环保标准

2.1 有关环境质量标准

本小节所列标准，为环境保护专业常用国家标准。

① 地表水环境质量标准　GB 3838—2002

② 海水水质标准　GB 3097—1997

③ 地下水质量标准　GB/T 14848—2017

④ 渔业水质标准　GB 11607—89

⑤ 景观娱乐用水水质标准　GB 12941—91

⑥ 生活饮用水水源水质标准　CJ 3020—93

⑦ 农田灌溉水质标准　GB 5084—2005

⑧ 环境空气质量标准　GB 3095—2012

⑨ 室内空气质量标准　GB 18883—2002

⑩ 制定地方大气污染物排放标准的技术方法　GB/T 3840—91

⑪ 保护农作物的大气污染物最高允许浓度　GB 9137—88

⑫ 声环境质量标准　GB 3096—2008

⑬ 工业企业设计卫生标准　GBZ 1—2010

⑭ 电磁环境控制限值　GB 8702—2014

⑮ 城市区域环境振动标准　GB 10070—88

⑯ 土壤环境质量标准　GB 15618—95

2.2 污染物排放常用标准

① 污水综合排放标准　GB 8978—1996

② 污水排入城镇下水道水质标准　CJ 343—2010

③ 合成氨工业水污染排放标准　GB 13458—2013

④ 磷肥工业水污染物排放标准　GB 15580—2011

⑤ 生物制药行业污染物排放标准　DB 31/373—2010

⑥ 大气污染物综合排放标准　GB 16297—1996

⑦ 烧碱、聚氯乙烯工业污染物排放标准　GB 15581—2016

⑧ 恶臭污染物排放标准　GB 14554—93

⑨ 工业炉窑大气污染物排放标准　GB 9078—1996

⑩ 柠檬酸工业水污染物排放标准　GB 19430—2013

⑪ 炼焦化学工业污染物排放标准　GB 16171—2012

⑫ 工业企业厂界环境噪声排放标准　GB

12348—2008

⑬ 危险废物焚烧污染控制标准 GB 18484—2001

⑭ 危险废物储存污染控制标准 GB 18597—2001

⑮ 危险废物填埋污染控制标准 GB 18598—2001

⑯ 一般工业固体废物储存、处置场污染控制标准 GB 18599—2001

⑰ 关于国家环境标准中未规定的污染物项目适用标准等有关问题的复函 环函［1999］396号

⑱ 船舶污染物排放标准 GB 3552—83

⑲ 建筑施工场界环境噪声排放标准 GB 12523—2011

⑳ 火电厂大气污染物排放标准 GB 13223—2011

㉑ 锅炉大气污染物排放标准 GB 13271—2014

㉒ 污水海洋处置工程污染控制标准 GB 18486—2001

㉓ 储油库大气污染物排放标准 GB 20950—2007

㉔ 汽油运输大气污染物排放标准 GB 20951—2007

㉕ 加油站大气污染物排放标准 GB 20952—2007

㉖ 硝酸工业污染物排放标准 GB 26131—2010

㉗ 硫酸工业污染物排放标准 GB 26132—2010

㉘ 石油炼制工业污染物排放标准 GB 31570—2015

㉙ 石油化学工业污染物排放标准 GB 31571—2015

㉚ 合成树脂工业污染物排放标准 GB 31572—2015

㉛ 无机化学工业污染物排放标准 GB 31573—2015

㉜ 发酵类制药工业水污染物排放标准 GB 21903—2008

㉝ 化学合成类制药工业水污染物排放标准 GB 21904—2008

㉞ 提取类制药工业水污染物排放标准 GB 21905—2008

㉟ 中药类制药工业水污染物排放标准 GB 21906—2008

㊱ 生物工程类制药工业水污染物排放标准 GB 21907—2008

㊲ 混装制剂类制药工业水污染物排放标准 GB 21908—2008

㊳ 再生铜、铝、铅、锌工业污染物排放标准 GB 31574—2015

其中，GB 8978 和 GB 16297 虽未宣布废止，但正在被新标准逐步取代，被取代的内容应执行相应的新标准。

2.3 常用设计规范和规定

化工、石油化工常用设计规范和规定如下。

① 室外排水设计规范 GB 50014—2006

② 石油化工企业环境保护设计规范 SH/T 3024—2017

③ 石油化工企业给水排水系统设计规范 SH 3015—2003

④ 石油化工污水处理设计规范 GB 50747—2012

⑤ 化工建设项目环境保护设计规范 GB 50483—2009

⑥ 污水再生利用工程设计规范 GB 50335—2002

⑦ 石油化工噪声控制设计规范 SH/T 3146—2004

⑧ 化工建设项目噪声控制设计规定 HG 20503—92

⑨ 清洁生产标准 石油炼制业 HJ/T 125—2003

⑩ 清洁生产标准 基本化学原料制造业（环氧乙烷/乙二醇） HJ/T 190—2006

⑪ 石油库设计规范 GB 50074—2014

⑫ 地下水封石洞油库设计规范 GB 50455—2008

⑬ 石油储备库设计规范 GB 50737—2011

⑭ 渠道防渗工程技术规范 GB/T 50600—2010

⑮ 石油化工工程防渗技术规范 GB/T 50934—2013

⑯ 石油化工储运系统罐区设计规范 SH/T 3007—2014

⑰ 硫酸、磷肥生产污水处理设计规范 GB 50963—2014

⑱ 石油化工污水再生利用设计规范 SH 3173—2013

⑲ 化学工业污水处理与回用设计规范 GB 50684—2011

⑳ 化工危险废物填埋场设计规范 HG/T 20504—2013

㉑ 化工建设项目废物焚烧处置工程设计规范 HG 20706—2013

㉒ 工业企业噪声控制设计规范 GB/T 50087—2013

㉓ 化工危险废物填埋场设计规范 HG/T 20540—2013

㉔ 化工建设项目废物焚烧处置工程设计规范 HG 20706—2013

3 常见有机化合物的生物处理参数

常见有机化合物的生物处理参数见表6-1。

表6-1 常见有机化合物的生物处理参数

化学物质	密度 /(kg/L)	水中溶解度 /(g/L)	COD值 /(g/g)	BOD值 /(g/g)	生化毒性 /(mg/L)
乙胺	0.689	互溶	2.13	0.8	29
甲胺	0.662	易溶	2.5		
一氯乙酸	1.580	6140	0.59	(0.3)	
乙二胺	0.898	易溶	1.05	0.01(1.0)	
乙二醇	1.114	互溶	1.29	0.47	>10000

续表

化学物质	密度/(kg/L)	水中溶解度/(g/L)	COD值/(g/g)	BOD值/(g/g)	生化毒性/(mg/L)
乙二醇单乙醚	0.930	互溶	1.92	1.58	
乙二醇单丁醚	0.903	可溶	2.20	0.7～0.68	
乙二醇单甲醚	0.965	可溶	1.69	0.12～0.50(1.10)	>10000
乙苯	0.867	0.14		1.73	12
乙炔	0.621	1.2		0	
辛基缩水石油醚	0.893	<0.01	2.46	0.14	
2-乙基-2-己烯醛	0.850		2.79	1.61	
2-乙基己醇	0.834	1	2.95	(2.29)	82
乙腈	0.787	互溶	1.56	1.4	680
乙酰丙酮	0.972	166		0.1(1.24)	67
乙酰苯胺	1.219	6.93	1.20		
乙酰胺	1.159	500	1.08	0.63～0.74	>10000
乙酸	1.049	互溶	1.07	0.34～0.88	
乙酸乙烯酯	0.932	25		0.8	6
乙酸乙酯	0.902	80	1.54～1.88	0.86～1.57	
乙酸二甘醇单乙醚酯	1.01	互溶	1.81	1.7	
乙酸正丁酯	0.882	14	2.2	1.52	115
乙酸甲酯	0.934	243.5			
乙酸戊酯	0.876	1.8	2.34	0.31～0.9	145～350
乙酸异丁酯	0.871	6.3	2.20	0.67(2.05)	200
乙酸异丙酯	0.872	29	2.02	0.26	190
乙酸钙	1.50	39.8	0.71	0.42	
乙酸钠	1.01	123	0.68	0.52	
乙酸钾	1.57	255	0.64	0.32	
乙醇	0.789	互溶	2.08	1.82	6500
乙醇胺	1.018	互溶	1.21～1.73	0.78～0.93	9300
乙醛	0.783	>500	1.82	0.91(1.07)	
乙醛酸	1.42	互溶	0.63	0.175	
乙醚	0.713	60.4		0.03	
二乙胺	0.707	互溶	2.95	1.3	
N′,*N*′-二乙基苯胺	0.931	14	2.59～2.79	0	
N′,*N*′-二乙基羟胺	0.902	可溶	2.54	0.49	
二乙烯三胺五乙酸	1.56	5	1.02	0.01～0.015	
二乙醇胺	1.097	易溶	1.06～1.52	0.1	>10000
二甘醇	1.118	可溶	1.29～1.49	0.06～0.15(0.32)	8600
二丙酮醇	0.931	可溶	2.11	0.07～0.68	825
二甘醇单乙醚	0.989	互溶	1.86	0.2～0.58	
二甲胺	0.680	1630	2.15	1.3(0.4)	
2,5-二甲基-1,4-二噁烷		200	1.20	(0.4)	
4,4-二甲基-1,3-二噁烷	0.96		1.98	(0.396)	
2,6-二甲基苯酚	1.15	10	2.62	0～0.82	
3,4-二甲基苯酚	1.023	微溶		1.50	
3,5-二甲基苯酚	1.115	5.3		0.82	
二异丙醚	0.73	9		0.19	
2,6-二叔丁基-4-甲基酚	1.048	0.0004	2.27	0.51	
N′,*N*′-二甲基甲酰胺	0.945	可溶	1.54	0.02(0.10)	
N′,*N*′-二甲基苯胺	0.956	1.5	2.53～2.63	0.25	
2,6-二氨基吡啶		99	1.47	0	
柠嗪酸		微溶	0.93	0.086(0.10)	

续表

化学物质	密度/(kg/L)	水中溶解度/(g/L)	COD值/(g/g)	BOD值/(g/g)	生化毒性/(mg/L)
2,4-二硝基甲苯	1.321	0.27	1.33	0	57
二硫化碳	1.263	2.16			35(N)
1,1-二氯乙烷	1.175	5.04		0.002	135
1,2-二氯乙烷	1.24	8.1	1.025	0	
二氯乙酸	1.563	可溶	0.592	(0.2)	
1,4-二氯-2-丁烯	1.186	0.58	1.28	0.3	
1,3-二氯丙醇	1.363	1.351	0.79	0	
2,2-二氯丙酸钠		500		0.1	
二氯甲烷	1.33	13.2	0.38	0	
2,4-二氯苯氧乙酸	1.416	0.54	1.05	0.75	
2,3-二氯-1,4-萘醌		0.1	1.34	0	
1,4-二噁烷	1.033	可溶	1.74	0	2700
1,3-丁二烯	0.65	不溶			
丁二腈	1.022	0.13	1.60	(1.25)	800
丁二酸	1.572	83.2	1.85	0.64	
正丁苯	0.86	0.012	3.22	0.49(1.96)	
丁胺	0.733	互溶	2.62	1.25	800
丁烯	0.577	0.221			
2-丁烯醛	0.858	180	2.28	0.8(2.12)	
丁酮	0.808	353	2.44	1.7	1150
丁酸	0.958	56.2	1.65～1.75	0.34～1.16	875
丁酸钠		可溶	1.38	0.41	
1-丁醇	0.811	71	2.60	1.26	650,8200(N)
2-丁醇	0.806	125	2.47	1.87	500
丁醛	0.802	71	2.24	1.16	100
三乙胺	0.726	55	3.08	(0.05)	
三乙醇胺	1.126	可溶	1.66	0.01(0.17)	>10000
三甘氨酸		89	0.73	0.014	
三甘醇	1.127	可溶	1.6	0.03～0.5	320
三甘醇单乙醚	1.018	混溶	1.84	0.05	
1,3,5-三甲苯	0.864	0.05	0.32	0.096	
2,2,4-三甲基戊烷	0.692	0.0056	1.59	0.19	
1,1,1-三氟-3-氯丙烷	1.290	1.33	0.35	0	
3,4,5-三羟基苯甲酸	1.694	11.9	0.91～1.13	0.08	
三氯乙烯	1.462	1.28			130 13(AN)
1,2,4-三氯苯	1.459	0.03	1.06	0.3	
2,4,5-三氯苯氧乙酸	1.80	0.27	0.97	(0.17)	
1,6-己二胺	0.799	490	2.34	0.03(1.58)	
己二腈	0.968	80	1.92		
己二酸	1.360	15	1.39	0.598	
己二酸己二铵盐		500	1.9	0.5	
己二酸钠			1.28	(1.02)	
己内酰胺	1.02	1.2	2.13	(2)	

续表

化学物质	密度/(kg/L)	水中溶解度/(g/L)	COD值/(g/g)	BOD值/(g/g)	生化毒性/(mg/L)
正己烷	0.655	0.013	0.04	(2.21)	
2-己酮	0.811	16.4	2.80	0.50	
己酸	0.929	10.3	2.28	(2.11)	
己酸钠			2.03	0.60	
1-己醇	0.82	59	2.65	0.79	62
巴豆醛	0.853	181	2.28	0.8(2.12)	
壬酸	0.905	0.2	2.52	0.59	
丹宁酸		250		0.31～0.46	
水杨酸	1.443	2.1	1.58	0.97	
反丁烯二酸	1.635	7.0	0.77	0.57～0.70	
2-丁烯腈	0.826		2.15	(0.8～1.24)	
乌洛托品	1.331	448.6		0.015～0.026	
丙二酸	1.619	735	0.38	0.53	
1,2-丙二醇	1.036	互溶		0.995	
正丙苯	0.862	0.023	1.6	(1.2)	
丙炔醇	0.963	互溶	1.94	0.02	150
L-丙氨酸	1.432	166	0.83		
丙烯	0.514	0.45		0	
丙烯腈	0.800	74.5	1.39～1.87	0.7	53
氯丙烯	0.938	3.6	0.86～1.33	0.23	115
丙烯酰胺	1.322	2155		0.97	
丙烯酸	1.051	互溶	1.33	(1.1)	41
丙烯酸乙酯	0.924	15	1.71	0.54	270
丙烯酸甲酯	0.954	49.4	1.4	(1)	
丙烯醇	0.854	0.057	2.10～2.20	0.2(1.5～1.6)	19.5(N)
丙酮	0.79	可溶	1.11～2.07	1.12	8100(N) 1700
丙酮肟	0.901	330	2.18	0.075	300
丙酸	0.992	370	1.4～11.51	0.36～1.3	
丙酸钠		995	1.07	0.52	
正丙醇	0.805	可溶	2.40	0.47～1.50	2700
丙醛	0.807	306	2.13	0.84	
甘油	1.261	＞500	1.16～1.23	0.77～0.87	＞10000
甘氨酸	1.607	249	0.46～0.64	0.385～0.55	
D-甘露醇	1.52	216	0.92	0.68	
戊二酸	1.429	639	1.21	0.72	
戊烯二聚物	0.783	0.015	1.68	0.14～0.24	
3-戊酮	0.816	47	2.60	(1.0)	
异戊酸	0.931	40.7	2.04	1.05～1.40	
戊酸钠			1.61	0.48	
正戊醇	0.815	27	2.20～2.73	1.23～1.61	220
甲苯	0.864	0.53	1.7～1.88	0～1.23	29
甲烷	0.544	0.022			
2-甲基-1,3-丁二烯	0.685	0.7	3.24	0.426	

续表

化学物质	密度/(kg/L)	水中溶解度/(g/L)	COD值/(g/g)	BOD值/(g/g)	生化毒性/(mg/L)
2-甲基-1-丁醇	0.816	30	2.1～2.73	0.162～1.50	
甲基丙烯酸	1.015	89	1.7	0.89	
甲基丙烯酸甲酯	0.936	15.9		0.14	
2-甲基-2,4-戊二醇	0.925	可溶	2.20	0.02	
4-甲基-3-戊烯-2-酮	0.858	28	2.40	1.91	
4-甲基-3-戊酮	0.802	20	2.46	2.14	
2-甲基戊酸	0.931	可溶		2.09	
3-甲基戊酸	0.93	可溶		1.10	
4-甲基戊酸	0.923	微溶		1.54	
4-甲基-2-戊醇	0.808	16.4	2.60	2.12	
5-甲基-3-庚酮	0.85	微溶	2.61	2.20	
3-甲基吲哚		0.5	2.51～2.95	1.51	
2-甲基苯乙烯	0.914	0.067	3.1	1.4	
1-甲基苯乙醇	1.013		2.70	0.8(1.80)	
2-甲基-3(*N*-苯基氨基甲酰)		1.7	2.62	1.0	
N-甲基氨基甲酸萘酯		0.05	2.07	1.0	
甲酰胺	1.133	互溶	0.35	0.007	
甲酸	1.220	互溶	0.35	0.15～0.19	
甲酸甲酯	0.987	230	1.51	0.5	
甲醇	0.810	互溶	1.5	0.77	
甲醛	1.09	易溶	1.07～1.56	0.6～1.07	135～175 100(AN)
四甘醇	1.128	可溶	1.65	0.5	
四氢萘	0.970	不溶	0.315	0	
环丁砜	1.256	互溶	1.66	0	
1,1,2,2-四氯乙烷	1.541	1.1		0.06	
四氯化碳	1.60	1.16		0	30
四聚丙烯	0.760	3.43	(0.47)		
对二甲苯	0.861	0.198	1.42～2.56	0	
对二氯苯	1.248	0.08	1.42	0	
对甲苯胺	1.046	7.4	2.8	1.44～1.63	
对甲氨基苯酚硫酸盐	1.577	50	1.26	0.199(0.554)	
对甲酚	1.038	24	2.4	1.4～1.76	
对苯二甲酸	1.510	0.015	0.94	1	
对苯二胺	1.205	38	1.92	0.06	
对苯二酚	1.332	73.3	1.83	0.48	58
对苯醌	1.318	10		0	55
对叔丁基甲苯	0.857	0.6	2.50	0.06～0.19	
对叔丁基苯甲酸	0.995	0.06	2.37	0.26	
对氨基酚	1.29	11	2.49		8～10
对羟基苯丙氨酸		0.41	1.93		
对硝基酚	1.479	16	1.54		4
仲丁醇	0.806	125	2.47	1.87	
异丁醇	0.803	85		1.66	
异丁醛	0.794	89	2.44	1.16	

续表

化学物质	密度/(kg/L)	水中溶解度/(g/L)	COD值/(g/g)	BOD值/(g/g)	生化毒性/(mg/L)
异丙氧基乙醇	0.909		2.08	0.18	
异丙胺	0.694	互溶	2.69	(0.81)	310
异丙醇	0.785	互溶	2.30～2.40	1.29～2.00	1050
异丙醚	0.726	8.8			
吗啉	1.007	互溶	1.34	0～0.02	
呋喃	0.937	10		0	
2-吡咯烷酮	1.116	互溶	1.16	0.72	
吡啶	0.983	互溶	1.47		340
正辛烷	0.699	0.001			
正辛醇	0.827	0.54	2.89～2.95	1.12	>50
辛酸	0.910	0.68		1.28	
辛酸钠		可溶	2.07	0.76	
间二甲苯	0.868	0.16	2.63	0(2.53)	
间甲酚	1.038	24.2	2.52	1.54	33～55
间苯二酚	1.272	717	1.89	1.15	3
间氨基酚	0.99	26	2.49		0.6
间硝基酚	1.28	13.5	1.54		7
邻乙苯胺	0.982	不溶		0.048	
邻二甲苯	0.880	0.178	2.91	0	110～1000 160～1200(AN)
邻二氯苯	1.306	0.16	1.42	0	910;47(N); 150(AN)
邻甲氧基苯酚	1.129	18.7	2.06	1.40	580
邻苯二甲酸	1.593	5.4	1.44	0.85～1.44	
邻苯二甲酸二丁酯	1.047	0.01	2.24	0.43～0.49(1.92)	
邻苯二甲酸酐	1.527	6.2		0.72～1.26	
邻苯二酚	1.344	451	1.89	0.69(1.47)	
邻氨基苯甲酸	1.412	3.5		1.32	
邻氨基酚	1.328	17	2.49		
邻硝基酚	1.295	2.1	1.54		0.9
谷氨酸	1.46	26.4	0.98	0.64	
1,5,9-环十二碳三烯	0.891	不溶	3.02	0.02	
环己烯	0.810	0.213		0	17
环己烷	0.778	不溶		0	
环己酮	0.942	23	2.61	1～1.23	180
环己酮肟		15	2.12	0.03～0.04	30
环己醇	0.962	36	2.15～2.35	0.379～1.60	
1,5-环辛二烯	0.882	0.78	2.62	0.17	
1,3,5-环更三烯	0.888	不溶	2.30	0.10	
环氧乙烷	0.882	互溶	1.74	0.06	
环氧氯丙烷	1.175	60	1.16	0.03(0.16)	55
(D,L)-苹果酸	1.250	55.8	2.62	0.17	
(D,L)-苦杏仁酸	1.36	160		0.31	
苯	0.877	1.78	2.15～3.07	0.5(1.15)	92

续表

化学物质	密度/(kg/L)	水中溶解度/(g/L)	COD值/(g/g)	BOD值/(g/g)	生化毒性/(mg/L)
苯乙烯	0.906	0.31	2.12～2.88	1.12(1.60)	72
苯乙酮	1.033	6.13	2.53～3.03	0.5～0.518(1.40)	
1,2,3-苯三酚	1.453	507		0.01	
1,3,5-苯三酚	1.460	11.35	1.52～2.54	0.47	
L-苯丙氨酸	0.754	26.9	2.20		
苯甲酸	1.266	3.4	1.95～2.00	0.95～1.65	480
苯甲酸钠	1.44	530	1.6	1.13	
苯甲醇	1.042	42.9	2.5	1.5～1.55	350
苯甲醛	1.050	3	1.98～2.41	1.62(1.78)	132
苯甲醚	0.996	1.5	1.81	0.17	
苯胺	1.022	34	2.4	1.49～2.26	
苯基-2,3-环氧丙基醚	1.11	2.4	2.18	0.14	
苯酚	1.071	82.8	2.33～2.38	1.1～2.0	64
叔丁醇	0.786	互溶	2.18	0	
依地酸	0.86	1.0		0.01	105
乳酸	1.249	互溶	1.07	0.64～0.96	
乳糖		74/550	1.07	0.55	
庚烷	0.68	0.03	0.06	1.92	
庚酸钠			2.10	0.33	
油酸	0.895	不溶	2.25～2.54	0.17	
油酸钠		可溶	2.68	1.29	
柠檬酸	1.655	1330	0.74	0.42(0.61)	>10000
草酸	1.90	220	0.17～0.18	0.14～0.16	1550
草酸钠	2.34	34.1		0.08	
顺丁烯二酸	1.590	788	0.80～0.93	0.57～0.63	
顺丁烯二酸酐	1.480	163	0.98	0.42～0.62	
酒石酸	1.76	206	0.52	0.30	
(D,L)-酒石酸	1.697	206	0.52	0.35(0.46)	
萘	1.145	0.031		2.99	670
1-萘胺	1.123	1.7	1.283	0.89	81(N)
2-萘胺	1.062	<10	2.36	1.46	
1-萘酚	1.095	0.87	2.30～2.50	1.69～1.70	
2-萘酚	1.212	0.74	2.50	1.79	
1,4-萘醌	1.422	3.5	2.12	0.81	
1,1-二甲肼	0.80	互溶	2.1	1.13	
脲酸	1.893	0.065	0.551	0.300	
烯丙基-2,3-环氧丙基醚	0.969	141	1.99	0.06	
N-乙基乙酰胺	1.12	可溶	1.4	1.1	
1-氨基-2-丙醇	0.962	可溶	1.35	0.7	
(4-羟苯基)-2-丙酸		160	2.27	0.31	
8-羟基喹啉	1.034	0.56	2.00	0	73(N)
联苯	1.041	0.0075		1.08	
棕榈酸	0.853	0.0082	0.80～2.87	0.06～1.10	
葡萄糖	1.544	323	0.60	0.53	

续表

化学物质	密度/(kg/L)	水中溶解度/(g/L)	COD值/(g/g)	BOD值/(g/g)	生化毒性/(mg/L)
葡萄糖酸	1.240	可溶		0.350	
葡萄糖酸内酯	1.610	590	0.99	0.53～0.613	
硬脂酸	0.839	0.57	2.69～2.94	1.20～1.66	
硬脂酸钠		可溶	2.60	1.20	
硝基苯	1.204	1.8	1.91	0	
硫脲	1.405	142	0.83	0.075～0.0113	
喹啉	1.095	6.1	1.97～2.31	1.71～1.77	
2-氯乙醇	1.197	互溶	0.99	0～0.5	
氯仿	1.484	7.7	1.335	0～0.02	125
氯苯	1.106	0.50	0.41～0.91	0.03	17
蒽	1.25	0.0013	3.21	0～0.06	
愈创木酚	1.129	18.7	2.06		580
聚乙二醇200	1.27	50	1.62	0.02	
聚乙二醇400			1.71	0.01	
聚乙二醇800			1.74	0	
噻吩	1.065	3.0		0	
糖精	0.828	4.3	1.11	0.12	
糠醛	1.156	83	1.54	0.77	16
糠醇	1.130	互溶		0.532	180
磷酸三丁酯	0.979	0.28	2.16	0.1	
磷酸三对甲苯酯	1.247	9.8	2.2	1.3	
2-乙基己基-二苯基磷酸酯	1.103	0.002	2.79	(0.1)	

注：毒性指对好氧降解微生物，标（N）指对硝化菌，标（AN）指对厌氧菌，这些数据以及有关BOD的数据，由于来源不一致，仅供参考。括号内的数据为专用菌或经长期驯化菌的数值。

4 环境保护设计规定

4.1 工艺技术选择

石化、化工和制药企业的环境保护设计应满足《石油化工企业环境保护设计规范》(SH 3024)、《化工建设项目环境保护设计规范》(GB 50483) 和《医药工业环境保护设计规范》的要求。在选择工艺技术时，应优先采用不产生污染或产生较少污染的工艺和设备；减少有毒、有害化学品的使用，应以无毒、无害或低毒、低害的化学品代替高毒、高危害的化学品；在工艺设计中，通过优化产品和能源方案，改进副产品或污染物排放系统，对原料进行回收、循环、再利用，回收的副产品进行综合利用，采用高效率燃烧器并回收废热等途径，消除或减少污染物排放；最后采用高效节能的污染物治理措施，使生产过程排出的废弃物满足国家、行业和地方有关环境保护法规及标准的要求，满足项目环境影响报告书及其批文的要求。

4.2 废气污染物排放控制

在工艺设计中，应采取以下措施控制废气污染物的排放。

① 凡连续散发有毒有害气体、粉尘、恶臭、酸雾等物质的生产工艺过程，都应设计成密闭的生产系统。

② 排放含有烃类化合物及其他有毒、有害污染物的工艺废气不得直接排入大气，应回收利用或采取处理措施。

③ 轻质、易挥发及有毒、有害物料应采用密闭装卸系统，并设废气回收或处理设施。

④ 轻质、易挥发及有毒、有害物料应采用密闭采样系统，安全阀的泄放应排入火炬。

⑤ 含苯及其他强致癌物的物料输送应采用无密封泵或采用双端面机械密封泵；各种设备（如泵和压缩机）和附件（如阀门、法兰及垫片等）的密封形式及材料应根据介质特性确定，控制其泄漏率。

⑥ 在压力输送LPG（液化气）、有毒物料、腐蚀性物料、高于自燃点温度的烃类或温度高于250℃的其他介质、操作压力≥5.0MPa等介质时，尽量考虑采用双端面机械密封泵（受压或非受压要根据工艺需要考虑）或无密封泵。

⑦ 含有易挥发物质的原料、成品、中间产品等储存设施，应满足以下要求。

a. 储存真实蒸气压≥76.6kPa的挥发性有机液体应采用压力储罐。

b. 储存真实蒸气压≥5.2kPa但<27.6kPa、设计容积≥150m³的挥发性有机液体储罐，以及储存真实蒸气压≥27.6kPa但<76.6kPa、设计容积≥75m³的挥发性有机液体储罐应符合下列规定之一。

ⓐ 采用内浮顶罐　内浮顶罐的浮盘与罐壁之间应采用液体镶嵌式、机械式鞋形、双封式等高效密封方式。

ⓑ 采用外浮顶罐　外浮顶罐的浮盘与罐壁之间应采用双封式密封，且初级密封采用液体镶嵌式、机械式鞋形等高效密封方式。

ⓒ 采用固定顶罐　应安装密闭系统至有机废气回收或处理装置。

⑧ 加热炉等工业炉窑应采用 NO_x 燃烧器。

⑨ 储罐的氮封排气应排到安全位置。

⑩ 在可能产生挥发性有机物的场所，应配备LDAR（泄漏检测与修复）技术的监测仪器。工艺尾气和其他烟道气的排气筒应按照规范要求设置烟道气采样监测孔和采样监测平台。

4.3 废水污染物排放控制

在工艺设计中，应采取以下措施控制废水污染物排放。

① 优先选用不产生或少产生废水的工艺和设备，生产用水尽可能多次利用、循环使用或经处理后回用，以控制新鲜水用量。

② 排水系统应遵循“清污分流、污污分流、分质处理、分类回用”的原则进行划分，将高污染水和未污染或低污染水分开，分质处理，减少外排污染物量，降低废水处理成本。石化、化工及制药企业排水系统一般可划分为生产废水系统、清净废水系统、生活污水系统和雨水系统。根据污染物不同，生产废水系统又可划分为含油污水、含盐污水、酸性污水、碱性污水、含碱污水、含硫含氨酸性水、含苯系物废水、含重金属污水等。设计时，根据排水量和水质情况，以及污水处理工艺和回用要求，确定生产废水系统的设置。

③ 禁止将化学品排入工艺废水下水道。应设置储存设施，用以收集正常运行、检修、开停车和事故状态下的各种泄漏物料，以便回收利用或处理。正常运行时，工艺物料往往会通过采样、溢流等方式进入排水系统；检修和开停车时则通过调节阀、泵进出口、泵入口过滤器、泵体、仪表以及设备和管道低点排污等途径进入排水系统。设计时，各种塔、容器和管道等均应考虑排尽措施，并应设置储存设施，用以收集各种物料，以便回收利用或处理。目前，收集采样、溢流、管道及设备低点放空所排出物料的最好方法是在装置区设置密闭排放系统。

④ 应采取措施控制物料进入污水系统，如原油罐应设二次脱水，降低原油脱水中的石油类含量；炼油各装置区调节阀排水宜采用漏斗形式，防止雨水、大块污物进入含油污水系统；设备检修时扫线、冲洗的污水应根据水质确定单独收集处理或进入污水系统集中处理。

⑤ 装置内易受污染的区域、化工罐区及原油和化工原料装卸台等，应设置围堰或其他有效防止散流的措施，围堰高度不低于150mm；车辆装卸区域应设置收集设施，收集所有泄漏物；储罐防火堤和装置区围堰内的排雨水口应设置隔断及切换设施，泄漏的物料应收集，被污染的雨水应排入污水系统；围堰和收集设施均应采取防渗漏措施。

⑥ 可用水冷却的机泵及其润滑系统等，除对水质有特殊要求外，还应采用循环水冷却。循环水场应设水质处理设施，进行水质处理时应选用无毒或污染较轻的水处理药剂，不得用增大排污量的方法来维持水质。

⑦ 对于高浓度污水，应优先考虑回收物料，再排入污水处理场。如异丙苯法生产苯酚和丙酮装置的生产污水中含有较高浓度的苯酚，可采用硫酸调节pH值后，用溶剂萃取回收苯酚；丁二烯抽提装置的生产污水含有溶剂，可通过油水分离、溶剂精制塔回收溶剂；利用全低压羰基合成生产丁辛醇时产生的污水，可采用蒸汽汽提法回收杂醇。

⑧ 对于有机物（如丙烯腈、苯酚丙酮、环氧丙烷污水等）含量较高且不易生物降解的污水；生物毒性物质（如硫化物、氨、酚、氰化物、丙烯腈等）含量较高的污水；对排水系统造成腐蚀、淤塞的污水；温度过高（大于40℃），影响污水处理或对排水管道有危害的污水；含有易挥发的有毒、有害物质（如苯、甲苯、挥发酚等）的污水；其他特征污染物浓度不能满足集中污水处理场或园区综合污水处理厂接管要求的污水，应在装置内采取预处理措施，预处理后的水质应满足污水集中处理设施进水水质要求。

⑨《污水综合排放标准》（GB 8978）中规定的第一类污染物必须在装置或生产设施排放口达标后才能排放或排入污水处理场。

4.4 固体废物排放控制

固体废物应按照“减量化、资源化、无害化”的原则进行控制，产生的固体废物优先考虑综合利用，无法回收利用的固体废物应全部按相关规定妥善处理或处置，固体废物处置率应为100%。设计中应采取以下控制措施。

① 废催化剂、废吸附剂、废过滤材料等在卸出设备前，应进行处理，减少吸附在其表面的物料或其他有毒、有害物质；装卸催化剂或吸附剂时，应有防止流失及扬散的措施。设备检修及开停工时卸出的催化剂、吸附剂和过滤材料等必须收集后进行处理或处置。

② 以下固体废物应优先考虑回收利用：

a. 含贵重金属的固体废物，如催化剂，应回收其有用成分；

b. 生产装置、储罐区、污水处理场产生的废油、罐底油泥、废溶剂等热值较高的废液，应回炼或用作燃料；

c. 污水处理场产生的油泥、浮渣，应优先考虑进焦化装置利用；

d. 煤化工企业产生的气化渣、热电站产生的灰渣，宜作为建筑材料进行综合利用。

③ 企业内部应根据固体废物的排放量、产生周期和运输时间确定是否设置固体废物的临时储存场所。需要设置时，临时储存场所的选址和设计应满足《危险废物储存污染控制标准》（GB 18597）或《一般工业固体废物储存、处置场污染控制标准》（GB 18599）的要求。固体废物应按《国家危险废物名录》进行分类，不同类型的固体废物应分别储存，严禁不相容的固体废物混合储存。装卸和输送有毒害、易扬尘的固体废物时，应采取密闭或增湿等措施。

4.5 噪声控制

在工艺设计时，应优先选用低噪声设备，避免采用冲击性噪声设备的工艺。在总图布置方面，应充分考虑噪声对周围环境的影响，强噪声源应尽量远离厂界和厂内噪声敏感区域。对于少数达不到标准的场所或设备，应从建筑声学、隔声屏障和消声等方面，进行噪声控制设计，减小噪声对装置内外人员的影响，确保厂界噪声达标。

① 高噪声源宜低位布置，高噪声厂房（如压缩机房、风机房等）周围，宜布置对噪声不敏感的、高大的、朝向有利于隔声的建（构）筑物。

② 管道与强烈振动的设备连接时，应采用柔性连接，设备的安装应考虑降噪声、减振动措施。

③ 连续放空超过2h的放空口应加装消声器。蒸汽放空口及高噪声处应安装消声设备，设备的噪声限值不得超过115dB。

④ 加热炉等工业炉窑应采用低噪声燃烧器。

⑤ 当低噪声空冷器不能满足环境标准要求时，应设置吸声或隔声屏。

4.6 水体污染紧急防控措施

石化、化工和合成类制药企业的生产涉及化学品、危险化学品、剧毒品、油品的生产、储存、运输。为防范和控制企业发生事故时和事故处理过程中产生的物料泄漏及污水对周边水体环境的污染与危害，降低环境风险，使企业最大限度地减少环境破坏和社会影响，实施积极预防措施，对生产运行过程中可能发生的突发性事件、事故或自然灾害条件下导致的环境损害及其他存在的潜在环境风险，应采取有效的手段予以预防和控制。中国石油化工集团安全环保局在2006年出台了水体污染防控紧急措施设计导则，以预防和控制企业内工艺装置、储运设施、公用设施事故所导致的水体污染。

4.6.1 石化企业水体污染紧急防控措施设置原则要求

① 石化企业必须具备水体污染防控紧急措施，在设置水体污染防控紧急措施时应优先利用现有设施。当现有设施不能满足要求时，再进行增补和完善。

② 同时发生的事故次数按1处计。

③ 结合现有设施条件，发生事故时能够进行物料转移以避免事故扩大。

④ 水体污染防控措施应在对以下因素进行识别和分析后确定：a. 水体环境危害物质识别；b. 确定危险源分布位置；c. 确定排水系统服务范围；d. 污水处理能力识别；e. 消防能力确定；f. 事故识别；g. 事故处理过程分析；h. 事故污染物排放控制措施。

⑤ 事故识别，应从水体环境危害物质生产、储存、运输等各环节、全过程进行分析和评价。

⑥ 应结合全厂总平面布局、场地竖向、道路及排雨水系统现状，以自流排放为原则，合理划分事故排水收集系统。

⑦ 当雨水必须进入事故排水收集系统时，应采取措施尽量减少进入该系统的雨水汇水面积。

4.6.2 事故排水储存计算

设置能够储存事故排水的储存设施。储存设施包括事故池、事故罐及防火堤内区域等。事故储存设施总有效容积按下式计算。

$$V_{总}=(V_1+V_2-V_3)_{max}+V_4+V_5 \tag{6-1}$$

$$V_2=\sum Q_{消}\ t_{消} \tag{6-2}$$

$$V_5=10qF \tag{6-3}$$

$$q=\frac{q_a}{n} \tag{6-4}$$

式中 V_1——收集系统范围内假定发生事故的储罐或装置的物料量；

V_2——发生事故的储罐或装置的消防水量，m^3；

$Q_{消}$——发生事故的储罐或装置同时使用时的消防设施给水流量，m^3/h；

$t_{消}$——消防设施对应的设计消防历时，h；

V_3——发生事故时可以转输到其他设施的物料量，m^3；

V_4——发生事故时仍必须进入该收集系统的生产废水量，m^3；

V_5——发生事故时可能进入该收集系统的降雨量，m^3；

q——降雨强度，mm，取平均日降雨量；

q_a——年平均降雨量，mm；

n——年平均降雨日数；

F——必须进入事故废水收集系统的雨水汇水面积，ha（$1ha=10^4m^2$）。

根据装置设计，罐区防火堤内容积可作为事故排水储存有效容积，排至事故池的排水管道在自流进水的事故池最高液位以下的容积可作为事故排水储存有效容积。

当现有储存设施不能满足事故排水储存容量要求时，应设置事故池，其需要容积见下式。

$$V_{事故池}=V_{总}-V_{现有} \quad (6-5)$$

式中 $V_{现有}$——用于储存事故排水的现有储存设施的总有效容积。

事故池在非事故状态下需占用时，占用容积不得超过1/3，并有事故时紧急排空的技术措施。

5 废气处理技术

5.1 大气污染物来源与分类

废气的种类繁多，对其分类可有不同的方法。

一是按发生源的性质分类，如工业废气、生活废气、交通废气。

二是按废气中污染物的物理状态分类，可以分为含颗粒物废气、含气态污染物废气。气态污染物又可分为一次污染物和二次污染物：

① 一次污染物 直接由污染源排放的污染物称为一次污染物，其物理、化学性质尚未发生变化。

② 二次污染物 在大气中一次污染物之间或与大气中已有成分之间发生化学作用的生成物称为二次污染物，它常比一次污染物对环境和人们的危害更为严重。

目前最受关注的一次污染物主要有含硫化合物、含氮化合物、碳氧化物等，二次污染物主要是硫酸烟雾、光化学烟雾等。

主要大气污染物分类见表6-2。

表6-2 主要大气污染物分类

类别	一次污染物	二次污染物
含硫化合物	SO_2，H_2S	SO_3，H_2SO_4，硫酸盐
含氮化合物	NO，NH_3	NO_2，HNO_3，硝酸盐
挥发性有机化合物(VOCs)	苯系物、有机氯化物、氟里昂系列、有机酮、胺、醇、醚、酯、酸、石油烃等	臭氧，醛类，酮类，酸类，过氧化乙酰硝酸酯
碳氧化合物	CO，CO_2	无
卤素化合物	HF，HCl，二噁英	无

5.2 石化、化工及制药企业主要大气污染源

化工和石油化工厂的加热炉及锅炉排出的燃烧气体，生产装置产生的不凝气、泄放气和反应的副产等过剩气体，轻质油品、挥发性化学药剂和溶剂在储运过程中的排放、泄漏损失，废液、废弃物处理和运输过程散发的恶臭和有毒气体，工厂物料往返输送所产生的跑、冒、滴、漏都构成了石油、化工和制药企业的大气污染源。这些污染物和污染源见表6-3。

表6-3 石化、化工和制药企业大气主要污染源

污染物	主要污染源
含硫化合物	加热炉和锅炉燃烧烟气、裂解气、硫回收尾气、火炬、硫酸尾气、催化再生尾气等
VOCs	轻质油品及烃类气体的储运设施、管线、阀门、机泵等的泄漏，各种烃类氧化尾气、芳烃烷基化尾气、丙烯腈尾气等
氮氧化物	硝酸装置尾气、合成材料生产尾气、裂化催化再生烟气、锅炉燃烧烟气、火炬、废渣焚烧尾气、己内酰胺生产尾气等
粉尘	催化剂制造、尿素粉尘、催化剂再生烟气、白土补充精制、出焦操作、裂解炉、焚烧炉排放烟气、中药炮制、粉碎及包装等
硫化氢	加氢装置、脱硫装置、含硫废水、硫回收尾气
一氧化碳	催化裂化再生器烟气、焚烧炉、锅炉、加热炉
氨	制冷过程、制氨工艺、含硫含氨污水、煤气化等
苯并[a]芘	氧化沥青、煤气、焦化等
臭味气体	甲胺磷、硫回收、脱硫、甲硫醇、苯乙烯、中药提取等生产及污水、污泥处理等
二噁英	废弃物焚烧装置等

大气污染物排放数量与所用原料纯度、加工工艺、综合利用和回收方法有关，也与工厂管理水平有关。

5.3 废气处理基本方法

由于在化工、石油化工和制药生产过程中，排放大气的污染物种类很多、条件各异，对不同的污染物应采取不同的治理手段和方法。颗粒物的去除有各种除尘器；气态污染物的去除有吸收法、吸附法、催化法、燃烧法、冷凝法；新兴的处理方法包括生物处理法等。

5.3.1 除尘方法

从废气中将颗粒物分离出来并加以捕集、回收的过程称为除尘，实现上述过程的设备装置称为除尘器。

治理烟尘的设备和方法很多，各具有不同的性能和特点，须根据废气排放特点、烟尘特性、要达到的除尘要求等，结合除尘方法和设备的特点进行选择。常用除尘设备的分类及基本性能见表6-4。

5.3.2 吸收法

吸收法是净化气态污染物最常用的方法，它利用气体在液体中溶解度的不同来净化和分离气态污染物。可用于净化含有 SO_2、NO_x、HF、SiF_4、HCl、Cl_2、NH_3、汞蒸气、酸雾、沥青烟和多种组分有机物的蒸气。

表 6-4 常用除尘设备的分类及基本性能

类别	除尘设备形式	阻力/Pa	除尘效率/%	投资费用	运行费用
机械式除尘器	重力除尘器	50～150	40～60	少	少
	惯性除尘器	100～500	50～70	少	少
	旋风除尘器	400～1300	70～92	少	中
	多管旋风除尘器	80～15000	80～95	中	中
洗涤式除尘器	喷淋洗涤器	100～300	75～95	中	中
	文丘里除尘器	5000～20000	90～98	少	高
	自激式除尘器	800～2000	85～98	中	较高
	水膜式除尘器	500～1500	85～98	中	较高
过滤式除尘器	颗粒除尘器	800～2000	85～99	较高	较高
	袋式除尘器	800～2000	99～99.9	较高	较高
静电除尘器	干式静电除尘器	100～200	85～99	高	少
	湿式静电除尘器	125～500	90～99	高	少

通常按吸收过程是否伴有化学反应将吸收分为化学吸收和物理吸收两大类，前者比后者复杂。根据路易斯（W. K. Lewis）和惠特曼（W. G. Whitman）提出的双膜理论，吸收速率表示式为：

$$M_A = K_G(p_A - p'_A) = K_L(c'_A - c_A) \quad (6\text{-}6)$$

式中 M_A——溶解质 A 的吸收速率，kmol/(m^2·s)；

K_G——气膜传质系数，kmol/(m^2·s·Pa)；

K_L——液膜传质系数，m/s；

p_A——吸收质在气相中的分压力，Pa；

p'_A——与吸收质在液相中的浓度 c_A 相平衡的气相分压力，Pa；

c'_A——与吸收质在气相中的分压力 p_A 相平衡的液相浓度，kmol/m^3。

吸收速率是指气体吸收值在单位时间内通过单位相界面而被吸收剂吸收的量。吸收设备的实际情况比理论计算考虑的因素复杂许多，为提高吸收速率，通常采取提高气液相的相对速度的方法，以减少气液膜的厚度；增大供液量，降低液相吸收浓度，以增大 $c'_A - c_A$ 的值；选取对吸收质溶解度大的吸收剂；增大气液接触面积。

在吸收操作过程中，正确选择适宜的吸收液是至关重要的，主要考虑吸收剂的选择性，对混合气体中有害组分溶解度尽可能大；吸收液挥发性要低；在工作温度时，吸收液黏度要低，以提高运动速度；吸收液化学稳定性要好；沸点高、热稳定性好，不易起泡；另外吸收液应有利于被吸收物质的分离回收。目前常用的吸收液主要有水、碱性溶液、酸性溶液和有机溶液 4 种。

在气态污染物处理中，按气液在处理装置中的相对流向，一般将吸收流程分为三种形式。

① 逆流流程 气液分别由两端逆向流动进入吸收装置的流程称为逆流流程。逆流流程在实际应用中较多，如火电厂湿法烟气脱硫中，大多数工艺都采用逆流吸收塔。

② 并流流程 气液由同一端、按同一方向流动而进入吸收装置的流程称为并流流程。并流流程在实际应用中较少。

③ 错流流程 气体沿水平方向进入吸收装置，吸收液自上而下喷淋，在吸收装置中呈交叉状。

常用吸收设备类型、结构及特点见表 6-5。常用吸收设备操作参数和优缺点见表 6-6。

表 6-5 常用吸收设备类型、结构及特点

类型	结构	特点
表面式吸收器	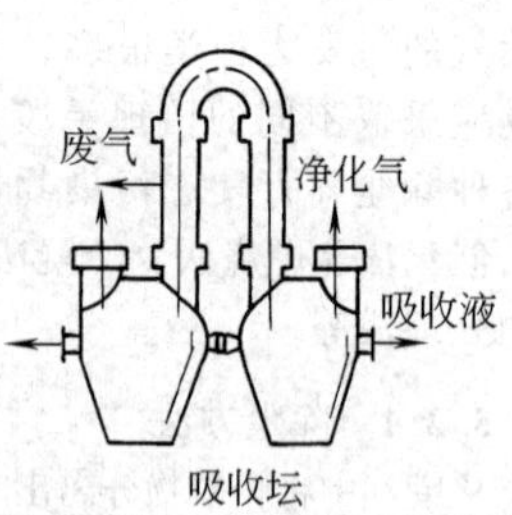 废气 净化气 吸收液 吸收坛；净化气 稀液 冷却水 废气 浓液 降膜式吸收器 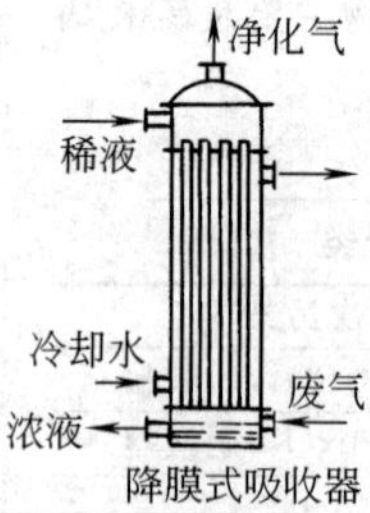	液体静置或沿管壁流下，气体与液体表面或液膜表面接触进行传质，用于易溶气体如 HCl、HF 等的吸收
填料式吸收器	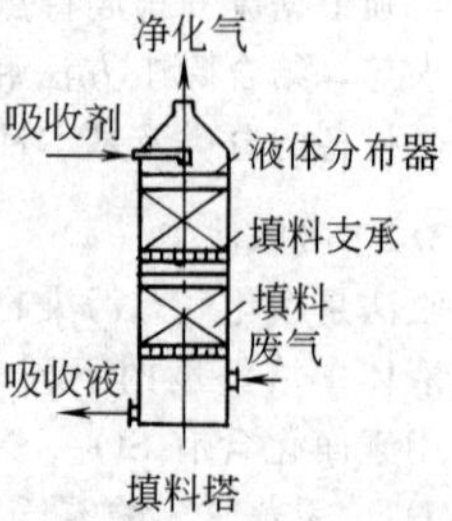 净化气 吸收剂 液体分布器 填料支承 填料 废气 吸收液 填料塔；净化气 除雾器 吸收剂 上栅板 小球 下栅板 废气 吸收液 湍球塔 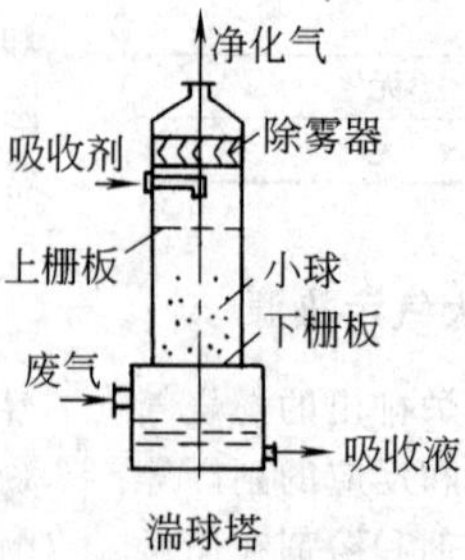	液体沿填料表面流下，形成很大的表面积，气体通过填料层，与填料表面上的液膜接触传质，用于吸收 SO_2、NO_x、Cl_2、酸雾等

续表

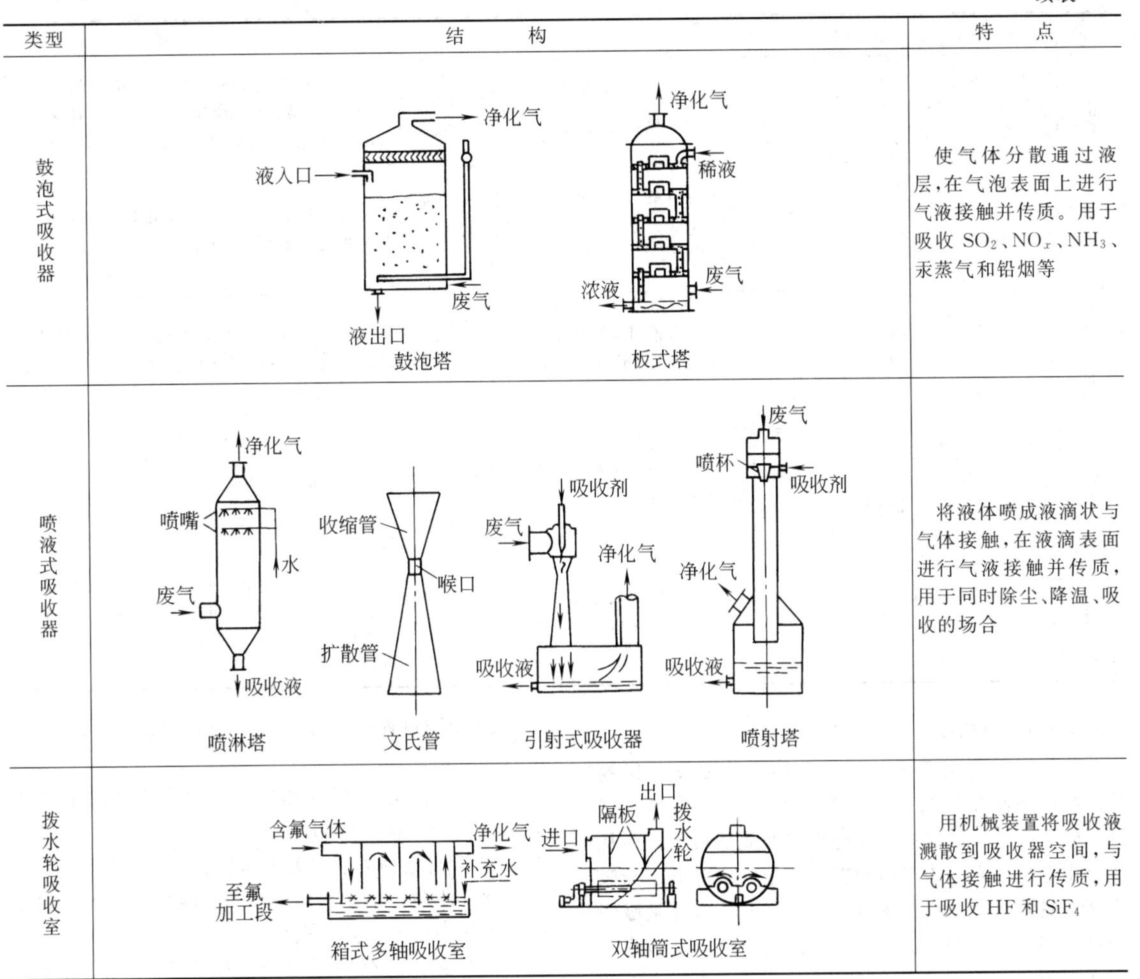

类型	结构	特点
鼓泡式吸收器	鼓泡塔　板式塔	使气体分散通过液层，在气泡表面上进行气液接触并传质。用于吸收 SO_2、NO_x、NH_3、汞蒸气和铅烟等
喷液式吸收器	喷淋塔　文氏管　引射式吸收器　喷射塔	将液体喷成液滴状与气体接触，在液滴表面进行气液接触并传质，用于同时除尘、降温、吸收的场合
拨水轮吸收室	箱式多轴吸收室　双轴筒式吸收室	用机械装置将吸收液溅散到吸收器空间，与气体接触进行传质，用于吸收 HF 和 SiF_4

表 6-6　常用吸收器的操作参数和优缺点

名称	操作参数	优点	缺点
填料塔	液气比 1～10L/m^3 喷淋密度 6～8m^3/(m^2·h) 压力损失 500Pa/m 空塔气速 0.5～1.2m/s	结构简单、制造容易；填料可用耐酸陶瓷，较易解决防腐蚀问题；流体阻力较小，能量消耗低，操作弹性较大，运行可靠	气速过快会形成液泛，处理能力较低；填料多、重量大，检修时劳动量大；直径大时气液分布不均匀，传质效率下降
湍球塔	空塔气速 1.5～6.0m/s 喷淋密度 20～110m^3/(m^2·h) 压力损失 1500～3800Pa/m	气液接触良好，接触面不断更新，传质系数较大；空塔气速大；球体湍动，互相碰撞，不易结垢与堵塞	气液接触时间短，不适宜吸收难溶气体；须使小球浮起湍动，气速慢时不能运转；小球易损坏，渗液，影响正常操作
鼓泡塔	空塔气速 0.02～3.5m/s 常用空塔气速<0.5m/s 液层厚度 0.2～3.5m	装置简单，造价低，易于防腐蚀；塔内存液多，吸收容量大；气液接触时间长，利于反应较慢的化学吸收	空塔气速较低，不适于处理大气量；液层厚，压力损失大，耗能多
筛板塔	空塔气速 1.0～3.0m/s 小孔气速 16～22m/s 液层厚度 40～60mm 单板阻力 300～600Pa 喷淋密度 12～15m^3/(m^2·h)	结构较简单，空塔速度快，处理气量大；能够处理含尘气体，可以同时除尘、降温、吸收；大直径塔检修时方便	安装要求严格，塔板要求水平；操作弹性较小，易形成偏流和漏液，使吸收效率下降
斜孔板塔	空塔气速 1.5～3.0m/s 液层厚度 30～40mm 单板阻力 270～340Pa	空塔速度快，处理能力大，气体交错斜喷，加强了气液接触和传质，吸收效率高；可处理含尘气体，不易堵塞	结构比筛板塔复杂，制造也较困难；安装要求严格，容易偏流

续表

名称	操作参数	优点	缺点
喷淋塔	空塔气速 0.5～2.0m/s 液气比 0.6～1.0L/m^3 压力损失 100～200Pa	结构简单，造价低，操作容易；可同时除尘、降温、吸收，压力损失小	气液接触时间短，混合不易均匀，吸收效率低；液体经喷嘴喷入，动力消耗大，喷嘴易堵塞；产生雾滴，需设除雾器
文氏管	喉口气速 30～100m/s 液气比 0.3～1.2L/m^3 压力损失 800～9000Pa 水压 0.2～0.5MPa	结构简单，设备小，占空间少，气速快，处理气量大，气液接触好，传质较易，可同时除尘、降温、吸收	气液接触时间短，对于难溶气体或慢反应吸收效率低；压力损失大，动力消耗多
引射式吸收管	喉口气速 20～50m/s 液气比 10～100L/m^3 压力损失 0～200Pa	结构简单，体积小，占空间少；利用液体引射，有时可省去风机；可同时除尘、降温、吸收	气液接触时间短，对于难溶气体或慢反应吸收效率低；处理气量小；耗水多，喷水耗能大
喷射塔	喷杯出口气速 20～26m/s 吸收段气速 3～6m/s 喷杯与吸收段面积之比 0.2～0.4	结构简单，阻力小，操作稳定，不易堵塞，维修方便	吸收效率（对 SO_2）低
拨水轮吸收室	气体速度 1～3m/s 压力损失 300～500Pa	吸收室可用砖石材料砌筑，制造方便，投资省；阻力小；不易堵塞，带雾沫量少	吸收效率较低，一般作为含氟废气第一级吸收使用；占地面积大，清理不便；需用机械力将水拨起，消耗动力多

5.3.3 吸附法

吸附法主要用于去除混合气体中低浓度污染物质。吸附是使废气与多孔性固体物质（吸附剂）接触，使其中一种或者多种组分吸附在固体表面，而从气流中分离出来。当吸附质在气相中的浓度低于与吸附剂上吸附质成平衡的浓度时，或者有更容易被吸附的物质到达吸附剂表面时，原来的吸附质会从吸附剂表面上脱离而进入气相，这种情况称为脱附。失效的吸附剂经再生可重新获得吸附能力。再生后的吸附剂可循环使用。

将污染物从气体混合物中吸附到吸附剂表面上的速度可用下式表示。

$$M_P = KV(c_A - c'_A) \tag{6-7}$$

式中 M_P——吸收速率，kg/h；

K——系数，h^{-1}；

V——吸附剂床的体积，m^3；

c_A——要处理气（或液）体中污染物的浓度，kg/m^3；

c'_A——吸附达到平衡时的污染物浓度，kg/m^3。

系数 K 值取决于吸附剂和气（或液）体间的有效界面积和界面上的气（液）膜阻力，由实验测定得到。

根据吸附的作用力不同，可把吸附分为物理吸附和化学吸附。产生物理吸附的力是分子间引力（或称范德华力），物理吸附的特点是：

① 吸附剂和吸附质之间不发生化学反；

② 吸附过程进行极快，参与吸附的各相之间迅速达到平衡；

③ 物理吸附的吸附热较小，相当于被吸附气体的升华热，一般为 20kJ/mol 左右；

④ 吸附过程可逆，无选择性。

化学吸附是由于固体表面与吸附气体分子间的化学键力所引起的，其特点是：

a. 吸附剂和吸附质之间发生化学反应，并在吸附剂表面生成一种化合物；

b. 化学吸附的吸附热比物理吸附的吸附热大得多，相当于化学反应热，一般为 84～417kJ/mol；

c. 具有选择性，常常是不可逆的。

在实际吸附过程中，低温时主要是物理吸附，高温时主要是化学吸附，一般物理吸附发生在化学吸附之前，当吸附剂具有足够高的活性时，才发生化学吸附；也可能两种吸附同时发生。

选择吸附剂时通常考虑以下因素：①比表面积和孔隙率大；②吸附容量大；③选择性强；④粒度均匀，有较好的机械强度、化学稳定性和热稳定性；⑤易于再生和活化；⑥制造简单，价格便宜。目前工程上常用的吸附剂主要有活性炭、硅胶、活性氧化铝、分子筛等，其物理性质见表 6-7。

用吸附法可除去的污染物见表 6-8。

5.3.4 燃烧法

燃烧法用于净化含可燃物的废气，如含有机废气、一氧化碳、恶臭和沥青烟气。燃烧法的基本原理是使有机物氧化燃烧，高温分解，转化为 CO_2 和 H_2O 等，从而使废气净化。燃烧法的分类见表 6-9。

表 6-7　常用吸附剂的物理性质

性质	吸附剂				
	活性炭	白土	硅胶	活性氧化铝	分子筛
真密度/(g/cm³)	2.4～2.6	1.9～2.2	2.2～2.3	3.0～3.3	1.9～2.5
表观密度/(g/cm³)	0.8～1.2	0.7～1.0	0.8～1.3	0.9～1.9	0.9～1.3
充填密度/(g/cm³)	0.45～0.56	0.35～0.55	0.5～0.85	0.5～1.0	0.55～0.75
孔隙率/%	0.40～0.55	0.33～0.55	0.4～0.45	0.4～0.45	0.32～0.42
细孔容积/(cm³/g)	0.6～0.8	0.5～1.4	0.3～0.8	0.3～0.8	0.4～0.6
比表面积/(m²/g)	100～350	600～1400	300～800	150～350	600～1000
平均孔径/nm	8～20	2～5	10～14	4～15	0.3～1
比热容/[kJ/(kg·℃)]	0.836	0.836～1.046	0.836～1.045	0.836～1.254	0.795
热导率/[kJ/(m·h·K)]	0.356	0.628～0.712	0.628	0.628	0.176

表 6-8　用吸附法可除去的污染物

吸附剂	污染物
活性炭	苯、甲苯、二甲苯、丙酮、乙醇、乙醚、甲醛、煤油、汽油、光气、乙酸乙酯、苯乙烯、氯乙烯、恶臭物质、H_2S、Cl_2、CO、SO_2、NO_x、CS_2、CCl_4、$CHCl_3$、CH_2Cl_2
浸渍活性炭、活性碳纤维	烯烃、胺、酸雾、碱雾、硫雾、SO_2、Cl_2、H_2S、HF、HCl、NH_3、Hg、HCHO、CO
活性氧化铝	H_2S、SO_2、C_nH_m、HF
浸渍活性氧化铝	HCHO、Hg、HCl(气)、酸雾
硅胶	NO_x、SO_2、C_2H_2
分子筛	NO_x、SO_2、CO、CS_2、H_2S、NH_3、C_nH_m
泥煤、褐煤、风化煤	恶臭物质、NH_3
浸渍泥煤、褐煤、风化煤	NO_x、SO_2、SO_3、NH_3
焦炭粉粒	沥青烟
白云石粉	沥青烟
蚯蚓粪	恶臭物质

可燃烧废气根据其浓度和氧含量不同，采用不同方法进行净化。例如，含有机污染物的废气中氧含量高时，可将废气替代空气送入锅炉焚烧；若废气中有机物含量高，可当作燃料时，可设置储气柜，保持废气稳定压力，作为锅炉或工业炉窑燃料；若废气中有机物含量较低，不能作燃料使用时，可设置专用焚烧炉净化。表6-10为某些物质燃烧净化法的操作数据和净化效率。

表 6-9　燃烧法的分类

类型	直接燃烧法	热力燃烧法	催化燃烧法
定义	把废气中可燃的有害组分当作燃料直接燃烧	利用辅助燃料燃烧放出的热量将混合气体加热到要求的温度，使可燃有害组分在高温下分解成为无害物质	在催化剂存在的条件下，废气中可燃组分能在较低的温度下(最低可达200℃)进行燃烧，转化为CO_2和H_2O
燃烧温度/℃	约1100	540～820	200～400
燃烧装置	火炬	热力燃烧炉	催化燃烧炉
特点	不需要进行预热，可以烧掉废气中的炭粒，燃烧完全的最终产物是CO_2、H_2O和N_2等；燃烧状态是在高温下滞留短时间的有火焰燃烧；能回收热能；适用于净化可燃性的、有害组分浓度高或燃烧热值较高、气体量不大的气体	需要进行预热，可以烧掉废气中的炭粒，气态污染物的最终产物是CO_2、H_2O和N_2等；燃烧状态是在较高温度下停留一定时间的有焰燃烧；可适于各种气体的燃烧，能除去有机物及超细颗粒物；设备结构简单，占用空间小，维修费用低	需要进行预热；燃烧为无火焰燃烧，安全性好；燃烧温度低，辅助燃料消耗少；对可燃性组分的浓度和热值限制较小，但组分中不能含有尘粒、雾滴和易使催化剂中毒的气体

表 6-10　某些物质燃烧净化法的操作数据和净化效率

废气中的污染物	燃烧温度/℃	滞留时间/s	净化效率/%
一般烃类化合物	680～820	0.3～0.5	>90
甲烷、苯、二甲苯	760～820	0.3～0.5	>90
烃类化合物、一氧化碳	680～820	0.3～0.5	>90
恶臭物质	540～650	0.3～0.5	50～90
恶臭物质	590～700	0.3～0.5	90～99
恶臭物质	650～820	0.3～0.5	>99
黑烟(含炭粒和油烟)	760～1100	0.7～1.0	>90
白烟(雾滴)	430～540	0.3～0.5	>90

5.3.5　催化净化

催化净化就是利用催化剂的催化作用将废气中的污染物转化成无害的化合物或者转化成易于处理和回收利用的物质的方法。在催化剂的作用下，可以使反应速率显著加快。但催化剂只能在化学热力学允许的条件下，提高其到达平衡状态的速率，不能使在化学热力学上不可能发生的反应发生。催化作用有特殊的选择性，有选择地加速特定的反应。

根据在催化作用下污染物质所发生的化学反应不同，催化净化可分为催化氧化法和催化还原法。催化氧化法主要应用于含 SO_2 废气的催化净化，烟气在催化剂作用下被氧化成 SO_3，再转化成硫酸回收利用，如干式催化氧化脱硫和湿式催化氧化脱硫。催化还原法主要应用于含氮氧化物废气的净化，在催化剂作用下，废气中的 NO、NO_2 与还原剂发生反应，转化成氮气。根据催化剂和还原剂的不同，催化还原法脱氮可分为选择性催化还原法（SCR）和非选择性催化还原法（NSCR）。废气催化净化常见的工艺流程如图 6-1 所示。

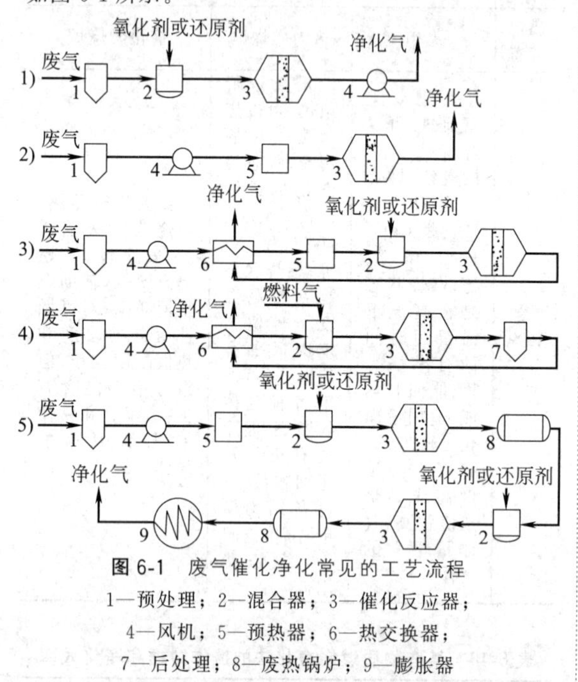

图 6-1 废气催化净化常见的工艺流程

1—预处理；2—混合器；3—催化反应器；4—风机；5—预热器；6—热交换器；7—后处理；8—废热锅炉；9—膨胀器

催化剂的种类很多，一般由活性组分、助催化剂和载体三类物质组成。几种催化剂的组成和主要用途见表 6-11。废气净化催化所用的催化剂应具备以下几点：①良好的选择性；②良好的活性；③良好的热稳定性和化学稳定性。

催化燃烧反应器的结构简单，外形一般呈圆筒形，里面装有催化剂。催化剂燃烧反应器示意图，如图 6-2 所示。

5.3.6 冷凝法

冷凝法用于高浓度废气的一级处理以及除去高湿废气中的水蒸气。可用于回收高浓度的有机蒸气和无机汞、砷、硫、磷等。

冷凝法是利用不同物质在同一温度和压力下有不同的饱和蒸气压，以及同一物质在不同温度和压力下有不同的饱和蒸气压这一性质，将混合气体冷却或加压，使其中某种或某几种污染物冷凝成液体或固体，从混合气体中分离出来。部分有害物质的浓度与温度之间的关系如图 6-3 所示。

表 6-11 几种催化剂的组成和主要用途

用途	主要活性物质	载体	助催化剂
SO_2 氧化为 SO_3	V_2O_5 6%～12%	SiO_2	K_2O 或 Na_2O
HC 和 CO 氧化为 H_2O 和 CO_2	Pt、Pd、Rh、CuO、Cr_2O_3、Mn_2O_3 和稀土类氧化物	Ni、NiO、Al_2O_3	
苯、甲苯氧化为 CO_2 和 H_2O	Pt、Pd 等	Ni 或 Al_2O_3	
	CuO、Cr_2O_3、MnO_2	Al_2O_3	
NO_x 还原为 N_2	Pt 和 Pd 0.5%	Al_2O_3-SiO_2 Al_2O_3-MgO Ni	
	$CuCrO_2$	Al_2O_3-SiO_2 Al_2O_3-MgO	

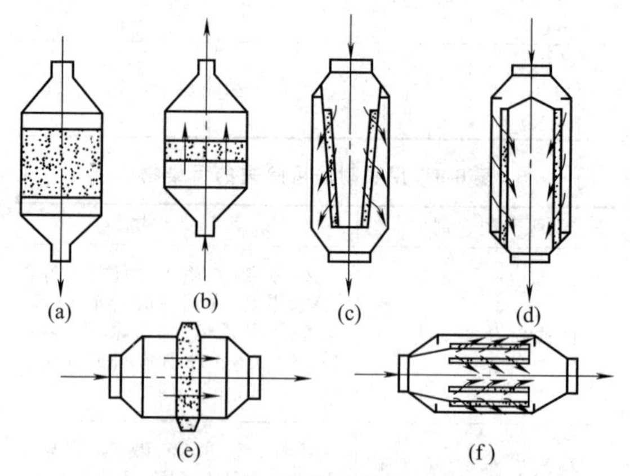

图 6-2 催化燃烧反应器示意图

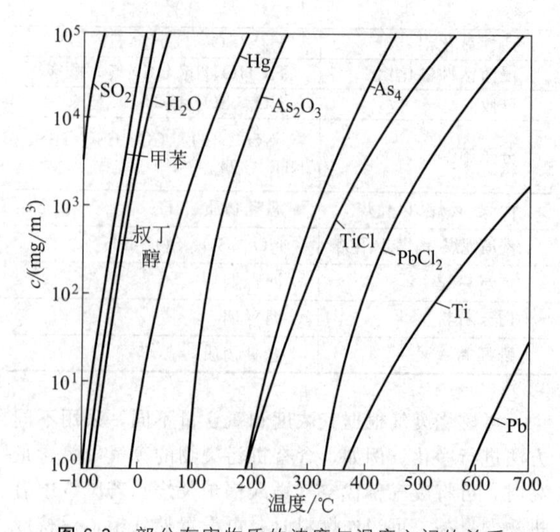

图 6-3 部分有害物质的浓度与温度之间的关系

采用冷凝法处理废气时，冷凝出的污染物的量可由下式估算。

$$x_1-x_2=x_1-\frac{M_n}{M_R}\times\frac{p_2}{p-p_2} \tag{6-8}$$

式中 x_1——处理前的污染物每千克载气在混合气体中的含量，kg；

x_2——处理后的污染物每千克载气在混合气体中的含量，kg；

M_n——污染物的分子量；

M_R——载气的平均分子量；

p——混合气体总压，Pa；

p_2——处理后温度下污染物的饱和蒸气压，Pa。

如果处理前污染物在废气中已处于饱和状态，则冷凝量为：

$$x_1-x_2=x_1-\frac{M_n}{M_R}\left(\frac{p_1}{p-p_1}-\frac{p_2}{p-p_2}\right) \tag{6-9}$$

式中 p_1——处理前温度下污染物的饱和蒸气压，Pa，其余同式（6-8）。

冷凝净化效率 η 可由下式估算。

$$\eta=\frac{x_1-x_2}{x_1}\times 100\% \tag{6-10}$$

降低温度和增加压力都可提高冷凝效率，但要消耗能量。通常只把废气冷却到常温，若在此温度下冷凝效率很低，则一般不采用冷凝净化法。对于可回收产品的某些工艺，经过技术经济比较后，认为合理，也可采用加压和冷冻等方法来冷凝回收废气中的某些组分。

冷凝器主要为接触冷凝器和表面冷凝器两类。接触冷凝器有喷淋式冷凝器、射流式冷凝器和文氏管洗涤器。表面冷凝器有列管式冷凝器、螺旋板式冷凝器和波纹板式冷凝器等。冷凝法净化工艺流程如图6-4所示。

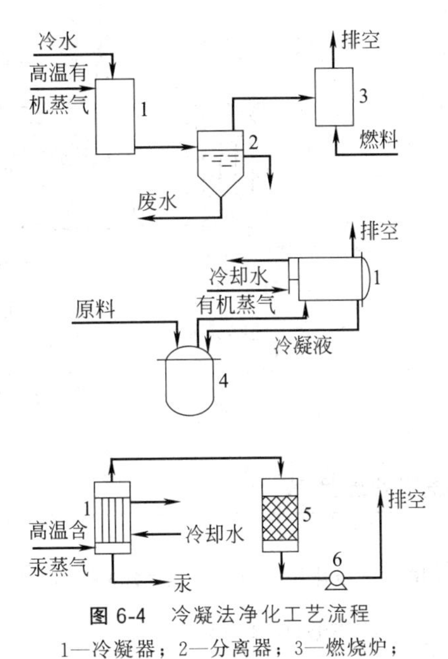

图6-4 冷凝法净化工艺流程

1—冷凝器；2—分离器；3—燃烧炉；4—反应器；5—吸附器；6—风机

5.3.7 生物处理法

废气的生物处理法是利用微生物以废气中的有机组分作为其生命活动的能源或其他养分，经代谢降解，转化为简单的无机物及细胞组成物质。由于生物处理法具有设备简单、投资少、能耗低、运行费用低、二次污染少等优点，在废气处理中已成为工艺选择的一种主要方法，广泛应用于挥发性有机化合物（volatile organic compounds，VOCs）、有毒或有臭味的气体（如 NH_3 和 H_2S 等）的处理。但生物处理法的缺点是不能回收污染物质，适用于处理具有以下特征的废气：①水溶性强，如 H_2S 和 NH_3 等无机物，醇类、醛类、酮类以及简单芳烃（如BTEX）等有机物；②易降解，分子被吸附在生物膜上，必须被降解，否则将导致污染物浓度增高，毒害生物膜或影响传质，降低生物处理效率，或使处理完全失败；③污染物浓度较低。

根据处理设备内采用的介质性质不同，废气生物处理分为生物吸收和生物过滤两类，生物过滤又可分为生物滤池和生物滴滤池。

生物吸收采用液态介质，一般由洗涤器（吸收器）和生物反应器两部分组成，分开设置。吸收主要是物理溶解过程，吸收设备有喷淋塔、筛板塔、鼓泡塔等。吸收过程进行很快，水在吸收设备中的停留时间仅约几秒钟；生物反应为好氧降解过程，可采用活性污泥法或生物膜法，生物降解过程较慢，一般需要停留十几小时。

生物滤池内的固态介质是一些有生物活性的天然材料，如土壤、堆肥、活性炭等，这些材料提供微生物附着和生长所需的场所。具有一定温度的有机废气进入生物滤池，有机物从气相转移到生物层，被微生物吸收，将其转化为无害物质。由于生物滤池的填料层是具有吸附性的滤料，因此生物滤池具有较好的通气性和适度的通水及持水性，以及丰富的微生物群落，能有效地去除烷烃类化合物，如丙烷、异丁烷、酯类及乙醇等，生物易降解物质的效果更佳。

生物滴滤池内的固态介质是惰性填料，如陶瓷、塑料或碎石等，微生物在填料表面附着生长并形成生物膜。有机废气经过预处理室去除颗粒物和增湿后进入滤池底部，生物膜中微生物以有机废气为碳源和能源，以在循环液中的营养物质为氮源，进行生命活动，将污染物转化为无害物质。生物滴滤池具有以下特点：①惰性填料只起生物载体作用，其孔隙率高、阻力小、使用寿命长，不需频繁更换；②设有循环液装置，且抗冲击负荷能力强；③污染物的吸收和生物降解在同一反应器内进行，设备简单，操作条件可灵活控制。

废气生物处理方法的流程见图6-5。

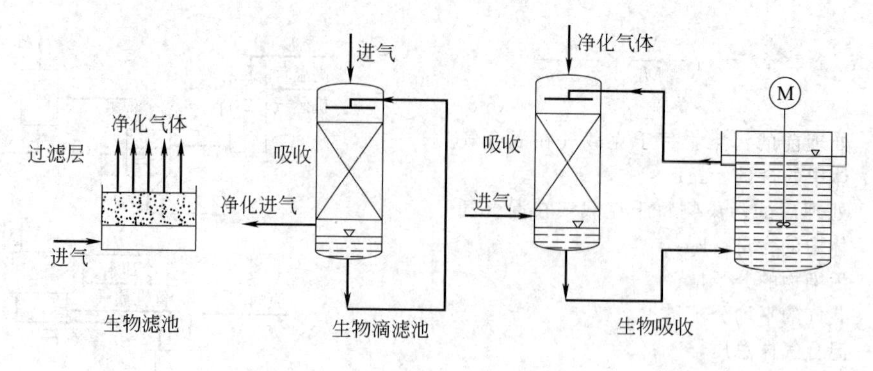

图6-5　废气生物处理方法的流程

6　废水处理技术

6.1　化工、石化及制药企业废水的来源和特点

化工、石化及制药行业领域宽，产品多样复杂，生产规律差异很大。化工、石化及制药企业废水主要来自于生产过程中排放的工艺废水、冷却水、洗涤水、冲洗水等。

大型的石油化工联合装置在产品基本稳定的情况下，排污特点大致相似，但由于石化产品各不相同，其排污特点又各有所不同。对于小型化工装置和医药合成装置，由于其产品有的批量生产，有的间歇生产，因此水质和水量变化很大。

化工、石化及制药企业废水中的污染物含有种类繁多的化学物质，如酚类化合物、硝基苯类化合物、苯胺类化合物、芳烃类化合物、有机溶剂（如乙醇、苯、氯仿、乙酸甲酯等）等有机化合物，酸、碱、硫化物等腐蚀性物质，以及含氟、汞、铬、铜等有毒元素的化合物。因此化工、石化及制药企业废水具有污染浓度高、污染物浓度变化大、许多有机物难以生物降解、排污量大等特点。化工、石化、制药企业的主要废水分类及其来源见表6-12。

表6-12　化工、石化、制药企业的主要废水分类及其来源

类别	序号	废水系统	主要来源	主要污染物	处理原则①
全厂性集中处理的废水	1	含油废水	工艺过程与油品接触的冷凝水、介质水、生成水，油品洗涤水、油泵轴封水、化验室排水	油、硫、酚、氰、COD、BOD、氨氮、总氮	在装置或罐区预隔油后排至污水处理厂
	2	化工工艺废水	化工过程的介质水、洗涤水等	酚、醛、COD、BOD、氨氮、总氮	预处理后排至污水处理厂
	3	合成药生产废水	化学合成反应水，提取、洗涤、提纯等废水	高浓度COD、BOD、氨氮、总氮、SS、有机物、废酸、废碱等	采用物化法预处理后排至污水处理厂
	4	生物制药生产废水	发酵废水、提取废水、洗涤废水等	高浓度COD、BOD、氨氮、总氮、SS、微生物抑制剂等	采用物化法预处理后排至污水处理厂
	5	中成药生产废水	洗药、煮提、制剂洗瓶等废水	天然有机污染物、SS、糖类、有机酸、蛋白质、淀粉及水解产物	排至污水处理厂
	6	制剂生产废水	冷却水、冲洗水、净化水、工艺泄漏水	COD、BOD、某些表面活性剂、消毒剂	排至污水处理厂
	7	污染雨水	受化学品污染的雨水	油、各种化学品	隔油处理、生化处理
	8	循环水排污	循环冷却水	油、COD、水质稳定剂	排至污水处理厂
	9	清净废水	未受污染或受轻微污染，不经处理即可达标排放的工业排水	—	排放
	10	生活污水	生活设施排水	BOD、SS、氨氮	排至污水处理场或生活污水处理厂

续表

类别	序号	废水系统	主要来源	主要污染物	处理原则①
局部处理或预处理的废水	1	酸碱废水Ⅰ	化学水处理站排水	酸、碱	中和后排放
	2	酸碱废水Ⅱ	工艺酸洗、碱洗后的废水、制药废水	酸、碱、油、COD	中和后排至污水处理厂
	3	含重金属废水	机修电镀排水、催化剂等	重金属离子	局部处理后排放或排至污水处理厂
	4	含硫废水	油品、油气冷凝分离水、洗涤水	硫、油、COD	预处理后供工艺过程二次利用
	5	含酚废水	催化裂化及苯酚、丙酮、间甲酚、双酚A及合成药生产装置废水	酚	预处理后排至污水处理厂
	6	含氰废水	催化裂化、丙烯腈及腈纶化纤、农药废水	氰	预处理后排至污水处理厂
	7	含醛废水	氯丁橡胶、乙醇、丁辛醇生产废水	醛	预处理后排至污水处理厂
	8	含苯废水	苯烃化、苯乙烯、丁二烯橡胶、芳烃生产废水，部分化学制药废水	苯、甲苯、乙苯、异丙苯、苯乙烯	预处理后排至污水处理厂
	9	含氟废水	烷基苯生产废水	氟	预处理后排至污水处理厂
	10	碱渣污水	汽油、柴油、液化石油气和乙烯裂解气等碱洗水	硫、油、NaOH、盐、COD	湿式氧化处理后排至污水处理厂
	11	含有机氯废水	氯醇法生产环氧乙烷、环氧丙烷及环氧氯丙烷、氯乙烯生产废水，合成药生产废水	有机氯	预处理后排至污水处理厂
	12	高浓度有机废水	页岩干馏废水、对苯二甲酸甲酯废水、合成药及生物制药废水	COD(浓度高)	湿式氧化、焚烧或厌氧-好氧处理

① 排至污水处理厂集中处理的污水，其采用的处理工艺主要为不同形式的生化处理工艺。

6.2 废水处理基本原则

化工、石化及制药企业废水处理应遵循清污分流、污污分治、分级控制、分类利用、达标排放的总原则，在确保废水处理后达标排放的前提下，提高资源利用率、减少污水排放量、降低处理设施投资、节省处理费用。废水处理的基本原则如下。

① 应优先回收废水中的有用物质或余热。

② 含有《污水综合排放标准》（GB 8978）中规定的第一类污染物的废水，必须在装置内处理达标后排至污水处理厂。

③ 经简单物化处理即可满足回用或排放标准的污水应进行局部处理。

④ 污水处理应充分考虑以废治废，利用本厂或他厂的废水、废气、废渣作为中和药剂、碳源或催化剂等。

⑤加强预处理，提高废水集中处理装置运行可靠性及经济性。下列污水应在装置内进行预处理：

a. 含有较高浓度不易生物降解有机物的污水；

b. 含有较高浓度生物毒性物质的污水；

c. 对排水系统造成腐蚀、淤塞的污水；

d. 温度过高，影响污水处理或对排水管道有危害的污水；

e. 含有易挥发的有毒、有害物质的污水；

f. 其他特征污染物浓度大于污水处理厂接纳指标的污水。

⑥ 低浓度污水宜在企业内集中处理，或排至园区综合污水处理厂处理。污水处理设施的处理能力应考虑开停工、检修、事故等工况。

6.3 废水处理基本方法

对于石化、化工及制药企业的废水，污水处理厂一般采用生化处理工艺。许多有机化合物达到一定浓度时就会抑制微生物繁殖，甚至杀灭微生物，表6-1列出部分有机化合物的生化毒性浓度。所以，在进入生化处理设施前，生产废水应根据其特征污染物种类及其浓度，采取相关的预处理措施。预处理措施包括中和、隔油、气浮、沉淀、萃取、吹脱、汽提和化学氧化等。

6.3.1 中和

酸、碱是工业生产的基础原料，化工、石化和制药企业都会排放酸、碱废水。酸、碱废水的处理一般借助于化学中和，中和至 pH＝6～9，再进行后续处理。

对碱性废水，一般可采用以下中和的方法：①鼓入烟道气；②注入压缩的 CO_2 气体；③投加酸或酸性废水。碱性废水中和剂一般在 HCl 和 H_2SO_4 间选择，硫酸价格较低，其中和反应可溶物比盐酸低，因此使用较多。中和各种碱性废水所需的酸量见表 6-13。

对酸性废水进行中和时，可采用以下方法：①通过石灰滤床中和；②与石灰乳混合；③投加碱性废渣，如电石渣、碳酸钙、碱渣等；④投加烧碱或纯碱溶液。为经济起见，应尽量考虑以废治废，选用碱性废水及废渣来处理废水。中和各种酸性废水所需的碱量见表 6-14。

表 6-13　中和各种碱性废水所需的酸量

碱类名称	中和1kg碱所需的酸量/kg					
	H_2SO_4		HCl		HNO_3	
	100%	98%	100%	36%	100%	65%
NaOH	1.22	1.24	0.91	2.53	1.37	2.42
KOH	0.88	0.90	0.65	1.80	1.13	1.74
$Ca(OH)_2$	1.32	1.34	0.99	2.74	1.70	2.62
NH_3	2.88	2.93	2.12	5.90	3.71	5.70

表 6-14　中和各种酸性废水所需的碱量

酸类名称	中和1kg酸所需的碱量/kg					
	CaO	$Ca(OH)_2$	$CaCO_3$	$MgCO_3$	NaOH	Na_2CO_3
硫酸	0.57	0.755	1.02	0.86	0.815	1.03
盐酸	0.77	1.01	1.37	1.15	1.10	1.45
硝酸	0.455	0.59	0.795	0.668	0.635	0.84
乙酸	0.466	0.616	0.83	0.695	0.666	0.88

6.3.2　隔油

废水中的油类污染物质，除重焦油的相对密度可高达 1.1 以上外，其余的相对密度都小于 1。本小节所述的是处理相对密度小于 1 的含油废水。

废水中的油类存在 4 种状态。

① 浮上油　油滴粒径一般大于 100μm，易浮于水面。

② 分散油　油滴粒径一般介于 10～100μm 之间，悬浮于水中。

③ 乳化油　油滴粒径小于 10μm，一般为 0.1～2μm，能稳定地分散于水中。

④ 溶解油　油滴粒径比乳化油还小，有的可小到几纳米，是溶于水的油微粒。

油的浮上速度与油滴粒径有关，如图 6-6 所示。

隔油是指采用物理方法使油和水分离。隔油设备包括隔油池、旋流分离器和聚结油水分离器等。

隔油池为自然浮上分离装置，对去除酯类和非

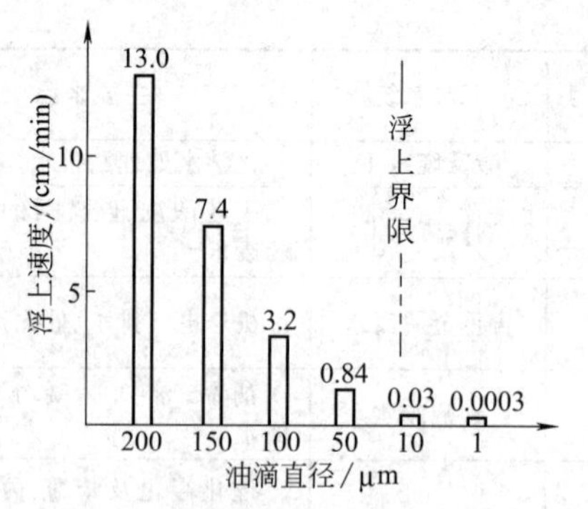

图 6-6　油滴粒径和浮上速度的关系

乳化油有相同的效果。其类型较多，常用的有平流式隔油池（API 油分离器）、平行板式隔油池（PPI 油分离器）、倾斜板式隔油池（CPI 油分离器）、小型隔油池等。隔油装置可单独设置，也可附设在沉淀池内。

平流式隔油池的构造如图 6-7 所示，这种装置占地面积大，构造简单，维护容易，废水在池内的停留时间为 1.5～2.0h，水平流速为 2～5mm/s，最大流速不超过 10mm/s，有效水深为 1.5～2.0m。

PPI 油分离器是 API 油分离器的改良型，其构造如图 6-8 所示。即在平流式隔油池内沿水流方向安设数量较多的倾斜平行板，这样不仅增加了有效分离面积，同时也提高了整流效果。

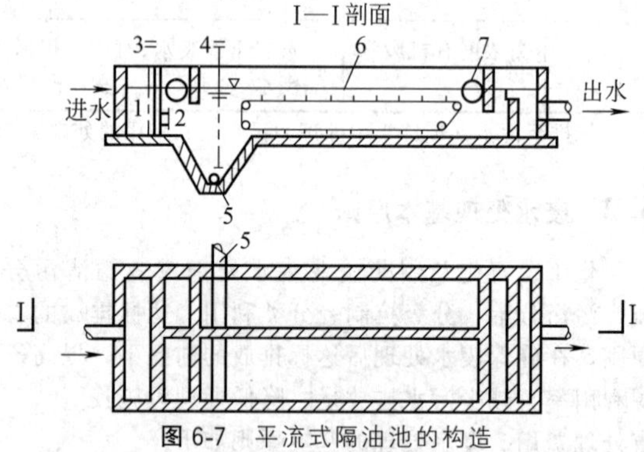

图 6-7　平流式隔油池的构造

1—配水槽；2—进水孔；3—进水间；4—排渣阀；5—排渣管；6—刮油刮泥机；7—集油管

CPI 油分离器是 PPI 油分离器的改良型，其构造如图 6-9 所示。这种装置采用波纹形倾斜板，板间隔 20～40mm，倾斜角 45°。处理水沿板面向下流，分离的油滴沿板下表面向上流，然后由集油管汇集排出。处理水从溢流堰排出，泥渣落入槽底部。

CPI 油分离器表面负荷一般为 0.6～0.8m^3/(m^2·h)，污水在斜板间的流速一般为 3～7mm/s。CPI 油分离器分离效率高，停留时间短（一般不大于 30min），占地面积小。CPI 油分离器应能去除 60μm 以上粒径的油珠。表 6-15 所列为几种油分离器的特性比较。

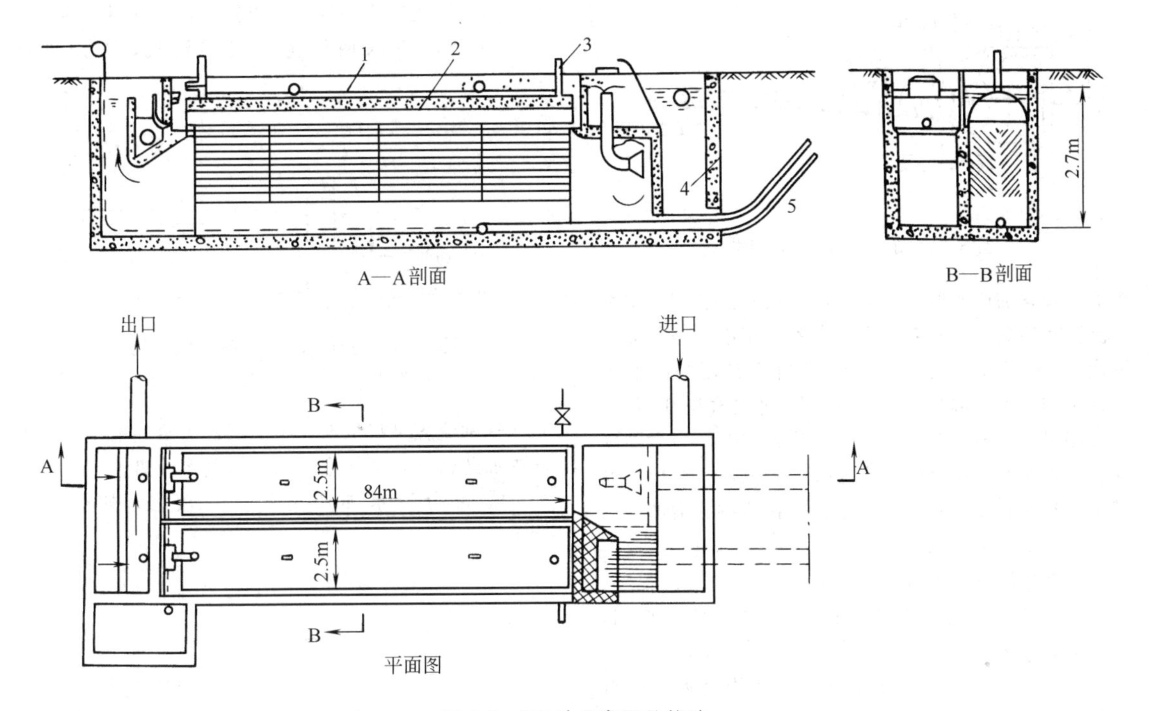

图 6-8 PPI油分离器的构造

1—顶盖；2—分离油；3—排气口；4—沉砂池；5—排泥管

表 6-15 API、PPI、CPI油分离器的特性比较

项　　目	API式	PPI式	CPI式
除油效率/%	60～70	70～80	70～80
占地面积(处理量相同时)	1	1/2	1/3～1/4
可能除去的最小油滴粒径/μm	100～150	60	60
最小油滴的浮上速度/(mm/s)	0.9	0.2	0.2
分离油的除去方式	刮板及集油管集油	利用压差自动流入管内	集油管集油
泥渣除去方式	刮泥机将泥渣集中到泥渣坑	用移动式的吸泥软管或刮泥设备排除	重力排泥
平行板的清洗	没有	定期清洗	定期清洗
防火除臭措施	浮油与大气相通,有着火危险,臭气散发	表面为清水,不易着火,臭气也不多	多为聚氨酯类,有着火危险,臭气比较少
附属设备	刮油刮泥机	卷扬机,清洗设备及装平行板用的单轨吊车	没有
工程费用	低	高	较低

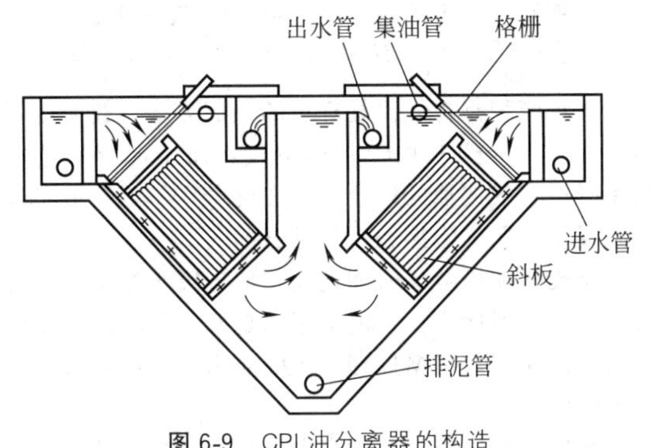

图 6-9 CPI油分离器的构造

旋流分离器是利用油水密度差，在液流高速旋转时受到不等离心力的作用而实现油水分离的。不同密度的两相进入涡旋流场中受到的离心力不同，较重的相向器壁方向移动，较轻的相向旋涡中心移动，分别经底流出口和溢流出口流出，从而达到分离的作用。如图6-10所示为旋流分离器的原理。

要实现旋流分离，必须具备下列条件：① 应产生非常强烈的旋流，使分散相有足够的径向迁移；② 旋流器直径要小，并有足够大的长径比；③ 油芯附近的液流层必须稳定，避免油、水两相的重混；④旋流器应具有很小的圆锥角，导流口能使液流产生好的旋转，旋转轴与旋流器几何轴线应重合。利用旋流分

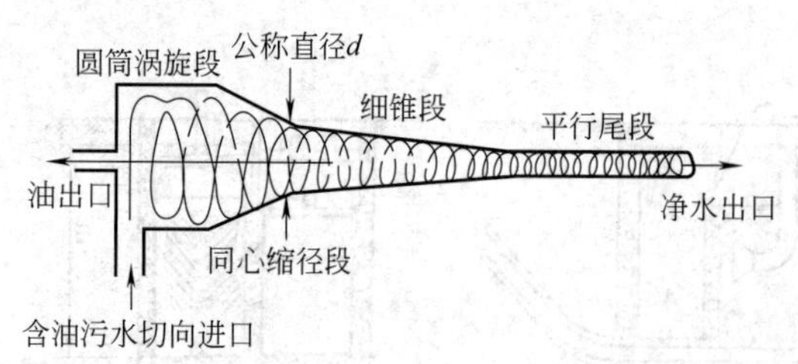

图 6-10 旋流分离器的原理

离器处理含油废水时，一般采用多根旋流芯管。水力旋流分离器具有分离效率高、占用空间小、操作简单等优点，在石油、化工等行业有着十分广泛的应用。

聚结油水分离器（粗粒化）除油技术是利用油、水两相对聚结材料亲和力相差悬殊的特性，当含油废水通过填充着聚结材料的床层时，油粒被材料捕获而滞留于材料表面和孔隙内，随着捕获油粒的增加，油粒间会产生变形，从而合并聚结成更大的油粒。

聚结除油技术可概括为三个步骤。

① 捕获 此过程主要由阻截、扩散、惯性作用、范德华力等所控制，其中阻截、扩散是主要因素。

② 附着 当油粒靠阻截和扩散作用接近聚结材料表面被捕获到一定距离时（$<0.5\mu m$），就会由范德华引力和聚结材料对油的附着力而产生附着。

③ 油膜增大与脱落 细小油粒附着到材料表面形成油膜，随着时间的延长，附着的油量不断增多，当油膜厚度达到一定临界值时，在外力作用下就会脱落。

6.3.3 气浮

对于粒径小于 $100\mu m$ 的分散油及密度接近于水的悬浮物质可用气浮法进行分离。

废水气浮过程通常有下列三步：①在废水中投加絮凝剂，使细小的油珠及其他微细颗粒凝聚成疏水的絮状物；②废水中尽可能多地注入微细气泡；③使气泡与废水充分接触，形成良好的气泡-絮状物的结合体，成功地与水分离。

按气泡产生的方法，可分为溶气气浮法、喷射气浮法、旋转叶轮导入空气并分散气泡散气气浮法和电解气浮法等。目前常用的为加压溶气气浮法（DAF）和散气气浮法（IAF）。

加压溶气气浮法是用水泵将废水送入溶气罐，加压到 0.3～0.55MPa；同时注入空气，使其在压力下溶解于废水中；一般溶气时间为 1～3min。然后废水通过释放器进入气浮池，由于骤然减压，使其形成许多微细气泡逸出，从而实现上浮分离。

溶气气浮法与其他气浮法相比的主要优点是：气泡直径小，一般为 $30\sim120\mu m$。因此在供气量相同的情况下，气泡的总表面积大，吸附能力大；同时气泡上浮的速度慢，与被吸附杂质的接触时间延长；从而提高气浮效果。

加压溶气气浮法的处理流程主要有下列三种。

① 全部废水加压溶气气浮流程，如图 6-11 所示。

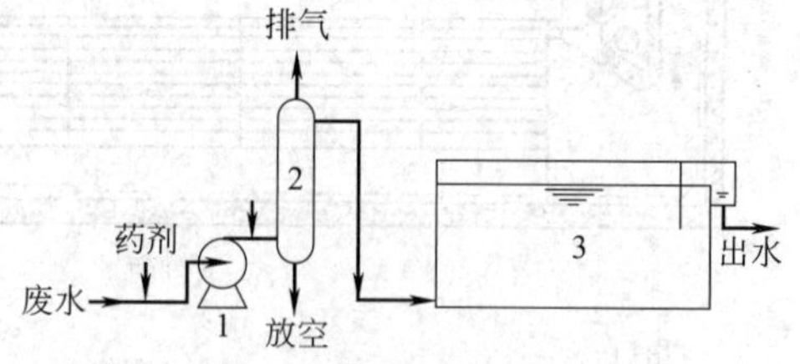

图 6-11 全部废水加压溶气气浮流程
1—加压泵；2—溶气罐；3—气浮池

这种流程是将全部污水加压进入溶气罐，同时在水中加药絮凝，属气泡析出型的气浮分离。

② 部分废水加压溶气气浮流程，如图 6-12 所示。

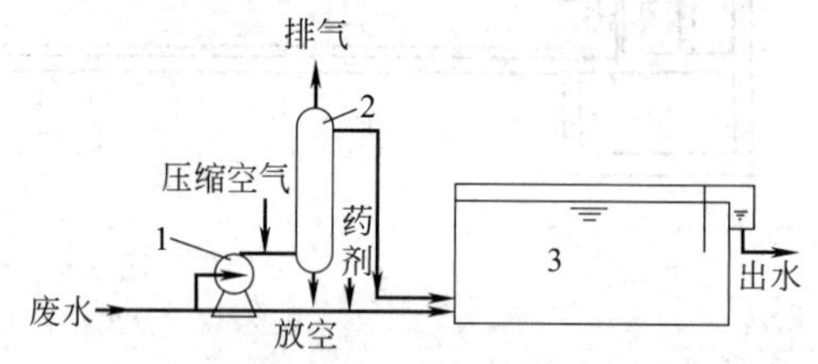

图 6-12 部分废水加压溶气气浮流程
1—加压泵；2—溶气罐；3—气浮池

这种流程是将一部分废水（例如 30%～50%）加压溶气，其余废水直接进气浮分离池的混合室，与溶气水在混合室内充分混合，然后分离，属气泡接触型的气浮分离。

③ 部分回流出水加压溶气气浮流程，如图 6-13 所示。

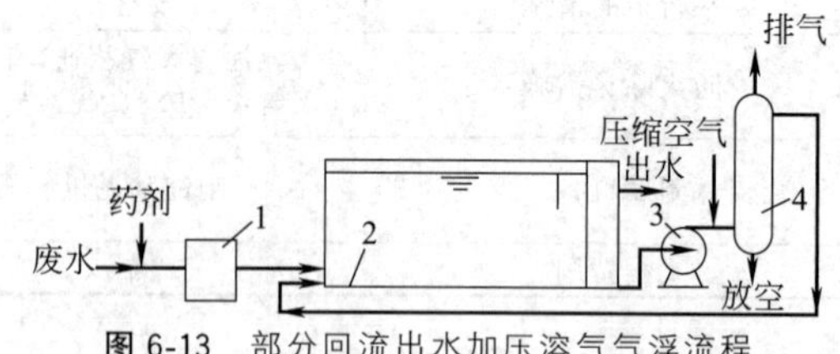

图 6-13 部分回流出水加压溶气气浮流程
1—絮凝池；2—气浮池；3—加压泵；4—放空管

这种流程是将气浮处理后的一部分（一般为处理量的 30%～50%）回流加压溶气，而全部废水经加药絮凝进入气浮池的混合室，在混合室与溶气水充分接触混合，属气泡接触型气浮分离。

全废水加压溶气法能耗高，部分废水加压溶气法易造成释放器堵塞，目前常用的是部分回流出水加压溶气气浮流程。根据处理水质的要求，也可以采用二级串联气浮。

采用气浮法处理含油废水，投加絮凝剂可大大提高油的去除率。常用絮凝剂及投加量为：硫酸铝

40～80mg/L，聚合铝15～35mg/L，聚丙烯酰胺2～5mg/L。究竟选用哪种凝聚剂，宜在工厂投产后，根据废水处理的流程和实际水质，通过多种药剂的试验、筛选后确定。

溶气是溶气气浮法的核心。溶气是指在一定压力下使水中尽量多地溶入空气。根据亨利（Henry）定律：

$$G=736K_{T}p \tag{6-11}$$

式中 G——理论溶解空气量，mL空气/L水；

p——溶气罐中的绝对压力，atm（1atm=101325Pa）；

K_{T}——与温度有关的溶解系数。

温度与溶解系数的关系见表6-16。

表6-16 温度与溶解系数 K_T 值的关系

温度/℃	K_T 值	$736K_T$ 值
0	0.0377	27.75
10	0.0295	21.71
20	0.0243	17.88
30	0.0206	15.16
40	0.0179	13.17
50	0.0145	11.70

溶解空气量与压力成正比，但压力太高的话，能耗太大。关键是要优化溶气罐的设计，提高溶气效率。溶气效率是指在一定压力下实际溶解的空气量与理论溶解空气量的比值。

$$\eta=\frac{G_1}{G} \tag{6-12}$$

式中 η——溶气效率；

G_1——实际溶解的空气量；

G——理论溶解的空气量。

一般溶气压力选择在0.3～0.55MPa，溶气时间为1～3min，溶气效率为60%～90%。在溶气压力和时间相同的情况下，应加强气水接触，使溶气效率提高到90%左右。在设计时，空气量按计算值的1.25倍供给。通常，空气的实际用量为回流污水量的5%～10%（体积比）。

微细气泡的形成（也称释放）是溶气气浮法的关键，要求气泡的粒径为30～120μm。微细气泡通常由释放器产生。

释放器一般安装在气浮分离池的混合室，宜安装在水深1.5m以下，出水方向朝上、朝下或朝前皆可；朝上安装时宜加设帽罩式挡板，以扩大服务半径和减小表层掀浪。

油粒等杂质的絮凝颗粒在分离池中微细气泡作用下与水分离。分离池可采用矩形或圆形。矩形分离池内的水平流速不宜大于6mm/s；分离区的长宽比宜取（3～4）∶1；有效水深一般取1.5～2.5m；分离时间一般为30～60min。在气浮分离池内一般设置出水调节堰板和刮渣机。

散气气浮是通过曝气机底部的中空叶轮快速旋转在水中形成一个真空区，此时水面上的空气通过中空管道抽送至水下，并在底部叶轮快速旋转产生的几股剪切力下把空气粉碎成微气泡，典型的设备为涡凹气浮设备。

与溶气气浮法相比，散气气浮的特点是：占地面积小，维修容易。但由于其气泡由切割产生，气泡粒径较大，因此该气浮工艺常用于预处理或一级气浮处理。

气浮法不仅用于含油废水，也用于含悬浮颗粒的废水处理。

6.3.4 萃取、吹脱和汽提

对于较高浓度且具有回收价值的污染物，宜采用萃取、吹脱或汽提法进行预处理，使废水满足生化处理要求，或尽量降低有毒物质浓度，如挥发酚类小于50mg/L、氨氮小于200mg/L等。

(1) 萃取

萃取是利用一种与水互不相溶的溶剂同废水混合，使废水中的某些污染物进入此溶剂中，再把溶剂与水分离的方法。萃取可降低废水中污染物的含量，还可以将污染物从溶剂中分离出来，达到回收污染物的目的。所用的溶剂称为萃取剂，例如用苯、重苯、磷酸三甲酚、醋酸丁酯、苯乙酮等为萃取剂可从工业废水中萃取回收酚，用重油等萃取剂可从废水中回收苯胺等。

选择的萃取剂应尽量满足下列要求：①在水中溶解度小，密度差大，便于分离；②具有较大的分配系数，以节省萃取剂用量，减少萃取设备容积；③具有良好的选择性，提高萃取效率；④无毒，以免形成新的污染；⑤来源广泛，价格低廉。

(2) 吹脱

将空气通入废水中，废水中的溶解性气体和易挥发性溶质由液相转入气相，使废水得到处理的过程称为吹脱。被吹脱物质在液相和气相中的浓度差是其由液相转入气相的推动力。

吹脱处理废水的工艺需要预处理和回收解吸气体。废水预处理方法有调整废水水温和pH值，去除悬浮物和油类等污染物，应根据实际废水进行选择。

吹脱产生的解吸气体的处理原则是：①对低浓度的有害气体，可采用生物法处理后排向大气；②对中等浓度的有害气体，可以导入炉内燃烧；③对高浓度的有害气体，应考虑回收利用，回收解吸气体的基本方法是吸收和吸附。吹脱法已普遍应用于焦化、化肥和煤化工等企业高氨氮生产废水的处理。

(3) 汽提

向废水中通入蒸汽，使废水中易挥发组分由液相转入气相，使废水得到处理的过程称为汽提。汽提法一般用于处理含酚废水和含氰废水。汽提法可分为简单蒸馏和蒸汽蒸馏两种。

① 简单蒸馏　对于与水互溶的挥发性物质，利用其在气液两相平衡条件下，在气相中的浓度大于在液相中的浓度这一特性，将废水加热至其沸点，溶液汽化，经冷凝得到的蒸出液中易挥发组分的浓度高于原废水。

② 蒸汽蒸馏　对于与水不互溶或几乎不互溶的挥发性污染物质，利用混合液的沸点低于两组分沸点这一特性，可使高沸点挥发物在较低温度下汽化而被分离除去。例如，废水中的松节油、苯胺、酚、硝基苯等物质，在低于100℃的条件下，应用蒸汽蒸馏法可将其有效脱除。

6.3.5 化学氧化和催化氧化

我国对环境保护越来越重视，修订了环境保护法；制定了更加严格的污水排放标准，并新增了多项指标；对污染物排放总量进行严格控制，对企业提出“增产不增污、增产减污、以新带老”等要求。为了使污水能够满足新的排放标准，以及生产规模的扩大，生产企业必须对现有污水处理设施进行改造，采用更加高效的污水处理技术。由于化工、石化和制药企业污水中含有多种难生物降解或有毒性的有机物，利用生物法和物理法往往无法满足要求。因此，近年来化学氧化和催化氧化法受到了重视，已得到广泛应用。

通过向废水中投加氧化剂，废水中难生物降解或有毒害物质与氧化剂发生化学反应，转化为易生物降解、无毒害或低毒害物质的方法称为化学氧化法。氧化剂有空气（氧）、纯氧、臭氧、双氧水、氯系氧化剂、高锰酸钾和三氯化铁等。

在具有强氧化剂的废水中加入某种催化剂，在氧化体系中可产生一种新的、活性更强的氧化剂——羟基自由基（·OH）中间体。羟基自由基具有较强的氧化能力，其氧化电位仅次于氟，高达2.80V；另外，羟基自由基具有很高的电负性或亲电性，其电子亲和能力达569.3kJ，具有很强的加成反应特性。因此，催化氧化法可以无选择地氧化废水中的大多数有机物，特别适用于生物难降解或一般化学氧化难以奏效的有机废水的处理。这种方法称为催化氧化法（或高级氧化法）。

氧化剂氧化性的强弱取决于其氧化电位的高低，表6-17为常用氧化剂的氧化电位。

表6-17　常用氧化剂的氧化电位

氧化剂	·OH	O_3	H_2O_2	HClO	Cl_2
氧化电位/V	2.8	2.07	1.77	1.63	1.36

(1) 氯氧化法

次氯酸钠、漂白粉、二氧化氯、液氯等含氯物质统称为氯系氧化剂，它们与水反应都能生成具有强氧化作用的次氯酸根（ClO^-），这是氯氧化法的本质。氯氧化法主要用于去除低浓度废水中的氰化物、硫化物、酚、醇、醛、油类以及对废水进行脱色、除臭、杀菌、防腐等处理。

(2) 臭氧氧化法

臭氧是氧气的同素异形体，相对密度为氧的1.5倍，在水中的溶解度比氧气大10倍，比空气大25倍。臭氧具有毒性，应控制空气中的浓度小于0.1mg/L。臭氧的氧化性很强，已在饮用水和废水处理中得到广泛应用。但臭氧很不稳定，在常温下就可逐渐自行分解为氧气。

$$O_3 \longrightarrow \frac{3}{2}O_2 + 144.45\text{kJ}$$

臭氧在水中的分解速率比在空气中快得多，表6-18为不同温度和pH值条件下臭氧在水中的半衰期。所以，臭氧不易储存，需边生产边用。为了使臭氧与水中的污染物充分反应，应尽可能使臭氧化空气在水中形成微细气泡，并采用气液两相逆流操作，以强化传质过程。臭氧与废水的接触反应时间取决于所处理废水的组分及特性。

表6-18　不同温度和pH值条件下臭氧在水中的半衰期

温度/℃	1	10	14.6	19.3	14.6	14.6	14.6
pH值	7.6	7.6	7.6	7.6	8.5	9.2	10.5
半衰期/min	1098	109	49	22	10.5	4	1

臭氧对水中有机物的氧化过程可分为直接氧化和间接氧化（催化氧化）。

① 直接氧化　直接氧化是臭氧与水中的有机物直接反应生成羧酸等简单有机物或直接氧化生成二氧化碳和水的过程，这类反应一般发生在溶液呈酸性（尤其是pH<4）的反应体系，或溶液中存在大量碳酸盐等自由基反应链终止剂的反应体系。在该条件下，臭氧与含有双键等不饱和化合物以及带有供电子取代基（酚羟基）的芳香族化合物反应速率较快，属于传质控制的化学反应，臭氧与烯烃和苯酚的反应即属此类，臭氧与烯烃的反应机理如图6-14所示。但是，饱和的有机物及酚羟基以外的其他有机物与臭氧的直接反应速度却很慢，即臭氧直接氧化具有很强的选择性。

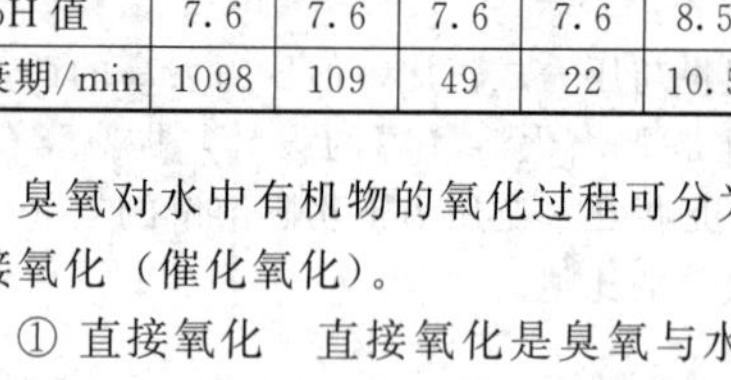

图6-14　臭氧对含双键的有机物的氧化机理

臭氧直接氧化法可用于氧化去除多种无机物和有机物，常用于提高废水的可生化性、除臭、脱色和杀菌等。

② 催化氧化　催化氧化无选择性，可适用于各种难降解有机废水的处理，一般采用铜、锰和稀土金属的氧化物、活性炭、紫外光等作为催化剂。催化剂可以分散在污水中（称为均相氧化体系），也可以烧结在活性氧化铝或多孔无机材料等载体中（称为非均相氧化体系）。影响臭氧氧化去除有机物反应的因素主要包括氧化剂的浓度、温度、pH 值、无机碳、有机碳及其他存在物。臭氧氧化对难降解物质的去除效果很好，但这一技术未能大规模应用，主要原因有：臭氧对碳钢材料具有腐蚀作用，臭氧发生器、臭氧接触塔以及管道和阀门等必须采用抗臭氧氧化的材料，包括玻璃、不锈钢、特氟纶和钛合金等，一次性投资大；根据目前的臭氧制取技术，每制取 1kg 臭氧耗电 16～20kW·h，按照每分解 1kg COD 需要 3～4kg 臭氧计算，则每处理 1kg COD 需要 40～60 元，运行费用很高。

(3) 过氧化氢氧化法

过氧化氢（即双氧水）作为氧化剂的主要优点是：①产品稳定，储存时每年活性氧的损失低于1%；②安全；③与水完全混溶，没有溶解度的限制，避免排出泵产生气栓；④无二次污染，能满足环保排放要求；⑤氧化选择性高。但由于双氧水的价格很高，且单独使用时氧化反应过程过于缓慢，目前多利用投加催化剂的方法以促进氧化过程。

以双氧水作为氧化剂的催化氧化法很多，主要有芬顿（Fenton）试剂法、异相催化氧化法等。

① 芬顿（Fenton）试剂法　芬顿（Fenton）试剂法采用 H_2O_2 为氧化剂，亚铁离子（$FeSO_4$）为催化剂，在水中形成。

$$Fe^{2+} + H_2O_2 \longrightarrow Fe^{3+} + OH^- + \cdot OH$$

由于该方法以 $FeSO_4$ 作为催化剂，价格低廉，处理设备投资较低，在高浓度污水处理中应用很普遍，尤其在垃圾渗滤液、制药废水、精细化工废水等方面。但芬顿试剂法的最大缺点是产生大量铁水络合物和氢氧化铁的絮凝沉淀，这些沉淀物属于危险废物，处置费用很高，增加了污水处理的运行成本。

影响芬顿试剂法处理效果的主要因素包括溶液pH 值、芬顿试剂的配比、反应温度、H_2O_2 投加量及投加方式、催化剂种类、催化剂与 H_2O_2 投加量之比等。此外，芬顿试剂是否配用催化剂和絮凝剂对处理效果也有影响。芬顿试剂法中最常用的催化剂是 $FeSO_4 \cdot 7H_2O$，其他的催化剂如 Fe^{2+}/TiO_2、Cu^{2+}、Mn^{2+}、活性炭等均有一定的催化能力，可以根据污染物的种类确定不同的催化剂。

② 异相催化氧化法　在反应器中装填经过特殊技术处理的铁填料，经同相作用和异相作用的催化氧化，氧化产生的三价铁（Fe^{3+}）与填料结合，产生 —FeOOH 异相结晶体，它是 H_2O_2 极好的催化剂，利用过氧化氢（H_2O_2）与其反应，产生强氧化剂·OH，将废水中的难降解有机物氧化去除，由于—FeOOH的存在，可以大幅降低催化剂的加药量，也大大减少了传统技术的污泥产生量，降低了运行费用。目前在造纸、电镀、化工等难降解废水处理中已得到应用。

(4) 光氧化法

所谓光化学反应，就是在光的作用下进行的化学反应。光化学反应需要分子吸收特定波长的电磁辐射，受激产生分子激发态，之后才会发生化学变化到一个稳定的状态，或者变成引发热反应的中间化学产物。利用光化学反应治理污染，包括无催化剂和有催化剂参与的光化学氧化。

由光分解和化学分解组合成的光催化氧化法已成为废水处理领域的一项重要技术。常用光源为紫外光（UV）；常用氧化剂有臭氧和过氧化氢等。

以 H_2O_2 作为氧化剂，以紫外光（UV）作为催化剂的紫外光催化技术，除了氧化剂货源稳定、价格较低外，还具有无固废和臭气产生、不增加污水的TDS（总溶解性固体）、流程简单、占地面积较少等优点，从 20 世纪末开始受到国内外环保领域的重视，在污水处理和废气除臭方面已经有较多应用实例。但因紫外灯管的功率小，紫外光穿过灯管进入污水的穿透率较低，灯管的使用寿命较短等因素，制约了该技术在国内的发展。近年来，国外已研制出高效的紫外氧化反应器，基本解决了以上问题，在医药活性物质、氰化物、络合物、电镀废水处理及贵金属回收、垃圾渗滤液、可挥发性工业废气处理方面已有较多工程应用项目。

(5) 湿式氧化法

湿式氧化法（wet air oxidation，WAO）是在高温（150～350℃）、高压（0.5～20MPa）下，以氧气或者空气作为氧化剂，将废水中的有机物氧化成二氧化碳和水，从而达到去除污染物的目的。

湿式氧化过程比较复杂，一般认为有两个主要步骤：①空气中的氧从气相到液相的传质过程；②溶解氧与基质之间的化学反应。湿式氧化反应中，尽管氧化反应是主要的，但在高温高压体系下，水解、热解、脱水、聚合等反应也同时发生。

与常规氧化法相比，湿式氧化法具有氧化速率快、处理效率高、二次污染少、可回收能量等特点，限制其广泛应用的原因是系统复杂、对设备材质的要求高、投资大、操作管理难和运行费高等，目前主要应用于两个方面：一是作为高浓度难降解有机废水生化处理的预处理，以提高可生化性；二是用于处理有毒、有害的工业废水。

总之，化学氧化和催化氧化法的最大优点是可去除各种有机物和还原性无机物，不受污染物浓度和含盐量的影响；可通过调整氧化剂的投加量和停留时间调整去除效率，理论上对污染物的去除率处理可达

100%。但氧化剂的费用普遍较高；污水体系的腐蚀性较强，工程投资也较高；氧化法一般只用于高浓度污水的预处理和生化处理后废水的达标处理。

6.3.6 化学沉淀

化学沉淀法是向废水中投加某种化学物质，使它与其中某些溶解性物质发生置换反应，生成难溶盐沉淀，从而降低水中溶解性污染物的方法。投加的化学物质称为沉淀剂。根据生成难溶盐的性质，化学沉淀法主要有氢氧化物沉淀法和硫化物沉淀法，一般用于处理含金属离子、氰化物等有毒物的工业废水。

6.3.7 有机废水生化处理

有机废水处理的基本任务是去除废水中的各种有机污染物，处理的主要方法是生物处理法。生物处理法分为两大类：好氧生物处理和厌氧生物处理。

生物处理的工艺主要有活性污泥法和生物膜法。两种工艺均是以微生物（细菌、藻类、原生动物和原生植物）对污水中的有机污染物进行降解和净化。活性污泥以悬浮态（菌胶团）存在于水中。生物膜是以填料为载体，微生物固着在填料表面。

(1) 好氧生物处理

好氧生物处理是指在充氧条件下，通过微生物吸附和氧化分解作用，使废水中的有机物降解或去除，从而使废水得到净化。好氧生物处理适用于去除易生物降解的有机物，较低浓度的氨氮和硫化物等无机物。

好氧活性污泥法的形式有多种，如传统活性污泥法、阶段曝气活性污泥法、序批式活性污泥法(SBR)及氧化沟、膜生物反应器(MBR)、粉末活性炭生物法(PACT)等。传统活性污泥法的流程，如图6-15所示，其主要设计运行参数如下。

① 混合液悬浮固体(MLSS)，一般为3～5g/L。

② BOD负荷一般为0.2～0.6kg BOD_5/(kg MLSS·d)。

③ 污泥龄(t_s)与污泥负荷有关，一般为2～15d。

④ 污泥沉降比(SV)为15%～40%。

⑤ 池内溶解氧为2～3mg/L。

⑥ 污泥回流比为25%～100%。

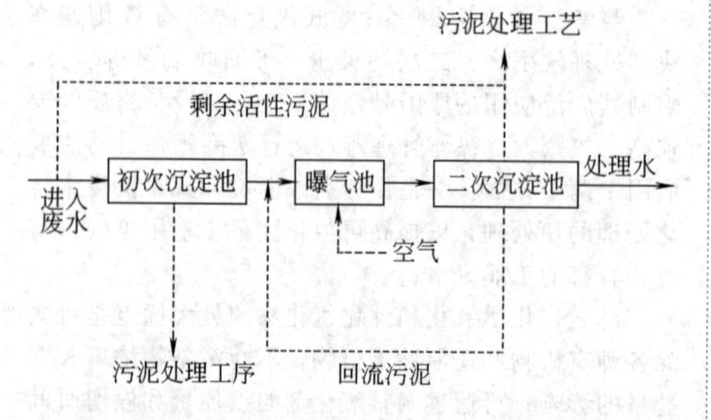

图6-15 传统活性污泥法工艺的流程

生物膜法有塔滤池、接触氧化池及生物转盘、曝气生物滤池、生物流化床和生物移动床(MBBR)等形式。

塔滤的填料采用轻质高孔隙率的塑料填料，塔径一般为1.5～5m，塔高为塔径的6～8倍。由于高塔体，可以使抽风能力增强，供氧充足，提高有机负荷[有机负荷可达0.8～2kg/(m^3·d)]。其BOD_5去除率可达85%～95%。

生物接触氧化池在填料层下面装有鼓风曝气充氧装置，进行强制供风，通常生物接触氧化池设计容积负荷为1～3kg COD/(m^3·d)，COD去除率为65%～80%。

生物接触氧化池的填料有多种形式，有固定蜂窝式、悬挂纤维式（软性、弹性、半弹性填料）、漂浮式等。各种形式的填料各有利弊，蜂窝填料孔径大，比表面积小；悬挂式填料寿命较短，易脱落；漂浮式填料则不易挂膜。因此，在选择填料时，应采用对微生物无毒害、易挂膜、比表面积较大、空隙率较高、氧转移性能好、机械强度大、经久耐用、价格低廉的材料。

好氧生物处理的主要控制因素有以下六点。

① 当废水的BOD_5/COD>0.3时，适宜用生物处理工艺；BOD_5/COD<0.1时，不宜采用生物处理工艺。

② 好氧曝气池中溶解氧(DO)宜保持在2～3mg/L。

③ 好氧微生物代谢需要一定比例的营养物质。除了BOD_5表示的碳源外，还需要氮、磷和其他微量元素。BOD_5∶N∶P的正确比例，应通过试验确定。在没有试验数据的情况下，一般按下式计算：BOD_5∶N∶P＝100∶5∶1。经过计算，若氮不足，可投加氨水、尿素或补充生活污水等；若磷不足，可投加磷酸、磷酸氢二钠或补充生活污水等。

④ 废水的pH值一般要求为6～9。超出此范围，应进行pH值调节。

⑤ 废水温度以20～30℃为最好，曝气池温度最高不超过40℃，也不宜低于10℃。

⑥ 废水中若含重金属、硫化物、氰化物等无机物以及酚、甲醛等有机物时，对微生物有毒害作用，应按其允许浓度严加控制，如进行预处理或稀释等。部分化学物质的生化毒性数据见表6-1。

曝气池容积按式(6-13)计算，仅去除含碳有机物时曝气池需氧量由降解废水中有机物所需的氧和氧化自身细胞所需的氧两部分组成。可由式(6-14)计算。

$$V=24\frac{Q(S_0-S_e)}{1000XN_s} \tag{6-13}$$

式中 V——曝气池容积，m^3；

Q——进水设计流量，m^3/h；

S_0——进水的 BOD_5 浓度，mg/L；

S_e——出水的 BOD_5 浓度，mg/L；

X——混合液挥发性悬浮固体（MLVSS）浓度，g/L；

N_s——污泥负荷（一般根据经验确定），kg BOD_5/(kgMLVSS·d)。

$$O_2 = a'QSr + b'VX \quad (6\text{-}14)$$

式中 O_2——曝气池混合液需氧量，kg/d；

a'——微生物氧化分解有机物过程的需氧率，kg O_2/kg BOD，见表 6-19；

b'——1kg 活性污泥（MLVSS）每天自身氧化的需氧量，kg，见表 6-19；

Sr——有机物降解量，进出水有机物浓度差值，kg/m^3。

表 6-19 所列为部分工业废水的 a'、b'值。

表 6-19 部分工业废水的 a'、b'值

污水名称	a'	b'	污水名称	a'	b'
石油化工废水	0.75	0.16	炼油废水	0.55	0.12
含酚废水	0.56	—	制药废水	0.35	0.354
合成纤维废水	0.55	0.142	制浆造纸废水	0.38	0.092

还需去除氨氮时，应增加氨氮硝化所需的氧量。氧化 1kg NH_4^+-N 需氧量为 4.57kg。

生物接触氧化池有效容积 V 可由式（6-15）计算。

$$V = \frac{24Q(S_0 - S_e)}{1000L_v} \quad (6\text{-}15)$$

式中 L_v——容积负荷，kg COD/(m^3·d) 或 kg BOD_5/(m^3·d)；

S_0——进水的 COD 或 BOD_5 浓度，mg/L；

S_e——出水的 COD 或 BOD_5 浓度，mg/L。

(2) 缺氧-好氧生物处理

缺氧-好氧生物处理系统（A/O 系统）是在常规的好氧生物处理系统中增设缺氧段，使废水依次进入缺氧段和好氧段。废水在好氧段中，其含碳有机物（BOD_5）被污泥中的好氧微生物氧化分解，有机氮通过氧化作用和硝化作用转化为氧化态氮。在缺氧段，活性污泥中的反硝化细菌利用氧化态氮和废水中的含碳有机物进行反硝化作用，使化合态氮转化为分子态氮，获得同时去碳和脱氮的效果。因此，A/O 系统也称为生物脱氮系统。

A/O 工艺将前段缺氧段和后段好氧段串联在一起，A 段 DO 不大于 0.5mg/L，O 段 DO = 2～4mg/L。在缺氧段还可发生水解酸化，异养菌将污水中的悬浮污物和可溶性有机物水解为有机酸，使大分子有机物分解为小分子有机物，不溶性有机物转化成可溶性有机物，当这些经缺氧水解的产物进入好氧池进行好氧处理时，可提高污水的可生化性及氧的效率；在缺氧段，异养菌对蛋白质、脂肪等有机氮化合物进行还原脱氨、水解脱氨和脱水脱氨三种途径的氨化反应，其反应式为：

$$RCH(NH_3)COOH \xrightarrow{+2H} RCH_3COOH + NH_3$$

$$CH_3CH(NH_2)COOH \xrightarrow{+H_2O} CH_3CH(OH)COOH + NH_3$$

$$CH_2(OH)CH(NH_2)COOH \xrightarrow{-H_2O} CH_3COCOOH + NH_3$$

在好氧段，有机氮化合物可进一步氨化，如：

$$RCHNH_2COOH + O_2 \xrightarrow{\text{氨化菌}} RCOOH + CO_2 + H_2O$$

然后通过硝化作用将 NH_3-N 氧化为 NO_x^--N，这个过程由亚硝酸菌和硝酸菌共同完成，包括亚硝化反应和硝化反应两个步骤。硝化反应总方程式为：

$$NH_3 + 1.86O_2 + 0.98HCO_3^- \longrightarrow 0.02C_5H_7NO_2 + 1.04H_2O + 0.98NO_3^- + 0.88H_2CO_3$$

由上式可以看出硝化过程的几个重要特征如下。

① NH_3 的生物氧化需要大量的氧，大约每去除 1g NH_3-N 需要 4.2g O_2。

② 硝化过程中产生大量的质子（H^+），为了使反应能顺利进行，需要大量的碱中和，理论上大约为每氧化 1g NH_3-H 需要碱度 5.57g（以 Na_2CO_3 计）。

将好氧段末端含有大量硝态氮的混合液回流至缺氧段，通过反硝化作用将 NO_x^--N 及其他氮氧化物还原为氮气或氮的其他气态氧化物。其反应式为：

$$NO_3^- \longrightarrow NO_2^- \longrightarrow NO \longrightarrow N_2O \longrightarrow N_2$$

$$NO_3^- + 5[H](\text{有机电子供体}) \longrightarrow \frac{1}{2}N_2 + 2H_2O + OH^-$$

$$NO_2^- + 3[H](\text{有机电子供体}) \longrightarrow \frac{1}{2}N_2 + H_2O + OH^-$$

反硝化过程需要利用可降解的有机物（BOD_5）作为电子供体，需要的有机物量可按下式计算。

$$C = 1.71[NO_2^- \text{-N}] + 2.86[NO_3^- \text{-N}] \quad (6\text{-}16)$$

式中 C——反硝化过程有机物需要量，mgBOD_5/L；

$[NO_3^-$-N$]$——硝酸盐氮浓度，mg/L；

$[NO_2^-$-N$]$——亚硝酸盐氮浓度，mg/L。

当污水中缺乏有机物时，则无机物如氢、Na_2S 等也可作为反硝化反应的电子供体，而微生物则可通过消耗自身的原生质进行内源反硝化。内源反硝化将导致细胞物质的减少，同时还生成 NH_3。为了不让内源反硝化占主导地位，常外加有机碳源，常用的碳源为甲醇、乙酸和葡萄糖等。投加甲醇时的分解产物为 CO_2 和 H_2O，不产生难分解的中间产物，是理想的碳源。其反应式为：

$$6NO_3^- + 5CH_3OH \xrightarrow{\text{反硝化菌}} 3N_2\uparrow + 7H_2O + 5CO_2 + 6OH^-$$

但甲醇的费用偏高，而且甲醇的火灾危险性分类属于甲A类，运输、储存和使用过程均存在安全隐患。在实际运行中，应尽量采用高浓度有机废水或废物，如食品工业废水等作为补充碳源，达到以废治废的效果。

缺氧-好氧生物处理系统按沉淀次数可分为单级污泥系统和多级污泥系统。按缺氧段位置可分为前反硝化、后反硝化和同时反硝化三种流程。如图6-16所示为单级活性污泥法缺氧-好氧生物处理系统流程。该系统将去碳、硝化、反硝化装置连在一起，中间无沉淀池隔开，在前反硝化流程中，硝化段的出水回流至前端的反硝化段内，以提供硝酸盐作为反硝化的基质。该流程简单合理，适合于大型推流式废水处理装置的改造。在后反硝化流程的沉淀池前，需增设容积较小的后曝气池，用以去除反硝化出水中残留的少量含碳有机物。它和前反硝化流程一样都能获得良好的脱氮效果。在同时反硝化流程的延时曝气池中，因供氧不足，离充氧器较远处呈缺氧状态，使局部区域同时发生反硝化。该流程脱氮效果差，且较难控制。

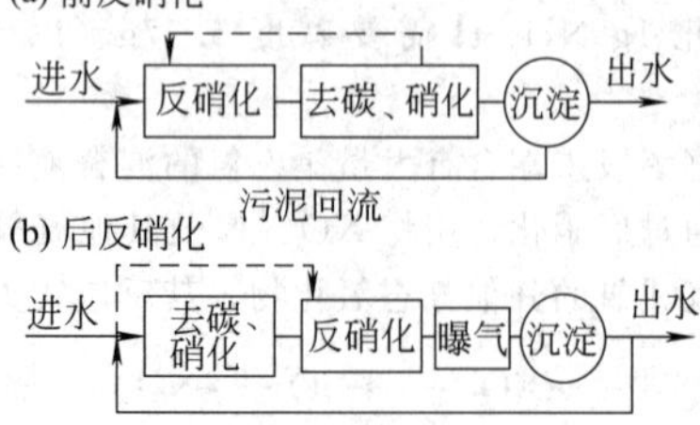

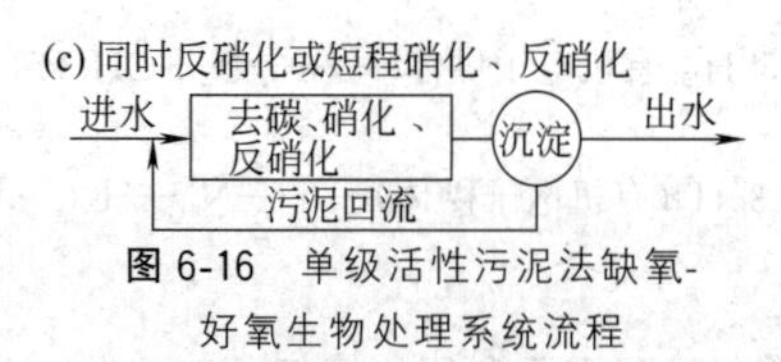

图6-16 单级活性污泥法缺氧-好氧生物处理系统流程

近年来开发的短程硝化反硝化工艺是通过控制生化池的温度、溶解氧、pH值和污泥负荷等因素在有利于亚硝酸菌积累的条件下，使氨氧化停留在亚硝化阶段，然后反硝化菌群利用亚硝酸盐作为电子受体，直接将亚硝酸盐氮还原为气态氮，达到脱氮的目的，整个硝化和反硝化过程在同一生化池内完成，其脱氮途径与全程硝化反硝化的对比如图6-17所示。根据资料显示，该工艺的最佳溶解氧范围是0.5～1.0mg/L；最佳pH值为8.0左右。

缺氧-好氧生物处理系统计算公式如下。

① 缺氧区（池）容积，可按下列公式计算：

$$V_n = \frac{0.001Q(N_K - N_{te}) - 0.12\Delta X_V}{K_{de}X} \tag{6-17}$$

$$K_{de(T)} = K_{de(20)}1.08^{(T-20)} \tag{6-18}$$

$NH_4^+ \longrightarrow NO_2^- \longrightarrow NO_3^- \longrightarrow NO_2^- \longrightarrow N_2$

硝化阶段 | 反硝化阶段

(a) 全程硝化、反硝化生物脱氮途径

$NH_4^+ \longrightarrow NO_3^- \longrightarrow N_2$

硝化阶段 | 反硝化阶段

(b) 短程硝化、反硝化生物脱氮途径

图6-17 全程硝化、反硝化与短程硝化、反硝化示意图

$$\Delta X_V = yY_t\frac{Q(S_0 - S_e)}{1000} \tag{6-19}$$

式中 V_n——缺氧区（池）容积，m^3；

Q——生物反应池的设计流量，m^3/d；

X——生物反应池内混合液悬浮固体平均浓度，g MLSS/L；

N_K——生物反应池进水总凯氏氮浓度，mg/L；

N_{te}——生物反应池出水总氮浓度，mg/L；

ΔX_V——排出生物反应池系统的微生物量，kg MLVSS/d；

K_{de}——脱氮速率，kg NO_3-N/(kg MLSS·d)，宜根据试验资料确定，无试验资料时，20℃的K_{de}值可采用0.03～0.06kg NO_3-N/(kg MLSS·d)，并按公式(6-18)进行温度修正，$K_{de(T)}$、$K_{de(20)}$分别为T℃和20℃时的脱氮速率；

T——设计温度，℃；

Y_t——污泥总产率系数，kg MLSS/kg BOD_5，宜根据试验资料确定，无试验资料时，取0.6～1.0；

y——MLSS中的MLVSS所占的比例；

S_0——生物反应池进水5日生化需氧量，mg/L；

S_e——生物反应池出水5日生化需氧量，mg/L。

② 好氧区（池）容积，可按下列公式计算。

$$V_0 = \frac{Q(S_0 - S_e)\theta_{co}Y_t}{1000X} \tag{6-20}$$

$$\theta_{co} = F\frac{1}{\mu} \tag{6-21}$$

$$\mu = 0.47\frac{N_a}{K_n + N_a}e^{0.098(T-15)} \tag{6-22}$$

式中 V_0——好氧区（池）容积，m^3；

θ_{co}——好氧区（池）设计污泥泥龄，d；

F——安全系数，取1.5～3.0；

μ——硝化菌比生长速率，d^{-1}；

N_a——生物反应池中的氨氮浓度，mg/L；

K_n——硝化作用中氮的半速率常数，mg/L；

T——设计温度，℃；

0.47——15℃时，硝化菌最大比生长速率，d^{-1}。

③ 混合液回流量，可按下列公式计算。

$$Q_{Ri}=\frac{1000V_nK_{de}X}{N_t-N_{ke}}-Q_R \qquad (6\text{-}23)$$

式中 Q_{Ri}——混合液回流量，m^3/d，混合液回流比不宜大于400%；

Q_R——回流污泥量，m^3/d；

N_{ke}——生物反应池出水总凯氏氮浓度，mg/L；

N_t——生物反应池出水总氮浓度，mg/L。

缺氧-好氧法生物脱氮的主要设计参数，宜根据试验资料确定；无试验资料时，可采用经验数据或按表6-20的规定取值。

缺氧-好氧生物反应池中好氧区的污水需氧量，除去有机物5日生化需氧量外，还应考虑氨氮硝化需氧和反硝化释放氧。氧化每千克氨氮所需氧量（NOD）为4.57kg，反硝化每千克硝酸盐可释放的氧量约为2.86kg。

好氧区的需氧量可按下式计算。

$$O_2=0.001aQ(S_o-S_e)-c\Delta X_V+b[0.001Q(N_k-N_{ke})-0.12\Delta X_V]-0.62b[0.001Q(N_t-N_{ke}-N_{oe})-0.12\Delta X_V] \qquad (6\text{-}24)$$

式中 O_2——污水需氧量，kg O_2/d；

Q——生物反应池的进水流量，m^3/d；

S_o——生物反应池进水5日生化需氧量，mg/L；

S_e——生物反应池出水5日生化需氧量，mg/L；

ΔX_V——排出生物反应池系统的微生物量，kg/d；

N_k——生物反应池进水总凯式氮浓度，mg/L；

N_{ke}——生物反应池出水总凯式氮浓度，mg/L；

N_t——生物反应池进水总氮浓度，mg/L；

N_{oe}——生物反应池出水硝态氮浓度，mg/L；

$0.12\Delta X_V$——排出生物反应池系统的微生物中含氮量，kg/d；

a——碳的氧当量，当含碳物质以BOD_5计时，取1.47；

b——常数，氧化每千克氨氮所需氧量，kg O_2/kg N，取4.57；

c——常数，细菌细胞的氧当量，取1.42。

(3) 厌氧生物处理

厌氧生物处理是在无溶解氧的条件下，依靠兼氧和专性厌氧微生物分解废水中的有机物。厌氧分解的最终产物主要为CH_4和CO_2（俗称沼气）。

表6-20 缺氧-好氧法生物脱氮的主要设计参数

项 目	单 位	参数值
BOD_5污泥负荷L_s	kg BOD_5/(kg MLSS·d)	0.05～0.15
总氮负荷率	kg TN/(kg MLSS·d)	≤0.05
污泥浓度(MLSS)X	g/L	2.5～4.5
污泥龄θ_c	d	11～23
污泥产率系数Y	kg VSS/kg BOD_5	0.3～0.6
需氧量O_2	kg O_2/kg BOD_5	1.1～2.0
污泥回流比R	%	50～100
混合液回流比R_i	%	100～400
总处理效率η	%	90～95(BOD_5)
	%	60～85(TN)

废水厌氧处理经历两个阶段，即酸发酵阶段和甲烷发酵阶段。酸发酵阶段是复杂有机物在产酸菌作用下生成乙酸、丙酸和丁酸等低级脂肪酸这类中间产物。在甲烷发酵阶段，由于甲烷细菌的作用，将酸发酵阶段的产物——低级脂肪酸等进一步转化为二氧化碳和甲烷。在一般厌氧反应器内，酸发酵和甲烷发酵过程不能截然分开。为了使厌氧处理稳定运行，必须使酸发酵和甲烷发酵过程保持平衡，产酸菌生成的脂肪酸必须很快为产甲烷菌利用，使其转化为甲烷和二氧化碳。否则体系内会产生脂肪酸积累和pH下降的现象。

与好氧生物处理相比，参与厌氧生物处理的微生物活性较差，分解单位有机物获得的能量较少，有机物分解不够彻底，因此，出水中经常含有一定浓度的中间产物。厌氧生物处理一般用于高浓度有机废水处理，一般需与好氧生物处理联合运用。

厌氧活性污泥法的形式主要有厌氧接触池和厌氧污泥床。厌氧接触池的工艺流程如图6-18所示。为了加强泥水分离过程，于沉淀池前设置真空脱气装置，以分离附着在泥粒上的气泡。

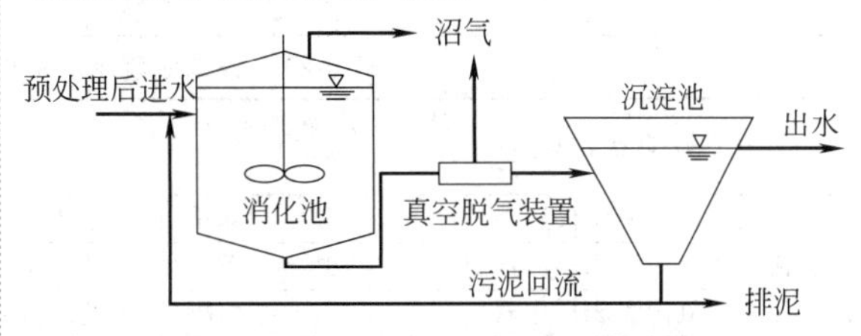

图6-18 厌氧接触池的工艺流程

上流式厌氧污泥床反应器（UASB）如图6-19所示，它是应用很广的处理高浓度有机工业废水的设备。反应器中为厌氧污泥，废水由下向上（升流）穿过污泥层，净化废水。顶部设有三相分离器，用以截留污泥固体，分离沼气和水。

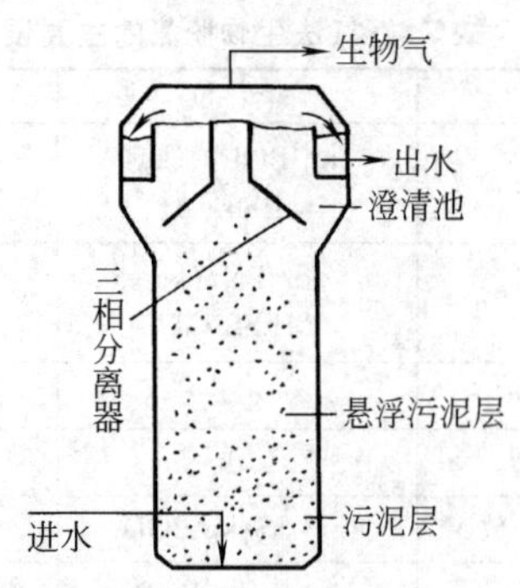

图 6-19 上流式厌氧污泥床反应器

厌氧生物膜法的形式有厌氧生物滤池、厌氧流化床和厌氧膨胀床等。厌氧生物滤池中填装有块状或片状挂膜介质，厌氧流化床和膨胀床内都装有比表面积很大的惰性载体颗粒，用于微生物附着生长。

常见厌氧生物滤池的形式如图 6-20 所示。

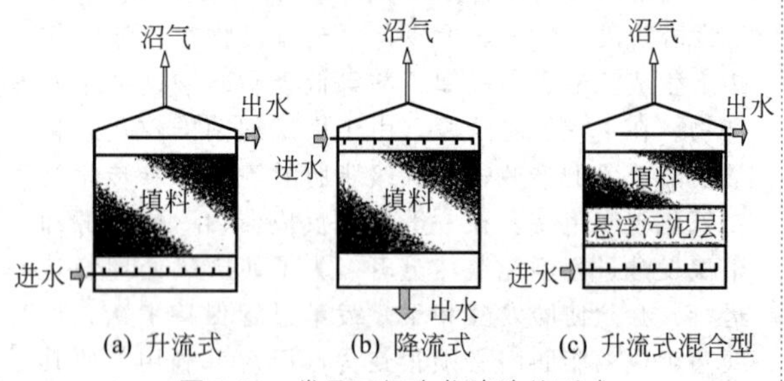

图 6-20 常见厌氧生物滤池的形式

厌氧反应器的设计运行参数主要是容积负荷和运行温度。不同的工业废水通常需要通过试验确定厌氧反应器的负荷，由此确定反应器体积。表 6-21 所列为各工业废水厌氧处理 COD 容积负荷参考数据。厌氧反应的温度一般为 35～38℃。

厌氧反应器的有效容积计算式为

$$V=\frac{QS_0}{L} \tag{6-25}$$

式中 V——厌氧反应器的有效容积，m^3；

Q——平均日排废水量，m^3/d；

L——容积负荷，kg COD/(m^3·d)；

S_0——废水 COD 浓度，kg/m^3。

6.4 节水减排与污水再生利用

6.4.1 节水减排途径

化工、石化行业是我国工业用水的重点行业，取水量占全国工业取水量的 5%，是工业节水的重点行业。积极推行清洁生产新工艺，减少生产污水排放，开发节水技术，提高水资源的重复利用率，是节水减排的根本。

化工、石化的节水减排主要途径包括如下方面。开发高效循环水冷却塔的设计技术和运行技术；用达标污水替代新水用于循环水补充水；提高循环水浓缩倍数的高效缓蚀阻垢剂技术及运行技术，目前炼油、化工企业循环水浓缩倍数已由过去的 2.5～3 倍提高到4～5 倍，从而使循环水需补充新鲜水的比例减少 20%以上；采油污水回注技术和开发新型节水设备及仪器；微过滤法深度处理污水及回用技术，将污水经微絮凝、沉降、过滤等处理后，用于工业循环水系统及基建、绿化等；综合药剂法处理达标污水直接回用于循环水系统的技术也已投入工业应用，处理效果良好，目前已经在中国石化的多家企业推广应用；油田的采出水经高效三相分离器、斜板沉降、粗粒化除油、多介质过滤等处理后代替清水回注的技术。

节水减排可根据《企业水平衡测试通则》(GB/T 12452)，做好工业水平衡测试，摸清企业情况，有针对性地提出并落实节水措施，加强供水系统检漏、补漏。根据经验，在一些石化企业补漏措施实施后，减少取水量可高达年取水量的 20%以上。

节水减排的另一个途径在于污水的再利用，污水也是资源，污水再生利用在国外规模很大，历史很长，近年来随着社会对水危机认识的提高，污水的再生利用成为化工、石化工业必然的要求，污水的再生利用，不但节约了新鲜水，也可以大大减少废水的排放。

表 6-21 各工业废水厌氧处理 COD 容积负荷参考数据

厌氧反应器类型	厌氧反应温度/℃	废水类型	进水 COD 浓度/(mg/L)	COD 容积负荷/[kg COD/(m^3·d)]	COD 去除率/%
上流式厌氧污泥床反应器	35±1	味精、抗生素生产废水	25000～40000	2	90
上流式厌氧污泥床反应器	35±1	黄、白酒生产废水	11000～15000	5.9	90
上流式厌氧污泥床反应器	38	丙酮、丁醇废醪液	15000	8～10	90
上流式厌氧污泥床反应器	29	葡萄糖生产废水	2200	4	74
厌氧膨胀床	35±1	溶剂回收	35000	6	89.4
厌氧滤池	环境温度	屠宰废水	1580	1.6	68
厌氧滤池	36～38	柠檬酸发酵废水	35000～40000	1.6	90
厌氧滤池	34～36	豆制品废水	9000～12000	5.5～7.9	90
上流式厌氧污泥床反应器	35	PTA 废水	5794	6	80
上流式厌氧污泥床反应器	35	制糖废水	3775	15～20	80～95

表 6-22 三级处理常用方法与处理目标

序号	处理方法	主要处理对象	处理目标	主要应用条件及特点
1	混凝沉淀	可沉降物、总磷等	SS≤20mg/L	二级处理出水 SS≤20mg/L 时，宜通过试验确定取舍
2	气浮	难沉降非溶解性固性	SS≤20mg/L	对胶体及大分子污染物质处理效果优于混凝沉淀工艺，可单独使用
3	砂滤	不可沉降非溶解性固体	NTU≤5	使用广泛，常作为水质把关处理单元使用
4	精密过滤		NTU≤0.5	
5	活性炭吸附	难生物降解的溶解性有机物、色度等	COD≤10mg/L	PAC 可间歇投加使用，GAC 可再生重复使用，脱色效果较好，但成本较高，并应在砂滤后使用
6	离子交换	铵及其他离子	3×10^{-4}～0.1μm	单纯作为三级处理单元应用较少，一般与软化处理联合使用
7	超滤	胶体、悬浮物及高分子有机物	NTU≤1 SDI≤3	宜在进水 NTU≤1 的条件下运行
8	渗透、反渗透	各种有机物、无机物、溶解性盐类	3×10^{-4}～0.2μm，分子量≤500	宜在进水 NTU≤1.0 的条件下运行

6.4.2 污水再生利用

实施污水再生，进行污水回用，深度处理是行之有效的工艺。污水的深度处理设施，一般应连接在污水生化处理（二级处理）之后，深度处理也称为三级处理，它的目标是进一步降低出水中的 COD、BOD_5、SS、TN、TP 等污染指标，以满足回用水质目标。由于污水处理技术的发展，许多深度回用的功能已在二级生化处理工艺中结合，如脱氮、除磷等已归入生化处理的范畴。

污水深度处理的一般方法与给水处理的方法基本相同，污水的深度处理主要引用和借鉴给水处理的设计方法与工艺单元，根据回用要求的不同，污水深度处理作为回用水的常用方法与处理目标参见表 6-22。

污水回用处理典型流程如下。

① 直接过滤：

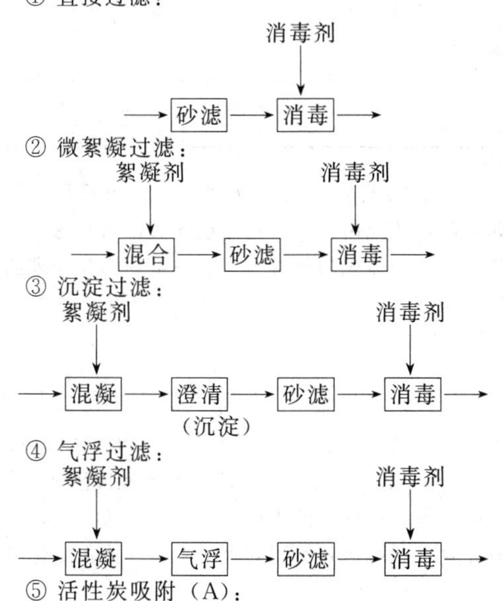

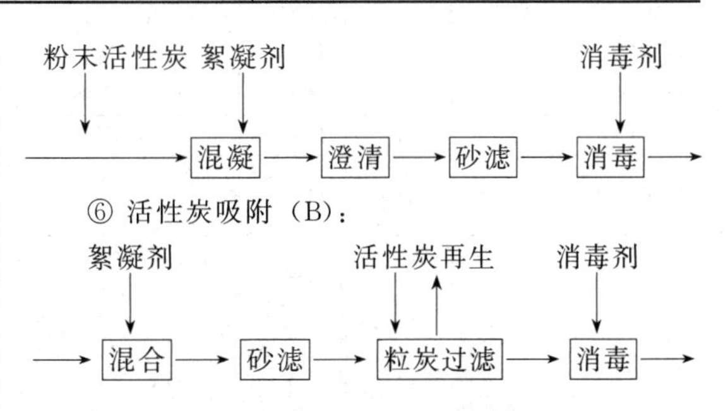

由于回用水的要求不同，污水再生利用可采用不同的处理设施和流程。工程设计时可参考以下规范。

① 石油化工污水再生利用设计规范 SH3173。

② 化学工业污水处理与回用设计规范 GB 50684。

③ 污水再生利用工程设计规范 GB 50335—2002

④ 生活杂用水水质标准 GJ/T 49—1999

7 固体废物治理技术

7.1 化工、石化及制药企业固体废物来源和分类

化工、制药和石油化工企业在生产过程中，会有多种固体废物产生，其种类繁多，成分复杂。如炼油厂、石油化工厂排出的酸渣、碱渣、蒸馏釜残渣、废催化剂、废白土渣或活性炭吸附剂、废盐渣、金属渣、制药工业发酵废菌丝体、剩余活性污泥、废油泥、电石渣及煤渣等。其中大多数废渣具有易燃、有毒、易发生化学反应的特性，必须妥善处理或处置。其形态有固态和液态，统称为固体废物，简称固废。中国国家危险废物名录见表 6-23。

表 6-23 中国国家危险废物名录

编号	废物类型	编号	废物类型
HW01	医疗废物	HW26	含镉废物
HW02	医药废物	HW27	含锑废物
HW03	废药物、药品	HW28	含碲废物
HW04	农药废物	HW29	含汞废物
HW05	木材防腐剂废物	HW30	含铊废物
HW06	有机溶剂废物	HW31	含铅废物
HW07	热处理含腈废物	HW32	无机氟化物废物
HW08	废矿物油	HW33	无机氰化物废物
HW09	油/水、烃/水混合物或乳化液	HW34	废酸
HW10	多氯(溴)联苯类废物	HW35	废碱
HW11	精(蒸)馏残渣	HW36	石棉废物
HW12	染料、涂料废物	HW37	有机磷化合物废物
HW13	有机树脂类废物	HW38	有机氰化物废物
HW14	新化学药品废物	HW39	含酚废物
HW15	爆炸性废物	HW40	含醚废物
HW16	感光材料废物	HW41	废卤化有机溶剂
HW17	表面处理废物	HW42	废有机溶剂
HW18	焚烧处置残渣	HW43	含多氯苯并呋喃类废物
HW19	含金属羰基化合物废物	HW44	含多氯苯并二噁英废物
HW20	含铍废物	HW45	含有机卤化物废物
HW21	含铬废物	HW46	含镍废物
HW22	含铜废物	HW47	含钡废物
HW23	含锌废物	HW48	有色金属冶炼废物
HW24	含砷废物	HW49	其他废物
HW25	含硒废物		

7.2 化工、石化及制药企业部分固体废物的基本参数

7.2.1 液态废物及其基本参数

化工、石油化工产生的液态废物主要有碱渣、酸渣、离心母液、蒸馏残液和废溶剂。

(1) 废碱液

废碱液主要来自石油产品的精制。各种废碱液的性质及组成见表 6-24。

表 6-24 各种废碱液的性质及组成

来源	碱液质量分数/%	废碱液组成					
		中性油/%	游离碱/%	环烷酸/%	硫化物/(mg/L)	挥发酚/(mg/L)	COD/(mg/L)
常规汽油	3～5	0.1	2.9	1.8	3584	3200	35000
常一、二线	3～5	0.14	2.4	9	250	916	241600
常三线	3～5	10	1.5	8.3	64	300	8340
催化汽油	10～12	0.17	8	0.85	5964	90784	294700
催化柴油	15～20	0.8	8	2.5	5052	50748	340900
液态烃	10	0.04	6.2		1553	737	36000

(2) 废酸液

废酸液主要来源于油品酸精制和烷基化反应废硫酸催化剂，及化学行业的电化学精制、酸洗等。主要废酸液的性质及组成见表 6-25。

表 6-25 主要废酸液的性质及组成

来源	H_2SO_4废液/%	废酸液组成		性状
		有机物	H_2SO_4/%	
烷基化装置	98	含量为8%～14%，主要成分：高分子烯烃、烷基磺酸及溶解的硫化物	80～85	黑色黏稠液
航空煤油精制	98	含量为4%～6%，主要成分：高分子烯烃、苯磺酸、烷基磺酸、噻吩、CS_2、芳烃等	86～88	黑色黏稠液
润滑油精制	98	含量为6%，主要成分：硫化物、环烷酸、胶质等	30	黏稠液

(3) 污水处理厂产生的污泥

除了废碱液、废酸液以外，液态废物很大一部分为污水处理厂产生的污泥，炼油厂污水及其他化工、石油化工行业在污水处理过程中产生大量的隔油池底泥、浮渣及生物处理的活性污泥，其性质及性状见表 6-26。

表 6-26 污水处理厂污泥性质及性状

来源	含水率/%	密度/(g/cm³)	油/(mg/L)	硫化物/(mg/L)	酚/(mg/L)	COD/(mg/L)
隔油池底泥	98～99	1.01～1.1	5754	103	9	22895
浮渣	97～99	0.97～0.99	1531	97	5	42186
剩余活性污泥	98～99	0.97～0.99	187	4	2	15370
沉砂池	95～98					

从表 6-26 可见，污水处理厂产生的污泥，含水率相当高，造成污泥产生量体积庞大，因此污泥脱水可减少废渣的体积与重量，为下一步利用或处理创造良好的条件。污泥废渣含水率和体积的关系可用式(6-26)表示。

$$V=\frac{100-p_0}{100-p}V_0 \tag{6-26}$$

式中 p_0，V_0——脱水前废渣含水率和废渣体积；

p，V——脱水后废渣含水率和废渣体积。

以污水处理场污泥为例，含水率为98%的10m³污泥经脱水后可达到不同的含水率，其体积变化见表 6-27。

表6-27 污泥脱水后的体积变化

含水率/%	污泥体积/m^3	含水率/%	污泥体积/m^3
98.0	10.00	80	1.0
96.0	5.00	70	0.6
93.0	2.86	60	0.5
90	2.0	50	0.4

从表6-27可见，降低含水率可极大地降低污泥的体积，从98%的含水率降到80%，污泥体积只有原来的10%，这样污泥体积大为减小，处理起来就较为方便。减少体积是污泥处理的关键，不管是运输、填埋或是焚烧，污泥脱水均有重要的作用。

(4) 其他液态固废

石化、化工和制药生产中废渣排放源较多，其中多为残渣及残液。部分企业的液态废渣详见表6-28。

7.2.2 固态废物参数

常见的固体废物包括白土渣、电石渣、废催化剂、页岩渣、矿渣、废吸附剂、废过滤材料等。

(1) 白土渣

在炼油及石油化工生产过程的活性白土精制工艺中失活的白土为白土渣。其表面多孔，比表面积为150～450m^2/g。表面吸附芳烃或其他油品的白土渣具有一定的可燃性。据测定，铂重整过程排出的白土渣热值为75.4kJ/kg。

白土的主要化学成分为：SiO_2（60%～75%）、Al_2O_3（12%～18%）以及金属Fe、Ca、Mg、Na、K的氧化物等（5%～100%）。一般油品精制过程的白土渣含油可达20%～35%。所以，对白土渣的处理应予以综合利用，举例如下。

表6-28 部分石化、化工生产过程液态废渣排放情况

序号	产品	生产工艺	废物名称	废物组成/%
1	甲醇	高压法	精馏残液	甲醇0.1～1,其余为水
2	丁辛醇	高压羰基合成法	异丁醛副产物	正丁醇0.4,异丁醛96,异丁酯2
		高压羰基合成法	丁醇蒸馏塔羟基组分残液	正丁醇4.9,异丁醇72.4
3	季戊四醇	低温缩合法	离心母液	甲酸钠300～500g/L,季戊四醇50～100g/L
4	乙醛	乙烯氧化法	丁烯醛废液	乙醛5～10,丁烯醛50～60
5	醋酸	乙醛氧气氧化法	醋酸锰残液	醋酸锰11
6	环氧丙烷	钠法	蒸馏残液	环氧丙烷1.53,二氯丙烷1.42,二氯异丙醚0.59
7	环氧氯丙烷	钠法 钙法	氯丙烯精馏塔釜液	1,3-二氯丙烯20～30,1,3-二氯丙烷25～30,1,2-二氯丙烷20～30
			回收塔残液	环氧氯丙烷16.9,三氯丙烷40.5,二氯丙醇38.1
8	苯酚	磺化法	精馏残渣	苯酚20～40,苯基苯酚10～20,苯磺酸钠5～8
9	苯酐	萘氧化法	蒸馏残渣	苯酐20～30
10	三氯乙烯	乙炔氧化法	精馏塔高沸物	C_2HCl_3 40～90,$C_4H_2Cl_4$ 5～15,C_2Cl_4 5～30
11	聚氯乙烯	乙炔法	清釜残液	废树脂氯乙烯0.1
12	聚甲醛	聚合法	稀醛液	甲醛8～10
13	聚四氟乙烯	F22高温裂解法	蒸馏高沸残液	八氟环丁烷42,四氟氯丁烷20.5,四氟氯丙烷13,全氟丙烯6
14	苯乙烯	乙苯脱氢法	精馏塔焦油	聚苯乙烯73,苯乙烯27
15	聚乙烯醇	聚合法	精馏残液	醋酸乙酯60,醋酸乙烯40
16	己内酰胺	环己酮羟胺法	精馏残液	己内酰胺30～40
17	精对苯二甲酸	高温氧化法	精对苯二甲酸残渣	对苯二甲酸63
		高温氧化法	粗对苯二甲酸残渣	苯甲酸50,对苯二甲酸9.2,催化剂4.3
			乙酸-乙酸钴	对苯二甲酸32,乙酸32,对甲基苯甲酸10,苯甲酸8,间苯二甲酸4,对甲醛苯甲酸4
		低温氧化法	对苯二甲酸二甲酯蒸馏前馏分	对苯二甲酸二甲酯7.7,对甲醛苯甲酸甲酯85
		低温氧化法	对苯二甲酸二甲酯残渣	对苯二甲酸二甲酯52,对羟基苯甲酸甲酯35.4,对苯二甲酸2.1
18	聚酯	低温氧化法	聚对苯二甲酸乙二酯残渣	聚对苯二甲酸乙二酯99.4

① 从废白土渣中回收润滑油　某炼油厂采用稀碱液抽提法，从废白土渣中提取润滑油，回收率达60%～70%。

② 从白土渣中回收石蜡　可采用废尿素水蒸气分解法进行回收。将尿素水和石蜡白土渣按（4～6）：1的比例加到蒸汽分解槽，使蜡渣融化、蒸解，然后停汽沉淀2h（温度为98～105℃）进行分层分离，回收石蜡液。尿素水可循环使用。

③ 利用白土渣烧砖　其配比为黄土74%、白土渣26%，其强度高于150#红砖。

(2) 电石渣

电石渣主要来源于以湿法获得乙炔的化工厂，以及机械加工厂。其产生废渣的主要反应式为：

$$CaC_2+2H_2O \longrightarrow C_2H_2+Ca(OH)_2+129.8kJ$$

氢氧化钙为电石渣的主要成分，通常电石渣为浅灰色细粒，其组成与电石质量有关。电石渣组成和相关物理数据分别见表6-29及表6-30。

表6-29　电石渣组成

组成	CaO	MgO	Al_2O_3	Fe_2O_3	SiO_2	灼烧失重
含量/%	63.93	1.27	0.50	0.96	7.9	24.30

表6-30　电石渣物理数据

相对密度	干容重/(g/cm³)	湿容重/(g/cm³)
1.82	0.683	1.364

电石渣的含水率很高，需经沉淀浓缩后才能利用。电石渣颜色发青，有气味，不宜直接用于民用建筑。其利用途径较多：一是代替石灰石用作水泥原料，如某水泥厂利用电石渣生产水泥已获成功；二是代替石灰硅胶盐砌块，及其他炉渣砖、灰砂砖的钙质原料；三是代替石灰配制石灰砂浆，由于有气味，在民用建筑中很少使用；四是代替石灰用于铺路。

(3) 废催化剂

有机化工生产中使用的催化剂大多是一些希贵金属中的一种或几种，承载在分子筛、活性炭等载体上，起催化、提高反应速率的作用。废催化剂虽然含希贵金属的量很少，但仍有很高的利用价值。由于其含有反应过程中的有机物，同时往往含有重金属而对环境易造成污染。

由于废催化剂中含有希贵金属，所以可作为宝贵的二次资源予以利用。但由于催化剂的种类繁多，其回收利用技术应根据不同催化剂的特点加以设计，举例如下。

① 87t/a的聚酯生产装置，产废钴锰催化剂684kg/a，其中含钴61%、镍0.2%、硫酸锰32%，用水萃取，再经离子交换，解析回收金属钴、锰，最后制取醋酸钴、乙酸锰可回用于生产。

② 生产锦纶的己二胺合成中，产生废门尼镍催化剂160t/a，其中含镍50%，采用水洗、干燥再经电极电炉熔炼的方法可回收金属镍，每年可回收纯镍20t。

7.3 固体废物治理基本方法

7.3.1 固体废物管理基本原则

(1) 减量化原则

“减量化”是指通过采用合适的管理和技术手段减少固体废物的产生量及排放量。实现固体废物减量化实际上包括两方面内容，首先要从源头上解决问题，这也是通常所指的“源削减”；其次，要对产生的废物进行有效处理和最大限度的回收利用，以减少固体废物的最终处置量。

(2) 资源化原则

“资源化”是指采取管理和工艺措施从固体废物中回收物质及能源，加速物质和能源的循环，创造经济价值的广泛的技术方法。

资源化包括以下三个范畴：①物质回收，即从处理的废弃物中回收一定的二次物质；②物质转换，即利用废弃物制取新形态的物质；③能量转换，即从废物处理过程中回收能量，以生产热能或电能。

(3) 无害化原则

“无害化”是指对已产生又无法或暂时尚不能利用的固体废物，尽可能采用物理、化学或生物手段，加以无害或低危害的安全处理、处置，达到消毒、解毒或稳定化，以防止并减少固体废物对环境的污染影响。

7.3.2 固体废物的综合利用

化工生产中产生的固体废物大多可以综合利用，有以下主要途径。

① 作燃料　许多石油化工装置（如乙烯、聚乙烯、苯乙烯、聚苯乙烯等）排放的废溶剂或废矿物油等，这些都可以作为燃料综合利用。

② 作等外品降级出售　如石油化工装置产生的有机树脂类废物，这些废物均可以作为等外品降级出售。

③ 回收贵金属　炼油和化工中使用的催化剂有的含有银、铂、钯等贵金属作为活性组分，使用过的废催化剂可送回催化剂制造厂回收贵金属。

7.3.3 固化/稳定化

危险废物固化/稳定化的主要途径是：①将污染物通过化学转变，引入到某种稳定固体物质的晶格中去；②通过物理过程把污染物直接掺入到惰性基材中去。

(1) 固化技术

在危险废物中添加固化剂，使其转变为非流动型的固态物或形成紧密的固体物。由于产物是结构完整的块状密实固体，因此可以方便地进行运输。

(2) 稳定化技术

稳定化技术是指将有毒有害污染物转变为低溶解

性、低迁移性和低毒性的物质。稳定化一般可分为化学稳定化和物理稳定化。化学稳定化是通过化学反应使有毒物质变成不溶性化合物，使其在稳定的晶格内固定不动；物理稳定化是将污泥或半固体物质与疏松物料（如粉煤灰）混合成一种粗颗粒，有土壤状坚实度的固体，这种固体可以用运输机械送至处置场。实际操作中，这两种过程是同时发生的。

目前常用的固化/稳定化技术主要包括：①水泥固化；②石灰固化；③塑性材料固化；④有机聚合物固化；⑤自胶结固化；⑥熔融固化（玻璃固化）和陶瓷固化；⑦化学稳定化。在国内，上述方法已用于处理包括金属表面加工废物、电镀及铅冶炼酸性废物、尾矿、废水处理污泥、焚烧飞灰、食品生产污泥和烟道气处理污泥等多种固体废物。固化/稳定化技术适用于：含汞燃烧残渣，含汞飞灰，含汞污泥，特定下水污泥，含Cd、Pb、Cr^{6+}、As、PCBs、氰化物的污泥，其中特别适合固化含重金属的废物。

7.3.4 热处理

热处理是在某种装有固体废物的设备中以高温使有机物分解并深度氧化而改变其化学、物理或生物特性和组成的处理技术。根据操作条件和有机物的分解机理不同，热处理技术可分为焚烧、热解、熔融、湿式氧化和烧结等。石化、化工和制药行业的危险固体废物主要采用焚烧或湿式氧化法处理。

(1) 焚烧

采用加热氧化作用使有机物转换为无机废物，同时减少废物体积。一般来说，只有有机废物或含有有机物的废物适合于焚烧。焚烧缩减了废物体积，可完全灭绝有害细菌和病毒的污染物，破坏有毒的有机化合物并提供废物作热源利用。

(2) 湿式氧化

湿式氧化是目前已成功用于处理含可氧化物浓度较低的废液的技术。其过程基于下述原理：有机化合物的氧化速率在高压下大大增加，因此加压有机废液，并使其升高至一定温度，然后引入氧气以产生完全液相的氧化反应，这样可使大多数的有机化合物得以破坏。

热处理方法处理固体废物的优点包括：减容效果好；消毒彻底；减轻或消除后续处置过程对环境的影响；回收资源和能量。同时也存在一些问题，如投资和运行费用高；操作运行复杂；大多数热处理过程都会产生各种大气污染物，如SO_x、NO_x、HCl、飞灰和二噁英等。

在处理技术中，焚烧法的应用最广泛。

焚烧法适用于处理不能再循环、再利用或直接安全填埋的危险废物。焚烧是指焚化燃烧危险废物使其分解并无害化的过程。

焚烧炉型种类很多，目前主要使用的有流化床炉、液体注入炉、固定床炉、旋转炉，也有使用工业锅炉和水泥窑焚烧危险废物的。

流化床炉体积小、占地省，如果被燃物有足够的热值，运转正常后将不需添加辅助燃料，适合处理低灰分、低水分、颗粒小的废物。

液体注入炉用于处理工业废液，在沿海地区目前也有使用，但它不适合处理固态废物。

固定床炉机构简单，投资省，适于小量废物焚烧。这种炉子不易翻动炉中的废物，燃烧不够充分，同时加料和出料比较麻烦，目前很少使用。

旋转炉适用于处理固体、半固体和液体废物。由于炉体在运转过程中缓慢旋转，炉体沿轴向倾斜，使燃烧中的废物不断沿轴向下移并翻动，在这样较理想的燃烧条件下运行，能使废物燃烧完全，有害成分的破坏达99.99%。

不同形态危险废物的主要焚烧炉类型见表6-31。

表6-31 不同形态危险废物的主要焚烧炉类型

危险废物形态		液体注入炉	旋转炉	固定床炉	流化床炉
固体	粒状		√	√	√
	不规则，松散型（集装箱装）		√	√	√
	低熔点废物（焦油大等）	√	√	√	√
	含低熔点粉尘组分的有机化合物		√		
	未加工的大体积松散物		√		
气体	有机化合物	√	√	√	√
液体	高浓度有机含水废物，有机化合物液体	√	√		√
固体或液体	含有卤代芳烃的废物	√	√		√
	含水有机污泥		√		

7.3.5 填埋法

到目前为止，土地填埋仍然是应用最广泛的固体废物的最终处置方法。根据处置对象的性质和填埋场的结构形式可以分为惰性填埋、卫生填埋和安全填埋等，但目前通常把填埋分为卫生填埋和安全填埋两种。卫生填埋是指将一般废物填埋于不透水材质或低渗水性土壤内，并设有渗滤液、填埋气体收集和处理设施及地下水监测装置的填埋场的处理方法，主要处置城市垃圾等一般固体废物。安全填埋是指将危险废物填埋于抗压及双层不透水材质所构筑的并设有阻止污染物外泄及地下水监测装置场所的一种处理方法。安全填埋场专门用于处理危险废物，危险废物在进行安全填埋处置前必须经过稳定化固化预处理过程。而一般工业固体废物的填埋要求有别于生活垃圾和危险废物，国家单独发布了《一般工业固体废物储存、处置场污染控制标准》(GB 18599)。

土地填埋处置具有方法简单、成本较低、适于处置多种类型固体废物的优点。土地填埋的主要问题是渗滤液收集控制。实践表明，以往采用某些衬里系统是不适宜的，衬里一旦破坏将很难维修。同时各种法规的颁布和污染控制标准的规定使得对土地填埋的要求更趋严格，从而也使处置费用不断增加。因此，土地填埋方法也待进一步改进完善。

8 噪声控制

8.1 噪声的分类和来源

根据产生噪声的介质不同，一般将噪声分为机械噪声、空气动力性噪声和电磁噪声。

(1) 机械噪声源

由于机械设备运转时存在不平衡，各零部件之间因偏差或表面缺陷而相互撞击、摩擦产生的交变机械作用力使设备金属板、轴承、齿轮或其他运动部位发生振动而辐射出噪声的声源称为机械噪声源。球磨机、轧机、破碎机、机床和电锯等都属于此类噪声源。机械噪声源发出的噪声又分为撞击噪声、激发噪声、摩擦噪声、结构噪声、轴承噪声和齿轮噪声等。

(2) 空气动力性噪声源

由于机械零件和周围及封闭媒质（空气）之间交互作用而辐射出噪声的声源称为空气动力性噪声源。例如某种媒质从开孔或缝隙中高速排出时发出噪声，风机叶片在高速旋转时发出噪声，它们都称为空气动力性噪声源。鼓风机、空压机、燃气轮机、高炉和锅炉的排气放空都属于此类噪声源。空气动力性噪声按照其发声的机理又可分为喷射噪声、涡流噪声、旋转噪声和燃烧噪声等。

(3) 电磁噪声源

由于机械构件受到电场或磁场力的作用，导致磁致伸缩和电磁感应的发生，铁磁性物质或构件发生振动而辐射噪声的声源称为电磁噪声源。电动机、发电机和变压器等属于此类噪声源。与机械性噪声、空气动力性噪声相比，电磁噪声的强度较低，通常尚未构成显著的干扰和危害。

化工、制药、石油化工企业噪声源种类多、强度高。制药和精细化工企业噪声源通常在室内；石油化工装置大部分为露天化，因此噪声源多在室外。

由于化工、石油化工企业的生产均为连续进行的，它的工艺过程和设备所产生的噪声多为连续的稳态噪声，因而在厂区，夜间与昼间的环境噪声相差不大。

上述企业的噪声源主要是空气动力性噪声源，包括机泵产生的中、高频气流噪声，以及加热炉、压缩机和风机所产生的低频气流噪声。这些噪声的声压级多在 85dB（A）以上，甚至高达 100～110dB（A）。但由于高频声在传播过程中衰减得比低频声快，所以从整体上说，化工、石油化工企业的噪声以低、中频气流噪声为主。露天设置的化工设备，其噪声在半自由声场中以一定的高程传播，由于缺少厂房等建（构）筑物的隔声衰减，故厂区内环境噪声较高，对周围环境造成的影响较大。几种常见设备的噪声声压级见表 6-32。

表 6-32 几种常见设备的噪声声压级（1m 处）

声源	声压级/dB(A)
电机	70～90
齿轮减速箱	75～85
压缩机	85～95
鼓风机	95～105
机泵	80～95
风扇	80～90
燃气发动机	95～100

8.2 控制噪声的基本方法

控制噪声的基本方法是：控制噪声源的发出、进行个人防护和控制噪声的传播，其具体措施见表 6-33。

表 6-33 控制噪声的基本方法及具体措施

防治方法	具体措施
控制噪声源的发出	采用结构合理的设备、提高制造精度、改进工艺流程
进行个人防护	操作人员佩戴防声棉、防声耳塞、防声耳罩和防声头盔等
控制噪声的传播	①隔声：将噪声源安置在隔声罩或隔声室内 ②隔震：采用防震措施使机械振动与周围隔离 ③阻尼：在传播噪声的管壁、机壳上安装橡胶、沥青材料 ④消声：在风机进出口处及放风管上安装消声器

8.2.1 吸声法

当声波入射到一个材料（结构）表面时，其中一部分能量被反射；另一部分能量被吸收或透射。在厂房中人们接收到的声音由两部分组成：一是噪声源（如机器）辐射的直达声；二是室内各表面的反射声。直达声与反射声叠加的结果，就使得同样的噪声源放在室内比放在室外露天显得响。如果我们在室内各表面安装吸声材料，或在房间中悬挂吸声体，噪声源发出的噪声入射到这些材料时被吸收一部分，则操作人员听到的只是从声源来的直达声和被减弱了的反射声，这种降低噪声的方法叫吸声减噪。

(1) 吸声系数

表征吸声材料（结构）特性的参数很多，但从实用角度来讲，吸声系数是表征吸声性能最常用的参数，它表征材料（结构）吸收的声能（包括投射的声能）和入射到材料（结构）声能的比值。

$$\alpha=\frac{E_i-E_r}{E_i}=\frac{E_a}{E_i} \tag{6-27}$$

式中 E_i——入射声能；

E_r——反射声能；

E_a——吸收声能。

吸声系数和声波的入射条件、声波频率等因数有关。通常采用频率为125Hz、250Hz、500Hz、1000Hz、2000Hz、4000Hz这六个频率吸声系数的算术平均值来表示材料或结构的吸声性能。只有六个频率的吸声系数平均值大于0.2的材料才能称为吸声材料。

(2) 吸声量

吸声量的大小不仅与材料的吸声系数有关，还与使用材料的面积有关。吸声系数为a，面积为S的一块材料，其吸声量A为

$$A=Sa \tag{6-28}$$

若一个房间的墙面上布置几种不同材料，它们对应的吸声系数和面积分别为a_1，a_2，$a_3\cdots a_n$和S_1，S_2，$S_3\cdots S_n$，那么该房间的总吸声量可用下式表示。

$$A=S_1a_1+S_2a_2+S_3a_3+\cdots+S_na_n=\sum S_ia_i \tag{6-29}$$

房间平均吸声系数

$$\overline{a}=\frac{\sum S_ia_i}{\sum S_i} \tag{6-30}$$

(3) 吸声减噪量的估算

$$\Delta L=10\lg\left(\frac{\overline{a}_2}{\overline{a}_1}\right) \tag{6-31}$$

式中 ΔL——声压级差，dB；

$\overline{a}_2$——吸声处理后平均吸声系数，m^2；

$\overline{a}_1$——吸声处理前平均吸声系数，m^2。

可见，由比值$\overline{a}_2/\overline{a}_1$即可估算室内噪声的吸声减噪量。

(4) 吸声措施的适用范围

当原来房间的平均吸声系数较低时，采取吸声措施才会有明显的降噪效果。由式（6-31）可见，采取吸声措施，必须使平均吸声系数增大到2倍以上，才能使噪声降低量在3dB以上。即只有对那些厂房壁面较为光滑而坚硬的场合，才适合采取吸声降噪措施。如果原来室内已有一定的吸声量，再采取吸声措施则不易收效。例如，原来房间平均吸声系数$\overline{a}=0.02$，采取吸声措施，使$\overline{a}$由0.02增至0.2，根据式(6-31)，其降噪量为$\Delta L=10\lg(0.2/0.02)=10$dB；进一步采取措施使$\overline{a}$增至0.4，则$\Delta L=10\lg(0.4/0.02)=13$dB。

由此可见，吸声系数$\overline{a}$由0.02增至0.2，其降噪量为10dB，而由0.2再增至0.4，其降噪效果只提高3dB，而且后者的投资费用比前者要增加近10倍。这说明，吸声措施只有在那些壁面吸声系数较低，房间吸声量较小的工业厂房才适用。

此外，当操作工人离噪声大的机器较远时，采取吸声措施才会有明显的降噪效果。

吸声措施的降噪量有一定的限度，一般只有4～10dB。因为吸声只起减弱反射声的作用。因此，其降噪量的最大饱和限度是将反射声减弱为零，成为自由声场（即只有直达声，没有反射声）的情况。即使如此，其降噪量也不过为15dB，况且这种情况一般是难于实现的。

噪声源在不同吸声条件的房间里比放在自由声场（开阔空旷的环境）中声压级的提高量见表6-34。

厂房内噪声源较多，又比较分散时，单纯采用吸声措施，其降噪效果不会太明显。

表6-35为常用吸声材料的吸声系数。

表6-34 噪声源在不同吸声条件的房间里比放在自由声场中声压级的提高量

室内的吸声条件	壁面平均吸声系数$\overline{a}$	声压级提高量/dB
未做吸声处理的房间	0.03～0.05	13～15
做过一般性吸声处理的房间	0.20～0.30	5～7
做过特殊吸声处理的房间	>0.5	<3

表6-35 常用吸声材料的吸声系数（管测法）

材料名称	厚度/cm	密度/(kg/m³)	各频率下的吸声系数					
			125Hz	250Hz	500Hz	1000Hz	2000Hz	4000Hz
纤维质材料	5	12	0.06	0.16	0.68	0.98	0.93	0.90
	5	15	0.05	0.24	0.72	0.92	0.90	0.98
	5	24	0.10	0.30	0.85	0.85	0.85	0.85
	5	20	0.10	0.35	0.85	0.85	0.86	0.86
	10	20	0.25	0.60	0.85	0.87	0.87	0.85
	15	20	0.50	0.80	0.85	0.85	0.86	0.80
超细玻璃棉	6	23	0.08	0.87	0.80	0.87	0.82	0.86
	8	21	0.12	0.94	0.67	0.79	0.88	0.95

续表

材料名称	厚度/cm	密度/(kg/m³)	各频率下的吸声系数					
			125Hz	250Hz	500Hz	1000Hz	2000Hz	4000Hz
矿渣棉	6	240	0.25	0.55	0.78	0.75	0.87	0.91
	8	150	0.30	0.64	0.93	0.78	0.93	0.94
	8	240	0.35	0.65	0.65	0.75	0.88	0.92
	8	300	0.35	0.43	0.55	0.67	0.78	0.92
防水玻璃棉	10	20	0.25	0.94	0.93	0.90	0.96	
熟玻璃丝	5	80	0.06	0.08	0.18	0.44	0.72	0.82
	5	130	0.10	0.12	0.31	0.76	0.85	0.99
	9	100	0.18	0.44	0.89	0.98	0.98	0.99
	4	200	0.13	0.20	0.53	0.98	0.84	0.80
	6	200	0.25	0.35	0.82	0.99	0.89	0.82
	9	200	0.30	0.54	0.94	0.89	0.86	0.84
沥青矿棉毡	1.5	200	0.08	0.09	0.18	0.40	0.79	0.82
	3	200	0.10	0.18	0.50	0.68	0.81	0.89
	6	200	0.19	0.51	0.67	0.70	0.85	0.86
毛毡	1.5	80	0.04	0.06	0.14	0.366	0.63	0.92
	3	80	0.04	0.17	0.56	0.65	0.81	0.91
	4.5	80	0.08	0.34	0.66	0.65	0.83	0.88
矿棉吸声板	1.7～1.8	150	0.08	0.17	0.47	0.73	0.75	0.82
地毯下脚料	5	85	0.18	0.26	0.60	0.93	0.93	0.98
纺织厂飞花(废料)	5	10	0.14	0.29	0.70	0.94	0.93	0.98
棉絮	2.5	10	0.03	0.07	0.15	0.30	0.62	0.60
椰衣纤维	5	67	0.22	0.32	0.82	0.99	0.97	0.96
高硅氧玻璃棉	5	45～65	0.66	0.15	0.30	0.50	0.62	0.80
硅酸铝耐火纤维毡	3	150	0.17	0.24	0.30	0.40	0.46	0.60
岩棉板	2.5	150	0.04	0.10	0.32	0.65	0.95	0.95
	5	80	0.08	0.22	0.60	0.93	0.98	0.99
	5	150	0.11	0.33	0.73	0.90	0.89	0.96
	10	80	0.35	0.64	0.89	0.90	0.96	0.98
多孔材料	4	45	0.10	0.19	0.36	0.70	0.75	0.80
	6	45	0.11	0.25	0.52	0.87	0.79	0.81
	8	45	0.20	0.40	0.95	0.90	0.98	0.85
聚氨酯泡沫塑料	3	56	0.07	0.16	0.41	0.87	0.75	0.72
	5	56	0.09	0.25	0.65	0.95	0.73	0.79
	3	71	0.11	0.21	0.71	0.65	0.64	0.65
	5	71	0.20	0.32	0.70	0.62	0.68	0.65
聚氨酯泡沫塑料	2.5(细孔)	40	0.04	0.07	0.11	0.16	0.31	0.53
	3(小孔)	40	0.06	0.12	0.23	0.46	0.86	0.82
	5(大孔)	40	0.06	0.13	0.31	0.65	0.70	0.82
氨基甲酸泡沫塑料	2.5	25	0.05	0.07	0.26	0.87	0.69	0.87
	5	36	0.21	0.31	0.86	0.71	0.86	0.82
聚苯乙烯泡沫塑料	3	26	0.04	0.11	0.38	0.89	0.75	0.86
聚氯乙烯泡沫塑料	2.5	10	0.04	0.04	0.17	0.56	0.28	0.58
	5	10	0.07	0.20	0.30	0.54	0.26	0.52

续表

材料名称	厚度/cm	密度/(kg/m³)	各频率下的吸声系数					
			125Hz	250Hz	500Hz	1000Hz	2000Hz	4000Hz
酚醛泡沫塑料	1	28	0.05	0.10	0.26	0.55	0.52	0.62
	2	16	0.08	0.15	0.30	0.52	0.56	0.60
	4	14	0.13	0.23	0.32	0.36	0.44	0.45
米波罗	3	20	0.10	0.17	0.45	0.67	0.65	0.85
	5	20	0.22	0.29	0.40	0.68	0.95	0.94
聚碳酸酯(毛面)	1.5		0.10	0.13	0.26	0.50	0.82	0.98
聚碳酸酯(光面)	1.5		0.09	0.11	0.19	0.39	0.70	0.98
多孔陶瓷	0.7	251	1	0.20	0.85	0.80	0.30	—
水玻璃膨胀珍珠岩	10	400	0.45	0.65	0.59	0.62	0.68	0.72
水泥膨胀珍珠岩	8	350	0.34	0.47	0.40	0.30	0.48	0.55
	5	350	0.16	0.46	0.64	0.48	0.56	0.50
	5	800	0.11	0.38	0.55	0.60	0.65	0.71
微孔吸声砖	6.5	1500	0.08	0.24	0.78	0.43	0.40	0.40
	9		0.22	0.55	0.55	0.54	0.55	0.50
矿渣膨胀珍珠岩	11.5	700～800	0.38	0.54	0.60	0.69	0.70	0.72
加气混凝土	5	500	0.07	0.13	0.10	0.17	0.31	0.33
	5(穿孔)	500	0.11	0.17	0.48	0.33	0.47	0.35
泡沫玻璃	4	1260	0.11	0.32	0.52	0.44	0.52	0.33
	4	1870	0.11	0.22	0.32	0.34	0.43	0.32
加气微孔吸声砖	5.5	620	0.20	0.46	0.60	0.52	0.65	0.62

8.2.2 隔声法

隔声是噪声控制的重要措施之一，它采用隔声构件隔绝在传播途径中的噪声，从而使受声点处的声级降低。在实际工程中使用的隔声构件有隔声室、隔声罩及隔声屏等。

材料的隔声能力可用透射系数 τ 表示，它定义为

$$\tau=\frac{W_t}{W_i} \tag{6-32}$$

式中 W_t——透过的声能；

W_i——入射到屏障上的总声能。

透射系数 τ 是小于1的数，在完全透射的情况下(即 $W_t=W_i$)，$\tau=1$。τ 值越小，表示透过材料的声能越小，材料的隔声能力越好。

通常材料的 τ 值很小，而且各种不同材料的 τ 值变化很大（在 10^{-6}～1 之间)，使用很不方便。为此，在实际过程中，常用传声损失（也称隔声量）*TL* 来表示，其单位是dB。*TL* 与 τ 两者的关系为

$$\mathrm{TL}=10\lg\left(\frac{1}{\tau}\right) \tag{6-33}$$

或

$$\tau=10^{-0.1\mathrm{TL}} \tag{6-34}$$

由传声损失 TL 可直接看出声能透过后衰减的分贝数。材料的 TL 值越大，说明材料的隔声性能越好。

一个隔声结构的隔声量与声波入射角、频率有关。一般所说的透射系数和隔声量的值，是指各种入射角的平均值。为了表示结构的隔声频率特性，一般采用中心频率为125Hz、250Hz、500Hz、1000Hz、2000Hz、4000Hz六个倍频程的隔声量，并以这六个倍频程隔声量的算术平均值作为结构的平均隔声量。

表6-36为几种常用构件的传声损失 TL 值，表6-37为一般门窗隔声量。

表6-36 几种常用构件的传声损失 TL 值

材料结构	厚度/mm	面密度/(kg/m²)	各频率下的传声损失 TL/dB						$\overline{\mathrm{TL}}$/dB
			125Hz	250Hz	500Hz	1000Hz	2000Hz	4000Hz	
钢板(板背后有强肋,肋间的方格尺寸不大于1m×1m)	0.7		15	19	23	26	30	34	24.5
	1	7.8	17	21	25	28	32	36	26.5
	2	15.6	20	24	28	32	36	35	29.2
	3	23.4	23	27	31	35	37	30	30.5
	4	31.2	25	29	33	36	34	34	31.8
	8	62.4	28	32	36	34	33	40	33.8

续表

材料结构	厚度/mm	面密度/(kg/m²)	各频率下的传声损失 TL/dB						$\overline{TL}$/dB
			125Hz	250Hz	500Hz	1000Hz	2000Hz	4000Hz	
平板玻璃	3	8.5	—	—	—	—	—	—	24
	6	17.0	—	—	—	—	—	—	30
胶合板	3	2.4	11	14	19	23	26	27	20
	5	4.0	12	16	20	24	27	27	21
	8	6.4	16	20	24	27	27	27	23.5
木丝板	20	12	23	26	26	26	26	26	25.5
石膏板(石膏混凝土板)	80	115	28	33	37	39	44	44	37.5
	95	135	32	37	37	42	48	53	41.5
砖墙(两面抹灰)	半砖	220	34	36	42	50	58	60	47
	一砖	440	43	45	52	58	59	57	52
空心砖墙(双面抹灰)	150	197	23	33	30	38	42	39	34
钢筋混凝土板	40	100	32	36	35	38	37	53	38.5
	100	250	34	40	40	44	50	55	43.8
	200	500	40	40	44	50	55	60	48.2
	300	750	44.5	50	58	65	69	69	59.2
加气混凝土块墙(抹灰)	150	175	28	36	29	46	54	55	43
双层—砖墙、表面抹灰	中间空气层150	800	50	51	58	71	78	80	65
双层钢筋混凝土墙厚120mm	中间空气层40	200	38	45	47	58	63	62	52

表6-37 一般门窗隔声量

门窗种类	隔声量/dB	门窗种类	隔声量/dB
一般固定窗	15～19	三层固定窗	约50
固定单层窗	20～30	一般门	15～17
一般双层窗	30～40	一般双层门	40～46
固定双层窗	40～50	特殊双层门	50

8.2.3 消声法

消声是消减气流噪声的措施，通常以消声器的形式接在管道中或进、排气口上，能让气流通过，对噪声具有一定的消减作用。

消声器在消声性能上要求具有较高的消声值和较宽的消声频率范围。消声器对气流的阻力要小，安装消声器后所增加的阻力损失要控制在实际允许的范围内，并要求体积小、重量轻、结构简单。

按消声原理分类，消声器有阻性消声器、抗性消声器、阻抗复合式消声器、微穿孔板消声器和扩散消声器等。

阻性消声器是利用吸声材料消声。把吸声材料固定在气流通道内壁或按一定方式在管道中排列起来而构成，阻性消声器对中、高频消声效果较好。

抗性消声器是通过控制声抗的大小进行消声的。在管道上串接截面突变的管段或旁接共振腔，利用声阻抗失配，使某些频率的声波在声阻抗的突变界面处发生反射、干涉等现象，从而在消声器的反侧达到消声的目的。抗性消声器适于消除低、中频噪声。

阻抗复合式消声器是把阻性与抗性两种消声原理，通过适当结构复合构成的。常用的阻抗复合式消声器有阻性-扩张室复合式消声器、阻性-共振腔复合式消声器以及阻性-扩张-共振复合式消声器等。对一些高强度的宽频带噪声，几乎都采用复合式消声器来消除。

微穿孔板消声器主要通过微穿孔板吸声结构来实现消声的。如果设计合理，这种消声器可以实现宽频带消声和较低的阻损。它主要用于超净空调系统及高温、潮湿和其他要求特别清洁卫生的场合。

扩散消声器的特点也是具有宽频带的消声特性。主要用于消除高压气体的排放噪声，如锅炉排气、高炉放空风等。

8.3 噪声源防护距离估算

在工程设计中，经常需要确定某一区域的环境噪声级，或为满足环境标准要求，而需要确定噪声源与该区域之间的防护距离。此处提出一个快速确定上述数值的估算方法，供生产设计时参考使用。

声波在大气中传播将发生反射、衍射、折射等现象，并在传播过程中逐渐衰减。这一衰减通常包括声能随距离的扩散（衰减）和传播过程中产生的附加衰减两个方面。总的衰减应是两者之和。

噪声在室外空间传播，由于受到遮挡物的阻隔，各种介质的吸收和反射，以及空气介质的吸收等物理作用而逐渐减弱，其中以遮挡物的影响较大。因涉及的条件和因素较复杂，故不考虑遮挡吸收，而以空旷无阻挡的条件考虑其衰减。室外噪声在随距离衰减的过程中，距离外墙1～2m范围内近似于平面声源，其衰减值可取1.5dB；在2m～$l/3$范围内相当于线声源（l为外墙开窗长度），距离每增加1倍衰减3dB；距外墙$l/3$以外接近于点声源，距离每增加1倍衰减5dB。

当声源为点声源时，至声源不同距离的两点声压级的理论关系式为

$$L_{pr1}-L_{pr2}=20\lg\left(\frac{r_2}{r_1}\right) \tag{6-35}$$

式中 L_{pr1}——离声源距离为r_1处产生的声压级，dB；

L_{pr2}——离声源距离为r_2处产生的声压级，dB。

当声源为线声源时，至声源不同距离的两点声压级的理论关系式为

$$L_{pr1}-L_{pr2}=10\lg\left(\frac{r_2}{r_1}\right) \tag{6-36}$$

当$r>\frac{1}{3}$时，防噪间距的经验公式为

$$L_{pr}=L_{pr0}-16.6\lg r+6.6\lg l-11.6 \tag{6-37}$$

式中 L_{pr0}——车间内靠近外墙一侧的声压级，dB；

L_{pr}——距车间外墙距离r处的声压级，dB；

l——车间外墙开窗长度，m。

当$2<r<\frac{2}{3}$时，可按式（6-38）计算。

$$L_{pr}=L_{pr0}-10\lg r-8.5 \tag{6-38}$$

为了便于设计使用，根据以上经验式的计算结果（其中部分数据做了调查）整理出噪声防护间距，见表6-38。当噪声与有防噪要求的建筑物或区域之间有隔声障（建筑物、林带等）时，可根据声障的衰减效能缩小其间距。所以在确定某点的噪声值或某建筑物的防噪间距时，只要了解车间的噪声源情况、车间外墙的开窗长度及某点距噪声源的距离，就可估算出某点的噪声值或某建筑物的防噪间距。

表6-38 噪声防护间距

噪声源声压级/dB(A)	各声压级允许值下的噪声防护间距/m				
	45dB	50dB	55dB	60dB	65dB
85	180	90	45	25	15
90	360	180	90	45	25
95	720	360	180	90	45

9 环境监测

企业环境监测任务为：定期监测企业排放的污染物是否符合国家和地方规定的排放标准；定期监测企业周围环境质量的变化情况，为污染控制提供依据；定期监测企业内部分级管理指标的实施和达标情况；定期监测企业内污染物治理设施的运行情况；负责企业内突发环境影响事件的应急监测，配合地方环境监测部门开展应急监测；完成国家、地方和集团内各级环境监测网下达的监测任务。

石化、化工和制药企业应根据其建设规模、污染物排放情况和地方环境监测站的依托情况，确定是否设置环境监测站以及监测站的级别，可参照《石油化工企业环境保护设计规范》（SH 3024）和《化工建设项目环境保护监测站设计规定》（HG/T 20501）。

根据监测任务，环境监测站宜设置样品处置室、标样配制室、废水检测室、废气检测室、固体废物检测室、环境质量检测室、噪声检测室、质控室、标准试剂间、天平间、化学分析室、仪器分析室、环境在线监控室、采样仪器室、应急监测仪器室、气瓶间、样品间等功能室，同时根据需要设置行政办公室、资料档案室、维修、仓库、车库、厕所等辅助用房。

环境监测仪器应包含常规监测仪器、在线监测仪器和应急监测仪器。环境监测站宜布置在厂前区，可单独建设，也可与综合楼或中央化验室集中建设。当环境监测站与中心化验室合建时，监测仪器应与中央化验室统一考虑，以节省投资。

监测点位、监测项目和监测频率应根据建设项目的类别、装置特点、排污性质和特征污染物等确定，并应满足项目环境影响报告书及其批文的要求。

参考文献

[1] 杨丽芬，李友琥．环保工作者实用手册．北京：冶金工业出版社，2001．

[2] 刘天齐．石油化工环境保护手册．北京：烃加工出版社，1990．

[3] 刘天齐．三废处理工程技术手册．北京：化学工业出版社，1999．

[4] 北京市政设计院．给水排水设计手册（第5册）．北京：中国建筑工业出版社，2003．

[5] 全国勘察设计注册工程师环保专业管理委员会，中国环境保护产业协会．注册环保工程师专业考试复习教材（第一分册、第二分册）．第3版．北京：中国环境科学出版社，2008．

[6] 李立清等．废气控制与净化技术．北京：化学工业出版社，2014．

[7] 张自杰．废水处理理论与设计．北京：中国建筑工业出版社，2002．

[8] 乌锡康．有机化工废水治理技术．北京：化学工业出版社，1999．

[9] 聂永丰等．三废处理工程技术手册（固体废物卷）．北京：化学工业出版社，2000．

[10] 王同生等．污水除油旋流器的研究．油气田地面工程，1998（3）．

第7章 劳动安全卫生

1 概述

现代化工、石化、能源和医药工厂生产在为社会带来巨大利益的同时，也带来了火灾、爆炸、毒物泄漏等重大事故隐患。随着工艺生产装置大型化的发展趋势，事故造成的危害和损失增加了，然而生产过程连续化、自动化程度的提高，减少了生产中发生重大事故的可能性。

保障劳动者在劳动过程中的安全与健康，是我们国家的法律法规要求，也是工程建设和企业管理的基本原则之一。《中华人民共和国劳动法》指出："劳动安全卫生设施必须符合国家规定的标准。新建、改建、扩建工程的劳动安全卫生设施必须与主体工程同时设计、同时施工、同时投入生产和使用。"这是国家从立法上明确了劳动安全卫生设施"三同时"的含义，反映了社会发展的客观要求，体现了"安全第一、预防为主"的方针，是有效消除和控制建设项目中危险、有害因素的根本措施，是保障安全生产的重要条件。

国家安全生产监督管理总局第 45 号令《危险化学品建设项目安全监督管理办法》第七条、第八条、第十一条、第十六条、第十七条、第二十二条明确规定以下内容。

第七条　建设项目的设计、施工、监理单位和安全评价机构应当具备相应的资质，并对其工作成果负责。涉及重点监管危险化工工艺、重点监管危险化学品或者危险化学品重大危险源的建设项目，应当由具有石油、化工、医药行业相应资质的设计单位设计。

第八条　建设单位应当在建设项目的可行性研究阶段，对下列安全条件进行论证，编制安全条件论证报告：（一）建设项目是否符合国家和当地政府产业政策与布局；（二）建设项目是否符合当地政府区域规划；（三）建设项目选址是否符合《工业企业总平面设计规范》（GB 50187）、《化工企业总图运输设计规范》（GB 50489）等相关标准，涉及危险化学品长输管道的，是否符合《输气管道工程设计规范》（GB 50251）、《石油天然气工程设计防火规范》（GB 50183）等相关标准；（四）建设项目周边重要场所、区域及居民分布情况，建设项目的设施分布和连续生产经营活动情况及其相互影响情况，安全防范措施是否科学、可行；（五）当地自然条件对建设项目安全生产的影响和安全措施是否科学、可行；（六）主要技术、工艺是否成熟可靠；（七）依托原有生产、储存条件的，其依托条件是否安全可靠。

第十一条　建设单位应当在建设项目开始初步设计前，向与本办法第四条、第五条规定相应的安全生产监督管理部门申请建设项目安全条件审查，提交下列文件、资料，并对其真实性负责：（一）建设项目安全条件审查申请书及文件；（二）建设项目安全条件论证报告；（三）建设项目安全评价报告；（四）建设项目批准、核准或者备案文件和规划相关文件（复制件）；（五）工商行政管理部门颁发的企业营业执照或者企业名称预先核准通知书（复制件）。

第十六条　设计单位应当根据有关安全生产的法律、法规、规章和国家标准、行业标准以及建设项目安全条件审查意见书，按照《化工建设项目安全设计管理导则》（AQ/T 3033），对建设项目安全设施进行设计，并编制建设项目安全设施设计专篇。建设项目安全设施设计专篇应当符合《危险化学品建设项目安全设施设计专篇编制导则》的要求。

第十七条　建设单位应当在建设项目初步设计完成后、详细设计开始前，向出具建设项目安全条件审查意见书的安全生产监督管理部门申请建设项目安全设施设计审查，提交下列文件、资料，并对其真实性负责：（一）建设项目安全设施设计审查申请书及文件；（二）设计单位的设计资质证明文件（复制件）；（三）建设项目安全设施设计专篇。

第二十二条　建设项目安全设施施工完成后，建设单位应当按照有关安全生产法律、法规、规章和国家标准、行业标准的规定，对建设项目安全设施进行检验、检测，保证建设项目安全设施满足危险化学品生产、储存的安全要求，并处于正常适用状态。

危险化学品生产企业执行国家安全生产监督管理总局第 41 号令《危险化学品生产企业安全生产许可证实施办法》，经营企业执行第 55 号令《危险化学品经营许可证管理办法》，使用企业执行第 57 号令《危险化学品安全使用许可证实施办法》。

第 39 号令《建设项目安全设施设计专篇编制导则》和第 36 号令《建设项目安全设施"三同时"监

督管理暂行办法》以及第51号令《建设项目职业卫生“三同时”监督管理暂行办法》规定了建设项目安全设施设计专篇的编制要求、安全评价以及安全审查的要求。这是劳动安全卫生“三同时”工作中的一项重要内容，也是使“三同时”工作进一步科学化和制度化的重要举措。

因此，本章首先介绍劳动安全卫生的法律、法规与标准，然后以劳动安全卫生设计涉及的内容和范围为主线，介绍劳动安全卫生方面的设计工作重点和要点，包括建设项目中危险因素、有害因素的分析，劳动安全卫生的对策措施；同时本章还介绍健康、安全和环保HSE，危险性分析与可操作性HAZOP的研究，安全完整性等级SIL的分析等内容。

2　劳动安全卫生法律、法规与标准

2.1　法律、法规与标准综述

劳动安全卫生由国家法律、行政法规、国家标准、行业标准和国际公约组成完整的法律法规体系。无论是可行性研究阶段对拟建建设项目的劳动安全卫生方案进行论证，还是工程设计中选择和确定各种劳动安全卫生防范措施，都应根据生产工艺过程、涉及的危险性物质、主要设备和操作条件，研究系统过程的固有危险、有害因素，确定系统过程的危险、有害因素及其危险、有害程度，针对主要的危险、有害因素及其产生危险、有害后果的条件提出消除、预防和减弱危险性的对策措施。所有这些工作，都必须根据并符合劳动安全卫生法规与标准。

2.2　相关法律、法规与标准

劳动安全卫生法律、法规与标准按其来源分为四类。

① 由全国人大或全国人大常委会通过的法律，具有最高法律效力，如《中华人民共和国劳动法》。由国家技术监督检验检疫局颁布的标准为国家标准，是在全国范围内统一执行的标准。

② 由国务院和所属部、委制定的规范性文件，如命令、条例、规定、管理办法、实施细则、标准等，它们是宪法和法律的具体体现，同样具有法律效力。由各部、委发布的标准为行业标准，是在全国各行业范围内统一执行的标准。

③ 由地方各级人大或其常委会、地方各级政府为执行宪法、法律和各项行政法规制定的补充性与规范性文件，如决议、决定、办法、标准等，它们在本辖区内具有法律效力。

④ 国际标准与外国标准。对于引进项目依据的标准在合同中有特殊规定或受专业范围、特殊情况限制而我国又暂无相应的劳动安全卫生国家标准时，可采用国际标准或引用外国标准。但必须与我国劳动安全卫生标准体系进行对比分析或验证，这些标准应不低于我国相关标准或暂行规定的要求，并经有关安全生产综合管理部门批准。

劳动安全卫生法律、法规与标准按其法律效力分为两类。

① 强制性标准　指保障人体健康和人身财产安全的标准，法律和行政法规规定强制执行的标准，如劳动安全卫生标准、环境保护标准、食品卫生标准等。

② 推荐性标准　受生产水平、经济条件、技术能力和人员素质等限制，强制性统一执行有困难时，国家鼓励有关单位、人员自愿采用的标准。

劳动安全卫生法律、法规与标准按其对象分为管理标准和技术标准。其中技术标准又可分为以下几类。

① 基础标准　即在劳动安全卫生范围内作为其他标准的基础而被普遍使用、具有广泛指导意义的标准，如《职业安全卫生标准编写规定》《危险货物运输包装通用技术条件》等。

② 产品标准　指为保证产品的适用性，对产品必须达到的主要性能参数、质量指标、使用维护的要求所制定的标准，如《固定式防护栏杆技术条件》《电梯技术条件》等。

③ 方法标准　指以设计、实验、统计、计算、操作等各种方法为对象的标准。对设计、制造、施工、检验等技术事项做出一系列统一规定的标准，一般称作“规范”，如《工业企业总平面设计规范》《工业企业噪声控制设计规范》等；对工艺、操作、安装、检定等具体技术要求和实施程序做出统一规定的标准，一般称作“规程”，如《起重机械安全规程》等。

劳动安全卫生体系的法律层次首先是以《中华人民共和国宪法》作为根本大法，是劳动安全卫生其他法律法规体系的依据和基础。其次为其他国家法律，再次为行政法规，然后为国家标准，最后为行业标准。同一层次的法律法规中有不一致的，应遵循后法大于前法的原则。部分劳动安全卫生部分法律、法规和标准，见表7-1。

表7-1所列举的法律、法规和标准是劳动安全卫生体系中的一部分，仅作为提示。若有新的修订版本颁布，以新版为准。

3　建设项目中危险因素、有害因素分析

要从设计上实现建设项目的本质安全化，首先要找出生产过程中固有或潜在的危险、有害因素、产生的后果，从而提出消除危险、有害因素及其后果的技术、措施和方案，并在设计中落实这些措施，避免产生危险或危害的后果。

表 7-1　部分劳动安全卫生部分法律、法规和标准

法律、法规和标准		施行日期或标准号
国家法律	《中华人民共和国劳动法》(2009 年 8 月 27 日修订)	1995 年 1 月 1 日
	《中华人民共和国安全生产法》(2014 年 8 月 31 日修订)	2014 年 12 月 1 日
	《中华人民共和国环境保护法》(2014 年 4 月 24 日修订)	2015 年 1 月 1 日
	《中华人民共和国环境影响评价法》	2003 年 9 月 1 日
	《中华人民共和国消防法(修订)》	2009 年 5 月 1 日
	《中华人民共和国职业病防治法》	2011 年 12 月 31 日
行政法规	《建设工程质量管理条例》	2000 年 1 月 30 日
	《建设工程安全生产管理条例》	2004 年 2 月 1 日
	《安全生产许可证条例(修订)》	2014 年 7 月 29 日
	《固定式压力容器安全技术监察规程》	2010 年 12 月 1 日
	《危险化学品安全管理条例》(2013 年 12 月 7 日修订)	2002 年 3 月 15 日
	《安全生产事故隐患排查治理暂行规定》	2008 年 2 月 1 日
	《工伤保险条例》(2010 年 12 月 20 日修订)	2003 年 4 月 16 日
	《劳动保障监察条例》	2004 年 12 月 1 日
标准	《安全色》	GB 2893
	《安全标志及其使用导则》	GB 2894
	《工业企业厂内铁路、道路运输安全规程》	GB 4387
	《职业性接触毒物危害程度分级》	GB 5044 GBZ 230
	《生产过程安全卫生要求总则》	GB/T 12801
	《化学品分类和危险性公示通则》	GB 13690
	《剩余电流动作保护装置安装和运行》	GB 13955
	《可燃气体探测器》	GB 15322
	《粉尘防爆安全规程》	GB 15577
	《建筑照明设计标准》	GB 50034
	《建筑物防雷设计规范》	GB 50057
	《爆炸危险环境电力装置设计规范》	GB 50058
	《石油库设计规范》	GB 50074
	《石油化工企业设计防火规范》	GB 50160
	《工业企业总平面设计规范》	GB 50187
	《厂矿道路设计规范》	GBJ 22
	《工业企业噪声控制设计规范》	GB/T 50087
	《建筑设计防火规范》	GB 50016
	《企业职工伤亡事故分类》	GB 6441
	《生产过程危险和有害因素分类与代码》	GB/T 13861
	《工业企业设计卫生标准》	GBZ 1
	《工作场所有害因素职业接触限值　第 1 部分:化学有害因素》	GBZ 2.1
	《工作场所有害因素职业接触限值　第 2 部分:物理因素》	GBZ 2.2
	《化工企业静电接地设计规程》	HG/T 20675
	《压力容器中化学介质毒性危害和爆炸危险程度分类》	HG 20660

3.1　危险因素和有害因素

危险因素是指能对人造成伤亡或对物造成突发性损坏的因素。

有害因素是指能影响人的身体健康、导致疾病或对物造成慢性破坏的因素。

危险因素与有害因素的区别在于，危险因素强调突发性和瞬间作用，有害因素强调在一定时间范围内的积累作用。

危险因素是劳动安全措施的主要对象，有害因素是劳动卫生措施的主要对象。

3.2　危险因素和有害因素产生的原因

尽管各种危险因素和有害因素的表现形式各不相同，但从本质上分析，它们之所以会产生危险、有害后果（伤亡事故、损害人身健康、物的损坏等），都可以归结为能量和有害物质存在、能量和有害物质失控这两方面因素的综合作用，从而导致能量的意外释放或有害物质泄漏、散发的结果。所以，存在能量和有害物质以及失控是危险、有害因素产生的根本原因。

(1) 能量和有害物质

能量既能造福于人类，也会造成人员伤亡和财产损失，一切产生、供给能量的能源和载体在一定条件下都可能是危险、有害因素。例如，锅炉、高处作业的势能、带电导体上的电能、各类机械运动部件的动能、噪声的声能、激光的光能、高温作业和剧烈放热反应工艺装置的热能、各类辐射能等，在一定条件下都能造成各类事故和危害；静止物体的棱角、毛刺以及地面等之所以能伤害人体，也是人体运动、摔倒的动能、势能造成的。这些都是能量意外释放形成的危险因素。

有害物质在一定条件下能损伤人体的生理机能和正常代谢功能，破坏设备和物品的效能，也是最根本的有害因素。例如，生产过程中由于有毒物质、腐蚀性物质、有害粉尘、窒息性气体等有害物质的存在，当它们直接、间接与人体或物体接触时，会导致人身健康的损伤、死亡和物体的损坏、破坏，因此都是有害因素。

(2) 失控

在生产过程中，人们通过工艺和工艺设备使能量和物质（包括有害物质）按人们的意愿流动、转换，进行有益的生产。为此，必须约束、控制这些能量、有害物质，消除、减弱产生不良后果的条件，使其不能产生危险、有害的后果。如果发生失控（没有控制、屏蔽措施或控制、屏蔽措施失效），就会导致能量、有害物质的意外释放和泄漏，从而造成人员伤害和财产损失。所以，失控也是一类危险、有害因素，它主要体现在设备故障（包括缺陷）、人员失误、管理缺陷三个方面。

① 设备故障（包括生产、控制、安全装置和辅助设施等）　故障（包括缺陷）是指系统、设备、组件等在运行过程中由于性能（含安全性能）低下而不能实现预定功能（包括安全功能）的现象。因故障导致的危险和有害因素主要体现在发生故障、误操作时的防护、保险、信号等装置缺乏、缺陷和设备在强度、刚度、稳定性、人机关系上的缺陷两方面。例如，电气设备绝缘损坏、保护装置失效造成漏电伤人、短路保护装置失效造成变配电系统破坏；控制系统失灵使化学反应装置压力升高，泄压安全装置故障使压力进一步上升，导致压力容器破裂、有毒物质泄漏散发、爆炸危险气体泄漏爆炸，造成巨大伤亡和财产损失；管道阀门破裂、通风装置故障使有毒气体侵入作业人员呼吸道；超载限制或起升限位安全装置失效使钢丝绳断裂、重物坠落，围栏缺损、安全带及安全网质量低劣为高处坠落事故提供条件等，都是故障引起的危险、有害因素。

② 人员失误　泛指不安全行为中产生不良后果的行为，即在劳动过程中违反劳动纪律、操作程序和方法等具有危险性的做法。其原因有不正确的态度、技能或知识不足、健康或生理状态不佳、劳动条件（设施条件、工作环境、劳动强度、工作时间）的影响。我国 GB 6441 附录中将不安全行为归纳为 13 类：操作失误（忽视安全、忽视警告）、造成安全装置失效、使用不安全设备、手代替工具操作、物体存放不当、冒险进入危险场所、攀坐不安全位置、在起吊物下作业或停留、机器运转时加油（修理、检查、调整、清扫等）、有分散注意力行为、忽视使用必要的个人防护用品或用具、不安全装束、对易燃易爆等危险品处理错误。

③ 管理缺陷　系统的安全管理是为保证及时、有效地实现系统安全目标，在预测、分析的基础上进行的计划、组织、协调、检查等工作，是预防故障及预防人员失误发生的有效手段。管理缺陷是发生失控的重要因素。

另外，温度、湿度、风雨雪、照明、视野、噪声、振动、通风换气、色彩等环境因素都会引起设备故障或人员失误，这是发生失控的间接因素。

3.3　危险因素和有害因素的分类

(1) 按导致事故和职业危害的直接原因分类

根据《生产过程危险和有害因素分类与代码》(GB/T 13861) 的规定，生产过程中的危险和有害因素分为 6 类：①物理性危险和有害因素；②化学性危险和有害因素；③生物性危险和有害因素；④心理、生理性危险和有害因素；⑤行为性危险和有害因素；⑥其他危险和有害因素。

(2) 按事故类别和职业病类别分类

① 按《企业职工伤亡事故分类》(GB 6441)，综合考虑起因物、引发事故的先发诱导性原因、致害物、伤害方式等，将危险因素分为16类：a. 物体打击；b. 车辆伤害；c. 机械伤害；d. 起重伤害；e. 触电；f. 淹溺；g. 灼烫；h. 火灾；i. 高处坠落；j. 坍塌；k. 放炮；l. 火药爆炸；m. 化学性爆炸；n. 物理性爆炸；o. 中毒和窒息；p. 其他伤害。

② 按《职业病范围和职业病患者处理办法的规定》，将有害因素分为7类：a. 生产性粉尘；b. 毒物；c. 噪声与振动；d. 高温；e. 低温；f. 辐射；g. 其他有害因素。

3.4 危险因素和有害因素分析的主要内容

(1) 危险因素和有害因素分析时的注意事项

① 危险因素和有害因素的分布。为了有序、方便地进行分析，防止遗漏，可以按下列几个部分分别进行分析：厂址、平面布局、建（构）筑物、物质、生产工艺及设备、辅助生产设施（包括公用工程）、作业环境。分别分析其中存在的危险、有害因素，并综合归纳，得出系统中存在哪些种类危险、有害因素及其分布状况的综合资料。

② 伤害（危害）方式和途径。伤害（危害）方式是指对人体造成伤害、对人体健康造成损害的方式。例如，机械伤害的挤压、咬合、碰撞、剪切等，中毒的靶器官、生理功能异常、生理结构损伤形式（如黏膜糜烂、植物神经紊乱、窒息等），粉尘在肺泡内滞留、肺组织纤维化、肺组织癌变等。

大部分危险因素和有害因素是通过与人体直接接触造成伤害的，但接触途径不一样。例如，毒物是通过直接接触（呼吸道、食道、皮肤黏膜等）或在一定区域内通过呼吸吸入有毒的空气而作用于人体；爆炸是通过冲击波、火焰、飞溅物体在一定空间内造成伤害；噪声是无规则振动发出的声音，可通过一定距离的空气传播损伤听觉。

③ 在上述分析的基础上，分析哪些是主要的危险因素和有害因素。对导致事故、危害发生条件的直接原因、诱导原因，进行重点分析，为采取对策措施提供基础。

④ 分析时要防止遗漏，特别是对可能导致重大事故的危险因素和有害因素要特别予以关注，不得忽略。不仅要分析正常生产、操作、运转时的危险因素和有害因素，更主要的是要分析设备、装置损坏及操作失误可能产生严重后果的危险因素和有害因素。

(2) 危险因素和有害因素分析的主要内容

必须对下列方面存在的危险因素和有害因素进行重点分析。

① 厂址：从厂址的工程地质、地形、自然灾害、周围环境、气象条件、交通资源、抢险救灾支持条件等方面进行分析。

② 厂区平面布局。

a. 总图　功能分区（生产、管理、辅助生产、生活）布置；高温、有害物质、噪声、辐射、易燃、易爆、危险品设施布置；工艺流程布置，建（构）筑物布置；风向、安全距离、卫生防护距离。

b. 运输线路及码头　厂区道路、厂区铁路、危险品装卸区、厂区码头。

③ 建（构）筑物：结构、防火、防爆、朝向、采光、运输、通道（操作、安全、运输、检修）、生产卫生设施。

④ 生产工艺过程：物料的物性（毒性、腐蚀性、燃爆性）、温度、压力、速度、作业及控制条件、事故及失控状态。

⑤ 生产设备、装置。

a. 化工设备、装置：高温、低温、腐蚀、高压、振动、关键部位的备用设备、控制、操作、检修和故障、失误时的紧急异常情况。

b. 机械设备：运动零部件和工件、操作条件、检修作业、误运转和误操作。

c. 电气设备：断电、触电、火灾、爆炸、误运转和误操作、静电、雷电。

d. 危险性较大的设备、高处作业的设备。

e. 特殊单体设备、装置（锅炉房、乙炔站、氧气站、石油库、危险品库等）。

⑥ 粉尘、毒物、噪声、振动、辐射、高温、低温等有害作业部位。

⑦ 工时制度、女职工劳动保护、体力劳动强度。

⑧ 管理设施、事故应急抢救设施、辅助生产设施、生活卫生设施。

3.5 建设项目涉及危险、有害因素和有害程度辨析手段

安监总管三〔2013〕39《危险化学品建设项目安全设施设计专篇编制导则》规定了过程危险源分析方法，开展建设项目过程危险源及危险因素和有害因素分析。

① 物料危险性分析。

a. 列表说明建设项目涉及的危险化学品特性，其基本形式详见表7-2。

b. 分析建设项目生产过程中涉及具有爆炸性、可燃性、毒性、腐蚀性的危险化学品数量、浓度（含量）和所在的单元及其状态（温度、压力、相态等）。

c. 说明建设项目涉及重点监管的危险化学品情况。

② 分析说明建设项目工艺过程可能导致泄漏、爆炸、火灾、中毒事故的危险源。

③ 指出建设项目可能造成作业人员伤亡的其他危险因素和有害因素，如粉尘、窒息、腐蚀、噪声、高温、低温、振动、坠落、机械伤害、放射性辐射等。

④ 说明上述②及③条中危险源及危险因素和有害因素存在的主要作业场所。

表7-2　危险化学品数据表基本形式

物料名称	危险化学品分类	相态	密度	沸点/℃	凝点/℃	闪点/℃	自燃点/℃	职业接触限值	毒性等级	爆炸极限(体积分数)/%	火灾危险性分类	危险特性

⑤ 说明装置或单元的火灾危险性分类和爆炸危险区域划分。

⑥ 按照《危险化学品重大危险源辨识》（GB 18218）辨识重大危险源，并按照《危险化学品重大危险源监督管理暂行规定》（国家安全监管总局令第40号）划分重大危险源等级。

⑦ 说明建设项目工艺是否属于重点监管的危险化工工艺。

⑧ 说明危险化学品长输管道的路由和穿跨越过程所存在的危险源及危险因素与有害因素。

⑨ 根据建设项目前期开展的安全评价等报告，说明主要分析结果。

⑩ 根据设计过程开展的危险与可操作性（HAZOP）研究或其他安全风险分析，说明主要分析结果。

⑪ 涉及多套装置的建设项目或者同一企业毗邻在役装置的建设项目，应分析其相互之间的影响及可能产生的危险，并说明主要分析结果。

3.6　重大危险因素和有害因素

（1）重大危险因素和有害因素的含义

重大危险因素和有害因素是指导致重大事故发生的危险因素和有害因素。重大事故具有伤亡人数多、经济损失大、社会影响广的特点。

国务院《生产安全事故报告和调查处理条例》中规定：根据生产安全事故（以下简称事故）造成的人员伤亡或者直接经济损失，事故一般分为以下4个等级。

① 特别重大事故，是指造成30人（含，下同）以上死亡，或者100人以上重伤（包括急性工业中毒，下同），或者1亿元以上直接经济损失的事故。

② 重大事故，是指造成10人以上30人以下死亡，或者50人以上100人以下重伤，或者5000万元以上1亿元以下直接经济损失的事故。

③ 较大事故，是指造成3人以上10人以下死亡，或者10人以上50人以下重伤，或者1000万元以上5000万元以下直接经济损失的事故。

④ 一般事故，是指造成3人以下死亡，或者10人以下重伤，或者1000万元以下直接经济损失的事故。

化工、石化等行业也规定了各自行业确定和划分重大事故的标准，事故一般分为以下3个等级。

① 特别重大事故，是指一次死亡30人（含，下同）以上的事故，或一次造成巨大直接经济损失的事故，或其他性质严重、产生恶劣社会影响的事故。

② 特大事故，是指一次死亡10人以上30人以下的事故，或者油田企业一次造成直接经济损失1500万元以上，炼化企业直接经济损失在2000万元以上，销售企业直接经济损失在1000万元以上的事故，或者其他性质严重、产生重大社会影响的事故。

③ 重大事故，是指一次死亡3人以上10人以下的事故，或者油田企业一次造成直接经济损失在1000万元以上，不足1500万元，炼化企业直接经济损失在1500万元以上，不足2000万元，销售企业直接经济损失在500万元以上，不足1000万元的事故。

另外，作为参考，目前国际上已习惯把重大事故特指为重大火灾、爆炸、毒物泄漏事故。国际劳工组织（ILO）通过的《预防重大事故公约》中把重大事故定义为“在重大危险设施内的一项生产活动中突然发生的、涉及一种或多种危险物质的严重泄漏、火灾、爆炸等导致职工、公众或环境急性或慢性严重危害的意外事故”，并把重大事故划分为两大类。

① 由易燃易爆物质引起的事故：产生强烈辐射和浓烟的重大火灾，威胁到危险物质、可能使其发生火灾、爆炸和毒物泄漏的火灾，产生冲击波、飞散碎片和强烈辐射的爆炸。

② 由有毒物质引起的事故：有毒物质缓慢或间歇性的泄漏，由于火灾或容器损坏引起的毒物逸散，设备损坏造成毒物在短时间内急剧泄漏，大型储存容器破坏、化学反应失控、安全装置失效等引起有毒物质的大量泄漏。

上述分类可见，导致重大事故发生的最根本的危险因素和有害因素是存在导致火灾、爆炸、中毒事故发生的危险因素和有害物质。

（2）重大危险因素和有害因素的分析方法

应从是否存在一旦发生泄漏可能导致火灾、爆炸、中毒等重大危险、有害物质出发，进行分析。目前，国际上是根据危险、有害物质的种类及其限量来确定是否属于重大危险因素和有害因素。欧共体的赛维索指令列出了180种危险、有害物质及其限量，国际劳工组织建议按表7-3所示重点危险、有害物质及其限量作为判定重大危险、有害因素的依据。

在实际应用时，往往把生产、加工处理、储存这些物质的装置视为重大危险因素，称为重大危险装置。按照国际劳工组织的规定，属于同一工厂、相距500m以内全部装置中的危险、有害物质数量超过表7-3中规定的限量值，则这些装置为重大危险装置。

表 7-3 国际劳工组织鉴别重大危险装置的重点物质限量值

物质名称	数量>
1. 一般易燃物质	
易燃气体	200t
高易燃液体	50000t
2. 特种易燃物质	
氢	50t
环氧乙烷	50t
3. 特种炸药	
硝酸铵	2500t
硝酸甘油	10t
三硝基甲苯	50t
4. 特殊有毒物质	
丙烯腈	200t
氨	500t
氧	25t
二氧化硫	250t
硫化氢	50t
氢氰酸	20t
二硫化碳	200t
氟化氢	50t
氯化氢	250t
三氧化硫	75t
5. 特种剧毒物质	
甲基异氰酸盐	150kg
光气	750kg

3.7 危险化学品重大危险源

《危险化学品重大危险源监督管理暂行规定》对从事危险化学品生产、储存、使用和经营单位的危险化学品重大危险源的辨识、评估、登记建档、备案、核销及其监督管理进行了规定。危险化学品重大危险源是指按照《危险化学品重大危险源辨识》（GB 18218）标准辨识确定，生产、储存、使用或者搬运危险化学品的数量等于或者超过临界量的单元（包括场所和设施）。危险化学品单位应当对重大危险源进行安全评估并确定重大危险源等级。

重大危险源根据其危险程度，分为一级、二级、三级和四级，一级为最高级别。重大危险源分级方法采用单元内各种危险化学品实际存在（在线）量与其在《危险化学品重大危险源辨识》（GB 18218）中规定的临界量比值，经校正系数校正后的比值之和 R 作为分级指标（表 7-4）。

表 7-4 危险化学品重大危险源级别和 R 值的对应关系

危险化学品重大危险源级别	R 值
一级	$R \geqslant 100$
二级	$100 > R \geqslant 50$
三级	$50 > R \geqslant 10$
四级	$R < 10$

重大危险源有下列情形之一的，应当委托具有相应资质的安全评价机构，按照有关标准的规定采用定量风险评价方法进行安全评估，确定个人和社会风险值。

① 构成一级或者二级重大危险源，且毒性气体实际存在（在线）量与其在《危险化学品重大危险源辨识》中规定的临界量比值之和大于或等于1的。

② 构成一级重大危险源，且爆炸品或液化易燃气体实际存在（在线）量与其在《危险化学品重大危险源辨识》中规定的临界量比值之和大于或等于1的。

重大危险源安全评估报告应当客观公正、数据准确、内容完整、结论明确、措施可行，并包括下列内容：

① 评估的主要依据；

② 重大危险源的基本情况；

③ 事故发生的可能性及危害程度；

④ 个人风险和社会风险值（仅适用定量风险评价方法）；

⑤ 可能受事故影响的周边场所、人员情况；

⑥ 重大危险源辨识、分级的符合性分析；

⑦ 安全管理措施、安全技术和监控措施；

⑧ 事故应急措施；

⑨ 评估结论与建议。

可允许个人风险标准见表 7-5。可允许社会风险标准曲线如图 7-1 所示。

表 7-5 可允许个人风险标准

危险化学品单位周边重要目标和敏感场所类别	可允许风险/年
高敏感场所（如学校、医院、幼儿园、养老院等） 重要目标（如党政机关、军事管理区、文物保护单位等） 特殊高密度场所（如大型体育场、大型交通枢纽等）	$<3\times10^{-7}$
居住类高密度场所（如居民区、宾馆、度假村等） 公众聚集类高密度场所（如办公场所、商场、饭店、娱乐场所等）	$<1\times10^{-6}$

有下列情形之一的，危险化学品单位应当对重大危险源重新进行辨识、安全评估和分级：

① 重大危险源安全评估已满三年的；

② 构成重大危险源的装置、设施或者场所进行新建、改建、扩建的；

③ 危险化学品种类、数量、生产、使用工艺或者储存方式及重要设备、设施等发生变化，影响重大危险源级别或者风险程度的；

④ 外界生产安全环境因素发生变化，影响重大

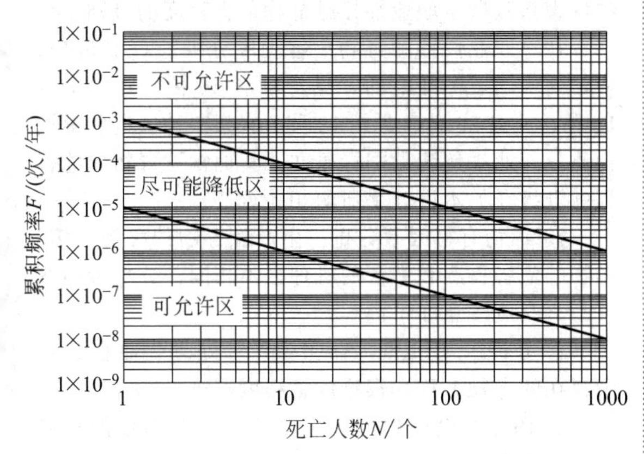

图7-1 可允许社会风险标准(F-N)曲线

危险源级别和风险程度的;

⑤ 发生危险化学品事故造成人员死亡,或者10人以上受伤,或者影响到公共安全的;

⑥ 有关重大危险源辨识和安全评估的国家标准、行业标准发生变化的。

与危险化学品有关的单位应当根据构成重大危险源的危险化学品种类、数量、生产、使用工艺(方式)或者相关设备、设施等实际情况,按照下列要求建立健全安全监测监控体系,并完善控制措施。

① 重大危险源配备温度、压力、液位、流量、组分等信息的不间断采集和监测系统以及可燃气体与有毒有害气体泄漏检测报警装置,并具备信息远传、连续记录、事故预警、信息存储等功能;一级或者二级重大危险源,具备紧急停车功能。记录电子数据的保存时间不少于30天。

② 重大危险源的化工生产装置应装备满足安全生产要求的自动化控制系统;对于一级或者二级重大危险源,还要装备紧急停车系统。

③ 对重大危险源中的毒性气体、剧毒液体和易燃气体等重点设施,设置紧急切断装置;毒性气体的设施,设置泄漏物紧急处置装置。涉及毒性气体、液化气体、剧毒液体的一级或者二级重大危险源,配备独立的安全仪表系统(SIS)。

④ 重大危险源中储存剧毒物质的场所或者设施应设置视频监控系统。

⑤ 安全监测监控系统必须符合国家标准或者行业标准的规定。

3.8 物质的危险有害因素和作业环境有害因素分析

生产过程中的原料、半成品、成品和废弃物分别以气、液、固态存在,它们分别具有相应的物理、化学性质及其危险、危害特性。《化学品分类和危险性公示通则》(GB 13690)将145种常用的危险化学品分为爆炸品、压缩气体和液化气体、易燃液体、易燃固体(含自燃物品)和遇湿易燃物品、氧化剂和有机过氧化物、有毒物品、放射性物品、腐蚀品8类。这些危险特性可概括为化学反应危险、高能量储存危险、物质毒性危害、腐蚀性危害、辐射危害等。

对物质的危险有害因素和作业环境有害因素进行分析,就是要:①根据易燃、易爆物质的化学特性、引燃或引爆条件,分析其生产、储存、运输、使用过程中的火灾、爆炸危险因素;②根据存在有害物质的物理有害因素,分析作业环境的有害因素。

(1) 易燃易爆物质

① 凝聚相化学爆炸物质

a. 火(炸)药　雷汞、叠氮化铅、三硝基间苯二酚铅、四氮烯、二硝基重氮酚、2,4,6-三硝基甲苯(即TNT)、2,4,6-三硝基苯甲硝胺(特屈尔)、黑索金、奥克托金等各种火炸药,在受热、摩擦、撞击、冲击波、电火花、激光甚至可见光的作用下,能够发生爆炸,具有极强的破坏力。

b. 常温下能自行分解或在空气中进行氧化反应导致自燃、爆炸的物质　硝化棉、赛璐珞、黄磷、三乙基铅、某些氮化物、甲胺、丙烯腈和许多有机过氧化物,对热、振动、摩擦极为敏感,是极易分解、燃烧、爆炸的物质。

c. 常温下能与水或水蒸气反应产生可燃气引起燃烧爆炸的物质　如金属钾、金属钠、碳化钙、一氯二乙基铝、三氯化磷、五氧化二磷、三氯氢硅等。

d. 极易引起可燃物燃烧爆炸的强氧化剂　如氯酸钠、氯酸钾、双氧水、过氧化钠、过氧化钾、次氯酸钙、高锰酸钾、重铬酸钠、发烟硫酸、发烟硝酸、纯氧气等。

e. 受到摩擦、撞击或与氧化剂接触能引起燃烧或爆炸的物质　如硫黄、樟脑、松香、精萘等。

② 气相爆炸物质

气相爆炸物质分Ⅰ类(矿井甲烷)、Ⅱ类(爆炸性气体、蒸气)、Ⅲ类(爆炸性粉尘、纤维)共3类。

a. 爆炸性气体混合物　常见的爆炸性气体和液体蒸气的闪点、燃点、爆炸极限、密度等特性参数详见本设计手册的相关章节。

b. 爆炸性粉尘　固体可燃物及某些常态下不燃烧的金属、矿物等物质的粉尘,具有极高的比表面积和异常的化学活性;表现为燃点降低,与空气混合、达到一定浓度后,遇到火源就会发生爆炸。其粉尘的平均粒径越小,越易燃烧、爆炸。易燃易爆粉尘和可燃纤维的特征参数详见本手册的相关章节中的《爆炸危险场所电气安全规程》。

(2) 腐蚀和腐蚀性物质

物质表面因与周围介质发生化学反应或电化学反应而使物质材料受到破坏的现象称腐蚀。

① 腐蚀的危害　腐蚀物品作用于人体皮肤、眼睛等,会引起表皮灼伤,甚至死亡;作用于建(构)

筑物、设备管道等，会造成损害，甚至造成破坏，这部分损害或破坏属于化学腐蚀。而锅炉壁和管道受水的腐蚀、金属设备在大气中的腐蚀、地下管道在土壤中的腐蚀、有机物质加工设备的腐蚀等，大部分属于电化学腐蚀，电化学腐蚀与金属、周围介质的电化学性能和环境温度、湿度等因素有密切关系。分析时，对易燃易爆、有毒物质的设备、管道内部不易察觉到的电化学腐蚀要给予注意，因为设备的腐蚀一旦严重，使设备破坏，将会导致突发性的严重事故发生。

② 腐蚀性物质的分类

a. 无机酸性腐蚀物质　主要是一些强酸，如硝酸、硫酸、氯磺酸、盐酸、磷酸等；还有遇水生成强酸的物质，如二氧化硫、三氧化硫、五氧化二磷等。

b. 有机酸性腐蚀物质　一级有机酸性腐蚀物质，如甲酸（HCOOH）、溴乙酰（CH_3COBr）等；二级有机酸性腐蚀物质，如乙酸（CH_3COOH）、氯乙酸（$CH_2ClCOOH$）等。

c. 无机碱性腐蚀物质　主要为强碱，如氢氧化钠、氢氧化钾、硫化钠、硫化钙、氧化钙等。

d. 有机碱性腐蚀物质　主要为有机碱金属化合物和胺类，如丙醇钠（$CH_3CH_2CH_2ONa$）、二乙醇胺［$NH(CH_2CH_2OH)_2$］等。

e. 其他无机及有机腐蚀性物质　无机物如次氯酸钙［$Ca(OCl)_2$］、次氯酸钠（NaClO）、三氯化锑（$SbCl_3$）等；有机物如苯酚（C_6H_5OH）、甲醛（HCHO）等。

(3) 生产性毒物

毒物是指以较小剂量作用于生物体，能使生理功能或机体正常结构发生暂时性或永久性病理改变甚至死亡的物质。

劳动安全卫生工作中的毒物是指生产性毒物（又称职业性接触毒物），包括职工在生产过程中接触以固体、液体、气体、蒸气、烟尘等形式存在的原料、成品、半成品、中间体、反应副产品和杂质，并在操作时经皮肤、呼吸道、消化道等进入人体，对健康产生损害，造成慢性中毒、急性中毒或死亡的物质。

毒物对人体的危害程度与毒物的毒性、接触毒物的时间和剂量、人体健康状况及体质差异有关。

① 职业性接触毒物危害程度　在《职业性接触毒物危害程度分级》（GB 5044）基础上进行修订的《职业性接触毒物危害程度分级》（GBZ 230）中，职业性接触毒物危害程度的分级原则是依据急性毒性、影响毒性作用的因素、毒性效应、实际危害后果共4大类9项分级指标进行综合分析、计算毒物危害指数来确定的。每项指标均按照危害程度分5个等级并赋予相应分值（轻微危害为0分；轻度危害为1分；中度危害为2分；高度危害为3分；极度危害为4分）；同时根据各项指标对职业危害影响作用的大小赋予相应的权重系数。依据各项指标加权分值的总和，即毒物危害指数确定职业性接触毒物危害程度的级别。

在《职业性接触毒物危害程度分级》（GB 5044）中，列入国家标准中的常见毒物有56种，其中Ⅰ级13种、Ⅱ级26种、Ⅲ级12种、Ⅳ级5种，这些毒性物质及行业举例请见国标原文。其他常见毒物的危害程度分级详见本设计手册的相关章节。

② 毒物有害因素分析　生产性毒物的种类繁多，毒物的危害程度和中毒的机理也不相同，分析毒物有害因素时应注意如下内容。

a. 分析工艺过程，查明生产、处理、储存过程中存在的毒物名称和毒物危害程度等级。

b. 用已经投产的同类生产厂、作业岗位的检测数据作为参考、类比。

c. 分析毒物传播的途径、产生危害的原因。按空气中毒物最高允许浓度、毒物危害程度和作业时间，确定毒物的种类、分布、危害方式、危害范围和主要毒物危害。

车间空气中毒物的最高允许浓度详见《工作场所有害因素职业接触限值》（GBZ 2.1）以及其他专项标准。该标准中未列出的毒物在车间空气中最高允许浓度，可参考有关美国标准，如美国政府工业卫生学家会议（ACGIH）生产环境化学物质阈限值。

(4) 生产性粉尘

生产性粉尘危害主要产生在开采、破碎、粉碎、筛分、包装、配料、混合搅拌、散粉装卸及输送等过程和清扫、检修等作业场所。

① 肺尘埃沉着病的分类　按肺尘埃沉着病的发病原因，通常可分为硅沉着病、硅酸盐肺尘埃沉着病、炭素肺尘埃沉着病、金属肺尘埃沉着病、混合性肺尘埃沉着病5类。

目前，我国把硅沉着病、煤工肺尘埃沉着病、石墨肺尘埃沉着病、炭黑肺尘埃沉着病、滑石肺尘埃沉着病、石棉肺尘埃沉着病、水泥肺尘埃沉着病、云母肺尘埃沉着病、陶工肺尘埃沉着病、铝肺尘埃沉着病、电焊工肺尘埃沉着病、铸工肺尘埃沉着病这12种肺尘埃沉着病列为法定职业病。

② 生产性粉尘有害因素分析

a. 根据工艺、工艺设备、物料、操作条件分析可能产生的粉尘种类和部位。

b. 用已经投产的同类生产厂、作业岗位的检测数据或模拟实验测试数据作为参考和类比。

c. 分析粉尘产生的原因和粉尘扩散传播的途径，依据空气中粉尘最高允许浓度、作业时间、粉尘特性，确定粉尘的种类、分布、危害方式、危害范围和主要粉尘危害。

车间空气中粉尘的最高允许浓度详见《工作场所有害因素职业接触限值》（GBZ 2.1）以及其他专项标准。该标准中未列出的粉尘在车间空气中最高允许浓度，可参考有关美国标准，如美国政府工业卫生学家会议（ACGIH）生产环境化学物质阈值。

(5) 噪声

噪声能引起听觉功能敏感度下降甚至造成声聋，或引起神经衰弱、心血管病及消化系统等疾病的高发。噪声还干扰影响信息交流，听不清谈话，促使误操作发生率上升。

① 噪声产生的原因和分类

a. 机械噪声　由固体振动、金属摩擦、构件碰撞、不平衡旋转、零件撞击等产生，如冲击力做功机械等。

b. 空气动力性噪声　又称气流噪声，是因气体流动时的压力、速度波动产生的，如喷气式飞机、风机叶片旋转、管道噪声等。

c. 电磁噪声　因电磁作用引起振动而产生的，如变压器、励磁机噪声等。

② 某些机械或场所的噪声级及噪声限制值

a. 某些产生噪声的机械或场所举例见表7-6。

表7-6　某些产生噪声的机械或场所举例

声级/dB(A)	机械或场所举例
130～140	喷气式发动机
130	鼓风机、锻锤、大型球磨机
110～120	电锯、汽车高音喇叭(1m处)、抽风机、振动筛、振捣机
100～110	锅炉制造厂、纺织机、破碎机、压缩机、电刨
90～100	纺织厂、空压机、泵、轧钢车间、轮转印刷机、制砖机
80～90	载重汽车(7m处)、机床、印刷机
70～80	针织机、交叉路口拥挤车流

注：本表引自《事故预测预防技术》，陆庆武编，1990年出版。

b. 按《工业企业设计卫生标准》（GBZ 1）中表5规定：噪声车间观察（值班）室噪声声级不大于75dB（A），非噪声车间办公室、会议室噪声声级不大于60dB（A），主控室、精密加工室噪声声级不大于70dB（A），而且以上非噪声工作地点噪声声级工效限值也不得超过55dB（A）。按《工作场所有害因素职业接触限值》（GBZ 2.2）第2部分：物理因素中表9规定，工作场所噪声职业接触时间每周工作5天，每天工作8h，稳态噪声和非稳态噪声等效声级的接触阈值都为85dB（A）。每周工作5天，每天工作时间不等于8h，需计算8h等效声级，每周工作不是5天，需计算40h等效声级，两种接触限值都为85dB（A）。

③ 噪声有害因素分析　先找出、列出生产中产生较高噪声的设备，参照同类作业场所测定的数据，确定噪声产生的原因、种类、传播范围及主要噪声危害。

(6) 振动

分析振动有害因素时，先找出产生振动的设备，参照同类作业场所测定数据或模拟实验测试数据，依据有关标准，确定振动影响范围和主要振动危害。

① 全身振动　可导致工效降低、辨别能力和短时记忆力降低、视力恶化和视野改变，对血压升高、脊柱病变、女性生殖功能有一定影响；致害的程度与接振强度、频率和暴露时间密切相关。对于全身振动作业，不应超过国家标准《工业企业设计卫生标准》（GBZ 1）中表6规定的卫生阈值。受振动影响的辅助用房（办公室、会议室、计算机房、电话间、精密仪器室等），其垂直或水平振动强度不应超过《工业企业设计卫生标准》（GBZ 1）中表7规定的设计要求。

② 手传振动　可导致外周循环机能障碍，表现为振动性白指；还能引起中枢神经、外周神经、植物神经功能紊乱。国家标准《工作场所有害因素职业接触限值》（GBZ 2.2）中表11规定工作日中使用手持振动工具或接触受振工件积累接振时间的卫生要求：工作场所手传振动接触时间4h等能量频率计权振动加速度阈值为$5m/s^2$。

国家标准《工业企业设计卫生标准》（GBZ 1—2010）指出：采用工程控制技术措施仍达不到要求的，应根据实际情况合理设计劳动作息时间，并采取适宜的个人防护措施。

(7) 电离辐射和非电离辐射

人体处于交变电磁场中或受到微波、紫外线及α粒子、β粒子、X射线、γ射线的照射，达到一定剂量就会产生辐射危害。根据辐射能量不同及对原子或分子电离与否，分为电离辐射（能使分子或原子发生电离的辐射，如α粒子、β粒子、X射线、γ射线和中子）和非电离辐射（不能使分子或原子发生电离的辐射，如射频电磁波、微波、紫外线、红外线和可见光、激光等）两大类。

辐射主要用于加工（金属热处理、高频介质加热、工件加工等）、化学反应工艺（辐射聚合、辐射交联、辐射接枝等）、测量与控制（无线电探测、无损探伤、同位素示踪等）、制作产品（永久性发光材料等）、医疗（诊断、治疗等）和科研。

① 卫生标准　《工业企业设计卫生标准》（GBZ 1）对防电离辐射和非电离辐射作了规定：产生工频电磁场的设备安装地址（位置）的选择应与居住区、学校、医院、幼儿园等保持一定的距离，使上述区域电场强度最高允许接触水平控制在4kV/m以下。

电离辐射防护应按《电离辐射防护与辐射源安全基本标准》（GB 18871）及相关国家标准执行；非电离辐射防护使劳动者非电离辐射作业的接触水平符合

《工作场所有害因素职业接触限值》（GBZ 2.2）的要求。

② 辐射有害因素分析　一切能产生电磁辐射（含激光、红外线、紫外线）、放射线的物质或装置都是辐射有害因素的根源；当屏蔽、控制装置发生故障（或缺少）时，在一定的时、空范围内使人体受到非正常、超限值照射，是各类辐射发生危害后果的条件。

分析辐射有害因素时，应先找出产生辐射的设备和物质，参照同类作业场所测定数据，分析辐射的特性、传播途径、危害区域范围、误入危害区的可能性，从而确定主要辐射危害。

(8) 高温、低温

分析高温、低温有害因素时，一般参照类比作业场所的测试数据，进行类比分析。

① 高温危害

a. 高温作业人员受环境热负荷的影响，作业能力随温度的升高而明显下降。研究资料表明，环境温度达到28℃时，人的反应速度、运算能力、感觉敏感性及感觉运动协调功能都明显下降。35℃时仅为一般情况下的70%左右；极重体力劳动作业能力，30℃时只有一般情况下的50%～70%，35℃时则仅有30%左右。高温使劳动效率降低，从而增加操作的失误率。

高温环境会引起中暑（热射病、日射病、热痉挛、热衰竭），长期高温作业（数年）可出现高血压、心肌受损和消化功能障碍病症。

高温危害程度与气温、湿度、风速、辐射热和个体热耐受性有关。

b. 高温作业是指在生产劳动过程中，工作地点平均湿球黑球温度（WBGT）指数≥25℃的作业。根据《工作场所有害因素职业接触限值》（GBZ 2.2）中表8的规定：劳动者一个工作日累计接触高温作业时间与8h比率的接触时间率为100%，体力劳动强度为Ⅳ级，WBGT指数阈值为25℃；当劳动强度下降一级，WBGT指数阈值增加1～2℃；当接触时间率减少25%，WBGT指数阈值也增加1～2℃；而室外通风设计温度≥30℃的地区，WBGT指数阈值相应增加1℃。

② 低温危害

a. 低温作业人员受环境低温影响，操作功能随温度的下降而明显下降。如手皮肤温度降到15.5℃时操作功能开始受影响，降到10～12℃时触觉明显减弱，降到4～5℃时几乎完全失去触觉的鉴别能力和知觉；手部温度降到8℃，即使（涉及触觉敏感性的）粗糙作业也会感到困难；冷暴露时，即使未致体温过低，对脑功能也有一定影响，使注意力不集中、反应时间延长、作业失误率增多，甚至产生幻觉，对心血管系统、呼吸系统也有一定影响。

低温环境会引起体温降低、冻伤，甚至造成死亡。低温的危害程度与环境温度、活动强度、健康状况、饮食和防寒装备有关。

b. 国家标准《低温作业分级》（GB/T 14440）依据温度范围、作业时间率将5℃以下的低温作业的危害程度分为四个级别。

(9) 采光、照明

根据建设项目的操作精细程度等情况，考查其作业环境的采光、照明是否满足国家有关建筑设计的采光、照明卫生标准要求。

4 劳动安全卫生的对策措施

劳动安全卫生的对策措施是设计单位、建设单位在建设项目设计、管理中采取的消除、预防和减弱危险、有害因素的技术措施和管理措施。劳动安全卫生对策措施实质上是保障整个生产、劳动过程安全与卫生的对策措施，即全面的、全系统的事故防范措施和人身健康保障措施。

根据安监总局45号《危险化学品建设项目安全监督管理办法》规定，在建设项目的可行性研究阶段，需编制安全条件论证报告。在建设项目开始初步设计前，需申请建设项目安全条件审查。设计单位应当根据有关安全生产的法律、法规、规章和国家标准、行业标准以及建设项目安全条件审查意见书，按照《化工建设项目安全设计管理导则》(AQ/T 3033)，对建设项目安全设施进行设计，并编制建设项目安全设施设计专篇。建设项目安全设施设计专篇应当符合《危险化学品建设项目安全设施设计专篇编制导则》的要求。在建设项目初步设计完成后、详细设计开始前，需申请建设项目安全设施设计审查。

《生产过程安全卫生要求总则》（GB 12801）的基本要求，以劳动安全卫生对策措施（技术措施、管理措施）中的劳动安全卫生技术措施为重点；在影响劳动者安全健康的人、物、环境三项主要因素中，针对设计阶段的内容，以物和环境为重点，着重介绍具有共性和原则性的劳动安全卫生设施、改善劳动条件的技术措施。在设计过程中，还需针对建设项目的具体情况和预评价结果，依据有关法规标准的具体规定提出具体的对策措施。对于劳动安全卫生管理措施，仅对设计内容中的定员编制、机构设置、所需的设施和设备作简要的叙述。

劳动安全卫生对策措施是劳动安全对策措施与劳动卫生对策措施有机结合的整体，两类对策措施是相互交叉、不能截然分开的两部分。为叙述方便，现将劳动安全卫生对策措施分为劳动安全对策措施、劳动卫生对策措施和劳动安全卫生管理对策措施三部分分别介绍。

4.1　基本要求和原则

① 劳动安全卫生对策措施的基本要求。

采取劳动安全卫生技术措施时，应能够：

a. 预防生产过程中产生的危险和有害因素；

b. 排除工作场所的危险和有害因素；

c. 处置危险和有害物并降低到国家规定的限值内；

d. 预防生产装置失灵和操作失误产生的危险及有害因素；

e. 发生意外事故时能为遇险人员提供自救条件的要求。

② 根据基本要求，选择劳动安全卫生技术措施时，应遵循下列原则。

a. 设计过程中，不应以经济效益为由降低安全技术措施上的要求，并应按下列安全技术措施等级顺序选择安全技术措施。

ⓐ 直接安全技术措施：生产设备本身应具有本质安全性能，保证不出现任何事故和危害。

ⓑ 间接安全技术措施：若不能或不完全能实现直接安全技术措施时，必须为生产设备设计出一种或多种安全防护装置（不得留给用户去承担），最大限度地预防、控制事故或危害的发生。

ⓒ 指示性安全技术措施：当间接安全技术措施也无法实现时，须采用检测报警装置、警示标志等措施，警告、提醒作业人员注意，以便采取相应的对策或紧急撤离危险场所。

ⓓ 若指示性安全技术措施仍不能避免事故、危害发生，则应采用安全操作规程、安全教育、安全培训和个人防护用品等来预防、减弱系统的危险、危害程度。

b. 按安全技术措施等级顺序的要求，设计时应遵循以下具体原则。

ⓐ 消除　通过合理的设计和科学的管理，尽可能从根本上消除危险、有害因素。如采用无害工艺技术、生产中以无害物质代替有害物质、实现自动化作业、遥控技术等。

ⓑ 预防　当消除危险、有害因素有困难时，可采取预防性技术措施，预防危险、危害发生。如使用安全阀、安全屏护、漏电保护装置、安全电压、熔断器、防爆膜、事故排风装置等。

ⓒ 减弱　在无法消除危险、有害因素和难以预防的情况下，可采取减少危险、危害的措施。如局部通风排毒装置、生产中以低毒性物质代替高毒性物质、降温措施、避雷装置、消除静电装置、减振装置、消声装置等。

ⓓ 隔离　在无法消除、预防、减弱的情况下，应将人员与危险、有害因素隔开，将不能共存的物质分开。如遥控作业、安全罩、防护屏、隔离操作室、安全距离、事故发生时的自救装置（如防毒服、各类防护面具）等。

ⓔ 联锁　当操作者失误或设备运行一旦达到危险状态时，应通过联锁装置终止危险、危害发生。

ⓕ 警告　在易发生故障和危险性较大的地方，配置醒目的安全色、安全标志；必要时，设置声、光或声光组合报警装置。

c. 设计提出的劳动安全卫生对策措施应具有针对性、可操作性和经济合理性。

ⓐ 针对性　针对性是指针对不同行业的特点和预评价中提出的主要危险、有害因素及其产生危险、危害后果的条件，提出对策措施。由于危险、有害因素及其产生危险、危害后果的条件具有隐蔽性、随机性、交叉影响性，对策措施不仅是针对某项危险、有害因素孤立地采取措施，而且应以系统全面达到国家劳动安全卫生指标为目的，采取优化组合的综合措施。

ⓑ 可操作性　可操作性是指提出的劳动安全卫生设计、管理的对策措施应在经济、技术、时间上是可行的，是能够落实、实施的。此外，要尽可能具体指明对策措施所依据的法律、法规和标准，说明应采取的具体的对策措施，以便于应用、操作，不宜笼统地提出“按某某标准有关规定进行设计……”作为对策措施。

ⓒ 经济合理性　经济合理性是指应综合考虑法律、法规和标准以及建设使用单位的要求，按合理的劳动安全卫生指标提出劳动安全卫生对策措施。即在采用先进技术的基础上，考虑到进一步发展的需要，以劳动安全卫生法律、法规和标准以及指标为依据，结合建设项目的经济、技术情况，使劳动安全卫生技术装备水平与工艺装备水平相适应，求得经济、技术、劳动安全卫生的合理统一。

d. 对策措施必须符合有关行业安全卫生设计规定的要求，即劳动部会同有关部、委制定的一系列行业安全卫生设计规定。应严格按有关设计规定的要求提出劳动安全卫生对策措施。目前，已颁发的设计规定有：冶金企业安全卫生设计暂行规定；有色金属工厂安全卫生设计暂行规定；电子工业职业安全卫生设计规定；水泥工业劳动安全卫生设计规定；化学工业安全卫生设计规定；纺织工业企业职业安全卫生设计规定；机械工业职业安全卫生设计规定；建筑陶瓷工业劳动安全卫生设计规定；石油化工企业职业安全卫生设计规定；石棉工业劳动安全卫生设计规定；塑料制品加工企业职业安全卫生设计规定；制浆造纸企业职业安全卫生设计规定；平板玻璃工厂职业安全卫生设计规定；核电厂职业安全卫生设计规定等。

4.2　劳动安全对策措施

(1) 基本对策

优先采用无危险或危险性较小的工艺路线和物

料；广泛采用综合机械化、自动化生产装置（生产线）和自动化监测、报警、排除故障及安全联锁保护等装置，实现自动控制、遥控或隔离操作；尽可能防止工作人员在生产过程中直接接触可能产生危险因素的设备、设施和物料。在人员误操作或生产装置（系统）发生故障的情况下，不会造成事故的系统过程和综合措施是应优先采取的对策措施。

(2) 厂址及厂区平面布局的对策措施

① 选址 选址时，除考虑其经济性和技术合理性并满足工业布局及城市规划要求外，在劳动安全卫生方面应重点考虑地质、地形、水文、气象等自然条件对企业安全生产的影响和企业与周邻区域的相互影响。

a. 自然条件的影响

ⓐ 不得在各类（风景、自然、历史文物古迹、水源等）保护区、有开采价值的矿藏区、各种（滑坡、泥石流、溶洞、流沙等）直接危害地段、高放射本底区、采矿陷落（错动）区、淹没区、发震断层区、地震烈度高于九度的地震区、Ⅳ级湿陷性黄土区、Ⅲ级膨胀土区、地方病高发区和化学废弃物层上面建设。

ⓑ 依据地震、台风、洪水、雷击、地形和地质构造等自然条件资料，结合建设项目生产过程的特点，采取易地建设或采取有针对性的、可靠的对策措施。如设置可靠的防洪排涝设施，按地震烈度要求设防，工程地质和水文地质不能完全满足工程建设需要时的补救措施，产生有毒气体的工厂不宜设在盆地窝风地带等。

ⓒ 对产生危险、危害性大的产品、气体、烟雾、粉尘、噪声、振动和电离、非电离辐射的建设项目，还必须依据国家有关专门（专业）法规、标准的要求，提出相关的对策措施。

b. 与周邻区域的相互影响 除环保、消防行政部门管理的范畴外，主要考虑风向和建设项目与周邻区域（特别是周邻生活区、旅游风景区、文物保护区、航空港和重要通信、输变电设施和开放型放射工作单位、核电厂、剧毒化学品生产厂等）在危险、危害性方面相互影响的程度，采取位置调整、按国家规定保持安全距离和卫生防护距离等相关对策措施。

例如，危险、危害性大的工厂企业应位于危险、危害性小的工厂企业全年主导风向的下风侧或最小频率风向的上风侧；使用或生产有毒物质、散发有害物质的工厂企业应位于城镇和居住区全年主导风向的下风侧或最小频率风向的上风侧；有可能对河流、地下水造成污染的工厂及辅助生产设施，应布置在城镇、居住区和水源地的下游及地势较低地段；产生高噪声的工厂应远离噪声敏感区（居民、文教、医疗区等）并位于城镇居民集中区的夏季最小风频风向的上风侧，噪声敏感的工业企业应位于周围主要噪声源的夏季最小风频风向的下风侧；建设项目不得建在开放型放射工作单位的防护检测区和核电厂周围的限制区内；按建设项目的生产规模、产生危险、有害因素的种类和性质、地区近五年平均风速等条件，与居住区的最小距离，应不小于规定的卫生防护距离；与爆炸危险单位（含生产爆破器材的单位）应保持规定的安全距离等。

② 厂区平面布置 除满足生产流程、操作要求和使用功能需要以及消防、环保要求外，主要从风向、安全（含防火）距离、交通运输安全和各类作业、物料的危险、危害性出发，在平面布置方面采取对策措施。

a. 功能分区 将生产区、辅助生产区（含动力区、储运区）、管理区和生活区等同类功能区相对集中且不同类功能区分别布置，以减少危险、有害因素的交叉影响。管理区、生活区一般应布置在全年或夏季主导风向的上风侧或全年最小风频风向的下风侧。

b. 厂内运输和装卸 厂内铁路、道路、输送机通廊和码头等运输及装卸（含危险品的运输、装卸），应根据工艺流程、货运量、货物性质和消防的需要，选用适当运输和运输衔接方式，合理组织车流、人流（保持运输畅通、物流顺畅且运距最短、经济合理，避免迂回和平面交叉运输、道路与铁路平交和人车混流等）。为保证运输和装卸作业安全条件，应从设计上对厂内铁路和道路（包括人行道）的布局、宽度、坡度、转弯（曲线）半径、净空、安全界线及安全视线、建筑物与道路间距和装卸（特别是危险品装卸）场所、堆场（仓库）布局等方面采取对策措施。

依据行业、专业标准（如化工企业、炼油厂、工业锅炉房、氧气站、乙炔站等）规定的要求，还应采取其他运输、装卸对策措施。例如，昼夜12h双向换算标准载重汽车超过1400辆和火车通过道口封闭时间超过1h时，铁路、道路应设置为立体交叉；设置环形通道，保证消防车、急救车顺利通过可能出现事故的地点；易燃、易爆产品的生产区域和仓储区域，根据安全需要，设置限制车辆通行或禁止车辆通行的路段；道路净空不得小于5m；厂内铁路线路不得穿过易燃、易爆区；主要人流出入口与主要货流出入口分开布置，主要货流出入口也宜分开布置；在厂区边缘地带设置专用的危险品装卸区；码头应设在工厂水源地下游，设置单独危险品作业区并与其他作业区保持一定的防护距离等。

c. 危险、有害物质设施 对可能泄漏或散发易燃、易爆、腐蚀、有毒的危险、有害介质（气体、液体、粉尘等）的生产、储存和装卸设施（包括锅炉房、污水处理设施），有害废弃物堆场等应选择下列对策措施。

ⓐ 应远离管理区、生活区、中央实（化）验室、

仪表修理间，尽可能露天、半封闭布置；应布置在人员集中场所、控制室、变配电所和其他主要生产设备全年或夏季主导风向的下风侧或当年最小风频风向的上风侧并保持安全、卫生防护距离；当预评价出的危险、危害半径大于设计标准规定的防护距离时，宜采用预评价推荐的距离。储存、装卸区宜布置在厂区边缘地带。

ⓑ 有毒、有害物质的有关设施应布置在地势平坦、自然通风良好的地段，不得布置在窝风低洼地段。

ⓒ 剧毒物品的有关设施还应布置在远离人员集中场所的单独地段内，宜以围墙与其他设施隔开。

ⓓ 腐蚀性物质的有关设施应按地下水位和流向，布置在其他建（构）筑物和设备的下游。

ⓔ 易燃易爆区应与厂内外居住区、人员集中场所、主要人流出入口、铁路、道路干线和产生明火地点保持安全距离；易燃易爆物质仓储、装卸区宜布置在厂区边缘；可能泄漏、散发液化石油气及相对密度大于 0.7 的可燃气体和可燃蒸气的装置不宜毗邻生产控制室、变配电所布置；油、气储罐宜低位布置。

ⓕ 辐射源（装置）应设在僻静的区域，与居住区、人员集中场所、人流密集区和交通主干道、主要人行道保持安全距离。

d. 强噪声源、振动源　主要噪声源应远离厂内外要求安静的区域，宜相对集中、低位布置；高噪声厂房与低噪声厂房应分开布置，其周围宜布置对噪声非敏感设施（如辅助车间、仓库、堆场等）和较高大、朝向有利于隔声的建（构）筑物作为缓冲带；交通干线应与管理区、生活区保持适当距离。强振动源（包括锻锤、空压机、压缩机、振动落沙机、重型冲压设备等生产装置、发动机实验台和火车、重型汽车道路等）应在管理区、生活区和对其敏感的作业区（如实验室、超精加工、精密仪器等）之间，按功能需要和精密仪器、设备的允许振动速度要求保持防振距离。

e. 辅助生产设施　辅助生产设施的循环冷却水塔（池）不宜布置在变配电所、露天生产装置和铁路的冬季主导风向的上风侧及怕受水雾影响的设施的全年主导风向的上风侧。

f. 建筑物及采光　为满足采光、避免西晒和自然通风的需要，建筑物（特别是热加工段和散发有害介质的建筑物）的朝向应根据当地纬度和夏季主导风向确定（一般夏季主导风向与建筑物长轴线垂直或夹角应大于 45°）。半封闭建筑物的开门方向，面向全年主导风向，其开口方向与主导风向的夹角不宜大于 45°。在丘陵、盆地和山区，则应综合考虑地形、纬度和风向来确定建筑物的朝向。建筑物的间距应满足采光、通风和消防要求。对建（构）筑物平面布置在消防方面的措施和要求，由消防行政部门依据消防规范提出，由建设单位具体实施。

g. 厂房内平面布置　根据满足工艺流程的需要和避免危险、有害因素交叉相互影响的原则，布置厂房内的生产装置区、物料存放区和必要的运输、操作、安全、检修通道。

h. 行业规范与单位规范　依据《工业企业总平面设计规范》（GB 50187）、《厂矿道路设计规范》（GBJ 22）、行业规范（机械、化工、石化、冶金、核电厂等）和有关单体、单项（石油库、氧气站、压缩空气站、乙炔站、锅炉房、冷库、辐射源和管路布置等）规范的要求，应采取相应的平面布置对策措施。

(3) 防火、防爆对策措施

引发火灾、爆炸事故的因素很多，且事故一旦发生，危害极其严重。为保障全系统的安全，除消防部门依据有关规范规定提出的措施外，还应针对火灾、爆炸事故产生的原因，在工艺路线、工艺设备、工艺条件控制手段和安全装置等方面采取对策措施。

① 工艺及设备　应尽可能选择物质危险性较小、工艺过程较缓和的成熟工艺路线；生产装置、设备应具有承受超压性能和完善的生产工艺控制手段，设置可靠的温度、压力、流量、液面等工艺参数的控制仪表和控制系统，对工艺参数控制要求严格的应设置双系列控制仪表和控制系统；还应设置必要的超温、超压的报警、监视、泄压、抑制爆炸装置和防止高低压窜气（液）、紧急安全排放装置。

尽可能提高系统自动化程度，采用自动控制技术、遥控技术，自动（或遥控）控制工艺操作程序和工艺过程的物料配比、温度、压力等工艺参数；在设备发生故障失控、人员误操作形成危险情况时，通过自动报警、自动切换备用设备、启动联锁保护装置和安全装置，实现事故安全排除直至安全顺序停机等一系列的自动操作，保证系统的安全。

此外，针对引发事故的原因和紧急情况下的需要，设置特殊的联锁保护、安全装置和就地操作应急控制系统，以提高系统安全的可靠性。例如：感应炉、蒸馏塔冷却水的备用水源、水温报警和缺水紧急停机等联锁保护装置；发电锅炉的低水位报警、联锁保护、泄压装置；剧烈放热反应（如硝化、氧化、聚合等）设备的泄压、紧急抑制、紧急冷却装置等。设置紧急情况下能遥控切断所有电源、实现保护性停车和启动事故通风装置的控制设施，并应设置在发生火灾、爆炸事故时仍能进行操作的地方。

② 采取防火、防化学性爆炸对策措施的原则

a. 针对燃烧、化学性爆炸三个必要条件，防止可燃物质、助燃物质（空气、强氧化剂）、引燃能源（明火、撞击、炽热物体、化学反应热等）同时存在；防止可燃物质、助燃物质混合形成的爆炸性混合物（在爆炸极限范围内）与引燃能源同时存在。

ⓐ 在工艺设计中消除或减少易燃物质的产生和

积累。对于工艺设备，尽可能将易燃物质限制在密闭空间（容器、管道）内，并尽量防止泄漏。

ⓑ 尽可能将空气与易燃物质隔绝。

ⓒ 消除、控制引燃能源。

ⓓ 采取措施和设置安全装置，使产生爆炸的三个条件同时出现的可能性降到最低程度。

b. 一旦发生火灾、爆炸事故，应切断火灾、爆炸的传播途径并及时泄压，防止事故蔓延和减少爆炸压力、冲击波对人员、设备及建筑物的损害。

③ 消除、控制火灾、化学性爆炸的引燃火源和热源

a. 在燃、爆危险场所内禁止明火（含化学能火源）作业。明火作业前必须彻底清除作业场所的燃、爆物质，设置警示标志等其他有针对性的安全防护措施。设置阻火、隔爆装置，防止某一设备发生火灾、爆炸波及相邻的设备。

b. 防止摩擦、撞击产生火花、升温等引燃（引爆）能源。例如：对散发比空气重的有爆炸危险气体场所的地面采用不发火地面；采用防爆检修工具和阻燃防静电运输带等；设置物料除铁、除杂质装置（磁铁、旋风分离器、筛子等）；工艺设备运转部位的轴承应进行防尘密封和良好润滑，安装连续轴温探测、报警装置；不宜使用皮带传动，如果使用皮带传动，则必须安装差速传感器和自动防滑保护装置，确保发生滑动摩擦时能自动停机；斗式提升机必须配备防超载、防倒转的安全保护装置；严禁在无特殊保护措施时使用旋转磨轮、切盘进行研磨和切割；对炸药等爆炸性物品、红磷等易燃固体、氯酸钾等强氧化剂以及氢、乙炔、氧等易（助）燃气体，应严格按国家有关规定选择恰当的运输、装卸和包装方式等。

c. 消除电气、雷击、静电引燃（引爆）能源。必须设置可靠的避雷设施；有静电积聚危险的生产装置和装卸作业应有控制流速、静电接地、静电消除器、添加防静电剂等有效的消除静电措施。根据整体防爆的要求，按危险区域等级和爆炸性混合物的类别、级别、组别配备相应符合国家标准规定的防爆等级的电气设备，并按国家规定的要求施工、安装、维护和检修，详见本手册的相关章节。

d. 根据燃、爆物质特性，控制工艺条件（温度、压力、物料比、化学反应速率等），限制加工（处理、储存）物料数量和物料加料、搅拌、混合、输送速度。

e. 对一些可燃性粉尘（如煤、麻、散粮尘等），设置增湿装置。

f. 对要求储存温度低的火灾爆炸危险物质的库房和储罐，应有隔热、通风降温设施，必要时设自动喷淋降温系统。

④ 防止产生爆炸性混合物　为了防止易燃气体、粉尘泄漏并与空气混合达到爆炸极限，构成爆炸性混合物，应采取如下措施。

a. 采用密闭生产装置、储罐和输送管道。

b. 设置防止物料泄漏的设施。

c. 设置必要的机械通风换气装置。

d. 设置必要的泄漏检测、报警装置。

常压、正压运行生产装置尽可能采取露天或半露天布置，其建筑物应有良好的通风换气设施，防止爆炸危险气体的积聚；通排风设施应根据可燃气体密度确定位置；在可能局部泄漏部位，设置可燃气体浓度检测报警装置，并与符合防爆要求的局部机械排风装置联动。负压运行的生产装置应设置压力、含氧量检测报警装置和其他联锁保护装置。

有良好通风（装有爆炸自动检测仪器，空气流量能迅速使爆炸危险物质稀释到爆炸下限以下）的气体爆炸危险场所，一般可降低一级危险等级，但不能划为非爆炸危险场所；有良好通风装置的粉尘爆炸危险场所，一般可划为非爆炸危险场所；凹坑、沟槽、障碍物等易于积存爆炸危险物质的部位，应提高一级危险等级。

设置正压室，使爆炸危险物质不能侵入非爆炸危险场所，防止形成爆炸性混合物。

e. 应设事故排放液（气）罐、火炬等故障处理安全装置，发生事故时应加入化学药品（聚合反应阻聚剂等），以减少易燃物质泄漏的可能性。

f. 下列具有火灾、爆炸危险的工艺装置、储罐、管线和作业，必要时可根据介质燃、爆特性，设置抑爆、惰化系统和检测设施，用氮、氩、二氧化碳、水蒸气等介质置换和保护：

ⓐ 易燃固体的粉碎、研磨、混合、筛分以及粉状物料的气流输送；

ⓑ 可燃气体混合物的生产和处理过程；

ⓒ 易燃液体的输送和装、卸料作业；

ⓓ 开工、检修前的处理作业。

g. 具有粉尘爆炸危险的设备（如研磨机、混料机、斗式提升机、集尘器、集料罐等）应密闭、负压运转，防止粉尘外泄；进出料口应配备除尘系统（使设备内部形成负压、粉尘浓度控制在爆炸极限范围之外），设备内部应光滑、没有粉尘聚集的死角并设置必要的泄压装置，还应设置自动注入抑爆、惰化的非燃气体装置。为预防二次爆炸和联锁性多重爆炸，爆炸性粉尘的生产装置、除尘系统等应适度分散布置、分段隔离，具有一定的抗爆强度或设置隔爆、阻爆装置。散发可燃性粉尘的生产、储存场所和除尘器室、除尘管道、地沟等应有及时吸清积尘的设施和措施。

h. 遇潮湿易爆炸的物品（如金属钾、金属钠、金属钙、电石、锌粉等）应有良好的防潮湿包装，其库房应远离循环水冷却塔等产生大量水雾的设施，地面应比周围高出一定高度，四周有良好排水、排湿措施，门、窗及装卸区应有遮雨设施。

⑤ 其他对策措施

a. 生产过程必须有可靠的供电、供气（汽）、供水等公用工程系统，对“特别危险场所”应设置双电源供电或备用电源，对重要的控制仪表应设置不间断电源（UPS）。“特别危险场所”和“高度危险场所”应设置排除险情装置。

b. 建筑物的朝向应有利于燃、爆危险气体的散发；厂房内应有足够的泄压面积和必要的安全通道（如生产控制室在背向生产设备的一侧设安全通道）。建筑物的耐火等级、防火间距、防火分隔、泄压面积、疏散通道、安全距离和消防设施等应符合消防和有关规范的规定。

c. 必须按国家有关规定，严格限制爆炸性危险物料的加工量、处理量和储存量。库房内的爆炸危险物品必须分类存放，并有明显的货物标志，留有足够的垛距、墙距、顶距和安全通道。

d. 按煤、黄磷、硝化纤维胶片等自燃物品的性能，采取定期（或自动）测温、通风（喷淋）降温措施和防止自燃的其他储存方式。

e. 依据劳动部《爆炸危险场所安全规定》《粉尘防爆安全规程》（GB 15577）和有关法规标准（如城市煤气、液化气、炭素、涂装作业等）的要求，按爆炸危险场所等级（特殊危险、高度危险、一般危险）和预评价结果，应采取相应的对策措施。

f. 安全色、安全标志等。爆炸危险场所必须设置标有危险等级和注意事项的警示标志，正确使用安全色。

(4) 电气安全对策措施

以防触电、防电气火灾爆炸、防静电和防雷击为重点，提出防止电气事故的对策措施。

① 安全认证　电气设备必须具有国家指定机构的安全认证标志。

② 备用电源　对因停电会造成重大危险后果的场所，必须按规定配备自动切换的双路供电电源或备用发电机组、保安电源。

③ 防触电　为防止人体直接、间接和跨步电压触电（电击、电伤），应采取以下措施。

a. 接零、接地保护系统　按电源系统中性点是否接地，分别采用保护接零（TN-S、TN-C-S、TN-C保护系统）或保护接地（TT、IT保护系统）。在建设项目中，中性点接地的低压电网应优先采用TN-S、TN-C-S保护系统。

b. 漏电保护　按《剩余电流动作保护装置安装和运行》（GB 13955）的要求，在电源中性点直接接地的TN、TT保护系统中，在规定的设备、场所范围内必须安装漏电保护器（部分标准称作漏电流动保护器、剩余电流动作保护器）和实现漏电保护器的分级保护。对一旦发生漏电切断电源时，会造成事故和重大经济损失的装置及场所，应安装报警式漏电保护器。

c. 安全电压（或称安全特低电压）　直流电源采用低于120V的电压。交流电源采用专门的安全隔离变压器提供的安全电压（36V、24V、12V）。如在潮湿、狭窄的金属容器等工作环境，宜采用12V安全电压。当电气设备采用超过24V安全电压时，必须采取防止直接接触带电体的保护措施。

d. 屏护和安全距离要求

ⓐ 屏护包括屏蔽和障碍，是指能防止人体有意、无意触及或过分接近带电体的遮栏、护罩、护盖、箱匣等，将带电部位与外界隔离、防止人体误入带电间隔的简单、有效的安全装置。

屏护上应根据屏护对象特征挂有警示标志。必要时，还应设置声、光报警信号和联锁保护装置。当人体越过屏护装置、可能接近带电体时，发出声、光报警，且被屏护的带电体自动断电。

ⓑ 安全距离是指有关规程明确规定的、必须保护的带电部位与地面、建筑物、人体、其他设备、其他带电体、管道之间的最小电气安全空间距离；安全距离的大小取决于电压的高低、设备的类型和安装方式等因素，设计时必须严格遵守规定的安全距离；当无法达到时，还应采取其他安全技术措施。

e. 联锁保护　设置防止误操作、误入带电间隔等造成触电事故的安全联锁保护装置。

④ 电气防火防爆

a. 消除电气引燃源

ⓐ 为防止电气设备、线路因过载、短路等故障引起电气火灾，除按常规设置过载、过电流、短路等电气保护装置外，宜装配漏电流超过预定值时能发出声、光报警信号或自动切断电源的漏电保护器。

ⓑ 根据燃、爆介质的类、级、组和火灾爆炸危险场所的类、级、范围，配置相应符合国家标准规定的防爆等级电气设备（包括线路导线、接地装置），防爆电气设备的配置应符合整体防爆要求。其设计应按《爆炸危险环境电力装置设计规范》（GB 50058）的要求，采取对应的措施。必须选用经国家规定防爆检验单位检验合格的防爆电气产品，并不得降低防爆等级。

ⓒ 隔离。在火灾、爆炸危险场所需使用非防火、防爆型电气设备时，可将这些设备分室安装在非火灾爆炸危险场所。当安装一般电气设备的非火灾、爆炸危险场所靠近火灾、爆炸危险场所时，还应采取密封措施防止爆炸性混合物进入，同时应采用正压（充气）型、充油型电气设备和正压室等措施以保证安全。

ⓓ 联锁保护装置。应设置爆炸危险气体浓度检测报警装置并与事故通风装置联动。

ⓔ 防静电、防雷击措施（见本章防雷措施、防静电措施部分）。

ⓕ 上述规程、规范要求的其他对策措施。

b. 安全距离　采用相关标准规范确定电气设备与爆炸危险场所之间的安全距离和防火间距。

c. 通风　电气设备通风系统的进气不应含有爆炸危险物质或其他有害物质，废气不应排入爆炸危险环境，通风系统必须用非燃材料制成。蓄电池室应设排出氢气的机械排风装置。变压器室一般采用自然通风。

⑤ 防静电措施　为了防止静电妨碍生产、影响产品质量、引起静电电击和火灾爆炸，从消除、减弱静电的产生和积累着手，采取的主要对策措施如下。

a. 工艺控制　从工艺流程、材料选择、设备结构和操作管理等方面采取措施，减少并避免静电荷的产生和积累。

ⓐ 对因经常发生接触、摩擦、分离而起静电的物料和生产设备，选用导电性能好的材料，可限制静电的产生和积累。

在搅拌过程中，适当安排加料顺序和每次加料量，可降低静电电压。

用金属齿轮传动代替皮带传动，采用导电皮带轮和导电性能较好的皮带，选择防静电运输皮带、抗静电滤料等。

ⓑ 在生产工艺设计上，控制输送、卸料、搅拌速度，尽可能减小相关物料的接触压力，减小接触面积，减少接触次数，降低运行和分离速度。

ⓒ 生产设备和管道内、外表面应光滑平整、无棱角，容器内避免有静电放电条件的细长导电性突出物，管道直径不应有突变，避免粉料不正常滞留、堆积和飞扬等。还应配备密闭、清扫和排放粉料的装置。

ⓓ 带电液体、强带电粉料经过静电发生区后，工艺上应设置静电消散区（如设置缓和容器和静停时间等），避免静电积累。

ⓔ 尽量减少带电液体的杂质和水分，可燃液体表面禁止存在不接地导体漂浮物；气流输送物料系统内应防止金属导体混入形成对地绝缘导体。

b. 泄漏　生产设备和管道应采用静电导体或静电亚导体材料制造，避免采用静电非导体材料制造。所有存在静电引起爆炸和静电影响生产的场所，其生产装置（设备和装置外壳、管道、支架、构件、部件等）都必须接地，使已产生的静电电荷尽快对地泄漏、散失。对金属生产装置应采用直接静电接地，对非金属静电导体和静电亚导体的生产装置则应做间接接地。

必要时，还应采取将局部环境相对湿度增至50％～70％和将亲水性绝缘材料增湿以降低绝缘体表面电阻，或加入适量防静电添加剂来降低物料的电阻率等措施，以加速静电电荷的泄漏、散失。

在气流输送系统的管道中央，顺流方向加设两端接地的金属线以降低静电电位。

装卸甲、乙和丙A类的油品的场所（包括码头），应设有为油罐车（轮船）等移动式设备跨接的防静电接地装置；移动式设备、油品装卸设备均应采用静电接地连接。

移动设备在工艺操作或运输之前，首先将接地工作做好；工艺操作结束后，经过规定的静置时间，才能拆除接地线。例如：油罐车在油罐开盖前应将专用接地导线将油罐车与装卸设备连接，作业结束、密闭罐盖、静置2min以上才能拆除接地线。

在爆炸危险场所的工作人员禁止穿戴化纤、丝绸衣物，应穿戴防静电的工作服、鞋、手套。

生产现场使用静电导体制作的操作工具，应予以接地。

禁止采用直接接地的金属导体或筛网与高速流动的可燃粉末接触的方法消除静电。

c. 防静电设计应执行《化工企业静电接地设计规程》（HG/T 20675）　凡含易燃易爆物料的工艺生产装置（车间）及其管道，运输、储存可燃易爆的液体、气体的设备和管道，特别是输送固态粉料物质的设备和管道均应做防静电接地，其接地电阻不应大于100Ω。一般情况下可以和安全接地连接在一起。所有设备接地线路只能并联，不能串联。石油化工企业所有的设备都应做防静电接地。

⑥ 防雷措施　根据建（构）筑物的重要性、使用性质、发生雷电事故的可能性及其后果，按防雷要求划分防雷分类；结合地形、气象、地质、环境等条件，应采取相应的防雷措施。

各类防雷建筑物应采取防直击雷和防雷电波侵入的措施。第一类防雷建筑物和存在爆炸危险环境的第二类防雷建筑物应采取防雷电感应的措施。

装有防雷装置的建筑物，在防雷装置与其他设施和建筑物内人员无法隔离的情况下，应采取等电位连接。采取等电位连接是在防雷空间内，防止发生生命危险的重要措施。

a. 防直击雷（含防侧击雷、防反击雷）：采取设置接闪器、引下线、接地装置等避雷装置和采取等电位连接保护措施。有爆炸危险的露天钢质封闭液（气）罐，当其壁厚不小于4mm时，可不装接闪器，但必须设置防雷接地，接地点不应少于两处；接地点沿罐周长的间距不宜大于30m；其冲击接地电阻值不应大于30Ω。

b. 防雷电感应（含静电感应和电磁感应）：采取建筑物内金属物接地（和电气设备接地装置共享，其工频接地电阻值不应大于10Ω）、保证平行长金属物间的最小距离或金属线跨接等措施。

c. 防雷电波侵入：一类、二类防雷建筑物宜采取低压电缆埋地入户、入户端电缆金属外皮（套管）接地，电缆与架空线连接处应装设避雷器，且避雷器与电缆金属外皮（套管）和绝缘子铁脚连在一起接地（其冲击电阻值不应大于10Ω）；不存在爆炸危险环境的二类防雷建筑物和三类防雷建筑物低压电缆可架空入户，入户处应装设避雷器，且避雷器与电缆金属外皮（套管）和绝缘子铁脚连在一起接地（其冲击电阻值不应大于30Ω）；直埋、架空金属管道入户处应单独接地或接到防雷、电气设备接地装置上（其冲击电阻值，一类不应大于10Ω，二类不应大于10Ω，三类不应大于30Ω）；同时采取等电位连接措施。

d. 防雷设计应符合《建筑物防雷设计规范》（GB 50057）、《石油化工企业设计防火规范》（GB 50160）、《石油库设计规范》（GB 50074）的相关规定。

(5) 其他对策措施

① 厂内运输安全对策措施

a. 保护铁路、道路线路与建（构）筑物、设备、大门边缘、电力线、管道等的安全距离并设置安全标志、信号、人行通道（含跨线地道、天桥）、防护栏杆以及车辆、道口、装卸方式等方面的安全设施等对策措施。

例如，厂内铁路道口设置必要的警示标志、声光报警装置、信号机、护桩和标线等；装卸、搬运易燃、易爆、剧毒化学危险品时采用的专用运输工具、专用装卸器具、装卸机械和工具应按其额定负荷降低20%使用；液体金属、高温货物运输采用特殊安全措施等。

b. 根据《工业企业厂内铁路、道路运输安全规程》（GB 4387）和各行业有关标准的要求，提出相应的安全措施。

② 生产设备安全对策措施　在选用生产设备时，除考虑满足工艺功能外，还应对设备的劳动安全卫生性能给予足够的重视；保证设备在按规定使用时，不会发生任何危险，不排出超过标准规定的有害物质；同时，应尽量选用自动化程度高、本质安全程度高的生产设备。

选用的锅炉、压力容器、起重运输机械等危险性较大的生产设备，必须由持有安全、专业许可证的单位进行设计、制造、检验和安装，并应符合国家标准和有关安全规定的要求。

③ 防机械伤害、高处坠落、物体打击对策措施

a. 针对造成机械伤害的致害物（运动、静止部件）和伤害方式，采取的防护措施应保证在工作状态下防止操作人员身体的任何部分进入危险区域，或进入危险区域时能使设备不能运转（行）或紧急制动。

采用防护罩、防护屏、挡板等固定、半固定防护装置，防止人员任何部位接近机械运动部件的危险区域。

当运动部件不能或不适合使用固定防护装置时，应采用能控制机械设备传动系统的操纵机构和紧急制动机构的联锁保护装置，这种联锁保护装置可以是机械的、电动的、气动的或组合型的。

此外，还应避免机械化连续运输设备引起的夹击、碰撞、绞、碾等伤害，采用使人体与设备隔离的自动装（卸）料装置、机械手装（卸）料装置、带有安全栏杆的操作信道和跨越信道等；一旦发生事故时的自动、手动紧急停车装置；限位器等限制导致危险进料、给料或进给料的装置；连续生产作业线设备的动作程序控制装置（如逆工艺流程启动、顺工艺流程停车）；声光报警装置、防止误操作及设备误动作的装置等。

危险性较大的机械应具备双重联锁保护装置（如冲床的双手按钮与光电式或感应式安全装置双重保护等）。

对机械静止部件造成的伤害，主要依靠工作服（手套、鞋）等个人防护用品和防滑措施加以预防。

b. 可能发生高处坠落危险的工作场所，应设置便于操作、巡检和维修作业的扶梯、工作平台、防护栏杆、护栏、安全盖板等安全设施；梯子、平台和易滑倒操作通道的地面应有防滑措施；此外，设置安全网、安全距离、安全信号和标志、安全屏护和佩戴个人防护用品（安全带、安全鞋、安全帽、防护眼镜等）等是避免高处坠落、物体打击事故的重要措施。

对于特殊高处作业（指强风、高温、低温、雨天、雪天、夜间、带电、悬空、抢救等）的危险因素，提出针对性的特别防护措施。

④ 安全色和安全标志　在设计中对工作场所进行色彩调节，有利于增强识别意识、集中精力、减少视力疲劳，调节人员在工作时的情绪，提高劳动积极性，达到提高劳动生产效率、降低事故发生率的目的。

根据《安全色》（GB 2893）和《安全标志及其使用导则》（GB 2894）的规定，充分利用红（禁止、危险）、黄（警告、注意）、蓝（指令、遵守）、绿（通行、安全）四种传递安全信息的安全色，使人员能够迅速发现并分辨安全标志，及时得到提醒，以防止事故、危害的发生。

禁止标志、警告标志、指令标志、提示标志四大类型标志均应设在醒目、与安全有关的地方，除临时安全标志外，不得设在可移动的物体上。

⑤ 个人防护用品　当采取各类对策措施后，还不能完全保证作业人员的安全、健康时，必须根据防护的危险、有害因素和危险、危害作业类别配备具有相应防护功能的个人防护用品，作为补充对策措施。

对毒性较大工作环境中使用过的个人防护用品，应制定严格的管理制度，采取统一洗涤、消毒、保管和销毁的措施，并配设必要的技术处理设施。

选用特种劳动防护用品（头、呼吸器官、眼、面、听觉器官、手、足防护类和防护服装、防坠落用

品）时，必须选用取得国家指定机构颁发的特种劳动防护用品生产许可证的企业生产的产品，产品应具有安全鉴定证书。

某些特种劳动防护用品（如各类防射线服、防毒面具、呼吸器、潜水服等）应有严格的管理制度和检验、维护、修理措施，并配设相应的技术处理设施。

4.3 劳动卫生对策措施

(1) 基本对策

首先考虑采用无危害或危害性较小的工艺和物料，减少有害物质的泄漏和扩散；其次考虑尽量采用生产过程密闭化、机械化、自动化的生产装置（生产线）和自动监测、报警装置及联锁保护、安全排放等装置，实现自动控制、遥控或隔离操作，尽可能避免、减少操作人员在生产过程中直接接触产生有害因素的设备和物料。

(2) 防尘对策措施

需要对工艺过程、工艺设备、物料、操作条件、劳动卫生防护设施、个人防护用品等技术措施进行优化组合，采取综合对策措施。

① 工艺和物料　选用不产生或少产生粉尘的工艺，采用无危害或危害性较小的物料，是消除、减弱粉尘危害的根本途径。

例如，用湿法生产工艺代替干法生产工艺，用密闭风选代替机械筛分，用压力铸造、金属模铸造工艺代替砂模铸造工艺，用树脂砂工艺代替水玻璃砂工艺，用不含游离二氧化硅或含量低的物料代替二氧化硅含量高的物料，不使用含锰、铅等有毒物质，不使用或减少产生呼吸性粉尘（5μm以下的粉尘）的工艺措施等。

② 限制、抑制扬尘和粉尘扩散

a. 采用密闭管道输送、密闭自动（机械）称量、密闭设备加工的方式防止粉尘外逸；不能完全密闭的尘源，在不妨碍操作的条件下，尽可能采用半封闭罩、隔离室等设施来隔绝、减少粉尘与工作场所空气的接触，将粉尘限制在局部范围内，减弱粉尘的扩散。

利用条缝吹风口吹出的空气扁射流形成的空气屏幕，将气幕两侧的空气环境隔离，能够防止有害物质由一侧向另一侧扩散。

b. 通过降低物料落差、适当降低溜槽倾斜度、隔绝气流、减少诱导空气量和设置空间（通道）等方法，抑制正压造成的扬尘。

c. 对亲水性、弱黏性的物料和粉尘应尽量采用增湿、喷雾、喷蒸汽等措施，有效地减少物料的装卸、运转、破碎、筛分、混合和清扫等过程中粉尘的产生及扩散；厂房喷雾有助于室内漂尘的凝聚、降落。对振动筛、破碎机、皮带输送机等开放性尘源，均可用高压静电抑尘装置有效地抑制金属粉尘和非金属粉尘以及电焊烟尘、爆破烟尘等的扩散与飞扬。

d. 为消除二次尘源、防止二次扬尘，应在设计中合理布置，尽量减少积尘平面，地面、墙壁应平整光滑，墙角呈圆角，便于清扫；使用负压清扫装置来清除逸散、沉积在地面、墙壁、构件和设备上的粉尘；对炭黑等污染大的粉尘作业及大量散发沉积粉尘的工作场所，则应设计防水地面、墙壁、顶棚、构件，并用水冲洗的方式来清理积尘。严禁用空气吹扫的方式清扫积尘。

e. 对污染大的粉状辅料宜用小袋包装，连同包装一并加料、加工和运输，限制粉尘扩散。

③ 通风排尘　建筑设计时要考虑工艺特点和排尘的需要，利用风压、热压差，合理组织气流（如进排风口、天窗、挡风板的设置等），充分发挥自然通风改善作业环境的作用。当自然通风不能满足要求时，应设置全面或局部机械通风排尘装置。

a. 全面机械通风　是指对整个厂房进行通风和换气，把清洁的新鲜空气不断地送入车间，将车间空气中的有害物质（包括粉尘）浓度稀释，并将污染的空气排到室外，使室内空气中有害物质的浓度达到标准规定的最高允许浓度以下。一般多用于存在开放性、移动性有害物质源的工作场所。

b. 局部机械通风　是指对厂房内某些局部部位进行的通风和换气，使局部作业环境条件得到改善。局部机械通风包括局部送风和局部排风。

ⓐ 局部送风是把清洁和新鲜的空气送至局部工作地点，使局部工作环境质量达到标准规定的要求。

ⓑ 局部排风是在生产的有害物质的地点设置局部排风罩，利用局部排风气流捕集有害物质并排至室外，使有害物质不扩散到作业人员的工作地点；局部排风是通风排除有害物质最有效的方法，是目前工业生产中控制粉尘扩散、消除粉尘危害的非常有效的一种方法。

ⓒ 通风气流，一般应使清洁和新鲜的空气先经过工作地带，再流向有害物质产生部位，最后通过排风口排出；含有害物质的气流不应通过作业人员的呼吸带。

ⓓ 局部通风、除尘系统的吸尘罩、除尘器、风机的设计和选用，应科学、经济、合理，使工作环境空气中粉尘浓度达到标准规定的要求。

ⓔ 除尘器收集的粉尘应根据工艺条件、粉尘性质、利用价值及粉尘量，采用就地回收、集中回收、湿法处理等方式，将粉尘回收利用或综合利用，并防止二次扬尘。

④ 其他

a. 由于工艺、技术上的原因，通风和除尘设施无法达到劳动卫生指标要求的有尘作业场所，操作人员必须佩戴防尘口罩（工作服、头盔、呼吸器、眼镜）等个人防护用品。

b. 采取防尘教育、定期检测、加强防尘设施维护检修、定期全面体检和专项检查等管理措施。

c. 根据各行业、专业有关规范的要求，应采取相应的其他技术措施和管理措施。

(3) 防毒、防窒息对策措施

应对物料和工艺、生产设备（装置）、控制及操作系统、有毒介质泄漏（包括事故泄漏）处理、抢险等技术措施进行优化组合，采取综合对策措施。

① 防毒对策措施

a. 物料和工艺。尽可能以无毒、低毒的工艺和物料代替有毒、高毒的工艺和物料，是防毒的根本性措施。

b. 工艺设备（装置）。生产装置应密闭化、管道化，尽可能实现负压生产，防止有毒物质泄漏、外逸。生产过程机械化、程序化和自动控制可使作业人员不接触或少接触有毒物质，防止误操作造成的中毒事故。

c. 通风净化。受技术、经济条件限制，仍然存在有毒物质逸散且自然通风不能满足要求时，应设置必要的机械通风排毒、净化（排放）装置，使工作场所空气中有毒物质浓度限制到规定的最高允许浓度值以下。

机械通风排毒方法主要有全面通风换气、局部排风、局部送风三种。

ⓐ 全面通风换气　在生产作业条件不能使用局部排风或有毒作业地点过于分散、流动时，应采用全面通风换气。

ⓑ 局部排风　局部排风装置风量较小，能耗较低、效果好，是最常用的通风排毒方法。

ⓒ 局部送风　局部送风主要用于有毒物质浓度超标、作业空间有限的工作场所，新鲜空气往往直接送到人的呼吸带，以防止作业人员中毒、缺氧。

d. 净化处理。对排出的有毒气体、液体、固体应经过相应的净化装置进行处理，以达到环境保护排放标准。常用的净化方法有：吸收法、吸附法、燃烧法、冷凝法、稀释法以及化学处理法等。

对有回收利用价值的有毒、有害物质应经回收装置处理加以回收、利用。

e. 对有毒物质泄漏可能造成重大事故的设备和工作场所必须设置可靠的事故处理装置及应急防护设施。应设置有毒物质事故安全排放装置（包括储罐）、自动检测报警装置、联锁事故排毒装置，还应配备事故泄漏时的解毒（含冲洗、稀释、降低毒性）装置。

f. 大中型化工、石油企业及有毒气体危害严重的单位，应有专门的气体防护机构；接触Ⅰ级（极度危害）、Ⅱ级（高度危害）的有毒物质的车间应设急救室；均应配备相应的抢救设施。根据有毒物质的性质、有毒作业的特点和防护要求，在有毒作业工作环境中应配置事故柜、急救箱和个人防护用品，另外设置的人体冲洗器、洗眼器等卫生防护设施的服务半径应小于15m。

g. 其他措施。生产时，在生产设备密闭和周围环境通风的基础上实现隔离、遥控操作。配备定期、快速检测工作环境空气中有毒物质浓度的仪器，尽可能安装自动检测空气中有毒物质浓度和超限报警装置。检修时，配备解毒吹扫、冲洗设施。生产、储存、处理极度危害和高度危害毒物的厂房及仓库，其天棚、墙壁、地面均应光滑，便于清扫，必要时加设防水、防腐等特殊保护层及专门的负压清扫装置和清洗设施。

h. 采取防毒教育、定期检测、定期体检、定期检查、监护作业、急性中毒及缺氧窒息抢救训练等管理措施。

i. 根据有关行业标准的要求，采取相应的其他防毒技术措施和管理措施。

② 防缺氧、窒息对策措施

a. 针对缺氧危险工作环境发生缺氧窒息和中毒窒息的原因，应配备（作业前和作业中）氧气浓度、有害气体浓度检测仪器、报警仪器、隔离式呼吸保护器具、通风换气设备和抢救器具。

b. 按先检测、通风，后作业的原则，工作环境空气氧气浓度大于18%和有害气体浓度小于标准要求后，在密切监护下才能实施作业；对氧气、有害气体浓度可能发生变化的作业和场所，作业过程中应定时或连续检测，以保证安全作业。严禁用纯氧进行通风换气操作。

c. 对防爆、防氧化的需要不能通风换气的工作场所、受作业环境限制不易充分通风换气的工作场所和已发生缺氧、窒息的工作场所，作业人员、抢救人员必须立即使用隔离式呼吸保护器具，严禁使用净气式面具。

d. 有缺氧、窒息危险的工作场所，应在醒目处设警示标志，严禁无关人员进入。

e. 有关缺氧、窒息的安全管理、教育、抢救等措施和设施同防毒对策措施部分。

(4) 噪声和振动控制措施

① 噪声控制措施　采取低噪声工艺设备，合理进行平面布置，采用隔声、消声、吸声等综合技术措施，控制噪声危害，详见《工业企业噪声控制设计规范》(GB/T 50087) 的相关内容。

a. 工艺设计与设备的选择应注意如下事项。

ⓐ 减少冲击性工艺和高压气体排空的工艺：尽可能以焊代铆、以液压代冲压、以液动代气动，物料运输中避免大落差翻落和直接撞击。

ⓑ 选用低噪声设备：采用振动小、噪声低的设备；使用哑音材料降低撞击噪声；控制管道内的介质流速、管道截面不宜突变、选用低噪声阀门；强烈振

动的设备、管道与基础、支架、建筑物及其他设备之间采用柔性连接或支撑等。

ⓒ 采用操作机械化和运行自动化的设备工艺，实现远距离的监控操作。

b. 噪声源的平面布置要求如下。

ⓐ 主要强噪声源应相对集中，宜低位布置，充分利用地形隔挡噪声。

ⓑ 主要噪声源（包括交通干线）周围宜布置对噪声较不敏感的辅助车间、仓库、料场、堆场、绿化带及高大建（构）筑物，用以隔挡对噪声敏感区、低噪声区的影响。

ⓒ 必要时，噪声源与噪声敏感区、低噪声区之间保持防护间距或设置隔声屏障。

c. 隔声、消声、吸声和隔振降噪：采取上述措施后噪声级仍达不到要求，则应采用隔声、消声、吸声、隔振降噪等综合控制技术措施。尽可能使工作场所的噪声危害指数达到《噪声作业分级》（LD 80）规定的0级，且各类地点噪声A声级不得超过《工业企业噪声控制设计规范》（GB/T 50087）规定的噪声限制值。

ⓐ 隔声：采用带阻尼层、吸声层的隔声罩对噪声源设备进行隔声处理，根据结构形式的不同，其A声级降噪量可达到15～40dB；不宜对噪声源做隔声处理，且允许操作人员不经常停留在设备附近时，应设置操作、监视、休息用的隔声间（室）；强噪声源比较分散的大车间，可设置隔声屏障或带有生产工艺孔的隔墙，将车间分成几个不同强度的噪声区域。

ⓑ 消声：对空气动力机械辐射的空气动力性噪声，应采用消声器进行消声处理；当噪声呈中高频宽带特性时，可选用阻性型消声器；当噪声呈低中频脉动特性时，可选用扩展室型消声器；当噪声呈低中频特性时，可选用共振性消声器。消声器的消声量一般不宜超过50dB。消声器内的气流速度，对空调系统应低于10m/s，对鼓风机、压缩机、燃气轮机的进排气不宜超过30m/s，对内燃机的进排气不宜超过50m/s。

ⓒ 吸声：对原有吸声较少、混响声较强的车间厂房，应采取吸声降噪处理；根据所需的吸声降噪量，确定吸声材料、吸声体的类型、结构、数量和安装方式。

ⓓ 隔振降噪：对产生较强振动和冲击，从而引起固体声传播及振动辐射噪声的机器设备，应采取隔振措施，根据所需的振动传动比（或隔振效率）确定隔振组件的荷载、型号、大小和数量。常用的隔振组件（隔振垫层和隔振器）有橡胶、软木、玻璃纤维隔振垫和金属弹簧、空气弹簧、压缩型橡胶隔振器等。

ⓔ 个人防护：当采取噪声控制措施后工作场所的噪声级仍不能达到标准要求时，则应采取个人防护措施并减少接触噪声时间。对流动性、临时性噪声源和不宜采取噪声控制措施的工作场所，主要依靠个人防护用品（耳塞、耳罩等）进行防护。

ⓕ 根据《工业企业噪声控制设计规范》（GB/T 50087）和有关行业标准要求，应采取的其他对策措施。

② 振动控制措施

a. 工艺和设备　从工艺和技术上消除或减少振动源是预防振动危害最根本的措施。主要的措施为：选用动平衡性能好、振动小、噪声低的设备；在设备上设置动平衡装置，安装减振支架、减振手柄、减振垫层、阻尼层；减轻手持振动工具的重量等。

b. 基础　调整基础重量、刚度、面积，使基础固有频率与振源频率错开30%以上，防止发生共振。基础隔振是将振动设备基础与基础支撑之间用减振材料、减振器隔振以减少振源的振动输出；在振源设备周围地层中设置隔振沟、板桩墙等隔振层，切断振波向外传播的途径。

c. 个体防护：穿戴防振手套、防振鞋等个人防护用品，降低振动危害程度。

d. 其他：使用振动工具和工件作业，工具手柄或工件的4h等能量频率计权振动加速度超过$5m/s^2$时，应按《工业企业设计卫生标准》（GBZ 1）的规定减少振动作业时间，同时采取减振措施，如为操作者配备有效的个人防护用品。

(5) 防辐射（电离辐射）对策措施

根据辐射源的特征和毒性、工作场所的级别，为防止非随机效应的发生和将随机效应的发生率降到可以接受的水平，应遵守辐射防护三原则（屏蔽、防护距离和缩短照射时间）所采取的对策措施，使各区域工作人员受到的辐射量不超过标准规定的个人剂量限值。

a. 外照射源应根据需要和有关标准的规定，设置永久性或临时性屏蔽（屏蔽室、屏蔽墙、屏蔽装置）。屏蔽的选材、厚度、结构和布置方式应满足防护、运行、操作、检修、散热和去污的要求。

b. 设置与辐射设备电气控制回路联锁的辐射防护门，并采取迷宫设计，设置监测、预警和报警装置及其他安全装置。高能X射线照射室内应设紧急事故开关。

c. 在可能发生空气污染的区域（如操作放射性物质的工作箱、手套箱、通风柜等），必须设有全面或局部的送、排风装置，其换气次数、负压大小和气流组织应防止辐射污染的回流及扩散。

d. 工作人员进入辐射工作场所时，必须根据需要穿戴相应的个人防护用品，佩戴相应的个人剂量计。

e. 开放型放射源工作场所入口处，一般应设置更衣室、淋浴室和污染检测装置。

f. 应有完善的监测系统和特殊需要的卫生设施

（污染洗涤、冲洗设施和清洗急救室等）。

g. 通过对辐射工作人员在一年期间受辐射剂量和一次事件中受辐射剂量（有效当量）的监测，依据国家规定的一次、年度、一生有效剂量当量限值，控制辐射照射的工作时间。

h. 根据《电离辐射防护与辐射源安全基本标准》（GB 18871）的要求，对有辐射危害的工作场所的选址、防护、监测、运输、管理等方面，采取相应的其他措施。

i. 核电厂的核岛区和其他控制区的防护措施，应符合国家核安全局专业标准、规范的相关规定。

(6) 防非电离辐射对策措施

① 防紫外线措施　电焊等作业、灯具和炽热物体（达到1200℃以上）发射的紫外线，主要通过防护屏蔽和保护眼睛、皮肤的个人防护用品防护。目前，暂时采用美国卫生标准（连续7h接触不超过0.5mW/cm^2，连续24h接触不超过0.1mW/cm^2）。

② 防红外线（热辐射）措施　主要是尽可能采用机械化的遥控作业，避开热源；其次应采用隔热保温层、反射性屏蔽（铝箔制品、铝挡板等）、吸收性屏蔽（通过对流、通风、水冷等方式冷却等）和穿戴隔热服、防红外线眼镜、面具等个人防护用品。

③ 防激光辐射措施　为防止激光对眼睛、皮肤的灼伤和对身体的伤害，达到《工作场所有害因素职业接触限值》（GBZ 2.1～2.2）规定的眼睛直视激光束的最大允许照射量、激光照射皮肤的最大允许照射量，应采取下列措施。

a. 优先采取用工业电视、安全观察孔监视的隔离操作；观察孔的玻璃应有足够的衰减指数，必要时还应设置遮光屏罩。

b. 作业场所的地面、墙壁、天花板、门窗、工作台应采用暗色不反光材料和毛玻璃；工作场所的环境色与激光色谱错开（如红宝石激光操作室的环境色可取浅绿色）。

c. 整体光束通路应完全隔离，必要时设置密闭式防护罩；当激光功率能伤害皮肤和身体时，应在光束通路影响区设置保护栏杆，栏杆门应与电源、电容器放电电路联锁。

d. 设局部通风装置，排除激光束与靶物相互作用时产生的有害气体。

e. 激光装置宜与所需高压电源分室布置；针对大功率激光装置可能产生的噪声和有害物质，采取相应的对策措施。

f. 穿戴有边罩的激光防护镜和白色防护服。

④ 防电磁辐射措施　为达到《工业企业设计卫生标准》（GBZ 1）规定的限量值（操作位平均功率密度），应根据辐射源的频率（波长）和功率分别或组合采取下列措施。

a. 用金属板（网）制作接地或不接地的屏蔽（板、罩、室）近距离屏蔽辐射源，将电磁场限制在限定范围内，防止辐射能量对作业人员和其他仪器、设备的影响，是防护电磁辐射的主要方式。而用屏蔽设施来屏蔽其他仪器、设备设施和作业人员的操作位置，是根据需要采取的另一种防护方式。

b. 敷设吸收材料层，吸收辐射能量。通常采用屏蔽-吸收组合方式，提高防护性能。

c. 使用滤波器防止电磁辐射通过贯穿屏蔽的线路传播和泄漏。

d. 增大电磁辐射源与人体的距离。

e. 辐射源的屏蔽室（罩）门应与辐射源电源联锁，防止误打开门时人员受到伤害。

f. 当采取的防护措施不能达到规定的限值或需要不停机检修时，必须穿戴防电磁辐射服（眼镜、面具）等个人防护用品。

(7) 高温作业的防护措施

根据各地区对限制高温作业级别的规定采取相应措施。

① 尽可能实现自动化和远距离操作等隔热操作方式，设置热源隔热屏蔽（热源隔热保温层、水幕、隔热操作室、各类隔热屏蔽装置）。

② 通过合理组织自然通风气流，设置全面、局部送风装置或空调，降低工作环境的温度。供应清凉饮料和防暑降温用品。

③ 依据《高温作业允许持续接触热时间限值》（GB 935）的规定，限制持续接触高温的时间。

④ 使用隔热服（面罩）等个人防护用品。

(8) 低温作业、冷水作业的防护措施

① 实现自动化、机械化作业，避免或减少低温作业和冷水作业。控制低温作业、冷水作业时间。

② 穿戴防寒服（手套、鞋）等个人防护用品。

③ 设置采暖操作室、休息室等。

④ 冷库等低温封闭场所，应设置通信、报警装置，防止误操作将人员关锁。

(9) 采暖、通风、照明、采光

一般均按《采暖通风与空气调节设计规范》（GB 50019）、《建筑照明设计标准》（GB 50034）和有关行业、专业标准（石化、化工等）进行常规设计。

必要时，应根据工艺、建筑特点和评价结果，针对存在的问题，依据有关标准进行专项设计，以完善工作环境。

(10) 体力劳动强度

根据劳动部《女职工禁忌劳动范围的规定》中关于女职工体力劳动强度、体力负重量的限制和《工作场所物理因素测量　体力劳动强度分级》（GBZ/T 189.10）中关于成年男女单次搬运重量、全日搬运重量的限制，以及《工作场所有害因素职业接触限值》（GBZ 2.2）的规定，为消除超重搬运和限制重体力劳动（例如消除Ⅳ级体力劳动强度）应采取的降低体力劳动强度的机械化作业措施。

(11) 定员编制、工时制度、劳动组织和女职工保护

定员编制应满足国家工时制的要求，还应满足女职工劳动保护规定（包括禁忌劳动范围）和有关限制接触有害因素时间（例如有毒作业、高处作业、高温作业、低温作业、冷水作业和全身强振动作业等）、监护作业的要求，以及其他劳动安全卫生的需要，并根据实际情况做必要的调整和补充。

根据工艺参数、工艺设备、作业条件的特点和安全生产的需要，在设计中对劳动组织（作业岗位设置、岗位人员配备和文化技能要求、劳动定额、工时和作业班制、指挥管理系统等）提出具体安排。

(12) 辅助用室

根据生产特点、实际需要和使用方便的原则，按职工人数、设计配备的人数设置生产卫生用室（浴室、更衣室、盥洗室、洗衣房）、生活卫生用室（休息室、食堂、厕所）和医疗卫生、急救设施。根据工作场所的卫生特征等级的需要，确定生产卫生用室。依据《女职工劳动保护特别规定》应设置女职工劳动保护设施（例如妇女卫生室、孕妇休息室、哺乳室等)。

4.4 劳动安全卫生管理对策措施

劳动安全卫生管理是以保证建设项目建成后生产过程安全、卫生为目标的现代化、科学化管理。其基本任务是发现、分析和消除生产过程中的危险、有害因素，制定相应的安全卫生规章制度，对企业内部实施劳动安全卫生监督、检查，对各类人员进行安全、卫生知识的培训和教育，防止发生事故和职业病，避免、减少物质和经济以及相关损失。

即使具有本质安全性能、高度自动化的生产装置，也不可能全面地、一劳永逸地消除、预防所有的危险、有害因素（如维修等辅助生产作业中存在的、生产过程中设备故障造成的危险、有害因素）和防止人员的失误。劳动安全卫生管理对于所有建设项目来说，都是企业管理的重要组成部分，是保证安全生产的必不可少的措施。

设计单位在设计过程中，应考虑劳动安全卫生管理的需要，配备必要的人员和管理、检查、检测、培训教育以及应急抢救仪器设备和设施。

a. 建设项目必须建立完善的劳动安全卫生管理体系。应依据拟建立的劳动安全卫生管理体系需要，设置必要的劳动安全卫生管理机构，配备相应的专（兼）职管理、检查、安全卫生教育、检测人员。

b. 配备劳动安全卫生管理、检查、事故调查分析、检测检验用房和检查、检测、通信、录像、照相、计算机、车辆等设施和设备。

c. 配备劳动安全卫生培训、教育（含电化教育）设备和场所。

d. 根据生产特点，适应事故应急计划措施的需要，配备必要的训练、急救、抢险的设备和设施。

e. 劳动安全卫生管理需要的其他设备和设施。

5 健康、安全和环保

根据人类可持续发展的战略，在考虑化工生产的全过程时，特别强调整个工艺过程内在的必然联系。化工生产的目标不仅仅是为了生产化工产品，而且是为了获得经济效益。当经济效益成为可持续发展和绿色化学的一部分时，应保持生态环境良好以维持化工生产和人类进步发展。这不仅意味着化工过程产生的废物必须达到既实际又经济的最小值，而且意味着能量消耗也必须达到既实际又经济的最小值。化工生产过程不能产生大量短期或长期对操作人员和社会公众有毒、有害的物质，因此在化工生产过程中将重点研究和开发经济性能良好、健康（health)、安全(safety)、环境友好（environment）和废物排放以及能量消耗最小化的工艺。

化工企业是高温或低温、高压、易燃、易爆、有毒、有害、易腐蚀的危险行业，生产工艺复杂，装置生产规模大，操作运行连续性强，个别事故就会影响全局，而且一旦发生事故极易变成危险的重大事故，所以对化工安全管理要求特别严格。HSE是健康、安全、环境管理体系的简称，HSE管理体系是将组织实施健康、安全与环境管理的组织机构、职责、方法、程序、过程和资源等要素构成有机整体，这些要素通过先进、科学、系统的运行模式有机地融合在一起，相互关联、相互作用，形成动态管理体系。HSE管理体系涉及工程设计、工程总承包（EPC)、工程管理承包（PMC)、工程咨询等设计和工程项目服务全过程，该体系已经确定了十大要素。该体系的十大要素如图7-2所示。

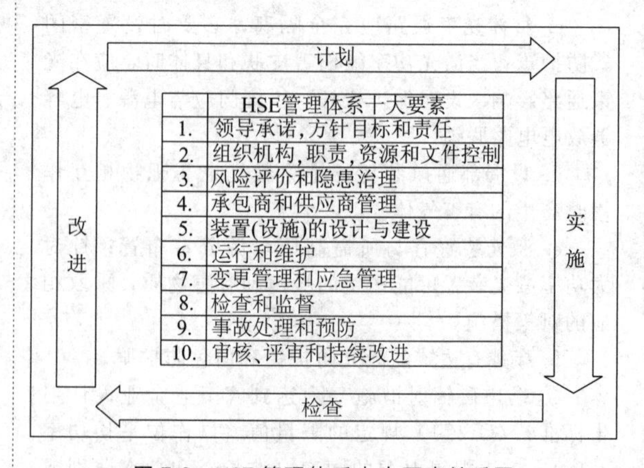

图7-2 HSE管理体系十大要素关系图

HSE还是一个复杂的体系，从每一个生产岗位

直到最高层的管理者，每个人都要非常明确地知道自己的岗位有哪些可能发生的影响健康、安全的危险和不利于环境保护的因素，同时非常清楚一旦危险发生时应该如何处理，才能够“不伤害自己，不伤害别人，不被别人伤害。”

5.1　几种安全性研究方法

安全性研究方法包括：保护层LOPA洋葱关系、事故风险水平分析、仪表DCS/ESD联锁系统、SIL安全系统、马尔可夫概率模型分析等。

(1) 保护层LOPA洋葱关系

美国道化学公司（Dow Chemical Co.）对事故进行分析并设置相关的保护层，这些保护层可以用洋葱图表示，以说明安全系统设置的相互关系，如图7-3所示。

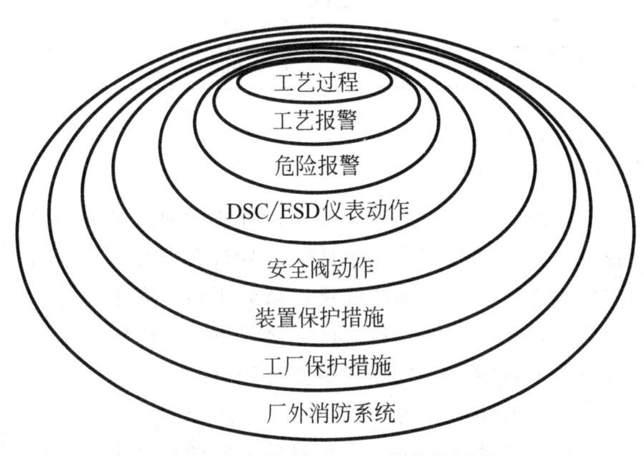

图7-3　保护层LOPA洋葱关系图

(2) 事故风险水平分析

事故风险水平是考虑事故发生的可能性和事故引起后果的严重性两方面因素，风险水平计算公式通常为：

风险水平＝后果×概率＝严重程度×可能性

将严重程度和可能性都分为四个等级，根据风险水平的计算公式确定风险水平的分类：A、B、C、D四个级别，风险水平级别评定矩阵见表7-7。

表7-7　风险水平级别评定矩阵

风险分类矩阵		可能性			
		1不可能	2低可能性	3偶有可能	4可能
严重程度	1低	D	D	C	B
	2严重	D	C	B	B
	3很严重	C	B	B	A
	4灾难性	B	A	A	A

GB 6441分类定义如下。

A表示不可接受的风险：应立即行动，将风险降低到B级或更低，后续方案应到达C级水平。

B表示不希望有的风险：要求加强管理或控制工程措施以将风险降低到C级水平或更低。

C表示最低风险：控制或书面程序确认，必须要考虑其他管理控制措施，费用需要优化。

D表示可接受风险：无需进一步行动。

(3) 仪表DCS/ESD联锁系统和SIS安全系统

① 仪表DCS/ESD联锁系统　随着集散控制系统DCS、可编程逻辑控制器PLC以及先进的联锁系统ESD的出现，需要对工艺流程图进行额外的危险性审核，以确保这些复杂系统不会出现额外的危险性或可操作性方面问题。危险性审核包括：DCS系统、ESD联锁系统、其他系统等方面。对于那些可靠性和功能要求更高、更为复杂的系统，可采用更高的故障影响分析方法加以解决。

② 仪表SIS安全系统　以项目危险性和可操作性为基础，就要确保足够的安全水平的输入信息，包括对防范措施和独立保护层的全面确定，以及发生危害的可能性和严重程度的计算。这一信息可以用来反馈给报警联锁系统，用于降低风险和提高可靠性。SIS系统包括：工艺正常值，高位/低位显示值，超高位/超低位报警值，仪表动作值，机械关闭值等一系列步骤。

5.2　常用的安全评价方法

经过数十年的不断实践完善，安全评价方法在化工、石油、石化和医药生产装置工程项目的设计及采购、施工、开车试运行、操作运转等阶段得到了广泛应用并进一步得到发展。常用的安全评价方法包括：安全检查表法（safety check list）、如果怎么样法（what if）、预先危险分析（preliminary hazard analysis）、故障类型及影响分析（failure mode and effect analysis）、事件树分析（event tree analysis）、故障树分析（fault tree analysis）和危险性分析与可操作性研究（hazard and operability study）等。

其中HAZOP研究以分析全面、系统、细致等优势成为目前危险性分析领域最盛行的分析方法之一，在欧洲、美国、日本等发达国家和地区，中外合资、外商独资企业以及国内大型石化企业中得到广泛应用，效果十分明显。《危险与可操作性分析（HAZOP分析）应用导则》（AQ 3009）使用翻译法修改采用国际电工委员会IEC 61882：2001《Hazard and Operability Studies（HAZOP Studies）—Application Guide》《危险与可操作性分析（HAZOP分析）应用导则》目的是：①识别系统中潜在的危险，这些危险既包括与系统临近区域密切相关的危险，也包括一些影响范围更广的危险，如某些环境危害；②识别系统中潜在的可操作性问题，尤其是识别可能导致各种事故的生产操作失误与设备故障。HAZOP分析的重要作用在于，通过结构化和系统化的方式识别潜在的危险与可操作性问题，分析结果有

表7-8 某化工装置加热炉故障类型及影响分析

序号	标识符	描述	故障类型	影响后果
1	炉管	无变形/无严重腐蚀	老化/腐蚀泄漏	易燃物料泄漏着火
2	遮蔽管	完好	老化损坏	对流段炉管结焦
3	炉墙	无破损	耐火砖脱落	炉壁烧穿
4	烧嘴	完好	泄漏	着火爆炸
			堵塞/偏烧	火盆烧坏
5	炉膛热电偶	指示正确/定期校验	失灵	炉管结焦/衬里损坏
6	出口温度控制	指示正确/调节灵活	100%信号输出	燃料过量爆炸
			0信号输出	烧嘴火灭停车
7	炉膛负压控制	测量正确/调节灵活	蝶阀全开	炉管氧化加剧
			蝶阀关闭	火焰喷出伤人
8	鼓风机	正常运转	供风不足	燃烧不完全,闪爆
			振动	机泵损坏
			跳闸	无风爆炸
9	引风机	正常运转	跳闸	火焰喷出伤人

助于确定合适的补救措施。HAZOP分析的特点是由各专业技术人员组成分析小组，以“分析会议”的形式进行。会议期间，在分析小组组长的引导下，使用一套核心引导词，对系统的设计进行全面、系统地检查，识别对系统设计意图的偏差。该技术旨在利用系统的方法激发参与者的想象力，识别系统中潜在的危险与可操作性问题。HAZOP应视为一种基于经验的方法，用于完善设计，而不是要取代其他经验方法（如标准规范）的手段。

(1) 安全检查表法

将整个被检查系统分成若干分系统，把需要检查的项目和要求列出。检查表一般包括分类项目、检查内容及要求、处理意见、整改日期等。因此安全检查表实际上是实施安全检查和诊断的项目明细表。

(2) 如果怎么样法

对于不太复杂的过程，主要通过直观判断确定危险部位，因此需要过去经验的积累并且对分析对象有充分了解，才能得到良好的效果。故如果怎么样法是一种比较简单的定性危险分析方法。

(3) 预先危险分析法

在每项生产活动之前，特别是在设计的开始阶段，对系统存在危险类别、出现条件、事故后果等进行概略分析，评价出潜在的危险性。因此预先危险分析法是实现系统安全危害分析的初步计划。

(4) 故障类型及影响分析法

从元件、器件的故障开始，找出构成系统的每一个元件可能发生的故障类型，对人员、操作以及整个系统的影响，以及需要采取的对策。因此故障类型及影响分析法是逐次分析元件影响及应采取的对策的一种危险分析方法。某化工装置加热炉故障类型及影响分析，见表7-8。

(5) 事件树分析

在给定一个原因的条件下，分析此原因可能导致各种事件序列的结果，从而定性分析系统特性，并帮助分析人员获得正确的决策，该分析用于安全系统的事故分析和可靠性分析。由于该分析的事件序列是以扇状图形表示的，故称为事件树分析。

(6) 故障树分析

从初始条件开始，依照演绎法原理，以树形结构从顶部事件按顺序逐次分析每个事件，并用一个逻辑关系图表示。该分析是研究事件过程发展的各个环节的成功和失败结果，以了解发生事故的起因、过程和后果。某化工装置循环水故障引起火灾和爆炸的故障树分析计算结果汇总，见表7-9。

该分析涉及与事故有关的人、机、环境三大因素，因此故障树分析又称事故树分析，具有分析全面、透彻、逻辑性强的特点。

6 危险性分析与可操作性HAZOP研究

6.1 HAZOP研究的概况

危险性分析与可操作性HAZOP研究是以最低的成本对工艺危险性和可操作性进行有效分析的方法。采用HAZOP的研究方法来识别化工生产装置潜在的危险性和操作中可能存在的问题并进一步研究加以解决。HAZOP研究的作用为：①尽可能将危险消灭在项目实施早期；②为操作指导提供有用的参考。

HAZOP最早是1974年由英国帝国化学公司ICI研究开发出来的，从工艺参数（如温度、压力、流量、液位等）出发，发现可能的偏差，再进一步确定

表 7-9　某化工装置循环水故障引起火灾和爆炸的故障树分析计算结果汇总

循环水故障	工艺设计错误	操作人员无响应	安全阀无法卸压	现场存在火源	引起火灾和爆炸
					发生事故
				0.76	
			0.05		没有事故
		0.15		0.24	没有事故
	0.001		0.95		没有事故
5次/年		0.85			没有事故
	0.999				没有事故

注：根据化工厂大量统计数据得到循环水故障、工艺设计错误、操作人员无响应、安全阀无法卸压、现场存在火源的概率，由此计算出循环水故障引起火灾和爆炸事故的概率。其中：循环水故障概率＝5 次/年；工艺设计错误概率＝0.001；操作人员无响应概率＝0.15；安全阀无法卸压概率＝0.05；现场存在火源概率＝0.76；引起火灾和爆炸事故概率$=5\times0.001\times0.15\times0.05\times0.76=2.85\times10^{-5}$（次/年）（即每 35000 年发生 1 次事故，因此，可以得出：事实上循环水故障导致引起火灾和爆炸事故的概率极小）。

防止由偏差转变为事故的措施。在化工、石油、石化生产过程中，工艺参数的控制十分重要，因此 HAZOP 特别适用于这些装置的设计审查和安全分析。

通过 HAZOP 的研究，尤其是对危险性大、停车时间长、经济损失多的系统进行重点 HAZOP 研究，发现可能出现的偏差，找出偏差的原因，分析后果并提出相应的对策，以降低发生事故的可能性和危害性，从而提高化工生产装置的可靠性和安全性，进一步实现化工生产装置的健康、安全、环境（HSE）目标和要求，保证化工生产装置开车成功、满负荷平稳运行。据统计，HAZOP 可减少 29%的设计原因造成的事故和 6%的操作原因造成的事故。

HAZOP 工作人员由一个开拓思路、相互促进的专业群体团队组成，所进行的分析方法是一项系统工程。HAZOP 分析的核心内容可以用洋葱图表示，如图 7-4 所示。

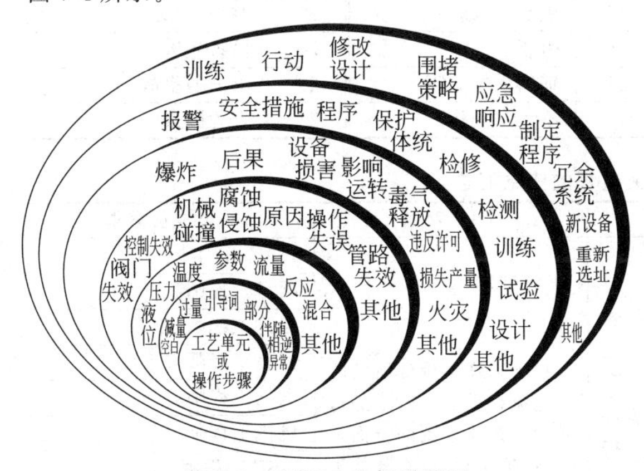

图 7-4　HAZOP 分析洋葱图

在人工 HAZOP 研究的基础上，进一步采用符号定向图进行计算机辅助安全评价，使 HAZOP 研究能够深度、完整、高效地符合国际规范。国内新开发的 HAZOP 软件包括 PES-HAZOP 分析软件和 SDG-HAZOP 分析软件。其中 PES-HAZOP 软件具有分析全面、系统、细致的优点；SDG-HAZOP 软件利用图形建模技术和模块化技术，具有快速生成子模块的优点。

6.2　工程项目 HAZOP 的研究

(1) HAZOP 研究的时机

HAZOP 研究是一种用来识别项目安全性和可操作性的前期工作。项目 HAZOP 研究最好在定义阶段发布详细设计工艺流程图 PID 时进行；其时间安排将取决于所需信息收集程度和最低成本 HAZOP 审核建议。即在开展项目 HAZOP 工作时一定注意避免过早地开展 HAZOP 研究，否则将增加下一阶段 HAZOP 的工作强度和时间。如果 HAZOP 研究时间拖得太晚，将使得项目的变更费用相对较高，由于费用和时间的限制，不是可操作性方面问题被搁置，就是安全方面的建议无法执行最佳方案。项目 HAZOP 研究完成后，项目小组将实施变更管理体系以记录工艺流程图 PID 的变更。

(2) HAZOP 研究的步骤

HAZOP 研究的工作组专家将受审的 PID 图分区分节，并根据拟定的引导词对 PID 图进行集思广益式的提问审查，审查工作通常以会议方式进行，以使 HAZOP 研究能从多专业的角度对受审工艺过程进行分析研究，从而形成一个完整的审查结论。具体的研究步骤如下：①建立研究小组，由 1 人担任组长并由 1 人记录，另外，还有项目工程师、工艺工程师、专利商工艺专家、操作专家等参与；②资料准备，除管道和仪表流程图 PID 外，还需要 PFD 等工艺、仪表和其他专业的图纸；③划分系统，从某个系统开始，规定引导词，分析偏差，找出原因，然后逐一进行每个系统的研究；④研究结果的汇总，将 HAZOP 研究的结果进一步归纳和整理，供设计人员修改设计并报送业主决策；⑤完成 HAZOP 研究后，对 PID 图不应做原则上的修改，如要修改，则须对修改后的PID图重新进行HAZOP分析，通过再一次HAZOP研究后，方可进行正式PID图修改。

(3) HAZOP研究的节点划分

连续工艺操作过程的HAZOP研究节点为工艺单元，而间歇工艺操作过程的HAZOP研究节点为操作步骤。工艺单元是指具有明确边界的设备单元和两个设备之间的管线；操作步骤是指间隙过程的不连续动作。对于连续的工艺操作过程，节点划分的原则为：从原料进入的工艺管道和仪表流程图PID开始，按PID流程进行直至设计思路的改变，或继续直至工艺条件的改变，或继续直至下一个设备。一个节点的结束就是新的一个节点开始。HAZOP研究常见节点类型，见表7-10。

(4) HAZOP研究的工艺引导词

对于每个节点，HAZOP研究需要分析生产过程中工艺参数变动引起的偏差。确定偏差通常采用引导词法，即：偏差＝引导词＋工艺参数。引导词的名称和含义，见表7-11。

表7-10 HAZOP研究常见节点类型表

序号	节点类型	序号	节点类型
1	管线	7	压缩机/鼓风机
2	输送泵	8	换热器
3	反应器	9	软管
4	工业炉	10	公用工程
5	储罐/容器	11	辅助设施
6	分离塔	12	其他

HAZOP工艺引导词是多年经验的汇总，包含了化工、石油、石化行业内以前发生的事故的教训。引导词如果运用得当，将对有效HAZOP审核起到重要的作用，常用的工艺引导词共24个，见表7-12。

(5) HAZOP研究的结果报告

HAZOP研究可分为四种方法：①原因到原因分析法；②偏差到偏差分析法；③异常情况HAZOP研究一览表；④建议措施HAZOP研究一览表。HAZOP研究过程的信息汇总，见表7-13。

表7-11 引导词的名称和含义

序号	引 导 词	偏差	含 义	举例说明
1	NO	否	与原来意图完全违背	输入物料流量为零
2	MORE	多	比正常值数量增加	流量/温度/压力高于正常值
3	LESS	少	比正常值数量减少	流量/温度/压力低于正常值
4	AS WELL AS	以及	还有其他工况发生	另外组分/物料需要考虑
5	PART OF	部分	仅完成一部分规定要求	两种组分/物料仅输送一种
6	REVERSE	相反	与规定要求完全相反	物料逆流/逆反应
7	OTHER THAN	其他	发生与规定要求不同	发生异常工况/状态

表7-12 常用的工艺引导词

序号	引导词/差异	序号	引导词/差异	序号	引导词/差异	序号	引导词/差异
1	无流量	7	液位过高	13	污染	19	采样
2	逆向流	8	液位过低	14	化学品特性	20	维修
3	流量过大	9	温度过高	15	破裂/泄漏	21	腐蚀/侵蚀
4	流量过小	10	温度过低	16	引燃	22	设备布置
5	压力过大	11	仪表	17	辅助系统故障	23	以前的事故
6	压力过小	12	安全阀排放	18	不正常操作	24	人为因素

表7-13 HAZOP研究过程的信息汇总

HAZOP所需信息	研究范围	时间安排	小组成员需求
设计规定/工艺描述/设计基础	对管道和仪表流程图PID全面进行HAZOP审核	在项目详细设计所需的工艺流程图定义阶段进行或在工艺流程图的全面审核、价值工程、成本降低工作完成之后开展HAZOP研究	HAZOP主持人
工艺/公用工程物料流程图PFD/UFD			项目工程师
物料及能量平衡/工艺数据表			工艺工程师
公用工程消耗表/工艺物料数据表			仪表工程师
化学品物料安全资料及特性表			电气工程师
管道和仪表流程图PID/UID			机械工程师
工艺管线一览表			HSE工程师
仪表数据表/工艺因果图			专利商工艺专家
ESD或SIS紧急停车方案			操作专家
SIL安全整体水平评估/PSV安全阀			设备专家
设备一览表/设备规格表			
管线界区一览表/平面布置图			

在上述工作的基础上，整理、汇总、提炼出适当的结果，形成HAZOP研究结果一览表。空白的HAZOP研究结果，见表7-14。

表7-14 空白的HAZOP研究结果

引导词	偏差	原因	后果	措施
	偏差1	原因1	后果1	安全保护和措施1
	偏差2	原因1	后果1	安全保护和措施1
		原因2	后果2	安全保护和措施2
	偏差3	原因1	后果1	安全保护1
	偏差4	原因1	后果1	改进或完善措施1

(6) HAZOP研究的优缺点

HAZOP研究的优点是利用引导词对工艺参数逐一分析可能的偏差，因此能够完整地识别危险，为设计改进运行控制提供很好的依据。HAZOP研究的缺点是过程烦琐、费时费力，尤其是复杂工艺装置的HAZOP研究和分析，在时间和人员的安排上与正常的工程设计有一定的冲突。

(7) HAZOP建议的实施

完整的HAZOP报告和标注HAZOP的工艺流程图PID作为HAZOP成品文件供设计人员修改设计并最终提交给业主，供业主最后决策。实施HAZOP的建议需要对每一项建议制定行动方案，而且其采取的措施和结果要有完整的文件记录。实施行动包括如下内容：①实施HAZOP所提出的建议；②不采取任何具体措施；③选择替代HAZOP的方案；④调查实际需要再进行下一步行动；⑤将HAZOP建议内容转给有关方面。

(8) HAZOP研究与工艺装置开车的关系

将化工、石油、石化的易燃易爆物料引入工艺生产装置之前，必须进行开车安全预审；审核的一部分工作就是确认HAZOP安全建议的内容和汇总情况。如果安全建议未能落实，在永久性措施实施之前应采取临时措施；必须对未完成的安全性建议进行仔细审查，以确认和记录在建议措施未落实的情况下，工艺开车安全和操作安全不会受到影响。

总之，在与国际工程项目进一步接轨的今天，作为防范风险的HAZOP研究，在化工、石油、石化的工程设计和工程总承包EPC以及工程管理承包PMC项目中已经得到广泛应用，从而保证这些安全、高效、优质并符合国际惯例的工程建设的操作运行。

6.3 HAZOP研究的应用实例

(1) 乙烯裂解炉

石油烃裂解是在高温水蒸气条件下，发生碳链断裂或脱氢反应，生成乙烯等低碳烯烃及其他产物的过程；作为石油烃在辐射段管内发生化学反应的裂解炉，按复杂程度，代表了工业炉的最高水平。裂解炉被加热的反应物料和加热用的燃料都是易燃易爆的危险品，极可能造成火灾爆炸事故，所以裂解炉是石化装置中风险最高的设备之一。故对裂解炉进行HAZOP研究意义重大，其研究结果，见表7-15。

(2) LPG储运系统

某大型石化工程项目的储运系统，根据工艺生产装置要求，设置常温压力LPG储罐。由于LPG储存在压力储罐内，其工艺系统危险性大，一旦发生事故造成的影响将是巨大的、突发的、随机的，而且恢复生产困难、经济损失大、极易造成人员伤亡；因此必须对LPG储罐系统进行HAZOP研究，其研究结果，见表7-16。

表7-15 裂解炉HAZOP研究结果

引导词	偏差	原因	后果	措施
NO	进料无流量	①阀门没有打开 ②进料管线破裂 ③操作失误	①炉管温度升高 ②原料泄漏污染环境 ③炉管升温损坏	①增加DS流量/打开进料阀门 ②设置可燃气体报警/紧急停车,切断进料 ③补充DS加以保护/紧急停车
MORE	进料流量偏高	①调节阀失灵 ②下游管线破裂 ③进口压力提高	①反应收率下降 ②反应物泄漏污染环境 ③炉管使用寿命降低	①设置高流量报警 ②设置可燃气体报警/紧急停车,切断进料 ③设置带压力补偿DS比例控制
LESS	进料流量偏低	①调节阀失灵 ②进料管线破裂 ③进料管线堵塞	①炉管升温结焦 ②原料泄漏污染环境 ③炉管温度升高	①补充DS流量/进入清焦工况 ②设置可燃气体报警/紧急停车,切断进料 ③停车大检修/疏通管线或更换管线
MORE	DS流量偏高	DS压力升高	公用工程消耗增加	设置带压力补偿DS流量控制

续表

引导词	偏差	原因	后果	措施
LESS	DS流量偏低	DS管线堵塞	炉管温度升高	补充输入MS以保护炉管
MORE	COT温度偏高	①进料流量偏低 ②燃料流量偏高 ③控制系统失灵	①炉管温度升高 ②炉管结焦 ③炉膛爆炸	①原料进料/燃料串级控制 ②增加DS保护/进入清焦工况 ③裂解炉停车大检修
LESS	COT温度偏低	进料流量偏高	反应收率下降	COT/原料进料串级控制
MORE	COP压力偏高	下游分离塔堵塞	炉管使用寿命降低	分离塔局部进行紧急抢修
LESS	COP压力偏低	上游管线堵塞	下游压缩机过载	裂解炉切换/压缩机旁路打开
MORE	炉膛负压增加	蝶阀全开	炉管氧化加剧	人工现场调节蝶阀开启度
LESS	炉膛负压减少	蝶阀关闭	火焰喷出伤人	人工现场调节蝶阀开启度/裂解炉停车
AS WELL AS	高压汽包压力和温度升高	水汽系统循环不畅通	高压汽包超温、超压而爆炸损坏	设置"两开一备"安全阀双重保护设施
PART OF	反应气物料部分泄漏	清焦切断阀关闭不严密	反应物料进入清焦系统,污染环境/伤人	选择高质量清焦切断阀/补充密封蒸汽/增加检修次数
REVERSE	清焦空气逆流	阀门误操作	炉管内部燃烧而破裂	设置联动双阀系统,避免误操作
OTHER THAN	炉膛热电偶	失灵	炉管结焦/衬里损坏	热电偶轮流切换进行检修

表7-16 LPG储罐系统HAZOP研究结果

引导词	偏差	原因	后果	措施
NO	无流量	LPG储罐出口阀门关闭	LPG储罐液位上升导致满罐	设置LPG储罐高液位报警/超高液位联锁
MORE	流量过大	LPG储罐两台输送泵全开	两台泵全开引起超正常流量	设置两台泵不能全开的联锁
LESS	流量过小	LPG储罐出口调节阀失控	杂质聚积引起调节阀堵塞	清除调节阀杂质/设备内壁打磨光洁
MORE	压力过大	LPG储罐无压力排放调节阀	压力过大直接启动安全阀造成LPG损失	设置过压调节阀以减少安全阀动作
LESS	压力过小	LPG储罐排净系统泄漏	压力下降太快引起降温冻结	选用低温管道材料并将泄漏的LPG送封闭排净系统
MORE	液位过高	LPG储罐液位调节失控	LPG储罐液位上升导致满罐	设置LPG储罐高液位报警/超高液位联锁
LESS	液位过低	LPG排放罐容积太小	液位过低,控制不够稳定	按标准排放罐容积进行放大尺寸的设计
MORE	温度过高	LPG管线日照升温	管道操作压力急剧上升	按管道等级相关管线设置隔热保温措施
LESS	温度过低	LPG储罐误操作,压力迅速下降	液体剧烈气化引起温度下降	选用低温设备材料防止冷脆现象发生
AS WELL AS	公用工程辅助系统故障	LPG公用工程站入口仅设切断阀且无调节阀	切断阀故障引起氮气窒息事故	氮气入口管线增加止回阀和低压报警系统

续表

引导词	偏差	原因	后果	措施
PART OF	破裂/泄漏	LPG储罐管接口物料部分泄漏排放	LPG储罐物料泄漏而引起污染和火灾爆炸隐患	设置凹凸法兰且压力等级和材质升级
REVERSE	逆向流	LPG输送泵出口逆向流	下游装置物料返回污染LPG储罐	LPG输送泵出口管线设置止回阀
OTHER THAN	采样	敞开式LPG储罐分析采样系统	LPG管线物料泄漏而引起污染和火灾爆炸隐患	选用低温管道材料并设置分析采样封闭系统
OTHER THAN	维修	LPG储罐底部法兰连接太多	LPG储罐物料泄漏而引起污染和火灾爆炸隐患	阀门采用焊接连接方式而维修阀门仅仅更换阀芯

7 安全完整性等级SIL分析

7.1 SIL分析的概述

安全仪表系统SIS（safety instrumented system）的设计配置，是保障装置安全运行的重要措施之一，但安全联锁控制方案的配置是否合理，安全完整性等级是否符合要求，是装置安全设计需要确定的重要内容。安全完整性定义为在规定的条件下、规定的时间内，安全相关系统成功实现所要求的安全功能的概率。安全完整性可以认为由硬件安全完整性和系统安全完整性两个因素组成。

安全完整性等级SIL（safety integrity level）是一组离散性参数，用来描述安全仪表系统中安全仪表功能SIF（safety instrumented function）的安全完整性等级。共设置有SIL_1～SIL_4四个等级，其中SIL_4最高，SIL_1最低。SIL等级越高，相应的安全防护系统可靠性也越高。SIL实现如下要求。

SIL_1——单通道，无冗余要求。

SIL_2——传感器及最终执行机构需要1oo2（二取一）或2oo3（三取二），且需考虑共因失效。

SIL_3——部件有特殊要求，且需重点考虑共因失效，石化行业中较少用到。

SIL_4——重新设计，在石化行业中不允许使用。

安全完整性等级评估（以下简称SIL评估）的目的是确定相应的安全完整性等级（SIL），并保证安全仪表功能满足目标SIL要求，从而降低装置风险，使所设计装置更加安全。安全完整性等级评估的安全仪表系统主要包括安全联锁系统、紧急停车系统（ESD)、火/气保护系统（F/G)、燃料炉管理系统（BMS)、高完整性压力保护系统（HIPPS）等。

安全完整性等级（SIL）分析过程有以下三个阶段。

(1) 分析阶段（即工艺概念设计阶段）

① 识别潜在危险。

② 后果分析。

③ 保护层分析。

④ 制定非SIS保护层。

⑤ 确定SIF的目标SIL。

⑥ 文件要求。

(2) 实施阶段（即选择SIS技术阶段）

① 选择SIS结构。

② 确定测试频率。

③ SIS详细设计。

④ SIS硬件结构。

⑤ SIS软件组态。

⑥ SIS测试。

⑦ SIS安装。

⑧ SIS投料试车。

⑨ SIS初始确认。

(3) 操作阶段

① 开车。

② 操作。

③ 维修。

④ 定期验证测试。

⑤ 修改。

⑥ 停运。

7.2 工程项目的SIL分析

安全完整性等级（SIL）分析过程的三个阶段：

① 在不考虑安全防护措施的前提下，确定安全仪表功能（SIF）所需SIL等级；

② 验证现有SIF的实现方法是否满足指定的SIL等级；

③ 对不能满足SIL等级的SIF，提出整改建议和措施。

(1) SIL分级分析主要方法

① 风险图法（calibrated risk graph） 又称半定性法，指建立在定性风险分析基础上，根据危险发生

的概率和危险发生时带来的危害程度，将一些关键风险的描述性参数进行分类，然后从不同类别中对应得到安全仪表功能的 SIL 等级。

风险图法使用 4 个基本风险参数来评定系统的 SIL。

a. 后果严重程度（C）

后果严重程度主要针对人员伤亡、环境影响、财产损失，声誉影响四个方面。后果严重程度的划分可参见 HSE 风险矩阵。

b. 人员处于危险区域的概率或时间（F）

ⓐ F_A　极少暴露在危险区域。

ⓑ F_B　持续暴露在危险区域。

c. 避免危害事件的可能性（P）

ⓐ P_A　在某种情况下是可能的。

ⓑ P_B　几乎是不可能的。

d. 危险事件的发生频率（W）

ⓐ W_1　低（小于 0.1 次/年）。

ⓑ W_2　中（介于 0.1 次/年与 1 次/年之间）。

ⓒ W_3　高（介于 1 次/年与 10 次/年之间）。

确定了上述 4 个基本参数后，应用风险图即可分析得出所需的 SIL 等级。下列风险图来源于《过程工业领域安全仪表系统的功能安全，第三部分：确定要求的安全完整性等级指南》（IEC-61511-3）。在具体 SIL 等级分级分析工作中，由于不同国家、地区、组织机构对于风险图法中基本参数定性的不同，不同的分析机构会采用不同的风险图进行分析（图 7-5）。

矫正的风险图法是在风险图法的基础上，如加入独立保护层的修正值，举例如下。

IPL_0：不降低 SIL 等级。

IPL_{10}：降低 SIL 一个等级。

IPL_{100}：降低 SIL 两个等级。

通过以上修正值，可以对通过风险图法得到的 SIL 等级进行修正，提高分析结果的准确性，使分析结果不至过于保守。

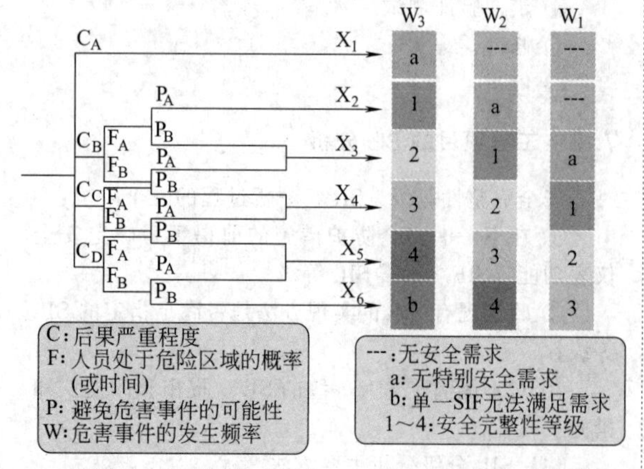

图 7-5　风险图法（calibrated risk graph）示例图

② 保护层分析法（layer of protection analysis，LOPA）保护层分析法是一种介于定性分析和完全定量分析之间的方法，通过分析事故场景初始事件、后果和独立保护层，对事故场景风险进行半定量评估的一种系统方法。

独立保护层，如保护层洋葱图所示，在进行 SIL 分级分析时，应考虑以下三项，才可以作为独立保护层进行分析：

a. 独立保护层可以阻止危险事件的发生；

b. 独立保护层功能与初始事件以及其他保护层性能无关；

c. 独立保护层不可以是初始事件，否则会失去独立保护层功能。

LOPA 法主要是通过保护层对于危害事件发生概率的削减作用，得出危害事件发生的最终概率，再结合危害事件可能造成的后果（包括对于人身安全、环境影响、财产损失的危害程度），结合两者的关系，使用风险矩阵，即可以得到安全仪表功能的 SIL 等级。

LOPA 法分析中使用的风险矩阵见表 7-17［风险矩阵来源于《HSE 风险矩阵标准》（Q/SH 0560）］。后果严重性等级及说明见表 7-18。

③ 风险图法与 LOPA 法比较

a. 风险图法是一种定性的分析方法，其优点是分析过程简单，受分析数据影响小；不足之处是分析结果偏保守。

b. 独立保护层分析法（LOPA）是一种半定量分析法，其优点是直观、严格、精确；缺点是分析过程耗时较长，所需的参数和数据较多。

(2) SIL 验证计算

几种常用的 SIL 验证方法，如模拟、原因后果分析、事故树分析、马尔可夫模拟及可靠性图框（RBD）。

当 SIF 不满足 SIL 等级要求时，可以采取以下措施：

① 通过增加其他保护层等措施，重新评定 SIL 要求；

② 缩短验证测试间隔时间——这与在线测试规定有关；

③ 选择安全等级较高、危险故障率较低或诊断性较好的设备；

④ 通过增加更多冗余来改变结构。

马尔可夫模型（Markov model）是随机的数学模型，包括连续状态模型和离散状态模型。对于现场一次仪表和执行机构，如果不能满足安全功能的 SIL 等级，则可以通过马尔可夫模型计算确定选择二取一（1oo2）、三取二（2oo3）或其他配置方法。

(3) SIL 分析方法的应用流程

根据风险图法简单易用的特点，将其作为应用 SIL 分析方法的筛选工具。对所有 SIF 应用风险图法，

表 7-17　LOPA 法分析中使用的风险矩阵表

风险矩阵					可能性(半定量)/(次/年)					
					$10^{-5}\sim10^{-6}$	$10^{-4}\sim10^{-5}$	$10^{-3}\sim10^{-4}$	$10^{-2}\sim10^{-3}$	$10^{-1}\sim10^{-2}$	$\geq10^{-1}$
严重性	后果				可能性(定性)					
					1	2	3	4	5	6
	人员伤害	财产损失	环境影响	声誉影响	世界范围内未发生过	世界范围内发生过/石油、石化行业内未发生过	石油、石化行业内发生过/世界范围内发生过多次	系统内发生过/石油、石化行业内发生过多次	本企业发生过/系统内发生过多次	作业场所发生过/本企业发生过多次
A	急救处理;医疗处理,但不需住院;短时间身体不适	事故直接经济损失在 10 万元以下	装置内或防护堤内泄漏,造成本装置内污染	企业内部关注;形象没有受损	A_1	A_2	A_3	A_4	A_5	A_6
B	工作受限;1～2 人轻伤	事故直接经济损失在 10 万元以上,50 万元以下;局部停车	排放很少量的有毒有害污染废弃物,造成企业界区内污染,没有对企业界区外周边环境造成污染	社区、邻居、合作伙伴受到影响	B_1	B_2	B_3	B_4	B_5	B_6
C	3 人以上轻伤,1～2 人重伤(包括急性工业中毒,下同);相关职业疾病;部分失能	事故直接经济损失在 50 万元及以上,200 万元以下;1～2 套装置停车	见表 7-18	本地区内影响;政府介入,公众关注负面后果	C_1	C_2	C_3	C_4	C_5	C_6
D	1～2 人死亡或丧失劳动能力;3～9 人重伤	事故直接经济损失在 200 万元以上,1000 万元以下;3 套及以上装置停车	见表 7-18	国内影响;政府介入,媒体和公众关注负面后果	D_1	D_2	D_3	D_4	D_5	D_6
E	3 人以上死亡;10 人以上重伤	事故直接经济损失在 1000 万元以上;失控火灾或爆炸	见表 7-18	国际影响	E_1	E_2	E_3	E_4	E_5	E_6

表 7-18 后果严重性等级及说明

后果严重性等级	说明
A	人员伤害——急救处理;医疗处理,但不需住院;短时间身体不适 财产损失——事故直接经济损失在10万元以下 环境影响——装置内或防护堤内泄漏,造成本装置内污染 声誉影响——企业内部关注;形象没有受损
B	人员伤害——工作受限;1～2人轻伤 财产损失——直接经济损失在10万元以上,50万元以下;局部停车 环境影响——排放很少量的有毒有害污染废弃物,造成企业界区内污染,没有对企业界区外周边环境造成污染 声誉影响——社区、邻居、合作伙伴受到影响
C	人员伤害——3人以上轻伤,1～2人重伤(包括急性工业中毒,下同);相关职业疾病;部分失能 财产损失——直接经济损失在50万元及以上,200万元以下;1套装置停车 环境影响: ①因污染物排放造成企业界区外轻微污染,不会使当地群众的正常生活受到影响 ②发生在江、河、湖、海等水体及环境敏感区的油品泄漏量在1t以下或发生在非环境敏感区的油品泄漏量在10t以下 ③危险化学品以污水形式排出厂界,其危险物质相对环境风险数小于或等于40 声誉影响——本地区内影响;政府管制,公众关注负面后果
D	人员伤害——1～2人死亡或丧失劳动能力;3～9人重伤 财产损失——直接经济损失在200万元以上,1000万元以下;2套以上装置停车 环境影响: ①因污染物排放造成企业界区外中等污染,使当地群众的正常生活受到影响;引起公众投诉 ②发生在江、河、湖、海等水体及环境敏感区的油品泄漏量在1t以上,10t以下;或发生在非环境敏感区的油品泄漏量在10t以上,100t以下 ③危险化学品以污水形式排出厂界,其危险物质相对环境风险数为40～80(不含40和80) 声誉影响——国内影响;政府管制,媒体和公众关注负面后果
E	人员伤害——3人以上死亡;10人以上重伤 财产损失——事故直接经济损失在1000万元以上;失控火灾或爆炸 环境影响: ①因污染物排放造成企业界区外严重污染,使当地群众的正常生活受到严重影响;引起企地纠纷,影响企业所在地的社会安定 ②发生在江、河、湖、海等水体及环境敏感区的油品泄漏量在10t以上;或发生在非环境敏感区的油品泄漏量在100t以上 ③危险化学品以污水形式排出厂界,其危险物质相对环境风险数大于或等于80 ④因环境污染造成水源地取水中断;造成区域生态功能部分丧失;造成国家重点保护的动植物物种受到破坏或大量死亡 ⑤跨国(界)的环境事件 声誉影响——国际影响

注：1. “以上”包括本数，“以下”不包括本数。

2. “环境敏感区”参见中华人民共和国环境保护部令第2号《建设项目环境影响评价分类管理名录》第三条，环境敏感区，是指依法设立的各级各类自然、文化保护地，以及对建设项目的某类污染因子或者生态影响因子特别敏感的区域，主要包括：

① 自然保护区、风景名胜区、世界文化和自然遗产地、饮用水水源保护区。

② 基本农田保护区、基本草原、森林公园、地质公园、重要湿地、天然林、珍稀濒危野生动植物天然集中分布区、重要水生生物的自然产卵场及索饵场、越冬场和洄游通道、天然渔场、资源性缺水地区、水土流失重点防治区、沙化土地封禁保护区、封闭及半封闭海域、富营养化水域。

③ 以居住、医疗卫生、文化教育、科研、行政办公等为主要功能的区域，文物保护单位，具有特殊历史、文化、科学、民族意义的保护地。

3. 危险物质相对环境风险数的计算见《中国石油化工集团公司水体环境风险防控要点》。

4. 危险化学品见《危险化学品名录》。

若部分 SIF 的 SIL 值不小于 2，则需要应用保护层分析法进行更严格的评定。

通过应用保护层分析法进行研究，若 SIL 值不小于 3，则需要进一步应用量化风险评估方法对 SIL 进行验证。

对于关键系统、关键设备的 SIL 的研究，建议分为评定和验证两个阶段进行 SIL 的研究。评定阶段可用风险图法或者保护层分析法，而验证阶段可采用量化风险评估的方法，如采用失效树分析法 FTA (fault tree analysis)。SIL 分析方法应用流程如图 7-6 所示。

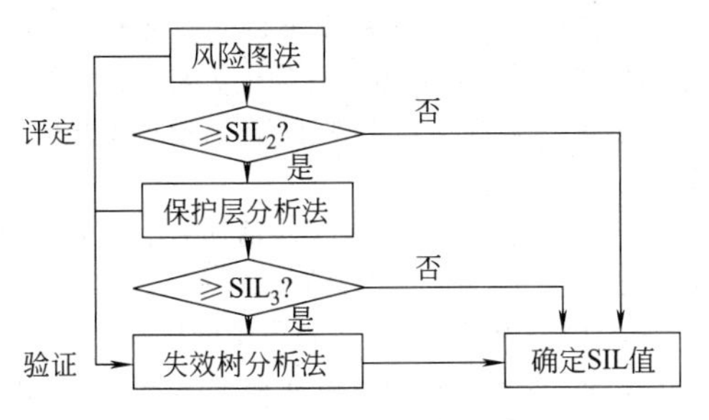

图 7-6　SIL 分析方法应用流程

(4) SIL 分级方法实际经济效果

SIL 分级能够从以下四个方面创造经济效益：

① 降低不必要的联锁误停车；

② 为装置联锁系统管理、改造和维修提供依据；

③ 查找装置中可能存在的不安全因素；

④ 解决装置设计中存在的问题。

参考文献

[1] 吴德荣. 化工工艺设计手册. 第 4 版. 北京：化学工业出版社，2009.

[2] 国家安全生产监督管理总局. 第 36 号令建设项目安全设施"三同时"监督管理暂行办法. 北京：中国标准出版社，2011.

[3] 国家安全生产监督管理总局. 第 39 号令危险化学品建设项目安全设施设计专篇编制导则. 北京：中国标准出版社，2013.

[4] 国家安全生产监督管理总局. 第 40 号令危险化学品重大危险源监督管理暂行规定. 北京：中国标准出版社，2011.

[5] 国家安全生产监督管理总局. 第 40 号令危险化学品重大危险源监督管理暂行规定，附件 1：重大危险源分级方法. 北京：中国标准出版社，2011.

[6] 国家安全生产监督管理总局. 第 40 号令危险化学品重大危险源监督管理暂行规定，附件 2：可容许风险标准. 北京：中国标准出版社，2011.

[7] 国家安全生产监督管理总局. 第 41 号令危险化学品生产企业安全生产许可证实施办法. 北京：中国标准出版社，2011.

[8] 国家安全生产监督管理总局. 第 45 号令危险化学品建设项目安全监督管理办法. 北京：中国标准出版社，2012.

[9] 国家安全生产监督管理总局. 第 51 号令建设项目职业卫生"三同时"监督管理暂行办法. 北京：中国标准出版社，2012.

[10] 国家安全生产监督管理总局. 第 55 号令危险化学品经营许可证管理办法. 北京：中国标准出版社，2012.

[11] 国家安全生产监督管理总局. 第 57 号令危险化学品安全使用许可证实施办法. 北京：中国标准出版社，2013.

[12] 中国国家标准化管理委员会. GBT 20438.5 电气/电子/可编程电子安全相关系统的功能安全，第 5 部分：确定安全完整性等级的方法示例. 北京：中国标准出版社，2007.

[13] 中国石油化工集团公司. Q/SH 0560HSE 风险矩阵标准. 北京：中国标准出版社，2014.

第8章 工程设计项目专篇编制规定

从2005年开始，国家实行投资体制改革，对于企业不使用政府投资建设的项目，一律不再审批项目建议书、可行性研究报告和开工报告，由企业向政府提交项目申请报告，政府仅对重大项目和限制类项目从维护社会公共利益、维护国家经济安全、合理开发利用资源、保护生态环境等方面进行核准，其他项目均为备案。

国家发改委发改投资［2007］1169号文对项目申请报告通用格式中环境和生态影响分析及节能方案分析两个章节的内容提出了具体要求，没有要求形成专篇。但在项目实施阶段，即从设计开始，政府相关部门会要求对消防、环境保护、劳动安全、安全设施设计、节能、抗震等重点关注内容形成专篇，便于审查。

1 消防设计专篇编制规定

1.1 项目前期

1.1.1 石油化工项目可行性研究报告编制规定 中国石化集团公司2005年版

应说明消防体制与职责的设置原则、消防措施与设施、主要消防设备表、消防人员编制、预期效果、专项投资估算以及主要执行的法规、标准、规范，详见该规定。

1.1.2 化工投资项目可行性研究报告编制办法 中石化协产发［2006］76号

主要内容如下。

① 编制依据，列出项目执行的国家和地方相关法律法规、标准规范。

② 依托条件，改（扩）建和技术改造项目要对原有消防系统进行描述，包括消防标准、体制、消防设施等，分析依托的可能性。描述新建项目邻近单位和消防部门的消防能力，分析依托的可能性。

③ 工程概述，根据工程的原材料、中间产品及成品的物性，说明在储存、生产过程、运输过程等各个环节中存在的火灾危险性；根据工艺生产和辅助设施的运行特点，说明各生产部位、建筑物、厂房等产生火灾的危险性；根据火灾危险性确定火灾类别。

④ 根据火灾类别确定所采用的防火措施及配置消防设施，包括：

a. 消防水的水源形式、最大供水能力和储存量；

b. 各种消防系统如自动水喷淋、水喷雾、固定及半固定式泡沫灭火系统、气体灭火系统、干粉灭火系统、蒸汽灭火系统和火灾报警系统的选择及设计简述；

c. 常规消防系统如室内外消防栓、消防水炮、消防竖管、灭火器等的配置情况。

⑤ 消防设施费用及占项目投资的比例。

1.1.3 化工投资项目申请报告编制办法 中石化协产发［2006］76号

根据项目的原材料、中间产品及成品的物性，说明在储存、生产过程、运输过程等各个环节中存在的火灾危险性；根据工艺生产和辅助设施的运行特点，说明各生产部位、建筑物、厂房等产生火灾的危险性：根据火灾危险性确定火灾类别、消防等级和重点消防对象及消防范围，并提出消防设施设置方案。

1.2 项目设计阶段

1.2.1 石油化工工厂基础工程设计内容规定 中国石化集团公司（SPMP-STD-EM2004—2016）

专篇内容包括设计依据、概述、装置火灾危险性分析、防火安全措施、消防设计、消防站、专项投资概算和相关附图。该标准是中国石化集团公司标准。

1.2.2 石油化工装置基础工程设计内容规定 中国石化集团公司（SPMP-STD-EM2003—2016）

专篇内容包括设计依据、概述、装置火灾危险性分析、防火安全措施、消防设计、专项投资概算和相关附图。该标准是中国石化集团公司标准。

1.2.3 化工工厂初步设计文件内容深度规定（HG/T 20688—2000）

(1) 说明书

① 设计依据。

a. 国家主管部门有关立项批文、会议纪要等。

b. 设计合同。

c. 国家和地方颁布的有关消防的法规、规范和规定。

d. 在当地建设主管部门的支持下，由设计单位、建设单位和公安机关协商确定的书面意见。

② 工程概况。

a. 工厂的组成、产品方案、设计生产能力。

b. 生产方法、工艺流程简述。

c. 单项工程生产、储存的火灾危险性定类，民用建筑的定类。

d. 工厂占地面积及全厂总定员。

e. 工厂位置及厂区周围消防设施的设置现状，包括消防站（队）的设置，附近供水管网的形状、管径、压力以及周围消火栓的数量、位置。

③ 火灾危险性及防火措施。

a. 工艺过程

ⓐ 生产工艺简要流程及原料、中间体、成品的火灾危险性特征、用量和储存量，见表 8-1。

表 8-1　危险物一览表

序号	品名	闪点/℃	燃点/℃	爆炸极限/%		密度		用量/(t/d)	储量/t	沸点/℃	水溶性	备注
				下限	上限	液体与水比	蒸气与空气比					

ⓑ 工艺流程中物质反应的操作条件及危险性分析。

ⓒ 有火灾爆炸危险介质的设备安全控制措施，异常情况的紧急控制措施。

ⓓ 有爆炸或火灾危险的气体、粉尘浓度的检测，使用仪器的性能和规格。

b. 总图

ⓐ 在总图布局中，对功能分区、安全间距（与附近工厂的间距或装置间的距离）、消防道路、出入口数量、竖向设计、风向、近远期规划方面的论述和依据。

ⓑ 工程周围建（构）筑物的使用性质，火灾危险性分类、层数、面积、耐火等级、防火间距情况（含相邻单位的建、构筑物）及需要拆除建（构）筑物的范围和期限。

ⓒ 各类储罐、堆场的分组、分区布置以及内部消防道路、防火间距、消防设施等的情况和依据。

c. 建筑

ⓐ 各单项建筑的结构类型，主要承重结构的耐火性能、规格、耐火等级定级及其依据。

ⓑ 建筑平面和竖向布置，防火、防烟分区（含高层建筑的裙房和跨房空间），以及附设于建筑物内的配套设施的防火设计及其依据。

ⓒ 楼板、隔墙、防火墙、防火门、窗以及管道井等的分隔说明。

ⓓ 有爆炸危险的甲、乙类生产厂房的防爆措施，如结构选型、泄压设施的材质、重量和面积，墙面、地面及洞口的做法。

ⓔ 建筑物内疏散走道、安全出口和楼梯间的形式、数量、位置、宽度、疏散距离以及通向屋顶和地下室楼梯的安全疏散设施的设计与依据。

ⓕ 在使用功能上有特殊要求的建（构）筑物或个别部位、房间（如仓库、无窗厂房、洁净厂房、筒仓、地下建筑等）的危险性和所采取的防火、防爆措施。

ⓖ 建筑物内装修的材质、耐火性能和执行规范要求的情况。

d. 排水　含有易燃、可燃液体的污水、雨水管道或渠道的敷设和水封分隔措施，消防电梯间井底排水措施。

e. 电气

ⓐ 供电的负荷等级、电源的数量及消防用电的可靠性。

ⓑ 事故照明、疏散指示标志、事故广播、自动报警和消防电梯、消防水泵、防排烟等设备的控制与联动系统、消防控制室的设备选型等的设计。

ⓒ 爆炸和火灾危险场所的等级，电器设备的选型、规格和依据。

ⓓ 防雷、防静电等装置的设计要点和依据。

f. 通风与采暖

ⓐ 通风除尘系统的形式，排出物质的成分和含量。

ⓑ 通风（空调）管道的材质、保温材料的燃烧性能、管道敷设形式、管道内防火阀的选型和设置位置。

ⓒ 防烟、排烟措施的设计要点和依据。

ⓓ 采暖系统的设计是否符合规范要求及所采取的措施。

④ 消防系统。

a. 常规水消防系统。

ⓐ 室内外消防用水总量的计算及依据。

ⓑ 水源形式、供水能力和储存量。

ⓒ 室内外消防给水设计流量、管网的系统划分和形式、管径、水压及加压措施、消火栓的间距、保护半径、室内消防水箱的储水量。

ⓓ 消防水泵房的设置，消防水泵台数、型号及控制方式。

b. 其他消防系统，如水喷淋、水喷雾系统，固定、半固定泡沫灭火系统，气体灭火系统、灭火器和火灾报警系统等的选择及其设计说明。

c. 专业消防队的设立原则及隶属关系。

d. 消防站的组成，消防车辆的配置原则、型号、数量等。

⑤ 定员表。如无专业消防队时，不列此项。

⑥ 消防设施专项投资概算。

⑦ 存在的问题及解决的意见。

(2) 表格

① 消防设备一览表，内容包括设备位号、设备名称、技术规格、数量（台、套）、材料备注等。

② 消防材料一览表，内容包括管子、阀门、法兰、管件、小型管道设备等主要材料的名称、规格、数量。

(3) 图纸

① 消防水系统管道仪表流程图。

② 消防水泵房平面布置图。

③ 消防设施平面布置图。标明水消防栓、泡沫消防栓、固定式或半固定式泡沫灭火设施的位置、管线及保护范围等。

④ 爆炸危险区域划分图。

⑤ 可燃性气体浓度检测报警系统布置图。

⑥ 火灾报警系统图。

1.2.4 医药工程建设项目设计文件编制标准(GB/T 50931—2013)

消防设计专篇应包括概述、设计依据、火灾危险因素分析、总体消防设施、各专业消防措施、消防系统设计、消防专用投资概算、存在问题及建议、附图。

(1) 概述

应包括下列内容。

① 项目概况　说明建设规模与产品方案、生产方法及工艺流程、工程建（构）筑物组成等。

② 外部条件　说明项目位置与城市（或企业）消防站的距离、附近供水管网及消火栓的情况等。

(2) 设计依据

应包括项目前期有关的报告及其评审意见和批复、设计所遵循的主要规范及标准、设计合同。

(3) 火灾危险因素分析

应包括易燃易爆物料的性质，应对生产过程存有危险介质设备的操作条件和危险性进行分析，阐述所使用易燃易爆物料的存放量、包装形式，对车间（装置）的生产类别、爆炸危险区域划分作出说明。

(4) 总体消防设施

应阐述总体消防设施内容，对改（扩）建项目应介绍现有消防组织和消防设施的情况。

(5) 各专业消防措施

应阐述下列内容。

① 总图　车间（装置）布局原则、平面位置、各建（构）筑物间防火间距、消防道路等。

② 建筑结构　项目组成及火灾危险类别，建（构）筑物一览表；建筑消防安全措施，包括防火分区、防烟分区、分隔形式、安全疏散口数量、安全疏散距离、安全疏散走道和出口宽度、疏散楼梯形式、消防电梯、专用消防口等。

③ 电气　供电的负荷等级、消防供电电源来源；事故照明、安全疏散标志的设置；消防水泵、消防电梯、通风等设施的控制与联动系统的设置；爆炸危险区域划分情况，防雷接地等措施；电气所采取的其他安全措施。

④ 通风、排风　甲、乙类车间的送排风系统；化学品库的送排风系统；除尘系统；防排烟系统；防火阀与风机的联锁；所采取的其他安全措施。

(6) 消防系统设计

① 消防系统　应包括下列内容。

a. 消防水源及水量。

b. 消防给水设计方案，包括消防给水体制（临时高压、稳压、高压等）；消防泵、水池、水箱规格；消防给水管布置（主管径、合用或独立）；自动喷淋（或水幕）设计参数；消防排水、易燃可燃液体排放的水封措施；消防水管线材料等。

c. 室外消防给水管网及室外消火栓布置情况。

d. 各建筑物室内消防给水管网及室内消火栓布置情况。

② 泡沫消防系统　应说明泡沫消防设计方案，包括泡沫系统的设计参数、泡沫系统方案、需要泡沫液量以及泡沫系统管线材料等。

③ 灭火器　应列出灭火器配置，见表8-2。

表8-2　灭火器装置

建筑物名称	面积	火灾种类	危险等级	灭火级别(A或B)	配置基准(A或B)/m²	灭火器型号及数量

④ 火灾报警系统　应说明系统组成及控制方式、控制器位置及各建筑物设备配置、消防联动控制方式、火灾应急广播、消防电话、电源和接地、线路敷设等。

⑤ 管理程序　应说明全厂消防操作程序和消防设施管理程序。

(7) 消防专用投资概算

列出消防专用投资概算。

(8) 消防设计专篇

应附以下图纸：总平面及竖向布置图，建筑物平、立、剖面图，消防水系统流程图，给排水综合管线平面图，主要建筑物消火栓和灭火器平面布置图，全厂高压供（配）电系统图，爆炸危险区域划分图，火灾报警系统图。

1.2.5 省市消防专篇编制规定

部分省市制定了本省市的消防设计专篇编制要求，以上海市为例，可供参考。具体编制时应注意符合建设项目所在地消防管理部门的要求。

上海市消防局《关于进一步规范建设工程消防设计专篇的通知》（沪消发［2012］29号），设计专篇的基本要点如下。

(1) 消防设计依据

① 设计所执行的主要法规和所采用的主要标准（包括标准的名称、编号、年号和版本号）。

② 政府有关主管部门的批文号（规划部门的批复必须注明）。

(2) 工程概况

① 描述地理位置、设计范围（包括具体的项目地点、承担的设计范围与分工、分期建设内容和续建、扩建的设想及相关措施）。

② 基本情况。

a. 建设规模和项目组成（如建筑总面积、地上建筑面积、地下建筑面积、建筑占地面积和反映建筑功能规模的技术指标）。

b. 描述基地内共有几栋建筑，每栋建筑的建筑高度（按照消防技术标准定义的建筑高度）、层数、建筑面积，剧院、体育场馆等场所的座位数，车库的停车位数量，以及厂房、库房等的火灾危险性类别等。

③ 按照消防技术标准，每栋建筑的建筑防火类别、耐火等级要求、结构选型、建筑构件的构造及燃烧性能、耐火极限。

④ 每栋建筑的具体使用功能、工艺要求，建筑的功能分区、平面布局、立面造型与周围环境的关系，重要设备用房（包括消防控制室、消防水泵房、固定灭火系统的设备室、通风空气调节机房、锅炉房、变配电站、柴油发电机房、燃气调压站）的分布位置。

建筑、装置、储罐主要消防技术统计表见表8-3～表8-5。

⑤ 特殊问题描述（项目采用新技术、新材料、新设备和新结构的情况：具有特殊火灾危险性的消防设计和需要设计审批时解决或确定的问题）。

(3) 总平面

① 文字描述部分

a. 场地所在地的名称及位置，场地的地形地貌、场地内原有建（构）筑物以及保留（包括古迹）、拆除的情况。场地外周边相邻建（构）筑物的使用性质、建筑层数、建筑高度、耐火等级、火灾危险性分类，需要拆除的建（构）构筑物的范围和期限。

b. 场地内建（构）筑物满足防火间距的情况（包括油罐、氧气罐、煤气调压站等）；场地外建筑与场地内相邻建筑的防火间距情况。

c. 场地内消防车道的布置情况［如道路路面宽度、路面类型、转弯半径、出入口、与建（构）筑物的间距、基地消防车道出入口情况等］、高层建筑消防登高面和消防登高场地的布置情况（建筑消防登高面的具体部位，消防登高面侧的雨棚、裙房情况，消防登高场地的尺寸、与消防登高面的位置关系）。

d. 场地内的功能分区、竖向布置方式。

② 设计图纸

a. 总平面图。

b. 消防分析总平面图。消防车道标注道路路面宽度、转弯半径、出入口位置、与建（构）筑物的间距；高层建筑消防扑救面和消防灭火救援场地的尺寸、与消防扑救面的位置关系（消防车道的流线采用绿色进行标注，消防登高面采用红色进行标注，消防登高场地采用蓝色进行标注，具体尺寸采用红色进行标注）。

表 8-3 建筑主要消防技术指标统计表

单体建筑名称	结构类型	耐火等级	层数(地上、地下分列)	建筑高度/m	建筑面积/m^2	占地面积/m^2	建筑分类(火灾危险性)	备注(超高层、避难层层数)
总建筑面积		地上、地下另外分列						
		不同功能性质部分应分列						
地下商业建筑面积/m^2								

表 8-4 装置主要消防技术指标统计表

类别名称	火灾危险性分类									
	甲类		乙类		丙类		丁类		戊类	
	占地面积/m^2	装置平台高度/m	占地面积/m^2	装置平台高度/m	占地面积/m^2	装置平台高度/m	占地面积/m^2	装置平台高度/m	占地面积/m^2	装置平台高度/m

表 8-5 储罐主要消防技术指标统计表

储罐编号	储存介质	火灾危险类别	储罐形式	容积 V/m³	直径/m	高度/m	备注

表 8-6 安全疏散宽度计算书

楼层	防火分区代号	该区功能	防火分区面积/m²	人数计算指标	计算人数/人	百人疏散指标	计算宽度/m	实际提供疏散宽度				
								独用楼梯宽度(每个)/m	楼梯数量	辅助宽度(每个)/m	数量	小计

注：应首先计算楼层需要的总疏散宽度，再计算每个防火分区的疏散宽度。

(4) 建筑防火

① 文字描述部分

a. 明确各防火分区的面积大小及分隔的具体措施（如每个楼层防火分区的个数、每个防火分区的具体面积指标、具体描述采用的防火分隔措施）。

b. 明确各防烟分区的面积大小及分隔的具体措施（如每个楼层防烟分区的个数、每个防烟分区的具体面积指标、具体描述采用的防烟分隔措施）。

c. 安全疏散和避难。

ⓐ 明确每个防火分区安全出口的数量，安全出口总宽度的设计依据和计算书（包括楼梯间、前室的门、底层疏散外门、楼梯梯段宽度），疏散楼梯的形式，疏散楼梯出屋面的数量，疏散距离，防烟楼梯间前室、合用前室的面积大小。

ⓑ 消防电梯的设置数量、设置部位及设置要求等情况。

ⓒ 安全疏散宽度计算书（表 8-6）。

ⓓ 避难设计。避难层的位置、设置要求，直升机停机坪的设置要求。

d. 建筑构造。

设备用房、电缆井、管道井等井道的分隔措施；防火墙、隔墙、楼板的设置要求、封堵要求；玻璃幕墙的分隔措施；建筑钢结构的防火要求。防火卷帘的选用要求，防火门的选用、开启方向。

有爆炸危险的甲、乙类生产厂房的防爆措施（如结构选型，泄压设施的材质、重量、面积，墙面、地面及洞口的做法）。

e. 其他要求。

ⓐ 大中型商场、物流仓库应具体描述灭火救援窗、灭火救援平台的设计部位、防火设计要点。

ⓑ 地下商业建筑面积超过 20000m²，应具体描述分隔面积、措施、要求。

② 设计图纸部分

a. 防火分区平面图。

主要包括防火分区划分的平面图和安全出口位置及疏散距离（防火分隔位置应采用红线进行清晰标注，标注防火分区编号、分区建筑面积；安全出口采用绿色实心箭头进行标注；辅助安全出口采用绿色空心箭头进行标注；疏散距离采用红色线进行标注）。

b. 地下商业建筑面积超过 20000m² 的防火分隔平面图（应具体标注防火分隔的分隔措施、分隔面积）。

(5) 消防给水和灭火设施

① 文字描述部分

a. 消防水源　由市政管网供水时，应说明市政供水干管的方位、管径大小及根数、能提供的水压；采用天然水源时，应说明水源的水质及供水能力、取水设施；采用消防水池供水时，应说明消防水池的设置位置，有效容量及补水量的确定，取水设施及其技术保障措施。

b. 室外消防给水和室外消火栓系统　包括室外消防用水量标准，一次灭火用水量、总用水量的确定，室外消防给水管管径的大小、环通情况，室外消火栓的间距、数量，系统供水方式、设备选型及控制方式等情况。

c. 室内消火栓系统　包括室内消火栓的设置场所、用水量的确定，室内消防给水管道及消火栓的布置，系统供水方式、设备选型及控制方式，消防水箱的容量、设置位置及技术保障措施。

d. 自动喷水灭火设施　包括自动喷水灭火系统设置的场所、设计原则、设计参数、用水量的确定、系统组成、控制方式、消防水箱的容量、设置位置、技术保障措施以及主要设备选择等。

e. 其他自动灭火设施　包括自动灭火设施的设置场所、设设计原则、设计参数、系统组成、控制方式以及主要设备选择等。

f. 消防水泵房　包括设置位置、结构形式、耐火等级，设备选型、数量、主要性能参数和运行要求。

② 设计图纸部分

a. 消防给水总平面图。

采用市政管网供水时，应清晰标注市政供水干管的方位和管径大小，在基地内形成室外消防供水管道的平面位置、管径大小和室外消火栓的位置。

采用消防水池供水时，提供消防水池和消防水泵房的平面图，标注有效容量及补水量。

b. 各消防给水系统的系统图。

c. 其他灭火系统的系统图。

(6) 防烟、排烟和通风空调设计

① 文字描述部分

a. 具体阐述建筑内防烟、排烟的区域及方式。

b. 防烟、排烟系统送风量、排烟量的确定，机械防排烟系统应提供具体的计算书；自然排烟系统应明确设置要求。

c. 防烟、排烟系统及设施配置、控制方式等。

d. 通风空调系统的防火措施等。

② 设计图纸部分

a. 防烟系统的系统图。

b. 排烟系统的系统图。

(7) 消防电气

① 文字描述部分

a. 消防电源、配电线路及电器装置　包括消防电源供电负荷等级确定、消防用电设备的配电线路选择及敷设方式、备用电源性能要求及启动方式；变、配、发电站的位置、数量、容量及设备技术条件和选型要求；消防技术标准有要求的导线、电缆、母干线的材质、型号和敷设方式，以及配电设备、灯具的选型、安装方式。

b. 火灾自动报警系统　包括火灾报警设置的场所，保护等级的确定及系统组成，火灾探测器、报警控制器、手动报警按钮、控制台（柜）等设备的选择，火灾报警与消防联动控制要求，控制逻辑关系及控制显示要求，概述火灾应急广播、火灾警报装置及消防通信；概述电气火灾报警，消防主电源、备用电源供给方式，接地及接地电阻要求，传输、控制线缆选择及敷设要求，应急照明的联动控制方式等；当有智能化系统集成要求时，应说明火灾自动报警系统与其他子系统的接口方式及联动关系。

c. 消防应急照明和消防疏散指示标志　包括消防应急照明和消防疏散指示标志的供电情况、备用电源情况、配电线路选择及敷设方式、控制方式、持续时间等；消防应急照明和消防疏散指示标志的设置场所、照度值、灯具配置、设置位置等。

d. 消防控制室　包括设置位置、结构形式、耐火等级、设备选型、主要性能参数和运行要求。

② 设计图纸部分　火灾自动报警系统图。

(8) 热能动力

包括室内燃料系统的种类、管路设计及敷设方式、燃气用具安装使用要求等燃料系统的设计说明；锅炉形式、规格、台数及其燃料系统等锅炉房（直燃型吸收式冷温水机组）设计说明；燃气调压站、柴油发电机房、气体瓶组站等其他动力站房的设计说明。

(9) 保温设计

明确建筑保温形式，采用的保温材料、外立面装饰材料名称及其燃烧性能等。

(10) 其他需要明确的消防问题

2　环境保护专篇编制规定

2.1　项目前期

2.1.1　项目申请报告通用文本　发改投资[2007] 1169 号

① 项目需要占用的重要资源品种、数量及来源情况　通过对单位生产能力主要资源消耗量指标的对比分析，评价资源利用效率的先进程度；分析评价项目建设是否会对地表（下）水等其他资源造成不利影响。论证是否符合资源节约和有效利用的相关要求。评价是否符合资源综合利用的要求。

② 环境和生态现状　包括项目厂址的自然环境条件、现有污染物情况、生态环境条件和环境容量状况等。

③ 生态环境影响分析　应分析拟建项目在工程建设和投入运营过程中对环境可能产生的破坏因素以及对环境的影响程度，包括废气、废水、固体废物、噪声、粉尘和其他废弃物的排放数量，水土流失情况，对地形、地貌、植被及整个流域和区域环境与生态系统的综合影响等。

④ 生态环境保护措施　应从减少污染排放、防止水土流失、强化污染治理、促进清洁生产、保持生态环境可持续能力的角度出发，按照国家有关环境保护、水土保持的政策法规要求，对项目实施可能造成的生态环境损害提出保护措施，对环境影响治理和水土保持方案的工程可行性和治理效果进行分析评价。治理措施方案的制定，应反映不同污染源和污染排放物及其他环境影响因素的性质特点，所采用的技术和设备应满足先进性、适用性、可靠性等要求；环境治理方案应符合发展循环经济的要求，对项目产生的废气、废水、固体废弃物等，提出回收处理和再利用方案：污染治理效果应能满足达标排放的有关要求。涉及水土保持的建设项目，还应包括水土保持方案的内容。

⑤ 地质灾害影响分析　在地质灾害易发区建设的项目和易诱发地质灾害的项目，要阐述项目建设所在地的地质灾害情况，提出防御的对策和措施。

⑥ 特殊环境影响　分析拟建项目对历史文化遗产、自然遗产、风景名胜和自然景观等可能造成的不利影响，并提出保护措施。

2.1.2 石油化工项目可行性研究报告编制规定 中国石化集团公司2005年版

需进行环境影响分析，主要内容有：建设地区环境状况、建设项目的环保状况、环保措施、环境保护投资估算、环境影响分析与结论等。详细内容可见该规定。

2.1.3 化工投资项目可行性研究报告编制办法 中石化协产发［2006］76号

① 环境质量现状。

a. 项目所在地的自然环境，包括大气、水体、地貌、土壤等；生态环境、社会环境、特殊环境，如自然保护区、风景区等。

b. 通过现状调查分析环境质量，找出主要的影响因素，提出调查区域的环境容量。

c. 企业现状描述与分析，包括环境容量、分配的污染物总量排放指标、要求的治理目标、治理措施和设施、可能的改造扩建能力情况、设施的富余能力等。拟建项目与原有设施的关系，能否依托、是否要求以新带老、方案如何优化、要结合项目环境保护措施一并考虑治理方案。

② 执行的主要法规与标准规范。

③ 项目污染物排放情况。

a. 废水 分析工业废水、生活污水和初期污染雨水的排放点，计算污染物产生量与排放数量、有害成分和浓度，说明排放特征、排放去向及其对环境的影响程度，编制废水排放一览表（表8-7）。

有预处理的，应给出处理前后的污染物组成。

b. 废气 分析有组织和无组织废气排放点，污染物产生量与排放数量、有害成分和浓度，说明排放特征、排放去向及其对环境的影响程度，编制废气排放一览表（表8-8）。

有预处理的，应给出处理前后的污染物组成。

c. 固体废物及废液 分析固体废物及废液排放点，污染物产生量与排放数量，有害成分和浓度，说明排放特征、排放去向及其对环境的影响程度，编制固体废物及废液排放一览表（表8-9），给出固体废物及废液的利用途径、热值。

d. 噪声 分析噪声源的位置、计算声压等级，说明噪声特征及其对环境的影响程度，编制噪声源一览表（表8-10）。

e. 其他 电磁波、放射性物质等污染物产生的位置、特征、计算强度、对周围环境的影响程度等。

④ 环境保护治理措施及方案。

提出废水、废气、固体废物（废液）的处理工艺和方案以及综合利用方案，简述各种排放物的直接去处和最终排放去向。重大方案或第一次采用的方案，应对治理效果进行技术经济比较，选择最佳方案；简述噪声的控制措施和方案及处理效果。

表8-7 废水排放一览表

序号	装置名称	排放源	废水名称	排放量/(m^3/h)			污染物组成/(mg/L)				处理方法	排放去向	备注
				正常	最大	事故							

表8-8 废气排放一览表

序号	装置名称	排放源	废气名称	排放规律	排放量/(m^3/h)	排气筒			污染物组成(标准状态)/(mg/m^3)				处理方法	排放去向	备注
						高度/m	直径/m	出口温度/℃							

表8-9 固体废物及废液排放一览表

序号	装置名称	排放源	固体废物(废液)名称	排放规律	排放量/(m^3/h)		组成	处理方法	排放去向	备注
					正常	最大				

表8-10 噪声源一览表

序号	装置名称	噪声源	数量	噪声值/dB(A)	减(防)噪措施	降噪后噪声值/dB(A)	备注

⑤ 环境管理及监测。

按环境管理和监测机构设置要求，提出项目的环境管理及监测机构的设置和配备方案，包括组织机构、设施、职能、定员、监测点、分析方法等。

⑥ 环境保护主要工程量，简述环境保护主要项目，列出主要环境保护设备和工程量，分别叙述各种污染物的治理工程量。

⑦ 环境保护消耗定额：列出各种治理措施以及环境保护系统消耗定额，必要时计算各种污染物的治理成本。

⑧ 环保措施占地，按建筑面积分配定员，环保措施投资及比例，包括专门环保设施投资以及含在各装置投资之内的为达到清洁、清净生产目的而产生的投资。

⑨ 环境影响分析：应对项目产生的环境影响、治理措施的效果进行分析，对环境影响评价报告书及批文的落实情况进行说明，对存在的问题进行说明。

2.1.4 化工投资项目项目申请报告编制办法 中石化协产发［2006］76 号

① 环境现状部分应说明建设地区自然环境和生态环境现状、环境容量，简述项目有关环境影响报告的概况，改（扩）建和技术改造项目要给出企业环境现状和环境容量指标，环保部门是否要求先治理后上新项目，环境影响评价提出的主要问题与建议。

② 列出项目执行的国家和地方政府的环境政策及执行的环境标准。

③ 项目对环境的影响部分要说明项目的主要排放物的种类、数量、排放方式和去向，包括废气、废水、废液、固体废物、噪声、辐射（包括电磁辐射），分析主要污染环境因素、各种污染物对环境的影响程度及其危害，环境治理效果，项目建设对生态及历史文化遗迹的影响等。

④ 环境治理、保护技术与措施部分应说明影响环境因素分析、贯彻循环经济、资源节约、清洁生产、预防为主、保护环境的总体原则，主要环保措施，从工艺路线、原料路线、技术装备、设计方案等方面控制污染物排放。简述污染物治理方案与投资，说明环保设施与机构设置。

⑤ 环境影响评价结论和主管部门审批意见，同时附上有关文件。

2.2 项目设计阶段

2.2.1 石油化工工厂基础工程设计内容规定 中国石化集团公司（SPMP-STD-EM2004—2016）

专篇内容包括设计依据、概述、工厂的主要污染源和主要污染物、环境保护设施、绿化、环境管理机构、环境监测设施、环保投资；环境保护措施的预期效果，环境影响报告书（表）及其批复意见的执行情况；相关附图。该标准是中国石化集团公司标准。

2.2.2 石油化工装置基础工程设计内容规定 中国石化集团公司（SPMP-STD-EM2003—2016）

专篇内容包括设计依据、概述、装置的主要污染源和主要污染物，环境保护设施，绿化，环境管理机构，环境监测设施，环保投资；环境保护措施的预期效果，环境影响报告书（表）及其批复意见的执行情况；相关附图。该标准是中国石化集团公司标准。

2.2.3 化工工厂初步设计文件内容深度规定（HG/T 20688—2000）

（1）说明书

① 编制依据

a. 建设项目已批准的环境影响报告书（需写明其名称、批准单位及批准日期），环境影响报告书审批文件中的有关结论和要求。

b. 上级或地方环境保护主管部门对建设项目环境保护的有关文件。

c. 建设项目的项目建议书、可行性研究报告（设计任务书）中有关环境保护内容的要求及规定。

d. 设计合同。

② 设计所执行的环保法规和标准

a. 环境质量标准 列出标准名称、代号、等级。无国标或地方标准的，列出参考标准（国外标准）或特殊规定，给出具体数值。

b. 排放标准 列出标准名称、代号、等级。无国标或地方标准的或有特殊要求的，给出具体数据。

③ 工程概况

a. 工厂的组成、产品方案、设计生产能力。

b. 生产方法、工艺流程简述。

④ 主要污染源及主要污染物

a. 主要污染源 重点突出对环境可能造成污染的环节，原料、材料消耗等情况。污染源在总平面图的位置，从环境角度对总图布置进行说明。

b. 主要污染物 列表说明建设项目排放的污染物种类、名称、数量、组成、特性及排放方式等，详见表 8-11～表 8-14。

⑤ 设计中采取的综合利用与处理措施及预计效果

a. 按废气、废水（或废液）和废渣分别叙述对“三废”的处理措施

表 8-11 废气排放表

序号	气体污染源名称	组成及特性数据	排放特性				排放数量	排气筒尺寸/m		备注
			温度/℃	压力/Pa	连续	间断		h	ϕ	

表 8-12 废水（液）排放表

序号	废水(液)名称	组成及特性数据	排放特性				排放数量	排放地点	备注
			温度/℃	压力/Pa	连续	间断			

表 8-13 废渣排放表

序号	废渣名称	组成及特性数据	排放特性				排放数量	排放地点	备注
			温度/℃	压力/Pa	连续	间断			

表 8-14 噪声一览表

序号	噪声源名称	数量	工作情况			声压级/dB(A)	备注
			连续	断续	瞬时		

ⓐ 分类原则及各类废物总量。

ⓑ 综合利用与处理措施和最终达到的处理效果，画出处理流程框图并进行说明。

ⓒ 对最终排放的污染物可能引起的生态变化及相应的防范措施进行说明。

b. 噪声控制　对设计中采取的减噪、防噪措施进行说明；说明厂界和工作场所噪声是否符合环境影响报告书的要求。

c. 其他污染　如存在其他污染问题，则应根据生产过程的特点，说明污染来源、污染程度、污染的治理或防范措施，说明治理或采取的防范措施能否符合环境影响报告书的要求。

⑥ 绿化方案　从大气、粉尘及噪声污染等环保角度对工厂绿化规划、绿化面积、绿化系数及绿化树种提出建议和要求。

⑦ 污染物总量控制　论述经采取各种综合利用、处理或处置措施后污染物的总排放量是否符合环境影响报告书和环境保护主管部门对建设项目环境保护的有关文件的要求；老厂改（扩）建和技术改造项目是否符合“以新带老”的污染治理原则。

⑧ 环境监测及管理机构

a. 监测项目　大气、水体、渣、噪声及其他等。

b. 监测布点　在总平面图上用专用符号标出监测网点的位置。

c. 监测站概况　包括环境监测的方式及方法；配备的主要仪器设备；建筑面积和定员表等。

监测站的设置按照《化工企业环境保护监测站设计规定》（HG 20501）的要求执行。

⑨ 环境保护机构及定员

a. 工厂环境保护管理机构和人员配备。

b. 主要职责。

⑩ 环境保护投资估算

a. 环境保护项目的投资。

b. 环境保护项目的投资占工程建设总投资的百分率。

⑪ 存在的问题及解决的意见

(2) 表格

① 设备一览表，内容包括设备位号、设备名称、技术规格、数量（台、套）、材料备注等。

② 材料估算表，内容包括管子、阀门、法兰、管件、小型管道设备等主要材料的名称、规格、数量。

(3) 图纸

①“三废”治理管道仪表流程图（按废气、废水和废渣分别绘制）。

② 设备布置图。

2.2.4 医药工程建设项目设计文件编制标准（GB/T 50931—2013）

环境保护专篇内容包括概述、设计依据、主要污染源和污染物、设计采用的环境保护治理措施、绿化设计、环境保护管理机构及定员、环境监测措施、环境保护专用投资概算、环境保护治理措施预期效果的评价、存在问题及建议、附图及附表等。

① 概述应主要包括下列内容。

a. 项目概况　建设规模与产品方案、生产方法及工艺流程、工程建（构）筑物组成等。

b. 外部条件　项目工程所在位置或地区环境状况，以及“三废”处理设施现状等。

② 设计依据应包括项目前期有关报告及其评审意见和批复、国家和地方有关环境保护的规范和规定、设计执行的相关环保标准、设计合同。

③ 主要污染源和污染物应阐述废气、废水、固体废物、噪声等污染源和主要污染物，可用方框图阐述工艺流程和主要污染源排放位置。对改（扩）建项目应说明现有情况、新建情况和汇总情况，主要内容如下。

a. 废气　废气排放情况，包括排放量、排放浓度、排放规律、排放条件、去向等。

b. 废水　各装置废水排放情况，包括废水名称、废水量、COD 量、COD 浓度、污染物组成等。

c. 固体废物　各装置固体废物排放情况，包括名称、废弃量等。

d. 噪声　各装置噪声情况，包括产生噪声的设备名称和数量、声压级、运转情况等。

④ 设计采用的环境保护治理措施应针对装置排放的各类污染物，阐述设计采用的预处理和最终处理措施。对改（扩）建项目，应阐述与现有环保设施的相互关系，并应符合下列要求。

a. 废气治理措施　应阐述各类废气的具体治理措施，包括处理流程、排放尾气浓度、排气筒高度、粉尘排放量等，并应阐明是否符合排放标准。

b. 废水治理措施　应阐述污水来源及水质、处理规模、污水排放标准、处理工艺、自控水平、主要设备选型等，处理工艺应包括污水处理工艺、污泥处理等。

c. 固体废物（含废液）　应阐述各类固体废物的处置方法及最终出路。

d. 噪声治理　应阐述对各类噪声较大的设备所采取的治理措施，包括如何合理布局、低噪声设备的选用以及隔声、消声、减振等。

⑤ 绿化设计应阐述绿化布置原则、绿化面积、绿地率等。

⑥ 环境保护管理机构及定员应包括环境保护管理机构设置情况、各级责任部门的工作责则、专职人员配置情况等。

⑦ 环境监测措施应阐述各排放点的监测措施；监测点位置、监测项目和监测频率等，包括废水监测、环境空气监测、噪声监测等；监测机构及监测仪器的配备情况。

⑧ 环境保护专用投资概算，应分项列出项目环境保护专用投资概算。

⑨ 环境保护治理措施的预期效果评价，应对设计采用的环境保护措施做预期效果的评价，并应与建设项目环境影响报告的结论及其批复意见进行比较，对存在的差异应做出必要的说明。

⑩ 可按实际情况说明设计存在的问题并提出建议。

附图及附表应包括废水处理管道及仪表流程图，废水处理设备平、立面布置图，废水处理设备一览表，并应符合下列要求。

a. 废水处理管道及仪表流程图　应标明设备与管道（含管道附件）的工艺流程、管径、管道等级、管道保温、设备名称和编号、仪表、图例、图纸名称等。

b. 废水处理设备平、立面布置图　应标明建筑布置和轴线、柱间距、设备布置定位尺寸、设备名称和编号、设备安装标高、操作平台、指北针、制图比例、图纸名称等。

c. 废水处理设备一览表　应标明设备名称、规格、技术参数、材质、数量等。

3 安全设施设计专篇编制规定

国家安全监管总局以安监总厅管三［2013］39号文件发布了《危险化学品建设项目安全设施设计专篇编制导则》，规定了安全设施设计专篇的编制要求，适用于所有新建、改建、扩建危险化学品生产、储存的建设项目以及伴有危险化学品产生的化工建设项目。原石化、化工等行业的安全设施设计专篇编制规定已不再适用。

(1) 设计依据

列出编制专篇依据的主要文件名称及编号，内容如下。

① 建设项目的批复（核准、备案）文件。

② 国家、行业及地方相关法律、法规、规章及规范性文件。

③ 国家、行业及地方相关标准、规范。

④ 设计合同。

⑤ 建设项目安全评价报告及建设项目安全条件审查意见书。

⑥ 项目其他相关文件。

(2) 建设项目概况

简要说明建设项目的基本情况，主要内容如下。

① 项目的建设单位、生产规模、产品方案、建设性质、地理位置、工程占地面积、设计范围及分工。

② 采用的主要工艺技术及与国内或国外同类项目技术对比情况。

③ 项目涉及的主要原辅材料和产品（包括产品、中间产品）名称及最大储量。

④ 项目的工艺流程、主要装置和设施（设备）的布局及其上下游生产装置的关系。

⑤ 项目配套公用和辅助工程或设施的名称、能力（或负荷）。

⑥ 项目装置的主要设备表，包括名称、规格、操作或设计条件、材质、数量等。

⑦ 项目外部依托条件或设施，包括水源、电源、蒸汽、仪表风以及消防站、气防站、医院等应急设施。

⑧ 项目所在地自然条件，包括地质、气象、水文等。

⑨ 项目所在地的周边情况，说明项目距下列重要设施的距离。

a. 居住区及商业中心、公园等人员密集场所。

b. 学校、医院、影剧院、体育场（馆）等公共设施。

c. 车站、码头（依法经许可从事危险化学品装卸作业的除外）、机场以及通信干线、通信枢纽、铁路线路、道路交通干线、水路交通干线、地铁风亭及地铁站出入口。

d. 军事禁区、军事管理区。

e. 法律、行政法规规定的其他场所、设施、区域。

(3) 建设项目过程危险源及危险和有害因素分析

按照国家相关标准及规定，采用《化工建设项目安全设计管理导则》（AQ/T 3033）推荐的过程危险源分析方法或其他适用的方法，开展建设项目过程危险源及危险和有害因素分析。

表 8-15 危险化学品基本数据形式

物料名称	危险化学品分类	相态	密度	沸点/℃	凝点/℃	闪点/℃	自燃点/℃	职业接触限值	毒性等级	爆炸极限(体积分数)/%	火灾危险性分类	危害特性

① 物料危险性分析。

a. 列表说明建设项目涉及的危险化学品特性，基本数据形式详见表 8-15。

b. 分析建设项目生产过程中涉及具有爆炸性、可燃性、毒性、腐蚀性的危险化学品数量、浓度（含量）和所在的单元及其状态（温度、压力、相态等）。

c. 说明建设项目涉及重点监管的危险化学品情况。

② 分析并说明建设项目工艺过程可能导致泄漏、爆炸、火灾、中毒事故的危险源。

③ 指出建设项目可能造成作业人员伤亡的其他危险和有害因素，如粉尘、窒息、腐蚀、噪声、高温、低温、振动、坠落、机械伤害、放射性辐射等。

④ 说明上述②及③条中危险源及危险和有害因素存在的主要作业场所。

⑤ 说明装置或单元的火灾危险性分类和爆炸危险区域划分。

⑥ 按照《危险化学品重大危险源辨识》(GB 18218) 辨识重大危险源，并按照《危险化学品重大危险源监督管理暂行规定》(国家安全监管总局令第40号) 划分重大危险源等级。

⑦ 说明建设项目工艺是否属于重点监管的危险化工工艺。

⑧ 说明危险化学品长输管道路由及穿跨越过程存在的危险源、危险和有害因素。

⑨ 根据建设项目前期开展的安全评价等报告，说明主要分析结果。

⑩ 根据设计过程开展的危险与可操作性 (HAZOP) 研究或其他安全风险分析，说明主要分析结果。

⑪ 涉及多套装置的建设项目或者同一企业毗邻在役装置的建设项目，应分析其相互间的影响及可能产生的危险，并说明主要分析结果。

(4) 设计采用的安全设施

安全设施的设计应根据建设项目的特点和过程危险源及危险与有害因素分析的结果，严格执行现行国家、行业及地方相关法规、标准、规范、规定的要求，基于本质安全设计、事故预防优先、可靠性优先等设计原则，采取具有针对性、可操作性和经济合理的安全设施。

① 工艺系统

a. 工艺过程采取的防泄漏、防火、防爆、防尘、防毒、防腐蚀等主要措施。

b. 正常工况与非正常工况下危险物料的安全控制措施，如联锁保护、安全泄压、紧急切断、事故排放、反应失控等措施，对重点监管的危险化工工艺应说明采取的控制系统与相关规定的符合性。

c. 采取的其他工艺安全措施。

② 总平面布置

a. 建设项目与厂/界外设施的主要间距、标准规范符合性及采取的防护措施。

b. 全厂和装置（设施）平面及竖向布置的主要安全考虑，包括功能分区、风速、风向、间距、高程、危险化学品运输等。

c. 平面布置的主要防火间距及标准规范符合情况。

d. 厂区消防道路、安全疏散通道及出口的设置情况。

e. 采取的其他安全措施。

③ 设备及管道

a. 压力容器、设备及管道设计与国家法规及标准的符合性，包括进口压力容器满足国家强制性规定的情况。

b. 主要设备、管道材料的选择和防护措施。

c. 采取的其他安全措施。

④ 电气

a. 供电电源、电气负荷分类、应急或备用电源的设置。

b. 按照爆炸危险区域划分等级和火灾危险场所选择电气设备的防爆及防护等级。

c. 防雷、防静电接地设施。

d. 采取的其他电气安全措施。

⑤ 自控仪表及火灾报警

a. 应急或备用电源、气源的设置。

b. 自动控制系统的设置和安全功能，包括紧急停车系统、安全仪表系统等。

c. 可燃及有毒气体检测和报警设施的设置。

d. 控制室的组成及控制中心作用，包括生产控制、消防控制、应急控制等。

e. 火灾报警系统、工业电视监控系统及应急广播系统等。

f. 采取的其他安全措施。

⑥ 建（构）筑物

a. 说明防火、防爆、抗爆、防腐、耐火保护等设施；编制“建（构）筑物一览表”，包括结构、建筑面积、层数、火灾危险性、耐火等级、抗震设防、通风、泄压面积、疏散通道与安全出口等。

b. 通风、排烟、除尘、降温等设施。

c. 采取的其他安全措施。

⑦ 其他防范设施

a. 防洪、防台风、防地质灾害、抗震等防范自然灾害的措施。

b. 防噪声、防灼烫、防护栏、安全标志、风向标的设置等。

c. 个体防护装备的配备。

d. 采取的其他安全防范设施。

⑧ 事故应急措施及安全管理机构

a. 针对建设项目特点、建设性质及周边依托情况，说明设计中采用的主要事故应急救援设施，包括消防站、气防站、医疗急救设施等。

b. 说明发生事故时，可能排放的最大污水量及防止排出厂/界外的事故应急措施。

c. 对安全管理机构设置及人员配备的建议。

⑨《安全评价报告》意见的采纳情况

a. 说明与工程设计有关的安全对策和建议的采纳情况。

b. 说明工程设计未采纳安全对策和建议的理由。

(5) 结论与建议

① 结论　重点说明以下方面。

a. 工程设计阶段的安全条件与项目前期安全条件审查阶段相关内容的符合性以及处理结果。

b. 建设项目选用的工艺技术安全可靠性。

c. 设计符合现行国家相关标准规范情况。

d. 安全设施设计的预期效果及结论。

② 建议　根据国内或国外同类装置（设施）的建设和生产运行经验，提出在试生产和操作运行中需重点关注的安全问题及建议。

(6) 专篇应有以下附件

① 建设项目安全条件审查意见书。

② 建设项目区域位置图。

③ 总平面布置图。

④ 装置平面布置图。

⑤ 工艺流程简图。

⑥ 爆炸危险区域划分图。

⑦ 火灾报警系统图。

⑧ 可燃及有毒气体检测报警仪平面布置图。

⑨ 主要安全设施一览表，包括安全阀、爆破片、可燃气体与有毒气体检测器、个体防护装备等。

⑩ 其他需补充的文件。

(7) 文件对专篇格式的规定

① 专篇封面及封二样式如图 8-1 和图 8-2 所示。

（建设项目名称）
安全设施设计专篇

建设单位:
建设单位法定代表人:
建设项目单位:
建设项目单位主要负责人:
建设项目单位联系人:
建设项目单位联系电话:

（建设项目单位公章）
年　月　日

图 8-1　安全设施设计专篇封面样式

（建设项目名称）
安全设施设计专篇

设计单位:
设计单位法定代表人:
设计单位联系人:
设计单位联系电话:

（设计单位公章）
年　月　日

图 8-2　安全设施设计专篇封二样式

② 专篇应有设计单位资质证书复印件及专篇设计、校核、审核人员签署表。

③ 专篇应对非常用的术语、符号和代号进行说明。

④ 专篇主要内容的章、节标题应分别采用 3 号黑体、楷体字，项目标题采用 4 号黑体字；内容的文字表述部分采用 4 号宋体字，表格表述部分可采用 5 号或者 6 号宋体字；附件的图表可选用复印件，附件的标题和项目标题分别采用 3 号和 4 号黑体字，内容的文字和表格表述采用的字体同“主要内容”。

⑤ 专篇应采用 70g 以上 A4 白色胶版纸，纵向排版，左边距 28mm、右边距 20mm、上边距 25mm、下边距 20mm。章、节标题居中，项目标题空两格。除附图、复印件等外，双面打印文本。

4　职业安全卫生设计专篇编制规范

4.1　项目前期

项目前期文件中不要求写专篇，但有相应章节，主要规定如下。

4.1.1 中国石化集团公司《石油化工项目可行性研究报告编制规定》2005年版

主要包括劳动安全卫生危害因素及后果分析、危害因素的防治与治理方案、劳动安全卫生专用投资估算及预期效果。

劳动安全卫生危害因素及后果分析包括地质、地理、气象、水文等自然危害因素及后果分析，火灾、爆炸、有毒有害物质、噪声等生产性危害因素及后果分析。

危害因素的防治与治理方案包括管理措施、工程治理方案、劳动安全卫生管理机构设置及人员配备等，列出执行的相关法规与标准规范。

劳动安全卫生专用投资估算包括专项防范设施、监控监测、检验设施与防护装备、安全教育装备和设施、事故应急措施等费用，列出专用投资估算表。

具体内容详见该规定。

4.1.2 中国石油和化学工业协会《化工投资项目可行性研究报告编制办法》中石化协产发［2006］76号

主要内容有：劳动安全卫生执行的法规与标准规范、环境因素分析、生产过程职业安全与有害因素分析、安全卫生主要措施、安全卫生监督与管理、专用投资估算及预期效果分析。

环境因素分析包括自然地理环境以及周边地区情况对劳动安全卫生可能产生的影响或危害，分析主要危害因素，如地方病、流行病等。

生产过程职业安全与有害因素应分析生产和使用的带有危害性的产品、原料、燃料和材料等的种类、名称和数量，包括易燃易爆物质、有毒物质、腐蚀品、辐射物质、氧化剂和过氧化物、工业粉尘等。分析有毒有害物质的物理化学性质，引起火灾、爆炸危险的条件，对人体健康的危害程度以及造成职业性疾病的可能性。高空、高温、低温、高压、井下、负荷、振动、噪声等危险性作业及可能对人体造成的危害分析。

安全卫生主要措施，根据危害因素分析，提出主要防范措施和应急措施。

安全卫生监督与管理机构设置情况，配备专业人员情况，安全教育、协调和组织预防措施。

4.1.3 中国石油和化学工业协会《化工投资项目项目申请报告编制办法》中石化协产发［2006］76号

主要内容有：环境因素分析、生产过程职业安全与有害因素分析、安全卫生主要措施、劳动安全卫生执行的主要法规与标准规范。

环境因素分析应分析项目所在地的自然地理环境以及周边地区情况对劳动安全卫生可能产生的影响或危害，主要危害因素，如地方病、流行病等。

生产过程职业安全与有害因素分析应分析在生产或作业过程中可能对劳动者身体健康和劳动安全造成危害的物品、部位、场所，估计危害的范围和程度。

根据危害因素分析，提出主要防范措施和应急措施。说明安全卫生监督与管理机构设置，专业人员配备情况，安全教育、协调和组织预防措施。

列出劳动安全卫生执行的法规与标准规范，包括建设单位（公司）的安全理念和规定。

4.2 项目设计阶段

4.2.1 建设项目职业卫生专篇编制规范

(1) 编制依据

① 国家职业卫生法律、法规、规章、规范、标准、规程。

② 地方卫生法规、规章、标准、规范和规程。

③ 行业标准、规范和规程。

(2) 项目概况

① 建设项目基本情况，包括建设地点（附地理位置图）、性质、建设规模、总投资、生产作业体制、作业时间和劳动定员等。

② 总平面布置、生产工艺及技术路线。

③ 生产过程中使用的原材料（含辅料）、中间产品、产品（含副产品）的名称及用量或产量；主要设备数量和布局；机械化、自动化和密闭程度、操作方式等。

④ 明确本专篇设计所涉及的任务及范围。

(3) 生产过程中产生或可能产生的职业病危害因素对作业场所和劳动者健康的影响分析与评价

① 生产过程中产生或可能产生职业病危害因素的部位；产生职业病危害因素的种类、名称、存在的形态，预计职业病危害程度。

② 产生或可能产生职业病危害因素（尘、毒、噪声、振动、高温、低温、非电离辐射、生物因素等）的设备名称、数量、理化特性等。

③ 接触各种职业病危害因素作业人员的情况；接触职业病危害因素的种类、接触方式、接触时间、职业接触浓度或强度、接触人数（男、女职工数）及接触机会等。

④ 新建项目类比资料，改（扩）建、技改项目原有资料（监测结果、防护措施的控制性能和效果评价等）。

(4) 职业卫生防护措施及控制性能和预期效果

① 选址、总平面布置 应符合国家有关职业卫生标准。

② 生产工艺及设备布置

a. 工艺设计应积极采用无毒无害或低毒低害的原料替代高毒原料，应尽量采用机械化、自动化的密闭生产设备，避免人工直接接触；粉尘作业在生产工艺允许条件下应首先考虑采用湿式作业。

b. 产生不同职业病危害因素的设备布置在同一

建筑物内时，危害大的与危害小的应隔开。如布置在多层建筑物内时，散发危害大的生产过程应布置在建筑物的上层；如必须布置在下层时，应采取有效源头控制措施，防止污染上层空气。

c. 应采取各种有效措施，避免或控制职业病危害因素的逸散。

ⓐ 设置专用密闭容器或其他通风设施，用以回收采样、溢流、事故、检修时排出的物料或废弃物。

ⓑ 设备、管道等必须采取有效的密封措施，防止物料跑、冒、滴、漏。

ⓒ 粉状或散装物料的储存、装卸、筛分、运输等过程应设置控制粉尘逸散的设施。

d. 储存、运输、使用放射性物质及放射性废弃物的处理，必须符合《放射性防护规定》和《放射性同位素工作卫生防护管理办法》等的放射防护要求。

e. 凡在生产过程中产生有毒有害气体、粉尘、酸雾、恶臭、气溶胶等物质，宜设计成密闭的生产工艺和设备，或结合生产工艺采取通风排毒措施，尽可能避免敞开式操作，并应结合生产工艺，采取有效的密闭通风防尘、除尘、排毒等净化设施。

f. 含有易挥发物质的液体原料、成品、中间产品等储存设施，应有防止挥发物质逸出的措施。

g. 噪声控制应首先控制噪声源，选用低噪声的工艺和设备。必要时还应采取相应控制措施。

h. 通风管道设计，应合理布置并采用正确的结构，防止产生振动和噪声。

③ 建筑设计卫生要求

a. 建筑物容积应保证劳动者有足够的新鲜空气量，设计要求参照《工业企业设计卫生标准》。

b. 产生粉尘、有毒物质或酸碱等强腐蚀性介质的工作场所，应有冲洗地面和墙壁的设施；产生剧毒物质的工作场所，其墙壁、顶棚和地面等内部结构和表面，应采用不吸收、不吸附有毒物质的材料，必要时加设保护层，以便清洗。车间地面应平整防滑，易于清扫；经常有积液的地面应不透水，坡向排水系统，其废水应纳入工业废水处理系统。

c. 建筑物采光、照明符合现行《工业企业采光设计标准》《工业企业照明设计标准》等。

④ 职业病防护设施

a. 产生粉尘、毒物、物理因素及生物因素的生产设备必须采取有效的职业卫生防护措施，应使工作场所职业病危害因素浓度或强度符合国家职业卫生标准和卫生要求。

b. 使用和生产新化学物质，必须提供完整的工艺流程和毒理学资料，以及相应的职业卫生防护设施资料。

c. 局部机械排风系统各排气罩必须遵循形式适宜、风量适中、强度足够、检修方便的设计原则，罩口风速或控制点风速应足以保证将发生源产生的尘毒吸入罩内，防止逸散至工作场所。

d. 通风空气调节设计必须遵循《工业建筑供暖通风与空气调节设计规范》(GB 50019—2015) 及相应的防尘、防毒技术规范和规程的要求。

e. 通风系统的组成、管道材质及其布置应合理，容易凝结蒸气和聚积粉尘的通风管道，几种物质混合能引起爆炸、燃烧或形成更为有害的混合物、化合物的通风管道，应设单独通风系统，不得相互连通。

f. 应首先选用噪声、振动小的设备，产生噪声、振动的设备应根据噪声、振动的物理特性合理设计消声、吸声、隔声及隔振、减振等噪声、振动控制措施，应使工作场所噪声、局部振动和全身振动的职业接触限值符合《工业企业设计卫生标准》(GBZ 1—2010) 的卫生限值要求。

g. 产生高频、微波等非电离辐射的设备应有良好的接地线金属屏蔽。

h. 设计中防暑和热辐射、防寒、防潮湿、防恶臭措施，应使工作场所炎热季节气温、冬季采暖温度和异味等符合《工业企业设计卫生标准》(GBZ 1—2010) 中相应的卫生标准和卫生要求。

i. 工作场所采光系数、照明的照度和质量的设计应分别符合《工业企业采光设计标准》(GBZ 50033) 及《工业企业照明设计标准》(GB 50034) 的标准与卫生要求。

j. 当机械通风系统采用部分循环空气时，送入工作场所的空气中职业病危害因素含量不应超过规定的职业接触限值的 30%；空气中含有病原体、恶臭物质及有害物质浓度可能突然增高的工作场所，不得采用循环空气作为热风采暖和空气调节。

k. 可能发生急性职业病损伤的有毒有害工作场所应设置有效的通风装置；可能突然泄漏大量有毒物质或者易造成急性中毒的作业场所应设置自动报警装置和事故通风设施；高毒工作场所应设置应急撤离通道和必要的泄险区。

l. 可能产生职业病危害的工作场所、设备及产品，应按照《工作场所职业病危害警示标识》(GBZ 158—2003) 的规定设置组合使用的警示标识。

m. 建设单位应为劳动者提供符合防治职业病要求的个人使用的防护用品。

n. 建设单位生产或使用剧毒物质的工作场所，必须在工作地点附近设置使用面积足够的应急救援站或有毒气体防护站，配置符合国家标准、规范的应急救援设施。

o. 所有的职业危害因素经防护控制后，都应根据类比检测数据推算或经验数据和计算的方法提出定性、定量的预期效果评价。

(5) 根据生产车间卫生特征分级，确定辅助用室及卫生设施数量

① 建设项目中的辅助用室及其卫生设施应按《工业企业设计卫生标准》(GBZ 1—2010) 的要求实施。

② 车间应设置清洁饮水设施，并应设置作业场所办公室、生产卫生室（存衣室、浴室、盥洗室、洗衣房)、生活卫生室（休息室、食堂、厕所)、女工卫生室；淋浴室按车间卫生特征分级规定设置。

③ 根据生产性质应设置劳动卫生职业病防治专业机构及应急救援站，配备必要的应急救援设施和仪器设备。

(6) 职业病防治工作的组织管理

① 设置或指定职业卫生管理机构或者组织，配备专职或兼职的职业卫生管理人员情况。

② 制定职业卫生管理方针、计划、目标、管理制度情况。

③ 建设项目职业病危害管理档案情况，主要包括审批文件、图纸、报告、审验意见等有关材料；职业病危害因素检测评价、职业病危害防护措施、职业健康监护资料等方面。

④ 建立可能发生职业病危害事故现场应急救援预案制度及保证有效实施的说明。

⑤ 其他依法需要说明的职业病防治管理情况。

(7) 职业卫生防护措施投资概算

① 凡属职业病危害治理所需的装置、设备、监测手段和工程设施等均属职业病危害防护设施。

② 根据生产需要，为职业病防治服务提供的设施。

③ 应急救援用品、个人防护用品所需经费。

④ 凡有职业病防护设施的建设项目均应列出职业病防护设施的投资概算。

⑤ 其他经费。

(8) 存在的问题和建议

逐条写清存在的问题并提出解决办法及时间。

(9) 结论

4.2.2 石油化工工厂基础工程设计内容规定 中国石化集团公司 (SPMP-STD-EM2004—2016)

专篇内容包括设计依据，项目概况，生产过程中职业病危害因素对作业场所和劳动者健康的影响分析，职业卫生防护措施及控制性能，职业病防治工作的组织管理，对预评价报告的建议采纳落实情况，职业卫生专用投资概算、预期效果和相关附图，详见该规定。

4.2.3 石油化工装置基础工程设计内容规定 中国石化集团公司 (SPMP-STD-EM2003—2016)

专篇内容包括设计依据，项目概况，生产过程中职业病危害因素对作业场所和劳动者健康的影响分析，职业卫生防护措施及控制性能，职业病防治工作的组织管理，对预评价报告的建议采纳落实情况，职业卫生专用投资概算、预算效果和相关附图，详见该规定。

4.2.4 化工工厂初步设计文件内容深度规定 (HG/T 20688—2000)

(1) 设计依据

① 国家、地方政府和主管部门的有关规定。

② 执行的标准、规范。

③ 建设项目劳动安全卫生预评价报告及其批文。

④ 其他有关文件。

(2) 工程概况

① 本工程设计所承担的任务及范围。

② 工程性质、地理位置、生产规模及工厂组成。

③ 工厂定员及操作班制。

④ 年操作日。

⑤ 工厂用地面积及建筑面积。

⑥ 工程总投资。

⑦ 改（扩）建和技术改造前所在厂的劳动安全卫生概况。

⑧ 主要工艺、原料、半成品、成品、设备及主要职业危险、危害概述。

(3) 建筑及场地布置

① 根据场地自然条件中的气象、地质、雷电、暴雨、洪水、地震等情况预测的主要职业危险、危害因素和防范措施。

② 建厂的周围环境条件及其对劳动安全卫生的影响和防范措施。

③ 锅炉房、氧气站、乙炔站以及易燃易爆、有毒物品仓库等的布局及其对劳动安全卫生的影响和防范措施。

④ 厂区内通道、运输的劳动安全卫生。

⑤ 建筑物的安全距离、采光、通风、日晒等情况；有害气体与主要风向的关系。

⑥ 救护室、医疗室、浴室、更衣室、休息室、哺乳室、女工卫生室等辅助用室的设置情况。

(4) 生产过程中职业危险、危害因素的分析

① 生产过程中使用和产生的主要有毒有害物质，包括原料、材料、中间体、副产品、产品、排放物的种类名称和数量。

② 生产过程中的高温、高压、粉尘、易燃、易爆、辐射（电离、电磁)、振动、噪声等有害作业的部位及其有害程度。

③ 生产过程中危险因素较大的设备种类、型号、数量。

④ 可能受到职业危险、危害的人数及受害程度。

(5) 劳动安全卫生设计中采用的主要防范措施

① 工艺和装置中选用的防火、防爆等安全设施和必要的监控、检测、检验设施。

② 根据爆炸和火灾危险场所的类别、等级、范围选择电气设备、安全距离、防雷、防静电及防止误操作等的设施。

③ 生产过程中的自动控制系统和紧急停机、事

故处理等设施。

④ 危险性较大的生产过程中，发生事故和急性中毒的抢救、疏散方式及应急措施。

⑤ 生产过程中各工序产生尘毒的设备（或部位），尘毒的种类、名称、危害程度以及防范措施。

⑥ 对高温、高湿、低温、噪声、振动等工作环境所采取的防护措施，防护设备的性能及检测检验设施。

(6) 劳动安全卫生机构设置及人员配备情况

① 机构设置及人员配备。

② 维修、保养、日常监测检验人员。

③ 劳动安全卫生教育设施及人员。

(7) 专用投资概算

① 主要生产环节劳动安全卫生专项防范设施费用。

② 检测装备和设施费用。

③ 安全教育装备和设施费用。

④ 事故应急措施费用。

(8) 建设项目劳动安全卫生预评价的主要结论

(9) 设备一览表

参见《化工工艺及系统》(HG/T 20688—2000) 中的 4.2.1。

(10) 预期效果及存在的问题与建议

4.2.5 医药工程建设项目设计文件编制标准 (GB/T 50931—2013)

劳动安全卫生专篇内容包括概述，设计依据，建筑及场地布置，生产过程中职业危险、危害因素的分析，设计中采用的主要防范措施，安全卫生防范措施的预期效果的评价，劳动安全卫生机构及定员，劳动安全卫生专用投资概算，存在问题及建议，附图等。

① 概述应包括下列内容。

a. 项目概况，简要说明建设规模与产品方案、生产方法及工艺流程。

b. 工程性质、地理位置及特殊要求，应说明项目工程所在地区的交通、基础设施、环境等情况，对改（扩）建工程应说明项目与现有企业劳动安全卫生设施及管理机构的依托关系。

c. 工程建（构）筑物组成，应对建（构）筑物概况进行介绍。

d. 主要危害概述，阐述火灾、爆炸危害、毒性危害以及接触性危害等。

② 设计依据应包括项目前期有关报告及其评审意见和批复，设计所遵循的主要规范及标准，设计合同。

③ 建筑及场地布置应包括下列内容。

a. 气象条件，包括温度、湿度、气压、降水、风向和风速、风压、蒸发量、降雪、日照、冻土深度、水位、雾日、冰雹、雷暴等。

b. 场地地质资料，根据地质勘察报告阐述场地地质情况。

c. 水文地质情况。

d. 地震烈度。

e. 环厂区四邻情况对本厂劳动安全卫生的影响及防范措施。

f. 总图布置方案：工厂各单元相互位置及关系、功能分区、环保及安全卫生的要求、远期发展用地情况。

g. 厂内道路、运输的劳动安全卫生、厂区道路布置情况等；厂区人流和物流出入口设置；厂内人流和物流流向。

h. 建筑物安全距离及主要有害气体与主要风向关系。

i. 辅助用室的设置情况等。

④ 生产过程中职业危险、危害因素的分析应包括下列内容。

a. 生产过程中的职业危害因素包括火灾危险、爆炸危险、刺激性危险、噪声、振动等。

b. 主要原辅材料的职业危险因素应说明物料名称、生产类别、性状、物性、爆炸极限、危害性/毒性、危险特性、灭火方式、防护措施、救护措施等。

c. 主要噪声、振动源分析应分析厂区噪声情况，列表说明各噪声和振动源强度，包括主要产生噪声设备名称和数量、运转情况等。

⑤ 应针对工艺设施、设备、建筑、电气设施、通风、防机械损伤、防噪声、防烫、防冻、防酸碱、防粉尘、防毒等，阐述设计中采用的主要防范措施，还应阐述个人劳保用品、事故洗淋及有关医疗急救设施的设置情况。

⑥ 应对设计采用的安全卫生防范措施的预期效果做出评价，与建设项目劳动安全卫生预评价报告的主要结论进行比较，对存在的差异应做必要的说明。

⑦ 劳动安全卫生机构设置及定员应说明劳动安全卫生机构设置、人员配备及培训情况。

⑧ 劳动安全卫生专用投资概算应包括下列内容。

a. 劳动安全卫生防范设施投资。

b. 检测装备和设施投资。

c. 安全教育装备和设施投资。

d. 事故应急设施费用。

⑨ 可按实际情况说明设计存在的问题并提出建议。

⑩ 附图应包括总平面布置图和爆炸危险区域划分图。

4.2.6 建设项目职业病防护设施设计专篇编制导则 (AQ/T 4233—2013)

存在职业病危害的建设项目，应编制职业病防护设施设计专篇，主要内容如下。

a. 概述，包括人和物的来源、设计依据、设计范围和内容等。

b. 建设项目概况及工程分析，包括项目名称、性质、规模及在同行业中的水平、建设单位、建设地点、自然环境、项目组成及主要工程内容、生产制度、岗位设置、建筑施工工艺、主要技术经济指标、职业卫生“三同时”执行情况等。工程分析主要是总平面及竖向布置、主要技术方案及生产工艺流程、原辅材料及产品情况、工艺设备布局及先进性、建（构）筑物及建筑卫生学、辅助设施等。

c. 职业病危害因素分析。

d. 职业病防护设施设计及预期效果评价。

5 节能专篇编制规定

5.1 项目前期

项目前期文件中不要求写专篇，但有相应章节，主要规定如下。

5.1.1 项目申请报告通用文本 发改投资［2007］1169号

主要内容要求如下。

① 列出采用的用能标准和节能规范。

② 能耗状况和能耗指标分析。阐述项目所在地的能源供应状况，分析拟建项目的能源消耗种类和数量。根据项目特点选择计算各类能耗指标，与国际和国内先进水平进行对比分析，阐述是否符合能耗准入标准的要求。

③ 节能措施和节能效果分析。阐述拟建项目为了优化用能结构、满足相关技术政策和设计标准而采用的主要节能降耗措施，对节能效果进行分析论证。

5.1.2 石油化工项目可行性研究报告节能分析篇编制规定 中国石化经［2009］51号

节能篇的主要内容有：概述、节能措施和节能效果分析、能耗指标分析、结论和建议，详见该规定。

5.1.3 化工投资项目可行性研究报告编制办法 中石化协产发［2006］76号

结合项目工艺技术的选用，简述项目能源消耗特点，说明项目采用的节能措施和设计选用的节能设备技术及优化配置方案。

列出主要能源消耗量，折算成能耗指标并汇总得出项目综合能耗，列出能耗实物消耗量及综合能耗量表（表8-16）。

表8-16 能耗实物消耗量及综合能耗量表

序号	能耗实物	耗能单位	年耗量	折算当量能耗系数	折算能耗①	备注

① 单位为kg标油/a或MJ/a。

计算主要产品的单位能耗，列出主要产品的单位能耗表（表8-17）。

表8-17 计算主要产品的单位能耗

序号	主要产品	耗能单位	消耗定额	折算当量能耗系数	折算能耗①	备注

① 单位为kg标油/a或MJ/a。

根据项目具体情况，列出与国内外先进水平对比表（表8-18）。

表8-18 综合能耗与国内外先进水平对比表

序号	产品名称	综合能耗指标		备注
		国内技术	国外技术	

对工艺装置、公用工程、辅助系统及全场能耗进行分析。

简述项目节水技术应用与节水措施。简述工艺技术选择与方案设计、系统配套、设备选型中采用的节水措施，复用水技术选择与方案比较对节水的作用。简述用水指标，主要产品单位用水指标，并与国内外先进水平进行比较。分析项目用水特点和用水构成，节水的潜力。

5.1.4 化工投资项目项目申请报告编制办法 中石化协产发［2006］76号

简述项目在工艺技术、辅助生产、公用工程等诸多方面的节能技术应用与效果，节能措施与方案。列出主要能源消耗指标，折算为综合能耗，给出能耗降低指标，并与国内外先进水平比较。改（扩）建与技术改造项目要说明与现有企业的结合，考虑以老带新问题。

5.2 项目设计阶段

5.2.1 石油化工工厂基础工程设计内容规定 中国石化集团公司（SPMP-STD-EM2004—2016）

节能专篇的内容应有：设计依据，概述，工厂和主要装置综合能耗指标（消耗指标），能耗分析，设计采用的主要节能措施，节能的预期效果和建设项目节能评估及审查意见的落实情况，相关附图，详见该文件。

5.2.2 石油化工装置基础工程设计内容规定 中国石化集团公司（SPMP-STD-EM2003—2016）

节能专篇的内容应有：设计依据，概述，装置能耗指标（消耗指标），能耗分析，设计采用的主要节能措施，节能的预期效果和建设项目节能评估及审查意见的落实情况，相关附图，详见该文件。

5.2.3 化工工厂初步设计文件内容深度规定（HG/T 20688—2000）

① 主要耗能装置（按生产、辅助、公用工程的顺序）能耗状况，列出产品单位能耗比较表（表8-19），计算万元产值综合能耗（折算标煤吨或按水、电、汽分类统计）。

表8-19 产品单位能耗比较表

序号	项目	单位	设计值	国内先进水平	国际先进水平	备注

② 主要节能措施，按流程顺序先论述生产装置，其次为辅助生产装置，然后为公用工程，主要内容如下。

a. 结合国家能源政策和地方的资源状况、运输条件及费用等情况综述能源选择的合理性。

b. 从膨胀功的利用和热电结合、低温余热及反应能利用、绝热措施、采用节能的新工艺、新技术、新设备、新材料等方面论述能源利用的合理性。

c. 节能效益。

d. 存在问题及解决的意见与建议。

5.2.4 医药工程建设项目设计文件编制标准（GB/T 50931—2013）

节能专篇包括概况、设计依据、项目所在地能源供应条件、节能措施和节能效果分析、能耗指标分析、结论和建议、附图等。

① 概况应包括下列内容。

a. 建设单位基本情况。

b. 项目基本情况，包括项目名称，建设地点，项目性质，项目类型，建设规模及内容，项目总投资，主要经济技术指标，项目进度计划等；改（扩）建项目原有生产工艺、主要设备和建筑物情况。

c. 项目建设方案，包括项目工艺、技术的选择；厂区布局和车间工艺平面布置基本情况；主要供能系统与设备的初步选择；能源消耗种类、数量及能源使用分布情况（包括原有及新增）。

② 设计依据应列出项目前期有关报告及其评审意见和批复、设计所遵循的主要规范及标准、设计合同。

③ 项目所在地能源供应条件，应包括项目能源利用现状和存在的问题、项目使用能源品种的选用原则、项目能源和利用现状及节能概况、项目所在地能源供应状况和影响。

④ 节能措施和节能效果分析，应包括结构性节能措施、生产装置节能措施、辅助系统节能措施、全厂综合节能措施、节能措施和节能方案比选、节能效果与节能效益。

⑤ 综合能耗指标分析，应包括项目能耗种类和数量分析、能耗指标、能耗指标先进性。

⑥ 结论和建议：应对项目合理用能和节能水平做出总体评价，并应提出合理用能和节能的进一步建议。

⑦ 附图：可按项目性质提供蒸汽平衡图、水量平衡图、冷量平衡图、综合能耗平衡图等。

6 抗震设防专篇编制规定

抗震设防烈度大于等于6度或设计基本加速度值大于等于0.05g的地区的工程，应编制抗震设防专篇，主要依据文件如下。

6.1 石油化工工厂基础工程设计内容规定 中国石化集团公司（SPMP-STD-EM2004—2016）

专篇内容包括编制依据、项目概况、工程建设场地地震灾害评价、抗震设计采用的抗震设防参数、抗震设计的基本要求和相关附图等，详见该规定。

6.2 石油化工装置基础工程设计内容规定 中国石化集团公司（SPMD-STD-EM2003—2016）

专篇内容包括编制依据、项目概况、工程建设场地地震灾害评价、抗震设计采用的抗震设防参数、抗震设计的技术措施和相关附图等，详见该规定。

参考文献

[1] 项目申请报告通用文本. 发改投资［2007］1169号.
[2] 中石化协产发［2006］76号. 化工投资项目可行性研究报告编制办法.
[3] 中石化协产发［2006］76号. 化工投资项目项目申请报告编制办法.
[4] HG/T 20688—2000. 化工工厂初步设计文件内容深度规定.
[5] GB/T 50931—2013. 医药工程建设项目设计文件编制标准.
[6] 上海市消防局. 上海市消防设计专篇基本要点/沪消发［2012］29号. 关于进一步规范建设工程消防设计专篇的通知，2012年.
[7] 湖南省建设厅. 湖南省工业项目消防设计专篇编制要求/湘建设［2008］45号. 关于进一步加强建筑工程消防设计管理的通知，2008年.
[8] 国家安全监管总局. 安监总厅管三［2013］39号. 危险化学品建设项目安全设施设计专篇编制导则，2013年.
[9] AQ/T 4233—2013. 建设项目职业病防护设施设计专篇编制导则.

第9章 工程设计常用安全卫生标准规范和有关资料

1 火灾爆炸危险性分类

本节资料主要摘自《建筑设计防火规范》（GB 50016—2014）、《爆炸危险环境电力装置设计规范》（GB 50058—2014）。使用时应注意标准规范的版本更新及使用设计时的有效版本。

1.1 火灾危险性分类

1.1.1 生产的火灾危险性分类

《建筑设计防火规范》（GB 50016—2014）根据生产中使用或产生的物质性质及其数量等因素，将生产的火灾危险性分为甲、乙、丙、丁、戊五类，分类和举例分别见表 9-1 及表 9-2［摘自《建筑设计防火规范》(GB 50016—2014)］。

《石油化工企业设计防火规范》（GB 50160—2008）又对可燃气体和可燃液体的火灾危险性作了进一步细分。可燃气体的火灾危险性分为甲、乙两类，分类和举例分别见表 9-3 及表 9-4。对甲、乙、丙类可燃液体，每一类又细分为 A、B 两个子类，其火灾危险性分类和举例见表 9-5 及表 9-6。甲、乙、丙类固体的火灾危险性分类举例见表 9-7［摘自《石油化工企业设计防火规范》(GB 50160—2008)］。

生产装置的火灾危险性分类举例见表 9-8～表 9-10［摘自《石油化工企业设计防火规范》（GB 50160—2008)］。

表 9-1 生产的火灾危险性分类

生产的火灾危险性类别	使用或产生下列物质生产的火灾危险性特征
甲	使用或产生下列物质的生产： ①闪点＜28℃的液体 ②爆炸下限＜10%的气体 ③常温下能自行分解或在空气中氧化能导致迅速自燃或爆炸的物质 ④常温下受到水或空气中水蒸气的作用，能产生可燃气体并引起燃烧或爆炸的物质 ⑤遇酸、受热、撞击、摩擦、催化以及遇有机物或硫黄等易燃的无机物而极易引起燃烧或爆炸的强氧化剂 ⑥受撞击、摩擦或与氧化剂、有机物接触时能引起燃烧或爆炸的物质 ⑦在密闭设备内操作温度等于或超过本身自燃点的物质
乙	使用或产生下列物质的生产： ①闪点≥28℃而＜60℃的液体 ②爆炸下限≥10%的气体 ③不属于甲类的氧化剂 ④不属于甲类的易燃固体 ⑤助燃气体 ⑥能与空气形成爆炸性混合物的浮游状态的粉尘、纤维，闪点≥60℃的液体雾滴
丙	使用或产生下列物质的生产： ①闪点≥60℃的液体 ②可燃固体
丁	具有下列情况的生产： ①对非可燃物质进行加工，并在高热或熔融状态下经常产生强辐射热、火花或火焰的生产 ②利用气体、液体、固体作为燃料或将气体、液体进行燃烧以作他用的各种生产 ③常温下使用或加工难燃烧物质的生产
戊	常温下使用或加工非可燃物质的生产

注：1. 同一座厂房或厂房的任一防火分区内有不同火灾危险性生产时，厂房或防火分区内的生产火灾危险性类别应按火灾危险性较大的部分确定。当符合下述条件之一时，可按火灾危险性较小的部分确定。

2. 火灾危险性较大的生产部分占本层或本防火分区建筑面积的比例小于 5% 或丁、戊类厂房内的油漆工段小于 10%，且发生火灾事故时不足以蔓延到其他部位或火灾危险性较大的生产部分采取了有效的防火措施。

3. 丁、戊类厂房内的涂装工段，当采用封闭喷涂工艺时，封闭喷涂空间内保持负压，涂装工段设置可燃气体自动报警系统或自动抑爆系统，且涂装工段占其所在防火分区面积的比例小于等于 20%。

表9-2 生产的火灾危险性分类举例

生产类别	举例
甲	①闪点<28℃的油品和有机溶剂的提炼，回收或洗涤工段及其泵房，橡胶制品的涂胶和胶浆部位，二硫化碳的粗馏、精馏工段及其应用部位，青霉素提炼部位，原料药厂的非纳西丁车间的烃化、回收及电感精馏部位，皂素车间的抽提、结晶及过滤部位，冰片精制部位，农药厂乐果厂房，敌敌畏的合成厂房，磺化法糖精厂房，氯乙醇厂房，环氧乙烷、环氧丙烷工段，苯酚厂房的磺化、蒸馏部位，焦化厂吡啶工段，胶片厂片基厂房，汽油加铅室，甲醇、乙醇、丙酮、丁酮、异丙醇、乙酸乙酯、苯等的合成或精制厂房，集成电路工厂的化学清洗间(使用闪点<28℃的液体)，植物油加工厂的浸出厂房 ② 乙炔站，氢气站，石油气体分馏(或分离)厂房，氯乙烯厂房，乙烯聚合厂房，天然气、石油伴生气、矿井气、水煤气或焦炉煤气的净化(如脱硫)厂房，压缩机室及鼓风机室，液化石油气灌瓶间，丁二烯及其聚合厂房，乙酸乙烯厂房，电解水或电解食盐厂房，环己酮厂房，乙基苯和苯乙烯厂房，化肥厂的氢氮气压缩厂房，半导体材料厂使用氢气的拉晶间，硅烷热分解室 ③ 硝化棉厂房及其应用部位，赛璐珞厂房，黄磷制备厂房及其应用部位，三乙基铝厂房，染化厂某些能自行分解的重氮化合物生产厂房，甲胺厂房，丙烯腈厂房 ④ 金属钠、钾加工厂房及其应用部位，聚乙烯厂房的一氧二乙基铝部位，三氯化磷厂房，多晶硅车间三氯氢硅部位，五氧化磷厂房 ⑤ 氯酸钠、氯酸钾厂房及其应用部位，过氧化氢厂房，过氧化钠、过氧化钾厂房，次氯酸钙厂房 ⑥赤磷制备厂房及其应用部位，五硫化二磷厂房及其应用部位 ⑦洗涤剂厂房石蜡裂解部位，冰醋酸裂解厂房
乙	①闪点≥28℃而<60℃的油品和有机溶剂的提炼、回收、洗涤部位及其泵房，松节油或松香蒸馏厂房及其应用部位，乙酸酐精馏厂房，己内酰胺厂房，甲酚厂房，氯丙醇厂房，樟脑油提取部位，环氧氯丙烷厂房，松针油精制部位，煤油灌桶间 ②一氧化碳压缩机室及净化部位，发生炉煤气或鼓风炉煤气净化部位，氨压缩机房 ③发烟硫酸或发烟硝酸浓缩部位，高锰酸钾厂房，重铬酸钠(红钒钠)厂房 ④樟脑或松香提炼厂房，硫黄回收厂房，焦化厂精萘厂房 ⑤氧气站，空分厂房 ⑥铝粉或镁粉厂房，金属制品抛光部位，煤粉厂房，面粉厂的碾磨部位，活性炭制造及再生厂房，谷物筒仓工作塔，亚麻厂的除尘器和过滤器室
丙	①闪点≥60℃的油品和有机液体的提炼、回收工段及其抽送泵房，香料厂的松油醇部位和乙酸松油脂部位，苯甲酸厂房，苯乙酮厂房，焦化厂焦油厂房，甘油、桐油的制备厂房，油浸变压器室，机器油或变压器油灌桶间，柴油灌桶间，润滑油再生部位，配电室(每台装油量>60kg的设备)，沥青加工厂房，植物油加工厂的精炼部位 ②煤、焦炭、油母页岩的筛分、转运工段和栈桥或储仓，木工厂房，竹、藤加工厂房，橡胶制品的压延、成型和硫化厂房，针织品厂房，纺织、印染、化纤生产的干燥部位，服装加工厂房，棉花加工和打包厂房，造纸厂备料、干燥厂房，印染厂成品厂房，麻纺厂粗加工厂房，谷物加工厂房，卷烟厂的切丝、卷制、包装厂房，印刷厂的印刷厂房，毛涤厂选毛厂房，电视机、收音机装配厂房，显像管厂装配工段烧枪车间，磁带装配厂房，集成电路工厂的氧化扩散间，光刻间，泡沫塑料厂的发泡、成型、印片压花部位，饲料加工厂房
丁	①金属冶炼、锻造、铆焊、热轧、铸造、热处理厂房 ②锅炉房，玻璃原料熔化厂房，灯丝烧拉部位，保温瓶胆厂房，陶瓷制品的烘干、烧成厂房，蒸汽机车库，石灰焙烧厂房，电石炉厂房，耐火材料烧成部位，转炉厂房，硫酸车间焙烧部位，电极煅烧工段配电室(每台装油量≤60kg的设备) ③铝塑材料的加工厂房，酚醛泡沫塑料的加工厂房，印染厂的漂炼部位，化纤厂的后加工润湿部位
戊	制砖车间，石棉加工车间，卷扬机室，不燃液体的泵房和阀门室，不燃液体的净化处理工段，金属(镁合金除外)冷加工车间，电动车库，钙镁磷肥车间(焙烧炉除外)，造纸厂或化学纤维厂的浆粕蒸煮工段，仪表、器械或车辆装配车间，氟里昂厂房，水泥厂的转窑厂房，加气混凝土厂的材料准备构件制作厂房

表9-3 可燃气体的火灾危险性分类

类别	可燃气体与空气混合物的爆炸下限(体积分数)/%
甲	<10
乙	≥10

固体的火灾危险性分类应按现行国家标准《建筑设计防火规范》的有关规定执行。甲、乙、丙类固体的火灾危险性分类举例见表9-7。

表9-4 可燃气体的火灾危险性分类举例

类别	名称
甲	乙炔，环氧乙烷，氢气，合成气，硫化氢，乙烯，氰化氢，丙烯，丁烯，丁二烯，顺丁烯，反丁烯，甲烷，乙烷，丙烷，丁烷，丙二烯，环丙烷，甲胺，环丁烷，甲醛，甲醚，氯甲烷，氯乙烯，异丁烷
乙	一氧化碳，氨，溴甲烷

表 9-5 液化烃、可燃液体的火灾危险性分类

类别		名称	特征
甲	A	液化烃	15℃时的蒸气压力>0.1MPa的烃类液体及其他类似的液体
	B	可燃液体	除甲$_A$类以外，闪点小于28℃
乙	A		闪点≥28℃而<45℃
	B		闪点≥45℃而<60℃
丙	A		闪点≥60℃而<120℃
	B		闪点≥120℃

注：操作温度超过其闪点的乙类液体应视为甲$_B$类液体；操作温度超过其闪点的丙$_A$类液体应视为乙$_A$类液体；操作温度超过其闪点的丙$_B$类液体应视为乙$_B$类液体；操作温度超过其沸点的丙$_B$类液体应视为乙$_A$类液体。

表 9-6 液化烃、可燃液体的火灾危险性分类举例

类别		名称
甲	A	液化氯甲烷，液化顺式-2-丁烯，液化乙烯，液化乙烷，液化反式-2-丁烯，液化环丙烷，液化丙烯，液化丙烷，液化环丁烷，液化新戊烷，液化丁烯，液化丁烷，液化氯乙烯，液化环氧乙烷，液化丁二烯，液化异丁烷，液化异丁烯，液化石油气，液化二甲胺，液化三甲胺，液化二甲基亚硫，液化甲醚(二甲醚)
	B	异戊二烯，异戊烷，汽油，戊烷，二硫化碳，异己烷，己烷，石油醚，异庚烷，环戊烷，环己烷，辛烷，异辛烷，苯，庚烷，石脑油，原油，甲苯，乙苯，邻二甲苯，间、对二甲苯，异丁醇，乙醚，乙醛，环氧丙烷，甲酸甲酯，乙胺，二乙胺，丙酮，丁醛，三乙胺，乙酸乙烯，甲乙酮，丙烯腈，乙酸乙酯，乙酸异丙酯，二氯乙烯，甲醇，异丙醇，乙醇，乙酸丙酯，丙醇，乙酸异丁酯，甲酸丁酯，吡啶，二氯乙烷，乙酸丁酯，乙酸异戊酯、甲酸戊酯，丙烯酸甲酯，甲基叔丁基醚，液态有机过氧化物
乙	A	丙苯，环氧氯丙烷，苯乙烯，喷气燃料，煤油，丁醇，氯苯，乙二胺，戊醇，环己酮，冰醋酸，异戊醇，异丙苯，液氨
	B	轻柴油，硅酸乙酯，氯乙醇，氯丙醇，二甲基甲酰胺，二乙基苯
丙	A	重柴油，苯胺，锭子油，甲酚，糠醛，20号重油，苯甲醛，环己醇，甲基丙烯酸，甲酸，乙二醇丁醚，甲醛，糠醇，辛醇，一乙醇胺，丙二醇，乙二醇，二甲基乙酰胺
	B	蜡油，100号重油，渣油，变压器油，润滑油，二乙二醇醚，邻苯二甲酸二丁酯，甘油，联苯-联苯醚混合物，二氯甲烷，二乙醇胺，三乙醇胺，二乙二醇，三乙二醇，液体沥青，液硫

表 9-7 甲、乙、丙类固体的火灾危险性分类举例

类别	名称
甲	黄磷，硝化棉，硝化纤维胶片，喷漆棉，火胶棉，赛璐珞棉，锂，钠，钾，钙，锶，铷，铯，氢化锂，氢化钾，氢化钠，磷化钙，碳化钙，四氢化锂铝，钠汞齐，碳化铝，过氧化钾，过氧化钠，过氧化钡，过氧化锶，过氧化钙，高氯酸钾，高氯酸钠，高氯酸钡，高氯酸铵，高氯酸镁，高锰酸钾，高锰酸钠，硝酸钾，硝酸钠，硝酸铵，硝酸钡，氯酸钾，氯酸钠，氯酸铵，次氯酸钙，过氧化二乙酰，过氧化二苯甲酰，过氧化二异丙苯，过氧化氢苯甲酰，(邻、间、对)二硝基苯，2-二硝基苯酚，二硝基甲苯，二硝基萘，三硫化四磷，五硫化二磷，赤磷，氨基化钠
乙	硝酸镁，硝酸钙，亚硝酸钾，过硫酸钾，过硫酸钠，过硫酸铵，过硼酸钠，重铬酸钾，重铬酸钠，高锰酸钙，高氯酸银，高碘酸钾，溴酸钠，碘酸钠，亚氯酸钠，五氧化二碘，三氧化铬，五氧化二磷，萘，蒽，菲，樟脑，铁粉，铝粉，锰粉，钛粉，咔唑，三聚甲醛，松香，均四甲苯，聚合甲醛，偶氮二异丁腈，赛璐珞片，联苯胺，噻吩，苯磺酸钠，环氧树脂，酚醛树脂，聚丙烯腈，季戊四醇，己二酸，炭黑，聚氨酯，硫黄(颗粒度小于2mm)
丙	石蜡，沥青，苯二甲酸，聚酯，有机玻璃，橡胶及其制品，玻璃钢，聚乙烯醇，ABS塑料，SAN塑料，乙烯树脂，聚碳酸酯，聚丙烯酰胺，己内酰胺，尼龙-6，尼龙-66，丙纶纤维，蒽醌，(邻、间、对)苯二酚，聚苯乙烯，聚乙烯，聚丙烯，聚氯乙烯，精对苯二甲酸，双酚A，硫黄(工业成型颗粒度大于等于2mm)，过氯乙烯，偏氯乙烯，三聚氰胺，聚醚，聚苯硫醚，硬脂酸钙，苯酐，顺酐

表 9-8 炼油装置火灾危险性分类举例

类别	装置(单元)名称
甲	加氢裂化，加氢精制，制氢，催化重整，催化裂化，气体分馏，烷基化，叠合，丙烷脱沥青，气体脱硫，液化石油气硫醇氧化，液化石油气化学精制，喷雾蜡脱油，延迟焦化，常减压蒸馏，汽油再蒸馏，汽油电化学精制，酮苯脱蜡脱油，汽油硫醇氧化，减黏裂化，硫黄回收
乙	酚精制，煤油电化学精制，煤油硫醇氧化，空气分离，煤油尿素脱蜡，煤油分子筛脱蜡，轻柴油电化学精制，轻柴油分子筛脱蜡
丙	润滑油和蜡的白土精制，蜡成型，石蜡氧化，沥青氧化，糠醛精制

表9-9　石油化工装置（单元）火灾危险性分类举例

类别	装置(单元)名称
	Ⅰ.基本有机化工原料及产品
甲	管式炉(含卧式、立式、毫秒炉等)蒸气裂解制乙烯、丙烯装置;裂解汽油加氢装置;芳烃抽提装置;对二甲苯装置;对二甲苯二甲酯装置;环氧乙烷装置;石脑油催化重整装置;制氢装置;环己烷装置;丙烯腈装置;苯乙烯装置;C_4抽提丁二烯装置;丁烯氧化脱氢制丁二烯装置;甲烷部分氧化制乙炔装置;乙烯直接法制乙醛装置;苯酚丙酮装置;乙烯氧氯化法制氯乙烯装置;乙烯直接水合法制乙醇装置;对苯二甲酸装置(精对苯二甲酸装置);合成甲醇装置;乙醛氧化制乙酸(醋酸)装置的乙醛储罐、乙醛氧化单元;环氧氯丙烷装置的丙烯储罐组和丙烯压缩、氯化、精馏、次氯酸化单元;羰基合成制丁醇装置的一氧化碳、氢气、丙烯储罐组和压缩、合成、蒸馏缩合、丁醛加氢单元;羰基合成制异辛醇装置的一氧化碳、氢气、丙烯储罐组和压缩、合成丁醛、缩合脱水、2-乙基己烯醛加氢单元;烷基苯装置的煤油加氢、分子筛脱蜡(正戊烷、异辛烷、对二甲苯脱附)、正构烷烃(C_{10}~C_{13})催化脱氢、单烯烃(C_{10}~C_{13})与苯用HF催化烷基化和苯、氢、脱附剂、液化石油气、轻质油等储运单元;合成洗衣粉装置的硫黄储运单元;双酚A装置的原料预制及回收、反应及脱水、反应物精制单元;MTBE装置;二甲醚装置;1,4-丁烯二醇装置
乙	乙醛氧化制乙酸(醋酸)装置的乙酸精馏单元和乙酸、氧气储罐组;乙酸裂解制乙酐装置;环氧氯丙烷装置的中和环化单元、环氧氯丙烷储罐组;羰基合成制丁醇装置的蒸馏精制单元和丁醇储罐组;烷基苯装置的原料煤油、脱蜡煤油、轻蜡、燃料油储运单元;合成洗衣粉装置的烷基苯与SO_3磺化单元;合成洗衣粉装置的硫黄储运单元;双酚A装置的造粒包装单元
丙	乙二醇装置的乙二醇蒸发、脱水、精制单元和乙二醇储罐组;羰基合成制异辛醇装置的异辛醇蒸馏精制单元和异辛醇储罐组;烷基苯装置的热油(联苯+联苯醚)系统、含HF物质的中和处理系统单元;合成洗衣粉装置的烷基苯硫酸与苛性钠中和、烷基苯硫酸钠与添加剂(羰甲基纤维素、三聚磷酸钠等)合成单元
	Ⅱ.合成橡胶
甲	丁苯橡胶和丁腈橡胶装置的单体、化学品储存、聚合、单体回收单元;乙丙橡胶、异戊橡胶和顺丁橡胶装置的单体、催化剂、化学品储存和配制、聚合,胶乳储存混合、凝聚、单体与溶剂回收单元;氯丁橡胶装置的乙炔催化合成乙烯基乙炔,催化加成或丁二烯氯化成氯丁二烯,聚合、胶乳储存混合、凝聚单元;丁基橡胶装置的丙烯、乙烯冷却及聚合凝聚、溶剂回收单元
乙	丁苯橡胶和丁腈橡胶装置的化学品配制、胶乳混合、后处理(凝聚、干燥、包装)、储运单元;乙丙橡胶、顺丁橡胶、氯丁橡胶和异戊橡胶装置的后处理(脱水、干燥、包装)、储运单元;丁基橡胶装置的后处理单元
	Ⅲ.合成树脂及塑料
甲	高压聚乙烯装置的乙烯储罐、乙烯压缩、催化剂配制、聚合、分离、造粒单元;气相法聚乙烯装置的烷基铝储运、原料精制、催化剂配制、聚合、脱气、尾气回收单元;液相法(淤浆法)聚乙烯装置的原料精制、烷基铝储运、催化剂配制、聚合、分离、干燥、溶剂回收单元;高压聚乙烯装置的乙烯储罐、乙烯压缩、催化剂配制、聚合、造粒单元;低密度聚乙烯装置的丁二烯、H_2、丁基铝储运、净化、催化剂配制、聚合、溶剂回收单元;低压聚乙烯装置的乙烯、化学品储运、配料、聚合、醇解、过滤、溶剂回收单元;聚氯乙烯装置的氯乙烯储运、聚合单元;聚乙烯醇装置的乙炔、甲醇储运、配料、合成乙酸乙烯、聚合、精馏、回收单元;本体法连续制聚苯乙烯装置的通用型聚苯乙烯的乙苯储运、脱氢、配料、聚合、脱气及高抗冲聚苯乙烯的橡胶溶解配料单元,其余单元同通用型ABS塑料装置的丙烯腈、丁二烯、苯乙烯储运、预处理、配料、聚合、凝聚单元;SAN塑料装置的苯乙烯、丙烯腈储运、配料、聚合脱气、凝聚单元;聚丙烯装置的本体法连续聚合的丙烯储运、催化剂配制、聚合、闪蒸、干燥、单体精制与回收及溶剂法的丙烯储运、催化剂配制、聚合、醇解、洗涤、过滤、溶剂回收单元;聚甲醛装置;聚醚装置;聚苯硫醚装置;环氧树脂装置;酚醛树脂装置
乙	聚乙烯醇装置的乙酸储运单元
丙	高压聚乙烯装置的掺和、包装、储运单元 气相法聚乙烯装置的后处理(挤压造粒、料仓、包装)、储运单元 液相法(淤浆法)聚乙烯装置的后处理(挤压造粒、料仓、包装)、储运单元 聚氯乙烯装置的过滤、干燥、包装、储运单元 聚乙烯醇装置的干燥、包装、储运单元 聚丙烯装置的挤压造粒、料仓、包装单元 本体法连续制聚苯乙烯装置的造粒、包装、储运单元 ABS塑料和SAN塑料装置的干燥、造粒、料仓、包装、储运单元 聚苯乙烯装置的本体法连续聚合的造粒、料仓、包装、储运及溶剂法的干燥、掺和、包装、储运单元

表9-10　石油化纤装置（单元）火灾危险性分类举例

类别	装置(单元)名称
甲	涤纶装置(DMT法)的催化剂、助剂的储存、配制以及对苯二甲酸二甲酯与乙二醇的酯交换、甲醇回收单元;尼龙装置(尼龙-6)的环己烷氧化、环己醇与环己酮分馏、环己醇脱氢、己内酰胺用苯萃取精制、环己烷储运单元;尼龙装置(尼龙-66)的环己烷储运、环己烷氧化、环己醇与环己酮氧化制己二酸、己二腈加氢制己胺单元;腈纶装置的丙烯腈、丙烯酸甲酯、乙酸乙烯、二甲胺、异丙醚、异丙醇储运和聚合单元;硫氰酸钠(NaSCN)回收的萃取单元,二甲基乙酰胺(DMAC)的制造单元;维尼纶装置的原料中间产品储罐组和乙炔或乙烯与乙酸催化合成乙酸乙烯、甲醇醇解生产聚乙烯醇、甲醇氧化生产甲醛、缩合为聚乙烯醇缩甲醛单元;聚酯装置的催化剂、助剂的储存、配制、己二腈加氢制己二胺单元
乙	尼龙装置(尼龙-6)的环己酮肟化、贝克曼重排单元 尼龙装置(尼龙-66)的己二酸氨化、脱水制己二腈单元 煤油、次氯酸钠库
丙	涤纶装置(DMT法)的对苯二甲酸乙二酯缩聚、造粒、熔融、纺丝、长丝加工、料仓、中间库、成品库单元;涤纶装置(PTA法)的酯化、聚合单元;尼龙装置(尼龙-6)的聚合、切片、料仓、熔融、纺丝、长丝加工、储运单元 尼龙装置(尼龙-66)的成盐(己二胺己二酸盐)、结晶、料仓、熔融、纺丝、长丝加工、包装、储运单元 腈纶装置的纺丝(NaSCN为溶剂除外)、后干燥、长丝加工、毛条、打包、储运单元 维尼纶装置的聚乙烯醇熔融抽丝、长丝加工、包装、储运单元 维纶装置的丝束干燥及干热拉伸、长丝加工、包装、储运单元 聚酯装置的酯化、缩聚、造粒、纺丝、长丝加工、料仓、中间库、成品库单元

1.1.2 储存物品的火灾危险性分类

本小节所列储存物品的火灾危险性分类及其举例，均摘自 GB 50016—2014，详见表 9-11 和表 9-12。

表 9-11 储存物品的火灾危险性分类

储存物品类别	火灾危险性的特征
甲	①闪点＜28℃的液体 ②爆炸下限＜10%的气体，以及受到水或空气中水蒸气的作用，能产生爆炸下限＜10%气体的固体物质 ③常温下能自行分解或在空气中氧化即能导致迅速自燃或爆炸的物质 ④常温下受到水或空气中水蒸气的作用能产生可燃气体并引起燃烧或爆炸的物质 ⑤遇酸、受热、撞击、摩擦以及遇有机物或硫黄等易燃的无机物而极易引起燃烧或爆炸的强氧化剂 ⑥受撞击、摩擦或与氧化剂、有机物接触时能引起燃烧或爆炸的物质
乙	①闪点≥28℃而＜60℃的液体 ②爆炸下限≥10%的气体 ③不属于甲类的氧化剂 ④不属于甲类的易燃固体 ⑤助燃气体 ⑥常温下与空气接触能缓慢氧化，积热不散引起自燃的物品
丙	①闪点≥60℃的液体 ②可燃固体
丁	难燃烧物品
戊	非可燃物品

注：1. 储存物品的火灾危险性分类举例见表 9-12。

2. 同一座仓库或仓库的任一防火分区内储存不同火灾危险性物品时，该仓库或防火分区的火灾危险性应按其中火灾危险性最大的类别确定。

3. 难燃物品、非可燃物品的可燃包装的重量超过物品本身重量 1/4 或可燃包装物体积大于物品本身体积 1/2 时，其火灾危险性应为丙类。

表 9-12 储存物品的火灾危险性分类举例

储存物品类别	举例
甲	①己烷，戊烷，石脑油，环戊烷，二硫化碳，苯，甲苯，甲醇，乙醇，乙醚，甲酸甲酯、乙酸甲酯、硝酸乙酯，汽油，丙酮，38°及以上的白酒 ②乙炔，氢，甲烷，乙烯，丙烯，丁二烯，环氧乙烷，水煤气，硫化氢，氯乙烯，液化石油气，电石，碳化铝 ③硝化棉，硝化纤维胶片，喷漆棉，火胶棉，赛璐珞棉，黄磷 ④钾，钠，锂，钙，锶，氢化锂，四氢化锂铝，氢化钠 ⑤氯酸钾，氯酸钠，过氧化钾，过氧化钠，硝酸铵 ⑥赤磷，五硫化磷，三硫化磷
乙	①煤油，松节油，丁烯醇，异戊醇，丁醚，乙酸丁酯，硝酸戊酯，乙酰丙酮，环己胺，溶剂油，冰醋酸，樟脑油，甲酸 ②氨气，一氧化碳 ③硝酸铜，铬酸，亚硝酸钾，重铬酸钠，铬酸钾，硝酸，硝酸汞，硝酸钴，发烟硫酸，漂白粉 ④硫黄，镁粉，铝粉，赛璐珞板(片)，樟脑，萘，生松香，硝化纤维漆布，硝化纤维色片 ⑤氧气，氟气，液氯 ⑥漆布及其制品，油布及其制品，油纸及其制品，油绸及其制品
丙	①动物油，植物油，沥青，蜡，润滑油，机油，重油，闪点≥60℃的柴油，糠醛，白兰地成品库 ②化学纤维、人造纤维及其织物，纸张，棉、毛、丝、麻及其织物，谷物，面粉，天然橡胶及其制品，竹、木及其制品，中药材，电视机、收录机等电子产品，计算机房已录数据的磁盘储存间，冷库中的鱼、肉间，粒径≥2mm 的工业成型硫黄
丁	自熄性塑料及其制品，酚醛泡沫塑料及其制品，水泥刨花板
戊	钢材，铝材，玻璃及其制品，搪瓷制品，陶瓷制品，不可燃气体，玻璃棉，岩棉，陶瓷棉，硅酸铝纤维，矿棉，石膏及其无纸制品，水泥，石，膨胀珍珠岩

1.2　爆炸危险环境划分

本小节内容摘自《爆炸危险环境电力装置设计规定》(GB 50058—2014)。

1.2.1　爆炸性气体环境危险区域

在生产、加工、处理、转运或储存过程中可能出现下列爆炸性气体混合物环境之一时，应进行爆炸性气体环境划分：

① 在大气条件下，可燃气体与空气混合形成爆炸性气体混合物；

② 闪点低于或等于环境温度的可燃液体的蒸气或薄雾与空气混合形成爆炸性气体混合物；

③ 在物料操作温度高于可燃液体闪点的情况下，当可燃液体有可能泄漏时，可燃液体的蒸气或薄雾与空气混合形成爆炸性气体混合物。

(1) 释放源

根据可燃物质的释放频繁程度和持续时间长短，释放源按以下规定分为连续级、一级和二级。

① 连续释放或预计长期释放的释放源应划为连续级释放源，举例：

a. 没有用惰性气体覆盖的固定顶盖储罐中的可燃液体表面；

b. 油水分离器等直接与空间接触的可燃液体的表面；

c. 经常或长期向空间释放可燃气体或可燃液体蒸气的排气孔和其他孔口。

② 正常运行时预计可能周期性或偶尔释放的释放源为一级释放源，举例：

a. 正常运行时会释放可燃物质的泵、压缩机和阀门等的密封处；

b. 储有可燃液体的容器上的排水口处，在正常运行中，当水排完时，该处可能会向空间释放可燃物质；

c. 正常运行时会向空间释放可燃物质的取样点；

d. 正常运行时会向空间释放可燃物质的泄压阀、排气口和其他孔口。

③ 正常运行时预计不可能释放，即使释放也是偶尔和短期释放的释放源为二级释放源，举例：

a. 正常运行时不能出现释放可燃物质的泵、压缩机和阀门等的密封处；

b. 正常运行时不能释放可燃物质的法兰、连接件和管道接头；

c. 正常运行时不能向空间释放可燃物质的安全阀、排气口和其他孔口处；

d. 正常运行时不能向空间释放可燃物质的取样点。

正常运行是指正常的开车、运转、停车，可燃物质的装卸，密闭容器盖的开闭，安全阀、排放阀以及所有工厂设备都在其设计参数范围内工作的状态。

(2) 通风条件

下列场所可定为通风良好场所：

① 露天场所；

② 敞开式建筑物，在建筑物的壁、屋顶开口，其尺寸和位置保证建筑物内部通风效果等效于露天场所；

③ 非敞开建筑物，建有永久性的开口，使其具有自然通风的条件；

④ 对于封闭区域，每平方米地板面积每分钟至少提供 0.3m^3 的空气或至少 1h 换气 6 次。

当采用机械通风时，下列情况可不计机械通风故障的影响：

① 封闭式或半封闭式的建筑物设置备用的、独立的通风系统；

② 当通风设备发生故障时，设置自动报警或停止工艺流程等确保能阻止可燃物质释放的预防措施，或使设备断电的预防措施。

(3) 爆炸性气体环境危险区域的划分

存在连续级释放源的区域应划为 0 区，存在一级释放源的区域应划为 1 区，存在二级释放源的区域可划为 2 区，并根据通风条件按下列规定调整：

① 当通风良好时可降低爆炸危险区域等级，当通风不良时应提高爆炸危险区域等级；

② 局部机械通风在降低爆炸性气体混合物浓度方面比自然通风和一般机械通风更为有效时，可采用局部机械通风降低爆炸危险区域等级；

③ 在障碍物、凹坑和死角处应局部提高爆炸危险区域等级；

④ 利用堤或墙等障碍物限制比空气重的爆炸性气体混合物的扩散可缩小爆炸危险区域的范围。

以空气的相对密度为 1，相对密度＞0.8 的气体视为比空气重的物质，相对密度≤0.8 的气体或蒸汽视为比空气轻的物质。

详细的划分方法及举例可见该规范。

(4) 爆炸性气体混合物的分级、分组

爆炸性气体混合物，应按其最大试验安全间隙(MESG)或最小点燃电流比(MICR)分级，并应符合表 9-13 的规定。爆炸性气体混合物应按引燃温度分组，并应符合表 9-14 的规定。气体或蒸气爆炸性混合物分级分组举例见表 9-15。可燃性粉尘特性举例见表 9-16。

表 9-13　最大试验安全间隙(MESG)或最小点燃电流比(MICR)分级

级别	最大试验安全间隙(MESG)/mm	最小点燃电流比(MICR)
ⅡA	≥0.9	＞0.8
ⅡB	0.5＜MESG＜0.9	0.45≤MICR≤0.8
ⅡC	≤0.5	＜0.45

注：分级的级别应符合现行国家标准《爆炸性环境　第 12 部分：气体或蒸汽混合物按照其最大实验安全间隙和最小点燃电流比的分级》(GB 3836.12)中的规定。

表 9-14　引燃温度分组

组别	引燃温度 t/℃	组别	引燃温度 t/℃
T1	t＞450	T4	135＜t≤200
T2	300＜t≤450	T5	100＜t≤135
T3	200＜t≤300	T6	85＜t≤100

表 9-15　气体或蒸气爆炸性混合物分级分组举例

序号	物质名称	分子式或结构式	组别
	ⅡA级		
	一、烃类		
	链烷类：		
1	甲烷	CH_4	T1
2	乙烷	C_2H_6	T1
3	丙烷	C_3H_8	T2
4	丁烷	C_4H_{10}	T2
5	戊烷	C_5H_{12}	T3
6	己烷	C_6H_{14}	T3
7	庚烷	C_7H_{16}	T3
8	辛烷	C_8H_{18}	T3
9	壬烷	C_9H_{20}	T3
10	癸烷	$C_{10}H_{22}$	T3
11	环丁烷	$CH_2(CH_2)_2CH_2$	—
12	环戊烷	$CH_2(CH_2)_3CH_2$	T2
13	环己烷	$CH_2(CH_2)_4CH_2$	T3
14	环庚烷	$CH_2(CH_2)_5CH_2$	—
15	甲基环丁烷	$CH_3CH(CH_2)_2CH_2$	—
16	甲基环戊烷	$CH_3CH(CH_2)_3CH_2$	T2
17	甲基环己烷	$CH_3CH(CH_2)_4CH_2$	T3
18	乙基环丁烷	$C_2H_5CH(CH_2)_2CH_2$	T3
19	乙基环戊烷	$C_2H_5CH(CH_2)_3CH_2$	T3
20	乙基环己烷	$C_2H_5CH(CH_2)_4CH_2$	T3
21	萘烷（十氢化萘）	$CH_2(CH_2)_3CHCH(CH_2)_3CH_2$	T3
	链烯类：		
22	丙烯	$CH_3CH{=}CH_2$	T2
	芳烃类：		
23	苯乙烯	$C_6H_5CH{=}CH_2$	T1
24	异丙烯基苯（甲基苯乙烯）	$C_6H_5C(CH_2){=}CH_2$	T2
	苯类：		
25	苯	C_6H_6	T1
26	甲苯	$C_6H_5CH_3$	T1
27	二甲苯	$C_6H_4(CH_3)_2$	T1
28	乙苯	$C_6H_5C_2H_5$	T2
29	三甲苯	$C_6H_3(CH_3)_3$	T1
30	萘	$C_{10}H_8$	T1
31	异丙苯（异丙基苯）	$C_6H_5CH(CH_3)_2$	T2
32	甲基异丙基苯	$(CH_3)_2CHC_6H_4CH_3$	T2
	混合烃类：		
33	甲烷（工业用）①		T1
34	松节油		T3
35	石脑油		T3
36	煤焦油		T3
37	石油（包括车用汽油）		T3
38	洗涤汽油		T3
39	燃料油		T3
40	煤油		T3
41	柴油		T3
42	动力苯		T1
	二、含氧化合物		
	氧化物（包括醚）：		
43	一氧化碳②	CO	T1
44	二丙醚	$(C_3H_7)_2O$	T4
	醇类和酚类：		
45	甲醇	CH_3OH	T2
46	乙醇	C_2H_5OH	T2
47	丙醇	C_3H_7OH	T2
48	丁醇	C_4H_9OH	T2
49	戊醇	$C_5H_{11}OH$	T3
50	己醇	$C_6H_{13}OH$	T3
51	庚醇	$C_7H_{15}OH$	—
52	辛醇	$C_8H_{17}OH$	—
53	壬醇	$C_9H_{19}OH$	—
54	环己醇	$CH_2(CH_2)_4CHOH$	T3
55	甲基环己醇	$CH_3CH(CH_2)_4CHOH$	T3
56	苯酚	C_6H_5OH	T1
57	甲酚	$CH_3C_6H_4OH$	T1
58	4-羟基-4-甲基戊酮（双丙酮醇）	$(CH_3)_2C(OH)CH_2COCH_3$	T1
	醛类：		
59	乙醛	CH_3CHO	T4
60	聚乙醛	$(CH_3CHO)_n$	—
	酮类：		
61	丙酮	$(CH_3)_2CO$	T1
62	2-丁酮（乙基甲基酮）	$C_2H_5COCH_3$	T2
63	2-戊酮（甲基丙基甲酮）	$C_3H_7COCH_3$	T1

续表

序号	物质名称	分子式或结构式	组别
	ⅡA 级		
64	2-己酮（甲基丁基甲酮）	$C_4H_9COCH_3$	T1
65	戊基甲基甲酮	$C_5H_{11}COCH_3$	—
66	戊间二酮（乙酰丙酮）	$CH_3COCH_2COCH_3$	T2
67	环己酮	$CH_2(CH_2)_4CO$	T2
	酯类：		
68	甲酸甲酯	$HCOOCH_3$	T2
69	甲酸乙酯	$HCOOC_2H_5$	T2
70	乙酸甲酯	CH_3COOCH_3	T1
71	乙酸乙酯	$CH_3COOC_2H_5$	T2
72	乙酸丙酯	$CH_3COOC_3H_7$	T2
73	乙酸丁酯	$CH_3COOC_4H_9$	T2
74	乙酸戊酯	$CH_3COOC_5H_{11}$	T2
75	甲基丙烯酸甲酯（异丁烯酸甲酯）	$CH_2=C(H_3C)COOCH_3$	T2
76	甲基丙烯酸乙酯（异丁烯酸乙酯）	$CH_2=C(H_3C)COOC_2H_5$	—
77	乙酸乙烯酯	$CH_3COOCH=CH_2$	T2
78	乙酰基乙酸乙酯	$CH_3COCH_2COOC_2H_5$	T3
	酸类：		
79	乙酸	CH_3COOH	T1
	三、含卤化合物		
	无氧化合物：		
80	氯甲烷	CH_3Cl	T1
81	氯乙烷	C_2H_5Cl	T1
82	溴乙烷	C_2H_5Br	T1
83	氯丙烷	C_3H_7Cl	T1
84	氯丁烷	C_4H_9Cl	T1
85	溴丁烷	C_4H_9Br	T1
86	二氯乙烷	$C_2H_4Cl_2$	T2
87	二氯丙烷	$C_3H_6Cl_2$	T1
88	氯苯	C_6H_5Cl	T1
89	苄基氯	$C_6H_5CH_2Cl$	T1
90	二氯苯	$C_6H_4Cl_2$	T1
91	烯丙基氯	$CH_2=CHCH_2Cl$	T2
92	二氯乙烯	$CHCl=CHCl$	T1
93	氯乙烯	$CH_2=CHCl$	T2
94	三氟甲苯	$C_6H_5CF_3$	T1
95	二氯甲烷	CH_2Cl_2	T1
	含氧化合物：		
96	乙酰氯	CH_3COCl	T2
97	氯乙醇	CH_2ClCH_2OH	T2
	四、含硫化合物		
98	乙硫醇	C_2H_5SH	T3
99	1-丙硫醇	C_3H_7SH	—
100	噻吩	$CH=CH-CH=CHS$（环状）	T2
101	四氢噻吩	$CH_2-(CH_2)_2-CH_2-S$（环状）	T3
	五、含氮化合物		
102	氨	NH_3	T1
103	乙腈	CH_3CN	T1
104	亚硝酸乙酯	CH_3CH_2ONO	T6
105	硝基甲烷	CH_3NO_2	T2
106	硝基乙烷	$C_2H_5NO_2$	T2
	胺类：		
107	甲胺	CH_3NH_2	T2
108	二甲胺	$(CH_3)_2NH$	T2
109	三甲胺	$(CH_3)_3N$	T4
110	二乙胺	$(C_2H_5)_2NH$	T2
111	三乙胺	$(C_2H_5)_3N$	T3
112	正丙胺	$C_3H_7NH_2$	T2
113	正丁胺	$C_4H_9NH_2$	T2
114	环己胺	$CH_2(CH_2)_4CHNH_2$（环状）	T3
115	2-乙醇胺	$NH_2CH_2CH_2OH$	T2
116	2-二乙胺基乙醇	$(C_2H_5)NCH_2CH_2OH$	T3
117	二氨基乙烷	$NH_2CH_2CH_2NH_2$	T2
118	苯胺	$C_6H_5NH_2$	T1
119	*N*,*N′*-二甲基苯胺	$C_6H_5N(CH_3)_2$	T2
120	苯胺基丙烷	$C_6H_5CH_2CH(NH_2)CH_3$	—
121	甲苯胺	$CH_3C_6H_4NH_2$	T1
122	吡啶[氮(杂)苯]	C_5H_5N	T1
	ⅡB 级		
	一、烃类		
123	丙炔(甲基乙炔)	$CH_3C\equiv CH$	T1
124	乙烯	C_2H_4	T2
125	环丙烷	$CH_2CH_2CH_2$（环状）	T1
126	1,3-丁二烯	$CH_2=CHCH=CH_2$	T2
	二、含氮化合物		
127	丙烯腈	$CH_2=CHCN$	T1
128	异丙基硝酸盐	$(CH_3)_2CHONO_2$	T4
129	氰化氢	HCN	T1
	三、含氧化合物		
130	二甲醚	$(CH_3)_2O$	T3
131	乙基甲基醚	$CH_3OC_2H_5$	T4
132	二乙醚	$(C_2H_5)_2O$	T4
133	二丁醚	$(C_4H_9)_2O$	T4
134	环氧乙烷	CH_2CH_2O（环状）	T2
135	1,2-环氧丙烷	CH_3CHCH_2O（环状）	T2
136	1,3-二噁戊烷	$CH_2CH_2OCH_2O$（环状）	—
137	1,4-二噁烷	$CH_2CH_2OCH_2CH_2O$（环状）	T2
138	1,3,5-三噁烷	$CH_2OCH_2OCH_2O$	T2
139	羟基乙酸丁酯	$HOCH_2COOC_4H_9$	—

续表

序号	物质名称	分子式或结构式	组别	序号	物质名称	分子式或结构式	组别
		ⅡB级				ⅡB纹	
140	四氢糠醇	$CH_2CH_2CH_2OCHCH_2OH$	T3		**五、含卤化合物**		
				148	四氟乙烯	C_2F_4	T4
141	丙烯酸甲酯	$CH_2=CHCOOCH_3$	T1	149	1-氯-2,3-环氧丙烷	OCH_2CHCH_2Cl	T2
142	丙烯酸乙酯	$CH_2=CHCOOC_2H_5$	T2				
143	呋喃	$CH=CHCH=CHO$	T2	150	硫化氢	H_2S	T3
						ⅡC级	
144	丁烯醛(巴豆醛)	$CH_3CH=CHCHO$	T3	151	氢	H_2	T1
145	丙烯醛	$CH_2=CHCHO$	T3	152	乙炔	C_2H_2	T2
146	四氢呋喃	$CH_2(CH_2)_2CH_2O$	T3	153	二硫化碳	CS_2	T5
	四、混合气			154	硝酸乙酯	$C_2H_5ONO_2$	T6
147	焦炉煤气		T1	155	水煤气		T1

① 甲烷（工业用）包括含15%以下氢气（按体积计）的甲烷混合气。

② 一氧化碳在异常环境温度下可以含有使它与空气的混合物饱和的水分。

表 9-16 可燃性粉尘特性举例

粉尘种类	粉尘名称	高温表面堆积粉尘层(5mm)的引燃温度/℃	粉尘云的引燃温度/℃	爆炸下限浓度/(g/m³)	粉尘平均粒径/μm	危险性质	粉尘分级
金属	铝(表面处理)	320	590	37～50	10～15	导	ⅢC
	铝(含脂)	230	400	37～50	10～20	导	ⅢC
	铁	240	430	153～204	100～150	导	ⅢC
	镁	340	470	44～59	5～10	导	ⅢC
	红磷	305	360	48～64	30～50	非	ⅢB
	炭黑	535	>600	36～45	10～20	导	ⅢC
	钛	290	375	—	—	导	ⅢC
	锌	430	530	212～284	10～15	导	ⅢC
	电石	325	555	—	<200	非	ⅢB
	钙硅铝合金(8%钙,30%硅,55%铝)	290	465	—	—	导	ⅢC
	硅铁合金(45%硅)	>450	640	—	—	导	ⅢC
	黄铁矿	445	555	—	<90	导	ⅢC
	锆石	305	360	92～123	5～10	导	ⅢC
化学药品	硬脂酸锌	熔融	315	—	8～15	非	ⅢB
	萘	熔融	575	28～38	30～100	非	ⅢB
	蒽	熔融升华	505	29～39	40～50	非	ⅢB
	己二酸	熔融	580	65～90	—	非	ⅢB
	苯二(甲)酸	熔融	650	61～83	80～100	非	ⅢB
	无水苯二(甲)酸(粗制品)	熔融	605	52～71	—	非	ⅢB
	苯二甲酸腈	熔融	>700	37～50	—	非	ⅢB
	无水马来酸(粗制品)	熔融	500	82～113	—	非	ⅢB
	乙酸钠酯	熔融	520	51～70	5～8	非	ⅢB
	结晶紫	熔融	175	46～70	15～30	非	ⅢB
	四硝基咔唑	熔融	395	92～123	—	非	ⅢB
	二硝基甲酚	熔融	340	—	40～60	非	ⅢB
	阿司匹林	熔融	405	31～41	60	非	ⅢB
	肥皂粉	熔融	575	—	80～100	非	ⅢB
	青色燃料	350	465	—	300～500	非	ⅢB
	萘酚燃料	395	415	133～184	—	非	ⅢB

续表

粉尘种类	粉尘名称	高温表面堆积粉尘层(5mm)的引燃温度/℃	粉尘云的引燃温度/℃	爆炸下限浓度/(g/m³)	粉尘平均粒径/μm	危险性质	粉尘分级
合成树脂	聚乙烯	熔融	410	26～35	30～50	非	ⅢB
	聚丙烯	熔融	430	25～35	—	非	ⅢB
	聚苯乙烯	熔融	475	27～37	40～60	非	ⅢB
	苯乙烯(70%)与丁二烯(30%)的粉状聚合物	熔融	420	27～37	—	非	ⅢB
	聚乙烯醇	熔融	450	42～55	5～10	非	ⅢB
	聚丙烯腈	熔融炭化	505	35～55	5～7	非	ⅢB
	聚氨酯(类)	熔融	425	46～63	50～100	非	ⅢB
	聚乙烯四肽	熔融	480	52～71	<200	非	ⅢB
	聚乙烯氮戊环酮	熔融	465	42～58	10～15	非	ⅢB
	聚氯乙烯	熔融炭化	595	63～86	4～5	非	ⅢB
	氯乙烯(70%)与苯乙烯(30%)的粉状聚合物	熔融炭化	520	44～60	30～40	非	ⅢB
	酚醛树脂(酚醛清漆)	熔融炭化	520	36～40	10～20	非	ⅢB
	有机玻璃粉	熔融炭化	485	—	—	非	ⅢB
天然树脂	骨胶(虫胶)	沸腾	475	—	20～50	非	ⅢB
	硬质橡胶	沸腾	360	36～49	20～30	非	ⅢB
	软质橡胶	沸腾	425	—	80～100	非	ⅢB
	天然树脂	熔融	370	38～52	20～30	非	ⅢB
	蛄钯树脂	熔融	330	30～41	20～50	非	ⅢB
	松香	熔融	325	—	50～80	非	ⅢB
沥青蜡类	硬蜡	熔融	400	26～36	80～50	非	ⅢB
	绕组沥青	熔融	620	—	50～80	非	ⅢB
	硬沥青	熔融	620	—	50～150	非	ⅢB
	煤焦油沥青	熔融	580	—	—	非	ⅢB
农产品	裸麦粉	325	415	67～93	30～50	非	ⅢB
	裸麦谷物粉(未处理)	305	430	—	50～100	非	ⅢB
	裸麦筛落粉(粉碎品)	305	415	—	30～40	非	ⅢB
	小麦粉	炭化	410		20～40	非	ⅢB
	小麦谷物粉	290	420	—	15～30	非	ⅢB
	小麦筛落粉(粉碎品)	290	410	—	3～5	非	ⅢB
	乌麦、大麦谷物粉	270	440	—	50～150	非	ⅢB
	筛米糠	270	420	—	50～100	非	ⅢB
	玉米淀粉	炭化	410	—	2～30	非	ⅢB
	马铃薯淀粉	炭化	430	—	60～80	非	ⅢB
	布丁粉	炭化	395	—	10～20	非	ⅢB
	糊精粉	—	400	71～99	20～30	非	ⅢB

续表

粉尘种类	粉尘名称	高温表面堆积粉尘层(5mm)的引燃温度/℃	粉尘云的引燃温度/℃	爆炸下限浓度/(g/m³)	粉尘平均粒径/μm	危险性质	粉尘分级
	砂糖粉	熔融	360	77～107	20～40	非	ⅢB
	乳糖	熔融	450	83～115	—	非	ⅢB
纤维鱼粉	可可粉(脱脂品)	245	460	—	30～40	非	ⅢB
	咖啡粉(精制品)	收缩	600	—	40～80	非	ⅢB
	啤酒麦芽粉	285	405	—	100～500	非	ⅢB
	紫芷蓿	280	480	—	200～500	非	ⅢB
	亚麻粕粉	285	470	—	—	非	ⅢB
	菜种渣粉	炭化	465	—	400～600	非	ⅢB
	鱼粉	炭化	485	—	80～100	非	ⅢB
	烟草纤维	290	485	—	50～100	非	ⅢA
	木棉纤维	385	—	—	—	非	ⅢA
	人造短纤维	305	—	—	—	非	ⅢA
	亚硫酸盐纤维	380	—	—	—	非	ⅢA
	木质纤维	250	445	—	40～80	非	ⅢA
	纸纤维	360	—	—	—	非	ⅢA
	椰子粉	280	450	—	100～200	非	ⅢB
	软木粉	325	460	44～59	30～40	非	ⅢB
	针叶树(松)粉	325	440	—	70～150	非	ⅢB
	硬木(丁钠橡胶)粉	315	420	—	70～100	非	ⅢB
燃料	泥煤粉(堆积)	260	450	—	60～90	导	ⅢC
	褐煤粉(生褐煤)	260	450	49～68	2～3	非	ⅢB
	褐煤粉	230	185	—	3～7	导	ⅢC
	有烟煤粉	235	595	41～57	5～11	导	ⅢC
	瓦斯煤粉	225	580	35～48	5～10	导	ⅢC
	焦炭用煤粉	280	610	33～45	5～10	导	ⅢC
	贫煤粉	285	680	34～45	5～7	导	ⅢC
	无烟煤粉	＞430	＞600	—	100～130	导	ⅢC
	木炭粉(硬质)	340	595	39～52	1～2	导	ⅢC
	泥煤焦炭粉	360	615	40～54	1～2	导	ⅢC
	褐煤焦炭粉	235	—	—	4～5	导	ⅢC
	煤焦炭粉	430	＞750	37～50	4～5	导	ⅢC

注：危险性质栏中，用“导”表示导电性粉尘，用“非”表示非导电性粉尘。

1.2.2 爆炸性粉尘环境危险区域

当在生产、加工、处理、转运或储存过程中出现或可能出现可燃性粉尘与空气形成爆炸性粉尘混合物环境时，应根据粉尘性质、释放源和分区等划分爆炸性粉尘危险环境。

(1) 粉尘性质

① ⅢA 可燃性飞絮。

② ⅢB 非导电性粉尘。

③ ⅢC 导电性粉尘。

(2) 释放源和分区

根据爆炸性粉尘释放频繁程度和持续时间长短分为三级和三个区。

① 空气中的可燃性粉尘云持续存在或预计长期或经常出现的部位应划为连续级释放源，并划为20区。20区范围主要包括粉尘云连续生成的管道、生产和处理设备的内部区域。当粉尘容器外部持续存在

爆炸性粉尘环境时，也应划为 20 区。

② 正常运行时，空气中的可燃性粉尘云很可能偶尔出现的部位应划为一级释放源，并划为 21 区。其范围为一级释放源周围 1m。

③ 正常运行时，空气中的可燃性粉尘云一般不可能出现，即使出现，持续时间也是短暂的区域可划为二级释放源，并划为 22 区。其范围为二级释放源周围或 21 区外围 3m。

2　防火防爆与防雷防静电设计规定

本节内容主要摘自《建筑设计防火规范》（GB 50016—2014）（以下简称《建规》）、《石油化工企业设计防火规范》（GB 50160—2008）（以下简称《石化规》）等规范，略去了与化工厂设计无关的内容。工程设计时应仔细研读规范原文及其条文说明，以保证对规范条文有正确、完整的理解并执行。

2.1　建筑构件的耐火等级

① 建筑物的耐火等级分为四级，各级建筑物构件的燃烧性能和耐火性能不应低于表 9-17 的规定。

表 9-17　不同耐火等级厂房及仓库等建筑构件的燃烧性能和耐火极限

单位：h

构件名称		耐火等级			
		一级	二级	三级	四级
墙	防火墙	不燃性 3.00	不燃性 3.00	不燃性 3.00	不燃性 3.00
	承重墙	不燃性 3.00	不燃性 2.50	不燃性 2.00	难燃性 0.50
	楼梯间和前室的墙 电梯井的墙	不燃性 2.00	不燃性 2.00	不燃性 1.50	难燃性 0.50
	疏散走道两侧的隔墙	不燃性 1.00	不燃性 1.00	不燃性 0.50	难燃性 0.25
	非承重外墙 房间隔墙	不燃性 0.75	不燃性 0.50	难燃性 0.50	难燃性 0.25
柱		不燃性 3.00	不燃性 2.50	不燃性 2.00	难燃性 0.50
梁		不燃性 2.00	不燃性 1.50	不燃性 1.00	难燃性 0.50
楼板		不燃性 1.50	不燃性 1.00	不燃性 0.75	难燃性 0.50
屋顶承重构件		不燃性 1.50	不燃性 1.00	难燃性 0.50	可燃性
疏散楼梯		不燃性 1.50	不燃性 1.00	不燃性 0.75	可燃性
吊顶(包括吊顶搁栅)		不燃性 0.25	难燃性 0.25	难燃性 0.15	可燃性

注：二级耐火等级建筑内采用不燃材料的吊顶，其耐火极限不限。

② 高层厂房，甲、乙类厂房的耐火等级不应低于二级，建筑面积不大于 300m² 的独立甲、乙类单层厂房可采用三级耐火等级的建筑。

③ 单、多层丙类厂房和多层丁、戊类厂房的耐火等级不应低于三级。

使用或产生丙类液体的厂房和有火花、赤热表面、明火的丁类厂房，其耐火等级均不应低于二级；建筑面积不大于 500m² 的单层丙类厂房或建筑面积不大于 1000m² 的单层丁类厂房，可采用三级耐火等级的建筑。

④ 使用或储存特殊贵重的机器、仪表、仪器等设备或物品的建筑，其耐火等级不应低于二级。

⑤ 锅炉房的耐火等级不应低于二级，当为燃煤锅炉房且锅炉的总蒸发量不大于 4t/h 时，可采用三级耐火等级的建筑。

⑥ 油浸变压器室、高压配电装置室的耐火等级不应低于二级，其他防火设计应符合现行国家标准《火力发电厂和变电站设计防火规范》（GB 50229）等标准的规定。

⑦ 高架仓库、高层仓库、甲类仓库、多层乙类仓库和储存可燃液体的多层丙类仓库，其耐火等级不应低于二级。

单层乙类仓库，单、多层丙类仓库和多层丁、戊类仓库，其耐火等级不应低于三级。

⑧ 粮食筒仓的耐火等级不应低于二级；二级耐火等级的粮食筒仓可采用钢板仓。

粮食平房仓的耐火等级不应低于三级；二级耐火等级的散装粮食平房仓可采用无防火保护的金属承重构件。

⑨ 甲、乙类厂房和甲、乙、丙类仓库内的防火墙，其耐火极限不应低于 4.00h。

⑩ 一、二级耐火等级单层厂房（仓库）的柱，其耐火极限分别不应低于 2.50h 和 2.00h。

⑪ 采用自动喷水灭火系统全保护的一级耐火等级单、多层厂房（仓库）的屋顶承重构件，其耐火极限不应低于 1.00h。

除一级耐火等级的建筑外，下列建筑构件可采用无防火保护的金属结构，其中能受到甲、乙、丙类液体或可燃气体火焰影响的部位应采取外包覆不燃材料或其他防火保护措施：

a. 设置自动灭火系统的单层丙类厂房的梁、柱和屋顶承重构件；

b. 设置自动灭火系统的多层丙类厂房的屋顶承重构件；

c. 单、多层丁、戊类厂房（仓库）的梁、柱和屋顶承重构件。

⑫ 除甲、乙类仓库和高层仓库外，一、二级耐火等级建筑的非承重外墙，当采用不燃性墙体时，其耐火极限不应低于 0.25h；当采用难燃性墙体时，其

耐火极限不应低于0.50h。

4层及4层以下的一、二级耐火等级丁、戊类地上厂房（仓库）的非承重外墙，当采用不燃性墙体时，其耐火极限不限；当采用难燃性轻质复合墙体时，其表面材料应为不燃材料，内填充材料的燃烧性能不应低于B_2级，材料的燃烧性能分级应符合现行国家标准《建筑材料及制品燃烧性能分级》（GB 8624）的规定。

⑬ 二级耐火等级厂房（仓库）内的房间隔墙，当采用难燃性墙体时，其耐火极限应提高0.25h。

⑭ 二级耐火等级多层厂房和多层仓库内采用预应力钢筋混凝土的楼板，其耐火极限不应低于0.75h。

⑮ 一、二级耐火等级厂房（仓库）的上人平屋顶，其屋面板的耐火极限分别不应低于1.50h和1.00h。

⑯ 一、二级耐火等级厂房（仓库）的屋面板应采用不燃材料，但其屋面防水层和绝热层可采用可燃材料；当为4层及4层以下的丁、戊类厂房（仓库）时，其屋面板可采用难燃性轻质复合板，但板材的表面材料应为不燃材料，内填充材料的燃烧性能不应低于B_2级。

表9-18 厂房的层数和每个防火分区的最大允许建筑面积

生产的火灾危险性类别	厂房的耐火等级	最多允许层数/层	每个防火分区的最大允许建筑面积/m²			
			单层厂房	多层厂房	高层厂房	地下或半地下厂房（包括地下或半地下室）
甲	一级	宜采用单层	4000	3000	—	—
	二级		3000	2000	—	—
乙	一级	不限	5000	4000	2000	—
	二级	6	4000	3000	1500	—
丙	一级	不限	不限	6000	3000	500
	二级	不限	8000	4000	2000	500
	三级	2	3000	2000	—	—
丁	一、二级	不限	不限	不限	4000	1000
	三级	3	4000	2000	—	—
	四级	1	1000	—	—	—
戊	一、二级	不限	不限	不限	6000	1000
	三级	3	5000	3000	—	—
	四级	1	1500	—	—	—

注：1. 防火分区之间应采用防火墙分隔。除甲类厂房外的一、二级耐火等级厂房外，当其防火分区的建筑面积大于本表规定，且设置防火墙确有困难时，可采用防火卷帘或防火分隔水幕分隔。采用防火卷帘时，应符合本规范第6.5.3条的规定；采用防火分隔水幕时，应符合现行国家标准《自动喷水灭火系统设计规范》（GB 50084）的规定。

采用防火卷帘时，应符合《防火卷帘》（GB 14102）的要求，并应符合以下规定。

① 当防火分隔部位的宽度不大于30m时，防火卷帘的宽度不应大于10m；当防火分隔部位的宽度大于30m时，防火卷帘的宽度不应大于该部位宽度的1/3，且不应大于20m。

② 除《建规》另有规定外，防火卷帘的耐火极限不应低于《建规》对所设置部位墙体的耐火极限要求。当防火卷帘的耐火极限符合《门和卷帘耐火试验方法》（GB/T 7633）有关耐火完整性和耐火隔热性的判定条件时，可不设置自动喷水灭火系统保护。当防火卷帘的耐火极限仅符合《门和卷帘耐火试验方法》（GB/T 7633）有关耐火完整性的判定条件时，应设置自动喷水灭火系统保护。自动喷水灭火系统的设计应符合《自动喷水灭火系统设计规范》（GB 50084）的规定，但火灾延续时间不应小于该防火卷帘的耐火极限。

③ 防火卷帘应具有防烟性能，与楼板、梁、墙、柱之间的空隙应采用防火封堵材料封堵。需要在发生火灾时自动降落的防火卷帘应具有信号反馈功能。

2. 二级耐火等级的谷物筒仓工作塔，当每层工作人数不超过2人时，其层数不限。

3. 厂房内的操作平台、检修平台，当使用人数少于10人时，平台的面积可不计入所在防火分区的建筑面积内。

4. “—”表示不允许。

⑰ 除《建规》另有规定外，以木柱承重且墙体采用不燃材料的厂房（仓库），其耐火等级可按四级确定。

⑱ 预制钢筋混凝土构件的节点外露部位，应采取防火保护措施，且节点的耐火极限不应低于相应构件的耐火极限。

2.2 厂房和仓库的层数、面积防火限制

① 除《建规》另有规定外，厂房的层数和每个防火分区的最大允许建筑面积应符合表9-18的规定。

② 仓库的层数和面积应符合表9-19的规定。

③ 厂房内设置自动灭火系统时，每个防火分区的最大允许建筑面积可按表9-18的规定增加1.0倍。当丁、戊类的地上厂房内设置自动灭火系统时，每个防火分区的最大允许建筑面积不限。厂房内局部设置自动灭火系统时，其防火分区的增加面积可按该局部面积的1.0倍计算。

仓库内设置自动灭火系统时，除冷库的防火分区外，每座仓库的最大允许占地面积和每个防火分区的最大允许建筑面积可按表9-19的规定增加1.0倍。

表9-19 仓库的层数和面积

储存物品的火灾危险性类别		仓库的耐火等级	最多允许层数/层	每座仓库的最大允许占地面积和每个防火分区的最大允许建筑面积/m²						
				单层仓库		多层仓库		高层仓库		地下或半地下仓库（包括地下或半地下室）
				每座仓库	防火分区	每座仓库	防火分区	每座仓库	防火分区	防火分区
甲	3、4项	一级	1	180	60	—	—	—	—	—
	1、2、5、6项	一、二级	1	750	250	—	—	—	—	—
乙	1、3、4项	一、二级	3	2000	500	900	300	—	—	—
		三级	1	500	250	—	—	—	—	—
	2、5、6项	一、二级	5	2800	700	1500	500	—	—	—
		三级	1	900	300	—	—	—	—	—
丙	1项	一、二级	5	4000	1000	2800	700	—	—	150
		三级	1	1200	400	—	—	—	—	—
	2项	一、二级	不限	6000	1500	4800	1200	4000	1000	300
		三级	3	2100	700	1200	400	—	—	—
丁		一、二级	不限	不限	3000	不限	1500	4800	1200	500
		三级	3	3000	1000	1500	500	—	—	—
		四级	1	2100	700	—	—	—	—	—
戊		一、二级	不限	不限	不限	不限	2000	6000	1500	1000
		三级	3	3000	1000	2100	700	—	—	—
		四级	1	2100	700	—	—	—	—	—

注：1. 仓库内的防火分区之间必须采用防火墙分隔，甲、乙类仓库内防火分区之间的防火墙不应开设门、窗、洞口；地下或半地下仓库（包括地下或半地下室）的最大允许占地面积，不应大于相应类别地上仓库的最大允许占地面积。

2. 石油库区内的桶装油品仓库应符合现行国家标准《石油库设计规范》（GB 50074）的规定。

3. 一、二级耐火等级的煤均化库，每个防火分区的最大允许建筑面积不应大于12000m²。

4. 独立建造的硝酸铵仓库、电石仓库、聚乙烯等高分子制品仓库、尿素仓库、配煤仓库、造纸厂的独立成品仓库，当建筑的耐火等级不低于二级时，每座仓库的最大允许占地面积和每个防火分区的最大允许建筑面积可按本表的规定增加1.0倍。

5. 一、二级耐火等级粮食平房仓的最大允许占地面积不应大于12000m²，每个防火分区的最大允许建筑面积不应大于3000m²；三级耐火等级粮食平房仓的最大允许占地面积不应大于3000m²，每个防火分区的最大允许建筑面积不应大于1000m²。

6. 一、二级耐火等级且占地面积不大于2000m²的单层棉花库房，其防火分区的最大允许建筑面积不应大于2000m²。

7. 一、二级耐火等级冷库的最大允许占地面积和防火分区的最大允许建筑面积，应符合现行国家标准《冷库设计规范》（GB 50072）的规定。

8. “—”表示不允许。

④ 甲、乙类生产场所（仓库）不应设置在地下或半地下。

⑤ 员工宿舍严禁设置在厂房内。

办公室、休息室等不应设置在甲、乙类厂房内，确需贴邻本厂房时，其耐火等级不应低于二级，并应采用耐火极限不低于3.00h的防爆墙与厂房分隔和设置独立的安全出口。

办公室、休息室设置在丙类厂房内时，应采用耐火极限不低于2.50h的防火隔墙和1.00h的楼板与其他部位分隔，并应至少设置1个独立的安全出口，如隔墙上需开设相互连通的门时，应采用乙级防火门。

⑥ 厂房内设置中间仓库时，应符合下列规定：

a. 甲、乙类中间仓库应靠外墙布置，其储量不宜超过1昼夜的需要量；

b. 甲、乙、丙类中间仓库应采用防火墙和耐火极限不低于1.50h的不燃性楼板与其他部位分隔；

c. 设置丁、戊类仓库时，应采用耐火极限不低于2.00h的防火隔墙和耐火极限不低于1.00h的楼板与其他部位分隔；

d. 仓库的耐火等级和面积应符合表9-19和上述③项的规定。

⑦ 厂房内的丙类液体中间储罐应设置在单独房间内，其容量不应大于5m³。设置中间储罐的房间，应采用耐火极限不低于3.00h的防火隔墙和耐火极限不低于1.50h的楼板与其他部位分隔，房间门应采用甲级防火门。

⑧ 变、配电站不应设置在甲、乙类厂房内或贴邻，且不应设置在爆炸性气体、粉尘环境的危险区域内。供甲、乙类厂房专用的10kV及以下的变、配电站，当采用无门、窗、洞口的防火墙分隔时，可一面贴邻，并应符合现行国家标准《爆炸危险环境电力装置设计规范》(GB 50058)等标准的规定。乙类厂房的配电站确需在防火墙上开窗时，应采用甲级防火窗。

⑨ 员工宿舍严禁设置在仓库内。

办公室、休息室等严禁设置在甲、乙类仓库内，也不应贴邻。办公室、休息室设置在丙、丁类仓库内时，应采用耐火极限不低于2.50h的防火隔墙和耐火极限不低于1.00h的楼板与其他部位分隔，并应设置独立的安全出口。隔墙上需开设相互连通的门时，应采用乙级防火门。

⑩ 甲、乙类厂房（仓库）内不应设置铁路线。需要出入蒸汽机车和内燃机车的丙、丁、戊类厂房（仓库），其屋顶应采用不燃材料或采取其他防火措施。

2.3 防火间距

化工生产装置类型繁多，生产、储存、使用的易燃易爆物品量远大于其他类型的同火灾危险级别装置，有些火灾或爆炸的危险性甚至超过石化企业，一旦发生事故，其后果是十分严重的。《建规》要求的防火间距小于《石化规》，而且没有区分厂内和厂外。例如甲类厂房之间的防火间距，《建规》仅要求12m，对大型化工装置而言，很难保证相邻装置安全，消防作业也有困难。因此易燃易爆的化工企业，尤其是大型化工企业与装置，宜按照《石化规》执行，更多的总图和平面布置要求详见有关规范。

2.3.1 厂际防火间距

化工和石油化工企业进行区域规划时，应根据企业及其与相邻工厂或设施的特点和火灾危险性，结合地形、风向等条件合理布置。

化工和石油化工企业的生产区宜位于邻近城镇或居民区全年最小频率风向的上风侧，在山区或丘陵地区，应避免布置在窝风地带。沿江河岸布置时宜位于临近江河的重要城镇、重要桥梁、大型锚地等重要建(构)筑物的下游。

严禁公路和架空电力线路穿越生产区，输油气管线不应穿越厂区。区域排洪沟不应通过生产区，并应采取措施防止泄漏的可燃液体和受污染的消防水流入排洪沟或排出厂外。

石油化工企业与相邻石化、化工等同类企业及油库的防火间距不应小于表9-20的规定，与其他工厂或设施的防火间距不应小于表9-21的规定，高架火炬的防火间距还应满足人或设备允许的辐射热强度要求。

表9-20 石油化工企业与相邻石化、化工等同类企业及油库的防火间距

项目	防火间距/m				
	液化烃罐组(罐外壁)	可燃液体罐组(罐外壁)	可能携带可燃液体的高架火炬(火炬筒中心)	甲、乙类工艺装置或设施(最外侧设备外缘或建筑物的最外轴线)	全厂性或区域性重要设施(最外侧设备外缘或建筑物的最外轴线)
液化烃罐组(罐外壁)	50	60	90	70	90
可燃液体罐组(罐外壁)	60	1.5D(见注2)	90	50	60
可能携带可燃液体的高架火炬(火炬筒中心)	90	90	(见注4)	90	90

续表

项目	防火间距/m				
	液化烃罐组（罐外壁）	可燃液体罐组（罐外壁）	可能携带可燃液体的高架火炬（火炬筒中心）	甲、乙类工艺装置或设施（最外侧设备外缘或建筑物的最外轴线）	全厂性或区域性重要设施（最外侧设备外缘或建筑物的最外轴线）
甲、乙类工艺装置或设施（最外侧设备外缘或建筑物的最外轴线）	70	50	90	40	40
全厂性或区域性重要设施（最外侧设备外缘或建筑物的最外轴线）	90	60	90	40	20
明火地点	70	40	60	40	20

注：1. 括号内指防火间距起止点。

2. 表中 D 为较大罐的直径。当 $1.5D$ 小于 30m 时，取 30m；当 $1.5D$ 大于 60m 时，可取 60m；当丙类可燃液体罐相邻布置时，防火间距可取 30m。

3. 与散发火花地点的防火间距，可按与明火地点的防火间距减少 50%，但散发火花地点应布置在火灾爆炸危险区域之外。

4. 辐射热不应影响相邻火炬的检修和运行。

5. 丙类工艺装置或设施的防火间距，可按甲、乙类工艺装置或设施的规定减少 10m（火炬除外），但不应小于 30m。

6. 石油化工工业园区内公用的输油（气）管道可布置在石油化工企业围墙或用地边界线外。

表 9-21　石油化工企业与其他工厂或设施的防火间距

相邻工厂或设施		防火间距/m				
		液化烃罐组（罐外壁）	甲、乙类液体罐组（罐外壁）	可能携带可燃液体的高架火炬（火炬筒中心）	甲、乙类工艺装置或设施（最外侧设备外缘或建筑物的最外轴线）	全厂性或区域性重要设施（最外侧设备外缘或建筑物的最外轴线）
居民区、公共福利设施、村庄		150	100	120	100	25
相邻工厂（围墙或用地边界线）		120	70	120	50	70
厂外铁路	国家铁路线（中心线）	55	45	80	35	—
	厂外企业铁路线（中心线）	45	35	80	30	—
国家或工业区铁路编组站（铁路中心线或建筑物）		55	45	80	35	25
厂外公路	高速公路、一级公路（路边）	35	30	80	30	—
	其他公路（路边）	25	20	60	20	—
变、配电站（围墙）		80	50	120	40	25
架空电力线路（中心线）		1.5 倍塔杆高度	1.5 倍塔杆高度	80	1.5 倍塔杆高度	—
Ⅰ、Ⅱ级国家架空通信线路（中心线）		50	40	80	40	—
通航江、河、海岸边		25	25	80	20	—
埋地输油管道	原油及成品油（管道中心）	30	30	60	30	30
	液化烃（管道中心）	60	60	80	60	60

续表

相邻工厂或设施	防火间距/m				
	液化烃罐组（罐外壁）	甲、乙类液体罐组（罐外壁）	可能携带可燃液体的高架火炬（火炬筒中心）	甲、乙类工艺装置或设施（最外侧设备外缘或建筑物的最外轴线）	全厂性或区域性重要设施（最外侧设备外缘或建筑物的最外轴线）
埋地输气管道（管道中心）	30	30	60	30	30
装卸油品码头（码头前沿）	70	60	120	60	60

注：1. 本表中相邻工厂指除石油化工企业和油库以外的工厂。

2. 括号内指防火间距起止点。

3. 当相邻设施为港区陆域、重要物品仓库和堆场、军事设施、机场等，对石油化工企业的安全距离有特殊要求时，应按有关规定执行。

4. 丙类可燃液体罐组的防火间距，可按甲、乙类可燃液体罐组的规定减少25%。

5. 丙类工艺装置或设施的防火间距，可按甲、乙类工艺装置或设施的规定减少25%。

6. 地面敷设的地区输油（输气）管道的防火间距，可按埋地输油（输气）管道的规定增加50%。

7. 当相邻工厂围墙内为非火灾危险性设施时，其与全厂性或区域性重要设施防火间距最小可为25m。

8. 表中“—”表示无防火间距要求或执行相关规范。

以甲类生产装置（厂房）为例，《建规》与《石化规》对厂外建筑防火间距的差异举例见表9-22，在工程设计时应谨慎考虑。

2.3.2 厂房的防火间距

① 除《建规》另有规定外，厂房之间及与乙、丙、丁、戊类仓库、民用建筑等的防火间距不应小于表9-23的规定。

表9-22 《建规》与《石化规》对厂外建筑防火间距的差异举例 单位：m

规范	居民区	相邻工厂围墙	变配电站	厂外道路	国家通信线路	通航江、河、海岸边
《建规》	25	4～16（根据相邻厂房火灾危险等级和建筑结构而定）	25（室外，变压器外壁）	15	未规定	未规定
《石化规》	100	50	40（围墙）	20（高速公路30）	40	20

表9-23 厂房之间及与乙、丙、丁、戊类仓库、民用建筑等的防火间距（摘自GB 50016—2014）

单位：m

名称			甲类厂房	乙类厂房（仓库）			丙、丁、戊类厂房（仓库）				民用建筑				
			单、多层	单、多层		高层	单、多层			高层	裙房，单、多层			高层	
			一、二级	一、二级	三级	一、二级	一、二级	三级	四级	一、二级	一、二级	三级	四级	一级	二级
甲类厂房	单、多层	一、二级	12	12	14	13	12	14	16	13	25			50	
乙类厂房	单、多层	一、二级	12	10	12	13	10	12	14	13					
		三级	14	12	14	15	12	14	16	15					
	高层	一、二级	13	13	15	13	13	15	17	13					
丙类厂房	单、多层	一、二级	12	10	12	13	10	12	14	13	10	12	14	20	15
		三级	14	12	14	15	12	14	16	15	12	14	16	25	20
		四级	16	14	16	17	14	16	18	17	14	16	18		
	高层	一、二级	13	13	15	13	13	15	17	13	13	15	17	20	15
丁、戊类厂房	单、多层	一、二级	12	10	12	13	10	12	14	13	10	12	14	15	13
		三级	14	12	14	15	12	14	16	15	12	14	15	18	15
		四级	16	14	16	17	14	16	18	17	14	16	18		
	高层	一、二级	13	13	15	13	13	15	17	13	13	15	17	15	13

续表

名　　称			甲类厂房	乙类厂房(仓库)			丙、丁、戊类厂房(仓库)				民用建筑				
			单、多层	单、多层		高层	单、多层			高层	裙房,单、多层			高层	
			一、二级	一、二级	三级	一、二级	一、二级	三级	四级	一、二级	一、二级	三级	四级	一级	二级
室外变、配电站	变压器总油量/t	≥5,≤10	25	25	25	25	12	15	20	12	15	20	25	20	
		>10,≤50					15	20	25	15	20	25	30	25	
		>50					20	25	30	20	25	30	35	30	

注：1. 乙类厂房与重要公共建筑的防火间距不宜小于50m；与明火或散发火花地点，不宜小于30m。单、多层戊类厂房之间及与戊类仓库的防火间距可按本表的规定减少2m，与民用建筑的防火间距可将戊类厂房等同民用建筑按《建规》第5.2.2条的规定执行。为丙、丁、戊类厂房服务而单独设置的生活用房应按民用建筑确定，与所属厂房的防火间距不应小于6m。确需相邻布置时，应符合本表注2、3的规定。

2. 两座厂房相邻较高一面外墙为防火墙时，其防火间距不限，但甲类厂房之间不应小于4m。两座丙、丁、戊类厂房相邻两面外墙均为不燃性墙体，当无外露的可燃性屋檐，每面外墙上的门、窗、洞口面积之和各不大于外墙面积的5%，且门、窗、洞口不正对开设时，其防火间距可按本表的规定减少25%。甲、乙类厂房（仓库）不应与《建规》第3.3.5条规定外的其他建筑贴邻。

3. 两座一、二级耐火等级的厂房，当相邻较低一面外墙为防火墙且较低一座厂房的屋顶无天窗，屋顶的耐火极限不低于1.00h，或相邻较高一面外墙的门、窗等开口部位设置甲级防火门、窗，或防火分隔水幕或按《建规》第6.5.3条的规定设置防火卷帘时，甲、乙类厂房之间的防火间距不应小于6m；丙、丁、戊类厂房之间的防火间距不应小于4m。

4. 发电厂内的主变压器，其油量可按单台确定。

5. 耐火等级低于四级的既有厂房，其耐火等级可按四级确定。

6. 当丙、丁、戊类厂房与丙、丁、戊类仓库相邻时，应符合本表注2、3的规定。

② 甲类厂房与重要公共建筑的防火间距不应小于50m，与明火或散发火花地点的防火间距不应小于30m。

③ 散发可燃气体、可燃蒸气的甲类厂房与铁路、道路等的防火间距不应小于表9-24的规定，但当甲类厂房所属厂内铁路装卸线有安全措施时，防火间距不受表9-24规定的限制。

表9-24　散发可燃气体、可燃蒸气的甲类厂房与铁路、道路等的防火间距　单位：m

名称	厂外铁路线中心线	厂内铁路线中心线	厂外道路路边	厂内道路路边	
				主要	次要
甲类厂房	30	20	15	10	5

④ 高层厂房与甲、乙、丙类液体储罐，可燃、助燃气体储罐，液体石油气储罐，可燃材料堆场（除煤和焦炭场外）的防火间距，应符合《建规》第4章的规定，且不应小于13m。

⑤ 丙、丁、戊类厂房与民用建筑的耐火等级均为一、二级时，丙、丁、戊类厂房与民用建筑的防火间距可适当减小，但应符合下列规定。

a. 当较高一面外墙为无门、窗、洞口的防火墙，或比相邻较低一座建筑屋面高15m及以下范围内的外墙为无门、窗、洞口的防火墙时，其防火间距不限。

b. 相邻较低一面外墙为防火墙，且屋顶无天窗、屋顶的耐火极限不低于1.00h，或相邻较高一面外墙为防火墙，且墙上开口部位采取了防火措施，其防火间距可适当减小，但不应小于4m。

⑥ 厂房外附设化学易燃物品的设备，其外壁与相邻厂房室外附设设备的外壁或相邻厂房外墙的防火间距，不应小于表9-23的规定。用不燃材料制作的室外设备，可按一、二级耐火等级建筑确定。

总容量不大于15m^{3}的丙类液体储罐，当直埋于厂房外墙外，且面向储罐一面4.0m范围内的外墙为防火墙时，其防火间距不限。

⑦ 同一座U形或山形厂房中相邻两翼之间的防火间距，不宜小于表9-23的规定，但当厂房的占地面积小于表9-18规定的每个防火分区最大允许建筑面积时，其防火间距可为6m。

⑧ 除高层厂房和甲类厂房外，其他类别的数座厂房占地面积之和小于表9-18规定的防火分区最大允许建筑面积（按其中较小者确定，但防火分区的最大允许建筑面积不限者，不应大于10000m^2）时，可成组布置。当厂房建筑高度不大于7m时，组内厂房之间的防火间距不应小于4m；当厂房建筑高度大于7m时，组内厂房之间的防火间距不应小于6m。

组与组或组与相邻建筑的防火间距，应根据相邻两座耐火等级较低的建筑，按表9-23的规定确定。

⑨ 一级汽车加油站、一级汽车加气站和一级汽车加油加气合建站不应布置在城市建成区内。

⑩ 汽车加油站、加气站和加油加气合建站及其加油（气）机、储油（气）罐等与站外明火或散发火花地点、建筑、铁路、道路的防火间距以及站内各建筑或设施之间的防火间距，应符合现行国家标准《汽车加油加气站设计与施工规范》（GB 50156）的规定。

⑪ 电力系统电压为35～500kV且每台变压器容量不小于10MVA的室外变、配电站以及工业企业的变压器总油量大于5t的室外降压变电站，与其他建筑的防火间距不应小于表9-23的规定。

表 9-25 石油化工厂总平面布置的防火间距

单位：m

项目			工艺装置(单元)			全厂重要设施		明火地点	地上可燃液体储罐									沸点低于45℃的甲$_B$类液体全压力储罐	液化烃储罐		
									甲$_B$、乙类固定顶				浮顶、内浮顶或丙$_A$类固定顶						全压力式和半冷冻式储存		
			甲	乙	丙	一类	二类		>5000 m^3	1000～5000 m^3	500～1000 m^3	≤500m^3或卧式	>20000 m^3	5000～20000 m^3	1000～5000 m^3	500～1000 m^3	≤500m^3或卧式		>1000 m^3	100～1000 m^3	≤100 m^3
工艺装置(单元)		甲	30/25	25/20	20/15	40	35	30	50	40	30	25	40	35	30	25	20	40	60	50	40
		乙	25/20	20/15	15/10	35	30	25	40	35	25	20	35	30	25	20	15	35	55	45	35
		丙	20/15	15/10	10	30	25	20	35	30	20	15	30	25	20	15	10	30	50	40	30
全厂重要设施		一类	40	35	30	—	—	—	60	50	45	40	50	45	40	35	30	50	80	70	55
		二类	35	30	25	—	—	—	50	40	35	30	40	35	30	25	20	40	70	60	45
明火地点			30	25	20	—	—	—	40	35	30	25	35	30	25	20	15	35	60	50	40
地上可燃液体储罐	甲$_B$、乙类固定顶	>5000m^3	50	40	35	60	50	40	见表 9-26									40	50	45	40
		1000～5000m^3	40	35	30	50	40	35										30	40	35	30
		500～1000m^3	30	25	20	45	35	30										25	35	30	25
		≤500m^3或卧式罐	25	20	15	40	30	25										20	30	25	20
	浮顶、内浮顶或丙$_A$类固定顶	>20000m^3	40	35	30	50	40	35										35	45	40	35
		5000～20000m^3	35	30	25	45	35	30										30	40	35	30
		1000～5000m^3	30	25	20	40	30	25										25	35	25	20
		500～1000m^3	25	20	15	35	25	20										20	30	20	15
		≤500m^3或卧式罐	20	15	10	30	20	15										15	25	15	10
沸点低于45℃的甲$_B$类液体全压力储罐			40	35	30	50	40	35	40	30	25	20	35	30	25	20	15	见表 9-27			
液化烃储罐	全压力和半冷冻式储存	>1000m^3	60	55	50	80	70	60	50	40	35	30	45	40	35	30	25				
		100～1000m^3	50	45	40	70	60	50	45	35	30	25	40	35	25	20	15				
		≤100m^3	40	35	30	55	45	40	40	30	25	20	35	30	20	15	10				
	全冷冻式储存	>10000m^3	70	65	60	90	80	70	40	40	40	40	40	40	40	40	40	40	40	40	40
		≤10000m^3	60	55	50	80	70	60	30	30	30	30	30	30	30	30	30	30	30	30	30
可燃气体储罐		1000～50000m^3	25	20	15	40	30	30	30	25	20	15	25	20	15	10	8	25	40	30	25
液化烃及甲$_A$、乙类液体		码头装卸区	35	30	25	50	40	35	50	40	35	30	45	40	35	30	25	40	55	45	40
		汽车装卸站	25	20	15	40	30	25	25	20	15	10	25	20	15	12	10	20	45	35	30

续表

项目		工艺装置(单元)			全厂重要设施		明火地点	地上可燃液体储罐									沸点低于45℃的甲$_B$类液体全压力储罐	液化烃储罐		
								甲$_B$、乙类固定顶				浮顶、内浮顶或丙$_A$类固定顶						全压力式和半冷冻式储存		
		甲	乙	丙	一类	二类		>5000 m^3	1000～5000 m^3	500～1000 m^3	≤500m^3或卧式	>20000 m^3	5000～20000 m^3	1000～5000 m^3	500～1000 m^3	≤500m^3或卧式		>1000 m^3	100～1000 m^3	≤100 m^3
液化烃及甲$_A$、乙类液体	铁路装卸设施、槽车洗罐站	30	25	20	45	35	30	25	20	15	10	25	20	15	12	10	20	50	40	35
灌浆站	液化烃	30	25	20	45	35	30	35	30	25	20	30	25	20	17	15	30	45	40	35
	甲$_B$、乙类液体及可燃与助燃气体	25	20	15	40	30	25	30	25	20	15	25	20	15	12	10	25	40	35	30
甲类物品仓库(库棚)或堆场		30	25	20	45	35	30	35	30	25	20	30	25	20	15	10	30	60	50	40
罐区甲、乙类泵(房)、全冷冻式液化烃储存的压缩机(包括添加剂设施及其专用变、配电室和控制室)		20	15	10	30	20	15	20	15	12	10	20	15	12	10	8	20	35	30	25
污水处理场(隔油池、污油罐)		25	20	15	35	25	25	25	20	15	15	25	20	15	15	15	20	30	25	25
铁路走行线(中心线)、原料及产品运输道路(路面边)		15	10	10	—	—	—	20	15	12	10	20	15	12	10	10	20	25	20	15
可能携带可燃液体的高架火炬		90	90	90	90	90	60	90	90	90	90	90	90	90	90	90	90	90	90	90
厂区围墙(中心线)或用地边界线		25	25	20	—	—	—	35	35	25	25	35	30	25	20	20	30	30	30	30

项目		液化烃储罐		可燃气体储罐	液化烃及甲$_B$、乙类液体			灌装站		甲类物品仓库(库棚)或堆场	罐区甲、乙类泵(房)、全冷冻式液化烃储存的压缩机(包括添加剂设施及其专用变配电室、控制室)	污水处理场(隔油池、污油罐)	铁路走行线(中心线)、原料及产品运输道路(路面边)	备注
		全冷冻式储存												
		>10000m^3	≤10000m^3	1000～50000m^3	码头装卸区	汽车装卸站	铁路装卸设施、槽车洗罐站	液化烃	甲$_B$、乙类液体及可燃与助燃气体					
工艺装置(单元)	甲	70	60	25	35	25	30	30	25	30	20	25	15	注1、2
	乙	65	55	20	30	20	25	25	20	25	15	20	10	
	丙	60	50	15	25	15	20	20	15	20	10	15	10	
全厂重要设施	一类	90	80	40	50	40	45	45	40	45	30	35	—	注3
	二类	80	70	30	40	30	35	35	30	35	20	25	—	

续表

项目			液化烃储罐 全冷冻式储存		可燃气体储罐	液化烃及甲$_B$、乙类液体			灌装站		甲类物品仓库（库棚）或堆场	罐区甲、乙类泵（房）、全冷冻式液化烃储存的压缩机（包括添加剂设施及其专用变配电室、控制室）	污水处理场（隔油池、污油罐）	铁路走行线（中心线）、原料及产品运输道路（路面边）	备注
			>10000m³	≤10000m³	1000～50000m³	码头装卸区	汽车装卸站	铁路装卸设施、槽车洗罐站	液化烃	甲$_B$、乙类液体及可燃与助燃气体					
明火地点			70	60	30	35	25	30	30	25	30	15	25	—	注4
地上可燃液体储罐	甲$_B$、乙类固定顶	>5000m³	40	30	30	50	25	25	35	30	35	20	25	20	
		1000～5000m³	40	30	25	40	20	20	30	25	30	15	20	15	
		500～1000m³	40	30	20	35	15	15	25	20	25	12	15	12	
		≤500m³ 或卧式罐	40	30	15	30	10	10	20	15	20	10	15	10	
	浮顶、内浮顶或丙$_A$类固定顶	>20000m³	40	30	25	45	25	25	30	25	30	20	25	20	
		5000～20000m³	40	30	20	40	20	20	25	20	25	15	20	15	
		1000～5000m³	40	30	15	35	15	15	20	15	20	12	15	12	注2、5
		500～1000m³	40	30	10	30	12	12	17	12	15	10	15	10	
		≤500m³ 或卧式罐	40	30	8	25	10	10	15	10	10	8	15	10	
沸点低于45℃的甲$_B$类液体全压力储罐			40	30	25	40	20	20	30	25	30	20	20	20	
液化烃储罐	全压力和半冷冻式储存	>1000m³	40	30	40	55	45	50	45	40	60	35	30	25	
		100～1000m³	40	30	30	45	35	40	40	35	50	30	25	20	
		≤100m³	40	30	25	40	30	35	35	30	40	25	25	15	
	全冷冻式储存	>10000m³	见表9-27		50	65	55	60	55	50	70	45	40	25	
		≤10000m³			40	55	45	50	45	40	60	35	30	25	
可燃气体储罐		1000～50000m³	50	40	见表9-27	25	15	20	20	15	20	15	20	10	注2、6
液化烃及甲$_A$、乙类液体		码头装卸区	65	55	25	—	20	25	30	25	30	15	30	10	
		汽车装卸站	55	45	15	20	—	15	20	15	25	10	20	10	
		铁路装卸设施、槽车洗罐站	60	50	20	25	15	10	25	20	30	12	25	15(10)	注2、7
灌浆站		液化烃	55	45	20	30	20	25	—	—	30	25	25	10	
		甲$_B$、乙类液体及可燃与助燃气体	50	40	15	25	15	20	—	—	25	20	20	10	

续表

项目	液化烃储罐		可燃气体储罐	液化烃及甲$_B$、乙类液体			灌装站		甲类物品仓库(库棚)或堆场	罐区甲、乙类泵(房)、全冷冻式液化烃储存的压缩机(包括添加剂设施及其专用变配电室、控制室)	污水处理场(隔油池、污油罐)	铁路走行线(中心线)、原料及产品运输道路(路面边)	备注
	全冷冻式储存												
	$>1000m^3$	$\leqslant1000m^3$	1000～50000m^3	码头装卸区	汽车装卸站	铁路装卸设施、槽车洗罐站	液化烃	甲$_B$、乙类液体及可燃与助燃气体					
甲类物品仓库(库棚)或堆场	70	60	20	35	25	30	30	25	—	20	25	10	注2、8
罐区甲、乙类泵(房)、全冷冻式液化烃储存的压缩机(包括添加剂设施及其专用变、配电室和控制室)	45	35	15	15	10	12	25	20	20	—	15	10	注2、9
污水处理场(隔油池、污油罐)	40	30	20	30	20	25	25	20	25	15	—	10	注2、10
铁路走行线(中心线)、原料及产品运输道路(路面边)	25	25	10	10	10	15(10)	10	10	10	10	10	—	注11
可能携带可燃液体的高架火炬	90	90	90	90	90	90	90	90	90	60	90	50	—
厂区围墙(中心线)或用地边界线	40	40	30	—	25	30	30	25	15	15	15	—	—

注：1. 分子适用于石油化工装置，分母适用于炼油装置。

2. 工艺装置或可能散发可燃气体的设施与工艺装置明火加热炉的防火间距应按明火地点的防火间距确定。

3. 工厂消防站与甲类工艺装置的防火间距不应小于50m。区域性重要设施与相邻设施的防火间距，可减少25%（火炬除外）。

4. 与散发火花地点的防火间距，可按与明火地点的防火间距减少50%（火炬除外），但散发火花地点应布置在火灾爆炸危险区域之外。

5. 罐组与其他设施的防火间距按相邻最大罐容积确定；埋地储罐与其他设施的防火间距可减少50%（火炬除外）。当固定顶可燃液体罐采用氮气密封时，其与相邻设施的防火间距可按浮顶、内浮顶罐处理；丙$_B$类固定顶罐与其他设施的防火间距可按丙$_A$类固定顶罐减少25%（火炬除外）。

6. 单罐容积等于或小于1000m^3，防火间距可减少25%（火炬除外）；大于50000m^3，应增加25%（火炬除外）。

7. 丙类液体，防火间距可减少25%（火炬除外）。当甲$_B$、乙类液体铁路装卸采用全密闭装卸时，装卸设施的防火间距可减少25%，但不应小于10m（火炬除外）。

8. 本项包括可燃气体、助燃气体的实瓶库。乙、丙类物品库（棚）和堆场防火间距可减少25%（火炬除外）；丙类可燃固体堆场可减少50%（火炬除外）。

9. 丙类泵（房），防火间距可减少25%（火炬除外），但当地上可燃液体储罐单罐容积大于500m^3时，不应小于10m；地上可燃液体储罐单罐容积小于或等于500m^3时，不应小于3m。

10. 污油泵的防火间距可按隔油池的防火间距减少25%（火炬除外）；其他设备或构筑物防火间距不限。

11. 铁路走行线和原料产品运输道路应布置在火灾爆炸危险区域之外。括号内的数字用于原料及产品运输道路。

12. 表中“—”表示无防火间距要求或执行相关规范。

⑫ 厂区围墙与厂区内建筑的间距不宜小于 5m，围墙两侧建筑的间距应满足相应建筑的防火间距要求。

⑬ 石油化工企业中各种装置（单元）间的防火间距应符合表 9-25 的规定，摘自《石油化工企业设计防火规范》（GB 50160—2008）。罐组内相邻可燃液体地上储罐的防火间距见表 9-26。液化烃、可燃气体、助燃气体的罐组内储罐的防火间距见表 9-27。

2.3.3 仓库的防火间距

① 甲类仓库之间及与其他建筑、明火或散发火花地点、铁路、道路等的防火间距不应小于表 9-28 的规定（摘自 GB 50016—2014）。

② 除《建规》另有规定外，乙、丙、丁、戊类仓库之间及与民用建筑的防火间距，不应小于表 9-29 的规定。

表 9-26 罐组内相邻可燃液体地上储罐的防火间距

液体类别	储罐型式			
	固定顶罐		浮顶、内浮顶罐	卧罐
	≤1000m³	>1000m³		
甲$_B$、乙类	$0.75D$	$0.6D$	$0.4D$	0.8m
丙$_A$类	$0.4D$			
丙$_B$类	2m	5m		

表 9-27 液化烃、可燃气体、助燃气体的罐组内储罐的防火间距

介质	储存方式或储罐型式		球罐	卧(立)罐	全冷冻式储罐		水槽式气柜	干式气柜
					≤100m³	>100m³		
液化烃	全压力式或半冷冻式储罐	有事故排放至火炬的措施	$0.5D$	$1.0D$	*	*	*	
		无事故排放至火炬的措施	$1.0D$		*	*	*	
	全冷冻式储罐	≤100m³	*	*	1.5m	$0.5D$	*	
		>100m³	*	*	$0.5D$	$0.5D$		
助燃气体	球罐		$0.5D$	$0.65D$	*	*	*	
	卧(立)罐		$0.65D$	$0.65D$	*	*	*	
可燃气体	水槽式气柜		*	*	*	*	$0.5D$	$0.65D$
	干式气柜		*	*	*	*	$0.65D$	$0.65D$
	球罐		$0.5D$	*	*	*	$0.65D$	$0.65D$

表 9-28 甲类仓库之间及与其他建筑、明火或散发火花地点、铁路、道路等的防火间距

单位：m

名称		甲类仓库储量/t			
		甲类储存物品第 3、4 项		甲类储存物品第 1、2、5、6 项	
		≤5	>5	≤10	>10
高层民用建筑、重要公共建筑		50			
裙房、其他民用建筑、明火或散发火花地点		30	40	25	30
甲类仓库		20	20	20	20
厂房和乙、丙、丁、戊类仓库	一、二级	15	20	12	15
	三级	20	25	15	20
	四级	25	30	20	25
电力系统电压为 35～500kV 且每台变压器容量不小于 10MVA 的室外变、配电站，工业企业的变压器总油量大于 5t 的室外降压变电站		30	40	25	30
厂外铁路线中心线		40			
厂内铁路线中心线		30			
厂外道路路边		20			

续表

名称		甲类仓库储量/t			
		甲类储存物品第 3、4 项		甲类储存物品第 1、2、5、6 项	
		≤5	>5	≤10	>10
厂内道路路边	主要	10			
	次要	5			

注：甲类仓库之间的防火间距，当第 3、4 项物品储量不大于 2t，第 1、2、5、6 项物品储量不大于 5t 时，不应小于 12m，甲类仓库与高层仓库的防火间距不应小于 13m。

表 9-29　乙、丙、丁、戊类仓库之间及与民用建筑的防火间距　单位：m

名称			乙类仓库			丙类仓库				丁、戊类仓库			
			单、多层		高层	单、多层			高层	单、多层			高层
			一、二级	三级	一、二级	一、二级	三级	四级	一、二级	一、二级	三级	四级	一、二级
乙、丙、丁、戊类仓库	单、多层	一、二级	10	12	13	10	12	14	13	10	12	14	13
		三级	12	14	15	12	14	16	15	12	14	16	15
		四级	14	16	17	14	16	18	17	14	16	18	17
	高层	一、二级	13	15	13	13	15	17	13	13	15	17	13
民用建筑	裙房，单、多层	一、二级	25			10	12	14	13	10	12	14	13
		三级	25			12	14	16	15	12	14	16	15
		四级	25			4	16	18	17	14	16	18	17
	高层	一类	50			20	25	25	20	15	18	18	15
		二类	50			15	20	20	15	13	15	15	13

注：1. 单、多层戊类仓库之间的防火间距，可按本表的规定减少 2m。

2. 两座仓库的相邻外墙均为防火墙时，防火间距可以减小，但丙类仓库，不应小于 6m；丁、戊类仓库，不应小于 4m。两座仓库相邻较高一面外墙为防火墙，且总占地面积不大于 GB 50016—2014 第 3.3.2 条一座仓库的最大允许占地面积规定时，其防火间距不限。

3. 除乙类第 6 项物品外的乙类仓库，与民用建筑的防火间距不宜小于 25m，与重要公共建筑的防火间距不应小于 50m，与铁路、道路等的防火间距不宜小于表 9-25 中甲类仓库与铁路、道路等的防火间距。

③ 丁、戊类仓库与民用建筑的耐火等级均为一、二级时，仓库与民用建筑的防火间距可按下列规定执行。

a. 当较高一面外墙为无门、窗、洞口的防火墙，或比相邻较低一座建筑屋面高 15m 及以下范围内的外墙为无门、窗、洞口的防火墙时，其防火间距不限。

b. 相邻较低一面外墙为防火墙，且屋顶无天窗或洞口、屋顶耐火极限不低于 1.00h，或相邻较高一面外墙为防火墙，且墙上开口部位采取了防火措施，其防火间距可适当减小，但不应小于 4m。

④ 粮食筒仓与其他建筑、粮食筒仓组之间的防火间距，不应小于表 9-30 的规定。

⑤ 库区围墙与库区内建筑的间距不宜小于 5m，围墙两侧建筑的间距应满足相应建筑的防火间距要求。

⑥ 石油化工企业各种仓库与其他建筑物和设施的防火间距应满足表 9-25 的规定。

2.3.4　储罐和可燃材料堆场的防火间距

石油化工企业的防火间距应按《石油化工企业设计防火规范》(GB 50160) 执行，更多的总图和平面布置要求详见有关规范。大型化工企业宜按《石油化工企业设计防火规范》(GB 50160) 执行。

(1) 甲、乙、丙类液体储罐（区）的防火间距

《建规》要求如下。

① 甲、乙、丙类液体储罐（区）和乙、丙类液体桶装堆场与其他建筑的防火间距，不应小于表 9-31 的规定。

② 甲、乙、丙类液体储罐之间的防火间距不应小于表 9-32 的规定。

表 9-30　粮食筒仓与其他建筑、粮食筒仓组之间的防火间距　单位：m

名称	粮食总储量 w/t	粮食立筒仓			粮食浅圆仓		其他建筑		
		$w \leqslant 40000$	$40000 < w \leqslant 50000$	$w > 50000$	$w \leqslant 50000$	$w > 50000$	一、二级	三级	四级
粮食立筒仓	$500 < w \leqslant 10000$	15	20	25	20	25	10	15	20
	$10000 < w \leqslant 40000$						15	20	25

续表

名称	粮食总储量 w/t	粮食立筒仓			粮食浅圆仓		其他建筑		
		$w \leqslant 40000$	$40000 < w \leqslant 50000$	$w > 50000$	$w \leqslant 50000$	$w > 50000$	一、二级	三级	四级
粮食立筒仓	$40000 < w \leqslant 50000$	20	20	25	20	25	20	25	30
	$w > 50000$	25					25	30	—
粮食浅圆仓	$w \leqslant 50000$	20	20	25	20	25	20	25	—
	$w > 50000$	25					25	30	—

注：1. 当粮食立筒仓、粮食浅圆仓与工作塔、接收塔、发放站为一个完整工艺单元的组群时，组内各建筑之间的防火间距不受本表限制。

2. 粮食浅圆仓组内每个独立仓的储量不应大于10000t。

表9-31 甲、乙、丙类液体储罐（区）和乙、丙类液体桶装堆场与其他建筑的防火间距

单位：m

类别	一个罐区或堆场的总容量 V/m³	建筑物				室外变、配电站
		一、二级		三级	四级	
		高层民用建筑	裙房，其他建筑			
甲、乙类液体储罐（区）	$1 \leqslant V < 50$	40	12	15	20	30
	$50 \leqslant V < 200$	50	15	20	25	35
	$200 \leqslant V < 1000$	60	20	25	30	40
	$1000 \leqslant V < 5000$	70	25	30	40	50
丙类液体储罐（区）	$5 \leqslant V < 250$	40	12	15	20	24
	$250 \leqslant V < 1000$	50	15	20	25	28
	$1000 \leqslant V < 5000$	60	20	25	30	32
	$5000 \leqslant V < 25000$	70	25	30	40	40

注：1. 当甲、乙类液体储罐和丙类液体储罐布置在同一储罐区时，罐区的总容量可按1m³甲、乙类液体相当于5m³丙类液体折算。

2. 储罐防火堤外侧基脚线至相邻建筑的距离不应小于10m。

3. 甲、乙、丙类液体的固定顶储罐区或半露天堆场，乙、丙类液体桶装堆场与甲类厂房（仓库）、民用建筑的防火间距，应按本表的规定增加25%，且甲、乙类液体的固定顶储罐区或半露天堆场，乙、丙类液体桶装堆场与甲类厂房（仓库）、裙房及单、多层民用建筑的防火间距不应小于25m，与明火或散发火花地点的防火间距应按本表有关四级耐火等级建筑物的规定增加25%。

4. 浮顶储罐区或闪点大于120℃的液体储罐区与其他建筑的防火间距，可按本表的规定减少25%。

5. 当数个储罐区布置在同一库区内时，储罐区之间的防火间距不应小于本表相应容量的储罐区与四级耐火等级建筑物防火间距的较大值。

6. 直埋地下的甲、乙、丙类液体卧式罐，当单罐容量不大于50m²，总容量不大于200m³时，与建筑物的防火间距可按本表规定减少50%。

7. 室外变、配电站指电力系统电压为35～500kV且每台变压器容量不小于10MVA的室外变、配电站和工业企业的变压器总油量大于5t的室外降压变电站。

表9-32 甲、乙、丙类液体储罐之间的防火间距

单位：m

类别			固定顶储罐			浮顶储罐或设置充氮保护设备的储罐	卧式储罐
			地上式	半地下式	地下式		
甲、乙类液体储罐	单罐容量 V/m³	$V \leqslant 1000$	$0.75D$	$0.5D$	$0.4D$	$0.4D$	$\geqslant 0.8$m
		$V > 1000$	$0.6D$				
丙类液体储罐		不限	$0.4D$	不限	不限	—	

注：1. D为相邻较大立式储罐的直径（m），矩形储罐的直径为长边与短边之和的一半。

2. 不同液体、不同形式储罐之间的防火间距不应小于本表规定的较大值。

3. 两排卧式储罐之间的防火间距不应小于3m。

4. 当单罐容量不大于1000m³且采用固定冷却系统时，甲、乙类液体的地上式固定顶储罐之间的防火间距不应小于$0.6D$。

5. 地上式储罐同时设置液下喷射泡沫灭火系统、固定冷却水系统和扑救防火堤内液体火灾的泡沫灭火设施时，储罐之间的防火间距可适当减小，但不宜小于$0.4D$。

6. 闪点大于120℃的液体，当单罐容量大于1000m³时，储罐之间的防火间距不应小于5m；当单罐容量不大于1000m³时，储罐之间的防火间距不应小于2m。

③ 甲、乙、丙类液体储罐成组布置时，应符合下列规定：

a. 组内储罐的单罐容量和总容量不应大于表9-33的规定。

表 9-33　甲、乙、丙类液体储罐成组布置的最大容量

单位：m^3

类别	单罐最大容量	一组罐最大容量
甲、乙类液体	200	1000
丙类液体	500	3000

b. 组内储罐的布置不应超过两排。甲、乙类液体立式储罐之间的防火间距不应小于 2m，卧式储罐之间的防火间距不应小于 0.8m；丙类液体储罐之间的防火间距不限。

c. 储罐组之间的防火间距应根据组内储罐的形式和总容量折算为相同类别的标准单罐，按建筑防火设计规范 GB 50016—2014 第 4.2.2 条的规定确定。

④ 甲、乙、丙类液体的地上式、半地下式储罐区，其每个防火堤内宜布置火灾危险性类别相同或相近的储罐。沸溢性泊品储罐不应与非沸溢性油品储罐布置在同一防火堤内。地上式、半地下式储罐不应与地下式储罐布置在同一防火堤内。

⑤ 甲、乙、丙类液体的地上式、半地下式储罐或储罐组，其四周应设置不燃性防火堤。防火堤的设置应符合下列规定。

a. 防火堤内的储罐布置不宜超过 2 排，单罐容量不大于 1000m^3 且闪点大于 120℃ 的液体储罐不宜超过 4 排。

b. 防火堤的有效容量不应小于其中最大储罐的容量。对于浮顶罐，防火堤的有效容量可为其中最大储罐容量的一半。

c. 防火堤内侧基脚线至立式储罐外壁的水平距离不应小于罐壁高度的一半。防火堤内侧基脚线至卧式储罐的水平距离不应小于 3m。

d. 防火堤的设计高度应比计算高度高出 0.2m，且应为 1.0～2.2m，在防火堤的适当位置应设置便于灭火救援人员进出防火堤的踏步。

e. 沸溢性油品的地上式、半地下式储罐，每个储罐均应设置一个防火堤或防火隔堤。

f. 含油污水排水管应在防火堤的出口处设置水封设施，雨水排水管应设置阀门等封闭、隔离装置。

⑥ 甲类液体半露天堆场，乙、丙类液体桶装堆场和闪点大于 120℃ 的液体储罐（区），当采取了防止液体流散的设施时，可不设置防火堤。

⑦ 甲、乙、丙类液体储罐与其泵房、装卸鹤管的防火间距不应小于表 9-34 的规定。

⑧ 甲、乙、丙类液体装卸鹤管与建筑物、厂内铁路线的防火间距不应小于表 9-35 的规定。

⑨ 甲、乙、丙类液体储罐与铁路、道路的防火间距不应小于表 9-36 的规定。

表 9-34　甲、乙、丙类液体储罐与其泵房、装卸鹤管的防火间距 单位：m

液体类别和储罐形式		泵房	铁路或汽车装卸鹤管
甲、乙类液体储罐	拱顶罐	15	20
	浮顶罐	12	15
丙类液体储罐		10	12

注：1. 总容量不大于 1000m^3 的甲、乙类液体储罐和总容量不大于 5000m^3 的丙类液体储罐，其防火间距可按本表的规定减少 25%。

2. 泵房、装卸鹤管与储罐防火堤外侧基脚线的距离不应小于 5m。

表 9-35　甲、乙、丙类液体装卸鹤管与建筑物、厂内铁路线的防火间距　单位：m

名　称	建筑物			厂内铁路线	泵房
	一、二级	三级	四级		
甲、乙类液体装卸鹤管	14	16	18	20	8
丙类液体装卸鹤管	10	12	14	10	

注：装卸鹤管与其直接装卸用的甲、乙、丙类液体装卸铁路线的防火间距不限。

表 9-36　甲、乙、丙类液体储罐与铁路、道路的防火间距　单位：m

名　称	厂外铁路线中心线	厂内铁路线中心线	厂外道路路边	厂内道路路边	
				主要	次要
甲、乙类液体储罐	35	25	20	15	10
丙类液体储罐	30	20	15	10	5

⑩ 零位罐与所属铁路装卸线的距离不应小于 6m。

⑪ 石油库的储罐（区）与建筑的防火间距，石油库内的储罐布置和防火间距，以及储罐与泵房、装卸鹤管等库内建筑的防火间距，应符合现行国家标准《石油库设计规范》（GB 50074）的规定。《石化规》的要求见表 9-25。

（2）可燃、助燃气体储罐（区）的防火间距

① 可燃气体储罐与建筑物、储罐、堆场等的防火间距应符合下列规定。

a. 湿式可燃气体储罐与建筑物、储罐、堆场等的防火间距不应小于表 9-37 的规定。

b. 固定容积的可燃气体储罐与建筑物、储罐、堆场等的防火间距不应小于表 9-37 的规定。

c. 干式可燃气体储罐与建筑物、储罐、堆场等的防火间距：当可燃气体的密度比空气大时，应按表 9-37 的规定增加 25%；当可燃气体的密度比空气小时，可按表 9-37 的规定确定。

表 9-37 湿式可燃气体储罐与建筑物、储罐、堆场等的防火间距 单位：m

名称		湿式可燃气体储罐(总容积 V)/m³				
		$V<1000$	$1000\leqslant V<10000$	$10000\leqslant V<50000$	$50000\leqslant V<100000$	$100000\leqslant V<300000$
甲类仓库 甲、乙、丙类液体储罐 可燃材料堆场 室外变、配电站 明火或散发火花的地点		20	25	30	35	40
高层民用建筑		25	30	35	40	45
裙房，单、多层民用建筑		18	20	25	30	35
其他建筑	一、二级	12	15	20	25	30
	三级	15	20	25	30	35
	四级	20	25	30	35	40

注：固定容积可燃气体储罐的总容积按储罐几何容积（m³）和设计储存压力（绝对压力，10^5Pa）的乘积计算。

d. 湿式或干式可燃气体储罐的水封井、油泵房和电梯间等附属设施与该储罐的防火间距，可按工艺要求布置。

e. 容积不大于 20m³ 的可燃气体储罐与其使用厂房的防火间距不限。

② 可燃气体储罐（区）之间的防火间距应符合下列规定。

a. 湿式可燃气体储罐或干式可燃气体储罐之间及湿式与干式可燃气体储罐的防火间距，不应小于相邻较大罐直径的1/2。

b. 固定容积的可燃气体储罐之间的防火间距不应小于相邻较大罐直径的2/3。

c. 固定容积的可燃气体储罐与湿式或干式可燃气体储罐的防火间距，不应小于相邻较大罐直径的1/2。

d. 数个固定容积的可燃气体储罐的总容积大于200000m³ 时，应分组布置。卧式储罐组之间的防火间距不应小于相邻较大罐长度的一半；球形储罐组之间的防火间距不应小于相邻较大罐直径，且不应小于20m。

③ 氧气储罐与建筑物、储罐、堆场等的防火间距应符合下列规定。

湿式氧气储罐与建筑物、储罐、堆场等的防火间距不应小于表 9-38 的规定。

④ 液氧储罐与建筑物、储罐、堆场等的防火间距应符合表 9-38 相应容积湿式氧气储罐防火间距的规定。液氧储罐与其泵房的间距不宜小于 3m。

⑤ 液氧储罐周围 5m 范围内不应有可燃物和沥青路面。

⑥ 可燃、助燃气体储罐与铁路、道路的防火间距不应小于表 9-39 的规定。

表 9-38 湿式氧气储罐与建筑物、储罐、堆场等的防火间距 单位：m

名称		湿式氧气储罐总容积 V/m³		
		$V\leqslant 1000$	$1000<V\leqslant 50000$	$V>50000$
明火或散发火花地点		25	30	35
甲、乙、丙类液体储罐，可燃材料堆场，甲类仓库，室外变、配电站		20	25	30
民用建筑		18	20	25
其他建筑	一、二级	10	12	14
	三级	12	14	16
	四级	14	16	18

注：1. 固定容积氧气储罐的总容积按储罐几何容积（m³）和设计储存压力（绝对压力，10^5Pa）的乘积计算。

2. 氧气储罐之间的防火间距不应小于相邻较大罐直径的1/2。

3. 氧气储罐与可燃气体储罐的防火间距不应小于相邻较大罐的直径。

4. 固定容积的氧气储罐与建筑物、储罐、堆场等的防火间距不应小于表 9-38 的规定。

5. 氧气储罐与其制氧厂房的防火间距可按工艺布置要求确定。

6. 容积不大于 50m³ 的氧气储罐与其使用厂房的防火间距不限。

7. 1m³ 液氧折合标准状态下 800m³ 气态氧。

⑦ 液化天然气气化站的液化天然气储罐（区）与站外建筑等的防火间距不应小于表 9-40 的规定，表 9-40 未规定的其他建筑的防火间距，应符合现行国家标准《城镇燃气设计规范》(GB 50028）的规定。

⑧ 液氢、液氨储罐与建筑物、储罐、堆场等的防火间距可按表 9-41 相应容积液化石油气储罐防火间距的规定减少 25%确定。

表 9-39　可燃、助燃气体储罐与铁路、道路的防火间距　单位：m

名　　称	厂外铁路线中心线	厂内铁路线中心线	厂外道路路边	厂内道路路边	
				主要	次要
可燃、助燃气体储罐	25	20	15	10	5

(3) 液化石油气储罐（区）的防火间距

① 液化石油气供应基地的全压式和半冷冻式储罐（区），与明火或散发火花地点和基地外建筑的防火间距不应小于表 9-41 的规定，表 9-41 未规定的其他建筑的防火间距应符合现行国家标准《城镇燃气设计规范》(GB 50028) 的规定。

表 9-40　液化天然气气化站的液化天然气储罐（区）与站外建筑等的防火间距　单位：m

名　　称		液化天然气储罐(区)总容积 V/m^3							集中放散装置的天然气放散总管
		$V\leqslant10$	$10<V\leqslant30$	$30<V\leqslant50$	$50<V\leqslant200$	$200<V\leqslant500$	$500<V\leqslant1000$	$1000<V\leqslant2000$	
单罐容积 V'/m^3		$V'\leqslant10$	$V'\leqslant30$	$V'\leqslant50$	$V'\leqslant200$	$V'\leqslant500$	$V'\leqslant1000$	$V'\leqslant2000$	
居住区、村镇和重要公共建筑(最外侧建筑物的外墙)		30	35	45	50	70	90	110	45
工业企业(最外侧建筑物的外墙)		22	25	27	30	35	40	50	20
明火或散发火花地点,室外变、配电站		30	35	45	50	55	60	70	30
其他民用建筑,甲、乙类液体储罐,甲、乙类仓库,甲、乙类厂房,秸秆、芦苇、打包废纸等材料堆场		27	32	40	45	50	55	65	25
丙类液体储罐,可燃气体储罐,丙、丁类厂房,丙、丁类仓库		25	27	32	35	40	45	55	20
公路(路边)	高速,Ⅰ、Ⅱ级,城市快速	20			25				15
	其他	15			20				10
架空电力线(中心线)		1.5 倍杆高					1.5 倍杆高,但 35kV 及以上架空电力线不应小于 40m		2.0 倍杆高
架空通信线(中心线)	Ⅰ、Ⅱ级	1.5 倍杆高		30		40			1.5 倍杆高
	其他	1.5 倍杆高							
铁路(中心线)	国家线	40	50	50	70		80		40
	企业专用线	25			30		35		30

注：居住区、村镇指 1000 人或 300 户及以上者；当少于 1000 人或 300 户村，相应防火间距应按本表有关其他民用建筑的要求确定。

表 9-41　液化石油气供应基地的全压式和半冷冻式储罐（区）与明火或散发火花地点和基地外建筑的防火间距　单位：m

名　　称	液化石油气储罐(区)总容积 V/m^3						
	$30<V\leqslant50$	$50<V\leqslant200$	$200<V\leqslant500$	$500<V\leqslant1000$	$1000<V\leqslant2500$	$2500<V\leqslant5000$	$5000<V\leqslant10000$
单罐容积 V'/m^3	$V'\leqslant20$	$V'\leqslant50$	$V'\leqslant100$	$V'\leqslant200$	$V'\leqslant400$	$V'\leqslant1000$	$V'>1000$
居住区、村镇和重要公共建筑(最外侧建筑物的外墙)	45	50	70	90	110	130	150
工业企业(最外侧建筑物的外墙)	27	30	35	40	50	60	75
明火或散发火花地点,室外变、配电站	45	50	55	60	70	80	120
其他民用建筑,甲、乙类液体储罐,甲、乙类仓库,甲、乙类厂房,秸秆、芦苇、打包废纸等材料堆场	40	45	50	55	65	70	100

续表

名称		液化石油气储罐(区)总容积 V/m^3						
		30<V≤50	50<V≤200	200<V≤500	500<V≤1000	1000<V≤2500	2500<V≤5000	5000<V≤10000
丙类液体储罐,可燃气体储罐,丙、丁类厂房,丙、丁类仓库		32	35	40	45	55	65	80
助燃气体储罐,木材等材料堆场		27	30	35	40	50	60	75
其他建筑	一、二级	18	20	22	25	30	40	50
	三级	22	25	27	30	40	50	60
	四级	27	30	35	40	50	60	75
公路(路边)	高速,Ⅰ、Ⅱ级	20	25					30
	Ⅲ、Ⅳ级	15	20					25
架空电力线(中心线)		应符合《建规》第10.2.1条的规定						
架空通信线(中心线)	Ⅰ、Ⅱ级	30		40				
	Ⅲ、Ⅳ级	1.5倍杆高						
铁路(中心线)	国家线	60	70		80		100	
	企业专用线	25	30		35		40	

注:1. 防火间距应按本表储罐区的总容积或单罐容积的较大者确定。

2. 当地下液化石油气储罐的单罐容积不大于 $50m^3$,总容积不大于 $400m^3$ 时,其防火间距可按本表的规定减少50%。

3. 居住区、村镇指1000人或300户及以上者;当少于1000人或300户时,相应防火间距应按本表有关其他民用建筑的要求确定。

② 液化石油气储罐之间的防火间距不应小于相邻较大罐的直径。

数个储罐的总容积大于 $3000m^3$ 时,应分组布置,组内储罐宜采用单排布置。组与组相邻储罐之间的防火间距不应小于20m。

③ 液化石油气储罐与所属泵房的防火间距不应小于15m。当泵房面向储罐一侧的外墙采用无门、窗、洞口的防火墙时,防火间距可减至6m。液化石油气泵露天设置在储罐区内时,储罐与泵的防火间距不限。

④ 全冷冻式液化石油气储罐、液化石油气气化站、混气站的储罐与周围建筑的防火间距,应符合现行国家标准《城镇燃气设计规范》GB 50028的规定。

工业企业内总容积不大于 $10m^3$ 的液化石油气气化站、混气站的储罐,当设置在专用的独立建筑内时,建筑外墙与相邻厂房及其附属设备的防火间距可按甲类厂房有关防火间距的规定确定。当露天设置时,与建筑物、储罐、堆场等的防火间距应符合现行国家标准《城镇燃气设计规范》(GB 50028)的规定。

⑤ Ⅰ、Ⅱ级瓶装液化石油气供应站瓶库与站外建筑等的防火间距不应小于表9-42的规定。瓶装液化石油气供应站的分级及总存瓶容积不大于 $1m^3$ 的瓶装供应站瓶库的设置,应符合现行国家标准《城镇燃气设计规范》(GB 50028)的规定。

⑥ Ⅰ级瓶装液化石油气供应站的四周宜设置不燃性实体围墙,但面向出入口一侧可设置不燃性非实体围墙。

表9-42 Ⅰ、Ⅱ级瓶装液化石油气供应站瓶库与站外建筑等的防火间距 单位:m

名称	Ⅰ级		Ⅱ级	
瓶库的总存瓶容积 V/m^3	6<V≤10	10<V≤20	1<V≤3	3<V≤6
明火或散发火花地点	30	35	20	25
重要公共建筑	20	25	12	15
其他民用建筑	10	15	6	8
主要道路路边	10	10	8	8
次要道路路边	5	5	5	5

注:总存瓶容积应按实瓶个数与单瓶几何容积的乘积计算。

Ⅱ级瓶装液化石油气供应站的四周宜设置不燃性实体围墙,或下部实体部分高度不低于0.6m的围墙。

(4) 可燃材料堆场的防火间距

① 露天、半露天可燃材料堆场与建筑物的防火间距不应小于表9-43的规定。

当一个木材堆场的总储量大于 $25000m^3$ 或一个秸秆、芦苇、打包废纸等材料堆场的总储量大于20000t时,宜分设堆场,各堆场之间的防火间距不应小于相邻较大堆场与四级耐火等级建筑物的防火间距。

不同性质物品堆场之间的防火间距,不应小于本表相应储量堆场与四级耐火等级建筑物防火间距的较大值。

表 9-43　露天、半露天可燃材料堆场与建筑物的防火间距　单位：m

名　称	一个堆场的总储量	建筑物		
		一、二级	三级	四级
粮食席穴囤 w/t	$10 \leqslant w < 5000$	15	20	25
	$5000 \leqslant w < 20000$	20	25	30
粮食土圆仓 w/t	$500 \leqslant w < 10000$	10	15	20
	$10000 \leqslant w < 20000$	15	20	25
棉、麻、毛、化纤、百货 w/t	$10 \leqslant w < 500$	10	15	20
	$500 \leqslant w < 1000$	15	20	25
	$1000 \leqslant w < 5000$	20	25	30
秸秆、芦苇、打包废纸等 w/t	$10 \leqslant w < 5000$	15	20	25
	$5000 \leqslant w < 10000$	20	25	30
	$w \geqslant 10000$	25	30	40
木材等 V/m^3	$50 \leqslant V < 1000$	10	15	20
	$1000 \leqslant V < 10000$	15	20	25
	$V \geqslant 10000$	20	25	30
煤和焦炭 w/t	$100 \leqslant V < 5000$	6	8	10
	$w \geqslant 5000$	8	10	12

注：露天、半露天秸秆、芦苇、打包废纸等材料堆场，与甲类厂房（仓库）、民用建筑的防火间距应根据建筑物的耐火等级分别按本表的规定增加 25%且不应小于 25m，与室外变、配电站的防火间距不应小于 50m，与明火或散发火花地点的防火间距应按本表四级耐火等级建筑物的相应规定增加 25%。

② 露天、半露天可燃材料堆场与甲、乙、丙类液体储罐的防火间距，不应小于表 9-31 和表 9-43 中相应储量堆场与四级耐火等级建筑物防火间距的较大值。

③ 露天、半露天秸秆、芦苇、打包废纸等材料堆场与铁路、道距的防火间距不应小于表 9-44 的规定，其他可燃材料堆场与铁路、道路的防火间距可根据材料的火灾危险性按类比原则确定。

表 9-44　露天、半露天可燃材料堆场与铁路、道路的防火间距　单位：m

名　称	厂外铁路线中心线	厂内铁路线中心线	厂外道路路边	厂内道路路边	
				主要	次要
秸秆、芦苇、打包废纸等材料堆场	30	20	15	10	5

2.3.5　防火间距起止点的计算规定

(1)《建规》规定

建筑物之间的防火间距应按相邻建筑外墙的最近水平距离计算，当外墙有凸出的可燃或难燃构件时，应从其凸出部分外缘算起。

建筑物与储罐、堆场的防火间距，应为建筑外墙至储罐外壁或堆场中相邻堆垛外缘的最近水平距离。建筑物、储罐或堆场与道路、铁路的防火间距，应为建筑外墙、储罐外壁或相邻堆垛外缘到距道路最近一侧路边或铁路中心线的最小水平距离。

储罐之间的防火间距应为相邻两储罐外壁的最近水平距离。储罐与堆场的防火间距应为储罐外壁至堆场中相邻堆垛外缘的最近水平距离。堆场之间的防火间距应为两堆场中相邻堆垛外缘的最近水平距离。

变压器之间的防火间距应为相邻变压器外壁的最近水平距离。变压器与建筑物、储罐或堆场的防火间距，应为变压器外壁至建筑外墙、储罐外壁或相邻堆垛外缘的最近水平距离。

(2)《石化规》规定

防火间距计算起止点（略去与《建规》相同的内容）如下。

① 建筑物（敞开或半敞开式厂房除外）为最外侧轴线，敞开式厂房为设备外缘，半敞开式厂房需要根据物料特性和厂房结构形式确定。工艺装置为最外侧的设备外缘或建筑物的最外侧轴线。

② 设备为设备外缘，铁路装卸鹤管为铁路中心线，汽车装卸鹤位为鹤管立管中心线，码头为输油臂中心及泊位，火炬为火炬中心。

③ 架空通信、电力线为线路中心线。

2.4　厂房和仓库的防爆与抗爆

2.4.1　厂房和仓库的防爆

① 有爆炸危险的甲、乙类厂房宜独立设置，并宜采用敞开或半敞开式。其承重结构宜采用钢筋混凝土或钢框架、排架结构。

② 有爆炸危险的甲、乙类厂房应设置泄压设施，其泄压面积宜按下式计算，但当厂房的长径比大于 3 时，宜将该建筑划分为长径比小于等于 3 的多个计算段，各计算段中的公共截面不得作为泄压面积。

$$A=10CV^{\frac{2}{3}}$$

式中　A——泄压面积，m^2；

V——厂房的容积，m^3；

C——厂房容积为 $1000m^3$ 时的泄压比，可按表 9-45 选取，m^2/m^3。

③ 泄压设施宜采用轻质屋面板、轻质墙体和易于泄压的门、窗等，应采用安全玻璃等在爆炸时不产生尖锐碎片的材料。泄压设施的设置应避开人员密集场所和主要交通道路，并宜靠近有爆炸危险的部位。屋顶上的泄压设施应采取防冰雪积聚措施。作为泄压设施的轻质屋面板和轻质墙体的单位质量不宜超过 $60kg/m^2$。

④ 散发较空气轻的可燃气体、可燃蒸气的甲类厂房，宜采用轻质屋面板的全部或局部作为泄压面积。顶棚应尽量平整，避免死角，厂房上部空间应通

风良好。

表 9-45 厂房内爆炸性危险物质的类别与泄压比值 单位：m^2/m^3

厂房内爆炸性危险物质的类别	C 值
氨以及粮食、纸、皮革、铅、铬、铜等 $K_{尘}<10MPa·m/s$ 的粉尘	≥0.030
木屑、炭屑、煤粉、锑、锡等 $10MPa·m/s\leqslant K_{尘}\leqslant 30MPa·m/s$ 的粉尘	≥0.055
丙酮、汽油、甲醇、液化石油气、甲烷、喷涂间或干燥室以及苯酚树脂、铝、镁、锆等 $K_{尘}>30MPa·m/s$ 的粉尘	≥0.110
乙烯	≥0.16
乙炔	≥0.20
氢	≥0.25

注：1. 长径比为建筑平面几何外形尺寸中的最长尺寸与其横截面周长的积和 4.0 倍的该建筑横截面积之比。

2. $K_{尘}$ 是粉尘爆炸指数。

⑤ 散发较空气重的可燃气体、可燃蒸气的甲类厂房以及有粉尘、纤维爆炸危险的乙类厂房，应采用不发火花的地面。采用绝缘材料作整体面层时，应采取防静电措施。

散发可燃粉尘、纤维的厂房内表面应平整、光滑，并易于清扫。

厂房内不宜设置地沟，必须设置时，其盖板应严密，地沟应采取防止可燃气体、可燃蒸气及粉尘、纤维在地沟积聚的有效措施，且与相邻厂房连通处应采用防火材料密封。

⑥ 有爆炸危险的甲、乙类生产部位，宜设置在单层厂房靠外墙的泄压设施或多层厂房顶层靠外墙的泄压设施附近。

有爆炸危险的设备宜避开厂房的梁、柱等主要承重构件布置。

⑦ 有爆炸危险的甲、乙类厂房的总控制室应独立设置。

⑧ 有爆炸危险的甲、乙类厂房的分控制室宜独立设置，当贴邻外墙设置时，应采用耐火极限不低于 3.00h 的不燃烧墙体与其他部分隔开。

⑨ 使用和生产甲、乙、丙类液体厂房的管、沟不应和相邻厂房的管、沟相通，该厂房的下水道应设置隔油设施。

⑩ 甲、乙、丙类液体仓库的物品应采取防止水浸渍的措施。

⑪ 有粉尘爆炸危险的筒仓和粮食筒仓工作塔，应采取防爆措施。

⑫ 有爆炸危险的仓库应采取防爆措施，设置泄压设施。

2.4.2 建筑物的抗爆设计

大多数化工和石化企业生产使用、储存的物料和产品都具有易燃易爆的特性，而控制室一般都靠近生产中心布置，而且是保证装置安全生产的关键设施，尤其是在事故情况下，对保证装置安全停车、减小事故影响具有重要作用，人员也相对比较集中。因此一般大型化工、石化企业都要求控制室能抗爆，即在发生事故爆炸的情况下仍能保证控制室的正常运转和人员安全。相关规范有《石油化工控制室抗爆设计规范》(GB 50779) 和《控制室设计规范》 (HG/T 20508)。

(1) 总图布置

对于有爆炸危险的化工工厂和装置，中心控制室、控制室、现场控制室应采用抗爆结构设计。建筑物的建筑和结构应根据抗爆强度计算及分析结果进行设计。

抗爆控制室的位置应根据该区域安全分析（评估）报告进行布置或调整，否则与甲、乙类工艺装置的间距不应小于 30m，且四周不应同时布置甲、乙类装置，宜位于甲类设备全年最小频率风向的下风侧，场地应高于相邻装置区地坪。

(2) 建筑

控制室建筑物为抗爆结构时，宜为一层，不应超过两层，且不应与非抗爆建筑物合并建筑。中心控制室宜为单独建筑物。

建筑物应采用钢筋混凝土结构形式，其受力体系的布置（如框架柱、建筑内部的剪力墙等）、外墙墙体构造及厚度应通过结构计算确定。建筑物不得设置变形缝。

外墙不得设置普通雨篷、挑沿等附属装饰物。吊顶周边与建筑外墙之间应设置变形缝，宽度不应小于 50mm。吊顶主龙骨钢制材料厚度不应小于 1.0mm，布置间距不应大于 1.2m，表面应镀锌。吊顶板应选择密度小的材料（如铝合金扣板、轻质矿棉吸音板等），不得选用水泥及玻璃制品装饰板。自重大于 1kg 的灯具应采用钢筋吊杆直接固定在混凝土屋面板上，吊杆直径不宜小于 8mm。

室内与结构受力构件相连接的玻璃隔墙，应选用金属框架及安全玻璃。

(3) 门窗

控制室外门、隔离前室内门应选用抗爆防护门，耐火完整性不应小于 1h。面向甲、乙类工艺装置的外墙上不得设置窗，其他外墙上不宜设置窗。在人员通道外门的室内侧，应设隔离前室。

人员通道抗爆门应符合以下要求。

① 洞口尺寸不宜大于 1500mm×2400mm。

② 门扇应向外开启，配置逃生门锁及抗爆门镜，门框与门扇之间应密封并应设置自动闭门器。隔离前室内、外门应具备不同时开启联锁功能。

③ 抗爆门的计算荷载应与所在建筑墙面计算冲击波超压相同，隔离前室内门计算冲击波超压为外门计算冲击波超压的 50%。在计算荷载的作用下，该门应处于弹性状态，可正常开启。

设备通道抗爆门用于满足大型设备进出建筑物的要求，其构造及性能应符合下列要求。

① 门洞口的大小应能满足设备的进出与安装，门扇上不应镶嵌玻璃窗，并应向外开启，应配置抗爆门锁。

② 抗爆门的计算荷载应与所在建筑墙面计算冲击波超压相同，在计算荷载的作用下，该门可处于弹塑性状态，但不应达到屈服极限值。

抗爆建筑物外窗应选用固定抗爆防护窗，计算荷载与所在建筑墙面计算冲击波超压相同。在承重内墙上设置的内窗应采用净面积不大于 1m² 的安全玻璃。

2.5 厂房和仓库的安全疏散

2.5.1 厂房的安全疏散

① 厂房的安全出口应分散布置。每个防火分区或一个防火分区的每个楼层，其相邻 2 个安全出口最近边缘之间的水平距离不应小于 5m。

② 厂房内每个防火分区或一个防火分区内的每个楼层，其安全出口的数量应经计算确定，且不应少于 2 个。当符合下列条件时，可设置 1 个安全出口。

a. 甲类厂房，每层建筑面积不大于 100m²，且同一时间的作业人数不超过 5 人。

b. 乙类厂房，每层建筑面积不大于 150m²，且同一时间的作业人数不超过 10 人。

c. 丙类厂房，每层建筑面积不大于 250m²，且同一时间的作业人数不超过 20 人。

d. 丁、戊类厂房，每层建筑面积不大于 400m²，且同一时间的作业人数不超过 30 人。

e. 地下或半地下厂房（包括地下或半地下室），每层建筑面积不大于 50m²，且同一时间的作业人数不超过 15 人。

③ 地下或半地下厂房（包括地下或半地下室），当有多个防火分区相邻布置，并采用防火墙分隔时，每个防火分区可利用防火墙上通向相邻防火分区的甲级防火门作为第二安全出口，但每个防火分区必须至少有 1 个直通室外的独立安全出口。

④ 厂房内任一点至最近安全出口的直线距离不应大于表 9-46 的规定。

⑤ 厂房内疏散楼梯、走道、门的各自总净宽度，应根据疏散人数按每 100 人的最小疏散净宽度不小于表 9-47 的规定计算确定。但疏散楼梯的最小净宽度不宜小于 1.10m，疏散走道的最小净宽度不宜小于 1.40m，门的最小净宽度不宜小于 0.90m。当每层疏散人数不相等时，疏散楼梯的总净宽度应分层计算，下层楼梯总净宽度应按该层及以上疏散人数最多一层的疏散人数计算。

表 9-46　厂房内任一点至最近安全出口的直线距离

单位：m

生产的火灾危险性类别	耐火等级	单层厂房	多层厂房	高层厂房	地下或半地下厂房（包括地下或半地下室）
甲	一、二级	30	25	—	—
乙	一、二级	75	50	30	—
丙	一、二级	80	60	40	30
	三级	60	40		—
丁	一、二级	不限	不限	50	45
	三级	60	50	—	—
	四级	50	—	—	—
戊	一、二级	不限	不限	75	60
	三级	100	75	—	—
	四级	60	—	—	—

表 9-47　厂房内疏散楼梯、走道和门的每 100 人最小疏散净宽度

厂房层数/层	1～2	3	≥4
最小疏散净宽度/(m/100 人)	0.60	0.80	1.00

首层外门的总净宽度应按该层及以上疏散人数最多一层的疏散人数计算，且该门的最小净宽度不应小于 1.20m。

⑥ 高层厂房和甲、乙、丙类多层厂房的疏散楼梯应采用封闭楼梯间或室外楼梯。建筑高度大于 32m 且任一层人数超过 10 人的厂房，应采用防烟楼梯间或室外楼梯。

2.5.2 仓库的安全疏散

① 仓库的安全出口应分散布置。每个防火分区或一个防火分区的每个楼层，其相邻 2 个安全出口最近边缘之间的水平距离不应小于 5m。

② 每座仓库的安全出口不应少于 2 个，当一座仓库的占地面积不大于 300m² 时，可设置 1 个安全出口。仓库内每个防火分区通向疏散走道、楼梯或室外的出口不宜少于 2 个，当防火分区的建筑面积不大于 100m² 时，可设置 1 个出口。通向疏散走道或楼梯的门应为乙级防火门。

③ 地下或半地下仓库（包括地下或半地下室）的安全出口不应少于 2 个；当建筑面积不大于 100m² 时，可设置 1 个安全出口。

地下或半地下仓库（包括地下或半地下室），当有多个防火分区相邻布置并采用防火墙分隔时，每个防火分区可利用防火墙上通向相邻防火分区的甲级防火门作为第二安全出口，但每个防火分区必须至少有

1个直通室外的安全出口。

④ 冷库、粮食筒仓、金库的安全疏散设计应分别符合现行国家标准《冷库设计规范》(GB 50072)和《粮食钢板筒仓设计规范》(GB 50322) 等的规定。

⑤ 粮食筒仓上层面积小于1000m²，且作业人数不超过2人时，可设置1个安全出口。

⑥ 仓库、筒仓中符合本规范第6.4.5条规定的室外金属梯，可作为疏散楼梯，但筒仓室外楼梯平台的耐火极限不应低于0.25h。

⑦ 高层仓库的疏散楼梯应采用封闭楼梯间。

⑧ 除一、二级耐火等级的多层戊类仓库外，其他仓库内供垂直运输物品的提升设施宜设置在仓库外，确需设置在仓库内时，应设置在井壁的耐火极限不低于2.00h的井筒内。室内外提升设施通向仓库的入口应设置乙级防火门或符合《建规》第6.5.3条规定的防火卷帘。

2.5.3 消防和疏散通道

① 疏散楼梯间应符合下列规定。

a. 楼梯间应能天然采光和自然通风，并宜靠外墙设置。靠外墙设置时，楼梯间、前室及合用前室外墙上的窗门与两侧门、窗、洞口最近边缘的水平距离不应小于1.0m。

b. 楼梯间内不应设置烧水间、可燃材料储藏室、垃圾道。

c. 楼梯间内不应有影响疏散的凸出物或其他障碍物。

d. 封闭楼梯间、防烟楼梯间及其前室，不应设置卷帘。

e. 楼梯间内不应设置甲、乙、丙类液体管道。

f. 封闭楼梯间、防烟楼梯间及其前室内禁止穿过或设置可燃气体管道。敞开楼梯间内不应设置可燃气体管道，当住宅建筑的敞开楼梯间内确需设置可燃气体管道和可燃气体计量表时，应采用金属管和设置切断气源的阀门。

② 封闭楼梯间除应符合上述①的规定外，还应符合下列规定。

a. 不能自然通风或自然通风不能满足要求时，应设置机械加压送风系统或采用防烟楼梯间。

b. 除楼梯间的出入口和外窗外，楼梯间的墙上不应开设其他门、窗、洞口。

c. 高层建筑、人员密集的公共建筑、人员密集的多层丙类厂房以及甲、乙类厂房，其封闭楼梯间的门应采用乙级防火门，并应向疏散方向开启；其他建筑，可采用双向弹簧门。

d. 楼梯间的首层可将走道和门厅等包括在楼梯间内形成扩大的封闭楼梯间，但应采用乙级防火门等与其他走道和房间分隔。

③ 防烟楼梯间除应符合上述①的规定外，尚应符合下列规定。

a. 应设置防烟设施。

b. 前室可与消防电梯间前室合用。

c. 前室的使用面积：公共建筑、高层厂房（仓库），不应小于6.0m²；住宅建筑，不应小于4.5m²。

与消防电梯间前室合用时，合用前室的使用面积：公共建筑、高层厂房（仓库），不应小于10.0m²；住宅建筑，不应小于6.0m²。

d. 疏散走道通向前室以及前室通向楼梯间的门应采用乙级防火门。

e. 除住宅建筑的楼梯间前室外，防烟楼梯间和前室内的墙上不应开设除疏散门和送风口外的其他门、窗、洞口。

f. 楼梯间的首层可将走道和门厅等包括在楼梯间前室内形成扩大的前室，但应采用乙级防火门等与其他走道和房间分隔。

④ 除通向避难层错位的疏散楼梯外，建筑内的疏散楼梯间在各层的平面位置不应改变。

除住宅建筑套内的自用楼梯外，地下或半地下建筑（室）的疏散楼梯间，应符合下列规定。

a. 室内地面与室外出入口地坪高差大于10m或3层及以上的地下、半地下建筑（室），其疏散楼梯应采用防烟楼梯间；其他地下或半地下建筑（室），其疏散楼梯应采用封闭楼梯间。

b. 应在首层采用耐火极限不低于2.00h的防火隔墙与其他部位分隔并应直通室外，确需在隔墙上开门时，应采用乙级防火门。

c. 建筑的地下或半地下部分与地上部分不应共用楼梯间，确需共用楼梯间时，应在首层采用耐火极限不低于2.00h的防火隔墙和乙级防火门将地下或半地下部分与地上部分的连通部位完全分隔，并应设置明显的标志。

⑤ 室外疏散楼梯应符合下列规定。

a. 栏杆扶手的高度不应小于1.10m，楼梯的净宽度不应小于0.90m。

b. 倾斜角度不应大于45°。

c. 梯段和平台均应采用不燃材料制作。平台的耐火极限不应低于1.00h，梯段的耐火极限不应低于0.25h。

d. 通向室外楼梯的门应采用乙级防火门，并应向外开启。

e. 除疏散门外，楼梯周围2m内的墙面上不应设置门、窗、洞口。疏散门不应正对梯段。

⑥ 用作丁、戊类厂房内第二安全出口的楼梯可采用金属梯，但其净宽度不应小于0.90m，倾斜角度不应大于45°。

丁、戊类高层厂房，当每层工作平台上的人数不超过2人且各层工作平台上同时工作的人数总和不超过10人时，其疏散楼梯可采用敞开楼梯或利用净宽度不小于0.90m、倾斜角度不大于60°的金属梯。

⑦ 疏散用楼梯和疏散通道上的阶梯不宜采用螺旋楼梯和扇形踏步；确需采用时，踏步上、下两级所形成的平面角度不应大于10°，且每级离扶手250mm处的踏步深度不应小于220mm。

⑧ 建筑内的公共疏散楼梯，其两梯段及扶手间的水平净距不宜小于150mm。

⑨ 高度大于10m的三级耐火等级建筑应设置通至屋顶的室外消防梯。室外消防梯不应面对坡屋顶上面开的窗，宽度不应小于0.6m，且宜从离地面3.0m高处设置。

⑩ 疏散走道在防火分区处应设置常开甲级防火门。

⑪ 建筑内的疏散门应符合下列规定。

a. 民用建筑和厂房的疏散门，应采用向疏散方向开启的平开门，不应采用推拉门、卷帘门、吊门、转门和折叠门。除甲、乙类生产车间外，人数不超过60人且每樘门的平均疏散人数不超过30人的房间，其疏散门的开启方向不限。

b. 仓库的疏散门应采用向疏散方向开启的平开门，但丙、丁、戊类仓库首层靠墙的外侧可采用推拉门或卷帘门。

c. 开向疏散楼梯或疏散楼梯间的门，当其完全开启时，不应减少楼梯平台的有效宽度。

d. 人员密集场所内平时需要控制人员随意出入的疏散门和设置门禁系统的住宅、宿舍、公寓建筑的外门，应保证发生火灾时不需使用钥匙等任何工具即能从内部易于打开，并应在显著位置设置具有使用提示的标识。

⑫ 用于防火分隔的下沉式广场等室外开敞空间，应符合下列规定。

a. 分隔后的不同区域通向下沉式广场等室外开敞空间的开口最近边缘之间的水平距离不应小于13m。室外开敞空间除用于人员疏散外，不得用于其他商业或可能导致火灾蔓延的用途，其中用于疏散的净面积不应小于169m²。

b. 下沉式广场等室外开敞空间内应设置不少于1部直通地面的疏散楼梯。当连接下沉广场的防火分区需利用下沉广场进行疏散时，疏散楼梯的总净宽度不应小于任一防火分区通向室外开敞空间的设计疏散总净宽度。

c. 确需设置防风雨篷时，防风雨篷不应完全封闭，四周开口部位应均匀布置，开口的面积不应小于该空间地面面积的25%，开口高度不应小于1.0m；开口设置百叶时，百叶的有效排烟面积可按百叶通风口面积的60%计算。

⑬ 防火隔间的设置应符合下列规定。

a. 防火隔间的建筑面积不应小于6.0m²。

b. 防火隔间的门应采用甲级防火门。

c. 不同防火分区通向防火隔间的门不应计入安全出口，门的最小间距不应小于4m。

d. 防火隔间内部装修材料的燃烧性能应为A级。

e. 不应用于除人员通行外的其他用途。

⑭ 避难走道的设置应符合下列规定。

a. 避难走道防火隔墙的耐火极限不应低于3.00h，楼板的耐火极限不应低于1.50h。

b. 避难走道直通地面的出口不应少于2个，并应设置在不同方向；当避难走道仅与1个防火分区相通且该防火分区至少有1个直通室外的安全出口时，可设置1个直通地面的出口。任一防火分区通向避难走道的门至该避难走道最近直通地面的出口的距离不应大于60m。

c. 避难走道的净宽度不应小于任一防火分区通向该避难走道的设计疏散总净宽度。

d. 避难走道内部装修材料的燃烧性能应为A级。

e. 防火分区至避难走道入口处应设置防烟前室，前室的使用面积不应小于6.0m²，开向前室的门应采用甲级防火门，前室开向避难走道的门应采用乙级防火门。

f. 避难走道内应设置消火栓、消防应急照明、应急广播和消防专线电话。

⑮ 疏散通道应按《建规》和《消防应急照明和疏散指示系统》(GB 17945) 的要求设置应急疏散照明和指示。

⑯ 厂房和仓库的外墙应在每层的适当位置设置可供消防救援人员进入的窗口。供消防救援人员进入的窗口的净高度与净宽度均不得小于1.0m，下沿距室内地面不宜大于1.2m，间距不宜大于20m，且每个防火分区不应少于2个。设置位置应与消防登高面相对应。窗口玻璃应易于破碎，并在室外有明显标志。室内侧应通畅。

2.5.4 消防电梯

① 建筑高度大于32m且设置电梯的高层厂房(仓库)，每个防火分区内宜设置1台消防电梯，但符合下列条件的建筑可不设置消防电梯。

a. 建筑高度大于32m且设置电梯，任一层工作平台上的人数不超过2人的高层塔架。

b. 局部建筑高度大于32m，且局部高出部分的每层建筑面积不大于50m²的丁、戊类厂房。

② 符合消防电梯要求的客梯或货梯可兼作消防电梯。

③ 除设置在仓库连廊、冷库穿堂或谷物筒仓工作塔内的消防电梯外，消防电梯应设置前室，并应符合下列规定。

a. 前室宜靠外墙设置，并应在首层直通室外或经过长度不大于30m的通道通向室外。

b. 前室的使用面积不应小于6.0m²；与防烟楼梯间合用的前室，应符合《建规》第5.5.28条和第

6.4.3条的规定。

c. 除前室的出入口、前室内设置的正压送风口和《建规》第5.5.27条规定的户门外，前室内不应开设其他门、窗、洞口。

d. 前室或合用前室的门应采用乙级防火门，不应设置卷帘。

④ 消防电梯井、机房与相邻电梯井、机房之间应设置耐火极限不低于2.00h的防火隔墙，隔墙上的门应采用甲级防火门。

⑤ 消防电梯的井底应设置排水设施，排水井的容量不应小于2m^3，排水泵的排水量不应小于10L/s。消防电梯间前室的门口宜设置挡水设施。

⑥ 消防电梯应符合下列规定。

a. 应能每层停靠。

b. 电梯的载重量不应小于800kg。

c. 电梯从首层至顶层的运行时间不宜大于60s。

d. 电梯的动力与控制电缆、电线、控制面板应采取防水措施。

e. 在首层的消防电梯入口处应设置供消防队员专用的操作按钮。

f. 电梯轿厢的内部装修应采用不燃材料。

g. 电梯轿厢内部应设置专用消防对讲电话。

2.5.5 防火门、窗和防火卷帘

① 防火门的设置应符合下列规定。

a. 设置在建筑内经常有人通行处的防火门宜采用常开防火门。常开防火门应能在发生火灾时自行关闭，并应具有信号反馈的功能。

b. 除允许设置常开防火门的位置外，其他位置的防火门均应采用常闭防火门。常闭防火门应在其明显位置设置"保持防火门关闭"等提示标识。

c. 除管井检修门和住宅的户门外，防火门还应具有自行关闭功能。双扇防火门应具有按顺序自行关闭的功能。

d. 除本规范第6.4.11条第4款的规定外，防火门应能在其内外两侧手动开启。

e. 设置在建筑变形缝附近时，防火门应设置在楼层较多的一侧，并应保证防火门开启时门扇不跨越变形缝。

f. 防火门关闭后应具有防烟性能。

g. 甲、乙、丙级防火门应符合现行国家标准《防火门》(GB 12955) 的规定。

② 设置在防火墙、防火隔墙上的防火窗，应采用不可开启的窗扇或具有发生火灾时能自行关闭的功能。

防火窗应符合现行国家标准《防火窗》(GB 16809) 的有关规定。

③ 防火分隔部位设置防火卷帘时，应符合下列规定。

a. 除中庭外，当防火分隔部位的宽度不大于30m时，防火卷帘的宽度不应大于10m；当防火分隔部位的宽度大于30m时，防火卷帘的宽度不应大于该部位宽度的1/3，且不应大于20m。

b. 防火卷帘应具有发生火灾时靠自重自动关闭的功能。

c. 除本规范另有规定外，防火卷帘的耐火极限不应低于本规范对所设置部位墙体的耐火极限要求。

当防火卷帘的耐火极限符合现行国家标准《门和卷帘的耐火试验方法》(GB/T 7633) 有关耐火完整性和耐火隔热性的判定条件时，可不设置自动喷水灭火系统保护。

当防火卷帘的耐火极限仅符合现行国家标准《门和卷帘的耐火试验方法》(GB/T 7633) 有关耐火完整性的判定条件时，应设置自动喷水灭火系统保护。自动喷水灭火系统的设计应符合现行国家标准《自动喷水灭火系统设计规范》(GB 50084) 的规定，但火灾延续时间不应小于该防火卷帘的耐火极限。

d. 防火卷帘应具有防烟性能，与楼板、梁、墙、柱之间的空隙应采用防火封堵材料封堵。

e. 需在发生火灾时自动降落的防火卷帘，应具有信号反馈的功能。

f. 其他要求，应符合现行国家标准《防火卷帘》(GB 14102) 的规定。

2.5.6 防烟和排烟设施

① 建筑的下列场所或部位应设置防烟设施。

a. 防烟楼梯间及其前室。

b. 消防电梯间前室或合用前室。

c. 避难走道的前室、避难层（间）。

② 建筑高度不大于50m的公共建筑、厂房、仓库，当其防烟楼梯间的前室或合用前室符合下列条件之一时，楼梯间可不设置防烟系统。

a. 前室或合用前室采用敞开的阳台、凹廊。

b. 前室或合用前室具有不同朝向的可开启外窗，且可开启外窗的面积满足自然排烟口的面积要求。

③ 厂房或仓库的下列场所或部位应设置排烟设施。

a. 人员或可燃物较多的丙类生产场所，丙类厂房内建筑面积大于300m^2 且经常有人停留或可燃物较多的地上房间。

b. 建筑面积大于5000m^2 的丁类生产车间。

c. 占地面积大于1000m^2 的丙类仓库。

d. 高度大于32m的高层厂房（仓库）内长度大于20m的疏散走道，其他厂房（仓库）内长度大于40m的疏散走道。

④ 地下或半地下建筑（室）、地上建筑内的无窗房间，当总建筑面积大于200m^2 或一个房间建筑面积大于50m^2，且经常有人停留或可燃物较多时，应设置排烟设施。

2.6 防雷规定

以下内容摘自《建筑物防雷设计规范》（GB 50057—2010）。

2.6.1 建筑物的防雷分类

根据建筑物的重要性、使用性质、发生雷电事故的可能性和后果，防雷要求分为三类。

① 在可能发生对地闪击的地区，遇下列情况之一时，应划为第一类防雷建筑物。

a. 制造、使用或储存火（炸）药及其制品的危险建筑物，因电火花而引起爆炸、爆轰，会造成巨大破坏和人身伤亡者。

b. 具有0区或20区爆炸危险场所的建筑物。

c. 具有1区或21区爆炸危险场所的建筑物，因电火花而引起爆炸，会造成巨大破坏和人身伤亡者。

② 在可能发生对地闪击的地区，遇下列情况之一时，应划为第二类防雷建筑物（仅列出与化工厂设计有关的内容）。

a. 制造、使用或储存火炸药及其制品的危险建筑物，且电火花不易引起爆炸或不致造成巨大破坏和人身伤亡者。

b. 具有1区或21区爆炸危险场所的建筑物，且电火花不易引起爆炸或不致造成巨大破坏和人身伤亡者。

c. 具有2区或22区爆炸危险场所的建筑物。

d. 有爆炸危险的露天钢质封闭气罐。

e. 预计雷击次数大于0.05次/年的火灾危险场所。

f. 预计雷击次数大于0.25次/年的住宅、办公楼等一般性建筑物。

③ 在可能发生对地闪击的地区，遇下列情况之一时，应划为第三类防雷建筑物（仅列出与化工厂设计有关的内容）。

a. 预计雷击次数大于或等于0.01次/年，且小于或等于0.05次/年的火灾危险场所。

b. 预计雷击次数大于或等于0.05次/年，且小于或等于0.25次/年的住宅、办公楼等一般性建筑物。

c. 在平均雷暴日大于15天/年的地区，高度在15m及以上的烟囱、水塔等孤立的高耸建筑物；在平均雷暴日小于或等于15天/年的地区，高度在20m及以上的烟囱、水塔等孤立的高耸建筑物。

2.6.2 建筑物的防雷措施

(1) 基本规定

① 各类防雷建筑物都应设防直击雷的外部防雷装置，并应采取防闪电电涌侵入的措施。

第一类防雷建筑物和2.6.1②中规定的第二类防雷建筑物，还应采取防闪电感应的措施。

② 各类防雷建筑物应设内部防雷装置，并应符合下列规定。

a. 在建筑物的地下室或地面层处，下列物体应与防雷装置做防雷等电位连接。

ⓐ 建筑物金属体。

ⓑ 金属装置。

ⓒ 建筑物内的系统。

ⓓ 进出建筑物的金属管线。

b. 除本条a.款的措施外，外部防雷装置与建筑物金属体、金属装置、建筑物内的系统之间，还应满足间隔距离的要求。

③ 控制室应采取防雷击电磁脉冲的措施。防雷击电磁脉冲的措施应符合《建筑物防雷设计规范》（GB 50057—2010）第6章的规定。

(2) 第一类防雷建筑物的防雷措施。

① 各类防雷建筑物的防雷措施见表9-48～表9-50。详细技术要求可见相关规范。

表9-48 第一类防雷建筑物的防雷措施

项目	防雷措施
防直击雷	①装设独立接闪杆或架空接闪线(网)，网格尺寸不大于5m×5m或6m×4m，使被保护的建筑物及风帽、放散管等突出屋面的物体均应处于接闪器的保护范围内 ②对排放有爆炸危险气体、蒸气或粉尘的放散管、呼吸阀、排风管等管道，其管口外的以下空间应处于接闪器的保护范围内，有管帽时按表9-50确定；无管帽时，为管口上方半径5m的半球体；接闪器与雷闪的接触点应设在上述空间之外 ③对于②项所规定的管道，当其排放物达不到爆炸浓度、长期点火燃烧、一排放就点火燃烧时，以及仅当发生事故时排放物才达到爆炸浓度的通风管道、安全阀、接闪器的保护范围可仅保护到管帽；无管帽时可仅保护到管口 ④独立避雷针、架空避雷线或架空避雷网应有独立的接地装置，每一引下线的冲击接地电阻不宜大于10Ω
防雷电感应	①建筑物内的设备、管道、构架、电缆金属外皮、钢屋架、钢窗等较大金属物和突出屋面的放散管、风管等金属物，均应接到防雷电感应的接地装置上 金属屋面周边每隔18～24m应采用引下线接地一次 现场浇制的或由预制构件组成的钢筋混凝土屋面，其钢筋应绑扎或焊接，并应每隔18～24m采用引下线接地一次 ②平行敷设的管道、构架和电缆金属外皮等长金属物，其净距小于100mm时，应每隔不大于30m用金属线跨接；交叉净距小于100mm时，其交叉处也应跨接 当长金属物的弯头、阀门、法兰盘等连接处的过渡电阻大于0.03Ω时，连接处应用金属线跨接。对有不少于5根螺栓连接的法兰盘，在非腐蚀环境下，可不跨接 ③防雷电感应的接地装置，其工频接地电阻不应大于10Ω，并应和电气设备接地装置共用，屋内接地干线与防雷电感应接地装置的连接，不应少于2处

续表

项目	防雷措施
防止雷电波侵入	①室外低压线路宜全线采用电缆直接埋地敷设，在入户端应将电缆的金属外皮、钢管接到等电位连接带防雷电感应的接地装置上 ②架空金属管道，在进出建筑物处，应与防雷电感应的接地装置相连；距离建筑物100m内的管道应每隔25m左右接地一次，其冲击接地电阻不应大于30Ω，并应利用金属支架或钢筋混凝土支架的焊接、绑扎钢筋网作为引下线，其钢筋混凝土基础宜作为接地装置 埋地或地沟内的金属管道在进出建筑物处也应等电位连接到等电位连接带或与防雷电感应的接地装置相连

表9-49 第二类防雷建筑物的防雷措施

项目	防雷措施
防直击雷	①宜采用装在建筑物上的避雷网（带）或避雷针或由两种混合组成的接闪器，网格应不大于10m×10m或12m×8m ②对排放有爆炸危险气体、蒸气或粉尘的放散管、呼吸阀、排风管等管道应按第一类防雷建筑物对应项的措施②项进行；但当其装有阻火器时，可按下面的③项进行 ③对排放无爆炸危险的气体、蒸气或粉尘的放散管、烟囱及1区、21区2区和22区爆炸危险环境的自然通风管等，其防雷保护应符合下列要求 a. 金属物体可不装接闪器，但应和屋面防雷装置相连 b. 在屋面接闪器保护范围之外的非金属物应装接闪器，并和屋面防雷装置相连 ④引下线不应少于2根并应沿建筑物四周均匀或对称布置，其间距沿周长计算不应大于18m ⑤每根引下线的冲击接地电阻不应大于10Ω。防直击雷接地宜和防雷电感应、电气设备接地共用一接地装置，并宜与埋地金属管道相连
防雷电感应	①建筑物内的设备、管道、构架等主要金属物，应就近接至防直击雷接地装置或电气设备的保护接地装置上 ②平行敷设的管道、构架和电缆金属外皮等长金属物，其净距小于100mm时，应每隔不大于30m用金属线跨接；交叉净距小于100mm时，其交叉处也应跨接，但长金属物连接处可不跨接 ③屋内防雷电感应的接地干线与接地装置的连接不应少于2处
防雷电波侵入	①当低压线路全长采用埋地电缆或敷设在架空金属线槽内的电缆引入时，在入户端应将电缆金属外皮、金属线槽接地，上述金属物尚应与防雷接地装置相连 ②架空和直接埋地的金属管道在进出建筑物处应就近与防雷接地装置相连。不相连时架空管道应接地，其冲击接地电阻不应大于10Ω；对架空金属管道应在距建筑物25m处接地一次

表9-50 第三类防雷建筑物的防雷措施

项目	防雷措施
防直击雷	①宜采用装设在建筑物上的避雷网（带）或避雷针，或由两种混合组成的接闪器，避雷网格不大于20m×20m或24m×16m ②接地电阻应符合该规范4.4.6条的规定 ③引下线不应少于2根，并应沿建筑物四周均匀或对称布置，其间距不应大于25m
防雷电波侵入	①对电缆进出线，应在进出端将电缆金属外皮、钢管等与电气设备接地相连 ②进出建筑物的架空金属管道，在进出处应就近接到防雷或电气设备的接地装置上或独自接地，其冲击接地电阻不宜大于30Ω

② 排放爆炸危险气体、蒸气或粉尘的放散管、呼吸阀、排风管等的管口外的下列空间应处于接闪器的保护范围内。

a. 当有管帽时，应按表9-51的规定确定。

b. 当无管帽时，应为管口上方半径5m的半球体。

2.7 防静电规定

2.7.1 防止静电事故通用导则（GB 12158—2006）

(1) 防止静电产生与积聚

对容易产生静电的物料与场合，应采取减小接触面积和压力、减少接触次数、降低运动和分离速度等办法减少静电荷产生。

表 9-51　有管帽的管口外处于接闪器保护范围内的空间

装置内的压力与周围空气压力的压力差/kPa	排放物对比于空气	管帽以上的垂直距离/m	距管口处的水平距离/m
<5	重于空气	1	2
5～25	重于空气	2.5	5
≤25	轻于空气	2.5	5
>25	重或轻于空气	5	5

注：相对密度小于或等于 0.75 的爆炸性气体规定为轻于空气的气体；相对密度大于 0.75 的爆炸性气体规定为重于空气的气体。

烃类液体铁路鹤管灌装时，管内流速（m/s）与鹤管内径（m）的乘积不应大于 0.8。灌装汽车罐车时，管内流速（m/s）与鹤管内径（m）的乘积不应大于 0.5。

烃类液体宜从底部进罐。若采用顶部进料时，则其进料管宜伸入罐内，离罐底不大于 200mm。在进料管未浸入液面前，其流速应限制在 1m/s 以内。

烃类液体中应避免混入其他不相容的第二物相杂质（如水等），并应尽量减少和排除槽底及管道中的积水。当管道内明显存在不相容的第二物相时，其流速应限制在 1m/s 以内。

不能以控制流速等方法来减少静电积聚时，可以在管道的末端装设液体静电消除器，利用外部设备或装置产生需要的正电荷或负电荷以消除带电体上的电荷。静电消除器原则上应安装在带电体接近最高电位的部位。易燃易爆危险场所要使用防爆型静电消除器。

当液体带电量很高时，例如在精细过滤器的出口，可先通过缓和器后再输出进行灌装。带电液体在缓和器内停留的时间，一般可按缓和时间的 3 倍来设计。

添加适量的防静电添加剂，使电导率提高至 250μS/m以上。加入防静电添加剂的烃类液体容器应是静电导体并可靠接地，且需定期检测其电导率，以便使其数值保持在规定要求以上。

生产工艺设备应采用静电导体或静电亚导体，避免采用静电非导体。所有属于静电导体的物体必须接地。对金属物体应采用金属导体与大地做导通性连接，对金属以外的静电导体及亚导体则应做间接接地。用软管输送易燃液体时，应使用导电软管或内附金属丝、网的橡胶管，且在相接时注意静电的导通性。

局部环境的相对湿度宜增加至 80%以上。增湿可以防止静电危害的发生，但这种方法不得用在气体爆炸危险场所 0 区。

(2) 防止静电放电和减少爆炸危险

在储罐、罐车等大型容器内，可燃性液体的表面不允许存在不接地的导电性漂浮物。

在设计和制作工艺装置或装备时，应避免存在静电放电的条件，如在容器内避免出现细长的导电性突出物和避免物料的高速剥离等。

在使用小型便携式容器灌装易燃绝缘性液体时，宜用金属或导静电容器，避免采用静电非导体容器。对金属容器及金属漏斗应跨接并接地。

限制静电非导体材料制品的暴露面积及暴露面的宽度。在遇到分层或套叠的结构时避免使用静电非导体材料。

控制气体中可燃物的浓度，保持在爆炸下限以下。在气体爆炸危险场所禁止使用金属链。

(3) 气态和粉态物料的防静电措施

工艺设备的设计及结构上应避免粉体的不正常滞留、堆积和飞扬。

粉体的粒径越细，越易起电和点燃。应尽量避免利用或形成粒径在 75μm 或更小的细微粉尘。

气流物料输送系统内应防止偶然性外来金属导体混入成为对地绝缘的导体。气流输送管道应尽量采用金属导体制作管道或部件。当采用静电非导体时，应具体测量并评价其起电程度，必要时应采取相应措施。

必要时，可在气流输送系统的管道中央，顺其走向加设两端接地的金属线，以降低管内静电电位。也可采取专用的管道静电消除器。

对于强烈带电的粉料，宜先输入小体积的金属接地容器，待静电消除后再装入大料仓。

大型料仓内部不应有突出的接地导体。在顶部进料时，进料口不得伸出，应与仓顶取平。当筒仓的直径在 1.5m 以上时，且工艺中粉尘粒径多数在 30μm 以下时，要用惰性气体置换、密封筒仓。

需将静电非导体粉粒投入可燃性液体或混合搅拌时，应采取相应的综合防护措施。收集和过滤粉料的设备，应采用导静电的容器及滤料并予以接地。

(4) 人体的防静电措施

静电危险场所的工作人员，鞋、衣物等外露穿着物应具防静电或导电功能，各部分穿着物应存在电气连续性，地面应为导电地面。

0 区和 1 区气体爆炸危险场所，且可燃物的最小点燃能量在 0.25mJ 以下时，工作人员需穿防静电鞋、防静电服、戴防静电手套，采用安全有效的局部静电防护措施（如腕带），以防止静电危害的发生。

防静电衣物所用材料的表面电阻率$<5\times10^{10}\Omega$，防静电工作服技术要求见 GB 12014。环境相对湿度保持在 50%以上时，可穿棉工作服。

禁止在静电危险场所穿脱衣物、帽子及类似物，并避免剧烈的身体运动。

2.7.2 石油化工粉体料仓防静电燃爆设计规范(GB 50813—2012)

粉体处理系统与料仓设计中不宜采用非金属管和非金属处理设备，采用非金属软连接件时，应选用防静电材料。接触可燃性粉体或粉尘的非金属零部件，宜用防静电材料，并应做接地处理。

料仓内部严禁有与地绝缘的金属构件和金属突出物。伸进料仓内的金属构件（包括各种传感器）宜采取折板式或贴壁式结构，伸进料仓内的径向尺寸不宜超过100mm，不得有尖角。伸进料仓内的径向尺寸超过100mm时，表面应做防静电处理。

由仓顶垂直伸进料仓的传感器，其电极的形状与尺寸应选用不产生火花放电的形式，或采用不会引起火花放电的材料进行表面保护。

物料挥发分含量高、料仓内可燃气含量高于气体爆炸下限（LEL）20%时，应设净化风系统。

当管道出现堵塞现象时，严禁采用含有可燃气体的气体吹扫和排堵，严禁采用压缩空气向含有可燃气体和粉尘的储罐、容器吹扫。

2.7.3 化工企业静电接地设计规程（HG/T 20675—90)

(1) 防止静电危害的措施

化工企业的防静电设计，应由工艺、设备和电气等专业相互配合，综合考虑，采取下列防止静电危害的措施。

① 生产过程中尽量少产生静电荷。

② 泄漏和导走静电荷。

③ 中和物体上积聚的静电荷。

④ 屏蔽带静电的物体。

⑤ 使物体内外表面光滑和无棱角。

(2) 静电接地的范围

① 对爆炸、火灾危险场所内可能产生静电危害的物体，应采取工业静电接地措施。

② 对非爆炸、火灾危险场所内的物体，如因其带静电会妨碍生产操作、影响产品质量或使人体受到静电电击时，应采取静电接地措施。

③ 在生产、储运过程中的器件或物料，彼此紧密接触后又迅速分离，而且其电阻率大于$10^6\Omega\cdot m$，表面电阻率大于$10^7\Omega$，或液体电导率小于$10^{-6}S/m$时，应采取静电接地措施。

(3) 可不采取专用静电接地措施的场合

① 当金属导体已与防雷、电气保护接地（零），防杂散电流、电磁屏蔽等的接地系统有连接时。

② 当金属导体间有紧密的机械连接，并在任何情况下金属接触面间有足够的静电导通性时。

③ 当金属管段作阴极保护时。

(4) 静电接地连接系统的电阻值要求

① 每组专设的静电接地体，其接地电阻值一般情况应小于100Ω；在山区等土壤电阻率较高的场所，接地电阻值不应大于1000Ω。

② 静电接地支、干线等金属的电阻值可忽略不计。

(5) 静电接地连接的要求

① 接地连接系统的各个固定连接处，应采用焊接或螺栓紧固连接，埋地部分应采用焊接。

② 在设备、管道的接地端头与接地支线之间，一般可用螺栓紧固连接，不宜采用焊接固定；对有振动、位移的物体，连接处应加挠性连接线过渡。

③ 对移动式设备及工具，应采用电池夹头、鳄式夹钳、专用连接夹头或蝶形螺母等连接器具与接地支线（接地干线）相连接，不应采用接地线与被接地体相缠绕等方法进行连接。

(6) 对设备和管网系统静电接地的具体规定

① 固定设备　固定设备（包括管道）的金属体，如已具有防雷、防杂散电流等接地条件时，可不必另作静电接地连接。但在生产装置区内的设备，其金属体应与静电接地干线相连接。接地连接端头可设在设备的侧面或设在与设备连成整体的金属支座的侧面或端部位置。

浮动式金属罐顶无防雷接地时，应将罐顶用挠性连接线与罐体连接，连接点不少于2处。

② 管网系统　装置区中各个相对独立的建（构）筑物内的管道，可通过与工艺设备金属外壳的连接（法兰连接）进行静电接地。管网内的泵、过滤器、缓和器等处应设接地连接点。

管网在进出不同爆炸危险区场所的边界、管道分岔处，无分支管道每隔80～100m的位置，应与接地干线或与专设接地体相连。

对金属配管中间的非导体管段（如聚氯乙烯管），除需做屏蔽保护外，两端的金属管应分别与接地干线相接，或用$6mm^2$多股铜芯聚氯乙烯电线跨接后接地。非导体管段上的金属件应接地。

2.7.4 石油化工静电接地设计规范（SH 3097）

固定设备的外壳应进行静电接地。直径大于2.5m及容积大于或等于$50m^3$的设备，其接地点不应少于两处，接地点应沿设备外围均匀布置，间距不应大于30m。

储罐内各金属构件（搅拌器、升降器、仪表管道、金属浮体等）必须与罐体等电位连接并接地。

管道在进出装置区处和分叉处应进行接地。长距离无分支管道应每隔100m接地一次。平行管道净距小于100mm时，应每隔20m加跨接线。当管道交叉且净距小于100mm时，应加跨接线。非导体管段上的所有金属件均应接地。金属配管中间的非导体管段，除需做特殊防静电处理外，两端的金属管应分别与接地干线相连，或用截面不小于$6mm^2$的铜芯软绞线跨接后接地。

装卸栈台区域内的金属管道、设备、构筑物等应等电位连接并接地。操作平台梯子的入口处和平台上应设置人体静电接地金属棒。装卸作业前，应采用专用接地线及接地夹将罐车、储罐与装卸设备等电位连接，装卸完毕将顶盖盖好后方可拆除。汽车装卸站的接地设备宜与装卸泵联锁。

专设的静电接地体的对地电阻值不应大于100Ω，在山区等土壤电阻率较高的地区也不应大于1000Ω。

设备上专用金属接地板的截面不宜小于50mm×10mm，最小有效长度对小型设备宜为60mm，大型设备宜为110mm。如设备有保温层，该板应伸出保温层外。接地螺栓不应小于M10。

当选用钢筋混凝土基础做静电接地体时，应选择适当部位预埋200mm×200mm×6mm钢板，在钢板上再焊专用的金属接地板。预埋钢板的锚筋应与基础主钢筋（或通过一段钢筋）相焊接。

更多和更详细的接地技术要求可见该规范。

2.8 火灾自动报警系统设计

摘自《火灾自动报警系统设计规范》(GB 50116—2013)。

(1) 报警区域和探测区域划分

① 报警区域应根据防火分区或楼层划分。可将一个防火分区或一个楼层划分为一个报警区域，也可将发生火灾时需要同时联动消防设备的相邻几个防火分区或楼层划分为一个报警区域。

② 甲、乙、丙类液体储罐区的报警区域应由一个储罐区组成，每个50000m^{3}及以上的外浮顶储罐应单独划分为一个报警区域。

③ 探测区域的划分应符合下列规定。

a. 探测区域应按独立房（套）间划分。一个探测区域的面积不宜超过500m^2；从主要入口能看清其内部，且面积不超过1000m^{2}的房间，也可划为一个探测区域。

b. 红外光束感烟火灾探测器和缆式线型感温火灾探测器的探测区域长度不宜超过100m；空气管差温火灾探测器的探测区域长度宜为20～100m。

c. 下列场所应单独划分探测区域。

ⓐ 敞开或封闭楼梯间、防烟楼梯间。

ⓑ 防烟楼梯间前室、消防电梯前室、消防电梯与防烟楼梯间合用的前室、走道、坡道。

ⓒ 电气管道井、通信管道井、电缆隧道。

ⓓ 建筑物闷顶、夹层。

(2) 火灾自动报警系统设计

① 一般规定

a. 火灾自动报警系统应设有自动和手动两种触发装置。

b. 任一火灾报警控制器所连接的火灾探测器等设备和地址总数均不应超过3200点，其中每一总线回路连接设备总数不宜超过200点，并应留有不少于额定容量10%的余量。

② 火灾自动报警系统形式的选择，应符合下列规定。

a. 仅需要报警，不需要联动自动消防设备的保护对象宜采用区域报警系统。

b. 不仅需要报警，同时需要联动自动消防设备，且只设置一台具有集中控制功能的火灾报警控制器和消防联动控制器的保护对象，应采用集中报警系统，并应设置一个消防控制室。

c. 设置两个及以上消防控制室的保护对象，或已设置两个及以上集中报警系统的保护对象，应采用控制中心报警系统。

③ 区域报警系统的设计，应符合下列规定。

a. 系统应由火灾探测器、手动火灾报警按钮、火灾声光警报器及火灾报警控制器等组成，系统中可包括消防控制室图形显示装置和指示楼层的区域显示器。

b. 火灾报警控制器应设置在有人值班的场所。

c. 系统设置消防控制室图形显示装置时，该装置应具有传输GB 50116—2013附录A和附录B规定的有关信息的功能；系统未设置消防控制室图形显示装置时，应设置火警传输设备。

④ 集中报警系统的设计，应符合下列规定。

a. 系统应由火灾探测器、手动火灾报警按钮、火灾声光警报器、消防应急广播、消防专用电话、消防控制室图形显示装置、火灾报警控制器、消防联动控制器等组成。

b. 系统中的火灾报警控制器、消防联动控制器和消防控制室图形显示装置、消防应急广播的控制装置、消防专用电话总机等起集中控制作用的消防设备，应设置在消防控制室内。

c. 系统设置的消防控制室图形显示装置应具有传输GB 50116—2013附录A和附录B规定的有关信息的功能。

⑤ 控制中心报警系统的设计，应符合下列规定。

a. 有两个及以上消防控制室时，应确定一个主消防控制室。

b. 主消防控制室应能显示所有火灾报警信号和联动控制状态信号，并应能控制重要的消防设备；各分消防控制室内消防设备之间可互相传输、显示状态信息，但不应互相控制。

c. 系统设置的消防控制室图形显示装置应具有传输GB 50116—2013附录A和附录B规定的有关信息的功能。

d. 其他设计要求应符合上述④款的规定。

⑥ 消防联动控制设计。

a. 应能按设定的控制逻辑向各相关的受控设备发出联动控制信号，并接受相关设备的联动反馈信号。

b. 消防水泵、防烟和排烟风机的控制设备，除应采用联动控制方式外，还应在消防控制室设置手动直接控制装置。

c. 启动电流较大的消防设备宜分时启动。

d. 需要火灾自动报警系统联动控制的消防设备，其联动触发信号应采用两个独立的报警触发装置报警信号的“与”逻辑组合。

(3) 火灾探测器的选择

① 火灾探测器类型的选择

a. 火灾初期有阴燃阶段，产生大量的烟和少量的热，很少或没有火焰辐射的场所，应选择感烟火灾探测器。

b. 火灾发展迅速，产生大量热、烟和火焰辐射的场所，可选择感温火灾探测器、感烟火灾探测器、火焰探测器或其组合。

c. 火灾发展迅速，有强烈的火焰辐射和少量烟、热的场所，应选择火焰探测器。

d. 火灾初期有阴燃阶段，且需要早期探测的场所，宜增设一氧化碳火灾探测器。

e. 使用、生产可燃气体或可燃蒸气的场所，应选择可燃气体探测器。

f. 应根据保护场所可能发生火灾的部位和燃烧材料的分析，以及火灾探测器的类型、灵敏度和响应时间等选择相应的火灾探测器，对火灾形成特征不可预料的场所，可根据模拟试验的结果选择火灾探测器。

g. 同一探测区域内设置多个火灾探测器时，可选择具有复合判断火灾功能的火灾探测器和火灾报警控制器。

② 点型火灾探测器的选择

a. 对不同高度的房间，可按表 9-52 选择点型的火灾探测器。

表 9-52 不同高度的房间点型火灾探测器的选择

房间高度 h /m	点型感烟火灾探测器	点型感温火灾探测器			火焰探测器
		A1、A2	B	C、D、E、F、G	
$12<h\leqslant20$	不适合	不适合	不适合	不适合	适合
$8<h\leqslant12$	适合	不适合	不适合	不适合	适合
$6<h\leqslant8$	适合	适合	不适合	不适合	适合
$4<h\leqslant6$	适合	适合	适合	不适合	适合
$h\leqslant4$	适合	适合	适合	适合	适合

注：表中 A1、A2、B、C、D、E、F、G 为点型感温探测器的不同类别，其具体参数应符合表 9-53 的规定。

b. 符合下列条件之一的场所不宜选择点型离子感烟火灾探测器。

ⓐ 相对湿度经常大于 95%。

ⓑ 气流速度大于 5m/s。

表 9-53 点型感温火灾探测器分类

单位：℃

探测器类别	典型应用温度	最高应用温度	动作温度下限	动作温度上限
A1	25	50	54	65
A2	25	50	54	70
B	40	65	69	85
C	55	80	84	100
D	70	95	99	115
E	85	110	114	130
F	100	125	129	145
G	115	140	144	160

ⓒ 有大量粉尘、水雾滞留。

ⓓ 可能产生腐蚀性气体。

ⓔ 在正常情况下有烟滞留。

ⓕ 产生醇类、酯类、酮类等有机物质。

c. 符合下列条件之一的场所，不宜选择点型光电感烟火灾探测器。

ⓐ 有大量粉尘、水雾滞留。

ⓑ 可能产生蒸汽和油雾。

ⓒ 高海拔地区。

ⓓ 在正常情况下有烟滞留。

d. 符合下列条件之一的场所，宜选择点型感温火灾探测器，且应根据使用场所的典型应用温度和最高应用温度选择适当类别的感温火灾探测器。

ⓐ 相对湿度经常大于 95%。

ⓑ 可能发生无烟火灾。

ⓒ 有大量粉尘。

ⓓ 吸烟室等在正常情况下有烟或蒸汽滞留的场所。

ⓔ 厨房、锅炉房、发电机房、烘干车间等不宜安装感烟火灾探测器的场所。

ⓕ 需要联动熄灭“安全出口”标志灯的安全出口内侧。

ⓖ 其他无人滞留且不适合安装感烟火灾探测器，但发生火灾时需要及时报警的场所。

e. 可能产生阴燃火或发生火灾不及时报警将造成重大损失的场所，不宜选择点型感温火灾探测器；温度在 0℃以下的场所，不宜选择定温探测器；温度变化较大的场所，不宜选择具有差温特性的探测器。

f. 符合下列条件之一的场所，宜选择点型火焰探测器或图像型火焰探测器。

ⓐ 发生火灾时有强烈的火焰辐射。

ⓑ 可能发生液体燃烧等无阴燃阶段的火灾。

ⓒ 需要对火焰做出快速反应。

g. 符合下列条件之一的场所，不宜选择点型火焰探测器和图像型火焰探测器。

ⓐ 在火焰出现前有浓烟扩散。

ⓑ 探测器的镜头易被污染。

ⓒ 探测器的“视线”易被油雾、烟雾、水雾和冰雪遮挡。

ⓓ 探测区域内的可燃物是金属和无机物。

ⓔ 探测器易受阳光、白炽灯等光源直接或间接照射。

h. 探测区域内正常情况下有高温物体的场所，不宜选择单波段红外火焰探测器。

i. 正常情况下有明火作业，探测器易受X射线、弧光和闪电等影响的场所，不宜选择紫外火焰探测器。

j. 下列场所宜选择可燃气体探测器。

ⓐ 使用可燃气体的场所。

ⓑ 燃气站和燃气表房以及存储液化石油气罐的场所。

ⓒ 其他散发可燃气体和可燃蒸气的场所。

k. 在火灾初期产生一氧化碳的下列场所可选择点型一氧化碳火灾探测器。

ⓐ 烟不容易对流或顶棚下方有热屏障的场所。

ⓑ 在棚顶上无法安装其他点型火灾探测器的场所。

ⓒ 需要多信号复合报警的场所。

l. 污物较多且必须安装感烟火灾探测器的场所，应选择间断吸气的典型采样吸气式感烟火灾探测器或具有过滤网和管路自清洗功能的管路采样吸气式感烟火灾探测器。

③ 线型火灾探测器的选择

a. 无遮挡的大空间或有特殊要求的房间，宜选择线型光束感烟火灾探测器。

b. 符合下列条件之一的场所，不宜选择线型光束感烟火灾探测器。

ⓐ 有大量粉尘、水雾滞留。

ⓑ 可能产生蒸汽和油雾。

ⓒ 在正常情况下有烟滞留。

ⓓ 固定探测器的建筑结构由于振动等原因会产生较大位移的场所。

c. 下列场所或部位，宜选择缆式线型感温火灾探测器。

ⓐ 电缆隧道、电缆竖井、电缆夹层、电缆桥架。

ⓑ 不易安装点型探测器的夹层、闷顶。

ⓒ 各种皮带输送装置。

ⓓ 其他环境恶劣不适合点型探测器安装的场所。

d. 下列场所或部位，宜选择线型光纤感温火灾探测器。

ⓐ 除液化石油气外的石油储罐。

ⓑ 需要设置线型感温火灾探测器的易燃易爆场所。

ⓒ 需要监测环境温度的地下空间等场所宜设置具有实时温度监测功能的线型光纤感温火灾探测器。

ⓓ 公路隧道、敷设动力电缆的铁路隧道和城市地铁隧道等。

e. 线型定温火灾探测器的选择，应保证其不动作温度符合设置场所的最高环境温度的要求。

④ 吸气式感烟火灾探测器的选择

a. 下列场所宜选择吸气式感烟火灾探测器。

ⓐ 具有高速气流的场所。

ⓑ 点型感烟、感温火灾探测器不适宜的大空间、舞台上方、建筑高度超过12m或有特殊要求的场所。

ⓒ 低温场所。

ⓓ 需要进行隐蔽探测的场所。

ⓔ 需要进行火灾早期探测的重要场所。

ⓕ 人员不宜进入的场所。

b. 灰尘比较大的场所，不应选择没有过滤网和管路自清洗功能的管路采样式吸气感烟火灾探测器。

2.9　建筑灭火器配置设计

2.9.1　灭火器的配置

本节摘自GB 50140—2005。

建筑灭火器配置设计适用于新建、扩建、改建的生产，使用或储存可燃物的工业与民用建筑工程；不适用于生产、储存火药、炸药、弹药、火工品、花炮的厂（库）房。

配置的灭火器类型、规格、数量以及设置位置应作为建筑设计内容，并在工程设计图纸上标明。

工业与民用建筑灭火器的配置设计，除执行规范的规定外，还应符合国家现行的有关标准、规范的要求。

(1) 灭火器配置场所的危险等级和灭火器的灭火级别

① 工业建筑灭火器配置场所的危险等级，应根据其生产、使用、储存物品的火灾危险性、可燃物数量、火灾蔓延速度以及扑救难易程度等因素，划分为以下三级。

a. 严重危险级　火灾危险性大、可燃物多、起火后蔓延迅速或容易造成重大火灾损失的场所。

b. 中危险级　火灾危险性较大、可燃物较多、起火后蔓延较迅速的场所。

c. 轻危险级　火灾危险性较小、可燃物较少、起火后蔓延较缓慢的场所。

工业建筑灭火器配置场所的危险等级举例见表9-54。

② 民用建筑灭火器配置场所的危险等级，应根据其使用性质、火灾危险性、可燃物数量、火灾蔓延速度以及扑救难易程度等因素，划分为以下三级。

a. 严重危险级　功能复杂、用电用火多、设备贵重、火灾危险性大、可燃物多、起火后蔓延迅速或容易造成重大火灾损失的场所。

b. 中危险级　用电用火较多、火灾危险性较大、可燃物较多、起火后蔓延较迅速的场所。

c. 轻危险级　用电用火较少、火灾危险性较小、可燃物较少、起火后蔓延较缓慢的场所。

民用建筑灭火器配置场所的危险等级举例见表9-55。

表9-54 工业建筑灭火器配置场所的危险等级举例

危险等级	举例	
	厂房和露天、半露天生产装置区	库房和露天、半露天堆场
严重危险级	①闪点＜60℃的油品和有机溶剂的提炼、回收、洗涤部位及其泵房、灌桶间 ②橡胶制品的涂胶和胶浆部位 ③二硫化碳的粗馏、精馏工段及其应用部位 ④甲醇、乙醇、丙酮、丁酮、异丙醇、醋酸乙酯、苯等的合成或精制厂房 ⑤植物油加工厂的浸出厂房 ⑥洗涤剂厂房石蜡裂解部位、冰醋酸裂解厂房 ⑦环氧氯丙烷、苯乙烯厂房或装置区 ⑧液化石油气灌瓶间 ⑨天然气、石油伴生气、水煤气或焦炉煤气的净化（如脱硫）厂房压缩机室和鼓风机室 ⑩乙炔站、氢气站、煤气站、氧气站 ⑪硝化棉、赛璐珞厂房及其应用部位 ⑫黄磷、赤磷制备厂房及其应用部位 ⑬樟脑或松香提炼厂房，焦化厂精萘厂房 ⑭煤粉厂房和面粉厂房的碾磨部位 ⑮谷物筒仓工作塔、亚麻厂的除尘器和过滤器室 ⑯氯酸钾厂房及其应用部位 ⑰发烟硫酸或发烟硝酸浓缩部位 ⑱高锰酸钾、重铬酸钠厂房 ⑲过氧化钠、过氧化钾、次氯酸钙厂房 ⑳各工厂的总控制室、分控制室 ㉑国家和省级重点工程施工现场 ㉒发电厂（站）和电网经营企业的控制室、设备间	①化学危险物品库房 ②装卸原油或化学危险物品的车站、码头 ③甲、乙类液体储罐、桶装堆场 ④液化石油气储罐区、桶装堆场 ⑤棉花库房及散装堆场 ⑥稻草、芦苇、麦秸等堆场 ⑦赛璐珞及其制品，漆布、油布、油纸及其制品，油绸及其制品库房 ⑧60度以上白酒的库房
中危险级	①闪点≥60℃的油品和有机溶剂的提炼、回收工段及其抽送泵房 ②柴油、机器油或变压器油罐桶间 ③润滑油再生部位或沥青加工厂房 ④植物油加工精炼部位 ⑤油浸变压器室和高、低压配电室 ⑥工业用燃油、燃气锅炉房 ⑦各种电缆廊道 ⑧油淬火处理车间 ⑨橡胶制品压延、成型和硫化厂房 ⑩木工厂房和竹、藤加工厂房 ⑪针织品厂房和纺织、印染、化纤生产的干燥部位 ⑫服装加工厂房和印染厂成品厂房 ⑬麻纺厂粗加工厂房和毛涤厂选毛厂房 ⑭谷物加工厂房 ⑮卷烟厂的切丝、卷制、包装厂房 ⑯印刷厂的印刷厂房 ⑰电视机、收录机装配厂房 ⑱显像管厂装配工段烧枪间 ⑲磁带装配厂房 ⑳泡沫塑料厂的发泡、成型、印片、压花部位 ㉑饲料加工厂房 ㉒地市级及以下的重点工程施工现场	①丙类液体储罐、桶装库房或堆场 ②化学、人造纤维及其织物如棉、毛、丝、麻等的库房 ③纸张、竹、木及其制品的库房或堆场 ④火柴、香烟、糖、茶叶库房 ⑤中药材库房 ⑥橡胶、塑料及其制品的库房 ⑦粮食、食品库房及粮食堆场 ⑧计算机、电视机、收录机等电子产品及其他家用电器产品的库房 ⑨汽车、大型拖拉机停车库 ⑩＜60度白酒的库房 ⑪低温冷库
轻危险级	①金属冶炼、铸造、铆焊、热轧、锻造、热处理厂房 ②玻璃原料熔化厂房 ③陶瓷制品的烘干、烧成厂房 ④酚醛泡沫塑料的加工厂房 ⑤印染厂的漂炼部位 ⑥化纤厂后加工润湿部位 ⑦造纸厂或化纤厂的浆粕蒸煮工段 ⑧仪表、器械或车辆装配车间 ⑨不燃液体的泵房和阀门室 ⑩金属（镁合金除外）冷加工车间 ⑪ 氟里昂厂房	①钢材库房及堆场 ②水泥库房、堆场 ③搪瓷、陶瓷制品库房、堆场 ④难燃烧或非燃烧的建筑装饰材料库房、堆场 ⑤原木堆场、库房 ⑥丁、戊类液体储罐区、桶装库房、堆场

注：1. 未列入本表内的工业建筑灭火器配置场所，可按照本节（1）、①条确定危险等级。

2. 本表中的甲、乙、丙类液体的范围见《建筑设计防火规范》。

表 9-55　民用建筑灭火器配置场所的危险等级举例

危险等级	举　例	危险等级	举　例
严重危险级	1. 县级及以上的文物保护单位、档案馆、博物馆的库房、展览室、阅览室	中危险级	1. 县级以下的文物保护单位、档案馆、博物馆的库房、展览室、阅览室
	2. 设备贵重或可燃物多的实验室		2. 一般的实验室
	3. 广播电台、电视台的演播室、道具间和发射塔楼		3. 广播电台、电视台的会议室、资料室
	4. 专用电子计算机房		4. 设有集中空调、计算机、复印机等设备的办公室
	5. 城镇及以上的邮政信函和包裹分拣房、邮袋库、通信枢纽及其他电信机房		5. 城镇以下的邮政信函和包裹分拣房、邮袋库、通信枢纽及其电信机房
	6. 客房数在 50 间以上的旅馆、饭店的公共活动用房、多功能厅、厨房		6. 客房数在 50 间以下的旅馆、饭店的公共活动用房、多功能厅、厨房
	7. 体育场馆、电影院、剧院、会堂、礼堂的舞台及后台部位		7. 体育场馆、电影院、剧院、会堂、礼堂的观众厅
	8. 住院床位在 50 张及以上的医院的手术室、理疗室、透视室、心电图室、药房、住院部、门诊部、病历室		8. 住院床位在 50 张以下的医院的手术室、理疗室、透视室、心电图室、药房、住院部、门诊部、病历室
	9. 建筑面积在 $2000\mathrm{m}^2$ 及以上的图书馆、展览馆的珍藏室、阅览室、书库、展览厅		9. 建筑面积在 $2000\mathrm{m}^2$ 以下的图书馆、展览馆的珍藏室、阅览室、书库、展览厅
	10. 民用机场的候机厅、安检厅及空管中心、雷达机房		10. 民用机场的检票厅、行李厅
	11. 超高层建筑和一类高层建筑的写字楼、公寓楼		11. 二类高层建筑的写字楼、公寓楼
	12. 电影、电视摄影棚		12. 高级住宅、别墅
	13. 建筑面积在 $1000\mathrm{m}^2$ 及以上的经营易燃易爆化学物品的商场、商店的库房及铺面		13. 建筑面积在 $1000\mathrm{m}^2$ 以下的经营易燃易爆化学物品的商场、商店的库房及铺面
	14. 建筑面积在 $200\mathrm{m}^2$ 及以上的公共娱乐场所		14. 建筑面积在 $200\mathrm{m}^2$ 以下的公共娱乐场所
	15. 老人住宿床位在 50 张及以上的养老院		15. 老人住宿床位在 50 张以下的养老院
	16. 幼儿住宿床位在 50 张及以上的托儿所、幼儿园		16. 幼儿住宿床位在 50 张以下的托儿所、幼儿园
	17. 学生住宿床位在 100 张及以上的学校集体宿舍		17. 学生住宿床位在 100 张以下的学校集体宿舍
	18. 县级及以上的党政机关办公大楼的会议室		18. 县级以下的党政机关办公大楼的会议室
	19. 建筑面积在 $500\mathrm{m}^2$ 及以上的车站和码头的候车(船)室、行李房		19. 学校教室、教研室
	20. 城市地下铁道、地下观光隧道		20. 建筑面积在 $500\mathrm{m}^2$ 以下的车站和码头的候车(船)室、行李房
	21. 汽车加油站、加气站		21. 百货楼、超市、综合商场的库房、铺面
	22. 机动车交易市场(包括旧机动车交易市场)及其展销厅		22. 民用燃油、燃气锅炉房
	23. 民用液化气、天然气灌装站、换瓶站、调压站		23. 民用的油浸变压器室和高低压配电室
轻危险级	1. 日常用品小卖店及经营难燃烧或非燃烧的建筑装饰材料商店		
	2. 未设集中空调、计算机、复印机等设备的普通办公室		
	3. 旅馆、饭店的客房		
	4. 普通住宅		
	5. 各类建筑物中以难燃烧或非燃烧的建(筑)构件分割的并主要存储难燃烧或非燃烧材料的辅助房间		

③ 火灾种类应根据物质及其燃烧特性划分为以下几类。

a. A类火灾　固体物质火灾。

b. B类火灾　液体火灾或可熔化固体物质火灾。

c. C类火灾　气体火灾。

d. D类火灾　金属火灾。

e. E类火灾　带电火灾，指带电物体燃烧引起的火灾。

f. F类火灾　烹饪器具内发生的火灾。

④ 灭火器的灭火级别由数字和字母组成，数字表示灭火级别的大小，字母（A或B）表示灭火级别的单位及适用扑救火灾的种类。

(2) 灭火器的选择

① 灭火器应按下列因素选择。

a. 灭火器配置场所的火灾种类。

b. 配置场所的危险等级。

c. 灭火效能和通用性。

d. 对保护物品的污损程度。

e. 设置点的环境温度。

f. 灭火器使用人员的体能。

② 灭火器类型的选择应符合下列规定。

a. 扑救A类火灾应选用水型、泡沫、磷酸铵盐干粉、卤代烷型灭火器。

b. 扑救B类火灾应选用干粉、泡沫、卤代烷、二氧化碳、水型灭火器。

极性溶剂的B类火灾场所应选择扑救B类火灾的抗溶性灭火器。

c. 扑救C类火灾应选用干粉、卤代烷、二氧化碳型灭火器。

d. 扑救带电火灾应选用卤代烷、二氧化碳、干粉型灭火器，但不得选用装有金属喇叭喷筒的二氧化碳灭火器。

e. 扑救A、B、C类火灾和带电火灾应选用磷酸铵盐干粉、卤代烷型灭火器。

f. 扑救D类火灾的灭火器材应选择扑灭金属火灾的专用灭火器。

③ 在同一灭火器配置场所，宜选用相同类型和操作方法的灭火器。当同一灭火器配置场所存在不同火灾种类时，应选用通用型灭火器。

④ 在同一灭火器配置场所，当选用两种或两种以上类型灭火器时，应采用灭火剂相容的灭火器。不相容的灭火剂举例见表9-56。

表9-56　不相容的灭火剂举例

类　型	不相容的灭火剂	
干粉与干粉	磷酸铵盐	碳酸氢钠、碳酸氢钾
干粉与泡沫	碳酸氢钾、碳酸氢钠	蛋白泡沫
泡沫与泡沫	蛋白泡沫、氟蛋白泡沫	水成膜泡沫

⑤ 非必要配置卤代烷灭火器的场所不应选用卤代烷灭火器。

非必要配置卤代烷灭火器的场所举例见表9-57。

(3) 灭火器的配置

① A类火灾场所灭火器的最低配置基准应符合表9-58的规定。

② B类火灾场所灭火器的最低配置基准应符合表9-59的规定。

表9-57　非必要配置卤代烷灭火器的场所举例

序号	建筑物名称	序号	建筑物名称
	民用建筑类	11	饲料加工厂房
1	电影院、剧院、会堂、礼堂、体育馆的观众厅	12	粮食、食品库房及其粮食堆场
2	医院门诊部、住院部	13	高锰酸钾、重铬酸钠厂房
3	学校教学楼、幼儿园与托儿所的活动室	14	过氧化钠、过氧化钾、次氯酸钙厂房
4	办公楼	15	可燃材料工棚
5	车站、码头、机场的候车、候船、候机厅	16	柴油、机器油或变压器油灌桶间
6	旅馆的公共场所、走廊、客房	17	润滑油再生部位或沥青加工厂房
7	商店	18	可燃液体储罐、桶装库房或堆场
8	百货楼、营业厅、综合商场	19	泡沫塑料厂的发泡、成型、印片、压花部位
9	图书馆、一般书库	20	化学、人造纤维及其织物和棉、毛、丝、麻及其织物的库房
10	展览厅		
11	住宅	21	酚醛泡沫塑料的加工厂房
12	燃油、燃气锅炉房	22	化纤厂后加工润湿部位；印染厂的漂炼部位
	工业建筑类	23	木工厂房和竹、藤加工厂房
1	橡胶制品的涂胶和胶浆部位；压延成型和硫化厂房	24	纸张、竹、木及其制品的库房或堆场
2	橡胶、塑料及其制品库房	25	造纸厂或化纤厂的浆粕蒸煮工段
3	植物油加工厂的浸出厂房；植物油加工精炼部位	26	玻璃原料熔化厂房
4	黄磷、赤磷制备厂房及其应用部位	27	陶瓷制品的烘干、烧成厂房
5	樟脑或松香提炼厂房、焦化厂精萘厂房	28	金属(镁合金除外)冷加工车间
6	煤粉厂房和面粉厂房的碾磨部位	29	钢材库房及堆场
7	谷物筒仓工作塔、亚麻厂的除尘器和过滤器室	30	水泥库房
8	散装棉花堆场	31	搪瓷、陶瓷制品库房
9	稻草、芦苇、麦秸等堆场	32	难燃烧或非燃烧的建筑装饰材料库房
10	谷物加工厂房	33	原木堆场

表 9-58　A 类火灾场所灭火器的最低配置基准

项目	严重危险级	中危险级	轻危险级
每具灭火器最小配置灭火级别	3A	2A	1A
最大保护面积/m^2	50	75	100

表 9-59　B 类火灾场所灭火器的最低配置基准

项　目	严重危险级	中危险级	轻危险级
每具灭火器最小配置灭火级别	89B	55B	21B
最大保护面积/m^2	0.5	1.0	1.5

③ 当住宅楼每层的公共部位建筑面积超过 100m^2 时，应配置 1 具 1A 的手提式灭火器，每增加 100m^2 增配 1 具 1A 的手提式灭火器。

④ 一个灭火器配置场所内的灭火器不应少于 2 具。每个设置点的灭火器不宜多于 5 具。

(4) 灭火器的设置

① 灭火器应设置在明显和便于取用的地点，且不得影响安全疏散；灭火器应设置稳固，其铭牌必须朝外；手提式灭火器宜设置在挂钩、托架上或灭火器箱内，其顶部离地面高度应小于 1.50m，底部离地面高度不宜小于 0.08m，灭火器箱不得上锁。

灭火器不应设置在潮湿或强腐蚀性的地点，如必须设置时，应有相应的保护措施。

设置在室外的灭火器，应有保护措施。

灭火器不得设置在超出其使用温度范围的地点。灭火器的参考使用温度范围见表 9-60。

表 9-60　灭火器的参考使用温度范围

灭火器类型		使用温度范围/℃
水型灭火器	未加防冻剂	5～55
	加防冻剂	−10～55
机械泡沫灭火器	未加防冻剂	5～55
	加防冻剂	−10～55
干粉灭火器	CO_2 驱动	−10～55
	N_2 驱动	−20～55
洁净气体(卤代烷)灭火器		−20～55
二氧化碳灭火器		−10～55

② 灭火器的保护距离是指灭火器设置点到最不利点的直线行走距离。

a. 设置在 A 类火灾配置场所的灭火器，其最大保护距离应符合表 9-61 规定。

b. 设置在 B 类火灾配置场所的灭火器，其最大保护距离应符合表 9-62 规定。

c. 设置在 C 类火灾配置场所的灭火器，其最大保护距离按 B 类火灾配置场所的规定执行。

表 9-61　A 类火灾配置场所灭火器最大保护距离　　单位：m

危险等级	灭火器类型	
	手提式灭火器	推车式灭火器
严重危险级	15	30
中危险级	20	40
轻危险级	25	50

表 9-62　B 类火灾配置场所灭火器最大保护距离　　单位：m

危险等级	灭火器类型	
	手提式灭火器	推车式灭火器
严重危险级	9	18
中危险级	12	24
轻危险级	15	30

d. 设置在可燃物露天堆垛，甲、乙、丙类液体储罐，可燃气体储罐的灭火器配置场所的灭火器，其最大保护距离应按国家现行有关标准规范的规定执行。

(5) 灭火器配置设计计算

① 灭火器配置设计计算按下述程序进行。

确定各灭火器配置场所的危险等级。

确定各灭火器配置场所的火灾种类。

划分灭火器配置场所的计算单元。

测算各单元的保护面积。

计算各单元所需最小灭火级别。

确定各单元的灭火器设置点的位置和数量。

计算每个灭火器设置点的最小灭火级别。

确定每个设置点灭火器的类型、规格与数量。

验算各设置点和各单元实际配置的所有灭火器的灭火级别（应不小于其计算值）。

确定每具灭火器的设置方式和要求，在设计图上标明其类型、规格、数量与设置位置。

② 灭火器配置场所计算单元按下列规定划分。

a. 灭火器配置场所的危险等级和火灾种类均相同的相邻场所，可将一个楼层或一个防火分区作为一个计算单元。同一计算单元不得跨越楼层和防火分区。

b. 灭火器配置场所的危险等级或火灾种类不相同的场所，应分别作为不同计算单元。

③ 灭火器配置场所保护面积计算应按下列规定。

a. 建筑工程应按建筑面积计算。

b. 可燃物露天堆垛，甲、乙、丙类液体储罐，可燃气体储罐应按堆垛、储罐占地面积计算。

④ 灭火器配置计算单元所需最小灭火级别按式(9-1)计算。

$$Q=K\frac{S}{U} \tag{9-1}$$

式中 Q——灭火器配置计算单元所需最小灭火级别，A或B；

S——灭火器配置计算单元的保护面积，m^2；

U——A类火灾或B类火灾灭火器配置场所相应危险等级的灭火器最大保护面积，m^2；

K——修正系数。

无室内消火栓和灭火系统的，$K=1.0$；设有室内消火栓的，$K=0.9$；设有灭火系统的，$K=0.7$；设有室内消火栓和灭火系统的，$K=0.5$；可燃物露天堆垛，甲、乙、丙类液体储罐，可燃气体储罐，$K=0.3$。

⑤ 地下建筑，歌舞、娱乐、放映、游艺场所，网吧、商场、寺庙等灭火器配置场所所需最小灭火级别按式(9-2)计算。

$$Q=1.3K\frac{S}{U} \tag{9-2}$$

⑥ 灭火器配置场所每个设置点的最小灭火级别应按式(9-3)计算。

$$Q_e=\frac{Q}{N} \tag{9-3}$$

式中 Q_e——灭火器配置场所每个设置点的灭火级别，A或B；

N——灭火器配置场所中设置点的数量。

⑦ 灭火器配置场所和设置点实际配置的所有灭火器的灭火级别均不得小于计算值。

2.9.2 灭火器

① 灭火器通用技术条件如下。

a. 手提式灭火器扑救A类火灾的能力，不得小于表9-63规定的级别，手提式灭火器扑救B类火灾的能力，不得小于表9-64规定的级别（摘自GB 4351—2005）。

扑灭C类火灾的灭火器，可用字母C表示，没有级别大小之分。只有干粉灭火器、卤代烷灭火器和二氧化碳灭火器才可以标有字母C。

表9-63 灭A类火的性能

级别代号	干粉/kg	水和泡沫/L	卤代烷/kg
1A	≤2	≤6	≤6
2A	2～4	6～9	>6
3A	4～6	>9	
4A	6～9		
6A	>9		

b. 扑灭E类火灾的灭火器可用字母E表示，没有级别大小之分。干粉灭火器、洁净气体灭火器和二氧化碳灭火器可标有字母E。

表9-64 灭B类火的性能

级别代号	干粉/kg	卤代烷/kg	二氧化碳/kg	水基型/L
21B	1～2	1～2	2～3	
34B	3	4	5	
55B	4	6	7	≤6
89B	5～6	≥6		6～9
144B	>6			>9

② 灭火器的最小有效喷射时间见表9-65（摘自GB 4351.1—2005）。

③ 灭火器的最小喷射距离见表9-66（摘自GB 4351.1—2005）。

表9-65 灭火器的最小有效喷射时间

类型	灭火剂量/L	最小有效喷射时间/s
水基型灭火器	2～3	15
	3～6	30
	>6	40
A类火灭火器（水基型除外）	1A	8
	≥2A	13
B类火灭火器（水基型除外）	21B～34B	8
	55B～89B	9
	≥144B	15

表9-66 灭火器的最小喷射距离

类型		灭火剂量/L	最小喷射距离/m
A类火灭火器		1A～2A	3.0
		3A	3.5
		4A	4.5
		6A	5.0
B类火灭火器	水基型	2L	3.0
		3L	3.0
		6L	3.5
		9L	4.0
	洁净气体	1kg	2.0
		2kg	2.0
		4kg	2.5
		6kg	3.0
	二氧化碳	2kg	2.0
		3kg	2.0
		5kg	2.5
		7kg	2.5
	干粉	1kg	3.0
		2kg	3.0
		3kg	3.5
		4kg	3.5
		5kg	3.5
		6kg	4.0
		8kg	4.5
		≥9kg	5.0

3　工厂安全卫生防护设计

3.1　职业性接触毒物危害程度分级

化工厂的原料、成品、半成品、中间体、反应副产物等通常都会通过吸入、经口或接触给人体健康带来一定的危害，而化工厂的劳动者在劳动过程中难免要接触到这些化学品，为了采取适当的防护措施保护劳动者健康，卫生部在原《职业性接触毒物危害程度分级》（GB 5044—85）的基础上修订发布了 GBZ 230—2010 版，以毒物的急性毒性、扩散性、蓄积性、致癌性、生殖毒性、致敏性、刺激与腐蚀性、实际危害后果与预防 9 个方面规定了定级标准和加权积分标准，作为相关设计的依据。

职业性接触毒物分项指标危害程度分级和评分依据见表 9-67。毒物危害指数计算公式如下。

$$\mathrm{THI}=\sum_{i=1}^{n}(k_iF_i) \tag{9-4}$$

式中　THI——毒物危害指数；

k——分项指标权重系数；

F——分项指标积分值。

根据各分项指标的加权积分计算出的毒物危害指数 THI，危害程度分为极度危害（Ⅰ级）、高度危害（Ⅱ级）、中毒危害（Ⅲ级）、轻度危害（Ⅳ级）五级。

极度危害（Ⅰ级）：THI≥65。

高度危害（Ⅱ级）：THI=50～65。

中毒危害（Ⅲ级）：THI=35～50。

轻度危害（Ⅳ级）：THI<35。

毒物的各项分级指标应根据有关科学数据，优先顺序依次为国家技术标准、国际组织正式颁布的文件数据、区域组织或其他国家的官方数据、教科书、文献资料。

表 9-67　职业性接触毒物分项指标危害程度分级和评分依据

分项指标		极度危害	高度危害	中度危害	轻度危害	轻微危害	权重系数
积分值		4	3	2	1	0	
急性吸入 LC_{50}	气体 /(cm^3/m^3)	<100	100～500	500～2500	2500～20000	≥20000	5
	蒸气 /(mg/m^3)	<500	500～2000	2000～10000	10000～20000	≥20000	
	粉尘和烟雾 /(mg/m^3)	<50	50～500	500～1000	1000～5000	≥5000	
急性经口 LD_{50} /(mg/kg)		<5	5～50	50～300	300～2000	≥2000	
急性经皮 LD_{50} /(mg/kg)		<50	50～200	200～1000	1000～2000	≥2000	1
刺激与腐蚀性		pH≤2 或 pH≥11.5；腐蚀作用或不可逆损伤作用	强刺激作用	中等刺激作用	轻刺激作用	无刺激作用	2
致敏性		有证据表明该物质能引起人类特定的呼吸系统致敏或重要脏器的变态反应性损伤	有证据表明该物质能导致人类皮肤过敏	动物试验证据充分，但无人类相关证据	现有动物试验证据不能对该物质的致敏性做出结论	无致敏性	2
生殖毒性		明确的人类生殖毒性：已确定对人类的生殖能力、生育或发育造成有害效应的毒物，人类母体接触后可引起子代先天性缺陷	推定的人类生殖毒性：动物试验生殖毒性明确，但对人类生殖毒性作用尚未确定因果关系，推定对人的生殖能力或发育产生有害影响	可疑的人类生殖毒性：动物试验生殖毒性明确，但无人类生殖毒性资料	人类生殖毒性未定论：现有证据或资料不足以对毒物的生殖毒性作出结论	无人类生殖毒性：动物试验阴性，人群调查结果未发现生殖毒性	3
致癌性		Ⅰ组，人类致癌物	ⅡA 组，近似人类致癌物	ⅡB 组，可能人类致癌物	Ⅲ组，未归入人类致癌物	Ⅳ组，非人类致癌物	4

续表

分项指标	极度危害	高度危害	中度危害	轻度危害	轻微危害	权重系数
积分值	4	3	2	1	0	
实际危害后果与预后	职业中毒病死率≥10%	职业中毒病死率<10%；或致残(不可逆损害)	器质性损害(可逆性重要脏器损害)，脱离接触后可治愈	仅有接触反应	无危害后果	5
扩散性(常温或工业使用时状态)	气态	液态，挥发性高(沸点<50℃)；固态，扩散性极高(使用时形成烟或烟尘)	液态，挥发性中(沸点为50～150℃) 固态，扩散性高(细微而轻的粉末，使用时可见尘雾形成，并在空气中停留数分钟以上)	液态，挥发性低(沸点≥150℃)固态，晶体、粒状固体、扩散性中，使用时能见到粉尘，但很快落下，使用后粉尘留在表面	固态，扩散性低[不会破碎的固体小球(块)，使用时几乎不产生粉尘]	3
蓄积性(或生物半减期)	蓄积系数(动物实验，下同)<1；生物半减期≥4000h	蓄积系数为1～3；生物半减期为400～4000h	蓄积系数为3～5；生物半减期为40～400h	蓄积系数>5；生物半减期为4～40h	生物半减期<4h	1

注：1. 急性毒性分级指标以急性吸入毒性和急性经皮毒性为分级依据。无急性吸入毒性数据的物质，参照急性经口毒性分级。无急性经皮毒性数据且不经皮吸收的物质，按轻微危害分级；无急性经皮毒性数据但可经皮肤吸收的物质，参照急性吸入毒性分级。

2. 强、中、轻和无刺激作用的分级依据 GB/T 21604 和 GB/T 21609。

3. 缺乏蓄积性、致癌性、致敏性、生殖毒性分级有关数据的物质的分项指标暂按极度危害赋分。

4. 工业使用在5年内的新化学品，无实际危害后果资料的，该分项指标暂按极度危害赋分；工业使用在5年以上的物质，无实际危害后果资料的，该分项指标按轻微危害赋分。

5. 一般液态物质的吸入毒性按蒸气类划分。

6. $1cm^3/m^3=1ppm$，ppm 与 mg/m^3 在气温为20℃、大气压为101.3kPa（760mmHg）的条件下的换算公式为 $1ppm=24.04/M_r mg/m^3$，其中 M_r 为该气体的分子量。

3.2 工作场所化学有害因素职业接触限值

3.2.1 化学有害因素职业接触限值

本小节内容摘自《工作场所有害因素职业接触限值 第一部分 化学因素》(GBZ 2.1—2007)。

职业接触限值（occupational exposure limit，OEL）是职业性有害因素的接触限制量值，指劳动者在职业活动过程中长期反复接触对机体不引起急性或慢性有害健康影响的允许接触水平。化学因素的职业接触限值可分为时间加权平均允许浓度、最高允许浓度和短时间接触允许浓度三类。

① 时间加权平均允许浓度（permissible concentration-time weighted average，PC-TWA）指以时间为权数规定的8h工作日的平均允许接触水平。

② 最高允许浓度（maximum allowable concentration，MAC）指工作地点、在一个工作日内、任何时间均不应超过的有毒化学物质的浓度。

③ 短时间接触允许浓度（promissible concentration-short term exposure limit，PC-STEL），指一个工作日内，任何一次接触不得超过的15min时间加权平均的允许接触水平。

工作场所中339种化学物质和47种粉尘以及2种有害生物因素的工作场所空气中允许浓度见表9-68～表9-70。

对粉尘和未制定PC-STEL的化学物质，采用超限倍数控制其短时间接触水平的过高波动。在符合PC-TWA的前提下，粉尘的超限倍数是PC-TWA的2倍；化学物质超限倍数与PC-TWA的关系见表9-71。

美国政府工业卫生学家会议每年都会发布ACGIH生产环境中化学物质的阈限值（TLV和BEIs）数据，需要时可查阅该文献。

表9-68 工作场所空气中化学物质允许浓度

序号	中文名	英文名	化学文摘号(CAS No.)	OELs/(mg/m^3)			备注
				MAC	PC-TWA	PC-STEL	
1	安妥	antu	86-88-4	—	0.3	—	—
2	氨	ammonia	7664-41-7	—	20	30	—
3	2-氨基吡啶	2-aminopyridine	504-29-0	—	2	—	皮

续表

序号	中文名	英文名	化学文摘号(CAS No.)	OELs/(mg/m³)			备注
				MAC	PC-TWA	PC-STEL	
4	氨基磺酸铵	ammonium sulfamate	7773-06-0	—	6	—	—
5	氨基氰	cyanamide	420-04-2	—	2	—	—
6	奥克托今	octogen	2691-41-0	—	2	4	—
7	巴豆醛	crotonaldchyde	4170-30-3	12	—	—	—
8	百草枯	paraquat	4685-14-7	—	0.5	—	—
9	百菌清	chlorothalonil	1897-45-6	1	—	—	G2B
10	钡及其可溶性化合物(按Ba计)	barium and soluble compounds, as Ba	7440-39-3(Ba)	—	0.5	1.5	—
11	倍硫磷	fenthion	55-38-9	—	0.2	0.3	皮
12	苯	benzene	71-43-2	—	6	10	皮,G1
13	苯胺	aniline	62-53-3	—	3	—	皮
14	苯基醚(二苯醚)	phenyl ether	101-84-8	—	7	14	—
15	苯硫磷	EPN	2104-64-5	—	0.5	—	皮
16	苯乙烯	styrene	100-42-5	—	50	100	皮,G2B
17	吡啶	pyridine	110-86-1	—	4	—	—
18	苄基氯	benzyl chloride	100-44-7	5	—	—	G2A
19	丙醇	propyl alcohol	71-23-8	—	200	300	—
20	丙酸	propionic acid	79-09-4	—	30	—	—
21	丙酮	acetone	67-64-1	—	300	450	—
22	丙酮氰醇(按CN计)	acetone cyanohydrin, as CN	75-86-5	3	—	—	皮
23	丙烯醇	allyl alcohol	107-18-6	—	2	3	皮
24	丙烯腈	acrylonitrile	107-13-1	—	1	2	皮,G2B
25	丙烯醛	acrolein	107-02-8	0.3	—	—	皮
26	丙烯酸	acrylic acid	79-10-7	—	6	—	皮
27	丙烯酸甲酯	methyl acrylate	96-33-3	—	20	—	皮,敏
28	丙烯酸正丁酯	*n*-Butyl acrylate	141-32-2	—	25	—	敏
29	丙烯酰胺	acrylamidc	79-06-1	—	0.3	—	皮,G2A
30	草酸	oxalic acid	144-62-7	—	1	2	—
31	重氮甲烷	diazomethane	334-88-3	—	0.35	0.7	—
32	抽余油(60~220℃)	raffinate(60~220℃)		—	300	—	—
33	臭氧	ozone	10028-15-6	0.3	—	—	—
34	滴滴涕(DDT)	dichlorodiphenyltrichloroethane(DDT)	50-29-3	—	0.2	—	G2B
35	敌百虫	trichlorfon	52-68-6	—	0.5	1	—
36	敌草隆	diuron	330-54-1	—	10	—	—
37	碲化铋(按Bi_2Te_3计)	bismuth telluride, as Bi_2Te_3	1304-82-1	—	5	—	—
38	碘	iodine	7553-56-2	1	—	—	—
39	碘仿	iodoform	75-47-8	—	10	—	—
40	碘甲烷	methyl iodide	74-88-4	—	10	—	皮
41	叠氮酸蒸气	hydrazoic acid vapor	7782-79-8	0.2	—	—	—
42	叠氮化钠	sodium azide	26628-22-8	0.3	—	—	—
43	丁醇	butyl alcohol	71-36-3	—	100	—	—

续表

序号	中文名	英文名	化学文摘号(CAS No.)	OELs/(mg/m³)			备注
				MAC	PC-TWA	PC-STEL	
44	1,3-丁二烯	1,3-butadiene	106-99-0	—	5	—	G2A
45	丁醛	butylaldehyde	123-72-8	—	5	10	—
46	丁酮	methyl ethyl ketone	78-93-3	—	300	600	—
47	丁烯	butylene	25167-67-3	—	100	—	—
48	毒死蜱	chlorpyrifos	2921-88-2	—	0.2	—	皮
49	对苯二甲酸	terephthalic acid	100-21-0	—	8	15	—
50	对二氯苯	*p*-dichlorobenzene	106-46-7	—	30	60	G2B
51	对茴香胺	*p*-anisidine	104-94-9	—	0.5	—	皮
52	对硫磷	parathion	56-38-2	—	0.05	0.1	皮
53	对特丁基甲苯	*p*-*tert*-butyltoluene	98-51-1	—	6	—	—
54	对硝基苯胺	*p*-nitroaniline	100-01-6	—	3	—	皮
55	对硝基氯苯	*p*-nitrochlorobenzene	100-00-5	—	0.6	—	皮
56	多亚甲基多苯基多异氰酸酯	polymetyhlene polyphenyl isocyanate (PMPPI)	57029-46-6	—	0.3	0.5	—
57	二苯胺	diphenylamine	122-39-4	—	10	—	—
58	二苯基甲烷二异氰酸酯	diphenylmethane diisocyanate	101-68-8	—	0.05	0.1	—
59	二丙二醇甲醚	dipropylene glycol methyl ether	34590-94-8	—	600	900	皮
60	2-*N*-二丁氨基乙醇	2-*N*-dibutylaminoethanol	102-81-8	—	4	—	皮
61	二噁烷	1,4-dioxane	123-91-1	—	70	—	皮,G2B
62	二氟氯甲烷	chlorodifluoromethane	75-45-6	—	3500	—	—
63	二甲胺	dimethylamine	124-40-3	—	5	10	—
64	二甲苯(全部异构体)	xylene(all isomers)	1330-20-7; 95-47-6; 108-38-3	—	50	100	—
65	二甲基苯胺	dimethylanilne	121-69-7	—	5	10	皮
66	1,3-二甲基丁基乙酸酯(乙酸仲己酯)	1,3-dimethylbutyl acetate(sec-hexyl acetate)	108-84-9	—	300	—	—
67	二甲基二氯硅烷	dimethyl dichlorosilane	75-78-5	2	—	—	—
68	二甲基甲酰胺	dimethylformamide (DMF)	68-12-2	—	20	—	皮
69	3,3-二甲基联苯胺	3,3-Dimethylbenzidine	119-93-7	0.02	—	—	皮,G2B
70	*N*,*N'*-二甲基乙酰胺	dimethyl acetamide	127-19-5	—	20	—	皮
71	二聚环戊二烯	dicyclopentadiene	77-73-6	—	25	—	—
72	二硫化碳	carbon disulfide	75-15-0	—	5	10	皮
73	1,1-二氯-1-硝基乙烷	1,1-dichloro-1-nitrocthane	594-72-9	—	12	—	—
74	1,3-二氯丙醇	1,3-dichloropropanol	96-23-1	—	5	—	皮

续表

序号	中文名	英文名	化学文摘号（CAS No.）	OELs/(mg/m^3)			备注
				MAC	PC-TWA	PC-STEL	
75	1,2-二氯丙烷	1,2-dichloropropane	78-87-5	—	350	500	—
76	1,3-二氯丙烯	1,3-dichloropropene	542-75-6	—	4	—	皮,G2B
77	二氯二氟甲烷	dichlorodifluoromethane	75-71-8	—	5000	—	—
78	二氯甲烷	dichloromethane	75-09-2	—	200	—	G2B
79	二氯乙炔	dichloroacetylene	7572-29-4	0.4	—	—	—
80	1,2-二氯乙烷	1,2-dichloroethane	107-06-2	—	7	15	G2B
81	1,2-二氯乙烯	1, 2-dichloroethylene	540-59-0	—	800	—	—
82	二缩水甘油醚	diglycidyl ether	2238-07-5	—	0.5	—	—
83	二硝基苯(全部异构体)	dinitrobenzene (all isomers)	528-29-0; 99-65-0; 100-25-4	—	1	—	皮
84	二硝基甲苯	dinitrotoluene	25321-14-6	—	0.2	—	皮,G2B (2,4-二硝基甲苯; 2,6-二硝基甲苯)
85	4,6-二硝基邻苯甲酚	4,6-dinitro-*o*-cresol	534-52-1	—	0.2	—	皮
86	二硝基氯苯	dinitrochlorobenzene	25567-67-3	—	0.6	—	皮
87	二氧化氮	nitrogen dioxide	10102-44-0	—	5	10	—
88	二氧化硫	sulfur dioxide	7446-09-5	—	5	10	—
89	二氧化氯	chlorine dioxide	10049-04-4	—	0.3	0.8	—
90	二氧化碳	carbon dioxide	124-38-9	—	9000	18000	—
91	二氧化锡(按 Sn 计)	tin dioxide,as Sn	1332-29-2	—	2	—	—
92	2-二乙氨基乙醇	2-diethylaminoethanol	100-37-8	—	50	—	皮
93	二亚乙基三胺	diethylene triamine	111-40-0	—	4	—	皮
94	二乙基甲酮	diethyl ketone	96-22-0	—	700	900	—
95	二乙烯基苯	divinyl benzene	1321-74-0	—	50	—	—
96	二异丁基甲酮	diisobutyl ketone	108-83-8	—	145	—	—
97	二异氰酸甲苯酯(TDI)	toluene-2,4-diisocyanate(TDI)	584-84-9	—	0.1	0.2	敏,G2B
98	二月桂酸二丁基锡	dibutyltin dilaurate	77-58-7	—	0.1	0.2	皮
99	钒及其化合物(按 V 计)	vanadium and compounds,as V	7440-62-6(V)				
	五氧化二钒烟尘	vanadium pentoxide fumedust		—	0.05	—	—
	钒铁合金尘	Ferrovanadium alloydust		—	1	—	—
100	酚	phenol	108-95-2	—	10	—	皮
101	呋喃	furan	110-00-9	—	0.5	—	G2B
102	氟化氢(按 F 计)	hydrogen fluoride, as F	7664-39-3	2	—	—	—
103	氟化物(不含氟化氢)(按 F 计)	fluorides (except HF), as F		—	2	—	—

续表

序号	中文名	英文名	化学文摘号(CAS No.)	OELs/(mg/m³)			备注
				MAC	PC-TWA	PC-STEL	
104	锆及其化合物(按Zr计)	zirconium and compounds, as Zr	7440-67-7(Zr)	—	5	10	—
105	镉及其化合物(按Cd计)	cadmium and compounds, as Cd	7440-43-9(Cd)	—	0.01	0.02	G1
106	汞-金属汞(蒸气)	mercury metal (vapor)	7439-97-6	—	0.02	0.04	皮
107	汞-有机汞化合物(按Hg计)	mercury organic compounds, as Hg		—	0.01	0.03	皮
108	钴及其氧化物(按Co计)	cobalt and oxides, as Co	7440-48-4(Co)	—	0.05	0.1	G2B
109	光气	phosgene	75-44-5	0.5	—	—	—
110	癸硼烷	decaborane	17702-41-9	—	0.25	0.75	皮
111	过氧化苯甲酰	benzoyl peroxide	94-36-0	—	5	—	—
112	过氧化氢	hydrogen peroxide	7722-84-1	—	1.5	—	—
113	环己胺	cyclohexylamine	108-91-8	—	10	20	—
114	环己醇	cyclohexanol	108-93-0	—	100	—	皮
115	环己酮	cyclohexanone	108-94-1	—	50	—	皮
116	环己烷	cyclohexane	110-82-7	—	250	—	—
117	环氧丙烷	propylene cxide	75-56-9	—	5	—	敏,G2B
118	环氧氯丙烷	epichlorohydrin	106-89-8	—	1	2	皮,G2A
119	环氧乙烷	ethylene oxide	75-21-8	—	2	—	G1
120	黄磷	yellow phosphorus	7723-14-0	—	0.05	0.1	—
121	己二醇	hexylene glycol	107-41-5	100	—	—	—
122	1,6-己二异氰酸酯	hexamethylene diisocyanate	822-06-0	—	0.03	—	—
123	己内酰胺	caprolactaro	105-60-2	—	5	—	—
124	2-己酮	2-hexanone	591-78-6	—	20	40	皮
125	甲拌磷	thimet	298-02-2	0.01	—	—	皮
126	甲苯	toluene	108-88-3	—	50	100	皮
127	*N*-甲苯胺	*N*-methyl aniline	100-61-8	—	2	—	皮
128	甲醇	methanol	67-56-1	—	25	50	皮
129	甲酚(全部异构体)	cresol(all isomers)	1319-77-3; 95-48-7; 108-39-4; 106-44-5	—	10	—	皮
130	甲基丙烯腈	methylacrylonitrile	126-98-7	—	3	—	皮
131	甲基丙烯酸	methacrylic acid	79-41-4	—	70	—	—
132	甲基丙烯酸甲酯	methyl methacrylate	80-62-6	—	100	—	敏
133	甲基丙烯酸缩水甘油酯	glycidyl methacrylate	106-91-2	5	—	—	—
134	甲基肼	methyl hydrazine	60-34-4	0.08	—	—	皮
135	甲基内吸磷	methyl demeton	8022-00-2	—	0.2	—	皮
136	18-甲基炔诺酮(炔诺孕酮)	18-methyl norgestrel	6533-00-2	—	0.5	2	—
137	甲硫醇	methyl mercaptan	74-93-1	—	1	—	—

续表

序号	中文名	英文名	化学文摘号(CAS No.)	OELs/(mg/m³)			备注
				MAC	PC-TWA	PC-STEL	
138	甲醛	formaldehyde	50-00-0	0.5	—	—	敏,G1
139	甲酸	formic acid	64-18-6	—	10	20	—
140	甲氧基乙醇	2-methoxyethanol	109-86-4	—	15	—	皮
141	甲氧氯	methoxychlor	72-43-5	—	10	—	—
142	间苯二酚	resorcinol	108-46-3	—	20	—	—
143	焦炉逸散物(按苯溶物计)	coke oven emissions, as benzene soluble matter	—	—	0.1	—	G1
144	肼	hydrazine	302-01-2	—	0.06	0.13	皮,G2B
145	久效磷	monocrotophos	6923-22-4	—	0.1	—	皮
146	糠醇	furfuryl alcohol	98-00-0	—	40	60	皮
147	糠醛	furfural	98-01-1	—	5	—	皮
148	考的松	cortisone	53-06-5	—	1	—	—
149	苦味酸	picric acid	88-89-1	—	0.1	—	—
150	乐果	rogor	60-51-5	—	1	—	皮
151	联苯	biphenyl	92-52-4	—	1.5	—	—
152	邻苯二甲酸二丁酯	dibutyl phthalate	84-74-2	—	2.5	—	—
153	邻苯二甲酸酐	phthalic anhydride	85-44-9	1	—	—	敏
154	邻二氯苯	*o*-dichlorobcnzcne	95-50-1	—	50	100	
155	邻茴香胺	*o*-anisidine	90-04-0	—	0.5	—	皮,G2B
156	邻氯苯乙烯	*o*-chlorostyrene	2308-87-47	—	250	400	—
157	邻氯亚苄基丙二腈	*o*-chlorobenzylidene malononitrile	2698-41-1	0.4	—	—	皮
158	邻仲丁基苯酚	*o*-*sec*-butylphenol	89-72-5	—	30	—	皮
159	磷胺	phosphamidon	13171-21-6	—	0.02	—	皮
160	磷化氢	phosphine	7803-51-2	0.3	—	—	—
161	磷酸	phosphoric acid	7664-38-2	—	1	3	—
162	磷酸二丁基苯酯	dibutyl phenyl phosphate	2528-36-1	—	3.5	—	皮
163	硫化氢	hydrogen sulfide	7783-06-4	10	—	—	—
164	硫酸钡(按 Ba 计)	barium sulfate, as Ba	7727-43-7	—	10	—	—
165	硫酸二甲酯	dimethyl sulfate	77-78-1	—	0.5	—	皮,G2A
166	硫酸及三氧化硫	sulfuric acid and sulfur trioxide	7664-93-9	—	1	2	G1
167	硫酰氟	sulfuryl fluoride	2699-79-8	—	20	40	—
168	六氟丙酮	hexafluoroacetone	684-16-2	—	0.5	—	皮
169	六氟丙烯	hexafluoropropylene	116-15-4	—	4	—	—
170	六氟化硫	sulfur hexafluoride	2551-62-4	—	6000	—	—
171	六六六	hexachlorocyclohexane	608-73-1	—	0.3	0.5	G2B
172	γ-六六六	γ-hexachlorocyclohexane	58-89-9	—	0.05	0.1	皮,G2B
173	六氯丁二烯	hexachlorobutadiene	87-68-3	—	0.2	—	皮

续表

序号	中文名	英文名	化学文摘号 (CAS No.)	OELs/(mg/m³)			备注
				MAC	PC-TWA	PC-STEL	
174	六氯环戊二烯	hexachlorocyclopentadiene	77-47-4	—	0.1	—	—
175	六氯萘	hexachloronaphthalene	1335-87-1	—	0.2	—	皮
176	六氯乙烷	hexachloroethane	67-72-1	—	10	—	皮,G2B
177	氯	chlorine	7782-50-5	1	—	—	—
178	氯苯	chlorobenzene	108-90-7	—	50	—	—
179	氯丙酮	chloroacetone	78-95-5	4	—	—	皮
180	氯丙烯	allyl chloride	107-05-1	—	2	4	—
181	β-氯丁二烯	chloroprene	126-99-8	—	4	—	皮,G2B
182	氯化铵烟	ammonium chloride fume	12125-02-9	—	10	20	—
183	氯化苦	chloropicrin	76-06-2	1	—	—	—
184	氯化氢及盐酸	hydrogen chloride and chlorhydric acid	7647-01-0	7.5	—	—	—
185	氯化氰	cyanogen chloride	506-77-4	0.75	—	—	—
186	氯化锌烟	zinc chloride fume	7646-85-7	—	1	2	—
187	氯甲甲醚	chloromethyl methylether	107-30-2	0.005	—	—	G1
188	氯甲烷	methyl chloride	74-87-3	—	60	120	支
189	氯联苯(54%氯)	chlorodiphenyl(54% Cl)	11097-69-1	—	0.5	—	皮,G2A
190	氯萘	chloronaphthalene	90-13-1	—	0.5	—	皮
191	氯乙醇	ethylene chlorohydrin	107-07-3	2	—	—	皮
192	氯乙醛	chloroacetaldehyde	107-20-0	3	—	—	—
193	氯乙酸	chloroacetic acid	79-11-8	2	—	—	皮
194	氯乙烯	vinyl chloride	75-01-4	—	10	—	G1
195	α-氯乙酰苯	α-chloroacetophenone	532-27-4	—	0.3	—	—
196	氯乙酰氯	chloroacetyl chloride	79-04-9	—	0.2	0.6	皮
197	马拉硫磷	malathion	121-75-5	—	2	—	皮
198	马来酸酐	maleic anhydride	108-31-6	—	1	2	敏
199	吗啉	morpholine	110-91-8	—	60	—	皮
200	煤焦油沥青挥发物(按苯溶物计)	coal tar pitch volatiles, as Benzene soluble matters	65996-93-2	—	0.2	—	G1
201	锰及其无机化合物(按 MnO_2 计)	manganese and inorganic compounds as MnO_2	7439-96-5(Mn)	—	0.15	—	—
202	钼及其化合物(按Mo计)	molybdenum and compounds as Mo	7439-98-7(Mo)				
	钼,不溶性化合物	molybdenum and insoluble compounds		—	6	—	—
	可溶性化合物	soluble compounds		—	4	—	—
203	内吸磷	demeton	8065-48-3	—	0.05	—	皮

续表

序号	中文名	英文名	化学文摘号（CAS No.）	OELs/(mg/m³)			备注
				MAC	PC-TWA	PC-STEL	
204	萘	naphthalene	91-20-3	—	50	75	皮，G2B
205	2-萘酚	2-naphthol	2814-77-9	—	0.25	0.5	—
206	萘烷	decalin	91-17-8	—	60	—	—
207	尿素	urea	57-13-6	—	5	10	—
208	镍及其无机化合物（按 Ni 计）	nickel and inorganic compounds，as Ni	7440-02-0(Ni)				G1(镍化合物)，G2B(金属镍和镍合金)
	金属镍与难溶性镍化合物	nickel metal and insoluble compounds		—	1	—	
	可溶性镍化合物	soluble nickel compounds		—	0.5	—	
209	铍及其化合物（按 Be 计）	beryllium and compounds，as Be	7440-41-7(Be)	—	0.0005	0.001	G1
210	偏二甲基肼	unsymmetric dimethylhydrazine	57-14-7	—	0.5	—	皮，G2B
211	铅及其无机化合物（按 Pb 计）	lead and inorganic Compounds，as Pb	7439-92-1(Pb)				G2B(铅)，G2A(铅的无机化合物)
	铅尘	lead dust		—	0.05	—	
	铅烟	lead fume		—	0.03	—	
212	氢化锂	lithium hydride	7580-67-8	—	0.025	0.05	—
213	氢醌	hydroquinone	123-31-9	—	1	2	—
214	氢氧化钾	potassium hydroxide	1310-58-3	2	—	—	—
215	氢氧化钠	sodium hydroxide	1310-73-2	2	—	—	—
216	氢氧化铯	cesium hydroxide	21351-79-1	—	2	—	—
217	氰氨化钙	calcium cyanamide	156-62-7	—	1	3	—
218	氰化氢（按 CN 计）	hydrogen cyanide，as CN	74-90-8	1	—	—	皮
219	氰化物（按 CN 计）	cyanides，as CN	460-19-5(CN)	1	—	—	皮
220	氰戊菊酯	fenvalerate	51630-58-1	—	0.05	—	皮
221	全氟异丁烯	perfluoroisobutylene	382-21-8	0.08	—	—	—
222	壬烷	nonane	111-84-2	—	500	—	—
223	溶剂汽油	solvent gasolines		—	300	—	—
224	乳酸正丁酯	*n*-butyl lactate	138-22-7	—	25	—	—
225	三亚甲基三硝基胺（黑索今）	cyclonite(RDX)	121-82-4	—	1.5	—	皮
226	三氟化氯	chlorine trifluoride	7790-91-2	0.4	—	—	—
227	三氟化硼	boron trifluoride	7637-07-2	3	—	—	—
228	三氟亚甲基氟酸酯	trifluoromethyl hypofluorite		0.2	—	—	—
229	三甲苯磷酸酯	tricresyl phosphate	1330-78-5	—	0.3	—	皮
230	1，2，3-三氯丙烷	1，2，3-trichloropropane	96-18-4	—	60	—	皮，G2A
231	三氯化磷	phosphorus trichloride	7719-12-2	—	1	2	—
232	三氯甲烷	trichloromethane	67-66-3	—	20	—	G2B
233	三氯硫磷	phosphorous thiochloride	3982-91-0	0.5	—	—	—

续表

序号	中文名	英文名	化学文摘号(CAS No.)	OELs/(mg/m³)			备注
				MAC	PC-TWA	PC-STEL	
234	三氯氢硅	trichlorosilane	10025-28-2	3	—	—	—
235	三氯氧磷	phosphorus oxychloride	10025 87 3	—	0.3	0.6	—
236	三氯乙醛	trichloroacetaldehyde	75-87-6	3	—	—	—
237	1,1,1-三氯乙烷	1,1,1-trichloroethane	71-55-6	—	900	—	—
238	三氯乙烯	trichloroethylene	79-01-6	—	30	—	G2A
239	三硝基甲苯	trinitrotoluenc	118-96-7	—	0.2	0.5	皮
240	三氧化铬、铬酸盐、重铬酸盐(按Cr计)	chromium trioxide、chromate、dichromate、as Cr	7440-47-3(Cr)	—	0.05	—	G1
241	三乙基氯化锡	triethyltin chloride	994-31-0	—	0.05	0.1	皮
242	杀螟松	sumrthion	122-14-5	—	1	2	皮
243	砷化氢(胂)	arsine	7784-42-1	0.03	—	—	G1
244	砷及其无机化合物(按As计)	arscnic and inorganiccompounds,as As	7440-38-2(As)	—	0.01	0.02	G1
245	升汞(氯化汞)	mercuric chloride	7487-94-7	—	0.025	—	—
246	石蜡烟	paraffin wax fume	8002-74-2	—	2	4	—
247	石油沥青烟(按苯溶物计)	asphalt(petroleum) fume,as benzene soluble matter	8052-42-4	—	5	—	G2B
248	双(巯基乙酸)二辛基锡	bis(mercaptoacetate) dioctyltin	26401-97-8	—	0.1	0.2	—
249	双丙酮醇	diacetone alcobol	123-42-2	—	240	—	—
250	双硫醒	disulfiram	97-77-8	—	2	—	—
251	双氯甲醚	bis(chloromethyl) ether	542-88-1	0.005	—	—	G1
252	四氯化碳	carbon tetrachloride	56-23-5	—	15	25	皮,G2B
253	四氯乙烯	tetrachloroethylene	127-18-4	—	200	—	G2A
254	四氢呋喃	tetrahydrofuran	109-99-9	—	300	—	—
255	四氢化锗	germanium tetrahydride	7782-65-2	—	0.6	—	—
256	四溴化碳	carbon tetrabromide	558-13-4	—	1.5	4	—
257	四乙基铅(按Pb计)	tetraethyl lead,as Pb	78-00-2	—	0.02	—	皮
258	松节油	turpentine	8006-64-2	—	300	—	—
259	铊及其可溶性化合物(按Tl计)	thallium and soluble compounds,as Tl	7440-28-0(Tl)	—	0.05	0.1	皮
260	钽及其氧化物(按Ta计)	tantalum and oxide,as Ta	7440-25-7(Ta)	—	5	—	—
261	碳酸钠(纯碱)	sodium carbonate	3313-92-6	—	3	6	—
262	羰基氟	carbonyl fluoride	353-50-4	—	5	10	—
263	羰基镍(按Ni计)	nickel carbonyl,as Ni	13463-39-3	0.002	—	—	G1
264	锑及其化合物(按Sb计)	antimony and compounds as Sb	7440-36-0(Sb)	—	0.5	—	—
265	铜(按Cu计)	copper,as Cu	7440-50-8				
	铜尘	copper dust		—	1	—	—
	铜烟	copper fume		—	0.2	—	—

续表

序号	中文名	英文名	化学文摘号（CAS No.）	OELs/(mg/m³)			备注
				MAC	PC-TWA	PC-STEL	
266	钨及其不溶性化合物(按W计)	tungsten and insoluble compounds, as W	7440-33-7(W)	—	5	10	—
267	五氟氯乙烷	chloropentafluoroethane	76-15-3	—	5000	—	—
268	五硫化二磷	phosphorus pentasulfide	1314-80-3	—	1	3	—
269	五氯酚及其钠盐	pentachlorophenol and sodium salts	87-86-5	—	0.3	—	皮
270	五羰基铁(按Fe计)	iron pentacarbonyl, as Fe	13463-40-6	—	0.25	0.5	—
271	五氧化二磷	phosphorus pentoxide	1314-56-3	1	—	—	—
272	戊醇	amyl alcohol	71-41-0	—	100	—	—
273	戊烷(全部异构体)	pentane(all isomers)	78-78-4；109-66-0；463-82-1	—	500	1000	—
274	硒化氢(按Se计)	hydrogen sclenide, as Se	7783-07-5	—	0.15	0.3	—
275	硒及其化合物(按Se计)(不包括六氟化硒、硒化氢)	selenium and compounds, as Se (excepthexafluoride, hydrogenselenide)	7782-49-2(Se)	—	0.1	—	—
276	纤维素	cellulose	9004-34-6	—	10	—	—
277	硝化甘油	nitroglycerine	55-63-0	1	—	—	皮
278	硝基苯	nitrobenzene	98-95-3	—	2	—	皮，G2B
279	1-硝基丙烷	1-nitropropane	108-03-2	—	90	—	—
280	2-硝基丙烷	2-nitropropane	79-46-9	—	30	—	G2B
281	硝基甲苯(全部异构体)	nitrotoluene(all isomers)	88-72-2；99-08-1；99-99-0	—	10	—	皮
282	硝基甲烷	nitromethane	75-52-5	—	50	—	G2B
283	硝基乙烷	nitroethane	79-24-3	—	300	—	—
284	辛烷	octane	111-65-9	—	500	—	—
285	溴	bromine	7726-95-6	—	0.6	2	—
286	溴化氢	hydrogen bromide	10035-10-6	10	—	—	—
287	溴甲烷	methyl bromide	74-83-9	—	2	—	皮
288	溴氰菊酯	deltamethrin	52918-63-5	—	0.03	—	—
289	氧化钙	calcium oxide	1305-78-8	—	2	—	—
290	氧化镁烟	magnesium oxide fume	1309-48-4	—	10	—	—
291	氧化锌	zinc oxide	1314-13-2	—	3	5	—
292	氧乐果	omethoate	1113-02-6	—	0.15	—	皮
293	液化石油气	liquefied petroleum gas(LPG)	68476-85-7	—	1000	1500	—
294	一甲胺	monomethylamine	74-89-5	—	5	10	—
295	一氧化氮	nitric oxide(nitrogen monoxide)	10102-43-9	—	15	—	—
296	一氧化碳	carbon monoxide	630-08-0				
	非高原	not in high altitude area		—	20	30	—
	高原	in high altitude area					
	海拔2000～3000m	2000～3000m		20	—	—	—
	海拔＞3000m	＞3000m		15	—	—	—

续表

序号	中文名	英文名	化学文摘号(CAS No.)	OELs/(mg/m³)			备注
				MAC	PC-TWA	PC-STEL	
297	乙胺	ethylamine	75-04-7	—	9	18	皮
298	乙苯	ethyl benzene	100-41-4	—	100	150	G2B
299	乙醇胺	ethanolamine	141-43-5	—	8	15	—
300	乙二胺	ethylenediamine	107-15-3	—	4	10	皮
301	乙二醇	ethylene glycol	107-21-1	—	20	40	—
302	乙二醇二硝酸酯	ethylene glycol dinitrate	628-96-6	—	0.3	—	皮
303	乙酐	acetic anhydride	108-24-7	—	16	—	—
304	*N*-乙基吗啉	*N*-Ethylmorpholine	100-74-3	—	25	—	皮
305	乙基戊基甲酮	ethyl amyl ketone	541-85-5	—	130	—	—
306	乙腈	acetonitrile	75-05-8	—	30	—	皮
307	乙硫醇	ethyl mercaptan	75-08-1	—	1	—	—
308	乙醚	ethyl ether	60-29-7	—	300	500	—
309	乙硼烷	diborane	19287-45-7	—	0.1	—	—
310	乙醛	acetaldehyde	75-07-0	45	—	—	G2B
311	乙酸	acetic acid	64-19-7	—	10	20	—
312	2-甲氧基乙基乙酸酯	2-methoxyethyl acetate	110-49-6	—	20	—	皮
313	乙酸丙酯	propyl acctatc	109-60-4	—	200	300	—
314	乙酸丁酯	butyl acetate	123-86-4	—	200	300	—
315	乙酸甲酯	methyl acetate	79-20-9	—	200	500	—
316	乙酸戊酯(全部异构体)	amyl acetate (all isomers)	628-63-7	—	100	200	—
317	乙酸乙烯酯	vinyl acetate	108-05-4	—	10	15	G2B
318	乙酸乙酯	ethyl acetate	141-78-6	—	200	300	—
319	乙烯酮	ketene	463-51-4	—	0.8	2.5	—
320	乙酰甲胺磷	acephate	30560-19-1	—	0.3	—	皮
321	乙酰水杨酸(阿司匹林)	acetylsalicylic acid (aspirin)	50-78-2	—	5	—	—
322	2-乙氧基乙醇	2-ethoxyethanol	110-80-5	—	18	36	皮
323	2-乙氧基乙基乙酸酯	2-ethoxyethyl acetate	111-15-9	—	30	—	皮
324	钇及其化合物(按Y计)	yttrium and compounds(as Y)	7440-65-5	—	1	—	—
325	异丙胺	isopropylamine	75-31-0	—	12	24	—
326	异丙醇	isopropyl alcohol (IPA)	67-63-0	—	350	700	—
327	*N*-异丙基苯胺	*N*-isopropylaniline	768-52-5	—	10	—	皮
328	异稻瘟净	iprobenfos	26087-47-8	—	2	5	皮
329	异佛尔酮	isophorone	78-59-1	30	—	—	—
330	异佛尔酮二异氰酸酯	isophorone diisocyanate(IPDI)	4098-71-9	—	0.05	0.1	—
331	异氰酸甲酯	methyl isocyanate	624-83-9	—	0.05	0.08	皮
332	异亚丙基丙酮	mesityl oxide	141-79-7	—	60	100	—
333	铟及其化合物(按In计)	indium and compounds, as In	7440-74-6(In)	—	0.1	0.3	—
334	茚	indene	95-13-6	—	50	—	—
335	正丁胺	*n*-butylamine	109-73-9	15	—	—	皮

续表

序号	中文名	英文名	化学文摘号(CAS No.)	OELs/(mg/m³)			备注
				MAC	PC-TWA	PC-STEL	
336	正丁基硫醇	*n*-butyl mercaptan	109-79-5	—	2	—	—
337	正丁基缩水甘油醚	*n*-butyl glycidyl ether	2426-08-6	—	60	—	—
338	正庚烷	*n*-heptane	142-82-5	—	500	1000	—
339	正己烷	*n*-hexane	110-54-3	—	100	180	皮

注：备注中“皮”的说明详见GBZ 2.1—2007附录A中的A.7；2. 备注中“敏”的说明详见GBZ 2.1—2007附录A中的A.8；3. 备注中“G1”“G2A”“G2B”的说明详见GBZ 2.1—2007附录A中的A.9。

表9-69 工作场所空气中粉尘允许浓度

序号	中文名	英文名	化学文摘号(CAS No.)	PC-TWA/(mg/m³)		备注
				总尘	呼尘	
1	白云石粉尘	dolomite dust		8	4	—
2	玻璃钢粉尘	fiberglass reinforced plastic dust		3	—	—
3	茶尘	tea dust		2	—	—
4	沉淀 SiO_2(白炭黑)	precipitated silica dust	112926-00-8	5	—	—
5	大理石粉尘	marble dust	1317-65-3	8	4	—
6	电焊烟尘	welding fume		4	—	G2B
7	二氧化钛粉尘	titanium dioxide dust	13463-67-7	8	—	—
8	沸石粉尘	zeolite dust		5	—	—
9	酚醛树脂粉尘	phenolic aldehyde resin dust		6	—	—
10	谷物粉尘(游离 SiO_2 含量<10%)	grain dust(free SiO_2<10%)		4	—	—
11	硅灰石粉尘	wollastonite dust	13983-17-0	5	—	—
12	硅藻土粉尘(游离 SiO_2 含量<10%)	diatomite dust (free SiO_2<10%)	61790-53-2	6	—	—
13	滑石粉尘(游离 SiO_2 含量<10%)	talc dust(free SiO_2<10%)	14807-96-6	3	1	—
14	活性炭粉尘	active carbon dust	64365-11-3	5	—	—
15	聚丙烯粉尘	polypropylene dust		5	—	—
16	聚丙烯腈纤维粉尘	polyacrylonitrile fiber dust		2	—	—
17	聚氯乙烯粉尘	polyvinyl chloride(PVC)dust	9002-86-2	5	—	—
18	聚乙烯粉尘	polyethylene dust	9002-88-4	5	—	—
19	铝尘 铝金属、铝合金粉尘 氧化铝粉尘	aluminum dust: metal & alloys dust aluminium oxide dust	7429-90-5	 3 4	 — —	 — —
20	麻尘 (游离 SiO_2 含量<10%) 亚麻 黄麻 苎麻	flax jute and ramie dust (free SiO_2<10%) flax jute ramie		 1.5 2 3	 — — —	 — — —
21	煤尘(游离 SiO_2 含量<10%)	coal dust(free SiO_2<10%)		4	2.5	—
22	棉尘	cotton dust		1	—	—
23	木粉尘	wood dust		3	—	G1
24	凝聚 SiO_2 粉尘	condensed silica dust		1.5	0.5	—
25	膨润土粉尘	bentonite dust	1302-78-9	6	—	—
26	皮毛粉尘	fur dust		8	—	—
27	人造玻璃质纤维 玻璃棉粉尘 矿渣棉粉尘 岩棉粉尘	man-made vitreous fiber fibrous glass dust slag wool dust rock wool dust		 3 3 3	 — — —	 — — —

续表

序号	中文名	英文名	化学文摘号(CAS No.)	PC-TWA/(mg/m³) 总尘	PC-TWA/(mg/m³) 呼尘	备注
28	桑蚕丝尘	mulberry silk dust		8	—	—
29	砂轮磨尘	grinding wheel dust		8	—	—
30	石膏粉尘	gypsum dust	10101-41-4	8	4	—
31	石灰石粉尘	limestone dust	1317-65-3	8	4	—
32	石棉(石棉含量>10%) 粉尘 纤维	asbestos(Asbestos>10%) dust asbestos fibre	1332-21-4	 0.8 0.8f/ml	 — —	 G1 —
33	石墨粉尘	graphite dust	7782-42-5	4	2	—
34	水泥粉尘(游离 SiO_2 含量<10%)	cement dust(free SiO_2<10%)		4	1.5	—
35	炭黑粉尘	carbon black dust	1333-86-4	4	—	G2B
36	碳化硅粉尘	silicon carbide dust	409-21-2	8	4	—
37	碳纤维粉尘	carbon fiber dust		3	—	—
38	矽尘 10%≤游离 SiO_2 含量≤50% 50%<游离 SiO_2 含量≤80% 游离 SiO_2 含量>80%	silica dust 10%≤free SiO_2≤50% 50%<free SiO_2≤80% free SiO_2>80%	14808-60-7	 1 0.7 0.5	 0.7 0.3 0.2	G1 (结晶型)
39	稀土粉尘(游离 SiO_2 含量<10%)	rare-earth dust (free SiO_2<10%)		2.5	—	—
40	洗衣粉混合尘	detergent mixed dust		1	—	—
41	烟草尘	tobacco dust		2	—	—
42	萤石混合性粉尘	fluorspar mixed dust		1	0.7	—
43	云母粉尘	mica dust	12001-26-2	2	1.5	—
44	珍珠岩粉尘	perlite dust	93763-70-3	8	4	—
45	蛭石粉尘	vermiculite dust		3	—	—
46	重晶石粉尘	barite dust	7727-43-7	5	—	—
47	其他粉尘①	particles not otherwise regulated		8	—	—

① 指游离 SiO_2 含量低于10%，不含石棉和有毒物质，而尚未制定允许浓度的粉尘。表中列出的各种粉尘（石棉纤维尘除外），凡游离 SiO_2 含量高于10%者，均按矽尘允许浓度对待。

注：备注中“G1”“G2B”的说明详见 GBZ 2.1—2007 附录 A 中的 A.9。

表 9-70 工作场所空气中生物因素允许浓度

序号	中文名	英文名	化学文摘号(CAS No.)	OELs MAC 孢子数/(个/m³)	OELs PC-TWA/(ng/m³)	OELs PC-STEL/(ng/m³)	备注
1	白僵蚕孢子	beauveria bassiana		6×10^7	—	—	—
2	枯草杆菌蛋白酶	subtilisins	1395-21-7； 9014-01-1	—	15	30	敏

注：备注中“敏”的说明详见 GBZ 2.1—2007 附录 A 中的 A.8。

表 9-71 化学物质超限倍数与 PC-TWA 的关系

PC-TWA/(mg/m³)	最大超限倍数	PC-TWA/(mg/m³)	最大超限倍数
PC-TWA<1	3	10≤PC-TWA<100	2.0
1≤PC-TWA<10	2.5	PC-TWA≥100	1.5

3.2.2 车间的防尘、防毒设计

以下内容摘自《工业企业设计卫生标准》(GBZ 1—2010)。

① 优先采用无毒、低毒的原材料，消除或减少尘、毒职业有害因素；对有尘、毒的作业，参照 GBZ/T 194 的规定设计相应的防尘毒措施，设计、配置适宜的个人防护措施。

② 对有尘毒作业，应优先采用机械化、自动化，

避免直接人工操作。设备和管道应根据工艺流程、安全要求和设备特点采取有效的密闭措施。应结合生产工艺采取通风和净化措施。对产尘设备，应采取密闭、除尘等措施。

③ 产生或可能存在毒物或酸碱等强腐蚀性物质的工作场所应设冲洗设施；高毒物质工作场所墙壁、顶棚和地面等内部结构和表面应采用耐腐蚀、不吸收、不吸附毒物的材料，必要时加设保护层；车间地面应平整防滑，易于冲洗清扫；可能产生积液的地面应做防渗透处理，并采用坡向排水系统，其废水应纳入工业废水处理系统。储存酸、碱及高危液体物质储罐区周围应设置泄险沟（堰）。

④ 工作场所尘毒发生源应布置在工作地点自然通风或进风口的下风侧，使用或产生高毒物质的工作场所应与其他工作场所隔离。经常有人来往的通道不宜敷设有毒液体或有毒气体管道，并应有自然通风或机械通风。

⑤ 通风、除尘、排毒设计应符合相应防尘、防毒技术规范的要求。下列几种情况不宜采用循环空气。

a. 空气中含有燃烧或爆炸危险的粉尘、纤维，含尘浓度大于或等于其爆炸下限的25%时。

b. 对于局部通风除尘、排毒系统，在排风经净化后，循环空气中粉尘、有害气体浓度大于或等于其职业接触限值的30%时。

c. 空气中含有病原体、恶臭物质及有害物质浓度可能突然升高的工作场所。

⑥ 含有毒有害气体的尾气以及由局部排气装置排出的浓度较高的有害气体应通过净化处理后排出。直接排入大气的，应根据排放气体的落地浓度确定引出高度，使工作场所劳动者接触的落点浓度符合GBZ 2.1的要求和相应环保标准要求。含有剧毒、高毒物质，或难闻气味物质，或含有较高浓度的爆炸危险性物质的局部排放系统排出的气体，应排至建筑物外空气动力阴影区和正压区之外。

⑦ 在生产中可能突然逸出大量有害物质，或易造成急性中毒，或易燃易爆危险的室内作业场所，应设置事故通风装置及与事故排风系统相联锁的泄漏报警装置。在放散有爆炸危险的可燃气体、粉尘或气溶胶等物质的工作场所，应设置防爆通风系统或事故排风系统。

⑧ 在有可能发生急性职业性中毒的工作场所，应根据毒物特性和自动报警技术水平，设置自动报警或检测装置。报警仪的工作地点宜为固定式，不具备设置固定式的条件时应配置便携式检测报警仪。

⑨ 可能存在或产生有毒物质的工作场所应根据有毒物质的理化特性和危害特点配备现场急救用品，设置冲洗喷淋设备、应急撤离通道、必要的泄险区以及风向标。泄险区应低位设置且有防透水层，泄漏物质和冲洗水应集中纳入工业废水处理系统。

3.2.3 化工车间的通风换气

① 随着科学技术的发展，生产自动化控制的技术水平日益提高，化工装置正在转向联合、露天化布置。这种布置方式有利于减少建筑面积，节约建筑材料，降低工程造价，也有利于化工生产的防火、防爆和防毒。在符合有关防火、防爆及卫生等规范及规定下，新建、扩建化工工程项目中，应采取有效的措施，以最大限度地实现装置的联合、露天化布置。

② 对某些生产车间在生产过程中，不可避免散出的有害物质，应设计控制污染源的局部机械排风。

无条件设计局部机械排风，还需排出有害物质时，应设计自然通风或全面机械通风。

当采用自然通风或机械通风，不能满足室内温度、湿度和空气洁净度要求时，应设计空气调节。

③ 通风量应根据有害物质的散发量和允许的极限浓度计算确定。

a. 化工车间有害物泄漏放散量估算指标见表9-72。

b. 当有害气体散发量不能确定时，可按全面通风换气次数进行计算，见表9-73和表9-74。

④ 对于剧毒物质，不宜增加换气次数，而应以工艺密闭隔离操作为主。

表9-72　化工车间有害物泄漏放散量估算指标（摘自HG/T 20698—2009）

有害物源的类型		泄漏放散量估算指标/(g/h)	有害物源的类型		泄漏放散量估算指标/(g/h)
阀门	气体、蒸气	21.3	法兰	气体、蒸气	0.23
	轻液体(两相流)	10.4		轻液体(两相流)	0.23
	重液体蒸气	0.32		重液体	0.32
泵的密封	轻液体	118	压缩机密封	碳氢化合物	444.9
	重液体	20.4		氢	45.4
				排凝口(综合)	30
				轻液体(二相流)	38.6
				重液体	13
				安全阀(综合)	86
				气体/蒸汽	163

表9-73　压缩机厂房的换气次数（摘自HG/T 20698—2009）

序　号	工艺过程名称	有害物质名称	生产类别	有无爆炸危险	换气次数/(次/h)
1	空气压缩机	空气	戊	无	—
2	氧气压缩机	氧	乙	无	—
3	氢气压缩机	氢	甲	有	8
4	氮气压缩机	氮	戊	无	—
5	合成氨压缩机	氢氮混合	甲	有	6～8
6	水煤气压缩机	一氧化碳	甲	有	8
7	天然气加压	天然气	甲	有	10
8	天然气液化	甲烷	甲	有	10
9	合成甲醇压缩	一氧化碳、氢	甲	有	8
10	尿素二氧化碳压缩	二氧化碳	戊	无	—
11	硝酸加压吸收	氮氧化物	戊	无	6
12	制冷压缩机	氨	乙	有	5
13	氯气干燥	氯	乙	无	10
14	乙烯裂解气、氯乙烯、乙烯循环气	乙烯	甲	有	10
15	环氧氯丙烷、丙烯气压缩	丙烯	甲	有	8
16	丁二烯、反应气体压缩	丁二烯	甲	有	8
17	丁辛醇合成气压缩	一氧化碳、氢、丙烯	甲	有	8
18	异丁烯压缩	丁烯	甲	有	8
19	石油液化气压缩	丙烷、丁烷	甲	有	10
20	天然气制乙炔提浓压缩机	乙炔	甲	有	10
21	乙醇	乙醇	甲	有	8

表9-74　放散化学物质车间的换气次数（摘自HG/T 20698—2009）

序号	车间内有害物质名称	换气次数/(次/h)	序号	车间内有害物质名称	换气次数/(次/h)	序号	车间内有害物质名称	换气次数/(次/h)
1	三乙胺	14	35	丙甲酮	12	69	四氯化碳	8
2	二甲苯	14	36	吡啶	8	70	溶纤剂	7
3	丁二烯	8	37	苯乙烯	14	71	乙酸溶纤剂	8
4	丁烷	10	38	四氢糖醇	14	72	二氯苯(邻位)	7
5	丁醇	10	39	甲苯	14	73	二氯乙烯	7
6	丁烯	10	40	丙酮	8	74	二氯乙醚	12
7	乙酸丁酯	10	41	溴丁烷	6	75	二氯甲烷	6
8	甲丁醇	12	42	乙醛	8	76	二噁烷	10
9	丁醛	10	43	氯乙烷	6	77	乙醚	7
10	氯苯	12	44	氯乙烯	20	78	乙酸乙酯	7
11	氯丁烷	8	45	二甲醚	6	79	二氧化乙烯	9
12	二硫化碳	30	46	乙烷	8	80	异佛尔酮	12
13	苯	10	47	乙醇	8	81	醋酸异丙酯	6
14	乙炔	10	48	环氧丙烷	8	82	异丙醇	6
15	乙酸戊酯	14	49	乙烯	8	83	异丙醚	7
16	苯胺	12	50	环氧乙烷	6	84	甲基戊基醋酸	6
17	环丁烷	8	51	硫化氢	6	85	甲基戊基醇	8
18	环己烷	12	52	氢	6	86	甲基氯	6
19	环己醇	12	53	甲醇	6	87	甲基乙基甲酮	6
20	环己酮	14	54	醋酸甲酯	8	88	一氯化苯	7
21	二甲基苯胺	12	55	甲酸甲酯	6	89	硝基乙烷	8
22	乙苯	14	56	硫酸、盐酸	5	90	硝基甲烷	8
23	甲乙酮	8	57	硝酸	6	91	五氯乙烷	40
24	乙氧基乙酮	8	58	碱	5	92	石油醚	6
25	己烷	14	59	氨	6	93	乙酸丙酯	6
26	己醇	14	60	丙烯腈	8	94	斯陶K溶剂	6
27	甲基环己烷	14	61	丙烯酸乙酯	10	95	四氯乙烷	20
28	石脑油	14	62	丙烯酸甲酯	8	96	四氯乙烯	6
29	萘	14	63	氯仿	8	97	三氯乙烯	6
30	硝基苯	8	64	醋酸戊酯	6	98	松节油	6
31	壬烷	15	65	乙酸丁酯	6	99	一氧化碳	15
32	三聚乙醛	14	66	异戊醇	7	100	氯	10
33	戊烷	12	67	丁基溶纤剂	8	101	丙烯腈	40
34	戊醇	14	68	丁基醚	8	102	四乙基铅	40

3.3 工作场所物理有害因素职业接触限值

3.3.1 噪声

工业企业内各类工作场所噪声限值应符合表9-75的规定［摘自《工业企业噪声控制设计规范》(GB/T 50087—2013)］。

表9-75 工业企业内各类工作场所噪声限值

工作场所	噪声限值/dB(A)
生产车间	85
车间内值班室、观察室、休息室、办公室、实验室、设计室室内背景噪声级	70
正常工作状态下精密装配线、精密加工车间、计算机房	70
主控室、集中控制室、通信室、电话总机室、消防值班室，一般办公室、会议室、设计室、实验室室内背景噪声级	60
医务室、教室、值班宿舍室内背景噪声级	55

注：1. 生产车间噪声限值为每周工作5天，每天工作8h的等效声级；对于每周工作5天，每天工作时间不是8h的，需计算8h等效声级；对于每周工作不是5天的，需计算40h等效声级。

2. 室内背景噪声级指室外传入室内的噪声级。

脉冲噪声是持续时间≤0.5s，间隔时间>1s，声压有效的变化≥40dB(A)的噪声。脉冲噪声工作场所的噪声声压级峰值和脉冲次数不应超过表9-76的规定。非噪声工作地点的噪声声级应满足表9-77的规定。

表9-76 工作场所脉冲噪声职业接触限值

工作日接触脉冲次数(n)/次	声压级峰值/dB(A)
$n \leqslant 100$	140
$100 < n \leqslant 1000$	130
$1000 < n \leqslant 10000$	120

表9-77 非噪声工作地点的噪声声级设计要求

地点名称	噪声声级/dB(A)	工效限值/dB(A)
噪声车间观察(值班)室	≤75	≤55
非噪声车间办公室、会议室	≤60	
主控室、精密加工室	≤70	

工业企业厂界噪声限值应符合现行国家标准《工业企业厂界环境噪声排放标准》(GB 12348)的有关规定。

3.3.2 振动

全身振动强度卫生限值不应超过表9-78的规定。

受振动(1～80Hz)影响的辅助用室(如办公室、会议室、计算机房、电话室、精密仪器室等)，其垂直或水平振动强度不应超过表9-79中规定的设计要求。

表9-78 全身振动强度卫生限值

(摘自GBZ 1—2010)

工作日接触时间(t)/h	卫生限值/(m/s^2)
$4 < t \leqslant 8$	0.62
$2.5 < t \leqslant 4$	1.1
$1.0 < t \leqslant 2.5$	1.4
$0.5 < t \leqslant 1.0$	2.4
$t \leqslant 0.5$	3.6

表9-79 辅助用室垂直或水平振动强度卫生限值

接触时间(t)/h	卫生限值/(m/s^2)	工效限值/(m/s^2)
$4 < t \leqslant 8$	0.31	0.098
$2.5 < t \leqslant 4$	0.53	0.17
$1.0 < t \leqslant 2.5$	0.71	0.23
$0.5 < t \leqslant 1.0$	1.12	0.37
$t \leqslant 0.5$	1.8	0.57

3.3.3 高温作业

高温作业环境是指工作地点平均湿球黑球温度WBGT≥25℃的作业环境。根据《工作场所有害因素职业接触限值 第二部分 物理因素》(GBZ 2.2—2007)的规定，接触时间率(劳动者在一个工作日内实际接触高温作业的累计时间与8h的比率)100%，体力劳动强度为Ⅳ级，WBGT指数限值为25℃；劳动强度分级每下降或提高一级，WBGT指数限值应增加或减少1～2℃；工作场所不同体力劳动强度WBGT指数限值见表9-80，体力劳动强度分级见表9-81。

表9-80 工作场所不同体力劳动强度WBGT指数限值 单位：℃

接触时间率/%	体力劳动强度			
	Ⅰ	Ⅱ	Ⅲ	Ⅳ
100	30	28	26	25
75	31	29	28	26
50	32	30	29	28
25	33	32	31	30

注：体力劳动强度分级按GBZ 2.2—2007第14章执行，实际工作中可参考该标准的附录B。

表9-81 体力劳动强度分级

体力劳动强度级别	劳动强度指数(n)
Ⅰ	$n \leqslant 15$
Ⅱ	$15 < n \leqslant 20$
Ⅲ	$20 < n \leqslant 25$
Ⅳ	$n > 25$

劳动强度指数的计算方法可参见《工作场所物理因素测量 体力劳动强度分级》(GBZ/T 189.10—2007)。

3.4 车间卫生设计

3.4.1 防噪声设计

本小节摘自《工业企业设计卫生标准》(GBZ 1—2010)。

① 对于生产过程和设备产生的噪声，应首先从声源上进行控制，使噪声作业劳动者接触噪声声级符合 GBZ 2.2 的要求。采用行之有效的新技术、新材料、新工艺、新方法以及较低噪声的设备。

② 产生噪声的车间与非噪声车间、高噪声与低噪声的车间应分开布置：高噪声设备宜相对集中，采取隔声、吸声、消声等措施，并采取适宜的个人防护措施。

3.4.2 防振设计

选用振动较小的工艺与设备，产生振动的车间、厂房应在控制振动源的基础上采取减轻振动影响的措施。对产生强烈振动的车间应采取相应的减振措施，对振幅、功率较大的设备应设计减振基础（摘自《工业企业设计卫生标准》(GBZ 1—2010)。

3.4.3 防高温作业设计

本小节摘自《工业企业设计卫生标准》(GBZ 1—2010)。

优先采用先进生产工艺，减少生产过程中热和水蒸气的排放，屏蔽热辐射源。流程和布置设计宜使操作人员远离热源，并采取必要的隔热、通风、降温等措施。

高温作业厂房宜设有避风的天窗，厂房的门窗等开口部分宜位于夏季主导风向的迎风面。

车间内发热设备宜位于操作岗位夏季主导风向的下风侧、车间天窗下方的部位。高温、强热辐射作业，应根据工艺、供水和室内微小气候等条件采取有效的隔热措施，如水幕、隔热水箱或隔热屏等。工作人员经常停留或靠近的高温壁板，其表面平均温度不应>40℃，瞬间最高温度也不宜>60℃。

高温作业车间应设有工间休息室。休息室应远离热源，采取通风、降温、隔热等措施，使温度≤30℃。设有空气调节的休息室，室内气温应保持在24～28℃。对于可以脱离高温作业点的，可设观察（休息）室。

特殊高温作业，如高温车间的桥式起重机驾驶室、车间内的监控室、操作室、炼焦车间拦焦车驾驶室等应有良好的隔热措施，热辐射强度应<700W/m^2，室内气温不应>28℃。

3.4.4 车间卫生设施设计

本小节摘自《工业企业设计卫生标准》(GBZ 1—2010)。

(1) 一般规定

应根据工业企业生产特点、车间卫生特征分级设置浴室、更/存衣室、盥洗室以及特殊作业、公众或岗位设置的洗衣室等车间卫生用室和休息室、就餐场所、卫生间等生活用室。

车间辅助用室应避开有害物质、病原体、高温等职业性有害因素的影响。建筑物内部构造应易于清扫。浴室、盥洗室、厕所一般按劳动者最多班组人数设计，存衣室按车间劳动者实际人数计算。

(2) 车间卫生特征分级

车间卫生特征分级见表9-82。

(3) 车间辅助用室设计要求

① 浴室

a. 车间卫生特征1级、2级的车间应设浴室；3级的车间宜在车间附近或厂区设置集中浴室；4级的车间可在厂区或居住区设置集中浴室。浴室可由更衣间、洗浴间和管理间组成。

b. 浴室内一般按4～6个淋浴器设一具盥洗器。淋浴器的数量，可根据设计计算人数按表9-83计算。

c. 女浴室和卫生特征为1级、2级的车间浴室不得设浴池。

d. 体力劳动强度为Ⅲ级或Ⅳ级者可设部分浴池，浴池面积一般可按1个淋浴器相当于2m^{2}面积进行换算，但浴池面积不宜<5m^2。

② 更/存衣室

a. 车间卫生特征为1级的更/存衣室应分便服室和工作服室。工作服室应有良好的通风。

b. 车间卫生特征为2级的更/存衣室，便服室、工作服室可按照同室分柜存放的原则设计，以避免工作服污染便服。

c. 车间卫生特征为3级的更/存衣室，便服室、工作服室可按照同柜分层存放的原则设计。更衣室与休息室可合并设置。

表9-82 车间卫生特征分级

卫生特征	1级	2级	3级	4级
有毒物质	易经皮肤吸收引起中毒的剧毒物质(如有机磷农药、三硝基甲苯、四乙基铅等)	易经皮肤吸收或有恶臭的物质，或高毒物质(如丙烯腈、吡啶、苯酚等)	其他毒物	不接触有害物质或粉尘、不污染或轻度污染身体(如仪表、金属冷加工、机械加工等)
粉尘		严重污染全身或对皮肤有刺激的粉尘(如炭黑、玻璃棉等)	一般粉尘(棉尘)	
其他	处理传染性材料、动物原料(如皮毛等)	高温作业、井下作业	体力劳动强度Ⅲ级或Ⅳ级	

注：虽易经皮肤吸收，但易挥发的有毒物质（如苯等）可按3级确定。

表 9-83 每个淋浴器设计使用人数（上限值）

车间卫生特征	1 级	2 级	3 级	4 级
人数/人	3	6	9	12

注：需每天洗浴的炎热地区，每个淋浴器使用人数可适当减少。

d. 车间卫生特征为 4 级的更/存衣柜可设在休息室内或车间内适当地点。

③ 盥洗设施

a. 车间内应设盥洗室或盥洗设备。接触油污的车间，应供给热水。盥洗水龙头的数量应根据设计计算人数按表 9-84 计算。

表 9-84 盥洗水龙头设计数量

车间卫生特征级别/级	每个水龙头的使用人数/人
1、2	20～30
3、4	31～40

b. 盥洗设施宜分区集中设置。厂房内的盥洗室应做好地面排水，厂房外的盥洗设施还宜设置雨篷并应防冻。

c. 应根据职业接触特征，对易沾染病原体或易经皮肤吸收的剧毒或高毒物质的特殊工种和污染严重的工作场所设置洗消室、消毒室及专用洗衣房等。

④ 生活用室

a. 生活用室的配置应与产生有害物质或有特殊要求的车间隔开，应尽量布置在生产劳动者相对集中、自然采光和通风良好的地方。

b. 应根据生产特点和实际需要设置休息室或休息区。休息室内应设置清洁饮水设施。女工较多的企业，应在车间附近清洁、安静处设置孕妇休息室或休息区。

c. 就餐场所的位置不宜距车间过远，但不能与存在职业性有害因素的工作场所相邻设置，并应根据就餐人数设置足够数量的洗手设施。就餐场所及所提供的食品应符合相关的卫生要求。

d. 厕所不宜距工作地点过远，并应有排臭、防蝇措施。车间内的厕所，一般应为水冲式，同时应设洗手池、洗污池。寒冷地区的厕所宜设在室内。除有特殊需要，厕所的蹲位数应按使用人数设计。

e. 劳动定员男职工人数<100 人的工作场所可按 25 人设 1 个蹲位；>100 人的工作场所每增 50 人增设 1 个蹲位。小便器的数量与蹲位的数量相同。劳动定员女职工人数<100 人的工作场所可按 15 人设 1～2 个蹲位；>100 人的工作场所，每增 30 人，增设 1 个蹲位。

f. 妇女卫生室

ⓐ. 人数最多班组女职工人数>100 人的工业企业，应设妇女卫生室。

ⓑ. 妇女卫生室由等候间和处理间组成。等候间应设洗手设备及洗涤池。处理间内应设温水箱及冲洗器。冲洗器的数量应根据设计计算人数确定。人数最多班组女工人数为 100～200 人时，应设 1 具冲洗器；>200 人时，每增加 200 人增设 1 个。

ⓒ. 人数最多班组女工人数为 40～100 人的工业企业，可设置简易的温水箱及冲洗器。

(4) 应急救援

① 生产或使用有毒物质的、有可能发生急性职业病危害的工业企业的劳动定员设计应包括应急救援组织机构（站）编制和人员定员。

② 应急救援机构（站）可设在厂区内的医务所或卫生所内，设在厂区外的应考虑应急救援机构（站）与工业企业的距离及最佳响应时间。

③ 应急救援组织机构急救人员的人数宜根据工作场所的规模、职业性有害因素的特点、劳动者人数，按照 0.1%～5%的比例配备，并对急救人员进行相关知识和技能的培训。有条件的企业，每个工作班宜至少安排 1 名急救人员。

④ 生产或使用剧毒或高毒物质的高风险工业企业应设置紧急救援站或有毒气体防护站，配置防毒器具。

⑤ 有可能发生化学性灼伤及经皮肤黏膜吸收引起急性中毒的工作地点或车间，应根据可能产生或存在的职业性有害因素及其危害特点，在工作地点就近设置现场应急处理设施。急救设施应包括不断水的冲淋、洗眼设施；气体防护柜；个人防护用品；急救包或急救箱以及急救药品；转运病人的担架和装置；急救处理的设施以及应急救援通讯设备等。应急救援设施应有清晰的标识，并按照相关规定定期保养维护以确保其正常运行。冲淋、洗眼设施应靠近可能发生相应事故的工作地点。急救箱应当设置在便于劳动者取用的地点，配备内容可根据实际需要确定，并由专人负责，定期检查和更新。

⑥ 对于生产或使用有毒物质的，且有可能发生急性职业病危害的工业企业的卫生设计，应制定应对突发职业中毒的应急救援预案。

3.5 工厂与周边居民区的卫生防护距离

产生有害因素的部门（车间或工段）的边界至居住区边界的最小卫生防护距离应符合表 9-85 的规定。

《石油化工企业卫生防护距离》（SH 3093—1999）规定了石油化工企业中部分排毒装置与居住区之间的卫生防护距离，见表 9-86。本标准的执行应同时满足 GB 8195—2011 的规定。

表 9-85 产生有害因素的部门（车间或工段）的边界至居住区边界的最小卫生防护距离

企业类别		所在地区近五年平均风速/(m/s)			标准号
		＜2	2～4	＞4	
氯丁橡胶厂		1800m	1600m	1400m	GB/T 11655.6—2012
炼焦业	生产规模＜100万吨/年	900m	800m	700m	GB 11661—2012
	生产规模100万～300万吨/年	1000m	900m	800m	
	生产规模≥300万吨/年	1200m	1000m	900m	
煤制气业	煤气日储存量＜100t	2200m			GB 17222—2012
	煤气日储存量100～500t	3800m			
	煤气日储存量≥500t	4400m			
聚氯乙烯树脂厂	生产规模＜30万吨/年	900m	800m	700m	GB/T 11655.1—2012
	生产规模≥30万吨/年	1200m	1000m	800m	
黄磷制造	生产规模＜5万吨/年	900m	800m	700m	GB/T 18071.7—2012
	生产规模≥5万吨/年	1200m	1000m	900m	
氢氟酸制造	生产规模＜2万吨/年	200m	200m	100m	GB/T 18071.8—2012
	生产规模≥2万吨/年	300m	200m	200m	
烧碱制造	生产规模＜30万吨/年	900m	700m	600m	GB/T 18071.1—2012
	生产规模≥30万吨/年	1200m	1000m	900m	
硫酸制造	生产规模＜50万吨/年	400m	300m	200m	GB/T 18071.3—2012
	生产规模≥50万吨/年	500m	400m	300m	
硫化碱制造	生产规模＜5万吨/年	1000m	900m	800m	GB/T 18071.6—2012
	生产规模≥5万吨/年	1200m	1000m	900m	
石油加工	加工原油量＜800万吨/年	900m	800m	700m	GB/T 8195—2011
	加工原油量≥800万吨/年	1200m	1000m	900m	
氮肥制造	合成氨生产规模＜30万吨/年	900m	600m	500m	GB/T 11666.1—2012
	合成氨生产规模≥30万吨/年	1200m	800m	600m	
钙镁磷肥制造	生产规模＜20万吨/年	800m	700m	600m	GB/T 11666.2—2012
	生产规模≥20万吨/年	900m	800m	700m	
过磷酸钙制造	生产规模＜20万吨/年	600m	500m	400m	
	生产规模≥20万吨/年	800m	700m	600m	
油漆厂		700m	600m	500m	GB/T 18070—2000
塑料厂	生产规模≤1000吨/年	100m			GB/T 18072—2000
动物胶制造	生产规模＜5000吨/年	300m	200m(≥2m/s)		GB 18079—2012
	生产规模≥5000吨/年	400m	300m	200m	

表 9-86 石油化工装置（设施）与居住区之间的卫生防护距离 单位：m

类型	工厂类别及规模/(万吨/年)	装置(设施)分类①	装置(设施)名称	当地近五年平均风速/(m/s)		
				＜2.0	2.0～4.0	＞4.0
炼油	≤800	一	酸性水汽提、硫黄回收、碱渣处理、废渣处理	900	700	600
		二	延迟焦化、氧化沥青、酚精制、糠醛精制、污水处理场②	700	500	400
	＞800	一	酸性水汽提、硫黄回收、碱渣处理、废渣处理	1200	800	700
		二	延迟焦化、氧化沥青、酚精制、糠醛精制、污水处理场	900	700	600
化工	乙烯 30～60	一	丙酮氰醇、甲胺、DMF	1200	900	700
		二	乙烯裂解(SM技术)、污水处理场、"三废"处理设施	900	600	500
		三	乙烯裂解(LUMMUS技术)、氯乙烯、聚乙烯、聚氯乙烯、乙二醇、橡胶(溶液丁苯、低顺)	500	300	200
化纤	涤纶 20～60	一	氧化装置	900	900	700
	涤纶≤20	一	氧化装置	700	700	600
	腈纶＜10	一	合成装置	600	600	500
		一	聚合及纺丝装置	700 (800)③	600 (800)③	500 (700)③

续表

类型	工厂类别及规模/(万吨/年)	装置(设施)分类①	装置(设施)名称	当地近五年平均风速/(m/s)		
				<2.0	2.0～4.0	>4.0
化纤	锦纶 6 ≤3	一	合成、聚合及纺丝装置	500	500	400
	锦纶 66 ≤5	一	成盐装置	500	500	400
化肥	合成氨 ≥30	一	合成氨、尿素	700	600	500

① 装置分类：一类为排毒系数较大；二类为排毒系数中等；三类为排毒系数较小。
② 全封闭式污水处理场的卫生防护距离可减少 60%，部分封闭式的可减少 30%。
③ 为二甲基甲酰胺纺丝工艺的卫生防护距离。

4 洁净厂房设计

4.1 洁净度分级

4.1.1 洁净厂房设计规范（GB 50073—2013）

洁净室（区）内空气中悬浮粒子空气洁净度等级应符合表 9-87 的要求。

表 9-87 洁净室（区）内空气中悬浮粒子空气洁净度等级

空气洁净度等级(N)	大于或等于要求粒径的最大浓度限值/(颗粒/m³)					
	0.1μm	0.2μm	0.3μm	0.5μm	1μm	5μm
1	10	2	—	—	—	—
2	100	24	10	4	—	—
3	1000	237	102	35	8	—
4	10000	2370	1020	352	83	—
5	100000	23700	10200	3520	832	29
6	1000000	237000	102000	35200	8320	293
7	—	—	—	352000	83200	2930
8	—	—	—	3520000	832000	29300
9	—	—	—	35200000	8320000	293000

各种要求粒径 D 的最大浓度限值 c_n 应按式(9-5) 计算。当工艺要求粒径不止一个时，相邻两粒径中的大者与小者之比不得小于 1.5 倍。空气洁净度等级的粒径范围应为 0.1～0.5μm，超出粒径范围时可采用 U 描述或 M 描述补充说明。

$$c_n=10^N\left(\frac{0.1}{D}\right)^{2.08} \tag{9-5}$$

式中　c_n——大于或等于要求粒径的最大浓度限值，pc/m³，c_n 是四舍五入至相近的整数，有效位数不超过三位数；

N——空气洁净度等级，数字不超过 9，洁净度等级整数之间的中间数可以按 0.1 为最小允许递增量；

D——要求的粒径，μm；

0.1——常数，其量纲为 μm。

当洁净室（区）内的产品生产工艺要求控制微生物、化学污染物时，应根据工艺特点对各空气洁净度等级规定相应的微生物、化学污染物浓度限值。

4.1.2 药品生产质量管理规范及附录（2010 年修订版）（卫生部 79 号令）

无菌药品生产所需的洁净区可分为以下 4 个级别，各级别空气悬浮粒子的标准见表 9-88。

A 级：高风险操作区，如灌装区、放置胶塞桶和与无菌制剂直接接触的敞口包装容器的区域，以及无菌装配或连接操作的区域。

B 级：指无菌配制和灌装等高风险操作 A 级洁净区所处的背景区域。

C 级和 D 级：指无菌药品生产过程中重要程度较低的操作步骤的洁净区。

表 9-88 无菌药品生产所需空气洁净度标准

洁净度级别	悬浮粒子最大允许数/m³			
	静态		动态③	
	≥0.5μm	≥5.0μm②	≥0.5μm	≥5.0μm
A 级①	3520	20	3520	20
B 级	3520	29	352000	2900
C 级	352000	2900	3520000	29000
D 级	3520000	29000	不作规定	不作规定

① 为确认 A 级洁净区的级别，每个采样点的采样量不得少于 1m³。A 级洁净区空气悬浮粒子的级别为 ISO 4.8，以≥5.0μm 的悬浮粒子为限度标准。B 级洁净区（静态）的空气悬浮粒子的级别为 ISO 5，同时包括表中两种粒径的悬浮粒子。对于 C 级洁净区（静态和动态）而言，空气悬浮粒子的级别分别为 ISO 7 和 ISO 8。对于 D 级洁净区（静态）空气悬浮粒子的级别为 ISO 8。测试方法可参照 ISO 14644-1。

② 在确认级别时，应当使用采样管较短的便携式尘埃粒子计数器，避免≥5.0μm 悬浮粒子在远程采样系统的长采样管中沉降。在单向流系统中，应当采用等动力学的取样头。

③ 动态测试可在常规操作、培养基模拟灌装过程中进行，证明达到动态的洁净度级别，但培养基模拟灌装试验要求在“最差状况”下进行动态测试。

洁净区的悬浮粒子动态监测应当符合以下要求。

① 根据洁净度级别和空气净化系统确认的结果及风险评估，确定取样点的位置并进行日常动态监控。

② 在关键操作的全过程中，包括设备组装操作，应当对A级洁净区进行悬浮粒子监测。生产过程中的污染（如活生物、放射危害）可能损坏尘埃粒子计数器时，应当在设备调试操作和模拟操作期间进行测试。A级洁净区监测的频率及取样量，应能及时发现所有人为干预、偶发事件及任何系统的损坏。灌装或分装时，由于产品本身产生粒子或液滴，允许灌装点≥5.0μm的悬浮粒子出现不符合标准的情况。

③ 在B级洁净区可采用与A级洁净区相似的监测系统。可根据B级洁净区对相邻A级洁净区的影响程度，调整采样频率和采样量。

④ 悬浮粒子的监测系统应当考虑采样管的长度和弯管的半径对测试结果的影响。

⑤ 日常监测的采样量可与洁净度级别和空气净化系统确认时的空气采样量不同。

⑥ 在A级洁净区和B级洁净区，连续或有规律地出现少量≥5.0μm的悬浮粒子时，应当进行调查。

⑦ 生产操作全部结束、操作人员撤出生产现场并经15～20min（指导值）自净后，洁净区的悬浮粒子应当达到表9-88中的"静态"标准。

⑧ 应当按照质量风险管理的原则对C级洁净区和D级洁净区（必要时）进行动态监测。监测要求以及警戒限度和纠偏限度可根据操作的性质确定，但自净时间应当达到规定要求。

⑨ 应当根据产品及操作的性质制定温度、相对湿度等参数，这些参数不应对规定的洁净度造成不良影响。

对微生物进行动态监测，评估无菌生产的微生物状况可采用沉降菌法、定量空气浮游菌采样法和表面取样法（如棉签擦拭法和接触碟法）等方法。动态取样应当避免对洁净区造成不良影响。成品批记录的审核应当包括环境监测的结果。

对表面和操作人员的监测，应当在关键操作完成后进行。在正常的生产操作监测外，可在系统验证、清洁或消毒等操作完成后增加微生物监测。

洁净区微生物监测的动态标准应符合表9-89的规定。

表9-89　洁净区微生物监测的动态标准

洁净度级别	浮游菌/(cfu/m³)	沉降菌(ϕ90mm)/(cfu/4h①)	表面微生物	
			接触(ϕ55mm)/(cfu/碟)	5指手套/(cfu/手套)
A级	<1	<1	<1	<1
B级	10	5	5	5
C级	100	50	25	—
D级	200	100	50	—

① 单个沉降碟的暴露时间可以少于4h，同一位置可使用多个沉降碟连续进行监测并累积计数。

注：表中各数值均为平均值。

最终灭菌产品的无菌生产操作示例见表9-90。

表9-90　最终灭菌产品的无菌生产操作示例

洁净度级别	生产操作示例
C级背景下的局部A级	高污染风险①的产品灌装(或灌封)
C级	1. 产品灌装(或灌封) 2. 高污染风险②产品的配制和过滤 3. 眼用制剂、无菌软膏剂、无菌混悬剂等的配制、灌装(或灌封) 4. 直接接触药品的包装材料和器具最终清洗后的处理
D级	1. 轧盖 2. 灌装前物料的准备 3. 产品配制(指浓配或采用密闭系统的配制)和过滤直接接触药品的包装 4. 材料和器具的最终清洗

① 此处的高污染风险是指产品容易长菌、灌装速度慢、灌装用容器为广口瓶、容器须暴露数秒后方可密封等状况。

② 此处的高污染风险是指产品容易长菌、配制后需等待较长时间方可灭菌或不在密闭系统中配制等状况。

非最终灭菌产品的无菌生产操作示例见表9-91。

表9-91　非最终灭菌产品的无菌生产操作示例

洁净度级别	生产操作示例
B级背景下的A级	1. 处于未完全密封①状态下产品的操作和转运，如产品灌装(或灌封)、分装、压塞、轧盖②等 2. 灌装前无法除菌过滤的药液或产品的配制 3. 直接接触药品的包装材料、器具灭菌后的装配以及处于未完全密封状态下的转运和存放 4. 无菌原料药的粉碎、过筛、混合、分装
B级	1. 处于未完全密封①状态下的产品置于完全密封容器内的转运 2. 直接接触药品的包装材料、器具灭菌后处于密闭容器内的转运和存放
C级	1. 灌装前可除菌过滤的药液或产品的配制 2. 产品的过滤
D级	直接接触药品的包装材料、器具的最终清洗、装配或包装、灭菌

① 轧盖前产品视为处于未完全密封状态。

② 根据已压塞产品的密封性、轧盖设备的设计、铝盖的特性等因素，轧盖操作可选择在C级或D级背景下的A级送风环境中进行。A级送风环境应当至少符合A级区的静态要求。

4.2　医药工业生产洁净厂房设计要求

4.2.1　药品生产质量管理规范及附录（2010年修订版）（卫生部79号令）

以下摘录管理规范中部分生产厂房的设计要求，更详细的和有关仓储、设备等设计及生产管理要求可见规范及附录原文。

① 厂房的选址、设计、布局、建造、改造和维护必须符合药品生产要求，应当能够最大限度地避免污染、交叉污染、混淆和差错，便于清洁、操作和维护。

② 生产特殊性质的药品，如高致敏性药品（如青霉素类）或生物制品（如卡介苗或其他用活性微生物制备而成的药品），必须采用专用和独立的厂房、生产设施和设备。青霉素类药品等产尘量大的操作区域应当保持相对负压，排至室外的废气应当经过净化处理并符合要求，排风口应当远离其他空气净化系统的进风口。

③ 生产 β-内酰胺结构类药品、性激素类避孕药品必须使用专用设施（如独立的空气净化系统）和设备，并与其他药品生产区严格分开。

④ 生产某些激素类、细胞毒性类、高活性化学药品应当使用专用设施（如独立的空气净化系统）和设备；特殊情况下，如采取特别防护措施并经过必要的验证，上述药品制剂则可通过阶段性生产方式共用同一生产设施和设备。

⑤ 用于上述各项的空气净化系统排风应当经过净化处理。

⑥ 药品生产厂房不得用于生产对药品质量有不利影响的非药用产品。

⑦ 洁净区与非洁净区之间、不同级别洁净区之间的压差应当不低于 10Pa。必要时，相同洁净度级别的不同功能区域（操作间）之间也应当保持适当的压差梯度。

⑧ 洁净区的内表面（墙壁、地面、天棚）应当平整光滑、无裂缝、接口严密、无颗粒物脱落，避免积尘，便于有效清洁，必要时应当进行消毒。

⑨ 各种管道、照明设施、风口和其他公用设施的设计及安装应当避免出现不易清洁的部位，应当尽可能在生产区外部对其进行维护。

⑩ 排水设施应当大小适宜，并安装防止倒灌的装置。应当尽可能避免明沟排水；不可避免时，明沟宜浅，以方便清洁和消毒。

⑪ 产尘操作间（如干燥物料或产品的取样、称量、混合、包装等操作间）应当保持相对负压或采取专门的措施，防止粉尘扩散、避免交叉污染并便于清洁。

⑫ 用于药品包装的厂房或区域应当合理设计和布局，以避免混淆或交叉污染。如同一区域内有数条包装线，应当有隔离措施。

生产无菌药品、原料药、生物制品、血液制品和中药制剂应分别符合《药品生产质量管理规范》（2010 年修订版）附录的相关规定。

4.2.2　医药工业生产洁净厂房设计规范（GB/T 50457—2008）

① 青霉素类高致敏性药品的生产厂房应位于其他生产厂房全年最大频率风向的下风侧。

② 应分别设置人员和物料进出生产区域的出入口。对在生产过程中易造成污染的物料应设置专用出入口。人员和物料进入医药洁净室（区）前的净化用室和设施应分别设置。生产和储存区域不得用作非本区域工作人员的通道。

③ 下列药品生产区必须分开布置。

a. β-内酰胺结构类药品生产区和其他生产区。

b. 中药材的前处理、提取和浓缩等生产区与其制剂生产区。

c. 动物脏器、组织的洗涤或处理等生产区与其制剂生产区。

d. 含不同核素的放射性药品的生产区。

④ 下列生物制品的原料和成品不得同时在同一生产区内加工和灌装。

a. 生产用菌毒种与非生产用菌毒种。

b. 生产用细胞与非生产用细胞。

c. 强毒制品与非强毒制品。

d. 死毒制品与活毒制品。

e. 脱毒前制品与脱毒后制品。

f. 活疫苗与灭活疫苗。

g. 不同种类的人血液制品。

h. 不同种类的预防制品。

不同空气洁净度等级区域和空气洁净度相同的无菌室（区）及非无菌室（区）应分别设置人员净化用室。

医药洁净区内不得设置厕所和浴室，入口处应设气闸室，气闸室的出入门应有防止同时开启的措施。青霉素等高致敏性药品、某些甾类药品、高活性药品及有毒害药品的人员净化室应采取有效措施，防止有毒有害物质被人体带出净化室。

更多的洁净厂房建筑、空气净化和工艺要求见《医药工业生产洁净厂房设计规范》。

5　环境质量标准和污染物排放标准

5.1　环境质量标准

5.1.1　环境空气质量标准（GB 3095—2012）

本标准 2012 年 2 月由国家环保部发布，自 2016 年 1 月 1 日起实施。

环境空气按功能分为两类区域：一类区为自然保护区、风景名胜区和其他需要特殊保护的区域；二类区为居住区、商业交通居民混合区、文化区、工业区和农村地区。

环境空气污染物基本项目浓度限值见表 9-92。一类区适用一级浓度值，二类区适用二级浓度值。

工作场所（厂区、车间）中化学、生物和粉尘因素的浓度应符合 GBZ 2.1 的规定。

5.1.2　水质标准

① 地表水环境质量标准（GB 3838—2002）。

表 9-92 环境空气污染物基本项目浓度限值

序号	污染物项目	平均时间	浓度限值		单位
			一级	二级	
1	二氧化硫(SO_2)	年平均	20	60	$\mu g/m^3$
		24h平均	50	150	
		1h平均	150	500	
2	二氧化氮(NO_2)	年平均	40	40	
		24h平均	80	80	
		1h平均	200	200	
3	一氧化碳(CO)	24h平均	4	4	mg/m^3
		1h平均	10	10	
4	臭氧(O_3)	日最大8h平均	100	160	$\mu g/m^3$
		1h平均	160	200	
5	颗粒物(粒径小于等于10μm)	年平均	40	70	
		24h平均	50	150	
6	颗粒物(粒径小于等于2.5μm)	年平均	15	35	
		24h平均	35	75	

a. 依据地表水水域环境功能和保护目标划分为五类。

Ⅰ类，主要适用于源头水、国家自然保护区。

Ⅱ类，主要适用于集中式生活饮用水水源地一级保护区、珍稀水生生物栖息地、鱼虾类产卵场、仔稚幼鱼的索饵场等。

Ⅲ类，主要适用于集中式生活饮用水水源地二级保护区、鱼虾类越冬场、洄游通道、水产养殖区等渔业水域及游泳区。

Ⅳ类，主要适用于一般工业用水区及人体非直接接触的娱乐用水区。

Ⅴ类，主要适用于农业用水区及一般景观要求水域。

同一水域兼有多类功能的，依最高功能划分类别；有季节性功能的，可分季划分类别。

b. 本标准规定不同功能水域执行不同标准值，地表水五类水域的水质要求按表 9-93 执行。

c. 集中式生活饮用水地表水源地补充项目、特定项目标准限值分别见表 9-94 和表 9-95。

表 9-93 地表水环境质量标准基本项目标准限值　　单位：mg/L

序号	标准值分类项目		Ⅰ类	Ⅱ类	Ⅲ类	Ⅳ类	Ⅴ类
1	水温/℃		人为造成的环境水温变化应限制在:周平均最大温升≤1,周平均最大温降≤2				
2	pH值		6～9				
3	溶解氧	≥	饱和率90%(或7.5)	6	5	3	2
4	高锰酸盐指数	≤	2	4	6	10	15
5	化学需氧量(COD)	≤	15	15	20	30	40
6	五日生化需氧量(BOD_5)	≤	3	3	4	6	10
7	氨氮(NH_3-N)	≤	0.15	0.5	1.0	1.5	2.0
8	总磷(以P计)	≤	0.02	0.1	0.2	0.3	0.4
	湖、库	≤	0.01	0.025	0.05	0.1	0.2
9	总氮(湖、库、以N计)	≤	0.2	0.5	1.0	1.5	2.0
10	铜	≤	0.01	1.0	1.0	1.0	1.0
11	锌	≤	0.05	1.0	1.0	2.0	2.0
12	氟化物(以F^-计)	≤	1.0	1.0	1.0	1.5	1.5
13	硒	≤	0.01	0.01	0.01	0.02	0.02
14	砷	≤	0.05	0.05	0.05	0.1	0.1
15	汞	≤	0.00005	0.00005	0.0001	0.001	0.001
16	镉	≤	0.001	0.005	0.005	0.005	0.01
17	铬(六价)	≤	0.01	0.05	0.05	0.05	0.1
18	铅	≤	0.01	0.01	0.05	0.05	0.1
19	氰化物	≤	0.005	0.05	0.2	0.2	0.2
20	挥发酚	≤	0.002	0.002	0.005	0.01	0.1
21	石油类	≤	0.05	0.05	0.05	0.5	1.0
22	阴离子表面活性剂	≤	0.2	0.2	0.2	0.3	0.3
23	硫化物	≤	0.05	0.1	0.05	0.5	1.0
24	粪大肠菌群/(个/L)	≤	200	2000	10000	20000	40000

表 9-94　集中式生活饮用水地表水源地补充项目标准限值　单位：mg/L

序号	项　目	标　准　值
1	硫酸盐(以 SO_4^{2-} 计)	250
2	氯化物(以 Cl^- 计)	250
3	硝酸盐(以 N 计)	10
4	铁	0.3
5	锰	0.1

表9-95　集中式生活饮用水地表水源地特定项目标准限值　单位：mg/L

序号	项　目	标准值	序号	项　目	标准值
1	三氯甲烷	0.06	41	丙烯酰胺	0.0005
2	四氯化碳	0.002	42	丙烯腈	0.1
3	三溴甲烷	0.1	43	邻苯二甲酸二丁酯	0.003
4	二氯甲烷	0.02	44	邻苯二甲酸二(2-乙基己基)酯	0.008
5	1,2-二氯乙烷	0.03	45	水合肼	0.01
6	环氧氯丙烷	0.02	46	四乙基铅	0.0001
7	氯乙烯	0.005	47	吡啶	0.2
8	1,1-二氯乙烯	0.03	48	松节油	0.2
9	1,2-二氯乙烯	0.05	49	苦味酸	0.5
10	三氯乙烯	0.07	50	丁基黄原酸	0.005
11	四氯乙烯	0.04	51	活性氯	0.01
12	氯丁二烯	0.002	52	滴滴涕	0.001
13	六氯丁二烯	0.0006	53	林丹	0.002
14	苯乙烯	0.02	54	环氧七氯	0.0002
15	甲醛	0.9	55	对流磷	0.003
16	乙醛	0.05	56	甲基对流磷	0.002
17	丙烯醛	0.1	57	马拉硫磷	0.05
18	三氯乙醛	0.01	58	乐果	0.08
19	苯	0.01	59	敌敌畏	0.05
20	甲苯	0.7	60	敌百虫	0.05
21	乙苯	0.3	61	内吸磷	0.03
22	二甲苯①	0.5	62	百菌清	0.01
23	异丙苯	0.25	63	甲萘威	0.05
24	氯苯	0.3	64	溴氰菊酯	0.02
25	1,2-二氯苯	1.0	65	阿特拉津	0.003
26	1,4-二氯苯	0.3	66	苯并[a]芘	2.8×10^{-6}
27	三氯苯②	0.02	67	甲基汞	1.0×10^{-6}
28	四氯苯③	0.02	68	多氯联苯⑥	2.0×10^{-5}
29	六氯苯	0.05	69	微囊藻毒素-LR	0.001
30	硝基苯	0.017	70	黄磷	0.003
31	二硝基苯④	0.5	71	钼	0.07
32	2,4-二硝基甲苯	0.0003	72	钴	1.0
33	2,4,6-三硝基甲苯	0.5	73	铍	0.002
34	硝基氯苯⑤	0.05	74	硼	0.5
35	2,4-二硝基氯苯	0.5	75	锑	0.005
36	2,4-二氯苯酚	0.093	76	镍	0.02
37	2,4,6-三氯苯酚	0.2	77	钡	0.7
38	五氯酚	0.009	78	钒	0.05
39	苯胺	0.1	79	钛	0.1
40	联苯胺	0.0002	80	铊	0.0001

① 二甲苯：指对-二甲苯、间-二甲苯、邻-二甲苯。
② 三氯苯：指 1,2,3-三氯苯、1,2,4-三氯苯、1,3,5-三氯苯。
③ 四氯苯：指 1,2,3,4-四氯苯、1,2,3,5-四氯苯、1,2,4,5-四氯苯。
④ 二硝基苯：指对-二硝基苯、间-二硝基苯、邻-二硝基苯。
⑤ 硝基氯苯：指对-硝基氯苯、间-硝基氯苯、邻-硝基氯苯。
⑥ 多氯联苯：指 PCB-1016、PCB-1221、PCB-1232、PCB-1242、PCB-1248、PCB-1254、PCB-1260。

d. 地表水水质监测的采样布点、监测频率应符合国家地表水环境监测技术规定的要求。

e. 集中式生活饮用水地表水源地水质评价的项目应包括表 9-93 中的基本项目、表 9-94 中的补充项目以及由县级以上人民政府环境保护行政主管部门从表 9-95 中选择确定的特定项目。集中式生活饮用水地表水源地水质超标项目经自来水净化处理后，必须达到《生活饮用水卫生规范》的要求。

f. 本标准由县级以上人民政府环境保护行政主管部门及相关部门按职责分工监督实施。省、自治区、直辖市人民政府可以对本标准中未作规定的项目，制定地方补充标准，并报国务院环境保护行政主管部门备案。

g. 其他有关规定详见本标准的全文。

② 海水水质标准 GB 3097 适用于中华人民共和国管辖的一切海域的海水水质管理。

a. 按照海域的不同使用功能和保护目标，海水水质分为以下四类。

第一类：适用于海洋渔业水域，海上自然保护区和珍稀濒危海洋生物保护区。

第二类：适用于水产养殖区，海水浴场，人体直接接触海水的海上运动或娱乐区，以及与人类食用直接有关的工业用水区。

第三类：适用于一般工业用水区，滨海风景旅游区。

第四类：适用于海洋港口水域，海洋开发作业区。

b. 详细规定见表 9-96。

③ 渔业水质标准（摘自 GB 11607—89）适用于鱼虾类的产卵场、索饵场、越冬场、洄游通道和水产增养殖区等海水、淡水的渔业水域。

a. 渔业水域的水质，应符合渔业水质标准，见表 9-97。

b. 各项标准数值是指单项测定最高允许值。

表 9-96 海水水质标准［摘自《海水水质标准》(GB 3097—1997)］ 单位：mg/L

序号	项目	第一类	第二类	第三类	第四类
1	漂浮物质	海面不得出现油膜、浮沫和其他漂浮物质			海面无明显油膜、浮沫和其他漂浮物质
2	色、臭、味	海水不得有异色、异臭、异味			海水不得有令人厌恶和感到不快的色、臭、味
3	悬浮物质	人为增加的量≤10		人为增加的量≤100	人为增加的量 ≤150
4	大肠菌群/(个/L) ≤	10000 供人生食的贝类养殖水质≤700			—
5	粪大肠菌群/(个/L) ≤	2000 供人生食的贝类养殖水质≤140			—
6	病原体	供人生食的贝类养殖水质不得含有病原体			
7	水温	人为造成的海水温升，夏季不超过当时当地 1℃，其他季节不超过 2℃		人为造成的海水温升不超过当时当地 4℃	
8	pH 值	7.8～8.5 同时不超出该海域正常变动范围的 0.2pH 单位		6.8～8.8 同时不超出该海域正常变动范围的 0.5pH 单位	
9	溶解氧 >	6	5	4	3
10	化学需氧量(COD) ≤	2	3	4	5
11	生化需氧量(BOD_5) ≤	1	3	4	5
12	无机氮(以 N 计) ≤	0.20	0.30	0.40	0.50
13	非离子氨(以 N 计) ≤	0.020			
14	活性磷酸盐(以 P 计) ≤	0.015	0.030		0.045
15	汞 ≤	0.00005	0.0002		0.0005
16	镉 ≤	0.001	0.005	0.010	
17	铅 ≤	0.001	0.005	0.010	0.050
18	六价铬 ≤	0.005	0.010	0.020	0.050
19	总铬 ≤	0.05	0.10	0.20	0.50
20	砷 ≤	0.020	0.030	0.050	
21	铜 ≤	0.005	0.010	0.050	

续表

<table>
<tr><th>序号</th><th colspan="2">项　目</th><th>第一类</th><th>第二类</th><th>第三类</th><th>第四类</th></tr>
<tr><td>22</td><td>锌</td><td>≤</td><td>0.020</td><td>0.050</td><td>0.10</td><td>0.50</td></tr>
<tr><td>23</td><td>硒</td><td>≤</td><td>0.010</td><td colspan="2">0.020</td><td>0.050</td></tr>
<tr><td>24</td><td>镍</td><td>≤</td><td>0.005</td><td>0.010</td><td>0.020</td><td>0.050</td></tr>
<tr><td>25</td><td>氰化物</td><td>≤</td><td colspan="2">0.005</td><td>0.10</td><td>0.20</td></tr>
<tr><td>26</td><td>硫化物(以 S 计)</td><td>≤</td><td>0.02</td><td>0.05</td><td>0.10</td><td>0.25</td></tr>
<tr><td>27</td><td>挥发性酚</td><td>≤</td><td colspan="2">0.005</td><td>0.010</td><td>0.050</td></tr>
<tr><td>28</td><td>石油类</td><td>≤</td><td colspan="2">0.05</td><td>0.30</td><td>0.50</td></tr>
<tr><td>29</td><td>六六六</td><td>≤</td><td>0.001</td><td>0.002</td><td>0.003</td><td>0.005</td></tr>
<tr><td>30</td><td>滴滴涕</td><td>≤</td><td>0.00005</td><td colspan="3">0.0001</td></tr>
<tr><td>31</td><td>马拉硫磷</td><td>≤</td><td>0.0005</td><td colspan="3">0.001</td></tr>
<tr><td>32</td><td>甲基对硫磷</td><td>≤</td><td>0.0005</td><td colspan="3">0.001</td></tr>
<tr><td>33</td><td>苯并[a]芘/(μg/L)</td><td>≤</td><td colspan="4">0.0025</td></tr>
<tr><td>34</td><td colspan="2">阴离子表面活性剂(以LAS计)</td><td>0.03</td><td colspan="3">0.10</td></tr>
<tr><td rowspan="5">35</td><td rowspan="5">放射性核素/(Bq/L)</td><td>^{60}Co</td><td colspan="4">0.03</td></tr>
<tr><td>^{90}Sr</td><td colspan="4">4</td></tr>
<tr><td>^{106}Rn</td><td colspan="4">0.2</td></tr>
<tr><td>^{134}Cs</td><td colspan="4">0.6</td></tr>
<tr><td>^{137}Cs</td><td colspan="4">0.7</td></tr>
</table>

表 9-97　渔业水质标准　　单位：mg/L

序号	项　目	标　准　值
1	色、臭、味	不得使鱼、虾、贝、藻类带有异色、异臭、异味
2	漂浮物质	水面不得出现明显油膜或浮沫
3	悬浮物质	人为增加的量不得超过10，而且悬浮物质沉积于底部后，不得对鱼、虾、贝类产生有害的影响
4	pH 值	淡水为 6.5～8.5，海水为 7.0～8.5
5	溶解氧	连续 24h 中，16h 以上必须大于 5，其余任何时候不得低于 3；对于鲑科鱼类栖息水域冰封期，其余任何时候不得低于 4
6	生化需氧量(5d，20℃)	不超过 5，冰封期不超过 3
7	总大肠菌群	不超过 5000 个/L(贝类养殖水质不超过 500 个/L)
8	汞	≤0.0005
9	镉	≤0.005
10	铅	≤0.05
11	铬	≤0.1
12	铜	≤0.01
13	锌	≤0.1
14	镍	≤0.05
15	砷	≤0.05
16	氰化物	≤0.005
17	硫化物	≤0.2
18	氟化物(以 F^- 计)	≤1
19	非离子氨	≤0.02
20	凯氏氮	≤0.05
21	挥发性酚	≤0.005
22	黄磷	≤0.001
23	石油类	≤0.05
24	丙烯腈	≤0.5
25	丙烯醛	≤0.02
26	六六六(丙体)	≤0.002
27	滴滴涕	≤0.001
28	马拉硫磷	≤0.005
29	五氯酚钠	≤0.01
30	乐果	≤0.1
31	甲胺磷	≤1
32	甲基对硫磷	≤0.0005
33	呋喃丹	≤0.01

c. 标准值单项超标，即表明不能保证鱼、虾、贝正常生长繁殖，并产生危害。危害程度应参考背景值、渔业环境的调查数据及有关渔业水质基准资料进行综合评价。

d. 渔业水质保护。

ⓐ 任何企、事业单位和个体经营者排放的工业废水、生活污水和有害废弃物，必须采取有效措施，保证最近渔业水域的水质符合本标准。

ⓑ 未经处理的工业废水、生活污水和有害废弃物严禁直接排入鱼、虾类的产卵场、索饵场、越冬场和鱼、虾、贝、藻类的养殖场及珍贵水生动物保护区。

ⓒ 严禁向渔业水域排放含病原体的污水；如需排放此类污水，必须经过处理和严格消毒。

e. 其他有关规定详见本标准全文。

④ 农田灌溉水质标准（摘自GB 5084—2005）适用于全国以地面水、地下水和处理后的养殖业废水及以农产品为原料加工的工业废水作为水源的农田灌溉用水。

向农田灌溉渠道排放处理后的养殖业废水及以农产品为原料加工的工业废水，应保证其下游最近灌溉取水点的水质符合本标准。

农田灌溉用水水质控制指标分基本控制项目和选择性控制项目，分别见表9-98和表9-99。

5.1.3 噪声

摘自《声环境质量标准》(GB 3096—2008)。

按区域的使用功能特点和环境质量要求，声环境功能区分为以下五种类型。

① 0类声环境功能区 指康复疗养区等特别需要安静的区域。

② 1类声环境功能区 指以居民住宅、医疗卫生、文化教育、科研设计、行政办公为主要功能，需要保持安静的区域。

③ 2类声环境功能区 指以商业金融、集市贸易为主要功能，或者居住、商业、工业混杂，需要维护住宅安静的区域。

④ 3类声环境功能区 指以工业生产、仓储物流为主要功能，需要防止工业噪声对周围环境产生严重影响的区域。

表9-98 农田灌溉用水水质基本控制项目标准值

序号	项目类别		作物种类		
			水作	旱作	蔬菜
1	5d生化需氧量/(mg/L)	≤	60	100	40①,15②
2	化学需氧量/(mg/L)	≤	150	200	100①,60②
3	悬浮物/(mg/L)	≤	80	100	60①,15②
4	阴离子表面活性剂/(mg/L)	≤	5	8	5
5	水温/℃	≤	35		
6	pH值		5.5～8.5		
7	全盐量/(mg/L)	≤	1000③(非盐碱土地区),2000③(盐碱土地区)		
8	氯化物/(mg/L)	≤	350		
9	硫化物/(mg/L)	≤	1		
10	总汞/(mg/L)	≤	0.001		
11	镉/(mg/L)	≤	0.01		
12	总砷/(mg/L)	≤	0.05	0.1	0.05
13	铬(六价)/(mg/L)	≤	0.1		
14	铅/(mg/L)	≤	0.2		
15	粪大肠菌群数/(个/100mL)	≤	4000	4000	2000①,1000②
16	蛔虫卵数/(个/L)	≤			2①,1②

① 加工、烹调及去皮蔬菜。

② 生食类蔬菜、瓜类和草本水果。

③ 具有一定的水利灌排设施，能保证一定的排水和地下水径流条件的地区，或有一定淡水资源能满足冲洗土体中盐分的地区，农田灌溉水质全盐量指标可以适当放宽。

表9-99 农田灌溉用水水质选择性控制项目标准值

序号	项目类别		作物种类		
			水作	旱作	蔬菜
1	铜/(mg/L)	≤	0.5	1	
2	锌/(mg/L)	≤	2		
3	硒/(mg/L)	≤	0.02		
4	氟化物/(mg/L)	≤	2(一般地区),3(高氟区)		
5	氰化物/(mg/L)	≤	0.5		
6	石油类/(mg/L)	≤	5	10	1
7	挥发酚/(mg/L)	≤	1		
8	苯/(mg/L)	≤	2.5		
9	三氯乙醛/(mg/L)	≤	1	0.5	0.5
10	丙烯醛/(mg/L)	≤	0.5		
11	硼/(mg/L)	≤	1①(对硼敏感作物),2②(对硼耐受性较强的作物),3③(对硼耐受性强的作物)		

① 对硼敏感作物，如黄瓜、豆类、马铃薯、笋瓜、韭菜、洋葱、柑橘等。

② 对硼耐受性较强的作物，如小麦、玉米、青椒、小白菜、葱等。

③ 对硼耐受性强的作物，如水稻、萝卜、油菜、甘蓝等。

⑤ 4类声环境功能区 指交通干线两侧一定距离之内，需要防止交通噪声对周围环境产生严重影响的区域，包括4a类和4b类两种类型。4a类为高速公路、一级公路、二级公路、城市快速路、城市主干路、城市次干路、城市轨道交通（地面段）、内河航道两侧区域；4b类为铁路干线两侧区域。

各类声环境功能区的环境噪声限值见表9-100。

表9-100 各类声环境功能区的环境噪声限值 单位：dB（A）

声环境功能区类别		时段	
		昼间	夜间
0类		50	40
1类		55	45
2类		60	50
3类		65	55
4类	4a类	70	55
	4b类	70	60

各类声环境功能区夜间突发噪声，其最大声级不得超过环境噪声限值15dB（A）。

5.2 排放标准

5.2.1 工业污染物排放标准

“十一五”和“十二五”期间，国家针对行业特点，制定了以行业分类的GB 25464等污染物排放标准，这些标准已逐步替代《大气污染物综合排放标准》（GB 16297）和《污水综合排放标准》（GB 8978）。与轻工、医药、化工、有色金属冶炼、石化有关的标准如下。

① GB 3544 制浆造纸工业水污染物排放标准

② GB 9078 工业炉窑大气污染物排放标准

③ GB 13458 合成氨工业水污染物排放标准

④ GB 14554 恶臭污染物排放标准

⑤ GB 15580 磷肥工业水污染物排放标准

⑥ GB 15581 烧碱、聚氯乙烯工业水污染物排放标准

⑦ GB 16171 炼焦化学工业污染物排放标准

⑧ GB 19430 柠檬酸工业水污染物排放标准

⑨ GB 19431 味精工业污染物排放标准

⑩ GB 19821 啤酒工业污染物排放标准

⑪ GB 20425 皂素工业水污染物排放标准

⑫ GB 20950 储油库大气污染物排放标准

⑬ GB 20951 汽油运输大气污染物排放标准

⑭ GB 20952 加油站大气污染物排放标准

⑮ GB 21523 杂环类农药工业水污染物排放标准

⑯ GB 21903—2008 发酵类制药工业水污染物排放标准

⑰ GB 21904—2008 化学合成类制药工业水污染物排放标准

⑱ GB 21905 提取类制药工业水污染物排放标准

⑲ GB 21906 中药类制药工业水污染物排放标准

⑳ GB 21907 生物工程类制药工业水污染物排放标准

㉑ GB 21908 混装制剂类制药工业水污染物排放标准

㉒ GB 21909 制糖工业水污染物排放标准

㉓ GB 25461 淀粉工业水污染物排放标准

㉔ GB 25462 酵母工业水污染物排放标准

㉕ GB 25463 油墨工业水污染物排放标准

㉖ GB 25465 铝工业污染物排放标准

㉗ GB 25466 铅、锌工业污染物排放标准

㉘ GB 25467 铜、镍、钴工业污染物排放标准

㉙ GB 25468 镁、钛工业污染物排放标准

㉚ GB 26131 硝酸工业污染物排放标准

㉛ GB 26132 硫酸工业污染物排放标准

㉜ GB 26451 稀土工业污染物排放标准

㉝ GB 26452 钒工业污染物排放标准

㉞ GB 27631 发酵酒精和白酒工业水污染物排放标准

㉟ GB 27632 橡胶制品工业污染物排放标准

㊱ GB 30770 锡、锑、汞工业污染物排放标准

㊲ GB 31570 石油炼制工业污染物排放标准

㊳ GB 31571 石油化学工业污染物排放标准

㊴ GB 31572 合成树脂工业污染物排放标准

㊵ GB 31573 无机化学工业污染物排放标准

㊶ GB 31574 再生铜、铝、铅、锌工业污染物排放标准

详细要求可查阅以上标准。

5.2.2 噪声污染排放标准

工业企业厂界环境噪声不得超过表9-101规定的排放限值。夜间频发噪声的最大声级不得超过限值10dB（A）。夜间偶发噪声的最大声级不得超过限值15dB（A）。

表9-101 工业企业厂界环境噪声排放限值 单位：dB（A）

厂界外声环境功能区类别	厂界外声环境功能区类别	
	昼间	夜间
0	50	40
1	55	45
2	60	50
3	65	55
4	70	55

6 物质的燃烧、爆炸极限及电阻率

6.1 可燃有机化合物

可燃有机化合物（气体及液体）的性质见表 9-102。

表 9-102 可燃有机化合物（气体及液体）的性质

闪点范围/℃	物质名称	化学式	相对密度 液体	相对密度 气体(空气=1)	熔点或凝固点/℃	沸点/℃	自燃点/℃	闪点/℃	爆炸极限/% 下限	爆炸极限/% 上限	燃烧热值/(kcal/mol)
<28	汽油	$C_5H_{12} \sim C_{12}H_{26}$	0.67～0.71	3～4	<−60	40～200	415～530	−50	1.3	6.0	11000kcal/kg
	乙烯基乙醚	$CH_2CHOC_2H_5$	0.754	2.5	−115	35.6	201.67	<−45.56	1.7	28	
	环氧丙烷	CH_3CHCH_2O	0.8304	2	−104.4	33.9	449	−37.22	2.8	37	450.6
	异丙胺	$(CH_3)_2CHNH_2$	0.694	2.03	−101.2	31.7	402	−37.22	2.0	10.4	
	甲乙醚	$C_2H_5OCH_3$	0.726	2.07		11	190	−37.13	2.0	10.1	503.69(气)
	亚硝酸乙酯	C_2H_5ONO	0.900	2.59		16.4	90(爆炸)	−35	3.0	50.0	332.6
	甲基二氯硅烷	CH_3SiHCl_2	1.1			41		−32.2	6.0	55.0	
	异丙基氯	$CH_3CHClCH_3$	0.858	2.71	−117.6	35.3	593	−32	2.8	10.7	482
	氯丙烯(烯丙基氯)	CH_2CHCH_2Cl	0.938	2.64	−136.4	44.6	485	−32	2.90	11.2	440.8
	二乙烯醚	$CH_2CHOCHCH_2$	0.774	2.41		29	360	−30	1.70	27	
	2-甲基呋喃	$OC(CH_3)CHCHCH$	0.914	2.8	−88.7	63.7		−30			
	丙烯胺(烯丙基氯)	$CH_2CHCH_2NH_2$	0.761	2.0	−88.2	55.2	374	−28.89	2.2	22	528.1
	缩醛(二乙氧基乙烷)	$CH_3CH(OC_2H_5)_2$	0.8254	4.08	−100	102.7	230	−20.56	1.65	10.4	930kcal/kg
	溴乙烷	C_2H_5Br	1.451	3.76	−119	38.4	511.1	<−20	6.7	11.3	340.5(气)
	环己烷	$CH_2CH_2CH_2CH_2CH_2CH_2$	0.7791	2.90	6.5	80.7	245	−20	1.3	8.4	936.87(液)
	石油醚		0.635～0.660	2.50	<−73	40～80	287	<−17.78	1.1	5.9	
	1,1-二氯乙烯	CH_2CCl_2	1.213		−122	31.6	570	−17.78	7.3	16	261.93(液)
	乙胺(氨基乙烷)	$C_2H_5NH_2$	0.7059	1.56	−80.6	16.6	385	<−17.78	3.5	14	415.7(液)
	甲硫醇	CH_3SH	0.868	1.66	−123.1	7.6		−17.78	3.0	21.8	363.0(气)

续表

闪点范围/℃	物质名称	化学式	相对密度		熔点或凝固点/℃	沸点/℃	自燃点/℃	闪点/℃	爆炸极限/%		燃烧热值/(kcal/mol)
			液体	气体(空气=1)					下限	上限	
<28	氰化氢(氰氢酸)	HCN	0.6876	0.932	−13.2	25.7	537.78	−17.78	5.6	40	158.6(气)
	丁胺	$C_4H_9NH_2$	0.74~0.76	2.52	−50	77	312	−12.22	1.7	9.80	710.6(液)
	乙烯亚胺	$NHCH_2CH_2$	0.832	1.48	−71.5	55~56	320	−11.11	3.6	46.0	
	叔丁胺	$(CH_3)_3CNH_2$	0.700	2.5	−67.5	44~46	380	−8.89	1.7	8.9	716(液)
	异氰酸甲酯	CH_3NCO	0.9599		−45	39.1		<−6.67			269.4(液)
	三乙胺	$(C_2H_5)_3N$	0.7255	3.48	−114.8	89.5	306	−6.67	1.2	8.0	1036.8(液)
	异己烷	C_6H_{14}	0.671	3.00		54~60	≤350	−6.67	1.0	7.0	
	原油		0.780~0.970					−6.67~32.22	1.1	6.4	
	甲乙酮(丁酮;甲基丙酮)	$CH_3COC_2H_5$	0.80615	2.42	−85.9	79.57	515.6	−5.56	1.8	10.0	584.17(液)
	二乙硫醚	$(C_2H_5)_2S$	0.837	3.11	−102.0	92~93		−9.44			
	丙烯酸甲酯	$CH_2CHCOOCH_3$	0.949	2.97	−75	80.0		−2.78	2.8	25	
	丙酸甲酯	$CH_3CH_2COOCH_3$	0.937	3.03	−87.5	79.8	469	−2.22	2.5	13	552.3(气)
	丙烯腈	CH_2CHCN	0.806	1.83	−82	77.3	481	−1.11	3.1	17	420.5
	乙二醇二甲醚	$CH_3OCH_2CH_2OCH_3$	0.8672	3.11	−60	83	745	1.11			602.09
	2-甲基丙烯醛	$CH_2C(CH_3)CHO$	0.830	2.42	−81	73.5		1.67			
	乙酰氯	CH_3COCl	1.1051	2.70	−112	51~52	390	4.44			242.0(气)
	乙腈(氰甲烷)	CH_3CN	0.7868	1.42	−45	81.1	525	5.56	3.0	16	302.4(液)
	甲基乙烯甲酮	$CH_3COCHCH_2$	0.839			81.4		6.67			
	甲基丙烯酸甲酯	$CH_2C(CH_3)COOCH_3$	0.936	3.45	−50	101	421.11	10	1.7	8.2	
	硝酸乙酯	$C_2H_5NO_3$	1.105	3.14	−112	88.7	85(爆炸)	10	3.8	7.5	322.4(气)
	叔丁醇	$(CH_3)_3COH$	0.7887	2.55	25.3	82.8	480	11.11	2.4	8.0	629.3(液)
	戊酮(二乙酮)	$C_2H_5COC_2H_5$	0.8159	2.96	−42	101	450	12.78	1.6		
	1,2-二氯丙烷	$CH_2ClCHClCH_3$	1.1593	3.90	−80	96.8	557.22	15.56	3.4	14.5	369.1

续表

闪点范围/℃	物质名称	化学式	相对密度		熔点或凝固点/℃	沸点/℃	自燃点/℃	闪点/℃	爆炸极限/%		燃烧热值/(kcal/mol)
			液体	气体(空气=1)					下限	上限	
<28	丙烯酸乙酯	$CH_2CHCOOC_2H_5$	0.941	3.45	<−72	99.8		15.56	1.8		
	醋酸异丁酯	$CH_3COOCH_2CH(CH_3)_2$	0.8685	4.0	−98.9	118.0	423	17.78	2.4	10.5	845.4
	甲基丙烯酸乙酯	$CH_2C(CH_3)COOC_2H_5$	0.911	3.94	<−75	119		20	1.8		
	丙烯醇	CH_3CHCH_2OH	0.854	2.00	−50	96～97	378	21.11	2.5	18	442.4(液)
	甲基三氯硅烷	CH_3Cl_3Si	1.28	5.17	−90	66.5		<21.11	7.6		
	N-甲基吗啡啉	$CH_2CH_2OCH_2CH_2NCH_3$	0.921	3.5	−66	115.4		24			
	丁酸乙酯	$CH_3CH_2CH_2COOC_2H_5$	0.8788	4.0	−93	121	462.78	25.56	1.4	8.9	851.2(液)
	丁腈(氰化丙烷)	$CH_3(CH_2)_2CN$	0.796		−112.6	117	502.22	26.11	1.65		613.3(液)
	乙硫醇	C_2H_5SH	0.83907	2.14	−147	36.2	299	26.67	2.8	18.2	452(气)
	甲基肼	CH_3NHNH_2	0.874	1.6	−20.9	87.8		<26.67	4		
	异丁醇	$(CH_3)_2CHCH_2OH$	0.805	2.55	−108	107.9	426.6	27.78	1.2	10.9	638.2(液)
	喷漆	危险性质根据所用的溶剂而定									
28～60	丙基苯(丙苯)	$C_3H_7C_6H_5$	0.862	4.14	−99.5	159.2	450	30	0.8	6.0	1246.4(液)
	苯乙烯	$C_6H_5CHCH_2$	0.9074	3.6	−31	146	490	31.1	1.1	6.1	1047.1(液)
	β-蒎烯	$C_{10}H_{16}$	0.874～0.877		−61	164～169(95%)		32			1485.1(液)
	α-蒎烯	$C_{10}H_{16}$	0.8592	4.7	−55	155	255	32.2			1483.0(液)
	丙酸丁酯	$C_2H_5COOC_4H_9$	0.870	4.49	−89.6	145.4	426.65	32.22			
	正戊醇	$CH_3(CH_2)_4OH$	0.8168	3.04	−78.9	137.8	300	32.78	1.2	10	793.7(液)
	松节油	$C_{10}H_{16}$	0.854～0.868	4.84		154～170	253.3	35	0.8		
	三聚乙醛	$[OCH(CH_3)]_3$	0.9943	4.55	12.6	124.4	237.78	35.56	1.3		
	无水肼	NH_2HN_2	1.011	1.11	1.4	113.5	270	37.78	4.7	100	1486
	煤油	C_{10}～C_{16}	0.8～1.0	4.5		175～325	210	37.78～73.89	0.7	5.0	

续表

闪点范围/℃	物质名称	化学式	相对密度		熔点或凝固点/℃	沸点/℃	自燃点/℃	闪点/℃	爆炸极限/%		燃烧热值/(kcal/mol)
			液体	气体(空气=1)					下限	上限	
28～60	2-甲基吡啶	$NCHCHCHCHCCH_3$	0.95	3.2	−70	129	537.8	38.89	1.4	8.6	816.92
	第二异戊醇	$(CH_3)_2CHCH(OH)CH_3$	0.819	3.04		113	347.2	39.44	1.2	9	
	3-甲基吡啶	$NCHCHCHC(CH_3)CH$	0.9613	3.21	−17.7	143.5	500	40	1.4		818.17
	叔戊醇	$(CH_3)_2C(OH)CH_2CH_3$	0.811	3.03	−11.9	101.8	437.2	40.56	1.2	9	
	环氧氯丙烷	$CH_2ClCH-CH_2$ O	1.176	3.29	−57.1	117.9		40.56	5.23	17.86	418
	乙酰丙酮	$CH_3COCH_2COCH_3$	0.976	3.45	−23.2	139	340	40.56			615.9(液)
	杂醇油		0.813		−117	132		42	1.2		793.7
	异戊醇	$(CH_3)_2CHCH_2CH_2OH$	0.813	3.04	−117.2	132	350	42.78	1.2	9.0(100℃)	
	乳酸乙酯	$HO(CH_3)CHCOOC_2H_5$	1.020～1.036	4.07	−26	154	400	46.1	1.55(100℃)		654.7
	对异丙基甲苯	$CH_3C_6H_4CH(CH_3)_2$	0.86	4.62	−68.2	176	436.1	47.22	0.7	5.6	1409.5
	甲基异戊二烯	C_6H_8	0.9			163	445.5	48.89	1.3	7.6	
	4-甲基吡啶	$NCHCHC(CH_3)CHCH$	0.9571	3.21	3.7	145		56.67			816.99
	对二乙基苯	$C_6H_4(C_2H_5)_2$	0.8579		−42.85	183.75(750mmHg)	430	56.7	0.8		
	二甲基甲酰胺	$HCON(CH_3)_2$	0.9445	2.51	−61	152.8	445	57.78	2.2	15.2(100℃)	457.5
≥60	氯乙醇	CH_2ClCH_2OH	1.197	2.78	−69	1288	425	60	4.9	15.9	
	糠醛(呋喃甲醛)	$OCHCHCHCCHO$	1.161	3.31	−36.5	161.7	315.56	60	2.1	19.3	559.5(液)
	二异丁基甲酮	$[(CH_3)_2CHCH_2]_2CO$	0.8089	4.9	−41.5	166		60	0.8	6.2	
	二丙酮醇	$(CH_3)_2C(OH)CH_2COCH_3$	0.9306	4.0	−54～−47	167.9	603.3	64.44	1.8	6.9	1000
	氯乙苄	$C_6H_5CH_2Cl$	1.1026	4.36	−43	179	585	67.22	1.1		886.4(液)
	四氢糠醇	$C_4H_7OCH_2OH$	1.0485	3.5	<−80	178(743mmHg)	282	75	1.5	9.7%	709.5

续表

闪点范围/℃	物质名称	化学式	相对密度		熔点或凝固点/℃	沸点/℃	自燃点/℃	闪点/℃	爆炸极限/%		燃烧热值/(kcal/mol)
			液体	气体(空气=1)					下限	上限	
≥60	糠醇(呋喃甲醇)	$C_4H_3OCH_2OH$	1.129	3.37	−31	171(750mmHg)	490.5	75	1.8	16.3%	609.16(液)
	乙酸-3-甲氧基乙酯	$CH_3CO_2C_4H_2OCH_3$	0.952～0.958	5.05		135		76.67	2.3	15	
	N,*N*-二甲基乙酰胺	$CH_3CON(CH_3)_2$	3.01	0.9448	−20	165		77.22	2.0	11.5(740mmHg)	608
	混甲酚	$C_6H_4(OH)CH_3$	1.030～1.038	3.72	10.9～35.5	191～203		81.11	1.35(148.89℃)		880(固)
	邻甲苯胺	$C_6H_4(CH_3)NH_2$	1.004	3.69	α-24.4 β-16.3	199.7	482.2	85			969.9(液)
	1,2-丙二醇	$CH_3CHOHCH_2OH$	1.0362	2.62	−59.0	188.2	371.11	98.89	2.6	12.6	431(液)
	2-苯乙醇	$C_6H_5CH_2CH_2OH$	1.0245	4.21	−27	220		102.22			
	乙二醇	$HOCH_2CH_2OH$	1.113	2.14	−13	197.5	400.0	111.11	3.2		281.9(液)
	导生(联苯,联苯醚混合物)		1.065		12.2	256		115	0.99	3.36	
	(邻)苯二甲酸二丁酯	$C_6H_5(CO_2C_4H_9)_2$	1.047～1.049	9.58	−35	340	402.75	157.22			
	亚麻仁油			0.93	−30～−15	222		192℃			
	三氯乙烯	$CHClCCl_2$	1.4556	4.53	−73	87.1	420		12.5	90	230.01(液)
	四氯乙烯	CCl_2CCl_2	1.6311	5.83	−23.35	121.2			10.8	54.5(在氧气中)	217.6(液)

注：1. 1kcal/mol＝4.1866×10^3J/mol；1kcal/kg＝4.1866×10^3J/kg；1mmHg＝133.3Pa。

2. 本表资料取自A. K. 达尔科斯基等著的《化学工业企业的防火技术》；公安部消防局科研室编的《防火手册》及《化学易燃易爆物品安全技术手册》；美国国家防火协会标准NFPA 325—1994；冯肇瑞、杨有启主编的《化工安全技术手册》。

6.2 易燃气体

易燃气体的性质见表 9-103。

表 9-103　易燃气体的性质

物质名称	化学式	主要组成	相对密度		凝固点或熔点/℃	沸点/℃	自燃点/℃	闪点/℃	爆炸极限/%		燃烧热值/(kcal/mol)
			液体	气体(空气=1)					下限	上限	
二硼烷	B_2H_6		0.447		−165.5	−92.6	38～52	−90	0.9	88	
天然气		CH_4 等		0.52～1.5			482～632		3.8～6.5	13～17	
1-丁烯	$C_3H_6CH_2$		0.668		−185.3	−6.3	384	−80	1.6	10.0	607.37
异丁烯	$(CH_3)_2CCH_2$		0.6738		−140.35	−6.9	465	−77	1.8	9.6	647.24
二甲醚	$(CH_3)_2O$		0.661		−141.5	−23.7	350	−41.1	3.4	27	347.6
硫化氢	H_2S			1.1906	−85.5	−60.4	260		4.0	44	3524kcal/m³
氢	H_2		0.07	0.069	−259.18	−252.8	500		4.1	74.2	68.32
煤气		主要为烷烃、烯烃、芳烃、氢、一氧化碳等		0.4～0.6			648.89		4.5	40	3000～6000kcal/m³
焦炉煤气		CH_4 25.1%，$H_2$45.6%，CO 1.1%，N_2 23.1%，其余为 CO_2、O_2 等							5.6	30.4	
溴甲烷	CH_3Br		1.732	3.27	−93	3.56	536		10	16	184
水煤气		主要为 CO 37%～39%、H_2 48%～52%(质量分数)		0.54					12	66	
一氧化碳	CO		0.793	0.9655	−207	−191.3	610		12.5	74.2	67.64
氨	NH_3		0.817	0.6	−77.7	−33.5	651		15.7	27.4	91.44
发生炉煤气		CO 20%～32%，H_2 0.2%～5%，余为 CH_4、CO_2、N_2 等		0.9			700		20.7	73.7	
三氟氯乙烯	C_2ClF_3		1.305		−157.5	−27.9		−27.78	24	40.3	
鼓风炉煤气		CO 22%，H_2 3.5%，N_2 61.5%，余为 CO_2 等							35.0	74.0	

注：1. 1kcal/mol=4.1866×10³J/mol。1kcal/m³=4.1866×10³J/m³。

2. 本表资料取自 A. K. 达尔科夫斯基等著的《化学工企业的防火技术》；公安部消防局科研室编的《防火手册》及《化学易燃易爆物品安全技术手册》；冯肇瑞、杨有启主编的《化工安全技术手册》。

可燃混合物爆炸极限可根据各物质已知的爆炸极限及其在混合物中的含量来计算。

$$L=\frac{1}{\frac{p_1}{N_1}+\frac{p_2}{N_2}+\frac{p_3}{N_3}+\frac{p_4}{N_4}}\times 100\% \quad (9\text{-}6)$$

式中 p_1，p_2，p_3，p_4——每种可燃气体在混合物总量中所占的百分数；

N_1，N_2，N_3，N_4——每种可燃气体在空气中的爆炸极限。

例如求含下列组分的天然气混合物的爆炸下限。

组分	在混合物中的含量/%	爆炸下限/%
甲烷	80	5.00
乙烷	15	3.22
丙烷	4	2.37
丁烷	1	1.86

该混合物的爆炸下限为

$$L=\frac{1}{\frac{80.0}{5.00}+\frac{15.0}{3.22}+\frac{4.00}{2.37}+\frac{1.00}{1.86}}\times 100\%=4.37\%$$

该式适用于氢气、一氧化碳、甲烷及其他很多气体和蒸气。也可用于下列混合物：氢气-乙烯-空气；乙炔-氢气-空气；氯甲烷-氯乙烷；硫化氢-甲烷-空气；甲烷-二氯乙烯-空气等。

6.3 助燃性气体

助燃性气体的性质见表9-104。

表9-104 助燃性气体的性质

名 称	沸点/℃	液体相对密度	气体密度/(g/L)	性 质
氟	−187	1.108(−188℃)	1.695	在黑暗中与 H_2 直接化合时引起爆炸，碘、硫、硼、磷、硅遇氟时能自燃
氯	−34.5	1.47	2.44	钠、钾在氯气中能燃烧，松节油在氯气中能自燃；甲烷、乙烯、乙炔在氯气中经日光作用会引起燃烧或爆炸；H_2 与氯气能形成一种遇日光即起爆炸的混合物(H_2 在混合物中的体积比为5%～87.5%)；氯与氮化合形成易爆炸的氯化氮
氧	−218.4	1.14	1.429	与乙炔、氢气、甲烷等混合形成爆炸性混合物；使油脂剧烈氧化，引起燃烧
氧化亚氮	−88.49	1.226	1.977	有助燃性，与可燃气体混合时形成爆炸性气体

6.4 遇水燃烧物质

遇水燃烧物质的性质见表9-105。

表9-105 遇水燃烧物质的性质

名 称	相对密度	熔点/℃	沸点/℃	性 质
钾	0.86	63.65	774	与水、酸、潮湿空气发生化学反应，放出氢和大量热量，使氢自燃；在氯、氟及溴的蒸气中起燃；与碘或乙炔化合产生燃烧或爆炸；在65～70℃时，遇四氯化碳也能发生爆炸，储存在甲苯、煤油等矿物油的金属容器中
钠	0.9710	97.81	892	遇水、潮湿空气放出氢和大量热量，引起燃烧爆炸；与碘或乙炔作用，发生燃烧爆炸；在氧、氟、氯、碘的蒸气中能燃烧；储存在煤油中
钙	1.54	842	1484	遇水、酸放出氢和热，能引起燃烧；受高温(300℃)或接触强氧化剂时有燃烧爆炸危险；在高温下能还原金属及非金属氧化物，还原NO及 P_2O_5 时能发生爆炸
锂	1.87	28.5	705	遇水或稀酸放出氢和热量，能引起燃烧；在空气中加热能燃烧；粉末状态下与水反应更剧烈，能引起爆炸
氢化锂	0.82	680	850(分解)	在潮湿空气中能自燃；与氧化剂、酸、水接触有引起燃烧的危险
氢化钾	1.43～1.47	分解		一般为灰色粉末；半分散于油中；与氧化剂、酸、水、潮气接触有引起燃烧的危险；加热时分解
氢化钠	0.92	800(255℃开始分解)		白色或淡棕灰色结晶粉末；在潮湿空气中能自燃；与水、酸起剧烈反应，有引起燃烧爆炸的危险；与低级醇作用也很剧烈；在255℃时分解放出氢气；以25%～50%的比例分散储存在油中
钠汞剂		−36.8		与潮湿空气或水、酸接触生成氢并放出大量热量，能引起燃烧
磷化钙	2.238	约1600		与潮湿空气或水、酸接触放出有剧毒、能自燃的磷化氢；与氯、氧、硫黄、盐酸反应剧烈，有引起燃烧爆炸的危险

续表

名 称	相对密度	熔点/℃	沸点/℃	性 质
石灰氮（氰氨化钙）	1.083	1300	>1500	遇水分解，放出氨和乙炔；含有杂质碳化钙或磷化钙时，则遇水易自燃，与酸接触发生剧烈反应
活化镍				活化的镍——雷尼氏镍作还原剂用；遇水和空气即自燃；须浸没在酒精内储存
碳化钙（电石）	2.222	1900～2300		与水接触放出易燃、易爆的乙炔气体；粉状碳化钙受潮易发热，使乙炔自燃；不可与酸类、易燃物品混储混运
碳化铝	2.36	2100	>2200 时分解	黄色或绿灰色结晶块或粉末；遇水分解出易燃气体甲烷；与酸反应剧烈；有引起燃烧的危险
锌粉	7.133	419.5	907	遇酸、碱、水、氟、氯、硫、硒、氧化剂等能引起燃烧爆炸；在潮湿空气中能发热自燃；其粉状物与空气混合至一定比例时，遇火星能引起燃烧爆炸
保险粉				有极强的还原性；遇氧化剂、少量水或吸收潮湿空气而发热、冒黄烟、燃烧，甚至爆炸
五硫化二磷	2.03	276	514（自燃温度 141.67℃）	易燃烧；在潮湿空气中或在空气中受摩擦能燃烧；粉状物受热或接触明火有引起火灾的危险；加热分解，放出有毒的氧化硫和氧化磷；与水、水蒸气或酸接触产生易燃的硫化氢气体；与氧化性物质接触也会发生反应
氰化钙		>235℃时分解		遇酸或曝露在潮湿空气中或溶于水中分解出剧毒、易燃的氰化氢气体
磷化锌	4.55	420	1100	接触酸、酸雾或水产生能能自燃的磷化氢气体；与氧化剂反应强烈
三氯化铝（无水）	2.44	190	183	与水接触发生剧烈反应；发热分解，有时能引起爆炸
三氯化磷	1.574	−111.8	74.2	遇水及酸（主要是硝酸、醋酸）发热冒烟，甚至发生燃烧爆炸
五氧化二磷	0.77～1.39	563		在空气中易吸潮；遇水急速反应放出大量烟和热；遇有机物可引起燃烧
五氯化磷	3.6	148（加压）		在 160℃时升华，并有部分分解；遇水分解发热，甚至发生爆炸
氧氯化磷	1.685（15.5℃）	1.2	105.1	无色透明发烟液体，有毒；遇水和乙醇分解发热，放出腐蚀性及毒性烟雾，甚至爆炸
氯磺酸	1.766（18℃）	−80	151	无色半油状液体；遇水猛烈分解产生大量的热和浓烟，甚至爆炸；遇有机物能引起燃烧
溴化铝（无水）	3.2	97.5	263.3	白色或黄红色片状或块状固体；遇水强烈反应发热，甚至爆炸，在有有机物存在时反应更剧烈
过氧化钠	2.805	460（开始分解）	657（分解）	米黄色吸湿性粉末或呈粒状；与水分起剧烈反应，产生高热，量大时能发生爆炸；与有机物、易燃物（如硫、磷等）接触能引起燃烧，甚至爆炸
过氧化钾	3.5	490	分解	黄色无定形块状物；遇水及水蒸气产生高热，量大时可能引起爆炸；遇易燃物如硫、磷等能引起燃烧爆炸

6.5 遇空气自燃物质

遇空气自燃物质的性质见表 9-106。

表 9-106 遇空气自燃物质的性质

名 称	相对密度	熔点/℃	沸点/℃	自燃点/℃	性 质
磷化氢	1.529g/L（密度）	−132.5	−87.5	100	无色气体，微溶于冷水，不溶于热水，能自燃；制得的磷化氢因含少量的二磷化四氢，在空气中能自燃；遇氧化剂发生强烈反应；遇火种立即燃烧爆炸
二乙基锌	1.2065	−28	118		无色液体；遇水强烈分解；在空气或氯气中能自燃；与氧化剂接触能剧烈反应，引起燃烧
三乙基铝	0.837	−52.5	194	<−52.5	无色液体；化学性质活泼；与氧反应剧烈，在空气中能自燃；遇水爆炸分解
三乙基硼	0.6961	−93	0		无色液体；在空气中能自燃；遇水及氧化剂反应剧烈；不溶于水，溶于乙醇和乙醚

续表

名　称	相对密度	熔点/℃	沸点/℃	自燃点/℃	性　　质
三丁基硼	0.747	−34	170		无色液体；在空气中能自燃；遇明火、氧化剂有引起燃烧的危险
三甲基铝	0.748	15	130		无色液体；在空气中能自燃；与氧气、水接触发生强烈的化学反应，能引起燃烧；与酸类、卤素、醇类、胺类也能起强烈的化学反应
三甲基硼	1.591g/L（密度）	−161.5	−20		无色气体；在空气中能自燃；遇火种、高温、氧气、氧化剂均有引起燃烧爆炸的危险
黄磷（或称白磷）	1.82	44.1	280	30	纯品为无色蜡状固体；低温时发脆；在空气中会冒白烟燃烧；受撞击、摩擦或与氯酸钾等氧化剂接触能立即燃烧或爆炸；应储存在水中；石油产品注于盛磷的储品中有失火危险
四氢化硅					与空气接触时能自燃
硫化亚铁①	4.7	1193	分解		块状或片状的活性硫化亚铁在空气中（常温下）能迅速自燃；干燥的焦硫化铁残渣能迅速被空气中的氧所氧化而放出热量，甚至引起自燃

① 摘自 A.K. 达尔科夫斯基等著的《化学工业企业的防火技术》。

6.6 各种粉尘的爆炸下限

各种粉尘的爆炸下限见表9-107。

表9-107　各种粉尘的爆炸下限

粉尘种类	粉尘类型	中位径/μm	爆炸下限浓度/(g/m³)	最大爆炸压力/MPa	最大压力上升速率/(MPa/s)	爆炸指数 K_{max} /(MPa·m/s)	危险等级
农业产品	纤维素	33	60	0.97	22.9	22.9	St2
	纤维素	42	30	0.99	6.2	6.2	St1
	软木料	42	30	0.96	20.2	20.2	St2
	谷物	28	60	0.94	7.5	7.5	St1
	蛋白	17	125	0.83	3.8	3.8	St1
	奶粉	83	60	0.58	2.8	2.8	St1
	大豆粉	20	200	0.92	11.0	11.0	St1
	玉米淀粉	7	—	1.03	20.2	20.2	St2
	大米淀粉	18	60	0.92	10.1	10.1	St1
	大米淀粉	18	50	0.78	19.0	19.0	St1/St2
	面粉	52.7	70	0.68	8.0	8.0	St1
	精粉	52.2	80	0.63	5.0	5.0	St1
	玉米淀粉（抚顺）	15.2	50	0.82	11.5	11.5	St1
	玉米淀粉	16	60	0.97	15.8	15.8	St1
	玉米淀粉	<10	—	1.02	12.8	12.8	St1
	中国石松子粉	35.5	20	0.70	12.2	12.2	St1
	石松子粉	—	—	0.76	15.5	15.5	St1
	亚麻（除尘器）	65.3	60	0.57	8.7	8.7	St1
	中国棉花	—	40	0.56	1.5	1.5	St1
	小麦淀粉	22	30	0.99	11.5	11.5	St1
	糖	30	200	0.85	13.8	13.8	St1
	糖	27	60	0.83	8.2	8.2	St1
	牛奶糖	29	60	0.82	5.9	5.9	St1
	甜菜薯粉	22	125	0.94	6.2	6.2	St1
	乳浆	41	125	0.98	14.0	14.0	St1
	木粉	29	—	1.05	20.5	20.5	St2

续表

粉尘种类	粉尘类型	中位径/μm	爆炸下限浓度/(g/m³)	最大爆炸压力/MPa	最大压力上升速率/(MPa/s)	爆炸指数 K_{max}/(MPa·m/s)	危险等级
碳质粉尘	活性炭	28	60	0.77	4.4	4.4	St1
	木炭	14	60	0.90	1.0	1.0	St1
	烟煤	24	60	0.92	12.9	12.9	St1
	石油焦炭	15	125	0.76	4.7	4.7	St1
	炭黑	<10	60	0.84	12.1	12.1	St1
化学品	己二酸	<10	60	0.80	9.7	9.7	St1
	蒽醌	<10	—	1.06	36.4	36.4	St3
	抗坏血酸	39	60	0.90	11.1	11.1	St1
	乙酸钙	92	500	0.52	0.9	0.9	St1
	乙酸钙	85	250	0.65	2.1	2.1	St1
	硬脂酸钙	12	30	0.91	13.2	13.2	St1
	羧基甲基纤维素	24	125	0.92	13.6	13.6	St1
	糊精	41	60	0.88	10.6	10.6	St1
	乳糖	23	60	0.77	8.1	8.1	St1
	硬脂酸铅	12	30	0.92	15.2	15.2	St1
	甲基纤维素	75	60	0.95	13.4	13.4	St1
	仲甲醛	23	60	0.99	17.8	17.8	St1
	抗坏血酸钠	23	60	0.84	11.9	11.9	St1
	硬脂酸钠	22	30	0.88	12.3	12.3	St1
	硫	20	30	0.68	15.1	15.1	St1
金属	铝粉	29	30	1.24	41.5	41.5	St3
	铝粉	22	30	1.15	110.0	110.0	St3
	铝粒	41	60	1.02	10.0	10.0	St1
	铁粉	12	500	0.52	5.0	5.0	St1
	黄铜	18	750	0.41	3.1	3.1	St1
	铁	<10	125	0.61	11.1	11.1	St1
	羰基镁	28	30	1.75	50.8	50.8	St3
	锌	10	250	0.67	12.5	12.5	St1
	锌	<10	125	0.73	17.6	17.6	St1
	硅钙	12.4	60	0.84	19.8	19.8	St1/St2
	硅钙粉	26	—	0.76	17.0	17.0	St1
	硅铁粉	26	—	0.65	3.4	3.4	St1
塑粉	聚丙酰胺	10	250	0.59	1.2	1.2	St1
	聚丙烯腈	25	—	0.85	12.1	12.1	St1
	聚乙烯(低压过程)	<10	30	0.80	15.6	15.6	St1
	环氧树脂	26	30	0.79	12.9	12.9	St1
	蜜胺树脂	18	125	1.02	11.0	11.0	St1
	模制蜜胺(木粉和矿物填充的酚甲醛)	15	60	0.75	4.1	4.1	St1
	模制蜜胺(酚纤维素)	12	60	1.00	12.7	12.7	St1
	聚丙烯酸甲酯	21	30	0.94	26.9	26.9	St2
	聚丙胺酸甲酯乳剂聚合物	18	30	1.01	20.2	20.2	St2
	酚醛树脂	<10	15	0.93	12.9	12.9	St1
	聚丙烯	25	30	0.84	10.1	10.1	St1
	萜酚树脂	10	15	0.8	14.3	14.3	St1

续表

粉尘种类	粉尘类型	中位径/μm	爆炸下限浓度/(g/m³)	最大爆炸压力/MPa	最大压力上升速率/(MPa/s)	爆炸指数 K_{max} /(MPa·m/s)	危险等级
塑粉	模制尿素甲醛/纤维素	13	60	10.2	13.6	13.6	St1
	聚乙酸乙烯酯/乙烯共聚物	32	30	0.86	11.9	11.9	St1
	聚乙烯醇	26	60	0.89	12.8	12.8	St1
	聚乙烯丁缩醛	65	30	0.89	14.7	14.7	St1
	聚氯乙烯	107	200	0.76	4.6	4.6	St1
	聚氯乙烯/乙烯乙炔乳剂共聚物	35	60	0.82	9.5	9.5	St1
	聚氯乙烯/乙炔/乙烯乙炔悬浮共聚物	60	60	0.83	9.8	9.8	St1

注：本表摘自《粉尘爆炸泄压指南》(GB/T 15605—1995)。

6.7 各种物质的电阻率

各种物质的电阻率见表9-108。

表9-108 各种物质的电阻率

物质名称	电阻率/Ω·cm	物质名称	电阻率/Ω·cm	物质名称	电阻率/Ω·cm
蒸馏水	10^6	庚烷	1.0×10^{13}	石蜡	$10^{16}\sim10^{19}$
硫酸	1.0×10^{2}	己烷	1.0×10^{18}	丙烯纤维	$10^{10}\sim10^{12}$
醋酸	8.9×10^{8}	液体烃类化合物	$10^{10}\sim10^{18}$	绝缘化合物	$10^{11}\sim10^{15}$
乙酸甲酯	2.9×10^{5}	液氢	4.6×10^{19}	导电橡胶	$2\times10^{2}\sim2\times10^{3}$
乙酸乙酯	1.0×10^{7}	硅油	$10^{13}\sim10^{15}$	天然橡胶	$10^{14}\sim10^{17}$
醋酐	2.1×10^{8}	汽油	2.5×10^{13}	硬橡胶	$10^{15}\sim10^{18}$
乙醛	5.9×10^{5}	煤油	7.3×10^{14}	氯化橡胶	$10^{13}\sim10^{15}$
甲醇	2.3×10^{6}	聚四氟乙烯	$10^{16}\sim10^{19}$	聚乙烯	$>10^{18}$
乙醇	7.4×10^{8}	糠醛树脂	$10^{10}\sim10^{13}$	氯乙烯	$10^{12}\sim10^{16}$
正丙醇	5.0×10^{7}	酚醛树脂	$10^{12}\sim10^{14}$	聚苯乙烯	$10^{17}\sim10^{19}$
异丙醇	2.8×10^{5}	尿素树脂	$10^{10}\sim10^{14}$	聚酯树脂	$10^{12}\sim10^{15}$
正丁醇	1.1×10^{8}	硅酮(聚硅氧烷)树脂	$10^{11}\sim10^{13}$	丙烯树脂	$10^{14}\sim10^{17}$
正十八醇	2.8×10^{10}	蜜胺树脂	$10^{12}\sim10^{14}$	环氧树脂	$10^{16}\sim10^{17}$
丙酮	1.7×10^{7}	轻质柴油	1.3×10^{14}	二硫化碳	3.9×10^{13}
丁酮	1.0×10^{7}	苯	$1.6\times(10^{13}\sim10^{14})$	硫	10^{17}
乙醚	5.6×10^{11}	甲苯	$(1.1\times10^{12})\sim(2.7\times10^{13})$	沥青	$10^{15}\sim10^{17}$
石油醚	8.4×10^{14}	二甲苯	$(2.4\times10^{12})\sim(3\times10^{13})$		

注：本表摘自《防火手册》中的部分资料，其他可详见该手册第九章“静电的危害及预防措施”。

6.8 液体的电导率和介电常数

液体的电导率和介电常数见表9-109。

表 9-109 液体的电导率和介电常数

物质名称	电导率/(S/m)	介电常数	物质名称	电导率/(S/m)	介电常数
乙醛	1.2×10^{-4}(0)	21.1(21)	反-1,2-二氯乙烯	8×10^{-7}(25)	9.20(25)
乙腈	6×10^{-8}(25)	37.5(20)	二氯甲烷	4.3×10^{-9}(25)	9.1(20)
苯乙酮	6.43×10^{-7}(25)	17.39(25)	1,2-二溴乙烷	1.28×10^{-9}(25)	4.78(25)
丙酮	1×10^{-7}(25)	20.7(25)	*N*,*N'*-二甲基甲酰胺	6×10^{-6}	36.71(25)
苯甲醚	1×10^{-11}(25)	4.33(25)	溴乙烷	$<2\times10^{-6}$(25)	9.36(20)
苯胺	2.4×10^{-6}(25)	7.06(20)	硬脂酸丁酯	2.1×10^{-11}(30)	3.11(30)
苯甲酸乙酯	$<2\times10^{-8}$(19)	6.02(20)	癸二酸二丁酯	1.7×10^{-9}(30)	4.54(30)
苯甲酸甲酯	1.37×10^{-3}(22)	6.63(20)	碳酸二乙酯	9.1×10^{-8}(25)	2.82(20)
异丁醇	8×10^{-6}(25)	17.7(25)	三氯乙烯	8×10^{-10}	3.409(20)
异戊基醇	1.4×10^{-7}(25)	14.7(25)	邻甲苯胺	3.792×10^{-5}(25)	6.34(18)
乙醇	1.35×10^{-7}(25)	24.3(25)	对甲苯胺	6.2×10^{-6}(100)	4.98(54)
乙胺	7×10^{-7}(0)	6.94(10)	甲苯	1×10^{-12}(35)	2.379(25)
乙基甲基酮	3.6×10^{-7}	18.51(20)	硝基乙烷	5×10^{-5}(30)	28.06(30)
乙二醇	1.07×10^{-4}(25)	37.7(25)	2-硝基丙烷	5×10^{-5}(30)	25.52(30)
乙二醇乙醚	9.3×10^{-6}	29.6(24)	硝基苯	2×10^{-8}(25)	34.82(25)
乙二胺	9×10^{-6}(25)	14.2(20)	硝基甲烷	2.2×10^{-5}(25)	35.87(30)
表氯醇①	3.4×10^{-6}(25)	22.6(24)	乳酸乙酯	1.0×10^{-4}(25)	13.1(20)
氯乙烷	$<3\times10^{-7}$(0)	6.29(170)	二硫化碳	3.7×10^{-1}(25)	2.641(20)
甲酸	6.4×10^{-3}(25)	58.5(16)	吡啶	3×10^{-8}(25)	12.3(25)
甲酸乙酯	1.5×10^{-7}(20)	7.16(25)	苯乙醚	$<1.7\times10^{-6}$(25)	4.22(20)
甲酸甲酯	1.9×10^{-4}(17)	8.5(20)	苯酚	1×10^{-6}(50)	9.78(60)
甲酸丙酯	5.5×10^{-3}(17)	7.72(19)	1-丁醇	9.12×10^{-7}(25)	17.1(25)
邻二甲苯	$<1\times10^{-13}$	2.568(20)	酞酸二丁酯	9×10^{-9}(25)	6.436(30)
间二甲苯		2.374(20)	*t*-丁醇	2.9×10^{-5}(25)	10.9(30)
对二甲苯		2.270(20)	2-糠醛(糠醛)	1.45×10^{-4}(25)	38(25)
喹啉	2.2×10^{-6}(25)	9.0(25)	1-丙醇	2×10^{-6}(25)	22.2(25)
甘油	1.0×10^{-6}(20)	42.5(25)	2-丙醇	4×10^{-7}(25)	18.3(25)
氯苯	1.9×10^{-10}(20)	5.621(25)	丙腈	8.51×10^{-6}(25)	29.7(20)
三氯甲烷	$<1\times10^{-8}$(25)	4.9(20)	丙醛	9.5×10^{-5}(25)	18.5(17)
乙酸	6×10^{-7}(25)	6.17(20)	丙酸	$<1\times10^{-7}$(25)	3.435(40)
乙酸戊酯	1.6×10^{-7}(25)	4.75(20)	丙酸乙酯	8.33×10^{-2}(17)	5.65(19)
乙酸异丁酯	2.55×10^{-2}(19)	5.29(20)	溴苯	1.2×10^{-9}(25)	5.4(25)
乙酸乙酯	1.0×10^{-7}(25)	6.02(25)	溴仿	$<2\times10^{-6}$(25)	4.5(20)
乙酸丁酯	1.3×10^{-6}(25)	5.01(20)	己烷	1×10^{-16}(18)	1.890(20)
乙酸丙酯	2.2×10^{-5}	6.002(20)	苄醇	1.8×10^{-4}(25)	13.1(20)
乙酸甲酯	3.4×10^{-4}(20)	6.68(25)	苯	3.8×10^{-12}(20)	2.284(20)
二乙醚	$\leqslant3.7\times10^{-11}$(25)	4.335(20)	苄腈	2×10^{-6}(25)	25.2(25)
四氯化碳	4×10^{-16}(18)	2.238(20)	甲酰胺	$<2\times10^{-5}$	111.0(20)
1,4-二氧杂环己烷	2×10^{-13}(25)	2.209(25)	水	4.15×10^{-6}(18)	78.54(25)
环己醇	8×10^{-8}(25)	15.0(25)	无水醋酐	4.78×10^{-5}(25)	20.7(19)
环己酮	5×10^{-6}(25)	18.3(20)	甲醇	1.5×10^{-7}(25)	32.63(25)
环己烷	1.9×10^{-12}(20)	2.052(20)	*N*-甲基乙酰胺	7×10^{-6}(40)	191.3(32)
1,2-二氯乙烷	3×10^{-8}(25)	10.36(25)	硫酸	1.04(25)	100(25)

① 表氯醇又名环氧氯丙烷（epichlorohydrin）。

注：1. 本表摘自《静电安全指南》(日)。

2. 表中括号内数据为测定温度（℃）。

6.9 固体的相对介电常数和电阻率

固体的相对介电常数和电阻率见表9-110。

表9-110 固体的相对介电常数和电阻率

名称	相对介电常数	体积电阻率/Ω·m	表面电阻率/Ω
云母	4～7	1×10^{11}～1×10^{15}	—
玻璃	3.6～10	1×10^{11}～1×10^{14}	—
陶瓷	4～6	1×10^{11}～1×10^{12}	—
钛陶瓷	30～90	1×10^{10}～1×10^{12}	—
石棉	3.0～3.5	1×10^{8}～1×10^{11}	—
硫黄	2～4.2	1×10^{18}～1×10^{10}	—
硫化天然橡胶	2.5～4.6	1×10^{13}～1×10^{15}	—
氯丁橡胶	7.5	1×10^{8}～1×10^{10}	—
丁苯橡胶	2.9	1×10^{8}	—
硅橡胶	3～3.5	1×10^{12}～1×10^{13}	—
异丁橡胶	3～4	1×10^{13}～1×10^{14}	—
氯化聚乙烯	6～8	1×10^{12}	—
石蜡	1.9～2.5	1×10^{8}～1×10^{17}	—
松香	2.6～3.5	1×10^{12}～1×10^{14}	—
环氧树脂	3.4～5.0	1×10^{10}～1×10^{15}	—
苯酚树脂	4.0～8.4	1×10^{9}～1×10^{12}	—
聚酯树脂	2.8～8.1	1×10^{12}	—
聚苯乙烯	2.4～2.65	$>1\times10^{14}$	1×10^{15}～1×10^{18}
聚甲醛	3.7～3.8	$>1\times10^{12}$	$>1\times10^{14}$
聚甲基丙烯酸甲酯	3.5～4.5	$>1\times10^{14}$	$>1\times10^{15}$
尼龙	3.9～5.0	1×10^{10}～1×10^{13}	$>1\times10^{14}$
聚乙烯	2.25～2.35	$>1\times10^{13}$	—
赛璐珞	3.3～11	1×10^{8}～1×10^{10}	—
醋酸纤维素	4.0～6.0	1×10^{4}～1×10^{11}	—
硝酸纤维素	7.0～7.5	1×10^{13}	—
聚氯乙烯	2.4～2.65	$>1\times10^{14}$	—
聚四氟乙烯	2.0	$>1\times10^{16}$	—
聚丙烯	2.25	1×10^{14}	—
丝绸	1.3～2.0	1×10^{7}～1×10^{13}	—
木材	2.3	2.5×10^{13}	—
纸	1.2～2.6	1×10^{5}～1×10^{10}	—

注：本表摘自冯肇瑞、杨有启主编的《化工安全技术手册》，化学工业出版社1999年出版。

7 建设工程常用规范

7.1 工程设计常用规范

① GB 50016 建筑设计防火规范

② GB 50160 石油化工企业设计防火规范

③ GB 50028 城镇燃气设计规范

④ GB 50058 爆炸和火灾危险环境电力装置设计规范

⑤ GB 50067 汽车库、修车库、停车场设计防火规范

⑥ GB 50057 建筑物防雷设计规范

⑦ GB 50011 建筑抗震设计规范

⑧ GB 50191 构筑物抗震设计规范

⑨ GB 50019 采暖通风与空气调节设计规范

⑩ GB 50013 室外给水设计规范

⑪ GB 50014 室外排水设计规范

⑫ GB 50015 建筑给水排水设计规范

⑬ GB 50033 工业企业采光设计标准

⑭ GB 50034 工业企业照明设计标准

⑮ GB 50046 工业建筑防腐蚀设计规范

⑯ GB 50052　供配电系统设计规范
⑰ GB 50074　石油库设计规范
⑱ GB 50041　锅炉房设计规范
⑲ GB 50029　压缩空气站设计规范
⑳ GB 50073　洁净厂房设计规范
㉑ GB 50457　医药工业洁净厂房设计规范
㉒ GB 50084　自动喷水灭火系统设计规范
㉓ GB 50116　火灾自动报警系统设计规范
㉔ GB 50140　建筑灭火器配置设计规范
㉕ GB 50222　建筑内部装修设计防火规范
㉖ GB 50264　工业设备及管道绝热工程设计规范
㉗ GB 50316　工业金属管道设计规范
㉘ GB 50187　工业企业总平面设计规范
㉙ GB 12801　生产过程安全卫生要求总则
㉚ GBZ 1　工业企业设计卫生标准
㉛ GB 5044　职业性接触毒物危害程度分级
㉜ GBZ 230　职业性接触毒物危害程度分级
㉝ GB 5749　生活饮用水卫生标准
㉞ GB/T 50087　工业企业噪声控制设计规范
㉟ GB 12348　工业企业厂界噪声标准
㊱ GB 150　压力容器
㊲ GB/T 150　管壳式换热器
㊳ GB/T 12337　钢制球形储罐
㊴ GB/T 13548　光气及光气化产品生产装置安全评价通则
㊵ GB 19041　光气及光气化产品生产安全规程
㊶ HG 20570　工艺系统工程设计技术规定
㊷ HG 20546　化工装置设备布置设计规定
㊸ HG/T 20549　化工装置管道布置设计规定
㊹ HG 20518　化工粉体工程设计通用规范
㊺ HG 20535　化工固体物料装卸系统设计规定
㊻ HG 20660　压力容器中化学介质毒性危害和爆炸危险程度分类
㊼ HG/T 20664　化工企业供电设计技术规定
㊽ HG/T 20675　化工企业静电接地设计规程
㊾ HG/T 20568　化工粉体物料堆场及仓库设计规范
㊿ HG 20684　化学工业炉金属材料设计选用规定
51 HG/T 20646　化工装置管道材料设计规定
52 HG/T 20573　分散型控制系统工程设计规定
53 HG/T 20511　信号报警、安全联锁系统设计规定
54 HG/T 20665　化工建筑构件物抗震设防分类标准
55 HG 20504　化工废渣填埋场设计规定
56 HG 20571　化工企业安全卫生设计规范
57 SH 3009　石油化工可燃性气体排放系统设计规范
58 SH/T 3032　石油化工企业总体布置设计规范
59 SH/T 3007　石油化工储运系统罐区设计规范
60 SH/T 3004　石油化工采暖通风与空气调节设计规范
61 SH/T 3092　石油化工分散控制系统设计规范
62 SH/T 3104　石油化工仪表安装设计规范
63 SH/T 3108　炼油厂全厂性工艺及热力管道设计规范
64 SH 3034　石油化工给水排水管道设计规范
65 SH 3038　石油化工企业生产装置电力设计技术规范
66 SH 3028　石油化工装置电信设计规范
67 SH 3097　石油化工静电接地设计规范
68 SH 3011　石油化工工艺装置设备布置设计通则
69 SH 3012　石油化工管道布置设计通则
70 SH/T 3013　石油化工厂区竖向布置设计规范
71 SH/T 3010　石油化工设备和管道绝热工程设计规范
72 SH 3024　石油化工企业环境保护设计规范
73 SH 3008　石油化工厂区绿化设计规范
74 SH 3093　石油化工企业卫生防护距离
75 SH/T 3107　石油化工液体物料铁路装卸车设施设计规范

7.2　工程施工、验收常用规范

① GB 50126　工业设备及管道绝热工程施工及验收规范
② GB 50235　工业金属管道工程施工及验收规范
③ GB 50236　现场设备、工业管道焊接工程施工及验收规范
④ GB 50274　制冷设备、空气分离设备安装工程施工及验收规范
⑤ GB 50275　压缩机、风机、泵安装工程施工及验收规范
⑥ GB 50166　火灾自动报警系统施工及验收规范
⑦ GB 50243　通风与空调工程施工及验收规范
⑧ GB 17681　易燃易爆罐区安全监控预警系统验收技术要求
⑨ HG 20202　脱脂工程施工及验收规范
⑩ HG/T 20229　化工设备、管道防腐蚀工程施工及验收规范

⑪ SH 3501 石油化工有毒、可燃介质钢制管道工程施工及验收规范

⑫ SH/T 3510 石油化工装置设备基础工程施工及验收规范

⑬ SH/T 3521 石油化工仪表工程施工技术规程

参考文献

[1] 中华人民共和国公安部消防局. 防火手册. 上海：科学技术出版社，1992.

[2] 新编危险物品安全手册编委会编. 新编危险物品安全手册. 北京：化学工业出版社，2001.

第 2 篇

化工工艺流程设计

第10章 过程工程和化工工艺设计

1 过程工程

1.1 过程工业

过程工业（process industry）是指以自然资源为主要原材料，通过不同的物理与化学过程，连续不断地将原材料转变成产品的工业。按此定义，图 10-1 中列举的众多资源转化为产品过程相对应的加工业，包括化工、炼油、制药、生物、食品加工、冶金、能源、轻工及建材工业等泛化学工业都属于过程工业的范畴，它包括了每个国家的大部分重工业。

由此可见，过程工业是一个国家的基础工业，是一个国家发展生产和增强实力的基础。这类工业有下列特征。

① 工业生产使用的原料基本上为自然资源。

② 产品主要是生产资料，是用作下游工业生产的原料和辅助材料。

③ 大多数生产过程为连续的生产操作（但规模较小的精细化工和医药工业生产中，仍然存在着较多的非连续化过程）。

④ 在生产过程中原料发生了物理变化和化学变化。

⑤ 产量的增加主要依据生产规模的放大来实现。

⑥ 对环境易产生一定的污染，需发展绿色的生产过程来解决污染问题。

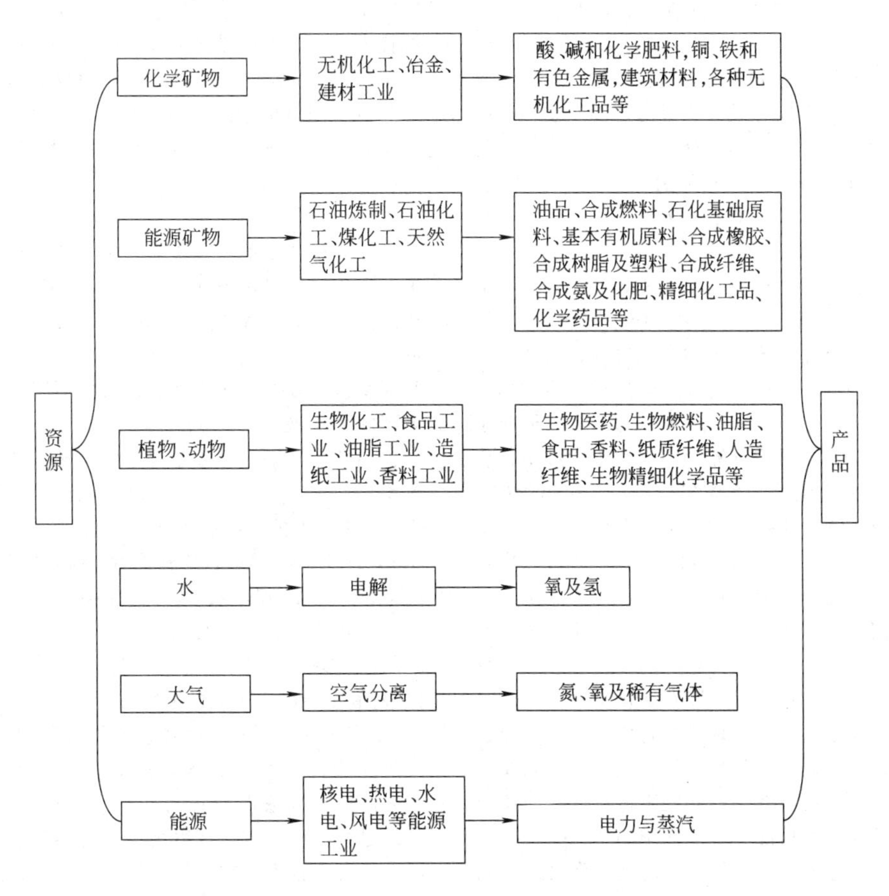

图 10-1 资源转化为产品的基本途径

1.2 过程工程

1.2.1 从化学工程到过程工程

18世纪后期，工业革命降临北欧，大大促进了硫酸、烧碱、肥皂、玻璃和染料等化学品的生产，随着这些工业的发展，化学科学的一些基本概念也同时被确立，Lavoisier在1789年出版的《化学基本论述》中明确提出了质量守恒原则。

19世纪末，美国有许多大学开设了化学工程课程，1908年6月美国化学工程师协会（AIChE）正式成立，它标志着化学工程学科的正式诞生。

1915年AIChE协会会长A. D. Little博士首先提出了“单元操作”（unit operation）的概念。

在1922年的AIChE年会上，A. D. Little在其提交的一份工作委员会报告中正式确立了“单元操作”概念，该报告称：“化学工程……不是化学、机械和土木工程的组合体，而是一门属于自己的科学，其基础就是那些单元操作。这些单元操作的合理排列及配合产生了工业规模的化学流程。”该报告后来被认为是化学工程的“独立宣言”，是化学工程学发展的第一个里程碑。

从1957年，第一届欧洲化学反应工程学术研讨会举行，化学反应工程开始形成独立的学科。

1960年R. B. Bird等人合著出版的《传递现象》是化学工程学发展的一个重要的里程碑，它对于与化学工程息息相关的动量传递、热量传递和质量传递的基本原理进行了科学描述，在分子概念和传递特性的基础上进行了理论分析，使其成为“工程科学方法”的理论基石，并为化工、航空航天、热能工程、机械动力的发展提供了理论基础。

几乎在同一时间，荷兰的van Krevelen教授在前人研究的基础上明确提出“化学反应工程学”，来研究化工过程中带有化学反应时的变化过程，这使化学工程学成为一门更全面的学科。以物理过程为主的传递过程（三传）与化学反应（一反）相结合，形成了“化学反应工程”。一般将欧洲第一次化学反应工程会议（1957年）视为化学工程学发展的第二个里程碑。

在20世纪20年代提出的“单元操作”概念奠定了化学工程学的基础，在60年代提出的动量、热量和质量传递以及化学反应工程学，丰富和发展了化学工程学，它们和化工热力学构成了完整的化学工程学的理论体系。

进入20世纪50年代后，以石油化工为代表的过程工业得到了蓬勃发展，实现了综合生产，生产装置日趋大型化、复杂化，产品品种精细化，并要求在安全、可靠和对环境污染较小的状况下运行。在能源紧张、竞争日益加剧的情况下，以传统的单元操作概念为基础的化学工程方法已不能适应时代的发展，迫切需要企业实现生产装置的最优设计、最优控制和最优管理。

系统工程学是一门研究系统的组织、协调、控制与管理的工程技术学科。产生于20世纪40年代，它是以运筹学、系统分析和现代控制理论为基础，以计算机为工具而发展起来的。

系统工程学的出现适应了化学工业急需技术创新的要求。20世纪60年代初，在化学工程、系统工程、过程控制、运筹学及计算机技术等学科的基础上，产生和发展起来一门新兴的技术学科——过程系统工程（过程工程），这是继20世纪20年代单元操作技术、60年代传递现象理论和化学反应工程学后，化学工程学的第三次重大发展。

1.2.2 过程工程

过程工程（process engineering，PE）又称过程系统工程（process system engineering，PSE），也可称为化工系统工程（chemical system engineering，CSE），是以过程工业系统中的共性科学理论与技术特点为基础，以物质的化学、生物与物理分离、转化、合成及能量转化过程优化组合为目标的通用工程技术，是将系统工程的理论与方法用于解决化工、冶金、制药等过程工业系统的设计、开发、操作、控制等问题，即用系统工程方法来解决最优设计、最优控制和企业组织管理的问题。过程系统工程是随着计算机技术进步，在化学工程学、系统学、运筹学、数值方法、过程控制论基础上形成的综合性交叉学科。1968年，Rudd等出版的《工程过程的策略(Strategy of Process Engineering)》标志着过程系统工程的形成。

1980～2000年，过程工程步入成长期，一方面，由于计算机技术的长足进步，为系统工程的研究提供了有力手段；另一方面，由于20世纪70年代石油危机的挑战，需要大幅度节能降耗；石油化工装置的大型、一体化需求迫切需要开发新的手段来分析、设计和控制这些复杂的化工系统，这些原因就促成了过程工程的大发展。

在这个时期，过程工程已经由学术理论走向工业应用，并实现了不少重大的技术突破，特别是Dave Culter提出的动态矩阵控制（dynamic matrix control，DMC）方法实现了模型预估控制（model predictive control，MPC），这些软件包已在世界各地的石油化工装置上安装应用，达到几千套，创造了可观的经济效益；以Lawrence Evans为代表的流程模拟技术软件开发取得明显效果，Aspen Plus、HYSYS和PRO/Ⅱ等已在世界设计科研和工厂企业广泛应用；以George Stephanopeulos为代表的人工智能的应用也取得良好成果；以Bodo Linnhoff为代表的过程集成研究，获得工业部门的普遍重视，他提出的“夹点技术”在节能降耗上效果显著。

2000年至今过程工程进入扩展期，这一时期的发展表现在研究范围和研究内容两方面的扩大，其研究理论和工具不断更新和发展。

① 传统的过程工程研究范围正向两极扩大，具体如下。

a. 微观方面向分子模拟、纳米级产品设计发展，如分子产品工程、配方产品工程和微化工厂系统制造技术，在上述基础上形成了化工产品工程学科分支。

b. 宏观方面由单一生产装置向整个公司、整个供应链、整个工业园区乃至全球绿色环境和气候变化等方面扩充。

② 在研究内容方面，过去的“过程”是指物理-化学制造过程，现在则已扩大到管理业务过程，也就是说由研究工程决策延伸到研究商务决策。

a. 为过程工业企业的优化运营，特别是商务决策提供理论指导及工具。

b. 使过程工业企业全球化供应链管理得到优化，从而提高企业竞争力。

③ 过程工程为现有设备的深化、工艺流程简化、节能降耗和绿色过程工业的研究提供新的理论方法及工具。

a. 优化能量回收系统的热量交换网络（heat exchanger network，HEN），HEN 集成的夹点分析方法扩展到为了节约资源减少排废的系统集成方法——质量交换网络（mass exchange network，MEN）方法。

b. 绿色过程工程正在绿色化学化工、工业生态学、生态工程、环境科学与工程及过程系统工程的交集上形成新的学科分支。

不仅如此，过程工程的研究内容还从物理-化学-生物制造过程扩展到管理业务过程，即从研究工程决策（工程技术——硬技术）延伸至商务决策（管理技术——软技术）。学术界和工程界人士普遍认识到：随着化学工程学科自身不断的发展、对其学科共性理论认识的不断深入和应用领域的不断扩展，“化学工程”不但发展成“过程工程”，而且正扩展为广义的“过程工程”，即它从处理物料-能量扩展为以处理物料-能量-资金-信息流的过程系统为研究对象，其核心的功能是过程系统的规划、设计、开发、控制和管理，成为为众多过程工业服务的共性学科。

化学工程-过程工程-化工工艺设计的关系如图 10-2 所示。

1.3　精细化学品及产品工程

本小节所指的产品工程全名应是化工产品工程，为泛指的产品工程的一个独特的分支，它具有产品工程的社会和商业属性，但是，它也兼有过程工程在生产过程中原料会发生物理变化和化学变化的制造属性。

作为产品工程，它对应的制造工业是精细化学品生产工业，是近 40 年来，飞速发展的化学品生产工业。

它包括以化学、物理的合成、转化而成的化学药品、农用化药品、染料、涂料、颜料、卫生化药品、卫生保健用品、信息用化学品、食品和饲料添加剂、黏合剂、催化剂和各种助剂、化妆品、功能性高分子材料、高分子合金和化学元器件等的生产及制造。

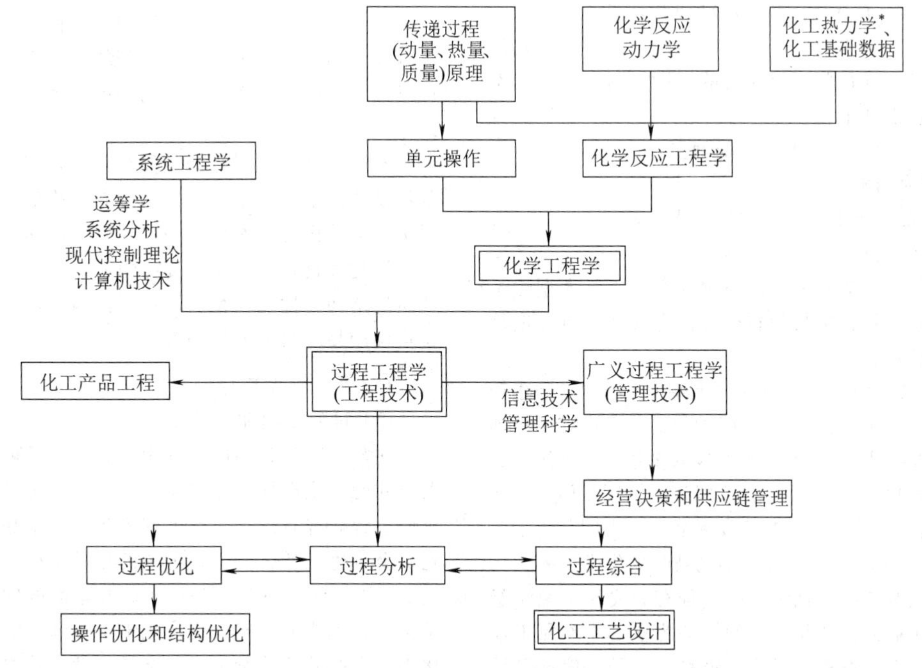

图 10-2　化学工程-过程工程-化工工艺设计的关系

* 表示研究化工过程中各种形式能量之间相互转化的规律及过程趋向平衡的极限条件，提供物质的基本物性、热物理和热化学数据

上述精细化学品和专用化学品生产的分子设计、化学合成、剂型配方及工业制造技术，是介于化学科学和化学工程之间以应用为导向的化学工程技术科学分支。

1.3.1　精细化学品生产的兴起

20世纪60年代起，由热力学与动力学、传递现象与单元操作、反应工程、设备设计与自动控制、工程设计与系统工程等学科形成了过程工程学科体系，这一时期正值石油化工大发展的黄金时期。

现在，乙烯装置生产规模已达到1500kt/年，PVC生产的反应器容积达到130m³，合成氨生产吨能耗已接近理论值。这充分反映了化学工程的巨大成就和日趋成熟，而以石化工业为代表的大宗化学品的生产技术也渐趋成熟，从世界范围讲，产量几近饱和。与此同时，传统大宗化学品的生产随着全球化竞争日趋激烈，利润率下降。

另外，随着生物技术、纳米技术、电子信息技术和环境科学的迅速发展及人们对更高生活质量的追求，市场对以药物、新材料为代表的功能化学品和材料的需求迅速增加。化学产品的种类从大宗化学品扩展到更多种类的精细化工产品，它相应的生产我们称为精细化工。

精细化工产品公认的定义是指对基本化学工业生产的初级或次级化学品进行深加工而制取的具有特定功能、特定用途、小批量生产的系列产品。它又可分为以下两类。

① 精细化学品（fine chemicals）　定义为产量小，按不同化学结构进行生产和销售的化学物质及材料。

② 专用化学品（specialist chemicals）　定义为产量小，经过加工配制，具有专门功能或最终使用功能的产品。

和传统化学工业生产大宗化学品不同，精细化工产品多为各工业部门广泛应用的辅助材料和直接消费品。它的特点如下。

① 小批量、多品种、复配型多。

② 多为间歇式生产。

③ 高技术密集度，且常呈技术垄断性。

④ 经济效益高。

为适应市场需要和追求高额利润，跨国大型化工公司纷纷将精细化学品和新材料作为发展重点，进行核心产业转移。

中国已成为大宗化工产品的重要生产大国，但生产技术主要从跨国公司引进，高附加值的化学产品则更加落后。例如我国医药中间体生产极为发达，但下游成药和剂型开发相当落后；中国是涂料生产大国，但各生产企业规模小、产品单一，缺乏发展后劲；中国是电子产品生产大国，但高端电子化学品则被跨国公司垄断。

面对这些情况，化学反应工程有必要从单纯注意过程研究拓展到以产品结构和性能为核心的产品工程领域，以跟上新材料、医药、生物、电子、信息等领域的飞速发展的步伐，使我国从化工大国迈向化工强国。

1.3.2　精细化学品生产技术的特点

化学产品的性能与功能取决于结构，不仅包括其分子结构，往往还包括形态结构。例如，人体对药物粒子的吸收就与粒子的大小有很密切的关系；涂料的遮盖力则与颜料的颗粒大小有关。实际上，产品的许多性能，如纳米半导体粒子颜色、颜料的色泽、非均相体系的流变、药物缓释、药物的输运与吸收、高分子合金的性能、纳米复合材料的力学性能、纳米催化剂的活性等，主要取决于化合物粒子或复合材料的形态结构。因此，从产品的角度讲，其工业生产技术的开发，不仅是其各反应与分离过程的开发，而且是产品性能与功能的开发，是从产品分子结构到纳微形态结构的多尺度、多层次结构的设计与优化。

在这方面，高分子材料和纳米结构材料的表现尤为突出。高分子材料呈现出明显的结构多尺度、多层次。这些结构层次紧密相连，高层次结构很大程度上受低层次结构的影响。正因为如此千变万化的结构，才使高分子材料性能与功能的潜力远胜于其他物质，发展速度远远快于金属和无机材料。

精细化学品的产量很小，但附加值高。之所以具有较高的利润率，是由于它能满足客户对某特定功能的需求，如药品能够治病，信息化学品可以满足电子信息技术发展的需求等。在很多情况下，化学产品已不再是单一组分的纯化合物，而是多种不同形态的化合物的复配物。广大客户对产品的功能要求综合起来所包含的内容是非常广泛的，可以是导电性、磁性、流动性、药物缓释等可定量测量的性能，也可以是遮盖率、手感、气味等难以定量测量的性能；可以是水溶解性、燃烧值等由化合物分子结构决定的性能，也可以是粉末的流动性、乳液的黏度等由形态结构控制的性能。

基于上述化学产品的主要特点，精细化学品的制备不仅要注重分子结构到纳微形态结构的多尺度、多层次结构的设计与优化，一些场合还应注重产品配伍的设计与优化。从基础研究的角度讲，既要探明化学产品的结构与性能关系、制备条件与结构的关系，还要重视产品多组分的协同效应。

1.3.3　产品工程

(1) 过程工程和产品工程

化学工程学是一门工程学科，其主旨可以归纳为两个问题：生产什么化学品？怎样生产化学品？传统反应工程研究解决了怎样大规模生产化学品的技术问题。至于生产什么产品，传统的化学工程学不需回答这个问题。因为在通常情况下，化学品的创新是由化学家首先完成的，然后交给化学工程师，实现其工业化生产。产品的质量指标主要是纯度。其主要理论方法是以“三传一反”为理论基础，建立描述各操作单元以及各操作单元之间进行物质、能量转化或交换的数学模型，并以此进行系统设计和优化。

在上述基础上发展形成的过程工程是以物质的化学、生物与物理分离、转化、合成及能量转移过程的优化组合为目标的通用工程技术。它主要服务于化学工业（包括泛化学工业）规模化生产的要求，在保证产品的纯度（相应分子结构）的前提下，以过程强化为主要任务，对过程工艺、装备及系统进行优化，追求过程的时空效率和物料、能量利用的最大化。为此，在追求规模大型化的同时，大宗化学品的生产工艺主要采用连续反应，对于难以连续反应的体系，如聚氯乙烯（PVC）的生产，则采用大型反应器。同时，应用系统工程对整个工厂的物料能量利用进行优化，以达到生产利润最大化。

而产品工程的概念更强调通过产品的设计来满足市场对特定功能的需求。要回答“生产什么化学产品?”这一问题。首先强调对市场需求的快速反应和产品功能的创新或性能的改进，产品的质量指标是各种各样的性能与功能。然后，进一步解决怎样生产化学品。因此化学工程师必须从产品需求调研开始积极参与整个产品的设计或革新人们所需要的产品的过程，面对市场，进行产品功能的创新或性能的改进是产品工程的核心任务。

与大宗化学品所不同，专用化学品更多面临着新技术和市场的挑战，如投入市场的时间、产品的特定功能和灵巧设计、通用设备的选择和适应、非专用的工厂。传统的单元操作（精馏、吸收、萃取）逐渐扩展到与配方产品生产相关的操作（如乳化、挤出、涂层、结晶和颗粒加工）。这些新的问题要求对化学工程理论在以产品为导向的开发框架中进行深入研究，寻求有效的方法，对产品的设计、生产和创新提供理论及技术支撑。由此应运而生的化学产品工程是以产品为导向的化学工程科学，决定生产何种产品以及如何生产该种产品，以满足性能、经济、环境和市场诸方面的要求。

(2) 产品工程的结构制造理念是化学反应工程研究的新拓展

过程工程面对的是大宗化学品的分子结构和产品纯度，而产品工程面对的是精细化学品不断发展的功能和性能，结构的制造不仅限于分子结构，还涉及纳微结构和配伍组成，其横跨微观分子、界观聚集态、宏观形貌等多个尺度。在分子尺度上，化学产品涉及的分子结构一般较为复杂，种类也更为繁多。因此，化学工程师必须更注重化学反应和催化剂方面的理论知识，必须新增分子模拟与设计、分子结构与性能关系方面的知识。纳微界观结构的制造与控制是反应工程新的研究内容。纳米结构的形成一般涉及反应、粒子的形成与稳定等物理与化学的转化过程，较传统反应体系更为复杂。其结构控制规律和反应器放大准则很可能不同于传统体系。宏观形貌则与体系中的剪切场和界面化学的相互作用有关。在纳微结构的制造与控制中，胶体与界面化学有重要的作用，因此必须将胶体与界面化学加入到以“三传一反”为特征的化学工程学科体系中。

传统反应工程以反应动力学为基础，研究反应体系中传热与传质对反应的影响，进而为反应器的设计与放大提供理论依据，其目标是收率和选择性。与传统的化学反应工程研究不同，产品工程的研究方法突出产品结构的演化，在反应动力学主线外构成反应工程研究的另一条主线；同时，反应器优化设计与操作的目的不仅是过程效能的最大化，而在很大程度上是产品结构的调控。结构内容不仅包括分子结构，还包括从纳米、微米等界观聚集态结构到粒子形貌、孔隙率等宏观形态结构。各级形态结构的形成与稳定已成为反应工程的一个极为重要的新内容。

1.3.4　产品设计和过程设计的关系

“产品工程”与“过程工程”是相互联系的，“产品”决定“过程”的组成；而“过程”决定“产品”的品质。“产品工程”与“过程工程”又各有侧重，产品工程依赖于研究者对于分子结构和功能内在关系的认识，研究中更多地综合应用计算化学、颗粒学、流变学等来进行分子设计；而过程工程则注重在实施过程的空间和时间中对分子转化特性的准确描述，从而保证目的产品的产率或纯度，因此，是计算流体力学、界面现象、传递现象、过程模拟与过程控制等构成过程设计与优化的技术基础。产品工程与过程工程是相互促进的，产品工程为新过程的产生提供了需求和动力。

表 10-1 对产品设计与传统的过程设计进行了比较。对过程设计，明确过程为连续的或间歇的（一般为连续的），就可以转向投入与产出的流程图。初始的流程图集中于化学计量学，并常常涉及化学反应的讨论。一旦这些确定下来，设计者就可以进入分离过程，最终是热量集成，所有这些构成过程设计的主要内容。而产品设计必须走出框架，采取表 10-1 右侧所列的四步策略。首先确定产品总体要求，进而提出各种方案来满足此要求。在比较不同方案后，最终确定一个生产流程。生产流程的确定则包括了过程设计的所有框架内容。

表 10-1　过程设计与产品设计策略和程序

过　程　设　计	产　品　设　计
判断是连续过程还是间歇过程	识别客户需求
初步流程：输入和输出	产生满足要求的多种替代方案
确定反应器及循环流	选择各种方案中的最优方案
分离过程及热集成设计	制造过程设计

因此，产品设计包括一些先于过程设计的重要步骤，这些工作主要围绕产品方案的选择而展开。

虽然产品工程的有关内容对于化学工业行业间高端化、精细化发展及行业转型具有重要意义，但是本书主要服务对象仍是从事化工过程设计的设计、研究人员，因此将不在本书其他章节进一步展开涉及产品工程的有关内容。

2 过程工程的分析和综合

2.1 过程系统

过程系统工程（process system engineering，PSE）又称过程工程，是将系统工程的理论与方法用于解决化工、冶金、制药等过程工业系统的设计、开发、操作、控制等问题，即用系统工程方法来解决企业组织管理、最优设计和最优控制的问题。过程系统工程是随着计算机技术进步，在化学工程学、系统学、运筹学、数值方法、过程控制论基础上形成的综合性交叉学科。1968年，Rudd等出版的《过程工程的策略（Strategy of Process Engineering）》标志着过程系统工程的形成。

过程工业是指化工、冶金等工业过程。过程工业生产中的各构成单元联系密切、相互影响。按一定目的将单元操作和化学反应器所构成的整个生产过程称为"过程工业系统"，简称"过程系统"。过程工业系统常常包括多套生产装置，输入一种或几种原料，产出多种产品，通过物料和能量传输连接成一个整体。

(1) 过程系统的特点

从系统工程的观点来看，过程系统具有以下特点。

① 系统规模庞大、子系统多、子系统之间关系复杂，且多数是非线性的。

② 各子系统按一定的目标构成一个有机整体，各司其职，协同完成规定的任务。同时，系统根据外部环境条件的变化不断调整其内部特性，构成一个反馈系统。由于如国家的政治与经济政策、资源状况、供求关系、竞争等不确定因素，因此系统输入的时间、空间或数值上都呈随机性，如图10-3所示。

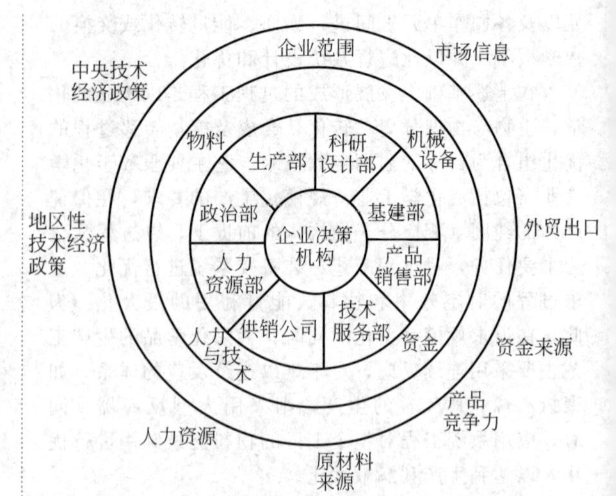

图10-3 过程系统内部子系统与外部系统之间的关系

③ 过程系统的最优化模型并非一成不变，而是随技术的发展、环境条件的变化而不断调整。

④ 过程系统的最优设计、最优控制以及最优管理需综合运用多学科、多专业的知识，需要有多种专业人员协同工作。

(2) 过程系统的基本内容

从过程系统的整体目标出发，根据系统内部各个组成部分的特性及其相互关系，确定过程系统在规划、设计、控制和管理等方面的最优策略。其基本内容包括过程系统的分析与模拟、过程工程综合、过程系统的控制与优化、企业的组织管理和经营技术等方面。其中，过程工程综合是过程系统工程的核心。

2.2 过程系统模拟和分析

(1) 过程系统模拟和分析的基本内容

① 过程系统分析概念　过程系统分析，是在系统已经给定的情况下根据系统的结构及各子系统的特性，利用过程模拟来推测整个系统的特性，分析各单元过程的设备结构参数和操作参数对系统整体的影响，考察系统在不同条件下的技术经济性能，如图10-4所示，其中子系统特性通常是指单元设备的特性，可应用有关化学工程知识获得描述单元设备特性的数学模型。

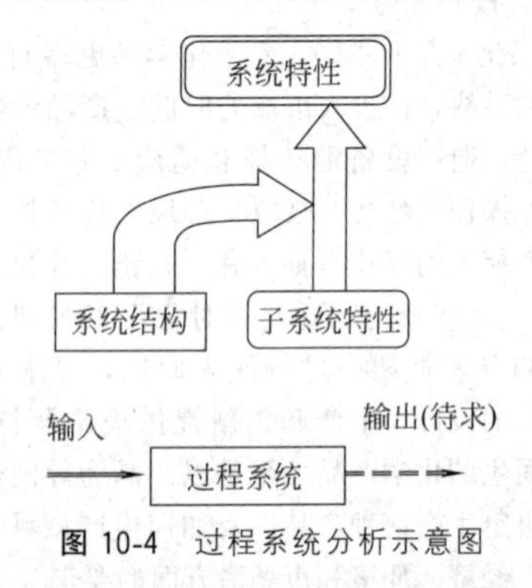

图10-4 过程系统分析示意图

过程系统分析的任务是对给定的过程系统建立数学模型，分析各单元过程的设备结构参数和操作参数对系统整体性能的影响。通过系统分析研究单元过程参数对过程系统的影响，从定性分析和半定量估计提升到定量数学描述。

系统分析的目标是使系统整体经济效益达到最优化并确定最优的设备结构参数和操作参数。过程系统分析的主要用途有进行单元操作过程的最优设计、系统挖潜改造和实现过程操作最优化。

② 过程系统分析步骤　此部分以化工过程大系统分析为例，说明过程分析的基本步骤。化工过程系统分析与建模内容包括物料衡算和能量衡算，单元操作设备尺寸和费用计算，以及过程技术经济评价。单元过程数学模型可分为稳态模型和动态模型。按建模方法可分为机理模型、经验模型与混合模型。

a. 机理模型　按照化学工程基本原理（质量守恒定律、能量守恒定律、传质速率方程、状态方程、相平衡、化学平衡、化学反应动力学等），对实际过程直接的数学描述，是过程本质的反映，其结果可以外推，但模型比较复杂。

b. 经验模型　又称黑箱模型，是根据实验数据或生产装置的实测数据，运用统计学理论得出的过程系统“输入-输出关系”数学表达式，与过程机理无关。

c. 混合模型　是半经验、半理论模型，是对实际过程进行抽象概括和合理简化，然后对简化的物理模型加以数学描述。

如图 10-5 所示为过程系统分析的一般步骤。首先，将系统分解成一系列子系统，直到能明确写出描写各子系统特性的数学模型为止。对于化工过程来说，通常分解到单元操作过程就已足够。如果某个单元操作过程特性不明，只有物性数据时，则需要进一步分解。但必须考虑各子系统间的相互关系明确、简单，子系统数目尽可能少，以便于计算。其次，对子系统建立数学模型并进行数学模拟，研究子系统的特性。最后，将各子系统的特性按照系统结构的特点，即各子系统之间的相互关系进行数学处理，以表达出系统的特性，对整个系统进行数学模拟。

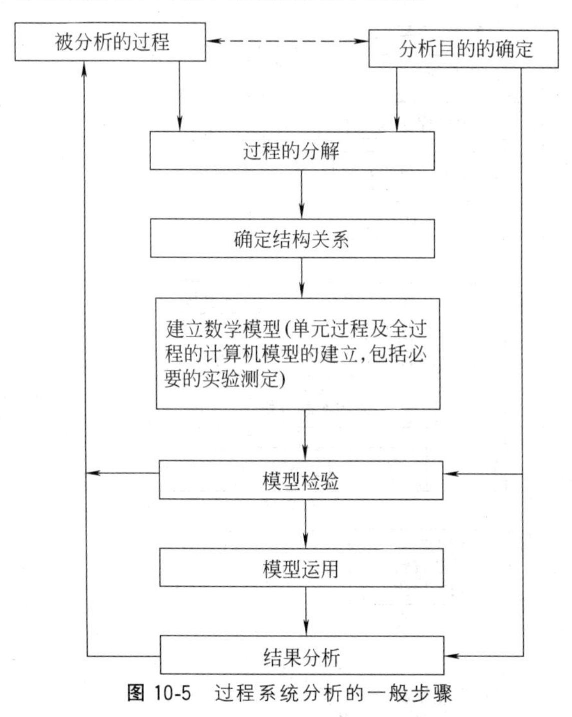

图 10-5　过程系统分析的一般步骤

(2) 过程系统模拟

稳态模拟是过程工业流程模拟中开发最早和应用最普遍的一种技术，它包括物料和能量衡算，设备尺寸和费用计算，以及过程的技术经济评价。从数学角度来看，其实质是求解一个非线性方程组，该方程组由单元模块方程、流程联结方程和规定方程（如原料组成、流量、产品纯度等）构成。

对于复杂化工过程系统研究，通常是通过对系统的数学模拟来进行的。经过近 30 年的发展，过程模拟已成为一种普遍采用的常规手段，广泛用于新过程的研究、开发和设计，以及对已有过程的运行进行考察和优化。图 10-6 显示了过程工业模拟在过程开发各阶段的应用举例。

过程系统模拟基本方法有三种，即序贯模块法、面向方程法和联立模块法。

① 序贯模块法（sequential modular method）　序贯模块法的基本思想是，从系统入口物流开始，经过接受该物流变量的单元模块的计算得到输出物流变量，这个输出物流变量就是下一个相邻单元的输入物流变量。依此逐个地计算过程系统中的各个单元，最终计算出系统的输出物流。计算得到过程系统中所有的物流变量值，即状态变量值。以序贯模块法实施过程系统的模拟计算，通常是把系统输入物流变量及单元模块参数（如与环境交换但与物流无关的能量流、反应程度、分割比、几何尺寸等）作为决策变量。

序贯模块法的基础是单元模块（子程序），单元模块是描述物性、单元操作和系统其他功能的模块。各种特定的过程系统，可由各种单元模块进行描述。通常单元模块与过程单元是一一对应的。过程单元的输入物流即为单元模块的输入，而过程单元的输出物流即为单元模块的输出。单元模块是依据相应过程单元的数学模型和求解算法编制的子程序。单元模块具有单向性特点。序贯模块法就是按照由各种单元模块组成的过程系统的结构，按顺序地对各单元模块进行计算，从而完成系统的模拟计算。序贯模块法的求解与过程系统的结构有关。当涉及的系统为无反馈联结（无再循环流）的树形结构时，系统的模拟计算顺序与过程单元的排列顺序是完全一致的。具有反馈联结的系统，在用序贯模块法处理具有再循环物流系统（不可分割子系统）的模拟计算时，需要用到断裂和收敛技术。

② 面向方程法（equation oriented method）　面向方程法又称联立方程法，是将描述整个过程系统的数学方程式联立求解，从而得到模拟计算结果。面向方程法的决策变量的确定要随意一些，可以把设计规定的变量直接指定为决策变量，可以根据问题要求灵活确定输入和输出变量，而不受实际物流和流程结构的影响。所有的方程同时计算和同步收敛，因此此法具有求解过程系统模型快速有效、对设计问题和优化问题灵活方便且效率较高等特点。缺点是缺乏实际流程的直观联系，不能利用现有大量丰富的单元模块，形成通用软件比较困难，对初值的要求比较高，计算失败后难以诊断错误所在，计算技术难度较大等。但由于具有显著优势，此法仍受到人们的青睐。

③ 联立模块法（simultaneously modular method）

联立模块法又称双层法，是将过程系统的近似模型方程与单元模块交替求解。联立模块法的基本思想是用近似的线性模型代替各单元过程的严格模型，使系统模型成为一个线性方程组，可以采用较简单的方法求解。单元设备的近似模型是用一组线性代数方程来表示单元设备的输出变量与输入变量之间的函数关系。此法在每次迭代过程中都要求解过程的简化方程，以产生的新的值作为严格模型单元模块的输入，通过严格模型的计算产生简化模型的可调参数。联立模块法具有序贯模块法与面向方程法的优点，既能使用序贯模块法积累的大量模块，又能将最费计算时间的流程收敛和设计约束收敛等迭代循环合并处理，通过联立求解达到同时收敛。缺点是需要花费时间，将严格模型做成简化模型，而且，用简化模型寻优时，其求解是否与严格模型优化解一致尚有争议。

过程系统稳态模拟方法比较见表10-2。

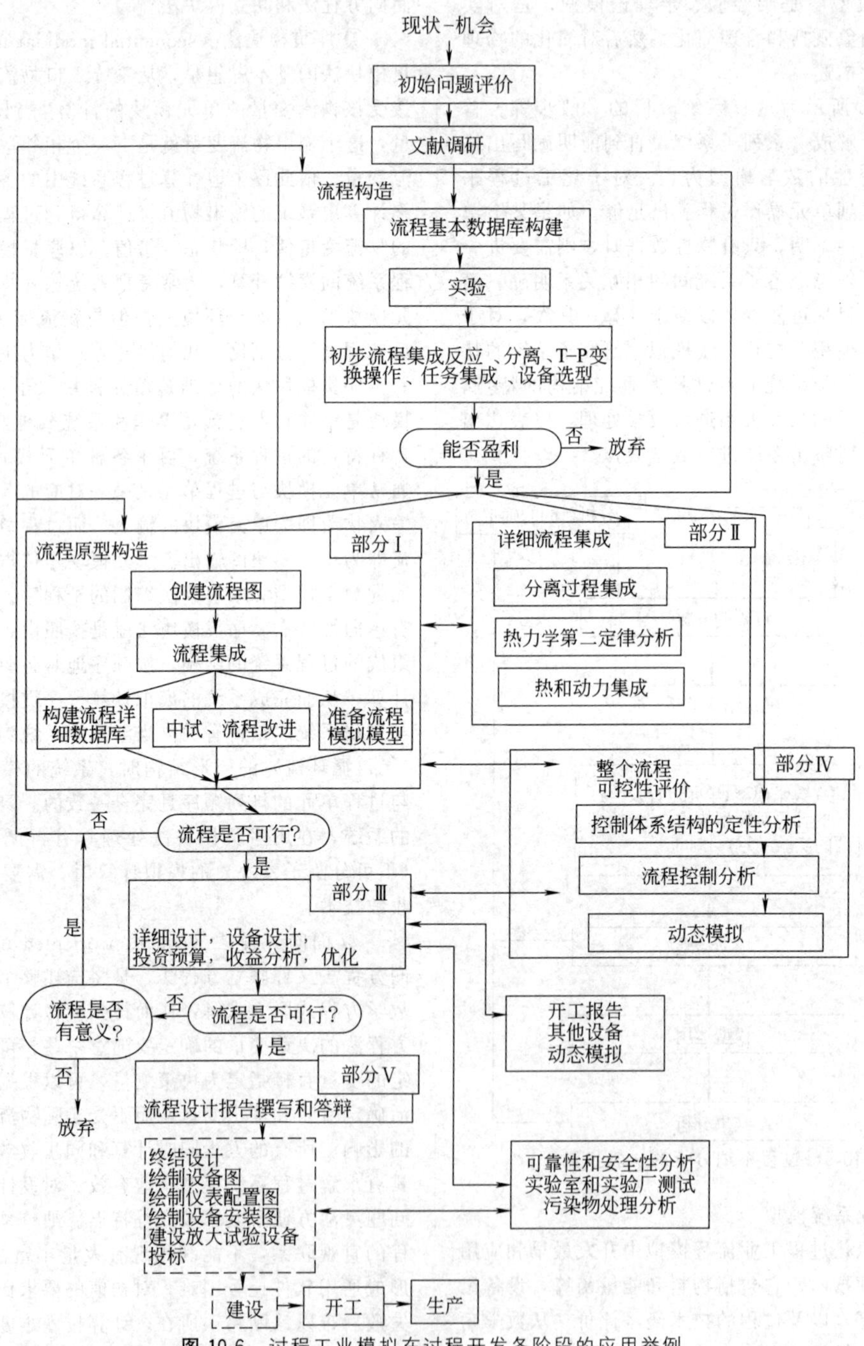

图10-6 过程工业模拟在过程开发各阶段的应用举例

表 10-2　过程系统稳态模拟方法比较

方法	优　点	缺　点	代表性软件
序贯模块法	与工程师直观经验一致，便于学习使用 易于通用化，已积累丰富的单元模块 需要计算机内存较小 有错误易于诊断检查	再循环引起的收敛迭代很费机时 进行设计型计算时，很费机时 不宜用于最优化计算	PRO/Ⅱ(美国) Concept(英国) Capes(日本) Aspen Plus(美国) Flowtran(美国)
面向方程法	解算快 模拟型计算与设计型计算一样 适合最优化计算，效率高 便于与动态模拟联合实现	要求给定较好的初值，否则可能得不到解；计算失败后诊断错误存在困难；形成通用化程序有困难，使用不便；难以继承已有的单元操作模块	Ascend-Ⅱ(美国) Speedup(英国)
联立模块法	可以利用前人开发的单元操作模块 可以避免序贯模块法中的循环流迭代 比较容易实现通用	将严格模型做成简化模型时，需要花费机时 用简化模型来寻求优化时，其解与严格模型优化解是否一致，有争论	Tisflo(德国) Flowpack-Ⅱ(英国)

2.3　过程系统综合和集成

过程工程综合，又称过程综合（process synthesis，PS）或过程集成（process integration，PI），是指按照规定的系统特性，寻求所需的系统结构及其各子系统的结构与性能，使系统按规定的目标进行最优组合，这是过程系统的核心内容。系统综合的主要任务：选择最合适的单元设备，确定设备之间的最优连接方式和最优操作条件，用给定的原料来生产所要求的产品，使生产成本最低并能保证安全可靠，对环境的污染最小。过程工程综合原则流程如图 10-7 所示。

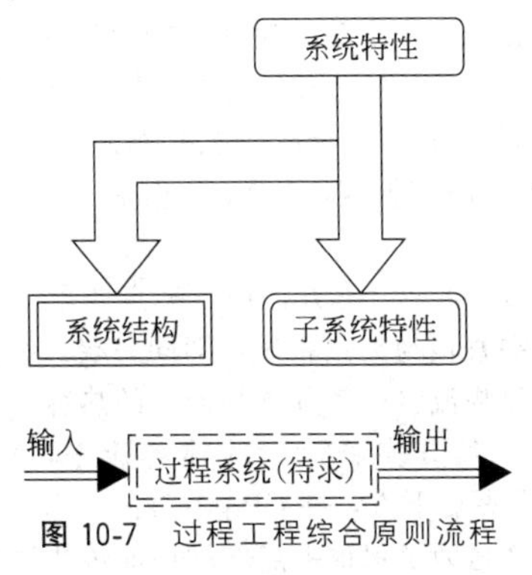

图 10-7　过程工程综合原则流程

一个优秀的过程工程综合包括两种决策：一是由相互作用的单元之间的拓扑和特性而规定的各种结构替换方案的选择，是一个整数规划问题；二是对组成该系统的各操作单元的替换方案的设计，是一个非线性规划问题。因此，过程工程综合是一个高维混合整数规划问题，而且是一个多目标优化问题，如系统的经济性、操作性、可控性、安全性和可靠性等指标。在设计新建工厂时，系统综合可用于从众多的可行方案中选择最优流程。用于过程系统分析的应用软件和过程工业模拟系统，也是过程工程综合的重要辅助手段。系统综合需要以系统分析为基础，同时在综合过程中又对系统分析提出新的要求。过程系统设计是综合与分析交替的过程。

过程系统综合是一个极为复杂的多目标最优组合问题，长期以来主要依靠工程师的经验。自 Rudd 提出了有关系统综合的系统工程理论和方法以来，有关化工系统工程的研究工作发展很快，主要内容包括反应路径综合、换热网络综合、分离序列综合、反应器网络综合、全流程综合、公用工程系统综合、过程系统能量综合以及过程控制系统综合等。

(1) 过程系统综合基本方法

过程系统综合需要解决的问题有三个：一要能够充分描述各种可能的替代方案；二要能够有效地评价各个替代方案；三要开发出能够高效地搜索出最好或较好方案的策略。第三个问题是过程工程综合方法的关键。

过程系统的综合有两种基本情况：一是以初始的系统结构为出发点，不断改进；二是没有初始的系统结构，要确定系统的结构和工艺参数。通常，基本的综合方法有分解法（decomposition method）、直观推断法（heuristic method）、调优法（evolutionary method）和结构参数法（structural method）四种。

① 分解法　分解法就是把整个大系统分解成容易处理的子系统，而对每一子系统，利用已有技术与知识进行最优化设计，然后组合起来使整个系统最优。该方法需要解决如何确定系统中子系统分割部位和整体协调的问题。

② 直观推断法　有经验的过程设计师可凭经验把一些显然不合理的组合方案排除出去，以克服设计

问题维数过高的困难（即缩小搜索区间）。在人们广泛的工程实践经验和对过程深刻理解的基础上，总结出的经验规则称作“直观推断法”。用该方法可比较简单地综合出一个或几个合理的过程方案，但不能保证方案的最优性。

③ 调优法　这种方法首先采用其他方法，如直观推断法，构造一个初始的过程系统，然后应用一些调优策略逐步改进初始方案。调优法的基本思想是寻找一些子任务，这些子任务在修正后可以改善系统的性能。调优法的工作过程如图10-8所示。该方法尤其适用于对现有过程系统的改进，一般情况下都可获得明显效果。

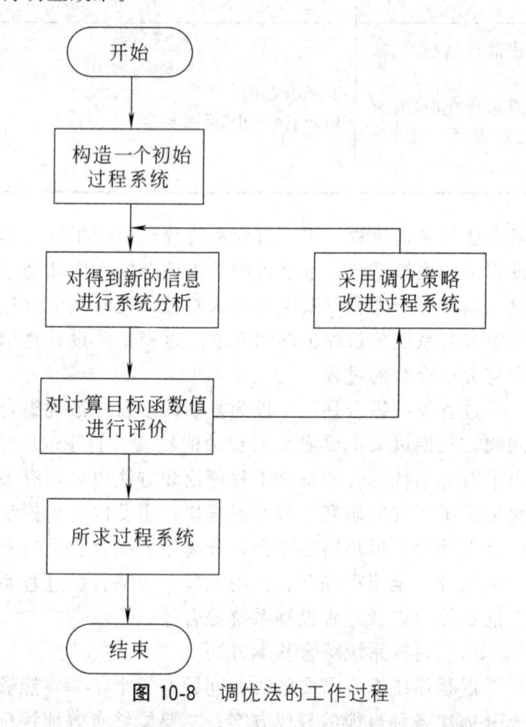

图10-8　调优法的工作过程

④ 结构参数法　基本思想是把所有可能选用的系统嵌入组成一个大的完整流程（称超级结构），然后采用非线性规划法对该系统进行整体优化计算，包括设备选择、配置及操作条件等。这种方法常与直观性推断法相结合以提高计算效率。

上述过程工程综合的基本方法都在不断地发展和改进，往往几种方法结合起来会更有效地用于过程综合的不同阶段。

(2) 几种经典的过程系统综合问题

本小节简要介绍换热网络综合和分离序列综合的基本概念。

① 换热网络综合　换热网络综合是一个多目标优化问题，难以找到最优解，只能找到接近最优的解答，再根据具体应用场合及约束条件进行改进，确定最适宜的方案。理想的综合方法，是应当花费尽可能少的人工和计算费用来得到优选的解答。换热网络的设计，一般包括如下步骤。

第一，选择过程物流以及所需要采用的公用工程加热、冷却物流的等级（温位）。

第二，确定适宜的物流间匹配换热的最小允许传热温差（或每一物流的最小传热温差贡献值），以及公用工程加热与冷却负荷。

第三，综合出一组候选的换热网络。

第四，对上述网络进行调优，得出适宜的方案。

第五，对换热设备进行详细设计，得出工程网络。

第六，对工程网络做模拟计算，进行技术经济评价和系统操作分析，如对结果不满意，则返回第二步，重复上述步骤，直至满意为止。

不同的综合方法，则在第二、第三步不同。近20年来，许多研究者对换热器网络最优综合问题进行了深入的研究，提出了不少综合方法，并且用于工程实际，收到显著的效果。其中Linnhoff提出的夹点设计法（pinch design method）应用最为广泛。这里，简要介绍夹点设计法。

夹点是传热温差最紧张的地方（即传热过程瓶颈），当通过夹点的热流量为零时，公用工程加热及冷却负荷达到最小值，此时达到了最大程度的热量回收。为得到最小公用工程加热及冷却负荷的设计结果，应遵循夹点设计的准则：首先，要避免热量通过夹点；其次，夹点上方（热端）应避免引入公用工程冷却物流，夹点下方（冷端）避免引入公用工程加热物流。如果违背上述原则，则会增大公用工程消耗和相应的设备投资费用。这些设计基本原则不只局限于换热网络系统，也同样适用于热-动力系统、换热-分离系统以及全流程系统的最优综合问题。Linnhoff按上述原则提出了夹点设计法的可行性规则。

规则1：在夹点上方，热工艺物流（包括其分支物流）数目 N_H 不大于冷工艺物流（包括其分支物流）数目 N_C，即 $N_H \leqslant N_C$；而在夹点下方，则 $N_H \geqslant N_C$。

规则2：在夹点上方，每一夹点匹配（冷热物流同时有一端直接与夹点相通，即同一端具有夹点处的温度）中热物流（或其分支物流）的热容流率不大于冷物流（或其分支物流）的热容流率，即 $CP_H \leqslant CP_C$；而在夹点下方，则 $CP_H \leqslant CP_C$。

规则2是为了保证夹点匹配中的传热温差不小于允许的最小温差。离开夹点后，由于物流间的传热温差都增大，所以不一定遵循该规则。

上述两个可行性规则，对于夹点匹配来说是必须遵循的。但在满足这两个规则约束前提下还存在多种匹配的选择。下面的经验规则是基于热力学和传热学原理，以及减少设备投资出发得出的。

经验规则1：选择每个换热器的热负荷等于该匹配的冷热物流热负荷较小者，使其一次匹配换热可以使一个物流（热负荷较小者）由初温达到终温。这样匹配使系统所需的换热设备数目最少，减少了设备投资费用。

经验规则 2：在满足经验规则 1 的前提下，应尽可能选择热容流率相近的冷热物流进行匹配换热，这样使所选择的换热器在结构上相对合理，并且在相同热负荷及相同有效能损失的前提下传热温差 ΔT_{min} 最大（相对于冷热物流热容流率相差较大情况下的匹配），可减少设备费。

夹点将换热网络分隔成两个子问题——热端和冷端，可分别进行处理。对于与夹点相邻的子网络，要按照夹点匹配的可行性规则来选择物流间的匹配换热，以及决定物流是否需要分支。离开夹点后，确定物流间匹配换热的选择有较多的自由度，并且需要考虑系统的操作弹性以及具体的工艺要求等。夹点可通过问题表格法和温焓图来确定。

夹点设计法大致可分为三个步骤。

a. 给定网络热回收温差；确定网络的最小公共工程耗量及夹点位置。

b. 夹点把系统划分为两个子网络并分别设计，然后合并，得到能耗最小的整体网络。

c. 用能量松弛法，通过断开热负荷回路等来减少换热单元数目，进行网络调优。

② 分离序列综合　过程工业生产过程中通常包含多组分混合物的分离操作，用于原料的预处理、产品分离、产品提纯以及废料处理等。对于过程工业，分离过程在总的投资费用和操作费用上占很大比重。单从能耗上看，分离过程（如蒸馏、干燥、蒸发等操作）在化学工业中约占 30%，所以改进分离过程的设计与操作是非常重要的。在实际过程工业中，分离过程综合所取得的效益仅次于换热器网络的综合。

分离序列综合问题的定义：给定进料物流的条件（温度、压力、组成和流量），系统化地设计出能从进料中分离出所要求产品的过程，并使总费用 φ 最小。以数学形式可表示为：

$$\min_{I,X}\varphi=\sum_{i}C_i(x_i)$$

式中　i——可行的分离单元，$i\in I$，I 为 S 的一个子集；

C_i——分离器 i 总的年费用；

S——能产生所要求产品的所有可行的分离器结构的集合；

x_i——分离器的设计变量；

X——x_i 的可行域。

上述问题是一个混合整数非线性数学规划问题，即做出从 S 中产生子集 I 的离散决策，以及对连续变量 x_i 的决策。包括两方面的内容：一是找出最优的分离序列和每一个分离器的性能；二是对每一个分离器找出其最优的设计变量值，如结构尺寸、操作条件等。因此分离序列的综合是一个两层次的问题，在塔系最优化的同时，每个塔的设计也要最优化。

为简化问题，所讨论的分离过程一般只局限在采用简单塔（simple column）进行蒸馏操作的情况。所谓简单塔是指一个进料分离为两个产品；每一组分只出现在一个产品中，即锐分离（sharp separation）；塔底采用再沸器，塔顶采用全凝器。如需要分离含有 3 个组分的混合物，则可采用 2 种方案，如图 10-9 所示，这 2 种方案的费用会有差别。如图 10-9（a）所示为直接序列，轻组分在塔顶逐个引出。如图 10-9（b）所示为非直接序列，当所需分离的混合物包含较多组分时，则可能的分离序列数会非常多。

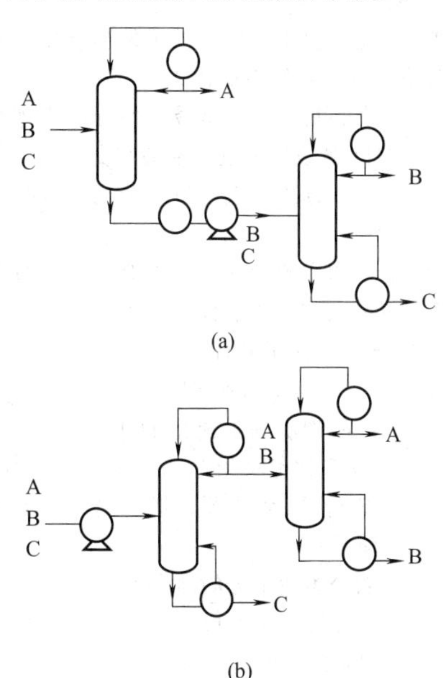

图 10-9　用简单塔分离 3 个组分混合物的 2 种方案

分离序列综合的方法大体上可分为三大类，即数学规划法、探试法和调优法。其中，数学规划法和探试法适用于无初始方案下的分离序列综合。探试法得到的分离序列有时是局部最优解或近优解。因此，其中大多数方法必须与调优法结合，派生一些方法，如探试调优法。调优法只适用于有初始方案下的综合问题。初始方案的产生依赖于探试法或现有生产流程。因此，调优法更适于对老厂技术改造和挖潜革新。在每个分离塔序列的综合中，最基本也是最原始的优化方法是穷举法。穷举法就是计算每个可能的分离序列方案，这种方法耗时费力，效率最低，当组分数较大时，可行方案极多，计算工作量太大，致使无法实施。为了减少计算工作量，数学规划法是较好的一种方法。

由于分离序列综合问题是一个两层次决策问题，并且它的搜索空间又十分庞大，找出最优分离序列是十分困难的。因此如果一上来就用严格、系统的方法产生一个或几个供最后选得的分离序列，这样做往往是很难成功的。比较好的方法是使用几个简单的，但带有普遍性的经验规则产生一些接近最优的序列，然后再对它们进行仔细的评价以确定最终的分离序列。这些经验规则可以分为四大类：关于分离方法的规则、关于设计方面的规则、与组分性质有关的规则、与组成和经济性有关的规则。

规则1：在所有分离方法中，优先采用使用能量分离剂的方法（例如常规精馏方法），其次考虑采用质量分离剂的方法（例如萃取精馏、液-液萃取的方法）；一般来说，当常规精馏的轻、重关键组分相对挥发度值小于1.05～1.10时，应考虑采用特殊的分离方法。

规则2：避免温度和压力过于偏离环境条件，尽可能避免采用真空及制冷操作。

规则3：产品集合中元素最少的分离序列最为有利，首先应移除腐蚀性和危险性的组分。

规则4：难以分离的组分最后分离，首先移除含量最多的组分。

规则5：等物质的量分割最为有利，可按分离系数（CES）值最大的分离点优先分离。

其中CES值可按下式计算：

$$\mathrm{CES}=f\Delta$$

式中 f——产品物质的量流量的比值，取 W/D 和 D/W 比值小于等于1的数值，其中 D、W 分别为塔顶、塔釜产品物质的量流量；

Δ——欲分离两组分的沸点差。

$$\Delta=(\alpha-1)\times 100$$

式中 α——相对挥发度。

这些经验规则在实际应用中常常互相冲突。根据某一理由该用某一形式的分离器和分离序列，而根据另一理由又该用另一形式的分离器和分离序列。所以上述经验规则的真正价值在于减少需要评比的不同分离序列的数目，删去大量与上述经验规则矛盾的分离序列。

(3) 过程工业综合设计

能耗密集型的过程工业，能源与原料的总成本已占生产成本的90%左右。在过程设计中，有必要把分离过程与反应过程以及其他换热过程一同考虑，综合利用能量，这就提出了过程系统热集成的问题。这里简要介绍过程系统设计的总体策略。

反应器是过程工业的“心脏”，过程设计首先从反应器开始；反应器的设计提出了分离问题，即分离系统的设计紧跟反应器设计之后，两者规定了过程的加热和冷却负荷，所以第三个要考虑的是热回收网络的设计；过程中回收的热负荷若满足不了要求，就需要外部的公用工程，即第四个要考虑的是公用工程系统的选择和设计。上述设计顺序或层次可用“洋葱模型图”（onion model）来形象地表示，如图10-10所示。根据大量实践，设计出最优的过程系统流程的步骤可概括如下。

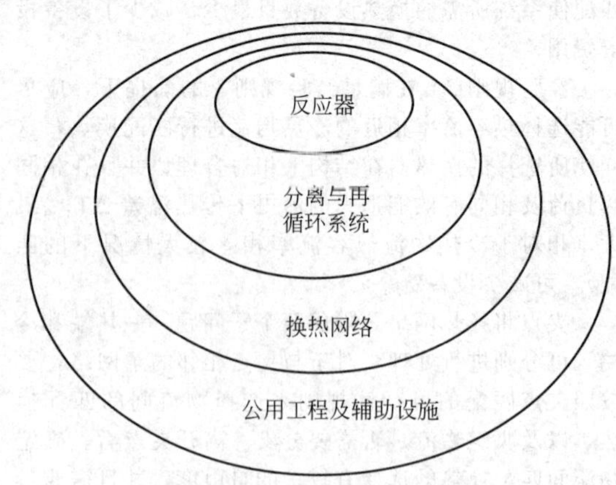

图10-10 过程设计洋葱模型

第一步，确定反应和分离系统的流程结构。

第二步，分离系统的综合，包括选出2～3个可行的简单塔序列，也可适当地采用复杂塔和/或热耦合塔，对于蒸发和干燥过程做初步设计，使得投资费便宜。一旦总的系统热集成确定后，再进一步优化分离操作。

第三步，改变起主导作用的优化变量，如反应器的转化率，再循环流股中惰性物质的含量等。具体要确定：反应与分离系统中的设备投资费、原料费；作出过程系统的总组合曲线，选择公用工程物流；对换热网络和公用工程系统进行综合。

第四步，标绘过程系统总费用（设备投资费和操作费）与关键决策变量（即起主导作用的优化变量）的关系图线。

第五步，采用夹点技术对系统调优，确定优化条件。

第六步，重复步骤一至步骤五，比较不同方案的总费用，选出满意者。

应予指出，过程综合得到的装置设计方案往往不是最终的过程综合结果，它常常需要进行下一轮的过程分析和过程综合直至达到预期目标。

2.4 过程系统优化

过程工业是一个受许多因素影响的复杂系统，在过程系统的设计、操作、控制、管理中存在着众多需要优化的问题。最优化过程就是从多个备选方案中优选出最佳方案，实现过程系统的最优设计、最优操作、最优控制或最优管理，达到降低生产成本、增加利润的目标，并能兼顾环境保护、过程安全性与可靠性等因素。

进行系统优化，首先需要建立过程的数学模型及优化目标，根据优化目标确定优化函数，以及目标函数应满足的约束条件，利用数学方法求出满足约束条件的目标函数的最优解。过程系统的优化分为参数优化和结构优化。

参数优化是指已确定的系统流程中对其中的工作温度、工作压力等操作参数进行优化，以达到满足费用或能耗等指标最优。结构优化则是改变系统中的设备类型或其相互联结关系，以优化过程系统。目前，参数优化的理论研究及实际应用比结构优化更为成熟。

优化问题的求解方法称为优化方法。根据优化问题有无约束条件，可分为无约束优化问题和有约束优化问题。对无约束优化问题的最优解就是目标函数的极值。而对有约束优化问题可分为线性规划问题和非线性规划问题两类。当目标函数及约束条件均为线性时，称为线性规划问题（LP）；当目标函数或约束条件中至少有一个为非线性时，称为非线性规划问题（NLP）。求解线性规划问题的优化方法已相当成熟，通常采用单纯形法。而求解非线性规划问题的优化方法可归纳为两大类。

(1) 解析法

又称间接优化方法，是按照目标函数极值点的必要条件，用数学分析的方法求解。再按照充分条件或者问题的物理意义，间接地确定最优解是极大还是极小。如古典的微分法、变分法、拉格朗日乘子法等属于这一类。

(2) 数值法

又称直接优化方法或优选法，是过程系统优化问题的主要求解方法。由于不少优化问题比较复杂，模型方程无法用解析法求解或目标函数不能表示成决策变量的显函数形式，得不到导函数，此时须采用数值法。这种方法是利用函数在某一局部区域的性质或在一些已知点的数值，确定下一步计算的点。这样逐步搜索逼近，最后达到最优点。

优化问题求解的一般步骤如下。

① 过程的系统分析，列出全部变量。

② 确定优化指标，建立指标与过程变量之间的关系，即目标函数关系式（经济模型）。

③ 建立过程的数学模型和外部约束条件，确定自由度和决策变量。一个过程的模型可以有多种，应根据需要，选择简繁程度合适的模型。

④ 如果优化问题过于复杂，则将系统分成若干子系统分别优化；或者对目标函数和模型进行简化。

⑤ 选用合适的优化方法进行求解。

⑥ 检验得到的解，考察解对参数和简化假定的灵敏度。

过程系统优化主要有过程模拟、人工智能、专家系统和数学规划三类方法，三类方法也可交叉应用。目前使用最多的方法是过程模拟，即通过计算机对满足生产要求的各个工艺过程进行比较，寻求最优的生产条件。

3　过程工程和化工工艺设计

3.1　过程工程研究对象的多尺度和多阶段特性

化工和石油化工是国民经济的支柱产业，是重要的过程工业，它是通过不同的物理与化学过程，连续不断地将原材料转变成产品的生产过程，是一个国家的基础工业。而过程工程则以过程工业为对象，以物质的化学、生物和物理分离、转化、合成及能量转化过程的优化组合为目标的综合性通用工程技术。

过程工业生产中的各构成单元联系密切、相互影响，一个生产装置以一定目的和顺序将单元操作及化学反应器按一定的顺序组合构成的过程系统，也称化工系统，这是过程的基本单元，复杂的大型过程系统常常包括多套生产装置、公用工程和辅助设施，需输入多种原料，产出多种产品，通过物料和能量传输连接成一个整体，大型的炼油化工一体化企业就是典型的例子。因此，从单一生产装置到整个公司、整体供应链、整个工业园区等，都可以是过程工程的研究对象，这就是化工设计中过程工程研究对象的多尺度特性。

在第 2 章的图 2-1 典型石油化工建设项目各主要阶段的关系中表示了石油化工建设项目的过程工程研究对象在各阶段的主要内容和相互关系，以供参考。

一个化工企业的建成和商业运行，包括项目前期、工程设计、工程实施和商业运行四个阶段，工程公司的主要业务内容如下。

① 化工设计包括项目前期、基础工程设计和详细工程设计。

② 工程项目总承包（engineering procurement construction，EPC）包括设计、采购、施工和交钥匙。

③ 工程项目管理承包（project management contractor，PMC）。

上述业务的内容可以根据合同进行增减。

过程工业的主体是相应的企业（或企业集团），实现这个过程工业的关键和核心单位之一是相应的工程公司。

化工设计是工程公司所从事业务的基本和核心部分，从第 2 章的图 2-1 中可以看出，它包括项目前期阶段的（预）可行性研究、技术开发、工艺包编制及工程设计阶段的基础工程设计和详细工程设计。

该图中化工设计阶段的每一方框或相邻方框的组合都可以构成过程工程的研究对象，它们都符合“通过不同的物理和（或）化学过程，连续不断地将原材料转变为产品的生产过程”的过程工业的定义。值得注意的是，项目工程研究阶段（可行性研究通过评审和工艺包编制完成）结束，就意味着对该项目的过程工程研究已基本完成，而在工程设计阶段的过程工程研究仅仅是对项目的结构及内容进行较小的调整和使其更具体化、工程化。这就是化工设计中过程工程研究对象的多阶段性。

3.2 实现过程工程综合的方法

过程工程综合需要以系统分析为基础，同时在综合过程中又对系统的结构和系统的特性提出新的要求。因此，过程系统设计是综合与分析交替的过程，是一个正命题和逆命题交替并不断升华的过程。

在从事化工产业规划时，就已经进入过程工程的分析和综合的不断交替历程，从规划到预可行性研究、可行性研究，以及与此同时进行技术路线比选到技术开发和工艺包编制，都是过程工程，它们通过不断地分析和综合，使化工过程的技术开发阶段的过程工程综合的内涵从初级到高级、从粗糙到完善。而工程设计阶段从基础工程设计到详细设计更是化工过程的工程开发阶段的过程工程综合实现最终的工程化和完整化。

过程工程综合是一个多维混合整数规划、多目标优化问题，通常有分解法、直观推断法、调优法和结构参数法。结构参数法可以用非线性规划法对一个系统进行简单目标的整体优化计算，如热量交换网络（HEN）、质量交换网络（MEN）和分离序列综合等方法。对于复杂系统的多目标优化的过程综合，往往几种方法结合起来用于过程综合的不同阶段会更有效。通常直观推断法仍然是“不得已”采用的过程综合方法，即有经验的工程师凭经验在不同阶段把一些显然不合理的组合方案排除出去，以克服设计问题维数过多的困难，根据人们广泛的工程实践经验，在对过程深刻理解的基础上，总结出的经验规则以指导过程工程综合。用该方法可以简单地综合出一个或几个合理的过程工业方案，但不能保证方案的最优化。从事此类过程工程综合的工程师要依靠相关的知识资源和长期积累的化工知识与工程经验，不断去攀登新的高峰。

过程工程学科具有很强的工具性、实践性和技术性，化工单位计算和流程模拟是过程工程分析和综合的基础，特别对单一过程工程对象（装置），各种化工单元的计算软件和化工流程模拟软件已成为极为有用的运算工具，作为从事过程工程的工程师应充分认识到：要不断对这些软件进行应用开发及不断地积累使用经验，从而使自已具有较强的过程工程分析和综合的能力。

3.3 过程工程和化工工艺设计

按前所述，化工装置设计是过程工程分析和综合不断交替并不断优化、完善的过程，即运用描述化学反应和传递过程的化学工程学，应用系统工程的方法对工业系统进行过程分析和模拟，通过物料衡算和能量衡算选择合适的单元设备，确定设备之间最优联结方式和操作条件，达到投资最少和操作成本最低的过程。

对于化工设计来说，从项目前期的可行性研究、技术开发和工艺包编制的工程研究阶段到基础工程设计、详细工程设计的工程设计阶段，化工工艺设计始终是龙头、基础和核心。

化工装置工艺设计的主要内容有以下三个方面。

① 化工工艺流程设计：基于成熟的化工工艺和化工模拟系统对工艺流程进行物料衡算和能量衡算，主要是解决化工过程的平衡问题。

② 设备（反应器、塔器、换热器、容器、压缩机、输送泵和工业炉等）的工艺设计，主要是解决化工过程的速率问题。

③ 工艺系统设计则是化工过程全面工程化问题。

工艺系统设计的基本功能是把 PFD 发展为 P&ID，这个转换过程包括根据操作和安全的需要确定所有的设备、管道及仪表控制的设计条件与要求。因此工艺系统设计不仅是工程研究阶段的重要组成部分，更是工程设计阶段的主体和核心内容。

为此，在工程设计阶段，要进行管道流体力学计算，进行安全泄放设施（安全阀、爆破片、呼吸阀等）及管道配件（阀门、限流孔板、气封、液封、阻火器、静态混合器、蒸汽疏水阀、管道过滤器、盲板、检流器等）的工艺设计，以及提出系统的仪表控制和安全联锁的工艺条件，以完成 PFD 向 P&ID 的完整转换。

在此基础上进一步展开设备、自控仪表、配管、应力、材料、建筑、结构和公用工程等相关专业设计，以准确地完成整个项目的工程设计。

参考文献

[1] 吴德荣．化工装置工艺设计：上册．上海：华东理工大学出版社，2014.
[2] 李伯耿，罗英武．产品工程学——化学反应工程的新拓展．化工进展，2015，24（4）：337-340.
[3] 成思危，杨友麒．过程系统工程的发展和面临的挑战．现代化工，2007，27（4）：1-6，8.
[4] 万君康．产品工程学．武汉：华中理工大学出版社，1993.
[5] 罗先金．化工设计．北京：中国纺织出版社，2007.
[6] 张娜，王强，时维振．现代化工导论．北京：中国石化出版社，2012.
[7] 金涌，汪展文，王金福，向兰，王垚．化学工程迈入21世纪．化工进展，2000（1）：5-10.
[8] 钱晓红，徐玉芳，宋荣华，杨尚金．精细化工的发展趋势及关键技术．化工学报，1998（A）：71-78.
[9] 唐培堃，精细有机合成化学及工艺学．天津：天津大学出版社，2002.

第11章 化工过程技术开发和化工工艺流程设计

1 化工过程技术开发

1.1 化工过程技术开发的基本程序

1.1.1 概述

化工过程技术开发是把化学工业中的一个新产品、新技术、新工艺的设想，通过研究、试验和设计的手段最终形成具有竞争力的化工生产装置的过程。

化工过程技术开发需要通过化工工程师的创造性劳动来实现。而遵循客观规律，认真执行化工过程技术开发基本程序和各阶段评估环节则是成败的关键。

在化学品的生产过程中，化工过程内在的科学规律是客观存在的，只是在开发之前尚未被人们认识。任何一个新的化工过程都是创造性的工作，它利用化学工程的基本原理和方法与化学工艺有机结合，将分子设计、概念设计的原理与系统工程相结合，将实验室研究与工程放大作为一个系统有机地结合起来，研究过程的特性和规律，研究放大判据和放大规律，解决工程实际问题。

化工过程技术开发是指由实验室研究成果（新工艺、新产品）到实现工业化的科学技术活动。化学工业具有原料、产品、工艺、技术多方案性的基本特性，即不同原料经过不同的加工工艺可以得到相同产品；同一原料经过不同加工工艺可以得到不同产品；同一原料经过不同加工工艺可以得到相同产品。这种多方案性源于科学技术，深刻地蕴含着经济的盈亏、社会效益的大小与环境保护的优劣。而化工过程技术开发研究就是在基础应用研究及各种科技信息的基础上，开发新技术的工艺条件、技术规范、工程放大、技术经济评价等方面的研究，以取得化工生产装置的设计、建设等所需数据与资料，为实现新技术在工业中的应用提供技术服务。

1.1.2 化工过程技术开发和化工企业建设项目各主要程序及相互关系

化工过程技术开发和化工项目建设是平行的、相互密切联系及制约的化工过程开发的两部分，它们之间的相互关系见表11-1。

化工过程技术开发由机会研究、工艺开发（基础研究）和工程开发（过程研究）三个过程构成。

化工项目建设过程由项目前期、工程设计和工程实施三个阶段构成。

化工过程技术开发和化工项目建设过程两者平行进行，在时间阶段上错开，又有重叠。化工过程技术开发始于前，而化工项目建设过程结束于后，化工过程技术开发的工艺开发和工程开发阶段与化工项目建设过程的项目前期、工程设计和工程实施阶段各自平行向前发展，并紧密互动，是化工过程开发不可分割的两翼。

按化工过程技术开发基本程序，工艺开发（基础研究）只是化工过程技术开发的基础，工程开发（过程研究）才是化工过程技术开发的主体，而工程研究和工程放大是化工过程技术开发的核心和灵魂。化工过程技术开发的每一步都要把工业化作为主要目标。

化工过程技术开发从机会研究（课题产生并经过信息研究和必要的探索性实验）开始，完成课题筛选和评估之后，进入工艺开发（小试），在小试完成以后，要进行概念设计，对开发项目进行初期的技术经济评价，并从工程设计角度提出模型试验和中间试验的内容及要求，并据此进行模型试验和中间试验的设计、建设和运行，中间试验完成并通过评估审查后进行工艺设计包的编制，工艺设计包是化工过程技术开发的最终文件，是专利技术和专有技术（know-how）的载体。工艺设计包编制完成意味着化工过程技术开发阶段结束。

一般情况下，在化工过程进入工艺开发完成阶段，化工项目建设过程将适时启动，根据工艺设计包所提供的技术经济资料和信息完成建设项目预可行性研究报告/可行性研究报告，并进行各阶段评估及审查。

可行性研究报告评估及审查结果，意味着化工过程工程开发和工程研究阶段结束，以工艺设计包为其工艺技术依据进入工程开发的工程设计阶段，工程设计阶段由基础工程设计（基础设计）和详细工程设计（详细设计）组成。

基础设计是根据批准的可行性研究报告以及工艺设计包提出的较为规范的工业化基础设计文件，它包括全面的工程实施技术方案与投资概算，供建设单位物资采购和施工建设准备，并完成提供政府主管部门审查的设计专篇和各生产装置的HAZOP评估与SIL评估。

表 11-1 典型化工过程技术开发基本程序和化工企业建设项目各主要阶段关系

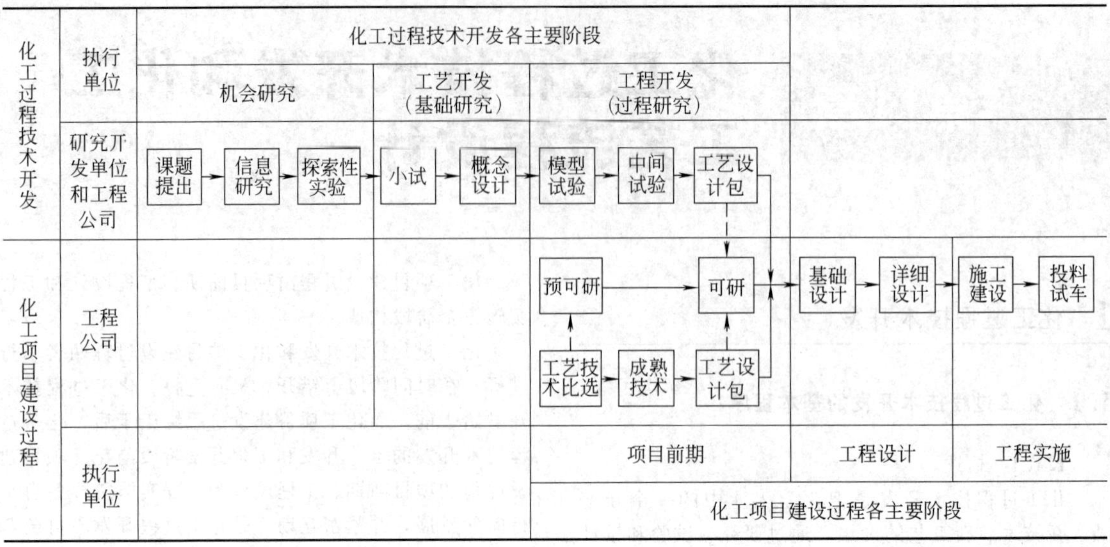

化工过程技术开发	执行单位	化工过程技术开发各主要阶段				
		机会研究	工艺开发（基础研究）	工程开发（过程研究）		
	研究开发单位和工程公司	课题提出→信息研究→探索性实验	小试→概念设计	模型试验→中间试验→工艺设计包		
化工项目建设过程	工程公司			预可研→可研；工艺技术比选→成熟技术→工艺设计包→可研	基础设计→详细设计	施工建设→投料试车
	执行单位			项目前期	工程设计	工程实施
				化工项目建设过程各主要阶段		

详细设计应依据批准的基础设计进一步细化落实工程基础设计提出的工程实施技术方案，提出设备采购制造、施工建设、装置投产所需的所有图纸和文件，并关闭所有的设计安全评估（HAZOP 与 SIL 评估）的意见和建议。

工程设计阶段结束意味着化工开发工程进入工程实施（施工建设和投料试车）阶段，从而完成化工过程工程开发全过程。

有关机会研究、工艺开发研究和过程开发研究将在 1.2～1.4 节中讲述，而有关项目预可行性研究、可行性研究、基础工程设计和详细工程设计等内容属于工程设计范畴的内容，可见本书第 2 章“化工设计的主要内容和过程”。

1.2 机会研究

机会研究包括信息研究和实验性研究，不论开发研究的课题大小如何，并不是每一课题都有研究下去的价值，所以要进行机会研究，即对研究课题进行初步的技术、经济、风险和社会效益评价。主要了解设想项目或产品的应用性能、背景、历史、现状和将来的前景，了解并设想开发的技术可能性，在必要时要进行探索性实验研究，要了解产品市场和原材料供应情况，以决定项目的取舍和研究方向。

机会研究包括信息研究和必要的探索性实验。

1.2.1 研究课题的产生

化工开发研究课题分三个途径。

① 计划课题，由国家有关部委、行业总公司以及省、市、地区科委等部门经专家建议和论证，进行必要规划而制定的研究课题。

② 企业、市场委托课题。

③ 自选课题。

它们源自：市场调查和市场反馈获得的课题，市场是人们生活需要和国民经济发展需要在商品领域中的表现；从文献报道、情报资料以及专利发明报道等获得的课题；从实验室的报告或应用研究报告中获得开发研究的课题。

1.2.2 选择开发课题应遵循的原则

① 选题的先进性和科学性。

② 选题应符合市场需求和国家的产业政策。

③ 选题应考虑经济效益和社会效益。

1.2.3 研究课题的种类

① 发现和创新新产品，实现革命性突破；已有化工产品性能改进、更新和进步。

② 发现和开发新的化工生产过程及装置，已有化工产品生产过程的技术改进和技术革新，以及已有化工产品的大型化装置开发和创新。

③ 工艺操作条件优化，控制系统的开发和创新。

④ 引进化工技术和装置的消化、吸收、改进及国产化研究。

⑤ 某些基础研究和技术储备研究。

1.2.4 信息研究

其主内容是市场对开发产品的需求量，开发产品与国民经济其他部门的关系，市场前景，收益估算，社会效益以及环境污染情况等。除了经济方面的调研外，还要评估科研水平、社会条件及完成该项目的可能性。

在技术上，首先要搜集评价各种已工业化的生产方法的资料及新技术的专利文献资料，研究各种生产方面的技术特点，分析和研究得到的资料中的数据是否可靠、完整以及存在什么问题。对于化工过程，一般需要的资料和数据，大致是生产过程、流程、主副反应方程式、反应条件（如原料要求、原料配比、反应温度、压力、催化剂、时间、热效应、环境要求、pH 值等）、反应产率（如转化率、选择性、主副产品收率）、产品及副产品规格、主要设备类型、反应动力学及有关的相平衡数据。

另外，对所需要的主副产品、原料及中间产品的基本物化和热力学数据进行收集、计算、整理，力求关键数据准确。这些数据大致包括分子量、密度、熔点、沸点、蒸气压、溶解度、比热容、蒸发潜热等。

信息研究是开发产品的第一步，若通过信息研究认为所开发的技术能带来显著的经济效益或重要的社会效益，才值得投资进行研究与开发，否则即可就此终止。

1.2.5　探索性研究（实验性研究）

探索性研究的目的是对可能的若干方案进行初步筛选，以提出一个较理想的工艺流程，同时获得必要的物性数据。

进行实验性研究时，通过热力学和动力学的理论考察，利用实验设计和分析手段，参照技术经济要求，可以得到开发所需要的基本工艺数据和催化剂基本性能考察，但实验室的研究结果只能表明该工艺的可能性，其是否在工业生产中实用，必须经过后续的有关工作来证明。

通过实验性研究可以确定原料路线，探索反应的可行性，了解副产物的种类、数量及其可利用性；掌握物料对设备结构材料的腐蚀情况、“三废”的排放及其数量、物料的爆炸极限和有关操作中的注意事项等。

1.3　工艺开发（基础研究）

机会研究评估后进入工艺开发（基础研究）阶段，主要进行工艺开发试验，俗称小试。

1.3.1　工艺开发试验（小试）

工艺开发试验不同于实验性研究。首先，工艺开发试验原料不同于实验室试剂。作为工艺开发的研究，要尽量使用工业化原料和接近于工业操作的手段。

同时，不排斥传统的实验室工作，如某些热力学数据、理化性质、催化剂表征等要在实验室求取，所以工艺开发研究要在传统实验室的基础上有所拓展。

其次，工艺开发试验使用的试验装置一般要形成一个流程，要便于组装、增减和拆卸，以便于在研究中工艺流程不断改进和完善。

小试规模为克级单位。

1.3.2　工艺开发的主要内容

一般根据题目的大小，内容可以有所变化，通常如下。

① 首先决定原料路线。选取简便、易得、价格低廉、工业储存稳定的原料，一般一种新产品，原料成本往往占 60%～80%，所以这是工艺开发的关键。

② 研究工艺反应条件和反应特征。工艺反应条件无非是温度、压力、催化剂、原料配比和反应时间、反应过程的分散程度要求、物料反应相、反应平衡、热效应等。

③ 研究主要反应装置的特征。

④ 确定工艺流程。确定相关的化工单元操作特点，进行工艺流程设计。

⑤ 确定工艺质量控制过程、原料消耗、转化率、利用率等指标和中间控制分析方法。

⑥ 研究催化剂的特征和筛选、制造、再生等特点。

⑦ 研究相关溶剂和原材料的循环使用、回收的可能性。

⑧ 基于本质安全原理，对采用的工艺过程进行安全风险评估：研究物料的理化性质（易爆性、易燃性、毒性、腐蚀性、反应热、化学活性等）、操作条件（温度、压力、流速等）和储存量以进行工艺的本质安全评价，对过程的安全风险进行识别，并提出相应风险的规避措施和采用的本质安全策略。

在化工过程开发各个阶段，都应始终贯穿本质安全的设计理念，通过对过程的消减、缓解、替代等方法尽可能接近本质安全以降低工艺装置的安全、环保风险，降低生产、安全的设备和设施的投资，提高经济效益。应当指出，在开发初期阶段，实施过程本质安全的成本低、难度小，特别是在小试和概念设计阶段，应制定安全操作规范。

⑨ 研究和掌握化工热力学、动力学测定的相关数据。

⑩ 必要时，反应装置要进行热模试验，某些传递过程要进行冷模研究。

⑪ 对制备的样品进行性能测试表征，确定初步的质量标准。

⑫ 对样品进行应用研究。

1.4　工程开发（过程研究）

1.4.1　工程开发研究的意义和内容

(1) 尽可能建立一套完整流程的中试装置

要建设一个工业化的装置，尤其是大型装置，仅仅有工艺开发试验是远远不够的，因为大多数工艺开发试验是间歇操作的，反应器的类型和材质也受到限制，全部工艺流程各环节所使用的单元过程有的还不能工业化，有的数据尚不完整，对于物料循环使用和回收利用、溶剂的回收、催化剂再生、“三废”收集和治理都还没有研究，流程和设备的中长期运转也没有经过考验，因此要尽可能建立一套完整流程的中试装置进行中间试验，并使中试装置达到工业化水平，以得到可靠数据。

(2) 关键设备的放大研究

对于某些反应装置和传递装置，在有必要时，可单独进行放大研究，以取得可靠的设计参数，使工艺流程先进、合理。因此要进行放大试验，这种试验称为模型试验。

按前所述，过程开发研究包括模型试验和中间试验。

1.4.2 模型试验

模型试验一般都是对工业生产中的某些重要过程，特别是反应过程要做放大的工业模型试验。在模型试验中进行综合性试验研究的主要内容有：考察化工过程运行的最佳条件；考察设备的传热、传质、物料流动与混合等工程因素；对化工过程的影响；观察设备放大后的放大效应；寻找产生放大效应的原因；测定放大所需的有关数据及判据等。

模型试验分冷模试验和热模试验两种。根据过程开发实际需要确定必要的热模试验和冷模试验。

热模试验是用实际生产物料并按实际操作条件进行试验，属于综合性试验考察。

冷模试验只研究过程的物理规律，不研究化学反应，它可以采用物理性质与实际工业生产物料相近的惰性物质进行试验，它以模型和原型相似为基础，运用相似原理来考察设备内物料的流动和混合，以及传热和传质等物理过程，寻找产生放大效应的原因和克制的方法，为过程放大和建立数学模型提供依据。

模型试验规模为千克级单位。

1.4.3 中间试验（中试）

① 中试是中间试验的简称，所谓中间试验，就是介于小试和工业生产之间的试验。当某些开发项目不能采用数学模型法放大，或其中有若干研究课题无法在小试中进行，一定要通过相应规模的装置才能取得数据或经验时，需进行中试。

中试是在小试完成并通过技术经济评价后，在概念设计基础上进行的放大试验工作。其规模介于实验室规模和工业装置规模之间，但具体规模没有明确规定。对于精细化工产品，中试规模按千克已可满足需求，而对许多基本化工产品所建的中试工厂规模都相当可观，甚至达到年产数千吨的生产能力。

② 中试工作必须按工业化条件进行，其主要任务如下。

a. 建立一定规模的放大装置，对开发过程进行全面模拟考察，确定工业装置运转条件及操作、控制方法，并解决长期连续稳定运转的可靠性等工程问题，其中，包括对原料和产品的处置方法、必要的回收循环工艺以及对反应器等设备的结构和材质的考察。

b. 验证小试条件，收集更完整、更可靠的各种数据，解决放大问题，提供编制工艺设计包和基础设计所需的技术资料及数据。

c. 考察可达到的生产指标，在可信程度较大的条件下计算各项经济指标，以供对工业化装置进行最终评价。

d. 研究“三废”处理、生产安全性等问题。

e. 示范操作，培训技术工人，研究开停车和事故处理方案，获得生产专门技能和经验。

f. 提供一定量产品（大样），供市场开发工作所需（反应器的选型和放大以及随之而来的反应状况的研究，是中试研究的基础）。

g. 提出物料综合利用和“三废”治理措施。

h. 提出带控制点的工艺流程图、工艺参数、物料衡算和能量衡算的数据等。

化工过程开发中的若干问题往往不可能都在小试阶段充分暴露，只能留在中试时加以研究和解决。例如，在管式反应器上进行的反应，小试因设备尺寸所限，不可能对气流均布等进行详细研究，设备放大后就要认真解决这类关键问题。又如，对气固催化反应催化剂的筛选工作，一般在小型固定床反应器上进行，中试才可能研究流化床反应器，进一步考察反应器结构、材质、散热等一系列问题。

对于技术复杂、利润率低、工业规模很大又是技术全新的化工装置，可以在中试以后增加半工业化试验这一环节。

1.4.4 化工中试装置工艺设计的特点

(1) 概述

中试是从小试过渡到工业装置的一个重要环节。目前在化工过程开发中，新的开发方法——数学模型法虽已广泛应用，但在有些研究领域内，由于反应体系的复杂性，人们还不能达到彻底掌握的程度，因此，有时还在采用逐级放大的方法。一般情况下，不论是哪个化工研究开发领域，想不经过中间试验即能获得建造工业装置的全部数据的情况是很少的。即使对过程机理及反应动力学研究较为深透一些的过程，用电子计算机模拟虽有成效，但一个完整的数学模型，也要经过在中试装置上反复验证后才能确立。

进行中间试验的目的主要是为了考核与修改放大判据与数学模型；考察由小试到中试的“放大效应”，研究一些由于各种因素没有条件在实验室进行研究的课题，以及进行新设备、新材料、新控制方案的试验。在实际中，由于中试装置工业流程全、投资多、操作费用高，因此，正确地选择工艺方案，合理确定工艺流程，对简化工艺过程、减少投资、降低操作费用、缩短试验周期有重要的意义。

由于中试装置具有其自身的特殊性，正是这些特殊性使得它的工艺设计与工业装置的工艺设计有了许多不同之处。因此，认识其特点，抓住其要领是中试工艺设计的关键。

(2) 中试装置工艺设计的特点

中试装置与工业装置的工艺设计方法和设计程序基本相同，两者没有本质的区别。所不同的是，中间试验属于化工开发过程的一个环节，这一独特位置又使“中试设计”具有特殊的含义和特点。

① 设计数据来源不同　从开发过程来看，中试装置设计是在工业生产装置设计之前进行的，也就是说，中试设计的技术数据一般无法从生产装置得到，而主要来自于小型试验、冷模试验结果、概念设计和可行性研究报告。由此得到的数据，在设计时必须做进一步筛选和综合，经过比较、分析、论证后才能得出可信度较高的中试设计所需的数据。而工业装置的工艺设计所需的数据，不仅来源可靠，而且容易得到。

② 追求的目的不同　对工业装置设计，主要目标是装置生产能力达到设计要求，各项操作达到预定控制指标，优质低耗，获得最大经济效益。中试装置则不同，它追求的目标并不是某些确定的生产控制指标，而是为了搜寻最优目标变量而确定的一系列工艺和工程参数。这些参数很可能在较大的范围内发生变化，因此具有设计参数不确定性和试验参数多变性的特点。

③ 工艺过程要求不同　工业装置对工艺过程完整性要求较高，为了充分利用原料和得到合格的工业产品，工艺过程的每一部分都是必不可少的。而中试设计则要根据试验工业的需要，可以是一个过程的全流程，或者是局部流程，甚至是一个设备的设计。具体采用什么样的流程，必须慎重考虑。另外，还要考虑到装置的通用性和可调性。

④ 自控要求不同　工业装置设计中自控水平的要求是从整体考虑的，基本上对全系统都有同样高的要求；而中试装置只是为试验服务，其自控水平根据试验要求确定，因此，需要进行重点试验研究的部分，要采用性能较好、精度较高的控制仪表，选用较先进的工艺设备。对于非重点试验的部分，如只是为了回收剩余反应物、处理副产物及储存物料所需要的流程，则要尽量简化。

⑤ 设计裕量选取方法不同　工业生产装置生产负荷变化范围比较小，一般在比较稳定的生产负荷下运行，设计中所留的富余量也是比较小的；而中试装置则与此不同，如在做工艺配方试验时，各种物料的配比要在较大范围内发生变化，为此，所用机、泵、仪要与此相匹配，仪表量程、设备性能参数上下限值均要覆盖试验参数调整范围。又如，在做转化率试验时，随着转化率的不同，供给或移出反应器的热量也不同，要求反应器的换热面积大小与转化率的两个极端值相适应，换热面积过大或过小都不便于操作。同时，转化率的变化又使回收系统物料量发生变化，所以，回收系统的处理能力也应与转化率的范围相适应。可见设计富余量过小，不能满足试验要求；过大，会给操作带来困难，还使投资增加，动力消耗上升。所以，中试装置设计中，设计富余量的选取并不是单纯以生产能力为依据，而主要由试验内容确定。

⑥ 对关键设备结构的要求不同　在进行工程试验时，设备的内部结构、搅拌器型式及转速等也是主要考察和研究的对象。中试装置中的关键设备，不能像工业装置那样，做成固定不变的结构，而要使其具有一定的灵活性和可拆可换性，以便在关键设备中取得比较全面的数据。比如要检测反应器内的压力分布、温度分布、浓度分布时，在其内部必须预设较多的检测点和取样点。又如，为了考察设备内某一构件对流型的影响时，就需要做成便于拆卸和组装的构件。以上这些都会使关键设备结构复杂化。因此，有效、合理地设置仪表检测点和内部构件是工艺和设备设计者重点考虑的内容之一。

中试工艺设计与工业装置工艺设计之间的差别，给中试设计者提出了如何使中试装置既能最大限度地满足试验研究的需要，又能节省投资、降低操作费用的问题。

(3) 结语

综上所述，由于中试装置的工艺设计与工业装置的工艺设计之间有着很大的差别，这些差别增加了中试装置设计的难度，同时也向工艺设计者提出了更高的要求。

① 设计者必须充分认识中试装置设计的特殊性，并在工艺方案的确定中围绕这些特殊性开展工作。

② 设计者必须把满足中间试验要求、求得必需的中间试验数据作为中试工艺设计的主要指导思想。

③ 中试工艺设计是化工过程开发工作的一部分，因此，设计人员与研究人员应当尽早交流思想，密切合作，在开发工作中应善于应用和借鉴各自的专业理论及工程经验，以加速开发进度及节省开发费用。

④ 由于中试装置规模小、使用时间短，在设计中有些设计内容常常会发生与工业装置的设计规范、规定不相符的情况。这就要求设计者要根据中试装置的特点，针对具体情况，采取相应的措施，因地制宜，设计出既能满足试验要求，又能满足卫生安全要求的中间试验装置。

1.4.5　工艺设计包（工艺包）

通过中试装置的运转和试验成果验收，对工艺开发过程进行全面模拟考察，确定了工业装置运转条件及操作、控制方法，解决长期连续稳定运转的可靠性等工程问题，并掌握了有关工程放大规律和必要的数据后，工程公司着手开展装置的工艺设计包编制工作。

化工装置的工艺设计包是化工工艺开发的最终文件，也是化工过程技术开发可以转让的技术文件，是工程公司进行基础工程设计的主要技术依据。

工艺专业是工艺设计包设计阶段的核心和主体专业，应编制工艺设计包设计技术基础并向有关专业提出相应的工艺设计条件。

工艺设计包包括化工装置工艺设计包、工艺手册和分析化验手册，其具体见本书第2章第3节的相关内容。

1.5 化工过程技术开发的综合评价和全过程

1.5.1 化工过程技术开发的综合评价

化工过程技术开发综合评价的基本内容如下。

① 技术评价 技术的先进性和合理性。

② 技术经济评价 主要是投资回报率，即利税和投资比率。

③ 社会效益评估 它涉及国计民生，国家安全，国家全局，稀缺资源，战备物资，环境状况和生态平衡等。

1.5.2 化工过程技术开发的全过程

① 化工过程技术开发的工作流程如图11-1所示。

② 各个工作阶段以后的评价工作，是整个技术开发中的重要环节，事关整个开发工作的成败，忽视这些环节，或者在履行这些环节时，工作不到位和过于粗浅，都会延误开发过程的顺利进展和造成人力、物力的较大损失。

1.5.3 概念设计

(1) 概念设计的目的和要求

概念设计是化工过程技术开发的重要环节，它可对开发项目进行前期的技术经济评价，以确定技术路线的先进性和可靠性。

概念设计也是评价小试的最重要手段，通过概念设计可以从工程设计和建设工厂的角度发现小试（工艺研究）中的不足与存在的问题，以及对下一步的过程研究（模型试验和/或中试）是否需要进行，哪些工艺步骤是否还需要放大试验，弄清在模型试验和/或中试中应当解决的问题及应当弄清的相关数据，并知道必要时需要小试过程补充哪些数据。因此对工艺研究和试验装置的设计有重要的指导意义。

(2) 概念设计的内容

概念设计是根据小型试验得到工艺参数、工艺条件和工艺操作数据，利用已有的工程技术知识、单元操作和工艺流程模拟能力以及拥有的工程设计经验和做出的部分假设，编制出概念中生产厂的工艺流程技术方案。概念中生产厂，就是从理论出发，根据现有小试数据，对一些未知的工程实际情况和外在因素做某些假设的情况下设想的一定规模的化工厂。对这种概念工厂，要画出工艺流程图，并进行初步的物料衡算和热量衡算，确定原料、规格、产品规格和质量标准草案，确定关键设备的结构和参数，列出主要设备的清单，确定主要控制方案，要对“三废”治理提出初步建议，对安全操作和卫生要求做出初步规范，并完成投资及成本估算和初步的经济评价。

(3) 概念设计的作用

概念设计是保证过程开发（模试和/或中试）的试验结果和获得的有关技术数据满足编制工艺设计包文件要求的重要环节，也是保证过程开发工程化的必要条件。概念设计是对基础研究（小试）的总结和鉴定，概念设计可以实现设计与研究的早期结合，可为化工过程开发提供准确信息，形成正确的设计思想，由于概念设计保证了基础研究的完整性，可以防止因中试失误而造成的开发过程延误和投资损失。因此开展概念设计可以避免中试失误、缩短开发周期，提高开发质量和技术开发的成功率。概念设计一般宜由工程公司具有工厂和装置设计经验的工艺设计人员承担。而对于规模小、投资回报率高的项目（如精细化工），在无重大工艺开发放大和工程化课题的情况下，也可由研究开发单位内部完成概念设计程序。

1.6 工程公司在化工过程开发中的地位作用

从图11-1可以看出，工程公司不但是化工过程工程开发的执行、实施单位，而且是化工过程技术开发单位的执行或合作单位。

工程公司一般没有试验室和试验装备，对化学反应不可能进行基础研究和过程研究，但对分离、提纯过程（一般情况下不包括化学反应），在取得可靠的相平衡数据以后，凭借成熟的分离过程理论与化工过程模拟以及计算机流体力学（CFD）的运用与长期积累的工程经验、资源，就可能用数学模拟法直接放大到工业装置。

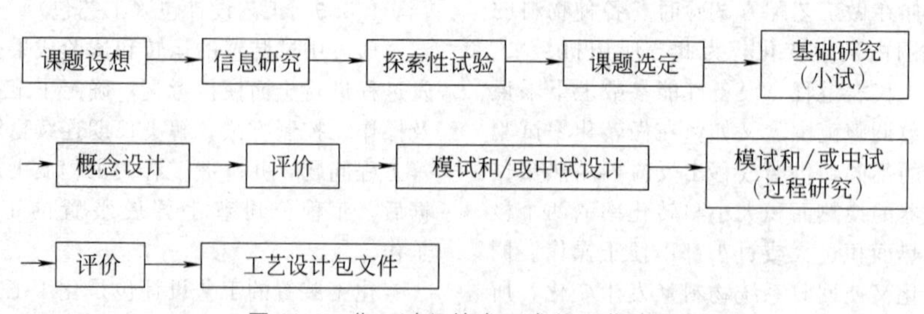

图11-1 化工过程技术开发的工作流程

因此，在一般情况下，一个新的化工装置的开发，可以由研究开发单位和工程公司合作完成，即研究开发单位负责反应过程的基础研究和过程研究，由工程公司负责分离、提纯过程的基础研究和过程研究，并共同完成工艺设计包。

当然，工程公司在化学反应过程中可以采用更深的介入方式，即科研单位在完成基础研究（小试）以后，由工程公司完成概念设计、对小试的完善化和优化中试技术方案，并进行中试装置工程设计，最终和研究开发单位共同完成反应部分工艺设计包的编制。

工程公司作为化工过程工程开发的执行、实施单位，通过概念设计的环节，实现在设计与研究、工艺与工程上的早期结合，在化工过程技术开发的每一步，都把实现工业化作为主要目标。

2　工艺开发放大的方法

从实验室研究成果到建立工业装置的过程是靠放大来实现的。选择适当的放大方法，对考察装置的适用性，确定放大过程需要的时间、经费投入等都是重要的。化工过程开发放大主要采用模拟研究法。用模型来研究化工过程中的各种现象和规律，从中取得开发放大的依据。

化工过程采用的模拟放大方法有经验放大法、数学模拟法、部分解析法、相似放大法。

无论哪一种方法，在应用时都比较复杂，而且各有其适应的对象和条件，并不是任一过程取四种方法之一，就可以获得简捷的有效的放大。有时为了获得良好的效果，对于一些复杂的过程还需要考虑用几种方法综合，因此在化工过程技术开发中如何选择合适的开发放大方法，就成为开发过程中的一项重要工作。

对某一特定的化工过程放大，采用何种放大方法，应以对过程解析的深入程度来确定。一般来讲，分离过程理论比较成熟，在取得可靠的相平衡数据后，就可以用现有的数学模型直接放大到工业装置。而反应过程比较复杂，除化学反应的规律外，同时还受到传递过程因素的影响，故除了少数简单的可用数学模型法外，现在大多还采用经验放大法和部分解析法。相似放大法主要应用在单元操作设备的放大中。

在化工过程技术开发中，反应过程的放大是关键，因此，本节重点讲述反应过程的开发放大。

2.1　逐级经验放大法

过去在缺乏化工过程理论指导的情况下，对反应装置和传递过程常采用逐级经验放大法。

逐级经验放大法是从实验室规模的小试开始，经逐级放大到一定规模试验的研究，最后将模型研究结果放大到生产装置的规模。这种放大方法，每放大一级都必须建立相应的模型装置，详细观察记录模型试验中发生的各种现象及数据，通过技术分析得出放大结果。而每一级放大设计的依据主要是前一级试验所取得的研究结果和数据。逐级经验放大法是经验性质的放大，放大的倍数一般在 50 倍以内，而且每一级放大后还必须对前一级的参数进行必要的修正。因此，逐级经验放大法的开发周期长，人力、物力消耗较大，现在一般不采用这种方法。除非在对于某个过程缺乏了解的情况下，出于无奈，仍采用逐级放大法。

2.2　数学模拟法

数学模拟法是以建立数学模型为目的的研究方法。数学模型是为了某种目的，用字母、数值及其数学符号建立起来的等式（或不等式），以及用图表、图像、框图等描述客观事物特征及其内在联系的数学结构表达式。在认识过程特征的基础上，运用理论分析找到描述过程规律的数学模型，再经试验验证该模型与实际过程等效，则这个数学模型就可以用于实际应用和工业放大设计。数学模拟法是化工设计放大中常用的方法。

2.2.1　数学模型

模型通常是指描述一个系统的各种参数及变量之间的数学关系。化工过程的数学模型一般是一组微分方程或是一组代数方程，它可描述过程的动态规律，可分为以下两类。

① 经验模型　化工过程的数学模型可以将实验装置、中试装置，甚至大型生产装置的测试数据，通过数学回归，获得纯经验的数学关系，这就是经验模型。

② 机理模型　化工过程的数学模型也可以从化工过程的机理出发推导，得到经试验验证的过程数学模型，即机理模型。

经验模型只在实验范围内有效，不能用于外推，因此受到限制。机理模型允许外推，化工过程开发中机理模型是理想的放大方法。但是，由于化工过程，特别是反应过程的复杂性，很难建立一个纯机理模型。工业设计放大时，要求既能够描述过程特征，又要求简单，以便于应用，因此，如何对过程进行合理简化，是建立数学模型的关键问题。

通常，数学模型的建立是按以下步骤进行的：模型准备、模型假设、模型构成、模型求解、模型分析。

2.2.2　数学模拟法的应用

① 分离过程　分离过程理论比较成熟，在取得可靠的相平衡数据后，就可以用现有的数学模型直接放大到工业装置。

② 反应过程　由于反应过程比较复杂，除化学反应的规律外，同时还受到传递过程因素的支配，故

除少数简单过程可用数学模型外，现在大多数仍采用部分解析法和经验放大法。

2.3 部分解析法

前面已介绍过两种化工过程放大的方法，即逐级经验放大法和数学模型法。逐级经验放大法立足于经验，不需要对过程的本质、机理或内在规律有深刻的理解，放大原则凭借试验结果和经验；数学模型法则要求对化工过程有深刻理解，并在此基础上将过程模型简化，在对过程定量理解后综合出数学模型，再将试验验证后的数学模型直接进行工程放大。显然，这两种开发放大方法实际上是两种极端。然而，大多数复杂的化工过程开发，常常是对过程有所理解，但还达不到深刻和定量的程度，因此，无法用数学模型法进行放大。如果完全采用纯经验法放大，耗时费力，而且放大效果不理想。

反应过程的开发应当在反应工程理论和正确的试验方法指导下进行。正确的方法应当是首先揭示过程的特殊性，根据特殊性对过程进行合理简化，利用对象的特征性进行放大，这样，可以突出主要矛盾，达到事半功倍的效果，部分解析法正是遵循这一原则进行反应器放大。

部分解析法是介于逐级经验法与数学模型法之间的一种放大方法，它是将理论分析和试验探索相结合的开发放大方法。它以化学工程和有关工艺技术学科的理论为指导进行试验研究，没有把化工过程完全按“黑箱”对待，减少试验的盲目性，并使试验工作合理简化，提高了试验的效果，是反应过程放大最常用的方法。

2.4 相似放大法

2.4.1 冷模试验的理论基础

相似放大法是冷模试验的理论基础。利用空气、水和砂等惰性物料替代化学物料在实验装置或工业装置上进行的实验称为冷模试验。冷模试验是以模型与原型相似为基础，运用相似原理来考察单元设备内物料的流动与混合，以及传热和传质等物理过程，寻找产生放大效应的原因和克制的方法，为过程的放大或建立数学模型提供依据。例如利用空气和水并加入示踪剂可进行气液传质的实验研究，为气液传质设备的设计和改造提供参数，利用空气和砂进行流态化的实验研究，为流态化反应器设计提供依据，冷模试验法的优点如下。

① 冷模试验结果可推广应用于其他实际流体，将小尺寸实验设备的实验结果推广应用于大型工业装置，使得实验能够在物料种类上“由此及彼”，在设备尺寸上“由小见大”。

② 直观、经济，用少量实验，结合数学模型法或量纲分析法，可求得各物理量之间的关系，使实验工作量大为减少。

③ 可进行在真实条件下不便或不可能进行的类比实验，减少实验的难度和危险性。

值得指出的是，冷模试验结果必须结合化学反应的特点和热效应行为等，进行校正后才可用于工业过程的设计和开发。

2.4.2 相似现象

冷模试验是以相似理论为基础的，在化工过程中存在多种相似现象，这些现象有以下几种。

① 几何相似　两个大小不同的体系，其对应尺寸具有相同的比例，一个体系中存在的每一个点，另一个体系中都有其对应点，使几何尺寸不同的两个体系形状相同。

② 时间相似　在两个几何相似的体系中，任意两个对应点间对应的时间间隔成比例，且比例常数与对应距离的比例常数相等。

③ 运动相似　在几何相似的两个体系中，各对应点和对应时刻的速度方向相同、大小成比例。

④ 动力相似　在几何相似的两个体系中，各对应点的作用力方向相同、大小成比例。

⑤ 热相似　在两个几何相似的体系中，任意两个对应点的温度相等。

⑥ 化学相似　在两个几何相似的体系中，任意两个对应点的各种化学物质的浓度相同。

2.4.3 相似理论

① 相似第一定律　彼此相似的现象一定具有数值相同的相似特征数，这是相似现象所具有的重要性质，由此定律出发，可引出相似现象的相似性质。

② 相似第二定律　对同一类现象，当单值条件相同时，现象一定相似，相似第二定律叙述了相似现象应满足的条件，进行冷模试验时应遵循这些条件，如下所示。

a. 相似现象可以用同一数理议程来描述。

b. 单值条件一定相似，例如几何条件相似、物理条件相似、边界条件相似。

c. 相似特征数一定相等。

③ 相似第三定律　描述相似现象各种量之间的关系，通常可采用相似特征数（π_1，$\pi_2 \cdots \pi_n$）之间函数关系，即：

$$f(\pi_1, \pi_2 \cdots \pi_n) = 0$$

相似第三定律指明了如何整理实验结果，即可将实验结果整理成特征关系式。

3 化工工艺流程设计

3.1 化工工艺流程设计的工艺基础

3.1.1 化工生产过程的基本模式

化工生产过程的基本模式如图 11-2 所示，由原料预处理、主化学反应和产品分离、提纯等主要工序组成。

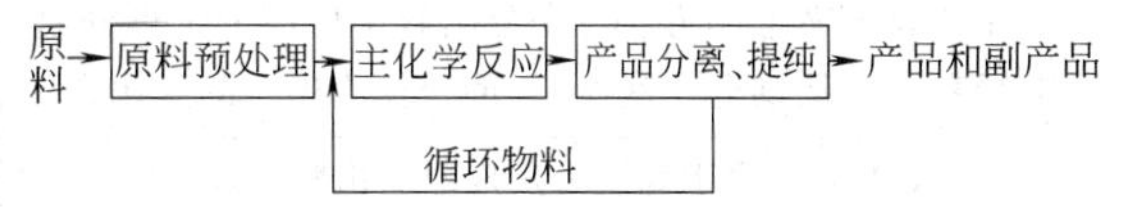

图 11-2 化工生产过程的基本模式

在这个基本模式中，原料预处理过程根据原料的品质情况设立，主化学反应过程是整个生产的关键和基础，它决定了产品分离、提纯过程的工艺生产技术和规模，而产品分离、提纯过程往往是整个生产过程的主要部分，它的投资和能耗均占整个生产过程的 1/2 以上。

此外，在原料预处理和分离、提纯过程中，为除去原料或产品中的杂质，有时也会采用化学反应的手段，但它不是整个生产的主化学反应。

3.1.2 化工工艺流程设计

化工工艺流程设计是化工过程设计的基础和核心，是应用描述化学反应和传递过程的化学工程学，凭借化学和化工的经验及知识，运用系统工程的方法，对化工系统进行过程分析、模拟和过程工程综合，通过物料衡算和能量衡算选择合适的单元设备，确立各设备之间的最优联络方式和操作条件，以最少的物耗和能耗，达到系统投资最少、成本最低和最小的环境污染，安全地生产出一定要求的产品，总体达到技术上和经济上的最优化，获得可持续发展的最大效益的工艺核心设计过程。

3.1.3 化工工艺流程设计的基本方法

化工工艺流程设计过程就是不断进行过程分析和综合的过程。

过程工程综合可归结为一个多维混合整数非线性规划和多目标优化问题。可以用非线性规划法对一个系统进行简单目标整体优化计算，如热量交换网络（HEN）、质量交换网络（MEN）和分离序列综合等方法。但对于多系统、多目标优化过程综合，经验的直观推断法仍是经常使用的过程综合法。

(1) 过程工程综合的直观推断法

有经验的工艺工程师可凭他们在化工和化学方面的经验与知识，以及拥有的设计资源，组织起若干设计化工工艺流程的方案，把一些显然不合理的方案排除，并将相对合理的方案不断加以优化和完整。人们在广泛的工程实践经验和对过程深刻理解的基础上，总结出经验规则，称作直观推断法。

采用该方法可以比较简单地综合出一个或几个合理的工艺方案，但不能保证方案的绝对最优化。

(2) 化工工艺流程设计过程中的过程综合分析和优化。

化工工艺流程设计是一个过程分析、过程综合和过程优化不断循环深化的过程，如图 11-3 所示。

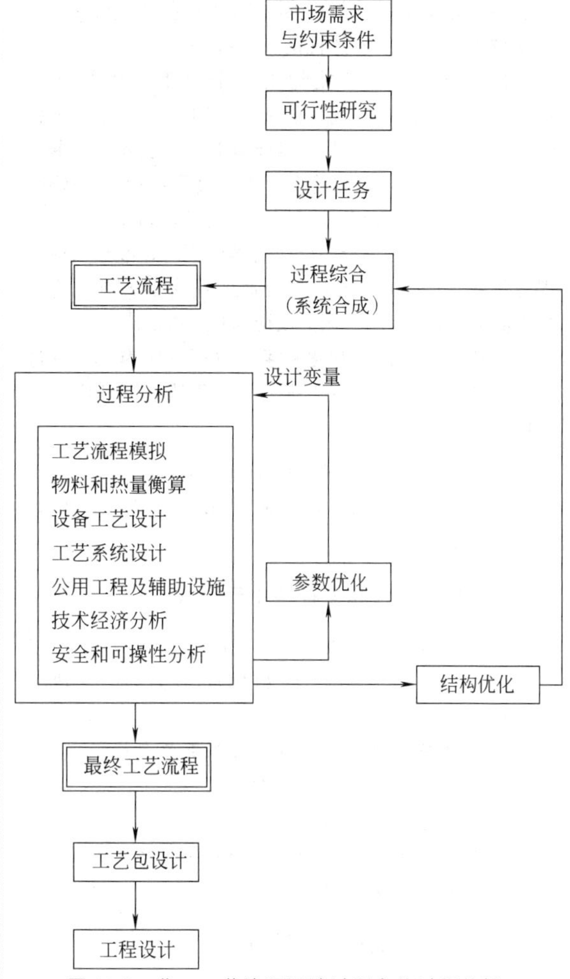

图 11-3 化工工艺流程设计过程中的过程分析、过程综合和过程优化的关系

3.1.4 化工单元操作和节能

① 在化工生产中，化工单元操作是化工生产过程的基础，化工过程是围绕核心反应组织的，其上游为原料的预处理，以满足化学反应工艺条件为目标；下游为产品（生成物）的后处理，通过分离、提纯等手段，以达到产品标准为主要目的。除化学反应器外，化工过程主要通过按一定顺序用工艺管道连接起来的众多的各种化工单元操作来进行，以完成过程的质量交换和热量传递，包括以下内容。

a. 传质分离［蒸馏、吸收、吸附、蒸发、结晶、干燥及萃取（液-液、液-固）］，绝大多数情况下是平衡分离，也有少部分利用速度控制分离。

b. 机械分离（过滤、离心、沉降、浮选）、电磁分离与混合（搅拌与混合）。

c. 传热（换热器、加热炉、直接接触式换热设备）。

d. 流体输送与压缩（泵、压缩机）。

采用高效、节能的化工操作单元至关重要，它关系到过程的物耗、能耗和工程投资高低。

各单元操作过程的内容丰富的工艺和单元设备的节能技术，仍是不容忽视的节能技术。

化工分离过程的能耗占整个化工过程能耗的40%～70%，而蒸馏过程的能耗占整个化工分离过程能耗的80%～90%，因此蒸馏节能技术更不容忽视。

② 局部过程集成是将两个不同过程进行集成优化，耦合形成更有利于经济和环境的新技术，如反应与反应耦合，分离与分离耦合，反应与再生耦合，吸热与放热耦合等类型。常见的反应与分离的耦合形式有反应精馏、催化精馏、反应吸附、反应结晶、膜反应等。

上述耦合工艺，在化工生产过程中作为一个改进工艺、节约能耗的过程工程的有效手段，得到广泛的运用。

3.1.5 化工过程系统能量集成和节能

化工过程系统能量集成和节能详见第12章1.3.3小节。

3.2 化工工艺流程设计的主要内容

① 通过工艺方框流程图、简化工艺流程图（工艺流程草图）、工艺流程图（PFD）各阶段，完成工艺流程的设计。

② 流程模拟计算和物料衡算与能量衡算。

③ 设备的工艺设计和选型。

④ 确定主要控制方案。

⑤ 确定“三废”治理和综合利用方案。

⑥ 初步的工艺安全分析

3.3 化工工艺流程设计举例

3.3.1 10万吨/年异丁烯装置分离和产品精制工艺设计基础条件

生产能力：10万吨/年聚合级异丁烯。

产品规格：异丁烯含量>99.7%（质量分数）。

反应流出物：温度为400℃；压力为0.1MPa。

流出物组成见表11-2。

3.3.2 工艺基础分析

① 反应物主要由轻烃（C_1～C_4）组成，并含有少量的有机含氧化合物。

② 工艺分离主要分为两大部分。

a. 反应物脱丙烷过程　高温反应物经过热回收及水淬冷后至常温，然后经过压缩进入脱丙烷过程，利用各组分沸点差进行分离，可分为油吸收法和深冷法（本文以深冷法为例）。

b. C_4 馏分中分离异丁烯及产品精制过程　本案例中，C_4 馏分中有7个组分，还有 C_2 和 C_3 馏分，它们的沸点见表11-3。

采用常规蒸馏的方法，先分出异丁烷馏分，再分出异丁烯和1-丁烯馏分，其他 C_4 馏分作为副产品送出。

表11-2 异丁烯脱氢反应器流出物组成

产　物	出口组成（质量分数）/%
H_2(hydrogen)	0.7488
甲烷(methane)	0.1974
乙烷(ethane)	0.0128
乙烯(ethylene)	0.0000
乙炔(acetylene)	0.0017
丙烷(propane)	0.2059
丙烯(propylene)	0.2144
异丁烷(isobutene)	35.8159
正丁烷(*n*-butane)	1.9270
1-丁烯(1-butane)	0.0476
异丁烯(*i*-butena)	22.5854
顺-2-丁烯(*cis*-2-butene)	0.0357
反-2-丁烯(*trans*-2-butene)	0.0357
1,3-丁二烯(butadiene)	0.0092
呋喃(furan)	0.0035
丙酮(acetone)	0.0381
丙烯醛(aerolein)	0.0022
甲醇(methanol)	0.0014
乙醇(ethanol)	0.0010
甲基乙烯基甲酮(methyl vinyl ketone)	0.0032
炭(carbon)	0.5601
H_2O	37.5530
合计	100

异丁烷/异丁烯和1-丁烯/正丁烯分离难度和丙烯/丙烷分离相当。

异丁烯/1-丁烯分离：两者沸点差仅为0.6℃，无法用常规蒸馏进行分离，需采用催化精馏法或MTBE法得到异丁烯合格产品。

3.3.3 工艺方框流程图

依据工艺基础分析提出工艺方框流程图（Process Block Diagram，PBD），如图11-4所示。

方框流程图表示装置的主要操作单元和主要物料的流向，它将一个化学或物理加工过程的轮廓表达出来，以供初步确定工艺原则方案之用。

3.3.4 工艺流程草图

工艺流程草图（Process Flow Sketch，PFS）是一个半图解式的工艺流程图，它实际上是方块流程图的一种变体和深入，仍带有示意性质，是设计开始时供工艺方案讨论常用的工艺流程图。

表11-3 反应产物各组分沸点一览表

组分名称	异丁烷	异丁烯	1-丁烯	丁二烯	正丁烷	顺-2-丁烯
沸点/℃	−11.73	−6.9	−6.3	−4.4	−0.5	0.9
组分名称	反-2-丁烯	乙烯	乙烷	丙烯	丙烷	
沸点/℃	3.7	−103.1	−88.6	47.7	42.1	

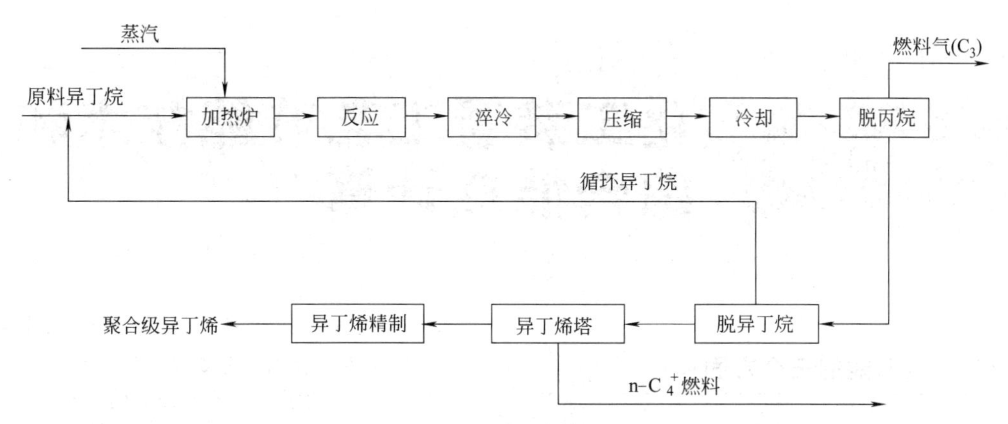

图 11-4　工艺方框流程图

3.3.5　工艺模拟流程图

工艺模拟流程图（Process Simulation Flow Diagram，PSFD）是在工艺流程草图基础上建立起来，供工艺流程模拟计算的工艺流程图，是工艺流程模拟计算的结果和工艺流程设计的中间产品，它随着工艺流程设计的发展不断深化和优化。

① 工艺主流程不断深化和优化。

② 主要设备名称、型式和关键的技术数据。

③ 根据工艺过程原料、过程产物和产品的加热及冷却要求，进行热交换网络和其网络内的工艺冷冻压缩的工艺流程设计。

④ 设置物料输送和气体加压设备。

SPFD是工艺流程图（PFD）设计的基础和出发点。

3.3.6　工艺流程图

在工艺流程模拟完成以后，工艺模拟流程图要变换发展成工艺流程图，它应表示工艺设备、工艺和公用物料的名称，编号和操作条件，工业炉、换热器的热负荷，主要工艺控制联锁以及物流数据表，是图形（PFD）和表格（物流数据表）相结合的形式。在它的基础上完成工艺设备一览表和主要控制、联锁方案，使工艺流程定量化、定型化和工程化。它是工艺流程设计，也是过程设计最重要的基础文件，对一个新工艺来说，它的完成标志着工艺技术开发已具备走向完成的基础条件。

3.4　化工工艺流程设计和技术开发

以创新思维、高标准做好化工工艺流程设计，推进化工技术开发。化工工艺流程设计是化工过程设计的基础和核心。PFD、物流数据表以及设备一览表是构成工艺流程设计的三大要素，从它们出发，进而进行设备工艺设计和工艺系统设计，以完成工艺设计包。

化工生产过程以主化学反应为中心，新的化学反应工艺和新的催化剂都会引起化工过程的重大进展。一般情况下，它源自专业研究单位、高等院校和企业的技术开发部门。而工程公司在反应器、反应系统设计以及生产过程的原料预处理和产品分离、精制过程的工艺技术开发与工艺技术开发成果的集成——工艺设计包中起到极重要的作用。

参考文献

[1] 吴德荣．化工装置工艺设计：上册．上海：华东理工大学出版社，2014.

[2] 黄英，王艳丽．化工过程开发与设计．北京：化学工业出版社，2008.

[3] 陈声宗等．化工过程开发与设计．北京：化学工业出版社，2005.

[4] 韩东冰，王文华，赵旗．化工开发与工程设计概论．北京：中国石化出版社，2010.

[5] [英] Smith R. 化工过程设计. 王保国等译．北京：化学工业出版社，2002.

[6] 倪进方．化工过程设计．北京：化学工业出版社，1999.

[7] 白幸民. 化工中试装置工艺设计方案的确定. 兰化科技，1997 (3).

[8] SHSG-052—2003.

第12章 化工装置工艺节能技术和综合能耗计算

1 化学工业节能的三个方面

一个国家、一个行业，乃至一个企业的能耗水平是由错综复杂的多种因素影响决定的，如自然条件、经济体制、经济因素、管理水平、政策倾向、社会因素、技术水平等。我们将节能的这些因素归结为三个方面，即结构节能、管理节能、技术节能。

1.1 结构节能

据有关部门的最新测算显示，我国能源利用率为33%，与世界先进水平相差10个百分点。与世界先进水平相比，我国在能源效率、单位产品能耗等方面仍然存在较大差距。目前，我国万元产值能耗是世界平均水平的2倍多，主要产品能耗比世界先进水平高40%。

我国的单位产品能耗之所以很高，除技术水平和管理水平落后外，经济结构不合理也是重要的原因。经济结构包括产业结构、产品结构、企业结构、地区结构等。

1.1.1 产业结构

不同行业、不同产品对能源的依赖程度是不同的，有些耗能高，有些耗能低。在经济发展中，若增加省能型工业（如仪表、电子等）的比重，减少耗能型工业（如钢铁、化肥等）的比重，全国的产业结构就会朝省能的方向发展。但国民经济的发展，各个工业之间存在着客观的比例关系，因此，应研究合理的省能型产业结构。

1.1.2 产品结构

产业结构不仅要向省能型方向发展，也应努力向高附加值、低能耗的方向发展。在化学工业中，发达国家在20世纪80年代就开始重点发展耗能少、附加值高的精细化工产品，1985年精细化工产值占化学工业产值的53%～63%，到20世纪90年代一般在60%以上，而我国才只有35%左右。石油化工、精细化工、生物化工、医药工业及化工新型材料等能耗低而附加产值高的行业适宜大力发展。

1.1.3 企业结构

调整生产规模结构是节能降耗的重要途径。与大型装置相比，中、小装置一般能耗较高，经济效益较差。所以应该有计划、有步骤地调整企业的组织结构，新建化工装置应当选择经济规模较大的大型企业（装置），缺乏竞争力的小企业（装置）应关、停、并、转。

1.1.4 地区结构

地区结构（资源配置）的调整主要是指资源的优化配置，调整部分耗能型工业的地区结构。高耗能产品的生产应当在能源富裕地区或矿产资源就近地区，这样，不仅能保证产品的生产有充足的能源供应，而且从全局来看，可以节省很多能源。在化学工业方面，乙烯生产基地应靠近油田或大型炼油厂；东部地区集中了我国主要油田，又有地处沿海、便于进口石油的条件，适宜发展石油化工；我国中部地区煤炭资源丰富，适宜发展煤化工。

1.2 管理节能

管理节能主要有两个层次的管理：宏观调控层次和企业经营管理层次。

宏观调控层次的节能管理主要是指国家通过法律、法规对产业发展进行规范，通过价格政策、税收等手段对产业发展进行调控，以降低能源消耗。

企业经营管理层次的节能管理主要包括以下几个方面。

① 建立健全能源管理机构　为了落实节能工作，必须有相对稳定的节能管理队伍去管理和监督能源的合理使用，制订节能计划，实施节能措施，并进行节能技术培训。

② 建立企业的能源管理制度　对各种设备及工艺流程，要制定操作规程；对各类产品，制定能耗定额；对节约能源和浪费能源，有相应的奖惩制度等。

③ 合理组织生产　应当根据原料、能源、生产任务的实际情况，确定开多少设备，以确保设备的合理负荷率；合理利用各种不同品位和质量的能源，根据生产工艺对能源的要求分配使用能源；协调各工序之间的生产能力及供能和用能环节等。

④ 加强计量管理　没有健全的能量计量，就难以对能源的消费进行正确的统计和核算，更难以推动能量平衡、定额管理、经济核算和计划预测等一系列科学管理工作的深入开展。因此各企业必须完善计量

手段，建立健全仪表维护检修制度，强化节能监测。

1.3 技术节能

1.3.1 工艺节能

化工工艺过程节能的范围很广，方法繁多，化工生产行业甚多，生产过程又相当复杂，这里只概括地给出工艺节能的基本方向。

工艺技术中首先是化学反应过程，化学反应过程取决于催化剂和化学反应工程，它们的优劣不但决定了化学反应过程本身所需能耗，而且它所提供的产品组成和状态对分离过程能耗也起着决定性的作用，因此它是首要的，其次是分离工程。

(1) 催化剂和化学反应过程节能

催化剂是化学工艺中的关键物质。现有的化学工艺约有 80%采用催化剂，而在新的、即将投入工业生产的工艺中，约有 90%采用催化剂。

催化剂也是工业节能中的关键物质，这是因为，一种新的催化剂可以形成一种新的、更有效的工艺过程；或者可以缓和反应条件，使反应在较低的温度和压力条件下进行，就可以节省把反应物加热和压缩到反应条件所需的能量；或者选择性提高，使副产物减少，生成物纯度提高，既节省了原料消耗，又降低了后续精制过程的负荷和能耗；或者反应活性提高，降低了反应过程的推动力，减少了反应能耗。

绝大多数反应过程都伴随有流体流动、传热和传质等过程，每种过程都有阻力，为了克服阻力，推动过程进行，就需要消耗能量。若能减少阻力，就可降低能耗。同时，一般的反应都有明显的热效应，对吸热反应有合理供热的问题，而对放热反应有合理利用的问题。

(2) 分离过程和化工单元操作工艺节能

分离过程的能耗在化工、炼油工业中占 40%～70%，分离过程的节能取决于分离的工艺、所采用的化工单元操作和其系统的能量集成。化工分离过程如图 12-1 所示。

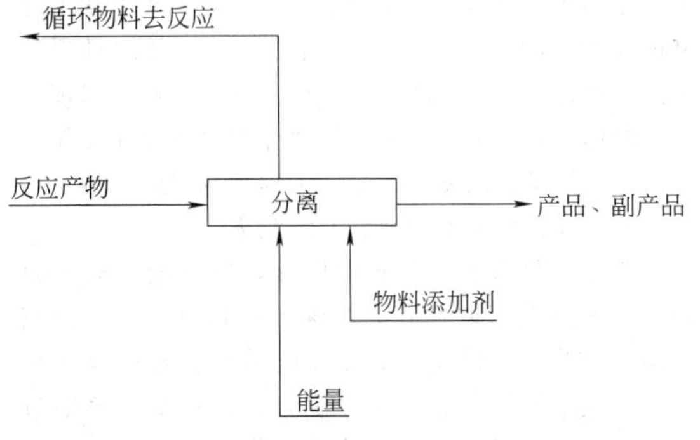

图 12-1　化工分离过程

原料的形态可以是气态、液态和固态，在实际生产中，分离过程由多个化工单元操作构成，它们用工艺管道按照一定的顺序和规定条件形成化工过程网络（工艺流程）。

分离工艺是决定性的，它决定了分离的效果和所需消耗的能量，它所采用的分离方法和流程顺序决定了所采用的分离单元操作的种类及数量。

分离单元操作很多，主要是传质分离的化工单元操作，如精馏、吸收、萃取、吸附、蒸发、结晶、干燥、浸取、膜分离等；其次为机械分离，如过滤、离心分离等。

在工程上为实现分离过程的工艺物料必需的温度、压力等工艺条件和要求，还应配备加热、冷却、流体流动与压缩、搅拌与混合等辅助（支撑）单元化工操作。

这些辅助（支撑）化工单元操作是输入能量（或回收能量）的操作单元，它的能耗是工艺中分离过程能耗的基本内容。

分离过程能耗取决于以下条件。

① 分离过程采用的分离工艺（工艺方法和工艺流程）。因为分离工艺的优化和改进，可能会给分离过程节能带来根本性的变化。

② 分离过程采用的化工单元操作的工艺性能。对于各分离化工单元操作，有其内容丰富的工艺节能技术，考虑到蒸馏操作在分离过程中特别重要的地位，它几乎是每个分离过程不可缺少的选择，它在化学工业和炼油工业中占分离过程能耗的 70%～90%，故在本章中将对蒸馏过程的工艺节能技术作系统介绍。

③ 分离过程所采用的化工单元操作设备的工艺效率和节能效率。

1.3.2 化工单元操作设备节能

化工单元操作设备种类很多，包括塔设备（精馏、吸收、萃取等），流体输送、压缩设备（泵、压缩机等），换热设备（锅炉、加热炉、换热器、加热器、冷却器等），以及其他设备（吸附、蒸压、结晶、干燥等），每一类设备都有其特有的节能方式。

(1) 塔设备

采用高效、低阻力降的新型塔板以及新型填料。

(2) 流体输送和压缩设备

① 选用合适的液体机械，避免“大马拉小车”的情况，避免造成能量浪费。

② 选择合适的流量调节方式，对可变负荷的设备，采用调速控制。

③ 合理选择经济流速，求取最佳管径。

(3) 换热设备

① 加强设备保温、防止结垢，保持合理的传热温差，强化传热。

② 采用高热效率的锅炉和加热炉，控制过量空气，提高燃烧特性。

1.3.3 化工过程系统节能和能量集成

化工过程系统节能是指从整个系统合理用能的角度，把整个系统集成起来作为一个整体对待，所进行的节能工作。

化工过程系统是由若干个化工单元操作构成的，而化工单元操作由一个或若干个化工单元设备构成，如流体输送、压缩单元操作由泵或压缩机构成，而典型的蒸馏单元操作则由蒸馏塔、冷凝器、再沸器、回流罐和回流泵等化工单元设备构成。

化工过程系统通过工艺管道将各工艺单元操作按一定顺序连接起来，通过这些管道将上游的工艺物料和能量送入下游的工艺单元。由于系统原料进料和产品出料，以及系统内上游单元输送物料的工艺条件（温度、压力）不一定是下游单元适宜的工艺条件，因此，物料输送伴随着能量供应、转换、利用及回收等环节。

① 压力条件的差异，需要用泵、压缩机、节流阀来调整。泵、压缩机需外部输入能量（电力和蒸汽或工艺介质），物料通过节流阀时，由于其热力学的不可逆性，要造成能量损失，应在适宜的技术经济条件下，用气体膨胀机或液力透平代替节流阀，所回收的能量可以用以其他工艺介质的输送和压缩或以电力形式输出，以使回收能量达到合理利用。

② 温度条件的差异，需要各种加热（冷却）器和换热器，这就需要对系统进行传热网络的研究（例如用夹点技术）。

应当指出，能量分级和“等价”使用是该研究的主要原则。

a. 高压蒸汽应先通过蒸汽透平提供驱动动力，然后在合适的温度、压力参数下作为工艺加热源。

b. 对工艺介质显热利用尽可能采用逆流及分级的方式，以使其尽可能“等价”使用。

③ 低位热能利用的节能方法如下。

a. 热泵技术：根据系统要求，输入机械功，通过压缩使低压蒸汽压缩至一定压力，作为较高能位的热源使用。

b. 低压蒸汽通过透平膨胀发电。

c. 以低压蒸汽吸收制冷，以代替机械（或电）制冷。

④ 通过串联设备的梯级设备操作压力的设置，形成多效精馏和多效蒸发的节能过程。

在上述研究基础上做出系统的能量平衡，根据外供的和过程本身放出的能量的品位及数量，匹配过程所需的动力和不同温度的热量；根据工艺过程对能量的需求和热回收系统的优化合成，对公用工程提出动力、加热量和冷却的公用工程量，并进行适当的工艺过程的调整，这些就是化工过程系统节能的内容。

以前的节能工作主要着眼于局部，但系统各部分之间有着有机的联系。随着过程系统工程和热力学分析两大理论的发展及其相互结合与渗透，产生了过程系统节能的理论方法，把节能工作推上一个新的高度。

1.3.4 控制节能

控制节能包括两个方面：一方面是节能需要操作控制；另一方面是通过操作控制节能。

对于节能需要操作控制，通过仪表加强计量工作，做好生产现场的能量衡算和用能分析，是节能的基础工作。节能改造之后，回收利用各种余热，使物流与物流、设备与设备等之间的相互联系和相互影响加强，导致生产操作的弹性缩小，更要求采用相应的控制系统进行操作。

另外，为了做好生产运行中的节能，必须加强操作控制。例如产品纯度准确控制不够是引起过程能量损失的一个主要原因。所以一些设备留有较大的设计裕度，使产品的纯度高于所需的纯度，大大增加了能耗。

在生产过程中，各种参数的波动是不可避免的，如原料的成分、气温、市场对产品产量的需求、蒸汽需求量等，若生产优化条件能随着这些参数的变化相应变化，将能取得很大的节能效果。计算机使得这种优化控制成为可能。

控制节能投资小、潜力大、效果好，是大有发展的节能途径。

2 化工单元操作工艺节能典型举例——蒸馏过程的工艺节能技术

化工单元操作种类十分繁多，对于所消耗的能量等级和大小相差悬殊，其节能途径与方法也不尽相同，而且每一种节能技术的使用都是有条件的，只有在适宜的工艺、公用工程和环境的条件下，并通过优化设计，才能达到期待的节能和技术经济效果。

化工分离过程的能耗占整个化工过程能耗的40%～70%，各化工单元操作过程有不同的工艺和单元设备的节能技术，其中蒸馏过程能耗占整个化工分离过程能耗的80%～90%。因此，了解蒸馏过程节能技术对化工生产节能具有重要意义，故本节以蒸馏单元操作为典型例子，较全面地介绍蒸馏单元操作的工艺节能技术，以便化工设计工程师从点到面地了解化工单元操作的节能理念、方法和途径。

蒸馏过程除了常规蒸馏以外，还有加入第三组分（恒沸剂或萃取剂）的特殊精馏过程——恒沸蒸馏和萃取蒸馏，以及蒸馏和反应过程耦合的反应精馏和催化精馏等，它们虽然重要，但在整个蒸馏过程中所占比重毕竟很小，此外，蒸馏塔各项产品的能量利用节能技术属于整个工艺系统的热量集成范畴内的内容。

2.1 蒸馏操作过程和操作工艺的最优化

2.1.1 采用最佳回流比

(1) 回流比与能耗的关系

影响蒸馏过程能耗的因素很多，其中最主要的是回流比，回流比 R 为塔顶回流量 L 与塔顶产品量 D 之比，即 $R=L/D$。选择最佳回流比是精馏系统节能的一项重要措施。精馏塔的能耗随回流比的增大而增加。因为此时再沸器和冷凝器的热负荷按比例增大，使加热剂和冷却剂的消耗量也按比例增加，这两项是精馏塔操作费的主要部分，所以随回流比增大，使操作费用增加。另外，回流比增加虽使达到分离要求所需的塔板数减少，但在回流比较高时，R 的进一步增加使塔板数降低的效果明显减小，而塔中气、液相流率则按比例随 R 增大而增大，使再沸器、冷凝器、回流罐和回流泵等的尺寸及设备能力增加，则造成塔及附属设备费用增加。

回流比与产品成本分摊的设备费、操作费以及总费用之间的关系如图 12-2 所示，操作费随 R 的增大而增大；设备费在 R_{min} 附近时，随回流比增加，设备费随塔板数减小而迅速下降，但 R 继续增加，总设备费转向增大；总费用为总设备费和操作费之和，故它随回流比的增加先减小而后增加，存在一个最小值，此最小值对应的回流比为总费用最小时的回流比。

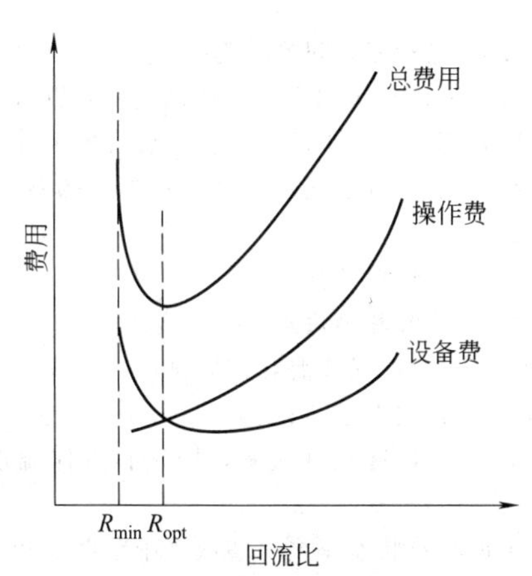

图 12-2　回流比与产品成本分摊的设备费、操作费以及总费用之间的关系
R_{opt}—最佳回流比；R_{min}—最小回流比

(2) 最佳回流比的确定

精密精馏填料塔的最佳回流比曲线如图 12-3 所示。可以看出，当操作费与设备费相比可以忽略不计即 $Q\to 0$ 时，$(R_{opt}+1)/(R_{min}+1)=1.4$。当操作费增加，$Q$ 值增大时，最佳回流比就减小。传统设计中回流比的取值偏于保守，通常设计时回流比 R 取为最小回流比 R_{min} 的 1.3～1.5 倍。

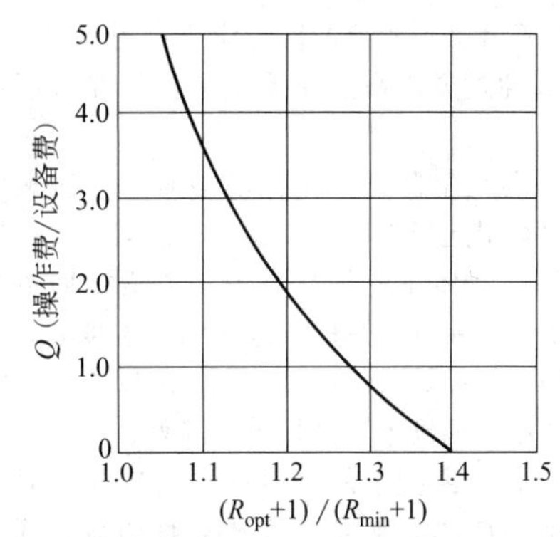

图 12-3　精密精馏填料塔的最佳回流比曲线
R_{opt}—最佳回流比；R_{min}—最小回流比

进入 20 世纪 70 年代，随着能源的短缺和价格的上涨，操作费也相应地成倍增加，因此回流比的选取趋于谨慎。近年来，随着现代物性数据和计算的准确性以及操作精度的提高，设计中对回流比的取值也相应地减小。目前，推荐的回流比值为 R_{min} 的 1.2～1.3 倍，或取为 $1.25R_{min}$。从节能的角度考虑，回流比越小，能耗越小，设计时应尽可能减小回流比。

(3) 适当增加塔板数以减小回流比

对于某些精馏塔，可以适当地增加一些塔板数，以减小回流比。如图 12-4 所示，在 C_2～C_4 分离塔中，若增加 4 块理论板，使原设计的回流比由 $R=0.82(R=1.27R_{min})$ 降到 $0.7(R=1.08R_{min})$，可减少能耗 11%。

然而，通过增加塔板数以降低回流比是有一定限度的。如图 12-4 所示，在实际回流比 R 与最小回流比 R_{min} 的比值较大时，塔板数的增加使回流比 R 显著减小，但随着塔板数的增加，曲线逐渐趋于陡立，这时回流比 R 接近最小回流比 R_{min}，增加塔板数对回流比的减小已无明显作用，因而，过多地增加塔板数并没有好处。对于塔板数少、实际回流与最小回流的比值高、压力高及汽化热大的精馏塔，适当增加塔板数以减小回流比，可有效地降低热负荷，达到节能的目的。

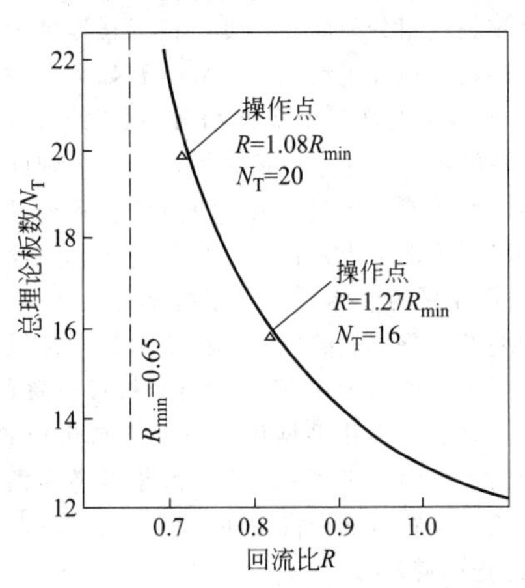

图 12-4　回流比与理论板的关系曲线

(4) 在降低回流比的同时应注意的事项

① 避免过度提高产品质量指标，并采用适宜的回流比。

② 在尽可能降低回流比的同时，应注意回流比降低有时会引起板效率下降的各种因素。

a. 在同一体系的精馏塔中，若增加回流比，就加大了塔板上相互接触的气液两相的温度差，则塔板效率增加；相反，若减小回流比，就降低了相互接触的气液两相的温度差，则板效率降低。

b. 若待分离物系的相对挥发度较大，而最小回流比较小（如 R_{min} 为 0.2～0.3），此时设计回流比与塔板效率的问题就显得更加突出，这是因为回流比小会引起塔内液量的降低，容易使精馏系统发生不稳定现象。因此，在实际操作中通常取回流比 R 为最小回流比的 3～4 倍，即 0.7～1.0，以过大的回流比进行运转。

c. 在“夹点”（pinch point）附近，塔板上相互接触的气液两相的温差几乎等于零，这时的塔板效率就会降低。

2.1.2　选择最佳进料位置

在许多情况下，改变进料位置可以降低回流比，虽然花费的投资很少，却可以大量地节能，在多元精馏中，非关键组分的存在，使得最佳加料位置的确定变得困难。在设计计算中，所谓最佳加料位置是指在同样回流比的条件下，达到规定分离要求所需的塔板数最少；在核算型计算中，则指在一定塔板数和回流比的条件下，达到最大的分离因子 S。分离因子 S 的数学式为

$$S=\frac{\left(\dfrac{x_{\mathrm{lk}}}{x_{\mathrm{hk}}}\right)_{\mathrm{D}}}{\left(\dfrac{x_{\mathrm{lk}}}{x_{\mathrm{hk}}}\right)_{\mathrm{B}}} \tag{12-1}$$

式中　x_{lk}，x_{hk}——轻重关键组分的摩尔系数；

D，B——塔顶和塔底。

分离因子 S 表示某一单元分离操作或某一分离流程轻重关键组分分离的程度。在工程计算中，应用较广泛的确定最佳进料位置的方法有如下三种。

① 加料板上液相中关键组分的浓度比值，应与加料的液体部分中这个比值尽量接近，否则就会发生由于返混而造成的效率损失，也可能导致提馏段与精馏段的塔板比例不当，致使在某段造成无效操作。

② 将加料的液体中关键组分的浓度与各板液相物料中关键组分浓度的比值，在单对数坐标纸上对板数进行标绘，如图 12-5 所示。当加料板位置最佳时，加料板两侧的斜率几乎相等。如果加料板位置过高，将在加料板下面一段塔中发生较严重的逆向精馏；如果加料板的位置过低，将在加料板上面一段塔中发生较严重的逆向精馏。

③ 在固定板数与回流比的条件下，改变几个加料位置，分别进行严格模拟计算，算出相应塔的分离因子 S，再将 S 对进料板数进行标绘，曲线最高点对应的进料板数即为最佳加料位置。

上述三种确定加料位置的方法中，方法一是二元精馏判据的推广，曾广泛应用于多元精馏。但是当轻重非关键组分的含量高，两者含量的差距又大时，这一方法会引起较大偏差，尤其是回流比接近最小回流比时，此偏差更为显著。后两种方法能够比较可靠地求得最佳加料位置，比较实用。

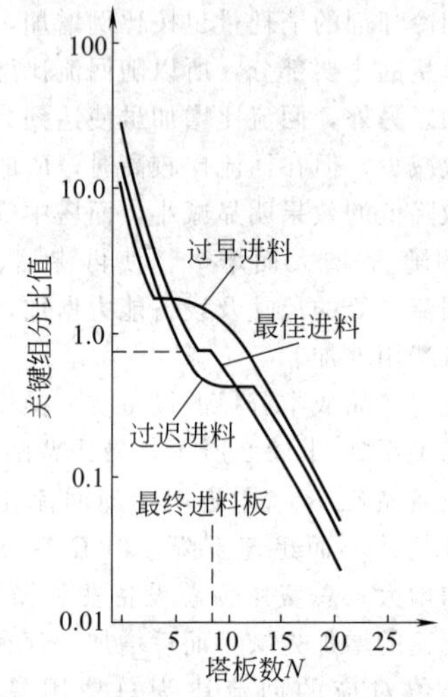

图 12-5　进料位置与关键组分比值的标绘

2.1.3　选择最佳进料状态

由过冷液体至过热蒸汽，精馏过程可以有五种不同的加料状态，q 为加料热状态，数值大小等于每加入 1kmol 的原料使提馏段液体所增加的物质的量（kmol）：

① $q<0$，过热蒸汽进料；

② $q=0$，饱和蒸汽进料；

③ $0<q<1$，气液混合物进料；

④ $q=1$，泡点进料；

⑤ $q>1$，过冷液体进料，即进料液体温度低于泡点。

由于加料热状态不同，造成塔中精馏段和提馏段的气、液相流率发生变化，从而影响再沸器和冷凝器的热负荷；同时加料热状态不同，使得最小回流比不同，影响达到规定分离要求所需的塔板数。因此加料状态的变化能影响系统的投资和操作费用，是精馏系统最优化设计的重要参数之一。很明显，对加料进行预热必然减少塔底所需的加热量，但是塔顶冷凝器的热负荷并不减少；相反因最小回流比的增大而引起回流比增大，冷凝器的热负荷变得更大，同时回流比的变化也会影响到再沸器的热负荷。在特定分离要求下，分析加料浓度不同，即塔顶产品与原料量之比（D/F）不同时，进料热状态参数 q 对冷凝器和再沸

器热负荷的影响，可得如图 12-6 所示结果，当 D/F 较大时，增加料液的热状态参数 q 值，塔底中的加热量增加的幅度比冷凝器的热负荷下降的幅度要大。加料状态对精馏塔经济性的影响随塔的温度而变化。

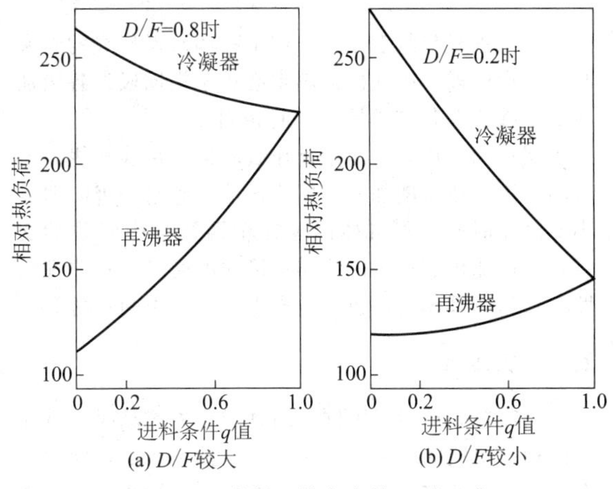

图 12-6　进料热状态参数 q 对再沸器和冷凝器热负荷的影响

(1) 高温精馏

对于塔顶和塔釜温度均高于大气温度的高温精馏，塔釜常用水蒸气加热，塔顶用水或空气冷却。当 D/F 较大又有适合的低温热源时，应尽量采用较低的 q 值，即以气相进料为宜，由于省去料液预加热后，塔底加热量增加甚少。

对于裂解气深冷分离中的一些高温精馏塔，例如脱丁烷塔，按照上述原则，在高浓度进料时，应当适当降低进料的 q 值，即提高进料温度。据文献报道，当脱丁烷塔的进料温度由 60℃提高到 70℃时，再沸器负荷节省约 10%。当利用低压蒸汽预热进料到 90℃时，则再沸器负荷可降低 30%。

(2) 低温精馏

对于塔顶和塔底温度均低于大气温度的低温精馏，塔底可用 0℃左右的丙烯一类介质加热以回收冷量，塔顶则需用价格昂贵很多的低温制冷剂冷凝。此时，无论 D/F 为何值，均应以饱和液体进料或过冷液体进料为宜，因为此时塔顶冷凝热负荷越小越经济。

由于在裂解气深冷分离中，大部分能量要消耗在低温精馏的一些塔上（如脱甲烷塔、乙烯精馏塔等），因此，合理选择这些塔的进料状态对于降低能耗是十分重要的。从以上分析不难看出，对于这些塔来说，应尽量采用饱和液体甚至过冷液体进料为宜。

(3) 中温精馏

以上的高温精馏和低温精馏是两种极端情况，对于中等温度范围操作的精馏过程，即塔底温度高于大气温度，而塔顶温度低于大气温度的精馏过程，应根据具体所分离物系和分离要求计算冷凝器、再沸器热负荷随进料热状况的变化趋势，结合加热剂和冷却剂的价格，是否有废热可以利用等，进行全面的经济评价，才能最后确定最佳的进料状态。

2.2　多股进料

当两种或多种成分相同但浓度不同的料液进行分离时，如低沸点组分浓度分别为 x_{F_1}、x_{F_2} 的 A、B 两组分体系混合液，以 F_1 kmol/h 和 F_2 kmol/h 流量从两个工艺中排出时，要把这两种原料液精馏分离成 A、B 单一组分，可考虑如下两种方式，如图 12-7 所示。

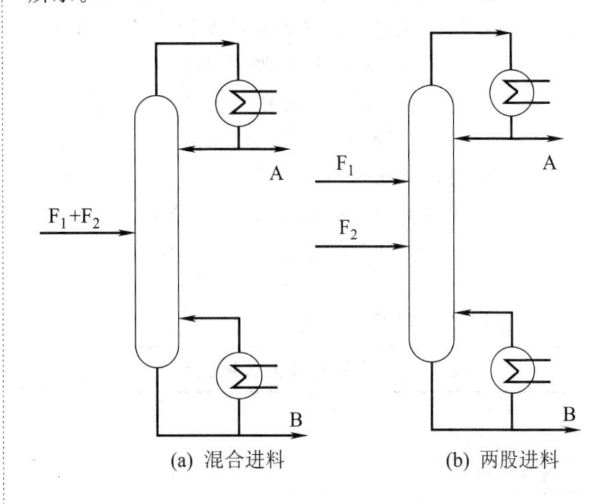

图 12-7　两种浓度进料液的进料方式

(1) 混合进料

把浓度不同的 F_1、F_2 两种原料液混合，形成 x_{F_m} 的 F_m kmol/h（$F_m=F_1+F_2$）进料液，用一个常规精馏塔处理。

(2) 两股进料

采用具有两个进料板的复杂塔，两股或多股原料分别在适当的位置加入塔内，称多股进料。

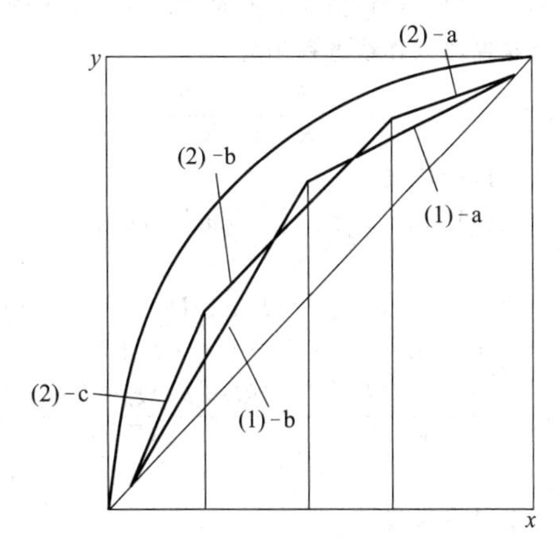

图 12-8　混合进料和两段进料 y-x 图

方式（1）与方式（2）均采用一个塔，如图 12-8

所示为这两种方式在 y-x 图上的比较。图中12-8中(1)-a和(1)-b表示原料液混合的塔式精馏段及提馏段的操作线；(2)-a、(2)-b、(2)-c分别是两段进料方式的精馏段、中间段和提馏段的操作线。可见，采用两段进料时，操作线较接近平衡线，不可逆损失降低，因而热能消耗降低。这是因为精馏分离是以能耗为代价的，而混合是分离的逆过程。在分离过程中的任何具有势差的混合过程，都意味着能耗的增加。采用两段进料复杂塔，由于精馏段操作线斜率减小，回流比减小，所需塔板数要增加。

现以两种浓度的甲醇-水两组分体系原料液精馏为例，其进料和塔底、塔顶产品的浓度及流量如下。

$$x_{F_1}=0.8(\text{摩尔分数})CH_3OH$$

$$x_{F_2}=0.2(\text{摩尔分数})CH_3OH$$

$$F_1=15\text{kmol/h}\quad F_2=15\text{kmol/h}$$

$$x_{F_m}=0.5(\text{摩尔分数})CH_3OH\quad F_m=30\text{kmol/h}$$

$$x_D=0.98(\text{摩尔分数})CH_3OH$$

$$x_W=0.98(\text{摩尔分数})CH_3OH$$

$$q_1=1\quad q_2=1\quad q_m=1$$

两种精馏方式所需热能见表12-1。

表12-1　两种精馏方式所需热能

项目	方式(1)	方式(2)
最小回流比	0.7629	0.5652
操作回流比	1.00	0.75
再沸器加热量/(kcal/h)	266013	232287
热量比/%	107.2	93.62

注：1kcal=4.18kJ。

两段进料的复杂塔计算时可分为三段：精馏段、中间段和提馏段，每段均可用物料衡算求出其操作线方程。

对精馏段，设塔顶为泡点回流，进料均为泡点进料，则精馏段操作线方程仍为

$$y_{n+1}=\frac{Rx_n}{R+1}+\frac{x_D}{R+1}\tag{12-2}$$

中间段操作线

$$V'y_{n+1}+F_1x_{F_1}=Lx_D+Dx_D\tag{12-3}$$

$$q_1=1\tag{12-4}$$

$$V'=V=(R+1)D\tag{12-5}$$

$$L'=L+qF_1=L+F_1=RD+F_1\tag{12-6}$$

$$y_{n+1}=\frac{L'x_n+Dx_D-F_1x_{F_1}}{V'}=\frac{(RD+F_1)x_n+Dx_D-F_1x_{F_1}}{(R+1)D}\tag{12-7}$$

提馏段操作线

$$V''y_{n+1}+F_1x_{F_1}+F_2x_{F_2}=L''x_n+Dx_D\tag{12-8}$$

$$q_2=1\tag{12-9}$$

$$V''=V'=V=(R+1)D\tag{12-10}$$

$$L''=L+q_1F_1+q_2F_2=L+F_1+F_2=RD+F_1+F_2\tag{12-11}$$

$$y_{n+1}=\frac{(RD+F_1+F_2)x_n+Dx_D-F_1x_{F_1}-F_2x_{F_2}}{(R+1)D}\tag{12-12}$$

无论加料热状态如何，塔中精馏段操作线的斜率必小于中间段，中间段的斜率必小于提馏段。各股加料的 q 线方程仍与单股进料时相同。

减小回流比时，三段操作线均向平衡线靠拢，所需的理论板数将增加。当回流比减小到某一极限即最小回流比时，夹点可能出现在精馏线与中间线的交点，也可能出现在中间线与提馏线的交点。对非理想性很强的物系，夹点也可能出现在某个中间位置。

2.3　侧线出料

当需要获得组成不同的两种或多种产品时，可在塔内相应组成的塔板上安装侧线，抽出产品，即用一个复杂塔代替多个常规塔联立的方式。侧线抽出的产品可为塔板上的泡点液体或饱和蒸汽。这种方式既减少了塔数，也减少了所需塔顶冷凝器冷量和塔底再沸器热量，是一种节能的方式。

乙烯精馏塔是侧线出料的一个极好的例子，如图12-9(a)所示；如图12-9(b)所示是侧线产品为组成 $x_{D'}$ 的饱和液体。但无论哪种情况，中间段操作线斜率比都小于精馏段。在最小回流比下，恒浓区一般出现在 q 线与平衡线的交点处。

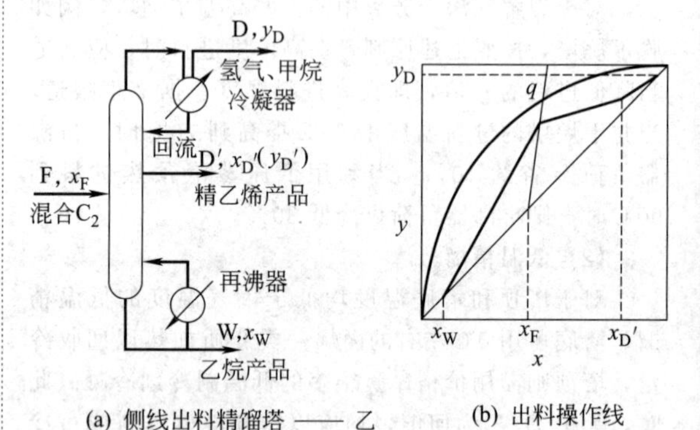

(a) 侧线出料精馏塔——乙烯精馏塔　(b) 出料操作线

图12-9　具有侧线出料的精馏塔

把侧线出料的方式再发展一步，可用来进行多组分精馏。

在采用一个常规塔将 F_1（A、B）分离成A、B两组分，另一个常规塔将 F_2（B、C）分离成B、C两组分的情况下，如果两个精馏塔的处理量和内部回流比差别不大，就可以采用如图12-10所示的精馏工艺取而代之。不过这种情况是以塔内相对挥发度顺序不变为前提的，并应按沸点由低到高的次序自上而下进料。

在该工艺中，当原料液量 $F_1\approx F_2$，进料组成

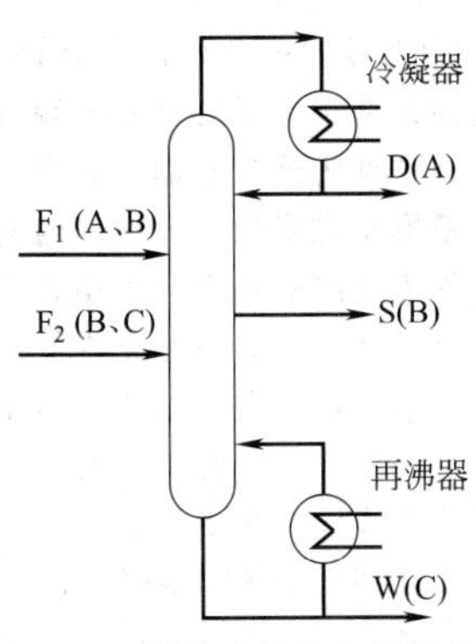

图 12-10　用侧线出料进行多组分精馏

$x_{F1a}\approx0.5$，$x_{F2b}\approx0.5$ 时，与采用两个常规塔分离相比，所需塔顶冷凝器冷量和塔底再沸器热量只有两个常规塔的一半，而且设备投资也减少了（塔减少了一个）。当进料量 F_1 和 F_2 有很大差别，如 $F_1\geqslant F_2$ 时，应设置中间再沸器，如 $F_1\leqslant F_2$，则侧线馏分 S (B) 应以气相引出。

但是侧线出料也存在下述问题。

① 由于难以设定与原料组成变动等外部因素相对应的最宜侧线出料量，故保持侧线出料量一定，这样，精馏塔的分离机能就不能得到充分利用。

② 尽管增加了侧线出料功能，但操作变量没有增加，故只能对几个组分中的一个组分进行质量控制。

这种方式的灵活性小，必须严密地设定设计条件。另外，当侧线馏分要求的纯度高时，因为系统的自由度小，因而要借助计算机进行详细的设计计算。

2.4　中间再沸器和中间冷凝器

2.4.1　中间再沸器和中间冷凝器的原理

在普通精馏塔中，提供塔内气相热源的所有热量均来自塔底再沸器，提供塔内液相热源的所有冷量均来自塔顶冷凝器。如果在塔内增设中间换热器（中间再沸器或中间冷凝器），就相当于将塔底再沸器的一部分热量和塔顶冷凝器的一部分冷量分别由中间再沸器和中间冷凝器来提供。

采用中间再沸器方式，把再沸器加热量分配到塔底和塔中间段；采用中间冷凝器方式，把冷凝器热负荷分配到塔顶和塔中间段，这样显著减少了塔底再沸器以及塔顶回流冷凝器的热负荷。当塔底需要用高温外热源加热以向精馏塔输入有效能时，以温度较塔底温度低的中间加热器向塔输入热量比在塔底温度下输入等量热量所耗费的有效能少，而且往往还可以利用某些废热通过中间加热器向精馏塔供热。当塔底温度比环境温度低而可从塔底再沸器回收冷量时，中间再沸器的温度比塔底温度更低，因此它能更有效地回收冷冻量。当塔顶冷凝器的温度高于环境温度因而可以回收利用塔顶的冷凝潜热时，中间冷却器的温度比塔顶冷凝器的温度高，则回收余热的有效能就高，回收过程更有效。当塔顶温度低于环境温度时，塔顶冷凝器的冷却介质必须是低温制冷剂，而中间冷凝器温度较高，可使用水冷，这就可使操作费用大大降低。这种给精馏塔增设中间再沸器和中间冷凝器的节能方式，其原理就在于通过中间换热改变精馏操作的操作线，合理布置塔内热传递过程的推动力，降低塔内热传递的不可逆性，以减小功的损失，从而提高过程的热力学效率，达到节能的目的。

2.4.2　中间再沸器和中间冷凝器的流程

在精馏塔中增设中间再沸器和中间冷凝器最简单的流程如图 12-11 (a) 所示，即在提馏段设置中间再沸器，在精馏段设置中间冷凝器，若被中间再沸器和中间冷凝器加热及冷却的流体不在原位返回塔内，则精馏段和提馏段各有三条操作线。如图 12-11 (b) 所示，精馏段和提馏段中，中间冷凝器（再沸器）之上的操作线斜率小于中间冷凝器（再沸器）之下的操作线斜率，与没有中间再沸器和中间冷凝器的精馏塔相比，如图 12-11 (b) 中的虚线所示，操作线靠近平衡线，所以使精馏过程的损失减少，塔板数增多。这种流程，既然在进料点处两条操作线的斜率保持不变，则说明总冷凝量和总加热量没有变化，即两个蒸馏釜的热负荷之和与原来一个蒸馏釜相同，两个冷凝器的热负荷之和与原来一个冷凝器相同。

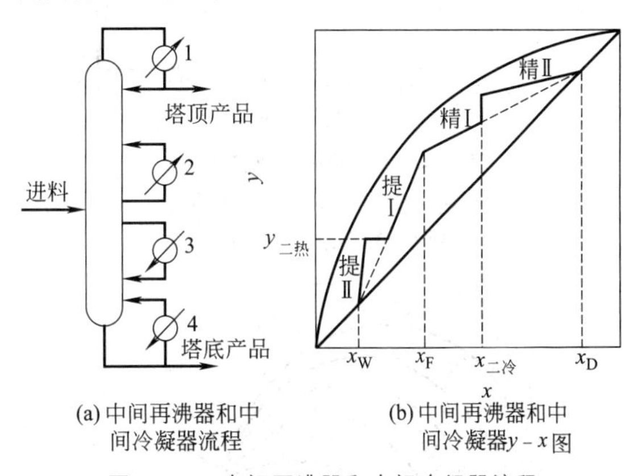

(a) 中间再沸器和中间冷凝器流程　(b) 中间再沸器和中间冷凝器 $y-x$ 图

图 12-11　中间再沸器和中间冷凝器流程

1—塔顶回流冷凝器；2—中间冷凝器；3—中间再沸器；4—塔底再沸器

2.4.3　中间再沸器和中间冷凝器的设置

若在精馏塔进料点上、下分别增设无限多个中间冷凝器和中间再沸器，即在精馏段的每一层都设置冷凝器，提馏段每一层都设置再沸器，根据平衡线的要求保持全塔各处都处于汽液平衡，就可以使精馏过程完全可逆而把能耗降至理论最小分离功。当然，这只是理论上的极限，实际上这种理论极限情况是不可能实现的，因为这不仅需要有无穷多块塔板，并且需要有无穷多个温度连续分布的外界热源以及无穷多个中间换热器。因此，就提出了中间再沸器和中间冷凝器台数的合理设置问题。Kayihan 研究了增设中间再沸器和中间冷凝器的台数对提高热力学效率的影响，其研究结果如图 12-12 和图 12-13 所示。研究结果表明，加入一个中间再沸器或一个中间冷凝器所取得的热力学效率增加值相当，具有同等效用。而同时具有一个中间再沸器和一个中间冷凝器的热力学效率则较高。图 12-13 表明，加入中间冷凝器或中间再沸器对热力学效率增加的影响主要在于前几台中间冷凝器或中间再沸器，若再增加台数，则影响逐渐减小。图 12-13 还表明，只有在进料浓度很低时，增设中间冷凝器对热力学效率增加的影响才是显著的。

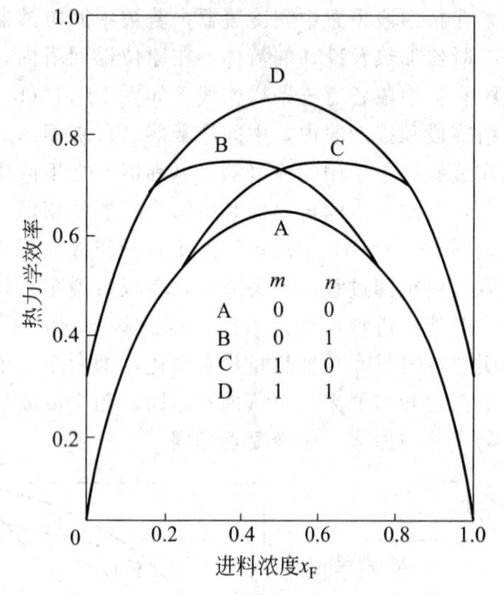

图 12-12　在相同分离条件下，普通精馏塔与具有中间换热器精馏塔的热力学效率比较

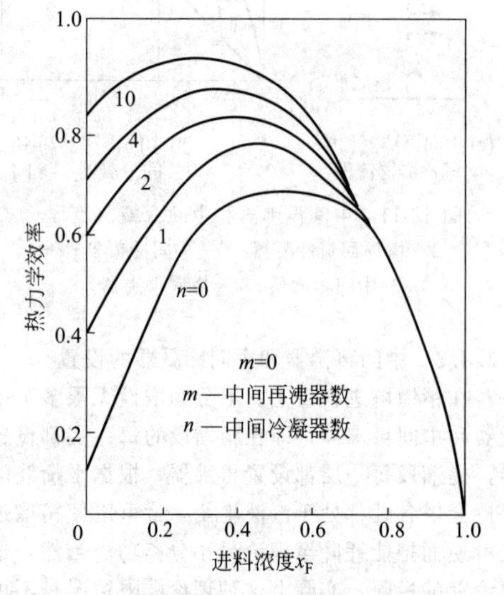

图 12-13　在相同分离条件下，普通精馏塔与具有中间冷凝器精馏塔的热力学效率比较

2.4.4　中间再沸器和中间冷凝器的应用范围

一般的精馏只在精馏塔的顶底两端对塔内物料进行冷却和加热，被称为绝热精馏。而像中间再沸器和中间冷凝器的精馏是在塔的中间对塔内物料进行冷却和加热的，被称为非绝热精馏。利用非绝热精馏来降低分离过程的有效能损失，不是靠降低总热能消耗量来达到的，而是借助所用热能的品位不同来实现的，这样就降低了过程的不可逆性，但其代价是增加了中间换热器，另外完成同样分离任务所需的理论板数增加（或增大回流比以维持理论板数），塔径减小，综合结果可能使设备投资增大。因此，增设中间再沸适用于不同温度的热源可供利用的场合；增设中间冷凝器适用于中间回收的热能有适当的用户，或者可以用冷却水冷却，以减少塔顶所需制冷量的场合。即在生产过程中有适当温位的加热剂和冷却剂与其匹配，并需有足够大的热负荷值得利用。

中间换热器适用于塔顶和塔底的温度差相当大的情况，这时中间换热器与塔顶（或塔底）换热器的温差才明显，所用热能的品位不同而节省的操作费用才更加显著。

进料浓度低时适宜于采用中间冷凝器；进料浓度高时适宜于采用中间再沸器。

2.4.5　中间再沸器和中间冷凝器的工业应用

(1) 脱甲烷塔增设中间冷凝器

脱甲烷塔增设中间冷凝器多股进料与中间回流相结合的逐级分凝流程如图 12-14 所示。进料经一级冷凝，−29℃的凝液作脱甲烷塔的第一股进料。气体经二级冷凝，−62℃的凝液作第二股进料。−96℃的气液混合物作第三股进料。同时从塔中间引出一股气体

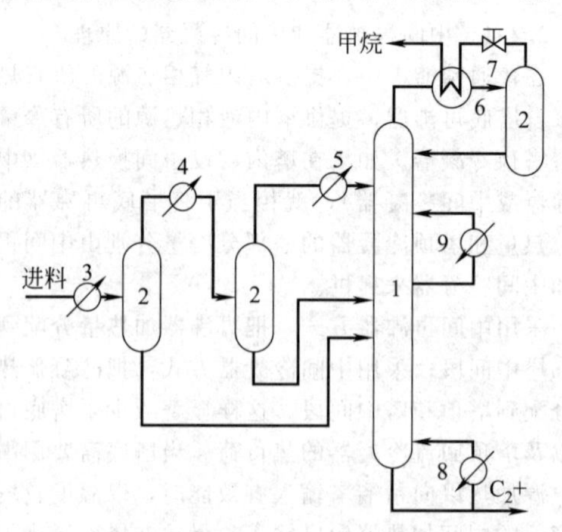

图 12-14　脱甲烷塔增设中间冷凝器多股进料与中间回流相结合的逐级分凝流程

1—脱甲烷塔；2—气液分离罐；3—一级进料冷凝器；4—二级进料冷凝器；5—三级进料冷却器；6—塔顶冷凝器；7—节流阀；8—塔底再沸器；9—中间冷却器

进入中间冷凝器，－70℃的乙烯冷剂冷凝后，气液混合物回流入塔。

从塔顶气来看，经节流膨胀、自身制冷降温到－107℃。因为采取了中间回流，减少了塔顶回流量，塔顶可省去外来冷剂制冷的冷凝器，只需设自身制冷换热器已能满足负荷要求。由于节流膨胀、自身制冷温度低，所以从塔顶气中还可以回收一部分乙烯，故可降低乙烯损失，收到明显的节能效果。

(2) 脱甲烷塔增设中间再沸器

由于脱甲烷塔提馏段的温度比压缩后经初步预冷的裂解气温度低，所以可用此裂解气作为中间再沸器的热剂，裂解气回收了脱甲烷塔的冷量，降温到进料所需温度而进入塔内，如图 12-15 所示。这样可以一举两得，收到节约能量的效果。

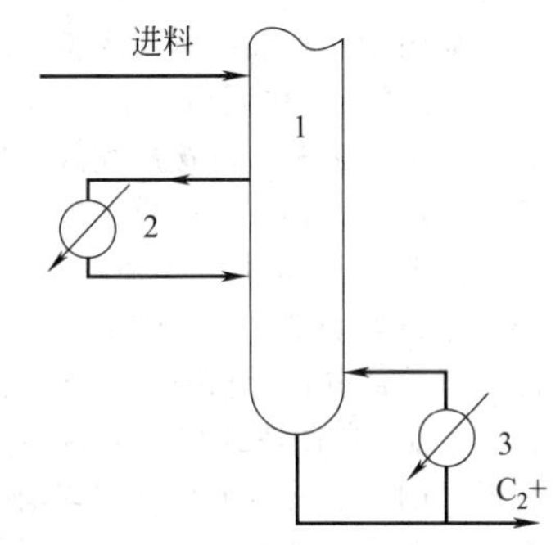

图 12-15　脱甲烷塔中间再沸器流程简图

1—脱甲烷塔；2—中间再沸器；3—塔底再沸器

表 12-2 为脱甲烷塔设置中间再沸器的经济比较，从表 12-2 中数据可以看出，从减少精馏系统有效能耗损失的角度来看，带有中间换热器的非绝热精馏更适合于塔的顶、低温差大的精馏塔。由于这时能量的降级较大，因此采用中间再沸器和中间冷凝器则比较有价值。据报道，乙烯精馏塔采用中间再沸器和中间冷凝器后，可以降低该塔 17%的能耗，这相当于节约了制冷总能耗的 6%。

表 12-2　脱甲烷塔设置中间再沸器的经济比较

项　　目	设中间再沸器	无中间再沸器
精馏段板数/个	90	90
提馏段板数/个	45	28
冷凝器负荷/(GJ/h)	142.5	142.4
中间再沸器负荷/(GJ/h)	52.8	0
塔底再沸器负荷/(GJ/h)	52.8	105.5
塔高/m	74.4	66.8
塔径(精馏段/提馏段)/m	5.5/4.9	5.5/5.5
塔造价/元	5.1×10^6	4.8×10^6
换热器造价/元	3.8×10^6	3.7×10^6
冷冻系统造价/元	0.1×10^6	0
总造价/元	8.8×10^6	8.5×10^6
操作费用/元	4.15×10^6	4.77×10^6

2.5　热泵精馏

2.5.1　热泵精馏的原理

热量可以自发地从高温物体传递到低温物体，但不能自发地沿反方向进行。然而，根据热力学第二定律，如果以机械功为补偿条件，热量也是可以从低温物体转移到高温物体。这种靠补偿或消耗机械功，迫使热量从低温物体转移到高温物体的机械装置称为热泵（heat pump）。热泵所用循环工质为低沸点介质，构成循环的主要部件为蒸发器、压缩机、冷凝器和节流阀等。

热泵系统的工作过程可用图 12-16 来描述：来自蒸发器的低温、低压蒸气经压缩机压缩后升温、升压，达到所需压力的蒸气流经工质冷凝器，蒸气放出热量，降温而冷凝成液相，其液相流经节流阀降压。低压液相流入工质蒸发器后，蒸发成为低温低压蒸气，完成热泵系统工艺流程的循环。

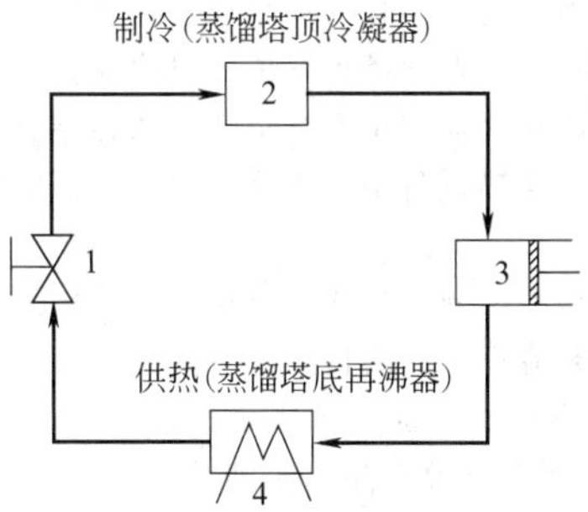

制冷(蒸馏塔顶冷凝器)

供热(蒸馏塔底再沸器)

图 12-16　蒸气压缩制冷制热循环原理图

1—节流阀；2—工质蒸发器；3—压缩机；4—工质冷凝器

任何精馏塔在操作上都有共同点，这就是塔顶温度低，塔底温度高。按照常规的传热方式，需要用外来冷剂对塔顶冷凝器制冷，从塔顶移出热量，同时又需要用外来热剂加热塔底再沸器，向塔底供热。如果想把塔顶气体的热量传送给塔底物料，则存在塔顶温度比塔底温度低的问题，因为热量是不能自动地从塔顶低温处转移到塔底高温处的。

利用热泵系统的工作原理，将热泵系统和蒸馏系统的工艺流程进行耦合，即将热泵系统的工质蒸发器 2 放在蒸馏塔顶作为冷凝器，并向其提供冷量，而蒸发后低压蒸气则进入压缩机 3 进行压缩，使压缩后的高压气体在工质冷凝器 4 中冷凝，其冷凝放出的热量作为蒸馏塔再沸器的热源，从而实现了蒸馏塔低位热能经过压缩机 3 提升成高位热能的转变，而热泵系统在蒸馏塔再沸器产生的冷凝液则经过节流降压又回到蒸馏塔顶冷凝器作为其冷源。

上述热泵系统和蒸馏系统有机耦合，就形成闭式热泵精馏的工艺流程。

对于大回流比且塔顶和塔底温差较小的蒸馏系统，

适宜采用热泵技术，在这种情况下，以消耗较小的压缩功就可替代塔顶冷剂和塔底所需的热源能量消耗。当然，采用热泵技术需增加热泵压缩机等的投资费用。

精馏过程是否采用热泵技术，关键在于合适的工艺对象和优化的工艺流程设计，即在技术经济上是否合适取决于热泵压缩机所需的功率，其相应的驱动能源（机械功或电功）的价格及其所替代的塔顶冷剂以及塔底热源的费用（数量和价格）对于热泵压缩机等所需投资能够在较短时间内回收。

2.5.2 闭式热泵精馏

如图12-17所示为闭式（又称间接）热泵精馏流程，它主要由精馏塔、压缩机、塔顶冷凝器、塔底再沸器及节流阀等组成，通过利用封闭的热泵循环系统使工质运行。制冷供热循环系统除对塔顶冷凝器制冷外，还对塔底再沸器供热。于是通过制冷循环系统的工质媒介，使精馏塔顶低温处的热量输送到塔底高温处。在闭式热泵精馏流程中，制冷循环的工质蒸发器与精馏塔顶冷凝器结合为一个设备，在这个换热设备中，工质吸热蒸发而塔顶气体放热冷凝；同时，制冷循环的工质冷凝器与精馏塔塔底再沸器结合为一个设备，在这个换热设备中，工质放热冷凝而塔底液体吸热蒸发。

这种单独工质循环式热泵精馏称为闭式（又称间接式）热泵流程，它的特点如下。

① 要分离的产品与工质完全隔离。

② 适用于热敏产品、腐蚀性介质和产品不适宜压缩的体系。

③ 可使用标准精馏系统，易于设计和控制。

④ 缺点是与开式热泵精馏相比较，多一个热交换器（即蒸发器），即需要2台换热设备。压缩机需要克服更高的温差和压力差，因此，其效率较低。

考虑到工质化学稳定性，精馏塔闭式热泵应用的温度范围限制在大约130℃，而许多有机产品的精馏塔却在较高的温度下操作。与普通制冷剂相比，水的化学和热稳定性好，泄漏时对人和臭氧层无负效应，价格便宜，而且具有极好的传热特性，在热交换中所需的换热面积较小，特别适合精馏塔底温度较高的精馏系统。

以丙烯精馏闭式热泵流程为例，如图12-17所示，塔顶产品为丙烯，塔底产品为丙烷，热泵为相对独立系统。工质进入压缩机提压升温后再进入塔底再沸器（即工质冷凝器），提供蒸馏所需的热量，工质本身则放热冷凝为液体，然后经节流阀减压降温，进入塔顶冷凝器（即工质蒸发器）中吸热蒸发，形成低压气态工质返回压缩机压缩，进行再循环。

2.5.3 开式热泵精馏

当精馏装置中的产品可直接作为压缩工质时，可采用开式（又称直接式）热泵流程，这是应用最广的

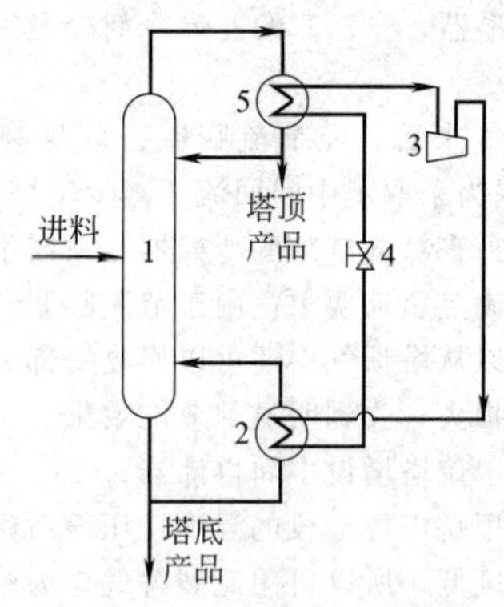

图12-17 闭式热泵精馏流程

1—精馏塔；2—塔底再沸器（工质冷凝器）；3—压缩机；4—节流阀；5—塔顶冷凝器（工质蒸发器）

精馏热泵形式。如图12-18（a）所示为精馏塔开式热泵A型：塔顶蒸汽再压缩热泵流程，即以塔顶馏出物作为工质，又称为塔顶蒸汽直接压缩式。以乙烯精馏塔为例，乙烯为塔顶出料，同时也是制冷循环的工质。塔顶含乙烯的蒸汽引出作为工质进入压缩机1，增压升温后送到塔底再沸器2，乙烯即对塔底供热，本身又在此冷凝，一部分作为出料，剩下一部分经节流阀4，降压、降温后送回塔顶作为回流液。A型开式热泵从制冷循环的角度看，可理解为取消了工质蒸发器，将间接换热变为直接换热，返回塔顶的乙烯既是回流又是冷剂。因此，既节约了能量，又省去了昂贵的低温换热设备。A型开式热泵精馏，塔顶无冷凝器，不存在推动力问题，所以可提高热力学效率。

如图12-18（b）所示为精馏塔开式热泵B型：塔底蒸汽内闪蒸热泵流程，即以塔底产品作为工质，又称为闪蒸再沸式。以乙烯精馏塔为例，塔底产品为乙烷，而制冷循环的工质也采用乙烷。从制冷循环的角度看，可理解为取消了工质冷凝器，将间接换热改为直接换热，从而降低了过程的不可逆性，可提高热力学效率。

精馏塔开式热泵的特点如下。

① 所需的载热工质采用工艺介质。

② 因为只需要一个热交换器（即再沸器或冷凝器），压缩机的压缩比通常低于精馏塔闭式热泵的压缩比，效率较高；但也因为热交换器温差不大，如有故障发生，会影响到产品丙烯的质量，故对操作要求比较严格［但因工艺介质直接接触热泵压缩机，因此必须严格选择热泵压缩机（如无油润滑），以降低产品污染的概率］。

③ 系统简单，稳定可靠。开式热泵精馏适合应用在塔顶和塔底温度接近，或被分离物质因沸点接近难以分离，必须采用较大回流比的场合，因此需要消耗大量加热蒸汽，或塔顶冷凝物质需低温冷却的精馏系统。

④ 缺点是工艺介质作为工质，存在着压缩系统污染产品的可能，需要采用无油润滑压缩机等措施，

以保证工艺产品质量。

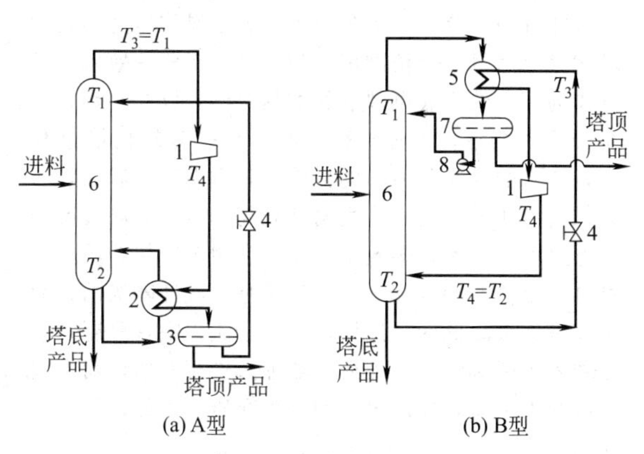

图 12-18 精馏塔开式热泵

1—压缩机；2—塔底再沸器；3—工质储罐；4—节流阀；5—塔顶冷凝器；6—精馏塔；7—回流罐；8—回流泵

对比开式和闭式流程：闭式流程所选的工作流体可以在压缩特性、汽化热等方面有更优良的性质，但需要 2 台换热器，且为确保其间壁传热有一定的传热推动力，要求压缩机要有较高的压缩比，从而增加功率消耗；当塔顶蒸汽或塔底蒸汽有较大的压缩特性和较大的汽化热时，宜采用开式流程。

以丙烯精馏塔为例，如图 12-18 所示，塔顶出料为丙烯，而制冷循环的工质也是丙烯。丙烯精馏塔分离丙烯和丙烷，其温度差小（丙烯和丙烷沸点仅相差 5℃，塔顶和塔底温差较小），故适合设置热泵。

2.5.4 分割式热泵精馏

对于沸点差较大的混合物的分离，由于其塔顶和塔底温差较大，可采用分割式热泵精馏流程，即应用了中间再沸器的概念，同热泵技术相结合，可取得显著的经济效益。

分割式热泵精馏如图 12-19 所示，主要组成部分：上塔、压缩机、上塔蒸发器、下塔、下塔再沸器。分割式热泵精馏是流程分为上、下两塔，上塔类似于开式热泵精馏，只不过多了一个进料口；对于下塔，则类似于常规的提馏段（即蒸出塔），进料来自上塔的釜液，蒸汽出料则进入上塔塔底。分割式热泵精馏的节能效果明显，投资费用适中，控制简单。

分割式热泵精馏的特点是可通过控制分割点浓度（即下塔进料浓度）来降低上塔热泵系统的温差，从而选择合适的低压缩比热泵，在实际设计时，分割点浓度的优化是很有必要的。分割式热泵精馏适用于分离体系物的相图存在恒浓区和恒沸区的大温差精馏，如乙醇水溶液、异丙醇水溶液等。

以分离乙醇-水混合物为例，在乙醇低浓度区相对挥发度相当大，随浓度向恒沸物浓度趋近，相对挥发度逐渐变小，趋近于 1。在恒沸精馏中，塔底和塔顶间温差约 22℃，如果用普通热泵精馏，压缩机的

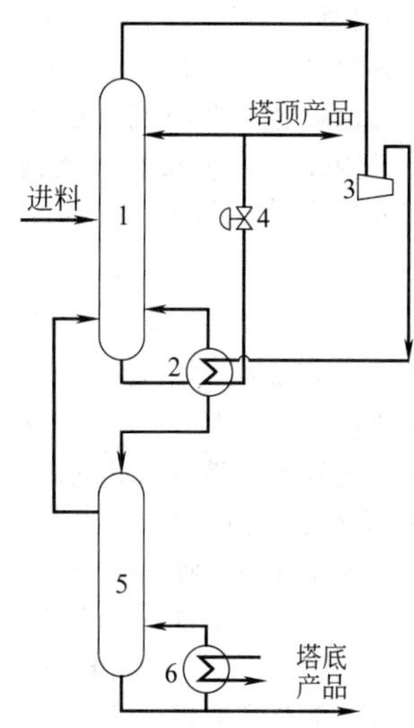

图 12-19 分割式热泵精馏

1—上塔；2—上塔蒸发器；3—压缩机；4—节流阀；5—下塔；6—下塔再沸器

压缩机比需 3 左右，消耗的机械能很大。但是如果改用分割式热泵精馏流程，上部塔中物料在恒沸点附近，温差相当小，在 1℃左右，此时压缩比只需 1.2 左右，就能够取得较好的节能效果。

2.5.5 蒸汽喷射式热泵精馏

如图 12-20 所示是采用蒸汽喷射泵方式的蒸汽汽提减压精馏工艺流程。在该流程中，塔顶蒸汽是稍含低沸点组成的水蒸气，其一部分用蒸汽喷射泵加压升温，随驱动蒸汽一起进入塔底作为加热蒸汽。

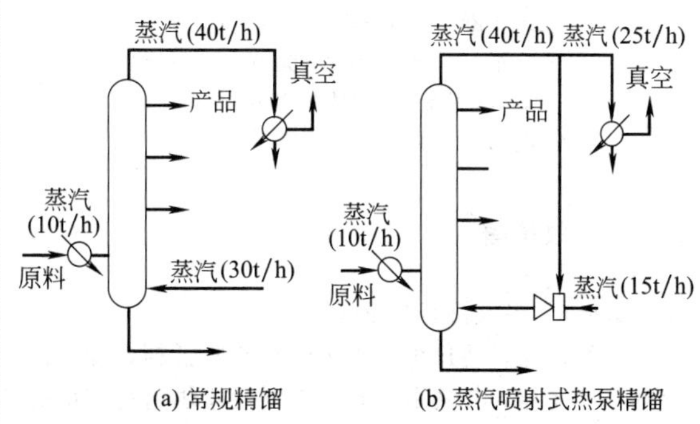

图 12-20 采用蒸汽喷射泵方式的蒸汽汽提减压精馏工艺流程

在传统方式中，如果进料预热需蒸汽量 10t/h，塔底需蒸汽量 30t/h，则共需蒸汽量 40t/h。而在采用蒸汽喷射式热泵的精馏中，用于进料预热的蒸汽量不变，但由于向蒸汽喷射泵供给驱动蒸汽 15t/h 就可得到用于再沸器加热的蒸汽 30t/h，故蒸汽消耗量是 15t/h，可节省 37.5%的蒸汽量，同时可降低真空喷射泵能力 15t/h，所以节能效果十分显著。

采用蒸汽喷射式热泵方式的热泵精馏具有如下优点：①新增设备只有蒸汽喷射泵，设备费用低；②蒸汽

喷射泵没有转动部件，容易维修，而且维修费用低。

蒸汽喷射式热泵精馏如果在大压缩比或高真空度条件下操作，蒸汽喷射泵的驱动蒸汽量增大，再循环效果显著下降。因此，这种方式的热泵精馏适合应用于精馏塔塔底和塔顶的压差不大以及减压精馏的真空度比较低的情况。

2.5.6 蒸汽吸收式热泵精馏

精馏中也可采用吸收式热泵，如图 12-21 所示，吸收式热泵由吸收器、再生器、冷却器和再沸器等设备组成，常用溴化锂水溶液或氯化钙水溶液为工质。由再生器送来的浓溴化锂溶液在吸收器中遇到从再沸器送来的蒸汽，发生强烈的吸收作用，不但升温而且放出热量，该热量即可用于精馏塔蒸发器。该形式可以利用温度不高的热源作为动力，较适合用于有废热或可通过煤、气、油及其他燃料可获得低成本热能的场合。吸收式热泵适用于温差较大的精馏过程中，而对于温差较小的精馏过程，则不具有优势。

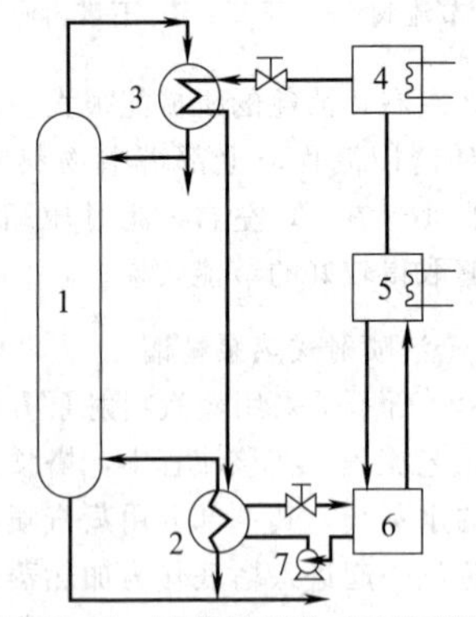

图 12-21 精馏塔吸收式热泵流程
1—精馏塔；2—吸收器（精馏塔的蒸发器）；
3—再沸器（精馏塔的冷凝器）；
4—冷却器；5—再生器；6—热交换器；7—泵

2.6 多效精馏

2.6.1 多效精馏的原理

多效精馏是通过扩展工艺流程来降低精馏操作能耗的一种途径，其基本原理是重复使用供给精馏塔的能量，以提高热力学效率。具体做法是以多塔代替单塔，即将一个分离任务分解为由若干操作压力不同的塔来完成，每一个精馏塔成为一效，将前一效塔顶蒸汽作为后一效塔底再沸器的加热蒸汽，以此类推，直至最后一个塔，如图 12-22 所示。在多效精馏过程中，各塔的操作压力不同，前一效压力高于后一效压力，前一效塔顶蒸汽冷凝温度略高于后一效塔底液的沸点温度。因此，多效精馏充分利用了冷热介质之间过剩的温差，特点在于其能位不是一次性降级的，而是逐塔逐级降低的。这样，在整个流程中，只有第一效加入新鲜蒸汽，在最后一效加入冷凝介质，而中间各塔则不再需要外加蒸汽和冷凝介质，由此达到了节能的目的。

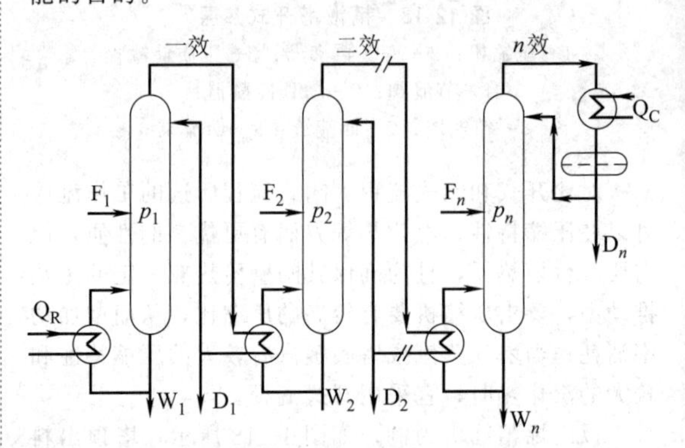

图 12-22 多效精馏原理示意图
操作压力 $p_1>p_2>\cdots>p_n$

2.6.2 多效精馏的流程

多效精馏的流程根据加热蒸汽和物料的流向不同，通常分为三大类：并（顺）流（从高压塔进料）、逆流（从低压塔进料）和平流（每效均有进料），三种典型多效精馏流程如图 12-23 所示。

多效顺流精馏是工业中最常见的流程模式，如图 12-23（a）所示，物料和蒸汽的流动方向相同。优点是，溶液从压力和温度较高的一效流向压力和温度较低的塔，这样溶液在效间的输送可以充分利用效间的压差作为推动力，而不需要泵。同时，当前一效溶液流入温度和压力较低的后一效时，溶液会自动蒸发，

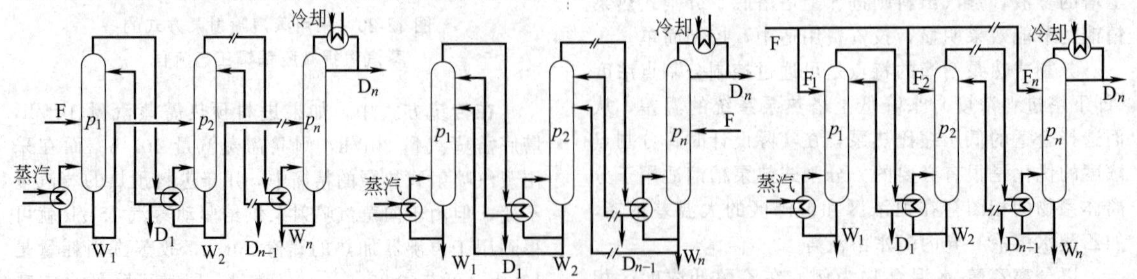

(a) 多效顺流流程 (b) 多效逆流流程 (c) 多效平流流程

图 12-23 三种典型多效精馏流程
操作压力 $p_1>p_2>\cdots>p_n$

可以产生更多的二次蒸汽。此外，此种流程操作简单，工艺条件稳定。但缺点是随着溶液从前一效逐渐流向后面各效，其浓度逐渐增高，但是其操作温度反而降低，导致溶液的黏度增大，总传热系数逐渐下降。因此，对于随组成浓度增大其溶液黏度变化很大的溶液不宜采用。

多效逆流流程如图 12-23 (b) 所示，物料和加热蒸汽的流动方向相反，物料从最后一效进入，用泵一次送往前一效，由第一效排出；而加热蒸汽由第一效进入。优点是，溶液的浓度越大时精馏塔的操作温度也越高，因此因组成浓度增大使黏度增大的影响大致与因温度升高使黏度降低的影响相抵消，故各效的传热系数也大致相同。缺点是，溶液在效间的流动是由低压塔向高压塔，由低温流向高温，因此必须用泵输送，动力消耗较大。此外，各效进料均低于沸点，没有自蒸发，与并流流程对比，各效产生的二次蒸汽较少。一般来说，多效逆流流程适用于黏度随温度和组成变化较大的溶液，但不适用于热敏性物料的分离。

多效平流流程如图 12-23 (c) 所示，原料液平行加入各效，分离后溶液也分别由各效排出。蒸汽由第一效流向末效，二次蒸汽多次利用。此种流程适用于处理精馏过程中有结晶析出的溶液，如某些无机盐溶液的精馏分离，过程中析出结晶而不便于效间输送，则可以采用多效平流流程。

2.6.3 多效精馏的节能效果和效数

一般来说，多效精馏的节能效果是以其效数来决定的。从理论上讲，与单塔相比，双塔组成的双效精馏的节能效果为 50%，而三效精馏的节能效果为 67%，四效精馏的节能效果为 75%，依此类推，对于 n 效精馏，其节能效果为

$$\eta=\frac{n-1}{n}\times 100\% \qquad (12\text{-}13)$$

式中 η——节能效果。

由此可以看到，同样增加一个塔，从单塔到双塔精馏的节能效果可达 50%，而从三效精馏到四效精馏的节能效果仅增加了 8%，所以在采用多效精馏节能时，要考虑到节省的能量与增加的设备投资间的关系。在效数达到一定程度后，再增加效数时节能效果已不太明显。

需要说明的是，上述的节能效果为理论值，在实际应用时则要低于理论值。随着效数的增加，加热蒸汽的消耗量减少，操作费用降低，但设备投资费增大。同时，效数的增加又使传热温差减小，传热面积增大，故换热器的投资费也增大。因此应在全面权衡节能效果和经济效益的基础上确定，通常多采用双效精馏，个别流程采用三效精馏，极少超过三效精馏。

2.6.4 多效精馏的应用准则

在多效精馏应用中，一般适用于非热敏性物料的分离，并且只要精馏塔塔底和塔顶温差比实际可用的加热剂及冷却剂温差小得多，就可以考虑采用多效精馏。但是，实际上多效精馏要受到以下许多因素的影响和限制。

① 效数的增加受到第一级加热蒸汽压力及末级冷却介质种类的限制，第一效的最高操作压力必须低于塔内物料的临界压力；对热敏物质，第一效的温度不能高于其热分解温度。

② 再沸器的设计温度最高不得超过可用热源的温度。

③ 塔的最低操作压力通常要根据冷却介质的冷却能力而定，要保证所采用的冷却介质可以冷却塔顶气相。

④ 各塔之间必须有足够的压差和温差，以便有足够的冷凝器和再沸器推动力。

⑤ 效数的增多使操作更加困难，两塔之间的热耦合，需配备更高级的控制系统。

另外，还需考虑体系相对挥发度、进料组成、热状态、板效率以及现有塔的利用等因素。总之，在考虑多效精馏节能方案时，要从系统的全过程进行分析、评估，以便选择满足工艺要求的最佳流程方案。

多效精馏主要应用在小规模的分离上，比如乙醇行业中广泛应用的差压蒸馏技术（也叫多效精馏），其广泛应用的原因是和石化行业相比，其规模和分离板数都太少，而规模较大的石化行业，较常用的方法是设置中间再沸器和中间冷凝器。

2.6.5 多效精馏的应用实例——甲醇-水分离

顺流双效精馏流程如图 12-24 所示，为常压-减压塔流程。

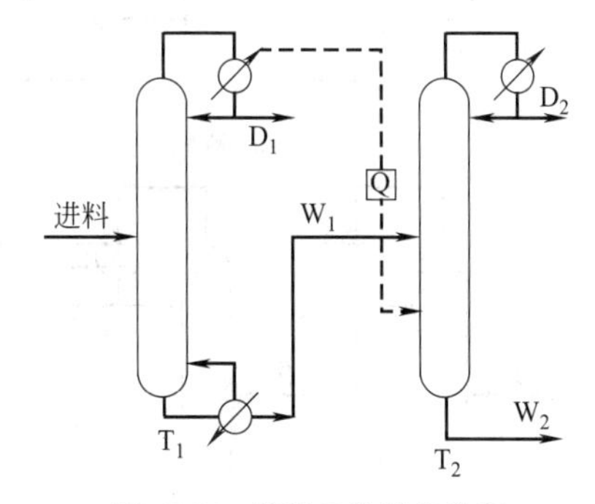

图 12-24 顺流双效精馏流程

T_1 为常压塔，则 T_1 塔顶压力为 101kPa（绝），甲醇的质量分数为 0.995，温度为 64.6℃。根据物料衡算可得 $D_1+D_2=796$kg/h，T_2 塔底物流 W_2 中甲醇的质量分数为 0.039。

为使热量顺流从 T_1 塔顶送入 T_2 塔底，则 T_2 塔底温度不能超过 64.6℃（本应用中不考虑传热温差，近似认为减压塔塔底温度为 64.6℃），经计算，甲醇-水混合物在甲醇质量分数为 0.039、温度为 64.6℃下

的饱和气体的压力为25.1kPa（绝），不考虑塔压降，则T_2的全塔操作压力为25.1kPa（绝）。

T_1和T_2均为15块理论板，进料位置为第10块塔板，回流比分别为1和0.8。经试差计算得T_1塔顶采出量为380kg/h，T_2塔顶采出量为416kg/h。通过计算得T_1塔底再沸器温度为72.2℃，再沸器热负荷为284kW，与单塔流程相比可以节能47.7%；T_2塔底冷凝器温度为33℃，冷凝器热负荷为242kW，与单塔流程相比可以节能50%。

但实际过程中，会有换热温差的影响，节能效率会变小。

2.7 热耦精馏

2.7.1 热耦精馏的基本概念

按照传统设计的常规精馏系统，各塔分别配备再沸器和冷凝器，图12-25示出三组分的两种常规精馏流程。此流程由于冷、热流体通过换热器管壁的实际传热过程是不可逆的，为保证过程的进行，需要有足够的温差，温差越大，有效能损失越多，则热力学效率就越低。热耦精馏塔就是基于此而研究出的一种新型的节能精馏。

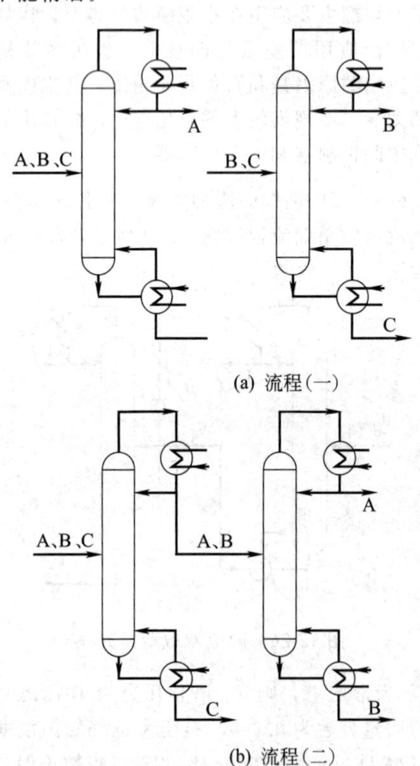

图12-25 三组分的两种常规精馏流程

如图12-26所示的流程，副塔的物料预分为A、B和B、C两组混合物，其中轻组分A全从塔顶蒸出，重组分C全从塔底分出，物料进入主塔后，进一步分离，塔顶得到产品A，塔底得到产品C；在塔中部，B组分液相浓度达到最大，此处采出中间产品，副塔避免使用冷凝器和再沸器，实现了热量的耦合，故称为热耦精馏。

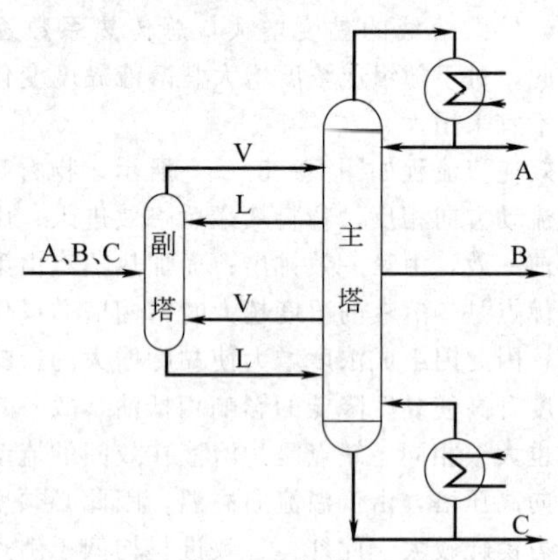

图12-26 热耦精馏流程

2.7.2 热耦精馏的应用

在图12-26中，假定组分A、B和B、C间的相对挥发度均为3，设计回流比为1～3，以泡点进料，产品的纯度均定为90%，则在相同或稍多一些塔板数情况下，热耦精馏可节能20%。由于取消了前级塔的再沸器和冷凝器，则可以减少换热设备的投资和蒸汽冷却水的消耗，故其经济效益是很高的，可推广用于多组分系统的分离。

热耦精馏在热力学上是最理想的系统结构，既可节省能耗，又可节省设备投资。经计算表明，热耦精馏比两个常规塔精馏可节能20%～40%。所以，这种新型节能精馏技术在20世纪70年代能源危机时受到西方国家的广泛关注，进行了许多研究。但是，由于主、副塔之间汽液分配难以在操作中保持设计值，且分离难度越大，其对汽液分配偏离的灵敏度越大，操作就难以稳定，而且由于控制问题和缺少设计方法，20多年来热耦精馏并未在工业中获得广泛应用。只有沸点接近的易分离物系才推荐采用热耦精馏，但在设计中也要注意，保证主、副塔中汽液流量达到要求。

2.7.3 热耦精馏流程的适用范围

热耦精馏流程并不适用于所有的化工分离过程，它的应用有一定的限制，因为，虽然此类塔从热力学角度来看具有最理想的系统结构，但它主要是通过对输入精馏塔的热量的“重复利用”而实现的，当再沸器所提供的热量非常大或冷凝器需将物流冷至很低温度时，此类工艺会受到很大限制。此外，热耦精馏流程对所分离物系的纯度、进料组成、相对挥发度及塔的操作压力都有一定的要求。

① 产品纯度　热耦精馏流程所采出的中间产品的纯度比一般精馏塔侧线出料达到的纯度更大，因此，当希望得到高纯度的中间产品时，可考虑使用热

耦精馏流程。如果对中间产品的纯度要求不高，则直接使用一般精馏塔侧线采出即可。

② 进料组成　若分离 A、B 和 C 三个组分，且相对挥发度依次递增，采用该类塔型时，进料混合物中组分 B 的量应最多，而组分 A 和 C 在量上应相当。

③ 相对挥发度　当组分 B 是进料中的主要组分时，只有当组分 A 的相对挥发度和组分 B 的相对挥发度的比值与组分 B 的相对挥发度和组分 C 的相对挥发度的比值相当时，采用热耦精馏具有的节能优势才最明显。如果组分 A 和组分 B（与组分 B 和组分 C 相比）非常容易分离时，从节能角度来看则不如使用常规的双塔流程。

④ 塔的操作压力　整个分离过程的压力不能改变。当需要改变压力时，则只能使用常规的双塔流程。

2.7.4　差压热耦合蒸馏技术

近年来，针对各种形式的热耦精馏开展了大量的设计、优化和应用研究。现有的热耦精馏技术无论从流程还是设备来说，仍摆脱不了精馏过程中所需要的塔顶冷凝液体回流和塔底再沸蒸汽上升操作的限制。无论是采用预分塔设计、中间侧线换热、侧线蒸馏流程，还是侧线提馏流程，对于主精馏塔来说，塔顶温度要低于塔底温度，因而塔顶冷凝器和塔底再沸器之间不能简单地进行匹配换热，也就不能实现完全的热耦合。通过对各种热耦合和热集成精馏过程的深入研究，天津大学开发了一种新型的差压热耦合低能耗蒸馏过程。

(1) 差压热耦合蒸馏技术的基本原理

差压热耦合低能耗蒸馏过程将普通精馏塔分割为常规分馏和降压分馏两个塔；常规分馏塔的操作压力与常规单塔相同，而降压分馏塔采用降压操作以降低塔底温度；降压分馏塔塔顶蒸汽经过压缩进入常规分馏塔；降压分馏塔降压操作可以使塔底物料的温度低于常规分馏塔塔顶物料的温度，这样就可以利用常规分馏塔塔顶蒸汽的潜热来加热降压分馏塔塔底的再沸器，进行两塔的完全热耦合，实现精馏过程的大幅度节能。

差压热耦合低能耗蒸馏流程如图 12-27 所示。经过常规分馏塔分离后的塔底液相物料在差压推动下进入降压分馏塔顶部；降压分馏塔顶部出来的蒸汽通过压缩机加压后进入常规分馏塔底部作为上升蒸汽；降压分馏塔塔底出来的液相一部分可作为产品采出，另一部分与常规分馏塔塔顶出来的蒸汽在主换热器中进行换热并部分汽化，形成降压分馏塔塔底所需的再沸蒸汽，若冷凝负荷小于主再沸器负荷时，需要同时开启辅助再沸器；常规分馏塔塔顶蒸汽经过换热后得到部分或全部冷凝液，当冷凝负荷大于主再沸器负荷时，需开启该部分冷凝液流经的辅助冷凝器，从而得到常规分馏塔塔顶所需要的回流和采出的冷凝液进入回流储罐，从回流储罐中流出的冷凝液一部分作为产品采出，另一部分作为常规分馏塔的塔顶回流液体。

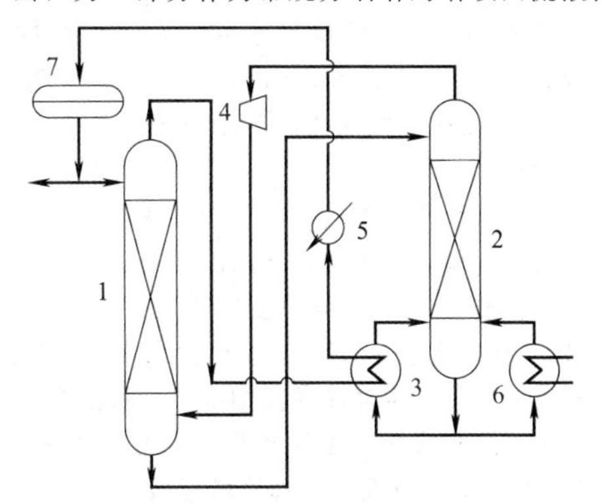

图 12-27　差压热耦合低能耗蒸馏流程

1—常规分馏塔；2—降压分馏塔；3—主换热器；4—压缩机；5—辅助冷却器；6—辅助再沸器；7—回流罐

差压热耦合低能耗蒸馏与现有热耦蒸馏技术相比，具有以下几方面优点。

差压热耦合精馏过程的常规分馏塔顶冷凝的负荷可以与降压分馏塔底再沸器的负荷相匹配，实现热耦精馏，匹配换热。

与常规的单塔精馏过程不同，差压热耦合精馏过程的常规分馏塔顶上升蒸汽能够用于加热降压分馏塔塔底物料，满足塔底再沸的要求。

热消耗是精馏操作中的主要能耗所在，该技术用差压降温手段基本实现了最小的热消耗，甚至实现冷热负荷完全匹配，热消耗为零。而实现该目的的手段仅仅是在设备中增加了一台压缩机，该动力消耗比原有的热消耗小很多。

(2) 差压热耦合蒸馏技术节能实例——混合 C_3 分离

烯烃的提纯在石化工业中可以称得上蒸馏中的能耗最大户，其中丙烷-丙烯的分离尤为突出。由于丙烯和丙烷的沸点相接近，组分间相对挥发度较小，采用常规蒸馏方法时，设计的塔可高达 90m，塔板数可在 200 块以上，回流比大于 10，还要进行加压或制冷等操作，所以能耗很高。由于能源价格上涨和新技术的不断开发利用，人们对这个问题越来越重视，相应地出现了一系列新方法。

丙烯-丙烷的分离方法有高压法、低压法和低压热泵法。采用高压法时塔顶温度高于 45℃，可以直接用冷却水进行冷凝，但是高压法分离需要的塔板数多，且回流比很大；采用低压法，丙烯和丙烷的相对挥发度增加，可以减少回流比和理论板数，但是塔顶温度太低，不能采用冷凝水直接进行冷凝，需要其他冷剂，这样无疑要增加投资及能耗；如果采用热泵法，节能最高可达 70%以上，但是需要增加 20%左右的投资，而且热泵精馏存在流程复杂、操作困难的缺点。

以一个工业规模的丙烯-丙烷气体分离系统为典型的计算例，主要条件如下：进料量为16832kg/h（约15万吨/年），进料温度为40℃，进料组成（质量分数）为丙烷25.8%，丙烯74%，乙烷等组分0.2%，分离要求是实现塔顶产品丙烯含量大于99%（质量分数）。

现有常规流程蒸馏塔共需要200块理论板，进料位置在第146块。若要实现产品质量要求，模拟得到该精馏塔操作条件为：塔顶温度为43.4℃，压力为1800kPa；塔底温度为58.7℃，压力为2100kPa。

利用差压热耦合低能耗蒸馏技术，将蒸馏分离分割为常规分馏和降压分馏两个塔，常规分馏塔的理论板数为145；降压分馏塔的理论塔板数为55；进料位置在降压分馏塔的适当部位。

常规蒸馏过程塔顶压力低、塔底压力高，塔顶富含轻组分、塔底富集重组分，因此塔顶温度总是低于塔底温度，塔顶蒸汽的潜热无法被塔底再沸器利用，也就不能进行能量的匹配。差压热耦合低能耗蒸馏则通过常规蒸馏塔分割为常规分馏和降压分馏两个精馏塔，再沸器在降压分馏塔底。由于常规分馏塔顶蒸汽的温度高于降压分馏塔底再沸器的温度，这样降压分馏塔的再沸器就可以用常规分馏塔塔顶的蒸汽加热，实现了完全的热耦合，降压分馏塔塔顶的气相通过压缩机回到常规蒸馏塔的底部，与蒸馏过程再沸器的加热量相比，能耗降低。

蒸馏过程主要能耗集中在热量和动力消耗上。表12-3为常规蒸馏过程和差压热耦合低能耗蒸馏过程主要能量消耗比较。从计算结果可以看到，差压热耦合低能耗蒸馏过程需要的仅是压缩机的动力消耗，为4.92×10^6kJ/h，而现有流程中需要的热量消耗为6.39×10^7kJ/h，差压热耦合低能耗蒸馏流程与现有常规蒸馏相比，总能耗降低了92.3%，大幅度削减了丙烯-丙烷精馏分离过程中的能量消耗，真正达到了用蒸馏塔塔顶蒸汽的潜热加热塔底再沸器的目的，实现了能量真正的匹配，大幅度降低了蒸馏过程的能耗。

表12-3 常规蒸馏过程和差压热耦合低能耗蒸馏过程主要能量消耗比较 单位：kJ/h

设备名称	现有常规流程	差压流程
塔顶冷凝器	-6.34×10^7	—
塔底再沸器	6.39×10^7	—
主换热器	—	（匹配换热）
辅助冷凝器	—	-4.88×10^6
压缩机	—	4.92×10^6(1366.6kW)

2.8 附加回流及蒸发精馏节能技术

2.8.1 SRV精馏原理

热泵用于蒸馏过程的节能已有较长的历史。但是利用热泵实现蒸馏节能存在着两个缺点：热泵必须跨过蒸馏塔顶和塔底的温差，因而需要较大的压缩比；对于固定的分离物系，为了尽量减少这一温差，再沸器就需要很大的传热面积。

SRV精馏（distillation with secondary reflux and vaporization）也称为具有附加回流和蒸发精馏，它是综合热泵技术、设置中间冷凝器和中间再沸器的精馏技术而开发出来的一种新技术。它的基本原理与设计计算十分类似于具有中间换热器的精馏过程。将热泵与中间冷凝器相结合的方案推广到整个精馏塔，就是SRV精馏。

对于没有内外极点的系统，精馏段全段可视为中间冷却区，需移除热量，而提馏段全段为中间加热区，需加入热量。这些需移除或需加入热量的都具有多个温度级别的特性。精馏段与提馏段处于不同的压力，精馏段压力高，提馏段压力低，合理控制两段的压力，使精馏段相应位置的温度（压缩后）均高于提馏段相应位置的温度，精馏段就可作为“温度级位的热源”，并向提馏段供热。同时，提馏段可作为“多温度级位的冷源”，即精馏段各温度级别上升蒸汽分别引入相应的温度级别的提馏段，部分冷凝放出热量，加热提馏段温度下降的液体，从而减少了塔底热源消耗量。

图12-28（a）表示的方案是从精馏段某一需要中间冷却的位置抽出一定数量的饱和蒸汽，经压缩后送入提馏段某一需要中间加热的位置，这时蒸汽冷凝，凝液经节流后返回精馏段。这样的方案实现了一举两得：一方面满足了在精馏段某一需要中间冷却的位置上设置中间冷凝器的要求；另一方面又满足了在提馏段某一需要中间加热的位置上设置中间再沸器的要求。该方案中的换热器，从精馏段来看是中间冷凝器，从提馏段来看是中间再沸器。利用热泵技术，将较低温度下要在中间冷凝器中所放出的热量输送给较高温度下的中间再沸器。相类似，图12-28（b）表示的方案是从提馏段某一需要中间加热的位置抽出一定数量的液体，经节流后送入精馏段某一需要中间冷却的位置。这时，节流后的液体蒸发为蒸汽，经压缩后返回提馏段。这样的方案，一方面满足了在提馏段某一需要中间加热的位置上设置中间再沸器的要求；另一方面又通过节流后液体的蒸发、吸收热量，满足了在精馏段某一需要中间冷却的位置上设置中间冷凝器的要求。将以上方案推广到整个精馏塔，就是SRV精馏。

SRV精馏是借助于精馏段和提馏段之间的温度差进行热交换，从而提高过程的热力学效率，如图12-29所示。由图看出，SRV精馏相当于精馏段中有许多中间冷凝器，在提馏段中有许多中间再沸器，把回收的能量用于过程本身，且大大减小了塔顶冷凝和塔底再沸器的负荷。为使过程得以实现，精馏段的操作压力必须高于提馏段，使精馏段的温度高于相应换热的提馏段，并能提供足够的传热温差推动力，如图

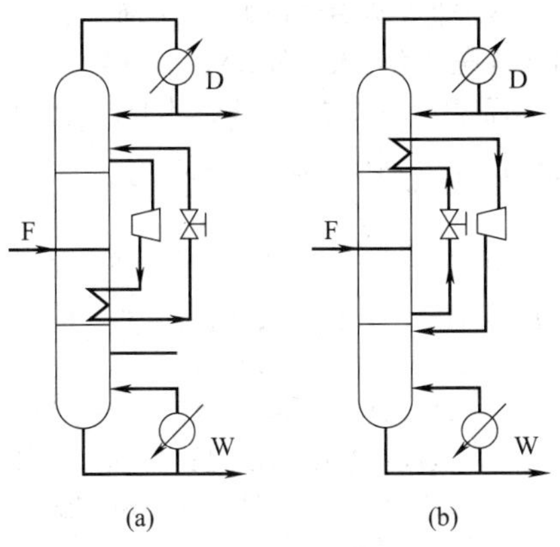

图 12-28　热泵与中间再沸器和冷凝器相结合方案

12-30 所示。因此，两段之间需加设一个热泵，但该热泵的压缩比有时可以较小，且塔顶较高压力的蒸汽可通过膨胀-压缩机回收一部分能量。

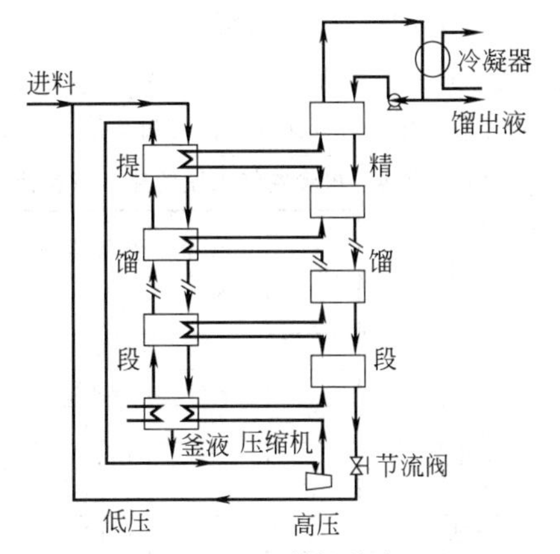

图 12-29　SRV 精馏的流程图

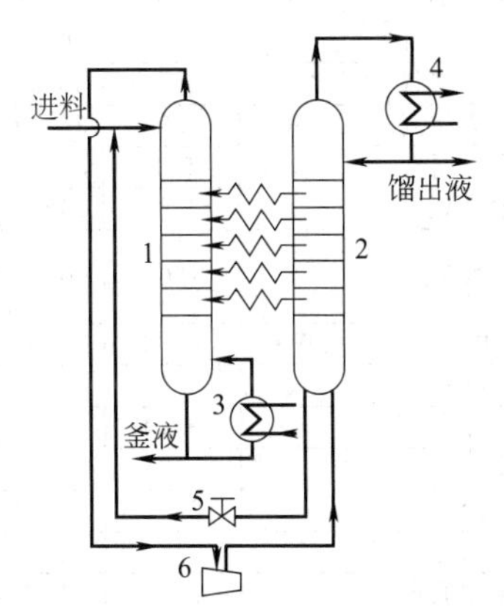

图 12-30　SRV 精馏原理示意图

1—提馏段（低压）；2—精馏段（高压）；3—再沸器；4—冷凝器；5—节流阀；6—热泵

2.8.2　SRV 精馏的应用

由于 SRV 精馏有附加回流和蒸发，故精馏段的回流量由上而下逐渐增加，而提馏段的蒸汽量则由下而上逐渐增加，其操作线示于图 12-31。这对于沸点相近的混合物的低温精馏很有吸引力，因为所需的低温冷却剂可以显著减少。SRV 精馏由于采用热泵系统，则更适合于塔的顶底温差较小的低温精馏系统。

Mah 等人通过模拟计算得出结论：对于低温精馏，因为冷凝器负荷显著降低，采用 SRV 精馏较好；对于特殊情况，如馏出液稍低于常温，需用冷冻剂冷却时，则因 SRV 精馏提高了操作压力，才有可能采用冷却水冷却；当混合物沸点相近时，则所有热泵压缩比都可以减小，有助于提高 SRV 精馏的经济效果。

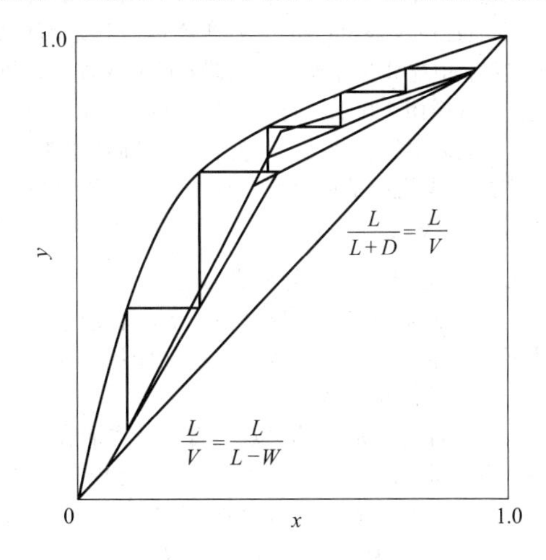

图 12-31　SRV 精馏的操作线

例如乙烯精馏塔，操作压强为 0.57MPa 时，塔顶温度为－70℃，塔底温度为－49℃，采用 SRV 精馏后，能耗降低 50%～70%。因 SRV 精馏的操作线逐渐远离平衡线，热力学不可逆性增加，达到相同分离程度所需要的理论板数减少，故用于难分离的物系更为优越。SRV 精馏的能耗似乎受操作温度范围的影响很大。

例如丙烯-丙烷系统，设常规塔压力为 6.6kg/cm^2（1kg/cm^2 = 0.098MPa，下同），冷凝温度为 5℃；相应 SRV 精馏压力为 14kg/cm^2（精馏段）、6.6kg/cm^2（提馏段），冷凝温度为 34.5℃，由此节省冷却水 61%，但蒸汽耗量反增加 71%。另一例子是乙烯-乙烷系统，设常规塔压力为 3kg/cm^2，冷凝温度为－82℃；相应 SRV 精馏压力为 9kg/cm^2（精馏段）、3kg/cm^2（提馏段），冷凝温度为－54℃，由此节省冷却水 77%，蒸汽耗量减少 54%。

综上分析可知，SRV 精馏工艺适用于难分离物系和低温精馏的场合，低温精馏领域采用 SRV 精馏是目前值得注意的一个新的发展方向。但设备投资增加较多，操作更加复杂，需配备较高级的控制系统，推广应用有一定难度，是否采用应结合具体情况，通过经济核算确定。

3 化工装置能耗的计算

3.1 化工装置能耗的构成

3.1.1 化工装置总能耗的构成

近年来，化学工业日益大型化并走上低碳经济的道路，因而要求能耗的计算更具科学性，以反映所应用的工艺技术的先进性和公用工程运行的合理性。

化工生产的总能耗应包括两个部分：一是加工能耗；二是产品构成能耗。本节所指能耗为加工能耗(process energy consumption)，即生产过程中所消耗的能源（燃料、电能和各种等级蒸汽等）的直接能耗，以及耗能工质（循环冷却水、脱盐水、冷剂、污水处理、工业空气、仪表空气、氮气、工业水等）的间接能耗。

产品构成能耗是指生产过程中使用的原料所含燃料热值（LHV）。

3.1.2 乙烯装置能耗构成的剖析

乙烯装置是规模大、能耗高、具有合理的功热转换体系且能量得到充分回收利用的在能耗上和能量利用上有典型性的化工装置。

大型乙烯装置从外部总观上看，基本能耗为输入燃料（占总能耗的80%～115%），其他能耗为循环水（约占7%）、锅炉给水（约占6%）、蒸汽（占－15%～20%）、电力（约占5%）等。

燃料所提供的热量约1/3用于裂解反应热，2/3能量由高温裂解气所带出，用来产生超高压蒸汽和加热工艺物料，而超高压蒸汽则用于提供裂解气压缩机及丙烯、乙烯压缩机的驱动，并同时产生高压、中压和低压蒸汽，后者又作为机泵蒸汽透平的动力或工艺的加热介质。

若从内层进行能耗剖析，则裂解反应热及热损约占32%，大型压缩机及机泵透平蒸汽能耗约占42%，工艺介质加热用蒸汽约占16%，电动机泵约占3%，循环冷却水（CW）能耗（蒸汽及电力做功）约占7%。余下所有间接能耗不超过0.5%，故不计入。

从上述数据看出，乙烯装置除裂解炉反应热及热损失外，通过蒸汽的能耗（做功及加热）约占总能耗的59%，而蒸汽透平（包括CW蒸汽透平）做功则约占42%，蒸汽做功约占蒸汽能耗的72%，故做功是乙烯装置能耗的主要内容，而蒸汽则是其主要表现形式。因此，各种蒸汽的等价燃料热值主要应和蒸汽透平做功相关联。目前不同来源的蒸汽等价燃料热值相差较大，明显影响乙烯装置能耗取值。

因此，如何确定不同等级蒸汽的等价燃料热值已成为乙烯装置能耗计算中的关键课题。

3.2 化工装置能耗统计的计算方法

根据《石油化工设计能耗标准》（GB/T 50441—2007）以及近年来发布的行业配套标准，如《石化行业能源消耗统计指标及计算方法》（NB/SH/T 500—2013），对能耗计算方法和主要技术数据综合如下。

3.2.1 化工装置能耗的计算公式

$$E = \sum_{i}^{n}(M_i R_i) + \sum_{j}^{m} Q_j \qquad (12\text{-}14)$$

式中 E——化工装置能耗，kgoe（千克标油，换算关系见表12-4，下同）；

M_i——输入的第 i 种燃料或输入、输出的第 i 种蒸汽、电或耗能工质实物量，t、kW·h、m^3，输入实物量计为正值，输出实物量计为负值；

R_i——输入第 i 种燃料或输入、输出的第 i 种蒸汽、电或耗能工质能耗折算值，kgoe/t、kgoe/(kW·h)、kgoe/m^3；

Q_j——装置与外界交换的第 j 种能源量，kgoe，向装置输入的消耗计为正值，输出的消耗计为负值。

3.2.2 燃料、电和耗能工质及蒸汽的能源折算值

(1) 燃料、电和耗能工质的能源折算值（表12-4）

表12-4 燃料、电和耗能工质的能源折算值

序号	项目	单位	折算值/kgoe	折算值/MJ	备注
1	标油	t	100	41868	
2	标煤	t	700	29308	
3	工业焦炭	t	800	33494	
4	甲醇	t	470	19678	
5	汽油	t	1030	43124	
6	煤油	t	1030	43124	
7	柴油	t	1020	42705	
8	燃料油	t	1000	41868	
9	液化石油气	t	1100	46060	
10	油田天然气	m^3	0.93	38.94	
11	气田天然气	m^3	0.85	35.59	
12	炼厂燃料气	t	950	39775	
13	回收火炬气	t	700	29308	
14	甲烷氢	t	1200	50242	用于乙烯装置
15	电①	kW·h	0.223	9.32	
16	新鲜水	t	0.17	7.12	
17	循环水	t	0.10	4.19	
18	软化水	t	0.25	10.47	
19	除盐水	t	2.30	96.30	
20	低压除氧水	t	9.20	385.19	106℃
21	高压除氧水	t	13.20	552.66	148℃
22	凝汽透平凝结水	t	3.65	152.81	
23	加热设备凝结水	t	7.65	320.29	
24	净化压缩空气	m^3	0.038	1.59	
25	非净化压缩空气	m^3	0.028	1.17	
26	氮气	m^3	0.15	6.28	

① 该值按2014年全国供电标准煤耗值318g标煤/(kW·h)折算。

(2) 蒸汽的能源折算值（表 12-5）

表 12-5　蒸汽的能源折算值

序号	项目	单位	折算值 /kg oe	折算值 /MJ	备注
1	10.0MPa 级蒸汽	t	92	3852	7.0MPa≤p
2	5.0MPa 级蒸汽	t	90	3768	4.5MPa≤p<7.0MPa
3	3.5MPa 级蒸汽	t	88	3684	3.0MPa≤p<4.5MPa
4	2.5MPa 级蒸汽	t	85	3559	2.0MPa≤p<3.0MPa
5	1.5MPa 级蒸汽	t	80	3349	1.2MPa≤p<2.0MPa
6	1.0MPa 级蒸汽	t	76	3182	0.8MPa≤p<1.2MPa
7	0.7MPa 级蒸汽	t	72	3014	0.6MPa≤p<0.8MPa
8	0.3MPa 级蒸汽	t	66	2763	0.3MPa≤p<0.6MPa
9	<0.3MPa 级蒸汽	t	55	2303	p<0.3MPa

3.2.3　化工装置能耗计算应注意的问题

①《石油化工行业设计能耗标准》(GB/T 50441—2007) 发表于 2007 年，由于化工行业的迅速发展以及该标准在其条文说明中的能源折算值取值上存在的一些缺陷，故存在下列问题。

a. 甲烷氢、液化石油气取值明显偏小（均为 1000kg oe/t），按此值计算，乙烯装置能耗会产生 10%以上的降幅。

b. 电的能源折算值数据太高，为 374g 标煤/(kW·h)（2005 年数据），由于国家电力行业技术不断发展，全国供电标煤耗值 2014 年已下降到 318g 标煤/(kW·h)，其值每年都在下降，并已接近国际先进水平［约 300g 标煤/(kW·h)］。

c. 蒸汽能源折算值的计算模型存在所取基础技术数据陈旧的缺点，导致其计算值与国内外推行蒸汽能源折算值之间存在较大差距。

② 对于《石油化工行业设计能耗标准》(GB/T 50441—2007) 指标中存在的这些问题，除了蒸汽能源折算值以外，在 2013 年发表的《石化行业能源消耗指标及计算方法　乙烯》(NB/SH/T 5000—2013) 中已基本得到更正解决。

③ 蒸汽能源折算值。

在 NB/SH/T 5000.2—2013 中采用的仍是 GB/T 50441—2007 取值法，但是它的计算原理和参数取值以及最终得到的蒸汽能源折算值数据，都受到一定的质疑。

而锅炉热平衡法和热力参数法在国际上广泛应用，它们的曲线走向一致，且数据仅差 100～200kJ/kg 蒸汽，在数据上存在较好的相似性，计算出的装置能耗数据相互间误差在 1%以内。

3.3　蒸汽能源折算值的计算方法

3.3.1　蒸汽能源折算值的几种取值方法

具体数值可详见图 12-32 和表 12-6。

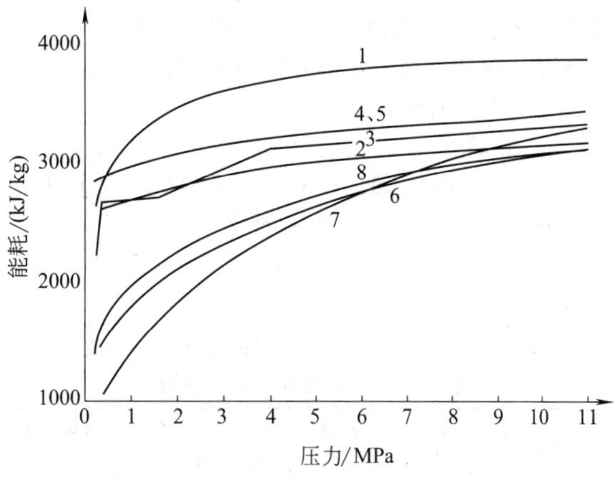

图 12-32　蒸汽的能源折算值

曲线 1～5 为焓法；曲线 6～8 为㶲（有效能）法。不同方法的各级别的蒸汽折算值见表 12-7

表 12-6　不同方法下的蒸汽能耗折算值　　单位：kg oe/t

蒸汽压力 /MPa	温度 /℃	曲线 1 GB/T 50441—2007	曲线 2 锅炉热平衡法（王松权）	曲线 3 锅炉热平衡法(国外咨询公司)	曲线 4、5 热力参数法(国外专利商和堵祖荫)	曲线 6 㶲法(国外专利商)	曲线 7 㶲法(国外专利商)	曲线 8 㶲法(堵祖荫)
11.0	510	92	76	79	81	73	76	74
4.0	390	88	70	74	76	57	54	62
1.6	290	80	65	64	72	47	39	50
1	260	76	64	64	71	42	34	46
0.35	210	66	62	63	69	34	24	39
0.25	180	55	60	53	67	33	23	35

在上述图表中叙述了国内外工程公司、咨询公司和GB/T 50441—2007中规定的几种蒸汽能源折算值。

(1) 焓法的三种定值方法（曲线见图12-32）

① GB/T 50441—2007取值法　它属于焓法定值属性，其计算模型不是用锅炉热平衡法，而是以动力站（包括锅炉和蒸汽发电机）为模型，且其效率取值偏低（发电机效率低于69%，锅炉热效率低于88%），因此其蒸汽能耗折算值要比其他焓值法（曲线2～曲线5）高400～600kJ/kg蒸汽。

② 锅炉热平衡法　以超高压蒸汽产生所需的燃料作为其能耗基准折算值，并以其为基准，按各种蒸汽焓值相对比例确定各自能耗折算值。以曲线2、曲线3为例，由于所采用的技术参数（如锅炉热效率、排污率等）不同，它们间各有不同。

③ 热力参数法　直接采用水蒸气焓值作为蒸汽能耗折算值，以曲线4、曲线5为例，两者数据出于同源，因而数据完全相同，且和曲线2、曲线3相比，相差100～200kJ/kg，接近等价。

因此，推荐热力参数法为焓法的蒸汽能耗折算值的取值方法，该法具有如下优势。

a. 权威性　热力参数法取值于《水和水蒸气热力性质图表》，它来源由德国工程师协会按国际水蒸气性质会议认可的工业用IFC（国际公司化委员会）公式进行制表的水蒸气表。

b. 精确性　工业上水蒸气的压力从0.1～12.9MPa，温度从100～600℃，通常在工业上分为超高压、高压、中压、低压四种蒸汽，每种蒸汽在不同企业的不同使用环境下，其温度、压力参数及其焓值都不尽相同。

表12-7　某公司各乙烯装置的各级过热蒸汽的压力、温度及其焓的一览表

蒸汽类别	压力/MPa	温度/℃	焓/(kJ/kg)	焓差/(kJ/kg)	相对焓差/%
超高压蒸汽	10.1～10.8	495～525	3361～3420	59	1.72
高压蒸汽	3.5～4.6	334～415	3052～3254	202	6.41
中压蒸汽	1.0～1.6	237～295	2909～3022	113	3.74
低压蒸汽	0.3～0.45	187～240	2827～2940	113	3.84

从表12-7可以看出，同一级别的蒸汽在工业实际中，它们的能源折算值（焓法）存在着较大的差异。如果采用热力参数法，就可以避免在同一等级因参数不同而引起蒸汽能源折算值的差异，从而提高能耗计算的精确性。

c. 永久性　热力参数法是一个不需要再进行任何基础工作的、现成的、使用方便的、今后不会需要做任何改变的蒸汽能源折算值取值方法。

(2) 用热力参数法代替GB/T 50441—2007法对综合能耗统计影响的评估

按我国某集团公司2010年各乙烯装置综合能耗统计资料、界外输入的蒸汽能耗占综合能耗比例为－2%（蒸汽能源输出）～＋2.3%（蒸汽能源输入），测算综合能耗变化值相应为＋0.1%～－2.7%。也就是说，蒸汽能源输出（－2%）装置会使其综合能耗值增加0.1%，而蒸汽能源输入（＋2.3%）装置会使其综合能耗值下降2.7%（各乙烯装置的燃料能耗占总能耗的71.1%～84.19%，在NB/SH/T 5000—2013中，作为主要燃料的甲烷氢的低位热值从原有1000kg oe/t调整到1200kg oe/t，由此使各乙烯装置综合能耗增加10%～17%），因此采用热力参数后引起的综合能耗值的变化，不会给综合能耗统计带来问题。

(3) 㶲法

其基准的超高压蒸汽能源折算值的计算方法和锅炉热平衡法一样，但其他各级蒸汽的能耗折算值则按其㶲（有效能）值相对比例确定各自的能源折算值，以曲线6～8为例，由于下述原因，它们间也各有不同。

① 所采用的超高压蒸汽锅炉技术参数不一样。

② 由于各种压力等级蒸汽透平的效率不同，曲线7对较低压力等级的蒸汽考虑了校正因数，而其他两者则没有。

3.3.2　㶲（有效能）法计算蒸汽能源折算值及其应用

(1) 焓法与㶲（有效能）法

经过多年的商榷讨论，在国内已取得如下共识[25]。

考虑到能耗统计数据的历史延续性和系统性及其能间接反映化工装置蒸汽动力系统的运行水平，焓法用于行业的能源指标统计的计算；在比较化工行业（装置有大型蒸汽透平）不同专利技术的能耗水平、装置能量利用分析和能源质量评价特别是优化装置设计时，采用㶲（有效能）法以真实反映化工装置的工艺设计水平。

蒸汽的能源折算值的焓法和㶲（有效能）法构成了严格、科学的蒸汽能源折算值的计算体系。

(2) 㶲（有效能）法

① 㶲（有效能）法的蒸汽能源折算值计算方法的提出。

蒸汽既作为做功介质，也作为热源，作为做功介质其能力以㶲（有效能）来衡量，作为热源其能力以焓（能量）来衡量，产生这一问题的根本原因是因为物质具有的能量（内能或焓）不仅有数量的大小，而且有能量级别的高低。也就是说，根据热力学第二定律，这些能量不能完全转变为功，能够转变为功的这一部分能量的多少决定于它们的状态参数，这种在一定的周围介质（环境）条件下，理论上能够转变为功的能量（最大功）叫作有效能，它是能量级别高低的量度。

乙烯装置和合成氨装置的蒸汽动力系统是由一系列凝汽抽气式、背压式蒸汽透平及工艺加热器组成的。

来自裂解炉废热锅炉和高压蒸汽锅炉的超高压蒸汽是低能位蒸汽的源头，低能位的 HP、MP、LP 蒸汽由抽气凝气式或背压式蒸汽透平产生，以使蒸汽动力系统优化运行。而焓法的能源折算值是基于各种蒸汽来自不同压力等级的锅炉，这和工业运行实践相背离，是引起能源折算值取值偏高的基本原因。故蒸汽的能源折算值按下列原则确定。

a. SHP 作为源头蒸汽其能耗折算值从脱盐水除氧器出口算起，按发生 SHP 所需锅炉燃料热值确定。

b. 低能位等级蒸汽的等价燃料热值（Q_i）以 SHP 等价燃料值为基准，以各自的有效能（B_i）按比例确定。

$$Q_i = Q_{SHP}\frac{B_i}{B_{SHP}} \tag{12-15}$$

几种典型蒸汽的㶲（有效能）和能耗折算表见表 12-8。

表 12-8 几种典型蒸汽的㶲（有效能）和能耗折算值

项　　目	超高压蒸汽(SHP)	高压蒸汽(HP)	中压蒸汽(VP)	低压蒸汽(LP)	透平蒸汽(CS)
温度/℃	520	390	295	210	50
压力(绝)/MPa	11.6	436	1.7	0.45	0.012
有效能/(kJ/kg)	1450	1195	988	749	154
等价燃料热值/(kJ/kg)	3125	2575	2129	1614	332

覆盖面广泛的蒸汽有效能（㶲）数据表，即以有效能（㶲）为计算基础的蒸汽能源折算值数据表见表 12-11～表 12-18（见后）。

② 不同的蒸汽能源折算值的计算方法在蒸汽透平能量平衡过程中会引起的“增值”效应。

某 30 万吨/年乙烯装置的乙烯冷冻压缩机轴功率为 3968kW，蒸汽透平效率为 78%，透平输入高压蒸汽 88.5t/h，背压输出中压蒸汽进入管网。

按表 12-9 所列不同的等价燃料热值来计算该透平的能量增值。

表 12-9 不同方法计算透平能量（能源折算值）平衡 单位：kJ/h

计算方法	输入	高压蒸汽	输出	做功	中压蒸汽	小计	差值	相对差值/%
㶲法		227888		40706	188417	229123	+1235	+0.54
焓法(图 12-32 中曲线 2)		264436		40706	243725	284431	+19995	+7.56
焓法(图 12-32 中曲线 1)		326123		40706	296187	336893	+10770	+3.30

从表 12-9 可看出，按焓法的能源折算值计算，蒸汽透平能量平衡有较大增值，该表说明作为乙烯装置能耗的主要角色——蒸汽的能源折算值采用㶲法取值的必要性。

③ 不同计算方法估计透平不同运行方式对乙烯装置能耗值和经济效益的影响。

a. 裂解气压缩机蒸汽透平不同运行方式对乙烯装置能耗的影响。

某年产 100 万吨乙烯装置的裂解气压缩机轴功率（W）为 51000kW，蒸汽透平效率（η_1）为 84%，当高压蒸汽抽气量为 105t/h 时，计算需超高压蒸汽量（x_1）。

蒸汽透平各段轴功率（W_1）和有效能（ΔB_1）的关系式如下。

$$W=\sum W_1=\sum x_1\Delta B_1\eta_1$$

$$51000=\frac{105}{3600}\times 10^3(1450-1195)\times 0.84+\frac{x_1-105}{3600}\times 10^3(1450-154)\times 0.84$$

$$=6272+302.40\,x_1-31752$$

$$x_1=252.91\text{t/h}$$

其凝气量为 252.91−105=147.91（t/h）。

其相应的综合能耗值为

$$\frac{252.91\times 10^3\times 3125}{125\times 10^3}-\frac{105\times 10^3\times 2575}{125\times 10^3}-\frac{147.9\times 10^3\times 332}{125\times 10^3}=6322.75-2163.00-392.82$$

$$=3766.93(\text{kJ/kg } C_2)$$

当高压蒸汽抽气量为 412t/h 时，需超高压蒸汽量（x_2）为

$$51000=\frac{412}{3600}\times 10^3(1450-1195)\times 0.84+\frac{x_2-412}{3600}\times 10^3(1450-154)\times 0.84$$

$$=24514+302.40\,x_2-124589$$

$$X_2=499.59\text{t/h}$$

其凝气量为 499.59−412=87.59（t/h）。

其相应的综合能耗值为

$$\frac{499.59\times 10^3\times 3125}{125\times 10^3}-\frac{412\times 10^3\times 2575}{125\times 10^3}-\frac{87.59\times 10^3\times 332}{125\times 10^3}$$

$$=12489.75-8487.20-232.64=3769.91(\text{kJ/kg } C_2^=)$$

裂解气压缩机蒸汽透平不同运行方式乙烯装置能耗值的比较见表 12-10。

表 12-10 裂解气压缩机蒸汽透平不同运行方式乙烯装置能耗值的比较

单位：kJ/kg $C_2^=$

项　　目	㶲法	焓法[16]	焓法[23]
抽气量为 105t/h 时对应的能耗	3766.55	4564.77	4873.28
抽气量为 412t/h 时对应的能耗	3769.91	3650.12	3091.60
相应的综合能耗下降值	−3.36	914.65	1281.68

如果计入丙烯压缩机透平，则用焓法（图12-32中曲线2）计算乙烯装置能耗值约下降1470kJ/kg $C_2^=$，用焓法（图12-32中曲线1）计算，则相应下降约2090kJ/kg $C_2^=$，上述数值将占装置总能耗的10%左右，因此不同方法所得出的计算结果间的差异是不容忽视的。

b. 裂解气压缩机透平不同运行方式的经济效益。

不同蒸汽的价格主要取决于其相应焓值，某化工区蒸汽的商品价格：超高压蒸汽280元/t、高压蒸汽250元/t。

增加抽气量，裂解气压缩机可节约运行费用如下。

499.59×280－412×250－(252.91×280－105×250)＝－7680(元/h)(全年节省6144×10⁴元)

如果计入丙烯压缩机透平，每年合计可节约运行费用约9900×10⁴元。

可以看出，在化工装置综合能耗的计算中，超高压蒸汽通过蒸汽透平做功，并以抽气背压获得低能位的蒸汽（HP、MP、LP）的动力过程，以㶲法计算，其不同运行方式的综合能耗值是一样的，因为它们输出的是相同的轴功率。而以热焓法计算，增加低能位蒸汽输出会降低装置的综合能耗值。可以认为，㶲法能够正确表达装置的工艺性能水平，而焓法虽不能正确表达装置的工艺性能水平，但能间接反映通过增加蒸汽透平的抽气或背压获得低能位蒸汽所得到的经济效益和公用工程运行的合理性。

3.4 数据表

3.4.1 蒸汽有效能数据表

相关数据见表12-11～表12-14。

3.4.2 蒸汽能源折算值数据表

(1) 各种蒸汽能源折算值（㶲法）（表12-15～表12-18）

(2) 蒸汽能源折算值（热力参数法——焓法）数据表（表12-19～表12-22）

表12-11 超高压蒸汽有效能 单位：kJ/kg

压力(绝)/MPa	温度/℃										
	440	450	460	470	480	490	500	510	520	530	540
6	1289	1304	1318	1332	1346	1361	1375	1389	1404	1419	1433
7	1300	1314	1329	1344	1359	1373	1388	1403	1418	1432	1447
8	1308	1323	1338	1353	1368	1383	1398	1413	1428	1443	1458
9	1313	1329	1344	1359	1375	1390	1406	1421	1436	1452	1467
10	1317	1333	1349	1365	1380	1396	1412	1427	1443	1459	1474
11	1319	1335	1349	1365	1380	1396	1412	1427	1443	1459	1474
12	1319	1336	1353	1370	1386	1403	1419	1435	1452	1468	1484
13	1318	1336	1353	1370	1387	1404	1421	1438	1454	1471	1487

表12-12 高压蒸汽有效能 单位：kJ/kg

压力(绝)/MPa	温度/℃										
	350	360	370	380	390	400	410	420	430	440	450
2.5	1092	1104	1116	1128	1141	1153	1165	1178	1191	1203	1216
3	1110	1123	1135	1147	1160	1173	1185	1198	1211	1224	1237
3.5	1125	1137	1150	1163	1175	1188	1201	1214	1227	1240	1253
4	1136	1149	1162	1175	1188	1201	1214	1227	1240	1254	1267
4.5	1145	1158	1171	1185	1198	1211	1225	1238	1251	1265	1278
5	1151	1165	1179	1193	1206	1220	1234	1247	1261	1274	1288

表12-13 中压蒸汽有效能 单位：kJ/kg

压力(绝)/MPa	温度/℃										
	220	230	240	250	260	270	280	290	300	310	320
0.8	829	838	847	356	866	875	885	895	905	915	925
1	854	864	873	875	892	902	912	922	932	943	953
1.2	874	884	894	903	913	923	934	944	954	965	975
1.4	890	900	910	920	931	941	951	962	972	983	994
1.6	903	913	924	934	945	955	966	977	987	998	1009
1.8	913	924	935	946	957	967	978	989	1000	1011	1022
2.0	921	933	944	955	967	978	989	1000	1011	1023	1034

表 12-14　低压蒸汽有效能　单位：kJ/kg

压力(绝)/MPa	温度/℃										
	160	170	180	190	200	210	220	230	240	250	260
0.2	609	616	622	629	637	644	652	660	669	677	686
0.3	661	668	675	683	690	698	706	714	722	731	740
0.4	698	705	712	719	727	735	743	751	760	769	778
0.5	725	732	739	747	755	763	771	780	789	797	807
0.6	746	754	761	769	777	786	794	803	812	821	830

表 12-15　超高压蒸汽能源折算值（㶲法）　单位：kJ/kg

压力(绝)/MPa	温度/℃										
	440	450	460	470	480	490	500	510	520	530	540
6	2779	2809	2840	2871	2901	2932	2963	2995	3026	3058	3089
7	2802	2833	2865	2897	2928	2960	2991	3023	3055	3087	3119
8	2819	2852	2884	2916	2948	2981	3013	3045	3078	3111	3143
9	2831	2864	2897	2930	3963	2996	3030	3063	3096	3129	3162
10	2838	2873	2907	2941	2975	3009	3042	3076	3110	3143	3177
11	2842	2877	2912	2948	2983	3017	3052	3086	3120	3155	3189
12	2842	2879	2916	2952	2988	3023	3058	3094	3129	3164	3199
13	2840	2878	2916	2953	2990	3027	3063	3099	3134	3170	3206

表 12-16　高压蒸汽能源折算值（㶲法）　单位：kJ/kg

压力(绝)/MPa	温度/℃										
	350	360	370	380	390	400	410	420	430	440	450
2.5	2354	2380	2406	2432	2458	2485	2512	2539	2566	2593	2621
3	2393	2420	2446	2473	2500	2527	2554	2582	2609	2637	2665
3.5	2424	2451	2479	2506	2533	2561	2588	2616	2644	2673	2701
4	2448	2476	2504	2532	2560	2588	2616	2645	2673	2702	2731
4.5	2467	2496	2524	2553	2582	2611	2639	2668	2697	2726	2755
5	2481	2511	2541	2570	2600	2629	2658	2688	2717	2747	2776

表 12-17　中压蒸汽能源折算值（㶲法）　单位：kJ/kg

压力(绝)/MPa	温度/℃										
	220	230	240	250	260	270	280	290	300	310	320
0.8	1786	1806	1825	1845	1865	1886	1907	1928	1950	1972	1994
1	1841	1861	1882	1885	1923	1944	1966	1987	2009	2032	2054
1.2	1884	1905	1926	1947	1969	1990	2012	2034	2057	2079	2102
1.4	1918	1940	1962	1983	2005	2028	2050	2073	2095	2118	2142
1.6	1945	1968	1991	2013	2035	2059	2082	2105	2129	2151	2175
1.8	1968	1991	2015	2038	2062	2085	2108	2132	2156	2179	2203
2.0	1986	2010	2035	2059	2083	2107	2131	2155	2179	2204	2228

表 12-18　低压蒸汽能源折算值（㶲法）　单位：kJ/kg

压力(绝)/MPa	温度/℃										
	160	170	180	190	200	210	220	230	240	250	260
0.2	1313	1327	1341	1357	1372	1389	1406	1423	1441	1459	1478
0.3	1426	1440	1455	1471	1487	1504	1521	1539	1557	1576	1595
0.4	1503	1519	1534	1550	1567	1584	1601	1619	1638	1657	1676
0.5	1562	1578	1594	1610	1627	1645	1663	1681	1700	1719	1738
0.6	1608	1624	1641	1658	1675	1693	1700	1730	1749	1768	1788

表 12-19　超高压蒸汽能源折算值（热力参数法——焓法）　　单位：kJ/kg

压力(绝) /MPa	温度/℃										
	440	450	460	470	480	490	500	510	520	530	540
6	3279	3303	3327	3351	3375	3399	3422	3446	3469	3493	3516
7	3264	3289	3314	3338	3362	3387	3411	3434	3458	3482	3506
8	3249	3274	3300	3325	3350	3374	3399	3423	3447	3472	3496
9	3233	3259	3285	3311	3337	3362	3387	3412	3436	3461	3485
10	3216	3244	3271	3297	3323	3349	3375	3400	3425	3450	3475
11	3199	3228	3255	3283	3310	3336	3362	3388	3414	3439	3465
12	3182	3211	3240	3268	3296	3323	3350	3376	3402	3428	3454
13	3164	3195	3224	3253	3282	3309	3337	3364	3391	3417	3443

表 12-20　高压蒸汽能源折算值（热力参数法——焓法）　　单位：kJ/kg

压力(绝) /MPa	温度/℃										
	350	360	370	380	390	400	410	420	430	440	450
2.5	3128	3151	3174	3196	3218	3241	3263	3285	3307	3329	3351
3.0	3118	3141	3164	3187	3210	3233	3255	3278	3230	3322	3345
3.5	3106	3131	3154	3178	3201	3224	3247	3270	3293	3315	3338
4.0	3095	3120	3144	3168	3192	3216	3239	3262	3285	3308	3331
4.5	3083	3109	3134	3159	3183	3207	3231	3254	3278	3301	3324
5.0	3071	3098	3123	3149	3174	3198	3223	3247	3270	3294	3318

表 12-21　中压蒸汽能源折算值（热力参数法——焓法）　　单位：kJ/kg

压力(绝) /MPa	温度/℃										
	220	230	240	250	260	270	280	290	300	310	320
0.8	2884	2907	2929	2950	2972	2994	3015	3036	3057	3078	3099
1.0	2875	2898	2921	2943	2965	2987	3009	3031	3052	3074	3095
1.2	2865	2889	2912	2935	2958	2981	3003	3025	3047	3069	3090
1.4	2854	2879	2904	2928	2951	2974	2997	3019	3042	3064	3086
1.6	2843	2869	2895	2919	2944	2967	2991	3014	3036	3059	3081
1.8	2832	2859	2885	2911	2936	2960	2984	3008	3031	3053	3076
2.0	2820	2848	2876	2902	2928	2953	2978	3001	3025	3048	3071

表 12-22　低压蒸汽能源折算值（热力参数法——焓法）　　单位：kJ/kg

压力(绝) /MPa	温度/℃										
	160	170	180	190	200	210	220	230	240	250	260
0.2	2789	2810	2830	2850	2870	2891	2911	2931	2951	2971	2991
0.3	2782	2803	2824	2845	2866	2886	2907	2927	2948	2968	2988
0.4	2774	2796	2818	2839	2860	2881	2902	2923	2944	2965	2985
0.5	2766	2789	2811	2833	2855	2877	2898	2919	2940	2961	2982
0.6	2758	2782	2805	2827	2850	2872	2893	2915	2936	2958	2979

参考文献

[1] 冯霄. 化工节能原理与技术. 第3版. 北京：化学工业出版社，2003.

[2] 中国化工节能技术协会. 化工节能技术手册. 北京：化学工业出版社，2006.

[3] 雷志刚，代成娜. 化工节能技术原理与技术. 北京：化学工业出版社，2011.

[4] 李鑫钢等. 蒸馏过程节能与强化技术. 北京：化学工业出版社，2009.

[5] 平田光穗等. 实用化工节能技术. 北京：化学工业出版社，1988.

[6] 邓修，吴俊生等. 化工分离工程. 第2版. 北京：科学出版社，2012.

[7] 李鑫钢等. 现代蒸馏技术. 北京：化学工业出版社，2009.

[8] 陈安民. 石油化工过程节能方法和技术. 北京：中国石化出版社，1995.

[9] Willian Layben L. Luyben Distillation Design and Con-

trol Using Aspen Simulation. Second Edition. Canada: John Wiley & Sons, Inc, 2013.
[10] 许维秀，朱圣东，李其京. 化工节能中的热泵精馏工艺流程分析. 节能，2004 (10)：19-22.
[11] 朱平，梁燕波，秦正龙. 热泵精馏的节能工艺流程分析. 节能技术，2000，18 (10)：7-8，16.
[12] 王葳，高维平. 多效精馏流程的优化设计计算. 计算机与应用化学，1996，13 (3)：282-288.
[13] 李群生，叶泳恒. 多效精馏的原理及其应用. 化工进展，1992 (6)：40-43.
[14] 吴俊生，邵惠鹤. 精馏设计、操作和控制. 北京：中国石化出版社，1997.
[15] 堵祖荫. 乙烯装置综合能耗计算. 化学反应工程与工艺，2000，16 (1)：50-54.
[16] 王松权，盛在行，张令年. 乙烯装置能耗计算. 乙烯工业，2000，12 (1)：11-14.
[17] 堵祖荫，王俭. 乙烯装置综合能耗的计算. 乙烯工业，2000，12 (4)：1-6.
[18] 中国石油化工集团公司. 石油化设计能耗计算标准 (GB/T 50441—2007). 北京：中国计划出版社，2008.
[19] 堵祖荫. 再论乙烯装置综合能耗的计算. 石油化工设计，2010，27 (1)：5-6，27 (2)：5-8.
[20] 堵祖荫. 关于乙烯装置综合能耗的计算——水蒸气的有效能（炯）及等价燃料热值. 石油化工，2010，39 (增刊)：98-101.
[21] Kazuyuki Shimizu, Richard S. H. Mah. Dynamic characteristic of binary srv distillation systems, Computers & Chemical Engineering, 1983, 7 (2)：105-122.
[22] 堵祖荫，王俭. 建立更加严格和科学的乙烯装置能耗计算体系与方法的探讨. 当代石油化工，2014，22 (1)：22-27，34.
[23] GB 30250—2013.
[24] NB/SH/T 5000. 2—2013.
[25] 全国乙烯工业协会. 全国乙烯行业“乙烯装置能耗统计与节能潜力专题讨论会”会议纪要，2011.
[26] 堵祖荫. 关于工业行业能耗统计指标的计算方法和建议. 能源化工，2016，37 (1)：43-47.

第13章 物化数据

1 常见气体的物性参数

1.1 几种气体的物性参数（表 13-1）

表 13-1 几种气体的物性参数

名称	化学式	密度（标准状况）/(kg/m^3)	原子量或分子量	气体常数 k /[(kg·m)/(kg·℃)]	比热容(20℃,1atm)/[kcal/(kg·℃)]		$k=\frac{c_p}{c_V}$	黏度 $\eta_0 \times 10^4$① /cP
					c_p	c_V		
氮	N_2	1.2507	28.02	30.26	0.250	0.178	1.40	170(114)
氨	NH_3	0.771	17.03	49.79	0.53	0.40	1.29	918(626)
氩	Ar	1.7820	39.94	21.26	0.127	0.077	1.66	209(142)
乙炔	C_2H_2	1.171	26.02	32.59	0.402	0.323	1.24	93.5(198)
苯	C_6H_6	—	78.05	10.85	0.299	0.272	1.1	72
正丁烷	C_4H_{10}	2.673	58.08	14.60	0.458	0.414	1.108	81.0(377)
空气	—	1.293	(28.95)	29.27	0.241	0.172	1.40	173(124)
水蒸气	H_2O	1.00	18.02	47	—	—	—	125.5(100)
氢	H_2	0.08985	2.016	420.6	3.408	2.42	1.407	84.2(73)
氦	He	0.1785	4.002	212.0	1.260	0.760	1.66	188(78)
一氧化氮	NO	1.3402	30.01	28.26	0.2329(15)	—	—	187.6(20)
二氧化氮	NO_2	1.491	46.01	18.4	0.192	0.147	1.31	—
氧	O_2	1.42895	32	26.5	0.218	0.156	1.40	203(131)
甲烷	CH_4	0.717	16.03	52.90	0.531	0.406	1.31	103(162)
一氧化碳	CO	1.250	28.00	30.29	0.250	0.180	1.40	166(100)
二氧化碳	CO_2	1.976	44.00	19.27	0.200	0.156	1.30	137(254)
正戊烷	C_5H_{12}	—	72.10	11.75	0.41	0.376	1.00	87.4
丙烷	C_3H_8	2.020	44.06	19.25	0.445	0.394	1.13	79.5(18℃)(278)
丙烯	C_3H_6	1.914	42.05	20.19	0.390	0.343	1.17	83.5(20℃)(322)
硫化氢	H_2S	1.539	34.09	24.90	0.253	0.192	1.30	116.6
二氧化硫	SO_2	2.927	64.06	13.24	0.151	0.120	1.25	117(396)
三氧化硫	SO_3	2.75	80.07	10.57	—	—	—	—
氯	Cl_2	3.217	70.91	11.96	0.115	0.0848	1.36	129(16℃)
氯甲烷	CH_3Cl	2.308	50.48	16.80	0.117	0.139	1.28	98.9(454)
乙烷	C_2H_6	1.357	30.06	28.21	0.413	0.345	1.20	85.0(287)
乙烯	C_2H_4	1.261	28.03	30.25	0.363	0.292	1.25	98.5(241)
氯化氢	HCl	1.639	36.47	23.3	0.1839(15)	—	—	142.6(18)
氟	F_2	1.6354	38	22.3	—	—	—	—
氟化氢	HF	0.9218	20.01	42.3	—	—	—	—

续表

名称	沸点(760mmHg)/℃	汽化潜热(760mmHg)/(kcal/kg)	临界点			热导率(标准状况)/[kcal/(m·h·℃)]	熔点/℃	熔融热/(cal/g)	液态密度	
			温度/℃	压力/ata	密度/(kg/m³)				温度/℃	密度/(g/cm³)
氮	−195.78	47.58	−147.13	33.49	310.96	0.0196	−209.86	6.1	−196	0.808
氨	−33.4	328	132.4	111.5	236	0.0185	−77.7	83.7	−33	0.683
氩	−185.87	38.9	−122.4	48.00	−531	0.0149	—	—	—	—
乙炔	−83.66	198	35.7	61.6	231	0.0158	—	—	−23.5	0.52
苯	80.2	94	288.5	47.7	330	0.0076	—	—	—	—
正丁烷	−0.5	92.3	152	37.5	225	0.0116	—	—	—	—
空气	−192～195	47	−140.75(Ⅰ) −140.65(Ⅱ)	37.25(Ⅰ) 37.17(Ⅱ)	310～350	0.021	−213	—	−192	0.860
水蒸气	100	595.9	—	—	—	—	0	79.67	4	1.00
氢	−252.754	108.5	−239.9	12.80	31	0.140	−259.14	14	−252	0.0709
氦	−268.05	4.66	−267.96	2.26	69.3	0.124	−272.2	—	—	—
一氧化氮	−151.8	106.6	—	—	—	0.0190	−163.6	18.4	−89	1.226
二氧化氮	21.2	170.0	158.2	100.0	570	0.0344	−11.2	37.2 32.3	—	—
氧	−182.98	50.92	−118.82	49.713	429.9	0.0206	−218.4	3.3	−183	1.140
甲烷	−161.58	122	−82.15	45.6	162	0.0258	—	—	—	—
一氧化碳	−191.48	50.5	−140.2	34.53	311	0.0194	−207.0	8.0	−191	0.814
二氧化碳	−78.2	137	31.1	72.9	460	0.0118	−56.6	45.3	−50	1.155
正戊烷	36.08	86	197.1	33.0	232	0.0110	—	—	—	—
丙烷	−42.1	102	95.6	43	232	0.0127	—	—	—	—
丙烯	−47.7	105	91.4	45.4	233	—	—	—	—	—
硫化氢	−60.2	131	100.4	188.9	—	0.0113	—	—	—	—
二氧化硫	−10.8	94	157.5	77.78	520	0.0066	—	—	—	—
三氧化硫	44.8	118.5(53)	—	—	—	—	16.83	—	—	—
氯	−33.8	72.95	144	76.1	573	0.0062	−103±5	30.10	0	1.469
氯甲烷	−24.1	96.9	148	66.0	370	0.0073	−44.5	24.1	—	—
乙烷	−88.50	116	32.1	48.85	210	0.0155	—	—	—	—
乙烯	−103.70	115	9.7	50.7	220	0.0141	—	—	—	—
氯化氢	−83.7	98.7(−84.3)	—	—	—	—	−112	13.9	—	—
氟	−187	40.52(−187)	—	—	—	—	—	—	—	—
氟化氢	19.4	372.76(19.4)	—	—	—	—	−83	—	—	—

① 黏度 η_0 除另注明者之外为 0℃和 1ata 下的黏度数值。其他温度下的黏度值按下式计算。

$$\eta_t = \eta_0 \frac{273+C}{T+C}\left(\frac{T}{273}\right)^{\frac{3}{2}}$$

式中 C——常数，其数值列于 η_0 数值后的括号内。

注：1mmHg=133.322Pa，1kcal/(kg·℃)=4186.8J/(kg·K)，1cP=10^{-3}Pa·s，1kcal/(m·h·℃)=1.163 W/(m·K)，1ata=98066.5Pa。

1.2 气体的黏度

1.2.1 一般气体在常压下的黏度（图13-1）

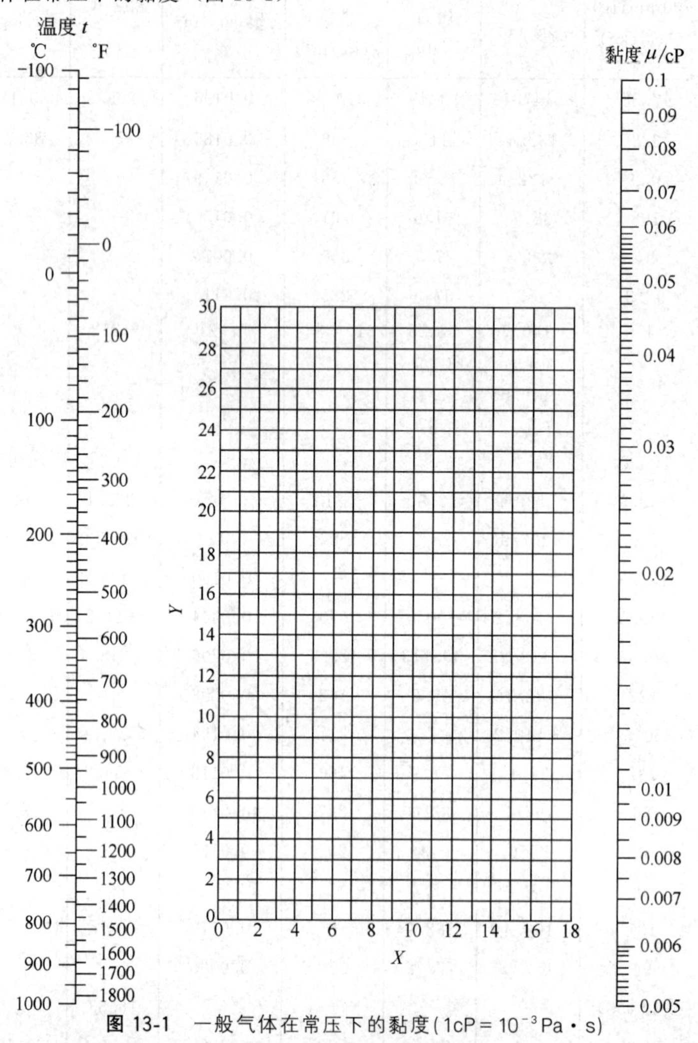

图 13-1 一般气体在常压下的黏度（$1cP=10^{-3}Pa \cdot s$）

图13-1中的 X 和 Y 值

序号	气体名称	X	Y	序号	气体名称	X	Y	序号	气体名称	X	Y	序号	气体名称	X	Y
1	一氧化碳	11.0	20.0	19	丙烯	9.0	13.8	37	氰化氢	9.8	14.9	55	氟里昂-22	9.0	17.7
2	乙炔	9.8	14.9	20	丙酮	8.9	13.0	38	氩	10.5	22.4	56	氟里昂-113	11.0	14.0
3	乙烷	9.1	14.5	21	丙醇	8.4	13.4	39	氯	9.0	18.4	57	环丙烷	8.3	14.7
4	乙烯	9.5	15.1	22	戊烷	7.0	12.8	40	氯仿	8.9	15.7	58	二乙醚	8.8	12.7
5	乙醇	9.2	14.2	23	汞	5.3	22.9	41	氯乙烷	8.5	15.6	59	二甲醚	9.0	15.0
6	乙醚	8.9	13.0	24	氙	9.3	23.0	42	氯化氢	8.8	18.7	60	二苯醚	8.6	10.4
7	二氧化碳	9.5	18.7	25	空气	11.0	20.0	43	硫化氢	8.6	18.0	61	二苯基甲烷	8.0	10.3
8	二氧化硫	9.6	17.0	26	亚硝酰氯	8.0	17.6	44	环己烷	9.2	12.0	62	正庚烷	8.6	10.6
9	二硫化碳	8.0	16.0	27	苯	8.5	13.2	45	溴	8.9	19.2	63	乙酸甲酯	8.4	14.0
10	丁烷	9.2	13.7	28	氟	7.3	23.8	46	溴化氢	8.8	20.9	64	丙炔	8.9	14.3
11	丁烯	8.9	13.0	29	氨	8.4	16.0	47	碘	9.0	18.4	65	溴甲烷	8.1	18.7
12	2,3,3-三甲基丁烷	9.5	10.5	30	氧	11.0	21.3	48	碘化氢	9.0	21.3	66	氯甲烷	8.5	16.5
13	己烷	8.6	11.8	31	一氧化二氮	8.8	19.0	49	氮	10.6	20.0	67	二氯甲烷	8.5	15.8
14	水	8.0	16.0	32	一氧化氮	10.9	20.5	50	乙酸	7.7	14.3	68	正戊烷	8.5	12.3
15	甲苯	8.6	12.4	33	氢	11.2	12.4	51	乙酸乙酯	8.5	13.2	69	异戊烷	8.9	12.1
16	甲烷	9.9	15.5	34	$3H_2+N_2$	11.2	17.2	52	氟里昂-11	8.6	16.2	70	吡啶	8.6	13.3
17	丙醇	8.5	15.6	35	氦	10.9	20.5	53	氟里昂-12	9.0	17.4	71	三甲基乙烷	8.0	13.0
18	丙烷	9.7	12.9	36	氰	9.2	15.2	54	氟里昂-21	9.0	16.7				

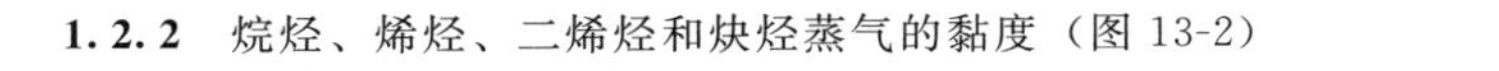

1.2.2 烷烃、烯烃、二烯烃和炔烃蒸气的黏度（图 13-2）

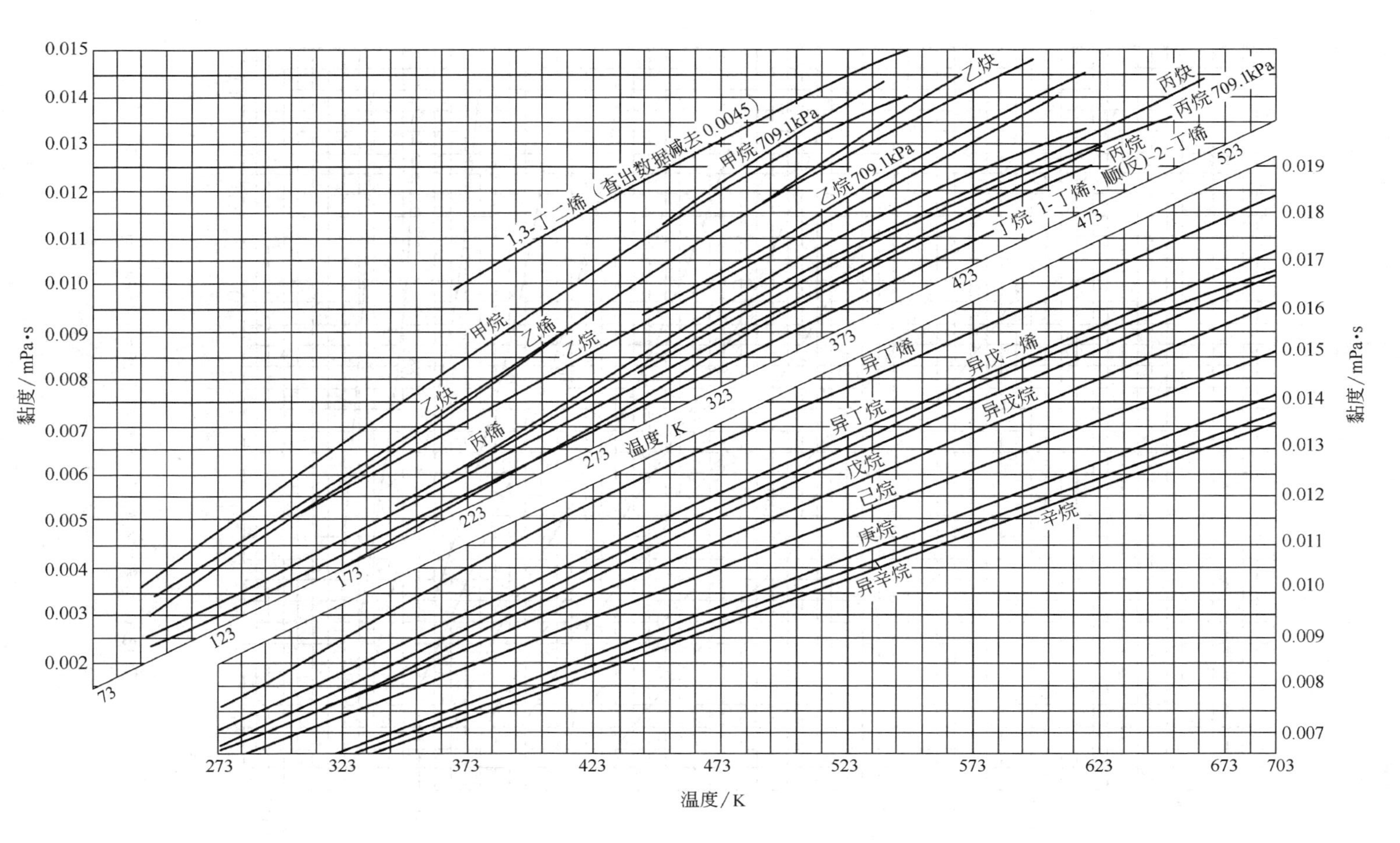

图 13-2　烷烃、烯烃、二烯烃、炔烃蒸气的黏度（未注明压力条件者为常压 101.3kPa）

1.2.3 烃蒸气在常压下的黏度（图 13-3）

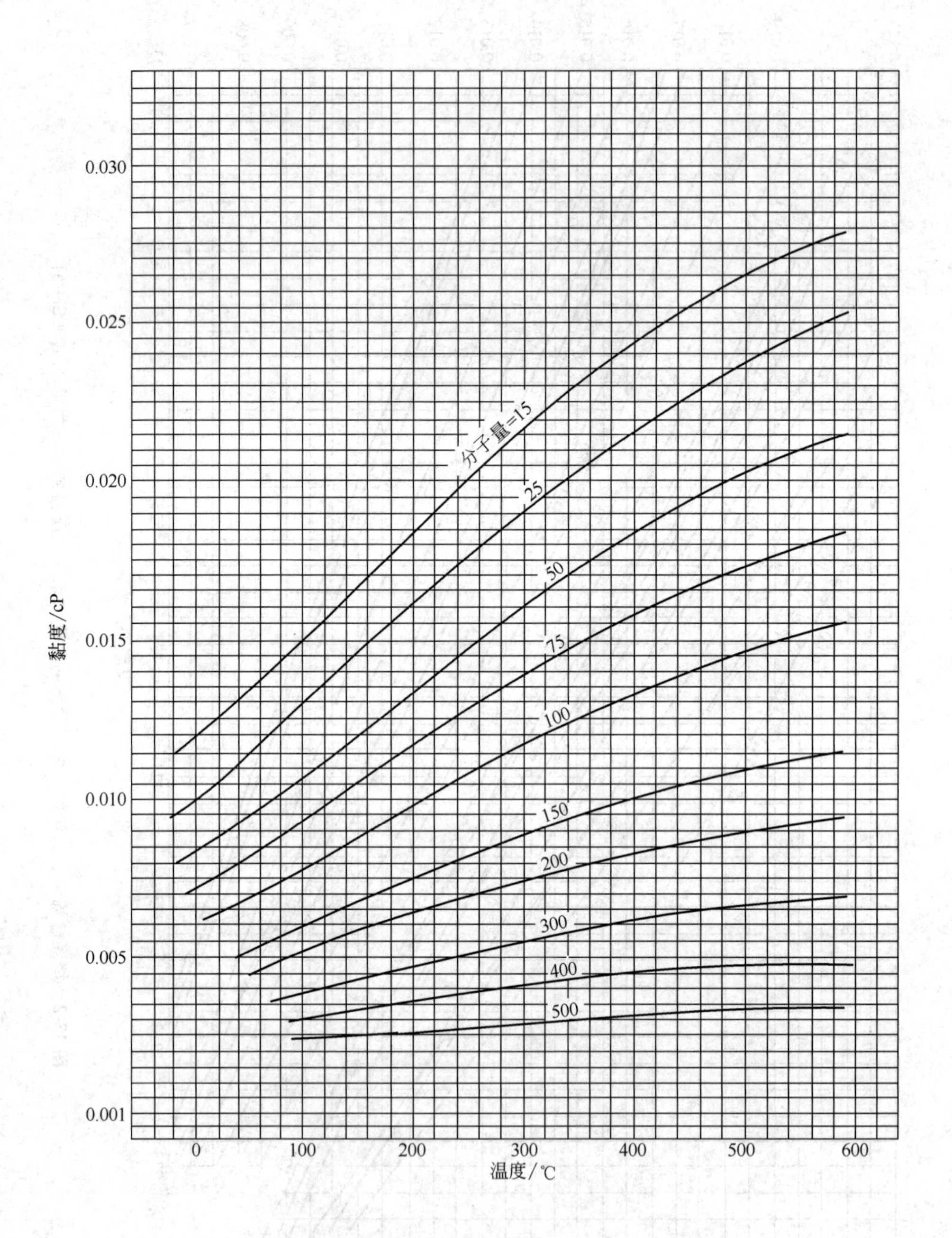

图 13-3 烃蒸气在常压下的黏度（1cP = 10^{-3}Pa·s）

1.2.4 醇类蒸气的黏度（图 13-4）

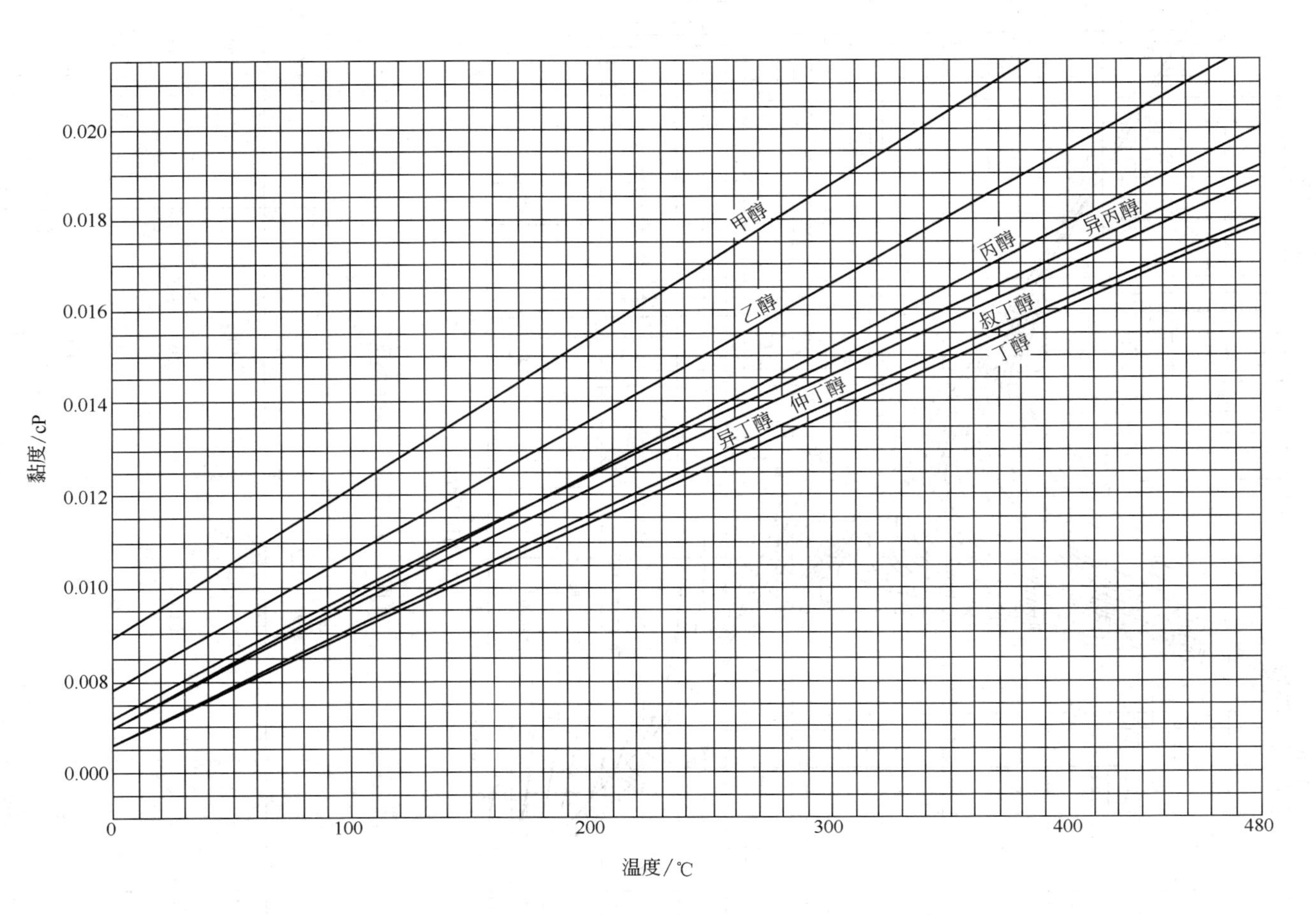

图 13-4 醇类蒸气的黏度（1cP = 10^{-3} Pa·s）

1.2.5 二原子气体的黏度（图 13-5）

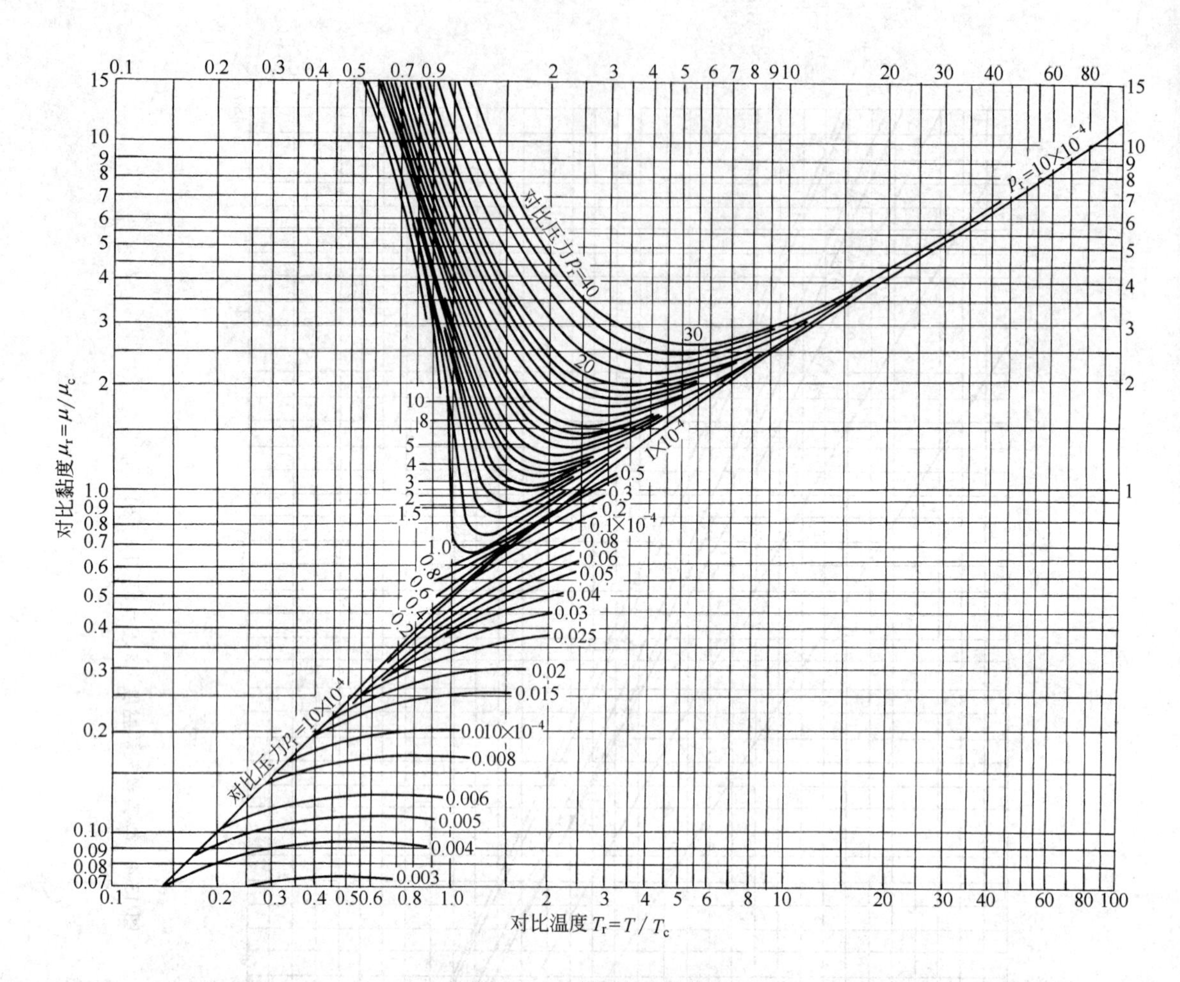

图 13-5 二原子气体的黏度

气 体	临界黏度 μ_c/cP	气 体	临界黏度 μ_c/cP
O_2	0.02470	Cl_2	0.03946
CO	0.01857	Br_2	0.06119
H_2	0.03756	I_2	0.07849
N_2	0.01825	HCl	0.03334
F_2	0.01836	HI	0.05528
NO	0.02627		

注：1cP＝10^{-3}Pa·s。

1.3　气体及蒸气的比热容

1.3.1　气体的比热容（图 13-6）

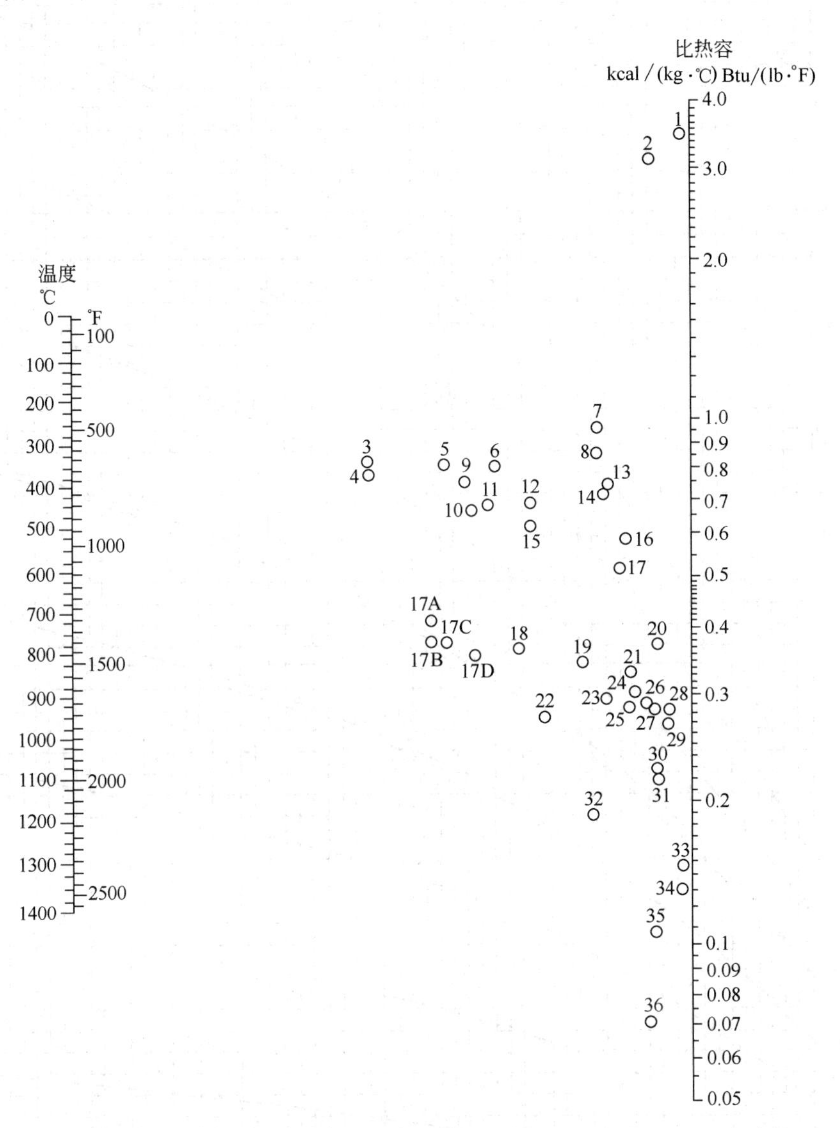

图 13-6　气体的比热容（$p=1\text{atm}$）

1kcal/(kg·℃)＝4186.8J/(kg·K)，1kcal/(kg·℃)＝1Btu/(lb·°F)，1Btu/(lb·°F)＝4.1868kJ/(kg·K)，1atm＝101325Pa

图13-6中的气体编号

序号	名　称	温度范围/℃	序号	名　称	温度范围/℃	序号	名　称	温度范围/℃
1	氢	0～600	15	乙炔	200～400	29	氧	500～1400
2	氢	600～1400	16	乙炔	400～1400	30	氯化氢	0～1400
3	乙烷	0～200	17	水蒸气	0～1400	31	二氧化硫	400～1400
4	乙烯	0～200	18	二氧化碳	0～400	32	氯	0～200
5	甲烷	0～300	19	硫化氢	0～700	33	硫	300～1400
6	甲烷	300～700	20	氟化氢	0～1400	34	氯	200～1400
7	甲烷	700～1400	21	硫化氢	700～1400	35	溴化氢	0～1400
8	乙烷	600～1400	22	二氧化硫	0～400	36	碘化氢	0～1400
9	乙烷	200～600	23	氧	0～500	17A	氟里昂-22	0～150
10	乙炔	0～200	24	二氧化碳	400～1400	17B	氟里昂-11	0～150
11	乙烯	200～600	25	一氧化氮	0～700	17C	氟里昂-21	0～150
12	氨	0～600	26	氮	0～1400	17D	氟里昂-113	0～150
13	乙烯	600～1400	27	空气	0～1400			
14	氨	600～1400	28	一氧化氮	700～1400			

1.3.2 烷烃蒸气的比热容（图 13-7）

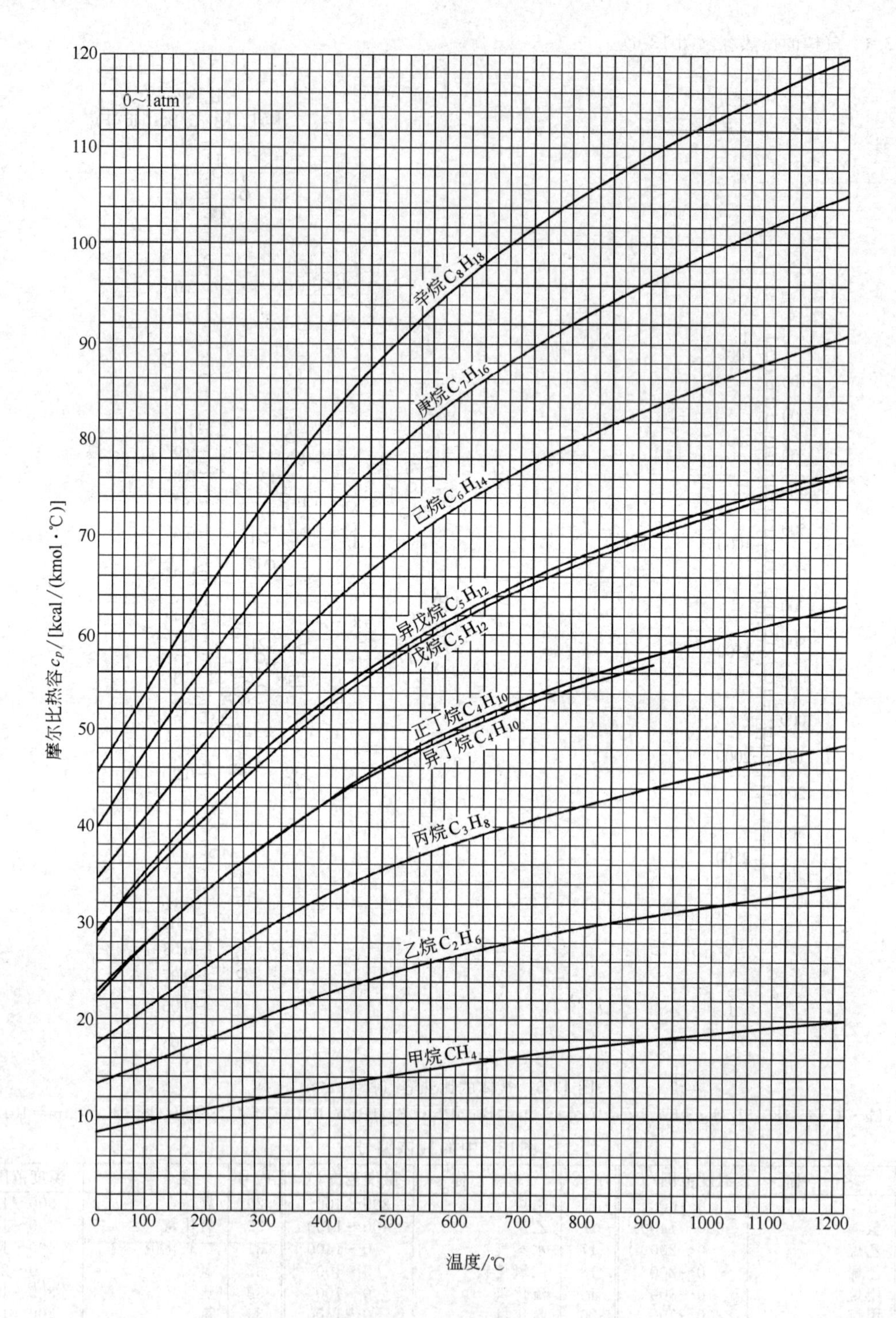

图 13-7 烷烃蒸气的比热容

1kcal/(kmol·℃)=4186.8J/(kmol·K)，1atm=101325Pa

1.3.3 烯烃蒸气的比热容（图 13-8）

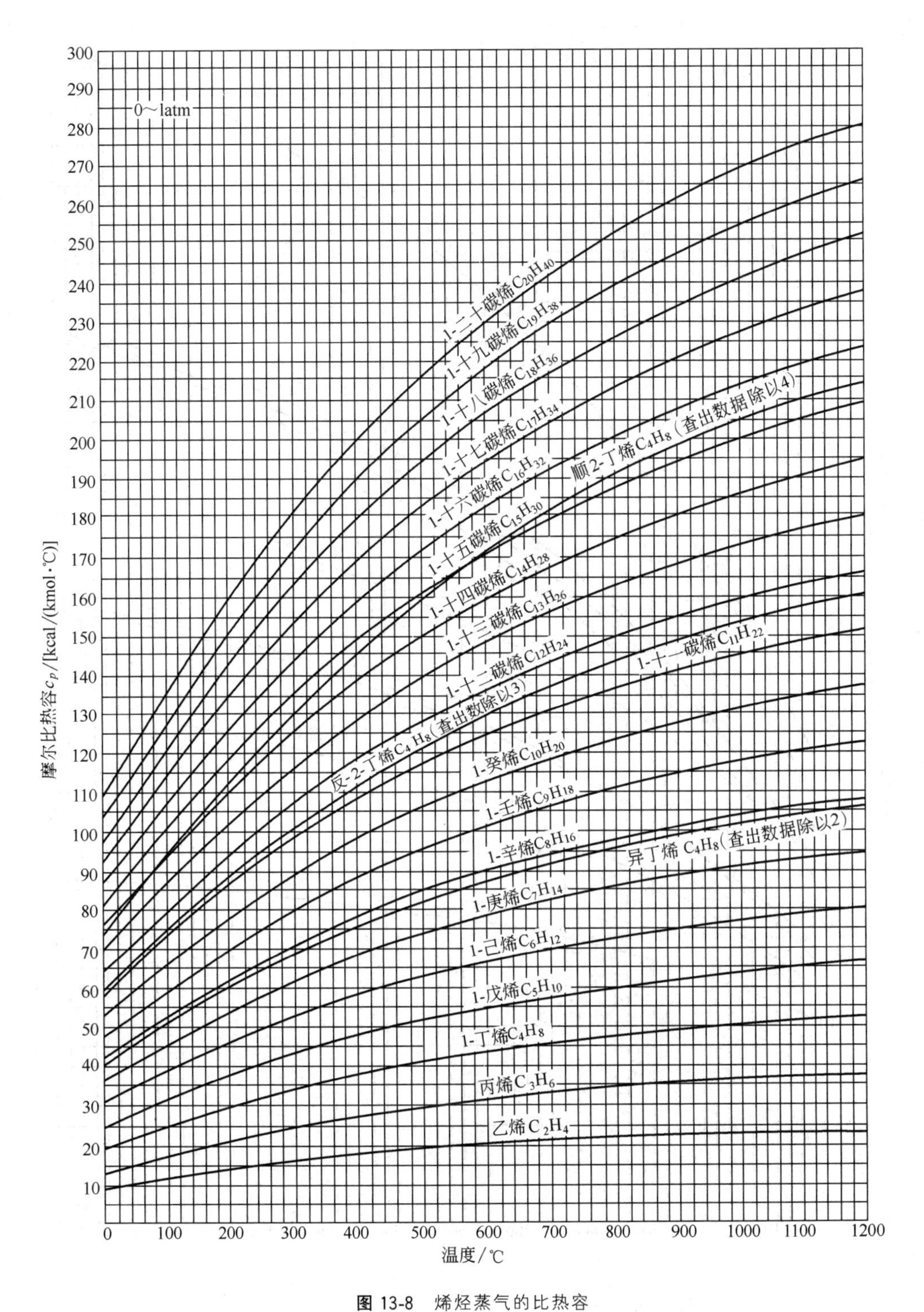

图 13-8 烯烃蒸气的比热容

1kcal/(kmol·℃)=4186.8J/(kmol·K)，1atm=101325Pa

1.3.4 二烯烃、炔烃、二氯乙烷和乙腈蒸气的比热容（图13-9）

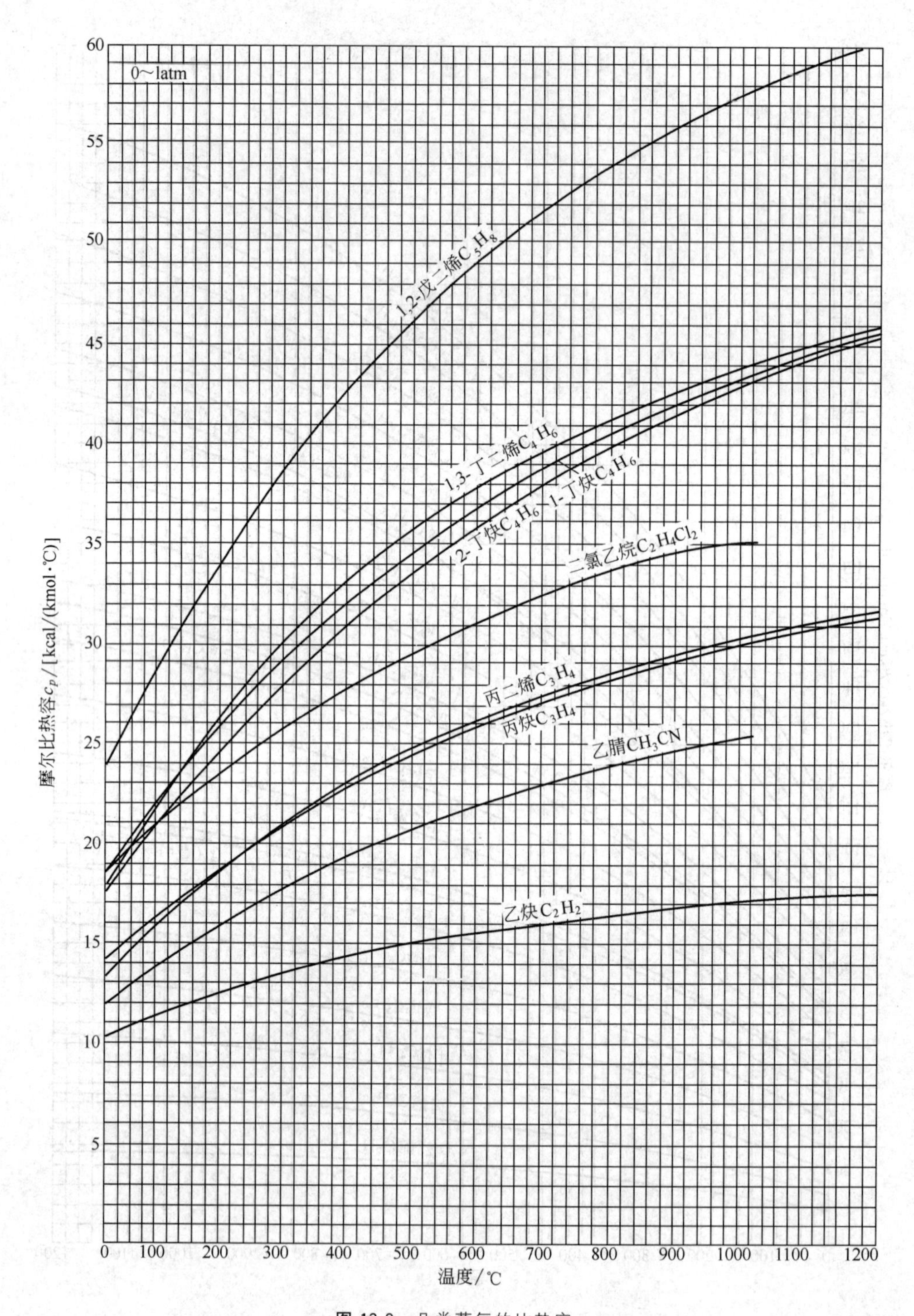

图13-9 几类蒸气的比热容

1kcal/(kmol·℃)=4186.8J/(kmol·K)，1atm=101325Pa

1.3.5 环戊烷系烃蒸气的比热容（图 13-10）

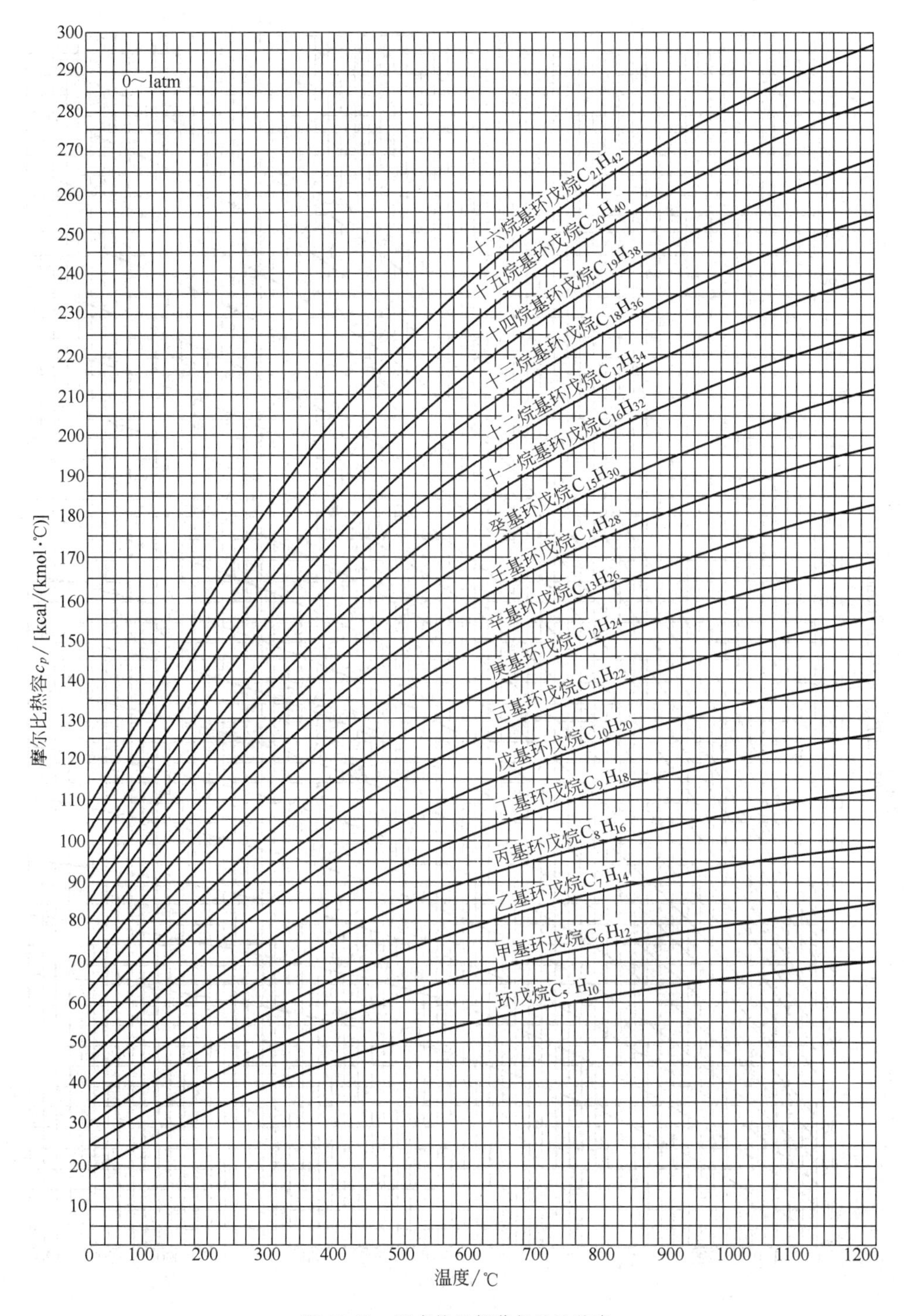

图 13-10　环戊烷系烃蒸气的比热容

1kcal/(kmol·℃)=4186.8J/(kmol·K)，1atm=101325Pa

1.3.6 环已烷系烃蒸气的比热容（图 13-11）

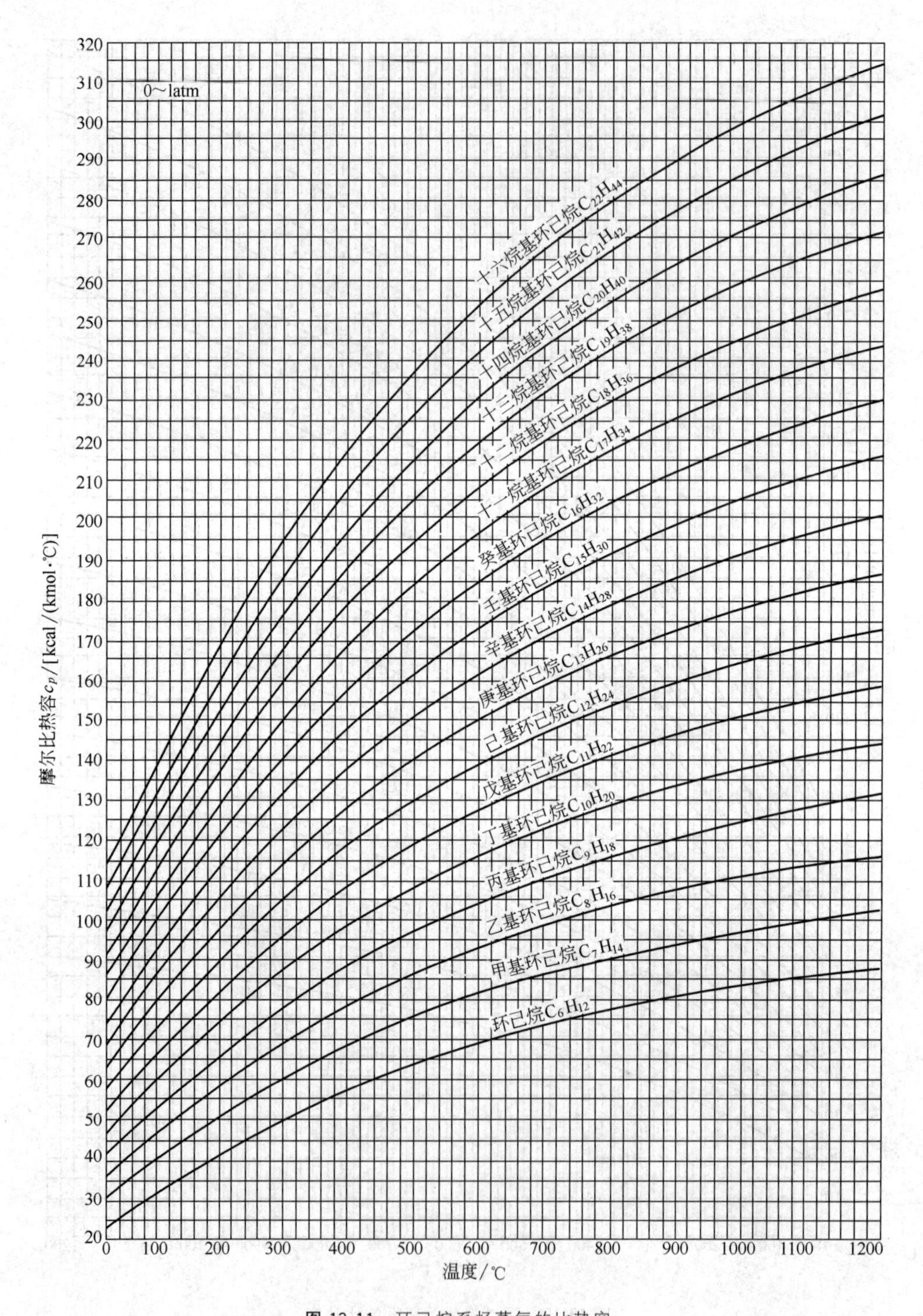

图 13-11 环已烷系烃蒸气的比热容

1kcal/(kmol·℃)=4186.8J/(kmol·K)，1atm=101325Pa

1.3.7 芳香烃蒸气的比热容（图 13-12）

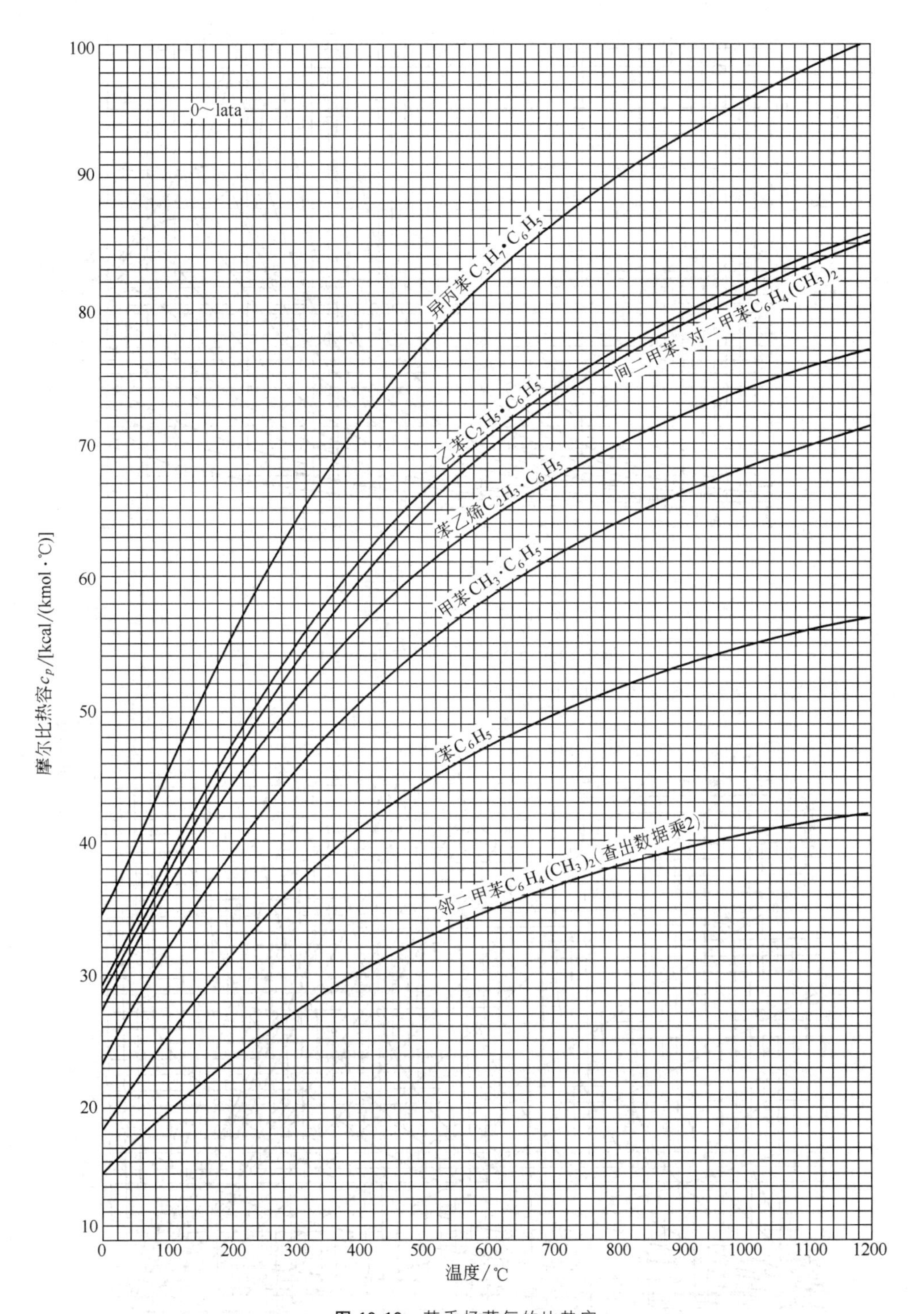

图 13-12 芳香烃蒸气的比热容

1kcal/(kmol·℃)=4186.8J/(kmol·K)，1ata=98066.5Pa

1.3.8 气体 c_p-c_V（图 13-13）

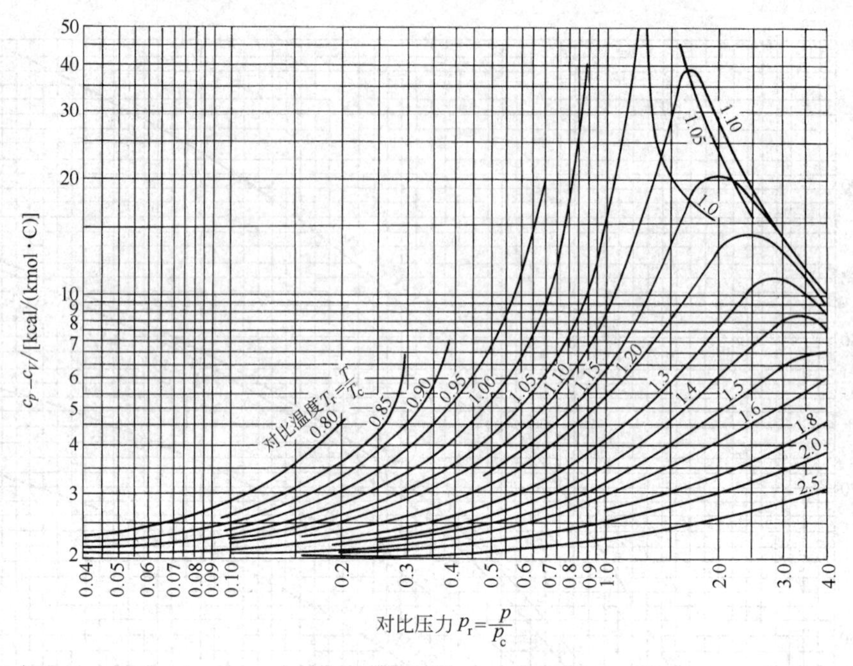

图 13-13 气体 c_p-c_V 图

1kcal/(kmol·℃)=4186.8J/(kmol·K)

1.3.9 烃类蒸气的绝热系数 c_p/c_V（图 13-14）

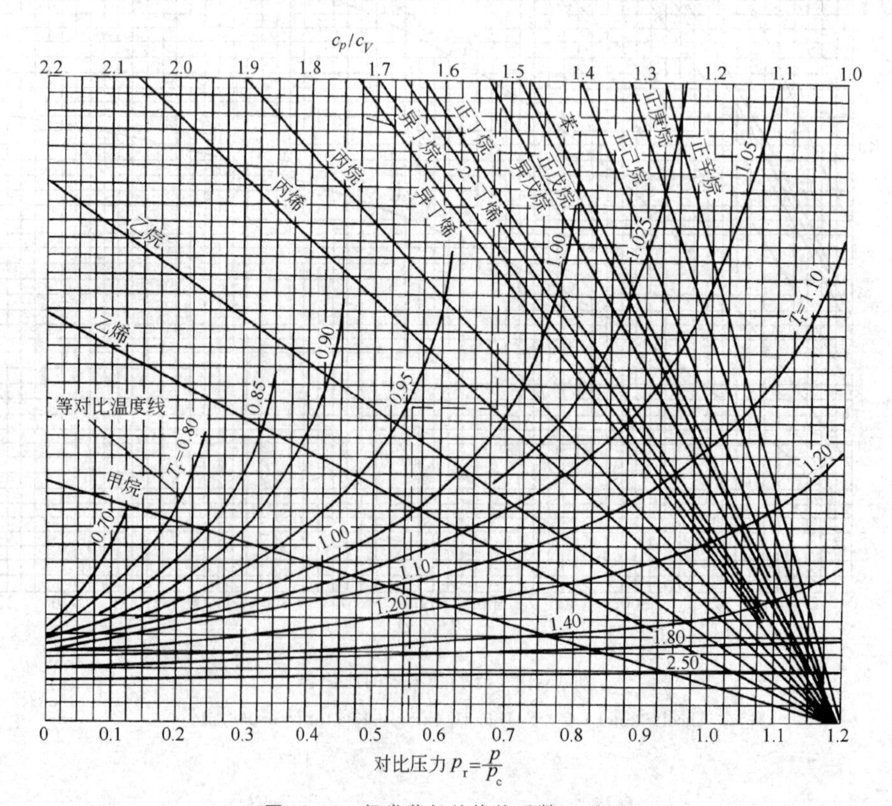

图 13-14 烃类蒸气的绝热系数 c_p/c_V

1.3.10 有机化合物的摩尔热容（表 13-2）

表 13-2 有机化合物的摩尔热容

单位：[kcal/(kmol·℃)]

温度/℃	烷烃							烯烃						环烷烃			
	甲烷	乙烷	丙烷	正丁烷	异丁烷	正戊烷	正己烷	乙烷	丙烯	1-丁烯	异丁烯	顺-2-丁烯	反-2-丁烯	环戊烷	甲基环戊烷	环己烷	甲基环己烷
0	8.295	11.856	16.32	22.17	21.41	27.57	33.05	9.78	14.32	19.87	19.93	17.51	19.74	17.71	23.80	22.82	29.25
18	8.378	12.117	16.79	22.70	22.02	28.22	33.79	10.00	14.67	20.41	20.42	17.99	20.18	18.49	24.70	23.75	30.35
25	8.413	12.22	16.94	22.89	22.24	28.44	34.07	10.09	14.80	20.60	20.60	18.13	20.33	18.78	25.04	24.11	30.77
100	8.814	21.37	18.71	25.13	24.57	31.23	37.38	10.97	16.23	22.72	22.63	20.11	22.15	21.91	28.71	27.96	35.27
200	9.41	14.86	21.18	28.14	27.91	34.91	41.69	12.22	18.09	25.42	25.15	22.85	24.66	25.97	33.44	33.02	41.08
300	10.09	16.34	23.40	30.98	30.89	38.34	45.77	13.35	19.82	27.84	27.50	25.41	26.95	29.77	37.86	37.82	46.51
400	10.78	17.75	25.47	33.60	33.55	41.53	49.52	14.38	21.45	30.05	29.65	27.73	29.13	33.24	41.87	42.22	51.43
500	11.46	19.05	27.36	35.97	35.98	44.42	52.92	15.33	22.94	32.04	31.62	29.86	31.12	36.36	45.47	46.21	55.88
600	12.11	20.26	29.08	38.12	38.20	47.03	55.98	16.19	24.30	33.85	33.42	31.80	32.97	39.20	48.74	49.82	59.90
700	12.73	21.36	30.66	40.09	40.19	49.43	58.81	16.97	25.57	35.51	35.07	33.57	34.66	41.76	51.69	53.07	63.51
800	13.31	22.40	32.10	41.91	42.04	51.66	61.41	17.71	26.73	37.04	36.61	35.21	36.21	44.09	54.38	56.01	66.78
900	13.87	23.36	33.46	43.00	43.74	53.70	63.82	18.38	27.80	38.44	38.03	36.71	37.66	46.22	56.83	58.67	69.73
1000	14.39	24.24	34.68	45.16	45.33	55.58	66.04	19.00	28.78	39.72	39.34	38.10	38.96	48.16	59.07	61.07	72.41
1100	14.87	25.07	35.82	46.59	46.72	57.33	68.08	19.57	29.68	40.91	40.54	39.37	40.17	49.94	61.13	63.26	74.86
1200	15.33	25.84	36.86	47.92	48.03	58.93	69.96	20.10	30.52	42.01	41.64	40.55	41.30	51.58	63.02	65.26	77.09

温度/℃	炔烃和二烯烃					芳烃							
	乙炔	甲基乙炔	二甲基乙炔	丙二烯	1,3-丁二烯	苯	甲苯	乙基苯	苯乙烯	异丙苯	邻二甲苯	间二甲苯	对二甲苯
0	10.04	13.74	17.63	13.26	17.55	17.70	22.69	28.19	26.72	33.28	29.52	28.11	28.03
18	10.21	14.01	17.97	13.56	18.17	18.34	23.44	29.04	27.62	34.25	30.69	28.95	28.82
25	10.28	14.12	18.13	13.68	18.28	18.60	23.73	29.40	27.96	34.69	30.78	29.89	29.18
100	10.88	15.21	19.62	14.89	20.35	21.23	26.92	33.22	31.47	39.22	34.14	32.87	32.69
200	11.55	16.70	21.56	16.36	22.82	24.82	30.94	38.00	35.80	44.74	38.56	37.46	37.12
300	12.08	17.88	23.41	17.68	24.98	27.87	34.61	42.34	39.66	49.79	42.63	41.69	41.30
400	12.55	18.89	25.15	18.95	26.84	30.48	37.89	46.21	43.07	54.28	46.30	45.50	45.12
500	12.94	19.89	26.75	20.00	28.49	32.99	40.81	49.65	46.10	58.26	49.64	48.92	48.54
600	13.27	20.88	28.24	20.90	29.96	35.14	43.44	52.72	48.78	61.82	52.63	52.00	51.65
700	13.60	21.72	29.60	21.78	31.28	37.00	45.79	55.48	51.18	65.02	55.36	54.79	54.46
800	13.90	22.48	30.86	22.59	32.47	38.71	47.98	57.98	53.35	67.90	57.81	57.31	57.00
900	14.19	23.18	32.02	23.36	33.56	40.25	49.89	60.24	55.30	70.52	60.06	59.60	59.30
1000	14.46	23.85	33.09	24.04	34.56	41.65	51.64	62.30	57.08	72.91	62.11	61.69	61.40
1100	14.69	24.50	34.08	24.63	35.49	42.92	53.22	64.18	58.70	75.09	63.99	63.60	63.32
1200	14.93	25.06	34.99	25.21	36.33	44.08	54.68	65.90	60.18	77.00	65.71	65.35	65.08

续表

温度/℃	氰化合物							氮化合物					含氧 C_1～C_2 化合物					
	$(CN)_2$	HCN	CNCl	CNBr	CNI	CH_3CH	CH_2═CHCN	NH_3	联氨（肼）	甲基胺	二甲基胺	三甲基胺	甲醛	乙醛	甲醇	乙醇	环氧乙烷	乙烯酮
0	13.27	8.33	10.41	10.89	11.34	11.34	14.40	8.371	12.0	11.76	15.48	20.46	8.281	12.39	10.27	16.72	10.74	10.93
18	13.41	8.43	10.51	10.97	11.42	12.17	14.68	8.406	12.2	11.97	15.89	21.04	8.336	12.69	10.45	17.04	10.97	11.11
25	13.45	8.47	10.55	11.01	11.45	12.25	14.79	8.428	12.3	12.07	15.99	21.26	8.358	12.77	10.52	17.16	11.08	11.18
100	13.92	8.84	10.94	11.33	11.71	13.05	15.97	8.682	13.2	12.98	17.56	23.30	8.649	13.69	11.22	18.49	12.34	11.95
200	14.46	9.18	11.30	11.65	11.98	14.15	17.56	9.056	14.4	14.24	19.73	26.46	9.123	15.02	12.17	20.10	13.98	12.89
300	14.92	9.50	11.59	11.90	12.19	15.14	18.82	9.443	15.3	15.42	21.73	29.22	9.639	16.28	13.08	22.14	15.52	13.72
400	15.31	9.78	11.83	12.12	12.37	16.06	20.01	9.827	16.1	16.52	23.58	31.75	10.157	17.46	13.95	23.07	16.93	14.45
500	15.65	10.04	12.05	12.30	12.53	16.92	21.05	10.201	16.9	17.53	25.27	34.02	10.658	18.55	14.78	24.40	18.17	15.11
600	15.97	10.27	12.23	12.47	12.67	17.70	22.01	10.564	17.5	18.47	26.81	36.07	11.136	19.55	15.58	25.62	19.35	15.71
700	16.25	10.48	12.40	12.62	12.80	18.42	22.86	10.913	18.1	19.36	28.23	37.93	11.584	20.47	16.29	26.73	20.31	26.24
800		10.69				19.09		11.248	18.7	20.16	29.52	39.63	12.000			27.76		16.74
900		10.87				19.71		11.570	19.2	20.92	30.71	41.17	12.387			28.71		17.19
1000		11.04						11.876	19.7	21.61	31.81	42.59	12.743			29.60		17.60
1100		11.20						12.169	20.1	22.27	32.81	43.90	13.047			30.41		17.98
1200		11.35						12.448	20.5	22.89	33.75	45.10	13.379			31.17		18.33

温度/℃	氯乙烷烃									含氧 C_3 化合物				
	一氯乙烷	1,1-二氯乙烷	1,2-二氯乙烷	1,1,1-三氯乙烷	1,1,2-三氯乙烷	1,1,1,2-四氯乙烷	1,1,2,2-四氯乙烷	五氯乙烷	六氯乙烷	$C_3H_6O_2$	丙酮	异丙醇	正丙醇	丙烯醇
0	14.01	17.25	18.18	21.35	20.21	23.49	23.00	27.02	31.52	15.05	17.20	20.50	19.78	17.00
18	14.23	17.53	18.33	21.75	20.62	23.88	23.38	27.48	31.98	15.29	17.61	21.07	20.34	17.41
25	14.36	17.67	18.48	21.80	20.76	24.03	23.51	27.63	32.13	15.38	17.77	21.22	20.55	17.58
100	15.79	19.12	19.71	23.26	22.24	25.53	25.07	29.15	33.60	16.23	19.66	23.32	22.88	19.33
200	17.57	20.85	21.19	24.82	23.99	27.24	26.84	30.82	35.15	17.15	21.60	25.99	25.76	21.55
300	19.19	22.36	22.51	26.21	25.48	28.67	28.32	32.17	36.32	17.91	23.52	28.45	28.30	23.56
400	20.65	23.69	23.71	27.27	26.75	29.87	29.57	33.27	37.23	18.57	25.24	30.60	30.53	25.38
500	21.96	24.87	24.80	28.27	27.84	30.89	30.63	34.17	37.95	19.15	26.86	32.54	32.50	26.98
600	23.14	25.92	25.80	29.15	28.79	31.79	31.54	34.92	38.53	19.65	28.35	34.29	34.27	28.45
700	24.20	26.86	26.70	29.93	29.63	32.55	32.34	35.57	39.00	20.12	28.70	35.89	35.87	29.79
800	25.17	27.71	27.53	30.63	30.38	30.23	33.04	36.12	39.40	20.53	30.93	37.36	37.32	30.99
900	26.06	28.49	28.28	31.26	31.05	33.83	33.59	36.61	39.74	20.90	32.05	38.69	38.67	32.09
1000	26.87	29.19	28.98	31.83	31.66	34.37	34.21	37.04	40.03	21.23	33.08	39.91	39.90	33.10
1100	27.62	29.84	29.61	32.36	32.21	34.86	34.71	37.42	40.28	21.52	34.04	41.06	41.02	34.05
1200	28.30	30.43	30.20	32.84	32.71	35.30	35.16	37.76	40.50	21.79	34.92	42.11	42.05	34.91

注：1. 表中数据基点为0℃，0～1ata。

2. 1kcal/(kmol·℃)＝4186.8J/(kmol·K)，1ata＝98066.5Pa。

1.4　气体的扩散系数

1.4.1　一些物质在几种气体中的扩散系数（表 13-3）

表 13-3　一些物质在几种气体中的扩散系数（1atm）　单位：cm^2/s

物质名称	温度/℃	空气	A	H_2	O_2	N_2	CO_2	N_2O	CH_4	C_2H_6	C_2H_4	$n\text{-}C_4H_{10}$	$i\text{-}C_4H_{10}$
乙酸	0	0.1064		0.416			0.0716						
丙酮	0	0.109		0.361									
正戊醇	0	0.0589		0.235			0.0422						
仲戊醇	30	0.072											
丁酸戊酯	0	0.040											
甲酸戊酯	0	0.0543											
甲酸异戊酯	0	0.058											
异丁酸戊酯	0	0.0419		0.171									
丙酸戊酯	0	0.046		0.1914			0.0347						
苯胺	0	0.0610											
	30	0.075											
蒽	0	0.0421											
氩	20					0.0194							
苯	0	0.077		0.306	0.0797		0.0528						
联苯胺	0	0.0298											
氯化苄	0	0.066											
乙酸正丁酯	0	0.058											
乙酸异丁酯	0	0.0612		0.2364			0.0425						
正丁醇	0	0.0703		0.2716			0.0476						
	30	0.088											
异丁醇	0	0.0727		0.2771			0.0483						
丁胺	0	0.0821											
异丁胺	0	0.0853											
丁酸异丁酯	0	0.0468		0.185			0.0327						
甲酸异丁酯	0	0.0705											
异丁酸异丁酯	0	0.0457		0.191			0.0364						
丙酸异丁酯	0	0.0529		0.203			0.0366						
戊酸异丁酯	0	0.0424		0.173			0.0308						
丁酸	0	0.067		0.264			0.0476						
异丁酸	0	0.0679		0.271			0.0471						
镉	0					0.17							
己酸	0	0.050											
异己酸	0	0.0513											
二氧化碳	0	0.138		550	139			0.096	0.153				
	20					0.163							
	25							0.0996①	0.00215②				
	500③				0.9								
二硫化碳	0	0.0892		0.369			0.063						
一氧化碳	0			0.651	0.185		0.137				0.116		
	450③				1.0								
四氯化碳	0			0.293	0.0636								
氯苯	30	0.075											
氯仿	0	0.091											
三氯硝基甲烷	25	0.088											
间氯甲苯	0	0.054											
邻氯甲苯	0	0.059											
对氯甲苯	0	0.051											
氯化氰	0	0.111											
环己烷	15		0.0719	0.319	0.0744	0.0760							
	45	0.086											
正癸烷	90			0.306		0.0841							
二乙胺	0	0.0884											

续表

物质名称	温度/℃	空气	A	H_2	O_2	N_2	CO_2	N_2O	CH_4	C_2H_6	C_2H_4	n-C_4H_{10}	i-C_4H_{10}
2,3-二甲基丁烷	15		0.0657	0.301	0.0753	0.0751							
联苯	0	0.0610											
正十二烷	126			0.308		0.0813							
乙烷	0			0.459									
乙醚	0	0.0778		0.298			0.0546						
乙酸乙酯	0	0.0715		0.273			0.0487						
	30	0.089											
乙醇	0	0.102		0.375			0.0685						
乙苯	0	0.0658											
丁酸乙酯	0	0.0579		0224			0.0407						
异丁酸乙酯	0	0.0591		0.229			0.0413						
乙烯	0			0.486									
甲酸乙酯	0	0.0840		0.337			0.0573						
丙酸乙酯	0	0.068		0.236			0.0450						
戊酸乙酯	0	0.0512		0.205			0.0367						
丁香酚	0	0.0377											
蚁酸	0	0.1308		0.510			0.0874						
氦	0		0.641										
	20					0.705							
正庚烷	38								0.066④				
正己烷	15		0.0663	0.290	0.0753	0.0757							
己醇	0	0.0499		0.200			0.0351						
氢气	0	0.611			0.697	0.674	0.550	0.535	0.625	0.459	0.486	0.272	0.277
	25						0.646			0.537	0.726		
	500				4.2								
氢氰酸	0	0.173											
过氧化氢	60	0.188											
碘	0	0.07				0.070							
水银	0	0.112		0.53		0.13							
均三甲苯	0	0.056											
甲烷	500				1.1								
乙酸甲酯	0	0.084		0.333			0.0567						
甲醇	0	0.132		0.506			0.0879						
丁酸甲酯	0	0.0633		0.242			0.0446						
异丁酸甲酯	0	0.0639		0.257			0.0451						
甲基环戊烷	15		0.0731	0.318	0.0742	0.0758							
甲酸甲酯	0	0.0872											
丙酸甲酯	0	0.0735		0.295			0.0528						
戊酸甲酯	0	0.0569											
萘	0	0.0513											
氮气	0				0.181								
	25						0.165			0.148	0.163	0.0960	0.0908
一氧化二氮	0			0.535			0.096						
正辛烷	0	0.0505											
	30		0.0642	0.271	0.0705	0.0710							
氧气	0	0.178		0.697		0.181	0.139						
光气	0	0.095											
丙酸	0	0.0829		0.330			0.0588						
乙酸丙酯	0	0.067											
正丙醇	0	0.085		0.315			0.0577						
异丙醇	0	0.0818											
	30	0.101											
丙基苯	0	0.0481											
异丙基苯	0	0.0489											
溴代正丙烷	0	0.085											
溴代异丙烷	0	0.0902											

续表

物质名称	温度/℃	空气	A	H_2	O_2	N_2	CO_2	N_2O	CH_4	C_2H_6	C_2H_4	n-C_4H_{10}	i-C_4H_{10}
丁酸丙酯	0	0.0530		0.206			0.0364						
甲酸丙酯	0	0.0712		0.281			0.0490						
碘代正丙烷	0	0.079											
碘代异丙烷	0	0.0802											
异丁酸丙酯	0	0.0549		0.212			0.0388						
异丁酸异丙酯	0	0.059											
丙酸丙酯	0	0.057		0.212			0.0395						
戊酸丙酯	0	0.0466		0.189			0.0341						
黄樟素	0	0.0434											
异黄樟素	0	0.0455											
六氟化硫	25			0.418									
甲苯	0	0.076	0.071										
	30	0.088											
三甲基甲醇	0	0.087											
2,2,4-三甲基戊烷	30		0.0618	0.288	0.0688	0.0705							
2,2,3-三甲基庚烷	90			0.270		0.0684							
正戊酸	0	0.050											
异戊酸	0	0.0544		0.212			0.0376						
水	0	0.220		0.75			0.138						
	450				1.3								

① 20mmHg（1mmHg＝133.32Pa）。

② 40atm（1atm＝101325Pa）。

③ 浓度影响很大。

1.4.2 一些物质在水溶液中的扩散系数（表 13-4）

表 13-4 一些物质在水溶液中的扩散系数

溶质	浓度/(mol/L)	温度/℃	扩散系数 $D\times10^5$/(cm²/s)	溶质	浓度/(mol/L)	温度/℃	扩散系数 $D\times10^5$/(cm²/s)
HCl	9	0	2.7	NH_3	0.7	5	1.24
	7	0	2.4		1.0	8	1.36
	4	0	2.1		饱和	8	1.08
	3	0	2.0		饱和	10	1.14
	2	0	1.8		1.0	15	1.77
	0.4	0	1.6		饱和	15	1.26
	0.6	5	2.4			20	2.04
	1.3	5	1.9		0	20	1.80
	0.4	5	1.8	C_2H_2	0	20	1.29
	9	10	3.3	Br_2	0	20	1.90
	6.5	10	3.0	CO			
	2.5	10	2.5	C_2H_4	0	20	1.59
	0.8	10	2.2	H_2	0	20	5.94
	0.5	10	2.1	HCN	0	20	1.66
	2.5	15	2.9	H_2S	0	20	1.63
	3.2	19	4.5	CH_4	0	20	2.06
	1.0	19	3.0	N_2	0	20	1.90
	0.3	19	2.7	O_2	0	20	2.08
	0.1	19	2.5	SO_2	0	20	1.47
	0	20	2.8	Cl_2	0.138	10	0.91
					0.128	13	0.98
CO_2	0	10	1.46		0.11	18.3	1.21
	0	15	1.60		0.104	20	1.22
	0	18	1.71±0.03		0.099	22.4	1.32
	0	20	1.77		0.092	25	1.42
NH_3	0.686	4	1.22		0.083	30	1.62
	3.5	5	1.24		0.07	35	1.8

1.5 气体的热导率

1.5.1 二烯烃、炔烃和醇类气体的热导率（图 13-15）

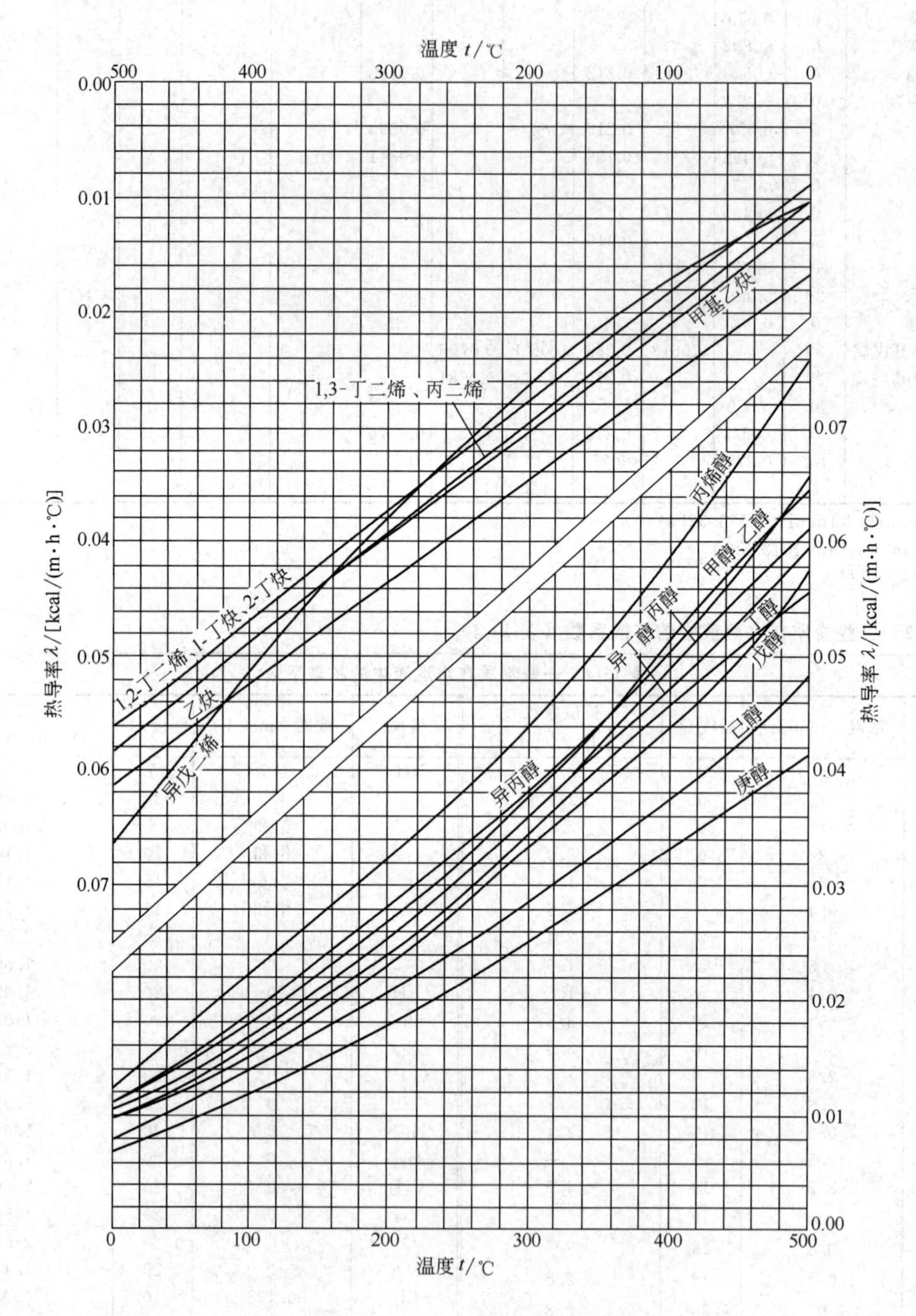

图 13-15 二烯烃、炔烃和醇类气体的热导率

1kcal/(m·h·℃)=1.163W/(m·K)

1.5.2 芳香烃气体的热导率（图 13-16）

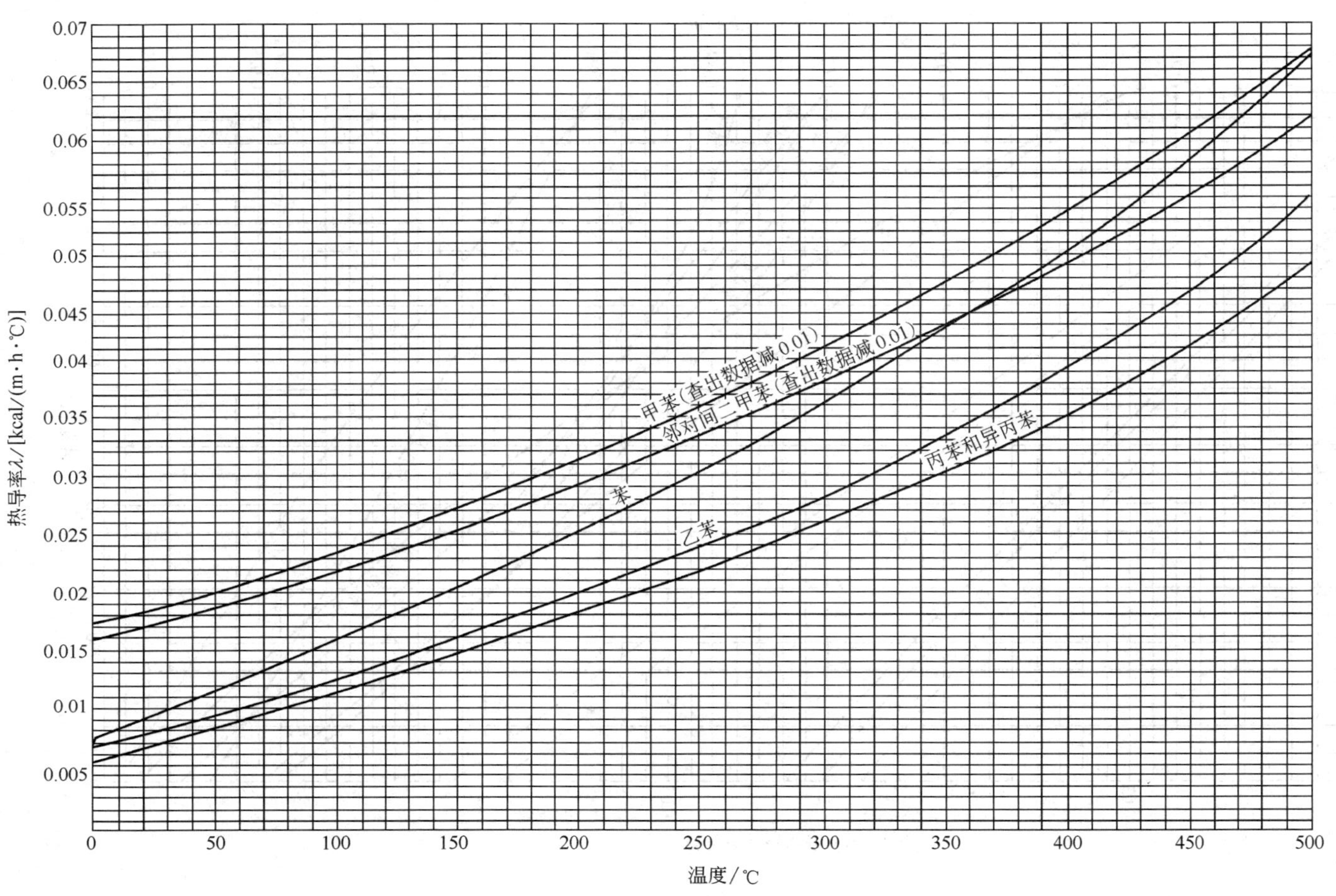

图 13-16　芳香烃气体的热导率

1kcal/(m·h·℃)=1.163W/(m·K)

1.5.3 常用气体的热导率（图 13-17）

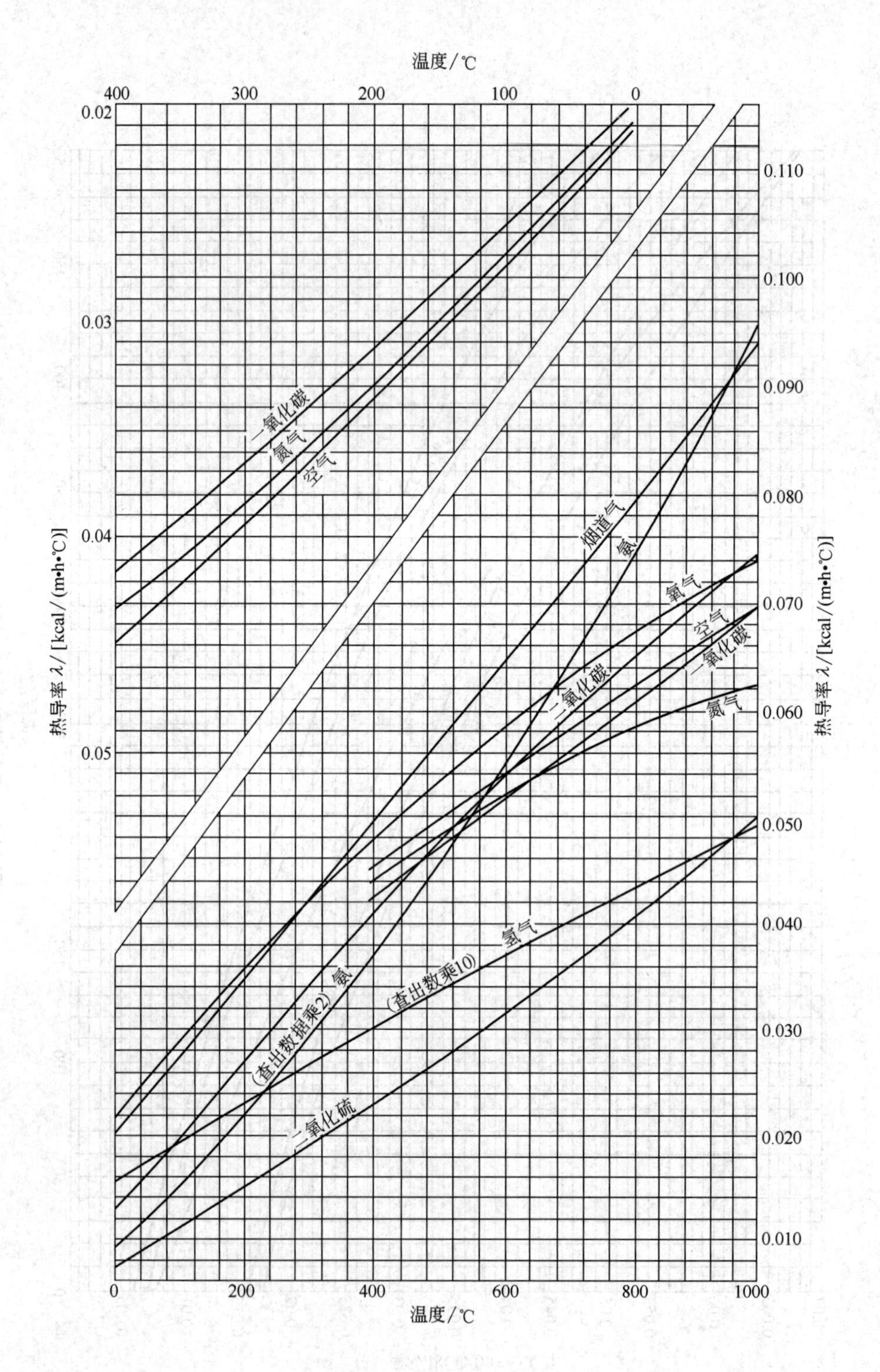

图 13-17 常用气体的热导率

烟道气性质：$p=760$mmHg，$p_{CO_2}=0.11$，$p_{H_2O}=0.11$，$p_{N_2}=0.76$。1kcal/(m·h·℃)=1.163W/(m·K)

1.5.4 高压下有机化合物气体的热导率（图 13-18）

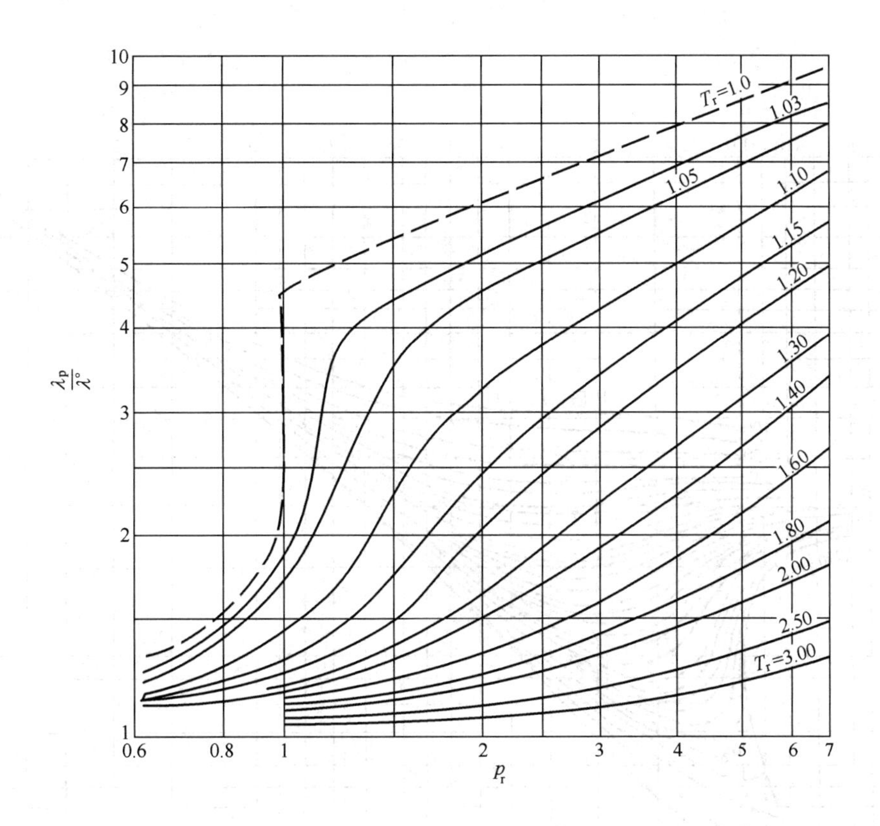

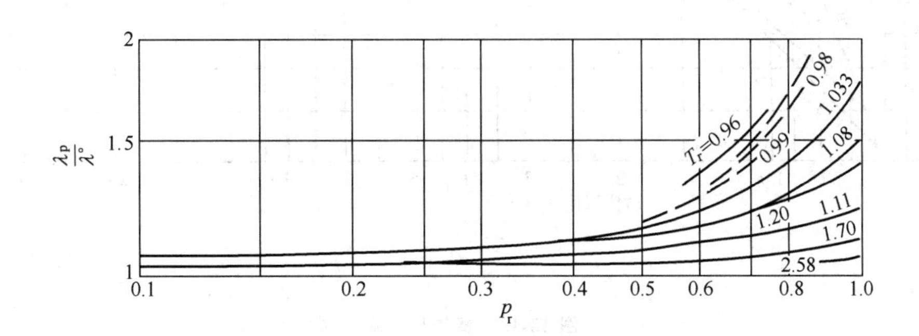

图 13-18 高压下有机化合物气体的热导率

λ_p—高压下有机化合物气体的热导率；λ°—低压下有机化合物气体的热导率；

T_r—对比温度$\left(=\frac{T}{T_c}\right)$；$p_r$—对比压力$\left(=\frac{p}{p_c}\right)$

1.5.5 氢的热导率（图 13-19）

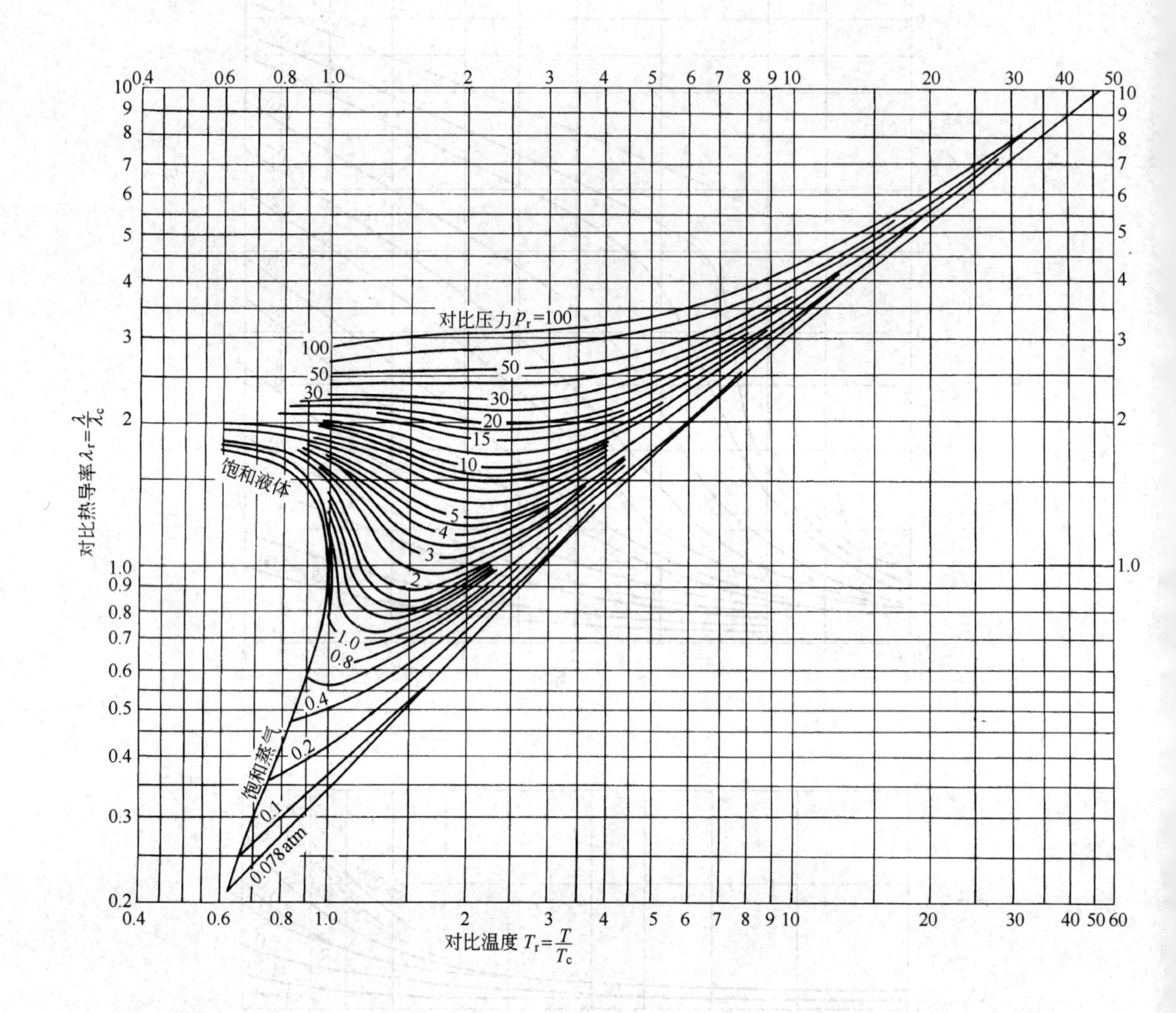

图 13-19 氢的热导率

T_c=33.3K，p_c=12.8atm，$\lambda_c=5.72\times10^{-2}$kcal/(m·h·℃)；1kcal/(m·h·℃)=1.163W/(m·K)，1atm=101325Pa

1.5.6 二原子气体的热导率（图 13-20）

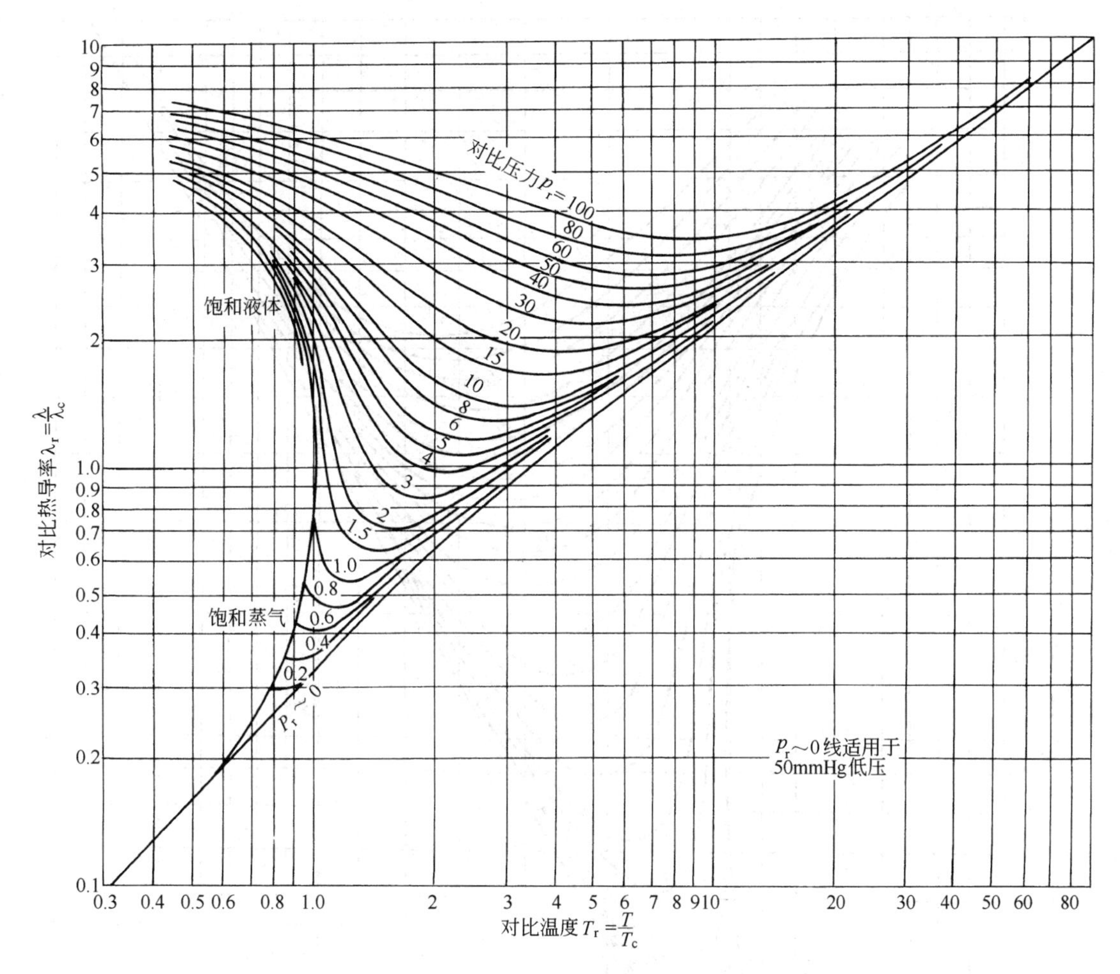

图 13-20 二原子气体的热导率

1atm=101325Pa；1kcal/(m·h·℃)=1.163W/(m·K)；1mmHg=133.32Pa

气　　体	T_c/K	p_c/atm	λ_c/[kcal/(m·h·℃)]
NO	180	64	0.0425
N_2	126.2	33.5	0.0308
O_2	154.8	50.1	0.0374
CO	133	34.5	0.0310
F_2	144	55.0	0.0343
Cl_2	417	76.1	0.0346
Br_2	584	102	0.0244
I_2	785	116	0.0228
HCl	324.6	81.5	0.0404
HF	503.4	94.5	0.0936
HBr	363.2	84	0.0296

1.5.7 氨的热导率（图 13-21）

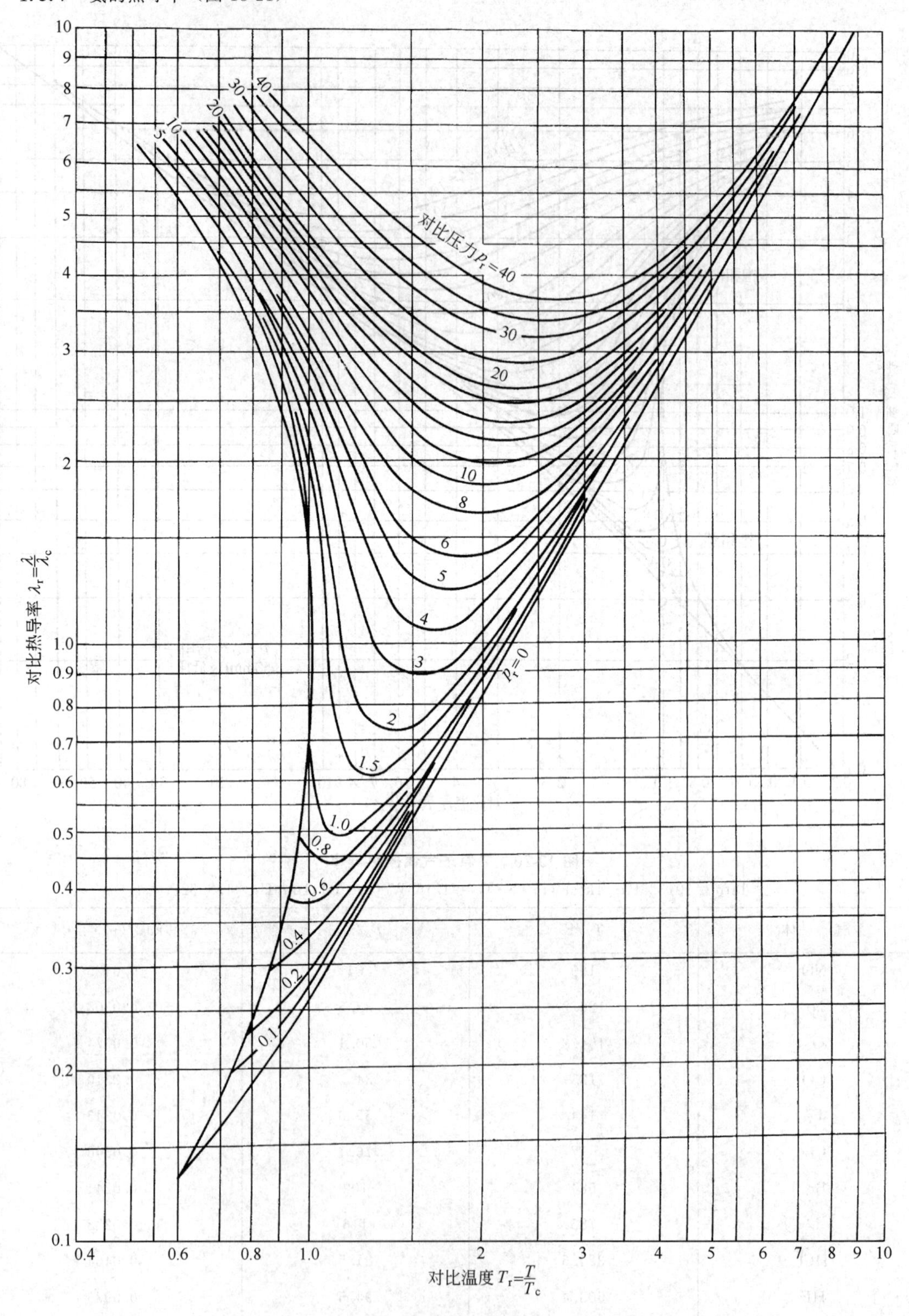

图 13-21 氨的热导率

T_c=405.5K，p_c=111.3ata，$\lambda_c=12.46\times10^{-2}$kcal/(m·h·K)；1ata=98066.5Pa，1kcal/(m·h·K)=1.163W/(m·K)

1.5.8 二氧化碳的热导率（图 13-22）

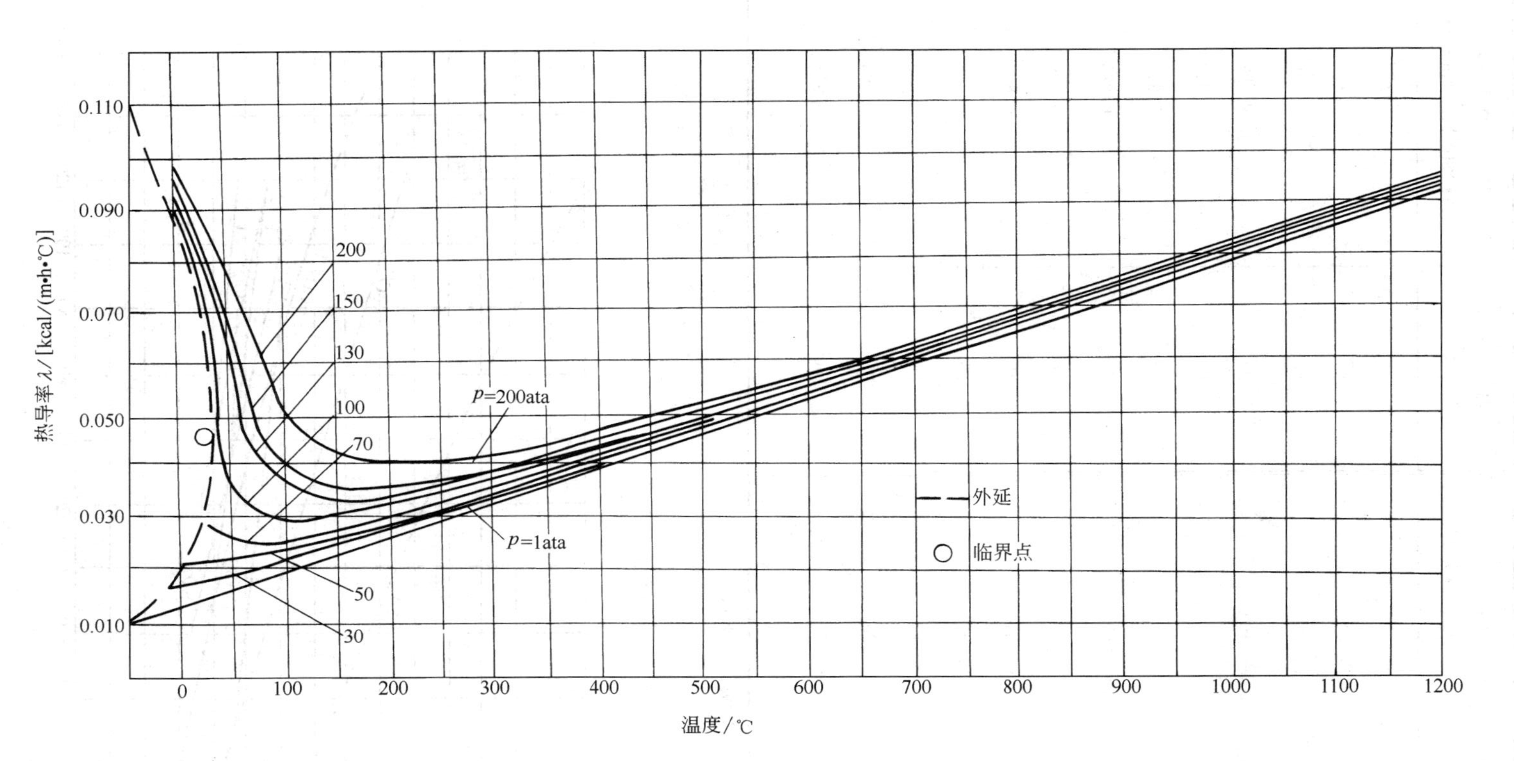

图 13-22 二氧化碳的热导率

1ata=98066.5Pa；1kcal/(m·h·℃)=1.163W/(m·K)

1.5.9 氯气的热导率（表13-5）

表13-5 氯气的热导率

温 度 /℃	热导率λ /[×10²kcal/(m·h·℃)]	温 度 /℃	热导率λ /[×10²kcal/(m·h·℃)]
−30	0.583	40	0.760
−25	0.597	45	0.774
−20	0.609	50	0.785
−15	0.619	55	0.800
−10	0.634	60	0.810
−5	0.644	65	0.825
0	0.659	70	0.835
5	0.670	75	0.850
10	0.684	80	0.860
15	0.695	85	0.875
20	0.710	90	0.885
25	0.720	95	0.896
30	0.735	100	0.911
35	0.749		

注：1kcal/(m·h·℃)=1.163W/(m·K)。

1.5.10 制冷剂蒸气的热导率（图13-23）

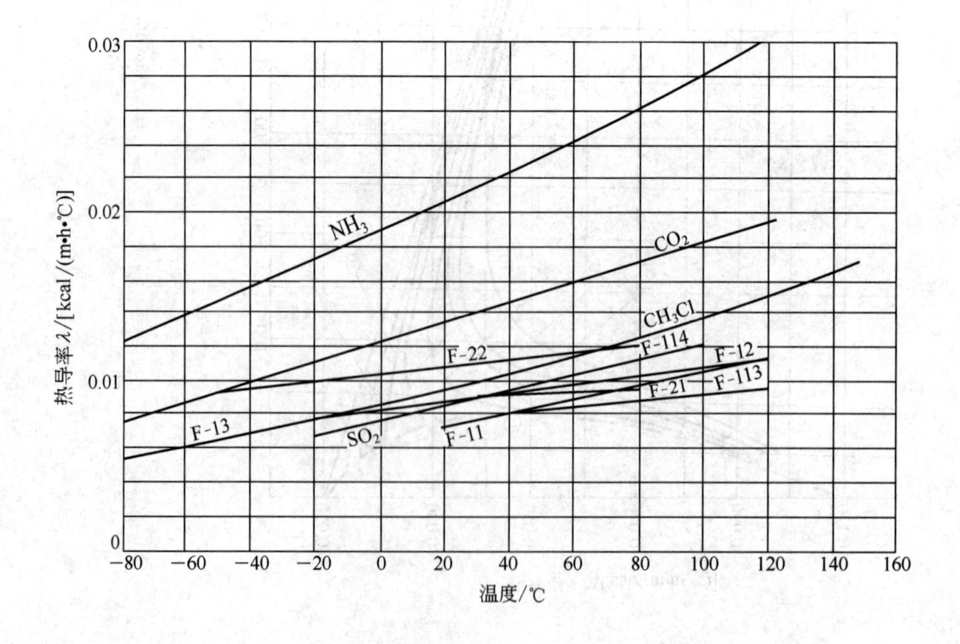

图13-23 制冷剂蒸气的热导率

1.5.11　正烷烃气体的热导率（图 13-24）

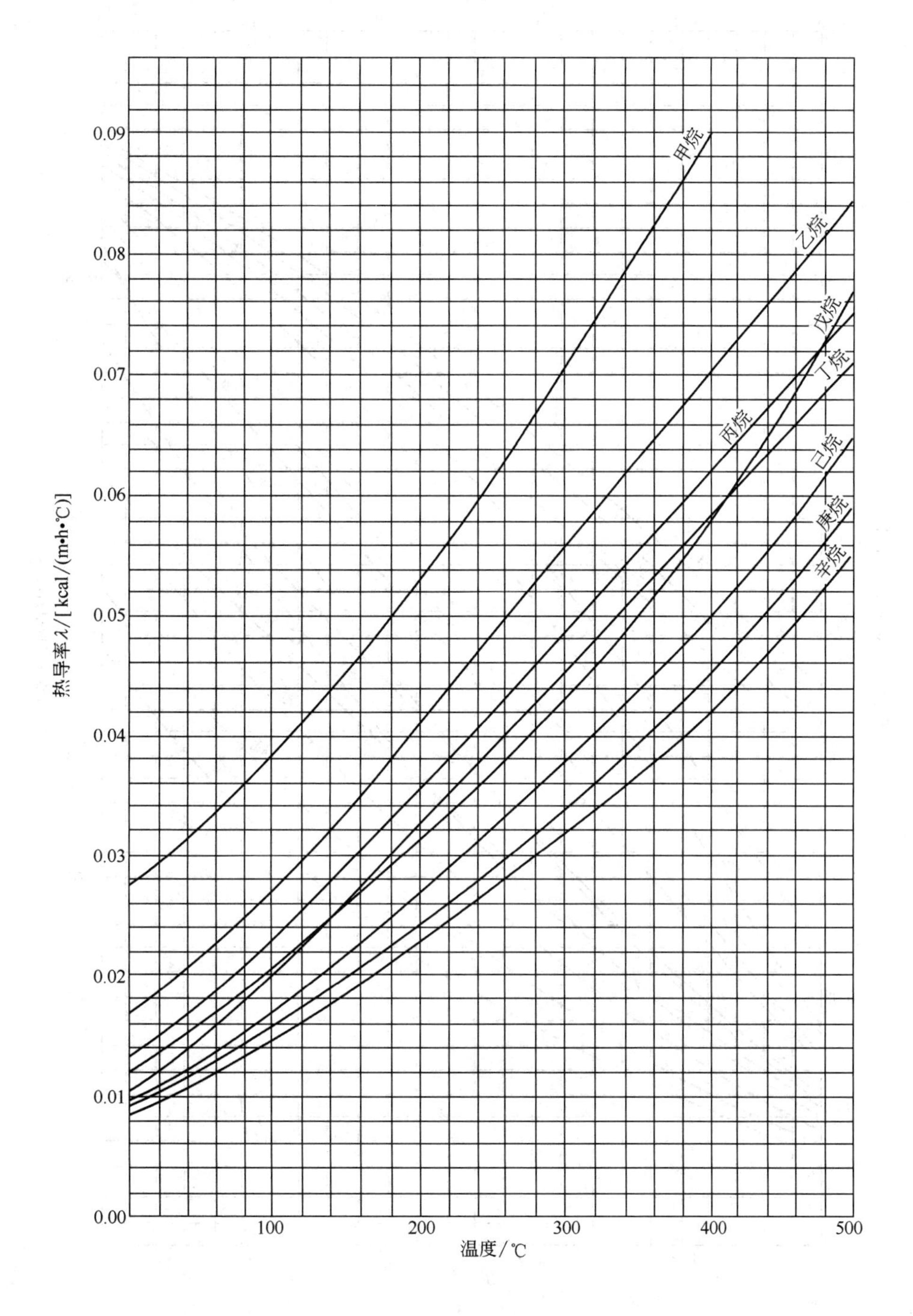

图 13-24　正烷烃气体的热导率

1kcal/(m·h·℃)=1.163W/(m·K)

1.5.12 异烷烃和烯烃气体的热导率（图 13-25）

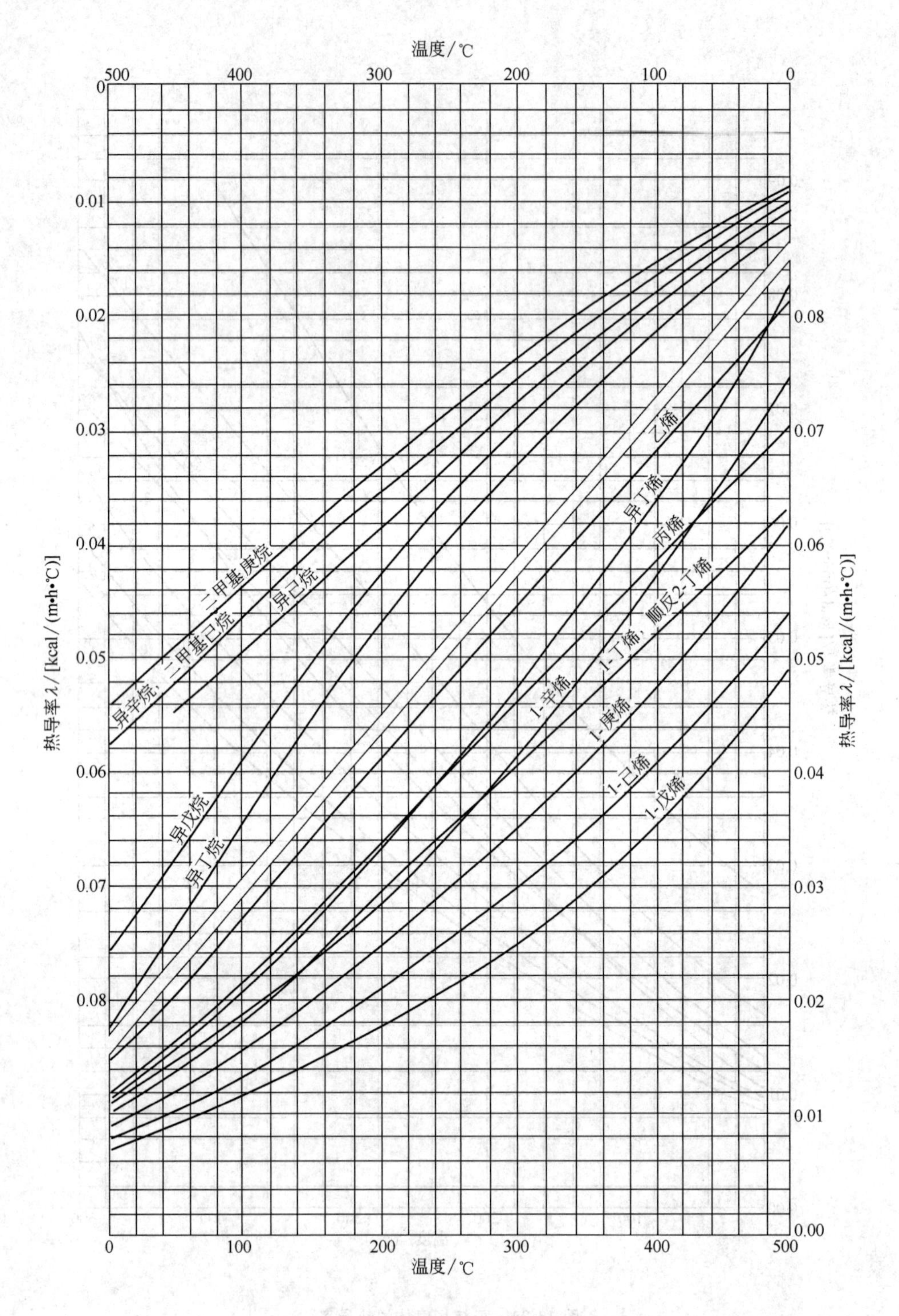

图 13-25 异烷烃和烯烃气体的热导率

1kcal/(m·h·℃)=1.163W/(m·K)

2 水的物性参数

2.1 饱和水的物性参数（表 13-6）

表 13-6　饱和水的物性参数

温度 t /℃	压力 p /ata	密度 ρ /(kg/m³)	比焓 i' /(kcal/kg)	比热容 c_p /[kcal/(kg·℃)]	热导率 $\lambda\times10^2$ /[kcal/(m·h·℃)]	热扩散率 $\alpha\times10^4$ /(m²/h)	黏度 $\mu\times10^6$ /(kgf·s/m²)	运动黏度 $\nu\times10^6$ /(m²/s)	体积膨胀系数 $\beta\times10^4$ /℃⁻¹	表面张力 $\sigma\times10^4$ /(kgf/m)	普朗特数 Pr
0	1.03	999.9	0	1.006	47.4	4.71	182.3	1.789	−0.63	77.1	13.67
10	1.03	999.7	10.04	1.001	49.4	4.94	133.1	1.306	+0.70	75.6	9.52
20	1.03	998.2	20.04	0.999	51.5	5.16	102.4	1.006	1.82	74.1	7.02
30	1.03	995.7	30.02	0.997	53.1	5.35	81.7	0.805	3.21	72.6	5.42
40	1.03	992.2	40.01	0.997	54.5	5.51	66.6	0.659	3.87	71.0	4.31
50	1.03	988.1	49.99	0.997	55.7	5.65	56.0	0.556	4.49	69.0	3.54
60	1.03	983.2	59.98	0.998	56.7	5.78	47.9	0.478	5.11	67.5	2.98
70	1.03	977.8	69.98	1.000	57.4	5.87	41.4	0.415	5.70	65.6	2.55
80	1.03	971.8	80.00	1.002	58.0	5.96	36.2	0.365	6.32	63.8	2.21
90	1.03	965.3	90.04	1.005	58.5	6.03	32.1	0.326	6.95	61.9	1.95
100	1.03	958.4	100.10	1.008	58.7	6.08	28.8	0.295	7.52	60.0	1.75
110	1.46	951.0	110.19	1.011	58.9	6.13	26.4	0.272	8.08	58.0	1.60
120	2.03	943.1	120.3	1.015	59.0	6.16	24.2	0.252	8.64	55.9	1.47
130	2.75	934.8	130.5	1.019	59.0	6.19	22.2	0.233	9.19	53.9	1.36
140	3.69	926.1	140.7	1.024	58.9	6.21	20.5	0.217	9.72	51.7	1.26
150	4.85	917.0	151.0	1.030	58.8	6.22	19.0	0.203	10.3	49.6	1.17
160	6.30	907.4	161.3	1.038	58.7	6.23	17.7	0.191	10.7	47.5	1.10
170	8.08	897.3	171.8	1.046	58.4	6.22	16.6	0.181	11.3	45.2	1.05
180	10.23	886.9	182.3	1.055	58.0	6.20	15.6	0.173	11.9	43.1	1.00
190	12.80	876.0	192.9	1.065	57.6	6.17	14.7	0.165	12.6	40.8	0.96
200	15.86	863.0	203.6	1.076	57.0	6.14	13.9	0.158	13.3	38.4	0.93
210	19.46	852.8	214.4	1.088	56.3	6.07	13.3	0.153	14.1	36.1	0.91
220	23.66	840.3	225.4	1.102	55.5	5.99	12.7	0.148	14.8	33.8	0.89
230	28.53	827.3	236.5	1.118	54.8	5.92	12.2	0.145	15.9	31.6	0.88
240	34.14	813.6	247.8	1.136	54.0	5.84	11.7	0.141	16.8	29.1	0.87
250	40.56	799.0	259.3	1.157	53.1	5.74	11.2	0.137	18.1	26.7	0.86
260	47.87	784.0	271.1	1.182	52.0	5.61	10.8	0.135	19.7	24.2	0.87
270	56.14	767.9	283.1	1.211	50.7	5.45	10.4	0.133	21.6	21.9	0.88
280	65.46	750.7	295.4	1.249	49.4	5.27	10.0	0.131	23.7	19.5	0.90
290	75.92	732.3	308.1	1.310	48.0	5.00	9.6	0.129	26.2	17.2	0.93
300	87.61	712.5	321.2	1.370	46.4	4.75	9.3	0.128	29.2	14.7	0.97
310	100.64	691.1	334.9	1.450	45.0	4.49	9.0	0.128	32.9	12.3	1.03
320	115.12	667.1	349.2	1.570	43.5	4.15	8.7	0.128	38.2	10.0	1.11
330	131.18	640.2	364.5	1.73	41.6	3.76	8.3	0.127	43.3	7.82	1.22
340	148.96	610.1	380.9	1.95	39.3	3.30	7.9	0.127	53.4	5.78	1.39
350	168.63	574.4	399.2	2.27	37.0	2.84	7.4	0.126	66.8	3.89	1.60
360	190.42	528.0	420.7	3.34	34.0	1.93	6.8	0.126	109	2.06	2.35
370	214.68	450.5	452.0	9.63	29.0	0.668	5.8	0.126	264	0.48	6.79

注：1ata=98066.5Pa，1kcal/kg=4186.8J/kg，1kcal/(kg·℃)=4186.8J/(kg·K)，1kcal/(m·h·℃)=1.163W/(m·K)，1(kgf·s)/m²=9.80665Pa·s，1kgf/m=9.8066N/m。

2.2 饱和水蒸气的物性参数（表13-7）

表13-7 饱和水蒸气的物性参数

温度 t /℃	压力 p /ata	密度 /(kg/m^3)	比焓 i'' /(kcal/kg)	汽化热 γ /(kcal/kg)	比热容 c_p /[kcal/(kg·℃)]	热导率 $\lambda\times10^2$ /[kcal/(m·h·℃)]	热扩散率 $a\times10^3$ /(m^2/h)	黏度 $\mu\times10^6$ /(kgf·s/m^2)	运动黏度 $\nu\times10^6$ /(m^2·s)	普朗特数 Pr
100	1.03	0.598	639.1	539.0	0.510	2.04	66.9	1.22	20.02	1.08
110	1.46	0.826	642.8	532.6	0.520	2.14	49.8	1.27	15.07	1.09
120	2.02	1.121	646.4	526.1	0.527	2.23	37.8	1.31	11.46	1.09
130	2.75	1.496	649.8	519.3	0.539	2.31	28.7	1.35	8.85	1.11
140	3.69	1.966	653.0	512.3	0.553	2.40	22.07	1.38	6.89	1.12
150	4.85	2.547	656.0	505.0	0.572	2.48	17.02	1.42	5.47	1.16
160	6.30	3.258	658.7	497.4	0.592	2.59	13.40	1.46	4.39	1.18
170	8.08	4.122	661.3	489.5	0.617	2.69	10.58	1.50	3.57	1.21
180	10.23	5.157	663.6	481.3	0.647	2.81	8.42	1.54	2.93	1.25
190	12.80	6.394	665.5	472.6	0.682	2.94	6.74	1.59	2.44	1.30
200	15.86	7.862	667.1	463.5	0.722	3.05	5.37	1.63	2.03	1.36
210	19.46	9.588	668.3	453.9	0.764	3.20	4.37	1.67	1.71	1.41
220	23.66	11.62	669.1	443.7	0.814	3.35	3.54	1.72	1.45	1.47
230	28.53	13.99	669.5	433.0	0.868	3.52	2.90	1.77	1.24	1.54
240	34.14	16.76	669.5	421.7	0.927	3.69	2.37	1.81	1.06	1.61
250	40.56	19.98	669.0	409.8	0.993	3.88	1.96	1.86	0.913	1.68
260	47.87	23.72	667.9	396.8	1.067	4.13	1.63	1.92	0.794	1.75
270	56.14	28.09	666.3	383.2	1.15	4.39	1.36	1.97	0.688	1.82
280	65.46	33.19	663.9	368.5	1.25	4.72	1.14	2.03	0.600	1.90
290	75.92	39.15	660.7	352.6	1.36	5.01	0.941	2.10	0.526	2.01
300	87.61	46.21	656.6	335.4	1.50	5.39	0.778	2.19	0.461	2.13
310	100.64	54.58	651.4	316.5	1.70	5.88	0.634	2.24	0.403	2.29
320	115.12	64.72	644.9	295.7	1.96	6.46	0.509	2.33	0.353	2.50
330	131.18	77.10	636.7	272.2	2.36	7.10	0.390	2.44	0.310	2.86
340	148.96	92.76	626.2	245.3	2.95	8.00	0.292	2.57	0.272	3.35
350	168.63	113.6	612.5	213.3	3.88	9.20	0.209	2.71	0.234	4.03
360	190.42	144.0	592.6	171.9	5.50	11.0	0.139	2.97	0.202	5.23
370	214.68	203.0	556.7	104.7	13.50	14.7	0.054	3.44	0.166	11.10

注：1ata=98066.5Pa，1kcal/kg=4186.8J/kg；1kcal/(kg·℃)=4186.8J/(kg·K)，1kcal/(m·h·℃)=1.163W/(m·K)，1(kgf·s)/m^2=9.80665Pa·s。

2.3 饱和水蒸气的蒸汽压（－20～100℃）（表13-8）

表13-8 饱和水蒸气的蒸汽压

温度 t /℃	蒸汽压 p /mmHg	温度 t /℃	蒸汽压 p /mmHg	温度 t /℃	蒸汽压 p /mmHg	温度 t /℃	蒸汽压 p /mmHg	温度 t /℃	蒸汽压 p /mmHg
－20	0.772	－5	3.008	10	9.21	25	23.76	40	55.32
－19	0.850	－4	3.276	11	9.84	26	25.21	41	58.34
－18	0.935	－3	3.566	12	10.52	27	26.74	42	61.50
－17	1.027	－2	3.879	13	11.23	28	28.35	43	64.80
－16	1.128	－1	4.216	14	11.99	29	30.04	44	68.26
－15	1.238	0	4.579	15	12.79	30	31.82	45	71.88
－14	1.357	1	4.93	16	13.63	31	33.70	46	75.65
－13	1.486	2	5.29	17	14.53	32	35.66	47	79.60
－12	1.627	3	5.69	18	15.48	33	37.73	48	83.71
－11	1.780	4	6.10	19	16.48	34	39.90	49	88.02
－10	1.946	5	6.54	20	17.54	35	42.18	50	92.51
－9	2.125	6	7.01	21	18.65	36	44.56	51	97.20
－8	2.321	7	7.51	22	19.83	37	47.07	52	102.1
－7	2.532	8	8.05	23	21.07	38	49.65	53	107.2
－6	2.761	9	8.61	24	22.38	39	52.44	54	112.5

续表

温度 t /℃	蒸汽压 p /mmHg	温度 t /℃	蒸汽压 p /mmHg	温度 t /℃	蒸汽压 p /mmHg	温度 t /℃	蒸汽压 p /mmHg	温度 t /℃	蒸汽压 p /mmHg
55	118.0	65	187.5	75	289.1	85	433.6	95	633.9
56	123.8	66	196.1	76	301.4	86	450.9	96	657.6
57	129.8	67	205.0	77	314.1	87	468.7	97	682.1
58	136.1	68	214.2	78	327.3	88	487.1	98	707.3
59	142.6	69	223.7	79	341.0	89	506.1	99	733.2
								100	760.0
60	149.4	70	233.7	80	355.1	90	525.8		
61	156.4	71	243.9	81	369.7	91	546.1		
62	163.8	72	254.6	82	384.9	92	567.0		
63	171.4	73	265.7	83	400.6	93	588.6		
64	179.3	74	277.2	84	416.8	94	610.9		

注：1mmHg=133.322Pa。

2.4 过热水蒸气的密度、比热容、热导率和黏度（图 13-26～图 13-29）

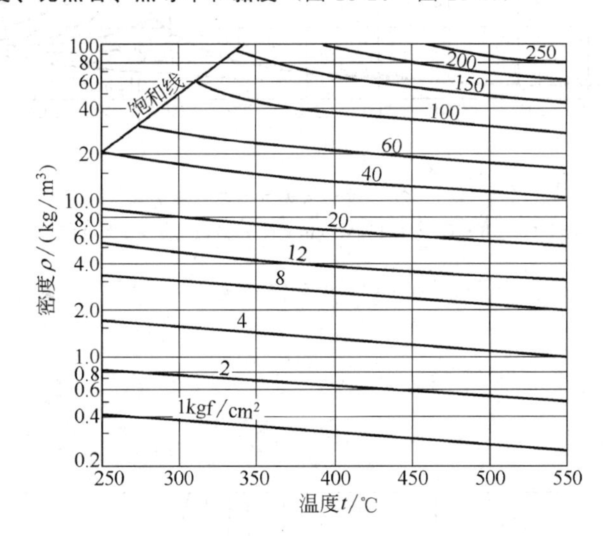

图 13-26　过热水蒸气的密度

1kgf/cm² = 98.0665kPa

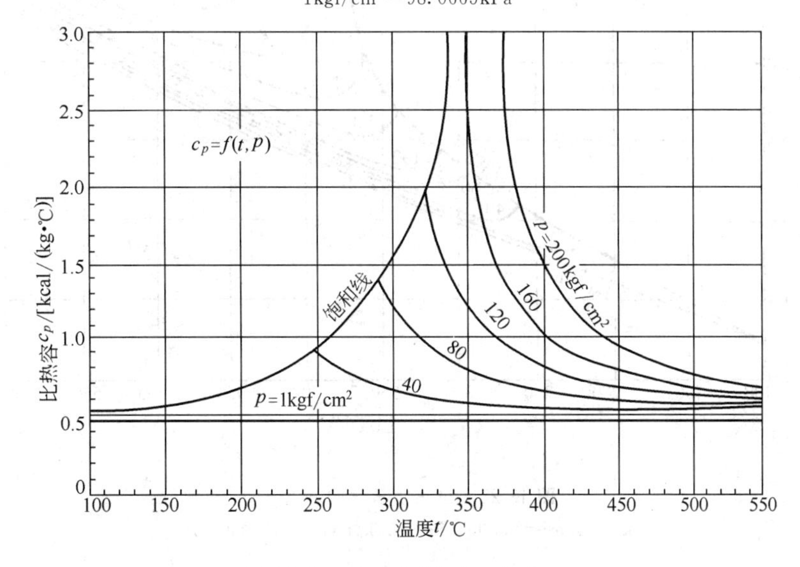

图 13-27　过热水蒸气的比热容 c_p

1kcal/(kg·℃)=4186.8J/(kg·K)；

1kgf/cm² = 98.0665kPa

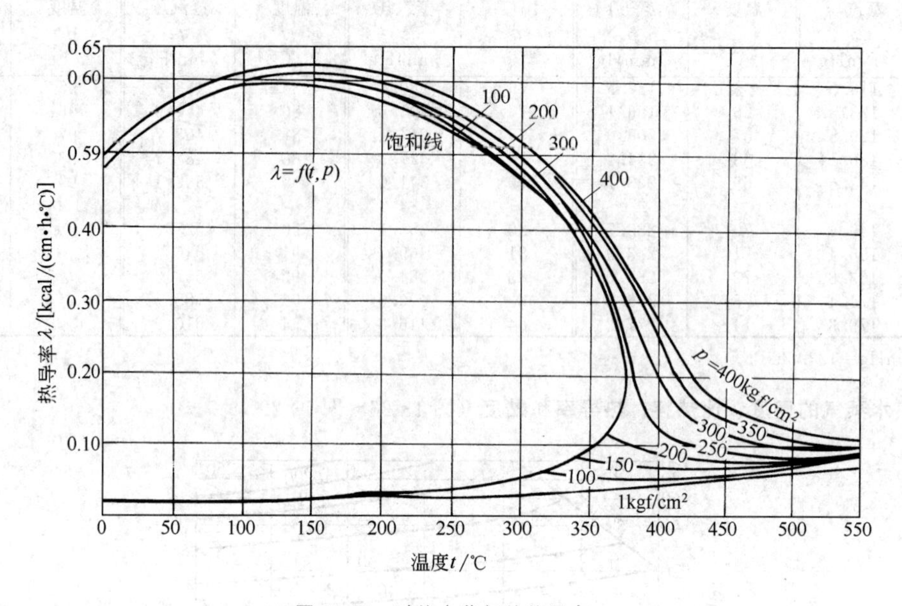

图 13-28　过热水蒸气的热导率 λ

1kcal/(m·h·℃)=1.163W/(m·K)；$1kgf/cm^2=98.0665kPa$

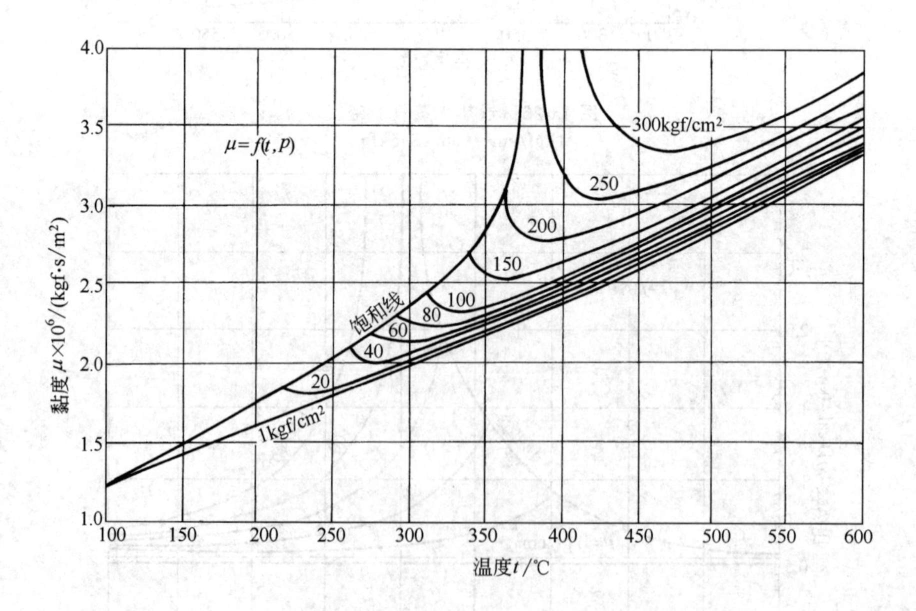

图 13-29　过热水蒸气的黏度 μ

$1kgf\cdot s/m^2=9.80665Pa\cdot s$；$1kgf/cm^2=98.0665kPa$

2.5 水蒸气焓熵图（图 13-30）

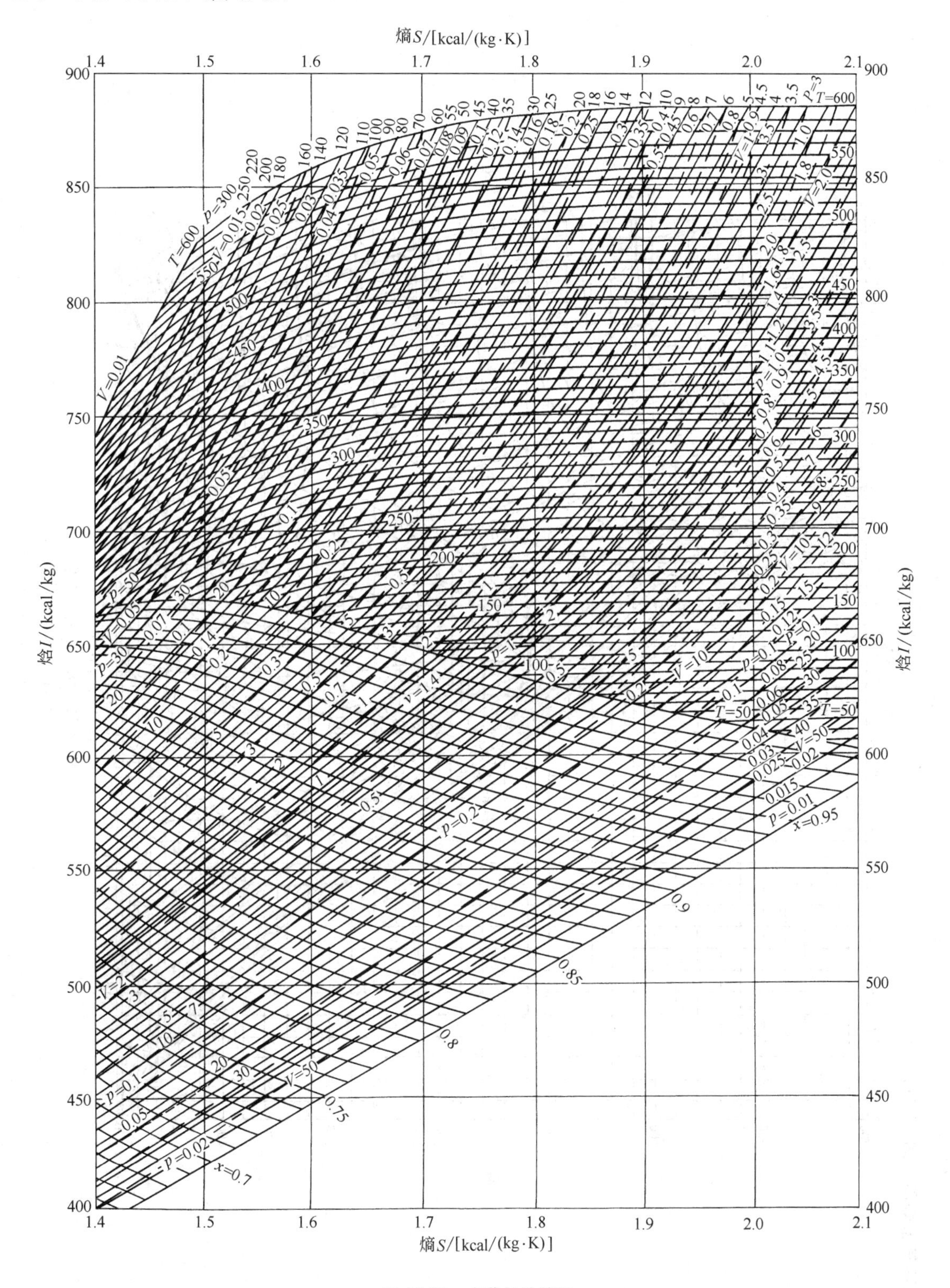

图 13-30　水蒸气焓熵图

1kcal/(kg·K)=4186.8J/(kg·K)，1kcal/kg=4186.8J/kg；1kgf/cm² =98.0665kPa。

图中各参数单位：T,℃；V，m³/kg；p，kgf/cm²（绝）；x 为干度

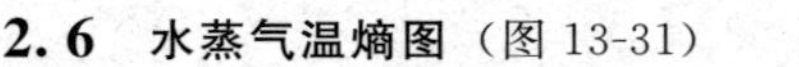

2.6 水蒸气温熵图（图 13-31）

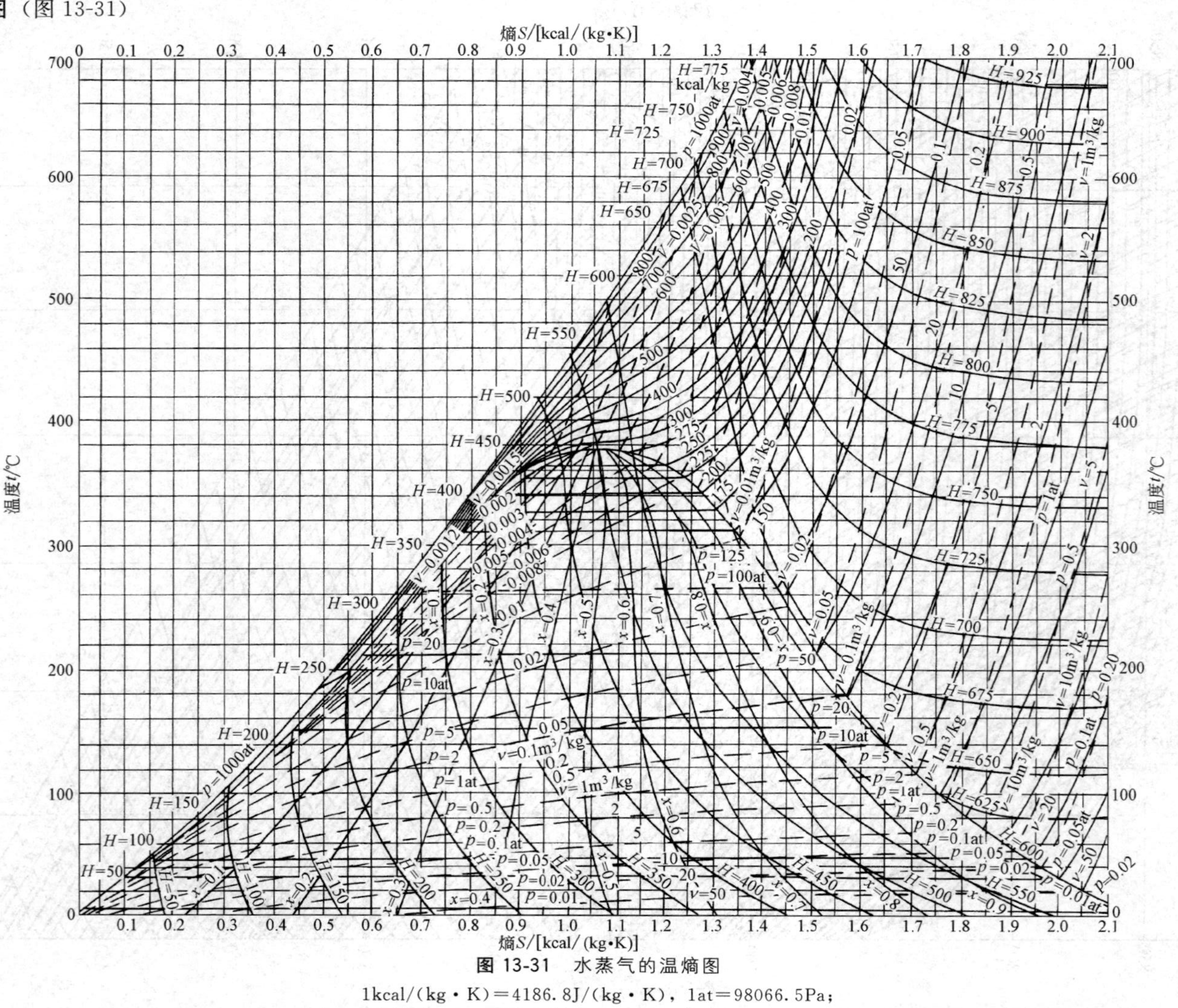

图 13-31 水蒸气的温熵图

1kcal/(kg·K)=4186.8J/(kg·K)，1at=98066.5Pa；

x—干度；p—水蒸气压力，at；v—水蒸气比容，m^3/kg；H—水蒸气比焓，kcal/kg

3　空气的物性参数

3.1　干空气的物性参数（表 13-9）

表 13-9　干空气的物性参数（p=760mmHg）

温度 t /℃	密度 ρ /(kg/m^3)	比热容 c /[kcal/(kg・℃)]	热导率 $\lambda\times10^2$ /[kcal/(m•h•℃)]	热扩散率 $\alpha\times10^2$ /(m^2/h)	黏度 $\mu\times10^6$ /[(kgf•s)/m^2]	运动黏度 $\nu\times10^6$ /(m^2/s)	普朗特数 Pr
−180	3.685	0.250	0.65	0.705	0.66	1.76	0.900
−150	2.817	0.248	1.00	1.45	0.89	3.10	0.770
−100	1.984	0.244	1.39	2.88	1.20	5.94	0.742
−50	1.534	0.242	1.75	4.73	1.49	9.54	0.726
−20	1.365	0.241	1.94	5.94	1.66	11.93	0.724
0	1.252	0.241	2.04	6.75	1.75	13.70	0.723
10	1.206	0.241	2.11	7.24	1.81	14.70	0.722
20	1.164	0.242	2.17	7.66	1.86	15.70	0.722
30	1.127	0.242	2.22	8.14	1.91	16.61	0.722
40	1.092	0.242	2.28	8.65	1.96	17.60	0.722
50	1.056	0.243	2.34	9.14	2.00	18.60	0.722
60	1.025	0.243	2.41	9.65	2.05	19.60	0.722
70	0.996	0.243	2.46	10.18	2.08	20.45	0.722
80	0.968	0.244	2.52	10.65	2.14	21.70	0.722
90	0.942	0.244	2.58	11.25	2.20	22.90	0.722
100	0.916	0.244	2.64	11.80	2.22	23.78	0.722
120	0.870	0.245	2.75	12.90	2.32	26.20	0.722
140	0.827	0.245	2.86	14.10	2.40	28.45	0.722
160	0.789	0.246	2.96	15.25	2.46	30.60	0.722
180	0.755	0.247	3.07	16.50	2.55	33.17	0.722
200	0.723	0.247	3.18	17.80	2.64	35.82	0.722
250	0.653	0.247	3.18	17.80	2.64	35.82	0.722
300	0.596	0.249	3.42	21.2	2.85	42.8	0.722
350	0.549	0.250	3.69	24.8	3.03	49.9	0.722
400	0.508	0.252	3.93	28.4	3.21	57.5	0.722
500	0.450	0.253	4.17	32.4	3.36	64.9	0.722
600	0.400	0.256	4.64	40.0	3.69	80.4	0.722
800	0.325	0.260	5.00	49.1	4.00	98.1	0.723
1.000	0.268	0.266	5.75	68.0	4.54	137.0	0.725
1.200	0.238	0.272	6.55	89.9	5.05	185.0	0.727
1.400	0.204	0.278	7.27	113.0	5.50	232.5	0.730
1.600	0.182	0.284	8.00	138.0	5.89	282.5	0.736
1.800	0.165	0.291	8.70	165.0	6.28	338.0	0.740

注：1kcal/(kg・℃)=4186.8J/(kg・K)，1kcal/(m・h・K)=1.163W/(m・K)，1(kgf・s)/m^2=9.80665Pa・s，1mmHg=133.322Pa。

3.2 干空气密度和饱和水蒸气含量（表13-10）

表13-10 干空气密度和饱和水蒸气含量（p=760mmHg）

温度/℃	干燥空气			饱和水蒸气的压力/mmHg	饱和水蒸气含量/g		
	密度/(kg/m³)	0℃时与t℃时的密度比$(1+\alpha t)$	t℃时与0℃时的密度比$\left(\frac{1}{1+\alpha t}\right)$		在1m³的湿空气中	在1kg的湿空气中	在1kg的干空气中
−20	1.396	0.927	1.079	0.927	1.1	0.8	0.8
−19	1.390	0.930	1.075	1.015	1.2	0.8	0.8
−18	1.385	0.934	1.071	1.116	1.3	0.9	0.9
−17	1.379	0.938	1.066	1.207	1.4	1.0	1.0
−16	1.374	0.941	1.062	1.308	1.5	1.1	1.1
−15	1.368	0.945	1.058	1.400	1.6	1.2	1.2
−14	1.363	0.949	1.054	1.549	1.7	1.3	1.3
−13	1.358	0.952	1.050	1.680	1.9	1.4	1.4
−12	1.353	0.956	1.046	1.831	2.0	1.5	1.5
−11	1.348	0.959	1.042	1.982	2.2	1.6	1.6
−10	1.342	0.963	1.038	2.093	2.3	1.7	1.7
−9	1.337	0.967	1.034	2.267	2.5	1.9	1.9
−8	1.332	0.971	1.030	2.455	2.7	2.0	2.2
−7	1.327	0.974	1.026	2.658	2.9	2.2	2.0
−6	1.322	0.978	1.023	2.876	3.1	2.4	2.4
−5	1.317	0.982	1.019	3.113	3.4	2.6	2.6
−4	1.312	0.985	1.015	3.368	3.6	2.8	2.8
−3	1.308	0.989	1.011	3.644	3.9	3.0	3.0
−2	1.303	0.993	1.007	3.941	4.2	3.2	3.2
−1	1.298	0.996	1.004	4.263	4.5	3.5	3.5
0	1.293	1.000	1.000	4.600	4.9	3.8	3.8
1	1.288	1.004	0.996	4.940	5.2	4.1	4.1
2	1.284	1.007	0.993	5.302	5.6	4.3	4.3
3	1.279	1.011	0.989	5.687	6.0	4.7	4.7
4	1.275	1.015	0.986	6.097	6.4	5.0	5.0
5	1.270	1.018	0.982	6.534	6.8	5.4	5.4
6	1.265	1.022	0.979	6.998	7.3	5.7	5.82
7	1.261	1.026	0.975	7.492	7.7	6.1	6.17
8	1.256	1.029	0.972	8.017	8.3	6.6	6.69
9	1.252	1.033	0.968	8.574	8.8	7.0	7.12
10	1.248	1.037	0.965	9.165	9.4	7.5	7.64
11	1.243	1.040	0.961	9.762	9.9	8.0	8.07
12	1.239	1.044	0.958	10.457	10.6	8.6	8.69
13	1.235	1.048	0.955	11.162	11.3	9.2	9.30
14	1.230	1.051	0.951	11.908	12.0	9.8	9.91
15	1.226	1.055	0.948	12.699	12.8	10.5	10.62
16	1.222	1.059	0.945	13.536	13.6	11.2	11.33
17	1.217	1.062	0.941	14.421	14.4	11.9	12.10
18	1.213	1.066	0.938	15.357	15.3	12.7	12.93
19	1.209	1.070	0.935	16.346	16.2	13.5	13.75
20	1.205	1.073	0.932	17.391	17.2	14.4	14.61

续表

温度/℃	干燥空气			饱和水蒸气的压力/mmHg	饱和水蒸气的含量/g		
	密度/(kg/m³)	0℃时与 t℃时的密度比 $(1+\alpha t)$	t℃时与0℃时的密度比 $\left(\frac{1}{1+\alpha t}\right)$		在 1m³ 的湿空气中	在 1kg 的湿空气中	在 1kg 的干空气中
21	1.201	1.077	0.929	18.495	18.2	15.3	15.60
22	1.197	1.081	0.925	19.659	19.3	16.3	16.60
23	1.193	1.084	0.922	20.888	20.4	17.3	17.68
24	1.189	1.088	0.919	22.184	21.6	18.4	18.81
25	1.185	1.092	0.916	23.550	22.9	19.5	19.95
26	1.181	1.095	0.913	24.988	24.2	20.7	21.20
27	1.177	1.099	0.910	26.505	25.6	22.0	22.55
28	1.173	1.103	0.907	28.101	27.0	23.4	24.00
29	1.169	1.106	0.904	29.782	28.5	24.8	25.47
30	1.165	1.110	0.901	31.548	30.1	26.3	27.03
31	1.161	1.114	0.898	33.406	31.8	27.8	28.65
32	1.157	1.117	0.895	35.359	33.5	29.5	30.41
33	1.154	1.121	0.892	37.411	35.4	31.2	32.29
34	1.150	1.125	0.889	39.565	37.3	33.1	34.23
35	1.146	1.128	0.886	41.827	39.3	35.0	36.37
36	1.142	1.132	0.884	44.201	41.4	37.0	38.58
37	1.139	1.136	0.881	46.691	43.6	39.2	40.90
38	1.135	1.139	0.878	49.302	45.9	41.4	43.35
39	1.132	1.143	0.875	52.039	48.3	43.8	45.93
40	1.128	1.147	0.872	54.906	50.8	46.3	48.64
41	1.124	1.150	0.869	57.910	53.4	48.9	51.20
42	1.121	1.154	0.867	61.055	56.1	51.6	54.25
43	1.117	1.158	0.864	64.346	58.9	54.5	57.56
44	1.114	1.161	0.861	67.790	61.9	57.5	61.04
45	1.110	1.165	0.858	71.390	65.0	60.7	64.80
46	1.107	1.169	0.856	75.158	68.2	64.0	68.61
47	1.103	1.172	0.853	79.093	71.5	67.5	72.66
48	1.100	1.176	0.850	83.204	75.0	71.1	76.90
49	1.096	1.180	0.848	87.499	78.6	75.0	81.45
50	1.093	1.183	0.845	91.982	82.3	79.0	86.10
51	1.090	1.187	0.843	96.661	86.3	83.2	91.30
52	1.086	1.191	0.840	101.543	90.4	87.7	96.62
53	1.083	1.194	0.837	106.636	94.6	92.3	102.29
54	1.080	1.198	0.835	111.945	99.1	97.2	108.22
55	1.076	1.202	0.832	117.478	103.6	102.3	114.43
56	1.073	1.205	0.830	123.244	108.4	107.6	121.06
57	1.070	1.209	0.827	129.251	113.3	113.2	127.98
58	1.067	1.213	0.825	135.505	118.5	119.1	135.13
59	1.063	1.216	0.822	142.015	123.8	125.2	142.88
60	1.060	1.220	0.820	148.791	129.3	131.7	152.45
61	1.057	1.224	0.817	155.839	135.0	138.4	160.7
62	1.054	1.227	0.815	163.170	140.9	145.5	170.4
63	1.051	1.231	0.812	170.791	147.1	153.0	180.07
64	1.048	1.235	0.810	178.714	153.4	160.7	191.6
65	1.044	1.238	0.808	186.945	160.0	168.9	203.5
66	1.041	1.242	0.805	195.496	166.9	177.5	214.8
67	1.038	1.246	0.803	204.376	173.9	186.4	229
68	1.035	1.249	0.801	213.596	181.2	195.8	244
69	1.032	1.253	0.798	223.165	188.8	205.7	259
70	1.029	1.257	0.796	233.093	196.6	216.1	275
75	1.014	1.275	0.784	288.517	239.9	276.0	381
80	1.000	1.293	0.773	354.643	290.7	352.8	544
85	0.986	1.312	0.763	433.041	350.0	452.1	824
90	0.973	1.330	0.752	525.392	418.8	582.5	1395
95	0.959	1.348	0.742	633.692	498.3	757.6	3110
100	0.947	1.367	0.732	760.00	589.5	1000	∞

注：1. α 为体积膨胀系数。

2. 1mmHg=133.322Pa。

3.3　空气湿焓图（图 13-32）

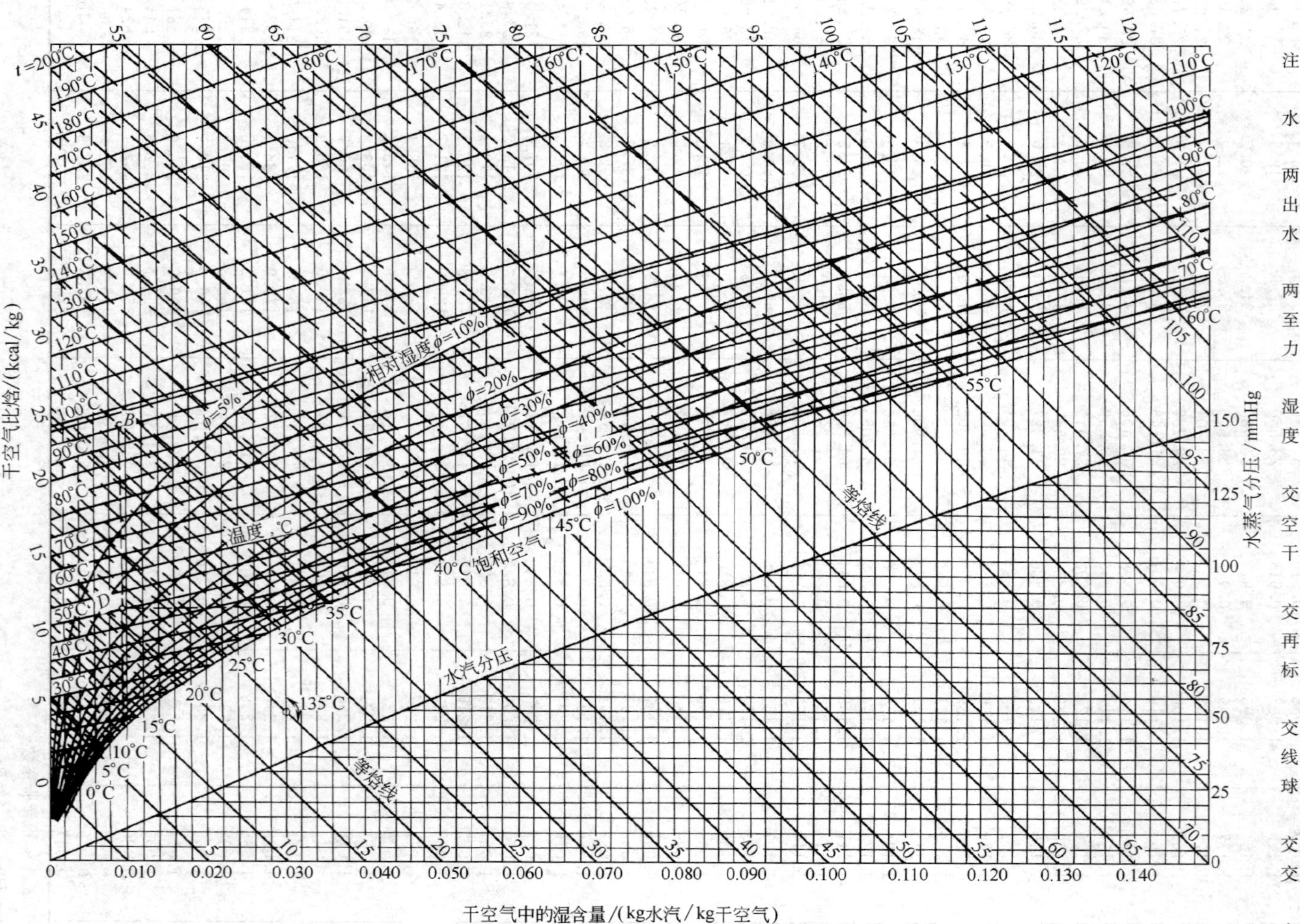

图 13-32　空气湿焓图

1kcal/kg=4186.8J/kg，1mmHg=133.322Pa

注：图 13-32 应用举例如下。

例 1　求空气在 50℃时饱和水汽含量及饱和水汽压力。

由图中 $t=50℃$ 与 $\phi=100\%$ 两线交点，引垂线至横坐标，读出干空气中的湿含量为 0.088kg 水汽/kg 干空气。

由图中 $t=50℃$ 与 $\phi=100\%$ 两线交点，再由交点作水平线引至右端纵坐标，读得饱和水汽压力为 92mmHg。

例 2　求空气在 30℃及相对湿度 30%时的水汽含量，湿球温度、露点及焓值。

由图中 30℃与 $\phi=30\%$ 两线交点，引垂线至横坐标，读出干空气中湿含量为 0.008kg 水汽/kg 干空气。

由图中 30℃与 $\phi=30\%$ 两线交点，引垂线与水汽分压线相交，再由交点作水平线引至右端纵坐标，读得水汽压力为 9mmHg。

由图中 30℃与 $\phi=30\%$ 两线交点，作一条与等焓线平行的直线，与 $\phi=100\%$ 线相交，读得湿球温度为 17.5℃。

由图中 30℃与 $\phi=30\%$ 两线交点，作垂线与 $\phi=100\%$ 线相交，读得露点温度为 10℃。

由图中 30℃与 $\phi=30\%$ 两线交点，读得焓值（内插）为 12.6kcal/kg 干空气。

4 常见液体的物性参数

4.1 某些盐类水溶液的沸点（表 13-11）

表 13-11 某些盐类水溶液的沸点

盐类名称	101℃	102℃	103℃	104℃	105℃	107℃	110℃	115℃	120℃	125℃	140℃	160℃	180℃	200℃	220℃	240℃	260℃	280℃	300℃	340℃
	含量(质量分数)/%																			
$CaCl_2$	5.66	10.31	14.16	17.36	20.00	24.24	29.33	35.68	40.83	54.80	7.89	68.94	75.85	64.91	68.73	72.64	75.76	78.95	81.63	86.18
KOH	4.49	8.51	11.96	14.82	17.01	20.88	25.5	31.97	36.51	40.23	48.05	54.89	60.41							
KCl	8.42	14.31	18.96	23.02	26.57	32.62	36.47	(近于 108.05℃)												
K_2CO_3	10.31	18.37	24.24	28.57	32.24	37.69	43.97	50.86	56.04	60.40	66.94	(近于 133.5℃)								
KNO_3	13.19	23.66	32.23	39.20	45.10	54.65	65.34	79.53												
$MgCl_2$	4.67	8.42	11.66	14.31	16.59	20.23	24.41	29.48	33.07	36.02	38.61									
$MgSO_4$	14.31	22.78	28.31	32.23	35.32	42.86	(近于 108℃)													
NaOH	4.12	7.40	10.15	12.51	14.53	18.32	23.08	26.13	33.77	37.58	48.32	60.13	69.97	77.53	84.03	88.89	93.02	95.92	98.47	(近于 314℃)
NaCl	6.19	11.03	14.67	17.69	20.32	25.09	28.92	(近于 108℃)												
$NaNO_3$	8.26	15.61	21.87	17.53	32.43	40.47	49.87	60.94	68.94											
Na_2SO_4	15.26	24.81	30.73	31.83	(近于 103.2℃)															
Na_2CO_3	9.42	17.22	23.72	29.18	33.86															
$CuSO_4$	26.95	39.98	40.83	44.47	45.2	(近于 104.2℃)														
$ZnSO_4$	20.00	31.22	37.89	42.92	46.15															
NH_4NO_3	9.09	16.66	23.08	29.08	34.21	42.52	51.92	63.24	71.26	77.11	87.09	93.20	69.00	97.61	98.89					
NH_4Cl	6.10	1.135	15.96	19.80	22.89	28.37	35.98	46.94												
$(NH_4)_2SO_4$	13.34	23.41	30.65	36.71	41.79	49.73	49.77	53.55	(近于 108.2℃)											

注：括号内的数据是饱和溶液的沸点。

4.2 液体的相对密度和密度

4.2.1 部分油品的相对密度（表 13-12）

4.2.2 部分液体的相对密度（表 13-13）

4.2.3 醇类的相对密度（图 13-33）

4.2.4 常见无机物水溶液的相对密度（表 13-14）

表 13-12 部分油品的相对密度

名 称	相对密度（常温）	名 称	相对密度（常温）
航空汽油	0.65～0.70	黄油	0.864～0.868(100℃)
汽油	0.70～0.76	动物油	0.913～0.927
灯油	0.76～0.80	植物油	0.922～0.935
轻油	0.80～0.83	橄榄油	0.914～0.918
柴油	0.90～0.94	牛乳	1.03～1.04
润滑油	0.90～0.96	变压器油	0.84～0.910
液态石蜡	0.87～0.93	牛、羊脂肪	0.94
松节油	0.873	甘油	1.26
亚麻仁油	0.91～0.94	棉籽油	0.926
蓖麻子油	0.968	椰子油	0.89～0.91

表 13-13 部分液体的相对密度（$t=20～25℃$）

液体名称	相对密度	液体名称	相对密度
HNO_3(92%)	1.5	CS_2	1.290
氨(26%)	0.910	H_2SO_4(98%)	1.830
苯胺	1.039	H_2SO_4(60%)	1.498
丙酮	0.812	H_2SO_4(30%)	1.22
汽油	0.76	HCl(30%)	1.149
苯	0.9	HCl(发烟)	1.21
C_4H_9OH	0.905	甲苯	0.866
甘油(100%)	1.273	醋酸(100%)	1.055
甘油(80%)	1.126	醋酸(70%)	1.073
NaOH(10%溶液)	1.109	醋酸(30%)	1.041
NaOH(30%溶液)	1.328	酚(熔融的)	约 1.06
煤油	0.845	氯仿	1.526
$C_6H_4(CH_3)_2$	0.881	CCl_4	1.633
重油	0.89～0.95	$CH_3COOC_2H_5$	1.046
CH_3OH(100%)	0.796	$CH_2Cl·CH_2Cl$	1.280
CH_3OH(90%)	0.824	C_2H_5OH(100%)	0.793
CH_3OH(30%)	0.954	C_2H_5OH(70%)	0.850
蚁酸	1.241	C_2H_5OH(40%)	0.920
萘(熔融的)	约 1.1	C_2H_5OH(10%)	0.975
石油	0.79～0.95	$(C_2H_5)_2O$	0.912
硝基苯	1.204		

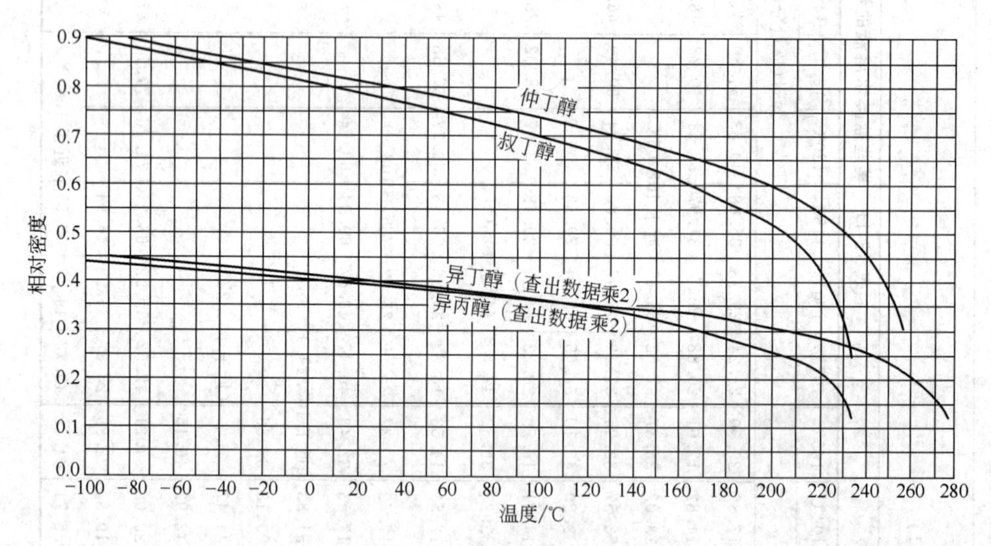

图 13-33 醇类的相对密度

表 13-14 常见无机物水溶液的相对密度

名 称	t/℃	含量(质量分数)/%						
		10	14	20	30	40	50	60
$AgNO_3$	20	1.088	1.128	1.194	1.32	1.474	1.668	1.916
$AlK(SO_4)_2$	19							
$AlNH_4(SO_4)_2$	15							
$Al_2(SO_4)_3$	19	1.105	1.152	1.226				
As_2O_3	15							
$BaCl_2$	20	1.092	1.111	1.164				

续表

名 称	t/℃	含量(质量分数)/%						
		10	14	20	30	40	50	60
$Ba(NO_3)_2$	18	1.086						
$Ba(OH)_2$	18	1.077	1.129	1.213	1.36			
$CaCl_2$	20	1.083	1.120	1.177	1.282	1.396		
$Ca(NO_3)_2$	18	1.077	1.111	1.164	1.259			
$Ca(OH)_2$	20	1.061	1.086	1.126	1.200			
CrO_3	15	1.076	1.110	1.163	1.26	1.371	1.505	1.663
$CuCl_2$	20	1.096	1.138	1.205				
$Cu(NO_3)_2$	20	1.087	1.126	1.189				
$CuSO_4$	0	1.113						
$CuSO_4$	20	1.107	1.154					
$CuSO_4$	40	1.099						
$FeCl_2$	18	1.092	1.134	1.200				
$FeCl_3$	20	1.085	1.124	1.124	1.182	1.291	1.417	1.551
$FeK_4(CN)_6$	20	1.068	1.097	1.097				
$FeK_3(CN)_6$	20	1.054	1.077	1.077	1.113			
$Fe(NH_4)_2(SO_4)_2$	16.5	1.083	1.118	1.118				
$FeSO_4$	18	1.101	1.146	1.146	1.215			
$HgCl_2$	20							
H_3AsO_4	15	1.065	1.095	1.141	1.227	1.330	1.448	1.593
$HClO_4$	15	1.060	1.086	1.128	1.207	1.299	1.410	1.539
HF	20	1.036	1.050	1.070	1.102	1.128	1.155	
H_2SiF_6	17.5	1.082	1.117	1.173	1.272			
KCl	20	1.063	1.090	1.133				
KCl	100	1.022	1.048	1.090				
$KClO_3$	18							
KCNS	18	1.049	1.071	1.104	1.162	1.220	1.285	1.335
K_2CO_3	20	1.090	1.129	1.190	1.298	1.414	1.540	
K_2CO_3	100	1.047	1.085	1.145	1.253	1.368	1.493	
$K_2Cr_2O_7$	20	1.070						
$KHCO_3$	15	1.067						
$KMnO_4$	15							
KNO_3	20	1.063	1.090	1.133				
KNO_3	100	1.018	1.043	1.083				
KOH	15	1.092	1.130	1.188	1.290	1.399	1.514	
K_2SO_4	20	1.082						
$MgCl_2$	20	1.082	1.116	1.171	1.269			
$MgSO_4$	20	1.103	1.148	1.220				
$MnCl_2$	18	1.086	1.124	1.185	1.299			
$Mn(NO_3)_2$	18	1.079	1.115	1.172	1.278	1.399	1.538	
$MnSO_4$	15	1.102	1.148	1.220	1.356			
$Na_2B_4O_7$	20							
NaCl	0	1.077	1.108	1.157				
NaCl	20	1.071	1.101	1.148				
NaCl	50	1.057	1.087	1.132				

续表

名称	t/℃	含量(质量分数)/%						
		10	14	20	30	40	50	60
NaCl	100	1.027	1.056	1.102				
$NaClO_3$	18	1.068	1.098	1.145	1.237			
Na_2CO_3	0	1.110	1.154					
Na_2CO_3	30	1.099	1.142	1.209	1.327			
Na_2CO_3	40	1.094	1.136					
Na_2CO_3	70	1.077	1.119					
Na_2CrO_4	18	1.091	1.131	1.194				
$Na_2Cr_2O_7$	15	1.070	1.098	1.138	1.207	1.279	1.342	
NaOH	0	1.117	1.162	1.230	1.340	1.443	1.540	
NaOH	20	1.109	1.153	1.219	1.328	1.430	1.525	
NaOH	50	1.094	1.137	1.202	1.309	1.409	1.504	
NaOH	80	1.077	1.119	1.183	1.289	1.389	1.483	
NaOH	100	1.064	1.107	1.170	1.275	1.375	1.469	
Na_2S	18	1.115	1.163					
Na_2SO_3	19	1.095	1.135					
$Na_2S_2O_3$	20	1.083	1.118	1.174	1.274	1.383		
Na_2SO_4	0	1.097	1.138	1.201				
Na_2SO_4	20	1.091	1.131	1.195				
Na_2SO_4	100	1.047	1.085					
$NaNO_3$	0	1.074	1.105	1.153	1.238	1.332		
$NaNO_3$	20	1.067	1.097	1.143	1.226	1.317		
$NaNO_3$	100	1.021	1.047	1.090	1.167	1.255		
$NaNO_2$	15	1.067	1.096	1.139				
$NaClO_4$	18	1.066	1.094	1.140	1.223			
Na_3AsO_4	17	1.113						
Na_2HAsO_4	14	1.098	1.142					
Na_3PO_4	15	1.108						
NaH_2PO_4	25	1.073						
NH_4Cl	0	1.033	1.045	1.062				
NH_4Cl	20	1.029	1.040	1.057				
NH_4Cl	100	0.991	1.004	1.021				
NH_4NO_3	0	1.045	1.063	1.090	1.137	1.186	1.238	
NH_4NO_3	20	1.040	1.057	1.083	1.128	1.175	1.226	
NH_4NO_3	80	1.010	1.026	1.051	1.093	1.138	1.187	
$(NH_4)_2CO_3$	15	1.033	1.047	1.067	1.101	1.129		
$(NH_4)_2SO_4$	0	1.062	1.086	1.121	1.179	1.235	1.290	
$(NH_4)_2SO_4$	20	1.057	1.081	1.115	1.172	1.228	1.282	
$(NH_4)_2SO_4$	100	1.018	1.042	1.077	1.135	1.191	1.247	
$NiNO_3$	18	1.088	1.128	1.191	1.311			
$Pb(NO_3)_2$	18	1.092	1.134	1.203	1.329			
$ZnCl_2$	20	1.082	1.127	1.187	1.293	1.417	1.568	1.749
$ZnSO_4$	18	1.107	1.156	1.234	1.383			
$ZaC_2H_3O_2$	20	1.0495	1.070	1.102				

4.2.5　烷烃的相对密度（图13-34）

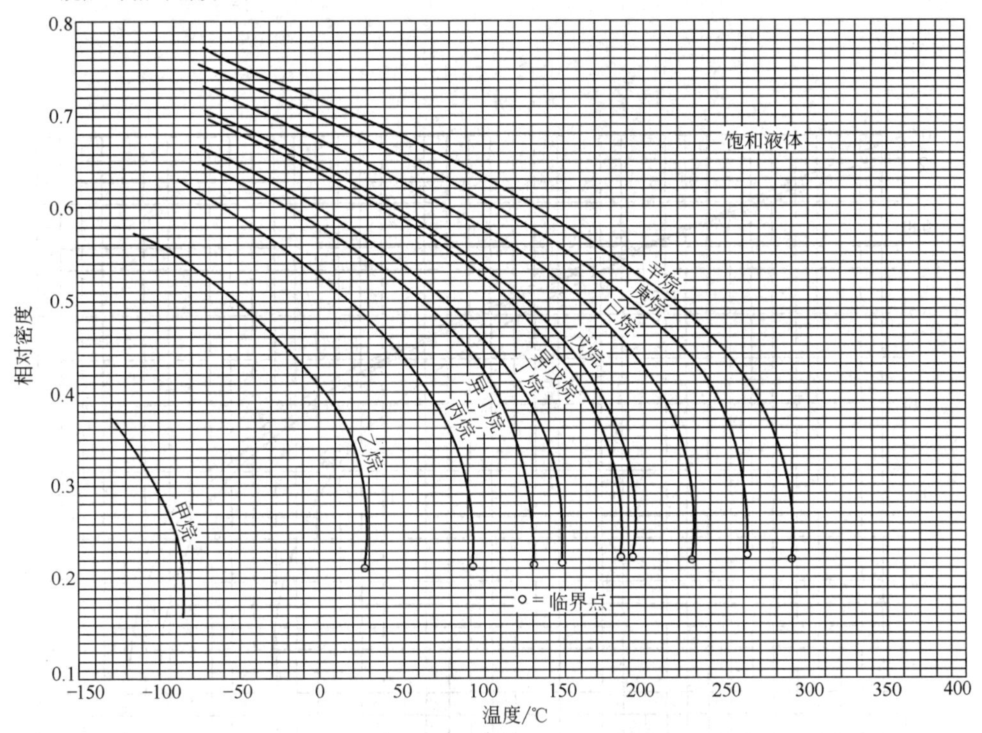

图13-34　烷烃的相对密度

4.2.6　烯烃和二烯烃的相对密度（图13-35）

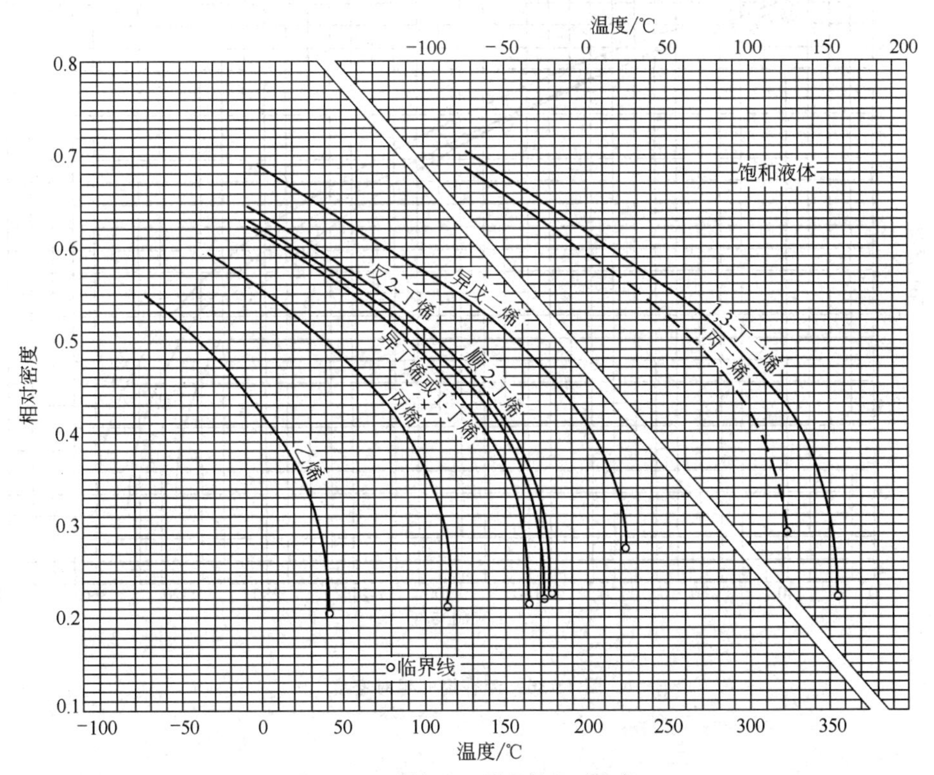

图13-35　烯烃和二烯烃的相对密度

4.2.7 芳香烃的相对密度（图 13-36）

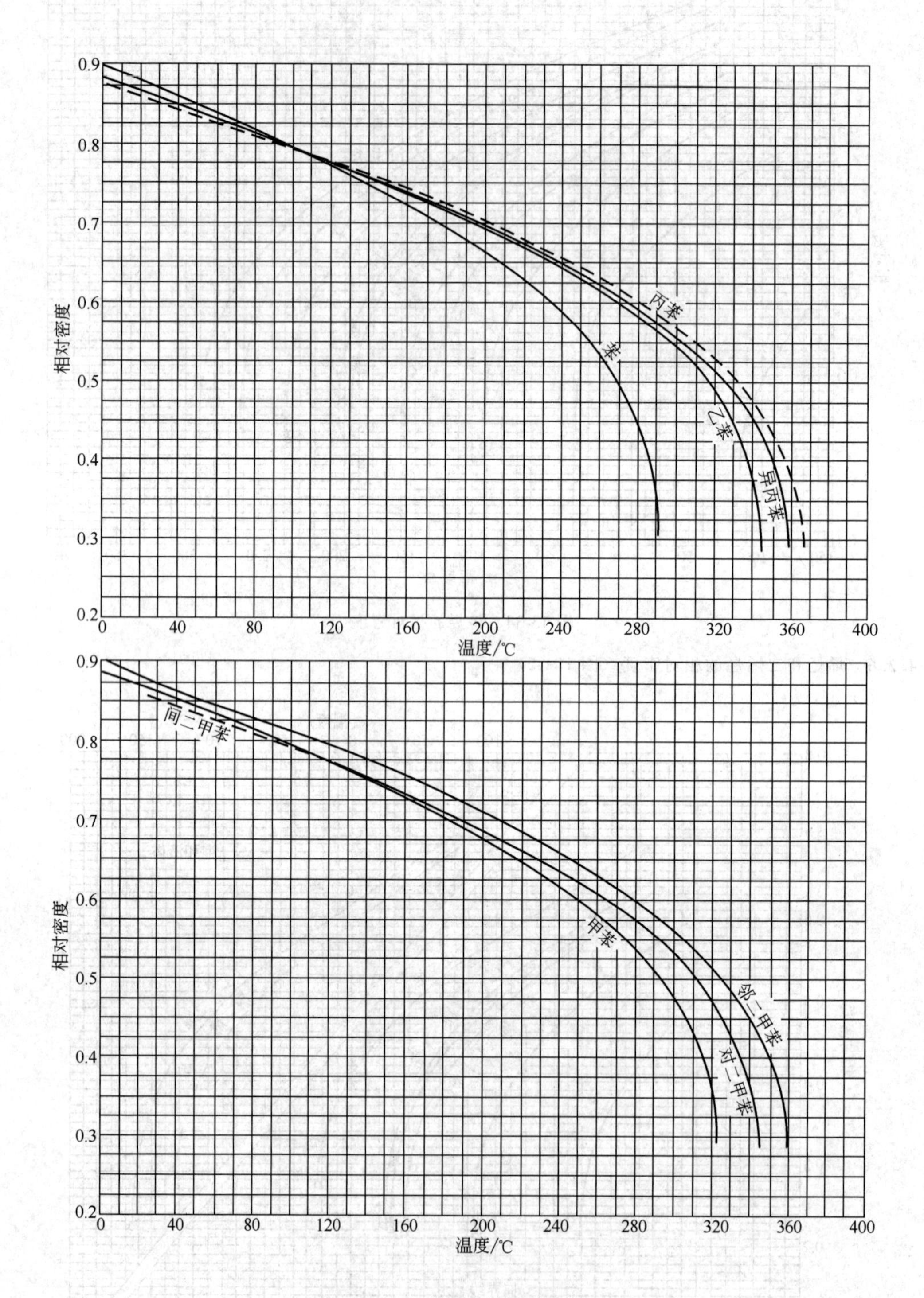

图 13-36　芳香烃的相对密度

4.2.8 常用溶剂的相对密度（图 13-37）

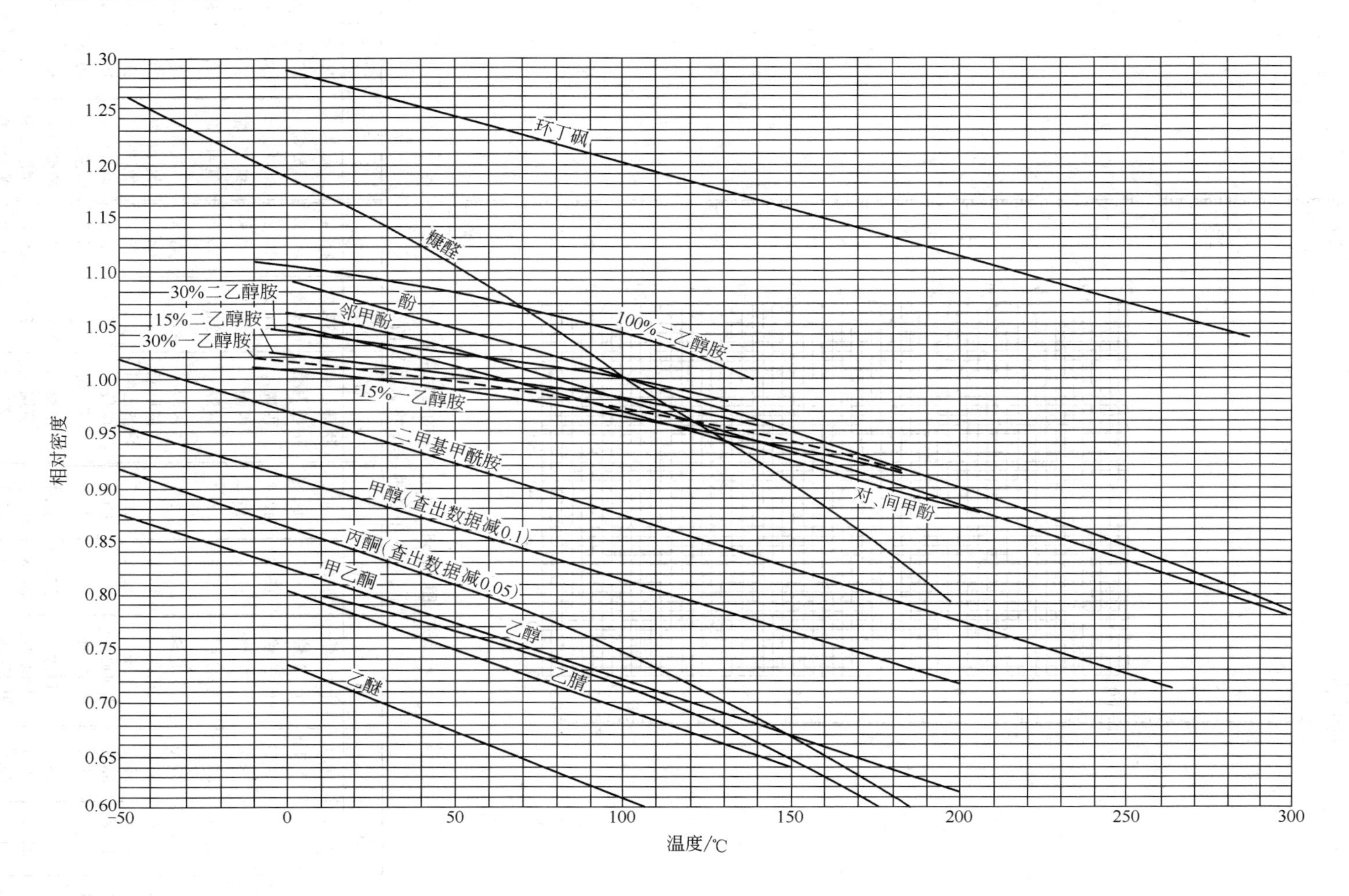

图 13-37　常用溶剂的相对密度

4.2.9 有机液体的相对密度（图 13-38）

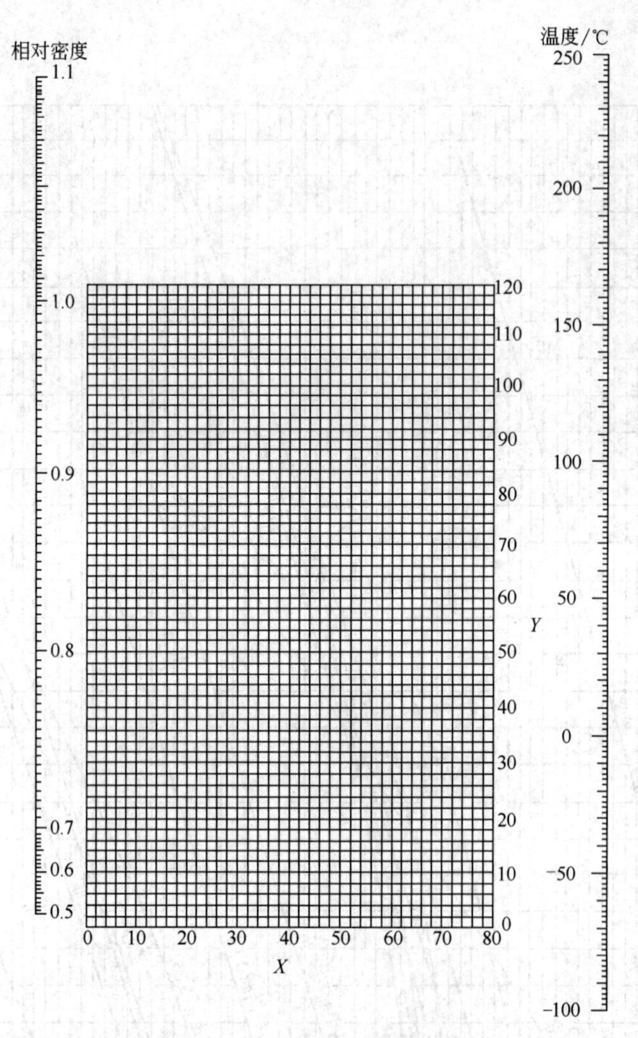

图 13-38 有机液体的相对密度

图 13-38 中各种液体的 *X*、*Y* 值

名称	*X*	*Y*	名称	*X*	*Y*	名称	*X*	*Y*	名称	*X*	*Y*
乙炔	20.8	10.1	十一烷	14.4	39.2	甲酸乙酯	37.6	68.4	氟苯	41.9	86.7
乙烷	10.8	4.4	十二烷	14.3	41.4	甲酸丙酯	33.8	66.7	癸烷	16.0	38.2
乙烯	17.0	3.5	十三烷	15.3	42.4	丙烷	14.2	12.2	氨	22.4	24.6
乙醇	24.2	48.6	十四烷	15.8	43.3	丙酮	26.1	47.8	氯乙烷	42.7	62.4
乙醚	22.6	35.8	三乙胺	17.9	37.0	丙醇	23.8	50.8	氯甲烷	52.3	62.9
乙丙醚	20.0	37.0	三氢化磷	23.0	22.1	丙酸	35.0	83.5	氯苯	41.7	105.0
乙硫醇	32.0	55.5	己烷	13.5	27.0	丙酸甲酯	36.5	68.3	氰丙烷	20.1	44.6
乙硫醚	25.7	55.3	壬烷	16.2	36.5	丙酸乙酯	32.1	63.9	氰甲烷	21.8	44.9
二乙胺	17.8	33.5	六氢吡啶	27.5	60.0	戊烷	12.6	22.6	环己烷	19.6	44.0
二氧化碳	78.6	45.4	甲乙醚	25.0	34.4	异戊烷	13.5	22.5	醋酸	40.6	93.5
异丁烷	13.7	16.5	甲醇	25.8	49.1	辛烷	12.7	32.5	醋酸甲酯	40.1	70.3
丁酸	31.3	78.7	甲硫醇	37.3	59.6	庚烷	12.6	29.8	醋酸乙酯	35.0	65.0
丁酸甲酯	31.5	65.5	甲硫醚	31.9	57.4	苯	32.7	63.0	醋酸丙酯	33.0	65.5
异丁酸	31.5	75.9	甲醚	27.2	30.1	苯酚	35.7	103.8	甲苯	27.0	61.0
丁酸(异)甲酯	33.0	64.1	甲酸甲酯	46.4	74.6	苯胺	33.5	92.5	异戊醇	20.5	52.0

4. 2. 10　乙腈和氢氧化钠水溶液的相对密度（图 13-39）

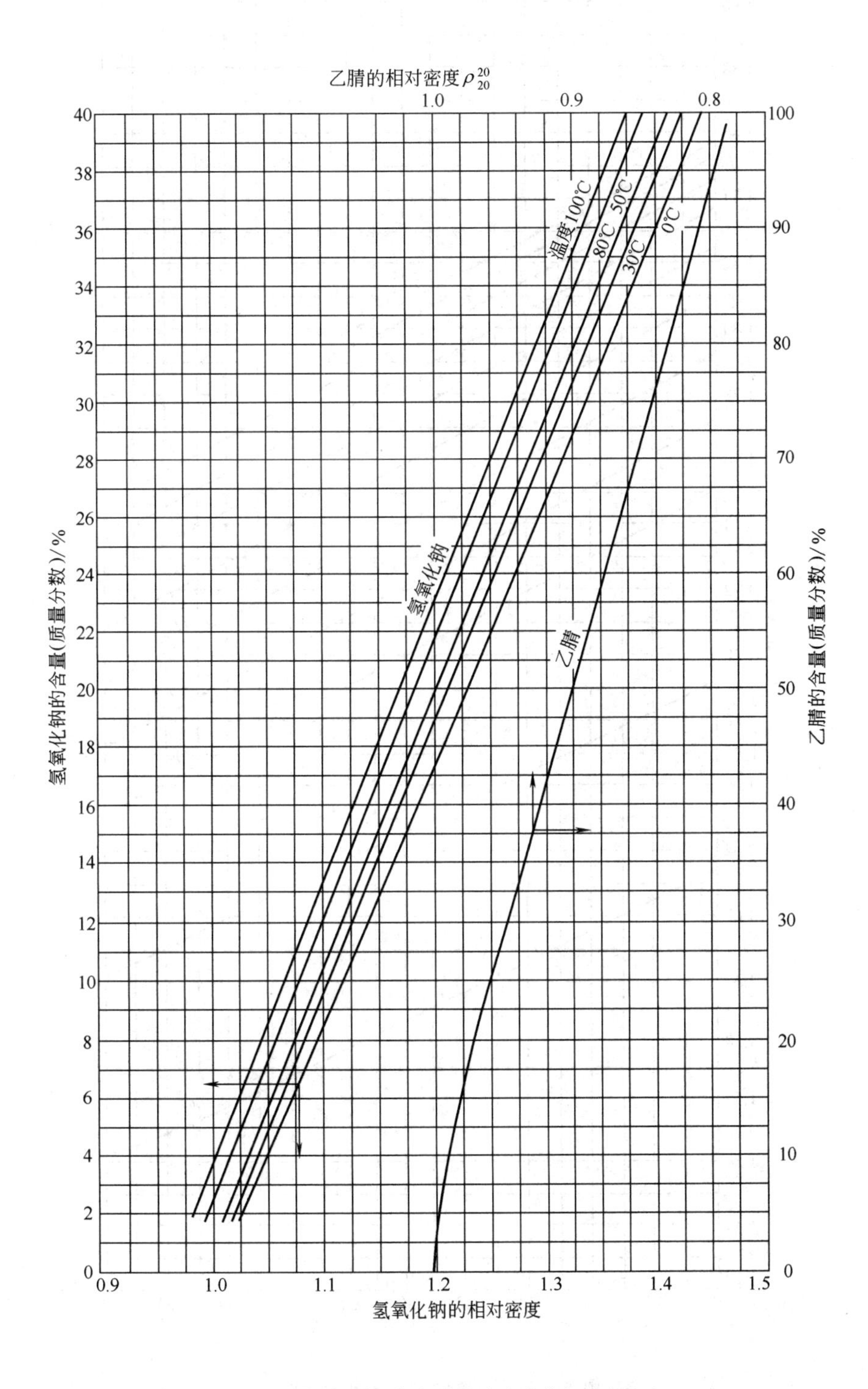

图 13-39　乙腈和氢氧化钠水溶液的相对密度

4.2.11 浓硫酸水溶液的相对密度（图 13-40）

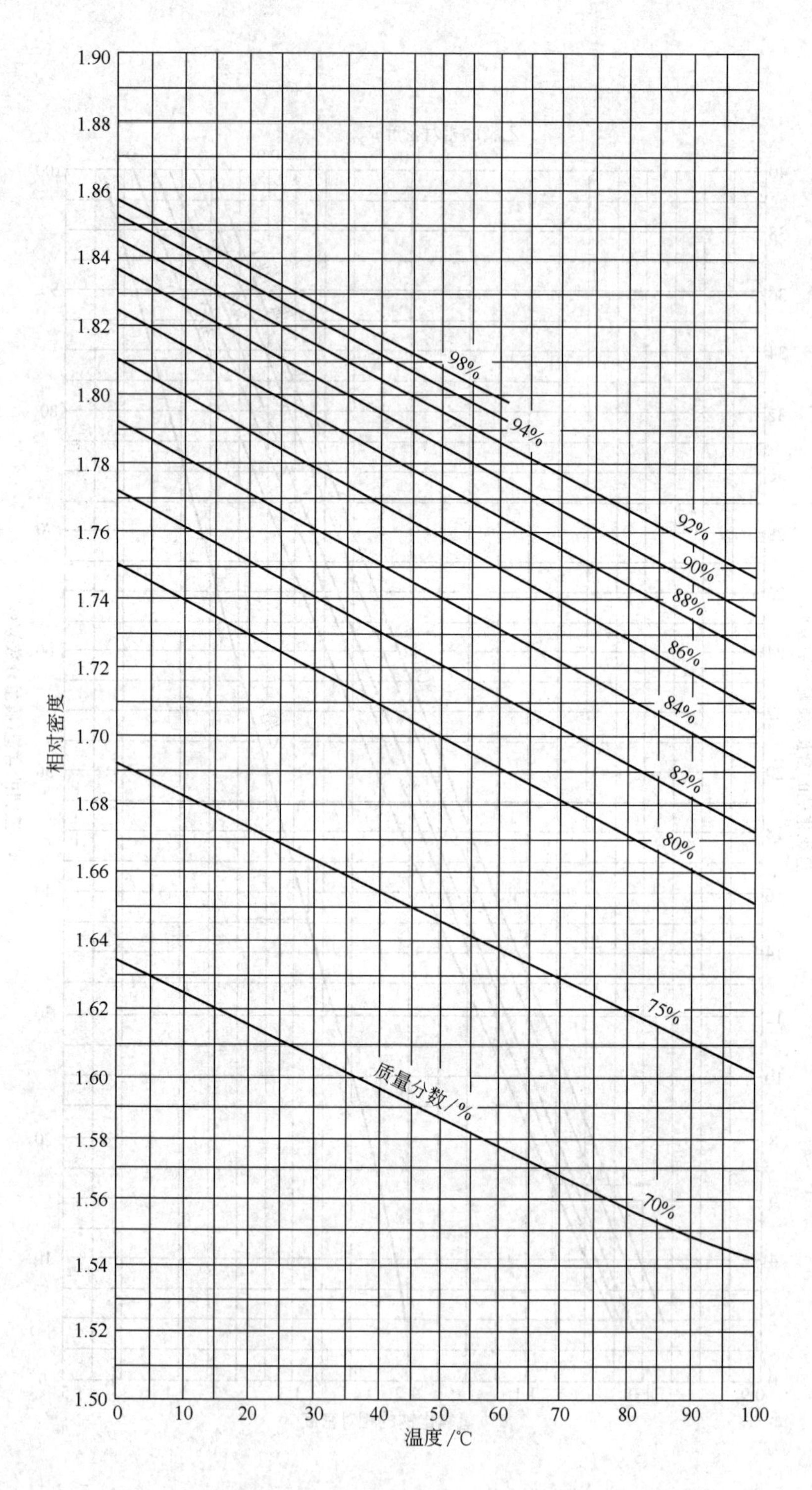

图 13-40 浓硫酸水溶液的相对密度

4.2.12　稀硫酸、硝酸和盐酸水溶液的相对密度（图 13-41）

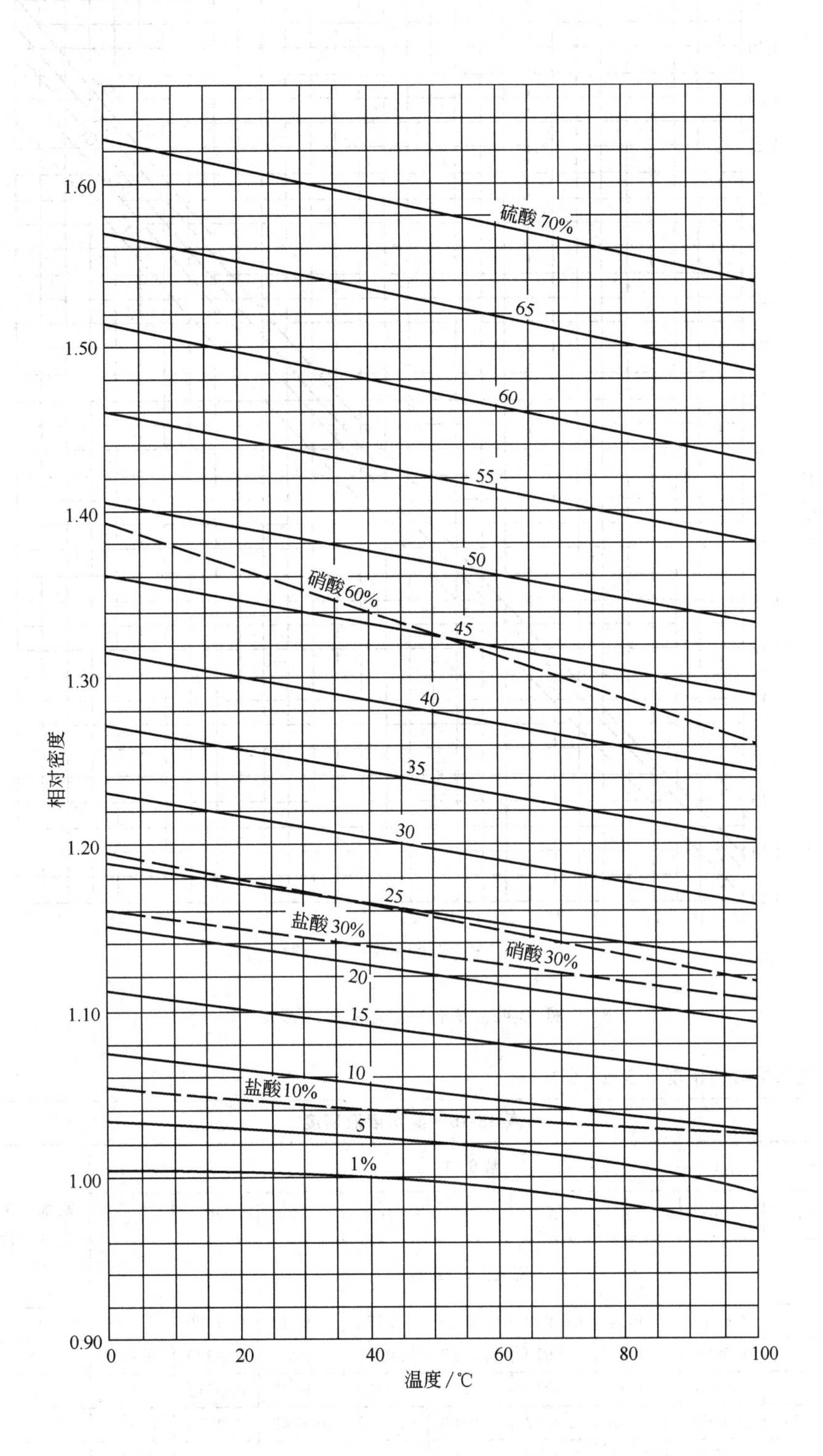

图 13-41　稀硫酸、硝酸和盐酸水溶液的相对密度

4.2.13 氯化钙水溶液的相对密度（图13-42）

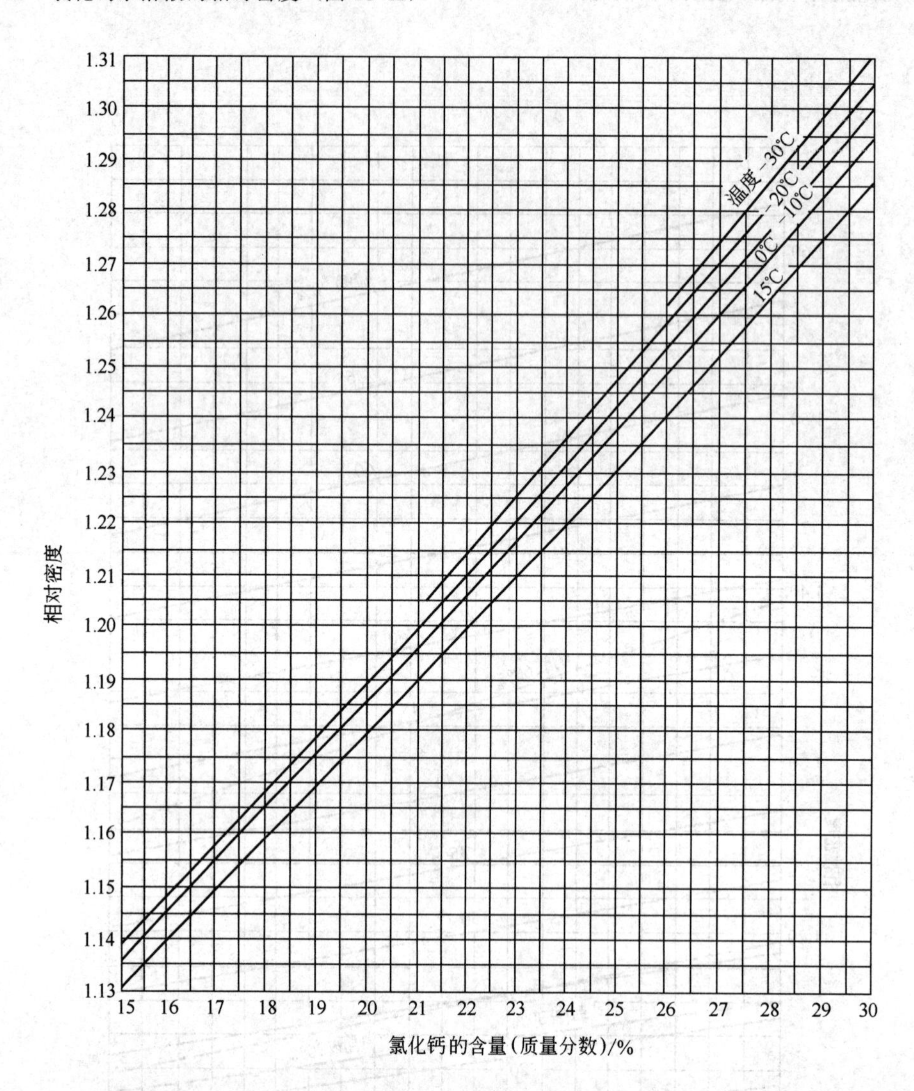

图13-42 氯化钙水溶液相对密度

4.2.14 氨水溶液的密度（表13-15）

表13-15 氨水溶液密度

氨水含量(质量分数)/%	温度/℃									氨水含量(质量分数)/%	温度/℃
	−15	−10	−5	0	5	10	15	20	25		15
	密度/(g/cm³)										密度/(g/cm³)
1	—	0.9943	0.9954	0.9959	0.9958	0.9955	0.9948	0.9939	0.993	32	0.8892
2	—	0.9906	0.9915	0.9919	0.9917	0.9913	0.9905	0.9895	0.988	34	0.8832
4	—	0.9834	0.9840	0.9842	0.9837	0.9832	0.9822	0.9811	0.980	36	0.8772
6	0.977	0.9766	0.9769	0.9767	0.9760	0.9753	0.9742	0.9730	0.972	38	0.8712
8	0.970	0.9701	0.9701	0.9695	0.9686	0.9677	0.9665	0.9651	0.964	40	0.8651
10	0.964	0.9638	0.9635	0.9627	0.9616	0.9604	0.9591	0.9575	0.956	45	0.849
12	0.958	0.9576	0.9571	9.9561	0.9548	0.9531	0.9519	0.9501	0.948	50	0.832

续表

氨水含量(质量分数)/%	温度/℃ -15	-10	-5	0	5	10	15	20	25	氨水含量(质量分数)/%	温度/℃ 15
	密度/(g/cm³)										密度/(g/cm³)
14	0.952	0.9517	0.9510	0.9497	0.9483	0.9467	0.9450	0.9430	0.941	55	0.815
16	0.947	0.9461	0.9450	0.9435	0.9420	0.9402	0.9383	0.9362	0.934	60	0.796
18	—	0.9406	0.9392	0.9357	0.9357	0.9388	0.9317	0.9295	—	65	0.776
20	—	0.9353	0.9335	0.9316	0.9296	0.9275	0.9253	0.9229	—	70	0.755
22	—	0.9300	0.9280	0.9258	0.9237	0.9214	0.9190	0.9164	—	75	0.733
24	—	0.9249	0.9226	0.9202	0.9179	0.9155	0.9129	0.9101	—	80	0.711
26	—	0.9199	0.9174	0.9148	0.9123	0.9077	0.9069	0.9040	—	85	0.688
28	—	0.9150	0.9122	0.9094	0.9067	0.9040	0.9010	0.8980	—	90	0.665
30	—	0.9101	0.9070	0.9040	0.9012	0.8983	0.8951	0.8920	—	95	0.642
										100	0.618

4.2.15 液氨（及蒸气）的密度（表 13-16）

表 13-16 液氨（及蒸气）的密度

温度/℃	密度 液体/(kg/L)	密度 蒸气/(kg/m³)	温度/℃	密度 液体/(kg/L)	密度 蒸气/(kg/m³)	温度/℃	密度 液体/(kg/L)	密度 蒸气/(kg/m³)
-50	0.7020	0.382	-10	0.6520	2.390	10	0.6247	4.859
-43	0.6996	0.425	-9	0.6503	2.483	12	0.6218	5.189
-46	0.6972	0.474	-8	0.6497	2.579	14	0.6190	5.537
-44	0.6948	0.527	-7	0.6480	2.678	16	0.6161	5.904
-42	0.6924	0.584	-6	0.6457	2.779	18	0.6132	6.289
-40	0.6900	0.645	-5	0.6453	2.883	20	0.6103	6.694
-38	0.6875	0.712	-4	0.6440	2.991	22	0.6073	7.119
-36	0.6851	0.785	-3	0.6426	3.102	24	0.6043	7.564
-34	0.6826	0.863	-2	0.6413	3.216	26	0.6013	8.031
-32	0.6801	0.948	-1	0.6399	3.332	28	0.5983	8.521
-30	0.6777	1.038	0	0.6386	3.452	30	0.5952	9.034
-28	0.6752	1.136	1	0.6372	3.576	32	0.5921	9.573
-26	0.6726	1.242	2	0.6358	3.703	34	0.5890	10.138
-24	0.6701	1.354	3	0.6345	3.834	36	0.5859	10.731
-22	0.6676	1.474	4	0.6331	3.969	38	0.5827	11.353
-20	0.6650	1.604	5	0.6317	4.108	40	0.5795	12.005
-18	0.6624	1.742	6	0.6303	4.250	42	0.5762	12.689
-16	0.6598	1.889	7	0.6289	4.396	44	0.5729	13.404
-14	0.6572	2.046	8	0.6275	4.546	46	0.5696	14.153
-12	0.6546	2.213	9	0.6261	4.700	48	0.5683	14.936

4.3 液体的比热容

4.3.1 一般液体的比热容（图 13-43）

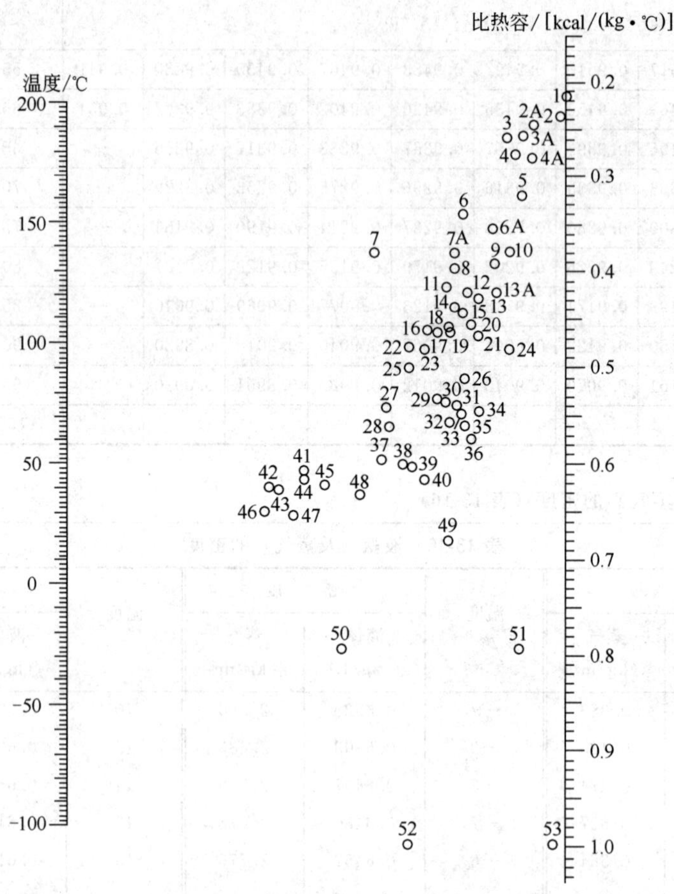

图 13-43　一般液体的比热容

1kcal/(kg·℃)=4186.8J/(kg·K)

图中各编号对应的物质

编号	名　称	温度范围/℃	编号	名　称	温度范围/℃	编号	名　称	温度范围/℃
1	溴乙烷	5～25	22	二苯基甲烷	30～100	43	异丁醇	0～100
2	二硫化碳	−100～25	23	苯	10～30	44	丁醇	0～100
3	四氯化碳	10～60	24	醋酸乙酯	−50～25	45	丙醇	−20～100
4	氯仿	0～50	25	乙苯	0～100	46	乙醇(95%)	20～80
5	二氯甲烷	−40～50	26	醋酸戊酯	0～100	47	异丙醇	−20～50
6	氟里昂-12	−40～15	27	苯甲基醇	−20～30	48	盐酸(30%)	20～100
7	碘乙烷	0～100	28	庚烷	0～60	49	盐水(25%$CaCl_2$)	−40～20
8	氯苯	0～100	29	醋酸(100%)	0～80	50	乙醇(50%)	20～80
9	硫酸(98%)	10～45	30	苯胺	0～130	51	盐水(25%NaCl)	−40～20
10	苯甲基氯	−30～30	31	异丙醚	−80～20	52	氨	−70～50
11	二氧化硫	−20～100	32	丙酮	20～50	53	水	10～200
12	硝基苯	0～100	33	辛烷	−50～25	3	过氯乙烯	−30～140
13	氯乙烷	−30～40	34	壬烷	−50～25	6A	二氯乙烷	−30～60
14	萘	90～200	35	己烷	−80～20	13A	氯甲烷	−80～20
15	联苯	80～120	36	乙醚	−100～25	16	联苯醚 A	0～200
16	二苯基醚	0～200	37	戊醇	−50～25	23	甲苯	0～60
17	对二甲苯	0～100	38	甘油	−40～20	2A	氟里昂-11	−20～70
18	间二甲苯	0～100	39	乙二醇	−40～200	4A	氟里昂-21	−20～70
19	邻二甲苯	0～100	40	甲醇	−40～20	7A	氟里昂-22	−20～60
20	吡啶	−50～25	41	异戊醇	10～100	3A	氟里昂-113	−20～70
21	癸烷	−80～25	42	乙醇(100%)	30～80			

4. 3. 2　烷烃、烯烃、二烯烃液体的比热容（图 13-44）

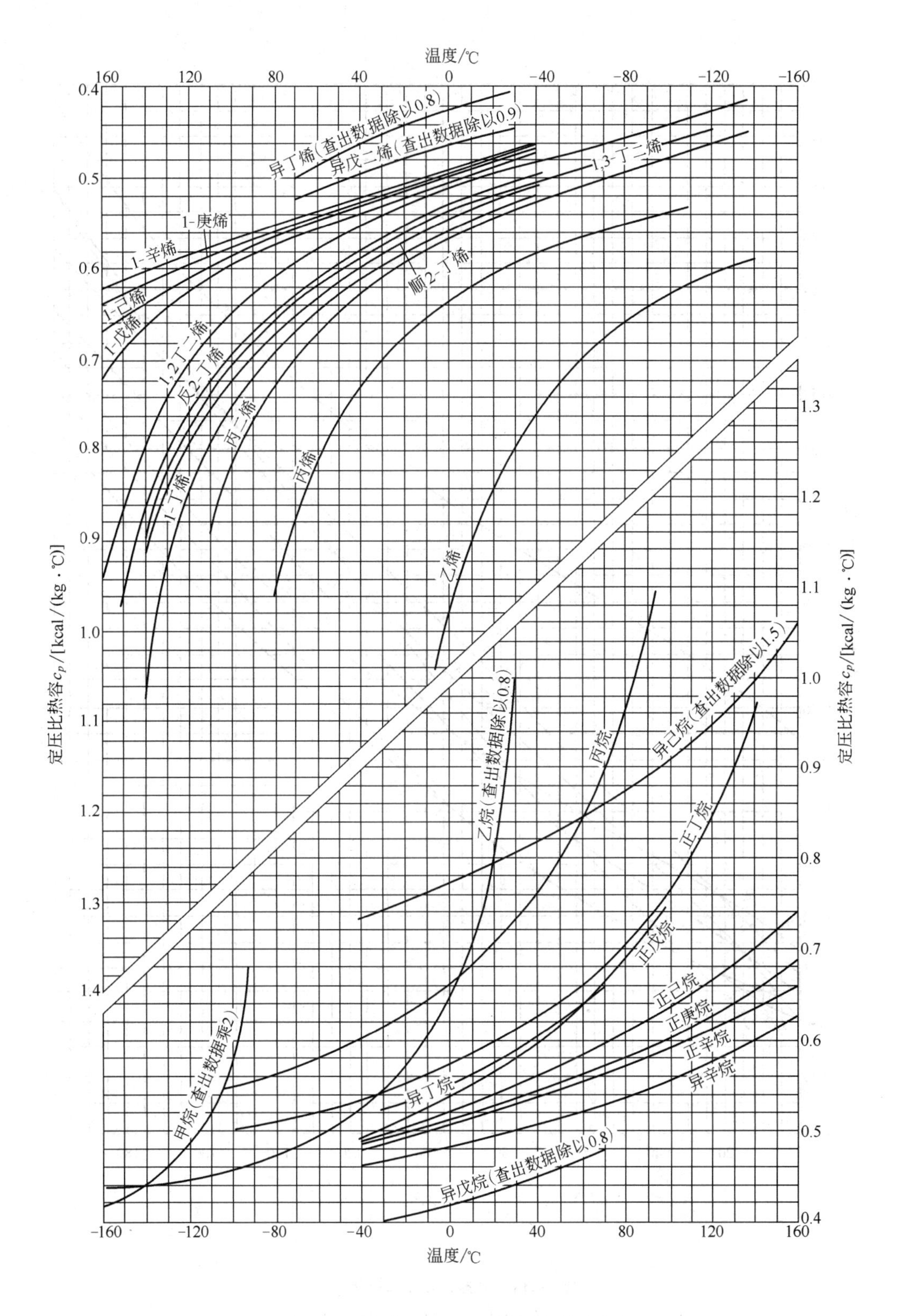

图 13-44　烷烃、烯烃、二烯烃液体的比热容

1kcal/(kg·℃)=4186.8J/(kg·K)

4.3.3 芳香烃液体的比热容（图13-45）

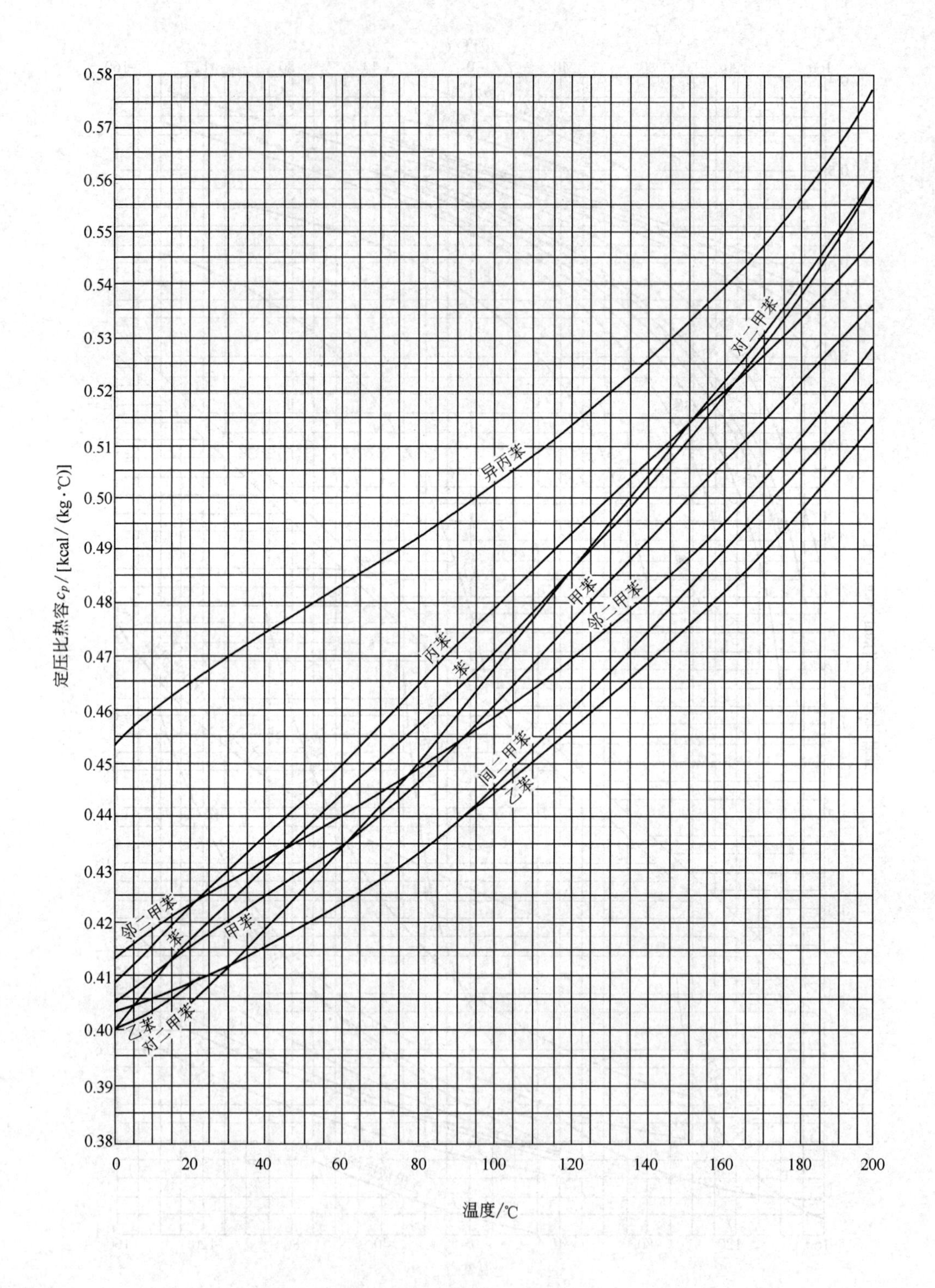

图13-45 芳香烃液体的比热容

1kcal/(kg·℃)=4186.8J/(kg·K)

4.3.4　溶剂和醇类液体的比热容（图 13-46）

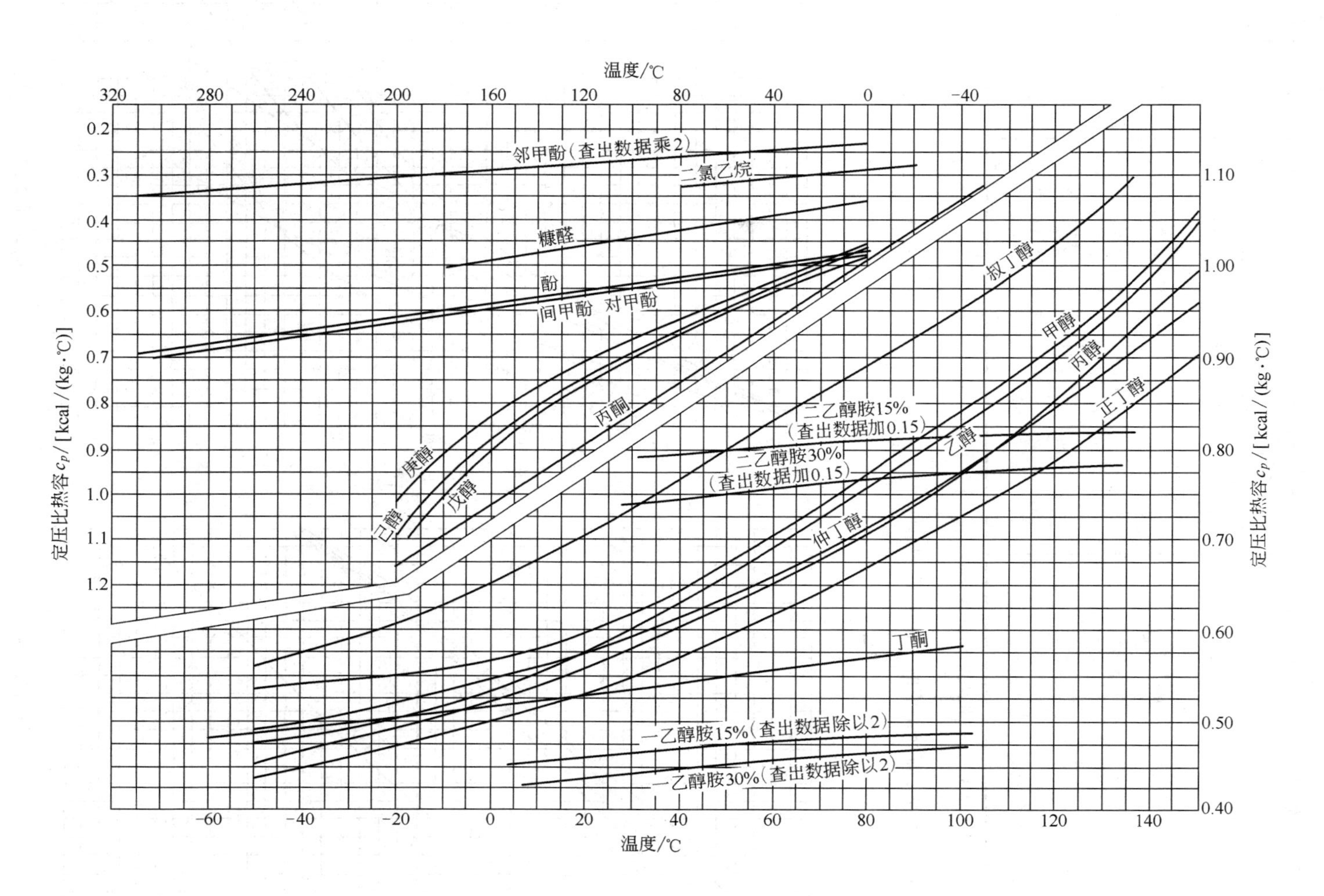

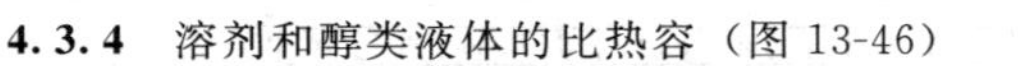

图 13-46　溶剂和醇类液体的比热容

1kcal/(kg·℃)=4186.8J/(kg·K)

4.3.5 氨水的比热容（表13-17）

表13-17 氨水的比热容 单位：[kcal/(kg·℃)]

氨水含量(摩尔分数)/%	温度/℃			
	2.4	20.6	41	61
0	1.01	1.0	0.995	1.0
10.5	0.98	0.995	1.06	1.02
20.9	0.96	0.99	1.03	
31.2	0.956	1.0		
41.4	0.985			

注：1kcal/(kg·℃)=4186.8J/(kg·K)。

4.3.6 常用酸、碱水溶液的比热容（图13-47）

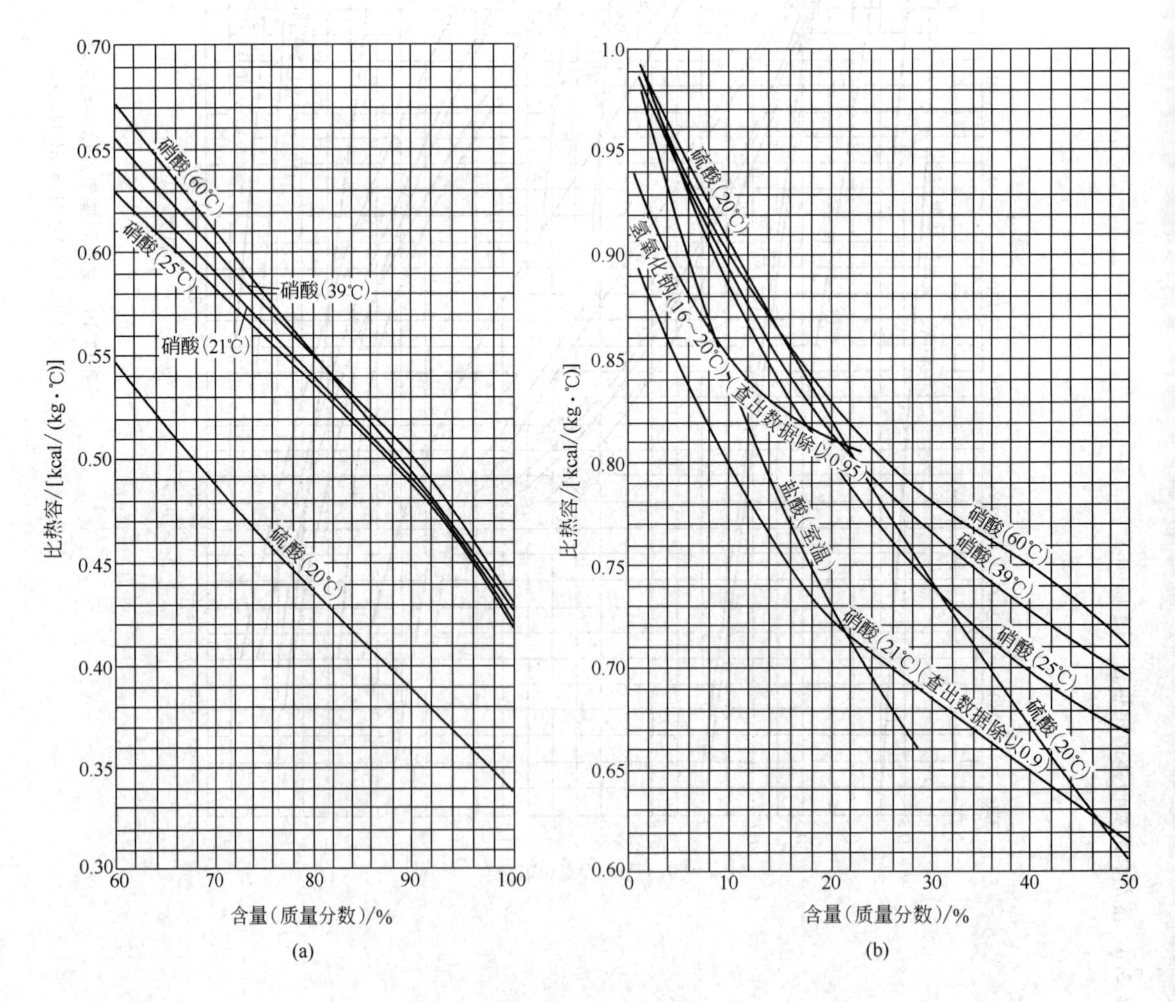

图13-47 常用酸、碱水溶液的比热容

1kcal/(kg·℃)=4186.8J/(kg·K)

4.3.7 制冷剂液体的比热容（图 13-48）

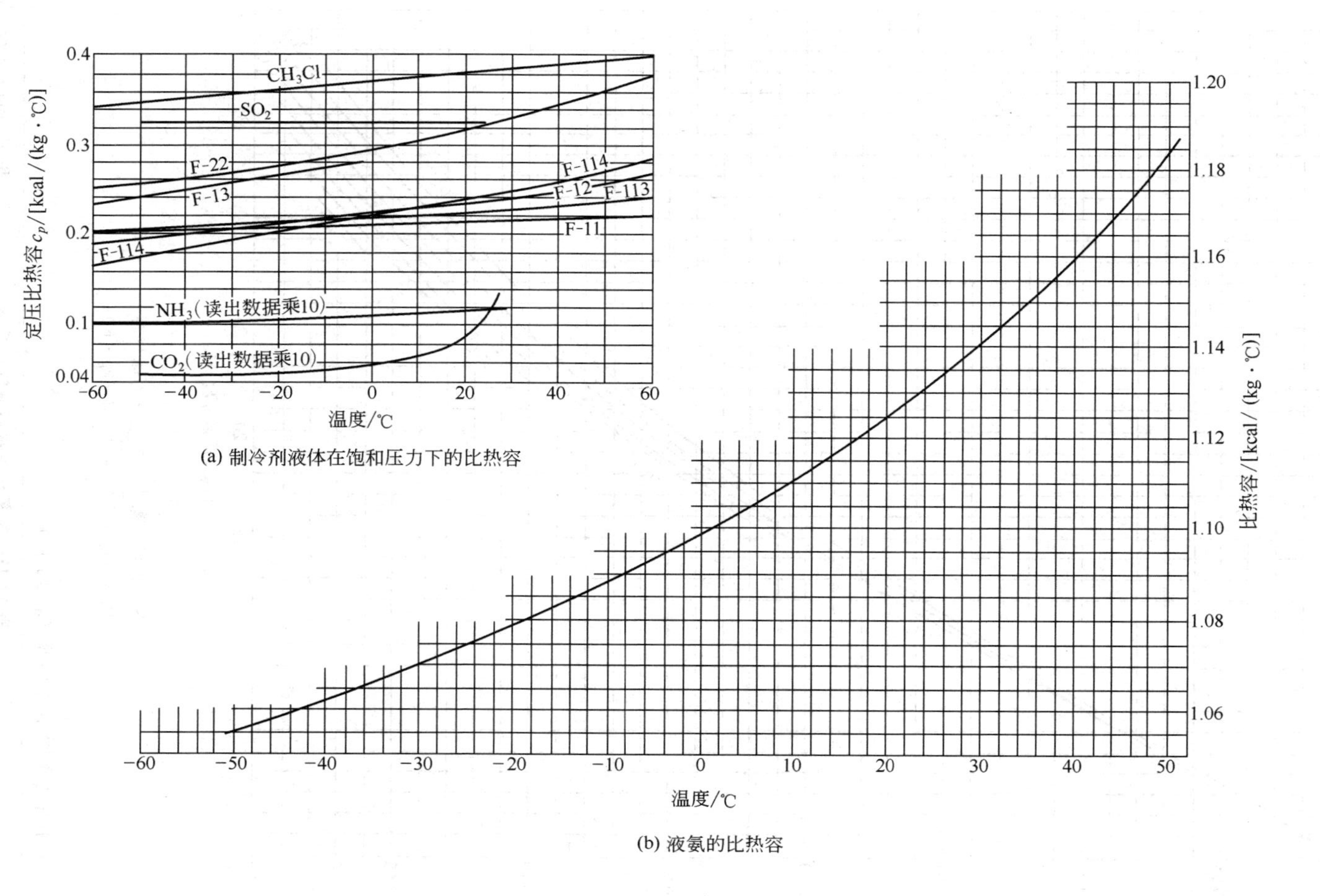

(a) 制冷剂液体在饱和压力下的比热容

(b) 液氨的比热容

图 13-48 制冷剂液体的比热容

1kcal/(kg·℃)=4186.8J/(kg·K)

4.3.8 氯化钙水溶液的比热容（图 13-49）

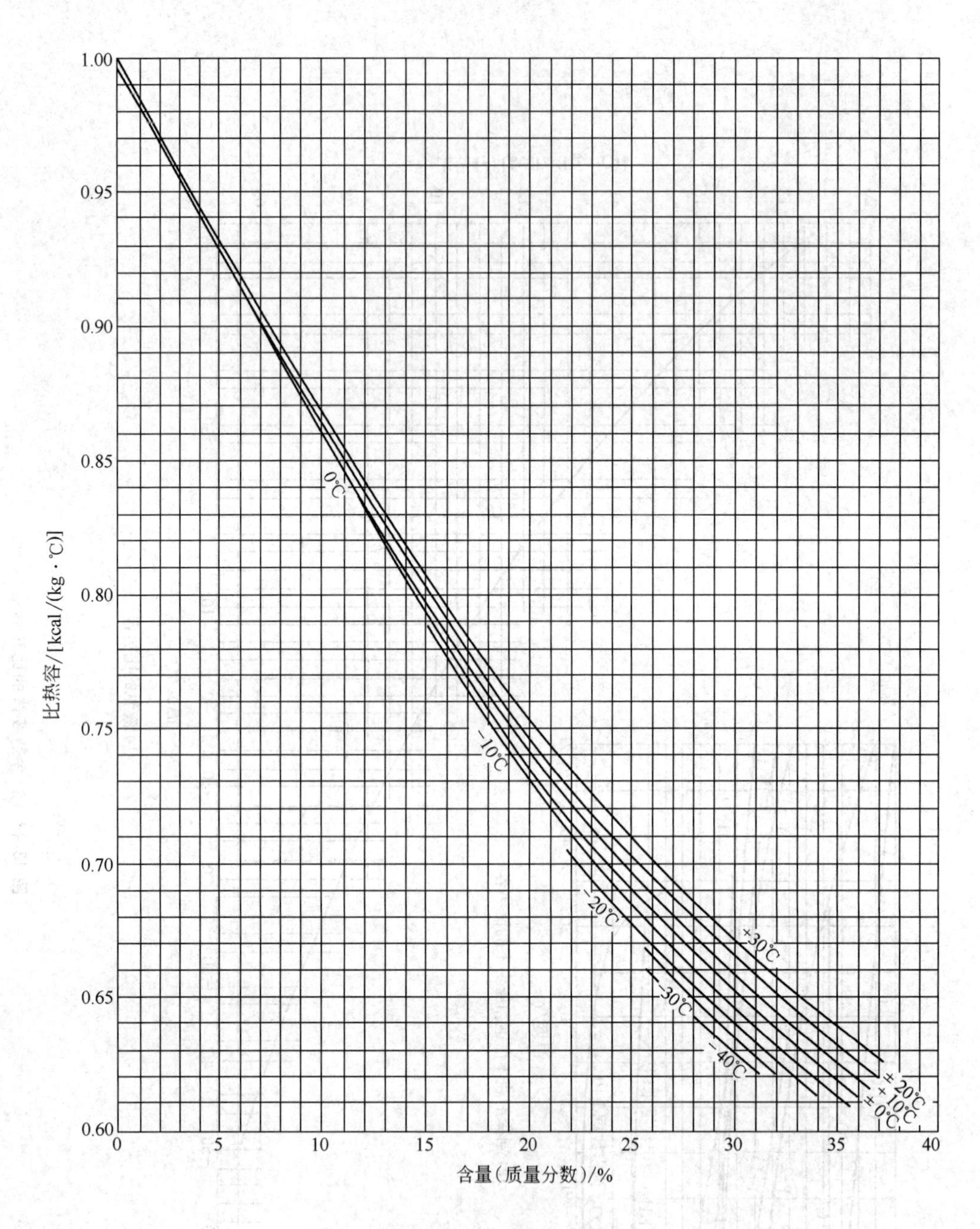

图 13-49 氯化钙水溶液的比热容

1kcal/(kg·℃)=4186.8J/(kg·K)

4.3.9 氢氧化钠水溶液的比热容（表 13-18）

表 13-18 氢氧化钠水溶液的比热容 单位：[kcal/(kg·℃)]

NaOH 含量(质量分数)/%	温度/℃															
	0	4.5	10	15.5	26.6	38	49	60	71	82	93.5	104.5	115.6	126.5	138	149
0	1.004	1.003	1.001	0.999	0.998	0.997	0.998	0.999	1.000	1.002	1.004					
2	0.965	0.967	0.968	0.969	0.972	0.974	0.977	0.978	0.980	0.983	0.986					

续表

NaOH 含量（质量分数）/%	温度/℃															
	0	4.5	10	15.5	26.6	38	49	60	71	82	93.5	104.5	115.6	126.5	138	149
4	0.936	0.940	0.943	0.946	0.951	0.954	0.957	0.960	0.962	0.965	0.966					
6	0.914	0.920	0.924	0.928	0.933	0.938	0.941	0.944	0.946	0.948	0.950					
8	0.897	0.902	0.907	0.911	0.918	0.923	0.927	0.930	0.932	0.934	0.936					
10	0.882	0.888	0.893	0.897	0.905	0.911	0.916	0.918	0.920	0.922	0.923					
12	0.870	0.877	0.883	0.887	0.894	0.901	0.906	0.909	0.911	0.912	0.913					
14	0.861	0.868	0.874	0.879	0.886	0.892	0.897	0.901	0.903	0.903	0.904					
16	0.853	0.860	0.866	0.871	0.880	0.886	0.891	0.894	0.896	0.897	0.897					
18	0.847	0.854	0.860	0.865	0.873	0.880	0.885	0.888	0.890	0.891	0.891					
20	0.842	0.848	0.854	0.859	0.868	0.875	0.880	0.884	0.886	0.886	0.887					
22	0.837	0.844	0.849	0.854	0.863	0.870	0.876	0.880	0.882	0.882	0.883					
24		0.839	0.844	0.849	0.858	0.866	0.873	0.877	0.879	0.879	0.880					
26		0.835	0.840	0.845	0.854	0.863	0.869	0.874	0.875	0.876	0.876					
28		0.830	0.836	0.841	0.850	0.859	0.866	0.870	0.872	0.872	0.873					
30		0.826	0.832	0.827	0.846	0.855	0.862	0.866	0.868	0.869	0.869					
32		0.822	0.828	0.833	0.842	0.850	0.857	0.862	0.863	0.864	0.864					
34			0.823	0.828	0.837	0.845	0.852	0.856	0.857	0.858	0.858					
36			0.819	0.824	0.832	0.840	0.845	0.849	0.850	0.851	0.851					
38			0.816	0.820	0.827	0.833	0.837	0.841	0.842	0.842	0.843					
40			0.812	0.815	0.821	0.826	0.830	0.831	0.832	0.832	0.832					
42			0.807	0.809	0.813	0.816	0.819	0.819	0.820	0.820	0.820					
44				0.802	0.804	0.806	0.807	0.807	0.807	0.806	0.804					
46				0.793	0.794	0.795	0.794	0.794	0.793	0.791	0.789					
48					0.783	0.782	0.781	0.780	0.779	0.777	0.776					
50					0.771	0.769	0.768	0.767	0.765	0.765	0.764	0.763	0.762	0.762	0.761	0.761
52					0.759	0.757	0.756	0.754	0.753	0.752	0.751	0.749	0.748	0.747	0.746	0.745
54					0.746	0.744	0.741	0.739	0.739	0.738	0.737	0.735	0.733	0.731	0.730	0.728
56					0.733	0.730	0.728	0.726	0.724	0.723	0.722	0.721	0.719	0.717	0.715	0.713
58						0.719	0.717	0.715	0.713	0.711	0.709	0.707	0.705	0.703	0.702	0.700
60						0.706	0.705	0.703	0.701	0.699	0.697	0.695	0.693	0.691	0.690	0.688
62							0.694	0.692	0.690	0.688	0.687	0.685	0.683	0.681	0.679	0.677
64							0.684	0.682	0.681	0.679	0.677	0.675	0.673	0.671	0.670	0.668
66							0.675	0.673	0.671	0.669	0.668	0.666	0.664	0.662	0.660	0.658
68								0.663	0.662	0.660	0.658	0.656	0.655	0.653	0.651	0.649
70								0.655	0.653	0.651	0.649	0.647	0.646	0.644	0.642	0.640
72									0.645	0.643	0.641	0.639	0.637	0.635	0.634	0.632
74										0.635	0.633	0.631	0.629	0.628	0.626	0.624
76										0.628	0.627	0.625	0.623	0.621	0.619	0.617
78											0.620	0.618	0.616	0.615	0.613	0.611

注：1kcal/(kg·℃)=4186.8J/(kg·K)。

4.4 液体和水溶液的体积膨胀系数（表13-19）

$$V_t = V_0(1 + at + bt^2 + ct^3)$$

式中 V_t——t℃时的体积；

t——液体或水溶液的温度；

V_0——0℃时的体积；

α_{20}——20℃时液体膨胀系数；

a，b，c——体积膨胀系数，见表13-19。

表13-19 体积膨胀系数

物质	$\alpha_{20}\times10^3$/℃$^{-1}$	公式适用温度 t/℃	$a\times10^3$/℃$^{-1}$	$b\times10^6$/℃$^{-2}$	$c\times10^8$/℃$^{-3}$
乙酸乙酯	1.389	−36～72	1.2585	2.95688	0.14922
乙醇		0～80	1.04139	0.7838	1.7618
乙醚	1.656	−15～38	1.51324	2.35918	4.00512
丁醇	0.950	6～108	0.83751	2.8634	−0.12415
二硫化碳	1.218	−34～68	1.1398	1.37065	1.91225
三氯甲烷（氯仿）	1.273	0～63	1.10715	4.66473	−1.74328
三氯化磷	1.154	−36～75	1.126862	0.87288	0.25276
三氯氧磷	1.116	0～107	1.06431	1.12666	1.79236
丙酮	1.487	0～54	1.324	3.809	−0.87983
甲醇	1.259	−38～70	1.18557	1.56493	0.91113
四氯化硅	1.430	−32～59	1.29412	2.18414	4.08642
		0～100	0.18169041	0.002951266	0.0114562
汞		24～299	0.18163	0.01155	0.0021187
苯	1.237	11～81	1.17626	1.27755	0.80648
硫酸（浓）		0～30	0.5758	−0.864	
10.9%	0.387	0～30	0.2835	2.580	
5.4%	0.311	0～30	0.1450	4.143	
1.4%	0.234	0～30	0.03335	5.025	
硫酸钠					
9%	0.235	0～40	0.0449	4.749	
24%	0.410	11～40	0.3599	1.258	
硫酸氢钠（21%）	0.555	0～34	0.5364	4.75	
溴	1.113	−7～60	1.03819	1.711138	0.5447
氯化钙（40.9%）	0.458	17～24	0.42383	0.8571	
氯化钾（24.3%）	0.353	16～25	0.2695	2.080	
氯化钠（20.6%）	0.414	0～29	0.3640	1.237	
氯化锡	1.178	−19～113	1.1328	0.91171	0.75798
煤油(相对密度0.8467)	0.955	24～120	0.8994	1.396	
盐酸					
33.2%	0.455	0～33	0.4460	0.215	
4.2%	0.239	0～33	0.0652	4.355	
1%	0.211	0～33	0.0153	4.899	
水	0.207	0～33	−0.06427	8.5053	−6.7900

4.5 液体的黏度

4.5.1 黏度换算（图 13-50）

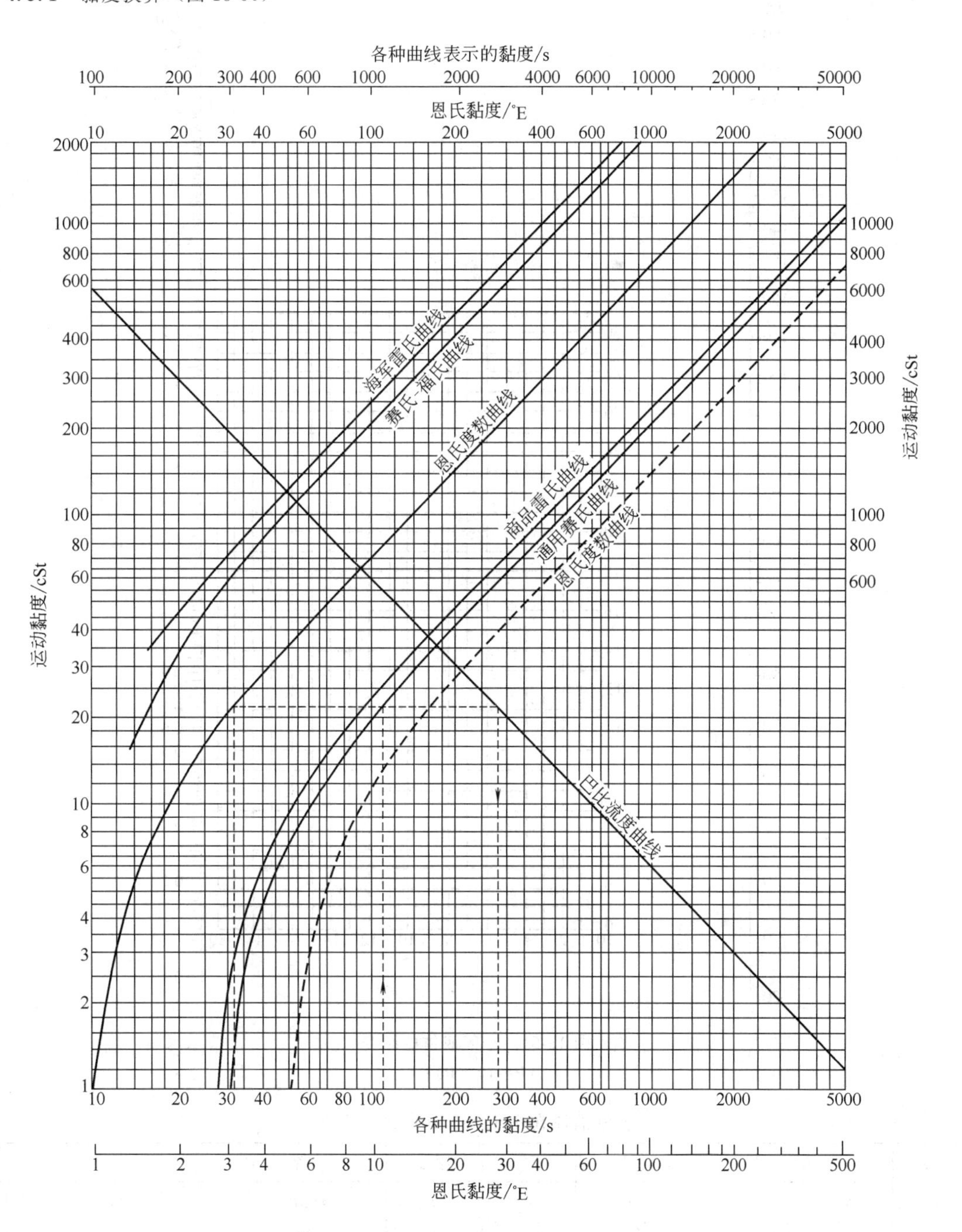

图 13-50 各种黏度曲线图

1. 曲线使用举例：在 99℃时某油品的黏度为 108s（通用赛氏黏度），求其在 99℃时恩氏黏度。

解：自图下横坐标查得 108s 刻度，向上交于通用赛氏曲线，自此点作水平线交于恩氏度数曲线，再向下引垂线并读恩氏黏度°E 的坐标，得恩氏黏度为 3.3°E。从图中还可看出此时运动黏度为 22cSt。如黏度较大可用右角的竖坐标和上部的横坐标。

2. $1cSt=10^{-6}m^2/s$。

4.5.2 一般液体的黏度（图 13-51）

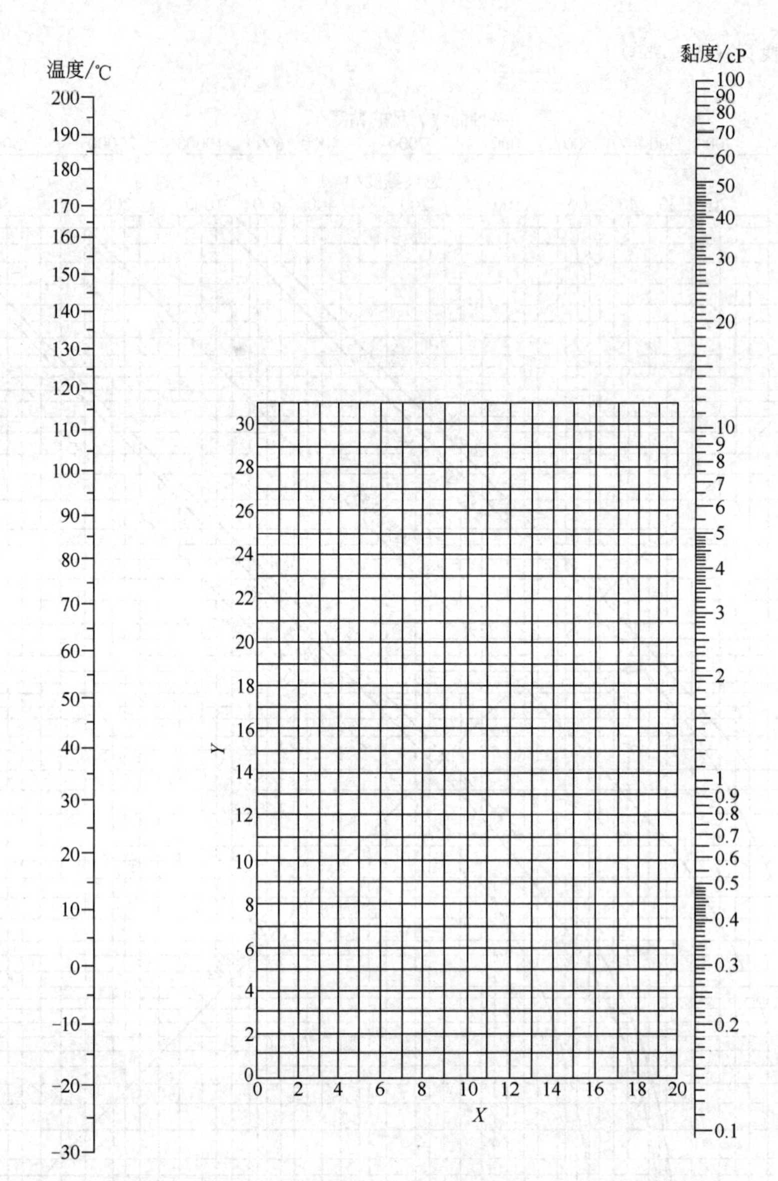

图 13-51　一般液体的黏度

$1cP=10^{-3}Pa\cdot s$

各种液体在图 13-51 中的 X、Y 值

序号	名　称	X	Y	序号	名　称	X	Y
1	水	10.2	13.0	7	二氧化硫	15.2	7.1
2	盐水(25%NaCl)	10.2	16.6	8	二硫化碳	16.1	7.5
3	盐水(25%$CaCl_2$)	6.6	15.9	9	二氧化氮	12.9	8.6
4	氨(100%)	12.6	2.0	10	溴	14.2	13.2
5	氨水(26%)	10.1	13.9				
				11	钠	16.4	13.9
6	二氧化碳	11.6	0.3	12	汞	18.4	16.4

续表

序号	名　　称	X	Y	序号	名　　称	X	Y
13	硫酸(110%)	7.2	27.4	47	异丙基氯	13.9	7.1
14	硫酸(100%)	8.0	25.1	48	异丙基碘	13.7	11.2
15	硫酸(98%)	7.0	24.8	49	烯丙基溴	14.4	9.6
16	硫酸(60%)	10.2	21.3	50	烯丙基碘	14.0	11.7
17	硝酸(95%)	12.8	13.8	51	亚乙基二氯	14.1	8.7
18	硝酸(60%)	10.8	17.0	52	噻吩	13.2	11.0
19	盐酸(31.5%)	13.0	16.6	53	苯	12.5	10.9
20	氢氧化钠(50%)	3.2	25.8	54	甲苯	13.7	10.4
21	戊烷	14.9	5.2	55	邻二甲苯	13.5	12.1
22	己烷	14.7	7.0	56	间二甲苯	13.9	10.6
23	庚烷	14.1	8.4	57	对二甲苯	13.9	10.9
24	辛烷	13.7	10.0	58	氟代苯	13.7	10.4
25	环己烷	9.8	12.9	59	氯代苯	12.3	12.4
26	氯甲烷(甲基氯)	15.0	3.8	60	碘代苯	12.8	15.9
27	碘甲烷(甲基碘)	14.3	9.3	61	乙苯	13.2	11.5
28	硫甲烷(甲基硫)	15.3	6.4	62	硝基苯	10.6	16.2
29	二溴甲烷	12.7	15.8	63	氯甲苯(邻)	13.0	13.3
30	二氯甲烷	14.6	8.9	64	氯甲苯(间)	13.3	12.5
31	三氯甲烷	14.4	10.2	65	氯甲苯(对)	13.3	12.5
32	四氯甲烷	12.7	13.1	66	溴甲苯	20.0	15.9
33	溴乙烷(乙基溴)	14.5	8.1	67	乙烯基甲苯	13.4	12.0
34	氯乙烷(乙基氯)	14.8	6.0	68	硝化甲苯	11.0	17.0
35	碘乙烷(乙基碘)	14.7	10.3	69	苯胺	8.1	18.7
36	硫乙烷(乙基硫)	13.8	8.9	70	酚	6.9	20.8
37	二氯乙烷	13.2	12.2	71	间甲酚	2.5	20.8
38	四氯乙烷	11.9	15.7	72	联苯	12.0	18.3
39	五氯乙烷	10.9	17.3	73	萘	7.9	18.1
40	1,2-二溴乙烯	11.9	15.7	74	甲醇(100%)	12.4	10.5
41	1,2-二氯乙烷	12.7	12.2	75	甲醇(90%)	12.3	11.8
42	三氯乙烯	14.8	10.5	76	甲醇(40%)	7.8	15.5
43	氯丙烷(丙基氯)	14.4	7.5	77	乙醇(100%)	10.5	13.8
44	溴丙烷(丙基溴)	14.5	9.6	78	乙醇(95%)	9.8	14.3
45	碘丙烷(丙基碘)	14.1	11.6	79	乙醇(40%)	6.5	16.6
46	异丙基溴	14.1	9.2	80	丙醇	9.1	16.5

续表

序号	名称	X	Y	序号	名称	X	Y
81	丙烯醇	10.2	14.3	115	丙酸甲酯	13.5	9.0
82	异丙醇	8.2	16.0	116	丙酸乙酯	13.2	9.9
83	丁醇	8.6	17.2	117	丙烯酸丁酯	11.5	12.6
84	异丁醇	7.1	18.0	118	丁酸甲酯	13.2	10.3
85	戊醇	7.5	18.4	119	异丁酸甲酯	12.3	9.7
86	环己醇	2.9	24.3	120	丙烯酸甲酯	13.0	9.5
87	辛醇	6.6	21.1	121	丙烯酸乙酯	12.7	10.4
88	乙二醇	6.0	23.6	122	2-乙基丙烯酸丁酯	11.2	14.0
89	二甘醇	5.0	24.7	123	2-乙基丙烯酸己酯	9.0	15.0
90	甘油(100%)	2.0	30.0	124	草酸二乙酯	11.0	16.4
91	甘油(50%)	6.9	19.6	125	草酸二丙酯	10.3	17.7
92	三甘醇	4.7	24.8	126	醋酸乙烯	14.0	8.8
93	乙醛	15.2	4.8	127	乙醚	14.5	5.3
94	甲乙酮	13.9	8.6	128	乙丙醚	14.0	7.0
95	甲丙酮	14.3	9.5	129	二丙醚	13.2	8.6
96	二乙酮	13.5	9.2	130	茴香醚	12.3	13.5
97	丙酮(100%)	14.5	7.2	131	三氯化砷	13.9	14.5
98	丙酮(35%)	7.9	15.0	132	三溴化磷	13.8	16.7
99	甲酸	10.7	15.8	133	三氯化磷	16.2	10.9
100	醋酸(100%)	12.1	14.2	134	四氯化锡	13.5	12.8
101	醋酸(70%)	9.5	17.0	135	四氯化钛	14.4	12.3
102	醋酸酐	12.7	12.8	136	硫酰氯	15.2	12.4
103	丙酸	12.8	13.8	137	氯磺酸	11.2	18.1
104	丙烯酸	12.3	13.9	138	乙腈	14.4	7.4
105	丁酸	12.1	15.3	139	丁二腈	10.1	20.8
106	异丁酸	12.2	14.4	140	氟里昂-11	14.4	9.0
107	甲酸甲酯	14.2	7.5	141	氟里昂-12	16.8	5.6
108	甲酸乙酯	14.2	8.4	142	氟里昂-21	15.7	7.5
109	甲酸丙酯	13.1	9.7	143	氟里昂-22	17.2	4.7
110	醋酸甲酯	14.2	8.2	144	氟里昂-113	12.5	11.4
111	醋酸乙酯	13.7	9.1	145	煤油	10.2	16.9
112	醋酸丙酯	13.1	10.3	146	粗亚麻仁油	7.5	27.2
113	醋酸丁酯	12.3	11.0	147	松节油	11.5	14.9
114	醋酸戊酯	11.8	12.5				

4.5.3　烷烃液体的黏度（图 13-52）

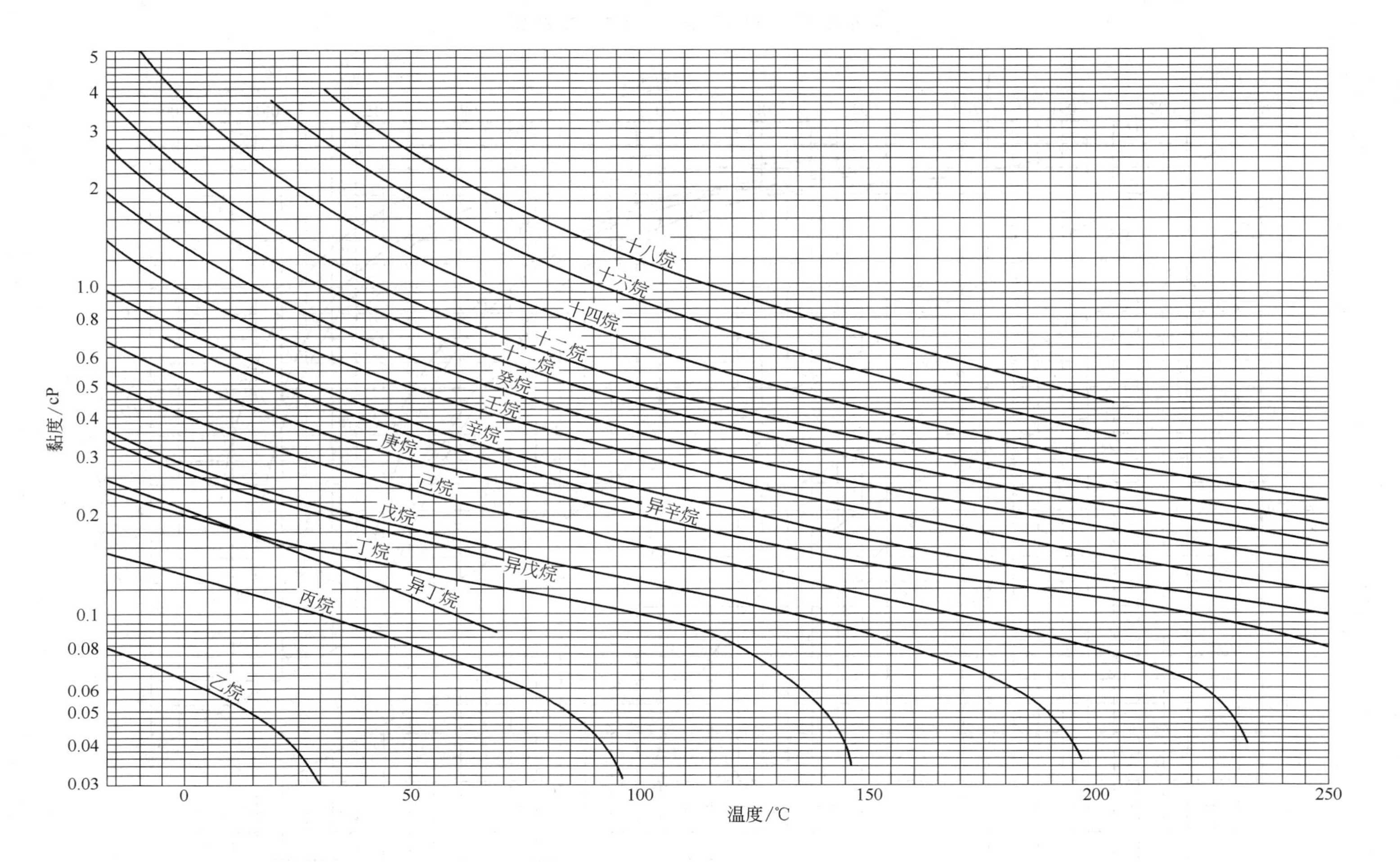

图 13-52　烷烃液体的黏度

1cP$=10^{-3}$Pa・s

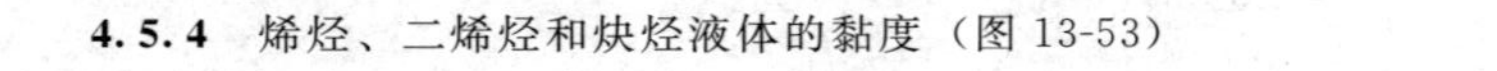

4.5.4 烯烃、二烯烃和炔烃液体的黏度（图13-53）

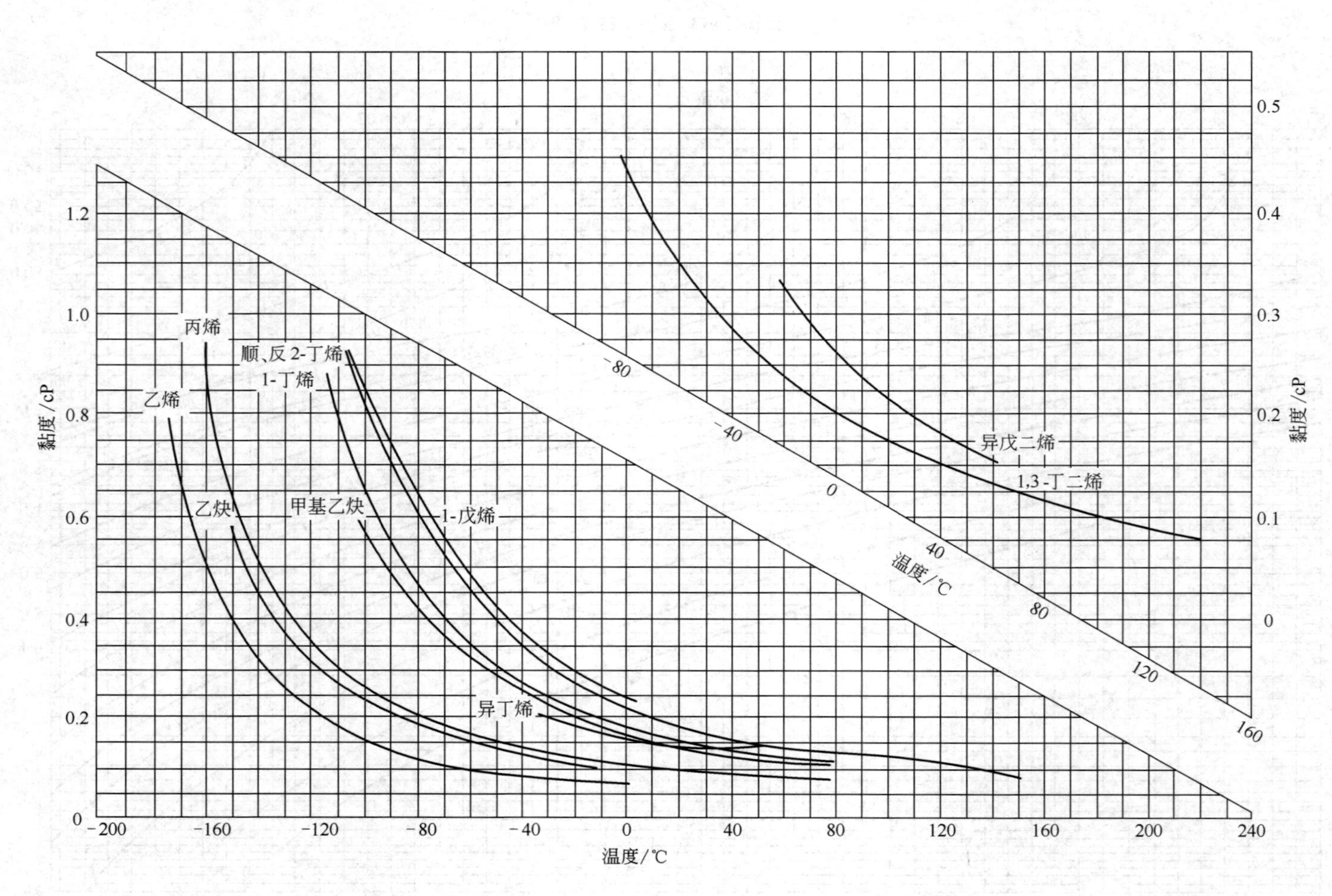

图13-53 烯烃、二烯烃和炔烃液体的黏度

$1cP=10^{-3}Pa\cdot s$

4.5.5　芳香烃和环己烷液体的黏度（图 13-54）

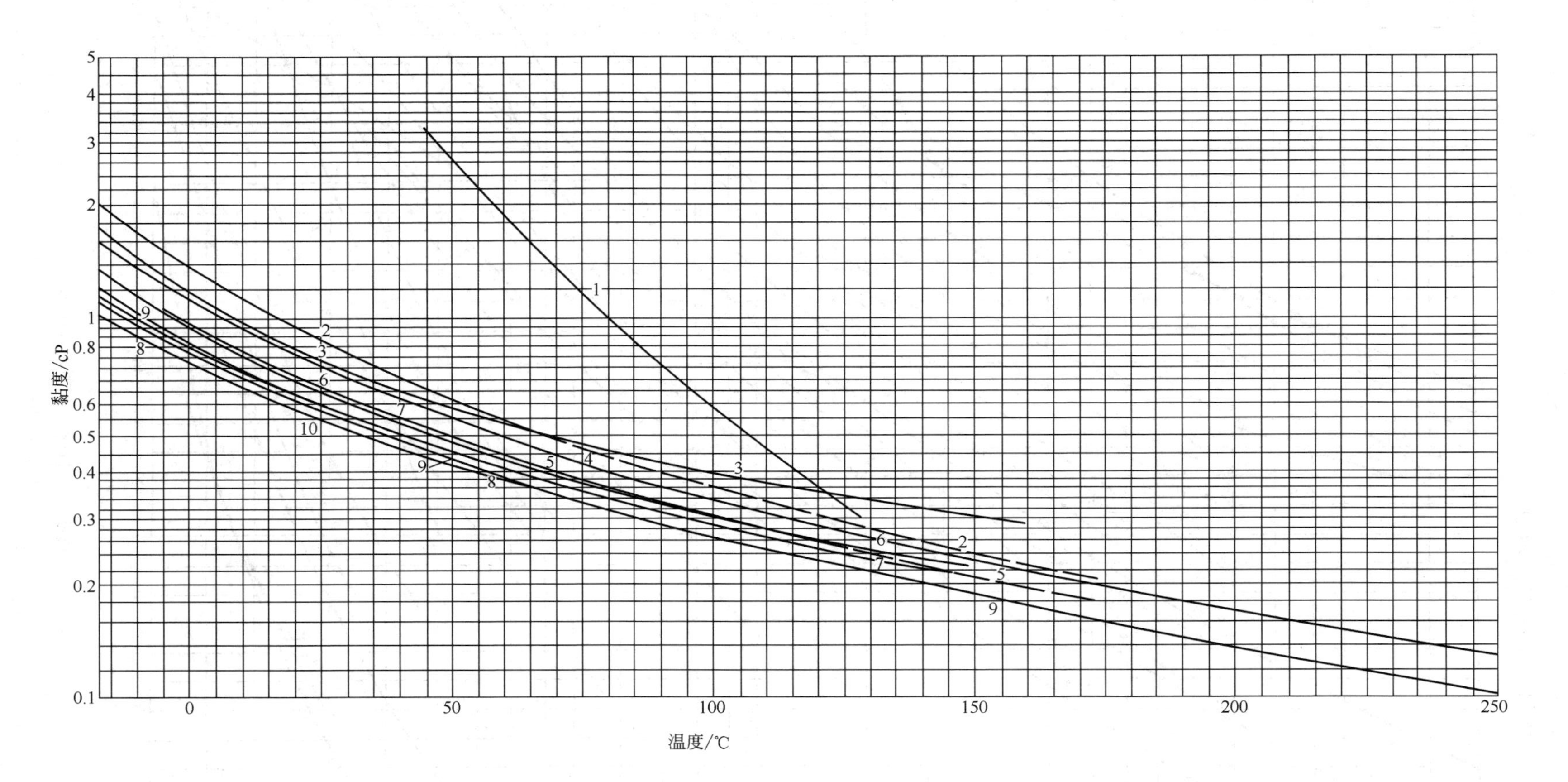

图 13-54　芳香烃和环己烷液体的黏度

1—萘；2—环己烷；3—丙苯；4—邻二甲苯；5—甲基环己烷；6—乙苯；7—对二甲苯；8—间二甲苯；9—苯；10—甲苯

$1cP=10^{-3}Pa \cdot s$

4.5.6 有机化合物液体的黏度（图13-55）

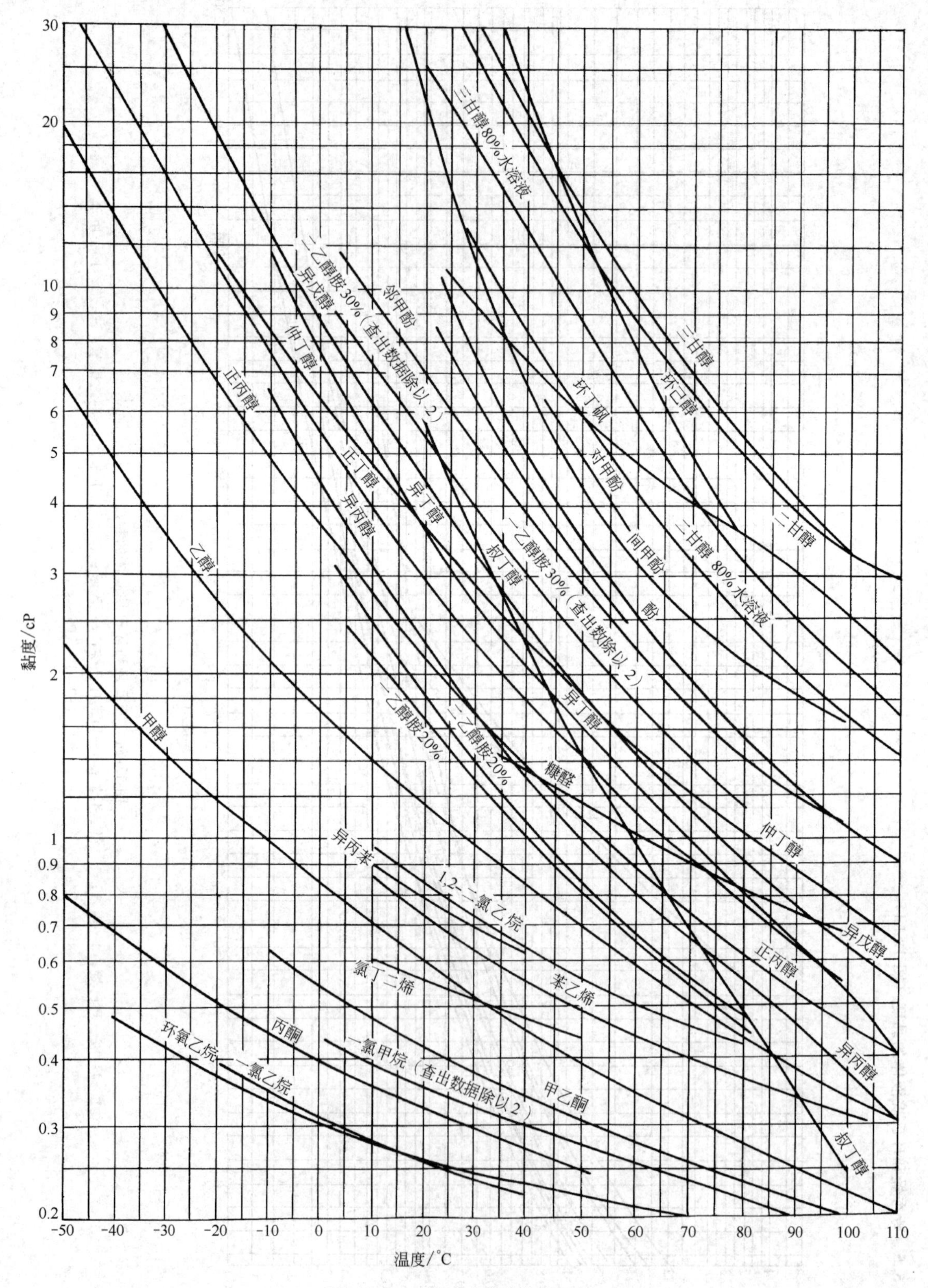

图13-55 有机化合物液体的黏度

$1cP=10^{-3}Pa \cdot s$

4.5.7　液体烃的黏度（常压及中压）（图 13-56）

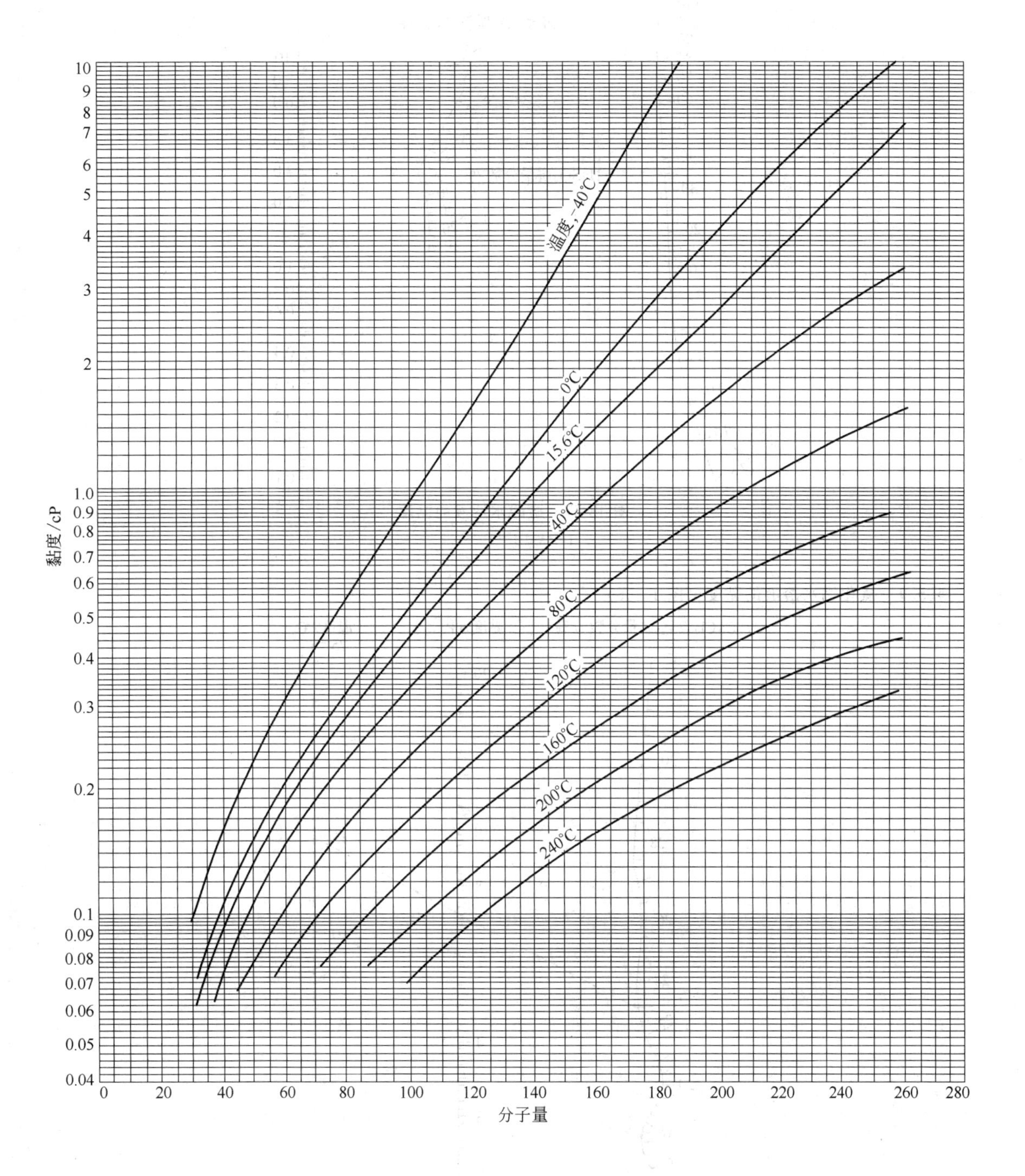

图 13-56　液体烃的黏度

1cP＝10^{-3}Pa・s

4.5.8 硫酸水溶液的黏度（图 13-57）

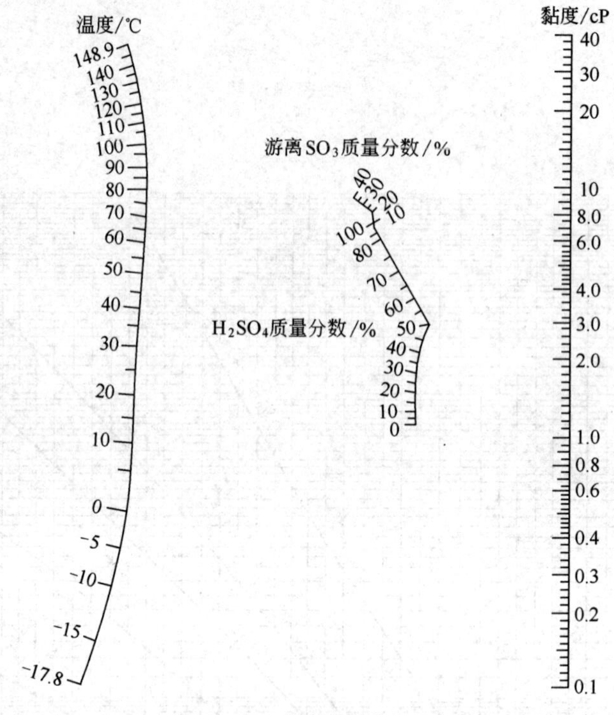

图 13-57 硫酸水溶液的黏度

1cP=10^{-3}Pa·s

4.5.9 氯化钙水溶液的黏度（图 13-58）

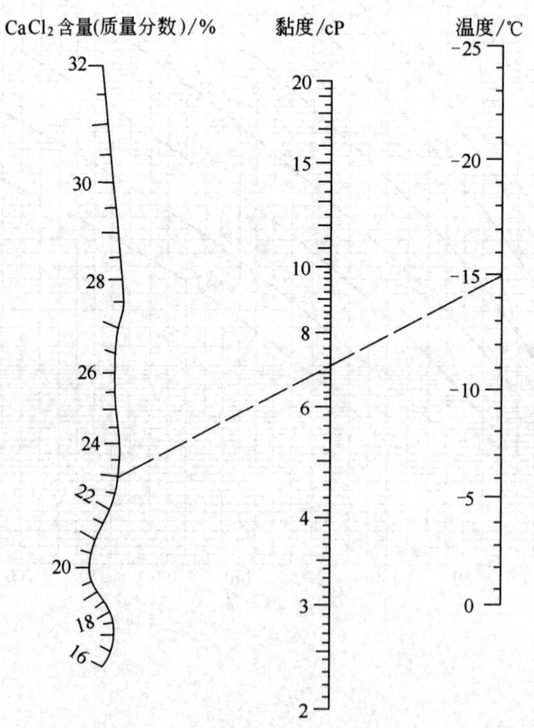

图 13-58 氯化钙水溶液的黏度

1cP=10^{-3}Pa·s

4.5.10 氢氧化钠水溶液的黏度（图 13-59）

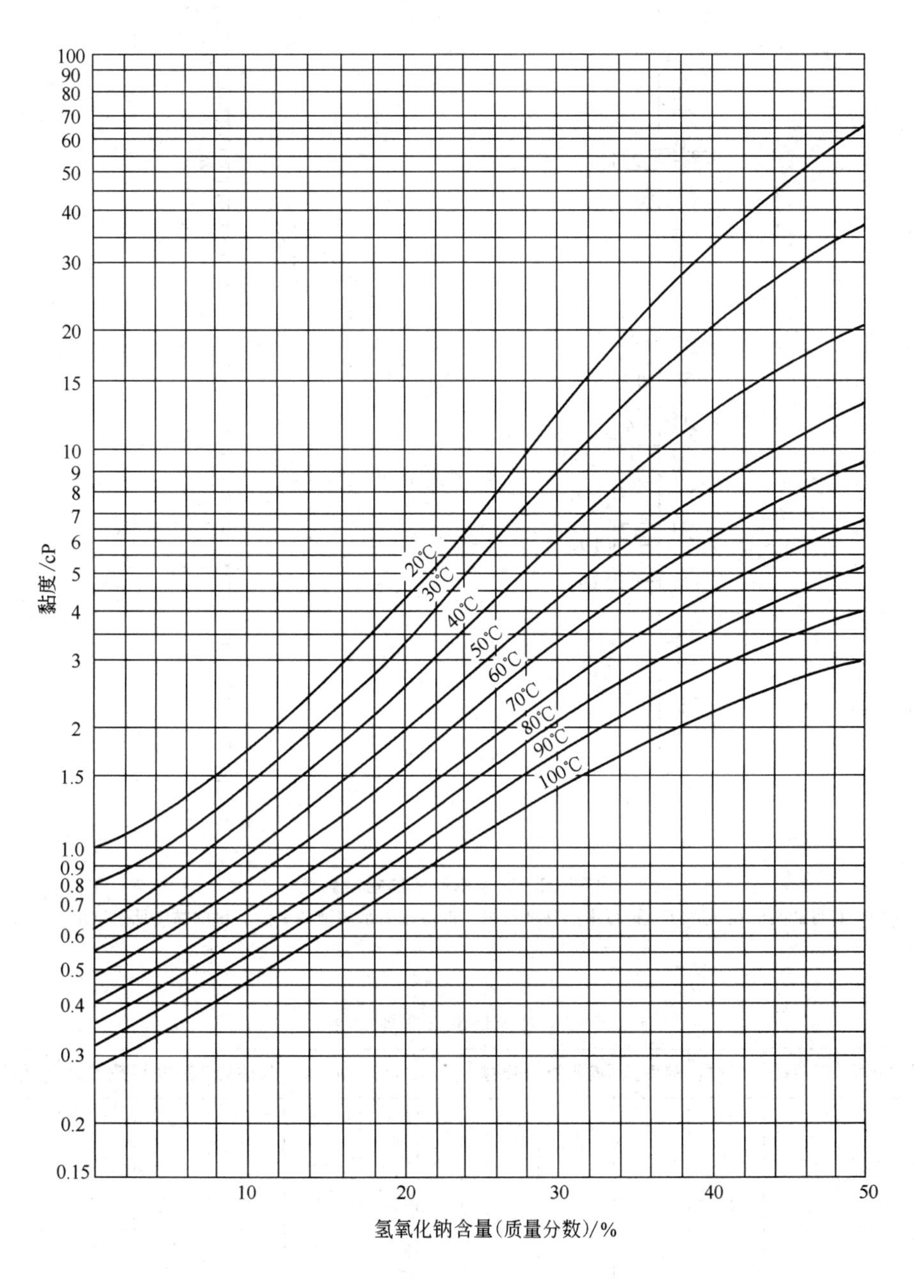

图 13-59 氢氧化钠水溶液的黏度

$1cP=10^{-3}Pa \cdot s$

4.5.11 盐类水溶液的相对黏度（图 13-60）

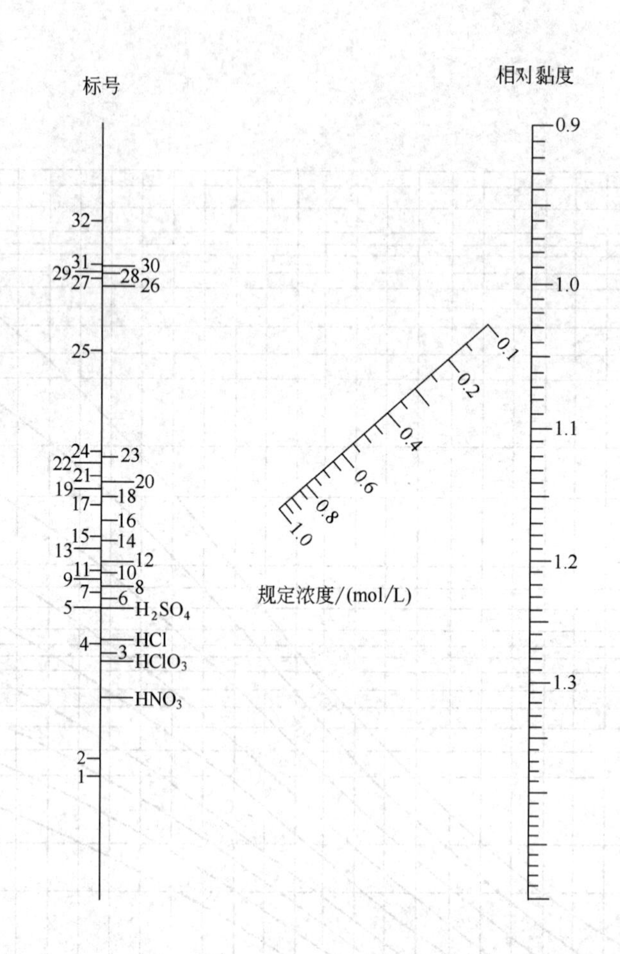

图 13-60　盐类水溶液的相对黏度

从图 13-60 查得盐类的相对黏度，再与水的黏度相乘即可得盐类水溶液的黏度。水的黏度见本章第 4.5.2 小节

图中各种盐类水溶液编号

编号	氯化物	氯酸盐	硝酸盐	硫酸盐	溴化物	铬酸盐	编号	氯化物	氯酸盐	硝酸盐	硫酸盐	溴化物	铬酸盐
钙	16		11				钡	12		5			
钠	6	5	4		4		锂	15			25		
钴	23		17	27			锌	21		17	31		
铅			7				锰	24		20	30		
钾	2		1	8		9	镍	23		19	29		
铝				32			镁	22		18	31		
铜	23		19	28			锶	14		10			
银			3				镉	13		17	26		

4.5.12 盐酸和氨水溶液的黏度（图 13-61 和图 13-62）

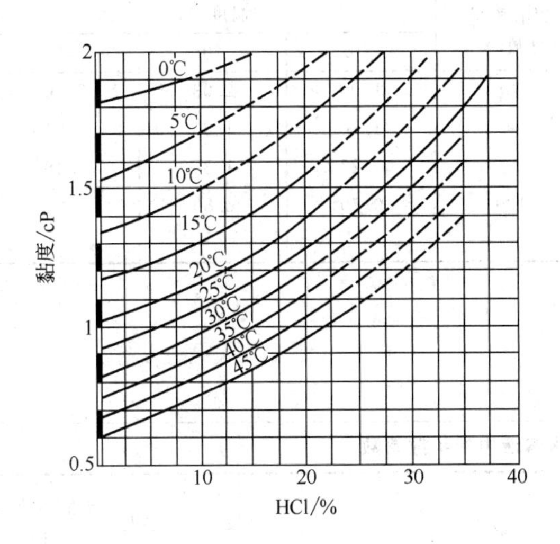

图 13-61 盐酸的黏度

$1cP=10^{-3}Pa \cdot s$

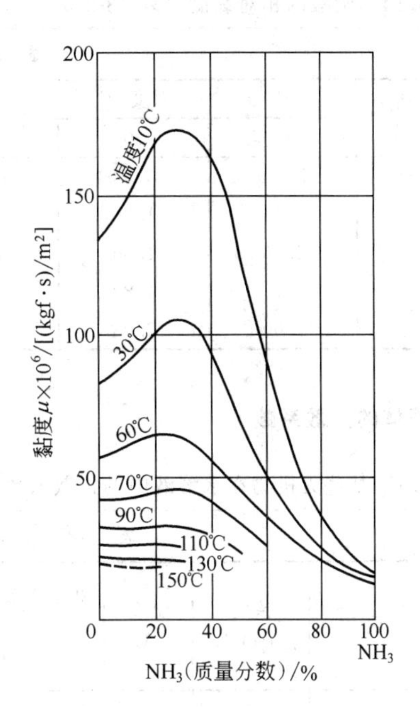

图 13-62 氨水溶液的黏度

$1(kgf \cdot s)/m^2=9.80665Pa \cdot s$

4.5.13 液氯的黏度（表 13-20）

表 13-20 液氯的黏度

温度/℃	黏度 $\eta \times 10^5$/P		温度/℃	黏度 $\eta \times 10^5$/P	
	S. J.	O. C.		S. J.	O. C.
−80	763	761	0	385	390
−75	717	717	5	374	379
−70	674	677	10	364	370
−65	640	642	15	354	360
−60	608	610	20	345	351
−55	579	581	25	335	343
−50	553	555	30	326	335
−45	529	531	35	318	328
−40	507	510	40	310	321
−35	488	491	45	303	314
−30	469	473	50	295	308
−25	453	456			
−20	437	441			
−15	423	426			
−10	409	413			
−5	397	401			

注：1. 黏度栏 S. J. 项数据是按下式计算的结果。

$$\eta=\frac{\eta_0}{1+At+Bt^2}$$

式中 $\eta_0=0.00385P$；$A=5.878\times10^{-3}$；$B=-3.92\times10^{-6}$；t 表示温度，单位为 ℃。

2. 黏度栏 O. C. 项数据是按下式计算的结果。

$$\lg\eta+3=1.18611-0.17305\lg p$$

式中 p——与液氯温度对应的液氯蒸气压力，mmHg。

3. $1P=10^{-1}Pa \cdot s$，$1mmHg=133.322Pa$。

4.5.14 硝酸的相对黏度（表 13-21）

表 13-21 硝酸的相对黏度

硝酸质量分数/%	温度/℃			硝酸质量分数/%	温度/℃		
	10	20	40		10	20	40
10	1.005	1.035	1.075	70	1.99	2.03	2.06
25	1.14	1.20	1.23	80	1.80	1.86	1.94
40	1.46	1.56	1.63	90	1.27	1.35	1.48
50	1.76	1.82	1.91	100	0.79	0.89	1.04
60	2.00	2.03	2.07				

4.6 液体的扩散系数

4.6.1 某些无机物在水溶液中的扩散系数(表 13-22)

表 13-22 某些无机物在水溶液中的扩散系数

溶　质	浓度/(mol/L)	温度/℃	扩散系数 $D\times10^5$/(cm²/s)	溶　质	浓度/(mol/L)	温度/℃	扩散系数 $D\times10^5$/(cm²/s)
KCl	0.29	9	0.79	$MgSO_4$	1.0	15.5	0.525
	1.5	9	0.83		3.0	15.5	0.59
$CaCl_2$	0.1	25	1.887		4.5	15.5	0.73
	0.5	25	1.820	$ZnSO_4$	0.05	19.5	0.545
	1.5	9	0.835		2.95	19.5	0.333
$Ca(OH)_2$	0.2	0	0.9	$Pb(NO_3)_2$	0.22	12	0.82
	0.2	20	1.6	$Ba(OH)_2$	0.08	0	0.90
	0.2	40	2.5		0.08	20	1.50
NaCl	0.4	18	1.19		0.08	40	2.40
	1.0	18	1.23	$BaCl_2$	1.0	0	0.66
	3.0	18	1.35		0.1	0	0.68
	5.0	18	1.43		1.0	20	1.16
$NaNO_3$	0.6	13	1.04		0.1	20	1.22
	6.0	13	0.89		1.0	30	1.48
Na_2SO_4	1.4	10	0.76		1.0	40	1.80
Na_2CO_3	2.4	10	0.45	H_2O_2	0.103	20	0.9883
K_2CO_3	3.0	10	0.70	加1%CH_3COCH_3作稳定剂	4.78	20	1.30
K_2SO_4	0.05	19.6	1.12	LiCl	0.01	18	1.16
	0.28	19.6	1.00		1.0	18	1.067
	0.95	19.6	1.10		4.2	18	1.11
KOH	0.1	13.5	1.99	H_2SO_4	0.85	18	1.55
	0.9	13.5	2.15		2.85	18	1.85
	3.9	13.5	2.81		4.85	18	2.20
NaOH	0.1	12	1.28		9.85	18	2.74
	0.9	12	1.21	HNO_3	0.84	5.5	1.74
	3.9	12	1.14		3.0	6	1.78
$CuSO_4$	0.5	17	0.34		2.0	9	2.24
	1.95	17	0.27	$FeCl_2$	0.2	15	0.69
$MgSO_4$	0.5	15.5	0.535	HClO		25	1.55

4.6.2　某些液体的自扩散系数（表 13-23）

表 13-23　某些液体的自扩散系数

液体	t/℃	$D\times10^5$/(cm^2/s)	液体	t/℃	$D\times10^5$/(cm^2/s)	液体	t/℃	$D\times10^5$/(cm^2/s)	液体	t/℃	$D\times10^5$/(cm^2/s)
水	0.0	1.00	四氯化碳	25.0	1.32	甲醇	−5.0	1.26	丙醇	25	0.512
	5.2	1.23		50.0	2.00		5.0	1.55	丁醇	25	0.426
	16.1	1.65		60.0	2.44		25.0	2.32	丙酮	25	4.77
	25.0	2.14	戊烷	25	5.45	甲醇	40.0	2.89	氯仿	25	2.42
	35.0	2.76	苯	15	1.90	乙醇	6.8	0.618	碘乙烷	19.35	2.212
	45.0	3.45		35	2.68		25.0	1.01	碘丁烷	19.35	1.347
	55.0	4.12		55	3.63		45.0	1.66			

4.6.3　某些液体二组分扩散系数（表 13-24）

表 13-24　某些液体二组分扩散系数（稀溶液）

溶剂 溶质	水		甲醇		乙醇		四氯化碳		苯		甲苯	
	t/℃	$D\times10^5$/(cm^2/s)	t/℃	$D\times10^5$/(cm^2/s)	t/℃	$D\times10^5$/(cm^2/s)	t/℃	$D\times10^5$/(cm^2/s)	t/℃	$D\times10^5$/(cm^2/s)	t/℃	$D\times10^5$/(cm^2/s)
丙酮	15	1.25	15	2.50			20	1.86			20	2.93
苯胺	20	0.92	15	1.49	18.5	2.7						
丙烯醇	15	0.90	15	1.80	25	1.06						
安息香酸							25	0.91			25	1.49
异戊醇	15	0.69	15	1.34	20	0.78			25	1.38		
乙醇	15	1.00			25	1.05			15	1.48	15	3.00
甲酸	25	1.37					25	1.89	15	2.25	25	2.64
甘油	25	0.94			25	0.56			6	1.99		
氯仿			15	2.07	25	1.38						
氯苯									15	2.11	25	2.21
醋酸	15	0.91	15	1.54	15.3	0.64	25	1.50	15	1.42	25	2.26
四氯化碳	25	1.50	15	1.70	25	1.50	25	1.41	15	1.92	25	2.19
溴化乙烯			15	1.95					25	1.91		
尿素	25	1.37			25	0.73			15	1.97		
吡啶	25	0.76	15	1.58	20	1.12						
酚	25	0.89	15	1.40	25	0.89						
正丁醇	15	0.77							25	1.68		
呋喃醛	20	0.92	15	1.70								
正丙醇	15	0.87							15	1.80		
溴苯			15	1.75					15	1.86	25	0.272
苯甲醛			15	1.66					15	1.73		
苯							25	1.38	25	2.14		
水	25	2.27	15	1.78	25	1.13						
甲醇	15	1.28	25	2.27					15	2.00		
碘	25	1.25	25	1.74	25	1.30	25	1.45	25	1.98	25	2.1
氮	20	1.639										
硝酸	20	2.60										
氨	20	1.761										
乙炔	20	1.561										
氢	20	5.131										
氢氧化钠	20	1.511										
二氧化碳	20	1.769										
氧	20	1.80										
硫酸	20	1.731										
硫化氢	20	1.411										
盐酸	20	2.639										
氯化钠	20	1.35										

4.7 液体的表面张力

4.7.1 某些无机物水溶液的表面张力（表 13-25）

表 13-25 某些无机物水溶液的表面张力 单位：dyn/cm

溶质	温度/℃	含量(质量分数)/%				溶质	温度/℃	含量(质量分数)/%			
		5	10	20	50			5	10	20	50
H_2SO_4	18		74.1	75.2	77.3	KNO_3	18	73.0	73.6	75.0	
HNO_3	20		72.7	71.1	65.4	K_2CO_3	10	75.8	77.0	79.2	106.4
NaOH	20	74.6	77.3	85.8		NH_4OH	18	66.5	63.5	59.3	
NaCl	18	74.0	75.5			NH_4Cl	18	73.3	74.5		
Na_2SO_4	18	73.8	75.2			NH_4NO_3	100	59.2	60.1	61.6	67.5
$NaNO_3$	30	72.1	72.8	74.4	79.8	$MgCl_2$	18	73.8			
KCl	18	73.6	74.8	77.3		$CaCl_2$	18	73.7			

注：$1dyn/cm=10^{-3}N/m$。

4.7.2 烷烃的表面张力（图 13-63）

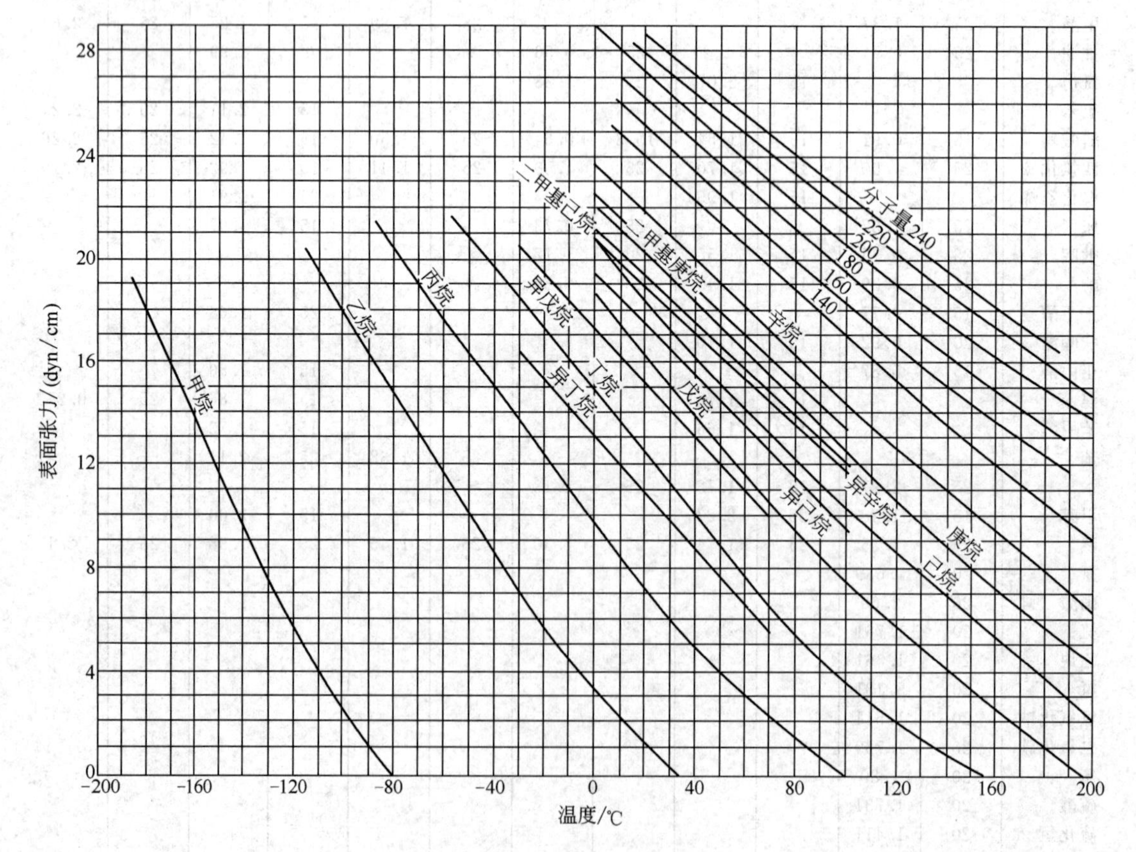

图 13-63 烷烃的表面张力

$1dyn/cm=10^{-3}N/m$

4.7.3　烯烃、二烯烃和炔烃的表面张力（图 13-64）

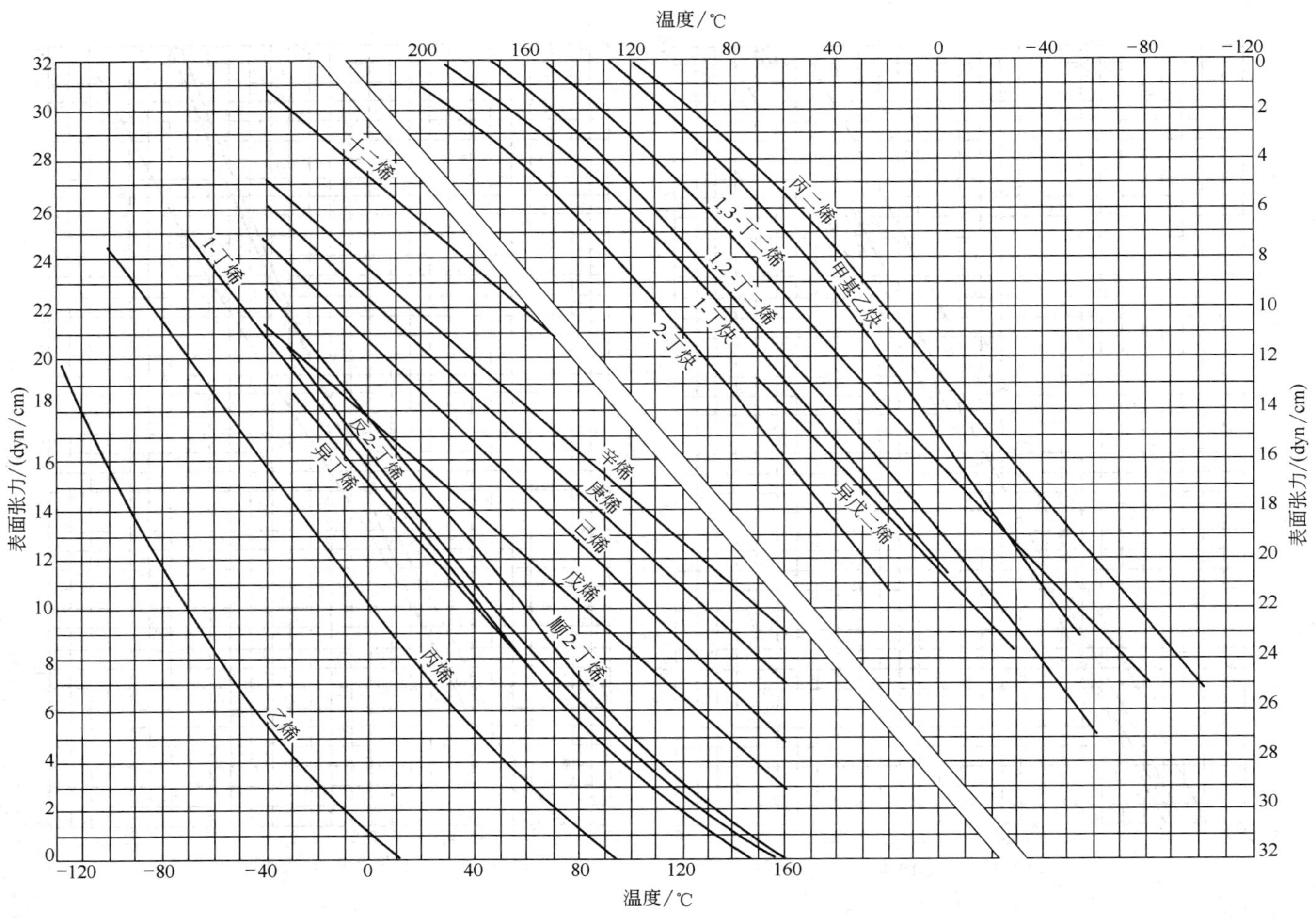

图 13-64　烯烃、二烯烃和炔烃的表面张力

1dyn/cm $=10^{-3}$N/m

4.7.4 芳香烃的表面张力（图 13-65）

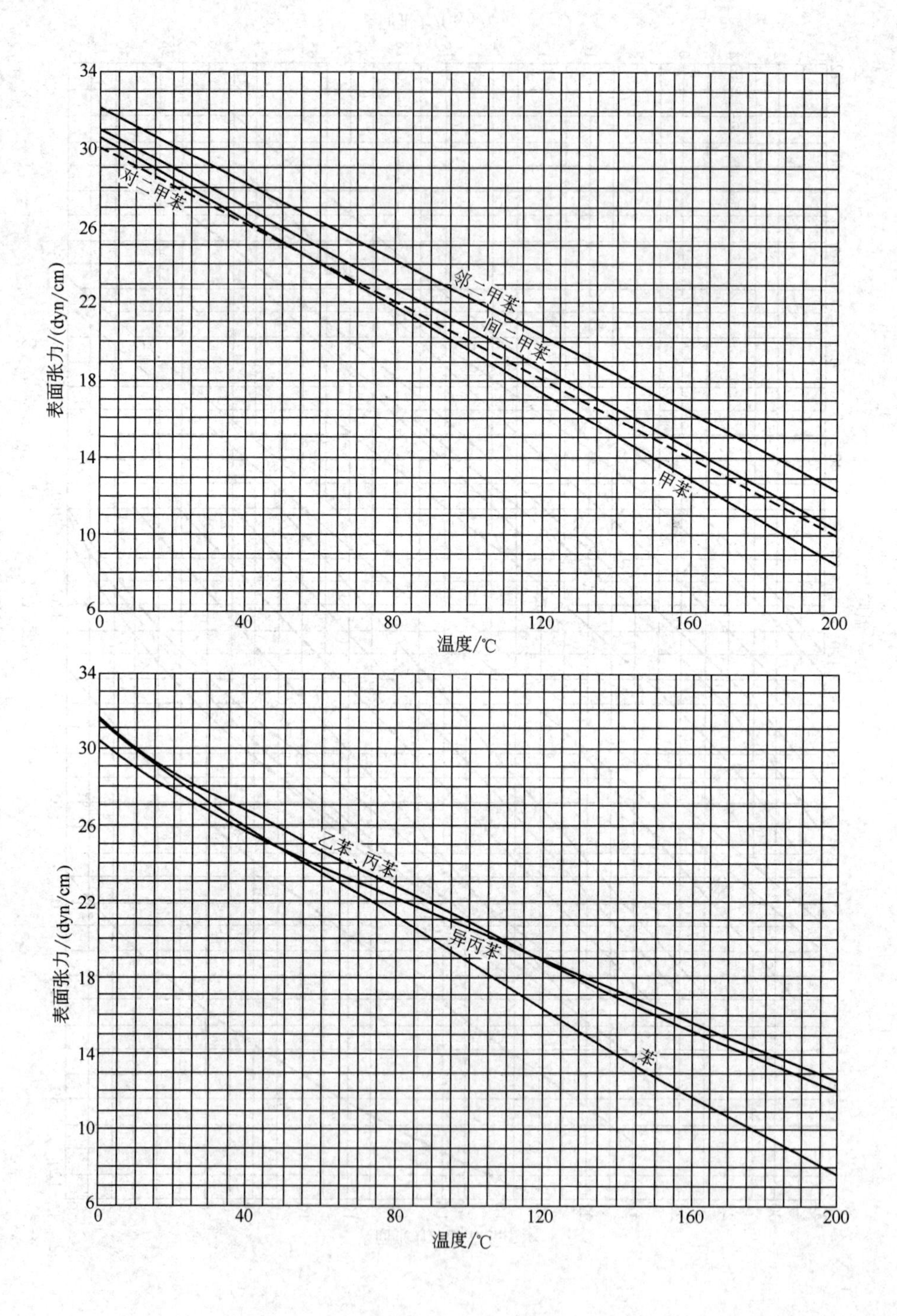

图 13-65 芳香烃的表面张力

1dyn/cm＝10^{-3}N/m

4.7.5 醇类、二甘醇水溶液的表面张力（图13-66）

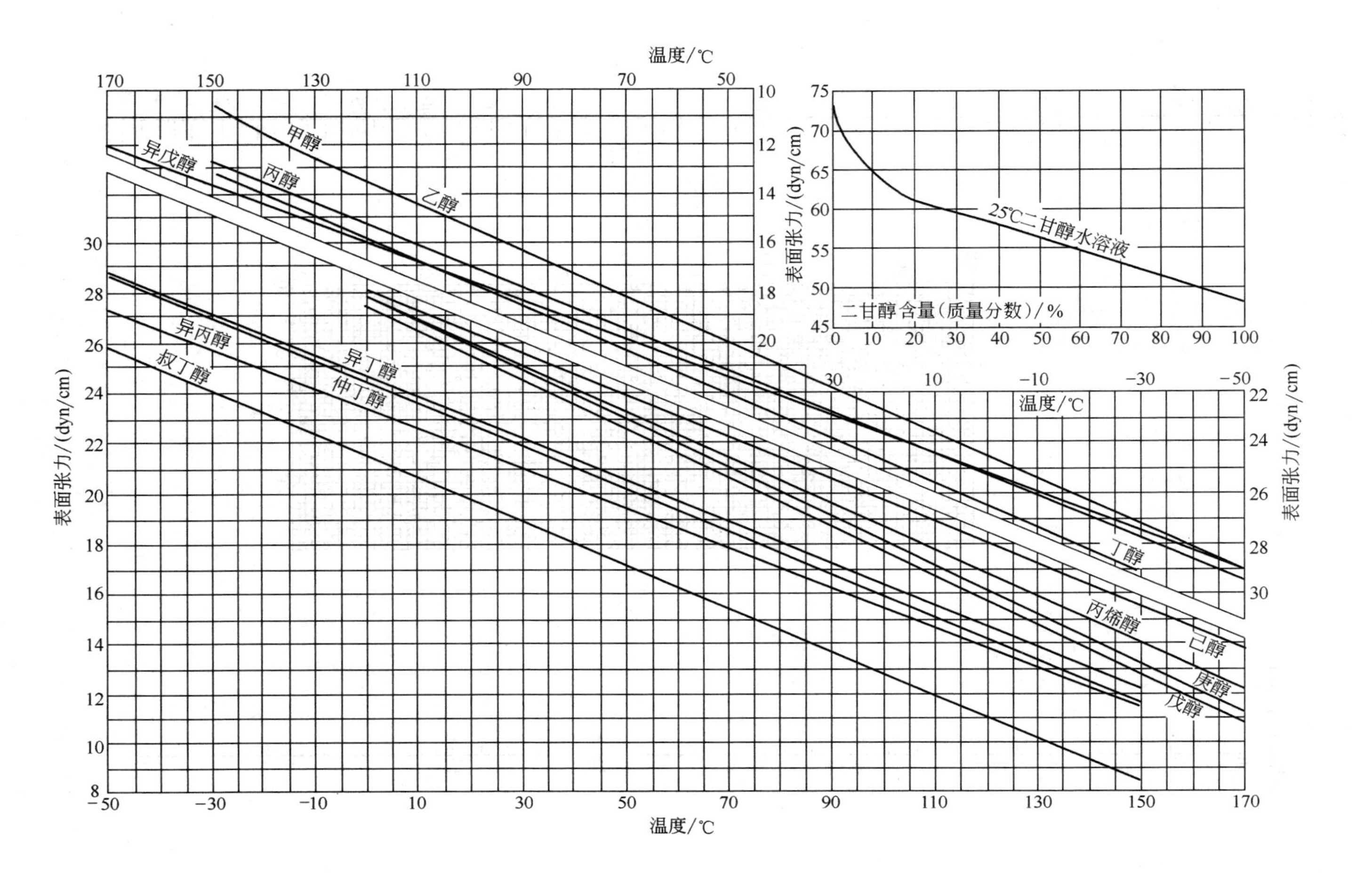

图 13-66 醇类、二甘醇水溶液的表面张力

$1dyn/cm=10^{-3}N/m$

4.7.6 一般液体的表面张力（图 13-67）

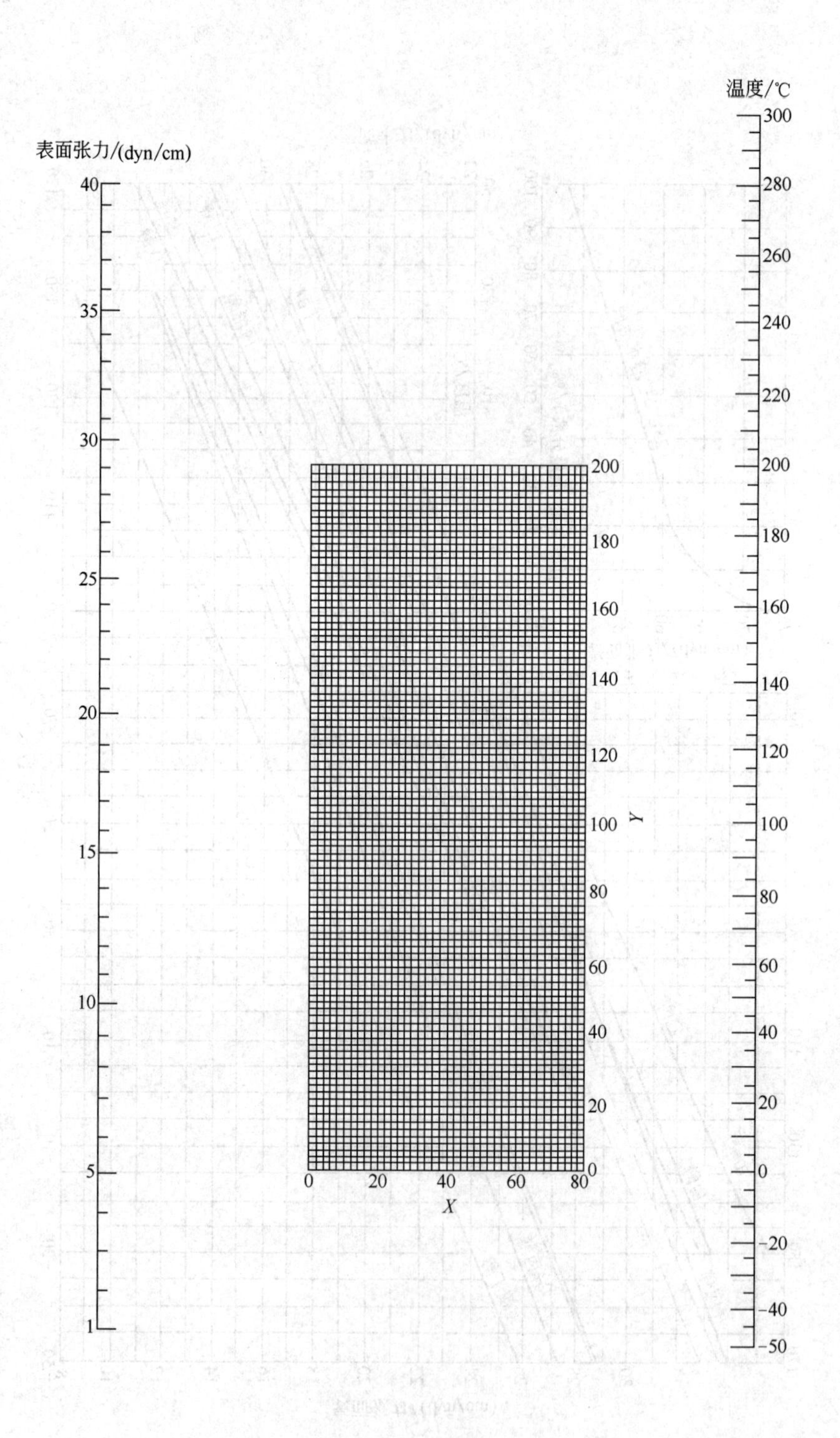

图 13-67 一般液体的表面张力

1dyn/cm=10^{-3}N/m

图 13-67 中各种液体的 X、Y 值

序号	名　　称	X	Y	序号	名　　称	X	Y	序号	名　　称	X	Y
1	环氧乙烷	42	83	32	甲苯	24	113	63	氯	45.5	59.2
2	乙苯	22	118	33	甲胺	42	58	64	氯仿	32	101.3
3	乙胺	11.2	83	34	间甲酚	13	161.2	65	对氯甲苯	18.7	134
4	乙硫醇	35	81	35	对甲酚	11.5	160.5	66	氯甲烷	45.8	53.2
5	乙醇	10	97	36	邻甲酚	20	161	67	氯苯	23.5	132.5
6	乙醚	27.5	64	37	甲醇	17	93	68	吡啶	34	138.2
7	乙醛	33	78	38	甲酸甲酯	38.5	88	69	丙腈	23	108.6
8	乙醛肟	23.5	127	39	甲酸乙酯	30.5	88.8	70	丁腈	20.3	113
9	乙酰胺	17	192.5	40	甲酸丙酯	24	97	71	乙腈	33.5	111
10	乙酰乙酸乙酯	21	132	41	丙胺	25.5	87.2	72	苯腈	19.5	159
11	二乙醇缩乙醛	19	88	42	对-异丙基甲苯	12.8	121.2	73	氰化氢	30.6	66
12	间二甲苯	20.5	118	43	丙酮	28	91	74	硫酸二乙酯	19.5	139.5
13	对二甲苯	19	117	44	丙醇	8.2	105.2	75	硫酸二甲酯	23.5	158
14	二甲胺	16	66	45	丙酸	17	112	76	硝基乙烷	25.4	126.1
15	二甲醚	44	37	46	丙酸乙酯	22.6	97	77	硝基甲烷	30	139
16	二氯乙烷	32	120	47	丙酸甲酯	29	95	78	萘	22.5	165
17	二硫化碳	35.8	117.2	48	3-戊酮	20	101	79	溴乙烷	31.6	90.2
18	丁酮	23.6	97	49	异戊醇	6	106.8	80	溴苯	23.5	145.5
19	丁醇	9.6	107.5	50	四氯化碳	26	104.5	81	碘乙烷	28	113.2
20	异丁醇	5	103	51	辛烷	17.7	90	82	对甲氧基苯丙烯	13	158.1
21	丁酸	14.5	115	52	苯	30	110	83	醋酸	17.1	116.5
22	异丁酸	14.8	107.4	53	苯乙酮	18	163	84	醋酸甲酯	34	90
23	丁酸乙酯	17.5	102	54	苯乙醚	20	134.2	85	醋酸乙酯	27.5	92.4
24	异丁酸乙酯	20.9	93.7	55	苯二乙胺	17	142.6	86	醋酸丙酯	23	97
25	丁酸甲酯	25	88	56	苯二甲胺	20	149	87	醋酸异丁酯	16	97.2
26	三乙胺	20.1	83.9	57	苯甲醚	24.4	138.9	88	醋酸异戊酯	16.4	103.1
27	1,3,5-三甲苯	17	119.8	58	苯胺	22.9	171.8	89	醋酸酐	25	129
28	三苯甲烷	12.5	182.7	59	苯(基)甲胺	25	156	90	噻吩	35	121
29	三氯乙醛	30	113	60	苯酚	20	168	91	环己烷	42	86.7
30	三聚乙醛	22.3	103.8	61	氨	56.2	63.5	92	硝基苯	23	173
31	己烷	22.7	72.2	62	一氧化二氮	62.5	0.5	93	水(查出数据乘 2)	12	162

4.7.7　烃类混合物表面张力和液气密度差关系（图 13-68）

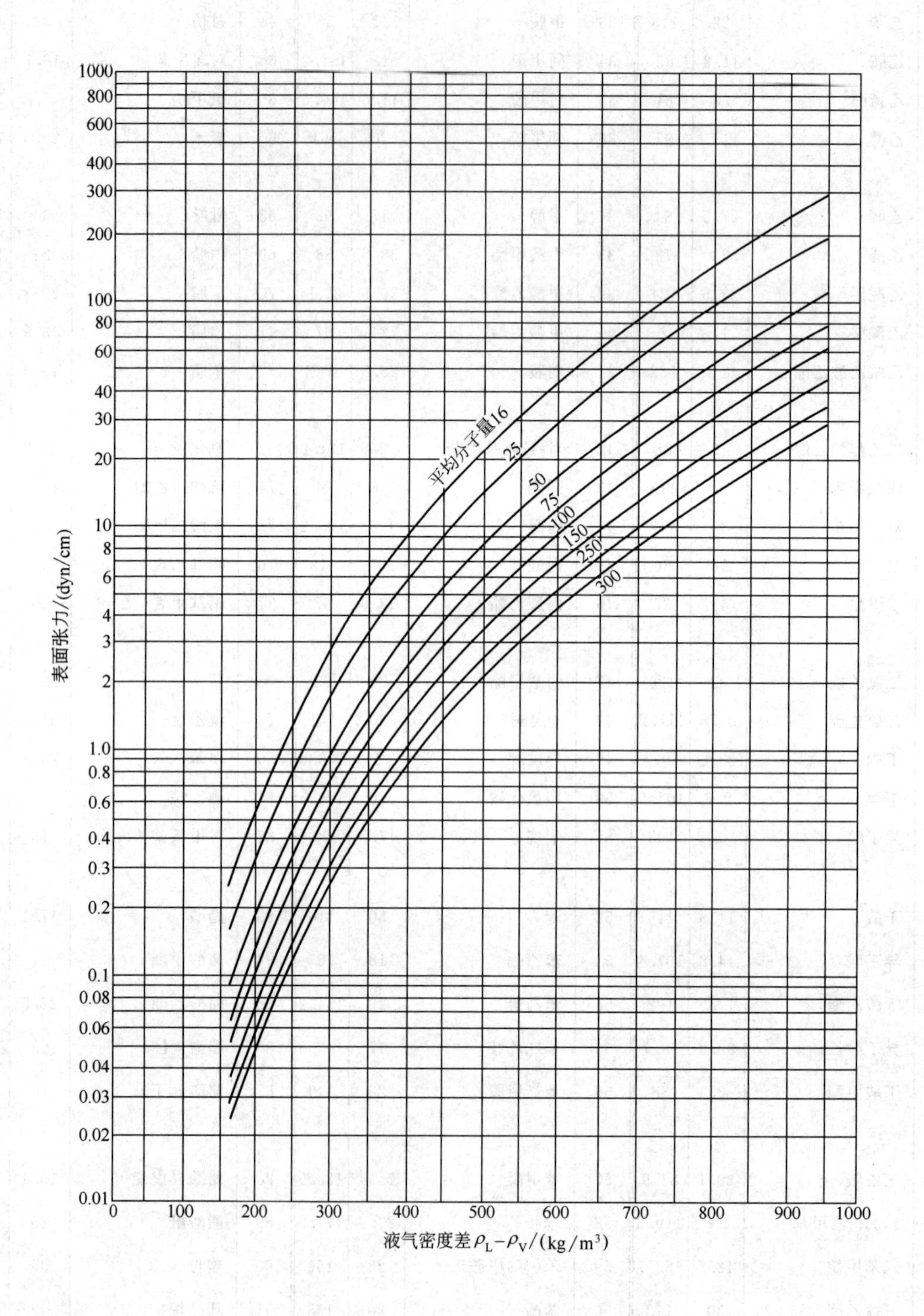

图 13-68　烃类混合物表面张力和液气密度差关系

1dyn/cm＝10^{-3}N/m

4.7.8 烷烃表面张力和液气密度差关系（图 13-69）

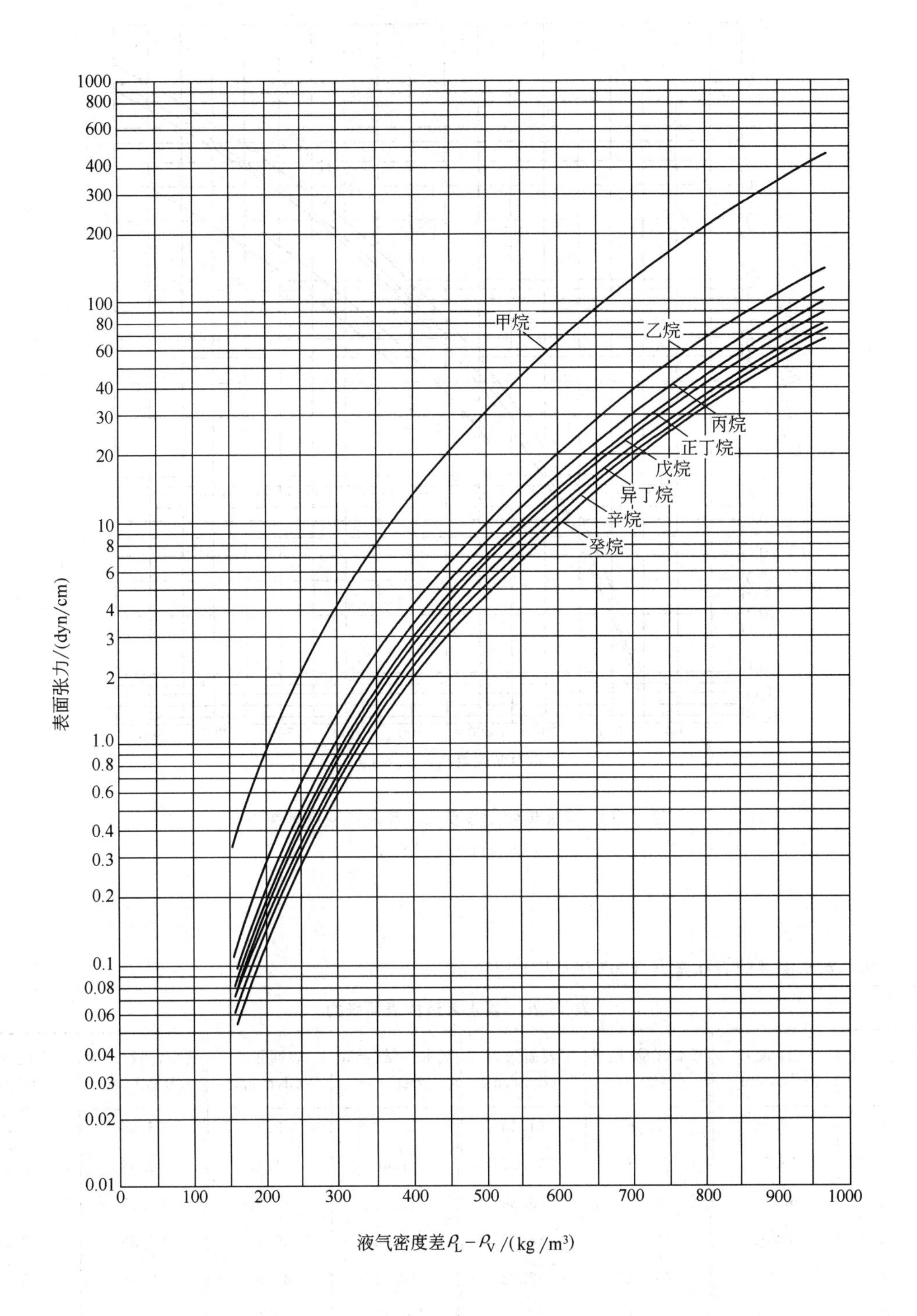

图 13-69 烷烃表面张力和液气密度差关系

1dyn/cm$=10^{-3}$N/m

4.7.9 烯烃等物质表面张力和液气密度差关系（图13-70）

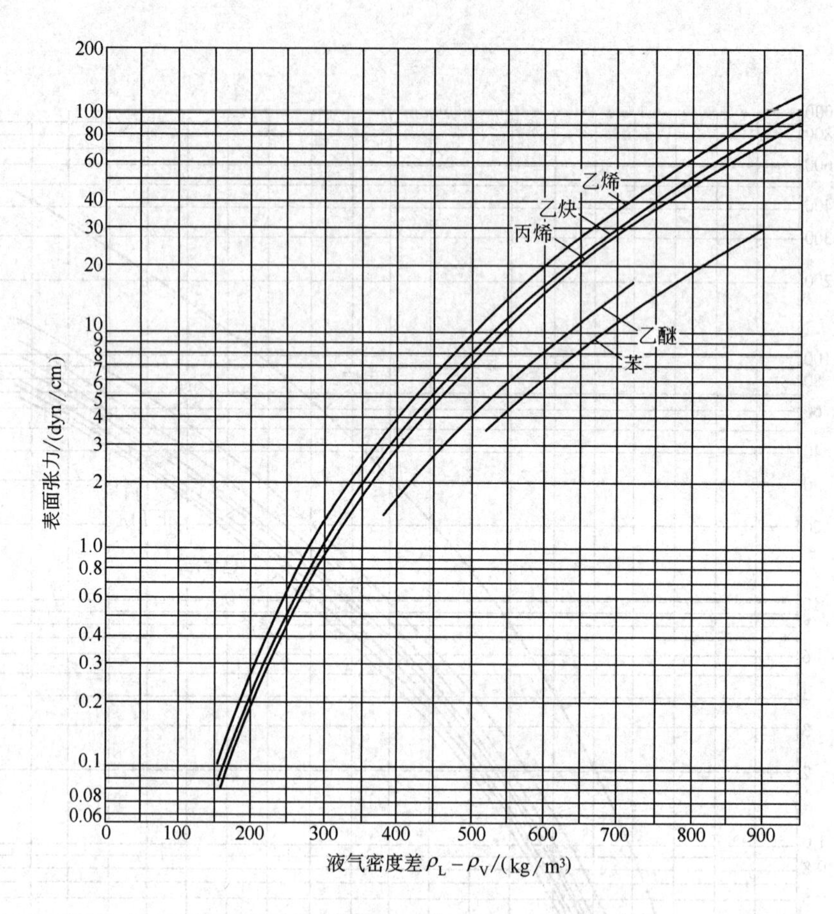

图13-70 烯烃等物质表面张力和液气密度差关系

1dyn/cm＝10^{-3}N/m

4.7.10 氨水溶液的表面张力（20℃）（表13-26）

表13-26 氨水溶液的表面张力

氨水含量(质量分数)/%	表面张力/(dyn/cm)	氨水含量(质量分数)/%	表面张力/(dyn/cm)	氨水含量(质量分数)/%	表面张力/(dyn/cm)	氨水含量(质量分数)/%	表面张力/(dyn/cm)
0.45	72.55	72.56	31.44	53.48	42.65	96.66	23.02
7.72	65.74	75.07	30.57	54.40	41.63	96.68	23.09
14.61	62.15	78.38	29.34	61.16	37.90	97.18	22.78
24.14	58.02	80.95	38.11	63.64	36.40	97.36	22.81
29.70	55.58	89.72	25.22	64.51	35.87	100.00	22.03
35.98	52.29	89.81	25.11	70.47	32.99		
44.56	48.08	90.81	24.57	72.49	31.84		
47.45	46.62	90.94	24.42	91.41	24.70		

注：1dyn/cm＝10^{-3}N/m。

4.8 标准电极电位（表 13-27）

表 13-27 标准电极电位

电极反应	E_H^0/V	电极反应	E_H^0/V
$Li-e=Li^+$	−3.02	$Cu^{2+}+e=Cu^+$	+0.167
$K-e=K^+$	−2.922	$ClO_4^-+H_2O+2e=ClO_3^-+2OH^-$	+0.17
$Ba-2e=Ba^{2+}$	−2.90	$CuCl_2^-+e=Cu+2Cl^-$	+0.19
$Sr-2e=Sr^{2+}$	−2.89	$SO_4^{2-}+4H^++2e=H_2SO_3+H_2O$	+0.20
$Ca-2e=Ca^{2+}$	−2.87	$AgCl+e=Ag+Cl^-$	+0.2222
$Na-e=Na^+$	−2.712	$Hg_2Cl_2+2e=2Hg+2Cl^-$	+0.2676
$Mg-2e=Mg^{2+}$	−2.34	$Fe^{3+}+e=Fe^{2+}$	+0.771
$Ti-2=Ti^{2+}$	−1.75	$Hg_2^{2+}+2e=2Hg$	+0.7986
$Be-2e=Be^{2+}$	−1.70	$Ag^++e=Ag$	+0.7995
$Al-3e=Al^{3+}$	−1.67	$Hg^{2+}+2e=Hg$	+0.854
$Mn-2e=Mn^{2+}$	−1.05	$2Hg^{2+}+2e=Hg_2^{2+}$	+0.910
$H_2+2OH^--2e=2H_2O$	−0.828	$ClO^-+H_2O+2e=Cl^-+2OH^-$	+0.94
$Zn-2e=Zn^{2+}$	−0.762	$2H^++ClO_4^-+2e=ClO_3^-+H_2O$	+1.00
$Cr-3e=Cr^{3+}$	−0.71	Br_2(水)$+2e=2Br^-$	+1.087
$Ni+2OH^--2e=Ni(OH)_2$	−0.66	$Pt^{2+}+2e=Pt$	+1.2
$Fe(OH)_2+OH^--e=Fe(OH)_3$	−0.56	$O_2+4H^++4e=2H_2O$	+1.229
$S^{2-}-2e=S$	0.508	$ClO_3^-+3H^++2e=HClO_2+H_2O$	+1.23
$P+3H_2O-3e=H_3PO_3+3H$	−0.49	$O_3+H_2O+2e=O_2+2OH^-$	+1.24
$Fe-2e=Fe^{2+}$	−0.44	$MnO_2+4H^++2e=Mn^{2+}+2H_2O$	+1.28
$Cr^{2+}-e=Cr^{3+}$	−0.41	$Au^{3+}+2e=Au^+$	+1.29
$Cd-2e=Cd^{2+}$	−0.402	$ClO_4^-+8H^++7e=4H_2O+1/2Cl_2$	+1.34
$Mn(OH)_2+OH-e=Mn(OH)_3$	−0.40	$1/2Cl_2+e=Cl^-$	+1.3583
$2Cu+2OH^--2e=Cu_2O+H_2O$	−0.361	$Cr_2O_7^{2-}+14H^++6e=2Cr^{3+}+7H_2O$	+1.36
$Pb+SO_4^{2-}-2e=PbSO_4$	−0.355	$Au^{3+}+3e=Au$	+1.42
$P+2H_2O-e=H_3PO_2+H^+$	−0.29	$ClO_3^-+6H^++6e=Cl^-+3H_2O$	+1.45
$Co-2e=Co^{2+}$	−0.277	$PbO_2+4H^++2e=Pb^{2+}+2H_2O$	+1.456
$Pb+2Cl^--2e=PbCl_2$	−0.268	$Cu^{2+}+2e=Cu$	+0.3448
$Ni-2e=Ni^{2+}$	−0.250	$Fe(CN)_6^{3-}+e=Fe(CN)_6^{4-}$	+0.36
$Cu+2OH^--2e=Cu(OH)_2$	−0.224	$2H_2O+O_2+4e=4OH^-$	+0.401
$H_2PO_3+H_2O-2e=H_3PO_4+2H^+$	−0.20	$H_2SO_3+4H^++4e=S+3H_2O$	+0.45
$Ag+I^--e=AgI$	−0.151	$4H_2SO_3+4H^++6e=6H_2O+S_4O_6^{2-}$	+0.48
$Sn-2e=Sn^{2+}$	−0.136	$Cu^++e=Cu$	+0.522
$Pb-2e=Pb^{2+}$	−0.126	$I_2+2e=2I^-$	+0.5345
$Cr(OH)_3+5OH^--3e=CrO_4^{2-}+4H_2O$	−0.120	$MnO_4^-+e=MnO_4^{2-}$	+0.54
$Fe-3e=Fe^{3+}$	−0.036	$Cu^{2+}+Cl^-+e=CuCl$	+0.566
$H_2-2e=2H^+$	−0.0000	$MnO_4^-+2H_2O+3e=MnO_2+4OH^-$	+0.57
$HgO+H_2O+2e=Hg+2OH^-$	+0.0984	$2AgO+H_2O+2e=Ag_2O+2OH^-$	+0.57
$Hg_2O+H_2O+2e=2Hg+2OH^-$	+0.123	$MnO_4^-+2H_2O+2e=MnO_2+4OH^-$	+0.58
$CuCl+e=Cu+Cl^-$	+0.124	$ClO_2^-+H_2O+2e=ClO^-+2OH^-$	+0.59
$S+2H^++2e=H_2S$	+0.141	$Hg_2SO_4+2e=2Hg+SO_4^{2-}$	+0.6151
$Sn^{4+}+2e=Sn^{2+}$	+0.15	$ClO_3^-+3H_2O+6e=6OH^-+Cl^-$	+0.62

续表

电 极 反 应	E^0_H/V	电 极 反 应	E^0_H/V
NH_3+11H^++8e ══ $3NH_4^+$	+0.66	$MnO_4^-+4H^++3e$ ══ MnO_2+2H_2O	+1.67
O_2+2H^++2e ══ H_2O_2	+0.682	Au^++e ══ Au	+1.68
$ClO_2^-+2H_2O+4e$ ══ Cl^-+4OH^-	+0.76	$PbO_2+SO_4^{2-}+4H^++2e$ ══ $PbSO_4+2H_2O$	+1.685
$ClO_3^-+6H^++5e$ ══ $1/2Cl_2+3H_2O$	+1.47	$Pb^{4+}+2e$ ══ Pb^{2+}	+1.69
$HClO+H^++2e$ ══ Cl^-+H_2O	+1.49	$H_2O_2+2H^++2e$ ══ $2H_2O$	+1.77
$Mn^{3+}+e$ ══ Mn^{2+}	+1.51	$Co^{3+}+e$ ══ Co^{2+}	+1.84
$MnO_4^-+8H^++5e$ ══ $Mn^{2+}+4H_2O$	+1.52	$Ag^{2+}+e$ ══ Ag^+	+1.98
$HClO_2+3H^++4e$ ══ Cl^-+2H_2O	+1.56	O_3+2H^++2e ══ H_2O+O_2	+2.07
$HClO+H^++e$ ══ $1/2Cl_2+H_2O$	+1.63	F_2+2e ══ $2F^-$	+2.85
$HClO_2+3H^++3e$ ══ $1/2Cl_2+2H_2O$	+1.63		

注：其他电化学数据可参见 D. Dobos，"Electrochemical Data"，1975。

4.9 液体的热导率

4.9.1 烷烃液体的热导率（图 13-71）

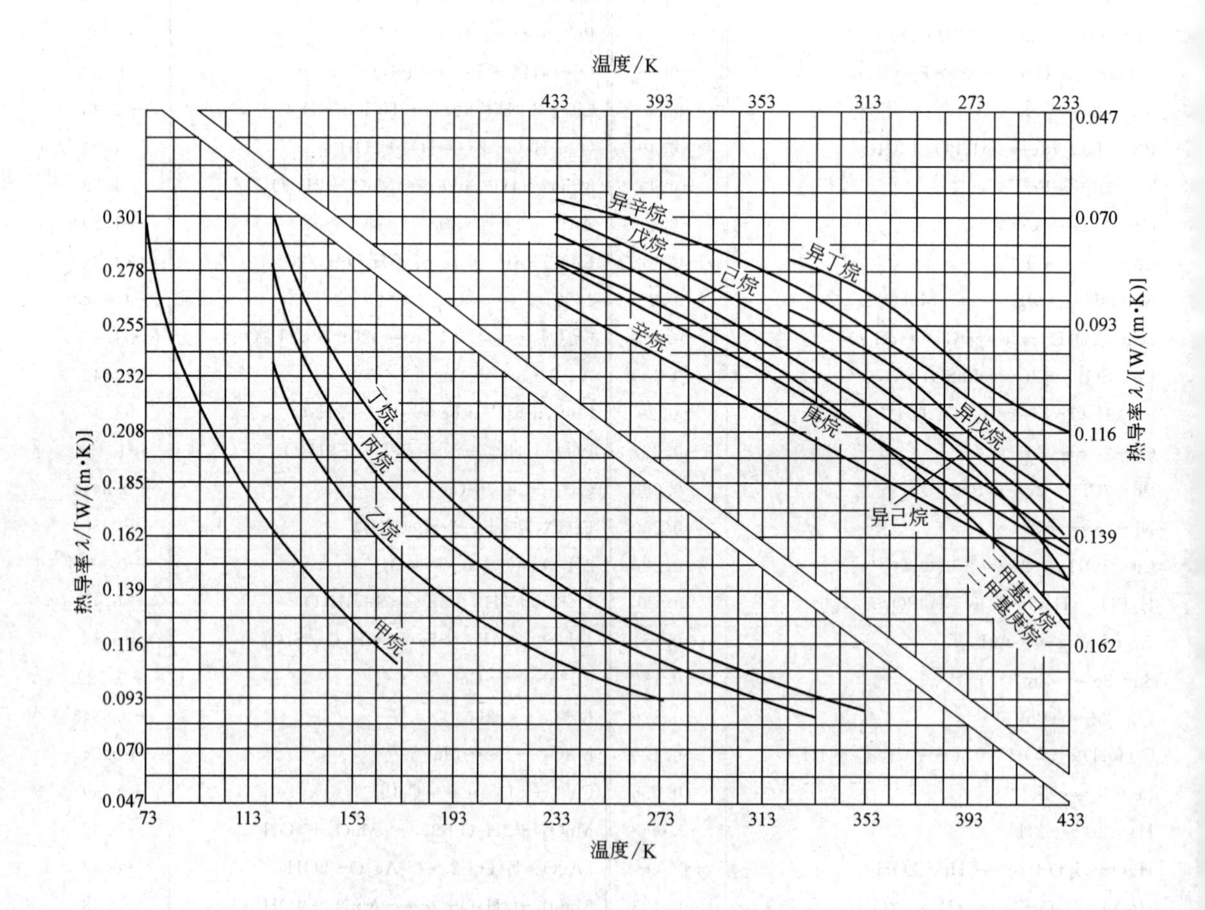

图 13-71 烷烃液体的热导率

4.9.2 烯烃、二烯烃和炔烃液体热导率（图 13-72）

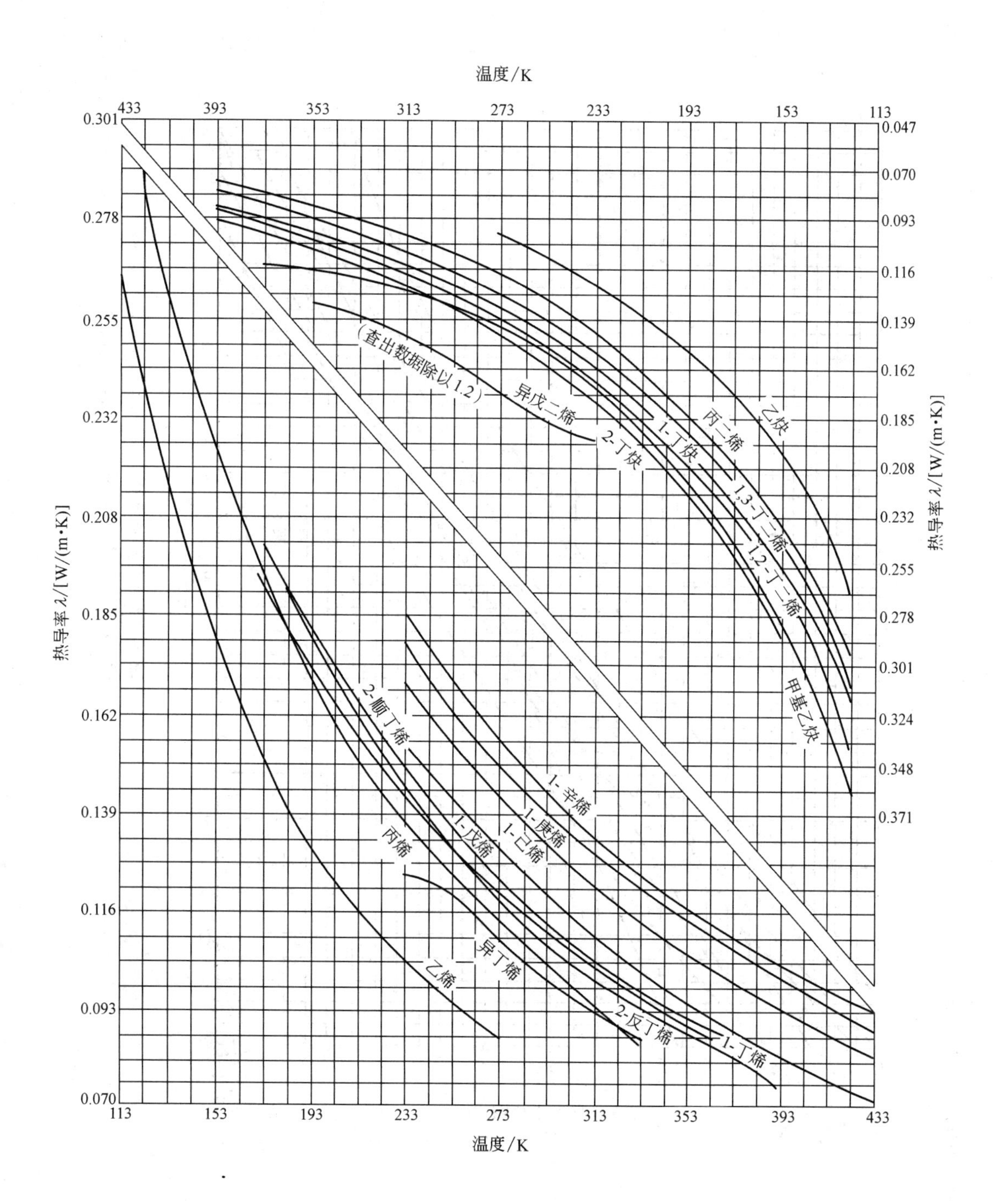

图 13-72 烯烃、二烯烃、炔烃液体的热导率

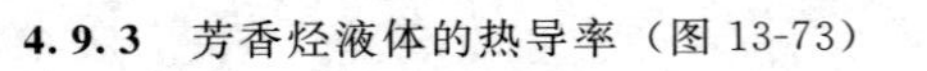

4.9.3 芳香烃液体的热导率（图 13-73）

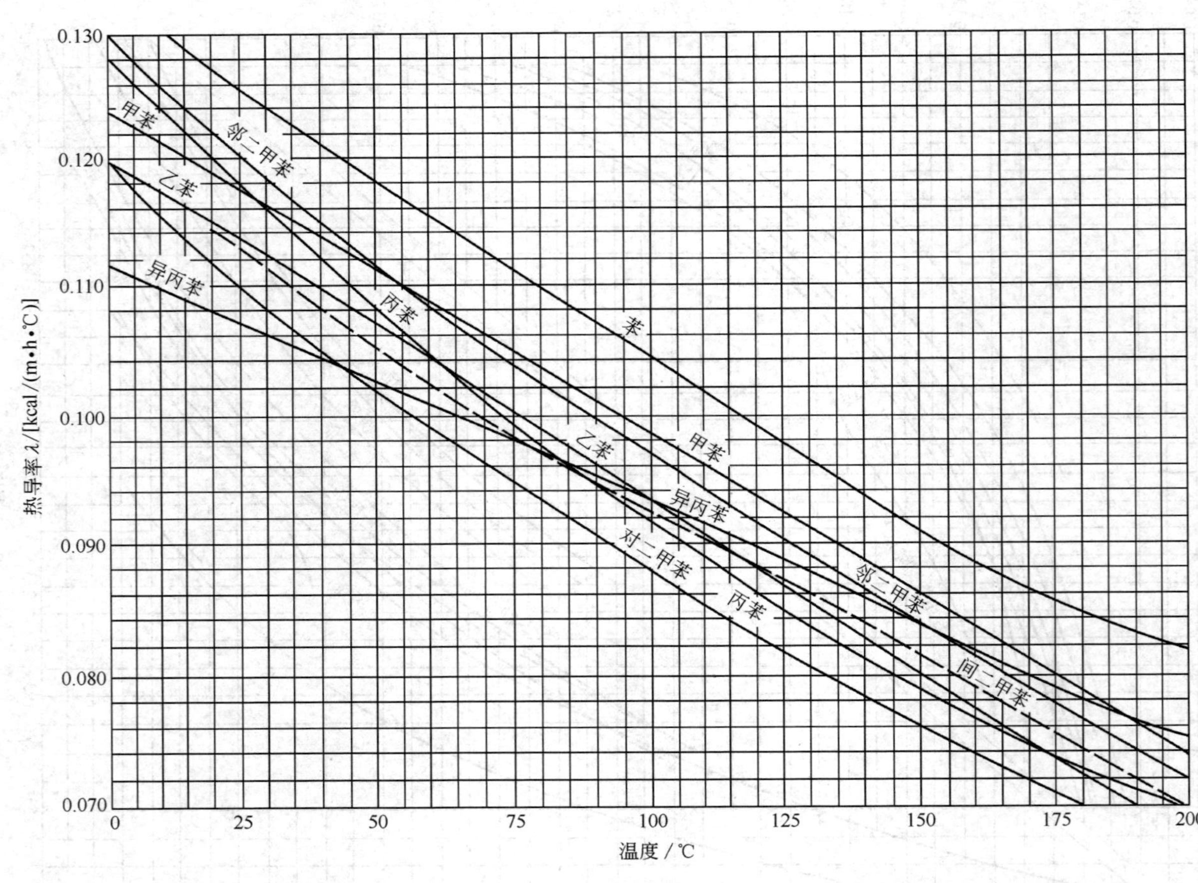

图 13-73 芳香烃液体的热导率

1kcal/(m・h・℃)=1.163W/(m・K)

4.9.4 醇类液体的热导率（图 13-74）

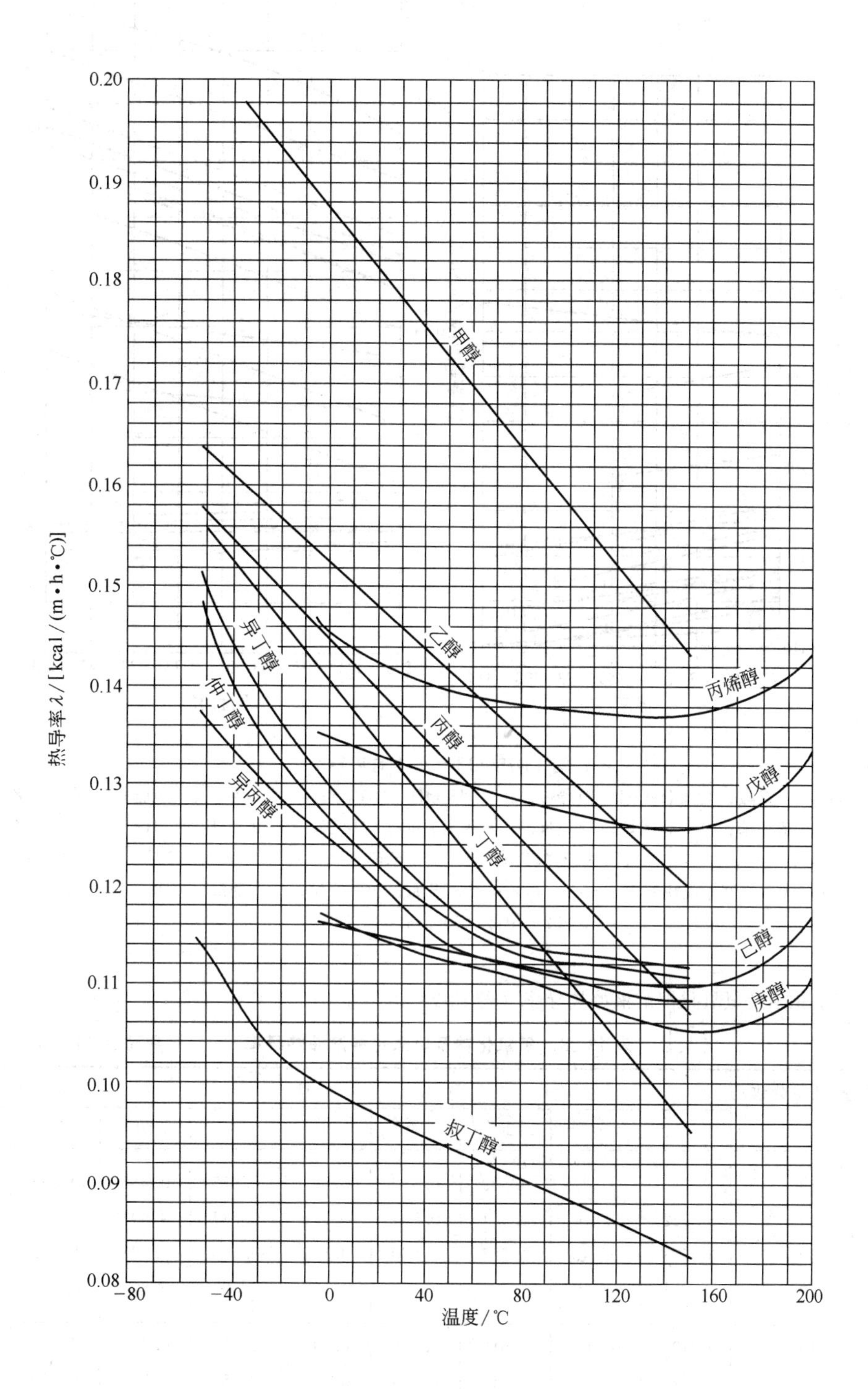

图 13-74　醇类液体的热导率

1kcal/(m·h·℃)=1.163W/(m·K)

4.9.5 部分液体的热导率（图13-75）

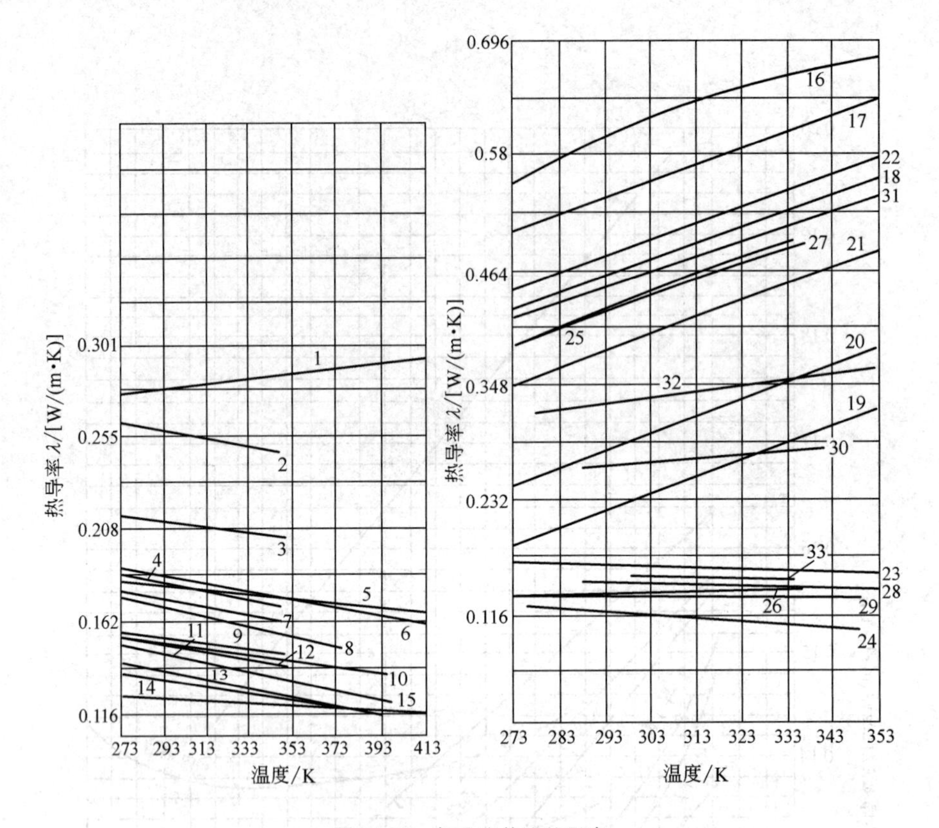

图13-75　部分液体的热导率

1—无水甘油；2—蚁酸；3—CH_3OH（100%）；4—C_2H_5OH（100%）；5—蓖麻油；6—苯胺；7—醋酸；8—丙酮；9—C_4H_9OH；10—硝基苯；11—异丙烷；12—苯；13—甲苯；14—二甲苯；15—凡士林油；16—水；17—$CaCl_2$（25%）；18—NaCl（25%）；19—乙醇（80%）；20—乙醇（60%）；21—乙醇（40%）；22—乙醇（20%）；23—CS_2；24—CCl_4；25—甘油，50%；26—戊烷；27—HCl，30%；28—煤油；29—乙醚；30—硫酸（98%）；31—氨（26%）；32—甲醇（40%）；33—辛烷

4.9.6 氢氧化钠及氢氧化钾溶液的热导率（表13-28）

表13-28　氢氧化钠及氢氧化钾溶液热导率　　单位：kcal/(m·h·℃)

溶质	含量(质量分数)/%	t/℃ 0	10	20	30	40	50	60	70	80
NaOH	10	0.510	0.525	0.539	0.552	0.564	0.575	0.585	0.594	0.602
	20	0.522	0.537	0.551	0.564	0.576	0.587	0.597	0.606	0.614
	30	0.528	0.543	0.557	0.570	0.582	0.593	0.603	0.612	0.620
	40					0.583	0.594	0.604	0.613	0.621
KOH	10	0.490	0.505	0.519	0.532	0.544	0.555	0.565	0.574	0.582
	20	0.486	0.501	0.515	0.528	0.540	0.551	0.561	0.570	0.578
	30	0.473	0.488	0.502	0.515	0.527	0.538	0.548	0.557	0.565
	40	0.456	0.471	0.485	0.498	0.510	0.521	0.531	0.540	0.548
	50	0.432	0.447	0.461	0.474	0.486	0.497	0.507	0.516	0.524

注：1kcal/(m·h·℃)=1.163W/(m·K)。

4.9.7 液体制冷剂的热导率（饱和状态）（图 13-76）

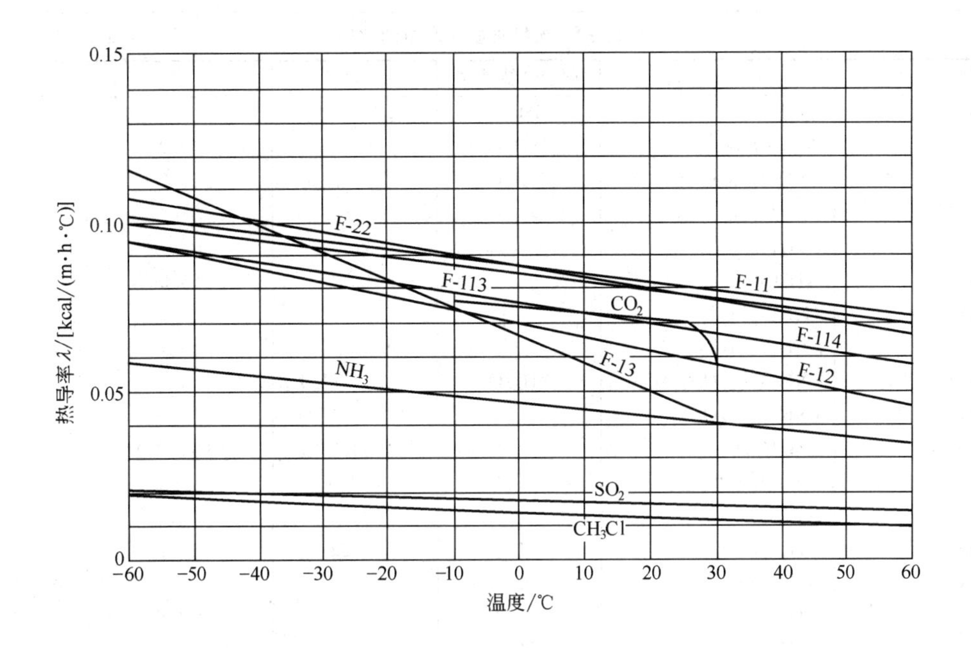

图 13-76 液体制冷剂的热导率（饱和状态）

1kcal/(m·h·℃)=1.163W/(m·K)

4.9.8 氨水溶液的热导率（图 13-77）

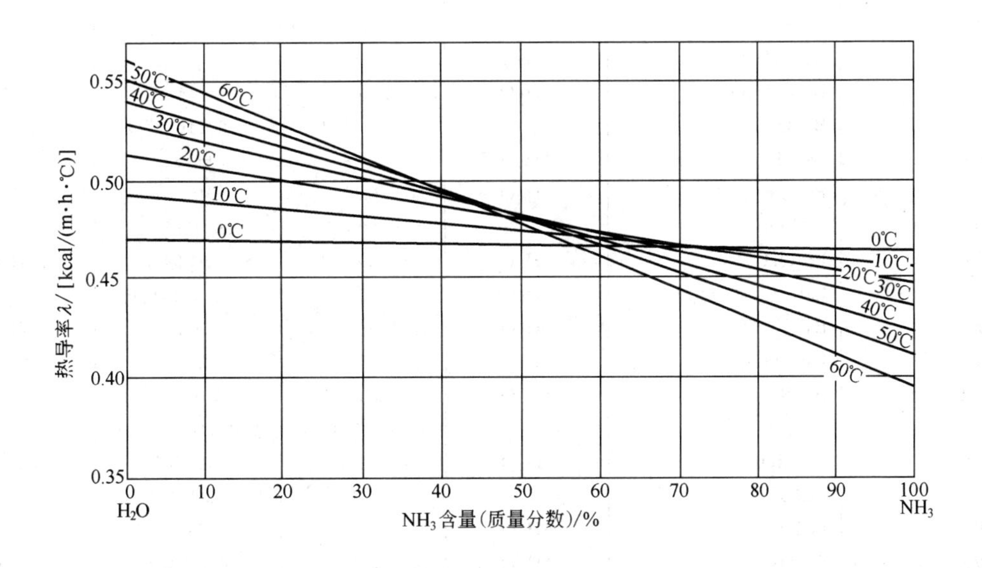

图 13-77 氨水溶液的热导率

1kcal/(m·h·℃)=1.163W/(m·K)

4.10 溶解度

4.10.1 无机物质在水中的溶解度（表13-29）

表13-29 无机物质在水中的溶解度 单位：g/(100g H_2O)

物质	分子式	固态含结晶水	20℃	60℃	100℃
氯化铝	$AlCl_3$	$6H_2O$	69.86(15℃)		
硫酸铝	$Al_2(SO_4)_3$	$18H_2O$	36.4	59.2	89.0
铵铝矾	$(NH_4)_2Al_2(SO_4)_4$	$24H_2O$	7.74	26.7	109.7(95℃)
碳酸氢铵	NH_4HCO_3		21		
溴化铵	NH_4Br		75.5	107.8	145.6
氯化铵	NH_4Cl		37.2	55.2	77.3
氯铂酸铵	$(NH_4)_2PtCl_6$				1.25
铬酸铵	$(NH_4)_2CrO_4$		40.4(30℃)		
硫酸铬铵	$(NH_4)_2Cr_2(SO_4)_4$	$24H_2O$	10.78(25℃)		
重铬酸铵	$(NH_4)_2Cr_2O_7$		47.17(30℃)		
磷酸二氢铵	$NH_4H_2PO_4$		190(14.5℃)	260(31℃)	
磷酸一氢铵	$(NH_4)_2HPO_4$		131(15℃)		
碘化铵	NH_4I		172.3	208.9	250.3
磷酸镁铵	NH_4MgPO_4	$6H_2O$	0.052	0.04	0.019(80℃)
磷酸锰铵	NH_4MnPO_4	$7H_2O$	0	0	0.007(80℃)
硝酸铵	NH_4NO_3		192	421.0	871.0
草酸铵	$(NH_4)_2C_2O_4$	$1H_2O$	4.4	10.3(50℃)	
高氯酸铵*	$NH_4ClO_4^*$		20.85	39.05	57.01
过硫酸铵	$(NH_4)_2S_2O_3$		58.2(0℃)		
硫酸铵	$(NH_4)_2SO_4$		75.4	88.0	103.3
硫氰酸铵	NH_4CNS		170	207.7(30℃)	
钒酸铵	NH_4VO_3		0.48	1.78(50℃)	3.05(70℃)
氟化亚锑	SbF_3		444.7	563.6(30℃)	
硫化亚锑	Sb_2S_3		0.000175(18℃)		
五氧化二砷	As_2O_5		65.8	73.0	76.7
硫化砷	As_2S_3		0.0000517(0℃)		
醋酸钡	$Ba(C_2H_3O_2)_2$	$3H_2O$	71		
醋酸钡	$Ba(C_2H_3O_2)_2$	$1H_2O$	75(30℃)	74	75
碳酸钡	$BaCO_3$		0.0022(18℃)	0.0024(30℃)	
氯酸钡	$Ba(ClO_3)_2$	$1H_2O$	33.8	66.81	104.9
氯化钡	$BaCl_2$	$2H_2O$	35.7	46.4	58.8
铬酸钡	BaC_rO_4		0.00037	0.00046(30℃)	
氢氧化钡	$Ba(OH_2)$	$8H_2O$	3.89	20.94	101.4(80℃)
碘化钡	BaI_2	$6H_2O$	203.1	219.6(30℃)	
碘化钡	BaI_2	$2H_2O$	231.9(40℃)	247.3	271.7
硝酸钡	$Ba(NO_3)_2$		9.2	20.3	34.2
亚硝酸钡	$Ba(NO_2)_2$	$1H_2O$	67.5	205.8(80℃)	300
草酸钡	BaC_2O_4		0.0022(18℃)	0.0024(24.2℃)	
高氯酸钡	$Ba(ClO_4)_2$	$3H_2O$	289.1	495.2(70℃)	562.3(90℃)
硫酸钡	$BeSO_4$		2.4×10^{-4}	2.85×10^{-4}(30℃)	
硫酸铍	$BeSO_4$	$6H_2O$	52(30℃)	60.67(50℃)	
硫酸铍	$BeSO_4$	$4H_2O$	43.78(30℃)	62(70℃)	100
硫酸铍	$BeSO_4$	$2H_2O$		84.76(80℃)	110
硼酸	H_3BO_3		5.04	14.81	40.25

续表

物 质	分 子 式	固态含结晶水	20℃	60℃	100℃
氧化硼	B_2O_3		2.2	6.2	15.7
溴	Br_2		3.2	3.13(30℃)	
氯化镉	$CdCl_2$	$4H_2O$	125.1(10℃)		
氯化镉	$CdCl_2$	$2\frac{1}{2}H_2O$	90.01(0℃)	132.1(30℃)	
氯化镉	$CdCl_2$	$1H_2O$	134.5	136.5	147.0
氰化镉	$Cd(CN)_2$		1.7(15℃)		
氢氧化镉	$Cd(OH)_2$		2.6×10^{-4}(25℃)		
硫酸镉	$CdSO_4$		76.6	83.68	60.77
醋酸钙	$Ca(C_2H_3O_2)_2$	$2H_2O$	34.7	32.7	33.5(80℃)
醋酸钙	$Ca(C_2H_3O_2)_2$	$1H_2O$		31.1(90℃)	29.7
碳酸氢钙	$Ca(HCO_3)_2$		16.6	17.5	18.4
氯化钙	$CaCl_2$	$6H_2O$	74.5	102(30℃)	
氯化钙	$CaCl_2$	$2H_2O$		136.8	159
氟化钙	CaF_2		0.0016(18℃)	0.0017(26℃)	
氢氧化钙	$Ca(OH)_2$		0.165	0.116	0.077
硝酸钙	$Ca(NO_3)_2$	$4H_2O$	129.3	152.6(30℃)	195.9(40℃)
硝酸钙	$Ca(NO_3)_2$	$3H_2O$	237.5(40℃)	281.5(50℃)	
硝酸钙	$Ca(NO_3)_2$			258.7(80℃)	363.6
亚硝酸钙	$Ca(NO_2)_2$	$4H_2O$	76.68		
亚硝酸钙	$Ca(NO_2)_2$	$2H_2O$		132.6	244.8(90℃)
草酸钙	CaC_2O_4		6.8×10^{-4}(25℃)	9.5×10^{-4}(50℃)	14×10^{-4}(95℃)
硫酸钙	$CaSO_4$	$2H_2O$	0.2090(30℃)	0.2047	0.1619
二氧化碳	CO_2		0.1688	0.0576	0
一氧化碳	CO		0.0028	0.0015	0
氯化铯	$CsCl$		186.5	229.7	270.5
硝酸铯	$CsNO_3$		23.0	83.8	197.0
硫酸铯	Cs_2SO_4		178.7	199.9	220.3
氯	Cl_2		0.716	0.324	0
三氧化铬	CrO_3		174.0(40℃)	182.1(50℃)	206.8
氯化铜	$CuCl_2$	$2H_2O$	77.0	91.2	107.9
硝酸铜	$Cu(NO_3)_2$	$6H_2O$	125.1		
硝酸铜	$Cu(NO_3)_2$	$3H_2O$	159.8(40℃)	178.8	207.8(80℃)
硫酸铜	$CuSO_4$	$5H_2O$	20.7	40	75.4
硫化铜	CuS		3.3×10^{-5}(18℃)		
氯化亚铜	$CuCl$		1.52(25℃)		
三氯化铁	$FeCl_3$		91.8	315.1(50℃)	535.7
氯化亚铁	$FeCl_2$	$4H_2O$	730(30℃)	88.7	100(80℃)
氯化亚铁	$FeCl_2$			105.3(90℃)	105.8
硝酸亚铁	$Fe(NO_3)_2$	$6H_2O$	83.8	165.6	
硫酸亚铁	$FeSO_4$	$7H_2O$	26.5	48.6(50℃)	
硫酸亚铁	$FeSO_4$	$1H_2O$		50.9(70℃)	37.3(90℃)
溴化氢	HBr		198	171.5(50℃)	130
氯化氢	HCl		67.3(30℃)	56.1	
碘	I_2		0.029	0.078(50℃)	
醋酸铅	$Pb(C_2H_3O_2)_2$	$3H_2O$	55.04(25℃)		
溴化铅	$PbBr_2$		0.85	2.36	4.75
碳酸铅	$PbCO_3$		0.00011		
氯化铅	$PbCl_2$		0.99	1.98	3.34
铬酸铅	$PbCrO_4$		7×10^{-6}		
氟化铅	PbF_2		0.064	0.068(30℃)	

续表

物　质	分子式	固态含结晶水	20℃	60℃	100℃
硝酸铅	$Pb(NO_3)_2$		56.5	95	38.8
硫酸铅	$PbSO_4$		0.0041	0.0065(40℃)	
溴化镁	$MgBr_2$	$6H_2O$	96.5	107.5	120.2
氯化镁	$MgCl_2$	$6H_2O$	54.5	61.0	73.0
氢氧化镁	$Mg(OH)_2$		0.0009(18℃)		
硝酸镁	$Mg(NO_3)_2$	$6H_2O$		84.74(40℃)	137.0(90℃)
硫酸镁	$MgSO_4$	$7H_2O$	35.5	45.6(40℃)	
硫酸镁	$MgSO_4$	$6H_2O$	44.5	53.5	74.0
硫酸镁	$MgSO_4$	$1H_2O$		62.9(80℃)	68.3
硫酸锰	$MnSO_4$	$7H_2O$	60.01(10℃)		
硫酸锰	$MnSO_4$	$5H_2O$	62.9	67.76(30℃)	
硫酸锰	$MnSO_4$	$4H_2O$	64.5	72.6(50℃)	
硫酸锰	$MnSO_4$	$1H_2O$	58.17(50℃)	55.0	34.0
氯化亚汞	$HgCl$		0.0002	0.0007(40℃)	
三氧化钼	MoO_3	$2H_2O$	0.138	1.206	2.106(80℃)
氯化镍	$NiCl_2$	$6H_2O$	64.2	82.2	87.6
硝酸镍	$Ni(NO_3)_2$	$6H_2O$	96.31	122.2(40℃)	
硝酸镍	$Ni(NO_3)_2$	$3H_2O$		163.1	235.1(90℃)
硫酸镍	$NiSO_4$	$7H_2O$	42.46(30℃)		
硫酸镍	$NiSO_4$	$6H_2O$		54.8	76.7
一氧化氮	NO		0.00618	0.00324	0
氧化二氮	N_2O		0.1211		
醋酸钾	$KC_2H_3O_2$	$1\frac{1}{2}H_2O$	255.6	323.3(40℃)	
醋酸钾	$KC_2H_3O_2$	$\frac{1}{2}H_2O$	337.3(40℃)	350	396.3(90℃)
(钾)明矾	$K_2SO_4 \cdot Al_2(SO_4)_3$	$24H_2O$	5.9	24.75	109.0(90℃)
碳酸氢钾	$KHCO_3$		33.2	60.0	
硫酸氢钾	$KHSO_4$		51.4	67.3(40℃)	121.6
酒石酸氢钾	$KHC_4H_4O_6$		0.53	2.46	6.95
碳酸钾	K_2CO_3	$2H_2O$	110.5	126.8	155.7
氯酸钾	$KClO_3$		7.4	24.5	57
氯化钾	KCl		34.0	45.5	56.7
铬酸钾	K_2CrO_4		61.7	68.6	75.6
重铬酸钾	$K_2Cr_2O_7$		12	43	80
铁氰化钾	$K_2Fe(CN)_6$		43	66	82.6(104℃)
氢氧化钾	KOH	$2H_2O$	112	126(30℃)	
氢氧化钾	KOH	$1H_2O$		140(50℃)	178
硝酸钾	KNO_3		31.6	110.0	246
亚硝酸钾	KNO_2		298.4	334.9(40℃)	412.8
高氯酸钾	$KClO_4$		1.8	9	21.8
高锰酸钾	$KMnO_4$		6.4	22.2	
过(二)硫酸钾*	$K_2S_2O_8^*$		4.49	9.89(40℃)	
硫酸钾	K_2SO_4		11.11	18.17	24.1
硫氰酸钾	$KCNS$		217.5		
氰化银	$AgCN$		2.2×10^{-5}		
硝酸银	$AgNO_3$		222	525	952

续表

物质	分子式	固态含结晶水	20℃	60℃	100℃
硫酸银	Ag_2SO_4		0.796	1.15	1.41
醋酸钠	$NaC_2H_3O_2$	$3H_2O$	46.5	139	
醋酸钠	$NaC_2H_3O_2$		123.5	139.5	170
碳酸氢钠	$NaHCO_3$		9.6	16.4	
碳酸钠	Na_2CO_3	$10H_2O$	21.5	38.8(30℃)	
碳酸钠	Na_2CO_3	$1H_2O$	50.5(30℃)	46.4	45.5
氯酸钠	$NaClO_3$		101	155	230
氯化钠	$NaCl$		36.0	37.3	39.8
铬酸钠	Na_2CrO_4	$10H_2O$	88.7		
铬酸钠	Na_2CrO_4	$4H_2O$	88.7(30℃)	114.6	
铬酸钠	Na_2CrO_4			123.0(70℃)	125.9
重铬酸钠	$Na_2Cr_2O_7$	$2H_2O$	177.8	244.8(50℃)	376.2(80℃)
重铬酸钠	$Na_2Cr_2O_7$				426.3
磷酸二氢钠	NaH_2PO_4	$2H_2O$	85.2	138.2(40℃)	
磷酸二氢钠	NaH_2PO_4	$1H_2O$		158.6(50℃)	
磷酸二氢钠	NaH_2PO_4			179.3	246.6
砷酸一氢钠	Na_2HAsO_4	$12H_2O$	26.5	65	85(80℃)
磷酸一氢钠	Na_2HPO_4	$12H_2O$	7.7	20.8(30℃)	
磷酸一氢钠	Na_2HPO_4	$7H_2O$		51.8(40℃)	
磷酸一氢钠	Na_2HPO_4	$2H_2O$	80.2(50℃)	82.9	102.9(90℃)
磷酸一氢钠	Na_2HPO_4				102.2
氢氧化钠	$NaOH$	$4H_2O$	42(0℃)		
氢氧化钠	$NaOH$	$3\frac{1}{2}H_2O$	51.5(10℃)		
氢氧化钠	$NaOH$	$1H_2O$	109	174	
氢氧化钠	$NaOH$			313(90℃)	347
硝酸钠	$NaNO_3$		88	124	180
亚硝酸钠	$NaNO_2$		84.5	104.1(50℃)	163.2
草酸钠	$Na_2C_2O_4$		3.7		6.33
磷酸钠	Na_3PO_4	$12H_2O$	11	55	108
焦磷酸钠	$Na_4P_2O_7$	$10H_2O$	6.23	21.83	40.26
硫酸钠	Na_2SO_4	$10H_2O$	19.4	40.8(30℃)	
硫酸钠	Na_2SO_4	$7H_2O$	44		
硫酸钠	Na_2SO_4		48.8(40℃)	45.3	42.5
硫化钠	Na_2S	$9H_2O$	18.8	28.5(40℃)	
硫化钠	Na_2S	$5\frac{1}{2}H_2O$		42.69	59.23(90℃)
硫化钠	Na_2S	$6H_2O$		39.1	57.28(90℃)
亚硫酸钠	Na_2SO_3	$7H_2O$	26.9	36(30℃)	
亚硫酸钠	Na_2SO_3		28(40℃)	28.8	28.3(80℃)
四硼酸钠	$Na_2B_4O_7$	$10H_2O$	2.7	20.3	
四硼酸钠	$Na_2B_4O_7$	$5H_2O$		24.4(70℃)	52.5
钒酸钠(偏)	$NaVO_3$	$2H_2O$	15.3(25℃)	68.4	
钒酸钠(偏)	$NaVO_3$		21.10(25℃)	32.97	38.8(75℃)
氯化亚锡	$SnCl_3$		269.8(15℃)		
硫酸锡	$SnSO_4$		19		18
醋酸锶	$Sr(C_2H_3O_2)_2$	$4H_2O$	36.9(0℃)	43.61(10℃)	
醋酸锶	$Sr(C_2H_3O_2)_2$	$\frac{1}{2}H_2O$	41.6	37.35(50℃)	36.4

续表

物质	分子式	固态含结晶水	20℃	60℃	100℃
氯化锶	$SrCl_2$	$6H_2O$	52.9	81.8	
氯化锶	$SrCl_2$	$2H_2O$		85.9(60℃)	100.8
硝酸锶	$Sr(NO_3)_2$	$1H_2O$	64.0	97.2	139
硝酸锶	$Sr(NO_3)_2$	$4H_2O$	70.5		
硝酸锶	$Sr(NO_3)_2$		88.6(30℃)	93.8	100(90℃)
硫酸锶	$SrSO_4$		0.0114	0.0114(30℃)	
二氧化硫	SO_2		11.29	4.5(50℃)	
硫酸亚铊	Tl_2SO_4		4.87	10.92	18.45
硫酸钍	$Th(SO_4)_2$	$8H_2O$	1.62		
硫酸钍	$Th(SO_4)_2$	$9H_2O$	1.38	5.22(50℃)	
硫酸钍	$Th(SO_4)_2$	$6H_2O$	1.9	6.64	
硫酸钍	$Th(SO_4)_2$	$4H_2O$	4.04(40℃)	1.63	1.09(70℃)
氯酸锌	$ZnClO_3$	$6H_2O$	145.0(0℃)	152.5(10℃)	
氯酸锌	$ZnClO_3$	$4H_2O$	200.3	273.1(50℃)	
硝酸锌	$Zn(NO_3)_2$	$6H_2O$	118.3		
硝酸锌	$Zn(NO_3)_2$	$3H_2O$	206.9(40℃)		
硫酸锌	$ZnSO_4$	$7H_2O$	54.4		
硫酸锌	$ZnSO_4$	$6H_2O$	70.1(40℃)	76.8(50℃)	
硫酸锌	$ZnSO_4$	$1H_2O$		86.6(80℃)	80.8

注：1. 本表列出不同温度下溶于100g水中无水物质的质量（g）；* 表示100mL饱和溶液中所含该物质的质量（g）。
2. 指常压下（760mmHg，即101325Pa）的溶解度。

4.10.2 一些气体水溶液的亨利系数（表13-30）

表13-30 一些气体水溶液的亨利系数 单位：$\times 10^{-6}$mmHg

气体	温度/℃							
	0	10	20	30	40	50	60	70
H_2	44	48.3	51.9	55.4	57.1	58.1	58.1	57.8
N_2	40.2	50.8	61.1	70.3	79.2	85.9	90.9	94.6
空气	32.8	41.7	50.4	58.6	66.1	71.9	76.5	79.8
CO	26.7	33.6	40.7	47.1	52.9	57.8	62.5	64.2
O_2	19.3	24.9	30.4	36.1	40.7	44.7	47.8	50.4
CH_4	17	22.6	28.5	34.1	39.5	43.9	47.6	50.6
NO	12.8	16.5	20.1	23.5	26.8	29.6	31.8	33.2
C_2H_6	9.55	14.4	20	26	32.2	37.9	42.9	47.4
C_2H_4	4.19	5.84	7.74	9.62	—	—	—	—
N_2O	0.74	1.07	1.5	1.94	—	—	—	—
CO_2	0.553	0.792	1.08	1.41	1.77	2.15	2.59	—
C_2H_2	0.55	0.73	0.92	1.11	—	—	—	—
Cl_2	0.204	0.297	0.402	0.502	0.6	0.677	0.731	0.745
H_2S	0.203	0.278	0.367	0.463	0.566	0.672	0.782	0.905
Br_2	0.0162	0.0278	0.0451	0.0688	0.101	0.145	0.191	0.244
SO_2	0.0125	0.0184	0.0266	0.0364	0.0495	0.0653	0.0839	0.104
HCl	0.00185	0.00197	0.00209	0.0022	0.00227	0.00229	0.00224	—
NH_3	0.00156	0.0018	0.00208	0.00241	—	—	—	—

注：1mmHg=133.322Pa。

4.10.3　二氧化碳在水中的溶解度（图 13-78）

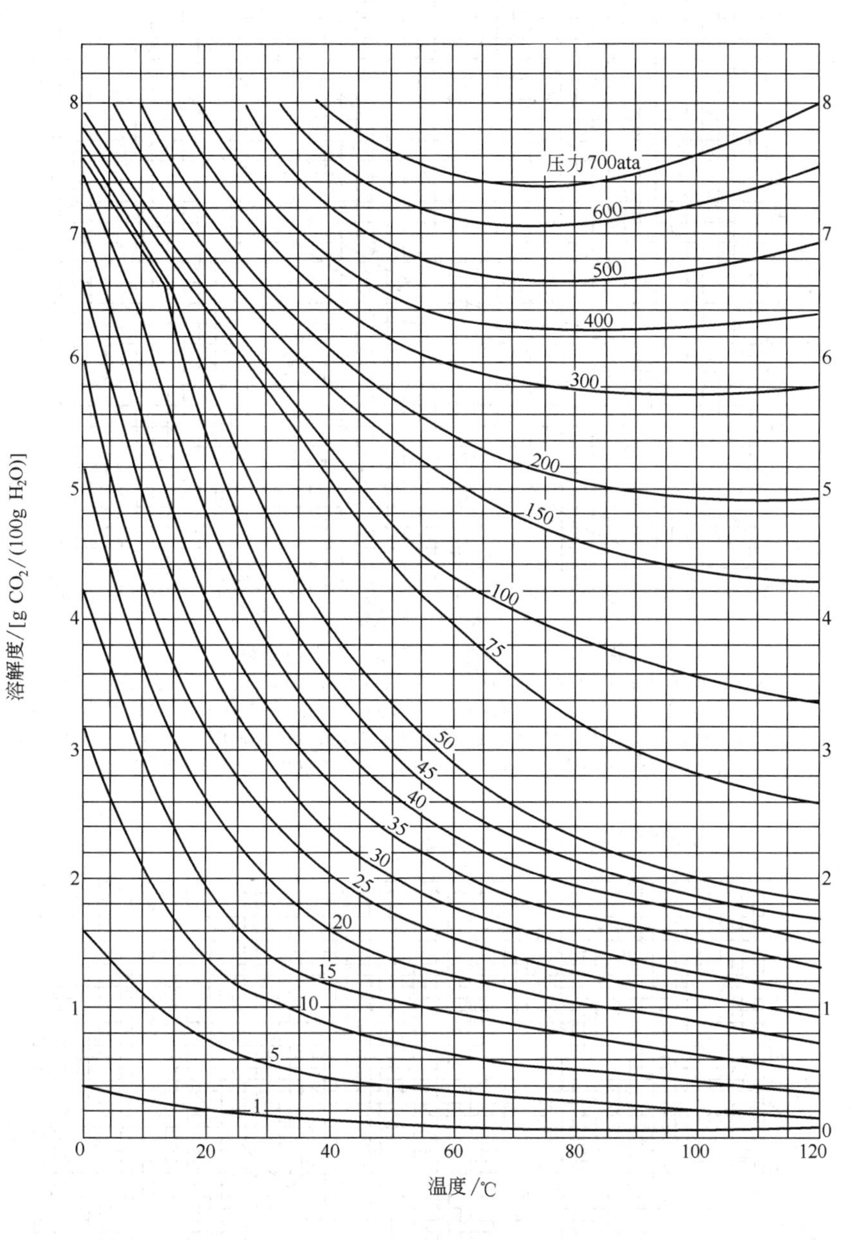

图 13-78　二氧化碳在水中的溶解度

1ata=98066.5Pa

4.10.4 氢氧化钠和尿素在水中的溶解度（图 13-79）

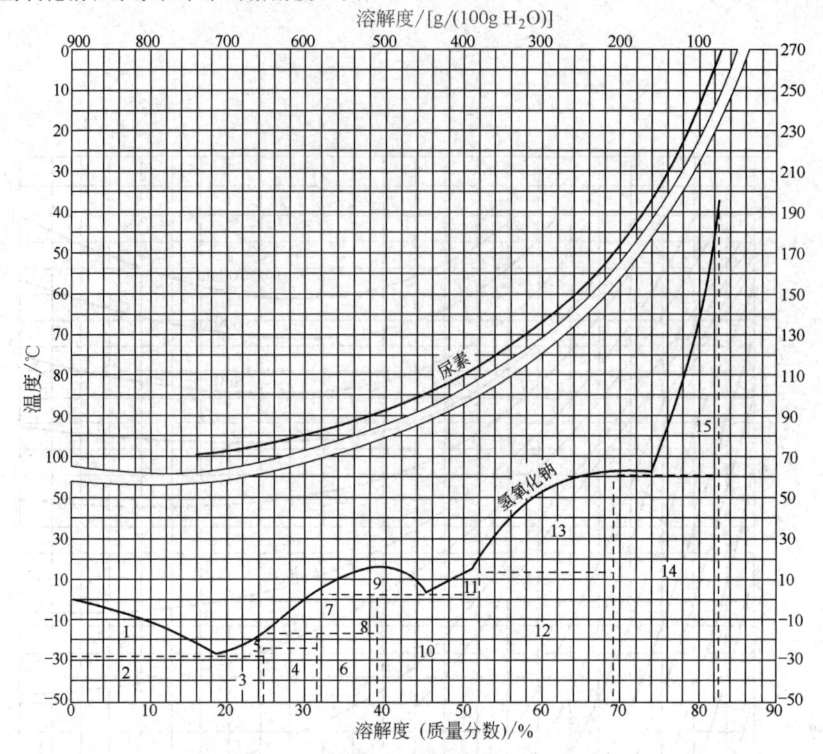

图 13-79 氢氧化钠和尿素在水中的溶解度

1—冰；2—冰+$NaOH \cdot 7H_2O$；3—$NaOH \cdot 7H_2O$；4—$NaOH \cdot 7H_2O$+$NaOH \cdot 5H_2O$；5—$NaOH \cdot 5H_2O$；6—$NaOH \cdot 5H_2O$+$NaOH \cdot 4H_2O$；7—$NaOH \cdot 4H_2O$；8—$NaOH \cdot 4H_2O$+$NaOH \cdot 3.5H_2O$；9—$NaOH \cdot 3.5H_2O$；10—$NaOH \cdot 3.5H_2O$+$NaOH \cdot 2H_2O$；11—$NaOH \cdot 2H_2O$；12—$NaOH \cdot 2H_2O$+$NaOH \cdot H_2O$；13—$NaOH \cdot H_2O$；14—$NaOH \cdot H_2O$+NaOH；15—NaOH

4.10.5 碳酸氢铵在水中的溶解度（图 13-80）

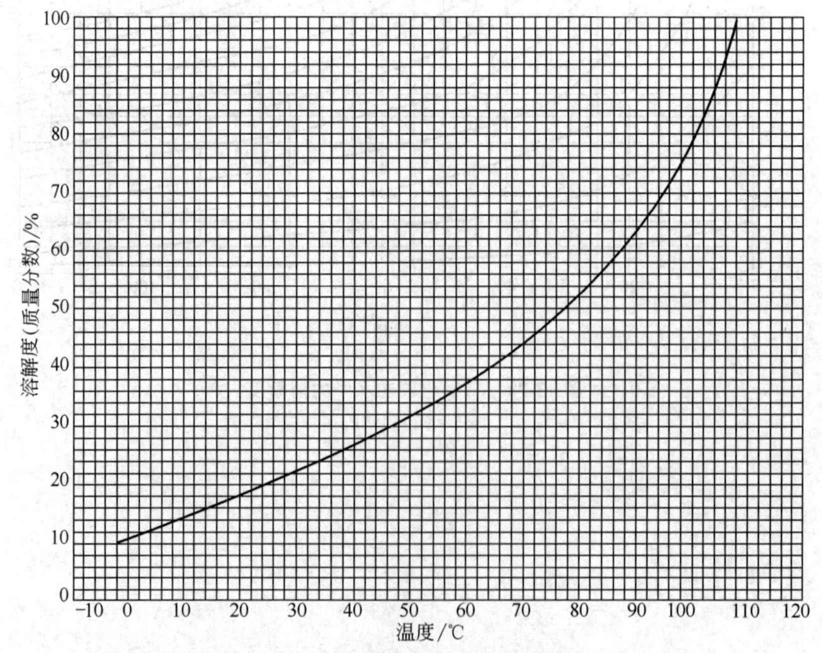

图 13-80 碳酸氢铵在水中的溶解度

4.10.6　硫化氢在一乙醇胺溶液中的溶解度（一）（图 13-81）

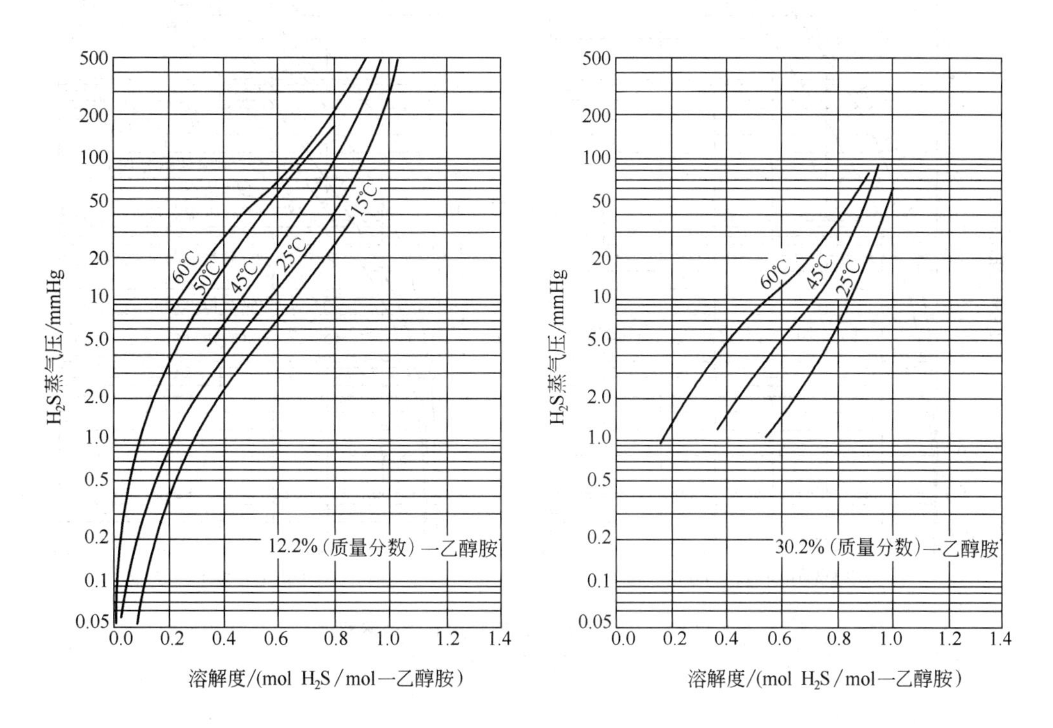

图 13-81　硫化氢在一乙醇胺溶液中的溶解度（一）

1mmHg＝133.322Pa

4.10.7　硫化氢在一乙醇胺溶液中的溶解度（二）（图 13-82）

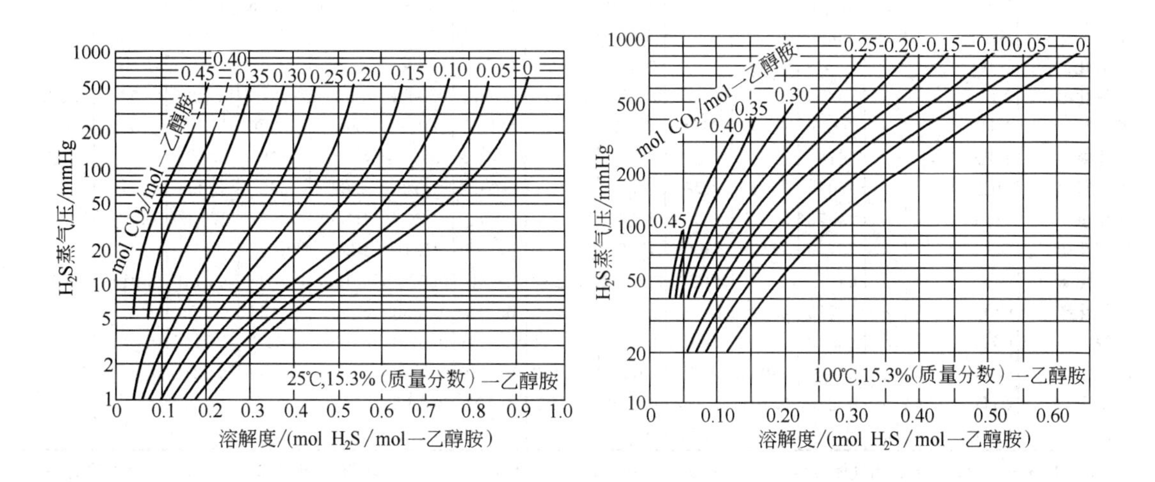

图 13-82　硫化氢在一乙醇胺溶液中的溶解度（二）

1mmHg＝133.322Pa

4.10.8 硫化氢在二乙醇胺溶液中的溶解度（图13-83）

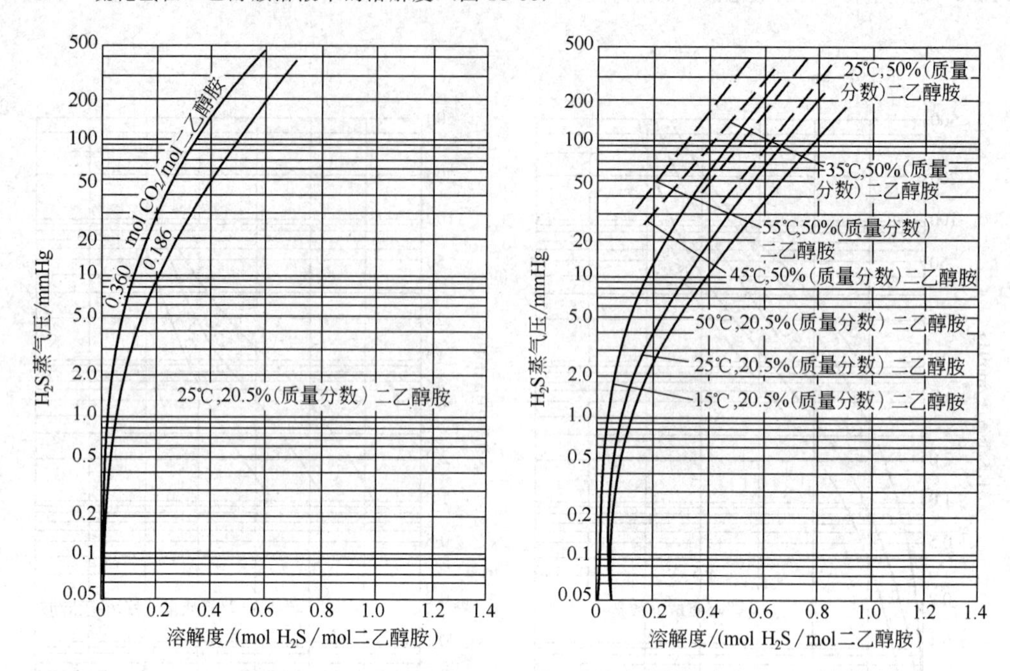

图13-83 硫化氢在二乙醇胺溶液中的溶解度

1mmHg＝133.322Pa

4.10.9 几种常见气体在水中的溶解度（表13-31）

表13-31 几种常见气体在水中的溶解度

气体	化学式	系数	温度/℃											
			0	5	10	15	20	25	30	40	50	60	80	100
氢	H_2	α	0.0215	0.0204	0.0195	0.0188	0.0182	0.0175	0.0170	0.0164	0.0161	0.0160	0.0160	0.0160
氦	He	α	0.0097		0.0099		0.0099		0.0100	0.0102	0.0107			
氮(大气氮)	N_2＋1.185％Ar	α	0.0235	0.0209	0.0186	0.0168	0.0154	0.0143	0.0134	0.0118	0.0109	0.0102	0.0096	0.0095
氧	O_2	α	0.0489	0.0429	0.0380	0.0341	0.0310	0.0283	0.0261	0.0231	0.0209	0.0195	0.0176	0.0172
氯	Cl_2	λ	4.610	(3.58)	3.148	2.680	2.299	2.019	1.799	1.438	1.225	1.023	0.683	0.00
溴	Br_2	α	60.5	(45.8)	35.1	27.0	21.3	17.0	13.8	9.4	6.5	4.9	3.0	
一氧化二氮	N_2O	α		1.048	0.878	0.738	0.629	0.544						
一氧化氮	NO	α	0.0738	0.0646	0.0571	0.0515	0.0471	0.0432	0.0400	0.0351	0.0315	0.0295	0.0270	0.0263
氨	NH_3	q	87.5	77.1	67.9	59.7	52.6	46.2	40.3	30.7	22.9		15.4	7.4
溴化氢	HBr	λ	612		582			533			469			345
氯化氢	HCl	λ	507	491	474	459	442	426	412	386	362	339		
硫化氢	H_2S	α	4.670	3.977	3.399	2.945	2.582	2.282	2.037	1.660	1.392	1.190	0.917	0.81
二氧化硫	SO_2	λ	79.79	67.48	56.65	47.28	39.37	32.79	27.16	18.77				
一氧化碳	CO	α	0.0354	0.0315	0.0282	0.0254	0.0232	0.0214	0.0200	0.0177	0.0161	0.0149	0.0143	0.0141
二氧化碳	CO_2	α	1.713	1.424	1.194	1.019	0.878	0.759	0.665	0.530	0.436	0.359		
甲烷	CH_4	α	0.0556	0.0480	0.0418	0.0369	0.0331	0.0301	0.0276	0.0237	0.0213	0.0195	0.0177	0.0170
乙烷	C_2H_6	α	0.0987	0.0803	0.0656	0.0550	0.0472	0.0410	0.0362	0.0291	0.0246	0.0218	0.0183	0.0172
乙烯	C_2H_4	α	0.226	0.191	0.162	0.139	0.122	0.108	0.098					
乙炔	C_2H_2	α	1.73	1.49	1.31	1.15	1.03	0.93	0.84					

注：1. α——吸收系数，当气体分压为760mmHg时，单位体积的液体所吸收的气体体积数(折合成760mmHg和0℃来计算)；λ——意义和α相似，只不过是当总压（而非分压）等于760mmHg时；q——是在所给的温度下，当气体总压力（气体分压与吸收温度下液体的饱和蒸气压之和）为700mmHg时，100g纯溶剂所吸收的气体质量（g）。

2. 1mmHg＝133.322Pa。

5 汽液平衡蒸气压力

5.1 醇、醛、酮和醚类的蒸气压（图 13-84）

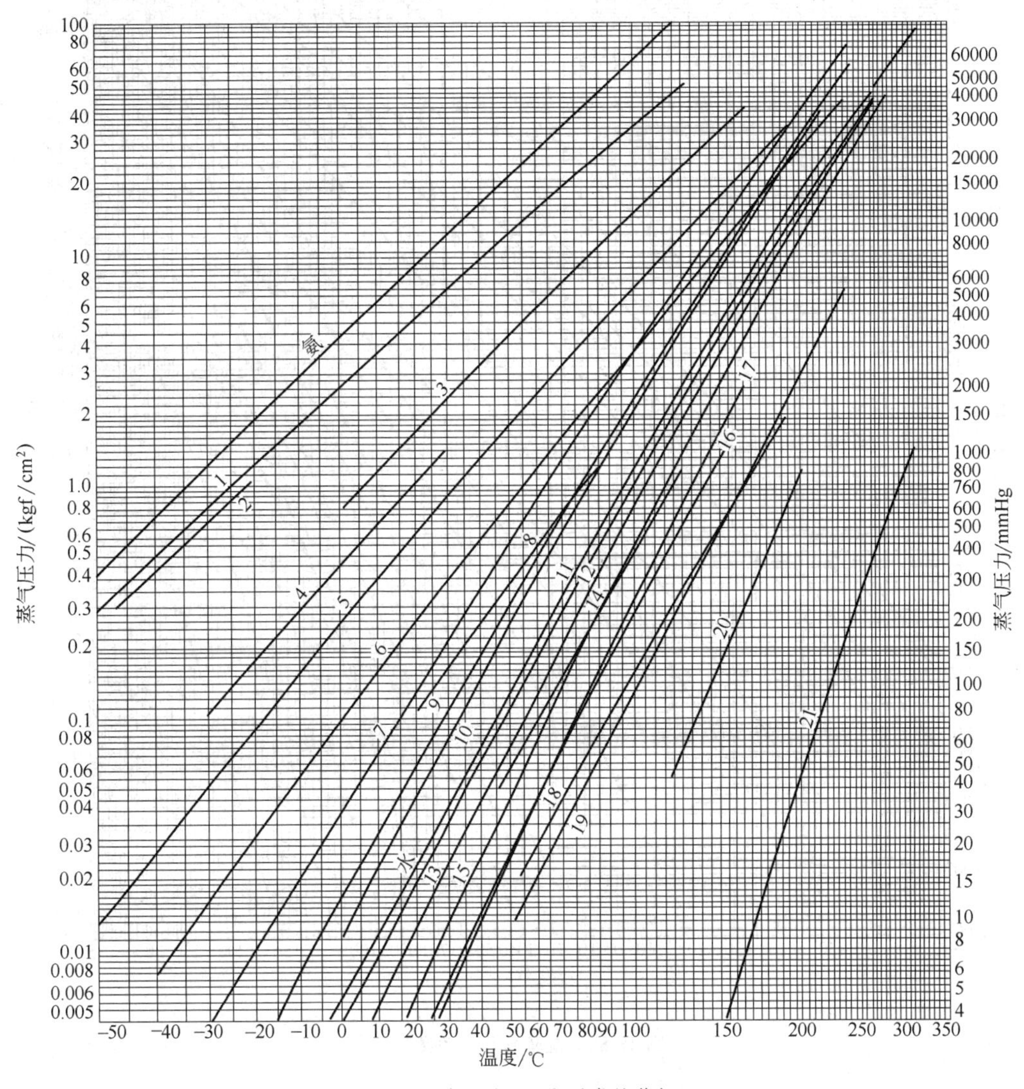

图 13-84 醇、醛、酮和醚类的蒸气压

醇

7—甲醇 CH_3OH

9—乙醇 C_2H_5OH

11—1-丙醇 C_3H_7OH

10—2-丙醇 C_3H_7OH（异丙醇）

15—1-丁醇 C_4H_9OH

14—2-戊醇 $C_5H_{11}OH$（仲戊醇）

20—1,2-乙二醇 $(CH_2OH)_2$

21—1,2,3-丙三醇 $C_3H_8O_3$（甘油）

13—2-甲基-1-丙醇 C_4H_9OH（异丁醇）

10—2-甲基-2-丙醇 C_4H_9OH（叔丁醇）

12—2-丁醇 C_4H_9OH（仲丁醇）

16—1-戊醇 $C_5H_{11}OH$（正戊醇）

17—3-甲基-1-丁醇 $C_5H_{11}OH$（异戊醇）

11—烯丙醇 C_3H_5OH

18—环己醇 $C_6H_{11}OH$

醛

2—甲醛 HCHO

4—乙醛 CH_3CHO

19—糠醛 $C_5H_4O_2$

酮

6—丙酮 $(CH_3)_2CO$

8—丁酮 $(CH_3)_2CH_2CO$（甲乙酮）

醚

1—二甲醚 $(CH_3)_2O$

3—甲乙醚 $CH_3OC_2H_5$

5—二乙醚 $(C_2H_5)_2O$

$1kgf/cm^2=98.0665kPa$，$1mmHg=133.322Pa$

5.2 烷基酸和胺类的蒸气压（图13-85）

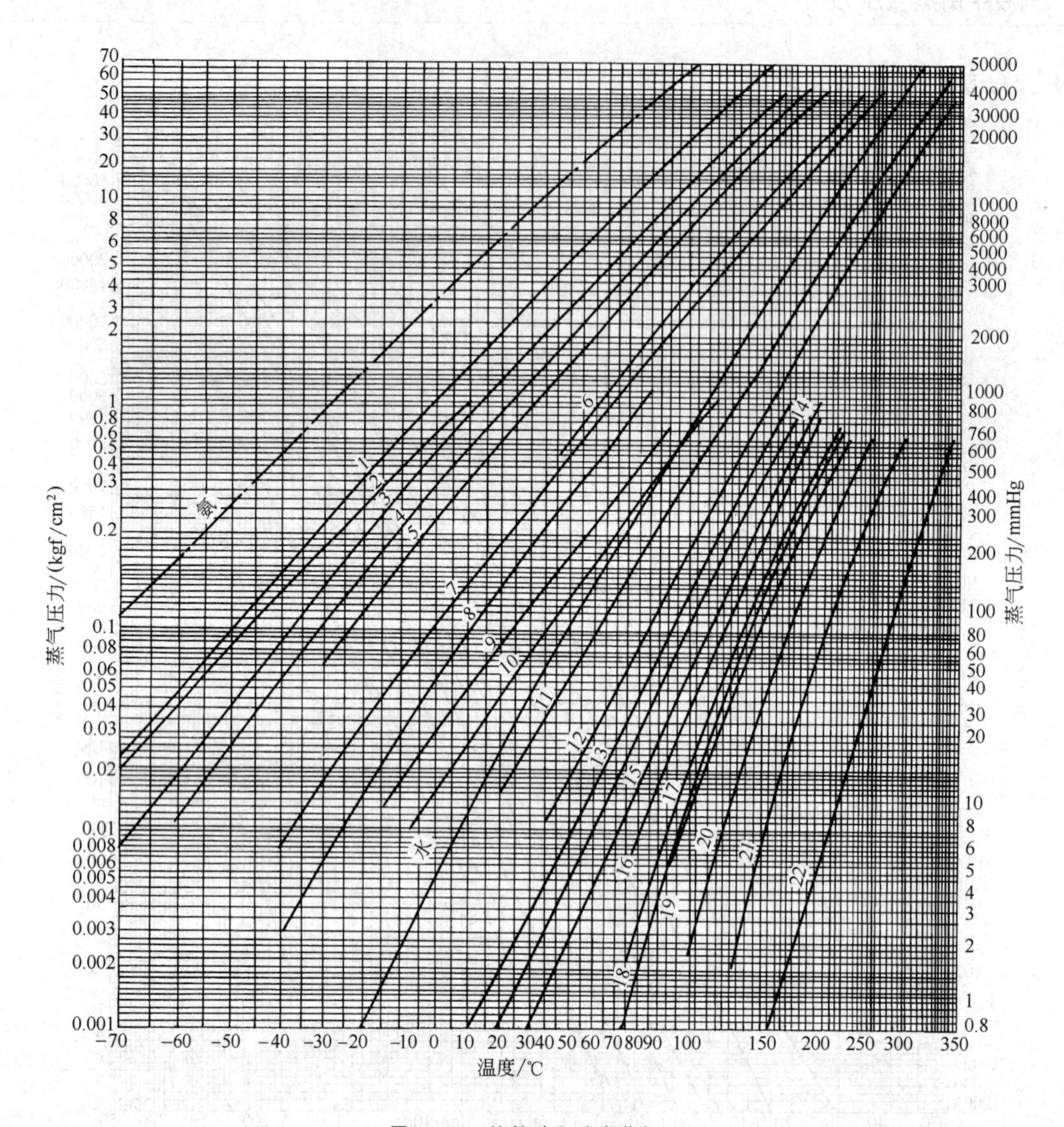

图13-85 烷基酸和胺类蒸气压

烷基酸

10—甲酸 HCOOH（蚁酸）
11—乙酸 CH_3COOH（醋酸）
12—丙酸 C_2H_5COOH
14—丁酸 C_3H_7COOH
13—异丁酸 C_3H_7COOH
16—戊酸 C_4H_9COOH
15—异戊酸 C_4H_9COOH
18—己酸 $C_6H_{11}COOH$
17—异己酸 $C_5H_{11}COOH$
20—辛酸 $C_7H_{15}COOH$
21—癸酸 $C_9H_{19}COOH$
22—己二酸 $C_6H_{10}O_4$
5—氢氰酸 HCN

胺类

1—甲胺 CH_3NH_2
3—二甲胺 $(CH_3)_2NH$
2—三甲胺 $(CH_3)_3N$
4—乙胺 $C_2H_5NH_2$
7—二乙胺 $(C_2H_5)_2NH$
9—三乙胺 $(C_2H_5)_3N$
6—丙胺 $CH_3(CH_2)NH_2$
8—异丁胺 $C_4H_9NH_2$
19—甲酰胺 $HCO \cdot NH_2$

$1kgf/cm^2=98.0665kPa$，$1mmHg=133.322Pa$

5.3　芳香烃、酚类的蒸气压（图 13-86）

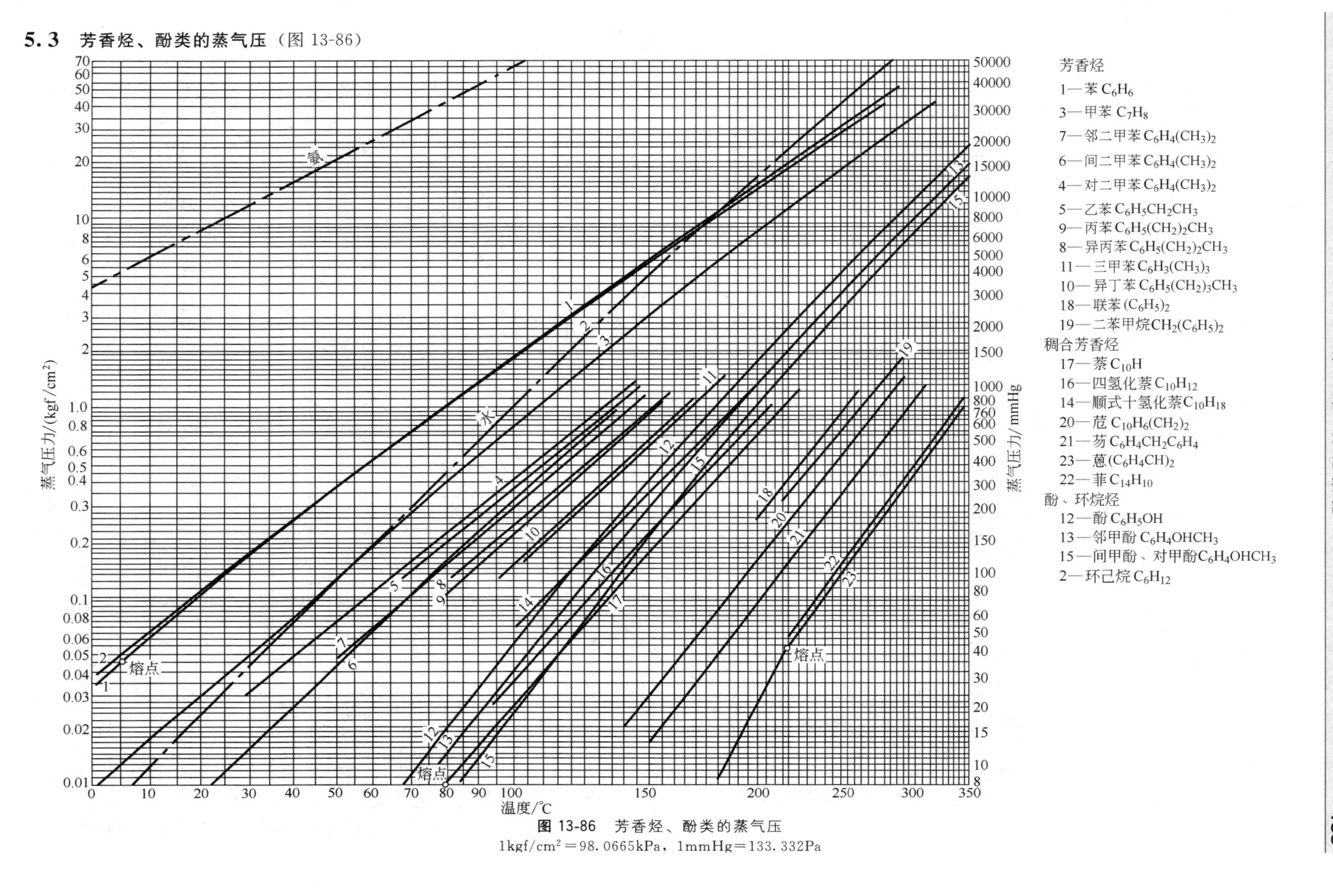

图 13-86　芳香烃、酚类的蒸气压

$1kgf/cm^2=98.0665kPa$，$1mmHg=133.332Pa$

5.4 芳香烃、卤素和氮化合物的蒸气压（图 13-87）

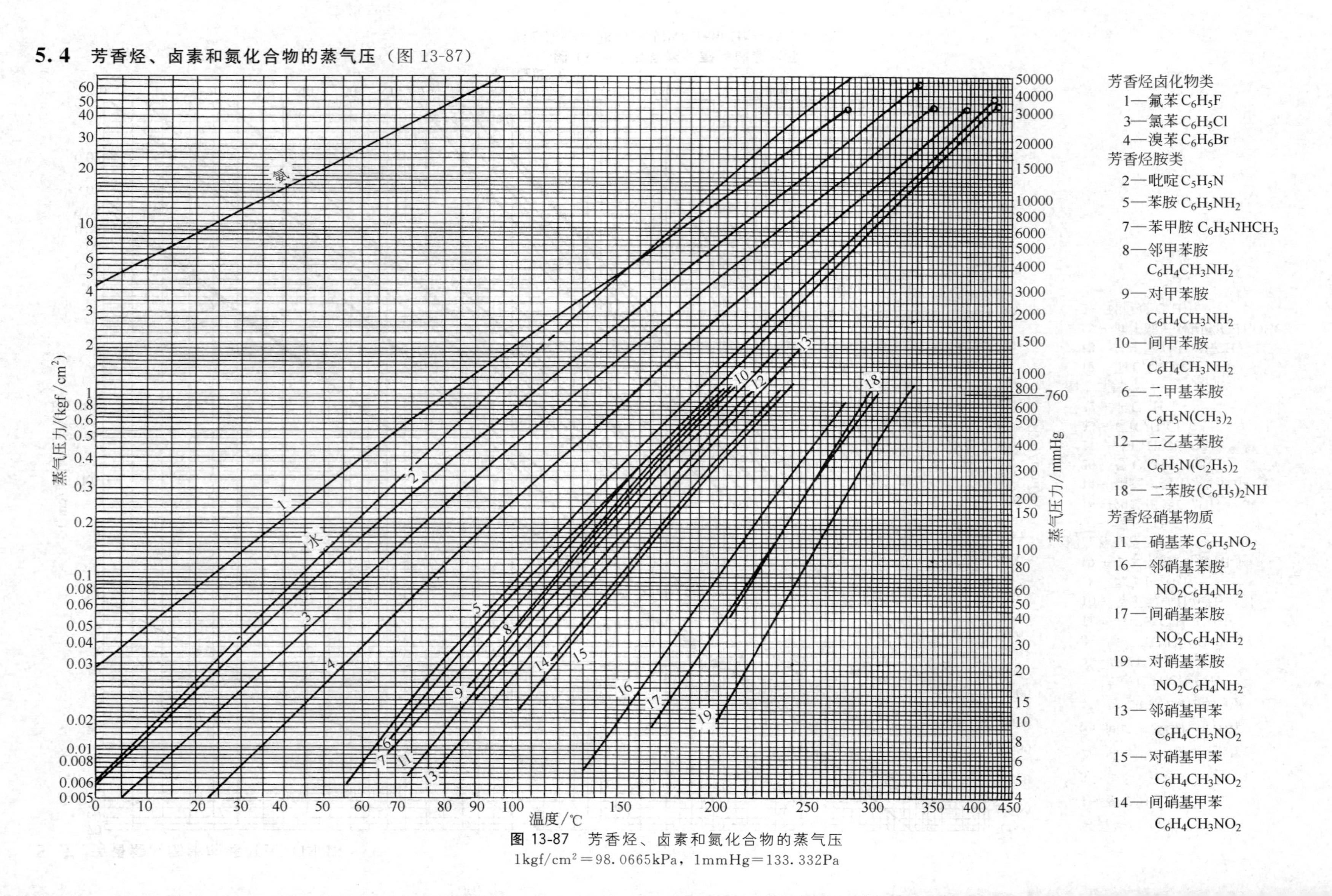

图 13-87 芳香烃、卤素和氮化合物的蒸气压

$1kgf/cm^2=98.0665kPa$，$1mmHg=133.332Pa$

5.5 卤代烃的蒸气压（图 13-88）

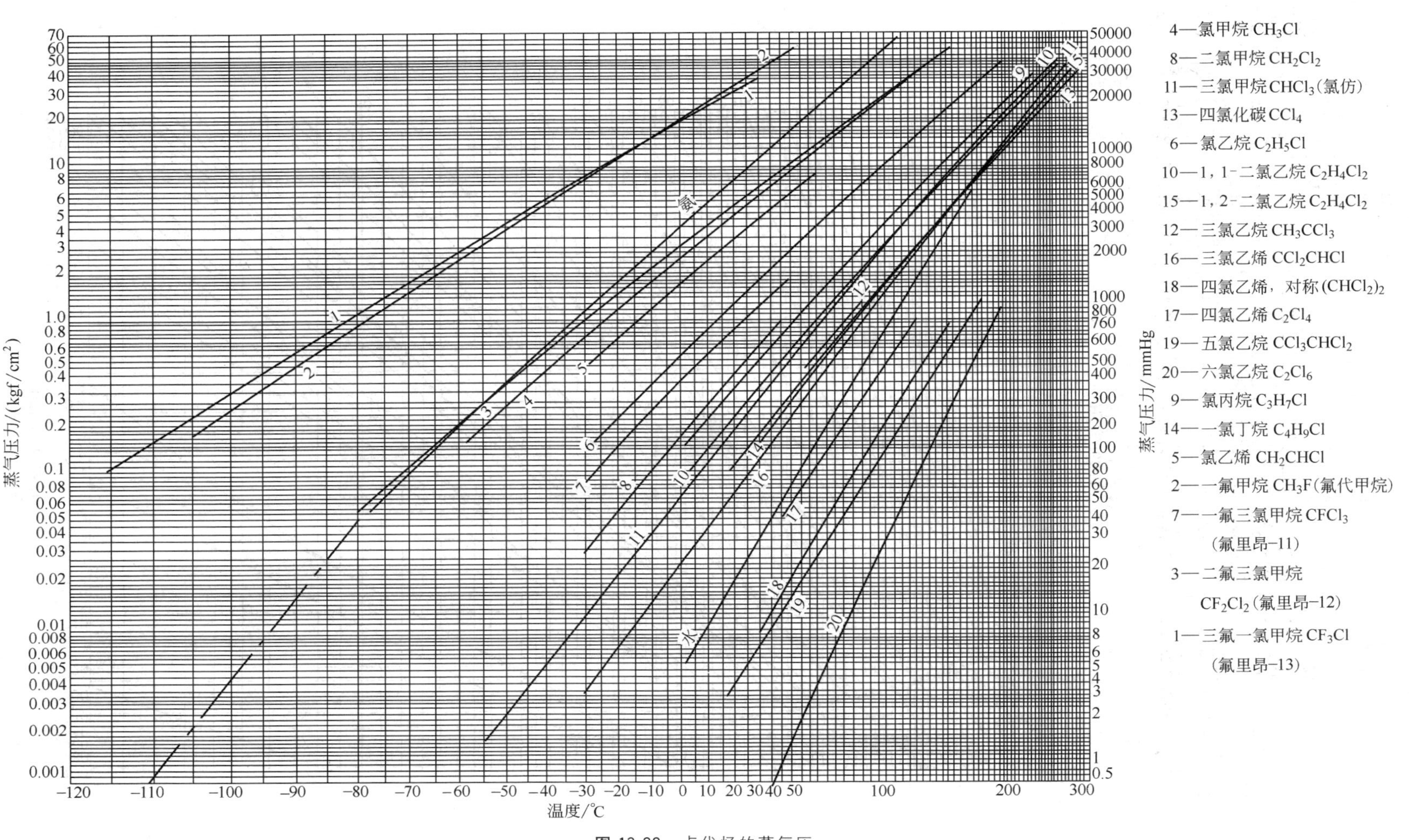

图 13-88　卤代烃的蒸气压

$1kgf/cm^2=98.0665kPa$，$1mmHg=133.332Pa$

5.6 烷烃、烯烃和二烯烃的蒸气压（图13-89）

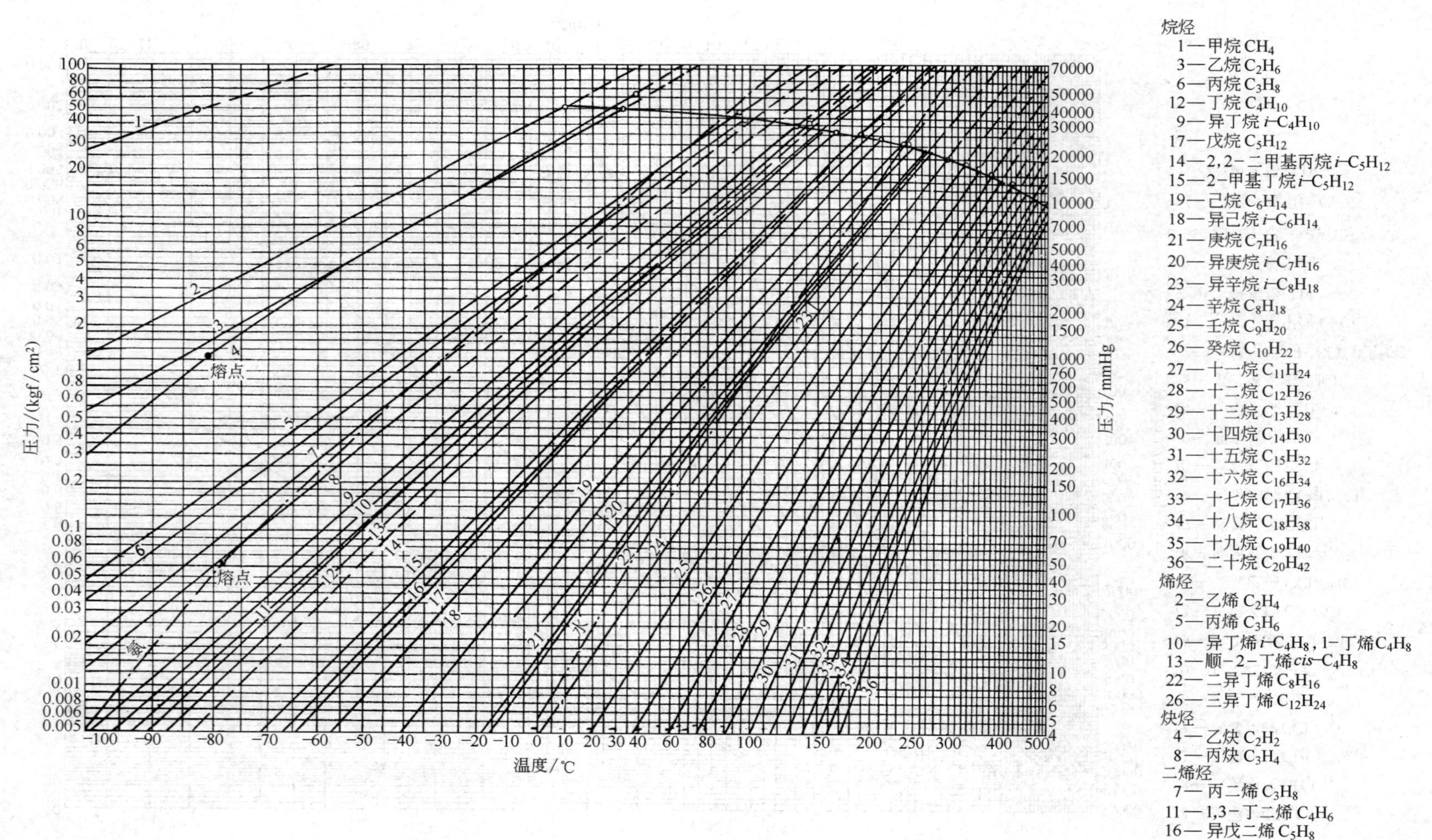

图13-89 烷烃、烯烃和二烯烃的蒸气压

$1kgf/cm^2=98.0665kPa$，$1mmHg=133.322Pa$

5.7 硝酸水溶液的蒸气压（表 13-32）

表 13-32 硝酸水溶液的蒸气压 单位：mmHg

温度/℃	HNO₃含量 20% p_{HNO_3}	20% p_{H_2O}	25% p_{HNO_3}	25% p_{H_2O}	30% p_{HNO_3}	30% p_{H_2O}	35% p_{HNO_3}	35% p_{H_2O}	40% p_{HNO_3}	40% p_{H_2O}	45% p_{HNO_3}	45% p_{H_2O}	50% p_{HNO_3}	50% p_{H_2O}
0		4.1		3.8		3.6		3.3		3.0		2.6		2.1
5		5.7		5.4		5.0		4.6		4.2		3.6		3.0
10		8.0		7.6		7.1		6.5		5.8		5.0	0.12	4.2
15		10.9		10.3		9.7		8.9		8.0	0.10	6.9	0.18	5.8
20		15.2		14.2		13.2		12.0		10.8	0.15	9.4	0.27	7.9
25		20.6		19.2		17.8		16.2	0.12	14.6	0.23	12.7	0.39	10.7
30		27.6		25.7		23.8	0.09	21.7	0.17	19.5	0.33	16.9	0.56	14.4
35		36.5		33.8		31.1	0.13	28.3	0.25	25.5	0.48	22.3	0.80	19.0
40		47.5		44	0.11	41	0.20	37.7	0.36	33.5	0.68	29.3	1.13	25.0
45		62	0.09	57.5	0.17	53	0.28	48	0.52	43	0.96	38.0	1.57	32.5
50		80	0.13	75	0.25	69	0.42	63	0.75	56	1.35	49.5	2.18	42.5
55	0.09	100	0.18	94	0.35	87	0.59	79	1.04	71	1.83	62.5	2.95	54
60	0.13	128	0.28	121	0.51	113	0.85	102	1.48	90	2.54	80	4.05	70
65	0.19	162	0.40	151	0.71	140	1.18	127	2.05	114	3.47	100	5.46	88
70	0.27	200	0.54	187	1.00	174	1.63	159	2.80	143	4.65	126	7.25	110
75	0.38	250	0.77	234	1.38	217	2.26	198	3.80	178	6.20	158	9.6	138
80	0.53	307	1.05	287	1.87	267	3.07	243	5.10	218	8.15	195	12.5	170
85	0.74	378	1.44	352	2.53	325	4.15	297	6.83	268	10.7	240	16.3	211
90	1.01	458	1.95	426	3.38	393	5.50	359	9.0	325	13.7	292	20.9	258
95	1.37	555	2.62	517	4.53	478	7.32	436	11.7	394	17.8	355	26.8	315
100	1.87	675	3.50	628	6.05	580	9.7	530	15.5	480	23.0	430	34.2	383
105	2.50	800	4.65	745	7.90	6.90	12.7	631	20.0	573	29.2	520	43.0	463
110							16.5	755	25.7	688	37.0	625	54.5	560
115									32.5	810	46	740	67	665
120													84	785

温度/℃	HNO₃含量 55% p_{HNO_3}	55% p_{H_2O}	60% p_{HNO_3}	60% p_{H_2O}	65% p_{HNO_3}	65% p_{H_2O}	70% p_{HNO_3}	70% p_{H_2O}	80% p_{HNO_3}	80% p_{H_2O}	90% p_{HNO_3}	90% p_{H_2O}	100% p_{HNO_3}
0		1.8	0.19	1.5	0.41	1.3	0.79	1.1	2		5.5		11
5	0.14	2.5	0.28	2.1	0.60	1.8	1.12	1.6	3		8		15
10	0.21	3.5	0.41	3.0	0.86	2.6	1.58	2.2	4	1.2	11		22
15	0.31	4.9	0.59	4.1	1.21	3.5	2.18	3.0	6	1.7	15		30
20	0.45	6.7	0.84	5.6	1.68	4.9	3.00	4.1	8	2.4	20		42
25	0.66	9.1	1.21	7.7	2.32	6.6	4.10	5.5	10.5	3.2	27	1	57
30	0.93	12.2	1.66	10.3	3.17	8.8	5.50	7.4	14	4	36	1.3	77
35	1.30	16.1	2.28	13.6	4.26	11.6	7.30	9.8	18.5	5.5	47	1.8	102
40	1.82	21.3	3.10	18.1	5.70	15.5	9.65	12.8	24.5	7	62	2.4	133
45	2.50	28.0	4.20	23.7	7.55	20.0	12.6	16.7	32	9.5	80	3	170
50	3.41	36.3	5.68	31	10.0	26.0	16.5	21.8	41	12	103	4	215
55	4.54	46	7.45	39	12.8	33.0	21.0	27.3	52	15	127	5	262
60	6.15	60	9.9	51	16.8	43.0	27.1	35.3	67	20	157	6.5	320
65	8.18	76	13.0	64	21.7	54.5	34.5	44.5	85	25	192	8	385
70	10.7	95	16.8	81	27.5	68	43.3	56	106	31	232	10	460

续表

温度/℃	HNO$_3$ 含量												
	55%		60%		65%		70%		80%		90%		100%
	p_{HNO_3}	p_{H_2O}	p_{HNO_3}	p_{H_2O}	p_{HNO_3}	p_{H_2O}	p_{HNO_3}	p_{H_2O}	p_{HNO_3}	p_{H_2O}	p_{HNO_3}	p_{H_2O}	p_{HNO_3}
75	13.9	120	21.8	102	35.0	86	54.5	70	130	38	282	13	540
80	18.0	148	27.5	126	43.5	106	67.5	86	158	48	338	16	625
85	23.0	182	34.8	156	54.5	131	83	107	192	60	405	20	720
90	29.4	223	43.7	192	67.5	160	103	130	230	73	480	24	820
95	37.3	272	55.0	233	83.5	195	125	158		89	570	29	
									278				
100	47	331	69.5	285	103	238	152	192	330	108	675	35	
105	58.5	400	84.5	345	124	288	183	231	392	129	790	42	
110	73	485	103	417	152	345	221	278	465	155			
115	90	575	126	495	181	410	262	330	545	185			
120	110	685	156	590	218	490	312	393	640	219			
125			187	700	260	580	372	469					

注：1. p_{HNO_3}——硝酸水溶液液面上硝酸的分压，mmHg；p_{H_2O}——硝酸水溶液液面上水的分压，mmHg。
2. 1mmHg=133.322Pa。

5.8 发烟硫酸液面上 SO_3 的蒸气压（表 13-33）

表 13-33 发烟硫酸液面上 SO_3 的蒸气压 单位：mmHg

游离 SO_3（质量分数）/%	温度/℃															
	20	30	40	50	60	70	80	90	100	110	120	130	140	150	160	170
5							12	18	23	35	54	78	112	162	236	360
10						16	24	34	52	76	114	167	240	334	470	655
15					15	25	37	60	89	128	194	294	356	558	824	
20				12	20	35	57	89	138	209	316	460	650			
25				16	28	50	84	140	225	334	459	752				
30			15	25	46	75	135	220	351	530						
35		12	22	40	74	119	209	339	515	840						
40		17	25	63	115	192	313	504	794							
45	16	30	55	100	173	290	469	728								
50	28	50	89	153	257	426	688									
55	46	82	162	230	384	628										
60	73	128	217	354	579	954										
65	111	197	330	545	880											
70	164	300	500	816												

注：1mmHg=133.322Pa。

5.9 硫酸水溶液液面上水蒸气的分压（表 13-34）

表 13-34 硫酸水溶液液面上水蒸气的分压 单位：bar

温度/℃	H_2SO_4（质量分数）/%									
	10.0	20.0	30.0	40.0	50.0	60.0	70.0	75.0	80.0	85.0
0	0.582×10^{-2}	0.534×10^{-2}	0.448×10^{-2}	0.326×10^{-2}	0.193×10^{-2}	0.836×10^{-3}	0.207×10^{-3}	0.747×10^{-4}	0.197×10^{-4}	0.343×10^{-5}
10	0.117×10^{-1}	0.107×10^{-1}	0.909×10^{-2}	0.670×10^{-2}	0.405×10^{-2}	0.180×10^{-2}	0.467×10^{-3}	0.175×10^{-3}	0.490×10^{-4}	0.952×10^{-5}
20	0.223×10^{-1}	0.205×10^{-1}	0.174×10^{-1}	0.130×10^{-1}	0.802×10^{-2}	0.367×10^{-2}	0.995×10^{-3}	0.388×10^{-3}	0.115×10^{-4}	0.245×10^{-4}
30	0.404×10^{-1}	0.373×10^{-1}	0.319×10^{-1}	0.241×10^{-1}	0.151×10^{-1}	0.710×10^{-2}	0.201×10^{-2}	0.811×10^{-3}	0.253×10^{-3}	0.589×10^{-4}
40	0.703×10^{-1}	0.649×10^{-1}	0.558×10^{-1}	0.427×10^{-1}	0.272×10^{-1}	0.131×10^{-1}	0.387×10^{-2}	0.162×10^{-2}	0.531×10^{-3}	0.133×10^{-3}
50	0.117	0.109	0.939×10^{-1}	0.725×10^{-1}	0.470×10^{-1}	0.232×10^{-1}	0.715×10^{-2}	0.309×10^{-2}	0.106×10^{-2}	0.286×10^{-3}
60	0.189	0.175	0.152	0.119	0.782×10^{-1}	0.395×10^{-1}	0.127×10^{-1}	0.565×10^{-2}	0.204×10^{-2}	0.584×10^{-3}
70	0.296	0.275	0.239	0.188	0.126	0.651×10^{-1}	0.217×10^{-1}	0.997×10^{-2}	0.376×10^{-2}	0.114×10^{-2}
80	0.449	0.417	0.365	0.290	0.196	0.104	0.360×10^{-1}	0.170×10^{-1}	0.668×10^{-2}	0.213×10^{-2}
90	0.664	0.617	0.542	0.434	0.298	0.161	0.578×10^{-1}	0.281×10^{-1}	0.115×10^{-1}	0.383×10^{-2}

续表

温度/℃	H_2SO_4(质量分数)/%									
	10.0	20.0	30.0	40.0	50.0	60.0	70.0	75.0	80.0	85.0
100	0.957	0.891	0.786	0.634	0.441	0.244	0.905×10^{-1}	0.452×10^{-1}	0.192×10^{-1}	0.666×10^{-2}
110	1.349	1.258	1.113	0.904	0.638	0.360	0.138	0.708×10^{-1}	0.312×10^{-1}	0.112×10^{-1}
120	1.863	1.740	1.544	1.264	0.903	0.519	0.206	0.108	0.493×10^{-1}	0.183×10^{-1}
130	2.524	2.361	2.101	1.732	1.253	0.734	0.301	0.162	0.760×10^{-1}	0.291×10^{-1}
140	3.361	3.149	2.810	2.333	1.708	1.020	0.481	0.236	0.115	0.451×10^{-1}
150	4.404	4.132	3.697	3.090	2.289	1.392	0.605	0.339	0.170	0.682×10^{-1}
160	5.685	5.342	4.793	4.031	3.021	1.870	0.837	0.478	0.246	0.101
170	7.236	6.810	6.127	5.185	3.930	2.475	1.138	0.662	0.350	0.147
180	9.093	8.571	7.731	6.584	5.045	3.233	1.525	0.902	0.489	0.208
190	11.289	10.658	9.640	8.259	6.397	4.169	2.017	1.212	0.673	0.291
200	13.861	13.107	11.887	10.245	8.020	5.312	2.632	1.606	0.913	0.401
210	16.841	15.951	14.505	12.576	9.948	6.696	3.395	2.101	1.220	0.542
220	20.264	19.225	17.529	15.287	12.217	8.354	4.331	2.714	1.609	0.724
230	24.160	22.960	20.992	18.414	14.864	10.322	5.466	3.467	2.096	0.952
240	28.561	27.188	24.927	21.992	17.929	12.641	6.831	4.381	2.699	1.237
250	33.494	31.939	29.364	26.056	21.452	15.351	8.458	5.480	3.435	1.587
260	38.984	37.240	34.334	30.642	25.472	18.496	10.382	6.788	4.326	2.012
270	45.055	43.116	39.865	35.784	30.030	22.121	12.640	8.333	5.395	2.525
280	51.726	49.590	45.984	41.514	35.168	26.274	15.269	10.142	6.663	3.136
290	59.015	56.681	52.715	47.865	40.926	31.003	18.311	12.242	8.155	3.857
300	66.934	64.407	60.081	54.868	47.346	36.360	21.808	14.665	9.897	4.701
310	75.495	72.781	68.100	62.553	54.470	42.395	25.804	17.438	11.912	5.680
320	84.705	81.816	76.792	70.947	62.337	49.164	30.343	20.591	14.227	6.806
330	94.567	91.518	86.172	80.077	70.988	56.721	35.473	24.153	16.867	8.093
340	105.083	101.894	96.252	89.969	80.463	65.123	41.240	28.154	19.855	9.551
350	116.251	112.946	107.043	100.646	90.802	74.426	47.692	32.622	23.217	11.193

温度/℃	H_2SO_4(质量分数)/%									
	90.0	92.0	94.0	96.0	97.0	98.0	98.5	99.0	99.5	100.0
0	0.518×10^{-6}	0.242×10^{-6}	0.107×10^{-6}	0.401×10^{-7}	0.218×10^{-7}	0.980×10^{-8}	0.569×10^{-8}	0.268×10^{-8}	0.775×10^{-9}	0.196×10^{-9}
10	0.159×10^{-5}	0.762×10^{-6}	0.344×10^{-6}	0.130×10^{-6}	0.713×10^{-7}	0.323×10^{-7}	0.188×10^{-7}	0.888×10^{-8}	0.258×10^{-8}	0.655×10^{-9}
20	0.448×10^{-5}	0.220×10^{-5}	0.101×10^{-5}	0.390×10^{-6}	0.215×10^{-6}	0.978×10^{-7}	0.572×10^{-7}	0.271×10^{-7}	0.789×10^{-8}	0.201×10^{-8}
30	0.117×10^{-4}	0.587×10^{-5}	0.275×10^{-5}	0.108×10^{-5}	0.598×10^{-6}	0.275×10^{-6}	0.161×10^{-6}	0.766×10^{-7}	0.224×10^{-7}	575×10^{-8}
40	0.285×10^{-4}	0.146×10^{-4}	0.696×10^{-5}	0.278×10^{-5}	0.155×10^{-5}	0.720×10^{-6}	0.424×10^{-6}	0.202×10^{-6}	0.595×10^{-7}	0.153×10^{-7}
50	0.652×10^{-4}	0.341×10^{-4}	0.166×10^{-4}	0.672×10^{-5}	0.379×10^{-5}	0.177×10^{-5}	0.105×10^{-5}	0.503×10^{-6}	0.149×10^{-6}	0.384×10^{-7}
60	0.141×10^{-3}	0.754×10^{-4}	0.372×10^{-4}	0.154×10^{-4}	0.875×10^{-5}	0.413×10^{-5}	0.245×10^{-5}	0.118×10^{-5}	0.350×10^{-6}	0.910×10^{-7}
70	0.290×10^{-3}	0.158×10^{-3}	0.795×10^{-4}	0.334×10^{-4}	0.192×10^{-4}	0.912×10^{-5}	0.544×10^{-5}	0.263×10^{-5}	0.784×10^{-6}	0.205×10^{-6}
80	0.569×10^{-3}	0.316×10^{-3}	0.162×10^{-3}	0.691×10^{-4}	0.400×10^{-4}	0.192×10^{-4}	0.115×10^{-4}	0.559×10^{-5}	0.168×10^{-5}	0.439×10^{-6}
90	0.107×10^{-2}	0.606×10^{-3}	0.315×10^{-3}	0.137×10^{-3}	0.801×10^{-4}	0.388×10^{-4}	0.234×10^{-4}	0.114×10^{-4}	0.343×10^{-5}	0.903×10^{-6}
100	0.194×10^{-2}	0.112×10^{-2}	0.590×10^{-3}	0.261×10^{-3}	0.154×10^{-3}	0.752×10^{-4}	0.455×10^{-4}	0.223×10^{-4}	0.674×10^{-5}	0.178×10^{-5}
110	0.338×10^{-2}	0.198×10^{-2}	0.107×10^{-2}	0.479×10^{-3}	0.285×10^{-3}	0.141×10^{-3}	0.855×10^{-4}	0.420×10^{-4}	0.128×10^{-4}	0.339×10^{-5}
120	0.571×10^{-2}	0.341×10^{-2}	0.186×10^{-2}	0.851×10^{-3}	0.511×10^{-3}	0.254×10^{-3}	0.155×10^{-3}	0.766×10^{-4}	0.233×10^{-4}	0.623×10^{-5}
130	0.938×10^{-2}	0.569×10^{-2}	0.315×10^{-2}	0.146×10^{-2}	0.886×10^{-3}	0.445×10^{-3}	0.278×10^{-3}	0.135×10^{-3}	0.414×10^{-4}	0.111×10^{-4}
140	0.150×10^{-1}	0.923×10^{-2}	0.519×10^{-2}	0.245×10^{-2}	0.149×10^{-2}	0.757×10^{-3}	0.467×10^{-3}	0.232×10^{-3}	0.711×10^{-4}	0.191×10^{-4}
150	0.233×10^{-1}	0.146×10^{-1}	0.832×10^{-2}	0.399×10^{-2}	0.245×10^{-2}	0.125×10^{-2}	0.776×10^{-3}	0.387×10^{-3}	0.119×10^{-3}	0.321×10^{-4}
160	0.354×10^{-1}	0.225×10^{-1}	0.130×10^{-1}	0.633×10^{-2}	0.393×10^{-2}	0.202×10^{-2}	0.126×10^{-2}	0.629×10^{-3}	0.194×10^{-3}	0.526×10^{-4}
170	0.526×10^{-1}	0.340×10^{-1}	0.199×10^{-1}	0.983×10^{-2}	0.614×10^{-2}	0.319×10^{-2}	0.199×10^{-2}	0.999×10^{-3}	0.309×10^{-3}	0.840×10^{-4}
180	0.766×10^{-1}	0.502×10^{-1}	0.298×10^{-1}	0.149×10^{-1}	0.941×10^{-2}	0.492×10^{-2}	0.309×10^{-2}	0.155×10^{-2}	0.482×10^{-3}	0.131×10^{-3}
190	0.110	0.729×10^{-1}	0.438×10^{-1}	0.222×10^{-1}	0.141×10^{-1}	0.744×10^{-2}	0.469×10^{-2}	0.236×10^{-2}	0.735×10^{-3}	0.201×10^{-3}

续表

温度/℃	H_2SO_4(质量分数)/%									
	90.0	92.0	94.0	96.0	97.0	98.0	98.5	99.0	99.5	100.0
200	0.154	0.104	0.631×10^{-1}	0.325×10^{-1}	0.208×10^{-1}	0.110×10^{-1}	0.698×10^{-2}	0.352×10^{-2}	0.110×10^{-2}	0.300×10^{-3}
210	0.213	0.146	0.894×10^{-1}	0.467×10^{-1}	0.300×10^{-1}	0.161×10^{-1}	0.102×10^{-1}	0.516×10^{-2}	0.161×10^{-2}	0.442×10^{-3}
220	0.290	0.201	0.125	0.660×10^{-1}	0.427×10^{-1}	0.230×10^{-1}	0.147×10^{-1}	0.743×10^{-2}	0.232×10^{-2}	0.638×10^{-3}
230	0.389	0.273	0.171	0.918×10^{-1}	0.598×10^{-1}	0.325×10^{-1}	0.208×10^{-1}	0.105×10^{-1}	0.329×10^{-2}	0.906×10^{-3}
240	0.514	0.366	0.232	0.126	0.825×10^{-1}	0.451×10^{-1}	0.290×10^{-1}	0.147×10^{-1}	0.460×10^{-2}	0.127×10^{-2}
250	0.673	0.485	0.310	0.170	0.112	0.618×10^{-1}	0.398×10^{-1}	0.202×10^{-1}	0.633×10^{-2}	0.174×10^{-2}
260	0.870	0.635	0.409	0.227	0.151	0.835×10^{-1}	0.540×10^{-1}	0.274×10^{-1}	0.858×10^{-2}	0.237×10^{-2}
270	1.112	0.822	0.534	0.300	0.200	0.111	0.723×10^{-1}	0.366×10^{-1}	0.115×10^{-1}	0.317×10^{-2}
280	1.407	1.052	0.689	0.391	0.263	0.147	0.957×10^{-1}	0.485×10^{-1}	0.152×10^{-1}	0.420×10^{-2}
290	1.763	1.335	0.880	0.505	0.341	0.192	0.125	0.634×10^{-1}	0.199×10^{-1}	0.548×10^{-2}
300	2.190	1.676	1.112	0.646	0.437	0.248	0.162	0.820×10^{-1}	0.257×10^{-1}	0.708×10^{-2}
310	2.696	2.088	1.394	0.817	0.556	0.316	0.208	0.105	0.328×10^{-1}	0.905×10^{-2}
320	3.292	2.578	1.732	1.025	0.701	0.400	0.264	0.133	0.415×10^{-1}	0.114×10^{-1}
330	3.990	3.159	2.133	1.274	0.875	0.502	0.331	0.167	0.520×10^{-1}	0.143×10^{-1}
340	4.801	3.843	2.608	1.571	1.083	0.624	0.413	0.208	0.646×10^{-1}	0.178×10^{-1}
350	5.738	4.641	3.164	1.922	1.331	0.770	0.511	0.256	0.795×10^{-1}	0.218×10^{-1}

5.10 硫酸水溶液液面上 SO_3 的分压（表 13-35）

表 13-35 硫酸水溶液液面上 SO_3 分压　　单位：bar

温度/℃	H_2SO_4(质量分数)/%									
	10.0	20.0	30.0	40.0	50.0	60.0	70.0	75.0	80.0	85.0
0	0.644×10^{-29}	0.103×10^{-27}	0.205×10^{-26}	0.688×10^{-25}	0.368×10^{-23}	0.341×10^{-21}	0.784×10^{-19}	0.174×10^{-17}	0.531×10^{-16}	0.229×10^{-14}
10	0.149×10^{-27}	0.223×10^{-26}	0.395×10^{-25}	0.113×10^{-23}	0.522×10^{-22}	0.415×10^{-20}	0.796×10^{-18}	0.158×10^{-16}	0.417×10^{-15}	0.141×10^{-13}
20	0.278×10^{-26}	0.394×10^{-25}	0.626×10^{-24}	0.156×10^{-22}	0.621×10^{-21}	0.426×10^{-19}	0.685×10^{-17}	0.121×10^{-15}	0.280×10^{-14}	0.767×10^{-13}
30	0.426×10^{-25}	0.577×10^{-24}	0.832×10^{-23}	0.181×10^{-21}	0.630×10^{-20}	0.376×10^{-18}	0.509×10^{-16}	0.808×10^{-15}	0.164×10^{-13}	0.371×10^{-12}
40	0.549×10^{-24}	0.714×10^{-23}	0.941×10^{-22}	0.181×10^{-20}	0.555×10^{-19}	0.288×10^{-17}	0.331×10^{-15}	0.473×10^{-14}	0.851×10^{-13}	0.162×10^{-11}
50	0.602×10^{-23}	0.757×10^{-22}	0.921×10^{-21}	0.158×10^{-19}	0.429×10^{-18}	0.195×10^{-16}	0.191×10^{-14}	0.246×10^{-13}	0.395×10^{-12}	0.643×10^{-11}
60	0.573×10^{-22}	0.699×10^{-21}	0.789×10^{-20}	0.122×10^{-18}	0.294×10^{-17}	0.118×10^{-15}	0.985×10^{-14}	0.116×10^{-12}	0.165×10^{-11}	0.234×10^{-10}
70	0.477×10^{-21}	0.567×10^{-20}	0.599×10^{-19}	0.843×10^{-18}	0.181×10^{-16}	0.643×10^{-15}	0.461×10^{-13}	0.492×10^{-12}	0.634×10^{-11}	0.791×10^{-10}
80	0.352×10^{-20}	0.410×10^{-19}	0.408×10^{-18}	0.524×10^{-17}	0.101×10^{-15}	0.319×10^{-14}	0.197×10^{-12}	0.192×10^{-11}	0.223×10^{-10}	0.249×10^{-9}
90	0.233×10^{-19}	0.266×10^{-18}	0.250×10^{-17}	0.296×10^{-16}	0.516×10^{-15}	0.145×10^{-13}	0.775×10^{-12}	0.693×10^{-11}	0.731×10^{-10}	0.734×10^{-9}
100	0.139×10^{-18}	0.157×10^{-17}	0.140×10^{-16}	0.153×10^{-15}	0.242×10^{-14}	0.606×10^{-13}	0.283×10^{-11}	0.232×10^{-10}	0.223×10^{-9}	0.204×10^{-8}
110	0.756×10^{-18}	0.844×10^{-17}	0.719×10^{-16}	0.730×10^{-15}	0.105×10^{-13}	0.236×10^{-12}	0.961×10^{-11}	0.729×10^{-10}	0.641×10^{-9}	0.538×10^{-8}
120	0.377×10^{-17}	0.418×10^{-16}	0.340×10^{-15}	0.323×10^{-14}	0.424×10^{-13}	0.858×10^{-12}	0.307×10^{-10}	0.215×10^{-9}	0.174×10^{-8}	0.135×10^{-7}
130	0.174×10^{-16}	0.191×10^{-15}	0.150×10^{-14}	0.133×10^{-13}	0.160×10^{-12}	0.293×10^{-11}	0.922×10^{-10}	0.601×10^{-9}	0.446×10^{-8}	0.324×10^{-7}
140	0.743×10^{-16}	0.815×10^{-15}	0.615×10^{-14}	0.517×10^{-13}	0.569×10^{-12}	0.943×10^{-11}	0.262×10^{-9}	0.159×10^{-8}	0.109×10^{-7}	0.745×10^{-7}
150	0.297×10^{-15}	0.325×10^{-14}	0.237×10^{-13}	0.188×10^{-12}	0.191×10^{-11}	0.287×10^{-10}	0.710×10^{-9}	0.403×10^{-8}	0.256×10^{-7}	0.165×10^{-6}
160	0.111×10^{-14}	0.122×10^{-13}	0.862×10^{-13}	0.649×10^{-12}	0.608×10^{-11}	0.833×10^{-10}	0.183×10^{-8}	0.974×10^{-8}	0.575×10^{-7}	0.351×10^{-6}
170	0.393×10^{-14}	0.430×10^{-13}	0.296×10^{-12}	0.212×10^{-11}	0.184×10^{-10}	0.231×10^{-9}	0.453×10^{-8}	0.226×10^{-7}	0.125×10^{-6}	0.725×10^{-6}
180	0.131×10^{-13}	0.144×10^{-12}	0.967×10^{-12}	0.622×10^{-11}	0.532×10^{-10}	0.610×10^{-9}	0.107×10^{-7}	0.505×10^{-7}	0.260×10^{-6}	0.145×10^{-5}
190	0.415×10^{-13}	0.458×10^{-12}	0.301×10^{-11}	0.197×10^{-10}	0.147×10^{-9}	0.155×10^{-8}	0.246×10^{-7}	0.109×10^{-6}	0.527×10^{-6}	0.282×10^{-5}
200	0.125×10^{-12}	0.139×10^{-11}	0.893×10^{-11}	0.561×10^{-10}	0.391×10^{-9}	0.379×10^{-8}	0.542×10^{-7}	0.228×10^{-6}	0.103×10^{-6}	0.534×10^{-5}
210	0.362×10^{-12}	0.404×10^{-11}	0.254×10^{-10}	0.154×10^{-9}	0.100×10^{-8}	0.894×10^{-8}	0.116×10^{-6}	0.462×10^{-6}	0.198×10^{-5}	0.986×10^{-5}
220	0.100×10^{-11}	0.112×10^{-10}	0.695×10^{-10}	0.405×10^{-9}	0.246×10^{-8}	0.204×10^{-7}	0.240×10^{-6}	0.911×10^{-6}	0.368×10^{-5}	0.178×10^{-4}
230	0.265×10^{-11}	0.301×10^{-10}	0.183×10^{-9}	0.103×10^{-8}	0.587×10^{-8}	0.450×10^{-7}	0.482×10^{-6}	0.175×10^{-5}	0.668×10^{-5}	0.314×10^{-4}
240	0.678×10^{-11}	0.777×10^{-10}	0.465×10^{-9}	0.253×10^{-8}	0.135×10^{-7}	0.965×10^{-7}	0.944×10^{-6}	0.328×10^{-5}	0.119×10^{-4}	0.543×10^{-4}
250	0.167×10^{-10}	0.193×10^{-9}	0.114×10^{-8}	0.602×10^{-8}	0.303×10^{-7}	0.201×10^{-6}	0.180×10^{-5}	0.600×10^{-5}	0.206×10^{-4}	0.923×10^{-4}
260	0.399×10^{-10}	0.466×10^{-9}	0.272×10^{-8}	0.139×10^{-7}	0.660×10^{-7}	0.408×10^{-6}	0.336×10^{-5}	0.108×10^{-4}	0.352×10^{-4}	0.154×10^{-3}
270	0.920×10^{-10}	0.109×10^{-8}	0.628×10^{-8}	0.312×10^{-7}	0.140×10^{-6}	0.807×10^{-6}	0.612×10^{-5}	0.189×10^{-4}	0.590×10^{-4}	0.253×10^{-3}
280	0.206×10^{-9}	0.247×10^{-8}	0.141×10^{-7}	0.683×10^{-7}	0.288×10^{-6}	0.156×10^{-5}	0.109×10^{-4}	0.326×10^{-4}	0.973×10^{-4}	0.408×10^{-3}
290	0.449×10^{-9}	0.545×10^{-8}	0.308×10^{-7}	0.145×10^{-6}	0.580×10^{-6}	0.295×10^{-5}	0.191×10^{-4}	0.553×10^{-4}	0.158×10^{-3}	0.649×10^{-3}

续表

温度/℃	H_2SO_4(质量分数)/%									
	10.0	20.0	30.0	40.0	50.0	60.0	70.0	75.0	80.0	85.0
300	0.953×10^{-9}	0.117×10^{-7}	0.657×10^{-7}	0.302×10^{-6}	0.114×10^{-5}	0.546×10^{-5}	0.329×10^{-4}	0.921×10^{-4}	0.253×10^{-3}	0.102×10^{-2}
310	0.197×10^{-8}	0.245×10^{-7}	0.136×10^{-6}	0.614×10^{-6}	0.220×10^{-5}	0.990×10^{-5}	0.556×10^{-4}	0.151×10^{-3}	0.398×10^{-3}	0.158×10^{-2}
320	0.397×10^{-8}	0.502×10^{-7}	0.277×10^{-6}	0.122×10^{-5}	0.414×10^{-5}	0.176×10^{-4}	0.923×10^{-4}	0.245×10^{-3}	0.621×10^{-3}	0.242×10^{-2}
330	0.782×10^{-8}	0.100×10^{-6}	0.551×10^{-6}	0.237×10^{-5}	0.766×10^{-5}	0.308×10^{-4}	0.151×10^{-3}	0.391×10^{-3}	0.956×10^{-3}	0.367×10^{-2}
340	0.151×10^{-7}	0.196×10^{-6}	0.107×10^{-5}	0.452×10^{-5}	0.139×10^{-4}	0.529×10^{-4}	0.243×10^{-3}	0.617×10^{-3}	0.145×10^{-2}	0.550×10^{-2}
350	0.285×10^{-7}	0.376×10^{-6}	0.204×10^{-5}	0.846×10^{-5}	0.246×10^{-4}	0.893×10^{-4}	0.387×10^{-3}	0.963×10^{-3}	0.219×10^{-2}	0.815×10^{-2}

温度/℃	H_2SO_4(质量分数)/%									
	90.0	92.0	94.0	96.0	97.0	98.0	98.5	99.0	99.5	100.0
0	0.671×10^{-13}	0.216×10^{-12}	0.677×10^{-12}	0.240×10^{-11}	0.500×10^{-11}	0.124×10^{-10}	0.224×10^{-10}	0.502×10^{-10}	0.182×10^{-9}	0.755×10^{-9}
10	0.345×10^{-12}	0.107×10^{-11}	0.326×10^{-11}	0.114×10^{-10}	0.234×10^{-10}	0.578×10^{-10}	0.104×10^{-9}	0.232×10^{-9}	0.839×10^{-9}	0.347×10^{-8}
20	0.159×10^{-11}	0.475×10^{-11}	0.141×10^{-10}	0.482×10^{-10}	0.986×10^{-10}	0.241×10^{-9}	0.433×10^{-9}	0.961×10^{-9}	0.346×10^{-8}	0.142×10^{-7}
30	0.664×10^{-11}	0.192×10^{-10}	0.557×10^{-10}	0.186×10^{-9}	0.376×10^{-9}	0.911×10^{-9}	0.163×10^{-8}	0.360×10^{-8}	0.129×10^{-7}	0.528×10^{-7}
40	0.254×10^{-10}	0.709×10^{-10}	0.201×10^{-9}	0.655×10^{-9}	0.131×10^{-8}	0.315×10^{-8}	0.562×10^{-8}	0.123×10^{-7}	0.440×10^{-7}	0.179×10^{-6}
50	0.897×10^{-10}	0.242×10^{-9}	0.669×10^{-9}	0.214×10^{-8}	0.424×10^{-8}	0.101×10^{-7}	0.179×10^{-7}	0.391×10^{-7}	0.139×10^{-6}	0.560×10^{-6}
60	0.294×10^{-9}	0.771×10^{-9}	0.207×10^{-8}	0.647×10^{-8}	0.127×10^{-7}	0.299×10^{-7}	0.528×10^{-7}	0.115×10^{-6}	0.405×10^{-6}	0.163×10^{-5}
70	0.904×10^{-9}	0.230×10^{-8}	0.602×10^{-8}	0.184×10^{-7}	0.357×10^{-7}	0.833×10^{-7}	0.146×10^{-6}	0.316×10^{-6}	0.111×10^{-5}	0.444×10^{-5}
80	0.261×10^{-8}	0.643×10^{-8}	0.165×10^{-7}	0.492×10^{-7}	0.946×10^{-7}	0.218×10^{-6}	0.381×10^{-6}	0.820×10^{-6}	0.286×10^{-5}	0.114×10^{-4}
90	0.712×10^{-8}	0.171×10^{-7}	0.426×10^{-7}	0.124×10^{-6}	0.237×10^{-6}	0.541×10^{-6}	0.940×10^{-6}	0.201×10^{-5}	0.698×10^{-5}	0.276×10^{-4}
100	0.184×10^{-7}	0.430×10^{-7}	0.105×10^{-6}	0.300×10^{-6}	0.565×10^{-6}	0.127×10^{-5}	0.220×10^{-5}	0.470×10^{-5}	0.162×10^{-4}	0.638×10^{-4}
110	0.456×10^{-7}	0.103×10^{-6}	0.247×10^{-6}	0.689×10^{-6}	0.128×10^{-5}	0.287×10^{-5}	0.494×10^{-5}	0.105×10^{-4}	0.359×10^{-4}	0.141×10^{-3}
120	0.108×10^{-6}	0.238×10^{-6}	0.555×10^{-6}	0.152×10^{-5}	0.280×10^{-5}	0.619×10^{-5}	0.106×10^{-4}	0.224×10^{-4}	0.764×10^{-4}	0.298×10^{-3}
130	0.244×10^{-6}	0.526×10^{-6}	0.120×10^{-5}	0.321×10^{-5}	0.586×10^{-5}	0.128×10^{-4}	0.219×10^{-4}	0.459×10^{-4}	0.156×10^{-3}	0.606×10^{-3}
140	0.533×10^{-6}	0.112×10^{-5}	0.250×10^{-5}	0.656×10^{-5}	0.118×10^{-4}	0.257×10^{-4}	0.435×10^{-4}	0.910×10^{-4}	0.308×10^{-3}	0.119×10^{-2}
150	0.112×10^{-5}	0.230×10^{-5}	0.504×10^{-5}	0.129×10^{-4}	0.231×10^{-4}	0.497×10^{-4}	0.837×10^{-4}	0.174×10^{-3}	0.588×10^{-3}	0.226×10^{-2}
160	0.229×10^{-5}	0.459×10^{-5}	0.983×10^{-5}	0.247×10^{-4}	0.438×10^{-4}	0.932×10^{-4}	0.156×10^{-3}	0.324×10^{-3}	0.109×10^{-2}	0.416×10^{-2}
170	0.453×10^{-5}	0.886×10^{-5}	0.186×10^{-4}	0.459×10^{-4}	0.806×10^{-4}	0.170×10^{-3}	0.283×10^{-3}	0.586×10^{-3}	0.196×10^{-2}	0.746×10^{-2}
180	0.870×10^{-5}	0.166×10^{-4}	0.343×10^{-4}	0.829×10^{-4}	0.144×10^{-3}	0.301×10^{-3}	0.499×10^{-3}	0.103×10^{-2}	0.343×10^{-2}	0.130×10^{-1}
190	0.163×10^{-4}	0.304×10^{-4}	0.615×10^{-4}	0.146×10^{-3}	0.252×10^{-3}	0.520×10^{-3}	0.859×10^{-3}	0.177×10^{-2}	0.587×10^{-2}	0.222×10^{-1}
200	0.297×10^{-4}	0.543×10^{-4}	0.108×10^{-3}	0.251×10^{-3}	0.429×10^{-3}	0.878×10^{-3}	0.144×10^{-2}	0.296×10^{-2}	0.981×10^{-2}	0.370×10^{-1}
210	0.528×10^{-4}	0.946×10^{-4}	0.185×10^{-3}	0.422×10^{-3}	0.714×10^{-3}	0.145×10^{-2}	0.237×10^{-2}	0.486×10^{-2}	0.161×10^{-1}	0.603×10^{-1}
220	0.919×10^{-4}	0.161×10^{-3}	0.309×10^{-3}	0.694×10^{-3}	0.117×10^{-2}	0.235×10^{-2}	0.383×10^{-2}	0.781×10^{-2}	0.258×10^{-1}	0.965×10^{-1}
230	0.157×10^{-3}	0.269×10^{-3}	0.508×10^{-3}	0.112×10^{-2}	0.187×10^{-2}	0.373×10^{-2}	0.605×10^{-2}	0.123×10^{-1}	0.405×10^{-1}	0.152
240	0.261×10^{-3}	0.441×10^{-3}	0.819×10^{-3}	0.178×10^{-2}	0.293×10^{-2}	0.582×10^{-2}	0.939×10^{-2}	0.191×10^{-1}	0.627×10^{-1}	0.234
250	0.428×10^{-3}	0.708×10^{-3}	0.130×10^{-2}	0.276×10^{-2}	0.453×10^{-2}	0.891×10^{-2}	0.143×10^{-1}	0.291×10^{-1}	0.955×10^{-1}	0.356
260	0.690×10^{-3}	0.112×10^{-2}	0.202×10^{-2}	0.423×10^{-2}	0.688×10^{-2}	0.134×10^{-1}	0.215×10^{-1}	0.437×10^{-1}	0.143	0.532
270	0.109×10^{-2}	0.174×10^{-2}	0.309×10^{-2}	0.638×10^{-2}	0.103×10^{-1}	0.200×10^{-1}	0.319×10^{-1}	0.646×10^{-1}	0.212	0.786
280	0.170×10^{-2}	0.266×10^{-2}	0.466×10^{-2}	0.948×10^{-2}	0.152×10^{-1}	0.293×10^{-1}	0.465×10^{-1}	0.943×10^{-1}	0.309	1.144
290	0.261×10^{-2}	0.401×10^{-2}	0.694×10^{-2}	0.139×10^{-1}	0.221×10^{-1}	0.423×10^{-1}	0.670×10^{-1}	0.136	0.444	1.646
300	0.395×10^{-2}	0.595×10^{-2}	0.102×10^{-1}	0.201×10^{-1}	0.318×10^{-1}	0.604×10^{-1}	0.953×10^{-1}	0.193	0.632	2.339
310	0.589×10^{-2}	0.873×10^{-2}	0.148×10^{-1}	0.287×10^{-1}	0.451×10^{-1}	0.852×10^{-1}	0.134	0.272	0.889	3.289
320	0.868×10^{-2}	0.126×10^{-1}	0.211×10^{-1}	0.405×10^{-1}	0.632×10^{-1}	0.119	0.186	0.378	1.236	4.575
330	0.126×10^{-1}	0.181×10^{-1}	0.299×10^{-1}	0.565×10^{-1}	0.877×10^{-1}	0.164	0.256	0.520	1.703	6.303
340	0.181×10^{-1}	0.255×10^{-1}	0.418×10^{-1}	0.780×10^{-1}	0.120	0.224	0.348	0.708	2.323	8.603
350	0.258×10^{-1}	0.357×10^{-1}	0.578×10^{-1}	0.107	0.164	0.303	0.470	0.956	3.142	11.640

5.11 硫酸水溶液液面上 H_2SO_4 的分压（表 13-36）

表 13-36 硫酸水溶液液面上 H_2SO_4 的分压 单位：bar

温度/℃	H_2SO_4(质量分数)/%									
	10.0	20.0	30.0	40.0	50.0	60.0	70.0	75.0	80.0	85.0
0	0.576×10^{-21}	0.843×10^{-20}	0.141×10^{-18}	0.344×10^{-17}	0.109×10^{-15}	0.438×10^{-14}	0.249×10^{-12}	0.200×10^{-11}	0.161×10^{-10}	0.121×10^{-9}
10	0.634×10^{-20}	0.874×10^{-19}	0.131×10^{-17}	0.276×10^{-16}	0.769×10^{-15}	0.373×10^{-13}	0.135×10^{-11}	0.101×10^{-10}	0.743×10^{-10}	0.490×10^{-9}
20	0.588×10^{-19}	0.769×10^{-18}	0.104×10^{-16}	0.193×10^{-15}	0.474×10^{-14}	0.149×10^{-12}	0.649×10^{-11}	0.447×10^{-10}	0.305×10^{-9}	0.179×10^{-8}
30	0.468×10^{-18}	0.584×10^{-17}	0.721×10^{-16}	0.119×10^{-14}	0.259×10^{-13}	0.725×10^{-12}	0.278×10^{-10}	0.178×10^{-9}	0.113×10^{-8}	0.594×10^{-8}
40	0.324×10^{-17}	0.389×10^{-16}	0.441×10^{-15}	0.649×10^{-14}	0.127×10^{-12}	0.317×10^{-11}	0.108×10^{-9}	0.643×10^{-9}	0.379×10^{-8}	0.181×10^{-7}
50	0.197×10^{-16}	0.229×10^{-15}	0.241×10^{-14}	0.320×10^{-13}	0.562×10^{-12}	0.126×10^{-10}	0.380×10^{-9}	0.212×10^{-8}	0.117×10^{-7}	0.513×10^{-7}
60	0.107×10^{-15}	0.121×10^{-14}	0.119×10^{-13}	0.144×10^{-12}	0.228×10^{-11}	0.462×10^{-10}	0.124×10^{-8}	0.646×10^{-8}	0.334×10^{-7}	0.135×10^{-6}
70	0.526×10^{-15}	0.581×10^{-14}	0.535×10^{-13}	0.592×10^{-12}	0.851×10^{-11}	0.156×10^{-9}	0.373×10^{-8}	0.183×10^{-7}	0.888×10^{-7}	0.336×10^{-6}
80	0.235×10^{-14}	0.254×10^{-13}	0.221×10^{-12}	0.225×10^{-11}	0.295×10^{-10}	0.492×10^{-9}	0.105×10^{-7}	0.485×10^{-7}	0.222×10^{-6}	0.786×10^{-6}
90	0.960×10^{-14}	0.102×10^{-12}	0.844×10^{-12}	0.798×10^{-11}	0.956×10^{-10}	0.145×10^{-8}	0.279×10^{-7}	0.121×10^{-6}	0.522×10^{-6}	0.175×10^{-5}
100	0.353×10^{-13}	0.381×10^{-12}	0.300×10^{-11}	0.264×10^{-10}	0.291×10^{-9}	0.402×10^{-8}	0.698×10^{-7}	0.287×10^{-6}	0.117×10^{-5}	0.371×10^{-5}
110	0.127×10^{-12}	0.132×10^{-11}	0.997×10^{-11}	0.824×10^{-10}	0.835×10^{-9}	0.106×10^{-7}	0.116×10^{-6}	0.644×10^{-6}	0.249×10^{-5}	0.752×10^{-5}
120	0.418×10^{-12}	0.432×10^{-11}	0.312×10^{-10}	0.243×10^{-9}	0.227×10^{-8}	0.264×10^{-7}	0.375×10^{-6}	0.138×10^{-5}	0.508×10^{-5}	0.147×10^{-4}
130	0.129×10^{-11}	0.132×10^{-10}	0.924×10^{-10}	0.678×10^{-9}	0.589×10^{-8}	0.631×10^{-7}	0.814×10^{-6}	0.285×10^{-5}	0.995×10^{-5}	0.277×10^{-4}
140	0.375×10^{-11}	0.385×10^{-10}	0.259×10^{-9}	0.181×10^{-8}	0.146×10^{-7}	0.144×10^{-6}	0.169×10^{-5}	0.565×10^{-5}	0.188×10^{-4}	0.503×10^{-4}
150	0.103×10^{-10}	0.106×10^{-9}	0.694×10^{-9}	0.460×10^{-8}	0.346×10^{-7}	0.316×10^{-6}	0.340×10^{-5}	0.108×10^{-4}	0.343×10^{-4}	0.889×10^{-4}
160	0.272×10^{-10}	0.279×10^{-9}	0.178×10^{-8}	0.112×10^{-7}	0.789×10^{-7}	0.670×10^{-6}	0.659×10^{-5}	0.200×10^{-4}	0.608×10^{-4}	0.152×10^{-3}
170	0.682×10^{-10}	0.702×10^{-9}	0.436×10^{-8}	0.264×10^{-7}	0.174×10^{-6}	0.137×10^{-5}	0.124×10^{-4}	0.359×10^{-4}	0.104×10^{-3}	0.255×10^{-3}
180	0.164×10^{-9}	0.170×10^{-8}	0.103×10^{-7}	0.599×10^{-7}	0.369×10^{-6}	0.271×10^{-5}	0.225×10^{-4}	0.627×10^{-4}	0.175×10^{-3}	0.416×10^{-3}
190	0.378×10^{-9}	0.394×10^{-8}	0.234×10^{-7}	0.131×10^{-6}	0.760×10^{-6}	0.521×10^{-5}	0.400×10^{-4}	0.107×10^{-3}	0.286×10^{-3}	0.663×10^{-3}
200	0.842×10^{-9}	0.883×10^{-8}	0.514×10^{-7}	0.278×10^{-6}	0.152×10^{-5}	0.975×10^{-5}	0.691×10^{-4}	0.177×10^{-3}	0.457×10^{-3}	0.104×10^{-2}
210	0.181×10^{-8}	0.191×10^{-7}	0.109×10^{-6}	0.573×10^{-6}	0.295×10^{-5}	0.178×10^{-4}	0.117×10^{-3}	0.288×10^{-3}	0.715×10^{-3}	0.159×10^{-2}
220	0.376×10^{-8}	0.401×10^{-7}	0.226×10^{-6}	0.115×10^{-5}	0.559×10^{-5}	0.316×10^{-4}	0.193×10^{-3}	0.459×10^{-3}	0.110×10^{-2}	0.239×10^{-2}
230	0.758×10^{-8}	0.817×10^{-7}	0.455×10^{-6}	0.224×10^{-5}	0.103×10^{-4}	0.549×10^{-4}	0.311×10^{-3}	0.717×10^{-3}	0.166×10^{-2}	0.354×10^{-2}
240	0.148×10^{-7}	0.162×10^{-6}	0.889×10^{-6}	0.427×10^{-5}	0.186×10^{-4}	0.935×10^{-4}	0.494×10^{-3}	0.110×10^{-2}	0.245×10^{-2}	0.515×10^{-2}
250	0.283×10^{-7}	0.312×10^{-6}	0.170×10^{-5}	0.793×10^{-5}	0.329×10^{-4}	0.156×10^{-3}	0.770×10^{-3}	0.166×10^{-2}	0.358×10^{-2}	0.740×10^{-2}
260	0.526×10^{-7}	0.588×10^{-6}	0.316×10^{-5}	0.144×10^{-4}	0.569×10^{-4}	0.255×10^{-3}	0.118×10^{-2}	0.247×10^{-2}	0.516×10^{-2}	0.105×10^{-1}
270	0.954×10^{-7}	0.108×10^{-5}	0.577×10^{-5}	0.257×10^{-4}	0.965×10^{-4}	0.411×10^{-3}	0.178×10^{-2}	0.362×10^{-2}	0.733×10^{-2}	0.147×10^{-1}
280	0.169×10^{-6}	0.194×10^{-5}	0.103×10^{-4}	0.450×10^{-4}	0.161×10^{-3}	0.650×10^{-3}	0.265×10^{-2}	0.524×10^{-2}	0.103×10^{-1}	0.203×10^{-1}
290	0.294×10^{-6}	0.342×10^{-5}	0.180×10^{-4}	0.771×10^{-4}	0.263×10^{-3}	0.101×10^{-2}	0.389×10^{-2}	0.750×10^{-2}	0.143×10^{-1}	0.278×10^{-1}
300	0.500×10^{-6}	0.591×10^{-5}	0.309×10^{-4}	0.130×10^{-3}	0.424×10^{-3}	0.156×10^{-3}	0.563×10^{-2}	0.106×10^{-1}	0.196×10^{-1}	0.376×10^{-1}
310	0.834×10^{-6}	0.100×10^{-4}	0.522×10^{-4}	0.215×10^{-3}	0.672×10^{-3}	0.236×10^{-2}	0.805×10^{-2}	0.148×10^{-1}	0.266×10^{-1}	0.504×10^{-1}
320	0.137×10^{-5}	0.167×10^{-4}	0.865×10^{-4}	0.352×10^{-3}	0.105×10^{-2}	0.352×10^{-2}	0.114×10^{-1}	0.205×10^{-1}	0.359×10^{-1}	0.670×10^{-1}
330	0.220×10^{-5}	0.273×10^{-4}	0.141×10^{-3}	0.565×10^{-3}	0.162×10^{-2}	0.519×10^{-2}	0.159×10^{-1}	0.281×10^{-1}	0.480×10^{-1}	0.883×10^{-1}
340	0.349×10^{-5}	0.440×10^{-4}	0.227×10^{-3}	0.895×10^{-3}	0.246×10^{-2}	0.757×10^{-2}	0.221×10^{-1}	0.382×10^{-1}	0.636×10^{-1}	0.116
350	0.544×10^{-5}	0.698×10^{-4}	0.360×10^{-3}	0.140×10^{-2}	0.369×10^{-2}	0.109×10^{-1}	0.303×10^{-1}	0.516×10^{-1}	0.836×10^{-1}	0.150
温度/℃	H_2SO_4(质量分数)/%									
	90.0	92.0	94.0	96.0	97.0	98.0	98.5	99.0	99.5	100.0
0	0.534×10^{-9}	0.803×10^{-9}	0.112×10^{-8}	0.148×10^{-8}	0.167×10^{-8}	0.187×10^{-8}	0.196×10^{-8}	0.206×10^{-8}	0.217×10^{-8}	0.228×10^{-8}
10	0.200×10^{-8}	0.296×10^{-8}	0.409×10^{-8}	0.540×10^{-8}	0.609×10^{-8}	0.679×10^{-8}	0.714×10^{-8}	0.750×10^{-8}	0.788×10^{-8}	0.827×10^{-8}
20	0.677×10^{-8}	0.993×10^{-8}	0.136×10^{-7}	0.179×10^{-7}	0.201×10^{-7}	0.224×10^{-7}	0.236×10^{-7}	0.247×10^{-7}	0.260×10^{-7}	0.273×10^{-7}
30	0.211×10^{-7}	0.306×10^{-7}	0.415×10^{-7}	0.543×10^{-7}	0.611×10^{-7}	0.680×10^{-7}	0.714×10^{-7}	0.749×10^{-7}	0.786×10^{-7}	0.824×10^{-7}
40	0.607×10^{-7}	0.870×10^{-7}	0.117×10^{-6}	0.153×10^{-6}	0.171×10^{-6}	0.191×10^{-6}	0.200×10^{-6}	0.210×10^{-6}	0.220×10^{-6}	0.230×10^{-6}
50	0.163×10^{-6}	0.231×10^{-6}	0.309×10^{-6}	0.400×10^{-6}	0.449×10^{-6}	0.498×10^{-6}	0.523×10^{-6}	0.548×10^{-6}	0.574×10^{-6}	0.600×10^{-6}
60	0.411×10^{-6}	0.575×10^{-6}	0.765×10^{-6}	0.985×10^{-6}	0.110×10^{-5}	0.122×10^{-5}	0.128×10^{-5}	0.134×10^{-5}	0.140×10^{-5}	0.147×10^{-5}
70	0.976×10^{-6}	0.135×10^{-5}	0.179×10^{-5}	0.229×10^{-5}	0.256×10^{-5}	0.283×10^{-5}	0.297×10^{-5}	0.310×10^{-5}	0.325×10^{-5}	0.339×10^{-5}
80	0.220×10^{-5}	0.302×10^{-5}	0.396×10^{-5}	0.504×10^{-5}	0.562×10^{-5}	0.622×10^{-5}	0.652×10^{-5}	0.681×10^{-5}	0.712×10^{-5}	0.743×10^{-5}
90	0.473×10^{-5}	0.642×10^{-5}	0.835×10^{-5}	0.106×10^{-4}	0.118×10^{-4}	0.130×10^{-4}	0.136×10^{-4}	0.143×10^{-4}	0.149×10^{-4}	0.155×10^{-4}
100	0.973×10^{-5}	0.131×10^{-4}	0.169×10^{-4}	0.213×10^{-4}	0.237×10^{-4}	0.261×10^{-4}	0.274×10^{-4}	0.285×10^{-4}	0.298×10^{-4}	0.310×10^{-4}

续表

温度/℃	H_2SO_4(质量分数)/%									
	90.0	92.0	94.0	96.0	97.0	98.0	98.5	99.0	99.5	100.0
110	0.192×10^{-4}	0.256×10^{-4}	0.328×10^{-4}	0.412×10^{-4}	0.457×10^{-4}	0.503×10^{-4}	0.527×10^{-4}	0.549×10^{-4}	0.572×10^{-4}	0.595×10^{-4}
120	0.366×10^{-4}	0.482×10^{-4}	0.614×10^{-4}	0.767×10^{-4}	0.849×10^{-4}	0.935×10^{-4}	0.977×10^{-4}	0.102×10^{-3}	0.106×10^{-3}	0.110×10^{-3}
130	0.672×10^{-4}	0.879×10^{-4}	0.111×10^{-3}	0.138×10^{-3}	0.153×10^{-3}	0.168×10^{-3}	0.175×10^{-3}	0.182×10^{-3}	0.190×10^{-3}	0.197×10^{-3}
140	0.120×10^{-3}	0.155×10^{-3}	0.195×10^{-3}	0.241×10^{-3}	0.266×10^{-3}	0.292×10^{-3}	0.304×10^{-3}	0.316×10^{-3}	0.329×10^{-3}	0.341×10^{-3}
150	0.207×10^{-3}	0.266×10^{-3}	0.332×10^{-3}	0.408×10^{-3}	0.449×10^{-3}	0.493×10^{-3}	0.514×10^{-3}	0.534×10^{-3}	0.554×10^{-3}	0.574×10^{-3}
160	0.348×10^{-3}	0.444×10^{-3}	0.550×10^{-3}	0.673×10^{-3}	0.740×10^{-3}	0.810×10^{-3}	0.844×10^{-3}	0.876×10^{-3}	0.909×10^{-3}	0.941×10^{-3}
170	0.572×10^{-3}	0.723×10^{-3}	0.889×10^{-3}	0.108×10^{-2}	0.119×10^{-2}	0.130×10^{-2}	0.135×10^{-2}	0.140×10^{-2}	0.145×10^{-2}	0.150×10^{-2}
180	0.917×10^{-3}	0.115×10^{-2}	0.140×10^{-2}	0.170×10^{-2}	0.186×10^{-2}	0.204×10^{-2}	0.212×10^{-2}	0.220×10^{-2}	0.227×10^{-2}	0.235×10^{-2}
190	0.144×10^{-2}	0.179×10^{-2}	0.217×10^{-2}	0.262×10^{-2}	0.286×10^{-2}	0.312×10^{-2}	0.325×10^{-2}	0.336×10^{-2}	0.348×10^{-2}	0.359×10^{-2}
200	0.221×10^{-2}	0.273×10^{-2}	0.329×10^{-2}	0.395×10^{-2}	0.431×10^{-2}	0.470×10^{-2}	0.488×10^{-2}	0.505×10^{-2}	0.522×10^{-2}	0.538×10^{-2}
210	0.333×10^{-2}	0.408×10^{-2}	0.490×10^{-2}	0.585×10^{-2}	0.637×10^{-2}	0.693×10^{-2}	0.720×10^{-2}	0.744×10^{-2}	0.768×10^{-2}	0.791×10^{-2}
220	0.494×10^{-2}	0.601×10^{-2}	0.715×10^{-2}	0.850×10^{-2}	0.924×10^{-2}	0.100×10^{-1}	0.104×10^{-1}	0.108×10^{-1}	0.111×10^{-1}	0.114×10^{-1}
230	0.719×10^{-2}	0.869×10^{-2}	0.103×10^{-1}	0.122×10^{-1}	0.132×10^{-1}	0.143×10^{-1}	0.149×10^{-1}	0.153×10^{-1}	0.158×10^{-1}	0.162×10^{-1}
240	0.103×10^{-1}	0.124×10^{-1}	0.146×10^{-1}	0.171×10^{-1}	0.186×10^{-1}	0.201×10^{-1}	0.209×10^{-1}	0.215×10^{-1}	0.221×10^{-1}	0.227×10^{-1}
250	0.146×10^{-1}	0.174×10^{-1}	0.203×10^{-1}	0.238×10^{-1}	0.257×10^{-1}	0.278×10^{-1}	0.289×10^{-1}	0.297×10^{-1}	0.305×10^{-1}	0.314×10^{-1}
260	0.203×10^{-1}	0.240×10^{-1}	0.279×10^{-1}	0.326×10^{-1}	0.352×10^{-1}	0.380×10^{-1}	0.394×10^{-1}	0.405×10^{-1}	0.416×10^{-1}	0.427×10^{-1}
270	0.279×10^{-1}	0.329×10^{-1}	0.380×10^{-1}	0.441×10^{-1}	0.475×10^{-1}	0.513×10^{-1}	0.531×10^{-1}	0.545×10^{-1}	0.560×10^{-1}	0.574×10^{-1}
280	0.380×10^{-1}	0.444×10^{-1}	0.510×10^{-1}	0.589×10^{-1}	0.633×10^{-1}	0.683×10^{-1}	0.706×10^{-1}	0.725×10^{-1}	0.744×10^{-1}	0.762×10^{-1}
290	0.510×10^{-1}	0.592×10^{-1}	0.676×10^{-1}	0.778×10^{-1}	0.835×10^{-1}	0.900×10^{-1}	0.930×10^{-1}	0.954×10^{-1}	0.978×10^{-1}	0.100
300	0.678×10^{-1}	0.782×10^{-1}	0.888×10^{-1}	0.102	0.109	0.117	0.121	0.124	0.127	0.130
310	0.892×10^{-1}	0.102	0.115	0.132	0.141	0.151	0.156	0.160	0.164	0.167
320	0.116	0.132	0.149	0.169	0.180	0.193	0.199	0.204	0.209	0.213
330	0.150	0.170	0.190	0.214	0.228	0.245	0.252	0.258	0.263	0.269
340	0.192	0.216	0.240	0.270	0.287	0.307	0.317	0.328	0.330	0.386
350	0.243	0.272	0.301	0.337	0.358	0.383	0.394	0.402	0.410	0.417

5.12 硫酸水溶液的总蒸气压（表 13-37）

表 13-37　硫酸水溶液的总蒸气压　　单位：bar

温度/℃	H_2SO_4(质量分数)/%									
	10.0	20.0	30.0	40.0	50.0	60.0	70.0	75.0	80.0	85.0
0	0.582×10^{-2}	0.534×10^{-2}	0.448×10^{-2}	0.326×10^{-2}	0.193×10^{-2}	0.836×10^{-3}	0.207×10^{-3}	0.747×10^{-4}	0.197×10^{-4}	0.343×10^{-5}
10	0.117×10^{-1}	0.107×10^{-1}	0.909×10^{-2}	0.670×10^{-2}	0.405×10^{-2}	0.180×10^{-2}	0.467×10^{-3}	0.175×10^{-3}	0.490×10^{-4}	0.952×10^{-5}
20	0.223×10^{-1}	0.205×10^{-1}	0.174×10^{-1}	0.130×10^{-1}	0.802×10^{-2}	0.367×10^{-2}	0.995×10^{-3}	0.388×10^{-3}	0.115×10^{-3}	0.245×10^{-4}
30	0.404×10^{-1}	0.373×10^{-1}	0.319×10^{-1}	0.241×10^{-1}	0.151×10^{-1}	0.710×10^{-2}	0.201×10^{-2}	0.811×10^{-3}	0.253×10^{-3}	0.589×10^{-4}
40	0.703×10^{-1}	0.649×10^{-1}	0.558×10^{-1}	0.427×10^{-1}	0.272×10^{-1}	0.131×10^{-1}	0.387×10^{-2}	0.162×10^{-2}	0.531×10^{-3}	0.134×10^{-3}
50	0.117	0.109	0.939×10^{-1}	0.725×10^{-1}	0.470×10^{-1}	0.232×10^{-1}	0.715×10^{-2}	0.309×10^{-2}	0.106×10^{-2}	0.286×10^{-3}
60	0.189	0.175	0.152	0.119	0.782×10^{-1}	0.395×10^{-1}	0.127×10^{-1}	0.565×10^{-2}	0.204×10^{-2}	0.584×10^{-3}
70	0.296	0.275	0.239	0.188	0.126	0.651×10^{-1}	0.217×10^{-1}	0.997×10^{-1}	0.376×10^{-2}	0.114×10^{-2}
80	0.449	0.417	0.365	0.290	0.196	0.104	0.360×10^{-1}	0.170×10^{-1}	0.668×10^{-2}	0.213×10^{-2}
90	0.664	0.617	0.542	0.434	0.298	0.161	0.578×10^{-1}	0.281×10^{-1}	0.115×10^{-1}	0.383×10^{-2}
100	0.957	0.891	0.786	0.634	0.441	0.244	0.905×10^{-1}	0.452×10^{-1}	0.192×10^{-1}	0.666×10^{-2}
110	1.349	1.258	1.113	0.904	0.638	0.360	0.138	0.708×10^{-1}	0.312×10^{-1}	0.112×10^{-1}
120	1.863	1.740	1.544	1.264	0.903	0.519	0.206	0.108	0.493×10^{-1}	0.183×10^{-1}
130	2.524	2.361	2.101	1.732	1.253	0.734	0.301	0.162	0.760×10^{-1}	0.291×10^{-1}
140	3.361	3.149	2.810	2.333	1.708	1.020	0.431	0.236	0.115	0.451×10^{-1}
150	4.404	4.132	3.697	3.090	2.289	1.392	0.605	0.339	0.170	0.683×10^{-1}
160	5.685	5.342	4.793	4.031	3.021	1.870	0.837	0.478	0.246	0.101
170	7.236	6.810	6.127	5.185	3.930	2.475	1.138	0.662	0.350	0.147
180	9.093	8.571	7.731	6.584	5.045	3.233	1.525	0.902	0.489	0.209

续表

温度/℃	H_2SO_4(质量分数)/%									
	10.0	20.0	30.0	40.0	50.0	60.0	70.0	75.0	80.0	85.0
190	11.289	10.658	9.640	8.259	6.397	4.169	2.017	1.212	0.673	0.292
200	13.861	13.107	11.887	10.245	8.020	5.312	2.633	1.606	0.913	0.402
210	16.841	15.951	14.505	12.576	9.948	6.696	3.396	2.101	1.221	0.544
220	20.264	19.225	17.529	15.287	12.217	8.354	4.331	2.715	1.610	0.726
230	24.160	22.960	20.992	18.414	14.864	10.322	5.466	3.468	2.098	0.956
240	28.561	27.188	24.927	21.992	17.929	12.641	6.832	4.382	2.701	1.242
250	33.494	31.939	29.364	26.056	21.452	15.351	8.459	5.481	3.439	1.594
260	38.984	37.240	34.334	30.642	25.472	18.496	10.384	6.791	4.332	2.023
270	45.055	43.116	39.865	35.784	30.030	22.122	12.642	8.337	5.402	2.540
280	51.726	49.590	45.984	41.514	35.168	26.275	15.272	10.147	6.673	3.157
290	59.015	56.681	52.715	47.866	40.926	31.004	18.315	12.250	8.170	3.886
300	66.934	64.407	60.081	54.869	47.347	36.361	21.814	14.675	9.916	4.740
310	75.495	72.781	68.101	62.553	54.470	42.398	25.812	17.453	11.939	5.732
320	84.705	81.816	76.792	70.947	62.338	49.168	30.355	20.611	14.264	6.876
330	94.567	91.518	86.172	80.078	70.990	56.727	35.489	24.182	16.916	8.185
340	105.083	101.894	96.252	89.970	80.466	65.130	41.262	28.193	19.920	9.672
350	116.251	112.947	107.043	100.647	90.806	74.437	47.723	32.674	23.303	11.351

温度/℃	H_2SO_4(质量分数)/%									
	90.0	92.0	94.0	96.0	97.0	98.0	98.5	99.0	99.5	100.0
0	0.518×10^{-6}	0.243×10^{-6}	0.109×10^{-6}	0.416×10^{-7}	0.235×10^{-7}	0.117×10^{-7}	0.768×10^{-8}	0.479×10^{-8}	0.313×10^{-8}	0.323×10^{-8}
10	0.159×10^{-5}	0.765×10^{-6}	0.348×10^{-6}	0.136×10^{-6}	0.774×10^{-7}	0.391×10^{-7}	0.261×10^{-7}	0.166×10^{-7}	0.113×10^{-7}	0.124×10^{-7}
20	0.449×10^{-5}	0.221×10^{-5}	0.102×10^{-5}	0.407×10^{-6}	0.235×10^{-6}	0.121×10^{-6}	0.812×10^{-7}	0.528×10^{-7}	0.373×10^{-7}	0.435×10^{-7}
30	0.117×10^{-4}	0.590×10^{-5}	0.279×10^{-5}	0.113×10^{-5}	0.659×10^{-6}	0.344×10^{-6}	0.234×10^{-6}	0.155×10^{-6}	0.114×10^{-6}	0.141×10^{-6}
40	0.385×10^{-4}	0.147×10^{-4}	0.708×10^{-5}	0.293×10^{-5}	0.173×10^{-5}	0.914×10^{-6}	0.630×10^{-6}	0.425×10^{-6}	0.323×10^{-6}	0.425×10^{-6}
50	0.653×10^{-4}	0.344×10^{-4}	0.169×10^{-4}	0.712×10^{-5}	0.425×10^{-5}	0.228×10^{-5}	0.159×10^{-5}	0.109×10^{-5}	0.861×10^{-6}	0.120×10^{-5}
60	0.141×10^{-3}	0.759×10^{-4}	0.380×10^{-4}	0.164×10^{-4}	0.987×10^{-5}	0.538×10^{-5}	0.379×10^{-5}	0.264×10^{-5}	0.216×10^{-5}	0.319×10^{-5}
70	0.291×10^{-3}	0.159×10^{-3}	0.813×10^{-4}	0.357×10^{-4}	0.218×10^{-4}	0.120×10^{-4}	0.856×10^{-5}	0.605×10^{-5}	0.514×10^{-5}	0.804×10^{-5}
80	0.571×10^{-3}	0.319×10^{-3}	0.166×10^{-3}	0.742×10^{-4}	0.458×10^{-4}	0.257×10^{-4}	0.184×10^{-4}	0.132×10^{-4}	0.117×10^{-4}	0.193×10^{-4}
90	0.107×10^{-2}	0.612×10^{-3}	0.324×10^{-3}	0.148×10^{-3}	0.921×10^{-4}	0.524×10^{-4}	0.390×10^{-4}	0.277×10^{-4}	0.253×10^{-4}	0.441×10^{-4}
100	0.195×10^{-2}	0.113×10^{-2}	0.607×10^{-3}	0.283×10^{-3}	0.178×10^{-3}	0.103×10^{-3}	0.751×10^{-4}	0.555×10^{-4}	0.527×10^{-4}	0.966×10^{-4}
110	0.340×10^{-2}	0.201×10^{-2}	0.110×10^{-2}	0.521×10^{-3}	0.332×10^{-3}	0.194×10^{-3}	0.143×10^{-3}	0.107×10^{-3}	0.106×10^{-3}	0.204×10^{-3}
120	0.575×10^{-2}	0.346×10^{-2}	0.192×10^{-2}	0.929×10^{-3}	0.598×10^{-3}	0.354×10^{-3}	0.263×10^{-3}	0.201×10^{-3}	0.206×10^{-3}	0.414×10^{-3}
130	0.944×10^{-2}	0.578×10^{-2}	0.327×10^{-2}	0.161×10^{-2}	0.104×10^{-2}	0.626×10^{-3}	0.470×10^{-3}	0.363×10^{-3}	0.387×10^{-3}	0.314×10^{-3}
140	0.151×10^{-1}	0.939×10^{-2}	0.539×10^{-2}	0.270×10^{-2}	0.177×10^{-2}	0.107×10^{-2}	0.815×10^{-3}	0.639×10^{-3}	0.708×10^{-3}	0.155×10^{-2}
150	0.235×10^{-1}	0.149×10^{-1}	0.866×10^{-2}	0.441×10^{-2}	0.293×10^{-2}	0.180×10^{-2}	0.137×10^{-2}	0.109×10^{-2}	0.126×10^{-2}	0.287×10^{-2}
160	0.357×10^{-1}	0.230×10^{-1}	0.136×10^{-1}	0.703×10^{-2}	0.471×10^{-2}	0.293×10^{-2}	0.226×10^{-2}	0.183×10^{-2}	0.219×10^{-2}	0.516×10^{-2}
170	0.532×10^{-1}	0.347×10^{-1}	0.208×10^{-1}	0.110×10^{-1}	0.741×10^{-2}	0.466×10^{-2}	0.363×10^{-2}	0.299×10^{-2}	0.372×10^{-2}	0.905×10^{-2}
180	0.775×10^{-1}	0.514×10^{-1}	0.312×10^{-1}	0.167×10^{-1}	0.114×10^{-1}	0.726×10^{-2}	0.571×10^{-2}	0.478×10^{-2}	0.619×10^{-2}	0.155×10^{-1}
190	0.111	0.747×10^{-1}	0.460×10^{-1}	0.250×10^{-1}	0.172×10^{-1}	0.111×10^{-1}	0.880×10^{-2}	0.749×10^{-2}	0.101×10^{-1}	0.260×10^{-1}
200	0.156	0.107	0.665×10^{-1}	0.367×10^{-1}	0.255×10^{-1}	0.166×10^{-1}	0.133×10^{-1}	0.115×10^{-1}	0.161×10^{-1}	0.427×10^{-1}
210	0.216	0.150	0.944×10^{-1}	0.530×10^{-1}	0.371×10^{-1}	0.245×10^{-1}	0.198×10^{-1}	0.175×10^{-1}	0.253×10^{-1}	0.687×10^{-1}
220	0.295	0.207	0.132	0.752×10^{-1}	0.531×10^{-1}	0.354×10^{-1}	0.289×10^{-1}	0.260×10^{-1}	0.392×10^{-1}	0.109
230	0.396	0.282	0.182	0.105	0.749×10^{-1}	0.505×10^{-1}	0.471×10^{-1}	0.382×10^{-1}	0.596×10^{-1}	0.169
240	0.525	0.379	0.247	0.145	0.104	0.710×10^{-1}	0.592×10^{-1}	0.553×10^{-1}	0.895×10^{-1}	0.258
250	0.688	0.503	0.331	0.197	0.143	0.985×10^{-1}	0.830×10^{-1}	0.790×10^{-1}	0.132	0.389
260	0.881	0.660	0.439	0.264	0.193	0.135	0.115	0.112	0.193	0.577
270	1.141	0.856	0.575	0.351	0.258	0.153	0.157	0.156	0.279	0.846
280	1.447	1.099	0.744	0.460	0.341	0.245	0.213	0.215	0.398	1.225
290	1.817	1.398	0.954	0.597	0.446	0.324	0.285	0.295	0.562	1.751
300	2.261	1.761	1.211	0.767	0.578	0.425	0.379	0.399	0.785	2.476
310	2.791	2.199	1.524	0.977	0.742	0.553	0.498	0.536	1.085	3.465
320	3.417	2.723	1.901	1.234	0.944	0.713	0.649	0.714	1.486	4.800
330	4.153	3.347	2.353	1.545	1.191	0.911	0.840	0.944	2.018	6.586
340	5.011	4.084	2.889	1.919	1.491	1.156	1.078	1.239	2.718	8.957
350	6.006	4.949	3.523	2.366	1.852	1.456	1.374	1.614	3.631	12.079

5.13 盐酸水溶液的蒸气压（表13-38）

表13-38 盐酸水溶液的蒸气压

单位：mmHg

HCl(质量分数)/%	A	B	温度/℃																
			0	5	10	15	20	25	30	35	40	45	50	60	70	80	90	100	110
6	8.99156	2282	4.18	6.04	8.45	11.7	15.9	21.8	29.1	39.4	50.6	66.2	86.0	139	220	333	492	715	
10	8.99864	2295	3.84	5.52	7.70	10.7	14.6	20.0	26.8	35.5	47.0	61.5	80.0	130	204	310	463	677	960
14	8.97075	2300	3.39	4.91	6.95	9.65	13.1	18.0	24.1	31.9	42.1	55.3	72.0	116	185	273	425	625	892
18	8.98014	2323	2.87	4.21	5.92	8.26	11.3	15.4	20.6	27.5	36.4	47.9	62.5	102	162	248	374	550	783
20	8.97877	2334	2.62	3.83	5.40	7.50	10.3	14.1	19.0	25.1	33.3	43.6	57.0	93.5	150	230	345	510	729
22	9.02708	2363	2.33	3.40	4.82	6.75	9.30	12.6	17.1	22.8	30.2	39.8	52.0	85.6	138	211	317	467	670
24	8.96022	2356	2.05	3.04	4.31	6.03	8.30	11.4	15.4	20.4	27.1	35.7	46.7	77.0	124	194	290	426	611
26	9.01511	2390	1.76	2.60	3.71	5.21	7.21	9.95	13.5	18.0	24.0	31.7	41.5	69.0	112	173	261	388	554
28	8.97611	2395	1.50	2.24	3.21	4.54	6.32	8.75	11.8	15.8	21.1	27.9	36.5	60.7	99.0	154	234	349	499
30	9.00117	2422	1.26	1.90	2.73	3.88	5.41	7.52	10.2	13.7	18.4	24.3	32.0	53.5	87.5	136	207	310	444
32	9.03317	2453	1.04	1.57	2.27	3.25	4.55	6.37	8.70	11.7	15.7	21.0	27.7	46.5	76.5	120	184	275	396
34	9.07143	2487	0.85	1.29	1.87	2.70	3.81	5.35	7.32	9.95	13.5	18.1	24.0	40.5	66.5	104	161	243	355
36	9.11815	2526	0.68	1.03	1.50	2.19	3.10	4.41	6.08	8.33	11.4	15.4	20.4	34.8	57.0	90.0	140	212	311
38	9.20783	2579	0.53	0.81	1.20	1.75	2.51	3.60	5.03	6.92	9.52	13.0	17.4	29.6	49.1	77.5	120	182	266
40	9.33923	2647	0.41	0.63	0.94	1.37	2.00	2.88	4.09	5.68	7.85	10.7	14.5	25.0	42.1	67.3	105	158	130
42	9.44953	2709	0.31	0.48	0.72	1.06	1.56	2.30	3.28	4.60	6.45	8.90	12.1	21.2	35.8	57.2	89.2	135	195

注：1. 水蒸气压力可近似地以下式计算。

$$\lg p = A - \frac{B}{T}$$

式中 p——水蒸气压力，mmHg；

A，B——对指定浓度为常数；

T——盐酸水溶液温度，K。

2. 1mmHg=133.322Pa。

5.14 盐酸水溶液中HCl的蒸气压（表13-39）

表13-39 盐酸水溶液中HCl的蒸气压

单位：mmHg

HCl(质量分数)/%	A	B	温度/℃							
			0	5	10	15	20	25	30	35
2	11.8037	4736			0.000017	0.000023	0.000044	0.000084	0.000151	0.000275
4	11.6400	4471	0.000018	0.000036	0.000069	0.000131	0.00024	0.00044	0.00077	0.00134
6	11.2144	4202	0.000066	0.000125	0.000234	0.000425	0.00076	0.00131	0.00225	0.00381
8	11.0406	4042	0.000118	0.000323	0.000583	0.00104	0.00178	0.0031	0.00515	0.0085
10	10.9311	3908	0.00042	0.00075	0.00134	0.00232	0.00395	0.0067	0.0111	0.0178
12	10.7900	3765	0.00099	0.00175	0.00305	0.0052	0.0088	0.0145	0.0234	0.037
14	10.6954	3636	0.0024	0.00415	0.0071	0.0118	0.0196	0.0316	0.050	0.078
16	10.6261	3516	0.0056	0.0095	0.016	0.0265	0.0428	0.0685	0.106	0.163
18	10.4957	3376	0.0135	0.0225	0.037	0.060	0.095	0.148	0.228	0.345
20	10.3833	3245	0.0316	0.052	0.084	0.132	0.205	0.32	0.48	0.72
22	10.3172	3125	0.0734	0.119	0.187	0.294	0.45	0.68	1.02	1.50
24	10.2185	2995	0.175	0.277	0.43	0.66	1.00	1.49	2.17	3.14
26	10.1303	2870	0.41	0.64	0.98	1.47	2.17	3.20	4.56	6.50
28	10.0115	2732	1.0	1.52	2.27	3.36	4.90	7.05	9.90	13.8
30	9.8763	2593	2.4	3.57	5.23	7.60	10.6	15.1	21.0	28.6
32	9.7523	2457	5.7	8.3	11.8	16.8	23.5	32.5	44.5	60.0
34	9.6061	2316	13.1	18.8	26.4	36.8	50.5	68.5	92.0	122
36	9.6262	2229	29.0	41.0	56.4	78	105.5	142	188	246
38	9.4670	2094	63.0	87.0	117	158	210	277	360	465
40	9.2156	1939	130	176	233	307	399	515	627	830
42	8.9925	1800	253	332	430	560	709	900		
44	0.8621	1681	510	655	840					
46			940							

续表

HCl(质量分数)/%	温度/℃								
	40	45	50	60	70	80	90	100	110
2	0.00047	0.000831	0.00140	0.00380	0.0100	0.0245	0.058	0.132	0.280
4	0.0023	0.00385	0.0064	0.0165	0.0405	0.095	0.21	0.46	0.93
6	0.0062	0.0102	0.0163	0.040	0.094	0.206	0.44	0.92	1.78
8	0.0136	0.022	0.0344	0.081	0.183	0.39	0.82	1.64	3.10
10	0.0282	0.045	0.069	0.157	0.35	0.73	1.48	2.9	5.4
12	0.058	0.091	0.136	0.305	0.66	1.34	2.65	5.1	9.3
14	0.121	0.185	0.275	0.60	1.25	2.50	4.8	9.0	16.0
16	0.247	0.375	0.55	1.17	2.40	4.66	8.8	16.1	28
18	0.515	0.77	1.11	2.3	4.55	8.6	15.7	28	48
20	1.06	1.55	2.21	4.4	8.5	15.6	28.1	49	83
22	2.18	3.14	4.42	8.6	16.3	29.3	52	90	146
24	4.5	6.4	8.9	16.9	31.0	54.5	94	157	253
26	9.2	12.7	17.5	32.5	58.5	100	169	276	436
28	19.1	26.4	35.7	64	112	188	309	493	760
30	39.4	53	71	124	208	340	542	845	
32	81	107	141	238	390	623	970		
34	161	211	273	450	720				
36	322	416	535	860					
38	598	758	955						
40									
42									
44									
46									

注：1. HCl的蒸气压力可近似地以下式计算。

$$\lg p = A - \frac{B}{T}$$

式中 p——HCl蒸气压力，mmHg；

A，B——对指定浓度为常数；

T——盐酸水溶液温度，K。

2. 1mmHg=133.322Pa。

5.15 几种化学品的蒸气压（图 13-90）

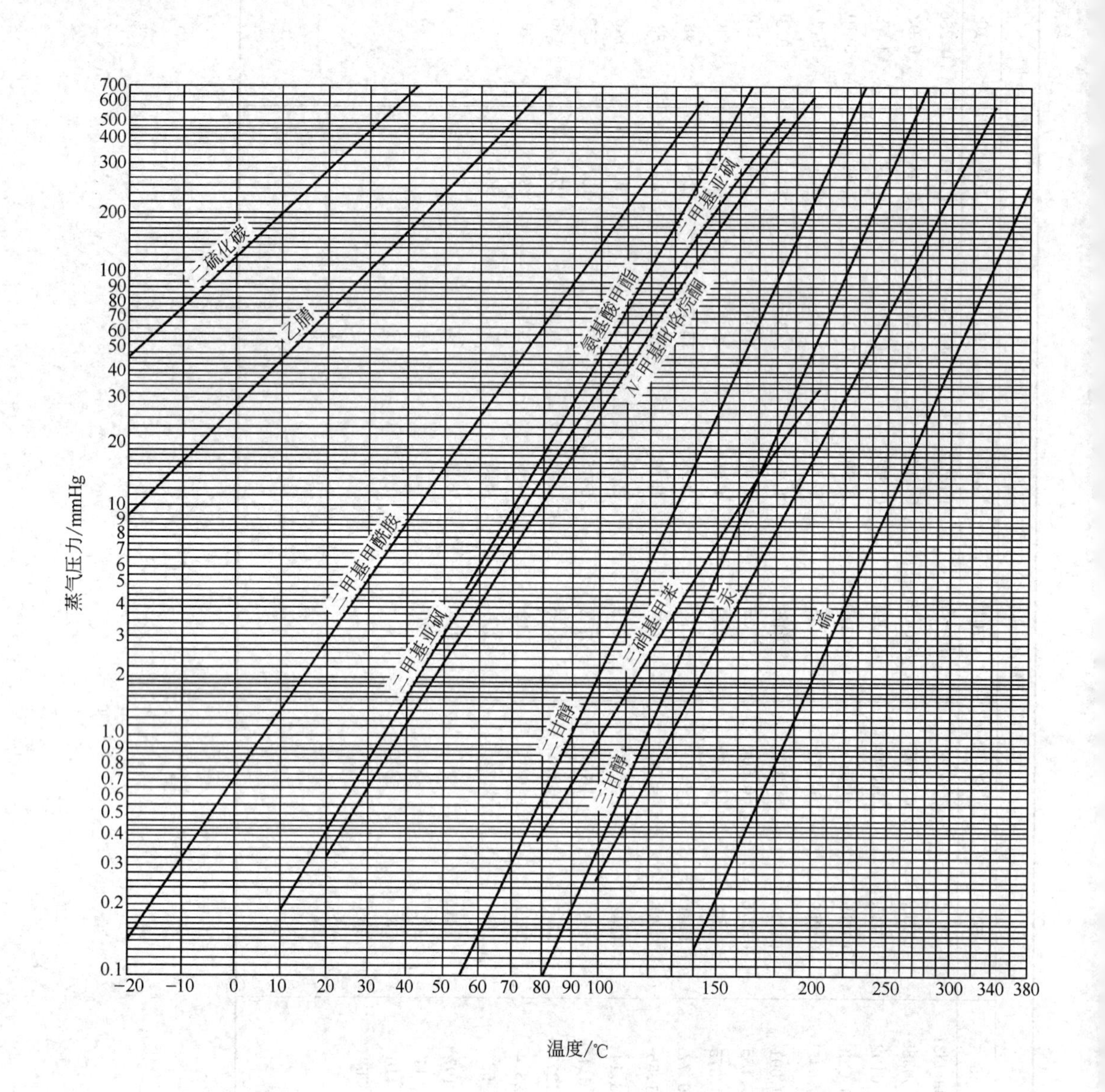

图 13-90　几种化学品的蒸气压

1mmHg＝133.322Pa

6　一些化合物的热力学常数

6.1　生成热和生成自由能

6.1.1　无机物的生成热和生成自由能（101325Pa，25℃）

无机物的生成热和自由能见表 13-40，生成时发出热量为负值；反之为正值。

表中表示物质物理状态的符号意义：c——结晶固体；g——气体；l——液体；aq——标准态的浓度为 1mol/L 假想的理想水溶液。

表 13-40 无机物的生成热和自由能

化学式	状态	生成热 ΔH_f /(kcal/mol)	生成自由能 ΔG_f /(kcal/mol)	化学式	状态	生成热 ΔH_f /(kcal/mol)	生成自由能 ΔG_f /(kcal/mol)
Ag	c	0	0	BF	g	−29.2	−35.8
	g	68.01	58.72	BF_3	g	−271.75	−267.77
AgBr	c	−23.99	−23.16	BF_4	aq	−376.4	−355.4
	aq	−3.82	−6.42	BH	g	107.46	100.29
AgCl	c	−30.370	−26.244	BH_4	aq	11.51	27.31
	aq	−14.718	−12.939	BO	g	6	−1
$AgClO_2$	c	2.10	18.1	BO_2	g	−71.8	−73.1
	aq	9.3	22.5	B_2O_2	g	−108.7	−110.5
$AgClO_3$	c	−6.1		B_2O_3	c	−304.20	−285.30
	aq	1.5	17.6	H_3BO_3	c	−261.55	−231.60
$AgClO_4$	c	−7.44		Bi	c	0	0
	aq	−5.68	16.37		g	49.5	40.2
Ag_2CO_3	c	−120.9	−104.4	BiCl	c	−31.2	−25.9
AgF	c	−48.9		$BiCl_3$	c	−90.6	−75.3
	aq	−54.27	−48.21		g	−63.5	−61.2
AgI	c	−14.78	−15.82	BiI_3	c	−24.0	−41.9
	aq	12.04	6.10	Bi_2O_3	c	−137.16	−118.0
$AgNO_2$	c	−10.77	4.56	BiOCl	c	−87.7	−77.0
$AgNO_3$	c	−29.73	−8.00	BiS	g	43	29
Ag_2O	c	−7.42	−2.68	Bi_2S_3	c	−34.2	−33.6
AgO	c	−2.73	3.40	Bi_2Te_3	c	−18.5	−18.4
AgOH	aq	−29.736	−19.161	Br	g	26.741	
Ag_2SO_3	c	−117.3	−98.3	Br_2	l	0	
	aq	−101.4	−79.4	Ba	c	0	0
Ag_2SO_4	c	−171.10	−147.82		g	42	34.60
	aq	−166.85	−141.10	$BaBr_2$	aq	−186.47	−183.1
Al	c	0	0	$BaCO_3$	c	−291.3	−272.2
AlBr	g	−1	−10		aq	−290.30	−260.2
$AlBr_3$	c	−126.0	−120.7	$BaCl_2$	c	−205.5	−193.8
	aq	−214	−191		aq	−208.72	−196.7
AlCl	g	−11.4	−17.7	BaF_2	c	−286.9	−274.5
$AlCl_3$	c	−168.3	−150.3		aq	−286.0	−265.3
	aq	−247	−210	BaH	g	52	46
AlF	g	−61.7	−67.8	BaH_2	c	−40.9	−31.5
AlF_3	c	−359.5	−340.6	BaI_2	c	−144.6	−143
	aq	−360.8	−312.6		aq	−155.41	−158.7
$Al(NO_3)_3 \cdot 6H_2O$	c	−681.28	−526.74	$Ba(NO_3)_2$	c	−237.06	−190.0
Al_2O_3(刚玉)	c	−400.5	−378.2		aq	−227.41	−186.8
$Al(OH)_3$	c	−304.8	−272.9	BaO	c	−133.5	−126.3
$Al(OH)_4$	aq	−356.2	−310.2	BaO_2	c	−151.9	−139.5
Ar	g	0	0	$Ba(OH)_2$	aq	−238.58	−209.2
B	c	0	0	$BaSO_4$	c	−350.2	−323.4
B_2	g	198.5	185.0		aq	−345.57	−311.3
BBr	g	56.9	46.7	Be	c	0	0
BBr_3	l	−57.3	−57.0		g	76.6	67.6
B_4C	c	−17	−17	BeH	g	78.1	71.3
BCl	g	35.73	28.90	Be_3N_2	c	−133.5	−121.4
BCl_3	l	−102.1	−92.6	BeO	c	−143.1	−136.1
	g	−96.50	−92.91		g	11.8	5.7

续表

化学式	状态	生成热 ΔH_f /(kcal/mol)	生成自由能 ΔG_f /(kcal/mol)	化学式	状态	生成热 ΔH_f /(kcal/mol)	生成自由能 ΔG_f /(kcal/mol)
BrCl	g	3.50	−0.23	$CaCrO_4$	c	−329.6	−305.3
BrF	g	−22.43	−26.09	CaF_2	c	−290.3	−277.7
BrF_3	l	−71.9	−57.5		aq	−287.09	−264.34
	g	−61.09	−54.84	$Ca(NO_3)_2$	c	−224.0	−177.34
C	g	171.698	160.845		aq	−228.51	−185.00
C(石墨)	c	0	0	$Ca(NO_3)_2 \cdot 2H_2O$	c	−368.00	−293.51
C(金刚石)	c	0.4533	0.6930	$Ca(NO_3)_2 \cdot 4H_2O$	c	−509.37	−406.5
CCl_4	l	−32.37	−15.60	CaO	c	−151.79	−144.4
	g	−24.6	−14.49	$Ca(OH)_2$	c	−235.80	−214.33
$CHCl_3$	l	−32.14	−17.62		aq	−239.68	−207.37
	g	−24.65	−16.82	$Ca_3(PO_4)_2$			
CCl_3Br	g	−11.0	−5.1	α	c	−986.2	−929.7
CF_4	g	−221	−210	β	c	−988.2	−932.0
CF_3Br	g	−153.6	−147.3	$CaHPO_4$	c	−435.2	−401.5
CF_3Cl	g	−166	−156	$CaHPO_4 \cdot 2H_2O$	c	−576.0	−514.6
CN	g	109	102	CaS	c	−115.3	−114.1
HCN	l	26.02	29.86	$CaSO_3 \cdot 2H_2O$	c	−421.2	−374.1
CNCl	g	32.97	31.32	$CaSO_4$(硬石膏)	c	−342.42	−315.56
CO	g	−26.416	−32.780	$CaSO_4 \cdot 2H_2O$	c	−483.06	−429.19
CO_2	g	−94.051	−94.254	$CaSiO_3$ α	c	−377.4	−357.4
C_3O_2	l	−28.03	−25.10	(硅灰石)β	c	−378.6	−358.2
	g	−22.28	−26.08	Cd(γ)	c	0	0
HCO	g	−4.12	−7.76	$CdBr_2$	c	−75.57	−70.82
H_2CO_3	aq	−167.22	−148.94		aq	−76.24	−68.24
$COBr_2$	g	−23.0	−26.5	$CdCl_2$	c	−93.57	−82.21
$COCl_2$	g	−52.3	−48.9		aq	−98.04	−81.286
COF_2	g	−151.7	−148.0	$CdCl_2 \cdot 2.5H_2O$	c	−270.54	−225.644
CS	g	56	44	$CdCO_3$	c	−179.4	−160.0
CS_2	l	21.44	15.60	CdF_2	c	−167.4	−154.8
	g	28.05	16.05		aq	−172.14	−151.82
COS	g	−33.96	−40.47	CdO	c	−61.7	−54.6
NOSCN	aq	55.2	63.5	CdS	c	−38.7	−37.4
Ca	c	0	0	$CdSO_4$	c	−223.06	−196.65
$CaBr_2$	c	−161.3	−157.5		aq	−235.46	−196.51
	aq	−187.57	−181.33	$CdSiO_3$	c	−284.20	−264.20
$CaO \cdot B_2O_3$	c	−483.3	−457.7	Cl	g	29.082	25.262
$CaO \cdot 2B_2O_3$	c	−798.8	−752.4	Cl_2	g	0	0
CaC_2	c	−15.0	−16.2	ClF	g	−13.02	−13.37
$CaCO_3$(方解石)	c	−288.45	−269.78	HCl	g	−22.062	−22.777
$Ca(HCO_3)_2$	aq	−460.13	−412.80		aq	−39.952	−31.372
$CaCl_2$	c	−190.4	−179.5	ClO	g	24.34	23.45
	aq	−209.82	−194.88	ClO_2	g	24.5	28.8
$CaCl_2 \cdot H_2O$	c	−265.1		Cl_2O	g	19.2	23.4
$CaCl_2 \cdot 2H_2O$	c	−335.5		ClO_3F	g	−5.7	11.5
$CaCl_2 \cdot 4H_2O$	c	−480.2		$HClO_3$	aq	−23.7	−0.8
$CaCl_2 \cdot 6H_2O$	c	−623.15		$HClO_4$	aq	−30.91	−2.06
$CaOCl_2$	c	−178.6		$ClF_3 \cdot HF$	g	−107.7	−91.8
	aq	−189.1		Co(六方形)	c	0	0
$Ca(OCl)_2$	aq	−180.0		$CoCO_3$	c	−172.39	−155.36

续表

化学式	状态	生成热 ΔH_f /(kcal/mol)	生成自由能 ΔG_f /(kcal/mol)
$CoCl_2$	c	−74.7	−64.5
	aq	−93.8	−75.7
$CoCl_2 \cdot H_2O$	c	−147	
$CoCl_2 \cdot 2H_2O$	c	−220.6	−182.6
$CoCl_2 \cdot 6H_2O$	c	−505.6	−412.4
$Co(ClO_4)_2$	aq	−75.7	−17.1
	c	−165.4	−154.7
$Co(NO_3)_2$	c	−100.85	
	aq	−113.0	−66.2
CoO	c	−56.87	−51.20
Co_3O_4	c	−213	−185
$Co(OH)_2$			
蓝	c		−107.6
桃红	c	−129.0	−108.6
	aq	−123.8	−88.2
$Co(OH)_3$	c	−177.0	−142.0
CoS	c	−22.3	−19.8
$CoSO_4$	c	−212.3	−187.0
	aq	−231.2	−191.0
$CoSO_4 \cdot 6H_2O$	c	−641.4	−534.35
$CoSO_4 \cdot 7H_2O$	c	−712.22	−591.26
$CoSi$	c	−24.0	−23.6
Co_2SiO_4	c	−353	
Cr	c	0	0
Cr_3C_2	c	−19.3	−19.5
$CrCl_2$	c	−94.5	−85.1
CrO_2Cl_2	l	−138.5	−122.1
	g	−128.6	−119.9
CrF_3	c	−277	−260
Cr_2O_3	c	−272.4	−252.9
Cu	c	0	0
$CuBr$	c	−25.0	−24.1
$CuCl$	c	−32.8	−28.65
$2CuCl \cdot C_2H_2$	c	−23.3	−7.63
$3CuCl \cdot C_2H_2$	c	−56.4	−36.52
$CuCl_2$	c	−52.6	−42.0
$CuCl_2 \cdot 2H_2O$	c	−196.3	−156.8
$Cu(ClO_4)_2$	aq	−46.34	11.54
$CuCN$	c	23.0	26.6
$Cu(CNS)_2$	aq	52.02	59.96
$CuClO_4$	aq	−28.3	1.34
CuC_2O_4	aq	−181.7	−145.5
$CuFeO_2$	c	−127.3	−114.7
$CuFe_2O_4$	c	−230.69	−205.26
$Cu(NO_3)_2$	c	−72.4	
	aq	−83.64	−37.56
$Cu(NO_3)_2 \cdot 6H_2O$	c	−504.5	
CuO	c	−37.6	−31.0
Cu_2O	c	−40.3	−34.9
$Cu(OH)_2$	c	−107.5	

化学式	状态	生成热 ΔH_f /(kcal/mol)	生成自由能 ΔG_f /(kcal/mol)
$Cu(OH)_2$	aq	−94.46	−59.53
$Cu_2P_2O_7$	aq	−511.8	−427.4
CuS	c	−12.7	−12.8
$CuSO_4$	c	−184.36	−158.2
	aq	−201.84	−162.31
$CuSO_4 \cdot H_2O$	c	−259.52	−219.46
$CuSO_4 \cdot 3H_2O$	c	−402.56	−334.65
$CuSO_4 \cdot 5H_2O$	c	−544.85	−449.344
Cu_2SO_3	aq	−117.6	−92.4
F_2	g	0	0
F	g	18.88	14.80
HF	l	−71.65	
	g	−64.8	−65.3
Fe	c	0	0
$FeAl_2O_4$	c	−470	−442
$FeBr_2$	aq	−79.4	−68.55
$FeBr_3$	aq	−98.8	−75.7
$FeCO_3$(菱铁矿)	c	−177.00	−159.35
$Fe(CO)_5$	l	−185.0	−168.6
	g	−175.4	−166.65
$FeCl_2$	c	−81.69	−72.26
	aq	−101.2	−81.59
$FeCl_3$	c	−95.48	−79.84
	aq	−131.5	−95.2
$Fe(ClO_4)_2$	aq	−83.1	−22.97
$FeCr_2O_4$	c	−345.3	−321.2
$Fe(NO_3)_3$	aq	−160.3	−80.9
Fe_2O_3(赤铁矿)	c	−197.0	−177.4
Fe_3O_4(磁铁矿)	c	−267.3	−242.7
$FeSO_4$	c	−221.9	−196.2
	aq	−238.6	−196.82
$Fe_2(SO_4)_3$	aq	−675.2	−536.1
Fe_2SiO_4(铁橄榄石)	c	−353.7	−329.6
Gd	c	0	0
$GdCl_3$	c	−245.5	
	aq	−288.9	−256.6
$Gd_2(SO_4)_3$	aq	−988.3	−861.2
He	g	0	0
H	g	52.095	48.581
$^2H_2$	g	0	0
$^1H^2H$	g	0.076	−0.350
H_2	aq	−1.0	4.2
H_2O	g	−57.7979	−54.6351
	l	−68.3174	−56.6899
^2H_2O	l	−70.411	−58.195
$^1H^2HO$	l	−60.285	−57.817
^2H_2O	g	−59.560	−56.059
H_2O_2	l	−44.88	−28.78
	g	−32.58	−25.24
Hg	l	0	0

续表

化学式	状态	生成热 ΔH_f /(kcal/mol)	生成自由能 ΔG_f /(kcal/mol)	化学式	状态	生成热 ΔH_f /(kcal/mol)	生成自由能 ΔG_f /(kcal/mol)
	g	14.655	7.613	MgO	c	−143.84	−136.13
$HgBr_2$	c	−40.8	−36.6	$Mg(OH)_2$	c	−221.00	−199.27
Hg_2CO_3	c	−132.3	−111.9	$MgSO_4$	c	−305.5	−280.5
HgCl	g	20.1	15.0	$MgSiO_3$	c	−357.9	−337.2
$HgCl_2$	c	−53.6	−42.7	$MgSiO_4$	c	−488.2	−459.8
Hg_2Cl_2	c	−63.39	−50.377	Mn			
HgF	g	1.0	−2.4	α	c	0	0
HgI_2				γ	c	0.37	0.34
红	c	−25.2	−24.3		g	67.1	5.0
HgO				MnO	c	−92.07	−86.74
红，斜方晶	c	−21.71	−13.995	MnO_2	c	−124.29	−111.18
黄	c	−21.62	−13.964	Mo	c	0	0
六方形	c	−21.4	−13.92		g	157.3	146.4
HgS				$MoBr_2$	c	−62.4	−53
红	c	−13.9	−12.1	$Mo(CO)_6$	c	−234.9	−209.8
黑	c	−12.8	−11.4		g	−218.0	−204.6
I_2	c	0	0	$MoCl_2$	c	−92.5	
	g	14.923	4.627	$MoCl_4$	c	−114.8	−58.5
K	c	0	0	MoF_6	l	−378.95	−352.08
	g	21.51	14.62		g	−372.29	−351.88
KBr	c	−93.73	−90.63	MoO_2	c	−140.76	−127.40
K_2CO_3	c	−273.93		MoO_3	c	−178.08	−159.66
KCN	c	−26.90		MoS_2	c	−56.2	−54.0
KCl	aq	−100.16	−98.76	Mo_3Si	c	−23	−23
	c	−104.18	−97.59	N	g	112.979	108.886
KClO	aq	−85.4		N_2	g	0	0
$KClO_3$	c	−93.50	−69.29	NH_3	g	−11.02	−3.94
$KClO_4$	c	−103.6	−72.7	NH_4OH	l	−86.33	−60.74
KF	c	−134.46	−127.42	NH_4Br	c	−64.73	−41.9
KI	c	−78.31	−77.03	$(NH_4)_2CO_3$	aq	−225.18	−164.11
$KMnO_4$	c	−194.4	−170.6	NH_4HCO_3	c	−203.0	−159.2
KNO_3	c	−117.76	−93.96		aq	−197.06	−159.23
	aq	−109.41	−93.88	NH_4Cl	c	−75.15	−48.51
KOH	c	−101.78			aq	−71.62	−50.34
	aq	−115.00	−105.06	NH_4NO_2	c	−61.3	
K_2SO_4	c	−342.66	−314.62		aq	−56.7	−27.9
Kr	g	0	0	NH_4NO_3	c	−87.37	−43.98
Li	c	0	0		aq	−81.23	−45.58
	g	38	29.19	NH_4HSO_3	c	−183.7	
LiCl	g	−53	−58		aq	−181.34	−145.15
	c	−97.70		NH_4HSO_4	c	−245.45	
LiF	c	−144.7	−139.5		aq	−243.75	−199.66
LiOH	c	−116.45	−106.1	$(NH_4)_2SO_3$	c	−211.6	
Li_2SO_4	c	−342.83	−314.66		aq	−215.2	−154.2
Mg	c	0	0	$(NH_4)_2SO_4$	c	−282.23	−215.56
	g	35.9	27.6		aq	−280.66	−215.77
$MgCO_3$	c	−266	−246	NO	g	21.57	20.69
$MgCl_2$	c	−153.40	−141.57	NO_2	g	7.93	12.26
MgF_2	c	−263.5	−250.3	NO_3	g	16.95	27.36
$Mg(NO_3)_2$	c	−188.72	−140.63	N_2O	g	19.61	24.90

续表

化学式	状态	生成热 ΔH_f /(kcal/mol)	生成自由能 ΔG_f /(kcal/mol)
N_2O_3	g	20.01	33.32
N_2O_4	g	2.19	23.38
N_2O_5	g	2.7	27.5
	c	−10.0	
HNO_3	g	−32.28	−17.87
	l	−41.40	−19.10
	aq	−49.56	−26.61
Na	g	25.98	18.67
	c	0	0
Na_2CO_3	c	−270.3	−250.4
$NaHCO_2$	c	−226.5	−203.6
NaCl	c	−98.23	−91.79
NaF	c	−136.0	−129.3
$NaNO_2$	c	−85.9	
$NaNO_3$	c	−111.54	−87.45
Na_2O	c	−99.4	−90.0
NaOH	c	−101.99	−90.60
$NaOH \cdot H_2O$	c	−175.17	−149.00
$NaPO_3$	c	−288.6	
NaH_2PO_3	c	−289.4	
Na_3PO_4	c	−460	
Na_2S	c	−89.2	
NaHS	c	−56.5	
Na_2SO_3	c	−260.6	−239.5
Na_2SO_4	c	−330.90	−302.78
$NaHSO_4$	c	−269.2	
Ne	g	0	0
Ni	c	0	0
	g	102.7	91.9
$NiBr_2$	c	−50.7	
	aq	−71.0	−60.6
$Ni(CO)_4$	l	−151.3	−140.6
	g	−144.10	−140.36
NiC_2O_4	c	−204.6	
	aq	−210.1	−172.0
$NiCl_2$	c	−72.976	−61.918
	aq	−92.8	−73.6
NiF_2	c	−155.7	−144.4
NiI_2	c	−18.7	
	aq	−39.3	−35.6
$Ni(NO_3)_2$	c	−99.2	
	aq	−112.0	−64.2
NiO	c	−57.3	−50.6
$Ni(OH)_2$	c	−126.6	−106.9
Ni_3P	c	−50.2	
NiS	c	19.6	−19.0
$NiSO_4$	c	−208.63	−181.6
	aq	−230.2	
NiSe	c	−14.1	
NiSi	c	−20.6	

化学式	状态	生成热 ΔH_f /(kcal/mol)	生成自由能 ΔG_f /(kcal/mol)
NiTe	c	−12.8	
NiW	c	−43	
O	g	59.553	55.389
O_2	g	0	0
O_3	g	34.1	30.0
P			
α,白	c	0	0
三斜晶,红	c	−4.2	−2.9
黑	c	−9.4	
P_2	g	75.20	66.51
P_4	g	14.08	5.85
PBr_3	l	−44.1	−42.0
	g	−33.3	−38.9
PBr_5	c	−64.5	
PCl_3	l	−76.4	−65.1
	g	−68.6	−64.0
PCl_5	c	−106.0	
	g	−89.6	−72.9
PI_3	c	−10.9	
P_2O_5	c	−360.0	
$POCl_3$	g	−133.48	−122.60
	l	−142.7	−124.5
HPO_3	c	−226.7	
H_3PO_4	c	−305.7	−267.5
H_3PO_3	c	−230.5	
Pb	c	0	0
	g	46.6	38.7
$PbBr_2$	c	−66.6	−62.6
$PbCl_2$	c	−85.90	−75.08
$PbCl_4$	l	−78.7	
$PbCO_3$	c	−167.1	−149.5
PbC_2O_4	c	−203.5	−179.3
PbF_2	c	−158.7	−147.5
PbI_2	c	−41.94	−41.50
$Pb(NO_3)_2$	c	−108.0	
PbO			
黄	c	−51.94	−44.91
红	c	−52.34	−45.16
PbO_2	c	−66.3	−51.95
Pb_3O_4	c	−171.7	−143.7
$Pb(OH)_2$	c	−123.0	−102.2
$Pb_3(PO_4)_2$	c	−620.3	−581.4
PbS	c	−24.0	−23.6
$PbSO_4$	c	−219.87	−194.36
Pd	c	0	0
	g	90.4	81.2
$PdCl_2$	c	−41.0	−29.9
Pd_2H	c	−4.7	−1.2
PdI_2	c	15.2	−15.0
PdO	c	−20.4	

续表

化学式	状态	生成热 ΔH_f /(kcal/mol)	生成自由能 ΔG_f /(kcal/mol)	化学式	状态	生成热 ΔH_f /(kcal/mol)	生成自由能 ΔG_f /(kcal/mol)
PdS_2	c	−19.4		$SrHPO_4$	c	−431.3	
Pt	c	0	0	SrS	g	19	
	g	135.1	124.4	$SrSO_4$	c	−345.3	−318.9
PtO_2	g	41.0	40.1	SrSe	c	−78.7	
PtS	c	−19.5	−18.2	$SrSi_2$	c	150	
Rn	g	0	0	$SrSiO_3$	c	−371.2	
Si	c	0	0	$SrSiO_4$	c	−520.6	
	g	108.9	98.3	$SrWO_4$	c	−398.3	
Si_2	g	142	128	Ti	c	0	0
SiO_2				TiO(α)	c	−124.2	−118.3
石英	c	−217.72	−204.75		g	4	−3
方石英	c	−217.37	−204.56	Ti_2O_3	c	−363.5	−342.8
鳞石英	c	−217.27	−204.42	U	g	125	
H_2SiO_3	c	−284.1	−261.1		c	0	0
H_2SiO_4	c	−354.0	−318.6	UO_2	c	−270	−257
S				UO_3	c	−302	−283
正交晶	c	0	0	V	c	0	0
单斜晶	c	0.08			g	122.90	108.32
	g	66.636	56.951	VO	c	−103.2	−96.6
S_2	g	30.68	18.96		g	25	18
H_2S	g	−4.93	−8.02	VO_2	g	−57	
	aq	−9.5	−6.66	V_2O_3	c	−293.5	−272.3
SO	g	1.496	−4.741	V_2O_5	c	−370.6	−339.3
SO_2	l	−76.6		W	c	0	0
	g	−70.944	−71.748		g	203.0	192.9
SO_2(未离解)	aq	−77.194	−71.871	WC	c	−9.69	
SO_3(β)	c	−108.63	−88.19	W_2C	c	−6.3	
	l	−105.41	−88.04	WO_2	c	−140.94	−127.61
	g	−94.58	−88.69	WO_3	c	−201.45	−182.62
H_2SO_3(未离解)	aq	−145.51	−128.56	Xe	g	0	0
H_2SO_4	l	−194.548	−164.938	Zn	c	0	0
	aq	−217.32	−177.97		g	31.245	22.748
$H_2SO_4 \cdot H_2O$	l	−269.508	−227.182	$ZnCO_3$	c	−94.26	−174.85
$H_2SO_4 \cdot 2H_2O$	l	−341.085	−286.770	$ZnCl_2$	c	−99.20	−88.296
Sr	g	39.2	26.3		g	−63.6	
	c	0	0		aq	−116.68	−97.88
$SrBr_2$	c	−171.7		$Zn(ClO_4)_2$	aq	−98.60	−39.26
$SrCO_3$	c	−291.2	−271.9	ZnF_2	c	−182.7	−170.5
$SrCl_2$	c	−198.0	−186.7		aq	−195.78	−168.42
SrF_2	c	−290.3		ZnI_2	c	−49.72	−49.94
SrH	g	52.4	45.8		aq	−63.16	−59.80
SrI_2	c	−135.5		$Zn(NO_3)_2$	c	−115.6	
Sr_3N_2	c	−93.4	−76.5	ZnO	c	−83.24	−76.08
SrO	c	−141.1	−133.8	$Zn(OH)_2$(β)	c	−153.42	−132.31
SrO_2	c	−153.6	−139.0		aq	−146.72	−110.33
$Sr(OH)_2$	c	−229.3		$ZnSO_4$	c	−234.9	−209.0
$Sr_3(PO_4)_2$	c	−987.3			aq	−254.10	−213.11

注：1kcal/mol=4186.8J/mol。

6.1.2　有机物的生成热和生成自由能（101325Pa，25℃）（表 13-41）

表 13-41　有机物的生成热和生成自由能

化学式	物质名称	状态	生成热 ΔH_f /(kcal/mol)	生成自由能 ΔG_f /(kcal/mol)	化学式	物质名称	状态	生成热 ΔH_f /(kcal/mol)	生成自由能 ΔG_f /(kcal/mol)
CH_4	甲烷	g	−17.889	−12.140	$C_2H_4O_2$	甲酸甲酯	g	−83.7	−71.37
CH_2O	甲醛	g	−28	−27			l	−90.60	−71.53
CH_2O_2	甲酸	g	−86.67	−80.24	C_2H_6O	乙醇	g	−52.23	−40.23
		l	−97.8	−82.7			l	−66.35	−41.76
$CHCl_3$	氯仿	g	−24	−16	C_2H_6O	二甲醚	g	−43.06	−26.06
		l	−31.5	−17.1			l	−51.3	
CH_3Cl	一氯甲烷	g	−19.6	−14.0	$C_2H_6O_2$	乙二醇	g	−92.53	−71.26
CH_2Cl_2	二氯甲烷	g	−21	−14			l	−107.91	−76.44
CH_3Br	溴代甲烷	g	−8.5	−6.2	C_2H_5Cl	氯乙烷	g	−25.1	−12.7
CH_2Br_2	二溴甲烷	g	−1	−1.4	$C_2H_4Cl_2$	1,1-二氯乙烷	l	−38.3	−18.1
CH_4O	甲醇	g	−47.96	−38.72			g	−30.93	−17.35
		l	−57.04	−39.76	$C_2H_4Cl_2$	1,2-二氯乙烷	l	−39.49	−19.03
		aq	−58.779				g	−31.02	−17.67
CH_4ON_2	尿素	l	−77.55	−46.45	$C_2HO_2Cl_3$	三氯醋酸	c	−120.7	
		c	−79.634	−47.118	(离解)		aq	−123.4	
CH_5N	甲胺	l	−11.3	8.5	C_2H_5Br	溴乙烷	g	−13.0	
		g	−5.49	7.67			l	−20.4	
		aq	−16.77	4.94	$C_2H_4Br_2$	二溴乙烷	l	−19.4	−5.0
CH_2N_2	氨基氰	l	11.18	24.30			g	−9.16	−2.47
		c	9.15	24.18	C_2H_5I	碘乙烷	l	−7.4	
CH_5N_8	胍	l	−27.48	7.34	C_2H_6S	二甲硫	l	−15.55	1.45
		c	−30.68	6.33			g	−8.90	1.73
CH_3NO	甲酰胺	g	−44.64	−36.60	$C_2H_6SO_2$	二甲砜	c	−107.8	−72.3
CH_3NO_2	硝基甲烷	l	−27.03	−3.47			g	−88.7	−65.2
		g	−17.86	−1.65	C_2N_2	氰	g	73.60	70.81
CH_3NO_3	硝酸甲酯	l	−38.0	−10.4	$(SCN)_2$	硫化氰	l	74.3	
		g	−29.8	−9.4	C_2H_3N	乙腈	l	12.8	23.7
$CH_4N_4O_2$	硝基胍	c	−22.13				g	20.9	25.0
$CH_6O_2N_2$	氨基甲酸铵	c	−154.21	−109.47	C_2H_7N	乙胺	l	−17.7	
CNCl	氯化氰	g	34.5	32.9			g	−11.27	
CH_6NCl	盐酸甲胺	c	−68.31	−35.09	C_2H_7NO	乙醇胺	l	−62.52	27.50
CH_4H_2S	硫脲	c	−22.1		$C_2H_5O_2N$	硝基乙烷	l	−33.5	
C_2H_2	乙炔	g	54.19	50.00			g	−23.56	
		aq	50.54	51.88	C_2H_3SN	硫氰酸甲酯	l	28.4	
C_2H_4	乙烯	g	12.496	16.282			g	38.3	
C_2H_6	乙烷	g	−20.236	−7.860	$C_2H_7O_3SN$	氨基乙磺酸	c	181.66	
C_2H_2O	乙烯酮	g	−14.78	−14.30	C_3H_4	丙二烯	g	45.92	48.37
		l	−18.78	−13.32	C_3H_4	丙炔	g	44.32	46.31
$C_2H_2O_2$	乙二醛	c	−83.7		C_3H_6	丙烯	g	4.88	14.99
$C_2H_2O_4$	草酸	c	−197.7	−166.8	C_3H_8	丙烷	g	−24.820	−5.614
		aq	−197.2	−161.1	C_3H_8O	正丙醇	g	−61.17	−38.83
C_2H_4O	乙醛	l	−45.96	−30.64			l	−71.87	−39.84
		g	−39.72	−30.81	C_3H_8O	异丙醇	g	−62.41	−38.20
C_2H_4O	环氧乙烷	l	−18.60	−2.83			l	−74.32	−38.83
		g	−12.58	−3.12	$C_3H_8O_3$	甘油	l	−159.16	−113.65
$C_2H_4O_2$	醋酸	l	−115.8	−93.2	C_3H_4O	丙烯醛	g	−20.50	−15.57
		g	−103.31	−89.4			l	−27.97	−16.17
离解		aq	−116.16	−88.29	C_3H_6O	丙醛	g	−49.15	−33.96
未离解		aq	−116.10	−94.78	C_3H_6O	丙酮	g	−51.79	−36.50

续表

化学式	物质名称	状态	生成热 ΔH_f /(kcal/mol)	生成自由能 ΔG_f /(kcal/mol)	化学式	物质名称	状态	生成热 ΔH_f /(kcal/mol)	生成自由能 ΔG_f /(kcal/mol)
C_3H_6O	丙酮	l	−59.32	−37.22	C_5H_{12}	戊烷	g	−35.00	−1.96
$C_3H_6O_2$	丙酸	g	−108.75	−88.27			l	−41.36	−2.21
		l	−121.7	−91.65	$C_5H_{10}O_2$	丙酸乙酯	g	−112.36	−77.37
C_3H_9N	正丙胺	g	−16.45	14.38			l	−122.16	−79.16
$C_3H_6N_6$	三聚氰胺	l	−19.33	40.80	$C_5H_{12}O$	正戊醇	g	−71.74	−35.22
C_4H_6	1,2-丁二烯	g	39.55	48.21			l	−85.35	−38.63
C_4H_6	1,3-丁二烯	g	26.75	36.43	C_6H_6	苯	g	19.82	30.99
C_4H_6	1-丁炔	g	39.70	48.52			l	11.63	29.40
C_4H_6	2-丁炔	g	35.37	44.73	C_6H_{12}	环己烷	g	−29.43	7.59
C_4H_8	1-丁烯	g	0.280	17.22			l	−37.34	6.39
C_4H_8	2-丁烯,顺式、	g	−1.36	16.05	C_6H_{14}	正己烷	g	−39.96	0.05
	反式	g	−2.41	15.32			l	−47.52	−0.91
C_4H_8	异丁烯	g	−3.34	14.58	C_6H_6O	苯酚	g	−21.71	−6.26
C_4H_{10}	正丁烷	g	−29.81	−3.75			l	−37.80	−11.02
C_4H_{10}	异丁烷	g	−31.452	−4.296	$C_6H_{10}O_4$	己二酸	g	−216.19	−163.96
$C_4H_{10}O$	正丁醇	g	−67.81	−38.88			l	−235.51	−177.17
		l	−79.61	−40.37	$C_6H_{10}O_3$	丙酸酐	g	−147.32	−109.78
$C_4H_{10}O$	异丁醇	g	−69.05	−38.25			l	−161.53	−113.66
		l	−81.06	−39.36	C_7H_{16}	正庚烷	g	−44.89	2.09
$C_4H_{10}O$	乙醚	l	−65.2	−27.75			l	−53.63	−0.42
C_4H_8O	正丁醛	g	−52.40	−73.24	C_7H_8	甲苯	g	11.950	29.228
$C_4H_6O_2$	丙烯酸甲酯	g	−70.10	−56.78			l	2.867	27.282
		l	−82.76	−58.13	C_7H_6O	苯甲醛	g	−9.57	5.85
$C_4H_8O_2$	乙酸乙酯	g	−102.02	−74.93			l	−21.23	2.24
		l	−110.72	−76.11	C_8H_{10}	邻二甲苯	g	4.540	29.177
$C_4H_6O_3$	醋酐	l	−155.16	−121.75			l	−5.841	26.370
		g	−148.82	−119.29	C_8H_{10}	间二甲苯	g	4.120	28.405
$C_4H_{11}N$	丁胺	g	−15.60	19.55			l	−6.075	25.730
C_5H_8	1-戊炔	g	34.50	50.17	C_8H_{10}	对二甲苯	g	4.290	28.952
C_5H_8	2-戊炔	g	30.80	46.41			l	−5.838	26.310
C_5H_{10}	环戊烷	g	−18.46	9.23	C_8H_{10}	乙苯	g	7.120	31.208
		l	−25.31	8.70			l	−2.977	28.614
C_5H_{10}	1-戊烯	g	−5.00	18.79	C_8H_{18}	正辛烷	g	−49.82	4.14
C_5H_{10}	2-戊烯,顺式、	g	−6.71	17.17			l	59.74	1.77
	反式	g	−7.59	16.58	$C_8H_{18}O$	辛醇	g	−84.4	−27.1
C_5H_{10}	2-甲基-1-丁烯	g	−8.680	15.509			l	−101.6	−32.6
					C_9H_{12}	正丙苯	g	1.87	32.81
C_5H_{10}	3-甲基-1-丁烯	g	−6.920	17.874			l	−9.18	29.60
C_5H_{10}	2-甲基-2-丁烯	g	−10.170	14.267	C_9H_{12}	异丙苯	g	0.94	32.74
							l	−9.85	29.71

注：1kcal/mol=4186.8J/mol。

6.2 燃烧热

6.2.1 有机物燃烧热

有机物的燃烧热见表 13-42。表中给出了 20℃或 25℃（有＊号）、1atm(1atm＝101325Pa）下的燃烧热。燃烧生成物为 CO_2（气态)、H_2O（液态)、N_2（气态)。表中物质状态：g——气态、l——液态、s——固态、v——蒸气。几种无机物质的燃烧热见表 13-43。

表 13-42 有机物的燃烧热

化学式	物质名称	状态	燃烧热 $-\Delta H_c$ /(kcal/mol)
CH_4	甲烷	g	210.8
CH_2O	甲醛	g	134.1
		g	136.42*
CH_2O_2	甲酸	l	62.8
			60.86*
CH_3ON	甲酰胺	s	134.9
CH_3O_2N	硝基甲烷	l	169.4
CHI_3	三碘甲烷	s	161.9
CH_2Cl_2	二氯甲烷	v	106.8
CH_3Br	溴甲烷	v	184.0
CH_3I	碘甲烷	l	194.7
CH_3Cl	氯甲烷	g	164.2
CH_4O	甲醇	l	170.9
		l	173.64*
$CHCl_3$	三氯甲烷	l	89.2
CH_4S	甲硫醇	g	279.6
CH_4ON_2	尿素	s	151.6
		s	150.79*
CH_4N_2S	硫脲	s	342.8
CH_5N	甲胺	l	256.1
CCl_4	四氯化碳	l	37.3
COS	硫氧化碳	g	130.5
CS_2	二硫化碳	l	246.6
C_2H_2	乙炔	g	312.0
		g	310.61*
$C_2H_2O_4$	草酸	s	60.2
		s	58.7*
C_2H_3N	乙腈	l	302.4
C_2H_4	乙烯	g	331.6
		g	337.23*
C_2H_4O	乙醛	l	279.0
		l	278.77*
C_2H_4O	环氧乙烷	l	302.1
$C_2H_4O_2$	甲酸甲酯	l	233.1
		l	234.1*
$C_2H_4O_2$	醋酸	l	209.4
		l	209.02*
C_2H_6	乙烷	g	368.4
		g	372.81*
C_2N_2	氰	g	258.3
$C_2H_4Cl_2$	1,1-二氯乙烷	l	267.1

化学式	物质名称	状态	燃烧热 $-\Delta H_c$ /(kcal/mol)
$C_2H_4Cl_2$	氯化乙烯	v	271.0
C_2H_5Cl	氯乙烷	v	316.7
C_2H_5Br	溴乙烷	v	340.5
C_2H_5I	碘乙烷	l	356.0
$C_2H_3O_2Cl$	氯乙酸	s	171.0
C_2H_6S	乙硫醇	l	517.2
		g	452.0
$C_2H_5O_2N$	亚硝酸乙酯	v	332.6
$C_2H_5O_3N$	硝酸乙酯	v	322.4
C_2H_5ON	乙酰胺	s	282.6
$C_2H_5O_2N$	硝基乙烷	l	322.2
C_2H_6O	二甲醚	g	347.6
C_2H_6O	乙醇	l	327.6
		l	326.68*
$C_2H_6O_2$	乙二醇	l	281.9
C_2H_7N	二甲胺	l	416.7
C_2H_7N	乙胺	l	408.5
		l	409.5*
$C_2H_7O_3NS$	氨基乙磺酸	s	382.9
C_3H_4	丙炔	g	465.1
		g	463.109*
C_3H_6	丙烯	g	490.2
		g	491.987*
C_3H_3	丙烷	g	526.3
		g	530.57*
C_3H_6	环丙烷	g	496.8
		g	499.89*
$C_3H_2N_3$	丙二腈	s	394.8
C_3H_4O	丙烯醛	l	389.6
$C_3H_4O_2$	丙烯醇	l	27.5
		l	327.0*
$C_3H_4O_4$	丙二酸	s	207.2
		s	205.82*
C_3H_5N	丙腈	l	456.4
$C_3H_5N_3O_9$	硝化甘油	l	432.4
C_3H_6O	丙酮	l	426.8
		l	427.92*
C_3H_6O	丙醛	l	434.2
		l	434.1*
$C_3H_6O_2$	甲酸乙酯	l	391.7

化学式	物质名称	状态	燃烧热 $-\Delta H_c$ /(kcal/mol)
$C_3H_6O_2$	醋酸甲酯	l	381.2
$C_3H_6O_2$	丙酸	l	367.2
		l	365.03*
$C_3H_6O_3$	乳酸	l	326.0
		l	326.8*
$C_3H_6O_3$	碳酸二甲酯	l	340.8
C_3H_7Cl	1-氯丙烷	v	478.3
C_3H_7ON	丙酰胺	s	439.9
C_3H_8O	正丙醇	l	480.5
		l	482.75*
C_3H_8O	异丙醇	l	474.8
$C_3H_8O_3$	甘油	l	397.0
C_3H_9N	正丙胺	l	558.3
		l	565.31*
C_3H_9N	三甲胺	l	578.6
C_4H_6	丁炔	g	620.86*
C_4H_8	丁烯	g	649.757
C_4H_8	异丁烯	g	647.2
C_4H_{10}	丁烷	g	687.982*
C_4H_{10}	异丁烷	g	683.4
$C_4H_2O_3$	顺式丁烯二酸酐	s	333.9
		s	332.10*
$C_4H_4N_2$	丁二腈	l	545.7
$C_4H_4O_3$	丁二酸酐	s	369.6
		s	369.0*
$C_4H_4O_4$	顺式丁烯二酸	s	326.1
		s	323.89*
C_4H_6O	丁烯醛	l	542.1
$C_4H_6O_2$	丁烯酸	s	477.7
$C_4H_6O_3$	乙酐	l	431.9
		l	431.70*
$C_4H_6O_4$	丁二酸	s	357.1
		s	356.36*
$C_4H_6O_4$	乙二酸二甲酯	s	401.9
$C_4H_6O_6$	D-酒石酸	s	275.1
$C_4H_6O_6$	DL-酒石酸（无水）	s	278.4
C_4H_7N	丁腈	l	613.3
C_4H_8O	异丁醛	v	596.8

续表

化学式	物质名称	状态	燃烧热 $-\Delta H_c$ /(kcal/mol)
C_4H_8O	丁酮	l	582.3
		l	584.17*
$C_4H_8O_2$	丁酸	l	524.3
		l	521.87*
$C_4H_8O_2$	异丁酸	l	517.4
$C_4H_8O_2$	丙酸甲酯	v	552.3
$C_4H_8O_2$	乙酸乙酯	l	536.9
$C_4H_{10}O$	正丁醇	l	638.6
		l	639.53*
$C_4H_{10}O$	(二)乙醚	l	651.7
		l	657.52*
$C_4H_{10}O$	异丁醇	l	638.2
$C_4H_{11}N$	异丁胺	l	713.6
$C_4H_{11}N$	二乙胺	l	716.9
$C_4H_{11}N$	正丁胺	l	710.6
C_5H_8	1-戊炔	g	778.03*
C_5H_{10}	1-戊烯	g	806.85*
		l	803.4
C_5H_{10}	环戊烷	l	783.6
		l	786.55*
C_5H_{10}	甲基环丁烷	l	784.2
C_5H_{12}	正戊烷	g	838.3
		g	845.16*
		l	833.4
		l	838.80*
C_5H_{12}	异戊烷	g	
$C_5H_4O_2$	糠醛	l	559.5
C_5H_5N	吡啶	l	658.5
		l	665.0*
$C_5H_6O_3$	戊二酸酐	s	528.0
$C_5H_8O_2$	乙酰丙酮	l	615.9
$C_5H_8O_4$	戊二酸	s	514.9
		s	514.08*
$C_5H_9O_4N$	谷氨酸	s	542.4
$C_5H_{10}O_2$	丙酸乙酯	l	690.8
$C_5H_{10}O_2$	丁酸甲酯	l	692.8
$C_5H_{10}O_2$	异丁酸甲酯	l	694.2
$C_5H_{10}O_2$	正戊酸	l	681.6
		l	678.12*
$C_5H_{10}O_3$	碳酸二乙酯	l	647.9
$C_5H_{10}O_5$	木糖	s	561.5
		s	559.0*
$C_5H_{12}O$	戊醇	l	793.7
C_6H_6	苯	l	782.3
		g	789.08*

化学式	物质名称	状态	燃烧热 $-\Delta H_c$ /(kcal/mol)
C_6H_6	苯	l	780.98*
C_6H_{10}	环己烯	l	891.9
C_6H_{12}	己烯	l	952.6
C_6H_{12}	环己烷	l	937.8
		l	936.87*
C_6H_{14}	正己烷	l	989.8
C_6Cl_6	六氯苯	s	509.0
$C_6H_4Cl_2$	邻二氯苯	l	671.8
C_6H_5F	氯苯	l	747.2
C_6H_5I	碘代苯	l	770.7
C_6H_7N	苯胺	l	811.7
C_6H_6O	苯酚	s	732.2
		s	729.80*
$C_6H_{10}O_3$	丙酸酐	l	746.6
$C_6H_{10}O_3$	乙酰醋酸乙酯	l	690.8
$C_6H_{10}O_4$	丁二酸二甲酯	s	703.3
		s	706.3*
$C_6H_{10}O_4$	己二酸	s	668.29*
$C_6H_8O_7$	柠檬酸(无水)	s	474.5
		s	468.6*
$C_6H_{12}N_4$	乌洛托品	s	1006.7
$C_6H_{12}O$	环己醇	l	890.7
$C_6H_{12}O_2$	二乙基醋酸	l	830.8
$C_6H_{12}O_2$	己酸	l	831.0
$C_6H_{12}O_2$	丁酸乙酯	l	851.2
$C_6H_{12}O_2$	异丁酸乙酯	l	845.7
$C_6H_{12}O_5$	鼠李糖	s	718.3
$C_6H_{12}O_6$	葡萄糖	s	673.0
		s	669.94*
$C_6H_{12}O_6$	果糖	s	675.6
$C_6H_{12}O_6$	半乳糖	s	670.7
$C_6H_{12}O_6$	肌醇	s	662.1
$C_6H_{15}N$	己胺	l	1002.2
$C_6H_3O_6N_3$	1,3,5-三硝基苯	s	663.7
$C_6H_3O_7N_3$	苦味酸	s	611.8
$C_6H_4N_2O_4$	间二硝基苯	s	696.8
$C_6H_5NO_2$	硝基苯	l	739.2
$C_6H_5O_3N$	邻硝基苯酚	s	689.1
	间硝基苯酚	s	684.4

化学式	物质名称	状态	燃烧热 $-\Delta H_c$ /(kcal/mol)
$C_6H_5O_3N$	对硝基苯酚	s	688.8
$C_6H_6N_2O_2$	邻硝基苯胺	s	765.8
	对硝基苯胺	s	761.0
	间硝基苯胺	s	765.2
C_6H_7ON	邻氨基苯酚	s	760.0
C_7H_8	甲苯	l	934.2
C_7H_{12}	环庚烯	l	1049.9
C_7H_{14}	环庚烷	l	1087.3
C_7H_{14}	甲基环己烷	l	1091.8
C_7H_{16}	正庚烷	l	1149.9
C_7H_{16}	2-甲基己烷	l	1148.9
C_7H_6O	苯甲醛	l	841.3
			843.2*
$C_7H_6O_2$	苯甲酸	s	771.2
		s	771.24*
$C_7H_6O_5$	棓酸	s	633.7
C_7H_8O	苯甲醇	l	894.3
C_7H_8O	苯甲醚	l	905.1
C_7H_8O	邻甲酚	s	879.5
		l	882.6
		s	882.72*
	间甲酚	l	880.5
	对甲酚	s	880.0
		l	882.5
		s	883.99*
C_7H_9N	甲基苯胺	l	973.5
C_7H_9N	邻甲苯胺	l	964.3
	间甲苯胺	l	965.3
	对甲苯胺	s	958.4
$C_7H_{12}O_4$	三甲基丁二酸	s	829.9
$C_7H_{14}O$	正庚醛	l	1062.4
$C_7H_{14}O_2$	戊酸乙酯	l	1017.5
$C_7H_{16}O$	正庚醇	l	1104.9
$C_7H_5N_3O_6$	1,2,4,6-三硝基甲苯	s	820.7
$C_7H_7O_2N$	邻硝基甲苯	l	897.0
	对硝基甲苯	s	888.6
C_8H_6	苯乙炔	l	1024.2
C_8H_8	苯乙烯	l	1047.1

续表

化学式	物质名称	状态	燃烧热 $-\Delta H_c$ /(kcal/mol)	化学式	物质名称	状态	燃烧热 $-\Delta H_c$ /(kcal/mol)	化学式	物质名称	状态	燃烧热 $-\Delta H_c$ /(kcal/mol)
C_8H_{18}	正辛烷	l	1302.7	C_8H_{10}	咖啡碱	s	1014.2	$C_{12}H_{10}$	联苯	s	1493.6
$C_8H_6O_4$	苯二酸	s	771.0	O_2N_4				$C_{12}H_{10}N_2$	偶氮苯	s	1555.2
$C_8H_8O_2$	苯醋酸	s	930.2	C_9H_{12}	丙苯	l	1246.4	C_{12}	二苯亚硝	s	1532.6
$C_8H_8O_2$	苯甲酸甲	l	943.5	C_9H_7N	喹啉	l	1123.5	$H_{10}ON_2$	胺		
	酯			$C_9H_{10}O_2$	苯甲酸乙	l	1098.7	$C_{12}H_{22}O_{11}$	蔗糖	s	1349.6
$C_8H_8O_2$	邻甲基苯	s	928.9		酯					s	1348.2*
	甲酸			$C_9H_{10}O_3$	水杨酸乙	l	1051.2	$C_{12}H_{22}O_{11}$	乳糖	s	1350.8
	间甲基苯	s	928.6		酯			$C_{12}H_{22}O_{11}$	麦芽糖	s	1350.2
	甲酸			$C_9H_{11}O_3N$	酪氨酸	s	1070.2	$C_{13}H_{12}$	二苯甲烷	s	1655.0
	对甲基苯	s	926.9	$C_{10}H_8$	萘	s	1232.5	$C_{13}H_{12}O$	二苯基甲	s	1615.4
	甲酸					s	1231.8*		醇		
$C_8H_8O_3$	水杨酸甲	l	898.3	$C_{10}H_{22}$	癸烷	l	1610.2	$C_{17}H_{19}O_3$	吗啡	s	2146.3
	酯			$C_{10}H_{13}$	非那西汀	s	1285.2	$N\cdot H_2O$			
$C_8H_{10}O$	苯乙醚	l	1060.3	O_2N				$C_{18}H_{32}O_6$	棉籽糖	s	2025.5
$C_8H_{10}O_2$	邻二甲苯	l	1091.7	$C_{10}H_{14}N_2$	菸碱	l	1427.7	$C_{18}H_{34}O_2$	油酸	l	2657.0
	间二甲苯	l	1088.4	$C_{10}H_{16}O$	樟脑	s	1411.0	$C_{18}H_{36}O_2$	硬脂酸	s	2711.8
	对二甲苯	l	1089.1	$C_{10}H_{18}O$	冰片	l	1469.6			s	2696.12*
$C_8H_{14}O_4$	辛二酸	s	985.2	$C_{10}H_{20}O_2$	癸酸	s	1458.1	$C_{20}H_{21}$	罂粟碱	s	2478.1
$C_8H_{18}O$	辛醇	l	1262.0	$C_{10}H_{22}O$	薄荷醇	s	1508.8	O_4N			

注：1. 标有 * 号的数据为25℃时的数据，其余为20℃时的数据。

2. 1kcal/mol=4186.8J/mol。

6.2.2 几种无机物的燃烧热（101325Pa，18℃）（表13-43）

表13-43 几种无机物的燃烧热

物质	状态	化学式	燃烧热/(kcal/mol)	物质	状态	化学式	燃烧热/(kcal/mol)
碳	石墨	C	94.4	二硫化碳	液	CS_2	246.6
碳	焦炭	C	97	硫(斜方)	固	S_2	7.094
一氧化碳	气	CO	67.62	氯与氢	气	H_2,Cl_2	21.89
氢	气	H_2	68.31	溴与氢	液+气	H_2,Br_2	8.4
硫化氢	气	H_2S	138.38	碘与氢	固+气	H_2,I	−5.95

注：1kcal/kmol=4186.8J/kmol。

6.3 溶解热及水溶液生成热

6.3.1 常用无机物溶于水的溶解热（18℃）（表13-44）

表13-44 常用无机物溶于水的溶解热

物质	分子式	稀释度/(mol水/mol溶质)	溶解热 $-\Delta H_s$ /(kcal/mol)	物质	分子式	稀释度/(mol水/mol溶质)	溶解热 $-\Delta H_s$ /(kcal/mol)
溴化铝	$AlBr_3$	不定	+85.3	重铬酸铵	$(NH_4)_2Cr_2O_7$	600	−12.9
氯化铝	$AlCl_3$	600	+77.9	碘化铵	NH_4I	不定	−3.56
氟化铝	AlF_3	不定	+31	硝酸铵	NH_4NO_3	∞	−6.47
碘化铝	AlI_3	不定	+89.0	硫酸铵	$(NH_4)_2SO_4$	∞	−2.75
硫酸铝	$Al_2(SO_4)_3$	不定	+126	亚硫酸铵	$(NH_4)_2SO_3$	不定	−1.2
溴化铵	NH_4Br	不定	−4.45	氯化钡	$BaCl_2$	∞	+2.4
氯化铵	NH_4Cl	∞	−3.82	碘化钡	BaI_2	∞	+10.5
铬酸铵	$(NH_4)_2CrO_4$	不定	−5.82	硝酸钡	$Ba(NO_3)_2$	∞	−10.2

续表

物 质	分子式	稀释度/(mol水/mol溶质)	溶解热$-\Delta H_s$/(kcal/mol)	物 质	分子式	稀释度/(mol水/mol溶质)	溶解热$-\Delta H_s$/(kcal/mol)
硫化钡	BaS	∞	+7.2	氯化镁	$MgCl_2$	∞	+36.3
硼酸	H_3BO_3	不定	−5.4	碘化镁	MgI_2	∞	+50.2
溴化钙	$CaBr_2$	∞	+24.86	硝酸镁	$Mg(NO_3)_2 \cdot 6H_2O$	∞	−3.7
氯化钙	$CaCl_2$	∞	+4.9	磷酸镁	$Mg_3(PO_4)_2$	不定	+10.2
	$CaCl_2 \cdot H_2O$	∞	+12.3	硫酸镁	$MgSO_4$	∞	+21.1
	$CaCl_2 \cdot 2H_2O$	∞	+12.5		$MgSO_4 \cdot H_2O$	∞	+14.0
	$CaCl_2 \cdot 4H_2O$	∞	+2.4		$MgSO_4 \cdot 2H_2O$	∞	+11.7
	$CaCl_2 \cdot 6H_2O$	∞	−4.11		$MgSO_4 \cdot 4H_2O$	∞	+4.9
甲酸钙	$Ca(CHO_2)_2$	400	+0.7		$MgSO_4 \cdot 6H_2O$	∞	+0.55
碘化钙	CaI_2	∞	+28.0		$MgSO_4 \cdot 7H_2O$	∞	−3.18
硝酸钙	$Ca(NO_3)_2$	∞	+4.1	磷酸	H_3PO_4	400	+2.79
	$Ca(NO_3)_2 \cdot H_2O$	∞	+0.7		$H_3PO_4 \cdot 0.5H_2O$	400	−0.1
	$Ca(NO_3)_2 \cdot 2H_2O$	∞	−3.2	碳酸氢钾	$KHCO_3$	2000	−5.1
	$Ca(NO_3)_2 \cdot 3H_2O$	∞	−4.2	溴化钾	KBr	∞	−5.13
	$Ca(NO_3)_2 \cdot 4H_2O$	∞	−7.99	碳酸钾	K_2CO_3	∞	+6.58
硫酸钙	$CaSO_4$	∞	+5.1		$K_2CO_3 \cdot 0.5H_2O$	∞	+4.25
	$CaSO_4 \cdot 0.5H_2O$	∞	+3.6		$K_2CO_3 \cdot 1.5H_2O$	∞	−0.43
	$CaSO_4 \cdot 2H_2O$	∞	−0.18	氯酸钾	$KClO_3$	∞	−10.31
溴化钴	$CoBr_2$	不定	+18.4	氯化钾	KCl	∞	−4.404
氯化钴	$CoCl_2$	400	+18.5	铬酸钾	K_2CrO_4	2185	−4.9
碘化钴	CoI_2	不定	+18.8	氰化钾	KCN	200	−3.0
硫酸钴	$CoSO_4$	400	+15.0	重铬酸钾	$K_2Cr_2O_7$	1600	−17.8
硝酸铜	$Cu(NO_3)_2$	200	+10.3	氟化钾	KF	∞	+3.96
硫酸铜	$CuSO_4$	800	+15.9	氢硫化钾	KHS	∞	+0.86
硫酸铜	$CuSO_4 \cdot H_2O$	800	+9.3	氢氧化钾	KOH	∞	+12.91
	$CuSO_4 \cdot 3H_2O$	800	+3.65		$KOH \cdot 0.75H_2O$	∞	+4.27
	$CuSO_4 \cdot 5H_2O$	800	−2.85		$KOH \cdot H_2O$	∞	+3.48
硫酸亚铜	Cu_2SO_4	不定	+11.6		$KOH \cdot 7H_2O$	∞	+0.86
氯化铁	$FeCl_3$	1000	+31.7	碘酸钾	KIO_3	∞	−6.93
	$FeCl_3 \cdot 2.5H_2O$	1000	+21.0	碘化钾	KI	∞	−5.23
	$FeCl_3 \cdot 6H_2O$	1000	+5.6	硝酸钾	KNO_3	∞	−8.633
氯化亚铁	$FeCl_2$	400	+17.9	草酸钾	$K_2C_2O_4$	400	−4.6
	$FeCl_2 \cdot 2H_2O$	400	+8.7		$K_2C_2O_4 \cdot H_2O$	400	−7.5
	$FeCl_2 \cdot 4H_2O$	400	+2.7	高氯酸钾	$KClO_4$	∞	−12.94
碘化亚铁	FeI_2	不定	+23.3	高锰酸钾	$KMnO_4$	400	−10.4
硫酸亚铁	$FeSO_4$	400	+14.7	硫酸钾	K_2SO_4	∞	−6.32
	$FeSO_4 \cdot H_2O$	400	+7.35	硫酸氢钾	$KHSO_4$	800	−3.10
	$FeSO_4 \cdot 4H_2O$	400	+1.4	硫化钾	K_2S	∞	−11.0
	$FeSO_4 \cdot 7H_2O$	400	−4.4	亚硫酸钾	K_2SO_3	不定	+1.8
氯化铅	$PbCl_2$	不定	−3.4	硫氰化钾	$KCNS$	∞	−6.08
硝酸铅	$Pb(NO_3)_2$	400	−7.61	硝酸银	$AgNO_3$	200	−4.4
溴化锂	$LiBr$	∞	+11.54	醋酸钠	$NaC_2H_3O_2$	∞	+4.085
氯化锂	$LiCl$	∞	+8.66		$NaC_2H_3O_2 \cdot 3H_2O$	∞	−4.665
氟化锂	LiF	∞	−0.74	碳酸氢钠	$NaHCO_3$	1800	−4.1
氢氧化锂	$LiOH$	∞	+4.74	四硼酸钠	$Na_2B_4O_7$	900	+10.0
碘化锂	LiI	∞	+14.92		$Na_2B_4O_7 \cdot 10H_2O$	900	−16.8
硝酸锂	$LiNO_3$	∞	+0.466	溴化钠	$NaBr$	∞	−0.58
硫酸锂	Li_2SO_4	∞	+6.71	碳酸钠	Na_2CO_3	∞	+5.57
溴化镁	$MgBr_2$	∞	+43.7		$Na_2CO_3 \cdot H_2O$	∞	+2.19

续表

物质	分子式	稀释度/(mol 水/mol 溶质)	溶解热 $-\Delta H_s$ /(kcal/mol)	物质	分子式	稀释度/(mol 水/mol 溶质)	溶解热 $-\Delta H_s$ /(kcal/mol)
碳酸钠	$Na_2CO_3 \cdot 7H_2O$	∞	−10.81	亚硝酸钠	$NaNO_2$	不定	−3.6
	$Na_2CO_3 \cdot 10H_2O$	∞	−16.22	高氯酸钠	$NaClO_4$	∞	−4.15
氯酸钠	$NaClO_3$	∞	−5.37	磷酸钠	Na_3PO_4	1600	+13
氯化钠	NaCl	∞	−1.164	硫酸钠	Na_2SO_4	∞	+0.28
铬酸钠	Na_2CrO_4	800	+2.50		$Na_2SO_4 \cdot 10H_2O$	∞	−18.74
氰化钠	NaCN	200	−0.37	硫酸氢钠	$NaHSO_4$	800	+1.74
	$NaCN \cdot 0.5H_2O$	200	−0.92	硫酸氢钠	$NaHSO_4 \cdot H_2O$	800	+0.15
	$NaCN \cdot 2H_2O$	200	−4.41	硫化钠	Na_2S	∞	+15.2
氟化钠	NaF	∞	−0.27	亚硫酸钠	Na_2SO_3	∞	+2.8
氢硫化钠	NaHS	∞	+4.62	硫氢酸钠	NaCNS	∞	−1.83
氢氧化钠	NaOH	∞	+10.18	硫代硫酸钠	$Na_2S_2O_3$	不定	+2.0
	$NaOH \cdot 0.5H_2O$	∞	+8.17		$Na_2S_2O_3 \cdot 5H_2O$	不定	−11.30
	$NaOH \cdot 2/3H_2O$	∞	+7.08	醋酸锌	$Zn(C_2H_3O_2)_2$	400	+9.8
	$NaOH \cdot 0.75H_2O$	∞	+6.48	溴化锌	$ZnBr_2$	400	+15.0
	$NaOH \cdot H_2O$	∞	+5.17	氯化锌	$ZnCl_2$	400	+15.72
碘化钠	NaI	∞	+1.57	碘化锌	ZnI_2	不定	+11.6
偏磷酸钠	$NaPO_3$	600	+3.97	硫酸锌	$ZnSO_4$	400	+18.5
硝酸钠	$NaNO_3$	∞	−5.05				

注：1kcal/mol=4186.8J/mol。

6.3.2 某些常用物质的水溶液生成热（表 13-45）

表 13-45 某些常用物质的水溶液生成热 单位：kcal/kmol

物质	含量/(mol H_2O/mol 物质)											
	∞	800	400	200	100	50	20	10	5	4	3	2
$BaCl_2$	207730	207400	207350	207300	207272	207308						
$Ba(NO_3)_2$	226740	227049	227270	227900								
CH_3COOH	118070	118059	118055	118045	178024	117983	117910 (25)	117700 (8)		117590		117540
$CaCl_2$	209117	208771	208688	208620	208501	208363	208780	206150	204200 (6)			
$Ca(NO_3)_2$	228120	227940	227980	228240	228290					228300		
$CuSO_4$		200640		200600	200520	200482 (60)						
HCl	39687	39572	39525	39465	39282	39257	38920	38350	37100	36440	35430	33560
HF		75700 (600)		75560				75560 (12)	75460 (6)			75110 (2.2)
HNO_3	49190	49116	49105	49100	49104	49124	49120	48980	48330		47370	46440
H_3PO_4			306160	306100	306020	305920	305890	305260 (9)			304050	
H_2SO_4	215800	212250	211840	211500	211290	211120	210790	209630	207500	206570	205370	203510
$FeCl_3$		128100 (1000)		127100	126100	123100	102800					
$FeSO_4$			235980	235940								
$Fe_2(SO_4)_3$		653200 (1200)	653000	652800 (300)	652200 (150)	648200						
K_2CO_3	281040	281010	281090	281240	281440	281660	281860	281840				
KCl	99957	99899	99899	99912	99970	100085	100359	100575 (12)				
$KClO_3$	81020	81060	81160	81360	81780							
$K_2Cr_2O_7$		471250	471800	427340	472870							
KNO_3	109460	109477	109550	109693	109250	110345	111260					
KOH	114930	114840	114817	114800	114793	114793	114760	114520	113560	112990	112100	
K_2SO_4	336340	336175	336237	336450	336970							
$MgCl_2$	189600	189220	189130	189020	188810	188530	187610	185200				
$MgSO_4$	326030	325250	325250	325180	325110	325070	324790					

续表

物质	含量/(mol H_2O/mol 物质)										
	∞	800	400	200	100	50	20	10	5	4	3	2
$MnSO_4$			265000	264970	264900	264720	264190					
NH_3	19350			19350	19360	19350	19310	19270		19070		18970 (2.33)
NH_4HCO_3		196200 (1200)	196190	196290	196400	196580 (40)						
NH_4Cl	71132	71489	71060	71032	71020	71031	71079 (25)	71580				
NH_4NO_3	80660	80684 (1000)	80710 (500)	80810	80914	81143	81630	82060	82680		82990	83320 (2.5)
NH_4HSO_4		245200	244880	244620	244430	244320	244200	243830				
$(NH_4)_2SO_4$	278710	279060	279080	279150	279270	279460	279650 (30)	279200				
Na_2CO_3	275460	275400	275520	275770	276190	276830	277830	278130 (15)				
$Na(CH_3COO)$	175425	175310	175275	175237	175192	175143	175025	174735	174175	173985	173725	
$NaCl$	97166	97105	97105	97119	97171	97286	97581	97850				
$NaNO_3$	106669	106651	106684	106755	106915	107189	107804	108389	109025			
$NaOH$	112139	112063	112053	112061	112100	112184	112351	112820	113020	113860	115340	
Na_2HPO_4		420260	420500	420820								
Na_3PO_4		471000	471600	471900								
Na_2S	104960	104890	104960	105080	105290	105640	106340					
$NaHSO_4$		270780	270560	270290	270150	270120	270040	269620				
Na_2SO_4	330760	330633	330735	330985	331450	332115						
SO_2	79480 (2000)	79150 (1000)	78810 (500)	78370	78040	77920 (75)						
$ZnCl_2$			115270	114880	114050	112550	110370	109060	107200			
$Zn(NO_3)_2$			251950	251940	251920	251870	251630					
$ZnSO_4$			134700	134870		134860	134810	133680			132000	

注：1. 表中括号内的数字为摩尔比：mol H_2O/mol 物质。

2. 1kcal/kmol＝4186.8J/kmol。

6.4 蒸发潜热

6.4.1 某些液体的蒸发潜热（表 13-46）

表 13-46 某些液体的蒸发潜热　　单位：kcal/kg

液体	在大气压下的沸点/℃	温度/℃				
		0	20	60	100	140
氨	－33	302	284	—	—	—
苯胺	184	—	—	—	—	104(在184℃)
丙酮	56.5	135	132	124	113	—
苯	80	107	104	97.5	90.5	82.6
丁醇	117	168	164	156	146	134
水	100	595	584	579	539	513
二氧化碳	－78	56.1	37.1	—	—	—
甲醇	65	286	280	265	242	213
硝基苯	211	—	—	—	—	79.2(在211℃)
丙醇	98	194	189	178	163	142
异丙醇	82.5	185	179	167	152	133
二硫化碳	46	89.4	87.6	82.2	75.5	67.4
甲苯	110	99	97.3	92.8	88	82.1
醋酸	118	—	—	—	97(在118℃)	94.4
氟里昂-12	－30	37	34.6	31.6	—	—
氯	－34	63.6	60.4	53	42.2	17
氯甲苯	132	89.7	88.2	84.6	80.7	76.5
氯仿	61	64.8	62.8	59.1	55.2	—
四氯化碳	77	52.1	51	48.2	44.3	40.1
乙酸乙酯	77	102	98.2	92.1	84.9	75.7

续表

液　　体	在大气压下的沸点/℃	温　　度/℃				
		0	20	60	100	140
乙醇	78	220	218	210	194	170
乙醚	34.5	92.5	87.5	77.9	67.4	54.5
戊醇	—	—	120	—	—	—
蚁酸	—	—	120	—	—	—
硝基苯	—	—	79.2	—	—	—

注：1kcal/kg＝4186.8J/kg。

6.4.2 烷烃的蒸发潜热（图 13-91）

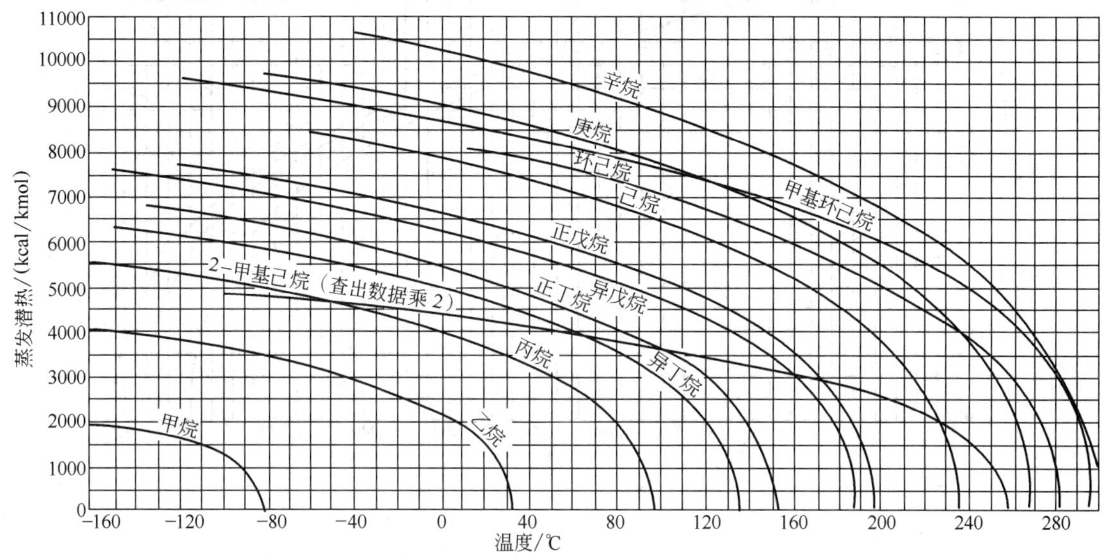

图 13-91　烷烃的蒸发潜热

1kcal/kmol＝4186.8J/kmol

6.4.3 烯烃和二烯烃的蒸发潜热（图 13-92）

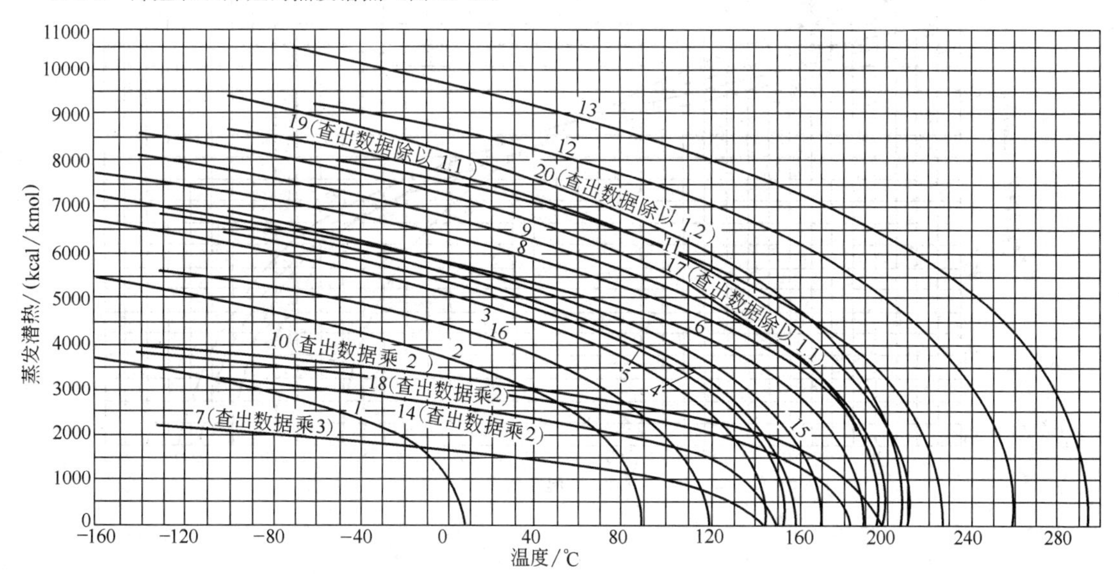

图 13-92　烯烃和二烯烃的蒸发潜热

1—乙烯；2—丙烯；3—1-丁烯；4—顺 2-丁烯；5—反 2-丁烯；6—3-甲基-1-丁烯；7—异丁烯；8—戊烯；9—顺 2-戊烯；10—反戊烯；11—己烯；12—1-庚烯；13—1-辛烯；14—1,3-丁二烯；15—1,2-丁二烯；16—丙二烯；17—异戊二烯；18—1,4-戊二烯；19—顺 1,3-戊二烯；20—反 1,3-戊二烯

1kcal/kmol＝4186.8J/kmol

6.4.4 芳香烃的蒸发潜热（图 13-93）

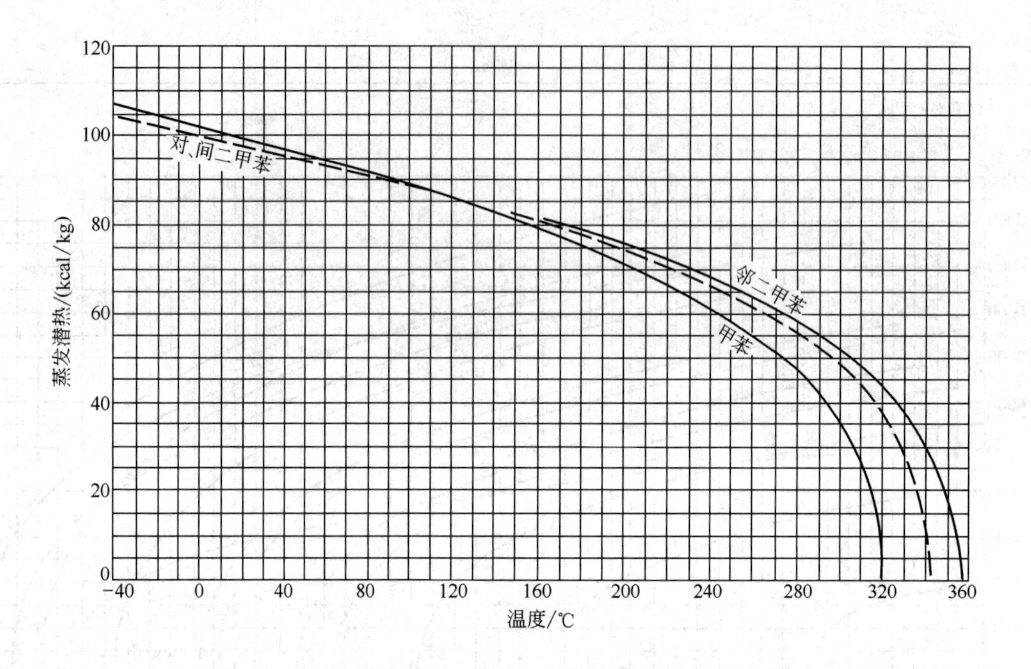

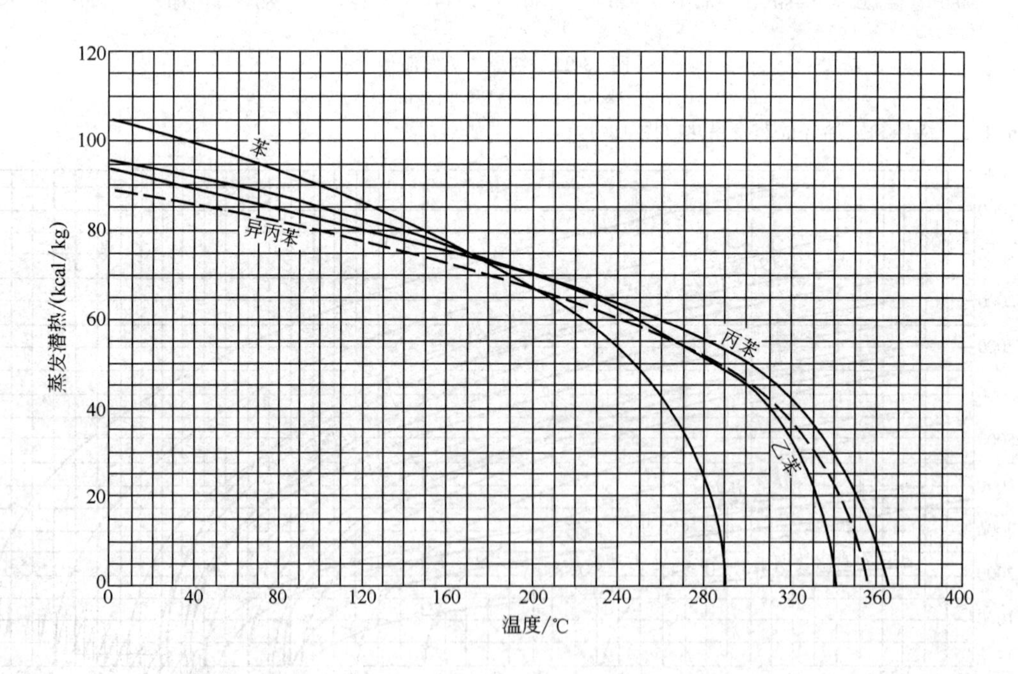

图 13-93 芳香烃的蒸发潜热

1kcal/kg＝4186.8J/kg

6.4.5 溶剂的蒸发潜热（图 13-94）

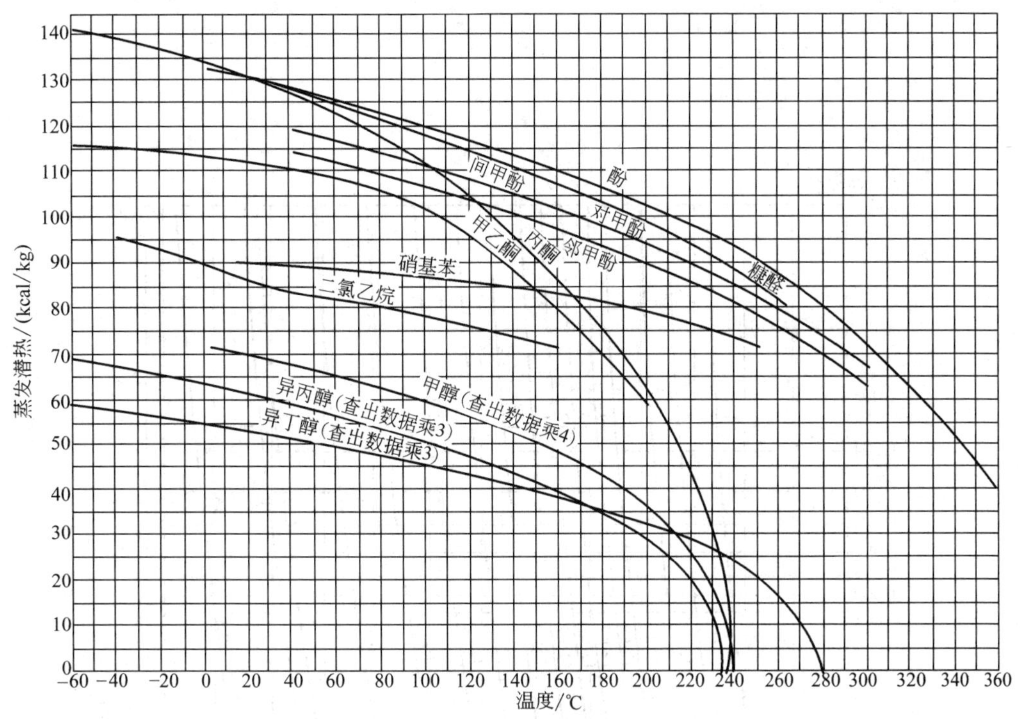

图 13-94 溶剂的蒸发潜热

1kcal/kg＝4186.8J/kg

6.4.6 正构烷烃的蒸发潜热与温度、压力关系（图 13-95）

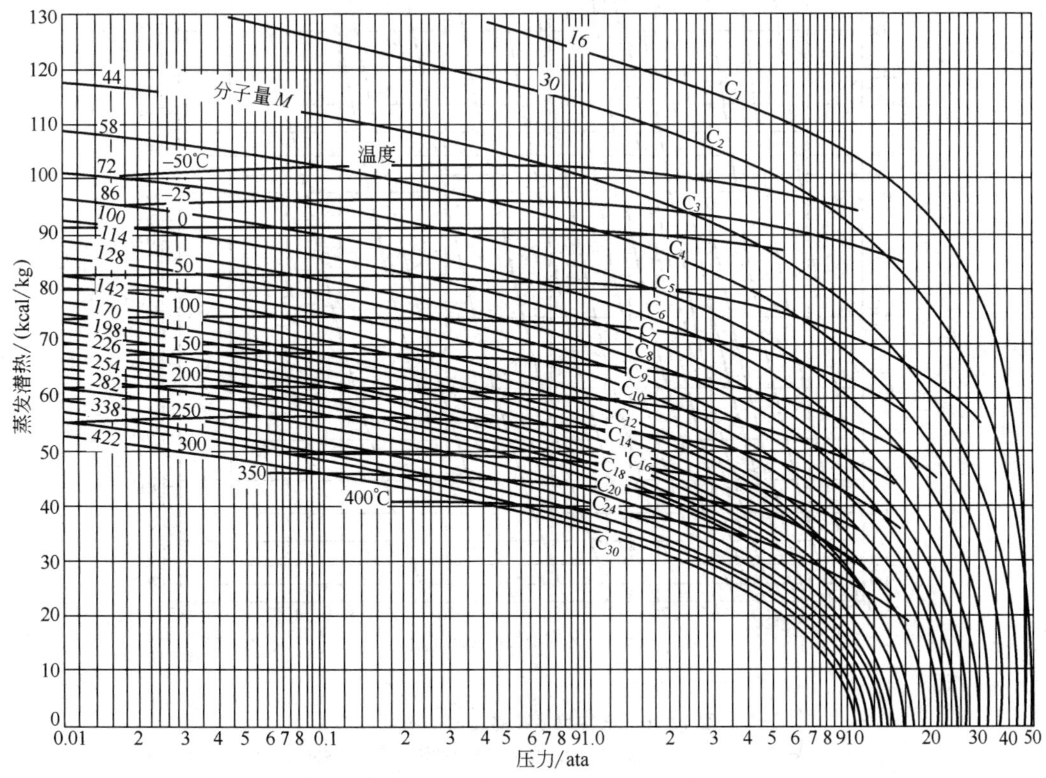

图 13-95 正构烷烃的蒸发潜热与温度、压力的关系

1kcal/kg＝4186.8J/kg，1ata＝98066.5Pa

6.4.7 正构烷烃在减压时的蒸发潜热（图 13-96）

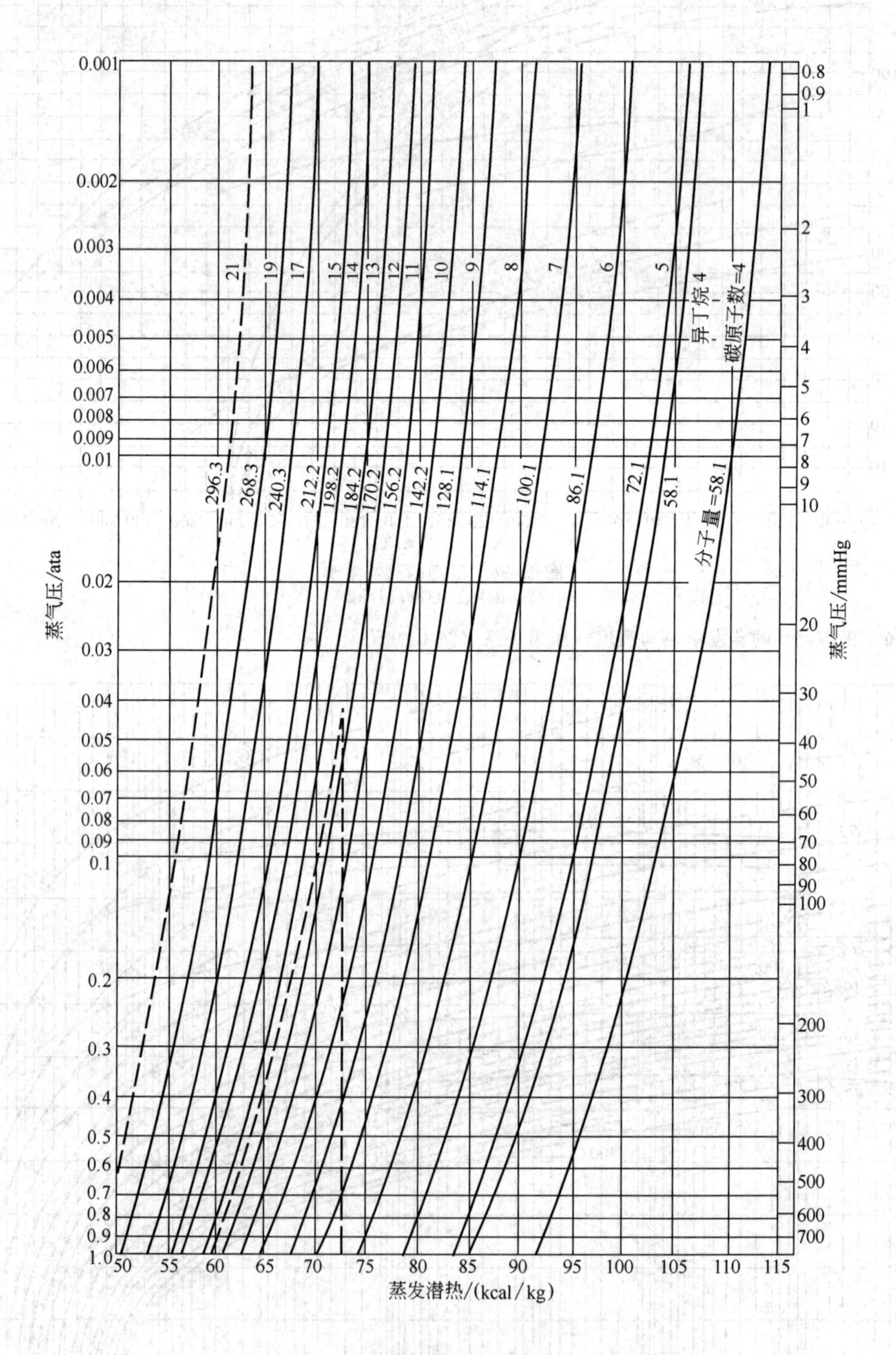

图 13-96　正构烷烃在减压时的蒸发潜热

1kcal/kg＝4186.8J/kg，1mmHg＝133.322Pa，1ata＝98066.5Pa

6.5 熔融热和酸碱中和热

6.5.1 元素和无机物的熔融热（101325Pa）（表 13-47）

表 13-47 元素和无机物的熔融热

化学式	熔融热 ΔH_m /(kcal/kmol)	熔点 t_m /℃	化学式	熔融热 ΔH_m /(kcal/kmol)	熔点 t_m /℃	化学式	熔融热 ΔH_m /(kcal/kmol)	熔点 t_m /℃
A	280.8	-189.33	H_2O_2	2520	-1.7	N_2O	1555	-90.7
Al	2490	658	H_2S	567.8	-85.5	N_2O_4	5540	-13.2
Al_2O_3	约 26000	2046	H_3S_2	1805	-87.6	Na	630	97.7
BF_3	480	-128	H_2SO_4	2560	10.49	NaBr	6140	747
Br_2	2580	-7.3	H_3PO_2	2310	17.4	NaCl	7220	800
BrF_5	1355	-61.3	H_3PO_3	3070	74	$NaClO_3$	5290	255
Ca	2230	851	H_3PO_4	2520	42.4	NaCN	约 4400	562
$CaBr_2$	4180	730	He	3.34	-270.66	Na_2CO_3	7000	854
$CaCO_3$(大理石)	约 12700	1282	Hg	560	-38.83	NaF	7000	992
$CaCl_2$	6100	782	$HgBr_2$	3960	241	NaI	5240	662
CaF_2	4100	1392	$HgCl_2$	4150	277	$NaNO_3$	3760	310
$Ca(NO_3)_2$	5120	561	HgI_2	4500	250	NaOH	2000	321.8
CaO	28000	约 2570	$HgSO_4$	约 1440	850	$NaPO_3$	约 5000	988
$CaO \cdot Al_2O_3 \cdot 2SiO_2$	29400	1550	I_2	3650	113.0	Na_2S	约 1200	920
$CaO \cdot MgO \cdot 2SiO_2$	约 18200	1392	K	570	63.5	Na_2SiO_3	10300	1087
$CaO \cdot SiO_2$	13400	1512	KBr	5000	742	$Na_2Si_2O_5$	8460	884
$CaSO_4$	6700	1297	KCl	6410	770	Na_2SO_4	5830	884
C(石墨)	11000	3600	KCN	约 3500	623	Ne	80.1	-248.59
CCl_4	644	-24.0	KCNS	2250	179	O_2	106	-218.7
C_2N_2	1938	-27.8	KF	6500	857	Pb	1224	327.4
CO	201	-205.09	KI	4100	682	$PbBr_2$	4290	488
CO_2	1900	-57.6	KNO_3	2840	338	$PbCl_2$	5650	498
CS_2	1049	-112.1	KOH	1980	359.8	PbF_2	1860	824
Cl_2	1531	-101.0	KPO_3	2110	817	PbI_2	5970	412
Cr	3930	1550	K_2CO_3	7800	897	PbO	2820	890
Co	3660	1490	K_2CrO_4	6920	984	PbS	4150	1114
$CoCl_2$	7390	727	$K_2Cr_2O_7$	8770	398	$PbSO_4$	9600	1087
Cu	3110	1083.0	K_3PO_4	8900	1340	P_4(黄)	615	44.2
D_2	26	-254.6	Li	1100	179	Si	9470	1427
D_2O	1510	3.8	LiBr	2900	552	$SiCl_4$	1845	-67.6
F_2	372	-218	LiCl	3200	614	Si_2F_6	3900	-18.5
Fe	3700	1535	LiF	约 2360	847	SiO_2(石英)	3400	1470
$FeCl_2$	7800	677	LiI	约 1420	440	SiO_2(方石英)	2100	1700
FeO	约 7700	1380	$LiNO_3$	6060	250	S(单原子)	295	119
FeS	5000	1195	Mg	2160	650	SO_2	1760	-75.5
H_2	28	-262	$MgBr_2$	8300	711	$SO_3(\alpha)$	2060	17
HBr	575	-87	$MgCl_2$	8100	712	$SO_3(\beta)$	2890	32.4
HCl	476	-113	MgF_2	5900	1221	$SO_3(\gamma)$	6310	62.2
HCN	2009	-14.2	MgO	18500	2642	Xe	740	-111.5
HF	1094	-85	N_2	172	-210.0	Zn	1595	419.5
HI	686	-50.8	NH_3	1351	-77.8	ZnO	4470	1975
HNO_3	600	-47	NH_4NO_3	1460	169.6	ZnS	约 900	1645
H_2O	1437	0.0	NO	549.5	-163.7			

注：1kcal/kmol=4186.8J/kmol。

6.5.2 有机物的熔融热（101325Pa）（表 13-48）

表 13-48　有机物的熔融热

物质名称	化学式	熔融热 ΔH_m /(kcal/kmol)	熔点 t_m /℃	物质名称	化学式	熔融热 ΔH_m /(kcal/kmol)	熔点 t_m /℃
甲烷	CH_4	224	−184	丙酮	C_3H_6O	1366	−95
甲醇	CH_4O	757	−97.1	2-氯丙烷	C_3H_7Cl	1766	−117.2
氯仿	$CHCl_3$	2280	−63.5	丙烷	C_3H_8	840	−187.65
二氯甲烷	CH_2Cl_2	1435	−95.14	丙醇	C_3H_8O	1241	−126.1
甲基溴	CH_3Br	1430	−93.7	异丙醇	C_3H_8O	1282	−89.5
甲硫醇	CH_4S	1410	−121.0	甘油	$C_3H_8O_3$	4414	20
甲胺	CH_5N	1463	−93.5	三甲胺	C_3H_9N	1563	−117.1
甲酸	CH_2O	3040	8.4	1,3-丁二烯	C_4H_6	1905	−108.9
三氯甲溴	$CBrCl_3$	605	−5.7	苯乙烯	$C_2H_3C_6H_5$	3280	−30.6
光气	CCl_2O	1372	−127.9	丁烯酸	$C_4H_6O_2$	2175	72.0
三氯硝基甲烷	CCl_3NO_2	7930	−64.0	异丁烯	C_4H_8	1414	−140.4
三氯醋酸	$C_2HCl_3O_2$	1406	57.5	醋酸乙酯	$C_4H_8O_2$	2250	−83
溴乙烷	C_2H_3Br	1222	−139.5	正丁烷	C_4H_{10}	1112	−138.3
氯乙烷	C_2H_3Cl	1135	−15.8	异丁烷	C_4H_{10}	1100	−159.42
乙烯	C_2H_4	699	−169.3	正丁醇	$C_4H_{10}O$	2218	−89.8
乙烷	C_2H_6	681.4	−183.23	乙醚	$C_4H_{10}O$	1740	−116.3
乙醛	C_2H_4O	1235	−112.5	环戊烯	C_5H_8	802	−135.1
醋酸	$C_2H_4O_2$	2760	16.6	正戊烷	C_5H_{12}	2008	−129.7
氯乙烷	C_2H_5Cl	1063	−138.3	异戊烷	C_5H_{12}	1229	−159.9
二甲醚	C_2H_6O	1180	−141.5	戊醇	$C_5H_{12}O$	2347	−78.9
乙醇	C_2H_6O	1200	−114.5	苯	C_6H_6	2350	5.49
乙二醇	$C_2H_6O_2$	2680	−11.5	环己烷	C_6H_{12}	620	6.4
二甲硫	C_2H_6S	1903	−98.3	苯酚	C_6H_6O	2690	41
乙硫醇	C_2H_6S	1187	−121.0	氯苯	C_6H_5Cl	1800	−45
二甲胺	C_2H_7N	1420	−92.2	甲苯	C_7H_8	1584	−95
丙烯酸	$C_3H_4O_2$	2670	12.3	邻二甲苯	C_8H_{10}	3110	−25.3
环丙烷	C_3H_6	1298	−127.4	萘	$C_{10}H_8$	4490	80.4
丙烯	C_3H_6	716	−185.3	硬脂酸	$C_{18}H_{36}O_2$	13500	69.3

注：1kcal/kmol=4186.8J/kmol。

6.5.3 酸碱中和热（表 13-49）

表 13-49　酸碱中和热　　单位：kcal/mol H_2

碱液		HCl 在2L中	HF 在2L中	HNO_3 在2L中	醋酸 在2L中	草酸 $1/2C_2H_2O_4$ 在2L中	$1/2H_2SO_4$ 在2L中	$1/2H_2S$ 在8L中	HCN 在2L中	$1/2CO_2$ 在15L中	蚁酸 CH_2O_2 在2L中
LiOH	在2L中	13.85	16.4	—	—	—	15.65	—	2.93	—	—
NaOH	在2L中	13.75	16.27	13.68	13.3	14.3	15.67	3.85	2.77	10.09	13.4
KOH	在2L中	13.75	16.1	13.77	13.3	14.3	15.65	3.85	2.77	10.1	13.4
NH_4OH	在2L中	12.27	15.2	12.32	12.0	12.7	14.08	3.1	1.3	7.95	11.9
$1/2\ Ca(OH)_2$①		13.95	18.15	13.9	13.4	18.5	15.57	3.9	3.2	9.16	13.5
$1/2\ Ba(OH)_2$③		13.89	16.19	14.13	13.4	16.7	18.45	—	3.15	10.91	13.6
$1/2\ Mg(OH)_2$		13.85	15.06	13.76	—	—	15.61	—	1.5	8.95	—
$1/2\ Zn(OH)_2$②		9.94	12.55	9.92	8.9	12.5	11.71	9.6	8.07	5.5	9.1

续表

碱液	HCl 在 2L 中	HF 在 2L 中	HNO_3 在 2L 中	醋酸 在 2L 中	草酸 $1/2C_2H_2O_4$ 在 2L 中	$1/2H_2SO_4$ 在 2L 中	$1/2H_2S$ 在 8L 中	HCN 在 2L 中	$1/2CO_2$ 在 15L 中	蚁酸 CH_2O_2 在 2L 中
1/2 $Mn(OH)_2$	11.48	13.53	11.48	11.3	14.3	13.24	5.1	—	6.62	10.7
1/2 $Fe(OH)_2$②	10.07	13.27	10.67	9.9	—	12.46	7.3	—	5.0	—
1/3 $Fe(OH)_3$③	5.58	7.92	5.9	4.5	—	5.64	—	—	—	—
1/3 $Cr(OH)_3$②	6.87	8.39	—	—	—	8.22	—	—	—	—
1/2 Ag_2O	21.19	7.9	5.44	4.7	12.9	7.25	27.9	21.16	7.09	—
1/2 HgO	9.49	—	3.11	—	—	1.3	24.4	15.37	—	1.0

① 在 25L 水中。

② 在 6L 水中。

③ 在 10L 水中。

注：1kcal/molH_2=4186.8J/molH_2。

6.6 升华热和吸附热

6.6.1 某些物质的升华热（表 13-50）

表 13-50 某些物质的升华热

物质	分子式	压力 p /mmHg	温度 T /K	升华热 ΔH_B /(kcal/mol)	物质	分子式	压力 p /mmHg	温度 T /K	升华热 ΔH_B /(kcal/mol)
氯化铝	Al_2Cl_6	760	453.3	58.77	氧化镍	NiO	1.1×10^{-5}	1500	110.85
氟化铝	AlF_3	760	1545	76.93	五氯化磷	PCl_5	760	432	16.10
氟化硼	BF_3	54	144.5	5.69	六氟化硫	SF_6	760	209.5	5.45
溴化铍	$BeBr_2$	405	761	27.38	六氟化硒	SeF_6	760	226.6	6.26
氯化铍	$BeCl_2$	2	676	29.15	二氧化硒	SeO_2	760	595	21.09
碘化铍	BeI_2	543	753	24.49	四氟化硅	SiF_4	760	177.7	6.14
氧化铍	BeO	0.2	2828	145.35	碘化亚铊	TlI	1.0	713	30.10
石墨	C	760	298.15	171.62	六氟化铀	UF_6	760	329	11.80
二氧化碳	CO_2	760	194.68	6.03	溴化锌	$ZnBr_2$	3.2×10^{-3}	542	30.10
氯化钙	$CaCl_2$	0.018	934.6	53.04	碘化锌	ZnI_2	3.2×10^{-3}	518	27.47
溴化镉	CdBr	3.2×10^{-3}	638	38.22	硫化锌	ZnS	0.01	1127	64.26
氯化镉	$CdCl_2$	1.0	841	41.09	砷	As	101325Pa	883	7.74
碘化镉	CdI_2	0.48	660	32.01	ε-己内酰胺	$C_6H_{11}ON$	10^{-3}	300	19.85
氧化镉	CdO	760	1832	53.75	水杨酸	$C_7H_6O_3$	3	400	20.50
氯化铬	$CrCl_2$	0.6	1088	59.96	草酸	$C_2H_2O_4$	0.35	373	21.69
氯化铁	$FeCl_3$	582	577	16.48	邻硝基苯胺	$C_6H_6O_2N_2$	10^{-3}	310	19.69
溴化汞	$HgBr_2$	116	514	18.80	间硝基苯胺	$C_6H_6O_2N_2$	10^{-3}	340	21.19
氯化汞	$HgCl_2$	418	550	18.49	对硝基苯胺	$C_6H_6O_2N_2$	10^{-3}	360	23.58
碘	I_2	0.3	298.15	14.88	邻硝基苯酚	$C_6H_5O_3N$	10^{-3}	350	21.79
氯化钾	KCl	0.4	1045	49.45	间硝基苯酚	$C_6H_5O_3N$	10^{-3}	330	21.88
碘化钾	KI	0.36	958	47.06	对硝基苯酚	$C_6H_5O_3N$	10^{-3}	303	17.49
溴化钠	NaBr	0.4	1023	49.21	尿素	CH_4ON_2	6.2×10^{-3}	363	20.88
氯化钠	NaCl	0.5	1081	51.36	六氯乙烷	Cl_3CCCl_3	760	457.6	12.19
氟化钠	NaF	0.5	1268	63.07	苯醌	$C_6H_4O_2$	1.2	323	16.39
氯化镍	$NiCl_2$	760	1260	48.26					

注：1mmHg=133.322Pa；1kcal/mol=4186.8J/mol。

6.6.2 活性炭和硅胶的积分吸附热（表 13-51）

表 13-51 活性炭和硅胶的积分吸附热

吸附质	吸附温度 t/℃	吸附量/(g吸附质/g吸附剂)	积分吸附热/(kcal/mol)	吸附质	吸附温度 t/℃	吸附量/(g吸附质/g吸附剂)	积分吸附热/(kcal/mol)	吸附质	吸附温度 t/℃	吸附量/(g吸附质/g吸附剂)	积分吸附热/(kcal/mol)
活性炭											
Ar	20	—	4.20	C_2H_5I	25	0.31	14.00		20	0.01	6.90
CCl_4	0	0.31	15.29	C_2H_5OH	0	0.092	15.00		20	0.02	6.55
	50	0.31	15.41	n-C_3H_8	20	0.005	11.40		20	0.03	6.00
$CHCl_3$	0	0.24	14.50		20	0.04	9.15		20	0.04	5.71
	50	0.24	14.50	n-C_3H_7Cl	25	0.16	15.00	CS_2	25	0.15	12.49
CH_2Cl_2	25	0.17	12.80	n-C_3H_7OH	25	0.12	16.39	H_2	20	—	2.51
CH_3Cl	25	0.10	9.20	$(CH_3)_2CO$	25	0.12	14.69	H_2O	−15	0.036	11.11
	50	0.10	9.20	n-C_4H_{10}	20	0.03	11.61		0	0.036	9.99
CH_4	20	0.002	6.31	n-C_4H_9Cl	25	0.19	15.41		40	0.036	9.29
	20	0.01	5.11	$(C_2H_5)_2O$	0	0.15	15.50		80	0.036	8.29
	20	0.03	4.56		25	0.15	15.79		128	0.036	7.19
C_2H_4	20	0.03	6.93	C_6H_6	0	0.16	14.69	N_2	20	0.00032	8.34
C_2H_6	20	0.005	7.96		25	0.16	15.70		20	0.003	4.66
	20	0.01	7.91	CO	20	0.001	9.79	NH_3	20	0.0045	13.21
	20	0.03	7.26		20	0.002	8.79		20	0.012	10.80
C_2H_5Br	25	0.22	13.90		20	0.004	7.05		20	0.023	9.70
C_2H_5Cl	0	0.13	11.99	CO_2	20	0.005	7.41		20	0.028	9.51
硅胶											
CCl_4	19.7	0.066	10.80	$(C_2H_5)_2O$	20.3	0.066	17.20	C_6H_5Cl	21.5	0.066	17.01
CH_3OH	19.7	0.066	15.19		21.0	0.083	16.39	C_6H_{12}	21.4	0.066	10.44
C_2H_5OH	19.4	0.066	17.30		20.0	0.10	15.60	n-C_6H_{14}	19.6	0.066	10.75
$(CH_3)_2CO$	20.2	0.066	17.49	n-C_5H_{12}	21.4	0.066	8.79	n-C_7H_{16}	20.4	0.066	11.90
n-C_3H_7OH	20	0.066	18.99	C_6H_6	20.5	0.0166	15.41	o-$C_6H_4(CH_3)_2$	20.2	0.066	16.60
$(C_2H_5)_2O$	19.2	0.0166	19.90		21.9	0.0333	15.00	p-$C_6H_4(CH_3)_2$	21.9	0.066	16.60
	20.5	0.0333	18.49		20.4	0.0667	13.00	n-H_8H_{18}	21.6	0.066	14.19
	18.8	0.05	17.61		19.5	0.10	11.80	H_2O	22.3	0.0133	3.54

注：1kcal/mol=4186.8J/mol。

6.6.3 不同类型活性炭上 CO_2 的积分吸附热（表 13-52）

表 13-52 不同类型活性炭上 CO_2 的积分吸附热

吸附剂	脱气温度/℃	积分吸附热/(kcal/mol)	吸附剂	脱气温度/℃	积分吸附热/(kcal/mol)
气体防护面具用活性炭	900	7.01	椰子炭	400	6.97
活性木炭	600	7.01	木炭	100	6.90

注：1kcal/mol=4186.8J/mol。

7 固体物料的物性参数

7.1 某些固体物料的密度、热导率、比热容和热扩散率（表 13-53）

表 13-53 某些固体物料的密度、热导率、比热容和热扩散率

材料名称	温度 t/℃	密度 ρ/(kg/m³)	热导率 λ/[kcal/(m·h·℃)]	比热容 c/[kcal/(kg·℃)]	热扩散率①×10³/(m²/h)
绝热材料、建筑材料及其他材料					
铝箔	50	20	0.040		
石棉板	30	770	0.10	0.195	0.712

续表

材料名称	温度 t/℃	密度 ρ/(kg/m^3)	热导率 λ/[kcal/(m·h·℃)]	比热容 c/[kcal/(kg·℃)]	热扩散率[①] ×10^3/(m^2/h)
石棉纤维	50	470	0.095	0.195	1.04
地沥青	20	2110	0.60	0.50	0.57
混凝土	20	2300	1.10	0.27	1.77
羊毛毡	30	300	0.045	—	—
石膏	—	1650	0.25	—	—
耐火生黏土	450	1845	0.89	0.26	1.855
砾石(鹅卵石)	20	1840	0.31	—	—
香木	30	128	0.045	—	—
垂直于纤维的槲材	20	800	0.178	0.42	0.53
平行于纤维的槲材	20	800	0.312	—	—
垂直于纤维的松材	20	448	0.092	—	—
平行于纤维的松材	20	448	0.22	—	—
石炭	20	1400	0.16	0.312	0.37
纸纹板(鸡毛纸)	—	—	0.055	—	—
垂直于轴心线的晶形石英	0	2500～2800	6.2	0.2	12.6
平行于轴心线的晶形石英	0	2500～2800	11.7	—	—
绝热砖	100	550	0.12	—	—
营造砖(建筑用砖)	20	800～1500	0.20～0.25	—	—
硅砖	—	1000	9.7	0.162	6.0
硬砖(熔块硬砖)	30	1400	0.14	0.34	0.41
皮革	30	1000	0.137	—	—
焦炭粉	100	449	0.164	0.29	0.126
灯烟炱	40	190	0.027	—	—
冰	0	920	1.935	0.54	3.89
冰	−95	—	3.40	0.28	—
油布	20	1180	0.16	—	—
85%苦土粉	100	216	0.058	—	—
白垩	50	2000	0.80	0.21	1.91
矿物油棉	50	200	0.04	0.22	1.91
大理石	90	2700	1.12	0.10	4.15
汽锅水锈(水垢)	65	—	1.13～2.70	—	—
锯木屑	20	200	0.060	—	—
石蜡	20	920	0.23	—	—
干砂	20	1500	0.28	0.19	9.85
湿砂	20	1650	0.97	0.50	1.77
硅酸盐水泥	30	1900	0.26	0.27	0.506
软木板	30	190	0.036	0.45	0.42
粒状软木	20	45	0.033	—	—
橡胶	0	1200	0.14	0.33	0.353
砂糖	0	1600	0.50	0.30	1.0
云母	—	290	0.5	0.21	82.0
页岩(板石)	100	2800	1.28	—	—
雪	—	560	0.40	0.50	1.43
石棉白云石	100	450	0.084	—	—
玻璃	20	2500	0.64	0.16	1.6
玻璃棉	0	200	0.032	0.16	1.0
泥煤板	50	220	0.055	—	—
瓷器	95	2400	0.89	0.26	1.43
瓷器	1055	2400	1.69	—	—
纤维板	20	240	0.042	—	—
矿渣混凝土块	—	2150	0.80	0.21	1.78
矿渣棉	100	250	0.06	—	—
灰泥(灰浆粉刷)	20	1680	0.67	—	—

续表

材料名称	温度 t/℃	密度 ρ/(kg/m³)	热导率 λ/[kcal/(m·h·℃)]	比热容 c/[kcal/(kg·℃)]	热扩散率①×10³/(m²/h)
赛璐珞	30	1400	0.18	—	—
花岗岩	—	2500～2800	2.8	0.22	—
石灰岩	—	1700～2400	0.5～1.2	0.22	—
石灰质凝灰岩	—	1300	0.24	0.22	—
散粒材料					
黏土	—	1600～1800	0.4～0.46	0.18	—
锅炉煤渣	20	700～1100	0.16～0.26	—	—
石灰砂浆	—	1600～1800	0.38～0.48	0.20	—
木材					
松木	50	500～600	0.06～0.09	0.65	—
柞木	—	700～900	0.1～0.13	0.26	—
软木	—	100～300	0.035～0.055	0.23	—
树脂木屑板	—	300	0.1	0.45	
胶合板	—	600	0.15	0.60	
塑料及其他					
酚醛		1250	0.112～0.22	0.3～0.4	
脲醛		1400	0.26	0.3～0.4	
三聚氰胺甲醛		1460	0.23	0.3～0.4	
苯胺-甲醛		1220	0.09	0.25～0.3	
有机硅聚合物		1260		0.44	
聚氨基甲酸酯		1210	0.27	0.5	
聚酰胺		1130	0.27	0.46	
聚酯		1200	0.16	0.39	
聚醋酸乙烯		1200	0.14	0.24	
聚甲醛		1420	0.14	0.42	
聚氯乙烯		1380	0.14	0.44	
聚苯乙烯		1050	0.07	0.32	
聚乙烯醇甲醛		1260	0.16	0.28	
聚甲基丙烯酸甲酯		1180	0.17	0.35	
聚三氟氯乙烯		2090	0.22	0.25	
低压聚乙烯		940	0.25	0.61	
中压聚乙烯		920	0.22	0.53	
聚四氟乙烯		2100	0.21	0.25	
增韧聚苯乙烯		1080	0.12	0.46	
聚碳酸酯		1200	0.14	0.41	
有机玻璃		1180	0.12	0.16	
金属					
铝	0	2670	175.0	0.22	328.0
青铜	20	8000	55.0	0.091	75.0
黄铜	0	8600	73.5	0.090	95.0
铜	0	8800	330.0	0.091	412.0
镍	20	9000	50.0	0.11	50.5
锡	0	7230	55.0	0.054	141.0
汞	0	13600	7.5	0.033	16.7
铅	0	11400	30.0	0.031	85.0
银	0	10500	394.0	0.056	670.0
钢	20	7900	39.0	0.11	45.0
锌	20	7000	100.0	0.094	152.0
铸铁	20	7220	54.0	0.12	62.5

① 又称热扩散系数。

注：1kcal/(m·h·℃)＝1.163W/(m·K)；1kcal/(kg·℃)＝4186.8J/(kg·K)。

7.2　某些材料的辐射黑度（表 13-54）

表 13-54　某些材料的辐射黑度

材料名称	温度/℃	ε	材料名称	温度/℃	ε
表面磨光的铝	225～575	0.039～0.057	经过磨光的商用锌	225～325	0.045～0.055
表面未磨光的铝	26	0.055	400℃氧化后的锌	400	0.11
600℃氧化后的铝	200～600	0.11～0.19	有光泽的镀锌铁板	28	0.228
表面磨光的铁	425～1020	0.144～0.377	已氧化的灰色镀锌铁板	24	0.276
用金刚砂冷加工后的铁	20	0.242	石棉纸板	24	0.96
氧化后的铁	100	0.736	石棉纸	40～370	0.93～0.945
氧化后表面光滑的铁	125～525	0.78～0.82	贴在金属板上的薄纸	19	0.924
未经加工处理的铸铁	925～1115	0.87～0.95	水	0～100	0.95～0.963
表面磨光的铸铁件	770～1040	0.52～0.56	石膏	20	0.903
经过研磨的钢板	940～1100	0.55～0.61	刨过的橡木	20	0.895
在 600℃氧化后的钢	200～600	0.80	熔融石英，表面未经磨光	20	0.932
表面有一层光泽氧化物的钢板	25	0.82	表面粗糙、基本完整的红砖	20	0.93
经过刮面加工的生铁	830～990	0.60～0.70	表面粗糙没有上釉的硅砖	100	0.80
600℃氧化后的生铁	200～600	0.64～0.78	表面粗糙上釉的硅砖	1100	0.85
氧化铁	500～1200	0.85～0.95	上釉的黏土耐火砖	1100	0.75
精密磨光的金	225～635	0.018～0.035	耐火砖	—	0.8～0.9
表面没有加工的轧制黄铜板	22	0.06	涂在不光滑铁板上的油漆	23	0.906
表面经金刚砂加工处理后的轧制黄铜板	22	0.20	涂在铁板上的光泽的黑漆	25	0.875
			无光泽的黑漆	40～95	0.96～0.98
无光泽的黄铜板	50～360	0.22	白漆	40～95	0.80～0.95
600℃氧化后的黄铜	200～600	0.61～0.69	涂在镀锡铁面上的黑色光泽的虫漆	21	0.821
氧化铜	800～1100	0.66～0.84			
熔融铜	1075～1275	0.16～0.18	黑色无光泽的虫漆	75～145	0.91
钼线	725～2600	0.096～0.292	各种不同颜色的油质涂料	100	0.92～0.96
经过磨光的纯镍	225～375	0.07～0.087	各种年代含铝量不同的铝粉涂料	100	0.27～0.67
镀镍马口铁，未经磨光	20	0.11	涂在不光滑板上的铝粉漆	20	0.39
镍线	105～1000	0.096～0.186	加热到 325℃后的铝质涂料	150～315	0.35
600℃氧化后的镍	200～600	0.37～0.48	表面磨光的灰色大理石	22	0.931
氧化镍	650～1255	0.59～0.46	硬橡皮光板	23	0.945
铬镍	125～1034	0.64～0.76	灰色的不光滑的软橡胶（经过精制）	24	0.859
有光泽的镀锡铁板、锡	25	0.043～0.064			
			平整玻璃	22	0.937
经过磨光的铂片、纯铂	225～625	0.054～0.104			
铂带	225～1115	0.12～0.17	烟尘，发光的煤尘	95～270	0.952
铂丝	225～1375	0.073～0.182	带有水玻璃的烟尘	100～185	0.959～0.947
铂线	25～1230	0.036～0.192	0.075mm 或更大的灯烟尘	40～370	0.945
纯汞	0～100	0.09～0.12	油纸	21	0.910
			经过选洗后的煤（0.9%）	125～625	0.81～0.89
氧化后的灰色铅	25	0.281			
200℃氧化后的铅	200	0.63	碳丝	1040～1405	0.526
经过磨光的纯银	225～625	0.0198～0.0324	上釉的瓷器	22	0.924
铬	100～1000	0.08～0.26	搪瓷	19	0.897

8 常用有机化合物的物化数据（表 13-55 和表 13-56）

表 13-55　常用有机化合物的物化数据（一）

名　称	分　子　式	相对密度(20℃)	沸点/℃	熔点/℃	黏度/cP	比热容/[cal/(g·℃)]	汽化潜热/(cal/g)	熔化潜热/(cal/g)	闪点/℃	自燃点/℃	爆炸范围(体积，在空气中)/%	空气中允许浓度/(μL/L)	空气中允许浓度/(mg/m³)
烃类及其衍生物(脂肪族)													
甲烷	CH_4	0.710g/L(0℃) 0.415(−164℃)	−161.5	−184	108.7μP	0.5931	138	14.5	<−6.67	650～750	5.0～15.0	—	—
乙烷	CH_3CH_3	1.357g/L(0℃) 0.561(−100℃)	−88.3	−172	90.1μP(17.2℃)	0.386(15)	145.97	22.2	<6.67	510～522	3.12～15.0	—	—
丙烷	$CH_3CH_2CH_3$	2.0g/L(0℃) 0.585(−44.5℃)	−42.17	−189.9	79.5μP(17.9℃)	液 0.576(0℃)	98	—	−104.4	466	2.9～9.5	—	—
丁烷	$CH_3(CH_2)_2CH_3$	0.60(0℃)	−0.6～ −0.3	−135	—	液 0.55 (0℃)	91.5	18.0	−60	475～550	1.9～6.5	—	—
戊烷	$CH_3(CH_2)_3CH_3$	0.626	36.2	−131.5	0.240	0.54	84		−49	300～350	1.3～8.0	—	—
异戊烷	$(CH_3)_2CHCH_2CH_3$	0.621(19℃)	28	−160.5	液 0.233 气 86.0μP(33.5℃)	0.527 (8℃)	88.7		−52	420	1.32	—	—
己烷	C_6H_{14}	0.6603	69.0	−96.3	0.326	0.531	82		−22	250～300	1.25～6.9	500	1760
环己烷	C_6H_{12}	0.7791	81.4	6.5	1.02(17℃)	0.47	86		−17.2	268	1.3～8.4	400	1400
乙烯	$CH_2{=}CH_2$	1.2604g/L 0.566(−10℃)	−103.9	−169.4	100.8μP	0.399	125	25		540～550	2.75～28.6	—	—
丙烯	$CH_2{=}CHCH_3$	1.937g/L 0.6095(−47℃)	−47.0	−185.2	液 0.44(−110℃) 气 83.4μP(16.0℃)	—	104.0	16.7	−108	497	2.00～11.10	—	—
1,3-丁二烯	$CH_2{=}(CH)_2{=}CH_2$	0.650(−6℃)	−3	−108.92	—	0.311	99.8	35.28	<17.8	450	2.0～11.5	—	—
异戊二烯	$CH_2{=}CHC(CH_3){=}CH_2$	0.6808	34	−145.95	—	—	—		18.3	220	—	—	—
乙炔	$CH{\equiv}CH$	1.173g/L(0℃) 0.6208g/L(−84℃)	−83.6	−81.8	935μP(0℃)	0.3832	198.0		−17.8	335	2.5～80.0	—	—
氯甲烷	CH_3Cl	2.31g/L(0℃) 0.991(−25℃)	−24.22	−97.7	104μP(16℃)	气 0.187 液 0.382	102.3		<0	632	8.25～ 8.70	100	209
二氯甲烷	CH_2Cl_2	1.336	40.1	−96.7	0.449(15℃)	0.288	78.74			662	15.5～66.4 (在氧气中)	500	1740

续表

名　称	分　子　式	相对密度(20℃)	沸点/℃	熔点/℃	黏度/cP	比热容/[cal/(g·℃)]	汽化潜热/(cal/g)	熔化潜热/(cal/g)	闪点/℃	自燃点/℃	爆炸范围(体积,在空气中)/%	空气中允许浓度	
												/(μL/L)	/(mg/m³)
烃类及其衍生物(脂肪族)													
三氯甲烷	$CHCl_3$	1.4984(15℃)	61.26	−63.5	0.58	0.225	59	—	—	—		50	240
硝基甲烷	CH_3NO_2	1.130	101	−29	0.620(25℃)		135		35		7.32~22.2	100	250
氯乙烷	C_2H_5Cl	0.9214(0℃)	12.2	−138.7		0.37	92.5		−50	519	4~14.8	1000	2660
二氯乙烷	$C_2H_4Cl_2$	1.257	83.5	−35.3	0.8	0.31	77.3		17	450	6.2~15.6		50
溴乙烷	CH_3CH_2Br	1.430	38.0	−119	—	0.215	59.9	—	—	511	6~11	200	892
硝基乙烷	$C_2H_5NO_2$	1.052	114.8	−90	—	—	—	—	41	414.5	—	100	307
1-氯丙烷	$CH_3CH_2CH_2Cl$	0.890	47.2	−112.8	0.352	—	—	—	−17.8	—	2.6~11.1	—	—
2-氯丙烷	$CH_3CHClCH_3$	0.8590	35.4	−117	—	—	—	—	−32.5	593	2.8~10.7	—	—
1-氯丁烷	$CH_3(CH_2)_2CHCl$	0.884	78	−123.1	0.469(15℃)	0.451	79.77	—	−6.7	471	1.85~10.1	—	—
2-氯丁烷	$C_2H_5CH(CH_3)Cl$	0.8707	68	−131.3	—	—	—	—	—	—	2.05~8.75	—	—
氯乙烯	$CH_2{=}CHCl$	0.9195	−13.9	−159.7	—	—			<−78		4~22	—	30
醋酸乙烯	$CH_2{=}CHCH_2COOH$	1.013(15℃/15℃)	163	−39	—	—			−29	427	—	—	—
烃类及其衍生物(芳香族)													
苯	C_6H_6	0.8790	80.099	5.51	0.652	0.4107	94.3	30.1	−11	586~650	1.4~4.7	—	50
甲苯	$C_6H_5CH_3$	0.867	110.626	−95	0.590	0.392	86	17.2	4	550~600	1.3~7	—	100
邻二甲苯	$C_6H_4(CH_3)_2$	0.8802	144.41	−29	0.810								
间二甲苯	$C_6H_4(CH_3)_2$	0.864	139.104	−53.6	0.62	0.4(混合物)			24~29.5(混合物)	490~550(混合物)	1~5.3(混合物)		100
对二甲苯	$C_6H_4(CH_3)_2$	0.861	138.35	13.2	0.648			39.2					
乙基苯	$C_2H_5C_6H_5$	0.867	136.15	−93.9	0.691(17℃)	0.41	145.7	—	54	465.5	—	200	868
异丙苯	$C_6H_5CH(CH_3)_2$	0.862	152.392	−96.9	—	0.43	—	—	36	—	—	—	—

续表

名称	分子式	相对密度(20℃)	沸点/℃	熔点/℃	黏度/cP	比热容/[cal/(g·℃)]	汽化潜热/(cal/g)	熔化潜热/(cal/g)	闪点/℃	自燃点/℃	爆炸范围(体积,在空气中)/%	空气中允许浓度	
												/(μL/L)	/(mg/m³)
烃类及其衍生物(芳香族)													
丁苯	$C_6H_5C_4H_9$	0.860	183.27	−81.2	—	—	—	—	71	—	—	—	—
氯苯	C_6H_5Cl	1.1066	132	−5.5	0.799	0.30	77.6	—	28	510	1.8~9.6	—	50
邻二氯苯	$C_6H_4Cl_2$	1.3048	180.3	−17.5	—	0.27(0℃)	65	21.0	68.5	—	—	—	—
间二氯苯	$C_6H_4Cl_2$	1.288	172	−24.8	—	0.27(0℃)	—	20.5	—	—	—	—	—
对二氯苯	$C_6H_4Cl_2$	1.4581	173.4	53	—	—	—	29.7	—	—	—	—	—
硝基苯	$C_6H_5NO_2$	1.199(25℃)	210.9	5.7	2.03	0.339 (30℃)	—	22.5	88	482	1.8~ (在93℃)	—	5
邻二硝基苯	$C_6H_4(NO_2)_2$	1.565(17℃)	319(773)	118	—	0.349 (0℃)	—	32.3	150	—	—	—	1
间二硝基苯	$C_6H_4(NO_2)_2$	1.571(0℃)	302.8(770)	89.57	—	0.405 (90℃)	—	24.7	—	—	—	—	1
对二硝基苯	$C_6H_4(NO_2)_2$	1.625	299(升华)	173~4	—	0.279 (0℃)	—	40.0	—	—	—	—	1
苯酚	C_6H_5OH	1.072	182	41	12.7(18.3℃)	0.561	—	29.0	80	715	—	—	5
邻甲酚	$CH_3C_6H_4OH$	1.0465	191.5	30	4.49(40℃)	0.499	—	—	81	—	—	5	22
间甲酚	$CH_3C_6H_4OH$	1.034	202.8	11~12	20.8	0.479	100.58	—	86	626	—	5	22
对甲酚	$CH_3C_6H_4OH$	1.0347	202.5	26	7.00(40℃)	—	—	26.3	86	626	1.1 (在150℃)	5	22
萘	$C_{10}H_8$	1.145	217.9	80.22	0.776(100℃)	0.281 (−130℃)	75.5	35.6	—	—	—	—	100
十氢化萘	$C_{10}H_{18}$	0.8963	194.6	−43.26	—	0.3874	71	—	57	262	—	—	—
蒽	$(C_6H_5CH)_2$	1.25(27℃)	354~355	217	—	0.308 (50℃)	—	38.7					
菲	$C_{14}H_{10}$	1.025	340.2	100				24.3					
醇类													
甲醇	CH_3OH	0.7928	64.65	−97.8	液 0.547(20℃) 气 135μP(140℃)	0.597	262.8	29.5	6	470	6.72~36.5	—	50
乙醇	CH_3CH_2OH	0.7893	78.5	−117.8	1.20	0.588	204.3	24.9	14	390~430	3.3~19		1500

续表

名称	分子式	相对密度(20℃)	沸点/℃	熔点/℃	黏度/cP	比热容/[cal/(g·℃)]	汽化潜热/(cal/g)	熔化潜热/(cal/g)	闪点/℃	自燃点/℃	爆炸范围(体积,在空气中)/%	空气中允许浓度/(μL/L)	空气中允许浓度/(mg/m³)
醇类													
正丙醇	$CH_3CH_2CH_2OH$	0.8044	97.19	−127	2.256	0.586	163	—	15	540	2.15～13.5	—	800
异丙醇	$CH_3CHOHCH_3$	0.7854	82.3	−88～−89.5	2.86(15℃)	0.610	159.4	21.4	12	460	2.02～11.80	400	1020
正丁醇	$CH_3(CH_2)_2CH_2OH$	0.80978	117.71	−89.2～−89.8	2.948	0.689	143.3	29.9	35	340～420	1.45～11.25	—	200
仲丁醇	$CH_3CH_2CHOHCH_3$	0.808	99.5～100	−89	4.21	0.67	134.4	—	24	414	—	—	—
环己醇	$C_6H_{11}OH$	0.9624	161.5	24	68	0.513	108	4.9	68	—	—	50	200
乙二醇	CH_2OHCH_2OH	1.1155	197.2	−17.4	19.9	0.575	191	44.76	118	417	3.2	—	—
丙三醇(甘油)	$CH_2OHCHOHCH_2OH$	1.260	290	17.9	1490.0	0.60(50℃)	—	—	160	393	—	—	
苯甲醇	$C_6H_5CH_2OH$	1.05(15℃/15℃)	205.2	−15.3	58				100.5	436	—	—	—
醛类													
甲醛	HCHO	0.8150	−21	−92	—	0.186	—	—	—	300	7～73	—	5
乙醛	CH_3CHO	0.7834(18℃)	21	−123.5	0.22	—	136	—	−3.8	185	4.0～57.0	200	360
丙醛	CH_3CH_2CHO	0.807	48.8	−81	0.41	0.522(0℃)	—	—	−9.44	—	—	—	—
丁醛	$CH_3(CH_2)_2CHO$	0.817	75.7	−99.0	—	—	—	—	−6.77	230	—	—	—
丙烯醛	$CH_2=CHCHO$	0.841	52.5	−87.7	—	—	—	—	<−17.8	不稳定 278	—	0.5	1.2
苯甲醛	C_6H_5CHO	1.05(15℃)	179.5	−26	1.39(25℃)	0.428	—	—	148	192		—	—
糠醛	C_4H_3OCHO	1.1598	161.7	−36.5	1.49(25℃)	—	107.51	—	60	320～350	2.1(在 125℃)	5	20
酮类、醚类及溶剂													
丙酮	CH_3COCH_3	0.792	56.5	−96	0.316(25℃)	0.528	0.1253	23.4	−17	600～650	2.15～13.0	—	400
丁酮(甲乙酮)	$CH_3COC_2H_5$	0.805	79.6	−86.4	0.417	0.498	106	24.7	−7	550～615	1.81～11.5	200	590
环己酮	$CO(CH_2)_4CH_2$(环)	0.9478	156.7	−45	2.2	0.433	98	—	42	520～580	1.190(在 100℃下)	50	200

续表

名称	分子式	相对密度(20℃)	沸点/℃	熔点/℃	黏度/cP	比热容/[cal/(g·℃)]	汽化潜热/(cal/g)	熔化潜热/(cal/g)	闪点/℃	自燃点/℃	爆炸范围(体积,在空气中)/%	空气中允许浓度	
												/(μL/L)	/(mg/m³)
酮类、醚类及溶剂													
乙醚	$C_2H_5OC_2H_5$	0.7135	34.6	α,116.3 β,128.3	0.233	0.538	86.08	28.54	−41	185~195	1.85~36.5	—	600
二丙醚	$(CH_3CH_2CH_2)_2O$	0.7360	91	−122	—							500	2100
苯乙醚	$C_2H_5OC_6H_5$	0.9666	172	−30.2		0.448	—	—	—	—	—	—	—
环氧乙烷	$(CH_2)_2O$	气 1.965g/L (0℃)液 0.887	10.7	−111.3	0.320	0.44	139	—	−20	570	3.00~80.00	50	90
二乙烯化二氧	$OCH_2CH_2OCH_2CH_2$（环）	1.0353	101.5	11.7	1.2(25℃)	0.42	98.6	33.8	11	180	1.97~22.5	100	360
吡啶	N═CHCH═CHCH═CH（环）	0.982	115.3	−42	0.974	0.431	107.4	—	20	482	1.8~12.4	5	15
呋喃	OCH═CHCH═CH（环）	0.9366	32	—	—	—	95.3	—	−35.5	—	2.3~14.3	—	—
四氢呋喃	$OCH_2CH_2CH_2CH_2$（环）	0.888	64~66	−108.5	—	—	—	—	−14.5	—	2.3~11.8	200	590
二硫化碳	CS_2	1.2628	46.3	−108.6	0.363	0.24	84	—	−22	120~130	1~50	—	10
四氯化碳	CCl_4	1.595	76.8	−22.8	0.969	0.202	46.5	4.2					50
酸类及酸酐类													
甲酸	HCOOH	1.220	100.7	8.40	1.804	0.526	120	—	69	601			
乙酸	CH_3COOH	1.049	118.1	16.6	1.30(18℃)	0.489	97.1	45.8	45	600	5.4	10	26
丙酸	CH_3CH_2COOH	0.992	141.1	−22	1.102	0.560	98.8	—	—	—	—	—	—
丁酸	$CH_3CH_2CH_2COOH$	0.9587	163.5	−7.9	1.54	0.515	114.0	30.1	77	552	—	—	—
戊酸	$CH_3(CH_2)_3COOH$	0.942	187	−34.5			103.2						
乙二酸(草酸)	COOH | $COOH_2H_2O$	1.653	150(升华)	101	—	0.385(60℃)							

续表

名称	分子式	相对密度(20℃)	沸点/℃	熔点/℃	黏度/cP	比热容/[cal/(g·℃)]	汽化潜热/(cal/g)	熔化潜热/(cal/g)	闪点/℃	自燃点/℃	爆炸范围(体积，在空气中)/%	空气中允许浓度	
												/(μL/L)	/(mg/m³)
酯类													
乙酸丁酯	$CH_3COOC_4H_9$	0.882	126.5	−76.8	0.732	0.459	73.9	—	23	420～450	1.7～15	—	200
乙酸戊酯	$CH_3COOC_5H_{11}$	0.879	148	—	1.58	—	75	—	41	—	1.1	—	100
乙酸异戊酯	$CH_3COO(CH_2)_2$-$CH(CH_3)_2$	0.87(25℃)	142.5	−78.5	0.872	0.4588	69	—	17～32	500～600	1.0	200	1064
丙酸乙酯	$CH_3CH_2COOC_2H_5$	0.8957(15℃)	99.10	−73.9	0.564(15℃)	0.459	80.1	—	12.2	477	—	—	—
胺类及其他													
一甲胺	CH_3NH_3	0.769(−70℃)	−6.5	−92.5	0.236(0℃)	—	—	—	17.8	430	4.95～20.75	—	—
二甲胺	$(CH_3)_2NH$	0.6804(0℃)	7.4	−96.0	—	—	—	—	−5.5	402	2.80～14.40	—	—
三甲胺	$(CH_3)_3N$	0.662(−5℃)	3.5	−124	—	—	—	—	—	190	2.00～11.60	—	—
二乙胺	$(C_2H_5)_2NH$	0.7108(18℃)	55.5	−50.0	0.346(25℃)	0.518	91.02	—	<−17	312	1.77～10.1	—	—
二丙胺	$(C_3H_7)_2NH$	0.7384	110.7	−39.6	—	0.597	—	—	7.72	—	—	—	—
乙醇胺	$H_2NCH_2CH_2OH$	1.0180	172.2	10.5	24.1	—	—	—	93	—	—	0.5	—
二乙醇胺	$HN(CH_2CH_2OH)_2$	1.0966	268	28	196.4	—	—	—	146	662	—	—	—
三乙醇胺	$N(CH_2CH_2OH)_3$	1.1242	277(150 mmHg)	21.2	613.4	—	—	—	193	—	—	—	—
苯胺	$C_6H_5NH_2$	1.022	184.4	−6.2	4.40	0.521(50℃)	103.63	21.0	75.5	538	—	—	5
邻苯二胺	$C_6H_4(NH_2)_2$	—	252	102									
间苯二胺	$C_6H_4(NH_2)_2$	1.1389	287	62.8	—								
对苯二胺	$C_6H_4(NH_2)_2$	—	262	139.7					156				
己二胺	$NH_2(CH_2)_6NH_2$	—	196	39～40									
氯氰	CNCl	1.186	13.8	−6	—	—	135	—	—	—	—	—	—
光气	$COCl_2$	1.392	8.3	−118									0.5
乙二胺	$NH_2CH_2CH_2NH_2$	0.8994	116.1	8.5	—	—	—	88.9	—	—		10	30

续表

名称	分子式	相对密度(20℃)	沸点/℃	熔点/℃	黏度/cP	比热容/[cal/(g·℃)]	汽化潜热/(cal/g)	熔化潜热/(cal/g)	闪点/℃	自燃点/℃	爆炸范围(体积,在空气中)/%	空气中允许浓度	
												/(μL/L)	/(mg/m³)
酸类及酸酐类													
丙二酸	$H_2C(COOH)_2$	1.631(15℃)		135.6分解	—	0.275	—	—	—	—	—	—	—
顺丁烯二酸	HOOCH═CHCOOH	1.590	135(分解)	137.8	—								
苯甲酸	C_6H_5COOH	1.2659(15℃)	249	122	—	0.287							
邻苯二甲酸	$C_6H_4(COOH)_2$	1.593	分解>191	206~208	—	0.232							
对苯二甲酸	$C_6H_4(COOH)_2$	1.510	300(升华)		—	—	—	—	—				
己二酸	$(CH_2)_4(COOH)_2$	1.366	265	151~153	—	—	—	—	196	—	—	—	
醋酐	$(CH_3CO)_2O$	1.0820	140.0	−73.1	0.90				49		2.7~10.1	5	21
丙酸酐	$(CH_3CH_2CO)_2O$	1.010	169.3	−45	—	—	—	—	74	—	—	—	—
顺丁烯二酸酐	OCOCH═CHCO(环)	0.934	202	53	—	—	—	—	—		—	—	—
丁酸酐	$(CH_3CH_2CH_2CO)_2O$	0.9946	198	−75.0	—	—	—	—	88	—	—	—	—
苯酐	$C_6H_4(CO)_2O$	1.527	284.5	130.8	—	—	—	—	—	—	—	—	—
酯类													
甲酸甲酯	$HCOOCH_3$	0.975	31.50	−99.0	—	0.516	112.4	—	−32	449	5.05~22.7	—	—
甲酸乙酯	$HCOOC_2H_5$	0.9236(25℃)	54.3	−80.5	0.402	0.51	97	—	−19	550~600	2.75~16.40	100	303
甲酸丙酯	$HCOOC_3H_7$	0.9006	81.3	−92.9	—	0.459	88.1	—	−2.78	—	—	—	
甲酸丁酯	$HCOOC_4H_9$	0.8848(25℃)	106.8	−90.6	0.689	0.46	87	—	18	322	—	—	—
乙酸甲酯	CH_3COOCH_3	0.9274(25℃)	57.1	−98.1	0.381	0.50	104.4	—	−13	500~570	4.1~13.9	—	100
乙酸乙酯	$CH_3COOC_2H_5$	0.901	77.15	−83.6	0.455	0.478	87.63	28.43	−5	480~550	2.25~11.0	—	200
乙酸丙酯	$CH_3COOC_3H_7$	0.887	101.6	−92.5	0.59	0.47	80.3	—	14	500~550	1.77~8.00	—	200

注：1. 相对密度栏内凡注明 g/L 单位者指化合物气态下的相对密度，未注明者指化合物液体的相对密度。

2. 黏度栏内 μP 为黏度单位，$1\mu P=10^{-5}Pa\cdot s$；未注明者单位为 cP，$1cP=10^{-3}Pa\cdot s$。

3. $1cal/(g\cdot℃)=4.1868J/(g\cdot K)$，$1cal/g=4.1868J/g$，$1mmHg=133.32Pa$。

表 13-56 常用有机化合物的物化数据（二）

名称	分子式	相对密度(20℃/4℃)	比热容/[kcal/(kg·℃)]	黏度(20℃)/cP	沸点/℃	汽化热/(kcal/kg)	熔点/℃	熔融热/(kcal/kg)	燃烧热/(kcal/mol)	生成热/(kcal/mol)
邻硝基甲苯	$C_6H_4NO_2CH_3$	1.162	1.168(15℃)	2.37	232.6	85.5	α-10.6 β-4.1	—	895.2	−1.8(沸)
对硝基甲苯	$C_6H_4NO_2CH_3$	1.286	1.1226(55℃)	1.2(60℃)	338.4	90.6	51.6	30.3	895.2	7.5(沸)
间硝基甲苯	$C_6H_4NO_2CH_3$	1.157	—	2.33(20℃)	232.6	90.4	16	24.8	895.2	2.5(沸)
邻甲苯胺	$C_6H_4CH_3NH_2$	1.004	0.454(0℃) 0.478(40.5℃) 0.524(−19.5℃)	5.195(15℃) 3.183(30℃)	198	95.08	−16.3	—	964.3(液)	0.66
对甲苯胺	$C_6H_4CH_3NH_2$	1.046	0.524(43℃) 0.834(58℃) 0.533(94℃)	1.945(48℃) 1.425(60℃)	200.3	—	43.3	39.9	958.4(固)	6.6
间甲苯胺	$C_6H_4CH_3NH_2$	0.989	—	4.418(15℃) 2.741(30℃) 1.531(55℃)	203.3	—	−31.5	—	965.3(液)	−0.32
邻苯二甲酸酐	$C_3H_4O_3$	1.527	0.388	—	285.1	—	131.6	—	784.5	—
α-硝基萘和β-硝基萘	$C_{10}H_7NO_2$	1.331 (4℃/4℃)	0.365(58.6℃) 0.378(61.4℃) 0.390(94.3℃)	—	304	—	56.7 75.1	25.44	1198.3	—
α-萘酚	$C_{10}H_8O$	1.224 (4℃/4℃)	0.388(℃)	—	288.01	—	95	38.94	1188.8	28
β-萘酚	$C_{10}H_8O$	1.217 (4℃/4℃)	0.403(℃)	—	294.85	—	120.6	31.3	1188.8	26
α-萘磺酸	$C_{10}H_8SO_3$	—	—	—	—	—	91	—	—	—
β-萘磺酸	$C_{10}H_8SO_3$	1.38(磺化液)	—	—	—	—	102	—	—	—
α-萘胺	$C_{10}H_9N$	1.12	0.475(53.2℃) 0.476(94.2℃)	11.2(50℃) 1.4(130℃)	301	—	50	22.34	1263.5	—
β-萘胺	$C_{10}H_9N$	1.06(98℃)	—	1.34(130℃)	306.1	—	113	36.64	1261.5	—
联苯	$C_{12}H_{10}$	1.18(0℃)	0.408(77.6℃) 0.418(88.4℃) 0.457(136.6℃) 0.468(150℃)	—	255	74.56	68.6	28.8	1493.6(固)	−24.53

续表

名称	分子式	相对密度(20℃/4℃)	比热容/[kcal/(kg·℃)]	黏度(20℃)/cP	沸点/℃	汽化热/(kcal/kg)	熔点/℃	熔融热/(kcal/kg)	燃烧热/(kcal/mol)	生成热/(kcal/mol)
联苯醚	$C_{12}H_{10}O$	1.0728(20℃) 1.066(30℃)	—	3.66(25℃)	258.31	—	28	—	—	—
偶氮苯	$C_{12}H_{10}N_2$	1.203	0.33(28℃)	—	293	—	67.1	28.91	1545.9(固)	−84.5
氧化偶氮苯	$C_{12}H_{10}N_2O$	1.246	—	—	分解	—	36	21.62	1534.5(固)	—
氢化偶氮苯	$C_{12}H_{12}N_2$	—	—	—	—	—	134	22.89	1597.3(固)	—
联苯胺	$C_{12}H_{12}N_2$	1.25	—	—	401.7	—	128	—	1560.9(固)	—
蒽醌	$C_{14}H_8O_2$	1.419	0.255	—	379~381	—	284.8	37.48	1562(固)	—
2,4-二硝基氯苯	$C_6H_3Cl(NO_2)_2$	1.697	0.326	—	315	—	53.4	—	644.5	24
3,4-二硝基氯苯	$C_6H_3Cl(NO_2)_2$	—	—	—	315	—	36.3	—	644.5	24
三硝基酚(苦味酸)	$C_6H_2(NO_2)_3OH$	1.767	0.240(0℃) 0.263(50℃)	—	300(爆炸)	—	122	—	615.6	—
邻硝基氯苯	$C_6H_4ClNO_2$	1.368(22℃) 1.305(80℃)	—	—	245.7	—	32.5	—	—	—
对硝基氯苯	$C_6H_4ClNO_2$	1.250(18℃)	—	—	242	—	83.5	31.51	—	—
间硝基氯苯	$C_6H_4ClNO_2$	1.534 1.343(50℃)	—	—	235.6	—	44.4	29.38	—	—
2,4-二硝基酚	$C_6H_4N_2O_5$	1.683(24℃) 1.488(101℃)	—	—	升华	—	113.1	—	654.7	—
溴苯	C_6H_5Br	1.495	0.231	1.10	155.9	57.6	−30.6	12.7	747.3(沸)	48.5
硝基苯	$C_6H_5NO_2$	1.200	0.358(10℃) 0.329(50℃) 0.303(120℃)	2.01	210.85	79.08	5.85	22.52	724.4(液)	−5.3(25℃)
邻硝基苯酚	$C_6H_5NO_3$	1.657	—	3.65(30℃) 1.82(60℃)	217.25	126(31℃)	45.13	26.76	693.8	46.4(沸)
对硝基苯酚	$C_6H_5NO_3$	1.479 1.282 (117.3℃)	—	2.75(40℃) 1.82(60℃)	279	137.5 (41.5℃) 151(72℃)	114	27.4	693.8	46.5(沸)

续表

名称	分子式	相对密度(20℃/4℃)	比热容/[kcal/(kg·℃)]	黏度(20℃)/cP	沸点/℃	汽化热/(kcal/kg)	熔点/℃	熔融热/(kcal/kg)	燃烧热/(kcal/mol)	生成热/(kcal/mol)
间硝基苯酚	$C_6H_5NO_3$	1.485	—	—	194	1575(57.5℃)	96	36.7	698.3	—
邻苯二酚	$C_6H_6O_2$	1.344(20℃) 1.149(121℃) 1.110(160℃)	0.287(25℃) 0.406(104℃固) 0.520(104℃液)	2.171(121℃) 1.135(140℃)	240	175(36℃)	104.3	47.4	684.9	84.4(沸)
对苯二酚	$C_6H_6O_2$	1.332(15℃)	0.304(25℃) 0.422(172.9℃固) 0.562(172.3℃液)	—	285 (730mmHg)	214.3 (78.5℃)	172.3	58.77	683.7(沸)	85.5(沸)
间苯二酚	$C_6H_6O_2$	1.272(15℃) 1.158(141℃)	0.284(25℃) 0.522(103℃液) 0.432(109℃固)	3.755(141℃) 1.214(190℃)	276.5	206(56℃)	109.65	46.2	683.7(沸)	85.5(沸)
苯磺酚	$C_6H_6SO_3$	1.34(磺化液)	—	—	—	—	65～66℃	—	—	—
三硝基甲苯	$C_7H_5N_3O_6$	1.654	0.253(−50℃) 0.385(100℃)	—	240(爆炸)	—	80.83	22.34	817(固)	—
水杨酸	$C_7H_6O_3$	1.483	—	—	升华	—	159	—	729.4	—
苯甲基氯	C_7H_7Cl	1.1	0.47	1.28(25℃) 1.175(30℃)	179.4	—	−39		886.4	—
三氯苯	$C_6H_3Cl_3$	1.46(25°)	0.21	1.97(25℃)	213～217	58.2	7.5～11	—	—	—
乙酰苯胺	$C_6H_5NHCOCH_3$	1.21	—	2.22(120℃)	305	—	113～114	—	1010.4(固)	—
硝基苯胺 邻 间 对	$NO_2C_6H_4NH_2$	1.442 1.43 1.437	0.4 0.392 0.427	—	284.1 306.4 331.7	—	71.5 114 147.5	—	—	—
喹啉	C_9H_7N	1.095	—	3.64(20.1℃) 1.25(80℃)	237.1	—	−15.6	—	—	—
乙酰氯	CH_3COCl	1.105	0.399	—	51～52	289(51℃)	−112.0	—	—	—
对苯二甲酸二甲酯	$C_6H_4(COOCH_3)_2$	1.068(150℃)	0.326 (固体 29～141℃) 0.464 (液体 141～210℃)	—	288	84.9	140.6	38	5737	—

注：1. 其他纯物质的物性数据参见《化学工程手册》第二版第一篇，化学工业出版社，1996。

2. 1kcal/(kg·℃)＝4186.8J/(kg·K)，1cP＝10^{-3}Pa·s，1kcal/kg＝4186.8J/kg，1kcal/mol＝4186.8J/mol。

9 高温载热体

9.1 有机高温载热体

9.1.1 道生油物性数据（表 13-57）

9.1.2 YD 系列导热油

由北京燕山石油化学总公司研究院生产的 YD 系列导热油主要组成：四氢萘、甲基萘、二甲基联苯、二甲芴、苊满、二甲菲、三甲菲等芳香烃化合物。根据使用温度不同分为三个品种：YD-300，YD-325，YD-340，其质量指标及物性数据见表 13-58～表 13-61。

9.1.3 三一牌系列导热油物性数据

由江苏江阳化工一厂生产的三一牌系列导热油为多环芳烃和脂肪烃、环烷烃型化合物，有 YD-131、YD-132、JD-300、JD-310、JD-330 和 L-70 等品种。其物性数据见表 13-62 和表 13-63。

9.1.4 X6D 系列导热油

由上海力达化工厂生产的 X6D 系列导热油以优质烷烃为基础油，其质量指标及物性数据见表 13-64。

表 13-57 道生油物性数据（26.5%联苯，73.5%联苯醚）

温度/℃	饱和蒸气压/atm	比容		密度/(kg/m³)		比焓/(kcal/g)		汽化热/(kcal/kg)	液体比热容/[kcal/(kg·℃)]	液体热导率/[kcal/(m·h·℃)]	动力黏度 $\mu\times10^6$/[(kg·s)/m²]		运动黏度 $\nu\times10^6$/(m²/s)		液体普朗特数 Pr
		液体/(L/kg)	饱和蒸气/(m³/kg)	液体	饱和蒸气	液体	饱和蒸气				液体	饱和蒸气	液体	饱和蒸气	
20	—	0.943		1060		3	93	90	0.38	0.118	444		4.11		50
40	—	0.959		1044		11	99	88	0.40	0.115	268		2.51		33
60	—	0.973		1028		19	105	86	0.41	0.113	182		1.73		23
80	—	0.988		1012		27.5	112	84.5	0.43	0.110	133		1.29		18.5
100	0.006	1.005	28	995	0.035	36.5	119	82.5	0.45	0.108	103	0.69	1.01	192	15
120	0.017	1.022	11.5	978	0.087	45.5	126	80.5	0.47	0.105	82.0	0.73	0.822	82	13
140	0.038	1.040	5.6	961	0.18	55.5	134.5	79	0.49	0.103	67.2	0.77	0.686	42	11.3
160	0.076	1.058	3.0	945	0.33	65.5	143.5	78	0.52	0.100	56.3	0.81	0.574	24	10.3
180	0.15	1.077	1.7	928	0.60	76	152.6	76.5	0.54	0.098	48.0	0.85	0.508	14	9.4
200	0.25	1.096	1.0	912	0.99	87	162	75	0.56	0.095	41.5	0.89	0.446	8.8	8.6
220	0.42	1.116	0.62	896	1.6	99	172	73	0.53	0.093	36.3	0.93	0.397	5.6	8.0
240	0.64	1.137	0.41	879	2.4	111	182	71	0.61	0.090	32.2	0.97	0.360	3.9	7.6
260	1.05	1.159	0.25	863	3.9	123	191.5	68.5	0.63	0.088	28.7	1.01	0.326	2.5	7.2
280	1.66	1.184	0.165	845	6.1	135.5	201	65.5	0.64	0.086	25.8	1.05	0.299	1.7	6.9
300	2.38	1.211	0.115	825	8.7	149.5	212.5	63	0.66	0.083	23.2	1.09	0.276	1.2	6.5
320	3.32	1.243	0.082	804	12.2	163	223.5	60.5	0.67	0.081	21.2	1.13	0.259	0.90	6.2
340	4.56	1.277	0.059	783	17	177	235	58	0.69	0.078	19.4	1.17	0.243	0.68	6.0
360	6.14	1.314	0.044	761	23	191	246	55	0.70	0.076	17.7	1.21	0.229	0.52	5.8
380	8.15	1.354	0.032	739	30	205	257.5	52.5	0.71	0.073	16.4	1.25	0.218	0.39	5.6
400	10.64	1.410	0.024	709	42	219	268.5	49.5	0.72	0.071	15.2	1.29	0.210	0.31	5.4

注：1. 本表摘自 С. З. Қаган и А. В. Чечеткин.《高温有机载热体及其在工业上的应用》，中译版本。

2. 1atm=101325Pa，1kcal/kg=4186.8J/kg，1kcal/(kg·℃)=4186.8J/(kg·K)，1kcal/(m·h·K)=1.163W/(m·K)。

表 13-58 YD 系列导热油质量指标

项 目	YD-300		YD-325		YD-340		试验方法
	标准	1980 年实测值	标准	1980 年实测值	标准	1980 年实测值	
相对密度(D_4^{20})		1.0100		1.0104		0.9567	
酸值/(g KOH/kg)	≤0.02	0.01	≤0.02	0	≤0.02	0	GB 264—77

续表

项目		YD-300		YD-325		YD-340		试验方法
		标准	1980年实测值	标准	1980年实测值	标准	1980年实测值	
闪点(开式)/℃	≥130	145	≥110	158	≥110	117	GB 267—77	
黏度/cSt	20℃ 50℃		15.6 5.4		20.9 6.6		5.7 2.8	GB 265—75
残碳(质量分数)/%		≤0.05	0.02	≤0.05	0.004	≤0.05	0.001	GB 268—77
胶质/(mg/100cm³)			349		53		40	GB 509—77
铜片腐蚀		合格	合格	合格	合格	合格	合格	GB 378—64
凝固点/℃		≤−10	−32	≤−10	−39	≤−20	−58	GB 510—77
馏程/℃	5%或 HK	≥260	275	≥300	304	≥240	260	
	10%		290		307		265	
	50%		313		321		272	GB 255—77
	90%		344		342		284	
	95%或 KK	≤365	354	≤355	345	≤310	297	
主流体最高工作温度/℃		300		310		320		
最高使用温度/℃		325		330		340		
最高使用温度下的蒸气压/(kgf/cm²)			0.18		0.35		2.8	

注：1cSt=10^{-6}m²/s，1kgf/cm²=98.0665kPa。

表 13-59 YD-300 系列导热油物性数据

项目	温度/℃							
	20	50	100	150	200	250	300	340
密度/(kg/m³)	1005	990	953	916	889	855	822	797
热导率/[kcal/(m·h·℃)]	0.1055	0.1042	0.1009	0.0981	0.0952	0.0923	0.0894	0.0871
比热容/[kcal/(kg·℃)]	0.4321	0.4540	0.4979	0.5396	0.5813	0.6229	0.6646	0.6979
运动黏度/cSt	15.60	5.54	1.951	1.010	0.663	0.50	0.45	0.40
普朗特数 *Pr*	229.537	86.896	34.659	20.00	14.58	12.15	12.04	11.51

注：1kcal/(m·h·℃)=1.163W/(m·℃)，1kcal/(kg·℃)=4186.8J/(kg·℃)，1cSt=10^{-6}m²/s。

表 13-60 YD-325 导热油物性数据

项目	温度/℃							
	20	50	100	150	200	250	300	340
密度/(kg/m³)	1022	1007	972	936	910	874	845	821
热导率/[kcal/(m·h·℃)]	0.1037	0.1020	0.0992	0.0963	0.0935	0.0907	0.0879	0.0856
比热容/[kcal/(kg·℃)]	0.4275	0.45	0.4936	0.5349	0.5762	0.6175	0.6588	0.6918
运动黏度/cSt	20	6.6	2.1	1.08	0.67	0.5	0.45	0.4
普朗特数 *Pr*	296.82	73.06	37.62	21.6	14.86	12.25	12.14	11.64

注：1kcal/(m·h·℃)=1.163W/(m·K)，1kcal/(kg·℃)=4186.8J/(kg·K)，1cSt=10^{-6}m²/s。

表 13-61 YD-340 导热油物性数据

项目	温度/℃							
	20	50	100	150	200	250	300	340
密度/(kg/m³)	962	949	912	878	848	812	783	760
热导率/[kcal/(m·h·℃)]	0.1109	0.1090	0.1061	0.1031	0.1001	0.0970	0.0940	0.09158
比热容/[kcal/(kg·℃)]	0.4422	0.4660	0.5106	0.5533	0.5961	0.6387	0.6815	0.7157
运动黏度/cSt	5.8	2.7	1.27	0.73	0.50	0.45	0.40	0.35
普朗特数 *Pr*	83.26	41.56	22.0	14.1	10.72	10.67	10.43	9.85

注：1kcal/(m·h·℃)=1.163W/(m·K)，1kcal/(kg·℃)=4186.8J/(kg·K)，1cSt=10^{-6}m²/s。

表 13-62 三一牌系列导热油质量指标和物性数据

项目	JD-300		JD-310		JD-330		JD-350		YD-131		YD-132		L-70	
外观	淡黄色液体		淡黄色液体		淡黄色液体		淡黄色液体		淡黄色液体		淡黄色液体		淡黄色	
酸值/(mg KOH/g) ≤	0.05		0.05		0.05		0.05		0.05		0.05		0.05	
闪点(开口)/℃ ≤	190		195		205		190		200		210		120	
密度(20℃)/(g/cm³)	0.838～0.868		0.841～0.869		0.858～0.882		1.015～1.145		0.835～0.853		0.855～0.872		0.98～1.04	
含水量	痕量		痕量		痕量		痕量		痕量		痕量		痕量	
残碳/% ≤	0.01		0.01		0.01		0.03		0.01		0.01		0.03	
比热容/[kcal/(kg·℃)]	210℃	0.686	210℃	0.658	210℃	0.679	250℃	0.614	190℃	0.654	210℃	0.657	0.539	
	250℃	0.769	250℃	0.716	250℃	0.727	290℃	0.699	210℃	0.679	250℃	0.716	0.555	
	290℃	0.879	310℃	0.857	330℃	0.809	350℃	0.882	250℃	0.727	290℃	0.801	0.603	
热导率/[W/(m·℃)]	210℃	0.107	210℃	0.112	210℃	0.126	250℃	0.118	190℃	0.116	210℃	0.118	0.107	
	250℃	0.102	250℃	0.108	250℃	0.123	290℃	0.115	210℃	0.113	250℃	0.115	0.101	
	290℃	0.096	310℃	0.103	330℃	0.116	350℃	0.111	250℃	0.108	290℃	0.113	0.099	
膨胀系数×10^{-4}/$℃^{-1}$	200℃	6.83	200℃	6.64	250℃	7.02	250℃	7.50	150℃	6.81	200℃	6.64		
	250℃	7.07	250℃	6.87	300℃	7.37	300℃	7.79	200℃	7.06	250℃	6.86		
	300℃	7.33	310℃	7.11	330℃	7.44	350℃	8.11	250℃	7.31	300℃	7.16		
运动黏度/(mm²/s)	210℃	1.48	210℃	1.40	230℃	1.39	250℃	1.08	170℃	2.09	210℃	1.77		
	250℃	1.25	250℃	1.21	270℃	1.18	290℃	0.86	210℃	1.50	250℃	1.43		
	280℃	1.01	290℃	0.96	310℃	1.12	330℃	0.84	250℃	1.28	290℃	1.10		
凝固点/℃ ≤	−10		−12		−15		−28		−10		−10		−70	
高温击穿电压/×10^4V	300℃	2.5	310℃	2.05	330℃	2.05	300℃	2.05	250℃	2.5	300℃	2.5		
最高使用温度/℃	300		310		330		350		250		300		气相	−55～260
													液相	260～350

表 13-63 L-70 导热油物性数据

温度/℃	蒸气压(液相)/Pa	密度		真实比热容(液相)/[kJ/(kg·K)]	比焓		蒸发热/(kJ/kg)	黏度		液相热导率/[W/(m·K)]	液相普朗特数 *Pr*
		液相/(kg/m³)	蒸气相/(kg/m³)		蒸气相/(kJ/kg)	液相/(kJ/kg)		液相/(mm²/s)	蒸气相/10^{-6}Pa·s		
−50	—	1042	—	1.38	—	−73.2	—	190.2	—	0.141	1929
−40	—	1034	—	1.41	—	−59.3	—	73.5	—	0.140	760
−20	—	1019	—	1.48	—	−30.3	—	18.0	—	0.137	196
0	—	1004	—	1.55	386	0	386	7.5	—	0.135	86
40	—	973	—	1.68	429	64.6	374	2.6	—	0.129	32
80	—	943	—	1.82	477	134.6	362	1.4	—	0.124	19
120	7	912	0.037	1.95	531	209.9	349	0.90	8.6	0.119	13
160	35	881	0.19	2.08	589	290.5	335	0.66	9.6	0.114	11
200	133	850	0.68	2.22	652	376.5	320	0.52	10.5	0.108	8.8
240	389	820	1.86	2.35	720	467.9	304	0.43	11.5	0.102	8.0
280	953	788	4.25	2.49	793	564	286	0.37	12.6	0.098	7.3
320	2000	758	8.94	2.62	869	666.8	266	0.33	13.3	0.092	7.2
360	3613	728	15.3	2.75	950	774.2	244	0.30	14.5	0.087	7.0

9.1.5 氢化三联苯导热油

由江苏苏州市吴县化工五厂生产的氢化三联苯导热油，其技术参数和物性数据见表 13-65 和表 13-66。

表 13-64 X6D 系列高温导热油质量指标和物性数据

项目		X6D-280	X6D-310	X6D-320	X6D-330
外观		淡黄棕色透明油状液体			
密度/(g/cm^3)		0.84～0.87	0.84～0.87	0.84～0.88	0.84～0.89
初馏点/℃	≥	290	320	330	340
闪点(开口)/℃	≥	190	195	200	205
水分/%		痕量	痕量	痕量	痕量
酸值/(mg KOH/g)		0.02	0.02	0.02	0.02
残碳/%	≤	0.01	0.01	0.01	0.01
凝固点/℃		−18	−18	−20	−20
腐蚀(铜片 100℃,3h)		合格	合格	合格	合格
膨胀系数/K^{-1}		7.96×10^{-4}	7.79×10^{-4}	8.2×10^{-4}	7.29×10^{-4}
蒸气压/kPa(G)		−16.8	39.5	40.1	43.2
最大使用温度/℃		280	310	320	330
运动黏度/(mm^2/s)	50℃	10.6	10.5	12.1	19.0
	100℃	3.6	3.6	3.2	4.8
	150℃	0.65	0.64	1.56	1.6
	200℃	0.51	0.49	0.97	0.65
	250℃	0.35	0.34	0.81	0.47
	330℃	0.22(280℃)	0.14(310℃)	0.69(320℃)	0.21
比热容/[kJ/(kg·K)]	50℃	1.88	1.80	1.76	1.76
	100℃	2.09	2.09	2.05	2.05
	150℃	2.34	2.39	2.34	2.39
	200℃	2.55	2.68	2.64	2.68
	250℃	2.80	2.97	2.93	3.01
	330℃	2.97(280℃)	3.3(310℃)	3.30(320℃)	3.47
热导率/[W/(m·K)]	50℃	0.1196	0.1176	0.1204	0.1126
	100℃	0.1136	0.1116	0.1143	0.1065
	150℃	0.1076	0.1056	0.1082	0.1005
	200℃	0.1016	0.0996	0.1021	0.0956
	250℃	0.0956	0.0936	0.096	0.0884
	330℃	0.092(280℃)	0.086(310℃)	0.087(320℃)	0.078

表 13-65 氢化三联苯的技术参数

项目		数值	试验方法
最大色度		1.0	ASTM D-1500
密度/(g/cm^3)		1.000～1.010	SY 2206
燃点/℃	>	190	GB 267
水分/(μg/g)	<	300	SY 2122
运动黏度(20℃)/cSt		70～120	GB 265
馏程/℃		330	GB 255
初馏点			
5%	>	335	
95%	<	420	

表 13-66 氢化三联苯的物性数据

温度/℃	比热容/[J/(g·℃)]	密度/(g/cm^3)	液相热导率/[W/(m·K)]	运动黏度/cSt
20	1.6076	1.005	0.1190	71.8
100	1.9220	0.944	0.1163	3.67
200	2.3972	0.868	0.1130	1.00
220	2.4932		0.1123	
240	2.5872		0.1116	
260	2.6782		0.1110	
280	2.7651		0.1103	
300	2.8471	0.792	0.1196	0.48
320	2.9231		0.1090	
340	2.9920		0.1083	
350		0.755	0.1080	0.38
360	3.0530			

注：$1cSt=10^{-6}m^2/s$。

9.1.6 Therminol系列导热油

由苏州首诺化工公司生产的Therminol系列导热油，其技术规格和物性数据见表13-67～表13-71。

9.1.7 NeoSK-Oil系列导热油

由辽宁省盘锦华日化学有限公司生产的NeoSK-Oil系列导热油的物性数据见表13-72～表13-76。

表13-67 Therminol系列导热油技术规格

项目		Therminol-50	Therminol-55	Therminol-59	Therminol-66
外观		清晰、浅黄色液体	清晰、浅黄色液体	清晰、浅黄色液体	清晰、浅黄色液体
组分		C_{17}～C_{34}	C_{17}～C_{34}	烷基芳烃	改性三联苯
水分/(μg/g)		250	250	130	100
闪点(ASTM D-92)/℃		191	193	146	191
着火点(ASTM D-92)/℃		216	216	154	216
自燃点(ASTM D-2155)/℃		356	366	404	399
运动黏度/(mm^2/s)	40℃	37.8	19.0	4.0	29.6
	100℃	3.22	3.5		3.8
密度(25℃)/(kg/m^3)		876.4	868	971	1005
相对密度(16℃/16℃)		0.880	0.876		1.012
热胀系数(200℃)/$℃^{-1}$		0.000971	0.000961	0.000946	0.000819
分子量		277	320	207	252
倾点/℃		−39	−54	−61	−32
常压下沸点/℃				289	359
使用范围/℃		−20～290	−25～315	−46～316	−7～345

表13-68 Therminol 50导热油物性数据

温度		液相密度/(g/cm^3)	比热容/[kJ/(kg·K)]	热导率/[W/(m·K)]	流体黏度/(mm^2/s)	蒸气压力/kPa
/℉	/℃					
10	−12	0.898	1.83	0.157	670	
120	49	0.863	2.05	0.152	24.7	
200	93	0.835	2.20	0.149	3.87	
320	160	0.791	2.42	0.144	0.744	
360	182	0.775	2.51	0.142	0.462	
400	204	0.760	2.58	0.140	0.327	5.86
440	227	0.743	2.64	0.138	0.253	9.96
480	249	0.727	2.72	0.137	0.187	15.59
520	271	0.708	2.80	0.135	0.143	24.30
560	293	0.690	2.88	0.134	0.114	38.12
580	304	0.681	2.91	0.133	0.107	46.67

表13-69 Therminol 55导热油物性数据

温度		流体密度/(kg/m^3)	比热容/[kJ/(kg·K)]	流体热导率/[W/(m·K)]	流体黏度/(mm^2/s)	蒸气压力/kPa
/℉	/℃					
−20	−29	905	1.73	0.1341	2100	
80	27	867	1.93	0.1276	34.1	
200	93	822	2.17	0.1199	4.03	0.023
320	160	777	2.40	0.1121	1.471	0.50
400	204	745	2.56	0.1069	0.964	2.49
440	227	729	2.64	0.1043	0.810	4.99

续表

温度		流体密度/(kg/m³)	比热容/[kJ/(kg·K)]	流体热导率/[W/(m·K)]	流体黏度/(mm²/s)	蒸气压力/kPa
/℉	/℃					
480	249	712	2.72	0.1017	0.691	9.47
520	271	695	2.79	0.0990	0.596	17.1
550	288	682	2.85	0.0971	0.536	25.8
580	304	668	2.91	0.0951	0.484	38.0
600	316	659	2.95	0.0938	0.453	48.7

表 13-70　Therminol 59 导热油物性数据

温度		液相密度/(kg/m³)	比热容/[kJ/(kg·K)]	液相热导率/[W/(m·K)]	流体黏度/cP	蒸气压力/kPa
/℉	/℃					
−60	−51	1026	1.45	0.1257	3150	
100	38	962	1.74	0.1200	4.10	0.01
220	104	913	1.96	0.1144	1.24	0.43
300	149	879	2.10	0.1100	0.748	2.60
420	216	827	2.33	0.1024	0.424	19.9
460	238	809	2.40	0.0996	0.363	34.3
500	260	790	2.48	0.0966	0.315	56.3
540	282	771	2.56	0.0936	0.276	88.5
560	293	761	2.60	0.0920	0.260	109.6
600	316	740	2.68	0.0887	0.231	162.7
620	327	729	2.72	0.0870	0.219	196.5

注：1cP=10^{-3}Pa·s。

表 13-71　Therminol 66 导热油物性数据

温度		流体密度/(kg/m³)	比热容/[kJ/(kg·K)]	流体热导率/[W/(m·K)]	流体黏度/(mm²/s)	蒸气压力/kPa
/℉	/℃					
20	−7	1026	1.47	0.1185	4060	
200	93	960	1.81	0.1139	4.37	0.035
320	160	914	2.05	0.1091	1.461	0.58
440	227	866	2.29	0.1029	0.785	4.91
480	249	849	2.38	0.1006	0.674	8.98
520	271	832	2.46	0.0980	0.591	15.7
560	293	814	2.54	0.0954	0.527	26.5
600	316	796	2.63	0.0926	0.477	43.0
640	338	777	2.72	0.0896	0.438	67.7
660	349	767	2.76	0.0880	0.421	83.9
700	371	747	2.85	0.0848	0.393	127

表 13-72　NeoSK-Oil 系列导热油技术规格

项目	NeoSK-Oil 1300	NeoSK-Oil 1400	NeoSK-Oil 400	NeoSK-Oil 500
外观	无色或浅黄色透明液体	无色或浅黄色透明液体	浅黄色透明液体	浅黄色透明液体
组成	芳烃类合成油	芳烃类合成油	烷烃类矿物油	芳烃类合成油
分子量	190	270	460	320
密度(20℃)/(g/cm³)	0.98～1.010	1.035～1.045	0.850～0.880	0.840～0.890
平均沸点/℃	291	391	395	380

续表

项目		NeoSK-Oil 1300	NeoSK-Oil 1400	NeoSK-Oil 400	NeoSK-Oil 500
闪点/℃ ≥		135	200	170	190
自燃点/℃ ≥		500	500	370	370
凝固点/℃ ≤		−60	−30	−20	−35
水分/(mg/L) ≤		100	100	200	200
馏程/℃	10% ≥	270	370	350	340
	90% ≤	380	395	400	390
体胀系数/$℃^{-1}$		9.1	8.7	9.5	8.1
可泵性(流体黏度为 $300mm^2/s$)/℃ >		−45	−10	−10	−10
最高使用温度/℃		330	350	280	315

表 13-73 NeoSK-Oil 1300 导热油物性数据

温度 T /℃	蒸气压 p /mmHg	密度 ρ /(g/cm^3)	比热容 c_p /[kcal/(kg·℃)]	热导率 K /[kcal/(m·h·℃)]	黏度 μ/cP
−40		1.052	0.343	0.123	198
100	0.6	0.947	0.447	0.107	1.08
160		0.902	0.491	0.100	0.50
220	122	0.857	0.536	0.093	0.32
240	217	0.842	0.551	0.090	0.29
260	367	0.827	0.565	0.087	0.25
280	591	0.812	0.580	0.085	0.22
300	912	0.797	0.595	0.082	0.18
320	1360	0.782	0.610	0.079	0.16
340	1961	0.767	0.625	0.076	0.15

注：1mmHg＝133.32Pa，1kcal/(kg·℃)＝4186.8J/(kg·K)，1kcal/(m·h·℃)＝1.163W/(m·K)，1cP＝10^{-3}Pa·s。

表 13-74 NeoSK-Oil 1400 导热油物性数据

温度 T /℃	蒸气压 p /mmHg	密度 ρ /(g/cm^3)	比热容 c_p /[kcal/(kg·℃)]	热导率 K /[kcal/(m·h·℃)]	黏度 μ/cP
−10		1.065	0.358	0.122	380
200	2.8	0.917	0.507	0.100	0.70
220	6.4	0.903	0.521	0.098	0.57
240	13.3	0.889	0.535	0.096	0.48
260	26.2	0.875	0.550	0.094	0.41
280	48.8	0.861	0.564	0.092	0.34
300	87.2	0.847	0.578	0.090	0.30
320	149	0.833	0.592	0.087	0.27
340	245	0.819	0.606	0.084	0.24
350	311	0.812	0.614	0.083	0.23

注：1mmHg＝133.32Pa，1kcal/(kg·℃)＝4186.8J/(kg·K)，1kcal/(m·h·℃)＝1.163W/(m·K)，1cP＝10^{-3}Pa·s。

表 13-75 NeoSK-Oil 400 导热油物性数据

温度 T /℃	蒸气压 p /mmHg	密度 ρ /(g/cm^3)	比热容 c_p /[kcal/(kg·℃)]	热导率 K /[kcal/(m·h·℃)]	黏度 μ/cP
−20		0.896	0.439	0.127	180
0		0.880	0.457	0.125	72
100		0.804	0.542	0.115	4.56

续表

温度 T /℃	蒸气压 p /mmHg	密度 ρ /(g/cm^3)	比热容 c_p /[kcal/(kg·℃)]	热导率 K /[kcal/(m·h·℃)]	黏度 μ/cP
160		0.759	0.593	0.109	1.03
200	0.4	0.729	0.627	0.105	0.94
220	1.1	0.713	0.645	0.103	0.88
240	2.2	0.697	0.663	0.101	0.82
260	4.1	0.681	0.681	0.099	0.72
280	12.6	0.665	0.699	0.097	0.61
300	49.2	0.649	0.717	0.095	0.46

注：1mmHg = 133.32Pa，1kcal/(kg·℃) = 4186.8J/(kg·K)，1kcal/(m·h·℃) = 1.163W/(m·K)，1cP = 10^{-3}Pa·s。

表 13-76　NeoSK-Oil 500 导热油物性数据

温度 T /℃	蒸气压 p /mmHg	密度 ρ /(g/cm^3)	比热容 c_p /[kcal/(kg·℃)]	热导率 K /[kcal/(m·h·℃)]	黏度 μ/cP
−20		0.900	0.422	0.114	768
0		0.886	0.439	0.112	158.1
100	0.26	0.819	0.525	0.102	3.65
200	16.8	0.748	0.607	0.092	1.04
220	31.5	0.734	0.623	0.090	0.87
240	54.9	0.719	0.641	0.088	0.73
260	96.8	0.704	0.658	0.086	0.63
280	163	0.689	0.675	0.084	0.54
300	261	0.673	0.692	0.082	0.50
315	363	0.660	0.704	0.0805	0.44

注：1mmHg = 133.32Pa，1kcal/(kg·℃) = 4186.8J/(kg·K)，1kcal/(m·h·℃) = 1.163W/(m·K)，1cP = 10^{-3}Pa·s。

9.2　无机高温载热体

有机高温载热体使用温度仅限于 400℃以下，更高的温度则需采用无机高温载热体。

9.2.1　熔融金属物性参数（表 13-77）

表 13-77　熔融金属物性参数

序号	金属名称	温度 t /℃	密度 ρ /(kg/m^3)	热导率 λ /[kcal/(m·h·℃)]	比热容 c /[kcal/(kg·℃)]	热扩散率 $\alpha\times10^2$ /(m^2/h)	运动黏度 ν $\times10^8$/(m^2/s)	普朗特数 Pr ($\times10^2$)
1	汞 $t_{熔点}=-38.9$℃ $t_{沸点}=357$℃	20	13550	6.8	0.0332	1.57	11.4	2.72
		100	13350	7.7	0.0328	1.76	9.4	1.92
		150	13230	8.3	0.0328	1.91	8.6	1.62
		200	13120	8.9	0.0328	2.06	8.0	1.40
		300	12880	10.1	0.0328	2.39	7.1	1.07
2	锡 $t_{熔点}=231.9$℃ $t_{沸点}=2270$℃	250	6980	29.3	0.061	6.90	27.0	1.41
		300	6940	29.0	0.061	6.85	24.0	1.26
		400	6865	28.5	0.061	6.80	20.0	1.06
		500	6790	28.0	0.061	6.75	17.3	0.92
3	铋 $t_{熔点}=271$℃ $t_{沸点}=1490$℃	300	10030	11.2	0.036	3.1	17.1	1.98
		400	9910	12.4	0.036	3.5	14.2	1.46
		500	9785	13.6	0.036	3.9	12.2	1.13
		600	9660	14.8	0.036	4.3	10.8	0.91
4	锂 $t_{熔点}=186$℃ $t_{沸点}=1317$℃	200	515	32.0	1.0	6.2	111.0	6.43
		300	505	33.5	1.0	6.6	92.7	5.03
		400	495	36.0	1.0	7.3	81.7	4.04
		500	484	39.0	1.0	8.1	73.4	3.28

续表

序号	金属名称	温度 t /℃	密度 ρ /(kg/m³)	热导率 λ /[kcal/(m·h·℃)]	比热容 c /[kcal/(kg·℃)]	热扩散率 $\alpha\times10^2$ /(m²/h)	运动黏度 $\nu\times10^8$/(m²/s)	普朗特数 Pr ($\times10^2$)
5	钠 $t_{熔点}$=97.3℃ $t_{沸点}$=878℃	150	916	73	0.324	24.6	59.4	0.87
		200	903	70	0.317	24.4	50.6	0.75
		300	878	61	0.306	22.7	39.4	0.63
		400	854	55	0.304	21.2	33.0	0.56
		500	829	49	0.304	19.5	28.9	0.53
6	合金 56.5%铋+43.5%铅 $t_{熔点}$=123.5℃ $t_{沸点}$=1670℃	150	10550	8.4	0.035	2.3	28.9	4.50
		200	10490	8.9	0.035	2.4	24.3	3.64
		300	10360	9.8	0.035	2.7	18.7	2.50
		400	10240	10.8	0.035	3.6	15.7	1.87
		500	10120	12.0	0.035	3.4	13.6	1.44
7	合金 25%钠+75%钾 $t_{熔点}$=-11℃ $t_{沸点}$=784℃	100	847	20.5	0.273	8.8	60.7	2.84
		200	822	20.0	0.256	9.5	45.2	1.71
		300	799	19.5	0.248	9.9	36.6	1.34
		400	775	19.0	0.239	10.3	30.8	1.08
		500	751	18.5	0.231	10.7	26.7	0.90

注：1kcal/(m·h·℃)=1.163W/(m·K)，1kcal/(kg·℃)=4186.8J/(kg·K)。

9.2.2 熔盐物性参数（表13-78和表13-79）

熔盐组成：$NaNO_2$ 40%，KNO_3 53%，$NaNO_3$ 7%（HTS）。平均分子量为89.2，熔点为142℃，熔融热为18kcal/kg。

9.2.3 烟道气物性参数（表13-80）

表13-78 熔盐物性参数

温度 /℃	密度 ρ /(kg/m³)	热导率 λ /[kcal/(m·h·℃)]	黏度 $\mu\times10^4$ /(kgf·s/m²)	比焓 h /(kcal/kg)	普朗特数 Pr	温度 /℃	密度 ρ /(kg/m³)	热导率 λ /[kcal/(m·h·℃)]	黏度 $\mu\times10^4$ /(kgf·s/m²)	比焓 h /(kcal/kg)	普朗特数 Pr
150	1976	0.379	18.12	80.7	57.4	290	1864	0.344	3.38	128.3	11.8
160	1967	0.378	14.95	84.1	47.5	300	1856	0.338	3.15	131.7	11.2
170	1959	0.377	12.53	87.5	39.9	320	1841	0.328	2.77	138.5	10.1
180	1951	0.376	10.68	90.9	34.1	340	1826	0.317	2.48	145.3	9.39
190	1943	0.375	9.21	94.3	29.5	360	1812	0.306	2.23	152.1	8.74
200	1934	0.374	8.04	97.7	25.8	380	1797	0.295	2.04	158.9	8.30
210	1926	0.373	7.09	101.1	22.8	400	1783	0.284	1.871	165.7	7.91
220	1919	0.372	6.31	104.5	20.4	420	1769	0.273	1.730	172.5	7.60
230	1911	0.370	5.67	107.9	18.4	440	1755	0.262	1.610	179.3	7.37
240	1903	0.368	5.12	111.3	16.7	460	1741	0.251	1.507	186.1	7.20
250	1895	0.366	4.66	114.7	15.3	480	1728	0.240	1.418	192.9	7.09
260	1887	0.360	4.27	118.1	14.2	500	1715	0.229	1.339	199.7	7.02
270	1879	0.355	3.93	121.5	13.3	520	1701	0.218	1.271	206.5	7.00
280	1871	0.350	3.63	124.9	12.4	540	1688	0.207	1.210	213.2	7.00

注：1kcal/(m·h·℃)=1.163W/(m·K)，1(kgf·s)/m²=9.80665Pa·s。

表13-79 熔盐的配比与温度的关系

名称		熔点/℃	沸点/℃	使用温度范围/℃	比热容/[kcal/(kg·℃)]
KNO_3	53%	142	680	350～530	0.34
$NaNO_2$	40%				
$NaNO_3$	7%				
$NaNO_2$	45%	140	680	350～530	
KNO_3	55%				

注：1kcal/(kg·℃)=4186.8J/(kg·℃)。

表 13-80　烟道气物性参数（$p=760$mmHg，$p_{CO_2}=0.13$，$p_{H_2O}=0.11$，$p_{N_2}=0.76$）

温度 /℃	密度 ρ /(kg/m³)	比热容 c_p /[kcal/(kg·℃)]	热导率 $\lambda\times10^2$ /[kcal/(m·h·℃)]	热扩散率 $\alpha\times10^2$ /(m²/h)	黏度 $\mu\times10^6$ /(kgf·s/m²)	运动黏度 $\nu\times10^6$ /(m²/s)	普朗特数 Pr
0	1.295	0.249	1.96	6.08	1.609	12.20	0.72
100	0.950	0.255	2.69	11.10	2.079	21.54	0.69
200	0.748	0.262	3.45	17.60	2.497	32.80	0.67
300	0.617	0.268	4.16	25.16	2.878	45.81	0.65
400	0.525	0.275	4.90	33.94	3.230	60.38	0.64
500	0.457	0.283	5.64	43.61	3.553	76.30	0.63
600	0.405	0.290	6.38	54.32	3.860	93.61	0.62
700	0.363	0.296	7.11	66.17	4.148	112.1	0.61
800	0.3295	0.302	7.87	79.09	4.422	131.8	0.60
900	0.301	0.308	8.61	92.87	4.680	152.5	0.59
1000	0.275	0.312	9.37	109.21	4.930	174.3	0.58
1100	0.257	0.316	10.10	124.37	5.169	197.1	0.57
1200	0.240	0.320	10.85	141.27	5.402	221.0	0.56

注：1mmHg=133.322Pa，1kcal/(kg·℃)=4186.8J/(kg·K)，1kcal/(m·h·℃)=1.163W/(m·K)，1kgf·s/m²=9.80665Pa·s。

10　物化数据计算

物化数据为化学工程的重要组成部分，它不仅是工程设计的基础数据，也是工厂化学实验和工厂生产中试制新产品和控制产品质量不可缺少的物性参数。常见元素和化合物的物理化学性质可通过有关物化手册查得其实测值，但由于化合物的品种十分繁多，不可能一一都能从物化手册中查出，尤其还常遇到以下情况。

① 大多新的化合物（特别是有机化合物），其物化数据不是用简易的方法即可测出。

② 手册中所载的物化数据，其测定条件与生产或工程应用的条件不同。

③ 手册中所载的多为元素或单组分的物化数据，而工程实践中常遇到的为多组分的混合物。

因此，为解决上述问题，国内外很多人做了不少物性研究工作，以求通过计算方法来求得物化数据的数值或近似值。这些方法归纳起来有如下几种。

① 物化数据相互关联法。由较易计算的物化常数（如相对分子量）或较易查得的物化性质（如沸点、熔点、临界常数等）推算其他物化数据。

② 用组成化合物的原子物化数据及官能团结构因数加和推测化合物的物化数据。

③ 以已经测过的物化数据制成线图，通过内插与外推法得出某些化合物的未知物化数据。

本节以 R. C. Reid，J. M. Prausnitz，T. K. Sherwood，Properties of Gases and Liquids 第三版为基础，又吸取了国内其他有关论著的某些长处，简要地介绍物化数据计算方法。

限于篇幅，本节介绍的计算方法显然不完全，请读者遇到问题时参考专著。

10.1　纯组分特性

10.1.1　临界温度

(1) Lydersen 法

$$T_c=T_b[0.567+\sum\Delta_T-(\sum\Delta_T)^2]^{-1} \quad (13\text{-}1)$$

式中　T_c——临界温度，K；

Δ_T——温差的结构因数（表 13-81）；

T_b——正常沸点，K。

本法一般误差小于 2%；相对分子量 $M>100$ 的非极性物质可达 5%。多个极性官能团的分子（即多元醇）则误差不定。

(2) 佐滕法

① 环形化合物（碳环及复环）

$$T_c=1.38t_b+450-r^{0.6}(0.30t_b-10) \quad (13\text{-}2)$$

式中　r——分子中非环形碳原子数与碳原子总数之比，例如 $C_6H_4(CH_3)_2$ 中 $r=2/8$；

t_b——沸点，℃。

例 1　计算甲苯的临界温度。

解　查得甲苯的沸点 $t_b=110.6$℃。

$$T_c=1.38\times110.6+450-\left(\frac{1}{8}\right)^{0.6}\times(0.30\times110.6-10)=595(\mathrm{K})$$

实际临界温度为 592K，相对误差 0.6%。

② 除 X_2 及 HX 以外的卤素化合物及含硫化合物

$$T_c=1.38t_b+450-11N_F \quad (13\text{-}3)$$

式中　N_F——一个分子中的氟原子数，氟化物以外的卤族化合物 $N_F=0$。

表 13-81 Lydersen 法温差的结构因数

项 目	Δ_T	Δ_P	Δ_V
非环增量			
—CH_2	0.020	0.227	55
|—CH_2	0.020	0.227	55
|—CH|	0.012	0.210	51
|—C—|	0.00	0.210	41
═CH_2	0.018	0.198	45
|═CH	0.018	0.198	45
|═C—	0.0	0.198	36
非环增量			
═C═	0.0	0.198	36
≡CH	0.005	0.153	(36)
≡C—	0.005	0.153	(36)
环增量			
—CH_2—	0.013	0.184	44.5
|—CH|	0.012	0.192	46
|—C—|	(−0.007)	(0.154)	(31)
|═CH	0.011	0.154	37
|═C—	0.011	0.154	36
═C═	0.011	0.154	36
卤素增量			
—F	0.018	0.224	18
—Cl	0.017	0.320	49
—Br	0.010	(0.50)	(70)
—I	0.012	(0.83)	(95)
氧增量			
—OH(醇类)	0.082	0.06	(18)
	0.031	(−0.02)	(3)
—O—(非环)	0.021	0.16	20
—O—(环)	(0.014)	(0.12)	(8)
|—C═O (非环)	0.040	0.29	60
氧增量			
|—C═O (环)	(0.033)	(0.2)	(50)
|HC═O (醛)	0.048	0.33	73
	0.085	(0.4)	80
—COO—(酯)	0.047	0.47	80
═O (除以上结构以外)	(0.02)	(0.12)	(11)
氮增量			
—NH_2	0.031	0.095	28
|—NH (非环)	0.031	0.135	(37)
|—NH (环)	(0.024)	(0.09)	(27)
|—N— (非环)	0.014	0.17	(42)
|—N— (环)	(0.007)	(0.13)	(32)
—CN	(0.060)	(0.36)	(80)
—NO_2	(0.055)	(0.42)	(78)
硫增量			
—SH	0.015	0.27	55
—S—(非环)	0.015	0.27	55
—S—(环)	(0.008)	(0.24)	(45)
═S	(0.003)	(0.24)	(47)
其他			
|—Si—|	0.03	(0.54)	
|—B—|	(0.03)		

注：括号内的数值得自为数有限的试验点，不一定可靠。

③ 大多数无机物：

$$T_c=1.73T_b \tag{13-4}$$

此式对 23 种无机物的平均误差为 3.4%。对卤族元素及卤化氢也适用。对于其他卤族化合物及含硫化合物用式（13-3）。

10.1.2 临界压力（Lyderson 法）

$$p_c=M(0.34+\sum\Delta_P)^{-2} \tag{13-5}$$

式中　Δ_P——结构因数（表 13-81）；

p_c——临界压力，atm（1atm=101325Pa）。

一般误差小于 4%，大分子量（$M>100$）的非极性物质可达 10%，对多官能团的极性化合物误差不定。

10.1.3 临界体积

(1) Lyderson 法

$$V_c=40+\sum\Delta_V \tag{13-6}$$

式中　V_c——临界体积，cm^3/mol；

Δ_V——临界体积结构因数（表 13-81）。

(2) Riedel 常数法

$$V_c=\frac{RT_c}{P_c}[3.72+0.26(\alpha_c-7.0)]^{-1} \tag{13-7}$$

式中　R——气体常数，$R=82.06 atm \cdot cm^3/(mol \cdot K)$，1atm=101325Pa；

α_c——Riedel 常数（见 10.1.6 小节），$\alpha_c=0.9076\left[1+\frac{(T_b/T_c)\ln p_c}{1-T_b/T_c}\right]$。

对于烃类，本式计算一般较 Lyderson 法略微精确一些。

例 2　Lyderson 法计算氟代苯的临界性质。

解　查得氟代苯的 T_b 为 358.3K，M 为 96.10，由表 13-81，得

$$\sum\Delta_T=6(=C-)_{环}+(F)=6\times(0.011)+0.018=0.084$$

$$\sum\Delta_P=6\times0.154+0.224=1.148$$

$$\sum\Delta_V=6\times36+18=234$$

由式（13-1）、式（13-5）、式（13-6）得

$$T_c=\frac{358.3}{0.567+0.084-0.084^2}=556.4\ (K)$$

$$p_c=\frac{96.10}{(0.34+1.148)^2}=43.4\ (atm)$$

$$V_c=40+234=274\ (cm^3/mol)$$

T_c、p_c、V_c 实验值分别为 560.1K、44.6atm（1atm=101325Pa）、271cm³/mol，误差各为 0.7%、2.8%、1.1%。

10.1.4 临界压缩系数

(1) Edmister 法

$$Z_c=-0.0297\frac{T_{br}}{1-T_{br}}\lg p_c+0.3572 \tag{13-8}$$

式中，$T_{br}=T_b/T_c$。

本法对氢键型分子有较大的计算误差

(2) 其他临界常数已知，则可由下式求取

$$Z_c=\frac{p_cV_c}{RT_c} \tag{13-9}$$

10.1.5 偏心因子

偏心因子 ω 表示分子的偏心度。其定义为

$$\omega\equiv-\lg p_r-1.000\ (T_r=0.7时) \tag{13-10}$$

式中　T_r——对比温度，即 T/T_c；

p_r——对比蒸气压力，p_{vp}/P_c，其中 p_{vp} 为温度 T 下的饱和蒸气压。

也可按下列各式计算 ω。

(1) Edmister 法

$$\omega=\frac{3}{7}\times\frac{\theta}{1-\theta}\lg p_c-1 \tag{13-11}$$

式中，$\theta=T_b/T_c$，此式一般误差在 5%以内。

(2) 由 Z_c 求取

$$\omega=\frac{0.291-Z_c}{0.08} \tag{13-12}$$

例 3　计算正己烷的偏心因子。

解　已知 $T_b=341.9K$，$T_c=507.4K$，$p_c=29.3atm$，$\theta=\frac{T_b}{T_c}=\frac{341.9}{507.4}=0.674$。

应用式（13-11）得

$$\omega=\frac{3}{7}\times\frac{0.674}{1-0.674}\times\lg29.3-1=0.300$$

应用式（13-12）得

$$\omega=(0.291-0.264)/0.08=0.3375$$

实际偏心因子为 0.296，式（13-11）及式（13-12）的相对误差分别为 1.35%和 14%。

10.1.6 Riedel 常数

Riedel 常数定义为

$$\alpha_c\equiv\frac{d(\ln p_r)}{d(\ln T_r)}（在临界点）$$

可用蒸气压方程算出

$$\alpha_c=\frac{0.315\psi_b+\ln p_c}{0.0838\psi_b+\ln T_{br}} \tag{13-13}$$

$$\psi_b=-35+\frac{36}{T_{br}}+42\ln T_{br}-T_{br}^6 \tag{13-14}$$

ω 与 α_c 的关系式为

$$\alpha_c=\frac{\omega}{0.203}+5.808 \tag{13-15}$$

另一个较简单的求 α_c 的方程式为

$$\alpha_c=0.9076\left(1+\frac{T_{br}\ln p_c}{1-T_{br}}\right) \tag{13-16}$$

上述各式中，$T_{br}=T_b/T_c$，除氢、水、溴、酚与胺外，误差在 0.1 以内。

例 4　计算甲苯的 Riedel 常数。

解　已知 $T_b=383.8K$，$T_c=591.7K$，$p_c=40.6atm$，$T_{br}=383.8/591.7=0.6486$。

由式（13-14）得

$$\psi_b=-35+\frac{36}{0.6486}+42\ln0.6486-(0.6486)^6=2.246$$

$$\alpha_c=\frac{0.315\times2.246+\ln40.6}{0.0838\times2.246-\ln0.6486}=7.102$$

由式（13-15）得

$$\alpha_c=0.29/0.203+5.808=7.182$$

由式（13-16）得

$$\alpha_c=0.9076\left(1+\frac{0.6486\times\ln40.6}{1-0.6486}\right)=7.113$$

实测 Riedel 常数值为 7.12。

10.1.7 势能常数

Lennard-Jones 分子间势能距离关系常用于计算维里系数、非极性气体黏度及逸度等。ε 为势能常数（erg，1erg = 10^{-7} J），σ 为势长常数（Å，1Å = 0.1nm），实际常使用 ε/k（单位为热力学温度 K），此处 k 为玻尔兹曼常数。

若无实验数据时，对大多数有机物可应用下列关系式。

$$\frac{\varepsilon}{k}=65.3T_cZ_c^{\frac{18}{5}} \qquad (13\text{-}17)$$

$$\sigma=0.1866V_c^{\frac{1}{3}}Z_c^{-\frac{6}{5}} \qquad (13\text{-}18)$$

或

$$\sigma=0.812\left(\frac{T_c}{p_c}\right)^{\frac{1}{3}}Z_c^{-\frac{13}{15}} \qquad (13\text{-}19)$$

在很多情况下，以所谓不可压缩的体积 b_0 来表示 σ，即

$$b_0=\frac{2}{3}\pi N_0\sigma^3 \qquad (13\text{-}20)$$

式中，N_0 为 Avogadro 常数。b_0（cm³/mol）可按下式计算。

$$b_0=\frac{0.676}{Z_c^{2.6}}\times\frac{T_c}{P_c} \qquad (13\text{-}21)$$

如 Z_c 假设为常数 0.288，则式（13-17）与式（13-21）表示为

$$\varepsilon k=0.75T_c \qquad (13\text{-}22)$$

$$b_0=17.28\frac{T_c}{P_c} \qquad (13\text{-}23)$$

应用时式（13-17）～式（13-19）为一组，式（13-22）和式（13-23）为一组，两组公式不宜互用，因为 ε_0/k 与 b_0 的误差在应用时能互相补偿。

用下列偏心因子 ω 的关系式求取 σ 和 ε，作为计算黏度与第二维里系数是较好的。

$$\sigma\left(\frac{P_c}{T_c}\right)^{\frac{1}{3}}=2.3551-0.087\omega \qquad (13\text{-}24)$$

$$\frac{\varepsilon}{kT_c}=0.795+0.1693\omega \qquad (13\text{-}25)$$

例 5 计算正丁烷的势能常数 ε/k、σ 及 b。

解 已知 $T_c=425.2$K，$p_c=37.5$atm，$V_c=255$cm³/mol，$Z_c=0.274$。

用式（13-17）、式（13-18）、式（13-21）求得

$$\frac{\varepsilon}{k}=65.3\times425.2\times0.277^{\frac{18}{5}}=273.17\ (\text{K})$$

$$\sigma=0.1866\times255^{\frac{1}{3}}\times0.277^{-\frac{6}{5}}=5.52\ (\text{Å})$$

$$b_0=0.676\times\frac{425.2}{37.5}\times0.274^{-2.6}=222\ (\text{cm}^3/\text{mol})$$

用式（13-22）、式（13-23）求得

$$\frac{\varepsilon}{k}=0.75\times425.2=318.9\ (\text{K})$$

$$b_0=17.28\times\frac{425.2}{37.5}=195.9\ (\text{cm}^3/\text{mol})$$

10.1.8 沸点

正常沸点 T_b（即在一个大气压下的沸点，K）一般都可以查到。如缺乏数据，可按下列经验式求取。

Burnop 法：

$$\lg T_b=\frac{W-8.0\sqrt{M}}{M} \qquad (13\text{-}26)$$

式中 M ——相对分子量；

W ——用原子和结构特性值加和计算的参数（表 13-82）。

本法可供计算药物、生物化学制品以及金属有机化合物等在大气压下的沸点。

表 13-82 原子及分子结构基团的特性值 W

原子及分子结构	W	原子及分子结构	W
C	23.2	Hg	606.0
H	10.9	Pb	599.0
O	51.0	Te	391.3
F	68.0	双键	16.1
Cl	121.0	叁键	33.0
Br	255.0	3 元环	19.2
I	398.0	4 元环	16.0
N	39.7	5 元环	17.0
S	106.0	6 元环	17.6
Zn	206.0	7 元环	19.1
As	224.0	8 元环	20.7
Sn	342.0	萘环	35.9
Sb	394.0	C═O(酮、醛)	94.6
Ga	207.0	—COOH(酸)	160.0
Ti	610.0	—COO—(酯酐)	143.5
Si	67.0		

例 6 求二烯丙基胺的正常沸点。

解 查表 13-82 得

$$W=2(=)+6C+11H+1N=2(16.1)+6(23.2)+11(10.9)+1(39.7)=331.0$$

$$M=97.16$$

$$\lg T_b=\frac{331.0-8.0\sqrt{97.16}}{97.16}=2.595$$

$$T_b=393.7\ \text{K}$$

试验值为 384.2K。

10.2 蒸气压

10.2.1 纯液体的蒸气压

(1) 安东尼（Antoine）方程

$$\ln p_{vpr}=A-\frac{B}{T+C} \qquad (13\text{-}27)$$

式中 p_{vpr} ——在 T 温度下的蒸气压，mmHg

（1mmHg=133.32Pa）。

常数 A、B、C 可由《化学工程手册》（化学工程手册编委会编，化学工业出版社，1996）第 2 篇相关内容查得。它应用于 10～1500mmHg（1mmHg=101325Pa）的范围内。若没有这些常数的数据，常数 C 可按下列情况确定。

对于单原子气体及所有正常沸点（T_b）<125K 的物质

$$\left.\begin{array}{ll} C=-0.3+0.034T_b & \text{K} \\ \text{对于其他物质}\quad C=-18+0.19T_b & \text{K} \end{array}\right\} \tag{13-28}$$

再已知两点蒸气压数据即可定出 A、B 两常数。本式应用于 10～1500mmHg（1mmHg=101325Pa）范围内是良好的。

(2) Thek-Stiel 法

$$\ln p_{\text{vpr}}=A\left(1.14893-\frac{1}{T_r}-0.11719T_r-0.03174T_r^2-0.375\ln T_r\right)+(1.042\alpha_c-0.46284A)\times\left[\frac{T_r^{5.2691+2.0753A-3.1738h}-1}{5.2691+2.0753A-3.1738h}+0.040\times\left(\frac{1}{T_r}-1\right)\right] \tag{13-29}$$

$$h=T_{\text{br}}\frac{\ln p_c}{1-T_{\text{br}}} \tag{13-30}$$

$$A=\frac{\Delta H_{\text{vb}}}{RT_c(1-T_{\text{br}})^{0.375}}$$

$$T_{\text{br}}=\frac{T_b}{T_c}$$

式中　ΔH_{vb}——正常沸点下的蒸发潜热，cal/mol（1cal=4.18J，下同）；

R——气体常数，R = 1.987cal/(mol·K)；

α_c——Riedel 常数，可根据正常沸点数据由式（13-13）算出。

本式的优点在于提高计算极性和氢键物质的精确度。

例 7　计算甲苯在 74℃及 185℃时的蒸气压，其实验值分别为 237.87mmHg 与 4395.35mmHg（1mmHg=133.32Pa）。

解　已知甲苯 T_b = 383.8K，T_c = 591.7K，p_c=40.6atm（1atm=101325Pa）。

ΔH_{vb}=7930cal/mol，则 T_{br}=383.8/591.7=0.6486。

Thek-Stiel 法

$$h=T_{\text{br}}\frac{\ln p_c}{1-T_{\text{br}}}=6.836$$

$$A=\frac{7930}{1.987\times591.7\times(1-0.6486)^{0.375}}$$

由 $p_{\text{vpr}}=1/p_c$，$T_r=T_{\text{br}}$，从式（13-13）得 α_c=7.216，再把上述数值代入式（13-29）得

$$\ln p_{\text{vpr}}=9.984\left(1.14893-\frac{1}{T_r}-0.11719T_r-0.03174T_r^2-0.375\ln T_r\right)+2.898\left[\frac{T_r^{4.293}-1}{4.293}+0.040\left(\frac{1}{T_r}-1\right)\right]$$

以 T_r=0.587 及 0.774 代入，其计算结果如下。

t/℃	T_r	p_{vpr}/mmHg	误差
74	0.587	238.5	0.3%
185	0.774	4264.16	3.0%

10.2.2　与不凝性气体共存时的蒸气压

高压下与不凝性气体共存时的液体蒸气压，一般较同温度下液体的纯蒸气压高，可用 Poynting 方程求取。

$$\lg\frac{p'_{\text{vp}}}{p_{\text{vp}}}=\frac{V_l(p-p_{\text{vp}})}{189T} \tag{13-31}$$

式中　p'_{vp}——温度 T、总压 p 下液体蒸气压，atm（1atm=101325Pa，下同）；

p_{vp}——温度 T 时该液体的单纯饱和蒸气压，atm；

V_l——温度 T 时该液体的摩尔比容，cm³/mol。

10.3　气体和液体的 p-V-T 关系

表示 p-V-T 关系的方法很多，其中通用的状态方程较为精确，且也应用于计算其他热力学函数。

10.3.1　Pitzer-Curl 法

$$Z=Z^{(0)}(T_r,p_r)+\omega Z^{(1)}(T_r,p_r) \tag{13-32}$$

式中　ω——偏心因子（见 10.1.5）；

$Z^{(0)}(T_r,p_r)$——简单球形分子（即 $\omega\approx0$）的压缩系数，见表 13-83；

$Z^{(1)}(T_r,p_r)$——用以校正与简单球形分子压缩系数之差的校正因数，见表 13-84（实线以上为液体的数据）。

本法在对应状态方法中被认为是最好的方法。

例 8　计算乙醇蒸气在 6.8atm、427.2K 时的摩尔体积。其实验值为 4780cm³/mol。

解　已知 T_c=516.4K，p_c=63atm，ω=0.635，T_r=427.2/516.4=0.827，p_r=6.8/63=0.108。

由表 13-83 及表 13-84 查得 $Z^{(0)}$ = 0.9377，$Z^{(1)}$=−0.0403。

$$Z=0.9377+0.635(-0.0403)=0.912$$

$$V=\frac{ZRT}{p}=\frac{0.912\times82.06\times427}{6.8}=4698.8\ (\text{cm}^3/\text{mol})$$

10.3.2　液体密度

(1) 正常沸点下的液体摩尔体积

① Schroeder 法　将表 13-85 中所列的原子或结构的数据加和求得 V_b，此法简单，精确度很高，一般误差为 2%，对高缔合液体误差为 3%～4%。

② Le Bas 法　计算方法同上，其分子结构常数见表 13-85，平均误差为 4%，但应用范围比 Schroeder 法广，对大多数化合物误差彼此相近。

③ Tyn-Calus 法

$$V_b=0.285V_c^{1.016} \tag{13-33}$$

表 13-83 $Z^{(0)}$ 值

T_r	p_r														
	0.010	0.050	0.100	0.000	0.400	0.600	0.800	1.000	1.200	1.500	2.000	3.000	5.000	7.000	10.000
0.30	0.0029	0.0145	0.0290	0.0579	0.1158	0.1737	0.2315	0.2892	0.3470	0.4335	0.5775	0.8648	1.4366	2.0048	2.8507
0.35	0.0026	0.0130	0.0261	0.0522	0.1043	0.1564	0.2084	0.2604	0.3123	0.3901	0.5195	0.7775	1.2902	1.7987	2.5539
0.40	0.0024	0.0119	0.0239	0.0477	0.0953	0.1429	0.1904	0.2379	0.2853	0.3563	0.4744	0.7095	1.1758	1.6373	2.3211
0.45	0.0022	0.0110	0.0221	0.0442	0.0882	0.1322	0.1762	0.2200	0.2638	0.3294	0.4384	0.6551	1.0841	1.5077	2.1338
0.50	0.0021	0.0103	0.0207	0.0413	0.0825	0.1236	0.1647	0.2056	0.2465	0.3077	0.4092	0.6110	1.0094	1.4017	1.9801
0.55	0.9804	0.0098	0.0195	0.0390	0.0778	0.1166	0.1553	0.1939	0.2323	0.2899	0.3853	0.5747	0.9475	1.3137	1.8520
0.60	0.9849	0.0093	0.0186	0.0371	0.0741	0.1109	0.1476	0.1842	0.2207	0.2753	0.3657	0.5446	0.8959	1.2398	1.7440
0.65	0.9881	0.9377	0.0178	0.0356	0.0710	0.1063	0.1415	0.1765	0.2113	0.2634	0.3495	0.5197	0.8526	1.1773	1.6519
0.70	0.9904	0.9504	0.8958	0.0344	0.0687	0.1027	0.1366	0.1703	0.2038	0.2538	0.3364	0.4991	0.8161	1.1241	1.5729
0.75	0.9922	0.9598	0.9165	0.0336	0.0670	0.1001	0.1330	0.1656	0.1981	0.2464	0.3260	0.4823	0.7854	1.0787	1.5047
0.80	0.9935	0.9669	0.9319	0.8539	0.0661	0.0985	0.1307	0.1626	0.1942	0.2411	0.3182	0.4690	0.7598	1.0400	1.4456
0.85	0.9946	0.9725	0.9436	0.8810	0.0661	0.0983	0.1301	0.1614	0.1924	0.2382	0.3132	0.4591	0.7388	1.0071	1.3943
0.90	0.9954	0.9768	0.9528	0.9015	0.7800	0.1006	0.1321	0.1630	0.1935	0.2383	0.3114	0.4527	0.7220	0.9793	1.3496
0.93	0.9959	0.9790	0.9573	0.9115	0.8059	0.6635	0.1359	0.1664	0.1963	0.2405	0.3122	0.4507	0.7138	0.9648	1.3257
0.95	0.9961	0.9803	0.9600	0.9174	0.8206	0.6967	0.1410	0.1705	0.1998	0.2432	0.3138	0.4501	0.7092	0.9561	1.3108
0.97	0.9963	0.9815	0.9625	0.9227	0.8338	0.7240	0.5580	0.1779	0.2055	0.2474	0.3164	0.4504	0.7052	0.9480	1.2968
0.98	0.9965	0.9821	0.9637	0.9253	0.8398	0.7360	0.5887	0.1844	0.2097	0.2503	0.3182	0.4508	0.7035	0.9442	1.2901
0.99	0.9966	0.9826	0.9648	0.9277	0.8455	0.7471	0.6138	0.1959	0.2154	0.2538	0.3204	0.4514	0.7018	0.9406	1.2835
1.00	0.9967	0.9832	0.9659	0.9300	0.8509	0.7574	0.6353	0.2901	0.2237	0.2583	0.3229	0.4522	0.7004	0.9372	1.2772
1.01	0.9968	0.9837	0.9669	0.9322	0.8561	0.7671	0.6542	0.4648	0.2370	0.2640	0.3260	0.4533	0.6991	0.9339	1.2710

续表

T_r	p_r														
	0.010	0.050	0.100	0.200	0.400	0.600	0.800	1.000	1.200	1.500	2.000	3.000	5.000	7.000	10.000
1.02	0.9969	0.9842	0.9679	0.9343	0.8610	0.7761	0.6710	0.5146	0.2629	0.2715	0.3297	0.4547	0.6980	0.9307	1.2650
1.05	0.9971	0.9855	0.9707	0.9401	0.8743	0.8002	0.7130	0.6026	0.4437	0.3131	0.3452	0.4604	0.6956	0.9222	1.2481
1.10	0.9975	0.9874	0.9747	0.9485	0.8930	0.8323	0.7649	0.6880	0.5984	0.4580	0.3953	0.4770	0.6950	0.9110	1.2232
1.15	0.9978	0.9891	0.9780	0.9554	0.9081	0.8576	0.8032	0.7443	0.6803	0.5798	0.4760	0.5042	0.6987	0.9033	1.2021
1.20	0.9981	0.9904	0.9808	0.9611	0.9205	0.8779	0.8330	0.7858	0.7363	0.6605	0.5605	0.5425	0.7069	0.8990	1.1844
1.30	0.9985	0.9926	0.9852	0.9702	0.9396	0.9083	0.8764	0.8438	0.8111	0.7624	0.6908	0.6344	0.7358	0.8998	1.1580
1.40	0.9988	0.9942	0.9884	0.9768	0.9534	0.9298	0.9062	0.8827	0.8595	0.8256	0.7753	0.7202	0.7761	0.9112	1.1419
1.50	0.9991	0.9954	0.9909	0.9818	0.9636	0.9456	0.9278	0.9103	0.8933	0.8689	0.8328	0.7887	0.8200	0.9297	1.1339
1.60	0.9993	0.9964	0.9928	0.9856	0.9714	0.9575	0.9439	0.9308	0.9180	0.9000	0.8738	0.8410	0.8617	0.9518	1.1320
1.70	0.9994	0.9971	0.9943	0.9886	0.9775	0.9667	0.9563	0.9463	0.9367	0.9234	0.9043	0.8809	0.8984	0.9745	1.1343
1.80	0.9995	0.9977	0.9955	0.9910	0.9823	0.9739	0.9659	0.9583	0.9511	0.9413	0.9275	0.9118	0.9297	0.9961	1.1391
1.90	0.9996	0.9982	0.9964	0.9929	0.9861	0.9796	0.9735	0.9678	0.9624	0.9552	0.9456	0.9359	0.9557	1.0157	1.1452
2.00	0.9997	0.9986	0.9972	0.9944	0.9892	0.9842	0.9796	0.9754	0.9715	0.9664	0.9599	0.9550	0.9772	1.0328	1.1516
2.20	0.9998	0.9992	0.9983	0.9967	0.9937	0.9910	0.9886	0.9865	0.9847	0.9826	0.9806	0.9827	1.0094	1.0600	1.1635
2.40	0.9999	0.9996	0.9991	0.9983	0.9969	0.9957	0.9948	0.9941	0.9936	0.9935	0.9945	1.0011	1.0313	1.0793	1.1728
2.60	1.0000	0.9998	0.9997	0.9994	0.9991	0.9990	0.9990	0.9993	0.9998	1.0010	1.0040	1.0137	1.0463	1.0926	1.1792
2.80	1.0000	1.0000	1.0001	1.0002	1.0007	1.0013	1.0021	1.0031	1.0042	1.0063	1.0106	1.0223	1.0565	1.1016	1.1830
3.00	1.0009	1.0002	1.0004	1.0008	1.0018	1.0030	1.0043	1.0057	1.0074	1.0101	1.0153	1.0284	1.0635	1.1075	1.1848
3.50	1.0001	1.0004	1.0008	1.0017	1.0035	1.0055	1.0075	1.0097	1.0120	1.0156	1.0221	1.0368	1.0723	1.1138	1.1834
4.00	1.0001	1.0005	1.0010	1.0021	1.0043	1.0066	1.0090	1.0115	1.0140	1.0179	1.0249	1.0401	1.0747	1.1136	1.1773

表 13-84 $Z^{(1)}$ 值

T_r	p_r														
	0.010	0.050	0.100	0.200	0.400	0.600	0.800	1.000	1.200	1.500	2.000	3.000	5.000	7.000	10.000
0.30	−0.0008	−0.0040	−0.0081	−0.0161	−0.0323	−0.0484	−0.0645	−0.0806	−0.0966	−0.1207	−0.1608	−0.2407	−0.3996	−0.5572	−0.7915
0.35	−0.0009	−0.0046	−0.0093	−0.0185	−0.0370	−0.0554	−0.0738	−0.0921	−0.1105	−0.1379	−0.1834	−0.2738	−0.4523	−0.6279	−0.8863
0.40	−0.0010	−0.0048	−0.0095	−0.0190	−0.0380	−0.0570	−0.0758	−0.0946	−0.1134	−0.1414	−0.1879	−0.2799	−0.4603	−0.6365	−0.8936
0.45	−0.0009	−0.0047	−0.0094	−0.0187	−0.0374	−0.0560	−0.0745	−0.0929	−0.1113	−0.1387	−0.1840	−0.2734	−0.4475	−0.6162	−0.8606
0.50	−0.0009	−0.0045	−0.0090	−0.0181	−0.0360	−0.0539	−0.0716	−0.0893	−0.1069	−0.1330	−0.1762	−0.2611	−0.4253	−0.5831	−0.8099
0.55	−0.0314	−0.0043	−0.0086	−0.0172	−0.0343	−0.0513	−0.0682	−0.0849	−0.1015	−0.1263	−0.1669	−0.2465	−0.3991	−0.5446	−0.7521
0.60	−0.0205	−0.0041	−0.0082	−0.0164	−0.0326	−0.0487	−0.0646	−0.0803	−0.0960	−0.1192	−0.1572	−0.2312	−0.3718	−0.5047	−0.6928
0.65	−0.0137	−0.0772	−0.0078	−0.0156	−0.0309	−0.0461	−0.0611	−0.0759	−0.0906	−0.1122	−0.1476	−0.2160	−0.3447	−0.4653	−0.6346
0.70	−0.0093	−0.0507	−0.1161	−0.0148	−0.0294	−0.0438	−0.0579	−0.0718	−0.0855	−0.1057	−0.1385	−0.2013	−0.3184	−0.4270	−0.5785
0.75	−0.0064	−0.0339	−0.0744	−0.0143	−0.0282	−0.0417	−0.0550	−0.0681	−0.0808	−0.0996	−0.1298	−0.1872	−0.2929	−0.3901	−0.5250
0.80	−0.0044	−0.0228	−0.0487	−0.1160	−0.0272	−0.0401	−0.0526	−0.0648	−0.0767	−0.0940	−0.1217	−0.1736	−0.2682	−0.3545	−0.4740
0.85	−0.0029	−0.0152	−0.0319	−0.0715	−0.0268	−0.0391	−0.0509	−0.0622	−0.0731	−0.0888	−0.1138	−0.1602	−0.2439	−0.3201	−0.4254
0.90	−0.0019	−0.0099	−0.0205	−0.0442	−0.1118	−0.0396	−0.0503	−0.0604	−0.0701	−0.0840	−0.1059	−0.1463	−0.2195	−0.2862	−0.3788
0.93	−0.0015	−0.0075	−0.0154	−0.0326	−0.0763	−0.1662	−0.0514	−0.0602	−0.0687	−0.0810	−0.1007	−0.1374	−0.2045	−0.2661	−0.3516
0.95	−0.0012	−0.0062	−0.0126	−0.0262	−0.0589	−0.1110	−0.0540	−0.0607	−0.0678	−0.0788	−0.0967	−0.1310	−0.1943	−0.2526	−0.3339
0.97	−0.0010	−0.0050	−0.0101	−0.0208	−0.0450	−0.0770	−0.1647	−0.0623	−0.0669	−0.0759	−0.0921	−0.1240	−0.1837	−0.2391	−0.3163
0.98	−0.0009	−0.0044	−0.0090	−0.0184	−0.0390	−0.0641	−0.1100	−0.0641	−0.0661	−0.0740	−0.0893	−0.1202	−0.1783	−0.2322	−0.3075
0.99	−0.0008	−0.0039	−0.0079	−0.0161	−0.0335	−0.0531	−0.0796	−0.0680	−0.0646	−0.0715	−0.0861	−0.1162	−0.1728	−0.2254	−0.2989
1.00	−0.0007	−0.0034	−0.0069	−0.0140	−0.0285	−0.0435	−0.0588	−0.0879	−0.0609	−0.0678	−0.0824	−0.1118	−0.1672	−0.2185	−0.2902
1.01	−0.0006	−0.0030	−0.0060	−0.0120	−0.0240	−0.0351	−0.0429	−0.0233	−0.0473	−0.0621	−0.0778	−0.1072	−0.1615	−0.2116	−0.2816

续表

T_r	p_r														
	0.010	0.050	0.100	0.200	0.400	0.600	0.800	1.000	1.200	1.500	2.000	3.000	5.000	7.000	10.000
1.02	−0.0005	−0.0026	−0.0051	−0.0102	−0.0198	−0.0277	−0.0303	−0.0062	0.0227	−0.0524	−0.0722	−0.1021	−0.1556	−0.2047	−0.2713
1.05	−0.0003	−0.0015	−0.0029	−0.0054	−0.0092	−0.0097	−0.0032	0.0220	0.1059	0.0451	−0.0432	−0.0838	−0.1370	−0.1835	−0.2476
1.10	0.0000	0.0000	0.0001	0.0007	0.0038	0.0106	0.0236	0.0476	0.0897	0.1630	0.0698	−0.0373	−0.1021	−0.1469	−0.2056
1.15	0.0002	0.0011	0.0023	0.0052	0.0127	0.0237	0.0396	0.0625	0.0943	0.1548	0.1667	0.0332	−0.0611	−0.1084	−0.1642
1.20	0.0004	0.0019	0.0039	0.0004	0.0190	0.0326	0.0499	0.0719	0.0991	0.1477	0.1990	0.1095	−0.0141	−0.0678	−0.1231
1.30	0.0006	0.0030	0.0061	0.0125	0.0267	0.0429	0.0612	0.0819	0.1048	0.1420	0.1991	0.2079	0.0875	0.0176	−0.0423
1.40	0.0007	0.0036	0.0072	0.0147	0.0306	0.0477	0.0661	0.0857	0.1063	0.1388	0.1894	0.2397	0.1737	0.1008	0.0350
1.50	0.0008	0.0039	0.0078	0.0158	0.0323	0.0497	0.0677	0.0864	0.1055	0.1345	0.1806	0.2433	0.2309	0.1717	0.1058
1.60	0.0008	0.0040	0.0080	0.0162	0.0330	0.0501	0.0677	0.0855	0.1035	0.1303	0.1729	0.2381	0.2631	0.2255	0.1673
1.70	0.0008	0.0040	0.0081	0.0163	0.0329	0.0497	0.0667	0.0838	0.1008	0.1259	0.1658	0.2305	0.2788	0.2628	0.2179
1.80	0.0008	0.0040	0.0081	0.0162	0.0325	0.0488	0.0652	0.0816	0.0976	0.1216	0.1593	0.2224	0.2846	0.2871	0.2576
1.90	0.0008	0.0040	0.0079	0.0159	0.0318	0.0477	0.0635	0.0792	0.0947	0.1173	0.1532	0.2144	0.2848	0.3017	0.2876
2.00	0.0008	0.0039	0.0078	0.0155	0.0310	0.0464	0.0617	0.0767	0.0916	0.1133	0.1476	0.2069	0.2819	0.3091	0.3096
2.20	0.0007	0.0037	0.0074	0.0147	0.0293	0.0437	0.0579	0.0719	0.0857	0.1057	0.1374	0.1932	0.2720	0.3135	0.3355
2.40	0.0007	0.0035	0.0070	0.0139	0.0276	0.0411	0.0544	0.0675	0.0803	0.0989	0.1285	0.1812	0.2602	0.3089	0.3459
2.60	0.0007	0.0033	0.0066	0.0131	0.0260	0.0387	0.0512	0.0634	0.0756	0.0929	0.1207	0.1706	0.2484	0.3009	0.3475
2.80	0.0006	0.0031	0.0062	0.0124	0.0245	0.0365	0.0483	0.0598	0.0711	0.0878	0.1138	0.1613	0.2372	0.2915	0.3443
3.00	0.0006	0.0029	0.0059	0.0117	0.0232	0.0345	0.0456	0.0565	0.0672	0.0828	0.1076	0.1529	0.2268	0.2817	0.3385
3.50	0.0005	0.0026	0.0052	0.0103	0.0204	0.0303	0.0401	0.0497	0.0591	0.0728	0.0949	0.1356	0.2042	0.2584	0.3194
4.00	0.0005	0.0023	0.0046	0.0091	0.0182	0.0270	0.0357	0.0443	0.0527	0.0651	0.0849	0.1219	0.1857	0.2378	0.2994

注：粗实线以上为液体的数据。

表 13-85 计算正常沸点的分子结构常数

名称	增量/(cm^3/mol)	
	Schroeder	Le Bas
碳	7	14.8
氢	7	3.7
氧(除下列情况以外)	7	7.4
在甲基酯及醚内	—	9.1
在乙基酯及醚内	—	9.9
在更高的酯及醚内	—	11.0
在酸中	—	12.0
与S、P、N相连	—	8.3
氮	7	
双键	—	15.6
在伯胺中	—	10.5
在仲胺中	—	12.0
溴	31.5	27
氯	24.5	24.6
氟	10.5	8.7
碘	38.5	37
硫	21	25.6
环		
三元环	−7	−6.0
四元环	−7	−8.5
五元环	−7	−11.5
六元环	−7	−15.0
萘	−7	−30.0
蒽	−7	−47.5
碳原子间双键	7	
碳原子间三键	14	

正常沸点下的体积 V_b 与临界体积 V_c 的单位均为 cm^3/mol。除低沸点气体（He、H_2、Ne、Ar、Kr）与某些含氮、磷的极性化合物（HCN、PH_3）外，此法的一般误差在3%以内。

例9 计算氯苯在正常沸点下的液体摩尔体积。其实验值为 $115cm^3/mol$。$V_c=308cm^3/mol$。

解 利用Schroeder法，由表13-85得

$C_6H_5Cl=6(C)+5(H)+Cl+(环)+3(双键)$

$V_b=6\times7+5\times7+24.5-7+3\times7=115$ (cm^3/mol)

利用Le Bas法，由表13-82得

$C_6H_5Cl=6(C)+5(H)+Cl+(六元环)$

$V_b=6\times14.8+5\times3.7+24.6-15=117$ (cm^3/mol)

利用Tyn-Calus法，由式（13-33）得

$V_b=0.285(308)^{1.048}=115$ (cm^3/mol)

(2) 液体密度（Yen-Woods法）

对于饱和液体

$$\frac{\rho_s}{\rho_c}=1+\sum_{j=1}^{4}K_j(1-T_r)^{\frac{1}{3}} \tag{13-34}$$

式中 ρ_s——饱和液体密度，mol/cm^3；

ρ_c——临界密度，mol/cm^3。

$K_1=17.4425-214.578Z_c+989.625Z_c^2-1522.06Z_c^3$

$K_2=-3.28257+13.6377Z_c+107.4844Z_c^2-384.211Z_c^3(Z_c\leqslant0.26)$

$K_2=60.2091-402.063Z_c+501Z_c^2+641Z_c^3$ $(Z_c>0.26)$

式中 Z_c——临界压缩系数。

$K_3=0$

$K_4=0.93-K_2$

对于过冷液体，压力 p 大于饱和蒸气压 p_{vp}。

$$\frac{\rho-\rho_s}{\rho_c}=\Delta\rho_r+\delta_{Zc} \tag{13-35}$$

$$\Delta\rho_r=E+F\ln\Delta p_r+G\exp(H\Delta p_r) \tag{13-36}$$

若 $p/p_c<0.2$ 时，先用上式求出 $p/p_c=0.2$ 时的 $\Delta\rho_r$，然后再用下式计算。

$$\Delta\rho_r=\Delta\rho_{r(p_r=0.2)}\frac{\Delta p_r}{0.2} \tag{13-37}$$

$$\Delta p_r\equiv\frac{p-p_{vp}}{p_c} \tag{13-38}$$

式中，E、F、G、H 为 T_r 的函数，见表13-86。

当 $Z_c=0.27$ 时，$\delta_{Zc}=0$，其他情况下：

$$\delta_{Zc}=I+J\ln\Delta p_r+K\exp(L\Delta p_r) \tag{13-39}$$

I、J、K、L 也为 T_r 的函数，见表13-86；这些方程式中的系数见表13-87。

表 13-86 式(13-36)、式(13-39)中的常数值

$E=0.714-1.626(1-T_r)^{1/3}-0.646(1-T_r)^{2/3}+3.699\times(1-T_r)-2.198(1-T_r)^{4/3}$

$F=0.268T_r^{2.0967}/[1.0+0.8(-\ln T_r)^{0.441}]$

$G=0.05+4.221(1.01-T_r)^{0.75}\exp[-7.848(1.01-T_r)]$

$H=-10.6+45.22(1-T_r)^{1/3}-103.79(1-T_r)^{2/3}+114.44(1-T_r)-47.38(1-T_r)^{4/3}$

$I=a_1+a_2(1-T_r)^{1/3}+a_3(1-T_r)^{2/3}+a_4(1-T_r)+a_5\times(1-T_r)^{4/3}$

$J=b_1+b_2(1-T_r)^{1/3}+b_3(1-T_r)^{2/3}+b_4(1-T_r)+b_5\times(1-T_r)^{4/3}$

$K=c_1+c_2T_r+c_3T_r^2+c_4T_r^3$

$L=d_1+d_2(1-T_r)^{1/3}+d_3(1-T_r)^{2/3}+d_4(1-T_r)+d_5\times(1-T_r)^{4/3}$

例10 计算对二甲苯在120℃时的摩尔体积，其实验值为 $138.78cm^3/mol$。

解 已知对二甲苯 $T_c=616.2K$，$p_c=34.7atm$（1atm=101325Pa），$V_c=379cm^3/mol$，$Z_c=0.260$，$\omega=0.324$，参照点80℃的摩尔体积为 $131.89cm^3/mol$。

$$T_r=\frac{273.2+120}{616.2}=0.638$$

利用Yen-Woods法，以 $Z_c=0.260$ 代入，得

$K_1=1.799$，$K_2=0.776$，$K_3=0$，$K_4=0.154$

$$\frac{\rho_s}{\rho_c}=1+1.799\times(1-0.638)^{\frac{1}{3}}+0.776\times(1-0.638)^{\frac{2}{3}}+0.154\times(1-0.638)^{\frac{4}{3}}=2.716$$

所以

$$V=\frac{V_c}{2.716}=\frac{379}{2.716}=139.54\ (cm^3/mol)$$

表 13-87 表 13-86 中的常数值

系数	$Z_c=0.29$	$Z_c=0.25$	$Z_c=0.23$
a_1	−0.0317	0.0933	0.0890
a_2	0.3274	−0.3445	−0.4344
a_3	−0.5014	0.4042	0.7915
a_4	0.3870	−0.2083	−0.7654
a_5	−0.1342	0.05473	0.3367
b_1	−0.0230	0.0220	0.0674
b_2	−0.0124	−0.003363	−0.06109
b_3	0.1625	−0.07960	0.06201
b_4	−0.2135	0.08546	−0.2378
b_5	0.08643	−0.02170	0.1655
c_1	0.05626	0.01987	−0.01393
c_2	−0.3518	−0.03055	−0.003459
c_3	0.6194	0.06310	−0.1611
c_4	−0.3809	0	0
d_1	−21.0	−16.0	−6.550
d_2	55.174	30.699	7.8027
d_3	−33.637	19.645	15.344
d_4	−28.100	−81.305	−37.04
d_5	23.277	47.031	20.169

10.3.3 液体的体膨胀系数和压缩系数

(1) 液体的体膨胀系数

其定义为

$$\beta=\frac{1}{V}\left(\frac{\partial V}{\partial T}\right)_P$$

式中 β——体膨胀系数，K^{-1}；

V——液体比容，cm^3/mol。

如果已知 T_1 和 T_2 时的密度 ρ_1 和 ρ_2（g/cm^3），则此范围内的平均体膨胀系数为

$$\bar{\beta}=\frac{\rho_1^2-\rho_2^2}{2(T_2-T_1)\rho_1\rho_2} \qquad (13\text{-}40)$$

也可用式（13-41）预计 T 时的体膨胀系数。

$$\beta=\frac{0.04314}{(T_c-T)^{0.641}} \qquad (13\text{-}41)$$

式中 T_c——临界温度，K。

此式对有机液体误差约为5%，而对极性液体的误差较大，对水尤不适用。

例 11 计算苯的20℃时的体膨胀系数。

解 已知苯的 $T_c=562.1K$，按式（13-41）得

$$\beta=\frac{0.04314}{(562.1-293.2)^{0.641}}=1.1954\times10^{-3}(℃^{-1})$$

实验值为 $1.20\times10^{-3}℃^{-1}$

(2) 液体的压缩系数

利用钱学森方程得

$$a=\frac{V_l}{RT_b\left(101.6-\dfrac{82.4T}{T_b}\right)} \qquad (13\text{-}42)$$

式中 V_l——液体的摩尔比容，$m^3/(kmol)$；

R——气体常数，$R=0.082atm\cdot m^3/(kmol\cdot K)$，1atm=101325Pa。

例 12 计算苯在18℃时的压缩系数。

解 已知苯的 $T_b=383.3K$，$M=78.11$，$V_l=0.0885m^3/kmol$。

$$a=\frac{0.0885}{0.082\times353.3\times\left(101.6-82.4\times\dfrac{291.2}{353.3}\right)}$$

$$=9.056\times10^{-5}\ (atm^{-1})$$

实验值为 $9.54\times10^{-5}\ (atm^{-1})$

10.4 流体相平衡

10.4.1 气液平衡系统

基本式

$$f_i^L=f_i^V \qquad (13\text{-}43)$$

$$f_i^L=x_i\gamma_i\phi_i^s p_{vpi}\exp\int_{p_{vpi}}^{p}\frac{V_i^L dp}{RT}\approx x_i\gamma_i\phi_i^s p_{vpi}\times \exp\frac{V_i^L(p-p_i^s)}{RT} \qquad (13\text{-}44)$$

$$f_i^V=y_i\phi_i p \qquad (13\text{-}45)$$

式中 f_i^V，f_i^L——i 组分气、液相逸度，atm（1atm=101325Pa，下同）；

γ_i——i 组分液相活度系数，可由各种活度系数方程计算；

ϕ_i^s——i 组分饱和蒸气压下气相逸度系数；

p_{vpi}——i 组分饱和蒸气压，atm；

V_i^L——纯 i 组分液相摩尔体积，$kmol/m^3$；

ϕ_i——i 组分气相逸度系数，可由状态方程计算；

R——气体常数，$R=0.08206atm\cdot m^3/(kmol\cdot K)$。

气液平衡计算应按理想溶液、非理想溶液和极性溶液体系的不同计算方法进行。

(1) 理想溶液系统

① 低压系统（小于10atm）

$$K_i=\frac{y_i}{x_i}=\frac{p_{vpi}}{p} \qquad (13\text{-}46)$$

式中 K_i——汽液平衡常数；

p_{vpi}——纯 i 组分在系统温度下的饱和蒸气压，atm。

② 中压系统（10～30atm）

$$K_i=\frac{y_i}{x_i}=\frac{f_{i\circ(p_{vpi})}^V}{f_{i\circ}^V} \qquad (13\text{-}47)$$

式中 $f_{i\circ(p_{vpi})}^V$——气态纯 i 组分在系统温度及饱和蒸气压下的逸度，atm；

$f_{i\circ}^V$——纯 i 组分在系统温度及系统压力下的气相逸度，atm；

③ 高压系统（>30atm）

$$K_i=\frac{y_i}{x_i}=\frac{f_{i\circ}^L}{f_{i\circ}^V} \quad (13\text{-}48)$$

式中 $f_{i\circ}^L$——纯 i 组分在系统温度及系统压力下的液相逸度，atm；

$$f_{i\circ}^L=f_{i\circ(p_{vpi})}^V\exp\frac{V_i^L(p-p_{vpi})}{RT} \quad (13\text{-}49)$$

例 13 分别求丁二烯在20℃及5atm、15atm、35atm下的汽液平衡常数，20℃时的液体密度为620kg/m³。

解 ① 丁二烯在20℃及5atm下的平衡常数

由图13-89查得丁二烯在20℃时的饱和蒸气压 p_{vpi} 为2.44atm，代入式(13-46)。

$$K_i=\frac{p_{vpi}}{p}=\frac{2.44}{5}=0.49$$

② 丁二烯在20℃及15atm下的平衡常数

丁二烯临界温度、临界压力分别为152℃及42.7atm，则其对比温度为

$$T_r=\frac{20+273}{152+273}=0.69$$

对比压力为

$$p_r=\frac{15}{42.7}=0.35$$

由图13-97得逸度系数 $f/p=0.65$，则丁二烯在此系统压力下气相逸度为

$$f_{i\circ}^V=0.65\times15=9.8$$

用同样方法可查得丁二烯在20℃时饱和蒸气压(2.44atm)下的逸度系数 $f/p=0.93$，则丁二烯在此时的气相逸度为

$$f_{i\circ(p_{vpi})}^V=0.93\times2.44=2.27$$

代入式(13-47)

$$K_i=\frac{f_{i\circ(p_{vpi})}^V}{f_{i\circ}^V}=\frac{2.27}{9.8}=0.23$$

③ 丁二烯在20℃及35atm下的平衡常数由图13-97查得丁二烯在此时逸度系数 $f/p=0.4$，则其气相逸度为

$$f_{i\circ}^V=0.4\times35=14$$

又

$$f_{i\circ(p_{vpi})}^L=2.27$$

代入式(13-49)

$$f_{i\circ}^L=2.27\exp\frac{54(35-2.44)}{0.082(273+20)}=2.56$$

代入式(13-48)

$$K_i=\frac{2.56}{14}=0.183$$

轻烃的相平衡常数 K 也可由Deprieter制出的诺谟(图13-98、图13-99)计算。

(2) 非理想溶液系统

由于构成溶液的各种分子结构、大小的差异，非极性溶液存在着非理想性质，并在低温和高压下表现明显。目前各种状态方程是计算这类溶液的常用方法。通过状态方程可以直接得到 $\frac{f_i^V}{y_i}$、$\frac{f_i^L}{x_i}$ 值，而平衡常数值可以从下式获得。

$$K_i=\frac{\dfrac{f_i^L}{x_i}}{\dfrac{f_i^V}{y_i}}=\frac{y_i}{x_i} \quad (13\text{-}50)$$

(3) 极性溶液系统

① 低压下

$$K_i=\gamma_i\frac{p_{vpi}}{p} \quad (13\text{-}51)$$

② 中压下

$$K_i=\frac{\gamma_i p_{vpi}}{p}\exp\frac{(V_i^L-B_i)(p-p_{vpi})}{RT} \quad (13\text{-}52)$$

或

$$K_i=\frac{\gamma_i p_{vpi}\phi_i^s}{p}\exp\frac{V_i^L(p-p_{vpi})}{RT} \quad (13\text{-}53)$$

③ 高压下

$$K_i=\frac{\gamma_i p_{vpi}}{\phi_i p}\exp\frac{V_i^L(p-p_{vpi})+B_i p_{vpi}}{RT} \quad (13\text{-}54)$$

或

$$K_i=\frac{\gamma_i p_{vpi}\phi_i^s}{p\phi_i}\exp\frac{V_i^L(p-p_{vpi})}{RT} \quad (13\text{-}55)$$

式中 B_i——纯 i 组分第二维里系数，m³/kmol。

式(13-52)、式(13-54)使用维里方程计算气相逸度系数，而式(13-53)、式(13-55)使用一般的状态方程计算。

10.4.2 液液平衡系统

对部分互溶系统的液液分层分配系数为 $K_i^L=x_{Ai}/x_{Bi}$，可按基本式[式(13-56)]计算。

$$f_{Ai}^L=f_{Bi}^L \quad (13\text{-}56)$$

$$K_i^L=\frac{x_{Ai}}{x_{Bi}}=\frac{\gamma_{Bi}}{\gamma_{Ai}} \quad (13\text{-}57)$$

式中 x_{Ai}、x_{Bi}——i 组分在A、B相中的摩尔分数；

f_{Ai}^L、f_{Bi}^L——i 组分在A、B相中的逸度；

γ_{Ai}、γ_{Bi}——i 组分在A、B相中的活度系数。

在汽液液三相平衡系统中，其分配系数 K_i^L 可按式(13-58)计算。

$$K_i^L=\frac{x_{Ai}}{x_{Bi}}=\frac{K_{Bi}}{K_{Ai}} \quad (13\text{-}58)$$

10.4.3 液相活度系统

(1) Wilson模型

$$\ln\gamma_i=1-\ln\Big(\sum_j^N x_jA_{ij}\Big)+\sum_k^N\frac{x_kA_{ki}}{\sum_j^N x_jA_{kj}} \quad (13\text{-}59)$$

$$A_{ij}=\frac{V_i^L}{V_j^L}\exp\left[-\frac{A_{ij}}{RT}\right] \quad (13\text{-}60)$$

$$A_{ij}=\lambda_{ij}-\lambda_{ii} \quad (13\text{-}61)$$

式中 $\lambda_{ij}-\lambda_{ii}$——二元交互作用能量参数，kcal/

kmol，1kcal＝4.18kJ；

A_{ij}——Wilson 参数，$A_{ii}=A_{jj}=1$，$A_{ij}\neq A_{ji}$；

V_i^L，V_j^L——纯液体 i、j 的分子体积，$m^3/kmol$。

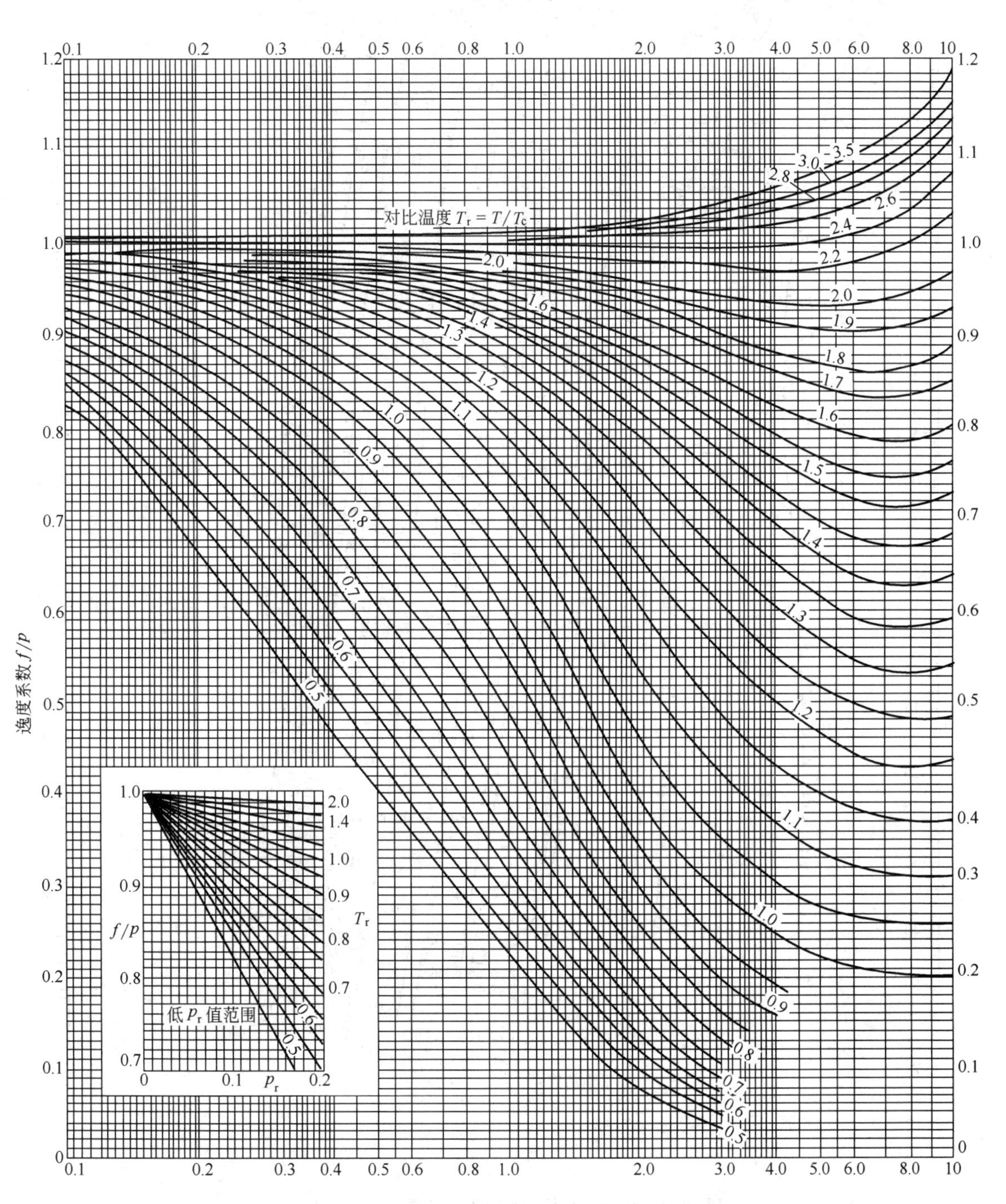

图 13-97　纯物质的逸度系数图

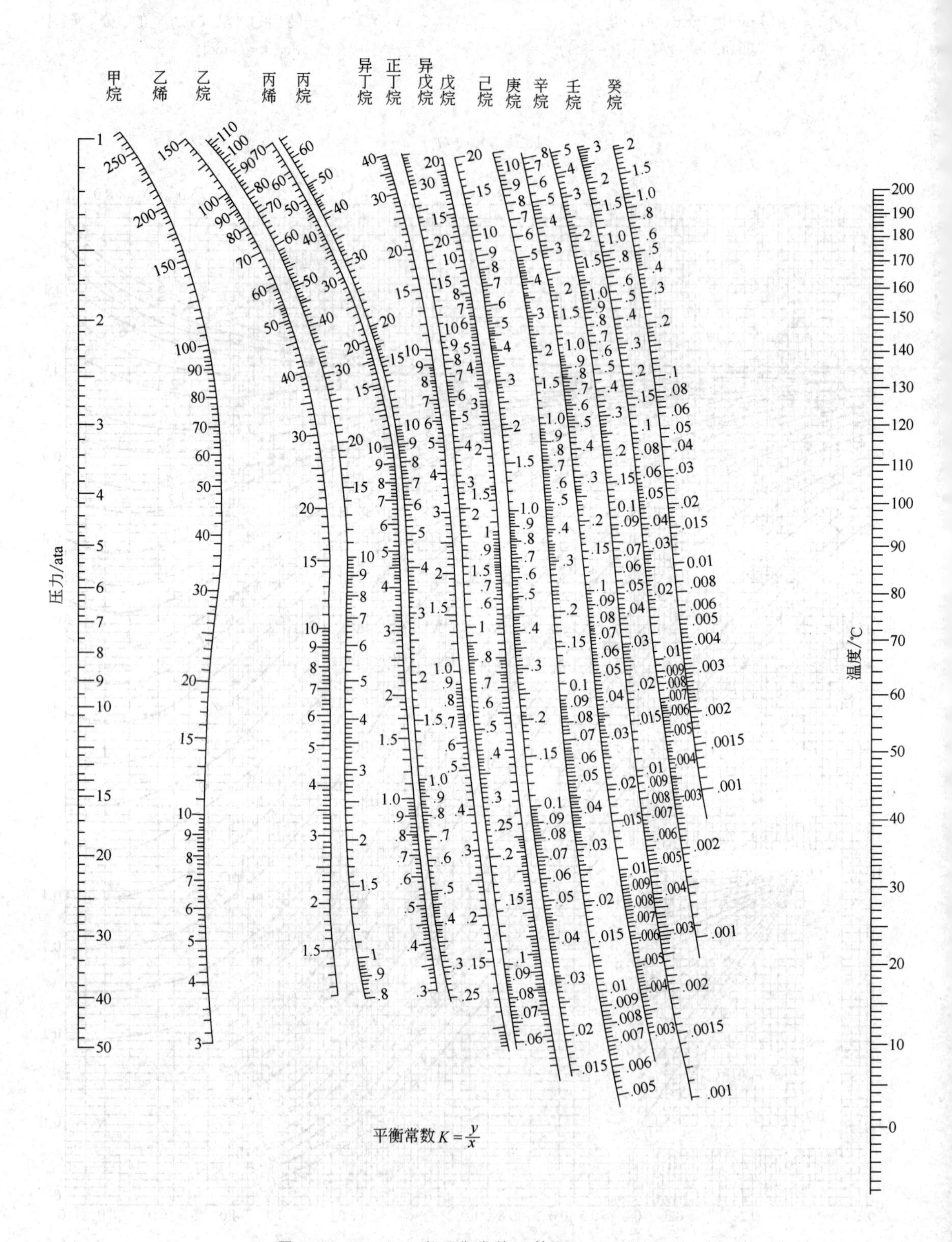

图 13-98 Deprieter 相平衡常数 K 算图（$-6\sim200$℃）

1ata=98066.5Pa

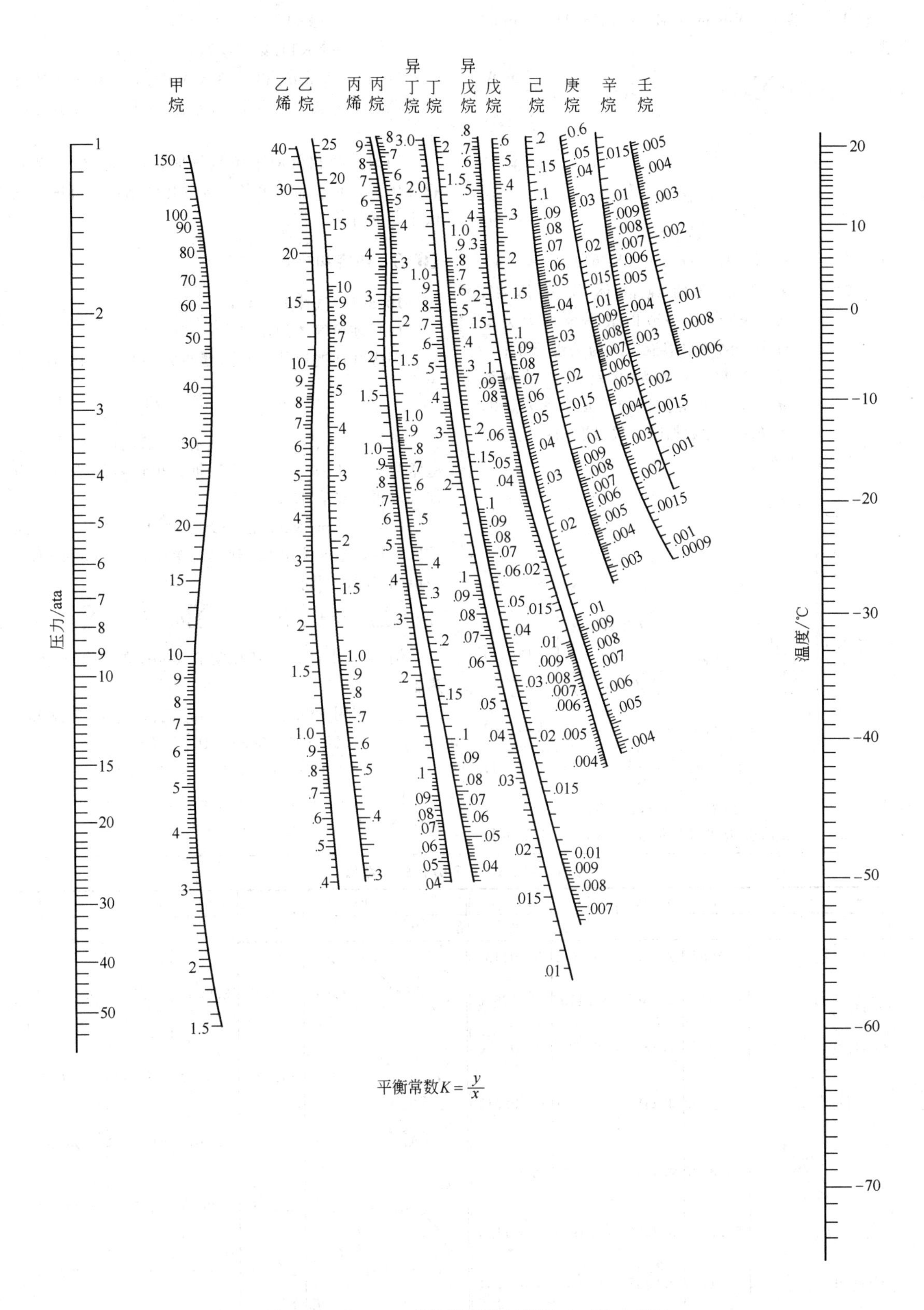

图 13-99　Deprieter 相平衡常数 K 算图（－70～20℃）

x—液相分子 i 组分；y—气相分子 i 组分。1ata＝98066.5Pa

(2) 三参数 Wilson (Mistsuyasu Hirunuma) 模型

$$\ln\gamma_i = -C_i\ln\left(\sum_j^N x_jA_{ij}\right)+\sum_j^N C_jx_j-\sum_j^N\frac{C_jx_jA_{ji}}{\sum_k^N x_kA_{jk}} \quad (13\text{-}62)$$

$$C_i=\left(\frac{V_i^L}{V_o^L}\right)^{\frac{1}{m}} \quad (13\text{-}63)$$

式中　A_{ij}——按式 (13-60)、式 (13-61) 计算；

V_o^L——关键分子的纯液体分子体积，$m^3/(kmol)$，一般以最小分子为关键分子，例如水溶液以水为关键分子；

m——经验常数，对互溶性差的二元体系 $m<3$，对互溶性好的二元体系 $m>3$，当缺乏三元数据时一般可取 $m=3$。

(3) NRTL 模型

$$\ln\gamma_i=\frac{\sum_j^N\tau_{ji}G_{ji}x_j}{\sum_j^N G_{ki}x_k}+\sum_j^N\left[\frac{x_jG_{ij}}{\sum_k^N G_{kj}x_k}\left(\tau_{ij}-\frac{\sum_i^N x_i\tau_{ij}G_{ij}}{\sum_k^N G_{kj}x_k}\right)\right] \quad (13\text{-}64)$$

$$G_{ji}=\exp(-\alpha_{ji}\tau_{ji}) \quad (13\text{-}65)$$

$$\tau_{ji}=\frac{g_{ji}-g_{ii}}{RT}=\frac{A_{ji}}{RT} \quad (13\text{-}66)$$

式中　τ_{ji}——NRTL 参数，$\tau_{ii}=\tau_{jj}=0$；

$g_{ji}-g_{ii}$——二元交互作用能量参数，kcal/kmol，1kcal=4.18kJ；

α_{ji}——NRTL 第三参数，$\alpha_{ji}=\alpha_{ji}$。

NRTL、Wilson 和三参数 Wilson 模型均能较好地预测汽液平衡，但 Wilson 模型不适用于部分互溶系统。

当缺乏两相汽液平衡数据时，UNIFAC 模型有特殊优点，它仅需知道各组分的化学结构即可进行汽液平衡的计算工作。

10.5 热容和热焓

10.5.1 气体的比热容

(1) 理想气体的比热容

理想气体的比热容与温度的关系见式 (13-67)。

$$c_p^\circ=a+bT+cT^2+dT^3 \quad (13\text{-}67)$$

系数 a、b、c、d 与物质有关，部分化合物的这些常数见表 13-88。如缺乏数据，也可根据基团结构加和求得，见表 13-89。

Rihani-Doraiswamy 法关系式如下。应用表 13-88 求取系数，温度须用 K，比热容单位为 cal/(mol·K)，1cal=4.18J，下同。

$$c_p^\circ=\sum_i n_ia_i+\sum_i n_ib_iT+\sum_i n_ic_iT^2+\sum_i n_id_iT^3$$

例 14　计算 3-甲基噻吩在 800K 的理想气体比热容。

解　利用 Rihani-Doraiswamy 法，查表 13-88 得

$c_p^\circ=0.0987+(9.3034\times10^{-2})T-(0.4851\times10^{-4})T^2+(0.006621\times10^{-6})T^3$

以 $T=800K$ 代入得 $c_p^\circ=46.87cal/(mol\cdot K)$，其实验值为 45.95cal/(mol·K)。

表 13-88　式 (13-67) 的系数值

基　团	a	$b\times10^2$	$c\times10^4$	$d\times10^6$	基　团	a	$b\times10^2$	$c\times10^4$	$d\times10^6$
脂肪烃基团									
$-CH_3$	0.6087	2.1433	-0.852	0.001135	H(C=C)H (反式)	0.9377	2.9904	-0.1749	0.003918
$-CH_2-$	0.3945	2.1363	-0.1197	0.002596	>C=CH(H)	-1.4714	3.3842	-0.2371	0.006063
$=CH_2$	0.5266	1.8357	-0.0954	0.001950	>C=C<	0.4736	3.5183	-0.3150	0.009205
>CH− (−C−H)	-3.5232	3.4158	-0.2816	0.008015	H(C=C=CH_2)	2.2400	4.2896	-0.2566	0.005908
>C<	-5.8307	4.4541	-0.4208	0.012630	>C=C=CH_2	2.6308	4.1658	-0.2845	0.007277
H(C=CH_2)	0.2773	3.4580	-0.1918	0.004130	H(C=C=C)H	-3.1249	6.6843	-0.5766	0.017430
>C=CH_2	-0.4173	3.8857	-0.2783	0.007364					
H(C=C)H (顺)	-3.1210	3.8060	-0.2359	0.005504					

续表

基　团	a	$b\times10^2$	$c\times10^4$	$d\times10^6$	基　团	a	$b\times10^2$	$c\times10^4$	$d\times10^6$
芳　烃　基　团									
 $\mathrm{HC}\genfrac{}{}{0pt}{}{\swarrow\nearrow}{\searrow}$	−1.4572	1.9147	−0.1233	0.002985	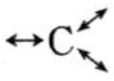 $\leftrightarrow\mathrm{C}\genfrac{}{}{0pt}{}{\swarrow\nearrow}{\searrow}$	0.1219	1.2170	−0.0855	0.001222
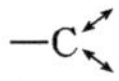 $-\mathrm{C}\genfrac{}{}{0pt}{}{\swarrow\nearrow}{\searrow}$	−1.3883	1.5159	−0.1069	0.002659					
环									
三元环	−3.5320	−0.0300	0.0747	−0.005514	戊烯	−6.8813	0.7818	−0.0345	0.000591
四元环	−8.6550	1.0780	0.0425	−0.000250	六元环				
五元环					己烷	−13.3923	2.1392	−0.0429	−0.001865
戊烷	−12.2850	1.8609	−0.1037	0.002145	己烯	−8.0238	2.2239	−0.1915	0.005473
含　氧　基　团									
—OH	6.5128	−0.1347	0.0414	−0.001623	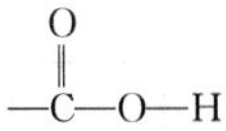 $-\mathrm{C}(=\mathrm{O})-\mathrm{O}-\mathrm{H}$	1.4055	3.4632	−0.2557	0.006886
—O—	2.8461	−0.0100	0.0454	−0.002728					
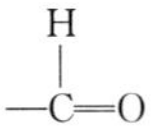 $-\mathrm{C}(\mathrm{H})=\mathrm{O}$	3.5184	0.9437	0.0614	−0.006978	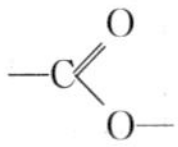 $-\mathrm{C}(=\mathrm{O})\mathrm{O}-$	2.7350	1.0751	0.0667	−0.009230
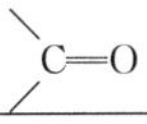 $>\mathrm{C}=\mathrm{O}$	1.0016	2.0763	−0.1636	0.004494	$\mathrm{O}\genfrac{}{}{0pt}{}{\swarrow\nearrow}{\searrow}$	−3.7344	1.3727	−0.1265	0.003789
含　氮　基　团									
$-\mathrm{C}\equiv\mathrm{N}$	4.5104	0.5461	0.0269	−0.003790	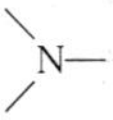 $>\mathrm{N}-$	−3.4677	2.9433	−0.2673	0.007828
$-\mathrm{N}\equiv\mathrm{C}$	5.0860	0.3492	0.0259	−0.002436					
$-\mathrm{NH_2}$	4.1783	0.7378	0.0679	−0.007310	$\mathrm{N}\genfrac{}{}{0pt}{}{\swarrow\nearrow}{\searrow}$	2.4458	0.3436	0.0171	−0.002719
 $>\mathrm{NH}$	−1.2530	2.1932	−0.1604	0.004237	$-\mathrm{NO_2}$	1.0898	2.6401	−0.1871	0.004750
含　硫　基　团									
—SH	2.5597	1.3347	−0.1189	0.003820	$\mathrm{S}\genfrac{}{}{0pt}{}{\swarrow\nearrow}{\searrow}$	4.0824	−0.0301	0.0731	−0.006081
—S—	4.2256	0.1127	−0.0026	−0.000072	$-\mathrm{SO_3H}$	6.9218	2.4735	0.1776	−0.022445
含　卤　素　基　团									
—F	1.4382	0.3452	−0.0106	−0.000034	—Br	2.7605	0.4731	−0.0455	0.001420
—Cl	3.0660	0.2122	−0.0128	0.000276	—I	3.2651	0.4901	−0.0539	0.001782

表 13-89　几种基团结构的系数值

基团结构	a	$b\times10^2$	$c\times10^4$	$d\times10^6$	基团结构	a	$b\times10^2$	$c\times10^4$	$d\times10^6$
$-\mathrm{CH_3}$	0.6087	2.1433	−0.0852	0.001135	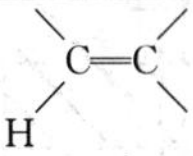 $>\mathrm{C}=\mathrm{C}<$（一端连 H）	−1.4714	3.3842	−0.2371	0.006063
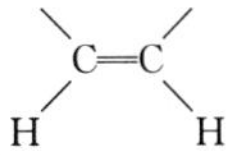 $\mathrm{HC}=\mathrm{CH}$（反）	−3.1210	3.8060	−0.2359	0.005504	$\mathrm{S}\genfrac{}{}{0pt}{}{\swarrow\nearrow}{\searrow}$	4.0824	−0.0301	0.0731	−0.06081

(2) 真实气体的比热容

真实气体的比热容（c_p）经常是求取同温度下理想气体的比热容，然后加上它们之间的差 Δc_p，即

$$c_p = c_p^{\circ} + \Delta c_p$$

Δc_p 可由经验数据绘成的图上查得，如图 13-100 所示。

10.5.2　液体的比热容

利用 Missenard 法，根据表 13-89 中结构数据求取，见例 2。

例 15　计算正丁烷在 0℃时的液体热容，其实验值为 31.9cal/(mol・K)，1cal=4.18J，下同。

正丁烷的基团结构为

$$2(-CH_3) + 2(-\overset{|}{\underset{|}{C}}H_2)$$

查表 13-89 得

$$c_{p1}^{\circ} = 2\times9.55 + 2\times6.6 = 32.3\ [\mathrm{cal/(mol\cdot K)}]$$

10.5.3　固体在常温下的比热容

(1) 元素的比热容

$$c = \frac{原子摩尔热容\ C_i}{原子摩尔质量} \tag{13-68}$$

式中原子摩尔热容 C_i 见表 13-90。

(2) 化合物的比热容

$$c = \frac{1}{M}[\sum n_i C_{is}] \tag{13-69}$$

式中　n_i——分子中 i 原子的物质的量，kmol；

C_{is}——i 原子的固态原子摩尔热容，见表 13-90 和表 13-91，kcal/[kmol（原子）・℃]，1kcal=4.18kJ，下同；

c——化合物的比热容，kcal/(kg・℃)；

M——化合物的摩尔质量，等于分子质量，kg/kmol。

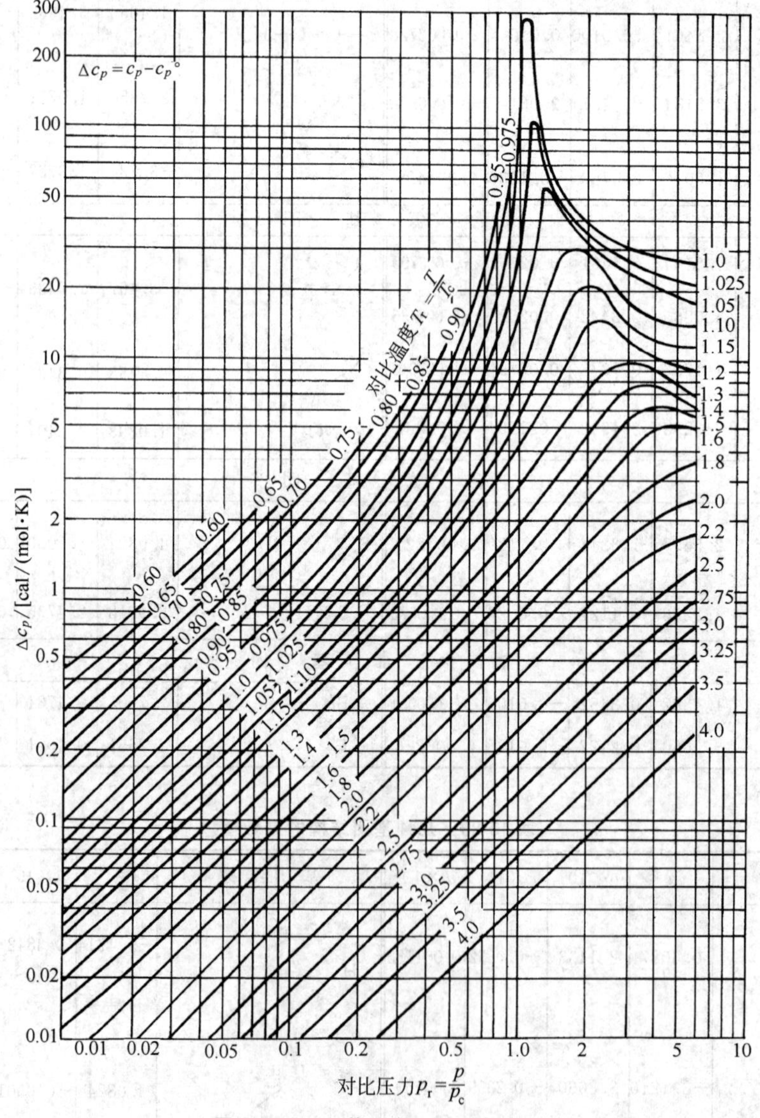

图 13-100　气体热容等温压力校正

1cal/(mol・K)=4.1868J/(mol・K)

表 13-90 原子摩尔热容 单位：kcal/[kmol(原子)·℃]

原 子	固态的 C_{is}	液态的 C_{il}	原 子	固态的 C_{is}	液态的 C_{il}
C	1.8	2.8	F	5.0	7.0
H	2.3	4.3	P	5.4	7.4
B	2.7	4.7	S	5.5	7.4
Si	3.8	5.8	Cl	6.2	(估计在 0～24℃之间为 8.0)
O	4.0	6.0	其他①	6.2	8.0

① 指原子量在 40 以上的固体金属元素。液体金属及熔盐的平均原子摩尔热容见表 13-92。

注：1kcal/[kmol(原子)·℃]=4186.8J/[kmol(原子)·K]。

表 13-91 Missenard 法的基团结构值 单位：cal/(mol·K)

基 团	温 度/℃					
	−25	0	25	50	75	100
—H	3.0	3.2	3.5	3.7	4.0	4.5
$—CH_3$	9.2	9.55	9.95	10.4	10.95	11.55
$—CH_2—$	6.5	6.6	6.75	6.95	7.15	7.4
>CH— (—CH— 带一个侧键)	5.0	5.7	5.95	6.15	6.35	6.7
>C< (—C— 带两个侧键)	2.0	2.0	2.0	2.0	2.0	
—NH—	12.2	12.2	12.2			
>N— (—N— 带一个侧键)	2.0	2.0	2.0			
—CN	13.4	13.5	13.6			
$—NO_2$	15.4	15.5	15.7	16.0	16.3	
—NH—NH—	19.0	19.0	19.0			

基 团	温 度/℃					
	−25	0	25	50	75	100
—C≡C—	11.0	11.0	11.0	11.0		
—O—	6.9	7.0	7.1	7.2	7.3	7.4
—CO—(酮)	10.0	10.2	10.4	10.6	10.8	11.0
—OH	6.5	8.0	10.5	12.5	14.75	17.0
—CCO—(酯)	13.5	13.8	14.1	14.6	15.1	15.5
—COOH	17.0	17.7	18.8	20.0	21.5	22.5
$—NH_2$	14.0	14.0	15.0	16.0		
$C_6H_5—$(苯基)	26.0	27.0	28.0	29.5	31.0	32.5
$C_{10}H_7—$(萘基)	43.0	44.0	45.0	47.0	49.0	51.0
—F	5.8	5.8	6.0	6.2	6.45	6.75
—Cl	6.9	7.0	7.1	7.2	7.35	7.5
—Br	8.4	8.5	8.6	8.7	8.9	9.1
—I	9.4	9.5	9.64	9.8		
—S—	8.9	9.0	9.2	9.4		

注：1cal/(mol·K)=4.1868J/(mol·K)。

表 13-92 液体金属及熔盐的平均原子摩尔热容

物质名称	平均原子摩尔热容① c_p	说 明
一般液体金属和合金	7.4	对于 35 种金属计算结果，其中 3/4 的误差在 5%以内，最大误差为 12%
过渡族金属如 Ni，Cr	9.6	对于 5 种计算结果，最大误差 15%
熔盐		
一般	8.1	对于 43 种熔盐计算结果，其中 3/4 的误差在 10%以内，最大误差为 30%
含 N 者	5.7	对于 4 种熔盐计算结果，最大误差 30%
含 H 者	6.5	对于 7 种熔盐计算结果，最大误差 30%

① c_p 单位为 kcal/[平均 kmol(原子)·℃]，1kcal/[平均 kmol(原子)·℃]=4186.8J/[平均 kmol(原子)·K]，化合物的平均原子摩尔质量=分子摩尔质量/原子的物质的量。

10.5.4 理想气体的焓及熵

根据热力学定义

$$H^\circ = \int c_p^\circ \mathrm{d}T \tag{13-70}$$

$$S^\circ = \int \frac{c_p^\circ}{T} \mathrm{d}T$$

因此，当缺乏理想气体的焓、熵数据时，可以从理想气体的比热容求得，其积分常数项不能得到，但这不影响得出的工程计算的结果。

理想气体混合物的焓、熵和比热容按下列各式计算。某些理想气体的比焓、熵和比热容的多项式见表 13-93。

$$H^{\circ}=\sum_{i}^{N}x_iH_i^{\circ} \tag{13-71}$$

$$S^{\circ}=\sum_{i}^{n}x_i[S_i-R\ln x_i] \tag{13-72}$$

$$c_p^{\circ}=\sum_{i}^{n}x_ic_{pi}^{\circ} \tag{13-73}$$

10.5.5 气体和液体的比焓

真实气体和液体的比焓等于理想气体的热焓 H°，再加上它们在相同温度下的焓差，即

$$H=H^{\circ}+(H-H^{\circ})=H^{\circ}-(H^{\circ}-H)$$

焓差可由 Lee-Kesler 法求取。

$$\frac{H^{\circ}-H}{RT_c}=\left(\frac{H^{\circ}-H}{RT_c}\right)^{(0)}+\omega\left(\frac{H^{\circ}-H}{RT_c}\right)^{(1)} \tag{13-74}$$

式中 R ——气体常数，等于 1.987cal/(mol·K)，1cal=4.18J，下同；

表 13-93 某些理想气体的比焓、熵和比热容的多项式

理想气体的比焓 $H^{\circ}=A+BT+CT^2+DT^3+ET^4+FT^5$ Btu/lb

比热容 $c_p^{\circ}=B+2CT+3DT^2+4ET^3+5FT^4$ Btu/(lb·°R)

熵 $S^{\circ}=B\ln T+2CT+\frac{3}{2}DT^2+\frac{4}{3}ET^3+\frac{5}{4}FT^4+G$ Btu/(lb·°R)

式中 A,B,C,D,E,F ——系数；

G——基数校正常数；

T——温度，°R。

1Btu/lb=2.326×10⁻³J/kg；1Btu/(lb·°R)=4.1868kJ/(kg·K)

计算基准：H°=0(0°R 时)；S°=0(0°R，1atm 时)(1°R=5/9K；1atm=101325Pa)

化合物	A	B	$C\times10^3$	$D\times10^6$	$E\times10^{10}$	$F\times10^{14}$	G	温度范围/℉
氧	−0.98176	0.227486	−0.037305	0.048302	−0.185243	0.247488	0.124314	−280～2200
氢	12.32674	3.199617	0.392786	−0.293452	1.090069	−1.387867	−4.938247	0～2200
氢	−52.07633	4.736827	−7.635193	17.005630	−167.762600	617.713200	−10.638900	−300～400
水	−2.46342	0.457392	−0.052512	0.064594	−0.202759	0.236310	−0.339830	−280～2200
硫化氢	−0.61782	0.238575	−0.024457	0.041067	−0.130126	0.144852	−0.045932	−280～2200
氮	−0.68925	0.253664	−0.014549	0.012544	−0.017106	−0.008239	−0.050052	−280～2200
氨	−0.79603	0.476211	−0.070682	0.151983	−0.548226	0.694700	−0.267568	−280～2200
碳	4.11552	−0.047746	0.203743	0.019721	−0.332358	0.620433	0.192299	−280～2200
一氧化碳	−0.97557	0.256524	−0.022911	0.022280	−0.056326	0.045588	0.092470	−280～2200
二氧化碳	4.77805	0.114433	0.101132	−0.026494	0.034706	−0.013140	0.343357	−280～2200
二氧化硫	1.39432	0.110263	0.033029	0.008912	−0.077313	0.129287	0.194796	−280～2200
甲烷	−5.58114	0.564834	−0.282973	0.417399	−1.525576	1.958857	−0.623373	−300～2200
乙烷	−0.76005	0.273088	−0.042956	0.312815	−1.389890	2.007023	0.045543	−280～2200
丙烷	−1.22301	0.179733	0.066458	0.250998	−1.247461	1.893509	0.178189	−280～2200
正丁烷	29.11502	0.002040	0.434879	−0.081810	0.072349	−0.014560	0.829122	−100～2200
2-甲基丙烷	13.28660	0.036637	0.349631	0.005361	−0.298111	0.538662	0.609350	−100～2200
正戊烷	27.17183	−0.002795	0.440073	−0.086288	0.081764	−0.019715	0.736161	−100～2200
2-甲基丁烷	27.62342	−0.031504	0.469884	−0.098283	0.102985	−0.029485	0.871908	−100～2200
2,2-二甲基丙烷	11.77146	0.004372	0.406465	−0.027646	−0.217453	0.468503	0.567064	−100～2200
正己烷	32.03560	−0.023096	0.461333	−0.097402	0.103368	−0.030643	0.767792	0～2200
正己烷	−1.45793	0.186482	−0.064601	0.568601	−4.166227	11.089280	−0.196970	−100～400
3-甲基己烷	13.57672	−0.002985	0.421071	−0.051639	−0.082615	0.141821	0.602644	0～1300
正辛烷	29.50114	−0.022402	0.459712	−0.098062	0.104754	−0.031355	0.664632	0～2200
环戊烷	57.78000	−0.174553	0.487900	−0.079021	−0.025900	0.187338	1.606204	0～2200
甲基环戊烷	54.70525	−0.163500	0.531524	−0.123976	0.146551	−0.049768	1.473383	0～2200
环己烷	46.56603	−0.149848	0.457275	−0.038739	−0.179124	0.379353	1.318154	0～2200
乙烯	51.78893	0.020724	0.385431	−0.082721	0.092318	−0.029284	1.359786	0～2200
乙烯	−9.57912	0.398827	−0.465808	0.732147	−2.444014	−2.941321	−0.400460	−300～400
丙烯	26.17773	0.044867	0.324263	−0.030604	−0.083732	0.188977	0.901280	0～2200
丙烯	1.90638	0.153760	0.220601	−0.199679	3.443797	−16.423570	0.344150	−300～400
1-丁烯	32.74090	−0.018519	0.426345	−0.094058	0.107224	−0.034983	0.999353	0～2200
1-丁烯	−11.46551	0.316836	−0.593497	1.456679	−11.696470	35.900920	−0.477610	−100～400
顺 2-丁烯	43.74545	−0.042795	0.403432	−0.068428	0.013449	0.087886	1.146788	0～2200
反 2-丁烯	20.68885	0.037032	0.355122	−0.056044	0.015847	0.044467	0.673007	0～2200
2-甲基丙烯	14.96746	0.033009	0.378264	−0.073331	0.069757	−0.017483	0.667557	0～2200
2-甲基丙烯	7.75180	0.075844	0.290729	−0.008310	0.058515	−1.262064	0.465740	−100～400

续表

化合物	A	B	$C\times10^3$	$D\times10^6$	$E\times10^{10}$	$F\times10^{14}$	G	温度范围/℉
1-戊烯	30.15557	−0.006874	0.421053	−0.000830	0.100380	−0.031591	0.807415	0～2200
1-己烯	27.48574	−0.004262	0.419666	−0.083211	0.092532	−0.027052	0.705081	0～2200
1-庚烯	27.04731	−0.007807	0.425936	−0.090496	0.095961	−0.028471	0.660470	0～2200
1-辛烯	27.30859	−0.012888	0.434131	−0.094225	0.103056	−0.031854	0.639210	0～2200
环戊烯	36.07924	−0.059928	0.295761	0.033290	−0.388533	0.648582	1.068471	0～2200
丙二烯	25.33539	0.033745	0.371517	−0.106261	0.186462	−0.143504	0.886725	0～2200
1,2-丁二烯	17.65767	0.039560	0.347981	−0.075607	0.084037	−0.026515	0.703711	0～2200
1,3-丁二烯	40.76389	−0.100604	0.565187	−0.212346	0.483054	−0.473845	1.339874	0～2200
乙炔	10.52464	0.134680	0.364644	−0.169596	0.465419	−0.522046	0.669982	0～2200
丙炔	15.21043	0.080387	0.324007	−0.087975	0.159915	−0.140098	0.662198	0～2200
1-丁炔	10.13562	0.053336	0.346106	−0.080330	0.105276	−0.053399	0.610754	0～2200
苯	36.31430	−0.122662	0.431082	−0.113814	0.149498	−0.056477	1.178204	0～2200
甲苯	31.88489	−0.101151	0.422572	−0.106144	0.133765	−0.048407	1.054833	0～2200
乙苯	30.33272	−0.093633	0.439064	−0.112630	0.145822	−0.054320	0.974441	0～2200
1,2-二甲苯	13.97958	−0.014950	0.334243	−0.048408	−0.046017	0.170557	0.551212	0～2200
1,3-二甲苯	25.48862	−0.068902	0.399500	−0.092476	0.105979	−0.034527	0.847583	0～2200
1,4-二甲苯	18.50495	−0.030090	0.330052	−0.039435	−0.082116	0.217324	0.646826	0～2200
正丙苯	32.50404	−0.099907	0.466800	−0.126928	0.176789	−0.069443	0.974834	0～2200
异丙苯	25.26273	−0.084771	0.442557	−0.111294	0.139999	−0.050954	0.875839	0～2200
正丁基苯	29.05375	−0.074034	0.437825	−0.107719	0.133490	−0.047775	0.821997	0～2200

注：$t/℃=\frac{5}{9}(t/℉-32)$。

T_c——临界温度，K；

H——热焓，cal/mol；

H°——相同温度下理想气体比焓，cal/mol。

$\left(\frac{H^\circ-H}{RT_c}\right)^{(0)}$与$\left(\frac{H^\circ-H}{RT_c}\right)^{(1)}$见表13-94和表13-95。

例16 计算丙烯在125℃、98.7atm（1atm=101325Pa，下同）时与理想气体的焓差（$H^\circ-H$），其实验值为2445cal/mol（1cal=4.18J，下同）。

解 $T_c=365$K，$p_c=45.6$atm，$Z_c=0.275$，$\omega=0.148$，则$T_r=(125+273.2)/365=1.09$，$p_r=98.7/45.6=2.16$

利用Lee-Kesler法，由表13-94查得

$$\left(\frac{H^\circ-H}{RT_c}\right)^{(0)}=3.11$$

由表13-95查得

$$\left(\frac{H^\circ-H}{RT_c}\right)^{(1)}=1.61$$

则
$$H^\circ-H=RT_c\left[\left(\frac{H^\circ-H}{RT_c}\right)^{(0)}+\omega\left(\frac{H^\circ-H}{RT_c}\right)^{(1)}\right]$$
$$=1.987\times365\times(3.11+0.148\times1.61)$$
$$=2410\ (\text{cal/mol})$$

10.6 蒸发潜热、生成热及燃烧热

10.6.1 蒸发潜热

Pitzer偏心因子法

$$\frac{\Delta H_v}{RT_c}=7.08(1-T_r)^{0.354}+10.95\omega(1-T_r)^{0.456} \quad (13\text{-}75)$$

式中 ΔH_v——在T_r时的蒸发潜热，cal/mol。

式（13-75）适用于$0.6<T_r\leqslant1.0$的各类物系，但对乙醛、醋酸和甲酸误差较大。

10.6.2 正常沸点下的蒸发潜热

Riedel法

$$\Delta H_{vb}=1.093RT_c\left(T_{br}\frac{\ln P_c-1}{0.930-T_{br}}\right) \quad (13\text{-}76)$$

式中 ΔH_{vb}——正常沸点时的蒸发潜热，cal/mol；

T_c——临界温度，K；

T_{br}——正常沸点时的对比温度；

R——气体常数，$R=1.987$cal/(mol·K)。

例17 计算丙醛在正常沸点下的蒸发潜热，其实验值为6760cal/mol。

解 查得$T_b=321$K，$T_c=496$K，$p_c=47$atm，$T_{br}=321/496=0.647$。

利用Riedel法，由式（13-76）得

$$\Delta H_{vb}=1.093\times1.987\times496\times\frac{0.647\times(\ln47-1)}{0.93-0.647}$$
$$=7020\ (\text{cal/mol})$$

10.6.3 蒸发潜热与温度的关系

$$\Delta H_{v_2}=\Delta H_{v_1}\left(\frac{1-T_{r_2}}{1-T_{r_1}}\right)^{0.38} \quad (13\text{-}77)$$

10.6.4 熔融热

固体的熔融热可由式（13-78）粗略估算。

表 13-94 Lee-Kesler 焓差$\left(\frac{H^{\circ}-H}{RT_c}\right)^{(0)}$

T_r	p_r														
	0.010	0.050	0.100	0.200	0.400	0.600	0.800	1.000	1.200	1.500	2.000	3.000	5.000	7.000	10.000
0.30	6.045	6.043	6.040	6.034	6.022	6.011	5.999	5.987	5.975	5.957	5.927	5.868	5.748	5.628	5.446
0.35	5.906	5.904	5.901	5.895	5.882	5.870	5.858	5.845	5.833	5.814	5.783	5.721	5.595	5.469	5.278
0.40	5.763	5.761	5.757	5.751	5.738	5.726	5.713	5.700	5.687	5.668	5.636	5.572	5.442	5.311	5.113
0.45	5.615	5.612	5.609	5.603	5.590	5.577	5.564	5.551	5.538	5.519	5.486	5.421	5.288	5.154	4.950
0.50	5.465	5.463	5.459	5.453	5.440	5.427	5.414	5.401	5.388	5.369	5.336	5.270	5.135	4.999	4.791
0.55	0.032	5.312	5.309	5.303	5.290	5.278	5.265	5.252	5.239	5.220	5.187	5.121	4.986	4.849	4.638
0.60	0.017	5.162	5.159	5.153	5.141	5.129	5.116	5.104	5.091	5.073	5.041	4.976	4.842	4.704	4.492
0.65	0.023	0.118	5.008	5.002	4.991	4.980	4.968	4.956	4.945	4.927	4.896	4.833	4.702	4.565	4.353
0.70	0.020	0.101	0.213	4.848	4.838	4.828	4.818	4.808	4.797	4.781	4.752	4.693	4.566	4.432	4.221
0.75	0.017	0.088	0.183	4.687	4.679	4.672	4.664	4.655	4.646	4.632	4.607	4.554	4.434	4.303	4.095
0.80	0.015	0.078	0.160	0.345	4.507	4.504	4.499	4.494	4.488	4.478	4.459	4.413	4.303	4.178	3.974
0.85	0.014	0.069	0.141	0.300	4.309	4.313	4.316	4.316	4.316	4.312	4.302	4.269	4.173	4.056	3.857
0.90	0.012	0.062	0.126	0.264	0.596	4.474	4.094	4.108	4.118	4.127	4.132	4.119	4.043	3.935	3.744
0.93	0.011	0.058	0.118	0.246	0.545	0.960	3.920	3.953	3.976	4.000	4.020	4.024	3.963	3.863	3.678
0.95	0.011	0.056	0.113	0.235	0.516	0.885	3.763	3.825	3.865	3.904	3.940	3.958	3.910	3.815	3.634
0.97	0.011	0.054	0.109	0.225	0.490	0.824	1.356	3.658	3.732	3.796	3.853	3.890	3.856	3.767	3.591
0.98	0.010	0.053	0.107	0.221	0.478	0.797	1.273	3.544	3.652	3.736	3.800	3.854	3.829	3.743	3.569
0.99	0.010	0.052	0.105	0.216	0.466	0.773	1.206	3.376	3.558	3.670	3.758	3.818	3.801	3.719	3.548
1.00	0.010	0.051	0.103	0.212	0.455	0.750	1.151	2.584	3.441	3.598	3.706	3.782	3.774	3.695	3.520
1.01	0.010	0.050	0.101	0.208	0.445	0.728	1.102	1.796	3.283	3.516	3.652	3.744	3.746	3.671	3.505
1.02	0.010	0.049	0.099	0.203	0.434	0.708	1.060	1.657	3.039	3.422	3.595	3.705	3.718	3.647	3.484
1.05	0.009	0.046	0.094	0.192	0.407	0.654	0.955	1.359	2.034	3.030	3.398	3.583	3.632	3.575	3.420
1.10	0.008	0.042	0.086	0.175	0.367	0.581	0.827	1.120	1.487	2.203	2.965	3.353	3.484	3.453	3.315
1.15	0.008	0.039	0.079	0.160	0.334	0.523	0.732	0.968	1.239	1.719	2.479	3.091	3.329	3.329	3.211
1.20	0.007	0.036	0.073	0.148	0.305	0.474	0.657	0.857	1.076	1.443	2.079	2.807	3.166	3.202	3.107
1.30	0.006	0.031	0.063	0.157	0.259	0.399	0.545	0.698	0.860	1.116	1.560	2.274	2.825	2.942	2.899
1.40	0.005	0.027	0.055	0.110	0.224	0.341	0.463	0.588	0.716	0.915	1.253	1.857	2.486	2.679	2.692
1.50	0.005	0.024	0.048	0.097	0.196	0.297	0.400	0.505	0.611	0.774	1.046	1.549	2.175	2.421	2.484
1.60	0.004	0.021	0.043	0.086	0.173	0.261	0.350	0.440	0.531	0.667	0.894	1.318	1.904	2.177	2.285
1.70	0.004	0.019	0.038	0.076	0.153	0.231	0.309	0.387	0.466	0.583	0.777	1.139	1.672	1.953	2.001
1.80	0.003	0.017	0.034	0.068	0.137	0.206	0.275	0.344	0.413	0.515	0.683	0.996	1.476	1.751	1.908
1.90	0.003	0.015	0.031	0.062	0.123	0.185	0.246	0.307	0.368	0.450	0.606	0.880	1.309	1.571	1.736
2.00	0.003	0.014	0.028	0.056	0.111	0.167	0.222	0.276	0.330	0.411	0.541	0.782	1.167	1.411	1.577
2.20	0.002	0.012	0.023	0.046	0.092	0.137	0.182	0.226	0.269	0.334	0.437	0.629	0.937	1.143	1.295
2.40	0.002	0.010	0.019	0.038	0.076	0.114	0.150	0.187	0.222	0.275	0.359	0.513	0.761	0.929	1.058
2.60	0.002	0.008	0.016	0.032	0.064	0.095	0.125	0.155	0.185	0.228	0.297	0.422	0.621	0.756	0.858
2.80	0.001	0.007	0.014	0.027	0.054	0.080	0.105	0.130	0.154	0.190	0.246	0.348	0.508	0.614	0.689
3.00	0.001	0.006	0.011	0.023	0.045	0.067	0.088	0.109	0.129	0.159	0.205	0.288	0.415	0.495	0.545
3.50	0.001	0.004	0.007	0.015	0.029	0.043	0.056	0.069	0.081	0.099	0.127	0.174	0.239	0.270	0.264
4.00	0.000	0.002	0.005	0.009	0.017	0.026	0.033	0.041	0.048	0.058	0.072	0.095	0.116	0.110	0.061

表 13-95　Lee-Kesler 焓差 $\left(\frac{H^{\circ}-H}{RT_c}\right)^{(1)}$

T_r	p_r 0.010	0.050	0.100	0.200	0.400	0.600	0.800	1.000	1.200	1.500	2.000	3.000	5.000	7.000	10.000
0.30	11.098	11.096	11.095	11.091	11.083	11.076	11.069	11.062	11.055	11.044	11.027	10.992	10.935	10.872	10.781
0.35	10.656	10.655	10.654	10.653	10.650	10.646	10.643	10.640	10.637	10.632	10.624	10.609	10.581	10.554	10.529
0.40	10.121	10.121	10.121	10.120	10.121	10.121	10.121	10.121	10.121	10.121	10.122	10.123	10.128	10.128	10.150
0.45	9.515	9.515	9.516	9.517	9.519	9.521	9.523	9.525	9.522	9.531	9.537	9.549	9.576	9.611	9.663
0.50	8.868	8.869	8.870	8.872	8.876	8.880	8.884	8.888	8.892	8.899	8.909	8.932	8.978	9.030	9.111
0.55	0.080	8.211	8.212	8.215	8.221	8.226	8.282	8.238	8.243	8.252	8.267	8.298	8.360	8.425	8.531
0.60	0.059	7.568	7.570	7.573	7.579	7.585	7.591	7.596	7.603	7.614	7.632	7.669	7.745	7.824	7.950
0.65	0.045	0.247	6.949	6.952	6.959	6.966	6.973	6.980	6.987	6.997	7.017	7.059	7.147	7.239	7.381
0.70	0.034	0.185	0.415	6.360	6.367	6.373	6.381	6.388	6.395	6.407	6.429	6.475	6.574	6.677	6.837
0.75	0.027	0.142	0.306	5.796	5.802	5.809	5.816	5.824	5.832	5.845	5.868	5.918	6.027	6.142	6.318
0.80	0.021	0.110	0.234	0.542	5.266	5.271	5.278	5.285	5.293	5.308	5.330	5.385	5.506	5.632	5.824
0.85	0.017	0.087	0.182	0.401	4.753	4.754	4.758	4.763	4.771	4.784	4.810	4.872	5.008	5.149	5.358
0.90	0.014	0.070	0.144	0.308	0.751	4.254	4.248	4.249	4.255	4.268	4.298	4.371	4.530	4.688	4.916
0.93	0.012	0.061	0.126	0.265	0.612	1.236	3.942	3.934	3.937	3.951	3.987	4.073	4.251	4.422	4.662
0.95	0.011	0.056	0.115	0.241	0.542	0.992	3.737	3.712	3.713	3.730	3.773	3.873	4.068	4.248	4.497
0.97	0.010	0.052	0.105	0.210	0.483	0.837	1.616	3.470	3.467	3.492	3.551	3.670	3.885	4.077	4.336
0.98	0.010	0.050	0.101	0.209	0.457	0.776	1.324	3.320	3.327	3.363	3.434	3.568	3.795	3.999	4.257
0.99	0.09	0.048	0.097	0.200	0.433	0.722	1.154	3.164	3.164	3.223	3.313	3.464	3.705	3.909	4.178
1.00	0.09	0.046	0.093	0.191	0.410	0.675	1.034	2.471	2.952	3.065	3.186	3.358	3.615	3.825	4.100
1.01	0.09	0.044	0.089	0.183	0.389	0.632	0.940	1.375	2.595	2.880	3.051	3.251	3.525	3.742	4.023
1.02	0.08	0.042	0.085	0.175	0.370	0.594	0.863	1.180	1.723	2.650	2.906	3.142	3.435	3.661	3.947
1.05	0.07	0.037	0.075	0.153	0.318	0.498	0.691	0.887	0.878	1.496	2.381	2.800	3.167	3.418	3.722
1.10	0.06	0.030	0.061	0.123	0.251	0.381	0.507	0.617	0.673	0.617	1.261	2.167	2.720	3.023	3.362
1.15	0.05	0.025	0.050	0.099	0.199	0.296	0.385	0.459	0.503	0.487	0.604	1.497	2.275	2.641	3.019
1.20	0.04	0.020	0.040	0.080	0.158	0.232	0.297	0.349	0.381	0.381	0.361	0.934	1.840	2.273	2.692
1.30	0.003	0.013	0.026	0.052	0.100	0.142	0.177	0.203	0.218	0.218	0.178	0.300	1.066	1.592	2.086
1.40	0.002	0.008	0.016	0.032	0.060	0.083	0.100	0.111	0.115	0.108	0.070	0.044	0.504	1.012	1.547
1.50	0.001	0.005	0.009	0.018	0.032	0.042	0.048	0.049	0.046	0.032	−0.008	−0.078	0.142	0.556	1.080
1.60	0.000	0.002	0.004	0.007	0.012	0.013	0.011	0.005	−0.004	−0.023	−0.065	−0.151	−0.082	0.217	0.689
1.70	0.000	0.000	0.000	−0.000	−0.003	−0.009	−0.017	−0.027	−0.040	−0.063	−0.109	−0.202	−0.223	−0.028	0.369
1.80	−0.000	−0.001	−0.003	−0.006	−0.015	−0.025	−0.037	−0.051	−0.067	−0.094	−0.143	−0.241	−0.317	−0.203	0.112
1.90	−0.001	−0.003	−0.005	−0.011	−0.023	−0.037	−0.053	−0.070	−0.088	−0.117	−0.169	−0.271	−0.381	−0.330	−0.092
2.00	−0.001	−0.003	−0.007	−0.015	−0.030	−0.047	−0.065	−0.085	−0.105	−0.136	−0.190	−0.295	−0.428	−0.424	−0.255
2.20	−0.001	−0.005	−0.010	−0.020	−0.040	−0.062	−0.083	−0.106	−0.128	−0.163	−0.221	−0.331	−0.493	−0.551	−0.489
2.40	−0.001	−0.006	−0.012	−0.023	−0.047	−0.071	−0.095	−0.120	−0.144	−0.181	−0.242	−0.356	−0.535	−0.631	−0.645
2.60	−0.001	−0.006	−0.013	−0.026	−0.052	−0.078	−0.104	−0.130	−0.156	−0.194	−0.257	−0.376	−0.567	−0.687	−0.754
2.80	−0.001	−0.007	−0.014	−0.028	−0.055	−0.082	−0.110	−0.137	−0.164	−0.204	−0.269	−0.391	−0.591	−0.729	−0.836
3.00	−0.001	−0.007	−0.014	−0.029	−0.058	−0.086	−0.114	−0.142	−0.170	−0.211	−0.278	−0.403	−0.611	−0.763	−0.899
3.50	−0.002	−0.008	−0.016	−0.031	−0.062	−0.092	−0.122	−0.152	−0.181	−0.224	−0.294	−0.425	−0.650	−0.827	−1.015
4.00	−0.002	−0.008	−0.016	−0.032	−0.064	−0.096	−0.127	−0.158	−0.188	−0.233	−0.306	−0.442	−0.680	−0.874	−1.097

$$\Delta H_m=\frac{T_m}{M}K_1 \tag{13-78}$$

式中 ΔH_m——熔融热，kcal/kg；

M——分子量；

T_m——熔点，K。

若缺乏熔点数据，可按式（13-79）估算。

$$T_m=K_2T_b \tag{13-79}$$

式中 K_1，K_2——常数，见表13-96。

表13-96 式(13-78)、式(13-79)中的K_1、K_2值

类别	K_1	K_2
元素	2～3(可取2.2)	0.56
无机物	5～7	0.72
有机物	10～16(可取13.5)	0.58

对于无机物，也可用下法（平均误差10%左右）。

$$\Delta H_m=\frac{nT_m}{M}K_3 \tag{13-80}$$

式中 n——分子结构式中的原子数；

K_3——常数，见表13-97。

表13-97 式（13-80）中的K_3值

$\Delta T=T_m-298$	K_3	$\Delta T=T_m-298$	K_3
0	1.9	700	3.0
300	2.5	≥1200	3.2

10.6.5 升华热

一般估算升华热ΔH_{sub}时，可看作为蒸发热与熔融热之和。

$$\Delta H_{sub}=\Delta H_v+\Delta H_m \tag{13-81}$$

10.6.6 溶解热

对于溶质溶解时不发生离解作用，溶剂与溶质之间也无化学作用（包括形成络合物等），对于气态溶质，溶解热数值可取蒸发潜热（负值）；对于固态溶质，可取其等于熔融热；对于液态溶质（此时即为混合热），当形成理想溶液时，混合热为零；当形成非理想溶液时，可按式（13-82）计算。

$$\Delta H_s=-\frac{4.57T^2}{M}\times\frac{d\lg\gamma_i}{dT} \tag{13-82}$$

式中 γ_i——在该浓度时溶质的活度系数；

M——溶质的分子量。

浓度不太大的溶液，也可按式（13-83）计算。

$$\Delta H_s=\frac{4.57}{M}\times\frac{T_1T_2}{T_1-T_2}\lg\left(\frac{C_1}{C_2}\right) \tag{13-83}$$

式中，C_1、C_2为溶质在T_1及T_2时的溶解度，如溶质为气体，也可用溶质的分压p_1及p_2代替。

10.6.7 理想气体的生成热

$$\Delta H_f^\circ=A+BT \tag{13-84}$$

式中 ΔH_f°——理想气体时的生成热，kcal/mol；

T——热力学温度，K；

A，B——常数，由分子结构加和而得，见表13-98。

此法适用的温度为300～1500K的情况，不适用于酯、醛及共轭化合物。

例18 计算甲苯在理想气体298K时的生成热，其实验值为11.95kcal/mol。

解 由表13-98查得结构值如下。

分子结构	A	$B\times10^2$
5 >CH	(5)(3.768)	(5)(−0.167)
1 >C—	5.437	0.037
$1CH_3$	−4.240	−0.235
$1CH_3$	−8.948	−0.436
	15.329	−1.234

代入式（13-84），得

$$\Delta H_f^\circ=11.65\text{kcal/mol}$$

表13-98 式（13-84）中常数A、B值

基团	脂肪烃基团 300～850K A	300～850K $B\times10^2$	850～1500K A	850～1500K $B\times10^2$	最高温度/K
$—CH_3$	−8.948	−0.436	−12.800	0.0000	1500
$—CH_2$(—)	−4.240	−0.235	−6.720	0.090	1500
—CH(—)(—)	−1.570	−0.095	−2.200	0.172	1500
—C—(—)(—)①	−0.650	0.425	0.211	0.347	1500

续表

脂肪烃基团					
基团	300～850K		850～1500K		最高温度/K
	A	$B\times10^2$	A	$B\times10^2$	
$=CH_2$	7.070	−0.295	4.599	−0.0114	1500
$-C\equiv$	27.276	0.036	27.600	−0.010	1500
$\equiv CH$②	27.242	−0.046	27.426	−0.077	1500
$=C=$	33.920	−0.563	33.920	−0.563	1500
$(H)(-)C=CH_2$	16.323	−0.437	12.369	0.128	1500
$>C=CH_2$	16.725	−0.150	15.837	0.038	1500
$>C=C<$	29.225	0.415	30.129	0.299	1500
$>C=C(H)H$	20.800	−0.100	19.360	0.080	1500
$>C=C(-)H$	20.100	0.000	19.212	0.102	1500
$(H)(-)C=C(H)(-)$（顺）	19.088	−0.378	17.100	0.000	1500
$(-)(H)C=C(H)(-)$（反）	18.463	−0.211	16.850	0.000	1500
$>C=C=CH_2$	51.450	−0.050	50.200	0.100	1500
$(-)(H)C=C=CH_2$	50.163	−0.233	48.000	0.000	1500
$(-)(H)C=C=C(-)(H)$	54.964	0.027	53.967	0.133	1500

芳烃基团					
基团	300～750K		750～1500K		最高温度/K
	A	$B\times10^2$	A	$B\times10^2$	
HC⟨（芳环）	3.768	−0.167	2.616	−0.016	1500
—C⟨（芳环）	5.437	0.037	5.279	0.058	1500
↔C⟨（芳环）	4.208	0.092	4.050	0.100	1500

续表

基团	300～750K		750～1500K		最高温度/K
	A	$B\times10^2$	A	$B\times10^2$	
烷烃中的支链					
侧链有两个或两个以上C—原子	0.800	0.000	0.800	0.000	1500
三相相邻的 $-\overset{\vert}{\underset{\vert}{\mathrm{C}}}\mathrm{H}$ 基团	−1.200	0.000	…	…	1500
相邻的 $-\overset{\vert}{\underset{\vert}{\mathrm{C}}}\mathrm{H}$ 和 $-\overset{\vert}{\underset{\vert}{\mathrm{C}}}-$	0.600	0.000	0.600	0.000	1500

环烷烃中的支链

基团	300～850K		850～1000K		最高温度/K
	A	$B\times10^2$	A	$B\times10^2$	
六元环中的支链					
单支链	0.00	0.00	2.85	−0.40	1000
双支链					
1,1位置	1.10	0.45	−0.40	0.00	1000
顺1,2位置	3.05	−1.09	1.46	−0.13	1000
反1,2位置	−0.90	−0.60	−1.50	0.00	1000
顺1,3位置	0.00	−1.00	−2.60	0.00	1000
反1,3位置	0.00	−0.16	2.80	−0.32	1000
顺1,4位置	0.00	−0.16	2.80	−0.32	1000
反1,4位置	0.00	−1.00	−2.60	0.00	1000
五元环中的支链					
单支链	0.00	0.00	1.40	−0.20	1000
双支链					
1,1位置	0.30	0.00	1.90	−0.25	1000
顺1,2位置	0.70	0.00	0.00	0.00	1000
反1,2位置	−1.10	0.00	−1.60	0.00	1000
顺1,3位置	−0.30	0.00	0.15	0.00	1000
反1,3位置	−0.90	0.00	−1.40	0.00	1000

芳烃中的支链

基团	300～850K		850～1500K		最高温度/K
	A	$B\times10^2$	A	$B\times10^2$	
双支链					
1,2位置	0.85	0.03	0.85	0.03	1500
1,3位置	0.56	−0.06	0.56	−0.06	1500
1,4位置	1.00	−0.14	1.40	−0.12	1500
三支链					
1,2,3位置	2.01	−0.07	1.50	0.00	1500
1,2,4位置	1.18	−0.25	1.50	−0.10	1500
1,3,5位置	1.18	−0.25	1.80	−0.08	1500

续表

环　　校　　正

基　　团	300～750K		750～1500K		最高温度/K
	A	$B\times10^2$	A	$B\times10^2$	
C_3 环烷烃环	24.850	−0.240	24.255	−0.174	1500
C_4 环烷烃环	19.760	−0.440	17.950	−0.231	1500
C_5 环烷烃环	7.084	−0.552	4.020	−0.140	1500
C_6 环烷烃环	0.378	−0.382	−4.120	0.240	1500

含　　氧　　基　　团

基　　团	300～850K		850～1500K		最高温度/K
	A	$B\times10^2$	A	$B\times10^2$	
>C=O	−31.505	0.007	−32.113	0.073	1500
—O—	−24.200	0.000	−24.200	0.000	1000
O< (环)	−21.705	0.030	−21.600	0.020	1500
—CHO③	−29.167	−0.183	−30.500	0.000	1000
—C(=O③)—OH	−94.488	−0.063	−94.880	0.000	1500

—OH 基　　团

基　　团	300～600K		600～1000K		最高温度/K
	A	$B\times10^2$	A	$B\times10^2$	
HO—CH_3	−37.207	−0.259	−37.993	−0.136	1000
HO—CH_2—	−40.415	−0.267	−41.265	−0.116	1000
HO—C(—)(—)—H	−43.200	−0.200	−43.330	−0.143	1000
HO—C(—)(—)—	−46.850	−0.250	−47.440	−0.146	1000
HO—C< (环)	−44.725	−0.125	−45.220	−0.021	1000

含　　氮　　和　　硫　　的　　基　　团

基　　团	300～750K		750～1500K		最高温度/K
	A	$B\times10^2$	A	$B\times10^2$	
—NO_2(脂肪族)	−7.813	−0.043	−9.250	0.143	1500
—C≡N	36.580	0.080	37.170	0.000	1000
—NH_2 (脂肪族)	3.832	−0.208	2.125	0.002	1500
=NH (脂肪族)	13.666	−0.067	12.267	0.133	1500
≡N (脂肪族)	18.050	0.300	18.050	0.300	1500

续表

含氮和硫的基团					
基团	300～750K		750～1500K		最高温度/K
	A	$B\times10^2$	A	$B\times10^2$	
—NH_2 芳烃[4]	−0.713	−0.188	−1.725	0.000	1000
═NH 芳烃[4]	9.240	−0.250	8.460	−0.140	1000
≡N 芳烃[4]	18.890	0.110	16.200	0.250	1000
SH[5]	4.84	−0.080	—	—	1000
—S—[5]	10.695	0.160	—	—	1000

含卤素基团					
基团	300～750K		750～1500K		最高温度/K
	A	$B\times10^2$	A	$B\times10^2$	
H—C(H)(H)---Cl	−9.322	−0.045	−9.475	−0.025	1000
H_3C—C(H)(H)---Cl	−10.007	−0.033	−10.438	0.029	1000
H_3C—C(Cl)(Cl)—H	−14.780	−0.040	−14.780	−0.040	1500
H—C(H)(Cl)---Cl	−13.222	−0.029	−13.222	−0.029	1500
H—C(Cl)(Cl)---Cl	−6.684	−0.033	−6.684	−0.033	1500
Cl---C(Cl)(Cl)---Cl	−6.400	−0.050	−6.400	−0.050	1500
H_2C=CHCl	−7.622	0.029	−7.390	0.000	1500
H_2C=CCl_2	−6.171	−0.029	−6.171	−0.029	1500
HClC=CClH (顺1,2)	−5.916	0.071	−5.386	−0.007	1500

续表

含卤素基团					
基团	300～750K		750～1500K		最高温度/K
	A	$B\times10^2$	A	$B\times10^2$	
ClHC=CHCl（反 1,2）	−6.532	0.233	−5.480	0.106	1500
$Cl_2C=CCl_2$	−6.047	0.236	−6.047	0.236	1500

① 该情况下温度范围是 300～1100K 及 1100～1500K。
② 该情况下温度范围是 300～600K 及 600～1500K。
③ 该情况下温度范围是 300～750K 及 750～1500K。
④ 该情况下温度范围是 300～600K 及 600～1000K。
⑤ 该情况下温度范围是 300～1000K，硫的标准状态是正交晶系。

10.6.8 燃烧热

有机化合物的燃烧热可用以下方法计算。

(1) 电子移位数法

有机化合物的燃烧热，可看作碳和氢原子上的电子转移到氧原子上去的结果，故燃烧热与电子移位数有关；另外，对较复杂的分子，碳氢原子间的电子因受其他基团影响，在未燃烧时已发生局部移位，可用下述经验式计算有机化合物燃烧热。

$$Q_{com}=26.05\times n+\sum(\Delta_i\xi_i) \tag{13-85}$$

式中 Δ_i——对于取代基相连的键的校正值（表 13-99）；

ξ_i——分子中同一种取代基的数目；

n——移位电子数。

R—OH 等化合物中与—OH 相连的碳原子的移位电子数等于 3。

表 13-99 对于取代基相连的键的校正值

序号	基团	Δ	序号	基团	Δ
1	RCCl	−7.7	21	ROH（叔）	+3.5
2	ArCl	−6.5	22	Ar—OH	+3.5
3	RBr	+16.5	23	ROR	+19.5
4	ArBr	−3.5	24	Ar—OAr	+19.5
5	RNH_2	+13	25	R(Ar)CHO	+13
6	RNHR	+19.5	26	R(Ar)COR′(Ar′)	+6.5
7	R_3N	+26	27	顺式化合物中的双键	+16.5
8	$ArNH_2$	+6.5	28	反式化合物中的双键	+13.0
9	ArNHAr	+13.0	29	>C=C<	+13.0
10	Ar_3N	+19.5	30	芳基与不饱和侧链间的键如 $C_6H_5CH=CH_2$	−6.5
11	ArNH—	−3.5	31	环状结构中的双键如 环己烯（H_2 H_2 / H< >H / H_2 H）	+6.5
12	$R(Ar)NO_2$	+13	32	—C≡C—H	+46.1
13	$ArSO_3H$	−23.4	33	—C≡C—	+33.1
14	R(Ar)—I	+42	34	芳基与含有三键的不饱和侧链之间的键如 $C_6H_5C≡CH$	−6.5
15	R(Ar)CN	+16.5	35	RNHCOR	+6.5
16	RNC	+33.1	36	CH_3—N—N—（N上连H）	+6.5
17	ArNC	−6.5			
18	R—C(=O)O—	+16.3			
19	ROH（伯）	+13			
20	ROH（仲）	+6.5			

续表

序号	基　团	Δ	序号	基　团	Δ
37	Ar—NH—COR	+3.5	46	=C, =C 与 C 相连，C 上连 COOH	+13.0
38	Ar—N=CH—Ar	−3.5			
39	Ar—N=CH—R	−3.5			
40	Ar—R	−3.5	47	=C—C(COOH)，=C—C= 四元环	+13.0
41	Ar—Ar	−6.5			
42	RCH(OR) 缩醛	+19.5			
43	RCOCOOH	+13.0	48	$CH_2—CH_2—CH_2—C=O$（经 O 成环）	+13.0
44	$R_2C(OH)COOH$	+6.5	49	酸酐	+10
45	RCOCOR	+6.5	50	醌	+33.1

R—CHO（R—C(=O)H）化合物醛基中的碳原子的移位电子数等于2。

$R—NH_2$ 化合物中与 NH_2—相连的碳原子的移位电子数等于4。

R—C≡N 化合物计算时，除需按表13-98中第15项校正外，尚需按第34项加以校正。

与—NO_2、—SO_3H、—X相连的碳原子的移位电子数等于3。

双酮类等化合物，除了本身的校正值外，还需按简单结构的校正值（2×酮基的校正值）加以校正。

例19　计算咔唑的燃烧热。

$C_{12}H_9N$

移位电子数 $n=12\times4+9\times1=57$。

基团校正值：芳基与取代的芳氨基相连键的校正值。

$$\Delta_1=-3.5\qquad \xi_1=2$$

ArNHAr 校正值　$\Delta_2=+13.0$　　$\xi_2=1$

Ar·Ar 校正值　$\Delta_3=-6.5$　　$\xi_3=1$

代入式（13-85）得

$$Q_{com}=26.05n+\sum(\Delta_i)=26.05\times57+(-3.5)\times2+13.0\times1+(-6.5)\times1=1481.5\ (\text{kcal/mol})$$

由数据手册查得　$Q_{com}=1475\text{kcal/mol}$。

$$误差=+\frac{6.5\text{kcal/mol}}{1475\text{kcal/mol}}=+0.44\%$$

(2) 燃烧需氧量与产水量计算法

有机化合物的燃烧热也可由其燃烧时所需氧量及燃烧后产水量的关系计算，即

$$Q_{com}=48970m+10500n+X \tag{13-86}$$

式中　m——物质完全燃烧时所需氧原子的物质的量；

n——物质完全燃烧后所生成水的物质的量；

X——校正值，对饱和碳氢化合物为零，不饱和碳氢化合物的 X 值见表13-100，不饱和度越大，X 值越大。

表13-100　不饱和碳氢化合物的 X 值

项目	X 值	项目	X 值
RCH_2OH	12	RCHO	12
RCOOH	0	单键	0
HOOCRCOOH	3	双键	21
RCOR	18	叁键	51
ROR	21	苯基	24

例20　求甲烷的燃烧热。

解　$CH_4+2O_2 \longrightarrow CO_2+2H_2O$

$$m=4\qquad n=2\qquad X=0$$

代入式（13-86）得

$Q_{com}=48970\times4+10500\times2=211000$（cal/mol）。

由手册中数据查得 $Q_{com}=210800\text{cal/mol}$。

$$误差=+\frac{200\text{cal/mol}}{210800\text{cal/mol}}=+0.095\%$$

(3) 燃烧需氧原子的物质的量法

Richard 认为，有机化合物的燃烧热与完全燃烧该有机化合物（燃烧产物为 H_2O、H_2，HX，SO_2 等）所需的氧原子的物质的量成直线关系，即

$$Q_{com}=\sum a'+X\sum b'\quad \text{kcal/mol} \tag{13-87}$$

式中　X——所需氧原子的物质的量；

$\sum a'$，$\sum b'$——常数，与化合物的结构有关，$\sum a'$ 与 $\sum b'$ 可由加和求出（表13-101）。a' 与 b' 的基本数值如下。

	a' 基本数值	b' 基本数值
液态	5.7	52.08
气态	5.5	52.48

表 13-101　其他基团常数

序号	名称	状态	a'	b'	结构
1	烷烃支链	液	-3.7	0.09	
2	环丙烷	液	16.2	-0.13	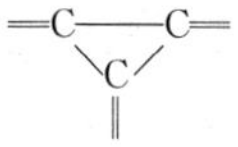
3	环丁烷	液	10.0	0.11	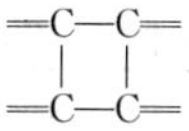
4	环戊烷	液	-1.7	0	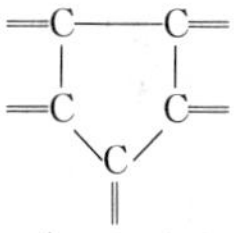
5	环己烷	液	-7.4	0	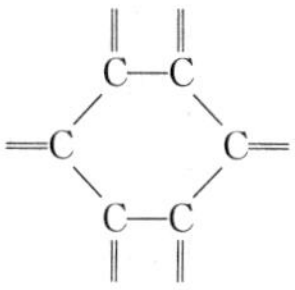
6	环庚烷	液	17	-0.99	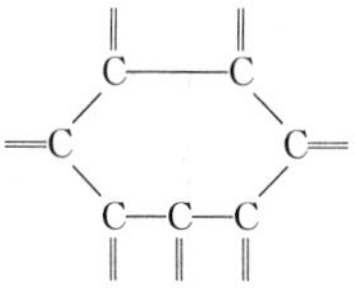
7	正烯烃	液 气	14.2 14.2①	-0.01 0①	$R_2C=CR_2$
8	正炔烃	液	37.3	0	$R-C\equiv C-R$
9	苯	液 气 固	-10.1 -7.0① -16.5②	0.07 0① 0.45②	
10	联苯	液	-31	0.37	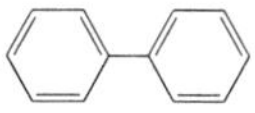
11	萘	固	-6.1	-0.59	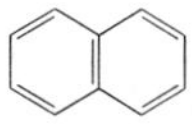
12	伯醇	液 气	9.2 18.3①	-0.05 -0.24	RCH_2OH
13	仲醇	液	4.5	-0.44	R_2CHOH
14	叔醇	液	8.6	-0.95	R_3COH
15	混合醇	液 固	10.3 3.8	-0.63 1.27	
16	芳羟基	固	7.0	-0.29	
17	醚	液 气	15.5 28①	0.02 -0.05	CR_3OCR_3
18	环氧乙烷	液	41	-1.05	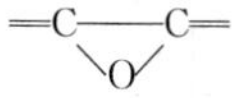
19	呋喃	液	35	-1.17	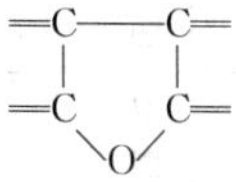

续表

序号	名称	状态	a'	b'	结构
20	过氧化物	液、固	66	0.09	R—O—O—R
21	醛	液 气	11.5 21[①]	−0.09 −0.68[①]	RCHO
22	酮	液	5.5	−0.19	RCOR
23	酸	液 固[③]	−4.7 −3.8	0.07 −0.01	RCOOH
24	酸酐	液[④] 固[⑤]	9 2.4	−0.03 −0.07	(R—C(=O))₂O 即 R—C(=O)—O—C(=O)—R
25	酯	液 固	16.1 16	−0.42 −0.62	RCOOR
26	腈	液 固[①]	9.3 9	−0.01 0.29	R—C≡N
27	异腈	液	26.6	0.57	RNC
28	亚胺	液、固[⑧]	11.8	−0.02	R_2C═N—
29	伯胺	液 气 固	17.7 18.0[①] 4[⑥]	−0.81 −0.49[①] 0.08[⑥]	R_3CNH_2
30	仲胺	液 固	18.3 0	−0.12 0.54	$(R_3C)_2NH$
31	叔胺	液	20	0.08	$(R_3C)_3N$
32	叠氮	液、固	89	−1.14	R—N_3
33	肼	固[⑧]	32.5	−0.10	—N(—)—N(—)—
34	偶氮	固[⑧]	35.4	0.11	—N═N—
35	偶氮氧	固[⑧]	32	1.44	—N═N(→O)—
36	酰胺	液[⑧] 固[⑧]	−6 −6	0.57 0.16	RCON═
37	酰亚胺	固[⑧]	−6	0.45	$(RCO)_2$N—
38	酰肼	固[⑧]	30	−0.15	RCO—N(—)—N(—)—
39	异腈酸	液、固	26	−0.38	R—N—CO
40	肟	固	45.3	−0.12	R_2C═NOH
41	胍	固[⑧]	0.7	−0.46	(—N(—)—CNH)N<
42	硝基脂肪族	液 固	88.4 92.8	−0.38 −0.68	RNO_2
43	硝基芳香族	液 固	97.9 92.9	−0.39 −0.40	$ArNO_2$
44	二硝基	液 固	292.2 287.5	0.34 −0.59	$R(NO_2)_3$

续表

序号	名称	状态	a'	b'	结构
45	硝酸酯	液 固	129.0 128.1	0.17 0.28	$RONO_2$
46	硝基胺	固[8]	94	0.86	$\gt N \cdot NO_2$
47	硝基酰胺	固[8]	101	0.55	$RCONNO_2$
48	亚硝基胺	液、固[8]	56	1.05	—N—NO |
49	亚硝基	固	21	1.9	R_3CNO
50	氟	液 固	10.9 14.2	0.61 0.19	RF
51	三氟化物	液	36.1	−0.44	RF_3
52	氯	液[9] 固[9] 气[9]	−0.3 −11.4 −1.3	−0.32 0.14 0.21[1]	RCl
53	溴	气[10]	−8[1]	0.21[1]	RBr
54	硫醇	液[7]	−32	−0.44	RSH
55	硫醚	液[7]	−35	0.22	R—S—R
56	羧酸	液、固[7]	−25	0.23	RCOSH
57	噻吩	液、固	−56	0.98	—C——C— ‖　　‖ —C　　C— S
58	吡咯	液、固[8]	1.3	−0.03	—C——C— ‖　　‖ —C　　C— N |
59	1,2,3-三唑	液 固	45 43	−0.43 −1.42	—CH—N |　　‖ —CH　N N
60	1,2,4-三唑	固[8]	15	−1.56	N——N ‖　　‖ —C　　C— N |
61	四唑	固[8]	49	0.32	N N　　C— |　　‖ —N——N
62	吡啶	液、固	14	−0.77	| C —C　　C— |　　‖ —C　　C— N
63	呋喃(1,2,5-噁二唑)	固	85.6	0.02	—C——C— ‖　　‖ N　　N O
64	2-氧基呋喃	固	126.3	−0.06	—C——C— ‖　　‖ N　　N→O O

续表

序号	名称	状态	a'	b'	结构
65	1,2,4-噁二唑	固	44	0.42	—C—N(=)，N—O—C—（环状结构）
以下数值由较少的数据归纳出来,因此准确度不够高,有待以后深入研究					
66	亚硝酯	气	36	0.40	R·ONO
67	碘化物	固①	3	0.00	R·I
68	二硫化物	液、固⑫	−96	0.00	R·S·S·R
69	砜	固⑫	−6	0.00	$R\cdot SO_2\cdot R$
70	磺酸	固⑫	−59	0.00	$R\cdot SO_3\cdot H$
71	硫氰化物	液⑫	−24	0.00	R·CNS
72	异硫氰化物	液⑫	−18	0.00	R·NCS
73	羟胺	固⑬	36	0.00	—N·OH
74	重氮基	固⑬	69	0.00	$—N\equiv N^+$
75	三氮烯	固⑬	67	0.00	—N═N—N<（N上有一个键）
76	四氮烯	固⑬	76	0.00	$—N═N—N—NH_2$（中间N上有一个键）
77	五氮二烯	固⑬	110	0.00	—N═N—N—N═N—（中间N上有一个键）
78	蒽	固⑬	−38	0.00	（三个稠合六元环）
79	菲	固⑬	−40	0.00	
80	芘	固⑬	−60	0.00	
81	氮萘(喹啉)	液、固	−2	0.00	
82	吖啶	固	−16	0.00	
83	吩嗪	固	−3	0.00	
84	吲哚	液、固	−5	0.00	
85	咔唑	固	−15	0.00	

① 以基本数为基准。

② 只限于烃类化合物。

③ 自二价酸得来。

④、⑤ 由少量数据计算得来，此数值与固体值相比可靠性差。

⑥ 仅从芳香胺计算得来。

⑦ 生成物以 SO_2 计。

⑧、⑬ 氮原子上有取代基时，需加以适当的键值。氮原子如有一个取代基，则加一个胺值；一个氮原子上如有两个取代基，则加一仲氨基。

⑨、⑪ 生成物以 HX 计算。

⑩ 生成物以 X_2 计算。

⑫ 生成物以 SO_2 计。

使用表13-101中的数据进行计算时，需遵循如下规则。

① 以基本数值为基准。

② 支链的计算。分子中如有支链存在，或在环状结构上有两个取代基存在时，则计算时应加以支链烃值，但只加一次，因此苯和甲苯无支链值，但二甲苯、异丙苯及六甲环己烷需各加一个支链烃值。

③ 相同功能团计算，如果分子中含有两个以上的某功能团，则 a' 值应乘以该功能团的个数，而 b' 仍以一个计算，但正烷烃取代基与支链烃取代基例外，见例1。

④ 非相同功能团的计算。与分子中各个功能团相应的 a' 值与 b' 值，应计入基本方程式中。有时需在一个功能团的两个相结合的原子团中，选择某一数值，此种情况下选择较复杂的基团数值，或取在表中排列较后的基团的 a' 值和 b' 值。例如甲酰胺（$HCONH_2$）可以看作醛或酰胺，但只取酰胺值，以避免重复。

脲型（—N—CO—N—）和二缩脲型（—N—CO—N—CO—N—）的基团则例外，两者都看作含有两个酰胺，而二缩脲还要加一个氨基于方程中。此种情况常适用于含氮化合物。

⑤ 所选择的系数应与化合物的物理状态相适应；如果某状态的数值可靠性较另一状态的数值可靠性小，则属例外，例如酸酐（固体数值较液体可靠）。而固体苯限于烃类，固体胺限于芳胺类。在所有情况下，液体、固体化合物皆以液态基本数据进行计算，气态则按气态数值进行计算。

⑥ 有机酸与无机酸生成的盐类和水化物应当加一个校正值，有机酸化合物的燃烧热，加无机酸的燃烧热，再加上成盐的校正值（$a'=-16.1$，$b'=0.00$）即得到此盐的燃烧热，见例 2。

⑦ 含氮结构的校正。对于某些含氮原子的基团，除必须加上表 13-101 中所列的数值以外，如果由于取代生成—N—N—链时，应再加上胺或肼的校正值。例如酰胺、肼、酰肼、偶氮、偶氮氧、胍、四唑、硝基胺、硝基酰胺、亚硝胺等及其相似化合物。硝基伯胺即被看作含有伯胺也含有硝基胺（见例 2），N—取代的硝基胺同样看作含有伯胺。计算具有 Ar—N═N—Ar 结构的偶氮化合物时，除偶氮、芳环与基本数值外，必须加上两个伯氨基。

例 21 计算 3,5-二乙氧羰基-2-α-羟丙基-4-甲基吡咯的燃烧热。

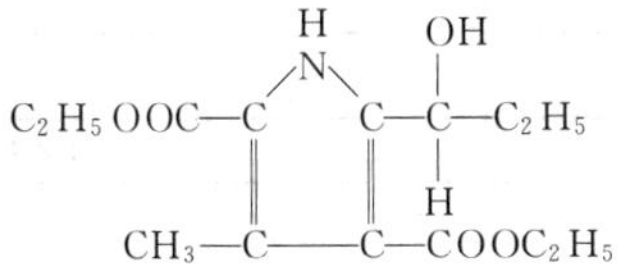

H OH
N
C_2H_5OOC—C C—C—C_2H_5
H
CH_3—C——C—$COOC_2H_5$

完全燃烧需氧原子 33.5 个。

名　称	a'	b'	使用规则
基本数值 1 液	5.7	52.08	1
支链 1 液	−3.7	0.09	2
仲醇 1 液	4.5	−0.44	5
酯 2 液	32.2	−0.42	3、5
吡咯 1 固	1.3	−0.03	
	$\sum a'=40.0$	$\sum b'=51.28$	

$$Q_{com}=40+(51.28)\times 33.5=1752\ (kcal/mol)$$

Q_{com} 的实测值为 1779kcal/mol。

例 22 试计算 5-硝氨基四唑的胍盐的燃烧热。

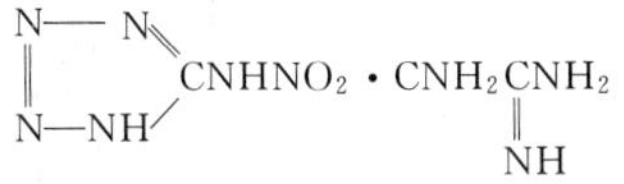

N—— N
‖ $CNHNO_2 \cdot CNH_2CNH_2$
N—NH ‖
NH

完全燃烧时需氧原子 5.5 个。

名　称	a'	b'	使用规则
基本数值 1 液	5.7	52.08	1
伯胺 1 液	17.7	−0.81	5、7
胍 1 固	0.7	−0.46	4
四唑 1 固	49	0.32	
硝氨基 1 固	94	0.86	
盐	−16.1	0.00	6
	$\sum a'=151$	$\sum b'=51.99$	

$$Q_{com}=151+51.99\times 5.5=437\ (kcal/mol)$$

Q_{com} 实测值为 453.8kcal/mol。

例 23 求维生素 A 的燃烧热。

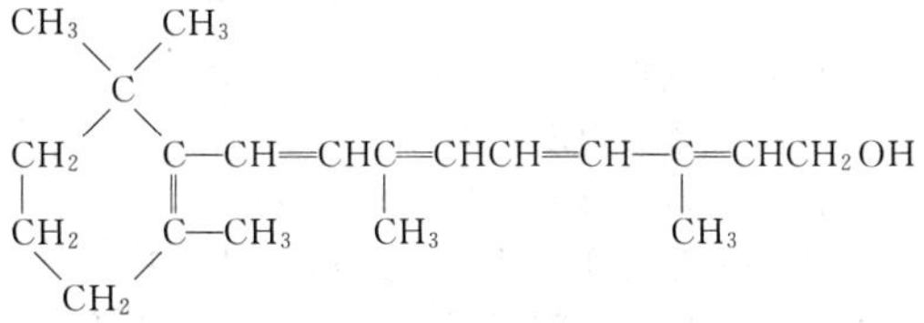

CH_3 CH_3
C
CH_2 C—CH═CHC═CHCH═CH—C═$CHCH_2OH$
| ‖ | |
CH_2 C—CH_3 CH_3 CH_3
CH_2

$$C_{20}H_{30}O_{固}+27O_2 \longrightarrow 20CO_2+15H_2O \quad X=54$$

名　称	a'	b'	使用规则
基本数值 1 液	5.7	52.08	1
支链 1 液	−3.7	+0.09	2
环己烷 1 液	−7.4	0.00	
正烯烃 5 液	+14.2×5	−0.01	3
伯醇 1 液	+9.2	−0.05	5
	$\sum a'=74.8$	$\sum b'=52.11$	

$$Q_{燃}=74.8+52.11\times 54=2889\ (kcal/mol)$$

例 24 求酚酞的燃烧热。

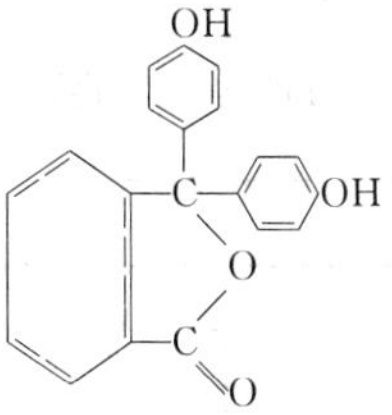

OH
C OH
O
C
O

$$C_{20}H_{14}O_{4固}+21.5O_2 \longrightarrow 20CO_2+7H_2O \quad X=43$$

名　称	a'	b'	使用规则
基本数值 1 液	5.7	52.08	1
支链 1 液	−3.7	+0.09	2
苯 3 液	−10.1×3	+0.07	3、5
芳羟基 2 固	7.0×2	−0.29	3
酯 1 液	16.1	−0.42	5
	$\sum a'=+1.8$	$\sum b'=51.53$	

$$Q_c=+1.8+51.53\times 43=2218\ (kcal/mol)$$

10.7 表面张力

10.7.1 纯物质的表面张力

(1) Macleod-Sugden 法

$$\sigma^{1/4}=[P](\rho_L-\rho_V) \qquad (13\text{-}88a)$$

式中 σ——表面张力，dyn/cm，1dyn=10^{-5}N，下同；

ρ_L，ρ_V——液体、饱和蒸气的密度，mol/cm^3；

$[P]$——等张比容，可按表 13-102 中的结构常数加和求取。

此法对氢键性液体一般误差小于 5%～10%，非氢键性液体误差更要小一些，但由于表面张力与密度是四次方的关系，所以密度的影响很大，应予以注意。

(2) 对应态法

$$\sigma = p_c^{\frac{2}{3}} T_c^{\frac{1}{3}} Q(1-T_r)^{\frac{11}{9}} \quad (13\text{-}88b)$$

$$Q = 0.1207\left(1+\frac{T_{br}\ln p_c}{1-T_{br}}\right) - 0.281$$

式中 p_c——临界压力，atm；

T_c——临界温度，K；

T_r——对比温度，$T_r = T/T_c$；

T_{br}——正常沸点对比温度 $T_{br} = T_b/T_c$。

本式适用于非氢键性液体，误差通常小于5%。

10.7.2 表面张力与温度的关系

$$\frac{\sigma_2}{\sigma_1} = \left(\frac{T_c - T_2}{T_c - T_1}\right)^n \quad (13\text{-}89)$$

n 一般为11/9，从实验数据结果归纳后得到：醇类 $n=1.00$，烃及醚类 $n=1.16$，其他有机化合物 $n=1.24$

10.7.3 非水溶液混合物的表面张力

(1) Macleod-Sugden 法

$$\sigma_m^{\frac{1}{4}} = \sum_{i=1}^{n} [P_i](\rho_{lm} x_i - \rho_{vm} y_i) \quad (13\text{-}90)$$

式中 σ_m——混合物的表面张力，dyn/cm；

$[P_i]$——i 组分的等张比容；

x_i，y_i——液相、气相的摩尔分率；

ρ_{lm}，ρ_{vm}——混合物液相、气相的密度，mol/cm³。

本法对非极性混合物误差一般为5%～10%，对极性混合物误差一般为5%～15%。

(2) 快速估算法

$$\sigma_m^r = \sum_{i=1}^{n} x_i \sigma_i^r \quad (13\text{-}91)$$

对于大多数混合物 $r=1$，若为了更好地符合，r 可在 -3～$+1$ 之间选择。

(3) 对应状态法

$$\sigma = p_c^{\frac{2}{3}} T_c^{\frac{1}{3}} Q_p \left(\frac{1-T_r}{0.4}\right)^m \quad (13\text{-}92)$$

式中：

$$Q_p = 0.1574 + 0.359\omega - 1.769x - 13.69x^2 - 0.510\omega^2 + 1.298\omega x$$

$$m = 1.210 + 0.5385\omega - 14.61x - 32.07x^2 - 1.656\omega^2 + 22.03\omega x$$

$$x = \lg p_{vpr}(0.6) + 1.70\omega + 1.552$$

此法适用于极性和氢键性化合物。

表 13-102 计算等张比容的结构常数

项目	结构常数	项目	结构常数
碳-氢结构		官能团	
C	9.0	三碳原子	22.3
H	15.5	四碳原子	20.0
CH_3—	55.5	五碳原子	18.5
—CH_2—	40.0①	六碳原子	17.3
CH_3—CH(CH_3)—	133.3	—CHO	66
CH_3—CH_2—CH(CH_3)—	171.9	O(上述情况以外)	20
CH_3—CH_2—CH_2—CH(CH_3)—	211.7	N(上述情况以外)	17.5
CH_3—CH(CH_2)—CH_2—	173.3	S	49.1
CH_3—CH_2—CH(C_2H_5)—	209.5	P	40.5
CH_3—C(CH_3)$_2$—	170.4	F	26.1
CH_3—CH_2—C(CH_3)$_2$—	207.5	Cl	55.2
CH_3—CH(CH_3)—CH(CH_3)—	207.9	Br	68.0
CH_3—CH(CH_3)—C(CH_3)$_2$—	243.5	I	90.3
C_6H_5	189.6	双键	
官能团		端键	19.1
—COO—	63.8	2,3位置	17.7
—COOH	73.8	3,4位置	16.3
—OH	29.8	叁键	40.6
—NH_2	42.5	环化合物	
—O—	20.0	三元环	12.5
—NO_2[亚硝酸酯(盐)]	74	四元环	6.0
—NO_3[硝酸酯(盐)]	93	五元环	3.0
—CO(NH_2)	91.7	六元环	0.8
═O(酮)			

① 若 $(\text{—}CH_2\text{—})_n$ 中的 $n>12$，此值取40.3。

例 25　计算乙醚（0.423 摩尔分率）与苯的二元混合物在 25℃时的表面张力。已知数据如下。

物性参数	苯	乙醚	混合物
密度/(g/cm^3)	0.8722	0.706	0.7996
表面张力/(dyn/cm)	28.28	16.47	21.81
分子量	78.114	74.123	76.462
临界温度/K	562.1	466.7	
临界压力/atm	48.3	35.9	
正常沸点/K	358.3	307.7	

注：1atm=101325Pa，1dyn/cm=10^{-3}N/m，下同。

解　(1) Macleod-Sugden 法

先算出苯与乙醚的等张比容及混合物的平均分子量。

$$[P_{苯}]=C_6H_5—+H=189.6+15.5=205.1$$

$$[P_{醚}]=(2)(CH_3—)+(2)(—CH_2—)+—O—$$
$$=(2)(55.5)+(2)(40)+20=211$$

$$M_m=0.423\times74.123+0.577\times78.114=76.426$$

混合物液相密度

$$\rho_{lm}=\frac{0.7996}{76.426}=0.01046\ (mol/cm^3)$$

低压时蒸气密度和浓度一项可以略去不计，则

$$\sigma_m^{\frac{1}{4}}=0.01046\times(0.423\times211+0.577\times205.1)$$

$$\sigma_m=22.25dyn/cm$$

$$误差=\frac{22.25-21.81}{21.81}\times100=2.0\%$$

(2) 对应状态法

$$p_{cm}=0.423\times35.9+0.577\times48.3=43.1\ (atm)$$
$$T_{cm}=0.423\times466.7+0.577\times562.1=522\ (K)$$

由式(13-88b)中的 Q 式先算出 Q(乙醚)=0.68和 Q(苯)=0.634，则混合液的 Q_m 为

$$Q_m=0.423\times0.68+0.577\times0.634=0.653$$

$$T_{rm}=\frac{25+273}{522}=0.571$$

应用式（13-88b）得

$$\sigma_m=43.1^{\frac{2}{3}}\times522^{\frac{1}{3}}\times0.653\times(1-0.571)^{\frac{11}{9}}$$
$$=22.97\ (dyn/cm)$$

$$误差=\frac{22.97-21.81}{21.81}\times100=5.3\%$$

(3) 快速估算法

应用式（13-91），采用不同 r 值，σ_m 的计算结果如下。

r	计算的 σ_m/(dyn/cm)	误差/%
1	23.25	6.6
0①	22.48	3.1
−1	21.68	−0.6
−2	20.92	−4.0
−3	20.19	−7.4

① 当 $r=0$ 时，$\sigma_m=\sigma_1\exp[x_2\ln(\sigma_2/\sigma_1)]$。

注：1dyn/cm=10^{-3}N/m。

10.7.4 含水溶液表面张力

有机分子中烃基是疏水性的，有机物在表面的浓度高于主体部分的浓度，因而当少量的有机物溶于水时，足以影响水的表面张力。当有机溶质浓度不超过1%时，可应用式（13-93）求取溶液表面张力 σ。

$$\frac{\sigma}{\sigma_w}=1-0.411\lg\left(1+\frac{x}{a}\right)\qquad(13\text{-}93)$$

式中　σ_w ——纯水的表面张力，dyn/cm；

x ——有机溶质的摩尔分数；

a ——特性常数，见表 13-103。

表 13-103　式（13-93）中的特性常数 a 值

化合物	$a\times10^4$	化合物	$a\times10^4$
丙酸	26	二乙酮	8.5
正丙醇	26	丙酸乙酯	3.1
异丙醇	26	醋酸丙酯	3.1
醋酸甲酯	26	正戊酸	1.7
正丙胺	19	异戊酸	1.7
甲乙酮	19	正戊醇	1.7
正丁酸	7	异戊醇	1.7
异丁酸	7	丙酸丙酯	1.0
正丁醇	7	正己酸	0.75
异丁醇	7	正庚酸	0.17
甲酸丙酯	8.5	正辛酸	0.034
醋酸乙酯	8.5	正癸酸	0.0025
丙酸甲酯	8.5		

二元的有机物-水溶液的表面张力在宽浓度范围内可用式（13-94）求取。

$$\sigma_m^{\frac{1}{4}}=\varphi_{sw}\sigma_w^{\frac{1}{4}}+\varphi_{so}\sigma_o^{\frac{1}{4}}\qquad(13\text{-}94)$$

式中，$\varphi_{sw}=\frac{x_{sw}V_w}{V_s}$；$\varphi_{so}=\frac{x_{so}V_o}{V_{so}}$。

并以下列各关联式求出 φ_{sw} 和 φ_{so}。

$$B=\lg\left(\frac{\varphi_w^q}{\varphi_o}\right)\qquad(13\text{-}95)$$

$$\varphi_{sw}+\varphi_{so}=1\qquad(13\text{-}96)$$

$$A=B+Q\qquad(13\text{-}97)$$

$$A=\lg(\varphi_{sw}^q+\varphi_{so})\qquad(13\text{-}98)$$

$$Q=0.441\frac{q}{T}\times\left(\frac{\sigma_oV_o^{\frac{2}{3}}}{q}-\sigma_wV_w^{\frac{2}{3}}\right)\qquad(13\text{-}99)$$

$$\varphi_w=\frac{X_wV_w}{X_wV_w+X_oV_o}\qquad(13\text{-}100)$$

$$\varphi_o=\frac{X_oV_o}{X_wV_w+X_oV_o}\qquad(13\text{-}101)$$

式中，下脚标 w、o、s 分别指水、有机物及表面部分；X_w、X_o 指主体部分的摩尔分数；V_w、V_o 指主体部分的摩尔体积；σ_w、σ_o 为纯水及有机物的表面张力；q 值取决于有机物的形式与分子的大小，见表 13-104。

表 13-104　式(13-94)～式(13-101)中的 q 值

物质	q	举　例
脂肪酸、醇	碳原子数	乙酸 $q=2$
酮类	碳原子数减 1	丙酮 $q=2$
脂肪酸的卤代衍生物	碳原子数乘以卤代衍生物与原脂肪酸两者的摩尔体积比	氯代乙酸 $q=2\dfrac{V_s(\text{氯代乙酸})}{V_s(\text{乙酸})}$

若用于非水溶液时，q＝溶质摩尔体积/溶剂摩尔体积。本法对 14 个水系统，2 个醇-醇系统，当 q 值小于 5 时，误差小于 10%；当 q 值大于 5 时，误差小于 20%。

例 26　计算乙醇水溶液（乙醇摩尔分数为 0.207）在 25℃时的表面张力。$\sigma_w=71.97$dyn/cm；$\sigma_o=22.0$dyn/cm；$V_w=18\text{cm}^3/\text{mol}$；$V_o=58.39\text{cm}^3/\text{mol}$（下标 o 指乙醇，w 指水）

解　按表 13-104，查得 $q=2$。

$$\frac{\phi_w^2}{\phi_o}=\frac{(X_wV_w)^2}{X_oV_o(X_wV_w+X_oV_o)}$$

$$=\frac{(0.793\times18)^2}{(0.207\times58.39)\times(0.793\times18+0.207\times58.39)}$$

$$=0.639$$

$$B=\lg0.639=-0.194$$

$$Q=0.441\times\frac{2}{298}\times\left(\frac{22.0\times58.39^{\frac{2}{3}}}{2}-71.97\times(18)^{\frac{2}{3}}\right)$$

$$=-0.973$$

$$A=B+Q=-0.194-0.973=-1.167$$

即　$\lg\left(\dfrac{\varphi_{sw}^2}{\varphi_{so}}\right)=0.16$，与 $\varphi_{sw}+\varphi_{so}=1$联解得：$\varphi_{sw}=0.229$，$\varphi_{so}=0.771$。

$$\sigma_m=(0.229\times71.97^{\frac{1}{4}}+0.771\times22.0^{\frac{1}{4}})^4$$

$$=29.82\ (\text{dyn/cm})$$

其实验值为 29.0dyn/cm。

10.8　黏度

10.8.1　气体黏度

(1) 低压气体的黏度

① 由气体分子运动理论方程求取

$$\eta=26.69\frac{\sqrt{MT}}{\sigma^2\Omega_v}\tag{13-102}$$

式中　η——黏度，μP，1μP＝10^{-7}Pa·s；

M——气体的分子量；

T——气体的温度，K；

σ——不可压缩原分子直径，Å，1Å＝10^{-10}m。

Ω_v——分子碰撞积分，当分子间无吸引力时，$\Omega_v=1$。

Ω_v 也可由 Lennard-Jones 或 Stockmayer 势能参数算出（表 13-105），此时需引进一个无量纲参数 T^*。

$$T^*=\frac{KT}{\varepsilon}\tag{13-103}$$

表 13-105　Stockmayer 势能参数

化合物	偶极矩 μ_P /debye	σ /Å	ε/K /K	δ
H_2O	1.85	2.52	775	1.0
NH_3	1.47	3.15	358	0.7
HCl	1.08	3.36	328	0.34
HBr	0.80	3.41	417	0.14
HI	0.42	4.13	313	0.029
SO_2	1.63	4.04	347	0.42
H_2S	0.92	3.49	343	0.21
NOCl	1.83	3.53	690	0.4
$CHCl_3$	1.013	5.31	355	0.07
CH_2Cl_2	1.57	4.51	483	0.2
CH_3Cl	1.87	3.94	414	0.5
CH_3Br	1.80	4.25	382	0.4
C_2H_5Cl	2.03	4.45	423	0.4
CH_3OH	1.70	3.69	417	0.5
C_2H_5OH	1.69	4.31	431	0.3
n-C_3H_7OH	1.69	4.71	495	0.2
i-C_3H_7OH	1.69	4.64	518	0.2
$(CH_3)_2O$	1.30	4.21	432	0.19
$(C_2H_5)_2O$	1.15	5.49	362	0.08
$(CH_3)_2CO$	1.20	4.50	549	0.11
CH_3COOCH_3	1.72	5.40	418	0.2
$CH_3COOC_2H_5$	1.78	5.24	499	0.16
CH_3NO_2	2.15	4.16	290	2.3

注：1Å＝10^{-10}m，1debye＝$(\sqrt{10}\times10^{-25})\ (\text{J}\cdot\text{m}^3)^{\frac{1}{2}}$。

K 为玻尔兹曼常数，ε 为势能常数，ε/K 的单位为 K。

对于非极性分子，可使用下式计算 Ω_v。

$$\Omega_v=\left(\frac{A}{T^{*B}}\right)+\frac{C}{\exp DT^*}+\frac{E}{\exp FT^*}\tag{13-104}$$

式中　$A=1.16145$；$B=0.14874$；

$C=0.52487$；$D=0.77320$；

$E=2.16178$；$F=2.43787$。

当在表 13-105 中查不到 σ 和 ε/K 的值时，可用式（13-105）和式（13-106）计算。

$$\sigma\left(\frac{P_c}{T_c}\right)^{\frac{1}{3}}=2.3551-0.087\omega\tag{13-105}$$

$$\frac{\varepsilon}{kT_c}=0.7915+0.1693\omega\tag{13-106}$$

对于极性分子，Ω_v 的求取采用 Stockmayer 参数。

$$\Omega_v(\text{Stockmayer})=\Omega_v(\text{Lennard-Jones})+\frac{0.2\delta^2}{T^*}\tag{13-107}$$

式中，Ω_v（Lennard-Jones）用式（13-104）计算。δ 为 Stockmayer 参数，其定义为

$$\delta=\frac{\mu_p^2}{2\varepsilon\sigma^3}\text{（无量纲）}$$

式中，μ_p 为偶极矩，单位为 debye[$1\text{debye}=(\sqrt{10}\times10^{-25})(\text{J}\cdot\text{m}^3)^{1/2}$]。$\delta$ 可以从 Stockmayer 参数表中找到。当查不到 Stockmayer 各参数时，也可用式（13-108）计算。

$$\sigma=\left(\frac{1.585V_b}{1+1.3\delta^2}\right)^{\frac{1}{3}} \tag{13-108}$$

$$\frac{\varepsilon}{K}=1.18\times(1+1.3\delta^2)T_b \tag{13-109}$$

$$\delta=\frac{1.94\times10^3\mu_p^2}{V_bT_b} \tag{13-110}$$

例 27 计算丙烷 100℃时的黏度。

解 查得 $M=44.097$，$T_c=369.8\text{K}$，$p_c=41.9\text{atm}$（1atm=101325Pa，下同），$\omega=0.154$。

由式（13-102）～式（13-106）得

$$\sigma=\frac{2.3551-0.087\times0.154}{\left(\frac{41.9}{369.8}\right)^{\frac{1}{3}}}=4.84$$

$$\frac{\varepsilon}{K}=369.8\times(0.7915+0.1693\times0.154)=302.34$$

$$T^*=\frac{373}{302}=1.24$$

$$\Omega_v=\frac{1.16145}{1.24^{0.14874}}+\frac{0.52487}{\exp(0.7732\times1.24)}+\frac{2.16178}{\exp(2.43787\times1.24)}=1.431$$

$$\eta=26.69\frac{\sqrt{44.097\times373}}{4.89^2\times1.431}=102.14\ (\mu\text{P})$$

（$1\mu\text{P}=10^{-5}\text{Pa}\cdot\text{s}$，下同）

查得 $\eta=0.0103\text{cP}$，相对误差为 -0.84%。

② 由 Thodos 方程求取

对非极性分子

$$\eta\xi=4.610T_r^{0.618}-2.04e^{-0.449T_r}+1.94e^{-4.058T_r}+0.1 \tag{13-111}$$

对氢键型分子（$T_r<2.0$）

$$\eta\xi=(0.755T_r-0.055)Z_c^{-\frac{5}{4}} \tag{13-112}$$

对非氢键型分子（$T_r<2.5$），

$$\eta\xi=(1.90T_r-0.29)^{\frac{4}{5}}Z_c^{-\frac{2}{3}} \tag{13-113}$$

以上各式中 η 的单位为 μP。

$$\xi=T_c^{\frac{1}{6}}M^{-\frac{1}{2}}P_c^{-\frac{2}{3}} \tag{13-114}$$

Thodos 方程不适用于 H_2、He 和卤族气体，对强缔合性的极性气体也不适用。

例 28 计算水蒸气 150℃时黏度。

解 查得 $M=18.015$，$T_c=647.3\text{K}$，$P_c=218.3\text{atm}$，$Z_c=0.23$，$T_r=423/647.3=0.653$。

由式（13-114）、式（13-112）得

$$\xi=647.3^{\frac{1}{6}}\times18.05^{-\frac{1}{2}}\times218.3^{-\frac{2}{3}}=0.0191$$

$$\eta\xi=(0.755\times0.653-0.055)\times0.23^{-\frac{5}{4}}=2.750$$

$$\eta=\frac{2.750}{0.0191}=144\ (\mu\text{P})$$

查得 $\eta=0.0144\text{cP}$，相对误差为 0。

对于非极性气体，当 ε/K 和 σ 值可以从有关表中查出时，推荐用式（13-102）计算，其误差一般不大于 1%。当无 ε/K 和 σ 数据可查时，可使用 Thodos 方程［式(13-111)～式(13-114)］计算，其误差一般在 1%～3%之间。

对于极性气体，可采用式（13-107）计算；当可查到 Stockmayer 参数时，使用该式的误差一般在 0.5%～1.5%。

(2) 压力对气体黏度的影响

采用剩余黏度法，对非极性气体，$0.1\leqslant\rho_r<3$ 时

$$[(\eta-\eta^\circ)\xi+1]^{0.25}=1.0230+0.23364\rho_r+0.58533\rho_r^2-0.40758\rho_r^3+0.093324\rho_r^4 \tag{13-115}$$

对极性气体，$\rho_r\leqslant0.1$ 时

$$(\eta-\eta^\circ)\xi=1.656\rho_r^{1.111} \tag{13-116}$$

$0.1\leqslant\rho_r\leqslant0.9$ 时

$$(\eta-\eta^\circ)\xi=0.0607(9.045\rho_r+0.63)^{1.739} \tag{13-117}$$

$0.9\leqslant\rho_r<2.6$ 时

$$\lg\{4-\lg[(\eta-\eta^\circ)\xi]\}=0.6439-0.1005\rho_r-\Delta \tag{13-118}$$

式中，$0.9\leqslant\rho_r<2.2$ 时

$$\Delta=0 \tag{13-119}$$

$2.2<\rho_r<2.6$ 时

$$\Delta=4.75\times10^{-4}\times(\rho_r^3-10.65)^2 \tag{13-120}$$

$\rho_r=2.8\sim3.0$ 时

$$(\eta-\eta^\circ)\xi=90.0\sim250 \tag{13-121}$$

式中 η——高密度气体黏度，μP；
η°——低压气体黏度，μP；
ρ_r——对比密度，$\rho_r=\rho/\rho_c=V_c/V$。

例 29 计算氨在 $T=171$℃、$p=136\text{atm}$ 时的黏度。

解 查得 $T_c=405.6\text{K}$，$p_c=111.3\text{atm}$，$V_c=72.56\text{cm}^3/\text{mol}$，$\eta^\circ=157\mu\text{P}$，$M=17.0$，$\omega=0.250$，$T_r=444/405.6=1.09$，$P_r=136/113.3=1.22$。

由表 13-83 和表 13-84 可知 $Z^{(0)}=0.589$，$Z^{(1)}=0.0946$，用 Pitzer-Curl 法得

$$Z=Z^{(0)}+\omega Z^{(1)}=0.589+0.250\times0.0946=0.613$$

$$\rho_r=\frac{pV_c}{ZRT}=\frac{136\times72.5}{0.613\times82.07\times444}=0.441$$

由式（13-114）得

$$\xi=405.6^{\frac{1}{6}}\times17.0^{-\frac{1}{2}}\times111.3^{-\frac{2}{3}}=0.0285$$

由式（13-117）得

$$(\eta-157)\times0.0285=0.0607\times(9.045\times0.441+0.63)^{1.739}$$

$$\eta=187.5\ (\mu\text{P})$$

查得 $\eta=197\mu P$，相对误差为-5.07%。

(3) 低压气体混合物的黏度

气体混合物的黏度一般随组成呈非线性变化。当混合物的黏度达到某一组成时，有一个最大值（未发现过有最小值）。在极性-非极性气体的混合中，当两种纯气体的黏度差别不大时，这种情况尤其显著。

① 低压气体混合物的黏度可由式（13-122）计算。

$$\eta_m=\sum_{i=1}^{n}\frac{y_i\eta_j}{\sum_{j=1}^{n}y_j\phi_{ij}} \tag{13-122}$$

当 $i=j$ 时，$\phi_{ii}=\phi_{jj}=1$。

式中　η_m——混合黏度；

η_i，η_j——纯气体黏度；

y_i，y_j——组分的摩尔分率。

由于 ϕ_{ij} 和 ϕ_{ji} 的变化，可使式（13-122）中的 η_m 出现一个最大值。ϕ_{ij} 可用下列 Wilke 方法求取。

$$\phi_{ij}=\frac{\left[1+\left(\frac{\eta_i}{\eta_j}\right)^{\frac{1}{2}}\left(\frac{M_j}{M_i}\right)^{\frac{1}{4}}\right]^2}{\left[8\times\left(1+\frac{M_i}{M_j}\right)\right]^{\frac{1}{2}}} \tag{13-123}$$

$$\phi_{ji}=\frac{\eta_j}{\eta_i}\frac{M_i}{M_j}\phi_{ij} \tag{13-124}$$

式中　M_i，M_j——i 及 j 组分的分子量。

例 30　计算甲烷-丙烷混合物在 101325Pa、20℃时的黏度（甲烷、丙烷的摩尔分率分别为 $y_1=0.6$、$y_2=0.4$）。

解　以下脚标 1 和 2 分别表示甲烷和丙烷。查得 $\eta_1=108\mu P$，$\eta_2=79.77\mu P$，$M_1=16.043$，$M_2=44.097$。

由式（13-122）～式（13-124）得

$$\phi_{1,2}=\frac{\left[1+\left(\frac{108}{79.77}\right)^{\frac{1}{2}}\times\left(\frac{44.097}{16.043}\right)^{\frac{1}{4}}\right]^2}{\left[8\times\left(\frac{1+16.043}{44.097}\right)\right]^{\frac{1}{2}}}=1.889$$

$$\phi_{2,1}=\frac{79.77\times16.043}{108\times44.097}\times1.889=0.5081$$

$$\eta_m=\frac{0.6\times108}{0.6+0.4\times1.889}+\frac{0.4\times79.77}{0.4+0.6\times0.5081}=93.07\ (\mu P)$$

查得 $\eta_m=94\mu P$，相对误差为-0.99%。

② Dean-Stiel 法。

$$\eta_m^{\circ}\xi_m=34.0\times10^{-5}T_r^{\frac{8}{9}}\qquad T_r\leqslant1.5 \tag{13-125}$$

$$\eta_m^{\circ}\xi_m=166.8\times10^{-5}\times(0.1338T_r-0.0932)^{\frac{5}{9}}\qquad T_r>1.5 \tag{13-126}$$

式中　η_m°——低压混合物黏度，cP。

$$\xi_m=\frac{T_{cm}^{\frac{1}{6}}}{M_m^{\frac{1}{2}}P_m^{\frac{2}{3}}}$$

混合物的相对分子量 M_m 为摩尔分数平均值。

T_{cm}、Z_{cm}、V_{cm} 与 p_{cm} 各值可采用简化的 Prausnitz 和 Gunn 规则求得。

$$T_{cm}=\sum_i y_iT_{ci} \tag{13-127}$$

$$Z_{cm}=\sum_i y_iZ_{ci} \tag{13-128}$$

$$V_{cm}=\sum_i y_iV_{ci} \tag{13-129}$$

$$p_{cm}=\frac{Z_{cm}RT_{cm}}{V_{cm}} \tag{13-130}$$

例 31　计算甲烷-正丁烷混合物在 101325Pa、37.8℃时黏度，$y_1=0.70$，$y_2=0.30$。

解　查得 $M_1=16.04$，$M_2=58.12$，$T_{c1}=190.7K$，$T_{c2}=425.2K$，$V_{c1}=99.5cm^3/mol$，$V_{c2}=255cm^3/mol$，$Z_{c1}=0.29$，$Z_{c2}=0.274$。

由式(13-127)～式(13-130)求得

$T_{cm}=0.7\times190.7+0.3\times425.2=261$ (K)

$Z_{cm}=0.7\times0.29+0.3\times0.274=0.285$

$V_{cm}=0.7\times99.5+0.3\times255=146.1$ (cm^3/mol)

$p_{cm}=0.285\times82.06\times261/146.1=41.8$ (atm)

$T_r=311/261=1.19$

由式（13-114）得

$$\xi_m=\frac{261^{\frac{1}{6}}}{(0.7\times16.04+0.3\times58.12)^{\frac{1}{2}}\times41.8^{\frac{2}{3}}}=0.0394$$

由式（13-125）得

$$\eta_m^{\circ}(0.0394)=3.40\times10^{-5}\times1.19^{\frac{8}{9}}=0.0101\ (cP)$$

查得 $\eta^{\circ}=0.00982\mu P$，相对误差为$+3.0\%$。

对于非极性系统的低压气体混合物其黏度可使用 Wilke 方程计算，误差一般为 3%～4%。对$(\eta_1/\eta_2)\phi_{1,2}\phi_{2,1}<1$、同时 $\eta_1>\eta_2$ 的系统，由于有显著的最大黏度值，计算误差会比较大。

(4) 压力对气体混合物黏度的影响

$$(\eta_m-\eta_m^{\circ})\xi_m=(1.08)[\exp1.439\rho_{rm}-\exp(-1.111\rho_{rm}^{1.858})] \tag{13-131a}$$

式中　η_m——高压下气体混合物的黏度，μP；

η_m°——低压下气体混合物的黏度，μP；

ρ_{rm}——混合气体对比密度，$\rho_{rm}=\rho_m/\rho_{cm}$；

ρ_{cm}——混合气体临界密度，$\rho_{cm}=p_{cm}/(Z_{cm}RT_{cm})$，$mol/cm^3$。

$$\xi_m=\frac{T_{cm}^{\frac{1}{6}}}{M_m^{\frac{1}{2}}P_{cm}^{\frac{2}{3}}} \tag{13-131b}$$

由式（13-131a）计算出的高压气体混合物的黏度，对低分子量非极性气体混合物而言，误差一般不超过10%；对于高分子量极性气体混合物，尚无合适的计算方法，式（13-131a）虽可使用，但误差较大。

例 32 计算乙烯（18.65%，摩尔分数，下同）与乙烷（81.35%）混合气体在150℃，120atm时的黏度。

解 设乙烯为组分 1，乙烷为组分 2。查得$T_{c1}=283.1$K，$T_{c2}=305.4$K，$M_1=28.05$，$M_2=30.07$，$Z_{c1}=0.27$，$Z_{c2}=0.285$，$V_{c1}=124\text{cm}^3/\text{mol}$，$V_{c2}=148\text{cm}^3/\text{mol}$，$\omega_1=0.073$，$\omega_2=0.105$。

由式(13-127)～式(13-130)得

$T_{cm}=0.1865\times283.1+0.8135\times305.4=301$ (K)

$M_m=0.1865\times28.05+0.8135\times30.07=29.69$

$V_{cm}=0.1865\times124+0.8135\times148=143.5$ (cm³/mol)

$Z_{cm}=0.1865\times0.27+0.8135\times0.285=0.282$

$\omega_m=0.1865\times0.073+0.8135\times0.105=0.098$

$$p_{cm}=\frac{Z_{cm}RT_{cm}}{V_{cm}}=\frac{0.282\times82.06\times301}{143.5}=48.6\ (\text{atm})$$

由式（13-131b）得

$$\xi_m=\frac{301^{\frac{1}{6}}}{29.69^{\frac{1}{2}}\times48.6^{\frac{2}{3}}}=0.03568$$

$T_{rm}=423/301=1.4$，$p_{rm}=120/48.6=2.47$。

由表 13-83 和表 13-84 得

$$Z_m^{(0)}=0.74\quad Z_m^{(1)}=0.2$$

由式（13-32）得

$Z_m=Z_m^0+\omega Z_m^1=0.74+0.098\times0.20=0.76$

$$V_m=Z_m\frac{RT}{p}=\frac{0.76\times82.06\times423}{120}=220\ (\text{cm}^3/\text{mol})$$

$$\rho_{rm}=\frac{V_{cm}}{V_m}=\frac{143.5}{220}=0.65$$

低压气体黏度由式（13-125）求得。

$$\eta_m^\circ=0.01299\text{cP}$$

由式（13-131a）得

$$(\eta_m-0.01299)\times0.03568=10.8\times10^{-5}(e^{1.439\times0.65}-e^{-1.111\times0.65^{1.858}})=0.0189(\text{cP})$$

查得 $\eta_m=0.0188$cP，相对误差为+0.5%。

10.8.2 液体黏度

对液体黏度的计算，没有可靠的理论依据，而且计算误差远大于气体黏度。压力对液体黏度的影响不能呈现很好的规律性，仅在中压（几十个大气压）、低温（常压沸点以下）范围内，液体的黏度随压力增加而增加。压力对液体黏度的影响很小，简单分子（例如水）的液体黏度受压力的影响比复杂分子（有机物）的液体黏度受压力的影响要小。

(1) 液体黏度（$T_r<0.80$）的计算方法

Morris 法：

$$\lg\frac{\eta_l}{\eta^+}=J\left(\frac{1}{T_r}-1\right)\qquad(13\text{-}132)$$

$$J=\left[0.0577+\sum_i(b_in_i)\right]^{\frac{1}{2}}\qquad(13\text{-}133)$$

η^+值和b_i值见表 13-106 及表 13-107；n_i 为同一基团出现的次数。

表 13-106 假临界黏度 η^+ 值

类别	η^+值
烃类	0.0875
卤化烃类	0.148
苯衍生物	0.0895
卤化苯衍生物	0.123
醇类	0.0819
有机酸类	0.117
醚、酮、醛、乙酯类	0.096
酚类	0.0126
其他	0.10

例 33 计算丙烷−10℃时黏度。

解 查得 $T_c=369.8$K，$T_r=263/369.8=0.711$，$\eta^+=0.0875$，$b_i=0.0825$。

由式（13-132）和式（13-133）得

$$J=(0.0577+0.0825\times3)^{\frac{1}{2}}=0.551$$

$$\lg\frac{\eta_l}{0.0875}=0.551\times\left(\frac{1}{0.711}-1\right)$$

$$\eta_l=0.147\ (\text{cP})$$

查得 $\eta_l=0.145$cP，相对误差为+1.38%。

Van Velzen-Cardozo-Lengenkamp 法：

$$\lg\eta_l=B\left(\frac{1}{T}-\frac{1}{T_0}\right)\qquad(13\text{-}134)$$

$$N^*=N+\sum_i\Delta N_i\qquad(13\text{-}135)$$

$N^*\leqslant20$

$$T_0=28.86+37.439N^*-1.3547N^{*2}+0.02076N^{*3}$$

$N^*>20$

$$T_0=8.164N^*+238.59\qquad(13\text{-}136)$$

$N^*\leqslant20$

$$B_a=24.79+66.885N^*-1.3173N^{*2}-0.00377N^{*3}$$

$N^*>20$

$$B_a=530.59+13.740N^*\qquad(13\text{-}137)$$

$$B=B_a+\sum_i\Delta B_i$$

式中 η_l——液体黏度，cP；

N——分子中碳原子数；

ΔN_i，ΔB_i——结构或基团的贡献值，见表 13-108；

ni——结构或基团出现次数。

Van Velzen 法不适用于同系物的第一个化合物。用 Van Velzen 计算 N^* 的方法颇为复杂。下面举例说明。

表 13-107 基团对 J 的贡献值

基团	b_i	基团	b_i
CH_3、CH_2、CH	0.0825	饱和环内的 CH_2	0.1707
卤取代 CH_3	0.0	接于环上的 CH_3、CH_2、CH	0.0520
卤取代 CH_2	0.0893	接于环上的 NO_2	0.4170
卤取代 CH	0.0667	接于环上的 NH_2	0.7645
卤取代 C	0.0	接于环上的 F、Cl	0.0
Br	0.2058	醇类的 OH	2.0446
Cl	0.1470	酸类的 COOH	0.8896
F	0.1344	酮类的 C═O	0.3217
I	0.1908	乙酸酯的 O═C—O	0.4369
双键	−0.0742	酚类的 OH	3.4420
C_6H_4 苯环	0.3558	醚类的—O—	0.1090
环内另加一个 H 的值	0.1446		

例 34 计算二苯甲酮、氯仿，N-甲基二苯基胺、N,N'-二乙基苯胺、丙烯醇和间硝基甲苯的 N^* 值。

解 二苯甲酮，$N=13$。

$N^*=N+[\text{酮贡献}]+2[\text{芳香核附加值}]$
$=13+(3.265-0.122\times13)+2\times2.70$
$=20.8$

氯仿，$N=1$

$N^*=N+3[\text{氯贡献}]+[\text{C}-\text{Cl}_3\text{贡献}]$
$=1+3\times3.21+(1.91-1.459\times3)$
$=8.16$

N-甲基二苯基胺，$N=13$。

$N^*=N+[\text{叔胺贡献}]+2\times[\text{芳香基附加值}]$
$=13+3.27+2\times0.60=17.47$

N,N'-二乙基苯胺，$N=10$。

$N^*=N+[\text{叔胺贡献}]+[\text{芳香基附加值}]$
$=10+3.27+0.60=13.87$

丙烯醇，$N=3$。

$N^*=N+[\text{伯醇贡献}]+[\text{烯链贡献}]$
$=3+(10.606-0.276\times3)+(-0.152-0.042\times3)=12.50$

间硝基甲苯，$N=7$。

$N^*=N[\text{芳香硝基物贡献}]+[\text{间位附加值}]$
$=7+(7.812-0.236\times7)+0.11=13.27$

由 N^* 值可以计算 ΔB_i 值和 T_0、B 和 η_l 值。

例 35 计算 120℃时二苯甲酮的 η_l 值。

解 由例 8 得，$N^*=20.08$。

$\Delta B(\text{酮贡献})=-117.21+15.781N^*=199.67$

$\Delta B(\text{芳香酮附加值})=-760.65+50.478N^*=252.95$

$B_a=530.59+13.740N^*=806.49$

$B=806.46+199.67+252.95=1259.11$

$T_0=8.164N^*+238.59=402.52$

代入式 (13-134) 得

$$\lg\eta_l=1259.11\times\left(\frac{1}{393}-\frac{1}{402.52}\right)=0.075774$$

$$\eta_l=1.19$$

例 36 计算 80℃水的黏度。

解 由《化学工程手册》(化学工业出版社，1989) 第一篇 165 页中查得黏度常数 $T_0=283.16$，$B=638.25$。由式 (13-134) 得

$$\lg\eta_l=638.25\times\left(\frac{1}{273.16+80}-\frac{1}{283.16}\right)=0.346\ (\text{cP})$$

查得 $\eta_l=0.35\text{cP}$，相对误差为 -1.14% ($1\text{cP}=10^{-3}\text{Pa}\cdot\text{s}$)。

(2) 液体黏度 ($T_r>0.76$) 的计算方法

按照对比状态原理，低压（低温）下液体黏度 η_l 与高温液体黏度 η_l 的相互关系可以表示为

$$\eta_l=f(\eta_l\xi_l\rho_r) \tag{13-138}$$

式中，ρ_r 为在 T_r 下的对比密度，$\xi_l=T_c^{1/6}M^{-1/2}P_c^{-2/3}$。

$$\eta_l\xi=(\eta_l\xi)^{(0)}+\omega(\eta_l\xi)^{(1)} \tag{13-139}$$

在 $0.76\leqslant T_r<0.98$ 范围内

$$(\eta_l\xi)^{(0)}=0.015174-0.02135T_r+0.0075T_r^2 \tag{13-140}$$

$$(\eta_l\xi)^{(1)}=0.042552-0.07674T_r+0.0340T_r^2 \tag{13-141}$$

$T_r>0.98$ 后，$\eta\xi$ 值迅速下降，上式不适用于 T_r 在 0.98～1.0 的范围内。

例 37 计算醋酸 190℃时的黏度。

解 查得 $T_c=594.8\text{K}$，$P_c=57.1\text{atm}$，$M=60.052$，$\omega=0.454$，$T_r=463/594.8=0.778$。

由式 (13-114)、式 (13-140) 和式 (13-141) 得

$$\xi=594.8^{\frac{1}{6}}\times60.052^{-\frac{1}{2}}\times57.1^{-\frac{2}{3}}=0.0252$$

$$(\eta_l\xi)^{(0)}=0.015174-0.02135\times0.778+0.0075\times0.778^2=0.00310$$

$$(\eta_l\xi)^{(1)}=0.042552-0.07674\times0.778+0.0340\times0.778^2=0.00343$$

$$\eta_l\xi=0.00310+0.454\times0.00343=0.00466$$

表 13-108 结构或基团贡献值 ΔN_i、ΔB_i

结构或基团	ΔN_i	ΔB_i	举例				备注
			化合物	N^*	B	T_o	
正构链烷	0	0	正己烷	6.00	377.86	209.21	
异构链烷	$1.389-0.238N$	15.51	2-甲基丁烷	5.20	351.95	189.83	
在异构位置上具有两个甲基的饱和烃	$2.319-0.238N$	15.51	2,3-二甲基丁烷	6.89	437.37	229.29	
正构链烯	$-0.152-0.042N$	$-44.94+5.410N^*$	1-辛烯	7.51	446.89	242.41	
正构链二烯	$-0.304-0.084N$	$-44.94+5.410N^*$	1,3-丁二烯	3.36	211.21	140.15	
异构链烯	$1.237-0.280N$	$-26.01+5.410N^*$	2-甲基-2-丁烯	4.84	317.40	180.68	
异构链二烯	$1.085-0.322N$	$-36.01+5.410N^*$	2-甲基-1,3-丁二烯	4.48	285.89	171.26	
具有一个双键和两个甲基在异构位置上的烃	$2.626-0.518N$	$-36.01+5.410N^*$	2,3-二甲基-1-丁烯	5.52	347.07	197.74	在异构位置上，每次增加一个甲基时，ΔN 值每次再增 $1.389-0.238N$
具有两个双键和两个甲基在异构位置上的烃	$2.474-0.560N$	$-36.01+5.410N^*$	2,3-二甲基-1,3-丁二烯	5.11	323.30	187.57	在异构位置上，每次增加一个甲基时，ΔN 值每次再增 $1.389-0.238N$
环戊烷类	$0.205+0.069N$	$-45.96+2.224N^*$	正丁基环戊烷	9.83	527.3	285.7	适用于 $N\leqslant16$，不适用于 $N=5$ 或 $N=6$
环己烷类	$3.971-0.172N$	$-339.67+23.135N^*$	十三烷基环戊烷	18.87	889.40	392.45	适用于 $N\geqslant16$
	1.48	$-272.85+25.041N^*$	乙基环己烷	9.48	501.80	279.72	适用于 $N<17$，不适用于 $N=6$ 或 $N=7$
烷基苯类	$6.517-0.311N$	$-272.85+25.041N^*$	十二烷基环己烷	18.92	994.10	392.87	适用于 $N\geqslant17$
	0.60	$-140.04+13.869N^*$	邻二甲苯	9.11	563.09	273.20	适用于 $N<16$，不适用于 $N=6$ 或 $N=7$，见注 1、5、6
	$3.055-0.161N$	$-140.04+13.869N^*$					适用于 $N\geqslant16$，见注 1、5、6
多苯基苯类	$-5.340+0.815N$	$-188.4+9.558N^*$	*m*-三联苯	27.44	1008.7	462.58	见注 1
醇类							
伯醇	$10.606-0.276N$	$-589.44+70.519N^*$	1-戊醇				
仲醇	$11.200-0.605N$	497.58	异丙醇	14.23	1113.0	347.12	见注 2
叔醇	$11.200-0.605N$	928.83	2-甲基叔丁醇	12.38	1141.35	324.12	见注 2
二元醇(附加值)	见备注	557.77	β-丙二醇	13.42	1699.1	337.49	见注 2
酚(附加值)	$16.17-N$	213.68		22.66	1399.71	423.55	ΔN 的计算用醇结构值加 $N-2.50$
—OH 在芳香环的侧链上时(附加值)	-0.16	213.68					见注 1、3、4
酸	$6.795+0.365N$	$-249.12+22.449N^*$	正丁酸	12.25	665.40	322.36	$N<11$，不适用于 $N=1.2$
	10.71	$-249.12+22.449N^*$					$N>11$

续表

结构或基团	ΔN_i	ΔB_i	举例				备注
			化合物	N^*	B	T_o	
异构酸	见备注	$-249.12+22.449N^*$	异丁酸	12.01	652.02	319.06	ΔB 计算同正构酸，ΔN 用正构酸值，但每一个异构甲基减去0.24
带有芳香核结构的酸(附加值)	4.81	$-188.40+9.558N^*$	苯乙酸	22.52	1123.29	422.41	
酯	$4.337-0.230N$	$-149.13+18.695N^*$	戊酸乙酯	9.73	580.16	284.01	见注5
带有芳香核结构的酯(附加值)	$-1.174+0.376N$	$-140.04+13.869N^*$	苯酸苄酯	19.21	1138.17	395.31	将附加值加入按酯计算的 $\Delta N,\Delta B$ 值中
酮	$3.265-0.122N$	$-117.2+15.781N^*$	甲基正丁基酮	8.53	514.54	262.53	见注5
带有芳香核结构的酮(附加值)	2.70	$-760.65+50.478N^*$	甲基苯基酮	12.99	645.92	322.1	将附加值加入按酮计算的 $\Delta N,\Delta B$ 值中
醚	$0.298+0.209N$	$-9.39+2.848N^*$	乙基己基醚	9.97	575.96	288.04	见注5
芳香醚	$11.5-N$	$-140.04+13.869N^*$	丙基苯基醚	11.5	656.83	311.82	ΔN 为非附加值，但 ΔB 值应附加入按醚计算的值中
胺类							
伯胺	$3.581+0.325N$	$25.39+8.744N^*$	丙胺	7.56	545.01	243.44	见注5
伯胺在芳香环的支链中(附加值)	-0.16	0	苄胺	12.70	790.47	328.36	附加值加入按伯胺计算的值中
仲胺	$1.390+0.461N$	$25.39+8.744N^*$	乙基丙基胺	8.69	605.44	265.53	见注5
叔胺	3.27	$25.39+8.744N^*$					见注5
NH_2 接在芳香核上的伯胺	$15.04-N$	0	m-甲苯胺	15.04	904.48	356.13	ΔN 为非附加值，见注1、3，ΔB 计算同伯胺，见注6
至少有一个芳香基接在 N 上的仲胺或叔胺	$1.390+0.461N$		苄基苯基胺	21.58	1041.18	414.74	
硝基化合物							
1-硝基	$7.812-0.236N$	$-213.14+18.330N^*$	硝基甲烷	8.57	442.82	263.28	
2-硝基	5.84	$-213.14+18.330N^*$	2-硝基-2-戊烯	10.48	467.01	296.33	需加入链烯的贡献
3-硝基	5.56	$-338.01+25.086N^*$					
4-硝基,5-硝基	5.36	$-338.01+25.086N^*$					
芳香族硝基化合物	$7.812-0.236N$	$-213.14+18.330N^*$	硝基苯	13.00	728.79	332.23	见注6
卤代化合物							
氟	1.43	5.75					
氯	3.21	-17.03	氯乙烷	5.21	319.94	190.08	见注5、6
溴	4.39	$-101.97+5.954N^*$	1-溴-2-甲基丙烷	8.15	435.85	255.24	见注5、6
碘	5.76	-85.52	碘代苯	12.36	589.18	323.85	见注5、6
特殊结构—$C(Cl)_x^-$(附加值)	$1.91-1.459x$	-26.38					x 为一个碳原子上Cl取代基的数目

续表

结构或基团	ΔN_i	ΔB_i	举例				备注
			化合物	N^*	B	T_o	
—CCl—CCl—	0.96	0					
—C(Br)$_x$—	0.50	$81.34-86.850x$①					
—CBr—CBr—	1.60	−57.73					
醇中的 CF_3	−3.93	341.68					
CF_3 在其他化合物中	−3.93	25.55					
醛	3.38	$146.45-25.11N^*$	丙醛	6.38	383.16	217.97	
带有芳香核结构的醛(附加值)	2.70	$-760.65+50.478N^*$	苯甲醛	13.08	391.19	333.25	
酐	$7.97-0.50N$	−33.50	丙酸酐	10.79	554.87	301.19	
酰胺	$15.12+1.49N$	$524.63-20.72N^*$	乙酰胺	18.10	931.07	385.79	
带有芳香核结构的酰胺(附加值)	2.70	$-760.65+50.478N^*$					

① x 为一个碳原子上 Br 取代基数目。

注：1. 对一个芳香核上有一个以上的取代基团时，采用下列附加值。

邻位 $\Delta N=0.51$，当有—OH 基团或无—OH 基团时，$\Delta B=-571.94$ 或 $\Delta B=54.84$。

间位 $\Delta N=0.11$，$\Delta B=27.25$。

对位 $\Delta N=-0.04$，$\Delta B=-17.57$。

2. 对醇类，当有一个甲基在异构位置时，ΔN 增加 0.24，ΔB 增加 94.23。

3. 对一个具有芳构的—OH 或—NH_2 基团或为芳构醚时，采用表中的 ΔN 贡献值，但对于芳香环上的取代基如卤素、CH_3、NO_3 等，则不再增加 ΔN 的附加值；但对于ΔB，则必须计入所有取代基团贡献值。

4. 对芳构醇或有一个—OH 在芳香环支链上的化合物，必须加上醇的贡献（指伯醇等）。

例如：

o-氯代酚，$N^*=16.17$。

$\Sigma\Delta B=\Delta B$(伯醇)$+\Delta B$(氯代基)$+\Delta B$(酚)$+\Delta B$(邻位附加值)。

$\Sigma\Delta B=(-589.44+70.519\times16.17)+(-17.03)+(213.68)+(-571.94)=175.56$。

$B_a=745.94$，$B=B_a+\Sigma\Delta B=921.50$。

2-苯基乙醇，$N=8$。

$\Delta N=\Delta N$(伯醇)$+\Delta N$(附加值)$=[10.606-(0.276)\times(8)]+(-0.16)=8.24$。

$N^*=N+\Delta N=8+8.24=16.24$。

$\Sigma\Delta B=\Delta B$(伯醇)$+\Delta B$(附加值)$=[-589.44+(70.519)\times(16.24)]+213.68=769.47$。

$B_a=747.43$，$B=B_a+\Sigma\Delta B=1516.9$。

5. 对酯、烷基苯、卤代烃和酮，当有一个甲基在烃链的异构位置时，对每一个异构甲基，ΔN 减去 0.24，ΔB 增加8.93；对醚类和胺类，对每一个异构甲基，ΔN减去 0.50，ΔB 增加8.93。

6. 对烷基苯、硝基苯、卤代苯和仲胺或叔胺，其中至少有一个芳香环接于胺的氮原子时，对每一个芳香环增加下列附加值。

$N<16$ ΔN 增加 0.60

$N\geqslant16$ ΔN 增加 $3.055-0.161N$

对任何 N ΔB 增加（$-140.04+13.869N^*$）

$\eta_l = 0.185\text{cP}$

查得 $\eta_l = 0.183\text{cP}$，相对误差为 +1.09%。

(3) 温度对液体黏度的影响

温度对液体黏度的影响可用式（13-142）表示，即

$$\eta_l = A e^{\frac{B}{T}} \tag{13-142}$$

式中 A，B——常数；

T——热力学温度。

当有两个或两个以上温度点的黏度时，可以求出 A、B，进而以内插或外推法求出其他各温度下的液体黏度。如仅知一个温度下的黏度，可用图 13-101 估算其他温度下的黏度，相对误差约为 20%。但此法不适用于水银、悬浮液及乳液。

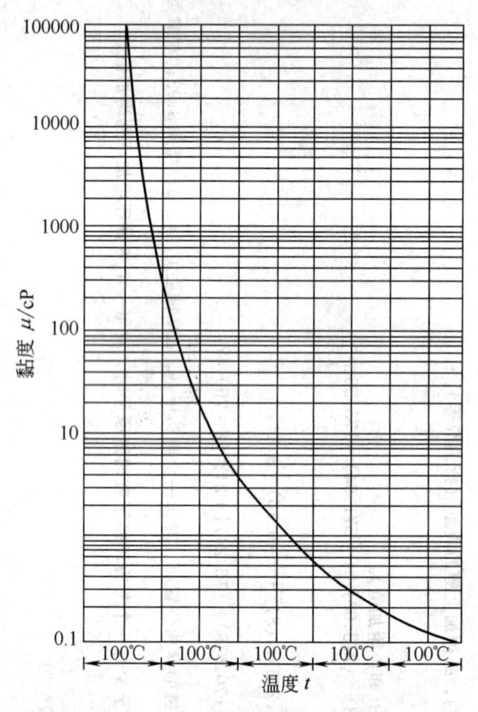

图 13-101 液体黏度随温度变化的估算
$1\text{cP} = 10^{-3}\text{Pa}\cdot\text{s}$

由于在 $T_r > 0.76$ 的条件下液体逐渐具有类似气体的性能，因此在估计高温液体黏度时采用了对比状态的原理，而在低温（$T_r < 0.80$）条件下则采用以分子结构为主的 Morris 等方程［式（13-132）、式（13-134）］，以计算液体黏度。两者计算原理不同，因此在 $0.74 < T_r < 0.80$ 范围内，如何平滑过渡，是一个值得注意的问题。

(4) 压力对液体黏度的影响

黏度随压力升高而增大，但在 40atm 以下，压力对液体黏度的影响不甚显著，但对不同类型的化合物，其影响程度也有很大差异，见表 13-109。

对润滑油类，通常是压力每增加 33atm，其黏度的增加约相当于温度降低 1℃的效果。压力对烃类黏度的影响，可用如下方法估算。

低分子量纯烃

$$\frac{\eta_p}{\eta_c} = \eta_r = \eta_r^{(0)} + \omega\,\eta_r^{(1)} \tag{13-143}$$

式中 η_p——压力下黏度，cP，$1\text{cP} = 10^{-3}\text{Pa}\cdot\text{s}$，下同；

ω——偏心因子；

η_c——临界黏度，cP。

$$\eta_c = 7.7 \times 10^{-4} \frac{M^{0.5} p_c^{0.667}}{T_c^{0.167}} \tag{13-144}$$

$\eta_r^{(0)}$、$\eta_r^{(1)} = f\,(T_r,\ p_r)$，由表 13-110 和表 13-111用线性双内插值法求出。

式（13-144）的平均误差为 5%，一些单体烃的 η_c 值列于表 13-101。如果不知道临界黏度，但要确定某温度、压力下的黏度时，可由式（13-145）求值。

$$\eta_p = \eta_r \frac{\eta'_p}{\eta'_r} \tag{13-145}$$

式中 η'_p——已知黏度，cP；

η'_r——已知 T'_r、P'_r，由式（13-143）求得值；

η_p——所求的 T_r、P_r 下的黏度，cP；

η_r——T_r、P_r 下由式（13-143）求得值。

(5) 液体混合物的黏度

① 互溶液体混合物

$$\eta_m^{\frac{1}{3}} = \sum_{i=1}^{n} x_i \eta_i^{\frac{1}{3}} \tag{13-146}$$

式中 η_m——混合液体黏度，cP；

η_i——i 组分的液体黏度，cP。

表 13-109 一些单体烃的临界黏度　　单位：cP

化合物	η_c	化合物	η_c	化合物	η_c	化合物	η_c
甲烷	0.014	反 2-丁烯	0.0248	正己烷	0.0264	正十四烷	0.0337
乙炔	0.0236	异丁烯	0.0245	正庚烷	0.0273	正十五烷	0.0348
乙烯	0.0216	正丁烷	0.0245	正辛烷	0.0282	正十六烷	0.0355
乙烷	0.0200	异丁烷	0.0270	正壬烷	0.0291	正十七烷	0.0362
丙烯	0.0233	异 1,3-戊二烯	0.0260	正癸烷	0.0305	正十八烷	0.0370
丙烷	0.0237	1-戊烯	0.0270	正十一烷	0.0309	正十九烷	0.0375
1-丁烯	0.0245	正戊烷	0.0255	正十二烷	0.0315	正二十烷	0.0388
顺 2-丁烯	0.0251	2,2-二甲基丙烷	0.0350	正十三烷	0.0328		

表 13-110　式（13-143）中的 $\eta_r^{(0)}$ 值

对比温度 T_r	饱和压力 p	对比压力 p_r											
		1.00	2.00	3.00	4.00	5.00	6.00	7.00	8.00	10.00	12.00	14.00	16.00
0.45	16.5	17.1	17.8	18.5	19.1	19.7	20.2	20.7	21.2	22.0	22.8	23.5	24.1
0.50	13.0	13.6	14.2	14.8	15.3	15.8	16.2	16.6	17.0	17.6	18.2	18.7	19.1
0.55	10.5	11.1	11.6	12.0	12.4	12.8	13.2	13.5	13.6	14.3	14.8	15.2	15.6
0.60	8.20	8.70	9.10	9.50	9.90	10.3	10.7	11.0	11.4	11.9	12.4	12.7	13.0
0.65	6.90	7.30	7.60	8.00	8.30	8.70	9.10	9.50	9.80	10.4	10.9	11.2	11.5
0.70	5.80	6.10	6.40	6.70	7.00	7.30	7.60	7.90	8.20	8.70	9.20	9.70	10.2
0.75	4.80	5.00	5.30	5.60	5.90	6.20	6.50	6.70	6.90	7.30	7.70	8.00	8.30
0.80	3.90	4.30	4.60	4.80	5.00	5.20	5.40	5.60	5.80	6.20	6.60	6.90	7.20
0.85	3.20	3.45	3.75	4.15	4.45	4.65	4.85	5.05	5.30	5.70	6.10	6.40	6.70
0.90	2.70	2.90	3.30	3.68	4.00	4.25	4.50	4.73	4.95	5.35	5.75	6.05	6.35
0.95	2.10	2.18	2.80	3.20	3.60	3.83	4.08	4.30	4.47	5.00	5.30	5.70	6.10
0.96	2.03	2.05	2.46	3.11	3.51	3.75	4.00	4.21	4.43	4.92	5.22	5.61	6.00
0.97	1.90	1.95	2.42	3.02	3.42	3.67	3.92	4.12	4.39	4.84	5.14	5.52	5.90
0.98	1.70	1.80	2.40	2.93	3.33	3.59	3.85	4.03	4.34	4.76	5.06	5.43	5.80
0.99	1.50	1.60	2.35	2.84	3.24	3.50	3.78	3.94	4.29	4.68	4.98	5.34	5.70
1.00	1.00	1.00	2.30	2.75	3.15	3.42	3.70	3.85	4.25	4.60	4.90	5.25	5.60

表 13-111　式（13-143）中的 $\eta_r^{(1)}$ 值

对比温度 T_r	饱和压力 p	对比压力 p_r											
		1.00	2.00	3.00	4.00	5.00	6.00	7.00	8.00	10.00	12.00	14.00	16.00
0.45	30.0	30.3	30.8	31.1	31.5	31.8	32.1	32.3	32.5	32.9	33.1	33.4	33.7
0.50	20.0	20.4	21.2	22.1	22.4	23.1	23.2	23.5	23.8	24.4	24.8	25.1	25.6
0.55	11.5	11.8	12.2	12.6	13.0	13.3	13.6	14.0	14.3	15.0	15.3	15.5	15.6
0.60	6.70	6.80	6.90	7.00	7.10	7.20	7.30	7.50	7.60	7.90	8.30	8.70	9.00
0.65	4.40	5.10	5.20	5.30	5.40	5.50	5.50	5.50	5.50	5.50	5.60	5.90	6.10
0.70	3.60	3.70	3.80	3.90	4.00	4.10	4.10	4.10	4.10	4.20	4.20	4.10	3.90
0.75	2.35	2.50	2.50	2.50	2.50	2.50	2.40	2.40	2.40	2.20	2.00	1.90	1.80
0.80	1.65	1.50	1.50	1.50	1.50	1.50	1.50	1.50	1.50	1.50	1.40	1.40	1.40
0.85	1.05	1.05	1.05	0.95	0.90	0.90	0.90	0.90	0.90	0.90	0.80	0.70	0.60
0.90	0.40	0.40	0.35	0.12	0.00	0.00	0.00	0.00	0.00	−0.10	−0.20	−0.20	−0.20
0.95	−0.10	−0.08	−0.17	−0.38	−0.50	−0.50	−0.55	−0.60	−0.65	−0.80	−0.92	−1.14	−1.20
0.96	−0.13	−0.05	−0.04	−0.41	−0.60	−0.67	−0.70	−0.75	−0.85	−0.98	−1.00	−1.18	−1.25
0.97	−0.15	−0.10	−0.06	−0.45	−0.70	−0.72	−0.75	−0.78	−0.88	−1.06	−1.08	−1.23	−1.31
0.98	−0.10	−0.10	−0.07	−0.49	−0.75	−0.77	−0.80	−0.83	−0.94	−1.15	−1.16	−1.28	−1.37
0.99	−0.15	−0.10	−0.25	−0.53	−0.79	−0.81	−0.90	−0.93	−1.05	−1.24	−1.23	−1.33	−1.43
1.00	0.00	0.00	−0.33	−0.56	−0.85	−0.90	−0.97	−0.98	−1.15	−1.32	−1.31	−1.37	−1.48

此式适用于非电解质、非缔合性液体的混合物。对于各组分在分子量及一般性质均较近的混合物中，其准确度较高。

② 不互溶液体混合物　分散相体积分数 $\phi_d<3\%$ 时

$$\frac{\eta_m}{\eta_c}=1+2.5\phi_d\left(\frac{\eta_d+0.4\eta_c}{\eta_d+\eta_c}\right)\qquad(13\text{-}147)$$

式中　η——液体黏度，cP；

下标 m、d、c——混合物、分散相和连续相。

分散相体积分数 $\phi_d>3\%$ 时

$$\eta_m=\eta_1^{x_1}\eta_2^{x_2}\qquad(13\text{-}148)$$

式中　x——摩尔分数；

η——液体黏度，cP。

下标 m 及 1、2——混合物及 1、2 两相。

③ 悬浮液　对潮湿状态下能“自由流动”的固体（如金属粉、玻璃珠），当固体的体积分数 $\phi_s<0.4$ 时，用 Kunitz 式。

$$\frac{\eta_m}{\eta_1}=\frac{1+0.5\phi_s}{(1-\phi_s)^4}\qquad(13\text{-}149)$$

式中　η_m——悬浮液黏度，cP；

η_1——纯液体黏度，cP；

ϕ_s——固体体积分数。

此式当 $\phi_s<0.1$ 时，较准确。

④ 电解质溶液 在浓度不很高时（小于1mol/L）可由式（13-150）估算。

$$\frac{\eta_c}{\eta_0}=1+A\sqrt{C}+BC+DC^2 \quad (13\text{-}150)$$

式中 η_c——溶液的黏度；

η_0——溶剂的黏度；

C——溶液的浓度，mol/L；

A，B，D——常数，由表13-112求取。

表13-112 常数 A、B、D 值（25℃）

化合物	A	B	D
NaCl	0.0062	0.0793	0.0080
KCl	0.0052	−0.0140	0.001
KI	0.0047	−0.0755	0
K_2SO_4	0.0135	0.1937	0.032
$MgCl_2$	0.0165	0.3712	0
$MgSO_4$	0.0230	0.5937	0.02
$CeCl_3$	0.0310	0.0555	0.11

较稀溶液可略去 DC^2 项，极稀溶液可略去 BC 和 DC^2 两项。

其他电解质溶液黏度的计算法见参考文献［21］。

总之，液体混合物黏度可用以下规则表达为

$$f(\eta_m)_1=\sum_i\sum_j x_ix_jf(\eta_{ij})_1 \quad (13\text{-}151)$$

或

$$f(\eta_m)_1=\sum_i x_if(\eta_i) \quad (13\text{-}152)$$

式中 下标 m——混合物；

ij——i 对 j 双作用混合。

$f(\eta)$ 的意义可以是 η、$\ln\eta$ 或 $1/\eta$ 等，x 可为体积分数、质量分数或摩尔分数。其中较好的混合规则为 $f(\eta)=\ln\eta$，x 为摩尔分数。

另一个混合规则为

$$\nu_m=\sum_{i=1}^{n}\phi_i\nu_i\exp\left(\sum_{j=1}^{n}\frac{\alpha_j\phi_j}{RT}\right)j\neq i \quad (13\text{-}153)$$

式中 ν_m——运动黏度，η/ρ，cSt，1cSt=10^{-6} m^2/s；

ϕ_j——j 组分的体积分率；

α_j——混合物中 j 组分的特征参数，cal/(mol·K)；

R——气体常数，等于1.987cal/(mol·K)。

用式（13-151）计算时，对于 n 组分混合物，必须已知 n 个组分的黏度数据，以求得 α_j。

用式（13-153）求得的 ν_m 能表达出最大、最小或转折点的黏度值。

对二元系统（A 及 B 组分），式（13-153）写为

$$\nu_m=\phi_A\nu_Ae_{\phi_B\alpha_B^*}+\phi_B\nu_Be^{\phi_A\alpha_A^*} \quad (13\text{-}154)$$

$$\alpha_A^*=\frac{\alpha_A}{RT} \quad \alpha_B^*=\frac{\alpha_B}{RT}$$

当无 α_A^*、α_B^* 实验数据，且混合物黏度随组分的变化是单调情况时，可采用以下经验方程。

$$\alpha_A^*=-1.7\ln\frac{\nu_B}{\nu_A} \quad (13\text{-}155)$$

$$\alpha_B^*=0.27\ln\frac{\nu_B}{\nu_A}+\left(1.31\ln\frac{\nu_B}{\nu_A}\right)^{\frac{1}{2}} \quad (13\text{-}156)$$

式中，组分 A 为纯化合物中黏度较小的组分。

采用以上各式的误差一般不大于15%。

例38 计算苯甲酸乙酯（组分 A）和苯酸苄酯（组分 B）在25℃时混合的黏度。$X_B=0.606$（摩尔分数）。

解 查得25℃时纯物质 $\eta_A=2.01$cP，$\eta_B=8.48$cP，$\rho_A=1.043g/cm^3$，$\rho_B=1.112g/cm^3$，$M_A=150.2$，$M_B=197.9$。

由式（13-152）得

$$\ln\eta_m=0.394\ln2.01+0.606\ln8.48$$

$$\eta_m=4.81\ (\text{cP})$$

查得 $\eta_m=4.95$cP，相对误差为−2.8%。

$$\nu_A=\frac{\eta_A}{\rho_A}=\frac{2.01}{1.043}=1.927\ (\text{cSt})$$

$$\nu_B=\frac{\eta_B}{\rho_B}=\frac{8.48}{1.112}=7.626\ (\text{cSt})$$

由式（13-155）得

$$\alpha_A^*=-1.7\ln\frac{7.626}{1.927}=-2.338$$

由式（13-156）得

$$\alpha_B^*=0.27\ln\frac{7.626}{1.927}+\left(1.3\ln\frac{7.626}{1.927}\right)^{\frac{1}{2}}=1.709$$

$$V_A=\frac{150.2}{1.043}=144\ (\text{cm}^3/\text{mol})$$

$$V_B=\frac{197.9}{1.112}=178\ (\text{cm}^3/\text{mol})$$

$$\phi_B=\frac{0.606\times178}{0.606\times178+0.394\times144}=0.655$$

$$\phi_A=0.345$$

由式（13-154）得

$$\nu_m=0.345\times1.927\times e^{0.655\times1.709}+0.656\times7.626\times e^{0.345\times(-2.338)}=4.27\ (\text{cSt})$$

$$\rho_m=1.043\times0.33+1.112\times0.67=1.089$$

$$\eta=1.089\times4.27=4.65\ (\text{cP})$$

由资料查得 $\eta=4.81$cP，相对误差为−6.0%。

10.9 热导率

10.9.1 气体的热导率

（1）低压气体的热导率

① Eucken 法

$$\frac{\lambda_m}{\eta}=4.47+c_V=\frac{c_p}{r}+4.47 \quad (13\text{-}157)$$

改进的 Eucken 法

表 13-113 $f(T_r)$ 的关系式

烷烃(不适用于甲烷)	$f(T_r)=-0.152T_r+1.191T_r^2-0.039T_r^3$
烯烃	$f(T_r)=-0.255T_r+1.065T_r^2+0.190T_r^3$
炔烃	$f(T_r)=-0.068T_r+1.251T_r^2-0.183T_r^3$
环烃和芳烃	$f(T_r)=-0.354T_r+1.501T_r^2-0.147T_r^3$
醇	$f(T_r)=1.000T_r^2$
醛、酮、醚、酯	$f(T_r)=-0.082T_r+1.045T_r^2+0.037T_r^3$
胺及腈	$f(T_r)=0.633T_r^2+0.367T_r^3$
卤化物	$f(T_r)=-0.107T_r+1.330T_r^2-0.223T_r^3$
环状化合物①	$f(T_r)=-0.354T_r+1.50T_r^2-0.147T_r^3$

① 环状化合物如吡啶、噻吩、环氧乙烷、二氧杂环己烷、氮杂环己烷等。

$$\frac{\lambda_m}{\eta}=3.52+1.32c_V \qquad (13\text{-}158)$$

式中 λ_m——热导率，cal/(cm·s·K)；

η——黏度，μP ($1\mu P=10^{-7}$ Pa·s)；

c_V，c_p——比定容热容和比定压热容，cal/(mol·K)。

$$r=\frac{c_p}{c_V}$$

本法误差一般在10%以内。

② Roy-Thodos 法

$$\lambda\Gamma=(\lambda\Gamma)_{tr}+(\lambda\Gamma)_{int} \qquad (13\text{-}159)$$

式中 λ——低压气体热导率，cal/(cm·s·K)。

$$\Gamma=T_c^{\frac{1}{6}}M^{\frac{1}{2}}P_c^{\frac{2}{3}}$$

$$(\lambda\Gamma)_{tr}=99.6\times10^{-6}(e^{0.0464T_r}-e^{-0.2412T_r}) \qquad (13\text{-}160)$$

$$(\lambda\Gamma)_{int}=Cf(T_r) \qquad (13\text{-}161)$$

式中 $(\lambda\Gamma)_{tr}$——转换能，与温度有关；

$(\lambda\Gamma)_{int}$——旋转、振动能，与温度及分子结构有关。

$f(T_r)$ 的关系式见表 13-113。系数 C 值可按分子结构求取如下。

正烷烃以甲烷为基准，再加上各个取代基的 ΔC，如下所示。

名 称	$\Delta C\times10^5$	名 称	$\Delta C\times10^5$
甲烷(基准)	0.83	第三个取代的甲基	4.18
第一个取代的甲基	2.27	第四个及以后每个甲基	5.185
第二个取代的甲基	3.62		

例如对正辛烷：

$\Delta C=(0.83+2.27+3.62+4.18+4\times5.185)\times10^{-5}$
$=31.64\times10^{-5}$

异构烷烃：先以分子最长链按正烷烃求取 ΔC，然后从最左边开始，按结构式顺时针方向依次计入每个取代甲基的 ΔC，碳原子按结构分成四种类型。

结构	$HC-$ (H, H, H)	$-C-$ (H, H)	$-C-$ (H, |)	$-C-$ (|, |)
碳原子形式	1	2	3	4

ΔC 按被取代碳原子的形式不同而不同，其值如下（表中箭头所指向的碳原子为被取代的碳原子）。

取代型	$\Delta C\times10^5$	取代型	$\Delta C\times10^5$
1←2→1	4.14	1←3→1 ↓ 2	5.12
1←2→2	5.36		
1←2→3	6.58	1←3→1 ↓ 3	6.38
2←2→2	6.58		
1←3→1 ↓ 1	3.86		

例如：求2,2,4-三甲基戊烷的 C 值。

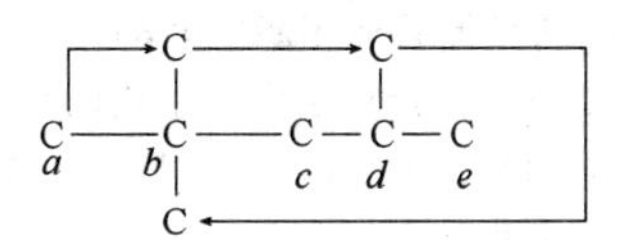

最长的链为正戊烷

$\Delta C=(0.83+2.27+3.62+4.18+5.185)\times10^{-5}$
$=16.085\times10^{-5}$

再按顺时针方向找出第一个被取代碳原子（位置 b），其类型为

C—C—C …（a b c），即1←2→2型；第二个被取代碳原子在 d 位置，其类型为… C—C—C（c d e），即2←2→1型；第三个被取代碳原子仍在 b 位置，其类型为

C—C—C— …（下方连 C），即1←3→2型（↓1）。ΔC 共计为

1←2→2	5.36×10^{-5}
2←2→1	5.36×10^{-5}
1←3→2 ↓ 1	5.12×10^{-5}
	15.84×10^{-5}

2,2,4-三甲基戊烷的 ΔC 值共计为

$C=\sum\Delta C=(16.085+15.84)\times10^{-5}=31.925\times10^{-5}$

烯烃、炔烃在按饱和烃计算的 C 值之外，另加入烯烃、炔烃的 ΔC 值，如下所示。

$\Delta C\times10^5$		$\Delta C\times10^5$	
第一个双键		第二个双键	
1⟷1	−1.35	2⟷1	−0.19
1⟷2	−0.77	任何炔烃键	−0.94
2⟷2	−0.33		

环烃：按构成环烷烃的同碳原子数计算饱和烃 C 的基数，然后再加环烃结构 $\Delta C=-1.14\times10^{-5}$。由环已烷与苯比较得出，环烃中每一个双键需另加 $\Delta C=-1.70\times10^{-5}$。

芳烃：由上述计算得出苯的基准 C 值为 15.00×10^{-5}，苯环中每一个取代甲基的 ΔC 为 6.0×10^{-5}。

醇：按碳原子数计算出同一结构的烃类 C 值，然后加上—OH 的 ΔC 值，如下所示。

$\Delta C\times10^5$		$\Delta C\times10^5$	
甲烷上的—OH 取代	4.31	3←1	4.04
1←1	5.25	4←1	3.45
2←1	4.67	1←2→1	4.68

箭头所指向的碳原子为被取代的碳原子。例如 3←1 为

$$\begin{array}{c}\quad\ \ C\\ \quad\ \ |\\ C-C-C-C\end{array}\longrightarrow\begin{array}{c}\quad\ \ C\\ \quad\ \ |\\ C-C-C-C-OH\end{array}$$

上述 ΔC 的计算只适用脂肪烃醇。

胺：按碳原子数计算出同一结构的烃类（即取其中最复杂的结构）的 C 值，然后加上氢被—NH_2 取代的 ΔC 值，如下所示。

胺	$\Delta C\times10^5$
甲烷上—NH_2 取代	2.96
1←1	4.45
1←2→1	5.78
2←2→1	8.93
1←3→1 ↓ 1	7.39
仲　胺	$\Delta C\times10^5$
$CH_3—NH_2 \longrightarrow CH_3—N(H)—CH_3$	3.76
$—CH_2—NH_2 \longrightarrow —CH_2—N(H)—CH_3$	5.00
叔　胺	$\Delta C\times10^5$
$CH_3—NH—CH_3 \longrightarrow (CH_3)_3N$	2.95
$—CH_2—N(H)—CH_2— \longrightarrow —CH_2—N(CH_3)—CH_2—$	3.72
$—CH_2—N(H)—CH_3 \longrightarrow —CH_2—N(CH_3)—CH_3$	3.34

在完成整个胺结构的 C 值计算之后，当碳链上有一个氢被甲基取代时，追加 $\Delta C=5.185\times10^{-5}$（与上述的链烷烃计算方法相同）。

腈：由乙腈、丙腈和丙烯腈实验数据归纳而得的 ΔC 值如下所示。

腈	$\Delta C\times10^5$
甲烷上的 CN 取代	6.17
$CH_3—CH_3 \longrightarrow CH_3—CH_2—CN$	8.10
$—CH{=}CH_2 \longrightarrow —CH{=}CHCN$	7.15

卤化物、醛和酮的 ΔC 值如下所示。

卤　化　物	$\Delta C\times10^5$
甲烷上第一个卤素取代：	
氟	0.29
氯	1.57
溴	1.77
碘	3.07
甲烷上继续进行的每次卤素取代：	
氟	0.43
氯	2.33
溴	3.20
乙烷及高碳烃化合物的卤素取代：	
氟	0.66
氯	3.33
醛　及　酮	$\Delta C\times10^5$
$—CH_2—CH_3 \longrightarrow —CH_2—CHO$	2.20
$—CH_2—CH_2—CH_2— \longrightarrow —CH_2—CO—CH_2—$	3.18
$—CH_2—\overset{O}{\overset{\Vert}{C}}H \longrightarrow —CH_2—\overset{O}{\overset{\Vert}{C}}—CH_3$	4.60

醚：先计算最长碳链的伯醇的 C 值，再加转化为甲醚的 ΔC 值。

$$—CH_2OH \longrightarrow —CH_2—O—CH_3$$

$$\Delta C=2.80\times10^{-5}$$

当甲醚延伸为乙醚时

$$—CH_2—O—CH_3 \longrightarrow —CH_2—O—CH_2—CH_3$$

$$\Delta C=4.75\times10^{-5}$$

酸及酯：由对应的醚起算，追加的 ΔC 值如下所示

酸、酯	ΔC
$—CH_2—O—CH_3 \longrightarrow —CH_2—O—\overset{O}{\overset{\Vert}{C}}H$	0.85×10^{-5}
$—CH_2—O—CH_2 \longrightarrow —CH_2—O—\overset{O}{\overset{\Vert}{C}}—$	0.35×10^{-5}

环状化合物：在合适的条件下，按下列 ΔC 所贡献的（非取代值）环状化合物的 $\sum\Delta C$，用下式求得环状物的 C 值。

$$C=\sum\Delta C-8.90\times10^{-5}$$

基　团	$\Delta C\times10^5$	基　团	$\Delta C\times10^5$
—CH₂—	4.83	—N═	3.98
—CH═	3.98	—O—	4.1
—NH—	5.48	═S═	7.97

上述 ΔC 值只从为数不多的实验数据归纳而得。对种类繁多的化合物，上述计算方法不完全适用。

在某个温度下，当物质的气体热导率为已知时，可用 Roy-Thodos 法计算另一个温度下的热导率。此时可由已知的 λ 值和 $\Gamma=T_c^{1/6}M^{1/2}/P_c^{2/3}$ 及式(13-159)、式(13-160)得出 $(\lambda\Gamma)_{int}$ 值，由表13-104中的相应 $f(T_r)$ 和式(13-161)求出 C 值。得出 C 值后，即可用于求其他温度下的 λ 值。

Eucken 方程一般比改进的 Eucken 方程正确，但前者常呈负偏差，而后者呈正偏差。Roy-Thodos 方程较为正确，在不能使用 Roy-Thodos 方程时可用 Eucken 方程，其误差一般在 10%以内。

例 39　计算异戊烷蒸气在 101325Pa 和 100℃时的热导率。其实验值为 52×10^{-6} cal/(cm·s·K)。

解　$T_c=460.4$K，$T_r=\dfrac{100+273}{460.4}=0.810$，$P_c=33.4$atm。

利用 Roy-Thodos 法，由式(13-160)得

$$(\lambda\Gamma)_{tr}=99.6\times10^{-6}(e^{0.0464T_r}-e^{-0.2412T_r})=99.6\times10^{-6}(e^{0.0464\times0.810}-e^{-0.2412\times0.810})=21.5\times10^{-6}$$

由表 13-102 知

$$f(T_r)=-0.152T_r+1.191T_r^2-0.039T_r^3=-0.152\times0.810+1.191\times0.810^2-0.039\times0.810^3=0.638$$

ΔC 的计算如下。

名　称	$\Delta C\times10^5$
甲烷(基准)	0.83
第一个取代的甲基	2.27
第二个取代的甲基	3.62
第三个取代的甲基	4.18
1←2→2	5.36
	16.26×10^{-5}

由式(13-161)得

$$(\lambda\Gamma)_{int}=Cf(T_r)=16.26\times10^{-5}\times0.638=103.7\times10^{-6}$$

由式(13-159)得

$$\lambda\Gamma=(\lambda\Gamma)_{tr}+(\lambda\Gamma)_{int}$$

$$\Gamma=\frac{T_c^{\frac{1}{6}}M^{\frac{1}{2}}}{P_c^{\frac{2}{3}}}=\frac{460.4^{\frac{1}{6}}\times72.15^{\frac{1}{2}}}{33.4^{\frac{2}{3}}}=2.276$$

所以

$$\lambda=\frac{(21.5+103.7)\times10^{-6}}{2.276}=55.0\times10^{-6}\ [\text{cal/(cm·s·K)}]$$

$$误差=\frac{55.0\times10^{-6}-52\times10^{-6}}{52\times10^{-6}}=5.8\%$$

(2) 温度对低压气体热导率的影响

不同温度下的低压气体热导率可用式(13-162)估算。

$$\frac{\lambda_{T_2}}{\lambda_{T_1}}=\left(\frac{T_2}{T_1}\right)^{1.786}\tag{13-162}$$

式中　T——热力学温度。

此式不宜用于环状化合物。

(3) 压力对气体热导率的影响

压力的影响可分为几个区域。

① 低压区　大致指 1mmHg 至 10atm，在此区域内，每增加 1atm，多数气体热导率增加 1%左右。这种差别在文献中常忽略不计。

② 高压区　高压的影响可以用 Stiel-Thodos 法以 ρ_r 对 $(\lambda-\lambda^\circ)\Gamma Z_c^5$ 绘成曲线来校正，如图 13-102 所示。用方程式表示如下。

$\rho_r<0.5$ 时

$$(\lambda-\lambda^\circ)\Gamma Z_c^5=14\times10^{-8}(e^{0.555\rho_r}-1)\tag{13-163}$$

$0.5<\rho_r<2.0$ 时

$$(\lambda-\lambda^\circ)\Gamma Z_c^5=13.1\times10^{-8}(e^{0.067\rho_r}-1.069)\tag{13-164}$$

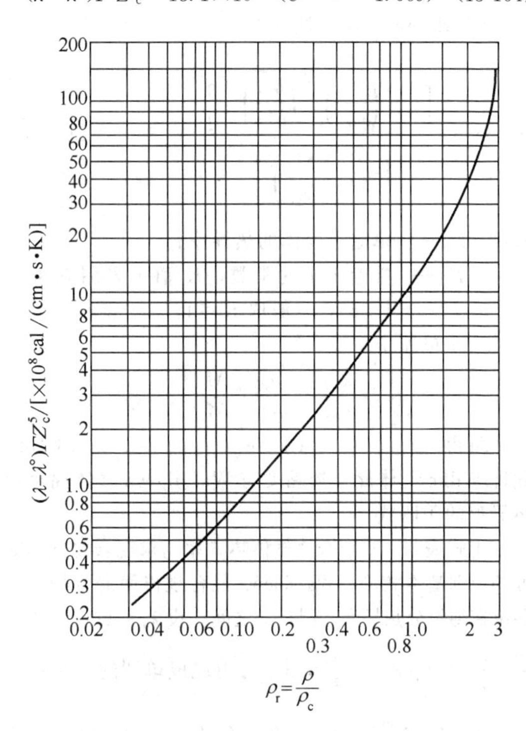

图 13-102　高密度气体的热导率

1cal/(cm·s·K)=418.68W/(m·K)

$2<\rho_r<2.8$ 时

$$(\lambda-\lambda^\circ)\Gamma Z_c^5=2.976\times10^{-8}(e^{1.155\rho_r}+2.016) \quad (13\text{-}165)$$

$$\Gamma=\frac{T_c^{\frac{1}{6}}M^{\frac{1}{2}}}{P_c^{\frac{2}{3}}}$$

式中　λ°——低压热导率，cal/(cm·s·K)；

λ——高压热导率，cal/(cm·s·K)；

ρ_r——对比密度 $\rho_r=\dfrac{\rho}{\rho_c}$。

本法不适用于极性化合物以及氢和氦。一般误差可能为10%～20%，接近临界点时，误差肯定是很大的。

(4) 低压气体混合物的热导率

气体混合物的热导率与组成通常不成线性关系，分子极性差别大时（如甲醇与己烷），按分子数加和法求取所得的数值则偏小。而对非极性分子则相反，即随分子量的差别增大而增大。常用下面方程式求取混合物的热导率。

Wassiljewa 方程式

$$\lambda_m=\sum_{i=1}^{n}\frac{y_i\lambda_i}{\sum_{j=1}^{n}y_jA_{ij}} \quad (13\text{-}166)$$

式中　λ_m——气体混合物的热导率；

λ_i——纯组分 i 的热导率；

A_{ij}——作用系数。

A_{ij} 可按下列两种方法求取。

① Mason-Saxena 法

$$A_{ij}=K\frac{\left[1+\left(\dfrac{\lambda_{tri}}{\lambda_{trj}}\right)^{\frac{1}{2}}\left(\dfrac{M_i}{M_j}\right)^{\frac{1}{4}}\right]^2}{\left[8\left(1+\dfrac{M_i}{M_j}\right)\right]^{\frac{1}{2}}} \quad (13\text{-}167)$$

式中　λ_{tr}——单原子气体的热导率；

K——接近于1的常数，K 值可采用0.85～1.065，一般取 $K=1$。

对于单原子

$$\frac{\lambda_{tri}}{\lambda_{trj}}=\frac{\mu_i}{\mu_j}\times\frac{M_j}{M_i}$$

可得　　$A_{ij}=\phi_{ij}$　　(13-168)

此即 Wilke 气体混合物黏度与 Wassiljewa 气体混合物热导率的关联式。

上式表明，求混合物气体热导率与求混合物气体黏度的规则基本相同。Wassiljewa 混合规律使混合物的热导率在纯组分热导率 λ_i 与 λ_j 之间。设 $\lambda_1<\lambda_2$：

$\dfrac{\lambda_1}{\lambda_2}<A_{12}A_{21}<\dfrac{\lambda_2}{\lambda_1}$，$\lambda_m$ 与组成成单调的变化；

$A_{12}A_{21}\geqslant\dfrac{\lambda_2}{\lambda_1}$时，$\lambda_m$ 有一个低于 λ_1 的最小值；

$\dfrac{\lambda_1}{\lambda_2}\geqslant A_{12}A_{21}$时，$\lambda_m$ 有一个高于 λ_2 的最大值。

② Lindsay-Bromley 法

$$A_{ij}=\frac{1}{4}\left\{1+\left[\frac{\mu_i}{\mu_j}\times\left(\frac{M_j}{M_i}\right)^{\frac{3}{4}}\times\left(\frac{T+S_i}{T+S_j}\right)\right]^{\frac{1}{2}}\right\}^2\times\frac{T+S_{ij}}{T+S_i} \quad (13\text{-}169)$$

式中　μ——纯气体的黏度；

S——Sutherland 常数。

A_{ij} 值可用上式互换下标求得。

S_i 与 S_{ij} 可由下列经验式求取。此式不适用于 H_2、He、Ne，当用于此三种气体时，S_i 可取79K（K指热力学温度）。

$$S_i=1.5T_{bi}$$

$$S_{ij}=S_{ji}=C_s(S_iS_j)^{\frac{1}{2}}$$

C_s 对非极性分子其值约为1，对极性分子可取0.733。

例40　计算甲烷［占0.486（摩尔分数）］与丙烷的气体混合物在101325Pa和95℃（368K）时的热导率。其实验值为 7.64×10^{-5} cal/(cm·s·K)。

解　所用的纯组分数据如下。

名　称	甲　烷	丙　烷
分子量	16.043	44.097
纯气体 λ/[cal·(cm·s·K)]	10.49×10^{-5}	6.34×10^{-5}
纯气体黏度 μ/cP	1.32×10^{-2}	1.00×10^{-2}
正常沸点 T_b/K	111.7	231.1
c_V/[cal/(mol·K)]	7.44	19.5
T_c/K	190.6	369.8
p_c/atm	45.4	41.9
对比温度 $T_r=\dfrac{T}{T_c}$	1.95	0.995

注：1cal/(cm·s·K)＝418.68W/(cm·K)，1cP＝10^{-3}Pa·s，1atm＝101325Pa。

(1) Lindsay-Bromley 法

以下脚标1表示甲烷，2表示丙烷。

$$S_1=1.5\times111.7=167\ (K)$$

$$S_2=1.5\times231.1=347\ (K)$$

$$C_s=1$$

$$S_{12}=(167\times347)^{\frac{1}{2}}=240\ (K)$$

由式（13-169）得

$$A_{12}=\frac{1}{4}\left\{1+\left[\frac{1.32}{1.00}\times\left(\frac{44.097}{16.048}\right)^{\frac{3}{4}}\times\frac{1+\dfrac{167}{368}}{1+\dfrac{347}{368}}\right]^{\frac{1}{2}}\right\}^2\times\frac{1+\dfrac{240}{368}}{1+\dfrac{167}{368}}=1.71$$

与此相似求得 $A_{21}=0.61$。

由式（13-166）得

$$\lambda_m = \frac{y_1\lambda_1}{y_1 + A_{12}y_2} + \frac{y_2\lambda_2}{y_2 + A_{21}y_1}$$

$$= \frac{0.486\times10.49\times10^{-5}}{0.486+1.71\times0.514} + \frac{0.514\times6.34\times10^{-5}}{0.514+0.61\times0.486}$$

$$= 7.75\times10^{-5}\ [\text{cal}/(\text{cm}\cdot\text{s}\cdot\text{K})]$$

$$误差 = \frac{7.75-7.64}{7.64} = 1.4\%。$$

(2) Mason-Saxena 法［式（13-167)］

由 Wilke 气体混合黏度法［式(13-123)］得

$$\phi_{12} = \frac{\left[1+(1.32/1.00)^{\frac{1}{2}}\left(\frac{44.097}{16.04}\right)^{\frac{1}{4}}\right]^2}{\left[8\times\left(1+\frac{16.04}{44.097}\right)\right]^{\frac{1}{2}}} = 1.86$$

与此相似得 $\phi_{21}=0.51$。

由式（13-168）得

$$A_{12}=\phi_{12}=1.86 \quad A_{21}=\phi_{21}=0.51$$

代入式（13-166）得

$$\lambda_m = \frac{0.486\times10.44\times10^{-5}}{0.486+1.86\times0.514} + \frac{0.514\times6.34\times10^{-5}}{0.514-0.51\times0.486}$$

$$= 7.81\times10^{-5}\ [\text{cal}/(\text{cm}\cdot\text{s}\cdot\text{K})]$$

$$误差 = \frac{7.81\times10^{-5}-7.64\times10^{-5}}{7.64\times10^{-5}} = 2.2\%$$

例41 计算甲烷［占0.755（摩尔分数)］与二氧化碳气体混合物在370.8K、172.5atm时的热导率。实验值为121.3μcal/(cm·s·K)，$\rho=0.1440\text{g/cm}^3$，在1atm时 $\lambda°=90\mu\text{cal}/(\text{cm}\cdot\text{s}\cdot\text{K})$。

解 所用纯组分的数据如下。

项目	甲烷	二氧化碳	项目	甲烷	二氧化碳
T_c/K	190.6	304.2	M	16.043	44.010
V_c/(cm³/mol)	99.0	94.0	Z_c	0.288	0.274

$$T_{cm}=0.755\times190.6+0.245\times304.2=218.5\ (\text{K})$$

同理

$$V_{cm} = 97.8(\text{cm}^3/\text{mol})$$

$$Z_{cm} = 0.285$$

$$M_m = 22.895$$

$$p_{cm} = \frac{Z_{cm}RT_{cm}}{V_{cm}} = \frac{0.285\times82.06\times218.5}{97.8}$$

$$= 52.24(\text{atm})$$

$$\rho_{cm} = \frac{M_m}{V_{cm}} = \frac{22.895}{97.8} = 0.234$$

$$\rho_{rm} = \frac{\rho}{\rho_{cm}} = \frac{0.1440}{0.234} = 0.615$$

$$\Gamma = (218.5)^{\frac{1}{6}}\times(22.895)^{\frac{1}{2}}/(52.24)^{\frac{2}{3}} = 0.840$$

由式（13-164）得

$$(\lambda-\lambda°)\Gamma Z_c^5 = 13.1\times10^{-8}(e^{0.067\times0.615}-1.069)$$

$$=5.78\times10^{-8}$$

$$\lambda = \frac{5.78\times10^{-8}}{0.84\times0.285^5}+90.0\times10^{-6}$$

$$=126\ [\mu\text{cal}/(\text{cm}\cdot\text{s}\cdot\text{K})]$$

$$误差 = \frac{126-121.3}{121.3} = 3.9\%$$

对于气体混合物的热导率推荐如下。

对于非极性物质，Mason-Saxena 法［式(13-167)、式（13-168)］或 Lindsay-Bromley 法［式(13-169)］均可使用；对于极性-非极性混合气体，Mason-Saxena 法可以使用；对于极性气体混合物，推荐用 Lindsay Bromley 法，误差程度估计小于5%。

(5) 温度对气体混合物热导率的影响

温度对于气体混合物热导率的影响基本与纯气体相同。但在少数情况下，混合气体在低温时的混合热导率可以小于其线性分子平均值，而在温度升高时可以变为大于线性分子平均值（例如 N_2-CO_2 系统）。

一般情况下，不同温度低压气体混合物的热导率也可用以下的经验方程式计算。

$$\lambda_m(T_2) = \lambda_m(T_1)\sum_{i=1}^{n} y_1 \frac{\lambda_i(T_2)}{\lambda_j(T_1)} \qquad (13\text{-}170)$$

(6) 压力对气体混合物热导率的影响

将混合物的低压热导率作为虚拟的纯物质低压热导率代入，见式(13-163)～式(13-165)。式中所用的 T_c、V_c、Z_c、P_c 可按 Prausnitz-Gunn 规则，见式(13-127)～式(13-130)，采用混合物的 T_{cm}、V_{cm}、Z_{cm}、P_{cm} 代入计算。

10.9.2 液体热导率

在同一温度下，普通液体的热导率，约为低压气体的10～100倍，其值多数在250～400μcal/(cm·s·K)之间。对非极性液体，其无量纲群 $M\lambda/R\eta$ 基本恒定在2～3之间（式中，M 为分子量；λ 为热导率；R 为气体常数；η 为黏度）。

(1) 纯物质的液体热导率

① Robbins-Kingrea 法

$$\lambda_l = \frac{(88-4.94H)\times10^{-3}}{\Delta S^*}\times\left(\frac{0.55}{T_r}\right)^N c_p\,\rho^{\frac{4}{3}} \qquad (13\text{-}171)$$

式中 λ_l——液体的热导率，cal/(cm·s·K)；

c_p——液体的比热容，cal/(mol·K)；

ρ——液体的密度，mol/cm³；

H——参数，由分子结构决定，见表13-135；

ΔS^*——$\Delta S^* = \frac{\Delta H_{vb}}{T_b}+R\ln(273/T_b)$；

ΔH_{vb}——正常沸点下的蒸发潜热，cal/mol。

参数 N 取决于液体在20℃时的密度。当液体密度小于1g/cm³时，$N=1$；液体密度>1g/cm³时，则 $N=0$。本法适用于 $T_r=0.4$～0.9，但不适用于含硫化合物和无机物，一般误差在4%以内，少数可达10%。

表 13-114　Robbins-Kingrea 法 H 因子

基　团	基团数	H
非支链烃		
烷烃	—	0
烯烃	—	0
环烃	—	0
CH_3 支链	1	1
	2	2
	3	3
C_2H_5 支链	1	2
i-C_3H_7 支链	1	2
C_4H_9 支链	1	2
F 取代	1	1
	2	2
Cl 取代	1	1
	2	2
Cl 取代	3 或 4	3
Br 取代	1	4
	2	6
I 取代	1	5
OH 取代	1(异构)	1
	1(正构)	−1
	2	0
	1(叔碳)	5
氧取代		
$-\overset{\vert}{C}=O$（酮、醛）		0
$-\overset{O}{\overset{\Vert}{C}}-O-$（酸、酯）		0
—O—（醚）		2
NH_2 取代	1	1

注：若含有多个基团时，H 因子应相加。

② Sato-Riedel 法（沸点方程式）　正常沸点下的液体热导率见式（13-172）。

$$\lambda_{lb}=\frac{2.64\times10^{-3}}{M^{\frac{1}{2}}} \tag{13-172}$$

式中　λ_{lb}——正常沸点下液体的热导率，cal/(cm·s·K)。

其他温度下的热导率则按式（13-173）计算。

$$\lambda_l=\frac{2.64\times10^{-3}}{M^{\frac{1}{2}}}\times\frac{3+20(1-T_r)^{\frac{2}{3}}}{3+20(1-T_{rb})^{\frac{2}{3}}} \tag{13-173}$$

Sato-Riedel 方程对于低分子烃及异构烃的计算效果不好，其计算值一般高于实验值，但对于非烃的物质，计算效果较好。

Robbins-Kingrea 法精度较高，误差一般小于 5%。Sato 法是简便近似的计算方法，但此法不适用于高极性化合物、异构烃、低分子烃和无机物，并对于温度高于常压沸点的条件不适用。当液体处于 $T_r>0.8$ 条件时，则应采用高压气体热导率的计算方法。

例 42　计算四氯化碳在 20℃时的液体热导率，其实验值约为 246×10^{-6} cal/(cm·s·K)。

解　$T_c=556.4$K，$T_b=349.7$K，$M=153.823$，$\Delta H_{vb}=7170$cal/mol，原子数 $N=5$，0℃与 20℃的比热容为 31.22cal/(mol·K) 与 31.55cal/(mol·K)。0℃与 20℃的密度为 0.0106mol/cm³ 与 0.0108mol/cm³。

Robbins-Kingrea 法，见式（13-171）。

根据表 13-135 得 $H=3$，又由于液体相对密度为 $0.0103\times153.823=1.58>1$，因此 $N=0$。

$$\Delta S^*=\frac{7170}{349.7}+1.987\ln\frac{273}{349.7}=20.01\ [\text{cal/(mol·K)}]$$

$$\lambda_l=\frac{(88-4.94\times3)\times10^{-3}}{20.01}\times31.53\times0.0103^{\frac{4}{3}}$$

$$=259\times10^{-6}[\text{cal/(cm·s·K)}]$$

$$误差=\frac{259\times10^{-6}-246\times10^{-6}}{246\times10^{-6}}=5.3\%$$

Sato-Riedel 法，见式（13-173）。

$$T_r=\frac{293}{556.4}=0.527$$

$$T_{rc}=\frac{349.7}{556.4}=0.629$$

$$\lambda_l=\frac{2.64\times10^{-3}}{153.84^{\frac{1}{2}}}\times\frac{3+20\times(1-0.527)^{\frac{2}{3}}}{3+20\times(1-0.629)^{\frac{2}{3}}}$$

$$=242\times10^{-6}[\text{cal/(cm·s·K)}]$$

$$误差=\frac{242\times10^{-6}-246\times10^{-6}}{246\times10^{-6}}=-1.6\%$$

(2) 温度对液体热导率的影响

除了水及某些水溶液和多羟基的化合物外，液体热导率一般随温度的升高而降低（但在低温高压下，$d\lambda/dT$ 常为正值）。低于或接近于正常沸点时可以认为是直线关系。

$$\lambda_l=\lambda_{l0}[1+\alpha(T-T_0)] \tag{13-174}$$

式中　λ_{l0}——T_0 温度下的热导率；

λ_l——T 温度下的热导率；

α——对一定的化合物为一个常数，$\alpha=-0.0005\sim-0.002\text{K}^{-1}$，但 $d\lambda/dT$ 在接近熔点时数值很小，而接近临界点时数值却很大。

(3) 压力对液体热导率的影响

除了接近临界点外，在 30～40atm 内，压力对液体热导率的影响一般可以略去不计。Missenard 提出压力对 λ_l 的影响如下。

$$\frac{\lambda_l(p_r)}{\lambda_l(低压)}=1+A'p_r^{0.7} \tag{13-175}$$

式中，$\lambda_l(p_r)$、λ_l（低压）分别为同一温度下的高、低压的 λ_l；A'的值可从表 13-115 查出。

表 13-115 式（13-175）中的 A' 值

T_r	p_r					
	1	5	10	50	100	200
0.8	0.036	0.038	0.038	(0.038)	(0.038)	(0.038)
0.7	0.018	0.025	0.027	0.031	0.032	0.032
0.6	0.015	0.020	0.022	0.024	0.025	0.025
0.5	0.012	0.0165	0.017	0.019	0.020	0.020

例 43 计算甲苯在 6250atm 和 30.8℃下的 λ_0。在此条件下实验值为 545×10^{-6} cal/(cm·s·K)。同一温度下，在 1atm 时的 $\lambda_1=307\times10^{-6}$ cal/(cm·s·K)；甲苯的 $T_c=591.7$K，$p_c=40.6$atm

解 $T_r=(30.8+273.2)/591.7=0.514$

$p_r=6250/40.6=154$

查表得 $A'=0.0205$

$\lambda_1(p_r)=307\times10^{-6}(1+0.0205\times154^{0.7})$

$=521\times10^{-6}$ [cal/(cm·s·K)]

$$误差=\frac{521\times10^{-6}-545\times10^{-6}}{545\times10^{-6}}=-4.4\%$$

(4) 液体混合物的热导率

有机液体混合物的热导率通常比以摩尔或质量分数计算所得的数值要小。

幂律关系式

$$\lambda_m^r=W_1\lambda_1^r+W_2\lambda_2^r \quad (13\text{-}176)$$

式中，W 为质量分数；r 取决于 λ_2/λ_1（此处 $\lambda_2>\lambda_1$），在多数系统中 $1\leqslant\lambda_2/\lambda_1\leqslant2$，此时可选择 $r=-2$，本式也可作为计算多元混合物的通式。

$$\lambda_m^r=\sum_{j=1}^{n}W_j\lambda_j^r \quad (13\text{-}177)$$

当 $\lambda_2/\lambda_1>2$ 时，可采用 r 值近似于 0，在此种情况下，可采用式（13-178）。

$$\lambda_m=\lambda_1\left(\frac{\lambda_2}{\lambda_1}\right)^{W_2} \quad (13\text{-}178)$$

上述方法，误差率一般不超过 3%～4%，可用于水有机物溶液中。

例 44 计算甲醇与苯（质量分数为 0.4）的混合物在 0℃时的液体热导率。其实验值为 405×10^{-6} cal/(cm·s·K)，并已知纯苯与纯甲醇在此温度下的热导率各为 364×10^{-6} cal/(cm·s·K) 与 501×10^{-6} cal/(cm·s·K)。

解 利用幂律法，由式（13-176），以 $r=-2$、$W_1=0.6$、$W_2=0.4$ 代入。

$$\lambda_m^{-2}=0.6\times(364\times10^{-6})^{-2}+0.4\times(501\times10^{-6})^{-2}$$

$$\lambda_m=404\times10^{-6}[\text{cal/(cm·s·K)}]$$

$$误差=\frac{404\times10^{-6}-405\times10^{-6}}{405\times10^{-6}}=-0.2\%$$

10.9.3 液-固悬浮体的热导率

Tareef 法

$$\lambda_m=\lambda_c\frac{2\lambda_c+\lambda_d-2\phi_d(\lambda_c-\lambda_d)}{2\lambda_c+\lambda_d+\phi_d(\lambda_c-\lambda_d)} \quad (13\text{-}179)$$

式中 λ_m——悬浮体的热导率；

λ_c，λ_d——连续相及分散相的热导率；

ϕ_d——分散相的体积分数。

若 $\lambda_d\gg\lambda_c$，式（13-179）简化为

$$\lambda_m=\lambda_c\left(\frac{1+2\phi_d}{1-2\phi_d}\right) \quad (13\text{-}180)$$

此式适用于分散相粒径在 2～260μm 之间，$Re_m=3\times10^3\sim3\times10^5$。也可用于液-液乳液，误差≤20%。

10.9.4 金属热导率

金属的热导率与温度关系如下式。

$$\lambda_t=\lambda_0(1+10^{-3}\alpha t) \quad (13\text{-}181)$$

式中 λ_0——温度为 0℃时的热导率，kcal/(m·h·℃)；

α——系数；

t——温度，℃。

某些常见金属的 λ_0 和 α 值见表 13-116。

表 13-116 某些常见金属的 λ_0 和 α 值

金属名称	λ_0/[kcal/(m·h·℃)]	α 值	温度范围/℃
银(Ag)	361	−0.17	0～100
铝(Al)	174.5	+0.29	0～100
铜(Cu)	334	−0.12	0～100
镍(Ni)	50.4	−0.31	0～100
铅(Pb)	30.3	−0.16	0～100
铂(Pt)	59.9	+0.53	0～100
锡(Sn)	56.5	−0.8	0～100
锌(Zn)	97.2	−0.15	0～100
铁(Fe)	53.2		

注：1kcal/(m·h·℃)=1.163W/(m·℃)。

10.10 扩散系数

10.10.1 气体的扩散系数

(1) 低压二元气体的扩散系数

① Fuller-Schettler-Gidding 法

$$D_{AB}=\frac{10^{-3}T^{1.75}\left(\frac{M_A+M_B}{M_AM_B}\right)^{\frac{1}{2}}}{p[(\sum V)_A^{\frac{1}{3}}+(\sum V)_B^{\frac{1}{3}}]^2} \quad (13\text{-}182)$$

式中 D_{AB}——气体扩散系数，cm²/s；

V——原子扩散体积，cm³/mol，见表 13-117。

此法用于适当温度下的简单的非极性系统，误差小于 5%～10%。

例 45 计算 40℃、1ata 下空气在水中的扩散系数。

解 $(D_{AB})_{实测}=0.288$，$M_{空气}=29$；$M_水=18$；$(\sum V)_{空气}=20.1$；$(\sum V)_水=12.7$。

表 13-117　式 (13-182) 中的原子扩散体积[1]

原子扩散体积和结构单元的扩散体积增量 V							
C	16.5	O	5.48	Cl	(19.5)	芳环	−20.2
H	1.98	N	(5.69)	S	(17.0)	杂环	−20.2
简单分子的扩散体积∑V							
H_2	7.07	N_2O	35.9	Kr	22.8	SF_6	(69.7)
D_2	6.70	N_2	17.9	Xe	(37.9)	Cl_2	(37.7)
He	2.88	O_2	16.6	NH_3	14.9	Br_2	(67.2)
CO	18.9	空气	20.1	H_2O	12.7	SO_2	(41.1)
CO_2	26.9	Ar	16.1	CCl_2F_2	(114.8)		

① 括号内的数值是仅根据少量数据得出的。

$$D_{AB}=\frac{10^{-3}\times 313^{1.75}\times\left(\frac{29+18}{29\times 18}\right)^{\frac{1}{2}}}{1\times(20.1^{\frac{1}{3}}+12.7^{\frac{1}{3}})^2}=0.276;$$

$$误差=\frac{0.276-0.288}{0.288}=-4.2\%$$

② Brokaw 法

$$D_{AB}=1.858\times 10^{-3}\times\frac{T^{\frac{3}{2}}\left(\frac{M_A+M_B}{M_AM_B}\right)^{\frac{1}{2}}}{p\,\sigma_{AB}\Omega'}\tag{13-183}$$

$$\Omega'=\Omega_D+\frac{0.19\delta_{AB}^2}{T^*}\tag{13-184}$$

$$\Omega_D=\frac{A}{T^{*B}}+\frac{C}{\exp DT^*}+\frac{E}{\exp FT^*}+\frac{G}{\exp HT^*}$$

$$T^*=\frac{T}{\left(\frac{\varepsilon_{AB}}{k}\right)}$$

式中　$A=1.06036$　　$B=0.15610$

$C=0.19300$　　$D=0.47635$

$E=1.03587$　　$F=1.52996$

$G=1.76474$　　$H=3.89411$

$$\delta=\frac{1.94\times 10^3\mu_p^2}{V_bT_b}\tag{13-185}$$

$$\delta_{AB}=(\delta_A\delta_B)^{\frac{1}{2}}\tag{13-186}$$

$$\sigma=\left(\frac{1.585V_b}{1+1.3\delta^2}\right)^{\frac{1}{3}}\tag{13-187}$$

$$\sigma_{AB}=(\sigma_A\,\sigma_B)^{\frac{1}{2}}\tag{13-188}$$

$$\frac{\varepsilon}{k}=1.18(1+1.3\delta^2)T_b\tag{13-189}$$

$$\frac{\varepsilon_{AB}}{k}=\left(\frac{\varepsilon_A}{k}\times\frac{\varepsilon_B}{k}\right)^{\frac{1}{2}}\tag{13-190}$$

式中　V_b——正沸点时的摩尔体积，cm^3/mol；

μ_p——偶极矩，debye。

例 46　计算 50℃、1ata 下氯甲烷和二氧化硫混合物的扩散系数。$(D_{AB})_{实测}=0.077$。所需数据如下。

名　称	氯甲烷	二氧化硫
M	50.488	64.063
μ_p/debye	1.9	1.6
$V_b/(cm^3/mol)$	50.6	43.8
T_b/K	2.49	263

$$\delta_{氯甲烷}=\frac{1.94\times 10^3\times 1.9^2}{50.6\times 249}=0.55$$

$$\delta_{二氧化硫}=\frac{1.94\times 10^3\times 1.6^2}{44.8\times 263}=0.43$$

$$\delta_{氯甲烷-二氧化硫}=(\delta_{氯甲烷}\delta_{二氧化硫})^{\frac{1}{2}}=(0.55\times 0.42)^{\frac{1}{2}}=0.49$$

$$\frac{\varepsilon_{氯甲烷}}{k}=1.18(1+1.3\delta_{氯甲烷}^2)T_b=1.18\times(1+1.3\times 0.55^2)\times 249=409\ (K)$$

$$\frac{\varepsilon_{二氧化硫}}{k}=1.18(1+1.3\delta_{二氧化硫}^2)T_b=1.18\times(1+1.3\times 0.43^2)\times 263=385\ (K)$$

$$\frac{\varepsilon_{氯甲烷-二氧化硫}}{k}=\left(\frac{\varepsilon_{氯甲烷}}{k}\times\frac{\varepsilon_{二氧化硫}}{k}\right)^{\frac{1}{2}}=(409\times 385)^{\frac{1}{2}}=397\ (K)$$

$$\sigma_{氯甲烷}=\left(\frac{1.585V_b}{1+1.3\delta^2}\right)^{\frac{1}{3}}=\left(\frac{1.585\times 50.6}{1+1.3\times 0.55^2}\right)^{\frac{1}{3}}=3.86\ (\text{Å})$$

$$\sigma_{二氧化硫}=\left(\frac{1.585V_b}{1+1.3\delta^2}\right)^{\frac{1}{3}}=\left(\frac{1.585\times 43.8}{1+1.3\times 0.43^2}\right)^{\frac{1}{3}}=3.82\ (\text{Å})$$

$$\sigma_{氯甲烷-二氧化硫}=(3.86\times 3.82)^{\frac{1}{2}}=3.84(\text{Å})$$

$$T^*=\frac{T}{\left(\frac{\varepsilon_{AB}}{k}\right)}=\frac{323}{397}=0.814$$

$$\Omega_D=\frac{1.06036}{0.814^{0.1561}}+\frac{0.19300}{e^{0.47635\times 0.814}}+\frac{1.03587}{e^{1.52996\times 0.814}}+\frac{1.76474}{e^{3.89411\times 0.814}}=1.654$$

$$\Omega'=\Omega_D+\frac{0.19\times 0.49^2}{0.814}=1.654$$

$$D_{AB}=\frac{1.858\times 10^{-3}\times 323^{\frac{3}{2}}\times\left(\frac{50.448+64.063}{50.448\times 64.063}\right)^{\frac{1}{2}}}{1\times 3.84^2\times 1.654}=0.083\ (cm^2/s)$$

$$误差=\frac{0.083-0.077}{0.077}=7.8\%$$

以上两种计算方法误差一般为±10%，均适用于非极性系统及非极性-极性系统。对于极性系统，推荐使用 Brokaw 法。

(2) 压力对二元气体扩散系数的影响

在几个毫米汞柱至几十大气压的范围内，气体的扩散系数与压力或密度成反比。若压力再高时可用下式校正。

Dawson-Khoury-Kobayshi 法

$$\frac{D\rho}{(D\rho)^0}=1+0.053432\rho_r-0.030182\rho_r^2-0.029725\rho_r^3\tag{13-191}$$

式中 D——高压时的自扩散系数，cm²/s；

$(D\rho)^0$——在同温度 T 但在低压下的 D 和 ρ 的乘积；

ρ_r——对比密度。

当相对密度在1以下时，Mathur 和 Thodos 提出以下高压时的自扩散系数公式。

$$D\rho_r=\frac{10.7\times10^{-5}T_r}{\beta} \tag{13-192}$$

式中，$\beta=\dfrac{M^{\frac{1}{2}}P_c^{\frac{1}{3}}}{T_c^{\frac{5}{6}}}$；$p_c$ 为大气压；T_c 的单位为K。

混合物的 T_{cm}、Z_{cm}、V_{cm}、p_{cm} 按式(13-127)～式(13-130)计算。

例47 计算甲烷和乙烷的混合物在136.1atm及40℃时的扩散系数。甲烷的摩尔分数为0.8。在此条件下，$\rho_{实验}=0.135\text{g/cm}^3$。$D_{实测}=8.4\times10^{-4}\text{cm}^2/\text{s}$。

查得下列所需数据。

组分	T_c/K	V_c/(cm³/mol)	Z_c	M
甲烷	190.6	99.0	0.288	16
乙烷	305.4	148.0	0.285	30.1

$$T_{cm}=0.8\times190.6+0.2\times305.4=213.6\ (\text{K})$$

$$V_{cm}=0.8\times99.0+0.2\times148=108.8\ (\text{cm}^3/\text{mol})$$

$$Z_{cm}=0.8\times0.288+0.2\times0.285=0.287$$

$$p_{cm}=0.287\times82.07\times\frac{213.6}{108.8}=46.2\ (\text{atm})$$

$$M_m=0.8\times16+0.2\times30.1=18.85$$

所以

$$\beta=\frac{M_m^{\frac{1}{2}}P_{cm}^{\frac{1}{3}}}{T_{cm}^{\frac{5}{6}}}=\frac{18.85^{\frac{1}{2}}\times46.2^{\frac{1}{3}}}{213.6^{\frac{5}{6}}}=0.178$$

$$\rho_r=\frac{\rho V_{cm}}{M_m}=0.135\times\frac{108.8}{18.85}=0.779$$

$$T_r=\frac{40+273}{213.6}=1.47$$

代入 Mathur 和 Thodos 提出的公式[式(13-192)]得

$$D=\frac{10.7\times10^{-5}T_r}{\rho_r\beta}=\frac{10.7\times10^{-5}\times1.46}{0.779\times0.178}$$

$$=11.3\times10^{-4}\ (\text{cm}^2/\text{s})$$

$$误差=\frac{11.3\times10^{-4}-8.4\times10^{-4}}{8.4\times10^{-4}}=34.5\%$$

(3) 多组分气体的扩散系数

对于仅1个组分向其他几个组分的混合物的扩散有

$$D_{1m}=\frac{1-y_1}{\sum\limits_{j=2}^{n}\dfrac{y_j}{D_{1j}}} \tag{13-193}$$

式中 y_1——扩散组分的摩尔分数；

y_j——j 组分的摩尔分数；

D_{1j}——组分1与 j 的二元气体扩散系数，cm²/s。

10.10.2 液体的扩散系数

(1) 无限稀释溶液中二元液体的扩散系数

溶质浓度在5%（甚至10%）以下的溶液定义为无限稀释溶液。

① Wilke-Chang 法

$$D_{AB}^{\circ}=7.4\times10^{-8}\frac{(\phi M_B)^{\frac{1}{2}}T}{\eta_B V_A^{0.6}} \tag{13-194}$$

式中 D_{AB}°——在无限稀释溶液中溶质 A 在溶剂 B 中的互扩散系数，cm²/s；

M_B——溶剂 B 的分子量；

η_B——溶剂 B 的黏度，cP；

V_A——溶质 A 在其正沸点时的摩尔体积，cm³/mol；

ϕ——溶剂 B 的缔合参数，无量纲。

Wilke 和 Chang 推荐的 ϕ 值：水为2.6，甲醇为1.9，乙醇为1.5，其他非缔合溶剂为1。

例48 计算己二酸在甲醇中无限稀释时的扩散系数（30℃）。

解 甲醇在30℃时的黏度为0.514cP，己二酸在沸点时的摩尔体积为173.8cm³/mol，甲酸分子量为32.04。应用式（13-194），此时 $\phi=1.5$。

$$D_{AB}^{\circ}=\frac{7.4\times10^{-8}\times[(1.5\times32.04)]^{\frac{1}{2}}303.2}{0.514\times173.8^{0.6}}$$

$$=1.37\times10^{-5}\ (\text{cm}^2/\text{s})$$

$$(D_{AB}^{\circ})_{实验}=1.38\times10^{-8}\text{cm}^2/\text{s}$$

$$误差=\frac{1.37\times10^{-5}-1.38\times10^{-6}}{1.38}=-0.72\%$$

② Hayduk-laudie 法

$$D_{Aw}^{\circ}=13.26\times10^{-5}\eta_w^{1.14}V_A^{-0.589} \tag{13-195}$$

式中 η_w——水的黏度，cP；

V_A——溶质 A 在其正沸点时的摩尔体积，cm³/mol；

D_{Aw}°——水溶液中的二元扩散系数。

例49 计算醋酸乙酯在20℃水中的扩散系数。

解 $\eta_w=1.002\text{cP}$

$$V_A=106\text{cm}^3/\text{mol}$$

$$D_{Aw}^{\circ}=13.26\times10^{-5}\times1.002^{1.4}\times106^{-0.580}$$

$$=0.85\times10^{-5}\ (\text{cm}^2/\text{s})$$

$$(D_{Aw}^{\circ})_{实测}=1.0\times10^{-5}\text{cm}^2/\text{s}$$

$$误差=\frac{0.85\times10^{-5}-1.0\times10^{-5}}{1.0\times10^{-5}}=-15\%$$

对于非电解质水溶液的二元扩散系数可用 Wilke-Chang 法估算，误差一般在±10%。而 Hayduk-Laudie 法使用起来较简单。温差范围在0～100℃（特别适用于15～30℃），误差在20%以下。

(2) 单一溶质在多组分溶剂中的扩散系数

Wilke-Chang 法

$$D_{Am}^{\circ}=7.4\times10^{-8}\frac{(\phi M)^{\frac{1}{2}}T}{\eta_m V_A^{0.6}} \tag{13-196}$$

$$\phi M=\sum_{\substack{j=1\\i\neq A}}^{n}x_j\,\phi_j\,M_j$$

式中 $D_{\rm Am}^{\circ}$——稀溶质 A 向混合物的有效扩散系数，cm^2/s；

x_j——j 组分的摩尔分数；

$\eta_{\rm m}$——混合物黏度，cP；

ϕ_j——j 组分的缔合参数，无量纲；

$V_{\rm A}$——稀溶质在正常沸点下的摩尔体积，cm^3/mol；

M_j——j 组分的分子量。

例 50 计算在 25℃下，醋酸向含乙醇 20.7%（摩尔分数）的水溶液的扩散系数（醋酸浓度很小），此扩散系数的实验值为 $0.57\times10^{-5}cm^2/s$。

解 设用下标 E 表示乙醇，W 表示水，A 表示醋酸，m 表示溶剂混合物，在 25℃时

$\eta_{\rm B}=1.096$cP

$\eta_{\rm w}=0.8937$cP

$D_{\rm AB}^{\circ}=1.032\times10^{-5}cm^2/s$

$D_{\rm AW}=1.295\times10^{-5}cm^2/s$

$\eta_{\rm m}=2.35$cP

利用 Wilke-Chang 法，已知 $V_{\rm A}=64.1cm^3/mol$，$\phi_{\rm E}=1.5$，$\phi_{\rm W}=2.6$，$M_{\rm E}=46$，$M_{\rm W}=18$。

$$\phi M_{\rm m}=0.207\times1.5\times46+0.793\times2.6\times18=51.39$$

$$D_{\rm Am}^{\circ}=7.4\times10^{-8}\times51.39^{\frac{1}{2}}\times298/(2.35\times64.1^{0.6})$$

$$=0.55\times10^{-5}(cm^2/s)$$

(3) 电解质溶液中的扩散系数

单一电解质在稀溶液中的扩散系数

$$D_{\rm AB}^{\circ}=\frac{RT}{F_{\rm a}^2}\times\frac{\dfrac{1}{n_+}+\dfrac{1}{n_-}}{\dfrac{1}{\lambda_+^{\circ}}+\dfrac{1}{\lambda_-^{\circ}}}\tag{13-197}$$

式中 $D_{\rm AB}^{\circ}$——无限稀释时的扩散系数，cm^2/s；

R——气体常数，$R=8.316$J/(mol·K)；

λ_+°，λ_-°——离子极限(零浓度)导电率，见表 13-118；

n_+，n_-——阳、阴离子的化合价；

$F_{\rm a}$——法拉第常数，其值为 96500C/g-equiv。

如温度不是 25℃时，则可将 $D_{\rm AB}^{\circ}$（25℃）乘以 $T/(334\eta_{\rm w})$，$\eta_{\rm w}$为温度 T 时水的黏度，cP。

表 13-118 在水中离子极限导电率（25℃），$A/(cm^2)(V/cm)(g\text{-}equiv/cm^3)$

阳离子	λ_+°	阴离子	λ_-°
H^+	349.8	OH^-	197.6
Li^+	38.7	Cl^-	76.3
Na^+	50.1	Br^-	78.3
K^+	73.5	I^-	76.8
NH_4^+	73.4	NO_3^-	71.4
Ag^+	61.9	ClO_4^-	68.0
$1/2\ Mg^{2+}$	53.1	HCO_2^-	54.6
$1/2\ Ca^{2+}$	59.5	$CH_3CO_2^-$	40.9
$1/2\ Sr^{2+}$	50.5	$ClCH_2CO_2^-$	39.8
		HCO_3^-	44.5
$1/2\ Ba^{2+}$	63.6	$CNCH_2CO_2^-$	41.8
$1/2\ Cu^{2+}$	54.0	$CH_3CH_2CO_2^-$	35.8
$1/2\ Zn^{2+}$	53.0	$CH_3(CH_2)_2CO_2^-$	32.6
$1/3\ La^{3+}$	69.5	$C_6H_5CO_2^-$	32.3
$1/3\ CO(NH_3)_6^{3+}$	102	$HC_2O_4^-$	40.2
		$1/2\ C_2O_4^{2-}$	74.2
		$1/2\ SO_4^{2-}$	80
		$1/3\ Fe(CN)_6^{3-}$	101
		$1/4\ Fe(CN)_6^{4-}$	111

10.11 纯物质特性常数表（表 13-119）

表 13-119 纯物质特性常数表

名称	化学式	原子量或分子量	常压沸点 T_b/℃	临界温度 T_c/K	临界压力 p_c/MPa	临界体积 $V_c/(m^3/kmol)$	临界压缩因子 Z_c	偏心因子 ω
单质								
氩气	Ar	39.948	−185.6	150.86	4.898	0.0746	0.291	0.0000
溴气	Br_2	159.808	58.2	584.15	10.3	0.135	0.286	0.129
氯气	Cl_2	70.906	−33.8	417.15	7.71	0.124	0.276	0.0688
氘气	D_2	4.032	−249.48	38.35	1.6617	0.0603	0.314	−0.1449
氟气	F_2	37.997	−187.9	144.12	5.172	0.0665	0.287	0.053
氢气	H_2	2.016	−252.5	33.19	1.313	0.0641	0.305	−0.2160
氦-4	He	4.003	−268.6	5.2	0.2275	0.0573	0.302	−0.3900
氮气	N_2	28.013	−195.8	126.2	3.4	0.0892	0.289	0.0377
氖气	Ne	20.18	−246.0	44.4	2.653	0.0417	0.3	−0.0396
氧气	O_2	31.999	−183.1	154.58	5.043	0.0734	0.288	0.0222
臭氧	O_3	47.998	−111.35	261	5.57	0.089	0.228	0.2119
硫	S	32.06	444.61	1313	18.2081	0.158	0.264	0.2463
链烷烃								
甲烷	CH_4	16.042	−161.5	190.564	4.599	0.0986	0.286	0.0115
乙烷	C_2H_6	30.069	−88.6	305.32	4.872	0.1455	0.279	0.0995
丙烷	C_3H_8	44.096	−42.1	369.83	4.248	0.2	0.276	0.1523

续表

名　称	化学式	原子量或分子量	常压沸点 T_b/℃	临界温度 T_c/K	临界压力 p_c/MPa	临界体积 V_c/(m^3/kmol)	临界压缩因子 Z_c	偏心因子 ω
丁烷	C_4H_{10}	58.122	−0.5	425.12	3.796	0.255	0.274	0.2002
戊烷	C_5H_{12}	72.149	36.1	469.7	3.37	0.313	0.27	0.2515
己烷	C_6H_{14}	86.175	68.7	507.6	3.025	0.371	0.266	0.3013
庚烷	C_7H_{16}	100.202	98.4	540.2	2.74	0.428	0.261	0.3495
辛烷	C_8H_{18}	114.229	125.6	568.7	2.49	0.486	0.256	0.3996
壬烷	C_9H_{20}	128.255	150.8	594.6	2.29	0.551	0.255	0.4435
癸烷	$C_{10}H_{22}$	142.282	174.1	617.7	2.11	0.617	0.254	0.4923
十一烷	$C_{11}H_{24}$	156.308	195.8	639	1.95	0.685	0.252	0.5303
十二烷	$C_{12}H_{26}$	170.335	216.2	658	1.82	0.755	0.251	0.5764
十三烷	$C_{13}H_{28}$	184.361	234	675	1.68	0.826	0.247	0.6174
十四烷	$C_{14}H_{30}$	198.388	252.5	693	1.57	0.897	0.244	0.643
十五烷	$C_{15}H_{32}$	212.415	270.5	708	1.48	0.969	0.244	0.6863
十六烷	$C_{16}H_{34}$	226.441	287.5	723	1.4	1.04	0.243	0.7174
十七烷	$C_{17}H_{36}$	240.468	303	736	1.34	1.11	0.244	0.7697
十八烷	$C_{18}H_{38}$	254.494	317	747	1.27	1.19	0.243	0.8114
十九烷	$C_{19}H_{40}$	268.521	330	758	1.21	1.26	0.242	0.8522
二十烷	$C_{20}H_{42}$	282.547	343	768	1.16	1.34	0.243	0.9069
2-甲基丙烷	C_4H_{10}	58.122	−11.7	407.8	3.64	0.259	0.278	0.1835
2-甲基丁烷	C_5H_{12}	72.149	27.8	460.4	3.38	0.306	0.27	0.2279
2,3-二甲基丁烷	C_6H_{14}	86.175	58	500	3.15	0.361	0.274	0.2493
2-甲基戊烷	C_6H_{14}	86.175	60.3	497.7	3.04	0.368	0.27	0.2791
2,3-二甲基戊烷	C_7H_{16}	100.202	89.8	537.3	2.91	0.393	0.256	0.2964
2,2,3,3-四甲基丁烷	C_8H_{18}	114.229	106.3	568	2.87	0.461	0.28	0.245
2,2,4-三甲基戊烷	C_8H_{18}	114.229	99.2	543.8	2.57	0.468	0.266	0.3035
2,3,3-三甲基戊烷	C_8H_{18}	114.229	114.8	573.5	2.82	0.455	0.269	0.2903
环烷烃								
环丙烷	C_3H_6	42.08	−33.5	398	5.54	0.162	0.271	0.1278
环丁烷	C_4H_8	56.106	12.9	459.93	4.98	0.21	0.273	0.1847
环戊烷	C_5H_{10}	70.133	49.3	511.7	4.51	0.26	0.276	0.1949
环己烷	C_6H_{12}	84.159	80.7	553.8	4.08	0.308	0.273	0.2081
甲基环戊烷	C_6H_{12}	84.159	71.8	532.7	3.79	0.319	0.273	0.2288
乙基环戊烷	C_7H_{14}	98.186	103.4	569.5	3.4	0.375	0.269	0.2701
甲基环己烷	C_7H_{14}	98.186	100.9	572.1	3.48	0.369	0.27	0.2361
1,1-二甲基环己烷	C_8H_{16}	112.213	119.5	591.15	2.938	0.45	0.269	0.2326
顺-1,2-二甲基环己	C_8H_{16}	112.213	129.7	606.15	2.938	0.46	0.268	0.2324
反-1,2-二甲基环己	C_8H_{16}	112.213	123.4	596.15	2.938	0.46	0.273	0.2379
乙基环己烷	C_8H_{16}	112.213	131.8	609.15	3.04	0.43	0.258	0.2455
烯烃								
乙烯	C_2H_4	28.053	103.7	282.34	5.041	0.131	0.281	0.0862
丙烯	C_3H_6	42.08	−47.7	364.85	4.6	0.185	0.281	0.1376
1-丁烯	C_4H_8	56.106	−6.3	419.5	4.02	0.241	0.278	0.1845
顺-2-丁烯	C_4H_8	56.106	3.7	435.5	4.21	0.234	0.272	0.2019
反-2-丁烯	C_4H_8	56.106	0.9	428.6	4.1	0.238	0.274	0.2176
环戊烯	C_5H_8	68.117	44.2	507	4.8	0.245	0.279	0.1961
1-戊烯	C_5H_{10}	70.133	30.1	464.8	3.56	0.293	0.27	0.2372
环己烯	C_6H_{10}	82.144	82.98	560.4	4.35	0.291	0.272	0.2123
1-己烯	C_6H_{12}	84.159	66	504	3.21	0.348	0.267	0.2888
1-庚烯	C_7H_{14}	98.186	93.64	537.4	2.92	0.402	0.263	0.3432
1-辛烯	C_8H_{16}	112.213	121.29	566.9	2.663	0.464	0.262	0.3921

续表

名　称	化学式	原子量或分子量	常压沸点 T_b/℃	临界温度 T_c/K	临界压力 p_c/MPa	临界体积 V_c/(m^3/kmol)	临界压缩因子 Z_c	偏心因子 ω
1-壬烯	C_9H_{18}	126.239	146.9	593.1	2.428	0.524	0.258	0.4367
1-癸烯	$C_{10}H_{20}$	140.266	172	616.6	2.223	0.584	0.253	0.4805
2-甲基丙烯	C_4H_8	56.106	−6.9	417.9	4	0.239	0.275	0.1948
2-甲基-1-丁烯	C_5H_{10}	70.133	20.2	465	3.447	0.292	0.26	0.2341
2-甲基-2-丁烯	C_5H_{10}	70.133	38.5	470	3.42	0.292	0.256	0.287
1-甲基环戊烯	C_6H_{10}	82.144	75.5	542	4.13	0.303	0.278	0.2318
3-甲基环戊烯	C_6H_{10}	82.144	64.9	526	4.13	0.303	0.286	0.2296
丙烯基环己烯	C_9H_{14}	122.207	156	636	3.12	0.437	0.258	0.342
丙二烯	C_3H_4	40.064	−35.0	394	5.25	0.165	0.264	0.1041
1,2-丁二烯	C_4H_6	54.09	18.5	452	4.36	0.22	0.255	0.1659
1,3-丁二烯	C_4H_6	54.09	−4.5	425	4.32	0.221	0.27	0.195
3-甲基-1,2-丁二烯	C_5H_8	68.117	40.83	490	3.83	0.291	0.274	0.1874
1,5-己二烯	C_6H_{10}	82.143	59.4	507.6	3.35	0.339	0.269	0.2259
炔烃								
乙炔	C_2H_2	26.037	−84.0	308.3	6.138	0.112	0.268	0.1912
1-丁炔	C_4H_6	54.09	8.7	440	4.6	0.208	0.262	0.247
1-戊炔	C_5H_8	68.117	40.1	481.2	4.17	0.277	0.289	0.2899
2-戊炔	C_5H_8	68.117	56.1	519	4.03	0.276	0.258	0.1752
3-己炔	C_6H_{10}	82.144	81	544	3.53	0.331	0.258	0.2183
1-己炔	C_6H_{10}	82.144	71.3	516.2	3.62	0.322	0.272	0.3327
2-己炔	C_6H_{10}	82.144	84.5	549	3.53	0.331	0.256	0.2214
1-庚炔	C_7H_{12}	96.17	99.7	547	3.21	0.387	0.273	0.3778
1-辛炔	C_8H_{14}	110.197	126.3	574	2.88	0.442	0.267	0.4233
1-壬炔	C_9H_{16}	124.223	150.8	598.05	2.61	0.497	0.261	0.471
1-癸炔	$C_{10}H_{18}$	138.25	174	619.85	2.37	0.552	0.254	0.5178
甲基乙炔	C_3H_4	40.064	−23.2	402.4	5.63	0.164	0.276	0.2115
乙烯基乙炔	C_4H_4	52.075	5.1	454	4.86	0.205	0.264	0.1069
二甲基乙炔	C_4H_6	54.09	26.9	473.2	4.87	0.221	0.274	0.2385
2-甲基-1-丁烯-3-炔	C_5H_6	66.101	32	492	4.38	0.248	0.266	0.137
3-甲基-1-丁炔	C_5H_8	68.117	26.3	463.2	4.2	0.275	0.3	0.3081
芳烃								
苯	C_6H_6	78.112	80.1	562.05	4.895	0.256	0.268	0.2103
甲苯	C_7H_8	92.138	110.6	591.75	4.108	0.316	0.264	0.264
苯乙烯	C_8H_8	104.149	145.2	636	3.84	0.352	0.256	0.2971
乙苯	C_8H_{10}	106.165	136.2	617.15	3.609	0.374	0.263	0.3035
间二甲苯	C_8H_{10}	106.165	139.07	617	3.541	0.375	0.259	0.3265
邻二甲苯	C_8H_{10}	106.165	144.5	630.3	3.732	0.37	0.264	0.3101
对二甲苯	C_8H_{10}	106.165	138.23	616.2	3.511	0.378	0.259	0.3218
α-甲基苯乙烯	C_9H_{10}	118.176	165.4	654	3.36	0.399	0.247	0.323
异丙基苯	C_9H_{12}	120.192	152.4	631	3.209	0.434	0.265	0.3274
丙基苯	C_9H_{12}	120.192	159.2	638.35	3.2	0.44	0.265	0.3444
1,2,3-三甲基苯	C_9H_{12}	120.192	176.1	664.5	3.454	0.414	0.259	0.3666
1,2,4-三甲基苯	C_9H_{12}	120.192	169.2	649.1	3.232	0.43	0.258	0.3787
萘	$C_{10}H_8$	128.171	217.9	748.4	4.05	0.407	0.265	0.302
1,2,3,4-四氢化萘	$C_{10}H_{12}$	132.202	207	720	3.65	0.408	0.249	0.3353
丁基苯	$C_{10}H_{14}$	134.218	183.1	660.5	2.89	0.497	0.262	0.3941
联苯	$C_{12}H_{10}$	154.208	254.9	773	3.38	0.497	0.261	0.4029
菲	$C_{14}H_{10}$	178.229	340.2	869	2.9	0.554	0.222	0.4707
邻三联苯	$C_{18}H_{14}$	230.304	332	857	2.99	0.731	0.307	0.5513

续表

名　称	化学式	原子量或分子量	常压沸点 T_b/℃	临界温度 T_c/K	临界压力 p_c/MPa	临界体积 V_c/(m³/kmol)	临界压缩因子 Z_c	偏心因子 ω
				醛类				
甲醛	CH_2O	30.026	−19.5	408	6.59	0.115	0.223	0.2818
乙醛	C_2H_4O	44.053	20.2	466	5.55	0.154	0.221	0.2907
丙醛	C_3H_6O	58.079	48	504.4	4.92	0.204	0.239	0.2559
丁醛	C_4H_8O	72.106	74.8	537.2	4.32	0.258	0.25	0.2774
戊醛	$C_5H_{10}O$	86.132	103	566.1	3.97	0.313	0.264	0.3472
己醛	$C_6H_{12}O$	100.159	131	591	3.46	0.369	0.26	0.3872
庚醛	$C_7H_{14}O$	114.185	152.8	616.8	3.16	0.434	0.267	0.4279
辛醛	$C_8H_{16}O$	128.212	171	638.9	2.96	0.488	0.272	0.4636
壬醛	$C_9H_{18}O$	142.239	191	658	2.73	0.527	0.263	0.5117
癸醛	$C_{10}H_{20}O$	156.265	208.5	674.2	2.6	0.58	0.269	0.582
丙烯醛	C_3H_4O	56.063	52.5	506	5	0.197	0.234	0.3198
				酮类				
丙酮	C_3H_6O	58.079	56.5	508.2	4.701	0.209	0.233	0.3065
甲基乙基酮	C_4H_8O	72.106	79.59	535.5	4.15	0.267	0.249	0.3234
甲基异丙基酮	$C_5H_{10}O$	86.132	94.33	553.4	3.8	0.31	0.256	0.3208
2-戊酮	$C_5H_{10}O$	86.132	103.3	561.08	3.694	0.301	0.238	0.3433
3-戊酮	$C_5H_{10}O$	86.132	102.7	560.95	3.74	0.336	0.269	0.3448
醌	$C_6H_4O_2$	108.095	①	683	5.96	0.291	0.305	0.4945
环己酮	$C_6H_{10}O$	98.143	155.6	653	4	0.311	0.229	0.299
乙基异丙基酮	$C_6H_{12}O$	100.159	113.5	567	3.32	0.369	0.26	0.3891
2-己酮	$C_6H_{12}O$	100.159	127.5	587.61	3.287	0.378	0.254	0.3846
3-己酮	$C_6H_{12}O$	100.159	123.5	582.82	3.32	0.378	0.259	0.3801
甲基异丁基酮	$C_6H_{12}O$	100.159	116.5	574.6	3.27	0.369	0.253	0.3557
二异丙基酮	$C_7H_{14}O$	114.185	125.4	576	3.02	0.416	0.262	0.4044
3-庚酮	$C_7H_{14}O$	114.185	147	606.6	2.92	0.433	0.251	0.4076
2-庚酮	$C_7H_{14}O$	114.185	151.05	611.4	2.94	0.434	0.251	0.419
2-辛酮	$C_8H_{16}O$	128.212	172.9	632.7	2.64	0.497	0.249	0.4549
3-辛酮	$C_8H_{16}O$	128.212	167.5	627.7	2.704	0.497	0.257	0.4406
二苯甲酮	$C_{13}H_{10}O$	182.218	305.4	830	3.352	0.5677	0.276	0.5019
				醇类				
甲醇	CH_4O	32.042	64.7	512.5	8.084	0.117	0.222	0.5658
乙醇	C_2H_6O	46.068	78.4	514	6.137	0.168	0.241	0.6436
1-丙醇	C_3H_8O	60.095	97.8	536.8	5.169	0.219	0.254	0.6209
2-丙醇	C_3H_8O	60.095	82.5	508.3	4.765	0.222	0.25	0.6544
1-丁醇	$C_4H_{10}O$	74.122	117.73	563.1	4.414	0.273	0.258	0.5883
2-丁醇	$C_4H_{10}O$	74.122	99.51	535.9	4.188	0.27	0.254	0.5692
1-戊醇	$C_5H_{12}O$	88.148	137.98	588.1	3.897	0.326	0.258	0.5748
2-戊醇	$C_5H_{12}O$	88.148	119.7	561	3.7	0.326	0.259	0.5549
环己醇	$C_6H_{12}O$	100.159	161	650.1	4.26	0.322	0.254	0.369
1-己醇	$C_6H_{14}O$	102.175	157	611.3	3.446	0.382	0.259	0.5586
2-己醇	$C_6H_{14}O$	102.175	139.9	585.3	3.311	0.385	0.262	0.5574
1-庚醇	$C_7H_{16}O$	116.201	175.8	632.3	3.085	0.444	0.261	0.5621
2-庚醇	$C_7H_{16}O$	116.201	159	608.3	3.001	0.447	0.265	0.5628
1-辛醇	$C_8H_{18}O$	130.228	195.2	652.3	2.783	0.509	0.261	0.5697
2-辛醇	$C_8H_{18}O$	130.228	178.5	629.8	2.749	0.512	0.269	0.5807
1-壬醇	$C_9H_{20}O$	144.255	213.5	670.9	2.527	0.576	0.261	0.5841
2-壬醇	$C_9H_{20}O$	144.255	193.5	649.5	2.541	0.577	0.271	0.5911
1-癸醇	$C_{10}H_{22}O$	158.281	231.1	688	2.308	0.645	0.26	0.607

续表

名称	化学式	原子量或分子量	常压沸点 T_b/℃	临界温度 T_c/K	临界压力 p_c/MPa	临界体积 V_c/(m^3/kmol)	临界压缩因子 Z_c	偏心因子 ω
1-十一醇	$C_{11}H_{24}O$	172.308	245	703.9	2.119	0.715	0.259	0.6236
2-甲基-2-丙醇	$C_4H_{10}O$	74.122	82.4	506.2	3.972	0.275	0.26	0.6152
3-甲基-1-丁醇	$C_5H_{12}O$	88.148	131.1	577.2	3.93	0.329	0.269	0.5939
苄醇	C_7H_8O	108.138	205.31	720.15	4.374	0.382	0.279	0.3631
1-甲基环己醇	$C_7H_{14}O$	114.185	155	686	4	0.374	0.262	0.2213
顺-2-甲基环己醇	$C_7H_{14}O$	114.185	165	614	3.79	0.374	0.278	0.6805
反-2-甲基环己醇	$C_7H_{14}O$	114.185	167.5	617	3.79	0.374	0.276	0.679
乙二醇	$C_2H_6O_2$	62.068	197.3	720	8.2	0.191	0.262	0.5068
1,2-丙二醇	$C_3H_8O_2$	76.094	187.6	626	6.1	0.239	0.28	1.1065
1,2-丁二醇	$C_4H_{10}O_2$	90.121	190.5	680	5.21	0.303	0.279	0.6305
1,3-丁二醇	$C_4H_{10}O_2$	90.121	206.5	676	4.02	0.305	0.218	0.7043
				酚类				
苯酚	C_6H_6O	94.111	181.9	694.25	6.13	0.229	0.243	0.4435
间甲苯酚	C_7H_8O	108.138	202.8	705.85	4.56	0.312	0.242	0.448
邻甲苯酚	C_7H_8O	108.138	190.8	697.55	5.01	0.282	0.244	0.4339
对甲苯酚	C_7H_8O	108.138	201.8	704.65	5.15	0.277	0.244	0.5072
				醚类				
二甲醚	C_2H_6O	46.068	−23.7	400.1	5.37	0.17	0.2744	0.2002
甲基乙烯基醚	C_3H_6O	58.079	5.5	437	4.67	0.21	0.27	0.2416
甲基乙基醚	C_3H_8O	60.095	7.4	437.8	4.4	0.221	0.267	0.2314
1,4-二噁烷	$C_4H_8O_2$	88.105	101.1	587	5.208	0.238	0.254	0.2793
乙醚	$C_4H_{10}O$	74.122	34.6	466.7	3.64	0.28	0.263	0.2811
甲基丙基醚	$C_4H_{10}O$	74.122	39.1	476.25	3.801	0.276	0.265	0.277
甲基异丙基醚	$C_4H_{10}O$	74.122	30.77	464.48	3.762	0.276	0.269	0.2656
1,1-二甲氧基乙烷	$C_4H_{10}O_2$	90.121	64.5	507.8	3.773	0.297	0.265	0.3277
甲基丁基醚	$C_5H_{12}O$	88.148	70.16	512.74	3.371	0.329	0.26	0.313
甲基异丁基醚	$C_5H_{12}O$	88.148	58.6	497	3.41	0.329	0.272	0.3078
甲基叔丁基醚	$C_5H_{12}O$	88.148	55.0	497.1	3.287	0.314	0.25	0.2466
乙基丙基醚	$C_5H_{12}O$	88.148	63.21	500.23	3.37	0.339	0.275	0.3473
乙基异丙基醚	$C_5H_{12}O$	88.148	54.1	489	3.41	0.329	0.276	0.3056
1,2-二甲氧基丙烷	$C_5H_{12}O_2$	104.148	93	543	3.446	0.35	0.267	0.3522
二异丙基醚	$C_6H_{14}O$	102.175	68.4	500.05	2.88	0.386	0.267	0.3387
甲基戊基醚	$C_6H_{14}O$	102.175	99	546.49	3.042	0.38	0.254	0.3442
苯甲醚	C_7H_8O	108.138	155.5	645.6	4.25	0.337	0.267	0.3502
二丁醚	$C_8H_{18}O$	130.228	140.28	584.1	2.46	0.487	0.247	0.4476
乙基己基醚	$C_8H_{18}O$	130.228	143	583	2.46	0.487	0.247	0.4944
苄基乙基醚	$C_9H_{12}O$	136.191	185	662	3.11	0.442	0.25	0.4332
二苯醚	$C_{12}H_{10}O$	170.207	258.5	766.8	3.08	0.503	0.243	0.4389
				酸类				
甲酸	CH_2O_2	46.026	100.6	588	5.81	0.125	0.149	0.3173
草酸	$C_2H_2O_4$	90.035	157①	804	7.02	0.205	0.215	0.9176
醋酸	$C_2H_4O_2$	60.052	118.1	591.95	5.786	0.177	0.208	0.4665
丙烯酸	$C_3H_4O_2$	72.063	141	615	5.66	0.208	0.23	0.5383
丙二酸	$C_3H_4O_4$	104.061	①	805	5.64	0.258	0.217	0.9418
丙酸	$C_3H_6O_2$	74.079	141.1	600.81	4.668	0.235	0.22	0.5796
甲基丙烯酸	$C_4H_6O_2$	86.089	161	662	4.79	0.28	0.244	0.3318
乙酸酐	$C_4H_6O_3$	102.089	139.5	606	4	0.29	0.23	0.4535
丁二酸	$C_4H_6O_4$	118.088	235②	806	4.71	0.317	0.223	0.9922
丁酸	$C_4H_8O_2$	88.105	163.5	615.7	4.06	0.293	0.232	0.6805

续表

名　　称	化学式	原子量或分子量	常压沸点 T_b/℃	临界温度 T_c/K	临界压力 p_c/MPa	临界体积 V_c/(m³/kmol)	临界压缩因子 Z_c	偏心因子 ω
异丁酸	$C_4H_8O_2$	88.105	154.45	605	3.7	0.292	0.215	0.6141
2-甲基丁酸	$C_5H_{10}O_2$	102.132	177	643	3.89	0.347	0.252	0.5894
戊酸	$C_5H_{10}O_2$	102.132	186.1	639.16	3.63	0.35	0.239	0.7052
2-乙基丁酸	$C_6H_{12}O_2$	116.158	194	655	3.41	0.389	0.244	0.6326
己酸	$C_6H_{12}O_2$	116.158	205.2	660.2	3.308	0.408	0.246	0.7299
苯甲酸	$C_7H_6O_2$	122.121	249.2	751	4.47	0.344	0.246	0.6028
庚酸	$C_7H_{14}O_2$	130.185	221.5	677.3	3.043	0.466	0.252	0.7564
邻苯二甲酸酐	$C_8H_4O_3$	148.116	284.5	791	4.72	0.421	0.302	0.7025
对苯二甲酸	$C_8H_6O_4$	166.131	300①	1113	3.95	0.424	0.181	1.0591
2-乙基己酸	$C_8H_{16}O_2$	144.211	228	674.6	2.778	0.528	0.262	0.8067
辛酸	$C_8H_{16}O_2$	144.211	237.5	694.26	2.779	0.523	0.252	0.7706
2-甲基辛酸	$C_9H_{18}O_2$	158.238	245	694	2.54	0.572	0.252	0.7913
壬酸	$C_9H_{18}O_2$	158.238	254.5	710.7	2.514	0.584	0.248	0.7724
癸酸	$C_{10}H_{20}O_2$	172.265	268.7	722.1	2.28	0.639	0.243	0.8126
酯类								
甲酸甲酯	$C_2H_4O_2$	60.052	31.7	487.2	6	0.172	0.255	0.2556
甲酸乙酯	$C_3H_6O_2$	74.079	54.4	508.4	4.74	0.229	0.257	0.2847
乙酸甲酯	$C_3H_6O_2$	74.079	56.87	506.55	4.75	0.228	0.257	0.3313
丙烯酸甲酯	$C_4H_6O_2$	86.089	80.7	536	4.25	0.27	0.258	0.3423
醋酸乙烯酯	$C_4H_6O_2$	86.089	72.5	519.13	3.958	0.27	0.248	0.3513
乙酸乙酯	$C_4H_8O_2$	88.105	77.1	523.3	3.88	0.286	0.255	0.3664
丙酸甲酯	$C_4H_8O_2$	88.105	79.8	530.6	4.004	0.282	0.256	0.3466
甲酸丙酯	$C_4H_8O_2$	88.105	81.3	538	4.02	0.285	0.256	0.3088
甲基丙烯酸甲酯	$C_5H_8O_2$	100.116	100.5	566	3.68	0.323	0.253	0.2802
丙酸乙酯	$C_5H_{10}O_2$	102.132	99.1	546	3.362	0.345	0.256	0.3944
丁酸甲酯	$C_5H_{10}O_2$	102.132	102.8	554.5	3.473	0.34	0.256	0.3775
乙酸丙酯	$C_5H_{10}O_2$	102.132	101.3	549.73	3.36	0.345	0.254	0.3889
乙酸丁酯	$C_6H_{12}O_2$	116.158	126.1	575.4	3.09	0.389	0.251	0.4394
丁酸乙酯	$C_6H_{12}O_2$	116.158	121.3	571	2.95	0.403	0.25	0.4011
苯甲酸甲酯	$C_8H_8O_2$	136.148	199	693	3.59	0.436	0.272	0.4205
苯甲酸乙酯	$C_9H_{10}O_2$	150.175	213.4	698	3.18	0.489	0.268	0.4771
邻苯二甲酸二甲酯	$C_{10}H_{10}O_4$	194.184	283.7	766	2.78	0.53	0.231	0.6568
对苯二甲酸二甲酯	$C_{10}H_{10}O_4$	194.184	288	772	2.78	0.529	0.229	0.6371
胺类								
甲胺	CH_5N	31.057	−6.32	430.05	7.46	0.154	0.321	0.2814
氮丙啶	C_2H_5N	43.068	56	537	6.85	0.173	0.265	0.2007
二甲胺	C_2H_7N	45.084	7.4	437.2	5.34	0.18	0.264	0.2999
乙胺	C_2H_7N	45.084	16.6	456.15	5.62	0.207	0.307	0.2848
乙二胺	$C_2H_8N_2$	60.098	116	593	6.29	0.264	0.337	0.4724
异丙胺	C_3H_9N	59.11	31.76	471.85	4.54	0.221	0.256	0.2759
丙胺	C_3H_9N	59.11	47.22	496.95	4.74	0.26	0.298	0.2798
三甲胺	C_3H_9N	59.11	2.87	433.25	4.07	0.254	0.287	0.2062
二乙胺	$C_4H_{11}N$	73.137	55.5	496.6	3.71	0.301	0.27	0.3039
二乙醇胺	$C_4H_{11}NO_2$	105.136	268.8	736.6	4.27	0.349	0.243	0.9529
二异丙基胺	$C_6H_{15}N$	101.19	83.9	523.1	3.2	0.418	0.308	0.3883
二丙胺	$C_6H_{15}N$	101.19	109.3	550	3.14	0.402	0.276	0.4497
三乙胺	$C_6H_{15}N$	101.19	89	535.15	3.04	0.39	0.266	0.3162
氨基化合物								
甲酰胺	CH_3NO	45.041	210.5	771	7.8	0.163	0.198	0.4124
乙酰胺	C_2H_5NO	59.067	222	761	6.6	0.215	0.224	0.421

续表

名称	化学式	原子量或分子量	常压沸点 T_b/℃	临界温度 T_c/K	临界压力 p_c/MPa	临界体积 V_c/(m^3/kmol)	临界压缩因子 Z_c	偏心因子 ω
N,N'-二甲基甲酰胺	C_3H_7NO	73.094	153	649.6	4.42	0.2620	0.214	0.3177
N-甲基乙酰胺	C_3H_7NO	73.094	205	718	4.98	0.267	0.223	0.4351
苯甲酰胺	C_7H_7NO	121.137	290	824	5.05	0.346	0.255	0.5585
腈类								
氰化氢	CHN	27.025	26	456.65	5.39	0.139	0.197	0.4099
乙腈	C_2H_3N	41.052	81.8	545.5	4.83	0.173	0.184	0.3379
氰	C_2N_2	52.035	−21.0	400.15	5.98	0.195	0.351	0.279
丙烯腈	C_3H_3N	53.063	78.5	535	4.48	0.212	0.214	0.3498
丙腈	C_3H_5N	55.079	97.1	564.4	4.18	0.229	0.204	0.3243
丁腈	C_4H_7N	69.105	117.5	582.25	3.79	0.278	0.218	0.3714
苄腈	C_7H_5N	103.121	190.6	699.35	4.215	0.3132	0.227	0.3662
硝基化合物								
硝基甲烷	CH_3NO_2	61.04	101.2	588.15	6.31	0.173	0.223	0.348
硝基乙烷	$C_2H_5NO_2$	75.067	114	593	5.16	0.236	0.247	0.3803
1,3,5-三硝基苯	$C_6H_3N_3O_6$	213.105	315	846	3.39	0.479	0.231	0.8623
2,4,6-三硝基甲苯	$C_7H_5N_3O_6$	227.131	351.85	828	3.04	0.572	0.253	0.8972
异氰酸酯类								
异氰酸甲酯	C_2H_3NO	57.051	38.3	488	5.48	0.202	0.273	0.3007
异氰酸苯酯	C_7H_5NO	119.121	165.6	653	4.06	0.37	0.277	0.4123
其他含氮化物								
氨	H_3N	17.031	−33.33	405.65	11.28	0.0725	0.242	0.2526
肼	H_4N_2	32.045	113.55	653.15	14.7	0.158	0.428	0.3143
哌啶	$C_5H_{11}N$	85.149	106.4	594.05	4.651	0.308	0.29	0.2428
硫醇类								
甲硫醇	CH_4S	48.107	5.9	469.95	7.23	0.145	0.268	0.1582
乙硫醇	C_2H_6S	62.134	35.0	499.15	5.49	0.207	0.274	0.1878
丙硫醇	C_3H_8S	76.161	67.8	536.6	4.63	0.254	0.264	0.2318
2-丙基硫醇	C_3H_8S	76.161	52.6	517	4.75	0.254	0.281	0.2138
丁硫醇	$C_4H_{10}S$	90.187	98.5	570.1	3.97	0.307	0.257	0.2714
仲丁硫醇	$C_4H_{10}S$	90.187	85.0	554	4.06	0.307	0.271	0.2506
戊硫醇	$C_5H_{12}S$	104.214	126.6	598	3.47	0.359	0.251	0.3207
2-戊硫醇	$C_5H_{12}S$	104.214	112.9	584.3	3.536	0.385	0.28	0.2685
苯硫酚	C_6H_6S	110.177	169.1	689	4.74	0.315	0.261	0.2628
环己硫醇	$C_6H_{12}S$	116.224	158.8	664	3.97	0.355	0.255	0.2641
己硫醇	$C_6H_{14}S$	118.24	152.7	623	3.08	0.412	0.245	0.3681
苄硫醇	C_7H_8S	124.203	194.5	718	4.06	0.367	0.25	0.3126
庚硫醇	$C_7H_{16}S$	132.267	176.9	645	2.77	0.465	0.24	0.4226
正辛硫醇	$C_8H_{18}S$	146.294	199.1	667.3	2.52	0.518	0.235	0.4497
壬基硫醇	$C_9H_{20}S$	160.32	220	681	2.31	0.571	0.233	0.526
癸硫醇	$C_{10}H_{22}S$	174.347	240.6	696	2.13	0.624	0.23	0.5874
硫醚								
二甲基硫醚	C_2H_6S	62.134	36	503.04	5.53	0.201	0.266	0.1943
二甲基二硫醚	$C_2H_6S_2$	94.199	109.74	615	5.36	0.252	0.264	0.2059
甲基乙基硫醚	C_3H_8S	76.161	66.7	533	4.26	0.254	0.244	0.2091
二乙硫醚	$C_4H_{10}S$	90.187	92.1	557.15	3.96	0.318	0.272	0.29
甲基异丙基硫醚	$C_4H_{10}S$	90.187	84.8	553.1	4.021	0.328	0.28718	0.2461
甲基丙基硫醚	$C_4H_{10}S$	90.187	95.6	565	3.97	0.307	0.259	0.2737
甲基丁基硫醚	$C_5H_{12}S$	104.214	123.4	593	3.47	0.36	0.253	0.3229
其他含硫化物								
二硫化碳	CS_2	76.141	46	552	7.9	0.16	0.275	0.1107
硫化氢	H_2S	34.081	−59.55	373.53	8.963	0.0985	0.284	0.0942

续表

名称	化学式	原子量或分子量	常压沸点 T_b/℃	临界温度 T_c/K	临界压力 p_c/MPa	临界体积 V_c/(m^3/kmol)	临界压缩因子 Z_c	偏心因子 ω
噻吩	C_4H_4S	84.14	84.4	579.35	5.69	0.219	0.259	0.197
四氢噻吩	C_4H_8S	88.171	121.1	631.95	5.16	0.249	0.245	0.1996
卤代物								
三氟化氮	F_3N	71.002	−128.75	234	4.461	0.1188	0.272	0.12
六氟化硫	F_6S	146.055	−63.8①	318.69	3.76	0.1985	0.282	0.2151
溴化氢	HBr	80.912	−66.38	363.15	8.552	0.1	0.283	0.0734
氯化氢	HCl	36.461	−85	324.65	8.31	0.081	0.249	0.1315
氟化氢	HF	20.006	20	461.15	6.48	0.069	0.117	0.3823
卤代烃								
四氯化碳	CCl_4	153.823	76.8	556.35	4.56	0.276	0.272	0.1926
四氟化碳	CF_4	88.004	−128.0	227.51	3.745	0.143	0.283	0.179
氯仿	$CHCl_3$	119.378	61.17	536.4	5.472	0.239	0.293	0.2219
二溴甲烷	CH_2Br_2	173.835	97	611	7.17	0.223	0.315	0.2095
二氯甲烷	CH_2Cl_2	84.933	40	510	6.08	0.185	0.265	0.1986
二氟甲烷	CH_2F_2	52.023	−51.6	351.255	5.784	0.123	0.244	0.2771
溴甲烷	CH_3Br	94.939	3.5	467	8	0.156	0.321	0.1922
氯甲烷	CH_3Cl	50.488	−24.09	416.25	6.68	0.143	0.276	0.1531
氟甲烷	CH_3F	34.033	−78.4	317.42	5.875	0.113	0.252	0.198
氯乙烯	C_2H_3Cl	62.498	−13.8	432	5.67	0.179	0.283	0.1001
1,1,2-三氯乙烷	$C_2H_3Cl_3$	133.404	113.9	602	4.48	0.281	0.252	0.2591
1,1-二溴乙烷	$C_2H_4Br_2$	187.861	108	628	6.03	0.276	0.319	0.125
1,2-二溴乙烷	$C_2H_4Br_2$	187.861	131.6	650.15	5.477	0.2616	0.265	0.2067
1,1-二氯乙烷	$C_2H_4Cl_2$	98.959	57.3	523	5.07	0.24	0.28	0.2339
1,2-二氯乙烷	$C_2H_4Cl_2$	98.959	83.5	561.6	5.37	0.22	0.253	0.2866
1,1-二氟乙烷	$C_2H_4F_2$	66.05	−24.05	386.44	4.52	0.179	0.252	0.2751
1,2-二氟乙烷	$C_2H_4F_2$	66.05	26	445	4.34	0.195	0.229	0.2224
溴乙烷	C_2H_5Br	108.965	38.5	503.8	6.23	0.215	0.32	0.2548
氯乙烷	C_2H_5Cl	64.514	12.3	460.35	5.27	0.2	0.275	0.1902
氟乙烷	C_2H_5F	48.06	−37.7	375.31	5.028	0.164	0.264	0.22
1,1-二氯丙烷	$C_3H_6Cl_2$	112.986	88.1	560	4.24	0.291	0.265	0.2529
1,2-二氯丙烷	$C_3H_6Cl_2$	112.986	96.8	572	4.24	0.291	0.259	0.2564
1-氯丙烷	C_3H_7Cl	78.541	46.5	503.15	4.58	0.247	0.27	0.2277
2-氯丙烷	C_3H_7Cl	78.541	35.7	489	4.54	0.247	0.276	0.1986
间二氯苯	$C_6H_4Cl_2$	147.002	173	683.95	4.07	0.351	0.251	0.279
邻二氯苯	$C_6H_4Cl_2$	147.002	180	705	4.07	0.351	0.244	0.2192
对二氯苯	$C_6H_4Cl_2$	147.002	174	684.75	4.07	0.351	0.251	0.2846
溴苯	C_6H_5Br	157.008	156.2	670.15	4.519	0.324	0.263	0.2506
氯苯	C_6H_5Cl	112.557	132.2	632.35	4.519	0.308	0.265	0.2499
氟苯	C_6H_5F	96.102	84.7	560.09	4.551	0.269	0.263	0.2472
硅烷								
硅烷	SiH_4	32.09	−111.75	269.7	4.84	0.1327	0.286	0.0938
甲基硅烷	CH_6Si	46.144	−57.5	352.5	4.7	0.205	0.329	0.1314
甲基氯硅烷	CH_5ClSi	80.589	7	442	4.17	0.246	0.279	0.2252
甲基二氯硅烷	CH_4Cl_2Si	115.034	41	483	3.95	0.289	0.284	0.2758
乙烯基三氯硅烷	$C_2H_3Cl_3Si$	161.49	91.5	543.15	3.06	0.408	0.276	0.2815
乙基三氯硅烷	$C_2H_5Cl_3Si$	163.506	100.5	559.95	3.33	0.414	0.296	0.2691
二甲基甲硅烷	C_2H_8Si	60.17	−20	402	3.56	0.258	0.275	0.13
四氟化硅	F_4Si	104.079	−86	259	3.72	0.202	0.349	0.3858
氧化物								
一氧化碳	CO	28.01	−191.5	132.92	3.499	0.0944	0.299	0.0482
二氧化碳	CO_2	44.01	−78.464①	304.21	7.383	0.094	0.274	0.2236

续表

名称	化学式	原子量或分子量	常压沸点 T_b/℃	临界温度 T_c/K	临界压力 p_c/MPa	临界体积 V_c/(m³/kmol)	临界压缩因子 Z_c	偏心因子 ω
一氧化氮	NO	30.006	−151.74	180.15	6.48	0.058	0.251	0.5829
一氧化二氮	N_2O	44.013	−88.48	309.57	7.245	0.0974	0.274	0.1409
二氧化硫	O_2S	64.064	−10.05	430.75	7.884	0.122	0.269	0.2454
三氧化硫	O_3S	80.063	44.5①	490.85	8.21	0.127	0.255	0.424
环氧乙烷	C_2H_4O	44.053	10.6	469.15	7.19	0.1403	0.25876	0.1974
呋喃	C_4H_4O	68.074	31.5	490.15	5.5	0.218	0.294	0.2015
四氢呋喃	C_4H_8O	72.106	65	540.15	5.19	0.224	0.259	0.2254
水	H_2O	18.015	99.974	647.096	22.064	0.0559	0.229	0.3449
其他								
磷化氢	H_3P	34.00	−87.735	324.75	6.54	0.113	0.274	0.0452
空气	—	28.96	—	132.45	3.774	0.09147	0.313	—
二甲基亚砜	C_2H_6OS	78.133	189	729	5.65	0.227	0.212	0.2806

① 升华。
② 分解。

11 模拟系统数据库和数据估算系统

11.1 数据库

在化工计算中常用的 Aspen Plus 化工模拟系统及 PRO/Ⅱ化工模拟系统本身具有相当庞大的数据库。本手册以 ASPEN PLUS 为例作简要介绍。

11.1.1 纯组分数据库

随着 Aspen 系列软件的不断更新，Aspen Plus 内集成的纯组分数量在不断增加。最新版 AspenOneV8.6 系列软件的 Aspen Plus 就集成了 26 个纯组分数据库。除以下 17 个数据库之外，还包括 7 个过去版本发布的 PURE 数据库和 2 个用户数据库。

PURE32　包含多种来源的 2154 个纯组分数据(多数为有机物)，如 DIPPR®，ASPENPCD,API,以及 Aspen 公司等

AQUEOUS　包含 1688 个水溶液中的离子或分子数据,用于电解相关的计算

SOLIDS　包含 3312 个强电解质、盐及其他固体组分,用于电解和固体相关的计算

INORGANIC　包含 2477 个气相、液相或固相下无机物的热力学物性,用于固体、电解或冶金等相关的运用

NIST-TRC　包含 24033 种纯组分数据(多数为有机物),以单独的数据库 NISTV73 分散在企业物性数据库中

BIODIESEL　包含生物柴油生产过程中的 461 种典型物质

ELECPURE　包含 28 种组分,其中 17 种为胺类生产过程中的常见组分

HYSYS　采用 ASPEN HYSYS 物性方法时使用的数据库

NRTL-SAC　包含 100 多种常见溶剂的纯组分参数 XYZE

PC-SAFT，POLYPCSF　POLYPCSF 的参数只包含常规流体，PC-SAFT 的参数包含多种类型流体

ASPENPCD　Aspen Plus 8.5 和 8.6 发布的数据库,用于向上兼容,包括 472 个无机物组分和一些有机物组分

COMBUST　包括燃烧产物中包含的 59 个典型组分,包括原子、分子、原子团,用于高温气相的计算

ETHYLENE　包括乙烯装置中 85 个典型组分,适用 SRK 状态模型

FACTPCD　仅在 Aspen Plus 的 Aspen/FACT/Chemapp 界面下使用

POLYMER　包含一些聚合物的物性数据

SEGMENT　包含一些聚合物链段的物性数据

INITIATOR　包含一些引发剂物性数据和分解反应动力学数据

Aspen Plus 纯组分数据库参数见表 13-120。

11.1.2 其他数据库

(1) 溶液亨利常数

包括 HENRY-AP 和 BINARY 两个数据库。

(2) 汽液二元参数

包括 VLE _ IG、VLE _ RK、VLE _ HOC 及 VLE _ LIT 四个数据库。

(3) 液液二元参数

包括 LLE _ ASPEN 和 LLE _ LTT 两个数据库。

(4) 状态方程的模型参数

包括其他交互参数 RKSKIJ、PRKIJ、LKPKIJ、BWRKV、BWRKT、RKSKIJ 以及纯组分参数。

11.2 热力学性质模型和物理参数估算

11.2.1 热力学性质模型

Aspen Plus 中热力学性质模型有 45 个物性选择集，以提供在模拟计算中的速率系数、焓、密度、熵和自由能等。

11.2.2 物理性质参数估算（表 13-121）

表 13-120 Aspen Plus 纯组分数据库参数

参数名称	说明	参数名称	说明
AIT	自燃点	NOATOM	包含给定分子的每个 ATOMNO 中定义的原子出现的次数，ATOMNO 和 NOATOM 定义了分子的化学式
ANILPT	苯胺点	NTHA	Nothnagel 参数
API	15.6℃时标准 API 密度	OLEFIN	烯烃含量(1=烯烃,0=无烯烃)
AROMATIC	芳烃含量(1=芳烃,0=无芳烃)	OMEGA	Pitzer 偏心因子
ATOMNO	包含给定分子的原子式(原子数)的矢量(如 H = 1, C = 6, O = 8)，必须使用 NOATOM 矢量定义每个原子出现次数	OMGCTD	COSTALD 模型偏心因子
CPDIEC	介电常数	OXYGEN	氧含量(质量分数)
CPIG	理想气体热容系数	PARAFFIN	烷烃含量(1=烷烃,0=无烷烃)
CPIGDP	DIPPR 理想气体热容系数	PC	临界压力
CPLDIP	DIPPR 液体热容系数	PLCAVT	Cavett 蒸气压系数
CPSDIP	DIPPR 固体热容系数	PLXANT	扩展的 Antoine 蒸气压系数
CSACVL	COSMO 体积	PRMCP	PR 状态方程 Mathias-Copeman 参数
DCPLS	三相点液固热容差	PRSRP	PR 状态方程 Schwartzentruber-Renon 参数
DELTA	25℃时的溶解度参数	RACKET	Campbell-Thodos 液体体积
DGFORM	25℃时理想气体生成的 Gibbs 自由能	REFINDEX	25℃的折射率
DGLFRM	液体生成的 Gibbs 自由能	RGYR	回转半径
DHFORM	25℃时理想气体的生成热	RKSMCP	RKS 状态方程 Mathias-Copeman 参数
DHLCVT	Cavett 焓偏离参数	RKSSRP	RKS 状态方程 Schwartzentruber-Renon 参数
DHLFRM	液体的生成热	RKTZRA	Rackett 液体密度参数
DHVLB	正常沸点下的汽化热	ROC-NO	研究法辛烷值
DHVLDP	DIPPR 汽化热系数	ROCTNO	研究法辛烷值
DHVLWT	Watson 汽化热参数	SG	15.6℃的标准密度
DNLDIP	DIPPR 液体密度系数	SGPRF1	COSMOε 资料 1
DNSDIP	DIPPR 固体密度系数	SGPRF2	COSMOε 资料 2
ENT	25℃时的绝对生成熵	SGPRF3	COSMOε 资料 3
FLASHPT	闪点	SGPRF4	COSMOε 资料 4
FLML	燃烧下限	SGPRF5	COSMOε 资料 5
FLMU	燃烧上限	SIGDIP	DIPPR 表面张力系数
FP	闪点	SULFUR	硫含量(质量分数)
FREEZEPT	正常凝点	SVRDIP	第二维里系数
GMUQQ	UNIQUAC 面积参数	TB	正常沸点
GMUQR	UNIQUAC 体积参数	TC	临界温度
HCOM	25℃、1bar 标准状态下，生成 CO_2(g)、H_2O(g)、F_2(g)、Cl_2(g)、Br_2(g)、I_2(g)、SO_2(g)、N_2(g)、P_4O_{10}(Cr)、SiO_2(白英石)和 Al_2O_3(α-Al_2O_3 晶体)的标准燃烧生成焓	TFP	正常凝点
	水相中烃溶解度，$\ln x = a + b/T + c\ln T$	THRSWT	热力学性质子模型选择器
HCSOL	烃组分等级指示	TOTAL-N_2	总氮含量(质量分数)
HCTYPE	熔点下的升华焓	TPP	三相点压力
HFUS	氢含量(质量分数)	TPT	三相点温度
HYDROGEN	DIPPR 液体的热导率	UFGRP	UNIFAC 官能团信息
KLDIP	DIPPR 气体的热导率	UFGRPD	Dortmund 修正的 UNIFAC 官能团信息
KVDIP	马达法辛烷值	UFGRPL	Lyngby 修正的 UNIFAC 官能团信息
MOC-NO	Andrade 液体的黏度系数	VB	正常沸点时液体摩尔体积
MULAND	DIPPR 液体的黏度系数	VC	临界体积
MULDIP	偶极矩	VLCVT1	Scatchard-Hildebrand 特征体积参数
MUP	DIPPR 气体的黏度系数	VLSTD	15.6℃时标准液体的体积
MUVDIP	分子量	VSTCTD	COSTALD 模型特征体积
MW	环烷含量(1=环烷,0=无环烷)	WATSOL	水溶解度校正系数
NAPHTHEN	包含 C、H、O、N、S、F、Cl、Br、I、Ar、He 原子数的矢量	ZC	临界压缩因子
NATOM			

表 13-121 Aspen Plus 估算的物理性质参数

参数名称	说明	参数名称	说明
纯组分参数		与温度有关的性质关联式的参数	
MW	分子量	CPIG	理想气体比热容
TB	正常沸点	PL	蒸气压
TC	临界温度	DHVL	气化焓
PC	临界压力	VL	液体摩尔体积
VC	临界体积	MUL	液体黏度
ZC	临界压缩因子	MUV	气体黏度
DHFORM	25℃时理想气体的生成热	KL	液体热导率
DGFORM	25℃时理想气体生成 Gibbs 自由能	KV	气体热导率
OMEGA	偏心因子	SIGMA	表面张力
DELTA	溶解度参数	CPS	固体热容
UNIQUAC R	UNIOUAC *R* 参数	CHGPAR	Helgeson *C* 热容系数
UNIQUAC Q	UNIOUAC *Q* 参数	CPL	液体热容
PARC	等张比容	二元参数	
DHSFRM	25℃时固体的生成焓	WILSON/2[WILSON/1]	Wilson 方程参数
DGSFRM	25℃时固体生成 Gibbs 自由能	NRTL/2[NRTL/1]	NRTL 方程参数
DGAQHG	Helgeson 模型中无限稀释溶液的生成 Gibbs 自由能	UNIQ/2[UNIQ/1]	UNIQUAC 方程参数
DHAQHG	Helgeson 模型中无限稀释溶液的生成焓	SRKKIJ/1[SRKKIJ/2]	SRK,SRKKD 方程参数
S25HG	Helgeson 模型 25℃时的熵	UNIFAC 官能团参数	
OMEGHG	Helgeson 模型 OMEGA 热容系数	UNIFACR	UNIFAC *R* 参数
		UNIFACQ	UNIFAC *Q* 参数
		UNIFLR	Lyngby UNIFAC *R* 参数
		UNIFLQ	Lyngby UNIFAC *Q* 参数
		UNIFDR	Dortmund UNIFAC *R* 参数
		UNIFDQ	Dortmund UNIFAC *Q* 参数

12 常用单位换算(表 13-122~表 13-142)

表 13-122 长度单位换算

厘米(cm)	米(m)	英寸(in)	英尺(ft)	码(yd)
1	0.01	0.3937	0.03281	0.01094
100	**1**	39.37	3.2808	1.09361
2.54	0.0254	**1**	0.08333	0.02778
30.48	0.3048	12	**1**	0.33333
91.44	0.9144	36	3	**1**

注：1公里=0.6214英里=0.5400国际海里=2市里=1000米。

1微米(μm)=10^{-6}米,1埃(Å)=10^{-10}米。

1密耳(mil)=0.001英寸。

表 13-123 质量和重量单位换算

公斤(kg)	吨(公吨)(t)	磅(lb)	英吨(长吨)(tn)	美吨(短吨)(shtn)
1	1×10^{-3}	2.205	9.842×10^{-4}	1.1023×10^{-3}
1×10^{3}	**1**	2205	0.9842	1.1023
0.4536	4.536×10^{-4}	**1**	4.464×10^{-4}	5×10^{-4}
1016.0	1.0160	2240	**1**	1.1200
907.2	0.9072	2000	0.8929	**1**

表 13-124　面积单位换算

平方厘米 (cm^2)	平方米 (m^2)	平方英寸 (in^2)	平方英尺 (ft^2)	公顷 (ha)	市　亩	平方公里 (km^2)	平方米 (m^2)
1	0.0001	0.15500	0.0010764	**1**	15	0.01	1×10^4
10×10^3	**1**	1550.0	10.764	6.667×10^{-2}	**1**	6.667×10^{-4}	666.7
6.4516	6.452×10^{-4}	**1**	0.006944	1×10^2	1.5×10^3	**1**	1×10^6
929.03	0.09290	144	**1**	1×10^{-4}	1.5×10^{-3}	1×10^{-6}	**1**

表 13-125　容积单位换算

升 (L)	立方米 (m^3)	立方英尺 (ft^3)	英加仑 (Imp·gal)	美加仑 (US·gal)
1	1×10^{-3}	0.03531	0.21998	0.26418
1×10^3	**1**	35.3147	219.975	264.171
28.3161	0.02832	**1**	6.2288	7.48048
4.5459	0.004546	0.16054	**1**	1.20095
3.7853	0.003785	0.13368	0.8327	**1**

注：1 升＝1000 厘米^3，1 英尺^3＝1728 英寸^3，1 加仑（英）＝277.42 英寸^3，1 英寸^3＝16.387 厘米^3，1（美）加仑＝231.0 英寸^3，1 桶（油）＝42（美)加仑＝158.99 升。

表 13-126　力单位换算

牛顿(N)	达因(dyn)	公斤力(kgf)	磅(lb)	磅达(pdl)
1	10^5	0.10197	0.225	7.233
9.807×10^{-3}	981	1×10^{-3}	0.002205	0.07093
10^{-5}	**1**	1.0197×10^{-6}	2.25×10^{-6}	7.233×10^{-5}
9.807	9.8×10^5	**1**	2.205	70.93
4.448	4.448×10^5	0.4536	**1**	32.17
0.1383	1.3825×10^4	0.014098	0.03110	**1**

表 13-127　速度单位换算

米/秒(m/s)	米/分(m/min)	米/时(m/h)	英尺/秒(ft/s)	英尺/分(ft/min)
1	60	3600	3.281	196.85
0.016667	**1**	60	0.05468	3.280
2.778×10^{-4}	0.016667	**1**	9.114×10^{-4}	0.05468
0.3048	18.2880	1097.3	**1**	60
0.005080	0.30480	18.288	0.016667	**1**

表 13-128　体积流量单位换算

升/秒 (L/s)	立方米/时 (m^3/h)	立方米/秒 (m^3/s)	美加仑/分钟 U·S·gal/min	立方英尺/时 (ft^3/h)	立方英尺/秒 (ft^3/s)
1	3.6	0.001	15.850	127.13	0.03531
0.2778	**1**	2.778×10^{-4}	4.403	35.31	9.810×10^{-3}
1000	3600	**1**	1.5850×10^4	1.2713×10^5	35.31
0.06309	0.2271	6.309×10^{-5}	**1**	8.021	0.002228
7.866×10^{-3}	0.02832	7.866×10^{-6}	0.12468	**1**	2.778×10^{-4}
28.32	101.94	0.02832	448.8	3600	**1**

表 13-129　密度单位换算

克/厘米^3(g/cm^3)	公斤/米^3(kg/m^3)	磅/英尺^3(lb/ft^3)	磅/美加仑(lb/U·S·gal)
1	1000	62.43	8.345
0.001	**1**	0.06243	0.008345
0.01602	16.02	**1**	0.1337
0.1198	119.8	7.481	**1**

表 13-130 压力单位换算

帕（Pa）或牛顿/米^2（N/m^2）	巴（bar）	公斤/厘米^2（kg/cm^2）	磅/英寸^2（lb/in^2）	标准大气压（atm）	毫米汞柱（mmHg）	英寸汞柱（inHg）	米水柱 mH_2O	英寸水柱 inH_2O
1	10^{-5}	1.02×10^{-5}	1.45×10^{-4}	9.869×10^{-6}	7.501×10^{-3}	2.953×10^{-4}	1.020×10^{-4}	4.015×10^{-3}
10^5	**1**	1.0197	14.50	0.9869	750.1	29.53	10.20	401.5
9.807×10^4	0.9807	**1**	14.22	0.9678	735.5	28.96	10.00	393.7
6.895×10^3	0.06895	0.07031	**1**	0.06804	51.71	2.036	0.7031	27.68
1.013×10^5	1.0133	1.0332	14.7	**1**	760.0	29.92	10.33	406.8
133.3	1.333×10^{-3}	1.360×10^{-3}	1.934×10^{-2}	1.316×10^{-3}	**1**	3.937×10^{-2}	0.0136	0.5352
3386	0.03386	0.03453	0.4912	0.03342	25.40	**1**	0.3453	13.60
9807	0.09807	0.1000	1.422	0.09678	73.55	2.896	**1**	39.37
249.1	0.002491	0.002540	0.03613	0.002458	1.868	0.07355	0.0254	**1**

注：有时“巴”也指1达因/厘米^2，即相当于表中巴的$1/10^6$（也称“巴利”）。毫米汞柱也称“托”（Torr）。

表 13-131 （动力）黏度单位换算

牛顿·秒/米^2（N·s/m^2）或帕·秒(Pa·s)	泊(P)或克/(厘米·秒)[g/(cm·s)]	厘泊(cP)	公斤(质)/(米·秒)[kg/(m·s)]	公斤(质)/(米·时)[kg/(m·h)]	磅/(英尺·秒)[lb/(ft·s)]	公斤(力)·秒/米^2（kg·s/m^2）
1	10	10^3	**1**	3600	0.6720	0.102
0.1	**1**	100	0.1	360	0.06720	0.0102
0.001	0.01	**1**	0.001	3.6	6.72×10^{-4}	1.02×10^{-4}
1	10	1000	**1**	3600	0.6720	0.102
2.778×10^{-4}	2.778×10^{-3}	0.2778	2.778×10^{-4}	**1**	1.8667×10^{-4}	2.83×10^{-5}
1.4881	14.881	1488.1	1.4881	5357	**1**	0.1519
9.81	98.1	9810	9.81	0.353×10^5	6.59	**1**

注：1泊=1克（质）/(厘米·秒)=1达因·秒/厘米^2，动力黏度=密度×运动黏度。

表 13-132 运动黏度单位换算

厘米^2/秒，(或沲)（cm^2/s），(St)	米^2/时（m^2/h）	英尺^2/秒（ft^2/s）	英尺^2/时（ft^2/h）
1	0.360	1.076×10^{-3}	3.875
2.778	**1**	2.990×10^{-3}	10.76
929.0	334.5	**1**	3600
0.2581	0.0929	2.778×10^{-4}	**1**

注：1厘沲(cSt)=0.01沲(St)。

表 13-133 功、能和热量单位换算

焦耳（J）	公斤·米（kg·m）	千瓦时（kW·h）	英制马力·时（HP·h）	千卡（kcal）	英热单位（Btu）	英尺·磅（ft·lb）
1	0.102	2.778×10^{-7}	3.725×10^{-7}	2.389×10^{-4}	9.478×10^{-4}	0.7376
9.807	**1**	2.724×10^{-6}	3.653×10^{-6}	2.342×10^{-3}	9.296×10^{-3}	7.233
3.6×10^6	3.671×10^5	**1**	1.3410	859.8	3413	2655×10^3
2.685×10^6	273.8×10^3	0.7457	**1**	641.19	2544	1980×10^3
4187	426.9	1.1622×10^{-3}	1.5596×10^{-3}	**1**	3.968	3088
1055	107.59	2.931×10^{-4}	3.930×10^{-4}	0.2520	**1**	778.2
1.356	0.1383	0.3766×10^{-6}	0.5051×10^{-6}	3.238×10^{-4}	1.285×10^{-3}	**1**

注：1千卡=4186焦耳，1尔格=1达因·厘米=10^{-7}焦耳。CHU（或PCU）为摄氏热单位（或称磅卡），1CHU=1.8英热单位（BTU）。1牛顿·米（N·m）=10^7尔格=1焦耳。

表 13-134 功率单位换算

千瓦（kW）	公斤·米/秒（kg·m/s）	英尺·磅/秒（ft·lb/s）	英制马力（HP）	千卡/秒（kcal/s）	英热单位/秒（Btu/s）
1	101.97	737.56	1.3410	0.2389	0.9478
0.0098067	**1**	7.23314	0.01315	0.002342	0.009295
0.0013558	0.13825	**1**	0.0018182	0.0003238	0.0012851

续表

千瓦 (kW)	公斤·米/秒 (kg·m/s)	英尺·磅/秒 (ft·lb/s)	英制马力 (HP)	千卡/秒 (kcal/s)	英热单位/秒 (Btu/s)
0.74569	76.0403	550	**1**	0.17811	0.70681
4.1860	426.93	3088.03	5.6135	**1**	3.9683
1.0550	107.59	778.168	1.4148	0.251996	**1**

注：1 千瓦=1000 焦耳/秒=860 千卡/时。

表 13-135 热导率单位换算

瓦/(米·K) [W/(m·K)]	焦耳/(厘米·秒·℃) [J/(cm·s·℃)]	卡/(厘米·秒·℃) [cal/(cm·s·℃)]	千卡/(米·时·℃) [kcal/(m·h·℃)]	英热单位/(英尺·时·℉) [Btu/(ft·h·℉)]
1	0.01	2.389×10^{-3}	0.86	0.579
100	**1**	0.2389	86.00	57.79
418.6	4.186	**1**	360	241.9
1.163	0.01163	0.002778	**1**	0.6720
1.730	0.01730	0.004134	1.488	**1**

表 13-136 传热系数单位换算

焦耳/(米²·秒·K) [J/(m²·s·K)] 或瓦/(米²·K)[W/(m²·K)]	千卡/米²·时·℃ [kcal/(m²·h·℃)]	卡/厘米²·秒·℃ [cal/(cm²·s·℃)]	英热单位/英尺²·时·℉ [Btu/(ft²·h·℉)]
1	0.8598	2.388×10^{-5}	0.1761
1.162	**1**	2.778×10^{-5}	0.2048
4.186×10^{4}	3.6×10^{4}	**1**	7374
5.678	4.882	1.3562×10^{-4}	**1**

注：1 英热单位/(英尺²·时·℉)=1 摄氏热单位/(英尺²·时·℃)。1 瓦/(米²·℃) =3600 焦耳/(米²·℃·时) = 0.86 千卡/(米²·℃·时)。

表 13-137 扩散系数单位换算

厘米²/秒 (cm²/s)	米²/时 (m²/h)	英尺²/时 (ft²/h)	英尺²/秒 (ft²/s)
1	0.360	3.875	0.1550
2.778	**1**	10.764	0.4306
0.2581	0.09290	**1**	0.040
6.452	2.323	25.000	**1**

表 13-138 表面张力单位换算

牛顿/米(N/m)	达因/厘米(dyn/cm)	克/厘米(g/cm)	公斤/米(kg/m)	磅/英尺(lb/ft)
1	1000	1.02	0.102	6.854×10^{-2}
1×10^{-3}	**1**	0.001020	1.020×10^{-4}	6.854×10^{-5}
0.9807	980.7	**1**	0.1	0.06720
9.807	9807	10	**1**	0.6720
14.592	14592	14.88	1.488	**1**

表 13-139 热容单位换算

焦耳/克·℃ [(J/(g·℃)]	千卡/公斤·℃ [kcal/(kg·℃)]	英热单位/磅·℉ [Btu/(lb·℉)]
1	0.2389	0.2389
4.186	**1**	**1**

焦耳/厘米³·℃ [J/(cm³·℃)]	千卡/米³·℃ [kcal/(m³·℃)]	英热单位/英尺³·℉ [Btu/(ft³·℉)]
1	238.846	14.9107
0.0041868	**1**	0.0624280
0.0670661	16.0185	**1**

表 13-140 发热量（潜热）单位换算

焦耳/克 (J/g)	千卡/公斤 (kcal/kg)	英热单位/磅 (Btu/lb)
1	0.238846	0.429923
4.1868	**1**	1.8
2.326	0.555556	**1**

表 13-141 气体发热量单位换算

焦耳/厘米^3 (J/cm^3)	千卡/米^3 ($kcal/m^3$)	英热单位/英尺^3 (Btu/ft^3)
1	238.846	26.8392
0.0041868	**1**	0.112370
0.0372589	8.89915	**1**

表 13-142 温度换算

摄氏度(℃)	华氏度(℉)	兰金[①]度(°R)	开尔文(K)
℃	$\frac{9}{5}$℃+32	$\frac{9}{5}$℃+491.67	℃+273.15[②]
$\frac{5}{9}$(℉−32)	℉	℉+459.67	$\frac{5}{9}$(℉+459.67)
$\frac{5}{9}$(°R−491.67)	°R−459.67	°R	$\frac{5}{9}$°R
K−273.15[②]	$\frac{9}{5}$K−459.67	$\frac{9}{5}$K	K

① 英文是 Rankine。

② 摄氏温度的标定是以水的冰点为一个参照点作为 0℃，相对于开尔文温度上的 273.15K。开尔文温度的标定是以水的三相点为一个参照点作为 273.16K，相对于摄氏 0.01℃，即水的三相点高于水的冰点 0.01℃。

参考文献

[1] 上海化学工业设计院. 化工工艺手册. 北京：化学工业出版社，1974.

[2] Reid R C，Prausnitz J M. Sherwood T K. The Properties of Gases and Liquids. 3rd ed. McGraw-Hill，1977.

[3] Reid R C. Sherwood T K. The Properties of Gases and Liquids. 2nd ed. McGraw-Hill，1966.

[4] Perry R H. Chemical Engineers' Handbook. 5th ed. McGraw-Hill，1973.

[5] 化学工学协会（日）. 化学工学便览. 第 4 版. 丸善株式会社，1978.

[6]《化学工程手册》编辑委员会. 化学工程手册：第一篇 化工基础数据. 北京：化学工业出版社，1980.

[7] 卢焕章等. 石油化工基础数据手册. 北京：化学工业出版社，1982.

[8] 原化学工业部第一设计院. 化工单元操作设计手册（一）：化工计算基础数据，1967.

[9] 平塚洁. 物性定数. 1959.

[10] Peng D Y. Robinson. D. B. IEC Fund，1976，15 (1)：59.

[11] Deprister C L. Chem. Eng. Prog. Symp. Series.，1953，49 (7).

[12] 兰州化学工业设计院，石油化工技术参考资料：轻碳氢化合物数据手册，1971.

[13] Fredenslund A. Vapor-Lquid Equilibria Using UNIFAC. 1997.

[14] Fredenslund A，Gmehlling J，Michelsen M L，et al. Ind. Eng. Chem. Proc. Des. Dev. 1997，16：451.

[15] Starling K E. Fluid Thermodynamic Properties of Light Petroleum Systems，1973.

[16] Tsonopoulos C. AIChE J.，1974，20：263.

[17] McClellan A L. Tables of Experimental Diopole Moments，1963.

[18] Tsonopoulos C. AIChE J.，1975，21：827.

[19] Rackett H G J. Chem. Eng. Data，1970，15：514.

[20] бретшнайдер，С. Свойства газсв ижидкостей. Москва，1966.

[21] 江体乾. 化工工艺手册. 上海：上海科学技术出版社，1992.

[22] Reid R C，Prausnitz J M，Poling B. E. The Properties of Gases and Liquids. 4th ed. McGraw-Hill，1987.

[23] Robert Perry H，Don Green W. Perry's Chemical Engineers' Handbook. 7th ed. McGraw-Hill，1997.

[24] 时钧等. 化学工程手册. 第 2 版. 北京：化学工业出版社，1996.

[25] Don Green W，Robert Perry H. Perry's Chemical Engineers' Handbook. 8th ed. McGraw-Hill，2008.

第3篇

化工单元工艺设计

第14章 反应器

1 概述

化学反应过程和反应器是化工生产流程中的中心环节，一个化工生产流程往往是围绕反应过程展开的。相对而言，化工生产流程中的单元操作如热交换、蒸馏、吸收和干燥等，只涉及物理变化，其设计计算理论较为成熟，实践经验较为丰富；而在反应器中，传热、传质等物理变化和化学反应同时发生，反应结果也是这些变化共同作用的结果，因此，反应器的设计也需要将化学反应和传递过程相结合。反应器设计所依据的是化学反应工程理论，是化学反应工程理论的实际应用。由于化学反应的多样性，反应器设计往往较多地倚重研究试验工作。

由于以上原因，并因篇幅限制，本章内容侧重于反应器设计的基础原理，以期引导如何实际应用。

1.1 反应器设计和化学反应工程

反应器设计依据化学反应工程理论，它把反应的化学特性和反应器的传递特性结合起来，涉及化学动力学、传递过程和工程控制等领域。研究化学反应工程的主要任务是：

① 对已有反应过程进行分析，寻求进一步改进或强化的方法；

② 开发新的反应技术和设备；

③ 反应过程的优化；

④ 设计反应器。

其中反应器设计主要包括：反应器选型；寻找合适的工艺条件；确定实现这些工艺条件所需的技术措施；确定反应器的结构尺寸；确定必要的控制手段。

1.2 反应器的基本类型

反应器按结构大致可分为管式、釜式、塔式、固定床和流化床等类型。它们的型式与特性见表14-1[1]。由于每种反应均有其自身的特点，选型时需要结合反应器的特性进行综合分析，做出合理选择。

表 14-1 反应器的型式与特性

型　式	适用的反应	优　缺　点	生　产　举　例
搅拌槽，一级或多级串联	液相，液-液相，液-固相	适用性强，操作弹性大，连续操作时温度、浓度容易控制，产品质量均一，但高转化率时，反应容积大	苯的硝化，氯乙烯聚合，釜式法高压聚乙烯，顺丁橡胶聚合等
管式	气相，液相	返混小，所需反应器容积较小，比传热面大；但对慢速反应，管要很长，压降大	石脑油裂解，甲基丁炔醇合成，管式法高压聚乙烯
空塔或搅拌塔	液相，液-液相	结构简单，返混程度与高/径比及搅拌有关，轴向温差大	苯乙烯的本体聚合，己内酰胺缩合，乙酸乙烯溶液聚合等
鼓泡塔或挡板鼓泡塔	气-液相，气-液-固（催化剂）相	气相返混小，但液相返混大；温度较易调节；气体压降大，流速有限制；有挡板可减少返混	乙烯基乙炔的合成，二甲苯氧化等
填料塔	液相，气-液相	结构简单，返混小，压降小；有温差，填料装卸麻烦	化学吸收，丙烯连续聚合
板式塔	气-液相	逆流接触，气液返混均小；流速有限制；如需传热，常在板间另加传热面	苯连续磺化，异丙苯氧化
喷雾塔	气-液相快速反应	结构简单，液体表面积大；停留时间受塔高限制；气流速度有限制	高级醇的连续磺化

续表

型式	适用的反应	优缺点	生产举例
湿壁塔	气-液相	结构简单,液体返混小,温度及停留时间易调节;处理量小	苯的氯化
固定床	气-固(催化或非催化)相	返混小,高转化率时催化剂用量少,催化剂不易磨损;传热控温不易,催化剂装卸麻烦	苯的烷基化,乙苯脱氢,乙炔法制氯乙烯,合成氨,乙烯法制乙酸乙烯等
流化床	气-固(催化或非催化)相,特别是催化剂失活很快的反应	传热好,温度均匀,易控制,催化剂有效系数大;粒子输送容易,但磨耗大;床内返混大,对高转化率不利,操作条件限制较大	萘氧化制苯酐,石油催化裂化,乙烯氧氯化制二氯乙烷,丙烯氨氧化制丙烯腈等
移动床	气-固(催化非催化)相,催化剂失活很快的反应	固体返混小,固气比可变性大,粒子传送较易;床内温差大,调节困难	石油催化裂化,矿物的焙烧或冶炼
滴流床(涓流床)	气-液-固(催化剂)相	催化剂带出少,分离易;气液分布要求均匀,温度调节较困难	焦油加氢精制和加氢裂解,丁炔二醇加氢等
蓄热床	气相,以固相为热载体	结构简单,材质容易解决,调节范围较广;但切换频繁,温度波动大,收率较低	石油裂解,天然气裂解
回转筒式	气-固相,固-固相,高黏度液相,液-固相	粒子返混小,相接触界面小,传热效能低,设备容积较大	苯酐转位成对苯二甲酸,十二烷基苯的磺化
载流管	气-固(催化或非催化)相	结构简单,处理量大,瞬间传热好,固体传送方便;停留时间有限制	石油催化裂化
喷嘴式	气相,高速反应的液相	传热和传质速度快,流体混合好,反应物急冷易,但操作条件限制较严	天然气裂解制乙炔,氯化氢的合成
螺旋挤压机式	高黏度液相	停留时间均一,传热较困难,能连续处理高黏度物料	聚乙烯醇的醇解,聚甲醛及氯化聚醚的生产

1.3 反应器设计的基本方法

设计反应器要尽可能全面掌握下列各方面的资料和数据。

① 温度、浓度和压力对反应速率的影响，副反应的情况，反应条件对选择性的影响。

② 催化剂的粒度对反应的影响，催化剂的失活原因和失活速率，催化剂的强度和耐磨性。

③ 反应热效应。

④ 原料中杂质对反应的影响。

⑤ 反应物和产物的物理性质、爆炸极限等。

⑥ 反应器中物料的流动和返混特性，反应器的传热特性和允许的压降。

⑦ 搅拌釜中搅拌桨的特性。

⑧ 多相流中分散相的分散方法和聚并特征。

⑨ 气固流态化系统中粒子的磨损和带出。

⑩ 开停车所需的辅助设施。

⑪ 反应器操作、控制方法。

工业规模反应器的开发设计往往和反应器的放大相联系，一般采用逐级经验放大法、数学模型法或介于两者之间的半经验法来处理，这些方法都需要完成数量不等的试验工作。

1.4 反应器设计数学模型的组成

由表14-1可知，反应器的型式很多，但不论是哪一类反应器，要发生的是哪一种反应，反应过程基本上都可以分解为反应、传热、传质和动量传递等。因此，反应速率方程、物料衡算方程、能量衡算方程、动量衡算方程及流动模型等是反应器设计计算所必须涉及的，这些交互作用的方程构成了反应器的数学模型。

反应速率方程将在化学反应动力学部分叙述。

物料衡算方程可通过对一个反应器微元段应用质

量守恒定律得出，即

$$\begin{bmatrix}\text{单位时间内物}\\ \text{料 }A\text{ 的进料量}\end{bmatrix}-\begin{bmatrix}\text{单位时间内物}\\ \text{料 }A\text{ 的出料量}\end{bmatrix}-\begin{bmatrix}\text{单位时间内物}\\ \text{料 }A\text{ 的转化量}\end{bmatrix}=\begin{bmatrix}\text{单位时间内物}\\ \text{料 }A\text{ 的积累量}\end{bmatrix}$$

能量衡算方程可对一个反应器微元段应用能量守恒定律，忽略动能、位能、功等，只计算反应热和其他热传递项，即

$$\begin{bmatrix}\text{单位时间反应混}\\ \text{合物带入的热量}\end{bmatrix}-\begin{bmatrix}\text{单位时间反应混}\\ \text{合物带出的热量}\end{bmatrix}-\begin{bmatrix}\text{单位时间}\\ \text{的反应热}\end{bmatrix}=\begin{bmatrix}\text{单位时间通过热}\\ \text{交换传出的热量}\end{bmatrix}$$

对整个反应器积分后得到总的物料衡算和能量衡算。

动量衡算方程，一般情况下只需考虑压力降和反应器中不同位置的静压头等，压力降方程将在反应器部分介绍。

2 化学反应动力学

2.1 本征反应动力学

本征反应动力学是化学反应本身的动力学规律。设计均相反应器时，仅以本征动力学为依据即可进行设计计算。

2.1.1 反应速率

反应速率是单位体积、单位时间内某一物质数量的变化。反应速率可以用反应物表示，也可以用产物表示，数量变化符合化学计量系数关系。如 i 组分为反应物，则

$$-r_i=-\frac{1}{V}\times\frac{dn_i}{dt}=\frac{\text{反应消耗掉的 }i\text{ 组的物质的量}}{\text{反应时间}\times\text{反应体积}} \tag{14-1}$$

如 i 组分为产物，则

$$r_i=\frac{1}{V}\times\frac{dn_i}{dt}=\frac{\text{反应产生的 }i\text{ 组分的物质的量}}{\text{反应时间}\times\text{反应体积}} \tag{14-2}$$

体积变化较小时，V 值恒定，$n_i/V=C_i$，则

$$-r_i=-\frac{dC_i}{dt} \tag{14-3}$$

2.1.2 活化能和反应级数

影响化学反应速率的主要因素是反应物料的浓度和温度，即

$$-r_i=f_T(T)f_c(\overline{C})$$

式中 $-r_i$ ——组分 i 的反应速率；

T ——反应温度；

$\overline{C}$ ——反应物料的浓度向量。

温度对反应速率的影响可以用阿累尼乌斯方程表示，即

$$-r_i=kf_c(\overline{C})$$

$$k=k_0e^{-\frac{E}{RT}}$$

式中 k——反应速率常数，量纲视反应级数而定；

k_0——频率因子，量纲视反应级数而定；

E——活化能，J/mol；

R——气体常数，$R=8.314$J/(mol·K)。

活化能是反应的一个重要的参数，它不仅体现反应的难易程度，而且是反应速率对温度敏感程度的标志。活化能越大，反应对温度越敏感。

浓度对反应速率的影响通常用幂函数的形式表示。对反应 $aA+bB\longrightarrow pP+sS$，反应速率常表示为

$$-r_A=kC_A^{\alpha}C_B^{\beta}$$

式中 $-r_A$——反应速率，mol/(L·h)；

C_A，C_B——反应物 A、B 的浓度；

α，β——反应物 A、B 的反应级数，$(\alpha+\beta)$ 为反应总级数；

k——反应速率常数，$(mol/L)^{-(\alpha+\beta)}/h$。

反应级数是反应的另一个重要参数，它是反应速率对浓度的敏感程度的标志，级数越高，浓度对反应速率的影响越大。

2.1.3 单一反应

（1）定容时

以一级反应 $A\longrightarrow\nu P$ 为例，反应速率式为

$$-r_A=-\frac{1}{V}\times\frac{dn_A}{dt}=-\frac{dC_A}{dt}=k_CC_A$$

等温条件下上式的积分为

$$t=\frac{1}{k_C}\ln\frac{C_{A0}}{C_A}=\frac{1}{k_C}\ln\left(\frac{1}{1-x_A}\right)$$

式中 k_C ——以浓度为基准的反应速率常数，h^{-1}；

C_{A0} ——A 组分的初始浓度，mol/L；

x_A ——A 组分的转化率；

t ——反应时间，h。

其他情况的积分结果见表14-2[2]。

（2）变容时

对于变容反应，可用膨胀率 ε 来表示，如 ε_A 为 A 组分全部转化时物料体积改变的分数，则当转化率为 x_A 时体积 V 与初始体积 V_0 的关系为

$$V=V_0(1+\varepsilon_Ax_A) \tag{14-4}$$

也可用膨胀因子 δ 来表示，如 δ_A 为每消耗 1mol 组分 A 时反应体系总物质的量的变化，则系统总物质的量 n_t 与初始物质的量 n_0 的关系为

$$n_t=n_0+\delta_An_{A0}x_A \tag{14-5}$$

δ_A 与 ε_A 之间的关系为

$$\delta_A=\frac{n_0}{n_{A0}}\varepsilon_A$$

变容时的反应动力学积分式见表14-3[2]。

2.1.4 复杂反应

反应系统中存在可逆反应、串联反应、平行反应、平行-串联反应或联锁反应时，反应速率的微分式和积分式可参见文献［1，2］。

表 14-2 等温恒容均相反应的动力学积分式（分批操作或平推流）

序号	反应	微分速度式	反应时间的积分式
1	$A \to \nu P$	$-r_A = k C_A$	$t = \frac{1}{k}\ln\frac{1}{1-x_A} = \frac{1}{k}\ln\frac{C_{A0}}{C_A}$
2	$2A \to \nu P$	$-r_A = k C_A^2$	$t = \frac{1}{kC_{A0}} \times \frac{x_A}{1-x_A}$
3	$A+B \to \nu P$　$M_{BA} \neq 1$	$-r_A = k C_A C_B$	$t = \frac{1}{kC_{A0}(M_{BA}-1)}\ln\left[\frac{M_{BA}-x_A}{M_{BA}(1-x_A)}\right]$
4	$A+B \to \nu P$　$M_{BA}=1$	$-r_A = k C_A C_B$	$t = \frac{1}{kC_{A0}} \times \frac{x_A}{1-x_A} = \frac{1}{C_A} - \frac{1}{C_{A0}}$
5	$A+2B \to \nu P$　$M_{BA} \neq 2$	$-r_A = k C_A C_B$	$t = \frac{1}{kC_{A0}(M_{BA}-2)}\ln\left[\frac{M_{BA}-2x_A}{M_{BA}(1-x_A)}\right]$
6	$A+2B \to \nu P$　$M_{BA}=2$	$-r_A = k C_A C_B$	$t = \frac{1}{2kC_{A0}} \times \frac{x_A}{1-x_A}$
7	$aA+bB \to \nu P$　$M_{BA}=b/a$ $\alpha+\beta \neq 1$	$-r_A = k C_A^{\alpha} C_B^{\beta}$	$t = \frac{1}{kM_{BA}(\alpha+\beta-1)C_{A0}^{\alpha+\beta-1}}\left[\frac{1}{(1-x_A)^{\alpha+\beta-1}}-1\right]$
8	$aA+bB \to \nu P$ $\alpha+\beta=1$ $M_{BA} \neq b/a$	$-r_A = k C_A^{\alpha} C_B^{\beta}$	$t = \frac{1}{k(M_{BA})^{\beta}}\ln\frac{1}{1-x_A}$
9	$aA+bB \to \nu P$　$M_{BA}=b/a$	$-r_A = k C_A C_B$	$t = \frac{1}{kM_{BA}C_{A0}} \times \frac{x_A}{1-x_A}$
10	$aA+bB \to \nu P$　$M_{BA} \neq b/a$	$-r_A = k C_A C_B$	$t = \frac{1}{kC_{A0}\left(M_{BA}-\frac{b}{a}\right)}\ln\left[\frac{M_{BA}-\frac{b}{a}x_A}{M_{BA}(1-x_A)}\right]$

注：表中 $M_{BA}=C_{B0}/C_{A0}$。

表 14-3 等温定压均相反应的动力学积分式（分批操作）

反应级数	微分速度式	积分式
0	$-r_A = k$	$t = \frac{1}{k} \times \frac{C_{A0}}{\varepsilon_A}\ln(1+\varepsilon_A x_A)$
1	$-r_A = kC_A$	$t = \frac{1}{k}\ln(1-x_A)$
2	$-r_A = kC_A^2$	$t = \frac{1}{k\,C_{A0}}\left[-\frac{1+\varepsilon_A}{1-x_A}x_A+\varepsilon_A\ln(1-x_A)\right]$
n	$-r_A = kC_A^{n-}$	$t = \frac{1}{k\,C_{A0}^{n-1}}\int_0^{x_A}\frac{(1+\varepsilon_A x_A)^{n-1}}{(1-x_A)^n}\mathrm{d}x_A$

由于化学反应本身的复杂性，对复杂反应系统，大多采用计算机求复杂微分方程的数值解。关于微分方程的数值求解方法可参阅有关计算数学的书籍。

2.2 表观动力学（宏观动力学）

本征反应动力学，是没有物理过程干扰下化学反应本身所固有的反应机理和反应速率。但实际条件下，反应过程总是伴有传热、传质、混合、流体流动等物理过程，这些物理过程会影响到反应场所的温度、浓度分布，从而影响整体的反应速率和反应结果。综合考虑反应特性和传热、传质等物理过程，得到的结果才符合实际情况，这种动力学称为表观动力学或宏观动力学。

对于非均相反应，反应物存在于两相中，流体和流体、流体和固体、固体内部的传热和传质将影响到总的反应速率。以下介绍几种非均相反应体系的处理方法。

2.2.1 气-固催化反应动力学

气-固催化反应的速率根据所选基准的不同可有多种定义，如以反应器内空隙、催化剂、表面积、催化剂体积、反应器总体积为基准等。常用的是以催化剂质量为基准的速率方程，以一级反应为例，反应物 A 的消失速率为

$$-r'_A = -\frac{1}{W} \times \frac{\mathrm{d}n_A}{\mathrm{d}t}$$

$$= k'C_A \frac{\text{反应物的物质的量(mol)}}{\text{催化剂的质量(kg)}\cdot\text{秒(s)}}$$

工业生产中最重要和常见的是气体反应物在固体催化剂的作用下进行气固催化反应，理论上一般经历以下几个步骤。

① 反应物从气流主体扩散到催化剂外表面。

② 反应物从外表面经颗粒内孔扩散到颗粒内表面。

③ 反应物在催化剂活性位上吸附。

④ 吸附的分子或原子在催化剂表面发生反应。

⑤ 产物从催化剂表面脱附。

⑥ 产物从催化剂内部经内孔扩散到催化剂外表面。

⑦ 产物从催化剂外表面扩散到气流主体。

步骤①和⑦称为外扩散，步骤②和⑥称为内扩散，其中步骤①、③、④、⑤、⑦为串联过程，总的反应速率取决于阻力最大的一步，称为控制步骤。

当固体催化剂制成颗粒状用于工业生产时，催化剂表面的浓度、温度和气流主体有所不同，研究动力学时测得气流主体的温度和反应物浓度，与催化剂颗粒表面的实际情况有偏离，偏离程度取决于流动、传热、传质情况。这样建立的动力学方程，不仅反映纯粹的反应过程特征，还包括气流主体与催化剂颗粒之间、催化剂颗粒内部的传热和传质的影响，称为表观动力学，或宏观动力学。

如果本征动力学方程写为

$$r_i=f_T(T_S)f_C(\overline{C}_S)$$

式中 T_S——固体催化剂表面温度；

$\overline{C}_S$——固体催化剂表面反应物料的浓度向量。

则相应的表观动力学方程写为

$$R_i=F_T(T_b)F_C(\overline{C}_b)$$

式中 R_i——表观反应速率；

T_b——气流主体温度；

$\overline{C}_b$——气流主体中反应物料的浓度向量。

表观动力学方程确立后，动力学方程在形式上和均相过程相同，因而可以按照均相反应动力学的方法计算反应结果，这种处理方法称为均相化处理或拟均相处理。直接以气流主体浓度 $\overline{C}_b$ 关联得出动力学方程可以分为颗粒表观动力学和床层表观动力学。

排除外扩散，使主体浓度 $\overline{C}_b$ 和催化剂外表面浓度 $\overline{C}_{ES}$ 相等，测得的为颗粒表观动力学，实际上是本征动力学和内扩散的综合结果。模拟实用反应条件，直接测取床层反应速率和表观规律，得到的是床层表观动力学，实际上是本征动力学和内扩散、外扩散的综合结果，甚至还包括不均匀流动等宏观因素。

表观动力学的处理方法为工业反应器设计开发所常用。

2.2.2 气-液反应动力学

气-液反应的特点是反应在液相中进行，反应物可能是一个在气相中，另一个在液相中，气相中的反应物须进入液相才能进行反应；也可能是两个都在气相中，但须进入液相和催化剂接触后才能进行反应。因此，气液相间的传质是必须要了解的。

气液相间传质理论主要有双膜理论、溶质渗入理论、表面更新理论等，常用的为双膜理论。即假定传质阻力集中在相界面两侧的气膜和液膜中，膜外流体主体不存在浓度梯度，膜内为扩散传递，相界面上处于相平衡状态，如图14-1所示。

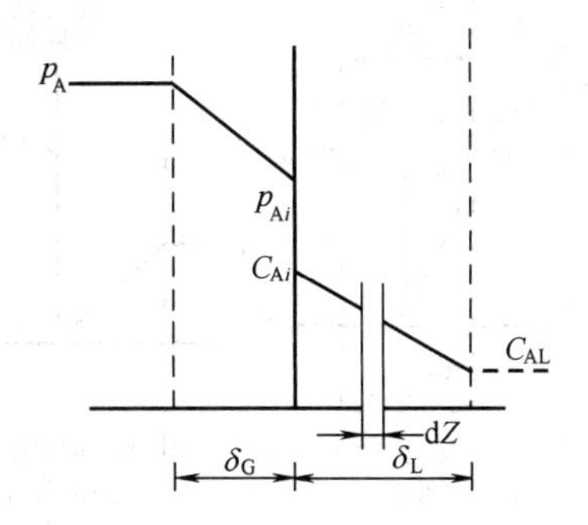

图14-1 双膜理论示意

A组分的物理吸收速率 N_A 见式(14-6)，也可表示为式(14-7)。

$$N_A=-D_{LA}\frac{dC_A}{dZ}\bigg|_{Z=0}=\frac{D_{LA}}{\delta_L}(C_{Ai}-C_{AL})=\frac{D_{GA}}{\delta_G}(p_A-p_{Ai})=k_{LA}(C_{Ai}-C_{AL})=k_{GA}(p_A-p_{Ai}) \tag{14-6}$$

式中 N_A——A组分的吸收速率，又称吸收通量，mol/(m²·s)；

D_{LA}，D_{GA}——液相、气相中A组分的扩散系数；

k_{LA}，k_{GA}——液膜、气膜中A组分的传质系数；

δ_L，δ_G——液膜、气膜的厚度。

或

$$N_A=K_{GA}(p_A-H_AC_{AL})=K_{LA}\frac{p_A}{H_A-C_{AL}} \tag{14-7}$$

式中 K_{GA}，K_{LA}——液相、气相中A组分的总括传质系数；

H_A——组分A的亨利常数。

K_{GA}、K_{LA}和k_{GA}、k_{LA}的关系为

$$\frac{1}{K_{GA}}=\frac{1}{k_{GA}}+\frac{H_A}{k_{LA}} \tag{14-8}$$

$$\frac{1}{K_{LA}}=\frac{1}{H_Ak_{GA}}+\frac{1}{k_{LA}} \tag{14-9}$$

对于气-液反应，A(气)+bB(液)⟶产物，要经历以下几个步骤。

① 反应物A从气相主体传递到气液相界面，在界面上假定达到气液平衡。

② 反应物A从气液相界面扩散进入液相，并在液相内进行反应。

③ 液相内的反应物B向浓度梯度下降的方向扩散，气相产物则向界面扩散。

④ 气相产物向气相主体扩散。

总的速率同时受制于传递速率和反应速率，可有八种不同情况，如图14-2所示。

通常在气-液反应系统中用到以下几种反应速率定义，即

$$-r''_A=-\frac{1}{S}\times\frac{dn_A}{dt}$$

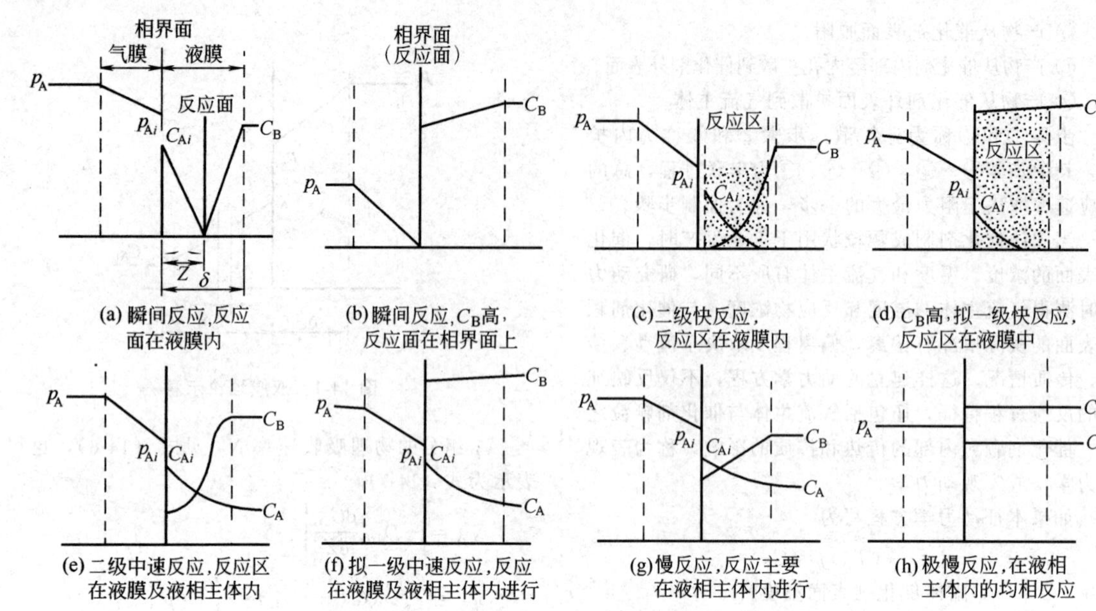

图 14-2 气-液反应图动力学区域示意

$$-r'''_A=-\frac{1}{V_r}\times\frac{dn_A}{dt}$$

$$-r_{AL}=-\frac{1}{V_L}\times\frac{dn_A}{dt}$$

它们之间的关系为

$$(-r''_A)S=(-r'''_A)V_r=(-r_{AL})V_L$$

或 $$a(-r''_A)=(-r'''_A)=\varepsilon_L(-r_{AL})$$

式中 S —— 气液界面面积；

V_r —— 反应器体积；

V_L —— 反应器中液相体积；

ε_L —— 含液率，$\varepsilon_L=V_L/V_r$，同样有含气率 ε_G，$\varepsilon_G=V_G/V_r$；

a —— 单位反应器体积中的相界面面积，$a=S/V_r$。

气-液反应系统中还有以下两个常用的重要常数。

(1) 增强系数 β

$$\beta=\frac{\text{实际的反应速率}}{\text{可能的最大传质速率}}=\frac{-D_{LA}\left.\frac{dC_A}{dZ}\right|_{Z=0}}{k_{LA}C_{Ai}}$$

(2) 膜内转化系数 γ（又称八田数）

$$\gamma^2=\frac{\text{液膜内可能转化的最大速率}}{\text{可能扩散通过液膜的最大速率}}=\frac{k\,C_{BL}D_{LA}}{k_{LA}^2}=\frac{k\,C_{Ai}C_{BL}\delta_L}{k_{LA}C_{Ai}}$$

假设反应为 A(g)+bB(L)⟶产物，对于图14-2中的八种情况，有如下结果。

(1) 瞬间反应

情况 a：反应面在液膜内。

$$-r''_A=\beta_\infty k_{LA}C_{Ai} \tag{14-10}$$

$$\beta_\infty=1+\frac{D_{LB}}{D_{LA}}\times\frac{C_{BL}}{bC_{Ai}} \tag{14-11}$$

下标∞表示瞬间反应。

情况 b：反应面在相界面上。

$$-r''_A=k_{GA}p_A \tag{14-12}$$

(2) 二级快反应

情况 c：反应区在液膜内。

$$-r''_A=\beta k_{LA}C_{Ai} \tag{14-13}$$

$$\beta=\frac{\gamma\sqrt{\frac{\beta_\infty-\beta}{\beta_\infty-1}}}{\tanh\left(\gamma\sqrt{\frac{\beta_\infty-\beta}{\beta_\infty-1}}\right)} \tag{14-14}$$

$$\gamma=\frac{\sqrt{kC_{BL}D_{LA}}}{k_{LA}} \tag{14-15}$$

β_∞ 由式 (14-11) 计算，β 可由图 14-3 直接查得。

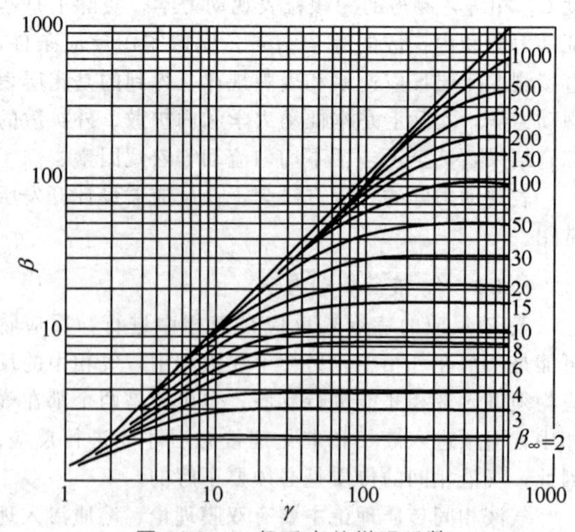

图 14-3 二级反应的增强系数

(3) 拟一级快反应

情况 d：反应区在液膜中，液相中 C_B 接近常数。

$$(-r''_A)=\beta k_{LA}C_{Ai} \tag{14-16}$$

$$\beta=\frac{\gamma}{\tanh\gamma} \quad (14\text{-}17)$$

$$\gamma=\frac{\sqrt{k_2 C_{BL} D_{LA}}}{k_{LA}}=\frac{\sqrt{k_1 D_{LA}}}{k_{LA}} \quad (14\text{-}18)$$

式中　k_1，k_2——一级、二级反应速率常数。

(4) 二级中速反应

情况 e：反应同时在液膜及液相主体中进行，膜内有反应的扩散方程为

$$D_{LA}\frac{d^2C_A}{dZ^2}=-r_A \quad (14\text{-}19)$$

$$D_{LB}\frac{d^2C_B}{dZ^2}=-r_B \quad (14\text{-}20)$$

对二级反应有

$$-r_A=kC_AC_B=\frac{1}{b}(-r_B) \quad (14\text{-}21)$$

可用数值方法求解。

(5) 拟一级中速反应

情况 f：反应同时在液膜及液相主体中进行，膜内浓度分布为

$$\frac{C_A}{C_{Ai}}=\cosh aZ=\frac{\left(\frac{1-\varepsilon_G}{a\delta_L}-1\right)a\delta_L+\tanh a\delta_L}{\left(\frac{1-\varepsilon_G}{a\delta_L}-1\right)a\delta_L\tanh a\delta_L+1}\times\sinh aZ \quad (14\text{-}22)$$

式中，$a\equiv\sqrt{kC_{BL}/D_{LA}}$。

(6) 慢反应

情况 g：反应主要在液相主体中进行，还需考虑传质情况。

$$-r'''_A=-\frac{1}{V}\times\frac{dn_A}{dt}=\frac{p_A}{\frac{1}{k_{GA}a}+\frac{H_A}{k_{LA}a}+\frac{H_A}{k\,C_{BL}\varepsilon_L}} \quad (14\text{-}23)$$

(7) 极慢反应

情况 h：过程为动力学控制。

$$-r_{AL}=k\,C_{AL}C_{BL} \quad (14\text{-}24)$$

$$-r'''_A=kC_{BL}C_{AL}(1-\varepsilon_G) \quad (14\text{-}25)$$

图 14-2 中八种不同情况的气-液反应动力学，可用膜内转化系数 γ 大致区分如下。

① $\gamma>2$　为在液膜内进行的瞬间及快速反应。

② $0.02<\gamma<2$　为在液膜内及液相主体中进行的中速及缓慢反应。

③ $\gamma<0.02$　为全在液相主体中进行的极慢反应。

正确区分气-液反应体系，才能选用确切的相应的宏观动力学公式。

3　停留时间分布和流体流动模式

在一个稳定的连续流动系统中，在某一瞬间同时进入系统的一定量的流体，其各个粒子经历不同的停留时间后依次自系统中流出。由于反应器的型式不同，流体粒子在反应器内停留的时间可能相同，也可能不同，因而具有停留时间分布。流体粒子在反应器内停留时间不同，其反应程度也不同，会影响到转化率。因此，停留时间分布是反应器的一个重要性能指标。

3.1　停留时间分布的表示

物料在反应器中的停留时间分布通常用停留时间分布密度函数 $E(t)$ 和停留时间分布函数 $F(t)$ 来表示。

$E(t)$ 定义为同时进入反应器的 N 个流体粒子中停留时间介于 t 和 $(t+dt)$ 之间的粒子所占的分率，如图 14-4 (a) 所示。

$F(t)$ 定义为同时进入反应器的 N 个流体粒子中停留时间在 $0\sim t$ 之间的那部分粒子所占的分率，如图 14-4 (b) 所示。显然

$$F(t)=\int_0^t E(t)dt \quad (14\text{-}26)$$

$$E(t)=\frac{dF(t)}{dt} \quad (14\text{-}27)$$

$$F(\infty)=\int_0^\infty E(t)dt=1 \quad (14\text{-}28)$$

$E(t)$、$F(t)$ 是针对反应器出口处流体粒子而言的，也称为寿命分布密度函数和寿命分布函数。

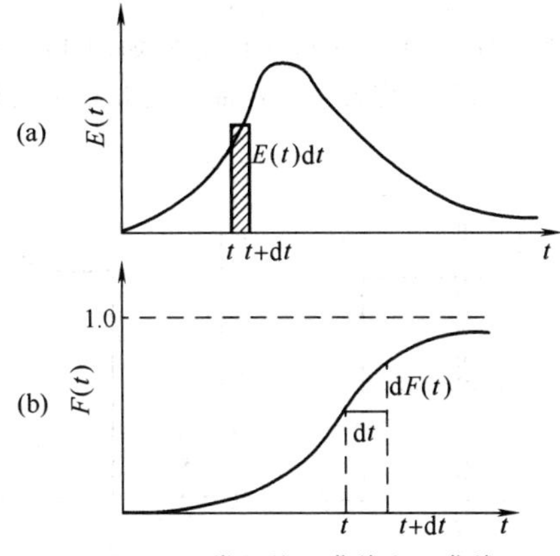

图 14-4　常见的 E 曲线和 F 曲线

对反应器内流体而言，有年龄分布密度函数 $I(t)$ 和年龄分布函数 $Y(t)$。$I(t)\times dt$ 为反应器内停留时间在 t 和 $(t+dt)$ 之间的流体粒子占整个反应器流体粒子的分率；$Y(t)$ 为反应器内停留时间在$0\sim t$ 之间的流体粒子占整个反应器流体粒子的分率。显然

$$Y(t)=\int_0^t I(t)dt \quad (14\text{-}29)$$

$$I(t)=\frac{dY(t)}{dt} \quad (14\text{-}30)$$

$$Y(\infty)=\int_0^\infty I(t)dt \quad (14\text{-}31)$$

3.2　返混

返混是反应工程的一个重要概念，返混是指在连

续流动的系统中不同停留时间的流体粒子之间的混合，即不同时刻进入反应器的物料之间的混合。

返混使反应器内的温度分布和浓度分布趋于平坦，使产物的浓度上升，反应物的浓度下降，影响反应的转化率和反应产物的分布。

3.3 流动模型

连续操作的反应器中总是存在一定程度的返混，从而产生不同的停留时间分布，但相同的停留时间分布却可能有不同的流动模型及返混特性。在反应器的设计中，为了考虑停留时间分布对反应速率和转化率的影响，须确定停留时间分布密度函数和停留时间分布函数，为此常采用建立流动模型的办法来关联停留时间分布和返混之间的定量关系，并推算对反应的影响。

3.3.1 平推流和全混流模型

平推流和全混流是两种极端情况的流动模型。

平推流是指反应器中物料沿同一方向以相同的速度向前流动，流动方向上没有返混，所有物料在反应器中的停留时间均相同。

全混流是指反应器中各处物料，包括反应器出口处，由于搅拌均匀而温度、浓度均相等，达到最大程度的返混。

两种情况下的 E 线和 F 线分别如图 14-5 和图 14-6 所示。实际反应器中的返混情况介于上述两者之间。

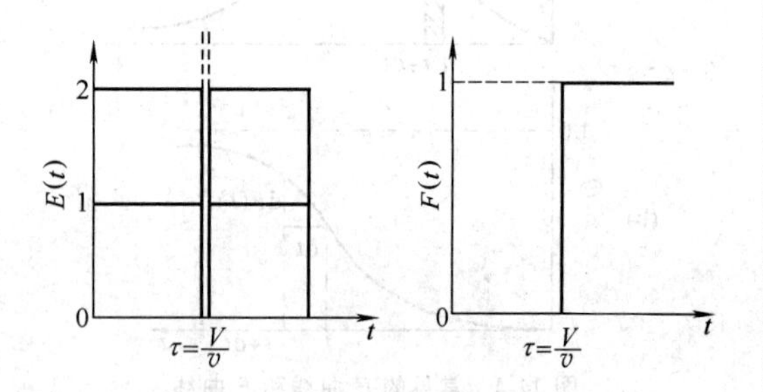

图 14-5 平推流的 E 线和 F 线

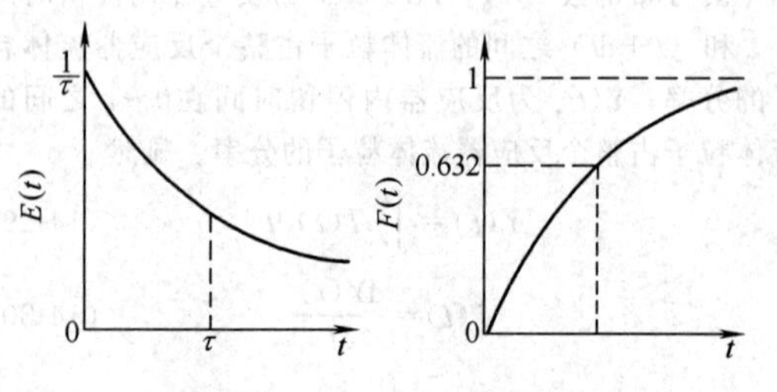

图 14-6 全混流的 E 线和 F 线

3.3.2 多釜串联模型

实际反应器中的流动可用多个等容积全混釜串联来模拟，如图 14-7 所示。设 θ_i、θ 为无量纲时间

$$\theta_i=\frac{t}{\tau_i}\ （对第\ i\ 釜而言）$$

$$\theta=\frac{t}{\tau}\ （对\ N\ 个釜而言）$$

式中 τ_i——第 i 釜的平均停留时间 $(\tau_i=V/v)$；

τ——N 个釜的总平均停留时间 $(\tau=N\tau_i)$；

V——釜容积；

v——流量。

对于不同的级数 N，多釜串联的停留时间曲线如图 14-8 所示。

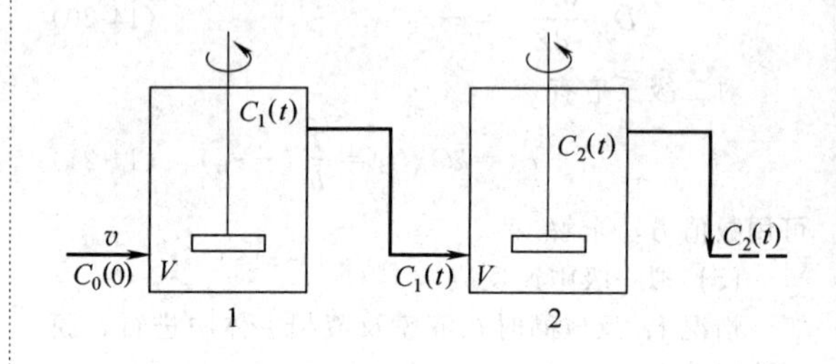

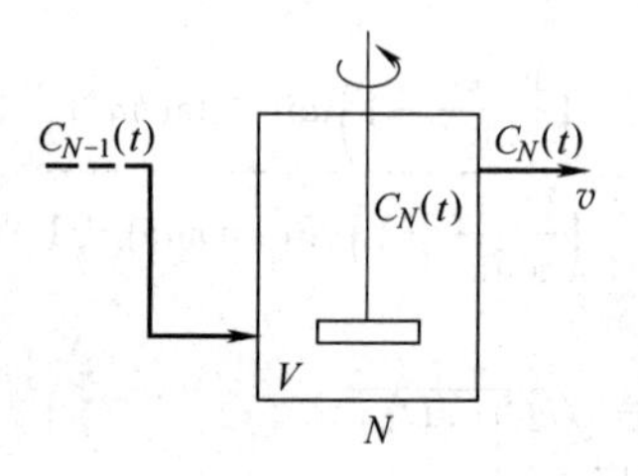

图 14-7 多釜串联模型

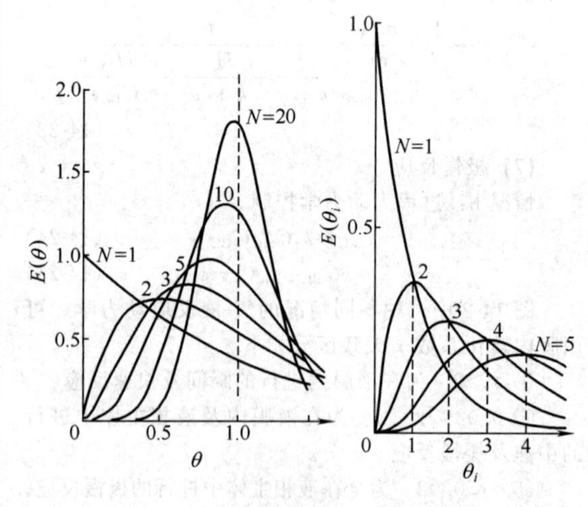

图 14-8 多釜串联停留时间分布曲线

3.3.3 轴向分散模型

实际反应器中另一种流动模拟是在平推流的基础上叠加一个轴向返混扩散项，如图 14-9 所示，用一个轴向有效分散系数 E_l 来描述轴向分散，特别适用于返混程度不大的系统。详细内容可参见文献［1～7］。

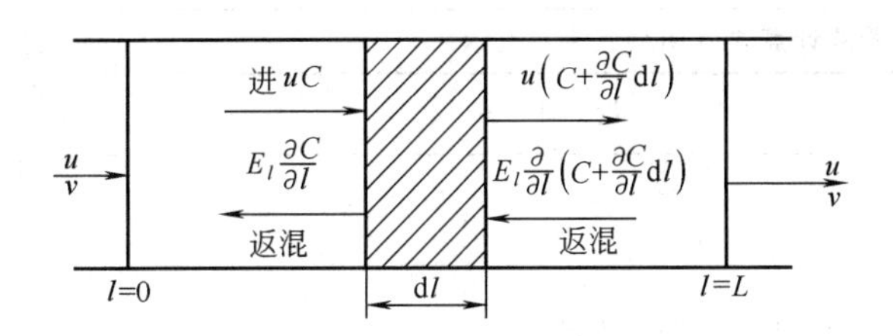

图 14-9　分散模型示意

4　均相反应器

4.1　间歇釜式反应器

搅拌釜式反应器是一种最常见的间歇反应器，如图 14-10 所示。其顶部有一个搅拌器，以使釜内物料混合均匀，顶盖上有多个管口，用于加入反应物料或测量温度、压力等，有些在筒体外部装有夹套用于加热或冷却，还有些在反应器内设盘管以增大传热面积。

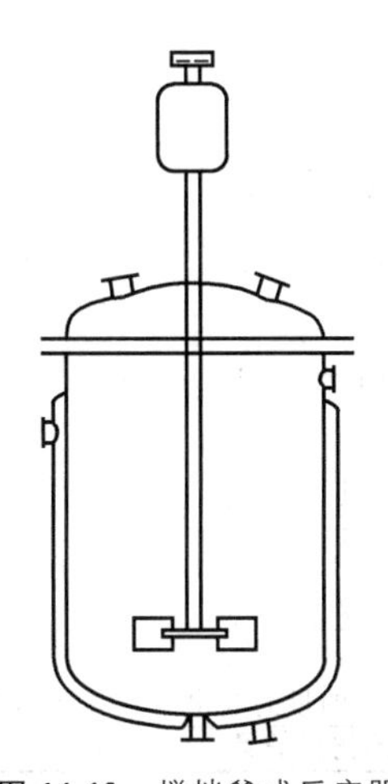

图 14-10　搅拌釜式反应器

对于间歇釜式反应器，反应物料一次加入，釜内温度、浓度由于搅拌作用而达到均匀，因而对微元的物料衡算可扩大到整个反应器。A 组分的物料衡算方程为

A 的进料量－A 的出料量－A 的反应量＝A 的积累量

$$(-r_A)V=n_{A0}\frac{dx_A}{dt} \tag{14-32}$$

整理并积分后可得在一定操作条件下，当转化率达到 x_A 时所需的反应时间为

$$t=n_{A0}\int_0^{x_A}\frac{dx_A}{(-r_A)V} \tag{14-33}$$

式中　V——反应器体积；

n_{A0}——加入反应器的组分 A 的物质的量；

x_A——组分 A 的转化率；

t——反应时间。

恒容时，式（14-33）可写为

$$t=\frac{n_{A0}}{V}\int_0^{x_A}\frac{dx_A}{-r_A}=C_{A0}\int_0^{x_A}\frac{dx_A}{-r_A}=-\int_{C_{A0}}^{C_A}\frac{dC_A}{-r_A} \tag{14-34}$$

由于是间歇操作，每进行一批生产都要进行清釜、装卸料、升降温等辅助操作，需要一定的时间。因此，间歇反应器一般适用于一些反应时间较长的慢反应，由于灵活、简便，在小批量、多品种的染料、医药等行业有广泛的应用。有关算例参见第 8 节例题中例 1。

4.2　平推流反应器

平推流反应器中物料的流动满足这样的假定：即通过反应器的物料沿着同一方向以相同的速度向前流动。因此，平推流反应器中所有物料的停留时间均相同。在实际应用的反应器中，管径较小、长度较长、流速较大的管式反应器比较接近理想的平推流反应器，常可按平推流反应器来计算。

等温的平推流反应器中，在沿反应器长度的不同截面上，物料的组成是变化的，取长度为 dl（体积为 dV）的微元段对 A 组分作物料衡算（图 14-11），可得

$$F_A-(F_A+dF_A)-(-r_A)dV=0 \tag{14-35}$$

因为　$dF_A=d[F_{A0}(1-x_A)]=-F_{A0}dx_A$

所以

$$F_{A0}dx_A=(-r_A)dV \tag{14-36}$$

式中　F_A——反应组分 A 在某一时刻的摩尔流率；

F_{A0}——进料中反应组分 A 的摩尔流率。

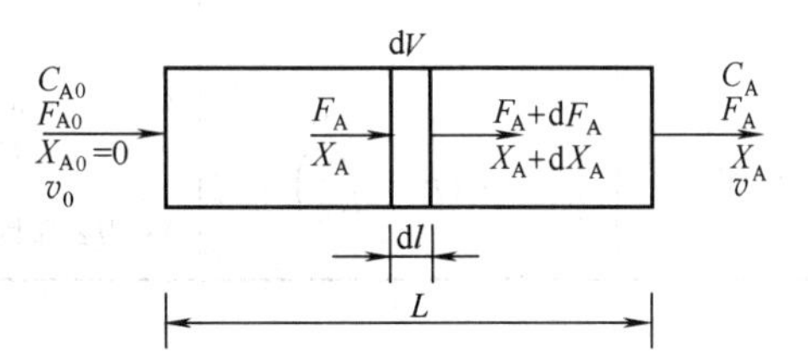

图 14-11　平推流反应器的物料衡算示意

对整个反应器积分后，可得

$$\frac{V_R}{F_{A0}}=\frac{\tau}{C_{A0}}=\int_0^{x_A}\frac{dx_A}{-r_A} \tag{14-37}$$

$$\tau=\frac{V_R}{v_0}=C_{A0}\int_0^{x_A}\frac{dx_A}{-r_A} \tag{14-38}$$

式中　V_R——反应器的体积；

v_0——反应物的体积流率；

τ——反应器空时，$\tau=V/v_0$。

对于变容系统，可用膨胀率 ε 或膨胀因子 δ 来表示变容特征，不同反应级数的平推流反应器计算式分别见表 14-4 和表 14-5。计算例题参见本章第 8 节中例 2。

表 14-4　等温、变容平推流反应器的计算式（用膨胀率 ε 表示）

反　应	动力学方程式	设 计 式
零级	$-r_A=k$	$\frac{V_R}{F_{A0}}=\frac{x_A}{k}$
一级，$A\rightarrow P$	$-r_A=kC_A$	$\frac{V_R}{F_{A0}}=\frac{-(1+\varepsilon_A)\ln(1-x_A)-\varepsilon_A x_A}{kC_{A0}}$
可逆一级，$A\rightleftharpoons bB$ $\frac{C_{B0}}{C_{A0}}=\beta$	$-r_A=k_1C_A-k_2C_B$	$\frac{V_R}{F_{A0}}=\frac{\beta+bx_{Ae}}{k_1C_{A0}(\beta+b)}\left[-(1+\varepsilon_A x_A)\ln\left(1-\frac{x_A}{x_{Ae}}\right)-\varepsilon_A x_A\right]$
二级，$A+B\rightarrow P$ $2A\rightarrow P$ $C_{A0}=C_{B0}$	$-r_A=kC_A^2$	$\frac{V_R}{F_{A0}}=\frac{1}{kC_{A0}^2}\left[2\varepsilon_A(1+\varepsilon_A)\ln(1-x_A)+\varepsilon_A^2 x_A+(1+\varepsilon_A)^2\frac{x_A}{1-x_A}\right]$ 式中 x_{Ae}——反应组分 A 的平衡转化率； ε_A——反应组分 A 全部转化时系统体积变化分率

表 14-5　等温、变容平推流反应器的设计式（用膨胀因子 δ 表示）

反　应	动力学方程式	设 计 式
$A\rightarrow mP$	$-r_A=kp_A$	$\frac{V_R}{F_0}=\frac{1}{kP}\left[(1+\delta_A y_{A0})\ln\frac{1}{1-x_A}-\delta_A y_{A0}x_A\right]$　　$(\delta_A=m-1)$
$2A\rightarrow mP$	$-r_A=kp_A^2$	$\frac{V_R}{F_0}=\frac{1}{kP^2}\left[\delta_A^2 y_{A0}x_A+(1+\delta_A y_{A0})^2\frac{x_A}{y_{A0}(1-x_A)}-2\delta_A(1+\delta_A y_{A0})\ln\frac{1}{1-x_A}\right]$　　$\left(\delta_A=\frac{m-2}{2}\right)$
$A+B\rightarrow mP$	$-r_A=kp_Ap_B$	$\frac{V_R}{F_0}-\frac{1}{kP^2}\left[\delta_A^2 y_{A0}x_A-\frac{(1+\delta_A y_{A0})^2}{y_{A0}-y_{B0}}\ln\left(\frac{1}{1-x_A}\right)+\frac{(1+\delta_A y_{A0})^2}{y_{A0}-y_{B0}}\ln\frac{1}{1-\left(\frac{y_{A0}}{y_{B0}}\right)x_A}\right]$　　$(\delta_A=m-2)$
$A\rightleftharpoons P$	$-r_A=k\left(p_A-\frac{p_B}{K_P}\right)$	$\frac{V_R}{F_0}=\frac{K_P}{(1+K_P)kP}\ln\frac{K_P y_{A0}-y_{P0}}{K_P y_{A0}(1-x_A)-y_{A0}x_A-y_{P0}}$　　$(\delta_A=0)$ δ_A 为膨胀因子，$\delta_A=\frac{\text{系统体积内总物质的量的变化}}{\text{组分 }A\text{ 消耗的物质的量}}$

4.3 全混釜式反应器

全混釜式反应器的型式和间歇釜式反应器相似，区别是间歇釜是间歇操作，而全混釜是连续进出料，如图 14-12 所示。由于搅拌作用，全混釜内物料达到完全混合状态，组成、温度均匀，并且等于出口处的组成和温度。对整个反应器进行物料衡算可得

$$F_{A0}-F_A-(-r_A)V=0$$

$$F_{A0}x_A=(-r_A)V \tag{14-39}$$

整理后可得

$$\frac{V}{F_{A0}}=\frac{\tau}{C_{A0}}=\frac{x_A}{-r_A} \tag{14-40}$$

$$\tau=\frac{V}{V_0}=\frac{C_{A0}x_A}{-r_A} \tag{14-41}$$

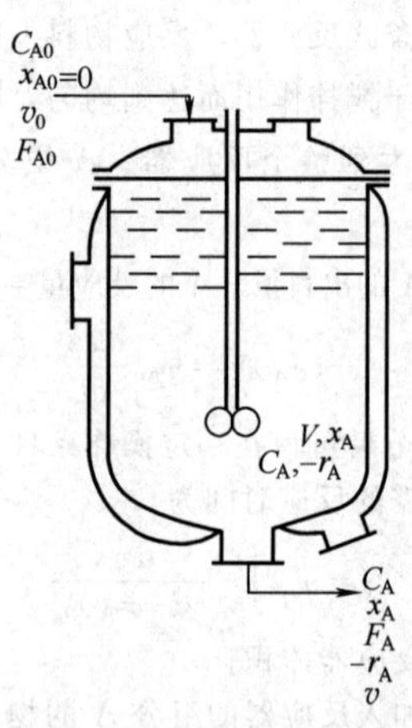

图 14-12　全混釜式反应器

表 14-6 全混釜式反应器的设计式（进料中不含产物）

反 应	动力学方程式	设 计 式
1 级 A→P	$-r_A=kC_A$	$C_A=\frac{C_{A0}}{1+kt}$
2 级 A→P	$-r_A=kC_A^2$	$C_A=\left(\frac{2k}{t}\right)^2+\frac{4k}{t}C_{A0}^{\frac{1}{2}}$
$\frac{1}{2}$级 A→P	$-r_A=kC_A^{\frac{1}{2}}$	$C_A=C_{A0}+\frac{1}{2}(kt)^2-kt\left(C_{A0}-\frac{k^2t^2}{4}\right)^{\frac{1}{2}}$
n 级 A→P	$-r_A=kC_A^n$	$t=C_{A0}-\frac{C_A}{kC_A^n}$
2级 A+B→P	$-r_A=kC_AC_B$	$C_{A0}kt=\frac{X_A}{(1-X_A)(\beta-X_A)},\beta=\frac{C_{B0}}{C_{A0}}\neq 1$
A+B→P+S		$C_{A0}kt=\frac{X_A}{(1-X_A)^2},\beta=1$
1 级	$-r_A=(k_1+k_2)C_A$	$C_A=\frac{C_{A0}}{1+(k_1+k_2)t}$
$A\begin{cases}\xrightarrow{k_1}P\\ \xrightarrow{k_2}S\end{cases}$	$r_P=k_1C_A$	$C_P=\frac{C_{A0}k_1t}{1+(k_1+k_2)t}$
	$r_S=k_2C_A$	$C_S=\frac{C_{A0}k_2t}{1+(k_1+k_2)t}$
$A\xrightarrow{k_1}P\xrightarrow{k_2}S$	$-r_A=k_1C_A$	$C_A=\frac{C_{A0}}{1+k_1t},C_P=\frac{C_{A0}k_1t}{(1+k_1t)(1+k_2t)}$
	$r_P=k_1C_A-k_2C_P$	$C_S=\frac{C_{A0}k_1t^2}{(1+k_1t)(1+k_2t)}$
	$r_S=k_2C_P$	$C_{P\max}=\frac{C_{A0}}{\left[\left(\frac{k_2}{k_1}\right)^{\frac{1}{2}}+1\right]^2}$ $t_{opt}=\frac{1}{\sqrt{k_1k_2}}$

因全混釜多用于液相恒容系统，故还可简化为

$$\frac{V}{F_{A0}}=\frac{x_A}{-r_A}=\frac{C_{A0}-C_A}{C_{A0}(-r_A)} \tag{14-42}$$

$$\tau=\frac{V}{v_0}=\frac{C_{A0}-C_A}{-r_A} \tag{14-43}$$

全混釜式反应器的设计式见表14-6。计算例题参见第 8 节例题中例 3。

4.4 循环反应器

对管式反应器，将其出口物料的一部分循环到反应器入口，即成为循环操作的平推流反应器，如图14-13所示。循环比 R 为表示循环反应器特征的参数。

$$R=\frac{v_R}{v_0} \tag{14-44}$$

反应器进口处物料浓度 C_{A1} 为

$$v_0C_{A0}+Rv_0C_{Af}=(1+R)v_0C_{A1}$$

$$C_{A1}=\frac{C_{A0}+RC_{Af}}{1+R} \quad 或 \quad \frac{C_{A1}-C_{Af}}{C_{A0}-C_{A1}}=\frac{1}{R}$$

当 $R=0$ 时，$C_{A1}=C_{A0}$，循环反应器变成平推流反应器；当 $R=\infty$时，$C_{A1}\longrightarrow C_{Af}$，循环反应器内各处浓度趋向于反应器出口浓度，实质上就变成全混釜式反应器。一般情况下，$R>16\sim20$ 时，可认为其流动形态接近于全混釜。

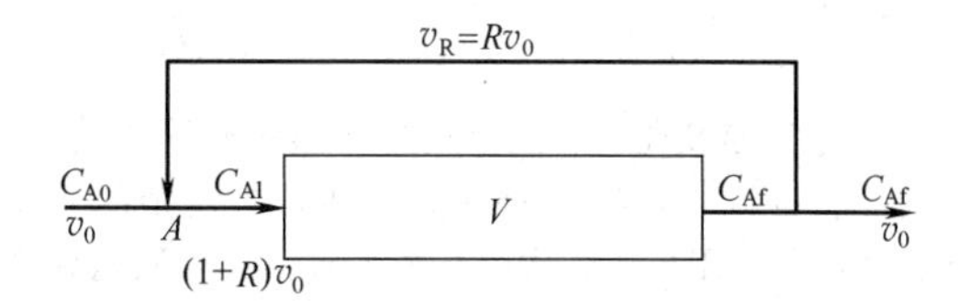

图 14-13 循环反应器示意

4.5 组合反应器

由不同流动模式（平推流、全混流、循环流）的反应器以不同的连接方式（串联、并联、串并联）组合而成的反应系统，可依据上述几节来计算。对于不同特性的反应，不同的反应器组合会有不同的结果，计算例题参见第 8 节中例 4、例 5。

4.6 非等温情况的能量衡算

化学反应总是伴随着一定的热效应，热效应将影

响反应器内的温度分布，从而影响反应速率。反应器的传热和一般的加热、冷却过程的重要差别是传热过程和反应过程有交互作用。例如放热反应，当外界因素使反应温度升高时，反应将加快，放出更多的热量，使温度进一步升高，反应进一步加快，甚至造成恶性循环。

反应器按对反应热的处理方式不同可分为等温和非等温两类。等温过程中反应产生的热量全部移出反应器，反应系统温度恒定，等温过程中反应速率只是浓度的函数，如以上几节所述。而非等温过程是指反应系统中有温度变化，这时应把物料衡算、能量衡算及动力学方程联立求解。

4.6.1 间歇釜式反应器

能量衡算式为

$$UA(T_m-T)+(-\Delta H_r)(-r_A)=c_p\rho\frac{dT}{dt} \tag{14-45}$$

式中 c_p——物料的比定压热容，J/(kg·K)；

U——总传热系数，J/(m²·K·s)；

A——传热面积，m²；

T_m——传热介质的温度，K；

ρ——密度，kg/m³；

$-\Delta H_r$——反应热，J/kmol。

若是绝热操作，则

$$UA(T_m-T)=0$$

由此

$$(-\Delta H_r)(-r_A)=c_p\rho\frac{dT}{dt} \tag{14-46}$$

对于一级不可逆反应：A ⟶ P，由式（14-34）可得

$$t=-\int_{C_{A0}}^{C_A}\frac{dC_A}{-r_A}=-\int_{C_{A0}}^{C_A}\frac{dC_A}{k_0e^{-\frac{E}{RT}}C_A}$$

因为 T 是变化的，故上式要和热量衡算式结合，求出 C_A（或 x_A）与 T 的关系，通常是复杂的非线性关系，须采用数值法或图解法求解。计算例题见第8节中例6。

4.6.2 平推流反应器

对如图14-14所示的平推流反应器，取微元段 dl，进行如下热量衡算。

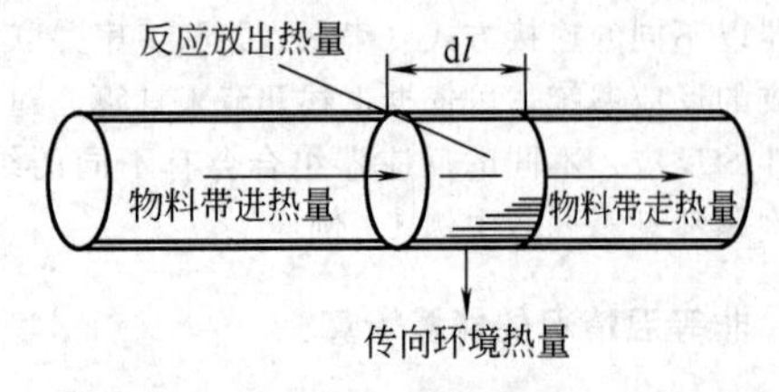

图14-14 平推流反应器热量衡算示意

物料带入 dl 的热量为

$$\sum F_ic_{pi}T=F_tc_{pt}T$$

物料离开 dl 带走的热量为

$$\sum F_ic_{pi}(T+dT)=F_tc_{pt}(T+dT)$$

微元 dl 内反应放出的热量为 $(-r_A)\times(-\Delta H_r)Sdl$。

微元 dl 向周围环境散热为 $U\pi D(T-T_m)dl$。

汇总上述四项可得

$$F_tc_{pt}dT=(-r_A)(-\Delta H_r)S\,dl-U\pi D(T-T_m)dl \tag{14-47}$$

$$\frac{dT}{dl}=\frac{(-r_A)(-\Delta H_r)S+U\pi D(T-T_m)}{F_tc_{pt}} \tag{14-48}$$

对平推流反应器进行物料衡算

$$F_{A0}dx_A=S(-r_A)dl$$

代入上式可得

$$\frac{dT}{dx_A}=F_{A0}\frac{(-\Delta H_r)-\dfrac{U\pi D(T-T_m)}{S(-r_A)}}{F_tc_{pt}} \tag{14-49}$$

式中 D——管径，m；

S——截面积，m²；

F_i——i 组分的摩尔流量，kmol/h；

F_{A0}——进料中 A 组分的摩尔流量，kmol/h；

F_t——总的摩尔流量，kmol/h；

c_{pi}——i 组分的比热容，J/(kmol·K)；

c_{pt}——物料平均比热容，J/(kmol·K)；

U——总传热系数，W/(m²·K)；

$-\Delta H_r$——反应热，J/kmol；

T_m——传热介质温度，K。

将热量衡算式和物料衡算式 $F_{A0}dx_A=S(-r_A)dl$ 与动力学方程联立求解，即可求得沿反应器轴向的温度和转化率分布。通常将反应器沿轴向分成若干小区间 Δl，每个区间内认为温度均匀，逐段试差求解或编成程序用计算机求解。

对绝热情况，式（14-49）简化为

$$dT=\frac{\dfrac{F_{A0}(-\Delta H_r)}{F_tc_{pt}}}{dx_A} \tag{14-50}$$

积分得

$$T-T_0=\int_{x_{A1}}^{x_{A2}}\frac{F_{A0}}{F_tc_p}(-\Delta H_r)dx_A$$

式中 T_0——进料温度，K；

$\bar{c}_p$——T 和 T_0 下的比热容平均值，J/(kmol·K)。

通常称 $(F_{A0}/F_t)(-\Delta H_r)/\bar{c}_p$ 为绝热温升（对吸热反应，称为绝热温降）。计算实例见第 8 节例 7。

4.6.3 全混釜式反应器及其热稳定性

全混釜式反应器的热量衡算见式（14-51），各物理量符号如图 14-15 所示。

$$Vc_p\rho(T-T_0)+UA(T-T_m)=(-r_A)V(-\Delta H_r) \tag{14-51}$$

式中　c_p——比定压热容，J/(kg·K)；

T_0——进料温度，K。

其余符号同前述。

物料衡算式为

$$V(C_{A0}-C_A)=(-r_A)V \text{ 或 } F_{A0}(x_A-x_{A0})=(-r_A)V$$

以上物料衡算和能量衡算式与动力学方程联立求解即可得到转化率和温度。

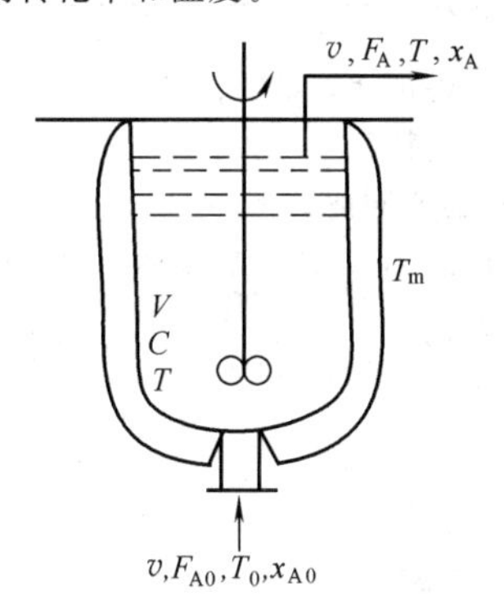

图 14-15　全混釜式反应器参数示意

如图 14-16 所示，当操作处于稳定点时，反应产生的热量和反应器与外界的传热量是相等的，传热速率 q_c 和 T 的线性关系为

$$q_c=Vc_p\rho(T-T_0)+UA(T-T_m) \tag{14-52}$$

反应放热速率 q_r 和 T 的曲线关系为

$$q_r=(-r_A)V(-\Delta H_r) \tag{14-53}$$

以一级不可逆反应为例

$$q_r=kC_AV(-\Delta H_r)=k_0e^{-\frac{E}{RT}}\left(\frac{C_{A0}}{1+k\tau}\right)V(-\Delta H_r)$$

$$=\frac{k_0e^{-\frac{E}{RT}}F_{A0}\tau(-\Delta H_r)}{1+\tau k_0e^{-\frac{E}{RT}}}$$

如果改变进料温度 T_0 或冷却介质温度 T_m，则 q_c 线与横坐标交于不同的位置，如改变冷却介质流量或传热系数，则 q_c 线斜率改变。当传热线为 q_{c1} 及 q_{c3} 时，与 q_r 只交一点，只有一个热稳定操作温度；对 q_{c2}，有 b、c、d 三个交点，其中 b、d 点受到扰动能自动恢复，称为真稳定点，而 c 点受到扰动，或升至 d 点或降至 b 点才能稳定，称为假稳定点，实际操作中在 c 点不能达到稳定。

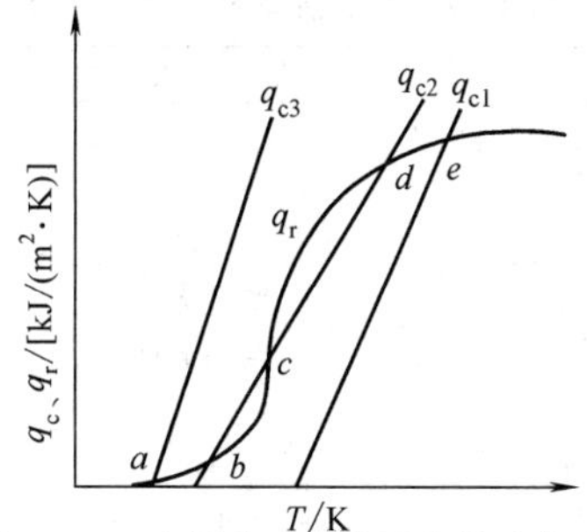

图 14-16　全混釜式反应器的热稳定态

5　固定床反应器

流体流过不动的固体物料粒子所构成的床层而进行反应的反应器，称为固定床反应器。其中最主要的是气相反应物通过固体催化剂粒子构成的床层进行反应的气-固相催化反应器。

固定床反应器的设计需要将固定床中的各项传递特性与动力学结合起来。

5.1　粒子几何特性和床层空隙率

固体粒子的尺寸常用粒径 d_p 表示，对非球形粒子则用以下几种当量直径来表示，其中体积当量直径 d_v 是最常用的。

体积当量直径 d_v 为

$$d_v=\left(\frac{6V_p}{\pi}\right)^{\frac{1}{3}} \tag{14-54}$$

式中　V_p——粒子体积。

面积当量直径 d_a 为

$$d_a=\sqrt{\frac{a_p}{\pi}} \tag{14-55}$$

式中　a_p——粒子外表面积。

比表面积当量直径 d_s 为

$$d_s=\frac{6}{S_v}=\frac{6V_p}{a_p} \tag{14-56}$$

式中　S_v——粒子比表面积。

表征固体粒子形状的常用形状系数为 $\varphi_s=a_s/a_p$，其中 a_s 是同体积球形粒子外表面积。φ_s 值均小于 1，详见表 14-7。

表 14-7　非球形粒子的形状系数

物　　料	形　　状	φ_s
鞍形填料	—	0.3
拉西环	—	0.3
烟(道)尘	球状	0.89
	聚集状	0.55
天然煤粉	大至10mm	0.65
粉碎煤粉	—	0.75
砂(各种形状平均)	—	0.75
硬砂	尖角状	0.65
硬砂	尖片状	0.43
砂	圆形	0.83
砂	有角状	0.73
碎玻璃屑	尖角状	0.65

不同粒子当量直径之间的关系为

$$\varphi_s d_v = d_s = 6\frac{V_p}{a_p} \tag{14-57}$$

$$\varphi_s = \left(\frac{d_v}{d_a}\right)^2 \tag{14-58}$$

对尺寸大小不一的混合粒子，平均直径为

$$d_p = \frac{1}{\sum_{i=1}^{n}\frac{x_i}{d_i}} \tag{14-59}$$

式中，x_i 为直径等于 d_i 的粒子所占的质量分数。

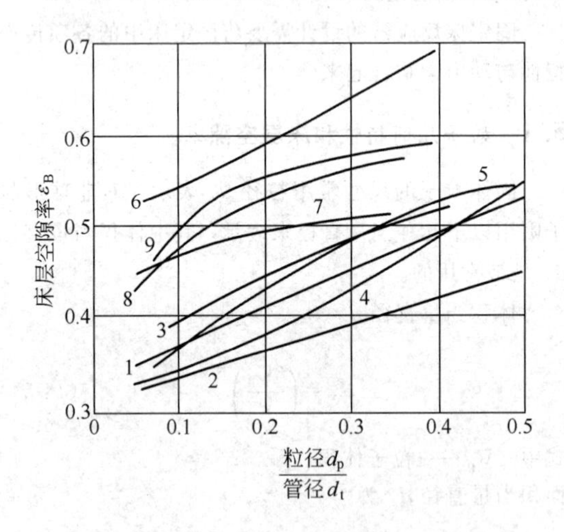

图 14-17　填充床的空隙率

1—光滑、均一、球形；2—光滑、混合、球形；3—陶质、球形；4—光滑、均一、圆柱形；5—刚玉、均一、圆柱形；6—陶质拉西环、圆柱形；7—熔成菱镁石、颗粒状；8—熔成刚玉、颗粒状；9—刚玉磨料、颗粒状

固定床的当量直径 d_e 定义为其水力学半径 R_H 的4倍。

$$d_e = 4R_H = \frac{4\varepsilon_B}{S_e} = \frac{2}{3}\times\frac{\varepsilon_B}{1-\varepsilon_B}d_s = \frac{2}{3}\times\frac{\varepsilon_B}{1-\varepsilon_B}\varphi_s d_v \tag{14-60}$$

式中　ε_B——床层空隙率。

$$S_e = (1-\varepsilon_B)\times\frac{a_p}{V_p} = 6\frac{1-\varepsilon_B}{d_s} \tag{14-61}$$

式中　S_e——床层比表面积，即单位体积床层中粒子外表面积。

空隙率的大小对流动和压降影响很大，图14-17[2]的数据可供参考。

5.2　床层压力降

床层压力降的关联式[42]为

$$\frac{\Delta p}{\rho u_m^2}\times\frac{d_s}{L}\times\frac{\varepsilon_B^3}{1-\varepsilon_B} = \frac{150}{Re_M} + 1.75 \tag{14-62}$$

$$Re_M = \frac{d_s \rho u_m}{\mu(1-\varepsilon_B)}$$

式中　u_m——床层平均流速，m/s；

ρ——流体密度，kg/m^3；

L——床层高度，m；

Δp——压力降，Pa。

式（14-62）虽然是较好的关联式，但结果仍然比实验值偏高。另外还有关联式（14-63）。

$$\Delta p = \frac{2f_m \rho u_m^2 L(1-\varepsilon_B)^{3-n}}{d_p \varphi_s^{3-n} \varepsilon_B^3} \tag{14-63}$$

式中　f_m——修正摩擦系数，可从图14-18求得[2]；

n——指数。

其他符号意义同前。

对于高压流体，通过床层某两点时的压差为

$$p_1^2 - p_2^2 = \frac{2ZRT}{M}\left[\ln\frac{V_2}{V_1} + \frac{2f_m L(1-\varepsilon_B)^{3-n}}{d_p \varphi_s^{3-n} \varepsilon_B^3}\right] \tag{14-64}$$

式中　Z——压缩因子；

R——气体常数；

T——温度，K；

M——流体分子量；

V_1，V_2——单位质量流体的体积。

5.3　床层的传质

床层中的传质是指粒子与流体之间的传质。

床层中A组分向单位质量的粒子传递的摩尔传质速率为

$$N_A = k_{CA}a_m(C_A - C_{AS}) = k_{GA}a_m(p_A - p_{AS}) \tag{14-65}$$

式中　k_C，k_G——以浓度C、分压 p 表示的传质系数，$k_G = k_C/RT$；

a_m——单位质量粒子的传质表面积；

下标s——粒子与流体两者的界面。

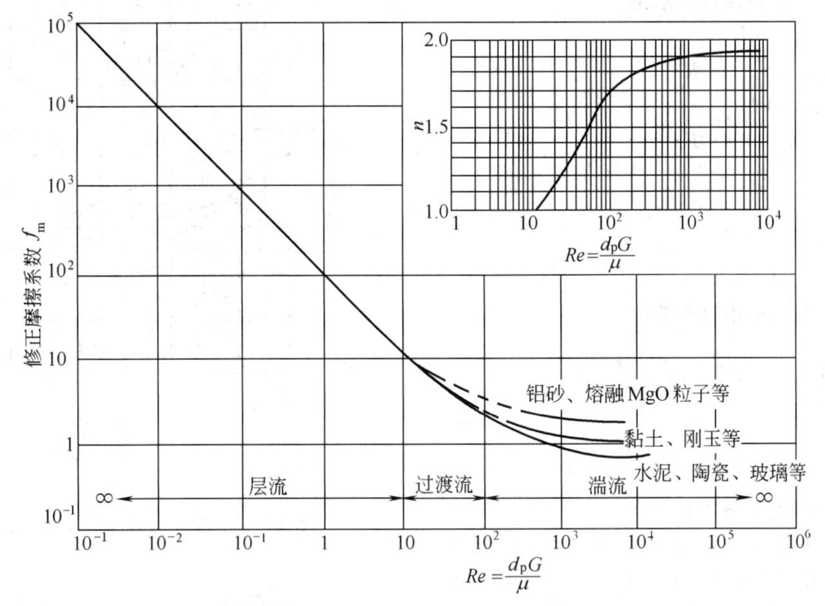

图 14-18 填充床压降计算用图

传质系数常用传质因子 J_D 来关联，即

$$J_D=\frac{k_c\rho y_f}{G}\times\left(\frac{\mu}{\rho D}\right)^{\frac{2}{3}} \tag{14-66}$$

式中 G ——质量流速，$G=\rho u$；

u ——流速；

ρ，μ ——流体的密度和黏度；

D ——组分的分子扩散系数；

y_f ——考虑反应前后分子数不同而引起的流动传递的校正量。

若有反应 $a\text{A}+b\text{B}\longrightarrow r\text{R}+s\text{S}$，对组分 A 则有

$$y_{fA}=\frac{1}{\beta_A}\times\frac{(\beta_A-y_{AS})-(\beta_A-y_A)}{\ln\frac{\beta_A-y_{AS}}{\beta_A-y_A}}$$

式中 β_A ——A 组分的传递量占净传递量的分率，$\beta_A=a/(a+b-r-s)$；

y_A，y_{AS} ——流体中与粒子表面上 A 组分的分率。

对等分子相互扩散，$y_f=1$，J_D 因子的关联式如下。

① 由文献 [44] 得出以下结论。

对于气体，在 $3<\frac{d_pG}{\mu}<1000$ 范围内

$$\varepsilon_B J_D=0.357\left(\frac{d_pG}{\mu}\right)^{-0.359} \tag{14-67}$$

对于液体，在 $\varepsilon_B=0.35\sim0.75$，如 $55<\frac{d_pG}{\mu}<1500$，则

$$\varepsilon_B J_D=0.250\left(\frac{d_pG}{\mu}\right)^{-0.31} \tag{14-68}$$

如 $0.0016<\frac{d_pG}{\mu}<55$，则

$$\varepsilon_B J_D=1.09\left(\frac{d_pG}{\mu}\right)^{-0.667} \tag{14-69}$$

以上三式中 d_p 均采用 d_a，计算误差约±15%。

② 由文献 [45] 得出以下结论。

当 $0.05<Re<50$ 时

$$J_D=0.84Re^{-0.51} \tag{14-70}$$

当 $50<Re<1000$ 时

$$J_D=0.57Re^{-0.41} \tag{14-71}$$

以上两式中 $Re=\frac{G}{S_e\varphi_s\mu}$，符号意义同上。

5.4 床层的传热

5.4.1 粒子和流体间传热

粒子的传热膜系数 h_s 常通过传热因子 J_H 来关联，即

$$J_H=\frac{h_s}{c_pG}\times\frac{c_p\mu^{\frac{2}{3}}}{\lambda} \tag{14-72}$$

式中 c_p ——流体的比定压热容；

λ ——流体的热导率。

J_H 的关联式如下。

① 由文献 [46] 得出以下结论。

$$\varepsilon_B J_H=\frac{2.816}{d_p\frac{G}{\mu}}+\frac{0.3023}{\left(d_p\frac{G}{\mu}\right)^{0.35}} \tag{14-73}$$

适用范围内：$\frac{d_pG}{\mu}$在 10～10000 之间，式中的 d_p 也

采用 d_a。

② 由文献［45］得出以下结论。

当 $0.01<Re\leqslant 50$ 时

$$J_H=0.904Re^{-0.51} \tag{14-74}$$

当 $50<Re\leqslant 1000$ 时

$$J_H=0.613Re^{-0.41} \tag{14-75}$$

以上两式中 Re 定义与式（14-70）、式（14-71）相同。将式（14-74）、式（14-75）与式（14-70）、式（14-71）比较可得

$$J_H\approx 1.08J_D \tag{14-76}$$

③ 由文献［47］得出以下结论。

$$J_H=0.018\left[\frac{d_p g}{u_2}\times\frac{(\rho_p-\rho)(1-\varepsilon_B)}{\rho}\right]^{0.25}\varphi_s^{3.76} \tag{14-77}$$

式中 g——重力加速度。

5.4.2 固定床的有效热导率

床层的有效热导率 λ_e 是表征床层中粒子在流体间的对流传热、粒子及流体本身的导热、固体粒子间的辐射传热等的一个综合参数，并且把床层视为均相体系。由此床层中径向传热通量 q 与温度梯度 $\mathrm{d}T/\mathrm{d}r$ 间的关系为

$$q=\frac{-\lambda_e \mathrm{d}T}{\mathrm{d}r}$$

λ_e 的计算有以下几种方法。

① 方法1[48]

$$\frac{\lambda_e}{\lambda}=\frac{\lambda_e^0}{\lambda}+(\alpha\beta)Re_p\,Pr \tag{14-78}$$

式中 λ——流体的热导率；

λ_e^0——流体不流动的床层有效热导率，见式（14-79）；

Re_p——雷诺数，$Re_p=\frac{d_p G}{\mu}$；

Pr——普朗特数，$Pr=\frac{c_p\mu}{\lambda}$；

$\alpha\beta$——系数，可由图14-19查得。

$$\frac{\lambda_e^0}{\lambda}=\varepsilon_B\left(1+\frac{h_{rv}d_p}{\lambda}\right)+\frac{1-\varepsilon_B}{\dfrac{1}{\dfrac{1}{\phi}+\dfrac{h_{rs}d_p}{\lambda}}+\dfrac{2}{3}\left(\dfrac{\lambda}{\lambda_s}\right)} \tag{14-79}$$

式中 λ_s——粒子的热导率；

h_{rv}，h_{rs}——空隙、粒子的辐射传热系数。

$$h_{rv}=0.1952\times\frac{1}{1+\dfrac{\varepsilon_B}{2(1-\varepsilon_B)}\times\dfrac{1-\sigma}{\sigma}}\times\left(\frac{T_m}{100}\right)^3 \tag{14-80}$$

$$h_{rs}=0.1952\times\frac{\sigma}{2-\sigma}\times\left(\frac{T_m}{100}\right)^3 \tag{14-81}$$

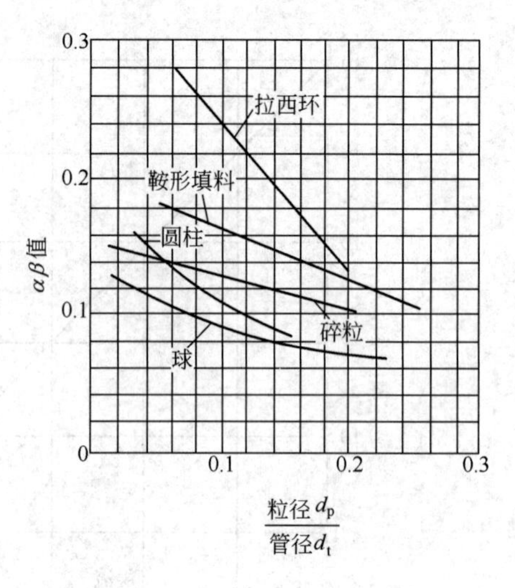

图14-19 求有效热导率 λ_e 时的 $\alpha\beta$ 值

$$\phi=\phi_2+(\phi_1-\phi_2)\frac{\varepsilon_B-0.26}{0.216} \tag{14-82}$$

式中 σ——粒子表面的热辐射率；

T_m——表层平均温度；

ϕ_1，ϕ_2——可由图14-20查得。

对于小粒子情况、常温以下的低温情况、液体情况等，式（14-79）中辐射传热系数 h_{rv}、h_{rs} 两项可以忽略不计。

② 方法2[8]

$$\lambda_e=\varepsilon_B\left(\lambda+\frac{d_p c_p G}{Pe_r\,\varepsilon_B}+19.87\times\frac{\sigma}{2-\sigma}d_p\frac{\overline{T}^3}{100^4}\right)+(1-\varepsilon_B)\frac{h\lambda_s d_p}{2\lambda_s+h d_p} \tag{14-83}$$

$$h=h_s+h_r+h_p \tag{14-84}$$

$$h_r=\frac{\lambda_r(2\lambda_s+hd_p)}{d_p\lambda_s} \tag{14-85}$$

$$\lambda_r=19.87\frac{\sigma}{2-\sigma}d_p\frac{\overline{T}^3}{(100)^4} \tag{14-86}$$

$$h_p=\frac{\lambda_p(2\lambda_s+h d_p)}{d_p\lambda_s} \tag{14-87}$$

$$\lambda_p=1.488\exp\left(-4.05+0.020\frac{\lambda_s}{\varepsilon_B}\right) \tag{14-88}$$

式中 Pe_r——Peclet数，$Pe_r=ud_p/D_r$，D_r 为流体径向分散系数，对填充床，在 $d_pG/\mu>40$ 时，Pe_r 值为8～10，一般可取10；

$\overline{T}$——床层平均温度；

h_s——对流传热膜系数，按式(14-72)计算；

h_r——辐射的贡献部分；

h_p——粒子间接触传导的贡献部分。

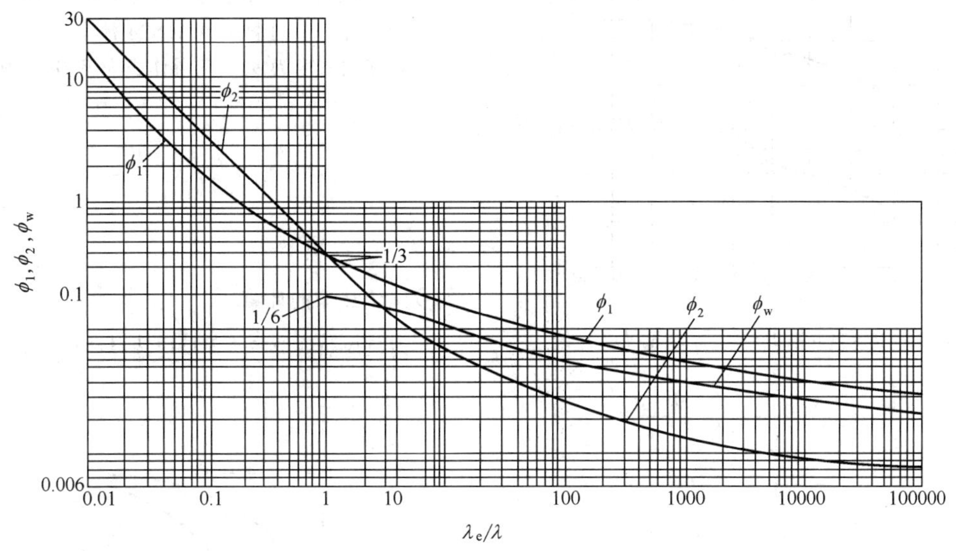

图 14-20 求有效热导率 λ_e 的 ϕ 值

式（14-84）是 h 的隐函数式，需要试差或联立求解式（14-84）～式（14-88）。

当床层温度低于 300℃时，辐射影响可忽略，式（14-83）简化为

$$\lambda_e=\varepsilon_B\left(\lambda+\frac{d_p c_p G}{Pe_r \varepsilon_B}\right)+(1-\varepsilon_B)\lambda_s\times\frac{d_p h_s+2\lambda_p}{d_p h_s+2\lambda_s} \tag{14-89}$$

5.4.3 固定床和器壁间的传热膜系数

(1) 使用二维模型时

床层有径向分布，壁上传热量 Q 为

$$Q=h_w A(T_R-T_w) \tag{14-90}$$

式中 h_w——壁面传热膜系数；

A——传热面积；

T_R——靠近壁面处床层温度；

T_w——壁温。

h_w 的计算方法有以下几种。

① 按文献［49］

$$\frac{h_w d_p}{\lambda}=2.58Re_p^{\frac{1}{3}}Pr^{\frac{1}{3}}+0.094Re_p^{0.8}Pr^{0.4} \tag{14-91}$$

此式在 $Re_p>40$ 时适用。

② 按文献［50］

$$\frac{h_w d_p}{\lambda}=\frac{h_w^* d_p}{\lambda}+\frac{1}{\dfrac{1}{\dfrac{h_w^0 d_p}{\lambda}}+\dfrac{1}{aRe_p Pr}} \tag{14-92}$$

式中，$h_w^* d_p/\lambda=C\ Re_p^{1/2}\ Pr^{1/3}$，对液体 $C=2.6$，对气体 $C=4.0$；对圆筒形固定床内表面，$a=0.054$，插入床层的圆管外表面，$a=0.041$；h_w^0 为流体静止时管壁的传热膜系数，按式（14-93）计算。

$$\frac{1}{\dfrac{h_w^0 d_p}{\lambda}}=\frac{1}{\dfrac{\lambda_w^0}{\lambda}}-\frac{0.5}{\lambda_e^0/\lambda} \tag{14-93}$$

$$\frac{\lambda_w^0}{\lambda}=\varepsilon_w\left(2+\frac{h_{rv}d_p}{\lambda}\right)+\frac{1-\varepsilon_w}{\dfrac{1}{\dfrac{1}{\phi_w}+\dfrac{h_{rs}d_p}{\lambda}}+\dfrac{1}{3}\left(\dfrac{\lambda}{\lambda_s}\right)} \tag{14-94}$$

式中 ε_w——离壁 $d_p/4$ 处平均空隙率，一般 $\varepsilon_w=0.7$，ϕ_w 由图 14-20 读出。

(2) 使用一维模型时

床层径向温度认为一致，传热量 Q 为

$$Q=h_0 A(T_m-T_w) \tag{14-95}$$

式中 T_m——床层平均温度；

T_w——壁温；

h_0——传热膜系数，由式（14-96）计算。

$$\frac{h_0 d_p}{\lambda}=\frac{d_p}{d_t}\times\frac{\lambda_e}{\lambda}\left[a_1^2+\frac{\phi(b)}{y}\right] \tag{14-96}$$

式中 d_t——床径；

λ_e——床层有效热导率；

a_1^2，$\phi(b)$——无量纲数 b 的函数，由图 14-21 查得。

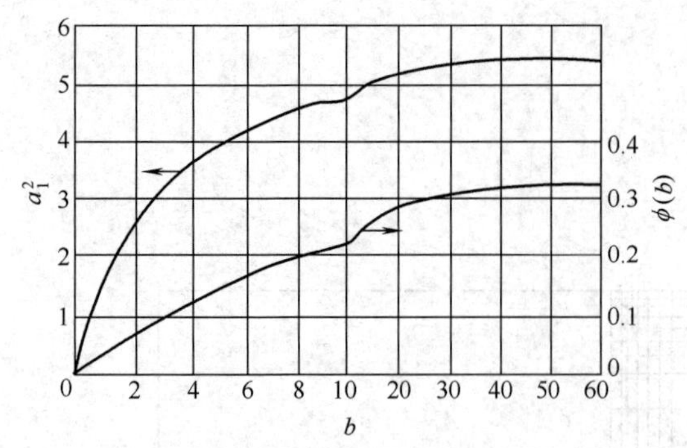

图 14-21 求传热膜系数用的 a_1^2 值及 $\phi(b)$ 值

$$b=\frac{h_w\left(\frac{d_t}{2}\right)}{\lambda_e}=\frac{\frac{1}{2}\times\frac{d_t}{d_p}\times\frac{h_w d_p}{\lambda}}{\frac{\lambda_e}{\lambda}} \tag{14-97}$$

$$y=\frac{4\lambda_0 L}{G c_p d_t^2}=\frac{4\frac{d_p}{d_t}\times\frac{L}{d_t}\times\frac{\lambda_e}{\lambda}}{PrRe_p} \tag{14-98}$$

式中 L——床层的高度。

当 $y>0.2$ 时，以上公式对一般固定床是适用的。

5.5 薄层催化剂反应器的计算

对于反应速率极快的情况，通常可假定为平推流，外扩散控制，催化剂表面反应物浓度为零，床层高度可用式（14-99）计算。

$$L=\frac{G_M}{k_G a_m p}\ln\left(\frac{z_1}{z_2}\right) \tag{14-99}$$

式中 G_M——物料摩尔通量，即单位时间内通过单位床截面的物料的物质的量；

a_m——单位体积床层中的传质表面积；

p——总压；

z_1，z_2——出口、进口处反应物的摩尔分数；

k_G——以分压 p 表示的传质系数，可采用本章第5.3小节的方法计算。

对金属丝网表面，由文献［51］，可按式（14-100）计算。

$$J_D\equiv\frac{k_G p}{\frac{G_M}{\varepsilon_w}}\times\left(\frac{\mu}{pD}\right)^{\frac{2}{3}}=0.865\left(\frac{d_w G}{\varepsilon_w\mu}\right)^{0.648} \tag{14-100}$$

式中 d_w——网丝直径；

ε_w——网的空隙率。

5.6 等温床的计算

对于反应热很小、反应管较细、管外恒温浴和传热良好的情况，可按等温平推流进行粗略计算。组分 A 为达到规定的转化率 X_A 所需的催化剂量为

$$W=F_{A0}\int_0^{X_A}\frac{dX_A}{-r_A'} \tag{14-101}$$

式中 $-r_A'$——以催化剂质量为基准的反应速率；

F_{A0}——进料中 A 的摩尔流量。

如床层密度为 ρ_B，床层体积为 W/ρ_B，则为床层高度为

$$L=\frac{u}{\rho_B}\int_{C_A}^{C_{A0}}\frac{dC_A}{-r_A'} \tag{14-102}$$

式中 u——流速。

5.7 绝热床的计算

对反应热效应较小而反应选择性在一定温度范围

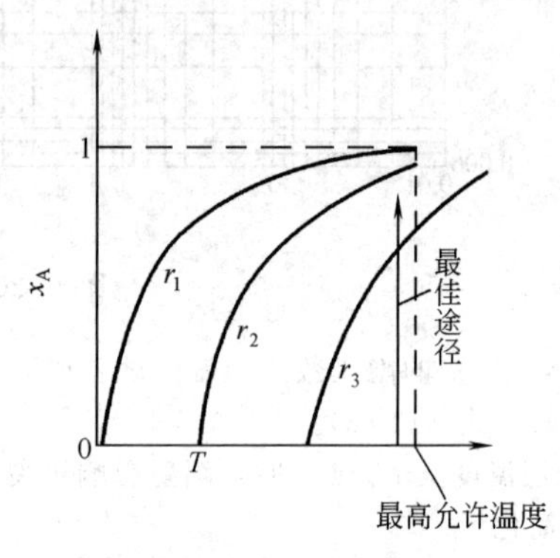

(a) 不可逆，吸热

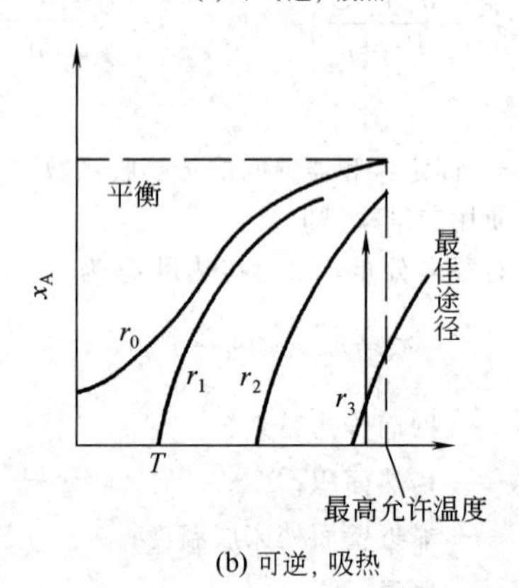

(b) 可逆，吸热

(c) 可逆，放热

图 14-22 绝热床反应速率线

内变化不大的情况，可采用绝热床；必要时采用多段绝热床，段间进行间接冷却或直接急冷，以保证温度变化不超过允许的范围。

由于绝热床无径向传热，可做一维处理。几种不同反应机理的反应速率与温度及转化率的函数关系如图 14-22 所示。反应床的计算见式（14-103）。

$$\frac{W}{F_0}=\int_{X_{A1}}^{X_{A2}}\frac{dX_A}{-r'_A} \tag{14-103}$$

每一层催化剂的温升可由式（14-104）计算。

$$\Delta T=T_2-T_1=\Delta H\frac{F_{A0}}{F\bar{c}_p}(X_{A2}-X_{A1}) \tag{14-104}$$

式中 T_1，T_2——进出口流体温度；

X_{A1}，X_{A2}——A 组分进出口转化率；

ΔH——反应热；

F_{A0}，F——进料中 A 组分和总进料的摩尔流量；

$\bar{c}_p$——平均比热容。

式（14-103）、式（14-104）联立求解，用图解法或数值法可以求得催化剂床层体积和反应物流的温度等，如图 14-23～图 14-27[2] 所示。

要实现多段绝热床的最优化，即达到相同转化率所需要的催化剂用量最小，就要使温度随转化率的变化能接近最佳速率线演变，但段数越多，投资也越大，需综合考虑。

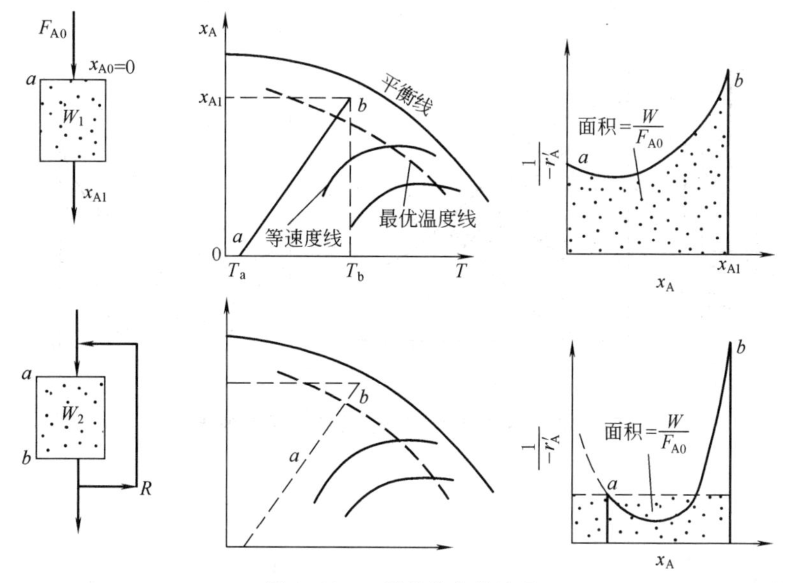

图 14-23 一段绝热床的情况

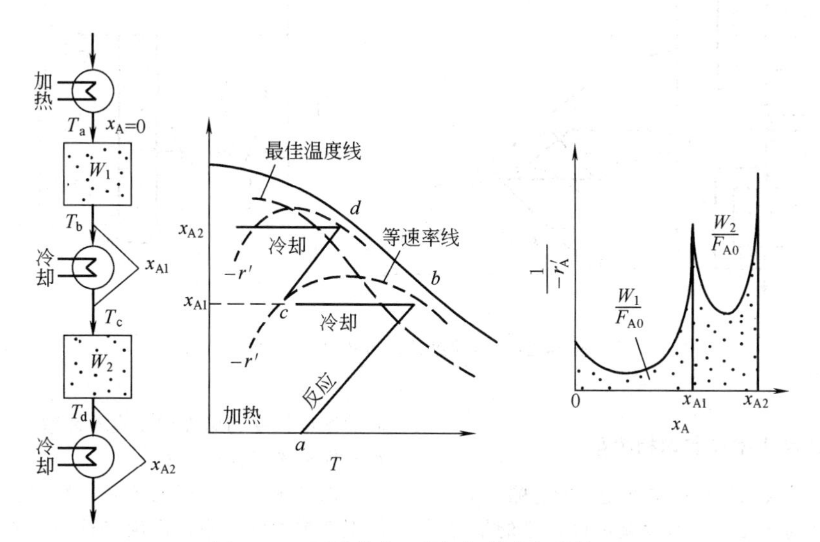

图 14-24 两段绝热、段间间接冷却的情况

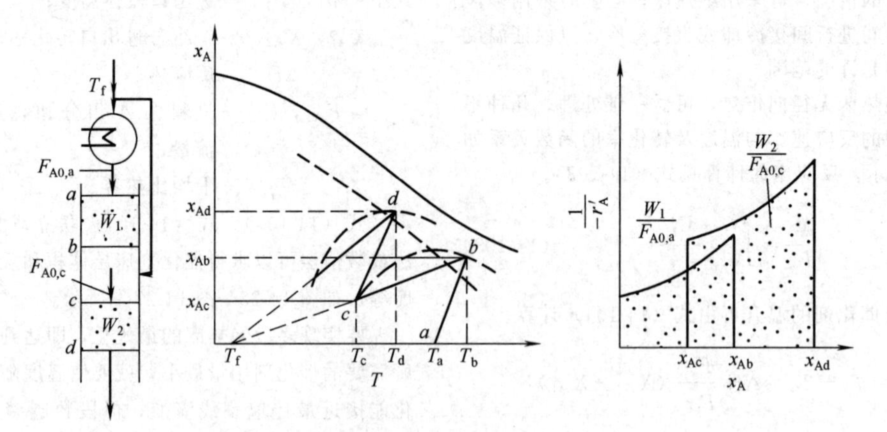

图 14-25 两段绝热、段间以原料气冷激的情况

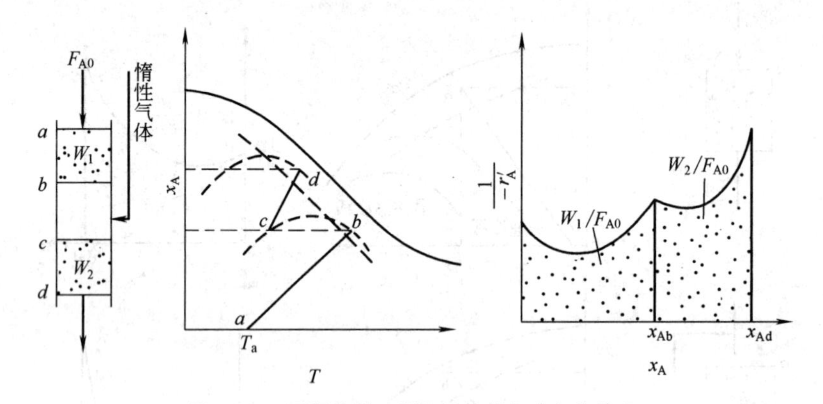

图 14-26 两段绝热、段间以惰性气冷却的情况

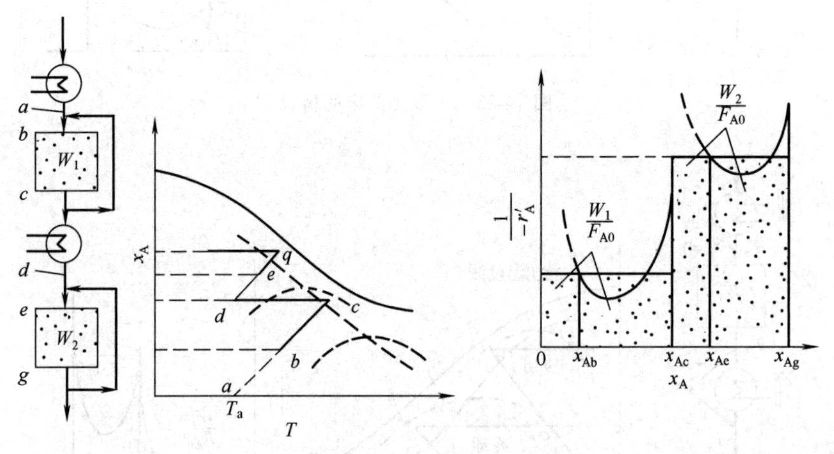

图 14-27 两段绝热、分段循环的情况

5.8 拟均相二维模型和非均相模型

对于反应热较大以致床层温度差不能忽略，而粒子表面与流体间的浓度差和温度差可以忽略的情况，可采用拟均相二维模型来设计反应器。当粒子与流体间的浓度梯度和温度梯度也不能忽略时，则可采用非均相模型来设计反应器。

确定选用一维模型还是二维模型取决于床层径向温度梯度的大小，而确定选用均相模型还是非均相模型则取决于粒子与流体间的浓度差和温度差的大小。这方面的估算方法及判断依据可参阅文献[1，2]。

6 流化床反应器

在流化床反应器中，气体或液体以某一定流速，向上流过固体颗粒床层而将固体粒子托起，使固体粒子可以在床层内自由流动，整个床层具有流体的状态。流化床的操作受到两个速度的制约：一个是最低流速，即临界流态化速度；另一个是扬析点以下使粒子带出的速度。

流化床反应器按功能可分为气相加工与固相加工两大类，前者为工业上常见的以固体催化剂颗粒进行气相反应，后者如硫铁矿颗粒的焙烧反应生成 SO_2 气体等，两者的颗粒流动与传递过程以及影响的反应宏观过程有很大的区别。现代化工的主体为石油化工与有机化工，涉及催化气相反应较多，并常采用流化床反应器技术，因此，本节以流化床气相加工，尤其是以常见的细颗粒流化床气相加工为主要内容。

流化床的特点是粒子细，粒子内扩散阻力往往可以忽略，传热效率高，粒子流动容易，并可方便地进出反应器。但存在气流状况不均匀，粒子的运动方式基本上是全混式，粒子有磨损和带出等问题。

粒径不同的粒子流化性能不同，流态化粒子粒径范围可以划分为 A、B、C、D 四个区域，如图14-28[2]所示。对一般的催化反应，A 区的粒子（细粒）比 B 区的粒子（粗粒）更合适。C 区粒子过细，一般不用于流态化；而 D 区的粒子太粗，只能用在焙烧、干燥等固相加工过程。

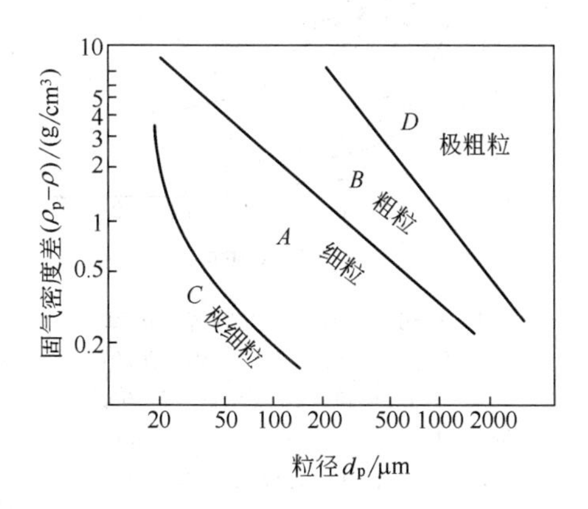

图 14-28 流态化粒子粒径范围（Geldart）

6.1 流化床的流体力学行为

6.1.1 几个重要参数

(1) 起始流化速度 u_{mf}

起始流化速度是指恰好使粒子流化起来的气体空床速度，可由流化床压降式和固定床压降式导得。

$$\frac{d_p\rho u_{mf}}{\mu}=\left[(33.7)^2+0.0408\frac{d_p^2\rho(\rho_p-\rho)g}{\mu^2}\right]^{\frac{1}{2}}-33.7 \tag{14-105}$$

式中 d_p——粒径；

μ——流体黏度；

ρ_p，ρ——粒子和流体的密度；

g——重力加速度。

对雷诺数 $Re_{mf}=\dfrac{d_p\rho u_{mf}}{\mu}<20$ 的小粒子，式(14-105)简化为

$$u_{mf}=\frac{d_p^2(\rho_p-\rho)g}{1650\mu} \quad (\text{单位为 cm·g·s 制}) \tag{14-106}$$

对 $Re_{mf}>1000$ 的大粒子，则简化为

$$u_{mf}^2=\frac{d_p(\rho_p-\rho)g}{24.5\rho} \quad (\text{单位为 cm·g·s 制}) \tag{14-107}$$

另一种计算式，如 $Re_{mf}<10$，则

$$u_{mf}=\frac{0.695d_p^{1.82}(\rho_p-\rho)^{0.94}}{\mu^{0.88}\rho^{0.66}} \quad (\text{单位为 cm·g·s 制}) \tag{14-108}$$

如 $Re_{mf}>10$，则乘以图 14-29 中的校正系数。

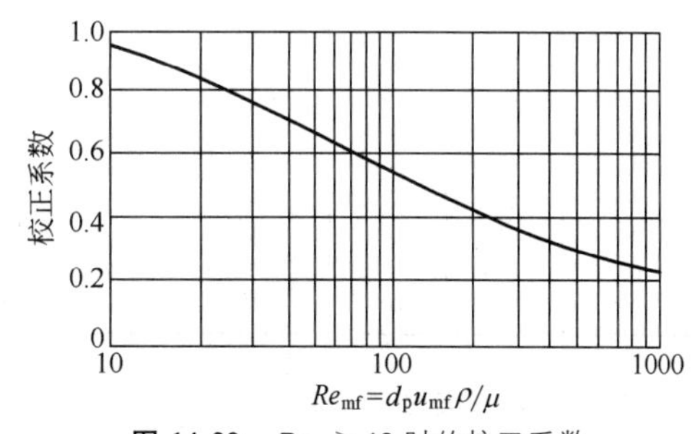

图 14-29 $Re_{mf}>10$ 时的校正系数

(2) 带出速度 u_t

当气速大到某一值，流体对粒子产生的曳力与粒子重力相等时，粒子开始被气流带走，这一气速称为带出速度，又称为终端速度，其值等于粒子的自由沉降速度。由力平衡可得出关系式（14-109）。

$$C_D(Re_t)^2=\frac{4}{3}Ar \quad (\text{单位为 cm·g·s 制}) \tag{14-109}$$

式中 Ar——阿基米德数，$Ar=\dfrac{d_p^3\rho g(\rho_p-\rho)}{\mu^2}$；

Re——雷诺数，$Re_t=\frac{d_p\rho u_t}{\mu}$；

C_D——曳力系数。

① 对球形粒子

a. 当 $Re_t\leqslant0.4$ 时

$$u_t=\frac{d_p^2(\rho_p-\rho)g}{18\mu} \tag{14-110}$$

b. 当 $0.4<Re_t\leqslant500$ 时

$$u_t=\left[\frac{4}{225}\times\frac{(\rho_p-\rho)^2g^2}{\rho\mu}\right]^{\frac{1}{3}}d_p \tag{14-111}$$

c. 当 $500<Re_t\leqslant200000$ 时

$$u_t=\left[\frac{3.1d_p(\rho_p-\rho)g}{\rho}\right]^{\frac{1}{2}} \tag{14-112}$$

② 对非球形粒子

a. 当 $Re_t<0.5$ 时

$$C_D=\frac{24}{0.843\lg\left(\frac{\phi_s}{0.065}\right)Re_t} \tag{14-113}$$

b. 当 $0..05Re_t\leqslant2\times10^3$ 时 C_D 可由表 14-8 查得。

c. 当 $2\times10^3<Re_t\leqslant2\times10^5$ 时

$$C_D=5.31-1.88\phi_s \tag{14-114}$$

表 14-8 非球形粒子的曳力系数 C_D

ϕ_s	Re_t				
	1	10	100	400	1000
0.670	28	6	2.2	2.0	2.0
0.806	27	5	1.3	1.0	1.1
0.846	27	4.5	1.2	0.9	1.0
0.946	27.5	4.5	1.1	0.8	0.8
1.000	26.5	4.1	1.07	0.6	0.46

u_t 的另一计算式为

$$u_t=\frac{d_p^2(\rho_p-\rho)g}{18\mu+0.61d_p\left[d_p(\rho_p-\rho)g\rho\right]^{\frac{1}{2}}} \tag{14-115}$$

(3) 起始鼓泡速度 u_{mb}

对于气体-大颗粒系统，u_{mb} 与 u_{mf} 一致，对细粒子体系，u_{mb} 与 u_{mf} 有显著的差别，u_{mb} 的关联式有

$$\frac{u_{mb}}{u_{mf}}=\frac{2300\rho^{0.126}\mu^{0.523}\exp(0.716F)}{\overline{d}_p^{0.8}g^{0.934}(\rho_p-\rho)^{0.034}} \quad \text{(单位为 cm·g·s 制)} \tag{14-116}$$

式中 $\overline{d}_p$——平均粒径；

F——45μm 以下细粒子所占的质量分数。

u_{mb} 的另一关联式为

$$Re_{mb}\equiv\frac{d_p\,\rho\,u_{mb}}{\mu}=0.656(G_a)^{0.604}\exp(0.529F) \tag{14-117}$$

式中，$G_a=\frac{d_p^3\rho^2g}{\mu^2}$。如果缺乏 F 数据，可以用式 (14-118) 近似估算。

$$Re_{mb}=0.582(G_a)^{0.558} \tag{14-118}$$

(4) 床层压降和床层空隙率

① 床层压降 为单位床截面上粒子质量 W，即

$$\Delta p=\frac{W}{A}=(\rho_p-\rho)g\,L_{mf}(1-\varepsilon_{mf})F \tag{14-119}$$

式中 L_{mf}——起始流化时的床高；

ε_{mf}——起始流化时的床层空隙率；

A——床层截面积。

② 床层空隙率 起始流化时空隙率可由图 14-30 估算，而 L_{mf} 可由静床高 L_0 及静床空隙率 ε_0 求得，即

$$L_{mf}=\frac{L_0(1-\varepsilon_0)}{1-\varepsilon_{mf}} \tag{14-120}$$

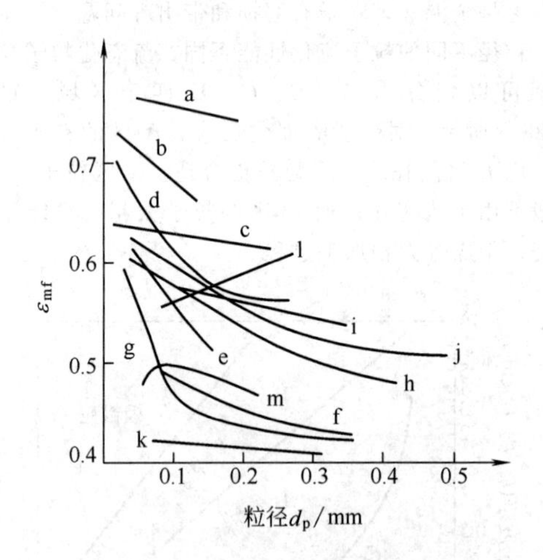

图 14-30 各种粒子的临界空隙率

a—软砖；b—活性炭；c—碎拉西环；d—炭粉和玻璃粉；e—金刚砂；f—矿砂；g—卵圆形砂；$\phi_s=0.86$；h—尖角砂；$\phi_s=0.67$；i—弗-托法合成催化剂，$\phi_s=0.85$；j—烟煤；k—普通砂，$\phi_s=0.86$；l—炭；m—金刚砂

起始鼓泡时的床层空隙率可由 ε_{mf} 来估算，见式 (14-121)。

$$\frac{\varepsilon_{mb}}{\varepsilon_{mf}}=\left(\frac{u_{mb}}{u_{mf}}\right)^{0.11} \tag{14-121}$$

6.1.2　床层的膨胀

(1) 散式流化床

液-固相流化床或未出现气泡前（$u<u_{mb}$）的气-固相流化床，是膨胀均匀的、粒子均匀地分散于床层中的散式流化床，膨胀程度由空隙率 ε 变化估算，即

$$\varepsilon^n=\frac{u}{u_i} \tag{14-122}$$

一般情况下 $u_i \approx u_t$。

$$\lg u_i=\lg u_t-\frac{d_p}{d_t}$$

式中，指数 n 取值如下。

$Re_t<0.2$ 时

$$n=4.65+20\frac{d_p}{d_t}$$

$0.2<Re_t<1$ 时

$$n=\left(4.4+18\frac{d_p}{d_t}\right)Re_t^{-0.03}$$

$1<Re_t<200$ 时

$$n=\left(4.4+18\frac{d_p}{d_t}\right)Re_t^{-0.1}$$

$200<Re_t<500$ 时

$$n=4.4Re_t^{-0.1}$$

$Re_t>500$ 时

$$n=24$$

式中　u——表观速度；

d_t——床径。

(2) 聚式流化床

$u>u_{mb}$ 的气-固流化床，由于气流并非均匀地流过粒子床层，一部分气体形成气泡经床层短路逸出，粒子被分成许多群体做湍流运动，床层结构不均匀，一般均属于聚式流化床。膨胀比 R 的估算方法见式（14-123）、式（14-124）。

① 对于 A 区细粒子

$$d_{bmax}=\frac{2u_t^2}{g}\ \text{（单位为 cm・g・s 制）} \tag{14-123}$$

式中　d_{bmax}——最大稳定气泡直径；

u_t——终端速度。

当 $d_{bmax}<\frac{1}{2}d_t$ 时

$$R=\frac{L_f}{L_{mf}}=1+\frac{u-u_{mf}}{u_t}$$

式中　L_f——气速 u 下的床层高度。

当 $d_{bmax}>\frac{1}{2}d_t$ 时，床层出现节涌。

② 对于 B 区粗粒子

$$R=1+XY \tag{14-124}$$

式中，X、Y 值由图 14-31、图 14-32 查出[2]。

除上述方法外，还可以用图 14-33 算出膨胀比 R。

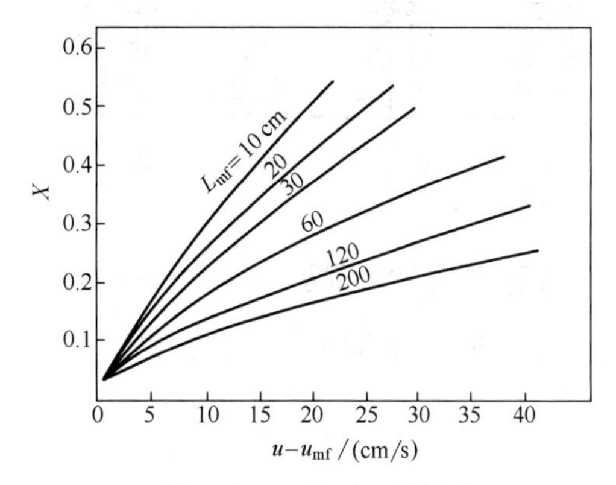

图 14-31　X 与 u-u_{mf} 的关系

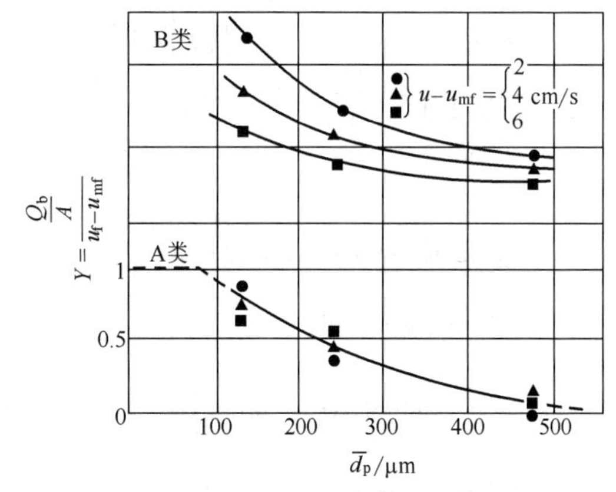

图 14-32　Y 与粒径 $\bar{d}_p$ 的关系

Q_b—气泡流率；A—床层截面积

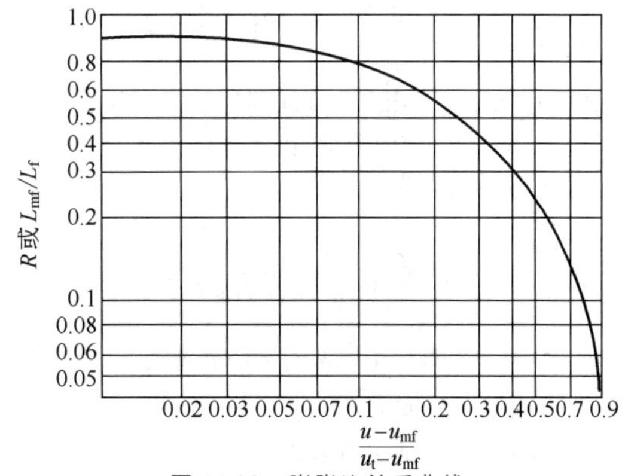

图 14-33　膨胀比关系曲线

6.1.3　气体分布器

气体分布器的结构形式如图 14-34 所示。分布板的设计实际是要求它有一定的压降以使气流分布均匀且保持稳定性，常以分布板压降 Δp_d 和床层压降 Δp_b 的比值为准则。Zenz 提出

$$\frac{\Delta p_d}{\Delta p_b}=0.3$$

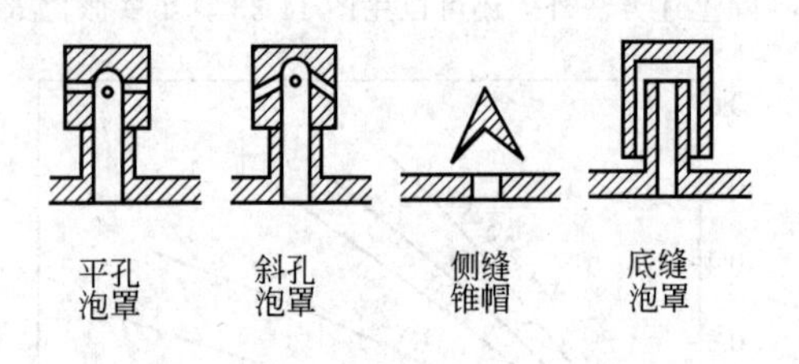

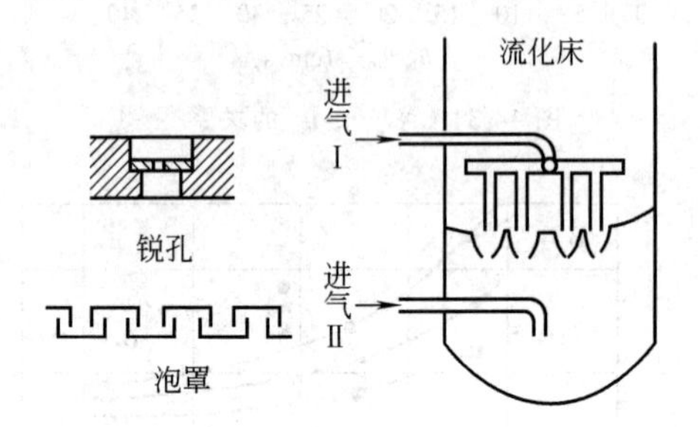

图 14-34　气体分布器的结构形式

国井和 Levenspiel 提出

$$\frac{\Delta p_d}{\Delta p_b}=0.1 \text{ 和 } \Delta p_d=35\text{mmH}_2\text{O}$$

取两者中较大值（1mmHg=133.32Pa）。

Qureshi 提出

$$\frac{\Delta p_d}{\Delta p_b}=0.01+0.2\left[1-\exp\left(-\frac{1}{2}\times\frac{d_t}{L_{mf}}\right)\right]$$

式中　d_t/L_{mf}——床径与床层起始流化高度之比。床层压降由式（14-119）计算。

多孔板的压降为

$$\Delta p_d=\frac{\rho}{2}\left(\frac{4}{C_D N_{OR}\pi d_{OR}^2}\right)^2 u^2 \qquad (14\text{-}125)$$

式中　N_{OR}——单位床层截面上的开孔数；

d_{OR}——孔径；

C_D——孔的阻力系数；

u——表观气速；

ρ——流体密度。

6.1.4　气泡

许多流化床反应器的数学模型中，气泡的尺寸往往是重要的参数。气泡往往不是球形的，所谓气泡的尺寸以相当的直径来代表。

流化床中气泡的相际关系如图 14-35 所示。气泡中几乎无颗粒的部分称为气泡相，周围有一定颗粒密

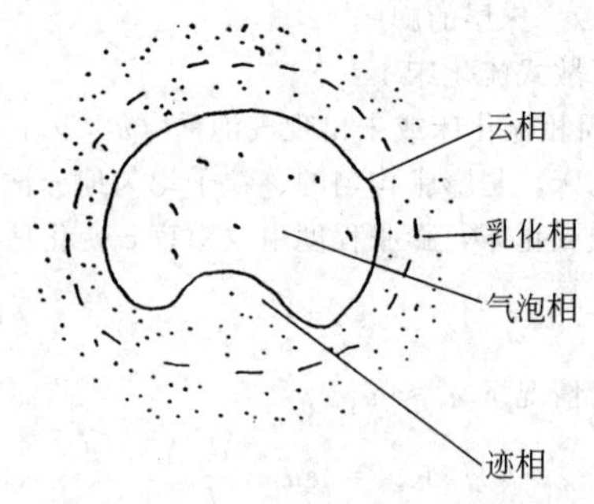

图 14-35　流化床中气泡的相际关系

度的包围层称为云相，气泡下部的上凹的尾涡称为迹相，再外面是乳相。云相和迹相的颗粒密度近似相等，乳相的密度更大一些。

对装填细颗粒催化剂的加工气体的流化床，气泡直径 d_b 可采用以下的经验关联式。

$$d_b=1.9\,d_{eq}^{\frac{1}{3}} \qquad (14\text{-}126)$$

式中　d_b——气泡直径，cm；

d_{eq}——反应器当量直径，cm。

$$\frac{1}{d_{eq}}=\frac{1}{d_{ev}}+\frac{1}{d_{eh}} \qquad (14\text{-}127)$$

式中　d_{ev}——床层中竖向构件的当量直径，cm；

d_{eh}——床层中横向构件的当量直径，cm。

其他有关气泡直径的关联式可参阅文献［9～14］。

6.1.5　粒子捕集

减少粒子的带出损失常是流化床的关键问题之一，常用的方法是采用多级旋风分离器，关于旋风分离器的设计计算可参阅有关资料。

6.2　流化床的传热

床层与浸没在流化床中的换热面之间的对流传热系数，比床层与外壁之间的对流传热系数要高。不同形式的浸没表面有不同的关联式，见表14-9[2]。粒子与流体之间的对流传热系数关联式见表 14-10[2]。

6.3　流化床的传质

物质从气泡相到乳相之间的传递速率定义如下。

$$\frac{d}{dt}(V_b C_b)=u_b\frac{d}{dt}(V_b C_b)=K_{be}S_b(C_b-C_e) \qquad (14\text{-}128)$$

式中　V_b，S_b，u_b——气泡的体积、表面积和上升速度；

C_b，C_e——气泡相和乳相中的某组分浓度；

K_{be}——气泡到乳相的传质系数。

表 14-9 流化床与浸没表面间对流传热系数的部分关联式

文献来源	关 联 式	备 注
[52]	$Nu=0.01844C_R(1-\varepsilon_f)Pr^{0.43}Re_p^{0.23}\left(\frac{c_{pg}}{c_p}\right)^{0.8}\left(\frac{\rho_p}{\rho}\right)^{0.66}$ C_R 值见图 14-36	垂直单管 $Re_p=10^{-2}\sim10^2$ 与323实验点比较,平均误差为±20%
[53]	$Re_p<200$ $Nu_t=0.66\left(Re_p\frac{\rho_p}{\rho}\times\frac{1-\varepsilon_f}{\varepsilon_f}\right)^{0.44}Pr^{0.33}$ $Re_p>2500$ $Nu_t=420\left(Re_p\frac{\rho_p}{\rho}\times\frac{\mu^2}{d_p^3\rho_p g}\right)^{0.3}$	水平单管 空气 砂、铁矿粉 $d_p=0.07\sim0.61$mm
[54]	$Nu=\frac{11(1-\varepsilon_f)^{0.5}}{\left[\frac{0.44-\frac{0.20(\theta-45)^2}{(\theta-45)^2+120}}{Re_p^{0.24}\left(\frac{d_p}{0.008}\right)^{1.23}}+1\right]^2}$	倾斜单管 在 $\theta=45°$时,Nu 最小 d_p 的单位为 in(1in≈2.54cm) θ为管子与水平方向所成角度,(°)
[55]	$Nu=\frac{5.0(1-\varepsilon_f)^{0.48}}{\left[1+\frac{580}{Re_p}\times\frac{\lambda_s}{d_p^{\frac{3}{2}}c_{ps}\rho_p g^{\frac{1}{2}}}\left(\frac{\rho_p}{\rho}\right)^{1.1}\left(\frac{G_{mf}}{G}\right)^{\frac{4}{3}}\right]^2}$	密相中的垂直管束
	$j_N=\frac{Nu}{Re_p(Pr)^{\frac{1}{3}}}=0.14(Re_p)^{-0.68}$	稀相中的垂直管束
[56]	$Nu=\frac{11(1-\varepsilon_f)^{0.5}}{\left[1+\frac{C}{Re_p^{0.51}\left(\frac{d_p}{0.008}\right)^{0.35}}\right]^2}$ C 值见图 14-37 d_p 的单位为 in(1in≈2.54cm)	带有锯齿状翅片的单管在不同倾角下的给热
[57]	$Nu=0.075(1-\varepsilon_t)\left(\frac{c_{ps}\rho_p d_p u}{\lambda}\right)^{0.5}R^n$ 式中 $R=\frac{7.8}{1-\varepsilon_{mf}}\left(\frac{gd_p}{u^2}\right)^{0.15}\left(\frac{\rho}{\rho_p}\right)^{0.2}\left(\frac{r_r}{r_t}\right)^{0.06}$ $r_r=\frac{2\times 流通截面积}{整个床层的浸润周边}$ n 值见图 14-38,r_t 为床层半径	垂直管文献数据的综合
[58]	$Nu=0.019\frac{6(1-\varepsilon_f)}{\varepsilon_f}\left[\frac{Re_p}{6(1-\varepsilon_f)}\right]^{0.6}Pr^{0.3}\left(\frac{c_{ps}\rho_p}{c_p\rho}\right)^{0.4}\left(\frac{S-d_t}{d_p}\right)^{0.27}$ 式中 d_t——盘管直径; S——盘管间距	床内盘管的给热
[59]	$Nu=0.37Re_p^{0.71}Pr^{0.31}$	加压流化床 $0.6\text{MPa}<p<8.1\text{MPa}$ $20<Re<5000$ 空气 砂、玻璃球 $d_p=0.126\sim3.1$mm 本式误差≤25%

注:$Nu=\frac{h_w d_p}{\lambda}$;$Nu_t=\frac{h_w d_t}{\lambda}$;$Re_p=\frac{d_p u_0\rho}{\mu}$;$Pr=\frac{c_p\mu}{\lambda}$;$d_t$ 为床径;u 为表观气速。

表 14-10 流体与粒子间对流传热系数的若干关联式

文献来源	关 联 式	注
[60]	$Nu_p=2+0.74Re_p^{\frac{1}{2}}Pr^{\frac{1}{3}}$	单颗粒的情况
[61]	$Nu_p=0.3Re_p^{1.3}$	$Re_p=\frac{d_p u_p}{\mu}$
[62]	$Nu_p=1.6\times10^{-2}\left(\frac{Re_p}{\varepsilon_f}\right)^{1.3}Pr^{\frac{1}{3}}$ $Nu_p=0.4\left(\frac{Re_p}{\varepsilon_f}\right)^{\frac{2}{3}}Pr^{\frac{1}{3}}$	$Re_p<200$ $Re_p>200$
[63]	$Nu_p=\frac{1}{1-\varepsilon_f}\left[\gamma_b Nu_{p\cdot t}+\frac{\phi_s d_p^2}{6\lambda}(H_{bc})_b\right]$ 式中 $Nu_{p\cdot t}=2+0.6Pr_r^{\frac{1}{3}}Re_t^{\frac{1}{2}}$ $Re_t\equiv\frac{d_p u_t\rho}{\mu}$ $(H_{bc})_b=4.5\left(\frac{\rho u_{mf}c_{pg}}{d_b}\right)+5.85\frac{(\lambda\rho c_p)^{\frac{1}{2}}g^{\frac{1}{4}}}{d_b^{\frac{6}{4}}}$	式中 γ_b——单位气泡体积为基准的粒子体积； ϕ_s——粒子形状系数； u_t——带出速度； $(H_{bc})_b$——以气泡体积为基准的体积传热系数，cal/(cm³ · s · ℃)，1cal=4.18J 其余符号同前表 温差定义为 $\Delta T=\delta(T_{gb}-T_p)$ 式中 T_{gb}，T_p—气泡温度和床层温度

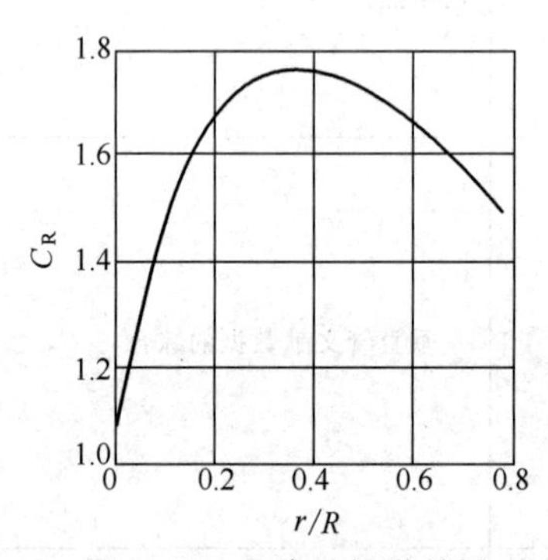

图 14-36 C_R 与 r/R 的关系

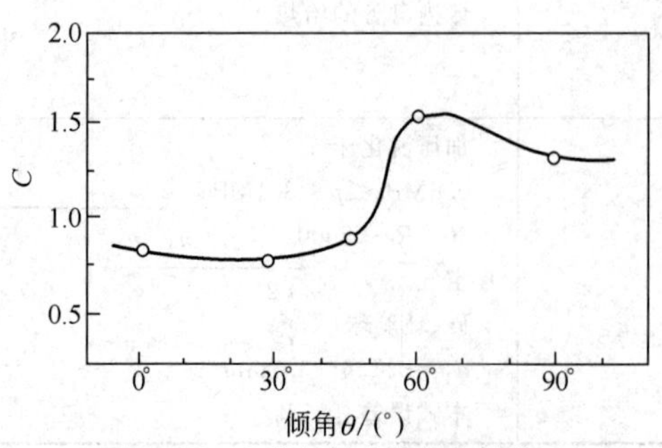

图 14-37 C 值与翅片管倾角的关系

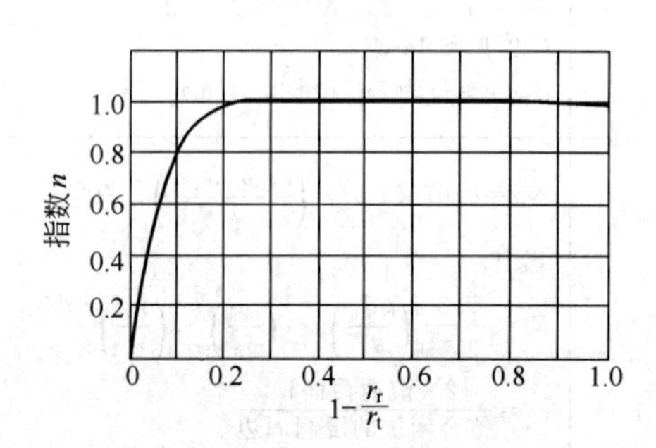

图 14-38 n 与 $1-r_r/r_t$ 的关系

也可用单位气泡体积作基准来定义相同传质系数 $(K_{be})_b$，即

$$\frac{1}{V_b}\times\frac{d}{dt}(V_b C_b)=u_b\frac{dC_b}{dl}=(K_{be})_b(C_b-C_e) \tag{14-129}$$

显然 K_{be} 与 $(K_{be})_b$ 之间的关系为

$$(K_{be})_b=K_{be}\left(\frac{S_b}{V_b}\right) \tag{14-130}$$

如考虑到气泡云的存在，则相间传质是从气泡到气泡云，又从气泡云到乳相的连串过程，可根据不同

的浓度差来定义各相间传质系数，即

$$\frac{1}{V_b}\times\frac{d(V_bC_b)}{dt}=u_b\frac{dC_b}{dl}=(K_{bc})_b(C_b-C_c)$$

$$=(K_{ce})_b(C_c-C_e)=(K_{be})_b(C_b-C_e) \tag{14-131}$$

式中 C_e——云相中某组分的浓度；

K_{ce}，K_{bc}——云相到乳相、气泡相到云相的传质系数。

显然

$$\frac{1}{(K_{be})_b}=\frac{1}{(K_{bc})_b}+\frac{1}{(K_{ce})_b} \tag{14-132}$$

当气泡作为圆球（相当直径为 d_b）时

$$(K_{be})_b=\frac{6K_{be}}{d_b} \tag{14-133}$$

表 14-11[2] 为若干实验的或理论的传质系数估算式。

6.4 流化床的数学模型

许多研究者在某些简化的假设下，用简明的数学方法对流化床反应器内各项复杂的过程的内在规律加以描述，提出各种数学模型。表 14-12、表 14-13[15] 归纳了一些不同类型的流化床反应器数学模型。从这些分类的数学模型中大致可以看出研究者的思路及模型的基本概念，具有相当的代表性，可根据不同的实际需要选用。

表 14-11 从气泡到乳化相的传质系数表达式 单位：cm·g·s 制

文献来源	实验条件				公式
	d_t cm	d_p μm	u /(cm/s)	u_{mf} /(cm/s)	
[64]					$K_{be}=0.75u_{mf}+0.975\left(\frac{D_g^{\frac{1}{2}}g^{\frac{1}{4}}}{d_b^{\frac{1}{4}}}\right)$
[65]					$\frac{K_{be}d_c}{D_g}=2+0.69Sc^{\frac{1}{3}}\left(\frac{d_e u_b \rho}{\mu}\right)^{\frac{1}{2}}$
[66]		65～142	3～15		$K_{be}=\frac{0.303D_g^{\frac{1}{2}}g^{\frac{1}{4}}}{d_b^{\frac{1}{4}}}$
[67]	84	177～250	3～18	2.1	$K_{be}=1.833$
[68]					$K_{bc}=0.75u_{mf}+0.975(D_g^{\frac{1}{2}}g^{\frac{1}{4}}d_b^{-\frac{1}{4}})$ $K_{ce}=1.128\left(\frac{\varepsilon_{mf}^2D_gu_b}{d_b}\right)^{\frac{1}{2}}$ $\frac{1}{K_{be}}=\frac{1}{K_{bc}}+\frac{1}{K_{ce}}$ $u_b=u_0-u_{mf}+0.711(g-d_b)^{\frac{1}{2}}$
[69]	10	140～210	≈u_{mf}	3.1～5	$K_{be}=1.128\left(\frac{\varepsilon_{mf}^2D_gu_b}{d_b}\right)^{\frac{1}{2}}\left(\frac{\alpha-1}{\alpha}\right)^{\frac{2}{3}}$ $\alpha\equiv\frac{u_b\varepsilon_{mf}}{u_{mf}}$
[70]	15.4	80～105		0.58	$K_{be}=\frac{3\pi d_b^2u_{mf}}{4S_b}+1.128\left(\frac{D_gu_b}{L_b}\right)^{\frac{1}{2}}$

注：D_g 表示气体扩散系数；d_c 表示气泡云直径；u_b 表示气泡上升速度；S_b 表示气泡表面积；L_b 表示气泡轴向高度；d_b 表示气泡直径。

表 14-12 流化床反应器模型的分类

级别	考虑的深度	模 型	符号①(n_1 n_2 n_3 n_4 n_5 n_6)
1	参数不随床高而变，参数不与气泡行为相关联（n_3～n_5不可能被指定）	Shen 和 Johnstone	2 1 × × × 1
		Van Deemter	2 5 × × × 1
		Johnstone 等	3 1 × × × 1
		May	2 1 × × × 1
		Kobayashi 和 Arai	3 1② × × × 1
		Muchi	3 1 × × × 1

续表

级别	考虑的深度	模型	符号①(n_1 n_2 n_3 n_4 n_5 n_6)
2	参数不随床高而变,参数与气泡尺寸相关联,气泡尺寸可调,$n_5=1\sim3$	Orcutt,Davidson 和 Pigford Kunii 和 Levenspiel Fryer 和 Potter	2 1 × 2 1 1 1 4 1 1 1 1 1 3 1 1 1 1
3	参数与气泡尺寸相关联,气泡尺寸沿床轴向变化,$n_5=4$	Mamuro 和 Muchi Toor 和 Calderbank Partridge 和 Rowe Kobayashi 等 Kato 和 Wen Mori 和 Muchi Fryer 和 Potter Mori 和 Wen	2 1 × 5 4 1 3 1 1 2 4 1 3 2 2 3 4 1 3 1 2 5 4 1 3 5 1 4 4 1 2 1 × 5 4 1 2 1 × 2 4 1 3 5 1 4 4 2

① 符号定义见表14-13。例如2 1 × × × 1,表示$n_1=2$(表示床被分成两相,云相包括在乳化相中);$n_2=1$(即在气泡相中流体速度是$u-u_{mf}$);因数$n_3\sim n_5$不被指定(即参数不与气泡相关联);$n_6=1$(即不考虑射流效应)。

② 或5。

表14-13 模型分类中符号 n_1、n_2、n_3、n_4、n_5、n_6 及其数值的意义

n的值	n_1——相的分法	n_2——流动安排方式	n_3——云体积	n_4——气体交换系数	n_5——气泡直径	n_6——分布板上气体射流效应
1	3相 B-C-E	$u_B=u-u_{mf}$ $u_E+u_C=u_{mf}$ 或$u_E=u_{mf}$	Davidson模型 $R=\frac{\alpha+2}{\alpha-1}$	2界面 Kunii 和 Levenspiel 模型	不变,可调	不考虑
2	2相 B-(C+E)	$u_{AE}=\frac{u_{mf}}{\varepsilon_{mf}}$ $u_{AC}=\frac{u_B}{\varepsilon_{mf}}$	Marray模型 $R=\frac{\alpha}{\alpha-1}$	1界面 Orcutt 和 DaVidson 模型	不变 $D_{BC}=\begin{cases}D_B 在\frac{H_f}{2}处\\ 或\\ D_B 在\frac{H_{mf}}{2}外\end{cases}$	考虑
3	2相 (B+C)-E	$u_E=\frac{u_{mf}}{\varepsilon_{mf}}-u_{AS}$	$R=1$	1界面 Partridge 和 Rowe 模型	不变,从床膨胀数据获得D_B	
4		$u_B=u-u_{mf}$ $u_C=0$ $u_E=0$		1界面 Kobayashi 等的经验式	沿床轴向变化	
5		$u_B=u$ $u_C=0$ $u_E=0$		其他		

注:B表示气泡相;C表示云相;E表示乳浊相。

7 气液反应器

7.1 气液反应器的选择原则

气液反应器的结构形式有很多种[17]，原则上应结合反应动力学及传递要求综合考虑来加以选择。下列为选型时一般应考虑的因素。

① 当气液比很大，为快速反应，而且是扩散控制时，如果阻力在气膜一侧，则应选用气相为连续相的设备，且希望湍动条件好，相界面大，如喷雾塔、填料塔等；如果阻力在液膜一侧，则以板式塔为好，这时液相为连续相，又有足够大的持液量以利于液膜传质。

② 如气液比很小，对液相来说反应较缓慢，且过程为扩散的液膜控制或动力学控制，液相返混对反应无影响，则对这类体系选用液相为连续相并有足够大的持液量、结构又简单的鼓泡塔或搅拌鼓泡塔。

③ 如为连串反应，中间产物为目的产物，反应为动力学控制，或非一级反应还有扩散控制，这类体系都不希望有过多的返混，建议用并流的多级鼓泡塔或有横向挡板的多级鼓泡搅拌反应器。

④ 对于扩散控制而必须要具有大的相界面或尽量提高传质系数的情况，及混有一定固体粒子的气液反应，须采用带有机械搅拌的反应设备。

⑤ 用固体催化剂的气液反应，如反应必须在催化剂表面或经内扩散在其内表面上进行，且反应热可以靠绝热温升解决时，可采用涓流床（也称为滴流床）反应器。

⑥ 对气液反应来说，并流或逆流的管式反应器工业上用得不多。这一类反应器用在化学反应本身速度较快而对单位体积的传热面积又有较大要求的场合。

7.2 反应器的组合

在某些反应系统中，基于工艺或工程上的要求，可采用多个反应器的串联组合，常见的是多釜串联的连续搅拌釜式反应器（CSTR）。一般来说，反应所需体积较大且平推流型对反应有利时，采用串联反应器较有利。但组合反应器体系中各反应器的设备形式、体积、物料流和传热的安排等，则应根据反应系统的特性做适当的安排。例如以空气为原料的许多烃类氧化反应，一般气相均作并联流动，而液相采用多釜串联流动。又例如为适应某些反应进程中特定的动力学条件，如后期与初期反应速率相差较大，热负荷分配前后不一致，且受条件限制又不能在内部增加传热面积，只能采用夹套传热。这时可考虑串联多釜形式，反应体积采用先小后大，使比表面积和传热要求相适应；或调整反应温度先高后低，以适应传热要求。

7.3 汽液反应器中的传递过程

7.3.1 鼓泡流型

鼓泡装置中的流体力学区域一般可划分为安静区与湍动区，介于两者之间有一个过渡区。安静区或称为滞流区，其特征是有序地形成单个鼓泡，液相中搅动很微弱，一般气体的空塔速度小于 4.5cm/s 时属于这一区域。湍动区的特征是无定向气液接触，相界面变动很激烈，物料的混合程度很高。一般空塔速度对于 10cm/s 时属于此区域。

7.3.2 分布器开孔率

分布器开孔率的大小会直接影响反应过程，如开孔率过大，有些孔会不出气，反而会被堵塞或分布不均匀，一般开孔要求保证气体孔速大于小孔的临界气速 u_{gc}[18]，即

$$\frac{u_{gc}}{c}=\frac{65.6}{\rho_g}\left[(\rho_L-\rho_g)\ \frac{\sigma_L^2}{d_0}\right]^{1/3} \qquad (14\text{-}134)$$

式中 u_{gc}——小孔临界气速，cm/s；

c——流量系数，无量纲，由式（14-136）计算；

ρ_g，ρ_L——分别为气体和液体的密度，g/cm^3；

σ_L——液相表面张力，dyne/cm；

d_0——小孔直径，cm。

故最大开孔率 Φ_M 为

$$\Phi_M=\frac{u_g}{u_{gc}} \qquad (14\text{-}135)$$

式中 u_g——空塔气速，cm/s；

式（14-134）中的 c 按式（14-136）计算。

$$c=0.8705-0.0647\left[\frac{d_0}{\delta}\right]+0.6757\times10^{-2}\left[\frac{d_0}{\delta}\right]^2-0.2989\left[\frac{d_0}{\delta}\right]^3 \qquad (14\text{-}136)$$

7.3.3 气泡尺寸

在滞流区气泡尺寸与孔径有关；而湍动区因气泡由于破裂与聚并而达到某一平衡分布，气泡平均直径与孔径关系不大。影响气泡尺寸的主要因素是液体的性质，有关气泡尺寸的计算公式见表 14-14[2]。

7.3.4 气含率

影响气含率（气相占气液混合物的体积分率）ε_g 的最主要因素为气体空塔速度 u_g（cm/s）。塔径、气体分布器的开孔尺寸与数目等对 ε_g 的影响，在一般的操作范围内均较小。

表 14-14 气泡直径公式汇总

序号	文献来源	气泡直径公式	公式规定单位	条件及说明	备注
1	[25,72]	$d_b=1.817\left[\frac{\sigma_L d_0}{g(\rho_L-\rho_g)}\right]^{\frac{1}{3}}$	d_0——孔径，m；g—重力加速度，m/s^2；ρ_L，ρ_g——液体，气体的密度，kg/m^3；d_b——气泡直径，m；σ_L——液体表面张力，N/m	单一气泡	
		$d_b=3.22\left[\frac{\mu_L}{\pi g(\rho_L-\rho_g)}\right]^{0.25}Q_g^{0.25}$ $d_b=2.35\left[\frac{\rho_L}{\pi^2 g(\rho_L-\rho_g)}\right]^{0.2}Q_g^{0.4}$	π——系统压力，Pa；μ_L——液体黏度，Pa·s；Q_g——气体流量，m^3/s；其余同上式	滞流连珠泡，气泡 $Re<9$	
2	[25,71]	$d_{bM}=(d_{bo}d_{be})^{\frac{1}{2}}$ $d_{bo}=2.05\left(\frac{Q_g}{\pi N_{oe}}\right)^{0.4}\left(\frac{3C_D}{4g}\right)^{0.2}$ 如 $d_{bo}/0.75<$孔间距 x，则 $N_{oe}=N_o$，否则对于多孔喷气分布器 $N_{oe}=\frac{(N_o-1)x+\frac{d_{bo}}{0.75}}{\frac{d_{bo}}{0.75}}$ $d_{be}=3.48C_D^{-0.6}\left[\frac{\sigma_L^{0.6}}{\left(\frac{P_g}{V}\right)^{0.4}\rho_L^{0.2}}\right]$ $\frac{P_g}{V}=\frac{Q_g\rho_g}{V}\left[\frac{\eta u_0^2}{2}+\frac{RT}{M}\ln\left(\frac{\pi_0}{\pi}\right)\right]$	d_{bM}——平均气泡直径，m；d_{bo}，d_{be}——气泡的喷口与稳定直径，m；u_0——孔速，m/s；Q_g——气体流量，m^3/s；π_0，π——孔口及系统压力，Pa；N_o，N_{oe}——分布器开孔数与有效开孔数；C_D——常数项，湍流连珠泡为 8/3，滞流连球泡则为 $24/Re_b$（气泡 Re 数）；g——重力加速度，m/s^2；σ_L——表面张力，N/m；ρ_g，ρ_L——气体与液体密度，kg/m^3；P_g——鼓泡功率，W；V——体积，m^3；η——喷射能分率，一般为 0.06；R——气体常数，N·m/(kmol·K)；T——系统温度，K；M——气体分子量	适用于无机械搅拌气液鼓泡反应器	
3	[25,26]	$d_{bM}=4.15\left[\frac{\sigma_L^{0.6}}{\left(\frac{P_e}{V_L}\right)^{0.4}\rho_L^{0.2}}\right]\varepsilon_g^{0.5}+0.0009$ $P_e=P_{ag}+CP_g$	d_{bM}——平均气泡直径，m；σ_L——液体表面张力，N/m；P_e——实效功率，W；P_g——鼓泡功率，W；P_{ag}——搅拌功率，W；C——经验校正项，大型容器为 1，小型容器为 0.3～0.05；V_L——液体体积，m^3；ρ_L——液体密度，kg/m^3；ε_g——气含率，无量纲	适用于有机械搅拌的鼓泡反应器	
4	[21～23]	$\frac{d_{vs}}{d_t}=26\left(\frac{gd_t^2\rho_L}{\sigma_L}\right)^{-0.5}\left(\frac{gd_t^3}{\nu^2}\right)^{-0.12}\left(\frac{u_g}{\sqrt{gd_t}}\right)^{-0.12}$	d_{vs}——气泡的体积面积直径，cm；d_t——反应器直径，cm；ρ_L——液体密度，g/cm^3；σ_L——表面张力，10^{-3} N/m；g——重力加速度，cm/s^2；ν——运动黏度，cm^2/s；u_g——空塔气速，cm/s	适用于塔径小于 60cm	

续表

序号	文献来源	气泡直径公式	公式规定单位	条件及说明	备注
5	[23]	$d_{vsL}=d_{vsW}\left(\frac{\rho_{LW}}{\rho_{LL}}\right)^{0.26}\left(\frac{\sigma_L}{\sigma_W}\right)^{0.5}\left(\frac{\nu_{LL}}{\nu_{LW}}\right)^{0.21}$	符号说明同上，下标L指气泡在某液体中；W则指气泡在水中。分子、分母单位一致即可		气泡在水中的d_{vs}换算到气泡在其他液体中的d_{vs}
6	[72,73]	$d_{vs}=0.18d_o^{\frac{1}{2}}(Re)^{\frac{1}{3}}$	d_{vs}——气泡的当量比表面直径，in（1in≈2.54cm）；d_o——分布器孔径，in；Re数为无量纲	$200<Re<2100$	
		$d_{vs}=0.28(Re)^{-0.05}$		$Re>10000$	
7	[74]	$d_{bM}\left(\frac{g\rho_L}{\sigma_L d_o}\right)^{\frac{1}{3}}=2.94\left(\frac{We}{Fr^{0.5}}\right)^{0.071}$ $We=\frac{d_o u_o^2\rho_L}{\sigma_L}$ $Fr=\frac{u_o^2}{gd_o}$	d_{bM}——气泡平均直径，cm；g——重力加速度，cm/s^2；ρ_L——液体密度，g/cm^3；σ_L——液体表面张力，$\times10^{-3}N/m$；d_o——孔径，cm；u_o——孔口气速，cm/s；N——孔数；p_o，p_{hs}——大气压力与孔口静压，g/cm^2；V_c——气室体积，cm^3	$2.2<\frac{4V_c g\rho_L}{d_o^2N(p_o+p_{hs})}<22.2$ $0.7<\frac{We}{Fr^{0.5}}<64$ 适用于多孔板气体分布器	据报道精确度为±20%
		$d_{bM}\left(\frac{g\rho_L}{\sigma_L d_o}\right)^{\frac{1}{3}}=1.35\left(\frac{Fr}{We^{0.5}}\right)^{0.278}$		适用于微孔分布板作气体分布器	据报道精确度为±20%
8	[27]	$d_{vs}=1.56(Re_o)^{0.058}\left(\frac{\sigma_L d_o^2}{\Delta\rho g}\right)^{\frac{1}{4}}$	d_{vs}——气泡的体积面积直径，cm；d_o——孔径，cm；σ_L——液体表面张力，$\times10^{-3}N/m$；$\Delta\rho$——液、气密度差，g/cm^3；g——重力加速度，cm/s^2；Re_o——孔口气体Re数，无量纲	$1<Re_o<10$，$d_o=0.0419\sim0.6cm$	据报道平均误差±10.54%
		$d_{vs}=0.32(Re_o)^{0.425}\left(\frac{\sigma_L d_o^2}{\Delta\rho g}\right)^{\frac{1}{4}}$		$10<Re_o<2100$，$d_o=0.0419\sim0.6cm$	据报道平均误差±12.63%
		$d_{vs}=10(Re_o)^{-0.4}\left(\frac{\sigma_L d_o^2}{\Delta\rho g}\right)^{\frac{1}{4}}$		$4000<Re_o<70000$，$d_o=0.0419\sim0.6cm$	据报道平均误差±9.4%

表 14-15 气含率计算公式汇总

序号	文献来源	气含率公式	公式规定单位	条件及说明	备注
1	[23]	$\frac{\varepsilon_g}{(1-\varepsilon_g)^4}=0.20\left(\frac{gd_t^2\rho_L}{\sigma_L}\right)^{\frac{1}{8}}\left(\frac{gd_t^3}{\nu_L^2}\right)^{\frac{1}{12}}\left(\frac{u_g}{\sqrt{gd_t}}\right)$	ε_g——气含率，无量纲；d_t——反应器直径，cm；ρ_L——液体密度，g/cm³；σ_L——表面张力，$\times10^{-3}$N/m；g——重力加速度，cm/s；ν_L——液体运动黏度，cm²/s；u_g——空塔气速，cm/s	适用于无机械搅拌鼓泡反应器	
2	[24]	$\varepsilon_g=0.89\left(\frac{H^\circ}{d_t}\right)^{0.035(-15.7+gk')}\left(\frac{d_b}{d_t}\right)^{0.3}\left(\frac{u_g^2}{d_b g}\right)^{0.025(2.6+gk')}k'^{0.047}-0.05$ $k'=\frac{\rho_L\sigma_L^3}{g\mu_L^4}$	ε_g——气含率，无量纲；H°——静液层高度，cm；d_t——塔径，cm；d_b——气泡直径，cm；u_g——空塔气速，cm/s；g——重力加速度，cm/s²；ρ_L——液体密度，g/cm³；σ_L——液体表面张力，$\times10^{-3}$N/m；μ_L——液体黏度，g/(cm·s)	适用于无机械搅拌鼓泡反应器	
3	[25]	$\varepsilon_g=\frac{u_g}{u_t+u_g}$ $u_t=\left(\frac{2\sigma_L}{\rho_L d_{bM}}+\frac{gd_{bM}}{2}\right)^{0.5}$	u_t——气泡终端速度，m/s；u_g——空塔气速，m/s；σ_L——液体表面张力，N/m；ρ_L——液体密度，kg/m³；d_{bM}——气泡平均直径，m；g——重力加速度，m/s²	适用于无机械搅拌鼓泡反应器	
4	[22,25,26]	$\varepsilon_g=0.000216\frac{\left(\frac{P_e}{V_L}\right)^{0.4}\rho_L^{0.2}}{\sigma_L^{0.6}}\times\left(\frac{u_g}{u_t+u_g}\right)^{0.5}+\left(\frac{u_g\varepsilon_g}{u_t+u_g}\right)^{0.5}$ $u_t=\left(\frac{2\sigma_L}{\rho_L d_{bM}}+\frac{gd_{bM}}{2}\right)^{0.5}$ $P_e=P_{ag}+CP_g$	u_t——气泡终端速度，m/s；u_g——空塔气速，m/s；σ_L——液体表面张力，N/m；ρ_L——液体密度，kg/m³；ε_g——气含率，无量纲；P_e——实效功率，W；P_{ag}，P_g——分别为搅拌、鼓泡功率，W；C——经验校正项，大型容器为1；小型容器为0.3～0.05；V_L——液体体积，m³；d_{bM}——气泡平均直径，m；g——重力加速度 m/s²	适用于有机械搅拌鼓泡反应器	
5	[75]	$\varepsilon_g=\frac{\frac{u_g}{30+2u_g}\times\frac{1}{\rho_L}}{\left(\frac{72}{\sigma_L}\right)^{\frac{1}{3}}}$	u_g——空塔空速，cm/s；ρ_L——液体密度，g/cm³；σ_L——液体表面张力，$\times10^{-3}$N/m	适用于无机械搅拌鼓泡反应塔	

续表

序号	文献来源	气含率公式	公式规定单位	条件及说明	备注
6	[74]	$\frac{u_s}{u_t}=\left[1+0.0167\left(\frac{d_b^2 g\rho_L}{\sigma_L}\right)^{2.16}\right]\times[0.27+0.73(1-\varepsilon_g)^{2.8}]$ $u_s=\frac{u_g}{\varepsilon_g}-\frac{u_L}{1-\varepsilon_g}$ $C_D=\frac{4}{3}\times\frac{d_b g}{u_t^2}$ $16.5<ReM^{0.23}$，则 $C_D=2.6$ $6<ReM^{0.23}<16.5$ 则 $C_D=1.25(ReM^{0.23})^{0.26}$ $A<ReM^{0.23}<6$ 则 $C_D=0.076(ReM^{0.23})^{1.82}$ $M=\frac{g\mu_L^4}{\rho_L\sigma_L^3}$ $A=8M^{0.068}$	u_s——气泡滑行速度，cm/s；u_L——液体空塔线速，cm/s；u_t——气泡终端速度，cm/s；u_g——气体空塔线速，cm/s；d_b——气泡直径，cm；g——重力加速度，cm/s²；ρ_L——液体密度，g/cm³；σ_L——液体表面张力，$\times10^{-3}$N/m；C_D，Re，M，A——均为无量纲，ε_g——气含率无量纲，μ_L——液体黏度，g/(cm·s)	适用于无机械搅拌鼓泡塔及 $\frac{d_b^2 g\rho_L}{\sigma_L}<8.0$ 的情况	据报道精确度为±30%，u_t 可由如本表序号3所介绍的公式求得
7	[76]	$\varepsilon_g=0.024(Fr_g)^{0.505}(We)^{0.491c}$ $C=\exp(-1.46\times10^{-3}Fr_g^{0.253}We^{0.5})$ $Fr_g=\frac{u_g}{\sqrt{gd_t}}$，$We=\frac{d_{ag}^3 u^2\rho_L}{\sigma_L}$	ε_g——气含率，无量纲；u——空塔气速，cm/s；d_t——塔(釜)径，cm；g——重力加速度，cm/s²；ρ_L——液体密度，g/cm³；σ_L——液体表面张力，$\times10^{-3}$N/m；d_{ag}——搅拌器直径，cm	适用于机械搅拌鼓泡反应器，以及黏度不太高的液体	在临界气速与泛点转速附近时最大误差为±20%，由水、酒精、邻二甲苯与空气物系的实验数据关联
8	[27]	$\varepsilon_g=0.728u_g^*-0.485(u_g^*)^2+0.0975(u_g^*)^3$ $u_g^*=\frac{u_g}{\left(\frac{\sigma_L\Delta\rho_g}{\rho_L^2}\right)^{\frac{1}{4}}}$	u_g——空塔气速，cm/s；σ_L——液体表面张力，$\times10^{-3}$N/m；ρ_L——液体密度，g/cm³；g——重力加速度，cm/s²；$\Delta\rho$——液、气体密度差，g/cm³；ε——气含率，无量纲	适用于无机械搅拌鼓泡反应器，$\varepsilon_g<0.35$，$u_g<15$cm/s	据报道平均误差为±8.34%，最大误差为±30.4%
9	[77]	$\varepsilon_g=aRe_L^{\beta}Re_g^{\gamma}$ $\alpha=0.894$，$\beta=-0.48$，$\gamma=-0.51$	Re_L，Re_g——分别为液相与气相以塔径为基础的 Re 数，无量纲	适用于长方形截面的气液鼓泡塔	对于长方形塔应用相当于等截面圆形塔的直径
10	[78]	$\frac{1-\varepsilon_g}{\varepsilon_g}=4.6z^{0.9}e^{0.47d_t}$ (2cm≤d_t≤5cm) $\frac{1-\varepsilon_g}{\varepsilon_g}=30z^{0.9}e^{0.063d_t}$ (5cm≤d_t≤30cm) $Z=\frac{u_L}{u_g}(Fr_{TP})^{0.36}(Re_{TP})^{0.006}(We_{TP})^{-0.57}$	u_L，u_g——液相与气相空塔流速，cm/s；ε_g——气含率，无量纲；d_t——塔径，cm；Fr_{TP}，Re_{TP}，We_{TP}——气液两相流的 Fr、Re、We 三个无量纲准数，各式适用于多孔板气体分布器，如为微孔分布器则指数0.47代之以0.42	适用于较小尺寸的气液两相环状气提循环反应器	据报道误差在±30%以内

表 14-16 气液接触比表面积计算公式汇总

序号	文献来源	比表面积公式	公式规定单位	条件及说明	备注
1	[22,23]	$a_i d_t=\frac{1}{3}\left(\frac{g d_t^2 \rho_L}{\sigma_L}\right)^{0.5}\left(\frac{g d_t^3}{\nu_L^2}\right)^{0.1} \varepsilon_g^{1.13}$	a_i——气液接触比表面积，cm^{-1}；d_t——反应塔径，cm；g——重力加速度，cm/s^2；σ_L——液体表面张力，$\times 10^{-3}$ N/m；ρ_L——液体密度，g/cm^3；ν_L——液体运动黏度，cm^2/s；ε_g——气含率，无量纲	适用于 $\varepsilon_g<0.14$ 时无机械搅拌鼓泡塔	
2	[24]	$a_i=26.0\left(\frac{H^{\circ}}{d_t}\right)^{-0.3}(k')^{-0.003}\varepsilon_g$ $k'=\frac{\rho_L \sigma_L^3}{g \mu_L^4}$	a_i——气液接触比表面积，cm^{-1}；d_t——反应器直径，cm；H°——静液层高度，cm；ρ_L——液体密度，g/cm^3；σ_L——液体表面张力，$\times 10^{-3}$ N/m；g——重力加速度，cm/s^2；μ_L——液体黏度，g/(cm・s)；ε_g——气含率，无量纲	适用于无机械搅拌鼓泡反应器	
3	[22,25,26]	$a_i=1.44\frac{\left(\frac{P_e}{V_L}\right)^{0.4}\rho_L^{0.2}}{\sigma_L^{0.6}}\left(\frac{u_g}{u_g+u_t}\right)^{0.5}$ $u_t=\left(\frac{2\sigma_L}{\rho_L d_{bM}}+\frac{g d_{bM}}{2}\right)^{0.5}$ $P_e=P_{ag}+CP_g$	a_i——气液接触比表面积，m^{-1}；P_e——实效功率，W；P_{ag}，P_g——搅拌与鼓泡功率，W；C——经验校正项，大容器为 1，小型容器为 0.3～0.05；V_L——液体体积，m^3；ρ_L——液体密度，kg/m^3；σ_L——液体表面张力，N/m；u_g——空塔气速，m/s；u_t——气泡终端速度，m/s；d_{bM}——气泡平均直径，m；g——重力加速度，m/s^2	适用于有机械搅拌鼓泡反应器	
4	[27]	$a_i(Re_o)^{0.425}\left(\frac{\sigma_L d_0^2}{\Delta\rho_g}\right)^{\frac{1}{4}}=13.650u_g^*-9.094(u_g^*)^2+1.828(u_g^*)^3$ $u_g^*=\frac{u_g}{\left(\frac{\sigma_L \Delta\rho_g}{\rho_L}\right)^{\frac{1}{4}}}$	a_i——气液接触比表面积，cm^{-1}；σ_L——液体表面张力，$\times 10^{-3}$ N/m；d_0——孔径，cm；$\Delta\rho$——液气密度差，g/cm^3；ρ_L——液体密度，g/cm^3；g——重力加速度，cm/s^2；u_g——空塔气速，cm/s；Re_o——孔口气体 Re 数	适用于无机械搅拌鼓泡反应器，$100<Re_o<2100$	据报道平均误差为±16.79%
		$a_i\frac{\left(\frac{\sigma_L d_o^2}{\Delta\rho_g}\right)^{\frac{1}{4}}}{(Re_o)^{0.4}}=0.0437u_g^*-0.0291(u_g^*)^2+0.0059(u_g^*)^3 u_g^*$ 计算式同上		适用于机械搅拌鼓泡反应器，$4000<Re_o<70000$	据报道平均误差为±13.8%
5	[28]	$a_i=1.44\frac{\left(\frac{P_g}{V_L}\right)^{0.4}\rho_L^{0.2}}{\sigma_L^{0.6}}\left(\frac{u_g}{u_s}\right)^{0.5}\frac{P_{to}}{P_g}\left(\frac{\rho_g}{\rho_a}\right)^{0.16}$	a_i——平均气液接触比表面积，m^{-1}；P_g——用于搅拌气液分散输入功，W；V_L——液体体积，m^3；ρ_L、ρ_g——分别为液、气的密度，kg/m^3；ρ_s——操作条件下空气密度，kg/m^3；σ_L——液体表面张力，N/m；u_g——空塔气速，m/s；u_s——单气泡上升速度，假定为定值 0.265m/s；P_{to}——总输入功，W	适用于有机械搅拌鼓泡反应器	据报道平均误差为 8%，但个别实验点误差达 30%

表 14-17 传质系数公式汇总

序号	文献来源	传质系数公式	公式规定单位	条件及说明
1	[22,23]	$k_{AL}=0.5g^{\frac{5}{8}}D_{AL}^{\frac{1}{2}}\rho_L^{\frac{3}{8}}\sigma_L^{-\frac{3}{8}}d_{vs}^{\frac{1}{2}}$	k_{AL}——A 组分液膜传质系数,cm/s;g——重力加速度,cm/s^2;D_{AL}——A 组分扩散系数,cm^2/s;ρ_L——液体密度,g/cm^3;σ_L——液体表面张力,$\times 10^{-3}$ N/m;d_{vs}——气泡当量比表面直径或平均直径,cm	适用于无机械搅拌鼓泡反应器
2	[24]	$k_{AL}=2.23\times10^{-4}(k')^{0.18}+3.85\times10^{-3}u_g^{0.65+0.0335\left(\frac{H^o}{d_t}\right)}\left(\frac{H^o}{d_t}\right)^{-0.605}$ $k'=\frac{\rho_L\sigma_L^3}{g\mu_L^4}$	k_{AL}——A 组分液膜传质系数,cm/s;u_g——空塔气速,cm/s;H^o——静液层高度,cm;d_t——塔径,cm;ρ_L——液体密度,g/cm^3;σ_L——液体表面张力,$\times10^{-3}$ N/m;g——重力加速度,cm/s^2;μ_L——液体黏度,g/(cm·s)	适用于无机械搅拌鼓泡反应器
3	[22]	$\frac{k_{AL}d_b}{D_{AL}}=683d_b^{1.376}\left(\frac{4d_bu_t}{\pi D_{AL}}\right)^{\frac{1}{2}}$ $u_t=\left(\frac{2\sigma_L}{\rho_Ld_b}+\frac{gd_b}{2}\right)^{0.5}$	k_{AL}——A 组分液膜传质系数,cm/s;d_b——气泡直径,cm;D_{AL}——A 组分扩散系数,cm^2/s;σ_L——液体表面张力,$\times10^{-3}$N/m;ρ_L——液体密度,g/cm^3;g——重力加速度,cm/s^2;μ_L——液体黏度,g/(cm·s)	适用于有机械搅拌鼓泡反应器,$d_b>0.4$cm
		$\frac{k_{AL}d_b}{D_{AL}}=2+\left(\frac{d_bu_t\rho_L}{\mu_L}\right)^{\frac{1}{2}}\left(\frac{\mu_L}{\rho_LD_{AL}}\right)^{\frac{1}{3}}$ $u_t=\left(\frac{2\sigma_L}{\rho_Ld_b}+\frac{gd_b}{2}\right)^{0.5}$		适用于有机械搅拌鼓泡反应器,$d_b<0.4$cm
4	[22,29]	对于小颗粒 $\frac{k_{AS}d_p}{D_{AL}}=2+1.1\left(\frac{d_bu_{SL}\rho_L}{\mu_L}\right)^{\frac{1}{2}}\left(\frac{\mu_L}{\rho_LD_{AL}}\right)^{\frac{1}{3}}$ $u_{SL}=u_t\times0.000644N_{ag}^{1.239}$ $u_t=\frac{d_p^2g(\rho_p-\rho_L)}{18\mu_L}$	k_{AS}——A 组分在有固粒时的液膜传质系数,cm/s;d_p——固粒直径,cm;D_{AL}——A 组分扩散系数,cm^2/s;u_{SL}——粒子滑动速度,cm/s;u_t——粒子终端速度,cm/s;g——重力加速度,cm/s^2;ρ_p,ρ_L——固粒与液体密度,g/cm^3;μ_L——液体黏度,g/(cm·s);N_{ag}——搅拌器转速,r/min	适用于有机械搅拌的鼓泡反应器,其中固粒恰好全部悬浮;适用于小颗粒

续表

序号	文献来源	传质系数公式	公式规定单位	条件及说明
4	[22,29]	对于极小颗粒 $k_{AS} \approx \frac{4D_{AL}}{d_p}$	k_{AS}——A组分在有固粒时的液膜传质系数，cm/s；d_p——固粒直径，cm；D_{AL}——A组分扩散系数，cm^2/s；u_{SL}——粒子滑动速度，cm/s；u_t——粒子终端速度，cm/s；g——重力加速度，cm/s^2；ρ_p、ρ_L——固粒与液体密度，g/cm^3；μ_L——液体黏度，g/(cm·s)；N_{ag}——搅拌器转速，r/min	适用于有机械搅拌的鼓泡反应器，其中固粒恰好全部悬浮；适用于极小颗粒
		对于大颗粒 $k_{AS}=0.0267\frac{D_{AL}}{d_p}(2+1.1\times Re_p^{\frac{1}{2}}Sc^{\frac{1}{3}})N_{ag}^{0.626}$ $Re_p=\frac{d_p u_{SL}\rho_L}{\mu_L}$ $S_C=\frac{\mu_L}{\rho_L D_{AL}}$ u_{SL}、u_t计算式同上		适用于有机械搅拌的鼓泡反应器，其中固粒恰好全部悬浮；适用于大颗粒
5	[20]	$Sh=2+a\left[Re^{0.484}Sc^{0.339}\left(\frac{d_p g^{\frac{1}{3}}}{D_{AL}^{\frac{2}{3}}}\right)^{0.072}\right]^{1.81}$ $Sh=\frac{k'_{AL}d_b}{D_{AL}}$，$Re=\frac{d_b u_s}{\nu_L}$，$Sc=\frac{\nu_L}{D_{AL}}$ 对于单一气泡$a=0.061$ 对于气泡群$a=0.0187$	k'_{AL}——A组分液膜传质系数，cm/s；d_b——气泡直径，cm；D_{AL}——A组分扩散系数，cm^2/s；u_s——气泡滑行速度，cm/s；ν_L——液体运动黏度，cm^2/s；g——重力加速度，cm/s^2	适用于无机械搅拌鼓泡反应器
6	[22]	$k_{AL}\left(\frac{\rho_L}{\mu_L g}\right)^{\frac{1}{3}}=0.0051\left(\frac{G_L}{a_w\mu_L}\right)^{\frac{2}{3}}\left(\frac{\mu_L}{\rho_L D_{AL}}\right)^{-\frac{1}{2}}(a_t d_p)^{0.4}$	k_{AL}——A组分液膜传质系数，cm/s；ρ_L——液体密度，g/cm^3；μ_L——液体黏度，g/(cm·s)；g——重力加速度，cm/s^2；G_L——液体质量速度，g/(cm^2·s)；a_t——填料比表面积，cm^2/cm^3；a_w——填料润湿表面积，cm^2/cm^3；D_{AL}——A组分扩散系数，cm^2/s；d_p——填料公称直径，cm	适用于填料塔
7	[30]	$k_{AL}=\frac{0.31\left(\frac{\Delta\rho\mu_L g}{\rho_L^2}\right)^{\frac{1}{3}}}{\left(\frac{\mu_L}{\rho_L D_{AL}}\right)^{\frac{2}{3}}}$	k_{AL}——A组分液膜传质系数，cm/s；$\Delta\rho$——液、气密度差，g/cm^3；μ_L——液体黏度，g/(cm·s)；g——重力加速度，cm/s^2；ρ_L——液体密度，g/cm^3；D_{AL}——A组分扩散系数，cm^2/s	适用于筛板塔及鼓泡塔，以及尺寸形状不变的球形小气泡的条件下
		$k_{AL}=\frac{0.42\left(\frac{\Delta\rho\mu_L g}{\rho_L^2}\right)^{\frac{1}{3}}}{\left(\frac{\mu_L}{\rho_L D_{AL}}\right)^{\frac{1}{2}}}$		适用于筛板塔及鼓泡塔，以及形态有变化的大气泡的条件下

在鼓泡塔内气、液作并流或逆流时的动态气含率 ε'_g 和仅仅因气体鼓泡而发生湍动的静态气含率 ε_g 有所不同，其关系见式（14-137）[19]。

可整理为式（14-138）后用迭代法求解。

$$\varepsilon'_g=\varepsilon_g\left(1-\frac{u_L}{u_g}\times\frac{\varepsilon'_g}{1-\varepsilon'_g}\right) \tag{14-137}$$

$$-\varepsilon'^2_g+\left(1+\varepsilon_g+\varepsilon_g\times\frac{u_L}{u_g}\right)\varepsilon'_g-\varepsilon_g=0 \tag{14-138}$$

在有大量液体循环的较高的 u_L 时，动态气含率 ε'_g 显得比较重要，如有大量外循环，与气体并流的液体流速较高时，ε'_g 比 ε_g 要小一定的百分数。但当液体空塔速度 u_L 小于 2.78cm/s 时，液体流速对气含率的影响可以忽略。气含率计算公式汇总见表 14-15。

图 14-39、图 14-40 为气含率 ε_g 与液体空塔速度的两种关联曲线[2]，图 14-39 适用于无机械搅拌鼓泡塔及液体物性范围为：液体密度 48.5～106lb/ft^3（1lb=0.45kg，1ft=0.30m）、液体黏度 0.9～152cP（1cP=10^{-3} Pa·s）、液体表面张力 25～76dyn/cm（1dyn=10^{-5} N）。据报道其绝对误差在 20%之内，对小塔径较为适用。图 14-40 适用于湍流区，Fair 认为它能适用于除水-空气以外的其他物系并均能符合工业塔的数据，所以较为可靠。

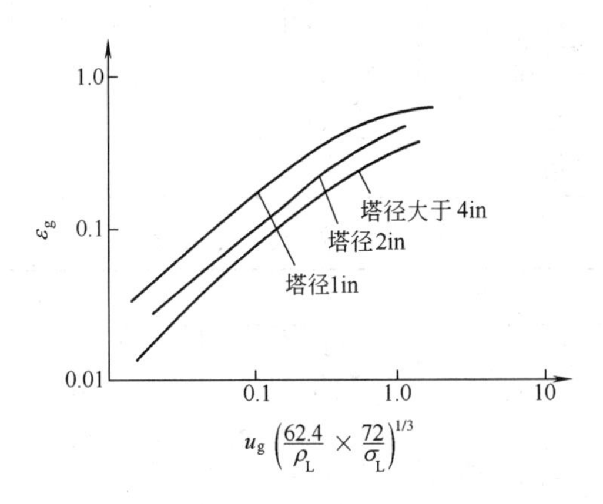

图 14-39　Hughmark 的气含率关联

u_g—空塔气速，ft/s；ρ_L—液体密度，lb/ft^3；σ_L—液体表面张力，dyn/cm

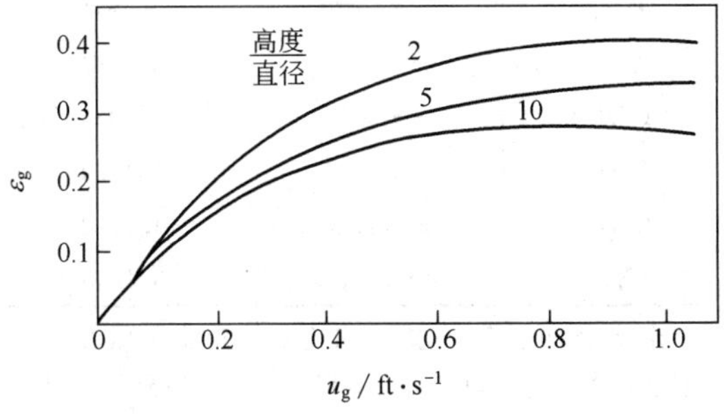

图 14-40　气含率关联曲线

7.3.5　比表面积

气液两相的相际接触比表面积 a_i 一般可由下式求得。

$$a_i=\frac{6\varepsilon_g}{d_{bm}} \tag{14-139}$$

式中　a_i——气液接触比表面积，cm^{-1}；

ε_g——气含率，无量纲；

d_{bm}——气泡平均直径，cm。

倘若 d_{bm} 或 ε_g 未知，则可用表 14-16[2] 所列的一些关联式计算，先求得 a_i，再求出 d_{bm} 和 ε_g 等。表中序号 2 公式的使用比较令人满意，序号 5 公式是序号 3 公式的修正更新，适用于带机械搅拌的鼓泡反应器。

7.3.6　传质系数的计算

对于膜内无反应的较慢的反应体系，按双膜理论，当反应为一级时，组分 A 在气膜、液膜中的扩散速率以及在液相主体中的反应速率，有以下关系式。

$$r_G=k_{Ag}a_i(p_A-p_{Ai}) \tag{14-140}$$

$$r_L=k_{AL}a_i(C_{Ai}-C_A)=\frac{k_{AL}a_i}{H}(p_{Ai}-p_A^*) \tag{14-141}$$

$$r_r=k_r(1-\varepsilon_g)C_A=k_r\frac{1-\varepsilon_g}{H}p_A^* \tag{14-142}$$

当传递速率与反应速率相等时

$$r_G=r_L=r_r=r_{OV} \tag{14-143}$$

而

$$r_{OV}=K_{OV}a_ip_A \tag{14-144}$$

式中　r_G，r_L，r_r——A 组分在气膜中、液膜中的扩散速率和在液相主体中的反应速率，mol/(cm^3·s)；

k_{Ag}——A 组分的气膜传质系数，mol/(cm^2·s·atm)，1atm=101325Pa，下同；

k_{AL}——A 组分的液膜传质系数，cm/s；

a_i——气液接触相界面比表面积，cm^{-1}；

p_A，p_A^*，p_{Ai}——A 组分的气相分压、相平衡时分压及相界面处分压，atm；

C_A，C_{Ai}——A 组分的浓度及相界面处浓度，mol/cm^3；

H——亨利系数，atm·cm^3/mol；

ε_g——气含率，无量纲；

k_r——反应速率常数，$(mol/cm^3)^{1-n}/s$，n 为反应级数；

r_{OV}——总括反应速率，$mol/(cm^3 \cdot s)$；

K_{OV}——总括传递系数，$mol/(cm^2 \cdot s \cdot atm)$。

K_{OV}的关系式为

$$\frac{1}{K_{OV}a_i}=\frac{1}{k_{Ag}a_i}+\frac{H}{k_{AL}a_i}+\frac{H}{k_r(r\varepsilon_g)} \quad (14\text{-}145)$$

除了少数极快反应外，在多数气液反应器中 k_{Ag} 可以忽略，而 k_{AL} 则是十分重要的。表 14-17[2] 是一些计算液膜传质系数 k_{AL} 的关联式。

传质系数计算实例见第 8 节例题中的例 8。

7.3.7 扩散系数 D_{AL} 和 D_{BL}

工程上估算扩散系数常用的是 Wilke-Chang 半经验式[31]，即

$$D_{AL}=7.4\times10^{-8}\frac{(X_L M_L)^{\frac{1}{3}}T}{\mu_L V_A^{0.6}} \quad (14\text{-}146)$$

式中 D_{AL}——A 组分在液相中的扩散系数，cm^2/s；

X_L——溶剂缔合参数，对于非缔合性溶剂，$X_L=1.0$，而水、甲醇、乙醇的 X_L 分别为 2.6、1.9、1.5，无量纲；

M_L——溶剂分子量；

T——系统温度，K；

μ_L——液体黏度，cP ($1cP=10^{-3}Pa \cdot s$)；

V_A——A 组分在常压沸点下的摩尔体积，cm^3/mol。

7.3.8 气体溶解度

许多气体在有机溶剂中溶解度的推算方法，都是从热力学理论出发的半经验式，常用的有 Hildebrand 法[32]、片山法[33]、Prausnitz 法[34]与 Yen 法[35]等，它们间的平均误差约为 10%。其中片山法较为简便，介绍如下。

在 101325Pa 下可以作为理想气体的溶质，在任意溶剂中的溶解度，有以下热力学关系式。

$$-\lg S_A=-\lg S_{ben}+\frac{\Delta\overline{F}_A^{ex}-\Delta\overline{F}_{ben}^{ex}}{2.303RT} \quad (14\text{-}147)$$

$$\Delta\overline{F}_A^{ex}-\Delta\overline{F}_{ben}^{ex}=(\delta-\delta_{ben})(\alpha\delta+\beta) \quad (14\text{-}148)$$

式中 S_A——组分 A（溶质）的溶解度，摩尔分数；

S_{ben}——溶质在苯中的溶解度，摩尔分数；

$\Delta\overline{F}_A^{ex}$——组分 A（溶质）溶于溶剂时，过剩自由能的变化，cal/mol（1cal = 4.18J，下同）；

$\Delta\overline{F}_{ben}^{ex}$——溶质溶于苯时，过剩自由能的变化，cal/mol；

R——气体常数，$cal/(mol \cdot K)$；

T——系统温度，K；

δ_{ben}——苯的溶解度参数，$(cal/cm^3)^{0.5}$；

α，β——经验系数，见表 14-18。

$-\lg S_{ben}$可由经验式（14-149）计算。

$$-\lg S_{ben}=\frac{A}{T}+B \quad (14\text{-}149)$$

式中，A、B 值见表 14-19。

表 14-18 气体的 α、β 值

气体	α	β
He	0	355
Ne	0	344
H_2	17.7	182
N_2	58.5	−93.2
CO	45.1	−14.0
O_2	53.7	−82.1
Ar	44.4	12.5
Kr	76.5	−253
CH_4	32.0	29.6
C_2H_4	24.4	−13.8
C_2H_8	26.4	−10.4
Xe	81.3	−335
Cl_2	5.0	−113

表 14-19 气体的 A、B 值

气体	A，K	B，无量纲
He	554.93	2.2568
Ne	517.51	2.2041
H_2	345.15	2.4228
N_2	222.54	2.6039
CO	124.69	2.7573
O_2	83.772	2.8064
Ar	60.393	2.8523
Kr	−102.34	2.9057
CH_4	−68.679	2.9131
CO_2	−460.27	3.5583
C_2H_4	−470.76	3.4858
C_2H_6	−483.45	3.4459
C_2H_2	−702.38	4.1142
Xe	−374.54	3.1896

由式（14-147）～式（14-149）可推算出在 T 温度下非极性气体（CO_2、N_2O、C_2H_2 除外）在非极

性溶剂（C_7F_{16}、C_7F_{14}除外）中的溶解度，其使用范围：δ_B 在 6.9～10.0 范围内，可在 −20～60℃ 范围之外作外推计算。

对 α、β、A、B 各值未知的气体，可用以下各关联式。

$$\lg S_A=\alpha(\lg T-2.734)-2.787 \tag{14-150}$$

$$\alpha=mT_{CA}+b \tag{14-151}$$

$$m=(4.63\delta_B^2-113\delta_B+318)\times10^{-4} \tag{14-152}$$

$$b=1.559\delta_B-8.205 \tag{14-153}$$

式中　S_A——组分 A（溶质）的溶解度，摩尔分数；

T——系统温度，K；

T_{CA}——组分 A 的临界温度，K；

δ_B——组分 B（溶剂）的溶解度参数，$(cal/cm^3)^{0.5}$。

式（14-150）、式（14-151）可计算非极性气体在非极性溶剂中的溶解度，适用范围为 −20～60℃。H_2 取表观临界温度 90K。式（14-150）不适用于 CO_2、C_2H_2 在 CCl_4 中的溶解。

对于极性非缔合性溶剂，式（14-150）仍然适用，但式（14-151）中的 m、b 值应用下式另外计算。

$$m=(4.63\delta'^2_B-113\delta'_B+318)\times10^{-4} \tag{14-154}$$

$$b=1.559\delta'_B-8.205 \tag{14-155}$$

$$\delta'_B=\sqrt{\frac{\Delta E_B^V-(1440\delta_B-12120)}{V_R}} \tag{14-156}$$

$$\delta''_B=\sqrt{\frac{\Delta E_B^V-(861\delta_B-7110)}{V_R}} \tag{14-157}$$

$$\delta_B=\sqrt{\frac{\Delta H^V-RT}{V}} \tag{14-158}$$

$$\Delta E^V=\Delta H^V-(p\Delta V)\times2.342\times10^{-2} \tag{14-159}$$

式中　ΔE_B^V——25℃下的蒸发内能，下标 B 指 B 组分（溶剂），cal/mol；

δ_B——溶解度参数，下标 B 指 B 组分（溶剂），$(cal/cm^3)^{0.5}$；

V——摩尔体积，下标 B 指 B 组分（溶剂），cm^3/mol；

ΔH^V——蒸发热，cal/mol；

p——系统压力，kg/cm^2；

R——气体常数，cal/(mol·K)；

T——系统温度，K。

在压力 p 不太高时，$p\Delta V=RT$；当压力 p 较高时，则必须按非理想气体考虑。

气体溶解度计算例题见第 8 节中例 9。

7.3.9　气液鼓泡层的传热

气液鼓泡层传热的各项条件之间的相关关系大致可概括如下。

① 鼓泡传热膜系数与塔径、液层高度或其他有关尺寸特性均无关。

② 与传热表面的位置及几何形态无明显的关系。

③ 气体分布器的形式也无明显的影响。

④ 与气体线速 u_g 的 0.25 次方成正比。

Hart[36] 的无量纲关联式如下。

$$j_H=0.125\left(\frac{u_g^3\rho_L}{\mu_L g}\right)^{-0.25} \tag{14-160}$$

此处按定义

$$j_H\equiv\frac{h}{c_L u_g\rho_L}\left(\frac{c_L\mu_L}{k_L}\right)^{0.6} \tag{14-161}$$

式中　u_g——空塔气速，m/s；

ρ_L——液体密度，kg/m^3；

μ_L——液体黏度，kg/(s·m)；

g——重力加速度，m/s^2；

h——鼓泡传热膜系数，$kcal/(m^2·℃·h)$；

c_L——液体比热容，kcal/(kg·℃)

k_L——液体热导率，kcal/(℃·m·h)。

其适用范围为（1kcal=4.18kJ）：

u_g=0.000485～0.0579m/s；

ν=0.001486～0.0502m^2/h；

c_L=0.54～1.0kcal/(kg·℃)；

k_L=0.119～0.86kcal/(℃·m·h)；

Pr=2.5～200；

塔径=0.0991～1.067m。

气体分布器为单管、多孔性材料板。

欲将式（14-160）、式（14-161）推广应用于上述范围以外，除了 u_g 不能为 0 值外，可将式（14-160）乘以 $(1-\varepsilon_g)^x$ 即可（一般 $x<1.0$，按特定的条件实验测定）；如果由于两相密度差而引起的气泡速度的影响较大，则也须加以校正，此时可乘以 $(\Delta\rho/\rho_L)^\alpha$，即液、气密度差与液体密度比值的 α 次方，α 值一般为 0.25 或更小。如果因温差较大而引起偏差较大，则可按常规乘以 $(\mu_L/\mu_{wl})^{0.14}$，即定性温度下液体黏度与按壁温计算的液体黏度比值的 0.14 次方，来加以校正。

表 14-20 汇总了鼓泡液对固体金属壁的传热膜系数，工程上应用时，应采用多种算式试算，经比较后选用。

表 14-20 鼓泡液传热膜系数关系式

序号	文献来源	传热膜系数公式	公式规定单位	条件及说明	备注
1	[36]	$j_H=0.125\left(\frac{u_g^3\rho_L}{\mu_L g}\right)^{-0.25}$ $j_H=\frac{h}{c_L u_g \rho_L}\left(\frac{c_L\mu_L}{k_L}\right)^{0.5}$	u_g——空塔气速,m/s;ρ_L——液体密度,kg/m^3;μ_L——液体黏度,kg/(s·m);g——重力加速度,m/s^2;h——鼓泡液传热膜系数,kcal/(℃·m^2·h);c_L——液体比热容,kcal/(℃·kg);k_L——液体热导率,kcal/(m·℃·h)	u_g=0.000435～0.0579m/s;ν(运动黏度)=0.001486～0.0502m^2/h;c_L=0.54～1.0kcal/(℃·kg);k_L=0.119～0.86kcal/(℃·m·h);Pr=2.5～200;塔径=0.0991～1.067m;气体分布器;单管至多孔性材料板	在规定条件外的使用可参见式(14-160)和式(14-161)以下的说明
2	[21,37]	$h=1200u_g^{0.22}$	h——鼓泡液传热膜系数,Btu/(ft^2·℉·h);u_g——空塔气速,ft/s	u_g=0.008～0.5ft/s,80℉下的空气-水系统或单一液体	精确度为±30%(据报道在某些物系范围内)
		$h=2940\frac{u_g^{0.22}}{Pr_L^{0.5}}$	Pr_L——液体 Pr 数,无量纲,其余符号同上	对于任意液体	
3	[38]	$\frac{h}{c_L\rho_L}\left(\frac{c_L\mu_L}{k_L}\right)^{0.62}=0.27\left(\frac{\Delta\rho\mu_L g}{\rho_L^2}\right)^{\frac{1}{3}}$	h——鼓泡液传热膜系数,kcal/(℃·m^2·h);c_L——液体比热容,kcal/(℃·kg);ρ_L——液体密度,kg/m^3;μ_L——液体黏度,kg/(m·h);k_L——液体热导率,kcal/(m·℃·h);g——重力加速度,m/s^2;$\Delta\rho$——液气密度差,kg/m^3	用空气-水系的实验数据关联而得本公式	
4	[39]	$\frac{h}{c_{L0}\rho_L}\left(\frac{\rho_L^2}{\Delta\rho\mu_L g}\right)^{\frac{1}{3}}\left(\frac{c_L\mu_L}{k_L}\right)^{\frac{2}{3}}=0.14u_g^{0.3}$	h——鼓泡液传热膜系数,cal/(cm^2·s·℃);u_g——空塔气速,cm/s;c_L——液体比热容,cal/(g·℃);ρ_L——液体密度,g/cm^3;$\Delta\rho$——液气密度差,g/cm^3;μ_L——液体黏度,g/(cm·s);g——重力加速度,cm/s^2;k_L——液体热导率,cal/(℃·cm·s)	空塔液速 u_L=0～0.5cm/s;u_g<25cm/s;Pr=1.7～7	
		$\frac{h}{c_L\rho_L}\left(\frac{\rho_L^2}{\Delta\rho\mu_L g}\right)^{\frac{1}{3}}\left(\frac{c_L\mu_L}{k_L}\right)^{\frac{2}{3}}=0.29$		空塔液速 u_L=0～0.5cm/s;u_g>30cm/s;Pr=1.7～12	

续表

序号	文献来源	传热膜系数公式	公式规定单位	条件及说明	备注
5	[40]	$h=0.265\left(\dfrac{k_{L}^{2}c_{L}\rho_{L}g}{\nu_{L}}\right)^{\frac{1}{3}}\left(\dfrac{\rho_{L}}{\sigma_{L}g}\right)^{\frac{1}{12}}u_{g}^{\frac{1}{3}}$	h——鼓泡液传热膜系数,kcal/(℃·m^2·h);k_L——液体热导率,kcal/(m·℃·h);c_L——液体比热容,kcal/(℃·kg);ρ_L——液体密度,kg/m^3;g——重力加速度,m/h^2;ν_L——液体运动黏度,m^2/h;σ_L——液体表面张力,kg/m;u_g——空塔气速,m/s		本式可写作$h=Bu_{g}^{1/3}$,其中B的单位应为kcal/[℃·m^2·h·(m/s)$^{1/2}$]
6	[41]	$h=\left(\dfrac{u_{g}}{u_{gmax}}\right)^{0.3}\left[\mu_{L}^{\frac{1}{3}}\left(\dfrac{1.09\times10^{-4}}{k_{L}}+\dfrac{0.122}{\rho_{L}c_{L}}\right)\right]^{-1}$ $u_{gmax}=0.1\text{m/s}$	h——鼓泡液传热膜系数,W/(m^2·℃);c_L——液体比热容,kJ/(kg·℃);k_L——液体热导率,W/(m·℃);ρ_L——液体密度,kg/m^3;μ_L——液体黏度,cP;u_g、u_{gmax}——空塔气速与最大气速,m/s	适用于$u_g=0.01\sim0.1$m/s	
7	[40]	$\dfrac{h}{c_{L}\rho_{L}}\left(\dfrac{\rho_{L}^{2}}{\Delta\rho\mu_{L}g}\right)^{\frac{1}{3}}(Pr_{L})^{0.62}=0.034u_{g}^{\frac{1}{4}}$ $Pr_{L}=\dfrac{c_{L}\mu_{L}}{k_{L}}$	h——鼓泡液传热膜系数,kcal/(℃·m^2·h);c_L——液体比热容,kcal/(℃·kg);ρ_L——液体密度,kg/m^3;μ_L^*——液体黏度,kg/(m·h);g——重力加速度,m/h^2;u_g——空塔气速,m/h;Pr_L——液体Pr数,无量纲,$\Delta\rho$——液气密度差,kg/m^3;k_L——液体热导率,kcal/(℃·m·h)	适用于液体为牛顿流体的鼓泡反应器,适用于空塔气速<20cm/s。如空塔气速>30cm/s,则方程式右项为一定值,即与u_g无关	*原文中μ_L单位为g/(cm·s),似应为kg/(m·h)
		$Nu_{j}=1.40Re'^{\frac{2}{3}}Pr^{\frac{1}{3}}\left(\dfrac{\mu_{L}}{\mu_{wL}}\right)^{0.14}\left(\dfrac{d}{d_{t}}\right)^{-0.3}\left(\dfrac{\sum b_{i}}{d_{t}}\right)^{0.45}$ $(n_{p})^{0.2}=\left(\dfrac{\sum C_{i}}{iH}\right)^{0.2}(\sin\theta)^{0.5}\left(\dfrac{H}{d_{t}}\right)^{0.6}$ $Nu_{c}=2.68Re'^{0.56}Pr_{L}^{\frac{1}{3}}\left(\dfrac{\mu_{L}}{\mu_{wL}}\right)^{0.14}\left(\dfrac{d}{d_{t}}\right)^{-0.3}\left(\dfrac{\sum b_{i}}{d_{t}}\right)^{0.3}$ $(n_{p})^{0.2}\left(\dfrac{\sum C_{i}}{iH}\right)^{0.15}(\sin\theta)^{0.5}\left(\dfrac{H}{d_{t}}\right)^{-0.5}$ $Re'=\dfrac{\left[\dfrac{(P_{a}+P_{g})g_{c}}{\rho_{L}d^{5}N_{p}}\right]^{\frac{1}{3}}d^{2}\rho_{L}}{\mu_{L}}$ $Pr=\dfrac{c_{L}\mu_{L}}{k_{L}}$ $N_{p}=\dfrac{P_{gc}}{\rho_{L}n^{3}d^{5}}$	$Nu=hd_t/k_L$,下标j指夹套,c指蛇管;k_L^*——液体热导率,cal/(℃·cm·s);μ_L、μ_{wL}——定性温度下与壁温下的液体黏度,g/(cm·s);ρ_L^*——液体密度,g/cm^3;P_g^*、P_a——鼓泡时的搅拌功率与单鼓泡功率,(g·cm)/s;g_c——cm/s^2;d——搅拌翼直径,cm;N_p——功率特征数,无量纲,n——搅拌转数,s^{-1};d_t——塔径,cm;n_p——桨叶数;P^*——功率,g·cm/s;b——桨宽,cm;H——液面高,cm;C——从器底算的桨叶高,cm;θ——桨叶角度;i——桨叶序数;c_L^*——液体比热容,cal/(℃·g)	适用于液体为牛顿流体,有机械搅拌的鼓泡反应器	*原文中所用单位不妥,已作了修改

注:1kcal=4.18kJ,1Btu=1055.06J,1ft=0.30m,$t/℃=\dfrac{5}{9}(t/℉-32)$,1cal=4.18J。

鼓泡液体对金属壁的传热膜系数计算例题见第8节中例10。

7.4 气液鼓泡反应器设计计算

7.4.1 设计计算步骤

根据目前的技术水平及工程实践的需要，对气液反应器有必要并有可能建立数学模型进行模拟计算。其基本计算步骤概括如下。

① 从实验或文献记载查明化学反应本身的基本机理与主要历程，抓住主反应，将主要副反应归并，或删去一些对物料平衡、收率、主要反应产物的产率分布、热量衡算等影响不大的副反应。

② 从实验测定或文献记载中获得化学反应本身的动力学模型，并作出这些模型方程的参数估计。

③ 利用实验或估算等判别方法，作出反应体系的判断。

④ 如膜内无反应，且为连续操作全混釜（塔），则将化学动力学方程代入以单个反应器为基础，以出口（即平均）浓度为基准的物料衡算式求解（一般可用迭代法借助计算机求解）计算反应结果。如膜内有反应，则首先解决宏观动力学方程中的效率因子 η 或增强比 β。

⑤ 如膜内无反应，但传质速率不可忽略，则查得或推算得参与反应的气相组分对液相的平衡溶解度、传质系数（表14-17）、气含率（表14-15）、相界面积（表14-16）等有关数据，然后推算其传质速率，核对是否大于或等于气相组成物的反应速率（结合物料平衡）。如果不等，则必须在气液平衡范围内调整该气相组成物的溶质溶解浓度，作反复试差计算。如果通过调整溶解组分浓度不行，则表示传质阻力较大，必须另外调整系统压力或其他增加传质速率的参数。如膜内有反应，上述各传质参数同样是必需的，所不同的是直接应用于宏观动力学方程，以体现传质和反应的交互作用而综合求解。

⑥ 如物系流型为非理想流动，则需选择合适的流动模型，并从停留时间分布求得模型参数，或直接从关联式求得模型参数，结合动力学方程，在明确的边界条件下求解（如为微分式），并与传质速率拟合（有必要时也必须同样结合相同的流动模型求解）。

⑦ 完成上述各步计算后，将其结果沿反应器轴向的分布数据乘以相应的热化学数据，按系统的操作条件如等温、绝热或介于两者之间的情况，安排传热设施，并采用合适的传热公式（表14-20）作传热速率计算，核对反应温度是否与原定的一致。一般来说如系统不是绝热操作，传热设施中传热面积的多少及冷却介质的出口温度和流量又是可以调节的，则反应温度的试差计算可免去。但是，绝热操作或非完全绝热系统，由于客观限制，传热设施调整幅度有限，不能满足原先设定的反应温度要求，或由于为了选择最佳温度与最优化经济为目的，那么这方面的试差计算为不可缺少的过程。

在一般情况下，计算需要借助计算机进行，求解方法也往往用各种迭代法或数值解法较切合实际。

7.4.2 经验处理原则

假若模拟计算的条件不具备，且涉及的反应过程规模又很小，系统又很复杂，此时只能依靠实验结果做经验处理。以下是一般在做经验处理时所应考虑的主要方面。

① 根据所观察到的反应系统的动力学及传质基本规律，合理地选择反应器的结构形式。

② 利用实验考察主副反应之间的关系，包括各自的反应级数及反应历程的定性关系，以及反应器的返混程度等，弄清这些因素对反应转化率、收率的影响程度。

③ 若反应过程为动力学控制，则可以从提高反应温度、增加停留时间、提高反应物浓度等方面来提高反应速率，增加反应产率。但也应注意温度对主副反应的影响程度，以保证适宜的选择性。若过程为传质控制，则必须设法改进两相接触条件。

④ 传热膜系数的计算一般来说是可靠的，问题在于必须根据反应的总括速率才能进行热量衡算，所以在不知道总括速率的情况下，只能根据实验的测定。在放大设计时，对于湍动条件、传热设施形式、温度范围等主要影响因素最好不变或少变，且处理上要偏保守些。

在做经验处理时，某些方面的限制条件是互相制约的，因此要权衡利弊，正确平衡各种关系。

8 计算举例

例1 某厂生产醇酸树脂，用己二酸与己二醇以等摩尔比进行反应，实测动力学方程式为

$$-r_A = kC_A^2 \text{kmol/(L·min)}$$

$$k = 1.97 \text{L/(kmol·min)}$$

$$C_{A0} = 0.004 \text{kmol/L}$$

求己二酸转化率 $x_A = 0.5$、0.6、0.8、0.9 时所需反应时间。若每天处理2400kg己二酸，转化率为80%，每批非生产操作时间为1h，反应器装料系数为0.75，求反应器体积。

解 按已知动力学方程由表14-2查得反应时间积分式，并代入 $x_A = 0.5$，得

$$t = \frac{1}{kC_{A0}} \times \frac{x_A}{1-x_A}$$

$$= \frac{1}{1.97 \times 0.004} \times \frac{0.5}{1-0.5} \times \frac{1}{60} = 2.1 \text{ (h)}$$

其他转化率时所需反应时间如下表。

转化率 x_A	0.5	0.6	0.8	0.9
反应时间 t/h	2.1	3.2	8.5	19

$$每小时己二酸进料量=\frac{2400}{24\times146}=0.684\ (kmol/h)$$

$$v_0=\frac{F_{A0}}{C_{A0}}=\frac{0.684}{0.004}=171\ (L/h)$$

每批生产时间＝反应时间＋非生产时间

＝8.5＋1＝9.5（h）

反应器体积＝$v_0t_{总}=171\times9.5=1624.5(L)=1.62\ (m^3)$

实际反应器体积＝$1.62\times\frac{1}{0.75}=2.16\ (m^3)$。

例 2　均相气体反应在 185℃ 和 0.4MPa 下按 $A\rightarrow3P$ 在一个平推流反应器中进行，动力学方程为

$$-r_A=10^{-2}C_A^{1/2}\ mol/(L\cdot s)$$

当进料为 50%惰性气体时，求 A 的转化率为 80%时所需的时间。

解　$\varepsilon_A=\frac{4-2}{2}=1$

$$C_{A0}=\frac{n_{A0}}{V}=\frac{p}{RT}=\frac{4+1}{1.987\times(185+273)}=0.055(mol/L)$$

$$C_A=C_{A0}\frac{1-x_A}{1+\varepsilon_Ax_A}=C_{A0}\frac{1-x_A}{1+x_A}$$

将动力学方程代入式（14-38）。

$$\tau=C_{A0}\int_0^{x_{Af}}\frac{dx_A}{10^{-2}C_{A0}^{\frac{1}{2}}\left(\frac{1-x_A}{1+x_A}\right)^{\frac{1}{2}}}$$

$$=C_{A0}^{\frac{1}{2}}\times100\times\int_0^{0.8}\left(\frac{1+x_A}{1-x_A}\right)^{\frac{1}{2}}dx_A$$

由数值积分或图解积分可求得：$\tau=31.6s$。

例 3　有液相反应 $A+B\underset{k_2}{\overset{k_1}{\rightleftharpoons}}P+R$，在 120℃时 $k_1=8L/(mol\cdot min)$，$k_2=1.7L/(mol\cdot min)$。反应在一个全混釜中进行，物料容量为 100L，两股进料同时等流量导入反应器，其中一股含 A 3.0mol/L，另一股含 B 2.0mol/L。求当 B 的转化率为 80%时，每股料液的进料流量为多少？

解　假定过程中物料的密度恒定。

$C_{A0}=3.0/2=1.5\ (mol/L)$

$C_{B0}=2.0/2=1.0\ (mol/L)$

$C_{P0}=0$

$C_{R0}=0$

$C_B=C_{B0}(1-x_B)=1.0\times0.2=0.2\ (mol/L)$

$C_A=C_{A0}-C_{B0}x_B=1.5-0.8=0.7\ (mol/L)$

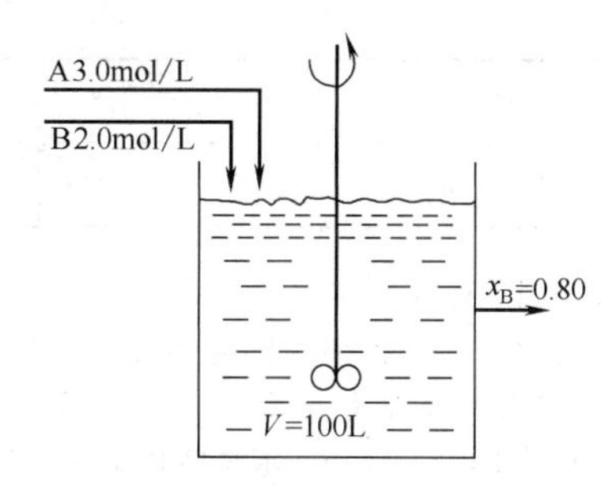

$C_P=0.8mol/L$

$C_R=0.8mol/L$

对可逆反应

$$-r_A=-r_B=k_1C_AC_B-k_2C_PC_R$$

$$=8\times0.7\times0.2-1.7\times0.8\times0.8$$

$$=0.04\ [mol/(L\cdot min)]$$

$$\tau=\frac{V}{v}=\frac{C_{A0}-C_A}{-r_A}=\frac{C_{B0}-C_B}{-r_B}$$

所以　$v=\frac{V(-r_A)}{C_{A0}-C_A}$

$$=\frac{V(-r_B)}{C_{B0}-C_B}=5L/min$$

所以两股进料中每一股进料流量为 2.5L/min。

例 4　考虑如图所示的反应器组的并、串联，求总进料流中进入支线 A 的分率为多少？

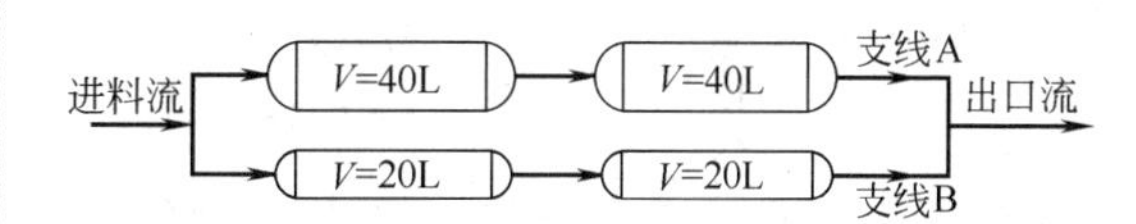

解　如图示对于支线 A，$V_A=40+40=80$（L）对于支线 B，$V_B=20+20=40$（L）。

为使两个支线上转化率相同，应用 $(V/F)_A=(V/F)_B$。

$$\frac{F_A}{F_B}=\frac{V_B}{V_A}=\frac{40}{80}=0.5$$

故总进料中支线 A 占的分率为$\frac{0.5}{1+0.5}=\frac{2}{3}$。

例 5　生产氯丁橡胶的单体 2-氯-1,3-丁二烯是将 3,4-二氯丁烯在乙醇中用碱脱氯化氢而得，反应方程式为

$$\underset{A}{CH_2CHCHClCH_2Cl}+\underset{B}{NaOH}\longrightarrow$$

$$\underset{R}{CH_2CHCClCH_2}+\underbrace{NaCl+H_2O}_{E}$$

当 $C_{B0}/C_{A0}=\beta\neq1$ 时，动力学积分式为

$$\ln\frac{\beta-x_A}{\beta(1-x_A)}=C_{A0}(\beta-1)kt$$

已知

T/K	303	313	323
$k/(\mathrm{mol/L})^{-1}\cdot\mathrm{min}^{-1}$	0.03	0.07	0.19

据此，进行如下计算。

① 间歇釜，反应前期温度为40℃，反应时间为30min，反应后期温度为50℃，反应时间为20min，$C_{A0}=2.2\mathrm{mol/L}$，$\beta=1.25$，求总转化率为多少？

② 全混釜，反应温度为40℃，求转化率为98%和99%时所需时间？

③ 用两个大小相同的全混釜串联，第一釜温度为40℃，第二釜温度为50℃，求转化率达98%和99%所需的时间？

④ 三个大小相同的全混釜串联，前两釜温度为40℃，第三釜温度为50℃，求转化率达98%和99%所需的时间？

⑤ 对以上结果进行比较讨论。

解　(1) 间歇釜

反应前期

$$\ln\frac{\beta-x_{A1}}{\beta(1-x_{A1})}=C_{A0}(\beta-1)kt$$

$$\ln\frac{1.25-x_{A1}}{1.25(1-x_{A1})}=2.2(1.25-1)\times0.07\times30$$

得　$x_{A1}=91.5\%$

反应后期

$$C_{A1}=C_{A0}(1-x_{A1})=0.187$$

$$C_{B1}=2.2\times1.25-(2.2-0.187)=0.737$$

$$\beta=3.94$$

$$\ln\frac{3.94-x_{A2}}{3.94(1-x_{A2})}=0.187\times(3.94-1)\times0.19\times20$$

得　$x_{A2}=90.5\%$

总转化率91.5%+(1−91.5%)×90.5%=99.2%

(2) 全混釜

转化率为98%时

$$\tau_1=\frac{C_{A0}-C_A}{-r_A}=\frac{C_{A0}-C_A}{k_1C_AC_B}=\frac{C_{A0}-C_A}{k_1C_A[C_A+(\beta-1)C_{A0}]}$$

$$=\frac{x_A}{k_1(1-x_A)C_{A0}[(1-x_A)+(\beta-1)]}$$

$$=\frac{0.98}{0.07\times0.02\times2.2\times0.25}=1180\ (\mathrm{min})$$

转化率为99%时

$$\tau_2=\frac{0.99}{0.07\times0.01\times2.2\times0.25}=2470\ (\mathrm{min})$$

(3) 两釜串联

$$\tau_1=\frac{C_{A0}-C_{A1}}{-r_{A1}};\ \tau_2=\frac{C_{A1}-C_{A2}}{-r_{A2}};\ \tau_1=\tau_2$$

可用代数法试差或用图解法求得，当转化率为99%时，$C_{A1}=0.294$，$C_{A2}=0.0227$，$\tau_1=\tau_2=110\mathrm{min}$。当转化率为98%时，$\tau_1=\tau_2=70\mathrm{min}$，$\tau_1=\tau_2=70\mathrm{min}$。

(4) 三釜串联

转化率为98%时，每釜反应时间为30min，总共105min。

转化率为99%时，每釜反应时间为50min，总共150min。

(5) 在高转化率区，转化率增加1%，反应时间将大大增加，对连续单釜从1180min增加到2470min。另外，如串联操作的釜数越多，所需反应时间越短。

例6　在一个间歇釜内进行等容液相反应。

$$\mathrm{A+B\longrightarrow P}$$

已知 $\Delta H_r=11800\mathrm{kJ/kmol}$，$n_{A0}=n_{B0}=2.5\mathrm{kmol}$，$V=1\mathrm{m}^3$，$U=1836\mathrm{kJ/(m^2\cdot h\cdot K)}$。在70℃的恒温条件下，经1.5h后转化率达90%。若加热介质的最高温度 $T_m=200$℃，为达到75%转化率，传热表面应如何配置？

解　由式(14-45)，因等温，$\mathrm{d}T/\mathrm{d}t=0$，得

$$UA(T_m-T)=-(-\Delta H_r)(-r_A)$$

对二级反应

$$(-r_A)=-\frac{1}{V}\times\frac{\mathrm{d}n_A}{\mathrm{d}t}=k\frac{n_A}{V}\times\frac{n_B}{V}$$

$$=k\frac{n_{A0}-n_{A0}x_A}{V}\times\frac{n_{B0}-n_{B0}x_A}{V}$$

所以　$$\frac{\mathrm{d}x_A}{\mathrm{d}t}=\frac{k}{V}n_{A0}(1-x_A)^2$$

积分得

$$\left(\frac{1}{1-x_A}\right)_0^{0.9}=\frac{k}{V}n_{A0}t$$

$$k=\frac{9V}{n_{A0}t}=\frac{9}{2.5\times1.5}=2.4\ [\mathrm{m^3/(kmol\cdot h)}]$$

传热表面积 A

$$A=\frac{\Delta H_r(-r_A)}{U(T_m-T)}=\frac{\Delta H_r\frac{k}{V^2}n_{A0}^2(1-x_A)^2}{U(T_m-T)}$$

设 T_m 恒定在 200℃，则不同转化率时所需传热面积如下。

x_A	0	0.2	0.4	0.5	0.6	0.7	0.75
A/m^2	0.295	0.19	0.105	0.074	0.054	0.027	0.0185

随反应进行，所需传热面积不断减少，可设计成内盘管加外夹套，外夹套面积为 0.02m² 左右，内盘管可分几圈，总表面积 0.27m² 左右。

例 7 理想气体的反应 A+B⟶P 在一个平推流反应器中进行。在初始温度 562℃ 下，将组成为 $A=40\%$、$B=40\%$ 和惰性物料 $I=20\%$（摩尔分数）的反应混合物以 25kmol/h 的速率加入反应器。反应器由 10cm 内径管组成，反应器内压强基本保持恒定为 506kPa。已知 $c_{pA}=c_{pB}=25\text{kJ/(kmol·K)}$，$c_{pP}=42\text{kJ/(kmol·K)}$，$c_{pI}=21\text{kJ/(kmol·K)}$，$\Delta H_r=53500\text{kJ/kmol A}$（在 25℃ 时）。反应速率常数 k 与 T 的关系见下表。

T/K	k/[m³/(kmol·h)]
775	4.84×10^{-3}
805	9.42×10^{-3}
835	1.86×10^{-2}
860	3.62×10^{-2}
890	6.95×10^{-2}

求 (1) 在绝热条件下所能转化的 A 的物质的量及所需的反应器容积。

(2) 保持温度恒定在 562℃ 下所需的反应器容积及传热速率。

解 (1) 动力学方程为

$$-r_A=kC_AC_B=kC_A^2=k\left(\frac{F_A}{V}\right)^2$$

$$=k\left[\frac{F_{t0}\times0.4(1-x_A)}{\frac{RT}{P}(F_{t0}+\delta_A\times F_{t0}\times0.4\times x_A)}\right]^2$$

已知 $\delta_A=-1$，$R=8.314$，$P=5.06\times10^5$，代入上式得

$$-r_A=\frac{k}{(1.64\times10^{-5}T)^2}\left(\frac{1-x_A}{2.5-x}\right)^2$$

对反应器的某一微元段，进口转化率为 x_{A1}，出口为 x_{A2}，进口温度为 T_1，出口为 T_2，反应段长度为 Δl，则有

$$\Delta V_R=\pi\frac{D^2}{4}\Delta l$$

对此微元段反应器作物料衡算得

$$\Delta V_R=F_{t0}\times0.4\times(1-x_{A1})\int_{x_{A1}}^{x_{A2}}\frac{dx_A}{-r_A}$$

取平均温度 $\overline{T}=\dfrac{T_1+T_2}{2}$ (a)

则
$$\Delta V_R=\frac{25\times0.4(1-x_{A1})(1.64\times10^{-5}\overline{T})^2}{k}\times\int_{x_{A1}}^{x_{A2}}\left(\frac{2.5-x_A}{1-x_A}\right)^2dx_A \quad (b)$$

绝热反应，热量衡算可得

$$\sum F_{11}c_{p1}(T_1-T_b)+F_{A0}(x_{A2}-x_{A1})(-\Delta H_r)=\sum F_{12}c_{p1}(T_2-T_b) \quad (c)$$

$$\sum F_{11}c_{p1}(T_1-T_b)=[25\times0.4(1-x_{A1})\times25+25\times0.4(1-x_{A1})\times25+25\times0.2\times21+25\times0.4\times x_A\times42](T_1-298)$$

$$=(604-80x_{A1})(T_1-298)$$

$$F_{A0}(x_{A2}-x_{A1})(-\Delta H_r)=25\times0.4(x_{A2}-x_{A1})(-53500)=-535000(x_{A2}-x_{A1})$$

$$\sum F_{12}c_{p1}(T_2-T_b)=(604-80x_{A2})(T_2-298)$$

整理得

$$(604-80x_{A1})(T_1-298)-535000(x_{A2}-x_{A1})=(604-80x_{A2})(T_2-298) \quad (c')$$

结合式 (a)、(b)、(c′) 就可求解，从 $x_{A1}=0$ 开始，取 $x_{A2}-x_{A1}$ 为 0.025，逐段进行计算。$x_{A1}=0$ 时为反应器进口，$T_1=835\text{K}$，由式 (c) 求出 T_2，再由式 (a) 求出 $\overline{T}$，内插得到对应的 k，最后由 (b) 求出该段的反应器体积 ΔV_R。继而以求出的 T_2 和 x_{A2} 作为下一段的进口温度 T_1 和进口转化率 x_{A1}，计算下一段反应器，依此进行下去。结果列于下表。

段数	T_1/K	T_2/K	$\overline{T}$/K	k
1	835	814.8	824.9	1.55×10^{-2}
2	814.8	794.3	804.6	9.42×10^{-3}
3	794.3	773.6	784	6.21×10^{-3}
4	773.6	752.7	763.2	3.04×10^{-3}

段数	x_{A1}	x_{A2}	ΔV_R/m³
1	0	0.025	0.0187
2	0.025	0.050	0.0295
3	0.050	0.075	0.0427
4	0.075	0.100	0.0833

以上各步也可用计算机求解，减小步长（$x_{A2}-x_{A1}$），则计算精度将提高。

(2) 恒温条件下不同转化率时所需反应体积 ΔV_R 可由式（b）计算，只需将式中 $\overline{T}$ 换成 T，即 $T=562+273=835$（K）。

$$\Delta V_R=\frac{25\times0.4(1-x_{A1})\times(1.64\times10^{-5}\times T)^2}{k}\times\int_{x_{A1}}^{x_{A2}}\left(\frac{2.5-x_A}{1-x_A}\right)^2 dx_A \quad (b')$$

每段反应器的热量衡算可由式［c］计算，只需将式中 T_1、T_2 均换成 T，再加上传热项，整理后得

$$\sum F_{11}c_{p1}(T-T_b)+F_{A0}(x_{A2}-x_{A1})(-\Delta H_r)-\sum F_{12}c_{p1}(T-T_b)=U\pi D(T-T_m)\Delta l$$

$$80(x_{A2}-x_{A1})(T-298)-535000(x_{A2}-x_{A1})=U\pi D(T-T_m)\Delta l$$

某一段反应器的平均传热速率 q（单位时间、单位面积的传热量）为

$$q=U(T-T_m)=\frac{80(x_{A2}-x_{A1})(T-298)-535000(x_{A2}-x_{A1})}{\pi D\Delta l} \quad (c'')$$

计算结果列于下表。

段数	x_{A1}	x_{A2}	$\Delta V_R/m^3$
1	0	0.025	0.01599
2	0.025	0.050	0.01609
3	0.050	0.075	0.01619
4	0.075	0.100	0.01630

段数	$\Delta L/m$	$q/[kJ/(m^2\cdot h)]$
1	2.04	−19194
2	2.05	−19100
3	2.06	−19007
4	2.08	−18825

例8　乙烯氧化制乙醛的鼓泡反应器，用轴向某一高度处的条件来推算各项传质参数。

已知：催化剂溶液密度 $\rho_L=1.05g/cm^2$；表面张力 $\sigma_L=80\times10^{-3}N/m$；液体黏度 $\mu_L=0.296\times10^{-2}g/(cm\cdot s)$；塔径 $d_t=2.206m$；空塔气速 $u_g=57.82cm/s$；液体空塔速度 $u_L=30.4cm/s$。

解　按表14-15中序号5的公式计算气含率。

$$\varepsilon_g=\frac{57.82}{30+2\times57.82}\times\frac{1}{1.05}\Big/\left(\frac{72}{80}\right)^{\frac{1}{3}}=0.3916$$

由于高速循环的液体流速影响，需求“动态”气含率，按式（14-137）或式（14-138），用牛顿迭代法求解得 $\varepsilon'_g=0.2898$。

按表14-16中序号2公式计算气液接触比表面积 a_t。

$$k'=\frac{1.05\times80^3}{981\times(0.296\times10^{-2})^4}=7.138\times10^{12}$$

$$k'^{-0.003}=0.915$$

已知鼓泡床高度为20m，故静液层高度 $H°=20\times(1-0.2898)=14.2$（m）。

$$a_i=26.0\times\left(\frac{1420}{220.6}\right)^{-0.2}\times0.915\times0.2898=3.944\ (cm^{-1})$$

按式（14-139）计算气泡直径 d_{bM}

$$d_{bM}=\frac{6\times0.2898}{3.944}=0.4409\ (cm)$$

已知扩散系数 $D_{AL}=0.0000699cm^2/s$，按表14-17中序号1的公式计算传质系数 k_{AL}。

$$k_{AL}=0.5\times981^{\frac{5}{8}}\times0.0000699^{0.5}\times1.05^{\frac{3}{8}}\times80^{-\frac{3}{8}}\times0.4409^{0.5}=0.0405\ (cm/s)$$

例9　计算分压为101325Pa，25℃时 O_2 在邻二甲苯中的溶解度。

解　查表14-19得：$A=83.772$，$B=2.8064$，由式（14-149）计算 O_2 在苯中的溶解度（1cal=4.18J）。

$$-\lg S_{ben}=\frac{83.772}{25+273.2}+2.8064=3.087,$$

$$\delta_B=8.8(cal/cm^3)^{0.5}$$

$$\delta_{ben}=9.2(cal/cm^3)^{0.5}$$

查表14-18得 $\alpha=53.7$，$\beta=-82.1$。

由式（14-148）得

$$\overline{\Delta F_A^{ex}}-\overline{\Delta F_{ben}^{ex}}=(8.8-9.2)\times(53.7\times8.8-82.1)=-156.2\ (cal/mol)$$

由式（14-147）得

$$-\lg S_A=3.087+\frac{-156.2}{2.303\times1.987\times298.2}=2.9725$$

$$S_A=0.001065 即 0.1065\%(摩尔分数)$$

例10　异丙苯空气氧化制过氧化氢异丙苯，采用 $\phi3.8m$、8块筛板（9段间隔）的筛板鼓泡塔。筛板孔径 $d_0=0.4cm$，板厚 $\delta=0.6cm$，开孔率 $\phi=0.027$，液速 $u_L=0.103cm/s$，气速 $u_G=6.25cm/s$，$\mu_L=0.26\times10^{-3}Pa\cdot s$。假定在塔内筛板上装有冷却

管，且知 $K_L=0.12\text{kcal}/(\text{m}\cdot\text{h}\cdot℃)$，$c_L=0.4\text{kcal}/(\text{kg}\cdot℃)$，$\rho_L=0.865\text{g/cm}^3$，$\varepsilon_G=0.24$，$x=0.8$，$\rho_G=4.19\text{kg/cm}^3$。求鼓泡传热膜系数（$1\text{kcal}=4.18\text{kJ}$）。

按式（14-160） $j_H=0.125\times\left(\dfrac{6.25^3\times0.865}{0.26\times10^{-2}\times981}\right)^{-0.25}$

$$=0.04144$$

但由于 $u_G=6.25\text{cm/s}$，$c_L=0.4\text{kcal}/(\text{kg}\cdot℃)$，$d_t=3.8\text{m}$，都超过了公式的适用范围，故须加以校正。按实验测得 $x=0.8$，代入校正项 $(1-\varepsilon_g)^x$ 内，另外就两相密度差也需作校正，则有

$$j_H=0.04144\times(1-0.24)^{0.8}\times\left(\frac{865-4.19}{865}\right)^{0.25}$$

$$=0.03323$$

代入式（14-161）

$$0.03323=\frac{h}{0.1\times6.25\times36\times0.865\times10^3}\times\left(\frac{0.4\times0.26\times3.6}{0.12}\right)^{0.5}$$

$$h=1307\text{kcal}/(\text{m}^2\cdot\text{h}\cdot℃)$$

至于 $(\mu_L/\mu_W)^{0.14}$ 的校正，由于壁温与气液鼓泡液之间的 Δt 不会很大，所以 $(\mu_L/\mu_W)^{0.14}$ 数值接近 1，可不必校正。

参考文献

[1] 陈甘棠. 化学反应工程. 北京：化学工业出版社，1981.

[2] 陈甘棠，施立才. 化学反应工程//化学工程手册编辑委员会. 化学工程手册：第 24 篇. 北京：化学工业出版社，1986.

[3] 陈敏恒，翁元恒. 化学反应工程基本原理. 北京：化学工业出版社，1986.

[4] 赵玉龙，顾其威，朱炳辰. 丁炔二醇催化合成反应的本征动力学研究. 华东化工学院学报，1984，(2)：153.

[5] 叶明华等. 丁炔二醇合成反应的颗粒宏观动力学及选择性研究. 华东化工学院学报，1986 (6)：677.

[6] 朱余民等. 丁炔二醇合成反应的床层宏观动力学测定. 华东化工学院学报，1984 (4)：435.

[7] 顾其威等. 涓流床催化反应过程开发中的实验研究. 化工学报，1985 (2)：151.

[8] Smith J M. Chemical Engineering Kinetics. 3rd，Ed. McGraw-Hill，1981.

[9] Yasui and Johanson. AIChE J.，1958，4，445.

[10] S Mori，Wen C Y. AIChE Journal，1975，27：109.

[11] Rowe. Chem. Eng. Sci.，1976，31，285.

[12] Darton et al. Trans. Inst. Chem. Engrs.，1977，55，274.

[13] Werther. Chem. Ing. Tech.，1978，50，850.

[14] 秦霁光. 化学工程，1979 (5)：59，67.

[15] 刘淑娟. 石油化工，1982，11 (7)：493.

[16] Kuuii D. Levenspiel O. 流态化工程. 华东石油学院译. 北京：石油化学工业出版社，1977.

[17] 原化学工业部化学工程设计技术中心站，化工单元操作设计手册，1987.

[18] 华南工学院. 鼓泡塔反应器的开孔率和液体返混. 化学工程，1979 (5)：44.

[19] Prengle H W et al. Hydrocarbon Processing，1970，49 (11)：159.

[20] Hughmark G A. Ind. Eng. Chem. Process Design，1967，6，218.

[21] Fair J R. Chem. Eng.，1967，74 (14)：67. 1967，74 (15)：207.

[22] Rase H F. Chemical Reactor Design For Process Plant. New York：John Wiley & Sons，1977.

[23] Akita K. F. Yoshida，Ind. Eng. Chem. Process Design，1974，13：85.

[24] Gestrich W H. Eseuwein，W. Kranss，Int. Chem. Eng.，18，38 (1973)；Chemie-Ingenieur-Technik，1976，48：399.

[25] Miller D N. AIChE J.，1974，20，445.

[26] Calderbank P H. Trans. Instn. Chem. Engr.，1958，36：443；1959，37：173.

[27] Kumar A，Degaleesan T E，Laddha G S，Hoelscher H F. Can. J. Chem. Eng.，1976，54：503.

[28] Sridhar T，Potter O E. Chem. Engng Sci.，1980，35：683.

[29] Miller D N，Ind. Eng. Chem. Process Design，1971，10：365.

[30] Calderbank P H，Moo-young M B. Chem. Engng. Sci.，1961，16：39.

[31] Wilke C R，Chang P. AIChE J. 1955，1 (1)：265.

[32] Hildebrand J H. Lamoreaulx R H. Ind. Engng. Chem. Fundamentals，1974，13：110.

[33] 片山俊. 化学工学，1967，31：599，669.

[34] Prausnitz J M，Shair F H. AIChE J.，1961，7：682.

[35] Yen L C，McKetta J J. AIChE J.，1962，8：501.

[36] F Hart W. Ind. Eng. Chem. Proc. Des. and Dev.，1976，15：109.

[37] Fair J R. Lambright A J. Andersen J W，Ind. Eng. Chem. Proc. Des. and Dev.，1962，1：33.

[38] 吉留浩，万波彬孝，向井一弘，吉越成光，金沢隆城. 化学工学，1965，29：19.

[39] 加藤康夫. 化学工学，1963，27：887.

[40] Ruckeustein E O. Smigelschi，Trans. Instn，Chem. Engr.，1965，43：334.

[41] Burkel W. Chem. Ing. Tech.，1972，44：265.

[42] Ergun. Chem. Eng. Progr.，1952，48：89.

[43] Leva et al. Bur. Mines. Bull.，1951，504.

[44] Petrovic，Thodos. Ind. Eng. Chem. Fundam.，1968，7：274.

[45] Yoshida. et al. AIChE *J*. 1962，8：5.
[46] Gupta，et al. Chem. Eng. Sci.，1974，29：839.
[47] Bhattacharyya，Pei. Ind. Eng. Chem. Process Des. and Dev. 1974，13：441.
[48] 国井，化学工学，1962，26：750.
[49] Beek，Adv. In Chemical Engineering，1962，3：203.
[50] Yagi，Kunii. Intern Develop Heat Transfer. 1961，Part Ⅳ：750.
[51] Satterfield and Cortez. Ind. Eng. Chem. Fundam. 1970，9：613.
[52] Wender，Cooper. AIChE J. 1958，4：15.
[53] Vreedenberg. Chem. Eng. Sci.，1958，9：52；1960，11：274.
[54] Genetti et al. AIChE Symp. Ser. 1971，116：90.
[55] Genetti，Knudson I. Chem. Eng. Symp. Ser.，1968，30：147.
[56] Genetti et al. AIChE Symp. Ser.，1971，116：90.
[57] 秦霁光等. 化工机械，1978，5：31.
[58] Einstein，Gdpeim. Intern. Chem. Eng.，1966，6：67.
[59] Borodulya，et al. Fluidization. New York：Plenum Press，1980.
[60] Rowe et al. Trans. Inst. Chem. Engrs.，（London）43，14（1965）
[61] Kothari A K. Analysis of fluid-solid heat transfer coefficients in fluidized beds，M. S. Thesis，Illinois Institute of Technology Chicago，1967.
[62] Gelperin et al. Fluidization Technique Fundamentals. Khimia 1967.
[63] Kunii，Levenspiel. Ind. Chem. Eng. Proc. Des. and Dev.，1968，7，481.
[64] Davidson J F，Harrison D，Jackson R. Fluidized particles：Cambridge University Press，1963.
[65] Partridge，Rowe. Trans. Inst. Chem. Engrs.，1956，44，347.
[66] Davies，Richardson. Brit. Chem. Eng.，1961，12，1223.
[67] Kobayashi 等，化学工学，1967，31，239.
[68] Kunii D，Levenspiel O. Fluidization Engineering. Butterworth-Heinemann，1991.
[69] Chiba，Kobayashi. Chem. Eng. Sci.，1970，27，965.
[70] Keairns D L. Fluidization Technology，McGraw-Hill，1976.
[71] Lehrer I H. Ind. Eng. Chem. Process Design，1971，10：37.
[72] Van Krevelen D W，Hoftijzer P J，Chem. Eng. Progr.，1950，46：29.
[73] Leibson I，Holcomb E G. AIChE J.，1956，2：296.
[74] 小山耕造，平原照晏，久保田宏. 化学工学，1966，30：712.
[75] Mashelkar R A，Brit，Chem. Engng.，1970，15：1297.
[76] 高峰，张年英，费黎明，陈甘棠. 搅拌鼓泡釜中气液分散特性的研究. 浙江大学学报，1979（1）：101.
[77] Stiegel G J，Shah Y T. Can. J. Chem. Eng.，1977，55：3.
[78] Hsu Y C. Dudukovic M P. Chem. Engng. Sci.，1980，35：135.

第15章 发 酵

1 发酵罐的设计

发酵是在无菌条件下依靠微生物培养而进行的复杂生化过程。因而发酵罐的设计，不仅仅是单体设备的设计，而且涉及培养基灭菌、无菌空气的制备、发酵过程的控制和工艺管道配置的系统工程。随着生化技术的提高和生化产品需求量的不断增加，对发酵罐的大型化、节能和高效提出了越来越高的要求。

21世纪以来，国内发酵罐的装备得到了显著改善，具体表现在以下几方面。

① 容积　抗生素发酵扩大至300～500m³；氨基酸发酵已达350～520m³；柠檬酸发酵已达1000m³；厌氧发酵达3500m³。

② 材料　逐步由碳钢改为不锈钢。

③ 传热　由单一的罐内多组立式蛇管改为罐壁半圆形外盘管为主，辅之罐内冷却管。

④ 减速机　由皮带减速机改为齿轮减速机。

⑤ 搅拌机　由单一径向叶轮改为轴向和径向组合型叶轮。

由于许多生物发酵产品的生产人员往往偏重发酵工艺和菌种的改良，或限于资金和发酵厂房现状，对发酵罐的系统优化和大型化缺乏足够重视，从而影响了发酵水平的提高。因而有必要通过对发酵罐及其系统设计优化认识的提高，将我国发酵装备沿着高效、大型和节能方向推进一步。

1.1 好氧发酵罐的结构型式

好氧发酵过程可以通过固体培养和深层浸没培养完成，从生产工艺来说可分为间歇分批、半连续和连续发酵等，但是工业化大规模的发酵过程，则以通气纯种深层液体培养为主。

通气纯种培养的发酵罐型式有标准式发酵罐（图15-1)、自吸式发酵罐、气升式发酵罐、喷射式叶轮发酵罐、外循环发酵罐和多孔板塔式发酵罐等。自吸式发酵罐通过发酵罐内叶轮的高速转动，形成真空，将空气吸入罐内，由于叶轮转动产生的真空其吸入压头和空气流量有一定限制，因而适用于对通气量要求不高的发酵品种；塔式发酵罐是将发酵液置于多层多孔塔板的细长罐体内（也称高位筛板塔式），在罐底部通入无菌空气，通过气体分散进行氧的传递，因而其供氧量受到了一定限制；气升式发酵罐、喷射式叶轮发酵罐、外循环发酵罐均是通过无菌空气在罐内中央管或通过旋转的喷射管和罐外喷射泵使发酵液按照一定规律运行，从而达到气液传质的效果。目前气升式发酵罐在培养基较稀薄、供氧量要求不太高的条件下（如VC发酵）得到了使用，但在发酵工业中，仍数兼具通气又带搅拌的标准式发酵罐用途最为普遍。标准式发酵罐被广泛应用于抗生素、氨基酸、柠檬酸等各个领域，本小节重点介绍标准发酵罐及其系统的

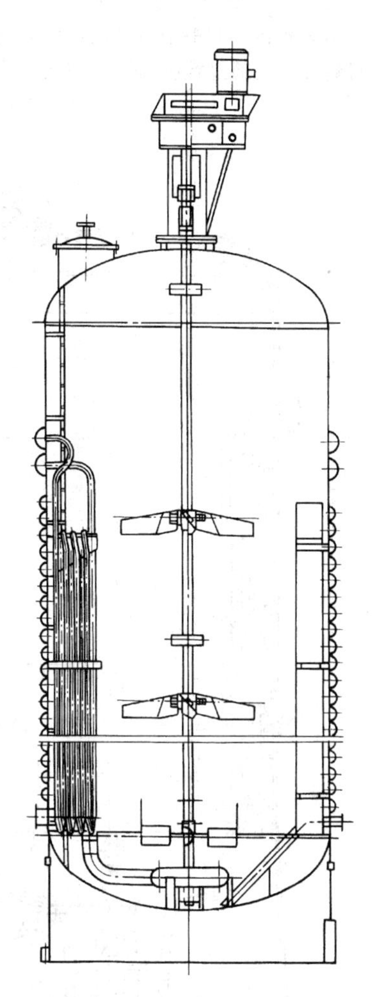

图15-1　标准式发酵罐

设计，对机械搅拌自吸式发酵罐、空气带升环流式发酵罐和高位塔式发酵罐作简要介绍。

1.1.1　机械搅拌自吸式发酵罐

这是一种无需气源供应的发酵罐（图15-2），最关键的部件是带有中央吸气口的搅拌器。目前国内采用自吸式发酵罐中的搅拌器是带有固定导轮的三棱空心叶轮，叶轮直径d为罐径D的1/3，叶轮上下各有一块三棱形平板，在旋转方向的前侧夹有叶片，其各部件的尺寸比例关系见表15-1。当叶轮向前旋转时，叶片与三棱形平板内空间的液体被甩出而形成局部真空，于是将罐外空气通过搅拌器中心的吸入管吸入罐内，并与高速流动的液体撞击形成细小的气泡，气液混合流通过导轮流入发酵液主体。导轮由16块具有一定曲率的翼片组成，排列于搅拌器的外围，翼片上下有固定圈予以固定。

自吸式发酵罐的缺点是进罐空气处于负压，由于允许压差较小，空气净化设备比较简单，因而增加了染菌机会。另外这类罐搅拌转速甚高，有可能使菌丝被搅拌器切断，使正常生产受到影响，所以在抗生素发酵上较少采用，但在食醋发酵、酵母培养、生化曝气方面已有成功使用的实例。

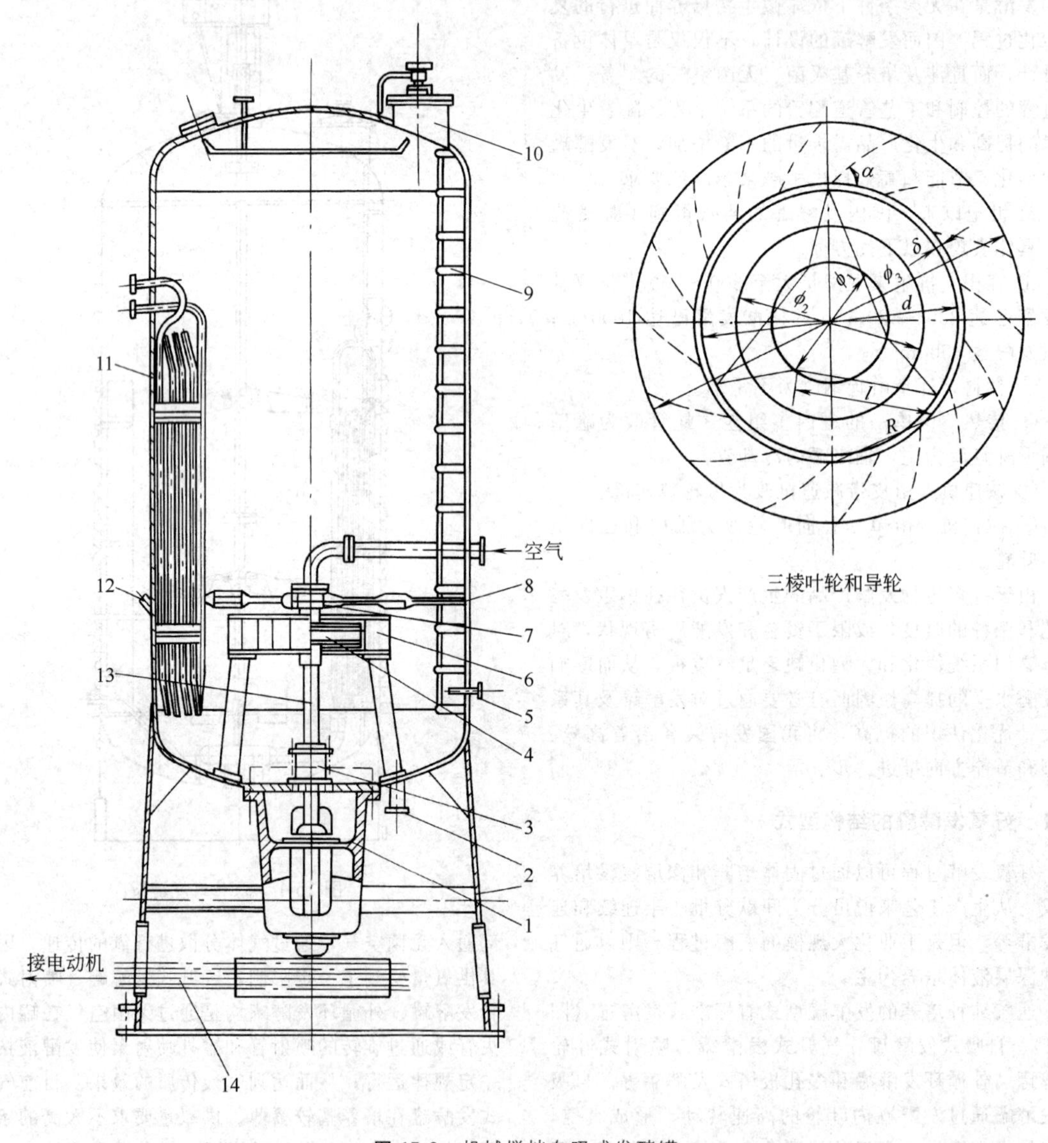

图15-2　机械搅拌自吸式发酵罐

1—轴承座；2—放料管；3—机械轴封；4—叶轮；5—取样口；6—导轮；7—轴封；8—拉杆；9—梯子；10—人孔；11—冷却排管；12—温度计；13—搅拌轴；14—皮带

表 15-1 三棱形搅拌器各部件的尺寸比例关系

部件尺寸	与叶径比例	部件尺寸	与叶径比例
叶轮外径 d	$1d$	翼叶角 α	45°
桨叶长度 l	$\frac{9}{16}d$	间隙 δ	1～2.5mm
叶轮高度 h	$\frac{1}{4}d$	叶轮外缘高 h_1	$h+2b$
导轮外径 ϕ_3	$1\frac{1}{2}d$		

据有关文献报道，三棱形搅拌器的吸气量与液体的流动程度有一定关系。可由式 (15-1) 表示。

$$f(N_a, Fr)=0 \tag{15-1}$$

式中 N_a——吸气数，$N_a=\frac{Q}{nd^3}$；

Fr——弗鲁特数，$Fr=\frac{n^2d}{g}$；

d——叶轮直径，m；

n——叶轮转速，r/s；

Q——吸气量，m^3/s；

g——重力加速度，$g=9.81m/s^2$。

由实验数据归纳，吸气量的大小是随液体运动的程度而变化的，当液体受到搅拌器的推动时，在克服重力影响达到一定程度后，吸气特征数就不受重力特征数 Fr 的影响而趋于常数，此点称为空化点。在空化点上，吸气量与搅拌器的泵出流量成正比。

1.1.2 空气带升环流式发酵罐

空气带升环流式发酵罐根据环流管安装位置可分为如图 15-3 所示的两种。在环流管底部装置空气喷嘴，空气在喷嘴口以 250～300m/s 的高速喷入环流管。由于喷射作用，气泡被分散于液体中，依靠环流管内气-液混合物的密度与发酵罐主体中液体密度之间的差，使管内气-液混合流连续循环流动。罐内培养液中的溶解氧由于菌体的代谢而逐渐减少，而其通过环流管时，由于气-液接触而重新达到饱和。

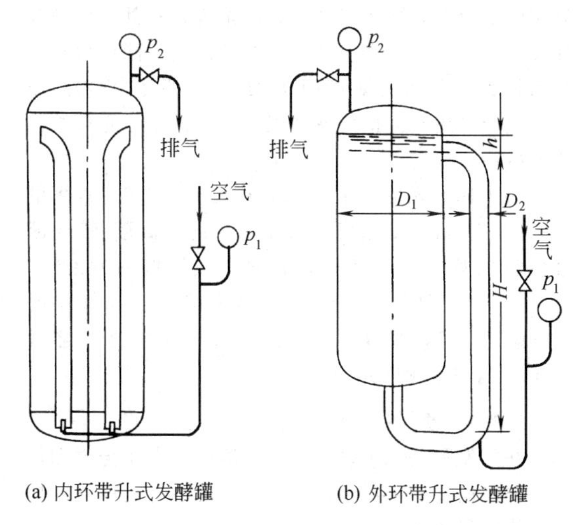

图 15-3 空气带升环流式发酵罐

为使环流管内的气泡被进一步破碎分散，增加氧的传递速率，近年来在环流管内安装静态混合元件，取得了较好效果。

发酵液必须维持一定的环流速度以不断补充氧，使发酵液保持一定的溶氧浓度，满足微生物发酵的需要。发酵液在环流管内循环一次所需要的时间，称为循环周期。培养不同的微生物时，由于菌的耗氧速率不同，所要求的循环周期也有所不同。如果供氧速率跟不上，会使菌的活力下降而减少发酵产率。据报道，黑曲霉发酵生产糖化酶时，当菌体浓度为 7%时，要求循环周期 为 2.5～3.5min，不得大于 4min，否则会造成缺氧而使糖化酶活力急剧下降。

在设计环流式发酵罐时，还应注意环流管高度对环流效率的影响，实验表明，环流管高度应大于 4m。罐内液面也不能低于环流管出口，否则将明显降低效率。但过高的液面高度，可能产生“环流短路”现象，使罐内溶氧分布不均匀。一般罐内液面不高于环流管出口 1.5m。

1.1.3 高位塔式发酵罐

这是一种类似塔式反应器的发酵罐（图 15-4），其 H/D 值约为 7，罐内装有若干块筛板，压缩空气由罐底导入，经过筛板逐渐上升，气泡在上升过程中带动发酵液同时上升，上升后的发酵液又通过筛板上带有液封作用的降液管下降而形成循环。这种发酵罐的特点是省去了机械搅拌装置，如培养基浓度适宜，而且操作得当的话，在不增加空气流量的情况下，可接近标准式发酵罐的发酵水平，但由于液位较高，通入的压缩空气压力需相应提高。

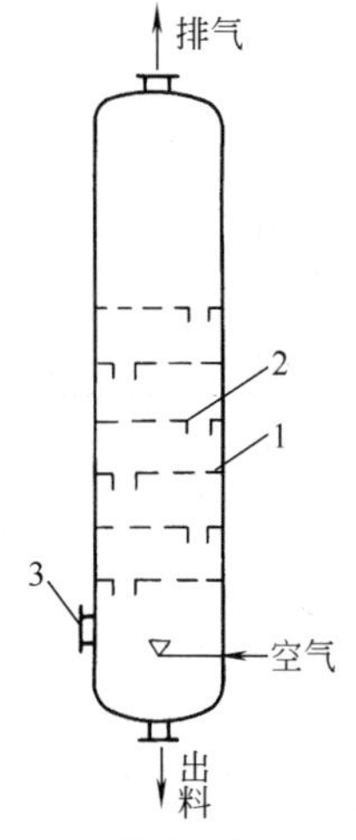

图 15-4 高位筛板塔式发酵罐

1—筛板；2—降液管；3—人孔

国内工厂曾用过容积为40m³的高位塔式发酵罐生产抗生素，该罐直径为2m，总高为14m，共装有筛板6块，筛板间距为1.5m，最下面的一块筛板有直径10mm的小孔2000个，上面5块筛板，各有直径10mm小孔6300个，每块筛板上都有一个ϕ450mm的降液管，在降液管下端的水平面与筛板之间的空间则是气-液充分混合区。由于筛板对气泡的阻挡作用，使空气在罐内停留较长时间，同时在筛板上大气泡被重新分散，进而提高了氧的利用率。这种发酵罐由于省去了机械搅拌装置，造价比标准式发酵罐要低。

1.2 厌氧发酵罐的结构型式

厌氧发酵是指微生物不需要通氧气或者空气，而又能产生二氧化碳的发酵生化过程。随着近年来工业微生物技术的发展，国内最大的厌氧发酵罐的体积已经达到3500m³。如何在直径和高度均超过10m的大型发酵罐中，做到培养基和菌种的均匀混合，将发酵过程中产生的热量及时转移，尽可能达到罐体上部和下部、罐壁和罐中央的浓度及温度均匀一致，并且达到较低的能耗水平，这是厌氧发酵罐设计的任务。

小型厌氧发酵罐可采用一般的标准发酵罐，这时通气管是否存在则取决于发酵过程中过程产物的气体是否需要及时移走，以利于发酵过程的顺利进行。必要时，可以通入惰性气体，增加罐内分压，有利于发酵过程中气体的溢出。搅拌强度将根据培养基的物理参数进行选择，电动机功率大大低于好氧发酵罐的需求，甚至可以取消电动机。

大型厌氧发酵罐一般采用平底锥顶立式发酵罐，典型的大型厌氧发酵罐如图15-5所示。

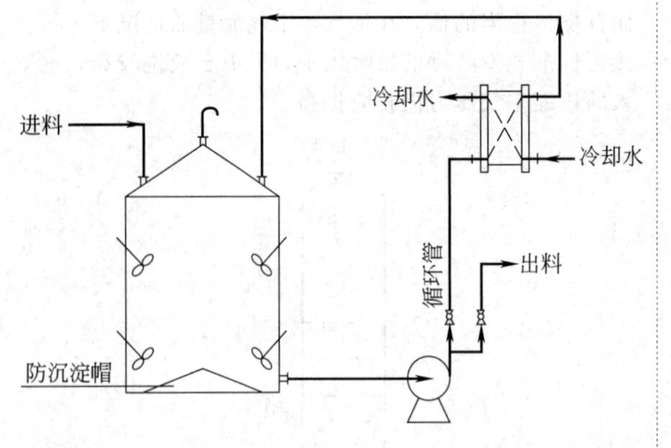

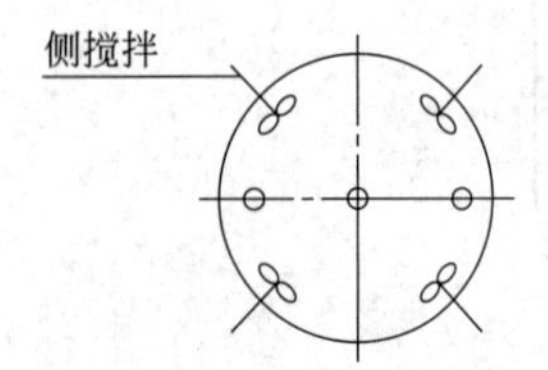

图15-5 典型的大型厌氧发酵罐

培养基和菌种通过罐外大流量循环和多个轴向及径向的侧向搅拌器搅动，达到整罐内培养基的轴向和径向的有组织流动。再辅以罐外循环和发酵过程中产生的气体向上浮升，达到了大型厌氧发酵罐的传质和传热要求。为了更好地组织罐内的物料流动，防止固体颗粒沉淀，罐内应设置防沉淀帽，以提供厌氧发酵更完美的发酵环境。

1.3 标准式发酵罐

标准式发酵罐是纯种培养生物工程中使用最为普遍的发酵罐，据不完全统计，占发酵罐总数的80%～90%，随着发酵产品需求量增加，发酵过程控制和检测水平提高，对发酵机理的了解，以及空气无菌处理技术水平的提高，发酵罐的容积增大已成为生物发酵工业的趋势。

1.3.1 罐的几何尺寸

发酵罐的公称容积V_0，一般是指筒身容积V_c与底封头容积V_b之和。底封头容积V_b可根据封头的直径查手册求得，也可以近似地用式(15-2)计算。

$$V_0=V_c+V_b=\frac{\pi}{4}D^2H+0.15D^3 \quad (15\text{-}2)$$

式中 H——筒体高度；

D——筒体直径。

发酵罐的高径比H/D是罐体最主要的几何尺寸，一般随着罐体高度和液柱增高，氧气的利用率将随之增加，容积传氧系数K_{La}也随之提高。但其增长不是线性关系，随着罐体增高，K_{La}的增长速率随之减慢；而随着罐体容积增大，液柱增高，进罐的空气压力随之提高，伴随空压机的出口压力提高和能耗增加；而且压力过大后，特别是在罐底气泡受压后体积缩小，气-液界面的面积可能受到影响；过高的液柱高度，虽然增加了溶氧的分压，但同样增加了溶解二氧化碳的分压，增加了二氧化碳浓度，对某些发酵品种又可能抑制其生产；而且罐体的高度，同厂房高度密切相关。因而发酵罐的H/D值，既有工艺的要求，也应考虑车间的经费和工程一次造价，必须综合考虑后予以确定。

一般标准式发酵罐的$H/D=1.8\sim2.8$，常用的为2～2.5。对于细菌发酵罐来说，筒体高度H与罐直径D的比宜为2.2～2.5；对于放线菌的发酵罐，H/D一般宜取为1.8～2.2。当发酵罐容积较小时(80m³以下)，H/D值宜取上限，而大型发酵罐(100m³以上)则宜取下限。

1.3.2 通气和搅拌

好氧发酵是一个复杂的气、液、固三相传质和传热过程，良好的供氧条件和培养基的混合是保证发酵过程传热和传质的必要条件。

好氧发酵需要通入充沛的空气，以满足微生物需

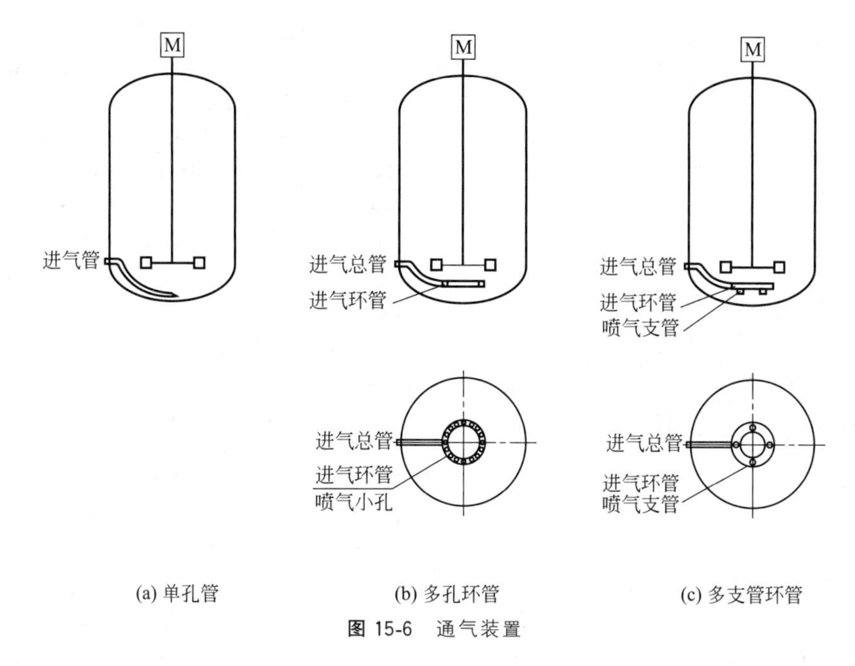

图 15-6　通气装置

氧要求，因而空气通入量越大，微生物获得氧的可能性越多；另外培养液柱越高，空气在培养基停留的时间就有可能增加，有益于微生物利用空气中的氧。但是空气中的氧是通过培养基传递给微生物的，传递速率很大程度上取决于气液相的传质面积，也就是说取决于气泡的大小和气泡的停留时间，气泡越小和越分散，微生物获得的氧气越充沛，但是强化气泡的粉碎单靠气体分布器的型式和结构改善是不够的，或者说效果是不明显的，只有通过发酵罐内的叶轮转动将气泡粉碎，才可获得较佳的发酵供氧条件。

通过叶轮的搅拌作用，使培养基在发酵罐内得到充分宏观和微观混合，尽可能使微生物在罐内每一处均能得到充足氧气和培养基中的营养物质，此外良好的搅拌有利于微生物发酵过程产生的热量传递给内蛇管和发酵罐的外盘管的冷却介质。这就是具有通气和搅拌的标准式发酵罐普遍用于生化工程的原因。

(1) 通气装置

通气装置是指将无菌空气导入培养基中的装置，最简单的通气装置是一根单孔管，单孔管的出口位于罐的中央，开口向下或向上。有人曾建议采用多孔环管作为通气装置，但由于发酵过程通气量较大，气泡直径与通气量和搅拌有关，同分布器的孔径关系极小，在强烈搅拌下，实验证明多孔分布器对氧的传递效果并不比单孔管好，相反还会造成不必要的压力损失及小孔堵塞的麻烦，详见图 15-6。

近年来由于发酵罐容积的增大，为了保证搅拌系统的稳定运行，在罐底设置了底轴承，因而占去了空气管的位置，为了使空气分布仍在中央，提出了将空气管在罐内分散成 3～4 个口，使其均匀分布在罐中央附近的设计方案。

通过对不同通气装置型式进行观察，其气泡粉碎和供氧速率相差不大。但是若供气的气流不对称，往往会使搅拌器受到径向的偏力，造成轴承磨损现象严重，影响搅拌器的稳定运行。

随着发酵罐体积的扩大，通气总量不断增大，通气量可达到 300～400m^3/min，进气管管径可达到 ϕ400mm 以上。这时仍采用单管、多孔环管或者多出气口等通气分布器，出气口的位置能够满足搅拌叶轮控制范围的话，气体的粉碎还是能够达到效果的。但是实践中经常发生靠近通气口最近的轴密封易磨损，需要及时更换和频繁维修。

这主要是由于空气进口有一定的速度向前，在几何对称的通气装置中喷出，必然带来靠近进气管处空气通入量大和空气喷出速度较高，而离进气管较远处空气量较小和空气喷出速度较低的现象。当通气量大的时候，就可能会对搅拌轴产生一个径向的偏力，造成轴密封易磨损的现象。严重时还可能发生发酵液一侧有气泡溢出的现象，影响了空气的利用。上海亚达发搅拌器公司近年来开发的专利产品“大型发酵罐用空气二次分配通气装置”，其原理如图 15-7 所示。

空气由进气总管至进气环管后，经 4～16 根喷气支管径向喷出，高速气体碰撞至圆筒后，转向成轴向气流向上流动。上升的气体再经搅拌叶轮的粉碎，可均匀分布于整个发酵罐内，不但提高了空气利用率，而且使轴密封的磨损大大得到了改善，从而解决了 300～500m^3 大型发酵罐中通气装置放大的问题。

(2) 搅拌叶轮

发酵罐内安装搅拌器首先用来分散气泡以得到尽可能高的 K_{La} 值。此外还要使被搅拌的发酵液循环来增加气泡的平均停留时间，并在整个系统中均匀分

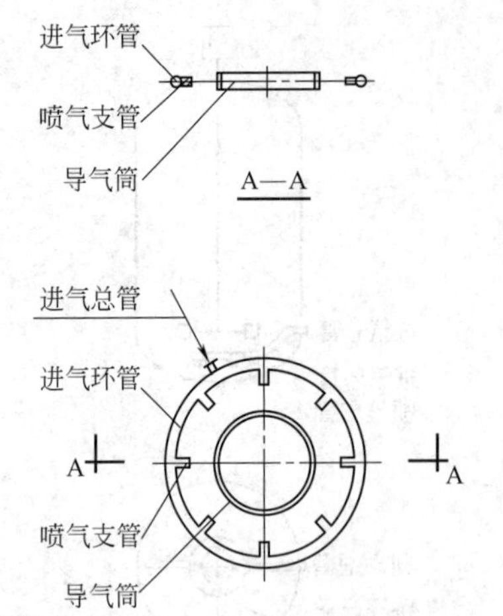

图 15-7　空气二次分配通气装置的原理

布，阻止其聚并。

早先的机械搅拌式发酵罐通常装有数个带圆盘的涡轮搅拌器，但这类径向叶轮将使被搅拌的介质分层形成几个区，因而在罐下部和上部之间形成氧分压梯度，导致罐内上、下部之间 K_{La} 值的差异。

近年来发酵罐的搅拌系统多采用在罐底部装有一个用来分散空气的带圆盘的径向流叶轮，在其上部再安装一组轴向流叶轮，用来循环培养介质、均匀分布气泡、强化热量传递和消除罐内上、下部之间溶氧梯度。

常用的几种叶轮如下。

① 带圆盘敞式涡轮叶轮（D-6 型）　H. Rushton 在 20 世纪 40 年代开发的 D-6 型搅拌器，目前普遍使用的直叶、弯叶和箭式涡轮均属此类搅拌器，其特点如下。

a. 具圆盘、敞开式，通常有 6 个叶片（也可 4 片或 8 片）；叶片宽度/叶径＝0.2，圆盘直径＝2/3 叶径。

b. 用于掺和（blending）和固体悬浮。

c. 可产生高湍流，有利于气-液分散。

d. 由于扬送量低，在高通气速率时容易产生“气泛”。

e. 叶片要均匀分布，以求稳定。

② 倾斜叶片（pitched blade）涡轮（P-4）叶轮于20 世纪 60 年代推出，其特点如下。

a. 通常采用 4 个叶片，倾斜角为 45°，角度固定，典型的叶片宽度/叶径＝0.2。

b. 在掺和和固体悬浮等作业中，流速控制优于 D-6 型搅拌器。

c. 用于气体分散，效果不如 D-6 型搅拌器。

d. 宜用于中等流量和中等剪切力的情况。

③ 反向倾斜（reversing pitch）叶轮　由 Ekato 公司在 20 世纪 60 年代开发，其特点如下。

a. 内侧叶片向上推，外侧叶片向下推；基本上属于径向流动。

b. 不宜用于固体悬浮和掺和作业；处理气体能力远不如 D-6 型叶轮。

④ 高效轴向流叶轮　20 世纪 80 年代开发，如 Lightning 公司的 A-310；Chemineer 公司的 HE-3；美国费城（Philadalphia）搅拌设备公司的 LS 和 HS 两个产品系列；法国 Robin 公司的 HPM-30 和上海亚达发公司的 YA-30 轴向和 YA-50 轴向叶轮等，其特点如下。

a. 在轮毂处的切入角小；顶端翼弦角（chord angle）较小。

b. 与液体流型吻合的前缘（contoured leading edge），可以减少流动分离。

c. 通常采用 3～4 个叶片，功率特征数低，排液量大，可形成整罐培养基的轴向宏观流动。

⑤ 新型径流叶轮　新型径流搅拌器如上海亚达发搅拌器公司的 YR-30 径向、YR-40 径向、YR-50 径向叶轮和凯米尼尔公司的凹面叶盘式搅拌器 CD-6，其径流凹面叶盘式搅拌器具有强大的气体处理能力。据文献报道，在高能量搅拌和高气体流率情况下，在单位体积和气体表观速度相同的条件下，用 CD-6 搅拌器比用常规的平叶盘式搅拌器传质系数可增加近一倍。同时 CD-6 搅拌器比平叶盘式搅拌器处理气体的能力能提高 46%。

(3) 轴-径流组合搅拌系统

在大型发酵罐中选用轴-径流组合搅拌系统是一种可以兼顾宏观液流与微观液流要求的较佳选择。即底层搅拌器选用新型径流叶盘式搅拌器，上面其他层选用新型轴流搅拌器。径向搅拌器起最初的气体分散作用，而轴向叶轮能产生从顶部到底部的总体轴向流动。在发酵操作中，这种组合搅拌系统可使溶解氧在发酵罐中均匀分布，可缩短补料的混合时间。这种轴-径流组合搅拌系统比较好地解决了传统径流搅拌系统中存在的问题。

① 轴-径流组合搅拌系统可获得更好的气-液分散和气-液传质效果。由于轴流搅拌器的轴流特性，轴流搅拌器组成的搅拌系统能够提供较高的宏观液流，加强宏观液流可以改善搅拌效果。但是仅仅由轴流搅拌器组成的搅拌系统形成微观液流的能力较差，往往不能满足大体积发酵罐在高通气量时对空气分散的要求。因此选用径-轴流组合搅拌系统是一种可以兼顾宏观液流与微观液流要求的较佳选择。

在轴-径流组合搅拌系统中，上层轴流搅拌器的功率因数大大低于径流搅拌器的功率因数，因此其所耗用的搅拌功率较小，可以将更多的搅拌功率集中用于底层搅拌器，从而底层搅拌器可以选用较大的直径，提高底层搅拌的气-液分散能力。

由于上面各层轴流搅拌器的大循环量的作用，气体会多次被带回轴流搅拌器中央，再被上面的轴流搅拌器接力似地向下送回到底层搅拌器，并被再次分散。气体在离开发酵液之前，会多次在罐中上下往返运动，因此气体在发酵液中有更多的停留时间，也就是说，有更长的气-液传质时间。

纯径流搅拌器系统不能实现富氧区、富营养区和富菌群区的“三区重合”。在这种情况下，发酵罐下部发酵液中营养成分不足，影响代谢过程；上部发酵液则因为菌群浓度不够而影响了氧的利用。这种情况会导致发酵液中的溶氧浓度偏高，从而减小了溶氧浓度与饱和氧浓度的浓度差，即减小了气-液传质的推动力。而在轴-径流搅拌器组合系统中，在轴流搅拌器自上而下的大循环量、连续泵送流体的作用下，由罐顶部加入的营养成分被迅速送到底部，罐内的流动死区基本上被消除，加速了耗氧代谢的速度，从而使局部的溶氧富集现象得到克服，确保气-液传质推动力比较大。

轴-径流组合搅拌系统在气-液相界面更新和避免发生气泡聚并方面的能力也比较强。因为轴流搅拌器能够提供远大于径流搅拌器的液体循环流量和循环次数，这样可以使气-液相界面的液相侧得到更快的更新，从而获得更大的传质推动力；另外还可以将被粉碎了的气泡更快地疏散开，避免因局部气泡过多，碰撞，而发生再次聚并，可以确保较大的气相面积存在。这两个因素都有利于气-液传质过程。

② 轴-径流组合搅拌系统可改善固-液悬浮和液-液混合效果。轴-径流组合搅拌系统形成了在全罐范围内的整体循环流动。由于轴流搅拌提供的循环量大，在单位时间内完成的全罐循环次数多，流速高，从而大大强化了固-液悬浮和液-液混合的效果。

由罐顶加入的营养物质，在上面轴流搅拌器的强力推动下，迅速抵达罐底，汇入那里的富氧区和富含菌群区；罐底部富含菌群和溶氧的发酵液，则在快速、大流量的循环流带动下，不断地进入罐顶部的富营养区。三个区的界限被轴向的大流量连续循环流冲破，实现了富氧区、富营养区和富菌群区“三区重合”。基本消除了死区，避免了营养物质或代谢产物局部过浓，因而消除了一些对菌体生长或抗生素生成的反馈抑制作用或伤害作用，从而为微生物提供了良好的生长环境，有助于提高发酵生产过程的新陈代谢水平，加快抗生素的产生，对于提高产率、质量，降低生产成本是有极大好处的。

③ 轴-径流组合搅拌系统可提高传热系数。由于发酵液的非牛顿型特性，造成由搅拌器尖端到罐壁之间有较大的速度梯度，在大型抗生素发酵罐中，这一问题表现得更为明显。在搅拌器直径较小、循环流量也较小的情况下，常会在靠近罐壁处产生流动死区。因为发酵罐中的传热装置通常采用外盘管、外夹套，或安装于罐内壁附近的立式内蛇管，流动死区的存在，对于传热是极为不利的。特别是当发酵过程日益激烈，需要被带走的发酵热大量增加的情况下，这一矛盾更加突出。由于径流搅拌器本身的特性所决定，在以往的大型发酵罐设计中，这一问题始终无法得到很好解决。

研究表明，给热系数的高低，与搅拌器的直径正向关联，与容器的直径负向关联。轴-径流搅拌器组合系统的各层搅拌器直径均大于纯径流搅拌器组合系统，较大的搅拌器直径减小了搅拌器边缘到罐壁的距离，减小了流体速度衰减量，既提高了罐内换热器表面的流体更新速度，又减薄了滞留层，因此能获得更高的给热系数，提高换热效率。

④ 国内新型轴-径流组合搅拌系统的开发。在抗生素发酵生产中采用新型轴流搅拌器和凹面叶盘式径流搅拌器组成的轴-径流组合搅拌系统，与纯径流组合搅拌系统相比，能够在功率相同的前提下，显著提高发酵罐内的宏观液流水平，改善微观液流水平，从而提高罐内的气-液传质水平、传热系数，实现罐内富氧区、富营养区和富菌群区的“三区重合”，使罐内微生物的生长代谢环境得到大大改善，促进产物的形成。

这一结论有助于突破大体积发酵罐设计中长期存在的技术瓶颈，对于解决大体积发酵罐设计中的放大难题是一种较好的选择。由于组合系统中的轴流搅拌器功率因数较低，实践中可以通过合理分配各层搅拌器的搅拌功率，以使在获得高宏观液流的同时，底层搅拌乃至全罐的微观液流水平也得到较大提高。其效果已经得到了实践的验证。上海亚达发搅拌器公司开发的轴向 YA-50 四叶和轴向 YA-40、YA-30 三叶系列新型叶轮，具有功率因数小和排液量大的功能，对于发酵罐内的培养基轴向宏观流动起到很好的作用。公司开发的径向 YR-30 和 YR-50 六叶系列新型叶轮，功率因数小，且气泡粉碎性能良好，能够提高发酵液溶氧 K_{La}。目前已在大型 $300m^3$ 抗生素和氨基酸发酵罐中获得很好的工艺效果。但需要指出的是，当发酵罐容积放大到一定限度时，叶轮的叶端距离罐壁之间的距离放大到一定数值后，罐壁处的培养基流动有可能难以达到理想的效果，设计人员往往可采用降低转速和增大叶轮直径的方法予以解决。如何通过轴向流和径向流这种组合搅拌来满足更大型发酵罐的使用，是正在积极开发的课题。

1.3.3 搅拌器几何尺寸和搅拌功率的计算

(1) 搅拌器几何尺寸

为了在气体分散系统中，加强速度梯度或剪切率，形成高湍流，以减少气相和液相之间的传质阻力，并保持整个混合物的均匀，将径向流搅拌器与高效轴向流搅拌器组合，已成为发酵罐搅拌器设计的一个较佳选择。

在分散气体作业的罐内，搅拌器的数量取决于通气的液柱高度和罐直径之比。搅拌器之间的距离一般为搅拌器直径的 1.4～2.0 倍，多层搅拌器间距不宜小于最小搅拌器的直径。轴向流和径向流组合搅拌器，一般轴流搅拌器的直径为径流搅拌器叶轮直径的1.1～1.2倍，径流搅拌器的直径为罐直径的0.3～0.4倍，空气分配器位于最底部的搅拌器之下，罐内安装4～6块挡板；挡板宽度取1/12～1/8罐径，一般以1/10罐径较普遍，挡板离罐壁的距离为1/5挡板宽度，这样可以减少死角。

气-液反应器的流动形式决定分散的均匀度，并且影响气体的截留率（gas-hold up）、传质速率和溶氧浓度。

当气体流量一定时，罐内流型取决于搅拌器的速度，搅拌器转速较低时，搅拌器的作用被上升气流吞没，称“气泛”（flooding），也就是说气体上升未经过搅拌器作用，直接达到液体表面；增加搅拌速度（气体流量不变），搅拌器依径向分散气体，即达到“载点”（loading），气泡达到罐壁，但在搅拌器下部没有再循环；再增加搅拌速度，气体就在整个罐内形成循环，此时出现了完全分散的搅拌速度，以N_{CD}表示；以后再加大搅拌器转速，罐内整体流型保持不变，增加搅拌强度也就增加了气体截留率和传质速率。

在整个罐体流型变化的同时，围绕搅拌桨叶的流型也在发生变化。在气体流速较低时，气体在叶片后部形成涡流。随着气体流量的增加，空穴逐渐加大，直到空穴依附到桨叶后缘。气流速度更高时就形成一系列大的空穴。

通气后的搅拌桨叶所需功率的多少与空穴生成的过程和相应通气的流型密切相关。空穴增大则搅拌功率减小，通气后的功率需求（即通气功率P_g与不通气功率P_N之比）是通气数的函数。

$$N_a=\frac{Q_g}{n\times d^3}$$

式中 Q_g——通气量；

n——转速；

d——桨叶直径。

装有单个径向涡轮搅拌器的通气搅拌罐中不同的流动方式如图15-8所示。

对于泵或者搅拌器而言，功率就是流量和压头的乘积，即$P=QH$。“压头”一项不但包括流体净排出压头，而且还包括由于涡流损失、内部再循环和摩擦等形成的内部压头损失。如果搅拌桨叶的直径和转速已定，增加其功率特征数（例如，采用更多、更宽的叶片，更陡的投入角等），压头的增加要大于流量的增加。

在多数发酵过程中，泵出流量往往显得更为重要。如果为了分散气体而加大压头，则可在罐底部用一个径向涡轮搅拌桨叶来分散气体。罐内其余的搅拌桨叶则采用低功率、高流量的轴向流搅拌桨叶。新型径向流叶轮和轴向流叶轮如图15-9所示。轴向搅拌器增加了向罐底部的涡轮搅拌桨叶供给的流体量，有助于气泡的分散作用，并可减少气泡的聚并（coalescence），改善传质。

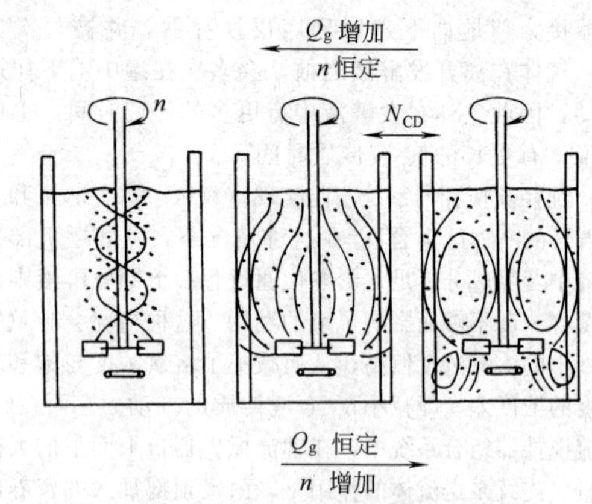

图15-8 装有单个径向涡轮搅拌器的通气搅拌罐中的流动方式

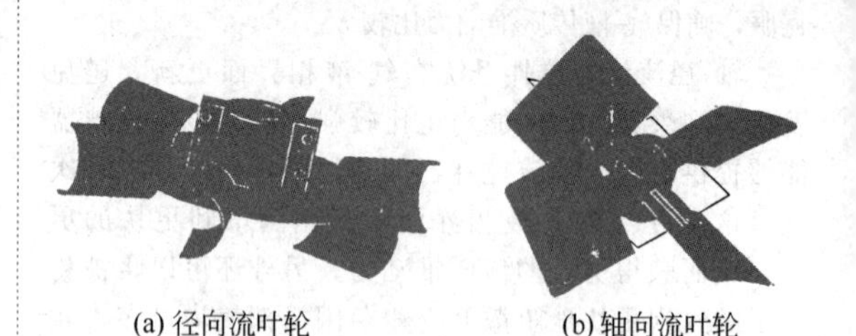

(a) 径向流叶轮 (b) 轴向流叶轮

图15-9 新型径向流叶轮和轴向流叶轮

(2) 搅拌功率的计算

在机械搅拌发酵罐中，搅拌器输出的轴功率P(W)与下列因素有关：搅拌罐直径D(m)、搅拌器直径d(m)、液柱高度H_L(m)、搅拌形式、搅拌器转速n(r/min)、液体黏度μ(Pa·s)、液体密度ρ(kg/m^3)、重力加速度g(m/s^2)以及有无挡板等。因为搅拌罐直径D、液体高度H_L与搅拌器直径d之间有一定的比例关系，故可用搅拌器直径d来替代，对于牛顿型流体而言，可得下列关联式。

$$\frac{P}{n^3d^5\rho}=K\left(\frac{nd^2\rho}{\mu}\right)^x\left(\frac{n^2d}{g}\right)^y \quad (15\text{-}3)$$

式中 $\frac{P}{n^3d^5\rho}$——功率特征数N_P；

$\frac{nd^2\rho}{\mu}$——搅拌情况下的雷诺数Re；

$\frac{n^2d}{g}$——搅拌情况下的弗鲁特数Fr；

K——与搅拌器形式、搅拌罐几何比例尺寸有关常数。

故式（15-3）又可改写为

$$N_P=K(Re)^x(Fr)^y \quad (15\text{-}4)$$

由实验证实，在全挡板条件下，液面未出现漩涡，此时指数$y=0$，即$(Fr)^y=1$。在$D/d=3$，$H_L/d=3$，$B/d=1$，$D/W=10$的比例尺寸下进行实验，得出的关联曲线如图15-10所示。

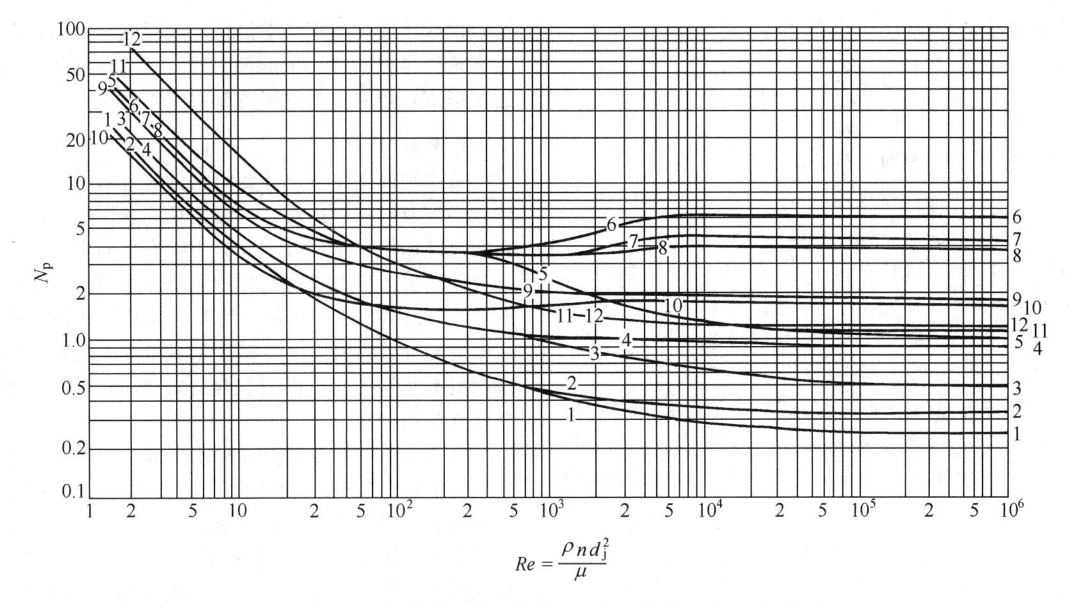

$$Re=\frac{\rho n d_j^2}{\mu}$$

图 15-10　各种搅拌器的雷诺数 Re 与功率特征数 N_p 的关系

1—三叶推进式 $S=d_j$（NBC）；2—三叶推进式 $S=d_j$（BC）；3—三叶推进式 $S=2d_j$（NBC）；4—三叶推进式 $S=2d_j$（BC）；5—六片平直叶圆盘涡轮（NBC）；6—六片平直叶圆盘涡轮（BC）；7—六片弯叶圆盘涡轮（BC）；8—六片箭叶圆盘涡轮（BC）；9—八片折叶开启涡轮 $\theta=(45°)$（BC）；10—双叶平浆（BC）；11—六片闭式涡轮（BC）；12—六片闭式涡轮，带有 20 叶的静止导向器

NBC—无挡板；BC—有挡板（$z_1=4$，$W=0.1D$）；曲线 5、6、7、8、11、12 为 $d_j/l/b=20/5/4$；曲线 10 为 $b/d_j=1/6$；各曲线符合 $d_j/D\approx1/3$，$C/D=1/3$，$H=D$；

W—叶轮距罐底尺寸；d—挡板宽度

当 $Re<10$，$x=-1$ 时，液体处于滞流状态。

$$\frac{P}{n^3 d^5 \rho}=K\left(\frac{nd^2\rho}{\mu}\right)^{-1} \tag{15-5}$$

$$P=Kn^2d^3\mu$$

当 $Re>10^4$，$x=0$ 时，液体处于湍流状态。

$$P=Kn^3d^5\rho \tag{15-6}$$

不同搅拌器的 K 值见表 15-2。一般情况下，搅拌器大多在湍流状态下操作。而对非牛顿型流体而言，当其雷诺数 $Re\geqslant300$ 时，流体已呈湍流状态，故可用式（15-6）计算搅拌器的轴功率。

表 15-2　不同搅拌器的 K 值

搅拌器型式	K 值		搅拌器型式	K 值	
	滞流	湍流		滞流	湍流
六平叶涡轮搅拌器	71	6.2	抛物线型径向叶轮		2.5～3
六弯叶涡轮搅拌器	71	4.8	半圆管径向叶轮		2.8～3.8
六箭叶涡轮搅拌器	70	3.9	四折叶轴向叶轮		1.2～1.8
六弯叶封闭式涡轮搅拌器	97.5	1.08	三折叶轴向叶轮		0.4～1.2

由于一般发酵罐中 $D/d\neq3$，$H_L/d\neq3$，搅拌功率可用式（15-7）校正。

$$P^*=fP \tag{15-7}$$

式中　f——校正系数，可由式（15-8）确定。

$$f=\sqrt{\frac{\left(\frac{D}{d}\right)^*\left(\frac{H_L}{d}\right)^*}{3\times3}}=\frac{1}{3}\sqrt{\left(\frac{D}{d}\right)^*\left(\frac{H_L}{d}\right)^*} \tag{15-8}$$

式中，带 * 号者代表实际搅拌设备情况。

由于发酵罐的高径比（即 H/D）一般为 2～3，所以往往在同一轴上装有多层搅拌器，对于多层搅拌器的轴功率有学者提议可取各层搅拌器所需之和，也有学者提出可按式（15-9）估算。

$$P_m=P[1+0.6(m-1)]=P(0.4+0.6m) \tag{15-9}$$

式中　m——搅拌器层数。

实际计算时，应根据各层叶轮对发酵液与罐总流型相互组合的作用予以确定。

当发酵罐中通入压缩空气后，搅拌器的轴功率输出将下降到原来的 1/3～1/2，减少程度与通气量存在着一定关系。为了估算通气条件下的搅拌功率，可引入通气特征数 N_a 的概念来说明，该特征数代表发酵罐内空气的表观流速与搅拌器叶端速度之比，在数

学上可表示为

$$N_a=\frac{\frac{Q_g}{d^2}}{nd}=\frac{Q_g}{nd^3} \tag{15-10}$$

式中　Q_g——工况通气量，m^3/s；

d——搅拌器直径，m；

n——搅拌器旋转转速，r/s。

以 P_g 表示通气搅拌功率，P 表示不通气搅拌功率，则

$N_a<0.035$ 时，$P_g/P=1\sim12.6N_a$；$N_a\geqslant0.035$ 时，$P_g/P=0.62\sim1.85N_a$。

当发酵罐内发酵液密度为800～1650kg/m³，黏度为$9\times10^{-4}\sim0.1$Pa·s时，也可用密氏（Michel）公式［式（15-11）］估算涡轮搅拌器的通气搅拌功率，即

$$P_g=C\left(\frac{P^2nd^3}{Q_g^{0.56}}\right)^{0.45} \tag{15-11}$$

当 $d/D=1/3$ 时，$C=0.157$。

电机实际消耗功率为

$$P=\frac{P_{计算}}{\eta} \tag{15-12}$$

式中　n——搅拌器旋转转速，r/min；

Q_g——工况通气量，m^3/min；

P——搅拌器所需电机功率，由式（15-12）确定。

式（15-12）中，η 表示综合了减速机的机械效率、机械密封效率和电机性能等各项因素之积。计算功率 $P_{计算}$ 应根据不同情况来考虑，若发酵系统培养采用连续灭菌的方式，则 $P_{计算}$ 选用通气功率 P_g 为好；当发酵罐采用分批实罐灭菌的方式，则 $P_{计算}$ 应选用接近不通气时的功率。目前，发酵罐所配备的电机功率根据品种不同而异，一般1m³发酵培养液的功率消耗为1～3.5kW。

在计算发酵罐搅拌功率时，值得一提的是容积较小的发酵罐由于其轴封、轴承等机件摩擦的功率损耗在整个电机功率输出中占有较大比例，故用上述各式来计算搅拌功率，并由此来选用电机功率则没有多大意义，因而发酵工厂中是凭经验来选用小容量发酵罐的电机功率的。对于大、中型发酵罐，由于菌体含量、发酵液黏度等因素影响，实际所需功率和理论计算的功率要乘以修正系数，修正系数的数值范围为0.6～1.3，这要求通过不断的经验积累，并参照实际的生产经验酌情而定。

(3) 发酵罐放大

发酵罐放大是发酵工程中的一个重要课题，无论从学术上或从工程角度上都有重要意义。但遗憾的是到目前为止尚未得出一个十分有效而正确的放大关联式，所以发酵罐的放大技术仍处于凭经验或半经验状态。在发酵罐放大中，主要需解决放大后罐的空气流量、搅拌转速和搅拌功率消耗三大问题。目前常用的是将单位体积发酵液中消耗的通气功率相同和溶氧传递速率 K_{La} 相同作为发酵罐放大的判据。

1.3.4　传热

微生物的生化反应伴随着大量热量的产生，这些热量必须及时被带出罐体，否则培养基温度升高就会影响发酵的培养条件，引起微生物发酵的中断。

一般抗生素在发酵过程中，每立方米发酵液每小时产生12～30MJ的热量，另外培养基经实消和连消后温度较高，需要将其冷却至培养温度，这就需要发酵罐具有足够的传热面积和合适的冷却介质，将热量及时地带出罐体。

冷却介质一般为低温水和循环水，某些北方的工厂"因地制宜"，采用深井水作为冷却剂，其原因是深井水目前不需支付较高的费用，被认为是"可降低生产成本的良策"，但是发酵罐冷却用水量极大，如果采用深井水，是对水资源极大的浪费，因而是不可取的。

发酵罐的冷却，主要是考虑微生物发酵过程的发酵热和机械搅拌消耗的功率移送给培养基的热量。此外还要考虑发酵培养基实消后的冷却。目前一般发酵罐的冷却传热面的形式，小型罐（5m³以下）为夹套，夹套具有设备结构简单的优点，但由于其传热系数较低、设备重量大的缺点限制了它的使用。大型发酵罐传统使用多组立式蛇管。立式蛇管虽具有传热系数高的优点，但占据了发酵罐容积（据计算，罐内立式蛇管体积约占发酵罐容积的1.5%），罐内蛇管一旦发生泄漏，将造成整个罐批的发酵液染菌，此外罐内蛇管也给罐体清洗带来不便。

近来新型发酵罐的冷却面移至罐外，采用半圆形外盘管，外盘管的传热系数高，罐体容易清洗，增强罐体强度，可大大降低罐体壁厚，使整个发酵罐造价降低，由于替代了内蛇管所占据的发酵罐容积，可增加发酵罐的放罐系数，是值得推广的新技术。国内已经建立了专业的设备制造厂，攻克外盘管加工技术难关，为发酵罐设计开创一个新的传热形式。外盘管的设计主要是解决好外盘管内冷却介质的流速和阻力降，因为过高的阻力降将引起动力车间输送泵的压头变化，也会引起运行费用的升高。因而外盘管的大小和分组，需要通过计算才能获得满意的效果。

随着设备容积的增大，罐的比表面积会相应缩小，根据工程经验，当抗生素发酵罐容积超过50～60m³时，就需设法另行增加传热面积，以满足发酵罐的传热要求。首先可考虑到的是利用封底的传热面，增设外盘管，但由于其增加的面积有限，且加工较复杂，在工程上使用尚不普遍。这时可在罐内设置挡板式蛇管、直立内蛇管等。但内蛇管设置的组、管内的流速、内蛇管的高度、是否方便检修等，需要认真地复核，特别是当容积超过200m³时，罐的直径和高度较大，这时传热面的布置更需精心计算。

发酵罐的传热面积应满足正常发酵所产生的热量和培养基经消毒后的高温所需冷却的热量传递，一般来说后者所需的面积要大于前者，工程上为了计算方便，可以正常发酵所需的传热面积乘以1.3～1.6，作为实消工艺的发酵罐传热面积。

发酵罐传热面积计算可采用一般的传热基本方程式，即

$$Q = KF\Delta t \qquad (15\text{-}13)$$

式中　Q——传递的热量；

K——总传热系数；

F——传热面积；

Δt——冷热流体的温差。

$$Q=Q_{发} V \qquad (15\text{-}14)$$

式中　$Q_{发}$——每小时每立方米发酵液代谢所产生的热量，一般抗生素菌种的发酵热为12～30MJ/(m^3·h)；

V——发酵液体积，m^3。

总传热系数 K 一般采用经验值，文献上对 K 值的报道很多，但往往数值偏高，其原因为实验的数据是在较理想条件下测得的，有些是在新设备内进行测定，对于污垢等因素考虑较少，且总传热系数 K 同发酵液流变学性质、流体的理化性质和搅拌系统有着密切关系。因而用于设计时，如能采用实际测得数据，将会更加可靠。发酵罐常用总传热系数 K 值见表 15-3。

表 15-3　发酵罐常用总传热系数 K 值

传热型式	总传热系数 /[J/(m^2·s·℃)]
夹套	120～180
强化后夹套	150～250
直立内蛇管	400～550
外盘管	400～520

例　50m^3 抗生素发酵罐设备直径为 ϕ3000mm，直筒高度为 7000mm，内装发酵液为 38m^3，发酵温度为 28℃，发酵热为 20MJ/(m^3·h)，采用 9℃水冷却，试设计其传热形式和面积。

解　传递热量 $Q=20\times38=760$(MJ/h)。

采用外盘管作为传热面，总传热系数取 450J/(m^2·s·℃)。

采用 9℃水冷却，其出口温度按温升 4℃计算，即 13℃。

$$温差\ \Delta t=\frac{(28-9)-(28-13)}{\ln\frac{28-9}{28-13}}=16.92\ (℃)$$

$$传热面积\ F=\frac{Q}{K\Delta t}=\frac{\frac{760\times10^6}{3600}}{450\times16.92}=27.7\ (m^2)$$

考虑到消毒后培养基冷却等因素，乘以 1.5 倍系数，实际采用 $F=27.7\times1.5=41.55$ (m^2)。

该 50m^3 发酵罐的可用传热的外表面面积为

$$F_{实际}=\pi DH\times70\%$$
$$=3.14\times3\times7.0\times70\%=46.16\ (m^2)$$

式中，70%是发酵液的高度，发酵液上部的外壁因没有流体，不可作为传热面，即说明该 50m^3 发酵罐采用合理设计的外盘管能满足工艺设计的要求。

1.3.5　变速搅拌

由于发酵过程中，微生物的培养要求是不同的，往往在发酵中期，微生物处于旺盛生长时间对氧的需要量较高，而在发酵初期和发酵后期微生物的需氧量较低，特别是发酵后期，菌丝体已处于老化阶段，培养基的黏度也较高，剧烈的搅拌会加速菌丝体的自溶，影响发酵水平的提高。如果能设计一个变速搅拌按照微生物需氧量来调节搅拌转速，这样不但能创造最佳的培养条件，也能节约发酵过程的能量消耗，因而不少生物工程设备设计人员试图对大型发酵罐采用变速搅拌。

由于抗生素品种的不同，微生物在发酵全过程中对氧需求变化的程度不一，在中小型罐内的变速搅拌上获得了成功。据文献介绍，可提高发酵单位10%～20%，降低搅拌能耗 10%～30%，但是大型罐内，由于摸索工艺条件的复杂性和投资增加限制了它的推广使用。在工业大生产中，往往采用调节通入空气量的方法，避免过高的溶氧浓度，以节约能量消耗。

对于大型发酵罐，如果培养基采用实罐消毒，为了使消毒时培养基的传热较为理想，因而需要开动搅拌，但此时往往不通入空气，使搅拌功率上升，如果操作不当，就有可能损坏电机。目前发酵罐设计时，使用多极电机，可以在实消时低速搅拌，在正常发酵时搅拌全速运行，这种双速电机也可用于发酵过程中不同需氧量的搅拌操作中。还有一种方法是多台发酵罐共用一台变速装置，在实消阶段先后轮流使用，这样发酵罐电机功率仅需按正常运行的能耗进行选择，使电机能在更合理的条件下运行。

1.4　发酵罐的能量消耗和节能

1.4.1　概述

生物发酵是一个高能耗的生产装置，发酵供氧需通过搅拌和通入无菌空气来达到，培养基消毒加热需使用大量蒸汽，发酵过程中产生的热量需通过低温水和循环水带走。据统计，我国目前的发酵装置中，动力费用占发酵液成本的 35%～50%，随着能源价格的上涨，动力费用占据发酵液成本中的比例还将上升。由此可知，生物发酵装置中的节能，对于大型和价格较低、大宗产品的发酵装置有着特别重要的意义。

好氧生物发酵装置的能源消耗主要由如下几个方面组成，见表 15-4。

表 15-4　发酵所需能耗（每立方米发酵液）

工艺操作		指　标	耗电系数	耗电量(平均)	耗　电　量
搅拌		1.5～3kW		2kW	1.5～3kW
通气		0.7～1.0m³(标)/min	3～4kW[m³(标)/min]	3kW	2.5～3.5kW
冷却低温水		4.64～8.13kW (4000～7000kcal/h)	0.345kW/kW 4kW/(1×10⁴kcal/h)	2.2kW	1.6～2.8kW
小计				7.2kW	5.6～9.3kW
培养基消毒	蒸汽	20℃→121℃		200kg	
	循环水	121℃→60℃		12m³	
	低温水	60℃→30℃		12.5×10⁴kJ (3×10⁴kcal)	

① 搅拌　标准式发酵罐搅拌装置的功能为供应微生物生长所需的氧，和强化整个罐体内的传质及传热效果，据统计抗生素发酵罐的搅拌功率一般是每立方米发酵液所需的电动功率为 1～3.5kW。

② 通气　为了满足微生物生长氧的需求，需要通入无菌压缩空气，抗生素发酵罐通气量一般为每分钟每立方米发酵液为 0.7～1.0m³（标）压缩空气，考虑到无菌压缩空气制备，每立方米（标）所需要的动力为 3～4kW，即每立方米每小时发酵液通入的无菌压缩空气所需的电功率为 2.5～3.5kW·h。

③ 冷却　生物发酵过程中微生物产生的热量，一般每立方米抗生素发酵液每小时发热量为 4000～7000kcal，折合为（16.7～29.3）×10⁶J。制备每万大卡冷量约需电耗 4kW·h，故每立方米每小时发酵液冷却需要电功率为 1.6～2.8kW·h。

④ 培养基消毒　培养基消毒一般将从室温升温至 120～130℃，经维持灭菌后用循环水冷却至 50～60℃，然后用低温水冷却至 30℃左右的发酵温度。据此可知每立方米发酵液消毒加热需蒸汽 200kg，冷却所需循环水 12m³，低温水 3×10⁴kcal（折合 0.125×10⁹J）。

由以上数据可知，每立方米抗生素发酵液正常发酵耗电量为 5.6～9.3kW，耗电量的顺序为压缩空气制备、发酵液冷却和搅拌。

1.4.2　通气和搅拌

通气和搅拌两者结合起来的主要任务是为微生物发酵提供足够溶氧，采用性能良好的搅拌叶轮可使空气气泡充分破碎，提高气液两相的传质面积和整个罐体的宏观混合，减少罐内的传质死区，提高整罐的供氧能力。

① 搅拌叶轮合理选择。20 世纪 90 年代前，我国的生物发酵罐普遍采用 Ruston 带圆盘的直叶、弯叶或 V 形叶轮。这些叶轮具有较好的剪切效果，从而达到良好气体粉碎的目的。但是多层的 Ruston 叶轮、上层的叶轮对气泡进一步粉碎作用不能有效发挥，加之 Ruston 的致命缺点是其流型为循环式，整个罐内形成多个混合区域，造成整罐内的宏观混合较差。特别在两层搅拌的近壁处形成死区，在这个区内发酵液的传质条件较差，影响了整个罐内发酵水平的提高。这种负面影响在 50m³ 以下发酵罐内尚不突出，但当放大至 100m³ 时就会产生严重问题。发酵水平降低，其原因是 Ruston 搅拌叶轮纯径向流流型存在死区现象逐渐上升为主要矛盾，影响了发酵罐的放大设计。

为了解决上述单一径向叶轮所造成罐体内的死区，在消化吸收国外先进搅拌叶轮的基础上，国内各科研、设计和生产厂开发了各种径向和轴向组合叶轮。其共同点就是提高整个罐体内的宏观混合，减少了沿壁的死区存在，使整个罐体内的供氧水平得到了提高，因而提高了发酵单位，同时也降低了整个罐内的搅拌功率。关于组合叶轮的设计和实践将另有专题介绍。发酵罐搅拌流型如图 15-11 所示。

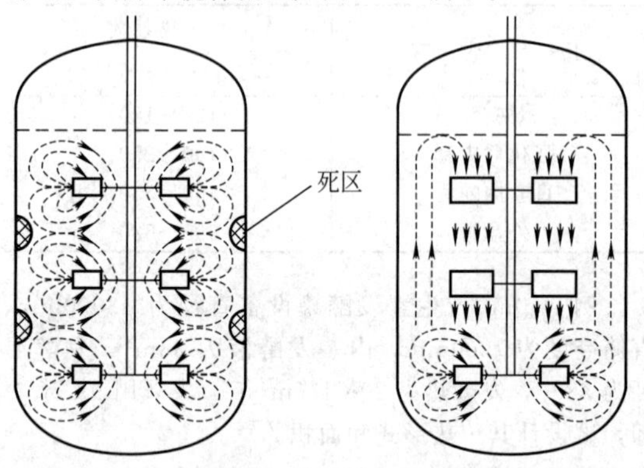

图 15-11　发酵罐搅拌流型

② 通气和搅拌的组合应用。供气量的增加和搅拌功率的增加，发酵罐的供氧速率 K_{La} 均随之提高。

$$K_{La} \propto \left(\frac{P_g}{V}\right)^{\alpha} \eta^{\beta} \qquad (15\text{-}15)$$

式中　$\frac{P_g}{V}$——单位体积发酵液的搅拌耗能；

η——空气在罐内上升的线速度；

α，β——指数。

根据实验测定，α 的数值要大于 β，也就是说适当降低通气量和增加搅拌功率，可以获得同样的供氧速率。然而无菌空气制备的耗电量要大于发酵搅拌所需的功率，空压站的投资要大于搅拌所需的投资，而且空气量的增大，降低了发酵罐装料系数，增加了发酵过程的尾气夹带，也增加了无菌空气过滤系统的费用。因而生物发酵的节能可从适当增加电机功率和相应降低通气量来获得较好的效果。

对于一个特定的发酵罐和发酵品种，由于微生物在发酵前期、中期和后期需氧量的不同，往往前期和后期一般需氧量较少，因而相对溶氧浓度偏高，浪费了能量消耗。可采用双速或变速电机予以调整，更推荐适当降低空气的通入量，以方便地达到节约能量的目的。国内红霉素生产厂采用了调节空气量措施，可节约空气量 40%以上，从而降低了生产成本，达到提高供氧速率和节约能源的双重效果。

③ 通气和搅拌若与工艺相结合，可以进一步降低能耗。生物发酵的操作者，往往会发现在整个发酵过程中仅有一段时间内相对溶氧浓度较低，这个较低的过程又往往与菌体浓度和黏度有关，一般发生在发酵前期或补料之后，这时候可以补入少量水来降低发酵液黏度，也可采用少量多批补料或连续补料避免溶氧不足现象的发生，有时也可增加发酵罐的罐压来达到增加溶氧浓度目的。最低溶氧浓度的供氧条件改善，有利于通气和搅拌的设计条件改善，也就是说可以用较少的能量，来创造满足发酵生产的合适环境。

1.4.3　无菌压缩空气的制备

压缩空气制备对于生物发酵工厂来说是能耗的主要岗位，占全厂能耗的 30%～40%，合理选择空压机的形式和空气出口压力是空压站设计首要考虑的两个因素。作为生物发酵所需的压缩空气必须要达到无菌要求。

压缩空气的无菌制备工艺中，系统的阻力降对发酵装置的能耗有着密切的关系，无菌压缩空气空压机一般排气压力在 0.2MPa 左右，如果净化系统每增加 0.01MPa 阻力降，就相当于增加空压机能耗的 4%以上。这对大型空压机而言是一个非常大的电耗数，如 650m^3（标）/min 的空压机，电机容量为 2600kW，出口压力提高 0.01MPa，其电机耗能增加 $2600\times4\%=104$（kW），每年用电量将增加 $7920h\times104kW\approx80\times10^4kW\cdot h$。因而无菌压缩空气制备系统的冷却器、加热器、过滤器、管路及其阀门均要精心设计，以便系统的阻力降尽可能降低。室外管道、冷却器和加热器的阻力降减少和过滤器、管路和阀门的选型与基建投资增加有着一定联系，因而需要予以综合平衡。

1.4.4　发酵液的冷却

微生物发酵温度一般在 30℃左右，过高和过低的温度将影响微生物的新陈代谢。工业上一般夏天采用低温水予以冷却，冬天采用循环水冷却。由于低温水制备的冷却过程采用循环水，当冬天来到，循环水水温低于某一特定数值时，停止低温水制备，可利用冷冻站用的循环水来供应发酵装置，供应发酵装置的低温水和循环水管路予以切换。

由于低温水制备的电耗和循环水制备的电耗相差数倍，其成本也往往相差 10 倍左右，因而如何增加一年之中循环水冷却使用的时间是发酵装置节能的另一课题。低温水和循环水切换的水温取决于发酵液的发热量、传热面积、传热系数和当地的气象条件。提高发酵搅拌效率，合理组织传热形式和冷却介质的流速，有利于罐内传热系数提高；也可适当增加罐内的传热面积，以利于增加发酵罐一年中采用循环水使用天数，节约年耗电量。但是采取增加传热面积和强化传热系数的措施往往带来一次性基建投资费用的增加，因而需要反复计算，得到最优设计。

对于大型发酵罐，一般采用罐外和罐内组合的冷却系统，在春秋两季可采用循环水和低温水组合的冷却系统，以使春秋两季最大限度地利用循环水进行冷却，不足部分采用低温水予以冷却，以节约发酵装置能耗。发酵液冷却介质选择见表 15-5。

表 15-5　发酵液冷却介质选择

季　节	罐　内	罐　外
冬季	循环水	循环水
春、秋季	循环水	低温水
夏季	低温水	低温水

1.4.5　发酵车间供电电压

发酵车间的主要用电设备为搅拌电机。发酵车间大型发酵罐电机功率可达 300～500kW 并有多台，这些电机的功率可以占到车间用电量的 80%以上。国内有些大型发酵车间设置 380V 和 690V 两个供电电压等级电源，对于大型发酵罐（300kW 以上）及配套的 55kW 以上的发酵罐和接种罐搅拌电机采用 690V 供电，其他设备仍为 380V 供电。这样可以使发酵车间 80%的用电电机的电流下降约 50%，从而节省基建投资，更利于日常运行费用降低。

2　发酵罐及其系统

要保证发酵罐正常运行，必须配有良好的空气系统、培养基消毒系统、管道、阀门和仪表。因此发酵罐的设计，不仅仅是单体设备的设计，而且是一个系统的设计。

2.1　发酵空气处理系统

生物发酵用压缩空气站主要为发酵提供菌种培养用代谢空气，生物发酵工艺对所提供的空气性质要求（出压缩空气站）通常为：

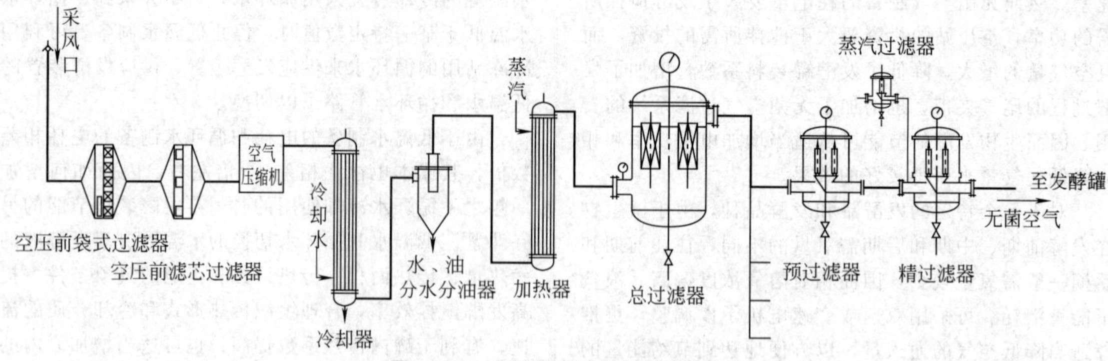

图 15-12　典型的发酵空气制备流程

供气压力　0.18～0.22MPa（表）

露点温度　20℃

空气粒径　＜2μm（过滤效率为＞99.5%）

根据生物发酵工艺对所提供的发酵用压缩空气性质要求，生物发酵用压缩空气生产基本流程通常为（在压缩空气站）：

大气→预空气过滤器→空气压缩机组→后冷却器（初冷）→再冷却器（除水去湿）→气水分离器→室外输送管道→蒸汽加热器→总空气过滤器→分空气过滤器→发酵罐

生物发酵用压缩空气制备是一个系统工程，主要由空压站、室外空气管道和发酵车间三大部分组成。为了保证进入发酵罐的压缩空气的无菌要求，压缩空气需经过无菌过滤。为保证空气过滤器在适合的湿度情况下工作，一般要求进入发酵空气过滤器前的压缩空气升温8～10℃，这就提出了空压站的空气出口温度应在20℃左右的要求；为了减轻发酵车间空气过滤器除去颗粒的负担，因而对空压站的空气处理提出了较高的要求；无菌压缩空气制备是一个能耗较大的过程，空气压缩机的出口压力高低与整个系统的设备选型和管路设计有着极大关系，因而需纵观整个无菌压缩空气制备过程，确定合适的空气压缩机的出口压力，以降低能耗。

目前我国大中型生物发酵用气的空气压缩机形式大部分为离心式空气压缩机，其工艺流程详见图15-12，由图可知，无菌空气制备主要由如下五个部分组成：

① 预空气过滤器；

② 空气压缩机；

③ 压缩空气的冷却和分水装置；

④ 总空气过滤器；

⑤ 终端高效过滤器。

2.1.1　预空气过滤器的选型设计

大气在进入空气压缩机组前必须经过预过滤，其主要目的有两个：进入发酵罐前的压缩空气须达到无菌，以防止发酵液染菌；而细菌的生存环境是对尘埃的依附，减少尘埃的数量也即减少细菌的数目，因此，空气过滤是灭菌过滤的初段过滤。

生物发酵用离心空气压缩机是高速运转的设备，离心压缩机转速通常在20000r/min左右，为降低离心压缩机叶轮和蜗壳磨损及延长压缩机部件寿命，离心压缩机生产厂通常要求进入离心式空气压缩机的大气最大尘埃粒径＜2μm（过滤效率＞99.5%）。

目前，国内大中型生物发酵药厂的离心式空气压缩机预过滤器主要有如下几种形式。

① 纸质过滤筒＋压缩空气反冲装置的箱式过滤器，其优点是结构简单且过滤效率高；缺点是纸筒不能清洗，使用寿命短而成本高，一般较少选用。

② 防沙网＋板式或油浸式过滤网的土建或轻型钢结构吸气室，其优点是板式过滤网可以清洗（一般不超过四次）；缺点是安装板式过滤器所需要的空间较大，更换和清洗板式过滤器及成本和工作量也较高，一般不推荐使用。

③ 组合型箱式过滤装置，其由四种不同功能的过滤段组合而成。

迷宫式防沙窗（特别适用于风沙较大的地区），其材料通常为铝合金或不锈钢。空压前袋式过滤器元件技术规格见表15-6和表15-7，过滤器装配尺寸将根据空气压缩机的吸入风量进行组合设计。

表 15-6　空压前袋式过滤器元件技术规格

型号	规格（长×宽×深）/mm	技术参数		
		过滤精度/μm	有效过滤面积/m^2	空气流量/(m^3/min)
GS-A1-1	500×500×500	≥5	2.5	20
GS-A1-2	500×500×600		3	20

注：生产厂为上海过滤器有限公司。

可快速拆卸和不经常清洗的袋式中效过滤段，滤材基料为无纺布或其他同类产品。

表 15-7　空压前滤芯过滤器元件技术规格

型号	规格（外径×高）/mm	技术参数		
		过滤精度/μm	有效过滤面积/m^2	空气流量/(m^3/min)
GS-A2-2	300×105	≥2	1.5	6
GS-A2-6	350×350		6	30
GS-A2-10	350×525		10	50
GS-A2-15	350×830		15	80
GS-A2-20	350×1000		20	100
GS-A2-30	420×1000		30	150

2.1.2　空气压缩机选型

① 单台空气压缩机容量在 40～800m^3（标）/min 范围时，压缩机的形式可采用离心式空气压缩机；单台空气压缩机容量小于 40m^3（标）/min 时，可选用无油螺杆式或无油活塞式空气压缩机；当单台空气压缩机容量大于 1000m^3（标）/min 时，可选用轴流式空气压缩机。

同一供气系统，为提高供气系统的输气系数，离心式空气压缩机的台数不宜超过 3 台，并宜采用同一型号的离心空气压缩机。

② 根据生物发酵工艺要求（即培养菌种需氧量）来决定空气压缩机的容量。通常，压缩机容量确定依据为，每立方米发酵液需要 0.1～1.0m^3（标）/min 的压缩空气量。

③ 空气压缩机出口排气压力的确定主要需考虑下面几部分因素：

a. 为防止发酵罐染菌所需的发酵罐保压压力；

b. 发酵罐内发酵液的液柱高度所产生的静压；

c. 发酵车间内分空气过滤器的压力损失；

d. 发酵车间内总空气过滤器的压力损失；

e. 发酵车间内空气加热器的压力损失；

f. 发酵车间内管路和管件等的压力损失；

g. 空压站至发酵车间的管路和管件等的压力损失；

h. 空压站内空气冷却器和气水分离器等设备的压力损失；

i. 空压站预过滤器阻力降；

j. 空压站内空气管路和管件等的压力损失；

k. 压缩空气系统的供气压力富余量。

④ 由于生物发酵用压缩空气的压力较低，离心空气压缩机的出口排气压力一般在 0.18～0.22MPa（表）范围内。建议选用的离心压缩机为二级压缩中间冷却的形式，其初次投资虽较单级离心压缩机大，但二级离心压缩机较单级离心压缩机的运行能耗低及效率高。

⑤ 根据压缩机应提供的流量和压力工作点，尽可能选用能耗比值较大的离心空气压缩机型号。通常，合理的离心压缩机工作点的能耗比值在 22m^3（标）/kW 左右。

⑥ 选用离心式空气压缩机组（包括压缩机、电动机、中间冷却器、油处理系统和控制系统等）的结构要紧凑，噪声和振动要小，控制系统配置要实用，各功能性轴承和轴封配置要合理，润滑油处理系统配置要可靠。为维修方便，齿轮箱尽量选用水平剖分形式，齿轮加工精度的质量等级要达到 AGMA Q13 级（或同等水平），AGMA 服务系数最小要达到 1.4 等。

2.1.3　压缩空气的冷却和分水装置设计

对从压缩机后冷却器出来的压缩空气进行冷却，目的是去除压缩空气中部分水分，使压缩空气的含水量指标即露点温度达到 20℃。在北方的冬季，循环冷却水温度较低，一般通过调节离心压缩机后冷却器循环冷却水供水量，就能保证离心压缩机后冷却器排气温度达到 20℃；在我国的南方地区或北方的夏季，循环冷却水温度较高，需要用低温冷冻水通过气-水再冷却器来冷却压缩空气，以达到去湿的目的。

(1) 空气再冷却器的形式

空气再冷却器的形式可以是卧式或立式，卧式占地较大但易于操作和清洗；立式占地较小，但需要设置操作钢平台。对于大型空压机，建议采用立式且设置在室外。

(2) 空气再冷却器的冷媒

对于一些组合型空气压缩机组（其压缩机、电机、空气冷却器、润滑油系统和控制系统等组装为一体），其本体的结构较紧凑，空气经压缩后冷却器换热面积有限，因而出空气压缩机后冷却器的排气温度通常大于 40℃。

为了节约电能，建议通过两级冷媒对压缩空气进行冷却以达到除湿的目的。第一级的冷却冷媒为冷却塔循环冷却水（供水温度为 32℃，回水温度为 42℃），使出第一级再冷却器的压缩空气排气温度降至 40℃；第二级冷却冷媒为制冷机的低温冷冻水（供水温度为 11℃，回水温度为 16℃），使出第二级再冷却器的压缩空气排气温度降至 20℃左右。为保证压缩空气的温度不过低（通常设计温度为 18℃）和节约低温冷冻水冷耗量，建议在低温冷冻水出再冷却器的出水管上装设温度控制调节阀。

二级式压缩空气再冷却器若体积允许可以设计成一体；否则，需设计成两个独立的气-水换热器。

为保证压缩空气系统空气换热器的传热效率，压缩空气系统的各冷却器（包括中间冷却器、后冷却器、再冷却器和油冷却器等）的冷却塔循环冷却水水质宜做软化和过滤处理。

(3) 空气再冷却器的结构形式

压缩空气再冷却器的结构通常为壳管式气-水换

热器形式，通常，气侧的最大设计压力降宜小于1000Pa。为提高气侧换热系数，换热管应采用管内螺旋低肋高效换热铜管。

若空气再冷却器设置在室内，第一级空气再冷却器可以不保温，第二级空气再冷却器必须保温；若空气再冷却器设置在室外，第一级和第二级空气再冷却器均需保温。

(4) 气水分离器

为保证出压缩空气再冷却器后压缩空气中的液态水分能充分泄放出来，在压缩空气再冷却后需设置高效气水分离器。在气水分离器内使空气进行涡流运动，改变气流方向，利用扩压降低气流速度和筛网分滤等方法，以去除压缩空气中的饱和液态水分。气水分离器的气侧最大设计压力降宜小于1000Pa。

(5) 空气加热器

在空压站经冷却后和分水分油后的压缩空气，经厂区室外管道送至生产车间，为保证终端精过滤器空气相对湿度在70%以下，需要将压缩空气加热，使其回升5～10℃。一般空气加热器宜采用列管换热器，气侧的最大设计压力降宜小于1000Pa。

2.1.4　总空气过滤器

为了延长终端精过滤器的过滤寿命，一般在进入生产车间的压缩空气总管上设置总空气过滤器，该过滤器的设计要求为过滤效率稳定、压降低、纳污量大、使用安全等。其技术参数如下：

过滤效率　　0.5μm　　90%～95%

阻力降　　　　<0.005MPa

2.1.5　空气终端过滤器

空气终端过滤器安装于每台发酵罐空气入口处，一般由空气预过滤器、蒸汽过滤器和粗过滤器成组供应。其工艺流程如图15-13所示。

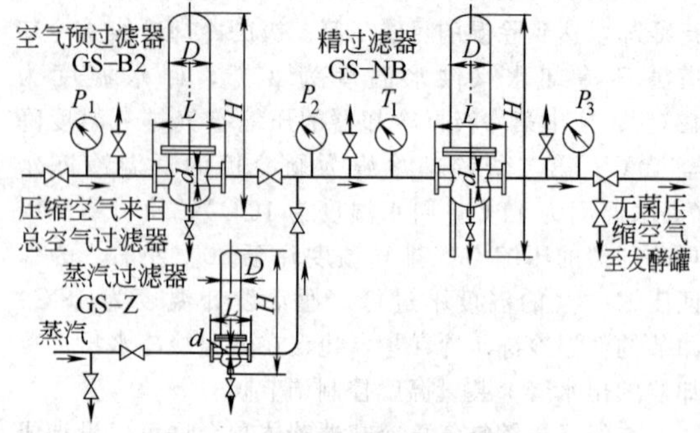

图15-13　空气终端过滤器流程

(1) 空气预过滤器

可保证终端精过滤器能稳定长期运行，将可能带入的铁屑等微粒予以去除。空气预过滤器的过滤效率为95%～99%（以0.5μm计），压降<0.005MPa，滤芯材料为超细玻纤滤材，一般不需蒸汽消毒，如有特殊需要，可按通用灭菌蒸汽予以选材。空气预过滤器型号规格见表15-8和表15-9。

(2) 精过滤器

精过滤器一般采用聚四氟乙烯（PTFE）或硼硅酸纤维覆聚四氟乙烯（NB），具有疏水性强、过滤精度高、耐高温、耐腐蚀的特点，过滤效率达99.9999%（以0.01μm计），初始压降<0.005MPa，耐蒸汽消毒温度可达135℃，消毒次数大于150次，终端精过滤型号规格见表15-10和表15-11。

表15-8　GS-B2滤芯规格

编号	规格（直径×高度）/mm	过滤能力/(m^3/min)	备注
1	5in(70×125)	2	国际标准CODE7(226#)接口滤芯
2	10in(70×250)	6	
3	20in(70×500)	10	
4	30in(70×750)	15	
5	150×330	3	折叠式大面积滤芯
6	150×500	5	
7	180×500	10	
8	220×500	15	
9	220×670	20	
10	250×670	30	
11	350×500	50	
12	350×670	60	
13	350×830	80	
14	350×1000	100	
15	420×830	120	
16	420×1000	150	

注：1in≈2.54cm。

表15-9　GS-B2型滤芯技术指标及应用范围

过滤芯类型	技术指标			用　途
	过滤效率/%	初始压降/MPa	灭菌条件（蒸汽消毒）	
折叠式大面积	95～99.9(0.5μm)	≤0.005	不需	1. A、B、C级空气净化系统中作为预过滤器 2. 有关行业作为空气高效过滤器
国际标准CODE7(226#)接口	99.99(0.5μm)			

注：上海过滤器有限公司生产。

表15-10　GS-NB型系列折叠式滤芯主要技术指标

类型项目	GS-NB	备注
过滤效率/%	99.9999	0.01μm
气体阻力/MPa	≤0.005	额定流量下的初始压降
耐蒸汽消毒温度/℃	≤150(不锈钢壳) ≤135(塑料壳)	消毒次数>150次
单芯过滤面积/m^2	0.4	10in

注：1in≈2.54cm。

表 15-11　GS-NB 型折叠式滤芯流量

滤芯长度 /in	过滤面积 /m^2	设计流量 /(m^3/min)
5	0.2	2
10	0.4	6
20	0.8	10
30	1.2	15

注：上海过滤器有限公司生产。测试条件：进口压力为0.1MPa，压力降为0.01MPa。1in≈2.54cm。

(3) 蒸汽过滤器

精过滤器宜定期用蒸汽进行消毒灭菌，由于发酵车间的蒸汽管道内可能存在铁屑等异物，将对高精度过滤器带来不利影响，因此必须对进入精过滤器的蒸汽进行过滤，过滤介质采用聚四氟乙烯粉末烧结，过滤精度为 1.0μm，具有耐高温、耐腐蚀、可再生处理等特点。

2.1.6　空压站的管道设计

空压站的管道设计的基本原则可参见《压缩空气站设计规范》，此处主要针对空压站的配管进行一些补充。

(1) 压缩机入口管道系统设计

在压缩机入口应避免使用急弯的弯头和锐角弯管，以减少由于气力扰动而降低压缩机的性能。

在停机和空气湿度较大的季节，吸气管内会形成凝结水，管道锈蚀会降低气动元件的性能和压缩机叶轮及蜗壳等部件的寿命。因此，吸气管道材质应为不锈钢管或其他同类耐腐蚀管材。

为避免吸气管道由于高速气流运动而引起有害的振动，管道壁厚不能太薄，在满足材料冲击动态强度的要求下，管道的壁厚与外径最小之比要适当。如吸气管道材质为不锈钢时，此比值宜>0.015。

在压缩机吸入口前的管线上装有入口节流阀，为保证压缩机吸入口空气流态的均衡，离心压缩机吸气口至节流阀间的管线应为直管段，直管段的最小长度至少大于吸气管管径的 4 倍。

为补偿吸气管线的热膨胀和压缩机启停时管线的振动，在吸气管线上应设置膨胀节。若采用金属网罩式膨胀节（此种膨胀节不能承受折叠力），在安装前必须进行预拉伸，预拉伸量应大于或等于吸气管线的计算膨胀量；若采用铰链式膨胀节，不能过度地限制膨胀节的轴向和水平的挠度。

进行压缩机入口管道的支撑设计计算时必须考虑下面几部分的力：

① 管线和各部件的垂直重力；

② 由于压缩机高速运转引起管线振动的扰力；

③ 管线的连接（如管线的预拉伸）和位移所产生的压力及伸缩力；

④ 由于压缩机吸气管线处于负压状态工作，在管道最大截面处由于真空状态所产生的水平压力差。

(2) 压缩机出口管道系统设计

压缩机出口管道系统不仅包括管道，还包括其他特殊安装所要求的一些设备和部件，如空气再冷却器、气水分离器、排气阀、排气消声器、止回阀和膨胀节等。

① 输气侧管道设计　压缩气体出口管道和入口管道相比，温度高，压力大，管线长，大型设备和附件多，因此，对出口管线系统要考虑得更加周全。

由于压缩空气的输气管线比较长（从空压站至发酵车间），压缩空气的过滤器一般设置在工艺用户点。因此，压缩空气输气管线的材质可为普通焊接钢管。

通常出空压站的压缩空气是饱和空气（压缩空气加热器一般设置在工艺用气车间），输送过程中会有凝结水产生，因此，输气管线中所有的低点均应设排放口。为使管中凝结水能顺利排放出来，压缩空气输送管道应设有坡度，其坡度宜>0.2%。

为保证输送管道内压缩空气的含湿量和防止室外压缩空气管内的凝结水结冰（在寒冷地区），架空敷设的压缩空气管道应做保温处理。

此外，室外压缩空气输送管道宜做防雷接地处理。

② 放空消声器侧放空管道设计　为保证压缩空气系统所需要的恒压，在压缩空气的输气管上接有放空管，放空时为使系统内压缩空气能快速和畅通排入大气，从输气总管与放空管接点至消声器间的放空管线应尽可能短，一般经验长度为不大于 3m。

为进一步降低放空气流产生的噪声，可以给放空阀门和放空管线等加上防护套，并使消声器的排气口朝向对噪声要求不太严格的方向。

为防止雨雪进入放空管和消声器，消声器出口管末端应设有一根 45°坡口的水平短管。

压缩空气通过消声器向大气放空的过程，实际上是一个节流膨胀的降温冷却过程。因此，当压缩空气放空时，压缩空气中的水汽会凝结成液态水，为防止在消声器内凝结水聚集，在消声器入口管低处应设置排凝水阀。

③ 压缩空气输气管上膨胀节的安装　压缩空气输气管上的膨胀节应垂直安装，若压缩机的出口法兰是垂直向上的，膨胀节最好直接安装在压缩机的出口法兰上。

管线热膨胀量的计算：当压缩机的空气后冷却器在膨胀节后面时，正确计算出排气侧管线的膨胀量尤为重要，其是正确安装膨胀节的依据。从压缩机出口的支撑到水平管道吊挂间管线的垂直方向，热膨胀量一般包含：

① 压缩机本体受热的膨胀量；

② 压缩机排气管受热的膨胀量；

③ 膨胀节受热的膨胀量（假设膨胀节直接安装

在压缩机出口法兰上)；

④ 膨胀节至管道吊挂间管线垂直方向受热的膨胀量。

若选用通常的金属网罩式膨胀节（该膨胀节不能承受折叠力，冷态安装时需进行预拉伸)，冷态预拉伸量的主要依据就是上述的受热膨胀量。

2.1.7　发酵车间的管道系统设计

发酵车间内压缩空气系统设计包括空气加热器、空气总过滤器和各发酵罐的预过滤器及终端精过滤器的设计。车间内系统设计应以达到最小阻力降和极好的清洁度为目的。进入车间后的管路阀门应用蝶阀和闸阀，总空气过滤器后的管道和管件一般均采用不锈钢材料，管道终端需设置排空口，预过滤器后必须配有蒸汽灭菌手段，管道和管件设计应避免存在死角，并宜在总空气过滤器的空气总管路上设置清扫、排气和蒸汽消毒设施。

2.2　培养基的灭菌

目前工业生产中，培养基基本上均采用湿热灭菌，也就是利用蒸汽加热，使微生物中的蛋白质凝固，而将其杀灭的一种灭菌方法。

培养基中微生物受热死亡的速率与残存的微生物的数量成正比。

$$-\frac{dN}{d\tau}=KN \tag{15-16}$$

式中　N ——培养基中活微生物个数；

τ ——灭菌时间，s；

K ——比死亡速率，s^{-1}。

若开始灭菌时 $\tau=0$，培养基中活微生物数为 N_0 时，则将上式积分后得

$$\ln\frac{N}{N_0}=-K\tau \tag{15-17}$$

由此可知，微生物的存活率 N/N_0 与死亡速率和时间成函数关系，也就是说死亡速率越大，时间越长，微生物残存的概率越低。一般灭菌温度越高，死亡速率也就越快，灭菌的时间就可缩短。

理论上要想达到绝对不染菌的话，则灭菌时间 τ 将为无限长，在具体计算灭菌时间时，则可取灭菌失败的概率小于千分之一就能满足工艺要求。一般工厂实际操作时，分批消毒温度为121℃，保温20min，在培养基连续消毒时，将培养基加热到130℃，保温5～8min，就可达到要求。当然上述的参数要和设备加热的均匀度及设备中物料的返混相关，即与设备的结构设计有密切关系。

2.2.1　培养基的分批灭菌

培养基的分批灭菌就是将配制好的培养基放在发酵罐中，通入蒸汽，将培养基和所用设备一起进行灭菌的操作过程，也称实罐灭菌或实消。培养基的分批灭菌不需要专门的灭菌设备，投资少，设备简单，灭菌效果可靠。分批灭菌对蒸汽的要求较低，一般在0.3MPa（表）就可满足要求，但在灭菌过程中蒸汽高峰负荷大，造成锅炉负荷波动大。分批灭菌是中小型发酵罐经常采用的一种培养基灭菌方法。

在进行培养基灭菌之前，应先对发酵罐的分空气过滤器进行灭菌并且用空气吹干。发酵罐的管道布置如图15-14所示。开始灭菌时，应放去夹套或蛇管中

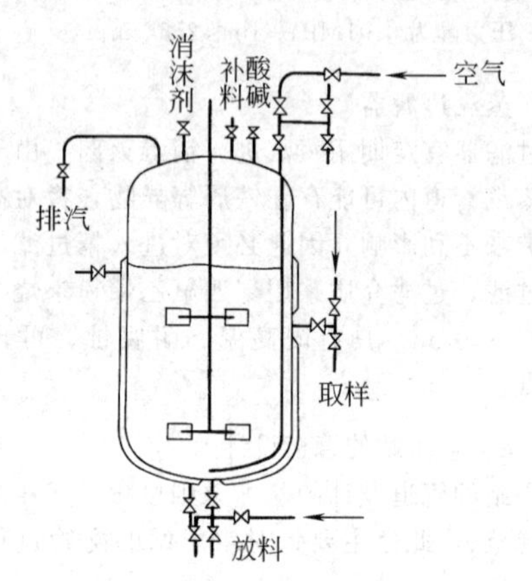

图15-14　发酵罐的管道布置

的冷水，开启排气管阀，通过空气进口管和放料管向罐内通入蒸汽，培养基温度达121℃，罐压达0.1MPa（表）时，安装在发酵罐封头的接种、补料、消沫剂、酸、碱管道均应排汽，并调节好各进汽和排汽阀门，使罐压和温度保持在这一水平进行保温。在保温阶段，凡进口在培养基液面下的各管道以及冲视镜管都应通入蒸汽，在液面上的其余各管道则应排放蒸汽，这样才能保证灭菌彻底，不留死角。保温结束后依次关闭各排汽、进汽阀门，待罐内压力低于无菌压缩空气压力时向罐内通入无菌空气保压，并可向夹套或蛇管中通入冷却水，使培养基温度降到所需温度。

分批灭菌的过程包括升温、保温和冷却三个阶段，灭菌主要是在保温过程中实现的，在升温的后期和冷却的初期，培养基的温度很高，因而也有一定的灭菌作用。

2.2.2　培养基的连续灭菌

培养基的连续灭菌，就是将配制好的经预热的培养基在向发酵罐输送的同时进行加热、保温和冷却，以达到连续灭菌的目的。其工艺流程示意如图15-15所示。连续灭菌时，培养基能在短时间内加热到保温温度，并能很快被冷却，因此，灭菌温度可比分批灭菌更高些，而保温时间则很短，有利于减少营养物质的破坏。在培养基连续灭菌过程中，蒸汽和冷却水用量平稳，可减小工厂动力高峰负荷，节约基建投资，但对蒸汽压力的稳定性和压力参数要求较高，一般应大于0.6MPa（表）。连续灭菌设备操作要求较高，

也比较复杂。

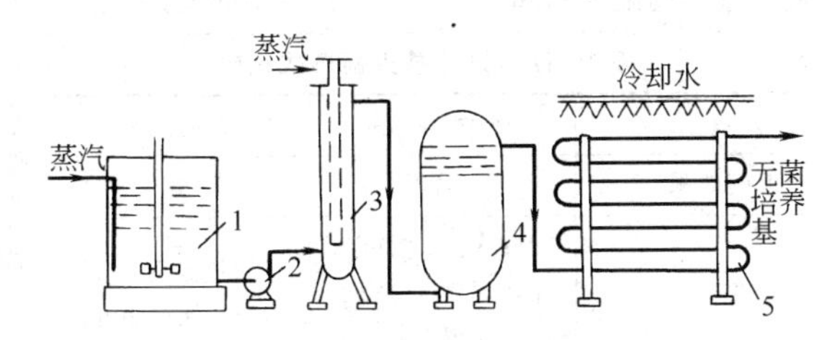

图 15-15　连续灭菌工艺流程示意
1—配料罐；2—泵；3—加热塔；
4—维持罐；5—冷却管

采用连续灭菌时，发酵罐应在连续灭菌开始前先进行空罐灭菌，以接纳经灭菌后的培养基。加热器、维持罐和冷却器也应先进行灭菌，然后才能进行培养基连续灭菌。培养基中的糖和氮源分开灭菌，以免醛基与氨基在加热状态下发生反应，使培养基色泽加深。

(1) 预热

预热可在培养基配制罐或预热罐中进行，使培养基的温度升到 60～70℃。培养基经过预热后，一些不溶性物料（如淀粉）在淀粉酶作用下发生糊化，使黏度大大降低。经过预热的培养基再用蒸汽进一步加热时，产生的振动和噪声也大大减小。

(2) 加热

在加热器中，培养基与蒸汽直接混合，温度迅速上升到 130℃。目前，应用较多的是喷射式加热器（图 15-16），培养基从下方喷嘴的内管进入，蒸汽则从环隙进入，与培养基混合。加热器中的挡板使混合作用更加完全，加热后的培养基从上部流出。这种加热器结构简单，体积小，也可用文氏喷射器作为培养基直接加热器。假设培养基流量为 F_M，进入加热器的温度为 t_p，灭菌温度为 t，根据热量平衡可以得到加热蒸汽的用量为

$$S=K\frac{F_M\rho c(t-t_p)}{\lambda-c_W t} \tag{15-18}$$

式中　F_M——培养基流量，m^3/s；

S——加热蒸汽的质量流量，kg/s；

ρ——培养基的密度，kg/m^3；

c，c_W——培养基和冷凝水的比热容，J/(kg·℃)；

t，t_p——培养基的出口和进口温度，℃；

λ——加热蒸汽的热焓，J/kg；

K——安全系数，可取 1.2。

(3) 保温

培养基在加热器中被加热到预定的灭菌温度后，进入保温设备（也称维持设备）中，经过一段时间的保温，将培养基中所含微生物杀灭。在保温过程中，不再向培养基通入蒸汽，以免温度过高引起培养基破坏，但保温设备应该用保温材料包裹，以免培养基因散热而温度迅速下降。

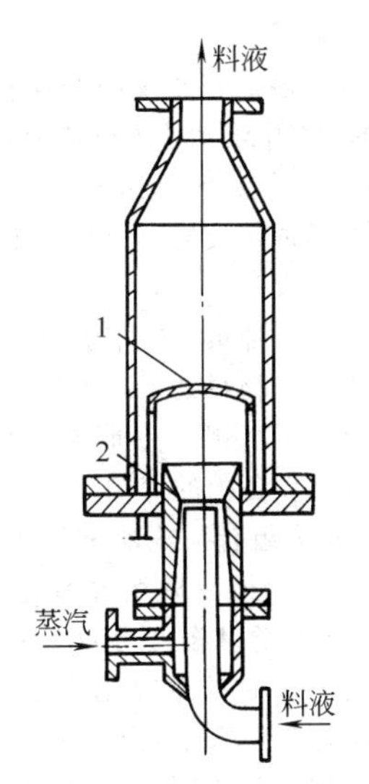

图 15-16　喷射式加热器
1—折流帽；2—喷嘴

连续灭菌的保温设备有两种形式：一种是罐式保温设备；另一种是管式保温设备。罐式保温设备是一个立式圆筒形容器，培养基从罐的下部进入，液面不断上升，然后离开维持罐进入冷却器。预热罐中的物料输送完时，在维持罐中剩下的一罐料应继续保温一段时间，最后利用蒸汽将其压至发酵罐中。培养基的平均停留时间按式（15-19）计算。但是培养基在维持罐中的停留时间不可能完全相同，可能产生沟流或存在死区，这就造成有一部分培养基在罐内的停留时间少于平均值。对于罐式维持设备，通常取培养基的平均停留时间大于理论值的 3 倍。在灭菌温度为 130℃时，实际平均停留时间可取5～8min。

$$\bar{\tau}=\frac{V}{F_M} \tag{15-19}$$

式中　$\bar{\tau}$——在维持罐中的平均停留时间，s；

V——维持罐的体积，m^3；

F_M——培养基的流量，m^3/s。

管式维持器是利用弯曲的管道来维持培养基的保温时间，由于管道维持器中的培养基流动形式比较接近理想流动，因而培养基的平均停留时间仅为理论值的1.5～2 倍，就可达到保温的目的。

(4) 冷却

经过保温灭菌的培养基，可以利用喷淋冷却器、板式冷却器、螺旋板冷却器等设备降温。

喷淋冷却器的结构简单，广泛用作连续灭菌的冷却设备。培养基从下部进入冷却器，从上部排出。顶部的喷淋装置将冷却水均匀地淋在水平的冷却排管上，使培养基温度下降。部分淋下的水滴被高温的管壁加热汽化带走大量热量，故传热效率较高，传热系

数约为350J/(m²·s·℃)。

板式换热器由许多带有波纹的金属板叠合而成，冷热流体在相邻的间隙中流动并进行热量交换，它的体积小，传热面积大，传热系数达2300J/(m²·s·℃)，而且可拆开清洗。不过各板的叠合如果不严密会造成染菌，流动阻力也较大。

螺旋板换热器是一种很好的培养基冷却设备，由于培养基在其通道内，物料处于高度湍流状态，因而其所含的颗粒不会发生沉积，一批物料排出后，只要认真清洗，就可保证设备内的清洁。

如图15-17所示为组合换热器进行培养基的连续灭菌的工艺流程示意，灭菌后培养基温度为130℃，而灭菌前经预热后的培养基温度为60℃左右，通过换热器交换后，可使灭菌后的培养基温度降低至80～90℃，而需要消毒的培养基升温至100～110℃，加热器将培养基用蒸汽加热到130℃，冷却器将消毒后的培养基冷却到50～60℃。这是一个非常理想的节能的培养基连续灭菌工艺，目前在丙酮-丁醇连续发酵和维生素C发酵的培养基消毒中有近30年的生产经验，但在对间歇性培养基消毒且培养基浓度较高的连续消毒工艺中，由于消毒初期无灭菌后的高温培养基和消毒结束后设备内的清理困难等原因，限制了它的推广。

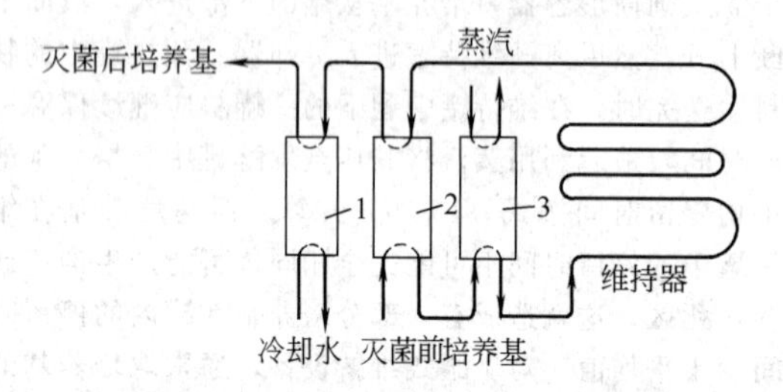

图15-17　组合换热器进行培养基的连续灭菌的工艺流程示意
1—冷却器；2—换热器；3—加热器

2.2.3　培养基灭菌形式比较

由表15-12可知，培养基连续灭菌消毒具有对培养基有效成分破坏少、动力负荷较平均和节约基建投资等优点。只要加强对连续消毒设备运行稳定性操作的管理，染菌问题是可以避免的。从设计角度分析，推荐50m³以上发酵罐的培养基消毒采用连续灭菌工艺，而中小型发酵罐则可采用分批灭菌工艺。

2.3　管道和阀门

发酵生产是一个微生物纯种发酵培养的过程，它有着严格的生产条件，首先生产条件必须是无菌的，培养基必须经过消毒，这就要求发酵罐的附属管道必须要经得住高温的蒸汽反复消毒，保证接触培养液的管道没有任何死区，否则将造成染菌；微生物培养需要大量无菌空气，空气的输送也需要严格的环境，为此对管道的配置和阀门的选用有其独特的设计要求。

表15-12　培养基灭菌形式比较

灭菌方法		连续灭菌	分批灭菌
灭菌效果		好	好
温度		要求连续稳定，加热温度130℃±1℃，保温5～8min	加热温度121℃±1℃，保温20min
蒸汽压力		0.6MPa，压力稳定	0.3MPa
操作难易		通过自控可以稳定生产	较简单
培养基破坏①		受热时间短，破坏少	破坏多，色级高
糖，氮培养基		可先后分开消毒，减少破坏	不能
蒸汽负荷		平均	高
冷却水负荷		平均	高
投资	消毒设备	高	低
	动力设备	低	高
	总投资	低	高

① 因培养基的品种而不一。

2.3.1　配料

发酵培养基的基础料的配制体积为发酵罐容积的50%～60%，然后经连续灭菌或分批灭菌达到发酵培养的消耗体积。目前配料的工艺主要有如下两种。

第一种工艺为配料和预热罐合二为一，培养基通过电梯、电动葫芦或人力运输至操作面，然后进行投料、配制；第二种工艺为配料罐布置在培养基暂存室，采用半地下埋设，操作面在地坪，一边投料，一边加水，连续进行预配制，然后输送至预热罐，在预热罐内再加水调节至合适的体积。

采用第一种工艺的理由是配制的培养基浓度较精确，而采用第二种工艺可限制固体物料在较少的范围内、粉尘易控制且节约劳动力。初看这两种工艺相差不大，但对车间布置关系有着很大的影响。

对于大型发酵工厂而言，推荐培养基的称量和配料在仓库内进行，通过泵输送至车间的预热罐内进行培养基灭菌。这个方案可大大减少固体物料的厂内运输，将固体粉尘限制于仓库区域内，改善车间内的生产环境。

2.3.2　接种

微生物纯种发酵培养一般是二级或三级放大发酵的过程，即培养过程为种子罐→接种罐→发酵罐，将接种罐的无菌接种液接至发酵罐的管道也有两种不同方式，即总管道形式和接种分配站形式。

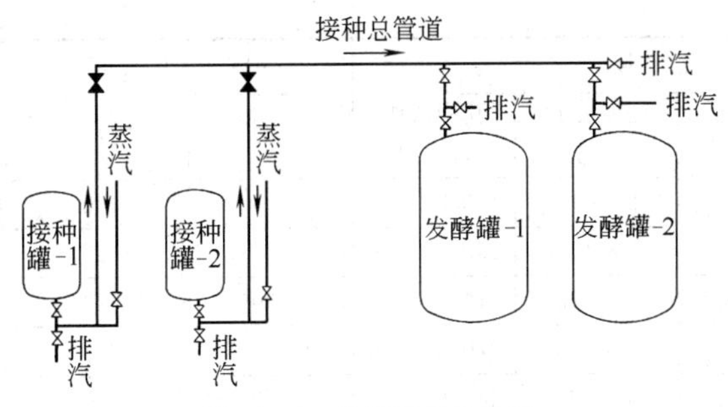

图 15-18　总管道接种流程

总管道接种流程如图 15-18 所示，其操作过程为，在接种前接种罐-1 出料管的蒸汽管打开，通入蒸汽，同时打开发酵罐-1 与接种总管道相连的阀门、发酵罐的排气阀和总管道上的排气阀，对整个管道进行消毒，然后进行接种。总管道接种的管道比较简单，但是在接种时，为防止接种液影响到系统的其他设备，对阀门的位置和管道设计的布置有着较高的要求。

接种分配站流程如图 15-19 所示，如接种罐-1 的接种液需接种至发酵罐-1，仅需开启接种罐-1 的蒸汽，开启接种站接种罐-1 和发酵罐-1 的三通阀门，使蒸汽由发酵罐-1 顶部排出进行消毒，消毒完毕进行接种。这种管道需要有一个由抗生素专用三通隔膜阀组成的接种站，管道的数量比总管道要多。其优点是接种液输送仅与接种有关的设备相关，对其他设备影响甚少。这两种管道设计对抗生素车间的设计风格有着较大的影响。

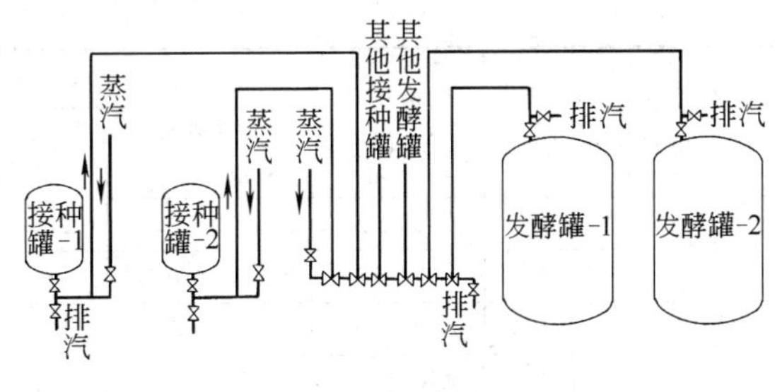

图 15-19　接种分配站流程

2.3.3　抗生素专用阀门

发酵罐物料输送阀门的要求甚严，既要保证在运行时绝对不漏，否则将造成整批物料的染菌，同时要承受定期蒸汽灭菌高温的影响。为了使管道上死角降低到最低限度，为发酵过程设计了专用抗生素两通道阀门（图 15-20），用于发酵罐的空气、物料、排气和蒸汽管道的开启、切断和调节，规格详见表 15-13，该两通道阀门可根据顾客要求在阀门的中部开设排汽口。采用接种分配站进行种子液和培养基的输送时，就必须使用专用抗生素三通道阀门（图 15-20），其规格详见表 15-14。

2.4　测量仪表和控制

发酵过程的自动化依赖于对发酵过程中工艺参数的检测。测量的参数为温度、压力、流量、泡沫（液位）、搅拌转速、功率、浊度、黏度、pH、氧化还原电位、溶解 O_2、溶解 CO_2、排气成分、糖、氮、磷及效价分析。

表 15-13　两通道开孔式抗生素截止阀 YJ41HF-16C. P.

公称直径 DN/mm	公称压力 /MPa	结构长度 L/mm	法兰连接				中心高度 /mm	
			法兰外径 D/mm	法兰厚度 b/mm	法兰孔数 z×φd	孔中心距 D/mm	H	H_1
15	1.6	130±2	95.00±0.43	16±1	4×φ14	65.0±1.6	218	228
	2.5	130±2	95.00±0.43	16±1	4×φ14	65.0±1.6	233	241
20	1.6	150±2	105.00±0.52	16±1	4×φ14	75.0±1.6	258	272
	2.5	150±2	105.00±0.52	16±1	4×φ14	75.0±1.6	275	285
25	1.6	160±2	115.00±0.52	16±1	4×φ14	85.0±1.6	275	292
	2.5	160±2	115.00±0.52	16±1	4×φ14	85.0±1.6	285	300
32	1.6	180±2	135.00±0.62	18±1	4×φ18	100.0±1.6	280	308
	2.5	180±2	135.00±0.62	18±1	4×φ18	100.0±1.6	302	327
40	1.6	200±2	145.00±0.62	18±1	4×φ18	110.0±1.6	330	354
	2.5	200±2	145.00±0.62	18±1	4×φ18	110.0±1.6	355	385
50	1.6	230±2	160.00±0.62	18±1	4×φ18	125.0±1.6	350	380
	2.5	230±2	160.00±0.62	20.0±1.5	4×φ18	125.0±1.6	362	397
65	1.6	290±2	180.00±0.74	18±1	4×φ18	145.0±1.6	400	428
	2.5	290±2	180.00±0.74	22.0±1.5	8×φ18	145.0±1.6	325	345
80	1.6	310±2	195.00±0.74	20.0±1.5	8×φ18	160.0±1.6	355	390
	2.5	310±2	195.00±0.74	22.0±1.5	8×φ18	160.0±1.6	366	420

续表

公称直径 DN/mm	公称压力 /MPa	结构长度 L/mm	法 兰 连 接				中心高度 /mm	
			法兰外径 D/mm	法兰厚度 b/mm	法兰孔数 $z\times\phi d$	孔中心距 D/mm	H	H_1
100	1.6	350±2	215.00±0.87	20.0±1.5	8×ϕ18	180.0±1.6	415	460
	2.5	350±2	230.00±0.87	24.0±1.5	8×ϕ23	190.0±1.6	370	425
125	1.6	400±2	245±1	22.0±1.5	8×ϕ18	210.0±1.6	460	520
	2.5	400±2	270±1	28.0±1.5	8×ϕ25	220.0±1.6	558	608
150	1.6	480±2	280±1	24.0±1.5	8×ϕ23	240.0±1.6	510	580
	2.5	480±2	300±1	30.0±1.5	8×ϕ25	250.0±1.6	611	692
200	1.6	600±2	335.00±1.15	26.0±1.5	12×ϕ23	295.0±1.6	710	795
	2.5	600±2	360.00±1.15	34.0±1.5	12×ϕ25	310.0±1.6	721	806
250	1.6	650±2	405.00±1.15	34.0±1.5	12×ϕ25	355.0±1.6	750	875
	2.5	650±2	425.00±1.15	36.0±1.5	12×ϕ30	370.0±1.6	778	880

注：生产厂为温州金鑫生化阀门有限公司。材料：C表示碳钢；P表示不锈钢。

(a) 两通道　　(b) 三通道

图 15-20　抗生素生产专用阀示例

目前使用比较普遍的是对罐温、罐压、pH、补糖、补水和加油消沫进行测量及自动控制；对空气流量、发酵液体积、溶氧、电机电流和功率进行检测。

由于生化工程的要求，这些检测元件必须能满足蒸汽灭菌且不能对发酵液产生污染的要求。

在生物合成中必须对生长环境中各个控制变量进行综合，并对过程进行监控，得到新的状态变量，如呼吸熵、碳平衡等，利用计算机的在线控制和离线控制，获得最佳的控制效果。

目前国内发酵车间已经普遍使用DCS系统来记录生产过程中各项重要参数，并对目标参数进行自动调控。有些工厂已经进一步将相关数据上传厂部，以达到全厂计算机操控和管理的效果。

表 15-14　三通道抗生素截止阀 YJ43HF-16C. P.

公称直径 DN/mm	公称压力 /MPa	结构长度 L/mm		法 兰 连 接				中心高度 /mm	
		L	L_1	法兰外径 D/mm	法兰厚度 b/mm	法兰孔数 $z\times\phi d$	孔中心距 $D(D_1)$ /mm	H	H_1
15	1.6	130±2	78±2	95.00±0.43	16±1	4×ϕ14	65.0±1.6	218	228
	2.5	130±2	78±2	95.00±0.43	16±1	4×ϕ14	65.0±1.6	233	241
20	1.6	150±2	90±2	105.00±0.52	16±1	4×ϕ14	75.0±1.6	258	272
	2.5	150±2	90±2	105.00±0.52	16±1	4×ϕ14	75.0±1.6	275	285
25	1.6	160±2	96±2	115.00±0.52	16±1	4×ϕ14	85.0±1.6	275	292
	2.5	160±2	96±2	115.00±0.52	16±1	4×ϕ14	85.0±1.6	285	300
32	1.6	180±2	108±2	135.00±0.62	18±1	4×ϕ18	100.0±1.6	280	308
	2.5	180±2	108±2	135.00±0.62	18±1	4×ϕ18	100.0±1.6	302	327
40	1.6	200±2	120±2	145.00±0.62	18±1	4×ϕ18	110.0±1.6	330	354
	2.5	200±2	120±2	145.00±0.62	18±1	4×ϕ18	110.0±1.6	355	385

续表

公称直径 DN/mm	公称压力 /MPa	结构长度 L/mm		法兰连接				中心高度 /mm	
		L	L_1	法兰外径 D/mm	法兰厚度 b/mm	法兰孔数 $z\times\phi d$	孔中心距 $D(D_1)$ /mm	H	H_1
50	1.6	230±2	138±2	160.00±0.62	18±1	4×ϕ18	125.0±1.6	350	380
	2.5	230±2	138±2	160.00±0.62	20.0±1.5	4×ϕ18	125.0±1.6	362	397
65	1.6	290±2	174±2	180.00±0.74	18±1	4×ϕ18	145.0±1.6	400	428
	2.5	290±2	174±2	180.00±0.74	22.0±1.5	8×ϕ18	145.0±1.6	325	345
80	1.6	310±2	186±2	195.00±0.74	20.0±1.5	8×ϕ18	160.0±1.6	355	390
	2.5	310±2	186±2	195.00±0.74	22.0±1.5	8×ϕ18	160.0±1.6	366	420
100	1.6	350±2	210±2	215.00±0.87	20.0±1.5	8×ϕ18	180.0±1.6	415	460
	2.5	350±2	210±2	230.00±0.87	24.0±1.5	8×ϕ23	190.0±1.6	370	425
125	1.6	400±2	240±2	245.00±1	22.0±1.5	8×ϕ18	210.0±1.6	460	520
	2.5	400±2	240±2	270.00±1	28.0±1.5	8×ϕ25	220.0±1.6	558	608
150	1.6	480±2	288±2	280.00±1	24.0±1.5	8×ϕ23	240.0±1.6	510	580
	2.5	480±2	288±2	300.00±1	30.0±1.5	8×ϕ25	250.0±1.6	611	692

注：生产厂为温州金鑫生化阀门有限公司。材料：C 表示碳钢；P 表示不锈钢。

控制系统采用集散型微机，它是一种中小规模DCS控制系统，由操作工作站现场控制（或监视）单元、信号转换单元、通信总站组成，系统可靠性高，具有良好的人机接口界面。

生化反应过程中，补料和调节pH是一个较为复杂的系统，一般采用流量计测量加之调节阀补料，也有使用计量泵定量控制流量或采用定量小罐脉冲定数补料。

为了保证计算机控制顺利完成操作，稳定和优质的仪表是关键，仪表的测量点的位置应根据罐内发酵液的流型进行合理的布点，以避免参数仪表示局部的指标，此外仪表使用一段时间后的纠偏也十分重要。

为了更好发挥计算机控制的长处，尽可能完美地确定工艺目标数据和开展对发酵生化机理的研究越来越显得重要。

3 设计实例

3.1 范围和用途

中石化上海工程有限公司（原上海医药工业设计院）自20世纪90年代初就开始了对新型发酵罐进行系统研究和开发，为了更好地将生产厂的先进发酵罐装备和国外的成熟经验向国内同行进行宣传，成立了全国发酵罐及其系统设计协作组，重点对新型搅拌叶轮和传动装置进行研究及提高。应该说明，目前对发酵罐的传热和搅拌功率计算虽有了理论的计算方法，但由于尚不能完全掌握发酵的流变学特性，加之对菌种的生长的发酵动力学模型也有一个摸索和提高认识的过程，因而目前发酵罐的设计尚处于理论计算和实践经验相结合的阶段。

早在1992年该公司在乙酰螺旋霉素、青霉素、黄原胶、可的松、酶制剂、柠檬酸、维生素B、利福霉素、赤霉素、红霉素、泰乐菌素及中药保健品等品种中就采用了新型搅拌叶轮的发酵罐，抗生素发酵罐的最大容积为500m³，有机酸发酵罐的最大容积为520m³。搅拌器为轴向流和径向流的组合。该搅拌器也适用于低通气量的发酵品种，如各种球状菌、丝状菌、真菌的发酵罐和气、液、固多相反应的反应器，该组合搅拌器在高黏度的发酵罐中同样取得了良好效果（如黄原胶发酵罐）。用于生产的新型发酵罐见表15-15。

表 15-15 用于生产的新型发酵罐

序号	发酵罐容积 /m³	发酵罐几何尺寸 /mm	规格	用于品种	备注
1	25	ϕ2400×4500	55kW 138r/min 六弯桨叶+SPIDI-轴Ⅰ型	可的松氧化反应罐	
2	50	ϕ3200×7000	95kW 130r/min 六弯桨叶+SPIDI-轴Ⅰ型	可的松氧化反应罐	

续表

序号	发酵罐容积/m^3	发酵罐几何尺寸/mm	规格	用于品种	备注
3	50	ϕ3200×5500	75kW 135r/min 喷射搅拌+SPIDI-轴Ⅰ型	乙酰螺旋霉素	
4	65	ϕ3200×7500	132kW 129r/min 六直叶+SPIDI-轴Ⅰ型	红霉素	
5	100	ϕ3600×9000	155kW 129r/min SPIDI-径Ⅰ型+SPIDI-轴Ⅱ型	赤霉素	
6	110	ϕ3600×10000	220kW 105r/min SPIDI-径Ⅰ型+SPIDI-轴Ⅱ型	泰乐菌素	
7	120	ϕ3800×10500	255kW 115r/min SPIDI-径Ⅰ型+SPIDI-轴Ⅱ型	黄霉素	
8	130	ϕ4000×10500	350kW 96r/min SPIDI-径Ⅰ型+SPIDI-轴Ⅱ型	黄原胶	
9	150	ϕ4200×10000	215kW 110r/min 六弯桨叶+SPIDI-轴Ⅰ型	利福霉素	
10	150	ϕ4200×10000	500kW 120r/min SPIDI-径Ⅰ型+SPIDI-轴Ⅰ型	金霉素	
11	160	ϕ4300×11000	500kW 125r/min SPIDI-径Ⅱ型+SPIDI-轴Ⅰ型	7-ACA	
12	180	ϕ4500×11200	315kW 105r/min SPIDI-径Ⅰ型+SPIDI-轴Ⅱ型	泰乐菌素	
13	350	ϕ6000×12000	280kW 80r/min SPIDI-径Ⅰ型+SPIDI-轴Ⅰ型	赖氨酸	
14	500	ϕ6400×14400	710kW 90r/min YA-30上三层+YR-20下一层	红霉素	
15	520	ϕ6800×13400	450kW 80r/min YA-30上三层+YR-20下一层	苏氨酸、谷氨酸	

3.2 生化反应罐

氢化可的松是重要的激素产品，每年出口为国家赢得了大量外汇，某厂原有 15m^3 氧化反应发酵罐，通气比为1∶(0.1～0.2)，搅拌为涡轮式叶轮，消毒工艺为实消。

氢化可的松氧化发酵罐的功能是将空气均匀分散于液相中，在微生物的催化下进行氧化反应，提高气液相的分散效果，提高氧的溶氧浓度和传质速率。新设计的 25m^3 发酵罐设备直径为 2400mm，直筒高度为 5000mm，采用三挡搅拌器，底层为带圆盘的六弯桨叶涡轮，上层和中层为 SPIDI 型轴向流搅拌器，搅拌转速为 138r/min，电机功率仍为 55kW，经过多年来的实践，证明该搅拌系统有以下优点。

① 整个罐体的发酵液得到较均匀混合，由于径向流和轴向流搅拌器组合加强了气泡的分散，提高了发酵液中的溶氧浓度，提高了氢化可的松氧化反应的收率。

② 经实际测定，实耗电流有所下降，能耗有所降低。

③ 由于采用了轴向流和径向流组合搅拌器，强化了宏观混合，减少了由于操作人员和物料理化性质带来的反应收率的波动，缩小罐批之间的质量波动，稳定了生产的技术经济指标。

为扩大生产，厂方要求将氢化可的松的氧化发酵罐放大至 50m^3，该容积生化反应罐在当时我国氢化可的松生产中是最大的。在总结 25m^3 发酵罐基础上进行放大设计，放大设计对罐体的几何尺寸、传质传热效率、搅拌器的混合时间、溶氧速率、气泡占容和搅拌器对菌体的剪切力等因素进行了综合考虑。最终确定罐体直径为 3200mm，筒体高度为 7000mm。采用外盘管进行传热，采用一挡新型径向流搅拌器以提高气泡的分散度，上层和中层采用改进型的轴向流搅拌器，搅拌转速为 130r/min，单位体积的功率较 25m^3 罐进一步下降，采用 95kW 电机。经过实践证明，50m^3 氢化可的松氧化发酵罐的反应收率进一步得到提高，单位体积发酵液所消耗功率继续下降；操作稳定性也获得满意的效果，提高了劳动生产率，降低了反应的生产成本，取得了较好的效果。

该发酵罐的设备设计，采用外盘管作为传热面，取消了内蛇管，使罐内变得空畅，增加约 1.5%的体积，且方便清洗，对减少罐内染菌起到有益的帮助；外盘管不仅获得了良好的传热效果，而且也可作为罐体的加强圈，大大减少直筒体的壁厚，节约材料，降低造价；搅拌轴上增设稳定器，可减少轴的晃动，取消 $50m^3$ 发酵罐中的底轴承；采用三分式的联轴器，方便搅拌轴的检修。

3.3 抗生素发酵罐

抗生素发酵罐是抗生素工业中的关键设备，对发酵水平和能耗高低起到至关重要的作用，一直是发酵工业的重要关注点。

3.3.1 红霉素发酵罐

现对某厂设计的 $65m^3$ 红霉素新型发酵罐作简要介绍。

① $65m^3$ 红霉素发酵罐主要技术参数见表 15-16。

表 15-16　$65m^3$ 红霉素发酵罐主要技术参数

参数	数值	参数	数值
设备直径	3200mm	电机功率	132kW
筒体高度	7500mm		
搅拌叶轮（组合叶轮）	一挡直叶涡轮（径向流）三挡 SPIDI-轴Ⅰ型（轴向流）	传热	四组外盘管、六块平板式内蛇管（兼作全挡板）
搅拌转速	129r/min	传动	低噪声减速机

在各方面科技人员全力支持和合作下，发酵罐运行正常，设备维修工作量极小，生产环境的噪声大大低于原有 $50m^3$ 发酵罐，发酵单位提高了 70%左右。根据统计，发酵单位的波动大大小于原有 $50m^3$ 发酵罐，且能量消耗、罐批之间波动性均得到了优化。

② $65m^3$ 发酵罐的结构设计特点如下。

a. 搅拌器下端部，设置了稳定器，可使搅拌系统的振动大为降低。

b. 搅拌轴的支承取消了底轴承，利用减速机的轴承及机架上的轴承作为主要支承点，又在罐内设置一个中间轴承作为第三个支承点。

c. 该罐所选用的机械密封，采用静环为剖分式的 202F 型单端面小弹簧外流式机械密封，可在不拆卸带短节联轴器及机架轴承的情况下，更换机械密封的静环，缩短维修时间，减轻劳动强度。

d. 传热系统采用外半圆盘管与内平板传热挡板相结合，外半圆盘管为四组。经实践证明，半圆盘管内的冷却水能保持高度湍流，以获得较高的给热系数，同时也考虑到适当的流速，避免阻力降过高，引起动力消耗增大。

e. 发酵液的冷却，夏天使用低温水，冬天使用循环水。为延长循环水冷却使用时间，降低全年耗能费用，经计算后认为，单纯采用外半圆管作为发酵罐的传热面积不足，因此加设六组内排管增加传热面积，此排管采用直排结构，使其同时能起到全挡板的作用，不必在罐内另行设置挡板。

f. 为便于布置冷却水接管，六组内排管通过两组外半圆管连接，使冷却水的进出口与外半圆管的进出口保持一致的方向。

g. 为减少罐内的管道，取消了通常采用的视镜冲洗管，采用有冲洗口的带灯视镜。

h. 为方便发酵罐的清洗，对罐内壁及罐内部件均采取抛光处理。

3.3.2 赤霉素发酵罐

某生化药厂 $100m^3$ 赤霉素发酵罐，设备直径为 3600mm，直筒高度为 9000mm，采用一挡径向流和三挡轴向流的新型 SPIDI 型组合搅拌器，搅拌转速为 120r/min，电机功率为 155kW，投入运行后取得了较好的效果，赤霉素发酵单位提高了 10%。在总结该设备设计和使用效果时认为：由于新型组合叶轮在同样功率消耗的情况下，提供了较高的溶氧浓度，不但满足了菌体生长的需要，而且还有富余，特别在前期菌种长势较为理想，如果能得到补料等工艺条件的配合，发酵单位还可进一步提高。经多批试验，发酵周期在 72h，发酵单位已比原有水平提高 100U/mL；至 120h，发酵水平比原有搅拌系统有明显的提高；至 160h 时发酵单位的增长有所减缓，也就是说该新型组合搅拌器为缩短该品种的发酵周期提供了可能，因而生产厂在调整生产工艺补料条件下，将发酵周期从原来 7 天缩短为 6 天，从而使发酵指数有明显提高。同时该公司配合厂方对搅拌叶轮进一步优化，实测功率进一步下降，发酵效果又有提高。该 $100m^3$ 发酵罐主要技术参数如下。

直径	3600mm
筒体高度	9000mm
传热面积	$140m^2$
搅拌转速	129r/min
设计功率	155kW
搅拌器	一挡 SPIDI-径向Ⅰ型叶轮三挡 SPIDI-轴向Ⅱ型器
传动	减速机

3.3.3 泰乐菌素发酵罐

某制药公司泰乐菌素原采用 $30m^3$ 发酵罐，使用三层六弯叶搅拌叶轮。由于产品供不应求，2003 年投入 $120m^3$ 发酵大罐，设备直径为 3800mm，直筒高度为10000mm，采用一挡径向流和三挡轴向流的SPIDI新型组合搅拌器，搅拌转速为105r/min，电机功率为220kW，运行后第一批就取得了较好的效果，经测算平均发酵单位较原$30m^3$发酵罐提高30%，发酵周期由原来8天缩短为7天，放料系数提高4%，诸因素叠加使发酵指数提高50%，而每立方米发酵液消耗的电能仅为原来的64%。

由于市场的需要，该公司又委托上海亚达发搅拌器有限公司提供$180m^3$发酵罐的搅拌系统，该罐直径为4500mm、直筒高度为11200mm，也采用一挡径向流和三挡轴向流，叶轮为SPIDI改进型组合搅拌器，搅拌转速为105r/min，电机功率为315kW，多台发酵罐合用一套变频装置，供实罐消毒时低速运行，这样电机功率的确定，仅需考虑正常运行时的功率消耗，无需考虑实消时处于不通气状态下需要较大的搅拌电能消耗，从而减少了一次性投资费用，提高了电机的运行效率。该罐投入运行后发酵指数又取得提高10%的良好效果。由于发酵水平不断提高和能耗持续降低，因而企业的市场竞争力不断提高，该公司将再增添8台$180m^3$大罐。各项技术指标的提高见表15-17和表15-18。

表15-17 泰乐菌素发酵指数增长

名称	单位	老车间	一期工程	二期工程	三期工程（预期）
发酵罐容积	m^3	30	120	180	180
发酵罐总容积	m^3	240	960	1440	1440
发酵指数	t/(m^3·年)	0.208	0.313	0.347	0.382
增长比例	%	100	150	167	184

表15-18 泰乐菌素发酵罐节电效果表

名称	单位	老车间	一期工程	二期工程	三期工程（预期）
发酵罐容积	m^3	30	120	180	180
发酵罐指数	t/(m^3·年)	0.208	0.313	0.347	0.382
放罐系数	%	75	80	83	85
电机	kW	75	230	315	280～315
单位体积能耗	kW/m^3	3.0	1.92	1.75	1.55～1.75
用电量	%	100	64	58.3	51.6～58.3

参考文献

[1] 俞俊棠，唐孝宣主编. 生物工艺学. 上海：华东理工大学出版社，1992.

[2] 邬行彦. 抗生素生产工艺学. 北京：化学工业出版社，1995.

[3] 樊晓宇. 大型发酵罐设计中值得注意的问题. 化工与医药工程，2011，35（5）：1-4.

[4] 彭守兴. 大型发酵罐的改进设计. 化工与医药工程，2002，23（3）：7-10.

[5] 石荣华. 生物发酵装置的节能. 化工与医药工程，2004，25（5）：1-3.

[6] 石荣华，虞军. 大型发酵罐设计及实例. 化工与医药工程，2002，23（1）：5-10.

第16章 液体搅拌

搅拌操作过程是化工、石油化工、医药、食品工业中最常见的操作过程之一，其目的是使两种或两种以上的介质能达到最大程度的接触，从而在预定的时间内完成所需要的混合、传质、传热或反应过程，或同时进行上述两个以上的过程。搅拌操作中所涉及的介质可能是液体、气体和固体，但以液体为主。

搅拌过程的基本作用是混合。研究表明，无论是搅拌机理，还是具体的搅拌器结构设计和搅拌功率计算，都和参与搅拌过程的介质性质有密切的关系。因此，工程设计中，搅拌类型可基本分为均相液液调和、非均相液液分散、气液分散和混合以及固液悬浮搅拌四大类。本章仅对这四种搅拌类型的物理过程进行分析，并给出可应用于工程实际的基本设计方法。

由于搅拌工况影响因素很多，并需有实验支持，因此一般由工程公司提出工艺设计条件，由专业搅拌器公司完成设计、制造。

在现代工业生产中，搅拌操作对象各异，有些是牛顿型流体，有些是非牛顿型流体。非牛顿型流体的黏度不仅与温度有关，而且与剪切速率有关，其搅拌特性不同于一般的牛顿型流体。目前，非牛顿型流体的搅拌特性研究工作做得尚不充分，本章第 8 节对非牛顿型流体的搅拌过程给出一些参考的设计方法。其他各节中，如不加说明，其内容是针对牛顿型流体而言的。

1 液体搅拌机理

液体搅拌的目的是使参与搅拌的各物料能充分混合，它既可以是独立的流体力学范畴的单元操作，又往往伴随着各种化工单元操作和传质传热过程，如化学反应、吸收、萃取、溶解、结晶、发酵等。搅拌过程可使被搅拌的诸介质充分混合，充分接触，以达到近乎均质状态，增大分散相的有效接触面积，降低分散相周围的液膜阻力，以及增大传热传质速率。搅拌过程的影响因素复杂繁多，但是考虑其要点，就是要知道设备的流体处于什么样的流动状态和流动强度。基于上述观点，可采用以搅拌介质的相态将搅拌过程进行分类予以讨论。下面就按均相液液混合、固液悬浮搅拌、非均相液液分散及气液相分散和混合四种搅拌过程的机理分别进行分析。

1.1 均相液液混合

参与均相液液混合的液体必然是互溶的流体，搅拌操作的目的是使两种或两种以上的互溶物料达到分子级的均匀混合。互溶物料之间不存在物相界的分界面，在混合过程中，对物料流动时的剪切速率要求不高，但要求达到充分的对流循环。首先，在整个搅拌槽内应该做到无死角，使槽内各处流体的流动均匀。然后，还要求流体的流动达到一定的湍流强度，以使得物料能在短时间内被均匀混合。

在均相液液混合过程中，两种物料首先以块团的形式相互结合。随着搅拌的进行，这些块团被逐渐打碎而变小，但每一个块团仍是同一种物料，这个过程称为宏观混合过程。在宏观混合过程中，实际上已开始了两种物料块团间的分子量级的相互扩散，只不过这种扩散过程同块团被打碎而变小的过程相比不占主要地位。当物料的块团足够小以后，搅拌继续进行时，两种物料块团间的分子量级的扩散过程开始占主要地位，这个过程称为微观混合过程。正是在微观混合过程中，两种物料的均匀调和操作才最终完成。

对于不同黏度的物料以及在不同的流动状态下，宏观混合过程和微观混合过程所需要的时间是有区别的。研究表明[2]，对于如水等低黏度流体，在湍流状态下，两种物料块团间的分子量级的扩散过程作用很快。因此，调和操作所需要的时间将主要由宏观混合过程所决定。而对于高黏度流体在层流状态下的搅拌操作，宏观混合过程和微观混合过程所需要的时间大致相当。

对宏观混合过程起主要作用的是搅拌槽内物料的循环流动，即物料在搅拌叶轮高速旋转的作用下而排出，然后又被叶轮吸入，反复这样进行的过程。物料在搅拌槽内的循环流量与桨叶的排出量有关系，为了研究叶轮的排出量和对物料所形成的循环流量，定义两个无量纲特征数。

排量特征数 $$N_{qd}=\frac{Q_d}{Nd_j^3} \tag{16-1a}$$

循环量特征数 $$N_{qc}=\frac{Q_c}{Nd_j^3} \tag{16-1b}$$

式中 Q_d——搅拌器的排量，m^3/s；

Q_c——搅拌器的循环量，m^3/s；

d_j——搅拌器的直径，mm；

N——搅拌器的转速，r/s。

实验证明，这两个特征数均与搅拌器的结构型式和雷诺数 Re 有关，且在湍流区，各种桨叶的这两个特征数都各自保持为定值。因此，这两个特征数可以反映流体的宏观混合过程。

均相液液混合操作的效率可用混合时间数来表示，即

$$\theta = T_m N \tag{16-2}$$

式中 T_m——完成液液混合操作所需要的时间（简称均化时间），s。

混合时间数 θ 越小，表明该搅拌器的搅拌效率越高。从上式可以看出，混合时间数 θ 的物理意义是完成液液调和操作搅拌器所需要转过的圈数。日本的永田进治等通过对实验数据进行分析，得到的结论是[1]，在给定搅拌器的结构尺寸和雷诺数 $Re>5\times10^3$ 的范围条件（即流体流动为湍流状态）下，混合时间数 θ 是一个常数，且可用式（16-3）表示。

$$\frac{1}{T_m N}=k\left[\left(\frac{d_j}{D}\right)^3 N_{qd}+0.21\frac{d_j}{D}\left(\frac{N_p}{N_{qd}}\right)^{\frac{1}{2}}\right]\left\{1-\exp\left[-13\left(\frac{d_j}{D}\right)^2\right]\right\} \tag{16-3}$$

式中 k——常数，可取 $k=0.092$；

d_j——搅拌器直径，mm；

D——搅拌槽内径，mm；

N_{qd}——排量特征数，估算时可取 $N_{qd}=0.4$；

N_p——功率特征数(见本章第5节)，可取 $N_p=0.32$。

式（16-3）中，排量特征数 N_{qd} 表示搅拌器在一定转速下排出物料的能力，该值与搅拌器的结构和雷诺数 Re 有关。如图16-1所示为开启式四叶折叶涡轮搅拌器的 N_{qd}-Re 关系曲线[6]。当流体为高黏度时，流动状态一般为层流。此时，由实验证明搅拌时间数与雷诺数 Re 无关，而仅与搅拌器的结构型式有关，螺带式和螺杆式搅拌器的搅拌时间数 $T_m N$ 见表16-1[1]，可供设计时参考。

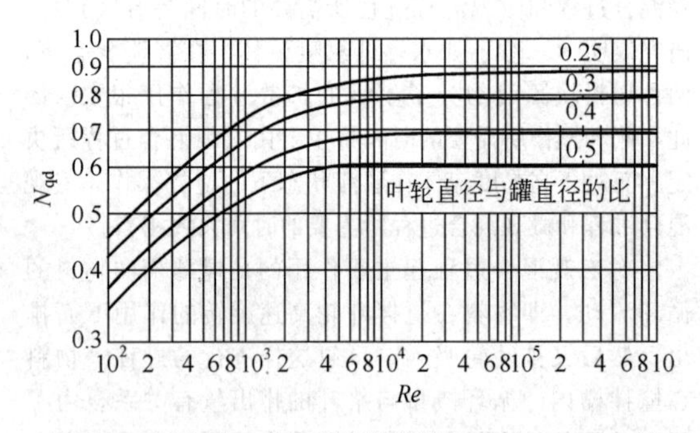

图16-1 开启式四叶折叶涡轮搅拌器（$b/d_j=0.2$）的 N_{qd}-Re 关系曲线

1.2 固液悬浮搅拌

固体物料在液体物料中的悬浮操作的目的是使固体的分布较为均匀，从而按工艺要求完成溶解、结晶、混合调配等化工过程。如无搅拌器的作用，每一种固体颗粒放在一定黏度的液体中，存在一个极端沉降速度 u_t，该数值与固体颗粒的大小有关，实验得到的两者关系如图16-2所示。固体物料在搅拌器的旋转作用下获得一定的运动速度，以克服其极端沉降速度而悬浮在液相物料中。

在工程应用中，可以依固体颗粒在槽内的分布程度将固液悬浮操作分为10个搅拌级别[7]，其分级效果见表16-2。

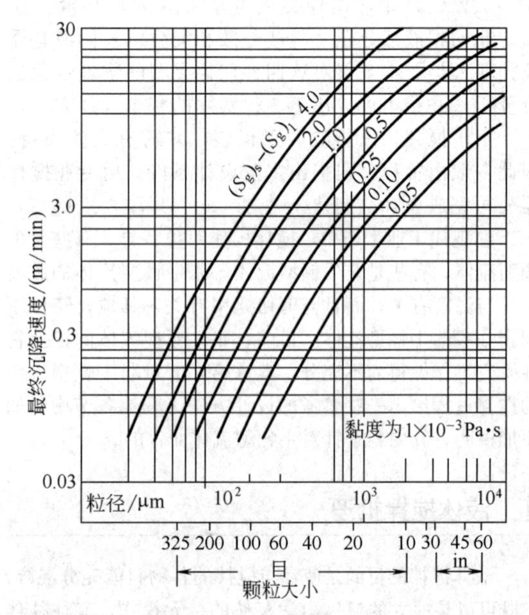

图16-2 固体颗粒大小与极端沉降速度的关系

$(S_g)_s$—固体颗粒的密度，g/cm³；

$(S_g)_l$—无固体存在时的液体密度，g/cm³

表16-1 层流状态低速搅拌器的混合性能

搅拌器结构型式	尺寸特性				动力特性 N_pRe	混合性能 T_mN
	d_j/D	s/d_j	h/D	b/D		
螺带式	0.95	1	0.95	0.1	300	33
螺带式	0.90	0.75	0.84	0.1	413	25.3
螺杆式①	0.65	1.39	0.90	—	200	45
螺杆式②	0.32	1	0.95	—	416	220

① 导流筒 $D'/D=0.7$。

② 偏心安装 $e/d_j=0.083$。

注：h 表示桨叶在搅拌轴向的高度；D 表示搅拌槽的直径；e 表示桨叶离搅拌槽内壁的间隙；s 表示螺距；$2b$ 表示叶片宽度。

表 16-2 中所列的 10 个搅拌级别，级别越高，液体中固体颗粒的分布越均匀。决定固体颗粒在液体中悬浮程度的主要因素是液体的湍流程度，即液体的流速。对于一定固体颗粒所具有的沉降速度，槽内液体必须达到一定的流速，才能使得固体悬浮操作对应于表 16-2 中所列的某一级别。另外，如槽内液体仅进行圆周流动，则要使固体悬浮操作达到较高的级别，往往难以做到。对于 5 级以上的操作，槽内液体还需具有一定的轴向流动速度，或者在搅拌槽内有多个搅拌器沿槽高按一定的间距分布，以使液体能带动固体颗粒在液体中分布得比较均匀。

搅拌槽内流体的流速和湍流强度是由搅拌器转速决定的，而为了完成某一级别的固液悬浮操作，固体颗粒的极端沉降速度越大，显然所需要的搅拌器转速也越大。因此，文献 [7] 对于四叶折叶开式涡轮给出关联式 [式 (16-4)]。

$$\phi=\frac{1.3\times10^{-3}N^{3.75}d_j^{2.81}}{u_d} \tag{16-4}$$

式中 u_d——固体颗粒的设计沉降速度，m/min，$u_d=f_w u_t$；
u_t——固体颗粒的极端沉降速度，m/min；
f_w——校正系数，见表 16-3；
ϕ——系数，查图 16-3；
d_j——搅拌器直径，m；
N——搅拌器转速，r/min。

对于推进式搅拌器，保证固体颗粒全部离开槽底的临界转速可用式 (16-5) 计算[3]。

$$N_c=\frac{\pi(D^2-d_j^2)}{2.2D^3\left[1+\frac{0.16(D^2-d_j^2)}{D^2}\right]}\left(\frac{d_p}{d_j}\right)^c\times\left[\left(\frac{G_a}{0.75a}\right)^{\frac{1}{2-b}}\frac{\mu_l}{\rho_l d_p}\right]f(\varepsilon) \tag{16-5}$$

$$f(\varepsilon)=0.035(1-\varepsilon)^{\frac{1}{3}}$$

式中 D——搅拌槽内径，m；
d_j——搅拌器直径，m；
N_c——搅拌器的临界转速，r/s；
d_p——固体颗粒直径，m；
G_a——Galileo 数，$G_a=\frac{d_p^3\rho_l g(\rho_s-\rho_l)}{\mu_l}$；
ρ_l——液体密度，kg/m³；
ρ_s——固体密度，kg/m³；
μ_l——液体黏度，Pa·s；
ε——固液悬浮液中液体体积分率；
a，b，c——常数，$c=-1.2$，$b=1.0\sim0$，$a=24\sim0.44$（对应于 b）。

表 16-2 固液悬浮搅拌操作的分级效果

搅拌级别	分级效果
1～2	只适用于颗粒最低程度悬浮情况，其搅拌效果是，使具有一定沉降速度的颗粒在容器中运动，使沉积在槽底边缘的颗粒进行周期性悬浮
3～5	适用于多数化工过程对颗粒悬浮的要求，固体的溶解是一个典型的例子；3 级搅拌的效果是，使具有一定沉降速度的粒子全部离开槽底，使浆液容易从槽底放出
6～8	可使悬浮程度接近均匀悬浮；6 级的搅拌效果是，使 95% 料层高度的浆料保持均匀悬浮，使料液可从 80% 料层高度排出
9～10	可以使颗粒达到最均匀的悬浮；9 级搅拌的效果是，使 98% 料层高度的浆料保持均匀悬浮，用溢出方式可将料液放出

表 16-3 液体中固体颗粒沉降速度的校正因子 f_w

固体在混合液中的含量/%	f_w	固体在混合液中的含量/%	f_w	固体在混合液中的含量/%	f_w
2	0.8	20	1.10	40	1.55
5	0.84	25	1.20	45	1.70
10	0.91	30	1.30	50	1.85
15	1.0	35	1.42		

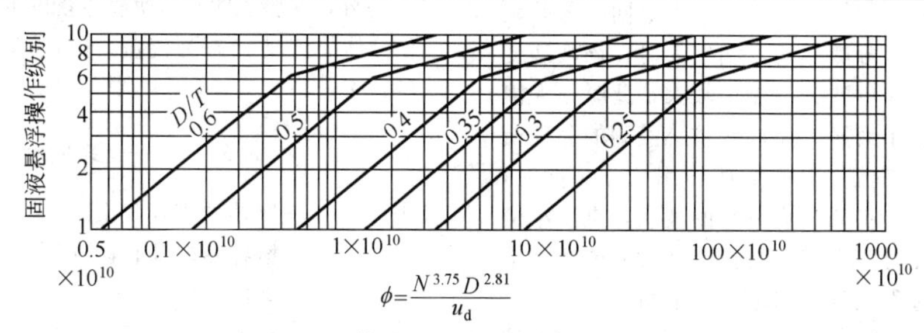

图 16-3 系数 ϕ 与固液悬浮操作级别的关系

式（16-5）的误差为10%～15%，当要求固体颗粒全部离开槽底时，可取实际搅拌器转速为

$$N=1.15N_c$$

使固体颗粒完全悬浮的搅拌器转速也可用式（16-6）估算[15]。

$$N_{cl}=KD^{-\frac{2}{3}}d_p^{\frac{1}{3}}\left(\frac{\rho_s-\rho_l}{\rho_s}\right)^{\frac{2}{3}}\left(\frac{\mu_l}{\rho_s}\right)^{-\frac{1}{9}}\left(\frac{V'_p}{V_p}\right)^{-0.7} \tag{16-6}$$

式中 N_{cl}——临界浮游转速，r/min；

K——系数，与搅拌槽的结构有关[3]，无挡板时$K=189$，有挡板时$K=199$，有底部挡板时$K=142$；

d_p——固体颗粒直径，mm；

ρ_l——液体密度，g/cm^3；

ρ_s——固体密度，g/cm^3；

V_p——固体颗粒的真比容，m^3/kg；

V'_p——固体颗粒的假比容，m^3/kg。

1.3 非均相液液分散

非均相液液分散是指两种不互溶的液体进行混合。由于两种液体不互溶，故在它们之间总存在物相界的分界面。一般来说，在非均相液液分散操作中，总有一种液体的体积分数较大，这种液体称为主液相，而另一种体积分数较小的液体称为分散相。这种操作的目的是使分散相液体能以尽可能小的液滴均匀分散到主液相中，即使两相获得最大的接触面积。无论是反应、传热或传质过程，参与的两相总是以接触面积越大越有利。

研究表明，当搅拌器达到一定的转速后，在开始阶段，两种液体的两相分界线在流动过程中会逐渐消失，当搅拌器的转速继续加大，随着搅拌过程的进行，大的分散相液团或液滴会被桨叶的旋转和液体的流动所打碎。同时，在液体本身所具有的黏度和表面张力的作用下，较小的液滴会再次聚合成较大的液滴，这两个过程总是在同时进行，不同的只是哪个过程占主要地位。较大的液滴被打碎的能量来自流体流动时具有的分裂能，而较小的液滴聚合成较大液滴的能量来自液体本身的黏性能和表面能。流体的分裂能需要靠搅拌叶轮旋转时对液体所作用的剪切力来提供，该剪切力随叶轮的转速提高而增大，同时与叶轮本身的结构有关。当分散相的液滴较大时，该液滴受到的周围流体对其作用的分裂能也较大，此时，大液滴容易被分裂成较小液滴。如这些较小液滴的黏性能和表面能仍小于周围流体对它们所作用的分裂能时，这些较小液滴会进一步分散成更小的液滴，直至小液滴所受到的分裂能与其本身的黏性能和表面能达到平衡，液液分散的过程也就达到了动态平衡。

由于液体的黏性能与液体的黏度有关，表面能与液体的表面张力有关，因此，在非均相液液分散操作中，分散相的黏度越大，表面张力越大，将越不容易分散。

为了使两种液体的两相分界线消失，搅拌器所需要的最低转速称为搅拌器的临界转速，对于六叶平直叶涡轮、45°折叶涡轮和推进式搅拌器，该转速可用式（16-7）估算[8,9]。

$$N_c=C_1\left(\frac{D}{d_j}\right)^{\alpha_1}\left(\frac{\mu_c}{\mu_D}\right)^{\frac{1}{9}}\left(\frac{\Delta\rho}{\rho_c}\right)^{0.25}\left(\frac{\sigma}{d_j^2\rho_c g}\right)^{0.3}\left(\frac{d_j}{g}\right)^{-\frac{1}{2}} \tag{16-7}$$

式中 N_c——临界转速，r/s；

μ_c——连续相液体物料的黏度，Pa·s；

μ_D——分散相液体物料的黏度，Pa·s；

$\Delta\rho$——两相密度差的绝对值，kg/m^3；

ρ_c——液液相操作时连续相的密度，kg/m^3；

σ——两相界面张力，N/m；

g——重力加速度，m/s^2；

C_1，α_1——系数，对于六叶平直叶开式涡轮，当$C/H=1/4$时，$C_1=3.178$，$\alpha_1=1.625$，当$C/H=1/2$时，$C_1=3.996$，$\alpha_1=0.881$；

C——搅拌器离槽底的距离，m；

H——液面高度，m。

实验结果与式（16-7）的计算结果对比发现，实验所需的临界转速比计算结果最多大20%，故在实际工程应用时，将式（16-7）的计算结果乘以1.2即可使两种液体的两相分界线消失。

实验结果又表明，对于六叶平直叶涡轮、45°折叶涡轮和推进式搅拌器三种搅拌器，所需的临界转速是依次递增的。由于在相同的转速下，这三种搅拌器旋转时对液体所产生的剪切力依次减小，故进一步说明对于非均相液液分散操作来说，搅拌器对液体所产生的剪切力将起主要作用。

但在工程应用中，仅使两种液体的两相分界线消失往往是不够的，有时还需分散相以较小的液滴直径分布在连续相中，甚至有时要求使两相混合成乳液状。因此，当要求非均相液液分散操作的混合效果较好时，一般应使搅拌叶轮的叶端线速度满足式（16-8）。

$$v\geqslant 5\sim 7\text{m/s} \tag{16-8}$$

另外，实验表明，为使液体获得足够的分裂能，还应使液体的流动状态为湍流。因此，须使雷诺数满足式(16-9)。

$$Re=\frac{Nd_j^2\rho}{\mu}\geqslant 2000 \tag{16-9}$$

式中 d_j——搅拌器直径，m；

N——搅拌器转速，r/s；

ρ——密度，kg/m^3；

μ——黏度，Pa·s。

1.4 气液分散和混合

在非均相的气液搅拌操作过程中，其目的可能仅为分散，也可能是通过气液分散而进行传质、反应或传热。气体在通入液体后，如无搅拌器的搅拌作用，气体将以较大的气泡直接由下而上通过液体而逸出。在这种情况下，气体和液体之间没有进行良好的接触，将不能达到预先设计的化工工艺过程。通过搅拌器的旋转作用，一方面将液体中的大气泡打碎，可增加气液两相的接触表面积；另一方面，在液体的旋转翻腾作用下，可增加气体与液体的接触时间。在这两方面中，将大气泡打碎，增加两相的接触表面积是主要的。

当搅拌器在含有气体的液体中旋转时，将通过两种方式使气体分散。第一种方式是搅拌器直接将一部分气泡打碎；第二种方式，由于在旋转搅拌器的叶片背面存在负压而形成气穴，气穴在随搅拌器旋转时，在气液两相惯性力的作用下被破碎，变成小气泡。这些小气泡被叶轮排出后，随液体流动而到达搅拌槽内的气体区域。同时，其他区域内的气体和液体又被吸入叶轮区，重复上述过程。在搅拌槽内远离搅拌器的区域，一部分已被打碎的小气泡会重新聚并。当气泡被打碎和聚并的两个相反过程达到相对平衡时，搅拌操作即进入稳定状态。在这个气体分散过程中，第二种过程是起决定作用的。如在物料中加入某些表面活性剂，则可有效降低远离搅拌器区域中小气泡的聚并。

在通气速率一定的条件下，当搅拌器的转速较低，没有达到一定值时，可以看到，大部分气泡没有被打碎，直接从通入口上升到液面而逸出，这种现象称为气泛。当搅拌器的转速达到一定值时，气泛现象会消失。这时，气泡会被打碎，并在搅拌器的搅拌作用下，流动到槽壁处。但在槽内的某些区域，气泡仍不能到达，如在叶轮的下方。继续增大搅拌器的转速，气泡会变得更小，同时，气泡会分布到整个槽内的所有区域，这时，称达到了完全分散状态。使气泛现象正好消失时的搅拌转速称为泛点转速 N_F，而达到完全分散状态时的转速称为临界分散转速 N_0。从气泛现象消失到完全分散状态之间有一个过渡区，在这个过渡区内，当搅拌器转速提高时，液体中的持气量 Φ 也会增加。当处于完全分散状态以后，再提高搅拌器的转速，持气量将基本不变。实验表明，一般情况下，气液操作的合适载气条件较窄，在一定操作条件下，搅拌器的泛点转速 N_F 与临界分散转速 N_0 相差不大。另外，通气速率越大，搅拌器的泛点转速 N_F 与临界分散转速 N_0 也越大。

气液分散操作中，有关文献对搅拌器泛点转速的计算式介绍较多，对于六直叶圆盘涡轮可用式(16-10)计算[3]。

$$N_F d_j = 75.9\left(\frac{\sigma}{\rho}\right)^{0.25} + 3.725\left(\frac{D}{d_j}\right)^{1.5}\left(\frac{\rho}{\sigma}\right)^{0.193} u_{og} \tag{16-10}$$

式中 σ——表面张力，N/m；

ρ——液体的密度，kg/m^3；

u_{og}——表观气速，$u_{og}=Q_g/A_t$，m/s；

Q_g——通气速率，m^3/s；

A_t——搅拌槽横截面积，m^2。

如要求操作达到完全分散状态，则可用式(16-11)估算所需要的搅拌器转速 N_0[3]。

$$N_0 d_j = 1.01\left(\frac{D}{d_j}\right)^{0.233} D^{0.5} + 0.83\left(\frac{D}{d_j}\right)^{1.90} u_{og} \tag{16-11}$$

式(16-11)的误差范围为$-20\%\sim7\%$，故如使用该式确定搅拌器转速时，可将计算结果乘以1.1即能满足要求。一般在确定气液操作中搅拌器的转速时，以使转速稍大于临界分散转速 N_0 为宜。如还需使液面上的气体被上层搅拌器吸入时，则还应使搅拌器的转速不小于式(16-12)所算得的值 N^*[3]。

$$\frac{\mu N^* d_j^2}{D\sigma} \times \frac{\rho\sigma^3}{g\mu^4} = 2.0\left(\frac{H-C}{D}\right)^{\frac{1}{2}} \tag{16-12}$$

式中 H——液面高度，m；

C——搅拌器离槽底的距离，m。

当需要通过气液相搅拌操作来完成传质或反应等工艺过程时，对于给定的介质，单位时间内所需要的传质量与搅拌器的转速有一定的关联，有关文献中也给出了部分介质和搅拌器条件的关联式[3]。但这些关联式的正确度较差，计算过程也很麻烦，在工程中使用有较大的困难。一般来说，除了气液分散之外，如对传质或反应有更高要求时，还应以实验或实测结果来作为工程设计时确定搅拌器转速的依据。

1.5 高黏度流体搅拌

高黏度流体一般是指黏度值超过2.0Pa·s的流体。对高黏度流体来说，实际上也存在前面所述的四种操作类型。但高黏度流体的流动性能与低黏度流体不同，在工程上一般难以使其达到湍流状态，而只能使其在层流状态下流动。由于流体的黏度高，在搅拌器的桨叶不能作用到的区域，在黏滞力的作用下，容易在槽内形成死区。在高黏度流体中工作，搅拌器的桨叶排出的流体量很小，稍远离桨叶处的流体就呈静止状态。搅拌器的转速过高反而会形成沟流。因此，对高黏度流体来说，只能在其处于层流的状态下，设法提高搅拌器的搅拌范围，尽可能使槽内不存在流动死区。

2 搅拌器的结构类型

搅拌设备可按搅拌器的结构类型和搅拌装备的安装型式进行分类，机械搅拌的安装型式主要可以分为立式中央搅拌、偏心式搅拌、倾斜式搅拌、底搅拌、旁入式搅拌。

搅拌器的结构类型对搅拌操作的效果有很大的影响。长期以来，工程设计人员和研究人员已开发了各种结构类型的搅拌器，每一种结构的搅拌器都只对某一种或几种搅拌操作有良好的效果，任何一种搅拌器不可能适合所有类型的搅拌操作。因此，针对特定的搅拌操作工况，选择合适的搅拌器将是搅拌工艺设计的主要任务之一。对于每一种搅拌器，要获得其搅拌性能都需要做大量的实验。工程上常用的一些搅拌器一般都已在实验的基础上得到了其比较完整的操作性能。如从搅拌器对流体作用的流动方向上分类，可分为轴流型和径流型两种。实际上，这两类搅拌器不仅使流体流型不一样，对流体所作用的力也不一样。本节介绍这些常用的搅拌器的结构和特点，以帮助设计人员选用。同时，对一些近年来开发的新搅拌器也将作简单介绍。

2.1 推进式搅拌器

推进式搅拌器一般为3叶，也可为2叶或4叶。其叶片直径与搅拌槽内径之比为0.2～0.5，常取为0.33。螺距与叶片直径的比值为1～2。

如图16-4所示为推进式搅拌器的结构简图。这是一种典型的轴流型搅拌器，因其在旋转时，将主要从轴的方向输出流体。推进式搅拌器容积循环速率大，在工作时能很好地使流体在随桨叶旋转的同时进行上下翻腾，即容易使低黏度流体流动处于湍流状态。但由于其在旋转时，主要对流体的作用为轴向的推力，对流体剪切力很小，这种搅拌器难以使高黏度流体处于湍流状态，也难以使高黏度流体充分搅拌混合。推进式搅拌器的转速一般应在100～500r/min范围内，故这种搅拌器一般适用于低黏度流体的混合操作。

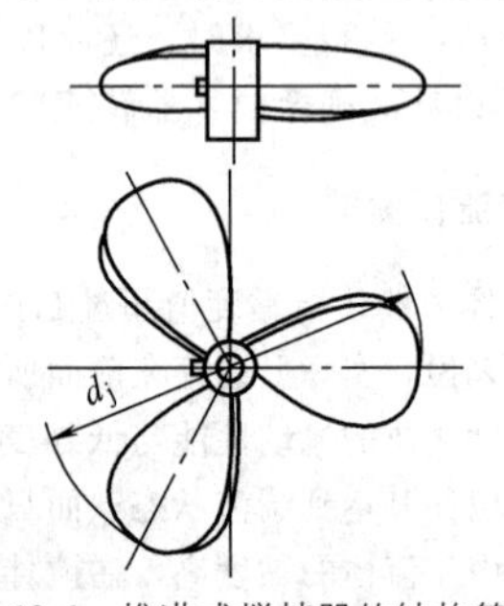

图16-4 推进式搅拌器的结构简图

推进式搅拌器可从搅拌槽的中心沿轴线安装，也可使其从搅拌槽的侧面或从顶部的侧向进入。当在搅拌槽壁上不安装挡板时，采用推进式搅拌器从侧向进入的方式将能起到更好的搅拌效果。但侧向安装搅拌器一般在设备结构上较为复杂，可能会增加设备制造、安装的难度，同时增大了制造成本。因此，在工程应用时，一般仍采用从搅拌槽的中心沿轴线安装的方式。这时，如槽内无挡板，槽内流体易形成漩涡而影响两种流体的混合。为了获得更好的搅拌效果，可在搅拌槽的内壁安装挡板，并使其满足全挡板条件（全挡板条件的说明见本章第3.1小节）。

2.2 开启涡轮式搅拌器

开启涡轮式搅拌器的桨叶有平直叶、后弯叶和折叶三种型式，桨叶数一般为4叶和6叶。如图16-5为其结构简图。该搅拌器的一般尺寸范围和常用尺寸比例如下。

桨叶与水平面所成的角度：平直叶$\theta=90°$；折叶$\theta=45°$或60°。

弯叶式搅拌器的后弯角：$\alpha=30°$、50°、60°或80°。

桨叶宽度与桨叶直径之比：$b/d_j=1/8\sim1/5$。

桨叶直径与搅拌槽内径之比：$d_j/D_i=1/5\sim1/2$，一般可取1/3。

虽然折叶开启涡轮式搅拌器能在一定程度上使输出的流体沿轴向流动，但它基本上是一种径流型搅拌器。这种搅拌器在工作时，转速可高达300r/min，其桨叶边缘能对流体作用很强的剪切力。折叶式叶轮所产生的剪切力虽稍小一些，但其能使流体产生轴向流动分量，改善搅拌槽内的流体流动状态。而弯叶式叶轮也将使对流体作用的剪力稍有减小，但能有助于降低搅拌所需要的轴功率。

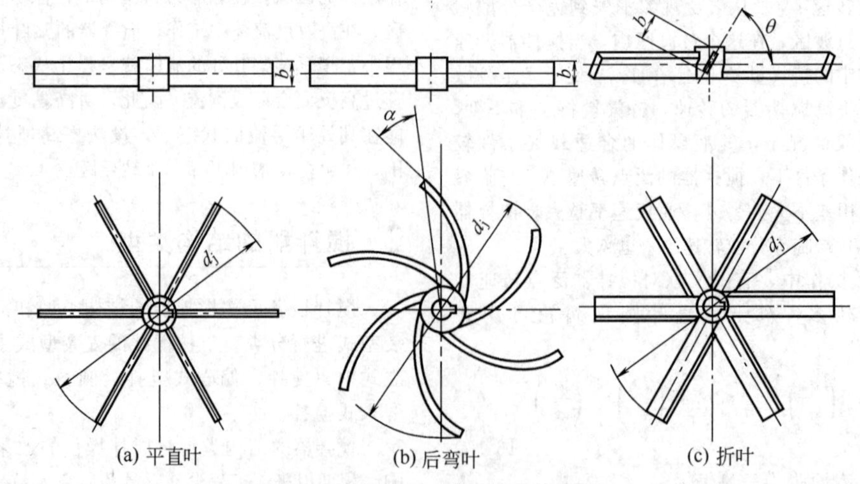

图16-5 开启涡轮式搅拌器的结构简图

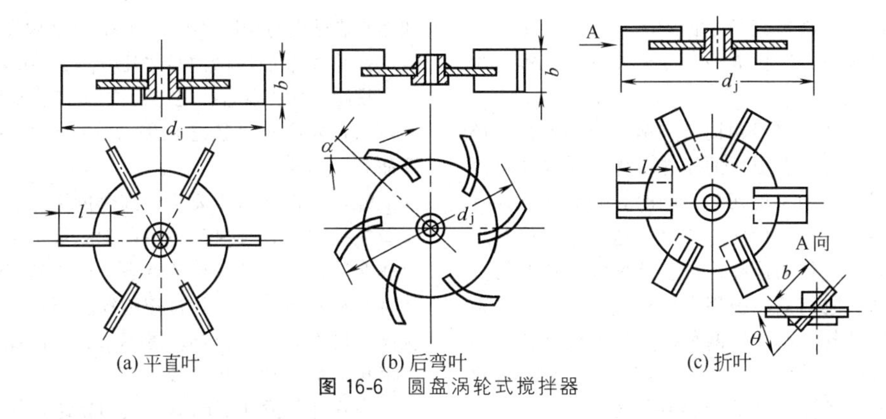

图 16-6 圆盘涡轮式搅拌器

这种搅拌器应在湍流区操作，这样搅拌效果才较好。因此，同推进式搅拌器相似，开启式涡轮也是一种高速型搅拌器。由于在没有挡板的情况下，它主要使流体形成径向流，流体的流动状态不利于混合。故如采用这种搅拌器时，一般应在搅拌槽内安装挡板，且满足全挡板条件。

2.3 圆盘涡轮式搅拌器

圆盘涡轮式搅拌器的结构与开启涡轮式相比，其桨叶不是直接与轴套焊接，而是焊接在一个圆盘上（图16-6）。这种搅拌器的桨叶也有平直叶、后弯叶和折叶三种型式，桨叶数有4叶、6叶、8叶，其结构尺寸如下。

桨叶与水平面所成的角度：平直叶 $\theta=90°$；折叶 $\theta=45°$或$60°$

弯叶式搅拌器的后弯角：$\alpha=45°$。

桨叶宽度与桨叶直径之比：$b/d_j=1/5$。

桨叶直径与搅拌槽内径之比：$d_j/D_i=1/2\sim1/5$，一般可取1/3。

圆盘涡轮式搅拌器应使用在湍流区，其最高转速可达300r/min，一般应与挡板配合使用。

圆盘涡轮式搅拌器用于气液相搅拌效果最好，因其圆盘部分可阻挡气体直接上升，可延长气体在液相中的停留时间。同时，该搅拌器具有较高的容积循环速率和剪切率，从而有利于气泡的粉碎。另外，在同样的雷诺数条件下，圆盘涡轮式搅拌器比其他型式的搅拌器消耗更多的功率。因此，在气液相条件下可使用该搅拌器，以使得搅拌功率不至于太大。

2.4 桨式搅拌器

桨式搅拌器的桨叶有平直叶与折叶两种，而桨叶数总是2，其结构尺寸如下。

搅拌器直径与槽内径之比 $d_j/D_i=0.35\sim0.8$，一般可取为0.5。

桨叶宽度与搅拌器直径之比 $b/d_j=0.1\sim0.25$。

折叶桨叶与水平面的夹角 θ 为45°或60°。

桨式搅拌器是一种径流式搅拌器，但折叶桨式叶轮也会对流体的轴向流动有一定效果。这种搅拌器的转速一般不高，最高也仅为100r/min左右，属于一种慢速型搅拌器。这是因为其桨叶直径需取得较大，如转速再高，会使得搅拌所需的功率太大。平直叶桨式搅拌器能对流体产生较大的剪切力，但其对流循环较差。因此，当将其用于黏度不是很大的介质时，往往可以考虑在搅拌槽内安装挡板，以获得使流体上下翻腾的搅拌效果。桨式搅拌器的结构简图如图16-7所示。

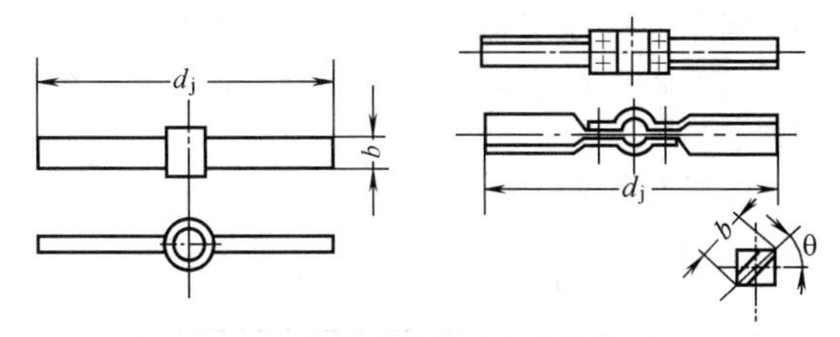

图 16-7 桨式搅拌器的结构简图

2.5 锚式和框式搅拌器

锚式和框式搅拌器的结构简图如图16-8所示。框式搅拌器与锚式搅拌器相比，在锚的上部增加了一个横叶。实际上，在框式搅拌器上还可增加立叶，以增大搅拌范围。锚式搅拌器和框式搅拌器的结构尺寸如下。

搅拌器直径与槽内径之比 $d_j/D=0.9\sim0.98$。

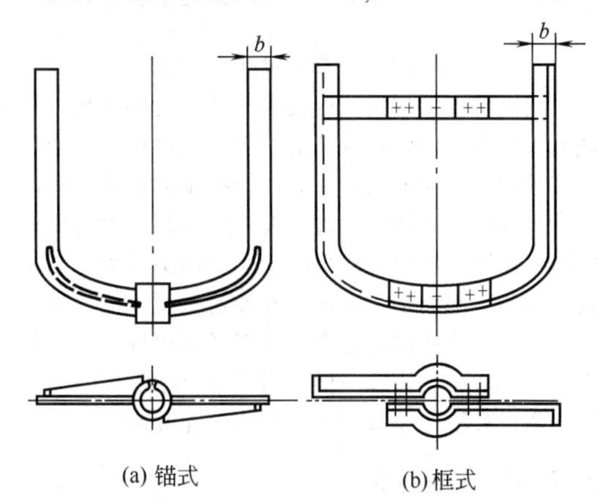

图 16-8 锚式和框式搅拌器的结构简图

桨叶宽度与搅拌器直径之比$b/d_j=0.1\sim0.095$。

搅拌器高与直径之比 $h/d_j=1\sim0.48$，视槽内流体液面高度而定。

同其他型式的搅拌器相比，这两种搅拌器在直径方向和高度方向都具有很大的搅拌范围，使得在搅拌槽内不会形成介质的流动死角。同时，它们在搅拌时能对流体产生较大的剪切力。所以，这两种搅拌器总是被用于高黏度流体的搅拌。由于这两种搅拌器的直径很大，因此，它们只能被用在低转速工况下，以避免需要很大的搅拌功率。这两种搅拌器的最高转速不超过 100r/min，一般应在 80r/min 以内。故这两种搅拌器工作时，流体总是处于层流状态。

2.6 螺带式搅拌器

螺带式搅拌器是一种轴流式搅拌器，其结构型式有单螺带和双螺带两种。双螺带的两带螺旋方向相同，相角相差180°。如图 16-9 所示为螺带式搅拌器的简图，其结构参数如下。

搅拌器直径与槽内径之比 $d_j/D=0.9\sim0.98$。

螺距与搅拌器直径之比$s/d_j=0.5$、1.0、1.5。

螺带宽度与搅拌器直径之比$b/d_j=0.1$。

搅拌器高与直径之比 $h/d_j=1\sim3$，视槽内流体液面高度而定。

C_1 为搅拌器离壁间距。

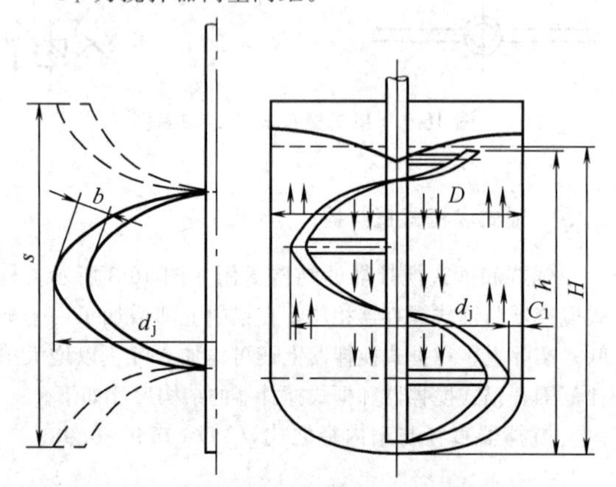

图 16-9 螺带式搅拌器的简图

使用螺带式搅拌器可使搅拌范围为整个搅拌槽横截面。流体在螺带式搅拌器作用下，沿槽壁的流体在螺带的推动下向上流动，而在搅拌轴附近的流体向下流动。这种搅拌器同推进式搅拌器相似，对流体有较好的对流循环作用，但不能产生大的剪切力。与推进式搅拌器不同的是，它是一种慢速型搅拌器。这是因为为了增大搅拌作用范围，其直径要比推进式搅拌器大得多。从而与锚式一样，为了不至于需要很大的搅拌功率，其转速一般被限制在 50r/min 左右。

2.7 螺杆式搅拌器

螺杆式搅拌器也是一种轴流型搅拌器，桨叶的形状如螺旋输送机的叶片（图 16-10），其结构尺寸如下。

搅拌器直径与槽内径之比 $d_j/D=0.4\sim0.5$。

螺距与搅拌器直径之比 $s/d_j=0.5$、1.0、1.5。

搅拌器高与直径之比 $h/d_j=1\sim3$，视槽内流体液面高度而定。

螺杆式搅拌器主要用于高黏度流体，也是一种慢速型搅拌器，其转速的适用范围一般不大于50r/min，流体在其作用下处于层流状态。由于这种搅拌器的桨叶直径相对于其他几种慢速型搅拌器小，当在高黏度流体中操作时，其搅拌范围不够大。因此，该搅拌器所消耗的搅拌功率相对较小。

为弥补其搅拌范围不够大的缺陷，螺杆式搅拌器一般应同导流筒一起使用。螺旋桨叶在导流筒内推动流体向下流动，在该部分流体的作用下，使得导流筒外的流体向上流动。还一种方法是将搅拌器偏心安装，利用槽壁起到挡板的作用。在这种情况下，桨叶离开槽壁最近处的距离应小于 $d_j/20$。另外一个对搅拌能起到较好效果的方法是将螺杆和螺带搅拌器一起安装。外层螺带搅拌器的螺旋方向向上，而内层螺杆搅拌器的螺旋方向向下。当搅拌器工作时，搅拌轴附近流体向下流动，靠近槽壁处的流体向上流动，形成流体的对流循环。实际使用证明，对高黏度流体的搅拌操作，这种螺杆加螺带搅拌器的效果最好。但由于这种结构实际上相当于装了两个搅拌器，因此其消耗的搅拌功率会大于其他两种安装结构所需要的功率。

2.8 三叶后掠式搅拌器

这是一种径流型搅拌器，共有三个叶片。其叶片一方面向后弯曲；另一方面向上略有翘起，同翅形挡板结合使用，常用于搪玻璃釜中的搅拌操作。如图16-11所示为该搅拌器的结构简图。其结构尺寸如下。

搅拌器直径与槽内径之比 $d_j/D=0.5$。

叶片宽度与搅拌器直径之比 $b/d_j=0.1$。

叶片宽度与翘起高度之比$b/h=0.4$。

桨叶末端的弯曲角 $\alpha=30°$或 $\alpha=50°$。

上翘角为15°～20°。

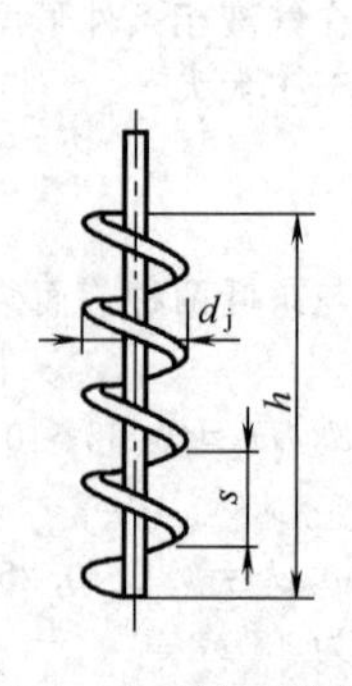

图 16-10 螺杆式搅拌器的结构简图

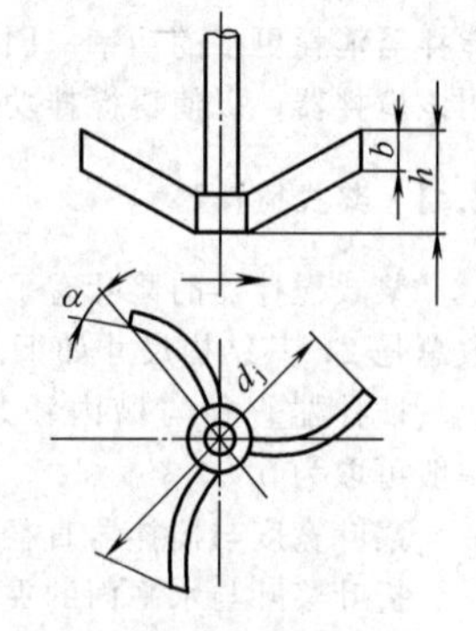

图 16-11 三叶后掠式搅拌器的结构简图

三叶后掠式搅拌器一般用于低黏度、有腐蚀的流体搅拌操作中，流体流动状态一般为湍流，其转速范围为 80～150r/min。它在工作时，由于安装了翅形挡板，故能使槽内流体形成上下循环流，循环量较大，同时作用也较好。另外，由于它的叶片沿旋转方向向后弯曲，因此这种搅拌器所消耗的搅拌功率较低。

2.9　新型轴流式搅拌器

在搅拌操作中，总是希望搅拌器既有较高的容积循环速率，又有一定的剪切率，同时又应消耗较少的搅拌功率。传统的搅拌器难以满足所有这些要求。为此，近年来，世界上一些著名的搅拌设备制造公司研究开发了许多种新型的搅拌器，国内也有类似的产品推出，中石化上海工程有限公司和上海亚达发搅拌设备有限公司根据工程经验开发出了一整套专用搅拌器。由于大部分搅拌操作所处理的流体黏度都不高，而对搅拌操作本身都要求能使流体达到较高的对流循环。因此，所开发的新型叶轮多为轴流式叶轮，如图 16-12 所示。这些搅拌器与传统的推进搅拌器相似，在具有推进式搅拌器特点的基础上，其制造要比推进式搅拌器方便。将其用于固液相悬浮操作时，与 4 叶折叶开式涡轮相比，其消耗的搅拌功率又要小许多。图 16-12 中，图 16-12（b）所示的搅拌器倾角比图 16-12（a）所示的大，因此对流体产生的剪切率更大，适用于黏度较大的介质搅拌操作。

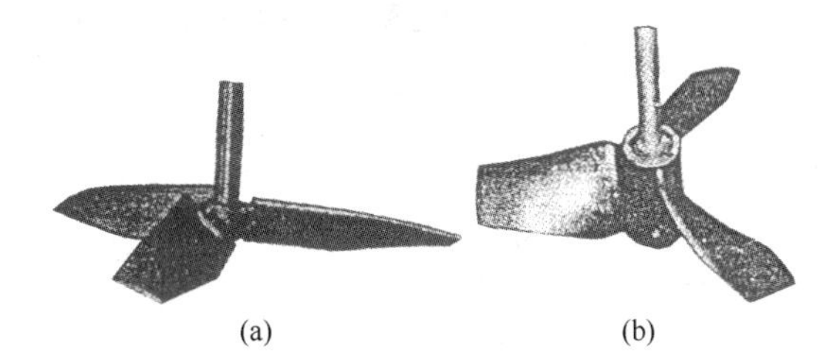

(a)　　(b)

图 16-12　新型轴流搅拌器

2.10　新型径流式搅拌器

在气液相操作中，以前都用直叶或折叶圆盘涡轮式搅拌器。但这种搅拌器在旋转时，在叶轮背面容易形成气穴。当气相的送气速率较大时，气穴数将大量增加，使得搅拌器不能有效地带动液相流动。这时，虽然搅拌功率会下降，但实际上，搅拌器的搅拌效率也大大降低，即不能通过液相形成的湍流而将较大的气泡打碎。目前，工程应用中出现了一种半管式圆盘涡轮，可有效解决这个问题。如图 16-13 所示，该搅拌器在旋转时，由于桨叶背面的形状为圆弧面，使气穴的生成得到抑制，并使液相的载气能力提高。从而使泛点转速降低，并提高搅拌能量的利用程度。该种搅拌器如与其他轴流式搅拌器同时用于气液相搅拌，则效果更佳。

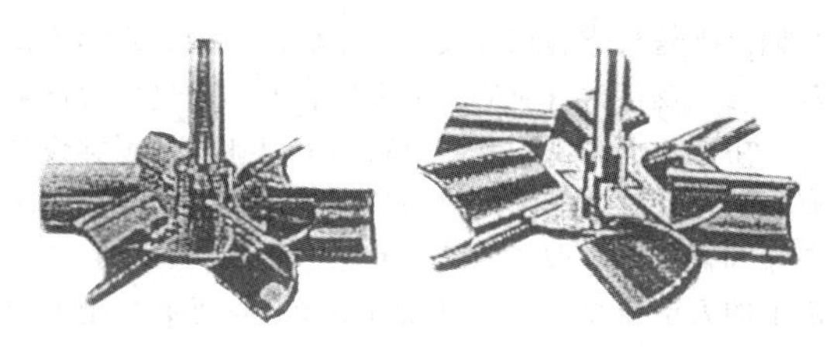

图 16-13　半管式圆盘涡轮搅拌器

上述几种新型搅拌器都是各专业搅拌器公司的产品，其特性参数，如合适的转速范围、所需的搅拌功率数据等一般不会公布。工程上如要选用新型搅拌器，应通过类比的方法，或者通过实验取得可靠的数据，以达到良好的预期使用效果。

2.11　大型结晶罐用组合搅拌器

结晶是医药、食品和化工行业制备精制产品的重要工艺。通常只有同类分子或离子才能有规律排列成晶体，通过结晶操作可将大部分杂质留在母液中，再经过滤、洗涤等操作得到高纯的晶体。

结晶过程发生在溶质浓度高于饱和浓度状态时。不恰当的过饱和度虽然也能发生结晶现象，但由于浓度过高，形成过多晶核，产生过细晶体，会影响产品质量和外观。结晶工艺和结晶罐的搅拌器混合效果对晶体质量起着关键作用。由于对结晶工艺和装备长期以来缺乏高度的重视，致使我国的许多产品如药品、化工、氨基酸等轻工产品外观同国际上有较大差距。外观差距反映了结晶纯化要求没有达标和产品质量欠缺。结晶料液高黏度性和结晶工艺对整罐物料过饱和度有较高的均一性要求，大型结晶罐由于罐体积增大，使物料达到均匀性的要求更为困难。因而就提出了对整个罐体内结晶液更高的混合效果，以保证溶质温度的均匀性和浓度的均匀性，也就是提出了搅拌叶轮的功能如何保证结晶液在罐壁处和罐中央及在罐体不同部位均一性要求的难题。这个困难长期以来影响了结晶罐设计的放大，成为世界上公认的一个需要攻克的课题。

传统的立式结晶罐一般采用锚式和框式搅拌。锚式搅拌一般叶轮直径为罐径的 2/5～3/5，其搅拌流型属于径向流动，很少有上下翻动的现象，再加上为了避免晶体黏附在挡板上，故不设挡板，这就很难达到罐壁和罐中央溶质浓度的均一性和上下物料浓度的均一性。因而在小型罐内（$1m^3$ 以下），锚式搅拌尚能满足要求，但随着罐容积放大，结晶的质量就有下降的趋势。对于黏度较大和易粘壁且具非牛顿型的结晶液而言，当锚式搅拌无法在罐壁处发挥效果时，只能改用框式搅拌。框式搅拌由于其直径大，因而可以搅动罐壁处的物料，但是由于搅拌流型仍属径向流动，很少有上下翻动的现象，且由于叶轮结构原因，一般转速极低，因而仍不能满足结晶罐放大的要求。

长期以来结晶罐容积放大一直受到了限制，影响了医药、轻工及化工行业的规模发展和产品质量的提高。

中石化上海工程有限公司和上海亚达发搅拌设备有限公司针对结晶罐搅拌的特殊工艺要求，开发了轴向流和径向流多型式的组合叶轮（图16-14）。在$5m^3$以上的大型结晶罐底部采用互成90°的两个与罐底形状完全相似的径向叶轮，叶轮下侧距底为20～30mm，可对物料进行径向搅拌，罐壁侧有四组轴向功能并有径向功能的带式叶轮，叶轮外侧距罐壁距离也为20～30mm，可使物料不断向上提升，同时又做旋转运动，在罐中央料液面下和罐液位中部设置向下流动的多层轴向（并有径向）功能的叶轮，从而形成整罐的径向流动和沿壁处向上、罐中央向下的有组织的轴向流动。由于该组合叶轮的排出流量极大，也就是物料达到均一性的混合时间较快，从而使叶轮的转速可大幅度降低，可保证结晶搅拌效果。

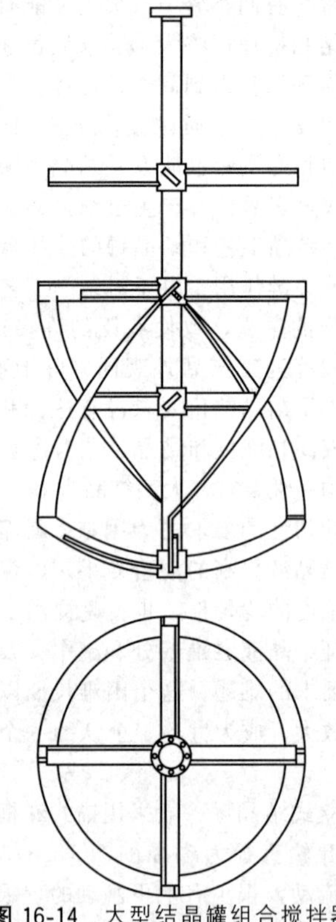

图16-14 大型结晶罐组合搅拌器

① 组合叶轮由于叶轮直径接近罐径，因此适合于接近非牛顿型流体的结晶，也可防止粘壁现象产生，有利于罐壁传热效率的提高。

② 组合叶轮的径向流动、沿四壁向上和罐中央向下的轴向流动及整罐料液的有组织流动，保证了结晶液在整罐内的均一性。

③ 低速的搅拌，不会产生巨大的剪切力，造成晶体破坏。

④ 多层叶轮可适应结晶液液位的变动。

⑤ 加之变速搅拌的运用，可获得理想的晶核形成和晶体生长条件。

大型结晶罐组合叶轮是在充分研究结晶工艺要求的基础上，根据结晶物料的物理性质，满足了结晶罐宏观混合和微观混合不同要求，取得了较为理想的效果。

3 搅拌容器的内部构件

搅拌容器的某些内部构件，如挡板和导流筒等，与搅拌过程的效果是密切相关的。

3.1 挡板

挡板是使用最多的一种内部构件，一般用于低黏度的介质搅拌操作中。挡板的作用是使得槽内流体在受搅拌器的旋转作用下，能消除漩涡，并能产生上下翻腾的流动，使流体容易形成湍流的流动状态。特别对于径流型的搅拌桨叶，使用挡板是使流体产生上下对流循环的最有效方法。挡板还有利于提高桨叶的剪切性能，在非均相液液分散中使分散相容易被分散成细小的液滴，或在固液相分散操作中使固相细化。

挡板一般是沿筒体内壁轴向安装的窄长形板。挡板的块数、宽度和安装方位角对搅拌操作会有影响。实验证明，流体流动时的湍流程度越高，所消耗的搅拌功率也越大。而当挡板的几何尺寸和块数达到一定数值后，再增加挡板的宽度或块数，实验测得的搅拌功率也不再增大。挡板的这种安装条件称为全挡板条件，可用下式表示。

$$\left(\frac{W}{D}\right)^{1.2} z_1 = 0.35$$

式中 W——挡板的宽度，mm；

D——搅拌槽内径，m；

z_1——挡板数。

在工程应用中一般认为，取挡板数为4～6块，挡板宽度和搅拌槽内径之比为1/12～1/10时，即可接近全挡板条件。实际上，在搅拌槽内安装的其他零部件，如加热盘管等，只要能妨碍流体形成水平回流，它们也可起到挡板的作用。

为了配合三叶后掠式搅拌器，还有一种翅形挡板，如图16-15所示。该挡板有翅向上和翅向下两种，当分散相的密度较连续相小时，翅向下；反之，翅向上。

3.2 导流筒

对于桨叶直径较小，转速又较慢的搅拌器，为了使沿搅拌槽壁的流体也能很好地流动，并使流体形成上下回流，这时就需安装导流筒。导流筒总是与轴流式搅拌器一起使用。导流筒处于搅拌器的外面，导流筒的内径比搅拌器的直径稍大，一般可取为$1.1d_j$。导流筒的高度同配套使用的搅拌器有关。当使用推进式搅拌器时，其值约为搅拌槽圆筒部分高度的一半。

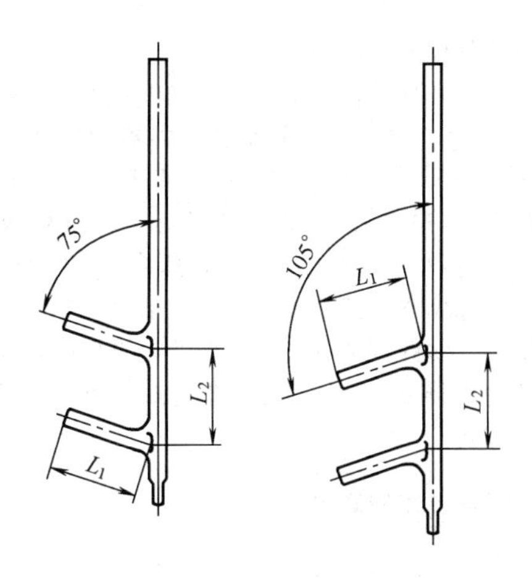

图 16-15　翅形挡板

而使用螺杆式搅拌器时，导流筒的高度应比螺杆的桨叶部分高度略高一些。当用于推进式搅拌器时，有时还可将导流筒做成上大下小的喇叭形。

4　搅拌器选型和转速计算

当搅拌操作的工艺要求和条件确定以后，选择合适的搅拌器桨叶型式及其转速就是搅拌工程设计的一个首要任务。本节将结合本章上述内容，介绍不同类型的搅拌操作推荐使用的搅拌器桨叶型式和转速的计算方法。

4.1　均相液液混合

由于这种搅拌操作的对象是无明显分界面的两种液体，所需要的主要是能使搅拌液体产生较好的循环流动，因此，对于低黏度流体来说，推进式搅拌器应是首选。即当介质的混合黏度小于等于 0.2Pa・s 时，首选推进式搅拌器。搅拌器的结构尺寸和安装尺寸应符合以下要求。

① 搅拌器直径与槽内径的比值约为 1/3。

② 当液面高度 H 与槽内径 D 之比超过 1.3 时，应考虑采用两个搅拌器。

③ 搅拌器叶轮中心线至槽底部的距离 c 可取槽内径的 1/3。

④ 对中央进入式搅拌器，应采用挡板，并符合全挡板条件，即挡板宽度为 $D/12$、挡板数为 4～6 块时，对罐顶侧入式搅拌器，在搅拌器进入侧的另一侧应安装一块宽度为 $D/10$ 的挡板，挡板与槽壁的间隙约为 $D/72$。

当介质的混合黏度符合 $0.1\text{Pa}\cdot\text{s}<\mu_m\leqslant 20\text{Pa}\cdot\text{s}$时，可选用桨式搅拌器。其结构尺寸和安装尺寸应符合以下要求。

① 桨叶直径与槽内径之比可取 1/3～1/2。

② 当液面高度 H 与槽内径 D 之比超过 1.0 时，应考虑采用两个搅拌器。

③ 搅拌器叶轮中心线至槽底部的距离 c 可取槽内径的 1/3。

④ 应采用挡板，并符合全挡板条件。

当介质的混合黏度符合 $5.0\text{Pa}\cdot\text{s}<\mu_m\leqslant 20\text{Pa}\cdot\text{s}$时，可考虑选用锚式或框式搅拌器。

而当介质的混合黏度大于 20Pa・s 时，应使用螺杆式、螺带式或螺带加螺杆式搅拌器。一般当搅拌槽内径不大于 600mm 时，可用螺杆式；当搅拌槽内径为 700～1100mm 时，可用螺带式；而当搅拌槽内径超过 1100mm 时，为了保证在槽内不出现搅拌死角，应选择螺带加螺杆式搅拌器。

如选用螺杆式搅拌器，一般必须用导流筒。螺带式和螺杆式搅拌器的直径与槽内径之比可参照本章前述内容。

推进式和桨式搅拌器的转速都可由式（16-3）确定。对于推进式搅拌器，一般还应验算流体的流动是否在湍流状态，即应满足

$$Re=\frac{Nd_j^2\rho}{\mu}\geqslant 3000$$

对于用于高黏度流体的搅拌器，许多实验结果都表明，混合所需要的时间与搅拌器转速的乘积为一定值，表 16-1 所列为螺杆式和螺带式两种结构的 T_mN 值。可利用该表来确定螺带式和螺杆式搅拌器的转速。对于螺带加螺杆式搅拌器，也可参照表 16-1 中螺带式搅拌器的 T_mN 值来确定其转速。由于螺杆式或螺带式搅拌器都不适合在较高转速下工作，为避免所需的搅拌功率过大和使高黏度流体在流动时形成沟流，一般还应限制雷诺数 Re 在 300 以下。

对于锚式或框式搅拌器，可通过控制其叶端线速度≤5m/s 来确定其转速。在雷诺数不小于 100 且不大于 1000 的范围内，也可利用下式确定锚式或框式搅拌器的转速[13]。

$$N=\frac{2.05\times10^6}{T_mRe^{1.44}}\tag{16-13}$$

式中　T_m——均化时间，s；

N——搅拌器转速，r/s；

Re——雷诺数。

4.2　固液悬浮搅拌

固液悬浮搅拌应使固相粒子悬浮于液相中，故应尽量使液相的流动状态为湍流，搅拌器选型能使流体有较好的对流循环。因此，四叶折叶开式涡轮是较合适的搅拌器桨型。当选择这种桨型时，其结构尺寸和安装尺寸如下。

① 搅拌器直径与槽内径的比值约为 1/3。

② 当液面高度 H 与槽内径 D 之比超过 1.2 时，应考虑采用两个搅拌器。

③ 搅拌器叶轮中心线至槽底部的距离 c 可取槽内径的1/4。

④ 应安装挡板，并符合全挡板条件。

如液相流体的黏度不大于1Pa·s，固相的体积分数不大于5%，且固、液相的密度之比不大于1.5，则也可考虑选用推进式搅拌器。其结构尺寸和安装尺寸可参照上节所述。

当要求搅拌激烈，能使所有固体颗粒较均匀地悬浮于液相中时，可按式（16-4）计算所需要的搅拌转速。在计算时，可按表16-2中的搅拌等级的9级或10级查图16-3选取 ϕ 值。

当要求搅拌不太激烈，仅使固体颗粒离开槽底时，四叶折叶开式涡轮和推进式搅拌器的转速都可按式（16-6）估算。然后，考虑该式的误差，乘以1.15。也可按式（16-4）计算转速，这时，可按搅拌等级的3～5级查 ϕ 值。

4.3 非均相液液分散

适合非均相液液分散操作的搅拌器叶轮应能对流体提供较强的剪切力，以提供分散相较大的分裂能，从而使分散相的液滴细化。对于该类型的搅拌操作，一般不宜选择折叶开式涡轮的搅拌器。桨叶型式可选择直叶开式涡轮。这种搅拌器在旋转时，对液体具有较强的剪切力，其结构尺寸和安装尺寸可按下述条件确定。

① 搅拌器直径与槽内径的比值约为1/3。

② 当液面高度 H 与槽内径 D 之比超过1.0时，应采用两个搅拌器。

③ 搅拌器叶轮中心线至槽底部的距离 c 可取槽内径的1/3。

④ 应安装挡板，并符合全挡板条件。

为获得好的搅拌效果，搅拌器应在湍流状态下工作。因此，在确定搅拌器的转速时，除按式（16-7）进行计算外，还应使得雷诺数 $Re \geqslant 2000$，同时，搅拌器的叶端线速度应达到5～7m/s。

4.4 气液分散

对于气液分散的搅拌操作，一般应选择直叶或折叶的圆盘涡轮式搅拌器。这种搅拌器的结构尺寸和安装尺寸可按下述条件确定。

① 搅拌器直径与槽内径的比值约为1/3。

② 当液面高度 H 与槽内径 D 之比超过1.0时，应采用两个搅拌器；当 H 与 D 之比超过1.6时，应考虑采用三个搅拌器。

③ 搅拌器中心线至槽底部的距离 c 可取槽内径的1/3。

④ 应安装挡板，并符合全挡板条件。

⑤ 当气体从搅拌器下方通入时，应在搅拌器下面设置环形气体分布管，其中心线直径小于容器直径的1/4。如果气体分布管小孔极易堵塞，可采用通气管直接将气体通入叶轮下部中央。

当不要求搅拌器将液面上的气体吸入时，可用式（16-10）和式（16-11）来确定搅拌器的转速，取两式中算得的大值。当然，一般应是式（16-11）算得的值较大。当还要求搅拌器将液面上的气体也吸入时，则还需用式（16-12）计算，然后取其中的大值。

也可选用半管式圆盘涡轮搅拌器进行气液分散的搅拌操作，实践证明该种搅拌器的效果良好，并具有较低的功率特征数，在确定其转速时，可参照圆盘涡轮的计算式。

4.5 搅拌转速的确定

由上述方法选择的转速因不是标准的转速，一般不能直接在工程中应用，故工程中所选择的搅拌器最终转速应与减速器转速系列的某一个转速或电机转速系列中的一个转速相一致，这样才易于在工程中实现。

5 搅拌功率计算

搅拌器工作时，所需消耗的功率实际上应分为两个方面来研究。一方面是维持搅拌器正常匀速旋转所需要的功率，可称为搅拌器功率，用来克服流体对搅拌器所作用的阻力，从这个方面分析，搅拌器功率与流体的物性参数、搅拌器的结构参数、搅拌槽的结构参数以及搅拌器的运转状况有关；另一方面是为了达到搅拌操作作业目的所需消耗的功率，可称为搅拌作业功率。这两种功率并不是各自独立的，而是相互重叠的。长期以来，工程和研究人员对搅拌功率的计算做了大量的工作，对影响搅拌功率的因素基本上已有结论。通过这些影响因素，已发表许多搅拌功率的计算方法，并已在工程中得到应用。下面将首先介绍影响搅拌功率的主要因素及获得搅拌功率计算公式的基本方法，然后给出一些可在工程中应用的搅拌功率计算方法。

5.1 搅拌功率的基本计算方法

理论上虽然可将搅拌功率分为搅拌器功率和搅拌作业功率两个方面考虑，但在实践中一般只考虑或主要考虑搅拌器功率，因搅拌作业功率很难准确测定，一般通过设定搅拌器的转速来满足达到所需的搅拌作业功率。从搅拌器功率的概念出发，影响搅拌功率的主要因素如下。

① 搅拌器的结构和运行参数，如搅拌器的型式、桨叶直径和宽度、桨叶的倾角、桨叶数量、搅拌器的转速等。

② 搅拌槽的结构参数，如搅拌槽内径和高度、有无挡板或导流筒、挡板的宽度和数量、导流筒直径等。

③ 搅拌介质的物性参数，如各介质的密度、液相介质黏度、固体颗粒大小、气体介质通气率等。

由以上分析可见，影响搅拌功率的因素是很复杂的，一般难以直接通过理论分析方法来得到搅拌功率的计算方程。因此，借助于实验方法，再结合理论分析，是求得搅拌功率计算公式的唯一途径。

由流体力学的纳维尔-斯托克斯方程，并将其表示成无量纲形式，可得到无量纲关系式，如下所示。

$$N_p=\frac{P}{\rho N^3 d_j^5}=f(Re,Fr) \tag{16-14}$$

式中　N_p——功率特征数；

Fr——弗鲁德数，$Fr=N^2 d_j/g$；

P——搅拌功率，W。

式（16-14）中，雷诺数反映了流体惯性力与黏滞力之比，而弗鲁德数反映了流体惯性力与重力之比。实验表明，除了在 $Re>300$ 的过渡流状态时，Fr 对搅拌功率稍有影响外，在层流和湍流状态，Fr 对搅拌功率都没有影响。即使在 $Re>300$ 的过渡流状态，Fr 对大部分的搅拌桨叶影响也不大。因此，在工程上都直接把功率特征数表示成雷诺数的函数，而不考虑弗鲁德数的影响。

由于在雷诺数中仅包含了搅拌器的转速、桨叶直径、流体的密度和黏度，因此对于以上提及的其他众多因素必须在实验中予以设定，然后测出功率特征数与雷诺数的关系。由此可以看到，从实验得到的所有功率特征数与雷诺数的关系曲线或方程都只能在一定的条件范围内才能使用。最明显的是对不同的桨型，功率特征数与雷诺数的关系曲线是不同的。甚至对同一桨型，如桨叶宽度与其直径的比值不同，它们的 N_p-Re 关系曲线也会不同。

5.2　高速桨叶的功率特征数

Rushton[4] 等人对几种常用的搅拌器桨型及其不同的结构尺寸和安装条件做了大量的实验，在液体黏度为 $1.0\times10^{-3}\sim40$Pa·s，雷诺数在 $1\sim10^6$ 范围之内，给出了它们的 N_p-Re 关系曲线（见本篇第 15 章图 15-10）。如所使用的搅拌器桨型包含在 Rushton 算图曲线内，则利用该算图计算搅拌功率将很方便。首先通过已知的桨叶直径、转速和流体的密度、黏度算得雷诺数 Re，从图中的对应曲线查得功率特征数后，即可算得功率为

$$P=N_p\rho N^3 d_j^5 \tag{16-15}$$

图 15-10 中，对使用每条曲线的条件都有说明。说明中要求有挡板时，是指需满足全挡板条件，因实验结果是在该条件下获得的。但对于某些条件，并不是一定要严格遵守。如有的文献上提出，桨叶直径的限制可在 $d_j/D=0.2\sim0.5$ 范围内。从图 15-10 中可以看到，在层流区，即当雷诺数小于 10～30 时，各桨叶的功率特征数与雷诺数间呈对数直线关系。而在湍流区，功率特征数将不随雷诺数变化，为一个常数。在过渡流区，各桨叶的 N_p-Re 关系曲线变化不一。从图 15-10 上也可看出，对于同样的桨叶型式，有挡板时的搅拌功率的确要比无挡板时大。而在同样的雷诺数下，推进式搅拌器的功率特征数最小，径流型的圆盘涡轮式搅拌器的功率特征数最大。

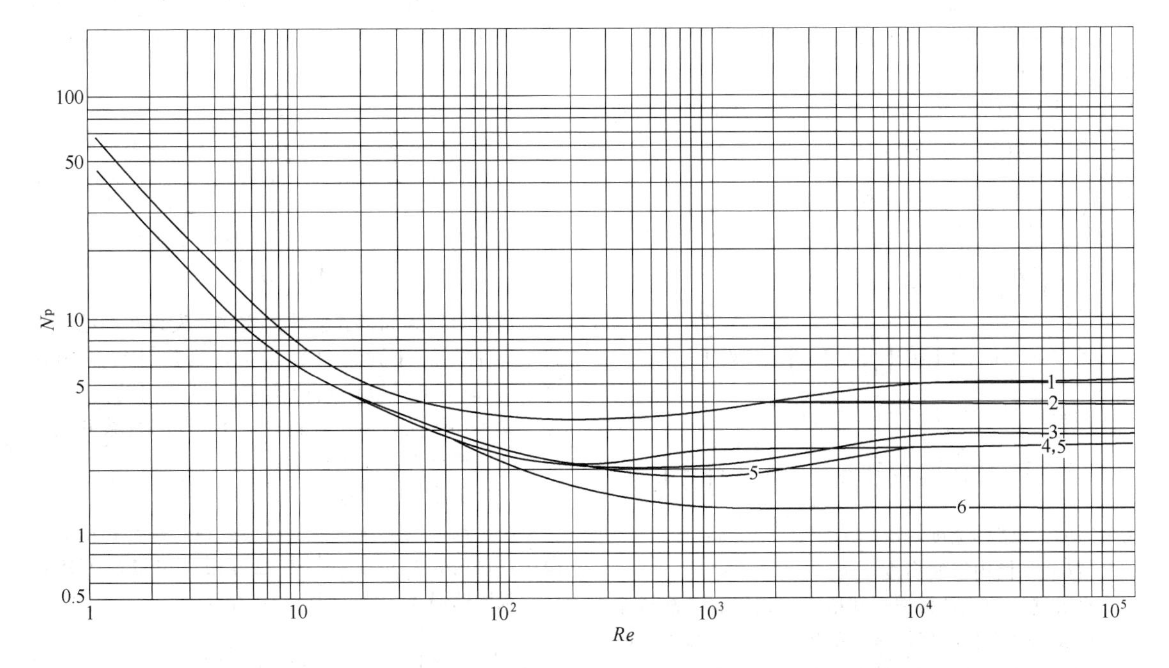

图 16-16　Bates 的 N_p-Re 关系曲线

1—六片平直叶圆盘涡轮，$b/d_j=1/5$；2—六片平直叶开启涡轮，$b/d_j=1/5$；3—六片平直叶圆盘涡轮，$b/d_j=1/8$；4—六片平直叶开始涡轮，$b/d_j=1/8$；5—六片弯叶开启涡轮，$\alpha=45°$，$b/d_j=1/8$；6—六片折叶开启涡轮，$\theta=45°$，$b/d_j=1/8$

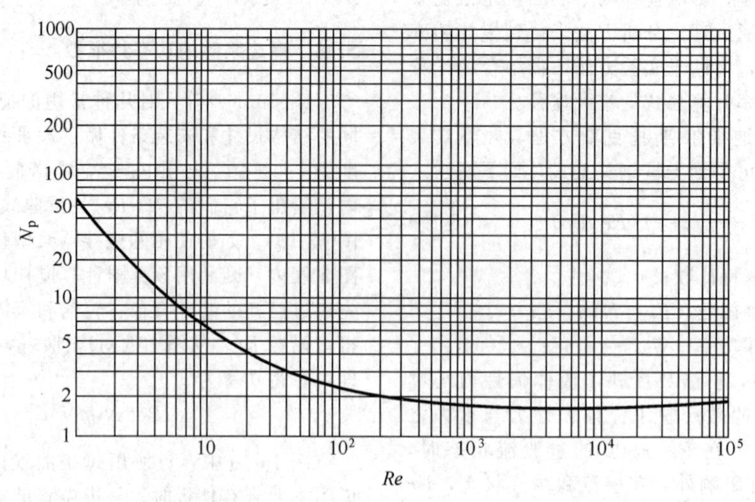

图 16-17 四叶折叶开启涡轮的 N_p-Re 关系曲线

工程设计中，对于应用很广泛的开式涡轮，可采用 Bates 算图来确定功率特征数，如图 16-16 所示。在使用该算图时，因桨叶的宽度和倾角对功率特征数有明显的影响，也需注意图下方的说明。另外，使用图中所有曲线均需满足全挡板条件及以下几何条件。

$d_j/D=1/3$；液面高度与搅拌槽内径之比 $H/D=1$；桨叶离槽底距离与槽内径之比 $c/D=1/3$。

对于四叶折叶开启涡轮，其功率特征数可根据雷诺数查图 16-17[10] 所示的关系曲线而得。

5.3 无挡板或低速桨叶的功率特征数

Rushton 算图中的大部分曲线和 Bates 算图中的所有曲线都仅适用于全挡板条件下的各种快速桨叶搅拌器。对于无挡板条件下各种桨叶搅拌器所消耗的功率，永田进治给出计算式［式 (16-16)］。

$$N_p=\frac{A}{Re}+B\left(\frac{10^3+1.2Re^{0.66}}{10^3+3.2Re^{0.66}}\right)^c\times\left(\frac{H}{D}\right)^{0.35+\frac{b}{D_i}}(\sin\theta)^{1.2} \tag{16-16}$$

$$A=14+\left(\frac{b}{D}\right)\left[670\left(\frac{d_j}{D}-0.6\right)^2+185\right]$$

$$B=10^{\left[1.3-4\left(\frac{b}{D_i}-0.5\right)^2-1.14\frac{d_j}{D_i}\right]}$$

$$c=1.1+4\left(\frac{b}{D}\right)-2.5\left(\frac{d_j}{D}-0.5\right)^2-7\left(\frac{b}{D}\right)^4$$

式中 b——桨叶宽度，m；

H——槽内液面高度，m。

永田进治公式是根据搅拌槽内无挡板时，液体流动所形成的“圆柱状回转区”的半径大小与搅拌桨叶所受到的流体阻力间的关系的推导结果，再通过实验修正所得到的功率特征数计算公式。虽然该式是针对双桨叶搅拌器而得到的，但该作者通过对在湍流区的实验验证，认为对于多种搅拌桨叶来说，在它们桨径相同的条件下，只要桨叶数与桨叶宽度的乘积相等，那么，它们所消耗的搅拌功率即相等。另外，该作者在发表该式时，没有对桨叶的宽度、倾角和桨径有限制，因此，在无挡板的湍流情况下，许多桨叶类型都可以用式 (16-16) 计算其功率特征数。

(1) 锚式和框式搅拌器

在工程中，还可将永田进治公式应用于高黏度流体搅拌的锚式和框式桨叶。这时，笔者认为可将桨叶高度 h 作为桨叶宽度 b 代入式 (16-16)。由于是在高黏度流体中操作，又可将该式中第二项忽略。这时，式 (16-16) 则为

$$N_p=\frac{A}{Re} \tag{16-17}$$

当锚式和框式搅拌器的桨径与搅拌槽内径很接近时 (即 $d_j/D>0.9$)，可用 Beckner 式［式 (16-18)］求 A 值。

$$A=82\left(\frac{2D}{D-d_j}\right)^{0.25} \tag{16-18}$$

通过对锚式和框式搅拌的实测，发现实测结果与式 (16-17) 的计算结果很接近，虽然计算值稍偏高[12]，但在工程中该式确实是可以应用的。而且，在实验中还证实，使用该式时，还可不考虑桨叶上增加立叶和横梁对功率的影响。

(2) 螺带式搅拌器

用于高黏度流体的螺带式搅拌器一般都在层流区操作，这时，其功率特征数也可用永田进治公式计算，式中的 A 值按式 (16-19) 计算[5]。

$$A=66z\left(\frac{d_j}{s}\right)^{0.73}\frac{h}{d_j}\left(\frac{b}{d_j}\right)^{0.5}\left(\frac{D-d_j}{2d_j}\right)^{-0.6} \tag{16-19}$$

式中 z——螺带条数；

h——螺带高度，mm；

s——螺距，mm。

(3) 螺杆式搅拌器

据实测结果，当带导流筒的螺杆式搅拌器，螺距 $s=d_j$ 时，其功率特征数与同样外形尺寸的螺带式搅拌器是一致的。因此，可以认为永田进治公式也可沿用到螺杆式搅拌器，即可按式（16-17）和式（16-19）计算。

前苏联 Васндвпов 等人对螺杆式搅拌器的功率特征数提出计算式［式（16-20）］[5]。

$$N_p=\begin{cases}70\left(\dfrac{h}{d_j}\right)Re^{-1.0} & Re\leqslant 100，不带导流筒\\ 240\left(\dfrac{h}{d_j}\right)Re^{-1.0} & Re\leqslant 100，带导流筒\\ 4.0\left(\dfrac{h}{d_j}\right)Re^{-0.33} & Re>100，不带导流筒\\ 1.8\left(\dfrac{h}{d_j}\right)Re^{-\frac{1}{6}} & Re>100，带导流筒\end{cases} \tag{16-20}$$

式（16-20）中的符号如图 16-10 所示，其适用参数为：$d_j/D=0.4\sim0.44$，$h/d_j=0.6\sim2.5$，$s/D=1.0$，$H/D=0.8\sim3.5$。

(4) 螺带加螺杆式搅拌器

对于 4.1 小节所述结构参数的螺带加螺杆式搅拌器，其功率特征数可用式（16-21）计算。

$$N_p=\frac{400}{Re} \tag{16-21}$$

(5) 多层搅拌器的功率计算

当桨叶数大于 1 时，搅拌器之间的距离一般应大于搅拌器直径，以避免两搅拌器之间的流体同时受到两个搅拌器的作用而跟着搅拌器以同样的速度旋转，这样会影响搅拌效率。对于两层同样型式的搅拌器，可按文献［3］推荐的方法计算。

$$P_2=fP \tag{16-22}$$

式中 P——单层搅拌器的搅拌功率，kW；

f——系数，f 的计算方法见式（16-23）～式（16-25）。

推进式搅拌器

$$f=\exp\left[0.3105+0.234\ln\left(\frac{S}{d_j}\right)\right] \tag{16-23}$$

式中 S——叶轮间距，m；

d_j——搅拌器直径，m。

平直叶开式或圆盘涡轮搅拌器

$$f=1.9 \tag{16-24}$$

折叶开式或圆盘涡轮搅拌器

$$f=1.8 \tag{16-25}$$

在工程设计中，对于桨叶数多于 2 个的情况，只要搅拌器间距大于搅拌器直径，也可参照式（16-24）和式（16-25）估算搅拌功率，即多一个平直叶涡轮，f 值加 0.9；而多一个折叶涡轮，f 值加 0.8。

(6) 气液分散操作时的搅拌功率计算

在气液分散操作中，当搅拌槽内通气后，由于在叶片周围存在气泡，搅拌功率将会减小。气泡越大或持气量越大，搅拌功率减小得越多。对于六叶平直叶圆盘涡轮搅拌器，其在通气后的搅拌功率计算可按以下步骤进行[3]。

① 计算未通气情况下单个搅拌器的搅拌功率 P_0。

② 计算充气系数 N_A。

$$N_A=\frac{Q_s}{Nd_j^3}$$

式中 Q_s——充气量，m^3/s；

N——搅拌器转速，r/s。

③ 由 N_A 从图 16-18 查得 P/P_0 值。

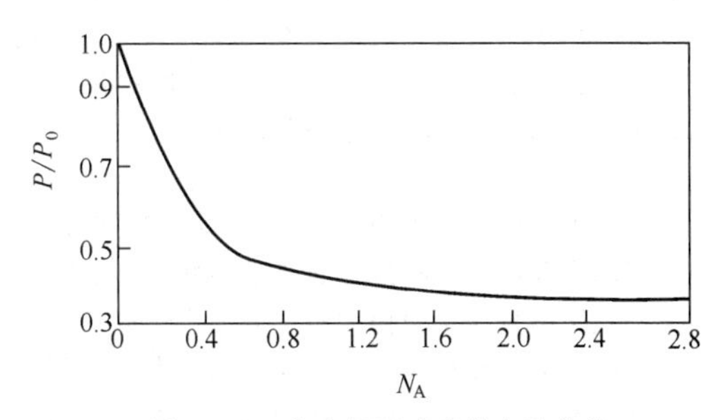

图 16-18 在喷气环或喷嘴上叶轮的 N_A 和 P/P_0 的关系

④ 计算通气时，喷气环或喷嘴上的单个搅拌器所消耗的搅拌功率为

$$P_1=P_0\frac{P}{P_0}$$

⑤ 如用多层叶轮，则第二层以上每个搅拌器的功率消耗为

$$P=\frac{P_0}{1+20.4\left(\dfrac{P}{V}\right)^{0.47}u_{og}^{0.65}}$$

式中 P_0——未通气时，一个搅拌器消耗的功率，W；

P——实耗功率，需假定一个数值后代入上式试算；

V——未充气时的液体体积，m^3；

u_{og}——表观气速，m/s。

5.4 电机功率的选择

以上计算得到的功率都仅为搅拌器所消耗的功率，并不是电机功率。因电机输出轴到搅拌轴之间一般有减速器、联轴器，或通过联轴器使电机直连搅拌轴。另外，搅拌轴上还会装有密封结构，这些部件在工作时都会消耗一定的功率。因此，确定电机功率时，必须考虑各传动部件所消耗的功率。工程设计中，一般通过传动效率考虑这部分功率损耗，即可以将总功率中扣除传动功率损耗的部分与总功率的比值来表示成传动效率。这样，当估算出所需要的搅拌功率以后，可用下式初定电机功率。

$$P_m=\frac{P}{\eta}$$

式中 P_m——所需要的电机功率，W；

η——总传动效率。

上式中，总传动效率 η 应是各传动部件传动效率的乘积。而各传动部件的传动效率可通过手册查阅，或由工程经验估计而得到。一般情况下，在估算时，可以取总传动效率 η 为 0.85～0.95。如密封选用填料密封结构，则总传动效率应取较低值，如密封选用机械密封结构，则总传动效率可取较高值。

估算得到的电机功率还要与电机标准中所列出的功率相匹配。因此，需在电机标准功率系列中查取一个比估算功率稍大且最接近的标准功率作为最终确定的电机功率。电机标准中所给出的是电机的额定功率，即电机在最理想状况下能提供的最大功率。因此，有时考虑到搅拌器启动时可能需要消耗较大的功率，或为了工程应用中更为可靠，可选择实际电机功率与估算功率并不是最接近，而是大一些。但实际电机功率不宜比估算功率大得太多，因为当选取的电机功率太大时，会使计算得到的搅拌轴径过大，从而在选择传动装置时产生一连串的问题，导致设备成本大大增加，电网功率因数偏低等不足。

搅拌用电机功率见表 16-4。

表 16-4 搅拌用电机功率 单位：kW

小型搅拌	0.55	0.75	1.1	1.5	2.2	3.0	4.0	5.5
中型搅拌	7.5	11	15	18.5	22	30		
大型搅拌	37	45	55	75	90	110		

5.5 计算举例

例 1 推进式搅拌器用于互溶性物质的混合，进入方式为中央进入式，并符合全挡板条件。主体物料的质量 $W_1=450$kg，密度为 $\rho_1=1150\text{kg/m}^3$，黏度 $\mu_1=0.2$Pa·s；加入物料的质量 $W_2=50$kg，密度为 $\rho_2=1000\text{kg/m}^3$，黏度 $\mu_2=0.007$Pa·s。要求完全混合的时间在 30s 以内。两种物料无缔合性，求叶轮直径和转速，并求所需要的搅拌功率。

解 先求混合液物料的密度和黏度。

主体物料的体积 $V_1=\dfrac{W_1}{\rho_1}=\dfrac{450}{1150}=0.391\ (\text{m}^3)$

加入物料的体积 $V_2=\dfrac{W_2}{\rho_2}=\dfrac{50}{1000}=0.05\ (\text{m}^3)$

总体积 $V=V_1+V_2=0.441\text{m}^3$

主体物料的体积比 $x_1=\dfrac{V_1}{V}=\dfrac{0.391}{0.441}=0.887$

加入物料的体积比 $x_2=\dfrac{V_2}{V}=\dfrac{0.05}{0.441}=0.113$

混合物料的密度

$$\rho=x_1\rho_1+x_2\rho_2=1130\text{kg/m}^3$$

混合物料的黏度

$$\begin{aligned}\mu&=\exp(x_1\ln\mu_1+x_2\ln\mu_2)\\&=\exp[0.887\ln(0.2)+0.113\ln(0.007)]\\&=0.1356(\text{Pa}\cdot\text{s})\end{aligned}$$

根据物料总体积可计算得到的罐直径为 800mm，静液面高度为 887mm。如取搅拌器直径为罐直径的 1/3，则 $d_j=267$mm，圆整后取标准系列为 $d_j=250$mm。由式（16-3）得

$$\frac{1}{T_mN}=0.092\left[\left(\frac{250}{800}\right)^3\times0.4+0.21\times\frac{250}{800}\times\sqrt{\frac{0.32}{0.4}}\right]\times\left\{1-\exp\left[-13\times\left(\frac{250}{800}\right)^2\right]\right\}=0.004690$$

如取 $T_m=25$s，则可得

$$N=8.53\text{r/s}=512\text{r/min}$$

按减速器标准转速系列，取 $N=500$r/min。

静液面高度与搅拌槽直径之比小于 1.3，但由于物料的黏度较高，故采用两个搅拌器。

$$Re=\frac{0.25^2\times8.333\times1130}{0.1356}=4.340\times10^3$$

由 Rushton 算图（见图 15-10）查得功率特征数 $N_p=0.4$。两个搅拌器所需的搅拌功率为

$$P=N_p\rho N^3d_j^5=0.4\times1130\times8.53^3\times0.25^5=274\ (\text{W})$$

$$\begin{aligned}f&=\exp\left[0.3105+0.234\ln\left(\frac{S}{d_j}\right)\right]\\&=\exp\left[0.3105+0.234\ln\left(\frac{250}{250}\right)\right]=1.364\ (\text{W})\end{aligned}$$

$$P_{总}=fP=1.364\times274=373.7\ (\text{W})$$

取传动效率为 0.88，则电机的需要功率为

$$P_m=424.6\text{W}$$

选用 0.55kW 的电机即可。

例 2 固体置于液相中，要求均匀悬浮。固体颗粒直径为 1250μm，其假密度为 1100kg/m³，真密度为 1500kg/m³。主体液在罐中的质量 $W_2=500$kg，其密度为 1000kg/m³，黏度为 0.02Pa·s，加入固体颗粒的总质量为 100kg。试选择搅拌器型式和搅拌器直径，并确定搅拌器转速及所需的搅拌功率。

解 采用四叶折叶涡轮，在罐内安装挡板，使其满足全挡板条件。

固体体积 $V_1=\dfrac{100}{1500}=0.06667\ (\text{m}^3)$

液体体积 $V_2=\dfrac{500}{1000}=0.5\ (\text{m}^3)$

固体体积比 $x_1=0.1176$

液体体积比 $x_2=0.8824$

总体积 $V=V_1+V_2=0.5667m^3$

如取 $H/D=1$，可得 $D=900mm$，$H=910mm$。取搅拌器叶轮直径与罐内径之比为 1/3，得 $d_j=300mm$。

混合液平均密度为

$$\rho=0.1176\times1500+0.8824\times1000=1059(kg/m^3)$$

混合液平均黏度为

$$\mu_m=\mu_L\left(1+4.5\frac{x_1}{x_2}\right)=0.02\times\left(1+4.5\times\frac{0.1176}{0.8824}\right)=0.0320Pa\cdot s$$

由式（16-6）估算固体颗粒完全悬浮的搅拌器转速为

$$N_{cl}=199\times0.3^{-\frac{2}{3}}\times\left(\frac{1250}{1000}\right)^{\frac{1}{3}}\left(\frac{1500-1000}{1000}\right)^{\frac{2}{3}}\times\left(\frac{20}{1}\right)^{-\frac{1}{9}}\left(\frac{1500}{1000}\right)^{0.7}=287\ (r/min)$$

再由式（16-4）估算搅拌器转速为

$$(s_g)_s-(s_g)_l=1.5-1=0.5(g/cm^3)$$

查图 16-2，得 $\mu_t=18ft/min$（1ft=0.30m，下同）；固体质量分数为 $0.1/0.6\times100\%=16.7\%$，查表 16-3，得 $f_w=1.02$，于是（1in≈2.54cm）

$$\mu_d=f_w\mu_t=18.36ft/min$$

$$d_j=\frac{300}{25.4}=11.8in$$

如取搅拌级别为 5 级，查图 16-3，可得 $\phi=16\times10^{10}$。

$$16\times10^{10}=\frac{N^{3.75}(11.8)^{2.81}}{18.36}$$

$$N=332r/min$$

圆整后，取搅拌器转速为

$$N=400r/min=6.67r/s$$

$$Re=\frac{0.3^2\times5.33\times1059}{0.032}=1.5885\times10^4$$

查图 16-17，得功率特征数 $N_p=1.6$，于是

$$P=1.6\times1059\times6.67^3\times0.3^5=1222\ (W)=1.222\ (kW)$$

考虑传动效率后，取电机功率为 1.5kW。

例 3 现有分散相 D，通过搅拌过程萃取连续相 C 中的溶质。搅拌槽内径为 $D=1000mm$，混合液静液面高度 $H=1300mm$。连续相密度 $\rho_c=1200kg/m^3$，连续相黏度 $\mu_c=1.18\times10^{-2}Pa\cdot s$，连续相体积分数为 78%；分散相密度 $\rho_d=960kg/m^3$，分散相黏度 $\mu_d=5.89\times10^{-2}Pa\cdot s$，分散相体积分数为 22%；两相界面张力 $\sigma=5.28\times10^{-2}N/m$。选择搅拌器类型和转速，计算所需的搅拌功率。

解 选用六叶平直叶开式涡轮，搅拌器直径与搅拌槽内径之比约为 1/3，即取 $d_j=350mm$。由于 $H/D=1.3>1$，故安装两个叶轮。搅拌槽中装有挡板，并满足全挡板条件。取搅拌器至槽底距离与静液面高度之比为 $C/H=1/4$。

由式（16-7），并取 $C_1=3.178$，$\alpha_1=1.625$，计算临界搅拌转速为

$$N_c=3.178\left(\frac{1000}{350}\right)^{1.625}\left(\frac{1.18}{5.89}\right)^{\frac{1}{9}}\left(\frac{1200-960}{1200}\right)^{0.25}\times\left(\frac{5.28\times10^{-2}}{0.35^2\times1200\times9.81}\right)^{0.3}\left(\frac{0.35}{9.81}\right)^{-0.5}$$

$$=3.178\times5.507\times0.8364\times0.6687\times0.04668\times5.294=2.419\ (r/s)$$

即 $N_c=145r/min$。

所用搅拌器叶端线速度达到 5m/s，计算所需转速为

$$N=\frac{5}{\pi d_j}=\frac{5}{3.14\times0.35}=4.55(r/s)=272(r/min)$$

为不至于使得搅拌功率过大，取 $N=250r/min$。

平均密度 $\bar{\rho}=1200\times0.78+960\times0.22=1147(kg/m^3)$

$$平均黏度\ \bar{\mu}=\mu_c\left(1+2.5x_d\frac{\mu_d+0.4\mu_c}{\mu_d+\mu_c}\right)=1.18\times10^{-2}\times\left(1+2.5\times0.22\times\frac{5.89+0.4\times1.18}{5.89+1.18}\right)=1.76\times10^{-2}Pa\cdot s$$

$$Re=\frac{0.35^2\times250\times1147}{60\times1.76\times10^{-2}}=3.33\times10^4$$

由图 16-16 查得 $N_p=3.9$。对于两个开式平直叶涡轮，由式（16-24）得，$f=1.9$。所需的搅拌功率为

$$P=1.9\times3.9\times1147\times\left(\frac{250}{60}\right)^3\times0.35^5=3229\ (W)$$

如考虑 0.9 的传动效率，并圆整到标准电机功率，可选用 5.5kW 的电机。

例 4 在 $4m^3$ 的水溶液 A 中通入含 20%CO_2 的烟道气进行物理吸收处理，通气量为 $240m^3/h$。水溶液 A 的密度为 $\rho=1000kg/m^3$，黏度为 $\mu=0.001Pa\cdot s$，表面张力为 $\sigma=5\times10^{-2}N/m$。为使得吸收过程完全，要求烟道气在水溶液中完全分散。选择合适的搅拌器，并确定转速和所需的功率。

解 如取 $H/D=2$，可算得搅拌槽内径为 $D=1.366m$，圆整后，取 $D=1400mm$。这时，静液面高度为 $H=2600mm$。

$$通气速率\ u_{og}=\frac{240}{\frac{\pi}{4}\times1.4^2}=156\ (m/h)=0.0433\ (m/s)$$

选用六叶直叶圆盘涡轮搅拌器三层，搅拌器直径都取 500mm。因要求烟道气在水溶液中完全分散，

故按式（16-11）估算搅拌器转速为

$$N_0\times0.5=1.01\times\left(\frac{1.4}{0.5}\right)^{0.233}\times1.4^{0.5}+0.83\times\left(\frac{1.4}{0.5}\right)^{1.90}\times0.043=1.771$$

$$N_0=\frac{1.771}{0.5}=3.54\ (\mathrm{r/s})\ =212\ (\mathrm{r/min})$$

考虑式（16-11）的误差并圆整后，取搅拌器转速为 $N=250\mathrm{r/min}$。

$$Re=\frac{0.5^2\times250\times1000}{60\times0.001}=1.042\times10^6$$

由图 15-10 查得功率特征数为 $N_p=6.3$。于是，单个平直叶圆盘涡轮在未通气时所消耗的搅拌功率为

$$P=6.3\times1000\times\left(\frac{250}{60}\right)^3\times0.5^5=14241\ (\mathrm{W})$$

$$N_A=\frac{Q_s}{Nd_j^3}=\frac{\frac{240}{3600}}{\frac{250}{60}\times0.5^3}=0.128$$

查图 16-18，得 $P/P_0=0.85$。即最下面一个叶轮所需要的搅拌功率为

$$P_1=14.24\times0.85=12.1\ (\mathrm{kW})$$

第二、第三个叶轮所消耗的功率为

$$P=\frac{P_0}{1+20.4\left(\frac{P}{V}\right)^{0.47}u_{og}^{0.65}}$$

假定 $P=4\mathrm{kW}$，代入上式，可算得实耗功率为 3.96kW，与假定基本符合。故三个搅拌器所消耗的总功率为

$$P_{总}=12.1+4+4=20.1\ (\mathrm{kW})$$

考虑传动效率 0.9 并圆整后，可选用 30kW 的电机。

6 搅拌操作的传热计算

搅拌容器在工业上应用于反应、结晶、混合、聚合等操作，在这些操作中往往伴随着加热、冷却或者保持容器内的物体温度。常用的加热介质一般为水蒸气、热水、导生油或者用电加热等；冷却介质为水、冷冻盐水、低温水等。为了实现热量的传递，在容器的外边设置夹套、缠绕管和焊接半圆管或在容器内部设置螺旋盘管和立式排管等。总传热速率受传热介质侧传热膜系数、容器侧传热膜系数、传热面材料的传热膜系数和污垢系数等因素影响。

本节公式符号如下。

b，b_i——搅拌器或第 i 个搅拌器的桨叶宽度，m；

c_i——第 i 个搅拌器离槽底的距离，m；

c_p——流体的比定压热容，W/(kg·℃)；

D_c——盘管平均弯管直径，m；

D_{ji}——空心夹套内径，m；

D_{jo}——空心夹套外径，m；

d_c——盘管外径，mm；

d_i——盘管内径或半管夹套的管内径，mm；

H——液面高度，m；

k——流体的热导率，W/(m·℃)；

L——盘管的直管长度，m；

n_p——叶轮数；

Pr——普朗特数，$Pr=c_p\mu/k$；

V_{is}——流体的黏度比，$V_{is}=\mu/\mu_w$；

α_1——盘管或夹套内流体的传热膜系数，W/(m²·℃)；

α——搅拌槽内流体的传热膜系数，W/(m²·℃)；

ε——单位质量流体所消耗的搅拌功率，W/kg；

μ——流体在平均温度下的黏度，Pa·s；

μ_w——流体在壁温下的黏度，Pa·s；

ν——流体在平均温度下的运动黏度，m²/s。

6.1 传热介质侧流体的传热膜系数

6.1.1 盘管中流体的传热膜系数

与大部分化工过程相似，搅拌槽中的传热过程主要为对流传热。因此，搅拌操作中的传热应按照对流传热方法来计算。盘管中流体的传热膜系数可按直管中流体的膜系数计算公式，再引入一个修正系数以考虑管子弯曲后的影响。

$$\alpha_1=\alpha'\left(1+3.5\frac{d_i}{D_c}\right) \tag{16-26a}$$

式中，α'由式（16-26b）确定。

$$\frac{\alpha' d_i}{k}=0.027Re^{0.8}Pr^{0.33}V_{is}^{0.14} \qquad Re\geqslant10000 \tag{16-26b}$$

$$\frac{\alpha' d_i}{k}=1.86\left(Re\cdot Pr\frac{d_i}{L}\right)^{0.33}V_{is}^{0.14} \qquad Re<2100 \tag{16-26c}$$

当 $2100\leqslant Re<10000$ 时，流体的流动状态为过渡流。这时，α'仍可用式（16-26b）计算，但需乘上一校正因子 ϕ[2]，见表 16-5。

表 16-5 过渡流时传热膜系数计算的校正因子

Re	2300	3000	4000	5000
ϕ	0.45	0.66	0.82	0.88
Re	6000	7000	8000	
ϕ	0.93	0.96	0.99	

6.1.2 夹套中流体的传热膜系数

夹套内的传热过程可分为有相变和无相变两种。

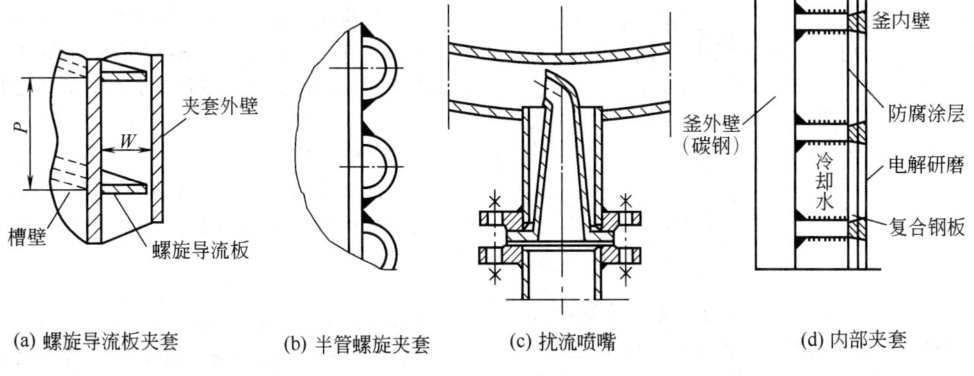

图 16-19　夹套结构示意

对于无相变过程的流体传热可按对流传热方法计算，因而其传热膜系数仍可采用式（16-26）进行计算。对于空心夹套、螺旋导流板夹套和半管式夹套内的流体传热膜系数计算过程中采用的流通面积 A 及直径 d_j，可按表 16-6 进行取值。若空心夹套中采用蒸汽作为加热介质，其冷凝的传热膜系数也可按表 16-6 进行取值。

表 16-6　夹套中流体传热膜系数计算

参数	空心夹套	螺旋导流板夹套	半管式夹套
d_j	$\dfrac{D_{jo}^2-D_{ji}^2}{D_{ji}}$	$4W$	中心角 180°时，为$\dfrac{\pi d_i}{2}$；中心角 120°时，为 $0.708D_c$
A	$\dfrac{\pi(D_{jo}^2-D_{ji}^2)}{4}$	PW	中心角 180°时，为$\dfrac{\pi d_i^2}{8}$；中心角 120°时，为 $0.154d_i^2$
其他	夹套中为蒸汽冷凝时，取膜系数 α=5670 W/(m^2·K)	u 取夹套无泄漏时流速的 60%	

注：表中的符号 P、W 见图 16-19。

6.2　搅拌容器内流体的传热膜系数

20 世纪 60～70 年代，永田进治和 Purcell 等人通过实验给出桨式、涡轮式和螺带式搅拌器在有无夹套、盘管、挡板等各种不同结构时的传热膜系数计算式，见式（16-27）～式（16-31）[11,14]。

① 桨式或开式涡轮搅拌器，有夹套，无盘管，全挡板，$Re>100$。

$$\frac{\alpha D}{k}=1.4Re^{\frac{2}{3}}Pr^{\frac{1}{3}}V_{is}^{0.14}\left(\frac{d_j}{D}\right)^{-0.3}\left(\frac{\sum b_i}{D}\right)^{0.45}\times n_p^{0.2}\left(\frac{\sum c_i}{iH}\right)^{0.2}(\sin\theta)^{0.5}\left(\frac{H}{D}\right)^{-0.6}\tag{16-27}$$

② 桨式或开式涡轮搅拌器，有夹套，无挡板，$600\leqslant Re\leqslant 5\times10^5$。

$$\frac{\alpha D}{k}=0.112Re^{\frac{3}{4}}Pr^{0.44}\left(\frac{d_j}{D}\right)^{-0.4}\left(\frac{\sum b_i}{D}\right)^{0.23}V_{is}^{0.14}\tag{16-28}$$

③ 桨式或开式涡轮搅拌器，无夹套，有盘管，无挡板。

$$\frac{\alpha D}{k}=0.825Re^{0.56}Pr^{\frac{1}{3}}V_{is}^{0.14}\left(\frac{d_j}{D}\right)^{-0.25}\times\left(\frac{\sum b_i}{D}\right)^{0.15}n_p^{0.15}\left(\frac{D_{out}}{D}\right)^{-0.3}\tag{16-29}$$

④ 桨式或开式涡轮搅拌器，无夹套，有盘管，有挡板。

$$\frac{\alpha D}{k}=2.68Re^{0.56}Pr^{\frac{1}{3}}V_{is}^{0.14}\left(\frac{d_j}{D}\right)^{-0.3}\left(\frac{\sum b_i}{D}\right)^{0.3}\times n_p^{0.2}\left(\frac{\sum c_i}{iH}\right)^{0.15}(\sin\theta)^{0.5}\left(\frac{H}{D}\right)^{-0.5}\tag{16-30}$$

⑤ 双螺带式搅拌器，$d_j/D=0.933$，$s/d_j=1$，$b/D=0.1$。

$$\frac{\alpha D}{k}=4.2\left(\frac{d_j^2N\rho}{k}\right)^{\frac{1}{3}}\left(\frac{\mu}{\mu_w}\right)^{0.2}\tag{16-31}$$

在使用以上诸式时必须注意需满足的条件，这使得应用于工程设计有一定的限制。由对流传热的基本原理可知，在盘管表面或内筒表面存在的流体滞流底层是影响热量传递的主要因素。而该滞流底层的厚度仅同流体本身的物性参数和流动状态有关。因此，对于不同形状的搅拌桨叶，如它们能使容器内流体形成基本相同的流动状态，则容器内流体的传热膜系数 α 也应基本相同。特别当容器内流体的流动状态为湍流时，且在整个容器内的流动状态较均匀时，流体的传热膜系数应与桨叶形状无关。日本的佐野雄二在 20 世纪 70 年代末，通过将容器内单位体积流体消耗的搅拌功率与传热膜系数相关联，对于在搅拌中处于湍流状态的流体，提出了两个适应性广而形式更为简单的传热膜系数计算式[2]，如下所示。

夹套加热

$$\frac{\alpha D}{k}=0.512\left(\frac{\varepsilon D^4}{v^3}\right)^{0.227}Pr^{\frac{1}{3}}\left(\frac{d_j}{D}\right)^{0.52}\left(\frac{b}{D}\right)^{0.08} \tag{16-32}$$

盘管加热

$$\frac{\alpha D}{k}=0.28\left(\frac{\varepsilon D^4}{v^3}\right)^{0.206}Pr^{0.35}V_{is}^{0.4}\left(\frac{d_j}{D}\right)^{0.2}\left(\frac{b}{D}\right)^{0.1}\left(\frac{d_c}{D}\right)^{-0.3} \tag{16-33}$$

使用式（16-32）和式（16-33），要先计算搅拌容器内单位质量流体所消耗的搅拌功率。由于搅拌功率总是需要计算的，故这一点对使用该两式不会产生困难。但使用该两式的限制条件是容器内流体须处于湍流状态。

7　搅拌工艺设计的放大技术

当搅拌操作过程涉及传质、传热或反应时，整个操作过程往往是一个很复杂的过程，要从理论上将这些过程用数学、化学或物理的方法表达出来至今尚未做到。因此，在工程的实际设计中，对于一些较复杂或把握不大的搅拌过程，一般会通过小试和中试的实验方法获得过程的基本数据，进行数据分析后，将实验结果推广到实际的大容器操作过程，这就是搅拌工艺设计的放大技术。

用于实验的设备与实际将要采用的设备是相似的，而物料及其特性也是相同的。所谓设备相似是指搅拌桨的型式一般应是相同的，只是桨叶的直径、宽度等几何尺寸不同，但各尺寸的比例应是相同的。

根据相似理论，要使试验数据能适用于实际操作过程，就应使两个系统具有相似的条件。这些相似的条件为几何相似、运动相似、动力相似和传热相似。其中，运动相似包含了几何相似，动力相似和传热相似均包含了几何相似及运动相似。

从流体力学可知，当两个系统的雷诺数和弗鲁德数都相同时，该两个系统的动力相似。动力相似的条件为$\frac{d_{j1}^2N_1\rho_1}{\eta_1}=\frac{d_{j2}^2N_2\rho_2}{\eta_2}$和$d_{j1}N_1^2=d_{j2}N_2^2$同时成立。由于试验时用的流体一般与实际操作中的流体相同，故要同时满足以上两式是不可能的，即真正意义上的动力相似在实际应用中无意义。在实际搅拌操作中，当流动状态在层流区或处于全挡板条件下时，弗鲁德数的影响很小，可忽略不计。此时，流体在几何形状相似的容器内流动，当雷诺数 Re 相同时，它们就可看成是流动相似和动力相似。当流动进入完全湍流区时，雷诺数 Re 对流动也没有影响。这时，只要搅拌容器满足几何相似，也就满足流动相似。对于流动相似的情况，功率特征数 N_p 和排出流量数 Q_d 等就也都相同。可见，流动相似（对于在湍流区操作即为几何相似）是搅拌过程进行比拟放大的一个重要基准。但流动相似或几何相似并不能解决所有的问题，尚需要针对不同的搅拌操作类型和要求，确定合适的相似基准。

(1) 均相液液混合

均相液液混合操作中，对于大部分的搅拌器来说，其搅拌均匀所用的时间和转速的乘积一般有如下关系式。

$$T_mN=\text{恒量}$$

因此，如要使得搅拌所需时间不变，则实际搅拌容器中搅拌器的转速和试验容器中搅拌器的转速应相同。在这种情况下，实际搅拌容器所消耗功率与试验容器的功率之比为

$$\frac{P_1}{P_2}=\left(\frac{d_{j1}}{d_{j2}}\right)^5 \tag{16-34}$$

式中，下标1为实际容器；下标2为试验容器，下同。

一般试验容器中搅拌器直径与容器直径之比同实际的搅拌器直径与容器直径之比是一致的，故单位体积的流体所消耗的平均功率之比为

$$\frac{P_{V1}}{P_{V2}}=\left(\frac{d_{j1}}{d_{j2}}\right)^2 \tag{16-35}$$

由此可见，在搅拌所需时间不变这个相似准则的条件下，当几何放大倍数较大时，实际搅拌过程将比试验过程要消耗大得多的功率。如能允许将搅拌所需时间延长，则可考虑使搅拌桨叶端的线速度基本保持不变，这时，可使得实际搅拌过程的消耗功率大为降低。但这要能使得实际搅拌过程中的流体流动仍保持在湍流状态，否则，将使得实际搅拌过程不能达到满意的对流循环而造成混合不充分。

(2) 固液悬浮操作

对于固液悬浮操作，搅拌器的转速都需达到使固体完全悬浮的转速或指定搅拌操作级别下所需要的转速。对于四叶折叶开式涡轮，按式（16-4）和图16-2，当操作级别确定以后，系数 ϕ 仅与搅拌器直径和容器直径的比值有关。一般试验容器中搅拌器直径和容器直径的比值与实际容器是一样的，即试验容器和实际容器的 ϕ 值相同。因此，实际容器中搅拌器转速与试验容器搅拌器转速的关系为

$$\left(\frac{N_1}{N_2}\right)^{3.75}=\left(\frac{d_{j2}}{d_{j1}}\right)^{2.81}$$

或

$$N_1=N_2\left(\frac{d_{j2}}{d_{j1}}\right)^{0.749} \tag{16-36}$$

从式（16-36）可以看出，在试验容器与实际容器的搅拌级别相同，且搅拌器直径与容器直径的比值也相同的条件下，搅拌器直径越大，所需的搅拌转速就越低。在这种情况下，可使得实际容器的搅拌功率

不至于大得太多。如试验容器与实际容器中的流体的流动状态均为湍流，则两者的功率特征数基本相同，于是，两者的搅拌功率比为

$$\frac{P_1}{P_2}=\left(\frac{d_{j1}}{d_{j2}}\right)^{2.753} \tag{16-37}$$

式（16-37）与式（16-34）相比，这个比值要小得多。

在无挡板条件下，按式（16-6），可以得到如下关系，即

$$N \propto D^{-\frac{2}{3}}$$

由该关系式，可以得到实际容器和试验容器中搅拌器的转速比为

$$\frac{N_1}{N_2}=\left(\frac{D_1}{D_2}\right)^{-\frac{2}{3}} \tag{16-38}$$

式（16-38）表明，在无挡板条件下，实际容器中使固体颗粒完全悬浮的搅拌器临界转速也比试验容器低。在固体悬浮操作中可能还要考虑其他因素，但一般总是首先要确保在搅拌过程中实际容器中的固体颗粒能完全悬浮，因此，在确定实际容器中搅拌器转速时，可参考式（16-36）或式（16-38）。

(3) 气液分散操作

对于气液分散操作，可以试验容器与实际容器中单位体积内的持气量相同作为其放大准则。持气量 Φ 由式（16-39）计算[17]。

$$\Phi=\varepsilon+a\left(\frac{N-N_F}{N}\right)^{\alpha} \tag{16-39}$$

式中　N——搅拌器转速，r/s；

N_F——泛点转速，r/s。

式（16-39）中，ε、a、α 都是仅与物性空罐气速有关的常数，详见文献[17]。

当试验容器和实际容器的物料相同，且它们的空罐气速也相同时，如使持气量相同，则有

$$\frac{N_1-N_{F1}}{N_1}=\frac{N_2-N_{F2}}{N_2} \tag{16-40}$$

因此，首先，可由式（16-10）算得 N_{F2} 和 N_{F1}，然后代入式（16-41）即可得到 N_1。

如假定搅拌器直径与容器直径的比值也相同，这时可得到更简单的形式。由式（16-10）可得

$$N_F d_j=\text{常数}$$

即

$$N_{F1}=N_{F2}\frac{d_{j2}}{d_{j1}}$$

或

$$N_1=N_2\frac{d_{j2}}{d_{j1}} \tag{16-41}$$

在气液相操作条件下，也可以单位体积内两相的接触面积不变作为放大准则。单位体积内气液两相的接触表面积 a_g 是韦伯数和雷诺数的函数[5]，即

$$a_g d_j=K_2\frac{N^2 d_j^3\rho}{\sigma}\left(\frac{N d_j^2\rho}{\mu}\right)^{-0.5} \tag{16-42}$$

式中，K_2 为系数。当物料为一定时，显然有

$$a_g \propto (N^3 d_j^2)^{0.5}$$

由于取接触面积不变作为放大准则，故下式成立。

$$(N_1^3 d_{j1}^2)^{0.5}=(N_2^3 d_{j2}^2)^{0.5}$$

于是，实际容器中的搅拌器转速为

$$N_1=N_2\left(\frac{d_{j2}}{d_{j1}}\right)^{\frac{2}{3}} \tag{16-43}$$

如实际容器与试验容器中的流体都处于湍流状态，且两个容器中的搅拌器直径与容器直径的比值相等，则可以推得两个容器中单位体积所消耗的搅拌功率也相等，即

$$P_{V1}=P_{V2}$$

事实上，如以 P_V 为定值作为放大准则，反过来也能推得式（16-43）。

(4) 非均相液液分散

非均相液液分散操作的操作要求是使得分散相以足够小的液滴尺寸与主液相混合，而液滴尺寸越小则两相的接触面积越大。于是，在进行放大时可以两相的接触面积为其放大准则。

同气液相操作的情况相似，非均相液液分散操作中两相的接触面积 a_l 是韦伯数和雷诺数的函数，可以式（16-44）表示。

$$a_l d_j=K_1\left(\frac{N^2 d_j^3\bar{\rho}}{\sigma}\right)^{0.6} \tag{16-44}$$

式中　K_1——系数。

当物料为一定时，显然也有

$$a_l \propto (N^3 d_j^2)^{0.4}$$

这样，与对气液相操作时的分析相同，实际搅拌容器中的搅拌器转速与试验搅拌容器中搅拌器转速可以式（16-43）表示。因此，在非均相液液分散操作的放大时，也有单位体积所消耗的搅拌功率相等的结论。

8　非牛顿型流体搅拌

任何流体受到剪应力 τ 的作用，必定产生相应的剪切速率 $\dot{\gamma}$（$\dot{\gamma}$ 表示平均剪切速率），两者存在以下关系。

$$\tau=f(\dot{\gamma})$$

上式称为流变性方程，标绘 τ-$\dot{\gamma}$ 关系的图称为流变图，如图 16-20 所示。

对牛顿型液体，黏度 $\mu=\tau/\dot{\gamma}=$常量，故搅拌时搅拌器转速与被混合的液体黏度无关，且在罐内任何

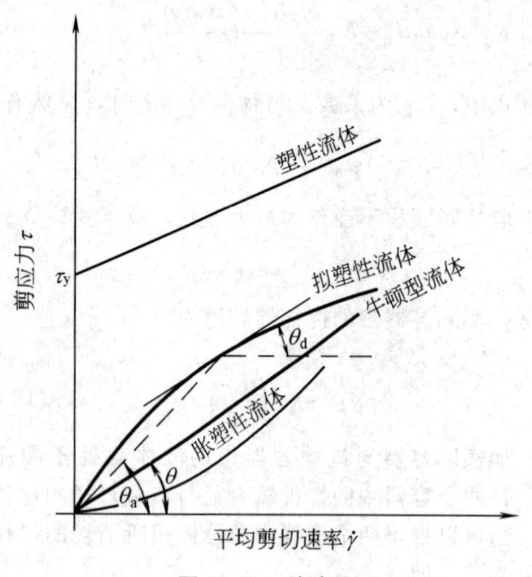

图 16-20 流变图

一处的黏度均相同。水、各种盐类水溶液、一般稀的醇类和酯类、浓度中等的麦芽糖水溶液以及甘油、矿物油等均属于这一类型。对塑性流体（即 Bingham 液），在剪应力不超过 τ_y 之前，流体是不动的，但流动以后的特性和牛顿型液体相同。固体粒子浓厚的悬浮液、涂料等属于此类。对胀塑性流体（即 Dilatent 液），由图 16-20 中可见是向上弯的曲线，τ 与 $\dot{\gamma}$ 的关系为

$$\tau=K(\dot{\gamma})^a \tag{16-45}$$

此处 $K=\mu_a/g_c$（μ_a 为表观黏度，即图 16-20 中所示的 $\tan\theta_a$；g_c 为重力换算系数，即 $9.81\mathrm{m/s^2}$），K 不是常数；$a>1$，对特定的物料而言是常数。a 越大，膨胀性越显著。因此，搅拌时转速越高，黏度将越大，而且在罐内近叶轮叶端的黏度最大，即受到剪切力最大的地方的黏度最大，如不溶性盐类（如 $MgCO_3$）体积比较大的悬浮液。对拟塑性流体（即 Pseudoplastic 液），在图 16-20 中可见是向下弯曲的曲线。式（16-45）仍成立，$K=\mu_{视}/g_c$且不是常数，$\mu_{视}=\tan\theta_a$，$a<1$ 且对特定的物料而言为常数。因此，物料的黏度将随搅拌的强化而缩小，而且在同一个罐内，受剪切力最大处其黏度最小，而受剪切力最小处其黏度最大。中等浓度的高分子聚合物溶液和医药工业中的发酵液均属此类。

(1) 混合及选型

非牛顿型流体搅拌的经验不够成熟，以下仅对较为多见的拟塑性流体作一般性的介绍。

低黏度的拟塑性流体（参考推进式搅拌器的适用范围，所谓低黏度大约在 0.1Pa・s 以下）仍可用式（16-3）计算，但计算搅拌雷诺数 N_{Re} 时要用视黏度 $\mu_{视}$ 来代替 μ。关于视黏度的求法将在后面述及。

中等黏度或高黏度的拟塑性流体大多在层流区或过渡区操作，其混合要比牛顿型流体困难得多。因为离开搅拌器越远，黏度越大，故动能传递远不如牛顿型流体。拟塑性流体的层流区比较长，比牛顿型流体要长几倍。

Metzner 等人发现，对于给定的 D/d_j 条件下，在搅拌雷诺数达到一个定值以前，搅拌所及的范围达不到器壁。他们用各种叶片的叶轮做试验，得到表 16-7 的结果。

表 16-7 在拟塑性流体中使搅拌范围达到器壁所需的最低雷诺数

D/d_j	搅拌器类型				
	单层涡轮式	双层涡轮式	折叶涡轮式	中央插入推进式	斜入推进式
4.8				640	430
3.5	>300	90			
3.0	270		120		270
2.4		75			
2.3				320	60
2.1	160	70			
2.0	110			50	
1.75		50～55			
1.50	90				
1.40		40～45			
1.33	50		30		
1.17		40～45			
1.05		35			
1.02		35			

表 16-7 说明：D/d_j 宜小不宜大；双层比单层好；折叶涡轮比平直叶涡轮好；推进式效果不好，尤其是中央插入推进式叶轮最差。

另外，挡板的作用也与牛顿型流体不同，因为离开搅拌器越远，黏度越大，因此，拟塑性偏离牛顿型很大时，挡板处的液体黏度会比搅拌器端部的黏度大得多。这样，近罐壁安装的挡板就可能造成局部的死角，反而不利于混合。

在选型上，建议低黏度在湍流区操作，选型与牛顿型相同，混合时间仍可用式（16-3）计算。但计算搅拌雷诺数时用视黏度代入。中等黏度可用开启折叶涡轮式，D/d_j 宜小，并用多层，在过渡区操作，不用挡板。如要消除漩涡，避免上下分层而混合不好，必要时可加上低转速的锚式搅拌器（内部搅拌器与外部搅拌器转速不同，内部的快，外部的慢）。高黏度用螺带加螺杆式，在层流区操作。混合时间要比牛顿型流体长得多，可能要差一个数量级[19]。

(2) 视黏度的计算方法

在非牛顿型流体搅拌的各项参数中，以视黏度 μ_a 最为重要。以下介绍求视黏度的计算方法。

① 在流变图上求 μ_a。由前人经验可知[20]，在层流区搅拌罐内的平均剪切速率 $\dot{\gamma}$ 与给定搅拌器的转速 N 成正比，即

$$\dot{\gamma}=kN \tag{16-46}$$

如果已有流变图和已知 k 值，就可以从转速 N 求得视黏度。方法是先用上式算得 $\dot{\gamma}$，再用此 $\dot{\gamma}$ 在流变图中作垂线相交 τ-$\dot{\gamma}$ 曲线于一点，此点切线的斜率即视黏度 μ_a。对平直叶开式涡轮式搅拌器和推进式搅拌器，k 值均可近似地取为 11[18,21]。

② 与牛顿型流体比较，用试验方法求 μ_a。

a. 设计和准备好作为模型的小型搅拌罐。

b. 在小罐中用牛顿流体作出 N_p-N_{Re} 曲线。如果此曲线已知（见图16-16～图16-18，所用的搅拌器几何相似），就不必再做。

c. 在小罐中用不同的转速 N' 做待定视黏度的非牛顿型液体搅拌试验，实测轴功率 $N_{轴}$，以下式来计算 N'_p

$$N'_p=\frac{N'_{p轴}}{\rho N'^3 d_j^5}$$

式中 ρ——液体密度；

N'——转速；

d_j——叶轮直径。

d. 在牛顿型液体的 N_p-N_{Re} 曲线上读取与 N'_p 相应的 N'_{Re}。

e. 将 N'_{Re} 值代入 $N_{Re}=d_j^2 N\rho/\mu$，求得 μ，即是视黏度 μ_a。

f. 因为只要几何相似，不同大小搅拌容器的流变图就是相同的，而 $\dot{\gamma}=kN$ 中的 k 也不变，故模型罐中求得的 N-μ_a 的关系即可用于大的搅拌容器。

以上方法只适用于层流区。

(3) 功率特征数的计算方法

① 塑性流体 按式(16-47)计算。

$$N_p=\alpha N_y+(\beta_N+KH_e^h)(Re'')^{-1}+I \tag{16-47}$$

$$N_y=\frac{\tau_y}{d_j^2 N^2\rho}$$

$$Re''=\frac{d_j^2 N\rho}{\mu}$$

$$H_e=\frac{\tau_y \rho\, d_j^2}{\mu}$$

式中 τ_y——使液体流动的初剪应力，dyn/(cm·s²)（图16-20，1dyn＝10^{-5}N）；

d_j——搅拌器直径，cm；

N——搅拌器转速，r/s；

ρ——液体密度，g/cm³；

μ——液体黏度，g/(cm·s)。

α，β_N，K，h，I——均为常数，按不同的搅拌器类型查表16-8。

表16-8 式(16-47)中的常数值

搅拌器类型	α	β_N	I	K	h
双螺带式	6.13	320	0.2	15	1/3
锚式	4.80	200	0.29	30	1/3
六叶涡轮式	3.44	70	—	10	1/3
带挡板的六叶涡轮式	3.44	70	5.5	10	1/3

② 拟塑性流体 按以上介绍的方法求出的视黏度 μ_a 替换为 μ，再用牛顿型的算法来计算功率特征数 N_p。

9 搅拌节能

搅拌器广泛应用于化工、医药、石化、食品等各行业的反应和流体混合的诸设备中，它是生产车间用电大户。经调查，化工生产车间用电主要由搅拌、机泵、离心分离及空调设备等组成，在生物发酵车间中搅拌用电量可达70%以上，一般化工车间中搅拌用电占30%～60%，若把各行业搅拌用电量汇总起来，则其数值极为可观。这就提出了一个如何进行搅拌器优化从而节约用电的重要课题，适宜的搅拌器应该体现如下诸方面的优点。

(1) 优化工艺指标

搅拌器是各反应设备的关键部件，适宜的搅拌结构形式、合理的叶轮尺寸和转速是降低生产成本及能耗的关键参数。

① 提高效率，降低物耗 搅拌可强化传质传热水平，避免反应介质宏观和局部不均匀和过热过冷现象，避免局部过酸过碱现象发生。有效防止了副反应的发生，从而提高了主反应的收率，降低了原材料消耗，也避免了副反应产生爆炸等危险因素发生。

② 提高产品质量 结晶过程的物料往往为高浓度和高黏度，加之又要防止晶粒破碎的严格工艺条件。对搅拌而言，一般不可设置挡板来达到混合均匀的目的，适用于小型结晶罐中的锚式和框式搅拌很难放大至5m³大型罐中。新型组合搅拌采用贴壁的带形叶轮驱使物料沿器壁上升，轴中央的桨叶将物料向下压送，从而形成整罐有序的轴向和径向的循环流动，使罐壁和罐中央、罐顶和罐底的浓度差和温度差消失，使罐内每一部分均能在适宜的过饱和度环境中进行结晶，有利于晶体生长，完美了产品的晶型，提高了产品质量。

③ 提高反应罐生产强度 发酵罐中采用高效径向流叶轮，有效粉碎了空气气泡，增大了气液两相传质面积，提高了溶氧传递系数。节能的轴向流叶轮使整罐发酵液得到了混合，避免了死角存在，使气-

液-固三相得到了充分混合，创造了微生物生长的良好环境，提高了发酵单位，使发酵强度也就是每立方米罐容积每年的产品数量大幅度提高（t产品/m^3·年）。

(2) 大力推荐新型叶轮和组合叶轮选用

目前我国除石油化工外很多行业中，还存在把搅拌器作为非标设备中的一个零部件的做法，搅拌器设计队伍不专业，往往选用国家传统标准或套用老设备的搅拌形式，普遍存在选型不十分恰当、叶轮耗能偏大、混合效率偏低等缺点，与近年来开发的高效新型叶轮相比，功率特征数偏大，搅拌有效系数偏低，能耗水平较高。特别是缺少对工艺过程和物料特性的研究，很少选择适合的组合叶轮，以达到尽可能完美的搅拌效果。

(3) 精心搅拌设计

除叶轮选型不当外，在搅拌器的设计过程中还普遍存在叶轮尺寸和转速采用不当、功率计算粗糙等问题，造成电机越用越大，“大马拉小车”和电网功率因素偏低现象时有发生。如占搅拌罐中约半数的液固混合搅拌，目前生产车间中普遍存在单位体积的搅拌功率为0.5～1.0kW/m^3的现况。若能精心设计，根据物料的密度差、浓度等工艺要求，采用新型叶轮就可降低为0.2～0.3kW/m^3，甚至可低至0.1kW/m^3。这就说明若能对搅拌设计予以重视，其节能空间是非常巨大的。

参考文献

[1] 山本一夫，永田进治. 改订搅拌装置. 东京都：化学工业出版社，1979.

[2] 王凯等. 搅拌设备. 北京：化学工业出版社，2003.

[3] 马继舜等. 化工单元操作设计手册（下）. 北京：化工部化学工程设计技术中心站，1993.

[4] Rushton J H，Mack D E，Everett H J. Displacement Capacities of Mixing Impellers，Trans Aminst Chem Engrs，1946，42：441.

[5] 陈乙崇等. 搅拌设备设计. 上海：上海科学技术出版社，1985.

[6] Hicks R N，Moren J R，Fenic J G. How to Design Agitators for Desired Process Response：Chem Eng，1976，83（9）：102.

[7] Gates L E，Morton J R，Fondy P L. Selecting Agitator System to Suspend Solids in Liquids. Chem Engrs，McGraw-Hill Inc，1985.

[8] Skelland A H，Seksalia R. Minimum Impeller Speeds for Liquid-Liquid Dispersion in Baffled Vessels：Ind. Eng. Chem. Process Des，1978，17（1）：56.

[9] Howard F R. Chemical Reaction for Process. Plant. v. 2. John Wiley & Son，1977.

[10] Dichey D S，Fenic J. Chem Eng. Prog，1976（1）：83.

[11] 永田进治著. 混合原理与应用. 马继舜译. 北京：化学工业出版社，1984.

[12] 化学工学协会. 化学工学便览：第4版. 东京：丸善株式会社，1978.

[13] Ho Fredrick C Kwong，Alfred. Ch Eng，1971，80（71）：94.

[14] Purcell H O，Thesis. M S. Newark College of Eng，Newark：1954.

[15] 田村晃一. 搅拌装置. 化学工，1981（9）：90.

[16] 落合安太郎. 压力容器. 东京：日刊工业新闻社，昭和51.

[17] 高峰等. 搅拌鼓泡釜中汽液分散特性的研究. 化学工程，1979（6）：69.

[18] Metzner A B，Feehs R H，et al. Agitation of Viscous Newtonian and Non-Newtonian Fluids. AIChE J，1957，3（1）：3.

[19] 山口岩. ケミカルエソジニヌリソゲ，1966（11）：61.

[20] Metzner A B，Otto R E. Agitation of Non-Newtonian. AIChE J，1957，3（1）：3.

[21] Calderbank P H. Trans Instn Chem Engrs，1959，37（3）：173.

第17章 蒸馏和吸收

蒸馏和吸收是化工过程中的主要单元过程之一，尤其是在近代基本化工生产中，与该过程相关的设备、管道、仪表等的投资往往占到全装置投资的一半以上，所以受到普遍重视，已成为当代化学工程学中发展得较为完整、成熟的部分。它的设计计算步骤虽较烦琐、复杂，但其根本的思路仍是利用汽液平衡和溶解度数据进行平衡级的计算（或核算），以确定理论级数、各级的操作条件及其物料和能量衡算数据，然后再据此进行平衡级（塔板或填料层）的传质速率（体现在板效率或填料等板高度）、塔板或填料层流体力学以及分布器计算，以确定主要设备（塔）及其内件的结构尺寸及操作参数等。

1 蒸馏过程

1.1 汽液平衡关系的表达

汽液平衡关系的表达方式，通常有三种。

① 直接列表或用坐标图表示气相组成与液相组成之间的对应关系。

② 用平衡常数 K_i 表示。

$$K_i=\frac{y_i}{x_i} \tag{17-1}$$

平衡时必须满足 $\sum y_i/K_i=1$ 或 $\sum K_i x_i=1$。K_i 是温度、压力及组成的函数。

③ 用相对挥发度 α 表示。

组分 i 对组分 j 的相对挥发度 α_{ij} 定义为

$$\alpha_{ij}=\frac{\dfrac{y_i}{x_i}}{\dfrac{y_j}{x_j}}=\frac{K_i}{K_j} \tag{17-2}$$

对多组分系统，可任意选定某一组分 j 作基准，系统中某一组分 i 的汽液平衡关系可用 α_i（α_{ij}）表示。

$$y_i=\frac{\alpha_i x_i}{\sum\limits_{i=1}^{n}(\alpha_{ij}x_i)} \tag{17-3}$$

$$x_i=\frac{y_i/\alpha_{ij}}{\sum\limits_{i=1}^{n}(y_i/\alpha_{ij})} \tag{17-4}$$

式中 x_i——液相中 i 组分的摩尔分数；

y_i——气相中 i 组分的摩尔分数；

K_i——系统中 i 组分的汽液平衡常数；

α_i——系统中 i 组分的相对挥发度；

n——系统中 i 组分的总数。

平衡数据的主要来源应是实验测定或已发表的实验数据及关联式，其中发表的数据（或计算关系式）可见各刊物或专著，例如 J. Chem. Eng. Data; Vapor-Liquid Eguilibrium Data Collection 等[1~9]。当数据不全时，可根据已有的数据用热力学方法进行推算，也可以用有关物系的官能团结构进行推算[10]。由实测或推算得到的平衡数据应经过热力学一致性校验。

1.2 汽液平衡的热力学关系式

1.2.1 理想系统

即气液两相均为理想溶液且气相为理想气体的系统。例如低压下的苯-甲苯溶液系统等。该类系统的液相符合拉乌尔定律。

$$p_i=p_i^0 x_i \tag{17-5}$$

而气相服从道尔顿定律。

$$p_i=Py_i \tag{17-6}$$

式中 P——系统压力；

p_i——气相中 i 组分的分压；

p_i^0——在系统温度下，纯 i 组分的平衡（或称饱和）蒸汽压力。

所以

$$Py_i=p_i^0 x_i \tag{17-7}$$

$$K_i=\frac{y_i}{x_i}=\frac{p_i^0}{P} \tag{17-8}$$

式（17-8）即为该类系统的相平衡常数的通用表达式。该类系统的平衡关系还可以用相对挥发度 α_{ij} 表示。

$$\alpha_{ij}=\frac{K_i}{K_j}=\frac{p_i^0}{p_j^0} \tag{17-9}$$

由式（17-8）、式（17-9）可见，理想溶液系统的相平衡常数是温度及压力的函数，而其相对挥发度仅是温度的函数，且对同一物系而言，随温度的变化不大，因此，在同一塔内，一般可取一个平均的 α 值进行计算。

该类系统仅是汽液平衡中的一个特例，通常遇到的多为非理想溶液系统，其平衡关系将在后面详述。

上述平衡关系的具体应用方式主要如下。

(1) 二元系统

a. 用饱和蒸汽压数据直接计算平衡组成

$$x_1=\frac{P-p_2^0}{p_1^0-p_2^0} \tag{17-10}$$

$$y_1=\frac{p_1}{P}=\frac{p_1^0x_1}{P} \tag{17-11}$$

取不同的温度间隔，得出相应的 p_1^0 及 p_2^0，即可由式（17-10）、式（17-11）求出各组相应的 x_1 及 y_1，作出平衡曲线。

b. 用相对挥发度表达平衡关系式

$$\alpha=\alpha_{12}=\frac{y_1}{x_1}\times\frac{x_2}{y_2}=\frac{y_1}{x_1}\times\frac{1-x_1}{1-y_1} \tag{17-12}$$

式（17-12）整理后得到

$$y_1=\frac{\alpha x_1}{1+(\alpha-1)x_1} \tag{17-13}$$

由式（17-13）即可作出平衡曲线。

(2) 多元系统

多元系统的汽液平衡关系也可以用平衡常数或相对挥发度来表达。用平衡常数法计算时，需进行试差，求得平衡温度；采用相对挥发度时，可以避免试差，但不能同时求得平衡温度。

① 平衡常数法　当已知液相组成 x_1，x_2，…，x_i 和各组分的饱和蒸汽压与温度的对应数据时，可先假设平衡温度，由式（17-8）定出各组分相应的 K_i，然后看是否能满足式（17-14）。

$$\sum K_ix_i=1 \tag{17-14}$$

如不满足，应重新调整温度及 K_i，直至满足式（17-14）为止。此时得到的平衡温度为泡点温度。与其相应的气相组成为

$$y_i=K_ix_i$$

若已知气相组成 y_i 和组分的饱和蒸汽压数据时，也可以用同样的试差法求得平衡温度。此时所满足的条件应为

$$\frac{\sum y_i}{K_i}=1 \tag{17-15}$$

此平衡温度称为露点温度。与之相对应的液相组成为

$$x_i=\frac{y_i}{K_i}$$

② 相对挥发度法　由液相组成求气相组成，可用式（17-16）。

$$y_i=\frac{\alpha_ix_i}{\sum\alpha_ix_i} \tag{17-16}$$

由气相组成求液相组成，可用式（17-17）。

$$x_i=\frac{\dfrac{y_i}{\alpha_i}}{\sum\left(\dfrac{y_i}{\alpha_i}\right)} \tag{17-17}$$

1.2.2 非理想系统

① 气、液两相均为理想溶液，但汽（或气）相不是理想气体的系统。例如在一般的高压［压力高于2MPa（表）］气、液系统中，其气相不遵循道尔顿定律，需要引用逸度 f 的概念，汽液平衡关系式为

$$K_i=\frac{y_i}{x_i}=\frac{f_{i,\mathrm{L}}^0}{f_{i,\mathrm{v}}^0}=\frac{f_{i,\mathrm{v}(p_i^0)}^0}{f_{i,\mathrm{v}}^0}=\frac{\varphi_{i,\mathrm{v},(p_i^0)}^0p_i^0}{\varphi_{i,\mathrm{v}}^0P} \tag{17-18}$$

式中　$f_{i,\mathrm{v}}^0,f_{i,\mathrm{L}}^0,\varphi_{i,\mathrm{v}}^0$——在系统温度及系统压力下，纯组分 i 的气相逸度系数、液相逸度系数、气相逸度系数；

P——系统总压力；

$f_{i,\mathrm{v}(p_i^0)}^0,\varphi_{i,\mathrm{v},(p_i^0)}^0$——在系统温度及纯 i 组分的饱和压力下，纯组分 i 的气相逸度、气相逸度系数，可查图17-1或用关系式计算[12~20,24]；

p_i^0——组分 i 在系统温度下的饱和蒸汽压。

② 气、液两相均为非理想溶液，且气相显然也是非理想气体的系统。例如在压力高于2MPa（表），或分子有缔合现象的烃类混合物的高压气、液系统中，因其气相不遵循道尔顿定律，液相不符合拉乌尔定律，需同时使用逸度系数 φ 和活度系数 γ 校正压力与分压（或浓度），故其汽液平衡关系式为

$$K_i=\frac{y_i}{x_i}=\frac{\gamma_{i,\mathrm{L}}f_{i,\mathrm{L}}^0}{\gamma_{i,\mathrm{v}}f_{i,\mathrm{v}}^0}=\frac{\gamma_{i,\mathrm{L}}\varphi_{i,\mathrm{L}}^0p_i^0}{\gamma_{i,\mathrm{v}}\varphi_{i,\mathrm{v}}^0P} \tag{17-19}$$

式中　$\gamma_{i,\mathrm{L}}$，$\gamma_{i,\mathrm{v}}$——i 组分在液相或气相混合物中的活度系数；

$\varphi_{i,\mathrm{L}}^0$，$\varphi_{i,\mathrm{v}}^0$——在系统的温度及压力下，纯 i 组分的液相或气相逸度系数；

$f_{i,\mathrm{L}}^0$，$f_{i,\mathrm{v}}^0$——在系统的温度及压力下，纯 i 组分的液相或气相逸度。

由于该类系统的汽液平衡问题较为复杂，关系式中校正系数（γ、φ 或 f）的求取不易，常需依靠直接的实验数据求取相平衡数据。但对化工中比较重要的轻烃类物料，目前已经探索出一系列计算方法和图表，可供手工计算及电子计算机计算，使用中可参阅有关书刊及文献［11～28］。

③ 液相为非理想溶液，但气相可视为理想气体（显然也可视为理想溶液）的系统。例如在一般的低压（压力低于0.20MPa）气、液系统中，因其气相可以视为理想气体，故汽液平衡关系式为

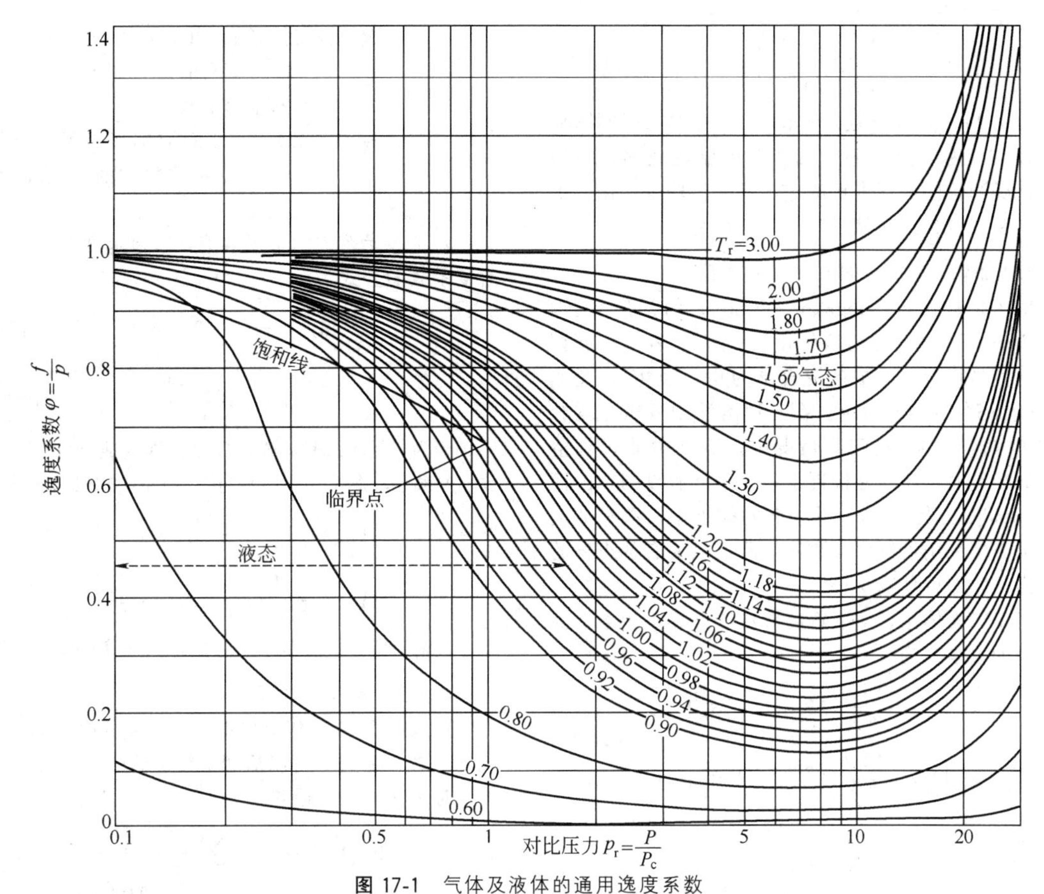

图 17-1 气体及液体的通用逸度系数

取自 R. E. Balzhiser 等，Chemical Engineering Thermodynamics，1972

$$K_i=\frac{y_i}{x_i}=\frac{\gamma_{i,L}p_i^0}{P}$$

或 $$p_i=\gamma_{i,L}p_i^0x_i;\ \alpha_{ij}=\frac{\gamma_{i,L}p_i^0}{\gamma_{i,L}p_j^0} \tag{17-20}$$

式中符号的意义同式（17-19）。

该系统是一般工业蒸馏中最常见的形式，其中的活度系数 $\gamma_{i,L}$ 的计算较为复杂，详见本章 1.3 小节。

④ 液相为非理想溶液，气相可视作理想溶液，但不是理想气体。例如中压（1.5～3.0MPa）以下的汽液平衡，其相平衡关系式，可以逸度和活度系数表示。

$$K_i=\frac{r_{i,L}\int_{i,L}^0}{\int_{i,V}^0}=\frac{r_{i,L}\varphi_{i,L}p_i^0}{\varphi_{i,v}p}$$

式中的符号意义同式（17-19）。其中 $r_{i,L}$ 的计算也比较复杂，而工业上除某些轻烃类物系涉及这类问题之外，其他系统较少见，故本手册从略，使用时可详见本章 1.3 小节，并参阅文献［20，40～43］。

1.3 活度系数的计算

1.3.1 Van Larr 和 Margules 方程

① 二元体系的 Van Larr 方程。

$$\left.\begin{aligned}\ln\gamma_1&=\frac{A'}{\left(1+\dfrac{A'}{B'}\times\dfrac{\chi_1}{\chi_2}\right)^2}\\ \ln\gamma_2&=\frac{B'}{\left(1+\dfrac{B'}{A'}\times\dfrac{\chi_2}{\chi_1}\right)^2}\end{aligned}\right\} \tag{17-21a}$$

$$A'=2q_1\alpha_{12} \tag{17-21b}$$

$$B'=2q_2\alpha_{12} \tag{17-21c}$$

式中 q_1，q_2——组分 1 与组分 2 的有效摩尔体积；

α_{12}——组分 1 与组分 2 之间的交互作用参数；

A'，B'（或 A_{12}，B_{12}）——端值常数。

端值常数 A'、B' 可由二元汽液平衡数据确定，也可以由无限稀释时的活度系数确定。

$$\left.\begin{aligned}\lim_{x_1\to 0}\ln\gamma_1&=\ln\gamma_1^\infty=A'\\ \lim_{x_2\to 0}\ln\gamma_2&=\ln\gamma_2^\infty=B'\end{aligned}\right\} \tag{17-22}$$

② 二元体系的 Margules 方程。

若假定式（17-21）中 $q_1=q_2$，则 $A'=B'$，该方程即变为 Margules 方程，即

$$\left.\begin{aligned}\ln\gamma_1 &= A'\chi_2^2 \\ \ln\gamma_2 &= A'\chi_1^2\end{aligned}\right\} \tag{17-23}$$

可见 Margules 方程是 Var Larr 方程的一个特例。

③ 三元以上的体系，因所需的常数较多，一般缺少已经测得的数据进行确定，目前已较少使用。如确需使用，可参阅文献［23，37～39］。

1.3.2 Scatchard-Hildebrand 方程

对于正规溶液（regular solution）的活度系数，Hildebrand[26] 提出可用溶解度参数法来表达。所谓正规溶液是指溶液生成的混合焓为正（吸热），超额混合熵 ΔS^E 为零的系统。在正规溶液中各组分均为正偏离（$\gamma_1>1$）。在实际情况中，有不少非极性溶液（如烃类混合物）是接近于正规溶液假设的，因而 Chao-Seader 方程[25] 等一些著名的模型中，液相活度系数部分多采用溶解度参数法。此法只要有各组分的汽化潜热，即可计算 γ 值。

对于二元体系，由溶解度参数法计算正规溶液活度系数的关系式为

$$\left.\begin{aligned}\ln\gamma_1 &= \frac{V_{L,1}}{RT}(\delta_1-\delta_2)^2\phi_2^2 \\ \ln\gamma_2 &= \frac{V_{L,2}}{RT}(\delta_1-\delta_2)^2\phi_1^2\end{aligned}\right\} \tag{17-24}$$

$$\phi_i = \frac{V_{L,i}\chi_i}{\sum V_{L,i}\chi_i}$$

式中 ϕ_1，ϕ_2——组分1、2的体积分数；

$V_{L,1}$，$V_{L,2}$——组分1、2的饱和液态摩尔比容，cm^3/mol；

R——气体常数，1.987cal/(mol·K)，1cal=4.18J，下同；

T——系统温度，K；

δ_1，δ_2——组分1、2的溶解度参数，$(cal/cm^3)^{0.5}$，一些物质的 δ_i 值，可参见表17-1。

对于多元系统的正规溶液，以溶解度参数法计算活度系数的公式为

$$\ln\gamma_i = \frac{V_{L,i}}{RT}(\delta_i-\bar{\delta})^2 \tag{17-25}$$

$$\bar{\delta}_i = \frac{\sum\chi_i V_{L,i}\delta_i}{\sum\chi_i V_{L,i}} \tag{17-26}$$

当为二元体系时，式（17-25）即变成式(17-24)。在数学关系上，将式（17-24）与 Van Larr 方程比较，可得

$$\left.\begin{aligned}A_{12} &= \frac{V_1}{2.303RT}(\delta_1-\delta_2)^2 \\ A_{21} &= \frac{V_2}{2.303RT}(\delta_1-\delta_2)^2\end{aligned}\right\} \tag{17-27}$$

故溶解度参数法实际上是 Van Larr 模型的一种特例。

1.3.3 Wilson 方程

Wilson 于1964年提出将局部组成的概念和 Flory-Huggin 模型结合，得出活度系数 γ 的计算式如下。

对多元体系（通式）

$$\ln\gamma_i = 1-\ln\sum_{j=1}^{n}\Lambda_{ij}\chi_j-\sum_{k=1}^{n}\frac{\Lambda_{kj}\chi_k}{\sum_{j=1}^{n}\Lambda_{kj}\chi_j} \tag{17-28}$$

式中 Λ_{ij}——Wilson 常数（$\Lambda_{ii}=\Lambda_{jj}=\Lambda_{kk}=1$，且 $\Lambda_{ij}\neq\Lambda_{ji}$）。

表17-1 一些物质在25℃时的溶解度参数值[24,25]

分子式	名称	V_L /(cm^3/mol)	δ_i/$(cal/cm^3)^{0.5}$	分子式	名称	V_L /(cm^3/mol)	δ_i/$(cal/cm^3)^{0.5}$
H_2	氢	31	3.25	C_7H_8	甲苯	106.8	8.92
CH_4	甲烷	52	5.68	C_8H_{10}	乙苯	123.1	8.79
C_2H_6	乙烷	68	6.05	o-C_8H_{10}	邻二甲苯	121.2	8.99
C_3H_8	丙烷	84	6.40	m-C_8H_{10}	间二甲苯	123.5	8.82
n-C_4H_{10}	正丁烷	101.4	6.73	p-C_8H_{10}	对二甲苯	124.0	8.77
i-C_4H_{10}	异丁烷	105.5	6.73	C_8H_8	苯乙烯	116	9.3
n-C_5H_{12}	正戊烷	116.1	7.02	CH_3Cl	氯甲烷	56	8.6
C_5H_{12}	异戊烷	117.4	7.02	$CHCl_3$	氯仿	81	9.3
n-C_6H_{14}	正己烷	131.6	7.27	CCl_4	四氯化碳	97	8.6
C_2H_4	乙烯	61	6.08	$C_2H_4Cl_2$	1，2-二氯乙烷	79	9.9
C_3H_6	丙烯	79	6.43				
1-C_4H_8	1-丁烯	95.3	6.76	CH_4O	甲醇（浓度低时）	—	14.5
cis-2-C_4H_8	顺2-丁烯	91.2	6.76				
$trans$-2-C_4H_8	反2-丁烯	93.8	6.76	CH_4O	甲醇（浓度大时）	—	11.7
i-C_4H_8	异丁烯	95.4	6.76				
C_4H_6	丁二烯	88	6.94	C_2H_6O	乙醇	—	12.8
C_5H_8	异戊二烯	101	7.45	$C_6H_5NO_2$	硝基苯	103	10.4
C_6H_{12}	环己烷	108.7	8.20	C_6H_6O	苯酚	—	12.0
C_7H_{14}	甲基环己烷	128.3	7.83	C_6H_5Cl	氯苯	102	9.5
C_6H_6	苯	89.4	9.16	C_2H_3N	乙腈	66	10.5
				$SiCl_4$	四氯化硅	115	7.6

对二元体系

$$\left.\begin{aligned}\ln\gamma_1&=-\ln(\chi_1+\Lambda_{12}\chi_2)+\chi_2\left(\frac{\Lambda_{12}}{\chi_1+\Lambda_{12}\chi_2}-\frac{\Lambda_{21}}{\chi_2+\Lambda_{21}\chi_1}\right)\\ \ln\gamma_2&=-\ln(\chi_2+\Lambda_{21}\chi_1)-\chi_1\left(\frac{\Lambda_{12}}{\chi_1+\Lambda_{12}\chi_2}-\frac{\Lambda_{21}}{\chi_2+\Lambda_{21}\chi_1}\right)\end{aligned}\right\}\qquad(17\text{-}29)$$

Λ_{12}与Λ_{21}可由二元体系的汽液平衡数据确定，也可由无限稀释活度系数求得。

$$\left.\begin{aligned}\lim_{x_1\to 0}\ln\gamma_1^{\infty}&=-\ln\Lambda_{12}-\Lambda_{21}+1\\ \lim_{x_2\to 0}\ln\gamma_2^{\infty}&=-\ln\Lambda_{21}-\Lambda_{12}+1\end{aligned}\right\}\qquad(17\text{-}30)$$

Wilson 方程的适用范围较广，对烃、醛、醇、酮、有机酸、硝基物、水等类的混合物均能得到较满意的结果。另外参数 Λ_{ij} 实际上包含了温度的函数关系，因而可体现系统温度对活度系数的影响。

Wilson 方程最大的优点体现在可以由二元体系的参数推算多元体系的活度系数。由式（17-28）可见，由各组 Λ_{ij} 即可计算多元体系的 γ_i 而无需其他三元体系的常数，使用十分方便。

Wilson 方程的不足之处是不能用于部分互溶体系。对此曾有人提出一些修正形式，使其适用于部分互溶系统，如 Mc Cann 方程等，但计算十分繁冗，具体应用时可参阅文献［11］。

平田光穗在其所编的手册中列出了大量由数据回归所得的 Wilson 方程的参数[4]。

1.3.4 NRTL 方程

Renon[28] 对 Wilson 方程的原假设做了一些修改，提出了“有规两液”NRTL（non random two liquid）模型。此模型可适用于部分互溶体系，弥补了 Wilson 方程的不足。此外，NRTL 同样可由二元体系推算多元体系而无需增加多元体系参数，模型的适用范围较广。

(1) 二元体系的 NRTL 方程

$$\left.\begin{aligned}\ln\gamma_1&=\chi_2^2\left[\frac{\tau_{21}G_{21}^2}{(\chi_1+\chi_2G_{21})^2}+\frac{\tau_{12}G_{12}}{(\chi_2+\chi_1G_{12})^2}\right]\\ \ln\gamma_2&=\chi_1^2\left[\frac{\tau_{12}G_{12}^2}{(\chi_2+\chi_1G_{12})^2}+\frac{\tau_{21}G_{21}}{(\chi_1+\chi_2G_{21})^2}\right]\end{aligned}\right\}\qquad(17\text{-}31)$$

其中

$$\left.\begin{aligned}\tau_{12}&=\frac{g_{12}-g_{22}}{RT}\\ \tau_{21}&=\frac{g_{21}-g_{11}}{RT}\\ g_{21}&=g_{12}\text{（组分1、2的交互作用参数）}\\ G_{12}&=\exp(-\alpha_{12}\tau_{12})\\ G_{21}&=\exp(-\alpha_{21}\tau_{21})\end{aligned}\right\}\qquad(17\text{-}32)$$

NRTL 方程为三参数方程，对每一个二元体系都有三个参数：$(g_{12}-g_{22})$、$(g_{12}-g_{11})$ 及 α_{12}（$\alpha_{12}=\alpha_{21}$）。其值可由二元汽液平衡数据确定。如对 α_{12} 做一些近似的规定，在不同类型的溶液中使其为一个常数，则式（17-31）也可简化为二参数方程。Renon 将溶液划分为七大类，α_{12} 值见表 17-2。

表 17-2 NRTL 参数 α_{12}

溶液类型	Ⅰa	Ⅰb	Ⅰc	Ⅱ	Ⅲ	Ⅳ	Ⅴ	Ⅵ	Ⅶ
α_{12}	0.30	0.30	0.30	0.2	0.4	0.47	0.47	0.30	0.47

注：Ⅰa 表示一般非极性物质，如烃类和四氯化碳，但不包括如烷烃和烃氧化物的物系；Ⅰb 表示包括非缔合性的极性-非极性物系，如正庚烷-甲乙基酮，苯-丙酮，四氯化碳-硝基乙烷等；Ⅰc 表示极性溶液混合物，其中有的物系对拉乌尔定律为负偏差，如丙酮-氯仿，氯仿-二氧六环等，也有对拉乌尔定律为少量正偏差的物系，如丙酮-乙酸甲酯，乙醇-水等；Ⅱ表示饱和烃-非缔合极性物系，如正己烷-丙酮，异辛烷-硝基乙烷等，这类物系具有较弱的非理想性，但能分层，α_{12} 值较小；Ⅲ表示饱和烃及烃的过氟化物，如正己烷-过氟化正己烷等；Ⅳ表示强缔合性物质-非极性物质系统，如醇类-烃类物质；Ⅴ表示极性物质（如乙腈或硝基甲烷）和四氯化碳系统；Ⅵ表示水-非缔合极性物质（如丙酮-二氧六环）；Ⅶ表示水-缔合极性物质（如丁二醇、吡啶）。

NRTL 方程中的交互作用参数差（$g_{21}-g_{11}$）和（$g_{12}-g_{22}$）可由已知的平衡数据回归得到，也可由无限稀释溶液的活度系数数据确定。

$$\left.\begin{aligned}\lim_{x_1\to 0}\ln\gamma_1^{\infty}&=\tau_{21}+\tau_{12}G_{12}\\ \lim_{x_2\to 0}\ln\gamma_2^{\infty}&=\tau_{12}+\tau_{21}G_{21}\end{aligned}\right\}\qquad(17\text{-}33)$$

(2) 多元系统的 NRTL 方程

$$\ln\gamma_i=\frac{\sum\limits_{j=1}^{c}\tau_{ji}G_{ji}x_j}{\sum\limits_{k=1}^{c}G_{ki}x_k}+\sum_{j=1}^{c}\frac{x_jG_{ij}}{\sum\limits_{k=1}^{c}G_{kj}x_k}\left(\tau_{ij}-\frac{\sum\limits_{i=1}^{c}x_i\tau_{ij}G_{ij}}{\sum\limits_{k=1}^{c}G_{kj}x_k}\right)\qquad(17\text{-}34)$$

1.3.5 UNIF AC 方程

在该方程中，将活度系数表示成两部分，一部分是反映分子大小和形状的影响的组合活度系数；另一部分是反映分子间交互作用能的剩余活度系数。其最大特点是只需知道混合物中各组分的分子结构和有关的官能团参数，就可计算没有实验数据的系统的活度系数，即

$$\ln\gamma_i=\ln\gamma_i^{c}+\ln\gamma_i^{R}\qquad(17\text{-}35)$$

$$\ln\gamma_i^{c}=\ln\frac{\phi_i}{x_i}+\frac{z}{2}q_i\ln\frac{\theta_i}{\phi_i}+l_i-\frac{\phi_i}{x_i}\sum x_il_i\qquad(17\text{-}36)$$

$$l_i=\frac{z}{2}(\nu_i-q_i)-(\nu_i-1)$$

$$\theta_i=\frac{q_ix_i}{\sum\limits_{i=1}^{c}q_ix_i}\qquad\phi_i=\frac{\nu_ix_i}{\sum\limits_{i=1}^{c}\nu_ix_i}$$

式中 γ_i^c——组合活度系数；

γ_i^R——剩余活度系数；

x_i——溶液中 i 组分的摩尔分数；

q_i——i 组分的分子表面参数（无量纲）；

θ_i——i 组分的表面积分率；

ϕ_i——i 组分的容积分率；

ν_i——i 组分的容积参数（无量纲）；

z——配位数（取为10）；

c——溶液中所含组分的个数。

i 组分的容积参数 ν_i、分子表面参数 q_i 均可由构成该组分各官能团的相应参数叠加而得到，即

$$\nu_i=\sum_{k=1}^{m} n_k^{(i)} R_k \tag{17-37}$$

$$q_i=\sum_{k=1}^{m} n_k^{(i)} Q_k \tag{17-38}$$

式中 m——i 组分中所含官能团的种类数；

$n_k^{(i)}$——i 组分中所含某一官能团 k 的个数；

R_k——官能团 k 的容积参数，见表17-3；

Q_k——官能团 k 的表面积参数，见表17-3。

R_k 和 Q_k 也可按所给各官能团的范德瓦尔斯分子容积 V_{wk} 及分子表面积 A_{wk} 数据[29]，由下式求得。

$$R_k=\frac{V_{wk}}{15.17} \tag{17-39}$$

$$Q_k=\frac{A_{wk}}{2.5\times10^9} \tag{17-40}$$

而

$$\ln\gamma_i^R=\sum_{k=1}^{N} n_k^{(i)}\left[\ln\Gamma_k-\ln\Gamma_k^{(i)}\right] \tag{17-41}$$

式中 Γ_k——官能团 k 的剩余活度系数；

$\Gamma_k^{(i)}$——官能团 k 在仅含 i 组分分子的“参照”溶液中的剩余活度系数；

N——溶液中所含各种官能团的种数；

$n_k^{(i)}$——i 组分中官能团 k 的个数。

$$\ln\Gamma_k=Q_k\left(1-\ln\sum_{j=1}^{N}\overline{\theta}_j\varphi_{jk}-\sum_{j=1}^{N}\frac{\overline{\theta}_j\varphi_{jk}}{\sum_{n=1}^{N}\overline{\theta}_n\varphi_{nj}}\right) \tag{17-42}$$

式中 $\overline{\theta}_j$——官能团 j 的表面积分率。

$$\overline{\theta}_j=\frac{Q_jX_j}{\sum_{n=1}^{N}Q_nX_n} \tag{17-43}$$

式中 Q_j——官能团 j 的表面参数；

X_j——官能团 j 在溶液中的摩尔分数。

$$X_j^{(i)}=\frac{\sum_{i=1}^{c}n_j^{(i)}x_i}{\sum_{i=1}^{c}\sum_{k=1}^{N}n_k^{(i)}x_i} \tag{17-44}$$

式中 x_i——i 组分在溶液中的摩尔分数；

$n_j^{(i)}$——i 组分中官能团 j 的个数。

$$\varphi_{jk}=\exp\left(-\frac{u_{jk}-u_{kk}}{RT}\right)=\exp\left(-\frac{\alpha_{jk}}{T}\right) \tag{17-45}$$

式中 α_{jk}——表示官能团 j-k 间的相互作用参数，见表17-4，$\alpha_{jk}\neq\alpha_{kj}$；

T——溶液温度，K。

$$\ln\Gamma_k^{(i)}=Q_k\left[1-\ln\left(\sum_{j=1}^{m}\overline{\theta}_j\varphi_{jk}\right)-\sum_{j=1}^{m}\frac{\overline{\theta}_j\varphi_{kj}}{\sum_{n=1}^{m}\overline{\theta}_n\varphi_{nj}}\right] \tag{17-46}$$

式中符号同式（17-42）。其中的 $\Gamma_k^{(i)}$ 项是为了保证在 $\chi_i\to1$ 时，$\gamma_i^R\to1$。因为在式（17-36）中 $\chi_i\to1$ 时，$\gamma_i^c\to1$。而此时必须有 $\gamma_i\to1$，故而应使 $\gamma_i^R\to1$。

例1 在丙酮(1)-戊烷（2）混合物中，当温度为307K，$\chi_1=0.047$ 时，求 γ_1。

解 戊烷＝2个 CH_3＋3个 CH_2，丙酮＝1个 CH_3＋1个 CH_3CO

由表17-3得

官能团	副基号	R_k	Q_k
CH_3	1	0.9011	0.848
CH_2	2	0.6744	0.540
CH_3CO	18(9)	1.6724	1.488

由式（17-37）、式（17-38）得

$$\nu_1=1\times0.9011+1\times1.6724=2.5735$$

$$q_1=1\times0.848+1\times1.488=2.336$$

$$\nu_2=2\times0.9011+3\times0.6744=3.8254$$

$$q_2=2\times0.848+3\times0.540=3.316$$

由式（17-36）得

$$\phi_1=\frac{2.5735\times0.047}{2.5735\times0.047+3.8254\times0.953}=0.03211$$

$$\phi_2=0.96789$$

$$\theta_1=\frac{2.336\times0.047}{2.336\times0.047+3.316\times0.953}=0.03358$$

$$\theta_2=0.96642$$

$$l_1=5\times(2.5735-2.336)-1.5735=-0.3860$$

$$l_2=-0.2784$$

$$\ln\gamma_1^c=\ln\frac{0.03211}{0.047}+5\times2.336\times\ln\frac{0.03358}{0.03211}-0.3860+\frac{0.03211}{0.047}\times(0.047\times0.3860+0.953\times0.2784)$$

$$=-0.0505$$

表 17-3　基团容积和表面积参数

主基号	主基团	副基团	副基号	R_k	Q_k	基团分配示例
1	CH_2	CH_3	1	0.9011	0.848	丁烷：$2CH_3$，$2CH_2$
		CH_2	2	0.6744	0.540	
		CH	3	0.4469	0.228	异丁烷：$3CH_3$，1CH
		C	4	0.2195	0.000	2,2-二甲基丙烷：$4CH_3$，1C
2	C＝C	CH_2＝CH	5	1.3454	1.176	1-己烯：$1CH_3$，$3CH_2$，$1CH_2$＝CH
		CH＝CH	6	1.1167	0.867	2-己烯：$2CH_3$，$2CH_2$，1CH＝CH
		CH＝C	7	0.8886	0.676	2-甲基-2-丁烯：$3CH_2$，1CH＝C
		CH_2＝C	8	1.1173	0.988	2-甲基-1-丁烯：$2CH_3$，$1CH_2$，$1CH_2$＝C
3	ACH	ACH	9	0.5313	0.400	苯：6ACH
		AC	10	0.3652	0.120	苯乙烯：$1CH_2$＝CH，5ACH，1AC
4	$ACCH_2$	$ACCH_3$	11	1.2663	0.968	甲苯：5ACH，$1ACCH_3$
		$ACCH_2$	12	1.0396	0.660	乙苯：$1CH_3$，5ACH，$1ACCH_2$
		ACCH	13	0.8121	0.348	异丙基苯：$2CH_3$，5ACH，1ACCH
5	OH	OH	14	1.0000	1.200	2-丁醇：$2CH_3$，$1CH_2$，1CH，1OH
6	CH_3OH	CH_3OH	15	1.4311	1.432	甲醇：$1CH_3OH$
7	H_2O	H_2O	16	0.92	1.40	水：$1H_2O$
8	ACOH	ACOH	17	0.8952	0.680	苯酚：5ACH，1ACOH
9	CH_2CO	CH_3CO	18	1.6724	1.488	酮基团在第二个碳原子上 2-丁酮：$1CH_3$，$1CH_2$，$1CH_3CO$
		CH_2CO	19	1.4457	1.180	酮基团在其他任何碳原子上 3-戊酮：$2CH_3$，$1CH_2$，CH_2CO
10	CHO	CHO	20	0.9980	0.948	乙醛：$1CH_3$，1CHO
11	COOC	CH_3COO	21	1.9031	1.728	乙酸丁酯：$1CH_3$，$3CH_2$，$1CH_3COO$
		CH_2COO	22	1.6764	1.420	丙酸丁酯：$2CH_3$，$3CH_2$，$1CH_3COO$
12	CH_2O	CH_3O	23	1.1450	1.088	二甲醚：$1CH_3$，$3CH_3O$
		CH_2O	24	0.9183	0.780	二乙醚：$2CH_3$，$1CH_2$，$1CH_2O$
		CH—O	25	0.6908	0.468	二异丙醚：$4CH_3$，1CH，1CHO
		FCH_2O	26	0.9183	1.1	四氢呋喃：$3CH_2$，$1FCH_2O$
13	CNH_2	CH_3NH_2	27	1.5959	1.544	甲胺：$1CH_3NH_2$
		CH_2NH_2	28	1.3692	1.236	正丙胺：$1CH_3$，$1CH_2$，$1CH_2NH_2$
		$CHNH_2$	29	1.1417	0.924	异丙胺：$2CH_3$，$1CHNH_2$
14	CNH	CH_3NH	30	1.4337	1.244	二甲胺：$1CH_3$，$1CH_3NH$
		CH_2NH	31	1.2070	0.936	二乙胺：$2CH_3$，$1CH_2$，$1CH_2NH$
		CHNH	32	0.9795	0.624	二异丙胺：$4CH_3$，1CH，1CHNH
15	$ACNH_2$	$ACNH_2$	33	1.0600	0.816	苯胺：5ACH，$1ACNH_2$
16	CCN	CH_3CN	34	1.8701	1.724	乙腈：$1CH_3CN$
		CH_2CN	35	1.6434	1.416	丙腈：$1CH_3$，$1CH_2CN$
17	COOH	COOH	36	1.3013	1.224	乙酸：$1CH_3$，1COOH
		HCOOH	37	1.5280	1.532	甲酸：1HCOOH
18	CCl	CH_2Cl	38	1.4654	1.264	1-氯丁烷：$1CH_3$，$2CH_2$，$1CH_2Cl$
		CHCl	39	1.2380	0.952	2-氯丙烷：$2CH_3$，1CHCl
		CCl	40	1.0060	0.724	叔丁基氯：$3CH_3$，1CCl

续表

主基号	主基团	副基团	副基号	R_k	Q_k	基团分配示例
19	CCl_2	CH_2Cl_2	41	2.2564	1.988	二氯甲烷：$1CH_2Cl_2$
		$CHCl_2$	42	2.0606	1.684	1,1-二氯乙烷：$1CH_3$，$1CHCl_2$
		CCl_2	43	1.8016	1.448	2,2-二氯丙烷：$2CH_3$，$1CCl_2$
20	CCl_3	$CHCl_3$	44	2.8700	2.410	氯仿：$1CHCl_3$
		CCl_3	45	2.6401	2.184	1,1,1-三氯乙烷：$1CH_3$，$1CCl_3$
21	CCl_4	CCl_4	46	3.3900	2.910	四氯化碳：$1CCl_4$
22	ACCl	ACCl	47	1.1562	0.844	氯苯：5ACH，1ACCl
23	CNO_2	CH_3NO_2	48	2.0086	1.868	硝基甲烷：$1CH_3NO_2$
		CH_2NO_2	49	1.7818	1.560	1-硝基丙烷：$1CH_3$，$1CH_2$，$1CH_2NO_2$
		$CHNO_2$	50	1.5544	1.248	2-硝基丙烷：$2CH_3$，$1CHNO_2$
24	$ACNO_2$	$ACNO_2$	51	1.4199	1.104	硝基苯：5ACH，$1ACNO_2$
25	CS_2	CS_2	52	2.057	1.65	二硫化碳：$1CS_2$
26	$(C)_3N$	CH_3N	53	1.187	0.940	三甲胺：$2CH_3$，$1CH_3N$
		CH_2N	54	0.9598	0.632	三乙胺：$3CH_3$，$2CH_2$，$1CH_2N$
27	HCOO	HCOO	55	1.242	1.188	甲酸乙酯：$1CH_3$，$1CH_2$，1HCOO
28	I	I	56	1.264	0.992	碘乙烷：$1CH_3$，$1CH_2$，1I
29	Br	Br	57	0.9492	0.832	溴甲烷：$1CH_3$，1Br
						溴苯：5ACH，1AC，1Br
30	CH_3SH	CH_3SH	58	1.877	1.676	甲硫醇：$1CH_3SH$
31	CCOH	CH_2CH_2OH	59	1.8788	1.664	1-丙醇：$1CH_3$，$1CH_2CH_2OH$
		$CHOHCH_3$	60	1.8780	1.660	2-丁醇：$1CH_3$，1CH，$1CHOHCH_3$
		$CHOHCH_2$	61	1.6513	1.352	3-辛醇：$2CH_3$，4CH，$1CHOHCH_2$
		CH_3CH_2OH	62	2.1055	1.972	乙醇：$1CH_3CH_2OH$
		$CHCH_2OH$	63	1.6513	1.352	异丁醇：$2CH_3$，$CHCH_2OH$
32	糠醛	糠醛	64	3.168	2.484	糠醛：1 糠醛
33	吡啶	C_5H_5N	65	2.9993	2.113	吡啶：$1C_5H_5N$
		C_5H_4N	66	2.8332	1.833	3-甲基吡啶：1CH，$1C_5H_4N$
		C_5H_3N	67	2.667	1.553	2,3-二乙基吡啶：$2CH_3$；$2C_5H_3N$
34	DOH	$(CH_2OH)_2$	68	2.4088	2.248	乙二醇：$1(CH_2OH)_2$
		CH_2SH	69	1.651	1.368	乙硫醇：$1CH_3$，$1CH_2SH$

表 17-4 UNIFAC 基团相互作用参数 α_{jk}

j \ k	1 CH_2	2 C═C	3 ACH	4 $ACCH_2$	5 OH
1 CH_2	0	−200.0	61.13	76.50	986.5
2 C═C	2520	0	340.7	4102	693.9
3 ACH	−11.12	−94.78	0	167.0	636.1
4 $ACCH_2$	−69.70	−269.7	−146.8	0	803.2
5 OH	156.4	8694	89.60	25.82	0
6 CH_3OH	16.51	−52.39	−50.00	−44.50	249.1
7 H_2O	300.0	692.7	362.3	377.6	−229.1
8 ACOH	311.0	n. a.	2043	6245	−533.0
9 CH_2CO	26.76	−82.92	140.1	365.8	164.5
10 CHO	505.7	n. a.	n. a.	n. a.	−404.8*
11 COOC	114.8	n. a.	85.84	−170.0	245.4
12 CH_2O	83.36	76.44	52.13	65.69	237.7
13 CNH_2	30.48	79.40	−44.85	n. a.	164.0
14 CNH	65.33	−41.32	−22.31	223.0	150.0
15 $ACNH_2$	5339	n. a.	650.4	979.8	529.0
16 CCN	24.82	34.78	−22.97	−138.4	185.4
17 COOH	315.3	349.2	62.32	268.2	−151.0
18 CCl	91.46	−24.36	4.680	122.9	562.2
19 CCl_2	34.01	−52.71	n. a.	n. a.	747.7

续表

j \ k	1 CH_2	2 C═C	3 ACH	4 $ACCH_2$	5 OH
20 CCl_3	36.70	−185.1	288.5	33.61	742.1
21 CCl_4	−78.45	−293.7	−4.700	134.7	856.3
22 ACCl	−141.3	n. a.	−237.7	375.5	246.9
23 CNO_2	−32.69	−49.92	10.38	−97.05	341.7*
24 $ACNO_2$	5541	n. a.	1825	n. a.	n. a.
25 CS_2	−52.65	16.62	21.50	40.68	823.5
26 $(C)_3N$	−83.98	−188.0	−223.9	n. a.	28.60
27 HCOO	90.49	n. a.	n. a.	n. a.	191.2
28 I	128.0	n. a.	58.68	n. a.	501.3
29 Br	−31.52	n. a.	155.6	291.1	721.9
30 CH_3SH	−7.481	n. a.	28.41	n. a.	461.6*
31 CCOH	−87.93	121.5	64.13	99.38	n. a.
32 糠醛	−25.31	n. a.	157.3	404.3	521.6
33 吡啶	−101.6	n. a.	31.87	49.80	132.3
34 DOH	140.0	n. a.	221.4	150.6	267.6

j \ k	6 HC_2OH	7 H_2O	8 ACOH	9 CH_2CO	10 CHO
1 CH_2	697.2	1318	2789	476.4	677.0
2 C═C	1509	634.2	n. a.	524.5	n. a.
3 ACH	637.4	903.8	1397.0	25.77	n. a
4 $ACCH_2$	603.3	5695.0	726.3	−52.10	n. a.
5 OH	−137.1	353.5	286.3	84.00	441.8*
6 CH_3OH	0	−181.0	(n. a.)	23.39	306.4
7 H_2O	289.6	0	442.0	195.4	257.3
8 ACOH	(n. a.)	540.6	0	n. a.	n. a.
9 CH_2CO	108.7	472.5	n. a.	0	37.36
10 CHO	340.2	232.7	n. a.	128.0	0
11 COOC	249.6	10000	853.6	372.2	n. a.
12 CH_2O	339.7	−314.7	n. a.	52.38	n. a.
13 CNH_2	−481.7	−330.4	n. a.	n. a.	n. a.
14 CNH	−500.4	−448.2	n. a.	n. a.	n. a.
15 $ACNH_2$	(n. a.)	−339.5	n. a.	n. a.	n. a
16 CCN	157.8	242.8	n. a.	−287.5	n. a.
17 COOH	1020	−66.17	n. a.	−297.8	n. a.
18 CCl	529.0	698.2	n. a.	286.3	−47.51
19 CCl_2	669.9	708.7	n. a.	423.2	n. a.
20 CCl_3	649.1	826.8	n. a.	552.1	n. a.
21 CCl_4	860.1	1201	1616	372.0	n. a.
22 ACCl	(n. a.)	920.4	n. a.	n. a.	n. a.
23 CNO_2	252.6	417.9	n. a.	−142.6	n. a.
24 $ACNO_2$	n. a.	360.7	n. a.	n. a.	n. a.
25 CS_2	914.2	1081	n. a.	303.7	n. a.
26 $(C)_3N$	(n. a.)	−598.8+	n. a.	n. a.	n. a
27 HCOO	155.7	n. a.	n. a.	n. a.	n. a.
28 I	(n. a.)	n. a.	n. a.	138.0	n. a.
29 Br	(n. a.)	n. a.	n. a.	−142.6	n. a.
30 CH_3SH	382.8	n. a.	n. a.	160.6	n. a.
31 CCOH	127.4	60.81	257.3	48.16	n. a.
32 糠醛	(n. a.)	23.48	n. a.	317.5	n. a.
33 吡啶	378.2	−332.9	−222.2	n. a.	n. a.
34 DOH	(n. a.)	n. a.	523.0	n. a.	n. a.

续表

j \ k	11 COOC	12 CH_2O	13 CNH_2	14 CNH	15 $ACNH_2$
1 CH_2	232.1	251.5	391.5	255.7	1245
2 C═C	n. a.	289.3	396.0	273.6	n. a.
3 ACH	5.994	32.14	161.7	122.8	668.2
4 $ACCH_2$	5688	213.1	n. a.	−49.29	764.7
5 OH	101.1	28.06	83.02	42.70	−348.2
6 CH_3OH	−10.72	−180.6	359.3	266.0	(n. a.)
7 H_2O	14.42	540.5^{+}	48.89	168.0	213.0
8 ACOH	−713.2	n. a.	n. a.	n. a.	n. a.
9 CH_2CO	−213.7	5.202	n. a.	n. a.	n. a.
10 CHO	n. a.	n. a.	n. a.	n. a.	n. a.
11 COOC	0	−235.7	n. a.	−73.50	n. a.
12 CH_2O	461.3	0	n. a.	141.7	n. a.
13 CNH_2	n. a.	n. a.	0	63.72	n. a.
14 CNH	136.0	−49.30	108.8	0	n. a.
15 $ACNH_2$	n. a.	n. a.	n. a.	n. a.	0
16 CCN	−266.6	n. a.	n. a.	n. a.	n. a.
17 COOH	−256.3	−338.5	n. a.	n. a.	n. a.
18 CCl	n. a.	225.4	n. a.	n. a.	n. a.
19 CCl_2	−132.9	−197.7	n. a.	n. a.	n. a.
20 CCl_3	176.5	−20.93	n. a.	n. a.	n. a.
21 CCl_4	129.5	113.9	n. a.	91.13	1302
22 ACCl	−246.3	n. a.	203.5	−108.4	n. a.
23 CNO_2	n. a.	−94.49	n. a.	n. a.	n. a.
24 $ACNO_2$	n. a.	n. a.	n. a.	n. a.	5250
25 CS_2	243.8	112.4	n. a.	n. a.	n. a.
26 $(C)_3N$	n. a.	n. a.	n. a.	n. a.	n. a.
27 HCOO	−261.1	n. a.	n. a.	n. a.	n. a.
28 I	21.92	474.6	n. a.	n. a.	n. a.
29 Br	n. a.	n. a.	n. a.	n. a.	n. a.
30 CH_3SH	n. a.	63.71	106.7	n. a.	n. a.
31 CCOH	76.20	70.00	110.8	188.3	412.0
32 糠醛	−146.3	n. a.	n. a.	n. a.	n. a.
33 吡啶	n. a.	n. a.	n. a.	n. a.	n. a.
34 DOH	n. a.	n. a.	n. a.	n. a.	164.4

j \ k	16 CCN	17 CCOH	18 CCl	19 CCl_2	20 CCl_3
1 CH_2	597.0	663.5	35.93	53.76	24.9
2 C═C	405.9	730.4	99.61	337.1	4583
3 ACH	212.5	537.4	−18.81	n. a.	−231.9
4 $ACCH_2$	6096	603.8	−114.1	n. a.	−12.14
5 OH	6.712	199.0	75.62	−112.1	−98.12
6 CH_3OH	36.23	−289.5	−38.32	−102.5	−139.4
7 H_2O	112.6	−14.09	325.4	370.4	353.7
8 ACOH	n. a.	n. a.	n. a	n. a.	n. a.
9 CH_2CO	481.7	669.4	191.7	−284.0	−354.6
10 CHO	n. a.	n. a	751.1	n. a.	n. a.
11 COOC	494.6	660.2	n. a.	108.9	−209.7
12 CH_2O	n. a.	664.6	301.1	137.8	−154.3
13 CNH_2	n. a.	n. a.	n. a.	n. a.	n. a.
14 CNH	n. a.	n. a.	n. a.	n. a.	n. a.
15 $ACNH_2$	n. a.	n. a.	n. a.	n. a.	n. a.
16 CCN	0	n. a.	n. a.	n. a.	−15.62
17 COOH	n. a.	0	44.42	−183.4	n. a.
18 CCl	n. a.	326.4	0	108.3	249.2
19 CCl_2	n. a.	1821	84.53	0	0
20 CCl_3	74.04	n. a.	157.1	0	0
21 CCl_4	492.0	689.0	11.80	17.97	51.90
22 ACCl	n. a.	n. a.	n. a.	n. a.	n. a.
23 CNO_2	n. a.	n. a.	n. a.	n. a.	n. a.
24 $ACNO_2$	n. a.	n. a.	n. a.	n. a.	n. a.
25 CS_2	335.7	n. a.	−73.09	n. a.	−26.06
26 $(C)_3N$	n. a.	n. a.	n. a.	−73.87	−352.9
27 HCOO	n. a.	−356.3	n. a.	n. a.	n. a.
28 I	n. a.	n. a.	n. a.	−40.82	21.76
29 Br	n. a.	n. a.	1169	n. a.	n. a.
30 CH_3SH	125.7	n. a.	−27.94	n. a.	n. a.
31 CCOH	n. a.	77.61	−38.23	−185.9	−170.9
32 糠醛	n. a.	n. a.	n. a.	n. a.	48.30
33 吡啶	−169.7	n. a.	n. a.	n. a.	−114.7
34 DOH	n. a.	n. a.	n. a.	n. a.	n. a.

续表

j \ k	21 CCl_4	22 ACCl	23 CNO_2	24 $ACNO_2$	25 CS_2
1 CH_2	104.3	321.5	661.5	543.0	153.6
2 C=C	5831	n. a.	542.1	n. a.	76.30
3 ACH	3.000	538.2	168.1	194.9	52.07
4 $ACCH_2$	−141.3	−126.9	3629	n. a.	−9.450
5 OH	143.1	287.8	61.11*	n. a.	477.0
6 CH_3OH	−67.80	(n. a.)	75.14	n. a.	−31.09
7 H_2O	497.5	678.2	220.6	399.5	887.1
8 ACOH	4894	n. a.	n. a.	n. a.	n. a.
9 CH_2CO	−39.20	n. a.	137.5	n. a.	216.1
10 CHO	n. a.	n. a.	n. a.	n. a.	n. a.
11 COOC	54.47	629.0	n. a.	n. a.	183.0
12 CH_2O	47.67	n. a.	95.18	n. a.	140.9
13 CNH_2	n. a.	68.81	n. a.	n. a.	n. a.
14 CNH	71.23	4350	n. a.	n. a.	n. a.
15 $ACNH_2$	8455	n. a.	n. a.	−62.73	n. a.
16 CCN	−54.86	n. a.	n. a.	n. a.	230.9
17 COOH	212.7	n. a.	n. a.	n. a.	n. a.
18 CCl	62.42	n. a.	n. a.	n. a.	450.1
19 CCl_2	56.33	n. a.	n. a.	n. a.	n. a.
20 CCl_3	−30.10	n. a.	n. a.	n. a.	116.6
21 CCl_4	0	475.8	490.9	534.7	132.2
22 ACCl	−255.4	0	−154.5	n. a.	n. a.
23 CNO_2	−34.68	794.4	0	n. a.	n. a.
24 $ACNO_2$	514.6	n. a.	n. a.	0	n. a.
25 CS_2	−60.71	n. a.	n. a.	n. a.	0
26 $(C)_3N$	−8.283	−86.36	n. a.	n. a.	n. a.
27 HCOO	n. a.	n. a.	n. a.	n. a.	n. a.
28 I	48.49	n. a.	n. a.	n. a.	n. a.
29 Br	225.8	224.0	125.3	n. a.	n. a.
30 CH_3SH	n. a.	n. a.	n. a.	n. a.	n. a.
31 CCOH	−98.66	290.0	n. a.	n. a.	73.52
32 糠醛	−133.2	n. a.	n. a.	n. a.	n. a.
33 吡啶	n. a.	n. a.	n. a.	n. a.	n. a.
34 DOH	n. a.	n. a.	481.3	n. a.	n. a.

j \ k	26 $(C)_3N$	27 HCOO	28 I	29 Br	30 CH_3SH
1 CH_2	206.6	741.4	335.8	479.5	184.4
2 C=C	658.8	n. a.	n. a.	n. a.	n. a.
3 ACH	90.49	n. a.	113.3	−13.59	−10.43
4 $ACCH_2$	n. a.	n. a.	n. a.	−171.3	n. a.
5 OH	−323.0	193.1	313.5	133.4	14.75*
6 CH_3OH	(n. a.)	193.4	(n. a.)	(n. a.)	37.84
7 H_2O	304.0+	n. a.	n. a.	n. a.	n. a.
8 ACOH	n. a.	n. a.	n. a	n. a.	n. a.
9 CH_2CO	n. a.	n. a.	53.59	245.2	−46.28
10 CHO	n. a.	n. a	n. a.	n. a.	n. a.
11 COOC	n. a.	372.9	148.3	n. a.	n. a.
12 CH_2O	n. a.	n. a.	−149.5	n. a.	−8.535
13 CNH_2	n. a.	n. a.	n. a.	n. a.	−70.14
14 CNH	n. a.	n. a.	n. a.	n. a.	n. a.
15 $ACNH_2$	n. a.	n. a.	n. a.	n. a.	n. a.
16 CCN	n. a.	n. a.	n. a.	n. a.	21.37
17 COOH	n. a.	312.5	n. a.	n. a.	n. a.
18 CCl	n. a.	n. a.	n. a.	−125.9	59.02
19 CCl_2	−141.4	n. a.	177.6	n. a.	n. a.
20 CCl_3	−293.7	n. a.	86.40	n. a.	n. a.
21 CCl_4	−126.0	n. a.	247.8	41.94	n. a.
22 ACCl	1088	n. a.	n. a.	−60.70	n. a.
23 CNO_2	n. a.	n. a.	n. a.	10.17	n. a.
24 $ACNO_2$	n. a.	n. a.	n. a.	n. a.	n. a.
25 CS_2	n. a.	n. a.	n. a.	n. a.	n. a.
26 $(C)_3N$	0	n. a.	n. a.	n. a.	n. a.
27 HCOO	n. a.	0	n. a.	n. a.	4.339
28 I	n. a.	n. a.	0	n. a.	n. a.
29 Br	n. a.	n. a.	n. a.	0	n. a.
30 CH_3SH	n. a.	239.8	n. a.	n. a.	0
31 CCOH	n. a.	n. a.	n. a.	n. a.	n. a.
32 糠醛	n. a.	n. a.	n. a.	n. a.	n. a.
33 吡啶	n. a.	n. a.	n. a.	n. a.	n. a.
34 DOH	n. a.	n. a.	n. a.	n. a.	n. a.

续表

j \ k	31 CCOH	32 糠醛	33 吡啶	34 DOH
1 CH_2	737.5	354.6	287.8	3025
2 C=C	535.2	n. a.	n. a.	n. a.
3 ACH	477.0	−64.69	−4.449	210.4
4 $ACCH_2$	469.0	−20.36	52.80	4975
5 OH	n. a.	−120.5	170.0	−319.0
6 CH_3OH	−80.78	(n. a.)	580.5	(n. a.)
7 H_2O	43.31	188.0	459.0	n. a.
8 ACOH	−455.4	n. a.	−637.3	−538.6
9 CH_2CO	129.2	−163.7	n. a.	n. a.
10 CHO	n. a.	n. a.	n. a.	n. a.
11 COOC	109.9	202.3	n. a.	n. a.
12 CH_2O	42.00	n. a.	n. a.	n. a.
13 CNH_2	−217.2	n. a.	n. a.	n. a.
14 CNH	−243.3	n. a.	n. a.	n. a.
15 $ACNH_2$	−245.0	n. a.	n. a.	125.3
16 CCN	n. a.	n. a.	134.3	n. a.
17 COOH	−17.59	n. a.	n. a.	n. a.
18 CCl	368.6	n. a.	n. a.	n. a.
19 CCl_2	601.6	n. a.	n. a.	n. a.
20 CCl_3	491.1	−64.38	18.98	n. a.
21 CCl_4	570.7	546.7	n. a.	n. a.
22 ACCl	134.1	n. a	n. a.	n. a.
23 CNO_2	n. a.	n. a.	n. a.	139.8
24 $ACNO_2$	n. a.	n. a.	n. a.	n. a.
25 CS_2	442.8	n. a.	n. a.	n. a.
26 $(C)_3N$	n. a.	n. a.	n. a.	n. a.
27 HCOO	n. a.	n. a.	n. a.	n. a.
28 I	n. a.	n. a.	n. a.	n. a.
29 Br	n. a.	n. a.	n. a.	n. a.
30 CH_3SH	n. a.	n. a.	n. a.	n. a.
31 CCOH	0	n. a.	n. a.	n. a.
32 糠醛	n. a.	0	n. a.	n. a.
33 吡啶	n. a.	n. a.	0	n. a.
34 DOH	n. a.	n. a.	n. a.	0

注：1. j 表示行；k 表示列。n. a. 表示无数据。(n. a.)表示无 CH_3OH 参数，可以用 OH 基团参数。

2. * 表示从甲醇数据估算得到的。+表示不能在全浓度范围应用。

由表 17-4 得

$$\alpha_{1,9}=\alpha_{2,9}=476.4\text{K}$$

$$\alpha_{9,1}=\alpha_{9,2}=26.76\text{K}$$

$$\alpha_{1,1}=\alpha_{2,2}=\alpha_{1,2}=\alpha_{2,1}=\alpha_{9,9}=0$$

由式（17-45）得

$$\varphi_{1,9}=\varphi_{2,9}=\exp\left(\frac{-476.4}{307}\right)=0.2119$$

$$\varphi_{9,2}=\varphi_{9,1}=0.9165$$

$$\varphi_{1,1}=\varphi_{2,1}=\varphi_{1,2}=\varphi_{2,2}=\varphi_{9,9}=1$$

对纯丙酮（参照溶液），由式(17-43)、式(17-46)得

$X_1^{(1)}=X_{18}^{(1)}=0.5$（在纯丙酮中的官能团分率）

$$\bar{\theta}_1^{(1)}=\frac{0.848}{0.848+1.488}=0.3630$$

$$\bar{\theta}_{18}^{(1)}=0.6370$$

$$\ln\Gamma_1^{(1)}=0.848\left[1-\ln(0.3630\times1+0.6370\times0.9165)-\frac{0.3630\times1}{0.3630+0.6370\times0.9165}-\frac{0.6370\times0.2119}{0.3630+0.2119\times0.6370}\right]$$

$$=0.4089$$

$$\ln\Gamma_{18}^{(1)}=0.1389$$

当 $\chi_1=0.047$ 时

$$X_1=\frac{0.047\times1+0.953\times2}{0.047\times2+0.953\times5}=0.4019$$

$$X_2=0.5884$$

$$X_{18}=0.0097$$

由式（17-43）得

$\bar{\theta}_1=0.5065$，$\bar{\theta}_2=0.4721$，$\bar{\theta}_{18}=0.0214$

由式（17-42）得

$$\ln\Gamma_{18}=1.488\left\{1-\ln[(0.5065+0.4721)\times0.2119+0.0214\times1]-\frac{(0.5065+0.4721)\times0.9165}{(0.5065+0.4721)+0.0214\times0.9165}-\frac{0.0214\times1}{(0.5065+0.4721)\times0.2119+0.0214}\right\}=2.2067$$

同样，$\ln\Gamma_1=0.0014$

则

$$\ln\gamma_1^R=1\times(0.0014-0.4089)+1\times(2.2067-0.1389)=1.6603$$

$$\ln\gamma_1=1.6603-0.0505=1.6098$$

故　$\gamma_1=5.00$（实验值为 4.41）

UNIFAC 方程近年来又有新的改进，其使用范围更大，具体应用时可参阅文献［44，45］。

1.3.6　含有缔合组分的汽液平衡计算

对乙醋-水（甲酸或乙酸甲酯）等系统，在进行汽液平衡计算时，由于乙酸的气相分子有缔合作用，气相乙酸不仅含单分子，还有两分子体及三分子体。为此对汽液平衡计算需要考虑气相中缔合体之间的化学平衡。Sebastiani 及 Potter 等在这方面做了许多工作。铃木功[37]则对醋酸-水的汽液平衡采用 Wilson 方法计算液相的活度系数。使用时可参见文献［30～36］。

1.4　汽液平衡关系的热力学一致性检验

在处理汽液平衡数据中，有时需要检验一组平衡数据是否合理和可靠。检验的基础是吉布斯-杜亨（Gibbs-Duhem）方程式。

$$\sum_{i=1}^{c}x_i\left(\frac{\partial\ln\gamma_i}{\partial x_j}\right)_{T,P}=0 \tag{17-47}$$

在 $\lg\gamma_i$-χ_i 图上求出各组分的活度系数曲线斜率后，校验能否满足式（17-47）。

对于二元体系，在等温条件下，上式可写为

$$\int_{x_1=0}^{x_1=1}\lg\frac{\gamma_1}{\gamma_2}\mathrm{d}x_1=0 \tag{17-48}$$

将 $\lg\gamma_2/\gamma_1$ 对 χ_1 作图（图 17-2），图中 A 和 B 两部分的面积应相同。

在恒压条件下，需考虑到温度对活度系数的影响，式（17-48）变为（1kcal=4.18kJ）

$$\int_0^1\lg\frac{\gamma_1}{\gamma_2}\mathrm{d}x_1=\int_0^1\frac{\Delta H_s}{4.57T^2}\left(\frac{\partial T}{\partial x_1}\right)_v\mathrm{d}x_1 \tag{17-49}$$

$$\Delta H_s=H-\chi_1H_1^0-\chi_2H_2^0$$

式中　ΔH_s——溶液的积分溶解热，kcal/(kg · mol)；

H——溶液的焓，kcal/(kg · mol)；

H_1^0，H_2^0——组分 1 和组分 2 在系统温度、压力下的纯态的焓，kcal/(kg · mol)。

在恒压条件下，式（17-49）左边即为图 17-2 中 A 和 B 两面积的差值。右边可由恒压下 T-χ 曲线上诸点的斜率用图解积分法求得。

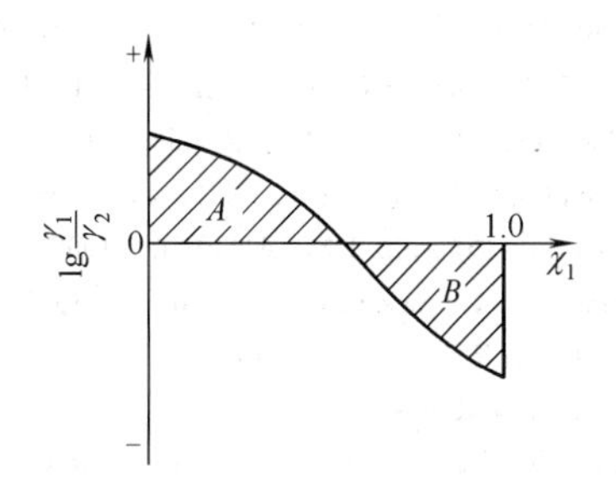

图 17-2　恒温汽液平衡数据的校验

参考文献

［1］ Chu J C（朱汝瑾）. Distillattion Equilibrium Data. New York：Publishing Corporation，1950.

［2］ Chu J C（朱汝瑾）. Vapor-Liquid Data，1956.

［3］ Hala E，Pick J，Fried V et al. Vapor-Liquid Equilibrium，1967.

［4］ 平田光穂. 气液平衡データブック，1975.

［5］ Gmehling J，Onken U. Vapor-Liquid Equilibrium Data Collection，1977.

［6］ Wichterle I，Linek J，Hala E. Vapor-Liquid Equilibrium Data Bibliography，1979.

［7］ International Critical Tables. Vol. 1-7.

［8］ Horsley. Azeotropic Data，1952.

［9］ Horsley. Azeotropic Data，1962.

［10］ Timmermanns J. The Physico-Chemical Constants of Binary Systems，1959-1960.

［11］ Fredenslund A，Gmehling J，Rasmussen P. UNIFAC 功能团法推算汽-液平衡. 许志宏等译. 北京：化学工业出版社，1982.

［12］ 郭天民等. 多元汽-液平衡和精馏. 北京：化学工业出版社，1983.

［13］ Redlich O，Kwong J N S. Chem. Rev.，1949，44：233.

［14］ Soave G. Chem. Eng. Sci.，1972，27：1197.

［15］ Soave G. Distillation. I. Chem. Eng. Symposium Series，1979，No. 56，1，2/1.

［16］ Ludkevitch D. A. I. Ch. E. J.，1970，16（1）：112；1970，16（6）：991；1970，16（6）：985.

［17］ Peng D Y，Robinson D B. I. E. C. Fund.，1976，15（1）：59.

［18］ 雷行之等. 化学工程，1979（1）：30.

［19］ Orye R V. I. E. C. Proc. Des. and Devel.，1969，8

(4)：579.
[20] Starling K E. Han M S. H. P.，1972，51 (5)：129.
[21] Bennedict M，Webb G B，Rubin L C，J. Chem. Phys.，1940，8：334；C. E. P.，1951，47：419.
[22] Prausnits J M. 用计算机计算多元汽-液和液-液平衡. 陈川美等译. 北京：化学工业出版社，1987.
[23] 卢焕章. 萃取蒸馏和恒沸蒸馏. 兰化公司化工设计院，1977.
[24] Wohl Trans. K A. I. Ch. E.，1946，42：215.
[25] Chao K C，Seader G D. AIChE J.，1961，7：598.
[26] Hildebrand J H，Scott R L. Regular Solutions，1962.
[27] Wilson G M. J. Am. Chem. Soc.，1964，86：127.
[28] Renon H，Prausnitz J M. AIChE J.，1968，14：135.
[29] Abrams D S，Prausnitz J M. AIChE J.，1975，21：116.
[30] Bondi A. Physical Properties of Molecular Crystals，Liquids，and Gases，1968.
[31] Null H R. Phase Equilibrium in Process Design. 1970.
[32] Fredenslund A，Jones R，Prausnitz J M. AIChE J.，1975，21：1086.
[33] Fredenslund A et al. I. E. C. Proc. Des. and Dev.，1977，16：451.
[34] Tetsuo I，Yoshida F. J. Chem. Eng. Data，1963，8：315.
[35] Sebastiani E，Lacquaniti I. Chem. Eng. Sci.，1967，22 (9)：1155.
[36] Potter A E et al. J. Phys. Chem.，1955，59：250.
[37] 铃木等. 工业化学（日），1969，72：2178.
[38] 萧成基. 蒸馏.《化工设计》增刊，1968.
[39] 卢焕章. 汽液相平衡常数. 轻烃数据手册Ⅱ. 化工第五设计院，1971.
[40] 卢焕章. 石油气分离计算. 化工第五设计院，1972.
[41] De Priester. C. E. P. Symp. Ser.，1952，48 (2)：38.
[42] Edmister. Applied Hydrocarbon Thermodynamics，1961.
[43] Gordon. C. E. P. Symp. Ser.，1959，55 (21)：1.
[44] Hadden，Grayson. Petrol. Ref.，1961，40 (9)：207.
[45] 王松汉. 石油化工设计手册：第3卷. 北京：化学工业出版社，2002.

2 蒸馏过程的计算

蒸馏过程计算的任务是按所涉及系统的工艺操作条件和分离要求，确定蒸馏塔的操作理论板数（平衡级数）和各板（或关键板）操作数据。目前所用的方法主要有简捷法和严格法两类。

2.1 简捷法

2.1.1 MT图解法

在一般的二元连续蒸馏设计中，常采用McCabe-Thiele图解法（简称MT图解法），如图17-3所示。该法的作图程序如下。

① 在 y-x 图上作出汽液平衡曲线及对角线。

② 在 x 轴上定出进料组成 x_f、馏出液组成 x_d 及釜液组成 x_w 诸点，并依次作垂线与对角线交于 b、a、c。

③ 按式 $y_{n+1}=\dfrac{R}{R+1}x_n+\dfrac{x_d}{R+1}$（精馏段操作线方程式）作出精馏段的操作线。由该式可知蒸馏段操作线通过 $y_d=x_d$ 之点，即 a 点。操作线的截距为 $\dfrac{x_d}{R+1}$，为此在 y 轴上取 $0d$ 等于 $\dfrac{x_d}{R+1}$，连接 ad 即得到精馏线段操作线。

④ 通过 b 点作出 q 线。q 线是精馏段与提馏段操作线的交点轴迹。联立精馏段及提馏段操作线方程式可得

$$y=\frac{q}{q-1}x-\frac{x_f}{q-1} \tag{17-50}$$

由式（17-50）可知 q 线通过（$x=x_f$，$y=x_f$）点，即图17-3上的 b 点，其斜率为 $\dfrac{q}{q-1}$。

$$q=\frac{\text{每摩尔进料变成饱和蒸汽所需的热量}}{\text{进料的摩尔汽化热}}$$

相应于五种不同进料情况的 q 线位置示于图17-3中：

a. 饱和液体进料，$q=1$，q 线为过 b 点的垂直线 bf；

b. 饱和蒸汽进料，$q=0$，q 线为过 b 点的水平线 bh；

c. 汽液混合物进料，$1>q>0$，q 线在第二象限（bs）；

d. 过冷液体进料，$q>1$，q 线在第一象限（be）；

e. 过热蒸汽进料，$q<0$，q 线在第三象限（bk）。

⑤ 求最小回流比 R_M 及操作回流比 R。设 q 线与平衡线相交于 s 点（y_s，x_s），则最小回流比 R_M 可由下式求得。

$$R_M=\frac{x_d-y_s}{y_s-x_s} \tag{17-51}$$

实际的操作回流比 R 一般取为 R_M 的1.3～2倍，操作回流比 R 的选取要根据设备投资与经常操作费用之间的经济情况而定。另外，还要考虑汽液平衡数据的准确程度，如果准确程度差则 R 有调整的余地。

⑥ 若精馏段操作线 ad 与 q 线交于 e 点，连接直线 ce，即为提馏段操作线。

⑦ 由 a 点出发，在平衡线与操作线之间作梯级线 a11′，1′22′…直到最后一级跨过 c 点为止（图17-3中的4′55′），所得到的梯级数为所需的理论板数。跨过 e 点的板（图17-3中的第三层板2′33′）为进料板。

以上为一般二元蒸馏（即单板进料、塔顶全凝出料）系统的MT图解法。对特殊二元蒸馏（如多侧线进、出料，塔底用直接蒸汽加热，塔顶冷凝液为油

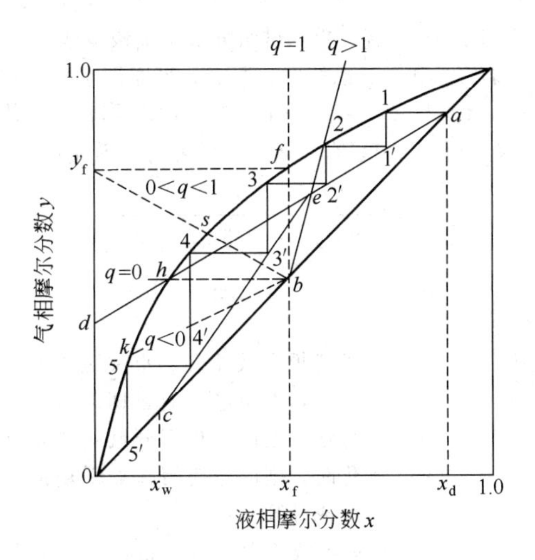

图 17-3 二元蒸馏的 MT 图

水相、分层后油相回流而水相出料等）需作出相应的操作线方程式后再参照上述图解程序。具体做法可参见文献［1～3，44］。

2.1.2 简捷计算法

(1) 最少理论板数

系统最少理论板数（S_m），即所涉及蒸馏系统（包括塔底再沸器和塔顶分凝器）在全回流下所需要的全部理论板数，一般按 Fenske[4] 方程求取。此法如在全塔的相对挥发度较恒定时，是严格的。

$$S_m = \lg \frac{\dfrac{x_{l,d}}{x_{h,d}} \times \dfrac{x_{h,b}}{x_{l,b}}}{\lg\alpha_{av}} \tag{17-52}$$

式中 $x_{l,d}$，$x_{h,d}$——轻、重关键组分在塔顶馏出物（液相或气相）中的浓度（摩尔分数）；

$x_{l,b}$，$x_{h,b}$——轻、重关键组分在塔底液相中的浓度（摩尔分数）；

α_{av}——轻、重关键组分在塔内的平均相对挥发度；

S_m——系统最小平衡级（理论板）数。

塔的最少理论板数 N_m 应比 S_m 小，对于有塔顶全凝器（无分离作用）与再沸器的塔

$$N_m = S_m - 1 \tag{17-53}$$

对于有部分冷凝器与再沸器的塔

$$N_m = S_m - 2 \tag{17-54}$$

如果塔顶与塔底相对挥发度（α_t，α_b）相差很小（$\alpha_t/\alpha_b \leqslant 2$），$\alpha_{av}$可采取算术平均值。

$$\alpha_{av} = \frac{\alpha_t + \alpha_b}{2} \tag{17-55}$$

如差别较大，Robinson[5] 等推荐采用几何平均值。

$$\alpha_{av} = \sqrt{\alpha_t \alpha_b} \tag{17-56}$$

式（17-52）也可以分成精馏、提馏两段计算。在计算精馏段最少理论板数时，以进料板的组成与相对挥发度 α 代替塔底的组成与 α；计算提馏段时，则以进料板的组成与 α 代替塔顶的组成与 α。

(2) 塔顶、塔底物料分配

在设计多组分精馏塔时，需要根据分离要求指定轻、重关键组分各在塔顶、塔釜的含量。其余组分，若与关键组分的相对挥发度差别甚大，则其量可认为全部从塔顶或塔底排出。如不能作此假设，而又无更可靠的方法获得时，只能利用式（17-52）近似解决。

当理论板数一定时，全回流下某一组分在塔顶、塔底量的比例取决于它的相对挥发度，Hengstebeck[6] 据此提出下式。

$$\frac{\lg\left(\dfrac{d}{b}\right)_l - \lg\left(\dfrac{d}{b}\right)_h}{\lg\alpha_l - \lg\alpha_h} = \frac{\lg\left(\dfrac{d}{b}\right)_i - \lg\left(\dfrac{d}{b}\right)_h}{\lg\alpha_i - \lg\alpha_h} \tag{17-57}$$

式中 d，b——某一组分在塔顶、塔底馏分中的浓度，kmol；

α——相对于重关键组分的相对挥发度，$\alpha_h=1$；

下标 l、h、i——轻、重关键组分及 i 组分。

根据式（17-57）求出 $(a/b)_i$，再由 i 组分的物料平衡求出 d_i 和 b_i 的值。

(3) 最小回流比

最小回流比，即在给定条件下以无穷多的塔板满足分离要求时，所需回流比 R_m，常用计算法如下。

① Underwood 法[7] 此法需先求出一个 Underwood 参数 θ。

$$\sum_{i=1}^{c} \frac{\alpha_i x_{F,i}}{\alpha_i - \theta} = 1 - q \tag{17-58}$$

以 θ 代入式（17-59）即得最小回流比。

$$R_m = \sum_{i=1}^{c} \frac{\alpha_i x_{d,i}}{\alpha_i - \theta} - 1 \tag{17-59}$$

式中 $x_{F,i}$——进料（包括气、液两相）中 i 组分的浓度（摩尔分数）；

c——组分个数；

α_i——i 组分的相对挥发度；

θ——Underwood 参数；

$x_{d,i}$——塔顶馏出物中 i 组分的浓度（摩尔分数）。

$$q = \frac{\text{每千摩尔进料变为露点下的蒸气所需热量}}{\text{每千摩尔进料由泡点变为露点所需热量}}$$

进料状态：过冷液体，$q>1$；泡点液体，$q=1$；混合相，$0<q<1$；露点气体，$q=0$；过热气体，

$q<0$（以上均为在塔压下的状态）。

式（17-58）中，θ 的数目应与组分数 c 相同，其各个值在相邻组分的 α 值之间，另有一个值在零与最重组分的 α 值之间，所需要的根则在轻、重关键组分的 α 值之间。解式（17-58）时，可采用牛顿逼近法。求出 θ 后，可按式（17-59）直接算出 R_m；而 $x_{d,i}$ 视塔顶馏出物状态不同，可分别代表气相或液相组成。

a. θ 值的求法

ⓐ 设定进料板温度（即计算温度）可采取下列两方法中的一种[8]。

ⅰ. 取塔顶与塔底温度的加权平均值。

$$t_{av}=\frac{Dt_d+Bt_b}{F} \quad (17\text{-}60)$$

式中　t_{av}，t_d，t_b——平均温度、塔顶温度、塔底温度；

D，B，F——塔顶、塔底出料量及进料量，kmol。

ⅱ. 取轻、重关键组分的平衡常数 K_l、K_h 与1等距离（即 $K_l-1=1-K_h$）时的温度。

ⓑ 计算上述（进料板）温度下的相对挥发度 α_i。

ⓒ 用牛顿逼近法计算 θ 值。

由式（17-58）可得

$$f(\theta)=\sum_{i=1}^{c}\frac{\alpha_i x_{F,i}}{\alpha_i-\theta}+q-1=0 \quad (17\text{-}61)$$

及

$$f'(\theta)=\sum_{i=1}^{c}\frac{\alpha_i x_{F,i}}{(\alpha_i-\theta)^2}=0 \quad (17\text{-}62)$$

假设函数 $f(\theta)=0$ 的近似解（即解的初值）为 θ_0，则其更精解的解 θ_1 应为

$$\theta_1=\theta_0+I_0 \quad (17\text{-}63)$$

而

$$I_0=\frac{-f(\theta_0)}{f'(\theta_0)} \quad (17\text{-}64)$$

计算中，初值 θ_0 可采用轻、重关键组分相对挥发度的平均值，即

$$\theta_0=\frac{\alpha_l+\alpha_h}{2}$$

利用式（17-64）得第一次偏差值 I_0，再由式（17-63）得较精确的解 θ_1，如此反复进行，直到 θ 值的第三位有效数字不变为止。

b. 关键组分为非相邻组分的处理　若按相对挥发度值的大小排列，关键组分之间有一个或 a 个组分时，则可由式（17-58）按前述牛顿逼近法将此 $a+1$ 个根解出，并将此 $a+1$ 个 θ 值代入式（17-59）得 $a+1$ 个方程式，其未知数为 R_m 与 a 个 $\chi_{d,i}$，联立解出。

② Colburn 法[9]

a. 计算近似的 R_m。

$$R_m=\frac{1}{\alpha_{lh}-1}\left(\frac{x_{d,l}}{x_{n,l}}-\alpha_{lh}\frac{x_{d,h}}{x_{n,h}}\right) \quad (17\text{-}65)$$

式中　α_{lh}——轻关键组分对重关键组分的相对挥发度；

下标 l、h、n——轻、重关键组分及精馏段恒浓区。

若 $\chi_{n,l}$ 和 $\chi_{n,h}$ 已知时，则 R_m 可立即求出。在初算时，$\chi_{n,l}$ 与 $\chi_{n,h}$ 由式（17-66）和式（17-67）估算（若 $\chi_{d,h}$ 低于0.1，$\chi_{d,h}/\chi_{n,h}$ 一项可略去不计）。

$$x_{n,l}\approx\frac{\gamma_F}{(1+\gamma_F)(1+\sum\alpha_{F,Hh}\chi_{F,H})} \quad (17\text{-}66)$$

$$x_{n,h}\approx\frac{x_{n,l}}{\gamma_F} \quad (17\text{-}67)$$

式中　γ_F——进料板上液相轻、重关键组分的摩尔比，液相进料时，即为轻、重关键组分之比，有部分汽化或全部汽化时，则以与气相露点平衡的液相组成计算；

$\alpha_{F,Hh}$——进料液相中比重关键组分更重的诸组分，对重关键组分的相对挥发度；

$\chi_{F,H}$——进料液相中比重关键组分更重的诸组分的浓度（摩尔分数）；

下标 h、i、n——比重关键组分更重的诸组分、i 组分及精馏段恒浓区。

b. 计算精馏段恒浓区中比重关键组分更轻的各组分 $i(\leqslant h)$ 的浓度 $x_{n,i}$（摩尔分数）。

$$x_{n,i(<h)}=\frac{x_{d,i}}{(\alpha_{ih}-1)R_m+\alpha_{ih}\dfrac{x_{d,h}}{x_{n,h}}} \quad (17\text{-}68)$$

$$\alpha_{nh}=1-\sum x_{n,i} \quad (17\text{-}69)$$

式中符号说明同上。同样，最后一项一般可忽略不计。若 $\chi_{d,h}$ 较大时，则以式（17-67）估算 $\chi_{n,h}$。

c. 计算提馏段恒浓区中比轻关键组分更重的各组分 $j(\geqslant l)$ 的浓度 $x_{m,j}$（摩尔分数）。

$$x_{m,j(>l)}=\frac{\alpha_{lh}x_{w,j}}{(\alpha_{lh}-\alpha_{jh})\dfrac{L'}{W}+\alpha_{lh}\left(\dfrac{x_{w,l}}{x_{m,l}}\right)} \quad (17\text{-}70)$$

$$x_{m,l}=1-\sum x_{m,j} \quad (17\text{-}71)$$

$$L'=R_m D+qF$$

式中　W——塔底排出量，kmol；

L'——提馏段液相流量，kmol。

式（17-70）中最后一项一般可忽略不计，若 $\chi_{w,l}$ 太大，必须计入时，则假设 $\chi_{w,l}$ 与式（17-71）契合，或在逐次迭代求 R_m 时采用上次 $\chi_{w,l}$ 值。

式（17-68）与式（17-70）中的 α 分别为精馏段与提馏段恒浓区的温度 t_n 与 t_m 之下的相对挥发度，该温度可先假设，然后由以上两式计算出的组成进行复核，直至不变为止。此温度可按下式假设。

$$t_n=t_d+\frac{1}{3}(t_w-t_d)=\frac{2}{3}t_d+\frac{1}{3}t_w \quad (17\text{-}72)$$

$$t_m=t_d+\frac{2}{3}(t_w-t_d)=\frac{2}{3}t_w+\frac{1}{3}t_d \quad (17\text{-}73)$$

式中　t_d，t_w——塔顶、塔釜温度。

d. 计算 ψ 函数。

$$\psi'=(1-\sum b_m\alpha_{m,Hh}\chi_{m,H})(1-\sum b_n\alpha_{n,lL}\chi_{n,L}) \quad (17\text{-}74)$$

式中　$\chi_{m,H}$，$\alpha_{m,Hh}$——提馏段恒浓区中比重关键组分（h）重的诸组分（H）的浓度（摩尔分数）及其对重关键组分的相对挥发度，即 $\alpha_{m,Hh}=\alpha_{m,H}/\alpha_{m,h}$；

$\chi_{n,L}$，$\alpha_{n,lL}$——精馏段恒浓区中比轻关键组分（l）轻的诸组分（L）的浓度（摩尔分数）及其对轻关键组分的相对挥发度，即 $\alpha_{n,lL}=\alpha_{n,l}/\alpha_{n,L}$；

b_m，b_n——上述组分的经验系数，由图 17-4 确定，图中 α_{lh} 是精馏段或提馏段恒浓区温度下轻、重关键组分的相对挥发度。

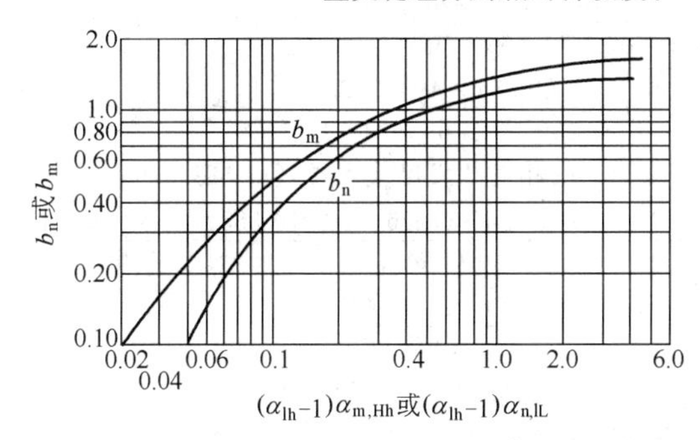

图 17-4　$(\alpha_{lh}-1)\alpha_{m,Hh}$-$b_m$ 或 $(\alpha_{lh}-1)\alpha_{n,lL}$-$b_n$ 曲线

n，m—精馏段、提浓段的恒浓区；Hh—比重关键组分重的组分；lL—比轻关键组分轻的组分

e. 校验 ψ 值。

$$\psi=\frac{\chi_{n,l}}{\chi_{n,h}}\times\frac{\chi_{m,h}}{\chi_{m,l}} \quad (17\text{-}75)$$

式中右项各值来自式（17-68）～式（17-71）。如由式（17-75）求得的 ψ 值小于式（17-74）所得值，则所设 R_m 太大；反之如 ψ 值大于式（17-74）所得值，则所设 R_m 太小。此时应重新假设 R_m，再行计算，直至符合为止。

(4) 操作回流比 R 与操作理论板数 N

实际（操作）的 R 与 N 的选用，取决定于经常操作费用与基建投资的权衡。一般按 $R/R_m=1.2\sim1.5$ 或 $S/S_m\approx2$ 的关系求出 R，再利用图 17-5 或图 17-6 及式（17-53）求出 S，进而求得 N。

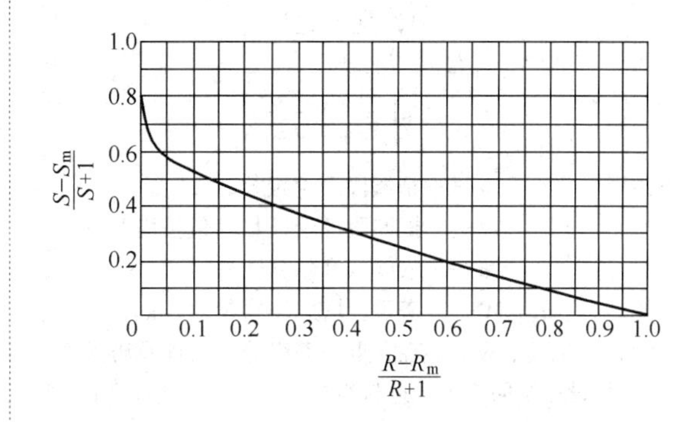

图 17-5　Gilliland 图

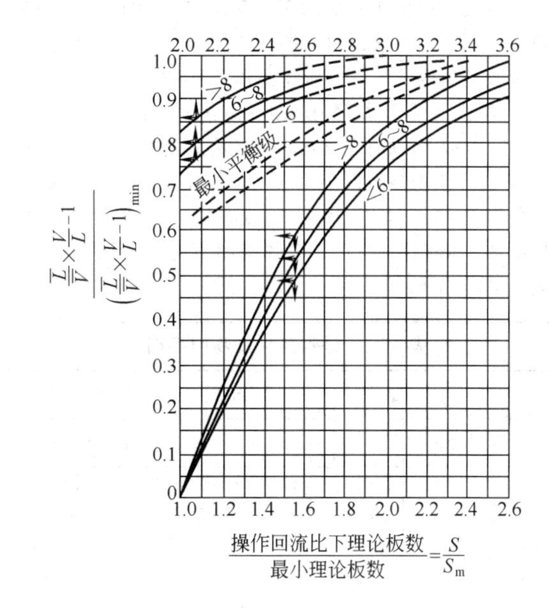

图 17-6　Brown-Martin 图

塔内液汽比函数横坐标为 $\left(\frac{\overline{L}}{\overline{V}}\times\frac{L}{V}-1\right)\Big/\left(\frac{\overline{L}}{\overline{V}}\times\frac{L}{V}-1\right)_{min}$

如图 17-5 所示为 Gilliland 图[10]。图中 S_m 与 S 分别为最少理论板数与操作理论板数的总数（均包括部分冷凝器、部分蒸发器、塔体理论板数）。

如图 17-6 所示为 Brown-Martin[11] 图。图中 L、V 与 $\overline{L}$、$\overline{V}$ 分别为精馏段与提馏段的液、汽流量（kmol）。S/S_m 很少超过 3。

(5) 进料板位置

可选用下列两式之一进行确定。对于泡点进料，Kirkbride[12] 提出下列经验式。

$$\lg\frac{n}{m}=0.206\lg\left[\frac{W}{D}\times\frac{x_{F,h}}{x_{F,l}}\left(\frac{x_{w,l}}{x_{d,h}}\right)^2\right] \quad (17\text{-}76)$$

Brown-Martin[11] 与 Maxwell[13] 提议以 Fenske 方程来确定。

$$\frac{n}{m}=\frac{\lg\left(\frac{x_{d,l}}{x_{d,h}}\times\frac{x_{F,h}}{x_{F,l}}\right)}{\lg\left(\frac{x_{F,l}}{x_{F,h}}\times\frac{x_{w,h}}{x_{w,l}}\right)} \tag{17-77}$$

式中　n——精馏段理论板数；

m——提馏段理论板数（包括塔釜）；

x——浓度（摩尔分数）；

D，W——塔顶、塔底出料量，kmol。

下标 l、h、d、w——轻、重关键组分，塔顶及塔釜。

假设在全回流下，进料组成等于进料板组成时，式(17-77)才成立，实际使用时只能作为粗略估计。

(6) 简捷法的应用范围

一般只适用于轻烃的简单蒸馏塔（即单进料，塔顶、塔釜各有一股出料）的快速估算，且塔压不超过系统收敛压的一半，系统中不凝汽不超过10%。

例2　脱异丁烷塔在6.1atm(绝)下操作（1atm=101325Pa)，塔顶有全凝器，塔底有再沸器，进料组成见表17-5，进料温度为53℃，q=1.17。轻、重关键组分为异丁烷（塔底出料15.1kmol）和正丁烷（塔顶排出32.7kmol)。塔顶、塔底间温度与相对挥发度的关系见表17-6。

表17-5　进料条件及物料平衡

组分	进料		塔顶出料		塔釜出料	
	量/kmol	$x_{F,i}$	量/kmol	$x_{d,i}$	量/kmol	$x_{w,i}$
C_3	6.64	0.01	6.64	0.02	0	0
i-C_4	302.6	0.456	287.5	0.88	15.1	0.045
n-C_4	255.2	0.385	32.7	0.10	222.5	0.661
n-C_5	82.2	0.124	0	0	82.2	0.244
n-C_6	16.7	0.025	0	0	16.7	0.050
总计	663.34	1.000	326.84	1.000	336.5	1.000

表17-6　塔顶、塔底间温度与相对挥发度的关系

组分	温度/℃				
	49(塔顶)	54	60	65.5	71(塔底)
C_3	3.04	2.93	2.82	2.73	2.64
i-C_4	1.36	1.33	1.31	1.30	1.28
n-C_4	1.00	1.00	1.00	1.00	1.00
n-C_5	0.36	0.37	0.38	0.38	0.38
n-C_6	0.127	0.136	0.145	0.153	0.158

解

① 求非关键组分在塔顶、底的分配

平均相对挥发度为

$$i\text{-}C_4\quad \alpha=\frac{1.36+1.28}{2}=1.32$$

$$n\text{-}C_4\quad \alpha=1$$

$$C_3\quad \alpha=\frac{3.04+2.64}{2}=2.84$$

则轻、重关键组分在塔顶、底含量比的对数值为

$$\lg\left(\frac{d}{b}\right)_l=\lg\left(\frac{287.5}{15.1}\right)=1.28$$

$$\lg\left(\frac{d}{b}\right)_h=\lg\left(\frac{32.7}{222.5}\right)=-0.833$$

代入式(17-57)得

$$\frac{1.28-(-0.833)}{\lg1.32-\lg1}=\frac{\lg\left(\frac{d}{b}\right)_i+0.833}{\lg2.84-\lg1}$$

得 C_3 的 $(d/b)_i=1.28\times10^7$。

因此可以认为进料中 C_3 全部从塔顶排出。同样可求得 C_5、C_6 的顶底比分别为 4×10^{-9}、3.8×10^{-16}，可以认为其全部从塔底排出。由此得物料衡算表17-5。

② 最少理论板数

由式(17-52)～式(17-54)得

$$S_m=\frac{\lg\left(\frac{0.88}{0.1}\times\frac{0.661}{0.045}\right)}{\lg1.32}=17.4$$

$$N_m=17.4-1=16.4$$

③ 最小回流比

a. Underwood法

由式(17-60)得

$$t_{av}=\frac{326.84\times49+336.5\times71}{663.34}=60.16(℃)$$

取60℃下的相对挥发度代入式(17-58)，得

$$\frac{2.82\times0.01}{2.82-\theta}+\frac{1.31\times0.456}{1.31-\theta}+\frac{1.0\times0.385}{1.0-\theta}+\frac{0.38\times0.124}{0.38-\theta}+\frac{0.145\times0.025}{0.145-\theta}=1-1.17$$

以第一初值 $\theta_0=(1.31+1)/2=1.155$ 代入式(17-61)、式(17-62)，得

$$f(\theta_0)=0.0169+3.85-2.48-0.06-0.0036+0.17=1.49$$

$$f'(\theta_0)=0.01+24.83+16+0.08+0.004=40.92$$

由式(17-64)、式(17-63)得

$$I_0=-\frac{1.49}{40.92}=-0.036$$

$$\theta_1=1.155-0.036=1.119$$

以 θ_1 代替 θ_0 重复上述步骤，得

$$f(\theta_1)=0.0174+3.142-3.208-0.0241-0.0037+0.17=0.0936$$

$$f'(\theta_1)=0.028+16.53+26.73+0.03+0.0037=43.32$$

$$I_1=\frac{-0.0936}{43.32}=-0.002$$

$$\theta_2=1.119-0.002\approx1.12$$

θ 值已有三位有效数字不变，代入式(17-59)得

$$R_m=\frac{2.82\times0.02}{2.82-1.12}+\frac{1.31\times0.88}{1.31-1.12}+\frac{1.00\times0.1}{1.00-1.12}-1=4.26$$

b. Colburn 法

ⓐ 求 R_m 初值

$$\gamma_F=\frac{0.456}{0.385}=1.184$$

$$\sum\alpha_{F,Hh}\chi_{F,H}=0.37\times0.124+0.136\times0.025=0.0492$$

由式（17-66）得

$$\chi_{n,l}=\frac{1.184}{(1+1.184)\times(1+0.0492)}=0.517$$

由式（17-65）并忽略最后一项，得

$$R_m=\frac{1}{1.31-1}\times\frac{0.88}{0.517}=5.49$$

ⓑ 计算恒浓区有关各组分浓度

由式（17-72）、式（17-73）求得恒浓区温度为

$$t_n=49+\frac{1}{3}\times(71-49)=56.3$$

$$t_m=49+\frac{2}{3}\times(71-49)=63.7$$

查得在以上温度下各组分相对挥发度，见表 17-7。

表 17-7　恒浓区温度下各组分对重关键组分的相对挥发度

组　分	α_{ih}(56.3℃)	α_{jh}(63.7℃)
C_3	2.89	—
i-C_4	1.32	1.3
n-C_4	1	1
n-C_5	—	0.38
n-C_6	—	0.15

由式（17-67）得

$$\chi_{n,h}\approx\frac{\chi_{n,l}}{\gamma_F}=\frac{0.517}{1.184}=0.436$$

由式（17-68）、式（17-69）求精馏段恒浓区有关各组分 i（$<h$）的浓度。

$$C_3\quad x_{n,i}=\frac{0.02}{(2.89-1)\times4.64+2.89\times\left(\frac{0.1}{0.436}\right)}=0.00212$$

$$i\text{-}C_4\quad x_{n,i}=\frac{0.88}{(1.32-1)\times4.64+1.32\times\left(\frac{0.1}{0.436}\right)}=0.493$$

$$n\text{-}C_4\quad x_{n,h}=1-(0.493+0.00212)=0.505$$

由式（17-70）、式（17-71）求提馏段恒浓区有关各组分 j（$>l$）的浓度（略去 $\chi_{w,l}/\chi_{m,l}$ 项）。

$$L'=4.64\times326.84+1.17\times663.34=2292.65$$

$$\frac{L'}{W}=\frac{2292.65}{336.5}=6.81$$

$$n\text{-}C_6\quad x_{m,j}=\frac{1.3\times0.05}{(1.3-0.15)\times6.81}=0.0083$$

$$n\text{-}C_5\quad x_{m,j}=\frac{1.3\times0.244}{(1.3-0.38)\times6.81}=0.05$$

$$n\text{-}C_4\quad x_{m,j}=\frac{1.3\times0.661}{(1.3-1.0)\times6.81}=0.417$$

$$i\text{-}C_4\quad x_{m,l}=1-(0.0083+0.05+0.417)=0.5247$$

ⓒ 计算 ψ' 函数

根据式（17-74）及图 17-4，计算结果列于表 17-8。由式（17-74）得

$$\psi'=(1-0.0107)\times(1-0.0016)=0.987$$

表 17-8　ψ' 函数的中间计算结果

组分	$x_{n,i}$	$\alpha_{n,lL}$	$(\alpha_{ln}-1)\alpha_{n,lL}$	b_n	$b_n x_{n,L}$
C_3	0.00212	0.457	0.146	0.5	0.00106
组分	$x_{m,H}$	$\alpha_{m,Hh}$	$(\alpha_{ln}-1)\alpha_{m,Hh}$	b_m	$b_m\alpha_{m,Hh}x_{m,H}$
C_5	0.05	0.38	0.121	0.55	0.0104
C_6	0.0083	0.15	0.048	0.24	0.0003
$\sum$					0.0107

ⓓ 比较

$$\psi=\frac{0.493}{0.505}\times\frac{0.417}{0.5247}=0.776$$

该 ψ 值小于由式（17-74）求得的 ψ' 值，原假设 R_m 太大，重新假设 $R_m=3.8$，再依次计算，其主要结果列于表 17-9。

表 17-9　重新假设 R_m 后的主要计算结果

组分	$\chi_{n,L}$	$b_n\chi_{n,L}$	$\chi_{m,H}$	$b_m\alpha_{m,Hh}\chi_{m,H}$
C_3	0.0025	0.00125	—	—
i-C_4	0.5793	—	0.4596	—
n-C_4	0.4182	—	0.474	—
n-C_5	—	—	0.057	0.00026
n-C_6	—	—	0.0094	0.00912
$\sum$				0.00938

由式（17-74）得

$$\psi'=(1-0.00938)\times(1-0.00125)=0.9894$$

由式（17-75）得

$$\psi=\frac{0.5793}{0.4182}\times\frac{0.474}{0.4596}=1.437$$

当 $R_m=4.64$ 时，由式（17-74）、式（17-75）求得 ψ' 与 ψ 值之差为 0.211。当 $R_m=3.8$ 时，其差为 −0.4476，于是进行内插，即

$$\frac{4.64-3.8}{0.211-(-0.4476)}=\frac{4.64-R_m}{0.211-0}$$

得　　$R_m=4.37$

④ 实际回流比下的理论板数

a. Gilliland 法

$R_m=4.37$，取实际回流比 $R=6.5$。

$$\frac{R-R_m}{R+1}=\frac{6.5-4.37}{6.5+1}=0.284$$

查图 17-5 得

$$\frac{S-S_m}{S+1}=0.4$$

因 $S_m=17.4$

故 $S=17.4+0.4S+0.4=29.7\approx30$

b. Brown-Martin 法

$$R_m=4.37$$

精馏段 $L=R_mD=4.37\times326.8=1428.1$

$$V=L+D=1428.1+326.8=1754.9$$

$$\frac{V}{L}=1.228$$

提馏段 过冷的进料仍按泡点进料计，虽不严格，但误差不大（下同）。

$$\overline{V}=V=1754.9$$

$$\overline{L}=L+F=1428.1+663.34=2091.44$$

$$\frac{\overline{L}}{\overline{V}}=1.19$$

取 $R=6.5$

精馏段 $L=RD=2124.2$

$$V=(R+1)D=2451$$

$$\frac{V}{L}=1.154$$

提馏段 $\overline{V}=V=2451$

$$\overline{L}=L+F=2787.5$$

$$\frac{\overline{L}}{\overline{V}}=1.137$$

$$\frac{\dfrac{\overline{L}}{\overline{V}}\times\dfrac{V}{L}-1}{\left(\dfrac{\overline{L}}{\overline{V}}\times\dfrac{V}{L}-1\right)_{\min}}=\frac{1.137\times1.154-1}{1.19\times1.228-1}=0.463$$

由图 17-6 查得 $S/S_m=1.67$

$$S_m=17.4$$

$$S=1.57\times17.4\approx27$$

$$N=S-1=27-1=26$$

⑤ 进料位置

由式 (17-77) 得

$$\frac{n}{m}=\frac{\lg\left(\dfrac{0.88}{0.1}\times\dfrac{0.385}{0.456}\right)}{\lg\left(\dfrac{0.456}{0.385}\times\dfrac{0.661}{0.045}\right)}=0.7$$

以 $S=27$ 计 $0.7m+m=27$

$$m=16$$

扣除塔釜为 $16-1=15$

$$n=27-16=11$$

2.2 严格法

在简捷计算法中，引入了恒分子流及恒定相对挥发度等假设，同时也采用了由逐板计算得到的某些经验关系，如 Gilliland 图等。故由简捷法求得的回流比及理论板数具有一定的偏差。尤其是在高压及塔顶、塔釜温差较大等情况下，偏差较为显著。此外，简捷法不能给出每板的组成和温度等数据，也难以处理具有多股进料、侧线出料或侧线换热等复杂的蒸馏过程。在这些情况下，应采用严格（逐板）计算法。而对像萃取蒸馏、共沸蒸馏等特殊蒸馏过程，也应以使用严格计算法为宜。

逐板计算的原则是在给定的条件下，对每一板同时进行物料衡算、相平衡计算及热量衡算，计算相当复杂，故一般需依靠计算机进行。

目前，已有的适于计算机计算的方法很多，大致可分为两大类[14,15,18]。第一类为传统法，如 Lewis-Matheson 法[19]，Thiele 和 Geddes 法[20]，Wang-Henke 法[16]等。其中 Wang-Henke 法能够处理多股进料、多股侧线出料的复杂蒸馏塔，具有简单、快速、数值稳定的特点。第二类为线性化法，如 Tomich 法[21]、Naphtali-Sandholm 法[22]、Goldstein-Standfield 法[23]及 Ishii-Otto 法[24]等。该类方法适用于蒸馏塔及用传统法难以计算的吸收塔、吸收蒸出塔等的逐板计算，但计算过程较复杂，需求解大量偏导数，因而要求计算机的容量较大，限制了它的应用范围。本小节仅介绍目前应用面较广的 Wang-Henke 三对角矩阵法。

2.2.1 设计数据的规定和最终计算结果

目前各类逐板计算法实质上都属于校核型方法，其所需规定的设计数据有：理论板数；进料压力、温度、组成及流量；组分数目；塔顶（或塔底）出料量；回流比；塔压力；侧线数目、位置及出料量等。逐步计算最终可获得的结果是，各板的气、液相组成及流量，各板的温度，塔顶、塔釜热负荷等。

2.2.2 三对角矩阵法的数学模型

(1) MESH 方程

如图 17-7 所示是通用的复杂蒸馏塔模型。该模型塔理论板数为 N，包括冷凝器（部分冷凝器或全凝器）和再沸器在内。塔板编号由上至下，冷凝器为第 1 板，再沸器为第 N 板。除冷凝器和再沸器外，每板都假设有一个进料 F_j、一个气相侧线出料 W_j、一个液相侧线出斜 U_j、一个中间冷却或中间加热器 Q_j。这样一个理想平衡级可用图 17-8 表示，离开 j 板的汽相 $y_{i,j}$ 与液相 $x_{i,j}$ 互成平衡。通过将实际上不存在的量设为零，该模型塔可以很方便地转化为任一实际的蒸馏塔。

严格的平衡级过程计算，必须满足物料衡算方程

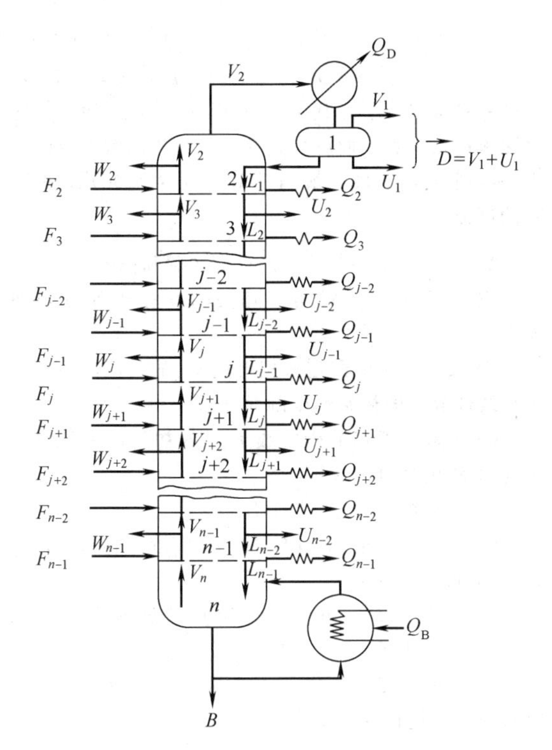

图 17-7　通用的复杂蒸馏塔模型

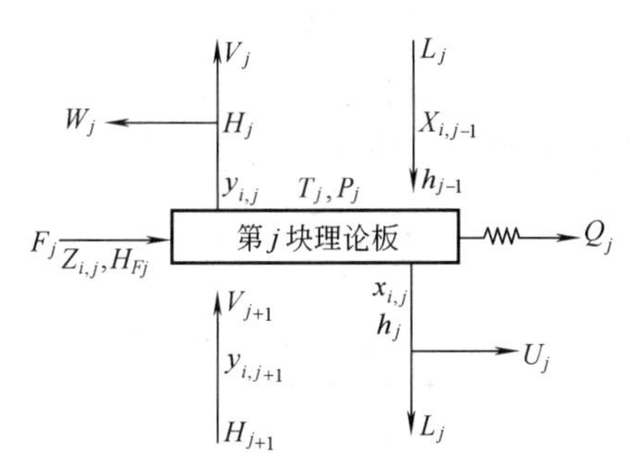

图 17-8　理想平衡级

(M)、相平衡方程 (E)、热量衡算方程 (H) 及摩尔分数总和方程 (S)。这四组方程简称 MESH 方程。选择逐板温度 T_i、逐板气相流量 V_i 以及逐板液相组成 $x_{i,j}$ 作为独立变量，可得如下 MESH 方程。

① M 方程

$$M_{ij}(x_{i,j},V_i,T_j)=L_{j-1}x_{i,j-1}-(V_j+W_j)y_{i,j}-(L_j+U_j)x_{i,j}+V_{j+1}y_{i,j+1}+F_jZ_{i,j}=0 \tag{17-78}$$

② E 方程

$$E_j(x_{i,j},V_j,T_j)=y_{i,j}-K_{i,j}x_{i,j}=0 \tag{17-79}$$

③ S 方程

$$S_j(x_{i,j},V_j,T_j)=\sum y_{i,j}-1=0 \tag{17-80a}$$

或

$$S_j(x_{i,j},V_j,T_j)=\sum x_{i,j}-1=0 \tag{17-80b}$$

④ H 方程

$$H_j(x_{i,j},V_j,T_j)=L_{j-1}h_{j-1}-(V_j+W_j)H_j-(L_j+U_j)h_j+V_{j+1}H_{j+1}+F_jH_{Fj}-Q_j=0 \tag{17-81}$$

式 (17-78) 与式 (17-79) 联立，并从凝器到第 j 级作总的物料衡算，可将 L 表达为 V 的函数。

$$L_j=V_{j+1}+\sum_{k=2}^{j}(F_k-W_k-U_k)-D\quad 2\leqslant j\leqslant N-1 \tag{17-82}$$

其中

$$D=V_1+U_1 \tag{17-83}$$

M 方程可转化为三对角矩阵形式，即

$$B_1x_{i,1}+C_1x_{i,2}=D \tag{17-84}$$

$$A_jx_{i,j-1}+B_jx_{i,j}+C_jx_{i,j+1}=D_j \tag{17-85}$$

$$A_nx_{i,n-1}+B_nx_{i,n}=D_n \tag{17-86}$$

写成矩阵形式，即

$$\begin{bmatrix} B_1 & C_1 & & & & & \\ A_2 & B_2 & C_2 & & & & \\ & \cdots & & & & & \\ & & A_j & B_j & C_j & & \\ & & & \cdots & & & \\ & & & & A_{n-1} & B_{n-1} & C_{n-1} \\ & & & & & A_n & B_n \end{bmatrix}\begin{bmatrix} x_{i,1} \\ x_{i,2} \\ \vdots \\ x_{i,j} \\ \vdots \\ x_{i,n-1} \\ x_{i,n} \end{bmatrix}=\begin{bmatrix} D_1 \\ D_2 \\ \vdots \\ D_j \\ \vdots \\ D_{n-1} \\ D_n \end{bmatrix} \tag{17-87a}$$

简化为

$$[A_{BC}]\{x_{i,j}\}=\{D_j\} \tag{17-87b}$$

其中 $B_1=-(V_1K_{i,1}+U_1+L_1)$

$C_1=V_2K_{i,2}$

$D_1=0$

$$A_j=L_{j-1}=V_j+\sum_{k=2}^{j}(F_k-W_k-U_k)-D\quad 2\leqslant j\leqslant N-1$$

$$B_j=-\left[(V_j+W_j)K_{i,j}+V_{j+1}+\sum_{k=2}^{j}(F_k-W_k-U_k)-D+U_j\right]\quad 2\leqslant j\leqslant N-1$$

$C_j=V_{j+1}K_{i,j+1}$　　$2\leqslant j\leqslant N-1$

$D_j=-F_jz_{i,j}$　　$2\leqslant j\leqslant N-1$

$A_n=V_n+B$

$B_n=-(V_nK_{i,n}+B)$

$D_n=0$

经整理，恒压下复杂蒸馏塔的 MESH 方程如下。

$$M_{i,j}(x_{i,j},V_j,T_j)=[A_{BC}]\{x_{i,j}\}-\{D_j\}=0\quad 1\leqslant i\leqslant C,\ 1\leqslant j\leqslant N \tag{17-88}$$

$$S_j(x_{i,j},T_j)=\sum_{i=1}^{c}K_{i,j}x_{i,j}-1=0\quad 1\leqslant i\leqslant C,\ 1\leqslant j\leqslant N \tag{17-89}$$

$$H_j(x_{i,j},V_j,T_j)=(H_{j+1}-h_j)V_{j+1}-(H_j-h_j)(V_j-W_j)-(h_j-h_{j-1})L_{j-1}+F_j(H_{Fi}-h_j)-Q_j=0\quad 2\leqslant j\leqslant N-1 \tag{17-90}$$

式中　A_j——三对角矩阵元素；

$[A_{BC}]$——由式 (17-87) 确定的系数矩阵；

B——塔釜出料量，kmol；

B_j，C_j——三对角矩阵元素；

C——组分数目；

D——塔顶出料量，kmol；

$\{D_j\}$，$\{x_{i,j}\}$——式（17-87）的列向量；

F_j——j 板进料量，kmol；

h_j——液相流 L_j 的焓值，kcal/kmol，1kcal=4.18kJ，下同；

H_j——汽相流 V_j 的焓值，kcal/kmol；

H_{Fj}——进料 F_j 的焓值，kcal/kmol；

k——迭代次数或下标；

$K_{i,j}$——i 组分在第 j 板的相平衡常数；

L_j——第 j 板液相流量，kmol；

N——总理论板数；

Q_B——再沸器热负荷，kcal；

Q_D——冷凝器热负荷，kcal；

Q_j——加入第 j 板的热量（或冷量），kcal；

T_j——第 j 板温度，K；

U_j——从第 j 板出料的液相侧线流量，kmol；

V_j——第 j 板汽相流量，kmol；

W_j——从第 j 板出料的汽相侧线流量，kmol；

$x_{i,j}$——第 j 板液相中组分 i 的含量（摩尔分数）；

$y_{i,j}$——第 j 板汽相中组分 i 的含量（摩尔分数）；

$Z_{i,j}$——第 j 板的外进料 F_j 的组成（摩尔分数）；

下标 i，j——某组分，某塔板。

式（17-88）～式（17-90）中，独立变量 T_j、V_j、$x_{i,j}$ 共 $N(C+2)-2$ 个，与方程数相等，故方程组可解。

(2) 三对角矩阵法

当进料组成、流量以及各出料量都确定之后，F_j、$Z_{i,j}$、W_j、U_j、D 及 B 则全部为常数。假设一组 T_j 和 V_j 的初始值，在已知平衡常数 $K_{i,j}$ 的情况下，$[A_{BC}]$ 和 $\{D\}$ 也为常数，这样，M 方程［式（17-88）］就成为线性方程组。由于矩阵 $[A_{BC}]$ 的三对角特性，应用高斯消元法可以很方便地解出 $\{x_{i,j}\}$。

引入辅助变量 p_j、q_j，随 j 的递增，依次计算它们的数值。

$$p_1=\frac{C_1}{B_1};\qquad q_1=D_1/B_1 \tag{17-91}$$

$$p_j=\frac{C_j}{B_j-A_jp_{j-1}}\qquad 2\leqslant j\leqslant N-1 \tag{17-92}$$

$$q_j=\frac{D_j-A_jq_{j-1}}{B_j-A_jp_{j-1}}\qquad 2\leqslant j\leqslant N-1 \tag{17-93}$$

先求出 $x_{i,n}$，随 j 的递减，便可求得其余的 $x_{i,j}$。

$$x_{i,n}=q_n \tag{17-94}$$

$$x_{i,j}=q_j-p_jx_{i,j+1}\qquad 1\leqslant j\leqslant N-1 \tag{17-95}$$

一旦求出 $x_{i,j}$，代入 S 方程［式（17-89）］，通过逐板泡点计算，便可找到满足 S 方程的解。由此产生一组新的 T_j，随之解 H 方程［式（17-90）］，得到新的逐板 V_j 值。

2.2.3 三对角矩阵法的计算步骤和框图

Wang-Henke 三对角矩阵法的计算步骤可归纳如下。

① 按恒分子流假定汽相流量 V_j 的初值，并假定一个线性分布的初始温度剖面 T_j。

② 求取逐板相平衡常数 $K_{i,j}$ 的初值，可采用理想气体 K 值计算公式[25]。

③ 计算矩阵 $[A_{BC}]$ 中各元素。

④ 采用三对角矩阵法解 M 方程［式（17-88）］，得 $x_{i,j}$，并将 $x_{i,j}$ 圆整。

⑤ 逐板计算泡点温度，使其满足 S 方程［式（17-89）］，此时得新的各板 T_j 及 $K_{i,j}$ 值。

⑥ 逐板计算汽、液相物流的焓值，解 H 方程，得新的各板汽相流量 V_j。

⑦ 重复③～⑥各步骤，直至

$$\sum(T_j^k-T_j^{k-1})^2\leqslant\varepsilon_T \tag{17-96}$$

式中 ε_T——预先给定的误差。

Wang-Henke 法计算框图见图 17-9。

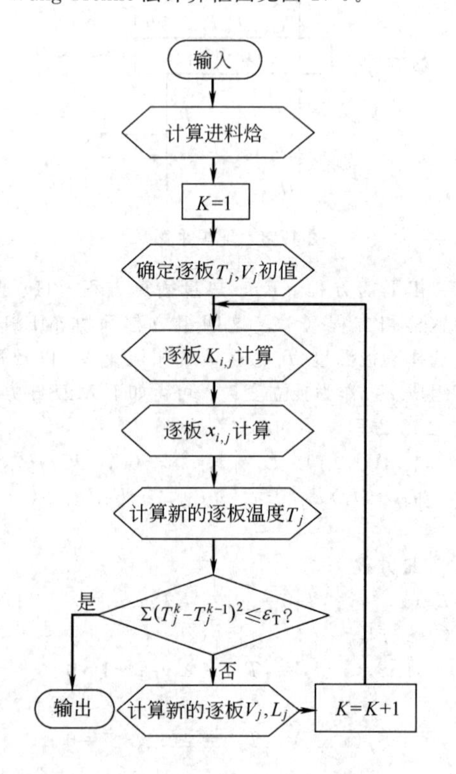

图 17-9 Wang-Henke 法计算框图

2.2.4 有关说明

Wang-Henke 法在国内使用比较广泛，经过多年的计算实践，对该模型的求解方法做了不少的改进，积累了丰富的经验[17,27]。现简述如下。

(1) 平衡常数及焓值计算

相平衡常数及焓值是蒸馏计算中最基本的热力学数据，其准确程度直接影响计算结果。平衡常数及焓值一般可以从计算软件（例如 ASPUN，PRO-Ⅱ等）中直接调用，必要时也可通过一定压力、温度范围内的实验数据关联而得到。对轻烃系统，一般可以直接采用各种形式的状态方程计算而得，但使用时，应注意选择合适的状态方程。对非烃系统一般可依两组分实验数据采用 Wilson 或 NRTL 方程计算而得。

对于汽液相使用同一状态方程的情况，应注意出现无物理意义假根的可能（即全部 K 值均趋于 1），并应采取措施妥善处理[26]，避免因此而出现的计算中断。

(2) 露点法

Wang-Henke 法规定 T_j、V_j 及 $x_{i,j}$ 为独立变量，通过逐板泡点计算，获得新的温度剖面。但对于某些含不凝气较多的塔，例如乙烯装置中的脱甲烷塔，泡点计算往往失败，此时可改用露点法[27]。以 T_j、L_j 及 $y_{i,j}$ 为独立变量，可保证计算顺利完成。

(3) 泡、露点迭代及 K 值回归

泡、露点的迭代，一般使用牛顿法，Wang-Henke 推荐使用抛物线法。对于蒸馏塔泡、露点的迭代，T. S. Lo[28] 提出的经验式，能显著地缩短迭代时间。

加速泡、露点计算更重要的是在迭代方式上的改进[17,27]，将温度迭代与平衡常数迭代两者结合起来，将明显地缩短计算时间。

当平衡常数采用状态方程计算时，可在全塔迭代若干次后，应用指数函数或多项式等形式的方程，将 K 值回归成温度 T 的函数，以加快计算[27]。

(4) 中间再沸器

中间再沸器是将塔内部分液体 U_{n1} 自 n_1 板抽出进行加热，然后全部返回塔内（$F_{n2}=U_{n1}$），返回板 n_2 在抽出板 n_1 下方，如图 17-10 所示。

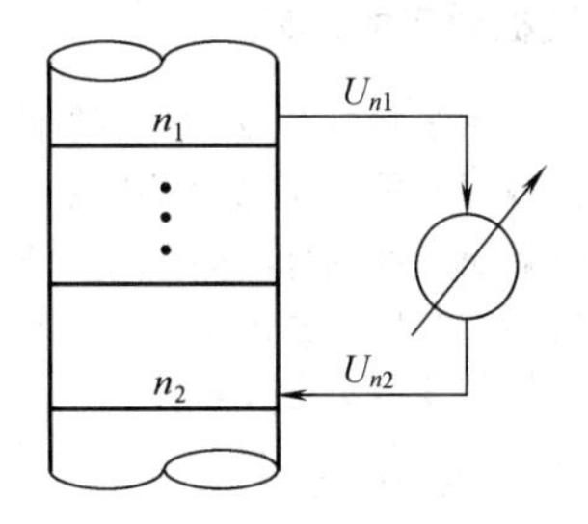

图 17-10 中间再沸器

由于中间再沸器的引入，使 n_2 板物料平衡方程改变，破坏了原矩阵方程的三对角性。为适应这一情况，需对塔模型方程做适当的处理[29~45]，使其仍旧保持三对角性。

由图 17-9，对 n_2 板，其物料平衡方程为

$$F_{n2}x_{i,n1}+A_{n2}x_{i,n2-1}+B_{n2}x_{i,n2}+C_{n2}x_{i,n2+1}=0 \tag{17-97}$$

由式（17-95）递推，可将 $x_{i,n1}$ 转化为 $x_{i,n2}$ 的表达式，于是 n_2 板物料平衡方程变为

$$A_{n2}x_{i,n2-1}+B'_{n2}x_{i,n2}+C_{n2}x_{i,n2+1}=D'_{n2} \tag{17-98}$$

这样就保持了原矩阵方程的三对角性。系数 B'_{n2} 及 D'_{n2} 通过引入辅助变量 r_j 和 s_j 后可以直接求出。

$$r_0=0;\ s_0=1 \tag{17-99}$$

$$r_1=r_{j-1}+s_{j-1}q_{n1+j-1} \tag{17-100}$$

$$s_j=-s_{j-1}p_{n1+j-1} \tag{17-101}$$

$$B'_{n2}=B_{n2}+s_{n2-n1} \tag{17-102}$$

$$D'_{n2}=-r_{n2-n1}F_{n2} \tag{17-103}$$

(5) 圆整

逐板泡点计算之前，应对解 M 方程所得的 $x_{i,j}$ 做圆整处理，以有助于收敛。

(6) 收敛判据

存在多种形式的收敛判据，Wang-Henke 提出采用式（17-96）作为收敛判据，允许误差取 $\varepsilon_T=10^{-5}\sim0.01N$。

若采用 $\sum_{j=1}^{n}\sum_{i=1}^{c}(x_{i,\ j-1})/N$ 作为收敛判据，则更能反映迭代契合的优劣。因收敛时，各板 $\sum x_{i,j}$ 值都应趋近于 1。当然，一般温度剖面收敛时，组成剖面也是收敛的。

此外，还有将 S 方程及 H 方程两者误差综合考虑作为收敛判据[24]。

$$\varepsilon_T=\sum_{j=1}^{n}\left[\left(\sum_{i=1}^{c}y_{i,j}-1\right)^2+\left(\frac{E_j}{F_jH_{Fj}+Q_j+L_{j-1}h_{j-1}+V_{j+1}H_{j+1}}\right)^2\right] \tag{17-104}$$

其中 E_j 为 H 方程的误差，其余符号意义同前。这样处理似更为全面，但同时也使误差计算复杂化。

参考文献

[1] 原化工部化工设计技术情况中心站. 化工单元操作设计参考资料：蒸馏，1968.

[2] 原化工部第五设计院. 石油化工技术参考资料. 石油分离计算，1972.

[3] Ludwig E E. Applied Process Design for Chemical and Petrochemical Plants 2. 2nd ed. Houston：Gulf Publishing Company，1979.

[4] Fenske M R. Ind. Eng. Chem., 1932, 24: 482.

[5] Robinson C S, Gilliland, E R. Elements of Fractional Distillation. 4th ed. New York: McGraw-Hill, 1950.

[6] Hengstebeck R J. CEP, 1957, 53 (5): 243.

[7] Underwood A J V. CEP, 1948, 44: 603; Ibid., 1949, 45: 600.

[8] Shiras R N, Hanson D N, Gibson C H. Ind Eng. Chem., 1950, 42: 871.

[9] Colburn A P. Trans. Am. Inst. Chem. Engrs., 1941, 37: 807.

[10] Gilliland E R. Ind. Eng. Chem., 1940, 32: 1220.

[11] Brown G G, Martin, H Z. Trans. Am. Inst. Chem. Engrs., 1939, 35: 679.

[12] Kirkbride C G. Petrol Refiner, 1944, 23: 321.

[13] Maxwell J B. Data Book on Hydrocarbons. New York: Van Nostrand, 1950.

[14] Bonner J S. Petrol Process, 1956, 11 (6).

[15] Matthew Van Winkle. Distillation. New York: McGraw-Hill, 1967.

[16] Wang J C, Henke G E. Hydrocarbon Process, 1981, 45 (8): 155.

[17] 潘鸿. 石油化工, 1981 (4): 257.

[18] Shah M K, Bishnoi P R. Can. J. Chem. Eng., 1978, 56 (8): 478.

[19] Lewis W K, Matheson G I. Ind. Eng. Chem., 1932, 24: 494.

[20] Thiele E W, Geddes R L. Ind. Eng. Chem., 1933, 25: 289.

[21] Tomich J F. AIChE J., 1970, 16: 229.

[22] Naphtali L M, Sandholm D P. AIChE J., 1971, 17: 148.

[23] Goldstein R P, Standfield R B. I & EC Process Design Develop., 1970 (9): 78.

[24] Ishii Y, Otto F D. Can. J. Chem. Eng., 1973, 51: 601.

[25] Starling K. Fluid Thermodynamic Properties for Light Petroleum Systems. Gulf Publishing Company, 1973.

[26] 雷行之, 陆恩锡. 化学工程, 1979 (1): 30.

[27] 雷行之等. 石油化工, 1980 (1): 1.

[28] Ching T L. AIChE J., 1975, 21 (6): 1223.

[29] 北京石油化工总厂设计院. 复杂塔逐板计算. 1977.

[30] Peng D Y, Robinson D B. I & EC Fundam, 1976, 15 (1): 59.

[31] Fribay J R, Smith B D. AIChE J., 1964, 10 (5): 698.

[32] Judson King C. Separation Processes. New York: McGraw-Hill, 1971.

[33] Earl D Oliver. Diffusional Separation Processes. New York: John Wiley & Sons Inc., 1963.

[34] John Perry H. Chemical Engineers Handbook. 4th ed. New York: McGraw-Hill, 1963.

[35] Philip Schweitzer A. Handbook of Separation Techniques for Chemical Engineers. New York: McGraw-Hill, 1979.

[36] Drickamer H G, Bradffod J R. Trans. AIChE, 1943, 39: 319.

[37] O' Connell H E. Trans. AIChE, 1946, 42: 741.

[38] Chaiyavech P, Van Winkle M. Ind. Eng. Chem., 1961, 53: 187.

[39] English G G, Van Winkle M. Chem. Eng., 1963 (11): 241.

[40] Bubble-Tray Design Manual. AIChE. New York: 1958.

[41] 上海化学工业专科学校. 石油化工过程和装备. 上海: 上海科学技术出版社, 1980.

[42] Smith B D. Design of Equilibrium Stage Processes. New York: McGraw-Hill, 1963.

[43] John H Perry. Chemical Engineers Handbook. 3rd ed. New York: McGraw-Hill, 1950.

[44] 化学工程手册编委会. 化学工程手册: 第3卷. 北京: 化学工业出版社, 1989.

[45] 王松汉. 石油化工设计手册: 第3卷. 北京: 化学工业出版社, 2002.

3 蒸馏过程的传质速率

传质和传热一样，是一个速率过程，当物质 i 从一相传递至另一相时，其传质方程式可写为

$$N_{质}=K_{质}A_{质}\Delta_{均}=K_{a质}\Delta_{均}$$

即传质速度(kg·mol/h)=传质系数×(有效)传质面积×平均传质推动力，其中传质系数 $K_{质}$ 的单位因推动力 $\Delta_{均}$ 的单位而异，而 $K_{质}$ 的表达式及不同表达式之间的转换关系则依（扩散）传质类型的不同而异，具体应用时可参阅有关文献［1～14，16，17，18，21～24］。在实际工作中，通常将各类 $K_{质}$ 和 $A_{质}$ 合并成相应的 $K_{a质}$（容积传质系数），以便于应用。各类传质系数的主要来源为实测数据或文献报道值，不足时以某些关系式进行计算。具体计算方法及有关物性数据可参阅化学工程手册第3卷的有关章节[30]。但其精确性普遍较差，尤其对板式塔。因此，目前在板式塔计算中一般仍采用塔板效率法，而在填料蒸馏塔计算中则常用等板高度（HETP）或传质单元高度（HTU）法。但在不同的传质机理和推动力类型下，HTU(或 HETP)与 NTU(传质单元数)的计算方法也不同，详见表17-10。

3.1 板式塔板效率的推算[15,19～21]

塔板效率与系统物性及流体力学条件（如操作条件与塔板结构等）有关，尤以前者为主。但目前尚没有发展到能够普遍、精确推算的程度，因而实际工作中应首先采用同类装置的实测值，在不得已采用推算值时也应与类似的装置进行比较。

3.1.1 塔板效率的定义

用于表示塔板效率的定义较多，常见有以下三种。

表 17-10　传质单元数 NTU 和传质单元高度 HTU

机　理	传质单元数 NTU		传质单元高度 HTU(或 HETP)		推动力
等物质的量相对扩散	N_G	$\int_{y_1}^{y_2}\frac{dy}{y_i-y}$	H_G	$\frac{V}{k'_{y_a}S}$	y_i-y
	N_{OG}	$\int_{y_1}^{y_2}\frac{dy}{y^*-y}$	H_{OG}	$\frac{V}{K'_{y_a}S}$	y^*-y
	N_L	$\int_{x_1}^{x_2}\frac{dx}{x-x_i}$	H_L	$\frac{L}{k'_{x_a}S}$	$x-x_i$
	N_{OL}	$\int_{x_1}^{x_2}\frac{dx}{x-x^*}$	H_{OL}	$\frac{L}{K'_{x_a}S}$	$x-x^*$
扩散通过静止组分	N_G	$\int_{y_1}^{y_2}\frac{(1-y)_M dy}{(1-y)(y_i-y)}$	H_G	$\frac{V}{k_{y_a}S(1-y)_M}$	y_i-y
	N_{OG}	$\int_{y_1}^{y_2}\frac{(1-y)_M dy}{(1-y)(y^*-y)}$	H_{OG}	$\frac{V}{K_{y_a}S(1-y)_M}$	y^*-y
	N_L	$\int_{x_1}^{x_2}\frac{(1-x)_M dy}{(1-x)(x-x_i)}$	H_L	$\frac{L}{k_{x_a}S(1-x)_M}$	$x-x_i$
	N_{OL}	$\int_{x_1}^{x_2}\frac{(1-x)_M dx}{(1-x)(x-x^*)}$	H_{OL}	$\frac{L}{K_{x_a}S(1-x)_M}$	$x-x^*$

注：1. 下标 M 表示平均；i 表示界面；O 表示总传质；G 表示气相；L 表示液相。

2. 符号 S，塔截面积。

(1) 莫费里（Murphree）板效率

在相同操作条件下，实际塔板上进、出口浓度差与达到平衡时的浓度差之比称为莫费里板效率。

以气相 i 组分表示的第 $n+1$ 块板上莫费里板效率 E_{MV} 如下（下标 i 省略，下同）。

$$E_{MV}=\frac{y_{n+1}-y_n}{y_{n+1}^*-y_n} \tag{17-105}$$

式中　y_n ——进入该塔板气相 i 组分浓度；

y_{n+1} ——离开该塔板气相 i 组分浓度；

y_{n+1}^* ——与离开该板的液相 i 组分成平衡的气相浓度。

若以液相表示莫费里板效率 E_{ML} 时，有

$$E_{ML}=\frac{x_{n+1}-x_n}{x_{n+1}-x_n^*} \tag{17-106}$$

式中　x_{n+1}——进入该塔板液相 i 组分浓度；

x_n——离开该塔板液相 i 组分浓度；

x_n^*——与离开该板的气相 i 组分成平衡的液相浓度。

E_{MV} 与 E_{ML} 之间关系如下。

$$E_{MV}=\frac{E_{ML}}{E_{ML}+\lambda(1-E_{ML})} \tag{17-107}$$

$$E_{ML}=\frac{\lambda E_{MV}}{1+E_{MV}(\lambda-1)} \tag{17-108}$$

式中，$\lambda=m/(L/V)$，即平衡曲线斜率与操作线斜率之比。可以看出，$\lambda=1$ 时，$E_{MV}=E_{ML}$；$\lambda>1$ 时，$E_{MV}<E_{ML}$，反之亦然。

在二元系统中，以任一组分表示的 E_{MV}（或 E_{ML}）其值相同，在多元系统中，则以关键组分的效率来代表所有组分的效率。

若每一板 E_{MV} 已知，在二元蒸馏中可用 McCabe-Thiele 图解法来确定实际板数，如图 17-11 所示。已知进入某板的组成为 y_n，如果经过理论板时，可以达到平衡曲线上 B 点（组成为 y^*），在实际板上可按式（17-105）标出 y_{n+1}（C 点），又从 C 点可以在操作线上找出 D 点。依此类推，即可找出考虑各板效率的所需实际板数（图 17-12），即连接 C 点所形成的虚线以代替平衡曲线所得的实际板数。

(2) 莫费里点效率（简称点效率）

在莫费里整板效率中，认为离开板的蒸气（或液体）组成是不随位置而改变的，也就是完全混合的。但在大多数工业装置中板上的气相可以认为完全混

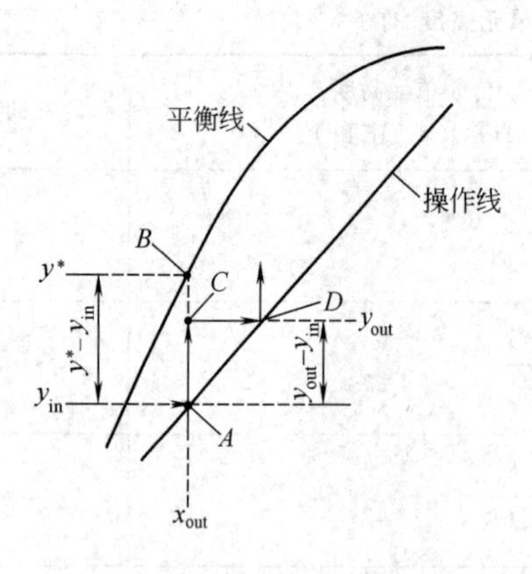

图 17-11 在 McCabe-Thiele 图中使用的莫费里效率

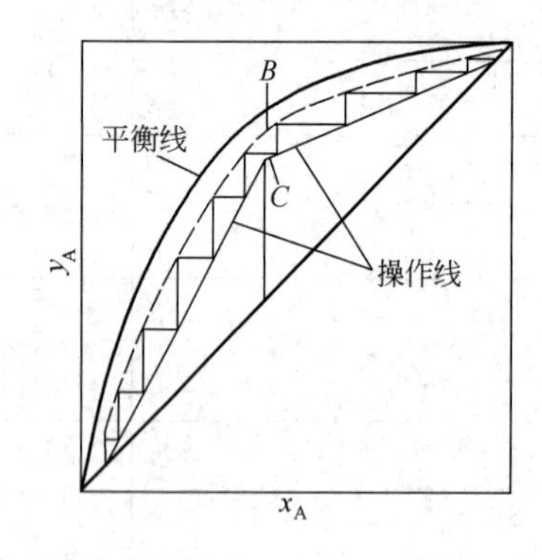

图 17-12 $E_{MV}<1$ 时的塔板数（$E_{MV}=0.67$）

合，而液相浓度是沿流动方向变化的。由于液体通道的深度远小于其长度，故可假设液体沿垂直方向是混合均匀的。莫费里气相点效率 E_{OV} 定义如下。

$$E_{OV}=\frac{y_{A,n+1}-y_{A,n}}{y^*_{A,n+1}-y_{A,n}} \tag{17-109}$$

式中 $y_{A,n}$——进入塔板（n）中某点（A）气相 i 组分的浓度；

$y_{A,n+1}$——离开塔板（$n+1$）中某点（A）气相 i 组分的浓度；

$y^*_{A,n+1}$——与 $n+1$ 塔板 k 中某点（A）液相（$x_{A,n+1}$）成平衡的气相 i 组分的浓度。

同理也可以定义莫费里液相点效率，但用得不多。而且当液体完全混合时，点效率与板效率值相同，故省略。

(3) 全塔效率

全塔效率 E_O 的定义如下。

$$E_O=\frac{\text{在指定回流比与分离要求下所需理论板数}}{\text{在相同条件下所需实际板数}} \tag{17-110}$$

其概念简单明了，使用方便(有时板效率彼此差别较大时，则分段使用)。问题在于用一个数字来表示这种复杂情况是困难的，一般不容易预计它的可靠值，通常是在分析了很多同类装置后，得到它的概略值。在二元系统中，若气液相流量为一个常数，且平衡为线性关系时，莫费里气相板效率 E_{MV} 与全塔效率间的关系为

$$E_O=\frac{\ln[1+E_{MV}(\lambda-1)]}{\ln\lambda} \tag{17-111}$$

λ 意义同前。当 $\lambda=1$ 时，$E_O=E_{MVO}$。由于 E_{MV} 是指某板效率，在全塔范围内，λ 只有在很少情况下是常数，因而 E_{MV} 本身又是 λ 的函数，所以由上式求得的 E_O 一般只能是大概的值。实际使用中当缺乏上述的概略值或函数关系时，可以采用下面的经验公式取得初估值。

3.1.2 塔板效率的经验关联式

(1) Drickamer-Bradford 法[25]

从大量烃类及非烃类工业装置的精馏塔数据，归纳出如下的全塔效率 E_O 的关联式。

$$E_O=0.17-0.616\lg\mu_L \tag{17-112}$$

式中 μ_L——塔进料液体的平均摩尔黏度，cP，$1\text{cP}=10^{-3}\text{Pa}\cdot\text{s}$，下同。

(2) O'Connell 法[26]

在 32 个工业塔及 5 个实验塔的研究基础上归纳为

$$E_O=49(\mu_L\alpha)^{0.25} \tag{17-113}$$

式中 μ_L——在塔顶、底算术平衡温度下，进料液体的平均摩尔黏度，cP；

α——轻、重关键组分的相对挥发度。

(3) Chaiyavech-Van Winkle 法[27]

在宽广的物性范围内用量纲分析进行关联，然后在计算分析基础上略去影响小的因子，归纳出

$$E_{MV}=A\left(\frac{\sigma}{\mu_L u_g}\right)^{0.643}\left(\frac{\mu_L}{\rho_L D_L}\right)^{0.10}\alpha^{0.056} \tag{17-114}$$

式中 A——常数，一般取 0.0691；

σ——表面张力，dyn/cm，$1\text{dyn}=10^{-5}$ N，下同；

μ_L——液体黏度，cP；

u_g——气体线速度（塔截面积），ft/s，1ft=0.30m，下同；

ρ_L——液体密度，g/cm^3；

D_L——液体分子扩散系数，cm^2/s；

α——相对挥发度。

(4) English-Van Winkle 法[28]

在式（17-114）分析基础上，再考虑某些塔板设计参数与操作参数，归纳为

$$E_{MV}=10.84(FA)^{-0.28}\left(\frac{L}{V}\right)^{0.024}h_W{}^{0.241}G^{-0.013}$$

$$\left(\frac{\sigma}{\mu_L u_g}\right)^{0.044}\left(\frac{\mu_L}{\rho_L D_L}\right)^{0.137}\alpha^{-0.028} \quad (17\text{-}115)$$

式中　FA——自由面积分数（与塔截面积之比）；

h_W——堰高，in；

G——蒸气速度，lb/(ft^2·h)，1lb=0.45kg，下同；

L/V——液、气流量摩尔比；

σ——表面张力，dyn/cm；

μ_L——液体黏度，P，1P=10^{-1}Pa·s，下同；

u_g——空塔气体线速度，cm/s。

其余同式（17-114）。

式（17-115）适用范围如下：塔型，泡罩塔与筛板塔；塔径，254～610mm（1～24in）；自由截面积，2.7%～18.5%；板间距，0.05～0.91m（2～36in）；孔径，12.7～152.4mm（0.5～6in）；气体或液体流量，0.136～1.36kg/(s·m^2)，100～1000lb/(ft^2·h)；L/V，0.6～1.0。

(5) AIChE 法[29]

该方法是美国化学工程师学会蒸馏分会推荐的，可预计泡罩塔板的效率，计算步骤如下。

① 计算气相传质单元数 $(NTU)_g$。

$$(NTU)_g=\frac{0.776+0.116W-0.29F+0.0217L}{(N_{sc})^{\frac{1}{2}}} \quad (17\text{-}116)$$

式中　N_{sc}——气相 Schmidt 数，$N_{sc}=\mu_g/\rho_g D_g$；无量纲；

W——出口堰高，in；

F——F 因子，定义为气体速率［ft^3/（s·ft^2）（塔盘泡罩面积）］与气体密度（lb/ft^3）平方根的乘积；

L——液体流速，gal/[min·塔板平均流程宽度（ft）]，1gal=3.78dm^3，下同。

② 计算塔板上液体滞留量 Z_c（清液层高）。

$$Z_c=1.65+0.19W+0.02L-0.65F \quad (17\text{-}117)$$

③ 计算塔板上平均液体接触时间 t_L。

$$t_L=\frac{37.4Z_cZ_L}{L_s} \quad (17\text{-}118)$$

式中　Z_L——塔板上液体流程可取进出口堰距离，ft。

④ 计算液相传质单元数 $(NTU)_L$。

$$(NTU)_L=(1.065\times10^4 D_L)^{\frac{1}{2}}(0.26F+0.15)t_L \quad (17\text{-}119)$$

式中　D_L——液相扩散系数，ft^2/h。

⑤ 计算点效率 E_{OG}。

$$-\frac{1}{\ln(1-E_{OG})}=\frac{1}{(NTU)_{Og}}=\frac{1}{(NTU)_g}+\frac{\lambda}{(NTU)_L} \quad (17\text{-}120)$$

λ 意义同前。

⑥ 计算液体流动方向的有效扩散系数 D_e。

$$(D_e)^{0.5}=0.0124+0.017u_g+0.0025L+0.015W \quad \text{ft}^2/\text{s} \quad (17\text{-}121)$$

式中　u_g——气体速率，ft^3/(s·ft^2)(塔板泡罩区)。

式（17-121）适合于直径为 3in 或更小的圆形泡罩塔板，对于 6.5in 的圆形泡罩 D_e 值应增加 33%。

⑦ 计算 Peclet 数 N_{pe}。

$$N_{pe}=\frac{Z_L^2}{D_e t_L} \quad (17\text{-}122)$$

⑧ 利用 E_{OG}、λ 与 N_{pe} 查图 17-13 得 E_{MV}/E_{OG} 比值，从而求得 E_{MV}（无雾沫夹带的莫费里效率）。

⑨ 用气液相量及其密度、板间距求液泛常数（查图 17-14），依此再由图 17-15 查得雾沫夹带量 ψ。此外 L、G 分别为液气空塔截面积速率[lb/(h·ft^2)]。

⑩ 根据 Colburn 方程求取雾沫夹带校正后的莫费里效率 E_a。

$$E_a=\frac{E_{MV}}{\dfrac{1+\psi E_{MV}}{1-\psi}} \quad (17\text{-}123)$$

例 3　估算下列条件的泡罩塔板的板效率，塔径 D=6ft，堰高 h_W=1.5in，堰长 h_L=4.8ft，两堰间距离 Z_L=4.5ft，泡罩区面积 A=24.4ft^2，板间距 s=24in，泡罩直径=4.0in，总气体负荷 Q_V=170ft^3/s，总液体负荷 Q_L=180gal/min，u_g=0.03lb/(ft·h)，ρ_V=0.095lb/ft^3，ρ_L=45.2 lb/ft^3，$m=dx/dy$=0.85，$D_L=8.6\times10^{-5}$ft^2/h，D_g=0.0535ft^2/h。

解

a. $F=\dfrac{170}{24.4}\times(0.095)^{0.5}=2.15$

$$L=\frac{180}{0.5\times(6+4.8)}=33.4$$

$$N_{sc}=\frac{u_g}{\rho_V D_g}=\frac{0.03}{0.095\times0.0535}=5.9$$

$$(NTU)_g=0.776+0.116\times1.5-0.29\times2.15+\frac{0.0217\times33.4}{5.9^{0.5}}=0.674$$

b. $Z_c=1.65+0.19\times1.5+0.02\times33.4-0.65\times2.15=1.2$ (in)

c. $t_L=\dfrac{37.4\times1.2\times4.5}{33.4}=6.05$ (s)

d. $(NTU)_L=(1.065\times10^4\times8.6\times10^{-5})^{0.5}\times(0.26\times2.15+0.15)\times6.05=4.1$

e. $L'=\dfrac{180\times0.1334\times45.2}{60\times72}=0.2512$(lb·mol/s)

$$V'=\frac{170\times0.095}{68}=0.237 \text{ (lb·mol/s)}$$

$$\lambda=\frac{0.85\times0.237}{0.2512}=0.802$$

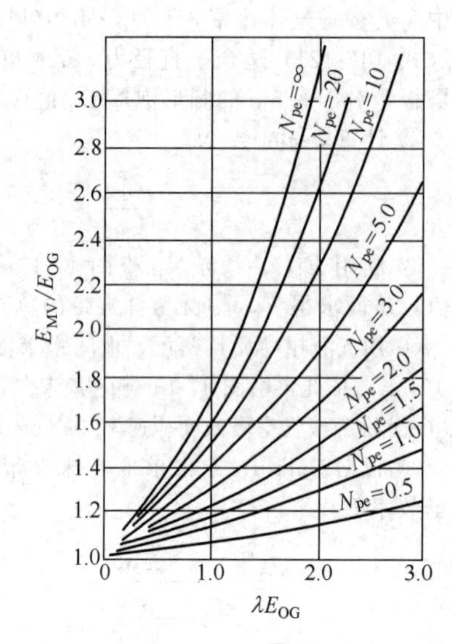

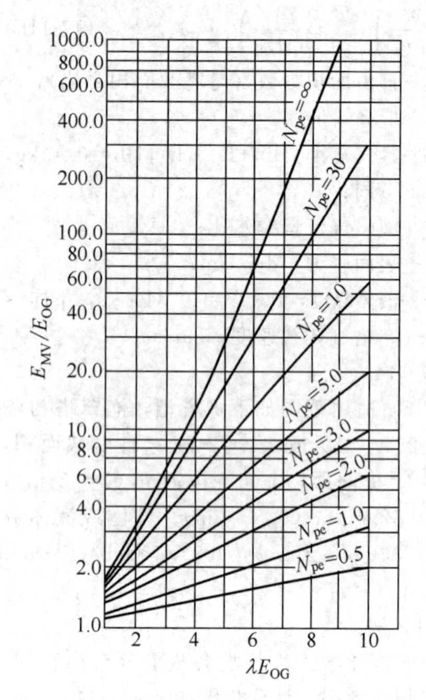

图 17-13　E_{MV}/E_{OG}、λE_{OG}与N_{pe}的函数关系

$$-\frac{1}{\ln(1-E_{OG})}=\frac{1}{0.674}+\frac{0.802}{4.1}=1.68$$

$$E_{OG}=0.449$$

f. $D_e^{0.5}=0.0124+0.017\times\left(\frac{170}{24.4}\right)+0.0025\times33.4+0.015\times0.15=0.216$

$$D_e=0.046\text{ft}^2/\text{s}$$

g. $N_{pe}=\frac{4.5^2}{0.0467\times6.05}=71.67$

h. $\lambda E_{OG}=0.449\times0.802=0.36$

查图 17-13，得 $E_{MV}/E_{OG}=1.2$

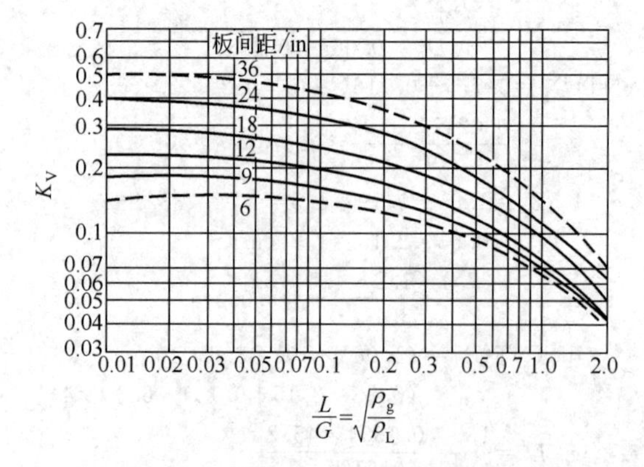

图 17-14　泡罩塔与筛板塔的液泛极限

L—液相流量，lb/(h·ft²)（空塔截面积）；
G—气相流量，lb/(h·ft²)（空塔截面积）；
ρ_g—气相密度，lb/ft³；ρ_L—液相密度，lb/ft³；
K_V—常数，用于计算液泛气速 u_f，$u_f=K_V[(\rho_L-\rho_g)/\rho_L]^{0.5}$ 1in≈2.54cm

$$E_{MV}=1.2\times0.449=0.54$$

由图 17-14，按板间距 24in 查得

$$K_V=u_f\left(\frac{\rho_g}{\rho_L-\rho_g}\right)^{0.5}=0.37$$

$$u_f=0.37/0.0456=8.11$$

$$液泛率=\frac{\frac{170}{24.4}}{8.11}=0.859$$

i. $\frac{L}{G}\left(\frac{\rho_V}{\rho_L}\right)^{\frac{1}{2}}=\frac{180\times0.1334\times45.2}{170\times0.095\times60}\times\frac{L}{G}\left(\frac{\rho_V}{\rho_L}\right)^{\frac{1}{2}}=0.0513$

由图 17-15，查得 $\psi=0.102$。

j. $E_a=\frac{0.449}{\frac{1+0.102\times0.449}{1-0.102}}=0.42$

3.2　填料塔等板高度的计算

填料层的等板高度与许多因素有关，包括流体力学因素（速度、湍流和滞流；气液接触状态、压降、气液分布情况等）、物性因素（密度、黏度、表面张力等）、热力学因素（汽液平衡、相对挥发度等）、传递因素（扩散系统）和操作因素（液汽比）等。至今尚未有很完善的计算公式，计算中宜尽量采用直接测定的数据，或主要性质（相对挥发度、黏度、密度、液气比等）相近的物系数据。缺乏数据时再改用下列方法计算。

3.2.1　幕赫法[22]

幕赫提出的经验公式如下。

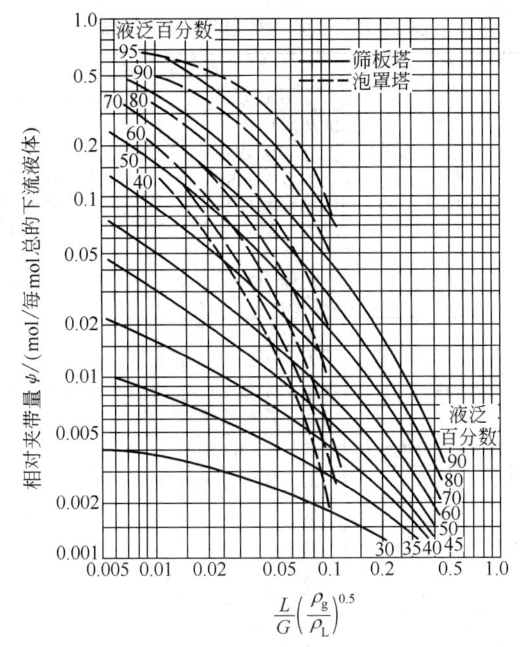

图 17-15　雾沫夹带关系

液泛百分数 $=\frac{\text{实际气速}}{\text{相同液气比下的液泛气速}}$

其余符号说明同图 17-14

$$\mathrm{HETP}=38A(0.205G)^B(39.4D)^C Z_O^{\frac{1}{3}}\frac{\alpha\mu_L}{\gamma_L} \tag{17-124}$$

式中　HETP——等板高度，m；

G——气相流率，kg/(m²·h)；

D——塔径，m；

Z_O——每段填料高度，m；

α——被分离组分的相对挥发度；

μ_L——液相黏度，cP；

γ_L——液相密度，kg/m³。

A、B、C 系数值见表 17-11。式(17-124)所归纳的原始数据范围如下。

表 17-11　幕赫经验公式中的 A、B、C 系数值

填料种类	填料尺寸/mm	系数 A	系数 B	系数 C
拉西环	6.4			1.24
	10	2.10	−0.37	1.24
	13	8.53	−0.24	1.24
	25	0.57	−0.10	1.24
	50	0.42	0	1.24
弧鞍形填料	13	5.62	−0.45	1.11
	25	0.76	−0.14	1.11
弧鞍形网	6.4	0.017	+0.50	1.00
	10	0.20	+0.25	1.00
	13	0.33	+0.20	1.00
压延孔环	4	0.39	+0.25	0.30
	6	0.076	+0.20	0.30
	12	0.45	+0.30	0.30
	25	3.06	+0.12	0.30

① 常压操作，气速为泛点速度的 25%～85%。

② 塔径为 500～800mm，并大于填料尺寸的 8 倍，填料层高度为 1～3m。

③ 高回流比或全回流操作。

④ 相对挥发度在 3～4 以内，物系的扩散系数相差不大。

从式（17-124）关联的参数来看，它大致反映物系性质（$\alpha\mu_L/\gamma_L$）及气液分布（G、D、Z 等项）的影响。但因为是用在接近全回流的情况下的数据，所以没有反映操作线斜率（即液气比）对传质的影响，因而存在一定的误差。

3.2.2　格兰维尔法[23]

格兰维尔等人在高 2.44m 的拉西环填料塔中，在载点时，求得操作线斜率对等板高度的关联式。

$$\mathrm{HETP}=340d_p m\left(\frac{G_M}{L_M}\right) \tag{17-125}$$

式中　HETP——等板高度，m；

d_p——拉西环直径，m；

m——平衡曲线的平均斜率；

G_M，L_M——气相和液相的流量，kmol/h。

对于不同高度的填料段，式（17-125）求出的结果应乘以 $(Z/2.44)^{1/3}$ 的校正系数。

3.2.3　系统压力对等板高度的影响

设在压力 P_1 时测得的等板高度为 $(\mathrm{HETP})_1$，欲求操作压力为 P_2 时的等板高度 $(\mathrm{HETP})_2$，可利用下式校正。

$$\frac{(\mathrm{HETP})_2}{(\mathrm{HETP})_1}=\frac{P_1G_2'}{P_2G_1'} \tag{17-126}$$

式中　G_1'，G_2'——压力为 P_1 和 P_2 时的气相质量流率，kg/(m²·h)。

参考文献

[1] Cussler E L. Diffusion, Mass Transfer in Fluid Svstems. London: Cambridge University Press, 1984.

[2] Nernst W. Z. Phys. Chem., 1904, 47: 52.

[3] Higbie R. Trans. A. I. Ch. E., 1935, 31: 368.

[4] Danckwerts P V. Ind. Eng. Chem., 1951, 43: 1460.

[5] Treybal R E.Mass Transfer Operations.New York:McGraw-Hill,1980.

[6] Reynolds O. Proc. Manchester Lit. Philo. Soc. 8. 1874.

[7] Sherwood T K,Pigford R L,Wilke C R.Mass Transfer. New York:McGraw-Hill,1975.

[8] Welty J R, Wicks C E, Wilson R E. Fundameutals of Momeutum, Heat and Mass Transfer. 3rd Edition. New York: JohnWiley, 1984.

[9] Chilton T H, Colburn A P. Ind. Eng. Chem., 1934, 26: 1183.

[10] Litt M, Frie dlander S K. A. I. Ch. E. J., 1959, 5: 483.
[11] Geankoplis C J. Mass Transport Phenomena. Ohio: Ohio State University Bookstore, 1972.
[12] Brian L T, Hales H B.A.I.Ch.E.J., 1969, 15: 419.
[13] Levich V G. Physicochemical Hydrodynamics. New Jersey: Prentice-Hall, 1962.
[14] Garner F H, Suckling R D. A. I. Ch. E. J., 1958, 4: 114.
[15] Steinberger W L, Treybal R E. A. I. Ch. F. J., 1960, 6: 227.
[16] Bedingfield C H, Drew T B. Ind. Eng. Chem., 1950, 42: 1164.
[17] Pinczewski W V, Sideman S. Chem. Eng. Sci., 1974, 29: 1969.
[18] Gilliland E R, Sherwood T K. Ind. Eng. Chem., 1934, 26: 516.
[19] Judson King C. Separation Processes. New York: Mc-Graw-Hall, 1971.
[20] Earl D Oriver. Diffugicnal Separation Processes. New York: John Wiley & Sons Inc., 1963.
[21] John Perry H. Chemical Engineers Handbook. 4th ed. New York: McGraw-Hill, 1963.
[22] Murch D P. I. E. C., 1953, 45: 2616.
[23] Gran Ville W H.B.C.E., 1957, 2: 70; J. Inst. Petrol., 1956, 42: 148.
[24] Morris G A. International Sympsium on Distillation. Brighton, 1960.
[25] Drickamer H G, Bradford J R. Trans. AIChE, 1943, 39: 319.
[26] O'Connell H E. Trans. AIChE, 1946, 42: 741.
[27] Chaiyavech P, Van Winkle M. Ind. Eng Chem., 1961, 53: 187.
[28] English G G. Van Winkle M. Chem. Eng., 1963 (11): 241.
[29] Bubble-Tray Design Manual. AIChE. New York: 1958.
[30] 化学工程手册编委会. 化学工程手册: 第3卷. 北京: 化学工业出版社, 1989.

4 气体吸收

气体吸收是将气体混合物中的可溶组分（简称溶质）溶解到某种液体（简称溶剂或吸收剂）中去的一类单元操作。其逆过程称为汽提或解吸，用于使液体混合物中的可挥发组分进入气体。工业气体吸收常用的吸收剂见表17-12[1]。

与蒸馏过程类似，吸收、解吸通常也是在立式、圆柱形板式塔或填料塔内进行的，气、液两相在塔内逆向流动接触，发生传质。

吸收过程的计算内容主要是计算吸收器所需的相际接触面积（即设备所需的工艺尺寸）和吸收剂的用量，有时也计算溶剂的排出浓度等。计算所用的基本方程式为相平衡式、物料衡算式或操作线方程式、质量传递式，有时还需涉及热量衡算式。

表17-12 工业气体吸收常用吸收剂

溶质气体	吸收剂
CO_2，H_2S	物理吸收剂：水、环丁砜、冷甲醇、碳酸丙烯酯 化学吸收剂：一乙醇胺水溶液、二乙醇胺水溶液、三乙醇胺水溶液、催化热碳酸钾水溶液、甲基二乙醇胺水溶液、氨水溶液、NaOH（或KOH）水溶液 物理-化学吸收剂：环丁砜-二异丙醇胺溶液
CO	铜铵盐类水溶液
SO_2，COS	水、氨水、二甲基苯胺水溶液、氢氧化钙水溶液、浓硫酸、亚硫酸盐水溶液、柠檬酸钠水溶液
HCl，HF，HCN	水、NaOH水溶液
NH_3	水、稀硫酸水溶液
NO_2，NO_x	水、稀硝酸水溶液、Na_2CO_3水溶液
Cl_2	水
苯蒸气	焦油洗油、石油洗油
丁二烯	乙醇、乙腈
三氯乙烯	煤油
$C_2 \sim C_5$烃类	碳六油

4.1 吸收过程的相平衡

在一定温度下，压力低于0.5MPa时，溶质气体在稀溶液（即溶质含量小于10%）中的溶解度与其在气相中的平衡分压p^*成正比，这种关系称为亨利定律[2]。

$$p^* = Ex \quad 或 \quad p^* = Hc \quad 或 \quad y^* = mx$$

式中 p^*——溶质在气相中的平衡分压，kPa；
y^*——溶质在气相中的平衡摩尔分数；
x——溶质在液相中的摩尔分数；
c——溶质在液相中的溶解度，$kmol/m^3$；
E——亨利系数，kPa；
H——亨利系数，$kPa/(kmol \cdot m^3)$，其倒数为溶解度系数；
m——亨利系数，常称为相平衡常数。

对于理想溶液，$p^* = p_s x$，即拉乌尔定理，此时相平衡常数为

$$m = \frac{p_s}{p}$$

式中 p_s——纯组分的蒸气压，kPa；
p——系统总压力，kPa；
x——液相中组分的摩尔分数。

亨利定律仅适用于稀溶液，但因任何稀溶液都接近于理想溶液，故亨利定律只是拉乌尔定律的特例。对于许多气体来说，当溶质气相分压小于0.1MPa时都适用亨利定律。表17-13是各种气体水溶液的亨利

系数值[3]。

亨利系数 E 只是温度和压力的函数，而且 E 值随温度升高而显著增大，其值越大则溶质的溶解度越低，在总压小于 507kPa（0.5MPa）时，总压对 E 值影响很小，可不计[4~8]。

当总压高于 0.5MPa 时，一般系统已处于非理想（溶液）状态，对于非理想溶液及烃类液体等的汽液平衡问题可参见本手册蒸馏部分。

4.2 吸收过程的计算

由于吸收过程的（初期）主体设备多为填料塔，因而其计算公式均由填料层的概念推导而来，本手册也沿用此例。

与蒸馏过程相似，吸收（或解吸）过程计算的任务也是根据吸收（或解吸）分离的要求，确定吸收（或解吸）的传质单元数（相当于蒸馏过程中的平衡级数）、填料层的传质单元高度（相当于板式塔中的板间距除以板效率的综合概念）和吸收剂用量（相当回流量）等内容。

4.2.1 吸收剂用量

吸收剂用量和出塔吸收液浓度是根据吸收塔的物料衡算确定的。

(1) 吸收操作线方程

在塔上取一个微元塔段 dh（图 17-16），则经过 dh 的物料衡算（微分）如图 17-16 所示。

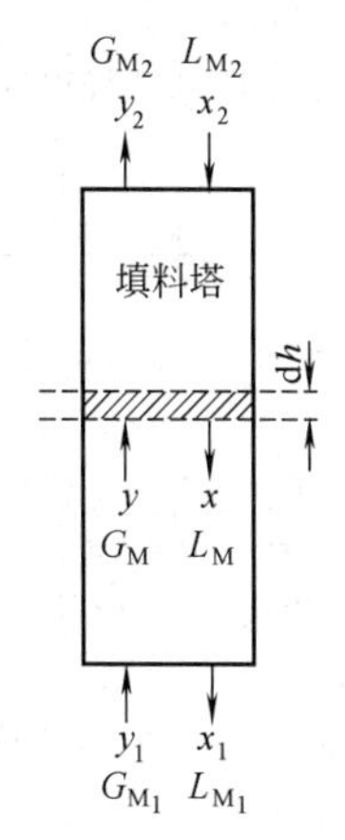

图 17-16 微元塔段物料衡算

G_{M_1}，G_{M_2}—进、出塔气体的摩尔流率，kmol/(m^2·s)；
L_{M_1}，L_{M_2}—进、出塔液体的摩尔流率，kmol/(m^2·s)；
y_1，y_2—进、出塔气体中溶质的摩尔分数；
x_1，x_2—进、出塔液体中溶质的摩尔分数；
下标 1，2—塔底和塔顶

表 17-13 各种气体水溶液的亨利系数值 H 单位：$\times10^{-6}$

气体	温度/℃														
	0	5	10	15	20	25	30	35	40	45	50	60	70	80	90	100
H_2	44	46.2	48.3	50.2	51.9	53.7	55.4	56.4	57.1	57.7	58.1	58.1	57.8	57.4	57.1	56.6
N_2	40.2	45.4	50.8	56.1	61.1	65.7	70.3	74.8	79.2	82.9	85.9	90.9	94.6	95.6	96.1	95.4
空气	32.8	37.1	41.7	46.1	50.4	54.7	58.6	62.5	66.1	69.2	71.9	76.5	79.8	81.7	82.2	81.6
CO	26.7	30	33.6	37.2	40.7	44	47.1	50.1	52.9	55.4	57.3	62.5	64.2	64.3	64.3	64.3
O_2	19.3	22.1	24.9	27.7	30.4	33.3	36.1	38.5	40.7	42.8	44.7	47.8	50.4	52.2	53.1	53.3
CH_4	17	19.7	22.6	25.6	28.5	31.4	34.1	37	39.5	41.8	43.9	47.6	50.6	51.8	52.6	53.3
NO	12.8	14.6	16.5	18.4	20.1	21.8	23.5	25.2	26.8	28.3	29.6	31.8	33.2	34	34.3	34.5
C_2H_6	9.55	11.8	14.4	17.2	20	23	26	29.1	32.2	35.2	37.9	42.9	47.4	50.2	52.5	52.6
C_2H_4	4.19	4.96	5.84	6.8	7.74	8.67	9.62	—	—	—	—	—	—	—	—	—
N_2O	0.74	0.89	1.07	1.26	1.5	1.71	1.94	2.26	—	—	—	—	—	—	—	—
CO_2	0.553	0.666	0.792	0.93	1.08	1.24	1.41	1.59	1.77	1.95	2.15	2.59	—	—	—	—
C_2H_2	0.55	0.64	0.73	0.82	0.92	1.01	1.11	—	—	—	—	—	—	—	—	—
Cl_2	0.204	0.25	0.297	0.346	0.402	0.454	0.502	0.553	0.6	0.648	0.677	0.731	0.745	0.73	0.722	—
H_2S	0.203	0.239	0.278	0.321	0.367	0.414	0.463	0.514	0.566	0.618	0.672	0.782	0.905	1.03	1.09	1.12
Br_2	0.0162	0.0209	0.0278	0.0354	0.0451	0.056	0.0688	0.082	0.101	0.12	0.145	0.191	0.244	0.307	—	—
SO_2	0.0125	0.0152	0.0184	0.022	0.0266	0.031	0.0364	0.0426	0.0495	0.0572	0.0653	0.0839	0.104	0.128	0.15	—
HCl	0.00185	0.00191	0.00197	0.00203	0.00209	0.00215	0.0022	0.00224	0.00227	0.00228	0.00229	0.00224	—	—	—	—
NH_3	0.00156	0.00168	0.0018	0.00193	0.00208	0.00223	0.00241	—	—	—	—	—	—	—	—	—

① 对于低浓度气体（溶质摩尔分数 $y_1 \leqslant 10\%$）的吸收，可假定气、液两相流率符合恒摩尔流率，即 $G_{M1}=G_{M2}=G_M=$常数，$L_{M1}=L_{M2}=L_M=$常数，于是有 $-G_M dy=-L_M dx$。

对任意截面 x-y 至塔底进行积分，则得 $G_M(y_1-y)=L_M(x-x_1)$，即

$$y=y_1+\frac{L_M}{G_M}x_1-\frac{L_M}{G_M}x$$

全塔溶质衡算，得

$$G_M(y_1-y_2)=L_M(x_1-x_2) \quad (17\text{-}127a)$$

或

$$\frac{L_M}{G_M}=\frac{y_1-y_2}{x_1-x_2} \quad (17\text{-}127b)$$

式（17-127a）和式（17-127b）又称为低浓度气体吸收的操作线方程，是通过（x_1，y_1）点的直线方程式，其斜率为 L_M/G_M，俗称溶剂比（或液气比）。

溶质回收率为 $\varphi=\dfrac{y_1-y_2}{y_1}$

② 对于高浓度气体（溶质摩尔分数 $y_1>10\%$）的吸收，气相和液相总流率沿塔发生较大变化，不可视为常量。但是惰性气体和溶剂的摩尔流率基本恒定，仍可假定符合恒摩尔流，可用摩尔比（Y，X）表示气、液相中的组成。于是，全塔溶质衡算为

$$G_B(Y_1-Y_2)=L_s(X_1-X_2) \quad (17\text{-}128a)$$

或

$$G_B\left(\frac{y_1}{1-y_1}-\frac{y_2}{1-y_2}\right)=L_s\left(\frac{x_1}{1-x_1}-\frac{x_2}{1-x_2}\right) \quad (17\text{-}128b)$$

式中 G_B——惰性气体的摩尔流率，kmol/(m^2·s)；
L_s——溶剂的摩尔流率，kmol/(m^2·s)；
X——液相中溶质与溶剂的摩尔比；
Y——气相中溶质与惰性气体的摩尔比。

式（17-128a）与式（17-128b）又称为高浓度气体吸收的操作线方程。

溶质回收率为

$$\varphi=\frac{Y_1-Y_2}{Y_1}$$

高浓度吸收 L_M/G_M 不为常数，故操作线在 x-y 图上为一条曲线。设计中为简化计算程序，通常以 L_S/G_B（常数）、X-Y 坐标代替 L_M/G_M 和 x-y 坐标，以使操作线成直线。

(2) 液气比和吸收剂用量的确定

① 对低浓度气体吸收，最小液气比和最小吸收剂用量为

$$\left(\frac{L_M}{G_M}\right)_{min}=\frac{y_1-y_2}{x_1^*-x_2}$$

或

$$(L_M)_{min}=\frac{G_M(y_1-y_2)}{x_1^*-x_2}$$

通常实际的液气比 $L_M/G_M=(1.25\sim2)(L_M/G_M)_{min}$。在某些情况下，由于气体溶解性很好或在真空条件下操作，从而导致所需的最小吸收剂用量不足以将填料充分润湿，这时可考虑适当增大用量或使部分吸收液再循环。

当进口气体中溶质含量较低，溶质几乎完全被吸收时，可以近似认为 $y_1G_M=x_1L_M=(y_1^*/m)L_M$，即 $mG_M/L_M=y_1^*/y_1$，常称 L_M/mG_M 为吸收因子 A。

当溶质的吸收热导致出口溶剂的温度上升时，m 值将会沿塔发生变化，这时为使塔顶的 m_1G_M/L_M 不过分接近1，导致传质单元数太大，设计中应控制吸收量，使得塔底的 m_2G_M/L_M 小于0.7。

当溶质的溶解热很大或进料气中溶质的百分比很高时，应考虑安装内部冷却盘管或外部中间换热器以移走吸收热。对于填料塔也可以采用多个填料段，并将液体抽出冷却。

② 对于高浓度气体吸收，与上同理得

$$\left(\frac{L_S}{G_B}\right)_{min}=\frac{Y_1-Y_2}{X_1^*-X_2}$$

或

$$L_{Smin}=\frac{G_B(Y_1-Y_2)}{(X_1^*-X_2)'}$$

取 $L_S=(1.25\sim2)L_{Smin}$。

4.2.2 传质单元数和传质单元高度

(1) 定义

对图17-16所示的稳态操作吸收塔的 dh 微分段列出溶质衡算式。

$$-d(G_My)=-G_Mdy-y\,dG_M=N_Aa\,dh$$

当仅传递一种组分时

$$dG_M=-N_Aa\,dh$$

故得

$$dh=-\frac{G_Mdy}{N_Aa(1-y)}$$

将气相传质速率表达式 $N_A=k_G(y-y_i)$ 或 $N_A=K_G(y-y^*)$ 代入，并对全塔进行积分得

$$h_T=\int_{y2}^{y1}\frac{G_Mdy}{K_Ga(1-y)(y-y_i)} \quad (17\text{-}129a)$$

或

$$h_T=\int_{y2}^{y1}\frac{G_Mdy}{K_Ga(1-y)(y-y^*)} \quad (17\text{-}129b)$$

同理，如用液相关系推导可得

$$h_T=\int_{x2}^{x1}\frac{L_Mdx}{k_La(1-x)(x_i-x)} \quad (17\text{-}130a)$$

或

$$h_T=\int_{x2}^{x1}\frac{L_Mdx}{K_La(1-x)(x^*-x)} \quad (17\text{-}130b)$$

式中 y_i，x_i——气、液界面上溶质的摩尔分数；
y^*，x^*——气、液主体中溶质的平衡摩尔分数；
y，x——气、液主体中溶质的实际摩尔分率。

式（17-129）、式（17-130）为计算填料层高度普遍适用的基本公式。

对于低浓度吸收，可以认为气、液两相符合恒摩尔流，吸收为等温，两相的体积传质系数沿塔高为常

量，则式（17-129），式（17-130）简化为

$$h_T=\frac{G_M}{k_G a}\int_{y2}^{y1}\frac{dy}{y-y_i} \tag{17-131}$$

$$h_T=\frac{G_M}{K_G a}\int_{y2}^{y1}\frac{dy}{y-y^*} \tag{17-132}$$

$$h_T=\frac{L_M}{k_L a}\int_{x2}^{x1}\frac{dx}{x_i-x} \tag{17-133}$$

$$h_T=\frac{L_M}{K_L a}\int_{x2}^{x1}\frac{dx}{x^*-x} \tag{17-134}$$

上述方程中的积分部分通称为传质单元数（N 或 NTU），常数部分则为传质单元高度（H 或 HTU）。它们的表示形式及名称又随着所依靠的传质推动力的类型而异。

传质单元数的意义是气相（或液相）的总浓度变化对相应传质平均推动力的倍数，其值的大小表示了分离过程要求的难易程度，而与设备形式无关。传质单元高度则表示了每个传质单元所需的填料层高度，与填料及设备形式等有关。

按上述概念，填料层高度的计算式可表示为

$$h_T=H_G N_G=H_{OG}N_{OG}=H_L N_L=H_{OL}N_{OL} \tag{17-135}$$

在低浓度气体吸收中，各类表达形式的传质单元高度、传质单元数及相互关系见表 17-14。

表 17-14　低浓度气体吸收的各传质单元高度与传质单元数

填料层高度/m	传质单元高度/m	传质单元数	换算关系
$h_T=H_{OG}N_{OG}$	$H_{OG}=\frac{G}{K_G a}$	$N_{OG}=\int_{y2}^{y1}\frac{dy}{y-y^*}$	$N_{OG}=AN_{OL}$
$h_T=H_{OL}N_{OL}$	$H_{OL}=\frac{L}{K_L a}$	$N_{OL}=\int_{x2}^{x1}\frac{dx}{x^*-x}$	$H_{OG}=\frac{1}{A}H_{OL}$
$h_T=H_G N_G$	$H_G=\frac{G}{k_G a}$	$N_G=\int_{y2}^{y1}\frac{dy}{y-y_i}$	$H_{OG}=H_G+\frac{1}{A}H_L$
$h_T=H_L N_L$	$H_L=\frac{L}{k_L a}$	$N_L=\int_{x2}^{x1}\frac{dx}{x_i-x}$	$H_{OL}=AH_G+H_L$

(2) 传质单元数的计算

① 当相平衡关系符合直线规律（$y^*=mx$ 或 $y^*=mx+b$）时，工程估算中可采用梯级图解法，但需较精确计算时应采用以下方法。

a. 对数平均推动方法。

$$N_{OG}=\int_{y2}^{y1}\frac{dy}{y-y^*}=\frac{y_1-y_2}{\Delta y_m} \tag{17-136}$$

$$\Delta y_m=\frac{(y_1-y_1^*)-(y_2-y_2^*)}{\ln\frac{y_1-y_1^*}{y_2-y_2^*}} \tag{17-137}$$

或

$$N_{OL}=\int_{x2}^{x1}\frac{dx}{x^*-x}=\frac{x_1-x_2}{\Delta x_m} \tag{17-138}$$

$$\Delta x_m=\frac{(x_1-x_1^*)-(x_2-x_2^*)}{\ln\frac{x_1-x_1^*}{x_2-x_2^*}} \tag{17-139}$$

式中　Δy_m，Δx_m——对数平均推动力。

b. 吸收因子法。吸收因子定义为 $A=L_M/(G_M m)$。当相平衡关系符合亨利定律（即 $y^*=mx$），而 $A\neq1$ 时，有

$$N_{OG}=\frac{1}{1-\frac{1}{A}}\ln\left(1-\frac{1}{A}\times\frac{y_1-mx_2}{y_2-mx_2}+\frac{1}{A}\right) \tag{17-140}$$

当 $A=1$ 时

$$N_{OG}=\frac{y_1-y_2}{y_2-mx_2}$$

或，当 $A\neq1$ 时，有

$$N_{OL}=\frac{1}{A-1}\ln\left(1-\frac{1}{A}\times\frac{y_1-mx_2}{y_2-mx_2}+\frac{1}{A}\right) \tag{17-141}$$

当 $A=1$ 时

$$N_{OL}=\frac{\frac{y_1-y_2}{y_2-mx_2}}{A}$$

实际应用中可将式（17-140）关系标绘在半对数坐标纸上，如图 17-17 所示。根据图中各曲线，已知 $1/A$，气体进出塔组成 y_1、y_2 和相平衡关系 $y^*=mx$，就可以求得 N_{OG} 值。反之，若已知 N_{OG} 和 $1/A$ 值，就可以方便地求出塔气组成 y_2。

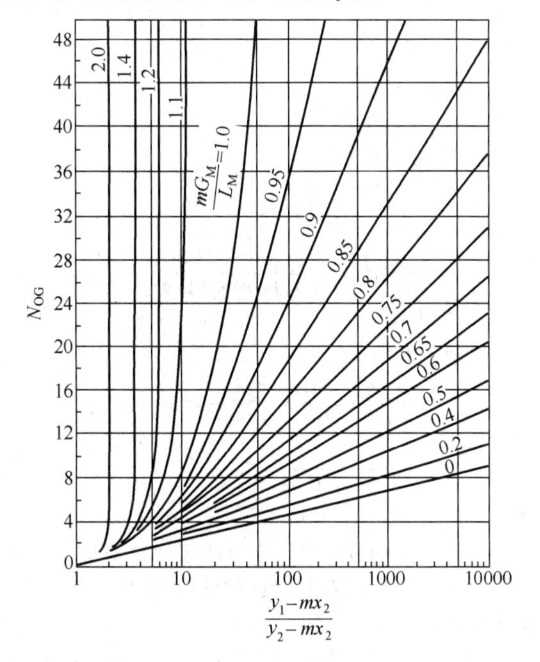

图 17-17　气相总传质单元数关联图

例4 拟用填料塔以清水吸收空气中的 SO_2 气体。入塔混合气流速 $G=0.02\text{kmol}/(\text{m}^2\cdot\text{s})$，其中含体积分数3%的 SO_2，要求回收率为98%。操作压力为101.3kPa，温度为293K，相平衡关系为 $y^*=34.9x$。若气相总体积传质系数 $K_Ga=0.056\text{kmol}/(\text{m}^3\cdot\text{s})$，出塔水溶液中 SO_2 的饱和度为75%，求所需水量及填料层高度。

解 该吸收过程可视为低浓度气体吸收。首先计算水量。

$$y_1=0.03\quad y_2=0.03(1-0.98)=0.0006$$

$$x_1=0.75x_1^*=0.75\times\frac{0.03}{34.9}=0.000645\quad x_2=0$$

（清水）

由物料衡算得

$$L=G\frac{y_1-y_2}{x_1-x_2}$$

$$=\frac{0.02\times(0.03-0.0006)}{0.000645-0}=0.912\text{kmol}/(\text{m}^2\cdot\text{s})$$

然后计算填料层高度。

$$h_T=H_{OG}N_{OG}$$

$$H_{OG}=\frac{G}{K_Ga}=\frac{0.02}{0.056}=0.357\ (\text{m})$$

求传质单元数 N_{OG}。

a. 对数平均推动方法

$$N_{OG}=\frac{y_1-y_2}{\Delta y_m}$$

$$\Delta y_1=y_1-y_1^*=0.03-34.9\times0.000645=0.007489$$

$$\Delta y_2=y_2-y_2^*=0.0006-34.9\times0=0.0006$$

$$\Delta y_m=\frac{\Delta y_1-\Delta y_2}{\ln\frac{\Delta y_1}{\Delta y_2}}=\frac{0.007489-0.0006}{\ln\frac{0.007489}{0.0006}}=0.00273$$

$$N_{OG}=\frac{0.03-0.0006}{0.00273}=10.76$$

b. 吸收因子法

$$A=\frac{L}{mG}=\frac{0.912}{34.9\times0.02}=1.31$$

$$N_{OG}=\frac{1}{1-\frac{1}{1.31}}\ln\left[\left(1-\frac{1}{1.31}\right)\frac{0.03-34.9\times0}{0.0006-34.9\times0}+\frac{1}{1.31}\right]=10.7$$

c. 查关联图法

$$\frac{y_1-mx_2}{y_2-mx_2}=\frac{y_1}{y_2}=\frac{0.03}{0.0006}=50$$

$$\frac{1}{A}=\frac{1}{1.31}=0.76$$

查图17-17，得 $N_{OG}\approx10$。

计算 N_{OG} 的方法中，吸收因子法或对数平均推动力法准确，查关联图法虽快但误差较大，只能给出大致结果。

于是 $h_T=H_{OG}N_{OG}=0.357\times10.76=3.84\ (\text{m})$

② 当相平衡关系为曲线时，其斜率 m 为变数，相际总传质系数 K_Ga（或 K_La）沿填料高度也为变数。因此，填料层高度原则上应按普遍适用的基本公式计算。对于低浓度气体吸收则可简化为

$$h_T=\int_{y_2}^{y_1}\frac{G_M\text{d}y}{K_Ga(y-y^*)}\approx\frac{G_M}{K_Ga}\int_{y_2}^{y_1}\frac{\text{d}y}{y-y^*}$$

若 K_Ga 值沿填料层变化率不超过10%，则 G/K_Ga 的变化也不超过10%，计算时可取全塔某一平均值 $(G/K_Ga)_{av}$，视为常数计算。这样填料层高度计算又复归到 N_{OG} 值的计算。必要时应采用图解积分法。

(3) 传质单元高度的计算

由式(17-131)～式(17-134)及各类传质单元高度（H_G、H_L、H_{OG}、H_{OL}）的定义式，可见它们的计算实际上是相应的传质系数（k_G、k_L、K_G、K_L）或容积传质系数（k_Ga、k_La、K_Ga、K_La）的求取，但因影响传质系数的因素较多，故一般应以同类系统的实测数据为准，仅在估算中方可选用适当的经验公式计算，具体使用时可参阅文献[9～11]。

(4) 解吸塔填料层高度计算

将吸收液中溶质分离的过程为解吸（汽提或蒸出）过程，是吸收的逆过程。对解吸过程的要求由溶质回收率或溶剂再生质量规定。解吸传质过程的速率多由液膜阻力控制。将解吸过程的物料衡算式和传质速率式联解，即可得到以液相阻力为基准的解吸塔填料层高度普遍计算式。

$$h_T=H_L\int_{x_2}^{x_1}\frac{x_{BM}\text{d}x}{(1-x)(x_i-x)}=H_LN_L \quad (17\text{-}142)$$

$$h_T=H_{OL}\int_{x_2}^{x_1}\frac{x_{BM}^0\text{d}x}{(1-x)(x^0-x)}=H_{OL}N_{OL} \quad (17\text{-}143)$$

式中 x_{BM}——对数平均摩尔分数；

x_{BM}^0——平衡状态下的对数平均摩尔分数。

可以用Wiegand近似方法将对数平均摩尔分数 x_{BM} 和 x_{BM}^0 用算术平均值代替，从而得到

$$N_L=\frac{1}{2}\ln\frac{1-x_1}{1-x_2}+\int_{x_1}^{x_2}\frac{\text{d}x}{x-x_i} \quad (17\text{-}144)$$

$$N_{OL}=\frac{1}{2}\ln\frac{1-x_1}{1-x_2}+\int_{x_1}^{x_2}\frac{\text{d}x}{x-x^0} \quad (17\text{-}145)$$

式中第一项表示液相为有限浓度解吸时的校正项，第二项表示吸收液解吸所需的传质单元数。

对于稀溶液的解吸，操作线和平衡线均为直线，热效应可以忽略，故 m 值为常量，式(17-145)变为

$$N_{OL}=\frac{1}{1-A}\ln\left[(1-A)\frac{x_2-\frac{y_1}{m}}{x_1-\frac{y_1}{m}}+A\right] \quad (17\text{-}146)$$

式(17-146)与式(17-140)在函数结构上相同，因此如将图17-17的横坐标用 $\frac{x_2-y_1/m}{x_1-y_2/m}$ 代替，曲线参

变量用 $A=L_M/mG_M$ 代替，则可用来计算解吸时的 N_{OL} 值。

解吸过程的传质单元高度（H_L、H_{OL} 等）的计算方法则与吸收过程一致，在此不再赘述。

例 5　将碳酸丙烯酯吸收 CO_2 吸收液减压解吸到常压后所得的含摩尔分数为 $x_2=0.00894$ 的 CO_2、1000kmol/h 的稀溶液再送到填料塔中，以含摩尔分数为 0.005CO_2 的空气为汽提气，在常压下解吸。要求解吸后碳酸丙烯酯中含 CO_2 的摩尔分数$x_1 \leqslant 0.00283$。已知相平衡关系为 $y^*=106x$，取 $G_M/L_M=1.4(G_M/L_M)_{min}$，试求：

① 空气用量 G_M；

② 出塔载气中 CO_2 含量 y_2；

③ 填料层高度 h（可取 H_{OL} 为 0.8m）。

解　① $$\left(\frac{G_M}{L_M}\right)_{min}=\frac{x_2-x_1}{y_2^*-y_1}=\frac{0.00849-0.00283}{106\times0.00849-0.005}=0.00632$$

$$\frac{G_M}{L_M}=1.4\times0.00632=0.00885$$

即 $$\frac{L_M}{G_M}=113$$

$$G_M=0.00885\times1000=8.85(\text{kmol/h})$$

② $$y_2=\frac{L_M}{G_M}(x_2-x_1)+y_2=113\times(0.00849-0.00283)+0.005=0.645$$

③ $h=H_{OL}N_{OL}$

已知 $A=L_M/m\,G_M=113/106=1.066$，将数据代入式（17-146）得

$$N_{OL}=\frac{1}{1-1.066}\times\ln\left[(1-1.066)\times\frac{0.00849-\frac{0.005}{106}}{0.00283-\frac{0.005}{106}}+1.066\right]=2.183$$

所以　　$h_T=0.8\times2.183=1.75$（m）

4.3 板式塔吸收、解吸过程的计算

当吸收（或解吸）过程需在板式塔中进行时，则过程计算的主要任务转化为实现已定分离任务所需的汽液平衡级（或理论板）数的计算。

4.3.1 理论板数

(1) 图解法

如图 17-18 所示是一个有 3 个理论板的气体吸收塔的示意。在坐标图上，标出相平衡曲线和操作线。开始点（x_f，y_3）代表了进塔贫液的组成 x_f 和离开塔顶的气相组成 y_3，这些参数是由设计条件所确定的。从开始点（x_f，y_3）作水平线交于相平衡线，

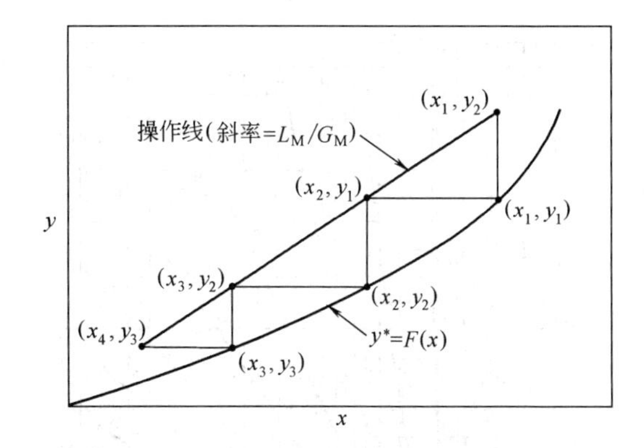

图 17-18　气体吸收塔理论板数图解法示意

交点（x_3，y_3）；过点（x_3，y_3）作垂直线与操作线交于点（x_3，y_2）；依此类推，经过 3 个理论级后得到点（x_1，y_f），代表了进塔富气的组成 y_f 和离开塔底的富液的组成 x_1。

(2) 低浓度气体吸收的解析法

当操作线和平衡线为直线，且热效应可以忽略时，由 Souders 和 Brown 公式［式（17-147）～式(17-149)］，可以算出理论板数 N。

当 $A\neq1$ 时

$$\frac{y_1-y_2}{y_1-y_2^0}=\frac{A^{N+1}-A}{A^{N+1}-1} \tag{17-147}$$

式中　N——理论板数；

y_1——进塔气体的溶质摩尔分数；

y_2——出塔气体的溶质摩尔分数；

y_2^0——与进塔贫液呈平衡时气相中溶质的摩尔分数，纯溶剂为 0，$y_2^0=mx_2$；

A——吸收因子，$A=L_M/mG_M$。

当 $A=1$ 时

$$\frac{y_1-y_2}{y_1-y_2^0}=\frac{N}{N+1} \tag{17-148}$$

上述算式利用与理论板数的函数关系计算出塔气体组成非常方便，但当理论板数未知时，则由 Colburm 给出的方程更为有用，即

$$N=\frac{\ln[(1-A^{-1})(y_1-y_2^0)(y_2-y_2^0)+A^{-1}]}{\ln A} \tag{17-149}$$

式（17-147）和式（17-149）的计算结果是一致的，因此可以根据需要交替使用。

比较式（17-147）和式（17-140）得

$$\frac{N_{OG}}{N}=\ln\frac{A}{1-A^{-1}} \tag{17-150}$$

式（17-150）揭示了板式塔中的理论板数 N 和填料塔中的传质单元数 N_{OG} 的紧密联系。

实际使用中，还可以式（17-149）为基础，以 $1/A$ 为参量，将 N 对 $\dfrac{y_1-mx_2}{y_2-mx_2}$ 关系标绘在半对数坐标纸上，得如图 17-19 所示的关联图，进行图表求解。

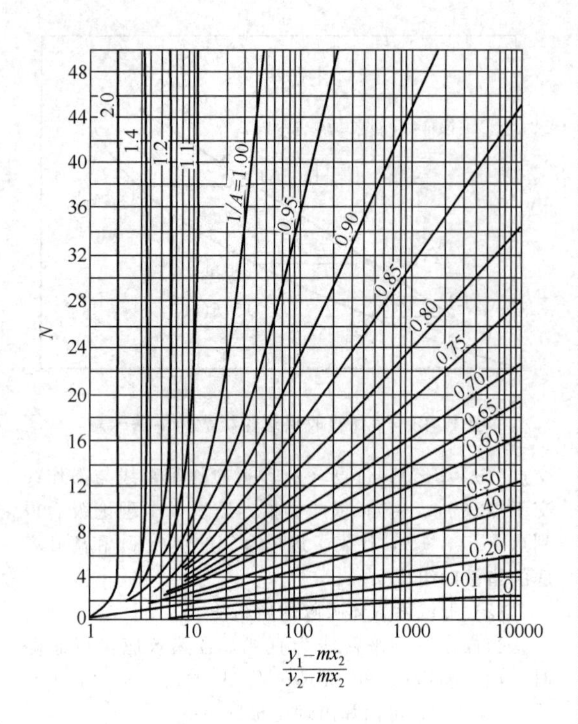

图 17-19 低浓度气体吸收 N 与 $\frac{y_1-mx_2}{y_2-mx_2}$ 关联图

(3) 高浓度气体吸收的解析法

若进塔原料气中溶质摩尔分数 $y_1>10\%$，则吸收因子（$A=L_M/mG_M$）值沿塔高是变化的，对此可按有效吸收因子法计算理论塔板数，其公式为

$$\frac{y_1-y_2}{y_1}=\left[1-\frac{(L_M x)_2}{A'(G_M y)_1}\right]\frac{A_e^{N+1}-A_e}{A_e^{N+1}-1} \tag{17-151}$$

$$A_e=\sqrt{A_1(A_2+1)+0.25}-0.5$$

$$A'=\frac{A_1(A_2+1)}{A_1+1}$$

式中 A_e，A'——两个有效吸收因子。

下标1、2分别表示塔底和塔顶。

这种近似算法已在用贫油吸收 C_5 和轻烃蒸气的吸收塔计算中使用，且获得较满意的结果。

(4) 解吸塔理论板数

当液相进料为稀溶液且操作线和平衡线为直线时，汽提塔的操作方程与式（17-147）和式(17-149)类似。

$$\frac{x_2-x_1}{x_2-x_1^0}=\frac{S^{N+1}-S}{S^{N+1}-1} \tag{17-152}$$

$$N=\frac{\ln[(1-A)(x_2-x_1^0)(x_1-x_1^0)+A]}{\ln S} \tag{17-153}$$

式中，$x_1^0=\frac{y_1}{m}$；$S=\frac{mG_M}{L_M}=A^{-1}$，$S$ 称为解吸因子。

若待解吸的吸收液浓度较大，则解吸因子 S 将沿塔高发生变化，对此可用有效解吸因子法计算所需理论塔板数，即

$$\frac{x_2-x_1}{x_2}=\left[1-\frac{(G_M y)_1}{S'(L_M x)_2}\right]\frac{S_e^{N+1}-S_e}{S_e^{N+1}-1} \tag{17-154}$$

$$S_e=\sqrt{S_2(S_1+1)+0.25}-0.5$$

$$S'=\frac{S_2(S_1+1)}{S_2+1}$$

下标1、2分别表示塔底和塔顶。

本小节所用的公式中，无论对逆流吸收或逆流解吸，下标1、2都分别表示设备的底部和顶部。

4.3.2 板效率

在计算理论板数时，假设每块板上的液体混合完全，并且离开塔板的气相与板上的液相平衡。在实际操作中由于传质速率的限制，这种平衡不可能在一块板上达到。这就引出了总板效率的定义。

$$E=\frac{N_{理论}}{N_{实际}}$$

传质理论表明，对于一个给定的塔板类型，流体的物性和与塔板尺寸无关的比值 mG_M/L_M 对总板效率 E 的影响最大。例如由气膜控制的传质系统的 E 有可能达到 50%～100%，而难溶气体（m 值大）溶解于黏度相对较高的溶剂中时，其总板效率只有 1% 。

通常估算吸收、解吸塔总板效率有三种方法：实际测定；经验关联式计算；理论推算。其中，最好的方法是采用类似过程及设备的实际数据，或用真实物料在实际塔或中试塔内所得的实测数据，缺乏上述条件时方可使用经验关联式计算或理论推算法，详情可参阅“蒸馏部分”。

例6 求例4中所给吸收过程需要的理论塔板数。

解 已知 $y_1=0.03$，$y_2=0.006$，$x_1=0.000645$，$x_2=0$（清水）。

$L/G=0.912/0.02=45.6$；$m=34.9$；$A=L_M/mG_M=1.31$。

将已知数代入式（17-149）得

$$N=\frac{1}{\ln 1.306}\times\ln\left(1-\frac{1}{1.31}\times\frac{0.03-0}{0.0006-0}+\frac{1}{1.31}\right)$$
$$=9.45$$

根据 $\frac{1}{A}=\frac{1}{1.31}=0.763$，

$$\frac{y_1-mx_2}{y_2-mx_2}=\frac{y_1}{y_2}=\frac{0.03}{0.006}=50$$

查图17-19得，$N\approx 9.2$。

4.4　变温吸收过程

前述的吸收过程均为过程的始、末（或塔的底、顶）温度变化不大（或基本不变），简称等温吸收操作；但工程实际中不乏温度变化明显的情况，简称变温吸收操作，本小节将介绍其设计要点。

4.4.1　吸收热效应

吸收热效应是指在吸收传质的同时产生热量和气液两相间的热量传递，从而导致吸收溶液由塔顶至塔底明显升温的现象。它发生于液相中，因此直接影响气液相平衡关系，导致气体溶解度降低，推动力减小；同时又使溶质扩散系数增大，液相黏度减小，故而能提高液相的传质系数。

一些系统的热效应是不能忽略的。例如氨溶于水、用浓硫酸吸收水汽、HCl 溶于水、SO_3 溶于 H_2SO_4，另外就是丙酮溶于水，该过程的热效应不是很明显，但却不能忽略。

导致吸收液温度变化的因素：溶质的溶解热（包括冷凝热、混合热）和反应热；溶剂的气化热或冷凝热；气、液两相间交换的显热；吸收液与外部环境的换热（如内置和外置换热器，通过塔壁向外界散失的热量等）。

4.4.2　热效应影响的处理方法

① 增加外置或内置换热器来移走热量，使其成为拟等温过程。

② 将过程假定为等温过程，再以经验数据对计算结果进行校正。

③ 采用经典的绝热模型，假定溶液的热量仅表现在液相的显热，溶质的气化热可以忽略。

④ 采用半理论的简捷方法。

⑤ 采用严格的变温过程计算法。

对于上述设计计算的具体程序本小节不详细介绍，实际应用时可参考王松汉编著的《石油化工设计手册》第 1297 页。

4.4.3　操作变量的影响

当考虑到热效应的影响时，操作变量对板式塔性能的影响如下。

① 操作压力　提高压力会相应增加分离效率。

② 新鲜溶剂的温度　在一个吸收塔内，当热效应主要来自溶液的显热或溶剂的蒸发热时，进料溶剂的温度对吸收程度或内部温度曲线的影响非常小。此时，液相的温度曲线只受到内部热效应的影响。

③ 富气的温度和湿度　较高的进料气湿度限制了气相吸收潜热的能力，对吸收不利，因此对于有较大热效应的气体吸收塔应考虑进料气在进塔前进行冷却和脱湿。

④ 液气比　液气比对吸收塔的温度曲线的发展有明显影响。

当液气比增加时，操作线离开平衡线，每块板上有更多的溶质被吸收，相应地每块板上也放出更多热量，板温将会升高，导致平衡线有向上的改变，出现一种附加效应。

当液气比降低时，气相中溶质的浓度在吸收塔的上部增大，温度最高点也上移。液相吸收溶质的能力随着液气比的降低而逐级下降。

⑤ 板数　当热效应在塔内产生延伸区时，在该区域内几乎没有吸收过程发生（如夹点区），这时在塔内增加板数对分离效率没有什么益处。解决的方法是增加溶剂流量、合理地采用冷却器、对进料气体进行冷却和脱湿以及提高塔的操作压力。

4.4.4　设备结构上的考虑

① 对板式吸收塔，可在塔板上设置冷却元件，采用冷却介质的循环冷却，及时带出板上的吸收热量而维持基本稳定的、较低的吸收温度。

② 对填料吸收塔，可在每段填料层之间设置内部或外部的冷却装置，以维持合适的吸收温度。

③ 采用多管并联的湿壁式吸收塔，其结构类似于竖直的列管换热器，其管程为湿壁式吸收塔，所产生的吸收热由壳程内的冷却介质及时移出。工业上用水吸收 HCl 的吸收过程多采用这种设备。

④ 对于热效应很大的吸收过程，安装一套混合气的冷却和减湿器也是值得考虑的措施。

4.5　多组分吸收

进料（混合）气中有几个组分同时被吸收的操作称为多组分吸收。工业上常见的是以液态烃（混合物）吸收气态烃（混合物）的操作，一般均在板式塔中进行。例如以煤焦油吸收焦炉气中的芳烃等。该系统的设计思路是：按工艺与经济要求，保证其中某一组分的回收率达到一定指标，从而确定液气比和理论板数，再据此计算其他组分的相应回收率和出塔气体及液体组成，因此针对各组分的平衡线、操作线、液气比和理论板数（或传质单元数）的求取方法与前面所介绍的内容基本一致，在此不再赘述，仅阐述其中的不同部分。

对于低浓度多组分气体的吸收，可以认为每个组分是被独立吸收的。其理论板数的求法一般采用梯级图解法（图 17-18）和 Kremser-Brown 计算法，必要时也可采用逐板计算法。

对于高浓度多组分气体的吸收，则要考虑气体和液体在塔内流率的改变以及吸收过程产生的热效应，在这种情况下若想得到精确的结果则必须采用逐板试差的算法。具体应用可参考原化工部化学工程设计技术中心站编著的《化工单元操作设计手册》第 2 章。

4.5.1　低浓度气体吸收的图解法

任一组分的物料平衡如下。

$$L_M^S(X-X_2)=G_M^0(Y-Y_2)$$

或
$$L_M^S(X_1-X)=G_M^0(Y_1-Y)$$

式中 L_M^S——单位时间内溶剂的物质的量；

G_M^0——单位时间被处理的进料气的物质的量；

X——进料液中每摩尔纯溶剂中单种溶质的物质的量；

Y——每摩尔进料气中单种溶质的物质的量。

下标1、2分别代表塔底和塔顶。

当进料气为贫气，即含有大量溶剂时，每个组分的平衡线方程如下。

$$Y^0=K'X$$

$$K'=\frac{K\left(\dfrac{G_M}{G_M^0}\right)}{\dfrac{L_M}{L_M^S}}$$

$$K=\frac{y^0}{X}$$

当系统浓度足够低时，$K'\approx K$。

液气比 L_M^S/G_M^0 应以进料气中溶解度最小的组分为基础来选择，该组分应要求被完全吸收。每个组分都有其操作线，斜率同为 L_M^S/G_M^0，即所有不同组分的操作线都是相互平行的。

如图17-20所示为贫气中戊烷及更重组分被完全吸收的图解法示意。本例中假设溶剂为纯溶剂（即 $X_2=0$），关键组分为丁烷，其平衡线几乎平行于操作线（即丁烷的 K 值基本上等于 L_M^S/G_M^0）。

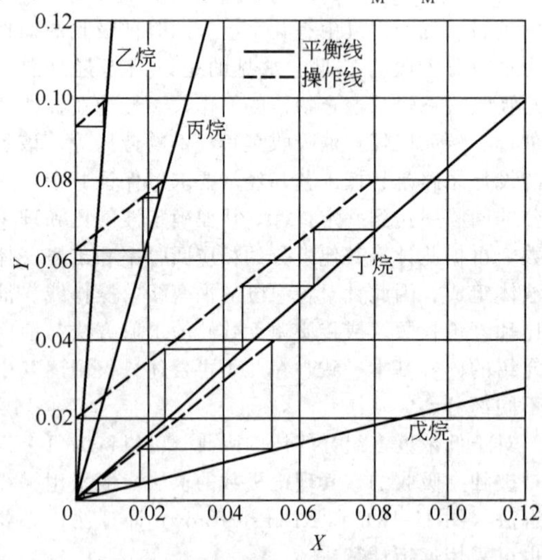

图17-20 贫气中戊烷及更重组分被完全吸收的图解法示意

4.5.2 低浓度气体吸收的Kremser-Brown法

Kremser方程如下。

$$\frac{Y_1-Y_2}{Y_1-mX_2}=\frac{(A^0)^{N+1}-A^0}{(A^0)^{N+1}-1} \tag{17-155}$$

式（17-155）的左边表示进料气混合物中任一组分的吸收效率。如果溶剂中不含溶质（$X_2=0$），左边等于进料气中组分的吸收比例。当理论板数 N、液体流率 L_M^S 和气体流率 G_M^0 固定时，每个组分的吸收比例可以直接计算，操作线不需要试差计算。

根据式（17-155），当 A^0 小于1且 N 很大时

$$\frac{Y_1-Y_2}{Y_1-mX_2}\approx A^0 \tag{17-156}$$

当关键组分的 A^0 与易挥发组分的 A^0 之比大于或等于3时，可用式（17-156）估计易挥发组分的吸收比例。

当 A^0 远大于1且 N 较大时，式（17-155）的右边等于1，这就意味着离开塔顶的气相将与进入的溶剂相平衡，因此最不易挥发的组分可以假设与塔顶的贫油相平衡。

当 A^0 等于1时，式（17-155）变为

$$\frac{Y_1-Y_2}{Y_1-mX_2}=\frac{N}{N+1} \tag{17-157}$$

对于那些塔内每个组分的 A^0 不一致的系统，Edmister方程引入了有效吸收因子 A_e^0。

$$A_e^0=\sqrt{A_1^0(A_2^0+1)+0.25}-0.5$$

该方程仅适用于塔内不存在夹点，并且吸收因子沿塔作规律性的变化。

4.6 化学吸收

目前，多数工业化的气体吸收过程都是液相发生化学吸收的系统，与物理吸收系统相比较，这些反应通常加快吸收速率，增加液体溶液溶解溶质的能力。

对于化学反应速率极慢或气液相间达到化学平衡的系统，物理吸收的设计方法仍是适用的。

当液相反应速率很快且不可逆，则吸收速率在某种程度上完全由气相阻力所控制。如图17-21所示为快速、二级不可逆反应系统气/液相溶质浓度示意，反应式为 $A+vB\longrightarrow$ 产品。

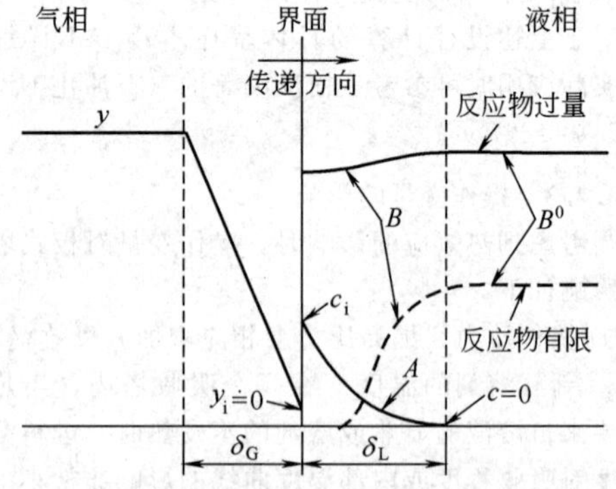

图17-21 快速、二级不可逆反应气/液相溶质浓度示意

当液相化学反应速率极慢时，气相阻力可以忽略，可以假定吸收速率主要由反应速率控制。如图17-22所示为慢反应系统气/液相溶质浓度示意，并且系统Hatta数 $N_{Ha}=\sqrt{k_1D_A}/k_L^0\leqslant 0.3$，其中 k_1 为一级反应的速率常数，D_A 为溶质在溶剂中的液相分散系数，k_L^0 为纯物理吸收时的液相传质系数。

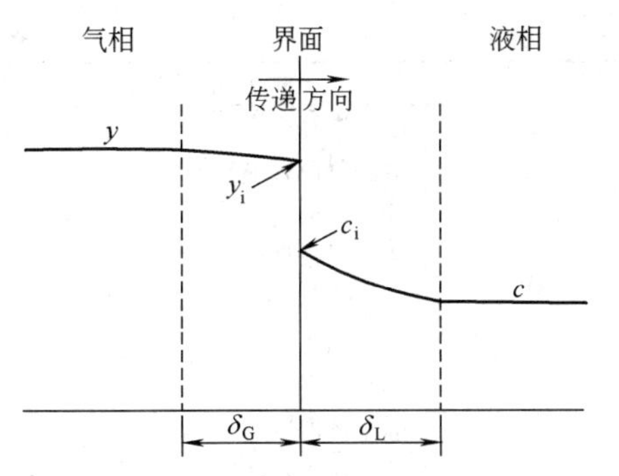

图 17-22　慢反应系统气/液相溶质浓度示意

有关化学吸收的具体设计方法详见《化工单元操作设计手册》第二章 2、4 节所述，也可参阅本手册气-液相反应部分。

参考文献

[1] Perry J H. Chemical Engineers' Handbook. 7th ed. New York: McGraw-Hill Company，1999.

[2] Astarita G. Mass Transfer with Chemical Reaction. New York: Elsevier，1967.

[3] Astarita G. Savage D W，Bisio A. Gas Treating with Chemical Wolvent. New York：Wiley，1983.

[4] Billet R. Distillation Engineering. New York：Chemical Publishing Co.，1979.

[5] Treybal R E. Mass Transfer Operation. New York：McGraw-Hill，1980.

[6] Sherwood T K，Pigford R L，Wilke. C. R. Mass Transfer. New York：McGraw-Hill，1975.

[7] Kister H. Z. Distillation Design. New York：McGraw-Hill，1992.

[8] 王松汉. 石油化工设计手册：第 3 卷. 北京：化学工业出版社，2002.

[9] 化学工程手册编委员. 化学工程手册：第 3 卷. 北京：化学工业出版社，1989.

[10] 吉林化学工业公司设计院. 化工工艺算图. 北京：化学工业出版社，1993.

[11] [苏] 拉默 BM 著. 化学工业中的吸收操作. 张震旦译. 北京：高等教育出版社，1951.

[12] 陈洪钫主编. 基本有机化工分离工程. 北京：化学工业出版社，1981.

5　塔设备设计

塔设备设计中除了要计算理论板数或传质单元数外，还需核算塔板或填料层流体力学条件以确定结构尺寸。工业上通常选用的塔型主要为填料塔和板式塔中的筛板塔与浮阀塔三种。板式塔和填料塔的比较及选用分别见表 17-15、表 17-16。

表 17-15　板式塔和填料塔的比较

项　　目	板　式　塔	填料塔(分散填料)	填料塔(规整填料)
压力降	一般比填料塔大	较小，较适于要求压力降小的场合	更小
空塔气速因子 $F=u\sqrt{r_g}$(生产能力)	比散堆填料塔大	稍小，但新型分散填料也可比板式塔高些	较前两者大
塔效率	效率较稳定，大塔板比小塔板效率有所提高	塔径 ϕ1500mm 以下效率高，塔径增大，效率常会下降	较前两者高，对大直径塔无放大效应
液气比	适应范围较大	对液体喷淋量有一定要求	范围较大
持液量	较大	较小	较小
材质要求	一般用金属材料制作	可用非金属耐腐蚀材料	适应各类材料
安装维修	较容易	较困难	适中
造价	直径大时一般比填料塔造价低	ϕ800mm 以下，一般比板式塔便宜，直径增大，造价显著增加	较板式塔高
质量	较轻	重	适中

表 17-16　塔型选用顺序

<table>
<tr><th>考虑因素</th><th colspan="2">选择顺序</th><th>考虑因素</th><th>选择顺序</th></tr>
<tr><td rowspan="2">塔径</td><td colspan="2">800mm 以下，填料塔</td><td rowspan="3">操作弹性</td><td rowspan="3">①填料塔
②浮阀塔
③泡罩塔
④筛板塔</td></tr>
<tr><td>800mm 以上</td><td>①板式塔
②填料塔</td></tr>
<tr><td>具有腐蚀性的物料</td><td colspan="2">①填料塔
②穿流板式塔
③筛板塔
④喷射板型塔</td></tr>
</table>

续表

考虑因素	选择顺序	考虑因素	选择顺序
真空或压降较低的操作	①穿流式栅板塔 ②填料塔 ③浮阀塔 ④筛板塔 ⑤圆形泡罩塔 ⑥其他斜喷板塔(斜孔板塔等)	大液气比	①导向筛板塔 ②多降液管筛板塔 ③填料塔 ④喷射板型塔 ⑤S形泡罩塔 ⑥浮阀塔 ⑦筛板塔 ⑧条形泡罩塔
污浊液体	①大孔径筛板塔 ②穿流板式塔 ③喷射板型塔 ④浮阀塔	存在两液相的场合	①穿流板式塔 ②填料塔

5.1 填料塔设计

5.1.1 填料类型和特性参数

(1) 颗粒（散装）填料

① 拉西环（Raschig ring） 拉西环如图 17-23 所示，目前已淘汰。

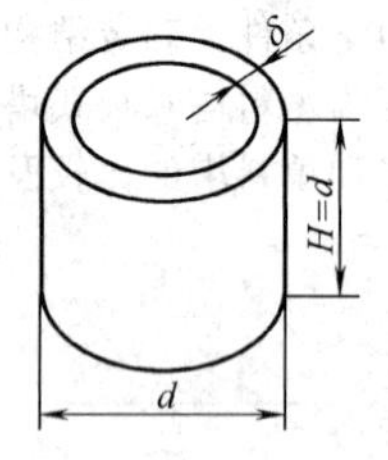

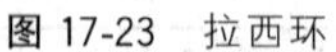
图 17-23 拉西环

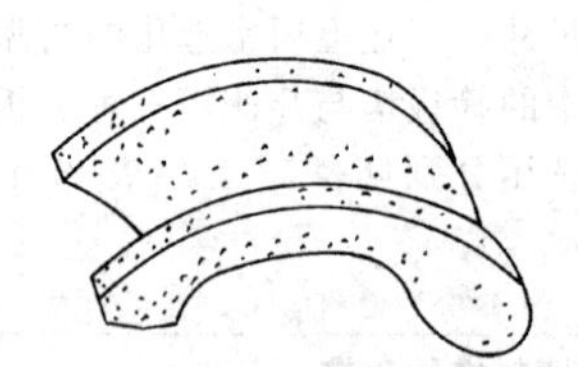
图 17-24 矩鞍填料

② 矩鞍填料（Intalox saddle） 矩鞍填料属于乱堆敞开式填料，如图 17-24 所示，其特性参数见表 17-17～表 17-19。

③ 鲍尔环（Pall ring） 鲍尔环是在拉西环的壁面上开一层或两层长方形小窗，其外形如图 17-25 所示，特性参数见表 17-20 和表 17-21。

(a) 钢环

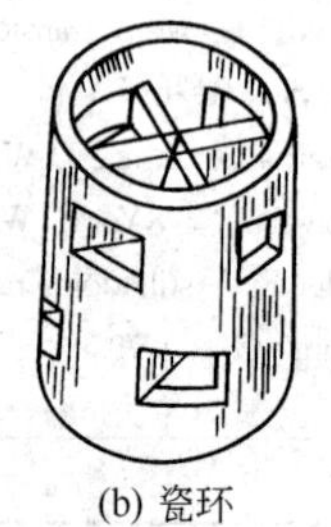
(b) 瓷环

图 17-25 鲍尔环

表 17-17 国内矩鞍填料特性参数[6]

材料	公称尺寸 d/mm	外径×高×厚 /mm	比表面积 a /(m^2/m^3)	空隙率 ε /(m^3/m^3)	个数 n /(个/m^3)	堆积密度 γ_D /(kg/m^3)	干填料因子(a/ε^3) /m^{-1}	湿填料因子 ϕ /m^{-1}
陶瓷[6]	16	25×12×2.2	378	0.71	270000	686	1055	1000
	25	40×20×3.0	200	0.772	58230	544	433	300
	38	60×30×4	131	0.804	19680	502	252	270
	50	80×42×6	105.4	0.71	8243	470	212.9	
		75×45×5	103	0.782	8710	538	216	122
	76	119×53×9	76.3	0.752	2400	537.7	179.4	
塑料[6]	16	24×12×0.69	461	0.806	365099	167	879	1000
	25	38×19×1.05	283	0.847	97680	133	473	320
	76		200	0.885	3700	104.4	289	96
金属	25			0.967	168425	—	—	134.5
	25(铝)	25×20×0.6	185	0.96	101160	119	209.1	
	40			0.973	50140	—	—	82.02
	38	38×30×0.8	112	0.96	24680	365	126.6	
	50			0.978	14685	—	—	52.5
	50	50×40×1.0	74.9	0.96	10400	291	84.7	
	70			0.981	4625	—	—	42.6
	76	76×60×1.2	57.6	0.97	3320	244.7	63.1	

注：下行为环矩鞍的数据。

表 17-18　国外瓷矩鞍填料特性参数[6]

公称尺寸 d/mm	厚度 δ /mm	比表面积 a /(m^2/m^3)	空隙率 ε /(m^3/m^3)	个数 n /(个/m^3)	堆积密度 γ_D /(kg/m^3)	湿填料因子 ϕ /m^{-1}
6	—	993	0.75	4170000	677	2400
13	1.8	630	0.78	735000	548	870
20	2.5	338	0.77	231000	563	480
25	3.3	258	0.775	84600	548	320
38	5	197	0.81	25200	483	170
50	7	120	0.79	9400	532	130
76	—	92	0.80	1870	592	72

表 17-19　塑料矩鞍填料的填料因子[9]

公称尺寸/mm	填料因子 ϕ/m^{-1}	公称尺寸/mm	填料因子 ϕ/m^{-1}
25	110	76	53
50	69		

表 17-20　国内鲍尔环特性参数

材料	外径 d/mm	高×厚 /mm	比表面积 a /(m^2/m^3)	空隙率 ε /($m^3\cdot m^3$)	个数 n /(个/m^3)	堆积密度 γ_D /(kg/m^3)	干填料因子(a/ε^3) /m^{-1}	湿填料因子 ϕ /m^{-1}	文献
金属	16	16×0.8	239	0.928	143000	216	299	400	[1～3]
	25	25×0.6	219	0.934	55900	427	269		
	38	38×0.8	129	0.945	13000	365	153	130	[6]
	50	50×1	112.3	0.949	6500	395	131	140	
塑料	16	16.0×1.1	183	0.911	112000	141	249	423	[10]
		16.7×1.1	188	0.911	111840	141	249	423	
	25	24.2×1	194	0.87	53500	101	294	320	[6]
		25×1.2	175	0.901	429000	150	239	—	
	38	38.5×1	155	0.89	15800	98	220	200	
		38×1.4	115	0.89	15800	98	220	—	
	50	48×1.8	106.4	0.90	7000	87.5	146	120	[10]
		50×1.5①	112	0.901	6500	74.8	154		
	76	76×2.6	73.2	0.92	1927	70.9	94	62	

① 填料内筋为井字形。

表 17-21　国外鲍尔环特性参数

材料	外径 d/mm	高×厚 /mm	比表面积 a /(m^2/m^3)	空隙率 ε /(m^3/m^3)	个数 n /(个/m^3)	堆积密度 γ_D /(kg/m^3)	干填料因子(a/ε^3) /m^{-1}	湿填料因子 ϕ /m^{-1}
金属	16	16×0.4	364	0.94	235000	467	438	230
	25	25×0.6	209	0.94	51100	480	252	160
	38	38×0.8	130	0.95	13400	379	152	92
	50	50×0.9	103	0.95	6200	355	120	66
塑料	16	—	364	0.88	235000	72.6	534	320
	25	—	209	0.90	51100	72.6	287	170
	38	—	130	0.91	13400	67.7	173	105
	50	—	103	0.91	6380	67.7	137	82

④ 金属环矩鞍（Intalox metal tower packing，IMTP） 1977 年由美国诺顿（Norton）公司开发成功，它结合了鲍尔环的孔隙大和矩鞍填料流体均布性好的优点，是目前应用最广的一种散装填料，可用金属、陶瓷做成。金属环矩鞍如图 17-26 所示，其特性参数见表 17-22。

⑤ 纳特（Nulter）环　开发于 20 世纪 80 年代初，也是环和鞍组合成的填料，如图 17-27 所示，其

特性参数见表17-23。

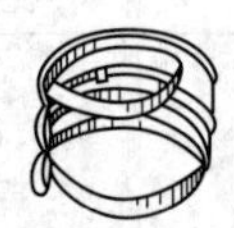

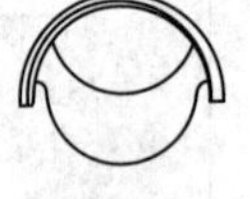

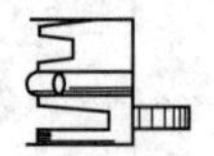

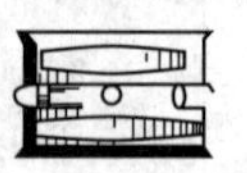

图 17-26 金属环矩鞍　　图 17-27 纳特环

⑥ 阶梯环（cascade winiring） 阶梯环开发于20世纪70年代初，如图17-28所示，其特性参数见表17-24、表17-25。

(2) 规整填料

目前常用的规整填料为波纹填料，其基本类型有丝网形和孔板形两大类，均是20世纪60年代以后发展起来的新型规整填料，主要是由平行丝网波纹片或（开孔）板波纹片平行（波纹）、垂直排列组装而成（图17-29、图17-30），盘高40～300mm，具有下列特点。

表 17-22 金属环矩鞍特性参数

公称尺寸 d/mm	比表面积 a/(m^2/m^3)	空隙率 ε/(m^3/m^3)	堆积重度 γ_D/(kg/m^3)	填料因子 ϕ/m^{-1}	参考文献
25	—	0.967	—	135	[60～62]
40	128.7	0.973	—	79	
50	—	0.978	—	59	
70	—	—	—	39	

表 17-23 金属纳特环特性参数

牌号	比表面积 a/(m^2/m^3)	空隙率 ε/(m^3/m^3)	堆积重度 γ_D/(kg/m^3)	填料因子 ϕ/m^{-1}	参考文献
#1	169	0.977	170	98	[60～62]
#1.5	122	0.978	175	79	
#2	96.5	0.978	174	59	

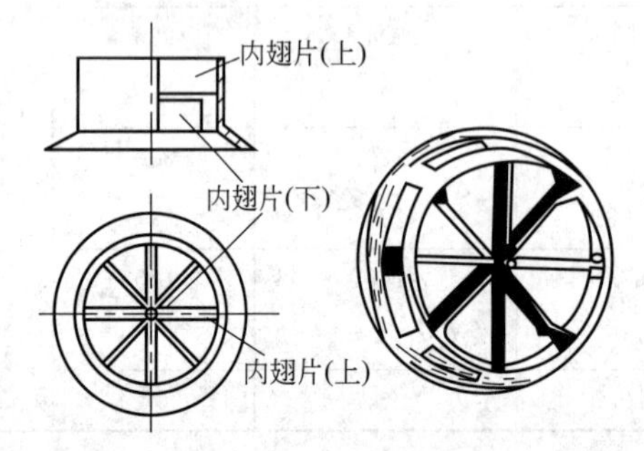

图 17-28 阶梯环

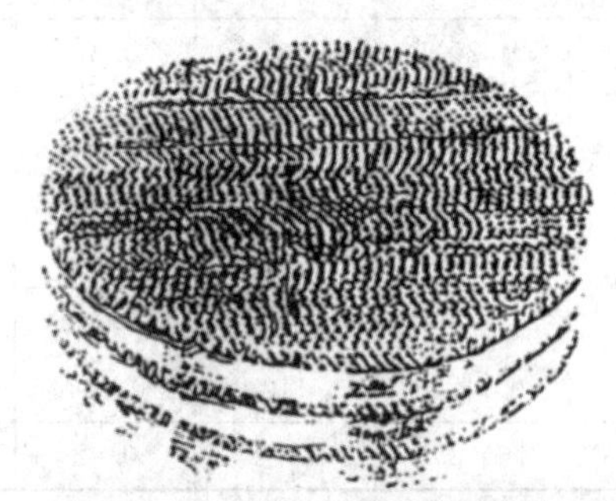

图 17-29 网（或板）波纹填料

表 17-24 国内阶梯环特性参数

材料	外径 d/mm	外径×高×厚 /mm	个数 n /(个/m^3)	比表面积 a/(m^2/m^3)	空隙率 ε/(m^3/m^3)	堆积密度 γ_D/(kg/m^3)	干填料因子(a/ε^3) /m^{-1}	湿填料因子 ϕ/m^{-1}
塑料	16	16×8.9×1.1	299136	376	0.85		602.6	
	25	25×12.5×1.4	81500	228	0.90	97.8	312.8	240
	38	38×19×1	27200	132.5	0.91	57.5	175.8	130
	50	50×30×1.5	9980	121.8	0.915	76.8	159	80
		50×25×1.5	10740	114.2	0.927	54.8	143.1	
	76	76×37×3	3420	89.95	0.929	68.4	112.3	72
金属	25	25×12.5×0.6	97160	220	0.93	439	273.5	
	38	38×19×0.8	28900	140	0.958	425	159	161
		38×19×0.8	31890	154.3	0.94	475.5	185.8	
	50	50×25×1	12500	114	0.949	377	133	137
		50×28×1	11600	109.2	0.95	400	127.4	

表 17-25　国外阶梯环特性参数[11]

材料	型号	厚度 δ/mm	比表面积 a/(m²/m³)	空隙率 ε/(m³/m³)	湿填料因子 ϕ/m⁻¹	堆积密度 γ_D/(kg/m³)	最小喷淋密度/[kg/(m²·h)] 蒸馏	最小喷淋密度/[kg/(m²·h)] 吸收
塑料	1	—	197	0.92	98	64	5000	5000
	2	—	118	0.93	49	56	4000	4000
	3	—	79	0.95	26	43	3000	3000
金属	0	0.4	427	0.92	197	640	2000	3700
	1	0.55	230	0.95	111	433	1800	3500
	2	0.7	164	0.95	72	400	1500	3000
	3	0.9	105	0.96	46	353	1100	2400
	4	1.25	79	0.96	33	336	1000	2200
陶瓷	2	—	98	0.73	125	769	450	1800
	3	—	79	0.78	79	640	400	1500
	5	—	59	0.81	59	561	350	1400
	5A	—	66	0.75	39	721	—	—

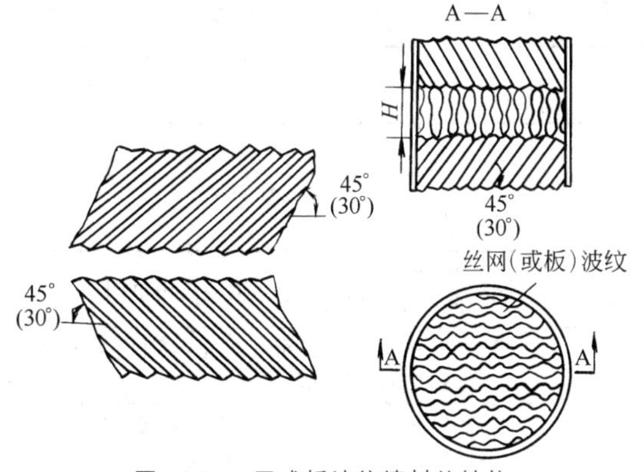

图 17-30　网或板波纹填料的结构

① 填料由丝网或（开孔）板组成，材料细（或薄），空隙率大，加之排列规整，因而气流通过能力大，压降小。能适用于高真空及精密精馏塔器。

② 由于丝网或（开孔）板波纹的材料细（或薄），比表面积大，又能从选材（或加工）上确保液体能在网体或板面上形成稳定薄液层，使填料表面润湿率提高，避免沟流现象，从而提高传质效率。

③ 气液两相在填料中不断呈 Z 形曲线运动（图 17-31）、流体分布良好、充分混合、无积液死角，因而放大效应很小。适用于大直径塔设备。

近年来波纹填料发展较快，有逐步取代其他填料及部分板式塔的倾向，但造价、安装要求较高，因而受到某种程度的制约。波纹填料的几何特征参数见表 17-26，各种波纹填料的性能和应用范围见表 17-27。

5.1.2　流体力学计算

(1) 泛点

① 泛点速度的计算有许多方法[4,5,12~41]，但对一般乱堆填料和少量规整填料可采用以下两种方法。

a. Bain-Hougen 关联式[14]

$$\lg\left(\frac{u_F^2}{g}\times\frac{\alpha}{\varepsilon^3}\times\frac{\gamma_g}{\gamma_L}\mu_L^{0.2}\right)=A-1.75\left(\frac{L}{G}\right)^{\frac{1}{4}}\left(\frac{\gamma_g}{\gamma_L}\right)^{\frac{1}{8}} \tag{17-158}$$

式中　u_F——泛点空塔气速，m/s；

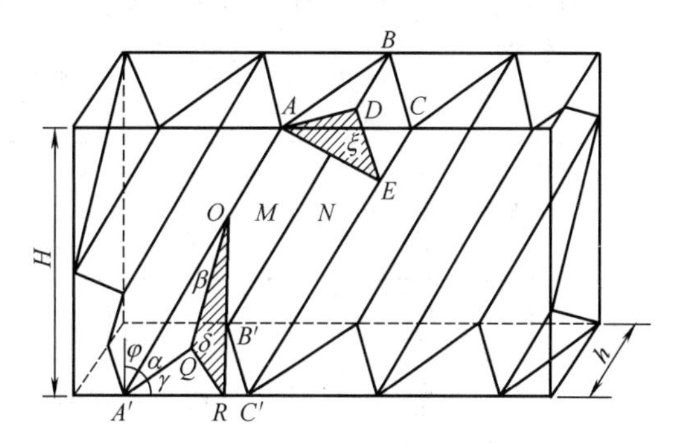

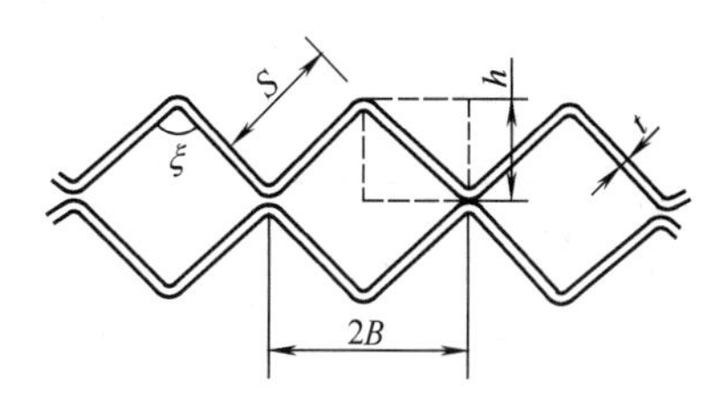

图 17-31　波纹片示意与几何尺寸

$\alpha=\dfrac{2S}{hB}(1-\sigma)$ m²/m³；$\varepsilon=1-\dfrac{at}{2}$ m³/m³

g——重力加速度，m/s²；

α/ε^3——干填料因子，m⁻¹；

γ_g，γ_L——气相、液相密度，kg/m³；

μ_L——液相黏度，cP，1cP=10⁻³ Pa·s；

L，G——液相、气相流量，kg/h；

A——常数，见表 17-28；

ε——填料空隙率，m³/m³。

b. Eckert 法[9]　利用 Eckert 通用关联图（图 17-32）可同时确定泛点速度及填料层压降。按气液负荷计算横坐标 $\dfrac{L}{G}\left(\dfrac{\gamma_g}{\gamma_L}\right)^{1/2}$，由此值和图中的泛点线，就可以得到纵坐标 $\dfrac{u_F^2\phi\psi}{g}\times\dfrac{\gamma_g}{\gamma_L}\mu_L^{0.2}$ 的值，然后求得 u_F 的值。

用上述两种方法计算得到的泛点速度的偏差均在 10%～20%以内，基本上都可以满足工程设计的要求。

表 17-26　波纹填料的几何特征参数

名　称		类　型	材　料	比表面积 $a/(m^2/m^3)$	水力直径 d_H/mm	倾角 $\varphi/(°)$	空隙率 $\varepsilon/\%$	密度 $/(kg/m^3)$
丝网波纹填料	金属丝网	AX	不锈钢	250	15	30	95	125
		BX	不锈钢	500	7.5	30	90	250
		CY	不锈钢	700	5	45	85	350
		CX,EX						
	塑料丝网	BX	聚丙烯/聚丙烯腈	450	7.5	30	85	120
板波纹填料	金属薄板 Mellapak	125Y/125X	不锈钢、碳钢、铝等	125		45/30	98.5	100①
		250Y/250X		250	15	45/30	97	200①
		350Y/350X		350		45/30	95	280①
		500Y/500X		500		45/30	93	400①
	塑料薄板 Mellapak	125Y	聚丙烯、聚偏氟乙烯	125		45	98.5	37.5
		250Y		250	15	45	97	75
	陶瓷薄片	Karapak BX	陶瓷	450	6	30	75	550
		Melladur		250②		45		

① 不锈钢片厚 0.2mm。

② 结构类似 Mellapak 250Y。

表 17-27　各种波纹填料的性能和应用范围

填料类型	气体负荷 F /[(m/s)·(kg/m³)$^{0.5}$]	每块理论板压降 /Pa(mmHg)	每米填料理论板数	滞留量 /%	操作压力 /Pa(mbar)	填料适用范围
AX	2.5～3.5	约 40(约 0.3)	2.5	2①	10^2～10^5 (1～1000)	要求处理量与理论板不多的蒸馏
BX	2～2.4	40(0.3)	5	4	10^2～10^5 (1～1000)	热敏性、难分离物系的真空精馏，含有机物废气处理
CY	1.3～2.4	67(0.5)	10	6	5×10^3～10^5 (50～1000)	同位素分离，要求大量理论板的有机物蒸馏，限制高度的塔
塑料丝网波纹填料 BX	2～2.4	约 60 (约 0.45)	约 5	8～15	10^2～10^5 (1～1000)	低温(<80℃)下，吸收、脱除强臭味物质，回收溶剂
Mellapak 250Y	2.25～3.5	100(0.75)	2.5	3～5	>10^4 (>100)	中等真空度以上压力及有污染的有机物蒸馏，常压和高压吸收(解吸)，改造填料塔及部分板式塔，重水最终分离装置，用作静态混合单元
Kerapak	1.7～2.0	53～107 (0.4～0.8)	4～5	8～15	10^2～5×10^5 (1～5000)	高温或有腐蚀性介质的蒸馏与吸收，热交换器、除雾器、催化剂载体等

① 推测值。

表 17-28　各类填料的 A 值

填　料	A 值	填　料	A 值
金属鲍尔环	0.10	金属阶梯环	0.106
塑料鲍尔环	0.0942	塑料阶梯环	0.204
金属矩鞍	0.06225	瓷阶梯环	0.2943
瓷矩鞍	0.176	瓷拉西环	(蒸馏用) −0.134 (−0.125)
塑料矩鞍	0.244	瓷拉西环	(吸收用)0.022
700 丝网波纹	0.30	弧鞍	0.26
250 金属孔板波纹	0.291		

② 波纹填料的持液量小，故泛点不明显，一般可用制造厂提供的气相动能因子-压降（F-ΔP）曲线（图 17-34）中的第二折点对应的气速作为液泛点，必要时也可用式（17-159）和式（17-160）计算。

板波纹填料的泛点，可采用 Diehl-Koppany 关联式[58]计算。

$$u_F = 1.9\varepsilon\frac{d_e^{0.4}\sigma_l^{0.1}}{\gamma_g^{0.5}}\left(\frac{G}{L}\right)^{0.25} \tag{17-159}$$

丝网波纹填料的泛点，可按式（17-160）计算。

$$u_F = u_{eF}\sqrt{\frac{1.2}{\gamma_g}} \tag{17-160}$$

式中　σ_l ——液相的表面张力，dyn/cm，1dyn＝10^{-5}N，下同；

d_e ——填料通道的当量直径，m；

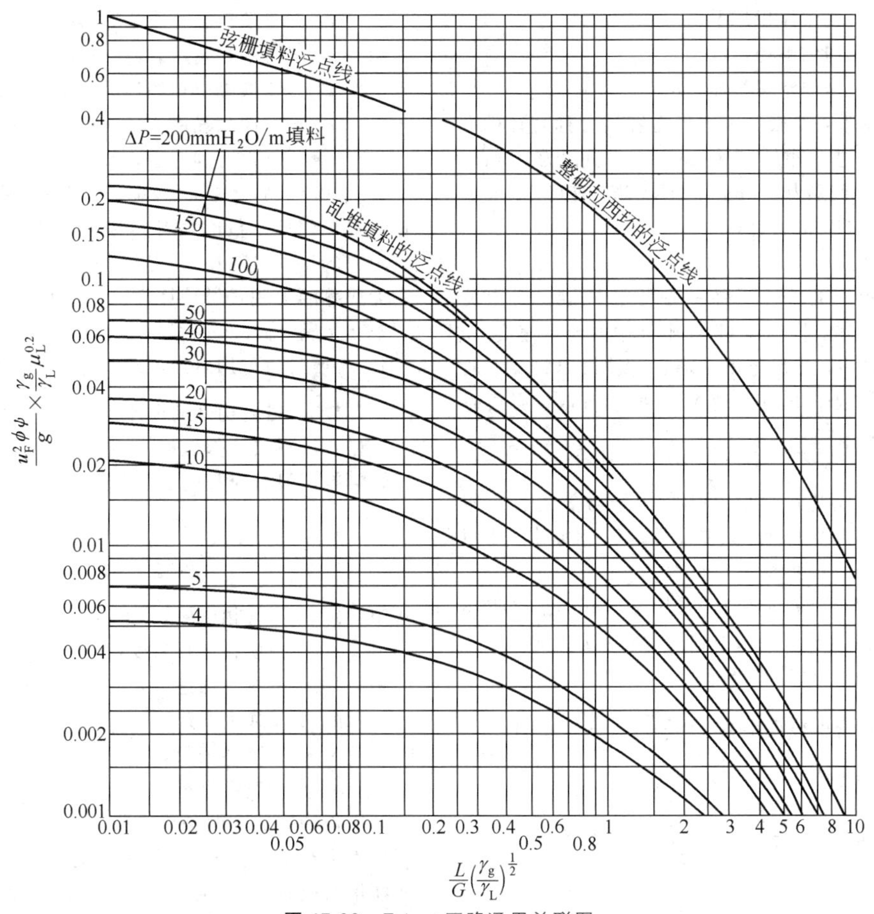

图 17-32　Eckert 压降通用关联图

L—液相流量，kg/h；γ_g，γ_L—气相、液相密度，kg/m³；g—重力加速度，9.81m/s²；ϕ—填料因子，m⁻¹；G—气相流量，kg/h；u_F—液泛空塔气速，m/s；μ_L—液相黏度，cP；ψ—液相密度校正系数，即水的密度与液相密度之比（$\psi=\gamma_W/\gamma_1$）

u_{eF}——丝网波纹填料在泛点时的当量空气速度，BX 型丝网波纹填料，$u_{eF}=2.9$m/s，CY 型丝网波纹填料，$u_{eF}=2.2$m/s。

式中其他符号含义同上。

例 7　已知塔内液相负荷 $L=4\text{m}^3/\text{h}$，气相负荷 $G=900\text{m}^3/\text{h}$，气相密度 $\gamma_g=1.3\text{kg/m}^3$，液相密度 $\gamma_L=850\text{kg/m}^3$，液相黏度 $\mu_L=0.8$cP。选用 ϕ25mm 塑料鲍尔环，计算泛点气速 u_F。

解

a. Bain-Hougen 法

由表 17-28 查得 $A=0.0942$，再由表 17-20 查得 $a/\varepsilon^3=294\text{m}^{-1}$（$\phi=320\text{m}^{-1}$），代入式（17-158）。

$$\lg\left(\frac{294\times1.3u_F^2}{9.81\times850}\times0.8^{0.2}\right)=0.0942-1.75\left(\frac{4}{900}\right)^{\frac{1}{4}}\left(\frac{1.3}{850}\right)^{\frac{1}{8}}$$

得　　$u_F=1.686$ m/s

b. Eckert 图法

先计算横坐标

$$\frac{4\times850}{1.3\times900}\times\left(\frac{1.3}{850}\right)^{\frac{1}{2}}=0.114$$

查图 17-32 得

$$\frac{320\times1.18u_F^2}{9.81}\times\frac{1.3}{850}\times0.8^{0.2}=0.14$$

式中，$1.18=\frac{1000}{850}$。

得 $u_F=1.577$m/s

由两种方法算出的泛点速度比较接近，误差为 7%，在工程应用上基本一致。

(2) 操作空塔气速、塔径

一般填料塔的操作空塔气速要低于泛点气速，对于一般不易发泡物系，则空塔气速取泛点气速的 60%～80%（波纹填料塔一般取 75%）；对于易起泡的碱液等系统，空塔气速可取泛点气速的 45%或更低些。确定空塔气速后，则可按式（17-161）初估塔径。

$$D'=\sqrt{\frac{V_S}{0.785u}}\tag{17-161}$$

式中 V_S ——气体体积流量，m^3/s；

D' ——初估塔径，m；

u ——操作空塔气速，m/s。

初估塔径后需要根据国内压力容器公称直径标准(JB 1153—73) 进行圆整。直径1m以下，间隔为100mm；直径1m以上，间隔为200mm。实际空塔气速可按圆整后的塔径，用式 (17-161) 计算。

(3) 压降

乱堆填料层的单位压降一般可用 Eckert 通用关联图（图 17-32）计算，即将纵坐标中的泛点速度 u_F 换成空塔气速 u，然后查得压降。对波纹填料，一般由其气相动能因子-压降（F-ΔP）曲线查取，必要时也可用经验公式 $\frac{\Delta P}{Z}=A(u_g\sqrt{g_G})^B$ 计算，式中 A、B 常数一般由制造厂提供，其他代号与前述公式相同。对于各种新型填料，只要在计算纵坐标时，使用相应的填料因子即可。

例 8 已知条件同例 7，采用 ϕ25mm 瓷拉西环（乱堆），填料因子 $\phi=450m^{-1}$，塔径 $D=800mm$，填料层高为 5m，试计算压降。

解 液相密度校正系数 $\psi=\frac{\gamma_W}{\gamma_L}=\frac{1000}{850}=1.18$。

操作空塔速度

$$u=\frac{900}{3600\times0.785\times0.8^2}=0.5\ (m/s)$$

横坐标

$$\frac{4\times850}{900\times1.3}\times\left(\frac{1.3}{900}\right)^{\frac{1}{2}}=0.114$$

纵坐标

$$\frac{0.5^2\times450\times1.18}{9.81}\times\frac{1.3}{850}\times0.8^2=0.0198$$

由图 17-32 查得单位压降 $\Delta P/Z=14.5mmH_2O/m$ 填料（$1mmH_2O=9.81Pa$，下同），则填料层总压降为

$$\Delta P=14.5\times5=72.5\ (mmH_2O)$$

(4) 持液量

持液量的计算方法较多[4,30~32]，但大部分都是对拉西环填料的测试数据进行关联的公式。在此介绍 Leva[4] 及大竹、冈田[32] 的关联式。

① Leva 关联式

$$H_t=0.143\left(\frac{L}{d_e}\right)^{0.6} \tag{17-162}$$

式中 H_t ——总持液量，m^3 液体/m^3 填料；

L ——液相流率，$m^3/(m^2\cdot h)$；

d_e ——填料当量直径，m。

② 大竹、冈田关联式

$$H_0=1.295\left(\frac{du_L\rho_L}{\mu_L}\right)^{0.676}\left(\frac{d^3g\rho_L^2}{\mu_L^2}\right)^{-0.44} \tag{17-163}$$

式中 H_0 ——动持液量，m^3 液体/m^3 填料；

d ——填料公称直径，m；

ρ_L ——液相密度，kg/m^3；

u_L ——液相空塔线速度，m/s；

μ_L ——液相黏度，Pa·s；

g ——重力加速度，$9.81m/s^2$。

式 (17-164)、式 (17-165) 的计算误差均为 20%。

对拉西环及鞍形填料的持液量可查图 17-33。波纹填料的持液量较小，一般为填料容积的 5%，目前尚无成熟的关联式供计算，设计中可在有关波纹填料的气相负荷-持液量曲线图中查找（图 17-34、图 17-35）。必要时也可用专用经验式计算[59]。

5.1.3 塔内构件的设计

(1) 填料层顶部压板

填料层设置压板的必要条件为

$$\frac{\gamma_g}{2g}u_m^2>\frac{\frac{\gamma_D}{N}}{d_P^2} \tag{17-164}$$

式中 γ_g ——气相密度，kg/m^3；

γ_D ——填料堆积密度，kg/m^3；

g ——重力加速度，$g=9.81m/s^2$；

u_m ——最大气速，m/s；

N ——填料个数，个/m^3；

d_P ——填料直径，m。

压板的安装有两种形式，一种为固定式压板，即压板固定在塔壁板上；另一种为浮动式压板，即压板放在填料层顶端。前一种结构适用于金属或塑料填料，后一种结构适用于陶瓷及石墨填料。

压板的设计必须考虑到有足够的开孔面积，一般要尽可能接近填料的空隙率 ε。另外压板的开孔或栅条的缝隙必须小于填料的外径，一般要小于填料直径的 (0.6～0.8) 倍。对于浮动压板自身质量有一定要求，可按式 (17-165) 计算。

$$G_H>\frac{\gamma_g}{2g}\left(\frac{u_m}{\varepsilon R_H}\right)^2 \tag{17-165}$$

式中 G_H ——压板静压力，kg/m^2；

ε ——填料的孔隙率；

u_m ——最大气速，m/s；

R_H ——压板的开孔率。

其他符号同式 (17-164)。

(2) 支承板

支承板要能承担板上的填料重力和填料的持液量，其开孔面积要求接近于填料的空隙率，必要时要等于 100% 的塔截面，如图 17-36 所示。

支承板的结构形式很多，常用的有升气管型。升气管可以是圆筒形、圆锥形或将板冲制成瓦楞形（图 17-36)。在这种结构下，气相可通过升气管上升，液相则通过小孔流下。支承板也可采用栅板，在直径较大的塔中还可在栅板上放置一层十字隔板的填料，上面再堆放拉西环。栅板、栅条缝宽应取 (0.6～0.8) 倍填料外径。

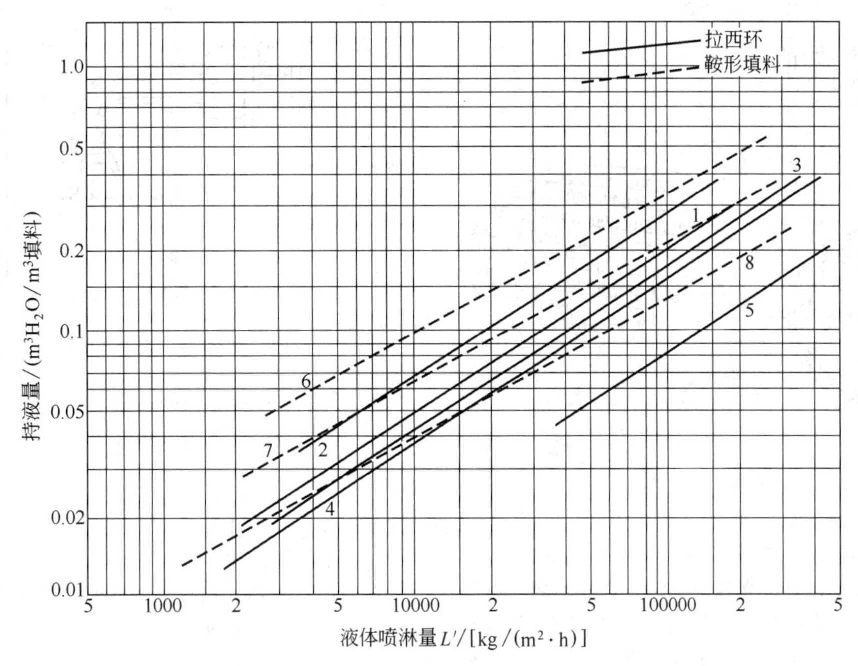

图 17-33　拉西环与鞍形填料持液量

1—ϕ9.5mm 瓷拉西环；2—ϕ13mm 瓷拉西环；3—ϕ16mm 瓷拉西环；4—ϕ25mm 瓷拉西环；5—ϕ50mm 金属拉西环；6—6mm 鞍形填料；7—13mm 鞍形填料；8—1in 鞍形填料（1in=2.54cm，下同）

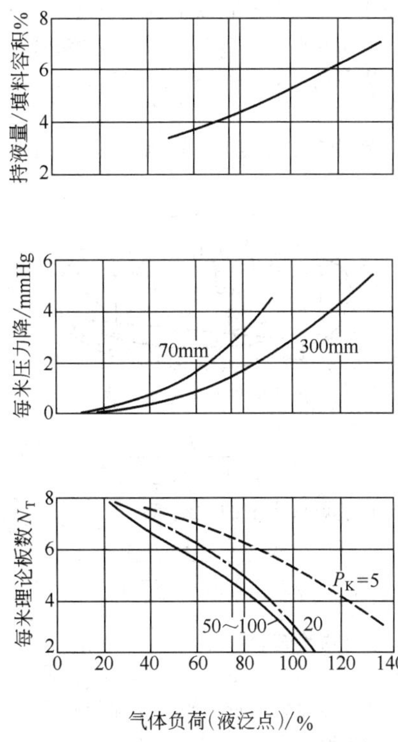

图 17-34　BX（700Y）型丝网波纹填料分离能力、压降及持液量

1mmHg=133.322Pa，下同

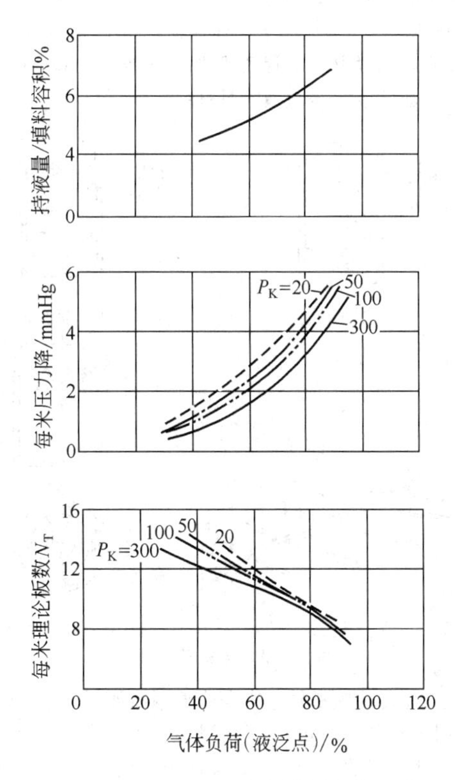

图 17-35　CY（700Y）型丝网波纹填料分离能力、压降及持液量

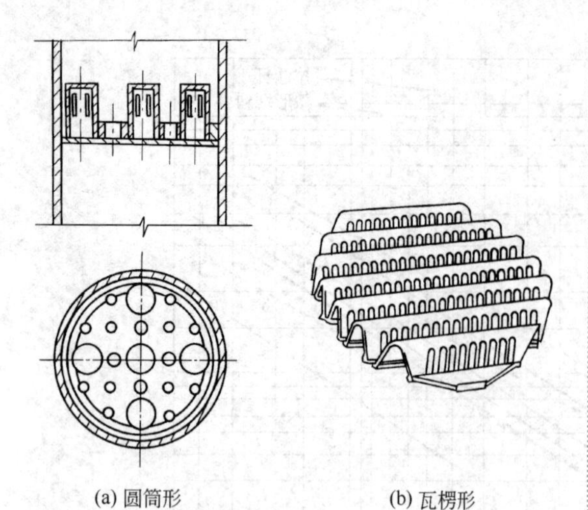

(a) 圆筒形　　(b) 瓦楞形

图 17-36　支承板

(3) 液体分布器

填料塔设计中一般需考虑每平方米塔板上有30个以上的喷淋点，对于高真空的塔，使用填料尺寸又比较大的情况，则每平方米塔板按45个以上的喷淋点考虑，对于精密型填料，则要求更多。喷淋装置的结构形式很多，现介绍几种工业上常用的形式。

① 管式喷淋器　其结构形式比较简单（图17-37）。其中图17-37（a）、(b) 两种结构一般只用于小塔（$D_T \leqslant$ 300mm)，液体直接向下流出，为了避免水力冲击瓷环，最好在流出口下面加一块圆片挡板；图17-37（c）、（d）两种结构用于大塔，在管底部钻2～4排 ϕ3～6mm小孔，孔的总截面积大致与进液管面积相等。

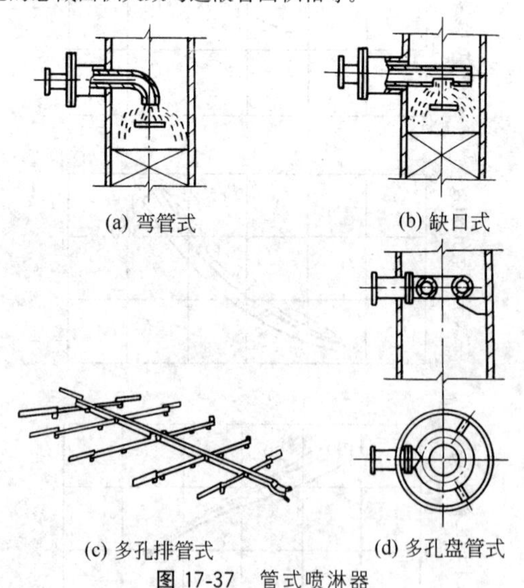

(a) 弯管式　　(b) 缺口式

(c) 多孔排管式　　(d) 多孔盘管式

图 17-37　管式喷淋器

② 莲蓬式喷洒器　莲蓬式喷洒器如图17-38所示。一般用于直径600mm以下的塔。常用的参数：莲蓬头直径 d 为塔径的1/5～1/3；球面半径为（0.5～1.0)d；喷洒角 $\alpha \leqslant 80°$；喷洒外圈距塔壁 x=70～100mm；莲蓬高度 y=(0.5～1.0)D；小孔直径 d_0=3～10mm；孔数 n 可由式（17-166）计算。

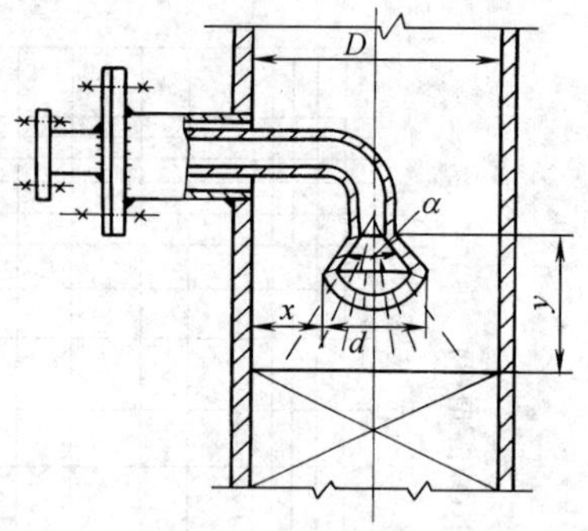

图 17-38　莲蓬式喷洒器

$$n=\frac{L}{\phi(0.785d_0^2)\sqrt{2\left[\frac{(p_2-p_1)10^6}{\gamma_L}\right]}} \tag{17-166}$$

式中　L——液相流量，m^3/s；

ϕ——流量系数，ϕ=0.6～0.8，对于开孔率小的场合，ϕ 可取0.6，开孔率大则可取0.8；

d_0——孔径，m；

p_2，p_1——液相入塔前压力及塔内压力，一般情况下，p_2-p_1=0.01～0.10 MPa；

γ_L——液相密度，kg/m^3。

③ 盘式分布器[12,26]　盘式分布器如图17-39所示，适用于直径800mm以上的塔。盘上开有 ϕ3～10mm的小孔或直径不小于15mm的溢流管，分布盘的直径为塔径的（0.6～0.8）倍。盘上筛孔数可按式（17-166）计算，但式中的（p_2-p_1）$\times 10^6/\gamma_L$ 项应改为 H（盘中液面高度，单位为m)，H 可取塔径的1/7～1/6，即

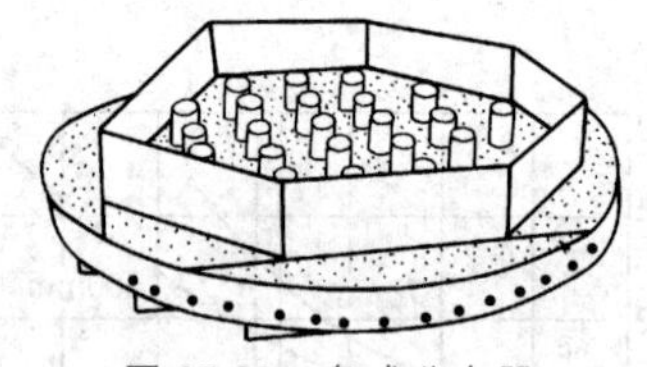

图 17-39　盘式分布器

$$n=\frac{L}{0.785d_0^2\sqrt{2gH}} \tag{17-167}$$

盘上有带矩形齿槽的溢流管时

$$nb=\frac{L}{\frac{2}{3}\phi H'\sqrt{2gH}} \tag{17-168}$$

式中　n——齿槽数；

b——齿槽宽，m；

H'——溢流管齿槽上液体溢流层高度，m；

ϕ——流量系数，可取0.6。

④ 槽式分布器　对于大塔径的分布器可采用板式或槽式分布器[25]，如图17-40所示。槽中液层高度及开孔数也可按式（17-167）计算。

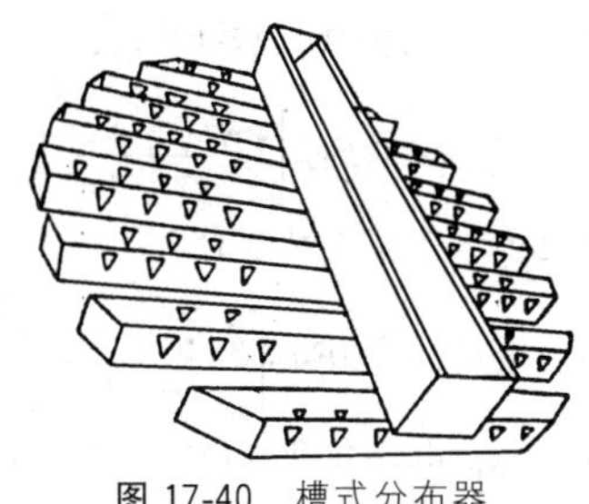

图 17-40　槽式分布器

5.2　板式塔设计

板式塔是工业上用得最多的一种塔型，其板型大致可分为两类：有降液管塔板，如筛板、浮阀、泡罩塔板、导向筛板、导向浮阀、多降液管塔板等；无降液管塔板，如穿流筛板、波纹穿流塔板等。下面介绍前者典型形式的设计计算。无降液管塔板适用范围有限，本小节不作推荐与介绍。

5.2.1　塔径估算

(1) Smith 法

在初估塔径前先要假设塔板间距 H_T 及板上清液层高度 h_L，然后按图 17-41 或式 (17-169) 求出 C_{20}，代入有关方程式即可初估塔径。最后再将初估的塔径 D' 及假设的塔板间距等用塔板上的流体力学参数进行核算。

为了在计算机上运算方便，将图 17-41 曲线回归成方程式[31]，即

$$C_{20}=\exp[-4.531+1.6562H+5.5496H^2-6.4695H^3+(-0.474675+0.079H-1.39H^2+1.3212H^3)\ln L_V+(-0.07291+0.088307H-0.49123H^2+0.43196H^3)(\ln L_V)^2] \tag{17-169}$$

$$H=H_T-h_L \tag{17-170}$$

$$L_V=\frac{L}{V}\left(\frac{\gamma_L}{\gamma_g}\right)^{\frac{1}{2}} \tag{17-171}$$

式中　H_T——塔板间距，m；

h_L——板上清液层高度，$h_L=h_W+h_{OW}$，m；

L，V——液相及气相负荷，m^3/h；

γ_L，γ_g——液相及气相密度，kg/m^3。

由图 17-41 得到的 C_{20} 值是表面张力为 20dyn/cm❶ 时的经验系数，当系统表面张力为 σ 时，需按式 (17-172) 进行修正。

$$\frac{C_{20}}{C}=\left(\frac{20}{\sigma}\right)^{0.2} \tag{17-172}$$

塔板允许有效空塔气相速度（以塔截面扣除降液管面积计算的速度）可按式 (17-173) 计算。

$$u_{g(max)}=C\sqrt{\frac{\gamma_L-\gamma_g}{\gamma_g}} \tag{17-173}$$

表观空塔气相速度（按全塔截面计）

$$u'=(0.6\sim0.8)u_{g(max)}$$

初估塔径

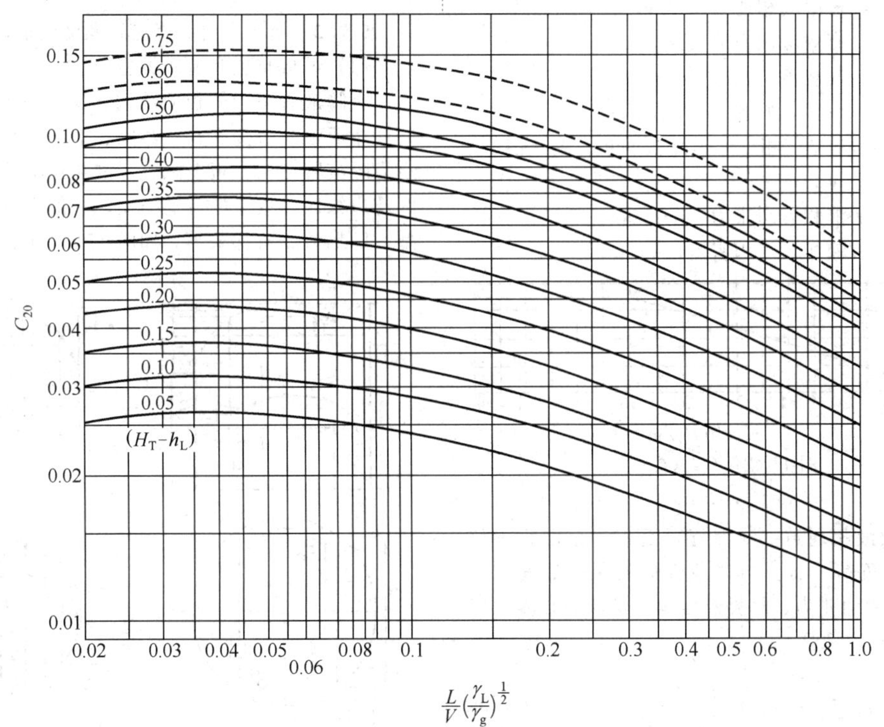

图 17-41　Smith 法初估塔径

❶ $1dyn/cm=1\times10^{-3}N/m$。

$$D'=\sqrt{\frac{V_s}{0.785u'}} \tag{17-174}$$

式中 $u_{g(max)}$——允许空塔气相速度，m/s；

u'——表观空塔气相速度，m/s；

V_s——气相负荷，m^3/s；

C——经验系数；

γ_L，γ_g——液相、气相密度，kg/m^3。

按照式（17-174）初估的塔径要加以圆整，当塔径小于1m时，间隔按0.1m进行圆整；塔径大于1m时，间隔按0.2m进行圆整。在初估塔径时，预先拟定塔板间距H_T，一般当$D'<1.5m$时，H_T取0.2～0.4m；当$D'>1.5m$时，H_T取0.4～0.6m。

(2) 有效截面积法

该法的基本出发点是分别估算有效气相通道及液相通道的面积，这两部分面积之和为塔截面积，按此塔截面积初估的塔径，也需要通过流体力学计算校核。

① 有效气相（通道）截面积 该面积取决于有效塔截面气相速度u_g（按塔截面减去降液管面积计算的气相速度），可按式（17-175）～式（17-177）计算。

$$u_{Ag}=\left[\frac{\sigma(\gamma_L-\gamma_g)}{\gamma_L^2}\right]^{\frac{1}{4}} \tag{17-175}$$

$$u_{g(max)}=F_{SF}u_{Ag} \tag{17-176}$$

$$A_{G(min)}=\frac{V_s}{u_{g(max)}} \tag{17-177}$$

式中 u_{Ag}——极限气相速度，m/s；

u_g——有效塔截面的气速，m/s；

V_s——气相负荷，m^3/s；

F_{SF}——系数，如图17-42所示；

A_G——有效气相（通道）截面积，$A_G=A_T-A_f$，m^2；

σ——液相表面张力，dyn/cm；

γ_L，γ_g——液相、气相密度，kg/m^3。

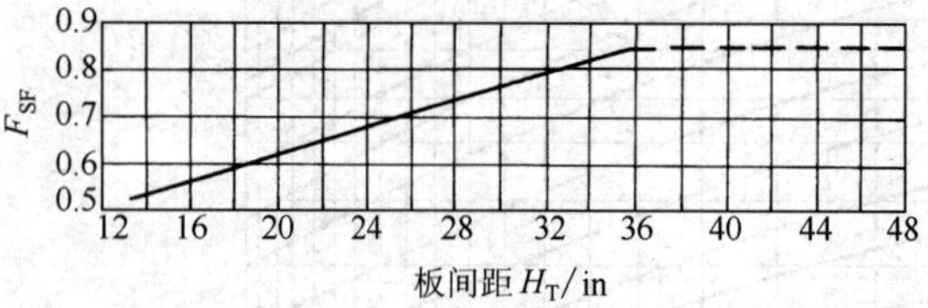

图17-42 F_{SF}系数

1in=0.0254m

② 有效液相通道（降液管）面积 该面积不仅取决于液体负荷，而且与气液性质有关，如气液密度、液体的表面张力、临界黏度等。液体的临界黏度按式（17-178）计算。

$$\mu_{cL}=0.0155\sigma^{\frac{3}{4}}\left(\frac{\gamma_L^2}{\gamma_L-\gamma_g}\right)^{\frac{1}{4}} \tag{17-178}$$

式中 μ_{cL}——液体的临界黏度，cP；

σ——液体表面张力，dyn/cm。

当液体的黏度μ_L小于临界黏度时，降液管内液体允许速度$u_{L(max)}$可按式（17-179）计算。

$$u_{L(max)}=450F_{SF}\left[\frac{\sigma(\gamma_L-\gamma_g)}{\gamma_L^2}\right]^{\frac{1}{4}} \tag{17-179}$$

当液体黏度大于临界黏度时

$$u_{L(max)}=195.9F_{SF}\left[\frac{\sigma(\gamma_L-\gamma_g)}{\mu_L\gamma_L^2}\right]^{\frac{1}{5}} \tag{17-180}$$

式中 $u_{L(max)}$——液体允许（最大）速度，m/s；

σ——液体表面张力，dyn/cm。

当$u_{g(max)}>0.412m/s$时，在计算u_{Lmax}时应删去F_{SF}。

降液管面积A_f为

$$A_{fmin}=\frac{L_s}{u_{Lmax}} \tag{17-181}$$

式中 L_s——液体负荷，m^3/s；

A_f——降液管截面积，m^2。

③ 塔径 最小塔截面积为塔板有效截面积与降液管面积之和。

$$A_{T(min)}=A_{f(min)}+A_{G(min)} \tag{17-182}$$

$$D_{(min)}=\sqrt{\frac{A_{T(min)}}{0.785}} \tag{17-183}$$

式中 $A_{T(min)}$——最小塔截面积，m^2；

$D_{(min)}$——最小塔径，m。

其他符号见式（17-177）、式（17-181）。

按此法计算塔径也要进行圆整。

5.2.2 塔板布置、降液管及溢流堰设计

(1) 塔板布置和流动类型

有降液管塔板的板面结构如图17-43所示，板上的气相通道一般为筛孔、浮阀、泡罩等结构，液相通道为降液管结构，板上除气、液相通道外，还有安定区及边缘区。板上的流动类型，一般有单流型、双流型、U形流、阶梯式等，如图17-44所示。流动类型

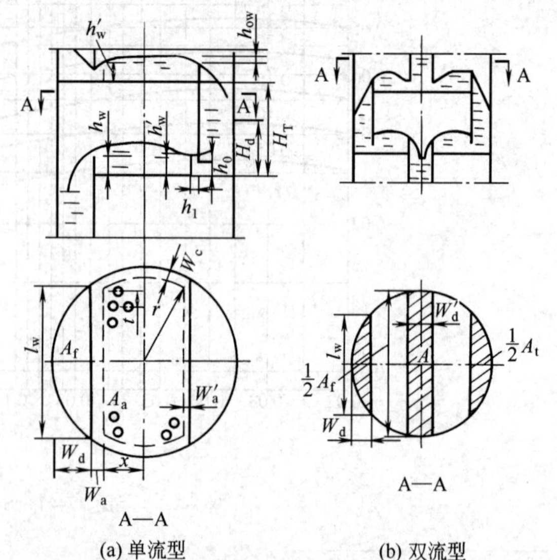

(a) 单流型 (b) 双流型

图17-43 有降液管塔板的板面结构

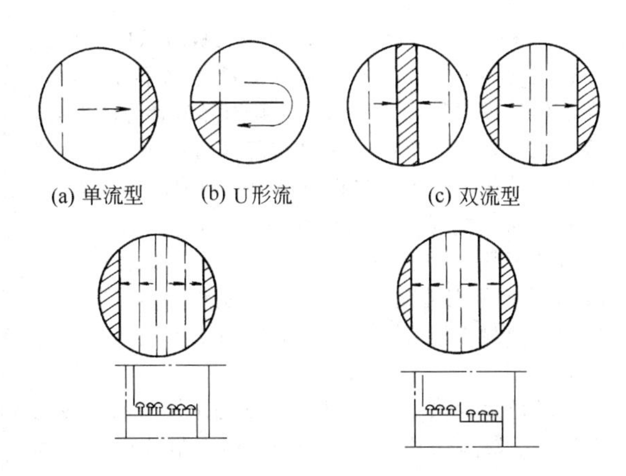

图 17-44 塔板流形

的选择根据塔径及流体流量而定，其关系见表 17-29。

表 17-29 液体负荷与板上流型的关系

塔径/mm	液体流量/(m^3/h)			
	U 形流	单流型	双流型	阶梯式
1000	7 以下	45 以下		
1400	9 以下	70 以下		
2000	11 以下	90 以下	90～160	
3000	11 以下	110 以下	110～200	200～300
4000	11 以下	110 以下	110～230	230～350
5000	11 以下	110 以下	110～250	250～400
6000	11 以下	110 以下	110～250	250～450

(2) 降液管设计

① 降液管形式　降液管的一般形式如图 17-45 所示。其中图 17-45 (a) 所示为弓形降液管，堰与壁之间的全部截面区域均作为降液容积，适用于较大直径的塔，这种降液管塔板面积利用率较高。图 17-45 (b) 所示为在弓形堰外另装圆管作为降液管，适用于液量较小的情况。图 17-45 (c) 所示为将稍小一些的弓形降液管固定在塔板上，适用于直径较小的塔。图 17-45 (d) 所示为倾斜式弓形降液管，这种形式有利于塔截面的充分利用，适用于大直径的塔及气液负荷较大的情况。

② 降液管内液体停留时间

$$\tau=\frac{A_f H_T}{L_s} \tag{17-184}$$

式中　τ——液体在降液管内的停留时间，s；

A_f——降液管面积，m^2；

H_T——塔板间距，m；

L_s——液体负荷，m^2/s。

一般在设计中对于低发泡系统及中等发泡系统，停留时间可取 3～4s；对于较高发泡系统及严重发泡系统，停留时间可取 5～7s。各类物系发泡程度见表 17-30。

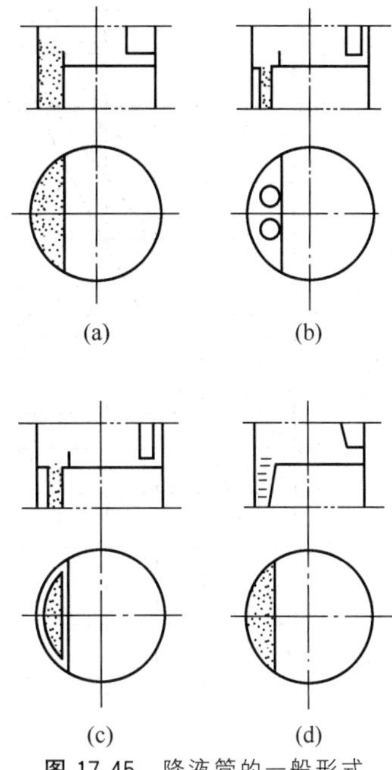

图 17-45 降液管的一般形式

表 17-30 各类物系发泡程度

发泡程度	系　统
低发泡系统	轻碳氢化合物、石脑油、煤油等
中等发泡系统	吸收塔、脱吸塔、原油分离塔及轻碳氢化合物中的重组分
高发泡系统	无机油的吸收
严重发泡系统	甘油、乙二醇、酮、碱、胺类及氨的吸收与脱吸

降液管底部与下一层塔板之间的间隙 h_0 应至少比外堰 h_2 小 6mm，液体通过此间隙流速一般不大于降液管内的线速度，最大间隙流速应小于 0.4m/s。此外，h_0 一般不宜小于 20～25mm，以免太小时易受锈屑堵塞或因安装偏差使液流不畅而引起液泛。

(3) 溢流堰设计

① 外堰（溢流堰）　有维持塔板上的液层，使液体均匀地作用。除个别情况外（很小的塔或用非金属制作的塔板）一般都设置弓形降液管，其堰长 l_w 可取塔径的（0.6～0.8）倍；对于双流型塔板，弓形降液管的堰长可取塔径的（0.5～0.7）倍。

一般最大的堰上液流量不宜超过 100～130m^3/(m・h)。但对于少数液气比极大的过程（如合成气的水洗、脱硫等），可以允许超过此范围，此时应尽量降低堰高 h_w 或不设堰。

对于双流型塔板，中间降液管的宽度 W'_d 一般可取 200～300mm，并尽量使中间降液管面积等于两侧降液管面积之和，使板面利用率最高。弓形宽度 W_d 与弓形面积 A_f 可按图 17-46 或表 17-31 计算。堰的高度 h'_w 可根据不同板型的要求选择。堰的上缘各点的水平度偏差最大不宜超过 3mm。当液量过小时，可采用齿形堰。尺寸符号的意义可参见图 17-43。

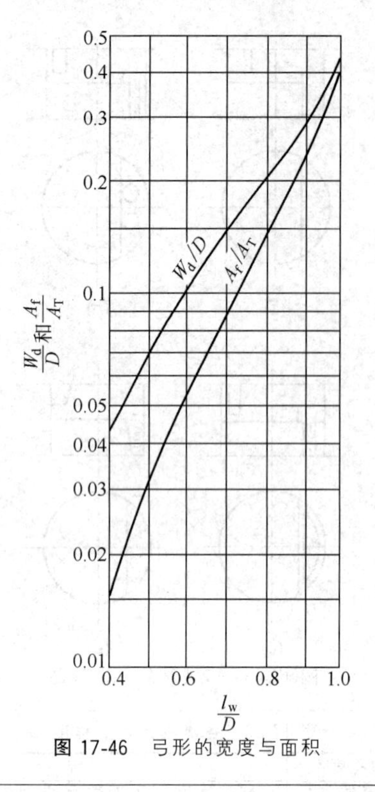

图 17-46　弓形的宽度与面积

② 内堰和受液盘　为使上一层板流入的液体能在板上均匀分布，并减少进入处液体水平冲击，常在液体的进口处设置内堰，尤其当降液管为圆形时，应有内堰，当泡罩塔采用弓形降液管时可不必设置内堰，其他板型可适当设置内堰。内堰的高度 h'_w 可按照下列原则考虑：当外堰高 h_w 大于降液管底与塔板的间距 h_0 时，h'_w 可取 6～8mm，必要时可与 h_0 相等；个别情况下，$h_w < h_0$，此时应取 $h'_w > h_0$，以保证液封作用。内堰与降液管的水平距离应不小于 h_0。

塔径大于 800mm 的大塔，常采用倾斜的降液管及凹形受液盘结构（图 17-47）。便于液体的侧线抽出，在低液流量时仍能造成正液封，而且有改变液体流向的缓冲作用，但不宜用于易聚合及有悬浮固体的情况，此时宜用平堰结构。凹形受液盘深度一般大于 50mm，在液量很大的情况 下（例如吸收塔），h_0、h_1、h'_1 均应保证液相通过其所在截面的流速不超过 0.3～0.4m/s，以免液体流过时压降太大。

(4) 塔板上的其他区域

塔板上降液管及鼓泡区之间还有一个无部件地带，称为安定区，作用是避免大量含泡沫的液相进入

表 17-31　弓形宽度和面积

W_d/D	l_w/D	A_f/A_T	W_d/D	l_w/D	A_f/A_T	W_d/D	l_w/D	A_f/A_T
0.0400	0.3919	0.0134	0.0700	0.5103	0.0308	0.1000	0.6000	0.0520
0.0410	0.3966	0.0139	0.0710	0.5136	0.0314	0.1010	0.6027	0.0528
0.0420	0.4012	0.0144	0.0720	0.5170	0.0321	0.1020	0.6053	0.0536
0.0430	0.4057	0.0149	0.0730	0.5203	0.0327	0.1030	0.6079	0.0544
0.0440	0.4102	0.0155	0.0740	0.5235	0.0334	0.1040	0.6105	0.0551
0.0450	0.4146	0.0160	0.0750	0.5268	0.0341	0.1050	0.6131	0.0559
0.0460	0.4190	0.0165	0.0760	0.5300	0.0347	0.1060	0.6157	0.0567
0.0470	0.4233	0.0171	0.0770	0.5332	0.0354	0.1070	0.6182	0.0575
0.0480	0.4275	0.0176	0.0780	0.5363	0.0361	0.1080	0.6208	0.0583
0.0490	0.4317	0.0181	0.0790	0.5395	0.0368	0.1090	0.6233	0.0591
0.0500	0.4359	0.0187	0.0800	0.5426	0.0375	0.1100	0.6258	0.0598
0.0510	0.4400	0.0193	0.0810	0.5457	0.0382	0.1110	0.6283	0.0606
0.0520	0.4441	0.0198	0.0820	0.5487	0.0389	0.1120	0.6307	0.0614
0.0530	0.4481	0.0204	0.0830	0.5518	0.0396	0.1130	0.6332	0.0623
0.0540	0.4520	0.0210	0.0840	0.5548	0.0403	0.1140	0.6356	0.0631
0.0550	0.4560	0.0215	0.0850	0.5578	0.0410	0.1150	0.6380	0.0639
0.0560	0.4598	0.0221	0.0860	0.5607	0.0417	0.1160	0.6404	0.0647
0.0570	0.4637	0.0227	0.0870	0.5637	0.0424	0.1170	0.6428	0.0655
0.0580	0.4675	0.0233	0.0880	0.5666	0.0431	0.1180	0.6452	0.0663
0.0590	0.4712	0.0239	0.0890	0.5605	0.0439	0.1190	0.6476	0.0671
0.0600	0.4750	0.0245	0.0900	0.5724	0.0446	0.1200	0.6499	0.0680
0.0610	0.4787	0.0251	0.0910	0.5752	0.0453	0.1210	0.6523	0.0688
0.0620	0.4823	0.0257	0.0920	0.5781	0.0460	0.1220	0.6546	0.0696
0.0630	0.4859	0.0263	0.0930	0.5809	0.0468	0.1230	0.6569	0.0705
0.0640	0.4895	0.0270	0.0940	0.5337	0.0475	0.1240	0.6592	0.0713
0.0650	0.4931	0.0276	0.0950	0.5864	0.0483	0.1250	0.6614	0.0721
0.0660	0.4966	0.0282	0.0960	0.5892	0.0490	0.1260	0.6637	0.0730
0.0670	0.5000	0.0288	0.0970	0.5919	0.0498	0.1270	0.6659	0.0738
0.0680	0.5035	0.0295	0.0980	0.5946	0.0505	0.1280	0.6682	0.0747
0.0690	0.5069	0.0301	0.0990	0.5973	0.0513	0.1290	0.6704	0.0755

续表

W_d/D	l_w/D	A_f/A_T	W_d/D	l_w/D	A_f/A_T	W_d/D	l_w/D	A_f/A_T
0.1300	0.6726	0.0764	0.1870	0.7798	0.1293	0.2440	0.8590	0.1889
0.1310	0.6748	0.0773	0.1880	0.7814	0.1303	0.2450	0.8602	0.1900
0.1320	0.6770	0.0781	0.1890	0.7830	0.1313	0.2460	0.8614	0.1911
0.1330	0.6791	0.0790	0.1900	0.7846	0.1323	0.2470	0.8625	0.1922
0.1340	0.6813	0.0798	0.1910	0.7862	0.1333	0.2480	0.8637	0.1933
0.1350	0.6834	0.0807	0.1920	0.7877	0.1343	0.2490	0.8649	0.1944
0.1360	0.6856	0.0816	0.1930	0.7893	0.1353	0.2500	0.8660	0.1955
0.1370	0.6877	0.0825	0.1940	0.7909	0.1363	0.2510	0.8672	0.1966
0.1380	0.6898	0.0833	0.1950	0.7924	0.1373	0.2520	0.8683	0.1977
0.1390	0.6919	0.0842	0.1960	0.7939	0.1383	0.2530	0.8695	0.1988
0.1400	0.6940	0.0851	0.1970	0.7955	0.1393	0.2540	0.8706	0.1999
0.1410	0.6960	0.0860	0.1980	0.7970	0.1403	0.2550	0.8717	0.2010
0.1420	0.6981	0.0869	0.1990	0.7985	0.1414	0.2560	0.8728	0.2021
0.1430	0.7001	0.0878	0.2000	0.8000	0.1424	0.2570	0.8740	0.2033
0.1440	0.7022	0.0886	0.2010	0.8015	0.1434	0.2580	0.8751	0.2044
0.1450	0.7042	0.0895	0.2020	0.8030	0.1444	0.2590	0.8762	0.2055
0.1460	0.7062	0.0904	0.2030	0.8045	0.1454	0.2600	0.8773	0.2066
0.1470	0.7082	0.0913	0.2040	0.8059	0.1465	0.2610	0.8784	0.2077
0.1480	0.7102	0.0922	0.2050	0.8074	0.1475	0.2620	0.8794	0.2088
0.1490	0.7122	0.0932	0.2060	0.8089	0.1485	0.2630	0.8805	0.2100
0.1500	0.7141	0.0941	0.2070	0.8103	0.1496	0.2640	0.8816	0.2111
0.1510	0.7161	0.0950	0.2080	0.8118	0.1506	0.2650	0.8827	0.2122
0.1520	0.7180	0.0959	0.2090	0.8132	0.1516	0.2660	0.8837	0.2133
0.1530	0.7200	0.0968	0.2100	0.8146	0.1527	0.2670	0.8848	0.2145
0.1540	0.7219	0.0977	0.2110	0.8160	0.1537	0.2680	0.8858	0.2156
0.1550	0.7238	0.0986	0.2120	0.8174	0.1547	0.2690	0.8869	0.2167
0.1560	0.7257	0.0996	0.2130	0.8189	0.1558	0.2700	0.8879	0.2178
0.1570	0.7276	0.1005	0.2140	0.8203	0.1568	0.2710	0.8890	0.2190
0.1580	0.7295	0.1014	0.2150	0.8216	0.1579	0.2720	0.8900	0.2201
0.1590	0.7314	0.1023	0.2160	0.8230	0.1589	0.2730	0.8910	0.2212
0.1600	0.7332	0.1033	0.2170	0.8244	0.1600	0.2740	0.8920	0.2224
0.1610	0.7351	0.1042	0.2180	0.8258	0.1610	0.2750	0.8930	0.2235
0.1620	0.7369	0.1051	0.2190	0.8271	0.1621	0.2760	0.8940	0.2246
0.1630	0.7387	0.1061	0.2200	0.8285	0.1631	0.2770	0.8960	0.2258
0.1640	0.7406	0.1070	0.2210	0.8298	0.1642	0.2780	0.8960	0.2269
0.1650	0.7424	0.1080	0.2220	0.8312	0.1652	0.2790	0.8970	0.2281
0.1660	0.7442	0.1089	0.2230	0.8325	0.1663	0.2800	0.8980	0.2292
0.1670	0.7460	0.1099	0.2240	0.8338	0.1674	0.2810	0.8990	0.2304
0.1680	0.7477	0.1108	0.2250	0.8352	0.1684	0.2820	0.8999	0.2315
0.1690	0.7495	0.1118	0.2260	0.8365	0.1695	0.2830	0.9009	0.2326
0.1700	0.7513	0.1127	0.2270	0.8378	0.1705	0.2840	0.9019	0.2338
0.1710	0.7530	0.1137	0.2280	0.8391	0.1716	0.2850	0.9028	0.2349
0.1720	0.7548	0.1146	0.2290	0.8404	0.1727	0.2860	0.9038	0.2361
0.1730	0.7565	0.1156	0.2300	0.8417	0.1738	0.2870	0.9047	0.2372
0.1740	0.7582	0.1166	0.2310	0.8429	0.1748	0.2880	0.9057	0.2384
0.1750	0.7599	0.1175	0.2320	0.8442	0.1759	0.2890	0.9066	0.2395
0.1760	0.7616	0.1185	0.2330	0.8455	0.1770	0.2900	0.9075	0.2407
0.1770	0.7633	0.1195	0.2340	0.8467	0.1781	0.2910	0.9084	0.2419
0.1780	0.7650	0.1204	0.2350	0.8480	0.1791	0.2920	0.9094	0.2430
0.1790	0.7667	0.1214	0.2360	0.8492	0.1802	0.2930	0.9103	0.2442
0.1800	0.7684	0.1224	0.2370	0.8505	0.1813	0.2940	0.9112	0.2453
0.1810	0.7700	0.1234	0.2380	0.8517	0.1824	0.2950	0.9121	0.2465
0.1820	0.7717	0.1244	0.2390	0.8529	0.1835	0.2960	0.9130	0.2477
0.1830	0.7733	0.1253	0.2400	0.8542	0.1845	0.2970	0.9139	0.2488
0.1840	0.7750	0.1263	0.2410	0.8554	0.1856	0.2980	0.9148	0.2500
0.1850	0.7766	0.1273	0.2420	0.8566	0.1867	0.2990	0.9156	0.2511
0.1860	0.7782	0.1283	0.2430	0.8578	0.1878	0.3000	0.9165	0.2523

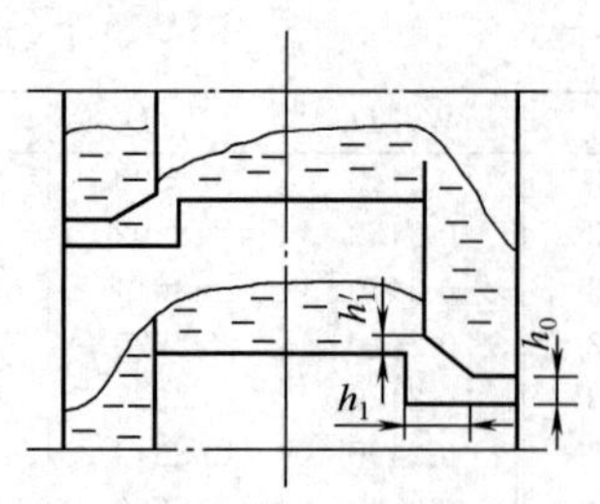

图 17-47 凹形受液盘

降液管而造成液泛。一般情况下，外堰前的安定区可取 $W_s=70\sim100$mm，内堰前的安定区可取$W_s'=50\sim100$mm。小塔中安定区可以根据情况适当缩小。

在塔板靠近塔壁部分，需留出一圈边缘区 W_c，作支撑塔板的边梁，对于塔径 2.5m 以下的，W_c 可取 50mm，大于 2.5m 的则取 60mm 或更大些。

(5) 有降液管塔板的流体力学计算

由于各类有降液管塔板的降液管设计及流体力学计算方法有许多共同之处，故本小节仅介绍其中具有共性的部分，非共性部分可以在设计中参考有关资料[36]。

① 堰上的液流高度。

a. 平堰　堰上液流高度 h_{ow} 可用费朗西斯(Francis)[38]式 (17-185) 计算。

$$h_{ow}=\left(\frac{2.84}{1000}\right)E\left(\frac{L}{l_w}\right)^{\frac{2}{3}} \tag{17-185}$$

式中 h_{ow}——堰上液流高度，m；

L ——液流量，m^3/h；

l_w——堰长，m；

E ——液流收缩系数，由图 17-48 查得。

一般情况下可取 $E\approx1$，对计算结果影响不大，此时式 (17-185) 可用图 17-49 求解。

一般设计时 h_{ow}不宜超过 60～70mm，过大时宜改用双流型或多流型布置。液量小时，h_{ow}应不小于 6mm [液流强度$\approx3m^3/(m\cdot h)$]，以免造成板上液相分布不均匀，如果达不到时，可采用齿形堰。

b. 齿形堰　齿深 h_n 一般宜在 15mm 以下。液流高度 h_{ow} (由齿底算起) 计算式如下。

当溢流层不超过齿顶时 [图 17-50 (a)]

$$h_{ow}=1.17\left(\frac{L_s h_n}{l_w}\right)^{\frac{2}{5}} \tag{17-186}$$

当溢流层超过齿顶时 [图 17-50 (b)]

$$L_s=0.735\left(\frac{l_w}{h_s}\right)\left[h_{ow}^{\frac{5}{2}}-(h_{ow}-h_s)^{\frac{5}{2}}\right] \tag{17-187}$$

式中 L_s——液相流量，m^3/s；

l_w——堰长，m；

h_n——齿深，m；

h_{ow}——液流高度，m。

由式 (17-187) 求 h_{ow}时，需用试算法，或由图 17-51 查取。

c. 圆形溢流管　如果没有弓形堰，而液体直接由圆管周围流入管内时 (图 17-52)，则 h_{ow} 可按式 (17-188) 计算。

$$h_{ow}=0.14\left(\frac{L}{d}\right)^{0.704} \tag{17-188}$$

式中 h_{ow}——液流高度，m；

L ——每个圆管的液流量，m^3/h；

d ——圆管直径，mm。

式 (17-188) 只适用于 $h_{ow}<0.2d$ 的情况，当 $0.2d<h_{ow}<1.5d$ 时 (此情况下容易液泛，应尽量避免采用) 可用式 (17-189) 验算。

$$h_{ow}=2.65\times10^4\left(\frac{L}{d^2}\right)^2 \tag{17-189}$$

为了避免带有泡沫的液体进入圆降液管口产生腾阻现象，按式 (17-188) 算得的 h_{ow}应不超过圆管直径的 1/6～1/5，即 $d\geqslant6h_{ow}$。

② 液体抛出距离　板上液体越堰流入降液管时，应有一定的抛出距离 (图 17-53)。其计算式如下[36]。

$$W_t=0.8\sqrt{h_{ow}h_f} \tag{17-190}$$

$$h_f=H_T+h_w-H_d \tag{17-191}$$

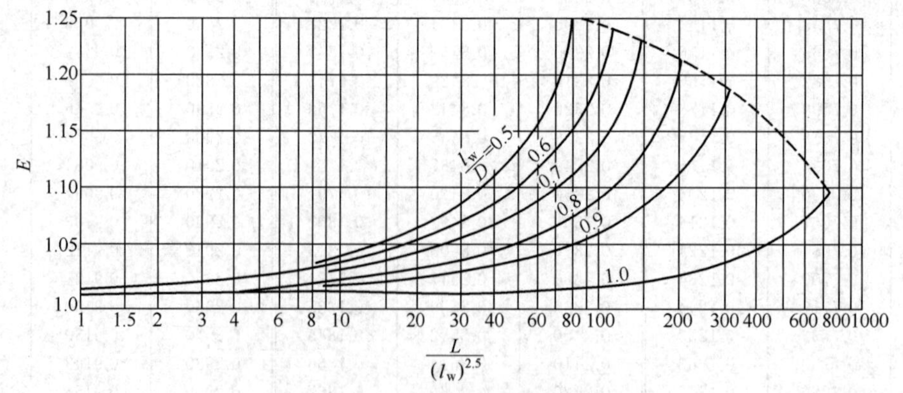

图 17-48 液流收缩系数

l_w—堰长，m；D—塔径，m；L—液相流量，m^3/h

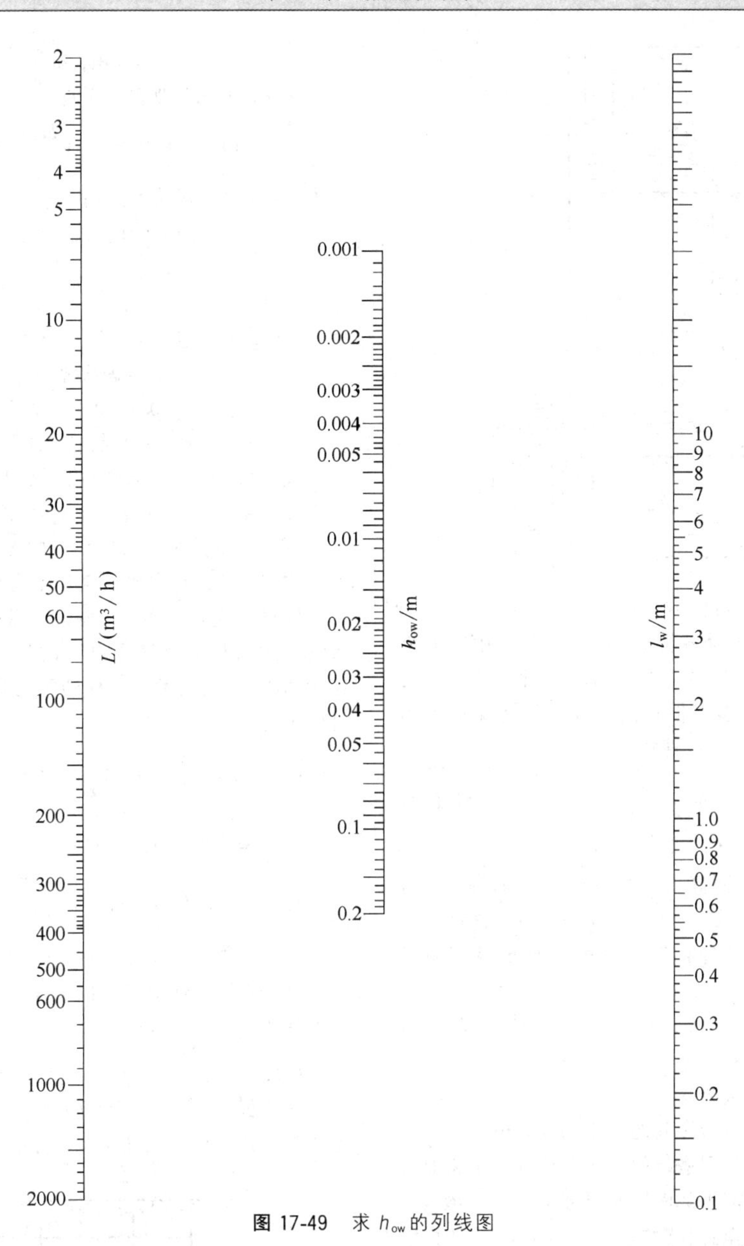

图 17-49　求 h_{ow} 的列线图

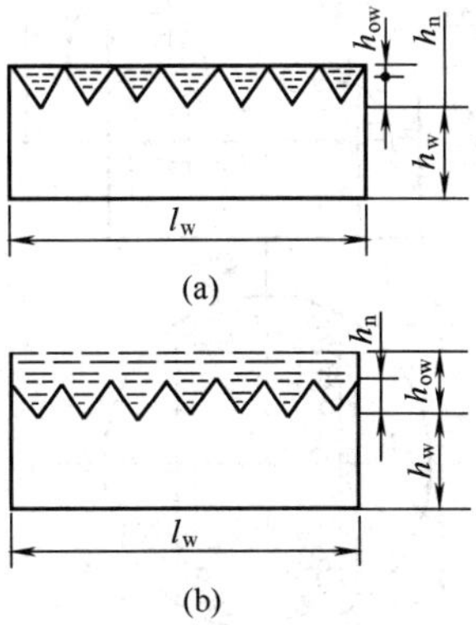

(a)

(b)

图 17-50　齿形堰

式中　W_t——抛出距离，m；

h_{ow}——堰上液层高度，m；

h_f——堰顶端到降液管内液面的距离，m；

H_T——塔板间距，m；

h_w——堰高，m；

H_d——降液管内液层高度，m。

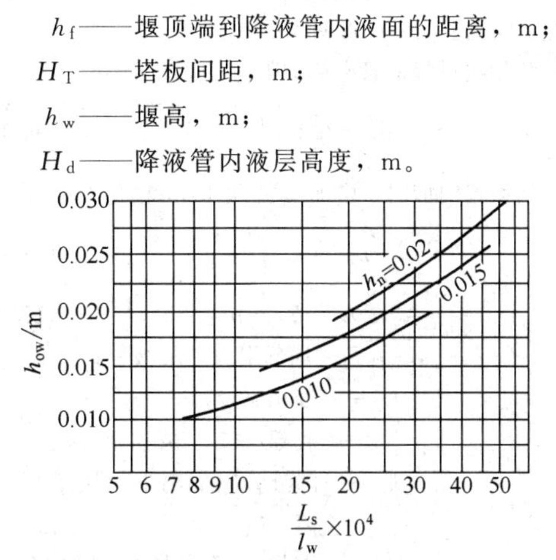

图 17-51　溢流层超过齿顶时的 h_{ow} 值

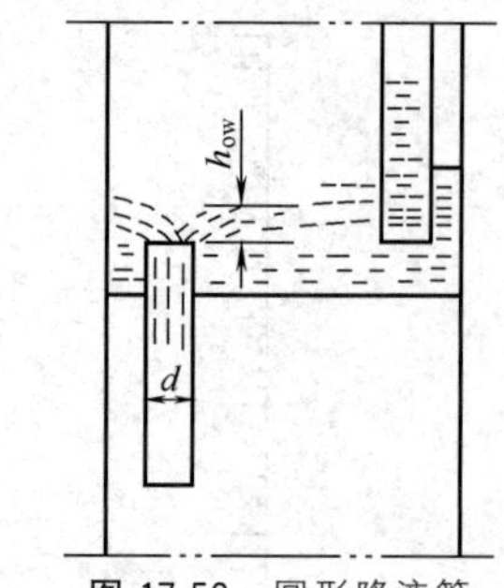

图 17-52　圆形降液管

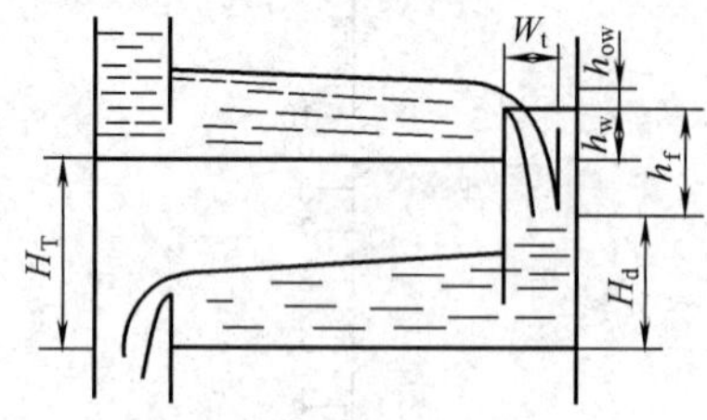

图 17-53　液体抛距示意

最大抛距应小于降液管宽度的 0.6 倍，中等液流强度，按 $l_w/D=0.6\sim0.8$ 算得的降液管宽度一般均大于 W_t，可以不核算，但在液量较大的情况下需用式（17-192）来核算降液管宽度。

$$W_d \geqslant \frac{W_t}{0.6} \tag{17-192}$$

对易起泡沫的液体，式中的 0.6 应改为 0.3～0.4。

③ 降液管内液面高度　降液管内液面高度 H_d 应为板上出口处液面高度（h_w+h_{ow}）、液面梯度 Δ、液相流出降液管的局部阻力 h_d 和相邻两塔板间的气相压降 h_p 之和。

$$H_d = h_w + h_{ow} + \Delta + h_d + h_p \tag{17-193}$$

式中　h_w——外堰高，m；

h_{ow}——堰上液流高度，m；

Δ——进出口堰之间的液面梯度，m；

h_p——通过每层塔板的气相总压降，m 液柱；

h_d——液相流出降液管的局部阻力，m 液柱。

式中，h_{ow}的计算上小节中已述；Δ 及 h_p 的计算见各种不同板型的专门说明。

液相通过降液管底部的阻力 h_{d1}

$$h_{d1} = 0.153\left(\frac{L_s}{l_w h_0}\right)^2 \tag{17-194}$$

当设置内堰时，增加内堰的阻力 h_{d2}

$$h_{d2} = 0.1\left(\frac{L_s}{A_0'}\right)^2 \tag{17-195}$$

$$h_d = h_{d1} + h_{d2} \tag{17-196}$$

式中　h_d，h_{d1}，h_{d2}——局部阻力，m 液柱；

L_s——液相流量，m^3/s；

l_w——底部堰长，m；

h_0——降液管底部离下一层塔板的距离，m；

A'_0——液相流经内堰的最窄断面面积，m^2。

为了防止液泛现象，应使

$$(H_T + h_w) \geqslant \frac{H_d}{\phi} \text{或} \frac{H_d}{\phi} - h_w \leqslant H_T \tag{17-197}$$

式中　H_T——板间距，m；

H_d——降液管内液面高度，按式（17-193）计算，m；

h_w——堰高，m；

ϕ——泡沫层的相对密度，对容易起泡的物系（例如砷碱法脱 CO_2 等吸收和脱吸过程），$\phi=0.3\sim0.4$，对于一般物系，$\phi=0.5$，对于不易起泡的物系，$\phi=0.6\sim0.7$。

式（17-197）是避免由降液管引起泛塔的条件，如果板间距不足，则降液管内液体较易泛至上一层塔板，所以该条件是板式塔设计中的重要条件之一。

式（17-193）中假设气相本身的质量可以忽略不计，但对于气相密度 γ_g 很大及液相密度 γ_L 较小的系统（例如几十个气压以下的轻烃类物质，1atm=101325Pa），则应考虑气柱的重力作用，式（17-193）可修正为[7,8]

$$(H_T + h_w + h_{ow} - H_d)\frac{\gamma_g}{\gamma_L} + H_d = h_w + h_{ow} + \Delta + h_d + h_p + (H_T - h_w - h_{ow})\frac{\gamma_g}{\gamma_L} \tag{17-198}$$

或

$$H_d\left(1-\frac{\gamma_g}{\gamma_L}\right) = (h_w + h_{ow})\left(1-\frac{2\gamma_g}{\gamma_L}\right) + \Delta + h_d + h_p \tag{17-199}$$

对于在 3.0MPa 气压以下操作的塔，一般可以不考虑气相重力柱的作用。

5.2.3　筛板设计和流体力学计算

筛板板面结构可分为开孔区、溢流堰、降液管及无孔区等几部分，如图 17-54 所示。

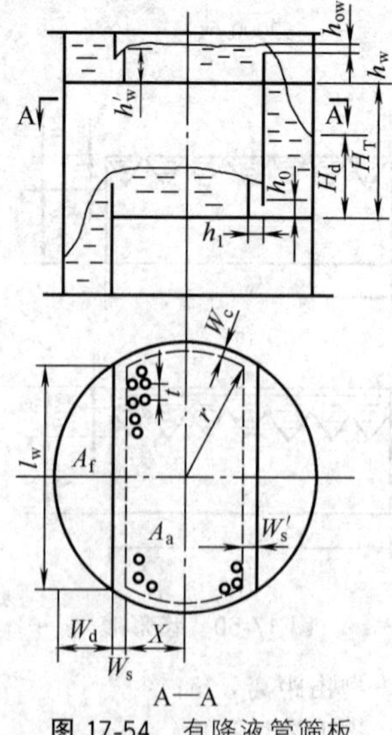

图 17-54　有降液管筛板

(1) 筛孔

一般工业上的筛板孔径为 3～8mm，常用 4～6mm，孔径太小，加工制造困难，而且易堵，近年来大孔径（$\phi=10\sim25$mm）筛板逐渐应用，而且孔径多数为 13～20mm，这种筛板加工制造简单，造价低廉，不易堵塞，只要设计合理，同样可以得到满意的塔板效率[2,7]。孔径的选取同物性有关，一般认为表面张力为正系统的物系，易起泡沫，可采用小孔径塔板；反之，对于表面张力为负系统的，则可采用大孔径塔板。

筛孔孔径与塔板厚度的关系，主要应考虑加工可能性，一般要求孔径 d_0 大于板厚 δ，或按 $d_0>1.5\delta$ 考虑。

孔中心距 t 一般为 $(2.5\sim5)d_0$，t/d_0 过小，易使气流互相干扰，过大则鼓泡不均匀，都影响传质效率。实际设计时，t/d_0 宜尽可能在 3～4 范围内，开孔一般均按正三角形排列。此时，开孔面积 A_0 与开孔区面积 A_a 之比可按式 (17-200) 求得。

$$\frac{A_0}{A_a}=\frac{0.907}{\left(\dfrac{t}{d_0}\right)^2} \tag{17-200}$$

式中　A_0——每层板上筛孔的面积，m^2；
A_a——每层板上开孔区面积，m^2；
t——孔间距，mm；
d_0——小孔直径，mm。

式 (17-200) 也可由图 17-55 求解。

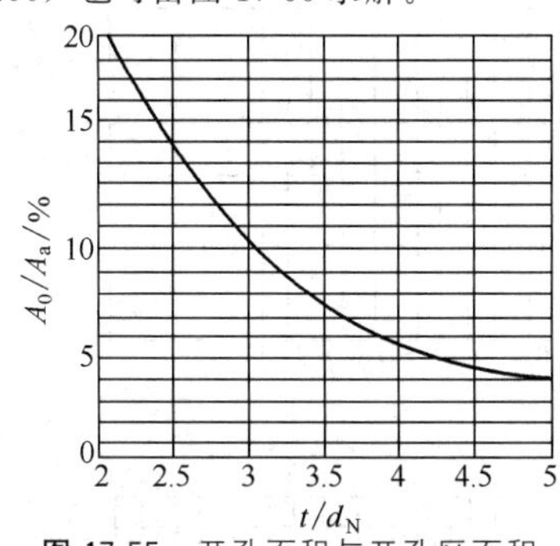

图 17-55　开孔面积与开孔区面积

开孔区面积 A_a，对于单流型塔板可用式 (17-201) 计算。

$$A_a=2\left[x\sqrt{r^2-x^2}+r^2\arcsin\left(\frac{x}{r}\right)\right] \tag{17-201}$$

$$x=\frac{D}{2}-(W_d+W_s)$$

$$r=\frac{D}{2}-W_c$$

$\arcsin\left(\dfrac{x}{r}\right)$ 为用弧度表示的反三角函数。

式 (17-201) 也可用图 17-56 求解。

对于双流型塔板，每层塔板上的总开孔区面积可按式 (17-202) 求取。

$$A_a=2\left[x\sqrt{r^2-x^2}+r^2\sin^{-1}\left(\frac{x}{r}\right)\right]-2\left[x\sqrt{r^2-x_1^2}+r^2\sin^{-1}\left(\frac{x_1}{r}\right)\right] \tag{17-202}$$

$$x_1=\frac{W'_d}{2}+W$$

式中　W'_d——双溢流塔板中间降液管宽度，m。

其余符号同式 (17-201)。

式 (17-202) 中前后两项的数值均可由图 17-56 求得，两项之差即为 A_a 值。

筛孔数可按式 (17-203) 计算。

$$n=n'A_a=\frac{1158\times10^3}{t^2}A_a \tag{17-203}$$

式中　n——筛孔数；
n'——每平方米开孔区的孔数，可按图 17-57 查得；
A_a——开孔区面积，m^2；
t——孔中心距，mm。

当塔内上下段负荷变化较大（特别是在某些吸收塔中）时，应根据流体力学验算结果，分段改变筛孔数，使全塔能有较好的操作稳定性。

(2) 溢流堰、降液管及板面布置

溢流堰可按本章 5.2.2 小节要求考虑。因塔板上清液层高度 h_L 一般在 50～100mm，故堰高 h_w 可按照下列要求取值。

$$(0.100-h_{ow})\geqslant h_w\geqslant(0.050-h_{ow})$$

式中　h_{ow}，h_w——堰上液流高度及堰高，m。

对真空度较高，或要求压降较小的情况，也可使 h_L 降至 25mm 以下。堰高则可低至 6～15mm。另外当液量很大（h_{ow} 异常大，例如在有些吸收塔中）时，甚至可以不设堰，因为 h_{ow} 本身已能起到液封的作用。

内堰、降液管及受液盘、安定区等也均可参照本章 5.2.2 小节考虑。

(3) 塔板压降

气相通过筛板的压降 h_p 包括干板压降 h_c，液层的阻力 h'_L，及鼓泡时克服液体表面张力的压头 h_σ。

$$h_p=h_c+h'_L+h_\sigma \tag{17-204}$$

式中　h_p——气体通过每层板的压降，m 液柱；
h_c——干板压降，m 液柱；
h'_L——板上液层的阻力，m 液柱；
h_σ——表面张力压头，m 液柱。

式 (17-204) 中的 h'_L 和 h_σ 两项可合并考虑，作为液层的有效阻力 h_L，则

$$h_p=h_c+h_L \tag{17-205}$$

① 干板压降　干板压降与孔径 d_o、筛板的厚度 δ、开孔面积和开孔区面积之比 A_o/A_a 以及通过筛孔的 Re 数有关。在设计中可采用如下计算式。

$$h_c=0.051\left(\frac{u_o}{C_o}\right)^2\frac{\gamma_g}{\gamma_L}\left[1-\left(\frac{A_o}{A_a}\right)^2\right] \tag{17-206}$$

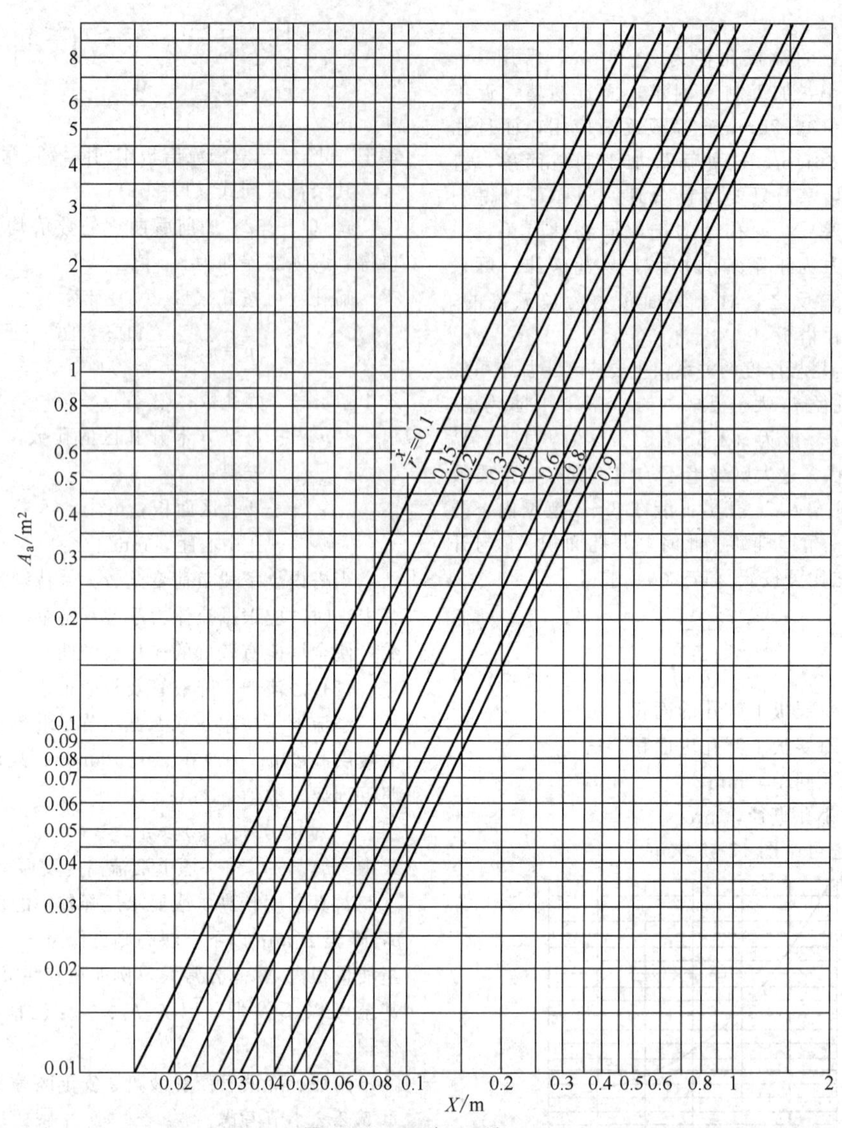

图 17-56 开孔区面积 A_a

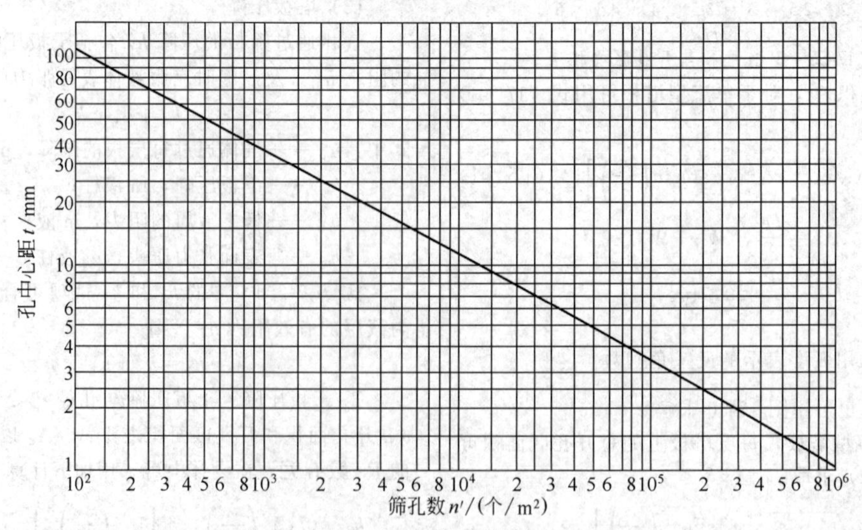

图 17-57 筛孔数的求取

式中　h_c——干板压降，m 液柱；

u_o——筛孔的气速，m/s；

C_o——筛孔的气体流量系数；

γ_g，γ_L——气相、液相密度，kg/m^3；

A_o，A_a——筛孔面积、开孔区面积，m^2。

一般 $(A_o/A_a)^2$ 项很小，故式（17-206）可简化为

$$h_c=0.051\left(\frac{u_o}{C_o}\right)^2\frac{\gamma_g}{\gamma_L} \tag{17-207}$$

有关流量系数 C_o 的求取方法有多种[48~51]，此处推荐使用图 17-58 的简单关系。

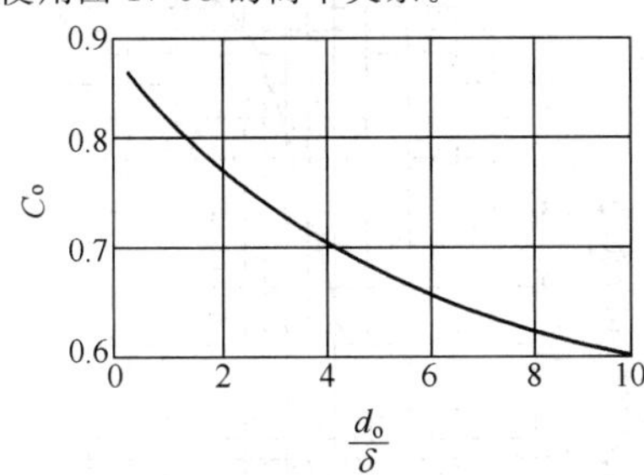

图 17-58　干筛孔的流量系数

式（17-207）也可用于大孔径干板压降的计算，当孔径 $d_o \geqslant 10$mm 时，C_o 应乘以修正系数 β，则为

$$h_c=0.051\left(\frac{u_o}{\beta\ C_o}\right)^2\frac{\gamma_g}{\gamma_L} \tag{17-208}$$

β 值可取为 1.15，对孔径为 10mm、15mm 及 25mm 的 h_c 计算值与国内外的实测值[42,43]较为相符，平均误差在 10%左右。

② 有效液层阻力 h_L　液层的有效阻力与液层的静压头 h_L' 及气泡的状况等许多因素有关，各种计算方法很多，观点也不一致，按照工程设计使用的实际情况，以及国内外一些数据的校验结果，推荐以下方法。

板上鼓泡层的液体力学状态与通过筛孔的气相动能因数 F_o 以及板上清液层高度 h_L 有关，其关系如图 17-59 所示。

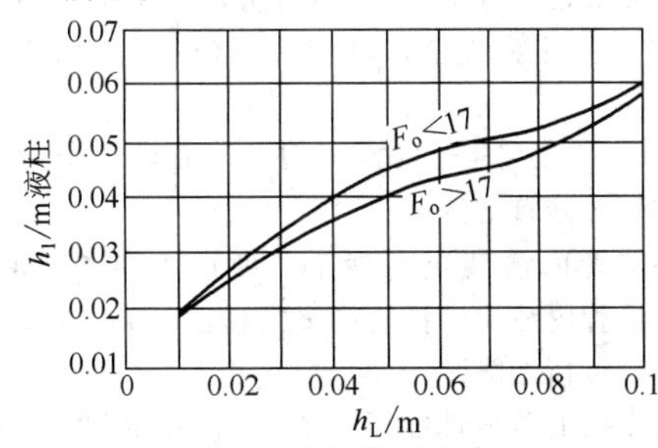

图 17-59　有效液层阻力 h_L

$F_o=u_o\sqrt{\gamma_g}$，m；$h_L=h_w+h_{ow}$，m；

h_L 为有效液层阻力，m 液柱

对于 $d_o \geqslant 12$mm 的大孔径筛板，求有效液层阻力 h_l 时，应考虑充气系数 ψ 的影响[45]。$\psi=h_l/h_L$，可用鼓泡区的气相动能因数 F_b 来关联，如图 17-60 所示。用此法求得的液层阻力，平均偏差为 8%左右，可满足工程设计的要求。

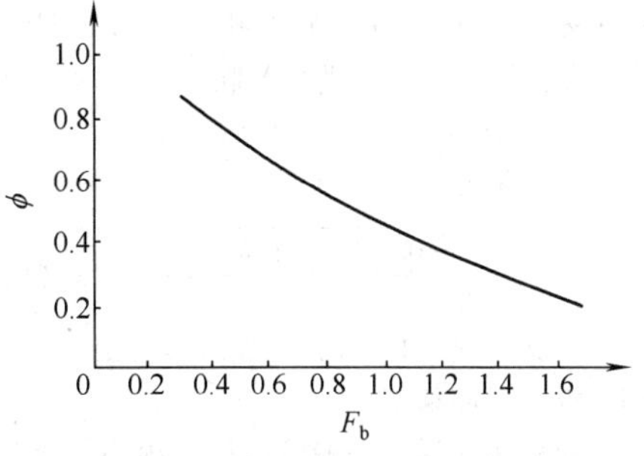

图 17-60　大孔筛板的液层充气系数

（4）漏液点

筛板塔操作中有一个下限气速 u_{om}，当气速低于此点时，液体开始从筛孔中泄漏，称为漏液点。实际的孔速 u_o 与下限孔速 u_{om} 之比称为稳定系数 K。K 值应大于 1，宜在 1.5～2.0 以上，使塔的操作有较大弹性。

$$K=\frac{u_o}{u_{om}} \tag{17-209}$$

式中　u_o——筛孔气速，m/s；

u_{om}——漏液点筛孔气速，m/s；

K——稳定系数。

漏液点的计算有各种关联式[9]，其数值也互有差异，设计中可以采用式（17-210）。此关联式是将漏液点的干板压降与表面张力压头的综合作用作为板上清液层高的函数。

$$h_{cm}=0.0056+0.13h_L-h_\sigma \tag{17-210}$$

式中　h_{cm}——漏液点的干板压降，m 液柱；

h_L——板上清液层高，m；

h_σ——表面张力压头，m 液柱。

$$h_\sigma=\frac{4\sigma}{9810\gamma_L d_o} \tag{17-211}$$

将式（17-210）代入式（17-207），得

$$u_{om}=4.4C_o\sqrt{(0.0056+0.13h_L-h_\sigma)\frac{\gamma_L}{\gamma_g}} \tag{17-212}$$

式中　σ——液体表面张力，dyn/cm；

γ_g，γ_L——气相、液相密度，kg/m^3；

d_o——筛孔孔径，m。

式中 C_o 由图 17-58 求得，对于大孔径筛板，按式（17-208），C_o 应乘以 β，故大孔径筛板的 u_{om} 略大，但对漏液量影响不是很大，影响漏液量的主要因素是开孔率。

当 h_L 小于 30mm，或用筛孔较小（$d_o<3$mm）的筛板时，式（17-211）所描述的 h_σ 影响过大，此时 h_{cm} 用式（17-213）计算较为符合实际。

$$h_{cm}=0.0051+0.05h_L \tag{17-213}$$

及　$u_{om}=4.4C_o\sqrt{\frac{(0.0051+0.05h_L)\gamma_L}{\gamma_g}}$　(17-214)

对于 $d_o\geqslant 12$mm 以上的大孔径筛板，漏液点干板压降可用式（17-215）进行关联[45]。

$$h_{cm}=0.01+0.13h_L-h_\sigma \qquad (17\text{-}215)$$

故漏液点筛孔气体速度为

$$u_{om}=4.4\beta C_o\sqrt{\frac{(0.01+0.13h_L-h_\sigma)\gamma_L}{\gamma_g}} \qquad (17\text{-}216)$$

式中符号意义同式（17-210）～式（17-212）。

(5) 板上液面梯度

对于筛板塔来说，一般液面梯度很小，设计中可忽略不计，必要时可按式（17-217）计算。

$$\Delta=0.215(250b+1000h_f)^2\mu_L\frac{3600L_sZ_l}{(1000bh_f)^3\gamma_L} \qquad (17\text{-}217)$$

式中　Δ——液面梯度，m；

b——平均液流宽度，m；

Z_l——内外堰间距离，m；

h_f——塔板上鼓泡层高度，m；

μ_L——液相黏度，cP；

γ_L——液相密度，kg/m³；

L_s——液相流量，m³/s。

泡沫层高度 h_f，可按泡沫层的相对密度为 0.4 考虑，即

$$h_f=\frac{1}{0.4}h_L=2.5h_L \qquad (17\text{-}218)$$

单流型塔板平均液流宽度可取为

$$b=\frac{D+l_w}{2} \qquad (17\text{-}219)$$

当需要考虑液面梯度时，图 17-59 及式(17-210)、式(17-212)～式（17～214)、式（17～218）中的 h_L 均应为

$$h_L=h_w+h_{ow}+\frac{\Delta}{2} \qquad (17\text{-}220)$$

对于塔径较大且液体流量较大的情况，液面梯度将会导致板面上气体的不均匀通过，影响效率，为了防止这一情况，一般要求液面梯度 Δ 不超过干板压降的 50%。

$$\frac{\Delta}{h_c}<0.5 \qquad (17\text{-}221)$$

(6) 雾沫夹带

雾沫夹带量是控制筛板塔操作的上限，与塔板间距的选取有关。筛板的雾沫夹带量较小，同样条件下为泡罩塔的 1/4～1/3。

雾沫夹带量的计算可直接用塔板上的参数表达，以 Hunt 法为代表[44,46,47,50～52,54,56]，其关联式如下。

$$e_v=0.22\frac{73}{\sigma}\left[\frac{u_g}{12(H_T-h_f)}\right]^{3.2}=\frac{0.0057}{\sigma}\left(\frac{u_g}{H_T-h_f}\right)^{3.2} \qquad (17\text{-}222)$$

式中　e_v——雾沫夹带量，kg/kg 汽；

σ——液相表面张力，dyn/cm；

u_g——液层上部的有效塔截面气体速度，m/s；

H_T——塔板间距，m；

h_f——塔板上鼓泡层高度，按式（17-218）计算，m。

$$u_g=\frac{V_s}{A_T-A_f} \qquad (17\text{-}223)$$

雾沫夹带量也可用图解法求，如图 17-61 所示。

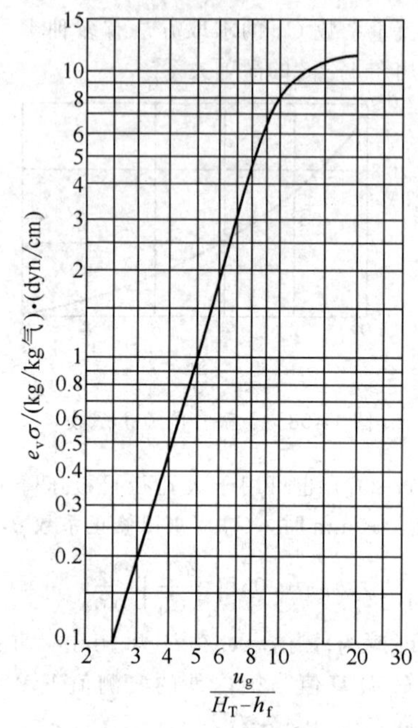

图 17-61　雾沫夹带量

(1dyn=1×10⁻⁵N)

用 Hunt 法计算时，曾发现当 $u_g/(H_T-h_f)$ 大于 12 时，e_v 不再显著上升[48]，国内有些生产厂也曾测得同样情况，因此式（17-223）适用于 $u_g/(H_T-h_f)<12$ 的情况。在图 17-61 中当 $u_g/(H_T-h_f)>12$ 时，曲线倾向于水平。

对于 $d_o\geqslant 12$mm 以上的塔板，雾沫夹带量目前尚无较好的计算方法，可用式（17-224）估算上限气速[3]。

$$u_{gm}=2.16^{0.312}(H_T-h_f) \qquad (17\text{-}224)$$

(7) 降液管液泛

降液管内清液层高度 H_d 可按式（17-193）计算，降液管内液泛的控制可按式（17-197）计算。

(8) 负荷性能图

筛板塔的负荷性能可用图 17-62 中的界限曲线来表达。

① 漏液线 1，可用式（17-212）、式（17-214）作出，此线是操作气速的下限。

② 过量雾沫夹带线 2，可规定一个允许的 e_v 值（一般 $e_v=0.1$），然后用式（17-222）或图 17-61 作出此线。

③ 液相下限线 3，可取堰上液流高度 $h_{ow}=$

6mm，按式（17-185）、式（17-186）作出此线。

④ 液相上限线 4，根据降液管内液相停留时间要求（一般约 5s），按式（17-184）作出此线。

⑤ 液泛线 5，根据降液管内的液层高度，按式（17-193）作出此线。

正常设计的塔，操作点 A 应位于图 17-62 中阴影区的中部，操作线 OA 与阴影区的边界交点为操作的上下限。

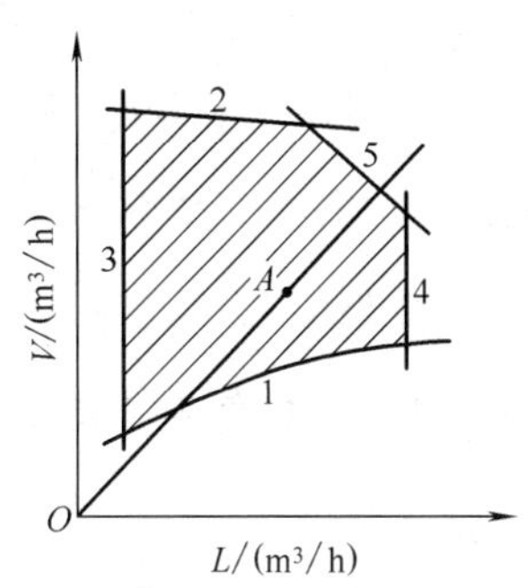

图 17-62 筛板塔的负荷性能

(9) 正常计算步骤

① 已知工艺条件

a. 操作温度及压力。

b. 气、液相负荷 V、L，m^3/h。

c. 气、液相密度 γ_g、γ_L，kg/m^3。

d. 液体表面张力 σ，dyn/cm。

e. 塔板数 N。

f. 液体黏度 μ_L，cP。

② 塔径计算。按 5.2.2 小节（1）选定塔径，并作初步核算。

③ 按 5.2.2 小节（1）确定塔板上的流型；按 5.2.2 小节（2）、（3）确定降液管及堰的尺寸；按 5.2.2 小节（3）确定堰高 h_w；按 5.2.2 小节（4）计算 h_{ow}，必要时做堰的调整。

④ 按 5.2.3 小节（1）选择合理的孔径以及孔间距，按式（17-200）、式（17-201）、式（17-203）求得 A_a、A_o 及孔数 n。

按 5.2.3 小节（4）计算漏液点 u_{om}，并验算其稳定性，必要时调整孔数及开孔面积 A_a。

⑤ 计算塔板压降，按式（17-207）计算干板压降，按图 17-59 计算有效液层阻力。按式（17-205）计算 h_p。

⑥ 校核液泛情况。按式（17-193）求 H_d［对筛板塔，一般情况下 Δ 可以不计，必要时按式(17-217)计算］，再按式（17-197）校核塔板间距 H_T。用式（17-184）校核液相在降液管内的停留时间。

⑦ 计算雾沫夹带量，按式（17-222）或图 17-61 求得 e_v，e_v 值应小于 0.1。

⑧ 确定操作负荷的允许上下限。一般情况下按 5.2.3 小节（8）考虑。

例 9 有一个环己醇-苯酚精馏塔，已知 $\gamma_g=2.81kg/m^3$；$\gamma_L=940kg/m^3$；$V_s=0.772m^3/s$；$L_s=0.00173m^3/s$；$\sigma=32dyn/cm$；$\mu_l=0.34cP$。

解

(1) 精馏段

① 塔径计算

设 $H_T=0.3m$，$h'_L=0.07m$

$$\frac{L_s}{V_s}\left(\frac{\gamma_L}{\gamma_g}\right)^{\frac{1}{2}}=\frac{0.00173}{0.772}\times\left(\frac{940}{2.81}\right)^{\frac{1}{2}}=0.041$$

$$H_T-h'_L=0.23$$

由图 17-41 得到 $C_{20}=0.047$。

$$C=\frac{0.047}{\left(\dfrac{20}{\sigma}\right)^{0.2}}=\frac{0.047}{\left(\dfrac{20}{32}\right)^{0.2}}=0.051$$

$$u_{g(max)}=C\sqrt{\frac{\gamma_L-\gamma_g}{\gamma_g}}$$

$$=0.051\times\sqrt{\frac{940-2.81}{2.81}}=0.93\ (m/s)$$

$$u'=0.8u_{g(max)}=0.745m/s$$

$$D'=\sqrt{\frac{V_s}{0.785u'}}=\sqrt{\frac{0.772}{0.785\times0.745}}=1.15m$$

取塔径为 $D=1.2m$，操作空塔气速 $u=0.772/(0.785\times1.2^2)=0.683$（m/s），初步核算。

雾沫夹带

取 $l_w=0.66D=0.794m$

$$A_T=1.13m^2,\ A_f=0.0817m^2$$

$$\frac{A_f}{A_T}=7.22\%$$

$$u_g=\frac{V_s}{A_T-A_f}=\frac{0.772}{1.13-0.0817}$$
$$=0.735m/s$$

$$e_v=0.22\frac{73}{\sigma}\left[\frac{u_g}{12(H_T-h_f)}\right]^{3.2}$$

$$h_f=2.5h_L$$

$$e_v=\frac{0.0057}{32}\times\left(\frac{0.735}{0.3-2.5\times0.070}\right)^{3.2}$$
$$=0.0502kg/kg\ 汽<0.1kg/kg\ 汽$$

停留时间

$$\tau=\frac{H_TA_f}{L_s}=\frac{0.3\times0.0817}{0.00173}=14.2(s)>5(s)$$

自以上两项核算初步认为塔径取 1.2m 是合适的。

② 塔板结构形式

参照表 17-29 确定采用单流型。

③ 堰及降液管设计

求堰长

$$l_w=0.66D=0.794m$$

求 h_{ow}

$$\frac{L}{(l_w)^{2.5}}=\frac{3600\times0.00173}{(0.794)^{2.5}}=11.1$$

由图 17-48 查得 $E=1.035$。

$$h_{ow}=0.00284\times1.035\times\left(\frac{3600\times0.00173}{0.794}\right)^{\frac{2}{3}}=0.0116\ (\text{m})$$

求液面梯降

$$b=\frac{l_w+D}{2}=\frac{0.794+1.2}{2}=0.997\ (\text{m})$$

由图 17-46 得 $W_d=0.15\text{m}$。

$$Z_1=D-2W_d=1.20-2\times0.15=0.90\text{m}$$

$$h_f=2.5h_L=2.5\times0.07=0.175\text{m}$$

$$\Delta=\frac{0.215(250b+1000h_f)^2\mu_L(3600L_s)Z_1}{(1000bh_f)^3\gamma_L}$$

$$=\frac{0.215\times(250\times0.997+1000\times0.175)^2\times0.34\times(3600\times0.00173)\times0.90}{(1000\times0.997\times0.175)^3\times940}$$

$=0.0000147\text{m}$(可忽略)

求 h_L

前面已假设： $h'_L=0.07\text{m}$

故 $h_w=h'_L-h_{ow}=0.07-0.0116=0.0584\ (\text{m})$

取 h_w 为60mm。

则 $h_L=h_w+h_{ow}=0.060+0.0116=0.0716\ (\text{m})$

$\approx h'_L$（h'_L 的假设值合理）

再求 h_o

假设 h_o 比 h_w 少 13mm（一般应比 h_w 少 6mm 以上）

则 $h_o=h_w-0.013=0.06-0.013=0.047\ (\text{m})$

故取 h_o 为 45mm（也可以按流速为 0.05m/s 进行计算而得）。

④ 筛孔布置

取 $d_o=4\text{mm}$，$\frac{t}{d_o}=3.5$

则 $t=14\text{mm}$

由图 17-55 得

$$\frac{A_o}{A_a}=0.074$$

取 $W_s=0.08\text{m}$，$W_c=0.05\text{m}$

$$x=\frac{D}{2}-(W_d+W_s)=0.370$$

$$r=\frac{D}{2}-W_c=0.55$$

$$\frac{x}{r}=\frac{0.370}{0.55}=0.673$$

由图 17-56 得 $A_a=0.73\text{m}^2$

则 $A_o=0.73\times0.074=0.054\ (\text{m}^2)$

求孔数 n

$$n=n'A_a$$

由图 17-57 得 $n'=6000$ 个/m²

$$n=6000\times0.73=4380\ (个)$$

⑤ 干板压降

取 $\delta=3\text{mm}$，$d_o/\delta=1.33$，由图 17-58 得 $C_o=0.84$。

$$h_c=0.0512\left(\frac{u_o}{C_o}\right)^2\frac{\gamma_g}{\gamma_L}$$

$$=0.0512\left(\frac{0.772}{0.054\times0.84}\right)^2\frac{2.81}{940}=0.0443\text{m}\ 液柱$$

⑥ 稳定性

由式（17-211）得

$$h_\sigma=\frac{4\sigma}{9810\gamma_L d_o}=\frac{4\times32}{9810\times940\times0.004}$$

$=0.0035\text{m}$ 液柱

$$u_{om}=4.4C_o\sqrt{\frac{(0.0056+0.13h_L-h_\sigma)\gamma_L}{\gamma_g}}$$

$$=4.4\times0.84\times\sqrt{\frac{(0.0056+0.13\times0.0716-0.0035)940}{2.81}}$$

$=7.20\ (\text{m/s})$

$$K=\frac{u_o}{u_{om}}=\frac{14.3}{7.20}=1.99$$

即按漏液气速考虑的负荷下限为设计负荷值的50.4%。

⑦ 塔板压降

$$F_o=u_o\sqrt{\gamma_g}=14.3\sqrt{2.81}=24.0$$

由图 17-59 得 $h_l=0.045\text{m}$ 液柱。

则 $h_p=h_c+h_l=0.0443+0.045=0.0893$（m 液柱）

⑧ 降液管内液泛可能性

$$H_d=h_L+h_d+h_p$$

$$h_d=0.153\frac{L_s}{(l_w h_o)^2}$$

$$=0.153\times\left(\frac{0.00173}{0.794\times0.045}\right)^2$$

$=0.00036\text{m}$ 液柱

$$H_d=h_L+h_d+h_P=0.0716+0.00036+0.0893$$

$=0.161$（m 液柱）

因 $H_d/\phi-h_w=\frac{0.161}{0.5}-0.06=0.262$（m 液柱）$<0.3$（m 液柱）

$$u_f=\frac{L_s}{A_f}=\frac{0.00173}{0.0817}$$

$=0.0212\ (\text{m/s})<0.1\ (\text{m/s})$

$$\tau=\frac{H_T}{u_f}=\frac{0.3}{0.0212}=14.2\ (\text{s})>5\ (\text{s})$$

故不可能产生降液管内液泛。

⑨ 雾沫夹带量核算

$$e_v=\frac{0.0057}{\sigma}\left(\frac{u_g}{H_T-h_f}\right)^{3.2}$$

$$=\frac{0.0057}{32}\left(\frac{0.735}{0.3-2.5\times0.0716}\right)^{3.2}$$

$=0.0583$（kg/kg 汽）<0.1（kg/kg 汽），符合要求。

⑩ 负荷上限

当 $e_v=0.1$ 时，$u_{g\,max}=0.87\text{m/s}$。

$$\frac{u_{g\,max}}{u_g}=\frac{0.87}{0.735}=1.18$$

即负荷上限为设计值的118%。

如需满足更大的负荷时，则需提高板间距。

取　$H_T=0.35\text{m}$

当 $e_v=0.1$ 时，$u_{g\max}=1.24\text{m/s}$。

$$\frac{u_{g\max}}{u_g}=\frac{1.24}{0.735}=1.69$$

即负荷上限可达设计值的 169%。

验算负荷为 169%时的液泛可能性。此时若取 $h_L=0.0788$，则算出 $h_d=0.00103$，$h_l=0.048$，$h_o=0.125$。

$$H_d=0.0788+0.00103+0.048+0.125=0.253\ (\text{m 液柱})$$

$$2H_d-h_w=2\times0.253-0.060=0.446\ (\text{m})$$

因　$0.446>0.35$

故若采用此负荷上限时将出现降液管液泛。

再求不产生液泛现象的最大负荷极限。取 $H_T=0.4\text{m}$，并使 $2H_d-h_w=0.36\text{m}$，假设此时负荷上限为 140%，则可算出相应的 $h_L=0.075$，$h_l=0.046$，$h_d=0.000705$。

$$h_c=\frac{0.36+0.06}{2}-0.075-0.000705-0.046=0.088$$

$$V_{s\max}=\sqrt{\frac{0.088\times940}{0.051\times2.81}}\times0.84\times0.054=0.109\ (\text{m}^3/\text{s})$$

$$\frac{V_{s\max}}{V_s}=\frac{0.109}{0.772}=1.41$$

表 17-32　计算数据整理

序号	项　　目	数　　值
1	塔径 D	1.2m
2	塔板间距 H	0.3m
3	塔板形式	单流型
4	空塔气速度 u	0.683m/s
5	堰长 l_w	0.794m
6	外堰高 h_w	0.06m
7	板上清液层高度 h_L/板上液层阻力 h_2	0.0716m/0.045m
8	降液管底与板距离 h_o	0.045m
9	孔径 d_o	4mm
10	孔间距 t	14mm
11	开孔区边缘与塔壁距离 W_c	0.05m
12	开孔区边缘与堰距离 W_s	0.08m
13	孔数 n	4380 个
14	开孔区宽 $2x$	0.74m
15	开孔面积 A_o	0.054m^2
16	塔板压降	0.0893m 液柱
17	液体在降液管中停留时间 τ	14.2s
18	降液管内清液层高度 H_d	0.161m
19	雾沫夹带 e_v	0.0583kg/kg 汽
20	负荷上限(雾沫夹带控制)	118%
	负荷上限(液泛控制)H_T 为 0.4m	140%
21	负荷下限(漏液控制)	50.4%

与原设的 140% 相近，故负荷上限可以定为 141%。并算出

$$u_f=0.0212\times1.41=0.03(\text{m/s})<0.1(\text{m/s})$$

$$\tau=\frac{0.40}{0.03}=13.3(\text{s})>5(\text{s})$$

$$u_g=0.735\times1.41=1.035(\text{m/s})$$

$$h_f=2.5\times0.075=0.187(\text{m})$$

$$e_v=\frac{0.0057}{32}\left(\frac{1.035}{0.4-0.187}\right)^{3.2}=0.0276\text{kg/kg 汽}<0.1\text{kg/kg 汽}$$

均符合要求。说明当 $H_T=0.4$ 时，可以将负荷上限提到 140% 左右。将上述计算数据整理成表 17-32。

(2) 提馏段

按同法计算（略）。

5.2.4　浮阀塔板设计和流体力学计算

(1) 浮阀标准

浮阀的形式很多，目前国内使用的浮阀有 6 种（表 17-33），最常用的是 V-1 和 V-4 型。近年来国内还有用非金属材料制作的浮阀，例如用于盐酸脱吸的石墨浮阀及有机酸蒸馏中的陶瓷浮阀等。表 17-33 中的 F1 型（相当于国外的 V-1 型）浮阀（图 17-63），已确定为标准浮阀，本小节将重点介绍其规格、基本参数和尺寸。

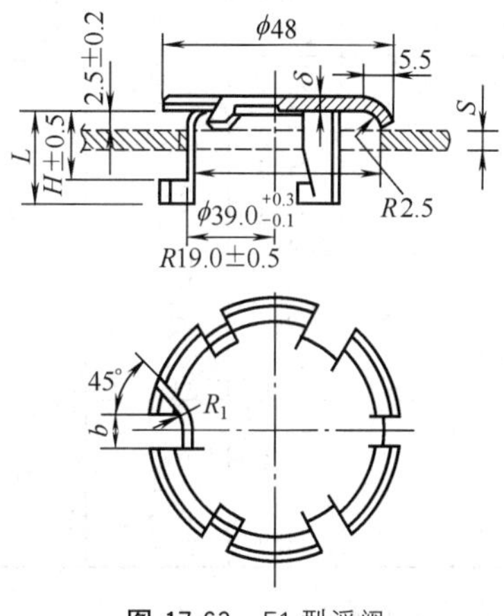

图 17-63　F1 型浮阀

F1 型浮阀分轻阀（符号 Q）和重阀（符号 Z）两种。轻阀采用 $\delta=1.5\text{mm}$ 的钢板冲制，质量约为 25g；重阀采用 $\delta=2\text{mm}$ 的钢板冲制，质量约为 33g。该浮阀的最小开度为 2.5mm，最大开度（$H-S$）为 8.5mm。该浮阀可以选用 A、B、C、D 四种材料制造：A 为碳钢 Q235（旧牌号 A3）；B 为不锈钢 1Cr13；C 为耐酸钢 1Cr18Ni9；D 为耐酸钢 1Cr18Ni-12Mo2Ti。按本标准制造的浮阀要求塔板的厚度 $\delta=$ 2mm、3mm 或 4mm，塔盘升气孔为 $\phi39.0^{+0.3}_{-0.1}\text{mm}$。F1 型浮阀的基本参数[53]与尺寸见表 17-34。

表 17-33 浮阀形式

项目	F1型(V-1型)	V-4型	V-6型
简图			
特点	① 结构简单,制作方便,省材料 ② 有轻阀(25g)、重阀(33g)两种,我国已有标准(JB 1118—68)	① 阀孔为文丘里型,阻力小,适于减压系统 ② 只有一种轻阀(25g)	① 操作弹性范围很大,适于中型试验装置和多种作业的塔 ② 结构复杂,质量大,阀重为52g
项目	十字架型	A型	V-D型
简图			
特点	① 性能与V-1型无显著区别 ② 对于处理污垢或易聚合物料性能较好 ③ 制造与安装较复杂	① 性能及用途同V-1,但结构较复杂 ② 国外有做成多层型的	塔板本身冲制而成,节省材料

表 17-34 F1型浮阀的基本参数

型式代号	阀片厚度 δ/mm	质量/g	适用于塔板厚度 S/mm	H/mm	L/mm
F1Q-4A	1.5	24.9	4	12.5	16.5
F1Z-4A	2	33.1		12.5	16.5
F1Q-4B	1.5	24.6		12.5	16.5
F1Z-4B	2	32.7		12.5	16.5
F1Q-3A	1.5	24.7	3	11.5	15.5
F1Z-3A	2	32.8			
F1Q-3B	1.5	24.3			
F1Z-3B	2	32.4			
F1Q-3C	1.5	24.8			
F1Z-3C	2	33			
F1Q-3D	1.5	25			
F1Z-3D	2	33.2			
F1Q-2C	1.5	24.6	2	10.5	14.5
F1Z-2C	2	32.7			
F1Q-2D	1.5	24.7			
F1Z-2D	2	32.9			

(2) 浮阀的布置

① 浮阀一般按正三角形排列，也可采用等腰三角形排列，在三角形排列中又有顺排和叉排（图 17-64)。使用叉排时相邻两阀中吹出气流搅拌液层的相互作用较顺排显著，使相邻两阀容易吹开，液面梯度较小，鼓泡均匀，故采用叉排较好。

按正三角形顺排的常用阀中心距有 75mm、100mm、125mm、150mm 四种，叉排中心距有 65mm、80mm、100mm 三种。塔板上阀开孔的开孔率经常为 4%～15%。

② 阀数确定[54]。一般在正常负荷情况下希望浮阀处在刚全开时操作，试验结果表明一般阀此时的动

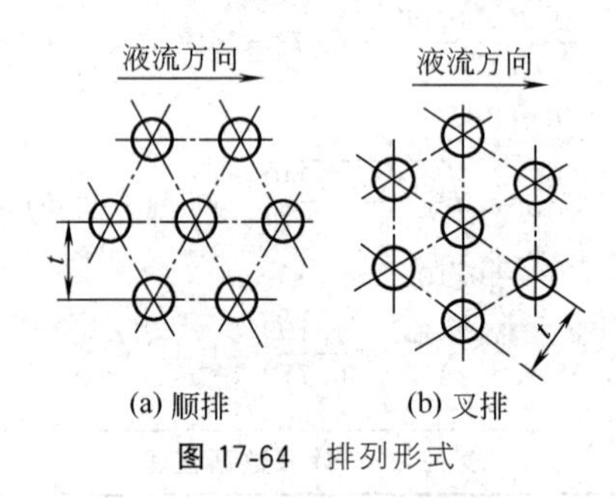

(a) 顺排 (b) 叉排

图 17-64 排列形式

能因数为 $F_o=8\sim11$，由此可以确定阀数。

$$u_o=\frac{F_o}{\sqrt{\gamma_g}} \tag{17-225}$$

式中 F_o——阀孔动能因数；

u_o——孔速，m/s；

γ_g——气相密度，kg/m³。

F1 型浮阀的孔径为 39mm，故浮阀个数 N 为

$$N=\frac{837V_s}{u_o}=0.232\frac{V}{u_o} \tag{17-226}$$

式中 V_s ——气相流量；m³/s；

V ——气相流量；m³/h。

阀数确定后选取一定的阀间距进行布阀，阀孔区面积可按式（17-201)、式（17-202）计算。如果排列结果沿壁区域与浮阀距离较大时，可设置挡板，以免液体短路，挡板与最外侧阀片的距离等于相邻两阀片的距离，挡板高度为板上液面高度的2倍。

(3) 溢流堰及降液管

溢流堰、降液管、受液盘及安定区按照 5.2.2 小节考虑。

(4) 塔板压降

通过塔板上的气相压降 h_p，可由干板压降 h_c 及

板上液层有效阻力 h_l 表示。

$$h_p=h_c+h_l \tag{17-227}$$

式中　h_p——气相通过每层板的压降，m 液柱；

h_c——干板压降，m 液柱；

h_l——板上液层有效阻力，m 液柱。

① 干板压降　在设计中可按式（17-228）和式（17-229）计算[55]。

阀片全开前

$$h_c=19.9\frac{u_o^{0.175}}{\gamma_L} \tag{17-228}$$

阀片全开后

$$h_c=5.34\frac{u_o^2}{2g}\times\frac{\gamma_g}{\gamma_L} \tag{17-229}$$

式中　h_c——干板压降，m 液柱；

u_o——阀孔速度，m/s；

γ_L，γ_g——液相、气相密度，kg/m³；

g——重力加速度，9.81m/s²。

式（17-228）、式（17-229）是由 34g 及阀孔为 ϕ39mm 的浮阀实测数据所得的公式。

② 液层有效阻力　设计中可按下列经验式计算。

$$h_l=0.5h_L=0.5(h_w+h_{ow}) \tag{17-230}$$

式中　h_l——板上清液层有效阻力，m 液柱；

h_L——板上清液层高度，m 液柱；

h_w，h_{ow}——堰高及堰上液流高度，m。

(5) 漏液点

当气相负荷减小至阀孔中的气速压头不足以克服液层阻力时，产生液体泄漏现象。泄漏量随着阀重的增加、孔速的增加、开度减小、板上液层高度的降低而减小。

试验表明当阀重大于 30g 时，阀重对泄漏的影响不大，故除真空操作外，一般均采用 F1 型重阀（32～34g）。由于泄漏会降低塔板效率，为使其影响减小，保证塔板的正常操作，则对于 30～34g 的阀片可取阀孔动能因数 $F_o=5\sim6$ 作为气相负荷下限即漏液点，此时气孔速可由式（17-225）求得。

由于真空操作采用较轻的浮阀，泄漏量会增大，故应适当地提高动能因数 F_o 的值。对于加压操作，由于所需阀数较少，一般 F_o 取得稍小，曾观察到在大塔中 F_o 低至 3 左右时，对效率影响不显著。

(6) 液面梯度

浮阀塔板上液相流动的阻力较小，故液面梯度很小，计算时一般可以忽略不计。在大液量的大塔中，可用斜塔板以抵消液面梯度的影响[3]，建议在 2～3m 直径的单溢流塔中，若液流强度在 50m³/(m·h) 以下时，可使塔板按入口端高于出口端的方向略微倾斜，倾斜角度可大致按每 3m 塔径倾斜 1°考虑。

(7) 泛点率和雾沫夹带

① 泛点率　泛点率是指设计负荷与液泛点负荷之比，以百分数表示。泛点率可由式（17-231）和式（17-232）确定（采用计算结果中较大的数值）。

$$F_1=\frac{100C_g+136L_sZ}{A_bKC_F} \tag{17-231}$$

$$F_1=\frac{100C_g}{0.78A_TKC_F} \tag{17-232}$$

$$C_g=V_s\sqrt{\frac{\gamma_g}{\gamma_L-\gamma_g}} \tag{17-233}$$

式中　F_1——泛点率，%；

C_g——气相负荷因数，m³/s；

C_F——泛点负荷因数，如图 17-65 所示；

V_s，L_s——气相、液相流量，m³/s；

Z——液相流程长度，m；

A_b——液流面积，m²；

K——物性系数，见表 17-35；

A_T——全塔截面积，m²；

γ_g，γ_L——气相、液相密度，kg/m³。

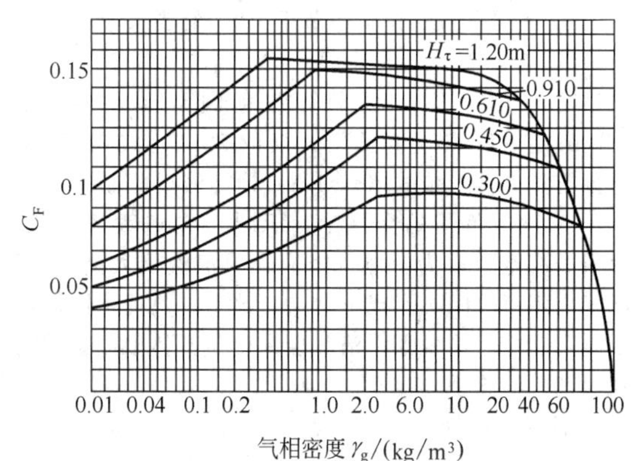

图 17-65　泛点负荷因数

表 17-35　物性系数 K

系　　统	物性系数 K
无泡沫，正常系统	1.0
氟化物(如 BF_3、氟里昂)	0.90
中等起泡沫(如油吸收塔，胺及乙二醇再生塔)	0.85
重度起泡沫(如胺和乙二醇吸收塔)	0.73
严重起泡沫(如甲乙酮装置)	0.60
形成稳定泡沫系统(如碱再生塔)	0.30

在单溢流型塔板中

$$Z=D-2W_d \tag{17-234}$$

$$A_b=A_T-2A_f \tag{17-235}$$

在双溢流型塔板中

$$Z=\frac{1}{2}/D-2W_d-W'_d \tag{17-236}$$

$$A_b=A_T-2A_f-A'_f \tag{17-237}$$

式中　A_f，A'_f——降液管截面积。

② 雾沫夹带　浮阀塔的雾沫夹带量计算，国内外曾作过一些研究[55,57]，但至今未有适用于一般工业装置的

确切关联式，所以在设计中一般采用验算泛点率 F_1 的方法，以控制雾沫夹带量 e_v 在 0.1kg/kg 气以下。F_1 的值应处于如下范围：对于一般的大塔，$F_1<80\%\sim82\%$；对于负压操作的塔，$F_1<75\%\sim77\%$；对于直径小于900mm 的塔，$F_1<65\%\sim75\%$。

(8) 计算格式

① 已知工艺条件

a. 操作温度及压力。

b. 气、液相负荷 V、L，m^3/h。

c. 气、液相密度 γ_g、γ_L，kg/m^3。

d. 液体的表面张力 σ，dyn/cm。

e. 液体的黏度 μ_L，cP。

f. 负荷最小及最大的波动范围。

g. 塔板数 N。

② 初估塔径　按照本章 5.2.1 小节（1）考虑。

③ 塔板布置　按照本章 5.2.2 小节确定塔板上的流动类型，选用降液管、溢流堰、受液盘。

④ 浮阀布置　按本小节中（2）的要求考虑。

⑤ 塔板流体力学计算　按照式（17-227）、式（17-229）、式（17-230）计算塔板压降，按照本小节（5）确定漏液点速度及用式（17-231）～式(17-233)计算雾沫夹带，依式（17-193）计算液泛情况。

⑥ 确定负荷的允许上、下限　在一般情况下，上限的决定因素为泛塔（降液管内清液层太高），降液管内停留时间不足或雾沫夹带严重；负荷下限取决于阀孔动能因子及堰上清液层高度。具体限制条件可在负荷性能图上作出。

例 10　已知 $V_s=0.772m^3/s$；$L_s=0.00173m^3/s$；$\gamma_g=2.81kg/m^3$；$\gamma_L=940kg/m^3$；$\sigma=32dyn/cm$。

解　(1) 塔径计算

设 $H_T=0.3m$，$h'_L=0.07m$。

$$\frac{L_s}{V}\left(\frac{\gamma_L}{\gamma_g}\right)^{\frac{1}{2}}=0.041$$

$$H_T-h'_L=0.23$$

查图 17-41 得 $C_{20}=0.047$。

$$C=\frac{0.047}{\left(\frac{20}{\sigma}\right)^{0.2}}=0.051$$

$$u_{g(\max)}=0.051\sqrt{\frac{940-2.81}{2.81}}=0.93\ (m/s)$$

选取速度

$$u=0.8u_{g(\max)}=0.8\times0.93=0.745\ (m/s)$$

$$D'=\sqrt{\frac{0.772}{0.785\times0.745}}=1.15\ (m)$$

取 $D=1.2m$。

(2) 堰及降液管设计

采用单流型结构，取

$l_w=0.66D=0.66\times1.2=0.794\ (m)$

$A_T=1.13m^2$　$A_f=0.0817m^2$

$\frac{A_f}{A_F}=7.22\%$　$W_d=0.15m$

由式（17-184）得

$$\tau=\frac{0.3\times0.0817}{0.00173}=14.2(s)>5\ (s)$$

按式（17-185）求取 h_{ow}

$$\frac{L}{(l_w)^{2.5}}=\frac{0.00173\times3600}{(0.794)^{2.5}}=11.1$$

由图17-48得 $E=1.035$。

$$h_{ow}=0.00284E\left(\frac{3600L_s}{l_w}\right)^{\frac{2}{3}}$$

$$=0.00284\times1.035\left(\frac{3600\times0.00173}{0.794}\right)^{\frac{2}{3}}$$

$$=0.0116(m)$$

则　$h_w=0.07-0.0116=0.0584\ (m)$

取　$h_w=0.060\ (m)$

则 $h_L=0.060+0.0116=0.0716(m)\approx h'_L$，上述假设合理。

考虑 h_o 比 h_w 低 15mm，为 0.045m。

(3) 浮阀布置

取　$F_o=11$

$$u_o=\frac{F_o}{\sqrt{\gamma_g}}=\frac{11}{\sqrt{2.81}}=6.57\ (m/s)$$

阀数 N 按式（17-226）计算。

$$N=837\frac{V_s}{u_o}=\frac{837}{\frac{0.772}{6.57}}=98.5\ (个)$$

按 JB 1206—71 标准，取 $t=80mm$，作图排列，得到 $N=106$ 个（按 9 排计，中间排 14 个，最外侧 10 个）。孔速 u_o 为

$$u_o=\frac{837V_s}{N}=\frac{837\times0.772}{106}=6.1\ (m/s)$$

$$F_o=6.1\sqrt{2.81}=10.2$$

$$A_o=\frac{V_s}{u_o}=\frac{0.772}{6.1}=0.1267\ (m^2)$$

(4) 压降

由式（17-229）～式（17-230）求得

$$h_c=5.34\times\frac{6.1^2}{2\times9.81}\times\frac{2.81}{940}$$

$$=0.0302(m\ 液柱)$$

$$h_l=0.5h_L=0.5\times0.0716=0.0358\ (m\ 液柱)$$

$$h_p=h_c+h_l=0.0302+0.0358=0.0660\ (m\ 液柱)$$

(5) 液泛（淹塔）情况

按式（17-194）求 h_d。

$$h_d=0.153\times\left(\frac{0.00173}{0.794\times0.045}\right)^2$$

$$=0.00036(m\ 液柱)$$

由式（17-193）求 H_d。

$$H_d=0.0660+0.0716+0.00036=0.138\ (m\ 液柱)$$

$0.138<(0.3+0.06)\times 0.5=0.18$ (m)

故不会产生淹塔。

(6) 雾沫夹带计算

由式 (17-233) 得

$$C_g=V_s\sqrt{\frac{g}{\gamma_L-\gamma_g}}=0.772\times\sqrt{\frac{2.81}{940-2.81}}$$
$$=0.0422(m^3/s)$$

由图 17-65 及表 17-35 得到 $KC_F=0.097\times 1=0.097$。

由式 (17-234) 得

$$Z=1.2-2\times 0.15=0.9$$

由式 (17-231) 得

$$F_1=\frac{100\times 0.0422+136\times 0.00173\times 0.9}{(1.13-0.0817\times 2)\times 0.097\times 1}=51\%$$

由式 (17-232) 得

$$F_1=\frac{100\times 0.0422}{0.78\times 1.13\times 0.097\times 1}$$
$$=49.5\%$$

取较大的 F_1 值，即泛点率为 51%<80%，此时 $e_v<0.1$kg/kg 气，满足要求。

(7) 负荷上限

淹塔控制时

$$H_{d(max)}=0.5(H_T+h_w)=0.5\times(0.3+0.06)$$
$$=0.18(\text{m 液柱})$$
$$h_p=H_d-h_L-h_d=0.18-0.0716-0.00036$$
$$=0.108(\text{m 液柱})$$
$$h_{c(max)}=0.108-0.5\times 0.0716=0.072(\text{m 液柱})$$
$$\frac{u_{o\,max}}{u_o}=\sqrt{\frac{0.0720}{0.0302}}=1.54$$
$$u_{o\,max}=1.54\times 6.1=9.4\ (m/s)$$
$$V_{s\,max}=0.772\times 1.54=1.19\ (m^3/s)$$

负荷上限为 154%时仍能满足生产要求，如需要更大负荷时，则可适当增大板间距或减小塔板压降。

(8) 负荷下限

漏液控制时，取 $F_{o\,min}=5$，则

$$\frac{F_{o\,min}}{F_o}=\frac{5}{10.2}\times 100\%=49\%$$
$$V_{s\,max}=0.772\times 0.49=0.378\ (m^3/s)$$

计算结果列于表 17-36。

塔（性能）数据及塔板数据见表 17-37～表 17-39。

表 17-36 计算结果

序号	项目	数值	序号	项目	数值
1	塔径 D/m	1.2	11	阀孔动能因数 F_o	10.2
2	塔板间距 H_T/m	0.3	12	阀间距/m	0.075
3	塔板型式	单流型	13	排间距 t/m	0.080
4	空塔速度 u/(m/s)	0.684	14	塔板压降 h_p/m	0.066
5	堰长 l_w/m	0.794	15	液体在降液管中停留时间 τ/s	14.2
6	外堰高 h_w/m	0.060	16	降液管内清液层高度 H_d/m 液柱	0.138
7	板上清液层高 h_L/m	0.0716	17	雾沫夹带 C_g/(kg/kg 气)	<0.1
8	降液管底与板距离 h_o/m	0.045	18	负荷上限(泛塔控制)/%	154
9	阀数 N/个	106	19	负荷下限(漏液控制)/%	49
10	阀孔速度 u_o/(m/s)	6.1			

表 17-37 塔（性能）数据

类型		常用空塔气速/(m/s)	操作弹性/%	压力降	液气比	分离效率	造价	使用范围
填料塔	散装填料	0.8～1.2	±25	约 10mmH₂O/m	喷淋密度<30m³/(m²·h)	较高	较低	塔径宜在 600mm 以下
	规整填料	0.6～1.4	±55	约 5mmH₂O/m	适应范围较大	最高	最高	塔径不限
板式塔	筛孔板	0.8～1.0	±20	比泡罩板低 30%	适应范围较大	板效率 0.7～0.8	比泡罩板低 40%	塔径宜在 600mm 以上
	浮阀板	0.7～1.1	±50	约 80mmH₂O/板	适应范围较大	比泡罩板高 15%	比泡罩板低 20%～40%	塔径宜在 600mm 以上
	泡罩板	0.7～0.85	±25	约 85mmH₂O/板	适应范围较大	板效率 0.6～0.7	较高	塔径宜在 600mm 以上
	浮动喷射板	0.6～1.4	±55	<20～40 mmH₂O/板	适应范围较大	高于浮阀板	接近浮阀板	塔径宜在 600mm 以上
	穿流栅孔板	生产能力比泡罩板高 30%～50%	约±10	比泡罩板低 40%～80%	适应范围较大	比泡罩板低 30%～60%	最低	塔径宜在 600mm 以上
	导向浮阀板	生产能力比 F1 浮阀板高 20%～30%	接近 F1 浮阀板	比 F1 浮阀板低 20%	适应范围较大	比 F1 浮阀板高 10%～20%	接近 F1 浮阀板	塔径宜在 600mm 以上

注：$1mmH_2O=9.80665Pa$。

表 17-38 单流型塔板系列参数

塔径 D/mm	塔截面积 A_T/m²	塔板间距 H_T/mm	弓形降液管		降液管面积 A_f/m²	A_f/A_T	L_w/D
			堰长 L_w/mm	管宽 W_d/mm			
600	0.2610	300 350 450	406 428 440	77 90 103	0.0188 0.0238 0.0289	7.2 9.1 11.02	0.677 0.714 0.734
700	0.3590	300 350 450	466 500 525	87 105 120	0.0248 0.0325 0.0395	6.9 9.06 11.0	0.666 0.714 0.750
800	0.5027	350 450 500 600	529 581 640	100 125 160	0.0363 0.0502 0.0717	7.22 10.0 14.2	0.661 0.726 0.800
1000	0.7854	350 450 500 600	650 714 800	120 150 200	0.0534 0.0770 0.1120	6.8 9.8 14.2	0.650 0.714 0.800
1200	1.1310	350 450 500 600 800	794 876 960	150 190 240	0.0816 0.1150 0.1610	7.22 10.2 14.2	0.661 0.730 0.800
1400	1.5390	350 450 500 600 800	903 1029 1104	165 225 270	0.1020 0.1610 0.2065	6.63 10.45 13.4	0.645 0.735 0.790
1600	2.0110	450 500 600 800	1056 1171 1286	199 255 325	0.1450 0.2070 0.2918	7.21 10.3 14.5	0.660 0.732 0.805
1800	2.5450	450 500 600 800	1165 1312 1434	214 284 354	0.1710 0.2570 0.3540	6.74 10.1 13.9	0.647 0.730 0.797
2000	3.1420	450 500 600 800	1308 1456 1599	244 314 399	0.2190 0.3155 0.4457	7.0 10.0 14.2	0.654 0.727 0.799
2200	3.8010	450 500 600 800	1598 1686 1750	344 394 434	0.3800 0.4600 0.5320	10.0 12.1 14.0	0.726 0.766 0.795
2400	4.5240	450 500 600 800	1742 1830 1916	374 424 479	0.4524 0.5430 0.6430	10.0 12.0 14.2	0.726 0.763 0.798

表 17-39 双流型塔板系列参数

塔径 D/mm	塔截面积 A_T/m²	塔板间距 H_T/mm	弓形降液管			降液管面积 A_f/m²	A_f/A_T	L_w/D
			堰长 L_w/mm	管宽 W_d/mm	管宽 W'_d/mm			
2200	3.8010	450 500 600 800	1287 1368 1462	208 238 278	200 200 240	0.3801 0.4561 0.5398	10.15 11.8 14.7	0.585 0.621 0.665

续表

塔径 D/mm	塔截面积 A_T/m^2	塔板间距 H_T/mm	弓形降液管			降液管面积 A_f/m^2	A_f/A_T	L_w/D
			堰长 L_w/mm	管宽 W_d/mm	管宽 W'_d/mm			
2400	4.5230	450	1434	238	200	0.4524	10.1	0.597
		500 600 800	1486	258	240	0.5429	11.6	0.620
			1582	298	280	0.6424	14.2	0.660
2600	5.3090	450	1526	248	200	0.5309	9.7	0.587
		500 600 800	1606	278	240	0.6371	11.4	0.617
			1702	318	320	0.7539	14.0	0.655
2800	6.1580	450	1619	258	240	0.6158	9.3	0.577
		500 600 800	1752	308	280	0.7389	12.0	0.626
			1824	338	320	0.8744	13.75	0.652
3000	7.0690	450	1768	288	240	0.7069	9.8	0.589
		500 600 800	1896	338	280	0.8482	12.4	0.632
			1968	368	360	1.0037	14.0	0.655
3200	8.0430	600 800	1882	306	280	0.8043	9.75	0.588
			1987	346	320	0.9651	11.65	0.620
			2108	396	360	1.1420	14.2	0.660
3400	9.0790	600 800	2002	326	280	0.9079	9.8	0.594
			2157	386	320	1.0895	12.5	0.634
			2252	426	400	1.2893	14.5	0.661
3600	10.1740	600 800	2148	356	280	1.0179	10.2	0.597
			2227	386	360	1.2215	11.5	0.620
			2372	446	400	1.4454	14.2	0.659
3800	11.3410	600 800	2242	366	320	1.1340	9.94	0.590
			2374	416	360	1.3609	11.9	0.624
			2516	476	440	1.6104	14.5	0.662
4200	13.8500	600 800	2482	406	360	1.3854	9.88	0.584
			2613	456	400	1.6625	11.7	0.622
			2781	526	480	1.9410	14.1	0.662

参考文献

[1] 化学工学协会编. 化学工学便览（日）. 改订 3 版. 东京：丸善株式会社，1968.

[2] 藤田重文. 化学机械（日），1948，12：38.

[3] 化学工业部设备设计技术中心站. 化工设备设计手册（一）. 1968.

[4] Max Leva. Tower Packings and Packed Tower Design. Stonewar Company，1953；C. E. P. Symp. Ser.，1954，10：51.

[5] Morris G A，Jackson J. Absorption Tower. Butterworths Scientific Publications，1953.

[6] 萧成基，于鸿寿. 化学工程手册. 北京：化学工业出版社，1979.

[7] 化工炼油机械，1982（2）：12.

[8] 李锡源. 化工学报，1981（2）：157.

[9] Eckert J S. C. E. P.，1961，57（9）：54；1963，59（5）：76；1966，62（1）：59；1979，66（3）：39.

[10] 原化工部第六设计院. 化学工程，1979（3）：13.

[11] 天津大学. 化工炼油机械通讯，1976（4）：70.

[12] Gilbert Chen K. Cehm Eng. 1984，91（5）：40.

[13] Sherwood T K，Pigford R L. Absorption and Extraction. McGraw-Hill Company，1952.

[14] Bain W A，Hougen O A. Trans. Am. Inst. Chem. Eng.，1944，40（29）：389.

[15] 张洪元等. 化学工业过程及设备下册. 北京：化学工业出版社，1965.

[16] Coulson J M，Richardson J F. Chemical Engineering. vol. 2. 2nd ed. Pergamon Press，1968.

[17] 播磨，笠井. 化学装置（日），1973，15（5）：39.

[18] 平田光穗，赖实正弘. 蒸馏工学ハンドズッグ. 1966.

[19] 原化工部第一设计院化学工程组. 见化工单元操作设

计参考资料（二）：蒸馏，1968.
[20] Colburn A P. Trans. Am. Inst. Chem. Eng.，1939，35：211；I. E. C.，1941，35：459.
[21] Perry. Chemical Engineers Handbook. 4th ed. McGraw-Hill Company，1963.
[22] Morris G A. International Symposium on Distillation. Brighton，1960.
[23] Murch D P . I. E. C.，1953，45：2616.
[24] Granville W H. B. C. E.，1957，2：70；J. Inst. Petrol.，1956，42：148.
[25] 兰州石油机械研究所. 塔器. 1973.
[26] 原化工部化工设备设计专业技术中心站. 板式塔. 1969.
[27] 化工设备设计手册——材料与零部件 . 上海：上海人民出版社，1973.
[28] Bemer G G. Kalis G A J. Trans. I. Ch. E.，1978，56：200.
[29] Hutton B E T，Lemg L S. Chem. Eng. Sci.，1974，29：493.
[30] Buchanan J E J. & EC Fundam，1967，6（3）：400.
[31] Shulman H L，Ullrich C F，Wells N. AIChE J.，1955，1（2）：247.
[32] 大竹侩雄，冈田和夫. 化学工学（日），1953，17：176.
[33] 北京高效填料开发公司. 环鞍型金属填料. 1985.
[34] 兰州石油机械研究所. 塔器. 1973.
[35] 化工设备设计手册——金属设备. 上海：上海人民出版社，1975.
[36] 原化工部化工设备设计技术中心站. 板式塔. 1969.
[37] 邹仁. 石油化工设计，1976（6）：1.
[38] Bolles W L. 最适宜泡罩塔板设计. 中译本. 北京：化学工业出版社，1959.
[39] Delnicki，Baddolle. C. E. P.，1970，66（3）：50.
[40] 卢振翼，萧成基. 化工技术资料——化工设计专业分册，1963（5）：2.
[41] Autohinson，Baddour. C. E. P.，1956，52（12）：503.
[42] Lemieux E J，Scotti E J. C. E. P.，1969，65（3）：52.
[43] 清华大学化工系. 化学工程，1972（4）：85.
[44] Sundermann U. Chem. U. Techn.，1967，19（5）：267.
[45] 于鸿寿，张满潮. 化学工程，1981（5）：23.
[46] 原化工部第六设计院. 化学工程，1976（6）：63.
[47] Smith R B，Dtesser T，Ohlswager S. H. P/PR，1963，40（5）：183.
[48] 盛若瑜，萧成基. 化工技术资料——化工设计专业分册，1964（5）：1.
[49] 上海化学工业设计院. 化学工程，1977（1）：46.
[50] Leibson et al. Petr. Ref.，1957，36（2）：172.
[51] Hughmark G A，Connell H E O. C. E. P.，1957，53（3）：127.
[52] Robert H. Perry. Perry's Chemical Engineers' Handbook：Chap. 18. 5th ed. New York：Megraw-Hill Company，1973.
[53] 化工设备设计手册——金属设备. 上海：上海人民出版社，1975.
[54] 原化工部第一设计院化学工程组. 化工技术资料——化工设计专业分册，1966（7）：1.
[55] 张治和，沈复，陈丙珍. V-1型浮阀塔盘传质性能及其适宜区域研究. 1965.
[56] 徐亦方，杨国威. 石油译丛——油气加工，1965（4）：17.
[57] 原化工部第五设计院二室. 石油化工技术参考资料，1970，（2）.
[58] Diehl J E，Koppany C R. C. E. P. Symp. Ser.，1969，65（92）：77.
[59] 刘乃鸿. 工业塔新型规整填料应用手册. 1993.
[60] 新型工业塔填料应用手册编写组. 新型工业塔填料应用手册 散装填料部分. 1988.
[61] 王松汉. 石油化工设计手册：第3卷. 北京：化学工业出版社，2000.
[62] 吴俊生，邵惠鹤. 精馏设计、操作和控制. 北京：中国石化出版社，1997.

6 计算应用软件

6.1 蒸馏和吸收过程模拟计算软件

蒸馏和吸收过程的相平衡数据和用于内件水力学核算的工艺数据目前常用流程模拟软件计算获得，主要的流程模拟软件有 ASPEN PLUS、PRO-Ⅱ等。本节主要介绍 ASPEN PLUS 软件在塔器模拟计算过程中的使用。ASPEN PLUS 简捷法精馏（设计型）计算可对一个带有分凝器或全凝器、一股进料和两种产物的蒸馏塔进行简捷法设计计算。它使用 Winn 法来估算最小塔板数，使用 Underwood 法来估算最小回流比，使用 Gilliland 关联式来估算规定塔板数时所需要的回流比，或估算规定回流比时所需要的塔板数。用户必须规定轻、重关键组分的回收率，再沸器和冷凝器的压力，回流比或理论塔板数，程序根据计算给出塔顶温度和塔底温度、最小和实际回流比、最小的实际理论板数、进料位置、冷凝器和再沸器的热负荷。ASPEN PLUS 软件同样可以对塔进行逐板严格精馏计算。ASPEN PLUS 严格多级分离计算包括严格法精馏（RADFRAC）、严格法多塔精馏（MULTIFRAC）、吸收塔/脱吸塔（ABSBR）及液液萃取塔（EXTRACT）的计算。用户可以根据程序的提示输入相应的数据，主要包括理论塔板数、塔的规定（塔顶/塔底产品量、馏出物气相分率、回流比或回流量等）、进料/出料板的位置、塔的压力分布等。用户还可以在塔板报告（TRAY-REPORT）中规定需输出的计算结果的塔板，它可以是主要塔板（具有进料、产物、加热器和最大与最小流量的塔板以及与这些塔板紧邻的上、下塔板，该项为默认值）、指定塔板（INCL-TRAYS）或所有塔板（ALL-TRAYS）。经过计算后，用户可以在报告中得到严格逐板计算结果。程序默认给出的计算结果包括塔板的温度、压力、气/液相流率、热负荷、进料/出料和焓，以及用于内件水力学核算的工艺数据。此外用户可以通过自定义物性集的方式获得其他所需数据。

流程模拟软件计算自带模型分析工具，可以通过敏感度分析等给设计人员优化塔器设计提供依据，特别是对于复杂的分离体系，如由灵敏板温度控制、需侧线采出的精馏塔，或是存在热量耦合的多塔体系，采用流程模拟软件计算可以明显提高计算精度，缩短设计周期。

6.2　塔器水力学计算软件

当前塔器水力学计算的常用软件主要包括 FRI DRP 软件，Koch-Glitsch 公司的 KG-TOWER 软件，苏尔寿公司的 Sulcol 软件，中国石油大学开发的 CUP-TOWER 软件，以及各个塔内件供应商和国内各大工程公司自行开发的计算软件。其中 FRI DRP 软件只限 FRI 会员单位内部使用，KG-TOWER 软件可以免费注册使用。下面主要对这两款软件进行介绍。

6.2.1　FRI DRP 软件

美国精馏研究公司（FRI）是一个非盈利的协作组织，成立于 1952 年，以开发蒸馏设备操作和结构方面的设计信息为主。FRI 已开发了穿流塔盘、填料塔、筛孔塔盘、泡罩塔盘、浮阀塔盘完整的核算程序（FRI device rating program，简称 FRI DRP）。该核算程序采用分时共享服务，允许会员内部更多应用此程序。

FRI DRP 软件的开发主要作为一款塔内件校核软件，而非设计软件；但对技术背景深厚的使用者而言也可以作为设计软件使用。使用者可以同时校核多种工况和多种塔内件（例如筛板、浮阀塔板、泡罩塔板、穿流塔板、散堆填料及规整填料），对每种塔板的计算结果分别进行查看，如果需要，也可以将计算结果导出。FRI DRP 软件的优点是可以方便地进行不同塔内件的流体力学计算结果和效率比较，软件操作简单，应用广泛，计算结果较为保守。目前的 DRP2.3 版本只对筛孔塔盘支持负荷性能图的绘制，对其他型式塔盘暂不支持。

6.2.2　KG-TOWER 软件

KG-TOWER 软件是 Koch-Glitsch 公司基于其公司的塔内件产品开发的水力学设计和核算软件。KG-TOWER 软件目前版本为 KG-TOWER v5.2，该软件适用于大部分操作系统，可以对常规和高效塔盘、散堆和规整填料进行设计及核算。使用者通过登录 Koch-Glitsch 公司官网（www.koch-glitsch.com）填写注册资料，就可以下载 KG-TOWER v5.2 软件进行使用。KG-TOWER 软件的优点是操作简单，使用免费；缺点是常规塔盘较少，主要面向 Koch-Glitsch 公司自己开发的塔内件使用。

第18章 液液萃取

1 概述

萃取是一种重要的化工单元操作。一般来说，利用液体混合物中各组分在液体溶剂中溶解度的差异来实现物质的分离或提纯的相际传质过程，称为液液萃取，有时也称为萃取或抽提[1,2]。液液萃取按照过程中萃取剂和待分离物质之间发生化学反应与否又分为物理萃取和化学萃取。伴有化学反应的液液萃取传质过程，一般称作化学萃取。基于可逆络合反应的化学萃取分离方法，简称络合萃取法[3]。用无机或有机液体溶剂将所需物质从固相中分离的过程称为固液萃取或浸取。萃取单元操作一般可以分为两个过程：传质分离和相分离。传质分离是溶质由原料液向萃取剂迁移的过程，相分离则是将已经传质充分的两种互不相溶的相分开的过程。

迄今为止，萃取技术的研究已极其深入，在包括化工在内的很多行业中的应用也非常广泛且日趋增多。19 世纪初，能斯特总结了大量液液两相平衡的实验结果，提出了有名的分配定律，为萃取技术打下了最早的理论基础[4]。1945 年首先引进磷酸三丁酯（TBP）作核燃料萃取剂，发展成为在核燃料化学工艺和稀有元素分离中广泛应用的萃取工艺[5]。20 世纪初萃取技术用于石油化工中的环丁砜芳香抽提，是一项具有重要意义的工业应用[6]。20 世纪 60 年代以来，萃取在大规模工业生产中的应用日趋广泛，如润滑油精制、湿法冶金等。苏元复对液液萃取技术在革新工业中的应用给出了具体的实例介绍，包括药学工业中麻黄碱的提取、从发酵液中提取及纯化柠檬酸、硼镁矿的利用等液液萃取的重要应用[7]。

近年来诸多新型萃取技术在各项应用中发挥着越来越重要的作用，也极大地推进了萃取技术的发展，如离子液体萃取[8]、超临界萃取[9]、膜萃取[3]、双水相萃取[10]、液液微萃取[11]等。以阿克苏-诺贝尔为代表的许多研究者和单位对具有“可设计性”的离子液体不断探索，研究了利用离子液体从油中萃取噻吩和叔丁基硫醇，并成功再生和再利用了离子液体[12,13]。此外，在环境问题日益严重的今天，液液微萃取技术在污染物测定、食品分析、生物样品分析等领域发挥着不可替代的作用。

本章从液液萃取相平衡及相图、萃取过程计算、萃取设备、填料萃取塔设计计算、转盘萃取塔的计算、萃取技术新进展几个方面对液液萃取技术进行展开，包括液液萃取技术的基础热力学理论、工程应用及进展。

2 液液相平衡及相图

2.1 液液相平衡关系

液液萃取过程的传质在两液相间进行，液液萃取法对液相中各组分的分离及提纯主要取决于液液相平衡关系。本小节以三元混合物为例讨论液液萃取过程的平衡关系。萃取操作中，所用溶剂称为萃取剂，以 S 表示。所处理原料液以 F 表示，原料液中易溶于 S 的组分以溶质 A 表示，较难溶于 S 的组分以原溶剂 B 表示。经萃取后，溶剂相中 A 的含量增大，称为萃取相 E，其组成以 y 表示；原料液中 A 的含量降低，称为萃余相 R，其组成以 x 表示；萃取相脱除溶剂后得到萃取液 E'，其组成以 y'表示；萃余相脱除溶剂后得到萃余液 R'，其组成以 x'表示。本章中省略下标的组成代表溶质 A 的质量分数。

液液两相平衡时，A 在 E、R 两相的分配系数 k_A 为

$$k_A=\frac{A\text{ 在 }E\text{ 中的质量分数}}{A\text{ 在 }R\text{ 中的质量分数}}=\frac{y_A}{x_A} \tag{18-1}$$

与蒸馏过程的相对挥发度相似，A 与 B 的分离系数或选择性系数 β 可用两组分的分配系数之比描述。

$$\beta=\frac{k_A}{k_B}=\frac{\dfrac{y_A}{x_A}}{\dfrac{y_B}{x_B}} \tag{18-2}$$

β 反映了 A、B 在萃取剂 S 中的溶解能力差异。应用萃取操作实现两组分的分离或提纯需要满足 $\beta>1$，如果 $\beta=1$，说明萃取剂 S 对两组分的溶解能力相同，采用萃取技术不能实现两组分的分离。

经过多年的积累，液液相平衡的实验数据数量日益增加。多特蒙德大学数据库（Dortmund Data Bank）于 1977 年开始收集液液相平衡（LLE）数据，获得等压或

等温线数量达 3000 余条；德国化工与生物技术学会(DECHEMA) 出版了系列化工数据手册，其中第Ⅴ卷为液液平衡数据大全，包含 2000 多套二元、三元和四元体系的液液平衡数据，构成平衡体系的组分有水、烃、醇、酮、醚、酯、有机酸、胺、腈、含卤含硫化合物，以及沸点在 0℃以上的非聚合有机物；许多工业组织也在建立数据库，如英国的物理性质数据服务库（PPDS）就含有液液相平衡（LLE）数据[14]。

而近些年来，相平衡的研究和发展方向发生了很大的转变。由之前的相平衡实验数据的积累转变为通过相平衡理论进行数据的组成计算。一般而言，液液相平衡计算可以采用活度系数法，应用较多的有可用于互溶和部分互溶物系的 NRTL 方程、UNIQUAC 方程及可用于极性和非极性多元混合物系计算的 UNIFAC 方程。溶液活度系数方程中的参数来源于对相平衡实验数据的回归，常用化工流程模拟软件 Aspen Plus 的系统数据库包含了大量的活度系数方程参数。同时对于缺少的活度系数方程参数，Aspen Plus 可利用人工查询到的液液平衡实验数据参数进行回归处理，补充到软件数据库中。模型方程的发展和应用使多元液液相平衡组成的计算成为可能，但是模型方程仍然存在适用界限等不足之处。准确的实验数据的获得和积累对于热力学模型的发展仍然至关重要。

2.2 三角形相图

液液萃取过程的平衡关系可用列表法、图示法或数学解析式描述。对于三元混合物（含 A、B、S），萃取平衡关系可用三角形相图进行描述。三角形坐标通常使用等腰直角三角形，方便进行图解计算。以萃取过程中各组分间不发生反应为前提，根据三元混合物组分间相互溶解性的不同分为如下两个物系。

第Ⅰ类物系，形成一对部分互溶的物系。A 完全溶于 S 和 B，而 B 和 S 部分互溶或完全不溶，如图 18-1 和图 18-2 所示。

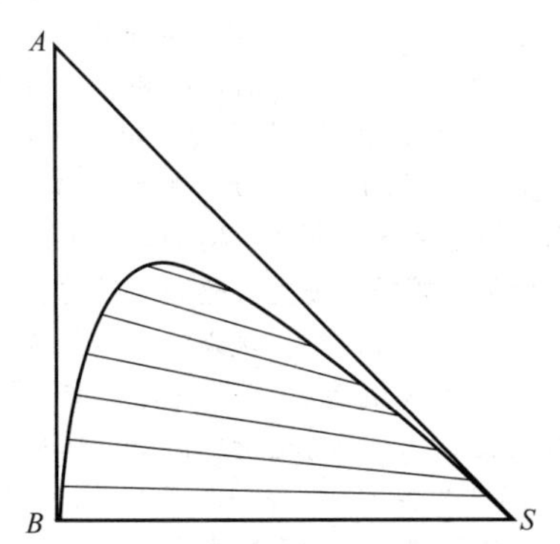

图 18-1 B 与 S 部分互溶的第Ⅰ类物系三角形相图

第Ⅱ类物系，形成两对部分互溶的物系。A 完全溶于 B，与 S 部分互溶，而 B 和 S 也部分互溶，如图 18-3 所示[2]。

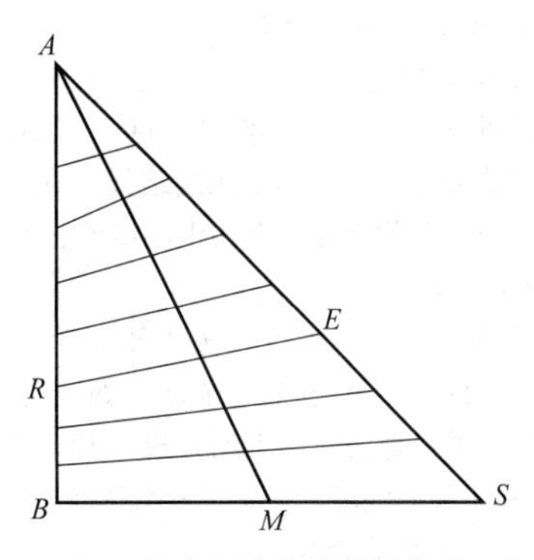

图 18-2 B 与 S 完全不溶的第Ⅰ类物系三角形相图

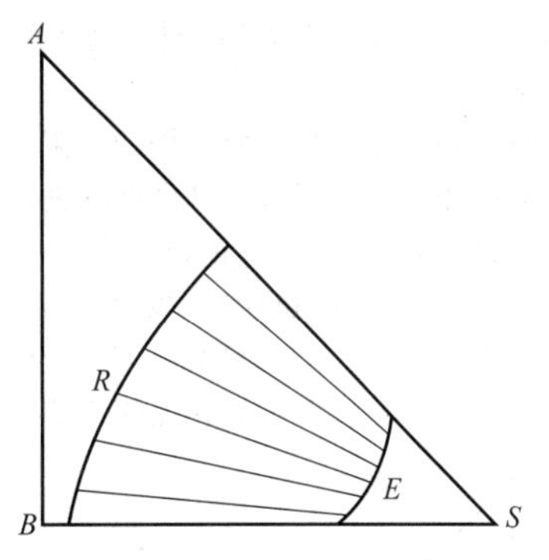

图 18-3 第Ⅱ类物系三角形相图

以图 18-4 所示的 B 与 S 部分互溶的第Ⅰ类物系为例相关概念进行介绍。

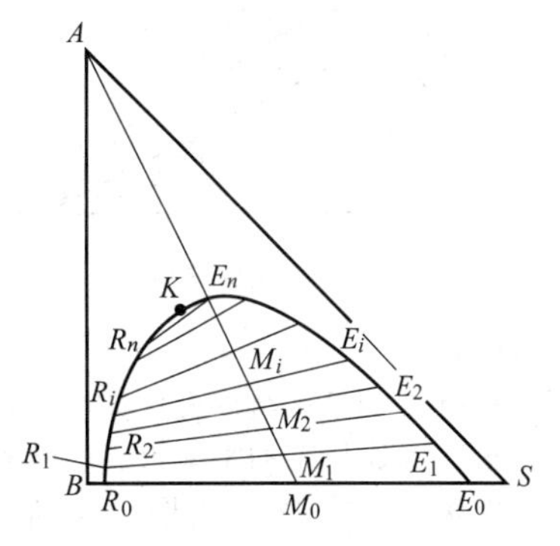

图 18-4 B 与 S 部分互溶的第Ⅰ类物系三角形相图

(1) 溶解度曲线

图 18-4 中 M_i（$i=0\sim n$）代表物系总组成点。恒定温度和压力下，首先取适量的 B 和 S 在混合器中充分混合，二元混合液体的总组成点为 M_0，停止搅拌经足够长时间获得呈平衡的两液相，包括萃取相 E_0 和萃余相 R_0，称为共轭相。再将一定量的 A 进行混合重新搅拌，组成点为 M_1，停止搅拌平衡后，得到一对新的共轭相 E_1 和 R_1。重复上述过程，直至混合液恰好成均一相。在图 18-4 中标出各平衡组成点 E_i 和 R_i 并连线成一条光滑的曲线，称为溶解度曲线。而 AM_0 两点联结线为固定 B 和 S 的量，它是不断加

入 A 时物系总组成的变化线。

(2) 平衡联结线

溶解度曲线上各对共轭相组成点之间的连线 R_iE_i 称为联结线或共轭线，简称联线或结线。联结线的倾斜程度反映溶质在萃取相和萃余相中浓度的相对大小。

(3) 临界混溶点

在第Ⅰ类物系中溶质 A 的加入使 B 和 S 的互溶度增大。当加入的溶质 A 至某一浓度，如图 18-4 中的 K 点，两共轭相的组成无限趋近而变成一相，表示这一组成的 K 点称为临界混溶点，其位置与体系物性有关。

(4) 萃取相和萃余相

K 将溶解度曲线分为左右两支，左支是以原溶剂 B 为主的萃余相，右支是以萃取剂 S 为主的萃取相。

(5) 辅助曲线

当三角形相图中来自实验数据的有限条联结线不能满足萃取操作计算需要时，可借助辅助曲线确定任一点平衡关系。如图 18-5 所示，从已知联结线的端点 E_i 和 R_i 分别作 AB 边和 BS 边的平行线，交于 C_i，并绘出一条光滑曲线，即为辅助曲线。绘出该线后，就可从已知某液相组成确定其共轭相组成。

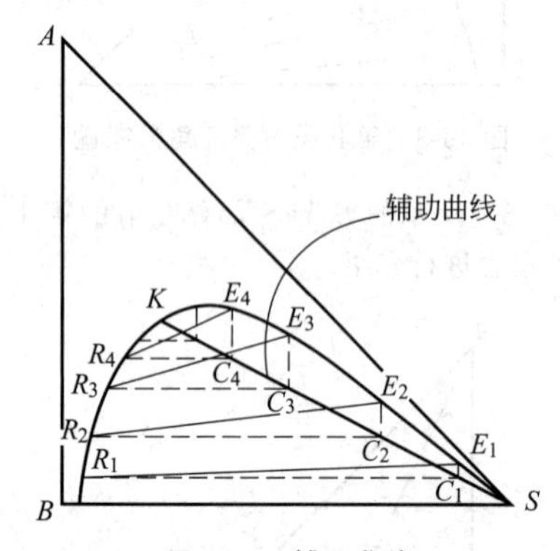

图 18-5　辅助曲线

(6) 分配曲线

将共轭相中 A 的平衡组成直接标绘在直角坐标中，或将三角形相图中 A 的平衡组成转换到直角坐标中，就可以获得分配曲线，如图 18-6 所示。分配曲线是溶质 A 在两相的平衡关系的另一种表达方式。

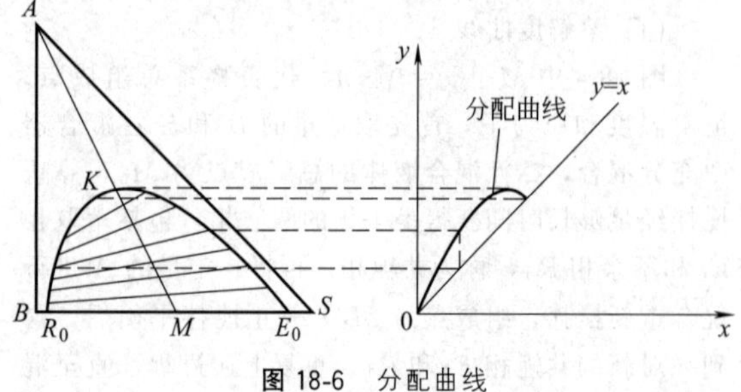

图 18-6　分配曲线

只有混合物系的组成点落在两相区内，混合物系才能形成互呈平衡的两相，达到萃取分离的目的。对于确定的处理原料 F，当温度和压力确定时可以根据三角形相图确定合适的萃取剂 S 用量，以达到两相分离的目的。对于三元两相物系，其自由度为 3，温度和压力确定，确定某一相中一个组分的组成，便可确定其他组分的组成及其共轭相的组成。一般压力对相平衡关系的影响较小，除非极高压力，一般可忽略；相平衡关系受温度影响较为敏感，一般温度升高，单相区扩大，两相区缩小，且溶解度曲线形状和联结线斜率都将随温度变化而发生改变，如图 18-7 所示[1]。而另一方面，温度过低，体系黏度增大，不利于传质，故应选择合适的萃取操作温度。

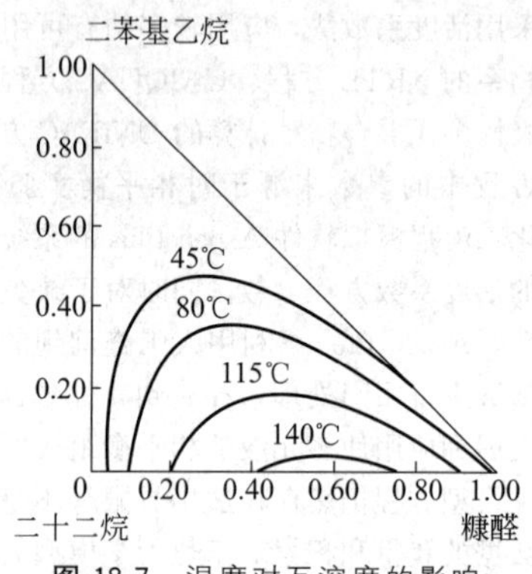

图 18-7　温度对互溶度的影响

2.3　萃取剂的选择

萃取剂的性质直接影响萃取操作的可行性和经济性，选择合适的萃取剂是萃取操作的关键。由萃取的概念和三角形相图可以知道，萃取剂需要对混合物各组分具有选择性溶解能力，同时萃取剂与原溶剂能部分互溶或完全不溶，且部分互溶的液液两相较易分层，这是对萃取剂的基本要求。从物理萃取角度出发，实际选择萃取剂时，可先考虑分子间的相互作用，对萃取剂进行定性筛选[15]。

分子间相互作用包括物理作用及较弱的化学作用。物理作用有静电作用、诱导作用、色散作用，统称为范德华力。分子间作用力还包括氢键和形成络合物的作用。对于极性分子，诱导力起主要作用，而对于非极性分子，氢键起主要作用，诱导力一般贡献都很小。

根据《溶剂手册》所述，溶剂分为十二大类：烃类、卤代烃类、醇类、酚类、醚和缩醛类、酮类、酸和酸酐类、酯类、含氮类、含硫类、多官能团类（如三甘醇-乙醚）及无机溶剂[16]。各种典型溶剂形成氢键的能力见表 18-1，形成氢键的质子授体和质子受体情况见表 18-2 及表 18-3。表 18-1～表 18-3 为液液萃取提供了一个溶剂选择的定性准则。

以乙酸乙酯-乙醇-水的分离为例，体系分子之间静电力及色散力影响比较小，可以忽略，主要考虑氢键的作用。该体系中水是强极性物质，乙醇也具有极性，乙酸乙酯属于中性物质，根据相似相溶原理，选

表 18-1　分子按形成氢键的能力分类

类型	特征	实例
Ⅰ	有一个或多个质子授体,无质子受体	卤仿,多卤化物,炔
Ⅱ	无质子授体,有一个或多个质子受体	酮,醚,酯,烯,芳烃,叔胺,腈,异腈
Ⅲ	既有质子授体,又有质子受体	醇,水,酚,羧酸,无机酸,伯胺,仲胺
Ⅳ	既无质子授体,又有质子受体	饱和烃,四氯化碳,二硫化碳

表 18-2　能形成氢键的质子授体

质子授体	实　例
O—H	H—O—H（水），R—O—H（醇、酚），$R_1R_2R_3SiOH$（硅醇），RC(=O)—O—H（羧酸）
N—H	R—N(H)—H（伯胺），R_1R_2—N—H（仲胺），C_4H_4N—H（吡咯），R_1—C(=O)—CH_2—N(R_2)—H（酰胺）
S—H	R—S—H（硫醇）
X—H	F—H（氟化氢），Cl—H（氯化氢）
C—H	Cl_3—C—H（氯仿），R≡C—H（炔），N≡C—H（氰酸）
P—H	R_1R_2P—H（膦），$(RO)_2$—P^+(=O)—H（磷酸酯）

表 18-3　能形成氢键的质子受体

质子受体	实　例
R_1—N(R_3)(R_2)—	R—NH_2（伯胺），R_1R_2NH（仲胺），$R_1R_2R_3N$（叔胺），C_4H_4N—H（吡咯），C_5H_5N－H（吡啶）
—X—	氧或卤素负离子，$R_4N^+X^-$（季铵盐）
R—X—	R—X（有机卤化物），H—F（氟化氢）
R—N ≡C—	R—NC（异腈）
π 电子系统	R_1—C≡C—R_2（炔），C_6H_6（苯），R—C≡N（腈）

择的萃取剂应具有极性。常用物质其极性大小按分子结构排列为烃类化合物、醚、醛、酮、酯、醇、水，从左到右极性越来越强；从乙醇、水和乙酸乙酯的结构来看，乙醇和水既是质子授体，又是质子受体，而乙酸乙酯无质子授体，因此从分子间形成的氢键的角度，考虑选择具有质子受体的溶剂能更有效地将乙酸乙酯与乙醇、水分离开来。

从图 18-1 可以看出，Ⅰ、Ⅳ类溶剂无质子受体，不宜为该体系的分离溶剂；Ⅱ类溶剂具有一个或多个质子受体，无质子授体，但醚、酯、烯、芳烃、腈、异腈与水部分互溶或不溶，故不宜作为萃取溶剂；Ⅲ类溶剂中酚、无机酸极为少用。故乙酸乙酯-乙醇-水体系分离的萃取剂，可从醇、水、羧酸、胺类和酮中选择[15]。

影响实际萃取过程的分离效果的主要因素如下[17]。

① 两相间的相平衡关系。

② 两相接触和传质的物性。

③ 萃取过程的流程，所用的设备及其操作条件。

工业用萃取剂的选择，可结合以上因素从如下几个方面进行综合考虑[1,2,18,19]。

(1) 萃取剂的选择性

萃取操作中要求萃取剂对所要分离或提纯的溶质具有较大的溶解度，而对其他组分不溶或有很小的溶解度。选择性的优劣通常用选择性系数 β 衡量。如果 β 接近于 1，表明萃取操作分离能力很差，不宜选用此类溶剂用于萃取操作。

(2) 萃取剂萃取容量

萃取剂萃取容量指部分互溶物系的褶点处和第二类物系溶解度最大时，萃取相中单位萃取剂可能达到的最大溶质负荷。应选择具有较大萃取容量的萃取剂，使萃取过程具有适宜的萃取剂循环量，降低操作费用。

(3) 溶剂回收难易程度

萃取过程需要采用后续分离手段以实现组分与萃取剂的分离，达到组分分离或提纯的目的，同时实现萃取剂的回收。萃取剂的回收费用是萃取操作的关键经济指标，有些萃取剂由于较难回收而被弃用。萃取剂的回收可采用蒸馏、吸收、结晶、反萃取等单元操作。合适的萃取剂应具有适宜的沸点、闪点和燃点，且具有良好的热稳定性和化学稳定性，既要保证萃取的操作安全，又要与后续处理过程实现良好的衔接。

(4) 萃取剂与原溶剂的互溶度

通常萃取剂与原溶剂间不可避免地具有或大或小的溶解度，互溶度越大则两相区越小，不利于萃取操作。且对于某些体系，溶解度曲线随温度改变会发生较大变化，需要根据具体体系选择合适的温度。

(5) 萃取剂的环境友好性

随着人们对环境问题的逐渐重视，应尽量不用或少用对环境及人体有影响的萃取剂。采用无毒性、无刺激性的萃取剂，这一点是保证安全生产的前提。若已有溶剂不能满足萃取需求，可开发具有可设计性的绿色友好离子型液体。

(6) 萃取剂的物理性质

加入萃取剂后呈平衡状态的液液两相的密度差、萃取剂界面张力和黏度是影响萃取操作的主要物理性质。这些性质直接影响过程的接触状态、两相分离的难易和两相相对流动速度，从而限制过程设备的分离效率和生产能力。应选择合适的萃取剂保证两相能有效地混合、流动和分相。

(7) 其他

萃取剂在包括后续溶剂回收在内的整个萃取操作中应具有良好的稳定性，不宜分解或与其他组分发生化学反应。同时要求其对设备腐蚀性小、毒性低，资源充足，价格适宜。

实际选择萃取剂时一般很难同时满足以上要求，应根据物系特点，综合以上要求，结合生产实际，多方案比较，权衡利弊，选择合理的萃取剂。目前选择萃取剂的主要方法有两种。一是经验方法，根据被萃取组分的物理化学性质，凭借经验选择出萃取剂。二是计算机辅助分子设计方法，近年来，计算机辅助分子设计的研究十分广泛，不少研究人员开始利用计算机辅助设计的方法来选择萃取体系的萃取剂。

3 液液萃取过程计算

和众多化工单元操作相同，液液萃取的计算类型包括设计型计算和操作型计算，是萃取工艺和设备设计的重要内容，通过计算最终确定给定分离要求下设备费用和操作费用最优的可行工艺组合。本节以三元物系的液液萃取计算为例重点介绍级式萃取过程计算。

3.1 单级萃取[1,2]

单级萃取过程是指具有一个理论级的萃取分离过程。理论级是一种理想状态，如果单级萃取操作能够获得互呈平衡的萃取相和萃余相，这样的萃取操作称为一个理论级或平衡级，以符号 N 表示。

单级萃取过程中原料液 F 和萃取剂 S 只进行一次接触，获得萃取相 E 和萃余相 R，再进行后续脱溶剂操作，获得萃余液 R' 和萃取液 E'。单级萃取示意图如图 18-8 所示。

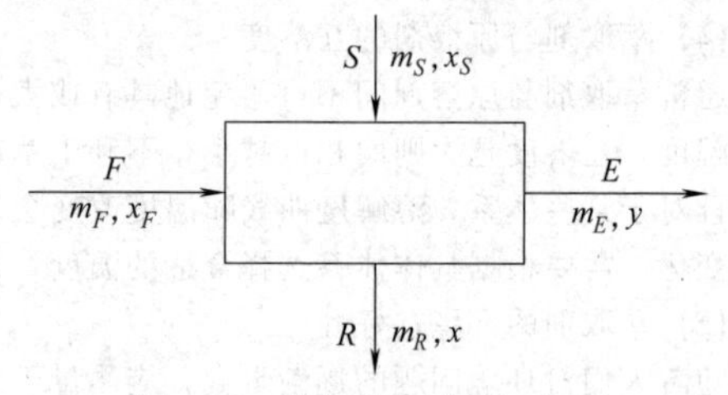

图 18-8 单级萃取过程示意图

单级萃取的操作型计算为给定原料液 F 和萃取剂 S 的用量 m_F、m_S 及相应溶质 A 的质量组成 x_F、x_S，求 E 和 R 两相的量 m_E 和 m_R 及溶质 A 质量含量 y、x。设计型计算是根据给定的原料液和工艺分离要求，确定适宜的溶剂比 m_S/m_F 或溶剂用量 m_S。

单级萃取系统的总物料衡算见式 (18-3)。

$$m_S+m_F=m_E+m_R=m_M \tag{18-3}$$

上式说明 M 点既是 F 和 S 的和点，又是呈平衡的共轭两相 E 和 R 的和点。

(1) 部分互溶物系

对于该物系的单级萃取计算，采用图解法进行，如图 18-9 所示。

① 操作型问题　根据 m_F、m_S、x_F、x_S 在三角形相图中确定 F 和 S 两点，根据杠杆定律确定其和点 M，如式 (18-4)，E、R 两点必在通过 M 点的联结线上。假设 E 点位置，通过辅助曲线 PQ 找出 R 点位置，联结 ER，若不通过点 M，则改变 E 点位置，重复上述过程。即通过图解试差法确定过 M 点的联结线 ER，即可直接从图中读出呈平衡的两相的组成 y、x，且 E、R 两相的量 m_R、m_E 可以根据杠杆定律计算，如式 (18-5) 和式 (18-6)。

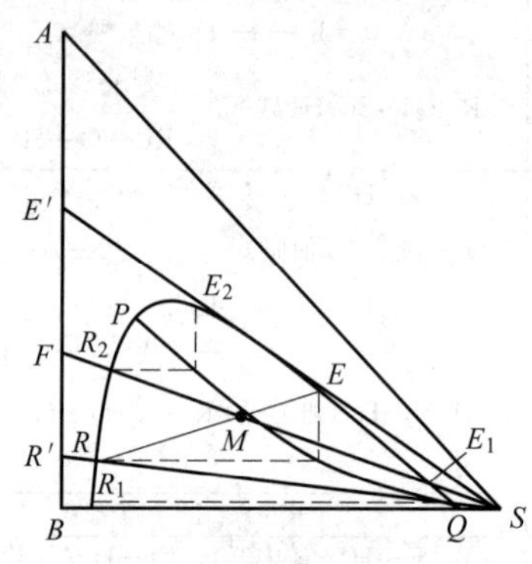

图 18-9 单级萃取图解

$$\frac{m_S}{m_F}=\frac{|FM|}{|MS|} \tag{18-4}$$

$$m_E=\frac{|MR|}{|ER|}m_M \tag{18-5}$$

$$m_R=m_M-m_E \tag{18-6}$$

② 设计型问题　在图 18-9 中确定 F 和 S 两点，根据分离要求 x'（萃余相脱除萃取剂 S 后 A 的含量）在图中确定 R'，或根据 y'（萃取相脱除萃取剂 S 后 A 的含量）在图中确定 E'。以分离要求为 y' 为例，联结 R'、S 与溶解度曲线交于 R 点，R 点为 R'、S 的和点，可读图得到萃余相 R 的组成 x。利用辅助曲线获得共轭相 E 的组成 y。联结 ER，与 FS 交于 M 点，则给定分离要求所需的溶剂用量为

$$m_S=\frac{|FM|}{|MS|}m_F \tag{18-7}$$

单级操作的萃取剂用量 m_S 有一定的范围，如图 18-9 所示，当 m_S 增加时，和点 M 向萃取剂 S 点靠近，E、R 两相中溶质 A 组成下降，有利于分离。但当 M 点移到 FS 与溶解度曲线的交点 E_1 时，液液两相成为均相混合物，此时溶剂用量为萃取操作的最大萃取剂用量 $m_{S_{\max}}$；相反，减少 m_S，M 点向 F 点靠近，两相中 A 组成均增加，继续减小 m_S，M 点移到 R_2，液液两相成为均相混合物，此萃取剂用量为最小萃取剂用量 $m_{S_{\min}}$。单级萃取的 m_S 范围为 $m_{S_{\min}}<m_S<m_{S_{\max}}$。

(2) 完全不互溶物系

当所用的萃取剂 S 与原溶剂 B 不互溶或极少互溶，且溶质组分的存在在操作范围内对 B、S 互溶度又无明显影响时，可近似将溶剂与原溶剂看作完全不互溶。整个传质过程中 B 和 S 的量保持不变，两相中的组成用质量比表示，溶质 A 的物料衡算见式 (18-8)。

$$m_S(Y-Y_0)=m_B(X_F-X)$$

$$X=\frac{m_A}{m_B}=\frac{x}{1-x}$$

$$Y=\frac{m_A}{m_S}=\frac{y}{1-y} \tag{18-8}$$

式中　m_B，m_S——原溶剂和萃取剂量，kg；

X，X_F——萃余相和原料液中溶质 A 的质量比，kg (A)/kg (B)；

Y，Y_0——萃取相和萃取剂中溶质 A 的质量比，kg (A)/kg (S)。

由上式可得单级萃取过程操作线方程，如式 (18-9)。

$$Y=-\frac{m_B}{m_S}X+\left(Y_0+\frac{m_B}{m_S}X_F\right) \tag{18-9}$$

对于此类物系的单级萃取计算可采用直角坐标图解法或代数公式法[2]。

① 直角坐标图解法　如图 18-10 所示，将式 (18-9) 描述的操作线与分配曲线相交，得到交点 D (X_1，Y_1)，即为通过一个萃取理论级后萃余相和萃取相中溶质 A 的浓度。对于操作型问题，通过 D 点坐标即可确定获得萃取平衡组成。对于设计型问题，规定分离要求，如萃余相组成 X，在分配曲线上确定点 D，并由原料液组成确定点 H (X_F，Y_0)，联结 D 和 H 得操作线，根据操作线斜率求出所需萃取剂用量。

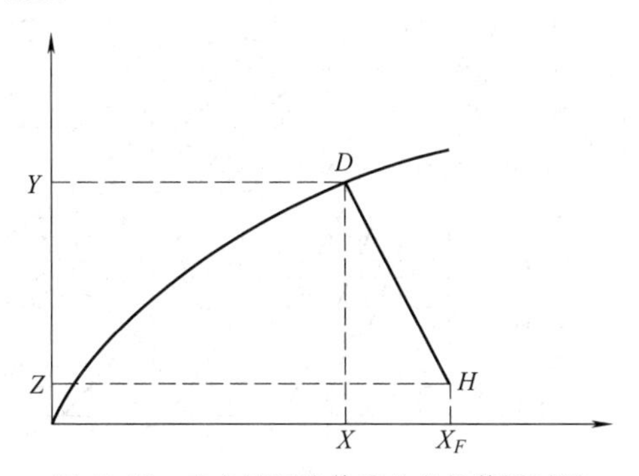

图 18-10　完全不互溶体系的单级萃取过程

② 代数公式法　分配曲线可以描述为 $k_A=Y_A/X_A$，式中，k_A 是溶质 A 在液液两相中的分配系数。定义萃取因子 ε_A 为萃取相和萃余相中溶质组分的质量比或分配系数和操作线斜率绝对值之比，如式 (18-10)。

$$\varepsilon_A=\frac{m_SY_A}{m_BX_A}=\frac{m_Sk_A}{m_B} \tag{18-10}$$

由物料衡算并略去下标 A，可以得到以下关系式。

$$Y=\frac{kX_F+\varepsilon Y_0}{1+\varepsilon} \tag{18-11}$$

萃取相中溶质和原料液中溶质组分的质量比称作单级萃取的萃取率 ρ。

$$\rho=\frac{m_Ey}{m_Fx_F}=\frac{m_SY}{m_BX_F}=\frac{\varepsilon\left(1+\frac{m_SY_S}{m_BX_F}\right)}{1+\varepsilon} \tag{18-12}$$

3.2　多级错流萃取[1,2]

多级错流问题的处理和单级萃取相似，只是将前一级的萃余相作为下一级的原料液，是单级萃取方法的多次重复应用。萃取剂分别从各级加入，原料液 F 经多次萃取作为萃余相从末级排出，各级排出的萃取相收集在一起进行脱溶剂操作。如图 18-11 所示为多级错流萃取流程示意图。

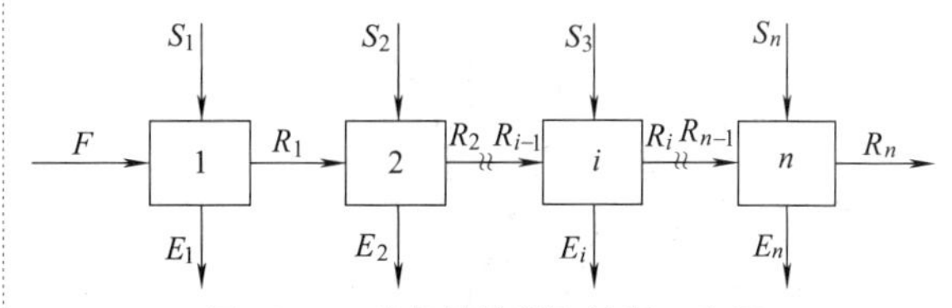

图 18-11　多级错流萃取流程示意图

多级错流萃取计算同样分为两类。对给定操作条件下的液液相平衡关系、原料液量和组成，一是设计型问题：规定各级溶剂用量及组成，计算达到规定分离要求所需要的理论级数。二是操作型问题：规定各级溶剂用量及组成和多级错流萃取设备的理论级数，估算通过该设备进行萃取操作后所能达到的分离程度[2]。

(1) 部分互溶物系

部分互溶物系的多级错流萃取图解如图 18-12 所示。

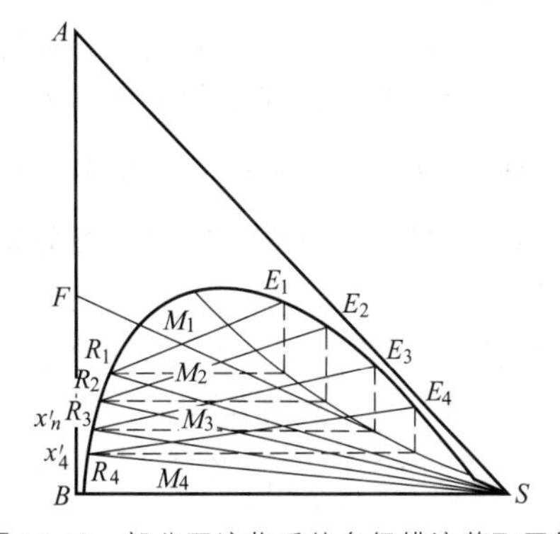

图 18-12　部分互溶物系的多级错流萃取图解

以第 i 级为例，来自上一级的萃余液 R_{i-1} 与新鲜溶剂 S 接触进行单级萃取，通过杠杆原理确定该级和点 M_i，结合辅助曲线进行图解试差法确定该级达到平衡的共轭相组成 R_i 和 E_i。

(2) 完全不互溶物系

各级分别加入新鲜溶剂 S，且 B 与 S 完全不互溶。与单级萃取过程相同，两相中的组成用质量比表示，任意 i 级对 A 作物料衡算。

$$m_{S_i}(Y_i-Y_0)=m_B(X_{i-1}-X_i)\quad(i=1,2\cdots n)\tag{18-13}$$

$$Y_i=-\frac{m_B}{m_{S_i}}X_i+(Y_0+\frac{m_B}{m_{S_i}}X_{i-1})\quad(i=1,2\cdots n)\tag{18-14}$$

式中 $i=1$ 时，$X_0=X_F$。

式 (18-14) 为各级操作线方程，斜率为 $-m_B/m_{S_i}$，若各级加入 S 量相等，则各级操作线斜率相同。

① 直角坐标图解法　完全不互溶物系的多级错流萃取图解如图 18-13 所示。

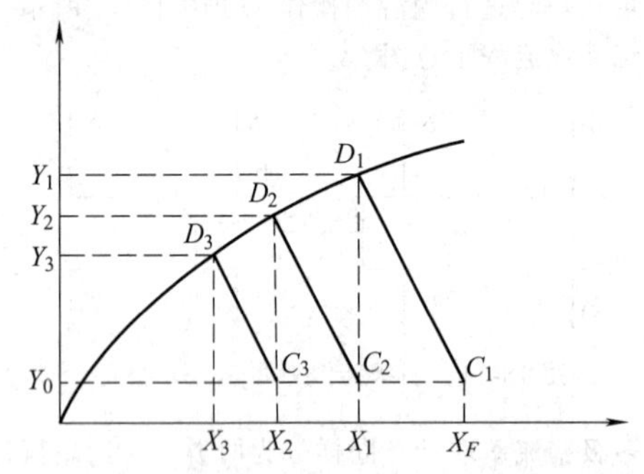

图 18-13　完全不互溶物系的多级错流萃取图解

对于设计型问题，根据已知 F、S 量及组成确定各级操作线斜率（$-m_B/m_{S_i}$）及点 C_1（X_F，Y_0），过 C_1 点根据斜率作直线，交分配曲线于 D_1（X_1，Y_1），即为第 1 级萃取获得的萃取相和萃余相组成点；再从点 C_2（X_1，Y_0）重复以上过程，直到所得平衡组成点 D_n 所对应的萃余相组成小于或等于规定的分离要求。图 18-13 中操作线和分配曲线相交的次数就是理论级数 n。

② 代数公式法　平衡关系用分配曲线描述，$k_i=Y_i/X_i$。为简化计算，设分配系数 k_i 及各级萃取因子 ε_i 为常数，即 $\varepsilon_i=\frac{m_SY_i}{m_BX_i}=\varepsilon$。如果各级加入等量溶剂，对 A 多级错流萃取各级的物料衡算如下。

$i=1$

$$m_BX_F+m_SY_0=m_BX_1+m_SY_1=m_BX_1(1+\varepsilon)$$

$$X_1=\frac{X_F+\frac{m_S}{m_B}Y_0}{1+\varepsilon}\tag{18-15}$$

$i=2$

$$m_BX_1+m_SY_0=m_BX_2+m_SY_2$$

$$X_2=\frac{X_1+\frac{m_S}{m_B}Y_0}{1+\varepsilon}\tag{18-16}$$

$$X_2=\frac{X_F+\frac{m_S}{m_B}Y_0}{(1+\varepsilon)^2}+\frac{m_SY_0}{m_B(1+\varepsilon)}$$

$i=3$

$$X_3=\frac{X_F+\frac{m_S}{m_B}Y_0}{(1+\varepsilon)^3}+\frac{m_SY_0}{m_B\ (1+\varepsilon)^2}+\frac{m_SY_0}{m_B(1+\varepsilon)}\tag{18-17}$$

$i=n$

$$X_n=\frac{X_F+\frac{m_S}{m_B}Y_0}{(1+\varepsilon)^n}+\frac{m_SY_0}{m_B\ (1+\varepsilon)^{n-1}}+\frac{m_SY_0}{m_B\ (1+\varepsilon)^{n-2}}+\cdots+\frac{m_SY_0}{m_B(1+\varepsilon)}=\left(X_F-\frac{Y_0}{k}\right)\left(\frac{1}{1+\varepsilon}\right)^n+\frac{Y_0}{k}\tag{18-18}$$

整理并取对数得

$$n=-\frac{\lg\left(\dfrac{X_n-\frac{Y_0}{k}}{X_F-\frac{Y_0}{k}}\right)}{\lg(1+\varepsilon)}\tag{18-19}$$

由该式绘制的 n-$\dfrac{X_n-\frac{Y_0}{k}}{X_F-\frac{Y_0}{k}}$ 关系图如图 18-14 所示。

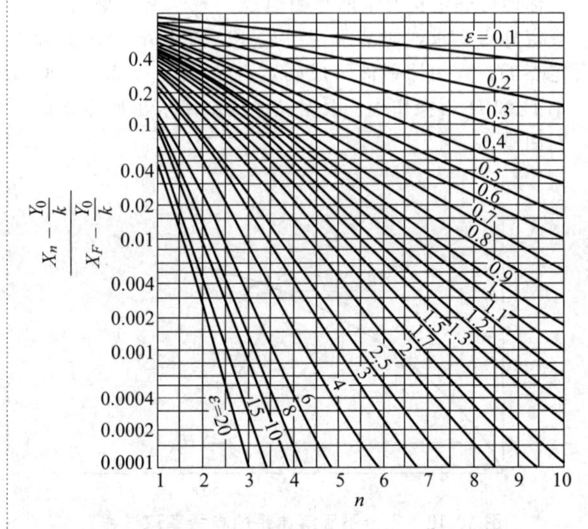

图 18-14　ε、m_S 均为常数且 B、S 完全不互溶物系的多级错流萃取 n-$\dfrac{X_n-\frac{Y_0}{k}}{X_F-\frac{Y_0}{k}}$ 关系图

采用多级错流萃取可以使萃余相的溶质组成进一步降低，得到溶质含量很低的萃余相，在溶剂用量相

同时，多级错流萃取的分离效果好于单级萃取。或者说，要达到相同分离要求，多级错流萃取所需溶剂用量少。但多级错流萃取所需设备多，投资增加，操作复杂，适用于较易分离（分配系数较大）的物系。

3.3 多级逆流萃取[1,2]

用一定量的溶剂萃取原料液时，单级或多级错流萃取因受相平衡关系限制，常常很难达到更高程度的分离要求。多级逆流萃取是原料液和溶剂逆向接触依次通过各级的连续操作。多级逆流萃取流程如图18-15所示。

原料液和萃取剂分别从第 1 级和第 n 级进入系统，依次经过各级萃取。从第 n 级排出萃余相，第 1 级排出萃取相，脱除溶剂后获得产品萃取液和溶剂。在多级逆流萃取计算中，设计型问题是给定原料液量和组成，规定分离要求，已知操作条件包括操作温度、压力以及萃取剂用量，求所需的理论级数。操作型问题是估算给定操作条件下经过 n 级逆流萃取所能达到的分离程度。本小节主要讨论设计型问题。

多级逆流萃取理论级的求解和精馏、吸收中理论级数的计算相似。通过物料衡算获得任一理论级萃余相 R_i 组成 x_i 和下一级萃取相 E_{i+1} 组成 y_{i+1} 之间关系，即操作关系，结合任一理论级的平衡关系，逐级计算萃取相和萃余相的浓度，直到萃余相浓度小于或等于规定的分离要求为止，所得级数就是所需的理论级数。

(1) 部分互溶物系

该物系图解计算可采用三角形相图和分配曲线图解法。

① 三角形相图图解法

a. 多级逆流萃取总物料衡算

$$m_F + m_S = m_{E_1} + m_{R_n} = m_M \tag{18-20}$$

给定末级排出的萃余相组成 x_n 为分离要求，根据 F、S 的量及相应组成 x_F、y_0，在图 18-16 中确定 F、R_n、S 三点。根据杠杆定律确定公共和点 M，联结 R_n、M 并延长与溶解度曲线交于 E_1 点，即第 1 级萃取相组成点，再利用杠杆定律求出 E_1 和 R_n 的量。

b. 各级物料衡算

第 1 级 $m_F + m_{E_2} = m_{R_1} + m_{E_1}$

$$m_{E_1} - m_F = m_{E_2} - m_{R_1} \tag{18-21}$$

第 2 级 $$m_{E_2} - m_{R_1} = m_{E_3} - m_{R_2} \tag{18-22}$$

第 i 级 $$m_{E_{i+1}} - m_{R_i} = m_{E_i} - m_{R_{i-1}} \tag{18-23}$$

第 n 级 $$m_{E_n} - m_{R_{n-1}} = m_S - m_{R_n} \tag{18-24}$$

故

$$m_{E_{i+1}} - m_{R_i} = m_{E_i} - m_{R_{i-1}} = m_S - m_{R_n} = m_D (i=0,1,2\cdots n-1) \tag{18-25}$$

当 $i=0$ 时，$m_{R_0}=m_F$，m_D 为在系统中假设的虚拟物流，是进入任一级 i 的 E_{i+1} 和离开该级的 R_i 的恒定流量差，为一个常数。在三角形相图中 D 是 E_{i+1} 与 R_i（$i=0$，1，2…$n-1$）的公共差点，由 FE_1 和 R_nS 两线的延长线的交点即可确定 D 点，其位置取决于溶剂比 m_S/m_F。

c. 逐级图解 如图 18-16 所示，确定 D 和 E_1 点之后，从 E_1 出发，借助辅助曲线确定 R_1，利用物料衡算关系，联结 R_1、D 两点，交溶解度曲线于 E_2 点；从 E_2 出发，重复以上步骤，逐级图解直到萃余相组成 $x_i \leqslant x_n$，即可求出所需理论级数 n。图 18-16 的理论级数是 4。

② 分配曲线图解法 当萃取过程所需的理论级数 n 较多时，用三角形相图图解误差较大，在直角坐标系中利用分配曲线也可图解求取理论级数。

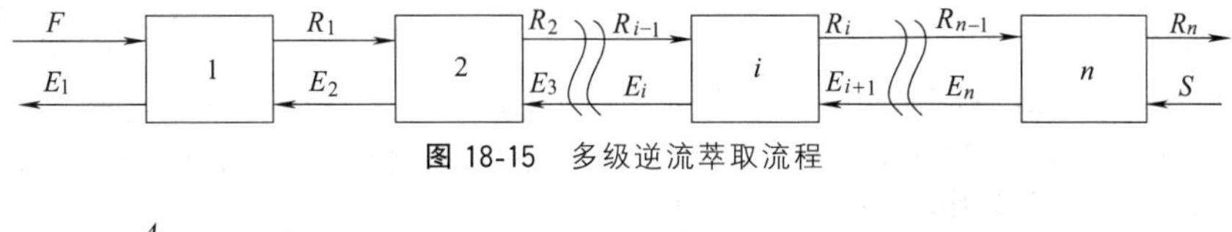

图 18-15 多级逆流萃取流程

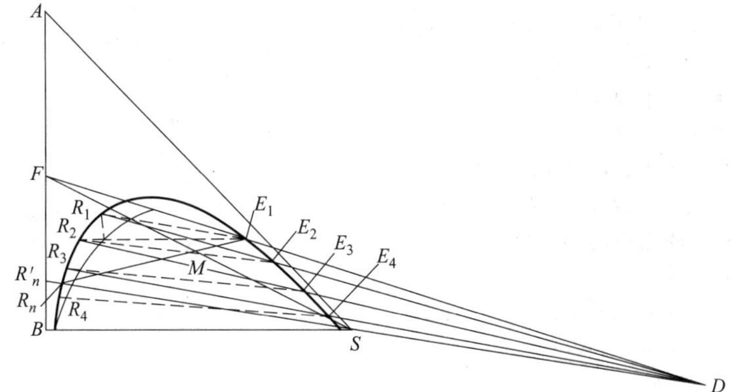

图 18-16 部分互溶物系多级逆流萃取三角形相图图解理论板数

如图18-17所示，首先根据三角形相图，在直角坐标系中绘出分配曲线；然后在三角形相图给定的操作范围内，过D点，引出若干条与溶解度曲线相交的线R_iE_{i+1}，将各组交点对应的x_i、y_{i+1}转化到直角坐标系中确定点（x_i，y_{i+1}）（$i=1$，$2\cdots n$），获得系统的操作线，两端点是（x_F，y_1）和（x_n，y_0）。类似精馏和吸收图解法，在图中从x_F出发，在操作线和分配曲线之间作梯级直到$x_i \leqslant x_n$，所得到的梯级数就是所需的理论级数。

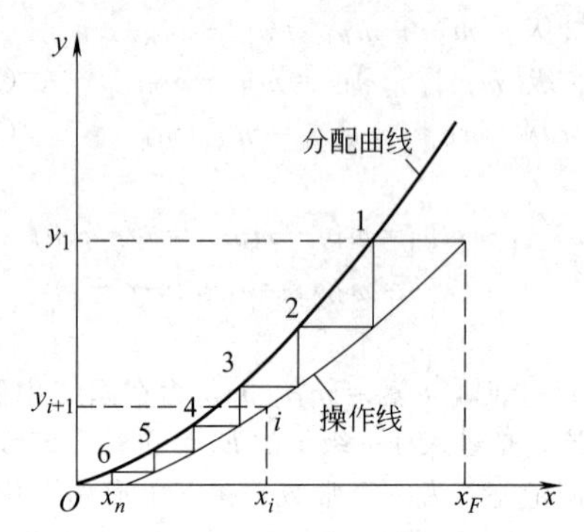

图18-17　部分互溶物系多级逆流萃取分配曲线图解理论级数

(2) 完全不互溶物系

该物系多级逆流萃取过程可通过直角坐标图解法和代数公式法求解。

① 直角坐标图解法　从任意i级到第n级对A作物料衡算，其中两相中的组成用质量比表示［如式(18-8)］。

$$m_S(Y_{i+1}-Y_0)=m_B(X_i-X_n)\quad(i=0,1,2\cdots n)\tag{18-26}$$

$$Y_{i+1}=\frac{m_B}{m_S}X_i+\left(Y_0-\frac{m_B}{m_S}X_n\right)(i=0,1,2\cdots n)\tag{18-27}$$

式中，$i=0$时，$X_0=X_F$。

式（18-27）为完全不互溶物系的多级逆流萃取过程的操作线方程，由于B、S完全不互溶，萃取过程中B、S流量恒定，故上述操作线方程斜率为一个常数，操作线是一条直线。操作线经过点C（X_F，Y_1）和D（X_n，Y_0）。对于设计型问题，如图18-18所示，根据物料衡算确定操作线CD，从C点出发，在分配曲线和操作线之间作梯级直到D点，所得梯级数即为完成规定分离要求所需要的理论级数n。

② 代数公式法　从第1级到任一级i对A做物料衡算，如式（18-28），两相中的A的组成用质量比表示［定义见式（18-8)］。

$$m_BX_i+m_SY_1=m_BX_F+m_SY_{i+1}\tag{18-28}$$

同时$Y_i=k_iX_i$，$\varepsilon_i=\dfrac{m_Sk_i}{m_B}$　（$i=1$，$2\cdots n$）。

$i=1$时，将Y_1代入式（18-28），消去Y_1，整理得

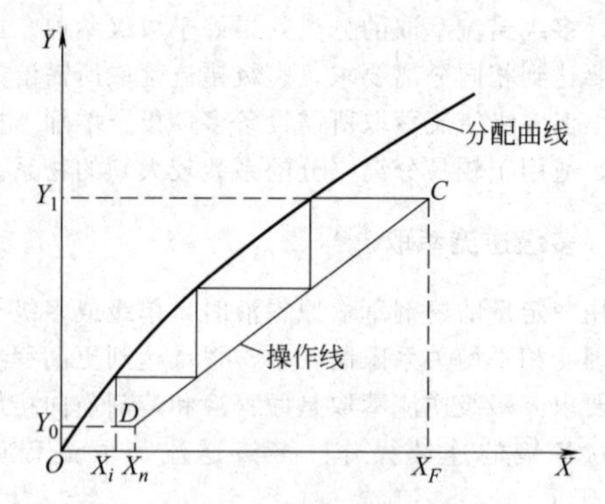

图18-18　完全不互溶物系多级逆流萃取分配曲线图解理论级数

$$X_1=\frac{X_F+\dfrac{m_S}{m_B}Y_2}{1+\varepsilon_1}\tag{18-29}$$

$i=2$时，消去X_1、Y_1、Y_2得

$$X_2=\frac{X_F+\dfrac{m_S}{m_B}Y_3(1+\varepsilon_1)}{1+\varepsilon_1+\varepsilon_1\varepsilon_2}\tag{18-30}$$

当$i>1$时，采用上述代入消去法得到任一级i的萃余相溶质质量比。

$$X_i=\frac{X_F+\dfrac{m_S}{m_B}Y_{i+1}(1+\varepsilon_1+\varepsilon_1\varepsilon_2+\cdots+\varepsilon_1\varepsilon_2\cdots\varepsilon_{i-1})}{1+\varepsilon_1+\varepsilon_1\varepsilon_2+\cdots+\varepsilon_1\varepsilon_2\cdots\varepsilon_{i-1}}\quad(i=1,2\cdots n)\tag{18-31}$$

当$i=n$时，$Y_{n+1}=Y_0$。当ε为常数时，各级溶剂比m_S/m_B也为常数，故各级分配系数也是常数k，分配曲线是直线，由式（18-31）得

$$X_n=\frac{X_F+\dfrac{m_S}{m_B}Y_0(1+\varepsilon+\varepsilon^2+\cdots+\varepsilon^{i-1})}{1+\varepsilon+\varepsilon^2+\cdots+\varepsilon^i}=X_F\frac{\varepsilon-1}{\varepsilon^{n+1}-1}+\frac{m_S}{m_B}Y_0\frac{\varepsilon^n-1}{\varepsilon^{n+1}-1}\quad(i=1,2\cdots n)\tag{18-32}$$

进一步整理并取对数得

$$\lg\frac{X_n-\dfrac{Y_0}{k}}{X_F-\dfrac{Y_0}{k}}=\lg(\varepsilon-1)-\lg(\varepsilon^{n+1}-1)\tag{18-33}$$

当$\varepsilon^{n+1}\geqslant 1$时，式（18-33）近似为

$$\lg\frac{X_n-\dfrac{Y_0}{k}}{X_F-\dfrac{Y_0}{k}}=-n\lg\varepsilon+\lg\frac{\varepsilon-1}{\varepsilon}\tag{18-34}$$

$$n=\frac{\lg\left[\dfrac{X_n-\dfrac{Y_0}{k}}{X_F-\dfrac{Y_0}{k}}\left(1-\dfrac{1}{\varepsilon}\right)+\dfrac{1}{\varepsilon}\right]}{\lg\varepsilon}\tag{18-35}$$

根据式（18-35）可绘制一系列 $n\text{-}\dfrac{X_n-\dfrac{Y_0}{k}}{X_F-\dfrac{Y_0}{k}}$ 线图，如图 18-19 所示。如果分配曲线不是直线，可以采用曲线斜率的几何平均值替代分配系数。

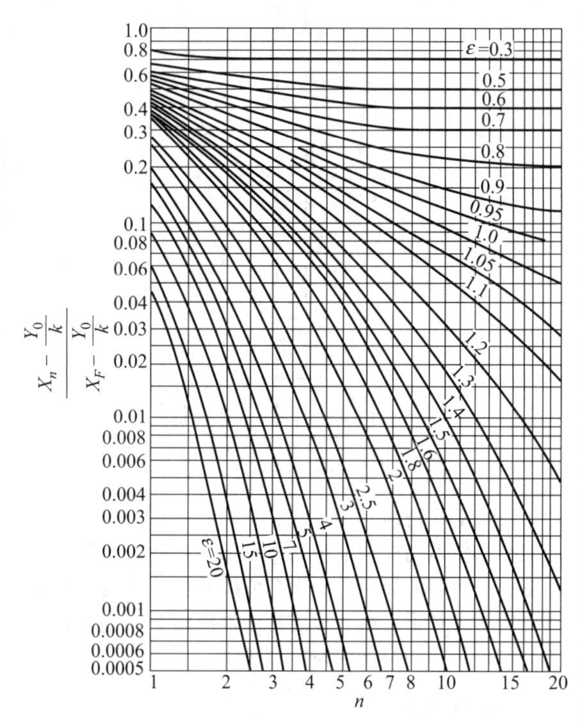

图 18-19　ε 为常数的 B、S 完全不互溶物系的多级逆流萃取 $n\text{-}\dfrac{X_n-\dfrac{Y_0}{k}}{X_F-\dfrac{Y_0}{k}}$ 关联图

在溶剂用量和理论级数均相同的条件下，逆流操作的传质推动力最大。因此，对于一定的混合液，采用多级逆流萃取可比多级错流萃取获得更大程度的分离。或者欲达到相同的分离要求，多级逆流萃取可减少溶剂用量。由于逆流操作的优越性，当料液中两个组分均为过程的产物而需要较完全地加以分离时，一般采用多级逆流萃取。

3.4　微分接触式逆流萃取

微分接触式逆流萃取操作是萃取相和萃余相呈逆流微分接触，两相中的溶质浓度沿流动方向发生连续变化。填料萃取塔是典型的微分接触式萃取设备。其他各种塔式萃取设备，如筛板塔、转盘塔等接近于多级逆流萃取设备，脉冲筛板塔和振动筛板塔则接近于微分接触式逆流萃取设备。微分接触式逆流萃取的计算和多级逆流萃取计算方法有很多相似之处，都是从物料衡算方程式和相平衡关系式出发。但前者基于传质速率方程式，后者依赖于平衡级的概念。对微分接触式逆流萃取，完成规定分离要求所需塔高计算可采用理论级当量高度法和传质单元法[1]。

（1）理论级当量高度法

塔萃取效果相当于一个理论级的塔高，称为理论级当量高度，用 HETP（m）表示，大小由物系、操作条件和设备形式决定，可由实验获得，所需理论级数 n 已算出，则填料层高度 H 为

$$H=n\times \text{HETP} \tag{18-36}$$

（2）传质单元法

为便于分析，假定两相在萃取设备内作柱塞流动，即在设备内的同一截面上，每一相的各流股流速都相等。设萃余相流量为 L，萃取相流量为 V，单位为 m^3/s。萃余相和萃取相中组分浓度分别用 x 和 y 表示，单位为 mol/m^3。以如图 18-20 所示的微元塔高为控制体，对溶质组分作物料衡算。

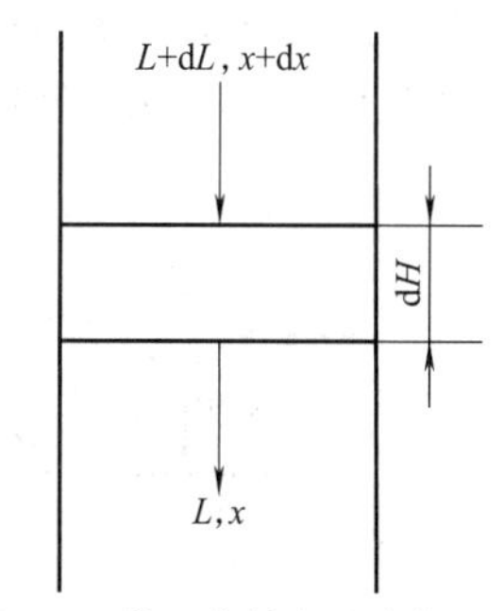

图 18-20　微分接触式逆流萃取示意图

$$dH=\frac{d(Lx)}{K_{ox}aS(x-x_e)} \tag{18-37}$$

式中　K_{ox}——总传质系数，m/s；

a——单位设备体积的传质表面，m^2/m^3；

S——设备截面面积，m^2；

x_e——与萃余相组成相平衡的萃取相的组成，mol/m^3。

将上式积分，得萃取塔塔高。

$$H=\int_{x_2}^{x_1}\frac{d(Lx)}{K_{ox}aS(x-x_e)}=\int_{x_2}^{x_1}\left(\frac{L}{K_{ox}aS}\times\frac{dx}{x-x_e}\right) \tag{18-38}$$

式中　x_1，x_2——萃余相在传质初始和结束时的溶质的质量分数。

工程计算时，常忽略 L 的变化以简化计算，得

$$H=\frac{L}{K_{ox}aS}\int_{x_2}^{x_1}\frac{dx}{x-x_e}=\text{HTU}_{oxp}\times\text{NTU}_{oxp} \tag{18-39}$$

其中：

$$\text{HTU}_{oxp}=\frac{L}{K_{ox}aS} \tag{18-40}$$

$$\mathrm{NTU_{oxp}}=\int_{x_2}^{x_1}\frac{\mathrm{d}x}{x-x_e}\tag{18-41}$$

式中　$\mathrm{HTU_{oxp}}$——基于萃余相的传质单元高度，m；

$\mathrm{NTU_{oxp}}$——基于萃余相的传质单元数。

3.5　其他萃取方法

(1) 回流萃取

为实现 A、B 组分的高纯度分离，可采用精馏中所采用的回流技术。这种带回流的萃取过程称为回流萃取[1]，回流萃取示意图如图 18-21 所示。原料液自塔中部加入，萃取剂 S 自塔底进入。进料塔板以下是普通的萃取塔，两相在逆流接触过程中组分 A 转出原溶剂相而使萃余相中原溶剂 B 含量增加，此段称为萃余相提纯段。离开萃余相提纯段上端的萃取相中含有一定量的组分 B，可用塔顶萃取相脱除溶剂之后所得溶液的一部分与其作逆流萃取，即回流，使组分 A 向萃取相中转移，原溶剂 B 向回流液中转移，萃取相中组分 A 继续增加。该段称为萃取相增浓段。

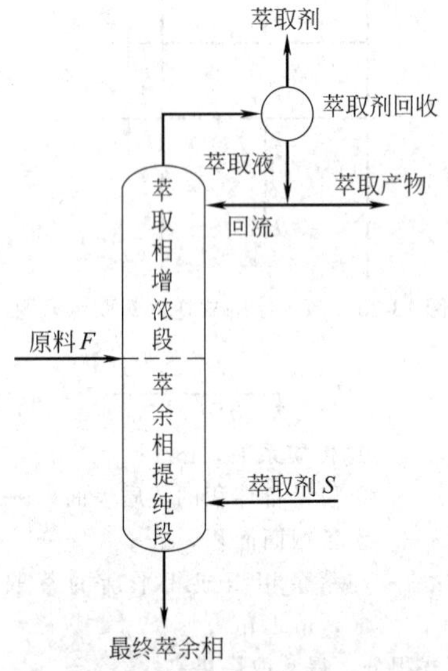

图 18-21　回流萃取示意图

(2) 复合萃取

复合萃取又称双溶剂萃取或分馏萃取，如图 18-22所示。在逆流萃取塔顶加入洗涤溶剂 S_2，对溶质溶解度较小，对原溶剂溶解度较大，且和萃取剂部分互溶或完全不溶。原料液 F 从塔中适宜位置引入，萃取剂 S_1从塔底加入。进料级以下包括进料级在内的塔段称为萃取段，进料级以上称为洗涤段。萃取段就是常规的多级逆流萃取，从萃取段流出的萃取相在洗涤段逐渐上升，和流下的洗涤溶剂多次逆向接触时，萃取相中原溶剂组分则向“萃余相”——洗涤溶剂转移，从而使混合物得到进一步分离。当洗涤溶剂降到萃取段时，由于其对萃余相中原溶剂具有较强的溶解能力，从而抑制了萃余相中原溶剂向萃取相的转移，促进了溶质和原溶剂在萃取段的分离[2]。国内引进的多套环丁砜芳烃抽提装置就是包括萃取段和洗涤段的复合萃取塔[20]。

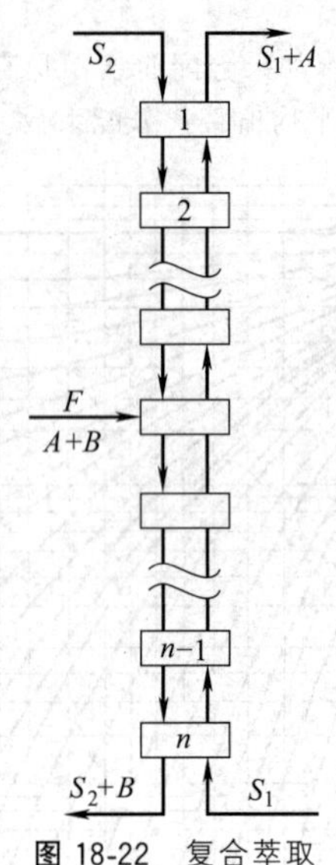

图 18-22　复合萃取

(3) 萃取精馏

萃取精馏是在精馏塔顶连续加入一种或几种高沸点溶剂。溶剂的加入可以提高或降低被分离组分的相对挥发度，且不与组分形成新的恒沸体系，来达到分离目的，是一种特殊的精馏方法[21]。

3.6　软件计算

化工过程模拟是对实际的化工生产过程在计算机上进行“再现”的过程，效率高，费用省。随着软件功能越来越强大及界面越来越友好，软件计算已逐步替代手动计算。化工流程模拟软件主要有 Aspen Plus、PRO/Ⅱ、ChemCAD、HYSYS 等。本小节主要介绍利用常用化工计算软件 Aspen Plus 进行萃取过程的计算。

(1) 简单萃取过程

Aspen Plus 中可采用液液倾析器 Decanter 模型进行单级或多级萃取。如图 18-23 所示为 Aspen Plus 中两级错流萃取流程，可结合 Flowsheeting Options 中的 Design Spec 模块进行萃取过程的设计型计算。

例　用两级错流萃取 100kg 含乙酸 0.25（质量分数）的水溶液，每级用 40kg 纯异丙醚萃取，操作温度为 20℃。求各级排出的萃取液和萃余液量及组成。

解　首先在 Aspen Plus 中输入组分，选择物性方法，确定 NRTL 方程二元交互参数，可以选择不同数据库来源，也可以在软件中手动修改此值，此处选择 APV72 LLE-ASPEN 数据库中异丙醚-水的二元交互参数，如图 18-24 所示。

输入进料条件和模块参数，如图 18-25 所示为 Decanter 模型参数设置图。给定液液萃取温度和压力，选择液液平衡分相的第二相关键组分。设置计算方式如下。

① 相平衡判据　两相中各组分逸度相等或系统吉布斯自由能最小。

② 液液分配系数　可根据物性方法或给定默认分配系数关联式参数进行计算，用户也可以通过 Fortran 编程自定义分配系数关联式进行计算，如图 18-26 所示。

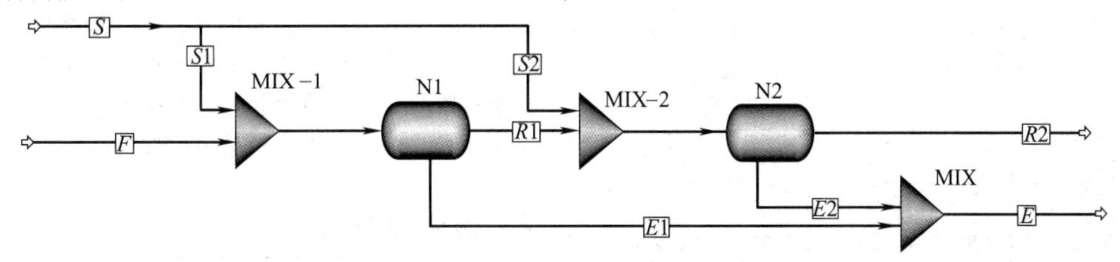

图 18-23　Aspen Plus 中两级错流萃取流程

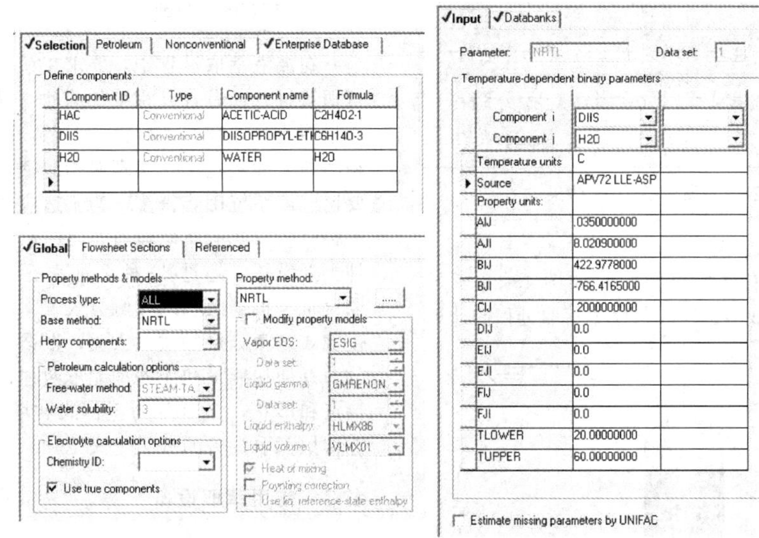

图 18-24　Aspen Plus 输入组分及物性条件

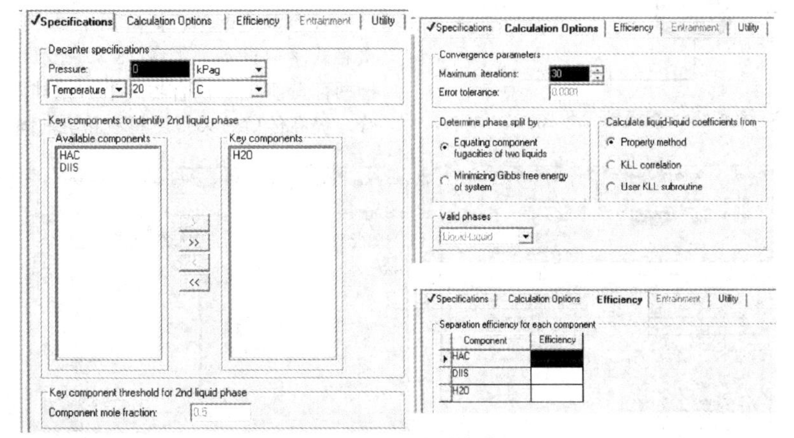

图 18-25　Decanter 模型参数设置图

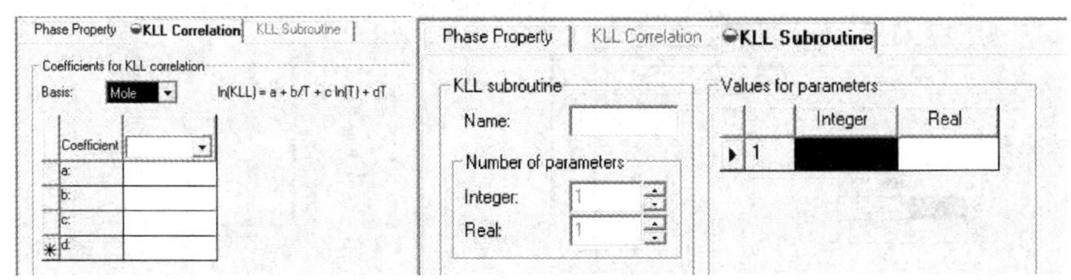

图 18-26　液液分配系数关联

可查看流股计算结果，即各级排出的萃取液和萃余液量及组成，如图 18-27 所示。

Material | Vol.% Curves | Wt.% Curves | Petro. Curves | Poly. Curves

Display: Streams Format: GEN_M Stream Table

	E1	R1	E2	R2
Temperature C	20.0	20.0	20.0	20.0
Pressure bar	1.013	1.013	1.013	1.013
Vapor Frac	0.000	0.000	0.000	0.000
Mole Flow kmol/hr	0.415	4.556	0.474	4.474
Mass Flow kg/hr	38.020	101.980	43.851	98.129
Volume Flow cum/hr	0.050	0.104	0.058	0.100
Enthalpy Gcal/hr	-0.035	-0.327	-0.040	-0.320
Mass Flow kg/hr				
HAC	2.465	22.535	2.545	19.991
DIIS	34.995	5.005	40.711	4.294
H2O	0.560	74.440	0.596	73.844
Mass Frac				
HAC	0.065	0.221	0.058	0.204
DIIS	0.920	0.049	0.928	0.044
H2O	0.015	0.730	0.014	0.753

图 18-27 两级错流计算结果

(2) 复杂萃取过程

Aspen Plus 中有萃取塔模块，如图 18-28 所示。利用该模块可以完成多级逆流萃取等萃取过程的计算。

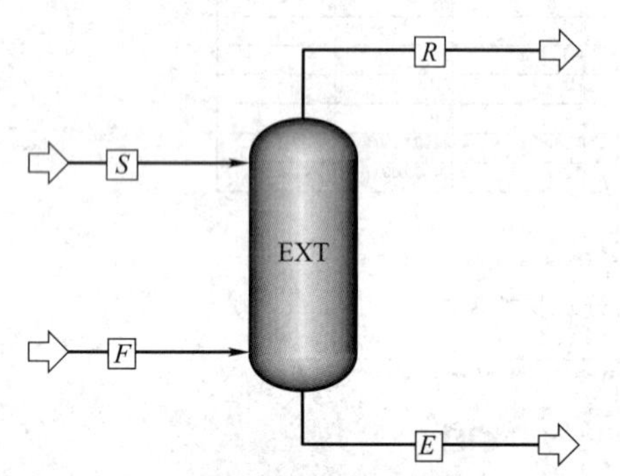

图 18-28 萃取塔计算模拟流程图

对例 1 中的进料进行三级逆流萃取塔计算。萃取塔参数设置如图 18-29 所示，包括级数、关键组分、进出料位置、温度、压力。

对于回流萃取、复合萃取、萃取精馏等较复杂萃取过程的计算，可根据相应原理，以此萃取塔模块为基础进行萃取流程搭建。随着流程模拟软件人机接口的越来越友好化，使用者可以根据实验结果进行物性参数的修改，使流程模拟结果更加可靠。

4 液液萃取设备

4.1 萃取设备分类

在液液萃取过程中，要求在萃取设备内两相能够密切接触并伴有较高程度的湍动，以实现两相之间的质量传递且能较快地分离。但是，由于液液萃取中两相间的密度差较小，实现两相的密切接触和快速分离要比气液系统困难得多。为了适应这种特点，出现了多种结构形式的萃取设备。目前，工业上所采用的各种类型设备已超过 30 种，而且还不断开发出新型萃取设备。根据两相的接触方式，萃取设备可分为逐级接触式和微分接触式两大类；根据有无外加能量，可分为有外加能量和无外加能量两种；根据设备结构的特点和形状，又可分为组件式和塔式[18,22,23]。工业上常用萃取设备的分类见表 18-4。

4.2 常用萃取设备

4.2.1 混合澄清槽

混合澄清槽是广泛应用于生产的一种典型的逐级接触式萃取设备，如图 18-30 所示，由混合器及澄清槽两部分组成。混合器内装有搅拌器以使两相充分混合，提高传质效果。原料液和溶剂同时加入混合器内，

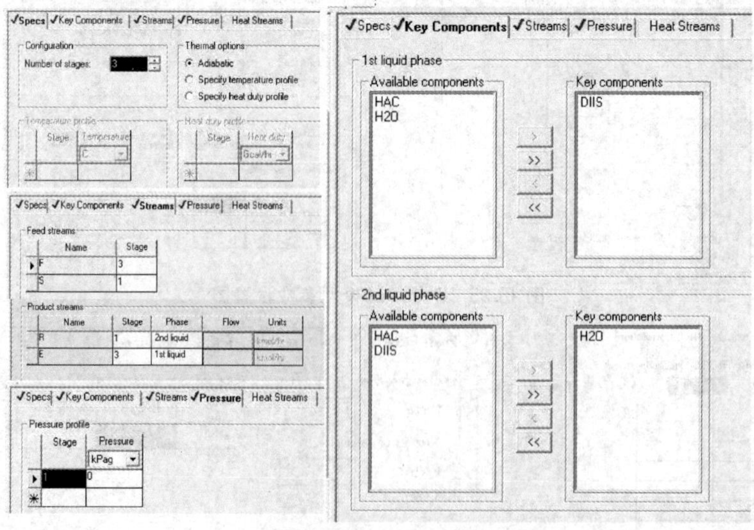

图 18-29 萃取塔参数设置

表 18-4 工业上常用萃取设备的分类[45]

类别	无能量加入	有外加能量				
		借重力				借离心力
		脉冲	机械搅拌		其他装置	
			旋转搅拌	往复振动		
分级接触萃取器	筛板塔	脉冲混合澄清器 脉冲筛板塔 控制循环塔 Lurigi 萃取器	混合澄清器 Scheibel 塔(丝网填料型) Treybal 接触器 不对称转盘塔(ARD)		静态混合器 振动板式萃取器 超声波萃取器	Luwesta 萃取器 Robatel 萃取器
连续接触萃取器	喷洒塔 填料塔	脉冲填料塔 脉冲筛板塔	Oldshue-Rushton 塔 Scheibel 塔(无丝网填料) 转盘塔(RDC)	往复筛板塔(RPC) 带降液管筛板塔		Podbielniak 萃取器 De Laval 萃取器 Quadronlc 萃取器

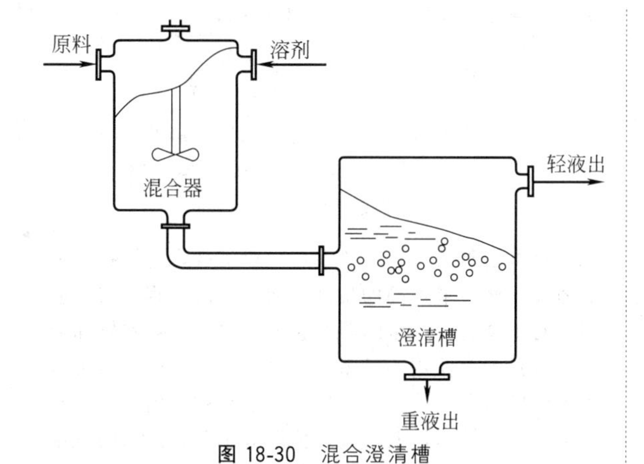

图 18-30 混合澄清槽

两相充分混合传质后流入澄清槽进行沉降，分成重相和轻相。重相和轻相分别从排出口引出。混合沉降槽可以单级使用，也可以多级串联使用。可间歇操作，也可连续操作。

4.2.2 塔设备

萃取塔具有密闭性好、设备紧凑、体积效率高、可选择的类型多等优点，在石化、核工业、医药和环保等领域应用广泛且有进一步扩大的趋势。常用的萃取塔设备汇总见表 18-5[24]。

表 18-5 常用的萃取塔设备汇总

相分散的方法	逐级接触设备	连续接触设备
重力	筛板塔	喷淋塔 填料塔 挡板塔
机械搅拌	偏心转盘塔	转盘塔(RDC) 带搅拌器的多孔板萃取塔(Kühni 塔)
机械振动		往复筛板塔(Karr 萃取塔)
脉冲		脉冲填料塔 脉冲筛板塔

(1) 筛板塔[1,2,25]

筛板塔是一种逐级接触式萃取设备，依靠两相密度差在重力作用下两相进行分散和逆向流动，其结构类似气液传质设备的筛板塔，如图 18-31 所示。工业用筛孔孔径一般为 3～9mm，孔距为孔径的 3～4 倍，开孔率变化范围较宽，一般为 10%～25%，板间距为 150～600mm。塔盘上不设出口堰，两相物流在塔内的流程和气液传质类似。

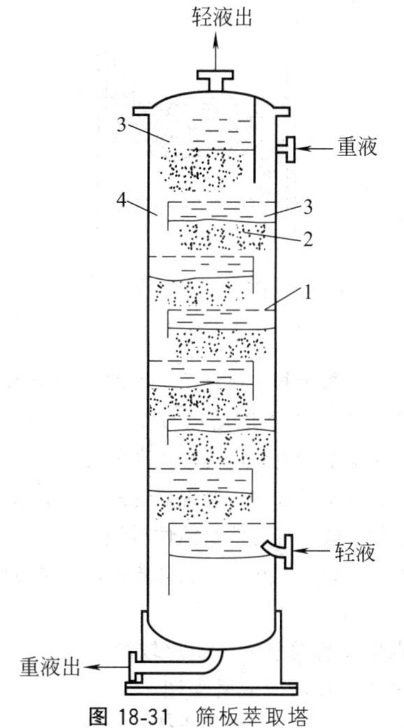

图 18-31 筛板萃取塔

1—筛板；2—轻液分散在重液内的混合液；3—分散相聚集界面；4—降液管

如果轻液为分散相，其筛板塔盘结构如图 18-32 所示。轻液穿过各层塔板自下而上流动。轻液穿过筛板分散成细小的液滴进入筛板上的连续相——重相层，在重相层内的浮升过程中进行液液传质。穿过连续相的轻液液滴聚集在每层塔板的上层空间（上一层塔板之下），实现轻、重组分的分离，并进行轻相的自身混合。重复以上分散、凝聚交替过程，直到塔顶进行澄清、分层、排出。而重液进入塔内横向流过塔板，在筛板上和分散相液滴接触及萃取后，由降液管流到下一层板。重复以上过程，直到在塔底和轻相分离排出。

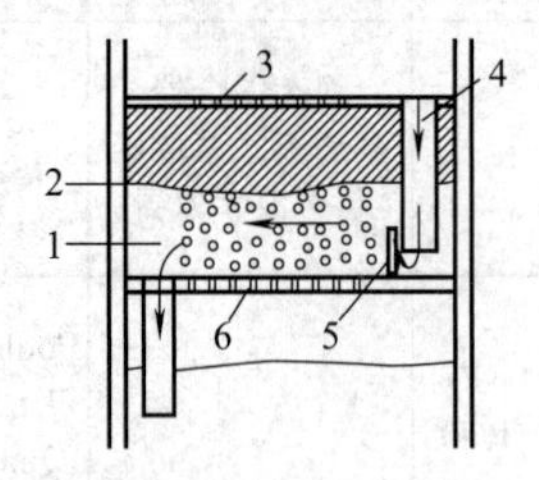

图 18-32　轻液为分散相的筛板塔盘结构

1—重液；2—界面；3—轻液；4—降液管；5—挡板；6—筛板

如果重液是分散相，其两相分离过程和轻液是分散相类似。重液为分散相的筛板塔盘结构如图 18-33 所示，须将塔板上的降液管改为升液管，轻液连续地从筛板下侧横向流过，从升液管进入上层塔板。重相则穿过板上的筛孔，分散成液滴落入连续相轻相中进行沉降与传质，穿过连续相的重液液滴逐渐凝聚，并聚集于下层筛板的上侧。

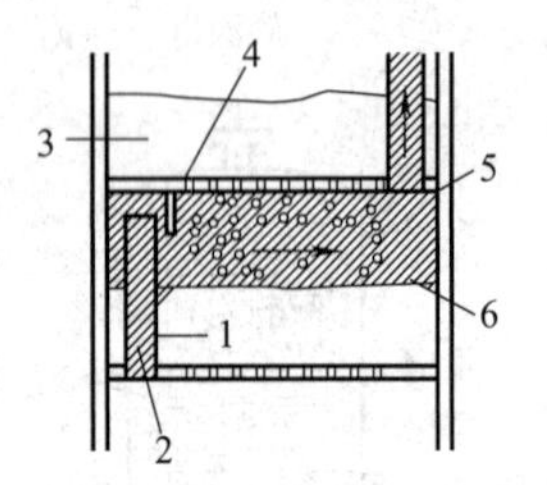

图 18-33　重液为分散相的筛板塔盘结构

1—升液管；2—轻液；3—重液；4—挡板；5—筛板；6—界面

每一块筛板及板上或板下空间的作用相当于一级混合-澄清槽。在筛板萃取塔内分散相多次分散和聚集，使得液滴表面不断更新，具有较高的传质效率，同时塔板的限制也减小了轴向返混现象的发生，且筛板塔结构简单，造价低廉，可处理腐蚀性料液，应用广泛，我国引进过多套芳烃抽提筛板萃取塔装置，效果良好[20]。

(2) 喷淋塔

喷淋塔又称喷洒塔，是比较简单的连续逆流微分接触式设备，喷淋萃取塔如图 18-34 所示。喷淋塔是由无任何内件的空塔壳及液体引入和移出装置构成的。塔体两端各有一个澄清室，以供两相分离。轻液和重液分别从塔底及塔顶加入，两相靠密度差进行逆向流动。分散装置将其中一相分散成液滴群，在另一连续相中浮升或沉降，使两相接触传质。分散相如果是轻液，轻液液滴在塔顶扩大处合并排出，重液在塔底排出；分散相如果是重液，液滴降到塔底扩大处凝聚排出，轻液作为连续相，由下部进入，沿轴向浮升到塔顶，两相分离后由塔顶排出。

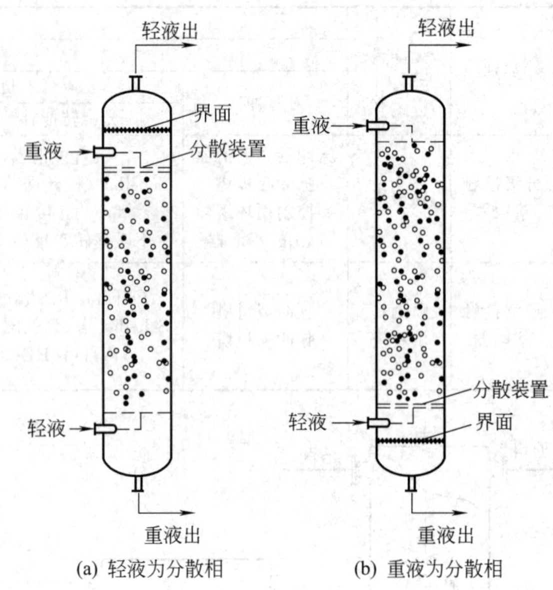

(a) 轻液为分散相　　(b) 重液为分散相

图 18-34　喷淋萃取塔

喷淋塔阻力小，结构简单，投资少，易维护。喷淋塔在一些要求不高的洗涤和溶剂处理过程中有所应用，对于高温、高压的溶剂脱沥青过程，喷淋塔和静态混合器配合使用。且由于喷淋塔无任何内件，可防止塔内件被沥青质结焦和堵塞。但喷淋塔内两相很难均匀分布，轴向返混严重，传质效果差，提供的理论级数一般不超过 1～2 级[45]。

(3) 填料萃取塔

填料萃取塔是填料塔的一种重要表现形式，如图 18-35 所示，其结构与吸收、精馏的填料塔基本相同，均由空塔壳及内部填料构成。塔两端装有两相进出管口。重液由塔顶进入，从塔底排出，轻液由下端进入，从顶部排出。连续相充满整个塔，分布器将分散相分散成液滴进入填料层，与连续相逆流接触萃取。在塔内，流经填料表面的连续相扩展为界面和分散相接触，或使流经填料表面的分散相液滴不断地破裂和再合并，离开填料时，分散相液滴又重新混合，促使表面不断更新。

填料是填料萃取塔的核心元件，填料的存在能起到使液滴分散、减小返混的作用，同时还可能增加在萃取设备中的质量传递系数，选择一种高效的填料是十分关键的[26]。为减少塔的壁效应，填料尺寸应小于塔径的 1/8[1]。为防止液体沟流，填料层宜分段，各段之间设再分布器。每段填料层高度需按经验范围确定。气液系统中所用的各种典型填料，如鲍尔环、拉西环、鞍形填料对液液系统仍然适用。近年来，国内外对填料萃取塔中填料的研究日益深入。费维扬等在深入进行萃取塔内两相流传质规律研究的基础上，自主开发了内弯弧形筋片扁环填料 QH-1[27] [图

18-36 (a)]和挠性梅花扁环填料 QH-2[28] [图 18-36 (b)]，其高径比极小（0.2～0.3），排列时能体现一定的有序性，降低填料层间的压力降，提高整塔的萃取效率。用于低、中界面张力体系的液液萃取时，QH-1 型扁环填料的性能明显优于 Pall、Mellapak、Intalox 等国外引进的新型填料，轴向混合小，处理能力大，传质效率提高 20%以上，而 QH-2 型扁环填料的性能在此基础上又有了进一步的提高[29]；在上述两种扁环的基础上，费维扬等人又发明了带有加强筋和锯齿形窗口的内弯弧形筋片扁环 QH-3，如图 18-36 (c) 所示。该超级扁环具有更高的空隙率和更小的堆比重，此外，加强筋能显著提高填料强度，从而在制造填料时可以选择更少的材料进行加工而降低成本。最后，新型的矩形窗口和筋片上的锯齿形可以加强连续相的湍流，同时使分散相具有更为均匀的液滴平均直径，有效提高填料塔的传质效率[30,31]；清华大学开发了蜂窝状的格栅 FG 型规整填料，该填料对分散相起到良好的切割破碎作用，具有通量大、压降小及传质效率高等优点[32]；天津大学刘春江课题组研究网架填料-板波纹填料构成的组合式规整填料应用于萃取塔，发现其比单纯的网架填料更有利于萃取效率的提高[33]；此外在规整填料方面，Sulzer 公司的 Mellapak、Koch-Glitsch 公司的 Gempak、Montz 公司的 Montzpac 和 Kühni 公司的 Rombopak 等填料竞争激烈。在散装填料方面，Norotn 公司的金属 Intalox、Kock-Glitsch 公司的 CMR 等填料各有千秋[34]。

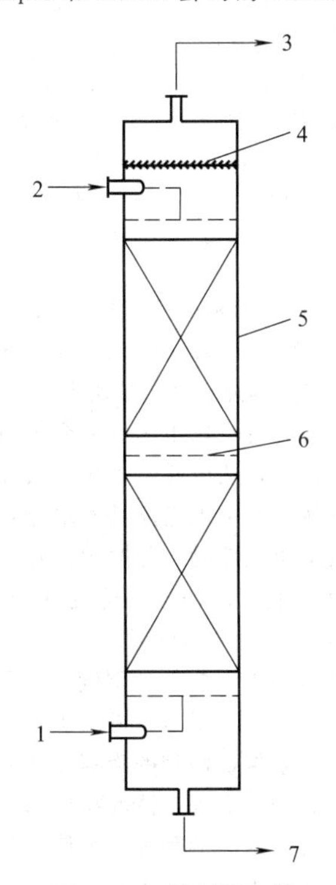

图 18-35　填料萃取塔
1—轻液进口；2—重液进口；3—轻液出口；4—界面；5—填料；6—再分布器；7—重液出口

(a) 内弯弧形筋片扁环填料

(b) 挠性梅花扁环填料

(c) 带加强筋和锯齿形窗口的内弯弧形筋片扁环

图 18-36　三种新型填料的结构[30]

对于不同的工业过程，物系、分离要求与操作条件等的差异导致所使用的填料也不同，国内常用填料在化工及炼油行业中的应用举例见表 18-6。

表 18-6　国内常用填料在化工及炼油行业中的应用举例[26]

公司	项目	填料类型
上海炼油厂	250kt/年润滑油酚精制	QH-1 扁环填料
南充炼油化工总厂	20kt/年渣油异丙醇脱沥青	Q235-A 材质的金属扁环
兰州炼油化工总厂	200kt/年 N-甲基吡咯烷酮溶剂精制	FG 型规整填料为主的复合填料(FG 型填料为主，在塔上两层采用双鞍环填料)
南阳石蜡精细化工厂	180kt/年丙烷脱沥青	FG 型的复合填料(FGⅡ和 FGⅢ型蜂窝状规整填料)和波纹片填料

相比其他传质分离设备，填料萃取塔具有在常温或较低温度下操作的优点，对于过程工业的节能降耗具有重要的意义，但填料塔的效率仍然是比较

低的。

(4) 转盘萃取塔

转盘萃取塔（RDC）是壳牌石油公司研究开发的一种搅拌萃取设备，如图18-37所示。沿塔内垂直方向等距离装有多层固定圆环和同轴的旋转圆盘，定环将塔分成多个小空间。圆形转盘固定在中心轴上，由塔顶电机驱动。转盘直径应小于圆环内径，使盘、环之间留有自由空间，以便安装和检修，且提高液体流通能力和萃取传质系数[2,6]。

萃取操作时，转盘随中心轴高速旋转，其在液体中产生的剪应力将分散相破裂成许多细小的液滴。连续相产生涡流而处于湍流状态，引起分散相液滴变形，以致破裂或合并，增加了传质面积，促进了表面更新。同时固定环的存在一定程度上抑制了轴向返混，增大了传质效率。转盘萃取塔结构简单，操作方便，传质效率高，生产能力大，因而在石油炼制和石油化工行业应用比较广泛[18]。尤其在润滑油糠醛精制装置中应用较多，塔径通常为2.4～3.2m，传质段高约7m[29]。

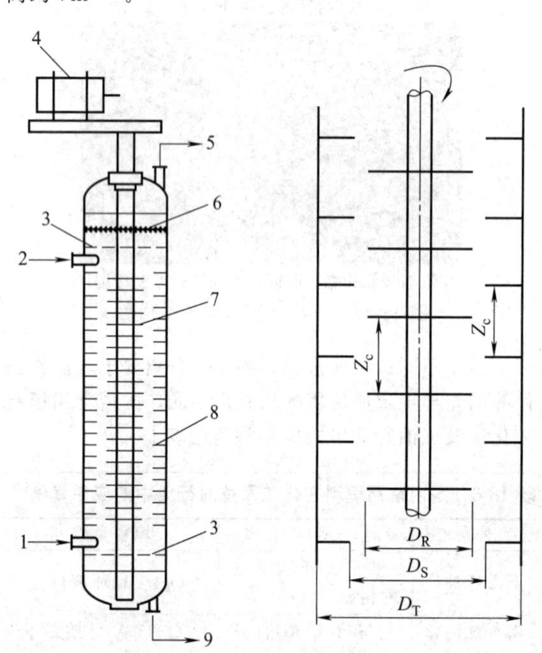

图18-37 转盘萃取塔

1—轻液进口；2—重液进口；3—格栅；4—驱动区；5—轻液出口；6—界面；7—转盘；8—定环；9—重液出口

D_R—转盘直径，m；D_S—固定环内径，m；D_T—转盘塔塔径，m；Z_c—转盘塔固定盘（转盘）间距，m

(5) 脉冲塔[24,35]

当萃取物系的两相密度差小，连续相黏度大时，液体流动仅靠密度差作为相分散的动力效能很低。为改善两相接触状况，强化传质过程，可在塔内提供外加机械能以造成脉动。脉动就是使塔内液体进行往复运动，借此向液体供应能量，促进分散相的细碎与均布，强化塔内的萃取过程。脉动的产生，通常可由往复泵完成，特殊情况下也可用压缩空气来实现。脉冲萃取塔主要分为脉冲筛板塔和脉冲填料塔两种，如图18-38所示。塔内没有复杂的金属传动构件。

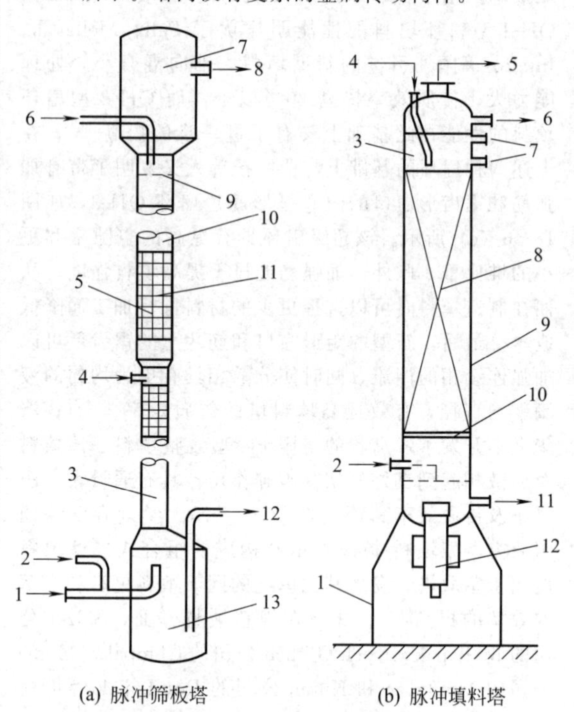

(a) 脉冲筛板塔

1—轻液进口；2—脉冲接口；3—萃取板段；4—料液进口；5—筛板；6—洗涤液进口；7—上澄清段；8—轻液出口；9—界面；10—洗涤板段；11—支撑柱；12—水相出口；13—下澄清段

(b) 脉冲填料塔

1—塔裙；2—轻液进口（通过分布器）；3—稳流器；4—重液进口；5—排空；6—轻液出口；7—界面控制；8—填料；9—塔壳；10—填料支撑；11—重液出口；12—旋转阀脉冲器

图18-38 两种类型的脉冲萃取塔[35]

① 脉冲筛板塔 脉冲筛板塔的结构如图18-38(a)所示。塔的主体部分是高径比很大的圆柱形筒体，中间水平固定装有若干块不锈钢或其他材料制成的无降液管的筛孔塔板，从塔底引入脉动液流。脉冲筛板塔的结构与气液系统中无溢流筛板塔相似，轻重液体穿过塔内筛板呈逆流接触，分散相在筛板之间不凝聚分层。在大型工业萃取塔内，筛孔孔径为3～6mm，板间距约为50mm，筛板的开孔率一般为20%～25%。

脉冲筛板塔的上下两端分别设有上澄清段和下澄清段，其直径比塔径大得多，可减小两相的流速，以便有足够的时间来保证两相的澄清，从而减少溶剂的夹带损失。在脉冲筛板塔主体的相应部位装有各料液相的进、出口管以及脉冲管等，为使两相很快地充分接触，进料往往采用进料分布器。脉冲筛板塔的输入脉冲由与脉冲筛板塔底部相连的脉冲发生器产生。通常将脉冲发生器分为机械式和空气脉冲两种。其中机械式脉冲发生器又有柱塞式、膜片式和风箱式等几种。脉冲筛板塔一般采用正弦波脉冲，脉冲频率为 0.5～2.5Hz，脉冲振幅在 0.5～1cm 之间。在波形的选择上除正弦波外，也可选择矩形波、锯齿波和梯形波等脉冲波形。

脉冲筛板塔的操作特性已由 Sege 和 Woodfield[36] 阐明，可根据两相流率之和（V_c+V_d）与脉冲强度（A_pf）[脉冲运动的振幅（A_p）和频率（f）的乘积] 的关系将操作区划分为五个区域，如图18-39所示。

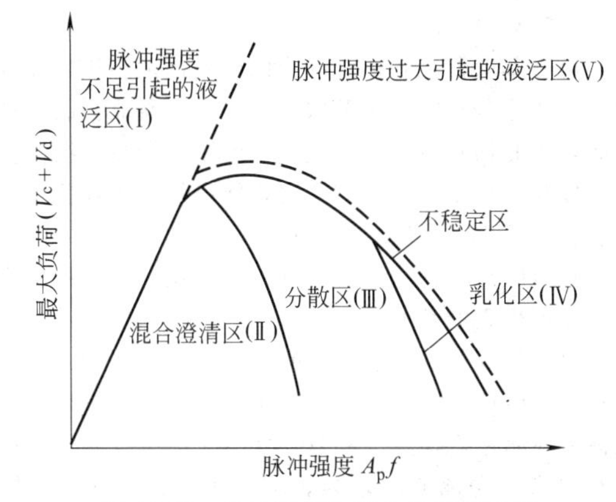

图 18-39 脉冲强度与操作负荷关系图

V_c—连续相的表观流量；V_d—分散相的表观流量；

A_p—脉冲振幅；f—脉冲频率

Ⅰ区为脉冲强度不足引起的液泛区，在此区内外界输入的能量较小，脉冲强度小于两相的总流量。该液泛曲线随体系界面张力和筛孔孔径的变化而变化，当体系界面张力较低或筛孔孔径较大时，脉冲强度不足引起的液泛曲线向左偏移，该曲线与通量坐标轴的交点大于零。Ⅱ区为混合澄清区。该区域出现在两相流量较小、脉冲强度大于两相的总流量但搅拌不是很剧烈的情况下。其特征是在两次脉冲之间有足够的时间使两相在筛板之间澄清、分层。在此操作区域内，操作稳定，但由于液滴直径大，两相在柱内停留时间短，两相混合较差，因此传质效率低。Ⅲ区为分散区。在此操作区内，两相流量较大，脉冲强度较高，分散相流体以较高的流速从筛孔中喷出，形成较小的分散相液滴，均匀地分散在连续相中。在两次脉冲之间，分散相液滴群来不及聚集，故两相在筛板之间不形成明显的分层。在这个操作区内脉冲筛板塔内滞存率较大，两相接触的传质比表面积增大，而且混合均匀，因此传质效率很高，操作也很稳定。该区域是脉冲筛板萃取柱的理想操作区域。Ⅳ区为乳化区，这是由分散区向液泛区过渡的操作区域。在此区域内，由于脉冲强度过大，搅拌过度，分散相时而形成不均匀的乳状液滴，时而聚合成球状大液团，有些过细的液滴甚至随脉冲的上下冲程作用而上下运动，并停滞在脉冲萃取塔内，由于分散相的过度分散和大小不均匀，有时可能在萃取塔的某一段引起周期性的倒相现象，脉冲筛板塔操作不稳定，传质效果也较差。Ⅴ区为脉冲强度过大引起的液泛区。在过度的脉冲搅拌下，分散相存留分数急剧增大，破坏了两相的逆流操作，最后在萃取塔内产生一相夹带另一相从柱端流出，或由于倒相而使两相无法顺利流过萃取塔，产生液泛。

应该指出上述操作区域的划分并没有一个很严格的界线，上述区域的转变也是连续而不是突变的，分区的形状和范围随体系物性、筛板的结构尺寸及脉冲振幅和频率等条件而变化。所以应该根据具体的情况来确定脉冲筛板萃取塔的合适的操作条件。

② 脉冲填料塔　脉冲填料塔如图 18-38（b）所示。该塔用堆积的填料层代替脉冲筛板塔的塔板，也是从塔底引入脉动液流，可以用机械脉冲或空气脉冲实现，具有很高的传质效率，特别适合与中高界面张力的萃取体系。

近年来有关脉冲填料塔的应用成果很多，且新型填料为脉冲填料塔的发展和应用创造了有利的条件。于杰等在 ϕ100mm 的实验塔中用中等界面张力体系进行的实验表明，采用 QH-1 扁环填料的实验塔传质效率最高每米可达 4～5 个理论级，明显优于拉西环填料，液泛速度高，表观传质单元高度低[34,37～39]。脉冲填料塔强化的关键因素是填料的选型和脉冲强度的调优。

表 18-7 为脉冲填料塔在石油化工中的一些应用实例，Simon 认为脉冲填料塔的设计放大比较容易[40,41]。

表 18-7 脉冲填料塔在石油化工中的一些应用实例

塔径/m	填料层高/m	溶质
1.1	6	己内酰胺
1.9	10	己内酰胺
2.7	6	肟
2.1	9	肟
3.0	9	肟
1.0	6	甲醇
1.1	45	正丁醇,异丙醇

(6) 往复筛板塔（RPC）

往复筛板塔最早由 Karr 等[42] 于 1959 年发明，往复筛板塔如图 18-40 所示。塔顶有一个往复驱动装置，塔中有一根往复运动的轴，轴向安装一连串穿孔筛板。这种塔具有流量大、停留时间短、传质效率高、操作弹性大、结构简单等优点。同时还可适用于处理含固体颗粒和易乳化体系，目前已广泛应用于生物制药、石油化工以及废水处理等领域[45]。

为了解决在高压条件下振动筛板塔操作可能带来的危险性，Fumio 等[43] 提出了一种新型振动筛板塔结构，如图 18-41 所示，它由萃取单元、上空心室、

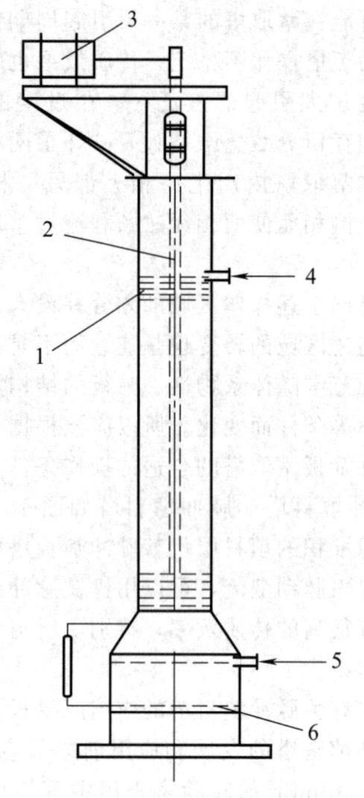

图 18-40 往复筛板塔

1—筛板；2—往复轴；3—往复驱动区；
4—料液进口；5—溶剂进口；6—界面

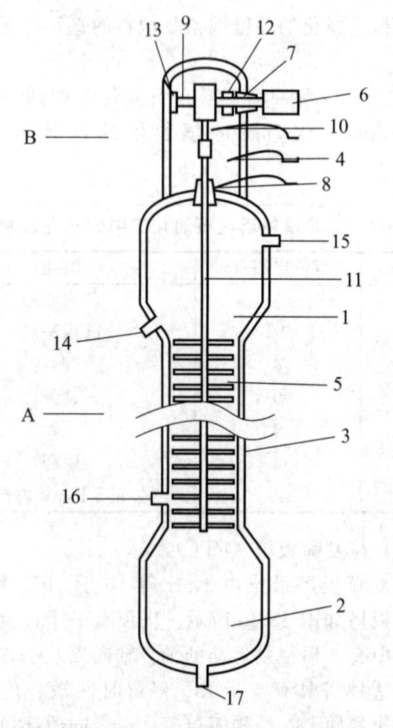

图 18-41 Fumio 振动筛板塔

A—萃取单元；B—传动单元；1—上空心室；2—下空心室；
3—萃取单元；4—密封室；5—多孔筛板；6—电动机；
7—旋转轴；8—往复轴顶；9—偏心轴；10—连杆；
11—往复轴；12,13—轴固定件；14—重液入口；
15—轻液出口；16—轻液入口；17—重液出口

下空心室以及传动单元所构成，其中传动单元包括一个置于顶端的密封室以及一个电机。萃取单元包括水平固定在往复轴上的若干多孔筛板；传动单元中的密闭室能将电机驱动产生的旋转运动转换成往复的振动，具体是通过偏心轴和连杆的连接，电机运行带动电机轴运转，从而带动往复轴运动。此外电机旋转轴和往复轴是分别密闭起来的，这样在萃取时不仅能保证较高的萃取率，还能保证萃取塔在高压条件下操作的安全性[44]。

4.2.3 离心萃取器

离心萃取器是利用离心力的作用使两相快速充分混合、快速分相的一种萃取装置。离心萃取器制造精度高，因此初置费用比其他类型的萃取器高，维修要求也较高，但由于其结构紧凑，能以较小的容积空间获得较高的生产强度，特别适用于化学稳定性差、要求接触时间短、物流滞留量低、易乳化、难分相的物系，如抗生素的萃取分离[45]。

离心萃取器有很多不同的类型，比如波德式、环系式和搅拌式。波德式离心萃取器（Podbielniak）[46]，也称离心薄膜萃取器，是 20 世纪 50 年代应用于工业生产的第一种离心萃取器，至今仍广泛应用，如图18-42所示。它由一根水平转轴和随其高速旋转的圆形转鼓以及固定的外壳组成。转鼓由带筛孔的狭长金属带卷制而成，运行转速一般为 2000～5000r/min，在转鼓内形成较强的离心力场，重液从中心向外流动，轻液则从外缘向中心流动，同时液体通过螺旋带上的小孔被分散，两相在逆向流动过程中，在螺旋形通道内密切接触进行传质。最终，重液从转鼓外缘出口通道流出，轻液从转鼓中心轻相排出口引出[2,25]。

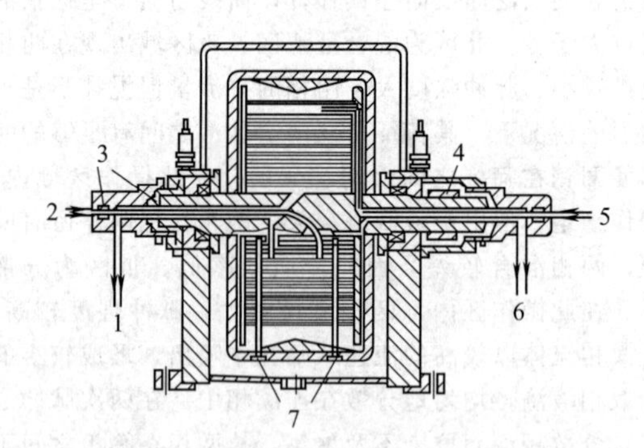

图 18-42 Podbielniak 离心萃取器

1—轻液输出；2—重液输入；3—机械密封；4—驱动槽轮；
5—轻液输入；6—重液输出；7—转鼓清洗通道栓塞

4.3 萃取设备比较及选型

很多萃取设备是根据特定的工艺要求发展的，然后推广应用于其他领域。

表 18-8 为几种常用萃取设备的优缺点和应用领域汇总。当工业生产过程需要选用一种萃取设备时，

表 18-8　几种萃取设备的优缺点和应用领域汇总[6,23]

设备分类	优点	缺点	应用领域
混合澄清槽	相接触好，级效率高，处理能力大，操作弹性好，在很宽的流比范围内均可稳定操作，放大设计方法比较可靠	滞留量大，需要的厂房面积大，投资较大，级间可能需要用泵输送流体	核化工，湿法冶金，化肥工业
无机械搅拌的萃取塔，如喷淋塔、填料塔、筛板塔	结构最简单，设备费用低，操作和维修费用低，容易处理腐蚀性物料	传质效率低，需要高的厂房，对密度差小的体系处理能力低，不能处理流比很高的情况	石油化工，化学工业
脉冲筛板塔	HETS(理论级当量高度)低，处理能力大，柱内无运动部件，工作可靠	对密度差小的体系处理能力较低，不能处理流比很高的情况，处理易乳化的体系有困难，扩大设计方法比较复杂	核化工，湿法冶金，石油化工
转盘塔	处理量较大，效率较高，结构较简单，操作和维修费用低		石油化工，湿法冶金，制药工业
往复筛板塔	HETS 低，处理能力大，结构简单，操作弹性好		制药工业，石油化工，湿法冶金，化学工业
离心萃取器	能处理两相密度差小的体系，设备体积小，接触时间短，传质效率高，滞留量小，溶剂积压量小	设备费用、操作费用、维修费用高	制药工业，核化工，石油化工

不仅要了解各种萃取设备的不同特性，而且要考虑萃取过程和萃取物系中各种因素的影响。在具体选择萃取设备时常考虑以下几个因素[4,45]。

① 体系的特性。该因素对萃取器的选择影响较大，若两相密度差较大，可选用萃取塔；两相密度差很小，则宜选用离心萃取器。若两相界面张力大，黏度高，应考虑外加能量的萃取器。若物系有强烈腐蚀性，应优先考虑填料塔或塑料制造的塔。若物系中含有悬浮固体颗粒，则应选用转盘塔或混合澄清槽。

② 完成给定分离要求所需要的萃取级数。若所需理论级数较少，无外加能量的萃取器就能满足；若所需理论级数较多，则必须选用高效的有外加能量的萃取器；若还不能满足需要，则可以考虑混合澄清器，级数可根据需要而增。

③ 物流处理量的大小。若处理量较大，可选用转盘塔、筛板塔、混合澄清器；反之，若处理量小，可选用填料塔，甚至离心萃取器，其他类型适用于中等规模的处理量。

④ 物料稳定性和允许停留时间。若物料的稳定性差，允许的停留时间短，则适用离心萃取器，多级混合澄清器的停留时间最长。

⑤ 厂房条件。若场地有限，可选用萃取塔；若空间高度有限，应考虑混合澄清器。

⑥ 设备费用。设备费用应综合制造、操作、维修三项费用一并考虑。

⑦ 设计和操作的经验等。

5　填料萃取塔设计计算

5.1　设计概述

5.1.1　设计特点

填料萃取塔不仅具有结构简单、便于制造和安装等优点，而且由于新型填料的开发使填料萃取塔的处理能力大幅度提高，传质效率不断改善，因此近年来填料萃取塔的研究和应用得到了迅速的发展。但由于液液萃取过程两相密度差小、连续相黏度较大、两相轴向返混严重、界面现象复杂，因而设计计算比较困难[47]。Maloney[48]曾指出："影响萃取过程的因素非常多，而其中很多因素尚未被充分理解"。与精馏和吸收等气液传质过程比，填料萃取塔的设计计算方法具有自身一些独具的特点，介绍如下。

(1) 填料的选择

虽然填料萃取塔常常使用与气液传质过程相似的填料，但是萃取过程对填料的要求与精馏和吸收过程有明显的差别。Caver[49]曾指出：在填料萃取塔内，分散相不应与填料表面浸润，如果液滴群与填料表面浸润，就会引起聚结及形成沿着填料的液流。由于填料萃取塔内的相际传质过程是在分散相液滴群和连续相之间进行的，上述与填料表面浸润而引起的聚结现象会明显降低传质效率。Stevens[50]也明确地指出：在气液接触过程，如精馏和吸收过程中，液相沿着填料表面流动，传质过程的相际界面与填料被湿润的表面积有关，因而在气液传质过程中设计选用比表面积大而易被液相湿润的填料。然而，在液液萃取过程中，填料通常优先被连续相所润湿，分散相以分离的液滴群的形式上升或下降。在液液萃取过程中，填料的作用是降低连续相严重的对流或轴向返混并提供比表面积促进分散相的分散-聚合-再分散循环以强化传质。所以比表面积高的填料虽然常常有益，但并不像气液接触过程那样起决定性的作用。

此外，尹国玉[51]对两种表面特性不同的规整填料的传质性能进行了研究，实验结果表明，带毛刺的规整填料的传质效率要比光滑的规整填料的传质效率低得多，这与精馏过程正相反。这是由于分散相液滴群聚集在带毛刺的表面上，形成较厚的液膜，影响了表面更新速率，降低了传质效率。

根据液液萃取特点所研制的QH-1、QH-2、QH-3，与传统结构不同，填料内部的流道更为合理，因而促进了液滴群的分散-聚合-再分散循环。由于具有极小的高径比，乱堆时也能体现一定程度的有序排列，从而有效地抑制液液体系的严重返混。表18-9列举了五种填料的特性比较[28,30]。

表 18-9　五种填料的特性比较（ϕ50mm）

填料种类	装填个数 n /(个/m^3)	堆密度 γ /(kg/m^3)	比表面积 a_p /(m^2/m^3)	空隙率 e /%
鲍尔环	6500	395	105	94.9
阶梯环	11600	400	109	95.0
QH-1	22000	355	120	95.0
QH-2	22000	295	132	96.2
QH-3	22000	316	120	95.5

由表18-9可以看出，对于名义尺寸相同的几种填料，相比鲍尔环、阶梯环、QH系列填料堆密度较小，比表面积较大，而空隙率较高，传质性能较好，处理能力较大，优势明显。实验研究和工业应用表明：QH-1用于低界面张力体系的液液萃取时，表观传质单元高度（HTU_{oxp}）明显优于鲍尔环填料和环矩鞍填料（图18-43）；两种规格的QH-1用于中等界

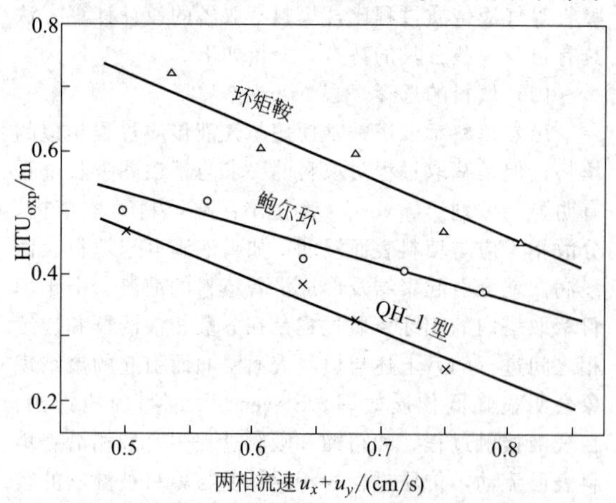

图 18-43　几种填料用于低界面张力体系（正丁醇-丁二酸-水）时的传质性能比较

面张力体系的液液萃取时，HTU_{oxp}也明显低于鲍尔环填料和波纹板填料，且尺寸较小的QH-1具有更低的HTU_{oxp}（图18-44）[47,52]。

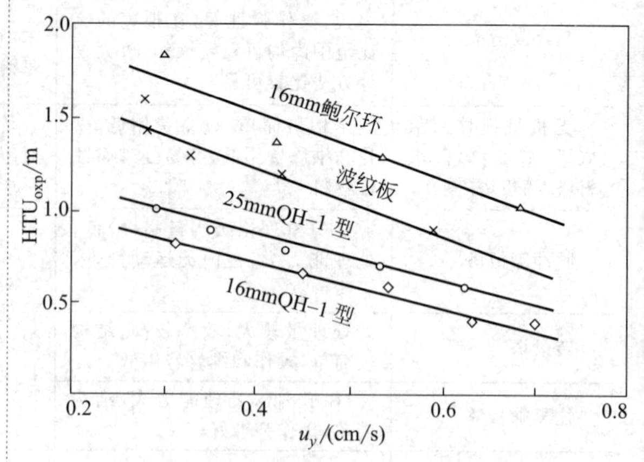

图 18-44　几种填料用于中等界面张力体系［30% TBP（煤油）-乙酸-水］时的传质性能比较

（2）轴向返混的影响

液液萃取过程中逆流两相流动状态比较复杂。例如连续相在流动方向上速度分布不均匀，连续相的湍动和漩涡引起分散相液滴的返混和夹带，分散相液滴直径分布不均所造成的大液滴运动速度过快，即前混以及分散相液滴的尾流引起连续相的返混等。通常把这些导致两相非理想流动和两相停留时间分布不均匀的各种现象统称为轴向混合。轴向混合对萃取塔的性能产生极为不利的影响，这不仅降低了传质推动力，而且降低了萃取塔的处理能力。图18-45（a）示出了柱塞流的萃取柱和具有纵向混合的萃取柱的浓度分布曲线，图18-45（b）画出两种情况下的y-x图。通常把柱塞流情况（即忽略纵向混合影响）的传质推动力称为表观推动力。由图可看出，有纵向混合时的真实推动力要比表观推动力低得多。Hanson[53]指出，对于一些大型搅拌萃取塔，其高度的90%用于补偿轴向混合所引起的不利影响。轴向混合是萃取塔设计计算时必须考虑的问题。

考虑轴向混合的萃取塔数学模型有级模型、扩散模型、返流模型、考虑前混的组合模型、群体平衡模型等。应用最广泛的是扩散模型，该模型假定由于轴向混合的影响，在连续逆流传质过程中，除了相际传质以外，每一相中都还存在着从高浓度端向低浓度端的传质过程。溶质在塔高方向的传质速率和该相的浓度梯度成正比，其比例系数分别称为连续相和分散相的纵向扩散系数。

对于填料萃取塔来讲，虽然可通过填料的选用和内构件的设计来抑制轴向混合的不利影响，但是轴向混合的不利影响仍是设计计算时必须考虑的问题。如图18-46所示是几种填料的连续相轴向扩散系数E_c的比较。

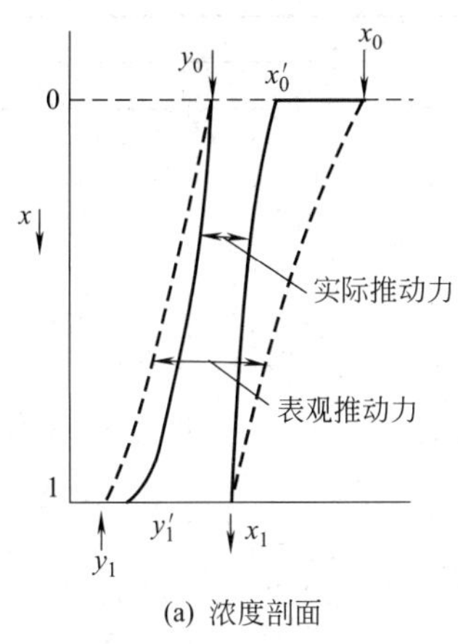

(a) 浓度剖面

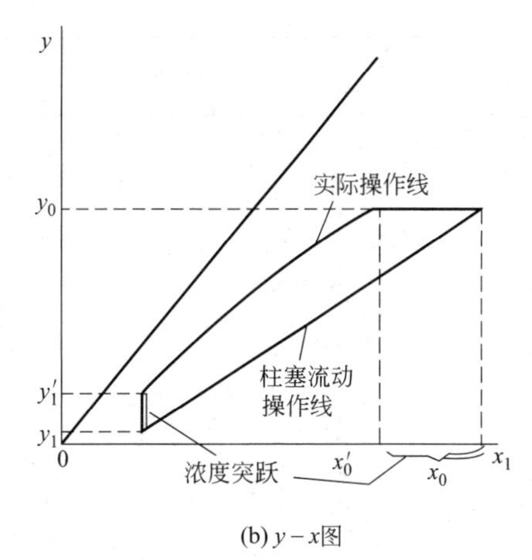

(b) $y-x$图

图 18-45　萃取塔中的轴向混合

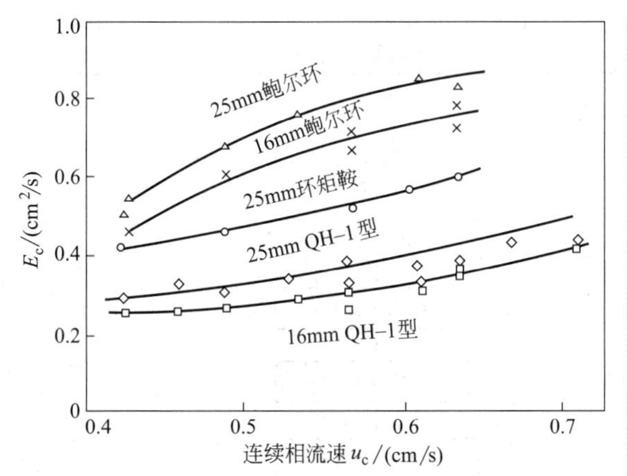

图 18-46　几种填料的连续相轴向扩散系数 E_c 的比较

由图 18-46 中可以看出，QH-1 型填料的 E_c 比鲍尔环和环矩鞍都小，这说明，QH-1 型填料有序排列的特点确实有助于抑制两相的返混。

(3) 体系物系的影响

体系物性如界面张力、两相的密度和黏度等对填料萃取塔性能具有重要的影响。其中界面张力是影响分散相液滴平均直径的关键因素，因此对塔的处理能力和传质效率起着决定性的影响。工业上常用的萃取体系的界面张力变化范围很大。例如润滑油酚精制的界面张力很低，约为 1mN/m，而液化石油气脱 H_2S 等工业体系的界面张力则很高。因此不同体系的液泛速度和传质性能往往有很大的差别。表 18-10 列出了三种典型的用于液液萃取的实验体系，它们分别是高、中、低界面张力体系的代表。文献中的很多填料萃取塔的性能数据都是用这些体系测定的。由于这三种体系的物性（特别是界面张力）差别很大，覆盖范围很宽，因此可以根据实际体系的物性，在设计计算过程中参考适当的数据，并选用适当的设计计算公式。

表 18-10　三种典型的用于液液萃取的实验体系[54]

项目		体系					
		1		2		3	
相Ⅰ		水		水		水	
相Ⅱ		甲苯		正丁醇		醋酸丁酯	
分子式		C_7H_8		$C_4H_{10}O$		$C_6H_{12}O_2$	
沸点(1bar)/℃		110.4		117.5		126.09	
溶质 A		丙酮		丁二酸		丙酮	
分子式		C_3H_6O		$C_4H_6O_4$		C_3H_6O	
x_A/质量(%)	σ/mN/m	0	35.4	0	1.75	0	14.1
		3.13	27.0	3.87	1.0	3.81	11.7
		7.67	19.3	6.58	0.7	7.86	9.6
x_A/质量(%)	$\rho_Ⅰ$/kg/m³	0	997.8	0	985.6	0	997.0
		3.13	993.7	3.56	995.6	3.03	993.3
		7.67	987.8	6.25	1003.1	8.11	986.4
x_A/质量(%)	$\rho_Ⅱ$/kg/m³	0	866.5	0	846.0	0	882.1
		3.13	864.5	3.56	866.5	3.03	879.4
		7.67	862.6	6.25	881.4	8.11	873.6

续表

项目	体系					
	1		2		3	
$\frac{x_A}{质量(\%)}$ $\frac{\mu_I}{cP}$	0	1.006	0	1.426	0	1.0237
	3.13	1.078	3.56	1.536	3.03	1.11
	7.67	1.2	5.29	1.61	9.11	1.28
$\frac{x_A}{质量(\%)}$ $\frac{\mu_{II}}{cP}$	0	0.586	0	3.364	0	0.7345
	3.13	0.575	3.56	3.749	3.03	0.72
	7.67	0.560	5.29	3.925	8.11	0.6827
$m\left[m=\frac{y_A}{x_A}\right]$	$\frac{0\leqslant x_I\leqslant 8\%}{0.61-0.83}$		$\frac{0\leqslant x_I\leqslant 6.5\%}{1.3-1.12}$		$\frac{0\leqslant x_I\leqslant 8\%}{0.9-0.98}$	
$\frac{x_A}{质量(\%)}$ $\frac{D_I}{10^3mm^2/s}$	0.59	1.14	0.69	0.57	0.03	1.093
	3.45	1.07	3.66	0.52	31.86	0.598
	5.96	1.01	5.21	0.47	74.15	1.680
$\frac{x_A}{质量(\%)}$ $\frac{D_{II}}{10^3mm^2/s}$	0.72	2.70	0.43	0.24	0.25	2.200
	3.26	2.66	3.71	0.23	41.92	2.196
	4.37	2.51	5.56	0.21	79.76	2.506

注：$1cP=10^{-3}Pa\cdot s$。

(4) 分布器设计

分布器的设计对填料萃取塔的性能具有重要影响。目前填料塔的液体分布器有几十种，在很多大中型的填料塔中，很多是采用槽式、盘式、管式等分布器。由于液液两相密度差小，黏度大，且为便于后期的安装与检修，填料萃取塔液体分布器可以采用管式分布器（如排管式分布器等），而不用填料精馏塔中常见的窄槽式分布器。如果填料层某段液体的分布器容易被脏物堵塞，可以选用螺旋喷嘴式液体分布器，这样可以提升管内液体流速，同时也能够防止管内脏、堵问题[55]。在设计计算方法上也和气液体系有很大差别。用于气液传质过程的液体分布器喷口速度往往很高，使管系的阻力降集中在喷孔处，这样可以使液体分布比较均匀。但是对于液液体系的分布器而言，喷口速度过高容易造成流体的过度分散或乳化，甚至会导致填料萃取塔的局部液泛。费维扬等[56]对大型萃取塔液体分布器性能和设计方法进行了研究，可供参考。

对于填料萃取塔，主要对以上四个关键环节进行正确合理的设计，才能提高塔的分离效率，保证填料萃取塔安全、稳定、高效运行，从而提高生产效率。

5.1.2 设计计算步骤

影响填料萃取塔传质性能的因素很多，如体系的物性、有无表面活性剂存在、填料的尺寸、形状和材质、塔径、填料层高度、哪一相分散、传质方向及分散相分布器的设计等。因此填料萃取塔塔高的设计计算比较复杂，往往需要中间试验。本小节介绍基于扩散模型、按基本原理设计填料萃取塔的方法，可供在缺乏实验室和中试数据时进行填料萃取塔的初步计算。填料萃取塔的设计过程可用信息流图形象地表示，如图18-47所示[57]。

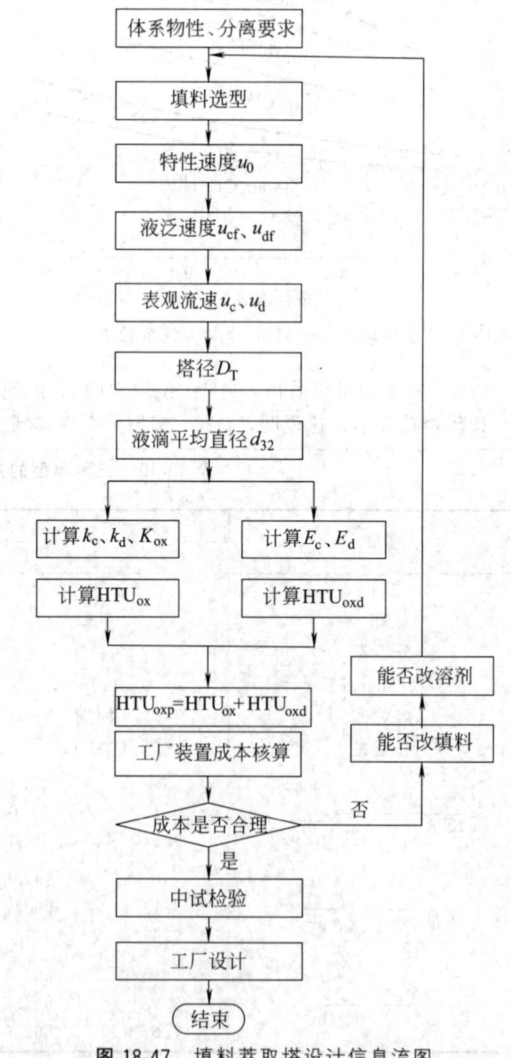

图 18-47 填料萃取塔设计信息流图

为了确定给定处理量所需的塔径 D_T，需要先计算出液泛速度 u_{cf} 和 u_{df}。为了计算完成给定分离任务所需的塔高，一方面需要根据溶质的分配系数和分离要求计算表观传质单元数 NTU_{oxp}；另一方面需要计算表观传质单元高度 HTU_{oxp}。最后由 NTU_{oxp} 和 HTU_{oxp} 相乘求得有效塔高。其基本设计计算步骤如下。

① 根据已知的两相流量、组成、系统物性和填料类型计算液泛速度，确定两相的表观流速 u_c、u_d 和塔径 D_T。

② 计算分散相液滴平均直径 d_{32}。

③ 计算分散相存留分数 ϕ_d。

④ 计算两相之间的滑动速度 u_s。

⑤ 计算两相的分传质系数 k_c、k_d，计算总传质系数 K_{oc}。

⑥ 计算相际传质比表面积，$a=6\phi_d/d_{32}$。

⑦ 计算真实传质单元高度：$HTU_{ox}=\dfrac{L}{K_{ox}aS}=\dfrac{u_x}{K_{ox}a}$。

⑧ 计算两相的轴向扩散系数 E_c、E_d 和表示返混影响的分散单元高度 HTU_{oxd}。

⑨ 根据扩散模型计算表观传质单元高度：$HTU_{oxp}=HTU_{ox}+HTU_{oxd}$。

⑩ 根据完成给定分离任务所需的表观传质单元数 NTU_{oxp} 和 HTU_{oxp}，可计算出所需的填料层高度：$H=HTU_{oxp}\times NTU_{oxp}$。

5.2　塔径设计计算

为了确定给定处理量所需塔径，需要先计算出液泛速度，确定操作流速。

(1) 液泛速度

液泛速度是填料萃取塔的一个重要数值，对于运行中的填料萃取塔，可以从液泛速度推算它的最大处理能力。对于新设计的填料萃取塔，液泛速度确定了处理给定负荷所需的塔径。液泛速度受多种因素影响，如体系物性、填料的比表面积和孔隙率。液泛速度计算方法比较复杂[58]，许多研究者对填料萃取塔的液泛速度进行了研究，通常，有两种计算液泛速度的方法。

① 直接计算法　许多文献报道了关于填料萃取塔液泛速度的实验结果和关联式。例如 Crawford 和 Wilke[59] 在直径 305mm 实验塔内进行了汽油-水、四氯化碳-水、甲基异丁基酮-水等体系的实验研究，体系界面张力为 $8.9\times10^{-3}\sim44.8\times10^{-3}$N/m，所用的填料为 12.7～38mm 的石墨或陶瓷质拉西环和鲍尔环等，填料空隙率为 0.50～0.74，总结出液泛速度关联式［式 (18-42) 和式 (18-43)］。这两个关联式曾经被广泛应用，其计算结果还被绘成了算图，并广为流传。但这些公式仅在与实验条件相近的情况下使用才较为准确，对于高孔隙率新型填料用于低界面张力体系时，计算误差很大。

当 $u_{cf}(1+L_R^{0.5})^2/(a_p/\mu_c)\leqslant50$ 时：

$$u_{cf}=\frac{9.15\times10^{-2}\Delta\rho^{1.33}e^2}{\sigma^{0.27}\mu_c^{0.33}a_p^{1.0}\rho_c^{0.75}(1+L_R^{0.5})^2}\tag{18-42}$$

当 $u_{cf}(1+L_R^{0.5})^2/(a_p/\mu_c)>50$ 时：

$$u_{cf}=\frac{0.44\Delta\rho e^{1.5}}{\sigma^{0.2}a_p^{0.5}\rho_c^{0.8}(1+L_R^{0.5})^2}\tag{18-43}$$

Kumar 和 Hartland[60] 在总结大量文献数据的基础上，建议用式 (18-44) 计算液泛速度。

$$u_{cf}(1+L_R{}^{0.5})^2\sqrt{\frac{a_p}{g}}=\alpha C_1e^{1.54}\left(\frac{\Delta\rho}{\rho_d}\right)^{0.41}\left[\frac{1}{a_p}\left(\frac{\Delta\rho^2g}{\mu_c^2}\right)^{0.33}\right]^{0.30}\left(\frac{\mu_c}{\sqrt{\dfrac{\Delta\rho\sigma}{a_p}}}\right)^{0.15}\tag{18-44}$$

式中　α——表示填料表面浸润性能的系数，当填料表面优先浸润连续相时 $\alpha=1$，而当填料表面优先浸润分散相时 $\alpha=1.29$。

C_1——与填料类型有关的修正系数，计算液泛速度时一些填料类型的修正系数 C_1 值见表 18-11。

表 18-11　计算液泛速度时一些填料类型的修正系数 C_1

填料类型	C_1
散堆填料	
拉西环和环矩鞍	0.28
鲍尔环	0.20
球形填料	0.30
规整填料	
Sulzer BX	0.26
Sulzer SMR	0.22
Norton 2T	0.29

用来回归式 (18-44) 的数据库覆盖的体系物性和填料种类较宽，数据回归的平均相对偏差为 19.5%。但由于绝大部分实验数据为高中界面张力体系用于低空隙率填料的数据，而且为有机相分散，因而这种通用公式用于水相分散的情况时，需将公式前的常数修正约 30%；用于低界面张力、高空隙率填料（$e>0.90$）的情况时，计算误差也较大。张宝清等人利用低界面张力的实验体系和大空隙率的新型填料进行液泛速度的实验测定提出了改进的液泛速度的计算公式，可用于现有工业装置的核算和新塔的设计计算[61]。

② 通过特性速度计算液泛速度　为了克服直接计算液泛速度的半经验公式的局限性，在研究分散相液滴群在萃取塔内的流体力学性能的基础上，提出了

用特性速度的概念来关联萃取塔内液泛数据的方法。所谓特性速度是指当连续相流速等于零和分散相流速趋于零时，分散相液滴在操作条件下运动的终端速度。特性速度 u_0 和两相表观流速 u_c、u_d 以及分散相存留分数 ϕ_d 之间存在如式（18-45）的关系。

$$\frac{u_d}{e\phi_d}+\frac{u_c}{e(1-\phi_d)}=u_0(1-\phi_d) \qquad (18\text{-}45)$$

式（18-45）左端表示两相在萃取塔内的相对运动速度，通常称为滑动速度 u_s。特性速度 u_0 与体系物性、填料特性和操作条件（如两相流比、有无传质及传质方向等）有关。可以在实验室测定两相表观流速 u_c、u_d 以及分散相存留分数 ϕ_d 的关系后，通过作图或计算求得特性速度 u_0。

在实验中人们观察到，当发生液泛时，分散相存留分数迅速增大，亦即 u_c 一定时，$\partial u_d/\partial\phi_d=0$。由此可以通过特性速度来计算液泛时的存留分数和液泛速度。分别以 u_c 或 u_d 作因变量，利用式（18-45）对 ϕ_d 求偏导数，分别令偏导数等于零，简化后即可得到连续相和分散相的液泛速度。

$$u_{cf}=u_0(1-2\phi_{df})(1-\phi_{df})^2 \qquad (18\text{-}46)$$

$$u_{df}=2u_0\phi_{df}^2(1-\phi_{df}) \qquad (18\text{-}47)$$

式中　u_{cf}——连续相的液泛速度，m/s；

u_{df}——分散相的液泛速度，m/s；

ϕ_{df}——液泛时分散相的存留分数。

联立上述两式，并令 $u_{df}/u_{cf}=L_R$（即流比），可得

$$\phi_{df}=\frac{\sqrt{L_R^2+8L_R}-3L_R}{4(1-L_R)} \qquad (18\text{-}48)$$

可改写为

$$\phi_{df}=\frac{2}{3+\sqrt{1+\dfrac{8}{L_R}}} \qquad (18\text{-}49)$$

由此可见，液泛时的存留分数 ϕ_{df} 仅与两相的流比有关。因此，只要通过实验测定或计算特性速度 u_0，就可以从流比 L_R 计算出液泛时的存留分数 ϕ_{df}，并进而利用式（18-46）和式（18-47）得出连续相及分散相的液泛速度。

特性速度 u_0 可以通过实验测定和进行关联。有关的计算方法很多，其中 Laddha 等人[62]通过系统实验研究总结的计算公式比较简单和实用，如式(18-50)所示。

$$u_0=C\left(\frac{a_p\rho_c}{e^3 g\Delta\rho}\right)^{-0.5} \qquad (18\text{-}50)$$

式中，对于无传质的情况 $C=0.683$；对于从分散相向连续相传质 $C=0.820$；对于从连续相向分散相传质 $C=0.637$。

此式主要用于乱堆填料和分散相存留分数小于15%的情况。由于计算方法比较简单，物理意义比较明确，一般可供工程设计使用。

为对 Crawford 和 Wilke 公式、Kumur 和 Hartland 公式及 Laddha 公式，三种公式的应用范围、特点和局限性有进一步的认识，费维扬等[58]利用表18-10所列的三种标准实验体系对 ϕ38mm 金属环形填料和 ϕ25mm 瓷质拉西环填料进行了三种公式液泛速度的计算比较，如下所示。

a. 对于空隙率较低的 ϕ25mm 瓷质拉西环填料和中高界面张力体系（体系1和体系3），三种公式的计算结果比较接近，这是因为回归这三种公式的实验数据大多是用空隙率较低的填料在中高界面张力体系下测定的。

b. 对于低界面张力体系（体系2）和空隙率较高的金属环形填料，Crawford 和 Wilke 公式的计算结果比中高界面张力体系（体系1和体系3）大1倍以上，这显然是不合理的。因为体系的界面张力越低，在其他条件相近的情况下，其分散相液滴平均直径越小，液泛速度越低。

c. 对于低界面张力体系（体系2）和空隙率较高的金属环形填料，Crawford 和 Wilke 公式的计算结果比 Kumar 和 Hartland 公式约高130%，而比 Laddha 公式约高260%。这说明 Crawford 和 Wilke 公式不能用于这种场合。

d. Kumar 和 Hartland 公式用于低界面张力体系（体系2）时的液泛速度 u_{cf}，计算值比中高界面张力体系的计算值约高25%，这也显得不太合理。因此，这种公式用于低界面张力体系的可靠性还有待进一步检验。

e. Laddha 公式往往可以给出比较稳妥的计算结果。

液泛速度计算公式的选择十分重要，而高空隙率新型填料用于低界面张力体系时的液泛速度计算方法尤需进一步研究。

(2) 操作流速确定

由于准确计算填料萃取塔液泛速度比较困难，影响填料萃取塔稳定操作的因素比较多，因而一些设计手册推荐的操作流速都比较低。Perry 推荐操作流速应选用不大于50%的液泛速度值，对于高界面张力体系则应选得更低一些。Caver 也有类似的看法。但是实验研究表明，在低负荷下操作时，填料萃取效率较低，设备的体积效率更低。实验还表明，一些空隙率高的新型填料可以在较高负荷下比较稳定地操作。因此近年来一些研究工作者提出填料萃取塔可以设计在较高的负荷下操作。例如，Seibert 和 Fair[63]建议填料萃取塔设计在60%的液泛速度下操作。Billet 等[64]重点讨论了填料萃取塔在65%～70%的最大负荷下操作的性能。陈德宏[65]的实验结果表明，QH-1型扁环等新型填料可以设计在70%～80%的液泛速度下操作。因此应该选择比较可靠的液泛速度计算公式，然后选择在70%的液泛速度下进行操作，即

$$u_c = 0.7 u_{cf} \quad (18\text{-}51)$$

$$u_d = 0.7 u_{df} \quad (18\text{-}52)$$

这样可以使填料萃取塔既具有较大的通量，又具有较高的效率传质。

(3) 塔径确定

根据要求的两相复合和选定的操作流速，可按照式（18-53）计算塔径的初值。将计算结果进行圆整，即可得所求塔径。

$$D_T = \sqrt{\frac{L+V}{0.785(u_c + u_d)}} \quad (18\text{-}53)$$

5.3 塔高设计计算

填料萃取塔塔高的设计计算比较复杂，因为影响填料萃取塔传质性能的因素很多，包括填料的尺寸与形状、塔径、体系的物性等[57]。按照5.1.2小节中介绍的填料萃取塔设计计算步骤的②～⑩进行塔高的计算。

(1) 液滴平均直径的计算

液滴平均直径 d_{32} 是填料萃取塔设计的重要参数，它既影响塔的处理能力，也影响塔的传质效率。填料萃取塔的液滴平均直径 d_{32} 主要取决于体系的物性，操作流速和填料特性也有一定影响。Laddha[62] 提出如式（18-54）的计算公式，比较简单实用。

$$d_{32} = 1.15\eta\left(\frac{\sigma}{\Delta\rho g}\right)^{0.5} \quad (18\text{-}54)$$

式中，常数 η 由传质方向和有无传质来确定，当无传质或传质方向为连续相到分散相时（c→d），$\eta=1.0$；当传质方向为分散相到连续相时（d→c），$\eta=1.4$。据介绍，与费维扬的实验数据和其他一些文献的实验数据相比较，式（18-54）的平均计算误差为7%[57]。

(2) 分散相存留分数 ϕ_d 的计算

Kumar 等人[60] 根据体系物性、两相流速和填料特性对十种文献列举的数据进行了关联，在连续相浸润填料表面的情况下，分散相存留分数 ϕ_d 可用下式计算。

$$\phi_d = C_2 e^{-1.11}\left(\frac{\Delta\rho}{\rho}\right)^{0.5}\left[\frac{1}{a_p}\left(\frac{\rho_c^2 g}{\mu_c^2}\right)^{\frac{1}{3}}\right]^{-0.72}\left(\frac{\mu_d}{\mu_c}\right)^{0.1}\left[\mu_d\left(\frac{\rho_c}{g\mu_c}\right)^{\frac{1}{3}}\right]^{1.03}\exp\left[0.95\mu_c\left(\frac{\rho_c}{g\mu_c}\right)^{\frac{1}{3}}\right] \quad (18\text{-}55)$$

式中，常数 C_2 由是否有传质及传质方向而定。当无传质时，C_2 取5.34；传质方向为c→d时，C_2 取6.16；而传质方向为d→c时，C_2 取3.76。式(18-55)估算分散相存留分数 ϕ_d 的平均相对误差为18.7%。

如果液泛速度 u_{cf} 和 u_{df} 是通过特性速度 u_0 来计算的，ϕ_d 也可以通过实际操作流速 u_c 和 u_d 以及特性速度来计算。

(3) 传质系数的计算

总传质系数 K_{oc} 可以用双阻力模型来计算。

$$\frac{1}{K_{oc}} = \frac{1}{k_c} + \frac{1}{mk_d} \quad (18\text{-}56)$$

在以上两相流体力学计算的基础上，可以选择适当的模型来计算两相的分传质系数。通常假设与液滴上升阶段的传质相比较，液滴形成阶段和聚合阶段的质量传递可以忽略不计。计算液滴内外分传质系数的公式很多，不同的公式计算结果差别很大。因此计算公式的合理选择十分重要。

Seibert 等人[63] 建议，在不同情况下采用 Handlos 和 Baron 的湍流内循环模型或者 Laddha 等人的考虑液滴内循环和分子扩散相结合的模型计算液滴内分传质系数 k_d 时，引入判据 $\Psi = (Sc_d)^{0.5}/(1+\mu_d/\mu_c)$。

其中 Sc_d 为分散相 Schmidt 特征数，$Sc_d = \mu_d/(\rho_d D_d)$。

当 $\Psi \leqslant 6$ 时，采用 Handlos 和 Baron 模型。

$$k_d = \frac{0.00375 u_s}{1+\frac{\mu_d}{\mu_c}} \quad (18\text{-}57)$$

当 $\Psi > 6$ 时，采用 Laddha 模型。

$$k_d = 0.023 u_s (Sc_d)^{-0.5} \quad (18\text{-}58)$$

Seibert 等还提出了新的液滴外分传质系数 k_c 的计算公式。

$$Sh_c = 0.698 Sc_c^{0.4} Re_c^{0.5} (1-\phi_d) \quad (18\text{-}59)$$

式中 Sc_c——连续相 Schmidt 标准数，$Sc_c = \mu_c/(\rho_c D_c)$；

Sh_c——连续相 Sherwood 标准数，$Sh_c = k_c d_{32}/D_c$；

Re_c——连续相 Reynolds 标准数，$Re_c = d_{32} u_s \rho_c/\mu_c$。

填料萃取塔内两相传质比表面积可用下式计算。

$$a = 6e\phi_d/d_{32} \quad (18\text{-}60)$$

则可求得总的体积传质系数 $K_{oc}a$。

应该指出，填料萃取塔内的传质过程是十分复杂的。例如在一些体系的传质过程中，存在强烈的界面骚动现象（Marangoni 现象），这样传质过程就会得到加强。而当体系被表面活性物质污染时，液滴内循环现象便会受到抑制，液滴内分传质系数会大大下降。这样，传质系数的计算带有一些不确定性。比较可靠的办法是利用真实物料进行填料萃取塔的传质实验，或者在小型实验设备内进行填料层对液滴群运动和传质的实验，以期用实验结果来检验上述的传质模型，使填料萃取塔的传质过程计算建立在更为可靠的基础上。

(4) 填料萃取塔轴向扩散系数的计算

由于在塔内安放了填料，填料萃取塔的纵向混合比喷淋塔低得多。但由于液液萃取过程两相密度差小，连续相黏度较大，轴向混合仍对塔的传质效率存在严重的影响。

Wen 等人[66]根据前人的实验数据，提出了以下预测各种填料的连续相轴向扩散系数的关联式。

$$\frac{eu_c d_p}{E_c}=1.12\times10^{-2}Y^{-0.5}+7.8\times10^{-3}Y^{-0.7}$$

$$Y=\left(\frac{\psi\mu_c}{d_p u_c \rho_c}\right)^{0.5}\frac{u_d}{u_c} \tag{18-61}$$

式中 ψ——填料密度校正系数，在此处 $\psi=e$。

对于分散相轴向扩散系数 E_d，Vermeulen 等人[67]提出了如下关联式。

① 对于分散相不浸润的环形填料和湿润的鲍尔环填料

$$\lg\frac{E_d}{u_d d_p}=0.046\frac{u_c}{u_d}+0.301 \tag{18-62}$$

② 对于分散相浸润的陶瓷环形填料

$$\lg\frac{E_d}{u_d d_p}=0.161\frac{u_c}{u_d}+0.347 \tag{18-63}$$

获得两相轴向扩散系数后，用 Miyauchi 等人[68,69]提出的扩散模型近似计算方法来考虑轴向混合的萃取塔的设计计算。该近似解法把 3.4 小节中按柱塞流模型计算得到的传质单元高度 HTU_{oxp} 称为表观传质单元高度。把扣除轴向混合影响的传质单元高度称为真实传质单元高度，即 HTU_{ox}。把由于轴向返混使传质单元增加的高度称为分散单元高度，以 HTU_{oxd} 表示。该解法步骤流程如图 18-48 所示。

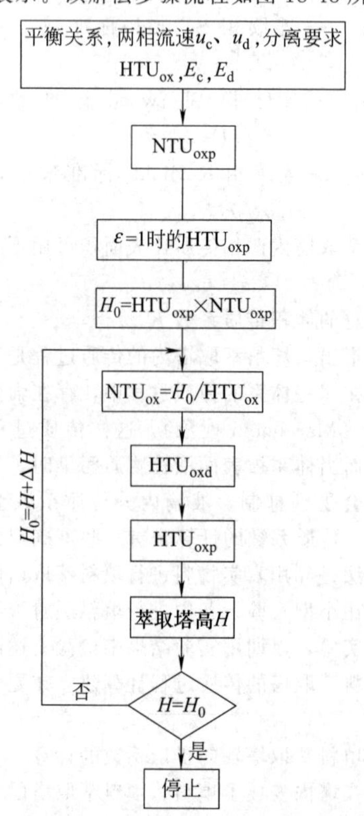

图 18-48 扩散模型近似解法计算流程

NTU_{oxp}采用式（18-41）计算。

$$NTU_{oxp}=\int_{x2}^{x1}\frac{dx}{x-x_e}$$

式（18-41）中相应的 HTU_{oxp} 利用式（18-39）计算。

$$HTU_{oxp}=\frac{H}{NTU_{oxp}}$$

根据扩散模型微分方程组的解析解法，发现当萃取因子 $\varepsilon=mV/L=mu_x/u_y=1$ 时，HTU_{ox} 与 HTU_{oxp} 间存在如下关系。

$$HTU_{oxp}=HTU_{ox}+\frac{E_c}{u_c}+\frac{E_d}{u_d} \tag{18-64}$$

则根据已知条件，可估算出 $\varepsilon=1$ 时 HTU_{oxp} 的初值，并进而估算出萃取塔高 H_0 的初值。

$$H_0=HTU_{oxp}\times NTU_{oxp}$$

$$NTU_{ox}=\frac{H_0}{HTU_{ox}}$$

HTU_{oxd} 可采用下式计算。

$$HTU_{oxd}=\frac{H_0}{Pe_o+\dfrac{\ln\varepsilon}{1-\dfrac{1}{\varepsilon}}} \tag{18-65}$$

式中 Pe_o——综合考虑两相纵向混合程度的总 Peclet 特征数，它和两相的 Peclet 特征数关系存在如下关系。

$$\frac{1}{Pe_o}=\frac{1}{f_x Pe_c\varepsilon}+\frac{1}{f_y Pe_d} \tag{18-66}$$

式中，$Pe_c=Hu_c/E_c$，$Pe_d=Hu_d/E_d$。

系数 f_x 和 f_y 可根据下式计算。

$$\left.\begin{aligned}f_x&=\frac{NTU_{ox}+6.8\varepsilon^{0.5}}{NTU_{ox}+6.8\varepsilon^{1.5}}\\ f_y&=\frac{NTU_{ox}+6.8\varepsilon^{0.5}}{NTU_{ox}+6.8\varepsilon^{-0.5}}\end{aligned}\right\} \tag{18-67}$$

计算出 HTU_{oxd} 以后，根据式（18-68）求得 HTU_{oxp} 的第一次计算值，并计算出萃取塔塔高的第一次计算值 $H=HTU_{oxp}\times NTU_{oxp}$。

$$HTU_{oxp}=HTU_{ox}+HTU_{oxd} \tag{18-68}$$

比较塔高初值与第一次计算值，若两者相等（误差满足收敛准则），计算结束；若两者相差较大，令 $H_0=H+\Delta H$，再进行计算，直到两者误差在允许范围。

另外，也可以直接求得表征轴向混合不利影响的分散单元高度 HTU_{oxd} 的关联式，然后用 Miyauchi 等人提出的扩散模型近似计算方法来进行设计。例如 SMR 扁环填料[65]用于中等界面张力体系时的分散单元高度可用下式计算。

$$HTU_{oxd}=58.4(1-\phi_d)^{3.0}\left(\frac{u_d}{mu_c}\right)^{0.18}u_c^{0.69} \tag{18-69}$$

式（18-69）的计算结果与实验结果比较接近。

(5) 塔高的计算

有了以上各参数，就可以利用扩散模型的近似解法计算表观传质单元高度及完成给定分离任务所需的塔高，如下式。

$$H=\mathrm{HTU_{oxp}}\times \mathrm{NTU_{oxp}} \tag{18-70}$$

5.4 计算举例

用液液萃取法处理含有机酸的废水。萃取剂为轻相并为分散相。填料萃取塔选用金属环形填料，填料公称直径为38mm，比表面积 a_p 为 $150\mathrm{m^2/m^3}$，空隙率 e 为0.95。已知废水流量 L 为 $15.0\mathrm{m^3/h}$，萃取剂用量 V 为 $26.7\mathrm{m^3/h}$，传质方向为连续相至分散相。所需的表观传质单元数 $\mathrm{NTU_{oxp}}$ 为10.0，填料萃取塔在70%的液泛速度下操作，试求所需的塔径和塔高。体系的物性如下。

$\rho_c=994.0\mathrm{kg/m^3}$，$\rho_d=860.0\mathrm{kg/m^3}$，$\mu_c=0.92\mathrm{mPa\cdot s}$，$\mu_d=0.54\mathrm{mPa\cdot s}$。

$D_c=1.29\times10^{-9}\mathrm{m^2/s}$，$D_d=2.88\times10^{-9}\mathrm{m^2/s}$，$\sigma=9.8\mathrm{mN/m}$，m=0.67。

解 采用5.2小节和5.3小节所介绍的计算模型，并参考填料萃取塔设计的信息流图进行求解。

(1) 采用Laddha基于特性速度的方法来计算液泛速度

$$u_0=0.637\left(\frac{a_p\rho_c}{e^3g\Delta\rho}\right)^{-0.5}=0.637\times\left(\frac{150.0\times994.0}{0.95^3\times9.81\times134.0}\right)^{-0.5}=0.0554(\mathrm{m/s})$$

$$L_R=\frac{V}{L}=\frac{26.7}{15.0}=1.78$$

$$\phi_{df}=\frac{2}{3+\sqrt{1+\dfrac{8}{L_R}}}=\frac{2}{3+\sqrt{1+\dfrac{8}{1.78}}}=0.3743$$

$$u_{cf}=u_0(1-2\phi_{df})(1-\phi_{df})^2=0.0554\times(1-2\times0.3743)\times(1-0.3743)^2=0.00545$$

$$u_{df}=u_{cf}L_R=5.45\times10^{-3}\times1.78=9.7\times10^{-3}(\mathrm{m/s})$$

$$u_c=u_{cf}\times70\%=0.00382\mathrm{m/s}$$

$$u_d=u_{df}\times70\%=0.00679\mathrm{m/s}$$

(2) 计算完成给定废水处理任务所需的塔径

$$D_T=\sqrt{\frac{\dfrac{L+V}{3600}}{0.785(u_c+u_d)}}=\sqrt{\frac{\dfrac{15.0+26.7}{3600}}{0.785\times(0.00382+0.00679)}}=1.179\ (\mathrm{m})$$

圆整后取塔径为1.2m。

$$u_c=0.00382\times\left(\frac{1.179}{1.2}\right)^2=0.00369(\mathrm{m/s})$$

$$u_d=0.00679\times\left(\frac{1.179}{1.2}\right)^2=0.00655(\mathrm{m/s})$$

(3) 计算液滴平均直径 d_{32}

传质方向为连续相至分散相，$\eta=1$。

$$d_{32}=1.15\eta\left(\frac{\sigma}{\Delta\rho g}\right)^{0.5}=1.15\times\left(\frac{9.8\times10^{-3}}{134.0\times9.81}\right)^{0.5}=0.00314(\mathrm{m})$$

(4) 计算分散相存留分数 ϕ_d

根据式(18-45)，通过试差法求 ϕ_d。

$$\phi_d=0.166$$

(5) 计算两相滑动速度 u_s

$$u_s=\frac{u_d}{e\phi_d}+\frac{u_c}{e(1-\phi_d)}=\frac{0.00655}{0.95\times0.166}+\frac{0.00369}{0.95\times(1-0.166)}=0.0462(\mathrm{m/s})$$

(6) 计算连续相分传质系数 k_c

$$Sc_c=\frac{\mu_c}{\rho_cD_c}=\frac{0.92\times10^{-3}}{994\times1.29\times10^{-9}}=717.5$$

$$Re_c=\frac{d_{32}u_s\rho_c}{\mu_c}=0.00314\times0.0462\times\frac{994}{0.92\times10^{-3}}=156.7$$

$$Sh_c=0.698Sc_c^{0.4}Re_c^{0.5}(1-\phi_d)=0.698\times717.5^{0.4}\times156.7^{0.5}\times(1-0.166)=101.13$$

$$k_c=\frac{Sh_cD_c}{d_{32}}=\frac{101.13\times1.29\times10^{-9}}{0.00314}=4.15\times10^{-5}(\mathrm{m/s})$$

(7) 计算分散相分传质系数 k_d

利用Seibert等提出的判据计算公式得

$$Sc_d=\frac{\mu_d}{\rho_dD_d}=\frac{0.54\times10^{-3}}{860.0\times2.88\times10^{-9}}=218$$

$$\Psi=\frac{(Sc_d)^{0.5}}{1+\dfrac{\mu_d}{\mu_c}}=\frac{218^{0.5}}{1+\dfrac{0.54}{0.92}}=9.30>6$$

故 $k_d=0.023u_s(Sc_d)^{-0.5}=0.023\times0.0462\times218^{-0.5}=7.20\times10^{-5}(\mathrm{m/s})$

(8) 计算总传质系数 K_{oc}

$$\frac{1}{K_{oc}}=\frac{1}{k_c}+\frac{1}{mk_d}=\frac{1}{4.15\times10^{-5}}+\frac{1}{0.67\times7.20\times10^{-5}}$$

$$K_{oc}=2.23\times10^{-5}\mathrm{m/s}$$

(9) 计算真实传质单元高度 $\mathrm{HTU_{ox}}$

$$\mathrm{HTU_{ox}}=\frac{u_x}{K_{ox}a}=\frac{u_c}{K_{oc}a}$$

对于圆整后的萃取塔：

$$a=\frac{6e\phi_d}{d_{32}}=\frac{6\times0.95\times0.166}{0.00314}=301.3(\mathrm{m^2/m^3})$$

$$\mathrm{HTU_{ox}}=\frac{0.00369}{2.23\times10^{-5}\times301.3}=0.549\mathrm{m}$$

(10) 连续相轴向扩散系数 E_c 的计算

由于本例中塔径大，轴向返混的影响不容忽视，因此需分别计算两相的轴向扩散系数。连续相轴向扩散系数 E_c 用式（18-61）计算。

$$Y=\left(\frac{\psi\mu_c}{d_p u_c \rho_c}\right)^{0.5}\frac{u_d}{u_c}$$

$$=\left(\frac{0.95\times0.92\times10^{-3}}{0.038\times0.00369\times994.0}\right)^{0.5}\times\frac{0.00655}{0.00369}$$

$$=0.1405$$

$$\frac{eu_c d_p}{E_c}=1.12\times10^{-2}Y^{-0.5}+7.8\times10^{-3}Y^{-0.7}$$

$$=0.02987+0.03081=0.06068$$

$$E_c=0.95\times0.00369\times\frac{0.038}{0.06068}$$

$$=2.20\times10^{-3}(\mathrm{m^2/s})$$

(11) 分散相轴向扩散系数 E_d 的计算

$$\lg\frac{E_d}{u_d d_p}=0.046\frac{u_c}{u_d}+0.301=\frac{0.046}{L_R}+0.301$$

$$=\frac{0.046}{1.78}+0.301$$

$$\lg\frac{E_d}{0.00655\times0.038}=0.3268$$

$$E_d=5.28\times10^{-4}\mathrm{m^2/s}$$

(12) 分散单元高度 HTU_{oxd} 的计算

在计算考虑轴向混合不利影响的填料萃取塔塔高时，需首先计算分散单元高度 HTU_{oxd}。

当萃取因子 $\varepsilon=1$ 时：

$$HTU_{oxp}=HTU_{ox}+\frac{E_c}{u_c}+\frac{E_d}{u_d}$$

$$=0.549+\frac{2.20\times10^{-3}}{0.00369}+\frac{5.28\times10^{-4}}{0.00655}$$

$$=1.226(\mathrm{m})$$

萃取塔塔高的计算初值 $H_0=HTU_{oxp}\times NTU_{oxp}=1.226\times10=12.26$ (m)。

以此值作为萃取塔高的初值 H_0，继续计算。

$$NTU_{ox}=\frac{H_0}{HTU_{ox}}=\frac{12.26}{0.549}=22.33$$

萃取因子 $\varepsilon=mV/L=0.67\times26.7/15.0=1.19$。

按照式（18-67）中间变量计算结果分别为：

$$f_x=0.9548,\quad f_y=1.0415$$

表征轴向返混的两相的 Peclet 特征数以及总的 Peclet 特征数如下。

$$Pe_c=\frac{u_c H_0}{E_c}=\frac{0.00369\times12.26}{2.20\times10^{-3}}=20.56$$

$$Pe_d=\frac{u_d H_0}{E_d}=\frac{0.00655\times12.26}{5.28\times10^{-4}}=152.1$$

$$Pe_o=\frac{1}{\dfrac{1}{f_x Pe_c\varepsilon}+\dfrac{1}{f_y Pe_d}}$$

$$=\frac{1}{\dfrac{1}{0.9548\times20.56\times1.19}+\dfrac{1}{1.0415\times152.1}}$$

$$=20.36$$

则按照式（18-65）可得：

$$HTU_{oxd}=\frac{H_0}{Pe_o+\dfrac{\ln\varepsilon}{1-\dfrac{1}{\varepsilon}}}=\frac{12.26}{20.36+\dfrac{\ln1.19}{1-\dfrac{1}{1.19}}}$$

$$=0.572\ (\mathrm{m})$$

(13) 表观传质单元高度 HTU_{oxp} 的计算

根据扩散模型的近似解法得

$$HTU_{oxp}=HTU_{ox}+HTU_{oxd}=0.549+0.572$$

$$\approx1.121(\mathrm{m})$$

(14) 完成分离任务所需的塔高 H 的计算

可得萃取塔高的第一次计算值为

$$H=HTU_{oxp}\times NTU_{oxp}=10.0\times1.121=11.21(\mathrm{m})$$

由于此值和萃取塔高初值 H_0 有一定误差，需进行试差计算，以 $H_0=11.22$m 作为第二次迭代计算的初值，求得塔高为 11.19m，与 11.22 非常接近，无需再进行迭代，则所需有效塔高为 11.19m。

应该说明的是，在按基本原理对填料萃取塔进行初步计算时，理论基础和工程经验是十分重要的。应该对复杂的工业体系进行合理的简化，选择适当的计算公式，并对计算结果进行必要的核对和调整[57]。

6 转盘萃取塔设计计算

6.1 结构和操作原理

液液萃取转盘塔（RDC）具有处理量大、分离效率较高、结构简单和操作稳定等优点，已广泛应用于石油化工、湿法冶金、制药、食品、焦炭工业和原子能工业等各个领域。如润滑油的糠醛精制、丙烷脱沥青、苯-甲苯-二甲苯的分离、己内酰胺的萃取等。转盘塔用于以糠醛萃取石油润滑油时，比相应的填料塔的投资省 60%[70]。

转盘萃取塔萃取过程示意如图 18-49 所示[71]。转盘塔主要由若干固定在转轴上的平圆盘与若干固定在塔壁上的圆环所组成。转盘塔多呈逆流操作，在液液萃取过程中，一般以轻液为分散相，重液为连续相。轻液由底部进入塔内，向上移动，与自上而下移动的重液逆流接触，借转盘转动将其分散成液滴状态而分布。在重液相中，由于密度差，轻液相逐渐上升，反复分散及聚结，在塔的顶部汇合成均一的轻液相层，以均匀相排出塔设备。

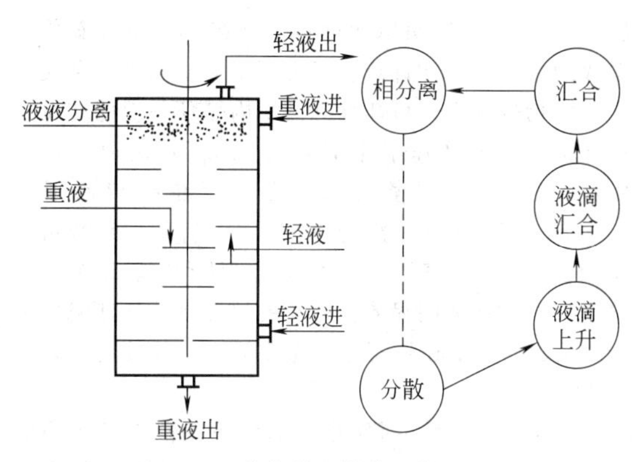

图 18-49 转盘萃取塔萃取过程示意

在转盘塔内不发生段间沉降和分散现象，液滴的大小靠适宜的动环转速来控制和维持，平整的动环及定环表面可以创立均匀的切变条件，并且有助于得到较窄的滴径分布。如果定环或动环表面凹凸不平，则将产生较高的局部切变应力，形成许多微小的液滴，在一定的条件下，这将使设备的生产能力降低。所以在转盘塔间室内的流型，应保证使分散相和连续相发生所希望的逆流流动，即整个液体呈旋转状态，液体从动环轴沿动环表面缓慢地移向塔壁，而后又从塔壁沿定环表面缓慢地流向动环轴，由此两个方向相反的涡动彼此连成一体，形成一个完整的涡流。由动环传递给液体的能量使液相中产生均匀的湍动，这就有利于加快传质速度，有利于提高萃取效率。

6.2 数学模型

6.2.1 水力学模型

为了确定转盘塔的塔径，必须先确定塔的操作流速。Logsdail 等人[72]首先提出用“特性速度 u_0”来关联转盘塔两相流速和分散相存留分数 ϕ_d 的关系式。

$$\frac{u_d}{\phi_d}+\frac{u_c}{1-\phi_d}=u_s=u_0(1-\phi_d) \tag{18-71}$$

这种方法的物理意义比较明确，形式比较简单，可以通过小型设备方便地测定特性速度 u_0，并计算大型塔在相应条件下的液泛速度。因此在转盘塔的研究和设计中应用相当广泛[73]。但 Acrivos[74]、Strand[75]、Misěk[76]、Marr[77]等人指出，这种方法仅能适用于液滴间不发生聚合以及直到液泛时，液滴分布规律不随流速变化的情况，并提出了一些改进的计算方法。

Pozen[78]提出，采用式（18-72）可以更好地关联搅拌塔的液泛数据。

$$u_s=u_0(1-\phi_d)^n \tag{18-72}$$

这和汪家鼎等人[79]早年研究脉冲筛板塔时提出的关联式相同。这种方法可较好地考虑液滴聚合对液泛的影响，但对转盘塔而言，还需要通过实验来确定指数 n 的变化规律。在实验研究的基础上，一些科研工作者归纳了特性速度 u_0 的计算公式，表 18-12 中为其中一些有代表性的结果。费维扬等人[73]针对甲苯-丙酮-水体系和三种不同的塔径（5cm、30cm、240cm）考察了不同作者的特性速度关联式的适用性。

表 18-12 转盘塔的特性速度关联式

作者		关联式
Logsdail 等人[72]		$\frac{u_0\mu_c}{\sigma}=0.012\left(\frac{\Delta\rho}{\rho_c}\right)^{0.9}\left(\frac{g}{D_RN^2}\right)^{1.0}\left(\frac{D_S}{D_R}\right)^{2.3}\left(\frac{Z_c}{D_R}\right)^{0.9}\left(\frac{D_R}{D_T}\right)^{2.7}$
Kung 等人[80]		$\frac{u_0\mu_c}{\sigma}=k_1\left(\frac{\Delta\rho}{\rho_c}\right)^{0.9}\left(\frac{g}{D_RN^2}\right)^{1.0}\left(\frac{D_S}{D_R}\right)^{2.3}\left(\frac{Z_c}{D_R}\right)^{0.9}\left(\frac{D_R}{D_T}\right)^{2.7}$ 式中当 $(D_S-D_R)/D_T\leqslant 1/24$ 时，$k_1=0.0225$ $(D_S-D_R)/D_T\geqslant 1/24$ 时，$k_1=0.012$
Laddha 等人[81]	无传质	$\delta=\frac{u_0}{\left(\frac{\sigma\Delta\rho g}{\rho_c^2}\right)^{\frac{1}{2}}\left(\frac{Z_c}{D_R}\right)^{0.9}\left(\frac{D_S}{D_R}\right)^{2.1}\left(\frac{D_R}{D_T}\right)^{2.4}}=c_1(Fr\varphi_2)^n$ 临界转速 N_{cr} 时：$Fr\varphi_2=180$，$\delta\approx 1.8$ 当 $Fr\varphi_2>180$ 时，$c_1=1.08$，$n=0.08$ 当 $Fr\varphi_2<180$ 时，$c_1=0.01$，$n=1.0$
	有传质	$\delta=\beta(Fr\varphi_2^{\frac{1}{2}})^p$ (18-73) 临界转速时：$\delta\approx 1.8$， $Fr\varphi_2^{\frac{1}{2}}\approx 16$ (d→c) $Fr\varphi_2^{\frac{1}{2}}\approx 25$ (c→d) 高于临界转速时： $\beta=0.11$，$p=1.0$ (d→c) $\beta=0.077$，$p=1.0$ (c→d) 低于临界转速时：$\beta=1.46$，$p=0.08$ (d→c) (c→d)
		其中：$Fr=\frac{D_RN^2}{g}$；$\varphi_2=\left(\frac{\sigma^3\rho_c}{\mu_c^4 g}\right)^{\frac{1}{4}}\left(\frac{\Delta\rho}{\rho_c}\right)^{0.6}$

由特性速度计算液泛速度的方法与填料萃取塔相同，如式（18-46）～式（18-48）。实际操作流速一般按 70% 的液泛速度计算，塔径按式（18-53）计算。

转盘塔分散相存留分数 ϕ_d 除了根据 Logsdail 计算特性速度和相关的公式计算外，还可以用一些半经验公式计算。Murakami 根据在 7.9cm、10.5cm、30cm 直径转盘塔中所求得的实验结果，求得如下分散相存留分数的半经验公式。

$$\phi_d=1.2\left(\frac{D_RN}{u_c}\right)^{0.55}\left(\frac{u_d}{u_c}\right)^{0.8}\left(\frac{D_S^2-D_R^2}{D_T^2}\right)^{-0.3}\left(\frac{Z_c}{D_T}\right)^{-0.66}\left(\frac{D_R}{D_T}\right)^{0.4}\left(\frac{\sigma}{\rho_cD_T\mu_c^2}\right)^{-0.18}\left(\frac{\Delta\rho}{\rho_c}\right)^{-0.18}\left(\frac{gZ_c}{u_c^2}\right)^{-0.6} \tag{18-74}$$

液滴平均直径 d_m 是影响液泛速度的另一个重要参数，同时也影响塔的传质特性，有关的研究工作很多。但是 d_m 的计算公式往往是根据有限的实验数据总结出的，它们只能在一些特定的条件下应用，且各种计算公式所求得的结果又有较大的差别。Misěk[82]指出，由于转盘的作用，液滴直径存在一定的分布，对于不同的转速范围，他建议用下列公式计算。

当 $Re>6\times10^4$ 时

$$\frac{d_m N^2 D_R \rho_c}{\sigma \exp(0.0887\Delta D)}=16.3\left(\frac{Z_c}{D_T}\right)^{0.46} \tag{18-75}$$

当 $1\times10^4<Re<6\times10^4$ 时

$$\frac{d_m N^2 D_R \rho_c}{\sigma \exp(0.0887\Delta D)}=1.345\times10^{-6}Re \tag{18-76}$$

当 $Re<1\times10^4$ 时

$$d_m=0.38\left(\frac{\sigma}{\Delta\rho g}\right)^{\frac{1}{2}} \tag{18-77}$$

式中，$Re=D_R^2 N\rho_c/\mu_c$；ΔD 为塔壁至转盘边缘的距离，$\Delta D=0.5\ (D_T-D_R)$。

6.2.2　传质特性

转盘塔塔高的放大设计比较困难。随着塔径的增大，完成指定分离任务所需的塔高往往急剧增加。放大设计液液萃取塔高度的主要困难在于纵向混合的严重影响。据报道，在一些大型工业萃取塔中，塔高的90%是用来补偿纵向混合的，转盘塔也是这样。近年来一般都以扩散模型作为模拟放大的基础，其计算框图如图18-48所示。其中表观传质单元高度 HTU_{oxp}、真实传质单元高度 HTU_{ox}、分散单元高度 HTU_{oxd} 的物理意义同填料萃取塔。$HTU_{oxp}=HTU_{ox}+HTU_{oxd}$，$HTU_{ox}$ 可以通过实验测定或按单液滴传质系数的半经验公式计算。考虑到工业萃取塔内杂质和界面污物的存在，可能抑制液滴内循环。因此在设计计算中，在低转速下用 Kronig-Bring 公式和修正的 Bonssinesg 公式计算传质系数，而在高转速下用 Newman 公式和线性滑动速度模型计算传质系数可能比较合理。计算表明，这种处理方法和实验结果比较符合。只是在有明显界面骚动的情况下低转速时才采用 Handlos-Baron 公式计算传质系数。有关公式均列于表18-13中。

Strand 等人[75]对转盘塔的传质特性进行了研究和分析，在对自己的公式修正了轴向混合的影响后，得到了真实的总传质系数的测量值，然后与从停滞液滴和湍流内循环液滴分传质系数求出的总传质系数进行比较。实验结果和计算结果比较如图18-50所示。结果表明，物系、传质方向和微量界面污染物的存在都会影响实验结果，但是转盘塔径对结果并没有影响。因此从小型实验塔求得的传质实验数据可用来预测同一体系大型转盘塔的传质性能。

计算分散单元高度 HTU_{oxd} 时，需要两相的轴向扩散系数。有关转盘塔纵向混合的研究工作很多。表18-14列举了一些转盘塔纵向扩散系数的计算公式，可供设计计算时参考。但由于转盘塔分散相纵向扩散系数的测定和关联比较困难，有关计算公式不太可靠。在设计计算中通常取 $E_d=(1\sim3)E_c$。

表18-13　单液滴传质系数的计算公式

类别	作者	关联式	备注
分散相	Newman[83]	$k_d=\frac{2\pi^2 D_d}{3d_p}$	停滞液滴的简化公式
	Kronig 和 Bring[84]	$k_d=\frac{17.9D_d}{d_p}$	滞流内循环的简化公式
	Handlos 和 Baron[85]	$k_d=\frac{0.00375u_s}{1+\frac{\mu_d}{\mu_c}}$	湍流内循环
连续相	Calderbank[86]	$Sh=0.42Sc^{\frac{1}{2}}Gr^{\frac{1}{3}}$	停滞液滴及循环液滴
	Boussinesg[87]	$Sh=1.13\sqrt{Pe}$	循环液滴
	修正的 Boussinesg[88]	$Sh=0.60\sqrt{Pe}$	循环液滴
	Treybal[93]	$k_c=0.001u_s$	停滞液滴

表18-14　转盘塔轴向扩算系数的计算公式

作者	关联式
Westerlerp[89]	$E_c=u_cZ_c\left(0.5+0.0065\frac{D_RN}{u_c}\right)$
Stemerding[90]	$E_c=u_cZ_c\left[0.5+0.012\frac{D_RN}{u_c}\left(\frac{D_S}{D_T}\right)^2\right]$，$E_d=(1\sim3)E_c$
Strand 等人[75]	$E_c=\frac{u_cZ_c}{1-\phi_d}\left\{0.5+0.09(1-\phi_d)\frac{D_RN}{u_c}\left(\frac{D_R}{D_T}\right)^2\left[\left(\frac{D_S}{D_T}\right)^2-\left(\frac{D_R}{D_T}\right)^2\right]\right\}$ $E_d=\frac{u_cZ_c}{\phi_d}\left\{0.5+0.09\phi_d\frac{D_RN}{u_c}\left(\frac{D_R}{D_T}\right)^2\left[\left(\frac{D_S}{D_T}\right)^2-\left(\frac{D_R}{D_T}\right)^2\right]\right\}$

续表

作者	关联式
Misěk[91]	$E_c=u_cZ_c\left[0.5+4.4\times10^{-2}\left(\dfrac{D_R}{D_T}\right)^{\frac{1}{8}}\dfrac{D_RN}{u_c}\left(\dfrac{D_S}{D_T}\right)^2Z^{-\frac{1}{3}}\right]$
Pebalk[92]	$E_c=u_cZ_c\left[0.5+0.0103\dfrac{D_RN}{u_c}\left(\dfrac{D_S}{D_T}\right)^2\right]$

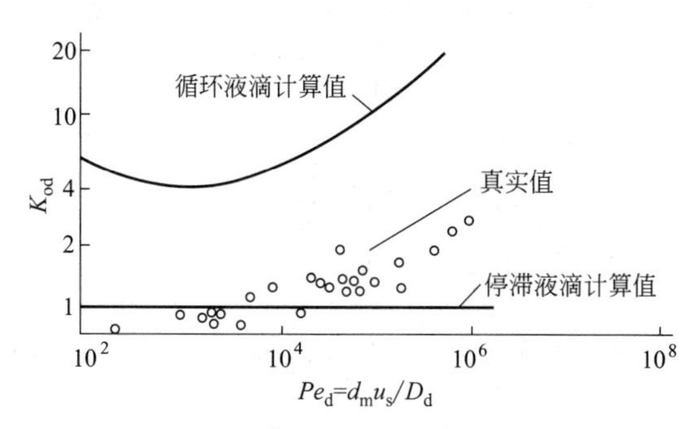

图 18-50 实验结果和计算结果比较

6.3 塔高设计计算举例

在内径为 30cm 的中间实验转盘塔中，用新鲜的甲苯从稀的丙酮水溶液中萃取回收丙酮。要求实验塔相当于两个传质单元，即 $NTU_{oxp}=2$，试求所需的转盘塔高度。分散相为有机相，连续相为水相。$V=1.12m^3/h$，$L=0.90m^3/h$。物系数据如下：$\rho_c=997.0kg/m^3$，$\rho_d=858.0kg/m^3$，$\mu_c=1.0mPa\cdot s$，$\mu_d=0.59mPa\cdot s$，$D_c=2.68\times10^{-5}m^2/s$，$D_d=2.88\times10^{-5}m^2/s$，$\sigma=32mN/m$，$m=0.58$。

转盘塔结构尺寸：$D_T=30mm$，$D_R=15mm$，$D_S=21mm$，$Z_c=6.5mm$。

此转盘塔在 75%液泛转速下操作。

解 (1) 求取特性速度 u_0

$$u_d=\frac{V}{\frac{1}{4}\pi D_T^2}=\frac{1.12}{\frac{1}{4}\times3.14\times0.3^2}=0.440\ (cm/s)$$

$$u_c=\frac{L}{\frac{1}{4}\pi D_T^2}=\frac{0.90}{\frac{1}{4}\times3.14\times0.3^2}=0.354\ (cm/s)$$

$$L_R=\frac{V}{L}=\frac{1.12}{0.90}=1.24$$

$$\phi_{df}=\frac{2}{3+\sqrt{1+\frac{8}{L_R}}}=\frac{2}{3+\sqrt{1+\frac{8}{1.24}}}=0.349$$

代入式 (18-71) 可得液泛时特征速度。

$$u_0=\frac{u_d}{(1-\phi_{df})\phi_{df}}+\frac{u_c}{(1-\phi_{df})^2}$$

$$=\frac{0.440}{(1-0.349)\times0.349}+\frac{0.354}{(1-0.349)^2}=2.77\ (cm/s)$$

根据表 18-12 中的 Logsdail 特性速度关联式可计算液泛时转速 N。

$$N^2=0.012\frac{\sigma}{u_0\mu_c}\times\frac{g}{D_R}\left(\frac{\Delta\rho}{\rho_c}\right)^{0.9}\left(\frac{D_S}{D_R}\right)^{2.3}\left(\frac{Z_c}{D_R}\right)^{0.9}\left(\frac{D_R}{D_T}\right)^{2.7}$$

$$=0.012\times\frac{0.032}{0.0277\times0.001}\times\frac{9.81}{0.15}\times\left(\frac{997-858}{997}\right)^{0.9}\times\left(\frac{21}{15}\right)^{2.3}\times\left(\frac{6.5}{15}\right)^{0.9}\times\left(\frac{15}{30}\right)^{2.7}=24.2 \qquad (18\text{-}78)$$

$$N=4.92r/s$$

转盘塔在 75%液泛转速下操作，则实际转速 $N'=0.75\times4.92=3.69\ (r/s)$。

由 Logsdail 特性速度关联式可知：$u_0\propto1/N^2$。则操作条件下的特性速度 $u'_0=u_0N^2/N'^2=2.77\times(1/0.75)^2=4.92\ (cm/s)$

代入式 (18-71)，通过试差法计算操作条件下的分散相存留分数。

$$\frac{u_d}{\phi_d}+\frac{u_c}{1-\phi_d}=u'_0(1-\phi_d)$$

可得 $\phi_d=0.111$。

则滑动速度

$$u_s=\frac{u_d}{\phi_d}+\frac{u_c}{1-\phi_d}=\frac{0.440}{0.111}+\frac{0.354}{1-0.111}=4.362\ (cm/s)$$

考虑到垂直方向流动截面的收缩，通常最小截面处的液滴运动速度相当于终端速度。界面收缩系数为

$$C_R=\frac{D_S^2}{D_T^2}=\left(\frac{21}{30}\right)^2=0.49$$

$$u_t=\frac{u_s}{C_R}=\frac{4.362}{0.49}=8.90\ (cm/s)$$

(2) 液滴平均直径 d_m 的计算

利用 Klee-Treybal[93] 方法从 u_t 计算 d_m，先判断液滴平均直径是否大于临界值。当液滴平均直径大于临界值时

$$u''_t=\frac{17.6\times\Delta\rho^{0.28}\mu_c^{0.10}\sigma^{0.18}}{\rho_c^{0.55}}$$

$$=\frac{17.6\times(0.997-0.858)^{0.28}\times0.01^{0.1}\times32^{0.18}}{0.997^{0.55}}$$

$$=11.9\ (cm/s)$$

该塔在操作条件下，$u_t<u''_t$，因此液滴平均直径小于临界值，可用 Klee-Treybal 方法计算 d_m。

$$u_t=\frac{38.3\Delta\rho^{0.58}d_m^{0.70}}{\mu_c^{0.11}\rho_c^{0.45}}$$

$$d_m=\frac{u_t^{\frac{1}{0.70}}\rho_c^{\frac{0.45}{0.70}}\mu_c^{\frac{0.11}{0.70}}}{38.3^{\frac{1}{0.70}}\Delta\rho^{\frac{0.58}{0.70}}}$$

$$=\frac{8.90^{1.43}\times0.997^{0.64}\times0.01^{0.157}}{38.3^{1.43}\times0.139^{0.829}}$$

$=0.309$ (cm)

(3) 传质系数 K 的计算

利用 Strand 等人[75]的实验数据，先计算停滞液滴的总传质系数，然后根据实验数据加以修正，以估计真实总传质系数。

k_d按表 18-13 中 Newman 停滞液滴简化公式计算。

$$k_d=\frac{2\pi^2 D_d}{3d_m}=\frac{2\pi^2\times2.68\times10^{-5}}{3\times0.309}=5.71\times10^{-4}\ (\text{cm/s}) \tag{18-79}$$

k_c按表 18-13 中 Treybal 公式计算。

$$k_c=0.001u_s=0.001\times4.362=4.362\times10^{-3}$$

则液滴的总传质系数为

$$\frac{1}{K_{od}}=\frac{1}{5.71\times10^{-4}}+\frac{0.58}{4.362\times10^{-3}}=1884.3$$

$$K_{od}=5.31\times10^{-4}\ \text{cm/s}$$

参考 Stand 等人的实验数据加以修正，在操作条件下，转盘塔内液滴群的 Pleclet 特征数为

$$Pe_d=\frac{d_m u_s}{D_d}=\frac{0.309\times4.362}{2.68\times10^{-5}}=5.03\times10^4 \tag{18-80}$$

$$\frac{K_{真实}}{K_{停滞液滴}}\approx1.5 \tag{18-81}$$

故实际操作条件下，分散相的总传质系数为

$$K'_{od}=1.5K_{od}=7.96\times10^{-4}\ \text{cm/s}$$

(4) 轴向扩散系数 E_c的计算

按照表 18-14 中 Stemerding 建议的关联式计算连续相的轴向混合系数。

$$E_c=u_cZ_c\left(0.5+0.0065\frac{D_RN}{u_c}\right)$$

$$=0.354\times6.5\times\left[0.5+0.012\times\frac{15\times3.8}{0.354}\times\left(\frac{21}{30}\right)^2\right]$$

$$=3.26\ (\text{cm}^2/\text{s}) \tag{18-82}$$

取 $E_d=3E_c=9.78\text{cm}^2/\text{s}$。

(5) 塔高 H 的计算

液滴比表面积为

$$a=\frac{6\phi_d}{d_m}=\frac{6\times0.111}{0.309}=2.16\ (\text{cm}^2/\text{cm}^3) \tag{18-83}$$

分散相真实传质单元高度为

$$\text{HTU}_{od}=\frac{u_d}{K_{od}a}=\frac{0.440}{7.96\times10^{-4}\times2.16}=2.55\ (\text{m})$$

则水相（连续相）真实总传质单元高度为

$$\text{HTU}_{ox}=\frac{1}{\varepsilon}\text{HTU}_{od}=\frac{1}{0.722}\times2.55=3.53\ (\text{m}) \tag{18-84}$$

采用 5.3 小节中 Miyauchi 和 Vermeulen 扩散模型来计算塔高，如图 18-48 所示。

首先估算萃取因子 $\varepsilon=1$ 时

$$\text{HTU}_{oxp}=\text{HTU}_{ox}+\frac{E_c}{u_c}+\frac{E_d}{u_d}=353+\frac{3.26}{0.354}+\frac{9.78}{0.440}=3.84\ (\text{m})$$

萃取塔塔高的计算初值为

$$H_0=\text{HTU}_{oxp}\times\text{NTU}_{oxp}=3.84\times2=7.69\ (\text{m})$$

以此值作为萃取塔高的初值 H_0，继续计算。

$$\text{NTU}_{ox}=\frac{H_0}{\text{HTU}_{ox}}=\frac{7.69}{3.53}=2.18$$

萃取因子为

$$\varepsilon=mL_R=0.58\times\frac{1.12}{0.90}=0.722 \tag{18-85}$$

按照式（18-67）中间变量计算结果分别为：

$$f_x=1.25\quad f_y=0.782$$

表征轴向返混的两相的 Peclet 特征数以及总的 Pecle 特征数分别为

$$Pe_c=\frac{u_cH_0}{E_c}=\frac{0.354\times769}{3.26}=83.5$$

$$Pe_d=\frac{u_dH_0}{E_d}=\frac{0.440\times769}{9.78}=34.6$$

$$Pe_o=\frac{1}{\dfrac{1}{f_xPe_c\varepsilon}+\dfrac{1}{f_yPe_d}}$$

$$=\frac{1}{\dfrac{1}{1.25\times83.5\times0.722}+\dfrac{1}{0.782\times34.6}}=19.91$$

则按照式（18-65）可得

$$\text{HTU}_{oxd}=\frac{H_0}{Pe_o+\dfrac{\ln\varepsilon}{1-\dfrac{1}{\varepsilon}}}=\frac{7.69}{19.91+\dfrac{\ln0.722}{1-\dfrac{1}{0.722}}}=0.370\ (\text{m})$$

根据扩散模型的近似解法表观传质单元高度为

$$\text{HTU}_{oxp}=\text{HTU}_{ox}+\text{HTU}_{oxd}=3.53+0.370\approx3.90\ (\text{m})$$

可得萃取塔高的第一次计算值为

$$H=\text{HTU}_{oxp}\times\text{NTU}_{oxp}=3.90\times2=7.80\ (\text{m})$$

由于此值和萃取塔高初值 H_0有一定误差，需再次进行试差计算，以 $H_0=7.81$m 作为第二次计算的初值，求得塔高 $H=7.81$m，无需再次迭代，故所求转盘塔的有效传质段高度应为 7.81m。

6.4 设计和运行中的问题分析

转盘萃取塔传质的主要影响因素是分散相存留分数和轴向返混，在萃取塔中连续相内的轴向返混被认为是由以下几种因素中的一个或几个引起的：流体和流体搅拌而引起的涡流扩散；径向速度分布；分散相液滴尾流内连续相的夹带；分散相液滴流动引起的涡流，但具体造成返混的因素、来源、影响程度以及影响区域研究的还很不充分[94]。转盘塔设计和运行的几个问题如下。

(1) 工业转盘塔处理能力

如何正确估算大型工业转盘塔的处理能力仍然存在问题。费维扬等人[94]用几种常用的计算方法对糠醛精制润滑油的工业转盘塔（塔径为 2.4m）进行了计算和比较，其计算结果如图 18-51 所示。从图 18-51中可以看出，如果按 Logsdail 公式计算（曲线 1），特性速度 u_0 值随着转速的减小而急剧增加。低转速下的 u_0 值显然过高而不合理。因为 u_0 值不应当超过该体系的最大自由沉降速度（可按 Klee-Treybal 等人[93]的公式计算）。考虑到转盘塔塔内两相流动截面的收缩，可能达到的最大 u_0 值更低。由此可见，Kung 等人[80]首先提出的临界转速的概念是很重要的，但是他们没有提出临界转速的定量计算方法。用 Laddha 有传质和无传质的两种模型计算的结果如图 18-51 中曲线 2 和曲线 3 所示。由图 18-51 可以看出，在塔径很大和界面张力很低的情况下，用 Laddha 模型估算出的临界转速 N_{cr} 过高，因而在低转速下算出的 u_0 值很低，这显然也不符合生产实际情况。Laddha 等人虽然已关联了临界转速与体系物性和塔径的关系（如无传质时，$Fr\varphi_2=180$），但这些关系是在小直径转盘塔中若干常见体系实验得到的。结果表明这些关系式尚不适用于扩大设计计算。在缺乏足够数据来准确地估算临界转速的情况下，参考苏元复等人[95]对糠醛-润滑油体系在 100mm 直径转盘塔中得到的临界转速的实验数据，按 $Fr\varphi_2=$常数（而不是 180）的关系来估算工业转盘塔的临界转速。

$$N_{cr_2}=N_{cr_1}\left(\frac{D_{R_1}}{D_{R_2}}\right)^{0.5}\left(\frac{\sigma_2}{\sigma_1}\right)^{0.375}\left(\frac{\mu_{c1}}{\mu_{c2}}\right)^{0.5}\left(\frac{\rho_{c1}}{\rho_{c2}}\right)^{0.175}\left(\frac{\Delta\rho_2}{\Delta\rho_1}\right)^{0.3} \tag{18-86}$$

式中，脚注 1 和 2 分别表示模型塔和工业塔。按这样改进过的 Laddha 模型算出的 u_0-N 关系如图 18-51中的曲线 4 所示，和国内外的文献数据及生产数据比较符合。

(2) 转速对转盘塔性能的影响

在一般情况下，转速确实对塔性能有明显的影响。转盘的转速把塔的作用分成两个区域，一个是特性速度不变区；另一个是特性速度变化区。转盘塔转速操作区域如图 18-52 所示[96]。

转速较低，转盘没有使分散相液滴产生明显的分散作用，即转盘的动压头不足以克服界面张力（Ⅰ区域属于低转速区）。在Ⅱ区域转速增高的条件下，液体湍动增加，当动压头克服界面张力临界值时，液滴就进一步被分散，同时还能增加液滴游动行程。在通量一定时，转数增加，分散相液滴直径变小，分散相液滴滞留分率沿着Ⅰ-Ⅱ-Ⅲ变化。在Ⅱ区域内 A 区域的滞留分率增加较慢，而 B 区域则急剧增加，操作范围一般选择在Ⅲ区域，若继续增加就会发生液泛。

费维扬[94]对甲苯-丙酮-水、MIBK-醋酸-水、糠醛-润滑油三种体系和不同的塔径进行了大量的计算。结果表明：从处理能力来看，在临界转速以下，塔允许负荷随转速的变化比较缓慢。在临界转速以上，塔的允许负荷则随着转速的提高而迅速下降。从萃取效率来看，完成指定分离任务所需的塔高先随着转速的提高而下降，通过最低点后再上升。

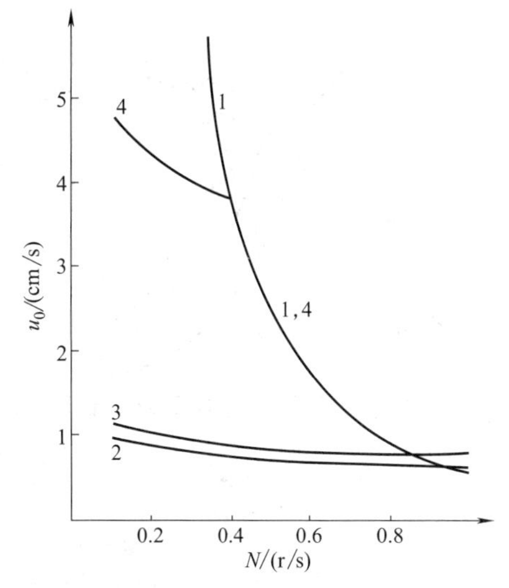

图 18-51　几种计算方法比较

体系：糠醛-润滑油体系，$\sigma=2.003$，$L/V=1.5$

塔结构：$D_T=2.4$m，$D_R=1.2$m，

$D_S=1.68$m，$Z_c=0.24$m

1—Logsdail 模型；2—Laddha 模型（无传质）；

3—Laddha 模型（有传质）；4—Laddha 改进模型

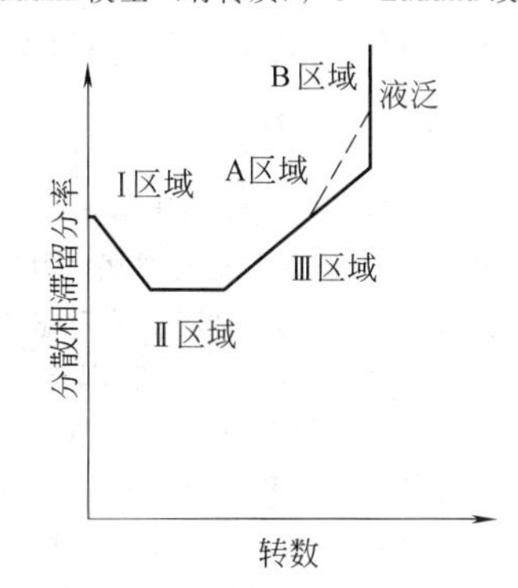

图 18-52　转盘塔转速操作区域

(3) 物系性质对转盘塔性能的影响

体系物性对转盘塔的性能影响较为明显，特别是界面张力的影响很大。费维扬[94]对糠醛-润滑油体系用改进的 Laddha 模型（无传质）计算了直径为 0.3m 的转盘塔的性能，界面张力对转盘塔性能的影响如图 18-53 所示。从图可以看出，界面张力较大时，塔的处理能力较大，但传质效率较差。对于界面张力极低的情况，出现了完成指定分离任务所需的塔高随着转速提高而单调增加，并不再出现最低点的现象。亦即塔的传质效率随着转速的提高而不断下降。这可能是由于界面张力极低时，液滴群很容易得到良

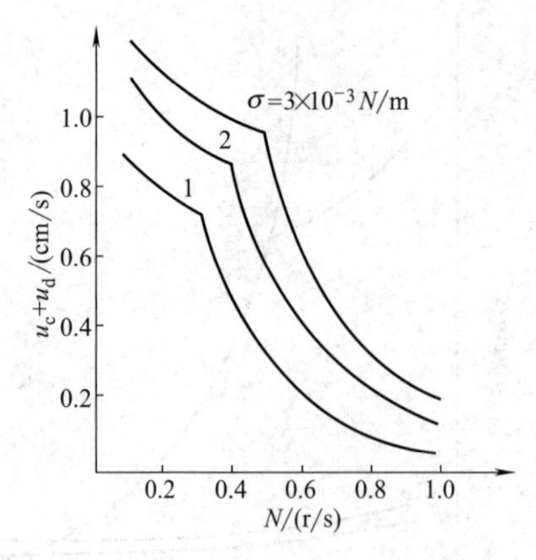

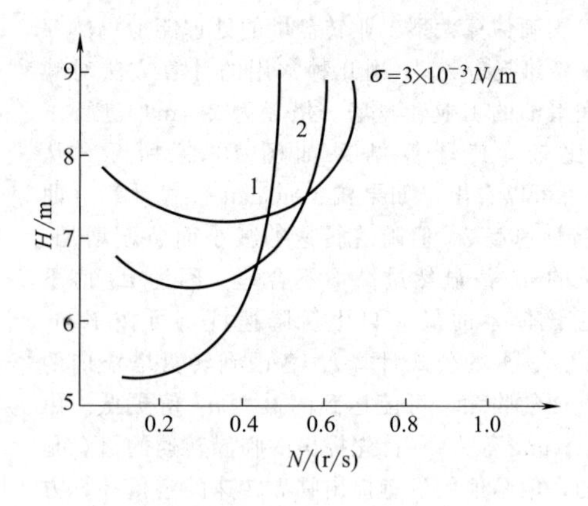

D_T=2.4m，N_T=6，L/V=1.5

图 18-53　界面张力对转盘塔性能的影响

用改进的 Laddha 模型（无传质）计算，糠醛-润滑油体系，假定界面张力不同

好的分散，在低转速下，液滴平均直径已经很小，已能获得良好的传质效果。增大转速，反而使得纵向混合急剧增加，降低了塔效率。

如图 18-54 所示为对于界面张力不同的体系，正常操作所需的单位体积输入能量，用功率因子 $PI=\frac{N^3D_R^5}{Z_cD_T^2}$表示，可供初步设计时参考。

（4）塔结构对转盘塔性能的影响

转盘和固定盘的相对尺寸对转盘塔的性能有重要的影响，在确定转盘塔的结构尺寸时，应考虑如下因素。

① 固定环和转盘之间形成稳定涡流，将利于两相的混合与传质，故应使转盘和固定环起一定的折流挡板作用，则固定环内径和转盘外径应保持适当的比例。且相邻两固定环的距离 Z_c 也很重要。Z_c/D_T 的比例过高，使涡流的垂直路径过长，其稳定性变差，流体短路进入相邻混合室的概率增加，结果使涡流迅速衰减，在塔壁附近形成死区，减少了流体的停留时间，降低了传质效率。

② 保证两相沿垂直方向逆流流动时有足够大的自由截面积，影响转盘塔的处理能力。自由截面积 $(1-D_R^2/D_T^2)$ 和 D_S^2/D_T^2 应该比较接近，以保证比较均匀的流动通道。

③ 转盘和固定环之间应有足够大的间隙，以保证转盘和转轴吊装时比较方便和安全。

一般化工设计手册介绍的转盘塔结构尺寸范围比较宽。例如 Perry[97] 推荐，在典型设计中，$D_T:D_R=1.5:3$，$D_T:Z_c=2:8$。Mišek[82] 还提出了转盘塔结构尺寸的计算公式，$Z_c=0.142D_T^{0.68}$，$D_R=0.50D_T$，$D_S=0.67D_T$。

6.5　新型转盘萃取塔研究开发与工业应用

RDC 具有结构简单、操作稳定、处理能力大、

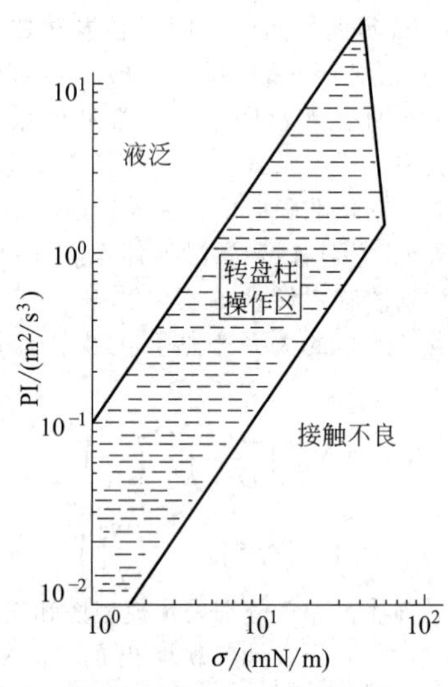

图 18-54　界面张力对转盘塔正常操作范围的影响

投资小及安装维修方便等特点，但工业规模的转盘塔由于石油化工体系复杂，设备规模庞大，塔内的两相流体力学和传质过程极为复杂，轴向返混严重，其传质效率非常低，75%～90%的塔高用于补偿轴向返混带来的传质推动力的降低。对一些生产装置的标定表明，转盘萃取塔的精制效果仅相当于 3～4 个理论级。许多研究者对转盘萃取塔的结构优化做出了努力，如偏心转盘萃取塔（asymmetric rotating disc extractor，ARD）、增强聚并塔（enhanced coalescence column，EC）、自稳定高效萃取塔（self-stabilizing high-performance extractor，SHE）、开式涡轮转盘萃取塔（open turbine rotating disc contactor，OTRDC）和开孔转盘萃取塔（rotating perforated disc contactor，RPDC）。

清华大学化学工程联合国家重点实验室利用一维

多普勒仪测量了转盘萃取塔内在各种操作条件下单相流动（连续相）的速度场。结果发现，转盘萃取塔内的流型在有无流动状态下相差很大，同时也证实了影响转盘塔传质性能主要是级间的轴向返混和沟流这一推断[99]。为了消除转盘塔内的级间返混，提高传质效率，清华大学萃取实验室发明了一种装有级间转动挡板的新型转盘萃取塔（NRTC)[100]，如图 18-55 所示。

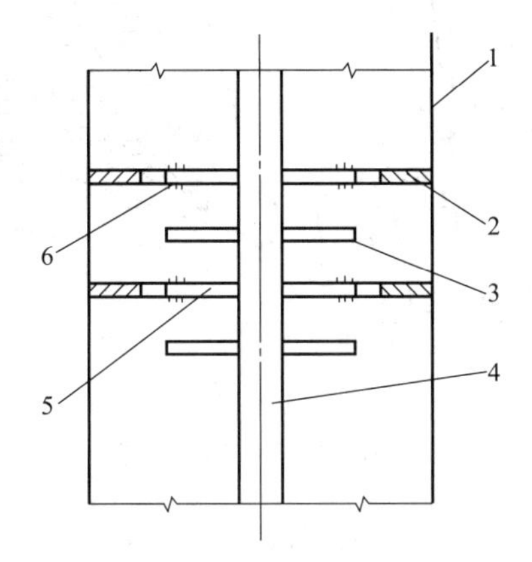

图 18-55　一种带有级间转动挡板的新型转盘萃取塔结构示意

1—塔体；2—固定环；3—转盘；4—转轴；5—转动挡板；6—转动挡板上的小孔

在转盘塔内的固定环平面增加筛孔挡板以抑制轴向返混，提高传质效率。转动挡板可以由两个半圆形挡板组成，安装时卡在转盘萃取塔的转轴上，也可以是一个整体，安装时从轴的一端套入。挡板直径为转盘直径的 80%～100%。挡板上开有圆孔，孔径为10～30mm，视具体过程而定，开孔率为 40%～60%。从速度场的测量和计算流体力学模拟的结果来看，增加筛孔挡板后有效地抑制了级间的轴向返混，同时级内的混合强度增加，有利于转盘塔内两相间的传质[99]。

王运东等人[98]在流场测量和计算流体力学模拟的基础上，选用正丁醇-丁二酸-水体系在塔径为 100 mm 的转盘萃取塔内进行了传质实验。结果表明，安装挡板的新型转盘萃取塔传质效率平均提高 20%～40%（图 18-56)，而流量则大致相当（图 18-57)。

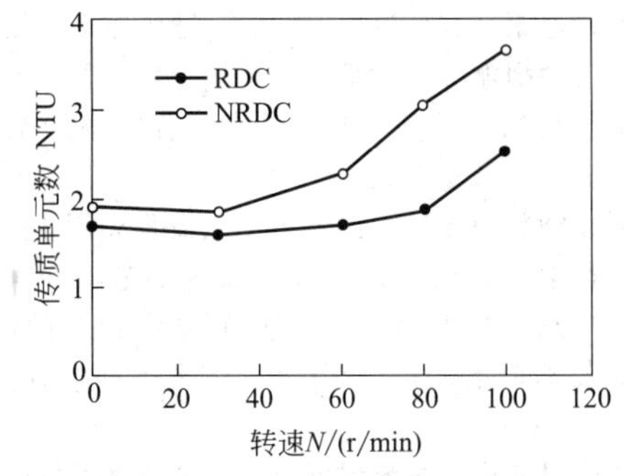

图 18-56　RDC 与 NRDC 的传质效率比较

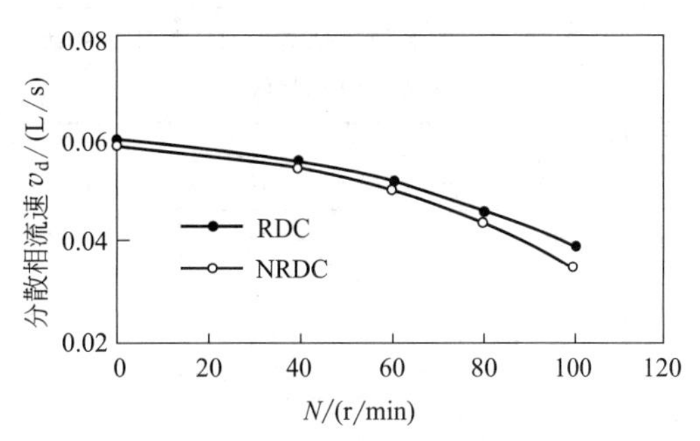

图 18-57　RDC 与 NRDC 的通量比较

中石化股份有限公司巴陵分公司将现有转盘萃取塔改造成新型转盘萃取塔后，处理能力由 50kt/年扩大至 70kt/年，其运行效果良好，两者运行数据对比见表 18-15。由表 18-15 可知 NRDC 比 RDC 萃取塔具有更高的萃取效果。在改造成功的基础上又为该公司设计了 120kt/年的新型转盘萃取塔。

表 18-15　NRDC 工业应用效果

项　　目	NRDC	RDC
平均负荷/(m^3/h)	19.07	14.10
萃取相己内酰胺的质量分数/%	>20	18～20
萃取相电导率/(μS/cm)	<25	30～50
萃余相己内酰胺的质量分数/%	<0.5	0.7～1.0

转盘萃取塔应用范围不断扩大、内部结构在不断改进、新型的结构又在不断开拓且日趋完善，因此它在液液萃取设备中具有较大的发展前途。

7　萃取技术新进展

随着现代工业的发展，人们对分离技术提出了越来越高的要求，作为成熟的单元操作——萃取分离面临着新的挑战。本节对几种萃取新技术进行介绍。

7.1　超临界流体萃取

7.1.1　超临界流体及其性质

超临界流体萃取（supercritical fluid extraction, SFE）是利用超过临界温度、临界压力状态下的气体具有特异溶解能力，可选择性地溶解混合液体或固体中溶质的特性，来分离液体或固体混合物的分离单元操作。

表 18-16 给出了超临界流体与常温、常压下气体、液体物性的比较，可以看出超临界流体的性质介于气体和液体之间，既具有接近气体的黏度和渗透能力，又具有接近液体的密度和溶解能力，这意味着超临界萃取可以在较快的传质速率和有利的相平衡条件下进行。部分超临界流体溶剂的纯物质的临界数据见表 18-17。

表 18-16 超临界流体与常温、常压下气体、液体物性的比较

类别	条件	密度 $\rho/(kg/m^3)$	黏度 η/mPa·s	扩散系数 $D/(m^2/s)$
气体	0.1MPa,20℃	0.6～2.0	0.01～0.03	$(1\sim4)\times10^{-3}$
超临界流体	T_c,p_c	200～500	0.01～0.03	7×10^{-7}
超临界流体	$T_c,4p_c$	400～900	0.03～0.09	2×10^{-7}
液体	20℃	600～1600	0.2～3.0	$(0.2\sim2)\times10^{-2}$

表 18-17 部分超临界流体溶剂的纯物质的临界数据[9]

化合物	沸点/℃	临界点数据		
		临界温度 t_c/℃	临界压力 p_c/MPa	临界密度 ρ_c /(g/cm³)
二氧化碳	−78.5	31.06	7.39	0.448
氨	−33.4	132.3	11.28	0.24
甲烷	−164.0	−83.0	4.6	0.16
乙烷	−88.0	32.4	4.89	0.203
丙烷	−44.5	97.0	4.26	0.220
n-丁烷	−0.5	152.0	3.80	0.228
n-戊烷	36.5	196.6	3.37	0.232
n-己烷	69.0	234.2	2.97	0.234
2,3-二甲基丁烷	58.0	226.0	3.14	0.241
乙烯	−103.7	9.5	5.07	0.20
丙烯	−47.7	92	4.67	0.23
二氯二氟甲烷	−29.8	111.7	3.99	0.558
二氯氟甲烷	8.9	178.5	5.17	0.552
三氯氟甲烷	23.7	196.6	4.22	0.554
一氯三氟甲烷	−81.4	28.8	3.95	0.58
1,2-二氯四氟乙烷	3.5	146.1	3.60	0.582
甲醇	64.7	240.5	7.99	0.272
乙醇	78.2	243.4	6.38	0.276
异丙醇	82.5	235.3	4.76	0.27
一氧化二氮	−89.0	36.5	7.23	0.457
甲乙醚	7.6	164.7	4.40	0.272
乙醚	34.6	193.6	3.68	0.267
苯	80.1	288.9	4.89	0.302
甲苯	110.6	318	4.11	0.29
六氟化硫	−63.8	45	3.76	0.74
水	100	374.2	22.00	0.344

作为超临界萃取的溶剂气体中以 CO_2 气体为佳，常作为超临界萃取的溶剂气体，其压力-温度-密度间的关系如图 18-58 所示。

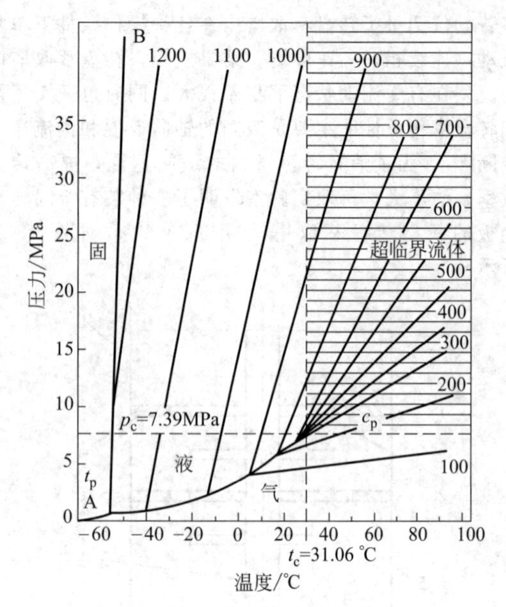

图 18-58 纯 CO_2 压力-温度-密度的关系
p_c—临界压力；t_c—临界温度；
t_p—三相点温度；c_p—临界点

7.1.2 工艺及设备

(1) 固体物料萃取

超临界萃取工艺过程主要由萃取器和分离器两部分组成，并适当配合压缩装置和热交换设备构成。对于原料为固体的萃取过程可归纳为 3 种基本工艺流程：等温法、等压法和吸附法，如图 18-59 所示。

图 18-59 (a) 中，原料从萃取器上部进入，超临界状态的溶剂从萃取器下方进入。在萃取器内与原料逆向接触进行萃取，从顶部获得萃取相，底部排出萃余相。萃取相经减压阀 4 减压至临界压力以下，溶剂恢复为气态，进入分离器 2 与溶质进行分离。从下方排出溶质产品，分离出的溶剂从分离器上部排出，经压缩机 3 升压达到超临界状态，返回萃取器循环使用。渣油超临界萃取脱沥青过程即为等压变温工艺[1]。

图 18-59 (b) 中，采用改变温度的方法脱出萃取相中的溶质，即从萃取器排出的萃取相经加热器 5 加热后，溶剂的密度及溶解能力急剧下降，进入分离器中进行分离析出溶质组分，分离的溶剂气体经冷却器 6 降温后，恢复到初始条件，然后由泵 3 送至萃取器循环使用。SPF 啤酒花的流程为等温变压工艺[101]。

图 18-59 (c) 所示流程，是采用吸附方法脱除萃取相中的溶质，为等温、等压工艺。分离器中装有吸附剂，超临界状态下的萃取相经分离器吸附脱除溶质后，溶剂经泵 3 升压返回萃取器 1 循环使用。该流程主要用于类似咖啡脱咖啡因的生产过程，以得到的残渣为最终目的产品，萃取是除去混合物中的杂质溶质，其流程图可参考文献 [101]。

固体物料超临界 CO_2 萃取工艺流程如图 18-60 所示。流程中 CO_2 流体采用液体加压工艺，所以流程中有多个热交换装置以满足 CO_2 多次相变的需要。普遍推荐萃取条件介于对比压力 $1<p_r=p/p_c<6$、对比温度 $1<t_r=t/t_c<1.4$ 之间[9]。

超临界萃取工艺流程可通过多级分离器将产品分

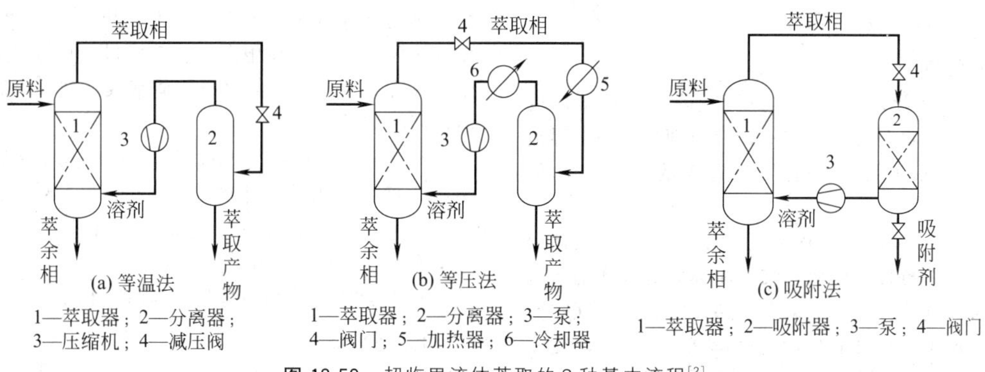

图 18-59　超临界流体萃取的 3 种基本流程[2]

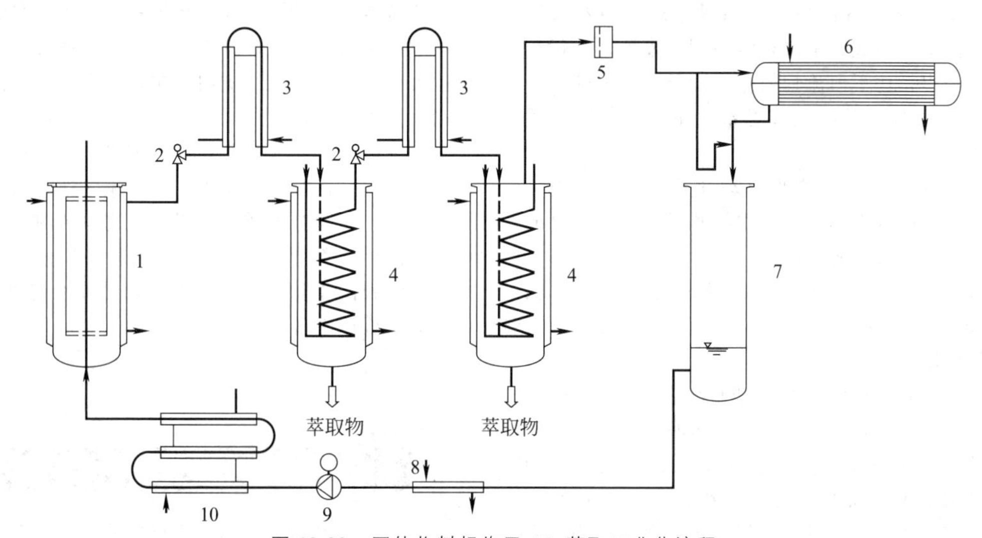

图 18-60　固体物料超临界 CO_2 萃取工业化流程

1—萃取釜；2—减压阀；3—热交换器；4—分离釜；5—过滤器；
6—冷凝器；7—CO_2 储罐；8—预冷器；9—加压泵；10—预热器

成若干部分，但传统分离器只是一个空的高压容器，产品往往是不同馏分的混合物，单独采用 SFE 技术往往满足不了对产品纯度的要求，人们开发了 SFE 与精馏联用、SFE 与尿素包合技术联用、SFE 与色谱分离联用等分离技术联用的工艺流程，满足了纯度要求，也扩大了超临界萃取技术的应用范围。

(2) 液体物料萃取[3]

“多级逆流超临界流体萃取”是指采用超临界流体作为溶剂，多级逆流萃取分离液体混合物的过程，其工艺流程如图 18-61 所示。液体混合物在萃取塔中与作为溶剂的超临界流体逆流接触后，分离成顶部产品和底部产品。塔顶分离器将萃取物与溶剂分离，其中一部分萃取物作为回流返回塔顶，其余的即为塔顶产品。溶剂经重新处理（过滤或液化并蒸发除去痕量物质，调节温度和压力等），然后由循环泵或压缩机将其以超临界状态循环进入塔底。混合物进料则是由进料泵将其引入塔的中间部位。相对于固体物料，液相物料超临界流体萃取可以连续操作，且可以实现萃取过程和精馏过程的一体化，连续获得高纯度和高附加值的产品。

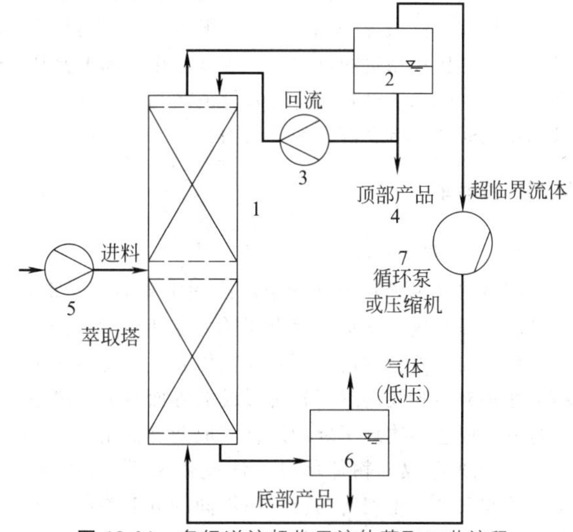

图 18-61　多级逆流超临界流体萃取工艺流程

1—萃取塔；2—顶部分离器；3—回流装置；4—塔顶产品回收；
5—进料装置；6—底部产品回收装置；7—溶剂循环装置

7.1.3 特点及应用

(1) 特点[9]

① 具有广泛的适应性。由于超临界流体溶解度特异增高的现象是普遍存在的，因而理论上超临界流体萃取技术可作为一种通用、高效的分离技术而应用；

② 萃取效率高，过程易于调节。超临界流体兼具气体和液体特性，因而超临界流体既有液体的溶解能力，又有气体良好的流动和传递性能。并且在临界点附近，压力和温度的少量变化，有可能显著改变流体溶解能力，控制分离过程。

③ 分离工艺流程简单。超临界萃取只由萃取器和分离器两部分组成，不需要溶剂回收设备，与传统分离工艺流程相比不但流程简化，而且节省能耗。

④ 分离过程有可能在接近室温下完成，特别适用于热敏性天然产物。

⑤ 超临界萃取易于实现自动化连续生产，同一套装置可改为提取烟草、天然香料和其他药用植物成分，具有很强的转产应变能力。

⑥ 必须在高压下操作，设备及工艺技术要求高，投资比较大。

(2) 应用

迄今，已有丙烷脱沥青、啤酒花萃取、咖啡脱咖啡因等大规模的 SPF 工业过程，同时 SPF 在医药、天然产物、特种化学品加工、环境保护及聚合物加工、食品加工等方面的应用也正在开发中并日趋成熟。如利用超临界 CO_2 吸附活性炭上的有机物，实现活性炭的再生，能耗低，且碳损失少；利用超临界 CO_2 替代常规的有机溶剂进行天然产物和特殊化学品的加工。

但出于经济考虑，关于固体的超临界流体萃取过程，与精馏、液液溶剂萃取等常规分离技术相比，SPF 是一个比较昂贵的过程，这主要是由于需要高压操作所致。因此，SPF 只是对高价值产品或在常规技术不适用时才具有经济上的吸引力。

7.2 膜萃取

7.2.1 基本理论

膜萃取又称膜基溶剂萃取，或固定膜界面萃取，它是膜过程与液液萃取过程相结合的新型分离技术。它与传统的液液萃取过程不同，其传质过程发生在由料液相和充满膜孔的溶剂相所形成的界面层上。膜萃取过程一般包括物理萃取和络合萃取两种机制[102]。

① 物理萃取 物理萃取不涉及化学反应，它利用溶质在两种互不相溶的液相中不同的分配关系达到分离目的。选择物理萃取剂的首要原则是“相似相溶原理”。

② 络合萃取 首先，溶液的待分离溶质与含有络合剂的萃取溶剂相接触，并发生反应生成络合物，使其转移至萃取溶剂相内。然后通过温度变化或 pH 变化等方式使反应逆向进行，使萃取溶剂再生循环利用，回收溶质。

膜萃取中溶质的传质过程可为以下几个步骤：

a. 溶质由水相主体扩散至水相边界层；

b. 溶质由水相边界层扩散至水相-有机相界面并与萃取剂发生反应，生成萃合物；

c. 萃合物由膜相主体扩散至溶剂相主体。

7.2.2 设备

(1) 中空纤维膜器[102]

膜接触器的结构形式有平板式、管式、螺旋卷式和中空纤维式等。中空纤维膜器因其能提供更大的传质比表面积而得到广泛应用。在膜萃取中应用较多的有以下两种形式。

① 平行流中空纤维膜器 如图 18-62 所示，平行流膜组件结构简单，易于加工。膜内外的两相流体平行流动，为同向流或异向流。在这种结构中壳程容易发生流体的不均匀分布，从而降低传质效率。若料液在纤维膜内流动，流动的不均匀分布会有所降低，但也会造成压降升高。

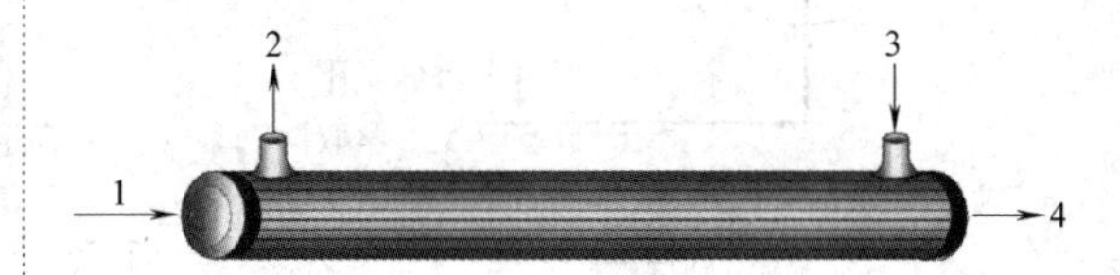

图 18-62 平行流膜接触器

1—流体 1 进口；2—流体 2 出口；3—流体 1 出口；4—流体 2 进口

② 带折流板的膜器 该膜组件经平行流膜组件改造而成。在壳程中引入折流挡板造成横向流动，形成局部扰动，从而促进传质。应用最广泛的是 Cellgard LCC 公司的 liqui-cel extra-flow 膜接触器(图 18-63)。

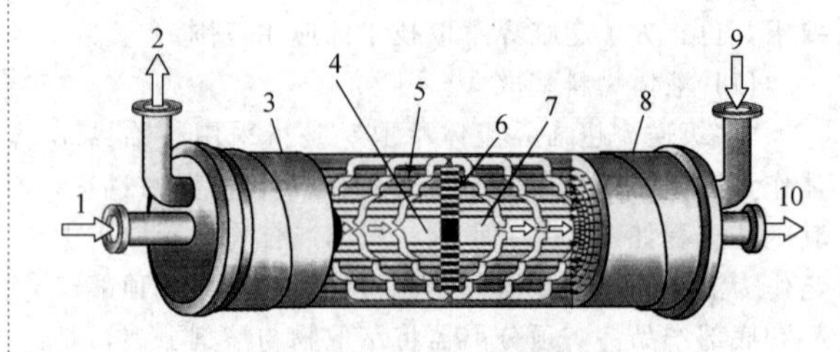

图 18-63 liqui-cel 膜接触器

1—流体 1 进口；2—流体 2 出口；3—外壳；4—分配管；5—中空纤维膜；6—挡板；7—收集管；8—腔体；9—液体 2 进口；10—液体 1 出口

设计膜接触器时，应当主要考虑几个方面：达到尽可能高的传质效率；减小和控制膜污染；流动阻力小；组件各部位性能稳定。

(2) 酶膜反应器

酶膜反应器（enzyme membrane reactor，EMR）是典型的生物催化膜反应器，综合了固定化酶膜反应器和膜分离的优点，集反应、分离、纯化和回收等过程于一体，在氨基酸生产、油脂类水解、有机物分解和合成、药物制造等方面发挥着越来越重要的作用[103]。

(3) 微型膜分散式萃取器

微尺度化工过程是现代化学工程学科的热点领域，微设备能从传质面积和传质系数两方面提高传质过程，缩短停留时间。但由于微设备处理量低、加工困难以及堵塞问题，限制了它的进一步应用。清华大学徐建鸿[104]开发了一种微型膜分散式混合及传质设备，并选择正丁醇一丁二酸-水体系为对象研究了该设备的传质性能，其实验装置如图 18-64 所示。

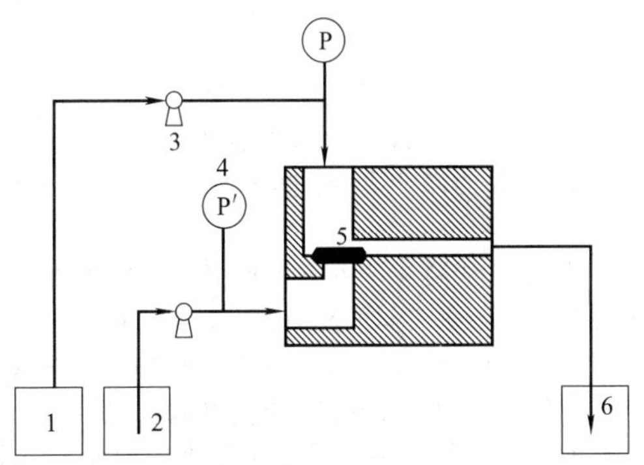

图 18-64　微型膜分散式萃取实验装置

1—连续相储槽；2—分散相储槽；3—蠕动泵；4—压力计；5—微孔膜；6—混合相储槽

水相（连续相）在泵的作用下从膜表面流过，有机相（分散相）在泵的作用下透过膜孔分散到连续相中，然后经过混合相通道流出膜器。采用压力计测量膜两侧压差，研究实验中所需压力大小。采用孔径为 5μm 的不锈钢纤维烧结膜，膜面积为 $1.2\times10^{-5}\,m^2$，混合室体积为 2.4mL。在混合相出口处计时取样，待澄清后测量体积，计算两相流量，同时研究两相的澄清情况。

结果表明，该微萃取器结合了微尺度混合传质和处理量大的优势，具有高效萃取的特点，在很高的流量下仍能保持高萃取效率。微混合后相分离性能好，澄清时间在 25s 以内，是一种理想的萃取设备。

7.2.3　特点及应用

相比传统萃取过程，膜萃取有其特殊的优势，这主要表现如下。

① 膜萃取传质过程不存在传统液液萃取过程中的液滴的分散和聚合现象。可减少混相、液沫夹带、萃取剂的夹带损失和二次污染。

② 为了完成液液直接接触中的两相逆流流动，在选择萃取剂时，受到其物性的限制（如密度、黏度、界面张力等）。而膜萃取过程在选择萃取剂时可以放宽对其物性的要求，使一些高浓度的高效萃取剂可以付诸使用。

③ 一般塔式萃取设备中，塔内轴向返混的影响是十分严重的，生产能力也将受到液泛流速等限制。在膜萃取过程中，并不形成直接接触的液液两相流动，使过程免受“返混”的影响和“液泛”条件的限制。

④ 膜萃取过程可以实现同级萃取反萃取过程，可以采用流动载体促进迁移等措施，以提高过程的传质效率。

⑤ 料液相与溶剂相在膜两侧同时存在可避免与其相似的支撑液膜操作中膜内溶剂的流失问题。

膜萃取过程能实现工业化的关键是膜材料的开发和传质的强化。随着膜萃取研究工作的进一步深入，膜萃取在各方面的应用日益受到人们的重视。膜萃取作为一种富集、分离手段，与其他辅助设备、仪器、检测方法相结合，在环保、生物模拟、生物反应监测、金属离子富集及药物分离等方面有重大进展。

7.3　双水相萃取

7.3.1　基本理论

双水相萃取（aqueous two-phase extraction，ATPE）是针对生物活性物质的提取而开发的一种新型液液萃取分离技术，克服通常溶剂萃取方法在生物大分子分离提取领域的困难。双水相是指被分离物质进入双水相体系后由于表面性质、电荷间作用和各种作用力（如增水键、氢键和离子键）等因素的影响，在两相间的分配系数不同，导致其在上下相的浓度不同，达到分离目的。这种分配关系与常规的萃取分配关系相比，表现出更大或更小的分配系数。影响分配的主要因素有：组成双水相体系的高聚物类型；高聚物的平均分子量和分子量分布；高聚物的浓度；成相盐和非成相盐的种类；盐的离子强度，pH，温度。许多高聚物都能形成双水相体系，其中在生物技术中最常使用的是聚乙二醇（PEG）和葡聚糖（Dextran）[3,10]。

7.3.2　过程及设备

(1) 相混合与分离

静态混合器是常用的混合器之一，其主要优点是停留时间均匀，无运动部件。双水相体系两相密度差小，黏度较大，所以实现相分离是比较困难的。一般分离是在碟片式离心机中进行的。表 18-18 是在不同体系中离心分离器的工作性能。可以看出，离心式相分离的效果非常好，处理能力可以很大，且适合任何双水相体系。

表 18-18　不同体系中离心分离器的工作性能[3]

分离器	Σ 值/m^2	转速/(r/min)	体系	Q_{max}/(L/h)	τ/s	SE
LAPX-202(α-laval)	970	12000	13%PEG4000/11%磷酸钾	90	13	>0.99
SAOH-205(Westfalia)	1400	9300	10%PEG4000/12.5%磷酸钾	420	2	约 0.99
SA-7(Westfalia)	7000	9700	10%PEG4000/12.5%磷酸钾	2200	5	约 0.99

注：Σ 表示分离器的机械性能因子；Q_{max}表示最大通量；τ 表示物料在离心机中的停留时间；SE 表示相分离效率分子。

混合澄清槽和离心萃取器均可用于双水相萃取的分离，但由于混合澄清槽是借助重力进行分离的，分离能力很低，所以只适用于高聚物/盐体系，且处理能力也不大。离心萃取器借助离心力进行相分离，可用于任何双水相体系，处理能力也很大。

(2) 流程

生产规模的双水相萃取多采用连续过程，包括连续错流萃取和连续逆流萃取两种方式。如图 18-65 所示为用于延胡索酸酶的连续错流萃取流程。两相的混合与分散采用静态混合器，相分离采用碟片式离心机。

普通化学工业中常采用连续逆流萃取，但对于双水相萃取，还处于研究萃取设备的性能及其适用性的阶段。对 Kühni 萃取柱的研究较多，Kula 等人在内径为 2cm、体积为 200mL 的对 Kühni 萃取柱中进行了甲酸脱氢酶的连续逆流萃取研究，如图 18-66 所示。

7.3.3　特点及应用

双水相萃取是一种可以利用较为简单的设备，并在温和条件下进行简单操作就可获高收率和纯度的新型分离技术。与一些传统的分离方法相比，双水相技术具有以下独有的特点[3,10]。

① 双水相体系的传质和平衡速度快，回收率高，分相时间短，因此相对于某些分离过程来说，能耗较低，而且可以实现快速的分离。

② 一般不存在有机溶剂的残留问题，现已证明形成双水相的聚合物对人体无害，可用于食品添加剂、注射剂和制药中，因此对环境污染小。

③ 大量杂质能与所有固体物质一同除去。

④ 聚合物的浓度，盐的种类和浓度，以及体系的 pH 等因素都影响被萃取物质在两相间的分配，因此可以采取多种手段来提高选择性和回收率。

⑤ 双水相体系两相中均含有大量的水（高达 75%～90%）。

⑥ 双水相萃取过程一般不需要特殊处理就可以与后续纯化工艺相衔接，若系统物质研究透彻，可应用化学工程中的萃取原理进行放大，易于连续化操作。

⑦ 操作条件温和，由于双水相的界面张力大大低于有机溶剂与水之间的界面张力，整个操作过程可以在常温、常压下进行，对于生物活性物质的提取来说有助于保持生物活性和强化相际传质。

目前，双水相体系主要用于细胞的回收、从发酵液中提取蛋白质产品和酶以及与产物的萃取分离相结合的生物转化、金属离子的分离等。双水相体系易于放大、传质速度快、节省能耗、工作条件温和、易于实现过程连续化，在生物技术中的应用越来越广泛。

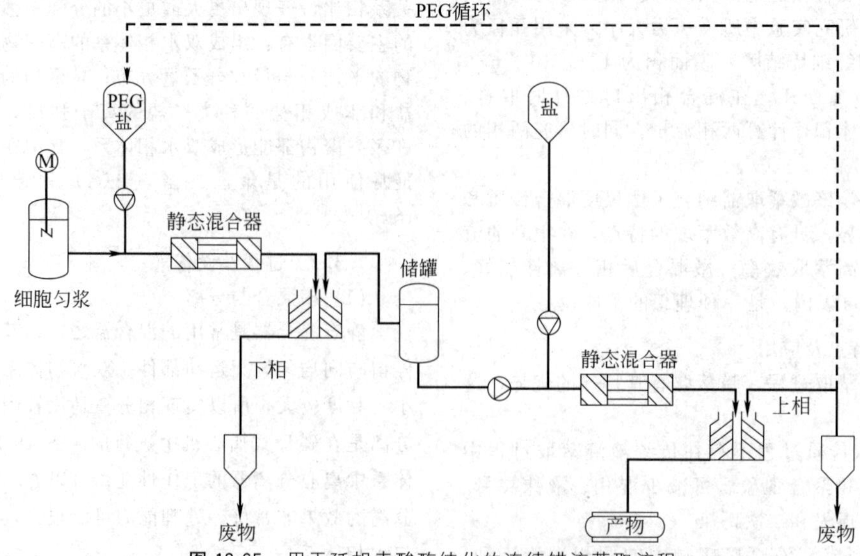

图 18-65　用于延胡索酸酶纯化的连续错流萃取流程

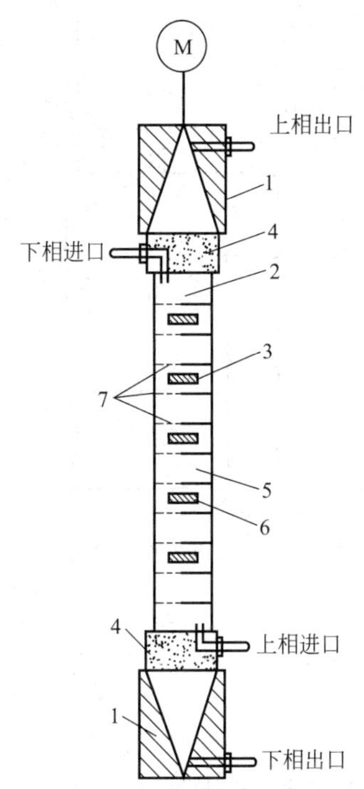

图 18-66　改进的 Kühni 萃取柱

1—出口室；2—搅拌轴；3—搅拌桨；4—澄清室（添满玻璃珠）；5—澄清区；6—混合区；7—筛板（26%开孔率）

7.4　外场强化萃取过程

为了提高化工分离过程的分离效率，可以利用外场强化过程。例如，在传统分离过程中使用机械能或热能来强化传质。随着人们对电场、光能、超声场、磁场以及微波等外场性质的深入认识，将这些外场应用到化工分离过程中已经成为可能。对萃取过程附加的外场有许多种，如离心力场、电场、超声场、磁场、微波等，其中研究较多的是离心力场、电场、超声场及微波[103]。

(1) 离心力场

在液液萃取过程中最早利用的外场是离心力场。在生物制品和医药工业中，为了保证产品的生物活性，许多分离过程要求液液两相接触传质需要在很短的时间内完成，这就要求有特殊的萃取分离设备——离心萃取器，借助于离心机产生的离心力场实现液液两相的接触传质和相分离，该强化技术已得到广泛应用。

(2) 电场

电场的加入，体系的物化性质、传质特性及机理都有可能出现变化。通过对电场中两相流动行为的研究，发现电场强度和交变频率对液滴聚并及分散有着重要影响。电场的强化作用可以成倍地提高萃取设备的效率，其能耗大大降低，并实现无转动部件的液液混合。用于强化萃取过程的电场主要有静电场、交变电场和直流电场三种，将电能加到液液萃取体系中，能提高扩散速率，强化两相分散及澄清过程，从而达到提高分离效率的目的。

1968 年，Thornton 首先提出了一种荷电喷嘴或筛板式电萃取（charged nozzles or plates devices），利用带电孔板来达到分散相的均匀分散，同时使小液滴带电，加速向上一块塔板或下一块塔板运行，从而增大传质表面积，强化传质。Thornton 等人利用水-安息香酸-甲苯为分离体系进行试验，结果表明这类电萃取装置中的萃取传质速率是没有电场作用时的 2～3 倍。Kowalski 和 Yamaguchi 等人提出喷淋塔式电萃取设备，在这种设备内，传质速率可以达到无电场作用下的 2～5 倍。Scott 等人开发了乳化相萃取器，通过改变加在电极上的电压来改变电场强度，在设计中引入脉冲电场来强化传质，利用电场强度的变化实现了液滴破碎、聚并和分相的三个过程。Yoshida 等人提出了膜状萃取器，水相液膜通过倾斜的电极板时由于加在电极上的垂直电场的作用分散到连续相中。Bailes 提出很有特色的电场强化聚并的混合澄清萃取塔，其结构特点为主搅拌轴上装有多级搅拌涡轮，涡轮之间装有聚四氟乙烯包覆的环状电极。由于电极在脉冲直流高压下可以强化聚并，因此搅拌叶轮可以采用较高转速，使强化液分散，这样的混合澄清组合可以获得较高的传质效率。

(3) 超声场

将超声场加入到萃取或浸取体系中时，不仅像热能、光能、电能那样以一种能量形式发挥作用，降低过程的能垒，而且声能量与物质间存在一种独特的相互作用形式——超声空化。超声空化引起了湍动效应、微扰效应、界面效应和聚能效应，其中湍动效应使边界层减薄，微扰效应强化了微孔扩散，界面效应增大了传质表面积，聚能效应活化了分离物分子，从而整体强化了萃取分离过程的传质速率和分离效果。

Pesic、Slaczka 分别研究了超声场对 Ni 萃取和锌矿浸取的影响，结果表明，超声场能明显提高萃取效率和浸取速率；秦炜等人开展了超声场强化姜黄浸取过程的研究，参照工业生产，实际使用 95%的乙醇溶液浸取姜黄素，以 Soxhlet 浸取方法的浸出量为基准，研究比较了循环浸取、加热浸取、机械搅拌浸取和超声场介入下浸取效果。结果表明，超声场的加入无论是浸取率还是浸出速率都有明显增大，而且超声波处理后的姜黄粉粒径较小，分布较窄。超声波对固体颗粒不仅有剥蚀作用，而且具有粉碎作用，使传质表面积增大，界面更新，过程得以强化。

(4) 微波

微波辅助萃取是一种很有潜力的萃取技术，它在传统萃取工艺的基础上通过引入微波，达到提高过程的萃取效率和萃取率的目的。微波是一种频率在

300MHz～300GHz的电磁波，它具有波动性、高频性、热特性和非热特性。萃取体系中引入微波，其"激活作用"使分离物中的被萃取物分子"激活"，与分离物基体快速分离；微波是对极性分子物质产生的热效应，使体系温度迅速升高，使被萃物分子的扩散系数增大，实现较高的萃取率；微波可以对固液浸取体系中的固液表面的液膜产生一定的微观"扰动"，使其减薄，减小扩散过程中的阻力。另外，微波对细胞能产生效应，使细胞内部温度迅速升高，且压力增大，当压力超过细胞壁的承受限度时细胞壁破裂，使细胞内部的物质从细胞中释放出来，传递转移到溶剂中。用微波辅助萃取，可以强化萃取分离过程。微波辅助萃取过程已经在环境分析、生化分析、食品分析、化工分析、天然产物以及挥发油、醇类物质等的提取过程中获得应用。

外场强化液液萃取的传质过程，给萃取分离技术注入了新的生机，但进行的研究大部分还停留于工艺性研究阶段，还未达到工业应用的程度。强化萃取的机理和应用研究需要逐步深入，设备设计及外场加入方式等也有待于进一步完善。另外，环境、安全和能耗等因素的影响，也必须认真考虑。外场强化传质的研究得到了人们的广泛重视，随着研究工作的不断深入，必将推动外场强化萃取过程的发展，显示出广阔的应用前景。

7.5　萃取新型设备

超临界萃取、膜萃取、双水相萃取等新技术的出现极大刺激了萃取工业的发展，对传统的萃取设备形成冲击。萃取设备的发展更新速度已经远远落后于萃取技术的发展，并且随着土地资源的日益紧张以及生产效率的提高，像占地面积较大的混合澄清槽和一些综合效率低的塔设备，都将慢慢地被一些新的设备取代。如何研制出简洁紧凑、高效、安全、经济且适合特定技术或流程的新型萃取设备，将是萃取行业一个亟待解决的问题[105,106]。

7.5.1　MSPI

为了减小混合澄清槽的占地面积，研究者将占地面积较大的澄清槽放置在混合槽底部的做法并不少见，Hadjiev等[107]提出的反相槽是其中较有特色的一种，其工艺流程如图18-67所示。

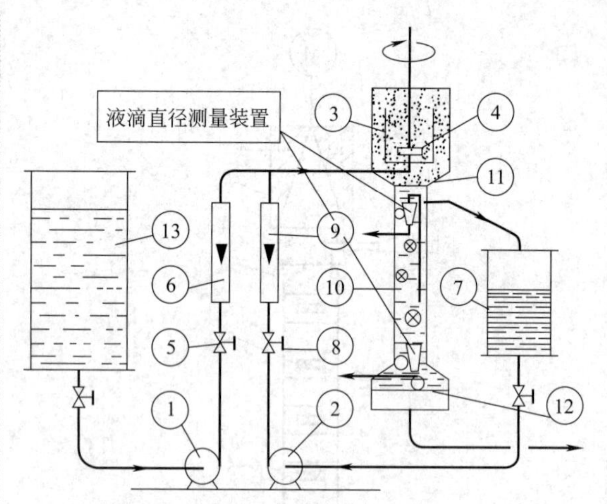

图18-67　MSPI (mixing-settler based on phase inversion) 混合澄清槽工艺流程

1,2—泵；3—混合室；4—搅拌桨；5,8—阀门；6,9—流量计；7—有机相储槽；10—澄清段；11—多孔板；12—相界面；13—水相储槽

该设备的工作原理是将油水两相通入到顶部的混合室中进行接触传质，充分混合后通过一个多孔板形成大量的混合相液滴并进入澄清段，由于混合相液滴的密度比澄清室顶部的油相密度大，因此会缓慢向下沉降，沉降过程中混合相液滴内的细小油滴逐渐从液滴内部扩散到油相主体，经过充分澄清后液滴中只剩水相，并最后进入到底部的水相中[108]。此外，Hadjiev等人[109,110]对MSPI混合澄清槽的工作原理和设备设计也进行了细致的研究。

由于采用管式澄清结构，MSPI型混合澄清槽具有占地面积小和压槽量低的优点，但是该设备需要将物料通过泵输送到高位混合槽中，消耗大量的电能。因此其工业应用可行性还需进一步研究。

7.5.2　塔式混合澄清萃取器

混合-澄清槽是一种重要的萃取设备，其级效率一般大于90%，但混合-澄清槽水平放置占地面积大，物料和溶剂的滞留量大，溶剂的损失及对操作环境污染明显。而其他塔式萃取设备如往复振动筛板塔、转盘塔等则占地面积较少，设备密封性好，但其级间返混严重，级效率较低，对于分离要求高、需要多级萃取的精密分离过程很难在一个塔内实现。

针对上述两种萃取设备的各自优缺点，将多级混合澄清萃取器叠加垂直放置，即所谓的塔式混合澄清萃取器这一思想已经发展成了Treybal型、Treybal改进型、Lurgi型和MIXET型等不同形式。但仍存在一些不尽如人意之处，如Lurgi型化工装置每级均需使用级间泵，并且存在物系限制，而其他几种形式则结构较复杂，制造困难，对操作的要求较高，因而制约了其推广应用。

朱云峰等人[111]开发了一种新型的塔式混合澄清萃取器，既保留了常规混合澄清器与塔式萃取设备各自的优点，又弥补了现有塔式混合澄清萃取器的不足。单级塔式混合澄清萃取器如图18-68所示。它由同心套管组成，内部为混合室，使用一根贯通转轴连接电动机带动搅拌桨提供混合能量。套筒内为澄清室，每一级均设有轻重相进出口，轻重两相从每一级的底部进入混合室，经过搅拌混合传质，由中部的开口流入澄清室，经分层后轻相由澄清室上部的轻相出口进入上一级混合室，重相则由澄清室下部的重相出口流入下一级混合室。轻重两相流量大小可由管路阀门开度加以调节，并以此控制澄清室分层界面高度。每一级的混合室均设有排气阀门和挡板，多级可由几个单级叠加而成，级与级之间设有消除级间返混的密封装置，在同一级内完成混合和澄清两个过程。管线连接及流量控制均由外管路及阀门完成，可以很方便地进行控制和操作。该新型的塔式混合澄清萃取器易于加工安装，可以由下而上简便地进行叠加，拆卸及维修也很容易实现，同时不存在内部结构复杂影响放大的问题，能够方便地放大以实现工业化。

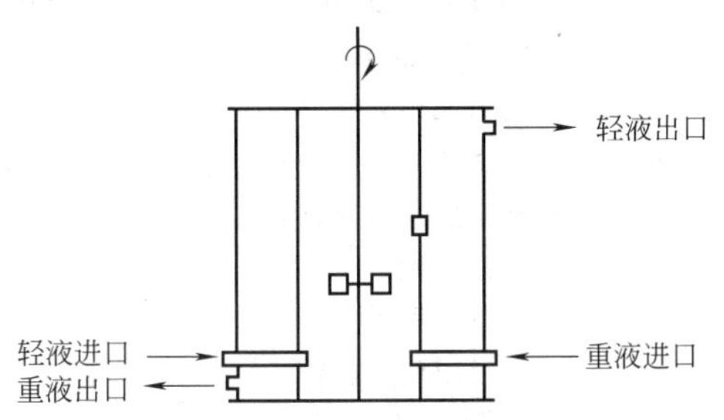

图 18-68　单级塔式混合澄清萃取器

选择物系（煤油-苯甲酸-水、环己烷-丙酮-水）对该设备进行了传质特性的研究，并考察了桨叶形式、搅拌速率、两相流量以及级数等因素对萃取的影响。结果表明：在实验条件下，该设备的单级效率可达到 96%以上；在 403r/min 搅拌速率下，经过四级萃取，萃取率可达 95%左右。

7.5.3　ECR 转盘萃取塔

Sulzer 开发的 ECR（Kühni Agitated Column）转盘萃取塔如图 18-69 所示，该塔可灵活应用于不同的工艺参数以及化学物质。具有较高的操作弹性，溶剂比可达到 70：1，单塔的理论级可以达到 30 以上。在制药企业 API 合成过程中（Active Pharmaceutical Ingredient），利用 ECR 转盘萃取塔进行溶剂的回收。通过溶剂混合物与水在 ECR 萃取塔逐级充分接触，水把极性组分从非极性的烃类中萃取出来，此非极性烃类溶剂的纯度高于商用新鲜溶剂，而萃取后的水溶的极性的醇和酮经过精馏后回到反应系统回用。ECR 萃取塔利用涡轮转动在每个单元中分割液体，形成液滴。通常液滴的直径为 2～4mm。在一定条件下，相对较小的液滴由于周围的液体的阻力大于液滴浮力，液滴在连续相被夹带。这种现象会污染产品流，造成收益损失。在某些情况下，雾沫的外部干扰如此强烈，系统不再能安全地操作。为了保证液滴的大小以及减少液体夹带现象，DC Coalescer™ 聚集器（图 18-70）被成功应用并解决这一难题。在一个混合物体系界面张力非常低（$<1\text{mN/m}$）的萃取项目中，DC 凝聚过滤器™的应用大大减少了其他辅助设备的投资，降低了 35%的投资成本。

图 18-69　Sulzer 开发的 ECR 转盘萃取塔[112]

图 18-70　DC Coalescer™ 聚集器

符号说明

n	—装填个数，m^{-3}
	—修正的 Pratt 公式中的指数
u	—空塔流速，m/s
L_R	—两相流比，$L_R=V/L=u_{df}/u_{cf}$
α	—填料表面浸润性能的系数
a	—两相传质比表面积，m^2/m^3
a_p	—填料比表面积，m^2/m^3
f	—脉冲频率，Hz；中间变量
D_R	—转盘直径
D_S	—固定盘内径，m
Z_c	—固定盘间距，m
Z	—聚合因子
β	—无传质 Laddha 公式系数
p	—无传质 Laddha 公式指数

g —重力加速度，9.81m/s^2

C_1 —与填料类型有关的修正系数

C_2 —系数

C —系数

e —填料空隙率

u_0 —特性速度，m/s

u_s —滑动速度，m/s

u_t —单个液滴的自由运动速度，m/s

V —有机相流率，m^3/s

L —水相流率，m^3/s

D_T —萃取塔塔径，m

D —分子扩散系数，m^2/s

m —分配系数

k —分传质系数，m/s

E —轴向扩散系数，m^2/s

NTU_{oxp} —表观传质单元数

NTU_{ox} —真实传质单元数

N_T —理论级数

HTU_{oxp} —表观传质单元高度，m

HTU_{oxd} —返混影响的分散单元高度

HTU_{ox} —真实传质单元高度

N —转盘转速，r/s

H —萃取塔有效传质高度，m

K —总传质系数，m/s

d_{32} —分散相液滴 Sauter 平均直径，m

d_p —填料公称直径，m

d_m —液滴平均直径，m

Y —中间变量

下标

c —连续相

d —分散相

f —液泛

x —水相；萃余相

y —有机相；萃取相

o —总值

cr —临界值

希腊字母

α —填料表面浸润性能的系数

$\Delta\rho$ —密度差，kg/m

ρ —密度，kg/m^3

μ —动力黏度，Pa·s

σ —界面张力，N/m

γ —堆密度，kg/m^3

ϕ —存留分数

η —设备体积效率

—d_{32}计算公式常数

Ψ —计算 k_d的判据因子

ψ —填料密度校正系数

数组

Re —Reynolds 特征数，$Re=Lu\rho/\mu$

Sh —Sherwood 特征数，$Sh=kL/D$

Pe —Peclet 特征数，$Pe=Lu/D_T$

Sc —Schmidt 特征数，$Sc=\mu\rho/D$

Gr —Grashof 特征数，$Gr=\frac{gL^3\Delta\rho}{\rho}\left(\frac{\rho}{\mu}\right)^2$

Fr —Froude 特征数，$Fr=LN^2/g$

其中，L 为特征尺寸，m；D 为扩散系数，m^2/s

参考文献

[1] 陈敏恒，丛德滋，方图南等. 化工原理（下册）[M]. 北京：化学工业出版社，2002.

[2] 大连理工大学编. 化工原理 [M]. 北京：高等教育出版社，2009.

[3] 戴猷元. 新型萃取分离技术的发展及应用 [M]. 北京：化学工业出版社，2007.

[4] 汪家鼎，陈家镛. 溶剂萃取手册 [M]. 北京：化学工业出版社，2001.

[5] 徐光宪等. 萃取化学原理 [M]. 上海：上海科学技术出版社，1982.

[6] 王松汉. 石油化工设计手册 [M]. 北京：化学工业出版社，2002.

[7] 苏元复. 液液萃取技术在革新工业过程中的应用实例及尝试 [J]. 化工进展，1998 (02)：23-32.

[8] 吕江平，王九思，来风习等. 离子液体的特点及在液液萃取中的应用研究 [J]. 甘肃联合大学学报：自然科学版，2007，21 (1)：70-75.

[9] 张镜澄. 超临界流体萃取 [M]. 北京：化学工业出版社，2000.

[10] 赵晓红. 双水相萃取/浮选分离——富集环境中持久性污染物的研究 [D]. 南京：江苏大学，2011.

[11] 郑敬茹. 微萃取过程中相界面控制机理研究 [D]. 天津：天津大学，2010.

[12] 陈冬璇. 离子液体用于己内醇胺萃取和氧氟沙星拆分的研究 [D]. 杭州：浙江大学，2014.

[13] 杨彩茸. 离子液体的制备及在汽油脱硫中的应用 [D]. 西安：西北大学，2010.

[14] 李文涛. 液液萃取相平衡的研究及工程应用 [D]. 上海：华东理工大学，2011.

[15] 程莹莹. 液液萃取法分离乙酸乙酯-乙醇-水的研究 [D]. 南京：南京师范大学，2011.

[16] 程能林. 溶剂手册 [M]. 第3版. 北京：化学工业出

版社，2002.
[17] 蒋维钧，雷良恒，刘茂林等. 化工原理 [M]. 第 2 版. 北京：清华大学出版社，2003.
[18] 杨梅. 液液萃取法分离醋酸丁酯-丁醇-水的研究 [D]. 南京：南京师范大学，2014.
[19] 马珊珊. 液液萃取分离体系萃取剂的选择 [D]. 天津：天津大学，2009.
[20] 费维扬，戴猷元，朱慎林. 国外引进大型萃取设备剖析（一）——环丁砜芳烃抽提大孔筛板塔 [J]. 化学工程，1992，20（3）：15-22.
[21] 顾正桂. 复合萃取精馏分离乙酸乙酯-乙醇-水混合液的研究 [D]. 南京：南京工业大学，2004.
[22] 顾正桂. 化工分离单元集成技术及应用 [M]. 北京：化学工业出版社，2010.
[23] 刘渊. 从废水中回收稀醋酸的萃取工艺研究 [D]. 北京：中国石油大学，2010.
[24] 费维扬. 萃取塔设备研究和应用的若干新进展 [J]. 化工学报，2013，64（1）：44-51.
[25] 杨祖荣. 化工原理 [M]. 北京：高等教育出版社，2008.
[26] 朱璇雯，刘成，张敏华. 填料萃取塔的研究现状及进展 [J]. 化工进展，2013，32（1).
[27] 费维扬. 内弯弧型扁环填料 [P]. ZL 89109152.l，1989.
[28] 费维扬. 挠性梅花扁环填料 [P]. ZL 95117866.0，1995.
[29] 费维扬，任钟旗. 萃取塔设备强化的研究和应用 [J]. 化工进展，2004，23（1）12-16.
[30] 费维扬. 带加强筋和锯齿形窗口的内弯弧形筋片扁环填料 [P]. CN2410035Y，2000.
[31] 牛卿霖，王运东，费维扬. 塔式萃取设备的研究综述 [J]. 化工设备与管道，2015，52（1）：1-6.
[32] 朱慎林，骆广生，张宝清. 新型规整填料（FG 型）用于低界面张力萃取体系的研究 [J]. 石油炼制与化工，1995，26（7）：11-15.
[33] 吴少敏，胡雪沁，刘春江. 新型组合式规整填料在液液萃取中的传质性能 [J]. 化学工程，2010，38（11）：14-17.
[34] 于杰，任钟旗，费维扬. 脉冲填料萃取塔性能强化的研究 [A]. 中国化工学会. 第三届全国传质与分离工程学术会议论文集 [C]. 中国化工学会：2002，5.
[35] 张宇脉. 脉冲萃取塔回收废水中二甲基甲酰胺的研究 [D]. 大连：大连理工大学，2008.
[36] Sege G，et al. Chem. Eng. Prog.，1954，50（8）：396.
[37] 于杰，陈锡勇，费维扬. 填料类型对脉冲填料萃取塔性能的影响 [J]. 高校化学工程学报，1999，13（4）：323-327.
[38] 于杰，费维扬，吴秋林等. 高效脉冲填料塔性能的研究 [J]. 清华大学学报：自然科学版，1998，38（12）：92-95.
[39] Yu Jie，Fei Weiyang. Hydrodynamics and mass transfer in a pulsed packed column [J]. Canadian Jorunal of Chemical Engineering，2000，78（6）：1040-1045.
[40] Lo T C，Baired M H I，Hanson C，Ed.，John Wiley & Sons. Handbook of Solvent Extraction//Simons A. J. F. Pulsed Packed Columns. New York，1983，343-353.
[41] Simons A J F. Extraction of cyclohexanone oxime and cyclohecanone with toluene in apulsed packed column [A]. Proceeding of ISES' 77 [C]. 1977：677.
[42] Karr. Performance of Reciprocation Plate Extraction Column [J]. AICHE. J.，1959（5）：446-452.
[43] OGOSHI F. Reciprocating moving plate type counter-current extracting equipment. JP2002058903A [P]. 2000-08-11.
[44] 牛卿霖，王运东，费维扬. 塔式萃取设备的研究综述 [J]. 化工设备与管道，2015，52（1）：1-6.
[45] 尤国芳，杨庆贤. 液液萃取设备及其在医药工业中的应用 [J]. 中国医药杂志，1982，7：27-37.
[46] Podbielniak W. J. Chem. Eng. Pro. 1953，49（5）：252.
[47] 费维扬，温晓明，陈德宏. 填料萃取塔设计和应用的若干特点 [J]. 炼油设计，1998，28（2）：49-52.
[48] Maloney J. Section 21，2. Chemical Engineer's Handbook. 6th ed. New York：Mc Graw-Hill，1985.
[49] Caver S D. Handbook of Solvent Extraction. New York：Wiley，1983.
[50] Stevens G W. Liquid-liquid Extraction Equipment. New York：Wiley，1994.
[51] 尹国玉. 清华大学硕士论文，1998.
[52] 费维扬. QH-1 型扁环的研究和应用 [J]. 全面腐蚀控制，1994（4）：176-180.
[53] Hanson C. Proceeding of International Symposium on Solvent Extraction in Metallurgical Processes，1972，6.
[54] Eckhart Blass，Gerhard Goldmann，Klemens Hirschmann，et al. Progress in Liquid/Liquid Extraction [J]. Ger. Chem. Eng.，1986（9）：222-238.
[55] 段云丽. 简析填料萃取塔设计中应注意的几个环节 [J]. 化工管理，2015：51.
[56] 费维扬，张宝清，于志刚. 大型萃取塔液体分布器性能和设计方法的研究 [J]. 化学工程，1990，18（3）：22-28.
[57] 费维扬，尹晔东，陈锡勇. 填料萃取塔塔高的设计计算 [J]. 炼油设计，2001，31（10）：33-37.
[58] 费维扬，温晓明，陈德宏. 填料萃取塔液泛速度的计算 [J]. 炼油设计，1998，28（3）：38-41.
[59] Crawford J W，Wilke C R，CEP，1951，47（8），423.
[60] Kumar A，Hartland S. Trans J. Chem. E，1994，72（1）：89.
[61] 张宝清，于志刚，费维扬. 新型填料萃取塔液泛速度的研究 [J]. 石油化工，1987，16（5）：347-350.
[62] Laddha G S，Degaleesan T E. Transport Phenomena in Liquid Extraction. New York：Tata McGraw-Hill，1976.

[63] Seibert A F, Fair J R. IEC, 1988, (27): 470.
[64] Billet R, Mackowiak J. Proceeding of World Congress III of Chemical Engineering, 1986, (2): 774.
[65] 陈德宏. QH-1 填料萃取塔性能和数学模型 [D]. 北京：清华大学，1987.
[66] Wen C Y, Fan L T. Models for Flow Systems and Chemical Reactions. New York: Marcel Dekker, 1975.
[67] Vermeulen T et al. CEP, 1966, 62 (3): 95.
[68] Miyauchi T, Vermeulen T. IEC. Funds., 1963 (2): 113.
[69] Miyauchi T, Vermeulen T. IEC. Funds., 1963 (2): 304.
[70] 蔡世干. 转盘塔在化工生产中的应用与发展趋势 [J]. 兰化科技，3 (2): 117-119.
[71] 蔡世干. 转盘塔在化工生产中的应用与发展趋势 [J]. 兰化科技，3 (2): 119-120.
[72] Logsdail D H, Thornton J D, Pratt H R C. Trans. Am. Inst. Chem. Engrs., 1957 (35): 301.
[73] 费维扬，沈忠耀，汪家鼎. 液液萃取转盘塔的特性及其设计方法的探讨（上） [J]. 石油炼制，1980 (10): 10-16.
[74] Acrivos A. Modern Chem. Eng., Physical Operation, 1963, 1.
[75] Strand C P, Olney R B, Ackerman G H. Fundamental aspects of rotating disc contactor performance [J]. AICHEJ., 1962 (8): 252-261.
[76] Misěk T. Coll. Czech Chem. Comm., 1963 (28): 426.
[77] Marr R, et al, Chem. Ing. Techn., 1974, 46 (1): 207.
[78] A. M. Pozen, ISEC-77, 10a, 1977.
[79] 汪家鼎，沈忠耀，汪承藩. 化工学报，1965 (4): 215.
[80] Kung E Y, et al. AICHEJ., 1961 (7): 319.
[81] Laddha G S, et al. Can. J. Chem. Eng., 1978, 56 (4): 137.
[82] Misěk T. Coll, Czech. Chem. Comm, 1964, 29 (9): 2086.
[83] Newman A B. Trans. Am. Inst. Chem. Engrs., 1931 (27): 310.
[84] Kronig R, Bring J C. Appl. Sci. Research A2, 142 (1950).
[85] Handlos A E, Baron T. AICHEJ., 1957 (3): 127.
[86] Calderbank P H, et al. Chem. Eng. Sci., 1956 (6): 65.
[87] Boussinesg J, Math J. Pure Appl., 1905 (11): 285.
[88] Sherwood T K, et al. Mass Transfer. 2ed. 1975: 228.
[89] Westerlerp K R. Chem. Eng. Sci., 1962 (17): 363.
[90] Stemerding S. Chem. Ing. Tech., 1963 (35): 844.
[91] Misěk T. Coll. Czech. Chem. Comm., 1975 (40): 1686.
[92] Pebalk V L. Khim. Prom., 1970 (3): 209.
[93] Treybal R E. Liquid Extraction [M]. 2nd ed., New York: McGraw-Hill, 515, 1963.
[94] 费维扬，沈忠耀，汪家鼎. 液液萃取转盘塔的特性及其设计方法的探讨（下） [J]. 石油炼制，1980 (10): 10-16.
[95] 倪信娣，章寿华，周永传等. 糠醛-润滑油系统的流体力学和传质的研究 [J]. 石油炼制与化工，1981 (02): 30-37.
[96] 吴昌祥，张德胜，谢立波. 影响转盘塔萃取效果的因素分析 [J]. 大氮肥，2001，24 (3): 214-216.
[97] Perry R H, et al. Chem. Engr, Handbook, 21 (1963).
[98] 王运东，费维扬，刘小秦等. 新型转盘萃取塔研究开发与工业应用 [J]. 化学工程，2008，36 (4): 1-4.
[99] 李先华. 新型转盘萃取塔在己内酰胺生产中的应用 [J]. 合成纤维工业，2008，31 (3): 21-23.
[100] 费维扬，王运东. 一种装有级间转动挡板的转盘萃取塔 [P]. CN99208868. 2，1999-04-29.
[101] 刘欣，银建中，丁信伟. 超临界萃取工艺流程与设备的研究现状和发展趋势 [J]. 化工装备技术，2002，23 (2): 14-18.
[102] 段作山. PVDF 中空纤维膜萃取处理煤气化含酚废水 [D]. 哈尔滨：哈尔滨工业大学，2010.
[103] 戴猷元，秦炜，张瑾. 耦合技术萃取过程强化 [M]. 北京：化学工业出版社，2009.
[104] 徐建鸿，骆广生，陈桂光等. 一种微型膜分散式萃取器 [J]. 化学工程，2005，33 (4): 56-59.
[105] 李中，袁惠新. 萃取设备的现状及发展趋势 [J]. 过滤与分离，2007，17 (4): 42-45.
[106] 唐湘. 萃取设备的研究应用进展及其发展趋势 [J]. 广东化工，2015，42 (4): 59-60.
[107] Hadjiev D, Limousy L, Sabiri N E. The design of separators based on phase inversion at low velocities in the nozzles [J]. Separation and Purification Technology, 2004, 38 (2): 181-189.
[108] 邹洋，王运东，费维扬. 混合澄清槽研究进展 [J]. 化工设备与管道，2014，51 (5): 40-46.
[109] Paulo J, Hadjiev D. Mixer-Settler based on phase inversion: design of the mixting zone [J]. Industrial & Engineering Chemistry Research, 2006, 45 (11): 3821-3829.
[110] Hadjiev D, Paulo J. Extraction separation in mixer-settlers based on phase inversion [J]. Separation and Purification Technology, 2005, 43 (3): 257-262.
[111] 朱云峰，田恒水，房鼎业，宋新杰. 新型塔式混合澄清萃取器及其传质特性 [J]. 华东理工大学学报：自然科学版，2005，31 (6): 706-709.
[112] Kühni Agitated Columns (ECR). [EB/OL]. http://www.sulzer.com/En/Products-and-Services/Separation-Technology/Liquid-Liquid-Extraction/Kuehni-Agitated-Columns-ECR
[113] DC Coalescer™. [EB/OL]. http://www.sulzer.com/en/Products-and-Services/Separation-Technology/Coalescers/Sulzer-DC-Coalescers

第19章 吸附及变压吸附

1 吸附的基本原理

1.1 吸附现象

当气体或液体与一些特定的多孔颗粒状固体接触时，在加压、低温（或常温）条件下，气体或液体的分子会吸着在固体颗粒表面上，这种现象称为吸附。在减压（低压或真空）、高温条件下，已被吸附的气体或液体会离开固体颗粒表面，这种现象称为脱附。

可以被吸附的气体或液体称为吸附质，可以吸附气体或液体的多孔颗粒状固体称为吸附剂。

根据吸附剂表面与吸附质之间作用力的不同，吸附可分为化学吸附与物理吸附。

① 化学吸附　在吸附过程中，吸附质分子与固体表面分子之间的化学键力起作用，并起化学反应，生成表面络合物，这种涉及化学反应过程的吸附，称为化学吸附。化学吸附往往是不可逆的，化学吸附的吸附热接近于化学反应的反应热，比物理吸附热大得多。

② 物理吸附　在吸附过程中，吸附质分子与固体表面分子间的作用力为分子间吸引力，即所谓的“范德瓦尔斯”力。因此，物理吸附又称范德瓦尔斯吸附，它是一种可逆过程，不涉及化学反应过程。物理吸附的吸附热相对较低，接近于液体的气化热或其气体的冷凝热。

吸附及变压吸附章节仅对物理吸附进行讨论。

1.2 吸附平衡

吸附平衡是指在一定的温度和压力下，吸附剂与吸附质充分接触，最后吸附质在吸附相和气相、两相中的分布达到平衡的过程，吸附分离过程实际上就是一个平衡吸附状态的变化过程。在气-固或液-固两相的吸附过程中，在两相充分接触后，终将达到吸附平衡，平衡吸附量表示吸附量的极限，是设计或生产中的一个十分重要的参数。当两相在一定的温度和压力条件下充分接触或充分混合时，吸附质在两相中经过长时间的接触达到的平衡是静态的热力学平衡。在流动体系吸附过程中，两相做相对运动，在一定的接触时间下，吸附质最终在两相内的分配量为一定，最后达到动态平衡。动态平衡吸附量一般比静态平衡吸附量要低，但更符合实际操作状态。

1.3 吸附速率

吸附平衡是吸附过程进行的极限，但要达到平衡往往需要两相经过长时间的接触才能建立。在实际吸附操作中，相际接触的时间一般是有限的。因此，吸附量常取决于吸附速率。而吸附速率又随吸附剂及吸附质性质的不同而不同。一般情况下，溶液的吸附要比气体的吸附慢得多。开始时吸附过程进行得较快，随即变慢。由于吸附过程的复杂性，故工业上所需的吸附速率数据从理论上推导往往有困难，目前吸附器的设计，或凭经验，或在模拟的情况下通过实验进行测定。

对于吸附过程，由于被吸附的物质在流体相中的浓度较高，而在固定相吸附剂中浓度较低，此浓度差形成吸附过程的推动力。而吸附过程的阻力则是在吸附过程的进行中产生的。通常一个吸附过程包括外扩散、内扩散、吸附、脱附、内扩散、外扩散六个步骤，其每一步骤的速率都将不同程度地影响总吸附速率。总吸附速率是一个综合结果，它主要受其中速率最慢的步骤控制。

1.4 吸附等温线

吸附等温线是指在一定温度下，流体相的吸附质分子在固定相吸附剂上进行吸附，达到吸附平衡时，吸附剂上的吸附量与吸附质气体平衡压力的对应关系曲线。在一定温度下，吸附质在流体相和固定相中的浓度关系可用吸附方程式来表示。

平衡吸附的数值一般用吸附等温线来表示。对于单组分气体的吸附等温线，是根据实验数据，以吸附量对恒温下气体的平衡压力 p（或相对压力 p/p^0）进行绘制的。若是液相吸附，则等温线的横坐标改为吸附质在溶液中的平衡浓度进行绘制。

从许多气体的物理吸附的实验测定数据，可归纳为图 19-1 中的五种类型的吸附等温线。其中比较典型的类型为Ⅰ型和Ⅲ型，Ⅰ型的特点是随着压力的升高，从低压至中压，吸附过程进行得很快，但随着压力的继续升高，从中压升至高压，吸附剂增加的吸附量变化不大，吸附剂基本处于吸附的饱和状态，Ⅰ型

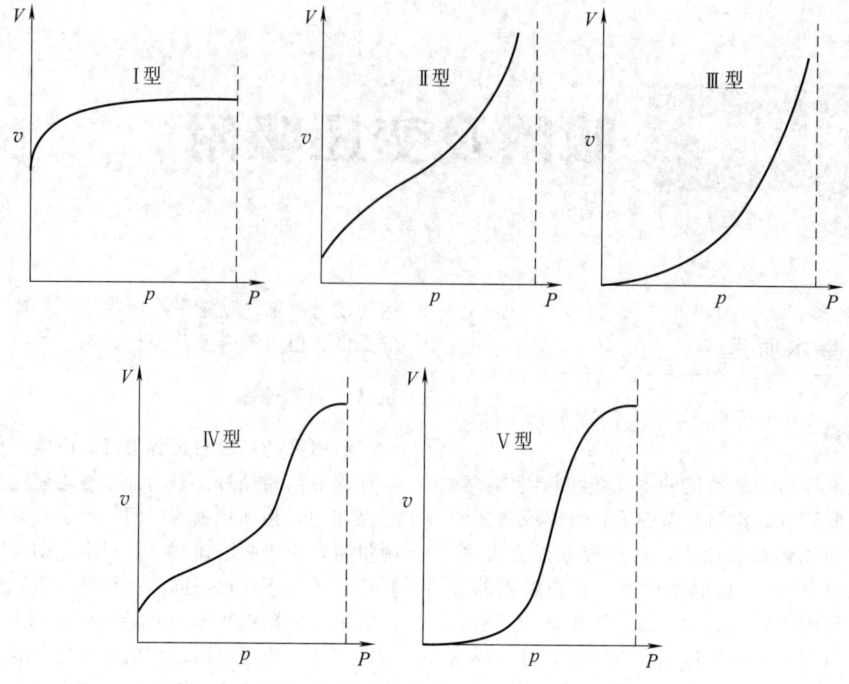

图 19-1　五种类型的吸附等温线

吸附等温线又称为优惠型吸附等温线；而Ⅲ型吸附等温线的特点是随着压力的升高，从低压至中压，吸附量变化不大，吸附进行得较慢，但随着压力的继续升高，从中压至高压，并达到一定压力数值之后，吸附剂的吸附量急剧上升，Ⅲ型吸附等温线又称为非优惠型吸附等温线。从图示的几种吸附等温线曲线可以看出：优惠型吸附等温线（Ⅰ型）是典型的吸附容易脱附难，而非优惠型吸附等温线（Ⅲ型）是典型的吸附不易脱附易。

Ⅱ型和Ⅴ型吸附等温线是Ⅰ型和Ⅲ型吸附等温线的组合型，Ⅱ型吸附等温线在低压至中压段时是优惠型吸附等温线，从中压段至高压段时是非优惠型吸附等温线；而Ⅴ型吸附等温线与Ⅱ型吸附等温线正好相反，它在低压段至中压段时是非优惠型吸附等温线，从中压段至高压段时是优惠型吸附等温线；而Ⅳ型吸附等温线从图形上可以看出是分为三段，低压段时是优惠型吸附等温线，中压段时是非优惠型吸附等温线，高压段时是优惠型吸附等温线。

2　吸附剂

吸附剂是能有效地从气体或液体中吸附其中某些组分的固体物质。

2.1　常用吸附剂种类

吸附剂可按孔径大小、颗粒形状、化学成分、表面极性等分类，如粗孔和细孔吸附剂，粉状、粒状、条状吸附剂，碳质和氧化物吸附剂，极性和非极性吸附剂等。

吸附剂一般分为两大类，即天然吸附剂、合成吸附剂。

天然吸附剂包括硅藻土、白土、天然沸石等。

合成吸附剂包括硅胶、活性氧化铝、活性炭、吸附树脂、分子筛等。

工业上常用的吸附剂包括硅藻土、白土、硅胶、活性氧化铝、活性炭、吸附树脂、分子筛等。另外还有针对某种组分选择性吸附而研制的吸附材料。

2.2　天然吸附剂

(1) 硅藻土

硅藻土由无定形的 SiO_2 组成，硅藻土的主要化学成分是 SiO_2，并含有少量 Fe_2O_3、CaO、MgO、Al_2O_3 及有机杂质。硅藻土通常呈浅黄色或浅灰色，质软，多孔而轻，工业上常用来作为保温材料、过滤材料、填料、研磨材料、水玻璃原料、脱色剂、硅藻土助滤剂及催化剂载体等。显微镜下可观察到天然硅藻土的特殊多孔性构造，这种微孔结构是硅藻土具有特征理化性质的原因。

(2) 白土

白土为灰白色颗粒粉末，具有较大的比表面积和孔容，具有特殊的吸附能力和离子交换性能，有较强的脱色能力和活性，且脱色后稳定性能好。主要用于石油行业，可吸附石蜡、润滑油等石油类矿物的不饱和烃、硫化物、胶质及沥青质等不稳定物质和有色物质。一般情况下，白土通常指活性白土和酸性白土。

活性白土是用黏土（主要是膨润土）为原料，经无机酸化处理，再经水漂洗、干燥制成的吸附剂，外观为乳白色粉末，无臭，无味，无毒，吸附性能很强，能吸附有色物质、有机物质。在空气中易吸潮，放置过久会降低吸附性能。但是，加热至 300℃以上便开始失去结晶水，使其结构发生变化，影响褪色效果。活性白土不溶于水、有机溶剂和各种油类中，几乎完全溶于热烧碱和盐酸中，相对密度为 2.3～2.5。

酸性白土又称天然漂白土，即天然产出的本身就具有漂白性能的白土，是以蒙脱石、钠长石、石英为主要组分的白色、白灰色黏土，是膨润土的一种。主要是玻璃质火山岩分解后的产物，它吸水后不膨胀、悬浮液的 pH 值为弱酸性。其漂白性能比活性白土差。颜色一般有淡黄色、绿白色、灰色、橄榄色、褐色、奶白色、桃红色、蓝色等，纯白色的很少。相对密度为 2.7～2.9。化学成分和普通黏土差不多，主要化学成分是三氧化二铝、二氧化硅、水及少量铁、镁、钙等。无可塑性，有较高吸附性。因含大量含水硅酸，对石蕊呈酸性。水中易裂解，含水量很大。一般细度越细则脱色力越高。

(3) 天然沸石

沸石是一种矿石，最早发现于 1756 年。天然沸石是一类分布很广的硅酸盐类矿物。

沸石有很多种，已经发现的就有 36 种。它们的共同特点就是具有架状结构，中间形成很多空腔。在这些空腔里还存在很多水分子，因此它们是含水矿物。这些水分在遇到高温时会释放出来，比如用火焰去烧时，大多数沸石便会膨胀发泡，像是沸腾一般。沸石的名字就是因此而来的。

沸石因成分不同，可分为钠沸石、钙沸石等。

不同的沸石具有不同的形态，如方沸石和菱沸石一般为轴状晶体，片沸石和辉沸石则呈板状，丝光沸石呈针状或纤维状等。各种沸石如果内部纯净的话，它们应该是无色或白色，但是如果内部混入了其他杂质，便会显出各种浅浅的颜色来。沸石还具有玻璃样的光泽。沸石中含有的水分可以通过一定条件析出，但这并不会破坏沸石内部的晶体结构。脱水后的沸石还可以再重新吸收水或其他液体。利用沸石的这个特点，可以用沸石来分离炼油过程中产生的一些组分，也可以用沸石使空气变得干燥，还可以用沸石吸附某些污染物，净化和干燥酒精等。

2.3 合成吸附剂

(1) 硅胶

别名为硅酸凝胶，它是一种高活性吸附材料，属于非晶态物质，其化学分子式为 $m\mathrm{SiO_2}\cdot n\mathrm{H_2O}$；除强碱、氢氟酸外不与任何物质发生反应，不溶于水和任何溶剂，无毒无味，化学性质稳定。各种型号的硅胶因其制造方法不同而形成不同的微孔结构。硅胶的化学组分和物理结构，决定了它具有许多其他同类材料难以取代的特点：吸附性能高、热稳定性好、化学性质稳定、有较高的机械强度等。

(2) 活性氧化铝

活性氧化铝属于化学品氧化铝范畴，主要用于吸附剂、净水剂、催化剂及催化剂载体，根据不同的用途，其原料和制备方法有所不同。

活性氧化铝干燥剂是经特殊工艺制成的球形活性氧化铝。其本身属性无毒、无臭、不粉化、不溶于水，外观为白色球状，吸附水的能力强。在一定的操作条件和再生条件下，它的干燥深度可达露点温度－70℃以下，是一种对含有微量水进行深度干燥的高效干燥剂。活性氧化铝干燥剂主要用于干燥液体和气体。尽管在一定程度上可以吸收所有分子，但是会优先吸收具有强极性的分子。气体的压力、浓度、分子量、温度以及分子的活性位都会影响其吸附的效果。活性氧化铝干燥剂常见的形状是球形，广泛用于石油化工的气、液相干燥，用于纺织工业、制氧工业以及自动化仪表风的干燥，以及空分行业变压吸附等。

(3) 活性炭

活性炭又称活性炭黑，为黑色粉末状或块状、颗粒状、蜂窝状的无定形碳，也有排列规整的晶体碳。活性炭中 80%～90%由碳元素组成，除碳元素外，还包含两类掺和物：一类是化学结合的元素，主要是氧和氢，这些元素是由于未完全炭化而残留在炭中，或者在活化过程中，木质材料进行炭化的热分解反应过程所生成的碳、氢、氧化合物；另一类掺和物是灰分，它是活性炭的无机部分。

活性炭的主要原料几乎可以是所有富含碳的有机材料，如煤、木材、果壳、椰壳、核桃壳、杏核、枣核等。将这些含碳材料放置活化炉中，在高温和一定压力下通过热解作用被转换成活性炭。在此活化过程中，巨大的表面积和复杂的孔隙结构逐渐形成，而所谓的吸附过程正是在这些孔隙中和表面上进行的，活性炭中孔隙的大小对不同分子大小的吸附质有选择吸附的作用。

(4) 吸附树脂

吸附树脂是以吸附为特点，具有多孔立体结构的树脂吸附剂，广泛应用于化工领域，主要用于水的提纯和废水处理。它是近年来高分子领域里新发展起来的一种多孔性树脂，由苯乙烯和二乙烯苯等单体，在甲苯等有机溶剂存在下，通过悬浮共聚法制得的鱼籽样的小圆球。广泛应用于废水处理、药剂分离和提纯，用作化学反应催化剂的载体，气体色谱分析及凝胶渗透色谱分子量分级柱的填料。其特点是容易再生，可以反复使用。如配合阴、阳离子交换树脂，可以达到极高的分离净化水平。

离子交换树脂对溶液中的不同离子有不同的亲和

力，对它们的吸附有选择性。各种离子受树脂交换吸附作用的强弱程度有一定的规律，但不同的树脂可能略有差异。

(5) 分子筛

1932年，有人提出了“分子筛”的概念。

分子筛是一种具有立方晶格的硅铝酸盐化合物。分子筛具有均匀的微孔结构，它的孔穴直径大小均匀，这些孔穴能把比其直径小的分子吸附到孔腔的内部，并对极性分子和不饱和分子具有优先吸附能力，因而能把极性程度不同、饱和程度不同、分子大小不同、形状不同及沸点不同的分子分离开来，即具有“筛分”分子的作用，故称分子筛。

吸附功能：分子筛对物质的吸附来源于物理吸附（范德瓦尔斯力），其晶体孔穴内部有很强的极性和库仑场，对极性分子（如水）和不饱和分子表现出强烈的吸附能力。

由于分子筛具有吸附能力高、热稳定性强等其他吸附剂所没有的优点，使得分子筛的应用非常广泛，可以用作高效干燥剂、选择性吸附剂、催化剂、离子交换剂等，常用分子筛为结晶态的硅酸盐或硅铝酸盐，是由硅氧四面体或铝氧四面体通过氧桥键相连而形成分子尺寸大小（通常为0.3～2 nm，相当于3～20Å）的孔道和空腔体系。

目前分子筛在化工、电子、石油化工、天然气等工业中广泛使用。气体行业常用的分子筛型号如下。

A型：钾A（3A），钠A（4A），钙A（5A）。

X型：钙X（10X），钠X（13X）。

Y型：钠Y，钙Y。

分子筛吸湿能力极强，可用于气体的纯化处理，保存时应避免直接暴露在空气中。存放时间较长并已经吸湿的分子筛使用前应进行再生。分子筛忌油和液态水，使用时应尽量避免与油及液态水接触。工业生产中用分子筛干燥处理的气体有空气、氢气、氧气、氮气、氩气等。可以采用两个吸附干燥器并联，一个工作，同时另一个进行再生处理。相互交替工作和再生，以保证设备连续运行。干燥器在常温下工作，在加热至350℃下充产品气或净化气再生。

2.4 吸附剂的物性

吸附剂最重要的物性特征包括孔容积、孔径分布、表面积和表面性质等。不同的吸附剂由于有不同的孔隙大小分布、不同的比表面积和不同的表面性质，因而对混合气体中的各组分具有不同的吸附能力和吸附容量。

吸附剂是吸附分离过程能够实现的基础。气体是否能够通过吸附过程进行组分的分离，极大程度上依赖于吸附剂的性能，因此吸附剂的选择是确定吸附操作的首要问题。选择吸附剂，其必须具有下列特性。

① 较大的比表面积　源于气体在吸附剂表面上的吸附是由于范德瓦尔斯力的作用，在范德瓦尔斯力的作用下，靠近吸附剂表面的气体分子被吸附剂固体表面吸附，而单位面积的吸附剂固体表面所能够吸附的气体量较小，作为可以在工业上应用的吸附剂，必须具有较大的比表面积，才可以在一定量的吸附剂条件下，使气体或液体能够通过吸附剂来完成吸附分离的过程。一般情况下，工业上应用的吸附剂比表面积都在数百至$1000m^2/g$的范围。

② 较高的强度和耐磨性　作为工业上应用的吸附剂，应具有一定的强度和耐磨性，以满足工业应用时由于工艺介质的温度、压力、流速以及吸附剂床层重量等因素的变化对吸附剂强度和耐磨性的要求。

③ 颗粒大小均匀　吸附剂应具有较为均匀的颗粒尺寸。一般情况下，吸附剂的当量颗粒直径为1～10mm，通过一定的装填方式，可以使工艺介质在床层内通过时分布均匀，提高吸附分离的效果。

④ 具体特定的孔径和吸附能力　针对特定的吸附分离工艺和分离要求，必须选用具有特定孔径和吸附量的吸附剂（如分子筛等）以吸附工艺介质中含有的特定分子直径的工艺组分以达到吸附分离的目的。

⑤ 孔隙率　吸附剂的孔隙率指的是吸附剂颗粒内的孔体积与颗粒体积之比。一般情况下，吸附剂的孔隙率越大，就意味着吸附剂的颗粒密度越小。

⑥ 堆积密度　是指在一定体积的空间内（比如用1～5L的容器）装满干的吸附剂，其可以容纳的干吸附剂重量与容器体积之比称为吸附剂的堆积密度，该数据常用于计算在一定容积的吸附器内需要装填的吸附剂量，在采购吸附剂时，应考虑5%～10%的余量。

⑦ 可以达到工业化的量产　在工业上应用的吸附剂应具有工业化的量产规模，并具有稳定的吸附剂特定的物性以满足工业生产的需要。

3 吸附工艺及装置

3.1 吸附分离工艺

以气体混合物的分离为例，吸附分离工艺是基于气体混合物中的某些气体组分在吸附剂上的选择性吸附而实现的气体混合物的组分分离，通常是依据不同组分间的平衡吸附容量的差异而进行分离的。

常用的吸附分离设备有过滤式吸附器、固定床吸附器、移动床吸附器、流化床吸附器等。其中固定床吸附器具有结构简单、加工容易、操作灵活等优点，应用最为广泛，固定床吸附分离操作又是各种不同吸附分离工艺的基础，这里重点介绍固定床吸附器的吸附过程和机理。

对固定床吸附过程进行分类可以有多种方式，可按吸附组分在进料流体中的含量大小分为：痕量吸附质分离；吸附质含量大（如含量大于 10%）的分离。按进料流体中的组成分类可以有：单组分吸附，即在惰性流体中只含有一个可吸附组分；二元系统中两个组分均为可吸附组分；多元系统，有多个组分为可吸附组分。按分离机理分类可以有：位阻效应，这是由沸石的分子筛分性质产生的，只有较小的并具有适当形状的分子才能扩散进入吸附剂，而其他分子都被阻挡在吸附剂外；动力学分离，是借助于不同分子的扩散速率的差异而实现分离的；平衡分离，是依据不同组分间的平衡吸附容量的差异进行分离的，大多数吸附分离过程都是通过混合物的平衡分离实现的。

按吸附剂再生方法的不同可以分为：变温再生法，由于吸附是放热过程，吸附容量随温度升高而降低，可以由热气体吹扫床层提高床层温度而使吸附剂再生，这是最有效的再生方法；变压再生法，气体的吸附容量随床层压力的降低而降低，对于混合气的吸附分离可以在实际上恒定的温度下降低床层的总压力来实现再生；惰性气吹扫法，在不改变系统温度和压力的情况下，借助于吸附性很弱的惰性气吹扫床层而实现再生；置换吹扫法，这里所用的置换流体其吸附性与吸附质同样强，被称为脱附剂。这种方法只是在前述方法都不宜采用时才被使用，因为需要额外的分离步骤来分离出纯产品，如应用于吸附质的吸附性很强而产品又不能承受高温的情况。

3.2　固定床吸附器

固定床吸附器是工业上最常用的吸附分离设备。它多为圆柱形立式设备，在内部支撑的格栅板或多孔板上放置吸附剂，成为固定吸附剂床层。当欲处理的流体通过床层时，吸附质被吸附在吸附剂上，其余流体由出口流出。如图 19-2 所示是典型的两个吸附器轮流操作的流程。它是一个原料气的干燥过程，当干燥器 A 在操作时，原料气由下方通入（通干燥器 B 的阀关闭），经干燥后的原料气从顶部出口排出。与此同时，干燥器 B 处于再生阶段。再生用气体经加热器加热至一定的温度，从顶部进入干燥器 B（通干燥器 A 的阀关闭），再生气携带从吸附剂上脱附的水分从干燥器底部排出，经冷却器使再生气降温，水汽凝结成水分离出去，再生气可循环使用。再生气进入吸附器的流向与原料气的方向相反。

固定床吸附器的优点是结构简单，造价低，吸附剂磨损少。其缺点是间歇操作，吸附和再生两个过程必须周期性更换，这样不但需要设置备用设备，而且要配置较多的进、出口阀门，操作十分麻烦，为大型化、自动化带来困难。即使实现操作自动化，控制的程序也是比较复杂的。另外，在吸附器内为了保证产品的质量，床层要有一定的富余，需要放置多于实际需要的吸附剂，使吸附剂耗用量增加。除此之外，再生时需加热升温，吸附时放出吸附热，不但热量不能

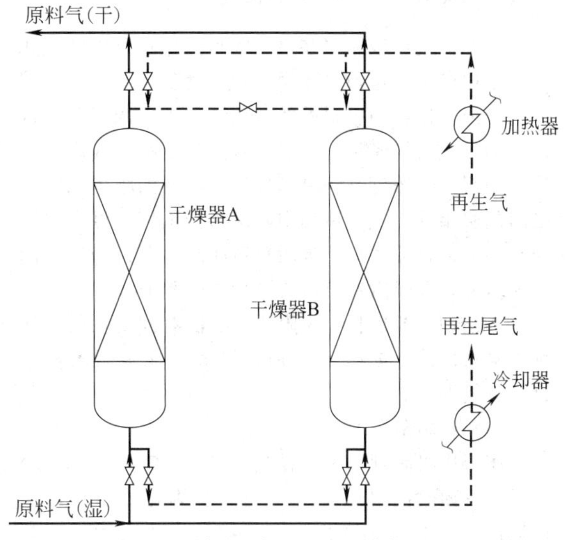

图 19-2　典型的两个吸附器轮流操作的流程

利用，而且由于静止的吸附床层导热性差，对床层的热量输入和导出均不容易，因此容易出现床层局部过热现象而影响吸附。加热再生后还需冷却，也延长了再生时间。

固定床吸附器在操作时随操作时间的增加，床层中的吸附量也随之增加，且床层中各处的浓度分布随时间而变化，所以床层的操作为不稳定的间歇操作。

3.3　固定床吸附器内的吸附传递过程

当含有可吸附物质的流体通过固定床吸附器时，流体中的可吸附物质被吸附剂颗粒吸附，在吸附器内包含的过程有流体流动过程；吸附质分子被吸附剂吸附的过程；吸附过程产生吸附热造成床层温升及热量传递的过程等。而吸附过程又是分几个阶段进行的：吸附质分子首先从流体主体扩散到固体吸附剂颗粒外表面的外扩散过程，也称为膜扩散过程；吸附质分子再从吸附剂颗粒外表面进入到颗粒细孔内的内扩散过程，也称为孔扩散过程；在吸附剂内表面上发生的吸附作用。通常吸附剂内表面上的吸附速率相对于传质速率其数量级要大得多，一般可以认为吸附作用是瞬间完成的，整个吸附过程的速率主要取决于传质速率。上述各阶段的传质速率是不同的，传质速率越小的阶段产生的浓度梯度越大。为了简化，一般将传质速率最小、扩散系数最小、传质阻力最大的阶段作为吸附过程的关键控制步骤，而由该阶段的传质速率来代表整个吸附过程的传质速率。按吸附过程传质速率大小可以分类为：传质速率很大，传质阻力很小，流体相和吸附相瞬时达到平衡；外扩散过程的传质过程为主要阻力，过程为外扩散控制；内扩散过程的传质过程为主要阻力，过程为内扩散控制；外扩散和内扩散过程的传质阻力都很大。

3.4 吸附负荷曲线和穿透曲线

研究固定床吸附器在整个吸附操作过程中的变化时，是以流体等速通入床层，在流动状态下观察床层的浓度或流出物中吸附质的变化。如果以床层距离进口端的长度为横坐标，床层中吸附剂负荷（或床层流体相中吸附质浓度）为纵坐标，所绘制的吸附剂中所吸附的吸附质（或流体相中吸附质的浓度）沿床层不同高度的变化曲线称为吸附负荷曲线。若以操作时间为横坐标，以吸附器出口流出物中吸附质浓度为纵坐标，所绘制的流出物中吸附质浓度随时间变化的曲线称为穿透曲线。如图19-3所示是固定床吸附器操作过程分析图。

(1) 吸附负荷曲线

床层中吸附剂的原始浓度为 X_0，如图19-3（a）所示。开始时间以 t_0 表示。进入吸附器的物料以质量流速 G 匀速地通入床层内，物料中的吸附质不断为吸附剂所吸附，经过某个时间到 t_1 后，从床层中取均匀样品进行分析，此时恰好床层的最上一层达到饱和，其吸附质负荷为 X_e，它与进料中吸附质的浓度呈平衡，在图上形成一个完整的曲线，如图19-3（b）所示。再继续到 t_2 后，床层内出现如图19-3（c）的情况。在床层进料端的一段床层内，吸附剂已经达到饱和，其吸附质负荷为 X_e，吸附能力为零，称为平衡区。而靠近出口端的一段床层内的吸附剂与开始一样，其吸附质负荷仍为 X_0，这部分床层称为未吸附床层区。介于平衡区和未吸附床层区之间的这部分床层，其吸附质负荷由饱和的 X_e 变化到起始吸附质负荷 X_0，形成一个S形波的曲线。在这段床层里，进料中的吸附质在吸附剂上进行着吸附过程，故S形波所占的这部分床层称为传质区或吸附区，而S形曲线称为“吸附波”或“传质波”，也称为“传质前沿”。

当进料继续通入床层时，则吸附波以等速向前移动，形状基本不变。当吸附波的前端刚好到达床层出口端时，就产生所谓的“穿透现象”。即吸附波再稍微向前移动，就到床层外。吸附器出口流出物中吸附质的浓度将第一次突然升高到一个可观的数值，因此，此点称为“破点”（break point），到达破点所需要的时间称为“穿透时间”t_b，如图19-3（d）所示。

当流动继续进行时，则吸附波逐渐伸出床层以外，如图19-3（e）所示，最后刚好吸附波的尾端脱离床层出口时，表明此时床层中全部吸附剂均已饱和，与进料中吸附质的浓度达到平衡状态，整个床层已完全失去吸附能力，流动再延续下去，已毫无实际意义，此时所需要的时间为平衡时间，用 t_e 表示，如图19-3（f）所示。

床层内吸附负荷曲线表达床层中浓度的分布情况，可以直观地了解床层内操作的状况，这是重要的优点。它虽然可通过实验测得，但毕竟非常麻烦，若是把吸附剂一小薄层一小薄层地取出来分析吸附剂的吸附量，或者在实验过程中从床层不同位置取样分析流体的浓度，不仅采样困难，而且均会破坏床层的稳定或破坏流体的流速和浓度的分布。因此，在评价固定床吸附剂的性能时，常采用吸附器出口流出物中吸附质的浓度随时间变化的穿透曲线来进行。

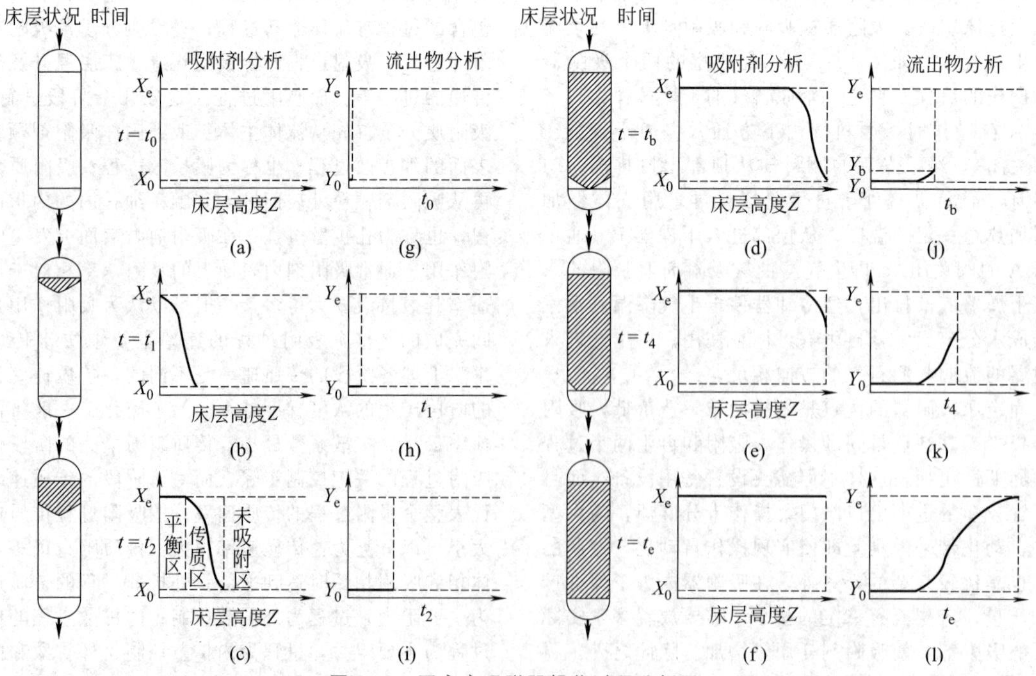

图19-3 固定床吸附器操作过程分析图

(2) 穿透曲线

以床层出口流出物中吸附质的浓度为纵坐标，操作时间为横坐标，则在绘制上述吸附负荷曲线的同时，随时间的推移，可得到图 19-3 中的 (g)～(l) 一组曲线。当含有吸附质的浓度为 Y_e 的物料开始等速通入床层时，床层中最上层的吸附剂对吸附质进行吸附，下移的物料中含吸附质逐渐减少，经过一段床层后吸附质的浓度达到与床层吸附剂原有浓度 X_0 呈平衡的浓度 Y_0 并从吸附器出口流出。从开始时间 t_0 直到达到破点时间 t_b，出口流出物中吸附质的浓度始终为 Y_0。经过 t_b 后，吸附波前端开始超出床层，流出物中吸附质的浓度突然开始上升至 Y_b。时间由 t_b 到 t_e，流出物的吸附质浓度由 Y_b 升至与物料进口相同的浓度 Y_e，即物料此时通过吸附剂床层时，由于床层内所有吸附剂均已达到饱和，其物料浓度没有变化。在 Y-t 图上，也呈现一个 S 形曲线，它的形状与吸附波相似，但与其方向相反。此曲线称为“穿透曲线”，它与吸附负荷曲线成镜面对称相似。所以有人也称此曲线为吸附波或传质前沿。

由于穿透曲线易于测定和标绘出来，因此可以用它来反映床层内吸附负荷曲线的形状，而且可以较准确地求出破点。如果吸附过程的吸附速率为无限大，即吸附剂完全没有传质阻力时，则穿透曲线将是一条竖立的直线，这就是理想的吸附波形。但吸附过程中是有吸附阻力存在的，吸附速率不可能无限大。吸附的传质阻力越大，吸附速率越低，其传质区越大，S 形波幅也越大；反之传质阻力越小，吸附速率越大，其传质区越小，S 形波幅也越小，床层的利用率也越高。影响穿透曲线的因素，除吸附过程的快慢及其机理外，流体通过床层的流速、进料中溶质的浓度、吸附剂床层的高度都会对其产生影响。一般床层高度的减少、吸附剂颗粒的增大、流体通过床层流速的增大以及进料中吸附质初始浓度的增高，都会使破点出现的时间提前。

4　变压吸附

4.1　变压吸附的基本原理

在不同温度下，吸附等温线的斜率不同。随着温度的升高，吸附等温线的斜率下降（图 19-4）。当吸附组分的分压维持一定时，温度升高，吸附容量沿垂线 AC 变化，A 点和 C 点吸附量之差 $\Delta Q = Q_a - Q_c$ 为组分的解吸量。如此利用体系温度的变化，进行吸附和解吸的过程称为变温吸附（thermal swing adsorption，TSA）。如果在吸附和解吸过程中床层的温度维持恒定，利用吸附组分的分压变化使得吸附剂的吸附容量相应改变，则过程沿吸附等温线 T_1 进行，则在 AD 弧线两端的吸附量之差 $\Delta Q = Q_a - Q_d$ 为每经加压（吸附）和减压（解吸）循环组分的分离量。如此利用体系压力变化进行的分离操作称为变压吸附。如果要使吸附和解吸过程吸附剂的吸附容量的差值增加，可以同时采用减压和加热的方法进行解吸再生，沿 AF 两点之间的吸附容量差值 $\Delta Q = Q_a - Q_f$，则为联合解吸再生。

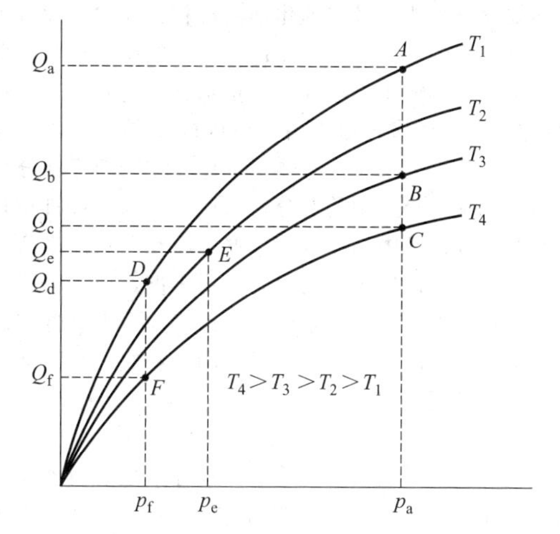

图 19-4　固定床吸附器操作过程分析图

4.2　循环吸附工艺

固定床吸附器在完成吸附操作之后，吸附质的传质前沿已接近固定床的床层出口，为保证一定的产品纯度，在固定床床层吸附剂被吸附质穿透以前，就应终止吸附操作，然后吸附剂需要进行再生操作。固定床床层吸附剂的再生操作，就是改变吸附器的操作条件使吸附剂上已经吸附的吸附质解吸出来，排出吸附器，使吸附剂重新具有吸附能力。影响吸附质在吸附剂上吸附的热力学参数有温度、压力、组成、pH 值或电场、磁场强度等，将吸附剂床层的热力学参数进行周期性地变化，可以使吸附质在吸附剂床层上达到周期性的吸附和解吸，从而形成循环操作。当循环操作的各个参数不随循环次数的增加而变化时称为达到了循环稳定状态。为了在吸附、解吸循环操作的固定床吸附器基础上实现连续的进料和产出产品，在一个吸附装置中至少应设置两个固定床吸附器或采用多床系统。对每一个固定床来说，其操作过程是吸附-再生-吸附的循环过程，吸附器的状态是随时间而变化的，也就是说单独一个固定床是间歇操作的，但对含有两个固定床或多个固定床的吸附装置整体而言其操作是连续的。根据吸附剂再生的方法，工业上现已有多种吸附-解吸循环过程。

主要的循环吸附工艺过程有下列几种。

4.2.1　变温循环工艺

这是采用改变床层温度来实现吸附剂再生的循环工艺，是最老的和最成熟的循环吸附工艺。因为加热和冷却过程都是很缓慢的，所以每一次循环所需要的时间通常为数小时到几十小时。为了使吸附阶段的时间能与再生的时间相匹配，因此这种循环适用于含微量杂质的纯化过程。

在石油化工生产中，固定床变温吸附工艺常用于气体干燥，气体干燥是某些工艺重要的预处理过程之一。如水分可能是某些催化剂的毒物，在寒冷地区工艺装置使用的仪表风对净化压缩空气的露点有特殊要求，天然气在加压下输送时微量水分会与有机化合物（如烷烃、烯烃等）形成白色坚硬的微晶水合物，以及烯烃分离工艺中，工艺物料气体在进冷箱冷却分离之前，必须脱除其中的水分，以免微量的水分日积月累在管道或设备中结冰以致堵塞。原料气通过吸附装置后，要求出口气体达到很高的干燥度，选择吸附剂时应考虑吸附容量、力学性能、价格、再生条件、使用寿命等各种因素。常用的气相和液相脱水吸附剂有硅胶、活性氧化铝、分子筛等。

吸附剂的再生常用氮气为再生气，如图19-2所示，也可以用经过干燥后的产品气经过热交换器加热后吹扫床层进行再生，如图19-5所示，再生后床层可以使用部分干燥过的气体来冷却，也可以使用氮气的闭路循环来进行冷却。

天然气、甲烷、乙烷、丙烷、乙烯、丙烯等烃类气体干燥时，应注意不能混入空气，以防达到爆炸极限。再生时使用成品气体加热和冷却，排放的气体应该回收。

在变温吸附工艺中，吸附操作结束后的吸附器由热再生气加热使吸附剂解吸，然后吸附器用冷却剂冷却到吸附温度，完成了一个循环操作。再生后的床层不可能是绝对干净的，也就是说总会余留少量吸附质，残余吸附量是指在一定再生条件下吸附剂完成再生后所残存的吸附质容量。吸附器的有效吸附容量即为床层在吸附阶段结束时负荷的吸附容量与残余吸附量的差值，有效吸附容量大则可以减少吸附剂的用量。

变温吸附干燥系统示意图如图19-5所示。

图19-5中，当干燥器A为吸附脱水运行状态时，则干燥器B为加热、再生或冷却运行状态。原料压缩空气经蒸汽或热源加热到适宜温度后经切换阀进入干燥器B，当吸附剂升温到干燥器B出口气体温度达到干燥器B入口气体温度的80%～90%时切断加热热源，关闭切换阀，打开与干燥器A相连接的连通阀，使净化后的干空气仪表风进入干燥器B进行冷却再生。虽说是冷却，实际上是把干燥器B全塔的高温区渐渐向下推移的过程。在此推移过程中，干燥器B塔底部的吸附剂还是在继续进行高温下的吹扫再生，这样再生塔干燥器B吸附剂里储存的热能，就能得到有效的利用，并可缩短加热工序所需的时间。

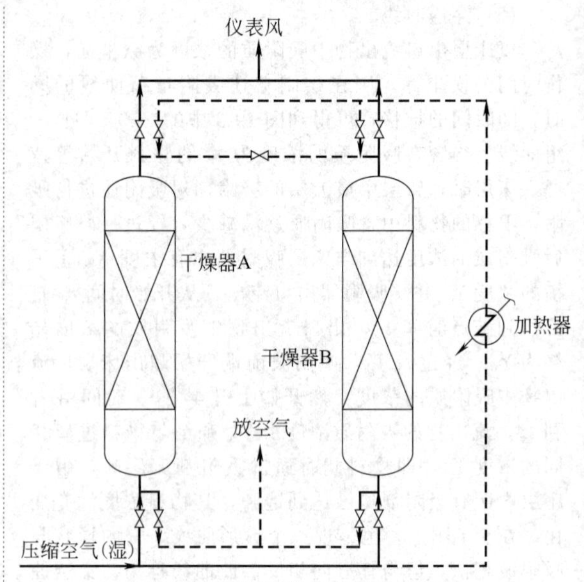

图19-5 变温吸附干燥系统示意图

一般来说，两塔操作系统的切换时间周期可以设为12h，或者按照操作班次进行设定，但具体情况需视装置规格、原料气含水量及热源供应情况等而做相应的变化，其大致程序见表19-1。

表19-1 变温吸附干燥系统时序

干燥器	6h		6h	
干燥器A	吸附脱水过程		加热脱附	冷却脱附
干燥器B	加热脱附	冷却脱附	吸附脱水过程	

吸附剂经过长期的吸附和再生循环后，可能会发生吸附容量减少的现象，这种现象称为吸附剂的劣化。产生劣化现象的原因有：吸附剂部分表面受到原料气中析出的炭沉积而覆盖了活性表面、再生过程的加热使吸附剂呈半熔融状态，造成毛细孔部分堵塞或结构破坏、化学反应使结晶部分破坏等。因此实际的有效吸附容量还需要考虑一定的劣化度进行修正，在设计时对所取的劣化度至少应为初始吸附量的10%～30%。

4.2.2 变压循环工艺

这是采用改变床层的操作压力来实现吸附剂再生的循环工艺。由于压力的变化可以很迅速地实现，因此循环时间可以很短，通常为几分钟甚至几秒钟，适宜于大流量的气体分离过程，也适宜于微量杂质的纯化过程。近年来，变压吸附工艺的发展非常迅速，在许多应用领域已取代或将取代变温循环。

由于变压吸附（pressure swing adsorption，PSA）气体分离技术具有工艺简单、可一步除去多种杂质组分、产品纯度高、操作弹性大、自动化程度高、操作费用低、吸附剂寿命长、投资省、维护方便等优点，因而发展迅速，它已成为工业生产中空气干燥、氢气纯化、中小规模空气分离及其他混合气体分离、纯化的主要技术之一。所谓变压吸附法就是以固定床吸附器，在连续改变体系平衡的热力学参数下（实际上就是采用减压解吸而实现吸附剂再生），使吸附和解吸再生循环进行，循环可在常温下进行，由于压力的变化是很迅速的，因而循环通常只需要数分钟甚至几秒钟就能快速完成，它既具有固定床吸附的优点，又是一种循环过程。尽管吸附容量不是很高，但吸附剂利用率高，处理量可以很大，设备较小。变压吸附分离技术已被广泛应用于化工、气体分离工业。

变压吸附也称为无热吸附或等温吸附，这是因为该技术吸附剂的再生不需外加热量。再者吸附剂的热导率通常很小，过程近似于绝热操作，变压吸附的循环周期又很短，吸附热来不及散失，可供解吸之用，吸附热和解吸热引起的床层温度变化一般不大，可近似看作等温过程。

由于常用吸附剂的空隙率都很高，硅胶和活性氧化铝的空隙率约为 67%，分子筛约为 74%，活性炭约为 78%，而且变压吸附中的吸附过程是在压力下进行的，因此床层中吸附剂颗粒间的空隙（通常称为床层死空间）中包含的气体量是不可忽略的。在降压解吸时，随着较强吸附组分的解吸，床层死空间中的弱吸附组分将排出床层而造成轻质产品的损失。早期变压吸附技术的产品回收率较低成为该技术的主要缺点，近年来人们在如何回收床层死空间中的产品组分方面做了许多工作，使回收率有了很大的提高。

变压吸附分离过程的优点如下。

① 产品的纯度高，特别是氢气的提纯，氢气中所含的氮和甲烷等不纯物质几乎可全部除去。例如，仅采用变压吸附法，氢气的分离纯度最高可达 99.99999%。

② 一般在室温和不高的压力下操作，其设备简单。床层再生时不需要外加热源，再生容易，可以连续进行循环操作。

③ 可单级操作，原料气中的几种组分可在单级中脱除，原料中的水分和二氧化碳等不需要预先处理，同时分离其他组分如氢气、甲烷等。

④ 吸附剂的寿命长，对原料气的质量要求不高，装置操作容易，操作弹性大，如进料气体组成和处理量波动时，很容易适应。

4.2.3　惰性气吹扫循环工艺

这种循环通常采用惰性气或难吸附的产品气进行吹扫，除了不预热吹扫气外，其工艺过程类似于变温循环工艺。另外在变温吸附和变压吸附工艺中也常结合惰性气或难吸附的产品气吹扫的步骤。

4.2.4　其他循环工艺

其他的循环吸附工艺还包括色谱分离工艺、参数泵吸附工艺、移动床和模拟移动床吸附工艺等。

4.3　变压吸附操作原理

在实际的变压吸附分离操作中，组分的吸附热都较大，吸附过程是放热反应，随着组分的解吸，变压吸附的工作点从图 19-4 中的 B 点移向 E 点，吸附时从 E 点返回 B 点，沿着 B、E 两点之间的曲线进行操作，每经加压吸附和减压解吸循环的组分分离量 $\Delta Q=Q_b-Q_e$ 为实际变压吸附的差值。因此，要使吸附和解吸过程吸附剂的吸附量差值加大，对所选用的吸附剂除对各组分的选择性要大以外，其吸附等温线的斜率变化也要显著（即等温线的曲率要大），并尽可能使其压力的变化加大，以增加其吸附量的变化值。为此，可采用升高压力或抽真空的方法操作。

① 加压下吸附，常压下解吸。

② 常压或加压下吸附，减压下解吸。

一般优惠吸附等温线的低压端，曲线较为陡峭，所以在真空下解吸，或用不吸附组分气体吹扫床层解吸，都可以较大程度地提高变压吸附过程的吸附量差值。

在变压吸附分离中，尤其是大型的工业装置，必须在保证产品纯度的同时，提高产品的收率，加大装置的处理能力和产量，减少单位产品气体的吸附剂用量，降低处理单位原料（或单位产品）的能量消耗。因此，在改善变压吸附操作中，首先要考虑影响过程的一些不利因素，并尽可能回收利用床层间隙和吸附塔接头管道中死空间内的气体量。简单的单塔或双塔变压吸附流程，当降压时，床层内或吸附塔的顶盖死空间内的压缩气体就要白白损失掉，系统的压力越高，损失越大。要提高回收率，降低能耗，除研制性能优良的吸附剂外，关键在于回收死空间内的大量气体，以提高回收率和节省能量。工业生产用的大型变压吸附分离装置，除设置缓冲罐外，多数采用多塔流程，用清洗、升压和均压等各种方法，提高气体组分的回收率。

4.4　变压吸附的循环流程

最简单的变压吸附工艺循环过程为两塔系统，一塔吸附，一塔再生，每次经过一定的时间互相进行切换。在加压状态下开始吸附，在此吸附过程中，吸附塔的出口端输出产品气体，而杂质气体被吸附剂吸附，一直达到吸附平衡。然后，已吸附杂质进入饱和状态的吸附塔切换至解吸过程，关闭出口阀门，打开另一个入口端的阀门，将压力从高压降至常压（或抽真空），则被吸附的杂质气相组分随着床层压力的降低从入口端排出，吸附剂将达到新的吸附平衡状态，使被吸附的杂质组分脱附出来，这一过程可从吸附等温线上看出。假定压力为 6×10^5 Pa（表）时的平衡吸附量为 30%，如果减压到 0.1×10^5 Pa（表），则平衡吸附量变为 10%，其差值为 20%，这就是可用最简单的等温吸附过程而除去的杂质的量。

以变压吸附提氢装置为例，最简单的流程为A、B两塔并联进行吸附操作。现用A塔来说明，第一阶段A塔高压进料，进行等压吸附过程，A塔出口端得到纯氢产品；第二阶段A塔停止进料，进行减压脱附，脱附的气体杂质从入口端排出；第三阶段A塔仍停止进料，用B塔出口端的小部分纯氢产品对A塔进行逆向冲洗、再生，并关闭A塔入口端阀门进行充压至高压；第四阶段又回到循环的起点，在高压下进料，进行等压吸附得到纯氢产品。当A床为吸附阶段，B床为减压脱附和冲洗再生充压阶段，互相交替操作即可实现气体的连续分离与提纯。

为了提高原料气中有效气体组分的回收率和降低能耗，可以在两塔流程中增加一个缓冲罐，与其连通，可取得在某一较适中压力下的平衡，即所谓的均压。均压得到的气体，可作为吸附剂再生冲洗和吸附塔充压使用，以减少产品气的消耗量，提高回收率。一般情况下，均压次数增加，产品气的回收率也会上升。在此基础上，经改进后现已发展为多塔操作，一般为四至八塔，最多可至十塔或以上，即两塔间的中间缓冲罐被塔所代替，使每一塔都经历加压吸附、均压、放压、冲洗、充压等各阶段，几个塔顺序切换，循环操作。虽然塔数增多，回收率提高，但切换频繁，造成流程复杂，投资费用增加。所以在处理量较小及产品纯度要求不高时，仍采用两塔流程。只有对规模较大及产品纯度要求较高的系统，为能在高纯度下提高单位吸附剂的产品回收率时，才采用多塔式操作。

变压吸附工艺的多塔循环过程通常包括吸附、均压放压、顺向放压、逆向放压、冲洗、均压充压及最终充压等步骤。这里还是以变压吸附提氢装置为例，从非吸附相得到产品的简单变压吸附工艺，对变压吸附提氢装置的PSA工艺过程每一步骤的作用加以说明。

① 吸附步骤　原料气在整个循环过程的最高压力点进入吸附塔，吸附性较强的杂质组分被吸附在吸附剂上，弱吸附组分作为产品输出，部分产品气用于另一个床层的最终升压。吸附步骤进行到吸附前沿离吸附塔产品出口端还有一段距离时便停止（关闭原料气的进口阀门和产品气的出口阀门），使吸附塔的产品出口端附近还保留一段未被利用的吸附剂，供顺向放压时吸附前沿推进之用。

② 均压放压步骤　完成了吸附步骤的床层顺向放压而将排放气引入另一个已完成再生而处于整个循环过程最低压力点的床层，使两塔的出口端相连通，均压结束时两塔的压力相等，都处于较高的中间压力，这是一个压力均衡的步骤。它起到了回收已完成吸附的床层中的压力和产品气的作用，因而提高了产品气的回收率。在均压步骤中吸附前沿向吸附塔的产品出口端推进，但杂质组分尚未发生穿透，因此均压步骤过程中的排放气还是纯的产品气。

③ 顺向放压步骤　在完成了均压步骤之后，尚处于较高中间压力的床层进一步顺向放压至一个顺放压力缓冲罐而降压到较低的中间压力，此时吸附前沿进一步向吸附塔的产品出口端推进，使顺放步骤结束时吸附前沿正好达到吸附塔的出口处，因此排放气中产品组分的浓度仍接近于产品气，顺放压力缓冲罐中的排放气将作为吸附剂的再生气源用于再生吸附塔床层的冲洗。

④ 逆向放压步骤　关闭产品出口端阀门，而打开吸附塔位于进料端的另一个放空阀门，使吸附塔床层内的气体以与进料相反的方向排出床层，床层内的压力由较低的中间压力降压到整个循环过程的最低压力，通常为大气压力直接排出（或者比大气压力稍稍高一些以便进入排放气燃烧器燃烧或压缩机等回收系统进行回收利用）。在这个步骤中吸附剂吸附的杂质组分开始大量地解吸并排出床层，而且产品出口端附近的死空间中余留的产品组分浓度较高的气体在逆向流动中对床层起了清洗的作用，使进料端附近的杂质组分在这个步骤中被排出床层。

⑤ 冲洗步骤　床层在整个循环过程的最低压力下由另一个正进行顺放步骤的床层（或顺放压力缓冲罐中）的排放气从出口端向进口端进行逆流冲洗。在冲洗过程中使杂质组分的分压降低而从吸附剂上解吸并被顺放气清洗出床层，并把吸附前沿推向进料端，使吸附剂得以彻底的再生，因此用顺放气清洗床层结束时吸附剂的再生就基本完成了，清洗过程应该尽量缓慢匀速，以保证清洗再生的效果。清洗过程完成之后，关闭进口端的放空阀门。

⑥ 均压充压步骤　已完成吸附剂再生但处于整个循环过程最低压力点的床层必须充压到吸附压力才能进行下一步（整个循环过程开始时）的吸附操作，充压过程开始时，先是采用另一个正进行均压放压步骤的床层的排放气进行逆流充压，使两塔的出口端相互连通，床层的压力从整个循环的最低压力升压到较低的中间压力。逆流充压可以将已经位于进料端的吸附前沿进一步推向吸附塔的进料端死空间，并在均压升压过程中进一步地清洗床层，以保证吸附塔的产品端比较干净，这个过程不仅仅是升压过程，更是回收其他吸附塔床层死空间产品气体的过程。在均压充压过程中保持进口端阀门关闭。

⑦ 最终充压步骤　将吸附塔床层从较低的中间压力升压到吸附压力，可以采用原料气顺流充压，也可以采用产品气逆向充压。用产品气逆向充压可以将杂质的吸附前沿推向床层进料端，并使其浓度前沿变陡，对下一步吸附操作有利，但需消耗较多的产品气。最终充压的方法既可以用原料气充压到较高的中间压力后再用产品气逆向充压至吸附压力，也可以从床层两端同时用原料气和产品气进行最终充压等数种

方法。最终充压过程完成后，关闭所有的进出口阀门，该吸附塔床层就回到了整个吸附循环的起点，可以进入下一循环的吸附操作。

还有一些变压吸附工艺中采用真空解吸的方法，这种工艺也称为 VPSA 工艺，真空解吸步骤一般被安排在逆放步骤之后，在真空解吸步骤之后既可以再安排冲洗步骤，也可以省去冲洗步骤，这主要取决于对产品纯度和回收率的要求。

在床层的整个吸附循环过程中应当说明的是，吸附过程完成后，随着床层放压过程的进行，排放气中的杂质浓度将逐步增加，为了达到最好的分离效果，对于完成吸附步骤后床层放压气的利用应遵循下列原则：最不纯的气体应用于最低压力下的清洗，而最纯的排出气体应用于最高的中间压力下的充压，这样可以达到最经济的分离效果。

4.5　吸附分离的应用

气体的吸附分离过程大致可分为几种类型，如大吸附量分离和少量杂质纯化，前者通常指从气体物流中要吸附 10%或 10%（质量分数）以上的有效成分，而后者是指气体物流中待吸附的杂质含量小于 10%（质量分数）。一般来说，对不同类型的吸附分离要采用不同的循环过程，对较大吸附量的组分分离大都采用变压吸附循环，而少量的杂质纯化一般采用变温吸附循环。变温吸附工艺的应用有：空气、天然气、炼厂裂解气、合成气及其他工业气体的脱水干燥；天然气或合成气的脱硫；气体中溶剂的脱除及各种气体的进一步纯化等。

变压吸附分离技术是以固定床吸附，在连续改变体系压力参数的状态下，使得吸附和解吸再生过程循环进行，既具有固定床吸附的优点，又是一种循环过程。变压吸附分离广泛应用于化工、气体分离工业。尤其是在制氢工艺装置上的应用，目前最大的装置处理能力已达每小时十万标准立方米以上，最多的吸附塔数已可达十塔循环操作。变压吸附分离过程的优点是，产品纯度和收率高，在变压吸附提氢工艺装置中，产品氢的纯度最高可达 99.99999%（摩尔分数），产品氢气的收率可达 90%以上。

4.6　吸附剂的选择

吸附剂的种类繁多，对于一个特定的吸附过程，首先要考虑的是吸附分离组分和吸附剂的吸附体系，根据操作条件下的吸附等温线求出理论吸附量，再结合实际过程以及操作条件进行修正，最终的结果可能还需要经过实验的验证。

在吸附剂的选择上，应考虑吸附剂的种类、颗粒形状、颗粒尺寸、机械强度（压碎强度）、比表面积、堆积密度、孔容、装填空隙率、适用的操作条件（温度和压力）范围、易引起吸附剂失效的组分（如是否遇水和其他液相会失效、是否与吸附流体中的某些组分发生不可逆的化学反应）、使用寿命等。

对吸附剂的选择一般是要求吸附容量大、选择性好以及再生容易，由于变压吸附是依靠降低系统总压而使吸附剂再生的，因此选择吸附剂时要解决好吸附与解吸之间的矛盾。一般吸附容量大时解吸比较困难，因此变压吸附工艺中对于强吸附组分（如苯、甲苯等）要用比较弱的吸附剂（如硅胶），而吸附性弱的吸附质（如甲烷、氮气、氩气等）需选择较强的吸附剂（如分子筛），以期吸附容量大些。二氧化碳对分子筛的亲和力很强但解吸困难，因此吸附二氧化碳以用活性炭为宜。吸附氨气可用活性氧化铝。对于 C_5 及以上的高级烃类组分可用孔径为 12～16nm 的大孔硅胶吸附。当混合气中杂质组分的种类不仅仅有一种时，常采用几种吸附剂来处理不同的杂质组分，它们可分几个床层装填，也可在一个吸附塔中分层装填。

为了提高产品纯度和产品回收率，选择和开发性能优良的吸附剂是非常重要的。吸附剂应具有较好的选择性，对依据不同组分间吸附容量差别而进行的分离，通常要求分离系数大于 2，且分离系数大较为有利。对组分间吸附容量差别较小的情况可考虑采用动力学分离的方法，即利用组分在吸附剂孔隙中扩散速率的差异而进行分离。例如采用碳分子筛来分离空气中的氧气和氮气，就是利用氧气和氮气在碳分子筛中扩散速率的差异而进行分离的。

在变压吸附 PSA 技术中，分离过程的特性一般是用三个参数来衡量的，即产品纯度、产品回收率和吸附剂的生产能力。由于从 PSA 过程得到的产品流出物的浓度和流量都随时间而变化，因此这里的产品纯度是指流出物中产品组分的平均浓度；产品回收率是指产品流出物中包含的产品组分总量除以进料的产品组分总量所得的百分率；而吸附剂的生产能力为每单位时间、单位吸附剂量所处理的原料气量或生产的产品气量。这三个参数对于任何一个给定的 PSA 过程都是相互关联的。

① 切换周期和吸附剂装填量的选择　在吸附剂类型确定后，随后需考虑吸附装置循环体系的切换周期，也即根据原料气中需吸附除去的杂质含量（例如脱水过程中的水含量）以及需要多少时间进行切换再生，就可根据吸附剂对杂质的吸附容量计算出每个吸附塔内需要装填的最少吸附剂量。

② 吸附剂的劣化现象　吸附剂经过反复吸附和再生之后，会产生吸附性能下降的现象，吸附容量开始出现下降的趋势，简称劣化现象。其产生的原因主要有：经过一定周期的使用，吸附剂的表面会被进料气中所含有的极少量积炭、聚合物、化合物等杂质组分所覆盖；因为吸附热效应或加热解吸而产生的吸附剂半熔融现象，而使吸附剂的细孔部分消失；由于进

料气中所含杂质引起的化学反应，使细孔的结晶受到破坏。

由于吸附剂的颗粒表面被杂质污染是相当普遍的现象，几乎所有的吸附剂劣化现象都是因此而引起的。例如，用压缩空气进行吸附干燥生产气动仪表用压缩风时，从压缩机排出的极少量机组润滑油油气分子会随着压缩空气一起进入吸附器而被吸附在吸附剂的表面，在吸附剂被加热解吸再生时被炭化而形成积炭。又如，硅、铝类吸附剂在320℃时，就会有某些半熔融现象产生，显然一些微小的细孔就比较容易受到影响。一些化学反应会引起吸附剂的劣化，如使用活性氧化铝凝胶和合成沸石吸附二氧化碳时，由于酸性热水的作用会使吸附剂产生劣化。不饱和烃类也很容易使吸附剂劣化。因此在计算吸附器需要的实际装填的有效吸附剂容量时，还需要考虑一定的劣化度进行修正，在设计时对所取的劣化度至少应为初始吸附量的10%～30%。

4.7 变压吸附装置的工艺设计

变压吸附装置的工艺设计应包括工艺流程的确定、循环时序配置、吸附剂选择、吸附剂用量确定等方面。其中吸附剂用量确定是最为重要，也是最困难的。因为变压吸附工艺中通常吸附步骤结束时强吸附组分的吸附前沿并未达到穿透点，而是离床层出口还有一段距离，以留作顺向放压时气体膨胀用，因此变压吸附装量的吸附剂用量除了吸附步骤除去杂质组分需要的吸附剂以外，还要考虑顺向放压时吸附前沿推进所需的吸附剂。而且变压吸附技术的实际工业应用中处理的原料气通常为多组分系统，可吸附组分数目不止一个，且含量较大，属于多组分主体分离的范围。在吸附热较大的情况下还需要考虑温度的变化。加之一个循环过程中除包括恒压的吸附和清洗步骤外，还包括压力变化的放压和充压步骤，因此变压吸附工艺的数学处理是相当困难的，目前尚未见到成熟的工艺设计和优化方法。可靠的方法仍是以试验为基础，通过中间试验，采用逐级放大的方法来设计工业装置。建立动力学模型进行模拟放大是可行的方法，然而过分简化的模型虽比较容易求解，但与真实过程相距甚远，并无多大实用价值。而较为严格的模型涉及的物性数据和传递参数较多，模型求解比较困难，目前仅处于理论研究阶段，尚未见到有实际应用的报道。

国内现已有多家研究设计院和PSA供应商就天然气或液化气、炼厂干气等制氢装置的变换气提氢的PSA工艺建立了多组分主体分离的平衡模型，对模型数值求解得到了循环稳定状态下床层内各组分在不同时间的浓度分布曲线。采用以经验系数对理论吸附容量进行修正的方法，可以实现对实际工业PSA装置的模拟。该法已应用于现有的PSA工业装置的性能评价，以及应用于新建PSA工业装置确定吸附剂用量和估算产品氢气的理论收率。

一般情况下，四塔一均时序表见表19-2。

表19-2 四塔一均时序表

吸附塔	1	2	3	4	5	6	7	8
1	A		ED	PP	D	P	ER	FR
2	ER	FR	A		ED	PP	D	P
3	D	P	ER	FR	A		ED	PP
4	ED	PP	D	P	ER	FR	A	

注：A表示吸附；ED表示均压放压；PP表示顺向放压；D表示逆向放压；P表示清洗；ER表示与ED对应的均压充压；FR表示最终充压。

在整个吸附循环过程中，共有四个吸附塔在操作，在同一时刻，每个吸附塔均处于整个循环过程的不同操作点，下面对四塔一均的吸附循环进行详细的说明：假定整个吸附循环完成需要的时间是八分钟。

在第一分钟时段内，塔1处于高压进料吸附阶段，同时输出通过吸附过程已经净化分离的产品进入产品管网，塔2处于刚刚冲洗完成之后的从最低压力至中间压力的均压升压阶段，塔3处于逆向放压阶段，就是通过塔内的剩余压力自行释放余压至最低压力，塔4处于刚刚完成吸附阶段，开始高压至中压的均压放压，塔4释放出的高压气体用于升高塔2的压力，使塔2从低压升至中压。

在第二分钟时段内，塔1继续处于高压进料吸附阶段并输出产品，并在第二分钟的最后一秒完成高压吸附，同时停止输出产品，塔2处于最终充压阶段，利用产品管网的压力将吸附塔的压力从中压升至高压，塔3处于最低压力的逆向床层清洗阶段，塔4处于顺向放压阶段，放出的气体用于塔3的逆向清洗。

在第三分钟时段内，塔1处于均压放压阶段，压力从高压降至中压，放出的气体用于塔3的均压充压，塔2的压力处于最高点，开始进行高压吸附并输出产品气体，塔3处于均压充压阶段，压力由最低压力升至中压，塔4处于逆向放压阶段，压力降至最低点。

在第四分钟时段内，塔1处于顺向放压阶段，放出的气体用于塔4的逆向清洗，塔2的压力处于最高点，继续进行高压吸附并输出产品气体，塔3处于最终充压阶段，利用产品管网的压力将吸附塔的压力从中压升至高压，塔4处于最低压力的逆向床层清洗阶段，清洗气体来自塔1。

在第五分钟时段内，塔1处于逆向放压阶段，压力降至最低点，塔2处于均压放压阶段，压力从高压降至中压，放出的气体用于塔4的均压充压，塔3的压力处于最高点，开始进行高压吸附并输出产品气体，塔4处于均压充压阶段，压力由最低压力升至中压。

在第六分钟时段内，塔 1 处于最低压力的逆向床层清洗阶段，清洗气体来自塔 2，塔 2 处于顺向放压阶段，放出的气体用于塔 1 的逆向清洗，塔 3 的压力处于最高点，继续进行高压吸附并输出产品气体，塔 4 处于最终充压阶段，利用产品管网的压力将吸附塔的压力从中压升至高压。

在第七分钟时段内，塔 1 处于均压充压阶段，压力由最低压力升至中压，塔 2 处于逆向放压阶段，压力降至最低点，塔 3 处于均压放压阶段，压力从高压降至中压，放出的气体用于塔 1 的均压充压，塔 4 的压力处于最高点，开始进行高压吸附并输出产品气体。

在第八分钟时段内，塔 1 处于最终充压阶段，利用产品管网的压力将吸附塔的压力从中压升至高压，塔 2 处于最低压力的逆向床层清洗阶段，清洗气体来自塔 3，塔 3 处于顺向放压阶段，放出的气体用于塔 2 的逆向清洗，塔 4 的压力处于最高点，继续进行高压吸附并输出产品气体。

至第八分钟最后一秒，四塔一均的整个变压吸附循环完成，整个系统又回到起点，进入下一个变压吸附循环。

典型的时序表见表 19-3～表 19-5。

某制氢装置的 PSA 吸附塔的压力变化曲线如图 19-6 所示。

多塔变压吸附工艺的特点如下。

采用多个吸附塔可以安排多次均压步骤，因此可以提高产品的纯度和回收率，降低单位产品的能量消耗。均压次数取决于吸附塔的总数量，即同等条件下，吸附塔数量越多则可以安排越多的均压次数。但是随着均压次数的增加，相应的产品收率增加的量是逐渐减小的。一般情况下可选择 3～5 次均压流程，压力比应大于 12。

表 19-3　六塔二均工艺循环时序表

<table>
<tr><th>吸附塔</th><th>1</th><th>2</th><th>3</th><th>4</th><th>5</th><th>6</th><th>7</th><th>8</th><th>9</th><th>10</th><th>11</th><th>12</th></tr>
<tr><td>1</td><td colspan="4">A</td><td>E1D</td><td>E2D</td><td>PP</td><td>D</td><td>P</td><td>E2R</td><td>E1R</td><td>FR</td></tr>
<tr><td>2</td><td>E1R</td><td>FR</td><td colspan="4">A</td><td>E1D</td><td>E2D</td><td>PP</td><td>D</td><td>P</td><td>E2R</td></tr>
<tr><td>3</td><td>P</td><td>E2R</td><td>E1R</td><td>FR</td><td colspan="4">A</td><td>E1D</td><td>E2D</td><td>PP</td><td>D</td></tr>
<tr><td>4</td><td>PP</td><td>D</td><td>P</td><td>E2R</td><td>E1R</td><td>FR</td><td colspan="4">A</td><td>E1D</td><td>E2D</td></tr>
<tr><td>5</td><td>E1D</td><td>E2D</td><td>PP</td><td>D</td><td>P</td><td>E2R</td><td>E1R</td><td>FR</td><td colspan="4">A</td></tr>
<tr><td>6</td><td colspan="2">A</td><td>E1D</td><td>E2D</td><td>PP</td><td>D</td><td>P</td><td>E2R</td><td>E1R</td><td>FR</td><td colspan="2">A</td></tr>
</table>

表 19-4　九塔三均工艺循环时序表

<table>
<tr><th>吸附塔</th><th>1</th><th>2</th><th>3</th><th>4</th><th>5</th><th>6</th><th>7</th><th>8</th><th>9</th><th>10</th><th>11</th><th>12</th><th>13</th><th>14</th><th>15</th><th>16</th><th>17</th><th>18</th></tr>
<tr><td>1</td><td colspan="6">A</td><td>E1D</td><td>E2D</td><td>E3D</td><td colspan="2">PP</td><td>D</td><td colspan="2">P</td><td>E3R</td><td>E2R</td><td>E1R</td><td>FR</td></tr>
<tr><td>2</td><td>E1R</td><td>FR</td><td colspan="6">A</td><td>E1D</td><td>E2D</td><td>E3D</td><td colspan="2">PP</td><td>D</td><td colspan="2">P</td><td>E3R</td><td>E2R</td></tr>
<tr><td>3</td><td>E3R</td><td>E2R</td><td>E1R</td><td>FR</td><td colspan="6">A</td><td>E1D</td><td>E2D</td><td>E3D</td><td colspan="2">PP</td><td>D</td><td colspan="2">P</td></tr>
<tr><td>4</td><td colspan="2">P</td><td>E3R</td><td>E2R</td><td>E1R</td><td>FR</td><td colspan="6">A</td><td>E1D</td><td>E2D</td><td>E3D</td><td colspan="2">PP</td><td>D</td></tr>
<tr><td>5</td><td>PP</td><td>D</td><td colspan="2">P</td><td>E3R</td><td>E2R</td><td>E1R</td><td>FR</td><td colspan="6">A</td><td>E1D</td><td>E2D</td><td>E3D</td><td>PP</td></tr>
<tr><td>6</td><td>E3D</td><td colspan="2">PP</td><td>D</td><td colspan="2">P</td><td>E3R</td><td>E2R</td><td>E1R</td><td>FR</td><td colspan="6">A</td><td>E1D</td><td>E2D</td></tr>
<tr><td>7</td><td>E1D</td><td>E2D</td><td>E3D</td><td colspan="2">PP</td><td>D</td><td colspan="2">P</td><td>E3R</td><td>E2R</td><td>E1R</td><td>FR</td><td colspan="6">A</td></tr>
<tr><td>8</td><td colspan="2">A</td><td>E1D</td><td>E2D</td><td>E3D</td><td colspan="2">PP</td><td>D</td><td colspan="2">P</td><td>E3R</td><td>E2R</td><td>E1R</td><td>FR</td><td colspan="4">A</td></tr>
<tr><td>9</td><td colspan="4">A</td><td>E1D</td><td>E2D</td><td>E3D</td><td colspan="2">PP</td><td>D</td><td colspan="2">P</td><td>E3R</td><td>E2R</td><td>E1R</td><td>FR</td><td colspan="2">A</td></tr>
</table>

表 19-5　十塔四均工艺循环时序表

<table>
<tr><th>吸附塔</th><th>1</th><th>2</th><th>3</th><th>4</th><th>5</th><th>6</th><th>7</th><th>8</th><th>9</th><th>10</th><th>11</th><th>12</th><th>13</th><th>14</th><th>15</th><th>16</th><th>17</th><th>18</th><th>19</th><th>20</th></tr>
<tr><td>1</td><td colspan="4">A</td><td>E1D</td><td>E2D</td><td>E3D</td><td>E4D</td><td colspan="3">PP</td><td>D</td><td colspan="3">P</td><td>E4R</td><td>E3R</td><td>E2R</td><td>E1R</td><td>FR</td></tr>
<tr><td>2</td><td>E1R</td><td>FR</td><td colspan="4">A</td><td>E1D</td><td>E2D</td><td>E3D</td><td>E4D</td><td colspan="3">PP</td><td>D</td><td colspan="3">P</td><td>E4R</td><td>E3R</td><td>E2R</td></tr>
<tr><td>3</td><td>E3R</td><td>E2R</td><td>E1R</td><td>FR</td><td colspan="4">A</td><td>E1D</td><td>E2D</td><td>E3D</td><td>E4D</td><td colspan="3">PP</td><td>D</td><td colspan="3">P</td><td>E4R</td></tr>
<tr><td>4</td><td>P</td><td>E4R</td><td>E3R</td><td>E2R</td><td>E1R</td><td>FR</td><td colspan="4">A</td><td>E1D</td><td>E2D</td><td>E3D</td><td>E4D</td><td colspan="3">PP</td><td>D</td><td colspan="2">P</td></tr>
<tr><td>5</td><td colspan="3">P</td><td>E4R</td><td>E3R</td><td>E2R</td><td>E1R</td><td>FR</td><td colspan="4">A</td><td>E1D</td><td>E2D</td><td>E3D</td><td>E4D</td><td colspan="3">PP</td><td>D</td></tr>
<tr><td>6</td><td>PP</td><td>D</td><td colspan="3">P</td><td>E4R</td><td>E3R</td><td>E2R</td><td>E1R</td><td>FR</td><td colspan="4">A</td><td>E1D</td><td>E2D</td><td>E3D</td><td>E4D</td><td colspan="2">PP</td></tr>
<tr><td>7</td><td colspan="3">PP</td><td>D</td><td colspan="3">P</td><td>E4R</td><td>E3R</td><td>E2R</td><td>E1R</td><td>FR</td><td colspan="4">A</td><td>E1D</td><td>E2D</td><td>E3D</td><td>E4D</td></tr>
<tr><td>8</td><td>E3D</td><td>E4D</td><td colspan="3">PP</td><td>D</td><td colspan="3">P</td><td>E4R</td><td>E3R</td><td>E2R</td><td>E1R</td><td>FR</td><td colspan="4">A</td><td>E1D</td><td>E2D</td></tr>
<tr><td>9</td><td>E1D</td><td>E2D</td><td>E3D</td><td>E4D</td><td colspan="3">PP</td><td>D</td><td colspan="3">P</td><td>E4R</td><td>E3R</td><td>E2R</td><td>E1R</td><td>FR</td><td colspan="4">A</td></tr>
<tr><td>10</td><td colspan="2">A</td><td>E1D</td><td>E2D</td><td>E3D</td><td>E4D</td><td colspan="3">PP</td><td>D</td><td colspan="3">P</td><td>E4R</td><td>E3R</td><td>E2R</td><td>E1R</td><td>FR</td><td colspan="2">A</td></tr>
</table>

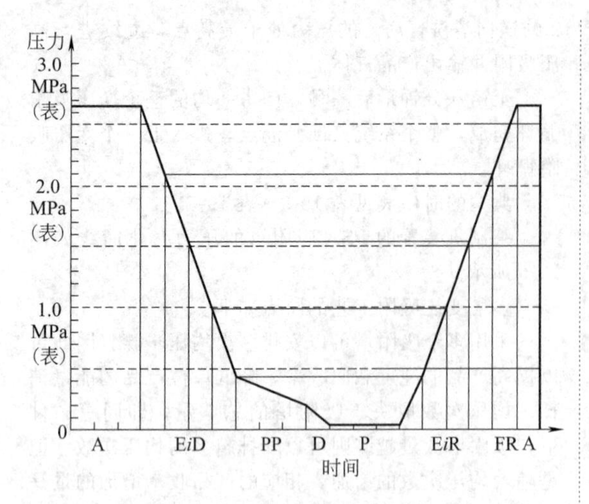

图 19-6 某制氢装置的PSA吸附塔的压力变化曲线图
A—吸附；EiD—第 i 次均压放压；PP—顺向放压；D—逆向放压；P—清洗；EiR—与 EiD 对应的均压充压；FR—最终充压

多塔工艺可以适应大处理量的要求，而且产品的输出流量较平稳。由于每个吸附塔的尺寸受吸附剂颗粒机械强度以及与吸附塔相连接的阀门规格所限制，因此在大处理量时可以由增加吸附塔数目来解决。多塔工艺在任一时间点都可以有一至多个吸附塔同时进行吸附操作，如六塔二均工艺有两个吸附塔同时进行吸附操作，而十塔四均工艺也可做到有两个吸附塔同时进行吸附操作，在满足产品回收率的前提下，使产品的纯度和流量的波动较小。

多塔工艺提高了装置操作的灵活性和可靠性。变压吸附工艺中所采用的自动程序控制阀是最容易发生故障的部件，当一个程控阀发生故障时可以将与该阀相关的吸附塔与系统隔离出来，其余的吸附塔可以切换成由较少吸附塔构成的循环时序继续运行。如六塔工艺可切换成五塔或四塔工艺继续操作，十塔工艺可切换成九塔或八塔等多种工艺继续运行，因此操作更加灵活，可靠性大大提高。

多塔变压吸附工艺中，每一个吸附塔按一定的循环时序进行操作，因此要求周期性地切换阀门。由于阀门数量多，动作频繁，应采用专门研制的执行机构（高质量的程控阀），人工操作是无法实现的，必须采用自动控制系统来进行操作控制和监控。

为保证变压吸附装置长期稳定的连续运行，要求自动控制系统有极高的可靠性，并具备故障诊断和处理能力，能根据装置操作的工艺参数和负荷信号进行自动调节，使装置处于最佳状态下稳定运行。一般在工业装置上应用最多的是“PLC可编程序控制器”。

在变压吸附装置的工程设计中，由于变压吸附工艺操作的特点，压力容器在设计过程中应做疲劳分析，确保压力容器的安全。

参考文献

[1] 王松汉. 石油化工设计手册. 第3卷. 北京：化学工业出版社，2002.

[2] 战树麟. 石油化工分离工程. 北京：石油工业出版社，1994.

[3] 叶振华. 化工吸附分离过程. 北京：中国石化出版社，1992.

[4] Douglas LeVan M. Section 16. Chemical Engineer's Handbook. 8^{th}ed. Mc Graw-Hill，New York，2008.

[5] Yang R T. 吸附法气体分离. 王树森等译. 北京：化学工业出版社，1991.

第20章 膜分离设备

1 概述

1.1 膜分离技术的发展

膜分离技术自20世纪60年代工业化后，其应用领域日趋拓宽。膜分离是利用特殊制造并具有选择透过性能的薄膜，在外力推动下对混合物进行过滤、分离、提纯、浓缩的一种分离方法。

各种膜过程具有不同的机理，适用于不同的对象和要求，但有其共同点，如过程一般较简单、经济性较好、往往没有相变、分离系数较大、节能、高效、无二次污染、可在常温下连续操作、可直接放大、可专一配膜等。由于膜过程特别适用于热敏性物质的处理，在食品加工、医药、生化技术领域有其独特的适用性。

膜分离过程的推动力常见的有压力差、电位差、浓度差和浓度差加化学反应等。一般情况下，采用能透过气体或液体的膜分离技术对化学性质及物理性质相似的混合物，结构的或取代基位置的异构物混合物，含有受热不稳定组分混合物的体系进行分离，具有特殊的优越性。

当利用常规分离方法不能经济、合理地进行分离时，膜分离过程作为一种分离技术就特别适用。它也可以和常规的分离单元结合作为一个单元操作来运用，例如，膜渗透单元操作可用于蒸馏塔加料前破坏恒沸点混合物。大规模膜分离过程的装置及系统，其设计思想在化学工程中是特殊的。

与常规分离方法相比，膜分离过程具有能耗低、单级分离效率高、过程简单、不污染环境等优点，是解决当代能源、资源和环境等问题的重要高新技术，并将对21世纪的工业技术改造产生深远的影响。

膜是分离过程的核心，可以看成是两相之间一个具有透过选择性的屏蔽，或看作两相之间的界面。膜分离过程可分为上下游。原料为上游侧，渗透物为下游侧，原料混合物中某一组分可以比其他组分更快地通过膜而传递到下游侧，从而实现分离。

膜可以用许多不同的材料制备。如生物膜和合成膜，生物膜对于地球上的生命是十分重要的，每一个细胞均由膜包围；合成膜可以进一步分为有机聚合物膜和无机膜，其中最主要的膜材料是有机物即聚合物大分子。选择何种聚合物作为膜材料并不是随意的，而要根据其特定的结构和性质。例如，微滤膜常用的聚合物材料包括聚碳酸酯、纤维素酯、聚偏二氟乙烯、聚四氟乙烯、聚醚酰亚胺、聚丙烯、聚醚酮、聚酰胺等。

膜可以是固相、液相或气相。目前使用的分离膜绝大多数是固相膜。

近半个世纪以来，膜分离技术发展飞快，主要膜分离技术工业化进程见表20-1。

表20-1 主要膜分离技术工业化进程

分离过程	年代	厂商
微滤 MF (microfiltration)	1925年	Sartorius
电渗析 ED (electrodialysis)	1950年	Ionics
反渗透 RO (reverse osmosis)	1965年	Hexens Industry General Atomocs
渗析(透析)D (dialysis)	1965年	Enka(AKZO)
超滤 UF (ultrafiltration)	1970年	Amicon Corp
气体分离 GP (gas permeation)	1980年	Permea(DOW)
渗透汽化 PV (pervaporation)	1990年	GFT Gmb H
纳滤 (nanofiltration)	1990年	Filmtec

1.2 膜分离技术的基本特性

已工业化应用的膜分离技术及其基本特性见表20-2。电渗析用的是荷电膜，在电场力的推动下，用以从水溶液中脱除离子，主要用于苦咸水的脱盐。气体分离和渗透汽化是两种正在开发应用中的膜技术。其中气体分离的研究和应用更为成熟，目前已有工业规模的气体分离体系有空气中氧、氮分离，合成氨厂氮、氢、甲烷混合气中氢的分离，以及天然气中二氧化碳与甲烷的分离等。渗透汽化是膜过程中唯一有相变的过程，在膜组件和过程设计中均有特殊的地方。渗透汽化膜技术主要用于有机物-水、有机物-有机物的分离，是最有希望取代某些高能耗的精馏技术的膜过程。液膜法提取、分离生物制品是目前较有发展前途的研究领域，主要应用于青霉素、氨基酸及其他有机酸等生物制品的富集分离。

表 20-2 已工业化应用的膜分离技术及其基本特性

分离过程	分离目的	透过组分	截留组分	透过组分在物料中的含量	推动力	传递机理	膜类型	进料和透过物的物态	简图
微滤	溶液和气体的粒子过滤	溶液、气体	0.02～10μm 粒子	大量溶剂或气体及少量小分子溶质和大分子溶质或固体粒子	压力差约 100kPa	筛分	多孔膜	液体或气体	进料；滤液（水）
超滤	过滤溶液中的大分子、小分子溶液，大分子的分级	小分子溶液	1～20nm 大分子溶质	大量溶剂、少量小分子溶质	压力差 100～1000kPa	筛分	非对称膜	液体	进料；浓缩液；滤液
纳滤	浓缩、脱二价或高价离子，脱分子量 200 以上的有机物	溶剂、小分子溶质	1nm 以上溶质	大量溶剂、低价小分子溶质	压力差 500～1500kPa	溶解-扩散，Donna 效应	复合膜	液体	进料；高价离子溶质(盐)；低价离子溶质(水)
反渗透	溶剂中分离溶质、含小分子溶质的溶液浓缩	溶剂	0.1～1nm 小分子溶质	大量溶剂	压力差 1000～10000kPa	优先吸附毛细管流动 溶解-扩散	非对称膜或复合膜	液体	进料；溶质（盐）；溶剂（水）
渗析（透析）	溶液中的大分子溶质和小分子溶质的分离	小分子溶质或较小分子的溶质	>0.02μm >0.005μm（血液渗析中）	较少组分或溶剂	浓度差	筛分 微孔膜内的扩散	非对称膜或离子交换膜	液体	进料；净化液；扩散液；接收液

续表

分离过程	分离目的	透过组分	截留组分	透过组分在物料中的含量	推动力	传递机理	膜类型	进料和透过物的物态	简图
电渗析	溶液脱小离子、小离子溶质的浓缩、小离子的分级	小离子组分	同名离子、大离子和水	少量离子组分、少量水	电化学势电渗透	反离子经离子交换膜的迁移	离子交换膜	液体	浓电解质 产品 正极 负极 阴离子交换膜 进料 阳离子交换膜
气体分离	气体混合物的分离、富集或特殊组分的脱除	气体、较小组分或膜中易溶解组分	较大组分(除非膜中溶解度高)	气体和较小组分两者都有	压力差 1000～10000kPa	溶解-扩散	均质膜、复合膜、非对称膜	气体	进气 渗余气 渗透气
渗透汽化	挥发性液体混合物分离	膜内易溶解组分或易挥发组分	不易溶解组分或较大、较难挥发物	少量组分	浓度差 分压差	溶解-扩散	均质膜、复合膜、非对称膜	料液为液体，透过物为气态	进料 溶质或溶剂 溶剂或溶质
乳化液膜	液体混合物或气体混合物分离、富集，特殊组分的脱除	在液膜相中有高溶解度的组分或能反应的组分	在液膜中难溶解的组分	少量组分，在有机混合物分离中也可以是大量组分	浓度差 pH 值差	促进传递和溶解扩散传递	液膜	通常都为液体，也可为气态	内相 膜相 外相

反渗透、纳滤、超滤、微滤等膜过程都属于以压力为驱动力的膜分离过程，即压力驱动膜过程。

不同膜过程在工业应用中所占的百分比为：微滤35.71%；反渗透13.04%；纳滤和超滤19.10%；电渗析3.42%；气体分离9.32%；血液透析17.70%；其他1.71%。

微滤、超滤、纳滤、反渗透为四大较成功的膜分离技术。这些膜分离过程的设备，流程设计都相对比较成熟，在医药领域已有大规模的工业应用和市场。其中微滤、超滤、纳滤、反渗透相当于过滤技术，用以分离溶解的溶质或悬浮微粒的流体，因此也可称为膜过滤技术。

微滤、超滤、反渗透、纳滤的主要特性如下。

(1) 微滤

① 过滤精度　0.02～10μm；绝对过滤。可分离胶体粒子和悬浮粒子等。

② 适用范围　低压（<0.3MPa）条件下的过滤，如空气净化，压缩空气净化，氮气净化，发酵用无菌空气的过滤，纯净水的制造，输液、注射液、制剂的除菌，血液过滤，血浆分离，血清、组织培养等生物用剂的过滤。

③ 国外主要制造厂商　英国Domnick Hunter公司，美国Cuno公司、Gelman公司、Millipore公司、Pall公司，德国Satorius公司。

(2) 超滤

① 过滤精度　0.001～0.1μm或分子量1000～50000，非绝对过滤。能阻截蛋白质。

② 适用范围　中压（0.3～1MPa）条件下的过滤，如疫苗、酶、病毒、核酸、蛋白质等生理活性物质的浓缩，分离和精制，激素精制，人工血液制造，多糖浓缩精制，热原去除，无菌水的制造，废液处理。

③ 国外主要制造厂商　美国Abcor公司、Amicon公司、Romicon公司、Millipore公司，丹麦DDS公司。

(3) 反渗透

① 过滤精度　0.0001～0.001μm或分子量50～1000，非绝对过滤。能阻截蛋白质、糖和盐的分子。

② 适用范围　高压（1MPa左右）条件下的过滤，如药液、发酵液和抗生素浓缩，热原去除，超纯水的制造。

③ 国外主要制造厂商　美国Dow Chemical公司、Du Pont公司、Osmonic公司、Romicon公司、UOP公司。

(4) 纳滤

① 过滤精度　0.001～0.01μm或分子量200～1000，非绝对过滤。能截留通过超滤膜的溶质，如盐类，而通过的盐类可被反渗透膜截留。

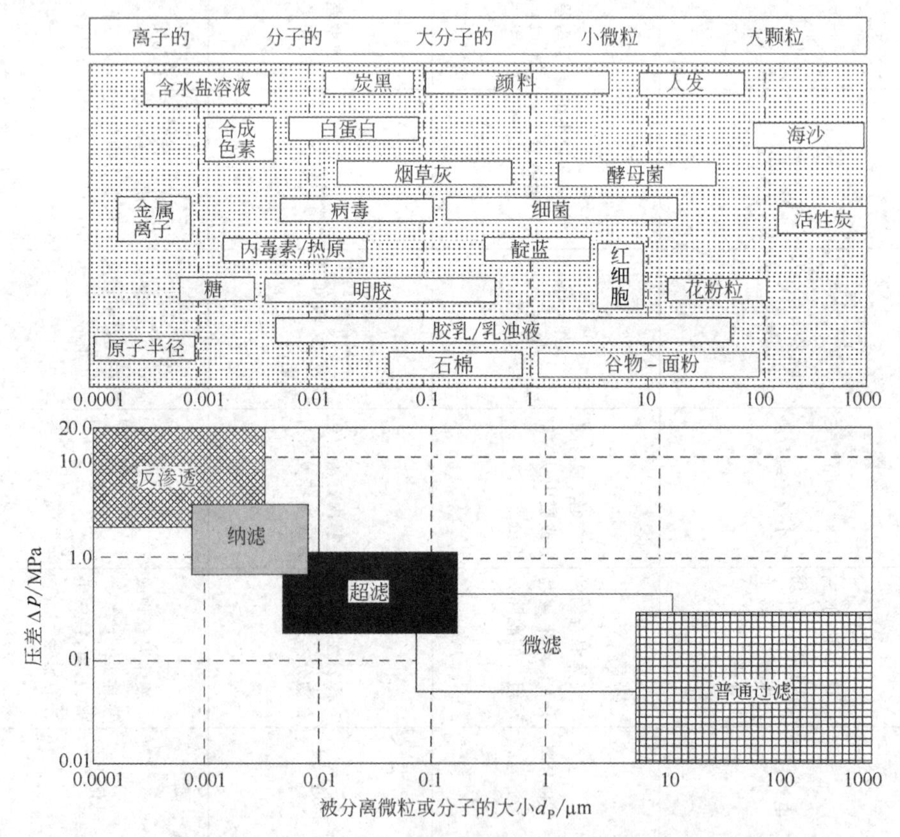

图20-1 压力驱动的膜工艺的分类及其对应的被分离微粒或分子的大小

② 适用范围　海水淡化，超纯水，多糖、乳酸、发酵液和抗生素浓缩。

③ 国外主要制造厂商　美国 Filmtec 公司，以色列 MPW 公司，新加坡 HYDROCHEM 公司。

压力驱动的膜工艺的分类及其对应的被分离微粒或分子的大小见图 20-1。

1.3 膜材料

1.3.1 膜的分类和应用

膜的种类和功能繁多，不可能用一种方法来明确分类。比较通用的有以下四种分类方法。

(1) 按膜的材料分类

① 天然膜　生物膜、天然物质改性或再生而制成的膜。

② 合成膜　无机膜、高分子聚合物膜。

(2) 按膜的结构分类

① 多孔膜　微孔膜、大孔膜。

② 非多孔膜　无机膜、聚合物膜。

③ 结晶型膜。

④ 无定型膜。

⑤ 液膜　无固定支撑型膜（又称乳化液膜）、有固定支撑型膜（又称固定膜或支撑液膜）。

(3) 按膜的用途分类

① 气相系统用膜。

② 气-液系统用膜　大孔结构、微孔结构和聚合物结构。

③ 液-液系统用膜。

④ 气-固系统用膜。

⑤ 液-固系统用膜。

⑥ 固-固系统用膜。

(4) 按膜的作用机理分类

① 吸附性膜　多孔膜、反应膜。

② 扩散性膜　聚合物膜、金属膜、玻璃膜。

③ 离子交换膜　阳离子交换树脂膜、阴离子交换树脂膜。

④ 选择渗透膜　渗透膜、反渗透膜、电渗析膜。

⑤ 非选择性膜　加热处理的微孔玻璃膜、过滤型微孔膜。

1.3.2 膜材料

膜材料应具有良好的成膜性、热稳定性、化学稳定性，耐酸、碱、微生物侵蚀和耐氧化性能。反渗透、超滤、微滤用膜最好为亲水性（用于气体过滤的膜要求有很好的疏水性），以得到高水通量和抗污染能力。电渗析用膜则特别强调膜的耐酸、耐碱和热稳定性。气体分离，特别是渗透汽化，要求膜材料对透过组分有优先溶解、扩散能力，若用于有机溶剂分离，还要求膜材料能耐溶剂。

(1) 高分子膜材料

用作膜材料的主要聚合物见表 20-3。

表 20-3　用作膜材料的主要聚合物

材料类别	主要聚合物
纤维素类	二乙酸纤维素(CA)，三乙酸纤维素(CTA)，乙酸丙酸纤维素(CAP)，再生纤维素(RCE)，硝酸纤维素(CN)，纤维素乙酸、丁酸混合酯(CAB)
聚砜类	双酚 A 型聚砜(PSF)，聚芳醚砜(PES)，酚酞型聚醚砜(PES-C)，酚酞型聚醚酮(PEK-C)，聚醚醚酮(PEEK)
聚酰胺类	尼龙 6(NY6)，尼龙 66(NY66)，芳香聚酰胺(芳香尼龙)
聚酰亚胺类	脂肪族二酸聚酰亚胺(PEI)，全芳香聚酰亚胺(Kapton)
聚酯类	涤纶(PET)，聚对苯二甲酸丁二醇酯(PBT)，聚碳酸酯(PC)
聚烯烃类	低密度聚乙烯(LDPE)，高密度聚乙烯(HDPE)，聚丙烯(PP)，聚 4-甲基-1-戊烯(PMP)
乙烯类聚合物	聚丙烯腈(PAN)，聚乙烯醇(PVA)，聚氯乙烯(PVC)，聚偏氯乙烯(PVDC)，乙烯-乙酸乙烯酯聚合物(EVA)
含硅聚合物	聚二甲基硅氧烷(PDMS)，聚三甲基硅烷丙炔(PTMSP)
含氟聚合物	聚偏氟乙烯(PVDF)，聚四氟乙烯(PTFE)
其他	甲壳素类，聚碳酸酯，聚电解质络合物

(2) 无机膜材料

无机膜可以分为致密膜和多孔膜两大类，致密膜主要有各类金属及其合金膜，如金属钯膜、金属银膜以及钯-镍、钯-金、钯-银合金膜。另一类致密膜则是氧化物膜，主要有经三氧化二钇稳定膜、钙钛矿型氧化物膜、二氧化锆膜、三氧化二铝膜、氢氧化锆膜等。多孔膜按孔径范围可分为三类：孔径大于 50nm 的为粗孔膜，孔径介于 2～50nm 的为过渡孔膜，孔径小于 2nm 的为微孔膜。

无机膜按材料不同又可分为金属膜、合金膜、陶瓷膜、高分子金属配合膜、分子筛复合膜、沸石膜、玻璃膜等。

工业用无机多孔膜主要由三层结构构成：多孔载体、过渡层和活性分离层。多孔载体的孔径一般为 10～15μm，过渡层的孔径在 0.2～5μm 之间，分离层的孔径为 4～5μm，厚度一般为 0.5～10μm。

无机膜的优点是，高温下的稳定性；当膜两侧有很大压力梯度时，膜的力学性能稳定（不可压缩，不蠕变）；化学性质稳定，特别耐有机溶剂；不会老化、寿命长；允许使用条件苛刻的清洗操作（如蒸汽灭菌、高温反冲洗）；容易实现电催化和电化学活化；物料透过量大，污染少；容易控制孔径大小和孔径尺寸分布。缺点是膜脆，易碎，需特殊构型和组装；设备费相对较高；在有缺陷时，整修费用较高；高温应用，密封较复杂。

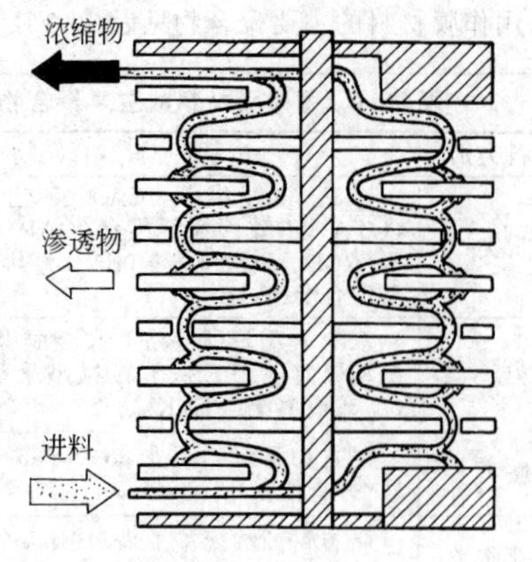

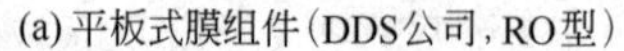
(a) 平板式膜组件(DDS公司,RO型)

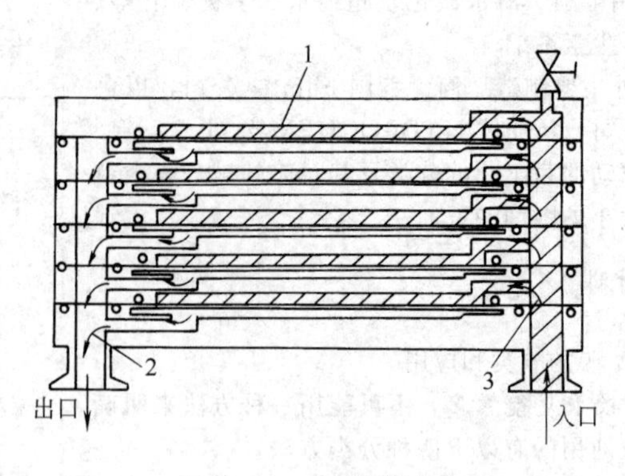

(b) ϕ293mm多层板框过滤装置示意

1— 微孔滤膜；2— 透过液；3— 原液

图 20-2 平板式膜组件

1.4 膜组件

膜组件就是按一定技术要求将膜及其支撑材料封装在一起的组合构件。它与相应的构架或容器、泵、阀门、仪表及管路等组成膜分离装置。膜组件是膜装置的核心部件。

膜组件的基本要求如下：流体流动速率均匀，无静水区；具有良好的机械强度、化学稳定性和热稳定性；具有尽可能高的装填密度；低制造成本；膜或膜组件的装拆、更换方便，并容易维护；压力损失小，能耗低。

常用的膜组件主要有板框式、圆管式、卷绕式、中空纤维式和集装式五种类型。

1.4.1 板框式膜组件

板框式膜组件是最早问世的一种膜组件形式，其外观与板框式压滤机很相似，所不同的是板框式膜组件的过滤介质是膜而不是帆布。按结构可分为平板式(图 20-2)、圆盘式（系紧螺栓式）(图 20-3) 和耐压容器式 (图 20-4) 三种。

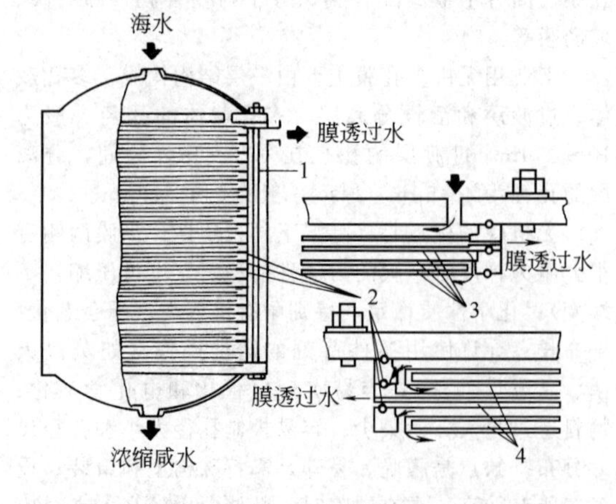

图 20-3 圆盘式（系紧螺栓式）膜组件

1—系紧螺栓；2—O 形密封环；3—膜；4—多孔板

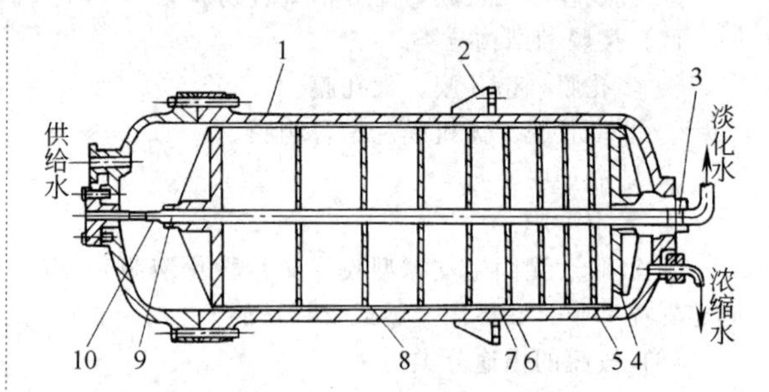

图 20-4 耐压容器式膜组件

1—膜支撑板；2—安装支架；3—支撑座；4—基板；5—周边密封；6—封闭隔板；7—水套；8—开口隔板；9—螺母；10—顶轴

1.4.2 圆管式膜组件

圆管式膜组件是在圆筒形支撑体的内侧或外侧配制薄膜，再将一定数量的这种膜管以一定方式连成一体而组成，外形与列管式换热器相似。按结构可分为内压型单管式、内压型管束式、外压型单管式和外压型管束式，如图 20-5～图 20-8 所示。

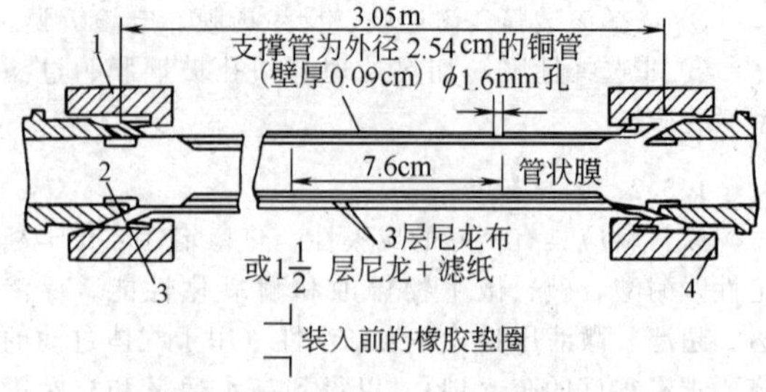

图 20-5 内压型单管式反渗透膜组件

1—螺母；2—橡胶垫圈；3—套管；4—扩张接口

1.4.3 卷绕式膜组件

卷绕式膜组件的结构是由中间为多孔支撑材料、两边是膜的“双层结构”装配组成。其中三个边沿被

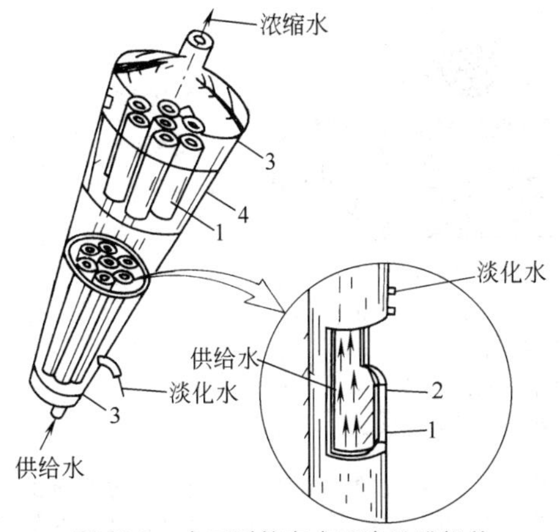

图 20-6　内压型管束式反渗透膜组件
1—玻璃纤维管；2—反渗透膜；3—末端配件；
4—PVC 淡化水搜集外套

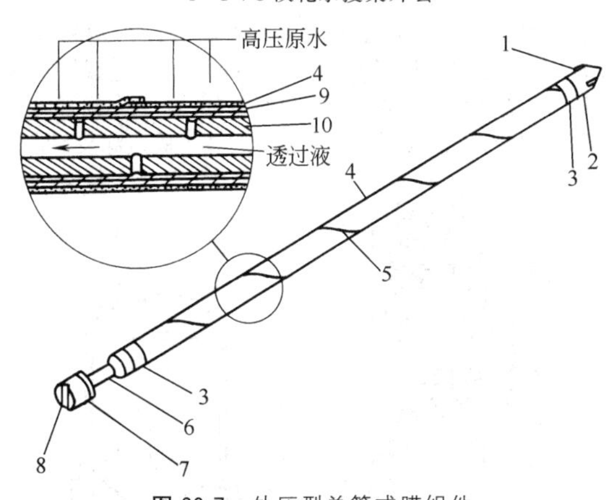

图 20-7　外压型单管式膜组件
1—装配翼；2—插座接口；3—带式密封；4—膜；5—密封；
6—透过液管接口；7—O 形密封环；8—透过水出口；
9—开孔支撑管；10—渗透用布或滤纸

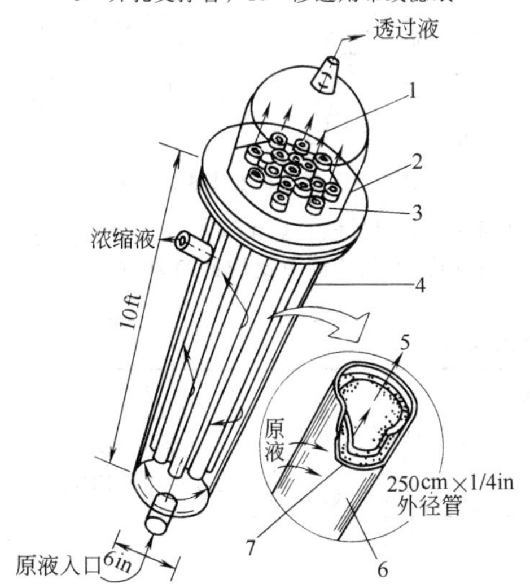

图 20-8　外压型管束式膜组件
1,5—透过液；2—连接盘；3—耐压板；4—外装管；
6—乙酸纤维素膜；7—多孔膜支持体
1ft＝0.3048m＝12in

密封而黏结成信封状的膜袋，开口与中心集水管密封连接，然后再衬上隔网，并连同膜袋一起绕中心集水管紧密地卷成一个膜卷（或称膜元件），再装入圆筒形压力容器内，构成一个卷绕式膜组件。详细结构如图 20-9 和图 20-10 所示。

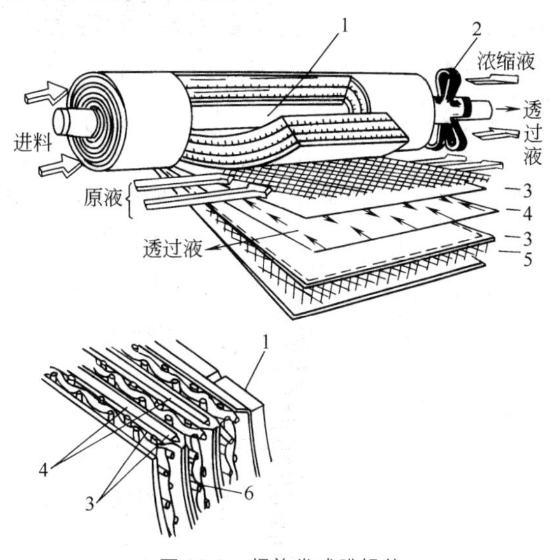

图 20-9　螺旋卷式膜组件
1—收集水管；2—抗伸缩装置；3—膜；4—多孔支撑体；
5—隔网；6—黏合剂

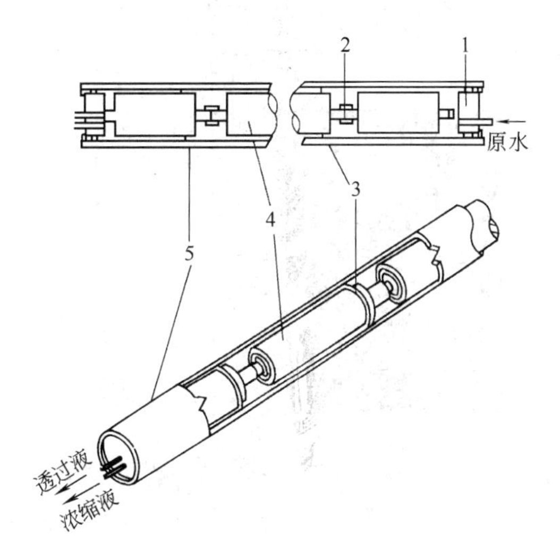

图 20-10　螺旋卷式组件的装配示意
1—密封端盖帽；2—密封接头；3—密封；
4—螺旋卷式组件；5—压力容器

1.4.4　中空纤维式膜组件

中空纤维式膜组件是将大量的（可以是几十万根以上）中空纤维膜管（外径为 50～200μm，内径为 25～42μm）弯成 U 形装入圆筒形压力容器内（图 20-11）。纤维束的开口端用环氧树脂浇注成管板。纤维束的中心轴部安装一根原料液分布管，使原料液径向均匀地流过纤维束。纤维束的外部包以网布使纤维

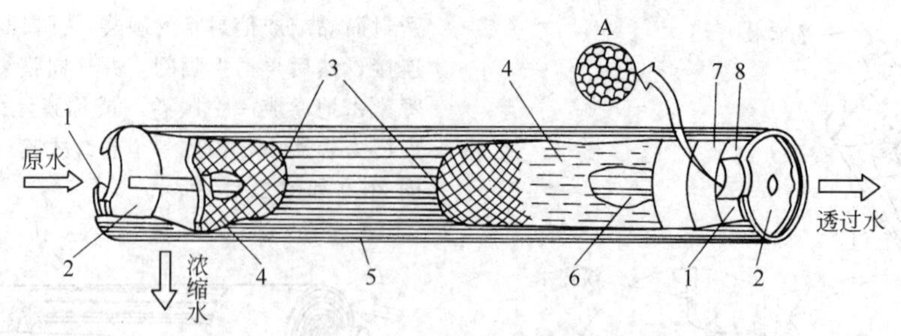

图 20-11　中空纤维式膜组件

1—O形密封环；2—端板；3—流动网格；4—中空纤维膜；5—外壳；6—原水分布管；7—环氧树脂管板；8—支撑管；A—中空纤维膜剖面放大

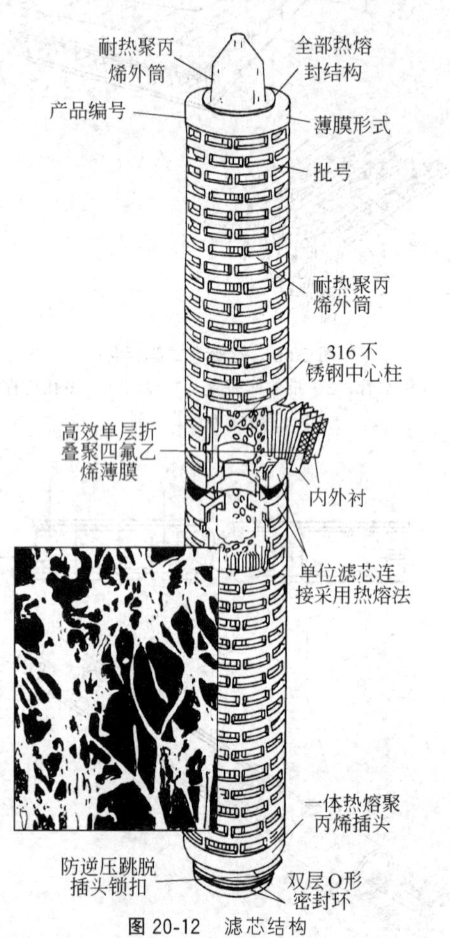

图 20-12　滤芯结构

束固定并促进原液的湍流状态。淡液透过纤维的管壁后，沿纤维的中空内腔，经管板放出，被浓缩的原水则在容器的另一端排出。

1.4.5　集装式膜组件

集装式膜组件由多孔外筒（材料可以是塑料或金属）、多孔内筒支柱、纤维膜（折叠膜或多层卷膜）及衬里组成，称为滤芯（图20-12和图20-13）。单支或多支滤芯安装到配有花板的容器中组成膜分离或膜过滤装置。

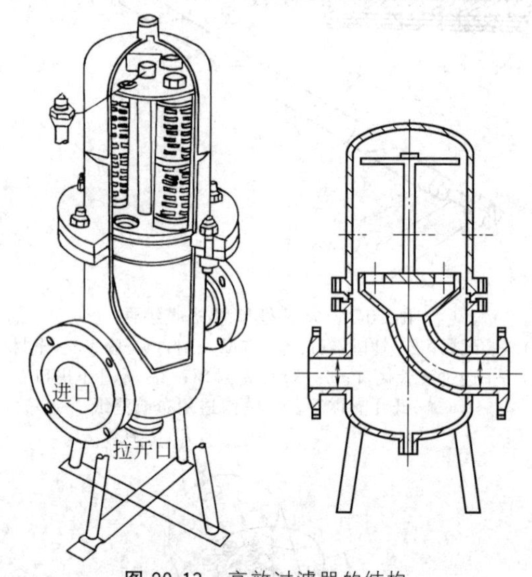

图 20-13　高效过滤器的结构

1.4.6　膜组件的特点比较

各种膜组件的优缺点比较见表20-4。

表 20-4　各种膜组件的优缺点比较

类型	优　点	缺　点	应　用
板框式	结构紧凑、简单、牢固、能承受高压； 可使用强度较高的平板膜； 性能稳定，工艺简单	装置成本高，流动状态不良，浓差极化严重； 易堵塞，不易清洗，膜的堆积密度较小	适用于小容量规模；已商业化；RO，UF，ED，PV
圆管式	膜容易清洗和更换； 原水流动状态好，压力损失较小，能耐较高压力； 能处理含有悬浮物的、黏度高的或者能析出固体等易堵塞流水通道的溶液体系	装置成本高； 管口密封较困难； 膜的堆积密度小	适用于中、小容量规模；已商业化；RO，UF，MF

续表

类型	优　　点	缺　　点	应　　用
卷绕式	膜堆积密度大，结构紧凑； 可使用强度好的平板膜； 价格低廉	制作工艺和技术较复杂，密封较困难； 易堵塞，不易清洗； 不宜在高压下操作	适用于大容量规模；已商业化：RO，NF，UF，GP
中空纤维式	膜堆积密度大； 不需外加支撑材料； 浓度极化可忽略； 价格低廉	制作工艺和技术复杂； 易堵塞，不易清洗	适用于大容量规模；已商业化：RO，GP
集装式	结构紧凑、简单、牢固，能承受高压； 滤芯装拆、更换方便； 性能稳定，工艺简单； 高流量，低压降； 易检测	滤芯成本高； 易堵塞，不易清洗	适用于大容量规模；已商业化：RO，UF，MF

2　膜分离基本概念

2.1　微滤

一般来说，微滤膜是指一种孔径为 0.02～10μm、具有筛分过滤作用的多孔固体连续介质。基于微滤膜发展起来的微滤（MF）技术是一种精密过滤技术。

依据微孔形态的不同，微滤膜可分为两类：弯曲孔膜和柱状孔膜。弯曲孔膜的微孔结构为交错连接的曲线孔道的网络，而柱状孔膜的微孔结构为几乎平行的贯穿膜壁的圆柱状毛细孔结构。

弯曲孔膜是最为常见的品种，通过相转换法、拉伸法（相分离）或烧结法制得，可用于大多数的聚合物；而柱状孔膜通常由聚碳酸酯或聚酯等薄膜材料制得。

柱状孔膜的微孔为贯通膜壁的直孔，因此其孔径可通过扫描电镜直接测得，而弯曲孔膜的孔径则需要通过泡点法、压汞法等其他方法测得。

弯曲孔膜因其微孔的网络结构，其孔隙率较高，一般为 35%～90%，而柱状孔膜的孔隙率较低，一般小于 10%，但由于柱状孔膜的膜厚通常在 15μm 以下，较通常的弯曲孔膜小，因此膜的通量还是可观的。

微滤膜的另一个重要指标为孔径分布，膜的孔径可以用标称孔径或绝对孔径来表征。绝对孔径表明等于或大于该孔径的粒子或大分子均会被截留，而标称值则表示该尺寸的粒子或大分子以一定的比例（95% 或 98%）被截留。

与深层过滤介质如硅藻土、沙、无纺布相比，微滤膜有以下几个特点。

① 属于绝对过滤介质。微滤膜主要以筛分截留作用达到分离目的，使所有比膜孔绝对值大的粒子全面截留，而深层介质过滤时不能到达绝对的要求，因此微滤膜属于绝对过滤材料。

② 孔径均匀，过滤精度高。微滤膜的孔径比较均匀，其最大孔径与平均孔径之比一般为 3～4，孔径基本呈正态分布，因此经常被作为起保证作用的手段，过滤精度高，可靠性强。

③ 通量大。由于微滤膜的孔隙率高，因此在同等过滤精度下，流体的过滤速度比常规过滤介质高几十倍。

④ 厚度薄，吸附量小。微滤膜的厚度一般为 10～200μm，过滤时对过滤对象的吸附量小，因此贵重物料的损失较小。

⑤ 无介质脱落，不产生二次污染。微滤膜为连续的整体结构，没有一般深层过滤介质可能产生卸载和滤材脱落的不足。

⑥ 颗粒容纳量小，易堵塞。微滤膜内部的比表面积小，颗粒容纳量小，易被物料中与膜孔大小相近的微粒堵塞。

2.1.1　液体过滤

(1) 常用的液体过滤膜

① 乙酸纤维膜　最早的工业用液体滤膜是由 Millipore 和 Satorius 所制作的、用于捕捉大肠杆菌的乙酸纤维膜，以后又推出可以滤除更细小的绿脓杆菌的乙酸纤维膜，其过滤效果使石棉和烧结材料相形见绌，甚至也是超滤和反渗透所无法比拟的。由于乙酸纤维不容易水解，故非常适用于水的过滤。但乙酸纤维的缺点是在使用中逐渐暴露，例如容易破裂，压力不稳定，因其本质疏水性而需覆盖润湿剂使释出物增加，另外还有价格高、流量小、使用寿命短等弊病。英国 Domnick Hunter 公司在此基础上推出了乙酸纤维/硝酸纤维混合酯非对称渐进式薄膜，并采用聚酯内衬及上下盖，聚丙烯外衬及内外套，用聚脲树脂熔封。这样不但克服了乙酸纤维的原有缺点，而且扩大了固体粒子的容纳空间，使流量加大、压差降低。又因其低蛋白质结合率而颇受血制品生产厂的青睐。

a. 技术特性（以英国 Domnick Hunter 公司 ASYPOR 产品为例）

ⓐ 过滤面积　10in 滤芯为 0.37m²（1in＝0.0254m）。

ⓑ 最高耐受压降　正向流动可耐受 0.5MPa 压降（21℃）。

ⓒ 最高耐受操作温度　60℃连续操作。

ⓓ 蒸汽灭菌　耐受 121℃蒸汽灭菌或灭菌锅 30min/次，达 10 次以上（灭菌前，先充分润湿），或 82℃热水，或臭氧、福尔马林等灭菌。

ⓔ 冲洗　使用 3L 的注射用水（符合 USP 要求）进行冲洗即可。

b. 应用范围　生产配料用水、设备清洗用水、成品容器清洗用水及纯水、血制品、不含蛋白的水针。

② 尼龙膜　尼龙 66 是用于液体过滤的最佳材料，因为具有亲水性，故无需涂覆界面活性剂即可降低释出物的含量。在此基础上英国 Domnick Hunter 公司开发了双层强化尼龙 66/46 薄膜，增强了膜的强度，保证在苛刻的使用条件下仍能保持 100％的绝对过滤效率。对于这种滤材，建议采用聚酯内外衬、尼龙上下盖及聚丙烯内外套，这样更加强了结构的坚固性和耐压力冲击以及重复蒸汽灭菌性能。

由于尼龙材质的特性，在膜制作时使其带有正电荷而成为正电荷尼龙 66 薄膜，如 Pall 公司的 POSIDYXE产品和 Cuxo 公司的 ZETAPOR 产品，这种尼龙膜能除去比绝对径级还要小的微粒污染物，如热原、病毒和胶体物质。

a. 技术特性（以英国 Domnick Hunter 公司的 NYPOR PA 产品为例）

ⓐ 过滤面积　10in 滤芯为 0.8m²（1in＝0.0254m）。

ⓑ 最高耐受压降　正向流动可耐受 0.5MPa 压降（21℃）。

ⓒ 最高耐受操作温度　60℃连续操作。

ⓓ 蒸汽灭菌　耐受 130℃蒸汽灭菌或灭菌锅 30min/次，达 50 次以上（灭菌前，先充分润湿），或 121℃，累计 50h。

ⓔ 冲洗　使用 3L 的注射用水（符合 USP 要求）进行冲洗即可。

b. 应用范围　大输液、水针、药品级超纯水、血制品、眼用制剂。正电荷尼龙 66 薄膜特别适用于注射用水和低离子强度溶液的热原过滤。

③ 聚醚砜膜　作为药品的最终过滤必须保证：100％的绝对除菌率，释出物越低越好并必须无毒，不会与药物的主要成分产生螯合。聚醚砜膜是具有这种特性的材料，它本质亲水而稳定，非常不易与蛋白质螯合。在普通的聚醚砜膜的基础上，英国 Domnick Hunter 公司开发了渐进式结构膜，增大了杂质的捕捉量和滤芯的使用寿命。对于这种滤材，建议采用聚酯内外衬、尼龙上下盖及聚丙烯内外套。这样更加强了结构的坚固性和对化学物质的适应性以及重复蒸汽灭菌能力。

a. 技术特性（以英国 Domnick Hunter 公司的 PROPOR PES 产品为例）

ⓐ 过滤面积　10in 滤芯为 0.6m²（1in＝0.0254m）。

ⓑ 最高耐受压降　正向流动可耐受 0.5MPa 压降（21℃）。

ⓒ 最高耐受操作温度　60℃连续操作。

ⓓ 蒸汽灭菌　耐受 130℃蒸汽灭菌或灭菌锅 30min/次，达 50 次以上（灭菌前，先充分润湿），或 121℃，累计 50h。

ⓔ 冲洗　使用 3L 的注射用水（符合 USP 要求）进行冲洗即可。

非常低的化学释出物（10μm 以上的颗粒释出物小于 1 个/mL）和对药品成分的惰性。

b. 应用范围　大输液、水针、微生物制剂、血制品、眼用制剂。特别适用于含蛋白质的制剂的最终过滤。

④ 聚丙烯膜　为了节约生产成本，对于过滤工艺过程，一般采用预滤和精滤两个阶段。较大的和较容易滤除的颗粒杂质在预滤阶段被截留，留下较小的和不容易滤除的粒子，例如细菌、病毒、热原等通过精滤完成。这样，既能保证过滤的效率，又能保护和延长价格较为昂贵的精滤器的使用寿命，从而节约生产成本。

聚丙烯因其价格便宜，化学适应性好，释出物低，最适合于制作预滤膜。英国 Domnick Hunter 公司开发的聚丙烯膜同样采用了特有技术使其具有渐进式结构，外层纤维较疏松，而越往内层，纤维的直径越细，密度越大。因此，比较一般的聚丙烯膜，无论在压力降、流量、过滤效率和使用寿命上均有上佳表现。这种滤芯通常采用全聚丙烯材质。

a. 技术特性（以英国 Domnick Hunter 公司 PEPLYN PLUS 产品为例）

ⓐ 过滤精度　100％绝对过滤，0.6～100μm。

ⓑ 过滤面积　10in 滤芯为 0.6m²（1in＝0.0254m）。

ⓒ 最高耐受压降　正向流动可耐受 5×10^5Pa 压降（21℃）。

ⓓ 最高耐受操作温度　60℃连续操作。

ⓔ 蒸汽灭菌　耐受 130℃蒸汽灭菌或灭菌锅 30min/次，达 50 次以上。

ⓕ 冲洗　使用 3L 的注射用水（符合 USP 要求）进行冲洗即可。

非常低的化学释出物，对药品成分无影响。

b. 应用范围　特别适用于药剂和超纯水的预过滤。

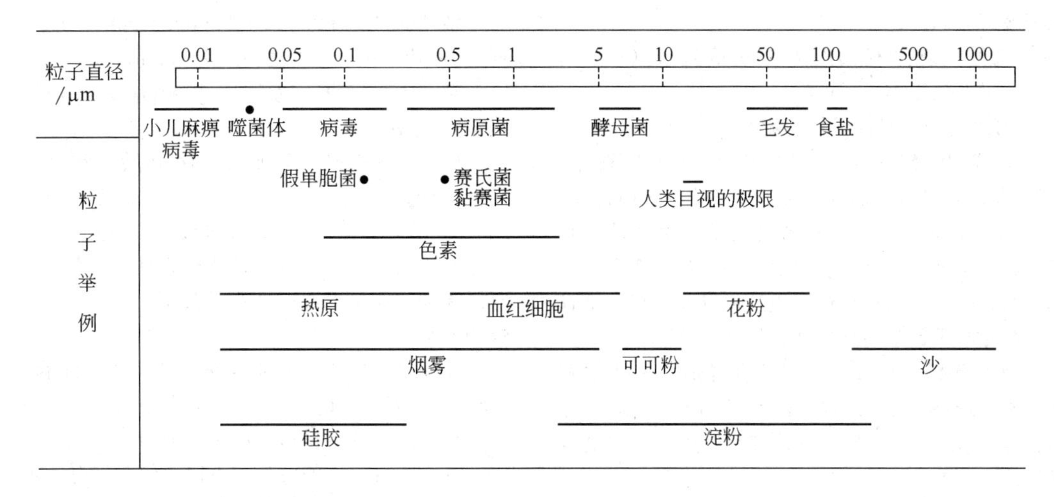

图 20-14　液体中常见粒子规格举例

(2) 液体过滤器的选用和过滤精度

① 液体过滤器的选用　一般根据制造厂商所提供的样本选用过滤器，按照所要过滤液体的黏度、流量和预计压力降进行初步选择。选用原则如下。

a. 尽可能降低每支滤芯所承担的流量。也就是说宜采用大一点儿的过滤器，多装一些滤芯，这样会延长滤芯的使用寿命。应提醒设计人员注意的是，有些过滤器制造厂商为了竞标而降低报价，在设计上尽可能少用滤芯，造成工厂在使用上的不便，而增加了更换滤芯的成本。

b. 需经常灭菌的过滤器宜设计得小一些。一般滤芯对灭菌的时间和次数都具有一定的承受程度。假设一个每天需要进行蒸汽灭菌的过滤器，其滤芯只能承受 5 天的灭菌操作，却装了可满足过滤 20 天的滤芯，这就明显地浪费了 3 倍的过滤成本。

c. 选用杂质捕捉量高的滤芯。同样大小的滤芯，常会因不同的设计构成或制造技术的优劣，而造成其对杂质捕捉量的差异。使用杂质捕捉量高的滤芯，可减少滤芯的数量，并降低滤芯更换频率，减少部分零件的损耗。

除了以上原则外，还需考虑下列因素。

a. 所要过滤流体的化学特性和腐蚀性能。

b. 所要过滤流体的螯合反应。

c. 流量，过滤总量，批次过滤或连续过滤。

d. 滤材释出物对产品的影响。

e. 滤材掉屑对产品的影响。

f. 杂质特性、含量及是否要求绝对过滤。

g. 过滤温度，灭菌方法。

h. 卫生级要求，ISO 9000 和验证要求。

② 液体过滤器的过滤精度　过滤的目的不外乎为了提高或保证产品的质量，确保系统操作的畅通，防止环境污染。原则上可按照图 20-14 的粒子规格来选择过滤精度。例如要去除肉眼可见的颗粒，则选择 25μm 精度的过滤器；要消除液体中的云状物，则选择 1μm 或 5μm 精度的过滤器；要滤除细菌和微生物，则需要选择 0.02μm 精度的过滤器。

过滤精度有绝对精度和公称精度两种标准。前者是指能 100%滤除所表示精度的粒子，对于任何一种过滤器，这几乎是不可能达到的，而且不切实际。市场上通常所说的绝对过滤薄膜，严格说，只能称为“接近于绝对”的过滤器。对于公称精度没有一个共同遵守的准则，也就是说甲公司可以把公称精度定为 85%、95%，而乙公司却宁可把公称精度定在 50%、70%。换句话说，甲公司的 25μm 的过滤精度可能等于乙公司的 5μm 或更高的过滤精度。如图 20-15 所示为两种过滤器虽然同样对 5μm 的粒子的过滤能力为 95%，但其过滤功能却有很大差别。解决问题的唯一方法是借助于专业过滤器供应商的经验，而根本的途径是试用。

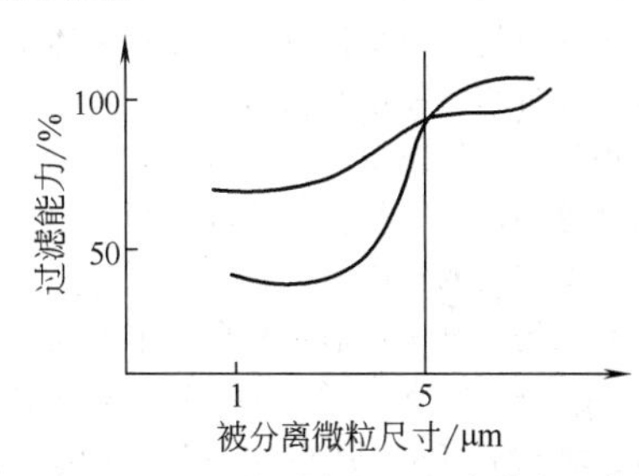

图 20-15　两种过滤器的过滤精度比较

(3) 液体过滤系统的设计要求

① 系统的结构材料应具有抗腐蚀和不吸水性能，包括泵的密封和垫片。推荐使用 316L，含碳量控制在 0.005%～0.017%。

② 配有蒸汽灭菌辅助系统并安装蒸汽过滤器，以保护精过滤器的膜不被破坏。

③ 规定所有管道的倾斜度为 1/8，以保证完全排放。泵应是最低点-外壳底部排放。使用点和其他低

点应安装排放阀。

④ 避免管道上有长度大于6倍直径（D）的“盲管”，标准是$3D$，目标是0。

⑤ 管道内的流量应保持湍流状态（约2m/s）。

⑥ 取样和排放口的设计应安装无“盲管”阀门。

⑦ 水必须在80℃温度条件下循环或24h内排放。

⑧ 仪表、阀门、管件和密封应是卫生型设计和安装，并便于拆卸校准，应符合GMP有关规定。所有的材料原始记录（包括熔炼炉号）以及安装、检查记录、报告和录像带必须存档，包括焊接、探伤等。

⑨ 表面粗糙度的设计，应综合考虑工艺要求和经济成本，选择内表面粗糙度Ra0.25～0.8μm；外表面粗糙度Ra0.8～1.5μm，并按此选用机械或电解抛光方法。

⑩ CIP（在线清洗）设计。

2.1.2　气体过滤

气体过滤的原理完全不同于液体过滤。液体过滤是一种阻塞过滤的概念，液体中的粒子只要大于滤材纤维交织所形成的孔隙，就会被滤材纤维所捕捉，粒径小于孔隙的粒子则通过（电荷改性薄膜例外）。所以要除去液体中的细菌，滤材纤维交织所形成的孔隙必须小于0.22μm，这样滤材纤维一定要排列得很紧密，压力降必然很高而且使用寿命短。而气体中粒子的捕捉，有直接碰撞、惯性碰撞、布朗运动三种不同的机理。所以可以用较大孔隙的滤材捕捉极微小的气体悬浮微生物，而仍能保持大流量和低压降。因此气体过滤器的设计与液体过滤器的设计是完全不同的两种概念，而且还要考虑操作上的特殊要求。

在制药行业中，空气过滤的应用非常广泛，但要求最为严格并对产品影响最大的是抗生素发酵用工艺空气的过滤。因为影响发酵的关键因素是发酵菌株的生存和繁殖的环境，一个没有杂菌和噬菌体干扰的环境。一旦发酵过程中发生杂菌污染，就意味着产量下降，成本提高，从而削弱产品的市场竞争力。而噬菌体的污染则更为严重，往往会造成停产。

(1) 压缩空气的污染源

压缩空气的污染源，通常来自三个方面。

① 大气　有报告认为每立方米空气中竟含有一亿四千万个悬浮粒子，其中80%以上的粒子直径小于2μm。其中还包括0.3～5μm的各种细菌、0.04μm的噬菌体和0.01μm的病毒。这样的空气被抽入空压机并加以压缩，其浓度会迅速提高数倍。有人以为空气经压缩后，温度往往高达100℃以上，应可将大部分细菌杀死。其实不然，通常干法灭菌温度为162℃，时间至少需2h。而空气通过空压机的速度，可能只有千分之几秒，不足以杀死细菌。

② 空压机　主要是油污染。不同形式的压缩机所带出的油含量有很大的差异。

活塞式压缩机：新机25ppm（1ppm＝10^{-6}，下同）；运转一年以上可达50～150ppm。

螺杆式压缩机：新机2～10ppm；运转一年以上可达100ppm。

转子式压缩机：新机5ppm；运转一年以上可达50～150ppm。

无油压缩机：新机0.05～1ppm。

其中无油压缩机由于其结构的原因，实际上不是真正无油，而是少油；另外，也包括来自大气中未燃烧的汽油。

压缩空气中所含的油呈现三种状态：油滴（2～5μm），油雾（0.1～0.3μm），油气（0.01～0.1μm）。压缩空气中油的含量通常应保证低于0.01ppm。

其次是凝结水的污染。不饱和的并具有一定湿度的大气，经压缩后成为过饱和而凝结成水滴，并经过一段距离的输送，温度下降，凝结水更会大量生成。

③ 管道　管道内一旦接触水分或油污，就会因腐蚀而产生锈和污染。因此对于一套有效的“压缩空气净化系统”必须符合下列要求。

a. 能滤除凝结水和油气（油气含量低于0.01ppm）。

b. 完全滤除杂菌和微生物（包括噬菌体）。

c. 流量大、压差小、使用寿命长，可以重复多次高压灭菌。

d. 重量轻、体积小、操作和更换方便。

e. 符合GMP和FDA或ISO 9000相关要求。

(2) 压缩空气的过滤

发酵工艺用的空气过滤器主要有以下几种。

① 纤维介质过滤器　一般由棉花或玻璃纤维构成（0.5～19μm），其缺点如下。

a. 体积太大，不但空间占用大，操作困难，容易短路，而且不利于蒸汽灭菌，因为将罐加热到121℃，就需消耗大量的蒸汽和需要很长的时间。同时一旦罐内发生“气袋”，就会导致杀菌不完全。

b. 玻璃棉的装填和更换费时费力，而且有害健康。

c. 装填的均匀程度完全取决于装填人员的技术。

d. 最重要是操作的可靠性不大，一旦出现问题，会使价格昂贵的发酵产品报废。

e. 对噬菌体的感染束手无策。

② 粉末烧结金属过滤器　这种过滤器由生产厂提供时，可先进行测试，也没有装填问题，甚至可以逆洗再生。由于是金属材料，蒸汽的耐受性也相当好，是一种较理想的滤材，使用一段时间后会暴露以下缺点。

a. 整个滤材中70%以上的空间被金属粉末占据，使空气通过的自由空间远比玻璃棉小。因此流量很小，压力降大，很容易阻塞。过滤精度要求越高，这种现象就越明显。

b. 由于单支滤芯的流量小，粒子的捕捉量小，对于大气量的主发酵罐系统，往往需要数百支滤芯。这使得滤芯增加，还增加安装和维修的困难，以及生产成本的上升。发酵系统设计的接点越多，染菌率越高。

c. 受到金属粉末的粒度和技术的限制，要达到高效灭菌和滤除噬菌体比较困难。

d. 虽可以逆洗再生，但每次再生后都会损失10%～20%的过滤空间，影响过滤精度。

e. 因烧结金属的紧密结构，蒸汽灭菌时热蒸汽不易充分渗透到每个小孔，容易造成“隔热袋”，使灭菌不完全。

③ 薄膜空气过滤器 20 世纪 60 年代，英国的工程师Kieth Domnick 根据空气过滤原理，开发了一种玻璃纤维滤材，采用比一般玻璃棉细 10～38 倍，即直径仅 0.5μm 的玻璃纤维，具有 94%的过滤空间。这种玻璃纤维滤材，只要 1000μm 的厚度就足以完全滤除细菌和噬菌体。

a. 玻璃纤维空气过滤器 以玻璃纤维作滤材的过滤器。采用直径 0.5μm、厚度 1000μm 的玻璃纤维滤材制作，不但能捕捉细菌和噬菌体，而且因其纤维只占滤材体积的 6%，而具有 94%的过滤空间，所以是一种流量大、压降低的薄膜过滤器。其过滤元件是用两层不锈钢冲孔网，两层粗玻璃纤维无纺布，一层玻璃纤维滤材，制成圆筒形的滤芯。底部接口采用两道 O 形密封圈。

b. 高流量空气过滤器 随着发酵工业的发展和发酵罐容量的增大，气体过滤流量也相应增大，需要加大过滤面积和单支滤芯的过滤流量，并进一步降低压力降。因此，需要开发折叠式结构（因玻璃纤维滤材不能折叠）的新型滤材，例如聚丙烯、聚偏氟乙烯和聚四氟乙烯等新型滤材。

c. 涂覆四氟乙烯的空气过滤器 高流量 BIO-X 空气过滤器，是由英国 Domnick Hunter 公司制成的最新一代空气过滤器，并开始投入使用。它采用新开发的涂覆聚四氟乙烯的玻璃纤维滤材，将 BIO-X 玻璃纤维滤材的高流量、低压降和聚四氟乙烯薄膜的可折叠性、抗腐蚀性能相结合，取得了较好的过滤效果。

(3) 压缩空气的预滤

压缩空气除菌过滤器的精度达到 0.01μm，又要求耐重复高压蒸汽灭菌，故其价格较高。而且，一旦有水汽或油气进入除菌过滤器，就会将滤膜的孔隙封住，而大大降低过滤效率和流量，并使压降上升。所以为避免除菌过滤器滤芯的经常更换，必须在除菌过滤器前安装预过滤器。由它来承担滤除所有除了细菌和噬菌体等微生物粒子以外的杂质粒子，尤其是水分和油分。性能好的预过滤器，需具备以下条件。

① 能有效地滤除空气中大量的细微悬浮粒子。

② 具有收集液滴（水油）并不断排除的能力。

③ 结构坚固、防腐。

④ 安装操作方便且安全。

⑤ 压力降小、使用寿命长。

2.2 超滤

超滤（UF）广泛地被应用于某些含有小分子可溶性溶质和高分子物质（如蛋白质、酶、病毒等）的溶液的浓缩、分离、提纯和净化，以及医用注射水的制造。超滤与其他过滤技术相类似，也是在静压差推动力作用下进行溶质分离的膜技术。

超滤所分离的组分直径为 0.005～10μm，一般为分子量大于 500 的大分子和胶体。所采用的操作压力较小，一般为 0.1～0.5MPa，通常使用非对称膜，膜的水透过率为0.5～5.0$m^3/(m^2 \cdot d)$。

2.2.1 超滤的基本原理

超滤膜对溶质的主要分离过程如下：在膜表面及微孔内的吸附（一次吸附）；在孔中停留而被去除（阻塞）；在膜面的机械截留（筛分）。

一般认为超滤是一种筛分过程。超滤过程的原理如图 20-16 所示。

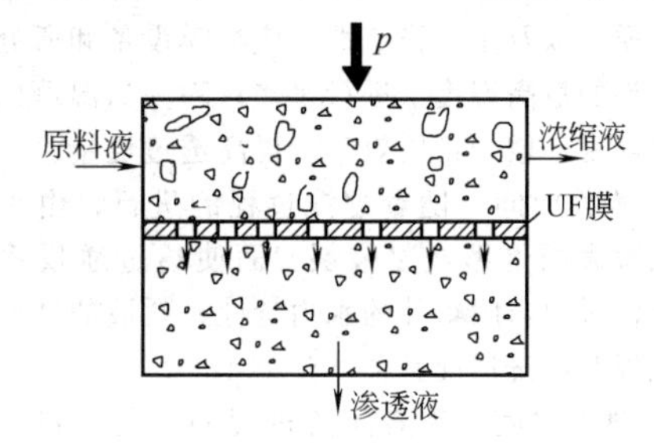

图 20-16 超滤过程的原理

2.2.2 超滤膜的特性和种类

超滤和反渗透一样都是以压力为驱动力的，其所用的膜材料相同、制作方法相仿，有相似的特性和功能。因此可以把超滤膜看作具有较大平均孔径的反渗透膜。

超滤膜为不对称结构膜，可分为两层，一层是超薄活化层，约 0.25μm 厚，孔径为 5.0～20.0nm，对溶质的分离起主要作用；另一层是多孔层，75～125μm 厚，孔径约为 0.4μm，具有很高的透水性，主要起支撑作用。

超滤膜的分离特性是指膜的透水通量和截留率。

超滤膜的主要种类如下。

① 乙酸纤维素超滤膜（CA 膜）。

② 聚砜超滤膜（PS 膜）。

③ 聚砜酰胺超滤膜（PSA 膜）。

④ 芳香聚酰胺超滤膜。

⑤ 聚丙烯腈超滤膜。

⑥ 复合超滤膜。

⑦ 无机超滤膜（无机陶瓷、氧化铝、多孔玻璃等）。

2.2.3　超滤装置

超滤装置和反渗透装置相类似，主要膜组件有板框式、管式、螺旋式、毛细管式及中空纤维式等，如图 20-2～图 20-10 所示。

2.2.4　超滤的影响因素

(1) 超滤透过通量

超滤在操作压力为 0.1～0.6MPa、温度为 60℃以下时，其透过通量应以 100～500L/(m^2·h)为宜，实际应用中要小得多，一般为 1～100L/(m^2·h)。

要保证超滤组件的正常运行，必须注意下列因素。

① 料液流速　增加料液流速对防止浓差极化、提高设备处理能力有利，但由于压力增大会使工艺过程耗能增加而增大生产成本。一般湍流系统中流速为 1～3m/s，层流系统中流速通常为 1m/s。

② 操作压力　超滤操作过程的透过通量，在实际上受到操作压力的控制。正常情况下，操作压力为 0.5～0.6MPa。

③ 操作温度　主要取决于所处理物料的化学和物理性质，以及生物稳定性，应在膜设备和所处理物料能允许的最高温度下进行操作，因为高温可以降低料液的黏度，增加传质效率，提高透过通量。

④ 操作时间　随着超滤过程的进行，由于浓度极化在膜表面上形成凝聚层，而使透过通量逐渐下降。操作时间与膜组件的水力特性、料液的性质和膜的特性以及清洗情况有关。

⑤ 进料浓度　随着超滤过程的进行，料液（主体液流）的浓度会逐渐增高，黏度变大，边界厚度扩大，在技术上和经济上都是不利的。因此对主体料液的浓度应有一个限定。不同料液超滤的最高允许含量见表 20-5。

表 20-5　不同料液超滤的最高允许含量

料　液	最高允许含量(质量分数)/%
颜料和分散染料	30～50
油水乳状液	50～70
聚合物和分散体	30～60
胶体、非金属、氧化物、盐	不定
尘土、固体、泥土	10～50
低分子有机物	1～5
植物、动物、细胞	5～10
蛋白和缩多氨酸	10～20
多糖和低聚糖	1～10
多元酚类	5～10
合成的水溶性聚合物	5～15

⑥ 料液的预处理　为了提高膜的透过通量，保证超滤过程的正常和稳定的运行，必须对料液进行预处理。通常采用的方法有过滤、化学絮凝、pH 调节、消毒和活性炭吸附等。

此外，经超滤回收的水，在使用前还需进行再处理，如脱除 CO_2、pH 调节、过滤、消毒等。

(2) 超滤膜的使用寿命

超滤膜的使用寿命是指由生产厂家提供的膜在正常使用条件下可以保证的最短使用寿命。一般在规定的料液和压力下，在 pH 允许的范围内，温度不超过 60℃时，超滤膜可使用 12～18 个月。

2.2.5　超滤的工艺流程

超滤的工艺流程基本有间歇式和连续式两种。此外，还有重过滤操作。

(1) 间歇式超滤流程

间歇式超滤流程适用于小规模生产，从保证膜透过通量来看，这种方式的操作效率最高，操作过程可始终保持在最佳浓度范围内进行。间歇式超滤流程如图 20-17 所示。

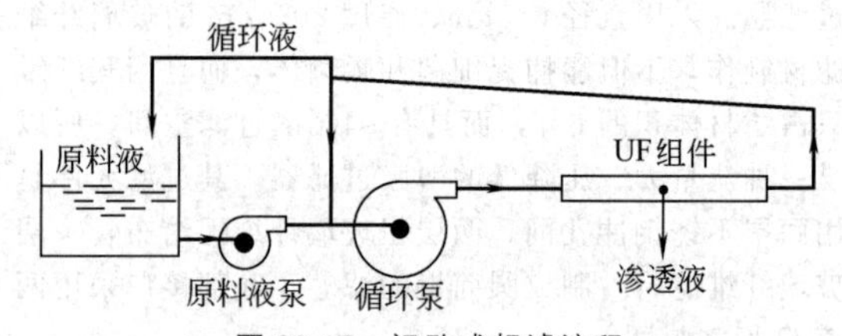

图 20-17　间歇式超滤流程

(2) 连续式超滤流程

连续式超滤流程适用于大规模生产。运行采用部分循环方式，循环量常比料液量大得多。这种系统实际上是由密闭循环过程串联而成的。连续式超滤流程如图 20-18 所示。

图 20-18　连续式超滤流程

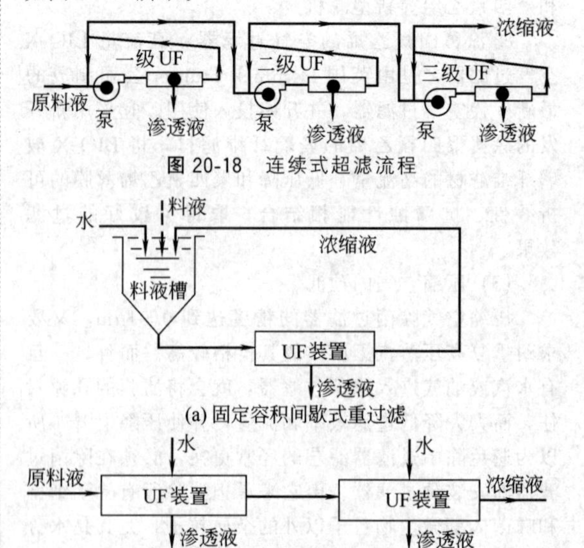

(a) 固定容积间歇式重过滤

(b) 连续式重过滤

图 20-19　重过滤超滤流程

(3) 重过滤超滤流程

重过滤超滤流程如图 20-19 所示，适用于大分子和小分子溶质的分离。此流程的操作原理是，不断地将纯溶剂（水）加入含有各种大小分子溶质混合物的料液中，以补充滤出液的容积，使低分子溶质逐渐被清洗出去，从而实现大小分子溶质的分离。

2.3 纳滤

20 世纪 80 年代末期，随着新的制膜方法（如界面聚合法）的出现和制膜工艺的不断改进，一批新型复合膜（如疏松型反渗透膜和致密型超滤膜）得以问世，并受到人们的极大关注，现在人们习惯上将该类膜称为纳滤膜（nanofiltration，NF）。纳滤膜分离过程无任何化学反应，无需加热，无相转变，不会破坏生物活性，不会改变风味、香味，因而被越来越广泛地应用于食品、医药等行业中的各种分离和浓缩过程。

作为一种新型分离技术，纳滤膜在其分离应用中表现出下列两个显著特征：一个是其截留分子量介于反渗透膜和超滤膜之间，为 200～2000；另一个是纳滤膜对无机盐有一定的截留率，因为它的表面分离层由聚电解质所构成，对离子有静电相互作用。从结构上来看，纳滤膜大多是复合型膜，即膜的表面分离层和它的支撑层的化学组成不同。根据其第一个特征，推测纳滤膜的表面分离层可能拥有 1nm 左右的微孔结构，故称为“纳滤”。

2.3.1 纳滤膜组件及其分离过程

纳滤膜组件的主要形式有卷式、中空纤维式、管式及板框式等。卷式、中空纤维式膜组件由于膜的充填密度大、单位体积膜组件的处理量大，常用于水的脱盐软化处理过程。而对含悬浮物、黏度较高的溶液则主要采用管式及板框式膜组件。

为了抑制膜面浓差极化和结垢污染，处理料液在卷式膜组件内的流速必须大于一定值，因此膜组件的回收率与操作压力有关。为了使膜装置得到较高的回收率，常常多个膜组件（2～6 个）组合放置在一个压力容器中。膜组件的使用方式有简单的单段式、多段式以及部分循环式。单段式［图 20-20 (a)］适用于处理量较小、回收率要求不高的场合；部分循环式［图 20-20 (b)］适用于处理量较小并对回收率有要求的场合；而多段式［图 20-20 (c)］处理量较大，并可达到较高的回收率。

为了运用纳滤技术实现大分子与低分子溶质的有效分离（在生物技术、制药和食品工业中经常遇到这种问题），常常将截留物用溶剂（水）稀释而将低分

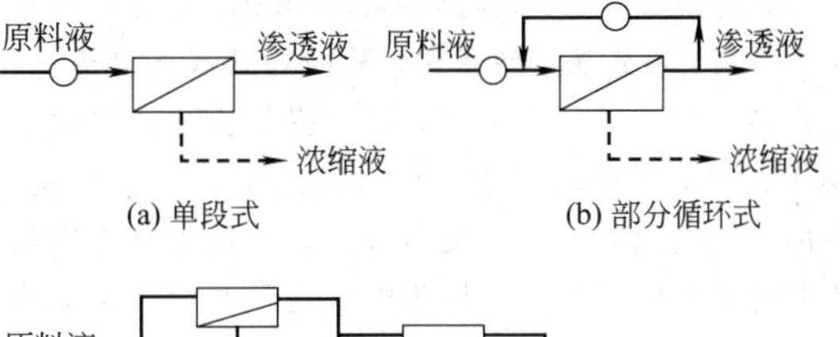

(a) 单段式　(b) 部分循环式

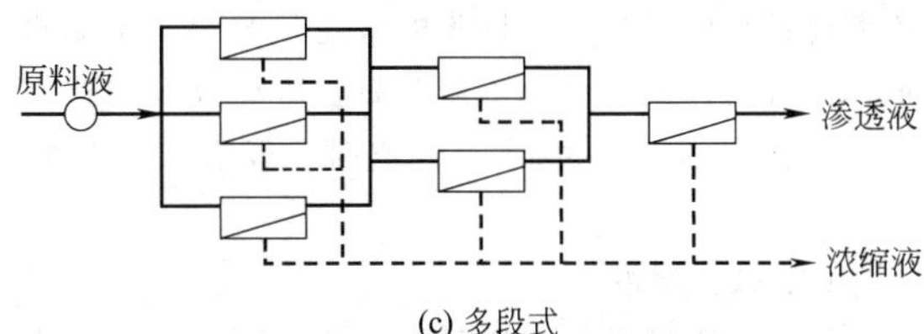

(c) 多段式

图 20-20　纳滤膜组件的使用方式

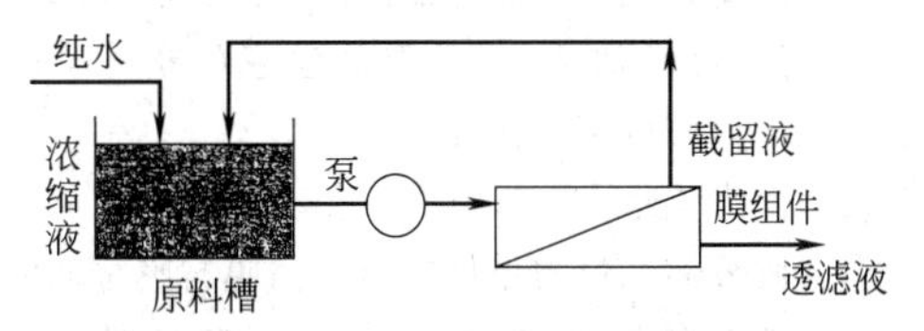

图 20-21　透滤（纳滤）分离示意图

子溶质冲走，这种操作被称为透滤（稀释）法，如图 20-21 所示。透滤操作是为了达到更好的分离和净化效果而采用的一种操作方法。

2.3.2 纳滤膜分离过程的设计

(1) 膜组件的选择

由于市场销售的纳滤膜膜组件的分离性能差异很大，如有的脱盐率较高，有的对有机物截留分级效果较好，有的在较低操作压力下水通量很大，有的耐高压且不易受压而致密。总之，膜组件和膜材质的选择必须充分考虑处理对象的物性和目的。

(2) 处理能力的确定

处理能力的确定或膜组件数量的选定，可根据组件供应商所提供的软件进行计算。一般来说，要特别重视被处理料液的污染影响，留出足够的余量。

(3) 浓缩倍率和回收率的简易计算法

在运用纳滤膜分离系统进行浓缩操作时，原料液中的溶质因其种类和浓度的不同存在一个浓缩倍率的极限值。设 c_f、c_b、c_p 分别为原料液、浓缩液和渗透液的溶质浓度（mol/m^3），Q_f、Q_b 和 Q_p 分别为原料液、浓缩液和渗透液的流量（m^3/h），那么浓缩倍率为 c_b/c_f，浓缩率 $f=Q_p/Q_f\times100\%$，截留率 $R=(1-Q_p/Q_f)\times100\%$。浓缩液中的溶质浓度必须低于其析出浓度（溶解度），因此，有必要预先估计膜组件的截留率及其浓差极化系数，从而估算出浓缩极限浓度。如果系统在浓缩极限浓度以上操作，膜面会出现结垢层，导致膜性能的大幅度降低。

2.3.3 影响纳滤膜分离的主要因素

(1) 操作压力

操作压力越高，透过膜的水通量越大，但应注意压力升高会导致膜的致密化，从而导致水通量降低。通常纳滤膜操作压力控制有两种操作方法，即恒压操作法和恒流量操作法。前者保持操作压力一定，膜的水通量随着膜面污染而减少，导致实际流通量不断降低；后者为了保持膜的水通量恒定，伴随膜面污染升高，操作压力不断升高，可导致膜的致密化，当操作压力超过某一数值时，就需对膜进行清洗。

(2) 操作温度

温度对透过膜的水通量影响较大，有关研究表明，温度升高，流体黏度降低。据推测，温度每升高1℃，水通量可增加2.5%。但需注意的是，温度升高也可能导致膜的致密化加重。

(3) 操作流量

卷式膜分离系统需根据膜组件内膜与膜之间的间距，确定适宜的操作流量。例如卷式膜内膜间距为0.7mm，膜面流速为8～12cm/s。提高膜面流速有利于抑制膜面的浓差极化，但流速提高将会增大膜组件原料的进出口压力差，从而使得膜的有效操作压力降低。

2.4 反渗透

反渗透（RO）广泛地被应用于溶液中一种或几种组分的分离。主要应用领域有海水和苦咸水的淡化，纯水和超纯水的制备，饮用水的净化，医药、化工和食品等工业料液处理与浓缩，以及废水处理。

2.4.1 反渗透基本原理

反渗透，顾名思义就是与自然渗透相反的一种渗透。在浓液一边加上比自然渗透更高的压力，从而扭转自然渗透的方向，把浓溶液中的溶剂（水）压到半透膜的另一边（稀溶液中），这样就产生了与自然渗透相反的过程，因此称为反渗透。

反渗透过程必须具备两个条件，即具有高选择性和高渗透性（一般指透水性）的选择性半透膜；操作压力必须高于溶液的渗透压。

反渗透过程的原理如图20-22所示。

2.4.2 反渗透膜

反渗透膜主要分两大类：一类是乙酸纤维素类膜，如通用的乙酸纤维素-三乙酸纤维素共混不对称膜和三乙酸纤维素中空纤维膜；另一类是芳香族聚酰胺膜，如通用的芳香族聚酰胺复合膜和芳香族聚酰胺中空纤维膜。

(1) 乙酸纤维素类膜

其优点是制作较容易，价廉，耐游离氯，膜表面光洁，不易结垢和污染等；缺点是适用的pH范围窄，易水解，操作压力要求偏高，性能衰退较快等。多用于地表水和废水的处理。

(2) 芳香族聚酰胺类复合膜

其优点是脱盐率高，通量大，适用的pH范围宽，耐生物降解，操作压力要求低等；缺点是不耐氧化，氧化后性能急剧衰减，抗结垢和污染能力差等。广泛用于纯水和超纯水的制备，以及工业用水的处理。

膜的外形有膜片、管状和中空纤维状三种。用膜片可制作板式和卷式反渗透组件；用管状膜可制作管式反渗透组件；用中空纤维状膜可制作中空纤维反渗透组件，板式和管式反渗透组件仅用于特种浓缩处理场合。

2.4.3 反渗透装置的设计

一些大的反渗透膜装备厂商都有自己的工程设计软件，既能保证产水的产量和质量，又保证浓水的一定流速和浓度范围，以减少结垢和污染，实现长期安全、经济的运行。

2.4.4 反渗透基本工艺流程

反渗透工艺流程的主要形式分述如下。

(1) 一级一段式

① 一级一段连续式工艺　如图20-23所示，料液进入膜组件后，浓缩液和产水被连续排出，其特点是水的回收率不高，使生产规模受到局限。

② 一级一段循环式工艺　与上述流程的区别是一部分浓缩液返回料液槽，使浓缩液的浓度会不断提高，因此产水量大，但水质会受到影响。其工艺流程如图20-24所示。

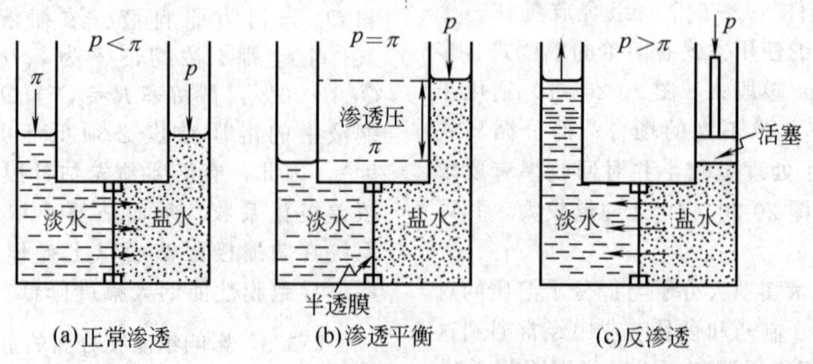

(a)正常渗透　(b)渗透平衡　(c)反渗透

图20-22　反渗透过程的原理

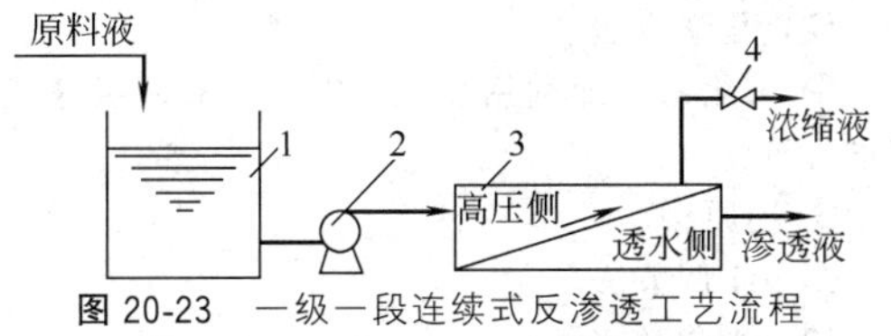

图 20-23 一级一段连续式反渗透工艺流程

1—供液槽；2—高压泵；3—反渗透膜组件；4—压力和流量控制阀

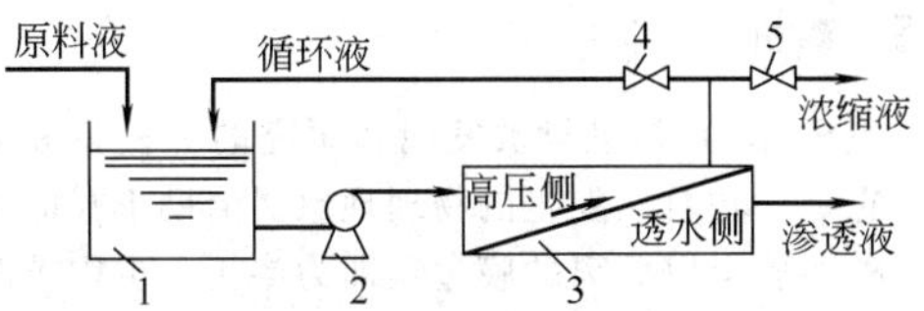

图 20-24 一级一段循环式反渗透的工艺流程

1—供液槽；2—高压泵；3—反渗透膜组件；4—循环量控制阀；5—压力和流量控制阀

(2) 一级多段式

一级多段式反渗透工艺流程如图 20-25 所示。用反渗透工艺作为浓缩过程时，如一次达不到要求，可以采用一级多段浓缩的工艺流程，可减少浓缩液的容积而提高浓度，产水量相应加大。

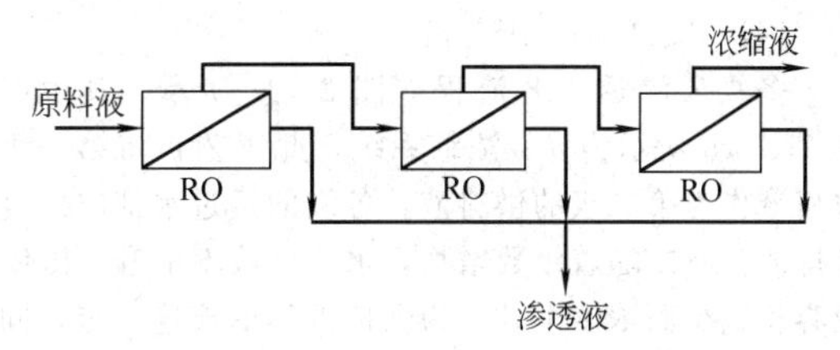

图 20-25 一级多段式反渗透工艺流程

(3) 两级一段式

两级一段式反渗透工艺流程如图 20-26 所示。当膜的除盐率低，而水的渗透性又高时，采用两级一段式反渗透工艺比较经济，同时在低压、低浓度情况下运行，可提高膜的寿命。

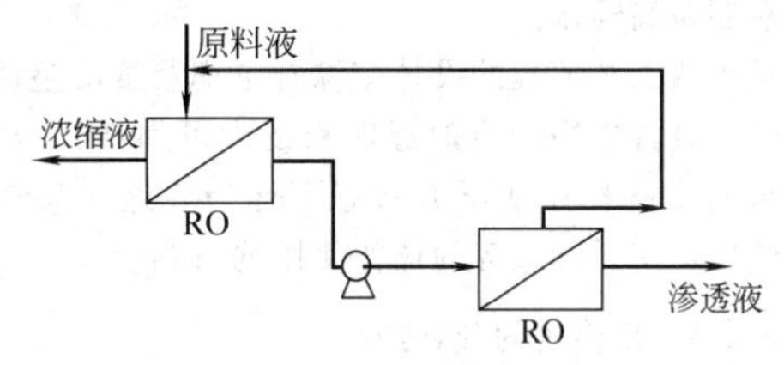

图 20-26 两级一段式反渗透工艺流程

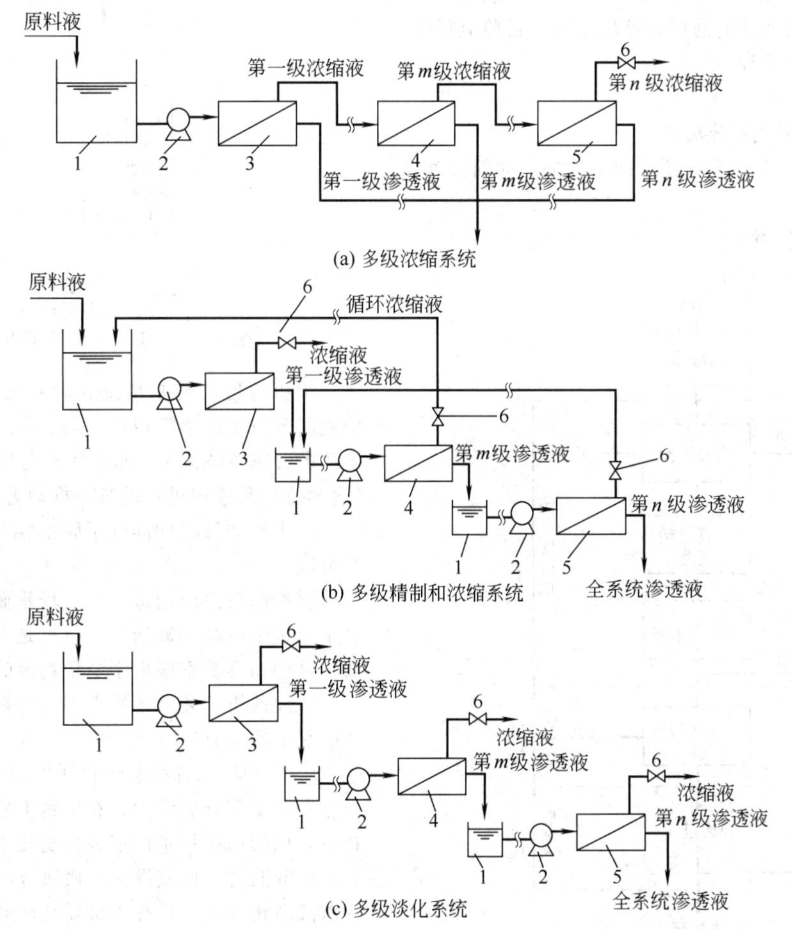

图 20-27 多级反渗透工艺流程

1—供料槽；2—高压泵；3—第一级膜组件；4—第 m 级膜组件；5—第 n 级膜组件；6—压力和流量控制阀

(4) 多级反渗透工艺流程

多级反渗透工艺流程如图 20-27 所示。其中图 20-27 (a) 所示为多级浓缩系统，此工艺是将第一级浓缩液作为第二级的供料液，各级的透过水都向外直接排放，所以随着级数增加，水的回收率上升，浓缩液容积减少而浓度上升。为保证液体的流速一定，同时控制浓差极化，膜组件数目应逐级减少。如图 20-27 (b) 所示为多级精制和浓缩系统，浓缩段的透过水作为精制段的供料液使用，而浓缩液循环逐级浓缩；如图 20-27 (c) 所示是以制备高纯水为目的的多级淡化系统，第一级渗透液（淡水）作为第二级的供料液，第二级渗透液再作为下一级的供料液，经多级淡化后制备高纯水。

反渗透工艺流程的设计应综合考虑装置的整体使用寿命、设备费用、维护管理和技术可靠性等因素。应尽可能使系统在低压力状态下运行，这对反渗透膜、装置、密封和泵等的操作使用均有利。

2.4.5 反渗透的预处理

反渗透装置由预处理系统和膜分离系统组成。典型的反渗透工艺流程如图 20-28 所示。预处理是指料液在进入膜分离系统前的预先处理措施。目前流行的方法主要有以下几种。

(1) 物理方法

① 沉淀法或气浮分离法。

② 砂过滤、预涂层（助滤剂）过滤、滤筒过滤、精过滤等。

③ 活性炭吸附法。

④ 冷却或加热方法。

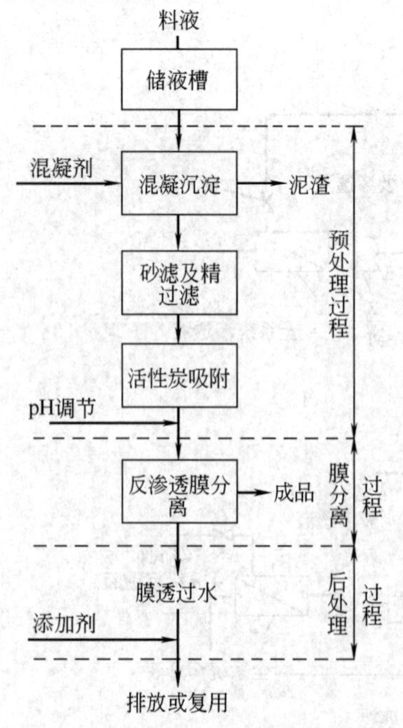

图 20-28 典型的反渗透工艺流程

(2) 化学方法

① 氧化法，即利用臭氧、空气、氧、氯等氧化剂进行氧化。

② 还原法。

③ pH 调节法。

(3) 光化学方法

光化学方法主要是采用紫外线照射。

2.5 渗析

渗析 (D) 是最早被发现和研究的一种膜分离过程，它是一种自然发生的物理现象。借助于膜的扩散使各种溶质得以分离的膜过程即为渗析，也称扩散渗析，由于过程的推动力是浓度梯度，因而又称浓差渗析。

渗析过程的最简单原理示意如图 20-29 所示。即中间以膜（虚线）相隔，其 A 侧通原液，B 侧通溶剂。如此，溶质由 A 侧依据扩散原理，同时溶剂（水）由 B 侧依据渗透原理相互相行移动。一般低分子物质比高分子物质扩散得快。

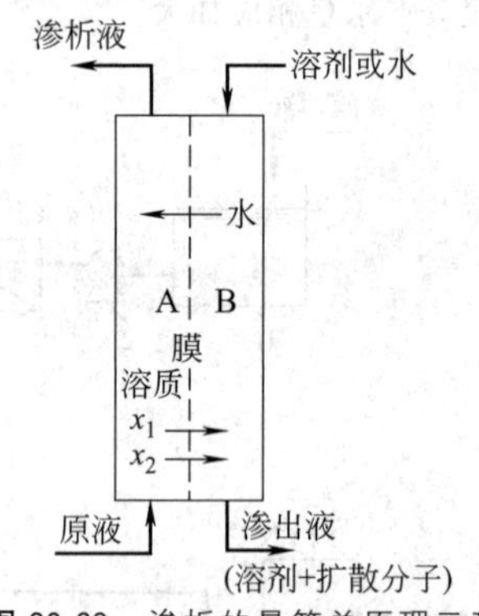

图 20-29 渗析的最简单原理示意

渗析的目的就是借助这种扩散速度的差，使 A 侧两组分以上的溶质得以分离。不过这里不是溶剂和溶质的分离（浓缩），而是溶质之间的分离。浓度差（化学位）是过程进行的唯一推动力。

用于扩散渗析的高分子膜主要可分为荷电膜和非荷电膜。

目前渗析法应用最大的市场是血液渗析，在工业废水处理中废酸和碱液的回收也是工业应用的一个方面，另外在实验室中用于少量料液的净化等。

血液透析（装置俗称人工肾）是治疗急、慢性肾功能衰竭的最有效常规肾脏替代疗法。其五年生存率为 70%～80%，有些患者存活期已超过 20 年，大部分患者恢复部分劳动力。在生物工程等各学科互相依托下，现代透析技术向多种分支技术发展，由血液透析、血液滤过、血液灌流、血浆分离等多种治疗方式的血液净化疗法，治疗多脏器功能衰竭和免疫性疾病等多种危重病及难治性疾病，其中主要的技术要归功于现代血液净化膜的发展。

2.6 离子交换膜

2.6.1 概述

1950 年，Juda 试制成功了具有高选择透过性的阳、阴离子交换膜，从而奠定了电渗析技术的实用基础。

世界上第一台电渗析装置于 1952 年由美国 Ionics 公司制成，用于苦咸水淡化，接着便投入商品化生产。随后美国和英国均制造并应用电渗析装置淡化苦咸水，制取饮用水与工业用水。

随着电渗析技术的发展，单台电渗析器的产水量与脱盐率有大幅度的增加，淡化水工厂的规模越来越大。大型装置产水量达每天 2.4 万吨。目前国内外有千台以上的大型装置在运转。至 20 世纪 70 年代初，就天然水脱盐来说，电渗析技术已发展成为一种完善的化工单元操作，达到了先进的工业化程度。

在电渗析天然水脱盐和海水浓缩技术日臻完善的同时，特殊离子交换膜的研制又成了新的热点。美国 Du Pont 公司于 1966 年研制出全氟磺酸离子交换膜，即 Nafion 膜，用于氯碱工业。日本旭化成公司随后又研制出全氟羧酸离子交换膜，并于 1975 年建成了年产 4 万吨烧碱的离子交换膜生产装置。离子交换膜法的烧碱产量约占世界总产量的 1/4。

2.6.2 分离基本原理

离子交换膜是高分子薄膜，构成该薄膜的高分子物质具有活性的可解离的功能基团，如磺酸基团（$-SO_3^- H^+$）和季铵基团 [$-CH_2N^+(CH_3)_3OH^-$] 等。1950 年，美国人 W. Juda 首先用人工方法合成了这种类型的膜。

离子交换膜基本上有两大类别：一类是阳离子交换膜（简称阳膜），即膜的高分子链上具有可与阳离子交换的活性基团，如$-SO_3^- H^+$；另一类是阴离子交换膜（简称阴膜），即膜的高分子链上具有可与阴离子交换的活性基团，如$-CH_2N^+(CH_3)_3OH^-$。

离子交换膜具有这样的特性：在直流电场作用下，阳膜只允许阳离子透过，而阴膜只允许阴离子透过。之所以称为离子交换膜，是指对不同电性离子的选择透过性。

离子交换膜主要作为电渗析器的隔膜用于荷电物质（通常指电解质）的分离，习惯上称为电渗析除盐。电渗析除盐的基本原理就是利用上述的阴、阳离子交换膜的选择透过性来分离或浓缩溶液中的电解质。在直流电场作用下，阳膜能选择性地让电解质溶液中的阳离子透过而阻挡阴离子，阴膜能选择性地让电解质溶液中的阴离子透过而阻挡阳离子，这样达到了电解质溶液的除盐的目的。电渗析除盐的基本原理如图 20-30 所示。

2.6.3 EDR 装置

膜堆内部极化沉淀和阴极区沉淀，一直是电渗析装置运行的主要障碍。在电渗析技术发展的近 50 年的历史中，非常重视控制电渗析过程沉淀结垢和提高装置自身清洗效果的研究，试图寻找一种简便的操作运行方式，利用过程的内在因素来解决这一问题。这样，在运行过程中，倒换电渗析电极极性的运行方式得到了发展，可分以下几个阶段。

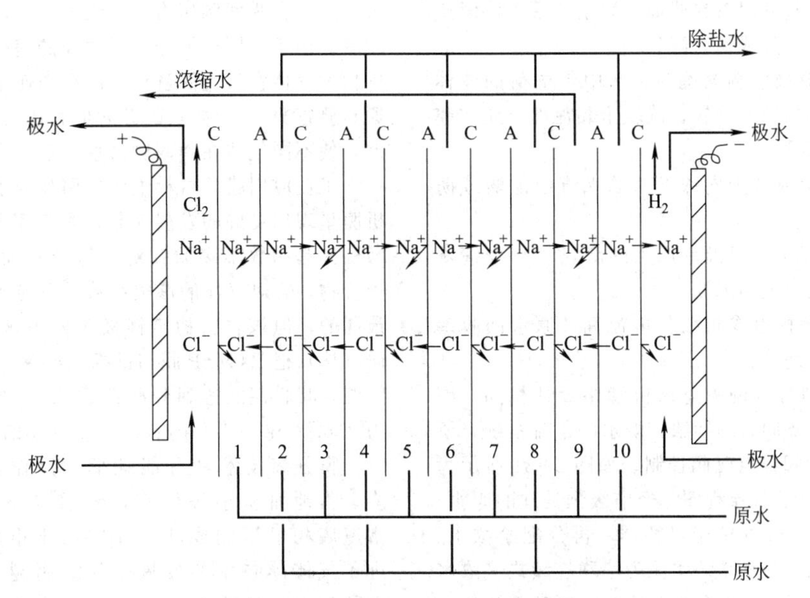

图 20-30　电渗析除盐的基本原理

A—阴膜；C—阳膜；+—阳极；−—阴极

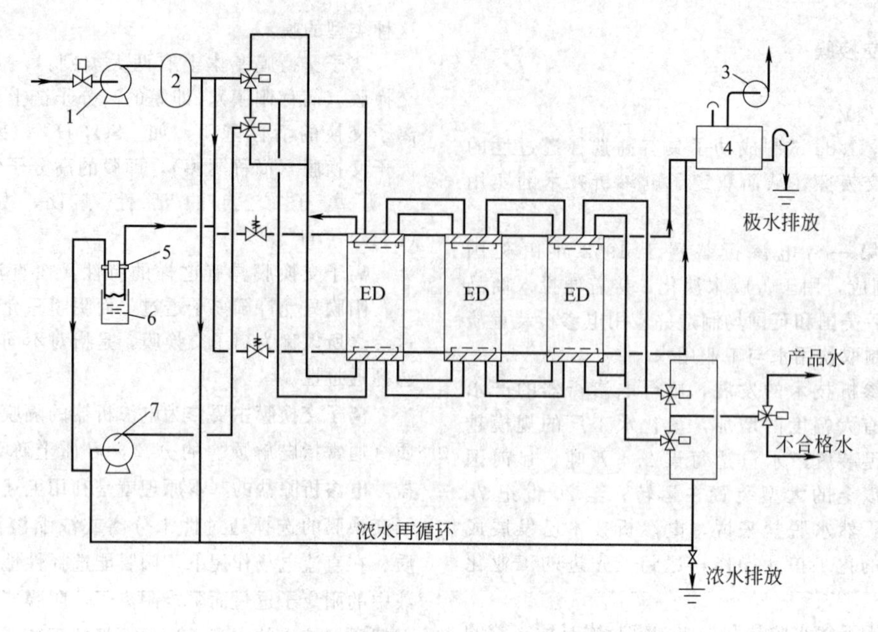

图 20-31 多级连续式 EDR 装置流程图

1—给水泵；2—10μm 过滤器；3—排风机；4—极水箱；5—注酸泵；6—浓酸箱；7—浓水泵

美国 Ionics 公司开发的 15～30min 自动倒换电极极性并同时自动改变浓、淡水水流流向的电渗析称为 EDR（electrodialysis reversal），为了与我国常规倒极电渗析有所区别，已通称为频繁倒极电渗析，EDR 具有如下优点。

① 每小时 3～4 次破坏极化层，可以防止因浓差极化引起的膜堆内部沉淀结垢。

② 在阴膜朝阳极的面上生成的初始沉淀晶体，在没有进一步生长并附着在膜面上以前，便被溶解或被液流冲走，不能形成运行障碍。

③ 由于电极极性频繁倒转，水中带电荷的胶体菌胶团的运动方向频繁倒转，减轻了黏泥性物质在膜面上的附着和积累。

④ 可以避免或减少向浓度高的水流中加酸或防垢剂等化学药品。

⑤ 运行过程中，阳极室产生的酸可以自身清洗电极，克服阴极面上的沉淀。

⑥ 比常规倒极电渗析操作电流高，原水回收率高，稳定运行周期长。

EDR 装置和常规倒极电渗析管路设计相同。因频繁倒极时，需要同时调换浓、淡水的水流系统，所以水流要以电动阀或电磁阀控制。如图 20-31 所示为多级连续式 EDR 装置流程图。经前级预处理的原水，由给水泵打入 10μm 的精密过滤器，再分配给浓水、淡水和极水系统。淡水系统水流为串联连续式。浓水系统水流为循环式，一部分水量排放，循环部分的水量在浓水泵前进入浓水系统，与原水相混合。倒极期间的不合格淡水返回原水池。运行时，电渗析阳极出水和阴极出水混合后排放至极水箱，在极水箱内中和后排放。阳极过程产生的氯气和氧气及阴极过程产生的氢气也被极水带入极水箱，在极水箱上安装小型脱气机，将这些气体排出室外。

2.7 气体膜

气体膜（GP）渗透是利用特殊制造的膜与原料气接触，在膜两侧压力差驱动下，气体分子透过膜的现象。由于不同气体分子透过膜的速率不同，渗透速率快的气体在渗透侧富集，而渗透速率慢的气体则在原料侧富集。气体膜分离正是利用分子的渗透速率差，使不同气体在膜两侧富集实现分离的。

工业应用膜的材料主要采用高分子膜，近年来无机膜呈现出良好的发展前景。聚三甲基硅丙炔（PTMSP）是为数不多的针对气体分离而开发的玻璃态聚合物，它对气体的渗透系数是目前所有聚合物膜中最高的，但该材料稳定性极差。1988 年日本松下技研（株）把 PTMSP 膜与硅橡胶共聚，解决了稳定性问题，其膜性能达到分离系数 2.5～3，氧透过流量为 $21m^3/(m^2 \cdot h \cdot atm)$，1atm＝101325Pa。

膜分离技术具有能耗低、操作简单、装置紧凑、占地面积小等优点，随着氢分离膜及富氧、富氮膜相继研制成功，并应用于市场，有力地促进了气体膜技术的发展。其应用越来越广泛，对它的研究也日益深入。表 20-6 列出了气体膜分离技术的应用。

表 20-6　气体膜分离技术的应用

分离组分(快气/慢气)	应　　用
$H_2(He)/N_2$、CO、CH_4	化学工业、石油精炼等 H_2 回收，天然气中 He 回收，高纯 H_2 制造
O_2/N_2	空气分离(富 O_2 空气、富 N_2 空气)
CO_2/CH_4	天然气、生物气、沼气等脱 CO_2，三次采油中 CO_2 分离
H_2O/空气、CH_4	空气脱湿、天然气脱湿
H_2O/有机蒸气	有机蒸气脱 H_2O
VOC/空气(N_2)	空气中挥发性有机物(VOC)回收
HC/H_2	石油精炼等烃类化合物(HC)与 H_2 回收
烯烃/链烷烃	丙烯/丙烷分离等
n-HC/i-HC	C_4～C_8 烃类化合物的异构体分离
CO_2/N_2	燃烧废气中 CO_2 回收
SO_2/N_2	燃烧废气脱硫

目前工业上可用于气体分离的方法主要有深冷分离法、吸附分离法、膜分离法等。

深冷分离法是把气体经压缩、冷却后，利用气体的沸点差进行蒸馏而使不同气体分开的，其特点是产品气纯度高。但由于压缩、冷却能耗很高，深冷分离适用于大规模气体分离过程。

吸附分离法是利用吸附剂只吸附特定气体的性质对不同气体进行分离的。根据对吸附气体的解吸方式不同，吸附分离又分为变温吸附（TSA）和变压吸附（PSA）。其中变压吸附的吸附-解吸循环周期短，装置可以小型化，而且操作能耗也不高，适用分离对象广（如 O_2、N_2、H_2、CO_2、CO、水蒸气等），近年来发展迅速，已成为一种强有力的分离手段。

膜分离是根据膜对不同气体的渗透速率差而对气体进行分离的。膜分离的主要特点是能耗低，装置规模可依处理量要求可大可小，而且设备简单，操作方便，运行可靠性高等。表 20-7 对各种气体分离方法的规模、经济性、技术成熟程度、能耗、用途等进行了比较。

表 20-7　各种气体分离方法的比较

项　　目	深冷分离法	吸附法(PSA)	膜分离法
原理	液化后根据沸点差蒸馏	根据吸附剂对特定气体进行吸附与解吸	根据膜对特定气体的选择透过
技术成熟程度	成熟技术	技术创新	技术开发
装置规模	大规模[数千立方米(标)/h 以上]	中、小规模[1～1000m^3(标)/h]	小、超小规模[1～1000m^3(标)/h]
气体种类	O_2、N_2、Ar、Kr、Xr 等	O_2、N_2、H_2、CO_2、CO 等	O_2、N_2、H_2、CO_2、CO 等
产品气浓度(O_2 浓度)	高纯度(99%以上)	中等纯度(90%～99%)	低纯度(25%～40%)
产品形态	液态、气态	气态	气态
能耗(按 30%氧浓度换算)/[kW·h/m^3(标)]	0.04～0.08	0.05～0.15	0.06～0.12
其他特点	适用大规模生产、产品气为干气	产品气带压、可无人运行、吸附剂寿命 10 年以上、有噪声、产品气为干气	简单连续过程、装置及操作简单、可无人运行、无噪声、清洁、产品气为干气
用途	焊接、切割、炼铁、纸浆漂白等	电炉炼钢、排水处理、发酵、医疗等	医疗、燃烧等

2.8 渗透汽化

2.8.1 概述

渗透汽化（PV）是在液体混合物中组分蒸气压差推动下，利用组分通过膜的溶解与扩散速率的不同来实现分离的过程，它是近年来研究开发出来的一个新型膜分离过程。

能源危机促使人们对可再生能源——发酵法制乙醇与节能分离工艺进行探求，大大推动了渗透汽化过程的研究和开发。

20世纪70年代末，德国GFT公司（Gesellschaft fur Trenntechnik，Hamburg/Saar，F. R. C.）的Bruschke和Tusel开发出优先透水的聚乙烯醇/聚丙烯腈复合膜（GFT膜），使渗透汽化实现工业化，用它生产无水乙醇，能耗低，操作费用省，可与恒沸蒸馏竞争。先后在德国、巴西、日本建造大型渗透汽化法脱水的无水乙醇工厂。1988年，由GFT公司设计，在法国Betheniville建成世界上第一个最大的渗透汽化法脱水制无水乙醇的工厂，其生产能力为每天150000L无水乙醇，料液为94%的乙醇水溶液，产品含水小于2000mg/L。

2.8.2 分离基本原理

渗透汽化是以混合物中组分蒸气压差为推动力，依靠各组分在膜中的溶解与扩散速率不同的性质来实现混合物分离的过程。如图20-32所示是渗透汽化过程的简单流程图，它包括预热器、渗透汽化膜分离器、冷凝器和真空泵四个主要设备。料液进入渗透汽化膜分离器，膜后侧保持低的组分分压，在膜两侧组分分压差的驱动下，组分通过膜向膜后侧扩散，并汽化成蒸气而离开膜器。其中扩散快的组分较多地透过膜进入膜后侧，扩散慢的组分较少地或很少透过膜，因此可以达到分离料液的目的。

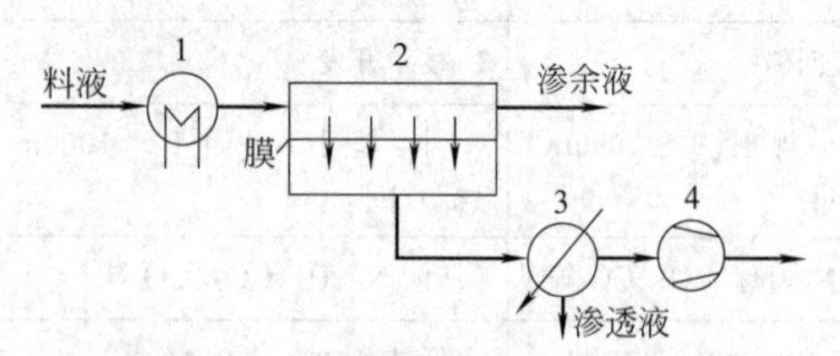

图20-32　渗透汽化过程的简单流程图

1—预热器；2—渗透汽化膜分离器；3—冷凝器；4—真空泵

为了增大过程的推动力，提高组分的渗透通量，可以从两方面着手。

① 提高料液温度　通常在流程中设预热器将料液加热到适当的温度。这种方法也称为热渗透汽化。

② 降低膜后侧组分的蒸气分压　有以下几种方法。

a. 冷凝法　使蒸气在适当的低温下冷凝，可使膜后侧保持必需的低蒸气分压。但是，因为不能避免不凝气（空气）漏入系统，而蒸气从膜后侧到冷凝器表面间只依靠蒸气的分子扩散和对流，其传递速率很低，因此实际上不能采用单纯的冷凝法。

b. 冷凝加抽真空法　如图20-32所示流程就是采用这种方法，它是用低温冷凝产生必需的低蒸气压，用真空泵抽去漏入系统的不凝气，使系统能保持低压。这种方法使透过膜从料液中分离出来的渗透物蒸气，以主体流动的方式较快地从膜后侧流至冷凝器，冷凝后分出。真空泵抽出的仅仅是漏入系统的不凝气和少量渗透物，真空泵所需的功率不大。所以这是最常用的方法。

c. 抽真空法　透过膜的渗透物蒸气直接由真空泵抽走。对于一些要求膜后真空度较高（例如绝压133Pa以下）的场合，没有适当的冷源能够使渗透物冷凝时，只能用真空泵直接抽气，以使膜后侧达到要求的低压。

d. 惰性气体吹扫法　透过膜的渗透物蒸气用惰性气体吹扫带走，使膜后侧保持低的组分蒸气压，这种方法称为扫气渗透汽化（sweeping gas pervaporation）。也可以应用可凝气进行吹扫，吹扫气与渗透气一起冷凝后分层，将吹扫气冷凝液分出，经汽化后再送入膜分离器进行吹扫。

e. 溶剂吸收法　透过膜的渗透物蒸气用适当溶剂将它吸收除去，也可以使膜后侧保持低的组分蒸气压，这种方法称为吸收渗透汽化法（pertraction）。如图20-33所示是用吸收渗透汽化法分离苯与环己烷的流程。透过膜的苯被萘烃吸收带走，苯-萘烃混合液在精馏塔中分离，萘烃返回膜器，循环使用。

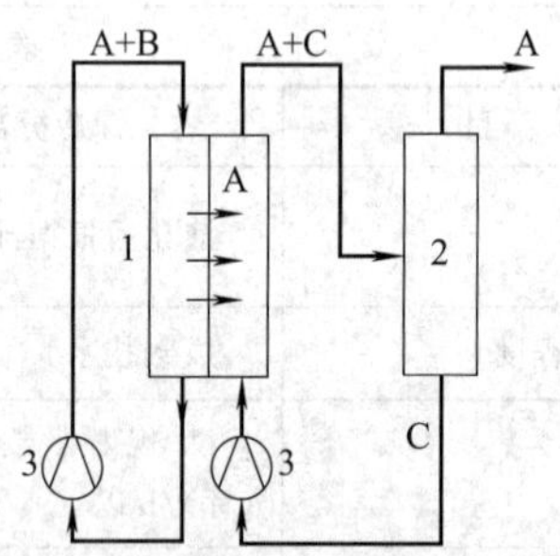

图20-33　用吸收渗透汽化法分离苯与环己烷的流程

A—苯，易渗透组分；B—环己烷；C—萘烷；

1—渗透汽化膜分离器；2—精馏塔；3—泵

除了上述渗透汽化的各种形式外，还有饱和蒸汽渗透（saturated vapor permeation）。与上述的渗透汽化法比较，这种方法的加料为饱和蒸汽，因此组分在透过膜时没有相变，加料侧也就不需为透过物汽化而供热。

3 膜分离技术在生物医药领域的应用

生物技术的飞速发展，对与其相配套的生物产品分离纯化的方法以及生化过程控制技术提出了更高的要求。由于膜分离过程具有防止杂菌污染和热敏性物质失活等特点，在生化领域的应用正越来越受到关注，在生物医药的下游和上游的制备过程中其作用正日益增大。在下游过程中，膜分离主要用于整细胞的回收、发酵液的澄清、酶和蛋白质的浓缩及纯化。在上游过程中，膜与传统的发酵结合在一起，组成的酶膜反应器可以提高发酵的产率；用膜生物传感器可对生化过程进行在线检测。

膜技术在生物医药领域的应用主要有如下几个方面。

① 发酵液的分离和提纯。

② 抗生素、氨基酸、维生素、酶制剂的浓缩和提纯。

③ 药液、注射用水的除热原和除菌过滤。

④ 工艺压缩空气、氮气和废气的净化。

⑤ 废液中有效成分回收。

3.1 发酵用空气的微滤除菌

在发酵过程中需不断通入无菌空气，以满足生产菌生理上的需要。如果通入的空气除菌不当或除菌设备失效，就会引起大面积染菌，造成生产上的极大损失。无菌空气是指自然界的空气通过除菌处理使其含菌量降低到一个极限比例的净化空气。发酵生产中用的无菌空气主要采用空气过滤除菌法制备。

由于气体过滤过程中要求过滤器的处理量大、压差小，传统的金属烧结管过滤器已无法满足这一要求，新一代的折叠式膜组件具有过滤面积大、压降小等优点，在工业生产中的应用范围越来越广。可用于气体过滤的折叠式膜材料主要有聚偏二氟乙烯、聚丙烯和聚四氟乙烯。由于这些材料均为疏水性，空气的湿度较小，因此影响过滤效率，详见第 15 章 2.1 小节。生产该种膜组件的国内外生产的厂家有 Domnick Hunter、Sartorius、Millipore、Gelman、上海过滤器厂等。

3.2 药液的微滤除菌

在制药工业采用微滤膜可有效脱除药物中的微粒和杂菌。注射液，尤其是大输液中微粒物质的存在，会使受药者产生各种病变，严重者甚至会引起死亡。为了保证药物内在质量，许多国家在药典中规定了微粒物质的限度，注射液过滤一般采用预过滤和微滤结合的方法。预过滤中除去大部分的微粒和微生物，减轻微滤的负担。预过滤介质有活性炭、烧结材料、超细纤维、预滤膜（公称孔径 0.5μm 和 1.5μm）。微滤膜的孔径一般在 0.22～0.45μm，常用的材料有乙酸纤维素、聚氯乙烯、聚酰胺、聚四氟乙烯、聚丙烯、聚碳酸酯等。

对热敏性药物，如胰岛素、ATP、辅酶 A、细胞色素 C、人体转移因子、激素、血清蛋白、丙种球蛋白、组织培养用培养基的灭菌，若不能采用通常的热压法灭菌，只能采用过滤法除菌。原先采用的玻璃烧结砂芯漏斗或石棉板作为注射用药液的过滤除菌极不安全，已被我国药品生产质量管理单位明确禁止使用。采用微滤膜除菌具有以下优点：不改变药物的原来性质，特别适合于热敏性药物；细菌的尸体可以截留于膜面上；易使药物生产线机械化和自动化。微滤膜的孔径视药液的要求而定，如要求不那么严格的口服药，可采用公称孔径为 0.45μm 的膜；如要求严一点儿，可采用公称孔径为 0.3μm 的滤膜；如要求完全除菌，则选用公称孔径为 0.22μm 的滤膜。

常用的微滤膜组件有平板式和筒式两种，材质大多采用不锈钢滤器。产量小的可用平板式滤器，产量大的可选用筒式滤器。滤膜和滤器的消毒方式有煮沸消毒、流动蒸汽消毒、热压消毒、化学消毒等。

以大输液生产为例，微滤在药液制备、药瓶洗涤和瓶塞洗涤用的注射用水制备过程中均得到了普遍的使用。

进入药液配制的注射用水需经微滤器过滤，经配制后的药液需经 0.45μm 和 0.22μm 两级过滤，以去除药液中可能带入的微粒和微生物。大输液药液的除菌过滤流程如图 20-34 所示。

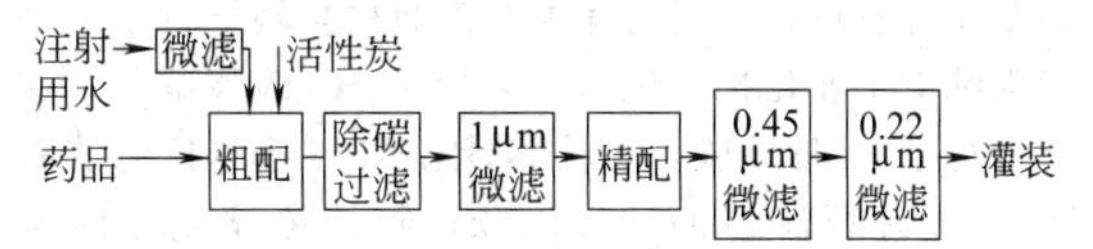

图 20-34　大输液药液的除菌过滤流程

药瓶和瓶塞的洗涤，先通过纯水进行粗洗，然后采用注射用水进行精洗，最后用压缩空气吹净。为了保证产品的净化要求，纯水需通过 0.45μm 微滤器进行过滤，压缩空气和注射用水均需通过 0.22μm 微滤器进行过滤。

3.3 卡那霉素的超滤除热原

卡那霉素的生产工艺为发酵液经提取和精制后，精制浓缩液需脱除热原并经除菌过滤，送至喷雾干燥工序，得无菌粉末状产品，其工艺流程如图 20-35 所示。

硫酸卡那霉素浓缩液经过 10μm 过滤器预滤后，再经中空纤维超滤膜除菌、去除热原，最后经 0.22μm 过滤器微滤去除细菌后，进入喷雾塔干燥后得成品。

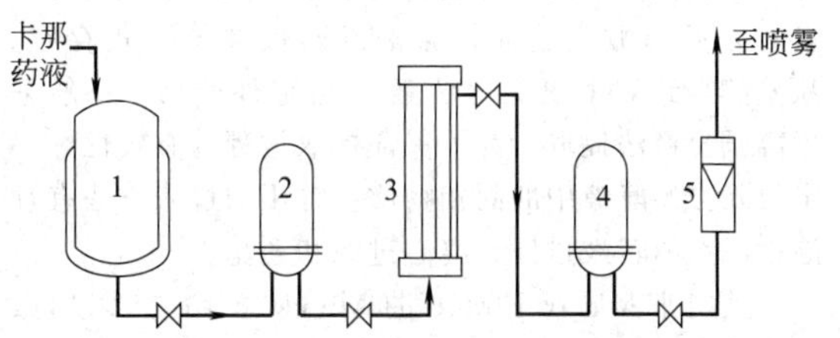

图 20-35　卡那霉素超滤除菌去热原的工艺流程

1—药液储罐；2—10μm 过滤器；3—超滤组件；4—0.22μm 过滤器；5—流量计

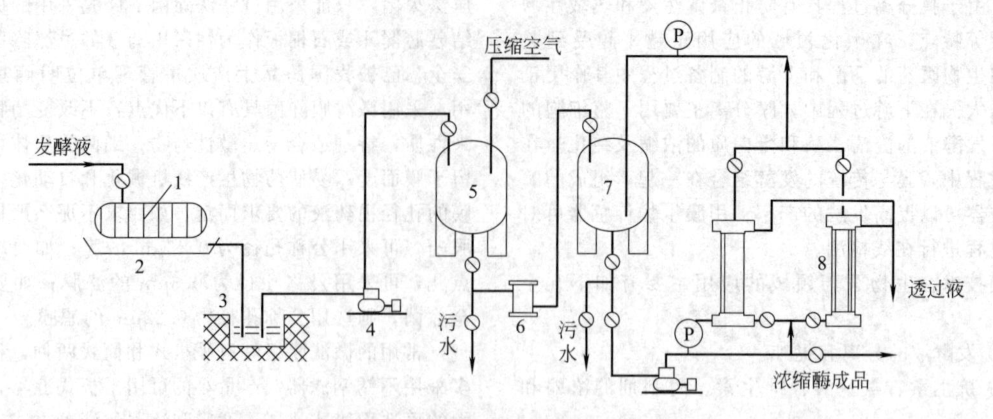

图 20-36 糖化酶超滤浓缩的工艺流程

1—板框压滤机；2—压滤液汇集槽；3—地池；4—离心泵；5—酶液储槽；6—过滤器；7—循环液储槽；8—超滤器

3.4 糖化酶的超滤浓缩

生物酶提取，一般采用盐析沉淀和真空浓缩等方法。鉴于膜法分离具有常温常压操作、无 pH 值和相态变化等特点，利用超滤膜对黑曲糖化酶进行了浓缩和提纯的工业化扩大试验。采用 $10m^2$ 的膜组件，连续进行了 63 批试验，运转累计 300h（不包括清洗时间），处理压滤清酶液 231.8t，制得浓缩成品酶液 38.88t，平均收率达 94.3%，平均浓缩倍数（体积比）为 5.86 倍，平均截留率为 99.18%，平均通量为 63.13L/(m^2·h)，平均成品酶液活性为 29240 U/mL，酶液储存时间达到原真空浓缩暂行部颁标准，装置可连续运转四个月。

糖化酶超滤浓缩的工艺流程如图 20-36 所示。糖化酶发酵液加 2%酸性白土处理，经板框压滤，除去培养基等杂质，澄清的滤液经过滤器压入循环槽进行超滤浓缩。透过液由超滤器上端排出，循环液中糖化酶被超滤膜截留返回循环液储槽，循环操作直至达到要求的浓缩倍数。

3.5 甲氧头孢菌素C发酵液的超滤分离菌丝体

甲氧头孢菌素 C（Cephamycin C）属于头孢菌素类抗生素，分子量为 373，在化学和生物学性质上与青霉素相似，都可以抑制细菌细胞壁肽。甲氧头孢菌素 C 是氨基酸类物质，通常以两性离子形式存在。从发酵得到的甲氧头孢菌素 C 是胞外产物，一般采用离子交换法提取。为了保证提取过程的有效性，一定要除去发酵液中的固相物质。常用的过滤方法有预涂助滤剂的转鼓过滤、离心过滤和超滤。

美国弗吉尼亚 Elkton 的 Merck & Co.，采用微生物诺卡菌属的 Nocardia Lactamdurans 发酵生产甲氧头孢菌素 C，发酵罐体积为 15000gal（1gal＝3.78541L）。该厂曾采用转鼓式预涂真空过滤机处理甲氧头孢菌素 C 发酵液，加入助滤剂后，虽然过滤速率有所增加，但还是不尽如人意，而且助滤剂的加入增加了废水的处理量和处理费用。如果想要提高甲氧头孢菌素 C 的回收率，只能将滤饼重新溶于水中，再过滤，这样会导致人力和物力的增加。他们的实验室研究还表明，甲氧头孢菌素 C 发酵液中固体的沉降速率非常慢，两相不易分离，产物损失较严重，因此离心分离也不适用。后来改用超滤膜过滤发酵液，工厂几年的生产结果表明，该方法与原先使用的方法相比，在产物回收率、材料费、人工费、投资费、废水处理和过滤质量诸方面具有一定的优势。

甲氧头孢菌素 C 超滤分离菌丝体的工艺流程如图 20-37 所示。该流程共备有四套超滤组件，每套组件都配有专用的加料泵和重复循环泵，在超滤过程中，四套膜组件交替使用。料液通过加料泵和重复循环泵，打入膜组件。发酵液中甲氧头孢菌素 C、水、盐等小分子溶质透过膜，发酵液中的固体被膜截留。剩余液一部分返回料液槽，另一部分在重复循环泵和膜组件之间循环，直到发酵液中的固体达到一定的浓缩倍数为止。加料泵和重复循环泵的流量分别为 220gal/min 和 2000gal/min（1gal＝3.78541L），膜组件的进口压力为 60psi（表压）（1psi＝6894.76Pa）。每个组件的平均渗透流量为 20gal/min，返回料液槽的流量为 200gal/min。控制返回料液槽的流量与透过液流量之比为 10∶1，确保膜循环系统中固体的浓度不比料液槽中的固体浓度高很多。

为了回收 98%的甲氧头孢菌素 C，超滤过程可以分为两个阶段：先将料液的体积浓缩到原来的 1/3，然后采用重过滤方法，连续地往料液槽中注水，水的注入速率与料液透过膜的速率一致，维持料液槽中固体的浓度一定，防止膜的通量急剧下降。由于料液中加入了水，透过液中甲氧头孢菌素 C 的浓度会有所下降。

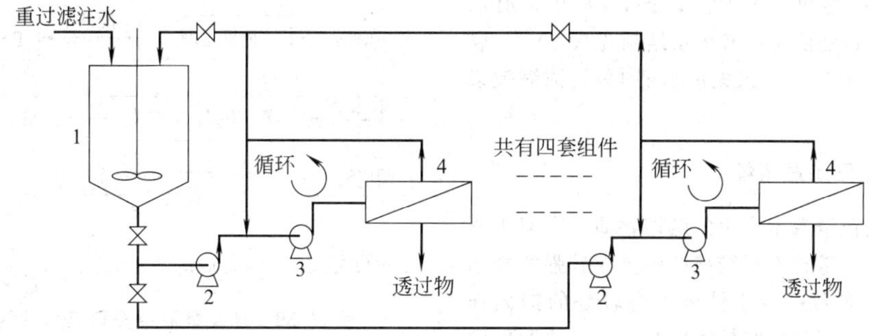

图 20-37　甲氧头孢菌素 C 超滤分离菌丝体的工艺流程

1—料液槽；2—加料泵；3—重复循环泵；4—超滤组件

为了提高膜的渗透率，可将冷藏液的温度提高到 20℃。由于摩擦热，罐内温度升至 30℃。在此温度部分甲氧头孢菌素 C 会降解，但膜的通量却增加了 30%。透过膜的甲氧头孢菌素 C 需要马上冷却。

3.6　6-氨基青霉烷酸的纳滤浓缩

6-氨基青霉烷酸简称 6-APA，分子式为 $C_8H_{12}O_3N_2S$，分子量为 216.28，它是青霉素分子的母核，是生产各种半合成青霉素的中间体。

6-APA 的化学合成品成本很高。目前工业上采用青霉素 G 钾盐粗品，在青霉素酰化酶作用下裂解生成 6-APA 和苯乙酸。用适当的溶媒如乙酸丁酯，经加酸调 pH，萃取分离去苯乙酸，水相中的 6-APA 经调节 pH 至其等电点结晶析出。也可加一定量甲醇或乙醇于裂解液中，调 pH 至 6-APA 的等电点并冷却使其直接结晶。但上述两种方法都因6-APA浓度低，母液体积大，结晶收率受到一定限制，残留在母液中的 6-APA 浓度约为 0.4%（质量分数），也就是说 10%的产品残留在母液中无法回收而损失。

生产上可采用真空蒸发浓缩裂解液，以减少母液体积，进而减少母液中产品残留引起的损失，但 6-APA是热敏性物质，它的分子结构中的 β-内酰胺环容易开裂而失去抗菌活性，因此，对蒸发设备的真空度要求很高，各种条件近乎苛刻。采用反渗透膜浓缩与回收 6-APA，操作时因膜易受污染、堵塞或无法承受溶媒侵蚀等原因而达不到预期效果。针对上述情况，采用耐溶剂的管式纳滤膜浓缩 6-APA 裂解液，既达到了浓缩要求，同时透过膜的溶媒可循环给下一步萃取使用，这样，节省了溶媒蒸发设备的投资与蒸发所需的热量，也改善了操作环境，避免了溶媒蒸气对人的危害。

纳滤膜组件有卷式、管式、平板式等。卷式膜组件单位体积中可利用的面积大，造价较低，但在操作中膜与膜之间易堵塞；管式膜单位体积中的膜面积较小，造价略高，但防阻塞性能好，清洗方便。试验采用耐溶剂管式纳滤膜组件，膜的截留分子量约为 200。6-APA 纳滤浓缩的工艺流程如图 20-38 所示，含 6-APA 的裂解液加入料液罐中，由供料泵打入预过滤器，再由高压循环泵增压后进入膜组件，水和无机盐（或溶剂）透过膜，被膜截留的 6-APA 返回料液罐，经一定时间循环，直至达到规定的浓缩倍数。

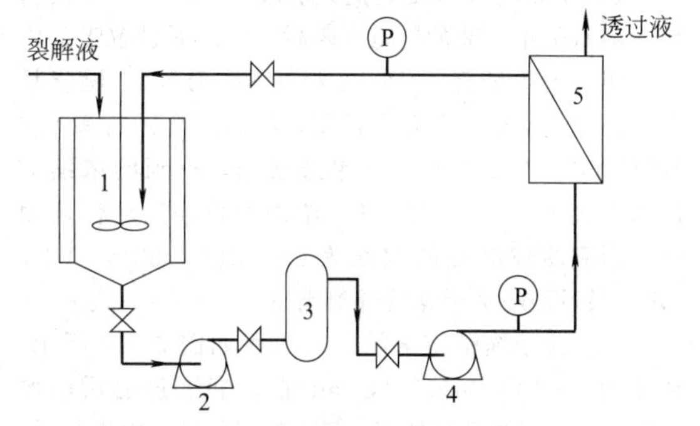

图 20-38　6-APA 纳滤浓缩的工艺流程

1—料液罐；2—供料泵；3—预过滤器；4—高压泵；5—纳滤组件

表 20-8　纳滤膜浓缩 6-APA 裂解液中试结果

批号	裂解液效价 /(U/mL)	浓缩液效价 /(U/mL)	透过液效价 /(U/mL)	回收率 /%	损失率 /%	平均通量 /[L/(m² · h)]
1	70078	184940	1033	99.0	0.9	33.4
2	91654	171030	1270	99.1	0.6	35.8
3	91599	194473	1469	99.5	0.8	29.0
4	104631	214505	2087	98.7	1.0	28.6
5	94680	207112	1642	99.8	0.9	30.2

操作条件：温度 6～12℃，进口压力 5MPa。6-APA效价用碘量法测定。其中试结果见表 20-8，膜的平均截留率大于 99%，损失量小于 1%，浓缩效果比较理想。

3.7 链霉素的反渗透浓缩

链霉素是灰色链霉菌产生的碱性物质，它属于氨基糖苷类抗生素。链霉素对结核杆菌具有较强的抑菌或杀菌作用，对多数革兰阳性菌也有较好的抑菌作用，临床上主要用于治疗结核病以及各种敏感菌所致的急性感染。在链霉素提取精制过程中，传统的真空蒸发浓缩方法对热敏性的链霉素很不利，而且能耗很大。采用反渗透法取代传统的真空蒸发，提高了链霉素的回收率和浓缩液的透光度，还节约了能耗。在链霉素生产中对提取液的浓缩，以往均采用真空薄膜浓缩的方法，由于在浓缩过程中较长时间受热作用，使浓缩液色泽变深，影响产品质量，每年约有 25%以上的成品达不到国际标准。现采用卫生型反渗透设备与技术，不仅提高了浓缩液收率，同时提高了浓缩液透光率，成品色泽达到了 BP 标准。一台反渗透器可代替原两台浓缩器，又节约了能耗。

现以链霉素提取工艺为例，介绍其中浓缩工段应用反渗透技术的情况。从发酵液中提取链霉素的工艺流程如图 20-39 所示。经板框过滤后的发酵液，除去了其中的菌丝体和部分杂质，制成原液。原液经过 D-152 树脂吸附、解吸，链霉素浓度提高到 8×10^4～15×10^4 U/mL。D-152 树脂是弱酸性的阳离子交换树脂，能将带正电荷的链霉素吸附，然后通过解吸剂将其解吸。解吸液经过 P-302 树脂和 M1×16 树脂精制，再通过活性炭脱色、过滤，滤液中含链霉素 6×10^4 U/mL。现经过板式反渗透浓缩，得到的浓缩液的浓度大于 33×10^4 U/mL。浓缩液再经过活性炭脱色，得到的成品液的浓度为 29×10^4～32×10^4 U/mL，最后经喷雾干燥后得到成品。

反渗透浓缩链霉素的工艺流程如图 20-40 所示。浓度为 6×10^4～8×10^4 U/mL 的脱色、过滤后的原料液经二级过滤器预处理，打入料液储槽，由供料泵、

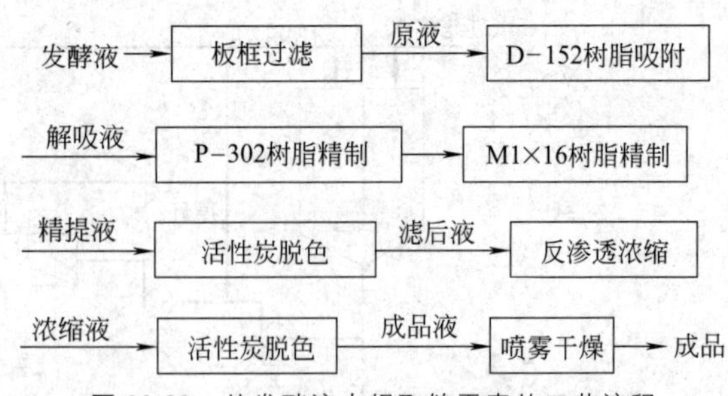

图 20-39 从发酵液中提取链霉素的工艺流程

往复泵对料液增压。经过冷却的料液进入板式反渗透膜组。料液中的水等小分子物质透过膜，透过液经流量计后排放，链霉素被膜截留返回料液储槽。如此循环，直至浓缩液的浓度达到指标。刚进料的 5min 内，由于透过液中链霉素含量较高，可能是料液从膜与膜缝隙间泄漏引起的，透过液返回料液槽。当透过液中链霉素的浓度几乎为零时，可以对透过液进行排放。放料后，要用料液将反渗透柱中残余的浓缩液置换出来。

4 膜分离技术在石化和化工领域的应用

4.1 环氧乙烷合成过程中气体膜回收乙烯

在乙烯气相反应合成环氧乙烷过程中，乙烯的单程转换率一般都小于 100%，未反应的乙烯单体经循环压缩机送到反应器内进一步反应。在此循环过程中为了防止氩气和其他惰性气体的累积，将一部分循环气作为弛放气排掉，来控制反应系统和其他杂质的浓度，以防止累积。此股排放气中含有 25%左右的乙烯，从而造成大量的乙烯损失。以生产规模为 10 万吨/年环氧乙烷计算，每年损失乙烯约 300t。

采用有机蒸气膜可以实现排放惰性气体，但又回收乙烯单体。循环排放气进入膜分离单元，渗透侧得到富集乙烯气流，通过原装置尾气压缩机返回反应系统继续合成环氧乙烷，实现乙烯的回收。而膜的截留侧为富集的氩气等惰性组分，排放到原放空系统。

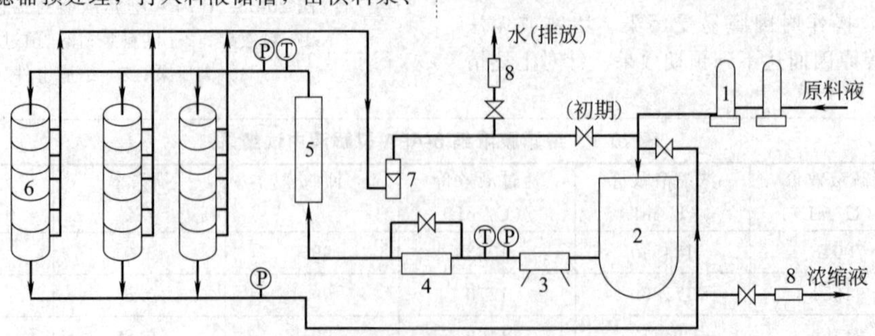

图 20-40 反渗透浓缩链霉素的工艺流程

1—过滤器；2—料液储罐；3—供料泵；4—往复泵；5—冷却塔；6—板式反渗透组件；7—流量计；8—观察镜

在此回收过程中由于富乙烯的气流返回到原尾气压缩机的入口，会增加其工作负荷，所以在膜过程的设计时要充分考虑设备能力的限制。一般情况下，膜可以使乙烯单体的回收率达到 85%以上。当采用甲烷致稳时，在回收乙烯同时，可回收 40%～50%的甲烷。目前国内已经有多套环氧乙烷装置采用有机蒸气膜分离技术，膜技术的应用为环氧乙烷装置的节能降耗起到了积极的作用。

4.2　聚烯烃生产过程中气体膜回收烃类

在聚烯烃的聚合反应过程中为了防止惰性气体在反应器内的累积，将一部分气体作为弛放气排掉，此股气体中含有一定量的烯烃单体和其他的烃类，造成了烃类的损失。同时聚合生成树脂粉料中吸附了一定量的烃类，在脱气仓内精制过程中，用氮气将粉料中吸附的烃类除去，从而产生含有大量烃类的脱仓尾气。

4.2.1　聚合反应过程中气体膜回收烃类

在合成聚乙烯的过程中，氮气被加入到反应器中以控制乙烯的分压。当氮气的浓度升高时，需要排放一定量的氮气，此时大量的乙烯和共聚单体随之一起排出，送到火炬白白烧掉。以生产能力为 13 万吨/年来计算，每年从反应弛放气中损失的乙烯及其共聚单体近 1000t。采用膜单元回收乙烯和共聚单体的工艺流程如图 20-41 所示。

有机蒸气膜单元的作用是使排放掉一定数量的氮气中，同时富集的乙烯和其他烃类返回到反应器。反应弛放气的压力一般在 2.0MPa 左右，提供了膜分离过程的推动力，无需增加额外的动力设备。反应弛放气首先经过冷凝器，回收一部分高沸点的 C_4、C_5 等烃类，然后进入到膜分离单元。渗透侧富集的乙烯和共聚单体通过现有的回收压缩机返回到反应器，尾气侧排放掉一定数量的氮气，送到火炬。采用膜分离装置后，可以回收 90%以上的乙烯和 98%以上的共聚单体，经济效益非常显著。

4.2.2　树脂纯化过程中的烃类回收

国内常见的间歇式聚丙烯树脂闪蒸过程，连续法聚乙烯和聚丙烯树脂纯化过程中都有含大量烃类的尾气产生。目前回收其中的烃类所采用的方法通常是压缩冷凝法。

聚丙烯树脂闪蒸产生的尾气，一般采用 2.0MPa 的冷凝压力和普通的循环水冷却的办法来回收其中的丙烯，降低生产的单耗。但由于受压力及冷凝温度的制约，在排放的不凝气中丙烯单体的浓度高达50%～80%。有机蒸气分离膜的嵌入，可以将不凝气中 90%以上的丙烯回收。从 2001 年起大连欧科膜技术工程公司为 40 多家聚丙烯企业提供了膜法丙烯回收装置，可以降低单耗 30～40kg P/t PP，极大地增强了该工艺的竞争性。

在连续法 LLDPE 工艺中，合成的聚乙烯树脂需要在脱气仓中用氮气精制，由于粉料中夹带着烃类，产生的脱气仓尾气中含有大量的烃类。目前采用压缩冷凝的办法来回收其中的烃类。在不凝气中仍然含有4%～8%的丁烯和几乎全部的氮气，被送到火炬烧掉。采用压缩冷凝与有机蒸气膜分离单元的有机结合可以实现不凝气中烃类的回收和氮气的纯化。脱气仓尾气中膜法烃类回收和氮气纯化的工艺流程如图 20-42 所示。

一级膜分离单元的作用是将压缩冷凝过程产生的不凝气中的烃类（主要是 1-丁烯和异戊烷）在膜的渗透侧提浓，然后返回到现有的压缩机入口，通过压缩冷凝进一步加以回收。二级膜分离单元的作用是纯化氮气，将氮气的纯度提高到 98%以上，返回到脱气仓重复利用，渗透侧的气体排放到原有的火炬系统。采用有机蒸气分离膜技术可以将这些排放气中 85%以上的烃类回收，同时回收 50%的纯化氮气。2004 年以来天津石化公司回收 LLDPE 过程中丁烯的装置，实际运行效果很好，可以使每吨 PE 的丁烯单耗降低3～5kg，同时还增加了异戊烷和乙烯的回收。

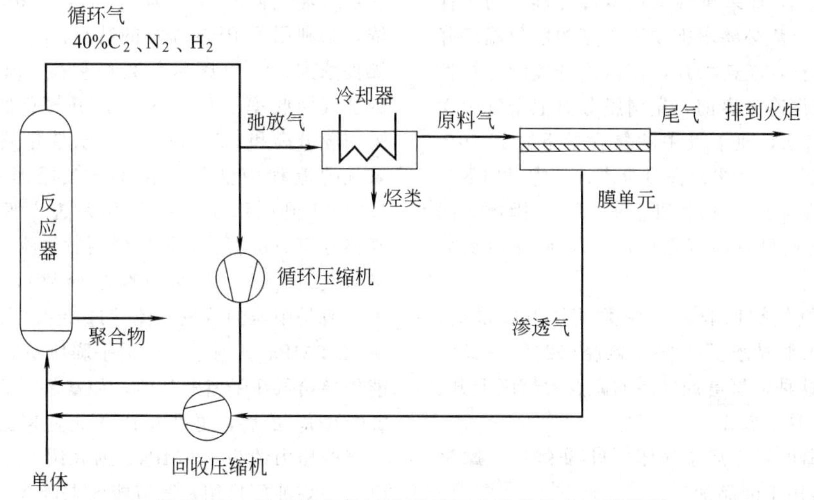

图 20-41　采用膜单元回收乙烯和共聚单体的工艺流程

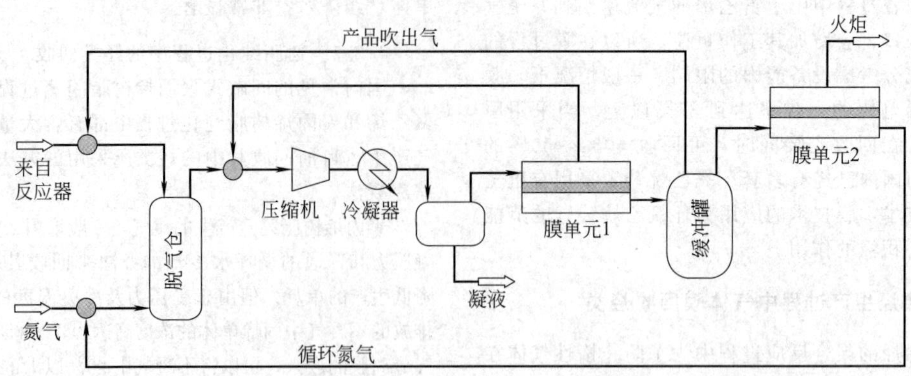

图 20-42　脱气仓尾气中膜法烃类回收和氮气纯化的工艺流程

4.3　从催化裂化干气中回收氢气和烯烃

催化裂化是20世纪炼油工业的核心工艺。国内目前有100多套催化裂化装置。干气不但产量大，而且其产率高。但是它的组成复杂，氢含量较低[除渣油催化裂化干气中 $H_2=40\%\sim60\%$（摩尔分数）以外，其余催化裂化干气中 $H_2=10\%\sim30\%$（摩尔分数）]，并含有大量的烷烃和烯烃，此外还含有氧、氮、硫等杂质气体。过去由于缺乏合适的回收利用手段，催化裂化干气主要用作燃气烧掉，造成严重的资源浪费。随着原油深度加工的迅速发展，副产的催化裂化干气量越来越大。如何充分地利用它，开发出综合利用工艺，对干气中的氢气和烯烃进行有效的分离及回收，把氢气作为油品加氢的氢源，烯烃则作为有机合成的原料，进而来提高炼油厂的综合效益，已成为人们普遍关心的问题。

1995年，大连化物所提出了用膜分离和深冷分离相结合的联合工艺来实现渣油催化裂化干气中的氢/烯烃分离。渣油催化裂化干气由于其氢含量较高[$H_2=40\%\sim60\%$（摩尔分数）]，烯烃含量较少[10%～15%（摩尔分数）]，如果单独采用深冷分离，为了保证乙烯的回收率，势必要求把脱甲烷塔的塔顶温度降到很低才行，这样，能耗增加，使深冷分离的经济性能下降。如果在深冷分离前，先用膜分离把干气中大部分的氢分离出来，使干气中的氢含量下降到10%（摩尔分数）以下，然后再用深冷分离，其优点如下。

① 经膜分离可回收85%以上的氢气，因此，深冷分离处理的气量只有原气量的60%，使深冷负荷明显减少。

② 大部分氢气被回收后，烃类组分得以富集，其中烯烃含量几乎提浓了一倍[烯烃=20%～25%（摩尔分数）]，这种贫氢富烃气体的露点大幅度上升，因此使深冷分离易于操作。

③ 经膜分离得到的富氢气体[$H_2\geqslant95\%$（摩尔分数）]，可直接用于油品加氢。

④ 经膜分离后，干气的压力下降很少，再经适当减压后，可直接用于深冷分离中的脱甲烷塔操作。所以联合工艺充分利用了膜前干气消耗的压缩功，从能量利用上是合理的。

为了从氢含量较低[$H_2=10\%\sim30\%$（摩尔分数）]、压力也较低（0.8～1.5MPa）的催化裂化干气中提取工业氢[$H_2\geqslant99\%$（摩尔分数）]，R. D. Behling 等人提出了采用膜分离和变压吸附（PSA）联合的工艺流程。

由于原料气的氢含量低，压力也低，而提取氢的纯度要求较高，如果单独选用膜分离，至少要选用2～3级膜分离来逐级提浓，催化裂化干气也需要2～3次增压。因此，能耗很大，膜分离器和压缩机的投资费用增大，操作费用也较大，经济性较差。而若单独选用PSA，虽然提氢纯度≥99%（摩尔分数）不成问题，但由于干气中 $H_2\leqslant50\%$（摩尔分数），所以氢气回收率较低。因此，经济性也差。

D. R. Behling 等人提出了膜分离和PSA的联合工艺流程，即先用膜分离把干气中的氢气提浓，然后进入PSA装置进一步将氢气提纯到约99%（摩尔分数）。它充分利用了膜分离提浓时，氢气回收率高的特点（氢气回收率约为80%），先把干气中氢气提浓，又利用了PSA提纯的特点。由于干气中氢气已被提浓到70%（摩尔分数）左右，所以，此时PSA的氢气回收率也可达80%，氢气总回收率为64%。采用膜分离和PSA联合工艺从催化裂化干气中提取氢气的流程中催化裂化干气先经压缩机把压力由1.2MPa升压到3.0MPa，然后进入膜分离装置进行气体分离。由膜分离可得到两股气流：一股是低压的富氢气流[$H_2=70\%$（摩尔分数），$p=0.2$MPa]，另一股是中压的贫氢气流[$H_2=4.8\%$（摩尔分数），$p=2.9$MPa]。通过一台透平膨胀机将贫氢气流的压能传递给低压的富氢气流，使富氢气流的压力升高到2.0MPa，最后，再进入PSA装置来提纯氢气，产品氢气的压力约为1.9MPa。据介绍，该联合工艺已在巴西的炼油厂投用，其节能效果显著，回收氢气的费用也较低。

4.4　合成氨和合成甲醇弛放气中气体膜回收氢气

氢气和氮气在高温、高压和催化剂作用下合成氨，由于受化学平衡的限制，氨的转化率只有 1/3 左右。为了提高回收率，就必须把未反应的气体进行循环。在循环过程中，一些不参与反应的惰性气体会逐渐累积，从而降低了氢气和氮气分压，使转化率下降。为此，要不定时地排放一部分循环气来降低惰性气体的含量。但在排放的循环气中氢含量高达 50%，所以损失了大量的氢气。

若采用传统的分离方法来回收氢气，由于成本高，因此经济上不合理。采用膜分离技术，从合成氨放空气中回收氢，充分利用了合成的高压，实施有功降压，所以能耗低。投用后，经济效益十分显著。从 20 世纪 70 年代末开始，国外年产 30 万吨合成氨厂几乎都用上了膜分离氢回收装置。我国从 80 年代初，也先后引进了 14 套膜分离装置。自 1988 年起，大连化物所用自己研制生产的膜分离器，先后为国内外近百家化肥厂提供了膜分离氢回收装置。统计结果表明，它不但可增产氨 3%～4%，而且使吨氨电耗下降了 50kW·h 以上。

1991 年，为了适应化肥厂发展多种经营，以副养肥的需要，大连化物所又开发成功二级膜分离新工艺，即把一级膜分离提浓后的氢气作为原料气，再进入二级膜分离器中再提浓，由此可以得到 $H_2=99\%$ 的工业氢气。为生产高附加值的加氢产品（如双氧水、糠醇等）提供了氢源。国内已有近 20 个厂家采用了二级膜分离技术，使用效果很好。

在合成甲醇时，也要排出一些惰性气体组分（如 N_2、CH_4、Ar 等），由于它们积聚在循环气中，会降低反应物的分压和转化率，但是，这种排放也将损失大量的反应物（H_2、CO、CO_2）。较好的方法是采用氢气膜分离回收氢气和二氧化碳。从合成氨放空气中回收氢气是 H_2/N_2 分离，而从甲醇放空气中回收氢气是 H_2/CO 分离。两者的不同点还有：前者压力高（28～32MPa），后者压力低（5～6MPa）；前者氢回收率高（$R=85\%\sim90\%$），后者从调节 H_2/CO 比例着想，氢回收率低（$R=50\%$）。此外，由于甲醇在水中溶解度比氨大，因此，水洗塔的尺寸和水耗、电耗都可减少。1979 年，美国首先把膜分离技术用于从甲醇放空气中回收氢气。一个以天然气为原料，年产 30 万吨甲醇的厂家，放空气量为 7500m^3(标)/h，投用后，效益显著，使甲醇增产 2.5%，使天然气费用降低了 23%。

目前，我国甲醇年需求量极大，而合成氨厂联产甲醇又占有很大比例。由于大多数厂家技术落后，能耗高，急需采用膜分离等高新技术来节能降耗。但是一直没有引起重视，至今在国内甲醇厂很少采用膜分离氢回收装置。

采用中空纤维膜组件回收合成氨厂弛放气中的氢气的工艺实例如下。回收的高浓度氢气可出售给协作厂；回收的 80%左右的氢气回合成氨生产系统（压缩三段），用于增产合成氨。尾气（甲烷含量大于 30%）送合成氨吹风回收岗位，作为燃料制备低压蒸汽。

如图 20-43 所示，弛放气经气动薄膜调节阀减压至 (10.0±0.5)MPa，由塔底进入净氨塔，在塔中与软水逆流接触，氨水由塔底排出送入储槽作为农用氨水出售。经水洗后的气体为膜分离器的原料气，经过汽水分离器进入 1#、2# 气体加热器，用蒸汽加热至 40～50℃，高出露点温度 20℃左右，依次进入 1#、2#、3# 膜分离器，1# 和 2# 渗透气混合后压力约为 3.5MPa，进入 3# 气体加热器加热到 45～50℃，再进入 4# 膜分离器，4# 尾气与 3# 渗透气（氢气）混合后，压力为 0.5～0.6MPa，氢浓度在 80%左右，经薄膜调节阀送压缩三段入口。3# 尾气经薄膜阀减压后送吹风气岗位。4# 渗透气中氢气浓度不低于 98%，压力为 0.5～0.6MPa，经薄膜阀去氢气储罐，供协作厂生产加氢产品用，多余的 98%的 H_2 回压缩三段入口。

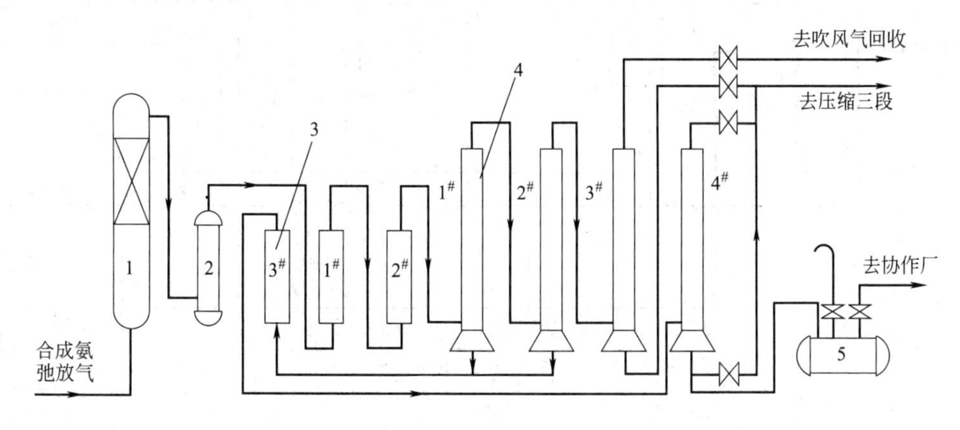

图 20-43　中空纤维膜提氢工艺流程

1—净氨塔；2—汽水分离塔；3—气体加热器；4—膜分离器；5—氢储罐

4.5 无水乙醇的渗透汽化膜法制备

工业生产要求渗透汽化过程有足够大的渗透通量，为此除了选用好的膜外，还应使过程有较大的推动力，通常采用将料液加热到一定温度和膜后侧维持适当低压来实现。对于乙醇脱水，料液温度为60～100℃，一般要求尽可能高一些，例如高到沸点。也可以采用部分汽化的气液混合物加料，但料液比容增大而引起的流动阻力增大是一个不利因素。膜后侧压力通常为0.5～2.0kPa。根据压力与渗透气组成来确定适当的冷凝温度，通常为－20～20℃，需用冷冻盐水进行冷却。无水乙醇产品的含水量根据需要而定，一般含水量为2000mg/L，也可以更小，甚至小于500mg/L。

料液含水量原则上没有限制，通常为5%～20%（质量分数）。根据常用的GFT膜分离乙醇水溶液时渗透液组成与料液组成的关系可知，与精馏比较，料液中水含量低时，渗透汽化具有很高的分离效率，而精馏的分离效率很低，在恒沸点时，甚至不能分离。相反，当水含量高时，精馏的分离效率很高，而渗透汽化的分离效率并不高。因此，当水含量较高时，使用渗透汽化并不好。这时采用精馏与渗透汽化结合的工艺流程是最佳的选择。如图20-44所示是从发酵液制乙醇的精馏/渗透汽化联合流程。从发酵液（含乙醇10%左右）到工业乙醇，即含水较多的一段用精馏法脱水，含水量较少的一段用渗透汽化法脱水。这种流程分别发挥了这两种分离方法的优势。与各种特殊精馏方法比较，在含水量低的一段用渗透汽化法脱水有很多的优点，诸如无需外加化学添加剂（萃取剂或恒沸剂）；渗透液［含乙醇5%～50%（质量分数）］直接返回精馏塔，几乎没有乙醇的损失（通常的恒沸精馏中乙醇平均损失4%）；无废水排放，排除了对环境的污染；精馏塔顶得到的工业乙醇直接进入膜组件，渗透截留液（无水乙醇产品）的热量又可以回收利用，热能消耗低等。

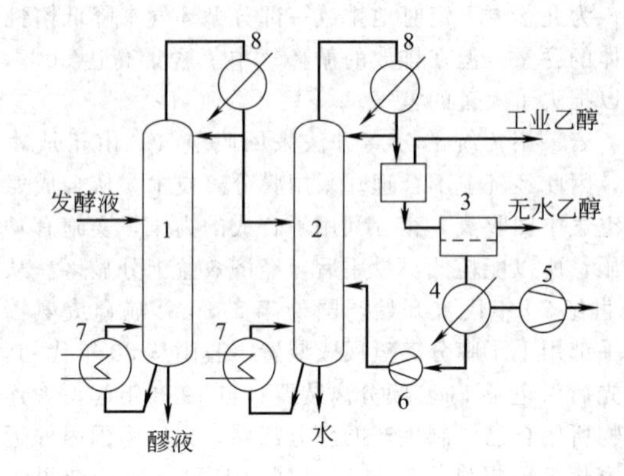

图20-44　从发酵液制乙醇的精馏/渗透汽化联合流程

1—初馏塔；2—精馏塔；3—渗透汽化膜分离器；4—冷凝器；5—真空泵；6—渗透液泵；7—再沸器；8—冷凝器

如图20-45所示的多级精馏与渗透汽化联合流程可以更进一步降低分离过程的能耗。这一流程中，供应渗透汽化膜分离部分的蒸汽消耗量为0.5kg/kg乙醇，仅为恒沸精馏或吸附的20%左右，而且所用蒸汽为低品位的废热，价格低廉。

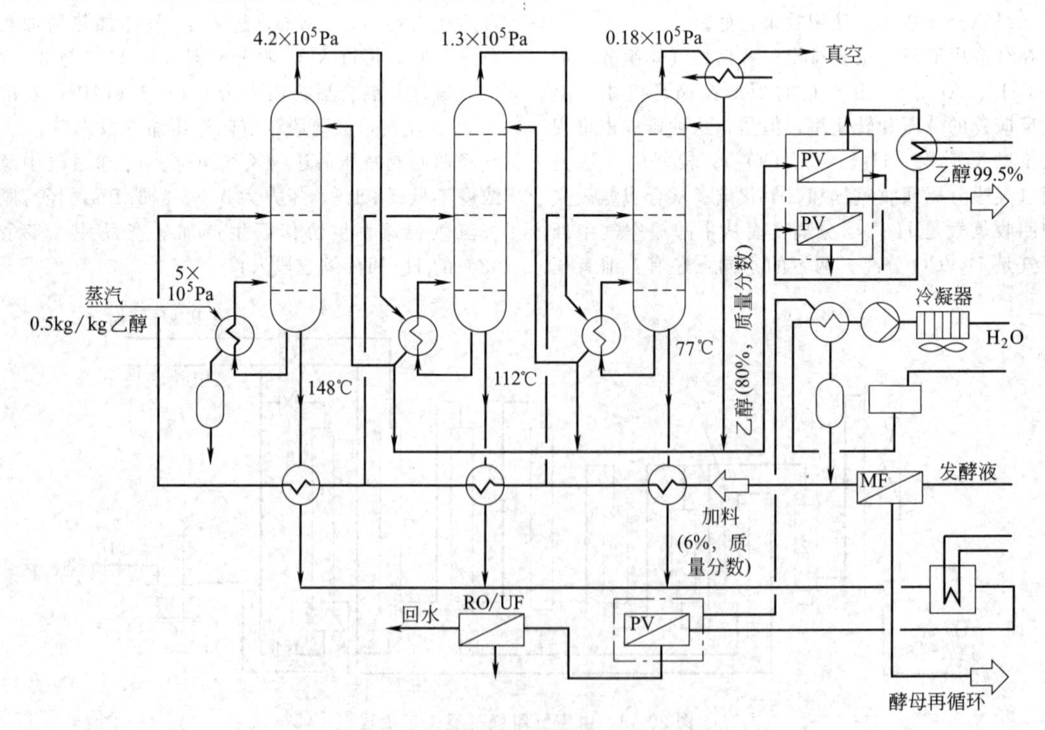

图20-45　多效精馏与渗透汽化联合流程

渗透汽化设备设计优化的重要一环是膜的选用，通常在膜组件前部料液含水量较高的部分，应选用高通量、低选择性的膜，随后在含水量低的部分，宜采用高选择性、低通量的膜。这种设计所需总膜面积少，可以大大降低设备投资。目前，已有系列的、不同性能的膜可供优化组合选用。

世界上最大的一套乙醇脱水装置在法国 Betheniville，是德国 GFT 公司建造的。这套装置共有膜 2400m^2，料液为 93.2%（质量分数）的乙醇水溶液，每小时生产 99.8%（质量分数）的乙醇 5000kg，渗透液含乙醇 20%（质量分数），返回前面的精馏系统。

5 膜分离技术在废水处理及污水回用中的应用

21 世纪是水资源极其匮乏，也是水资源最大化利用的世纪。膜分离技术在废水处理及污水回用中将起到重要作用，具体涉及反渗透、纳滤、超滤和微滤等技术，这些工艺技术能有效脱除废水的色度、臭味，去除多种离子、有机物和微生物，出水水质稳定可靠，且占地面积小，运行操作完全自动化，被称为“21 世纪的水处理技术”。相对而言，超滤和反渗透技术的应用已较为成熟，已有大规模的工业应用和市场。本节将概要地介绍超滤和反渗透技术，而着重介绍从 20 世纪 90 年代起正逐渐被推广应用的膜生物反应器。

5.1 超滤技术

超滤（UF）系统在电泳漆废水、造纸废水、乳化油废水、染料废水、洗毛废水、纤维工业废水以及生活污水等水处理中都有生产性应用实例。不管是何种废水，超滤系统的设计首先均需根据水透过率及污染物去除率选择市售超滤组件，然后进行调试，最后投入正式运行。

20 世纪 90 年代后期，国际上将一种具有专利的后处理技术应用于专门设计的聚丙烯腈膜上，开发了一种称为 PAN 的膜。该膜的研发成功为石油化工污水的深度处理开辟了一个崭新的领域。净化后的出水不仅可以在各种条件下达到排放标准，并且出水可以被处理成达到灌溉水甚至饮用水的标准。超滤系统在污水回用中常作为反渗透系统的预处理过程。其优势如下。

① 高效分离水中的油类物质，包括乳化油，有效保护 RO 膜不受油的污染。

② 采用直流式过滤，使处理效果不受进水水质的影响。

③ 利用空气对滤膜进行反冲洗，提高膜分离效果和膜组件的使用寿命。

④ 系统占地少、自动化程度高、操作简便易行。

⑤ 高效分离水中的微生物，有效保证 RO 膜不受微生物的污染。

⑥ 高效去除水中的铝离子和铁离子，保障膜不受金属离子的破坏。

⑦ 有效去除水中悬浮性固体，充分保证了后续 RO 系统的运行。

5.2 反渗透技术

废水处理应用反渗透技术的目的有三个：第一为回收浓缩液中的有用物质；第二为回用透过膜的渗透水；第三为浓缩液和渗透水都回用。目前，反渗透在废水处理中已应用广泛，设备也已经很成熟了，应用也将越来越广，包括电镀废水、洗印废水、食品废水、矿山废水、医药废水、放射性废水和城市生活污水等。

反渗透 RO 系统的特点如下。

① 采用抗污染膜，对预处理要求低，运行实践表明，平均使用寿命可达 6 年以上。

② 膜的清洗剂用量比较少。

③ 自动化水平比较高，运行成本低。

④ 膜通量衰减小，运行实践表明，膜通量平均每年只衰减 2%～5%。

5.3 膜生物反应器的应用

膜生物反应器（membrane bio-reactor，MBR）是膜技术和污水生物处理技术相结合的污水处理新工艺，近年来已引起广泛的关注，成功应用于中水回用和工业废水处理。MBR 技术对 BOD、SS 和浊度去除率达到 98%，COD 去除率达 91%，石油类、氨氮和磷等的处理效果也优于常规二级生化处理，且稳定性好，污泥负荷较高，剩余污泥量少。传统的污水处理技术一般设二沉池作为固液分离的工序，即泥水分离是以重力式沉淀池实施的，因此生物池中的污泥浓度（MLSS）不能太高以及必须控制较短的污泥停留时间（SRT）值，导致处理装置容积负荷低、占地面积大、耐冲击负荷差等。当发生污泥膨胀或二沉池沉淀效果不太好时，出水携带很多悬浮物，导致出水水质不佳，另外剩余污泥的处理处置也需要大量的费用。而 MBR 能成功代替二沉池进行高效固液分离，使 SRT 和水力停留时间（HRT）完全区分开，大大提高反应器的污泥浓度；并且膜的截留作用防止了硝化细菌的流失，给生物反应器内的高浓度硝化细菌的保持创造了有利条件，从而大大提高了硝化效率，使 MBR 同时具有出水水质好、耐冲击负荷强、污泥产率低等优点。

5.3.1 膜生物反应器的分类

膜生物反应器主要由膜组件、泵和生物反应器三部分组成。根据微生物生长环境的不同分为好氧和厌氧两大类。根据泵与膜组件的相对位置不同分为加压和抽吸式两大类。膜生物反应器的核心部件是膜组件，按材料可以分为有机膜和无机膜两大类；从构型上可以分为管式、板框式、卷式和中空纤维式；按膜过滤驱动方式分为压力式和抽吸式；按膜组件安放位置分为分置式和一体式。

分置式MBR是指膜组件与生物反应器分开设置，膜组件在生物反应器的外部，生物反应器反应后的混合液进入膜组件分离，分离后的清水流出，污泥回流到反应器中继续参加反应。分置式MBR的特点是运行稳定可靠，操作管理方便，易于膜的清洗、更换。但分置式MBR动力消耗大、系统运行费用高，其单位体积处理水的能耗是传统活性污泥法的10～20倍。污泥回流是造成系统运行费用高的主要因素，为了减小污泥在膜表面的沉积，循环泵提供的水流流速都很高，但泵的回流造成的剪切力可能影响微生物的活性。在分置式MBR工艺中，一般采用平板式、管式膜组件，泵采用压力式驱动方式。

一体式MBR是将膜组件直接安放在生物反应器中，通过泵的负压抽吸，获得膜过滤出水。由于膜浸没在反应器的混合液中，称为浸没式（immersed）或淹没式（submerged）MBR。为减少膜面污染，延长运行周期，一般泵的抽吸是间断运行的。一体式MBR主要靠空气和水流的扰动来减缓膜污染。为了有效地防止膜污染，有时在反应器内设置中空轴，通过中空轴的旋转使安装在轴上的膜也随着转动，形成错流过滤。与分置式相比，具有工艺简单、运行费用低等特点，其能耗仅为0.2～0.4kW·h/m^3，但运行稳定性、操作管理和清洗更换不及分置式。各类型膜-生物反应器的特点见表20-9。

表20-9　各类型膜-生物反应器的特点

膜-生物反应器	优　点	缺　点
分置式	(1)膜组件和生物反应器分开，独立运行，易于调节控制 (2)膜组件易于清洗和更换 (3)膜面错流速度高，通量相对较大，但产生的强剪切力可能会使微生物发生失活现象	(1)动力消耗大、系统运行费用高，其单位体积处理水的能耗是传统活性污泥法的10～20倍，污泥回流泵是造成系统运行费用较高的原因 (2)由于泵的回流产生的剪切力可能影响微生物的生物活性 (3)结构相对复杂，占地面积相对较大
一体式	(1)结构紧凑，体积小，动力消耗小 (2)膜面流速小，易污染，通量比分置式低，且清洗麻烦 (3)由于不使用加压泵，避免了微生物菌体受到剪切力而失活	(1)膜面流速小、易污染 (2)清洗麻烦 (3)存在出水不连续问题

5.3.2　膜生物反应器的特征

总体上讲，膜生物反应器具有许多其他生物处理工艺无法比拟的明显优势，具体如下。

① 能够高效地进行固液分离，出水水质良好且稳定，受系统进水水质波动的影响较小。

② 用膜组件取代二次沉淀池，可使生物反应器内获得比普通活性污泥法高很多的生物浓度，可达10g/L以上，极大地提高了生物降解能力，经膜分离之后出水质量高。

③ 工艺参数易于控制。膜生物反应器内可以控制较长的SRT，有利于增殖缓慢的硝化细菌的截留、生长和繁殖，系统硝化效率得到提高。同时，膜分离技术使废水中的大分子难降解成分，在有限体积的生物反应器中有足够的停留时间，从而达到较高去除率。

④ 设备紧凑，占地少。MBR工艺集传统工艺中的曝气池、二沉池、污泥浓缩池和消毒池于一体，处理单元少，水力停留时间短。

⑤ 剩余污泥产生量少。反应器在高容积负荷、低污泥负荷、长泥龄下运行，高的SRT使污泥产生好氧消化作用，污泥产率降低。

⑥ MBR系统可实现全流程PLC自动控制，易于实现自动化控制，实现无人值守。

5.3.3　影响膜生物反应器稳定运行的技术参数

膜生物反应器由膜分离单元与生物处理单元组成，因此影响MBR稳定运行的因素不仅包括常规生物动力学参数（容积负荷、污泥浓度、污泥负荷等），还包括膜分离的相关参数[膜的固有性质（膜材料、膜孔径、荷电性等）、滤液的性质、操作方式、反应器的水力条件等]。其中，生物动力学参数主要影响MBR的处理效果，膜分离参数主要影响MBR的处理能力。

(1) 有机负荷

好氧MBR出水受容积负荷与水力停留时间（HRT）的影响较小，而厌氧MBR出水受冲击负荷与HRT的影响较大。在好氧MBR中，污泥浓度随容积负荷的增高迅速升高，有机物去除速率加快，污泥负荷基本保持不变，从而抑制出水水质的恶化；而在厌氧MBR中，污泥浓度升高缓慢，因此厌氧MBR出水水质易受容积负荷的影响。

(2) 污泥浓度（MLSS）的确定

污泥浓度是膜生物反应器的重要参数。污泥浓度对反应器的去除效率影响较大，一般MLSS越大，则污染物的去除效率越高。但对膜生物反应器来说，膜通量与阻力相关，MLSS越大，则对膜的污染越严重，处理量减小，能耗过大。MBR的污泥负荷一般为0.1～0.2kg COD/(kg VSS·d)，而体积负荷可较大具有高效的处理能力。MBR还具有良好的脱氮除磷效果，膜生物反应器的硝化活性可达 2.28g NH_3-N/(kg MLSS·h)。

(3) 水力停留时间（HRT）

在膜生物反应器中膜面积一定时，控制出水的参数是膜通量，HRT 对出水水质有一定的影响。若曝气池内污泥浓度较高，则有较强的抗冲击负荷的能力，膜和膜表面形成的凝胶层能截留大分子有机物，HRT 对膜生物反应器的效率影响不大。过短的 HRT 将导致系统内的溶解性有机物积累，引起膜通量的下降。

(4) 污泥停留时间（SRT）

在膜生物反应器中污泥被膜组件截留在反应器中，反应器内污泥浓度较高，污泥负荷低，能够保证良好的出水水质。但由于反应器内无机物的积累，污泥活性（MLVSS/MLSS）会逐渐降低，并最终影响出水水质。因此，反应器应当定期排泥以保证反应器内污泥较高的活性。

5.3.4 膜污染及其控制

(1) 膜污染的形成

所有压力驱动的膜过程，在实际应用中最大的问题就是膜污染，它会引起膜渗透通量的下降和膜阻力的上升，甚至使膜过程无法继续进行。对于膜-生物反应器而言，膜污染即膜过滤过程中活性污泥混合液中的悬浮颗粒、胶体物质、大分子有机物质及溶解性物质吸附、沉积到膜面上或进入膜孔中，甚至将膜孔堵死，使膜的渗透阻力大大增加。这种吸附和沉积是膜与混合液中组分之间，以及吸附在膜面上的组分与混合液中其他组分之间相互作用的结果，这种作用有物理化学作用，也有生物作用，因此，膜污染是一个极其复杂的过程。

同时，由于膜的选择透过性，溶质大部分被膜截留，积累在膜高压侧表面，造成膜表面到主体溶液间的浓度梯度，促使溶质从膜表面和边界层向主体溶液的扩散，引起浓差极化现象。浓差极化使溶质透过膜的推动力增加，而溶剂透过膜的推动力下降。而在膜分离过程中，膜污染引起的通量衰减与浓差极化引起的通量下降往往是组合在一起的，很难将其区分。因此，在膜过程的设计和分析中，通常广义地把混合液中各组分在膜表面及膜孔中吸附、沉积、堵塞及浓差极化所引起膜阻力增加、膜渗透通量下降的现象通称为膜污染。

因此，膜过滤总阻力 R 包括膜本身的固有阻力 R_m、过滤过程中的浓差极化阻力 R_{cp}、滤饼层阻力 R_{ca}、膜孔堵塞和吸附阻力 R_b。总阻力即各种阻力值的叠加，且符合达西（Darcy's Law）方程。

$$J=\frac{1}{A}\times\frac{dV}{dt}=\frac{\Delta p}{\mu R}=\frac{\Delta p}{\mu(R_m+R_{cp}+R_{ca}+R_b)}$$

式中　J——膜通量，L/(m²·h)；

A——膜面积，m²；

V——过滤液体积，m³；

t——时间，s；

Δp——膜两侧的压力差，Pa；

μ——透过液黏度，Pa·s；

R——过滤总阻力，m^{-1}。

膜过滤阻力分布示意图如图 20-46 所示。

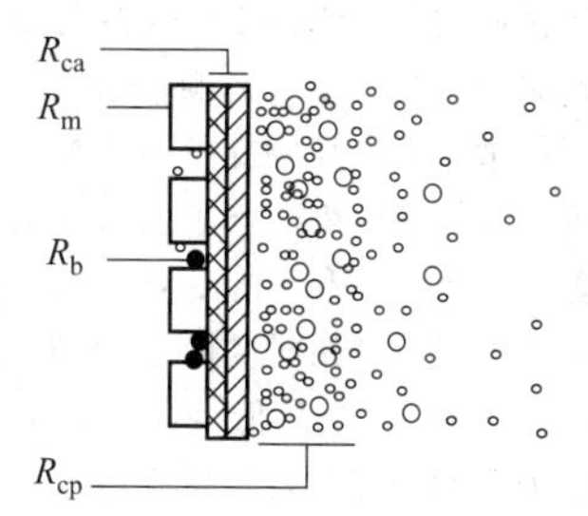

图 20-46　膜过滤阻力分布示意图

R_{ca}—滤饼层阻力；R_m—膜本身阻力；R_b—孔堵塞阻力；R_{cp}—浓差极化阻力

(2) 膜污染控制技术

膜污染的形成主要受三方面的影响：膜的性质、混合液的性质、操作条件和运行方式的控制，而且这三方面相互影响，相互制约。因此，在 MBR 的研究和实践中，防治膜污染的控制措施可以从以下几点考虑：选择抗污染性强的膜材料；优化膜组件的结构和布置方式；选择合适的操作运行模式和清洗方式；改善混合液性质和活性污泥的过滤性能。

① 膜的性质　一般认为，亲水性膜材料的表面能比疏水性膜材料高，易被水浸润，其抗污染能力比疏水性膜材料强，不容易受污染。一般水溶液中胶体粒子带负电，当膜表面呈正电性时，胶体杂质易沉积于膜上造成污染，使膜性能下降，因此带负电基团的膜在水处理中可减轻污染。

对称结构的 MF 膜比不对称结构的膜容易堵，对于中空纤维膜，双皮层膜比单皮层膜易污染，因为双皮层膜的内、外皮层都存在孔径分布，有些透过外皮层的大分子可能在内皮层的更小孔处被截留而堵孔，形成渗透通量的不可逆衰减。

另外，料液中被截留组分的大小与膜孔径相近时，膜最易堵，因为组分容易进入膜孔内，所以截留率高的膜比部分截留的膜不易污染，且清洗效果较好。

膜表面光滑，污染物不易沉积，粗糙的膜表面容易污染。

② 操作条件

a. 跨膜压差及膜渗透通量　在膜-生物反应器的操作运行过程中，跨膜压差（TMP）及膜渗透通量的选择对于膜的污染速率具有重要的影响。为了控制膜面沉积，一般应在临界通量以下操作，此时膜面不易形成沉积层；而在高于临界通量的情况下运行时，膜面很容易受到污染，形成沉积层。另外，最好在较低压力下操作，这样即使膜面上有沉积，也较容易通过提高膜面流速等方法将它洗去；而较高的压力会使膜面沉积压实、变性，即使提高流速，增加膜面剪切力，膜通量都难以恢复，必须常常用化学方法清洗。

b. 曝气和错流速度　在一体式MBR中，曝气不但为微生物提供氧气，满足有机物降解和细胞合成的要求，还产生工艺所需的错流速率。理论与试验研究均揭示错流速率对膜污染具有重要影响。错流速率通过剪切力和剪切诱导扩散影响颗粒物在膜表面积累，进而影响污染层的厚度，减轻膜污染。当膜面流速大时，膜面沉积物受到的剪切力大，有利于降低膜表面的浓差极化和沉积层的形成。但是，开始时随流速增加，污染层阻力下降，在3m/s附近有一个最低点，以后随错流速度增加，污染层阻力反而增加，因为高流速产生的较高压力使污染层压密，增加了膜孔的堵塞概率。

③ 混合液性质　活性污泥混合液的各部分组成是造成膜污染的物质来源，它包括微生物菌群及其代谢产物、所处理废水中的有机大分子、小分子、溶解性物质和固体颗粒。MBR的特点之一是高污泥浓度，使得反应器具有高容积负荷和较强的抗冲击负荷能力，从而保证出水水质的稳定。膜的渗透通量随污泥浓度的增加而下降，而且不同膜、不同反应器的膜渗透通量的下降趋势和降低幅度存在很大的差异性。另外，污泥的特性如颗粒大小、表面电荷和所含微小颗粒等也是影响膜通量的因素之一。

④ 运行方式的控制　在浸没式MBR中，采取间歇抽吸的方法往往可以有效地减轻膜污染。清水反冲洗也是常用的减轻中空纤维膜污染的手段之一，能够有效地去除膜孔与膜表面的污染层。空气反冲常在好氧中空纤维膜MBR系统中应用，使膜表面不易形成密实的污染层。

(3) 膜的清洗

膜-生物反应器实际运行一段时间后，不可避免的膜污染必然导致膜通量的衰减和膜阻力的上升，因此膜组件的清洗是MBR实际工程中不可忽视的一个环节。膜组件的清洗主要有物理清洗和化学清洗。物理清洗有在线表面气水冲洗、海绵球清洗、气液脉冲、机械刮除、电泳法等。化学清洗剂可分为酸碱液、螯合剂、氧化剂、还原剂、酶等。

物理清洗即以机械方法从膜表面上脱除污染物，或在水力对膜面形成的剪切力作用下，将膜面沉积物冲洗下来。采用在线表面气水冲洗对膜进行清洗的过程中，由于此时混合液中各组分向膜面的对流传递作用可视为零，因此在反扩散作用和膜面剪切力作用下，对膜面沉积物具有较好的清洗效果。这种清洗方法能在一定程度上减缓膜的污染速率，但无法消除不可逆污染所引起膜阻力的上升及膜渗透通量的下降。

化学清洗效果较好，一般在物理清洗无法发挥其应用效果后采取化学清洗。但化学清洗一方面消耗药剂，造成二次污染；另一方面，化学清洗也给实际工程的运行带来诸多不便。但从膜污染的情况来看，MBR经过长时间的运行后，通过化学清洗来保持膜通量是不可缺少的，只是应尽量减少化学清洗的频率。一般情况下，化学清洗是在MBR运行约半年至一年对膜组件进行的彻底清洗。清洗时将膜提出，浸泡到预先配好药品的化学清洗槽中，浸泡4～12h，以充分去除附在膜组件上的污染物。

对于一体式MBR，化学清洗可分为在线和离线两种清洗方法。在线清洗，即膜组件保留在生化反应池中，清洗药水通过清洗液管道进入膜内，并透过膜进入混合液中，使膜孔和膜表面沉积的污染物质得以去除，膜阻力下降。离线清洗，则将膜组件从曝气槽内取出后，在药液内浸渍一定时间，再以透过液冲洗干净。两种清洗方法的比较见表20-10所示。

表20-10　在线和离线化学清洗的比较

清洗方法	清洗过程	目　的	效果及可操作性
在线清洗	清洗液通过透过液管道进入膜内，透过膜到混合液侧表面，使膜孔和膜表面沉积物分解	保持膜正常运行，维持较高通量和减少离线清洗频率	可操作性强，但清洗效果比离线清洗差
离线清洗	将膜从曝气槽中取出，浸在药液清洗槽内清洗	使经过长期运转、性能衰退的膜的性能得到恢复	清洗效果好，但可操作性差

化学清洗中大多采用次氯酸钠（NaClO）去除有机物及微生物污染，用草酸脱除无机污染物，表20-11是日本Kubota公司提供的用于一体式平板MBR化学清洗的药剂用量和清洗方法。

表20-11　日本Kubota公司提供的用于一体式平板MBR清洗剂用量和清洗方法

清洗方法	污染物	清洗剂	浓度/%	清洗场所	频率/(次/年)
在线清洗	有机物	NaClO	0.5～1	槽内	1～2
	无机物	草酸	1	槽内	1
	微生物污染	NaClO	0.1	槽内	1～2
离线清洗	有机物		0.1～0.2	槽外	1～2
	无机物		0.1～0.2	槽外	1
水清洗	堆积物	高压水(2MPa)		槽内	

5.4　平板膜-生物反应器

在国内膜-生物反应器的研究中，大多侧重于中空纤维膜 MBR 的研究，而针对平板 MBR 开展研究的科研机构和院校很少。在国外，平板 MBR 的研究和应用较多的为日本，尤以 Kubota 公司为代表，它所生产的平板膜具有通量大、耐污染和工艺简单等特点。目前，采用 Kubota 公司的平板膜处理生活污水和工业废水的 MBR 工程已经有 400 多座，其中大部分在日本，所处理的污水量范围也很广，为 10～13000m^3/d。

在 MBR 工程应用中对比分析平板膜和中空纤维膜，可以发现平板膜组件的优点是制造组装较简单，膜的维护、清洗、更换较容易，单位面积膜通量大；缺点是装填密度较小，单位膜面积制造费用比中空纤维膜略高。相对于中空纤维膜组件，平板膜组件的抗污染能力较强；而中空纤维膜对堵塞较敏感，膜污染和浓差极化对膜的分离性能产生很大的影响，无法进行机械清洗，膜表面的污垢排除也比较困难。

参考文献

[1]　时钧等. 膜技术手册. 北京：化学工业出版社，2001.

[2]　Rautenbach R. 膜工艺. 北京：化学工业出版社，1998.

[3]　郑领英. 膜技术. 北京：化学工业出版社，2000.

[4]　劭刚. 膜法水处理技术. 北京：冶金工业出版社，2001.

[5]　刘茉娥等. 膜分离技术应用手册. 北京：化学工业出版社，2001.

[6]　任建新. 膜分离技术及其应用. 北京：化学工业出版社，2003.

[7]　夏关明. 欧洲无菌药品 GMP 规范的现状. 医药工程设计，1999（3）.

[8]　夏关明. 制药工业用膜过滤. 医药工程设计，1997（2）.

[9]　Nava Haruvy. Waste Water reuse-regional and economic considerations. Resources Conservation and Recycling，1998，23：57-66.

[10]　苏志远. 石化废水资源化中采用膜分离技术探讨. 石油化工环境保护，2005，28（2）.

[11]　建设部科技司. 中国 2000 年水工业可持续发展战略——水工业科技产业化. 给水排水，1995，5：31-35.

[12]　李秀芳，傅学起，胡国臣. 膜-生物反应器在废水处理中的优势. 工业水处理，2001，21（8）：7-10.

[13]　彭跃莲，刘忠州. 膜-生物反应器在废水处理中的应用. 水处理技术，1999，25（2）：63-69.

[14]　刘锦霞，顾平. 膜生物反应器脱氮除磷工艺的研究进展. 城市环境与城市生态，2001，14（2）：27-29.

[15]　何义亮，顾国维. 膜生物反应器工艺参数控制研究. 上海环境科学，1999，18（2）：83-84.

[16]　李娜，王光辉，张志凡等. AO-MBR 工艺处理城市污水的研究. 化学与生物工程，2006，9（23）：54-56.

[17]　杨琦，尚海涛，杨春等. IMBR-AO 工艺对生活污水脱氮除磷的研究. 中国给水排水，2006，7（22）：101-104.

[18]　王志伟，吴志超，顾国维等. 一体式厌氧平板膜-生物反应器处理酒厂废水的研究. 给水排水，2006，2（32）：51-53.

第21章 离心机和过滤机

1 离心机

1.1 离心机的分类和适用范围

离心机的类型很多，按分离原理可分为过滤离心机和沉降离心机。

过滤离心机可分为三足式离心机、上悬式离心机、卧式刮刀卸料离心机（含虹吸刮刀卸料离心机）、卧式活塞推料离心机、离心力卸料离心机和螺旋卸料过滤离心机等。

沉降离心机可分为螺旋卸料沉降离心机、碟式分离机、管式分离机和室式分离机等。

离心机的类型、性能特点和适用范围见表 21-1。

表 21-1 离心机的类型、性能特点和适用范围

机型		过滤离心机						沉降离心机		分离机				
		间歇式		活塞式		连续式		螺旋卸料		管式	室式	碟式		
		三足式上悬式	刮刀式虹吸式	单级	双级	离心力卸料	螺旋卸料	圆锥	柱锥			人工排渣	喷嘴排渣	活塞排渣
分离因数 F_r		500～1000	1000～2000	200～500	200～500	1000～2000	1000～2000	≤2500	≤2500	>1000	5000～8000	5000～10000	5000～8000	5000～10000
进料特性	固相质量分数/%	≤60	≤60	30～60	30～60	≥30	≥30	3～40	3～40	≤1	≤1	<1	≤10	≤5
	颗粒直径/μm	>10	>10	≥250	≥250	≥200	≥100	≥5	≥5	0.5～1	0.5～1	0.5～1	≥1	≥1
	固液相密度差/(g/cm³)	—	—	—	—	—	—	≥0.1	≥0.1	>0.02	>0.02	>0.02	>0.02	>0.02
用途	液相澄清	—	—	—	—	—	—	可	良	优	优	优	良	优
	液-液分离	—	—	—	—	—	—	可	可	优	优	优	—	优
	沉降浓缩	—	—	—	—	—	—	良	良	优	优	优	优	优
	固相脱水	优	优	优	优	优	优	良	良	—	—	—	—	—
	洗涤效果	优	优	良	优	可	可	可	可	—	—	—	—	—
	晶体破碎	低	高	中	中	中	中	中	中	—	—	—	—	—
	固相分级	—	—	—	—	—	—	可	可	可	可	可	可	可
出料情况	固相含湿量/%	3～40	3～40	3～40	3～40	≤50	≤50	10～80	10～80	10～45	10～45	10～45	70～90	40～70
	液相含固量/%	<0.5	<0.5	<5	<5	<5	<5	≤1	≤1	<0.01	<0.01	<0.01	<0.01	<0.01

注：表中用途栏中，脱水，指去掉固相中的液相；澄清，指去掉液相中的固相；浓缩，指提高液固两相中固相在溶液中的含量；分级，指使悬浮液中不同粒径的颗粒，以某一粒径 d_k 为基准，分成大于 d_k 和小于 d_k 的两组颗粒组分。

1.2　离心机的选用要求和标准

① 必须满足进料量、进出料特性、压力、温度等工艺参数的要求。

② 必须满足介质特性的要求。

③ 必须满足现场安装条件的要求。

④ 安装在有腐蚀性气体存在场合的离心机，要求采取防腐蚀的措施。

⑤ 对安装在室外环境温度低于−20℃的离心机应采用耐低温材料。

⑥ 对安装在爆炸性和火灾危险性环境内的离心机，其防爆电动机的防爆等级应符合爆炸性危险环境的区域等级。

⑦ 要求每年一次大检修的工厂，对于连续运转的离心机，其连续运转周期一般应大于 8000h。

⑧ 离心机的设计寿命一般至少应为 10 年。

⑨ 离心机的设计、制造、检验应符合有关标准的规定。国内有关的离心机标准见表 21-2。

⑩ 离心机应保证用户电源电压、频率变化范围内的性能。

⑪ 确定离心机型号和制造厂时，应综合考虑离心机的性能、能耗、可靠性、价格和制造规范等因素。

1.3　离心机的选型

1.3.1　选型参数

(1) 物料名称、物料特性（如腐蚀性、磨蚀性、毒性等）

(2) 进料量

进料量是指工艺装置生产中，要求离心机单位时间内处理的量。工艺专业人员一般应给出所需的最小、正常和最大处理量。常用单位为 kg/h、m^3/h。

(3) 悬浮液（料浆）温度 T

指离心机进料的进口介质温度，一般应给出操作过程中离心机进口介质的最低温度、正常温度和最高温度。常用单位为℃。

(4) 物料密度

分为固相密度 ρ_s、液相密度 ρ_L 和悬浮液密度 ρ 等，单位是 kg/m^3。它们之间可以进行相互的换算。

$$\rho=\rho_s\varphi+\rho_L(1-\varphi) \tag{21-1}$$

式中　ρ_s——固相密度，kg/m^3；

ρ_L——液相密度，kg/m^3；

φ——悬浮液中固相的体积浓度（百分数）；

ρ——悬浮液密度，kg/m^3。

(5) 粒度

指悬浮液中固体颗粒的平均尺寸。可以用斯托克斯直径 d_{st} 表示，也可用中值直径 d_{50} 表示。

斯托克斯直径 d_{st} 用沉降法在重力场或离心力场中测定，d_{st} 与实际比较接近，一般可将试样交离心机厂家进行测取。

中值直径 d_{50} 是指试样筛分时质量为 50% 的颗粒粒径（mm），它保证比该粒径大的颗粒和小于该粒径的颗粒的质量份额相同。该种方法最简单，但误差大，且不能测量太细的颗粒。

(6) 悬浮液固相浓度 φ

悬浮液固相浓度是指悬浮液中固体颗粒的含量。一般以质量分数表示，即固体颗粒的质量在单位质量

表 21-2　国内有关的离心机标准

序号	标准代号	标准名称	序号	标准代号	标准名称
1	GB/T 4774—2004	分离机和过滤机　名词术语	14	JB/T 5284—2010	防爆型刮刀卸料离心机
2	GB/T 7779—2005	离心机型号编制方法	15	JB/T 7241—2010	进动卸料离心机
3	GB/T 7780—2005	过滤机型号编制方法	16	JB/T 8103.1—2008	碟式分离机　第 1 部分:通用技术条件
4	GB/T 7781—2005	分离机型号编制方法	17	JB/T 9098—2005	管式分离机
5	GB/T 10894—2004	分离机械噪声测试方法	18	JB/T 5285—2008	真空净油机
6	GB/T 10895—2004	离心机和分离机机械振动测试方法	19	JB/T 8103.2—2005	碟式分离机　第 2 部分:啤酒分离机
7	GB/T 10901—2005	离心机性能测试方法	20	JB/T 8103.3—2005	碟式分离机　第 3 部分:乳品分离机
8	JB/T 4064—2005	上悬式离心机	21	JB/T 8103.4—2005	碟式分离机　第 4 部分:乳胶分离机
9	JB/T 447—2004	活塞推料离心机	22	JB/T 8103.5—2005	碟式分离机　第 5 部分:淀粉分离机
10	JB/T 502—2004	螺旋卸料沉降离心机	23	JB/T 8103.6—2005	碟式分离机　第 6 部分:植物油分离机
11	JB/T 8652—2008	螺旋卸料过滤离心机	24	JB/T 8103.7—2008	碟式分离机　第 7 部分:酵母分离机
12	JB/T 8101—2010	离心卸料离心机	25	GB 5745—2010	船用碟式分离机
13	JB/T 7220—2006	刮刀卸料离心机			

的悬浮液中所占的比例。也有用体积分数或单位体积悬浮液中含有的固体颗粒的质量表示，如g/mL或g/L。

(7) 黏度

黏度分液体黏度 γ_f 和悬浮液黏度 γ。常用运动黏度表示，单位为 mm^2/s ($1mm^2/s=1cSt$)。此外还有动力黏度、恩氏黏度等。

$$\gamma=\gamma_f\left(1+K\varphi\frac{\rho_s}{\rho}\right) \tag{21-2}$$

式中 γ_f——液体黏度，mm^2/s；

γ——悬浮液黏度，mm^2/s；

ρ_s——固相密度，kg/m^3；

φ——悬浮液中固相的体积浓度，%；

ρ——悬浮液的密度，kg/m^3。

K——修正系数，对刚性无惯性的球形颗粒，$K=2.5$。

1.3.2 性能指标

(1) 生产能力 [Q]

指单台离心机单位时间内处理的物料量。如果是脱水过程，一般以滤渣的生产量作为其生产能力。如果是澄清过程，一般以滤液的生产量作为其生产能力。单位为 m^3/h、t/h。

(2) 分离因数

离心机在运行过程中产生的离心力加速度和重力加速度的比值，称为分离因数。

$$F_r=\frac{r\omega^2}{g} \tag{21-3}$$

$$\omega=2\pi\frac{n}{60} \tag{21-4}$$

式中 r——离心机转鼓的回转半径，m；

ω——转鼓的角速度，s^{-1}；

n——转鼓的转速，r/min。

分离因数 F_r 越大，物料所受的离心力也越大，分离效果就越好。对于小颗粒，液相黏度大的难分离悬浮液，需要采用分离因数大的离心机。工业离心机的分离因数范围见表21-1。

分离因数 F_r 与离心机的转鼓半径成正比，与转鼓转速的平方成正比。因此提高离心机分离因数的途径是加大转鼓半径和提高转鼓转速，而提高转鼓转速比增大转鼓半径有效得多。因此一般高分离因数的离心机，如碟片式离心机、管式离心机等均采用小直径、高转速的机型。

(3) 转速

离心机的额定转速是指离心分离所允许的转鼓转速，单位为r/min。

(4) 轴功率

轴功率指离心机在给定的运转状态下，驱动电动机传给主轴的功率，单位为kW。

1.3.3 选型的基本原则

离心机选型的原则与其用途有关，分述如下。

(1) 用于脱水过程的选型原则

① 悬浮液中固相浓度较高，颗粒是刚体或晶体，且粒径较大时，可选用过滤离心机。如果颗粒允许被破碎，可选用卧式刮刀卸料离心机；如果颗粒不允许被破碎，可选用卧式活塞推料离心机或离心力卸料离心机。

② 悬浮液中固相浓度较低，颗粒粒径很细，或是无定形的菌丝体时，不宜选用过滤离心机，因为粒径太细，滤网跑料严重。如果加细滤网，则脱水性能下降，无定形的菌丝体和含油的固体颗粒会把滤网堵死。这时应选用沉降离心机，如螺旋卸料沉降离心机或三足式沉降离心机。如果颗粒大小很不均匀，可先用筛网把粗颗粒过滤掉，然后用离心机进行脱水。

③ 悬浮液中固液两相的密度差很小，且颗粒粒径在0.01mm以上时，可选用过滤离心机。处理量大时可选用连续型的过滤离心机。

(2) 用于澄清过程的选型原则

① 大量液相，少量固相且固相粒径很小（10μm以下），或是无定形的菌丝体时，可选用螺旋卸料沉降离心机、碟式分离机或管式分离机。当固相含量小于1%，粒径小于5μm时，可选用碟式人工排渣分离机或管式人工排渣分离机。当固相含量小于3%，粒径小于5μm时，可选用碟式活塞排渣分离机。

② 管式分离机可分离0.5μm左右的细小颗粒，所得的澄清液澄清度很高，但单机处理量小，分离后固渣紧紧贴在转鼓内壁，需拆开机器进行人工清渣，不能用于连续生产。

③ 碟式活塞排渣分离机可分离0.5μm左右的细小颗粒，所得的澄清液澄清度很高，分离后固渣沉积在转鼓内壁上，当储存到一定量时，机器能在不断进料的情况下，自动打开活塞进行部分排渣。由于机器在运转时瞬间打开活塞，固渣不可能完全排净，因此运行一定周期后，应停止进料，使活塞保持打开状态较长时间，排尽固渣。

(3) 用于浓缩过程的选型原则

浓缩过程使悬浮液中的少量固相得到富集。

① 固液相密度差大的物料，可选用旋液分离器。

② 固液相密度差较小的物料，可选用碟式喷嘴排渣分离机。

③ 螺旋卸料沉降离心机也常用于浓缩过程。由于没有滤网和喷嘴，不会造成物料堵塞现象。螺旋卸料沉降离心机出料的含水率比碟式喷嘴排渣分离机低。

(4) 用于分级过程的选型原则

① 通常可选用螺旋卸料沉降离心机，根据固液密度差及颗粒粒径 d_k，选择合适的分离因数和转差，使大于 d_k 的颗粒沉降下来，从固相排出，小于 d_k 的颗粒保留在液相中，随液相一同排出，从而达到颗粒分级的目的。为了避免小于 d_k 的颗粒被大颗粒夹

带沉降，必须调节到合适的转速、转差以及供料管插入离心机螺旋输送器内筒的位置。

② 如果处理量很小，可选用三足式沉降离心机，调节合适的分离因数，进行颗粒分级处理。

(5) 用于液-液、液-液-固分离的选型原则

液-液、液-液-固分离是指两种或三种互不相溶物料的分离，分离的原理是利用密度差。如食物油的油水分离，燃料油和润滑油的油、水、固的分离净化等。

① 液-液、液-液-固分离处理量小时可选用管式分离机，处理量大时可用碟式人工排渣分离机或活塞排渣分离机。

② 由于液-液两相的含量不同（如轻相 A 液多，重相 B 液少；或轻相 A 液少，重相 B 液多）；在管式分离机和碟式分离机中均需通过调节环进行调节。

1.4 过滤离心机的选用

利用过滤原理，以离心力为推动力来分离液-固两相的机械，称为过滤离心机。过滤离心机对液-固两相没有密度差的要求，其分离原理是使悬浮液中固相颗粒截留在过滤介质上，并不断堆积成为滤饼，与此同时，液体由于离心力的作用透过过滤介质成为滤液。

离心过滤的推动力是作用于液体上的离心力，滤饼层内离心力场的大小随滤饼的半径增加而增加；在圆筒过滤离心机内，随着滤饼的增厚，过滤面积随之减小，液体的表观流速在各个不同半径的滤饼层截面上不同。由此可见离心过滤中流体的流动、压力分布及固体颗粒的受力状态比一般的压力过滤复杂得多。

离心过滤与离心沉降的不同在于：离心沉降要达到液-固两相分离要有一定的密度差，离心过滤对此无要求。

过滤离心机适用于处理 10μm 至数毫米的粒径，固含量为 5%～80% 的液-固两相悬浮液。常用的过滤离心机有三足式离心机、上悬式离心机、卧式刮刀卸料离心机、卧式活塞推料离心机和离心力卸料离心机等形式。

1.4.1 生产能力计算

对于间歇操作的过滤离心机，其按滤液量计算的生产能力 Q_1 按式 (21-5) 计算。

$$Q_1=\frac{S}{T} \tag{21-5}$$

式中　S——每个操作循环中各阶段的滤液量之和，kg；

T——每个操作循环周期的时间，s。

(1) 三足式离心机和上悬式离心机的生产能力及台数的计算

三足式离心机和上悬式离心机滤渣的生产能力 Q 按式 (21-6) 计算。

$$Q=KQ_1 \tag{21-6}$$

式中　K——单位滤液中的固相含量，kg/m^3；

Q_1——设备单位时间内滤液的生产能力，m^3/h。

平均滤液生产能力 Q_1 按式 (21-7) 计算。

$$Q_1=\frac{Q_2\ t_3}{T}\times 3600 \tag{21-7}$$

式中　t_3——分离时间，s；

Q_2——单位过滤时间滤液产量，m^3/s；

T——一个生产循环周期的总时间，s。

单位时间的滤液产量 Q_2 可按式 (21-8) 计算。

$$Q_2=\frac{\rho_f\ \omega^2(R^2-r_2^2)}{2\mu\left(\dfrac{Q_3\alpha_{av}}{A_1A_S}+\dfrac{R_m}{A_2}\right)} \tag{21-8}$$

式中　A_1，A_S——转鼓中滤饼层面积的对数平均值和算术平均值；

A_2——过滤介质（滤布）的过滤面积，m^2；

Q_3——转鼓中滤渣的质量，kg；

ρ_f——液体的密度，kg/m^3；

R_m——过滤介质的过滤阻力，m/m^2；

μ——悬浮液中液相的动力黏度，Pa·s；

R——转鼓内半径（滤布所在内半径），m；

r_2——转鼓中自由液层内表面半径，m；

ω——转鼓的角速度；s^{-1}；

α_{av}——湿滤渣层平均过滤比阻，m/m^2。

滤饼层对数平均值 A_1，按式 (21-9) 计算。

$$A_1=\frac{2\pi H(R-r_1)}{\ln\dfrac{R}{r_1}} \tag{21-9}$$

滤饼层算术平均值 A_s，按式 (21-10) 计算。

$$A_s=\pi H(R+r_1) \tag{21-10}$$

式中　r_1——转鼓中滤渣层内表面半径，m；

H——转鼓高度，m。

过滤离心机的一个典型循环周期包括启动（或加速）、进料、分离、洗涤、甩干、停机（或减速）、卸料 7 个过程，一个循环周期 T 的时间可按式 (21-11) 计算。

$$T=t_1+t_2+t_3+t_4+t_5+t_6+t_7 \tag{21-11}$$

式中　t_1——启动（或加速）时间，s；

t_2——进料时间，s；

t_3——分离时间，s；

t_4——洗涤时间，s；

t_5——甩干时间，s；

t_6——停机（或减速）时间，s；

t_7——卸料时间，s。

根据上述公式可计算出离心机单位时间的产量，再以工厂规模大小，考虑正常的检修机器时间，交接班停机时间等，就可确定所需离心机配置台数。由于

是连续生产，还应考虑备用机，保证在设备出现紧急故障时，不影响生产正常进行。

(2) 卧式刮刀卸料离心机生产能力的计算

卧式刮刀卸料离心机生产能力和台数的确定可参见三足式离心机及上悬式离心机，只是卧式刮刀卸料离心机的循环周期有所不同。卧式刮刀卸料离心机一个典型循环周期包括进料、分离、洗涤、卸料和洗网5个过程，一个循环周期 T 的时间可按式（21-12）计算。

$$T=t_1+t_2+t_3+t_4+t_5 \tag{21-12}$$

式中 t_1——进料时间，s；

t_2——分离时间，s；

t_3——洗涤时间，s；

t_4——卸料时间，s；

t_5——洗网时间，s。

(3) 卧式活塞推料离心机生产能力和台数的计算

卧式活塞推料离心机生产能力可依据机器结构按式（21-13）估算生产能力（以滤渣计）。

$$Q=60\pi(R^2-r^2)snc\rho \tag{21-13}$$

式中 R——转鼓半径（双级为一级转鼓半径），m；

r——布料盘半径，m；

s——推料行程，m；

c——考虑物料层被压缩系数，取 $c=0.62$；

ρ——物料的堆积密度，kg/m³；

n——推料次数，次/min。

1.4.2 三足式离心机和平板式离心机

三足式离心机是过滤离心机中应用最广泛、适应性最强的设备，可用于分离10μm至数毫米粒径的固体颗粒，以及纤维状或块状的物料，悬浮液的固含量在5%～60%的范围内都能很好的工作。随着制药工业的GMP要求，三足式离心机的悬挂支承结构已很难适应洁净、易清洗、不宜积料等需求，平板式离心机随之诞生，其与三足式离心机的差异就在于，采用了矩形的底座替代传统三足式的底座，支承则采用弹性（阻尼）减振器替代三足式的悬挂支承装置，从而满足GMP的需求。两者的工作原理完全相同，只是支承的形式不同。

三足式离心机对物料浓度的变化及物料过滤性能的变化适应性好，而且滤饼易于洗涤，洗涤时间和洗涤水用量可随意调整。三足式离心机的缺点是工人劳动强度大，设备生产效率低，一般仅适用于中小规模的生产。三足式离心机的分离因数为500～1200，转鼓直径为300～2000mm。

(1) 三足式离心机的工作原理

如图21-1所示为人工卸料三足式离心机的结构。高速回转的转鼓悬挂在机座的三根支柱上，由主轴带动，主轴为刚性轴。主轴及其支撑、驱动装置等安装在机器的底盘上，整个机组处于挠性支撑。

转鼓内，悬浮液中的固体颗粒在离心力的作用下向鼓壁运动，受过滤介质的拦截在转鼓内壁堆积形成滤饼，而液体在离心力的作用下，通过滤饼，经转鼓的小孔离开转鼓，实现了液-固两相的分离。当滤饼达到一定厚度时停止加料，脱水，加入洗涤液对滤饼进行洗涤，然后甩干，停机。由人工从上部将滤饼卸出。

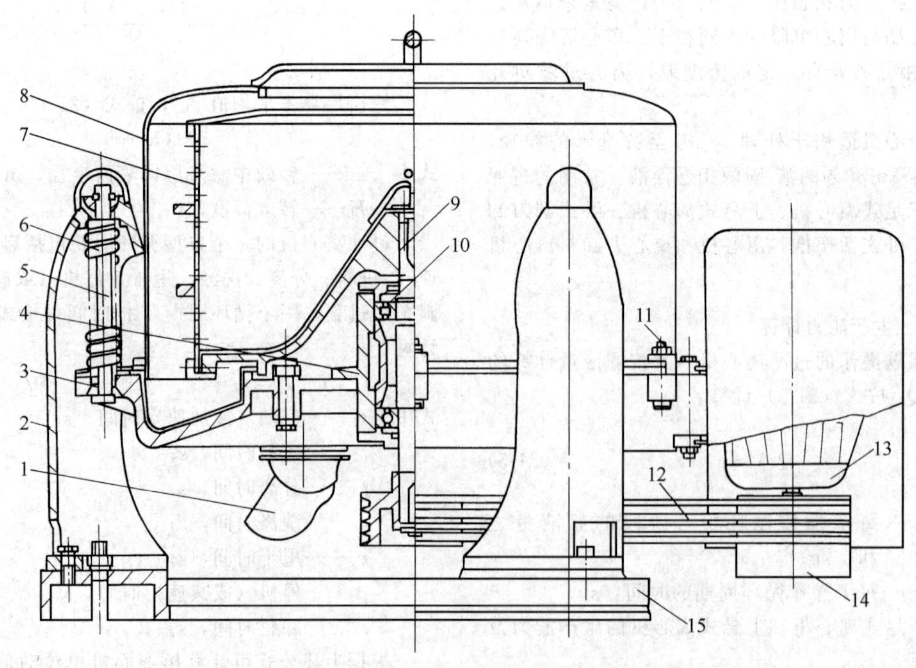

图21-1 人工卸料三足式离心机的结构

1—出液管；2—支柱；3—底盘；4—轴承座；5—摆杆；6—弹簧；7—转鼓；8—外壳；9—主轴；10—轴承；11—外壳压紧螺栓；12—三角带；13—电动机；14—离心离合器；15—机座

当被分离的液-固两相悬浮液固含量低且固体颗粒很细，用过滤离心机有困难时，也可以使用沉降式三足离心机。其结构与三足式过滤离心机的区别是转鼓壁上不开孔，不使用过滤介质，而增加了撇液装置。物料加入高速旋转的转鼓，在离心力的作用下固体颗粒向鼓壁运动并堆积成渣，液相逐步得到澄清，经过一段时间沉降分离后，液体可借助撇液管的径向移动利用切向速度而排出机外。转鼓内固体堆积层达到一定的厚度时停机，用人工的方法将沉渣取出。

(2) 三足式离心机的类型和操作方式

根据卸料方式的不同，三足式离心机可分为人工卸料和机械卸料两大类。人工卸料三足式离心机属间歇操作，工人劳动强度大，设备生产效率低，但对物料的适应性好，易于保持产品晶粒不被破坏。机械卸料，主要适用于滤饼比较疏松的晶粒状固体颗粒，对晶粒有一定的破坏作用。但工人劳动强度低，易实现程序或自动控制，详见表21-3。

表21-3　三足式离心机的卸料和操作方式

类　型	卸料方式			分离操作方式	主轴运转方式
	机构	方位	转速		
人工卸料	人工	上部	停机	间歇	恒速、间断
	起吊滤袋	上部	停机	间歇	恒速、间断
	手动刮刀	下部	低速	间歇	调速、连续
机械卸料	旋转刮刀	下部	低速	周期循环	调速、连续
	升降刮刀	下部	低速	周期循环	调速、连续
	气流机械	上部	低速	周期循环	调速、连续
	刮刀-螺旋	上部	低速	周期循环	调速、连续

(3) 三足式离心机的驱动装置

三足式离心机各个操作阶段的转速各不相同。一般在200～800r/min转速下加料，在1000～1600r/min转速下分离，在20～100r/min转速下进行刮刀卸料(人工卸料三足式离心机需在停车时进行卸料)。所以要求驱动装置能实现宽范围的变速，目前三足式离心机的变速方法如下。

① 多速电动机驱动　其结构简单，运行可靠，操作方便，但由于绕组的磁极对数只能成对改变，所以相应的调速只能是有级的，调速范围也很小。

② 主-副电动机驱动　主电动机常采用双速电动机，以中速和高速驱动主轴转动；副电动机为低速电动机，其功率和转速与过滤离心机卸料阶段的转速相适应。这种驱动方式的优点是使用普通电动机即可实现变速，能满足一般机械刮刀卸料离心机对转鼓转速的要求。

③ 变频调速驱动　采用交流变频调速，可以实现无级调速，启动和制动平稳可靠，噪声低，但价格较高。

④ 转差电动机电磁调速驱动　其结构简单，制造、维修和操作方便，调速性能可靠范围可达(10∶1)～(30∶1)；缺点是低速运行时效率低。

⑤ 液压驱动　增加一整套油路控制系统和相应的装置，利用液压驱动来实现变速，能满足三足式离心机对驱动的各项要求，安全防爆，易于实现自动操作，但价格较高。

(4) 三足式离心机机型的选用

三足式离心机的选型一般遵循以下原则。

① 当生产规模较大、滤饼含湿量有严格要求或对滤饼的洗涤有一定要求时，一般可选用下部卸料或自动刮刀下部卸料的三足式离心机，转鼓直径为250～1000mm。因为其滤饼容量适中，分离因数一般为500～800。

② 在小规模生产或中间试验的情况下，可选用较小转鼓直径的下部卸料三足式离心机。如果产量较小，还可选用上部人工卸料的三足式离心机。其结构最简单，价格也最便宜，对物料过滤性能变化的适应性好。

③ 对于固相浓度低、固相颗粒细、处理量不大时，而且对沉渣含湿量没有严格要求的场合，可以考虑选用带有撇液装置的三足式沉降离心机，这种机型与其他沉降离心机相比，设备投资费用低，维修操作方便。

④ 对于颗粒较细（颗粒直径为10μm左右），固相浓度较高（固相质量分数为30%～40%），而且对滤饼的含湿率有较高要求时，可以选用带有撇液装置的下部卸料或刮刀下部卸料的三足式离心机。

⑤ 用于纺织晶或纤维脱水时，应当选用上部人工卸料的三足式离心机。

⑥ 选用的机器转鼓直径应尽可能大而分离因数可低一些，其原因是大直径的转鼓可增加每批物料的量，以提高产量。而对于易脱水的纺织品类物料也不必使用高分离因数的设备，以节省投资和操作费用。当用于小零件洗涤脱水时一般选用下部卸料的三足式离心机，分离因数也可以取低一些。

⑦ 规模不大的间歇生产，或产品的品种经常变化，或用于分离的产品对固相粒子外形有很高的要求时，也可采用上部人工卸料的三足式离心机。

⑧ 用来分离滤饼比较疏松，使用气流输送管道不易发生阻塞，生产规模大，又不希望物料与外界接触时，可考虑选用上部抽吸的气流机械卸料。

⑨ 太黏的物料不能选用重力卸料，应选用人工或机械卸料离心机。黏度小的物料应选用重力自动卸料离心机，这样既可减轻操作工人的劳动强度，又能提高生产量，降低设备造价。

⑩ 当选用刮刀卸料机械时，应根据滤饼的黏性和坚硬程度，正确选择刮刀的宽度与进入形式。

(5) 过滤介质的选择

除沉降式三足离心机不必使用过滤介质外，其他各种类型的三足式离心机均需使用过滤介质，以捕捉固体颗粒。常用的过滤介质有滤布或金属网。过滤介质的选用原则如下。

① 被过滤物料为较粗颗粒（粒径为0.5～1mm），且晶粒分布很均匀时，可选用孔径较粗的单丝纤维织物或者金属丝网、条形网类过滤介质。

② 被过滤物料为中等颗粒，且浆料浓度较高时，可选用斜纹或者缎纹法编织的工业滤布，或孔径较小的金属丝网。

③ 被过滤物料为细小颗粒，且浆料浓度较高或中等时；或过滤物料虽然颗粒不是很细，但粒径分布很宽时，可选用捕捉效果很好的平纹编织的工业滤布。

(6) 三足式离心机的主要技术参数

按中华人民共和国国家标准GB/T 7779《离心机型号编制方法》的规定，三足式、平板式离心机的型号表示方法如下。

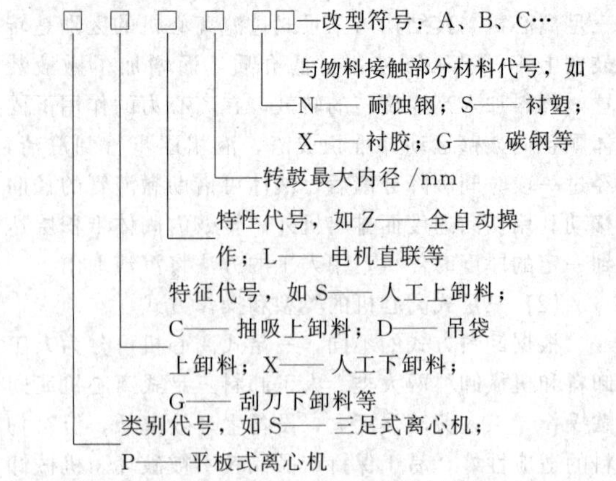

三足式、平板式离心机的主要技术参数示例见表21-4（a）和（b）。

表21-4 (a)　部分国产三足式离心机的规格和技术参数

型　号	转鼓			容积/L	装料限量/kg	电动机功率/kW	外形尺寸（长×宽×高）/mm	生产企业
	直径/mm	高度/mm	转速/(r/min)					
三足式刮刀下卸料离心机								
SG/SGZ800	800	400	1500	100	130	7.5	1740×1216×1820	赛德力
SG/SGZ800	800		1200	100	135	11	1900×1550×2250	华大
SG/SGZ800	800	400	1500	125	175	11	1840×1460×1050	湘潭
SG/SGZ1000	1000	580	1200	190	240	15	2174×1695×2280	赛德力
SG/SGZ1000	1000		1000	155	210	11	2150×1750×2400	华大
SG/SGZ1000	1000	450	1200	180	250	15	2160×1900×1900	湘潭
SG/SGZ1200	1200	500	970	260	320	18.5	2443×1778×2230	赛德力
SG/SGZ1250	1250	630	1000	400	520	18.5	2443×1778×2560	赛德力
SG/SGZ1250	1250		900	280	420	18.5	2500×2000×2500	华大
SG/SGZ1250	1250	500	980	315	440	18.5	2900×2700×2400	湘潭
SG/SGZ1250A	1250	800	1000	505	650	22	2443×1778×2560	赛德力
SGZ1500	1500	700	850	570	740	30	2744×2015×2695	赛德力
SGZ1600	1600	800	800	800	1000	37	2807×2015×2820	赛德力
三足式人工上卸料离心机								
SS300	300	210	2800	10	12	1.1		赛德力
SS300	300		2825	5	7.5	1.1	660×650×760	华大
SS450	450	300	2000	20	30	3		赛德力
SS450	450		1900	20	30	1.5	1000×750×630	华大
SS600	600	350	1600	45	68	3		赛德力
SS600	600		1500	40	55	3	1400×1150×850	华大
SS800	800	400	1500	90	135	7.5		赛德力
SS800	800		1200	100	135	5.5	1750×1300×1000	华大
SS1000	1000	420	1080	140	200	11		赛德力
SS1000	1000		1000	140	200	7.5	2000×1550×1000	华大
SS1200	1200	440	950	250	300	15		赛德力
SS1200	1200		800	230	310	11	2250×1800×1100	华大
三足式吊袋上卸料离心机								
SD800	800		1200	100	135	7.5	1750×1300×1300	华大
SD800	800	350	1500	100	135	7.5	1835×1270×1930	湘潭

续表

型　号	转鼓			容积 /L	装料限量 /kg	电动机功率 /kW	外形尺寸（长×宽×高） /mm	生产企业
	直径 /mm	高度 /mm	转速 /(r/min)					
SD1000	1000		1000	155	200	11	2000×1550×1350	华大
SD1000	1000	450	1200	180	235	11	2290×1681×2556	湘潭
SD1200	1200		900	270	360	15	2250×1800×1450	华大
SD1200	1200	600	970	290	380	18.5	2550×1970×2980	湘潭
SD1250	1250		960	310	420	18.5	2400×1900×1650	华大
SD1250	1250	600	960	350	450	22	2550×1970×2980	湘潭
SD1500	1500		850	600	800	30	2600×2200×1800	华大
SD1500	1500	600	800	520	700	30	2810×2188×3250	湘潭
三足式电动机直联上卸料离心机								
AUT1250A	1250		970	281	380	22	2150×2100×2150	华大
AUT1250B	1250		970	450	610	30	2150×2100×2800	华大
AUT1320	1320		900	490	660	30	2150×2100×2800	华大
AUT1500	1500		800	653	880	37	2650×2600×2600	华大
AUT1600	1600		750	970	1300	45	2650×2550×3500	华大
三足式电动机直联刮刀下卸料离心机								
SGZ1250MDL	1250	630	970	350	460	22	2003×1780×2600	赛德力
SGZ1500MDL	1500	700	850	500	650	37	2700×2500×2870	赛德力
SGZ1600MDL	1600	900	850	900	1170	45	2700×2500×3000	赛德力

表 21-4（b）　部分国产平板式离心机的规格和技术参数

型　号	转鼓			容积 /L	装料限量 /kg	电动机功率 /kW	外形尺寸（长×宽×高） /mm	生产企业
	直径 /mm	高度 /mm	转速 /(r/min)					
平板式刮刀下卸料离心机								
PGZ800	800	400	1500	100	130	7.5	1700×1400×1800	赛德力
PGZ800	800		1200	110	135	7.5	1620×1200×1670	湘潭
PGZ1000	1000	580	1200	190	240	15	1968×1500×2100	赛德力
PGZ1000	1000		1200	200	270	15	2000×1500×2210	湘潭
PGZ1200	1200	500	970	260	320	18.5	2280×1800×1977	赛德力
PGZ1250	1250	630	1000	400	520	18.5	2280×1800×2306	赛德力
PGZ1250	1250		1000	350	440	18.5	2350×1800×2500	湘潭
PGZ1250A	1250	800	1000	505	650	22	2280×1800×2563	赛德力
PGZ1500	1500	700	850	630	800	30	2600×2140×2563	赛德力
PGZ1600	1600	800	800	800	1000	37	3000×2400×2811	赛德力
平板式人工上卸料离心机								
PS300	300	210	2800	10	12	1.1	620×800×520	赛德力
PS450	450	300	2000	20	30	3	920×1260×720	赛德力
PS600	600	350	1600	45	68	3	920×1335×865	赛德力
PS600	600		1500	40	55	3	1300×1050×1150	华大
PS800	800	400	1500	90	135	7.5	1200×1600×1008	赛德力
PS800	800		1200	100	135	5.5	1550×1200×1300	华大
PS800	800		1500	100	135	7.5	1420×1000×860	湘潭
PS1000	1000	420	1080	140	200	11	1000×1968×1065	赛德力
PS1000	1000		1000	150	200	7.5	1800×1400×1300	华大
PS1000	1000		1200	180	245	11	2100×1450×1450	湘潭
PS1200	1200	440	950	250	300	15	1800×2280×1225	赛德力
PS1200	1200		960	270	360	15	2100×1600×1500	华大
PS1250	1250		960	310	420	18.5	2400×1900×1650	华大

续表

型号	转鼓			容积/L	装料限量/kg	电动机功率/kW	外形尺寸(长×宽×高)/mm	生产企业
	直径/mm	高度/mm	转速/(r/min)					
PS1250	1250		1000	320	420	18.5	2255×1800×1350	湘潭
PS1500	1500		850	600	800	22	2600×2200×1800	华大
平板式吊袋上卸料离心机								
PD800	800	400	1500	90	135	7.5	1200×1600×1008	赛德力
PD800	800		1200	100	135	7.5	1550×1200×1300	华大
PD800	800		1500	100	135	7.5	1420×1000×860	湘潭
PD1000	1000	400	1200	140	200	11	1500×1968×1125	赛德力
PD1000	1000		1000	155	200	11	1800×1400×1300	华大
PD1000	1000		1200	180	245	11	2100×1450×1450	湘潭
PD1200	1200	480	950	250	300	18.5	1800×2280×1290	赛德力
PD1200	1200		960	310	420	18.5	2400×1900×1500	华大
PD1250	1250	500	900	300	400	18.5	1800×2280×1290	赛德力
PD1250	1250	600	1000	400	520	18.5	1800×2280×1440	赛德力
PD1250	1250		960	360	480	18.5	2400×1900×1500	华大
PD1250	1250		1000	320	420	18.5	2255×1800×1350	湘潭
PD1500	1500	750	850	600	800	22	2140×2600×1703	赛德力
PD1500	1500		850	600	800	30	2600×2200×1800	华大
平板式电动机直联上卸料离心机								
PAUT1250A	1250		970	281	380	22	2100×2000×2200	华大
PAUT1250B	1250		970	450	610	30	2100×2000×2600	华大
PAUT1320	1320		900	490	660	30	2100×2000×2600	华大
PAUT1500	1500		800	653	880	37	2600×2350×2700	华大
PAUT1600	1600		750	970	1300	45	2700×2350×2900	华大
平板式电动机直联刮刀下卸料离心机								
LGZ1250MDL	1250	630	970	350	460	22	2000×2000×2266	赛德力
LGZ1500MDL	1500	700	850	500	650	37	2500×2500×2550	赛德力
LGZ1600MDL	1600	900	850	900	1170	45	2500×2500×2800	赛德力

注：华大——江苏华大离心机制造有限公司；赛德力——江苏赛德力制药机械制造有限公司；湘潭——湘潭离心机有限公司。

1.4.3 上悬式离心机

上悬式离心机是继三足式离心机之后出现的一种间歇式重力、机械或人工卸料离心机，分为过滤式和沉降式两种类型。

上悬式离心机对被分离悬浮液的适应性较好，该机在停车或低速下卸除滤饼，对于固体颗粒的破碎性小，适用于需要保持固体晶型的物料分离，其适用范围与三足式离心机基本相当。

上悬式离心机多数采用多速电动机或者直流电动机驱动，并可采用电器、气动或液压联合控制等全自动或半自动操作方式。

(1) 上悬式离心机的工作原理

上悬式离心机与三足式离心机的结构区别在于：将转鼓固定在较长的主轴（挠性轴）下端，主轴的上端装有轴承座并悬挂在机架的铰接支承座上。铰接支承内装有弹性（橡胶材料制造）缓冲环，以减小机器振动。离心机转鼓转动与三足式离心机相似，也由立式电动机通过离合器与主轴直接连接（图21-2）。上悬式离心机的工作原理与三足式离心机相同。

(2) 上悬式离心机的类型和操作方式

上悬式离心机结构简单，运转平稳，能方便地从底部进行人工卸料，也可采用机械或重力自动卸料。

由于采用挠性细长轴悬挂转鼓，为减少刮料时对主轴产生的附加径向载荷，上悬式离心机一般都采用窄刮刀卸料。卸料刮刀机构按进给方式可分为移动-升降式窄刮刀卸料装置，旋转-升降式窄刮刀卸料装置，螺旋刮刀卸料装置。

(3) 上悬式离心机的驱动装置

上悬式离心机在180～300r/min低速下加料，在1000r/min或1500r/min全速下分离。采用重力或人工卸料时，机器需要停车制动；采用机械刮刀卸料时，转鼓转速一般为40～80r/min，如果设有专用定心机构，可在较高转速（150～200r/min）下卸料，但卸料转速应避开转子的临界转速，以免卸料时产生共振现象，加大机器的振动和噪声。

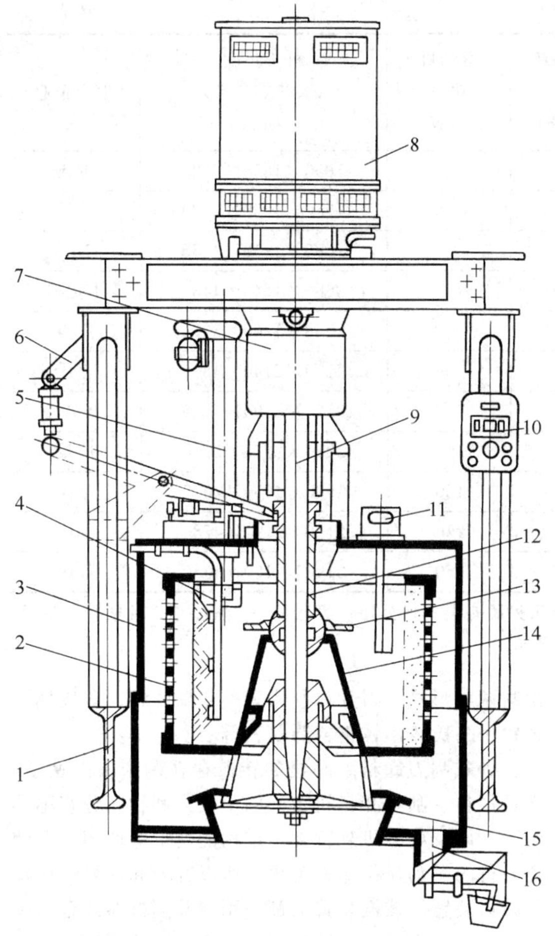

图 21-2　上悬式离心机的结构

1—机架；2—转鼓；3—机壳；4—洗涤管；5—刮刀轴；6—杠杆；7—支承轴承箱；8—电动机；9—主轴；10—控制盘；11—料层厚度探头；12—套管；13—布料盘；14—锥形封料罩；15—卸料斗；16—滤液排出口

上悬式离心机大多采用四速（或五速）异步电动机或直流电动机驱动。多速异步电动机依靠转换电动机的极数来逐级加速或减速。但使用中必须严格控制转鼓的加速时间和制动时间，特别是采用人工操作时更应注意，否则容易使电动机过热。

采用直流电动机，能得到加料、分离、卸料所需的不同转速。具有能耗较低，加速和制动平稳，扭矩恒定等优点，但是直流电动机比多速交流电动机价格要高。

(4) 上悬式离心机机型和过滤介质的选用

可参照三足式离心机。

(5) 国产上悬式离心机主要技术参数

按中华人民共和国国家标准 GB/T 7779《离心机型号编制方法》的规定，上悬式离心机的型号表示方法如下。

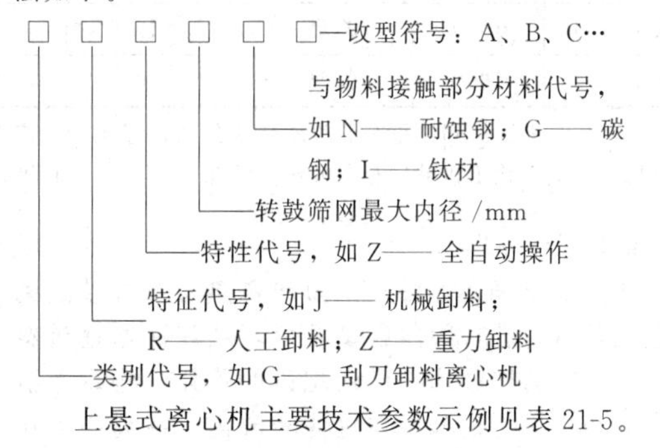

上悬式离心机主要技术参数示例见表 21-5。

1.4.4　卧式刮刀卸料离心机

卧式刮刀卸料离心机是一种连续运转、间歇卸料的固-液分离设备，具有固定过滤床，在离心力的作用下周期性地进行进料、分离（脱水）、洗涤、刮料，并由液压和电器联合自动控制。

固相颗粒粒径大于 10μm、固相颗粒的质量分数为 25%～60%、液相黏度小于 10^{-2} Pa·s 时选用卧式刮刀卸料离心机较合适。

表 21-5　上悬式离心机主要技术参数示例

型号	转鼓			最大循环次数 /(次/h)	电动机功率 /kW	外形尺寸 (长×宽×高) /mm	生产企业
	直径 /mm	装料限量 /kg	转速 /(r/min)				
XR1000	1000	300	970		15	1920×1460×3023	唐化机
XR1000	1000	300	975		15	2210×1610×3150	湘潭
XR1200	1200	450	970		22	2210×1600×3414	湘潭
XR1250	1250	500	970		22	2280×1460×3680	唐化机
XR1250	1250	480	970		22	2210×1600×3414	湘潭
XR1320	1320	900	960		45	2310×1600×4105	湘潭
XZ1000	1050	300	1000	15		2050×1973×3850	广重
XZ1250	1250	500	960			2150×1764×3788	上化机
XZ1300	1300	(蔗糖)1000	1000	22		2375×2032×4780	广重
XZ1320	1350	1200	1300			2176×2480×4578	上化机
XG-800	1270	(蔗糖)800	1240	22	110	1850×1850×4440	苏氏

续表

型号	转鼓			最大循环次数/(次/h)	电动机功率/kW	外形尺寸(长×宽×高)/mm	生产企业
	直径/mm	装料限量/kg	转速/(r/min)				
XG-1100	1330	(蔗糖)1100	1210	22	132	1850×1850×4329	苏氏
XG-1300	1420	(蔗糖)1300	1120	22	160	1950×1950×4329	苏氏
XJZ1300	1350	(蔗糖)1300	1200	22		2686×1750×4655	上化机
XJZ1320	1320	(蔗糖)1200	1450	22		2686×1740×4480	上化机
XJZ1400	1400	(蔗糖)1300	1300	10	75	2508×1900×5364	广重
XG-1500	1500	(蔗糖)1500	1050	22	200	2190×2190×4800	苏氏
XJZ1600	1600	(蔗糖)2000	1100	20		3120×2290×4920	上化机
XJZ1600	1600	(蔗糖)1750	1100	24	200	2230×2140×5100	广重
XG-1600	1420	(蔗糖)1300	1120	22	160	1950×1950×4329	苏氏
XG-1750	1600	(蔗糖)1750	1050	20	250	2190×2190×4780	苏氏
XG-2000	1600	(蔗糖)2000	1050	20	250	2190×2190×4950	苏氏

注：广重——广州广重企业集团有限公司；苏氏——广西苏氏集团有限责任公司；唐化机——唐山化工机械有限公司；上化机——上海化工机械厂有限公司；湘潭——湘潭离心机有限公司。

(1) 工作原理

如图21-3所示，卧式刮刀卸料离心机转鼓达到全速运转后，进料阀门自动开启，悬浮液通过进料管进入旋转的转鼓内，借助耙齿的作用，将悬浮液中的固相物均匀地分布在过滤转鼓内，在离心力作用下，液相经滤网及转鼓壁上的过滤孔甩出。随着滤饼层厚度的增加，耙齿进行相对转动，当耙齿旋转到一定角度时（料层厚度达到允许的最大厚度）触及限位开关并切断继电器，使进料阀关闭，进料停止。同时洗涤阀自动打开，洗涤液喷淋在滤饼上，当滤饼得到充分洗涤后，洗涤阀关闭。离心机进行脱水、甩干，然后刮刀上升并旋转刮料，刮下的物料经出料斗由重力排出机外。当转鼓内的物料卸完后，进行滤网再生，一个工作循环完成后就自动进行第二个工作循环。对于大多数物料，不需要每刮一次料就冲洗一次残余滤饼层，一般间隔4～8h冲洗一次残余滤饼层。

(2) 结构类型和操作方式

卧式刮刀卸料离心机分为普通过滤式和虹吸过滤式两种类型。虹吸刮刀卸料离心机的分离能力强，过滤速度易于调节，适用于滤饼脱水较困难、滤饼洗涤要求高且对滤饼最终含湿率有较高要求的场合。

卧式刮刀离心机的控制系统通常采用液压和电器联合控制方式，可实现较高程度的自动化。

(3) 卸料机构和减振装置

卧式刮刀卸料离心机的卸料机构与滤饼性质有关。滤饼坚密，可采用窄刮刀；而多数较松散的滤饼可选用宽刮刀。刮刀的进给方式可分为提升刮料和旋转刮料两种。出料方式可分为斜槽出料和螺旋输送器出料两种形式。刀片材料常采用铅铁青铜、奥氏体不锈钢、马氏体不锈钢或弹簧钢等。

卧式刮刀卸料离心机的转鼓存在剩余不平衡量，而且加料、刮刀卸料时带来的干扰力和物料分布不均匀性，以及离心机悬臂支承结构的变形等原因，会使离心机的振动显得非常突出，所以刮刀卸料离心机需要减振装置。减振装置大都采用橡胶隔振器或金属弹簧隔振器。当振动系统的固有频率为机器回转频率的1/4～1/3，固有频率≥300r/min时应采用橡胶隔振器，固有频率＜300r/min时，宜采用金属弹簧隔振器。

(4) 卧式虹吸刮刀卸料离心机

卧式虹吸刮刀卸料离心机（简称虹吸刮刀离心机）是指分离时除离心推动力外，还有虹吸抽力的刮刀卸料过滤离心机。和普通刮刀卸料离心机相比，有更高的生产能力和较佳的分离效果。卧式虹吸刮刀离心机除可用于重碱、烧碱、淀粉分离脱水外，尤其适用于悬浮液中固体颗粒小，过滤速率较慢，并且要求对滤饼进行较好洗涤的液-固两相分离过程。

虹吸刮刀离心机与一般的卧式刮刀卸料离心机相比，有如下特点。

① 与相同规格的卧式刮刀卸料离心机相比，生产能力提高40%～60%，且滤饼含湿率低。

② 变动虹吸管吸液口位置可调节过滤速率，实现进料、分离、滤饼洗涤和滤饼脱水时具有不同的过滤速率，使过滤机始终在最佳状态下操作。设备运转平稳，振动和噪声均较小。

③ 设备可实现液压和电器的联合自动控制，程序动作准确可靠，调整和维修方便。

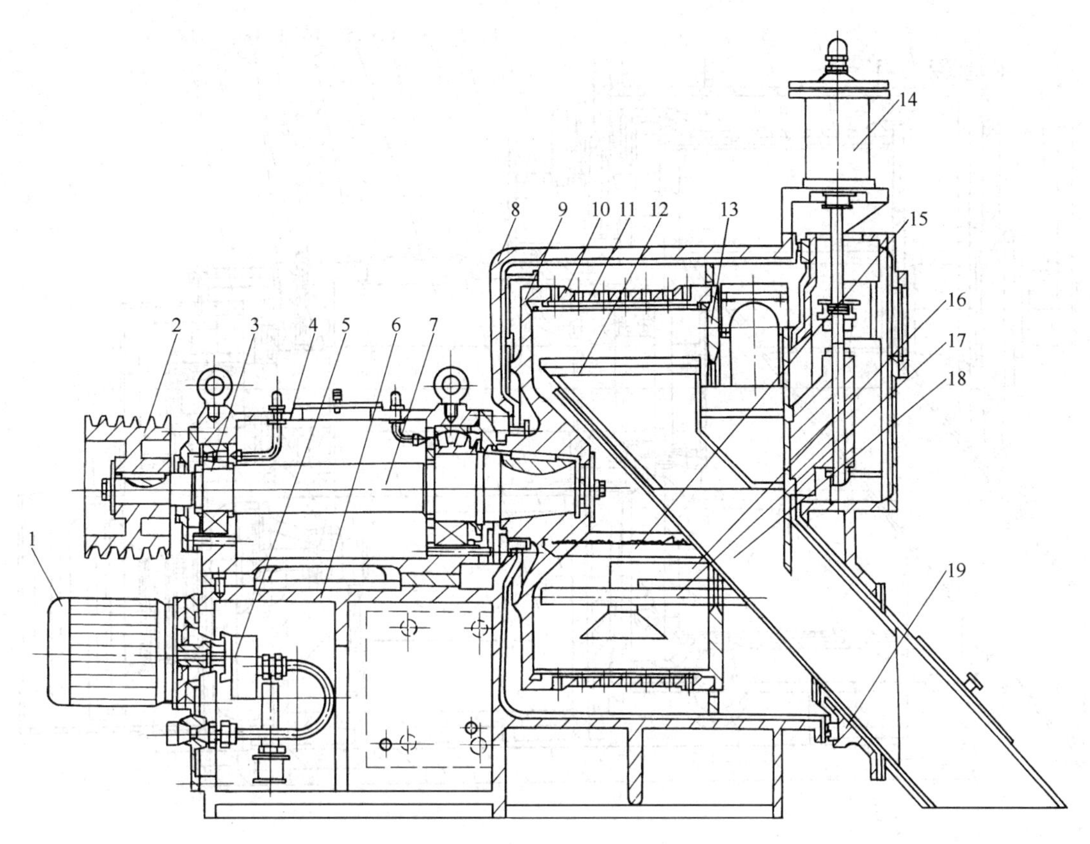

图 21-3　卧式刮刀卸料离心机的结构

1—油泵电动机；2—皮带轮；3—双列向心球面滚子轴承；4—轴承箱；5—齿轮油泵；6—机座；7—主轴；8—机壳；9—转鼓底；10—转鼓筒体；11—滤网；12—刮刀；13—挡液板；14—油缸；15—耙齿；16—进料管；17—洗涤液管；18—料斗；19—门盖

虹吸刮刀卸料离心机的结构与一般的卧式刮刀卸料离心机基本相同，仅转鼓部分由内、外两个转鼓组成，与虹吸管装置组合在一起，形成具有虹吸抽力的构件（图 21-4）。内、外转鼓固定在主轴上，主轴由皮带轮带动。外转鼓上不开孔，内转鼓上开有供滤液流出的孔，并在内转鼓的内壁衬以过滤介质，其结构与一般的卧式刮刀卸料离心机相同。内、外两转鼓间存在一定的间隙。虹吸管装置能转动虹吸管而使它停留在一定的位置。

虹吸刮刀离心机空载时，转鼓在全速运转下，由反冲管向虹吸室内灌水（或加滤液），液体由虹吸室经转鼓的通孔，被压向外转鼓间隙内，一方面排除虹吸管的空气；另一方面在过滤介质上形成一层液体，以便进料时物料分布均匀。然后开始进料，同时虹吸管旋转到某一中间位置，然后再旋转到要求的较低位置，进料结束后，将虹吸管转到最低位置（处于虹吸室最大直径位置）。悬浮液进入转鼓后，固体颗粒被截留在滤布上，而液体则穿过滤布和内转鼓，汇集在内外转鼓的间隙内，经转鼓和虹吸室的通孔进入虹吸室，再由虹吸管抽走，沉积的固渣甩干后，油缸推动刮刀开始旋转刮料，再经料斗排出机外，卸料完后进行洗网。虹吸刮刀离心机洗网与普通刮刀离心机不同，因虹吸刮刀离心机不仅可在转鼓内对滤布进行冲洗，还可由反冲管向虹吸室加入冲洗水，控制虹吸管的上下旋转，使液体从内转鼓下面向滤网底面脉动式反冲洗滤网。可以根据物料的性质来决定冲洗滤网的时间和冲洗次数。近年来，随着制药行业的需求，诞生了附有特殊功能的 GMP 型卧式刮刀卸料离心机。为了满足洁净的要求，一般将离心机的工作区域（转鼓、机壳等）与传动区域（主轴、胶带传动、液压系统等）隔开；在转鼓、机壳等与物料接触部分多采用简化结构，无死角，避免物料的集聚；通过压缩空气的反吹，基本实现滤饼的全卸尽；通过在线清洗系统，无需打开机壳即可实现离心机内接触物料部位的零污染清洗；离心机传动采用变频控制，以适应低速进料-高速分离-低速卸料的工艺需求；接触物料区域实现密闭形式，冲氮保护，以适应易燃、易爆物料的分离、洗涤需求。

(5) 卧式刮刀卸料离心机机型的选用

① 卧式刮刀卸料离心机适用于悬浮液固相的质

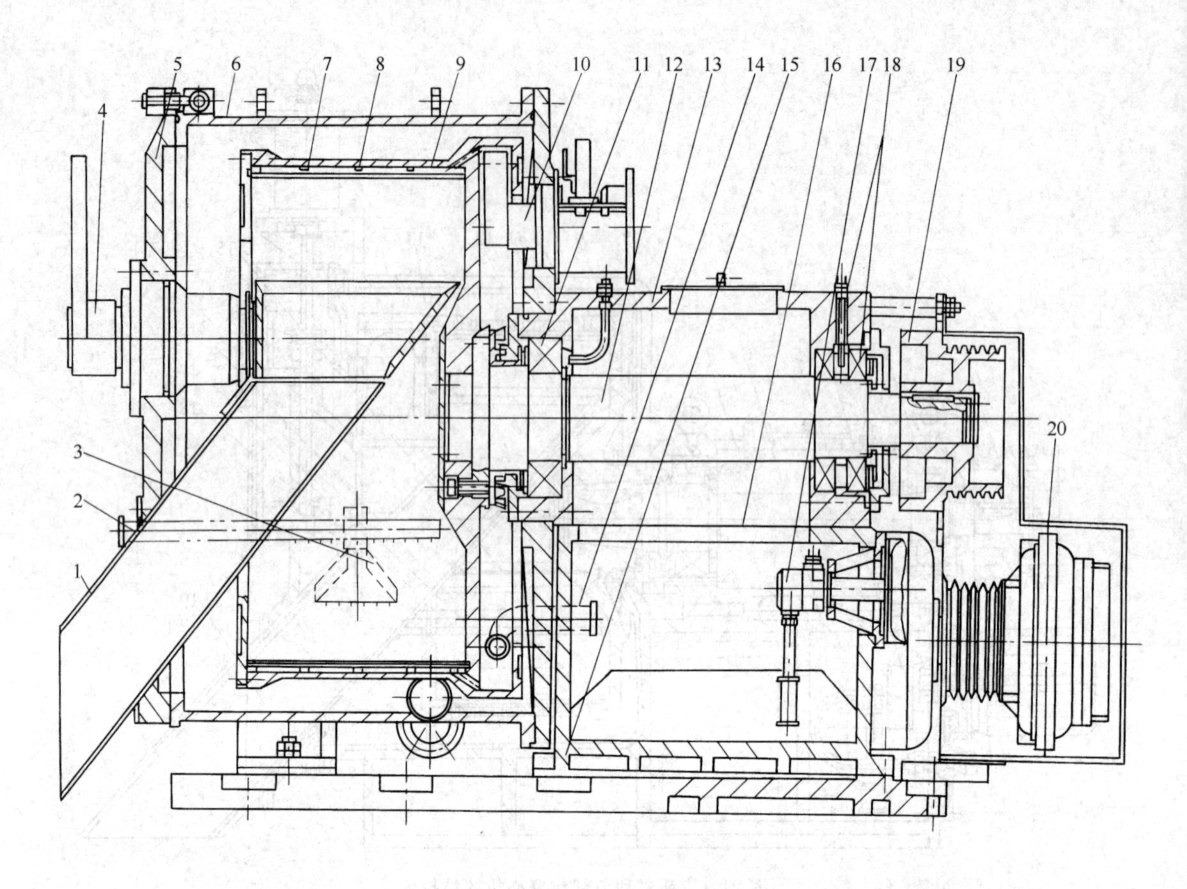

图 21-4　卧式虹吸刮刀卸料离心机的结构

1—料斗；2—洗涤管；3—进料管；4—刮料机构；5—门盖；6—机壳；7—外转鼓；8—内转鼓；9—滤网；10—虹吸管装置；11—短圆柱滚子轴承；12—主轴；13—轴承箱；14—反冲管；15—机座；16—底板；17—液压系统；18—短圆柱滚子和球轴承；19—从动皮带轮；20—液力联轴器

量分数为 25%～60%的物料，或固相颗粒粒径平均大于 10μm、黏度小于 10Pa·s 的物料。对于易燃、易爆、有毒的物料，应选用密闭防爆型刮刀离心机。

② 为了提高设备的生产能力，或者被分离物料过滤速度低、对滤饼洗涤和含湿率有较高要求时，可选用虹吸刮刀卸料离心机。

③ 选用卧式刮刀离心机时，必须确保工艺系统的进料量稳定以及进料中的固相浓度稳定。否则会使离心机产生较大的振动和噪声，影响离心机的使用效果或产生不安全因素。

④ 卧式刮刀卸料离心机卸料对已脱水的固相颗粒有一定的破碎作用，因此对固相颗粒不允许受到破碎的物料不宜选用卧式刮刀卸料离心机。

⑤ 对于脱水后滤渣容易板结，或者物料固相析出容易阻塞过滤介质的场合，也不宜选用卧式刮刀卸料离心机。

⑥ 可参照已有的经验选用具体规格的离心机。一般应通过实验方法来确定合适的离心机。

(6) 卧式刮刀卸料离心机的主要技术参数

按中华人民共和国国家标准 GB/T 7779《离心机型号编制方法》的规定，卧式刮刀卸料离心机的型号表示方法如下。

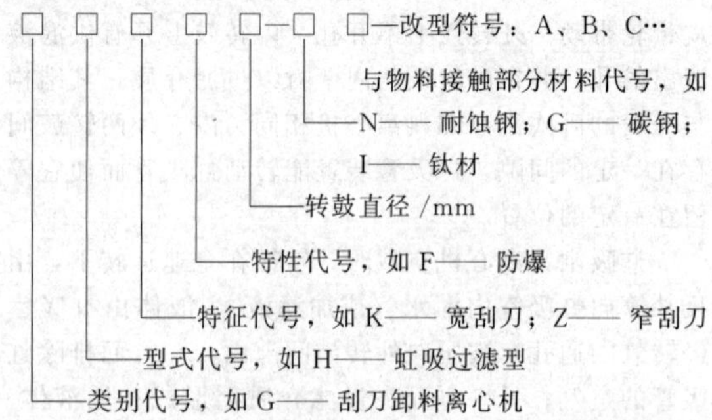

卧式刮刀卸料离心机主要技术参数见表 21-6 (a)，卧式虹吸刮刀卸料离心机主要技术参数见表 21-6 (b)。

1.4.5　卧式活塞推料离心机

卧式活塞推料离心机是一种自动操作、连续运转、脉动卸料的过滤式离心机，在全速下完成进料、分离、滤饼洗涤、甩干和卸料等工序。卧式活塞推料

表 21-6 (a)　卧式刮刀卸料离心机的主要技术参数

型　　号	转鼓				电动机功率/kW	外形尺寸(长×宽×高)/mm	生产企业
	直径/mm	宽度/mm	容积/L	转速/(r/min)			
WG-800	800	400	95	1420	30	2240×1400×1745	上化机
GK800	800	400	95	1400	30	2250×1600×1745	湘潭
GK800	800	400	90	1500	30	2043×1625×1394	赛德力
GK800	800	450	100	1550	30	2550×1850×1350	华大
GK1000	1000	500	165	1350	37	2400×2150×1700	华大
GK1050	1050	500	210	1400	37	3640×1800×1980	赛德力
WG-1200	1200	500	210	1200			广重
GK1250	1250	500	280	1000	55	2500×2300×2000	湘潭
GK1250	1250	630	300	1200	55	2476×2235×2116	赛德力
GK1250	1250	625	370	1200	55	3450×3300×2500	华大
GK1250	1250	630	372	1200	75	2260×1805×1785	上化机
GK1600	1600	650	593	900			广重
GK1600	1600	650	600	950	90	2624×2800×2516	赛德力
GK1600	1600	800	700	950	90	3870×2300×2320	上化机
GK1600	1600	800	690	950	90	4200×2750×2300	华大

注：1. WG 为老型号。

2. 上化机——上海化工机械厂有限公司；湘潭——湘潭离心机有限公司；赛德力——江苏赛德力制药机械制造有限公司；华大——江苏华大离心机制造有限公司；广重——广州广重企业集团有限公司。

表 21-6 (b)　卧式虹吸刮刀卸料离心机主要技术参数

型　　号	转鼓				电动机功率/kW	外形尺寸(长×宽×高)/mm	生产企业
	直径/mm	宽度/mm	容积/L	转速/(r/min)			
GHK800	800	450	100	1550	45	2030×1960×1530	江北机械
GHK800	800	400	90	1500	37	1965×2000×1510	赛德力
GHK800	800		100	1600	45	1965×1430×1510	广重
GHK800	800	450	100	1550	30	2550×1850×1350	华大
GHK800	800	450	100	1550	45	2030×1960×1530	江北机械
GHK800	800	500	106	1600	45	2030×1960×1530	湘潭
GHK1000	1000	500	165	1350	55	2400×2150×1700	华大
GHK1050	1050	500	210	1400	45	3000×2300×2000	赛德力
GHK1250	1250	600	355	1200	90	2870×2470×1955	江北机械
GHK1250	1250	600	355	1200	90	2870×2470×1955	湘潭
GHK1250	1250	625	370	1200	90	3450×3300×2500	华大
GHK1250	1250	630	300	1200	75	2963×2500×2136	赛德力
GHK1250	1250	630	372	1200	75	2260×1840×1810	上化机
GHK1600	1600	850	690	950	90	3400×2900×2536	赛德力
GHK1600	1600	1000	830	950	132	4050×2745×2295	江北机械
GHK1600	1600	1000	830	950	132	4050×2250×2300	上化机
GHK1600	1600	1000	830	950	132	4050×2745×2295	湘潭
GHK1600	1600	1000	830	950	132	4550×2750×2300	华大
GHK1600	1600		854	950	110	4664×2480×2233	广重
GHK1800	1800	1250	1314	800			广重
GHK1800	1800	1250	1328	800	200	5780×2930×2580	江北机械

注：江北机械——重庆江北机械有限责任公司；广重——广州广重企业集团有限公司；赛德力——江苏赛德力制药机械制造有限公司；华大——江苏华大离心机制造有限公司；上化机——上海化工机械厂有限公司；湘潭——湘潭离心机有限公司。

离心机与刮刀卸料离心机结构的最大差别是卸料形式，活塞推料离心机的卸料是由活塞的往复运动来完成的。

(1) 工作原理

如图21-5所示为卧式活塞推料离心机的结构。转鼓全速运转后，悬浮液通过进料管进入装在推料盘上的圆锥形布料斗中，在离心力的作用下，悬浮液经布料斗均匀地进入转鼓中，滤液经筛网网隙和转鼓壁上的过滤孔甩出转鼓外，固相被截留在筛网上形成圆筒状滤饼层。推料盘借助于液压系统控制做往复运动，当推料盘向前移动时，滤饼层被向前推移一段距离，推料盘向后移动后，空出的筛网上又形成新的滤饼层，因推料盘不停地往复运动，滤饼层则被不断地沿转鼓壁轴向向前推移，最后被推出转鼓，经机壳的出渣口排出。而液相则被收集在机壳内，通过机壳底部或侧面的排液口排出。

如果滤饼需要在机内洗涤，洗涤液可通过洗涤液管或其他的冲洗设备连续喷在滤饼层上，洗涤液连同分离液由排液口一同排出。

(2) 结构类型和操作方式

卧式活塞推料离心机的结构类型可分为卧式单级活塞推料离心机、卧式双级活塞推料离心机和卧式柱/锥双级活塞推料离心机等。

为提高活塞推料离心机的分离效果，必须保证被分离物料在转鼓内的停留时间，因此单级活塞推料离心机的转鼓应具有足够的长度。但是随着转鼓长度的增加，推动滤饼层的阻力也增加，而且往往会因滤饼层的厚度不够而使物料起拱或堆积，进而破坏滤饼的分离、洗涤和正常卸料。为不使滤饼层产生上述现象，必须在增加转鼓长度的同时，保证滤饼层的厚度，但这会降低离心机的脱水和洗涤效果，因此转鼓长度不能无限度地增加。

卧式双级活塞推料离心机由于具有双级转鼓（图21-6），每级转鼓可以缩短，而两级转鼓的总长又大于单级活塞推料离心机的转鼓长度。因此在保证有同样的滤饼停留时间时，滤饼层又可以相应减薄，而滤饼从上一级转鼓被推送到下一级转鼓时又得以翻松，有利于改善分离、脱水和洗涤效果。卧式双级活塞推料离心机可以有效提高离心机的分离因数，提高过滤推动力。卧式双级活塞推料离心机与卧式单级活塞推料离心机相比具有适应范围广、滤饼含湿量低、洗涤充分、单位能耗低等优点。

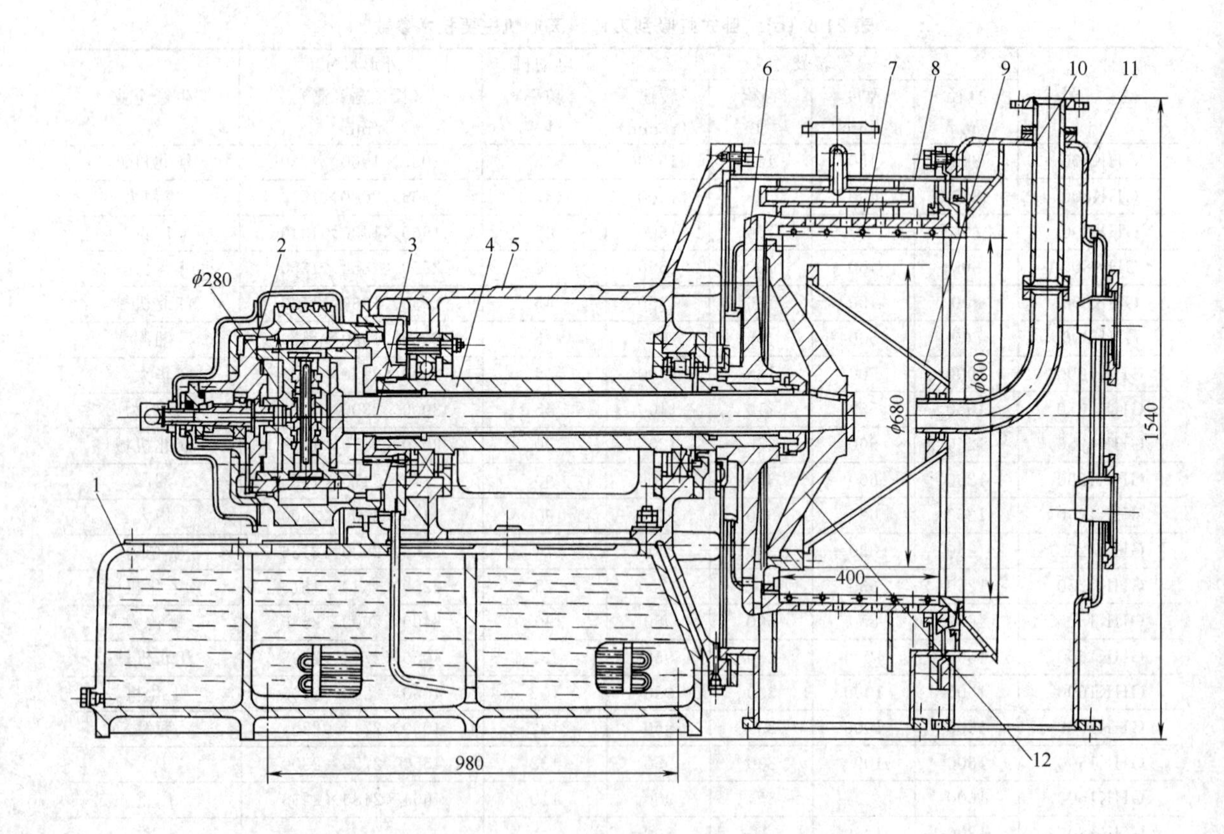

图21-5　卧式活塞推料离心机的结构

1—机座；2—复合油缸；3—推杆；4—主轴；5—轴承箱；6—转鼓；7—筛网；8—中机壳；9—布料斗；10—进料管；11—前机壳；12—推料盘

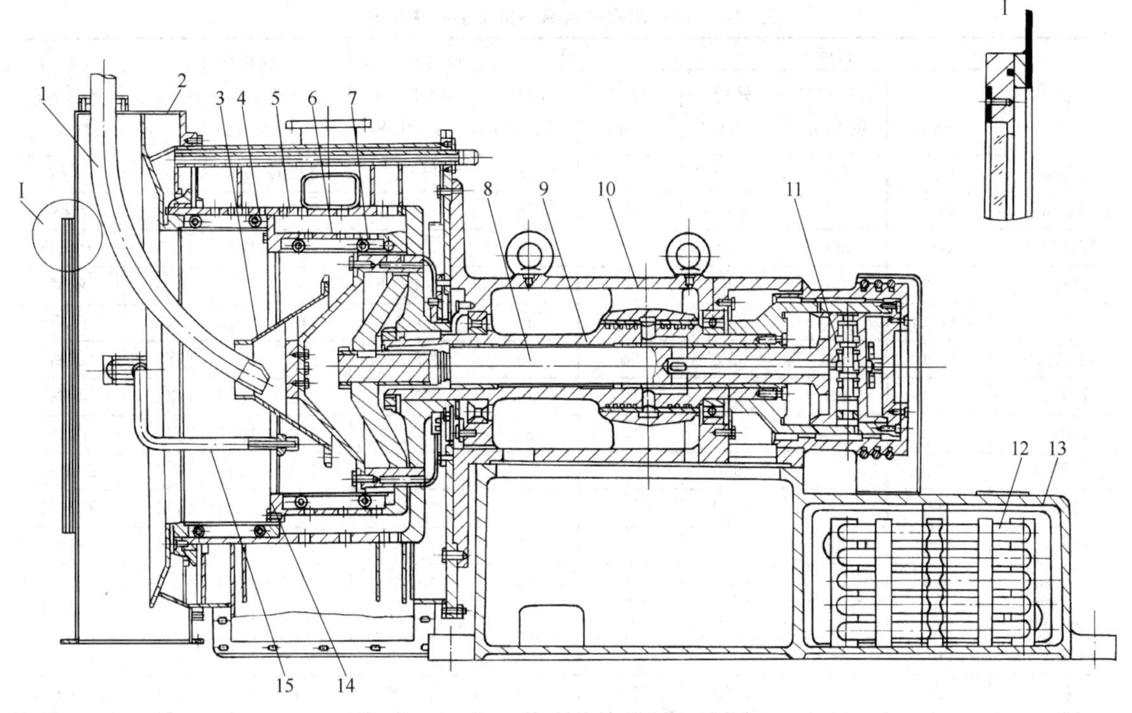

图 21-6　卧式双级活塞推料离心机的结构

1—加料管；2—机壳；3—布料斗；4—二级筛网；5—二级转鼓；6—一级转鼓；7—一级筛网；8—推料杆；9—空心主轴；10—机座；11—活塞；12—冷却器；13—油箱；14—限料环；15—洗液管

卧式柱/锥双级活塞推料离心机的小转鼓为圆柱形，大转鼓即二级转鼓为柱/锥形。当滤饼在一级转鼓脱掉部分水进入二级柱/锥转鼓时，不但得到翻松，而且当滤饼进入二级转鼓的锥体部分后，随着半径的增大，滤饼层越来越薄，脱水效果更好。物料在这种离心机的分离过程中可实现分离、脱水、再脱水，故选用卧式柱/锥双级活塞推料离心机分离液-固两相混合物时，不但最终滤饼含湿率较普通双级活塞推料离心机要低 2%～4%，而且产量可提高 20%～30%，也相应降低了单位产量的能耗。

(3) 卧式活塞推料离心机机型的选用原则

① 在确定选用过滤离心机的条件下，如果要求连续操作，产量较大，宜选用卧式活塞推料离心机。

② 悬浮液的质量分数为 30%～80%的物料可选用卧式活塞推料离心机。悬浮液中固体含量越高，生产能力越大。在实际生产中，浓度低的物料可采用预增浓设备，如旋液分离器、沉淀池、稠厚器或在活塞推料离心机上增设预增浓装置，以适应卧式活塞推料离心机的分离要求。

③ 卧式活塞推料离心机所处理物料的固相颗粒尺寸越大越好，且要求晶体颗粒具有一定形状，在离心力作用下，能保持足够的排液通道。卧式活塞推料离心机要求物料晶体颗粒平均粒径应大于 180μm，且料液黏度小于 0.1Pa・s。对滤饼含湿率或滤饼的洗涤有较高要求时，可选用卧式双级活塞推料离心机或柱/锥双级活塞推料离心机。

④ 卧式活塞推料离心机晶体破碎的可能性较大，对于晶体颗粒度和外形有严格要求的产品，选用本设备时应谨慎考虑。

⑤ 卧式活塞推料离心机对滤饼的强度有一定的要求。当滤饼层固结强度不够时，会引起滤饼隆起和堆积，导致设备不能正常运转。

⑥ 双级活塞推料离心机适用于分离中等粒径的结晶状或短纤维状的悬浮液，尤其适合在机内洗涤的物料。卧式双级活塞推料离心机对物料的要求没有单级活塞推料离心机严格，但要求进料浓度稳定，进料均匀，悬浮液温度不高于 90℃（腐蚀性悬浮液不高于 60℃），固相平均粒度为0.1～3mm。

⑦ 卧式柱/锥双级活塞推料离心机适用于分离普通卧式双级活塞推料离心机所分离的物料，也适用于分离细颗粒的结晶体，对进料浓度和温度的要求与卧式单级、双级活塞推料离心机相同。

(4) 卧式活塞推料离心机主要技术参数

卧式活塞推料离心机主要技术参数见表 21-7。

1.4.6　离心力卸料离心机

离心力卸料离心机又称为惯性卸料离心机或锥篮离心机，是可移动过滤床自动连续离心机中结构最简单

表 21-7　卧式活塞推料离心机主要技术参数

型号	转鼓			推料		电动机功率（主机/油泵）/kW	外形尺寸（长×宽×高）/mm	生产企业
	直径/mm	过滤区长度/mm	转速/(r/min)	行程/mm	次数/(次/min)			
WH800	800	400	750		25	15/7.5	2270×1660×1400	广重
WH800	800	400	700	40	28	18.5/11	2270×1660×1400	上化机
WH2800	800	500	900	40	35	22/11	2653×1637×1405	上化机
HY800	800	400	900	40	40	18.5/11	2270×1780×1400	湘潭
WH1200	1200	450	550		20	30/22	3165×2119×1912	广重
HY1200	1200	500	650	50	30	30/22	3165×2119×1912	湘潭
HR400	400	300	2200	40	80	11/4	2460×1286×1030	湘潭
HR400	400		2300	40	75		2460×1286×1030	江北
HR400	400		1600	50	70	11/4	2255×1200×1050	上化机
P-40	360		2500		80	25/7.5	2346×1090×1006	浙轻机
HR500	500	360	2000	50	80	45/15	2750×1480×1290	湘潭
HR500	500		2000	50	75	45/22	3590×1430×1620	江北
HR500	500		1600	50	70	37/11	3560×1480×1650	上化机
P-500	500		2000		80	55/22	3600×1420×2078	浙轻机
HR630	630	480	1800	50	80	55/30	3690×1600×1265	湘潭
HR630	630		1300	50	80	55/37	3070×1480×1488	上化机
HRZ630	630		1600	50	80	55/37	3225×1700×1360	上化机
P-60	630		1900		100	65/30	3127×1700×1955	浙轻机
HR800	800	560	1600	50	80	75/37	3700×1800×1450	湘潭
HR800	800		1300	50	80	75/37	3890×1880×1590	上化机
HRZ800	800		1300	50	80	75/37	3830×1760×1650	上化机
P-85	820		1500		80	100/37	3900×2000×1530	浙轻机
HRZ1000	1000		1000	50	70	75/55	3900×3020×2150	上化机

注：1. WH为老型号，P为浙轻机专有型号。

2. 江北——重庆江北机械有限责任公司；浙轻机——浙江轻机实业有限公司；上化机——上海化工机械厂有限公司；湘潭——湘潭离心机有限公司；广重——广州广重企业集团有限公司。

的一种，可分为立式和卧式两种类型。离心力卸料离心机利用薄层过滤原理进行操作，物料能在较短的停留时间内获得含湿率较低的滤饼，具有结构简单，效率高，制造、运转及维修费用低等特点，特别适用于温度变化对物料过滤速度有明显影响的物料。

(1) 工作原理

如图21-7所示，电动机通过三角皮带带动主轴和锥形转鼓旋转。当锥形转鼓全速旋转后，悬浮液通过位于转鼓中心的进料管连续进入装在转鼓中心的锥形分配器中，悬浮液通过分配器分料后在其锥面上加速，沿圆周均匀地甩到转鼓的底部小端面上，小端面的悬浮液在后面悬浮液的挤压下沿锥面向上移动，移到小头筛网面上时，由于离心力的作用，悬浮液中大部分液体透过料层和滤网网隙，经转鼓滤孔被甩到机壳。含有少量液体的滤饼被截留在滤网上，滤饼在锥形转鼓内受离心力作用，产生一个沿转鼓母线的向上分力，当此分力大于物料和筛网的摩擦力时，滤饼沿筛面向上移动，随转鼓直径增大，离心力也增大，滤饼在转鼓中逐渐变薄，得到进一步脱水。滤饼移至转鼓大端时，在惯性力的作用下，沿切线方向飞出转鼓落入外机壳的集料室内，经机壳下部的接料锥斗卸料，液相收集在机壳内由排液口排出。

(2) 选用原则

① 离心力卸料离心机适用于悬浮液中固体的质量分数为30%～75%的场合。悬浮液中固含量越高，生产能力就越大。悬浮液浓度低的物料可采用预浓缩设备，以提高设备的进料浓度。

② 离心力卸料离心机仅用于颗粒较大的（一般粒径大于0.2mm）、易分离的结晶粒子的分离，且要求料浆浓度较高。

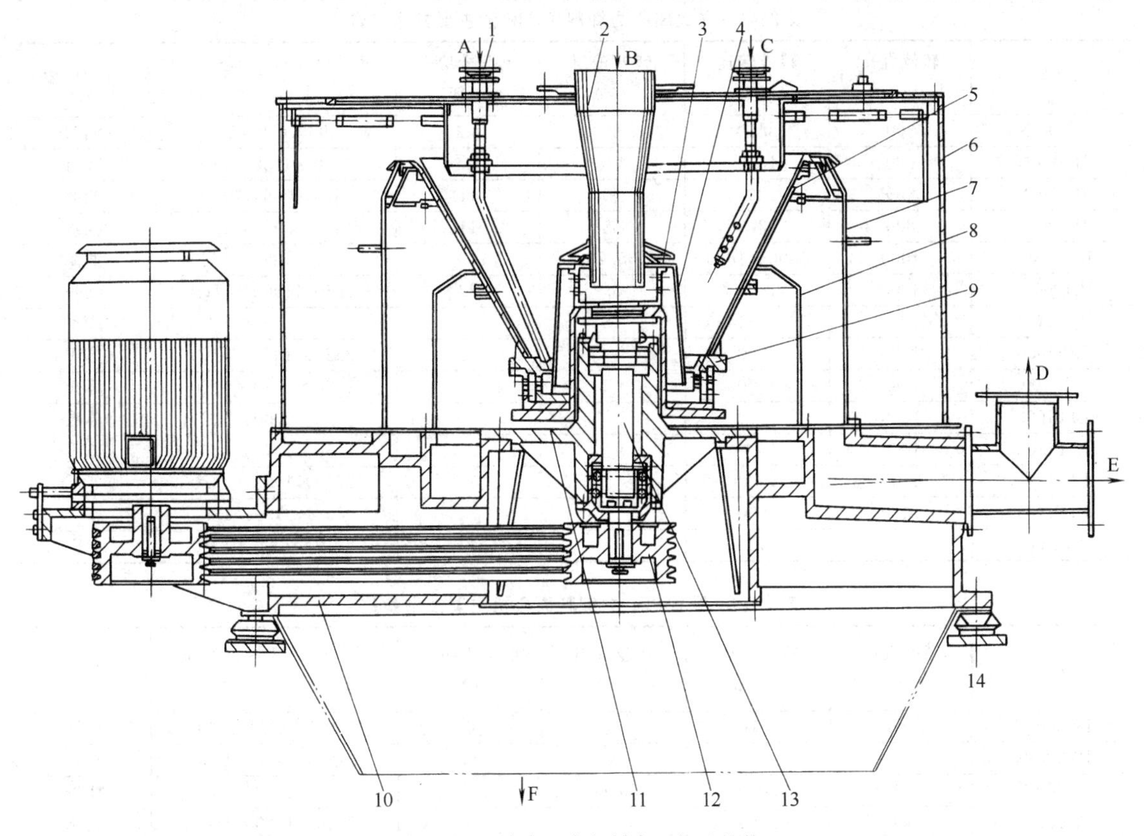

图 21-7　立式离心力卸料离心机的结构

1—气体洗涤管；2—进料管；3—分配器；4—加速器；5—转鼓；6—外机壳；7—中机壳；8—内机壳；9—压环；10—机座；11—轴承座；12—从动带轮；13—主轴；14—减振垫；A—清洗气体入口；B—进料口；C—冲洗水入口；D—排气口；E—排液口

③ 离心力卸料离心机转鼓的锥角随滤网摩擦力不同而变化，如果已有该种物料的工业使用经验，则可作参考。如果没有经验，一般应通过实验方法来确定。

④ 离心力卸料离心机与其他离心机相比，其适用范围比较窄，且转鼓锥角一旦确定，就只能适合分离某几种物料，限制了该机的使用范围。但其分离效率高，可连续操作，劳动条件大大改善，且结构简单、占地面积小，价格低。如果被分离的物料适合的话，而且有离心力卸料离心机的使用经验，应优先选用离心力卸料离心机。

(3) 离心力卸料离心机主要技术参数

见表 21-8、表 21-9。

1.4.7　其他类型的过滤离心机

(1) 螺旋卸料离心机

螺旋卸料离心机主要用于悬浮液的质量分数为 30%～75%、固相粒径大于 0.1mm 的场合，具有连续运转、螺旋卸料、固相脱水率高、结构紧凑、分离效率高和操作维修方便等优点，其分离因数为 1000～2000。

螺旋卸料离心机转鼓内设有螺旋，鼓上开有孔，在离心力的作用下，料液通过过滤介质将固相颗粒截留在过滤介质上，形成滤饼层，在离心力及螺旋的推动下排出转鼓。

螺旋卸料离心机具有连续操作、结构紧凑、对物料有较好的适应性等优点，分为立式和卧式两种机型，转鼓结构与一般的过滤离心机相似。固相颗粒由转鼓的小端慢慢移向大端，其所受的离心力也逐步增加，有利于固体颗粒的进一步脱水。螺旋卸料离心机的转鼓有锥形和柱形两种，锥形转鼓的圆锥角有 20°和 10°两种。

10°锥角的螺旋卸料离心机与 20°锥角的螺旋卸料离心机相比，由于锥角较小，物料在鼓内停留时间较长，可提高滤饼的洗涤效果，这种机型更适合于滤饼需要较好洗涤的场合。圆柱形转鼓作为螺旋卸料离心机的一种特例，有较好的洗涤效果，主要用于晶体及纤维的衍生物脱水。

(2) 振动卸料离心机

振动卸料离心机是附加了轴向或者周向振动的离心力卸料离心机，振动卸料离心机可分为卧式或立式两种类型。其特点是生产能力大、脱水效果好、电耗

表 21-8 立式离心力卸料离心机的主要技术参数

型号	转鼓直径/mm	转鼓转速/(r/min)	转鼓锥角/(°)	电动机功率/kW	外形尺寸(长×宽×高)/mm	生产厂家
IL300-N	300	3400	60	2.2	895×650×568	湘潭
IL630-N	630	1500	60	7.5	1600×1130×1100	牡丹
IL800-N	800	1200	60	11	1870×2064×1323	湘潭
IL800-N	800	1200	65	11	1870×2060×1300	牡丹
IL1000-N	1000	1400～1800	65/70	22	2625×1890×1660	湘潭
IL1000-N	1000	1800	65	22	2650×1900×1700	牡丹
IL1180-N	1180	1600～1400	68			广重
LIF1000	1000	1200		22	2520×1940×1160	苏氏
LIF700	700	1100		7.5/11	2520×1940×1160	苏氏
LIT1000	1000	1600		30	2740×2000×1220	苏氏
LIT1100	1100	1400		37	2750×1975×1255	苏氏
LIT1200	1200	1600		55	2758×1975×1320	苏氏
LIT1400	1400	1600		75	2808×2150×1355	苏氏
LIT850	850	1400		22	2740×2000×1220	苏氏

表 21-9 卧式离心力卸料离心机主要技术参数

型号	转鼓直径/mm	转鼓转速/(r/min)	转鼓锥角/(°)	电动机功率/kW	外形尺寸(长×宽×高)/mm	生产厂家
IW350-N	350	2890	70	4	1020×870×1260	牡丹
IW500-N	500	2000	50	11	2100×1100×1400	湘潭
IW500-N	500	2000	50/60	11	1455×1350×1265	牡丹
IW630-N	630	1460	60	15	2240×1120×1460	湘潭
IW630-N	630	1460	60	15	1670×1550×1420	牡丹
IW650-N	650	1460	60	15	2240×1120×1460	湘潭
WI650-N	650	1460		15	2325×1085×1495	广重

注：牡丹——江苏牡丹离心机制造有限公司；广重——广州广重企业集团有限公司；湘潭——湘潭离心机有限公司；苏氏——广西苏氏集团有限责任公司，下同。

低、颗粒破碎少，在煤炭、冶金等部门应用较广。主要用于煤粉、海盐、型砂、矿石等物料的脱水。振动卸料离心机适用于悬浮液固相的质量分数大于30%、颗粒粒径大于 0.2mm 的场合，其转鼓直径为 500～1500mm，分离因数为 60～180。

(3) 进动卸料离心机

进动卸料离心机是利用进动原理设计的自动连续进料和卸料的离心机，属于惯性卸料的离心机。

进动卸料离心机与离心力卸料离心机相比，具有生产能力大、适用范围较广、停留时间较长、脱水比较充分、颗粒磨损小、筛网寿命长、筛网锥角小、尺寸紧凑等优点。与振动卸料离心机相比具有生产能力大、脱水后滤渣含湿率低、工作可靠、噪声及振动小的优点。

进动卸料离心机适用于悬浮液固相的质量分数大于 55%、颗粒粒径大于 0.4mm 的场合，转鼓直径为 400～1200mm，分离因数为 100～400，常见的物料为硫铵、氯化钾、磷酸钙、粒状树脂、矿砂，细煤等。该种机型不能对滤饼进行充分的洗涤，洗涤液与滤液也不易分开。

1.5 沉降离心机的选用

沉降式离心机具有分离因数高、液-固两相分离后固相沉降在转鼓的周壁上、可不使用过滤介质等特点，特别适用于无定形的菌体，以及固体粒径小，液-固两相密度差小，分离困难的液-固两相分离，也可用于液-液两相或液-液-固三相的分离，目前在工业生产中的应用比较广泛。

1.5.1 生产能力计算

沉降离心的生产能力，取决于液体的轴向流速和粒子的离心沉降速度。

(1) 柱形转鼓式高速离心机（管式离心机）

$$Q=\zeta v_g \Sigma=\zeta v_g F_r \pi DL\left(1-\lambda+\frac{1}{3}\lambda^2\right) \quad (21\text{-}14)$$

式中 Q——生产能力，kg/h；

v_g——颗粒沉降速度，$v_g=\dfrac{d_e^2\Delta\rho g}{18\mu}$，m/s；

d_e——沉降颗粒的当量直径，m；

$\Delta\rho$——固液相密度差，kg/m^3；

μ——液体的动力黏度，Pa・s；

g——重力加速度，m/s^2；

F_r——分离因数；

λ——系数，$\lambda=h/r_2$；

h——液相深度，$h=r_2-r_1$，m；

r_2——转鼓内半径（图 21-8），m；

r_1——溢流口半径，m；

D——转鼓直径，m；

L——转鼓长度，m；

ζ——修正系数，$\zeta=12.52\left(\frac{\Delta\rho}{\rho_l}\right)^{0.3359}\left(\frac{d_e}{L}\right)^{0.222}$；

ρ_l——液相密度，kg/m^3。

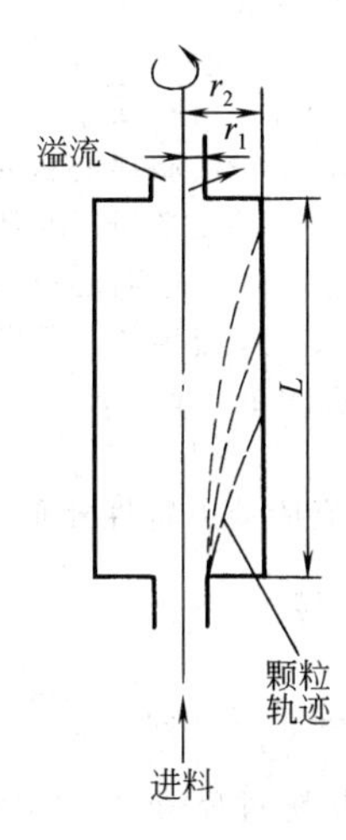

图 21-8　沉降离心机转鼓溢流口半径

(2) 刮刀卸料沉降离心机

$$Q=\zeta v_g F_r \pi DL\left(\frac{1}{2}-\frac{2}{3}\lambda+\frac{1}{4}\lambda^2\right) \tag{21-15}$$

式中　ζ——修正系数，同式（21-14）；

$\Delta\rho$——固液相密度差，$\Delta\rho=\rho_s-\rho_l$，kg/m^3；

ρ_s——固相密度，kg/m^3；

ρ_l——液相密度，kg/m^3；

d_e——沉降颗粒的当量直径，m；

L——转鼓中沉降区长度，m；

v_g——颗粒沉降速度，$v_g=\frac{d_e^2\Delta\rho g}{18\mu}$，m/s；

g——重力加速度，m/s^2；

μ——液相动力黏度，Pa・s；

F_r——分离因数；

D——转鼓直径，m；

λ——系数，同式（21-14）。

(3) 柱锥形转鼓螺旋沉降离心机

$$Q=\zeta v_g F_r \pi DL\left[\left(\frac{1}{2}-\frac{2}{3}\lambda+\frac{1}{4}\lambda^2\right)+\frac{L_1}{L}\times\left(\frac{1}{2}-\frac{1}{3}\lambda+\frac{1}{12}\lambda\right)\right] \tag{21-16}$$

$$\zeta=16.64\left(\frac{\Delta\rho}{\rho_l}\right)^{0.3359}\left(\frac{d_e}{L}\right)^{0.3674}$$

式中　ζ——修正系数；

$\Delta\rho$——固液相密度差，$\Delta\rho=\rho_s-\rho_l$，kg/m^3；

ρ_s——固相密度，kg/m^3；

ρ_l——液相密度，kg/m^3；

d_e——沉降颗粒的当量直径，m；

L——转鼓沉降区长度，m；

v_g——颗粒沉降速度，$v_g=\frac{d_e^2\Delta\rho g}{18\mu}$，m/s；

g——重力加速度，m/s^2；

μ——液相动力黏度，Pa・s；

F_r——分离因数；

D——转鼓大端直径，m；

L_1——转鼓柱形部分长度，m；

λ——系数，同式（21-14）。

(4) 并流式螺旋沉降离心机

$$Q=\frac{1}{2f(K_s)}\{v_g\Sigma_2-[\beta_1 f(K_s)-\ln K_s]\pi r_2^2\Delta u_2\} \tag{21-17}$$

$$f(K_s)=\frac{(1+K_s^2)(1-\ln K_s)-2}{(1-K_s^2)(1-K_s^2+\beta_1)}$$

$$\beta_1=\frac{1-K_s^2(1-2\ln K_s)}{\ln K_s}$$

$$\Sigma_2=F_r\pi DL$$

$$\Delta u_2=\frac{S}{2\pi}\Delta\omega$$

式中　Q——生产能力，m^3/s；

v_g——颗粒沉降速度，$v_g=\frac{d_e^2\Delta\rho g}{18\mu}$，m/s；

d_e——沉降颗粒的当量直径，m；

$\Delta\rho$——固液相密度差，$\Delta\rho=\rho_s-\rho_l$，kg/m^3；

ρ_s——固相密度，kg/m^3；

ρ_l——液相密度，kg/m^3；

g——重力加速度，m/s^2；

μ——液相动力黏度，kg/(m・s)；

F_r——分离因数；

D——转鼓大端内直径，$D=2r_2$，m；

r_2——转鼓大端内半径，m；

L——转鼓长度，m；

K_s——半径比，$K_s=r_s/r_2$；

r_s——螺旋筒外壁半径，m；

Δu_2——转鼓与螺旋筒间的轴向速差，m/s；

S——螺旋螺距，m；

$\Delta\omega$——转鼓与螺旋的角速度差，s^{-1}。

(5) 连续式螺旋卸料沉降离心机

按螺旋输渣能力估算生产能力。

$$G=E_{\mathrm{p}}\frac{\Delta\omega}{2\pi}\sqrt{(2\pi r)^2+S^2}An_{\mathrm{s}}\rho_0 \tag{21-18}$$

式中　G——螺旋输渣能力，kg/s；

E_{p}——螺旋输渣效率，$E_{\mathrm{p}}=\frac{\tan\delta_1}{\tan\beta+\tan\delta_1}$；

δ_1——沉渣沿转鼓壁滑动方向与垂直于转鼓轴线的径向平面间夹角；

β——螺旋叶片的升角；

$\Delta\omega$——螺旋与转鼓的角速度差，s^{-1}；

r——回转半径；m；

S——螺旋螺距，m；

A——沉渣条的截面积，m^2；

n_{s}——螺旋的头数；

ρ_0——湿渣的密度，kg/m^3。

截面积 A 随沉渣条截面形状及沉渣搭桥状况而变化，当螺旋母线垂直于转鼓母线，即 $\theta=\alpha$ 时［图21-9 (a)］，有如下关系式。

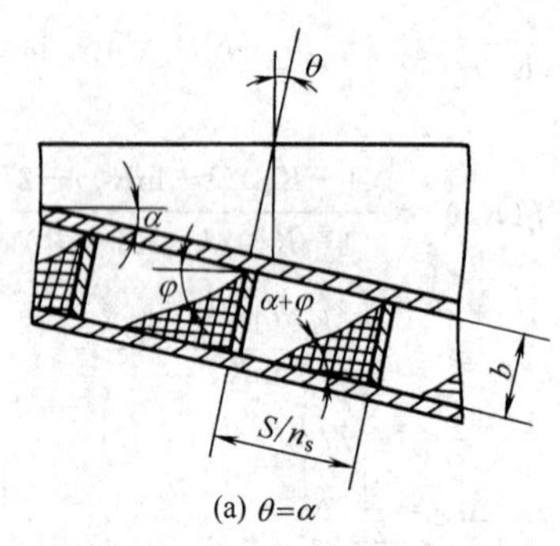

(a) $\theta=\alpha$

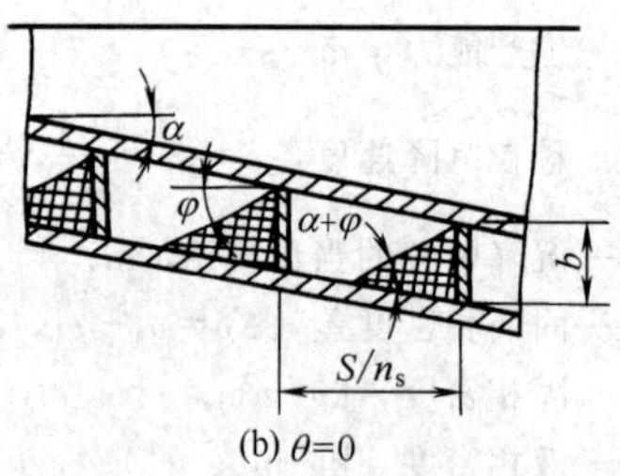

(b) $\theta=0$

图21-9　沉渣条截面形状及沉渣搭桥状况

两螺旋叶片之间先搭桥，$b>\frac{S}{n_{\mathrm{s}}}\tan(\alpha+\varphi)$，$A=\frac{1}{2}\left(\frac{S}{n_{\mathrm{s}}}\right)^2\tan(\alpha+\varphi)$，$\varphi$ 为沉渣条自由表面与转鼓轴线间的夹角。

转鼓与螺旋内筒之间先搭桥，$b<\frac{S}{n_{\mathrm{s}}}\tan(\alpha+\varphi)$，$A=\frac{1}{2}b^2\cot(\alpha+\varphi)$。

当螺旋母线垂直于转鼓轴线，即 $\theta=0$ 时［图21-9 (b)］，有如下关系式。

两螺旋叶片之间先搭桥，$b>\frac{S}{n_{\mathrm{s}}}(\tan\alpha+\tan\varphi)$，$A=\frac{1}{2}\left(\frac{S}{n_{\mathrm{s}}}\right)^2(\tan\alpha+\tan\varphi)$。

转鼓与螺旋内筒之间先搭桥，$b<\frac{S}{n_{\mathrm{s}}}(\tan\alpha+\tan\varphi)$，$A=\frac{1}{2}\frac{b^2}{(\tan\alpha+\tan\varphi)}$。

(6) 螺旋沉降离心机的模拟放大

设计工业用大型离心机在无可靠、较准确的公式及数据的情况下，采用实验型或半工业型离心机做实验，取得数据后再进行模拟放大，设计时需建立以下三个基本条件。

① 转鼓的几何相似

$$\frac{r_2}{r_{21}}=\frac{r_1}{r_{11}}=\frac{L_{\mathrm{Q}}}{L_{\mathrm{Q1}}} \tag{21-19}$$

式中　r_2，r_1，L_{Q}——实验离心机转鼓内半径、溢流半径、沉降区长度；

r_{21}，r_{11}，L_{Q1}——工业离心机转鼓内半径、溢流半径、沉降区长度。

此时两离心机的 K_{o} 值（$K_{\mathrm{o}}=r_1/r_2$）及 L/D 值相同。

② 转鼓内的流体动力特性相似　雷诺数 $Re=\frac{Q\rho_1}{2\pi r_1\mu}$ 处于同样区域；

分离因数 $F_{\mathrm{r}}=\frac{\omega^2 r}{g}$ 相同。

③ 固相粒子沉降过程的动态相似　即判断粒子沉降过程状态的 $A_{\mathrm{r}}=\frac{d^3\rho_1\Delta\rho J}{\mu^2}$（其中离心加速度 $J=\omega^2 r$）要处于同一区域。

在满足上述三个模拟放大相似条件情况下，工业用离心机的产量 Q_1（按悬浮液计的容积生产能力）按式 (21-20) 计算。

$$Q_1=Q\frac{\Sigma_1}{\Sigma}\times\frac{100\pm\Delta}{100} \tag{21-20}$$

式中　Q_1，Σ_1——工业离心机生产能力和当量沉降面积；

Q，Σ——实验室离心机生产能力和当量沉降面积；

Δ——相对误差，Δ 值由图21-10查取，当 $F_{\mathrm{r1}}/F_{\mathrm{r}}>1$ 时，Δ 取正号，反之取负号。

当在实验离心机上变更操作条件，如进料量 Q、转速 n 和液层深度 h 等，即变更 Q/Σ 的情况下，测出分离液中不同固相带出量 ε，根据实验数据作出图21-11中所示的 Q/Σ 值，再根据生产分离过程要求的 ε 值从图中查出相应的 Q/Σ 值，进而计算工业离心机的生产能力。

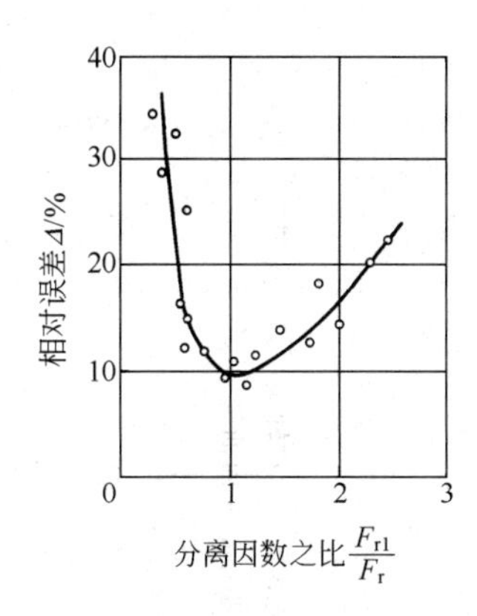

图 21-10　模拟放大中分离因数不同所产生的相对误差

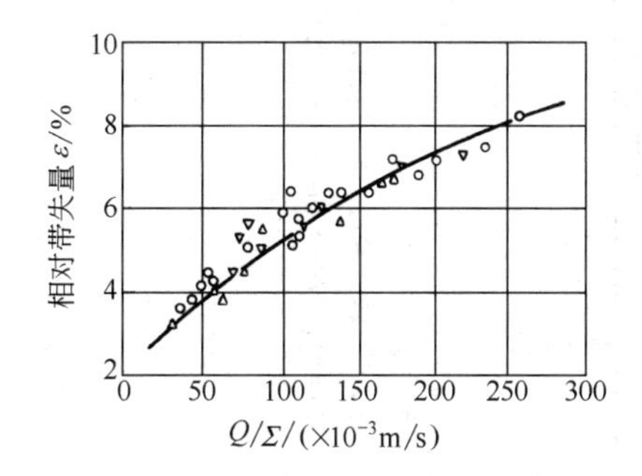

图 21-11　相对带失量 ε 与 Q/Σ 的关系

(7) 碟片式分离机

① 离心澄清生产能力的估算

$$Q=\beta v_g \Sigma=\beta v_g \frac{2\pi Z\omega^2(r_{max}^3-r_{min}^3)}{3g\tan\alpha} \tag{21-21}$$

式中　β——效率系数，$\beta=0.5\sim0.7$；

v_g——颗粒沉降速度，见式 (21-17)，m/s；

α——碟片母线对转轴夹角，(°)；

Z——碟片数，个；

ω——分离机碟片回转角速度，s^{-1}；

r_{max}——碟片最大回转半径，m；

r_{min}——碟片最小回转半径，m。

② 离心分离生产能力的估算

a. 对轻液区

$$Q=\frac{\beta v_g\times 2\pi Z\omega^2}{3g\tan\alpha}(r_中^3-r_{min}^3) \tag{21-22}$$

式中　β——效率系数，$\beta=0.5\sim0.7$；

v_g——颗粒沉降速度，见式 (21-17)，m/s；

Z——碟片数，个；

ω——碟片回转角速度，s^{-1}；

$r_中$——中性层半径，m；

r_{min}——碟片最小回转半径，m；

α——碟片母线对转轴夹角，(°)。

b. 对重液区

$$Q=\frac{\beta v_g\times 2\pi Z\omega^2}{3g\tan\alpha}(r_{max}^2-r_中^2) \tag{21-23}$$

式中　r_{max}——碟片最大回转半径，m。

其他符号含义同上式。

但无论是离心澄清还是离心分离，在应用上述公式计算出生产能力后，还应同时校核系数 λ 值，以保证 λ 在许可范围内。

$$\lambda=h\sqrt{\frac{\omega\sin\alpha}{v}} \tag{21-24}$$

式中　h——碟片间距离，m；

ω——分离机转鼓回转角速度，s^{-1}；

v——液体运动黏度，m^2/s；

α——碟片母线对转轴夹角，(°)。

要求 $\lambda=6\sim15$。工业分离机一般取 $\lambda=5\sim12$，用于牛奶分离时取 $\lambda=2\sim4$。

1.5.2　螺旋卸料沉降离心机

螺旋卸料沉降离心机主要由高转速的转鼓、与转鼓转向相同且转速比转鼓略高或略低的螺旋和差速器等部件组成。

螺旋卸料沉降离心机单机生产能力大，结构紧凑，可连续运行，对物料的适应性大，能分离的固相粒度范围较广（0.005～2mm），在固相粒度大小不均时也能照常进行分离，能广泛地用于化工、石油、食品、制药、环保等领域。

(1) 工作原理

如图 21-12 所示为卧螺离心机的结构，悬浮液经进料管连续输入离心机，经螺旋输送器的内筒出料口进入转鼓，在离心力的作用下，悬浮液在转鼓内形成环形液流，固体粒子在离心力的作用下沉降到转鼓内壁，由于差速器的差动作用，使螺旋输送器与转鼓之间形成相对转速差，把沉渣推送到转鼓小端的干燥区进一步脱水，然后经出渣口排出。液相形成一个内环，环形液层深度由转鼓大端的溢流挡板进行调节。分离后的液体经溢流孔排出，沉渣和分离液分别被收集在机壳内的沉渣及分离液隔仓内，最后由重力卸出机外。

(2) 主要零部件

① 转鼓　由于柱锥形转鼓有利于沉渣脱水，提高机器的处理能力和澄清效果，也有利于增大离心机的长径比，扩大其应用范围，所以，螺旋卸料离心机目前大都采用柱/锥形结构，由一个带有法兰的圆柱形筒体和一个圆锥形筒体加上左右轴颈（图 21-12）形成转鼓部件。

② 螺旋输送器　螺旋输送器是螺旋卸料沉降离心机的重要部件。其推料叶片的形式有连续整体螺旋叶片、连续带状螺旋叶片和间断式螺旋叶片等。最常

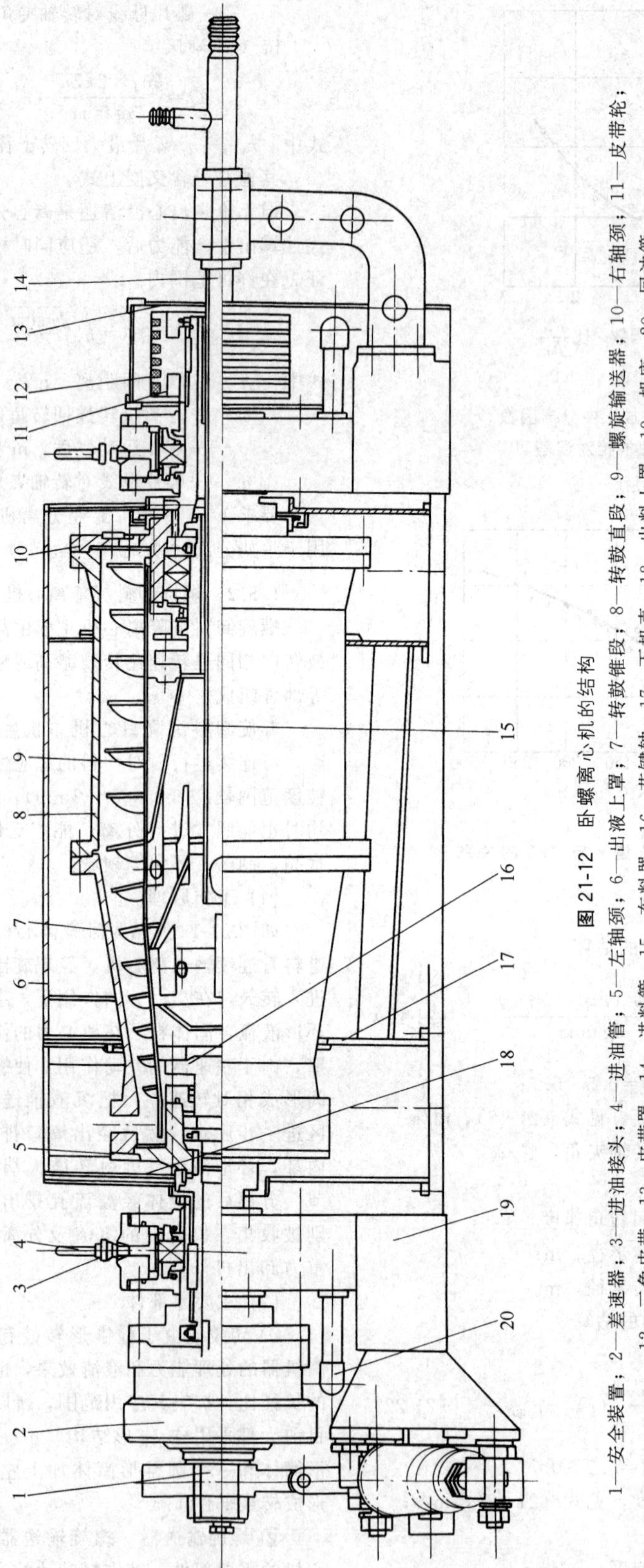

图 21-12 卧螺离心机的结构

1—安全装置；2—差速器；3—进油接头；4—进油管；5—左轴颈；6—出液上罩；7—转鼓锥段；8—转鼓直段；9—螺旋输送器；10—右轴颈；11—皮带轮；12—三角皮带；13—皮带罩；14—进料管；15—布料器；16—花键轴；17—下机壳；18—出料上罩；19—机座；20—回油管

用的是连续式整体螺旋叶片，这种螺旋叶片制造比较容易，同时也适用于多种物料分离。

螺旋叶片的头数，根据使用要求可以是单头螺旋、双头螺旋，也可以是多头螺旋。同样条件下，双头螺旋较单头螺旋的输渣能力要高一倍，缺点是对机内流体搅动较大，不适宜分离细黏的低浓度物料。

③ 差速器　螺旋卸料沉降离心机中，沉渣在转鼓内表面的轴向移动是靠螺旋与转鼓之间的相对运动，即转速差来实现的，转速差由差速器实现。差速器的好坏对螺旋卸料离心机起到决定的作用。

差速器的结构形式有机械式、液压式、电磁式等，最常用的是机械行星齿轮差速器。机械行星齿轮差速器又分为圆弧摆线针轮差速器、渐开线圆柱齿轮差速器、谐波齿轮差速器等。渐开线圆柱齿轮差速器不但结构紧凑体积小，承载能力高，且传递效率高达99.8%，所以凡传递扭矩大于2000N·m以上的差速器，大多采用渐开线圆柱齿轮差速器。

(3) 结构类型

根据结构的不同，螺旋卸料沉降离心机可分为卧式和立式两种形式。根据进出料的形式不同，螺旋卸料沉降离心机可分为逆流型、并流型、液-液-固三相分离、液-固-固三相分离和复合型等多种形式；按用途又可分为脱水、澄清、三相分离和颗粒分级等。

(4) 技术参数

① 转鼓长径比 L/D（转鼓长度 L 与大端内径 D 之比）　转鼓内径越大，螺旋卸料沉降离心机的处理量也越大。但由于受材料强度及加工制造难度等因素的影响，转鼓直径增大时，离心机的转速就会下降，分离因数趋小。大直径、低转速、L/D 小的螺旋卸料沉降离心机一般用于固相颗粒大、固相浓度高的易分离物料，不适用于细黏悬浮液的分离或澄清。一般螺旋卸料离心机的转鼓直径为200～600mm，通常固相浓度高、粒子粗的物料常选用 $L/D \leqslant 2$ 的卧螺离心机，对于难分离的物料，通常选用 $L/D \geqslant 3$ 的螺旋卸料沉降离心机。

② 转鼓半锥角　转鼓半锥角是指转鼓锥体部分母线与轴线之间的夹角。锥角大，沉渣在干燥区所受到的离心压力大，有利于沉渣脱水，所以，对粗粒子高浓度物料的脱水，可取转鼓半锥角 $\alpha=10°\sim18°$；对于易分离的物料，转鼓半锥角 $\alpha=10°\sim11°$；而对于细黏的难分离物料，转鼓半锥角 $\alpha=6°\sim8°$。

③ 转鼓转速与分离因数　分离因数与转鼓转速的平方成正比，转速越快，分离因数越大，离心机的分离效果越好。

④ 溢流口内径　需根据工艺要求综合考虑后确定。溢流半径小，机内液池深度深，有利于固相粒子的沉降，减少分离液中的固含量。但溢流口内径过小，液池深度过大，沉降区长度明显增加，使干燥区长度减小，沉渣在干燥区的停留时间缩短，沉渣含湿量将明显增加。

⑤ 沉降区长度和干燥区长度　螺旋卸料沉降离心机转鼓的有效长度为转鼓大端内端面至转鼓出渣口内侧处的总长。沉降区长度长，有利于细小粒子的沉降，减少分离液中的固相夹带量。但同时会相应缩短沉渣在干燥区的停留时间，增大沉渣的含湿量。所以，要根据工艺要求调节溢流挡板的位置和机内液池的深度。

⑥ 螺旋头数　螺旋叶片可以是单头、双头，也可以是多头。当螺旋头数增加一倍时，螺旋的输渣能力相应增加一倍，但随螺旋头数的增加，螺旋叶片在机内对沉降区流体的扰动会增加，使分离液中的含固量增加。

⑦ 转速差　转速差是指转鼓与螺旋输送器的绝对转速之差。转速差大，螺旋的输渣量大，但转速差过大，会使机内流体的扰动加剧，造成分离液中的固含量增加，且会缩短沉渣在干燥区的停留时间，增大沉渣的含湿量。

当分离易分离物料时，取转速差 $\Delta n=50\sim60$r/min；当分离难分离的细黏物料（如污泥脱水）时，取转速差 $\Delta n=5\sim20$r/min。

(5) 机型的选用原则

① 对于固相浓度低，固相粒子细，固-液两相密度差较小的物料，且要求液相澄清度高时，一般选用柱/锥形转鼓、转鼓长径比 $L/D\geqslant3$ 的并流型螺旋卸料沉降离心机。

② 对于固相浓度较高、固-液两相密度差较大的悬浮液的分离，当要求沉渣的产率高，且分离所得的沉渣含湿率低时（如PVC的分离等），一般可选用 $L/D\geqslant2$ 的柱/锥形转鼓的逆流型螺旋卸料沉降离心机。

③ 对于粗颗粒物料的脱水（如尾煤回收等），不但要求离心机有较高的沉渣生产能力，而且要求沉渣的含湿率越低越好，可选用带有过滤直段的沉降过滤复合型螺旋卸料沉降离心机。这种离心机在普通柱/锥型卧螺离心机的基础上，在转鼓圆锥段末尾设有一个带有滤孔和过滤介质的过滤段，以获得含湿率很低的干渣。

(6) 螺旋卸料沉降离心机的主要技术参数

螺旋卸料沉降离心机适用的物料参数范围为：悬浮液固相质量分数2%～70%，固体颗粒粒径0.005～5mm，进料温度－10～90℃，液相黏度不大于0.01Pa·s。

螺旋卸料沉降离心机出料情况：干基产量50～2500kg/h，沉渣含湿量20%～85%，分离液固含量0.001%～1%，固相回收率80%～99.9%。螺旋卸料沉降离心机产品的技术参数示例详见表21-10。

表 21-10　螺旋卸料沉降离心机主要技术参数

型号	转鼓大端内径/mm	最高转速/(r/min)	转鼓长度/mm	主电机功率/kW	生产能力/(m^3/h)	机器质量/kg	外形尺寸(长×宽×高)/mm	制造企业
LW220×930	220	5400	930	11	0.5～5	1000	1790×1080×640	上离所
LW245×1000	245	5400	1000	11	1～4	820	1850×1200×600	绿水
LW250×1000-N	250	5400	1000	11	0.5～5	1000	2410×800×1080	中达
LW260 (D2)	260	5000	1000	11～15	0.5～5	940	2280×660×1010	江北
LW300×1300	300	4200	1300	11～15	1～15	1500	2470×1230×850	上离所
LW300×1350-N	300	4200	1350	11	1～10	1400	2610×800×1080	中达
LW340(D3)	340	3600	1258	22	2～20	1900	2843×760×1210	江北
LW350×1550	350	4200	1550	15～22	2～20	2000	2790×1300×880	上离所
LW350W	353	2800	1450	22	8～12	2500	3620×860×1150	海申
LW355×1460-N	355	3500	1460	18.5	4～8	2650	3470×1785×1055	湘潭
LW360×1500	360	4200	1500	22～30	3～25	2340	2870×1570×1060	绿水
LW400×1750	400	3800	1750	22～37	3～30	2400	2950×1400×850	上离所
LW400×1800-N	400	3650	1800	22～30	2～25	2500	3890×1020×1205	中达
LW420×1750	420	4000	1750	30～45	5～35	3450	3120×1580×1050	绿水
LWD430W	430	3200	1760	30～37	20～30	3500	4300×1000×1340	海申
LW430(D4)	430	3000	1591	22～30	5～30	2000	2960×876×1430	江北
LW450×1940	450	3500	1940	30～45	4～45	2800	3300×1500×920	上离所
LW450×2150-N	450	3200	2150	22～37	3～35	3000	4297×1080×1385	中达
LW500×2200	500	3800	2200	55～75	10～45	6950	3800×2300×1400	绿水
LW520W	520	3000	2132	55～75	35～50	5500	4980×1160×1470	海申
LW530×2270	530	3200	2270	37～45	6～75	4500	3730×1600×1100	上离所
LW530×2280-N	530	2900	2280	37～45	15～65	5000	4924×1170×1540	中达
LW550×2350	550	3400	2350	55～75	16～60	6530	4100×2300×1400	绿水
LW580×2500	580	2800	2500	45～55	8～85	6000	4000×2100×900	上离所
LW650×2800	650	2500	2800	55～90	9～105	9000	4500×1900×1350	上离所
LW650×2300	650	2650	2300	55～75	17～65	7800	4200×2300×1400	绿水
LW650×1755-N	650	2400	1755	110				江北
LW720AⅢ	720	2300	1728	132	30～40	1000	4410×3280×1450	海申
LW760×3040	760	2300	3040	75～132	10～150	13000	5500×2000×1350	上离所
LW900×3600	900	2100	3600	90～200	20～240	18000	6000×2500×1500	上离所
LW1000AH	1000	1940	2000	250～315	13～15(干粉)	14000	5020×4150×2000	海申
LW1100NY	1100	1800	4730	200	30～400	22000	7050×2000×2000	上离所

注：1. 上离所——上海市离心机械研究所有限公司；绿水——绿水分离设备有限公司；海申——象山海申机电总厂；江北——重庆江北机械有限责任公司；中达——无锡市中达离心机械有限公司；湘潭——湘潭离心机有限公司。

2. 实际生产能力与物料性质和分离要求有关。

3. 转鼓直径大于650mm的大型卧式螺旋离心机的研发和行业应用有关，本表仅列出目前国内正在使用的大型卧式螺旋离心机的型号和参数。

1.5.3　碟式分离机

碟式分离机的分离因数一般大于3500，转鼓的转速为4000～12000r/min，常用于高度分散物系的分离，如密度相近液体组成的乳浊液，高黏度液相中含有细小颗粒的液-固两相悬浮液等。碟式分离机转鼓直径范围一般为150～1000mm；转速为4000～12000r/min；分离因数为5000～15000；当量沉降面积最大达30000m^2，生产能力最大可达300m^3/h。

(1) 工作原理

如图21-13所示为澄清型碟式分离机的工作原理。如图21-14所示为中性层半径的计算。碟片之间用定隙板将碟片隔开，间隙大小应根据悬浮液的颗粒大小和浓度加以调整。两片碟片之间形成分离通道，悬浮液自碟片中心孔进入分离通道，清液从碟片内半径（r_{min}处）离开。碟片以一定的速度旋转，固体颗粒在离心力场的作用下，从液相中分离出来，由碟片外半径（r_{max}处）排出。

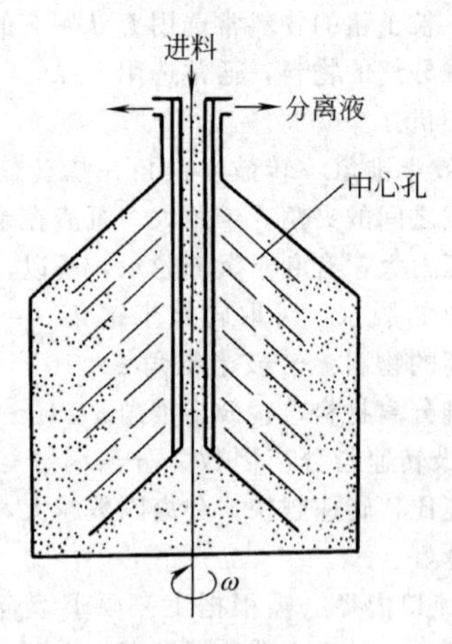

图21-13　澄清型碟式分离机的工作原理

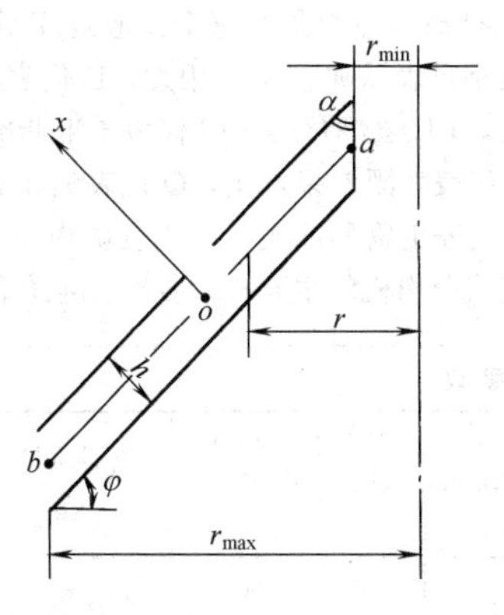

图 21-14　中性层半径的计算

(2) 结构类型

碟式分离机品种繁多，按排渣方法不同可分为人工排渣碟式分离机、活塞排渣碟式分离机和喷嘴排渣碟式分离机。

① 人工排渣碟式分离机　每一循环工作结束后，需用人工方法排除机内的沉渣，劳动强度大，常用于含固量低的乳浊液和悬浮液的澄清，一般固相的质量分数小于 1%，固相颗粒粒径大于 0.5μm。

② 活塞排渣碟式分离机　其排渣原理是通过沿转鼓周壁可上下移动的活塞，在液压作用下启闭转鼓壁上的排渣口实现排渣。按液压作用的方式可分为间接泄压式和直接作用式两种。

与喷嘴排渣碟式分离机相比，活塞排渣碟式分离机可用于浓度比较低的悬浮液的分离。活塞排渣碟式分离机具有分离效率高、产量高、自动化程度高和排料浓度高等优点。适用于含固量为 1%～5%的悬浮液分离，可分离的固相颗粒粒径为 1～15μm。

③ 喷嘴排渣碟式分离机　转鼓形状为圆锥形，喷嘴位于转鼓锥端部位，数量为 4～12 个，均布在圆周上，沉渣通过喷嘴连续排出，返回离心机。一般作为浓缩用，浓缩率为 5～20 倍。为提高浓缩率，可采用部分沉渣再循环形式。喷嘴排渣碟式分离机适用于固相质量分数不大于 10%的乳浊液分离和固相浓缩，可分离的固相颗粒粒径为 1～15μm。

喷嘴孔小，排出的沉渣浓度可提高，但孔径易被沉渣中的大颗粒堵塞，引起转鼓失衡，产生强烈的振动；喷嘴孔大，沉渣的浓缩效果差，影响分离质量。因此，必须选择合适的喷嘴数目和孔径。为了防止喷嘴堵塞，可用网孔比喷嘴孔径小的筛网，以除去沉渣中的大颗粒，并定期清洗喷嘴。喷嘴孔径一般不能小于 0.8mm。

(3) 碟片组件

碟式分离机中悬浮液的分离主要是在碟片之间进行，悬浮液在碟片中的流动状态和分离效果与碟片的形状、尺寸、间隙及碟片数目和旋转速度等参数有关 (图 21-14)。

① 碟片的锥角　碟片母线与转鼓轴线的夹角称碟片的锥角，用“α”表示。α 值的大小与悬浮液中固相在碟片表面上的摩擦角有关。α 一般取30°～45°。

② 碟片间隙 h　在碟片间隙内的层流液体分离最为有利，碟片间隙与临界雷诺数 Re_c 的关系见表 21-11。碟片间隙的具体数值与料液中所含固体颗粒的大小和黏度等参数有关。

表 21-11　碟片间隙与临界雷诺数 Re_c 的关系

碟式间隙 h/mm	1	5	13
临界雷诺数 Re_c	600～800	100～200	50～60

碟片间隙必须均匀，碟片间隙的变化对流体分布有着极大的影响。因此必须保证碟片有足够的刚度、圆度和壁厚的均匀性。

③ 碟片束高度 H　可按式 (21-25) 计算。

$$H = \frac{Z(h+\delta)}{\sin\alpha} \tag{21-25}$$

式中　δ——碟片厚度，mm；

h——碟片间隙，mm；

Z——碟片数，$Z=Q/q$；

Q——分离机的生产能力，m^3/s；

q——碟片间隙内液体的许用流量，m^3/s。

在满足保持碟片形状稳定、耐磨及易于加工的条件下，碟片厚度应尽量薄，一般 $\delta=0.5～1.0$mm。

④ 中性层半径和中性孔　轻重两液相从 o 点出发，若轻液由 o 点流动到口 a 点的时间与重液从 o 点流动到 b 点的时间相等，即轻重两液相在碟片间隙内停留的时间相等，则 o 点处的半径称为中性层半径 (图 21-14)。

碟片叠在一起后，其中性层半径处开孔构成的垂直通道称中性孔。中性孔的数目以物料能顺利通过且能均匀分布在各碟片间为原则，为了减少中性孔进料时周边区域对流体稳定流动的干扰，应尽量减少中性孔的孔径和孔数。对密度差大的物料，一般采用孔径大、孔数少的配置方式；对密度差小、难以分离的物料，则采用孔径小、孔数多的配置方式，孔数一般取6～12 个。

中性孔的形状一般为圆形，也有长形圆或椭圆形的。长形圆或椭圆形的结构可提高对物料的适应能力，同时有利于减少对中性区的流动干扰。

(4) 选用原则

① 碟式分离机适用于高度分散的物料分离，如密度相近的液体所组成的乳浊液分离，黏液相中含有细小固体颗粒的悬浮液分离。

② 根据物料的分离要求，碟式分离机可用于乳浊液的提纯；悬浮液的浓缩；含有微量固相杂质的液相的澄清等。

③ 碟式分离机可以分离的固体 (液滴) 粒径为 0.5～500μm，各种碟式分离机对悬浮液固相质量分数的适应范围：人工排渣碟式分离机为 1%，活塞排渣碟式分离机为 1.5%～5%，喷嘴排渣碟式分离机为 5%～10%。

④ 分离出的固相含湿量，人工排渣碟式分离机

为 10%～45%，活塞排渣碟式分离机为 40%～70%，喷嘴排渣碟式分离机为 70%～90%。

(5) 型号含义和主要技术参数

碟式分离机型号的含义如下：第一位字母 D 表示碟片式分离机；第二位字母表示排渣方式，R 代表人工排渣，H 代表环阀部分排渣（习惯称活塞部分排渣），H 代表环阀全排渣（习惯称活塞全排渣），P 代表喷嘴排渣。第三位字母表示典型工艺用途，D 代表蛋白质，F 代表淀粉类，J 代表酵母类，M 代表羊毛脂类，N 代表奶品类，P 代表啤酒或果汁类，Q 代表油漆类，R 代表胶乳类，S 代表生物制品类，Y 代表矿物油类，Z 代表植物油。碟式分离机的主要技术参数示例详见表 21-12。

表 21-12 碟式分离机主要技术参数

型号	主要技术参数				适用物料名称	电动机型号(功率)/kW	机器外形尺寸(长×宽×高)/mm	机器质量/kg	制造商
	转鼓内径 D/mm	转速 n /(r/min)	分离因数	生产能力 /(L/h)					
DHZ700/200-13-30	700	4800	10276	15000～27000	动、植物油脂行业	37	2050×1700×2300	3300	江苏巨能机械有限公司
DHZ500/110-13-30	550	6000	12475	6000～15000		22	1850×1550×2050	2200	
DHZ470/60-13-30	470	6600	13160	2500～7000		15	1800×1200×1800	1880	
DHZ360/30-13-30	360	7200	12169	1200～2500		7.5	1500×1150×1500	1280	
DRZ550	550	5500	10787	6000～18000		22	1620×1300×2200	2200	
DR(S)Z400E	400	7000	12050	4000～7500		7.5	1300×900×1500	1300	
DR(S)Z400A	400	700	12050	2000～6000		7.5	1300×900×1450	1150	
DR(S)Z360	360	7200	11532	1200～2500		5.5	1250×1050×1500	750	
DHSY550B	550	5500	10787	6000～15000	生物能源	22	1850×1550×2050	2200	
DHSY470B	470	6600	13160	4000～7000		15	1800×1200×1800	1880	
DHSY360B	360	7200	12169	1200～2500		7.5	1500×1150×1500	1280	
SBSY204B	204	8500	12114	700～2000		4	810×850×1350	408	
DHN550	550	5500	10787	1500～20000	净乳、乳汁分离、果汁饮料行业	22	1950×1550×1960	2300	
DHN470	470	6000	10865	7000～10000		18.5	1800×1200×1750	1600	
DHN360	360	7200	11532	3000～5000		7.5	1530×1150×1500	640	
DBN204	204	8500	12114	1500～3000		4	720×800×1100	308	
DBY211	470	6100	11230	2000～6000		15	1500×1200×1500	1600	
DHNZ550	550	6000	12555	5000～10000		22	1950×1550×1960	2300	

续表

型号	主要技术参数				适用物料名称	电动机型号(功率)/kW	机器外形尺寸(长×宽×高)/mm	机器质量/kg	制造商
	转鼓内径 D/mm	转速 n/(r/min)	分离因数	生产能力/(L/h)					
DHNZ470	470	6600	13160	3000～6000	净乳、乳汁分离、果汁饮料行业	15	1800×1200×2030	1600	
DHNZ360	360	7200	11532	1000～3000		7.5	1530×1150×1500	640	
DBNZ204	204	8500	12114	1000～1500		4	810×850×1350	520	
DHJY470	470	6100	11230	2000～5000		15	1800×1200×1750	1850	
DRJY204	204	8500	12114	10～200		4	810×850×1350	400	
DPF800	800	3300	5843	45000～115000	淀粉工业	90-132	2800×1500×2200	5500	江苏巨能机械有限公司
DPF935	935	2900	5053	80000～225000		180-250	3200×1800×3100	1000 0	
DHC216	700	4250	8056	20000～30000	制药工业	37	2100×1900×2100	3300	
DHC214	550	5500	10787	10000～20000		30	1810×1550×2020	2400	
DHFX214	550	5000	10787	8000～15000		22	1980×1600×1950	2400	
DHC211	470	6100	11230	4000～8000		15	1700×1120×1910	2000	
DHS470B	470	6600	13160	3000～4000	天然色素工业	15	1800×1200×1800	1700	
DHS360B	360	7200	11532	1000～1500		7.5	1500×1150×1500	850	
DBS204B	204	8500	12114	500～1000		4	810×850×1350	580	
DBS211B	470	6100	11230	3000～5000		15	1500×1200×1500	1680	
DRY15C		6930/7250		1500	燃油、润滑油、矿物油	Y1002-4(2.2)	830×530×780	240	南京绿州机器有限公司
DBY50 机组		5890		5000	燃油	Y160L-4(15)	2000×1482×1900	1950	
DBP315/10-22-30		6425		3000	啤酒、麦芽糖、汽酒、香槟酒等	YB2S-4(5.5)	1030×940×1250	472	
DBP400/20-22-30		5890		5000		Y160M-4(11)	1240×980×1425	780	
DBP500/38-22-30		5070		15000～20000		Y180L-4(2.2)	1800×1240×1820	1200	

续表

型号	主要技术参数				适用物料名称	电动机型号(功率)/kW	机器外形尺寸(长×宽×高)/mm	机器质量/kg	制造商
	转鼓内径 D/mm	转速 n/(r/min)	分离因数	生产能力/(L/h)					
DBN315/20-21-30		7310		3000	牛奶、乳品啤酒、中药等	Y132M-4(7.5)	1168×1063×1263	650	
DHN400/20-21-30		5890		5000		Y160M-4(11)	1130×1050×1400	750	
DPF355/T-2130		4600		8000～12000	淀粉、废液	Y160M-4(15)	1170×980×1360	820	
DFDP307DB-73		4600		12000～18000		Y160M-4(15)	1170×980×1360	800	
DPF445/11-21-30		4450		15000～30000		Y200L-4(30)	1450×1120×1470	1327	
DPF450/21-00-40		5600		15000～20000		Y200L-4(30)	1390×1130×1500	1000	
ZYDT211VC-33		5640		10000		Y200L-4(30)	1360×1010×1490	1100	
ZYDH309DJ-53		5750		5000	棕榈油	Y160M-4(11)	1560×1094×1459	900	
DZY-50QX		5890		5000		Y160M-4(11)	1380×900×1477	1000	
DBD310/12-00-30		6425		1000	鱼油、花生蛋白	Y132S-4(5.5)	1000×900×1290	487	
DBD400/26-00-30		5931		2000		Y160M-4(11)	1265×980×1493	791	
DRH400/54-02-99		5890		2000	磷硝基苯乙酸	Y160M-4(11)	1135×880×1445	830	
DHQ310/11-21-99		6425		3000	油漆、涂料、中药	YB132S-4(5.5)	1220×820×1260	530	
YSDB209SJ-03		5937		≥30000	混合脂肪酸	Y160M-4(11)	1335×1123×1662	1138	
DRR395/110-00-30		7075		400～700	天然橡胶乳胶	Y160M-4(11)	1260×990×1800	1000	
DRY140/1.6-0.1-30		9000		500	燃油、润滑油、电解液	Y80L2-2(1.1)	475×232×535	63	
DBX200/4.5-21-30		7800		800～1000	电解液	Y100L1-4(2.2)	791×630×940	263	
DRM230/8-00-30		6930		400	羊毛脂、洗毛废水	Y100L1-4(2.2)	882×530×885	230	
DPM328/13-00-30		6425		3000		Y132S-4(5.5)	1000×812×1186	430	
DHM400/15-20-30		5890		5000		Y160M-4(11)	1386×900×1477	1000	
KYDH211SD-23		6600		10000		15	1800×1200×1750	1700	广州广重企业集团有限公司

续表

型　号	主要技术参数				适用物料名称	电动机型号(功率)/kW	机器外形尺寸(长×宽×高)/mm	机器质量/kg	制造商
	转鼓内径 D/mm	转速 n/(r/min)	分离因数	生产能力/(L/h)					
KYDH210SD-23		5800		5000		11	1800×1200×1300	1000	广州广重企业集团有限公司
DR-400(E)	400	7250		300～600	胶乳	YB160M-4(11)	1504×840×1774	1000	
DRZ-550	550	4450	6000		皂液	Y180M-4B1(18.5)	1296×880×1595	1600	
D-NGA36B	36	2950		600kg/h	军工	Y100L-2V1(3)	845×650×1257	502	
DRY-530	530	4155	5124		抗生素	YB160L-4B1(15)	1352×920×1813	1200	
D-424	424	5840	8265	1200	酵母	Y160M-4B1(11)	1440×919×1770	770	
DP-500	464	6600				Y200L-4B1(30)	1525×1185×1690	1150	
DPF-450	445	4450	4900	24000	淀粉、蛋白质	Y180L-4B1(22)	1400×1150×1552	1400	
DPF-500A	515	4460	5730			Y200L-4B1(30)	1450×1260×1460	1300	
DPD-450/20-21-30	450	4800	5800		麸质废水蛋白质	Y180M-4B1(18.5)	1400×1150×1550	1500	
DPY-335	335	5660	6000	3000～3500	羊毛油脂	Y132S-4B1(5.5)	942×837×1197	700	
DHS-500	500	4500	5670	5000	TNT 废酸	Y200L-2V1(30)	1834×1004×2262	1800	
DHS-500	350	5400	8265	400～600kg/h	动物血液	Y132M-4B1(7.5)	1215×1005×1328	1000	
DHY-350	350	6500	8265	1000kg/h	猪油	Y132S-4B1(7.5)	1215×1005×1328	1000	
DBP355/15-21-30	350	6500		3500	果汁	Y160M-4B1(11)	1568×1000×1770	1500	
DBP66-07-32	500	5000	6990	25000	啤酒	Y200L2-2V1(37)		2620	
DBI40-07-37	500	4200		20000	火药厂污水	Y200L2-2V1(37)		2620	浙江轻机实业有限公司
DRY-366	366	6670	9150	1000	油水分离	5.5	1030×1186×1366	1000	
DRP-366	366	6670	9150	3000	果汁、饮料	5.5	1030×1186×1366	1000	
QTD-350HZ	350	6069	6368	3000	棕榈油	5.5	1321×962×1324	1000	
QTD-350HZA	350	6069	6368	2500	植物油(脱皂)	5.5	1321×962×1324	1000	

续表

型　号	主要技术参数				适用物料名称	电动机型号(功率)/kW	机器外形尺寸(长×宽×高)/mm	机器质量/kg	制造商
	转鼓内径 D/mm	转速 n/(r/min)	分离因数	生产能力/(L/h)					
DRJ-395	395	7027	10750	320～600	乳胶分离	11	1210×843×1665	1040	
LX-460	395	7027	10750	320～600	乳胶分离	11	1210×843×1665	1040	
DPJ-464	464	6615	11370	24000	酵母、蛋白	30	1632×1024×1528	1200	
DPF-350	350	4600	4726	10000	淀粉蛋白	15	1170×985×1300	900	
QTD-420HP	420	6500	11500	10000	啤酒酵母	11	1750×980×1700	1000	

1.5.4　其他类型的沉降离心机

(1) 管式离心机

管式分离机属于高速运转的沉降式离心机，由于分离机的转鼓直径较小而长度较长，形如管状，故又称为管式分离机，如图21-15所示。

管式分离机转速快，一般在10000r/min以上，机器结构为柔性轴系，转鼓上悬支撑，上部传动，转鼓下部设有振幅限制阻尼装置，使转鼓的振幅限制在某一允许范围之内，实现稳定安全运转。

该机型结构简单，运转可靠，常见的转鼓直径为40～150mm，长度与直径之比为4～8。管式分离机的分离因数可达15000～65000，能分离一般离心机难以分离的物料。在沉降离心机中，管式分离机的分离因数最高，分离效果最好，适用于处理固体颗粒直径为0.1～100μm、固液两相密度差大于10kg/m^3、固相的质量分数小于1%的难分离的悬浮液和乳浊液，处理量为200～1200L/h。

国产管式分离机有GF型和GQ型两种。GF型管式分离机适用于乳浊液的分离。GQ型管式分离机适用于含固相物料小于1%的悬浮液澄清分离，特别适用于固相的质量分数小、黏度大、颗粒细，固液两相密度差较小的固液分离，其技术参数详见表21-13。

表21-13　管式离心机主要技术参数

型号	技术参数						电动机功率/kW	外形尺寸(长×宽×高)/mm	机器质量/kg	制造厂
	转鼓内径/mm	有效高度/mm	有效容积/L	转速/(r/min)	分离因数	生产能力/(L/h)				
GF45 GQ45	45	200	0.4	30000	22680	100	单项串激电机0.4	500×420×760	90	辽阳阳光制药机械有限公司
GF75 GQ45	75	430	2.2	19000	15200	600	1.5	760×450×1120	300	辽阳阳光制药机械有限公司
GF76 GQ76	76	430	2	20000	17000	600	1.5	650×380×1150	180	上海市离心机械研究所有限公司
GF105 GQ105	105	742	6	16000	15000	1200	3.0	680×420×1680	400	上海市离心机械研究所有限公司
GF125 GQ125	125	730	8	19000	15000	1500	3.0	900×550×1600	610	辽阳阳光制药机械有限公司

续表

型号	技术参数						电动机功率/kW	外形尺寸(长×宽×高)/mm	机器质量/kg	制造厂
	转鼓内径/mm	有效高度/mm	有效容积/L	转速/(r/min)	分离因数	生产能力/(L/h)				
GF142 GQ142	142	820	10	14000	15600	2500	3.0	1000×650×1800	700	上海市离心机械研究所有限公司
GF150 GQ150	142	730	10	13400	14300	2500	3.0	900×550×1600	665	辽阳阳光制药机械有限公司
GQ200	200	820	20	11500	15000	5000	5.5	1000×600×1580	1000	上海市离心机械研究所有限公司

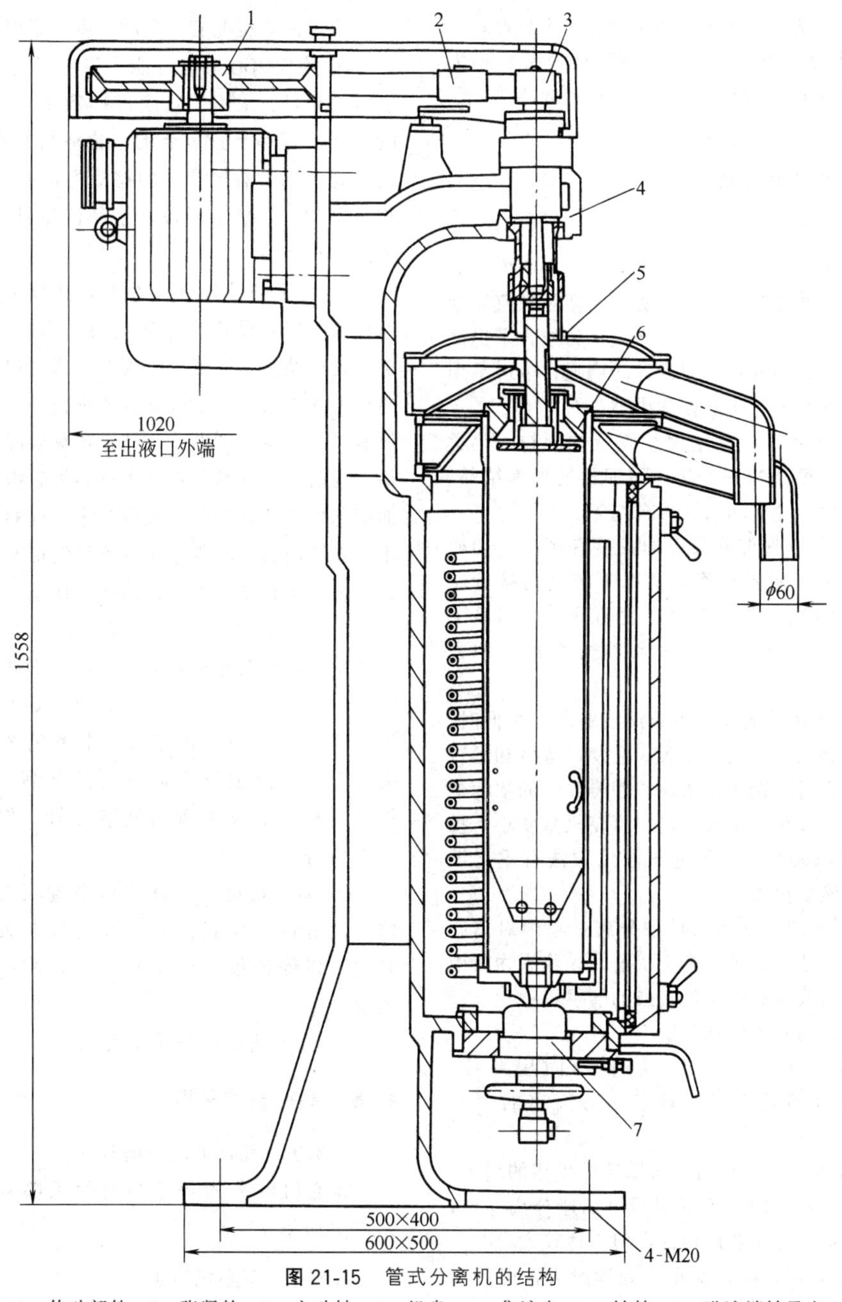

图 21-15 管式分离机的结构

1—传动部件；2—张紧轮；3—主动轴；4—机身；5—集液盘；6—转鼓；7—进液端轴承座

(2) 室式分离机

室式分离机的转鼓由若干同心圆筒组成的多个同心环状间隙的分离室构成，各同心圆筒半径是按各环间隙的横截面积相等或径向间距相等确定的。各分离室的流道串联，沉降面积较大，澄清效果好。悬浮液自中心进料管加入转鼓，由内向外顺序流经各分离室，受到逐渐增大的离心力场作用，悬浮液中的粗颗粒沉降在靠内的分离室的筒壁上，较细的颗粒沉降在靠外的分离室的筒壁上，澄清的分离液经溢流口或向心泵排出。当运转一段时间澄清度下降时，应停机清理沉渣，本设备为间歇操作的分离机。

广州广重企业集团有限公司生产的SC型管式分离机有3～7个分离室，适用于处理固体颗粒粒径大于0.1μm、固相质量分数小于1%～2%的悬浮液，处理量为2500～10000L/h。

1.6 物料预处理方法和装置

(1) 物料预处理方法

为使分离操作容易进行，对于一些分离难度较大的物料，应通过物理和化学的方法，而使颗粒直径增大、液体黏度减小和固液密度差增大。另外为了提高设备的处理能力、降低物料对设备的磨损，也应采用相应的增浓、预浓缩与防磨损的措施。

① 用化学或物理方法增大悬浮液的颗粒。化学预处理主要是凝聚法和絮凝法，物理预处理为结晶、温度调节、陈化、冷冻和引入掺合剂等。

② 调节温度，改善分离液的黏度和密度。如矿物油和水的分离，两者在通常情况下密度均接近于$1g/cm^3$，但矿物油的密度随着温度的升高呈明显下降的趋势。因此可通过加热加大矿物油和水的密度差。

③ 增稠和预浓缩处理。当悬浮液的浓度很低时，如直接选用离心机，因处理量大，会使设备费和运行费加大。如果通过增稠和预浓缩，使悬浮液的浓度提高，处理量减小，再选用离心机，可使机型变小，投资以及运行费均减小。常见的预浓缩方法有重力沉降、筛分和旋液分离器等。

④ 防磨损处理。有些物料在分离过程中对离心机的磨损较大，建议在进入离心机前，先除去物料中较大的颗粒，以改善对离心机转鼓的磨损。

(2) 常用的物料预处理装置

① 分离筛。可分离大于200目的固相颗粒，设备费和操作费都比较低，缺点是分离出的固相较湿。

② 重力沉降装置。常用于稀母液中固相的增浓。典型设备为增稠器，加入絮凝剂后可加速分离操作，重力沉降的投资与操作费用较低，但占地较大。

③ 旋液分离器。操作简单，处理量大，但分离的固相颗粒较粗，含湿量大。

1.7 离心机的配套设备

除分离主机外，还需有其他各种设备和仪表与其配套，才能投入正常运行。常见的配套设施如下。

① 预处理装置，如增稠器、除砂器、过滤器、破碎机、加温器、加药系统等。

② 供取料装置，如供料泵、排液泵、固体输送器、流量计、搅拌器等。

③ 仪表控制装置，如启动装置、监控装置、显示器和安全装置等。

④ 安全防护和设备清洗、维修装置。

确定离心机配套设备时，应注意以下方面。

① 为使离心机尽可能在稳定状态下运行，要求供料的流量、浓度、温度保持稳定，这对连续运行的工艺流程是十分重要的。希望物料在进入离心机前，先进入带有搅拌器的储槽中，通过搅拌使固-液相分布均匀，然后用螺杆泵经流量计定量把料液送入离心机中。

② 对于磨蚀性强的物料，建议先除去粗颗粒，这样可改善对设备的磨损。为防止碟式喷嘴分离机喷嘴口径被堵塞，应把大于喷嘴口径的粗颗粒在进入分离机前先除去，一般碟式分离机在料液进入机器前均设有可更换的过滤器，以防止粗颗粒混入产生不良后果。为防止纤维状物料进入离心机后抱团把料口堵塞而引起机器的振动，在城市污水处理的污泥脱水工艺中，在离心机进料管道中设置污泥切割机，可基本改善管道、螺杆泵、离心机的堵塞现象。

③ 与离心机进出口连接的管道之间必须采用柔性连接件，以防止机器的振动传递给管路系统。

④ 离心机停机前，必须把转鼓内残余的物料清洗干净，以防止由于残余物料存在而引起转鼓失去平衡，造成下次启动时的激烈振动，所以在机器进料口必须配置清洗液接管，以便机器停机时的清洗。

⑤ 离心机运行车间需设置起吊工具，以便维修。离心机的控制仪表最好安置在条件较好的房间内，以保证仪表的正常运行，改善操作人员的环境。

⑥ 合理选用高分子絮凝剂。

1.8 离心机的采购

1.8.1 离心机的采购程序

离心机的采购程序与泵的采购程序相同，详见本手册第27章。

1.8.2 离心机数据表

离心机数据见表21-14。

表 21-14　离心机数据

离心机数据表	工程号		
	文件号		
	第1页	共2页	版

1	设备名称：			位号：		用户：		
2	型号：			台数：		厂址：		
3	操　作　条　件							
4	分离物料			进料方式	□连续　□间断			
5	晶体破碎	□可　□否		出料量（干固体）	kg/h			
6	进料量	正常　最大　m^3/h		滤饼含湿量（质量分数，湿基）	%			
7	密度	晶体　母液　料浆　kg/m^3		液相含固量				
8	黏度	母液　料浆　MPa·s		晶体形状	□球状　□针状　□片状			
9	料浆温度	正常　最大　℃		洗液	名称	用量　L/kg(干料)		
10	料浆浓度（质量分数，湿基）	正常　最低　%		粒度/目或 μm				
11	固体平均直径	mm		含量(质量分数)/%				
12	结　构　参　数							
13	转鼓直径	一级　二级　mm		轴功率(转鼓)　kW				
14	转鼓长度	一级　二级　mm		油泵 1	型号　流量　m^3/h			
15	转速	转鼓　螺旋卸料器　r/min		油泵 2	型号　流量　m^3/h			
16	分离因数	一级　二级		差速器	形式	速比		
17	滤网	形式	□条网　□板网　□编织网	液力联轴器	□有　□无	油牌号		
18		过滤面积	一级　二级　m^2	油冷器	形式	换热面积　m^2		
19		缝宽	一级　二级　mm					
20		网孔径	mm					
21	分离周期　min	进料	甩干	洗涤	甩干	卸料	洗网	
22	材　料							
23	转鼓	滤网		前壳体		后壳体		
24	刮刀	推料器		主轴		喷嘴		
25	螺旋卸料器	布料器		油冷器				
26								
27	控制和仪表							
28	油压	□指示	□报警	轴承温度	□指示			
29	油温	□指示	□报警	过载保护	□有	□无		
30	控制方式	□自动	□手动					
31								
32	电　动　机							
33		型号	额定功率/kW	转速/(r/min)	防护等级	绝缘等级	防爆等级	
34	驱动				IP			
35	转鼓				IP			
36	油泵				IP			
37								

续表

离心机数据表	工程号		
	文件号		
	第 2 页	共 2 页	版

1	设备名称：							位号：
2	型号：							
3	公用工程条件							
4	电	电压	□380V	□ V	冷却水	冲洗水量	冷却水量	m^3/h
5		相数	□3 相	□单相		压力	进水 回水	MPa(表压)
6		周波	□50Hz	□60Hz		温度	进水 出水	℃
7	供货范围							
8	□离心机		□电动机		□地角螺栓		□专用工具	
9	□底座		□减振器		□随机备件(附清单)			
10	□电控箱		□皮带传动		□两年操作备件(附清单)			
11								
12	其他							
13	质量/kg	离心机	驱动机	底座	外形尺寸 长 宽 高 mm			
14		传动装置	最大维修件					
15		总计						
16								
17								
18								
19								
20								
21								
22								
23								
24								
25								
26								
27								
28								
29								
30								
31								
32								
33	注：制造厂将表内空白栏目填全，并返回设计院							

2								
1								
0					日期	编制	校核	审核
版次	日期	编制	校核	审核	制造厂填写栏			

2 过滤机

2.1 过滤机的分类和适用范围

过滤的推动力以过滤介质两侧的压强差表示。根据推动力的不同，过滤可分为以下三类。

① 重力过滤。依靠悬浮液本身的液柱产生的推动力，一般不超过 0.5bar（$1bar=10^5Pa$）。

② 离心过滤。利用离心力实现固-液分离，详见本章 1.2 小节过滤离心机部分。

③ 加压过滤和真空过滤。

本小节介绍的过滤机主要为上述第③种情况。过滤机按过滤操作方式可以分为间歇式和连续式两种。其中板框压滤机是应用最广泛的一种间歇式压力过滤机，而转筒真空过滤机是典型的连续式过滤机。

过滤机的类型和适用范围见表 21-15。

2.2 过滤机的选用要求和标准规范

(1) 过滤机的选用要求

① 必须满足进料量以及进出料特性、压力、温度等工艺参数的要求。

② 必须满足介质特性的要求。

③ 必须满足现场的安装要求。

④ 安装在有腐蚀性气体存在场合的过滤机，要求采取防大气腐蚀的措施。

⑤ 对安装在室外环境温度低于－20℃的过滤机，应采用耐低温材料。

⑥ 对安装在爆炸区域的离心机，应根据爆炸区域等级采用防爆电动机。

⑦ 过滤机的设计寿命一般至少应达到 10 年。

(2) 过滤机的标准规范

① 过滤机的设计、制造、检验应符合有关标准的规定。国内有关过滤机标准见表 21-16。

② 过滤机应保证用户电源电压、频率变化范围内的性能。确定过滤机型号和制造厂时，应综合考虑过滤机的性能、能耗、可靠性、价格和制造标准等因素。

2.3 过滤机的选型

2.3.1 选型参数

选型参数可参阅本章 1.3.1 小节。

2.3.2 选型的基本原则

过滤机选型主要根据滤浆的过滤特性、滤浆的其他特性及生产规模等因素综合考虑。

(1) 滤浆的过滤特性

滤浆按滤饼的形成速度、滤饼孔隙率、滤浆中固体颗粒的沉降速度和滤浆的固相浓度分为五大类：过滤性良好的滤浆、过滤性中等的滤浆、过滤性差的滤浆、稀薄滤浆及极稀薄滤浆。这五种滤浆的过滤特性及适用机型分述如下。

表 21-15　过滤机的类型和适用范围

类　型	适用的滤浆	适　用　范　围
转鼓真空过滤机	浓度为 2%～65%的中、低过滤速度的滤浆，并且必须在 5min 内转鼓上形成超过 3mm 厚的均匀滤饼 有外滤面和内滤面两种基本形式，外滤面不宜用于固相浓度太大、沉降速度大于 12mm/s 的悬浮液	是用途最广的机型，适用于化学工业、冶金、矿山等部门的废水和下水处理；对于固体颗粒在滤浆槽内几乎不能悬浮、滤饼通气性太好、滤饼在自重下易从转鼓上脱落的场合不适宜
真空、加压圆盘过滤机	过滤速度快的滤浆，1min 内至少要形成 15～20mm 厚的滤饼	用于矿山、微煤粉、水泥原料等，过滤时因为过滤面垂直，所以滤饼不能洗涤
带式过滤机	浓度为 5%～70%的过滤速度快的滤浆，滤饼厚 4～5mm	用于磷酸工业、铝、各种无机化学工业、石膏以及纸浆等；适用于沉降性好的粗粒滤浆，滤饼洗涤效果好
叶滤机	可用于广泛的滤浆	与压滤机相比，具有节水、节电、操作人员少、过滤效率高的特点；适用于中小型食品饮料厂，用于酒类、食品饮料的液体过滤
压滤机	可用于广泛的滤浆	压滤机的优点是结构简单，制造容易，所需辅助设备少，过滤面积大，过滤压力高，适用于难过滤的或液相黏度很高的悬浮液及腐蚀性物料的过滤 缺点是生产效率低，洗涤不够均匀，滤液消耗量大，手工操作劳动强度大；但自动操作的压滤机可大大减轻劳动强度和提高过滤效率

表 21-16　国内有关过滤机标准

序号	标准代号	标准名称
1	JB/T 8102—2008	带式压榨过滤机
2	JB/T 3200—2008	外滤面转鼓真空过滤机
3	JB/T 4333.1—2013	厢式压滤机和板框压滤机　第1部分:型式与基本参数
4	JB/T 4333.2—2013	厢式压滤机和板框压滤机　第2部分:技术条件
5	JB/T 4333.3—2013	厢式压滤机和板框压滤机　第3部分:滤板
6	JB/T 4333.4—2013	厢式压滤机和板框压滤机　第4部分:隔膜滤板
7	JB/T 5282—2010	翻斗真空过滤机
8	JB/T 8866—2010	筒式加压过滤机
9	JB/T 9097—2011	加压叶滤机
10	JB/T 8653—2013	水平带式真空过滤机
11	JB/T 5153—2006	板框式加压滤油机

① 过滤性良好的滤浆　在数秒之内能形成50mm以上厚度滤饼的滤浆。滤浆的固体颗粒沉降速度快，依靠转鼓过滤机滤浆槽里的搅拌器也不能使其保持悬浮状态。在大规模处理这类滤浆时，可采用内部给料式或顶部给料式转鼓真空过滤机。如由于滤饼的多孔性，不能借助真空使滤饼保持在转鼓的过滤面上，应采用带式过滤机。对于滤饼需要充分洗涤的也宜采用带式过滤机。

② 过滤性中等的滤浆　在30s内能形成50mm厚滤饼的滤浆。这类滤浆颗粒的沉降速度是，用转鼓过滤机滤浆槽里的搅拌器，可以使其保持悬浮状态，料浆中固体的体积分数为10%～20%滤饼的孔隙率，表现为借助真空可使滤饼吸附在转鼓上。在大规模过滤这类滤浆时，采用有格式转鼓真空过滤机最经济。如滤饼要洗涤，应用带式过滤机；不洗涤的，用圆盘过滤机。生产规模小的，采用间歇加压过滤机，如板框压滤机等。

③ 过滤性差的滤浆　在真空绝压35kPa（表压，相当于500mmHg真空度，1mmHg=133.32Pa）下，5min内最多能形成3mm厚滤饼的滤浆。固相的体积分数为1%～10%。这类滤浆由于沉降速度慢，单位时间内形成的滤饼较薄，很难从过滤机上连续排出，宜用转鼓真空过滤机和圆盘真空过滤机。小规模生产时，用间歇加压过滤机。如滤饼要充分洗涤，可用叶滤机和立式板框压滤机。

④ 稀薄滤浆　固相的体积分数在5%以下，虽能形成滤饼，但形成速度非常低，在1mm/min以下。大规模生产时，宜采用预涂层过滤机或过滤面较大的间歇加压过滤机。规模小时，可采用叶滤机。

⑤ 极稀薄滤浆　固相的体积分数低于0.1%，一般不能形成滤饼的滤浆，属于澄清范畴。这类滤浆在澄清时，需根据滤液的黏度和颗粒的大小而确定选用何种过滤机。当颗粒尺寸大于5μm时，可采用水平盘形加压过滤机。滤液黏度低时，可用预涂层过滤机。滤液黏度低，而且颗粒尺寸又小于5μm时，应采用带有预涂层的间歇加压过滤机。当滤液黏度高，颗粒尺寸小于5μm时，可采用有预涂层的板框压滤机。

(2) 滤浆的其他特性

滤浆的其他特性包括黏度、蒸气压、腐蚀性、溶解度和颗粒直径等。

滤浆的黏度高时过滤阻力大，采用加压过滤有利。滤浆温度高时蒸气压高，不宜采用真空过滤机，应采用加压式过滤机。当物料具有易爆性、挥发性和有毒时，宜采用密闭性好的加压式过滤机，以确保安全。

(3) 生产规模

大规模生产时应选用连续式过滤机，以节省人力并有效地利用过滤面积。小规模生产时采用间歇式过滤机为宜，价格也较便宜。

2.4 过滤机的计算

2.4.1 恒压过滤

(1) 过滤公式

$$(V+V_e)^2=2k\Delta p^{1-s}S^2(\tau+\tau_e)=KS^2(\tau+\tau_e) \tag{21-26}$$

略去过滤介质阻力不计，式(21-26)则为

$$V^2=2k\Delta p^{1-s}S^2\tau=KS^2\tau \tag{21-27}$$

式中　V——滤液体积，m^3；

V_e——过滤介质的当量滤液体积，m^3；

k——过滤物料的过滤常数，$k=\dfrac{1}{\mu r'v'}$，$m^4/(N\cdot s)$；

μ——滤液黏度，$N\cdot s/m^2$；

r'——单位压力差下滤饼的比阻，m^{-2}；

v'——单位体积滤液生成的滤饼体积，m^3/m^3；

Δp——滤饼两侧压力差，Pa；

s——滤饼的压缩指数，$s=0$时为不可压缩滤饼，$0<s<1$时为可压缩滤饼；

S——过滤面积，m^2；

τ——过滤时间，s；

τ_e——过滤介质的当量过滤时间，s；

K——包括物性常数κ及操作压力参数在内的过滤常数，$K=2k\Delta p^{1-s}$，m^2/s。

(2) 滤饼的洗涤速率

连续式过滤机的洗涤速率（介质阻力不计）

$$\left(\frac{dV}{d\tau}\right)_w=\frac{KS^2}{2V}=\frac{V}{2\tau} \tag{21-28}$$

板框过滤机的洗涤速率（介质阻力不计）

$$\left(\frac{dV}{d\tau}\right)_w=\frac{KS^2}{8V}=\frac{V}{8\tau} \quad (21\text{-}29)$$

式中 $\left(\frac{dV}{d\tau}\right)_w$ ——洗涤速率，单位时间内所得洗液量。

(3) 洗涤时间

$$\tau_w=\frac{V_w}{\left(\frac{dV}{d\tau}\right)_w} \quad (21\text{-}30)$$

式中 τ_w ——洗涤时间；

V_w ——洗液量，常用滤液量的分率 a 表示。

$$a=\frac{洗液量}{滤液量}=\frac{V_w}{V} \quad (21\text{-}31)$$

连续式过滤机洗涤时间（介质阻力不计）

$$\tau_w=2a\frac{V^2}{KS^2}=2a\tau \quad (21\text{-}32)$$

板框过滤机洗涤时间（介质阻力不计）

$$\tau_w=\frac{8aV^2}{KS^2}=8a\tau \quad (21\text{-}33)$$

(4) 过滤机生产能力

间歇式过滤机生产能力

$$Q=\frac{V}{\tau+\tau_w+\tau_D} \quad (21\text{-}34)$$

式中 Q ——过滤生产能力，m^3/min，或 m^3/h；

τ_D——过滤操作的辅助时间，min 或 h；

τ ——过滤时间，$\tau=\varphi T=\frac{60\varphi}{n}$，s；

S ——转筒的面积，$S=\pi DL$，m^2；

D ——转筒直径，m；

L ——转筒长度，m。

若过滤机的介质阻力可忽略不计，$\tau_D=(1+2a)\tau$时，过滤机生产能力为最大；介质阻力不计，滤饼又不洗涤，$\tau_D=\tau$ 时，过滤生产能力最大。板框过滤机的介质阻力忽略不计，$\tau_D=(1+8a)\tau$ 时，过滤生产能力最大；介质阻力不计、滤饼又不洗涤，$\tau_D=\tau$ 时，过滤生产能力最大。

连续式过滤机生产能力（以回转真空过滤机为例，介质阻力不计）

$$Q=60\sqrt{KS^2 60\varphi n} \quad (21\text{-}35)$$

式中 φ ——回转真空过滤机的沉浸度，$\varphi=\frac{沉浸表面}{整个表面}=\frac{\beta}{2\pi}$；

β ——转筒过滤机的浸入角，以弧度计；

n ——回转速度，$n=\frac{60}{T}$，r/min；

T——转筒过滤机每个周期经历的时间，s。

(5) 恒压过滤计算举例

例 1 板框压滤机在 0.15MPa（表压）下，恒压过滤某种悬浮液，1.6h 后可得滤液 $25m^3$（介质阻力不计），滤饼压缩指数为 0.3。

求 (1) 如果压力增加 1 倍，过滤 1.6h 后可得多少滤液？

(2) 其他情况不变，将操作时间缩短一半所得滤液为多少？

(3) 若在原表压下过滤 1.6h 后，用 $3m^3$ 的水洗涤滤饼，求所需的洗涤时间。

解 (1) 设加压后，悬浮液经 1.6h 过滤，所得的滤液量为 V_2，由式（21-27）得

$$\frac{V_2^2}{V_1^2}=\frac{2k\Delta p_2^{1-0.3}}{2k\Delta p_1^{1-0.3}}=\left(\frac{\Delta p_2}{\Delta p_1}\right)^{0.7}$$

$$=2^{0.7}=1.625$$

则 $V_2=V_1\sqrt{1.625}=25\sqrt{1.625}=31.9\ (m^3)$

(2) 若操作时间缩短一半，即

$$\frac{V_2^2}{V_1^2}=\frac{\tau_2}{\tau_1}=0.5$$

则 $V_2=V_1\sqrt{0.5}=25\sqrt{0.5}=17.7\ (m^3)$

(3) 设洗涤所需时间为 τ_w

由式（21-29）和式（21-30）得

$$\left(\frac{dV}{d\tau}\right)_w=\frac{V}{8\tau}=\frac{25}{8\times1.6}$$

$$\tau_w=\frac{V_w}{\left(\frac{dV}{d\tau}\right)_w}=\frac{3}{\frac{25}{8\times1.6}}=\frac{3\times8\times1.6}{25}=1.536\ (h)$$

例 2 一台 BMS30-635/25 型板框压滤机（过滤面积为 $30m^2$）在 0.25MPa（表压）下恒压过滤，经 30min 滤框充满滤液 $2.4m^3$，过滤后每次拆装清洗时间需 15min。现改用一台 GP20-2.6 型回转真空过滤机，转筒的直径为 2.6m，长为 2.6m，过滤面有 25%被浸没，操作真空绝压 21kPa（约相当于真空度为 600mmHg）。

求 真空过滤机的转速应为多少才能保持生产能力不变（设滤渣为不可压缩，过滤介质的阻力略为不计，滤渣不洗涤）？

解 板框过滤机的生产能力为

$$Q=\frac{V}{\tau+\tau_w+\tau_D}=\frac{2.4}{\frac{30+15}{60}}=3.2\ (m^3/h)$$

由恒压过滤式（21-27）得

$$k=\frac{V^2}{2\Delta p^{1-s}S^2\tau}$$

$$=\frac{2.4^2}{2\times0.25\times30^2\times30\times60}m^4/(MPa\cdot s)$$

回转过滤机的转筒的面积为

$S=\pi DL=3.14\times2.6\times2.6=21.2\ (m^2)$

转筒的沉浸度 $\varphi=25\%=0.25$

转筒的操作压力 $\Delta p=100-21=79kPa$（绝）

$=0.079MPa$（绝）

回转过滤机的生产能力为

$Q=60\sqrt{KS^2 60\varphi n}$

则 $n=\dfrac{Q^2}{60^2KS^2 60\varphi}$

$=\dfrac{3.2^2\div\{60^2\times2\times[(2.4^2\times0.079)}{(2\times0.25\times30^2\times30\times60)]\times(21.2)^2\times60\times0.25\}}$

$=0.376(\mathrm{r/min})$

即真空过滤机的转速 $n=0.376\mathrm{r/min}$ 时，可保持生产能力不变。

例3 含量为5%的钛白粉（TiO_2）水悬浮液，已测得过滤常数 $K=1.27\times10^{-5}\mathrm{m^2/s}$，$q_a=5\times10^{-3}\mathrm{m^3/m^2}$，$\tau_s=1.87\mathrm{s}$；滤渣体积与滤液体积比 $V=0.082\mathrm{m^3/m^3}$，操作压力0.3MPa，每班要得到$1.5\mathrm{m^3}$滤渣，装卸滤渣所需辅助时间 $\tau_D=45\mathrm{min}$。现选用BMY33/810-45型板框过滤机，板框长810mm，宽810mm，框厚45mm，框数26个，过滤总面积$33\mathrm{m^2}$，框内总容量$0.76\mathrm{m^3}$，核算其生产能力能否满足要求。

解 (1) 过滤时间 τ

框内全部充满滤渣时的滤液量

$$V=\frac{框内总容量}{v}=\frac{0.70}{0.082}=9.28(\mathrm{m^3})$$

单位过滤面积的滤液量

$$q=\frac{V}{S}=\frac{9.28}{33}=0.281(\mathrm{m^3/m^2})$$

由式（21-40）得

$$(q+0.005)^2=1.27\times10^{-5}(\tau+1.87)$$
$$(0.281+0.005)^2=1.27\times10^{-5}(\tau+1.87)$$
$$\tau=6450(\mathrm{s})=1.79(\mathrm{h})$$

(2) 洗涤时间 τ_w

$$\tau_w=8a\tau=8\times0.1\times1.79=1.4(\mathrm{h})$$

操作周期

$$\sum\tau=\tau+\tau_w+\tau_D=1.79+1.4+0.75=3.97=4(\mathrm{h})$$

生产能力

$$Q=\frac{框内总容量}{操作周期}=\frac{0.79}{4}=0.19(\mathrm{m^3/h})$$

即所选用的板框过滤机能满足生产要求。

2.4.2 恒速过滤

过滤公式

$$V^2+V_eV=k\Delta p^{1-s}S^2\tau=\frac{K}{2}S^2\tau \quad (21\text{-}36)$$

若过滤介质阻力略为不计，则式（21-36）可写为

$$V^2=k\Delta p^{1-s}S^2\tau=\frac{K}{2}S^2\tau \quad (21\text{-}37)$$

2.4.3 先升压后恒压过滤

(1) 过滤公式

$$(V^2-V_1^2)+2V_e(V-V_1)=2k\Delta p^{1-s}S^2(\tau-\tau_1)=KS^2(\tau-\tau_1) \quad (21\text{-}38)$$

过滤介质阻力忽略为不计，则

$$V^2-V_1^2=2k\Delta p^{1-s}S^2(\tau-\tau_1)=KS^2(\tau-\tau_1) \quad (21\text{-}39)$$

式中 V_1——在升压过滤时间 τ_1 内所得滤液体积，$\mathrm{m^3}$；

τ_1——升压过滤时间，min或h。

(2) 计算举例

例4 用一台加压叶滤机过滤某种悬浮液，先恒速过滤15min得滤液$2.5\mathrm{m^3}$，达到泵的最大压头，然后再进行等压过滤1h。

求 (1) 所得滤液总量（$\mathrm{m^3}$）。

(2) 如果叶滤机的去渣、重装所需辅助时间 τ_D 为15min，求此滤机的生产能力（$\mathrm{m^3/h}$）。

(3) 求过滤机的最大生产能力，及每循环所需时间（设介质阻力忽略不计）。

解

(1) 根据式（21-37）

$$V_1^2=\frac{K}{2}S^2\tau_1$$

式中 $V_1=2.5\mathrm{m^3}$，$\tau_1=\dfrac{15}{60}=0.25\mathrm{h}$

$$(2.5)^2=\frac{KS^2}{2}\times0.25$$

所以 $$KS^2=\frac{2\times(2.5)^2}{0.25}=50$$

由式（21-39），$V^2-V_1^2=KS^2(\tau-\tau_1)$，

τ=恒速过滤时间+恒压过滤时间$=0.25+1=1.25(\mathrm{h})$

则 $V^2-(2.5)^2=50(1.25-0.25)=50\times1$

所得滤液总量 $V=\sqrt{50\times1+2.5^2}=7.5$（$\mathrm{m^3}$）

(2) 一个操作周期所需总时间 $\sum\tau$ 和生产能力 Q

$$\sum\tau=\tau_{恒速过滤}+\tau_{恒压过滤}+\tau_D=0.25+1+0.25=1.5(\mathrm{h})$$

$$Q=\frac{V}{\sum\tau}=\frac{7.5}{0.25+1+0.25}=5(\mathrm{m^3/h})$$

(3) 叶滤机的生产能力达到最大值时，过滤时间应等于辅助时间，即

$$\tau_{恒压过滤}=\tau_D=0.25\mathrm{h}$$

一个操作周期所需时间为

$$\sum\tau=\tau_{恒速过滤}+\tau_{恒压过滤}+\tau_D=0.25+0.25+0.25=0.75(\mathrm{h})$$

由式（21-39）得

$$V^2-V_1^2=KS^2(\tau-\tau_1)$$

τ=恒速过滤时间+恒压过滤时间$=0.5\mathrm{h}$

$$V^2-(2.5)^2=50(0.5-0.25)=50\times0.25$$
$$V=4.32\ (\mathrm{m^3})$$

最大生产能力 $Q=\dfrac{V}{\sum\tau}=\dfrac{4.32}{0.75}=5.75$（$\mathrm{m^3/h}$）

2.4.4 过滤常数测定

过滤常数 K、V_e、τ_e 及 S，一般都由试验测定，或采用已有的生产数据来计算。为便于测定这些常

数，可将式（21-26）写成下列形式。

$$(q+q_e)^2=K(\tau+\tau_e) \tag{21-40}$$

式中　q——过滤时间为 τ 时，由过滤面积上所得到的滤液累计量 $\left(q=\frac{V}{S}\right)$，简称单位滤液量，$m^3/m^2$；

q_e——假定在 τ_e 时间内，设想形成一层阻力与过滤介质阻力相等的滤饼时，单位过滤面积所通过的滤液量 $\left(q_e=\frac{V_e}{S}\right)$，$m^3/m^2$。

将式（21-40）微分，可得

$$\frac{d\tau}{dq}=\frac{2}{K}q+\frac{2}{K}q_e \tag{21-41}$$

式（21-41）为直线方程式。若以 $d\tau/dq$ 为纵坐标，q 为横坐标作图，可得一条直线，其斜率为 $2/K$，截距为 $2q_e/K$。在大多数情况下，式（21-41）左边的微分 $d\tau/dq$ 可用增量比 $\Delta\tau/\Delta q$ 代替，则

$$\frac{\Delta\tau}{\Delta q}=\frac{2}{K}q+\frac{2}{K}q_e \tag{21-42}$$

在恒压下进行过滤实验，测出不同时间 τ 及其相应的滤液累计量 q 的数据，以 $\Delta\tau/\Delta q$ 为纵坐标，以 q 为横坐标在坐标纸上作图，可得到一条直线。由此可求得斜率 $2/K$ 和截距 $2q_e/K$ 的值。得出 K 和 q_e 后，即可由式（21-40）算出 τ_e 值。

例 5　某加压叶滤机的过滤面积为 $4.5m^2$，在 2atm（表压，1atm=101325Pa）下用某种料浆进行恒压过滤实验，过滤时间和过滤量见表 21-17。试求过滤常数 K、q_e 及 τ_e。

表 21-17　过滤时间和过滤量

过滤时间 τ/min	5	10	15	20	25	30
过滤量 V/L	450	800	1050	1250	1430	1580

解　按照式（21-42）整理测得的数据列于表 21-18。根据 $\Delta\tau/\Delta q$ 与 q 的平均值在坐标纸上作图得一条直线，如图 21-16 所示。量得此直线的斜率为

$$\frac{2}{K}=2.15\times10^4$$

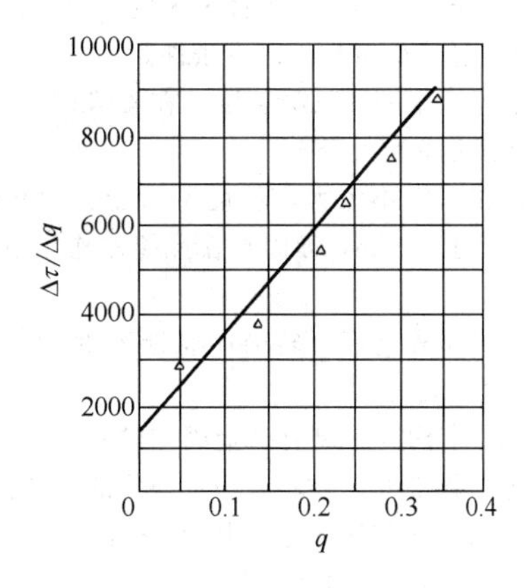

图 21-16　根据 $\Delta\tau/\Delta q$ 与 q 的平均值作图

即得　$K=9.3\times10^{-5}(m^2/s)$

此直线的截距为

$$\frac{2}{K}q_e=1400$$

故　$q_e=\frac{1400}{2}\times9.3\times10^{-5}=0.065(m^3/m^2)$

由式（21-40）得

$$(q+0.065)^2=9.3\times10^{-5}(\tau+\tau_e)$$

当 $\tau=900s$ 时，将 $q=0.233$ 代入上式得

$$\tau_e=\frac{(0.233+0.065)^2}{9.3\times10^{-5}}-900=55(s)$$

已知 K、τ_e、q_e，按式（21-40）即可列出此滤浆的过滤方程为

$$(q+0.065)^2=9.3\times10^{-5}(\tau+55)$$

表 21-18　加压液滤机数据

$q/(m^3/m^2)$	$\Delta q/(m^3/m^2)$	τ/s	$\Delta\tau$/s	$\frac{\Delta\tau}{\Delta q}$/(s/m)	q 的平均值/(m^3/m^2)
$q_0=0$		$\tau_0=0$			
$q_1=0.1$	$\Delta q_1=0.1$	$\tau_1=300$	$\Delta\tau_1=300$	$\frac{\Delta\tau_1}{\Delta q_1}=3000$	$q_{0\text{-}1}=0.05$
$q_2=0.178$	$\Delta q_2=0.078$	$\tau_2=600$	$\Delta\tau_2=300$	$\frac{\Delta\tau_2}{\Delta q_2}=3850$	$q_{1\text{-}2}=0.136$
$q_3=0.233$	$\Delta q_3=0.055$	$\tau_3=900$	$\Delta\tau_3=300$	$\frac{\Delta\tau_3}{\Delta q_3}=5460$	$q_{2\text{-}3}=0.205$
$q_4=0.278$	$\Delta q_4=0.045$	$\tau_4=1200$	$\Delta\tau_4=300$	$\frac{\Delta\tau_4}{\Delta q_4}=6670$	$q_{3\text{-}4}=0.255$
$q_5=0.318$	$\Delta q_5=0.04$	$\tau_5=1500$	$\Delta\tau_5=300$	$\frac{\Delta\tau_5}{\Delta q_5}=7500$	$q_{4\text{-}5}=0.298$
$q_6=0.352$	$\Delta q_6=0.034$	$\tau_6=1800$	$\Delta\tau_6=300$	$\frac{\Delta\tau_6}{\Delta q_6}=8820$	$q_{5\text{-}6}=0.335$

2.5 常用过滤机

2.5.1 转鼓真空过滤机

G型转鼓真空过滤机为外滤面刮刀卸料，适用于分离含0.01～1mm易过滤颗粒且不太稀薄的悬浮液，不适用于过滤胶质或黏性太大的悬浮液。选用G型转鼓真空过滤机应具备以下条件。

① 悬浮液中固相沉降速度，在4min过滤时间内所获得的滤饼厚度大于5mm。

② 固相密度不太大，粒度不太粗，固相沉降速度每秒不超过12mm，即固相在搅拌器作用下不得有大量沉降。

③ 在操作真空度下转鼓中悬浮液的过滤温度不能超过其气化温度。

④ 过滤液内允许剩有少量固相颗粒。

⑤ 过滤数量大，并要求连续操作的场合。

⑥ 外滤面不宜用于过滤固相浓度太大、沉降速度太快（＞12mm/s）的悬浮液。

G型转鼓真空过滤机与离心机比较虽存在辅机设备多、固相含湿量较高等缺点，但因具有能自动连续操作、处理量大、滤布再生产容易、滤渣能洗涤等优点，所以仍广泛应用于化工、制药、染料、造纸、制糖等工业部门。

G型转鼓真空过滤机主要技术参数示例见表21-19。

2.5.2 带式过滤机

(1) DI型移动真空带式过滤机

该型过滤机是一种新颖、高效、连续固液分离设备，广泛用于冶金、矿山、化工、化肥、制药、食品及污水处理等行业。其特点是，全自动连续运转，机型可以灵活组合。当过滤行程开始时，料浆被均布在滤带上，真空室和滤带同步向前移动，真空室上的料浆在真空吸力的作用下进行过滤，滤液经滤室、管道、切换阀进入真空排液装置，再排向滤液池，滤饼经洗涤吸干后由卸料装置从滤带上分离卸除，滤布经洗刷后得到再生。当真空行程终止时，真空室触到变向开关，真空被切换，滤带仍以原速向前移动，真空室被往复气缸快速拖回原处，触到变向开关，第二个过滤行程随即开始。其主要技术参数示例见表21-20和表21-21。

(2) DY型带式压滤机

DY型带式压滤机是一种高效、连续运行的加压式固液分离设备，适用于城市给排水及化工、造纸、冶金、矿业加工、食品等行业的各类污泥的脱水处理。主要特点是连续运行、无级调速，滤带自动纠偏、自动冲洗，带有自动保护装置。

2.5.3 盘式过滤机

目前国内有三种形式的盘式过滤机，其结构差异较大，主要技术参数示例可参见表21-22。

(1) PF型盘式过滤机

该机是连续真空过滤设备，用于萃取磷酸生产中料浆的过滤，使磷酸与磷石膏分离，也可用于冶金、轻工、国防等部门。

(2) FT型列盘式全封闭自动过滤机

该系列产品主要用于制药行业的药液过滤，能彻底除去絮状物。清渣时，设备不解体自动甩渣，无环境污染，提高收率，降低过滤成本。

(3) PN140-3.66/7型盘式过滤机

该产品无真空设备，适用于纸浆浆料浓缩及白水回收。日产70～80t（干浆），滤盘直径3.66m。

2.5.4 叶滤机

叶滤机是为各中小型食品饮料厂家设计制造的较为理想的过滤设备，适用于各种酒类及食品饮料的液体过滤。具有结构紧凑、式样新颖、操作简便，不用其他附属设备，与板框过滤机比较，具有节水、节电、操作人员少、过滤效率高、效果好等特点。其主要技术参数示例详见表21-23。

叶滤机型号EY××××-×各项含义如下。

第1位字母E表示叶滤机；第2位字母Y表示加压式，第3位表示滤叶形式，字母C代表垂直滤叶型，字母S代表水平滤叶型；第4位表示卸料方式，字母C代表冲洗卸料，字母Z代表振荡卸料，字母Y代表滤叶移动卸料，字母L代表离心力卸料；第5位表示机器形式，字母L代表立式，字母N代表卧式；第6位数字表示过滤面积，m^2；“-”后面的字母表示材料，字母N代表耐蚀钢，字母G代表碳钢，字母U代表塑料。

2.5.5 筒式加压过滤机

筒式加压过滤机采用塑料滤芯、纸质滤芯、绕线滤芯和金属烧结滤芯等为过滤介质，过滤精度较高，无毒性，结构紧凑。该机广泛应用于国防、冶金、化工、轻工、制药、矿山、电镀、食品等工业生产及“三废”处理中的固液分离及气体净化等。

型号TY××-×各项含义如下。

第1位字母T表示筒式过滤机；第2位字母Y表示加压式；第3位表示滤芯材料，字母S代表塑料滤芯，字母R代表绕线滤芯，字母Z代表纸质滤芯，字母I代表金属烧结滤芯；第4位是数字，代表过滤面积，m^2；“-”后面的字母表示过滤机材质，字母G代表碳钢，字母N代表耐蚀钢。

筒式加压过滤机主要技术参数示例详见表21-24。

2.5.6 压滤机

压滤机广泛用于化工、石油、染料、制药、轻工、冶金、纺织和食品等工业部门中各种悬浮液的固液分离。压滤机主要可分为板框压滤机和箱式压滤机两大类。

BAS、BAJ、BA、BMS、BMJ、BM、BMZ、XM、XMZ型等各类压滤机，均为加压间歇操作的过滤设备，在压力下，以过滤方式通过滤布及滤渣层，分离由固体颗粒和液体所组成的各类悬浮液。

表 21-19　G 型转鼓真空过滤机主要技术参数

名称	型号	主要技术参数				配套动力功率/kW	外形尺寸（长×宽×高）/mm	质量/kg	制造厂
		转鼓直径×长/m	转鼓转速/(r/min)	过滤面积/m^2	卸料方式				
外滤面转鼓真空过滤机	G2/1	1×0.7	0.13/0.18/0.26	2	刮刀卸料	1.1	1790×1550×1250	2012	石家庄新生机械厂
	G2/1-X	1×0.7	0.13/0.18/0.26	2	刮刀卸料	1.1	1790×1550×1250	2098	石家庄新生机械厂
	G2/1-X	1×0.7	0.12～0.34	2	刮刀卸料	0.75	1768×1640×1220	1800	上海化工机械厂有限公司
	G5/1.75-X	1.75×0.98	0.13～0.78	5	刮刀卸料	1.5	2540×2097×2310	6000	上海化工机械厂有限公司
	G5/1.75-X	1.75×0.98	0.13/0.18/0.26	5	刮刀卸料	1.5	2500×2260×2460	6403	石家庄新生机械厂
	G5/1.75-XB	1.75×0.98	0.5～3	5	刮刀卸料	3.0	2540×2097×2650	6300	上海化工机械厂有限公司
	G10/2.6-G	2.6×1.36	0.12～0.77	10	刮刀卸料	2.2	3700×3160×3290	10150	上海化工机械厂有限公司
	G15/2.6-X	2.6×2.04	0.95～2.85	15	刮刀卸料	5.5	4834×3740×2960	16400	上海化工机械厂有限公司
	G20/2.6-X	2.6×2.6	0.13/0.79	20	刮刀卸料	2.2	5044×3740×2960	13670	上海化工机械厂有限公司
外滤面绳索卸料转鼓真空过滤机	GU20/2.6-X	2.6×2.6	0.13～0.79	20	绳索卸料	2.2	5060×4440×2960	14500	上海化工机械厂有限公司
	GU20/2.6-NA	2.5×2.65	0.13～0.79	20	绳索卸料	2.2	4330×3975×3260	9000	上海化工机械厂有限公司
外滤面密闭型转鼓真空过滤机	GM30/2.7-G（厂型 ZZG30A）	2.7×3.6	0.5～2	30	螺旋输料器	3;2.5	6570×4140×3866	1800	淮南新集石油化工机械有限责任公司
外滤面密闭型转鼓真空过滤机	GM30/2.7-G（厂型 ZZG30B）	2.7×3.6	0.5～2	30	螺旋输料器	3;2.5	6570×4140×3866	18000	
	GM50/3.1-G（厂型 ZZG50A）	3.1×5.5	0.25～1.53	50		7.5;3	8229×4288×4297	38677	
	GM50/3.1-G（厂型 ZZG50B）	3.1×5.5	0.25～1.53	50		7.5;3	8229×4288×4297	38677	
外滤面折带卸料转鼓真空过滤机	GD1.7/0.91	0.914×0.65	0.488	1.7	折带卸料	1.5	1940×2160×1290	2600	北方重工集团有限公司
	GD2/1-X	1×0.7	0.15～0.9	2		0.75	3190×2130×2080	1335	上海化工机械厂有限公司
	GD5/1.60	1.60×1.12	0.1～2	5		1.5	2640×2940×2050	4600	北方重工集团有限公司
	GD12/2.0	2.0×2.0	0.1～2	12		1.5	3840×3150×2370	5960	北方重工集团有限公司
	GD20/2.5	2.5×2.77	0.075～0.295	20		2.5/4	4480×5025×3190	11100	北方重工集团有限公司
	GD30/3.35	3.35×3.015	0.1～0.6	30		3	4905×5545×3740	17800	北方重工集团有限公司
	GD40/3.35	3.35×4.015	0.11～0.5	40		3.5/4/5	6220×5610×3755	20300	北方重工集团有限公司
内滤面皮带输料转鼓真空过滤机	GND8/2.96（厂型 GN-8）	2.96×1.02	0.72～1.43	8	皮带输料	2.2	2500×3200×3400	7000	北方重工集团有限公司
	GND12/2.96（厂型 GN-12）	2.96×1.37		12		2.2	2900×3200×3400	7000	北方重工集团有限公司
	GND20/3.67（厂型 GN-20）	3.67×1.92	0.42～1.04	20		3.5;4;5	5200×3900×4050	13000	北方重工集团有限公司
	GND30/3.67（厂型 GN-30）	3.67×2.72		30		3.5;4;5	6300×3900×4050	14000	北方重工集团有限公司
	GND40/3.67（厂型 GN-40）	3.67×3.72	0.13～0.6	40		3.5;4;5	6800×3900×4050	17000	北方重工集团有限公司
	GND40/3.67	3.67×3.72		40		3.5;4;5	6800×3900×4050	18500	北方重工集团有限公司
	GND40/3.67	3.67×3.72		40		3.0	9500×3900×4050	17200	北方重工集团有限公司

表21-20　DI型移动真空带式过滤机主要技术参数

型　号	主要技术参数			配套动力功率/kW	外形尺寸(长×宽×高)/mm	质量/kg	制造厂
	过滤面积/m^2	滤带有效宽度/mm	滤带线速度/(m/min)				
DI0.6/300	0.6	300	0.2～3.5	0.6	4100×1000×1050	873	昆山菲萝环保工程装备有限公司
DI0.9/300	0.9	300	0.2～3.5	0.6	5100×1000×1050	950	昆山菲萝环保工程装备有限公司
DI1.2/300	1.2	300	0.2～3.5	0.6	6100×1000×1050	1027	昆山菲萝环保工程装备有限公司
DI2.4/600	2.4	600	0.4～6.0	2.2	6900×2160×2000	2980	昆山菲萝环保工程装备有限公司
DI2.5/630	2.5	630	0.6～6.0	2.2	6800×2200×1800	2900	中国核工业集团公司720厂
DI3.2/630	3.2	630	0.6～6.0	2.2	7800×2200×1800	3200	中国核工业集团公司720厂
DI3.6/600	3.6	600	0.4～6.0	2.2	8800×2160×2000	3200	昆山菲萝环保工程装备有限公司
DI3.8/630	3.8	630	0.6～6.0	2.2	8800×2200×1800	3500	中国核工业集团公司720厂
DI4.4/630	4.4	630	0.6～6.0	2.2	9800×2200×1800	3800	中国核工业集团公司720厂
DI4.8/600	4.8	600	0.4～0.6	2.2	10700×2160×2000	3500	昆山菲萝环保工程装备有限公司
DI5.0/630	5.0	630	0.6～6.0	2.2	10800×2200×1800	4100	中国核工业集团公司720厂
DI5.7/630	5.7	630	0.6～6.0	2.2	11800×2200×1800	4400	中国核工业集团公司720厂
DI6.0/600	6.0	600	0.4～6.0	2.2	12600×2160×2000	3800	昆山菲萝环保工程装备有限公司
DI6.3/630-N	6.3	630	0.6～6.0	2.2	12800×2200×1800	4700	中国核工业集团公司720厂
DI7.2/1200	7.2	1200	0.4～4.0	2.2～3.0	9430×2800×2100	5300	昆山菲萝环保工程装备有限公司
DI8.0/1600-N	8.0	1600	0.6～6.0	3.0	8700×3250×1800	5800	中国核工业集团公司720厂
DI9.6/1200	9.6	1200	0.4～4.0	2.2～3.0	11230×2800×2100	5800	昆山菲萝环保工程装备有限公司
DI9.6/1600-N	9.6	1600	0.6～6.0	3.0	9600×3250×1800	6100	中国核工业集团公司720厂
DI11.2/1600-N	11.2	1600	0.6～6.0	3.0	10500×3250×1800	6400	中国核工业集团公司720厂
DI12.8/1600-N	12.8	1600	0.6～6.0	3.0	11400×3250×1800	6700	中国核工业集团公司720厂
DI14.4/1200	14.4	1200	0.4～4.0	2.2～3.0	14830×2800×2100	6700	昆山菲萝环保工程装备有限公司
DI14.4/1600-N	14.4	1600	0.6～6.0	3.0	12300×3250×1800	7000	中国核工业集团公司720厂
DI15.0/2500-N	15.0	2500	0.6～6.0	4.0	8300×4200×2500	8700	中国核工业集团公司720厂
DI16.0/1600-N	16.0	1600	0.6～6.0	3.0	13200×3250×1800	7300	中国核工业集团公司720厂
DI17.5/2500-N	17.5	2500	0.6～6.0	4.0	9700×4200×2500	9800	中国核工业集团公司720厂
DI17.6/1600-N	17.6	1600	0.6～6.0	3.0	14100×3250×1800	7600	中国核工业集团公司720厂
DI19.2/2400	19.2	2400	0.4～4.0	4.0	12700×4610×2300	12600	昆山菲萝环保工程装备有限公司
DI22.5/2500-N	22.5	2500	0.6～6.0	4.0	11100×4200×2500	10900	中国核工业集团公司720厂
DI24.0/2400	24.0	2400	0.4～4.0	4.0	14100×4610×2300	13200	昆山菲萝环保工程装备有限公司
DI25.0/2500-N	25.0	2500	0.6～6.0	4.0	12500×4200×2500	12000	中国核工业集团公司720厂
DI27.5/2500-N	27.5	2500	0.6～6.0	4.0	13900×4200×2500	13100	中国核工业集团公司720厂
DI28.8/2400	28.8	2400	0.4～6.0	4.0	15600×4610×2300	13800	昆山菲萝环保工程装备有限公司
DI32.5/2500-N	32.5	2500	0.6～6.0	4.0	15300×4200×2500	14200	中国核工业集团公司720厂
DI35.0/2500-N	35.0	2500	0.6～6.0	4.0	16700×4200×2500	15300	中国核工业集团公司720厂

表21-21　DI型带式压榨过滤机主要技术参数

型　号	主要技术参数		配套动力功率/kW	外形尺寸(长×宽×高)/mm	质量/kg	制造厂
	滤带有效宽度/mm	滤带线速度/(m/min)				
DY700	700	0.5～4.0	1.2	3800×1440×2500	4100	河南省商城县开源环保工程设备有限公司
DY800	800	5～25	2.2	2350×1200×1500	1500	山东省台儿庄万通公司
DY1000	1000	0.5～4.0	1.2	5996×1450×2000	4500	河南省商城县开源环保工程设备有限公司
DY1000	1000	0.4～4.0	2.2	4520×1890×1750	4000	河北省唐山清源科技有限公司
DY1000	1000	0.8～9.0(无级变速)	3.0	5766×1950×2683	4861	江苏省无锡市通用机械有限公司
DY1000-Q	1000	10～25	4.0	5105×1410×2100	4500	山东省台儿庄万通公司
DY1000-Q	1000	5～10	4.0	5105×1410×2100	4500	山东省台儿庄万通公司
DY1250-Q	1250	15～25	5.5	5105×1640×2100	4600	山东省台儿庄万通公司
DY1250-Q	1250	2～10	5.5	5105×1640×2100	4600	山东省台儿庄万通公司
DY1300	1000	0.6～6.0	2.2	4800×1650×2200	5400	安徽省蚌埠化工机械制造有限公司
DY1500-Q	1500	8～15	7.5	5160×2060×2200	6350	山东省台儿庄万通公司
DY1500-Q	1500	10～25	10	5600×2000×2100	7200	山东省台儿庄万通公司
DY1500-Q	1500	15～20	10	5330×2410×2450	8000	山东省台儿庄万通公司
DY1500-Q	1500	14	10	5600×2000×2100	7200	山东省台儿庄万通公司
DY1500-Q	1500	6～30	10	5330×2410×2450	8000	山东省台儿庄万通公司
DY2000	2000	0.5～4	1.6	6036×2495×2000	5500	河南省商城县开源环保工程设备有限公司
DY2000	2000	0.2～2	2.2	4000×2720×2070	6000	吉林省一机分离机械制造有限公司

续表

型号	主要技术参数		配套动力功率/kW	外形尺寸(长×宽×高)/mm	质量/kg	制造厂
	滤带有效宽度/mm	滤带线速度/(m/min)				
DY2000-Q	2000	15～20	10	6430×3600×2553	8000	山东省台儿庄万通公司
DY2000-Q	2000	1～10	10	6430×3600×2553	8500	山东省台儿庄万通公司
DY2500-Q	2500	10～25	10	6915×4535×2430	14500	山东省台儿庄万通公司
DY2500-Q	2500	5～25	10	6915×4535×2430	92000	山东省台儿庄万通公司

表 21-22　盘式过滤机主要技术参数

型号	总过滤面积/m^2	有效过滤面积/m^2	转速/(r/min)	电动机功率/kW	滤盘数量/个	过滤物料	物料温度/℃
PF 42	42	40	0.2～0.5	7.5	20	磷酸浆料等	65±5
FT-1-400	1	1	260	5.5	柱式,1 个	黏度较大介质	0～200
FT-1-1200	4.5～9	4.5～9		30			
FT-2-400	1～2	1～2		5.5	10～15	化工,医药	-10～200
FT-2-600	2～4	2～4		7.5	10～20		
FT-2-1200	20～40	20～40		15～22	25～50		
FT-2-1800	80～100	80～100		30	50～70	化工,环保	0～100
PN140-3.66/7	140～180	140～180	260	7.5	7～9 组	纸浆等	

型号	物料固液比	操作压力/MPa	过滤强度(干)/[kg/(m^2·h)]	滤饼厚度/mm	质量/kg	外形尺寸(直径×高)/mm	材料	制造厂
PF42	1∶3.5	60kPa(绝压)	350～370	20～40	32554	12020×3100	含 Mo 不锈钢	重庆江北机械有限公司
FT-1-400	范围广	0.1～1	不可余量过滤	按工艺	900	600×1400	按工艺介质要求	芬特过滤设备有限公司
FT-1-1200		0.1～1			5000	1300×5000		
FT-2-400		0.6	可余量过滤	30	900	600×1400		
FT-2-600		0.6			1200	800×1600		
FT-2-1200		0.85			5000	1300×5000		
FT-2-1800		1.0	不可余量过滤		8000	2000×6000		
PN140-3.66/7	进:0.8%～1.0% 出:8%～12%	0.03		8～12	14000	5000×5000×8000	不锈钢	广州广重企业集团有限公司

表 21-23　叶滤机主要技术参数

型号	主要技术参数				配套动力功率/kW	外形尺寸(长×宽×高)/mm	质量/kg	制造厂
	过滤面积/m^2	机壳内径/mm	每台滤叶数/片	工作压力/MPa				
EYCCL5-N	5	600	7	≤0.6		1700×1000×1800	1500	泰州机械厂有限公司
EYCCL10-N	10	800	10	≤0.6		3170×1400×2490	2500	
EYCCL20-N	20	1000	14	≤0.6		3500×1500×2800	3000	
EYCCL30-N	30	1200	18	≤0.6		3700×1600×2800	3500	
EYCZL5-N	5	600	7	≤0.6		1700×1000×1800	1500	
EYCZL10-N	10	800	10	≤0.6		3170×1400×2490	2500	
EYCZL20-N	20	1000	14	≤0.6		3500×1500×2800	3000	
EYCZL30-N	30	1200	18	≤0.6		3700×1600×2800	3500	

续表

型号	主要技术参数				配套动力功率/kW	外形尺寸（长×宽×高）/mm	质量/kg	制造厂
	过滤面积/m²	机壳内径/mm	每台滤叶数/片	工作压力/MPa				
EYSYL3-N(厂型 SL1-3P)	3	600	10	0.3	3.0	2250×1550×1708	2000	重庆江北机械有限公司
EYSYL5-N(厂型 SL2-5P)	5	800	16	0.3	3.0	2650×1700×2056	2500	
EYSYL10-N(厂型 SL3-10P)	10	1100	15	0.3	5.5	3030×2000×2200	4000	
EYSYL3-G(厂型 SL1C-3P)	3	600	10	0.3	3.0	2250×1550×1708	2000	
EYSYL5-G(厂型 SL2C-5P)	5	800	16	0.3	3.0	2650×1700×2056	2500	
EYSYL10-G(厂型 SL2C-10P)	10	1100	15	0.3	5.5	3030×2000×2200	4000	
EYSYW4-N	4	900	7	≤0.6	2.2	3800×1300×2500	1600	昆山菲萝环保工程装备有限公司
EYSYW10-N	10	1100	9～22	≤0.6				
EYSYW12-N	12	1100	11～21	≤0.6		3000×2000×3000		
EYSYW14-N	14		11～23	≤0.6				
EYSYW20-N	20	1300	11～30	≤0.6				
EYSYW25-N	25	1300	13～37	≤0.6	5.5	3000×2000×3000	6200	
EYSYW4-G	4	900	7	≤0.6	2.2	3800×1300×2500	1600	
EYSYW10-G	10	1100	9～22	≤0.6				
EYSYW12-G	12	1100	11～21	≤0.6				
EYSYW14-G	14		11～23	≤0.6				
EYSYW20-G	20	1300	13～30	≤0.6				
EYSYW25-G	25	1300	13～37	≤0.6	5.5	3000×2000×3000	6200	

型号标记说明

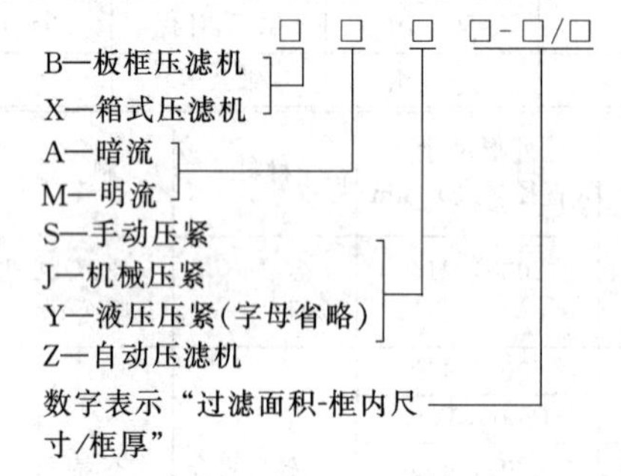

各种压紧方式和不同形式的压滤机对滤渣都有可洗及不可洗之分。

(1) 板框压滤机

板框压滤机主要由尾板、滤框、滤板、头板、主梁和压紧装置等组成。两根主梁把尾板和压紧装置连在一起构成机架。机架上靠近压紧装置端放置头板，在头板与尾板之间依次交替排列着滤板和滤框，滤框间夹着滤布。其主要技术参数示例见表21-25。

(2) 箱式压滤机

箱式压滤机操作压力高，适用于难过滤物料。XMZ60-1000/30型自动箱式压滤机由压滤机主机、液压油泵机组（供油站）、自动控制阀（液压和气压）、滤布振动器和自动控制柜组成。压滤机尚需有储液槽、进料泵、卸料盘和压缩空气气源等附属装置。本机为间歇操作液压全自动压滤机，由电器装置实现程序控制，操作顺序如下。

→加料→过滤→干燥(吹风)→卸料—┐（循环）

全自动时，只按启动按钮，上述操作过程即可顺序重复进行，也可由手动按按钮来完成各工序的操作。其主要技术参数示例见表21-26。

表21-24　筒式加压过滤机主要技术参数

型号	主要技术参数				配套动力功率/kW	外形尺寸（长×宽×高）/mm	质量/kg
	过滤面积/m²	滤筒内径/mm	标准滤芯数/个	每层滤芯数个/滤芯层数			
TYS1	1	300	20		1.1	1150×700×800	100
TYS3	3	500	32		3	1280×850×1810	300
TYS5	5	600	63		3	2210×1156×1156	750
TYS10	10	800	106		3	2457×1350×1350	920
TYS20	20	1000	212		4	2510×1588×1588	1100
TYS30	30	1200	316		4	2670×1900×1900	1500
TYS40	40	1400	420		4	3024×1600×1600	1700
TYS80	80	2000	824		7.5	3570×2100×2100	2500
TYS100	100	2400	1016		11	3926×2500×2500	3000
TYS150	150	2400	1016		11	4113×2775×2400	

注：本表数据来自桂林市过滤器厂。其他生产筒式加压过滤机的厂商有如东县水处理设备厂、北京307信箱试验工厂、青岛气割机械厂等，分别生产塑料滤芯、纸质滤芯和烧结滤芯筒式加压过滤机。

表 21-25　板框压滤机主要技术参数

型　号	框内尺寸/mm	总过滤面积/m^2	框内容量/L	框数/个	形式	工作压力/MPa	压紧方式	质量/kg	外形尺寸/mm 长	宽	高	材料	制造厂
BMS8-450/25	450×450	8	141		明流	0.6	手动	1766	2563	1050	960	铸铁	石家庄新生机械厂
BMS12-450/25	450×450	12	212		明流	0.6	手动	2353	3119	1050	960	铸铁	石家庄新生机械厂
BMS16-450/25	450×450	16	283		明流	0.6	手动	2914	3649	1050	960	铸铁	石家庄新生机械厂
BMS20-630/25	630×630	20	260	26	明流	0.8	手动	3720	3170	1260	1200	铸铁	石家庄新生机械厂
BMS30-630/25	630×630	30	380	38	明流	0.8	手动	5200	3810	1260	1200	铸铁	石家庄新生机械厂
BMS40-630/25	630×630	40	500	50	明流	0.8	手动	6680	4460	1260	1200	铸铁	石家庄新生机械厂
BAS20-630/25	630×630	20	260	26	暗流	0.8	手动	3720	3170	1260	1200	铸铁	石家庄新生机械厂
BAS30-630/25	630×630	30	380	38	暗流	0.8	手动	5200	3810	1260	1200	铸铁	石家庄新生机械厂
BAS40-630/25	630×630	40	500	50	暗流	0.8	手动	6680	4460	1260	1200	铸铁	石家庄新生机械厂
BA20-630/25（双进，双出）	630×630	20	260		暗流	0.8	液压	4374	3160	1260	1200	铸铁	石家庄新生机械厂
BA30-630/25（双进，双出）	630×630	30	380		暗流	0.8	液压	5804	4250	1260	1200	铸铁	石家庄新生机械厂
BA40-630/25（双进，双出）	630×630	40	500		暗流	0.8	液压	7190	4900	1260	1200	铸铁	石家庄新生机械厂
BM14-630/45	630×630	14	320		明流	0.8	液压	3325	3540	1260	1200	铸铁	石家庄新生机械厂
BM20-630/45	630×630	20	465		明流	0.8	液压	4150	4130	1260	1200	铸铁	石家庄新生机械厂
BM27-630/45	630×630	27	610		明流	0.8	液压	4980	4720	1260	1200	铸铁	石家庄新生机械厂
BA14-630/45	630×630	14	320		暗流	0.8	液压	3325	3540	1260	1200	铸铁	石家庄新生机械厂
BA20-630/45	630×630	20	465		暗流	0.8	液压	4150	4130	1260	1200	铸铁	石家庄新生机械厂
BA27-630/45	630×630	27	610		暗流	0.8	液压	4980	4720	1260	1200	铸铁	石家庄新生机械厂
BM20-630/25	630×630	20	260	26	明流	0.8	液压	4370	3610	1260	1200	铸铁	石家庄新生机械厂
BM30-630/25	630×630	30	380	38	明流	0.8	液压	5800	4250	1260	1200	铸铁	石家庄新生机械厂
BM40-630/25	630×630	40	500	50	明流	0.8	液压	7190	4900	1260	1200	铸铁	石家庄新生机械厂
BA20-630/25	630×630	20	260	26	暗流	0.8	液压	4380	3610	1260	1200	铸铁	石家庄新生机械厂
BA30-630/25	630×630	30	380	38	暗流	0.8	液压	5820	4250	1260	1200	铸铁	石家庄新生机械厂
BA40-630/25	630×630	40	500	50	暗流	0.8	液压	7200	4900	1260	1200	铸铁	石家庄新生机械厂
BM20-630/30	630×630	20	280		明流	0.4	液压	1984	3160	1260	1200	聚丙烯	石家庄新生机械厂
BM30-630/30	630×630	30	400		明流	0.4	液压	2279	4250	1260	1200	聚丙烯	石家庄新生机械厂
BM40-630/30	630×630	40	520		明流	0.4	液压	2551	4900	1260	1200	聚丙烯	石家庄新生机械厂
BM20-630/40	630×630	20	280		明流	0.4	液压	2632	3160	1260	1200	橡胶	石家庄新生机械厂
BM30-630/40	630×630	30	410		明流	0.4	液压	3227	4250	1260	1200	橡胶	石家庄新生机械厂
BM40-630/40	630×630	40	530		明流	0.4	液压	3798	4900	1260	1200	橡胶	石家庄新生机械厂
BMS50-800/25	800×800	50	615		明流	0.6	手动	8050	4040	1780	1450	铸铁	石家庄新生机械厂
BMS60-800/25	800×800	60	745		明流	0.6	手动	9250	4490	1780	1450	铸铁	石家庄新生机械厂

续表

型号	框内尺寸/mm	总过滤面积/m²	框内容量/L	框数/个	形式	工作压力/MPa	压紧方式	质量/kg	外形尺寸/mm			材料	制造厂
									长	宽	高		
BAS50-800/25	800×800	50	615		暗流	0.6	手动	8050	4040	1780	1450	铸铁	石家庄新生机械厂
BAS60-800/25		60	745					9250	4490				
BM50-800/25		50	615	38	明流		液压	7755	4195				
BM60-800/25		60	745	46				9959	4643				
BM70-800/25		70	875	54				10173	5091				
BA50-800/25		50	615	38	暗流			7760	4195				
BA60-800/25		60	745	46				9970	4643				
BA70-800/25		70	875	54				10173	5091				
BA50-800/25（双进，双出）		50	615			0.8		6803	4064	1400	1400		
BA60-800/25（双进，双出）		60	745					7813	4488				
BA70-800/25（双进，双出）		70	875	50				8814	4912				
BM40-800/35		40	615	30	明流	0.4		3533	4195	1430	1410	聚丙烯	
BM50-800/35		50	745	36				3902	4643				
BM60-800/35		60	875	44				4283	5091				
BA40-800/35		40	615	30	暗流			3600	4195				
BA50-800/35		50	745	36				4000	4643				
BA60-800/35		60	875	44				4350	5091				
BM40-800/40		40	615	28	明流			3822	4195			橡胶	
BM50-800/40		50	745	32				4170	4643				
BM60-800/40		60	875	38				4555	5091				
BA40-800/40		40	615	28	暗流			3822	4195				
BA50-800/40		50	745	32				4170	4643				
BA60-800/40		60	875	38				4555	5091				
BMJ80-1000/40	1000×1000	80	1640		明流		机械	10832	5160	1700	1610	铸铁	
BM100-1250/30	1250×1250	100	1568			0.5	液压	8840	5097	1890	1683	聚丙烯	
BA100-1250/30		100	1568		暗流			8840	5097				
BM40-1000/30	1000×1000	40	1288		明流	0.7		4623	4181	1560	1558		
BM50-1000/30		50	1554					4925	4591				
BM60-1000/30		60	1820					5236	5021				
BA40-1000/30		40	1288		暗流			4623	4181				
BA50-1000/30		50	1554					4925	4591				
BA60-1000/30		60	1820					5236	5021				

续表

型号	框内尺寸/mm	总过滤面积/m²	框内容量/L	框数/个	形式	工作压力/MPa	压紧方式	质量/kg	外形尺寸/mm			材料	制造厂
									长	宽	高		
BAJZ15A-800/50	800×800	15	300	12	暗流	≤0.6	机械	7500	4945	1380	1715		无锡市通用机械厂有限公司
BAJZ20A-800/50		20	400	16				8900	6055				
BAJZ30-1000/60	1000×1000	30	750	15				10000	5615	1580	1955		
BM40-810/37	810×810	40	700	30	明流	0.3	液压	3200	4100	1200	1500	塑料滤板	徐州轻工机械厂
BM50-810/37		50	900	38				3500	4700				
BM60-810/37		60	1200	46				3800	5200				

注：板框压滤机的制造厂还有杭州良渚压滤机厂、杭州兴源过滤机公司等。

表 21-26　箱式压滤机主要技术参数

型号	框内尺寸/mm	总过滤面积/m²	框内容量/L	框数/个	形式	工作压力/MPa	压紧方式	质量/kg	外形尺寸/mm			材料	制造厂
									长	宽	高		
XMZ60-1000/30	1000×1000	60	930	30	明流	0.8	液压	13548	4890	1640	2405	铸铁	石家庄新生机械厂
XMZ100-1000/30		100	1530	50				19205	6070				
XAZ60-1000/30		60	930	30	暗流			13969	4890				
XAZ100-1000/30		100	1530	50				19599	6070				
XM50-1000/50		50	774		明流	0.7		4596	4181	1560	1558	聚丙烯	
XM60-1000/50		60	925					4772	4591				
XM70-1000/50		70	1097					5008	5021				
XA50-1000/50		50	774		暗流			4596	4181				
XA60-1000/50		60	925					4772	4591				
XA70-1000/50		70	1097					5008	5021				
XMG40-1000/50		40	974		明流			3019	4291	1560	2110		
XMG45-1000/50		45	1124					3755	4701				
XMG55-1000/50		55	1349					4066	5131				
XAG40-1000/50		40	974		暗流			3019	4291				
XAG45-1000/50		45	1124					3755	4701				
XAG55-1000/50		55	1349					4066	45131				
XMZ60-1000/30		60	960		明流	0.8		12184	4890	1640	1345	铸铁	
XMZ80-1000/30		80	1240					14712	5480				
XMZ100-1000/30		100	1530					17220	6070				
XAZ60-1000/30		60	960		暗流			12184	4890				
XAZ80-1000/30		80	1240					14712	5480				
XAZ100-1000/30		100	1530					17220	6070				
XM40-800/30	800×800	40	634	33	明流	0.6		3609	4195	1320	1425	聚丙烯	
XM50-800/30		50	787	40				3938	4643				
XM60-800/30		60	941	47				4265	5091				

续表

型　　号	框内尺寸/mm	总过滤面积/m²	框内容量/L	框数/个	形式	工作压力/MPa	压紧方式	质量/kg	外形尺寸/mm			材料	制造厂
									长	宽	高		
XA40-800/30		40	634	33				3609	4195				石家庄新生机械厂
XA50-800/30		50	787	40	暗流	0.6		3938	4643	1320	1425	聚丙烯	
XA60-800/30		60	941	47				4265	5091				
XMG40-800/40		40	775					4853	4205				
XMG50-800/40	800×800	50	975					5518	4653				
XMG60-800/40		60	1125			0.4		6039	5100	1390	2310	橡胶	
XMG40-800/40		40	775					4853	4205				
XMG50-800/40		50	975					5518	4653				
XMG60-800/40		60	1125		明流			6039	5100				
XM12-630/30		12	180					2250	2760				北京市机械设备厂
XM20-630/30		20	300					2500	3360				
XM30-630/30		30	450					2800	4095				
XM40-630/30	630×630	40	600					3100	4825	1130	1150		
XA12-630/30		12	180					2250	2760				
XA20-630/30		20	300		暗流			2500	3360				
XA30-630/30		30	450					2800	4095				
XA40-630/30		40	600					3100	4825				
XM20-800/30		20	300				液压	3100	3700				
XM30-800/30		30	450					3400	4107				
XM40-800/30		40	600		明流			3703	4675				
XM50-800/30		50	750					4006	5162				
XM60-800/30		60	900					4307	5652	1840	1405		
XA20-800/30		20	300			0.6		3100	3700			铸铁	
XA30-800/30		30	450					3400	4107				
XA40-800/30		40	600		暗流			3703	4675				
XA50-800/30		50	750					4006	5162				
XA60-800/30	800×800	60	900					4307	5652				
XMZ20-800/30		20	300	16				5000	3700				
XMZ30-800/30		30	450	24				5480	4187				
XMZ40-800/30		40	600	32	明流			5960	4675				
XMZ50-800/30		50	750	40				6430	5162				
XMZ60-800/30		60	900	48				6900	5650	3075	2460		
XAZ20-800/30		20	300	16				5000	3700				
XAZ30-800/30		30	450	24	暗流			5480	4187				
XAZ40-800/30		40	600	32				5960	4675				
XAZ50-800/30		50	750	40				6430	5162				

续表

型　号	框内尺寸/mm	总过滤面积/m^2	框内容量/L	框数/个	形式	工作压力/MPa	压紧方式	质量/kg	外形尺寸/mm			材料	制造厂
									长	宽	高		
XAZ60-800/30	800×800	60	900	48	暗流	0.6	液压	6900	5650	3075	2460	铸铁	北京市机械设备厂
XMZ80-1000/30	1000×1000	80	1120		明流			12200	5900	3500	1630		
XMZ100-1000/30		100	1400					13000	6500				
XMZ120-1000/30		120	1680					13800	7100				
XMZ140-1000/30		140	1960					14600	7700				
XMZ160-1000/50		160	2640					15400	8300				
XAZ80-1000/50		80	1120		暗流			12200	5900				
XAZ100-1000/50		100	1400					13000	6500				
XAZ120-1000/50		120	1680					13800	7100				
XAZ140-1000/50		140	1960					14600	7700				
XAZ160-1000/50		160	2640					15400	8300				
XMZ20/800-UA	800×800	20	315		明流	0.4～0.6		4695	4550	2934	2408	塑料	
XMZ30/800-UA		30	470					5135	5157				
XMZ40/800-UA		40	630					5570	5765				
XMZ50/800-UA		50	800					5995	6373				
XMZ60/800-UA		60	950					6430	6980				
XAZ20/800-UA		20	315		暗流			4695	4550				
XAZ30/800-UA		30	470					5135	5157				
XAZ40/800-UA		40	630					5570	5765				
XAZ50/800-UA		50	800					5995	6373				
XAZ60/800-UA		60	950					6430	6980				
XM20/800-UA		20	315		明流			2985	4550	1730	1305		
XM30/800-UA		30	470					3350	5157				
XM40/800-UA		40	630					3720	5765				
XM50/800-UA		50	800					4070	6373				
XM60/800-UA		60	950					4430	6980				
XA20/800-UA		20	315		暗流			2985	4550				
XA30/800-UA		30	470					3350	5157				
XA40/800-UA		40	630					3720	5765				
XA50/800-UA		50	800					4070	6373				
XA60/800-UA		60	950					4430	6980				
XAGZ40/1000	1000×1000	40	470			0.6		5940	4648	3500	2608	铸铁	
XAGZ50/1000		50	585					6420	5008				
XAGZ60/1000		60	700					6900	5368				
XAGZ70/1000		70	820					7390	5728				
XAGZ80/1000		80	1050					7860	6088				

续表

型号	框内尺寸/mm	总过滤面积/m²	框内容量/L	框数/个	形式	工作压力/MPa	压紧方式	质量/kg	外形尺寸/mm			材料	制造厂
									长	宽	高		
XMZ200/1500	1500×1500	200	3000		明流	0.7	液压	32400	7100	4000	3100	铸铁	北京市机械设备厂
XMZ250/1500		250	3750					35150	7850				
XMZ300/1500		300	4500					37900	8600				
XMZ350/1500		350	5250					40650	9350				
XMZ400/1500		400	6000					43400	10100				
XAZ200-1500		200	3000		暗流			32400	7100				
XAZ250-1500		250	3750					35150	7850				
XAZ300-1500		300	4500					37900	8600				
XAZ350-1500		350	5250					40650	9350				
XAZ400-1500		400	6000					43400	10100				
XMZG60-1000U/30	1000×1000	60	950		明流	≤0.4		10680	5320	5030	2830	塑料	无锡市通用机械厂有限公司
XMZG80-1000U/30		80	1250					11500	6030				
XMZG100-1000U/30		100	1550					12500	6740				
XMZG120-1000U/30		120	1840					13500	7450				
XMZG160-1000U/30		160	2440					15500	8870				
XAZG60-1000U/30		60	950		暗流			10680	5320				
XAZG80-1000U/30		80	1250					11500	6030				
XAZG100-1000U/30		100	1550					12500	6740				
XAZG120-1000U/30		120	1840					13500	7450				
XAZG160-1000U/30		160	2440					15500	8870	5030	2830		
XAJZ60-1000/30		64	1000				机械	12000	4567	1510	1475	铸铁	
XM10-450-U/25	450×450	10	125	26	明流		液压	1600	2550	970	1240		
XM20-630-U/25	630×630	20	250	26				2500	1110	1360	2500		
XM30-630-U/25		30	375	38				2800	1110	1360	2800		
XMZ60F-1000/30	1000×1000	64	960					15000	4785	1500	1355		
XAJZ60-1000/30		64	1000				机械	12000	4530	1470	1475		

注：箱式压滤机的制造厂还有：杭州兴源过滤机公司和杭州良渚压滤机厂等。

参考文献

[1] 陈伟，施震荣等. 工业离心机和过滤机选用手册. 北京：化学工业出版社，2014.

[2] [英] 斯瓦洛夫斯基 L 等著. 固液分离. 王梦剑等译. 北京：原子能出版社，1982.

[3] 唐立夫，王维一，张怀清编. 过滤机. 北京：机械工业出版社，1984.

[4] 通用机械研究所编. 离心机. 北京：通用机械研究所，1974.

第22章 换 热 器

各种类型的换热器作为工艺过程必不可少的设备，广泛用于石油化工、医药、动力、冶金、交通、制冷、轻工等部门。如何根据不同的工艺生产流程和生产规模，设计出投资省、能耗低、传热效率高、维修方便的换热器，是工艺设计人员重要的工作。对于工业生产部门的设计人员来讲，首要的任务就是针对具体的生产条件选择最合适的换热器。经过长时间发展，目前已开发出多种结构型式的换热器，例如管壳式、板翅式、螺旋板式、空冷器、热管等。

选好换热器的型式后，就需要进行换热器的设计计算，确定其结构尺寸。换热器的设计过程主要有传热计算和流体阻力计算两个方面。所需数据可分为换热器的结构数据、工艺数据和物性数据三大类。在设计新的换热器时结构参数的选择最为重要，因为它是计算的基准。例如在管壳式换热器的设计中就有壳体型式、管程数、管子类型、管长、管子排列、折流板型式、冷热流体流动通道方式等方面的选择。工艺数据包括冷热流体的流量，进出换热器物流的温度、压力，管程与壳程的允许压力降及污垢系数。物性数据包括冷热流体在操作温度下的密度、比热容、黏度、热导率、表面张力。当涉及有相变的传热时，还需要流体的相平衡数据。具体的计算方法根据换热器的结构和功能的不同而不同。

本章介绍的计算方法尽量采用目前最先进的方法，并适当举例说明方法的应用。目前，在工程上大量使用商业软件进行换热器的计算。计算换热器的软件较多，较为常用的有AspenTech公司的EDR（Exchanger Design and Rating）系列软件，HTRI公司的HTRI系列软件。本章在介绍手算法以后，以AspenTech公司的EDR软件和HTRI公司的HTRI软件进行复核，由于软件考虑了机械制造方面以及排管等方面的问题，在个别参数和手算法方面会有差异，希望读者注意。HTRI公司近年来致力于各相关计算参数的修正，与手算结果会有一些差异。另外，在完成工艺计算之后，有必要与有关设备人员相配合确定合适的换热器尺寸。

换热器计算软件发展到今天，在功能上已经可以向制造厂商提供设备条件。为了使读者对现在的换热器计算软件有所了解，本章分别以AspenTech公司的EDR软件和HTRI公司的HTRI软件为例介绍这些软件的功能。换热器系列软件可用于换热器传热设计、机械设计、成本估算和提供设备设计图。管壳式换热器的传热设计计算，输入数据分为传热数据和机械数据两部分。传热数据又分为无相变、冷凝和蒸发三类，需用户输入工艺数据和物性数据；机械数据包括换热器的型号（依据TEMA标准）、材质、壳体直径、折流板类型、间距、切割率、防冲板的设置、换热管的直径、长度、程数、放置的方式、管间距、管数、管壁厚、管子类型、接管尺寸等。程序有三种计算模式：设计模式（design mode）、核算模式（rating mode）和模拟模式（simulation mode）。用户可根据不同的模式输入所需要的数据。

输出结果包括设计、传热、机械和计算细节四个方面。设计结果包括输入摘要、优化途径、设计摘要表和警告信息；传热结果包括性能（performance）、传热系数（coefficient）、平均温差（MTD）、压降和TEMA数据表；机械结果包括换热器尺寸、振动（vibration & resonance）分析和布管图；计算细节结果汇总了计算过程中的各种信息。

1 换热器的分类和选用

1.1 换热器的分类

1.1.1 按工艺功能分类

(1) 冷却器

冷却器是冷却工艺物流的设备。一般冷却剂多采用水，若要求冷却温度低时，可采用合适温度的冷却剂。

(2) 加热器

加热器是加热工艺物流的设备。一般多采用水蒸气作为加热介质，也可采用导热油、熔盐等作为加热介质。

(3) 再沸器

再沸器是用于蒸发蒸馏塔底物料的设备。热虹吸式再沸器被蒸发的物料依靠液压头、液位差自然循环蒸发。用泵使动力循环式再沸器中的被蒸发物流进行循环蒸发。

(4) 冷凝器

冷凝器是蒸馏塔顶物流的冷凝或者反应器冷凝循

环回流的设备。分凝器用于多组分的冷凝，最终冷凝温度高于混合组分的泡点，仍有一部分组分未冷凝，以达到再一次分离的目的；另一种为含有惰性气体的多组分的冷凝，排出的气体含有惰性气体和未冷凝组分。对于全凝器，多组分冷凝器的最终冷凝温度等于或低于混合组分的泡点，所有组分全部冷凝。为了达到工艺要求，可将冷凝液再过冷。

(5) 蒸发器

蒸发器是专门用于蒸发溶液中水分或者溶剂的设备。

(6) 过热器

过热器是对饱和蒸汽再加热升温的设备。

(7) 废热锅炉

废热锅炉是工艺的高温物流或者废气中回收其热量而产生蒸汽的设备。

(8) 热交换器

热交换器是两种不同温位的工艺物流相互进行显热交换能量的设备。

1.1.2 按传热方式和结构分类

(1) 间壁传递热量式

间壁式换热器的特性见表22-1。

(2) 直接接触传递热量式

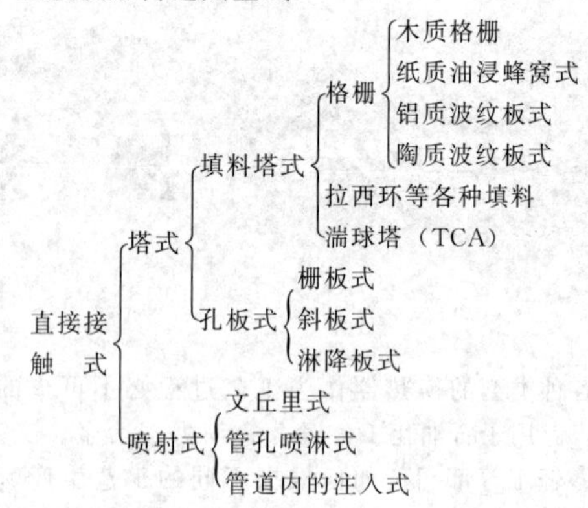

一些常用的换热器型式及各部件的中英文对照可参阅化学工业出版社出版的《英汉石油化学工程图解词汇》一书，本章不再赘述。

1.2 换热器的选用

1.2.1 冷却器

(1) 间壁式冷却器

传热量大时，应选用单位体积传热面积大的换热器。板式换热器单位体积的传热面可达 $250m^2/m^3$ 以上，而管壳式换热器仅为 $110m^2/m^3$；同时，板式换

表22-1 间壁式换热器的特性

分类	名称	特性	相对费用	耗用金属/(kg/m^2)
管壳式	固定管板式	使用广泛，已系列化；壳程不易清洗；管壳两物流温差大于60℃时应设置膨胀节，最高使用温差不应大于120℃	1.0	30
	浮头式	壳程易清洗；管壳两物料温差大于120℃；内垫片易渗漏	1.22	46
	填料函式	优缺点同浮头式，造价高，不宜制造大直径	1.28	
	U形管式	制造、安装方便，造价较低，管程耐高压；但结构不紧凑，管子不易更换，不易机械清洗	1.01	
板式	板翅式	紧凑、效率高，可多股物料同时换热，使用温度不高于150℃		
	螺旋板式	制造简单、紧凑，可用于带颗粒物料，温位利用好；不易检修		16
	伞板式	制造简单、紧凑、成本低、易清洗，使用压力不大于1.2MPa，使用温度不高于150℃		50
	波纹板式	紧凑、效率高、易清洗，使用温度不高于150℃，使用压力不高于1.5MPa	0.6	
	板框式	传热性能较好，紧凑，灵活性大，成本较低，便于快速拆装，操作性能良好		16
管式	空冷器	投资和操作费用一般较水冷低，维修容易，但受周围空气温度影响大	0.8～1.8	
	套管式	制造方便，不易堵塞，耗金属多，使用面积不宜大于20m²	0.8～1.4	150
	喷淋管式	制造方便，可用海水冷却，造价较套管式低，对周围环境有水雾腐蚀	0.8～1.1	60
	箱管式	制造简单，占地面积大，一般作为出料冷却	0.5～0.7	100
液膜式	升降膜式	接触时间短，效率高，无内压降，浓缩比不大于5		
	刮板薄膜式	接触时间短，适于高黏度、易结垢物料，浓缩比为11～20		
	离心薄膜式	受热时间短，清洗方便，效率高，浓缩比不大于15		
其他型式	板壳式热管	结构紧凑、传热好、成本低、压降小，较难制造		24

热器传热系数大于管壳式换热器。因此，选用板式换热器，可使设备的布置较为紧凑。

从换热器使用温度和压力来看，根据GB 151—1999，管壳式换热器的使用压力可达35MPa，最高使用温度为450℃（且满足$DN \leqslant 2600$；$pN \leqslant 35$；$DN \cdot pN \leqslant 1.75 \times 10^4$）。板式换热器，除螺旋板式外，使用条件均与制造材料、密封材料有关，一般情况下使用温度不高于150℃。板翅式换热器的使用温度范围为−200～150℃，使用压力可达6.0MPa。板式换热器的压力降大，对于压降要求较严的工艺条件不能选用。除此之外，管壳式换热器的制造方便，相对投资费用较低。因此，工程上常选用管壳式换热器作为冷却器。

板翅式换热器由于翅片的作用，宜用于气态物料的冷却，它比管壳式换热器中带翅片的管子便宜。例如空气分离装置中−194℃的氮气和−178℃的液态空气之间的换热，深冷分离乙烯装置中甲烷、氢和乙烷、乙烯等多种低温物流的换热，均选用板翅式换热器。物料结垢严重时，应选用能容纳较多污垢的管壳式换热器。传热量不大，物料量又少时，宜选用套管式换热器。套管式换热器的特点是内管直径可以根据工艺的需要选定，允许带有固体粒子物料的冷却。例如带有40%（质量分数）陶土油料的冷却和加热均可选用套管式换热器。但套管式换热器每平方米耗用的金属为管壳式换热器的3倍，故有时选用箱管式换热器。炼油厂常将减压蒸馏出料换热后的最终冷却器选用箱管式换热器。喷淋管式换热器所耗用的金属比前两者都少，故常被选用。

(2) 直接接触式冷却器

选用直接接触式冷却器的工艺条件如下。

① 需要急速降低工艺物料的温度。

② 伴随有吸收的工艺物料的冷却。

③ 伴随有除尘的工艺物料的冷却。

④ 大量热水的冷却和大量水蒸气的冷凝冷却。

直接接触式冷却器一般为两相操作，气相为连续相，液相为分散相。被冷却的物流可以是任意一相。被冷却的物流为气相时，冷却介质可以为水或不易挥发的各种溶剂等。被冷却物流为液相时，冷却介质多为空气，也可以是另一种低温的气相物流。

当被冷却的物流为气相时，根据其工艺特点可选用下列型式的直接接触式冷却器。如被冷却的物流不仅要冷却，而且希望进行吸收操作时，一般选用填料塔式。当工艺物流可以允许有较大的压降时，可以采用湍球塔（TCA）。如需急速终止反应而降低工艺物流的温度，而且压降又不允许很高，甚至工艺物流为负压时，应采用喷射式的直接接触式冷却器。如果工艺物流需冷却并除尘，多采用板孔式的直接接触冷却器；如果工艺物流量很大，且冷却又不是主要目的，可以采用管孔喷淋式直接接触冷却器。当被冷却的物料为液相时，如被冷却的物流为高温水，整个系统可为敞开式，其冷却介质常为空气，根据其物料量的大小可选用木质格栅式、纸质油浸蜂窝式、直接接触式等冷却器；如被冷却的物流为工艺物料，而冷却介质也为工艺物料，应采用密闭系统，然后根据各物料的工艺条件选择适当的直接接触式冷却器。

1.2.2 加热器

按工艺物料被加热的温度来选择加热器。

(1) 高温情况

当被加热物料的温度要求达到500℃以上时，可选用蓄热式或直接火、电加热等方式。当被加热物料和加热介质之间混合对工艺无影响时，可以采用蓄热式加热器。蓄热式加热器的加热介质可采用燃料气、燃料油，也可采用另一种高温位的工艺物流。例如由重油裂解生产油煤气，由沙子炉重油裂解制乙烯。这两个装置中蓄热不同，前者为堆砌的耐火砖，后者为可循环使用的沙子。

当被加热物料不允许与加热介质相混时，可采用直接电、火加热的方式。直接火加热可分为釜式和管式加热炉，釜式加热炉多用于处理量少且为间歇操作的工艺情况；管式加热炉的型式很多，可用于各种高温加热的化工过程，表22-2列举的型式可供选择。

电加热方式可分为电阻加热（包括短路加热和电阻丝加热）、工频感应加热及表皮电流加热等几种。电阻加热中的短路加热是利用金属设备材料的电阻，当通过低电压、大电流时将会产生热量，使物料吸收热量而升温。短路加热要根据工艺要求将电压由380V变成10～30V，电流可达到3000A左右。短路加热一定要使被加热设备和其他连接设备绝缘，要求比较高，而且要使三相电源的各相负荷均匀。采用这种加热方式应注意安全。

电阻丝加热是将电阻丝绕在设备的外面，电阻丝和设备用绝缘材料隔开，多用于实验室设备（特别是玻璃制品）。电阻丝加热时，电阻丝容易坏，给生产带来不便。电阻丝加热的优点是可以利用通常的电源，不需变动电压。

工频感应加热的原理是电流流过导体时，产生交变的磁通，这种磁通在工件中产生涡流，电流损耗（I^2R）转变成热量。工频感应加热的电源线圈和被加热设备是隔开的，不需要考虑绝缘，施工简便，且无明火，但在防爆防火的环境中使用时仍应接地线，并采取措施妥善安装和保温，确保接地线处无火花，设备表面温度不过高。

设计工频感应加热器的几个参数选择如下。工频感应加热器的功率因数$\lambda=0.65 \sim 0.75$，平均效率$\eta=0.5 \sim 0.6$。设备壁厚最好为透入深度δ的2倍以上，一般要求为5～8mm以上。当采用三相电源时，线圈的间距应在60mm以上，并使中间一相反接。设计的单位面积功率要求在$4W/cm^2$（$40kW/m^2$）左右。釜式反应器工频电感应加热器参数见表22-3。

表22-2 管式加热炉的形式和特性

	双斜顶型箱式炉	对流与辐射分离型箱式炉	下对流型箱式炉	直立上喷式立式炉	A型立式炉	立式圆筒炉	对流部分分离型立式圆筒炉
形式及结构简图	出口 出口 烧嘴 入口	烟道 出口 烧嘴	出口 烧嘴 入口 烟道	入口 出口 烧嘴	入口 出口 出口 烧嘴	入口 烧嘴 出口	入口 烧嘴 出口
辐射传热效果	0.68	0.68	0.60	0.57	0.68	0.78	1.0
单位面积辐射传热量比较值	1.11	1.11	1.11	1.10	1.17	0.96	1.0
热效率为75%时，辐射段吸收热量与对流段吸收热量之比	78:22	78:22	76:24	75:25	77:23	82:18	85:15
加热管长度比较	1.18	1.18	1.20	1.20	1.15	0.94	1.0
压力损失比较	1.35	1.35	1.35	1.35	1.31	1.18	1.0
占地面积比较	2.32	2.32	2.79	1.76	2.40	1.0	1.0
投资比较	1.39	1.34	1.29	1.30	1.34	1.10	1.0
优点及用途	(1)一般应注意局部过热 (2)允许负荷变动能力大 (3)箱式结构复杂，故投资大，不常采用			(1)一般应注意局部过热 (2)允许负荷变动能力大 (3)炉体宽度窄。取消悬挂式炉顶，不需另设烟囱，结构简单，占地面积小，另外，由于(2)的优点，常常被采用	(1)一般应注意局部过热 (2)耐负荷变动能力较差 (3)炉体宽度窄。取消悬挂式炉顶，不需另设烟囱，结构简单，占地面积小，另外，由于(2)的优点，常常被采用	(1)造价低，传热均匀，效率高，占地面积小 (2)耐负荷变化能力小 一般热负荷小时采用圆筒炉	

表 22-3　釜式反应器工频电感应加热器参数

反应器型式	物料	材料	保温层材料及厚度/mm	工作温度/℃	线圈匝数/匝	导线规格/mm^2	电压/V	电流/A	导线材料	功率/kW
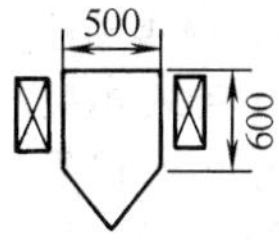 500 600	二乙丙胺基乙醇	碳钢	石棉泥 55	160	300	14	220		玻璃丝包线	10
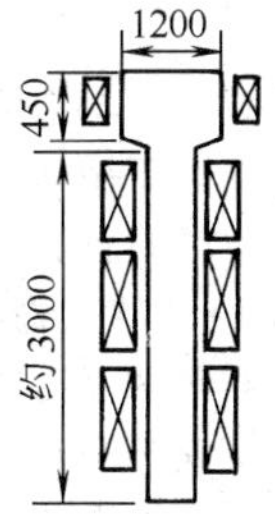 1200 450 约 3000	氯甲烷、硅粉	碳钢	石棉泥 55	150 350	109 220 178 180	18 18 18 18	380 380 380 380		双层玻璃丝 包扁钢丝	10 10 17 17
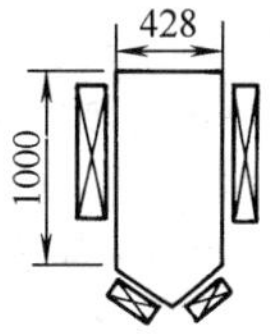 428 1000	尼龙 66	复合钢板 (12mm)	矿渣棉 38	240～300	290 147	7/2.6	380 220	25 54	布包 铝绞线	6.4 2.7
 800	乙二腈	碳钢 (8mm)	石棉泥 70	280 300	108	BLX-35	220	48	橡胶 绝缘线	5.3
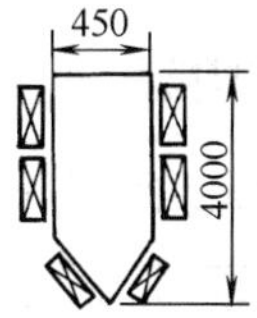 450 4000	癸二腈	复合 钢板 (10mm)	超级玻璃棉 20	340～350	300 300 300		380 380 380	40 60 80	双层玻璃丝包铜线	
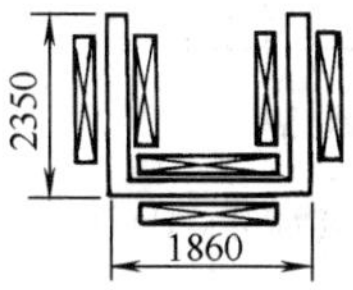 2350 1860	乙醇	无缝钢管 (ϕ65mm ×5mm)	石棉土、 活性白土 36	470	808		205	32		

(2) 中温情况

中温加热（150～300℃）一般采用有机热载体为加热介质。选用时，以在有机热载体的最高允许使用温度下运转 8000h，分解不超过 30%为基准，分解量在 10%以下则较为理想。有机热载体的使用方式分为气相和液相两种。

① 气相方式　气相为冷凝传热，传热系数大，一般为水蒸气冷凝传热的 1/5［800～2500W/(m^2·K)］。适用于各种结构复杂的设备，冷凝温度较恒定，加热均匀。加热器要有一定的位差来克服管线和加热炉的压力降，使液相返回加热炉（图 22-1）。气相容易泄漏，要求管道、阀门、法兰等连接严密。

② 液相方式　一个加热源（加热炉）可同时供热给多个不同加热温度的加热器，控制较方便。加热器的位置不受限制。有机热载体是对流方式传热（图 22-2），其传热膜系数较小，需要较大的传热面积。有机热载体以无相变的型式传热，其体积流率较大，泵送功率消耗较大。用有机热载体加热时，多采用浮头式管壳换热器，在使用气相方式时，有机热载体多走壳程，在使用液相方式时，有机热载体多走管程；用于釜式反应器加热时，气相有机热载体多安排在夹套内，液相有机热载体多安排在釜内的蛇管内。

(3) 低温情况

选用低温度（小于 150℃）加热器型式时，首先考虑的是管壳式换热器。只有在工艺物料的特性或者工艺条件特殊时，才考虑选用其他型式。例如热敏性的物料加热多采用降膜式或者波纹板式换热器。波纹板式换热器流路较均匀，加热效率高，如牛奶的加热

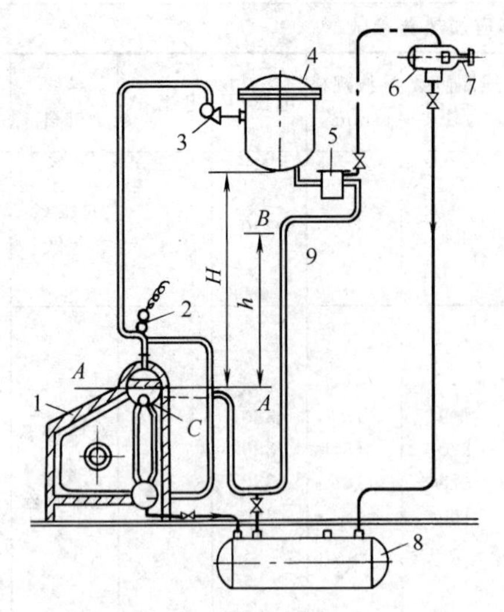

图 22-1　采用二苯醚混合物重力回流的加热系统

1—蒸汽发生器；2—热调节器；3—节流阀；
4—被加热设备；5—分离器；6—辅助冷凝器；
7—启动喷射器；8—收集储存槽；9—液封管

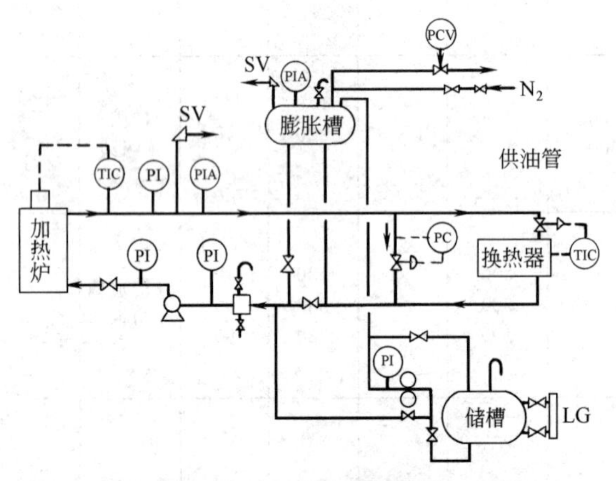

图 22-2　液相方式使用有机热载体的系统

P—压力；SV—安全阀；T—温度；
LG—玻璃液面计；I—指示；V—阀门；
A—报警；C—控制

消毒就采用这种型式的加热器。对于含有少量颗粒物料的加热时，可采用套管式、螺旋板式换热器。

1.2.3　再沸器

再沸器常用于蒸馏塔底，对塔底物流进行加热，气化一部分液相产物返回塔内作气相回流，提供蒸馏过程所需的热量，它又称为重沸器。因此，设计再沸器时，必须同蒸馏塔的操作特点和结构联系起来考虑。石油化工厂中，再沸器多采用管壳式换热器。

再沸器按循环方式可分为自然循环（热虹吸）和强制循环；按物料可分为管内和管外蒸发两种；按结构可分为釜式、立式、卧式及内置式四种；按蒸发程度可分为一次通过式和循环式。

热虹吸再沸器为自然循环式，精馏塔底的液体进入再沸器被加热而部分气化。再沸器的气化率越大，出口管线中气液混合物的密度就越小，利用进出口管线的密度差使塔底液体不断被虹吸入再沸器，加热气化后的气液混合物自动返回塔内。热虹吸再沸器有立式和卧式两种，炼油行业约95%采用卧式热虹吸再沸器，化工行业约95%采用立式热虹吸再沸器，石油化工介于两者之间，这与装置的规模以及介质的结垢性质有关，也与使用习惯有关。

强制循环式再沸器也有立式和卧式两种，它依靠泵的压头外加机械能量维持强制循环，因而循环速度便于控制和调节；物料流速较高，停留时间较短，不易产生结垢。强制循环式再沸器适用于塔底物料黏稠、易于结垢或有少量固体的悬浮液和热敏性物料。

塔底再沸器的型式如图 22-3 所示。釜式（Kettle）再沸器是由一个部分扩大的K型壳体和可抽出的加热管束组成的，管束末端有溢流堰，如图 22-3（d）所示。可抽出的加热管束浸没在釜中，液体受热后在管外产生沸腾，气液分离在釜内上部空间完成，气相自顶部管道返回塔内，饱和液体溢流过溢流堰到储液槽。

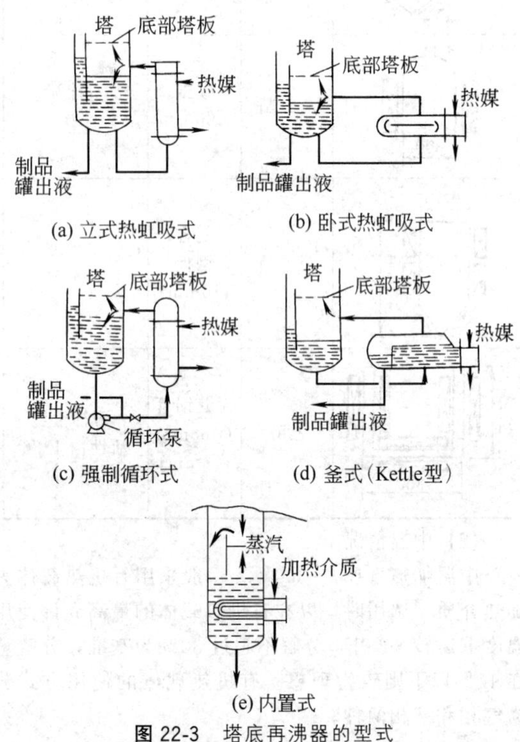

图 22-3　塔底再沸器的型式

内置式再沸器是将管束直接置于塔内，因而不需要壳体和工艺配管，结构简单，投资小，易清洗，但是塔内容积有限，传热面积较小，易形成泡沫，造成操作问题，因此不常使用。

几种再沸器的特性比较详见表 22-4。

再沸器设计选用要点如下。

① 最大允许的热负荷：有机液体动力循环再沸

器为60000W/m²；自然循环（热虹吸）再沸器为38000W/m²；水或低浓度水溶液再沸器动力式和热虹吸式为90000W/m²。

② 设计给热膜系数（蒸发膜系数）：有机液体为1600W/(m²·K)，水或低浓度水溶液为5000W/(m²·K)。

③ 设计温差：一般有机液体的温差选用范围为20～50℃。

④ 单程蒸发率：一般为10%～30%，最大的单程蒸发率为80%。

⑤ 再沸器选用管径范围为ϕ25～38mm。再沸器选用长度范围，立式热虹吸式为2～6m，一般取2.4～4m。

表22-4 几种再沸器的特性比较

型 式	优 点	缺 点
立式热虹吸式	传热系数大，投资和运转费用最便宜，加热带滞留时间短，结构紧凑，配管容易	真空操作时，由于压降的影响需要较大面积，对黏性液体和带固体物料不适用，由于垂直铺设，要求塔裙的高度较高
卧式热虹吸式	传热系数中等，加热带停留时间短，维护和清理方便，适用于大面积的情况，对塔的液面和流体压降要求不高，适于真空操作	占地面积大
强制循环式	适用于黏性液体及悬浊液，适用于长的显热段和低蒸发比的低压降系统，可调节循环速度	能量费用大，投资(泵)大，在泵的密封处易泄漏
釜式(Kettle型)	维护清理方便，适于污染性强的热媒，相当于一块理论板	传热系数小，占地面积大，加热带滞留时间长，易结垢，壳体容积大，设备费用大
内置式	结构简单，投资小，易清洗	传热面积较小，液体循环差不适合黏稠液体

1.2.4 冷凝器

冷凝器一般用于蒸馏塔塔顶蒸汽的冷凝以及反应气体的冷凝。对于蒸馏塔顶，一般选用管壳式、空冷器、螺旋板式、板翅式等换热器作为冷凝器。对于反应系统，一般选用管壳式、套管式或喷淋管式等换热器作为冷凝器。冷凝器设计和选用要点如下。

(1) 蒸馏塔顶冷凝器

蒸馏塔顶冷凝器的安装型式如图22-4所示，其特性比较见表22-5。

卧式冷凝器壳程走被冷凝物料时，在壳程设置折流板。折流板的型式一般为圆缺式，以竖缺形折流板为好。若卧式冷凝器起过冷作用，则最好采用阻液形

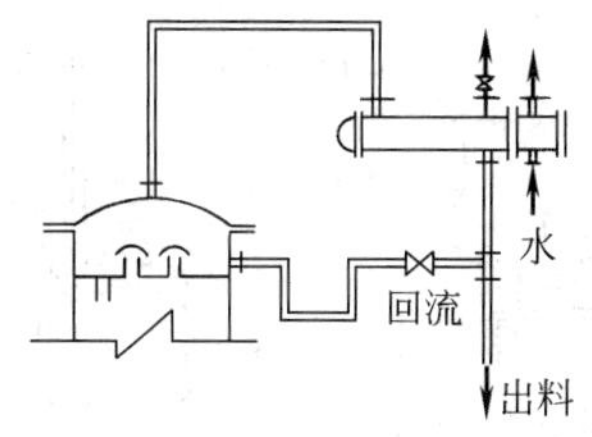

(a) 重力回流卧式冷凝器

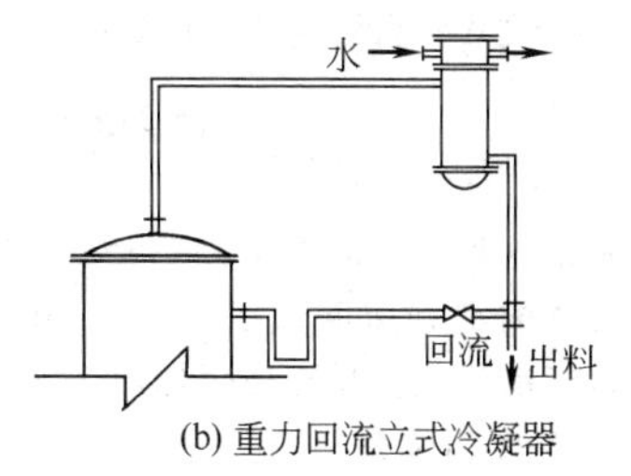

(b) 重力回流立式冷凝器

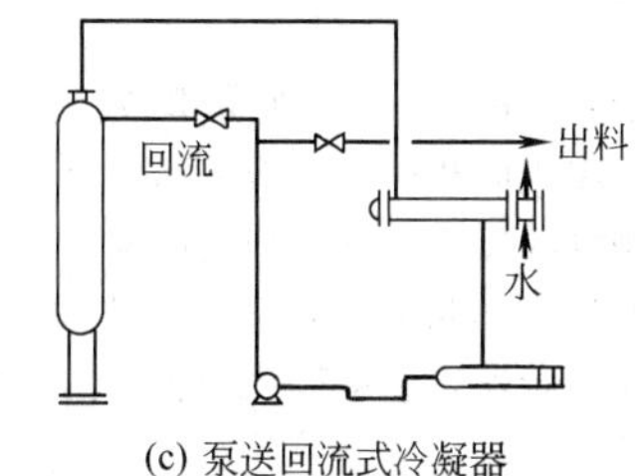

(c) 泵送回流式冷凝器

图22-4 蒸馏塔顶冷凝器的安装型式

表22-5 蒸馏塔顶冷凝器特性比较

型 式	优 点	缺 点
重力回流卧式冷凝器	传热系数大、运转费用少，适于小量生产	要高位安装，很困难
重力回流立式冷凝器	可作过冷器，运转费用少，结构紧凑、配管容易，适于小量生产	传热系数较小，可将其装在塔顶，但整个塔高增加
泵送回流式冷凝器	安装比较容易，适于大规模生产	运转费用大，占地面积较大

折流板（参见本章“管壳式换热器设计选用原则”部分）。当被冷凝物料含有不凝性气体时，折流板的间距可以随物料的冷凝而减少。

卧式冷凝器的冷凝膜给热系数和立式冷凝器（管内、管外）相比较，其给热系数是立式的0.77 $(L/D)^{0.25}$倍。有机物蒸气冷凝器设计选用的总传热系数（管壳式）一般范围为600～1700W/(m²·K)。带有不凝性气体的冷凝器设计选用的总传热系数（管壳式）一般范围为25～230W/(m²·K)。

(2) 反应器的冷凝器

按其流动方式主要分为顺流及逆流两种，其安装型式和系统如图22-5所示。

如图22-5 (a) 所示为逆流立式冷凝器，其配管简单，但反应气体上冲时，使其液膜增厚，传热系数

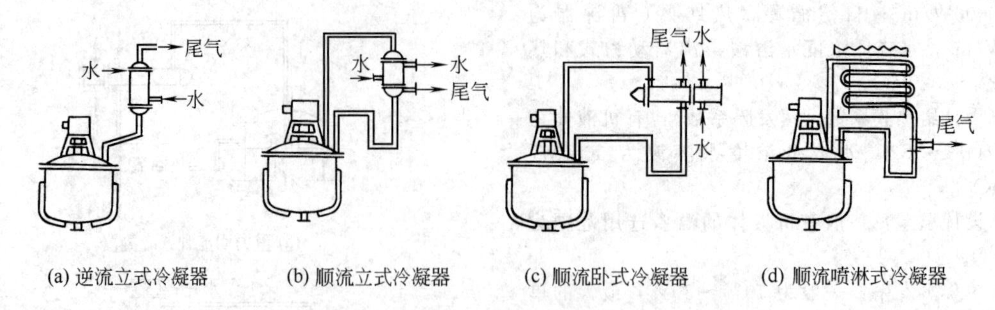

(a) 逆流立式冷凝器 (b) 顺流立式冷凝器 (c) 顺流卧式冷凝器 (d) 顺流喷淋式冷凝器

图 22-5 反应器用的冷凝器的安装型式和系统

降低。为了防止这种现象的发生，一般控制的参数是尽量使反应气体的上升速度低于 5m/s。由于气液摩擦产生静电，当反应气体易形成爆炸混合物时，会使系统产生静电点火而爆炸，采用逆流立式冷凝器不合适。

如图 22-5（b）～（d）所示均为顺流式冷凝器，其优点是气液流向相同，气液分离容易，特别适合于大量尾气排放的反应系统。当反应放热量大，需要由液体的蒸发带走热量时，可采用如图 22-5（c）所示的顺流卧式冷凝器，它可以设置较大的传热面积。当冷却剂采用海水，而且反应热量不是很大时，可采用简单的顺流喷淋式冷凝器，如图 22-5（d）所示。

1.2.5 蒸发器

(1) 蒸发器的分类

① 按操作方式　可分为单效蒸发、多效蒸发、蒸气压缩、闪蒸蒸发和直接接触蒸发等。

② 按照流体循环方式　可分为不循环型、自然循环型、强制循环型（用于结垢多的条件）和刮膜式（用于高黏度流体）蒸发器等（图 22-6）。

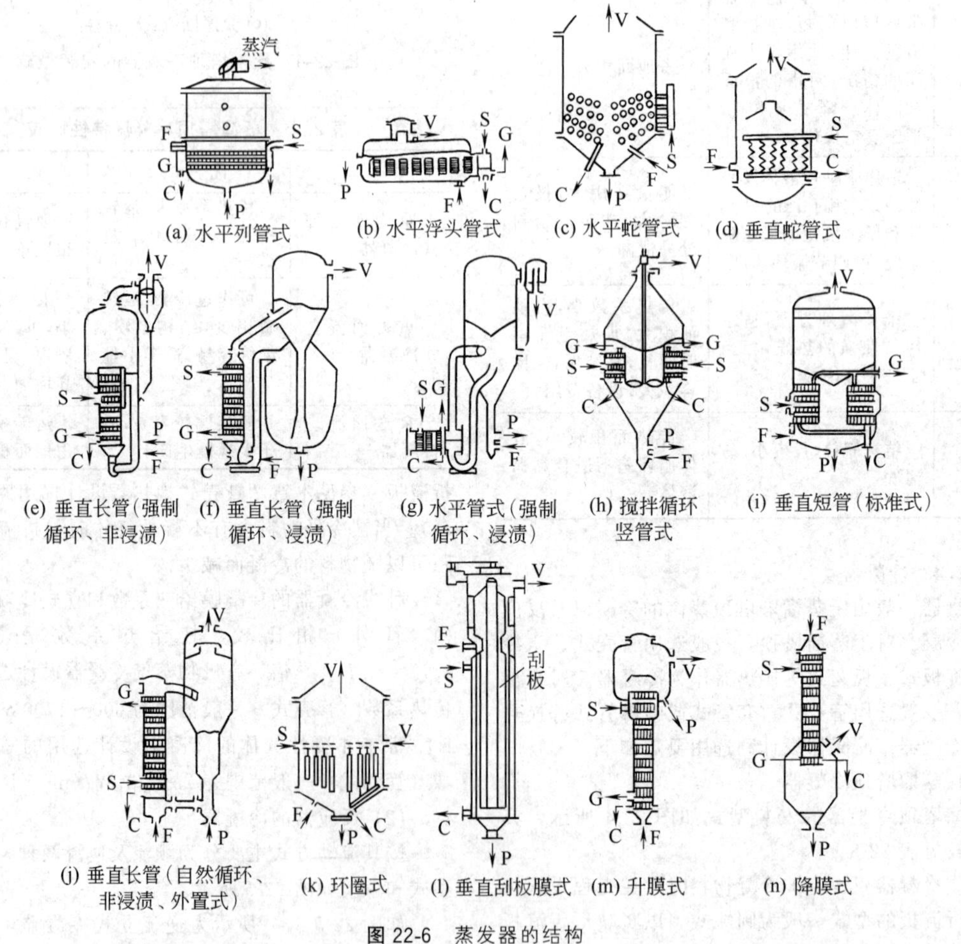

(a) 水平列管式 (b) 水平浮头管式 (c) 水平蛇管式 (d) 垂直蛇管式

(e) 垂直长管（强制循环、非浸渍） (f) 垂直长管（强制循环、浸渍） (g) 水平管式（强制循环、浸渍） (h) 搅拌循环竖管式 (i) 垂直短管（标准式）

(j) 垂直长管（自然循环、非浸渍、外置式） (k) 环圈式 (l) 垂直刮板膜式 (m) 升膜式 (n) 降膜式

图 22-6 蒸发器的结构

F—原液；P—浓缩制品；S—加热蒸汽；V—蒸汽；C—凝缩水；G—非凝缩气体

(2) 蒸发器设计和选用要点

① 管壳式蒸发器　这是最早采用的结构型式，包括垂直短管、垂直长管、倾斜管和强制循环等，用于100cP[1]以下的低黏度液体以及蒸发污垢不多的液体，通常在大于50mmHg的压力下操作。

标准列管式蒸发器可按立式热虹吸再沸器的方法计算。下降管的直径应足够大，使其压降为加热管压降的1/10～1/5。

立式外部加热强制循环蒸发器适用于黏度较高且污垢附着少的发泡性液体，管内流速约为3m/s，泵功率为0.05～0.1hp/m^2传热面。为了减少费用，可采用多管程且设置小功率泵，其总传热系数为1000～5000kcal/(m^2·h·℃)。

升膜式蒸发器可按立式热虹吸式再沸器进行计算。其蒸发时间短，适用于热敏性高的液体。降膜式蒸发器应在管内形成均匀膜，形成均匀膜的条件是液体的 *Re* 数在2000以上。总传热系数随液体黏度而变化，一般为1200～2200W/(m^2·K)。

② 刮膜式蒸发器　包括垂直型和水平型，比管壳式蒸发器的投资大，可以处理黏度为1000P的液体，停留时间只有几秒，操作压力为0.3～75mmHg(表)。适于热敏性料液、浓缩固体悬浊液、发泡性液体及易生成污垢的液体。其传热系数为2000～3500W/(m^2·K)。

③ 离心薄膜式蒸发器　离心力可为重力的2000倍左右。可形成0.1mm的薄膜，停留时间可在1s左右，特别适于蒸发热敏性物料，但被蒸发物料的黏度被限制在200cP以下。可以在超低压下（1～10μmHg）操作，其传热系数和刮膜式蒸发器相同。

④ 浸没燃烧式蒸发器　燃料气在液体中燃烧，燃烧后的高温气体将液体蒸发。高温气体和液体直接接触，传热系数很高，但很容易在烧嘴的外壁结垢。对于不易结垢的液体，特别是热稳定性好的液体很适宜。也可用于蒸发含有5%～15%固体物质的溶液。

(3) 多效蒸发的流程和特性

其目的是为了改善蒸发操作的经济性，多效蒸发可分为顺流、逆流、错流和并流四种。多效蒸发的流程和特性比较见表22-6。一般在设计时首先考虑顺流式，因其最容易操作，缺点是最后一效的温度最低。对于黏度较大、传热系数很低的物料，应考虑逆流式。第一效的传热系数与最后一效的传热系数的比值小于1.5时，可以采用顺流式，当然，也可依据工艺要求选择错流式或并流式的操作方式。选择几效蒸发器比较合适，需要仔细根据蒸汽、水、电、仪表的价格进行经济计算，也可根据实际生产来决定，一般采用4～6效的设计比较合理。

(4) 设计选用

蒸发设备的设计选用见表22-7。

表 22-6　多效蒸发的流程和特性比较

流程		特点
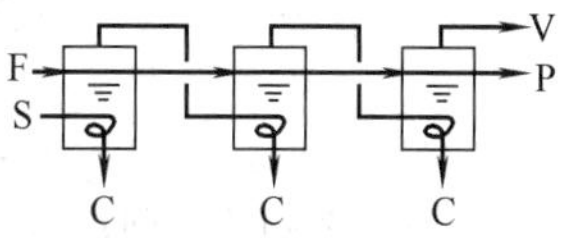 F, S, V, P, C C C	顺流	不需要供液泵 原液温度高时有利 不宜用于随着浓缩而黏度上升的物系
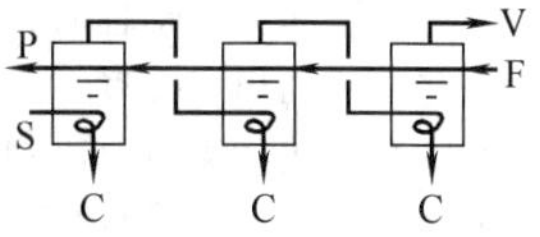 P, S, V, F, C C C	逆流	各效皆需要供液泵 原液温度低时有利 不宜用于随着浓缩而黏度上升的物系 增浓液在高温易分解时不适用
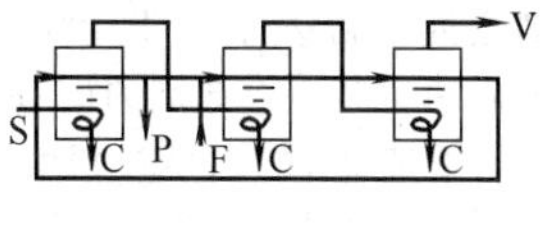 V, S, C, P, F, C, C	错流	适用于最后一效，由温度来控制结晶的系统
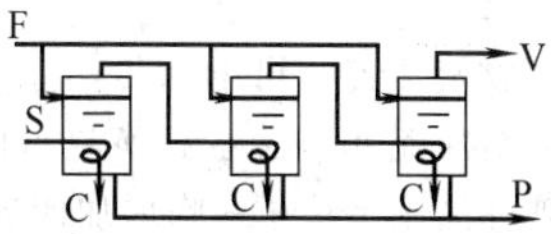 F, V, S, C C C, P	并流	除了进行制盐方面使用外，其他皆不用可以对两种以上的溶液进行不同的浓缩

[1] 1cP=1×10^{-3}Pa·s；1mmHg=133.322Pa；1hp=745.700W；1kcal/(m^2·h·℃)=1.163W/(m^2·K)；1P=0.1Pa·s；1μmHg=0.133322Pa。

表 22-7　蒸发设备的设计选用

项目		夹套容器或者釜	带蛇管的容器	短管蒸发器	长管蒸发器		动力循环式			降膜式	
					一次通过	循环型	垂直型	卧式	刮膜式	一次通过	循环型
最大直径 D		4	4	4	4	4	4	4			
高度 L		16	16	12	8	8	8	8			
最大加热面积 A/m^2		$3D^{0.33}L^{0.67}$	$4D^{1.33}L^{0.67}$	30～100	100～10000	100～10000	20～2000	20～2000	2～20	30～300	30～300
管内速度/(m/s)		—	—	0.3～1	1～3	1～3	2～6	2～6			
最大允许黏度/Pa·s		0.01	0.01	1.0	1.0	1.0	2	2	100	1.0	1.0
典型传热系数/[W/(m^2·K)]		100～500	100～500	100～2000	100～10000	100～10000				100～2000	100～2000
适用性	低黏度液体	A	A	A	A	A	A	A	X	A	A
	高黏度液体	D	D	D	B	B	A	A	A	B	B
	浆料	X	X	D	B	B	A	A	A	D	D
	结垢或者盐析的液体	E	E	C	D	E	B	B	A	D	E
	腐蚀性液体	C,A	C,A	C,E	C,A	C,A	C,B	C,B	C,D	C,A	C,B
	结晶的液体	E	E	D	B	B	B	B	A	E	E
	有泡沫的液体	B	B	D	B	B	B	B	D	E	E
	热敏性的液体	A	A	D	B	D	B	B	D	A	D
	黏附的或者胶体型液体	D	D	X	X	X	E	E	B	X	X
其他准则	大容量	D	B	D	A	A	A	A	E	B	B
	采用多效	E	E	A	A	B	A	A	E	A	B
	小温差 Δt	E	B	D	D	D	D	D	A	A	A
	动力消耗	A	A	A	A	A	B	B		A	A
	雾沫夹带	A	B	B	B	B	B	B	A	B	B
	容易清洗程度	A	D	A	B	B	B	B	B	B	B

注：A——最好或无限制；B——少有限制；C——特殊情况可用；D——限制使用；E——严格禁止使用；X——不可用。

1.3 管壳式换热器的选用

管壳式换热器的种类繁多，有多种多样的结构，每种结构型式的换热器都有其自身的结构特点及其相应的工作特性。换热器选型将直接影响到换热器的运行及生产工艺过程的实现。因此，要使换热器能在给定的实际条件下很好地运行，必须在熟悉和掌握换热器的结构及其工作特点的基础上，并根据所给定的具体生产工艺条件，对换热器进行合理的选型。对换热器进行选型时，应尽量满足以下要求：具有较高的传热效率、较低的压力降；重量轻且能承受操作压力；有可靠的使用寿命；操作安全可靠；所使用的材料与过程流体相容；设计计算方便，制造简单，安装容易，易于维护与维修。

实际选型中，这些选择原则往往是相互矛盾、相互制约的。具体选型时，需要抓住实际工况下最重要的影响因素或换热器所需满足的最主要目的，解决主要矛盾。

1.3.1　工艺条件

(1) 温度

冷却水的出口温度不宜高于 60℃，以免结垢严重。高温端的温差不应低于 20℃，低温端的温差不应低于 5℃。当在两工艺物流之间进行换热时，低温端的温差不应低于 20℃。当采用多管程、单壳程的管壳式换热器，并用水作为冷却剂时，冷却水的出口温度不应高于工艺物流的出口温度。

在冷却或者冷凝工艺物流时，冷却剂的入口温度应高于工艺物流中易结冻组分的冰点，一般高 5℃。在对反应物进行冷却时，为了控制反应，应维持反应物流和冷却剂之间的温差不低于 10℃。当冷凝带有惰性气体的工艺物料时，冷却剂的出口温度应低于工艺物料的露点，一般低 5℃。换热器的设计温度应高于最大使用温度，一般高 15℃。

(2) 压力降

增加工艺物流流速，可增加传热系数，使换热器结构紧凑，但增加流速将关系到换热器的压力降，使磨蚀和振动破坏加剧等。压力降增加使动力消耗增加，因此，通常有一个允许的压力降范围，见表 22-8。

(3) 物流的安排

① 为了节省保温层和减少壳体厚度，高温物流一般走管程，有时为了物料的冷却，也可使高温物流

走壳程。

表 22-8 允许的压力降范围

工艺物料的压力状况		允许压力降 Δp/kPa
工艺气体	真空	<3.5
	常压	3.5～14
	低压	15～25
	高压	35～70
工艺液体		70～170

② 较高压力的物流应走管程。

③ 黏度较大的物流应走壳程，在壳程可以得到较高的传热系数。

④ 腐蚀性较强的物流应走管程。

⑤ 对压力降有特定要求的工艺物流应走管程，因为管程的传热系数和压降计算误差小。

⑥ 较脏和易结垢的物流应走管程，以便清洗和控制结垢。若必须走壳程，则应采用正方形管子排列，并采用可拆式（浮头式、填料函式、U形管式）换热器。

⑦ 流量较小的物流应走壳程，易使物流形成湍流状态，从而增加传热系数。

⑧ 传热膜系数较小的物流（如气体）应走壳程，易于提高传热膜系数。

1.3.2 结构参数

换热器（冷凝器、再沸器）的结构参数应符合GB 150《管壳式换热器》的规定。

(1) 平滑管的结构参数

① 管径 管径越小，换热器越紧凑、越便宜。但是，管径越小，换热器的压降越大，为了满足允许的压力降，一般推荐选用19mm的管子。对于易结垢的物料，为了方便清洗，采用外径为25mm的管子。对于有气、液两相流的工艺物流，一般选用较大的管径，例如再沸器、锅炉，多采用32mm的管径。直接用火加热时多采用76mm的管径。

② 管长 无相变换热时，管子较长，传热系数增加。在相同传热面时，采用长管管程数少，压力降小，而且每平方米传热面的比价也低。但是，管子过长会给制造带来困难，因此，一般选用的管长为4～6m。对于大面积或无相变的换热器，可以选用8～9m的管长。

③ 管子的配布和管心距 管子在管板上的配布主要是正方形配布和三角形配布两种型式。三角形配布有利于壳程物流的湍流。正方形配布有利于壳程清洗。为了弥补各自的缺点，产生了转过一定角度的正方形配布和留有清理通道的三角形配布两种型式。三角形配布一般是等边三角形型式，有时为了工艺的需要，可以采用不等边的三角形配布。不常用的还有同心圆式配布，一般用于小直径的换热器。

管心距是两根相邻管子中心的距离。管心距小，设备紧凑，但将引起管板增厚、清洁不便、壳程压降增大，一般选用范围为 $(1.25\sim1.5)d$（d 为管外径）。

(2) 翅片管的结构参数

① 翅片管的适用范围 传热壁两侧传热膜系数 α 相差较大时，应在传热膜系数小的一侧加翅片，即翅片一般用于气体、黏液、流量既小又无相变的一侧，有时用于 α 小的冷凝侧或沸腾侧。当两侧 α 都很小时，宜用两面带翅的设备，如板翅式换热器、外翅管内加麻花条或螺旋线强化器。翅片可以装在管子的外表面，也可装在管子的内表面；既可纵向装，又可横向装。翅片主要依换热器的类型、压降、表面换热系数、流体的腐蚀性、结垢是否易于清洗、要求流体平行流动还是横向绕流、翅片的可靠性及实验经验等而定。翅片材料以铝最为普遍，也有用铜、软钢、不锈钢的。

当 $\frac{2\lambda}{\alpha\delta}<1$ 时，翅片无作用，一般在 $\frac{2\lambda}{\alpha\delta}>5$ 时才考虑是否用螺纹或翅片（λ 为翅片材料的热导率，α 为翅面传热膜系数；δ 为翅片厚度）。

下列场合一般不采用翅片管：换热两侧流体均为气体，或一侧是气体，另一侧是处于层流状态且非常黏稠的油；有机物蒸气的凝结，冷凝器中冷却水一侧；水管锅炉中管外侧，当流体具有腐蚀性或产生严重结垢时。

② 翅高的选择

a. 低翅管的外径通常是19.2～25.4mm，翅高1.6～3.2mm，每米有433～748片翅，一些更新型式的每米有748～1575片翅，翅高为0.76～1.55mm。翅片管外径与光管的外径相同，这样很容易用翅片管替换光管。低翅管与光管的表面积比为3.5～5.0。

b. 高翅管的外径通常为25.4～38.1mm，翅高12.7～25.4mm；每米有276～433片翅。高翅管与光管的表面积比高达7～20。当两侧综合传热膜系数相差十几倍或几十倍时可用高翅管。

③ 翅与管间接触方式的选择 120～150℃，可用张力缠绕式；150～200℃，可用L形缠绕式；200～350℃，用嵌入式翅片管较好，但制造较难，加工费高，应用不如前两种广泛。

整体轧制、铸造翅管或用其他方法自管本体加工的翅片，限用温度与管材相同。这种翅片管最好，但成本最高，只有在温度高、腐蚀严重或振动大的地方才用。

复合管，如整轧铝翅管内衬合金管，允许温度可达250～320℃，在内部流体有特殊腐蚀性时选用。

根据接触的好坏和使用温度的不同，由一般公式计算的翅侧传热膜系数，用于绕翅时，应乘以0.8～

0.9。例如接触情况一般的绕翅的翅侧传热膜系数约为嵌翅的80%。L形绕翅在使用温度变化时，由于铝膨胀较钢大，会出现接触不良的情况，使翅侧传热膜系数下降。例如壁温为100℃时，比嵌翅的α约低10%；180℃时，约低15%。为了改善接触情况，可加锡焊（120℃以下使用），特殊情况下加铜焊或银焊。大翅片中插管后，可浸以熔铅、熔锌或熔锡。

④ 翅距的选择　翅距小有利于增加翅侧传热面积，但其净距离不宜小于翅面主要部分的流体边界层厚度的2倍。否则相邻翅面边界层互相影响，使传热膜系数减小。由于边界层厚度沿流动方向渐增，故平滑翅片也不宜连续过长。例如20℃空气以6m/s流速沿40mm长的平板流动时边界层厚度由零开始发展到约1.5mm；沿300mm平板自然对流时，边界层厚度可达到12.5mm左右。故强制鼓风的散热器翅距较小，自然对流的散热器翅距较大。

(3) 管程数和壳程型式

管程数有1～12管程几种，常用的为1管程、2管程或4管程。管程数增加，管内流体流速增加，给热系数也增加，但管内流体流速受到管程压力降等限制，在工业上常用的管内流体流速如下：水和相类似的液体流速一般取1～2.5m/s；对大冷凝器的冷却水流速可增加到3m/s；气体和蒸汽的流速可在8～30m/s的范围内选取。

壳程型式如图22-7所示。对于单壳程换热器，可在壳程内放入各种型式的折流板来改变物流的流向，强化传热，这是最常用的一种换热器；在单组分冷凝的真空操作时可将接管移到壳体的中心。放入径向折流板的双壳程换热器，可以改善热效应，比两个换热器串联要便宜；分流式换热器适用于大流量且压降要求低的情况，中间的隔板作为冷凝器时可以采用有孔板；双分流式换热器适用于低压降的情况，当一种物流与另一种物流相比温度变化很小的情况，以及温差很大或者传热系数很大的情况。

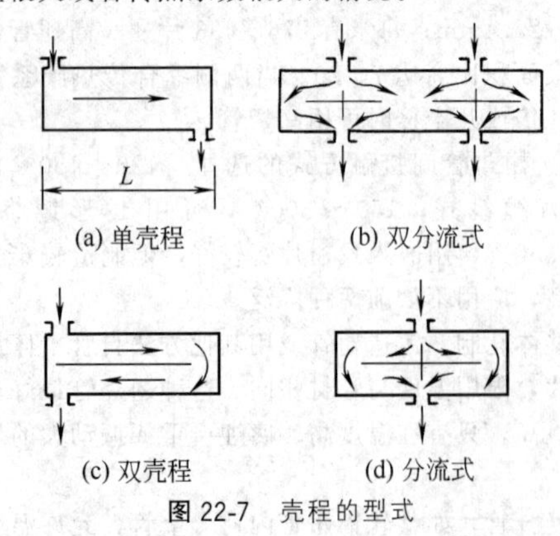

图22-7 壳程的型式

(4) 壳程折流板

折流板可以改变壳程流体的方向，使其垂直于管束流动，获得较好的传热效果。折流板对于壳程进行蒸发、冷凝操作时或者管程传热系数很低时，其作用不很明显。但对于带有不凝性气体的冷凝操作时，采用不等距的折流板可改善传热效果。

① 折流板型式

a. 圆缺形折流板可分为横缺型、竖缺型和阻液型三种（图22-8）。横缺型折流板适用于无相变的对流传热，可防止壳程流体平行于管束流动，减少壳程底部液体的沉积。在壳程用于冷凝操作时，横缺型折流板的底部应开排液孔，孔的大小取决于液量的多少，但往往由于排液孔的不当而产生液泛和气相分流，因而在壳程进行冷凝操作时，一般采用竖缺型折流板。阻液型折流板由于下部有一个液封区，可以用于带有冷却的冷凝操作。

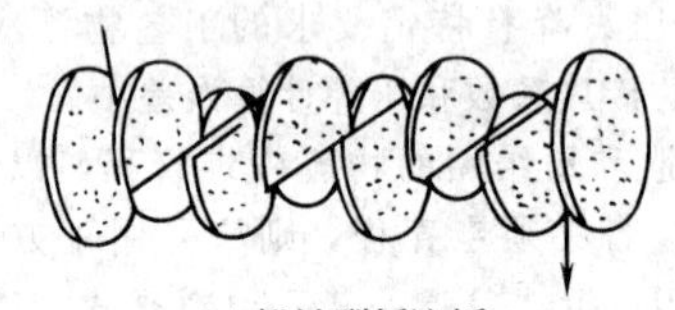
(a) 横缺型折流板

(b) 竖缺型折流板

(c) 阻液型折流板

图22-8 圆缺形折流板型式

圆缺形折流板的缺口高度可为直径的10%～40%，现在通用的高度为直径的25%。实际上在相同压力降时，圆缺高度为直径20%的折流板将获得最好的传热效率。换热器流量很大时，为了得到较好的错流和避免流动诱导管子振动，常常去掉缺口处的管子。

b. 环盘形折流板允许通过的流量大，压降小，但传热效率不如圆缺型折流板，因此这种折流板多用于要求压降小的情况（图22-9）。

图22-9 环盘形折流板

c. 孔式折流板使物流穿过折流板孔和管子之间的缝隙流动（图22-10），以增加传热效率，这种折流板的压力降大，仅适用于较清洁的物流。

② 折流板的间距　折流板的间距影响到壳程物

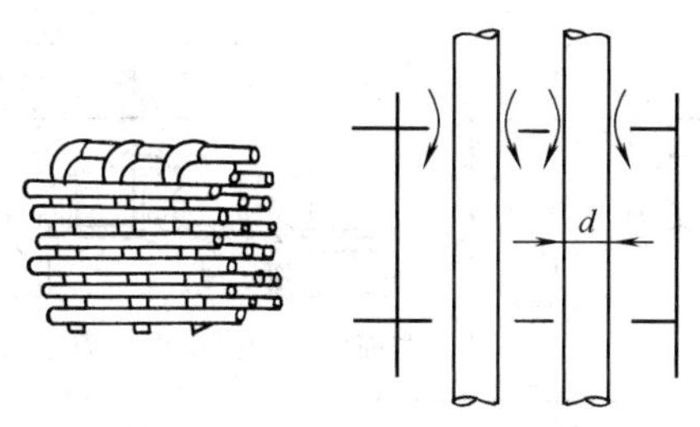

图 22-10 孔式折流板

流的流向和流速，从而影响到传热效率。最小的折流板间距为壳体直径的 1/5，但不应小于 50mm。建议板间距不小于壳径的 30%，较小的板间距将增加过多的泄漏量。最大的板间距为壳径，最适宜的板间距为壳径的 30%～60%。由于折流板有支撑管子的作用，所以钢管无支撑板的最大折流板间距为 $171d^{0.74}$（d 为管外径，mm）。如果必须增大折流板间距，就应另设支撑板。若管材是铜、铝或者其合金材料时，无支撑的最大折流板间距应为 $150d^{0.74}$。

(5) 防旁流设施

① 密封条（也称旁路挡板） 主要防止物流在壳体和管束之间的旁流。密封条沿着壳体跌入到已铣好凹槽的折流板内，一般是成对设置的（图 22-11）。密封条的数目，建议每 5 排管子设置一对。

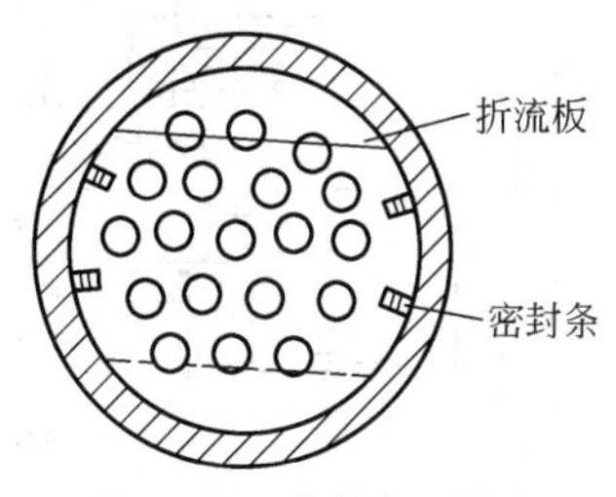

图 22-11 密封条的位置

② 盲管 可防止中等或大型换热器壳程中部物流的旁流。

(6) 缓冲挡板

当非腐蚀性液体在壳程入口管处的动能 $\rho v^2 > 2230$，腐蚀性液体 $\rho v^2 > 740$（ρ 为流体密度，kg/m^3；v 为流速，m/s），且进入的物流为气体，饱和水蒸气或者为气-液混合物时，将对入口处的管子进行冲击，引起振动和腐蚀。为了保护这部分管子，应设置缓冲挡板。

1.3.3 换热器设计标准

管壳式换热器的设计已很成熟，从结构设计到强度计算，都有标准的规范和计算方法。目前大多数国外换热器设计公司都遵循美国 TEMA 的标准，我国的设计公司也向这个标准靠拢。GB 151—1999《管壳式换热器的标准》第 3.5 节中，对换热器壳程主要组合部件的分类和代号作了规定，如图 22-12 所示。选用换热器时只要按照标准写出三个英文字母，就可以知道换热器的基本形状。其中，第一个字母代表换热器前端封头的形状，第二个字母代表壳体的形状，第三个字母代表后端封头的形状。例如 BEM 表示此换热器前后封头都是椭圆形的，固定管板，壳程为一程。

《管壳式换热器的标准》中第 5.6.3.2 条规定，换热管中心距不宜小于 1.25 倍的换热管外径。常用的换热管中心距见表 22-9。

管程数一般有 1、2、4、6、8、10、12。管程数和管箱分割图如图 22-13 所示。

《管壳式换热器的标准》中第 5.2.3.1 条规定，分程隔板的最小厚度，对于碳素钢及低合金钢不小于 8mm，对于高合金钢不小于 6mm。

《管壳式换热器的标准》中第 5.3.1 条规定，换热器壳体直径以 400mm 为基数，以 100mm 为晋级标准；必要时，也可采用 50mm 为晋级标准。小于 400mm 的壳体用钢管制作。

《管壳式换热器的标准》中第 5.6.3.2 条规定，固定管板换热器或 U 形管换热器管束最外层换热管外表面至壳体内壁的最短距离为 $0.25d$，一般不小于 8mm。

《管壳式换热器的标准》中第 5.9.3.1 条规定，对于 1 级管束折流板和支持板管孔，当 $d > 32$mm 时，管孔为 $d + 0.7$mm；当 $d < 32$mm 时，为 $d + 0.4$mm。

《管壳式换热器的标准》中第 5.9.4 条规定了折流板和支持板外直径与壳体内径的关系，见表 22-10。

《管壳式换热器的标准》中第 5.13.1 条规定，旁路挡板的对数：不大于 DN500mm 时设置 1 对挡板；DN500 ～ 1000mm 时设置 2 对挡板；大于 DN1000mm 时设置挡板不少于 3 对。

表 22-9 常用的换热管中心距 单位：mm

换热管外径 d	10	12	14	16	19	20	22	25	30	32	35	38	45	50	55	57
换热管中心距 S	13～14	16	19	22	25	28	32	32	38	40	44	48	57	64	70	72
分程隔板槽两侧相邻管中心距 S	28	30	32	35	38	40	42	44	50	52	56	60	68	76	78	80

表 22-10 折流板和支持板外直径与壳体内径的关系 单位：mm

公称直径 DN	<400	400～500	500～900	900～1300	1300～1700	1700～2000	2000～2300	2300～2600
折流板名义外直径	DN2.5	DN3.5	DN4.5	DN6	DN8	DN10	DN12	DN14

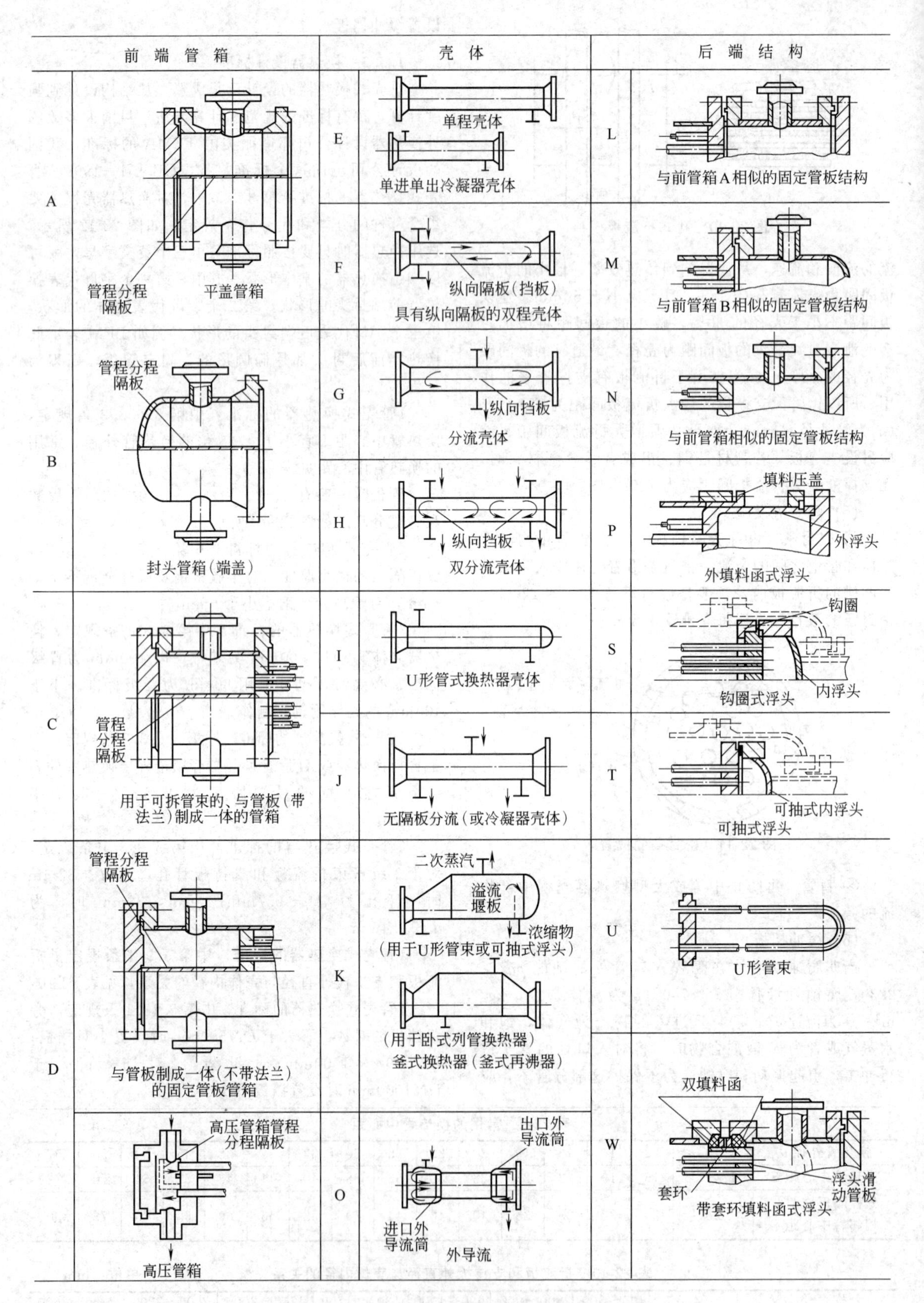

图 22-12 换热器壳程主要组合部件的分类和代号

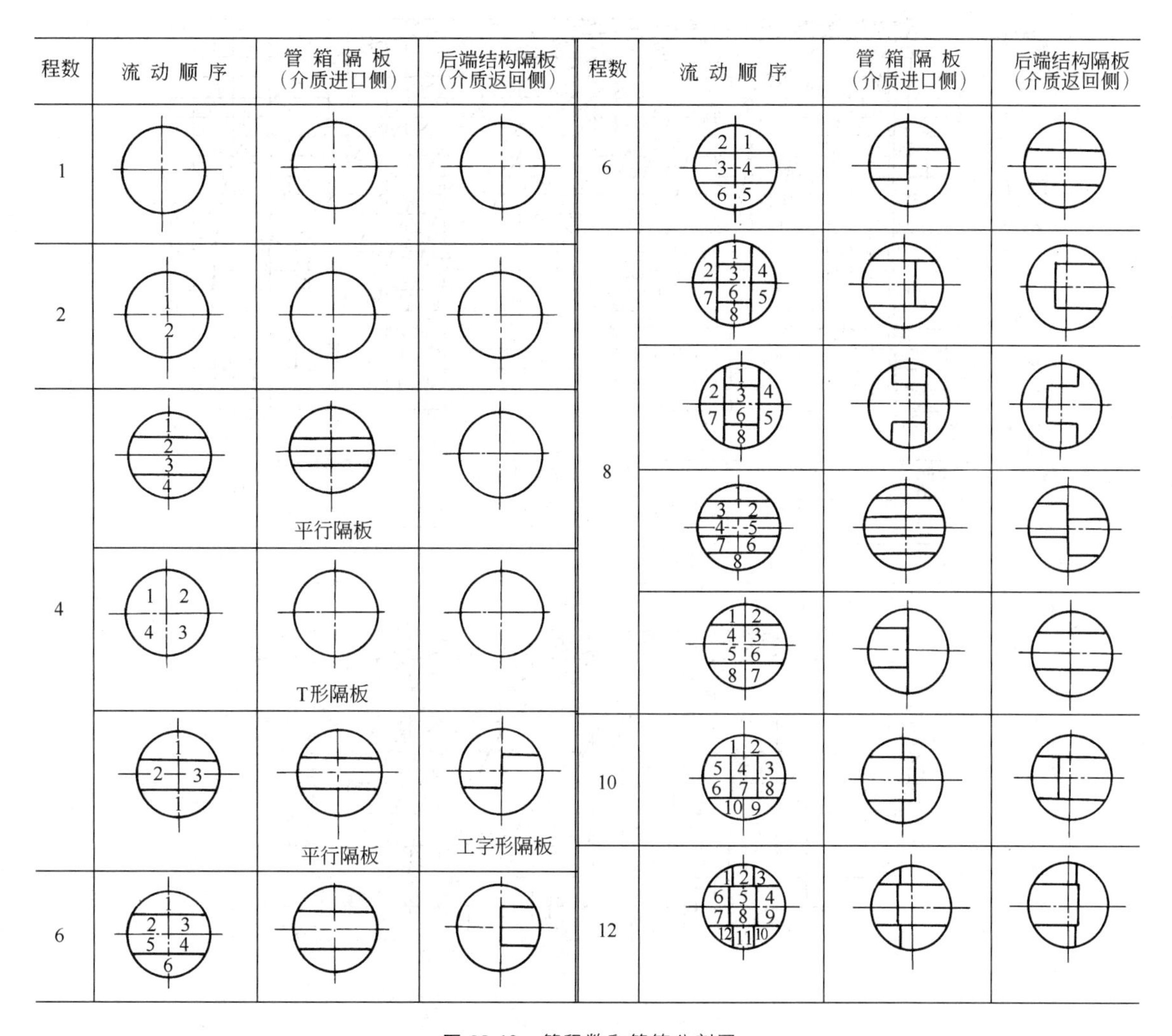

图 22-13　管程数和管箱分割图

2　无相变管壳式换热器

2.1　稳态传热方程

$$Q=KA\Delta t \tag{22-1}$$

式中　K——总传热系数，W/(m^2·K)；

A——换热器总传热面积，m^2；

Δt——进行换热的两流体之间的平均温差，K。

2.1.1　总传热系数

$$\frac{1}{K}=\frac{1}{h_o}+\frac{1}{h_i}\times\frac{d_o}{d_i}+r_o+r_i\frac{d_o}{d_i}+r_w\frac{d_o}{d_{av}} \tag{22-2}$$

$$r_w=\frac{l_w}{\lambda_w}$$

式中　h_o，h_i——管外、管内流体传热膜系数，W/(m^2·K)；

r_o，r_i——管外、管内流体污垢热阻，(K·m^2)/W；

d_o，d_i——管外径、管内径，m；

d_{av}——管的平均直径，m；

r_w——管壁热阻，(K·m^2)/W；

λ_w——管壁材料热导率，W/(m·K)；

l_w——管壁厚度，m。

2.1.2　有效平均温差

(1) 平均温差

$$\Delta t=F_T\Delta t_{lm} \tag{22-3}$$

式中　F_T——温差修正系数。

(2) 对数平均温差 Δt_{lm}

$$\Delta t_{lm}=\frac{\Delta t_2-\Delta t_1}{\ln\dfrac{\Delta t_2}{\Delta t_1}} \tag{22-4}$$

式中　Δt_2，Δt_1——管内外流体的较大和较小的温差，K。

温差修正系数 F_T 可以通过图 22-14，根据换热器的流型，由 S、R 的值求取。

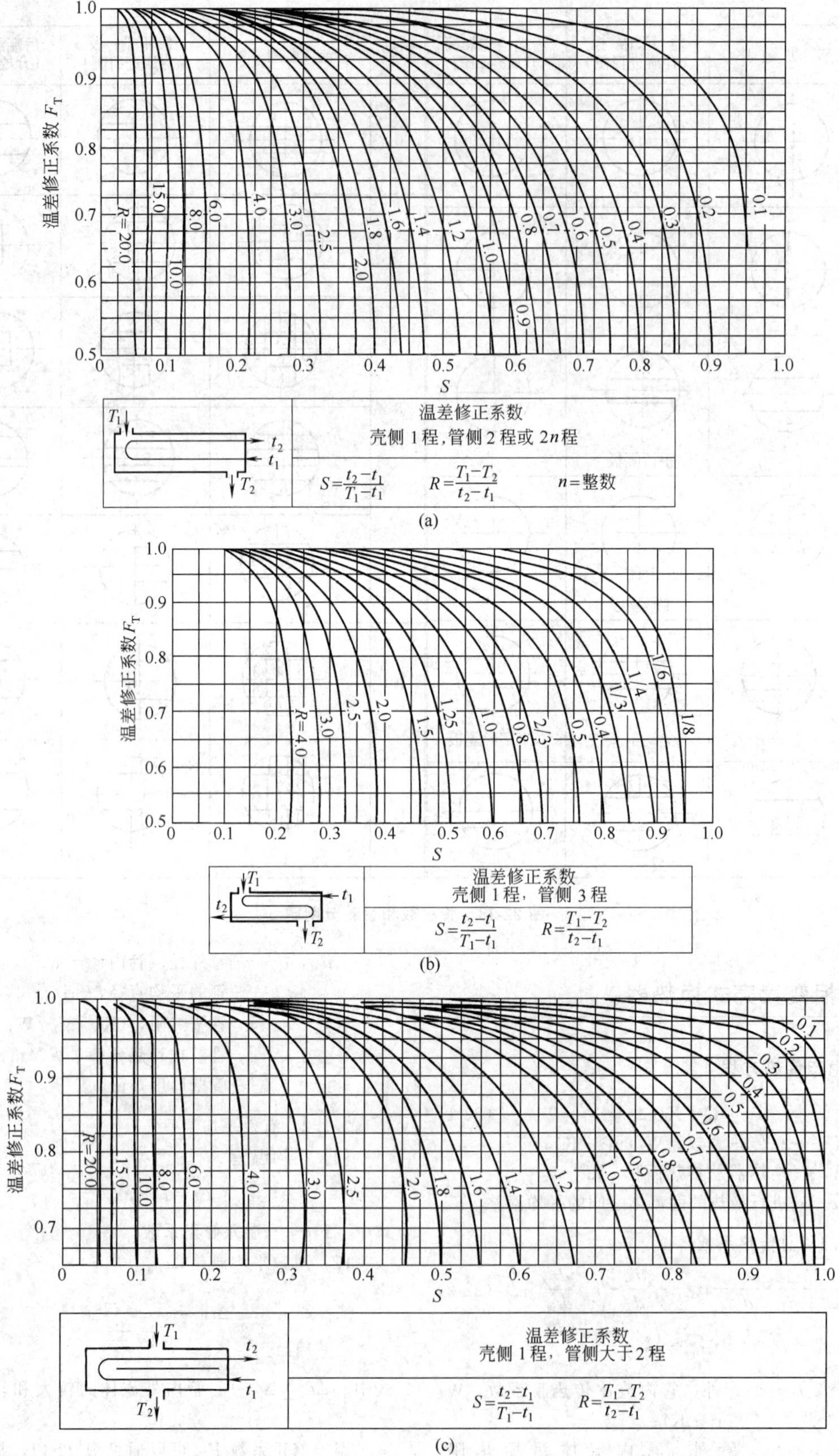
温差修正系数 F_T
S
R=20.0
15.0
10.0
8.0
6.0
4.0
3.0
2.5
2.0
1.8
1.6
1.4
1.2
1.0
0.9
0.8
0.7
0.6
0.5
0.4
0.3
0.2
0.1
温差修正系数
壳侧1程，管侧2程或2n程
$S=\frac{t_2-t_1}{T_1-t_1}$ $R=\frac{T_1-T_2}{t_2-t_1}$ n=整数
(a)
R=4.0
3.0
2.5
2.0
1.5
1.25
1.0
0.8
2/3
0.5
0.4
1/3
1/4
1/6
1/8
温差修正系数
壳侧1程，管侧3程
$S=\frac{t_2-t_1}{T_1-t_1}$ $R=\frac{T_1-T_2}{t_2-t_1}$
(b)
温差修正系数
壳侧1程，管侧大于2程
$S=\frac{t_2-t_1}{T_1-t_1}$ $R=\frac{T_1-T_2}{t_2-t_1}$
(c)

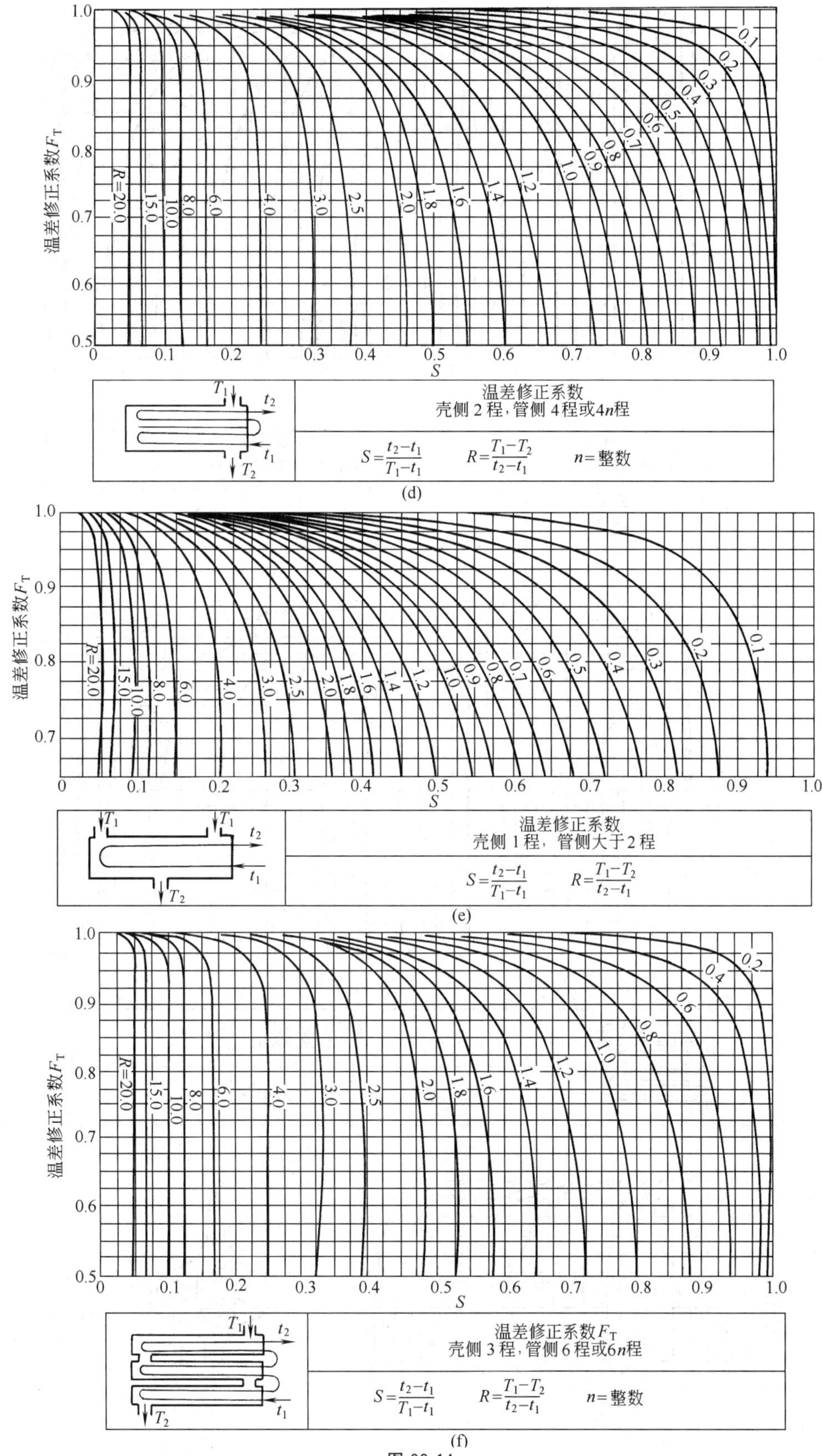
温差修正系数F_T
S
温差修正系数
壳侧 2 程，管侧 4 程或4n程
$S=\frac{t_2-t_1}{T_1-t_1}$ $R=\frac{T_1-T_2}{t_2-t_1}$ n=整数
(d)
温差修正系数
壳侧 1 程，管侧大于 2 程
$S=\frac{t_2-t_1}{T_1-t_1}$ $R=\frac{T_1-T_2}{t_2-t_1}$
(e)
温差修正系数F_T
壳侧 3 程，管侧 6 程或6n程
$S=\frac{t_2-t_1}{T_1-t_1}$ $R=\frac{T_1-T_2}{t_2-t_1}$ n=整数
(f)

图 22-14

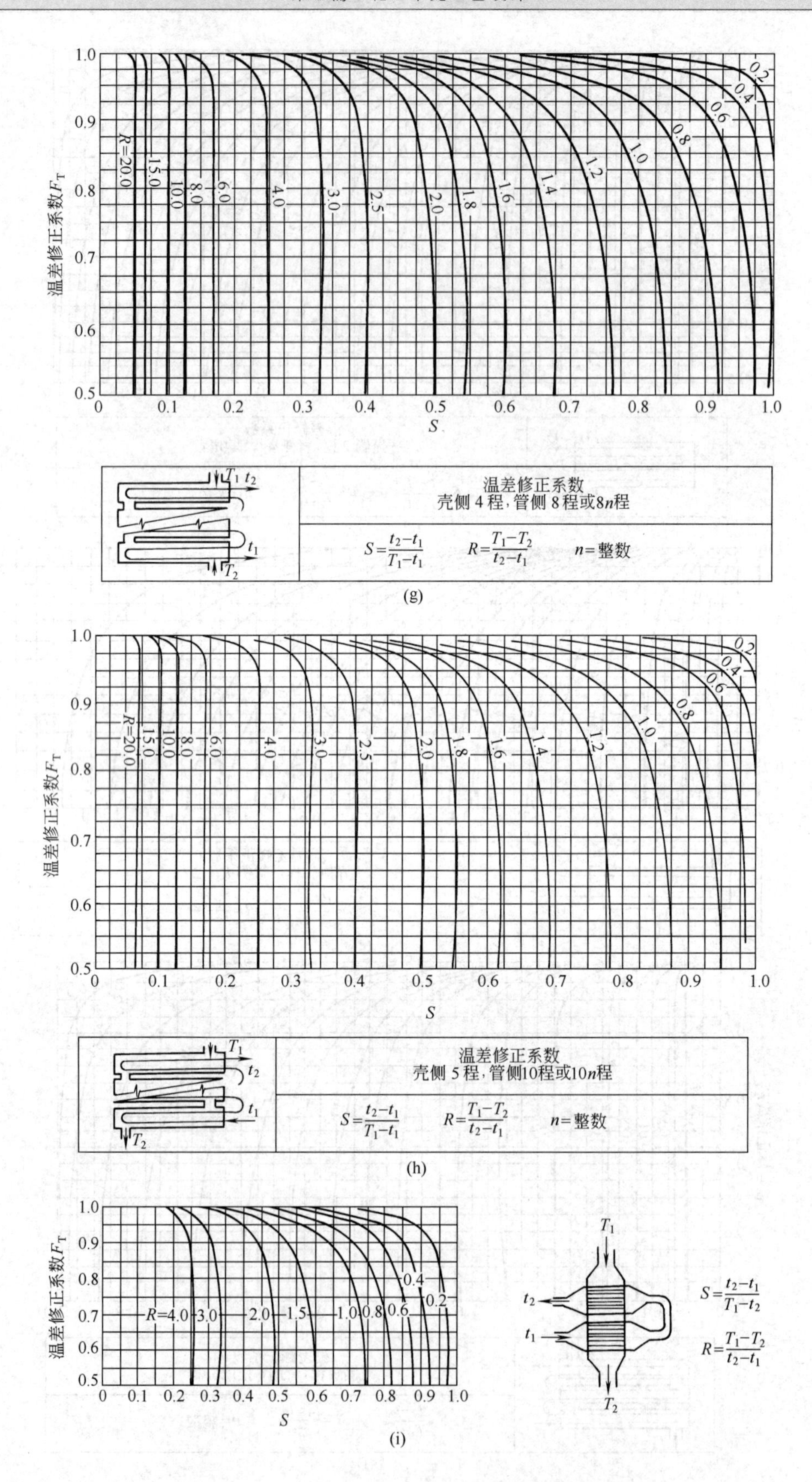

温差修正系数F_T
S
R=20.0
15.0
10.0
8.0
6.0
4.0
3.0
2.5
2.0
1.8
1.6
1.4
1.2
1.0
0.8
0.6
0.4
0.2
温差修正系数
壳侧4程，管侧8程或8n程
$S=\frac{t_2-t_1}{T_1-t_1}$ $R=\frac{T_1-T_2}{t_2-t_1}$ n=整数
温差修正系数
壳侧5程，管侧10程或10n程
$S=\frac{t_2-t_1}{T_1-t_1}$ $R=\frac{T_1-T_2}{t_2-t_1}$ n=整数
R=4.0
3.0
2.0
1.5
1.0
0.8
0.6
0.4
0.2
$S=\frac{t_2-t_1}{T_1-t_2}$
$R=\frac{T_1-T_2}{t_2-t_1}$

(g)

(h)

(i)

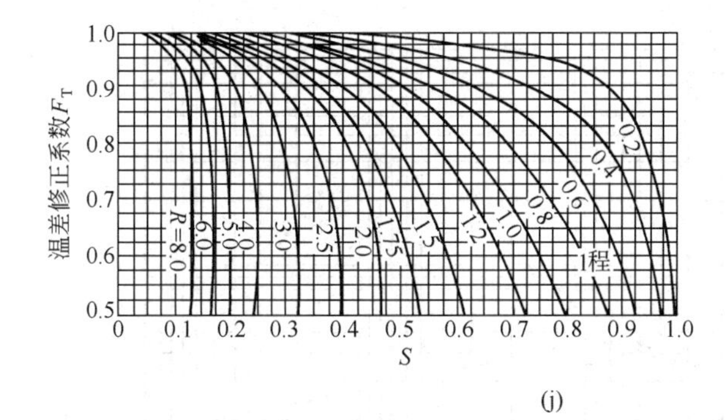

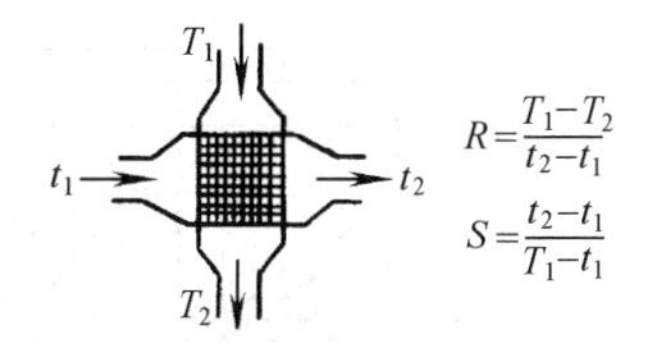

(j)

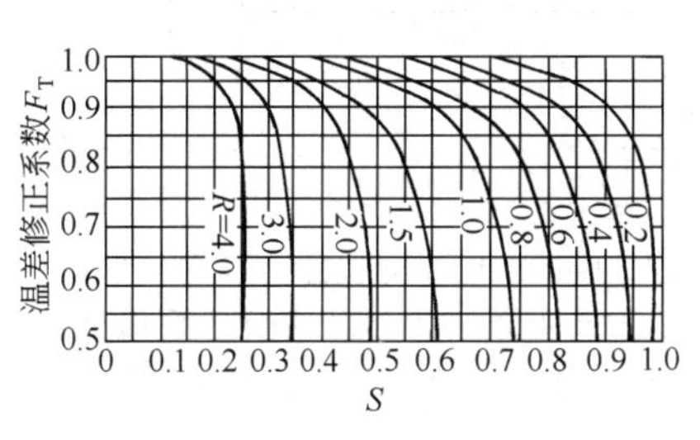

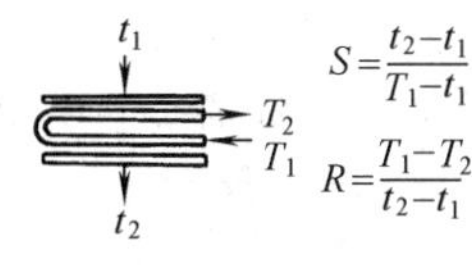

(k)

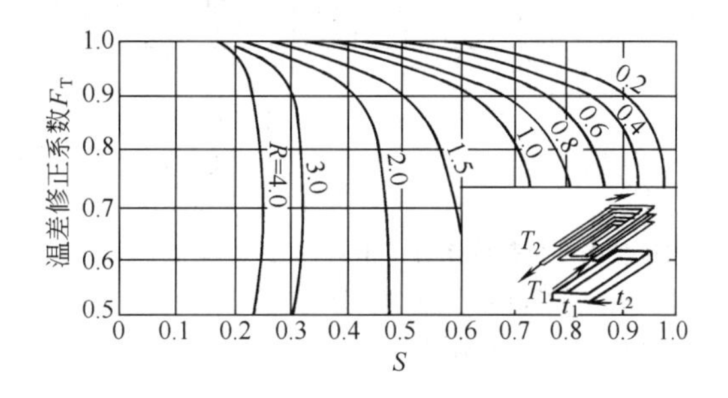

(l)

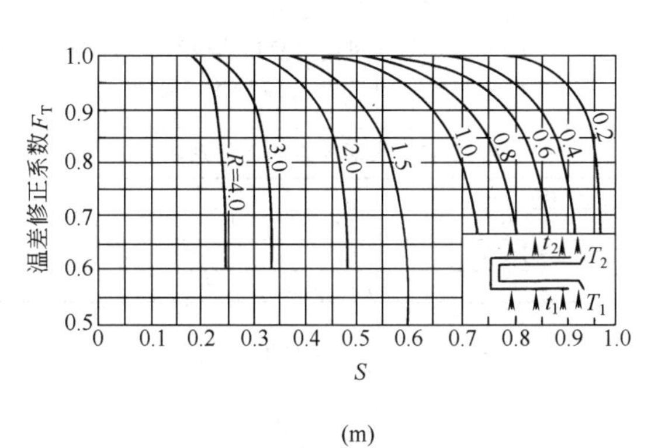

(m)

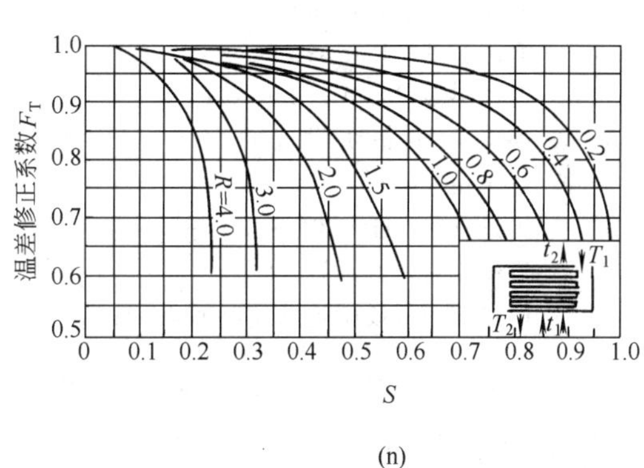

(n)

图 22-14　温差修正系数

2.2　传热系数计算

2.2.1　管程传热膜系数[1]

图 22-15 给出了“科尔本”参数 J_H，由 J_H 按式（22-5）求出管内的传热膜系数。

$$h_i=J_H c_p G_i\left(\frac{c_p\mu}{\lambda}\right)^{-\frac{2}{3}}\left(\frac{\mu}{\mu_w}\right)^{-0.14} \tag{22-5}$$

$$Re_t=\frac{d_i G_i}{\mu} \tag{22-6}$$

式中　h_i——管内流体传热膜系数，W/(m^2·K)；

c_p——流体比定压热容，J/(kg·℃)；

G_i——管内流体流速，kg/(m^2·s)；

μ，μ_w——流体平均温度及管壁温度下的黏度，Pa·s；

λ——流体热导率，W/(m·K)；

d_i——管内径，m。

$$G_i=\frac{W_t n_{tpass}}{\frac{1}{4}\pi d_i^2 N_t} \tag{22-7}$$

式中　W_t——管程流体流量，kg/s；

N_t——换热器的总管数；

n_{tpass}——换热器的管程数。

l——管长，m。

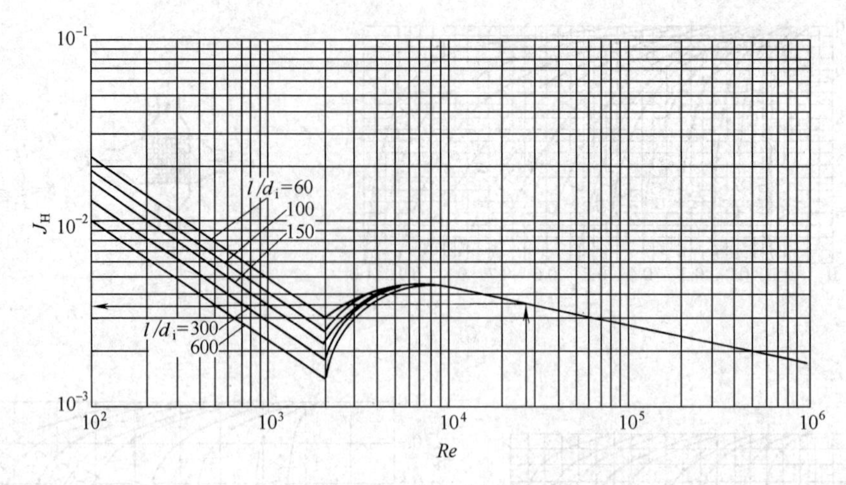

图 22-15 管内传热因子

对于水在管内的传热膜系数可由式(22-8)求取[21]。

$$h_i=3373(1+0.014t)U^{0.85} \tag{22-8}$$

式中 U——水在管内的流速，m/s。

2.2.2 壳程传热膜系数

(1) Kern[2]法

$$\frac{h_o D_e}{\lambda}=0.36\left(\frac{D_e G_c}{\mu}\right)^{0.55}\left(\frac{c\mu}{\lambda}\right)^{\frac{1}{3}}\left(\frac{\mu}{\mu_w}\right)^{0.14} \tag{22-9}$$

式中 c——流体比热容，J/(kg·℃)；

μ——流体黏度，Pa·s；

λ——流体热导率，W/(m·K)；

G_c——换热器中心线附近的流体流量，kg/(h·m²)；

D_e——当量直径，$G_c=W/S_s$，m；

W——流体流量，kg/s；

S_s——换热器中心线附近的流路面积，m²。

$$S_s=D_s(P_T-D_o)\frac{L_B}{P_T} \tag{22-10}$$

式中 P_T——管心距，m；

D_o——管外径，m。

正方形排列

$$D_e=\frac{4\left(P_T^2-\pi\frac{D_o^2}{4}\right)}{\pi D_o} \tag{22-11}$$

三角形排列

$$D_e=\frac{4\left(0.43P_T^2-0.5\pi\frac{D_o^2}{4}\right)}{\frac{\pi D_o}{2}} \tag{22-12}$$

式(22-9)适用于折流板圆缺为25%的情况，对于其他圆缺条件可由图22-16并根据 Re 数求取。

(2) Bell-Delaware[3]法

本小节所介绍的Bell法全部采用公式计算，没有查图表的麻烦，也很容易使用编程计算。

$$h_o=h_c J_c J_l J_b J_s J_r \tag{22-13}$$

式中 h_c——理想管排的传热系数，见表22-11，W/(m²·K)；

J_c——圆缺窗口流体流动的影响系数；

J_l——折流板泄漏的影响系数；

J_b——管束旁路的影响系数；

J_s——不等距进出口换热器板间距的影响系数；

J_r——流体在壳程滞流的影响系数。

表 22-11 理想管排的传热系数 h_c[4]

Re	公式	
1～100	$1.73CG_cRe^{-0.694}Pr^{-2/3}$	(22-14)
100～1000	$0.717CG_cRe^{-0.574}Pr^{-2/3}$	(22-15)
>1000	$0.236CG_cRe^{-0.346}Pr^{-2/3}$	(22-16)

$$Re_s=\frac{D_oG_c}{\mu}$$

$$G_c=\frac{W}{S_m}$$

正方形排列

$$S_m=L_B\left[D_s-D_{otl}+\frac{D_{otl}-D_o}{P_T}(P_T-D_o)\right] \tag{22-17}$$

转位正方形排列

$$S_m=L_B\left[D_s-D_{otl}-\frac{D_{otl}-D_o}{0.707P_T}(P_T-D_o)\right] \tag{22-18}$$

三角形排列

$$S_m=L_B\left[D_s-D_{otl}+\frac{D_{otl}-D_o}{P_T}(P_T-D_o)\right] \tag{22-19}$$

转位三角形排列

$$S_m=L_B\left[D_s-D_{otl}+\frac{D_{otl}-D_o}{0.5P_T}(P_T-D_o)\right] \tag{22-20}$$

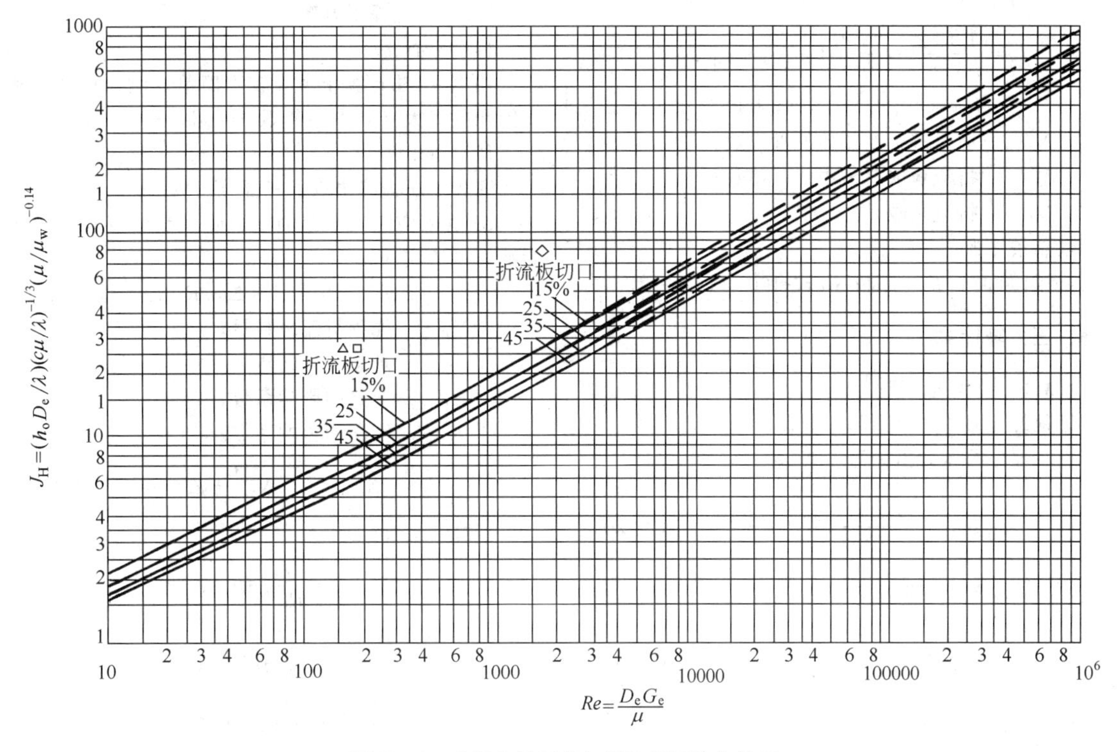

图 22-16 壳程传热系数与折流板圆缺的关系

式中 S_m——近中心的流动面积，m^2；

D_{otl}——管束的外径，$D_{otl}=D_s-\Delta_b$，m。

$$J_c=0.55+0.72F_c \tag{22-21}$$

$$F_c=\frac{1}{\pi}\left\{\pi+\frac{2(D_s-2L_c)}{D_{otl}}\sin\left[\arccos\frac{D_s-2L_c}{D_{otl}}\right]-2\arccos\frac{D_s-2L_c}{D_{otl}}\right\} \tag{22-22}$$

$$L_c=\frac{B_cD_s}{100}$$

式中 B_c——折流板圆缺百分比（15%～45%）。

$$J_L=0.44(1-b)+[1-0.44(1-b)e^{-2.2a}] \tag{22-23}$$

$$a=\frac{S_{sb}+S_{tb}}{S_m} \qquad b=\frac{S_{sb}}{S_{sb}+S_{tb}}$$

$$S_{sb}=D_s\delta_{sb}\left[\pi-\arccos\left(1-\frac{2L_c}{D_s}\right)\right] \tag{22-24}$$

$$S_{tb}=\pi D_o\delta_{tb}\frac{N_T(1+F_c)}{2} \tag{22-25}$$

式中 S_{sb}——壳与折流板之间的径向间隙面积，m^2；

S_{tb}——管与折流板之间的径向间隙面积，m^2；

δ_{sb}——壳与折流板之间的半径向间隙，$\delta_{sb}=1/2\Delta_{sb}$，m；

δ_{tb}——管与折流板之间的半径向间隙，$\delta_{tb}=1/2\Delta_{tb}$，m。

J_l 应大于 0.6，一般应在 0.7～0.9 范围；若小于 0.6，则应加宽折流板间距，或者增加管心距，或者改变管的排布角度。

$$J_b=\exp\{-C_{bh}F_{sbp}[1-(2r_{ss})^{\frac{1}{3}}]\} \tag{22-26}$$

$$F_{sbp}=\frac{S_b}{S_m} \qquad r_{ss}=\frac{N_{ss}}{N_{cc}}$$

$$S_b=L_B(D_s-D_{otl}+L_{pi})$$

式中 N_{ss}——密封条的数目；

N_{cc}——两个折流板端口之间的管排数；

L_{pi}——管箱分配板厚度旁流的影响系数，一般标准设计皆为 0，它是管箱隔板厚度 L_p 的一半，可估计为 $L_p=D_o$。

$Re_s\leqslant100$ 时，$C_{bh}=1.25$；$Re_s>100$ 时，$C_{bh}=1.35$。

管束与壳体的间距小时，$J_b=0.9$；浮头式换热器，$J_b=0.7$。J_b 可以用密封条的数目来改善。

$$J_s=\frac{(N_b-1)+(L_i^*)^{1-n}+(L_o^*)^{1-n}}{(N_b+1)+(L_i^*-1)+(L_o^*-1)} \tag{22-27}$$

式中 N_b——折流板数目。

$$L_i^*=\frac{L_{bi}}{L_B} \qquad L_o^*=\frac{L_{bo}}{L_B}$$

湍流时 n 为 0.6。当 $L_{bi}=L_{bo}=L_B$ 时，$J_s=1.0$。限制条件为 $J_s=0.85$～1.0。

$Re_s<20$ 时

$$J_r=\frac{1.51}{N_c^{0.18}} \tag{22-28}$$

$20<Re_s<100$ 时

$$J_r=\frac{1.51}{N_c^{0.18}}+\frac{2-Re_s}{80}\left(\frac{1.51}{N_c^{0.18}}-1\right) \quad (22-29)$$

$$N_c=(N_{cc}+N_{cw})(N_b+1)$$

式中 N_c——横过整个换热器的管排数；

N_{cw}——折流板缺口窗中的管排数；

N_b——折流板数目。

限制条件为

$Re_s\leqslant100$ 时，$J_r=0.4$；$Re_s>100$ 时，$J_r=1$。

2.3 压力降计算

2.3.1 管程压力降[5]

管程的压力损失由四部分组成。

直管部分的压力损失为

$$\Delta p_t=\frac{4fG_i^2L_sn_{tpass}}{2\rho d_i}\times\frac{1}{\phi_t^r} \quad (22-30)$$

管箱处改变方向的压力损失为

$$\Delta p_r=\frac{KG_i^2n_{tpass}}{2\rho} \quad (22-31)$$

进出口接管处的压力损失为

$$\Delta p_n=\frac{1.5G_n^2}{2\rho} \quad (为计算方便令 G_n=G_i) \quad (22-32)$$

管箱处进入换热器管口突然收缩和膨胀的压力损失为

$$\Delta P_{CE}=\frac{G_i^2}{2\rho}(K_C+K_E)n_{tpass} \quad (22-33)$$

总的压力降为

$$\Delta p_T=\Delta p_t+\Delta p_r+\Delta p_n+\Delta p_{CE}=\frac{G_i^2}{2\rho}\left(\frac{1.5}{n_{tpass}}+\frac{4fL_s}{d_i}\times\frac{1}{\phi_t^r}+K_C+K_E+K\right)n_{tpass} \quad (22-34)$$

式中 f——摩擦因数；

G_i——管内流速；

L_s——换热器管长，m；

ρ——流体密度，kg/m^3；

K_C，K_E，K——管箱处的收缩、膨胀、转弯的压力损失系数，分别取值为 $K_C=0.3$，$K_E=0.2$，$K=4$；

ϕ_t^r——黏度矫正系数，$Re_t>2100$，为 $\left(\frac{\mu}{\mu_w}\right)^{0.14}$，$Re_t<2100$，为 $\left(\frac{\mu}{\mu_w}\right)^{0.25}$。

设计工业装置时，摩擦系数可分别取值[6]为

$Re_t<2100$ 时 $f=\frac{16}{Re_t}$ (22-35)

$Re_t>2100$ 时 $f=\frac{0.04}{Re_t^{0.16}}$ (22-36)

2.3.2 壳程压力降

(1) Kern 法

用 Kern 法计算压力降较为简单，但计算结果和实际相差太大[2]，本小节不作介绍。

(2) Bell 法

壳程的压力降由以下三部分组成。

① 管束中错流部分的压力降 受旁流和泄漏的影响，可按式 (22-37) 计算。

$$\Delta p_c=(N_B-1)(\Delta p_{bi}R_bR_l) \quad (22-37)$$

式中 N_B——壳程折流板数目；

Δp_{bi}——理想管排的压力降；

R_b——旁路的影响系数；

R_l——泄漏的影响系数。

$$\Delta p_{bi}=2f_sN_{cc}\frac{G_c^2}{\rho_s}\phi_s^{-n} \quad (22-38)$$

$1<Re_s<500$ 时

$$f_s=\frac{52}{Re_s}+0.17$$

$500<Re_s$ 时

$$f_s=0.56Re_s^{-0.143}$$

式中 ϕ_s——壳程流体黏度矫正系数，$\phi_s=\frac{\mu}{\mu_w}$；

ρ_s——壳程流体密度，kg/m^3。

$$R_b=\exp[-C_{bp}F_{sbp}(1-r_{ss}^{\frac{1}{3}})] \quad (22-39)$$

$Re_s\leqslant100$ 时，$C_{bp}=4.5$；$Re_s>100$ 时，$C_{bp}=3.7$。

$$R_l=\exp[-1.33(1+b)a^x] \quad (22-40)$$

$$x=-0.15(1+b)+0.8 \quad (22-41)$$

② 折流板缺口窗中的压力降 受泄漏的影响，可按式 (22-42) 计算。

$$\Delta p_w=\Delta p_{wi}R_lN_b \quad (22-42)$$

$Re_s\geqslant100$ 时

$$\Delta p_{wi}=\frac{(2+0.6N_{cw})G_w^2}{2\rho_s} \quad (22-43)$$

$Re_s<100$时

$$\Delta p_{wi}=26\frac{G_w\mu_s}{\rho_s}\left(\frac{N_{cw}}{L_{tp}-d}+\frac{L_B}{D_w^2}\right)+2\frac{G_w^2}{\rho_s} \quad (22-44)$$

$$G_w=\frac{W_s}{\sqrt{S_mS_w}}$$

$$S_w=\frac{D_s^2}{4}\left[\arccos\frac{D_s-2L_c}{D_s}-\frac{D_s-2L_c}{D_s}\times\sqrt{1-\left(\frac{D_s-2L_c}{D_s}\right)^2}\right]-\frac{N_T}{8}(1-F_c)\pi D_o^2 \quad (22-45)$$

③ 进出口的压力降 受旁漏的影响，可按式 (22-46) 计算。

$$\Delta p_e=2(\Delta p_{bi})\left(1+\frac{N_{cw}}{N_{cc}}\right)R_bR_s \quad (22-46)$$

$$R_s=\left(\frac{1}{L_i^*}\right)^{2-n}+\left(\frac{1}{L_o^*}\right)^{2-n} \tag{22-47}$$

$Re_s \leqslant 100$ 时，$n=1$；$Re_s>100$ 时，$n=0.2$。

总的压力降为

$$\begin{aligned}\Delta p_s &= \Delta p_c+\Delta p_e+\Delta p_w \\ &=[(N_b-1)\Delta p_{bi}R_b+N_b\Delta p_{wi}]R_l+ \\ &\quad 2\Delta p_{bi}\left(1+\frac{N_{cw}}{N_{cc}}\right)R_bR_s\end{aligned} \tag{22-48}$$

2.4 换热器设计计算程序和计算举例

2.4.1 设计计算程序

① 根据已知条件确定管程和壳程的物体流量及进出口的温度条件；根据两侧流体的温度条件，确定两流体在该换热器中定性温度的物性值。物性值包括密度 ρ、比热容 c_p、热导率 λ、黏度 μ，并计算该换热器的传热量 Q。

② 确定换热器的对数平均温差 Δt_m，温差修正系数 F_T。

③ 假定总传热系数 K_0。

④ 按式（22-1）计算所需的传热面积 A。

⑤ 根据工艺条件选择管径的尺寸，选择管程数和壳程数，校正温差修正系数 F_T，返回第③步。如满足则计算换热器所需的管数 N_T，计算参考壳径 D_s，再根据具体的排管情况决定实际的壳径 D_s。

⑥ 分别计算管程、壳程的传热系数 h_i、h_o，根据两物体的污垢系数计算总传热系数 $K_{计}$，如果 $K_0>K_{计}$，按 $K_0=K_{计}$ 返回第④步，如满足则进行下一步。

⑦ 计算管、壳两侧压力降，如满足工艺条件则结束；否则调整管程和壳程的结构条件，返回第⑥步重新计算。

在工程实际计算中，通常根据经验从设备手册中选定一个大致符合工艺参数的换热器进行核算。

2.4.2 计算举例

例 1　设计一个换热器，将含量为 30%、流量 7.36kg/s 的磷酸钾溶液从 65℃冷却到 32℃。该厂有 20℃的深井水，允许温升 12℃。管程走水，管程的最大压降限制在 2atm[1] 以下；壳程走磷酸钾溶液，壳程的压降限制在 0.4atm 以下。

解　(1) 计算定性温度，确定物理常数，见表 22-12。

(2) 计算对数平均温差。

$$\Delta t_{lm}=\frac{(65-32)-(32-20)}{\ln\dfrac{65-32}{32-20}}=20.76$$

$$R=\frac{T_1-T_2}{t_2-t_1}=\frac{65-32}{32-20}=2.76$$

[1] 1atm=101325Pa。

表 22-12　特性数据

项目	管　程	壳　程
定性温度	$t=\dfrac{32+20}{2}=26(℃)$	$T=\dfrac{65+32}{2}=48.5(℃)$
物理常数	$\rho_i=1000kg/m^3$ $\mu_i=0.91\times10^{-3}Pa\cdot s$ $c_{pi}=4.187\times10^3J/(kg\cdot K)$ $\lambda_i=0.593W/(m\cdot K)$	$\rho_s=1300kg/m^3$ $\mu_s=1.194\times10^{-3}Pa\cdot s$ $c_{ps}=3.169\times10^3J/(kg\cdot K)$ $\lambda_s=0.57W/(m\cdot K)$

$$S=\frac{t_2-t_1}{T_1-t_1}=\frac{32-20}{65-20}=0.266$$

传热量
$$\begin{aligned}Q&=W_sc_{ps}(T_1-T_2)\\&=7.36\times3.169\times10^3\times(65-32)\\&=769686.7(J/s)\end{aligned}$$

冷却水量
$$\begin{aligned}W_i&=\frac{Q}{c_{pi}(t_2-t_1)}\\&=\frac{769686.7}{4.187\times10^3\times(32-20)}=15.32(kg/s)\end{aligned}$$

(3) 求温差修正系数。

设定管程数为多程，壳程数为一程。按图 22-14，求得 $F_T=0.86$。

$$\Delta t_m=F_T\Delta t_{lm}=0.86\times20.76=17.85(℃)$$

(4) 假定总传热系数为 850W/(m²·K)。

(5) 计算所需的传热面积。

$$A=\frac{Q}{K_0\Delta t_m}=\frac{769686.7}{850\times17.85}=50.73(m^2)$$

选定 ϕ25mm×2.5mm 作为传热管，管心距 P_T 定为 32mm，传热管长度定为 $L_s=5m$。根据传热面求管根数 N_T。

$$N_T=\frac{A}{\pi d_oL_s}=\frac{50.73}{\pi\times0.025\times5}=129.2(根)$$

选定管程数为 6 程，管数则为 $N_T=132$ 根；管子排列为正方形，按下式计算 D_s。

$$D_s=0.637\sqrt{\frac{CL}{CTP}\times\frac{AP_R^2d_o}{L_s}}$$

$$=0.637\sqrt{\frac{1}{0.85}\times\frac{50.73\times1.25^2\times0.025}{5}}=0.434$$

式中　CL——传热管配置角度对换热器直径的影响系统；30°～60°配置时，CL=0.87，45°～90°配置时，CL=1；

CTP——传热管程数对换热器直径的影响系数，单程时，CTP=0.93 双程时，CTP=0.9，三程时，CTP=0.85。

根据具体排管情况决定壳体直径为 $D_s=0.55m$，管板的管子排列如图 22-17 所示，按照管子排列图可以得到如下的数据。

折流板缺口之间的管排数 $N_{cc}=6$。

折流板缺口处的管排数 $N_{cw}=3$。

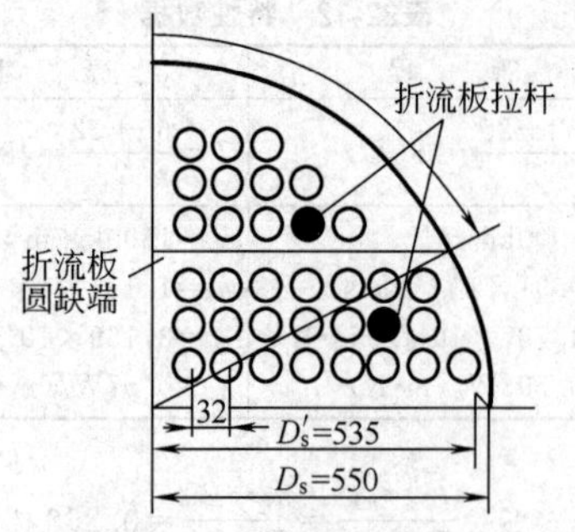

图 22-17　管板的管子排列

密封条的数目 $N_{ss}=1$。

管束与壳体内径的净距 $\Delta_b=30mm$。

根据 GB 151—1999 可知管板孔与管子的间隙 $\Delta_{tb}=1mm$。

折流板与壳径的净距 $\Delta_{sb}=3mm$。

设定折流板的间距 $L_B=150mm$。

设定折流板数目 $N_B=\dfrac{L_s}{L_B}-1=\dfrac{5000}{150}-1=32.33\approx32$。

考虑到进出口管子的排布，令 $N_B=30$。

进出口的距离 $L_{bi}=L_{bo}=325mm$。

折流板缺口为 25%，其高度 $L_c=0.25\times0.55=0.1375$ (m)。

(6) 分别计算管程和壳程的传热系数。

① 管程的传热系数

每程管侧的流路面积为

$$a_t=\frac{\pi}{4}d_i^2\ \frac{N_T}{n_{tpass}}=0.785\times0.02^2\times\frac{132}{6}=0.0069\ (m^2)$$

$$G_i=\frac{W_t}{a_t}=\frac{15.32}{0.0069}=2220.3\ [kg/(m^2\cdot s)]$$

$$Re=\frac{d_iG_i}{\mu_i}=\frac{0.02\times2220.3}{0.91\times10^{-3}}=48797.8$$

由图 22-16 查得 $J_H=3.2\times10^{-3}$，由式 (22-5) 计算 h_i。

$$Pr=\frac{c_{pi}\mu_i}{\lambda_i}=\frac{4.187\times10^3\times0.91\times10^{-3}}{0.593}=6.4$$

忽略黏度的校正，$\dfrac{\mu}{\mu_w}=1$。

$$h_i=J_Hc_{pi}G_i(Pr)^{-\frac{2}{3}}\left(\frac{\mu}{\mu_w}\right)^{-0.14}$$
$$=3.2\times10^{-3}\times4.187\times10^3\times2220.3\times6.4^{-2/3}$$
$$=8630.0[W/(m^2\cdot K)]$$

② 壳程的传热系数 (按 Bell 法)

a. 计算理想的管排传热系数 h_c

$$D_{otl}=D_s-\Delta_b=0.55-0.03=0.52$$

$$S_m=L_B\left[D_s-D_{otl}+\frac{D_{otl}-D_o}{P_T}(P_T-D_o)\right]$$
$$=0.15\left[0.55-0.52+\frac{0.52-0.025}{0.032}(0.032-0.025)\right]$$
$$=0.0207(m^2)$$

$$G_c=\frac{W_s}{S_m}=\frac{7.36}{0.0207}=355.5$$

$$Re_s=\frac{D_oG_c}{\mu_s}=\frac{0.025\times355.5}{1.19\times10^{-3}}=7468.5$$

$$Pr=\frac{c_{ps}\mu_s}{\lambda_s}=\frac{3.169\times10^3\times1.194\times10^{-3}}{0.57}=6.64$$

$$h_c=0.236c_{ps}G_cRe^{-0.346}Pr^{-\frac{2}{3}}$$
$$=0.236\times3.169\times10^3\times355.5\times(7468.5)^{-0.346}(6.64)^{-\frac{2}{3}}$$
$$=3438.9\ [W/(m^2\cdot K)]$$

b. 按式 (22-21) 计算 J_c

$$\frac{D_s-2L_c}{D_{OTL}}=\frac{0.55-2\times0.1375}{0.52}=0.5288$$

$$F_c=\frac{1}{\pi}\left[\pi+\frac{2(D_s-2L_c)}{D_{otl}}\sin\left(\arccos\frac{D_s-2L_c}{D_{otl}}\right)-2\arccos\frac{D_s-2L_c}{D_{otl}}\right]$$
$$=\frac{1}{\pi}[\pi+2\times0.5445\sin(\arccos0.5288)-2\arccos0.5288]=0.6404$$

$$J_c=0.55+0.72F_c=0.55+0.72\times0.6404=1.0112$$

c. 按式 (22-26) 计算 J_L

$$\delta_{tb}=0.5\Delta_{tb}=0.5\times0.0015=0.0005$$

$$\delta_{sb}=0.5\Delta_{sb}=0.5\times0.003=0.0015$$

$$S_{sb}=D_s\delta_{sb}\left[\pi-\arccos\left(1-\frac{2L_c}{D_s}\right)\right]$$
$$=0.55\times0.0015\times\left[\pi-\arccos\left(1-\frac{2\times0.1375}{0.55}\right)\right]$$
$$=0.0017$$

$$S_{tb}=\pi D_o\delta_{tb}\frac{N_T(1+F_c)}{2}$$
$$=\pi\times0.025\times0.0005\times132\times\frac{1+0.6404}{2}=0.00425$$

$$a=\frac{S_{sb}+S_{tb}}{S_m}=\frac{0.0017+0.00425}{0.0207}=0.2874$$

$$b=\frac{S_{sb}}{S_{sb}+S_{tb}}=\frac{0.0017}{0.0017+0.00425}=0.2857$$

$$J_L=0.44(1-b)+[1-0.44(1-b)]e^{-2.2a}$$
$$=0.44\times(1-0.2857)+[1-0.44(1-0.2857)]\times e^{-2.2\times0.2874}$$
$$=0.6787$$

d. 按式 (22-26) 计算 J_b

$$S_b=L_B(D_s-D_{otl}+L_{pi})=0.15\times(0.55-0.52+0)$$
$$=0.0045$$

$$F_{sbp}=\frac{S_b}{S_m}=\frac{0.0045}{0.0207}=0.2174$$

$$C_{bh}=1.35$$

$$r_{ss}=\frac{N_{ss}}{N_{cc}}=\frac{1}{6}=0.1667$$

$$J_b=\exp\{-C_{bh}F_{sbp}[1-(2r_{ss})^{\frac{1}{3}}]\}$$
$$=\exp\{-1.35\times0.2174\times[1-(2\times0.1667)^{\frac{1}{3}}]\}$$
$$=0.9139$$

e. 按式（22-27）计算 J_s

$$L_i^*=L_o^*=\frac{L_{bi}}{L_B}=\frac{0.325}{0.15}=2.1667$$

$$J_s=\frac{(N_b-1)+(L_i^*)^{1-n}+(L_o^*)^{1-n}}{(N_b+1)+(L_i^*-1)+(L_o^*-1)}$$
$$=\frac{(32-1)+2.1667^{0.4}+2.1667^{0.4}}{(32+1)+(2.1667-1)+(2.1667-1)}=0.952$$

f. 按式（22-13）计算 h_o

$$h_o=h_cJ_cJ_lJ_bJ_sJ_r$$
$$=3438.9\times1.0112\times0.6786\times9139\times0.952$$
$$=2053.08\ [\mathrm{W/(m^2\cdot K)}]$$

g. 计算总的传热系数

管内水的污垢系数 $r_l=0.000172(\mathrm{K\cdot m^2})/\mathrm{W}$，管外的污垢系数为

$$r_o=0.00009\quad(\mathrm{K\cdot m^2})/\mathrm{W}$$

$$r_w=\frac{l_w}{\lambda_w}=\frac{0.0025}{34.4}=0.00007[(\mathrm{K\cdot m^2})/\mathrm{W}]$$

$$K_{计}=\left(\frac{1}{h_o}+\frac{1}{h_i}\times\frac{d_o}{d_i}+r_o+r_i\frac{d_o}{d_i}+r_w\frac{d_o}{d_{av}}\right)^{-1}$$
$$=\left(\frac{1}{2053.081}+\frac{1}{8630}\times\frac{0.025}{0.02}+0.00009+0.00017\times\frac{0.025}{0.02}+0.00007\times\frac{0.025}{0.0225}\right)^{-1}=985.52\ [\mathrm{W/(m^2\cdot K)}]$$

985.52＞850，满足要求，传热计算结束。

(7) 计算管、壳程的压力降。

① 管程的压力降

按式（22-34）计算管程压力降，忽略黏度矫正，$\phi_i^r=1$。

按式（22-36）计算摩擦系数。

$$f=\frac{0.04}{Re_t^{0.16}}=\frac{0.04}{48797.8^{0.16}}=0.0071$$

$$\Delta p_T=\Delta p_t+\Delta p_r+\Delta p_n+\Delta p_{CE}$$
$$=\frac{G_i^2}{2\rho}\left(\frac{1.5}{n_{tpass}}+\frac{4fL_s}{d_i}\times\frac{1}{\phi_i^r}+K_C+K_E+K\right)n_{tpass}$$
$$=\frac{2220.3^2}{2\times1000}\left(\frac{1.5}{6}+\frac{4\times0.0071\times5}{0.02}+0.3+0.2+4\right)\times6$$
$$=175215.2\ (\mathrm{Pa})=1.73\ (\mathrm{atm})$$

② 壳程的压力降

$$N_b=30;\ N_{cc}=6;\ N_{cw}=3$$

$$f_s=0.56Re_s^{-0.143}=0.56\times(7468.5)^{-0.143}=0.1564$$

按式（22-41）

$$\Delta p_{bi}=2f_sN_{cc}\frac{G_c^2}{\rho_s}\phi_s^{-n}=2\times0.1564\times6\times\frac{355.5^2}{1300}=182.5$$

$$C_{bp}=3.7;F_{sbp}=0.2174$$

$$R_b=\exp[-C_{bp}F_{sbp}(1-r_{ss}^{\frac{1}{3}})]$$
$$=\exp[-3.7\times0.2174\times(1-0.1667^{\frac{1}{3}})]$$
$$=0.5708$$

$$x=-0.15(1+b)+0.8$$
$$=-0.15\times(1+0.2857)+0.8=0.66071$$

$$R_l=\exp[-1.33(1+b)a^x]$$
$$=\exp[-1.33\times(1+0.165)\times0.4976^{0.6253}]$$
$$=0.4484$$

$$\frac{D_s-2L_c}{D_s}=\frac{0.55-2\times0.1375}{0.55}=0.5$$

$$S_w=\frac{D_s^2}{4}\left[\arccos\frac{D_s-2L_c}{D_s}-\frac{D_s-2L_c}{D_s}\sqrt{1-\left(\frac{D_s-2L_c}{D_s}\right)^2}\right]$$
$$-\frac{N_T}{8}(1-F_c)d_o^2\frac{0.55^2}{4}\left[\arccos0.5-0.5\sqrt{1-0.5^2}\right]$$
$$-\frac{132}{8}(1-0.6404)\times0.025^2=0.0348$$

$$G_w^2=\frac{W_s^2}{S_mS_w}=\frac{7.36^2}{0.0207\times0.0348}=77059.3$$

按式（22-43）

$$\Delta p_{wi}=\frac{(2+0.6N_{cw})G_w^2}{2\rho_s}=\frac{(2+0.6\times3)\times77059.3}{2\times1300}=112.6$$

$$R_s=\left(\frac{1}{L_i^*}\right)^{2-n}+\left(\frac{1}{L_o^*}\right)^{2-n}=2\times\left(\frac{1}{2.1667}\right)^{1.8}=0.4973$$

按式（22-48）

$$\Delta p_s=[(N_b-1)\Delta p_{bi}R_b+N_b\Delta p_{wl}]R_l+2\Delta p_{bi}\times\left(1+\frac{N_{cw}}{N_{cc}}\right)R_bR_s$$
$$=[(30-1)\times182.5\times0.5708+30\times112.6]\times0.4484+2\times182.5\times\left(1+\frac{3}{6}\right)\times0.5708\times0.4973$$
$$=3009.4\ (\mathrm{Pa})=0.029\ (\mathrm{atm})$$

管程的压降和壳程的压降均满足要求，全部计算结束。

(8) 填写换热器数据表（表 22-13）。

按 ASPEN EDR 计算的换热器数据见表 22-14 (a)。按 HTRI 7.0 计算的换热器数据见表 22-14 (b)。

表 22-13　换热器数据表

公司标识	工程名称							
	车间(或装置)名称			磷酸钾装置				
	所在区							
	设计阶段							
	版次	日期	说明	会签	编制	校核	审核	审定

设备名称	磷酸钾冷却器	设备位号		台数	1
型　式	AEL	传热面积	$51.8m^2$		
流体位置	1	壳侧		管侧	
流体名称	2	磷酸钾溶液		冷却水	
总流量/(kg/h)	3	26469		55152	
	4	进	出	进	出
液体量/(kg/h)	5	26469	26469	55152	55152
蒸汽	6				
液体/(kg/h)	7				
水蒸气/(kg/h)	8				
不凝性物流/(kg/h)	9				
蒸发或冷凝/(kg/h)	10				
操作温度/℃	11	65	32	20	32
操作压力/MPa	12	0.15	0.121	0.3	0.125
密度/(kg/m^3)	13	1300	1300	1000.0	1000
黏度/Pa·s	14	1.19×10^{-3}		9.10×10^{-4}	
热导率/[W/(m·K)]	15	0.57		0.593	
分子量	16				
比热容/[kJ/(kg·℃)]	17	3.169		4.187	
潜热/(kJ/kg)	18				
线速/(m/s)	19			2.22	
压降/MPa	20	0.03		0.175	
污垢系数/[$(m^2·K)$/W]	21	0.00009		0.00017	
膜系数/[W/$(m^2·K)$]	22	2053		8630	
传热量/W	23	769686.7			
对数平均温差/℃	24	17.85			
总传热系数/[W/$(m^2·K)$]	25	985.52			
设计温度/℃	26	99		71	
设计压力/MPa	27	0.52			
程数	28	1		6	
腐蚀裕度/mm	29	1.3		1.3	
材质	30	管子　CS	管板　CS	壳体　CS	封头　CS
管子	31	管数　132	内径　20mm	外径　25mm	管长　5000mm
	32	管中心距　32mm		→ ■ ◇ △ ◁	
壳体	33	内径 550mm		折流板间距 150mm 切割　25%	
保温	34	壳体	是/否	封头	

注：本表中压力（MPa）为表压。

表 22-14（a）　按 ASPEN EDR 计算的换热器数据表

1	
2	
3	
4	
5	
6	Size　533.4—5000　mm　Type　AEL　Hor　Connected in　1 parallel　1 series
7	Surf/unit(eff.)　67.1　m　Shells/unit 1　Surf/shell(eff.)　67.1　m
8	PERFORMANCE OF ONE UNIT

续表

9	Fluid allocation		Shell Side		Tube Side	
10	Fluid name		K3PO4 solution		Water	
11	Fluid quantity, Total	kg/h	26496		55092	
12	Vapor(In/Out)	kg/s	0	0	0	0
13	Liquid	kg/s	7.36	7.36	15.3033	15.3033
14	Noncondensable	kg/s	0	0	0	0
15						
16	Temperature(In/Out)	℃	65	32	20	32
17	Dew/Bubble point	℃				
18	Density Vapor/Liquid	kg/m	/1300	/1300	/851.5	/844.76
19	Viscosity	mPa·s	/1.194	/1.194	/1.2341	/1.0653
20	Molecular wt. Vap					
21	Molecular wt. NC					
22	Specific heat	kJ/(kg·K)	/3.169	/3.169	/4.508	/4.506
23	Thermal conductivity	W/(m·K)	/0.57	/0.57	/1.4479	/1.4062
24	Latent heat	kJ/kg				
25	Pressure	kPa	150	147.356	300	225.939
26	Velocity	m/s	0.23		1.99	
27	Pressure drop, allow./calc.	bar	0.4053	0.02644	0.20265	0.74061
28	Fouling resist.(min)	$m^2 \cdot K/W$	0.00009		0.00017 0.00021 Ao based	
29	Heat exchanged 798 kW		MTD corrected 16.66 ℃			
30	Transfer rate, Service 713.9		Dirty 808.7		Clean 1070.7	$W/(m^2 \cdot K)$
31	CONSTRUCTION OF ONE SHELL				Sketch	
32			Shell Side	Tube Side		
33	Design/Vac/Test pressure	bar	5.171/ /	5.171/ /		
34	Design temperature	℃	98.89	65.56		
35	Number passes per shell		1	6		
36	Corrosion allowance	mm	1.59	1.59		
37	Connections In	mm	1 76.2/ —	1 152.4/ —		
38	Size/rating Out		1 76.2/ —	1 152.4/ —		
39	Nominal Intermediate		/ —	/ —		
40	Tube No. 132 OD 25 Tks·Avg 2.5 mm Length 5000 mm Pitch 32 mm					
41	Tube type Plain #/m Material Carbon Steel				Tube pattern 90	
42	Shell Carbon Steel ID 550 OD 569.05 mm				Shell cover	
43	Channel or bonnet Carbon Steel				Channel cover Carbon Steel	
44	Tubesheet-stationary Carbon Steel				Tubesheet-floating	
45	Floating head cover				Impingement protection None	
46	Baffle-crossing Carbon Steel Type Single segmental Cut(%d) 20.91 V Spacing: c/c 500 mm					
47	Baffle-long — Seal type				Inlet 340.45 mm	
48	Supports-tube U-bend Type					
49	Bypass seal Tube-tubesheet joint Exp.					
50	Expansion joint Type					
51	RhoV2-Inlet nozzle 1832 Bundle entrance 80 Bundle exit 15 $kg/(m \cdot s^2)$					
52	Gaskets-Shell side Flat Metal Jacket Fibe Tube Side Flat Metal Jacket Fibe					
53	Floating head —					
54	Code requirements ASME Code Sec Ⅷ Div 1 TEMA class R·refinerv service					
55	Weight/Shell 2394.7 Filled with water 3594.1 Bundle 1216.6 kg					
56	Remarks					
57						
58						

表 22-14（b） 按 HTRI 7.0 计算的换热器数据表

HEAT EXCHANGER SPECIFICATION SHEET

Page 1
SI Units

		Job No.	
Customer		Reference No.	
Address		Proposal No.	
Plant Location		Date 2007-6-19	Rev
Service of Unit		Item No.	
Size 550×4999.9mm	Type AEL Horizontal	Connected In 1Parallel 1 Series	
Surf/Unit(Gross/Eff) 51.835/50.782m²	Shell/Unit 1	Surf/Shell(Gross/Eff) 51.835/50.782m²	

PERF ORMANCE OF ONE UNIT

Fluid Allocation	Shell Side		Tube Side	
Fluid Name	K3PO4 Solution		Water	
Fluid Quantity, Total kg/h	26496		55226	
Vapor(In/Out)				
Liquid	26496	26496	55226	55226
Steam				
Water			55226	55226
Noncondensables				
Temperature(In/Out) ℃	65.01	32.01	20.01	32.01
Specific Gravity	1.3006	1.3006	0.9987	0.9956
Viscosity mN·s/m²	1.1940	1.1940	1.0012	0.7644
Molecular Weight, Vapor				
Molecular Weight, Noncondensables				
Specific Heat kJ/(kg·℃)	3.1691	3.1691	4.1842	4.1790
Thermal Conductivity W/(m·℃)	0.5701	0.5701	0.5998	0.6181
Latent Heat kJ/kg				
Inlet Pressure kPa	150.00		300.00	
Velocity m/s	0.21		2.23	
Pressure Drop, Allow/Calc kPa	40.001	7.655	20.000	125.86
Fouling Resistance(min) m²·K/W	0.000090		0.000170	
Heat Exchanged 769702W	MTD(Corrected)		15.1℃	
Transfer Rate, Service 1002.4W/(m²·K)	Clean 1635.4 W/(m²·K)		Actual 1094.1 W/(m²·K)	

CONSTRUCTION OF ONE SHELL		Shell Side	Tube Side	Sketch(Bundle/Nozzle Orientation)
Design/Test Pressure kPa(G)		517.01/	517.01/	
Design Temperature ℃		99.01	71.01	
No Passes per Shell		1	6	
Corrosion Allowance mm				
Connections Size & Rating	In mm	1@77.927	1@128.19	
	Out mm	1@77.927	1@128.19	
	Intermediate	@	@	
Tube No. 132	OD 25.000mm	Thk(Avg)2.500mm	Length 5.000m	Pitch 32.000mm
Tube Type Plain		Material Carbon Steel		Tube pattern 90

续表

Shell　Carbon steel　ID 550.00　OD　569.05　mm	Shell Cover
Channel or Bonnet	Channel Cover
Tubesheet-Stationary	Tubesheet-Floating
Floating Head Cover	Impingement Plate　None
Baffles-Cross　Type Single-Seg.　%Cut(Diam)17.89　Spacing(c/c)150.00　Inlet 424.18mm	
Baffles-Long	Seal Type None
Supports-Tube	U-Bend　Type None
Bypass Seal Arrangement　2　pairs seal strips	Tube-Tubesheet Joint Expanded(No groove)
Expansion Joint	Type
Rho-V2-Inlet Nozzle　1831.8kg/(m·s^2)	Bundle Entrance　57.25　Bundle Exit　57.25　kg/(m·s^2)
Gaskets-Shell Side	Tube Side
-Floating Head	
Code Requirements	TEMA Class　R
Weight/Shell　3048.5　kg　Filled with Water　4295.0　kg	Bundle　1236.0　kg
Remarks:	
	Reprinted with Permission(v5.00)

由于采取了严格的计算方法，尤其对于多管程、多壳程和有相变的换热器，HTRI 的计算结果与用传统的计算方法得出的结果有较大的差别。

其中需要特别说明的是，手算和一般简单的计算方法将 LMTD（对数平均温差）作为传热推动力。HTRI 采用微分方法来计算 EMTD（有效平均温差），不是采用外部温度来直接计算平均温差，因此，HTRI 计算结果中不出现 LMTD，并且与 LMTD 有一定的差别（偏大还是偏小取决于温度曲线）。

在工程上，特别是详细设计阶段，推荐使用 HTRI 程序来进行换热器计算。

3　管壳式冷凝器

当纯组分的蒸气、混合物的蒸气或者含有不凝性气体的蒸气接触到比它们的饱和温度或者露点低的温度的表面时，会发生冷凝。冷凝液依据表面的润湿情况，可以是膜状的，也可以是滴状的，在工业的应用中一般以膜状冷凝为主，膜状冷凝的传热阻力比滴状冷凝的传热阻力大。冷凝的液体在气体的冲击下，液膜减薄，提高了冷凝的传热膜系数，因此冷凝的传热膜系数将受到气体 Re 的影响。对于混合物蒸气的冷凝，冷凝的过程是热量传递和质量传递同时进行的，该过程极其复杂。

化工过程中经常使用各种各样的冷凝器，它在两相流动传热的冷凝过程中应用最为广泛，如精馏塔顶气体的冷凝、水蒸气的冷凝等。在冷凝过程中涉及的主要设备有管壳式冷凝器、空气冷却器、板式冷凝器和螺旋板式冷凝器等。本节讨论管壳式冷凝器。

3.1　冷凝器的结构特征与选型

管壳式冷凝器有卧式和立式两种，而冷凝流体可分别走壳程和管程。其中卧式壳程冷凝和立式管程冷凝是最常用的型式。卧式管程冷凝器很少用作工艺冷凝器，但常用于蒸汽加热的加热器和汽化器。

3.1.1　冷凝器型式的选择

(1) 卧式冷凝器壳程冷凝

一般情况下首选卧式冷凝器壳程冷凝，优点是：①与立式相比，其冷凝传热系数较高；②与管程相比，压降较低；③管程走冷却剂（通常为冷却水），其结垢易于清洗，且可采用多管程以提高流速，从而增大总传热系数，减轻了结垢倾向；④可根据蒸气侧允许压降的要求，采用不同的壳体结构，可根据传热要求，改变折流板间距和缺口方向，也可采用翅片管强化传热，因此有很大的适用性和灵活性。卧式冷凝器壳程冷凝的缺点是蒸气与冷凝液产生分离，对冷凝宽沸点范围蒸气的冷凝传热效果较差。

(2) 卧式冷凝器管程冷凝

卧式冷凝器管程冷凝在生产中极其少见，最常用于空冷器以及釜式或卧式热虹吸再沸器中的流体加热。这种冷凝器中冷凝液与蒸气的接触不好，所以不适宜于宽沸程混合蒸气的完全冷凝。

(3) 立式管程下流式冷凝

这类冷凝器较适合于宽沸点范围的蒸气和较高压力下含不凝气体的蒸气的冷凝。如能实现与冷却介质间的全逆流操作，对凝液的过冷度易于控制，可凝气的损失也最小。

(4) 立式壳程冷凝

适用于冷凝给热系数很高而结垢倾向低的物料，如氨气、水蒸气等。冷却水沿管内壁呈膜状流下，冷侧的给热系数很高，从而提高了总传热系数。常见的无管箱立式氨冷器即属此例。

3.1.2　管壳式冷凝器的局部结构

根据冷凝的具体工艺要求，管壳式冷凝器的局部结构具有以下特点。

(1) 折流板

对卧式冷凝器，一般采用垂直切口的弓形折流板，板底开槽，以便停车时凝液的排尽。如要求凝液过冷，可采用阻液型折流板。

(2) 壳程或管程数

卧式壳程冷凝器通常采用单壳程。在冷凝低压蒸气或允许压降很低时，可采用分流式壳体或错流式壳体；对立式管程冷凝，必须为单管程。

(3) 排出口

无论卧式或是立式冷凝器，冷凝侧均应在高处设置不凝气排出口，在最低处设置凝液排出口。

(4) 立式管程冷凝器的凝液排出端

对并行下流式的立式管程冷凝器，宜在出口端下部设置挡板，使凝液与不凝气便于分离，避免夹带。逆向流动时，为便于凝液流下，宜使下端管口伸出管板，并在管端做出斜切口。

(5) 蒸气入口防冲板

对壳程冷凝，为防止蒸气对入口处管子进行冲击，引起振动和腐蚀，可在蒸气入口处设置防冲挡板。

(6) 安装坡度

对卧式冷凝器，为便于凝液排出，在安装时应有一定坡度（约 1/1000）。

3.2 冷凝传热膜系数

3.2.1 管内冷凝传热膜系数

(1) 水平管

水平管内的冷凝，在冷凝的过程中凝液积聚在管底部（图 22-18），使得传热膜系数降低，Chato[5] 研究了这个问题，当入口的 $Re_v<35000$ 时分析和试验结果符合得很好，即符合式（22-49）。

$$h_{cm}=0.555\times\frac{g\rho_L(\rho_l-\rho_v)\lambda_l^3\Delta H_v}{\mu\Delta td} \tag{22-49}$$

式中 λ_l——凝液的热导率，W/(m·K)；

h_{cm}——平均凝液传热膜系数，W/(m²·K)。

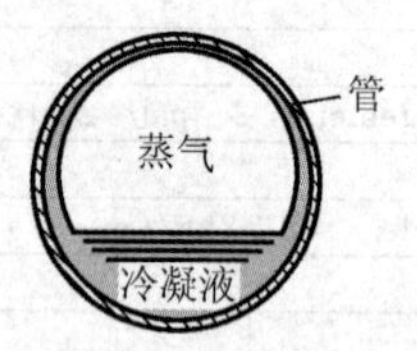

图 22-18 管内冷凝

当不能忽略蒸气速度对传热的影响时 Akers[6] 提出如图 22-19 所示的结论。

(2) 垂直管

由于冷凝在管子的周边形成液膜，因此传热膜系数与管子的长度 L 有关[7]。

$$h_{cm}=0.943\times\frac{g\rho_l(\rho_l-\rho_v)\lambda_l^3\Delta H_v}{\mu\Delta tL} \tag{22-50}$$

比较式（22-49）和式（22-50）可知，当 $L>8.4d$ 时，垂直管内的传热膜系数将小于水平管内的传热膜系数。

垂直管内的传热膜系数如图 22-20 所示。

3.2.2 管外冷凝传热膜系数

单一水平管的 Nusselt 传热膜系数公式为

$$h_{hor}=0.728\left(\frac{\rho_L^2 g\Delta H_v\lambda_L^3}{\mu_L\Delta td}\right)^{\frac{1}{4}} \tag{22-51}$$

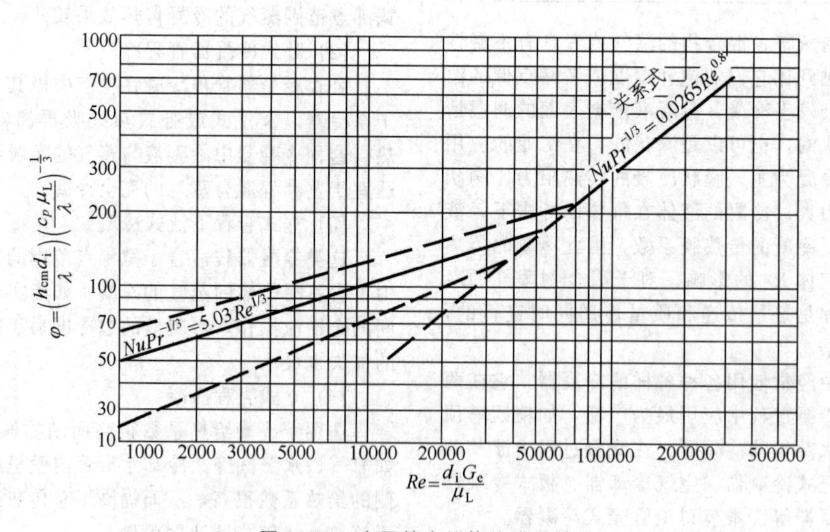

图 22-19 水平管内的传热膜系数

$$G_e=G_L+G_v\left(\frac{\rho_L}{\rho_v}\right)^{\frac{1}{2}}$$

式中 G_L——冷凝液进出口的算术平均值，kg/(m²·s)；

G_v——蒸气进出口的算术平均值，kg/(m²·s)

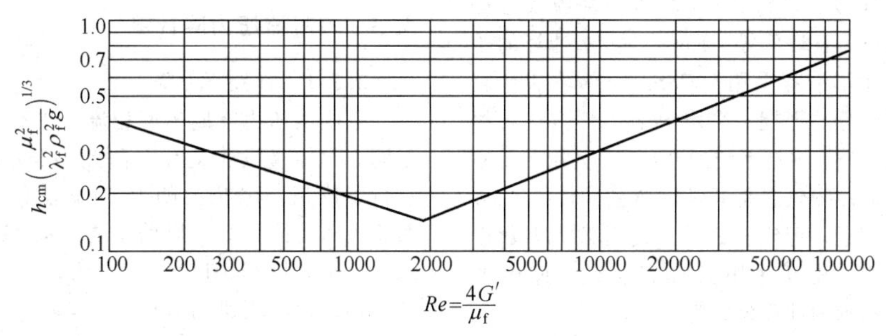

图 22-20 垂直管内的传热膜系数

当管子重叠时液膜增厚，传热膜系数将下降，Kern[8]推荐用式（22-52）来计算 n 排管子重叠时的平均传热膜系数。

$$\frac{\overline{h}_{n}}{h_{hor}}=n^{-\frac{1}{6}} \tag{22-52}$$

Devore[9]给出水平管群外的冷凝膜系数。

$\frac{4\Gamma}{\mu_L}\leqslant 2100$ 时

$$\overline{h}_{o}=1.51\left(\frac{\lambda_L^3\rho_L^2 g}{\mu_L^2}\right)^{\frac{1}{3}}\left(\frac{4\Gamma}{\mu_L}\right)^{-\frac{1}{3}} \tag{22-53}$$

$$\Gamma=\frac{W}{Ln_s}$$

式中 n_s——当量管数。

可以从管子的布置以及管束由式（22-54）求取 n_s。

$$\left.\begin{aligned}
&\text{正方形错列} \quad n_s=1.37N^{0.518}\\
&\text{正方形直列} \quad n_s=1.288N^{0.48}\\
&\text{三角形直列} \quad n_s=1.022N^{0.519}\\
&\text{三角形错列} \quad n_s=2.08N^{0.495}
\end{aligned}\right\} \tag{22-54}$$

3.2.3 多组分的冷凝传热

3.2.2 小节所述的传热膜系数是针对纯组分的冷凝情况。当被冷凝的不是纯组分而是多组分，或者冷凝气体中含有不凝性气体时，在冷却的表面形成液膜和边界气膜，边界气膜富含了高于露点的组分，阻碍了低于露点的组分的冷凝，存在传质问题。不仅气膜，液膜也存在扩散传质问题。这就产生了表示膜状传质的 Fick 定律，Krishna 和 Standart[15] 求出了 Maxwell-Stefan 膜状模型的实际解，但对于实际应用都有一定的困难。因此在这里仍介绍较简单的计算方法。

（1）含有不凝性气体冷凝传热的计算方法

可由冷凝气体中的不凝性气体的体积含量，根据图 22-21 估计冷凝传热膜系数。也可由 Perry 第五版（Perry's Chem. Engineers' Handbook）介绍的方法计算，见式（22-55）。

$$h_{cm}=\left[\frac{\left(\frac{Q}{\theta}\right)_g}{\left(\frac{Q}{\theta}\right)_L h_g}+\frac{1}{h_c}\right]^{-1} \tag{22-55}$$

式中 $(Q/\theta)_g$——气体冷却热量，J/s；

$(Q/\theta)_L$——总的冷凝冷却热量，J/s；

h_g——气相传热系数，W/(m^2·s)；

h_c——气体冷凝传热系数，W/(m^2·s)。

对于由重力控制的膜状冷凝的传热系数，h_c 可由 Nusselt[16] 公式求取。

垂直的平面或管子

$$h_c=\left(\frac{\lambda_L^3\rho_L^2 gL}{3\mu_L M_L}\right)^{\frac{1}{3}} \tag{22-56}$$

式中 M_L——冷凝液流量，kg/s。

对于管子，$L=d$；对于平面，L 为宽度。

横管的管内和管外

$$h_c=0.959\left(\frac{\lambda_L^3\rho_L^2 gL}{\mu_L M_L}\right)^{\frac{1}{3}} \tag{22-57}$$

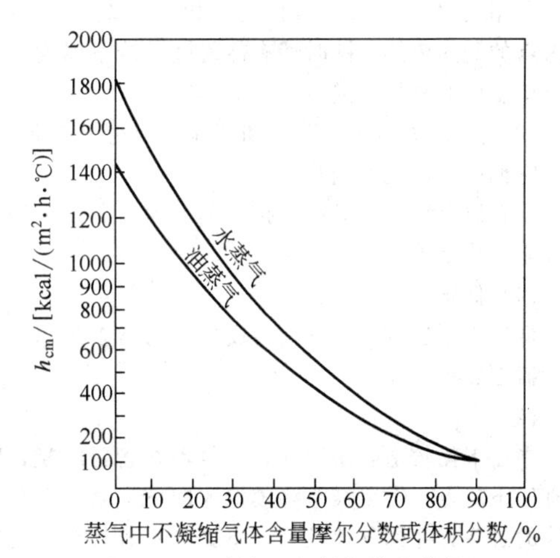

图 22-21 含有不凝性气体的蒸气混合物的冷凝传热膜系数

1kcal/(m^2·h·℃)=1.163W/(m^2·K)

（2）多组分冷凝传热的计算方法

多组分冷凝器的传热计算方法分为两类，第一类方法为平衡设计法，即 Kern[2] 和 Silver[17] 方法；第二类方法也称膜式方法，由 Colburn 和 Drew[18] 提出。由于平衡设计法没有考虑传质的问题，假定气体和冷凝的液体在热交换器任意点都处于平衡状态，这就使问题简化，容易计算。Webb 和 McNaught[19] 对这几种方法进行了计算及比较，认为 Silver 的方法和膜式方法计算的结果较接近，且较保守；Kern 的方法计算的传热系数较大，因此不推荐采用。对 Silver 的方法计算的结果认为没有十分的把握，采用 Porter[20] 方法较烦琐（该法在文献［13］中有系统的介绍）。实际上要模拟多组分在壳程的冷凝状态是非常困难的。Kern 的方法虽然存在很多问题，但它较简便，而且被大多数设计者所接受，因此本版仍采用 Kern 的方法。Kern 的壳程冷凝膜传热系数的计算公式为

$$h_{\mathrm{cm}}=0.945\left(\frac{\lambda_{\mathrm{L}}^{3}\rho_{\mathrm{L}}^{3}g}{\mu_{\mathrm{L}}G''_{\mathrm{s}}}\right)^{\frac{1}{3}} \tag{22-58}$$

横管 $G''_{\mathrm{s}}=\dfrac{m}{L_{\mathrm{s}}N_{\mathrm{T}}^{\frac{2}{3}}}$

垂直管 $G''_{\mathrm{s}}=\dfrac{m}{\pi d_{\mathrm{o}}N_{\mathrm{T}}}$

式中 m——壳程冷凝液量，kg/s。

3.2.4 含不凝气的冷凝传热

当系统含有不凝性气体时，随着冷凝的进行，不凝性气体在冷凝液膜表面形成一层气膜，需通过这层气膜进行传热和传质，这层气膜往往成为冷凝的主要阻力。因此在换热器冷凝侧需设置不凝气排放口。

含不凝气的冷凝过程有以下特点。

① 冷凝过程非等温，由于重组分从混合蒸气中冷凝出来，因而其露点是变化的。

② 由于冷凝过程非等温，所以存在着蒸气冷却到露点的显热传热，同时还有冷凝液从冷凝温度冷却至出口温度的显热传递。

③ 由于冷凝过程中蒸气和液体的组分是变化的，所以它们的物性也是变化的。

结合以上特点，具体可按下列情况，分别采用卧式或立式冷凝器。

(1) 低压

低压下不适宜采用立式冷凝器，通常多采用卧式冷凝器在壳程冷凝。

(2) 中压

中压下比较适合采用立式冷凝器在管程冷凝，因为有以下优点：①凝液呈降膜形式向下流动，有利于凝液的过冷；②因气速较高，不凝气不容易在冷凝器中积聚；③立式塔顶冷凝器中，气体与凝液始终充分接触，所以传热系数比较高；④压力降较低。另外，立式冷凝器中如果能做到完全逆流（即单管程、单壳程），凝液过冷的效果更好，同时出口气体因与温度最低的管壁接触，所以可凝气的损失也最少。

(3) 高压

高压下过去多采用立式冷凝器，近年来很多采用卧式冷凝器。对于立式冷凝器，需考虑安装与检修的条件；对于卧式冷凝器，要采取适宜的流速，以免液体与气体分层。

3.3 冷凝器压力降计算

3.3.1 管程压力降

管内的压力降属于两相流，在不同的管段冷凝量不同，气体量发生变化，因此 Gloyer[10] 对入口气体进行了修正。尾花英朗[13] 对此法作了详尽的叙述。两相流压力降计算，以前主要采用 Martinelli[11] 关系式，以下介绍 Chisholm[12] 方法。

(1) 计算当量的 Re

$$Re_{\mathrm{Lo}}=\frac{mD}{\mu_{\mathrm{L}}} \tag{22-59}$$

$$Re_{\mathrm{go}}=\frac{mD}{\mu_{\mathrm{g}}} \tag{22-60}$$

(2) 计算摩擦系数（采用 Blasius 方程）

$$f_{\mathrm{Lo}}=aRe_{\mathrm{Lo}}^{-n} \tag{22-61}$$

$$f_{\mathrm{go}}=aRe_{\mathrm{go}}^{-n} \tag{22-62}$$

$Re_{\mathrm{Lo}}=2000\sim10^5$ 时，$a=0.314$，$n=0.25$；

$Re_{\mathrm{go}}=5000\sim2\times10^5$ 时，$a=0.186$，$n=0.2$。

(3) 计算单相的当量压力降

$$-\left(\frac{\mathrm{d}p_{\mathrm{f}}}{\mathrm{d}Z}\right)_{\mathrm{Lo}}=\frac{f_{\mathrm{Lo}}m^2}{2D\rho_{\mathrm{L}}} \tag{22-63}$$

$$-\left(\frac{\mathrm{d}p_{\mathrm{f}}}{\mathrm{d}Z}\right)_{\mathrm{go}}=\frac{f_{\mathrm{go}}m^2}{2D\rho_{\mathrm{g}}} \tag{22-64}$$

(4) 计算汽液两相的压力降比值 Y

$$Y^2=\frac{\left(\frac{\mathrm{d}p_{\mathrm{f}}}{\mathrm{d}Z}\right)_{\mathrm{go}}}{\left(\frac{\mathrm{d}p_{\mathrm{f}}}{\mathrm{d}Z}\right)_{\mathrm{Lo}}} \tag{22-65}$$

(5) 计算压力降与单相压力降的比值 ϕ_{Lo}

$$\phi_{\mathrm{Lo}}^2=1+(Y^2-1)\left[Bx^{\frac{2-n}{2}}(1-x)^{\frac{2-n}{2}}+x^{2-n}\right] \tag{22-66}$$

$0<Y<9.5$ 时，$B=\dfrac{55}{m^{\frac{1}{2}}}$；

$9.5<Y<28$ 时，$B=\dfrac{520}{Ym^{\frac{1}{2}}}$；

$Y>28$ 时，$B=\dfrac{15000}{Y^2m^{\frac{1}{3}}}$。

(6) 计算两相摩擦压力降

$$-\frac{\mathrm{d}p_{\mathrm{f}}}{\mathrm{d}Z}=-\phi_{\mathrm{Lo}}^2\left(\frac{\mathrm{d}p_{\mathrm{f}}}{\mathrm{d}Z}\right)_{\mathrm{Lo}} \tag{22-67}$$

3.3.2 壳程压力降

① 具有两相流的壳程压力降的相关文章不多，文献［13］根据 Gloyer 的方法对壳程的压力降进行了计算，读者可以参考。

② Grant 和 Chisholm[14] 提出在折流板之间错流区域采用式（22-68）来计算。式中的 B 和 n 值见表 22-15。

文献［14］介绍的方法，在折流板之间的错流区，当折流板为上下缺口时，流动形式应为上下喷流和鼓泡；若折流板缺口为左右设置时，流动形式应选

横向错流层流和层流喷射。

表 22-15　流动形式与 B 和 n 的关系

流动形式	B	n
垂直上下喷流和鼓泡	1.0	0.37
横向错流喷流和鼓泡	0.75	0.46
横向错流层流和层流喷射	0.25	0.46

摩擦系数仍采用 Blasius 方程 $f=ARe^{-n}$。垂直上下流动时，$A=2.7$，$n=0.37$；横向流动时，$A=7.24$，$n=0.46$。

在折流板窗口区的压力降同样采用式（22-66）计算，其中的 $B=2/(Y+1)$，$n=0$，此时式（22-66）就成为

$$\phi_{\mathrm{Lo}}^2=1+(Y^2-1)[Bx(1-x)+x^2] \tag{22-68}$$

窗口区的单项压力降，垂直上下流动时为 1.8 倍速度头；横向流动时为 2.34 倍速度头。

③ 对于全凝器来说，气相由开始的全气相到气相为零，可以采用分段计算，也可以采用 Kern[2] 提出的较简单的算法，即由进口气相流量为基准来计算壳程的压力降。计算的压力降乘以 0.5。

折流板之间错流区的压力降为

$$\Delta p_{\mathrm{B}}=\frac{f_{\mathrm{s}}m^2N_{\mathrm{cc}}}{\rho_{\mathrm{g}}} \tag{22-69}$$

$$m=\frac{G}{(D_{\mathrm{s}}-N_{\mathrm{cr}}d_{\mathrm{o}})L_{\mathrm{B}}}$$

式中　f_{s}——壳程摩擦因数，由图 22-22 求取；

m——接近热交换器中心处的流道面积的气相流量，kg/(m^2·s)；

G——气相进料量，kg/s。

折流板窗口区的压力降为

$$\Delta p_{\mathrm{w}}=\rho_{\mathrm{g}}V_{\mathrm{w}}^2 \tag{22-70}$$

式中　V_{w}——折流板窗口处气相的流速，m/s。

$$V_{\mathrm{w}}=\frac{m}{2\rho_{\mathrm{g}}S_{\mathrm{w}}}$$

折流板缺口处的流动面积为

$$S_{\mathrm{w}}=\beta D_{\mathrm{s}}^2-N_{\mathrm{w}}\pi\frac{d_{\mathrm{o}}^2}{4}$$

β 值由表 22-16 查得。

表 22-16　折流板圆缺大小与 β 值

折流板圆缺大小/%	β 值
25	0.154
30	0.198
35	0.245

壳程总压力降

$$\Delta p_{\mathrm{s}}=(N_{\mathrm{B}}+1)\Delta p_{\mathrm{B}}+N_{\mathrm{B}}\Delta p_{\mathrm{w}}\quad \mathrm{Pa} \tag{22-71}$$

3.3.3　计算举例

(1) 管内的冷凝压力降

例 2　含有庚烷和辛烷的混合物在内径为 0.0221m 的水平管内冷凝，气相比率为 10%，流量为 400kg/(m^2·s)。该物系的物性数据见表 22-17。

表 22-17　物性数据

ρ_{g} /(kg/m^3)	ρ_{L} /(kg/m^3)	μ_{L} /μPa·s	μ_{g} /μPa·s	σ /(mN/m)
18.1	567	156	7.1	8.1

解　$Re_{\mathrm{Lo}}=\dfrac{mD}{\mu_{\mathrm{L}}}=\dfrac{400\times0.0221}{156\times10^{-6}}=5.67\times10^4$

$$Re_{\mathrm{go}}=\frac{mD}{\mu_{\mathrm{g}}}=\frac{400\times0.0221}{7.1\times10^{-6}}=1.25\times10^6$$

$$f_{\mathrm{Lo}}=0.314Re_{\mathrm{Lo}}^{-0.25}=0.02$$

$$f_{\mathrm{go}}=0.186Re_{\mathrm{go}}^{-0.2}=0.0112$$

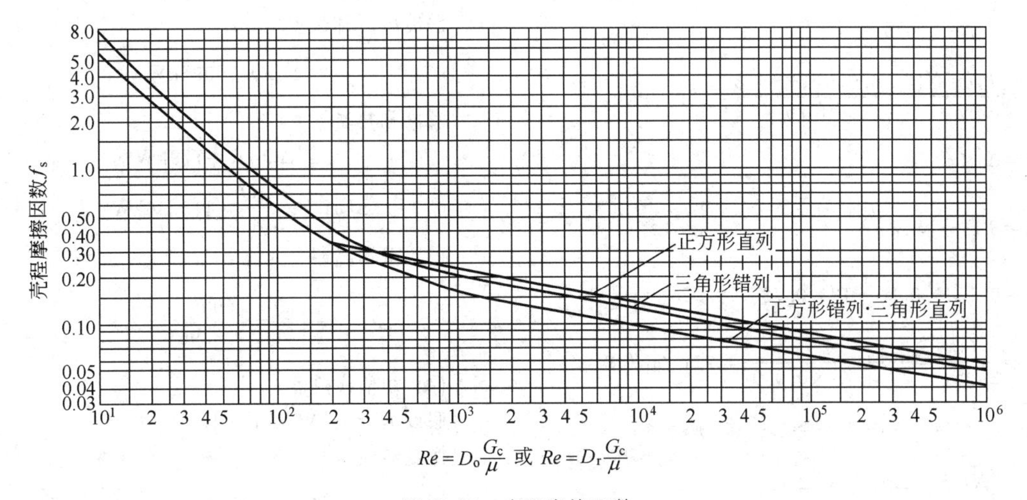

图 22-22　壳程摩擦因数

$$-\left(\frac{\mathrm{d}p_f}{\mathrm{d}Z}\right)_{Lo}=\frac{f_{Lo}m^2}{2D\rho_L}=\frac{0.02\times400^2}{2\times0.0221\times567}=127.7(\mathrm{Pa/m})$$

$$-\left(\frac{\mathrm{d}p_f}{\mathrm{d}Z}\right)_{Lo}=\frac{f_{Lo}m^2}{2D\rho_g}=\frac{0.0112\times400^2}{2\times0.0221\times18.1}=2239.9(\mathrm{Pa/m})$$

由 $Y^2=\dfrac{\left(\frac{\mathrm{d}p_f}{\mathrm{d}Z}\right)_{go}}{\left(\frac{\mathrm{d}p_f}{\mathrm{d}Z}\right)_{Lo}}=\dfrac{2239.3}{127.7}=17.5$

则 $Y=4.2$

$$B=\frac{55}{m^{\frac{1}{2}}}=2.75$$

$$\phi_{Lo}^2=1+(Y^2-1)[Bx^{\frac{2-n}{2}}(1-x)^{\frac{2-n}{2}}+x^{2-n}]$$
$$=1+(17.5-1)[2.75\times0.1^{(2-0.25)/2}\times$$
$$(1-0.1)^{\frac{2-0.25}{2}}+0.1^{2-0.25}]=6.8$$

$$-\frac{\mathrm{d}p_f}{\mathrm{d}Z}=-\phi_{Lo}^2\left(\frac{\mathrm{d}p_f}{\mathrm{d}Z}\right)_{Lo}=6.8\times127.7$$
$$=868.4\ (\mathrm{Pa/m})$$

(2) 壳程的压力降

例3 正戊烷的全凝器，冷凝饱和温度为50℃，气相进料量 $G=2\mathrm{kg/s}$，$\rho_g=4.76\mathrm{kg/m^3}$，$\mu_g=0.8\times10^{-5}\mathrm{Pa\cdot s}$。该冷凝器的参数：壳径 $D_s=0.5\mathrm{m}$，管长 $L_s=5\mathrm{m}$，$d_o=0.025\mathrm{m}$，折流板间距 $L_B=0.5\mathrm{m}$，近中心的管数 $N_{cr}=15$，窗口处的管数 $N_w=18$，折流板缺口之间的管排数 $N_{cc}=8$，管子为三角形排列，折流板缺口为25%，折流板数目 $N_B=9$。计算壳程压力降。

解 $m=\dfrac{G}{(D_s-N_{cr}d_o)L_B}$

$$=\frac{2}{(0.5-15\times0.025)\times0.5}=32[\mathrm{kg/(m^2\cdot s)}]$$

$$Re_g=\frac{d_o m}{\mu_g}=\frac{0.025\times32}{0.8\times10^{-5}}=100000.0$$

$$f=0.075$$

$$\Delta P_B=\frac{f_s m^2 N_{cc}}{\rho_g}=\frac{0.075\times32^2\times8}{4.76}=129\ (\mathrm{Pa})$$

$$\beta=0.154$$

$$S_w=\beta D_s^2-N_w\pi\frac{d_o^2}{4}$$
$$=0.154\times0.5^2-18\times0.785\times0.025^2=0.0297$$

$$V_w=\frac{G}{2\rho_g S_w}=\frac{2}{2\times4.76\times0.0297}=7.1\ (\mathrm{m/s})$$

$$\Delta p_w=\rho_g V_w^2=4.76\times7.1^2=240\ (\mathrm{Pa})$$

$$\Delta p_s=(N_B+1)\Delta p_B+N_B\Delta p_w$$
$$=(9+1)\times129+9\times240=3450\ (\mathrm{Pa})$$

3.4 冷凝器计算举例

例4 碳烃化合物总量43386kg/h，组成见表22-18。要求在344kPa压力下冷凝，冷凝侧的压力降应小于0.7atm，冷却水的水温为27℃，回水温度为49℃，冷却水的压力降不应超过2atm。

表22-18 烃类化合物的组成

组分	组成(质量分数或摩尔分数)/%	组分	组成(质量分数或摩尔分数)/%
C_3H_8	15	C_7H_{16}	30
C_4H_{10}	25	C_8H_{18}	25
C_6H_{14}	5		

解 (1) 计算气体冷凝温度范围

露点时 $\Sigma V_i=\Sigma\dfrac{V_i}{K_i}$

泡点时 $\Sigma V_i=\Sigma K_i V_i$

气相的平均分子量 $M=83.9$；进料为517(kmol)/h。汽液平衡计算见表22-19。

(2) 该物系的露点 $T_{dew}=139.5$℃，泡点 $T_{bub}=49$℃。在这两个温度之间分出5个区间，然后分别计算各区间的气相量和冷凝液量。冷凝液量的计算公式为

$$\sum_{i=1}^{5}L_i=\sum_{i=1}^{5}\frac{Y_i}{1+K_i\dfrac{V}{L}}$$

式中，V/L 为气液比。计算时首先假定气液比 V/L，按该区间温度的 K_i 值，计算 ΣL_i 值，若 $\dfrac{517-\Sigma L_i}{\Sigma L_i}$ 的比值和原假定的 V/L 相近，则 ΣL_i 即为该温度下的冷凝液量。这样可以求出所有温度区间的冷凝液量和未凝的气体量，然后再根据冷凝液量和冷却温度计算每个区间的传热量及冷却水的温升等。计算结果见表22-20。

总冷凝冷却热量

$$\Sigma\Delta Q=5995\mathrm{kW}$$

总冷却热量

$$\Sigma\Delta Q_{显热}=779\mathrm{kW}$$

$$\Sigma UA=\frac{\Sigma\Delta Q}{\Delta t_{av}}=113.96\mathrm{kW/℃}$$

(3) 平均温差

$$\Delta t_m=\frac{\Sigma\Delta Q}{\Sigma UA}=\frac{5995}{113.96}=52.6(℃)$$

(4) 初估换热器

假设 $K=450\mathrm{W/(m^2\cdot K)}$

换热器面积

$$A_o=\frac{\Sigma\Delta Q}{\Delta t_m K_o}=\frac{5995\times10^3}{52.6\times450}=253\ (\mathrm{m^2})$$

管长 $L=5\text{m}$；管程数 $N=4$；选用 $\phi 25\text{mm}\times 2.5\text{mm}$ 的管子，管心距 $P_T=1.25\times 0.025=0.0312\text{m}$；采用三角形排列；$\text{CL}=0.87$，$\text{CTP}=0.85$，$p_R=1.25$。

$$D_s=0.637\sqrt{\frac{\text{CL}}{\text{CTP}}\times\frac{AP_R^2 d_o}{L_s}}$$

$$=0.637\sqrt{\frac{0.87}{0.85}\times\frac{253\times 1.25^2\times 0.025}{5}}=0.906(\text{m})$$

按照加工原则 $D=1.0\text{m}$

计算管数 $N_T=\dfrac{A}{\pi d_o L_s}=\dfrac{253}{3.1416\times 0.025\times 5}=644$

按式（22-51）计算可用管数

$$N_T=0.785\times\frac{\text{CTP}}{\text{Cl}}\times\frac{D_s^2}{P_R^2 d_o^2}$$

$$=0.785\times\frac{0.87}{0.85}\times\frac{1^2}{1.25^2\times 0.025^2}=822>644$$

(5) 计算传热系数

冷凝各区间的物性见表 22-21。

① 管程水的传热系数

水的物理数据：水在管内的平均温度为 38℃；比热容 $c_{pi}=4187.0\text{J/(kg·K)}$；密度 $\rho_i=995\text{kg/m}^3$；黏度 $\mu_i=0.694\times 10^{-3}\text{Pa·s}$；热导率 $\lambda_i=0.627\text{W/(m·K)}$。冷却水量

$$W=\frac{\sum Q}{C_{pi}\Delta t_i}=\frac{5995\times 10^3}{4187.0\times(49-27)}$$

$$=65.1(\text{kg/s})$$

$$G_i=\frac{Wn_{\text{pass}}}{\frac{\pi}{4}d_i^2 N_T}=\frac{65.1\times 4}{0.7854\times 0.02^2\times 822}$$

$$=1009\ [\text{kg/(m}^2\cdot\text{s)}]$$

水在管内的流速 $u=1009/995=1.014$ (m/s)。

表 22-19 汽液平衡计算

组 分	y /(kmol)%	V_i /(kmol/h)	K_i ($T=139.5$℃)	$\dfrac{V_i}{K_i}$	K_i ($T=49$℃)	K_iL_i
C_3	15	77.65	13.75	5.64	4.1	317.9
C_4	25	129.25	6.18	20.9	1.39	179.66
C_6	5	25.85	1.6	16.16	0.17	4.4
C_7	30	155.1	0.825	188	0.06	9.3
C_8	25	129.25	0.452	285.4	0.023	2.98
Σ	100	517		516.1 符合		514.24 符合

表 22-20 冷凝各区间的物性（一）

项 目	第一点(T_{dew})	第二点	第三点	第四点	第五点	第六点(T_{bub})
温度/℃	139.5	121	103	85	67	49
气相量/(kmol/h)	517	320.1	220.2	151.1	83.3	0
冷凝液相量/(kmol/h)	0	196.9	296.8	365.9	437.7	517
冷凝冷却热量 ΔQ/kW	2154	1249	922	828	842	
冷凝热量/kW	1786	1047	802	761	820	
汽液冷却热量 $\Delta Q_{显热}$/kW	368	202	120	67	22	
冷却水的温升/℃	7.9	4.58	3.38	3.04	3.09	
水温/℃	49	41.1	36.52	33.14	30.1	27
平均温差 Δt_{av}/℃		85.2	73.19	59.17	44.38	29.45
$UA=\Delta Q/\Delta t_{av}$	25.28	17.1	15.58	27.5	28.5	

表 22-21 冷凝各区间的物性（二）

项 目		第一点(T_{dew})	第二点	第三点	第四点	第五点	第六点(T_{bub})
温度/℃		139.5	121	103	85	67	49
冷凝液的物理性质	密度/(kg/m³)	456.3	482.2	511.2	541.4	569.9	594.6
	比热容/[J/(kg·K)]	2385.0	2244.0	2115.0	2009.0	1900.0	1803.0
	黏度/×10³Pa·s	0.1735	0.1879	0.2048	0.2136	0.2274	0.2387
	热导率/[W/(m·K)]	0.114	0.1140	0.1166	0.1192	0.1218	0.1244
气体的物理性质	密度/(kg/m³)	9.075	8.182	7.55	7.189	7.011	6.928
	比热容/[J/(kg·K)]	2201.0	2140.0	2079.0	2016.0	1950.0	1880.0
	黏度/×10⁵Pa·s	0.897	0.907	0.908	0.897	0.878	0.853
	热导率/[10W/(m·K)]	1.551	1.629	1.652	1.504	1.439	1.363

按式(22-8)计算

$h_i=3373(1+0.014t)U^{0.85}$

$=3373(1+0.014\times38)\times1.014^{0.85}=5528.9[W/(m\cdot K)]$

② 壳程的传热系数

按照表22-21选取平均温度下103℃的冷凝膜物理性质。

按式(22-53)计算壳程冷凝传热系数。

冷凝量 $W=43386/3600=12.1$ (kg/s)

$$n_s=2.08N_T^{0.495}=2.08\times822^{0.495}=57.7$$

$$\Gamma=\frac{W}{Ln_s}=\frac{12.1}{5\times57.7}=0.042[kg/(m\cdot s)]$$

$$\overline{h}_o=1.51\left(\frac{\lambda_L^3\rho_L^2 g}{\mu_L^2}\right)^{\frac{1}{3}}\left(\frac{4\Gamma}{\mu_L}\right)^{-1/3}$$

$$=1.51\left[\frac{0.1166^3\times511.2^2\times9.8}{(0.204\times10^{-3})^2}\right]^{\frac{1}{3}}\left(\frac{4\times0.042}{0.204\times10^{-3}}\right)^{-1/3}$$

$$=740.5[W/(m^2\cdot K)]$$

按照式(22-58)计算壳程冷凝传热系数。

$$G_s''=\frac{m}{L_sN_T^{\frac{2}{3}}}=\frac{12.1}{5\times822^{\frac{2}{3}}}=0.028[kg/(m\cdot s)]$$

$$h_{cm}=0.945\left(\frac{\lambda_L^3\rho_L^2 g}{\mu_L G_s''}\right)^{\frac{1}{3}}$$

$$=0.945\left(\frac{0.1166^3\times511.2^2\times9.8}{0.2048\times10^{-3}\times0.028}\right)^{\frac{1}{3}}$$

$$=842.2[W/(m^2\cdot K)]$$

两式的计算结果基本相同，以Kern的计算结果为依据。

③ 冷凝的总传热系数

水的污垢系数 $r=0.000172$，经冷凝的污垢系数 $r=0.00034$，钢管的热阻 $r=0.000052$。

$$K_{con}=\left(\frac{1}{5528.9}\times\frac{0.025}{0.02}+\frac{1}{842.2}+0.000172\times\frac{0.025}{0.02}+0.00034+0.000052\times\frac{0.025}{0.022}\right)^{-1}$$

$$=493.2[W/(m^2\cdot K)]$$

按照Kern方法的式(22-9)计算壳程的气相冷却传热膜系数，壳程的气体量按照第三点的值计算。

$$W=220.2\times\frac{83.9}{3600}=5.13\ (kg/s)$$

$$D_e=\frac{4(0.43P_T^2-0.5\pi D_o^2/4)}{\frac{\pi D_o}{2}}$$

$$=\frac{4\times(0.43\times0.0312^2-0.5\times0.785\times0.025^2)}{1.57\times0.025}=0.0176$$

$$S_s=D_s(p_T-D_o)\frac{L_B}{p_T}$$

$$=1\times(0.0312-0.025)\times\frac{0.5}{0.0312}=0.099(m^2)$$

$$G_C=\frac{W}{S_s}=\frac{5.13}{0.099}=51.6\ [kg/(m^2\cdot s)]$$

$$h_o=0.36\times\frac{\lambda}{D_e}\left(\frac{D_eG_c}{\mu}\right)^{0.55}\left(\frac{c\mu}{\lambda}\right)^{\frac{1}{3}}$$

$$=0.36\times\frac{0.01652}{0.0176}\left[\left(\frac{0.0176\times51.6}{0.908\times10^{-5}}\right)^{0.55}\times\left(\frac{2079\times0.908\times10^{-5}}{0.01652}\right)\right]^{\frac{1}{3}}=198.7$$

$$K_{cool}=\left(\frac{1}{5528.9}\times\frac{0.025}{0.02}+\frac{1}{198.7}+0.000172\times\frac{0.025}{0.02}+0.00034+0.000052\times\frac{0.025}{0.022}\right)^{-1}=170.3$$

(6) 传热面的校核

气相冷却所需面积

$$A_{cool}=\frac{\sum Q_{显热}}{K_{cool}\Delta t_m}=\frac{779000}{170.3\times52.6}=87(m^2)$$

冷凝所需面积

$$A_{con}=\frac{\sum Q-\sum Q_{显热}}{K_{con}\Delta t_m}=\frac{(5995-779)\times10^3}{493.2\times52.6}=201.1(m^2)$$

所需总的传热面积

$$A=A_{cool}+A_{con}=87+201.1=288(m^2)$$

这个面积和原来计算的面积很相近，气相冷却和总面积的比为0.30。

换热器的总面积

$$A=822\times3.1416\times0.025\times5=322.8(m^2)$$

$$保险系数\ \xi=\frac{322.8-288}{322.8}=10.8\%$$

传热计算结束。

(7) 压力降的计算

① 管程压力降的计算

压力降按式(22-34)计算。

$$G_i=1009kg/(m^2\cdot s)$$

$$Re_i=\frac{0.02\times1009}{0.694\times10^{-3}}=2.91\times10^4$$

$$f=\frac{0.04}{Re_i^{0.16}}=\frac{0.04}{(2.91\times10^4)^{0.16}}=0.0077$$

$$\Delta p_T=\frac{G_i^2}{2\rho}\left(\frac{1.5}{n_{tpass}}+\frac{4fL_s}{d_i}\times\frac{1}{\phi_i^r}+K_C+K_E+K\right)n_{tpass}$$

$$=\frac{1009^2}{2\times995}\left(\frac{1.5}{4}+\frac{4\times0.0077\times5}{0.02}+4.5\right)\times4$$

$$=25733.4$$

$=25.7$ (kPa) $=0.25$ (atm) <2.0 (atm)

② 壳程压力降的计算

粗估靠近壳程中心线上的管数 N_{cr}。

$$N_{cr}=\frac{D_s-2d_o}{P_T}=\frac{1-2\times0.025}{0.0312}=30$$

粗估折流板之间的管排数。

$$N_{cc}=N_{cr}(1-2\times0.25)=15$$

粗估窗口区的管数，由表22-16查得 $\beta=0.154$。

$$N_w=\frac{\beta D_s^2}{\frac{\pi}{4}D_s^2}N_T=\frac{0.154\times1}{0.785\times1}\times822=161$$

汽量 $G=12.1\text{kg/s}$。

折流板数 $N_B=\frac{L_s}{L_B}-1=\frac{5}{0.5}-1=9$。

$$m=\frac{G}{(D_s-N_{cr}d_o)L_B}=\frac{12.1}{(1-30\times0.025)\times0.5}$$

$$=97[\text{kg}/(\text{m}^2\cdot\text{s})]$$

$$Re_g=\frac{d_o m}{\mu_g}=\frac{0.025\times97}{0.897\times10^{-5}}=270346$$

由图 22-22 查得 $f_s=0.065$。

折流板之间的压力降

$$\Delta p_B=\frac{f_s m^2 N_{cc}}{\rho_g}=\frac{0.065\times97^2\times15}{9.075}=1011\ (\text{Pa})$$

窗口区的流动面积

$$S_w=\beta D_s^2-N_w\pi\frac{d_o^2}{4}$$

$$=0.154\times1^2-161\times0.785\times0.025^2=0.075\ (\text{m}^2)$$

$$V_w=\frac{G}{2\rho_g S_w}=\frac{12.1}{2\times9.075\times0.075}=8.89\ (\text{m/s})$$

窗口区的压力降

$$\Delta p_w=\rho_g V_w^2=9.075\times8.89^2=717.2(\text{Pa})$$

$$\Delta p_s=(N_B+1)\Delta p_B+N_B\Delta p_w$$

$$=(9+1)\times1011+9\times717.2=16564.8$$

$$=16.6(\text{kPa})=0.166(\text{bar})=0.164(\text{atm})$$

ASPEN EDR 计算的冷凝器数据见表 22-22（a）。HTRI 7.0 计算的冷凝器数据见表 22-22（b）。

表 22-22（a）　ASPEN EDR 计算的冷凝器数据表

1	Size　990.6—5000　mm　Type　BEM　Hor　Connected in　1 parallel　1series					
2	Surf/unit(eff.)　289.1　m　Shells/unit 1　Surf/shell(eff.)　289.1　m					
3	PERFORMANCE OF ONE UNIT					
4	Fluid allocation		Shell Side		Tube Side	
5	Fluid name		HYDROCARBONS		CW	
6	Fluid quantity, Total	kg/h	43386		243612	
7	Vapor(In/Out)	kg/s	12.0517	0	0	0
8	Liquid	kg/s	0	12.0517	67.67	67.67
9	Noncondensable	kg/s	0	0	0	0
10						
11	Temperature(In/Out)	℃	138.07	49	27	47.34
12	Dew/Bubble point	℃	137.87	49.85		
13	Density　Vapor/Liquid	kg/m	9.22/	/627.65	/847.58	/835.79
14	Viscosity	mPa·s	0.0089/	/0.2508	/1.1321	/0.894
15	Molecular wt. Vap		84.07			
16	Molecular wt. NC					
17	Specific heat	kJ/(kg·K)	2.216/	/2.321	/4.507	/4.51
18	Thermal conductivity	W/(m·K)	0.0247/	/0.1115	/1.4237	/1.3497
19	Latent heat	kJ/kg	288.5			
20	Pressure	kPa	344	338.826	550	524.661
21	Velocity	m/s	8.78		1.37	
22	Pressure drop. allow. /calc.	atm	0.691	0.051	0.197	0.25
23	Fouling resist. (min)	$\text{m}^2\cdot\text{K/W}$	0.00034		0.00017　0.00021 Ao based	
24	Heat exchanged　6203.2　kW　MTD corrected　47.3　℃					
25	Transfer rate. Service　453.6　Dirty　543.7　Clean　779.7　$\text{W}/(\text{m}^2\cdot\text{K})$					
26	CONSTRUCTION OF ONE SHELL				Sketch	

续表

27			Shell Side	Tube Side
28	Design/Vac/Test pressure	bar	5.171/ /	5.171/ /
29	Design temperature	℃	176.67	87.78
30	Number passes per shell		1	4
31	Corrosion allowance	mm	1.59	1.59
32	Connections	In mm	1 355.6/ -	1 254/ -
33	Size/rating	Out	1 152.4/ -	1 254/ -
34	Nominal	Intermediate	/ -	/ -

No.				
35	Tube No. 822	OD 25	Tks • Avg 2.5 mm	Length 5000 mm Pitch 31.2 mm
36	Tube type Plain	#/m	Material Carbon Steel	Tube pattern 30
37	Shell Carbon Steel	ID 1000	OD 1022.22 mm	Shell cover -
38	Channel or bonnet	Carbon Steel		Channel cover -
39	Tubesheet-stationary	Carbon Steel		Tubesheet-floating -
40	Floating head cover -			Impingement protection None
41	Baffle-crossing Carbon Steel	Type single segmental	Cut(%d) 45.1 V	Spacing: c/c 500 mm
42	Baffle-long -		Seal type	Inlet 893.09 mm
43	Supports-tube		U-bend	Type
44	Bypass seal		Tube-tubesheet joint	Exp.
45	Expansion joint -		Type	
46	RhoV2-Inlet nozzle	1991	Bundle entrance 696	Bundle exit 126 kg/(m • s²)
47	Gaskets-Shell side	Flat Metal Jacket Fibe	Tube Side	Flat Metal Jacket Fibe
48	Floating head -			
49	Code requirements	ASME Code Sec Ⅷ Div 1		TEMA class R-refinerv service
50	Weight/Shell	8835.1	Filled with water 12883.5	Bundle 6406.9 kg
51	Remarks			
52				
53				

表 22-22 (b) HTRI 7.0 计算的冷凝器数据表

HTRI	HEAT EXCHANGER SPECIFICATION SHEET			
				Page 1 SIUnits
	Job No.			
Customer	Reference No.			
Address	Proposal No.			
Plant Location	Date 2015-10-8 Rev			
Service of Unit	Item No.			
Size 1000×5000 mm Type BEM Horizontal	Connected In 1 Parallel 1 Series			
Surf/Unit(Gross/Eff) 322.8 / 317.67 m² Shell/Unit 1	Surf/Shell(Gross/Eff) 322.8/317.67m²			
PERFORMANCE OF ONE UNIT				
Fluid Allocation	Shell Side		Tube Side	
Fluid Name	Hydrocarbons		Cooling Water	
Fluid Quantity, Total kg/h	43386		243911	
Vapor(In/Out)	43386			
Liquid		43386	243911	243911

续表

Steam					
Water				243911	243911
Noncondensables					
Temperature(In/Out)	℃	139.57	49.61	27.01	49.01
Specific Gravity			0.6318	0.9972	0.9891
Viscosity	mN·s/m^2	0.0090	0.2112	0.8507	0.5561
Molecular Weight, Vapor					
Molecular Weight, Noncondensables					
Specific Heat	kJ/(kg·℃)	2.2192	2.3600	4.1798	4.1783
Thermal Conductivity	W/(m·℃)	0.0253	0.1095	0.6108	0.6396
Latent Heat	kJ/kg	286.94	335.45		
Inlet Pressure	kPa	359.00		550.00	
Velocity	m/s	2.04		1.06	
Pressure Drop, Allow/Calc	kPa	70.000	8.613	200.00	23.670
Fouling Resistance(min)	m^2·K/W	0.000340		0.000170	
Heat Exchanged 6231453W		MTD(Corrected) 45.0℃			
Transfer Rate, Service 436.00W/(m^2·K)		Clean 593.60 W/(m^2·K)		Actual 447.00W/(m^2·K)	

CONSTRUCTION OF ONE SHELL				Sketch(Bundle/Nozzle Orientation)
		Shell Side	Tube Side	
Design/Test Pressure	kPa(G)	417.00 /	417.00 /	
Design Temperature	℃	177.01	88.01	
No Passes per Shell		1	4	
Corrosion Allowance	mm	3.175	3.175	
Connections Size & Rating — In	mm	1 @387.35	1@205.00	
Connections Size & Rating — Out	mm	1 @154.05	1@205.00	
Connections Size & Rating — Intermediate		@	@	

Tube No. 822 OD 25.000mm Thk(Avg)2.500mm Length 5.000m Pitch 30.709mm	
Tube Type Plain	Material Carbon steel Tube pattern 30
Shell Carbon steel ID1000.0 OD 1022.2 mm	Shell Cover
Channel or Bonnet	Channel Cover
Tubesheet-Stationary	Tubesheet-Floating
Floating Head Cover	Impingement Plate Circular plate
Baffles-Cross Type Single-Seg %Cut(Diam)26.48 Spacing(c/c)500.00	Inlet 825.99 mm
Baffles-Long	Seal Type None
Supports-Tube	U-Bend Type None
Bypass Seal Arrangement 0 pairs seal strips	Tube-Tubesheet Joint Expanded(No groove)
Expansion Joint	Type
Rho-V2-Inlet Nozzle 1085.2kg/(m·s^2)	Bundle Entrance 1737.0 Bundle Exit 281.69 kg/(m·s^2)
Gaskets-Shell Side	Tube Side
-Floating Head	
Code Requirements	TEMA Class R
Weight/Shell 8192.0 kg Filled with Water 12664 kg	Bundle 5936.8 kg
Remarks:	
	Reprinted with Permission(v7.00SP1)

4 再沸器

4.1 再沸器型式的选用

各种类型的再沸器都有自己的优缺点和适用场合，可根据不同的操作条件选择不同的再沸器。操作压力、设计温差、结垢情况、黏度和混合物的沸程都会影响再沸器的选择。经济性、可靠性、可控性也是需要考虑的因素。

表 22-23 列出了各种再沸器的主要优缺点，可供参考。各种再沸器的性能比较见表 22-24，再沸器选型可参考图 22-23。

表 22-23 各种再沸器的主要优缺点[44]

型式	优点	缺点
釜式	(1)塔底的空间可以缩小 (2)塔和再沸器间标高差可以较小 (3)允许汽化率高,可达80%,操作弹性大 (4)再沸器本身有蒸发空间,相当于一块理论塔板 (5)可以使用较脏的加热介质 (6)温差范围较大,对于宽馏分物质,再沸器出入口温差要低一些(如 $\Delta t<4℃$)	(1)传热系数较低 (2)在加热段停留的时间较长 (3)再沸器本身投资较高,金属耗量较大 (4)易结垢 (5)占地面积大 (6)液体产品的缓冲容积小
立式热虹吸	(1)占地面积小 (2)连接管线短 (3)管程流体不易结垢 (4)传热面积较小时,再沸器的金属耗量最低 (5)在加热段的停留时间较短 (6)出塔产品的缓冲容积较大,流率稳定性较高 (7)可控性好	(1)塔的安装高度较高 (2)壳程难清扫,不宜用于较脏的加热介质 (3)汽化率一般不大于30% (4)分馏效果小于一块理论塔板 (5)对宽馏分物质,循环时,再沸器出入口温差高于釜式
卧式热虹吸	(1)传热面积大时,再沸器的金属耗量最低 (2)出塔产品的缓冲容积较大,流率稳定性较高 (3)可以使用较脏的加热介质 (4)在加热段停留的时间较短 (5)可控性好 (6)热负荷较高	(1)汽化率一般不大于30% (2)分馏效果小于一块理论塔板 (3)对宽馏分物质,循环时,再沸器出入口温差高于釜式
强制循环式	(1)可以满足输送高黏液体(大于 25×10^{-3}Pa·s)的需要 (2)可以通过增加流速(循环速度可达5～6m/s)减轻结垢 (3)传热面积大	(1)投资和操作费用最高 (2)汽化率很低(通常小于1%) (3)泵的密封处易泄漏
内置式	(1)不需要壳体和工艺配管,结构简单,投资小 (2)易清洗	(1)塔内容积有限,管长受限,传热面积较小 (2)液体循环差,不适于黏稠液体 (3)换热率低,易结垢
降膜式	(1)停留时间短 (2)传热系数大 (3)压力降小 (4)蒸发强度大 (5)所需温差低 (6)适用于热敏性和易发泡物料	(1)只用于沸点相差较大的两种介质的分离 (2)需采用蒸汽或其他能够进行冷凝传热的介质加热 (3)要求管壁较厚以利于机械清洗 (4)需要较高的液体流速和较长的管子以保证管内完全润湿 (5)不适合处理结垢或有较大固粒的物料 (6)费用较高

表 22-24 各种再沸器的性能比较[44]

再沸器形式		立式热虹吸式		卧式热虹吸式		釜式
		一次通过式	循环式	一次通过式	循环式	
沸腾液体走向		管程	管程	壳程	壳程	壳程
汽化率/%	最低	约 5	约 10	约 10	约 15	—
	常用设计上限	约 25	约 25	约 25	约 25	—
	最高	约 30	约 30	约 30	约 30	80
单台传热面积/(m^2/台)		较小(<750)	较小	较大	较大	大
加热区停留时间		短	中等	短	中等	长
要求温度差(Δt)		高	局	中等	中等	可变范围较大
设计液位高差(循环推动力)		受高度限制	受高度限制	可较大	可较大	—
可控性		中$^+$	中	中$^+$	中	好
传热系数		高	高	较高	较高	较低
分离效果(相当理论板)		接近一块	低于一块	接近一块	低于一块	一块
结垢难易		不易	较不易	不易	较不易	易
清洗维护		困难(壳侧不能)	困难(壳侧不能)	较易	较易	易
占地		小	小	大	大	大
塔裙座位置(要求液位高差)		高	高	较低	较低	低
管线连接		简单	简单	较长	较长	较长
投资		较低	较低	中等	中等	较高
其他		对操作条件变化敏感,在中等压力和窄沸点范围的介质设计较可靠		对操作条件变化敏感,可用于宽沸点范围的介质		对操作条件变化不敏感,在真空和高压下设计较可靠

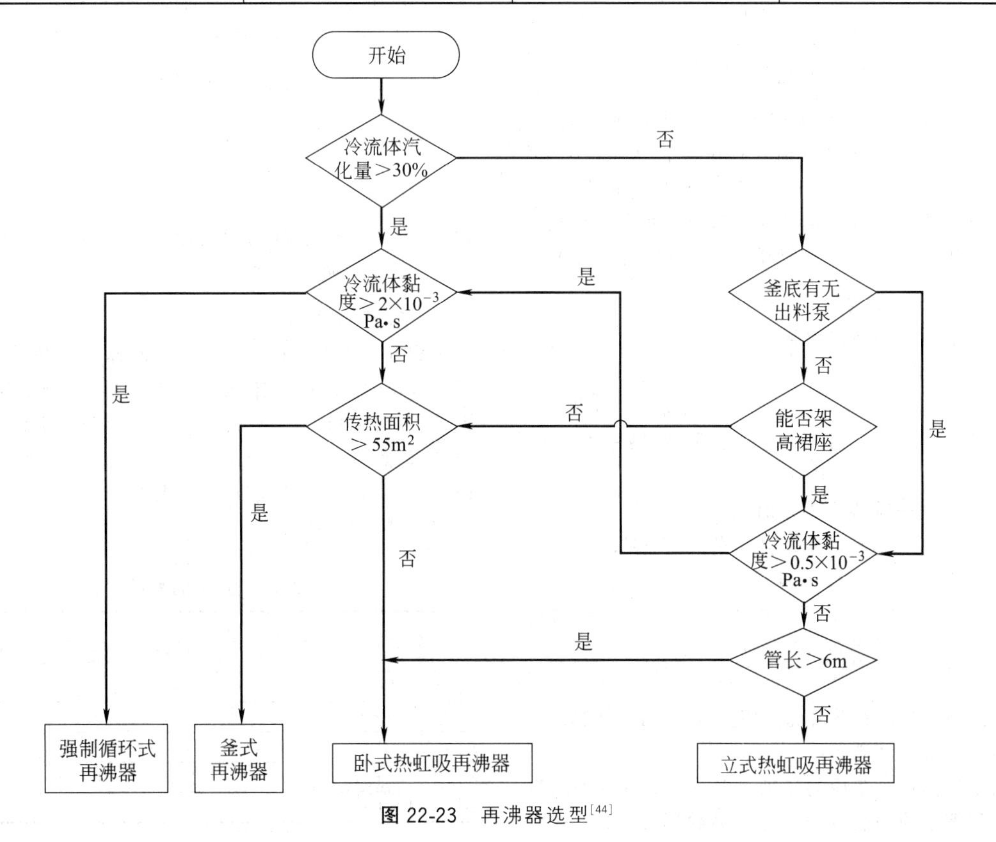

图 22-23 再沸器选型[44]

4.2 釜式再沸器

4.2.1 设计要点

釜式再沸器由较大的壳体和内置管束组成，在石油工业生产中应用较多，其特点可见表22-4。典型的釜式再沸器的配置如图22-3（d）所示。其壳体与管束的直径之比一般为1.3～2.0。管束一般是圆形的，为了使液体完全浸泡，也可以采用半圆形的。为了防止蒸干，进入再沸器的物料量应大于蒸发的物料量，多余的物料将通过溢流堰作为塔底出料，也可部分返回塔釜，溢流堰一般高于管束5～15cm。釜式再沸器经常被认为是釜式沸腾，实际上是在再沸器内由于管束内的液体气化，密度发生变化，形成了壳体和管束之间的循环，如图22-24所示。因此釜式再沸器管子的中心距离一般为$(1.3\sim2.0)d_0$。

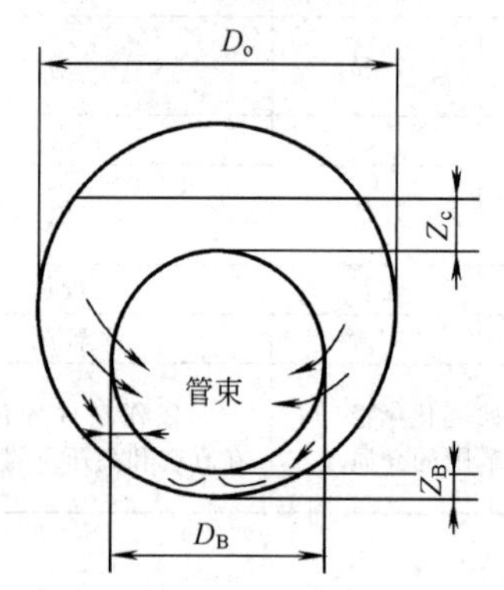

图22-24　壳体内管束液体循环

釜式再沸器最大的热负荷作为限制的热负荷。Frank[22]推荐的限制热负荷：有机液体为63kW/m²(38)；水溶液为110kW/m²（95）。括号内的数据为Kern[2]推荐的值。Kern推荐的沸腾传热系数：有机液体为1700W/(m²·K)；水溶液为5700W/(m²·K)。

4.2.2 传热系数

(1) 单一管的泡核沸腾

Mostinski[23]公式

$$h_{nb1}=0.00417p_c^{0.69}q^{0.7}F_p \tag{22-72}$$

式中　h_{nb1}——单一管的泡核沸腾传热系数，W/(m²·K)；

p_c——临界压力，kPa；

q——泡核沸腾的热负荷，W/m²；

F_p——压力校正因子。

$$F_p=1.8P_R^{0.17} \tag{22-73}$$

$$F_p=2.1P_R^{0.27}+\left(\frac{1}{1-P_R^2}+9\right)P_R^2 \tag{22-74}$$

$P_R=P/P_c$，真空情况采用式（22-74）计算。

(2) 管束流动沸腾

由于液体在管束内的流动，以及在周围管子的汽化，使得管子的液膜变薄，传热系数增加，Palen[24]考虑了流动以及组分变化对沸腾的影响，得到

$$h_b=h_{nb1}F_bF_c+h_{nc} \tag{22-75}$$

式中　F_b——对流的影响系数；

F_c——组分的影响系数；

h_{nc}——管束自然对流的传热系数，W/(m²·K)。

管束自然对流的传热系数，有机液体近似为250W/(m²·K)；水近似为1000W/(m²·K)。更精确的计算可参阅文献［23，28］。

Taborek[25]提出按式（22-76）计算F_b。

$$F_b=1+0.1\left[\frac{0.785D_{otl}}{C_1\left(\frac{P_T}{d_0}\right)^2d_0}-1\right]^{0.75} \tag{22-76}$$

当管子排布为90°和45°时，$C_1=1$；当管子排布为30°和60°时，$C_1=0.8866$。在初步设计时可取[26] $F_b=2$。

Chen[27]提出按式（22-77）计算F_c。

$$F_c=(1+0.023q^{0.15}BR^{0.75})^{-1} \tag{22-77}$$

式中　BR——混合物的沸点范围，可为混合物的露点和泡点之差。

4.2.3 管束的最大热负荷

Palen[28]给出管束的最大热负荷为

$$q_{b,\max}=q_{1,\max}\Phi_b \tag{22-78}$$

式中　$q_{1,\max}$——单管的最大热负荷，W/m²；

Φ_b——管束的影响因子。

Mostinski[23]给出单管的最大热负荷公式为

$$q_{1,\max}=367P_cPr^{0.35}(1-Pr)^{0.9} \tag{22-79}$$

$$\Phi_b=3.1\frac{\pi D_{otl}L_s}{A} \tag{22-80}$$

管束直径可近似按式（22-81）求取。

$$D_{otl}=2P_t\left(\frac{\sin\alpha N_T}{\pi}\right)^{0.5} \tag{22-81}$$

式中　α——管子排列的角度，设定管子为90°排列便于清洗。

4.2.4 计算举例

例5　设计一个烃类釜式再沸器，加热功率$Q=14.6$MW；系统的操作压力为1000kPa；物料的临界压力为3400kPa；泡点$T_b=140$℃；露点$T_d=180$℃；蒸发器出口气体温度为165℃。该烃类在165℃和100℃的物理性质见表22-25，手算时采用165℃下的物理性质。

表22-25　烃类的物理性质

物理性质	165℃		100℃	
	烃类蒸气	烃类液体	烃类蒸气	烃类液体
ρ/(kg/m³)	24	640		700
c_p/[J/(kg·K)]	1507	2090	1250	1650
μ/×10⁻⁵Pa·s	0.4	4.1	0.3	10
λ/[W/(m·K)]	0.005	0.291	0.003	0.32
ΔH_v/(kJ/kg)		349		376

(1) 估计管束直径

选用 ϕ19mm 的碳钢管为传热管，管间距 $P_t=25.4$mm，换热器的管长 $L_s=5$m。按照 Frank[22] 推荐的最大热负荷，取 30% 为操作热 $q=0.3\times63\times10^3=18.9\times10^3\text{W/m}^2$，按照加热功率和操作热负荷计算所需传热面积。

$$A=\frac{14.6\times10^6}{18.9\times10^3}=772.5(\text{m}^2)$$

管数

$$N_T=\frac{A}{\pi d_o L_s}=\frac{772.5}{3.1416\times0.019\times5}=2588$$

管束直径

$$D_{otl}=2\times0.0254\times\left(\frac{2588}{3.1416}\right)^{0.5}=1.435(\text{m})$$

(2) 计算单管沸腾传热系数

按式（22-73）

$$F_p=1.8\times\left(\frac{1000}{3400}\right)^{0.17}=1.462$$

按式（22-72）

$$h_{nb1}=0.00417P_c^{0.69}q^{0.7}F_p=0.00417\times3400^{0.69}\times(18.9\times10^3)^{0.7}\times1.462=1642[\text{W/(m}^2\cdot\text{K)}]$$

(3) 计算管束的对流沸腾传热系数

按式（22-76）

$$F_b=1+0.1\times\left[\frac{0.785D_{otl}}{C_1\left(\frac{P_T}{d_o}\right)^2 d_o}-1\right]^{0.75}$$

$$=1+0.1\times\left[\frac{0.785\times1.435}{\left(\frac{0.0254}{0.019}\right)^2\times0.019}\right]^{0.75}=2.38$$

$$BR=180-140=40$$

按式（22-77）

$$F_c=(1+0.023q^{0.15}BR^{0.75})^{-1}$$
$$=[1+0.023\times(18.9\times10^3)^{0.15}\times40^{0.75}]^{-1}$$
$$=0.384$$

按式（22-78）

$$h_b=h_{nb1}F_bF_c+h_{nc}=1642\times2.38\times0.384+250$$
$$=1750[\text{W/(m}^2\cdot\text{K)}]$$

(4) 计算总的传热系数

管内水蒸气的传热膜系数以及热阻假定为

$$h_c=8500\text{W/(m}^2\cdot\text{K)}$$

沸腾侧的热阻假定为

$$r_o=0.00035\text{K}\cdot\text{m}^2/\text{W}$$

自然对流传热膜系数为

$$h_{nc}=250\quad\text{W/(m}^2\cdot\text{K)}$$

忽略钢材的热阻。

$$K=\left(\frac{1}{h_b}+\frac{1}{h_c}+r_o\right)^{-1}$$
$$=\left(\frac{1}{1750}+\frac{1}{8500}+0.00035\right)^{-1}$$
$$=962.4[\text{W/(m}^2\cdot\text{K)}]$$

(5) 计算温差

水蒸气的饱和温度为 190℃，蒸发器物料出口的蒸汽温度为 165℃。

$$\Delta T=190-165=25(℃)$$

(6) 计算所需的传热面积

$$A_R=\frac{Q}{K\Delta T}=\frac{14.6\times10^6}{962.4\times25}=607(\text{m}^2)$$

(772.5－602)/772.5＝22%，该设计有 22% 的余量。

(7) 校核管束的最大热负荷

按式（22-79）计算单管最大热负荷。

$$q_{1,max}=367P_cPr^{0.35}\ (1-Pr)^{0.9}$$
$$=367\times3400\times0.294^{0.35}\ (1-0.294)^{0.9}$$
$$=594.3\times10^3\ [\text{W/(m}^2\cdot\text{K)}]$$

$$\Phi_b=3.1\times\frac{\pi D_{otl}L_s}{A}=3.1\times\frac{3.1416\times1.435\times5}{772.5}=0.09$$

$$q_{b,max}=q_{1,max}\Phi_b=594.3\times10^3\times0.09$$
$$=53.487\times10^3\ [\text{W/(m}^2\cdot\text{K)}]$$

$$\frac{18.9\times10^3}{53.487\times10^3}=35.3\%<50\%$$

完全满足要求。

ASPEN EDR 计算的再沸器数据见表 22-26（a）。

HTRI 7.0 计算的再沸器数据见表 22-26（b）。

表 22-26（a）　ASPEN EDR 计算的再沸器数据表

1	Size　1700/3500　5000　mm　Type BKU　Hor　Connected in　1 parallel　1 series		
2	Surf/unit(eff.)　1042.8　m　Shells/unit 1　Surf/shell(eff.)　1042.8　m		
3	PERFORMANCE OF ONE UNIT		
4	Fluid allocation	Shell Side	Tube Side
5	Fluid name	Hydrocarbon	Steam
6	Fluid quantity, Total　kg/s	55.5556	7

续表

7	Vapor(In/Out)	kg/s	0	41.7223	7	0
8	Liquid	kg/s	55.5556	13.8333	0	7
9	Noncondensable	kg/s	0	0	0	0
10						
11	Temperature(In/Out)	℃	165	165.02	191.5	166.45
12	Dew/Bubble point	℃		165	191.24	191.24
13	Density Vapor/Liquid	kg/m	24/640	23.32/640	6.42/	/718.71
14	Viscosity	mPa·s	0.004/0.041	0.004/0.041	0.0119/	/0.2752
15	Molecular wt, Vap		87.43	87.43	18.02	
16	Molecular wt, NC					
17	Specific heat	kJ/(kg·K)	1.507/2.09	1.507/2.09	2.076/	/5.033
18	Thermal conductivity	W/(m·K)	0.005/0.291	0.005/0.291	0.0417/	/0.8304
19	Latent heat	kJ/kg	348	348	2040.1	
20	Pressure	bar	10	9.71548	12.9	12.88673
21	Velocity	m/s	1.22		3.25	
22	Pressure drop, allow./calc.	bar	0.5	0.28452	0.138	0.01327
23	Fouling resist.(min)	m^2·K/W	0.00035		0.00001	0.00001Ao based
24	Heat exchanged 14860 kW		MTD corrected			22.41 ℃
25	Transfer rate, Service 635.8		Dirty 791.9	Clean 1110.2		W/(m^2·K)
26	CONSTRUCTION OF ONE SHELL				Sketch	
27			Shell Side	Tube Side		
28	Design/Vac/Test pressure	bar	10.342/ /	13.1/ /		
29	Design temperature	℃	198.89	226.67		
30	Number passes per shell		1	2		
31	Corrosion allowance	mm	1.59	1.59		
32	Connections In	mm	1 152.4/ -	1 304.8/ -		
33	Size/rating Out		1 304.8/ -	1 101.6/ -		
34	Nominal Intermediate		/ -	/ -		
35	Tube No.1294 OD 20		Tks·Avg 1.65 mm	Length 5000 mm	Pitch 26.35 mm	
36	Tube type Plain	#/m	Material Carbon Steel		Tube pattern 90	
37	Shell Carbon Steel ID 1700 OD 1726	mm			Shell cover	Carbon Steel
38	Channel or bonnet Carbon Steel				Channel cover	-
39	Tubesheet-stationary Carbon Steel				Tubesheet-floating	-
40	Floating head cover -				Impingement protection	None
41	Baffle-crossing Carbon Steel		Type Unbaffled	Cut(%d)	Spacing: c/c	mm
42	Baffle-long -		Seal type		Inlet	mm
43	Supports-tube		U-bend	Type		
44	Bypass seal			Tube-tubesheet joint	Exp.	
45	Expansion joint -		Type			
46	RhoV2-Inlet nozzle 13882		Bundle entrance 46		Bundle exit 18	kg/(m·s^2)
47	Gaskets-Shell side		Flat Metal Jacket Fibe	Tube Side	Flat Metal Jacket Fibe	
48	Floating head -					
49	Code requirements		ASME Code Sec Ⅷ Div 1		TEMA class	R-refinerv service
50	Weight/Shell 32421.3		Filled with water 102631.1		Bundle 13191.3	kg
51	Remarks					

表 22-26（b）　HTRI 7.0 计算的再沸器数据表

HTRI

HEAT EXCHANGER RATING DATA SHEET

Page 1

SI Units

Service of Unit			Item No.	
Type　BKU	Orientation Horizontal		Connected In　1　Parallel　1　Series	
Surf/Unit(Gross/Eff)　903.70/871.95m^2	Shell/Unit　1		Surf/Shell(Gross/Eff)　903.70/871.95m^2	
PERFORMANCE OF ONE UNIT				
Fluid Allocation	Shell Side		Tube Side	
Fluid Name	Hydrocarbons		Steam	
Fluid Quantity, Total　kg/s	55.744		7.3973	
Vapor(In/Out)　%(wt)	0.00	75.00	100.00	0.00
Liquid　%(wt)	100.00	25.00	0.00	100.00
Temperature(In/Out)　℃	164.91	165.01	191.61	191.50
Density　kg/m^3	640.00	24.000　V/L　640.00	6.6149	874.40
Viscosity　$mN\cdot s/m^2$	0.0410	0.0040　V/L　0.0410	0.0154	0.1406
Specific Heat　$kJ/(kg\cdot ℃)$	2.0900	1.5070　V/L　2.0900	2.8685	4.4535
Thermal Conductivity　$W/(m\cdot ℃)$	0.2910	0.0050　V/L　0.2910	0.0375	0.6686
Critical Pressure　kPa				
Inlet Pressure　kPa	1012.3		1300.0	
Velocity　m/s		0.61		2.19
Pressure Drop, Allow/Calc　kPa	0.000	5.331	13.800	3.164
Average Film Coefficient　$W/(m^2\cdot K)$	1980.0		9787.0	
Fouling Resistance(min)　$m^2\cdot K/W$	0.000350		0.000010	
Heat Exchanged　14.600 MegaWatts	MTD(Corrected)　26.5 ℃		Overdesign　54.95%	
Transfer Rate, Service　631.01 $W/(m^2\cdot K)$	Calculated 977.72$W/(m^2\cdot K)$		Clean　1513.3$W/(m^2\cdot K)$	

CONSTRUCTION OF ONE SHELL			Sketch(Bundle/Nozzle Orientation)
	Shell Side	Tube Side	
Design Pressure　kPa(G)	1034.2	1379.0	
Design Temperature　℃	193.33	260.00	
No Passes per Shell	1	2	
Flow Direction	Upward	Downward	
Connections Size & Rating　In　mm	1@205.00	1@258.88	
Out　mm	1@438.15	1@77.927	
Liq. Out　mm	1@102.26	1@	

Tube No.　2588.0　OD　20.000mm　Thk(Avg)　1.650mm　Length　5.000m　Pitch　26.350mm　Tube pattern　90		
Tube Type Plain	Material Carbon steel	Pairs seal strips　0
Shell ID　1700.0mm	Kettle ID　3500.0　mm	Passlane Seal Rod No. 0
Cross Baffle Type　Support	%Cut(Diam)	Impingement Plate　Circular plate
Spacing(c/c)　973.65　mm　Inlet　mm		No. of Crosspasses　1
Rho-V2-Inlet Nozzle　4456.4　$kg/(m\cdot s^2)$	Shell Entrance　3683.7$kg/(m\cdot s^2)$	Shell Exit　11.55　$kg/(m\cdot s^2)$
	Bundle Entrance　$kg/(m\cdot s^2)$	Bundle Exit　$kg/(m\cdot s^2)$
Weight/Shell　22023kg	Filled with Water　71897kg	Bundle　13450kg

Notes: Supports/baffle space=4.	Thermal Resistance, %		Velocities, m/s		Flow Fractions	
	Shell	49.38	Shellside	0.61	A	0.000
	Tube	11.96	Tubeside	2.19	B	1.000
	Fouling	35.39	Crossflow	0.48	C	0.000
	Metal	3.26	Window	0.00	E	0.000
					F	0.000

4.3 立式热虹吸式再沸器

4.3.1 设计要点

立式热虹吸式再沸器依靠塔釜内的液体静压头和再沸器内两相流的密度差产生推动力形成热虹吸式的运动，因此塔釜内的液面一般和再沸器的上管板在同一高度。垂直管内的液体蒸发从泡核沸腾到喷雾状的干管状态，好的设计一般使管内的状态处于泡核沸腾和环流状态，要保证在这个状态，必须使循环的液体大于蒸发量的三倍以上。再沸器出口管的面积应和再沸器列管面积的总和相等。立式热虹吸式再沸器的设计既烦琐又耗时，最好采用计算机计算，较好的计算机程序可参阅文献［29，30］。本小节主要讨论手算方法，以供没有条件的设计者使用。

如图22-25所示为立式再沸器接管配置，再沸器总管长L，L_{BC}为显热加热段，L_{CD}为蒸发段。一般设计A点应该与上管板等高，$Z_A-Z_C=L_{CD}$，即引起立式再沸器循环的动力压头。

立式再沸器循环的必要条件是

$$[L_{CD}(\rho_L-\rho_{tp})-L_{DE}\rho_{tpE}]g \geqslant \Delta p_T \tag{22-82}$$

式中 ρ_{tp}——再沸器管内两相的平均密度；

ρ_{tpE}——再沸器出口管处的两相密度。

$$\rho_{tp}=\rho_g R_g+\rho_L R_L \tag{22-83}$$

$$R_L=1-R_g$$

式中 R_g——气相体积分数。

按 Martinelli 方法

$$R_g=1-\left(\frac{1}{\dfrac{X_{tt}^{-2}+21}{X_{tt}+1}}\right)^{0.5} \tag{22-84}$$

$$X_{tt}=\left(\frac{1-x}{x}\right)^{0.9}\left(\frac{\rho_g}{\rho_L}\right)^{0.5}\left(\frac{\mu_L}{\mu_g}\right)^{0.1} \tag{22-85}$$

式（22-84）左右两边相等时，说明再沸器的循环量正好，即该再沸器的实际生产状况；左边大于右边时，说明循环量不够，应增加循环量。

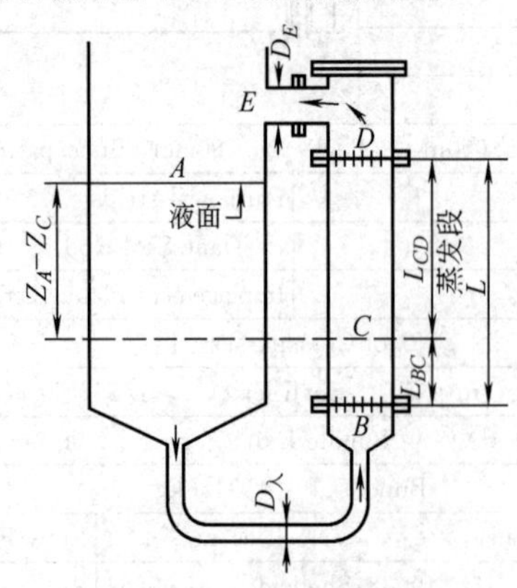

图22-25 立式再沸器接管配置

在计算时，应尽量使两边相等，这是个迭代的过程。立式再沸器管系的总压降Δp_T的计算如下。

$$\Delta p_T=\Delta p_1+\Delta p_2+\Delta p_3+\Delta p_4+\Delta p_5 \tag{22-86}$$

式中 Δp_1——再沸器入口管液相流动摩擦压降；

Δp_2——再沸器显热段的液相流动摩擦压降；

Δp_3——再沸器蒸发段的两相流动摩擦压降；

Δp_4——再沸器出口管两相流动摩擦压降；

Δp_5——再沸器两相流动加速损失。

$$\Delta p_5=\frac{G_t^2}{\rho_L}\left[\frac{(1-x_E)^2}{R_L}+\frac{x_E^2\rho_L}{R_g\rho_g}-1\right] \tag{22-87}$$

再沸器显热段的长度按下式计算[13]。

$$L_{BC}=\frac{\left(\dfrac{\Delta t}{\Delta p}\right)_s}{\dfrac{\dfrac{\Delta t}{\Delta L}}{-\dfrac{\Delta p}{\Delta L}}+\left(\dfrac{\Delta t}{\Delta p}\right)_s}L \tag{22-88}$$

$(\Delta t/\Delta p)_s$可以按热力学表求出，也可按 Antoine 蒸汽压方程计算；在忽略加热段的摩擦损失时

$$-\left(\frac{\Delta p}{\Delta L}\right)=\rho_l\left(\frac{g}{g_c}\right);$$

$(\Delta t/\Delta L)$从热平衡，按式（22-89）求取。

$$\frac{\Delta t}{\Delta L}=\frac{\pi d_i N_T h_i(t_w-t)}{c_{pL}W_i} \tag{22-89}$$

4.3.2 传热系数

在垂直管内对流饱和沸腾的传热系数广泛采用 Chen[27]的关系式。

$$h_b=h_{fc}+Sh_{nb} \tag{22-90}$$

式中 h_{nb}——泡核沸腾传热膜系数，可由式（22-72）和式（22-77）联立计算；

S——压制因子；

h_{fc}——两相对流传热膜系数。

$$h_{nb}=h_{nb1}F_c \tag{22-91}$$

$$S=\frac{1}{[1+2.53\times10^{-6}(Re_{tp})^{1.17}]} \tag{22-92}$$

$$Re_{tp}=\frac{md}{\mu_l}(1-x)F^{1.25} \tag{22-93}$$

$$h_{fc}=Fh_l \tag{22-94}$$

式中 F——两相运动增强系数；

h_l——单相对流传热系数，可由图22-15求取J_H，再据式（22-5）求得。

$$F=2.35\left(0.213+\frac{1}{X_{tt}}\right)^{0.736} \tag{22-95}$$

当$1/X_{tt}\leqslant0.1$时，$F=1.0$。

4.3.3 压力降

在立式再沸器蒸发段可以认为蒸发量与管长成比例，Chisholm[12]对计算两相摩擦压力降的式（22-64），由$0\sim x_E$蒸汽分率进行积分，得出式（22-96）。

$$\frac{\int_0^{L_0}\Delta p_{tp}\mathrm{d}L}{\Delta p_{lo}L_o}=1+(Y^2-1)\times\left[\frac{B}{x_E}\int_0^{x_E}x^{\frac{2-n}{2}}(1-x)^{\frac{2-n}{2}}\mathrm{d}x+\frac{x_E^{2-n}}{3-n}\right] \tag{22-96}$$

式（22-96）右边积分式的值可由表22-27查得。

表 22-27 $\frac{1}{x_E}\int_0^{x_E} x^{\frac{2-n}{2}}(1-x)^{\frac{2-n}{2}}dx$ 积分式值与 x_E 的关系

n	x_E						
	0.01	0.04	0.08	0.09	0.1	0.2	0.3
0.25	0.00943	0.03117	0.05582	0.06151	0.06704	0.1154	0.1536
0.2	0.00829	0.02836	0.05164	0.05706	0.06234	0.1089	0.1462
0.1	0.00642	0.02349	0.04421	0.04912	0.05392	0.0971	0.1324

式（22-96）中的 B 值可由表 22-28 查得。

表 22-28 B 值与 Y、m 的关系

Y	m	B
—	≤500	4.8
≤9.5	500<m<1900	$\frac{2400}{W}$
—	≥1900	$\frac{55}{W^{0.5}}$
9.5<Y<28	≤600	$\frac{520}{YW^{0.5}}$
≥28		$\frac{15000}{Y^2W^{0.5}}$

4.3.4 设计举例

例 6 设计一个烃类立式热虹吸式再沸器，操作压力 1118kPa，要求蒸发量 1.72kg/s，该压力下烃的饱和温度为 83℃，临界压力 p_c=4106.7kPa，加热蒸汽采用 1.5kg/cm² （绝压，1kg/cm²=0.098MPa）。该烃类在三个不同温度的物性数据见表 22-29。手算时采用 83℃的物性值。传热管选用 ϕ25.4mm×2.5mm 的钢管，管长 L_s=2.5m，由塔底到再沸器底部管口接管的当量长度为 20m，由再沸器顶部出口管返回塔接管的当量长度为 15m，进口管的内径为 0.151m，出口管的内径为 0.2488m，出口管的高度 L_{DE}=1.5m。管外水蒸气的传热膜系数定为 8500W/(m²·K)。

解 (1) 初估再沸器的尺寸

传入的热量 Q=1.72×355.9=612（kW）

1.5kg/cm²（绝压）水蒸气的饱和温度为 110.79℃，传热温差 ΔT=110.79−83=27.8（℃）。

假定总的传热系数 K=800W/(m²·K)。

传热面积 A=612×10³/(27.8×800)=27.5≈28(m²)。

需传热管的数目 $N_T=\frac{28}{3.1416\times0.0254\times2.5}\approx$140(根)。

(2) 决定循环量

① 首先假定再沸器出口管的气体分率为

$$x_E=0.12$$

总的循环液量为 W=1.72/0.12=14.3（kg/s），按式(22-85) 计算 X_{tt}，按照 40%的汽化率时，x=0.048。

$$X_{tt}=\left(\frac{1-x}{x}\right)^{0.9}\left(\frac{\rho_g}{\rho_L}\right)^{0.5}\left(\frac{\mu_L}{\mu_g}\right)^{0.1}$$

$$=\left(\frac{1-0.048}{0.048}\right)^{0.9}\times\left(\frac{3.2}{720}\right)^{0.5}\times\left(\frac{0.4\times10^{-3}}{0.86\times10^{-5}}\right)^{0.1}=1.44$$

$$R_g=1-\left(\frac{1}{\frac{X_{tt}^{-2}+21}{X_{tt}+1}}\right)^{0.5}$$

$$=1-\left(\frac{1}{\frac{1.44^{-2}+21}{1.44+1}}\right)^{0.5}=0.75$$

$$\rho_{tp}=R_g\rho_g+(1-R_g)\rho_L=0.75\times3.2+0.25\times720=182.4(\text{kg/m}^3)$$

$$X_{ttE}=\left(\frac{1-0.12}{0.12}\right)^{0.9}\times\left(\frac{3.2}{720}\right)^{0.5}\times\left(\frac{0.45\times10^{-3}}{0.86\times10^{-5}}\right)^{0.1}=0.59$$

$$R_{gE}=1-\left(\frac{1}{\frac{X_{tt}^{-2}+21}{X_{tt}+1}}\right)^{0.5}=1-\left(\frac{1}{\frac{0.59^{-2}+21}{0.59+1}}\right)^{0.5}=0.84$$

$$\rho_{tpE}=R_{gE}\rho_g+(1-R_{gE})\rho_L=0.84\times3.2+0.16\times720=118(\text{kg/m}^3)$$

② 求显热段的长度

$$G_i=\frac{14.3}{\frac{\pi}{4}\times0.0204^2\times140}=312.7\ [\text{kg/(m}^2\cdot\text{s)}]$$

$$Re_i=\frac{d_iG_i}{\mu_L}=\frac{0.0204\times312.7}{0.4\times10^{-3}}=1.59\times10^4$$

由图 22-15 查得 J_H=0.004，由式（22-5）计算显热段的对流传热系数 h_i。

$$h_i=J_Hc_{pL}G_i\left(\frac{C_{pL}\mu_L}{\lambda_L}\right)^{-\frac{2}{3}}\left(\frac{\mu}{\mu_w}\right)^{-\frac{1}{3}}$$

$$=0.004\times1.88\times10^3\times312.7\left(\frac{1.88\times10^3\times0.4\times10^{-3}}{0.149}\right)^{-\frac{2}{3}}\times1=799$$

$$h_1=\left(\frac{1}{h_i}+0.000086\right)^{-1}=747.8$$

$$t_w=\frac{h_ot_o+h_it_i}{h_o+h_i}=\frac{8500\times110.8+747.8\times83}{8500+747.8}=108.5\ (℃)$$

$$t_w-t_i=108-83=25\ (℃)$$

$$\frac{\Delta t}{\Delta L}=\frac{\pi d_iN_Th_i(t_w-t)}{c_{pl}W_i}$$

$$=\frac{\pi\times0.0204\times140\times747.8\times25}{1.88\times10^3\times14.3}=6.24(℃/\text{m})$$

$$\left(\frac{\Delta t}{\Delta p}\right)_s=\frac{83-60}{(11.2-7.24)\times1.02}$$

$$=5.69[℃/(\text{kg/cm}^2)]$$

表 22-29　该烃类在三个不同温度下的物性数据

温度	液态物理性质				气态物理性质				蒸气压 /bar①	蒸发热 /(kJ/kg)
	ρ_l /(kg/m³)	c_{pl}/[kJ /(kg·K)]	μ_L/×10³ Pa·s	λ_L/[W /(m·K)]	ρ_g /(kg/m³)	c_{pg}/[kJ /(kg·K)]	μ_g/×10⁵ Pa·s	λ_g/×10² [W/(m·K)]		
60℃	745	1.78	0.53	0.155	2.2	1.5	0.82	1.55	7.24	381
83℃	720	1.88	0.4	0.149	3.2	1.6	0.86	1.77	11.2	355.9
100℃	705	1.96	0.34	0.143	4.88	1.695	0.92	1.88	16	334

① $1bar=1\times10^5Pa$。

$$\frac{\Delta p}{\Delta L}\approx\rho_l=720\times10^{-4}[kg/(cm^2/m)]$$

由式（22-88）得显热段长度为

$$L_{BC}=\frac{\dfrac{\Delta t}{\Delta p_s}}{-\dfrac{\dfrac{\Delta t}{\Delta L}}{\dfrac{\Delta p}{\Delta L}}+\left(\dfrac{\Delta t}{\Delta p}\right)_s}L_s$$

$$=\frac{\dfrac{5.69}{6.24}}{0.072+5.69}\times2.5=0.154$$

③ 检验循环推动力

按式（22-82）

$$[L_{CD}(\rho_L-\rho_{tp})-L_{DE}\rho_{tpE}]g\geqslant\Delta P_T$$

$$[L_{CD}(\rho_L-\rho_{tp})-\rho_{tpE}L_{DE}]g=[(2.5-0.154)\times(720-182.4)-118\times1.5]\times9.8=10625(kPa)$$

计算再沸器管系总压力降 Δp_T。

a. 按式（22-30）计算入口管内的摩擦压降 Δp_1

$$G_i=\frac{W_i}{\dfrac{\pi d_i^2}{4}}=\frac{14.3}{0.785\times0.151^2}=799\ [kg/(m^2\cdot s)]$$

$$Re_i=\frac{d_iG_i}{\mu_L}=\frac{0.151\times799}{0.4\times10^{-3}}=3.016\times10^5$$

$$f_i=\frac{0.04}{Re_i^{0.16}}=0.0053$$

$$\Delta p_1=\frac{4f_iG_i^2L}{2\rho_ld_i}=\frac{2\times0.0053\times799^2\times20}{720\times0.151}$$

$$=1247.7\ (Pa)$$

b. 按式（22-30）计算显热段的摩擦压力降 Δp_2

$$G_i=\frac{W_i}{\dfrac{\pi}{4}d_i^2N_T}=\frac{14.3}{0.785\times0.0204^2\times140}=312.51$$

$$Re_i=\frac{d_iG_i}{\mu_l}=\frac{0.0204\times312.7}{0.4\times10^{-3}}=1.6\times10^4$$

$$f_i=\frac{0.04}{Re_i^{0.16}}=0.0085$$

$$\Delta p_2=\frac{4f_iG_i^2L_{BC}}{2\rho_ld_i}$$

$$=\frac{2\times0.0085\times312.7^2\times0.12}{720\times0.0204}=13.5\ (Pa)$$

c. 按式（22-59）～式（22-66）结合式（22-96）计算 Δp_3

$$m=\frac{14.3}{\dfrac{\pi}{4}\times0.0204^2\times140}=312.7\ [kg/(m^2\cdot s)]$$

$$Re_{lo}=\frac{d_im}{\mu_l}=\frac{0.0204\times312.7}{0.4\times10^{-3}}=1.6\times10^4$$

$$Re_{go}=\frac{0.0204\times312.7}{0.86\times10^{-5}}=7.4\times10^5$$

$$f_L=\frac{0.314}{Re_{lo}^{0.25}}=0.028$$

$$f_g=\frac{0.186}{(7.4\times10^5)^{0.2}}=0.0125$$

$$\left(\frac{dp}{dZ}\right)_{lo}=\frac{0.028\times312.7^2}{2\times0.0204\times720}=93.01$$

$$\left(\frac{dp}{dZ}\right)_{go}=\frac{0.0125\times312.7^2}{2\times0.0204\times3.2}=9350.1$$

由 $Y^2=\dfrac{\left(\dfrac{dp}{dZ}\right)_{go}}{\left(\dfrac{dp}{dZ}\right)_{lo}}=\dfrac{9361.7}{93.2}=100.4$，得 $Y=10.0$

按表 22-26，$B=520/10/312.7^{0.5}=2.9$；$n=0.20$；按表 22-25，当 $x=0.12$ 时查得式（22-96）的积分值为 0.072。

$$\Phi_{lo}^2=1+(Y^2-1)\left(0.072B+\frac{x_E^{2-n}}{3-n}\right)$$

$$=1+(100-1)\times\left(2.9\times0.072+\frac{0.12^{1.8}}{2.8}\right)=22.45$$

$$\Delta p_3=\Phi_{lo}^2\left(\frac{dp}{dZ}\right)_{lo}L_{CD}$$

$$=22.45\times93.01\times2.346=4898.6\ (Pa)$$

d. 按式（22-59）～式（22-66）计算出口管的摩擦压力降 Δp_4

$$m=\frac{W_i}{\dfrac{\pi d_i^2}{4}}=\frac{14.3}{0.785\times0.2488^2}=294.3\ [kg/(m^2\cdot s)]$$

$$Re_{lo}=\frac{d_im}{\mu_l}=\frac{0.2488\times294.3}{0.4\times10^{-3}}=1.8\times10^5$$

$$Re_{go}=\frac{0.2488\times294.3}{0.86\times10^{-5}}=8.51\times10^6$$

$$f_L=\frac{0.186}{(1.85\times10^5)^{0.2}}{}^{0.2}=0.01644$$

$$f_g=\left[\frac{0.186}{(8.22\times10^6)^{0.2}}\right]^{0.2}=0.0076$$

$$\left(\frac{dp}{dZ}\right)_{lo}=\frac{0.0164\times294.3^2}{2\times0.2488\times720}=3.98$$

$$\left(\frac{dp}{dZ}\right)_{go}=\frac{0.0076\times294.3^2}{2\times0.2488\times3.2}=415.9$$

由 $Y^2=\frac{415.9}{3.98}=104.4$，得 $Y=10.2$。

$$B=\frac{520}{10.2\times294.3^{0.5}}=2.97$$

$$\Phi_{lo}^2=1+(Y^2-1)[Bx^{\frac{2-n}{2}}(1-x)^{\frac{2-n}{2}}+x^{2-n}]$$

$$=1+(104.4-1)(2.97\times0.12^{0.875}\times0.88^{0.875}+0.12^{1.75})$$

$$=46.48$$

$$\Delta p_4=\Phi_{lo}^2\left(\frac{dP}{dZ}\right)_{lo}L=46.48\times3.98\times15=2777.8\ (Pa)$$

e. 按式（22-87）计算 Δp_5

$R_g=R_{gE}$；$x_E=0.12$；$G_t=m=294.3$。

$$\Delta p_5=\frac{G_t^2}{\rho_L}\left[\frac{(1-x_E)^2}{R_L}+\frac{x_E^2\rho_L}{R_g\rho_g}-1\right]$$

$$=\frac{294.3^2}{720}\times\left[\frac{(1-0.12)^2}{0.16}+\frac{0.12^2\times720}{0.84\times3.2}-1\right]$$

$$=925.9\quad Pa$$

f. 按式（22-86）计算再沸器管系总压力降 Δp_T

$$\Delta p_T=\Delta p_1+\Delta p_2+\Delta p_3+\Delta p_4+\Delta p_5$$

$$=1247.7+13.5+4898.6+2777.8+925.9$$

$$=9863.5\ (Pa)$$

g. 比较推动力和管系压力降

10.8>9.9，满足要求，且较接近，循环量的计算结束。

(3) 校核传热系数

主要是校核沸腾部分，即 L_{CD} 段。

传热总面积为

$$A=140\times3.1416\times0.0254\times2.346=26.2\ (m^2)$$

传热负荷为

$$q=\frac{\frac{612}{10^3}}{26.2}=23351.3\ (W/m^2)$$

按式（22-72）、式（22-90）、式（22-91）、式（22-94）计算对流饱和沸腾的传热系数。

$$Pr=\frac{1118}{4106.7}=0.27$$

$$F_p=1.8Pr^{0.17}=1.8\times0.27^{0.17}=1.44$$

$$h_{nb1}=0.00417P_c^{0.69}q^{0.7}F_p$$

$$=0.00417\times4106.7^{0.69}\times23351.3^{0.7}\times1.44$$

$$=2136.1$$

按纯烃组分 $F_c=1$，

所以 $h_{nb}=h_{nb1}$

$$F=2.35\times(0.213+\frac{1}{X_{tt}})^{0.736}$$

$$=2.35\times(0.213+\frac{1}{1.44})^{0.736}=2.18$$

$$Re_{tp}=\frac{md}{\mu_l}(1-x)F^{1.25}$$

$$=1.6\times10^4\times(1-0.048)\times2.18^{1.25}$$

$$=40348.5$$

$$S=\frac{1}{1+2.53\times10^{-6}(Re_{tp})^{1.17}}=0.62$$

在求显热段长度中已求出 $h_l=799$ W/(m·K)。

$$h_b=Fh_l+Sh_{nb}=2.18\times799+0.62\times2136.1$$

$$=3066.2\ [W/(m^2\cdot K)]$$

$$r_r=r_o=0.000086\quad (m^2\cdot s)/W$$

$$K=\left(\frac{1}{8500}+0.000086+0.000086\times\frac{0.0254}{0.0204}+\frac{1}{3066.2}\times\frac{0.0254}{0.0204}\right)^{-1}=1395.1\ [W/(m^2\cdot K)]$$

1395.1≫800，这个设计是安全的。全部计算结束。ASPEN EDR 立式热虹吸再沸器计算结果见表 22-30（a）。HTRI 7.0 计算的立式热虹吸再沸器数据见表 22-30（b）。

表 22-30（a） ASPEN EDR 立式热虹吸再沸器计算结果

1	Size 500～2500 mm Type BEM Ver Connected in 1 parallel 1 series				
2	Surf/unit(eff.) 36 m Shells/unit 1 Surf/shell(eff.) 36 m				
3	PERFORMANCE OF ONE UNIT				
4	Fluid allocation	Shell Side		Tube Side	
5	Fluid name	STEAM		HYDROCARBONS	
6	Fluid quantity, Total kg/s	0.2754		14.3	
7	Vapor(In/Out) kg/s	0.2754	0	0	1.716
8	Liquid kg/s	0	0.2754	14.3	12.584

续表

9	Noncondensable	kg/s	0	0	0	0
10						
11	Temperature(In/Out)	℃	112.04	112.04	83	83.1
12	Dew/Bubble point	℃	112.04	112.04		83
13	Density Vapor/Liquid	kg/m	0.84/791.55	0.84/791.55	2.2/745	1.74/745
14	Viscosity	mPa·s	0.0095/0.4883	0.0095/0.4883	0.0082/0.53	0.0082/0.53
15	Molecular wt,Vap		18.02	18.02	5.83	5.83
16	Molecular wt,NC					
17	Specific heat	kJ/(kg·K)	1.915/4.618	1.915/4.618	1.5/1.78	1.5/1.78
18	Thermal conductivity	W/(m·K)	0.029/1.1002	0.029/1.1002	0.0155/0.155	0.0155/0.155
19	Latent heat	kJ/kg	2301.8	2301.8	348.5	350.4
20	Pressure	bar	1.471	1.46722	11.18	8.84338
21	Velocity	m/s	8.37		16.41	
22	Pressure drop,allow./calc.	bar	0.588	0.00378	0.001	1198.681
23	Fouling resist.(min)	$m^2 \cdot K/W$	0.00009		0.00009	0.00011Ao based
24	Heat exchanged 617.3 kW		MTD corrected			29.02 ℃
25	Transfer rate,Service 590.6	Dirty 1263.2	Clean 1696.2			$W/(m^2 \cdot K)$
26	CONSTRUCTION OF ONE SHELL				Sketch	
27			Shell Side	Tube Side		
28	Design/Vac/Test pressure	bar	5.171/ /	11.721/ /		
29	Design temperature	℃	148.89	121.11		
30	Number passes per shell		1	1		
31	Corrosion allowance	mm	1.59	1.59		
32	Connections In	mm	1 101.6/ -	1 152.4/ -		
33	Size/rating Out		1 25.4/ -	1 254/ -		
34	Nominal Intermediate		/ -	/ -		
35	Tube No.140 OD 25.4	Tks.Avg 2.5 mm	Length 2500 mm	Pitch 31.75 mm		
36	Tube type Plain	#/m	Material Carbon Steel		Tube pattern 30	
37	Shell Carbon Steel ID 500 OD 520	mm			Shell cover -	
38	Channel or bonnet Carbon Steel				Channel cover -	
39	Tubesheet-stationary Carbon Steel				Tubesheet-floating -	
40	Floating head cover -				Impingement protection None	
41	Baffle-crossing Carbon Steel	Type Single segmental	Cut(%d)44.5 V	Spacing:c/c 400		mm
42	Baffle-long -		Seal type		Inlet 288.38	mm
43	Supports-tube	U-bend	Type			
44	Bypass seal		Tube-tubesheet joint	Exp.		
45	Expansion joint -		Type			
46	RhoV2-Inlet nozzle 1343	Bundle entrance 68		Bundle exit 0		$kg/(m \cdot s^2)$
47	Gaskets-Shell side	Flat Metal Jacket Fibe	Tube Side	Flat Metal Jacket Fibe		
48	Floating head -					
49	Code requirements	ASME Code Sec Ⅷ Div 1		TEMA class R-refinerv service		
50	Weight/Shell 1334.4	Filled with water 1935		Bundle 662.1		kg
51	Remarks					

表 22-30（b）　HTRI 7.0 计算的立式热虹吸再沸器数据表

HTRI

HEAT EXCHANGER RATING DATA SHEET

Page 1

SI Units

Service of Unit		Item No.	
Type　BEM	Orientation vertical	Connected In　1　Parallel　1　Series	
Surf/Unit(Gross/Eff)　27.929/27.148m²		Shell/Unit　1	Surf/Shell(Gross/Eff)　27.929/27.148m²

PERFORMANCE OF ONE UNIT

		Shell Side		Tube Side	
Fluid Allocation		Shell Side		Tube Side	
Fluid Name		Steam		Hydrocarbons	
Fluid Quantity, Total	kg/s	0.2803		14.300	
Vapor(In/Out)	%(wt)	100.00	0.00	0.00	12.00
Liquid	%(wt)	0.00	100.00	100.00	88.00
Temperature(In/Out)	℃	110.54	110.33	83.00	83.36
Density	kg/m³	0.8410	950.70	745.00	3.2395　V/L　719.42
Viscosity	mN·s/m²	0.0126	0.2539	0.5300	0.0086　V/L　0.3981
Specific Heat	kJ/(kg·℃)	2.1238	4.2309	1.7800	1.6028　V/L　1.8826
Thermal Conductivity	W/(m·℃)	0.0259	0.6814	0.1550	0.0018　V/L　0.1488
Critical Pressure	kPa				
Inlet Pressure	kPa	146.00		1136.1	
Velocity	m/s		2.81		6.01
Pressure Drop, Allow/Calc	kPa	70.000	1.031	18.000	13.558
Average Film Coefficient	W/(m²·K)	7286.9		2179.6	
Fouling Resistance(min)	m²·K/W	0.000090		0.000090	

Heat Exchanged	0.6253 MegaWatts	MTD(Corrected)　27.3 ℃	Overdesign　23.45%
Transfer Rate, Service	844.61W/m²·K	Calculated 1042.6W/m²·K	Clean　1320.9W/m²·K

CONSTRUCTION OF ONE SHELL　　Sketch(Bundle/Nozzle Orientation)

			Shell Side	Tube Side
Design Pressure		kPa　G	517.11	1172.1
Design Temperature		℃	260.00	260.00
No Passes per Shell			1	1
Flow Direction			Downward	Upward
Connections Size & Rating	In	mm	1@128.19	1@151.00
	Out	mm	1@52.553	1@248.80
	Liq. Out	mm	@	1@

Tube No.　140.00 OD　25.400mm　Thk(Avg)　2.500mm　Length　2.500m　Pitch　31.750mm　Tube pattern　30		
Tube Type Plain	Material Carbon Steel	Pairs seal strips　1
Shell ID　500.00mm	Kettle ID　mm	Passlane Seal Rod No. 0
Cross Baffle Type　parallel　Single-Seg	%Cut(Diam)　28	Impingement Plate　Circular plate
Spacing(c/c)　400.00　mm	Inlet　415.08　mm	No. of Crosspasses　6
Rho-V2-Inlet Nozzle　560.93　kg/(m·s²)	Shell Entrance　644.18　kg/(m·s²)	Shell Exit　10.04　kg/(m·s²)
	Bundle Entrance　118.67　kg/(m·s²)	Bundle Exit　0.26　kg/(m·s²)
Weight/Shell　1425.5　kg	Filled with Water　2065.6 kg	Bundle　755.34kg

Notes:	Thermal Resistance, %		Velocities, m/s		Flow Fractions	
	Shell	14.31	Shellside	2.81	A	0.125
	Tube	59.56	Tubeside	6.01	B	0.685
	Fouling	21.07	Crossflow	3.14	C	0.058
	Metal	5.06	Window	5.16	E	0.133
					F	0.000

4.4 卧式热虹吸式再沸器

4.4.1 选择要点

卧式再沸器蒸发侧可以是管程也可以是壳程，选择哪一侧作为蒸发侧要看工艺的要求，一般蒸发量小、物料比较容易结垢的在管程蒸发，相反的则在壳程。当选在壳程时，要蒸发的物料可以在一端进另一端出，也可分几个进口，在换热器的中间有一个出口。

卧式热虹吸式再沸器的安装比立式要求低，而且由于它所具有的循环推动力即静压差比立式的大，因此它的循环量可以选择大一些。

4.4.2 传热系数

(1) 蒸发侧在管内

可以完全按照立式再沸器的设计方法。

(2) 蒸发侧在壳程[28]

按照式 (22-75) 计算，其中的 F_b 由式 (22-97) 求出。

$$F_b=\frac{F_c h_{nb1}+h_{cb}}{F_c h_{nb1}} \tag{22-97}$$

$$h_{cb}=\left(\frac{\Delta p_{tp}}{\Delta p_L}\right)_s^{0.45} h_L \tag{22-98}$$

式中 $\left(\frac{\Delta p_{tp}}{\Delta p_L}\right)_s$——壳程的两相压降与单液相压降之比。

4.4.3 压力降计算

(1) 蒸发侧在管内

按照立式热虹吸式再沸器的设计方法。

(2) 蒸发侧在壳程

按第 3.2.2 小节壳程的压降中 Grant&Chisholm 方法计算。由于在壳程发生蒸发，每个折流板区间的气体含量不一样，假定蒸发与管长成正比，则距入口第 N_r 管排的气相流速 x_r 由式 (22-99) 决定。

$$x_r=\frac{N_r x_E}{(N_B+1)N_{cc}} \tag{22-99}$$

按式 (22-99) 对整个错流区积分得到式 (22-100)。

$$\int_0^{(N_B+1)N_{cc}} (\Delta p_f)_{tp} \mathrm{d}N_r (\Delta p_f)_{Lo}(N_B+1) = N_{cc}[1+(Y^2-1)F_1] \tag{22-100}$$

折流板窗口区的摩擦损失为

$$\sum_{i=1}^{i=N_B} (\Delta p_f)_{tp,i} = (\Delta p_f)_{lo} N_B[1+(Y^2-1)F_2] \tag{22-101}$$

式 (22-100) 与式 (22-101) 中的 F_1 和 F_2 由图 22-26 求取[13]。

式 (22-100) 和式 (22-101) 中的两个 $(\Delta p_f)_{lo}$ 是不一样的。窗口区的值为流体速度头的倍数。

将式 (22-100) 和式 (22-101) 计算结果相加即为壳程的总压力降。

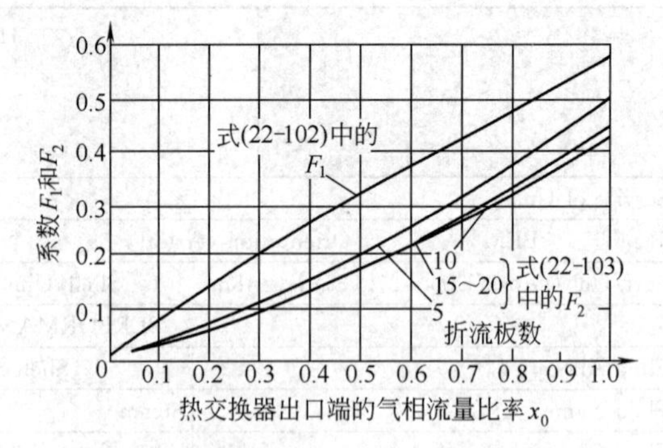

图 22-26　摩擦损失计算的 F_1 和 F_2 与出口气相流量比率的关系

5 翅片管

5.1 翅片管的应用

翅片管一般用于传热系数比较小的气相传热一侧。翅片管一般分为低翅片管和高翅片管。低翅片管，$0.05<l/D_r<0.33$；高翅片管，$0.2<h/D_r<0.7$（h 为翅片高度，D_r 为管外径，见图 22-27）。低翅片管一般是轧制的，高翅片管是缠绕的、嵌入的或者是焊接的。高翅片管制造比较困难，低翅片管制造较容易。低翅片管用于要求压降比较低的情况。高翅片管的翅可以为矩形或锥形，除图 22-27 (a) 所示以外，还有一种称为板翅管 (plate finned tube)，是由多个管子穿过平行的多个平板而制成的，多用于空冷器。翅片管排配置如图 22-28 所示。

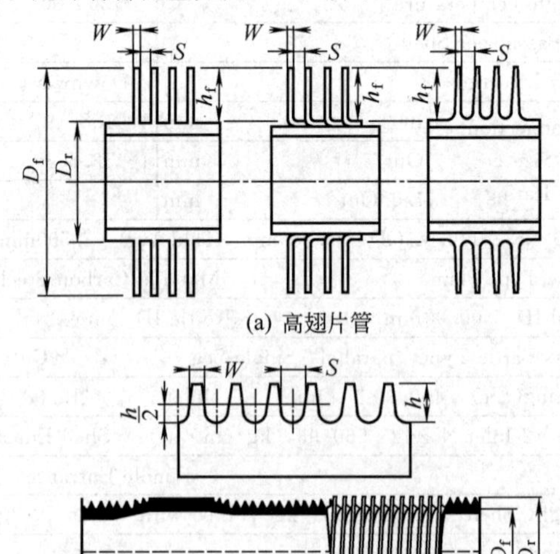

图 22-27　高翅片管和低翅片管的结构尺寸

翅片管的传热面积和流动通道计算如下。

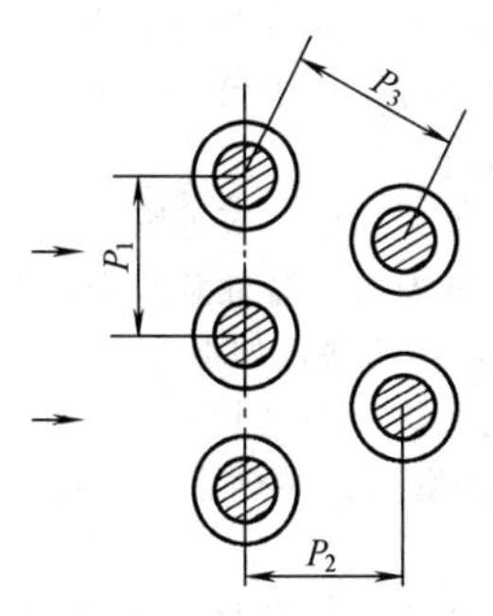

图 22-28 翅片管排配置

翅片的表面积

$$A_F=\frac{NL\pi}{s+w}\left[\frac{1}{2}(D_f^2-D_r^2)+D_f w\right] \quad (22\text{-}102)$$

翅片之间的管表面积

$$A_w=\frac{NL\pi}{s+w}D_r s \quad (22\text{-}103)$$

$$A=A_F+A_w \quad (22\text{-}104)$$

令 $x=2P_3-D_r-2\frac{wh}{w+s}$。

若 $P>x$，穿过 n_t 根管的最小流动面积为

$$S_m=n_t L(P_1+x-2P_3) \quad (22\text{-}105)$$

若 $P<x$，则 $S_m=2n_t L(x-P_3)$ (22-106)

$$P_3=\sqrt{\left(\frac{P_1}{2}\right)^2+P_2^2}$$

5.2 翅片管的传热方程和传热系数

5.2.1 传热方程

$$Q=\bar{h}\Delta T(E_f A_F+A_w) \quad (22\text{-}107)$$

式中 $\bar{h}$——管排的平均传热系数；

ΔT——管壁温度与流体温度的温差；

E_f——翅片效率。

翅片的温度由翅根到翅尖是不同的，翅片管的 ΔT 可由式（22-108）求取。

$$\Delta T=(T_w-T_F)\frac{1-\exp\left(-\frac{Ah}{Mc_p}\right)}{\frac{Ah}{Mc_p}} \quad (22\text{-}108)$$

$$h=\frac{E_f A_F+A_w}{A}\bar{h} \quad (22\text{-}109)$$

$$E_f=\frac{\tanh\left(\sqrt{\frac{2\bar{h}}{w\lambda_f}}\psi\right)}{\sqrt{\frac{2\bar{h}}{w\lambda_f}}\psi} \quad (22\text{-}110)$$

$$\Psi=\frac{D_r}{2}\left(\frac{D_f}{D_r}-1\right)\left(1+0.35\ln\frac{D_f}{D_r}\right) \quad (22\text{-}111)$$

由式（22-107）和式（22-109）可得

$$Q=hA\Delta T \quad (22\text{-}112)$$

5.2.2 传热系数

(1) 低翅片管

如图 22-27（b）所示翅片管的传热系数，1984 年 ESDU 推荐的公式为

$$Nu=0.183Re^{0.7}\left(\frac{s}{l}\right)^{0.36}\left(\frac{p_1}{D_f}\right)^{0.06}\left(\frac{l}{D_f}\right)^{0.11}Pr^{0.36}F_1F_2F_3 \quad (22\text{-}113)$$

$$Re=\frac{V_{max}D_r\rho}{\mu}$$

$$V_{max}=\frac{M}{S_{min}\rho}$$

$$Nu=\frac{\bar{h}D_r}{\lambda}$$

$$F_1=\left(\frac{Pr_b}{Pr_w}\right)^{0.26}$$

F_2 表示管排数 n_r 的影响，可由图 22-29 查出。F_3 表示管子配置的影响，对于 TLA=30°、45°、60°时，$F_3=1$；TLA=90°时，F_3 基于无翅管的数据，为平管在正方形排列时的 Nu 值除以 TLA=30°时的平管错排的 Nu 值。

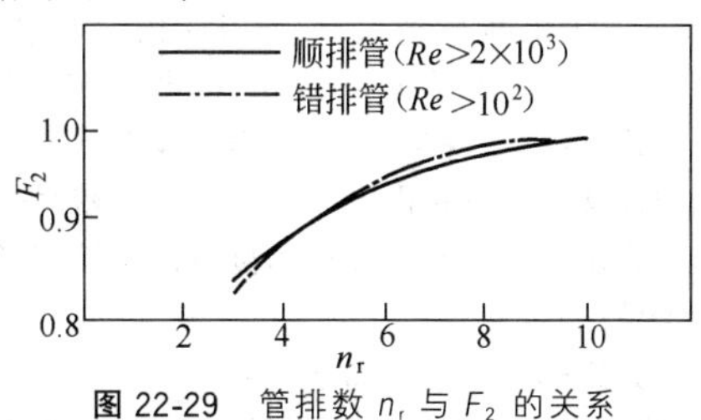

图 22-29 管排数 n_r 与 F_2 的关系

(2) 高翅片管

1986 年 ESDU 推荐的公式为

$$Nu=0.242Re^{0.658}\left(\frac{s}{l}\right)^{0.297}\left(\frac{p_1}{p_2}\right)^{-0.091}Pr^{1/3}F_1'F_2' \quad (22\text{-}114)$$

式（22-114）的适用范围：$2\times10^3<Re<4\times10^4$；$0.13<s/l<0.57$；$1.15<P_1/P_2<1.72$。

F_1'表示物理性质的影响，仅在高温时才会有产生，F_2'表示管排数的影响，对于一排时 $F_2'=0.76$；两排时 $F_2'=0.84$；三排时$F_2'=0.92$；四排以上时$F_2'=1.0$。

5.3 翅片管排压力降计算

翅片管排的压降由两部分组成：一部分为进入、离开管排的压力降；另一部分为通过管排的压力降。

$$\Delta p=(K_a+n_r K_f)\rho V_{max}^2 \quad (22\text{-}115)$$

式中 n_r——管排数。

$$K_a=1+\sigma^2$$

$$\sigma=\frac{\frac{p_1-D_r-2lw}{s+w}}{p_1} \quad (22\text{-}116)$$

对于低翅片管

$$K_f=4.71Re^{-0.286}\left(\frac{l}{s}\right)^{0.51}\left(\frac{p_1-D_r}{p_2-D_r}\right)^{0.536}\left(\frac{D_r}{p_1-D_r}\right)^{0.36} \quad (22\text{-}117)$$

对于高翅片管

$$K_f=4.567Re^{-0.242}\left(\frac{A}{A_T}\right)^{0.504}\left(\frac{p_1}{D_r}\right)^{-0.376}\left(\frac{p_2}{D_r}\right)^{-0.546} \tag{22-118}$$

$$A_T=NL\pi D_r \tag{22-119}$$

6 套管和发夹式换热器

6.1 套管式换热器的特点

套管式换热器一般采用平滑管，因为多用于液-液热交换，也有采用纵向翅片的，还有在内管装有多个管子的。在工业上套管式换热器外管的直径范围为50～152mm，内管的直径范围为19～102mm。内管为多管时，外管可到300mm。在工艺上可以串联也可以并联。一般用于传热量较小的情况，大约在1000kW以内。

套管式换热器的特点是制造和安装容易，容易清洗，因此较多地用于污染比较严重或者容易结垢的工艺操作；可以在高压情况下使用（内管压力可达1400atm，外管压力可达300atm）；可以在600℃的高温下使用；由于是完全逆流操作，没有低温端和高温端的温度交叉问题；由于内管和外管的密封是分开的，因此适用于管内和管外流体接触产生反应或者爆炸的生产情况。

套管式换热器的优点如下。

① 结构简单，传热面积增减自如。套管式换热器由标准构建组合而成，安装时无需另外加工。

② 传热效能高。套管式换热器是一种纯逆流型换热器，同时还可以选取合适的截面尺寸，以提高流体流速，增大两侧流体的传热系数。因此传热效果好，特别适用于高压、小流量、低传热系数流体的换热。

③ 结构简单，工作适应范围大。

④ 可以根据安装位置任意改变形态，利于安装。

套管式换热器的缺点如下。

① 套管式换热器占地面积大，单位传热面积金属耗量多，约为管壳式换热器的5倍。

② 流阻大。

③ 检修、清洗和拆卸比较麻烦，在可拆卸处容易造成泄漏。

④ 生产中有较多材料选择受限，有较多特殊的耐腐蚀材料无法正常生产。

6.2 传热系数和压力降计算

6.2.1 传热系数

(1) 内管

由图22-15中的J_H计算。

(2) 环形侧

① 对于平滑管，在层流区时，Chen[31]发表的实验公式如下。

$$Nu=1.02Re^{0.45}Pr^{0.5}\left(\frac{\mu}{\mu_w}\right)^{0.14}\left(\frac{D_e}{L}\right)^{0.4}\left(\frac{D_2}{D_1}\right)^{0.8}Gr^{0.05} \tag{22-120}$$

式中 D_1——内管外径，m；

D_2——外管内径，m；

L——管长，m。

$$D_e=D_2-D_1$$

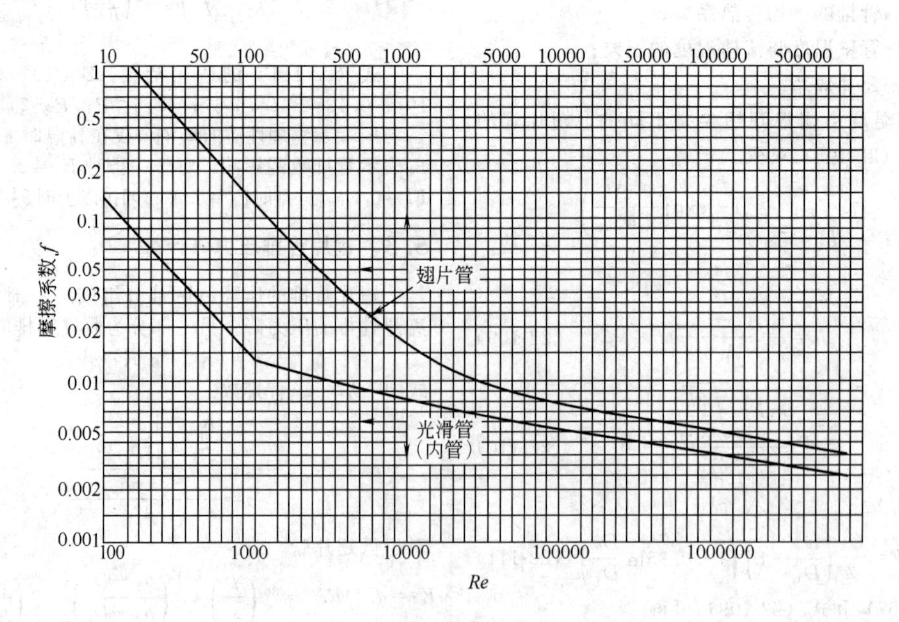

图22-30 摩擦系数与Re的关系

在紊流区时，Wiegand[32] 发表的计算公式如下。

$$Nu=0.023Re^{0.8}Pr^{0.4}\left(\frac{D_2}{D_1}\right)^{0.45} \tag{22-121}$$

② 内管带有纵向翅片时，采用翅片效率的方法。

环形侧的自由面积

$$S=\frac{\pi D_s}{4}-\frac{\pi D_1}{4}-N\left(l_f w+\frac{w\ w_r}{2}\right) \tag{22-122}$$

式中 N——纵向翅片的数目；

l_f——纵向翅片的高度，m；

w——纵向翅片的厚度，m；

w_r——纵向翅片根部之间的宽度，m。

润湿周边

$$P=\pi D_s+\pi D_1+2Nl_f-Nw \tag{22-123}$$

环形侧的当量直径

$$D_e=\frac{4S}{P} \tag{22-124}$$

按照当量直径 D_e 和流通面积 S 算出 Re，按照平滑管的环形侧传热系数方程式（22-120）或式（22-121）算出环形侧的传热系数 h，然后按式（22-125）算出翅片效率。

$$E_f=\frac{\tanh\sqrt{\frac{2h}{w\lambda l_f}}}{\sqrt{\frac{2h}{w\lambda l_f}}} \tag{22-125}$$

计算 h 后，再与内管的传热系数求出总的传热系数，根据温差和传热量即可决定所需的内管面积。

6.2.2 压力降计算

(1) 内管

$$\Delta p_t=\frac{4fG^2}{2g\rho}\times\frac{L_t}{D_i}\left(\frac{\mu_w}{\mu}\right)^{0.14} \tag{22-126}$$

式中 f——摩擦因数，可由图 22-30 下面的曲线查得。

$$L_t=(2L+L_e)N_u \tag{22-127}$$

$$L_E=2aD_i \tag{22-128}$$

式中 N_u——U 形管的数目；

a——弯头当量长度的系数，由图 22-31 查得；

L——直管部分的长度。

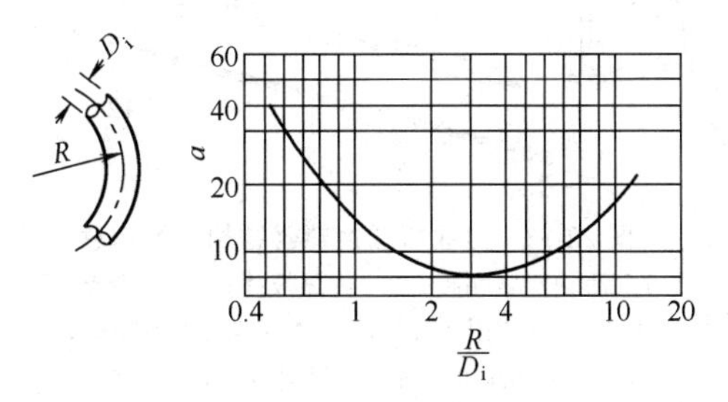

图 22-31 弯头当量长度的系数

(2) 环形侧

$$\Delta p_0=(\Delta p_f+\Delta p_r)N_u \tag{22-129}$$

式中 Δp_0——环形侧的总压力降；

Δp_f——直管部分的摩擦压力降；

Δp_r——转弯部分的压力降。

① Δp_f 的计算

a. 平滑管

$$\Delta p_f=\frac{4fG^2}{2g\rho}\times\frac{L}{D_e}\left(\frac{\mu_w}{\mu}\right)^{0.14} \tag{22-130}$$

$$f=\frac{16\phi}{Re}$$

$$Re<2000$$

$$f=\frac{0.076}{Re^{0.25}}$$

ϕ 由图 22-32 查得。

b. 内管带有纵向翅片。Δp_f 计算公式与式（22-130）相同。摩擦因数由图 22-32 查取。

② Δp_r 的计算

$$\Delta p_r=\frac{G^2}{2g\rho} \tag{22-131}$$

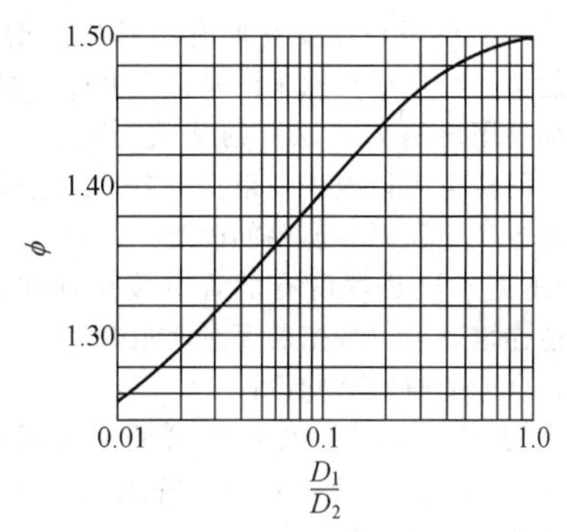

图 22-32 摩擦因数的 ϕ 值

6.3 发夹式换热器的特点及适用范围

发夹式换热器是一种综合了 U 形管式换热器和管壳式（固定管板式、填料函式）换热器的特点而产生的一个特殊的换热器形式。它的结构相对简单：管程是一个 U 形管束，可以是光管，也可以是纵向翅片管；壳程一般采用管材，由两个直管和一个 180°弯管组成，两个直管作为 U 形管直管部分的壳程，180°弯管作为 U 形管弯管部分的壳程，弯管和直管的连接用可拆卸式及固定式均可，可拆卸式便于壳侧的清洁，固定式成本比较低。

6.3.1 发夹式换热器的优缺点

发夹式换热器的优点如下

(1) 高换热性能

① 普通的管壳式换热器，遇到小流量、低流速的工艺条件时，很难同时满足管程和壳程的流速要求，往往管程流速满足要求了，但壳程流速太慢，容

易结垢，影响传热效率：壳程流速达到要求了，但管程流速又太大，管程阻力降超过允许压降。发夹式换热器由于壳程直径比较小且带有折流板，能够同时满足管程和壳程的流速要求，保证比较高的传热效率。

② 普通U形管换热器，管束中间部分存在空隙，壳程流体易短路，影响换热效率。发夹式换热器由于其结构特点，避免了这部分空隙存在，结构更紧凑，换热效率更高。

③ U形管换热器为增加壳程介质的流速，会设置纵向隔板，发夹式换热器相对而言壳层直径比较小，流速比较大，因此结构更简单，换热效果更好。

④ 相对于多管程的管壳式换热器，发夹式换热器的结构相对简单，不存在管程分程隔板处中间串流流路（$F=0$），有利于提高换热效率。

(2) 模块化设计便于组合

① 单个或多个串联换热器纯逆流和深度换热：多管程的管壳式换热器，一般都会存在部分顺流，而发夹式换热器可以做到冷热介质完全逆流，保证平均温差最大化，其结果是同样的换热要求而所需换热面积较小。

② 通过改变换热单元的并联组合，满足不同的换热需求：如果用户需要在原有的基础上增加50%的换热能力，只需要在原来的基础上并联一组换热器单元；如果用户需要在原有的基础上减少50%的换热能力，同样也可以减少一组换热单元。这样的并联组合，不会产生压降和温差的改变。

③ 发夹式换热器所有的管道接口都在同一侧，便于管道连接，可以根据需要灵活组合。

(3) 合理的机械结构设计

① 发夹式换热器的壳程弯管处采用帽式设计，用螺栓连接。当壳程管帽移开，管束的U形弯管部分便完全裸露，便于检查。

② U形管换热器由于壳体和管程分开，可以不考虑热膨胀，发夹式换热器很好地继承了U形管换热器的这个优点，无需膨胀节即可处理高温差介质。

③ 管束可以从壳体内整个拆出，使维护清洗非常方便。

④ 所有的螺栓都是外部式的，安装拆卸非常方便。

⑤ 大直径U形弯管易于维护，便于清洗，以及便于热膨胀（不采用膨胀接头）

发夹式换热器的缺点如下。

① 由于管程和壳程介质流路比较长，壳程压降比较大。

② 由于管程和壳程介质流路比较长，且流道弯曲，不适合有相变的工艺介质。

6.3.2 发夹式换热器的适用范围

根据对发夹式换热器优缺点的分析，可以发现，发夹式换热器比较适用于以下场合。

① 小流量、无相变的工艺介质，且对换热器压降要求不严格。

② 壳程可适用比较容易结垢、需要经常清洗的介质。

③ 换热负荷比较容易波动的场合。

④ 冷热介质温差较大、压力较高的工况。

⑤ 冷热介质有温度交叉情况。

7 板式及紧凑式换热器

7.1 板式换热器的分类和应用

板式换热器多采用于液-液的热交换，也可用于蒸发和冷凝。其优点是单位体积的传热面积大，占地面积小；可多股物料同时换热，利用较低温位的热能，节约能源；可以完全逆流传热，温度效率高。其缺点是由于所采用密封材料的限制，温度不能太高，一般不高于150℃，但采用压紧石棉作为密封材料时，可提高到260℃；压力不高于1.5MPa。

板式换热器至少可分为三类：波纹板式换热器、螺旋板式换热器和板壳式换热器。

(1) 波纹板式换热器

波纹板式换热器由很多个具有各种压纹的板组装在一起，板与板之间用填料密封，然后用螺栓压紧，如图22-33所示。换热流体按不同的物料由板上的进入口进入两个相邻的夹板通道之内，通过有压纹的板进行热量交换。流体从板的上（下）面的一角进入，从板下（上）面的另一角流出，在全板面均匀流过。板上的压纹使流体产生扰动而增加传热膜系数。图22-33给出了波纹板式换热器的结构分解示意，波纹板的板面如图22-34所示。波纹板式换热器典型的参考数据见表22-31。

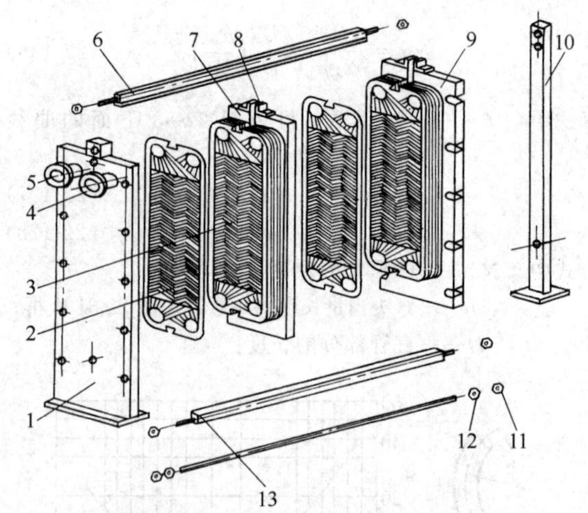

图22-33 波纹板式换热器结构分解示意

1—活动压紧端板；2—传热板片；3—密封垫；4,5—流体进出口；6,13—轴；7—中间隔板；8—定位孔；9—固定压紧端板；10—立柱；11—压紧螺母；12—螺栓

表 22-31 波纹板式换热器典型的参考数据

性能	指标	性能	指标
最大的换热面积/m^2	1540	操作压力/MPa	0.1～1.5
最大的板数/个	700	操作温度/℃	−25～150(采用橡胶密封)
板的厚度/mm	0.5～1.2		−40～260(采用压紧石棉)
单板的面积/m^2	0.03～2.2	通道流量/(m^3/s)	0.05～12.3
板间距/mm	1.5～3.0	传热系数/[W/(m^2·K)]	3000～7000(对于水)
板间的支承点/cm^2	1.5～20	传质单元数 NTU	0.3～4.0

(2) 螺旋板式换热器

螺旋板式换热器由两块裁制好的钢板，在中间放置夹衬物然后卷制而成。按照要求使两流体按照不同的方式流动，可以互相垂直流动（即一种流体为螺旋式流动，而另一流体为轴向流动，轴向流动的流体多为冷凝的气体），也可以是平行但方向相反的螺旋式流动，如图 22-35 所示。

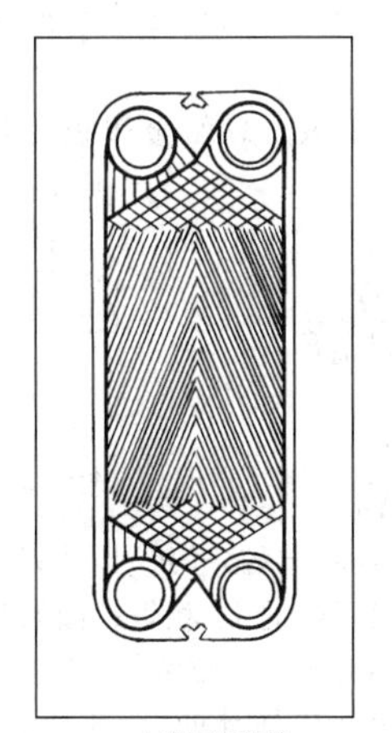

人字形板面

斜纹板面

图 22-34 波纹板的板面

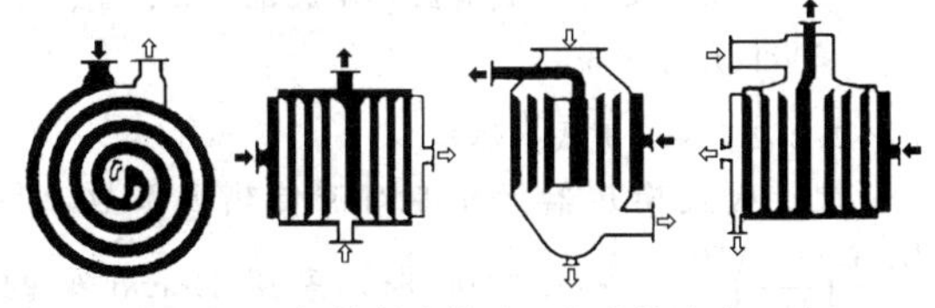

图 22-35 螺旋板式换热器的流体流向示意

由于螺旋板式换热器 L/D 比管壳式小，在层流区时传热系数较大，适用于高黏度流体的加热或冷却；由于为单一流道，适用于淤渣或泥浆流体的加热或冷却。其缺点是由于是固定的，不容易拆卸，当污垢沉积严重时不宜采用。

(3) 板壳式换热器

板壳式换热器也称 Lamella 换热器，由压制的型板焊接或组装在一起，然后放入圆形的壳体内。一种流体在板组成的流道内流动，而另一种流体则在壳体侧的流道内流动（图 22-36）。在板群的底部装有填料函，可以密封板内侧的流体，并且可以将板群从壳体的顶部抽出。它除了具有板式换热器的优点以外，还能弥补板式换热器的缺点，可在较高的压力和温度下操作。

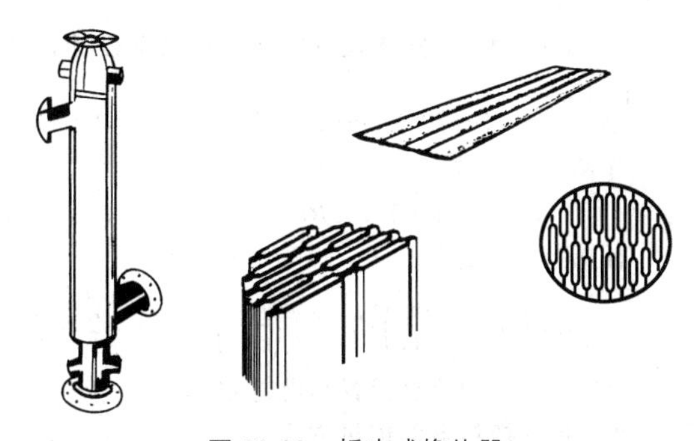

图 22-36 板壳式换热器

如图 22-37 所示为几种板式换热器的操作压力和温度范围。

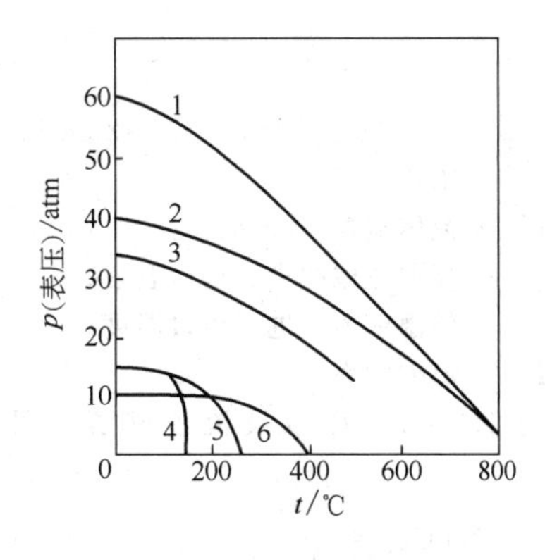

图 22-37 几种板式换热器的操作压力和温度范围（1atm = 101325Pa）

1—直径小于 400mm 的管式换热器；

2—直径小于 1000mm 的管式换热器；

3—板壳式换热器；

4—波纹板式换热器（橡胶垫）；

5—波纹板式换热器（石棉垫）；

6—螺旋板式换热器

7.2 板式换热器的传热

7.2.1 波纹板式换热器

(1) 无相变传热膜系数

根据管式换热器的公式，考虑非圆形通道的当量直径 D_e，给出描述波纹板式换热器的传热通式为

$$\frac{hD_e}{\lambda}=CRe^nPr^m\left(\frac{\mu}{\mu_w}\right)^x \tag{22-132}$$

$$D_e=\frac{4Wb}{2W+2b}\approx 2b \tag{22-133}$$

式中 W——板的宽度，m；

b——板的间距，m。

Marriot[33]综合了典型报告的数据，在湍流时得出式 (22-132) 各参数范围为 $C=0.15\sim0.4$；$n=0.65\sim0.85$；$m=0.32\sim0.45$；$x=0.05\sim0.2$。

Buonopan 等[34]推荐式 (22-134) 用于设计，准确度在±5%。

$$Nu=0.2536Re^{0.65}Pr^{0.4} \tag{22-134}$$

当 $Re<400$ 时

$$J_H=0.742Re^{-0.62} \tag{22-135}$$

当 $Re>400$ 时

$$J_H=\left(\frac{h}{c_pG}\right)Pr^{0.667}\left(\frac{\mu_w}{\mu}\right)^{0.14} \tag{22-136}$$

(2) 波纹板的流道配置和温差效率

波纹板式换热器的传热方程为

$$Q=UA\Delta T_m=UAF\Delta T_{lm}=E(Mc_p)_{min}(T_i-t_i) \tag{22-137}$$

$$E=\frac{(Mc_p)_h(T_i-T_o)}{(Mc_p)_{min}(T_i-t_i)}=\frac{(Mc_p)_c(t_o-t_i)}{(Mc_p)_{min}(T_i-t_i)} \tag{22-138}$$

式中 F——温差校正系数，由图 22-38 和图 22-39 求得；

M——流体流量，kg/s；

T_i，T_o——高温流体的进、出口温度；

t_i，t_o——低温流体的进、出口温度；

E——温差效率。

E 与 NTU_{min}、R 以及流道配置 (图 22-40) 有关。

$$NTU_{min}=\frac{UA}{(Mc_p)_{min}}=\frac{T_i-T_o}{\Delta T_{lm}} \tag{22-139}$$

(3) 设计方法

波纹板式换热器的设计方法大致分为近似法[33]、LMTD 法[34]、ε-NTU 法[35]三种，目前常用的是后两种方法。本小节仅介绍 LMTD 法，计算步骤如下。ε-NTU 法可参见文献 [13]。

① 根据工艺条件决定两端流体的进、出口温度。

② 根据全逆流计算对数平均温差 LMTD。

③ 对每股流按照一个传热板计算雷诺数 Re。

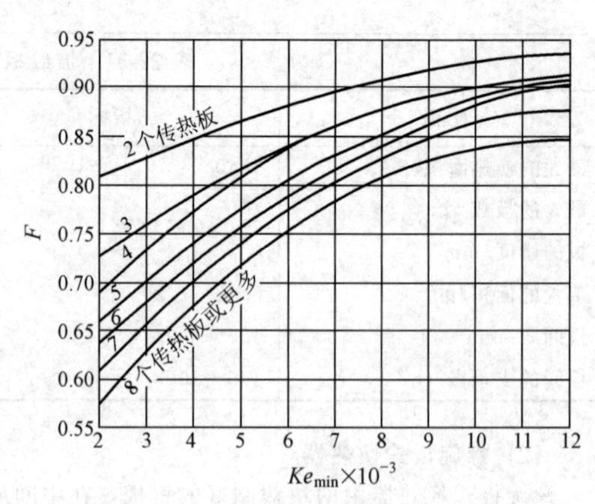

图 22-38 LMTD 串联换热器校正因子

$$Re=D_e\frac{\frac{G}{n_s}}{\mu} \tag{22-140}$$

对于串联，$n_s=1$。

④ 采用式 (22-134)～式 (22-136) 计算每股流的传热系数。

⑤ 考虑每股流体的污垢系数，忽略金属板的热阻，计算总的传热系数 U。

⑥ 估算总的传热面积 A_T。

$$A_T=\frac{Q}{U\Delta T_{lm}F} \tag{22-141}$$

⑦ 估计传热板的数目。

$$N=\frac{A_T}{A_P} \tag{22-142}$$

⑧ n_s 是由各端的流道配置决定的，第⑦步计算的传热板数 N，如果是奇数，则两端的 n_s 相等；如果是偶数，则两端的 n_s 不等，一端将比另一端多一个流道。

⑨ 第⑧步决定的 n_s 和第③步估计的 n_s 相比较，如果不同，则应从第③步到第⑨步重复计算，直到相同为止。

从第①步到第⑦步对并联和串联都一样，第⑧步和第⑨步仅用于并联。

7.2.2 螺旋板式换热器

螺旋板式换热器无相变对流传热膜系数，当 $\frac{D_eG}{\mu}\left(\frac{D_e}{D_H}\right)^{0.5}=30\sim2000$ 时，采用 Dravid[36] 的公式。

$$h=\left[0.65\left(\frac{D_eG}{\mu}\right)^{0.5}\left(\frac{D_e}{D_H}\right)^{\frac{1}{4}}+0.76\right]\times\left(\frac{\lambda}{D_e}\right)Pr^{0.175}\quad W/(m^2\cdot K) \tag{22-143}$$

$$D_e=2b$$

式中 D_H——螺旋的直径，m；

b——板间距，m。

湍流区 $\frac{D_eG}{\mu}>1000$，采用 Sauder[37] 的公式。

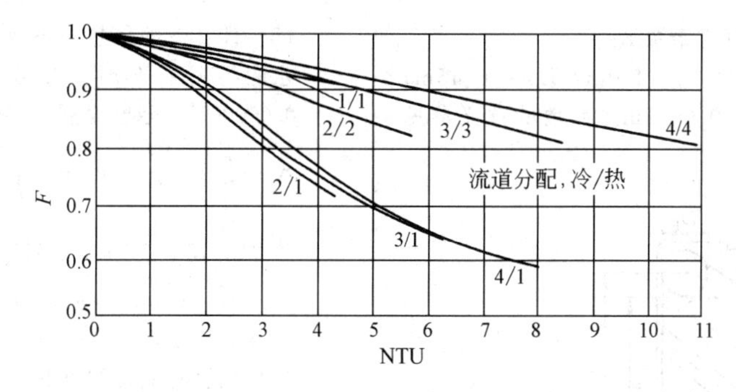

图 22-39　LMTD 多程换热器校正因子

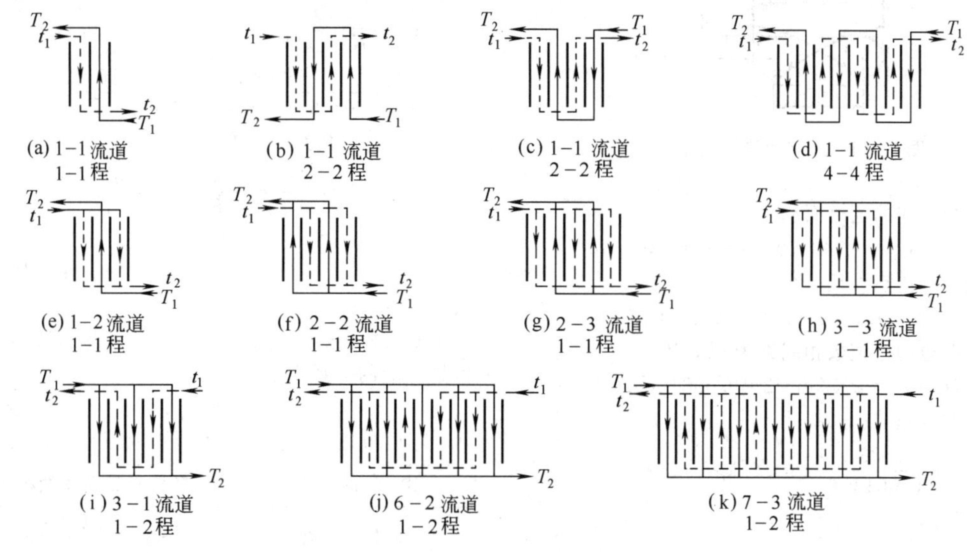

图 22-40　波纹板式换热器流道配置

$$h=\left[0.0315\left(\frac{D_eG}{\mu}\right)^{0.8}-6.65\times10^{-7}\left(\frac{L}{b}\right)^{1.8}\right]\times\left(\frac{\lambda}{D_e}\right)Pr^{0.25}\left(\frac{\mu}{\mu_w}\right)^{0.17}\quad \mathrm{W/(m^2\cdot K)}\tag{22-144}$$

7.3　无相变板式换热器压力降计算

7.3.1　波纹板式换热器

进出管口的压力降为

$$\Delta p_m=2\times1.5\frac{\rho u_m^2}{2g}n_s n_{pass}\tag{22-145}$$

式中　u_m——出入口的流速，m/s。

通过板的压力降，Cooper 和 Ushe[38] 推荐的公式如下。

$$\Delta p_B=2f\frac{L_P n_{pass}}{D_e}\times\frac{G^2}{2\rho}\tag{22-146}$$

$$f=2.78(Re)^{-0.18}$$

总压力降为

$$\Delta p_T=\Delta p_m+\Delta p_B\tag{22-147}$$

7.3.2　螺旋板式换热器

$$(Re)_{crit}=2\times10^4\left(\frac{D_e}{D_H}\right)^{0.32}\tag{22-148}$$

$100<Re<(Re)_{crit}$ 时

$$\Delta p=\frac{4.65}{10^9}\times\frac{L}{\rho}\times\left(\frac{W}{bB}\right)^2\left[\frac{1.78}{b+0.00318}\times\left(\frac{\mu B}{W}\right)^{\frac{1}{2}}\left(\frac{\mu_w}{\mu}\right)^{0.17}+1.5+\frac{5}{L}\right]\tag{22-149}$$

$Re>(Re)_{crit}$ 时

$$\Delta p=\frac{4.65}{10^9}\times\frac{L}{\rho}\times\left(\frac{W}{bB}\right)^2\left[\frac{0.55}{b+0.00318}\times\left(\frac{\mu B}{W}\right)^{\frac{1}{3}}\left(\frac{\mu_w}{\mu}\right)^{0.17}+1.5+\frac{5}{L}\right]\tag{22-150}$$

式中，数值 1.5 为每平方英尺传热板安装 18 个 5/16in 的支承物时所得（1ft = 0.3048m；1in = 0.00254m），支承物变化时，此数值也变化。

7.4　波纹板式换热器计算举例

例 7　由例 1 计算波纹板式换热器。

解　(1) $T_1=65℃$，$T_2=32℃$，$t_1=20$，$t_2=32$。

(2) $\Delta T_{lm}=20.76$；$\mathrm{NTU}=\frac{65-32}{20.76}=1.58$；假如冷却水和物料都是一程，由图 22-39 根据 NTU 和 1/1参数查得温差校正因子 $F=0.97$。

(3) 对每股物流计算雷诺数 Re。

选用的波纹板参数为 $L_P=1.0\text{m}$，$L_W=0.45\text{m}$；$D_P=0.11\text{m}$；通道宽 $b=0.0042\text{m}$。参数的意义参见图 22-41。

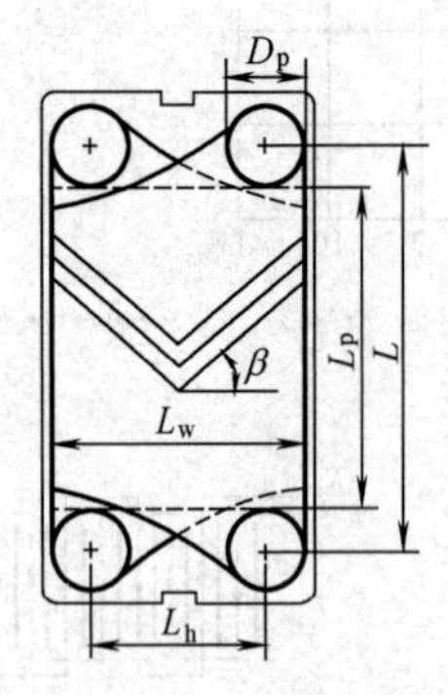

图 22-41 人字形波纹板尺寸

波纹板之间的通道面积

$A_{1P}=bL_W=0.0042\times0.45=0.00189\ (\text{m}^2)$

波纹板的传热面积

$A_P=L_PL_W=1\times0.45=0.45\ (\text{m}^2)$

假定两边的流道数相同都为 n_s，则

$D_e\approx2b=2\times0.0042=0.0084\ (\text{m})$

物料的流速

$$G_1=\frac{7.36}{0.00189}=3894.2[\text{kg}/(\text{m}^2\cdot\text{s})]$$

水的流速

$$G=\frac{15.32}{0.00189}=8105.8\ [\text{kg}/(\text{m}^2\cdot\text{s})]$$

物料

$$Re_1=\frac{D_e\dfrac{G_1}{n_s}}{\mu}$$

$$=\frac{0.0084\times\dfrac{3894.2}{n_s}}{1.194\times10^{-3}}=\frac{27396.4}{n_s}$$

水

$$Re_2=\frac{0.0084\times\left(\dfrac{8105.8}{n_s}\right)}{0.91\times10^{-3}}=\frac{74822.8}{n_s}$$

(4) 计算每股流的传热系数。

由上面计算可知，两边的 Re 均大于 400，因此采用式 (22-134) 计算两边的传热膜系数。

$$h_1=\frac{\lambda_1}{D_e}0.2536Re_1^{0.65}Pr_1^{0.4}=\frac{0.57}{0.0084}\times0.2536\times\left(\frac{27396.4}{n_s}\right)^{0.65}\times(6.638)^{0.4}=28122.9n_s^{-0.65}$$

$$h_2=\frac{\lambda_1}{D_e}0.2536Re_2^{0.65}Pr_2^{0.4}=\frac{0.593}{0.0084}\times0.2536\times\left(\frac{74822.8}{n_s}\right)^{0.65}\times(6.4)^{0.4}=55401.1n_s^{-0.65}$$

(5) 计算总的传热膜系数。

水的污垢系数 $r_2=0.000007$；物料的污垢系数 $r_1=0.0000017$；忽略金属板的热阻，总的传热系数为

$$K=\left(\frac{1}{h_1}+\frac{1}{h_2}+r_1+r_2\right)^{-1}$$

$$=\frac{1}{28122.9n_s^{-0.65}}+\frac{1}{55401.1n_s^{-0.65}}+(0.000007+0.0000017)^{-1}$$

$$=(0.000054n_s^{0.65}+0.0000087)^{-1}$$

(6) 估算总的传热面积。

为了留有裕量，将总的传热系数乘以 0.8。

$$A_T=\frac{Q}{K\Delta T_{lm}F}=\frac{769686.7}{20.76\times0.97\times0.8K}=\frac{47777.7}{K}$$

(7) 估计传热板的数目。

$$N=\frac{A_T}{A_P}=\frac{\dfrac{47777.7}{K}}{0.45}=\frac{106172.7}{K}$$

从第 (5) 步到第 (7) 步计算出的板的数目与传热系数 K 即流道数 n_s 有关。

波纹板换热器的实际板数 N_T 和流道数 n_s 以及程数 n_{pass} 的关系表示为

$$N_T=2n_sn_{pass}+1 \tag{22-151}$$

不同流道数和程数计算所需的板数见表 22-32。

表 22-32 不同流道数和程数计算所需的板数

板数	流道数 n_s				
	7	6	5	4	3
根据传热计算所需要的板数 N	21.2	19.3	17.24	15	13
$n_{pass}=1$ 时所需总板数 N_T	15	13	11	9	7
$n_{pass}=2$ 时所需总板数 N_T	29	25	21	17	13

由表 22-32 看出，当 $n_{pass}=1$ 时都不满足，而 $n_{pass}=2$ 时均能满足。考虑到压力降和经济性，选择 $n_{pass}=2$，$n_s=6$，$N_T=25$。

计算的总传热系数 $K=5501.8\text{W}/(\text{m}^2\cdot\text{K})$。

需要的传热系数为

$$K=\frac{Q}{A\Delta T_{lm}F}=\frac{769686.7}{25\times0.45\times20.76\times0.97}=3397.5[\text{W}/(\text{m}^2\cdot\text{K})]$$

5501.8>3397.5 满足。

(8) 计算两股物料的压力降。

① 物料的压力降

出入口的流速

$$u=\frac{7.36}{0.785\times0.11^2\times1300}=0.6(\text{m/s})$$

出入口的压力降

$$\Delta p_{m1}=2\times1.5\times\frac{\rho u_m^2}{2g}n_sn_{pass}$$

$$=1.5\times\frac{1300\times0.6^2}{9.8}\times6\times2=859.6(\text{Pa})$$

通过板的压力降

$$f=2.78(Re)^{-0.18}=2.78\times\left(\frac{27396.4}{6}\right)^{-0.18}=0.61$$

$$\Delta p_{B1}=2f\frac{L_P n_{pass}}{D_e}\times\frac{G^2}{2\rho}$$

$$=0.61\times\frac{1\times2\times\left(\frac{3894.2}{6}\right)^2}{0.0084\times1300}=47062.1\text{Pa}$$

$$\Delta p_{T1}=\Delta p_m+\Delta p_B=859.6+47062.1$$
$$=47921.7\ (\text{Pa})\ =0.473\ (\text{atm})$$

② 冷却水方的压力降

出入口的流速

$$u=\frac{15.32}{0.785\times0.11^2\times1000}=1.61(\text{m/s})$$

出入口的压力降

$$\Delta p_{m2}=2\times1.5\times\frac{\rho u_m^2}{2g}n_s n_{pass}$$

$$=1.5\times\frac{1000\times1.61^2}{9.8}\times6\times2=476(\text{Pa})$$

通过板的压力降

$$f=2.78(Re)^{-0.18}=2.78\times\left(\frac{74822.8}{6}\right)^{-0.18}=0.51$$

$$\Delta p_{B2}=2f\times\frac{L_P n_{pass}}{D_e}\times\frac{G^2}{2\rho}=0.51\times\frac{1\times2\times\left(\frac{8105.8}{6}\right)^2}{0.0084\times1000}$$

$$=221620.6(\text{Pa})$$

$$\Delta p_{T2}=\Delta p_m+\Delta p_B=4761+221620.6$$
$$=226381.6\ (\text{Pa})\ =2.23\ (\text{atm})$$

从上面的压力降计算可知两股物流的压力降都超过了工艺条件的要求，按表22-32采用流道数 $n_s=7$，总板数 $N_T=29$。在这个条件下，由于 $n_s=7$，压力降的变化与 $(6/7)^2$ 成比例。忽略进、出口的压力降，可粗略地估计 $\Delta p_{T1}=0.473\times(6/7)^2=0.348<0.4$；$\Delta p_{T2}=2.23\times(6/7)^2=1.638<2.0$。都满足了要求，计算结束。

7.5 板框式换热器的特点

板框式换热器俗称板式换热器，由薄金属板压制的板片组装而成，主要通过外力将换热器板片加紧并组装在一起，介质通过换热板片的角孔在板片与板片表面进行流动，如图22-42所示。每个板片都是一个传热面，板片的两侧分别有冷侧介质通过，进行换热。角孔及板片四周粘有密封垫片，限制介质在板片组内流动，各板片形成平行通道。流经板片表面的介质，在板片波纹的作用下形成激烈的湍流，进行最佳换热效果的流动，加大了介质与板片接触的热传导面，从而达到通过板片充分、高效的换热目的。

板框式换热器的主要优点如下。

① 传热效率高。板片上压出的各种波纹，构成曲折多变的流道，提高了流体的湍动。采用波纹形式，在水-水交换下，传热系数可以达到6000W/(m²·K)，在一般情况下也可以达到2000～3000W/(m²·K)。

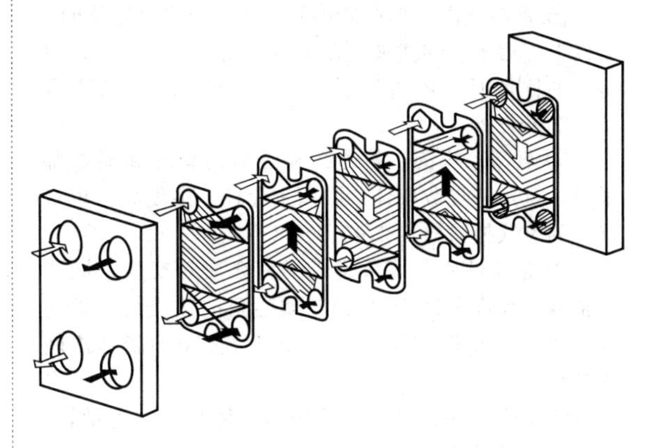

图22-42 板框式换热器介质流动

⇦介质一；⬅介质二

② 针对性强。对于不同工况条件，不同介质，可以采用多种材料和波纹形式。

③ 结构紧凑，重量轻。与传统列管式换热器相比，在换热效果相同的前提下，占地面积仅为其1/10。

④ 适应性强，可用于绝大多数换热工艺。

⑤ 热损失小。由于板框式换热器是全封闭设备，热量不会散失，热能可完全被加以转移和利用。

⑥ 拆装维修方便。安装空间固定后在拆卸时不需要额外的空间，板片可以卸下清洗，密封垫片更换也十分方便。

板框式换热器的主要缺点如下。

① 承压性能低。板框式换热器主要依靠橡胶密封垫密封，一般工作压力不超过2.0MPa（表），并且设备面积越大，承压能力越差。

② 工作温度较低。采用橡胶密封的板框式换热器一般工作温度在200℃以下，短时间内可以略高，但对密封垫的损坏非常严重。

③ 不适用于杂质较多的介质。当介质杂质较多时，极易堵塞流道，减小换热面积，降低换热效果，严重时还会损坏板片，导致两种介质混合。

④ 操作不当易造成泄漏。

7.6 板翅式换热器的特点

板翅式换热器由隔板、翅片、封条、导流片组成，在相邻两隔板之间放置翅片、导流片及封条组成通道，按设计要求对各通道进行适当排列，钎焊成整体，就可得到最常用的逆流、错流、错逆流板翅式换热器板束，在两端配置适当的流体出入口封条（或集流箱）。

板翅式换热器的特点如下。

① 传热效率高。由于翅片的特殊结构，使流体在流道中形成强烈扰动，有效降低了热阻，提高了传热效率。

② 紧凑性高。单位换热面积是管壳式换热器的5倍以上。由于板翅式换热器具有扩展的二次表面，使得它的比表面积可达到1000～2500m^2/m^3，最高可达4370m^2/m^3。

③ 轻巧、牢固。板翅式换热器的翅片和隔板都很薄，且经钎焊成整体，因而重量轻、强度高，重量仅为列管式换热器的1/10。

④ 适应性广。可适用于多种介质热交换，同一设备内可允许多达10多种介质之间的热交换。板翅式换热器可用于气-气、气-液和液-液、各种流体之间的换热。

⑤ 经济性好。由于结构紧凑、体积小、重量轻，大大降低了设备投资费用。

⑥ 板翅式换热器因流道狭小，易堵塞，翅片和隔板都很薄，要求介质清洁、干净、无腐蚀性，一旦发生堵塞或腐蚀而造成串漏，维修困难。

7.7 板壳式换热器的特点

板壳式换热器是以板管作为传热元件的换热器，又称薄片换热器。它主要由板管束和壳体两部分组成。将冷压成型的成对板条的接触处严密地焊接在一起，构成一个包含多个扁平流道的板管。许多个宽度不等的板管按一定次序排列，为保持板管之间的间距，在相邻板管的两端镶进金属条，并于板管焊在一起。板管两端部变形成管板，从而使许多板管牢固地连接在一起，构成板管束。板管束的端面呈现若干扁平的流道，板管束装配在壳体内，与壳体间靠滑动密封消除纵向膨胀差。流体分别在板管内和壳体内的板管间流动。

板壳式换热器是介于管壳式换热器和板式换热器之间的一种结构形式，它兼顾了两者的优点，主要特点如下。

① 以板为传热面，传热效率好。传热系数约为管壳式换热器的2倍。

② 结构紧凑，体积小。

③ 耐温、抗压，最高工作温度可达800℃，最高工作压力可达6.3MPa（表压）。

④ 扁平流道中流体高速流动，且板面平滑，不易结垢，板束可拆除，清洗也方便。

⑤ 板壳式换热器制造工艺复杂，焊接量大且要求高。

8 蒸发器

8.1 单效蒸发器设计

单效蒸发器的结构和选型见本章1.2.5小节，图22-6(j)所示的垂直短管蒸发器是最普通、最常用的结构，由直径25～75mm、长度1～2m的短管组成，在它中央的中央循环管直径应使其面积等于所有蒸发管流通面积的25%～35%[43]。Perry建议为100%，假若按这个比例，则中央循环管的直径几乎是管板直径的一半。

蒸发管的管心距$P_T=\beta d_0$，$\beta=1.25\sim1.5$。蒸发器的壳体直径由式（22-152）算出[39]。

$$D_s=\sqrt{\frac{0.4\beta^2\sin\alpha F}{\psi L}+(d_{ct}+2\beta d_o)^2} \qquad (22\text{-}152)$$

式中 α——管子排布的夹角，(°)；

ψ——每根管子采用管板面积的系数，$\psi=0.7\sim0.9$；

d_{ct}——中央循环管的直径，m；

L——蒸发管的长度，m；

F——蒸发管的总传热面积，m^2。

决定蒸发器汽-液分离空间的壳体直径的依据是气体携带液滴的大小，携带液滴的大小与上升气流的速度有关，假定允许带走的液滴直径为d_K，则允许的上升气体速度ω可用式（22-153）计算[39]。

$$\omega=\sqrt{\frac{4g(\rho_L-\rho_g)d_k}{3\xi\rho_g}}\quad \text{m/s} \qquad (22\text{-}153)$$

当$Re<500$时，$\xi=\dfrac{18.5}{Re^{0.6}}$。

当$Re=500\sim150000$时，$\xi=0.44$。

$$Re=\frac{d_k u_p \rho_g}{\mu_g}$$

式中 u_p——气体在分离空间的实际速度，m/s。

计算时如果$u_p<\omega$，选择的分离空间的直径是合适的。也可以采用下面的简单的公式［式（22-154）］计算ω[40]。

$$\omega=0.06\left(\frac{\rho_L-\rho_g}{\rho_g}\right)^{0.5}\quad \text{m/s} \qquad (22\text{-}154)$$

传热系数可以按立式热虹吸式再沸器的设计方法进行计算，也可按图22-43初步估计。在该图上依据液体的黏度和平均温差可以求出蒸发器的总传热系数。在图上列出了短管和长管以及降膜式蒸发器的传热膜系数值。

如图22-6（a）、(b）所示的水平列管式和水平浮头式蒸发器，其传热计算可以按照釜式再沸器的设计方法进行；如图22-6（n）所示为降膜式蒸发器，其局部的传热系数按照局部的Re数来计算。当$Re>1800$时为湍流，推荐按式（22-155）计算公式如下[41]。

$$h\left[\frac{\mu_l^2}{\lambda^3\rho_L(\rho_L-\rho_g)g}\right]=0.023Re^{0.25}Pr^{0.5} \qquad (22\text{-}155)$$

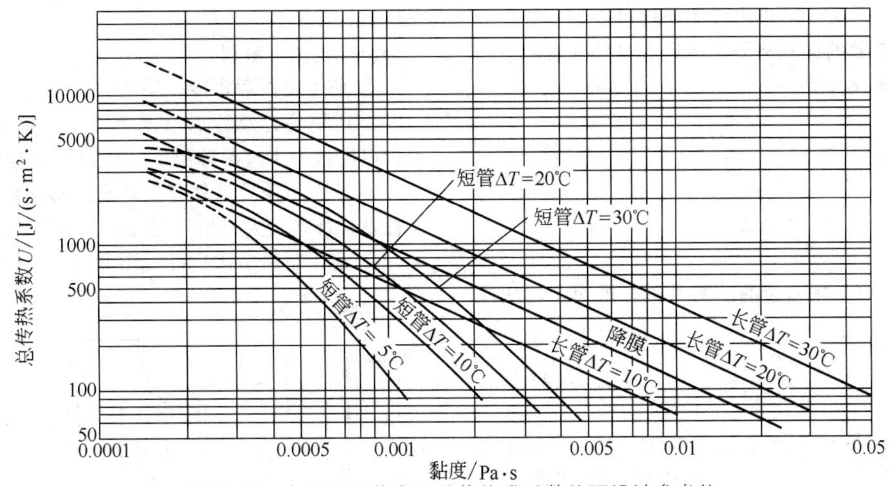

图 22-43 自然循环蒸发器总传热膜系数的预设计参考值

8.2 多效蒸发器设计

多效蒸发是典型的化工操作，其优点是节约能源，经济性好。多效蒸发器工艺流程的安排根据工艺物料的情况，可以按照表22-6选择，最常用的是顺流式，本章仅讨论顺流式（也称并流式）多效蒸发器的情况。顺流式多效蒸发器存在着自蒸发的现象，但也存在沸点上升、蒸发潜热上升以及热量的损失，因此在多效蒸发器中1kg蒸汽只能产生0.8～0.9kg的二次蒸汽。

简单的多效蒸发器的设计方法[40]基于以下几个假定。第一，所有蒸发器均采用相同的传热面积，除非工艺上不可以（这个假定在工业上是比较容易接受的）；第二，蒸发器的效数可为5～10；第三，最后一效的工艺条件是固定的；第四，要求热的产品和冷凝液体来加热进料液体，使其达到饱和温度。设计步骤如下。

① 选定蒸发器的型式（表22-7）。

② 估计每一效的蒸发量。

第一效的蒸发量为

$$m_{v1}=m_s y \tag{22-156}$$

式中 y——1kg蒸汽所能蒸发的蒸汽量，一般取为0.8～0.9；

m_s——第一效的加热蒸汽量。

第二效的蒸发量为

$$m_{v2}=m_{v1}y=m_s y^2 \tag{22-157}$$

任一效蒸发量的通式为

$$m_{vi}=m_s y^i \tag{22-158}$$

从多效蒸发器所产生的总蒸汽量为

$$m_T=\sum_{i=1}^{n} m_{vi}=m_s\sum_{i=1}^{n} y^i \tag{22-159}$$

式（22-159）右边的 $\sum_{i=1}^{n} y^i$ 的值可以由图22-44根据效数查得，也可直接按式（22-160）计算。

$$\sum_{i=1}^{n} y^i=\frac{y(1-y^n)}{1-y} \tag{22-160}$$

不考虑液体的沸点升高，可取 $y=0.85$，当考虑沸点升高时，y 小一些。

③ 根据各效的蒸发量进行简单的物料平衡，计算各效的浓度。

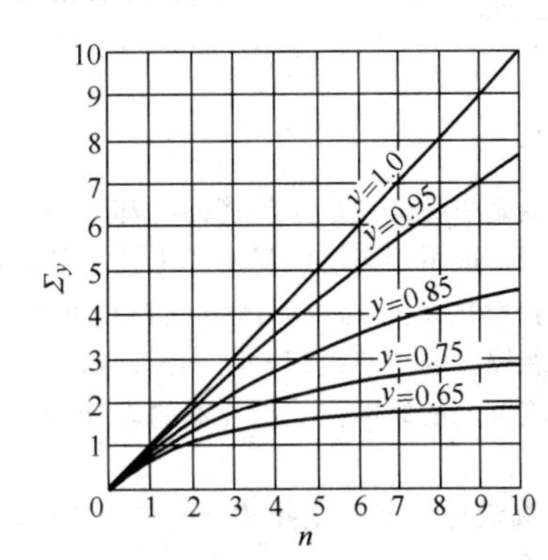

图 22-44 不同 y 值、不同效数 n 的 Σ_y 的值

④ 估计各效的温度。这部分的计算是试差计算，首先计算该系统总的温差。

$$\Sigma\Delta T=(T_s-T_E)-\Sigma\Delta_n-\Sigma\Delta'_n-\Sigma\Delta_{mn} \tag{22-161}$$

式中 T_s——加热蒸汽的饱和温度；

T_E——最后一效的蒸发温度；

$\Sigma\Delta_n$，$\Sigma\Delta'_n$，$\Sigma\Delta_{mn}$——各效的沸点升高之和，净压头差之和，以及管道阻力引起的温度损失。

根据传热方程

$$Q_1=K_1A\Delta T_1=m_sH_s$$

$$Q_2=K_2A\Delta T_2=m_{v,1}(H_1-S_2) \tag{22-162}$$

$$Q_i=K_iA\Delta T_i=m_{v,i-1}(H_{1-1}-S_i)$$

式中 H——蒸汽的冷凝潜热；

S——各效1kg进出液体的热焓差。

因为令各效的面积相同，所以式（22-162）中相邻两效的温差比可为

$$\frac{\Delta T_1}{\Delta T_2}=\frac{m_s}{m_{v,1}}\times\frac{H_s}{H_1-S_1}\times\frac{K_2}{K_1}\quad(22\text{-}163)$$

$$\frac{m_{v,1}}{m_s}=\frac{m_{v,i}}{m_{v,i-1}}=y\quad(22\text{-}164)$$

式（22-163）中右边的前两项正好抵消，写成通式就成为

$$\frac{\Delta T_i}{\Delta T_{i+1}}=\frac{K_{i+1}}{K_i}\quad(22\text{-}165)$$

首先假定各效的温差是平均的，$\Delta T=\sum\Delta T/n$，求出各效的蒸发温度，然后根据每效的温度和黏度由图22-43查出每效的总传热系数，再根据式（22-165）按比例调整每效的平均温差ΔT_i，反复计算直至式（22-165）的值不变，此时各效的温度就正确了。

⑤ 计算各效的压力。根据上面得到的各效温度求出该物料的饱和蒸发压力。

9　空冷器

9.1　概述

空冷器是一种既省水又经济的冷却设备，它具有不需要水源，适用于高温、高压的工艺条件，使用寿命长、运转费用低等优点；但空气侧的传热膜系数小，需安装较大的传热面积，噪声大，物料的被冷却温度受环境温度的影响大。空冷器的设计和选用要点如下。

① 最高设计气温按全年中5～10天所达到的最高平均气温计。

② 被冷却的物流出口温度应比设计气温高15～20℃。若温差低于15℃时，则水冷比较经济。物流出口温度与设计气温之差越大，传热量越大，采用空冷器越经济。

③ 设计空冷器的结构参数。空冷器的宽度一般为2.5m，长度一般为7～9m。当传热面大时，可采用几个小空冷器安装在一起，并加一台风扇。管束的排数选用3～6排（我国定为4排、6排、8排三种系列）。风扇的直径一般为1.0～3.5m。风扇的顶端速度应小于60m/s，这主要是为了减小噪声。

9.1.1　空冷器的结构与型式

空冷器的总体结构通常按工艺流程、结构形式、风量控制方式、通风方式、防寒防冻方式等进行分类。各种分类的总体结构都有一定的适用场合和优、缺点，设计时应按操作条件和环境条件确定空冷器的总体结构类型。

(1) 按工艺流程

① 前干空冷后水冷［图22-45（a）］

a. 适用场合及特点　水源充足；要求冷却介质出口温度接近大气湿球温度；装置内场地较紧凑。

b. 缺点　需要另外有循环水冷却系统；操作费、电耗及检修费较大；出口温度控制较差。

② 前干空冷后湿空冷［图22-45（b）］

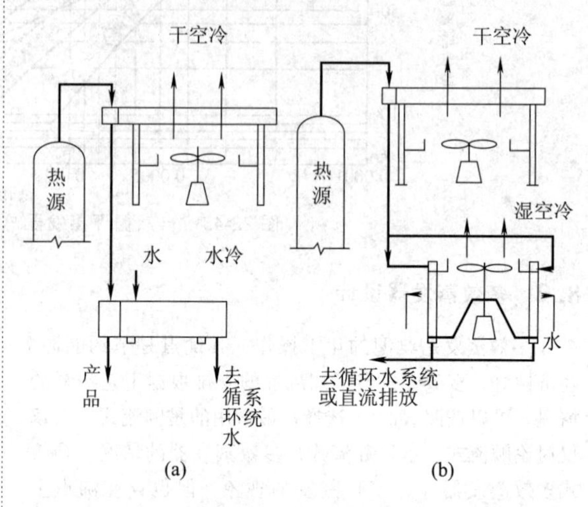

图22-45　前干后冷流程

a. 适用场合及特点　水源不足；要求循环水量尽可能少的场合；介质出口温度可冷至高于大气湿球温度5℃左右；操作费用比采用后水冷者小；一般湿空冷的排水可过滤后重复使用，不需另设循环水场，或作其他循环水的补充水。

b. 缺点　后湿空冷占地面积比后水冷略大；操作技术比采用后水冷者要求略高。

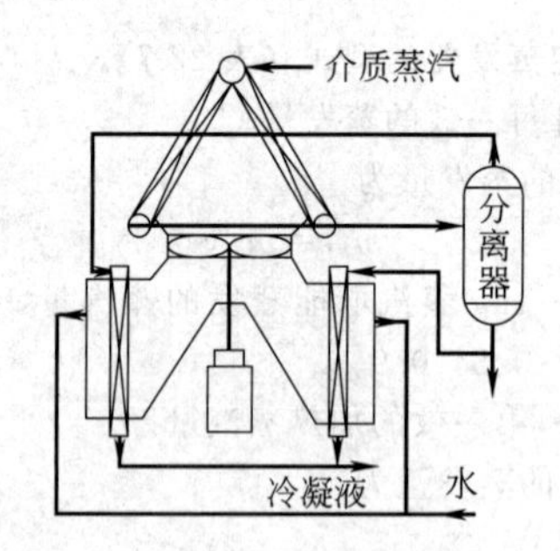

图22-46　干湿联合型空冷

③ 干湿联合型空冷（图22-46）

a. 适用场合及特点　用于中、小处理量场合或大处理量干空冷的空冷；占地面积小；操作费用省；其他优点及适用范围同①、②。

b. 缺点　操作技术比采用后水冷者要求略高。

④ 全干空冷　可用于寒冷地区或介质出口温度比夏季设计气温高15～20℃的场合；可用于高

压介质冷却系统；运转费用较前干空冷后水冷低。

⑤ 全湿空冷

a. 适用场合及特点　作为干空冷的补充手段；进口温度低的介质冷却，且终冷温度要求高于大气湿球温度约 5℃。

b. 缺点　如进口温度高于 80℃，则翅片管表面易结水垢。

(2) 按结构型式

① 水平式（鼓风式和引风式，图 22-47）

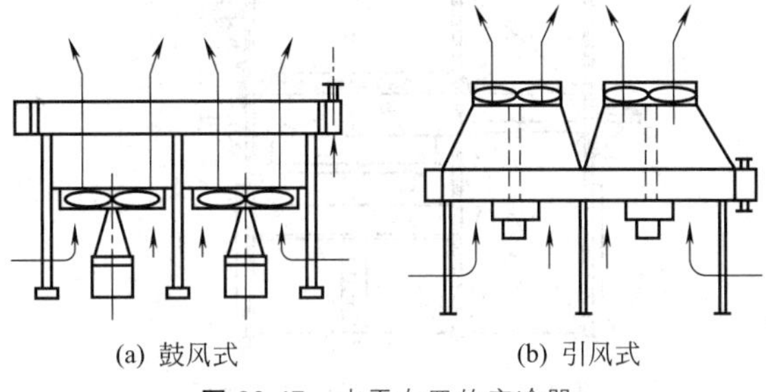

(a) 鼓风式　(b) 引风式

图 22-47　水平布置的空冷器

a. 适用场合及特点　管束及风机叶轮水平放置，气流垂直于地面，自下而上或反之；结构简单，安装方便；对于冷凝的介质管排本身或最后一行程管子，常有一个坡度（0.5%～1%），以便于排液。

b. 缺点　占地面积较大；管内阻力比其他形式大。

② 直立式（图 22-48）

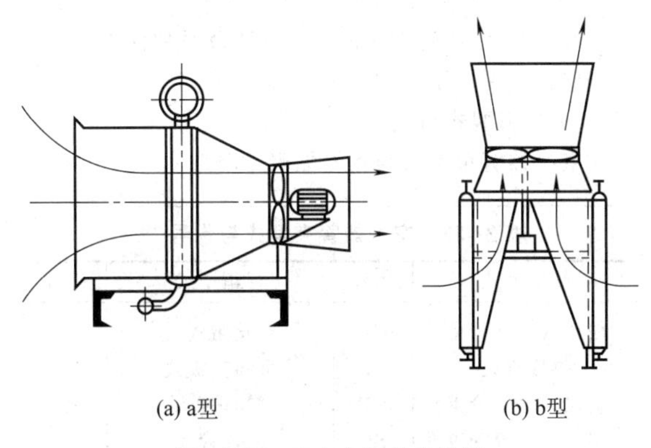

(a) a型　(b) b型

图 22-48　直立布置的空冷器

a. 适用场合及特点　管束垂直于地面，风机叶轮可垂直或水平放置；占地面积比水平式小；管内阻力比水平式小；a 型用于较小处理量或内燃机冷却系统，鼓风或引风均可，b 型一般用于大处理量或密闭循环水冷却系统（如大型电站、高炉空冷），一般均为引风式。

b. 缺点　b 型结构略复杂。

③ 斜顶式（图22-49）

a. 适用场合及特点　管束与地平面有一个夹角，通常为 60°；占地面积比水平式小；管内阻力比水平式小；一般用于气相冷凝冷却，传热系数比水平式高，也适用于负压真空系统。

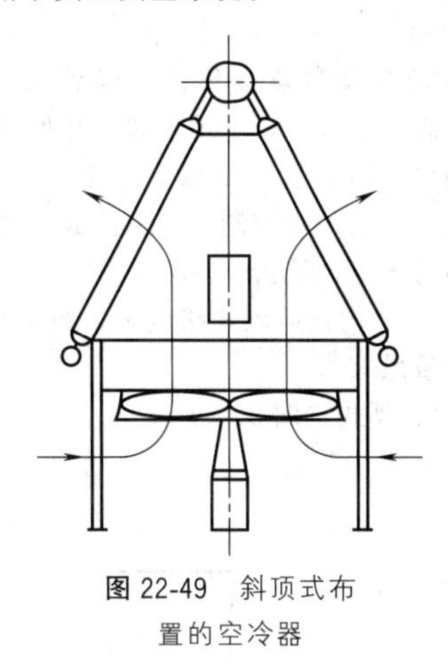

图 22-49　斜顶式布置的空冷器

b. 缺点　构造略复杂。

(3) 按风量控制方式

① 百叶窗控制

a. 适用场合及特点　以气动或手动百叶窗来调节空气流量；机构简单、廉价；可作鼓风式管束的屏蔽设备。

b. 缺点　调节损失最大，风机不能节电。

② 采用风机操作法控制

a. 适用场合及特点　采用手动或自动开停风机群中部分风机的方法，改变空气流量；采用手动或自动的双速或多速电动机，改变空气流量；通常适用于介质出口温度控制精度不高的场合；与百叶窗截流调节相比，能耗有较大节约。

b. 缺点　控制精度低；有可能引起管束温度突变，造成诸如水击、泄漏或管子刚性失稳等弊病。

③ 调角风机调节

a. 适用场合及特点　调节灵活；除可调节产品终端温度突变外，还可用于冬季防冻热风循环措施；可比改变风机操作法更多地节能。

b. 缺点　调角机构复杂，价格较贵；需另设压缩空气源；维护工作较多。

④ 变频调速风机调节

a. 适用场合及特点　调节灵活，滞后时间短；可最大限度地节约能耗（比调节式再节约 30%～50%）；风机噪声可随转速下降而下降；结构简单，维护工作量小。

b. 缺点　投资较高。

(4) 按通风方式

① 鼓风式

a. 适用场合及特点　气流先经风机再至管束，风机工作在大气温度下；结构较简单，检修方便，振动小；由于空气的紊流作用，管外传热系数略高。

b. 缺点 排出的热空气较易产生回流；受日照及气候变化影响较大。

② 引风式

a. 适用场合及特点 气流先经管束再至风机，风机工作在高温空气下，电动机和叶片如用玻璃纤维增强塑料制作，须耐温80℃以上；受气候影响较小；出口终冷温度要求严格控制；噪声比鼓风式小；排出的热空气不易产生回流。

b. 缺点 结构比鼓风式略复杂；风机检修不便；风机功率比鼓风式大。

③ 自然通风式（图22-50）

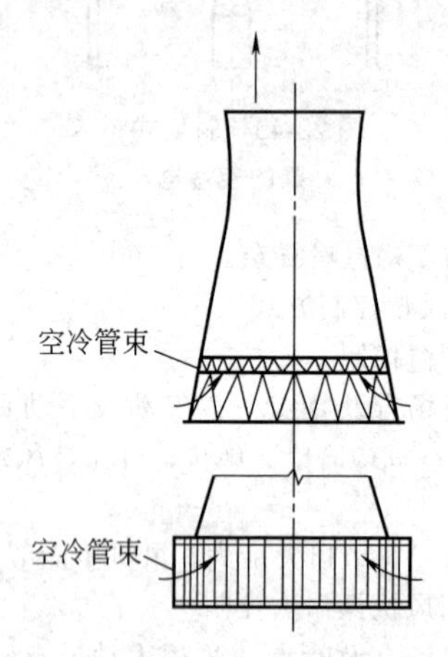

图22-50 自然通风式布置的空冷器

a. 适用场合及特点 利用温差引起的空气自然对流进行冷却，适用于大处理量的热能工厂；不需风机，节约电能；噪声小；检修少。

b. 缺点 一次投资大，在石油、化工装置中尚未见使用，主要用在发电厂中。

(5) 按防寒防冻方式

① 热风内循环式（图22-51）

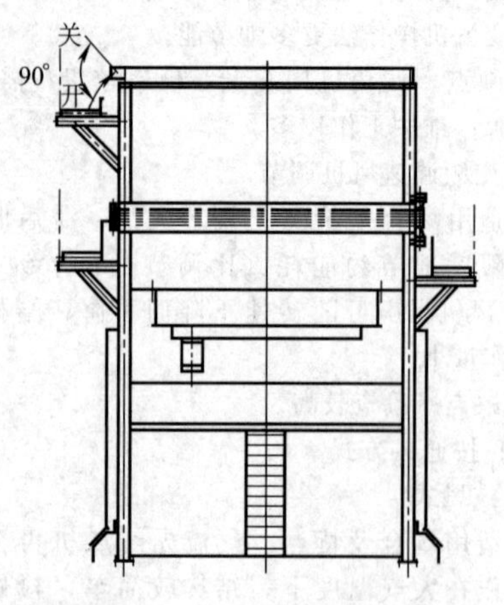

图22-51 热风内循环式空冷器

a. 适用场合及特点 用于介质的冰点温度高于最低环境设计气温，或介质中含水分10%以上的场合；介质终端温度控制要求不甚精确的场合；采用一般自调风机，通过一部分风机反转、一部分风机正转实现空气循环，不增加特殊结构和投资；风机应不少于两台。

b. 缺点 风机能耗较大；控制略复杂。

② 热风外循环式（图22-52）

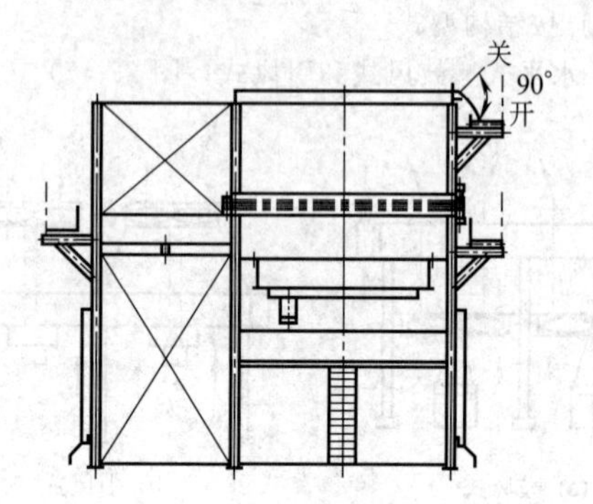

图22-52 热风外循环式空冷器

a. 适用场合及特点 用于介质的冰点高于最低环境设计气温以上，或介质中含水分10%以上的场合；介质终端温度控制要求较高的场合；除采用自调风机外，尚需设置自动（或手动）百叶窗及外部循环风道；有时需设加热排管。

b. 缺点 结构复杂，投资较高；操作复杂，自控要求极高；占地略大。

9.1.2 空冷器型号的表示方法及系列标准

(1) 空冷器型号的表示方法

① 管束型式与代号

空冷器管束型式与代号见表22-33。

表22-33 空冷器管束型式与代号[44]

管束型式	代号	管箱型式	代号
鼓风式水平管束	GP	丝堵式	S
斜顶管束	X	可卸盖板式	K1
引风式水平管束	YP	可卸帽盖式	K2
湿空冷立置管束	SL	集合管式	J
干湿空冷斜置管束	SX	全焊接圆帽式	D
翅片管类型	**代号**	**接管法兰密封面型式**	**代号**
L型	L	凸面	a
LL型	LL	凹凸面	b
滚花型	KL	榫槽面	c
双金属轧制型	DR	环槽面	d
镶嵌型	G	—	—

空冷器管束的规格型号表达方式如下。

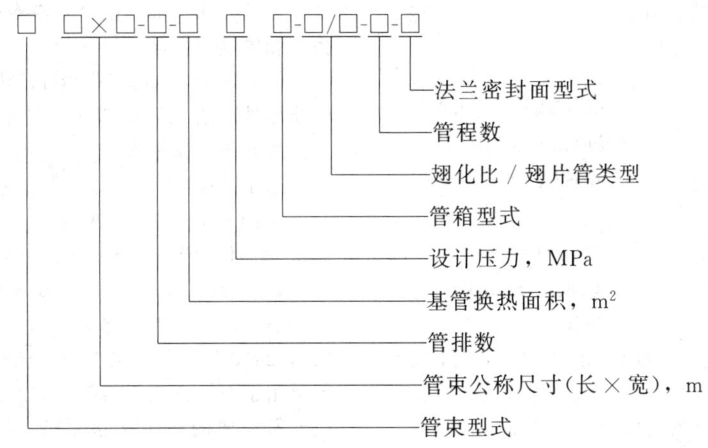

示例：鼓风式水平管束，公称尺寸6m×3m，4排管，丝堵管箱，基管有效传热面积80.44m²，设计压力2.5MPa，翅化比23.72，G型翅片管，4管程，凹凸面对焊钢法兰，该管束的代号为GP6×3-4-80.44-2.5S-23.72/G-4b。

② 构架型式与代号　构架是用来支承和联系空冷器管束、风机、百叶窗等主要部件的钢结构件，同时还起到导流空气的作用，并为空冷器的操作和维修提供方便。构架主要由立柱、支撑梁和风箱等部件组成。构架型式与代号见表22-34。

表22-34　构架型式与代号[44]

构架型式	代号	构架开(闭)式	代号	风箱型式	代号
鼓风式水平构架	GJP	开式	K	方箱型	F
斜顶构架	JX	闭式	B	过渡锥型	Z
引风式水平构架	YJP	—	—	斜坡型	P
湿式构架	JS	—	—	—	—
干湿联合构架	JL	—	—	—	—

构架型号的表示方法如下。

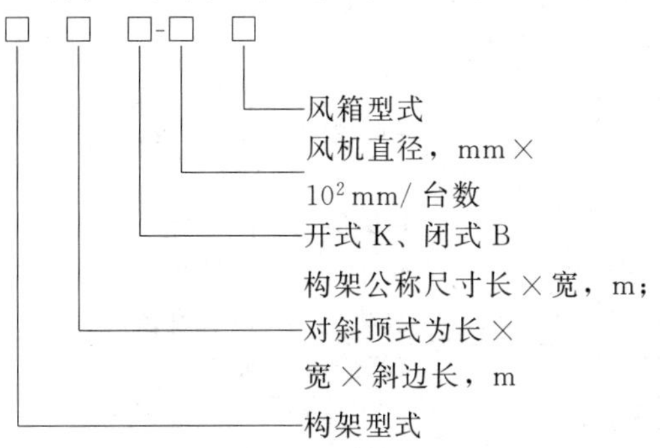

示例：鼓风式水平构架，长9m，宽5m，闭式，配套风机直径3600mm，2台，方箱型风箱，构架型号为GJP9×5B-36/2F。

③ 风机型式与代号　空冷器一般采用低压轴流风机，主要由叶片、轮毂、传动系统、电动机、自动调节机构、风筒、防护罩和支架等构成，空冷器风机决定着空冷器的传热性能和操作费用，其型式和代号见表22-35。

表22-35　风机型式和代号[44]

分类方式	类型	代号	说明
通风方式	鼓风式	G	空气先经过风机再进入管束
	引风式	Y	空气先经过管束再进入风机
风量调解方式	停机手动调角风机	TF	停机调节
	不停机手动调角风机	BF	运转中手调，以压缩空气遥控
	自动调角风机	ZFJ	仪表自控
	自动调速风机	ZFS	遥控或仪表自控
叶片型式	R型玻璃钢叶片	R	强度高，但耐温性能较差，−40～90℃
	B型玻璃钢叶片	B	
风机传动方式	直接传动	Z	效率最高，适用于调速控制风机
	齿轮传动	C	效率较高，构造较复杂，噪声大，齿轮易疲劳破裂
	悬挂式V带传动	V	结构简单，噪声小，效率较低，皮带需更换
	电机轴朝上	Vs	
	电机轴朝下	Vx	

风机型号的表示方法如下。

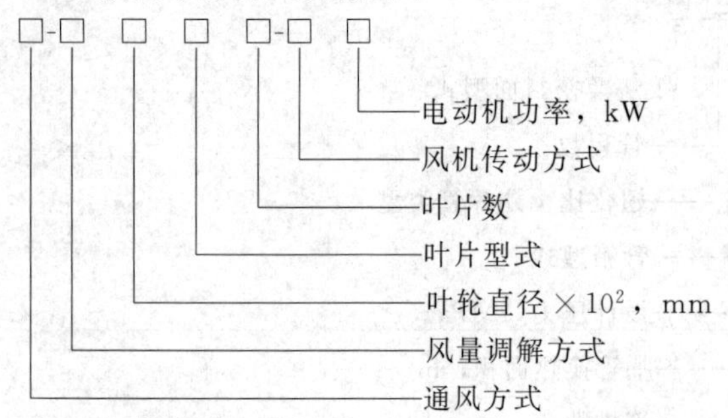

示例：鼓风式，自动调角风机，叶轮直径2700mm，B型玻璃钢叶片，叶片4个，直接传动，电动机功率15kW，风机型号为G-ZPJ 27B4-Z15。

④ 空气冷却器型号的表示方法　干式空气冷却器型号的表示方法[44]如下。

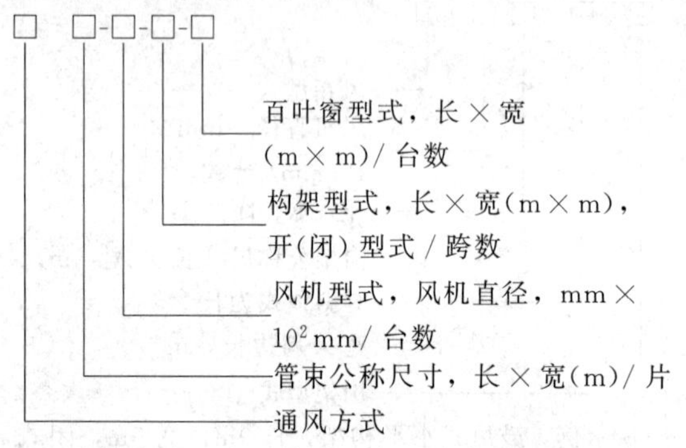

示例：鼓风式空冷器，水平式管束，长×宽为9m×3m，2片；自动调角风机，直径为3600mm，2台；水平式构架，长×宽为9m×6m，1跨闭式构架；自动调节百叶窗，长×宽为9m×3m，2台；该空冷器的型号为GP 9×3/2-ZFJ 36/2-GJP 9×6B/1-ZC 9×3/2。

(2) 空冷器的系列标准

① 中国标准

a. GB/T 47007—2010《空冷式热交换器》（Air Cooled Heat Exchangers），中华人民共和国行业标准。

b. GB/T 28712.6—2012《热交换器型式与基本参数　第6部分：空冷式热交换器》，中华人民共和国国家标准。

c. GB/T 15386—94《空冷式换热器》，中华人民共和国国家标准。

d. GB/T 27698.6—2011《热交换器及传热元件性能测试方法　第6部分：空冷器用翅片管》中华人民共和国国家标准。

e. GB/T 27698.7—2011《热交换器及传热元件性能测试方法　第7部分：空冷器噪声测定》，中华人民共和国国家标准。

② 国外标准

美国石油学会（American Petroleum Institute，API）标准API Standard 661 *Petroleum，Petrochemical and Natural Gas Industries—Air-Cooled Heat Exchangers*（石油石化天然气工业用空冷式热交换器），2013年7月，第7版。该标准规定空冷式换热器是用于石油石化天然气厂的通用设备空冷式换热器设计所需要的最少必备要求、材料选择、制造、检验、测试和运输要求等，HTRI和Aspen EDR的空冷器设计结果中均包括API 661空冷器规格表。

9.2　空冷器的设计条件及基本参数

(1) 迎风面速度的选择

空气在标准状态（101325Pa，20℃）下通过迎风面的速度，简称为标准迎风面速度，通常使用该参数来确定空气的流速。迎风面速度的选择要求适当，风速太高会使空气侧压力降较大、电动机功率消耗大；风速太低又会使传热速率低、换热面积增加。另外风速过高或过低，给风机的设计也带来很大困难。管排数与标准迎风面速度的关系见表22-36。

在设计过程中，风速应根据所选翅片管类型及高低翅片管做适当调整。例如，对于椭圆翅片管，所选风速应比推荐值有所提高。当采用引风式空气冷却器时，因风机人口处空气温度较高，为了节省动力，可采用较低的迎风速度，但空气冷却器的传热面积要稍大些。

(2) 管程数的选择

选择管程数主要取决于允许的管程压力降和流体的温度变化范围。管程允许压力降和流体温度变化范围较大的可选多管程。单相流体冷却时，在满足允许压力降条件下，尽量提高流速，一般液体流速为0.5～1.5m/s，气体质量流速为5～10kg/(m^2·s)。管内流体处于湍流状态最为有利，因此选用两管程以上的比较合适。对于冷凝过程，如果对数平均温差的校正系数大于0.8，可采用单管程，否则应考虑采用两管程或多管程。

表22-36　管排数与标准迎风面速度的关系

管排数/个	3	4	5	6	7	8	9	10	11	12
标准迎风面速度/(m/s)		3.15	2.84	2.74	2.54	2.44				
		2.8		2.5		2.3				
	3.15	3.00	2.83	2.75	2.58	2.5	2.33	2.25	2.16	2.08

10 污垢系数和总传热系数的参考值

10.1 污垢系数（表 22-37～表 22-39）

表 22-37 冷却水的污垢系数 单位：$m^2 \cdot K/W$

热物料温度	115℃以下		115～205℃	
水温	52℃以下		52℃以上	
流速	<1m/s	>1m/s	<1m/s	>1m/s
海水	8.60×10^{-5}	8.60×10^{-5}	1.72×10^{-4}	1.72×10^{-4}
苦咸水	3.44×10^{-4}	1.72×10^{-4}	5.16×10^{-4}	3.44×10^{-4}
凉水塔，人工喷池水				
未处理过的补给水	5.16×10^{-4}	5.16×10^{-4}	8.60×10^{-4}	6.88×10^{-4}
处理过补给水	1.72×10^{-4}	1.72×10^{-4}	3.44×10^{-4}	3.44×10^{-4}
自来水，井水 软化水	1.72×10^{-4}	1.72×10^{-4}	3.44×10^{-4}	3.44×10^{-4}
河水平均	5.16×10^{-4}	3.44×10^{-4}	6.88×10^{-4}	5.16×10^{-4}
最小	3.44×10^{-4}	1.72×10^{-4}	5.16×10^{-4}	3.78×10^{-4}
硬水	5.16×10^{-4}	5.16×10^{-4}	8.6×10^{-4}	8.60×10^{-4}
淤泥水	5.16×10^{-4}	3.44×10^{-4}	6.88×10^{-4}	5.16×10^{-4}
蒸馏水	8.60×10^{-5}	8.60×10^{-5}	8.60×10^{-5}	8.60×10^{-5}
处理的锅炉供水	1.72×10^{-4}	8.60×10^{-5}	1.72×10^{-4}	1.72×10^{-4}

表 22-38 油类的污垢系数 单位：$m^2 \cdot K/W$

物料	0～92℃			92～148℃			148～260℃			260℃以上		
	速度/(m/s)			速度/(m/s)			速度/(m/s)			速度/(m/s)		
	<0.6	0.6～1.2	>1.2	<0.6	0.6～1.2	>1.2	<0.6	0.6～1.2	>1.2	<0.6	0.6～1.2	>1.2
无水原油	5.16×10^{-4}	3.44×10^{-4}	3.44×10^{-4}	5.16×10^{-4}	3.44×10^{-4}	3.44×10^{-4}	6.88×10^{-4}	5.16×10^{-4}	3.44×10^{-4}	8.60×10^{-4}	6.88×10^{-4}	5.16×10^{-4}
含盐原油	5.16×10^{-4}	3.44×10^{-4}	3.44×10^{-4}	8.60×10^{-4}	6.88×10^{-4}	6.88×10^{-4}	1.03×10^{-3}	8.60×10^{-4}	6.88×10^{-4}	1.20×10^{-4}	1.20×10^{-4}	8.60×10^{-4}

表 22-39 工艺物料的污垢系数 单位：$m^2 \cdot K/W$

物料	污垢系数	物料	污垢系数
①工业液体		重质柴油	5.16×10^{-4}
有机物	1.72×10^{-4}	重质燃料油	8.60×10^{-4}
冷冻剂 有机热载体	1.72×10^{-4}		
		裂化和焦化装置物料	
冷冻盐水	1.72×10^{-4}	塔顶蒸气	3.44×10^{-4}
传热用熔融盐	8.60×10^{-5}	轻质循环油	3.44×10^{-4}
单乙醇胺溶液	3.44×10^{-4}	重质循环油	5.16×10^{-4}
烧碱溶液	3.44×10^{-4}	轻质焦化瓦斯油	5.16×10^{-4}
盐类	8.60×10^{-5}	重质焦化瓦斯油	6.88×10^{-4}
②工业气体		底部油浆（最小 4.5ft/s）	5.16×10^{-4}
焦炉气，造气	1.72×10^{-3}	轻质液态产品	3.44×10^{-4}
水蒸气	8.60×10^{-5}	催化重整和加氢脱硫物料	
空气	3.44×10^{-4}	重整炉进料	3.44×10^{-4}
溶剂蒸气	1.72×10^{-4}	重整炉流出物	1.72×10^{-4}
天然气	1.72×10^{-4}	加氢脱硫进料和出料	3.44×10^{-4}
有机化合物	8.60×10^{-5}	塔顶蒸气	1.72×10^{-4}
柴油机排气	1.72×10^{-3}	50°API 以上的液态产品	1.72×10^{-4}
往复泵废蒸气	1.72×10^{-4}	30°～50°API 的液态产品	3.44×10^{-4}
酸性气体	1.72×10^{-4}	轻馏分加工物料	
③工业油类		塔顶蒸气和气体	1.72×10^{-4}
燃料油	8.60×10^{-4}	液态产品	1.72×10^{-4}
净循环油	1.72×10^{-4}	吸收油	3.44×10^{-4}
机械和变压器油	1.72×10^{-4}	微酸烷基化物料	3.44×10^{-4}
淬冷油	6.88×10^{-4}	再沸器物料	5.16×10^{-4}
汽油	1.72×10^{-4}	润滑油加工物料	
挥发油	1.72×10^{-4}	进料	3.44×10^{-4}
煤油	1.72×10^{-4}	混合溶剂进料	3.44×10^{-4}
重油	8.60×10^{-4}	溶剂	1.72×10^{-4}
植物油	5.16×10^{-4}	萃取物	5.16×10^{-4}
④炼油装置		提余液	1.72×10^{-4}
汽油	1.72×10^{-4}	沥青	8.60×10^{-4}
石脑油和轻馏分	1.72×10^{-4}	蜡膏	5.16×10^{-4}
煤油	1.72×10^{-4}	精制润滑油	1.72×10^{-4}
轻质柴油	3.44×10^{-4}		

注：1ft=0.3048m。

10.2 总传热系数推荐值

10.2.1 管壳式换热器（表22-40～表22-44）

表22-40 管壳式冷却器总传热系数

高温流体	低温流体	总传热系数范围/[W/(m²·K)]	备注
水	水	1395～2836	污垢系数 $5.16\times10^{-4}m^2\cdot K/W$
甲醇、氨	水	1395～2836	
有机物黏度0.5cP以下①	水	430～848	
有机物黏度0.5cP以下①	冷冻盐水	221～569	
有机物黏度0.5～1.0cP②	水	279～709	
有机物黏度1.0cP以上③	水	28～430	
气体	水	12～279	
水	冷冻盐水	569～1162	
水	冷冻盐水	232～581	传热面为塑料衬里
硫酸	水	872	传热面为不透性石墨，两侧传热膜系数均为2441W/(m²·K)
四氯化碳	氯化钙溶液	76	管内流速0.0052～0.011m/s
氯化氢气（冷却除水）	盐水	35～174	传热面为不透性石墨
氯气（冷却除水）	水	35～174	传热面为不透性石墨
焙烧SO_2气体	水	232～464	传热面为不透性石墨
氮	水	66	计算值
水	水	407～1162	传热面为塑料衬里
20%～40%硫酸	水 t=30～60℃	464～1046	冷却洗涤用硫酸的冷却
20%盐酸	水 t=25～110℃	581～1162	
有机溶剂	盐水	174～511	

① 为苯、甲苯、丙酮、乙醇、丁酮、汽油、轻煤油、石脑油等有机物。

② 为煤油、热柴油、热吸收油、原油馏分等有机物。

③ 为冷柴油、燃料油、原油、焦油、沥青等有机物。

注：$1cP=1\times10^{-3}Pa\cdot s$。

表22-41 管壳式换热器总传热系数

高温流体	低温流体	总传热系数/[W/(m²·K)]	备注
水	水	1395～2836	
水溶液	水溶液	1395～2836	
有机物黏度0.5cP以下①	有机物黏度0.5cP以下①	221～430	
有机物黏度0.5～1.0cP②	有机物黏度0.5～1.0cP②	116～337	
有机物黏度1.0cP以上③	有机物黏度1.0cP以上	58～221	
有机物黏度1.0cP以下③	有机物黏度0.5cP以下①	174～337	
有机物黏度0.5cP以下①	有机物黏度1.0cP以上②	58～221	
20%盐酸	35%盐酸	581～930	传热面材料为不透性石墨，35%盐酸，入口温度20℃，出口温度60℃
有机溶剂	有机溶剂	116～349	
有机溶剂	轻油	116～395	
原油	瓦斯油	453～510	管内原油流速3.05m/s，管外瓦斯油流速1.83m/s
重油	重油	46～279	
SO_3气体	SO_2气体	6～8	

① 为苯、甲苯、丙酮、乙醇、丁酮、汽油、轻煤油、石脑油等有机物。

② 为煤油、热柴油、热吸收油、原油馏分等有机物。

③ 为冷柴油、燃料油、原油、焦油、沥青等有机物。

注：$1cP=1\times10^{-3}Pa\cdot s$。

表 22-42 管壳式加热器总传热系数

高温流体	低温流体	总传热系数/[W/(m^2·K)]	备注
水蒸气	水	1162～3951	污垢系数 $1.72\times10^{-4}m^2\cdot K/W$
水蒸气	甲醇、氨	1162～3951	污垢系数 $1.72\times10^{-3}m^2\cdot K/W$
水蒸气	水溶液黏度 2cP 以下	1162～3951	
水蒸气	水溶液黏度 2cP 以上	569～2789	污垢系数 $1.72\times10^{-4}m^2\cdot K/W$
水蒸气	有机物黏度 0.5cP 以下①	569～1162	
水蒸气	有机物黏度 0.5～1.0cP②	279～569	
水蒸气	有机物黏度 1cP 以上③	34～337	
水蒸气	气体	28～279	
水蒸气	水	2266～4533	水流速 1.2～1.5m/s
水蒸气	盐酸或硫酸	349～581	传热面为塑料衬里
水蒸气	饱和盐水	697～1511	传热面为不透性石墨
水蒸气	硫酸铜溶液	930～1511	传热面为不透性石墨
水蒸气	空气	51	空气流速 3m/s
水蒸气（或热水）	不凝性气体	23～29	传热面为不透性石墨，不凝性气体流速 4.5～7.5m/s
水蒸气	不凝性气体	35～46	传热面材料为不透性石墨，不凝性气体流速9.0～12.0m/s
水	水	407～1162	
热水	烃类化合物	232～500	管外为水
温水	稀硫酸溶液	581～1162	传热面材料为石墨
熔融盐	油	290～453	
导热油蒸气	重油	46～349	
导热油蒸气	气体	23～232	

① 为苯、甲苯、丙酮、乙醇、丁酮、汽油、轻煤油、石脑油等有机物。

② 为煤油、热柴油、热吸收油、原油馏分等有机物。

③ 为冷柴油、燃料油、原油、焦油、沥青等有机物。

注：$1cP=1\times10^{-3}Pa\cdot s$。

表 22-43 管壳式蒸发器总传热系数

高温流体	低温流体	总传热系数/[W/(m^2·K)]	备注
水蒸气	液体	1743～4649	强制循环，管内流速 1.5～3.5m/s
水蒸气	液体	1162	水平管式
水蒸气	液体	1162	
水蒸气	液体	1395	垂直短管式
水蒸气	液体	2906	垂直长管式(上升式)，黏度 10cP 以下
水蒸气	液体	1162	垂直长管式(下降式)，黏度 100cP 以下
水蒸气	液体	4649	强制循环速度 2～6m/s
水蒸气	液体	2906	强制循环速度 0.8～1.2m/s
水蒸气	液体	407～814	立式中央循环管式
水蒸气	浓缩结晶液(食盐、重铬酸钠)	1162～3487	标准式蒸发析晶器
水蒸气	浓缩结晶液(苛性钠中的食盐、芒硝等)	1162～3487	外部加热型蒸发析晶器
水蒸气	浓缩结晶液(硫酸铵、石膏等)	1162～3487	生长型蒸发析晶器
水蒸气	水	2266～4649	垂直管式
水蒸气	水	1976～4254	
水蒸气	水	1162～2906	传热面材料为不透性石墨
水蒸气	液碱	697～755	带有水平伸出加热室(30～50m^2)
水蒸气	20%盐酸	1743～3487	传热面材料为不透性石墨，盐酸温度 110～130℃
水蒸气	21%盐酸	1743～2906	传热面材料为不透性石墨，自然循环
水蒸气	金属氯化物	930～1743	传热面材料为不透性石墨，金属氯化物温度 90～130℃
水蒸气	硫酸铜溶液	814～1395	传热面材料为不透性石墨
水	冷冻剂	430～848	
有机溶剂	冷冻剂	174～569	
水蒸气	轻油	349～1023	
水蒸气	重油(减压下)	139～430	

表22-44　管壳式冷凝器总传热系数

高温流体	低温流体	总传热系数/[W/(m²·K)]	备注
有机质蒸气	水	232～930	传热面为塑料衬里
有机质蒸气	水	291～1162	传热面为不透性石墨
饱和有机质蒸气(大气压下)	盐水	569～1139	
饱和有机质蒸气(减压下且含有少量不凝性气体)	盐水	279～569	
低沸点烃类化合物(大气压下)	水	453～1139	
高沸点烃类化合物(减压下)	水	58～1741	
21%盐酸蒸气	水	116～1743	传热面为不透性石墨
氨蒸气	水	872～2324	水流速1～1.5m/s
有机溶剂蒸气和水蒸气混合物	水	349～1162	传热面为塑料衬里
有机质蒸气(减压下且含有大量不凝性气体)	水	58～279	
有机质蒸气(大气压下且含有大量不凝性气体)	盐水	116～453	
氟里昂液蒸气	水	872～988	水流速1.2m/s
汽油蒸气	水	523	水流速1.5m/s
汽油蒸气	原油	116～174	原油流速0.6m/s
煤油蒸气	水	2906	水流速1m/s
水蒸气(加压下)	水	1987～4254	
水蒸气(减压下)	水	1697～3405	
氯乙醛(管外)	水	165	直立,传热面为搪玻璃
甲醇(管内)	水	639	直立式
四氯化碳(管内)	水	363	直立式
缩醛(管内)	水	461	直立式
糠醛(管外)(有不凝性气体)	水	2208	直立式
糠醛(管外)(有不凝性气体)	水	191	直立式
糠醛(管外)(有不凝性气体)	水	124	直立式
水蒸气(管外)	水	610	卧式

10.2.2　蛇管式换热器（表22-45～表22-49）

表22-45　蛇管式冷却器总传热系数

管内流体	管外流体	总传热系数/[W/(m²·K)]	备注
水(管材:合金钢)	水状液体	372～535	自然对流
水(管材:合金钢)	水状液体	593～883	强制对流
水(管材:合金钢)	淬火用的机油	39～57	自然对流
水(管材:合金钢)	淬火用的机油	85～139	强制对流
水(管材:合金钢)	润滑油	27.9～45	自然对流
水(管材:合金钢)	润滑油	57～114	强制对流
水(管材:合金钢)	蜜糖	23～39	自然对流
水(管材:合金钢)	蜜糖	46～85	强制对流
水(管材:合金钢)	空气或煤气	6～17	自然对流
水(管材:合金钢)	空气或煤气	23～46	强制对流
氟里昂或氨(管材:合金钢)	水状液体	112～198	自然对流
氟里昂或氨(管材:合金钢)	水状液体	220～337	强制对流
冷冻盐水(管材:合金钢)	水状液体	279～430	自然对流
冷冻盐水(管材:合金钢)	水状液体	453～709	强制对流
水(管材:铅)	稀薄有机染料中间体	1697	涡轮式搅拌器,95r/min
水(管材:低碳钢)	温水	848～1697	空气搅拌
水(管材:铅)	热溶液	511～2034	桨式搅拌器,0.4r/min
冷冻盐水	氨基酸	569	搅拌器,30r/min
水(管材:低碳钢)	25%发烟硫酸,60℃	116	有搅拌

续表

管内流体	管外流体	总传热系数/[W/(m²·K)]	备注
水(管材:塑料衬里)	水	349～930	
水(管材:铅)	液体	1278～2092	桨式搅拌器,500r/min
油	油	6～17	自然对流
油	油	12～58	强制对流
水(管材:钢)	植物油	163～407	搅拌器转速可变
石脑油	水	45～128	
煤油	水	67～163	
汽油	水	67～163	
润滑油	水	34～96	
燃料油	水	34～85	
石脑油与水	水	58～174	
苯(管材:钢)	水	98	
甲醇(管材:钢)	水	232	
二乙胺(管材:钢)	水	205	水流速 0.2m/s
CO_2(管材:钢)	水	48	

表 22-46 蛇管式蒸发器总传热系数

管内流体	管外流体	总传热系数/[W/(m²·K)]	备注
水蒸气	乙醇	2324	
水蒸气	水	1743～4649	水为自然对流
水蒸气	水溶液	3370	
水蒸气(管材:铜)	水	1743～3487	长蛇形管
水蒸气(管材:铜)	水	3487～6973	短蛇形管

表 22-47 蛇管式加热器总传热系数

管内流体	管外流体	总传热系数/[W/(m²·K)]	备注
水蒸气(管材:合金钢)	水状液体	569～1139	自然对流
水蒸气(管材:合金钢)	水状液体	848～1557	强制对流
水蒸气(管材:合金钢)	轻油	221～256	自然对流
水蒸气(管材:合金钢)	轻油	337～628	强制对流
水蒸气(管材:合金钢)	润滑油	198～232	自然对流
水蒸气(管材:合金钢)	润滑油	279～569	强制对流
水蒸气(管材:合金钢)	重油或燃料油	85～174	自然对流
水蒸气(管材:合金钢)	重油或燃料油	337～453	强制对流
水蒸气(管材:合金钢)	焦油或沥青	85～139	自然对流
水蒸气(管材:合金钢)	焦油或沥青	221～337	强制对流
水蒸气(管材:合金钢)	熔融硫黄	114～198	自然对流
水蒸气(管材:合金钢)	熔融硫黄	198～256	强制对流
水蒸气(管材:合金钢)	熔融石蜡	139～198	自然对流
水蒸气(管材:合金钢)	熔融石蜡	221～279	强制对流
水蒸气(管材:合金钢)	空气或煤气	6～17	自然对流
水蒸气(管材:合金钢)	空气或煤气	23～46	强制对流
水蒸气(管材:合金钢)	蜜糖	85～174	自然对流
水蒸气(管材:合金钢)	蜜糖	337～453	强制对流
热水(管材:合金钢)	水状液体	395～569	自然对流
热水(管材:合金钢)	水状液体	616～906	强制对流
热油(管材:合金钢)	焦油或沥青	57～114	自然对流
热油(管材:合金钢)	焦油或沥青	174～279	强制对流
有机载热体(管材:合金钢)	焦油或沥青	67～114	自然对流

续表

管内流体	管外流体	总传热系数/[W/(m²·K)]	备注
有机载热体(管材:合金钢)	焦油或沥青	174～279	强制对流
水蒸气(管材:铅)	水	395	有搅拌
水蒸气(管材:铜)	蔗糖或蜜糖溶液	279～1360	无搅拌
水蒸气(管材:铜)	加热至沸腾的水溶液	3405	
水蒸气(管材:铜)	脂肪酸	546～569	无搅拌
水蒸气(管材:钢)	植物油	128～163	无搅拌
水蒸气(管材:钢)	植物油	221～407	搅拌器转速可变
热水(管材:铅)	水	465～1511	桨式搅拌器
水蒸气	石油	81～116	盘管油罐石油黏度10°E以下
水蒸气	石油	58～93	盘管油罐石油黏度10°E以上
稀甲醇(管材:钢)	水蒸气	1743	
水蒸气(管材:钢)	重油液体燃料	60	自然对流
过热蒸汽(管材:铜)	苯二甲酸酐	253	

表 22-48 蛇管式换热器总传热系数

管内流体	管外流体	总传热系数/[W/(m²·K)]	备注
液体	液体	232～813	
四氯化碳(管材:银)	二甲基磷化氢	539	锚式搅拌,365～500r/min

表 22-49 蛇管式冷凝器总传热系数

管内流体	管外流体	总传热系数/[W/(m²·K)]	备注
瓦斯油蒸气	水	46～116	无搅拌
煤油蒸气	水	58～151	无搅拌
石脑油与水蒸气	水	96～198	
石脑油	水	79～139	
汽油	水	58～91	

10.2.3 套管式换热器（表 22-50～表 22-53）

表 22-50 套管式冷却器总传热系数

冷却物料	冷却剂	传热面材料	总传热系数/[W/(m²·K)]	备注
水	水		1743～2906	管内、外流速为0.915～2.44m/s
水	盐水		851～1701	
CO_2	水	铜	532	

表 22-51 套管式加热器总传热系数

被加热物料	加热介质	传热面材料	总传热系数/[W/(m²·K)]	备注
水	热水	钢	1104～3487,此值不计水垢应乘以0.5～0.85	水流速0.5～3.0m/s 热水流速0.5～2.5m/s
水、空气	热水	钢	139～430	

表 22-52 套管式换热器总传热系数

热交换物料	热交换介质	传热面材料	总传热系数/[W/(m²·K)]	备注
水	盐水		872～1743	管内、外流速1.25m/s
水	盐水		291～2324	水流速0.3～1.5m/s 盐水流速0.3～1.0m/s
液体	液体		814～1743	
20%盐酸	35%盐酸	石墨	581～1046	套管式阶型

续表

热交换物料	热交换介质	传热面材料	总传热系数/[W/(m²·K)]	备 注
丁烷	水		523	丁烷流速 0.6m/s 水流速 1m/s
烃类化合物	热水		232～500	管内为热水
油类	液体		105～814	
原油	石油		209～279	原油流速 1.3～2.1m/s
润滑油	水		87	润滑油流速 0.05m/s 水流速 0.6m/s
灯油	水		232	灯油流速 0.15m/s 水流速 0.6m/s

表 22-53 套管式冷凝器总传热系数

冷凝物料	冷却剂	传热面材料	总传热系数/[W/(m²·K)]	备 注
氨蒸气	水		1278～1976	水流速 1.2m/s
氨蒸气	水		1627～2324	水流速 1.8m/s
氨蒸气	水		1976～2673	水流速 2.4m/s

10.2.4 空冷器（表 22-54、表 22-55）

表 22-54 空冷式冷却器总传热系数

冷 却 物 料	冷却剂	传热面材料	总传热系数/[W/(m²·K)]	备 注
低碳氢化合物	空气		436～552	横式翅片空冷器
轻油	空气		349～407	横式翅片空冷器
轻石油	空气		407	横式翅片空冷器
燃料油	空气		116～174	横式翅片空冷器
残渣油	空气		58～116	横式翅片空冷器
焦油	空气		29～58	横式翅片空冷器
烟道气	空气		58～174	横式翅片空冷器
氨反应器气体	空气		465～523	横式翅片空冷器
烃类化合物气体	空气		174～523	横式翅片空冷器
空气或燃料气	空气		58	横式翅片空冷器
机器冷却水	空气		709	横式翅片空冷器

表 22-55 空冷式冷凝器总传热系数

冷 凝 物 料	冷却剂	传热面材料	总传热系数/[W/(m²·K)]	备 注
低沸点烃类化合物	空气		453～535	横式翅片空冷器
胺反应器蒸汽	空气		511～569	横式翅片空冷器
氨蒸气	空气		569～686	横式翅片空冷器
氟里昂蒸气	空气		337～453	横式翅片空冷器
轻汽油蒸气	空气		453	横式翅片空冷器
轻石脑油蒸气	空气		395～453	横式翅片空冷器
塔顶气体(轻石脑油水蒸气及不凝性气体)	空气		337～453	横式翅片空冷器
重石脑油蒸气	空气		337～453	横式翅片空冷器
低压蒸气	空气		767	横式翅片空冷器
重正油	空气		395	横式翅片空冷器

注：总传热系数计算以光管外表面为基准。

10.2.5　喷淋式换热器（表22-56、表22-57）

表22-56　喷淋式冷凝器总传热系数

管内流体	管外流体	传热面材料	总传热系数/[W/(m²·K)]	备注
氨蒸气	水	钢	1395	水喷淋强度600kg/(m·h)
氨蒸气	水	钢	1860	水喷淋强度1200kg/(m·h)
氨蒸气	水	钢	2324	水喷淋强度1800kg/(m·h)
汽油蒸气(深度稳定汽油)	水		232～407	汽油蒸气进口流速6～10m/s，出口流速0.3～0.5m/s
汽油蒸气(裂化汽油)	水		203～232	汽油蒸气进口流速6～10m/s，出口流速0.3～0.5m/s
瓦斯油蒸气	水		232	瓦斯油出口流速2.5m/s(冷凝物和不凝性气体)

表22-57　喷淋式冷却器总传热系数

管内流体	管外流体	传热面材料	总传热系数/[W/(m²·K)]	备注
氯磺酸蒸气	水	钢	23	
醋酸等蒸气	水	钢	67	
水溶液	水		1395～2906	
50%糖水溶液	水(16℃)	玻璃	285～343	
甲醇	水	钢	490	水喷淋强度700kg/(m·h)

10.2.6　螺旋板式换热器（表22-58）

表22-58　螺旋板式换热器总传热系数

进行热交换的流体		材料	流动方式	总传热系数/[W/(m²·K)]
清水	清水		逆流	1743～2208
水蒸气	清水		错流	1511～1743
废液	清水		逆流	1627～2092
有机物蒸气	清水		错流	930～1162
苯蒸气	水蒸气混合物和清水		错流	930～1162
有机物	有机物		逆流	349～581
粗轻油	水蒸气混合物和焦油中油		错流	349～581
焦油中油	焦油中油		逆流	163～198
焦油中油	清水		逆流	267～314
高黏度油	清水		逆流	232～349
油	油		逆流	93～139
气	气		逆流	29～46
液体	盐水			930～1860
废水(流速0.925m/s)	清水(流速0.925m/s)			1685
液体	水蒸气			1511～3022
水	水	钢		1395～2092

10.2.7　其他换热器（表22-59）

表22-59　其他换热器总传热系数

形式	进行热交换的流体		传热面材料	总传热系数/[W/(m²·K)]	备注
板式换热器	液体	液体		1511～4068	
板式换热器	水	水	钢	1511～2208	EX-2型
板式换热器	水	水	钢	2324～2789	EX-3型
刮面式加热器	汁液	水蒸气		1743～2324	密闭刮面式：液体温度20～110℃，蒸气温度140℃

续表

型　式	进行热交换的流体		传热面材料	总传热系数/[W/(m²·K)]	备　注
刮面式加热器	牛乳	水蒸气		2092～2906	密闭刮面式;牛乳温度 10～130℃,蒸气温度 160℃
刮面式加热器	18%淀粉糊	水蒸气		1395～1743	密闭刮面式:淀粉糊温度 20～110℃,蒸气温度 130℃
刮面式冷却器	润滑油	水		581～930	密闭刮面式;润滑油温度 150～140℃,水温度 15℃
刮面式冷却器	18%淀粉糊	水、盐水		1162～1511	密闭刮面式;淀粉糊温度 110～15℃,水、盐水温度 10～15℃
刮面式冷却器	黏胶	水		349～697	密闭刮面式;黏胶温度 90～30℃,水温度 15℃
立方体列管冷凝器	醋酸蒸气进口温度 118℃	水	不透性石墨	814	不透性石墨块状热交换器
立方体列管冷凝器	甲醇蒸气	水	不透性石墨	697～1162	不透性石墨块状热交换器
立方体列管冷凝器	丙酮蒸气进口温度 70℃	水	不透性石墨	232	不透性石墨块状热交换器
立方体列管冷凝器	盐酸酸性蒸气进口温度 120℃	水	不透性石墨	814	不透性石墨块状热交换器

10.3　液体、气体的普朗特数（图 22-53、图 22-54、表 22-60、表 22-61）[42]

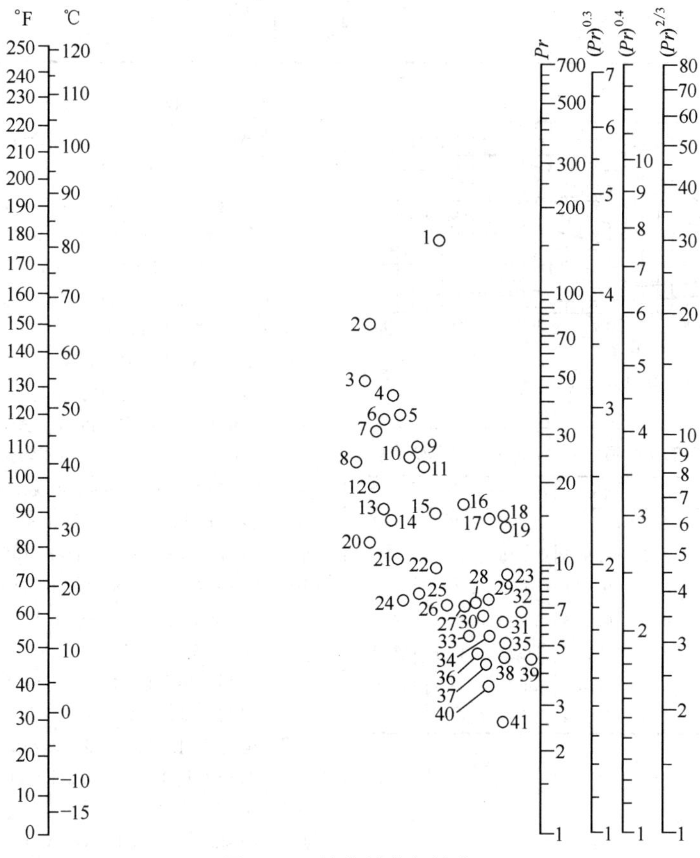

图 22-53　液体的普朗特数

表 22-60 图 22-53 中标号的液体名称

标号	液体名称	温度范围		标号	液体名称	温度范围	
		℉	℃			℉	℃
1	乙二醇	32～122	0～50	35	辛烷	14～122	−10～50
12	乙醇 50%	50～176	10～80	31	庚烷	14～140	−10～60
16	乙醇 95%	50～158	10～70	28	苯	32～194	0～90
17	乙醇 100%	14～212	−10～100	7	苯胺	14～248	−10～120
37	乙醚	14～158	−10～70	21	氨 26%	14～230	−10～110
26	二甲苯	14～122	−10～50	33	氯仿	32～176	0～80
41	二硫化碳	14～212	−10～100	23	氯苯	32～194	0～90
9	丁醇	14～230	−10～110	4	硫酸 60%	50～212	10～100
34	己烷	68～140	20～60	3	硫酸 98%	50～194	10～90
24	水	50～212	10～100	2	硫酸 100%	68～176	20～80
30	甲苯	14～230	−10～110	15	硝基苯	68～212	20～100
13	甲醇 40%	14～176	−10～80	40	溴乙烷	14～104	−10～40
27	甲醇 100%	14～176	−10～80	39	碘乙烷	14～176	−10～80
11	丙醇	86～176	30～80	14	醋酸 50%	50～194	10～90
10	丙醇	32～212	0～100	19	醋酸 100%	50～140	10～60
36	丙醇	14～212	−10～80	32	醋酸乙酯	32～140	0～60
38	戊烷	14～122	−10～50	18	醋酸戊酯	32～104	0～40
6	戊醇	86～212	30～100	25	盐水，$CaCl_2$，25%	−4～176	−20～80
5	戊醇	50～230	10～110	20	盐水，NaCl，25%	−4～122	−20～50
29	四氯化碳	32～176	0～80	22	盐酸 30%	50～176	10～80
8	甘油 50%	32～158	0～70				

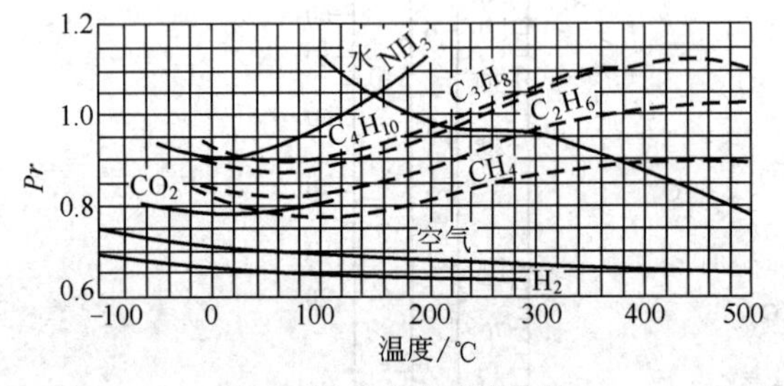

图 22-54 气体的普朗特数

表 22-61 蒸气和气体的 Pr^n 值（p=1atm，t=100℃）

介质名称	Pr	$Pr^{0.3}$	$Pr^{0.33}$	$Pr^{0.4}$	$Pr^{0.66}$
NH_3	0.78	0.928	0.92	0.905	0.848
H_2S	0.77	0.925	0.916	0.9	0.84
空气，CO，H_2，N_3，O_2	0.74	0.914	0.905	0.886	0.818
水蒸气（低压）	0.78	0.928	0.920	0.905	0.848
CO_2，SO_2	0.8	0.935	0.923	0.914	0.862
CH_4	0.79	0.932	0.924	0.909	0.855
C_2H_4	0.83	0.946	0.939	0.928	0.883

注：1atm=101325Pa。

参考文献

[1] Cooper A. Usher J D. Heat Exchanger Design Handbook，1983.
[2] Kern D Q. Process Heat Transfer. 1950.
[3] Kuppan T. Heat Exchanger Design Handbook. Marcel Dekker，Inc.，2000，54 (10).
[4] Bell K J. Delaware Method for Shelled design. In：Heat Transfer Equipment Design. 1988. 145～166.
[5] Chato J C. Am. Soc. Heating Refrig. Aircond. Engrs. J.，1962：56-60.
[6] Akers W W. Deans H A. Crosser O K. C. E. P.，1959，55 (29)：17.
[7] Rohsenow W M. Trans. ASME，1956 (78)：1645-1648.
[8] Kern D Q . Mathematical Development of Tube Loading in Horizontal Condenser. A. I. Ch. E.，1958 (4)：157-160.
[9] Devore A. Petro. Refiner，1959，38 (6)：205-216.
[10] Gloyer W. Hydrocarbon processing july，1970，107-110.
[11] Lockhat R W，Martinelli R C. Chem. Eng. Prog.，1949 (45)，(39).
[12] Chisholm D. Int. J. Heat Mass Transfer，1973，16：347.
[13] 尾花英朗. 熱交換器設計ハンドブック. 1974 .
[14] Grant I D R，Chisholm D. J. Heat Trans.，1979，101：36-42.
[15] Krishna R，Standart G. A. I. CH. E.，1976，22 (2).
[16] Nusselt W. V. D. I. Z.，1916 (60)：541-546，569-575.

[17] Silver L. Tras. Inst. Chem. Eng., 1947, 25: 30-42.
[18] Colburn A P, Drew T B. Trans. Am. Inst. Chem. Engnrs., 1937, 33: 197.
[19] Webb D R, McNaught J M. Development in Heat Exchanger Technology-1. 1980.
[20] Porter K E, Jeffereys G V. Trans. Inst. Chem. Engrs, 1963, 41: 126-139.
[21] Ховпер Тадеуш. Теплопеедача И Теплоо бменники. 1961.
[22] Frank O. Practical Aspects of Heat Transfer. 1978.
[23] Mostinski I L. Chem. Eng., 1963, 8 (8): 580.
[24] Palen J W. Chem. Èng. Prog. Symp. Ser., 1972, 68 (118): 50-61.
[25] Taborek J. Basic design principles for process reboilers: lecture given at University of California. Santa Barbara, 1985.
[26] Chen J C, Palen J W. Two-phase flow and heat transfer in process equipment. AICHE Today series. New York, 1984.
[27] Chen J C . I. E. C. Process Design and Development, 1966 5 (3).
[28] Palen J W, Small W M . Hydrocarbon Process, 1964, 43 (11).
[29] Fair J R. Petroleum Refiner, 1960, 39 (2): 105-132.
[30] Peterson J N Chen C C. Evans L B. COMPUTER PROGRAMS FOR CHEMICAL ENGINEERS, 1978.
[31] Chen C Y. Trans. ASME, 1964, 68: 99.
[32] Wiegand J H. Trans. AICHE, 1945, 41: 147.
[33] Marriot J. Chemcal Engineering, 1971, 78 (8): 127.
[34] Buonopan R A, et al. Chemi. Eng. Pro., 1963, 59 (7): 57-61.
[35] Jackson B M , Troupe R A . Chemi. Eng. Pro. Sympo. Ser. , 1966, 62 (64).
[36] Dravid A N, et al. A. I. Ch. E., 1971, 17 (5).
[37] Hargis A M, et al. Chem. Eng. Progress, 1967, 63 (7).
[38] Cooper A, Ushe J D. Heat Exchanger-Design Handbook. 1983.
[39] Чернобыльский И. И.. Выпарные Установки. 1960.
[40] Ulrich G D. A guide to chemical engineering process design and economics. New York: Wiley, 1984.
[41] Hewutt G F, et al. Process Heat Transfer. 1984.
[42] McAdams W H. Heat Transmission. 3rd. ed., New York. McGraw-Hill, 1954.
[43] 中国石化集团上海工程有限公司. 换热器. 北京: 化学工业出版社, 2011.
[44] 孙兰文等主编. 换热器工艺设计. 北京: 中国石化出版社, 2015.

第23章 容　器

容器是一种化工设备的基本类型，化工容器广泛应用于化工、石油、炼油、医药等行业。化工压力容器一般可泛指装盛物料的静止设备，如反应类容器、换热类容器、分离类容器、储存类容器等工艺过程设备。

本章节定义的容器主要指装盛生产用的气体、液体、气-液混合介质、液-液混合介质的化工装置（或单元）的储存类容器，但不包括罐区内的各类储罐、低温罐或球罐，也不包括料仓、料斗等粉体工程用容器。

容器工艺设计主要用于指导不同型式容器的选用、工艺参数的确定、容积的计算原则、合理的结构尺寸、内部结构、管口设置及安装型式等。

1 容器的分类和选用

1.1 容器的分类

按用途功能，化工装置常用容器大致有下列三类。

(1) 气-液分离容器

这类容器用于分离气体和液体。属于这类容器的有油气分离器、蒸汽分水器、压缩机入口分液罐、压缩空气罐、燃料气分液罐、紧急放空罐等。油气分离容器一般用于分离呈平衡状态的气体和液体；蒸汽分水器、压缩机入口分液罐、压缩空气罐、燃料气分液罐等用于分离气体中夹带的液体；紧急放空罐用于装置发生紧急事故时接收和分离从设备中放出的液体及蒸汽。

(2) 液-液分离容器

这类容器用于分离互不相溶的液体，主要包括洗涤沉降罐、油水分离罐等。洗涤沉降罐用于烃类的酸洗、碱洗、水洗等过程；油水分离罐包括原料脱水罐、塔顶回流罐等。

(3) 缓冲容器

这类容器用于上下工序之间的缓冲或储存装置所需的原料、化学药剂、溶剂等。

1.2 容器的选用

卧式容器中的液体运动方向与重力作用方向垂直，有利于沉降分离，液面稳定性好；但其气液分离空间小，占地面积大，高位安装不方便。塔顶回流罐、液体中间缓冲罐、油水分离罐以及炼油装置汽油、煤油洗涤沉降罐等推荐采用这类卧式容器。

立式容器的气液分离空间大，有利于中间混合层的连续分离，占地小，高位安装方便；但其液面稳定性不如卧式容器。气体缓冲罐、气体洗涤罐、气体分液罐、炼油装置柴油洗涤沉降罐等推荐采用这类容器。

2 容器工艺设计

2.1 立式和卧式重力气-液分离器

2.1.1 应用范围

① 重力分离器适用于分离液滴直径大于 200μm 的气液分离。

② 为提高分离效率，应尽量避免直接在重力分离器前设置阀件、加料及引起物料的转向。

③ 液体量较多，在高液面和低液面的停留时间为 6～9min，应采用卧式重力分离器。

④ 液体量较少，液面高度不由停留时间确定，而是通过各个调节点间的最小距离 100mm 加以限制的，应采用立式重力分离器。

2.1.2 立式重力气-液分离器的尺寸设计

(1) 分离器内的气速

① 近似估算法

$$v_t = K_s \left(\frac{\rho_L - \rho_G}{\rho_G}\right)^{0.5} \tag{23-1}$$

式中　v_t——浮动（沉降）流速，m/s；

ρ_L，ρ_G——液体和气体的密度，kg/m^3；

K_s——系数，$d^* = 200\mu m$ 时，$K_s = 0.0512$，$d^* = 350\mu m$ 时，$K_s = 0.0675$。

近似估算法是根据分离器内的物料流动过程，假设 $Re = 130$，由图 23-4 查得相应的阻力系数 $C_w = 1$，此系数包含在 K_s 系数内，K_s 按式（23-1）选取。由式（23-1）计算出浮动（沉降）流速 v_t，再设定一个气体流速 u_e，即作为分离器内的气速，但 u_e 值应小于 v_t。

真实的物料流动状态，可能与假设值有较大的出入，会造成计算结果不准确，因此近似估算法只能用于初步计算。

② 精确算法 从浮动液滴的平衡条件，可以得出

$$v_t=\left[\frac{4gd^*(\rho_L-\rho_G)}{3C_w\rho_G}\right]^{0.5} \quad (23\text{-}2)$$

式中 v_t——浮动（沉降）流速，m/s；

d^*——液滴直径，m；

ρ_L，ρ_G——液体和气体密度，kg/m^3；

g——重力加速度，$9.81m/s^2$；

C_w——阻力系数。

首先由假设的 Re 数，从图 23-4 中查 C_w，然后由所要求的浮动液滴直径 d^* 以及 ρ_L、ρ_G，按式（23-2）算出 v'_t，再由此 v'_t 计算 Re。

$$Re=\frac{d^*v'_t\rho_G}{\mu_G} \quad (23\text{-}3)$$

式中 μ_G——气体黏度，Pa·s。

其余符号意义同前。

由计算求得 Re 数，查图 23-4，查得新 C_w，代入式（23-2），反复计算，直到前后两次迭代的 Re 数相等，即 $v'_t=v_t$ 为止。

取 $u_e\leqslant v_t$，即容器中的气体流速必须小于悬浮液滴的浮动（沉降）流速 v_t。

(2) 尺寸设计

立式重力气-液分离器的尺寸如图 23-1 所示。

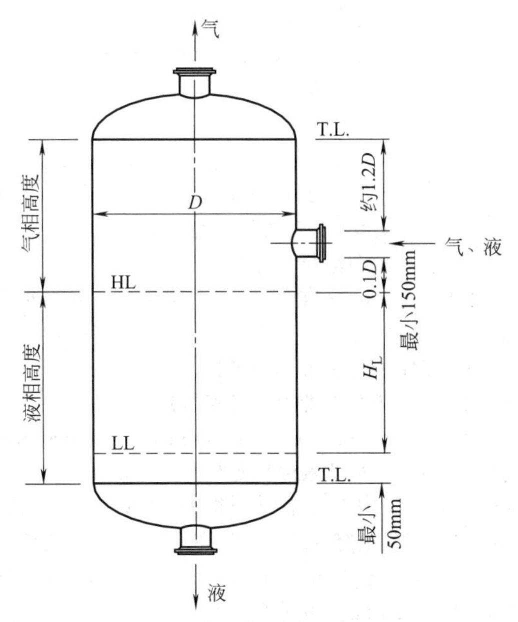

图 23-1 立式重力气-液分离器的尺寸

① 直径

$$D=0.0188\left(\frac{V_{G\max}}{u_e}\right)^{0.5} \quad (23\text{-}4)$$

式中 D——分离器直径，m；

$V_{G\max}$——气体最大体积流量，m^3/h；

u_e——容器中的气体流速，m/s。

由图 23-5 可以快速求出直径 D。

② 高度 容器高度分为气相空间高度和液相高度，此处所指的高度，是指设备的圆柱体部分。低液位（L_L）与高液位（H_L）之间的距离，采用式（23-5）计算。

$$H_L=\frac{V_Lt}{47.1D^2} \quad (23\text{-}5)$$

式中 H_L——液体高度，m；

t——停留时间，min；

D——分离器直径，m；

V_L——液体体积流量，m^3/h。

停留时间 t 以及釜底容积的确定受许多因素影响，这些因素包括上、下游设备的工艺要求以及停车时塔板上的持液量。当液体量较小时，规定各控制点之间的液体高度最小距离为 100mm。表示为：LL（最低液位）-100mm-LA（低液位报警）-100mm-NL（正常液位）-100mm-HA（高液位报警）-100mm-HL（最高液位）。

③ 接管直径

a. 入口接管 两相入口接管底直径应符合式（23-6）的要求。

$$\rho_Gu_P^2<1000Pa \quad (23\text{-}6)$$

式中 u_P——接管内流速，m/s；

ρ_G——气体密度，kg/m^3。

由此导出

$$D_P>3.34\times10-3\,(V_G+V_L)^{0.5}\rho_G^{0.25} \quad (23\text{-}7)$$

式中 V_G，V_L——气体与液体的体积流量，m^3/h；

D_P——接管直径，m。

由图 23-6 可以快速求出接管直径。

b. 出口接管 气体出口接管直径，必须不小于所连接的管道直径。液体出口接管的设计，应使液体流速≤1m/s。

④ 计算举例 数据如下。

$V_L=8.3m^3/h$ $V_G=521.7m^3/h$

$\rho_L=762kg/m^3$ $\rho_G=4.9kg/m^3$

$T=318K$ $\mu_G=14.6\times10^{-6}Pa\cdot s$

$p=0.324MPa$ $d^*=350\times10^{-6}m$

$V_{max}=135\%$ $V_{min}=70\%$

停留时间 $t=6min$，试确定分离器尺寸。

解题：

a. 浮动流速（v_t）

由式（23-2）计算。

$$v_t=\left[\frac{4}{3}\times\frac{gd^*(\rho_L-\rho_G)}{C_w\rho_G}\right]^{0.5}$$

$$=\left[\frac{4}{3}\times\frac{9.81\times350\times10^{-6}\times(762-4.9)}{1\times4.9}\right]^{0.5}$$

$$=0.841(m/s)$$

由式（23-2）计算。

$$Re=\frac{v_t d^* \rho_G}{\mu_G}=\frac{0.841\times350\times10^{-6}\times4.9}{14.6\times10^{-6}}=98.8$$

由图 23-4 查得 $C_w=1.25$，由式（23-2）计算，得 $v_t=0.75$；再由式（23-3）计算，得 $Re=88.4$，由图 23-4 查得 $C_w=1.25$，计算结束。取 $u_e=v_t$，$v_t=0.75\text{m/s}$。

b. 尺寸

直径 $D_{min}=0.0188\left(\frac{V_{G_{max}}}{v_t}\right)^{0.5}=0.0188\times\left(\frac{521.7\times1.35}{0.75}\right)^{0.5}=0.576$（m）。

取 $D=0.6\text{m}$，液体高度 $H_L=\frac{V_L t}{47.1D^2}=\frac{8.3\times1.35\times6}{47.1\times(0.6)^2}=3.96$（m）。

由于上述计算 L/D 不合适，选用 $D=1\text{m}$ 计算。

$$H_L=\frac{8.3\times1.35\times6}{47.1\times1^2}=1.43\ (\text{m})$$

每分钟停留时间相当于高度为 $H=1430/6=238$（mm）。

分离罐总高 $H_{TOT}\geqslant50+H_L+0.1D+150+1.2D=2930\text{mm}$。

2.1.3　卧式重力气-液分离器的尺寸设计

(1) 计算方法及其重要尺寸

设备尺寸计算的依据是液体流量及停留时间。按式（23-8）求出试算直径 D_T，在此基础上，求得容器中液体表面上的气体空间，然后进行核算，验证是否满足液滴的分离。卧式重力气-液分离器的尺寸如图 23-2 所示。

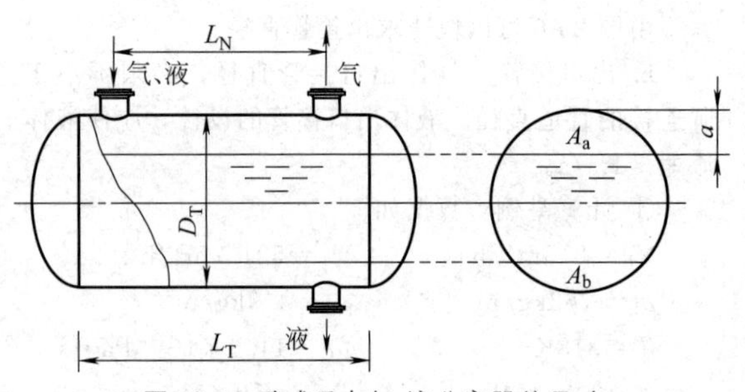

图 23-2　卧式重力气-液分离器的尺寸

试算直径：

$$D_T=\left(\frac{2.12V_L t}{CA}\right)^{\frac{1}{3}} \tag{23-8}$$

式中　C——$C=L_T/D_T=2\sim4$（推荐值是 2.5）；

L_T，D_T——圆柱部分的直径和长度，m；

V_L——液体的体积流量，m^3/h；

t——停留时间，min；

A——可变的液体面积（以百分率计），$A=A_{TOT}-(A_a+A_b)$，均以百分率计；

A_{TOT}——总横截面积，%；

A_a——气体部分横截面积，%；

A_b——液位最低时液体占的横截面积，%。

通常开始计算时取 $A=80\%$，并假设气体空间面积 A_a 为 14%，最小液体面积 A_b 为 6%。选择 C 值时，须考虑容器的可焊性（壁厚）和可运输性（直径、长度）。

由 D_T 和 $A_a=14\%$，查图 23-7，得出气体空间高度 a，a 值应不小于 300mm。如果 $a<300\text{mm}$，需用 $A<80\%$的数值，再计算新的试算直径。

(2) 接管距离

两相流进口接管与气体出口接管之间的距离应尽可能大，即

$$L_N\approx L_T \text{ 及 } L_T=CD_T$$

式中　L_N——两相流进口到气体出口间的距离，m；

L_T——圆筒形部分的长度，m。

根据气体空间 A_a 和一个时间比值 R（即液滴通过气体空间高度所需沉降时间与气体停留时间的比）来校核液滴的分离，计算进口和出口接管之间的距离 L'_N。

$$L'_N=\frac{0.524aV_G}{D'^2_T A_a\left(\frac{\rho_L-\rho_G}{\rho_G}\right)^{0.5}R} \tag{23-9}$$

式中　L'_N——进出口接管间的距离，m；

D'_T——卧式容器的直径，m；

a——气体空间的高度，m；

V_G——气体流量，m^3/h；

ρ_L，ρ_G——液体密度和气体密度，kg/m^3；

A_a——气体部分横截面积，%。

R——系数，$R=\tau_a/\tau_T$，$d^*=350\mu\text{m}$ 时，$R=0.167$，$d^*=200\mu\text{m}$ 时，$R=0.127$。

τ_a——直径为 d^* 的液滴，通过气体空间高度 a 所需要的时间，s；

τ_T——气体停留时间，s。

两相流进口到气体出口间的距离 L_N 不应小于 L'_N。

接管设计同立式重力分离器。

(3) 液位和液位报警点计算实例

已知：$V_L=120\ \text{m}^3/\text{h}$，$t=6\text{min}$，$D_T=2000\text{mm}$，$L_T=5000\text{mm}$，最低液位高度 $h_{LL}=150\text{mm}$。

最低液位（LL）、低液位报警（LA）、正常液位（NL）、高液位报警（HA）、最高液位（HL）之间的时间间隔分别是 2min、1min、1min、2min，要计算对应时间间距的各液位高度。

解题：如图 23-3 所示，最低液位，即液面起始高度（计算时间为 0）的液位高度 h_{LL} 为 150mm。

容器横截面积（A_{TOT}）为

$$A_{TOT}=\frac{\pi D_T^2}{4}=\frac{\pi\times2^2}{4}=3.14\ (\text{m}^2)$$

相当于液体在容器中停留时间为 1min 所占的横截面积为

$$A_1=\frac{120\times 1}{60\times 5}=0.4\ (m^2)$$

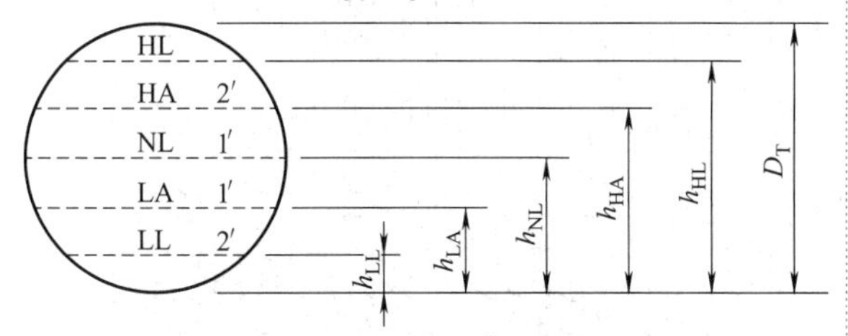

图 23-3　卧式重力分离器液位高度

其他几个高度按下述方法求出。

$$\frac{h_{LL}}{D_T}=\frac{150}{2000}=0.075$$

由图 23-8 查得 $A_b/A_{TOT}=0.034$（h_{LL} 即是图中的 h）。

$$A_b=0.034A_{TOT}=0.034\times 3.14=0.107\ (m^2)$$

得：

$$\frac{A_{LA}}{A_{TOT}}=\frac{A_b+2A_1}{A_{TOT}}=\frac{0.107+2\times 0.4}{3.14}=0.289$$

查图 23-8 得 $h_{LA}/D_T=0.333$（h_{LA} 即是图中的 h）。

所以，从最低液位（LL）经 2min 后得到的低液位报警（LA）液面高度为

$$h_{LA}=0.333D_T=0.333\times 2000=666\ (mm)$$

从低液位报警（LA）再过 1min 后

$$\frac{A_{NL}}{A_{TOT}}=\frac{A_b+3A_1}{A_{TOT}}=\frac{0.107+3\times 0.4}{3.14}=0.416$$

查图 23-8 得 $h_{NL}/D_T=0.434$（h_{NL} 即是图中的 h），正常液位（NL）液面高度为

$$h_{NL}=0.434\times 2000=868\ (mm)$$

从正常液位（NL）再过 1min 后

$$\frac{A_{HA}}{A_{TOT}}=\frac{A_b+4A_1}{A_{TOT}}=\frac{0.107+4\times 0.4}{3.14}=0.544$$

查图 23-8 得 $h_{HA}/D_T=0.535$（h_{HA} 即是图中的 h），高液位报警（HA）液面高度为

$$h_{HA}=0.535D_T=0.535\times 2000=1070\ (mm)$$

从高液位报警（HA）再过 2min 后得

$$\frac{A_{HL}}{A_{TOT}}=\frac{A_b+6A_1}{A_{TOT}}=\frac{0.107+6\times 0.4}{3.14}=0.798$$

查图 23-8 得 $h_{HL}/D_T=0.746$（h_{HL} 即是图中的 h），最高液位（HL）液面高度为

$$h_{HL}=0.746D_T=0.746\times 2000=1492\ (mm)$$

2.1.4　计算图表

① 雷诺数 Re 与阻力系数 C_w 的关系图，如图 23-4 所示。

② 容器和丝网直径的确定图，如图 23-5 所示。

③ 接管直径的确定图，如图 23-6 所示。

④ 容器横截面积的求法（一），如图 23-7 所示。

⑤ 容器横截面积的求法（二），如图 23-8 所示。

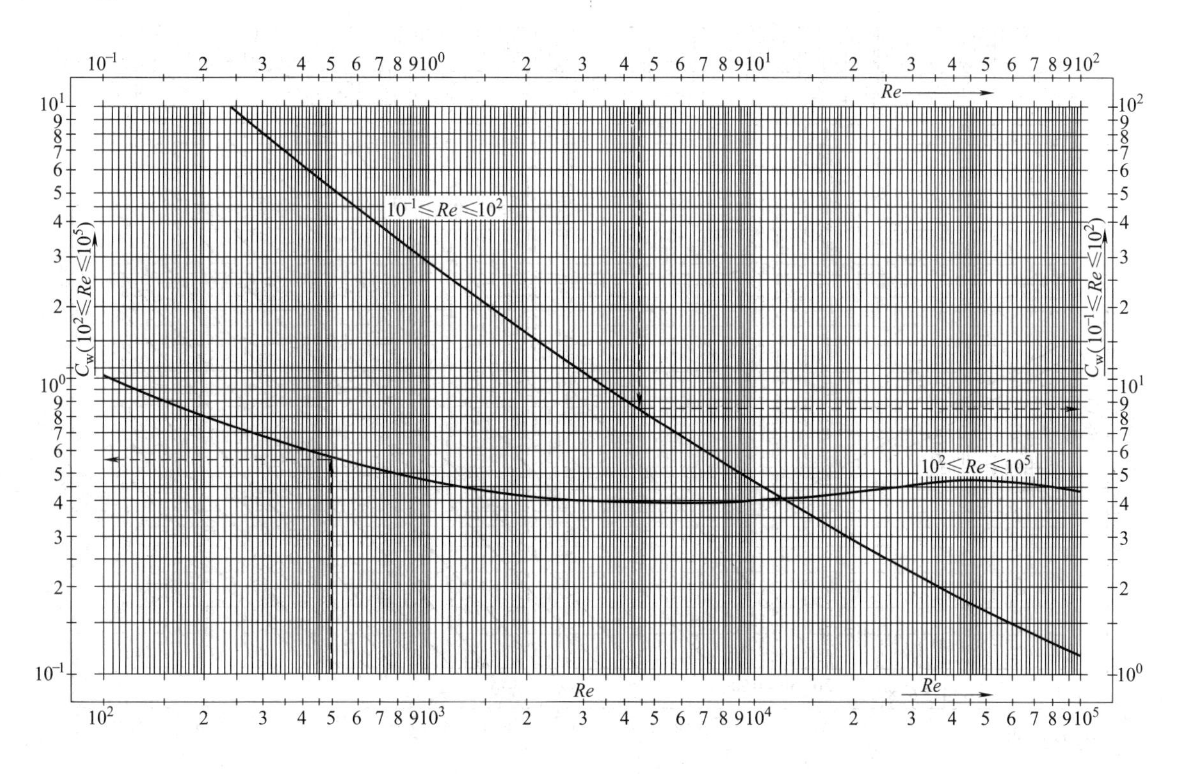

图 23-4　雷诺数 Re 与阻力系数 C_w 的关系图

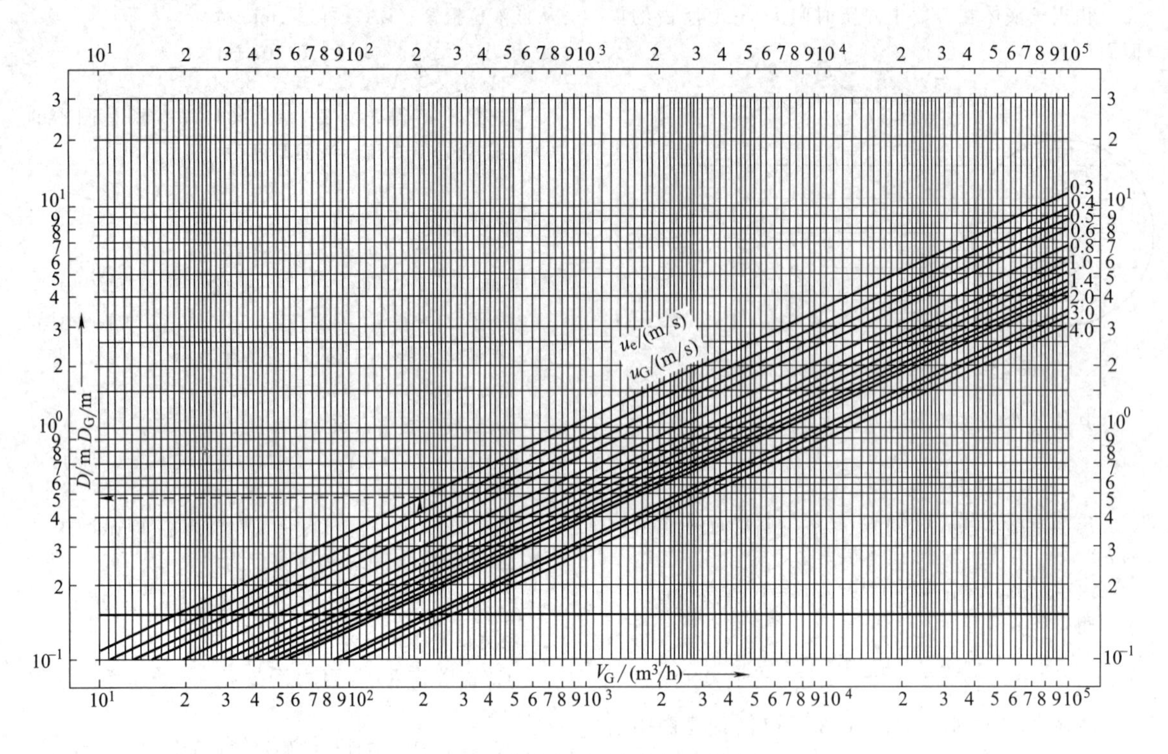

图 23-5　容器和丝网直径的确定图

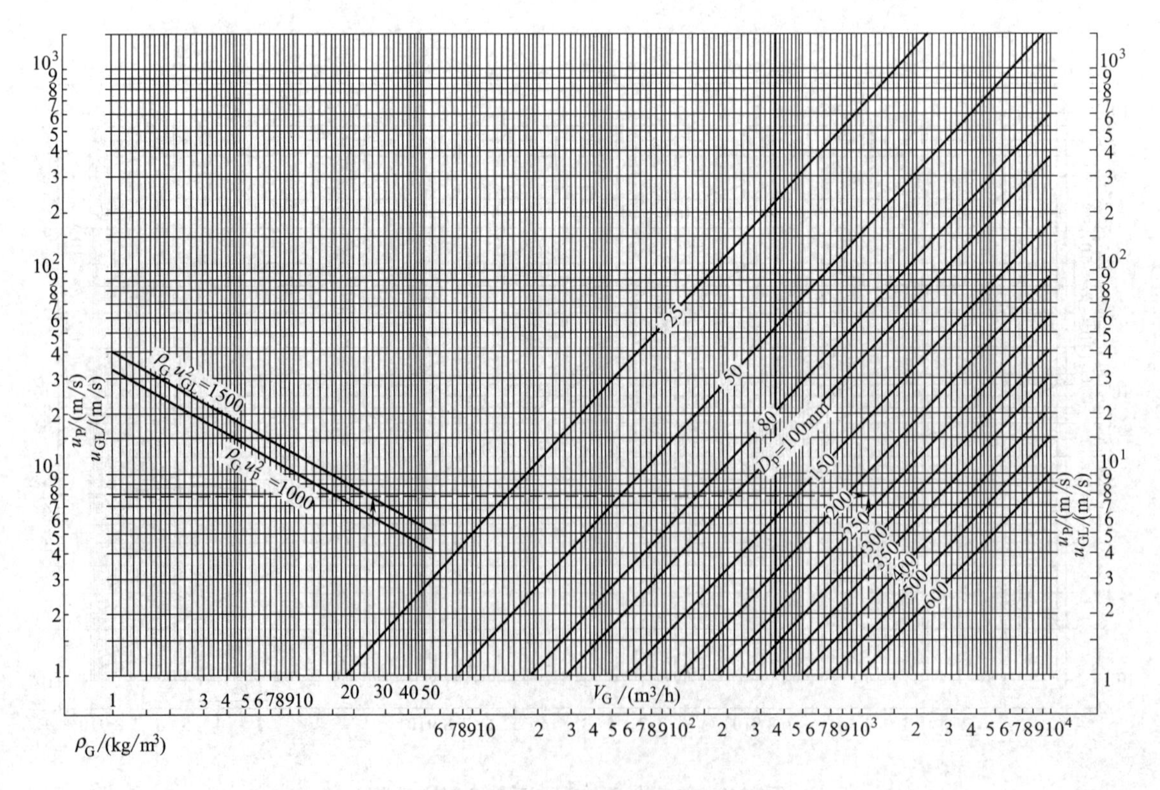

图 23-6　接管直径的确定图

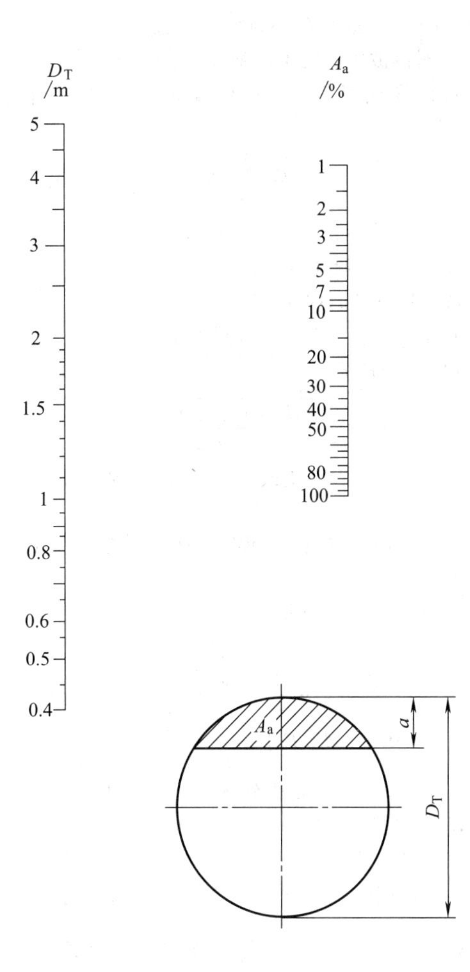

图 23-7　容器横截面积的求法（一）

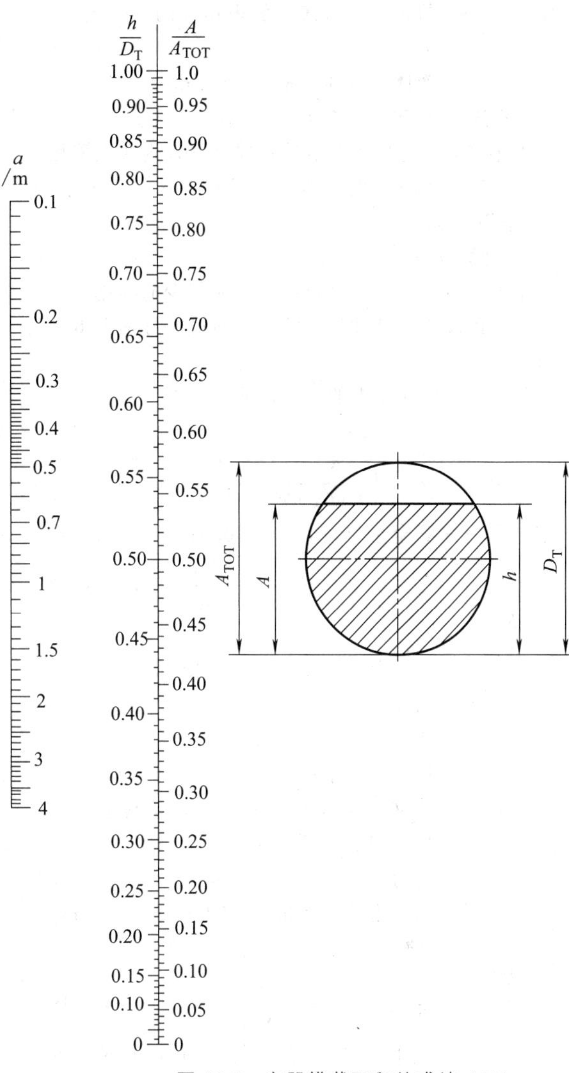

图 23-8　容器横截面积的求法（二）

2.2　立式和卧式丝网气-液分离器

2.2.1　应用范围

① 丝网气-液分离器适用于分离气体中直径大于 10～30μm 的液滴。

② 丝网气-液分离器的主要部件为一个固定安装的丝网组件，由丝网和上下支承栅条组成。丝网可采用不同的金属或非金属材料，如不锈钢蒙乃尔合金、镍、铜、铝、碳钢、钽、耐腐蚀耐热镍合金、聚氯乙烯和聚乙烯等。

③ 丝网气-液分离器通常采用的丝网材料，直径为 0.22～0.28mm，丝网厚度为 100～150mm。

2.2.2　立式丝网气-液分离器的尺寸设计

(1) 气体流速（u_G）的确定

气体流速对分离效率是一个重要因素。如果流速太快，气体在丝网的上部，将使液滴破碎，并带出丝网，形成“液泛”状态；如果气速太低，由于达不到湍流状态，使许多液滴穿过丝网而没有与网接触，降低了丝网的效率。分离效率与气速的关系如图 23-9 所示。

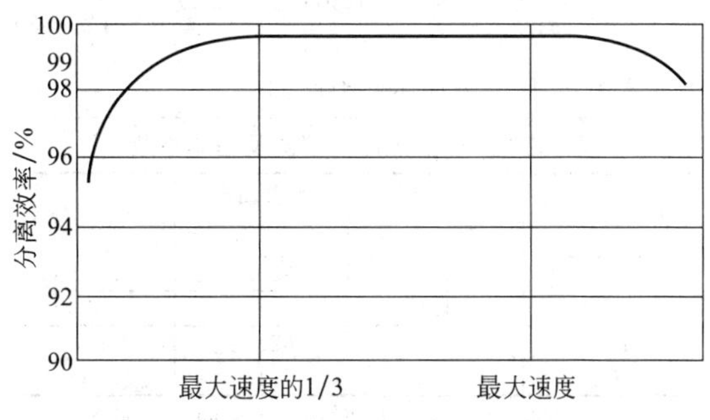

图 23-9　分离效率与气速的关系

① 计算方法（一）　用常数（K_G）的计算方法。

$$u_G = K_G \left(\frac{\rho_L - \rho_G}{\rho_G} \right)^{0.5} \qquad (23\text{-}10)$$

式中　u_G——与丝网自由横截面积相关的气体流速，m/s；

ρ_L，ρ_G——液体、气体的密度，kg/m^3；

K_G——常数，通常 $K_G=0.107$。

如果气流中有较大的液体量被分离，则建议采用 $K_G=0.075$。在高黏度液体、高压或高真空工艺中，K_G可采用0.06。

② 计算方法（二）

本方法适用于两相物料中含液体很少的物流，假定两相中的液体全部被丝网截住，通过本方法求得气体流速。

丝网自由横面积上的气体流速（u_G）

$$u_G=Cmu_0 \tag{23-11}$$

其中

$$u_0=\left(\frac{Ng\varepsilon^3\rho_L}{9.96a'\mu_L^{0.2}\rho_G}\right)^{0.5} \tag{23-12}$$

式中　C——安全系数，取0.7～0.9；

m——校正系数，由$\frac{\rho_G}{\rho_L}$和$\frac{\sigma_L}{\sigma_{H_2O(20℃)}}$，通过图23-12查得；

σ_L——工作温度下液体的表面张力，N/m；

u_0——临界流速；

μ_L——液体黏度，Pa·s；

ε——丝网空隙率；

a'——丝网比表面积，m^2/m^3，丝网基本参数见表23-1；

g——重力加速度，9.81m/s^2；

$\sigma_{H_2O(20℃)}$——20℃水的表面张力，72.8×10^{-3}N/m；

ρ_L，ρ_G——液体和气体的密度，kg/m^3；

N——系数，由$M=\frac{\Delta W_L}{W_G}\left(\frac{\rho_G}{\rho_L}\right)^{0.5}$，通过图23-13查得（当 $M<0.00001$ 时，取 $N=0.7$ 进行计算）；

ΔW_L——进出丝网的液体流量之差，kg/h；

W_G——气体质量流量，kg/h。

烃类的σ_L可按式（23-13）计算。

$$\sigma_L=\frac{(2.64M_L+60)(\rho_L-\rho_G)^4}{3.9M_L} \tag{23-13}$$

式中　M_L——液体分子量。

表23-1　气-液过滤网型式及基本参数

型式代号	容积质量/(kg/m^3)	比表面积/(m^2/m^3)	空隙率(ε)
SP	168	529.2	0.9788
HP	128	403.5	0.9839
DP	186	625.5	0.9765
HR	134	291.6	0.9832

注：1. 可采用其他型式的气-液过滤网，如非金属网、多股金属丝网、金属丝与非金属丝交织网等，其参数及性能可向专业除沫器制造厂查询。

2. 表中所列气-液过滤网容积质量数据是按密度7930kg/m^{3}得到的，如采用其他材料，此数据也应相应修正。

③ 计算方法（三）

本方法适用于物流中液体含量较多时，首先假定被气流夹带的液量。根据本方法来计算夹带的液量，然后通过计算方法（二）求得气体流速。

a. 当测得被气体夹带的液滴直径（d^*）后，设定丝网自由横截面积上的气体流速（u_G），并计算 Re 数。

$$Re=\frac{\mu_G d^*\rho_G}{\mu_G} \tag{23-14}$$

式中　μ_G——气体黏度，Pa·s；

ρ_G——气体密度，kg/m^3；

其余符号意义同前。

b. 由 Re 数查图23-4，得阻力系数（C_w）。

c. 由 C_w 校核 u_G。

$$u_G=\sqrt{\frac{4d^*g(\rho_L-\rho_G)}{3C_w\rho_G}} \tag{23-15}$$

若与假定值不符，则改变u_G值，直到u_G值与假定值相近。

d. 由 d^* 和 u_G值计算单位气体量带到丝网上的液体夹带量（E）。

$$E=\frac{\Delta W_L}{W_G}=\frac{0.06243\rho_L\exp(4.2u_G-5.34)}{0.1603u_G^{2.5}+2}\times(39.37d^*)^{0.1603u_G^{2.5}+2} \tag{23-16}$$

$$M=E\left(\frac{\rho_G}{\rho_L}\right)^{0.5} \tag{23-17}$$

式中　E——单位气体量带到丝网上的液体夹带量；

M——辅助因子。

其余符号意义同前。

e. 由 M 查图23-13得 N（M、N 为辅助系数）。

f. 按$\frac{\rho_G}{\rho_L}$及$\frac{\sigma_L}{\sigma_{H_2O(20℃)}}$查图23-12得系数 m 值。

g. 由式（23-12）得 u_0。

若u_0值小于 u_G，且差值不大，则可以用 u_G进行尺寸设计，否则应选用其他参数（a'、ε）的丝网。

若未测定液滴直径（d^*），则可用式（23-10）先定 u_G值，然后再假定 d^*，求 Re 及 C_w，由式（23-15）验算 d^* 值，若不符合，重新假定 d^* 值，直至两值相近为止，然后再按上述e～g计算。

（2）尺寸设计

① 丝网直径　由式（23-10）求得的u_G，按下式求 D_G。

$$D_G=0.0188\left(\frac{V_G}{u_G}\right)^{0.5} \tag{23-18}$$

式中　u_G——丝网自由截面积上的气体流速，m/s；

D_G——丝网直径，m；

其余符号意义同前。

由于安装的原因［如支承环为（50～70）mm×10mm］，容器直径须比丝网直径至少大100mm。

由图23-5可以快速示出丝网直径 D_G。

② 高度 容器高度分为气体空间高度和液体高度（指设备的圆柱体部分）。最低液位（LL）和最高液位（HL）之间的距离由式（23-19）计算。

$$H_L=\frac{V_L t}{47.1D^2} \tag{23-19}$$

式中 D——容器直径，m；

V_L——液体流量，m^3/h；

t——停留时间，min；

H_L——低液位和高液位之间的距离，m。

液体的停留时间（以分钟计）是用邻近控制点之间的停留时间来表示的，停留时间应根据工艺操作要求确定，例如：LL-4-LA-2-NL-2-HA-2-HL。

上式表示：LL（最低液位）和LA（低液位报警）之间的停留时间为4min，LA（低液位报警）和NL（正常液位）之间的停留时间为2min等。

立式丝网气-液分离器的结构如图23-10所示。丝网直径与容器直径有很大差别时，尺寸数据要从分离的角度来确定。

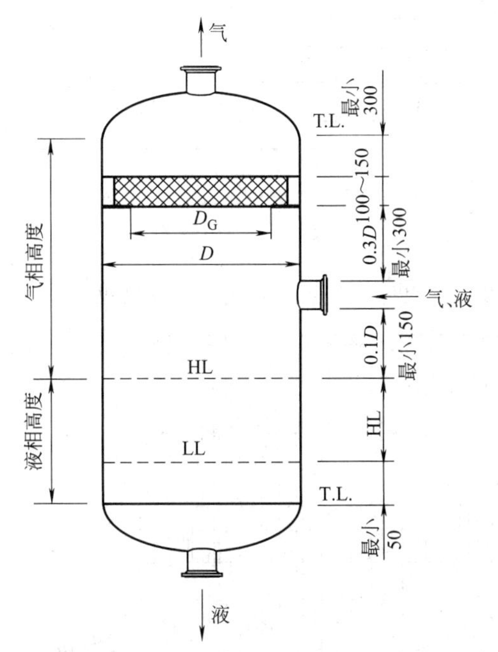

图23-10 立式丝网气-液分离器的结构（单位：mm）

③ 接管直径

a. 入口接管 两相混合物的入口接管的直径应符合下式要求。

$$\rho_G u_{GL}^2<1500\text{Pa} \tag{23-20}$$

式中 u_{GL}——接管内两相流速，m/s；

ρ_G——气相密度，kg/m^3。

由此导出

$$D_P>3.02\times10^{-3}(V_L+V_G)^{0.5}\times\rho_G^{0.25} \tag{23-21}$$

式中 D_P——接管直径，m；

V_L——液体体积流量，m^3/h；

V_G——气体体积流量，m^3/h。

其余符号意义同前。

由图23-6可以快速求出接管直径 D_P。

b. 出口接管 液体、气体出口接管的直径不得小于连接管道的直径。液体出口接管可以用≤1m/s的流速来设计。

气体出口流速取决于气体密度，密度小时，最大出口流速 $u_{Gmax}\approx20$m/s；密度大时，选用较小的气体出口流速。

任何情况下，较小的气体出口流速均有利于分离。

(3) 丝网的装配

除考虑经济因素外，还应考虑工作温度、容器材料以及丝网本身的耐久性。采用聚丙烯或聚乙烯丝网时，应注意产生烃类化合物的影响；采用聚四氟乙烯或不锈钢丝网时应考虑其受温度的限制；铝制容器内不能采用蒙乃尔丝网；在有水滴存在的条件下，钢制容器内不能采用铝制丝网。

(4) 计算举例

数据如下。

$V_L=0.4m^3/h$ $V_G=372.9m^3/h$

$\rho_L=878kg/m^3$ $\rho_G=5.95kg/m^3$

$T=33$℃ $p=0.29$MPa

$V_{max}=135\%$ $V_{min}=70\%$

根据以上数据确定分离器尺寸。

解题：

气体流速（u_G）由式（23-10）确定。

$$u_G=K_G\left(\frac{\rho_L-\rho_G}{\rho_G}\right)^{0.5}$$

$$=0.107\times\left(\frac{878-5.95}{5.95}\right)^{0.5}=1.3\ (m/s)$$

丝网直径（D_G）由式（23-18）确定。

$$D_G=0.0188\left(\frac{V_G}{u_G}\right)^{0.5}$$

$$=0.0188\times\left(\frac{372.9\times1.35}{1.3}\right)^{0.5}$$

$$=0.370m\ (370mm)$$

容器直径（D）至少比丝网直径大100mm［考虑安装固定，如支承环（50～70）mm×10mm］，取容器直径500mm。

高度（H_L）由式（23-19）确定。

$$H_L=\frac{V_L t}{47.1D^2}=\frac{0.4\times1.35\times6}{47.1\times0.5^2}=0.275(m)$$

接管的确定方式如下。

① 两相进口

由式（23-20）得

$$\rho_G u_{GL}^2<1500\text{Pa}$$

$$u_{GL}<\left(\frac{1500}{\rho_G}\right)^{0.5}=\left(\frac{1500}{5.95}\right)^{0.5}=15.88\ (m/s)$$

再由式（23-21）得

$$D_P>3.02\times10^{-3}(V_L+V_G)^{0.5}\rho_G^{0.25}$$

$D_P > 3.02\times10^{-3}\times[(372.9+0.4)\times1.35]^{0.5}\times5.95^{0.25}$

$D_P > 0.106$m（取0.150m）

② 气相出口

气相出口流速＝两相进口流速

选取 $D_P=150$mm，则

$$u=\frac{372.9\times1.35}{0.785\times3600\times0.15^2}=7.92\ (\text{m/s})$$

③ 液体出口

选用管径 $DN=40$mm，则流速为

$$u_L=\frac{0.4\times1.35}{0.785\times3600\times0.04^2}=0.12\ (\text{m/s})$$

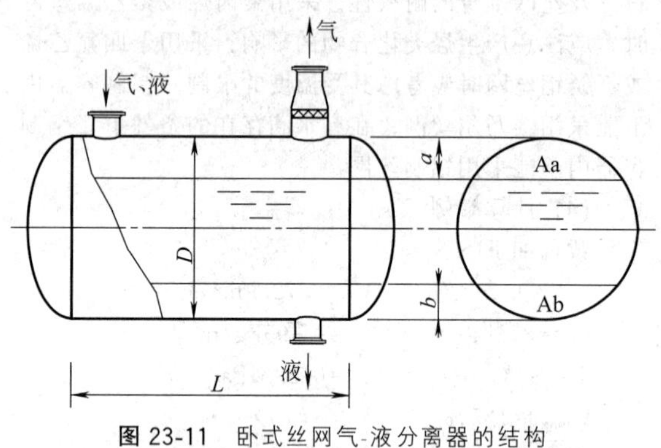

图23-11 卧式丝网气-液分离器的结构

2.2.3 卧式丝网气-液分离器的设计

如果经卧式气-液分离器之后，临界液滴直径需要小于200μm时，分离器应带有丝网，丝网通常置于罐顶部的分离空间中。其设计方法，是把卧式重力分离器和立式丝网分离器的设计结合起来，从经济上考虑，应使气体空间尽可能小。气体最小空间高度 $a_{min}=300$mm，如图23-11所示。

2.2.4 计算图表

① 由 ρ_G/ρ_L 和 $\sigma_L/\sigma_{H_2O(20℃)}$ 查校正系数（m），如图23-12所示。

② 由（$\Delta W_L/W_G$）$(\rho_G/\rho_L)^{0.5}$ 查辅助系数（N），如图23-13所示。

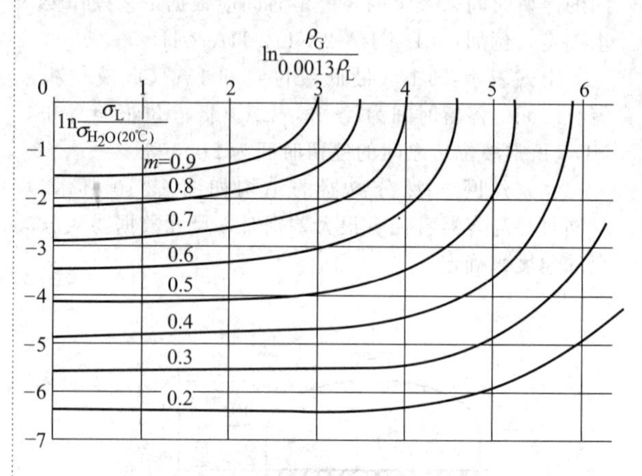

图23-12 ρ_G/ρ_L 和 $\sigma_L/\sigma_{H_2O(20℃)}$ 与校正系数（m）的关系图

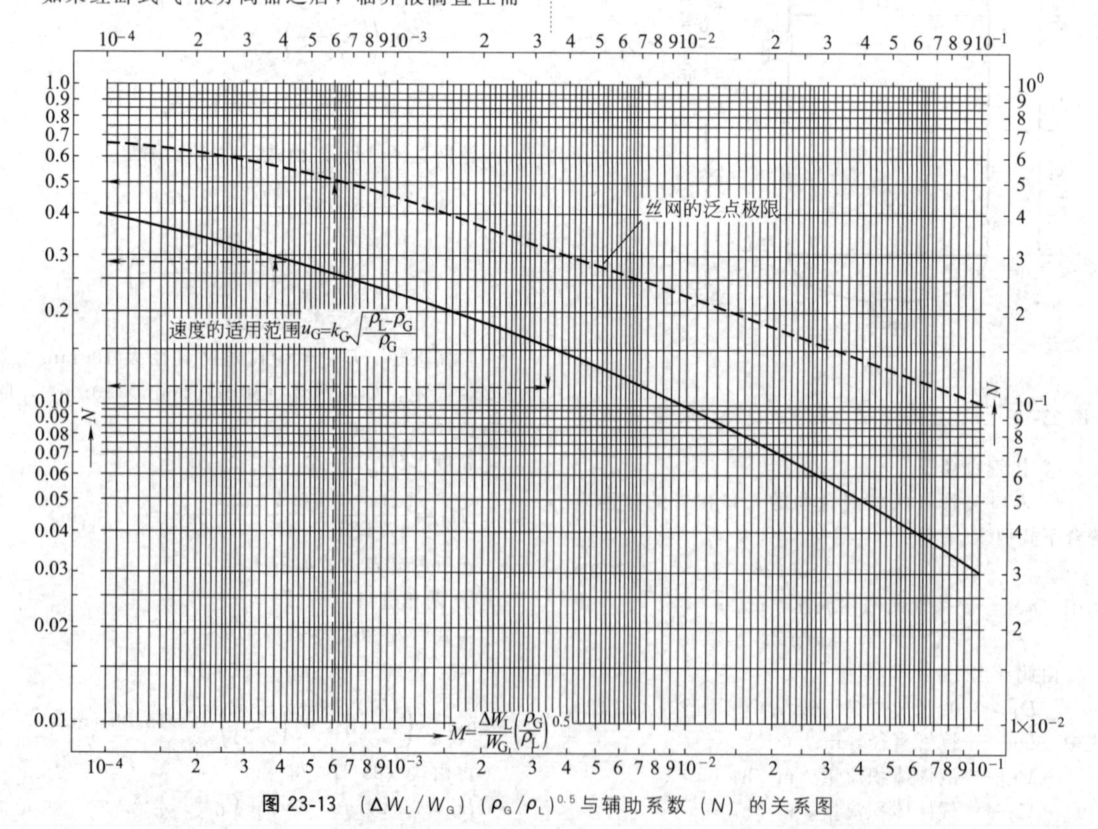

图23-13 （$\Delta W_L/W_G$）$(\rho_G/\rho_L)^{0.5}$ 与辅助系数（N）的关系图

2.3 液-液分离器

化工装置内常用的液液分离容器主要是油水分离罐（原料脱水罐、塔顶回流罐等）和洗涤沉降罐（油品酸洗、碱洗、水洗沉降罐等）。一般情况下油品等轻相为连续相，水或酸、碱等重相为分散相。根据液体在罐内呈缓流状态或适宜的流速、自然沉降定律及沉降时间来计算罐的容积和结构尺寸。

2.3.1 分散相液滴沉降速度

(1) 最小液滴直径和液滴雷诺数

液滴直径随混合强度、沉降条件下液体的物理性质、化学组成或化学特性等因素而变化。对于经过孔板或喷射混合器混合后的大多数常见沉降分离过程，可采用表23-2中的指导性数据（如有可能，设计时应采用实验室或工厂的实际数据）。

表23-2 相关指导性数据

轻相相对密度($r^{15.6}$)	重相	最小液滴直径(轻相或重相)/m
≤0.85	水或碱	0.000127
>0.85	水或碱	0.000089

液滴的雷诺数可按式（23-22）计算。

$$Re_d=\frac{dW_dS_d}{\mu_c}\times10^6 \tag{23-22}$$

式中 Re_d——液滴雷诺数；

d——液滴直径，m；

W_d——液滴沉降速度（根据不同雷诺数由沉降定律公式求得），m/s；

S_d——操作温度下分散相（液滴）的相对密度；

μ_c——操作温度下连续相的黏度，mPa·s。

(2) 液滴沉降速度

根据液滴雷诺数范围分别按以下三种情况计算。

① 当$Re_d<2$时，适用于斯托克斯定律。

$$W_d=5.43\times10^5\frac{d^2\Delta S}{\mu_c} \tag{23-23}$$

② 当$2\leqslant Re_d<500$时，适用于中间定律。

$$W_d=124.3\frac{d^{1.14}\Delta S^{0.71}}{S_c^{0.29}\mu_c^{0.43}} \tag{23-24}$$

③ 当$Re_d\geqslant500$时，适用于牛顿定律。

$$W_d=5.45\sqrt{\frac{d\Delta S}{S_c}} \tag{23-25}$$

式中 S_c——操作条件下连续相的相对密度；

ΔS——连续相与分散相的相对密度差。

对于较轻的烃类化合物，计算出来的沉降速度可能会大大超过0.0042m/s，但设计时建议最大沉降速度仍采用0.0042m/s。

2.3.2 卧式沉降罐尺寸

(1) 罐的直径

对于黏性液体（如原油等），即使液体的雷诺数不大于2320，也应按液体在罐内的流动呈缓流状态计算罐的直径。因此，可按式（23-26）计算罐的直径。

$$D=\frac{K_dQS\times10^3}{1.82\mu} \tag{23-26}$$

式中 D——罐的直径，m；

Q——液体流率，m^3/s；

S——操作温度下液体的相对密度；

μ——操作温度下液体的黏度，mPa·s；

K_d——安全系数。

K_d一般取1.2，代入式（23-26）得

$$D=660\frac{QS}{\mu} \tag{23-27}$$

对于非黏性液体，按液体在罐内流速0.003～0.005m/s计算罐的直径。

(2) 罐的长度

对于黏性液体，可按式（23-28）计算。

$$L=K_L\frac{Q}{0.785W_dD} \tag{23-28}$$

式中 L——罐的长度，m；

W_d——液滴沉降速度，m/s；

K_L——安全系数。

K_L一般取1.25，代入式（23-28）得

$$L=1.6\frac{Q}{W_dD} \tag{23-29}$$

对于非黏性液体，可按液体在罐内的停留时间计算罐的长度，液体停留时间一般如下。

回流罐	5～10min
汽油水洗、碱洗	15～20min
轻柴油水洗、碱洗	20～30min

2.3.3 立式沉降罐尺寸

(1) 罐的直径

可按式（23-30）计算。

$$D=1.13\sqrt{\frac{Q}{W_L}} \tag{23-30}$$

式中 W_L——液体在罐内的流速，取0.002～0.005m/s（黏性液体取小值，非黏性液体取大值）。

(2) 罐的高度

立式沉降罐高度示意图如图23-14所示，可按式（23-31）计算。

$$H=H_0+H_1+H_2+H_3 \tag{23-31}$$

式中 H——罐的总高度，m；

H_0——罐顶空间高度，m，一般取0.8m；

H_1——油层高度，m；

H_2——液层（水层）高度，m，一般取0.4～0.5m；

H_3——垫水层高度，m，一般取0.3m。

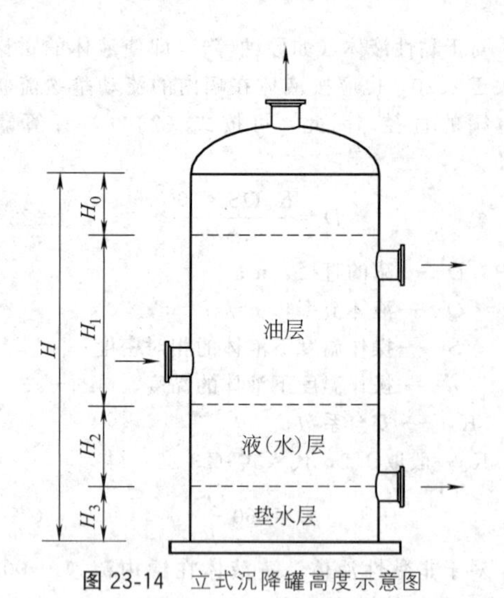

图 23-14　立式沉降罐高度示意图

油层高度随液体在沉降罐内速度和沉降分离所需时间不同而不同，可按式（23-32）计算。

$$H_1=60W_Lt \tag{23-32}$$

式中　t——沉降分离所需时间，min。

汽油水洗、碱洗，取 15～25min；轻柴油水洗、碱洗，取 20～30min；重柴油水洗、碱洗，取 30～45min；回流罐，取 5～10min。

2.4　聚结器在液-液分离容器中的应用

非均相液-液物系的分离是石油化工、天然气加工、精细化工等生产中的重要单元操作之一，随着现代工业的发展以及石油化工工艺技术的不断提高，对非均相液-液物系的分离要求越来越高，液-液聚结分离技术的应用越来越广泛。

2.4.1　聚结分离技术机理

液-液两相的分离过程实际上是分散相液滴在连续相中聚结和分离的过程。两相的聚结分离过程因其所应用的单元操作以及处理的物料特性不同而不同；另外，由于聚结材料不同，从而决定了聚结分离过程的不同，但不管是板式材料还是纤维类聚结介质，完成聚结分离过程的首要因素是其能被分散相液体浸润或润湿。以纤维类聚结材料为例，聚结过程分为三个阶段。

(1) 第一阶段：液滴捕集

液滴捕集过程也叫破乳过程。在石油化工操作过程中加入的各种表面活性剂、添加剂，使得乳化后的分散相得以稳定地存在于连续相中，形成“油包水”或“水包油”两种分散体系。表面活性剂的分子结构兼具亲油（疏水）和亲水（疏油）两种特性，能吸附在两相界面上，呈单分子排列，使溶液的表面张力降低。

表面活性剂的存在，降低了连续相与分散相之间的表面张力。由于表面活性剂存在于聚结介质和分散相液滴之间，增加了纤维捕集分散相液滴的难度，从而影响纤维破乳效果。

聚结介质是亲水性（极性）还是亲油性（非极性），决定了分散相液滴能否被捕获，由于纤维类介质的纤维丝径和长短不一，形成了内部的层状结构。纤维丝径越细，聚结介质表面积越大，从而增加了捕集液滴的概率。当分散相液滴穿过介质时，分散相小液滴被纤维捕获，从而完成破乳过程。

(2) 第二阶段：液滴聚结

在完成液滴捕集过程后，由于分散相液滴与纤维的接触角小于连续相流体，使得分散相液滴可以在纤维丝径上铺展，从而形成液膜，液膜在流体推动以及曳力作用下，沿着纤维丝径运动。由于液滴不断与液膜和纤维进行碰撞、聚并，使得分散相液滴变得越来越大。聚结变大后的液滴在流体推动下，随着液滴直径不断变大，大液滴最后在自身重力或浮力作用下脱落。

(3) 第三阶段：液滴沉降

经过液滴捕集、聚结后，分散相液滴由小变大，变大后的液滴在重力或浮力的作用下开始沉降或上升，最后从聚结介质上脱落。通常情况下，液滴在液-液物系中的运动服 Stockes 规律，如不考虑液滴表面的可动性及滴内环流的影响，液滴的终端沉降速度采用 Stockes 公式，即终端沉降速度由下式计算得出。

$$U_s=\frac{(\rho_c-\rho_d)gd_i^2}{18\mu} \tag{23-33}$$

在完成上述三个阶段过程后，液-液两相由于密度不同而在设备内分层，这时的两相流体只是初步分离，并没有实现完全意义上的分离。因此为了实现两相的彻底分离，需要对设备进行合理设计，以达到两相彻底分离的目的。

2.4.2　聚结分离的应用及设备

在石油化工实际工业生产中，滤芯式液-液聚结分离设备被广泛应用于各种工艺中，如在乙烯工业中的急冷水去除裂解汽油，环己烷氧化装置中废碱液的分离和回收，PVC 行业中氯乙烯单体的脱水，柴油加氢装置中成品柴油的净化等，此外，在煤化工、生物柴油等新兴领域也有应用。目前在石油化工中常用的两种滤芯式液-液两相分离设备是单级聚结器和两级聚结器。

(1) 单级聚结器

单级聚结器内部聚结元件主要有滤芯式和填料形式两种结构，所处理的流体可以是纯净的，也可以是含微量固体杂质的液-液扩散体系。如图 23-15 和图 23-16 所示，分别为滤芯式单级聚结器和填料式单级聚结器示意图。

滤芯式单级聚结器的主要核心为由良好的聚结材料制成的聚结滤芯，适用于“油包水”和“水包油”体系。分散相小液滴经过聚结滤芯破乳、聚结、沉降

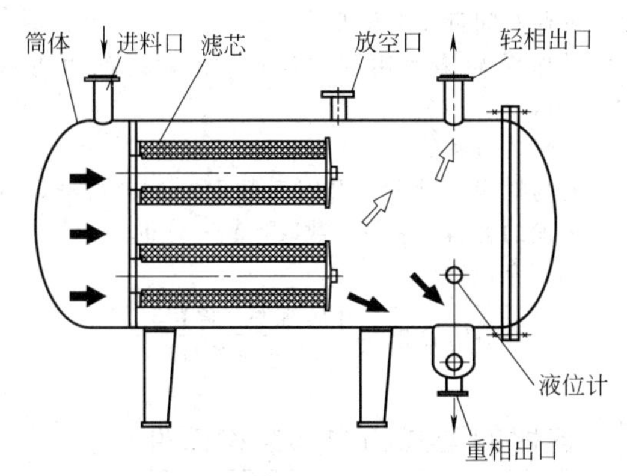

图 23-15 滤芯式单级聚结器示意图

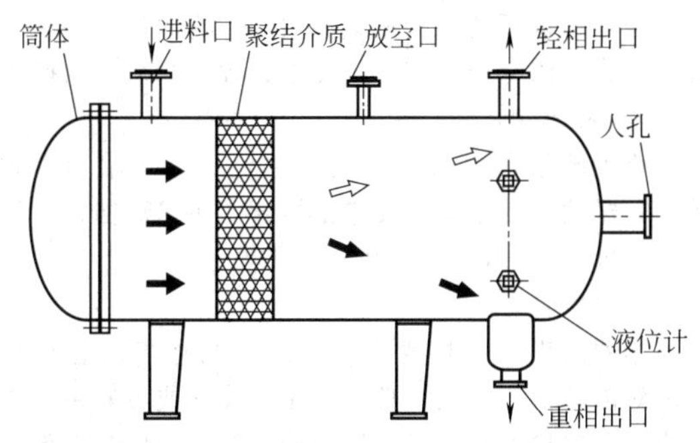

图 23-16 填料式单级聚结器示意图

后，聚结变大的液滴开始在设备内进行沉降/浮升。因此，设备应留出足够的沉降空间，以便分散相和连续相能够在设备内部实现分层。

填料式聚结器的聚结介质为金属丝或纤维丝制成的圆柱形填料包，由于金属丝网或复合丝网的丝径通常较粗，因此聚结效果通常低于滤芯式聚结器，尤其是乳化程度高的物系。但其优点是设备压损底，沉降时间长。该设备通常体积较大，在某些工艺中也充当着沉降罐的作用。

连续相和分散相的密度差影响单级聚结器的设计，是两相能否实现分离的关键因素。因此，在确定单级聚结器适用于流体分离时，为了达到最经济、有效的两相分离目的，首先确定连续相和分散相流体，根据两相所占的比例，对设备进行合理的结构设计；其次应重点考虑设备的结构尺寸设计，这涉及连续相和分散相在设备内的流动速度，以及分散相液滴在设备内的沉降/浮升时间等。

(2) 两级聚结器

两级聚结分离器内部装有两种不同功能的滤芯：一级聚结滤芯和二级分离滤芯。由于聚结滤芯可以设计成带有过滤层的结构，因此被处理的流体中可以含有少量固体颗粒杂质。该设备在某些行业和领域中通常也被叫作过滤分离器，如 API 1581 标准中用于航空喷气燃料的过滤分离器。滤芯式两级聚结分离器适用于连续相为有机烃类、分散相为水性物系的液-液分离。根据实际使用情况及场地限制，有立式和卧式两种结构。如图23-17所示为滤芯式两级聚结分离器示意图。

如图 23-17 所示的聚结器将聚结滤芯和分离滤芯分开布置，可有效地减小设备高度，有利于滤芯更换和维护。两级聚结分离器也可将聚结滤芯和分离滤芯连接成一个整体，其优点是设备紧凑，利于现场布置。但无论是哪种结构，流体都是先由内向外通过聚结滤芯，然后再由外向内流过分离滤芯。

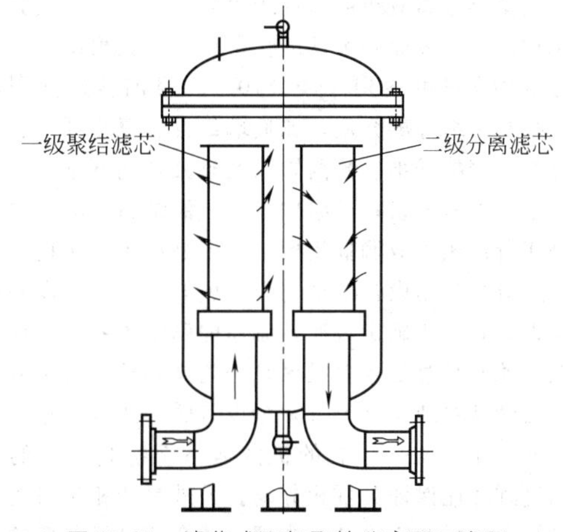

图 23-17 滤芯式两级聚结分离器示意图

滤芯式两级聚结分离器是目前应用范围最广、使用效率最高的一种液-液两相聚结分离设备。液-液两相的分离效果和效率依据液-液体系不同，对分散相含量的要求也不相同。如 API 1581 中规定处理后的航空喷气燃料水含量应不大于 15×10^{-6}。在某些石油化工工艺中，甚至要求分散相达到 $<1\times10^{-6}$。

聚结滤芯内部最主要的介质是破乳层和聚结层，流体由内向外通过聚结滤芯，先后经过破乳和聚结过程后，分散相液滴最后在聚结滤芯表面积聚、沉降，这种结构有利于液滴的聚结分离以及提高处理流量。二级分离滤芯由亲油疏水材料制成，通过在金属网孔管上喷涂聚四氟乙烯或有机合成材料来实现亲油憎水的功能。

2.4.3 聚结器选型和设计原则

在进行液-液两相分离操作时，首先要考虑的是分散体系的物性，如连续相和分散相的区分、两相密度差 $\Delta\rho$、界面张力 σ、乳化程度及黏度比等。由于液滴在上升或下降过程中必然会产生变形，而表面张力的存在使得变形很小，这就有利于液滴的沉降或上升。在现有的理论中，都是假设液滴是刚性、不变形的球形颗粒，表面张力的存在使得这种假设变得很合理。另外，两相的密度差越大，表面张力就越小，这将使得液滴聚结困难。连续相与分散相的黏度比也是影响聚结过程的重要因素。

其次需要考虑的是聚结分离介质，在选择聚结分离介质时，应重点考虑介质的相容性。在相容性满足的情况下，要考虑介质的破乳聚结效果和分离效果。

对于低表面张力（$<10\times10^{-3}$ N/m）的分散相、乳化程度大的分散体系，介质的破乳聚结效果尤其重要。目前使用的聚结分离介质主要有编制类介质、非编制类介质和板类介质。编制类介质如金属丝网，主要应用于单级聚结分离器中；非编制类介质如玻璃纤维、聚丙烯纤维、氟聚合物纤维等，主要应用于滤芯式聚结分离器；板类介质如波纹板、斜翅板，主要应用于斜板沉降分离器设备。由于纤维类材料的自身特点，其聚结分离效果明显优于另外两类介质，尤其是乳化程度高、表面张力低的扩散体系，其聚结分离后的分散相含量可达到$<10\times10^{-6}$。目前普遍使用的是纤维类聚结分离介质，如玻璃纤维、复合纤维、金属纤维、聚酯纤维、聚丙烯以及氟聚合物纤维等。

最后要考虑设备的结构设计。聚结材料的主要功能是将分散相小液滴捕集聚结，但是如果要实现两相的真正分离，则设备的结构设计就至关重要。设备的结构设计首先要确定流速，流速的确定关系到设计的成败。尤其是对卧式单级聚结分离器和板式聚结分离器，液滴从聚结元件上沉降至设备底部或分散相出口的时间应小于同一位置的扩散体系至物料出口的时间，这样才能保证分散相分离。另外是两相出口的位置设计，如果结构设计不合理，就会使已经分离的两相重新混合，最终不能实现两相的彻底分离。

由于实际使用情况中操作条件的不同，处理的物料复杂多变，因此在选择聚结分离器时应根据实际使用需要进行综合性能评估。

2.5 缓冲容器

2.5.1 应用范围

卧式和立式缓冲容器的使用范围比较广，常用于化工装置回流罐、中间罐、原料罐和产品罐。本小节的缓冲罐主要是指对液体介质的缓冲。

2.5.2 容积计算原则

液体介质缓冲罐主要依据以下参数进行计算和设计，液体在罐内的流速一般取 0.003～0.005m/s。

(1) 介质流率

介质流率是确定容器容积的主要参数，通常采用由物料平衡计算后确定的该股物料的设计流量为准，常用单位 m^3/h。

(2) 停留时间

对于回流罐，可根据介质流率的大小，取 5～10min 的停留时间。一般流率大时停留时间取较小值；反之取较大值。对于改造项目，如果操作熟练且自动控制系统可靠，也可把回流罐的停留时间取得短些。

对于原料罐、产品罐及中间罐，可根据生产经验取确定的停留时间，一般采用 10～30min；当装置设计为了避免流程中上下游设备临时停工的影响，可把中间罐的停留时间延长到 8～24h。对用量很小的储罐，停留时间可长至几天。

兼作缓冲罐使用的回流罐，停留时间也可取到 30min。

(3) 装料系数

对易挥发的物料，装料系数取 0.80～0.85；对不易挥发的物料，装料系数取 0.85～0.90。

(4) 容积计算

$$容器的容积=\frac{介质流率\times停留时间}{装料系数}$$

3 容器的型式和内部结构部件

容器的工艺设计除了确定容器大小之外，另一个重要任务是选择适宜的型式和内部结构部件。如果容器的型式和内部结构部件选择不合理，往往会给操作带来不利的影响。

化工装置常用的容器型式主要有卧式罐和立式罐。容器的内部结构主要包括接管、防涡流挡板、隔板（挡板）、破沫网、人孔和手孔等。

(1) 接管

容器的出入口接管直径一般应与连接的管线相同，如需减少通过出口接管的压力降，或者避免产生涡流，出口接管直径可大于连接管线。为使分离效果更好，可将入口接管延伸到容器内。气液混合物的入口接管应尽远离气相出口接管。

卧式容器的进口接管延伸进容器内时，需要一个90°弯头指向相近的容器端部。气液混合物进料口，应将接管延伸到高液面以上；液体进料口，需将接管延伸到正常液面以下。

底部有水积聚或设置集液包的卧式容器，容器底部油相出口接管采用延伸直管，延伸管应高出分界面150～300mm。

对于要求将液沫夹带降到最低限度的容器（如压缩机入口的分液罐），入口应装有开槽的“T”形分配器。分配管下部开槽，开槽的位置不超过分配管中心水平线以下30°的范围，并且不得开在正对入口管的地方。

容器的典型接管型式见表 23-3。

表 23-3 容器的典型接管型式

<table>
<tr><th rowspan="2">容器名称</th><th rowspan="2">容器型式</th><th colspan="3">接管型式</th></tr>
<tr><th>入口接管</th><th>气体出口</th><th>液体出口</th></tr>
<tr><td>液体缓冲罐</td><td rowspan="3">卧式</td><td rowspan="3">90°弯管</td><td rowspan="3">平接</td><td rowspan="3">平接式
延伸直管</td></tr>
<tr><td>馏分液罐</td></tr>
<tr><td>回流油罐</td></tr>
<tr><td>沉降罐</td><td>卧式</td><td>90°弯管</td><td>—</td><td>平接</td></tr>
<tr><td>压缩机入口分液罐</td><td>立式</td><td>T形分配器</td><td>平接</td><td>平接</td></tr>
<tr><td>燃料气分液罐</td><td>立式</td><td>平接</td><td>平接</td><td>平接</td></tr>
<tr><td>油水分离罐</td><td>卧式</td><td>90°弯管</td><td>平接</td><td>平接</td></tr>
<tr><td>轻油放空罐</td><td>卧式</td><td>平接</td><td>平接</td><td>平接</td></tr>
<tr><td>重油放空罐</td><td>立式</td><td>90°弯管</td><td>平接</td><td>平接</td></tr>
<tr><td>蒸汽分水罐</td><td>立式</td><td>T形分配器</td><td>平接</td><td>平接</td></tr>
</table>

(2) 防涡流挡板

当容器底液体出口接管较大，出口接管以上液层不够高时，液体流出罐底会在出口接管上形成下漩涡流，使液体夹带气体或重相液体而流出，其结果往往使泵抽空或沉降分离不好，进而影响操作。为了防止形成涡流，可装设防涡流挡板。当液体出口管与离心泵连接，出口管径大于 50mm，最低液面至出口管嘴距离符合式（23-24）时，需装防涡流挡板。

$$H_r \leqslant 0.051 + \frac{12DN}{6-3.28u_L} \qquad (23\text{-}34)$$

式中 H_r——最低液面高于出口接管的距离，m；

DN——出口接管公称直径，m；

u_L——液体通过出口接管的流速，m/s。

防涡流挡板的型式如图 23-18 所示。当 50mm＜DN＜150mm 时，可采用图 23-18（a）、（b）的型式，挡板厚度建议采用 10mm；当 DN = 150mm 时，可用图 23-18（d）的型式；而 DN＞150mm 时，建议采用图 23-18（c）的型式，挡板厚可减为 6mm。

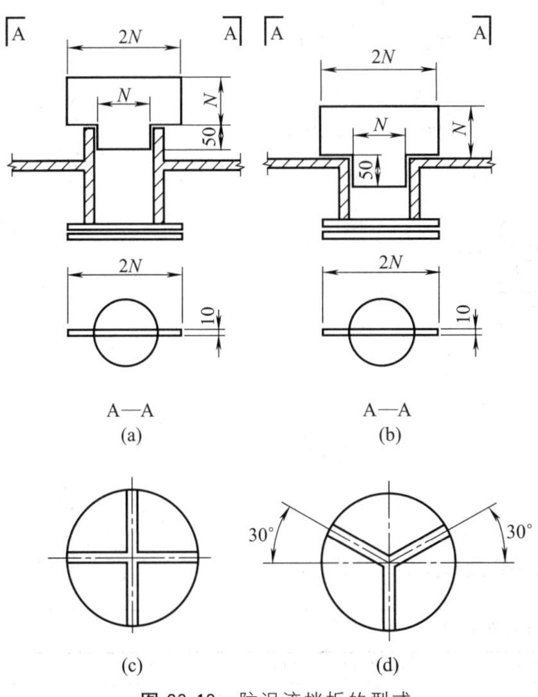

图 23-18 防涡流挡板的型式

(3) 隔板（挡板）

卧式油水分离器分水量较大时，分水斗的采用受到限制，则可在容器中加隔板。隔板的高度取正常液面的高度，以隔板隔开的缓冲区，其持液量按 3～5min 液体流率考虑。卧式油水分离器如图 23-19 所示。

压缩空气分水罐及蒸汽分水器入口处大多装有垂直挡板，如图 23-20 所示为立式分水罐。增设挡板后，可使气体与水更好地分离。蒸汽分水器中除了加挡板外，有的还加孔板，以进一步脱水。

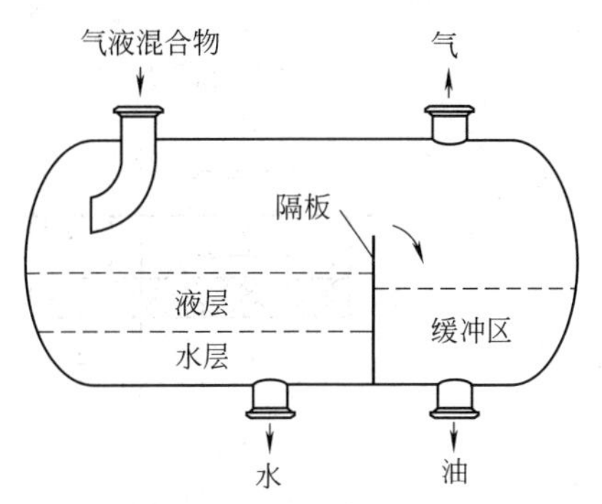

图 23-19 卧式油水分离器

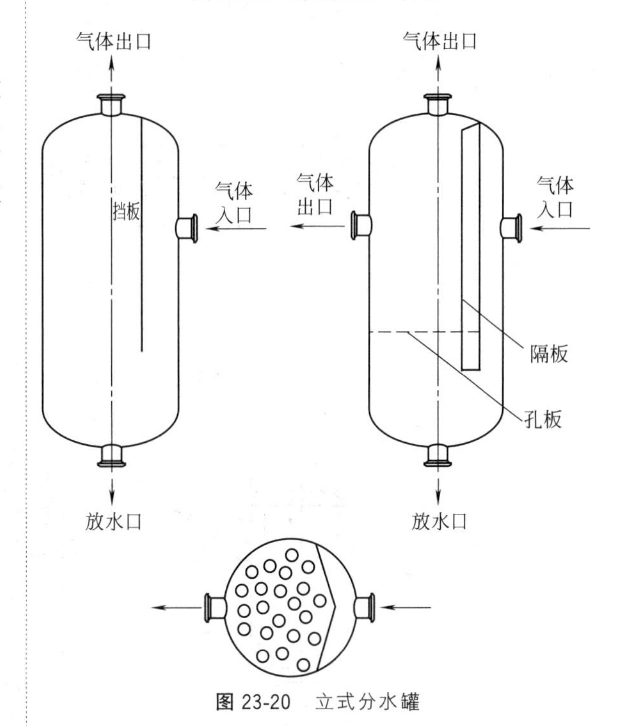

图 23-20 立式分水罐

(4) 破沫网

对于液沫夹带限制严格的气-液分离器，在气体出口处多装有金属丝破沫网。一般破沫网在容器内，其安装位置和型式如图 23-21 所示。对于卧式容器，破沫网的面积一般约为气体出口面积的 4 倍，如图 23-21（a）、（b）所示；当需要较大破沫网面积，而又不希望增大气体通过时的压力降时，可取图 23-21（c）、（d）的型式。对于立式容器，可取图 23-21（e）～（h）的型式；图 23-21（e）的型式用于气体入口接管靠近罐顶切线的立式罐；而图 23-21（h）的型式用于气体入口和出口接管均为水平方向的立式罐。

破沫网的厚度一般为 100mm 或 150mm。对于立式容器，入口接管的顶端距破沫网的距离，当容器直径在 1m 以下时，应不小于 300mm；当容器直径大于 1m 时，应不小于 450mm。

容器直径在 1m 以下时，破沫网顶至罐顶切线的距离取 300mm；容器直径大于 1m 时，取 450mm。

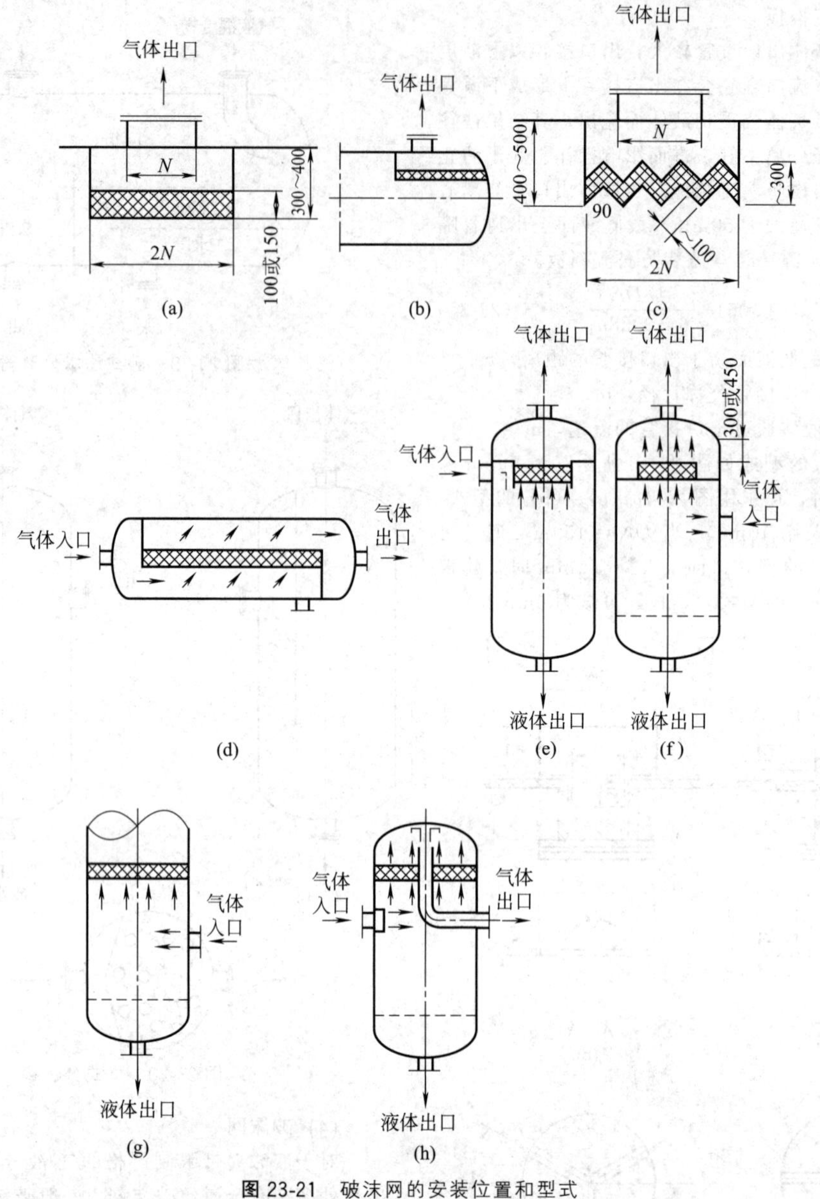

图 23-21　破沫网的安装位置和型式

表 23-4　常用容器人孔直径

容器直径/mm	$800 \leqslant D_I < 1000$	$1000 \leqslant D_I < 1600$	$1600 \leqslant D_I < 3200$	$3200 \leqslant D_I$
人孔直径/mm	400	≤450	≤500	≤600

(5) 人孔和手孔

人孔和手孔的位置以检修时便于进入或方便操作为原则，一般设置在容器顶部或侧面。

容器直径不小于 800mm，且筒体与封头为不可拆卸时，应设人孔。人孔直径与容器直径的关系应符合表 23-4 的规定。当公称压力不小于 4MPa（表）时，人孔直径宜相应减小。

容器直径小于 800mm，且筒体与封头为不可拆卸时，应设手孔。手孔直径有 150mm 和 250mm 两种规格。

参考文献

[1] 吴德荣. 化工装置工艺设计：下册. 上海：华东理工大学出版社，2014.

[2] HG/T 20570.8—1995. 气液分离设计.

[3] 侯海瑞. 液液聚结分离器原理及石油化工中的应用. 过滤与分离，2013，23（3）：29-32.

[4] 石油工业部规划设计总院. 容器和液液混合器的工艺设计. 北京：石油工业出版社，1979.

第24章 储　　罐

1 储罐设计的一般要求

1.1 一般原则

罐区应结合液体物料的流向布置，宜利用地形使液体物料自流输送。储罐的分组和布置应符合《石油化工企业设计防火规范》(GB 50160）的有关规定，并应符合下列原则。

① 原料罐区和中间原料罐区宜靠近相应的加工装置。

② 成品罐区宜靠近装车台或装船码头。

③ 性质相近的液体物料储罐宜集中布置。

④ 连接管道根数较多或管径较大的储罐，宜布置在靠近罐组管道进出口处。

⑤ 储罐罐底标高应满足泵的吸入要求。

⑥ 储罐罐底标高应满足罐前支管道与主管道连接所需安装尺寸的要求。

1.2 储运系统的计量要求

① 原油水运进厂宜采用油船计量或储罐计量；原油自原油罐区进入常减压蒸馏装置加工以及原料自原料罐区进入装置，储运系统可采用储罐计量或流量计计量。

② 装置之间直接进料时，系统管道上不设计量仪表；由储运系统罐区供料时，罐区可采用储罐计量。

③ 采用两套或两套以上的装置（各装置内分别设有流量计）将原料送至储运系统罐区，供一套装置加工且无一定比例要求时，不考虑对每套供料装置所供给的原料进行计量。

④ 成品油出厂宜采用流量计计量，汽车罐车、铁路罐车出厂可采用汽车衡或轨道衡计量。

⑤ 对于送至储运系统罐区的装置不合格物料或中间物料，储运系统可考虑储罐计量。

1.3 储罐物料加热设计

1.3.1 储罐需设置加热器的情况

① 物料的储存温度要求高于环境温度，不加热无法维持油品储存温度的储罐。

② 物料储存过程中因调和、脱水和输送生产操作要求，需要加热升温的储罐。

③ 物料在储存期间不能维持操作所需温度的储罐。

1.3.2 储罐物料加热温度应符合的要求

① 确定物料的输送温度时，应保证泵吸入操作能正常进行，并使物料泵输送所耗功率与加热物料所耗能量之和最小。在输送温度下，物料的黏度宜小于 $6\times10^{-5}m^2/s$。在为下游装置送料时，输送温度应能保证满足装置界区物料的参数要求。

② 对于黏度较小的物料，在储存温度下能满足输送要求时，加热器按维持储存温度计算。

③ 对于燃料油和常减压渣油，若要考虑油品在储罐中脱水和沉降杂质时，油品的加热温度宜是使油品黏度达到 $(4\sim10)\times10^{-5}m^2/s$ 时的温度。

④ 需要升温的物料加热器应设置温控；维持温度的物料加热器宜设置温控。

1.3.3 加热介质的选用

① 选用加热介质时，应避免石油化工液体物料过热降质。

② 物料加热温度小于95℃时，宜采用压力小于等于0.45MPa的蒸汽；物料加热温度大于120℃时，宜采用压力不小于1.0MPa的蒸汽。

1.4 储罐物料储存温度

可燃液体的储存温度应满足下列要求。

① 应高于可燃液体的凝固点（或结晶点），低于初馏点。

② 应保证可燃液体质量，减少损耗。

③ 应保证可燃液体的正常输送。

④ 应满足可燃液体沉降脱水的要求。

⑤ 加有添加剂的可燃液体，其储存温度还应满足添加剂的特殊要求。

⑥ 应考虑热能的合理利用。

⑦ 需加热储存的可燃液体，储存温度应低于其自燃点，并宜低于其闪点。

⑧ 对一些性质特殊的液体化工产品，确定的储存温度应能避免自聚物和氧化物的产生。

⑨ 可燃液体的储存温度宜按表24-1确定。

表24-1　可燃液体的储存温度

可燃液体名称	储存温度/℃
原油	≥(凝固点+5)
苯	7～40
对二甲苯	15～40
液化烃、汽油、其他芳烃、溶剂油、煤油、喷气燃料等	≤40
柴油	≤(闪点－5)
轻质润滑油、电器用油、液压油等	40～60
重质润滑油	60～80
润滑油装置原料油	55～80
重油(含燃料油)	≤90或120～180
沥青	130～180
石油蜡	高于熔点15～20
环氧乙烷	－6～0
环氧丙烷	≤25
丁二烯	≤27
苯乙烯	5～20
异戊二烯	≤20
双环戊二烯	35～45

2　储罐选用

2.1　储罐容量

2.1.1　物料储罐容量设计

储罐总容量计算。

$$V=\frac{GN}{F}$$

式中　V——储罐总容量，m^3；

G——石油化工液体物料计算的日储量，m^3/d；

N——储存天数，天；

F——储罐装满系数。

① 原油和原料每个储罐的储存容积，不宜少于一套装置正常操作时一天的处理量。

② 原油和其他物料水运进厂或成品水运出厂时，其储罐的储存总容积，除应满足上式的计算量外，还应满足一次卸船量或一次装船量的要求。

2.1.2　物料计算日储量

① 各种物料的日储量，应按全厂总工艺流程规定的年处理量或年产量计算。

② 原料、中间原料的日储量，应为装置年开工天数的平均日进料量。

③ 连续生产的成品油的日储量，应为350天的平均日产量。

④ 液体化工成品日储量，应为相应装置年开工天数的平均日产量。

⑤ 对小宗化工原料，其日储存量应满足该原料一次最大用量周期对平均日储量的需求。

2.1.3　物料储存天数

① 原油和原料的储存天数，宜根据以下原则按表24-2确定。

a. 如有中转库时，其储罐容量宜包括在总容量内，并应按中转库的物料进库方式计算储存天数。

b. 进口原料或特殊原料，其储存天数不宜少于30天。

c. 来自长输管道的原油或原料，其储存天数还应结合长输管道输送周期和石油化工企业检修方案考虑。

d. 易聚合、易氧化等性质特殊的化工原料，应根据具体情况确定其储存天数。

e. 当装置在不同种工况条件下对一些小宗化工原料有间断需求时，其储存量除要符合上述要求外，还需满足对该原料的一次最大用量的需求。

f. 对于船运进厂方式，储罐总容量应同时满足装置连续生产和一次卸船量的要求。

表24-2　原油和原料的储存天数

进厂方式	储存时间/天	适用情况
管道输送	5～7	适用于原油，指来自油田的管道
	7～10	适用于其他原料，指来自其生产厂的管道
铁路运输	10～20	
公路运输	7～10	
内河及近海运输	15～20	
远洋运输	≥30	

注：如果原料生产厂与原料使用装置属同开同停情况，可降低储存天数至5～7天。

② 中间原料的储存天数，宜根据以下原则按表24-3确定。

a. 某一装置的原料同时又是其他装置的原料或可用其物料储罐储存时，储存天数宜取下限。

b. 不同装置的同种或性质相近的原料罐，可考虑合并设置。

c. 有特殊需要的装置原料罐，其储存天数可根据实际需要确定。

表24-3　中间原料的储存天数

类别	储存时间/天
同时开工、停工检修的装置或联合装置之间的原料	2～4
不同时开工、停工检修的联合装置或不同检修组装置之间的原料	15～20
不同时开工、停工检修的装置之间的原料	10～15
多组分切换操作装置的原料	不宜小于切换周期

③ 成品的储存天数，宜根据以下原则按表24-4确定。

a. 按表 24-4 确定容量的储罐，应包括成品罐、组分罐和调和罐。

b. 如有中转库时，其储罐容量应包括在按表 24-4确定的储罐总容量内。

c. 内河及近海运输时，其成品罐与调和罐的容量之和，应同时满足连续生产和一次装船量的要求。

d. 若有远洋运输出厂时，其储存天数不宜少于 30 天。其成品罐和调和罐的容量之和，应同时满足连续生产和一次装船量的要求。

表 24-4 成品储存天数

成品名称	出厂方式	储存时间/天
汽油、灯用煤油、柴油、重油(燃料油)	管道输送	5～7
	铁路运输	10～20
	内河及近海运输	15～20
	公路运输	5～7
航空汽油、喷气燃料、芳烃、军用柴油、液体石蜡、溶剂油	管道输送	5～7
	铁路运输	15～20
	内河及近海运输	20～25
	公路运输	5～7
润滑油类、电器用油类、液压油类	铁路运输	25～30
	内河及近海运输	25～35
	公路运输	15～20
液化烃	管道输送	5～7
	铁路运输	10～15
	内河及近海运输	10～15
	公路运输	5～7
石油化工原料	管道输送	5～10
	铁路运输	10～20
	内河及近海运输	10～20
	公路运输	7～15
醇类、醛类、酯类、酮类、腈类等	铁路运输	15～20
	内河及近海运输	20～25
	公路运输	10～15

④ 工厂用自产燃料油的储存天数，宜取 3 天；外购燃料油的储存天数可按表 24-2 确定。

⑤ 当一种物料有不同种进出厂方式时，宜按不同方式的进出厂比例确定其综合储存天数。

⑥ 酸、碱及液氨的储存天数，宜按表 24-5 确定。储罐容量还应满足一次装（卸）车（船）量的要求。

表 24-5 酸、碱及液氨的储存天数

物料名称	运输方式	储存时间/天
酸、碱	管道输送	5～10
	铁路运输	15～25
	内河及近海运输	20～30
	公路运输	10～15
液氨	管道输送	7～10
	铁路运输	10～20
	公路运输	10～15

2.1.4 储罐的设计储存液位

(1) 储罐的设计储存高液位

① 固定顶罐的设计储存高液位宜按下式计算。

$$h=H_1-(h_1+h_2+h_3)$$

式中 h——储罐的设计储存高液位，m；

H_1——罐壁高度，m；

h_1——泡沫产生器下缘至罐壁顶端的高度，m；

h_2——10～15min 储罐最大进液量折算高度，m；

h_3——安全裕量，m，可取 0.3m（包括泡沫混合液层厚度和液体的膨胀高度）。

② 浮顶罐、内浮顶罐的设计储存高液位宜按下式计算。

$$h=h_4-(h_2+h_5)$$

式中 h_4——浮顶设计最大高度（浮顶底面），m；

h_5——安全裕量，m，可取 0.3m（包括液体的膨胀高度和保护浮盘所需裕量）。

③ 压力储罐的设计储存高液位宜按下式计算。

$$h=H_2-h_2$$

式中 H_2——液相体积达到储罐计算容积的 90%时的高度，m。

(2) 储罐的设计储存低液位

① 应满足从低液位报警开始 10～15min 内泵不会发生汽蚀的要求。

② 浮顶储罐或内浮顶储罐的设计储存低液位宜高出浮顶落底高度 0.2m。

③ 不应低于罐内加热器的最高点。

2.2 储罐选型

① 易燃和可燃液体应采用钢制储罐。

② 液化烃等甲$_A$类液体常温储存应选用压力储罐。

③ 储存沸点低于 45℃或在 37.8℃时饱和蒸气压大于 88kPa 的甲$_B$类液体，应采用压力储罐、低压储罐或降温储存的常压储罐，并应符合下列要求。

a. 选用压力储罐或低压储罐时，应采取防止空气进入罐内的措施，并应密闭收集处理罐内排出的气体。

b. 选用降温储存的常压储罐时，应采取下列措施之一。

选用内浮顶储罐，设置氮气或其他惰性气体密封保护系统，控制储存温度使液体蒸气压不大于 88kPa。

选用固定顶储罐，设置氮气或其他惰性气体密封保护系统，控制储存温度低于液体闪点 5℃及以下。

选用固定顶储罐，设置氮气或其他惰性气体密封保护系统，控制储存温度使液体蒸气压不大于 88kPa，密闭收集处理罐内排出的气体。

④ 储存沸点大于或等于 45℃或在 37.8℃时饱和

蒸气压不大于 88kPa 的甲$_B$、乙$_A$ 类液体，应选用浮顶储罐或内浮顶储罐。其他甲$_B$、乙$_A$ 类液体化工品有特殊储存需要时，可以选用固定顶储罐、低压储罐和容量小于或等于 100m^3 的卧式储罐，但应采取下列措施之一。

a. 设置氮气或其他惰性气体密封保护系统，密闭收集处理罐内排出的气体。

b. 设置氮气或其他惰性气体密封保护系统，控制储存温度低于液体闪点 5℃及以下。

⑤ 储存乙$_B$ 和丙类液体可选用浮顶储罐、内浮顶储罐、固定顶储罐和卧式储罐。

⑥ 容量小于或等于 100m^3 的储罐，可选用卧式储罐。

⑦ 浮顶储罐应选用钢制单盘式或双盘式浮顶。

⑧ 内浮顶储罐的内浮顶选用应符合下列要求。

a. 应采用金属内浮顶，且不得采用浅盘式或敞口隔舱式内浮顶。

b. 储存Ⅰ、Ⅱ级毒性液体的内浮顶储罐和直径大于 40m 的甲$_B$、乙$_A$ 类液体内浮顶储罐，不得采用易熔材料制作的内浮顶。

c. 直径大于 48m 的内浮顶储罐，应选用钢制单盘式或双盘式内浮顶。

⑨ 储存Ⅰ、Ⅱ级毒性的甲$_B$、乙$_A$ 类液体储罐不应大于 10000m^3，且应设置氮气或其他惰性气体密封保护系统。

⑩ 设置有固定式和半固定式泡沫灭火系统的固定顶储罐，直径不应大于 48m。

⑪ 酸类、碱类宜选用固定顶储罐或卧式储罐。

2.3 储罐数量

2.3.1 原油和原料储罐的数量

① 一套装置加工一类原油时，宜设 3～4 个；分类加工原油时，每增加一类原油宜再增加 2～3 个。

② 一套装置加工一种原料时，宜设 2～4 个；加工多种原料时，每增加一种原料宜再增加 2～3 个。

③ 每个原油及原料罐的容量，不宜少于一套装置正常操作一天的处理量。

④ 化工装置的原料储罐数量不宜小于 2 个。

⑤ 酸类、碱类及液氮的储罐，每种物料不宜少于 2 个。

2.3.2 中间原料储罐的数量

① 装置是直接进料或部分由储罐供料时，宜设 2～3 个。

② 装置是由储罐供料时，宜设 3～4 个。

③ 对于精制装置，每种单独加工的组分油宜设 2～3 个。

④ 对于重整装置，可根据装置要求另设一个预加氢生成油罐。

⑤ 化工装置的中间原料储罐数量不宜小于 2 个。

⑥ 对于润滑油装置，每种组分油宜设 2 个；同一种组分油，残炭值不同或加工深度不同时，应分别设罐。

2.3.3 产品储罐的数量

① 汽油和柴油的每种组分的储罐，宜设 2 个。每生产一种牌号的汽油和柴油，其调和罐与成品罐之和不宜少于 4 个。每增加一种牌号，可增加 2～3 个。

② 航空煤油的每种组分罐宜设 2～3 个。调和罐与成品罐之和，不宜少于 3 个。

③ 军用柴油罐宜设 3～4 个。

④ 溶剂油罐和灯用煤油罐，每种牌号宜设 2 个。

⑤ 芳烃罐，每种成品宜设 2 个。

⑥ 液化石油气罐，不宜少于 2 个。

⑦ 化工装置的产品储罐，不宜小于 2 个。

2.3.4 重油（含燃料油）储罐的数量

① 每生产一种牌号燃料油，其调和罐与成品罐之和不宜少于 3 个。每增加一种燃料油牌号，可增加 2 个。

② 进罐温度小于或等于 90℃的重油与进罐温度大于或等于 120℃的重油，应分别设置储罐。

③ 工厂自用燃料油储罐宜设 2 个。

④ 沥青罐不宜少于 2 个。

2.3.5 润滑油类、电器用油类和液压油类储罐的数量

① 每种组分宜设 2 个；同一种组分油，残炭值不同或加工深度不同，应分别设罐。

② 每一种牌号的成品罐宜设 1～2 个，成品罐宜兼作调和罐。

③ 一类油的调和罐与成品罐，应按牌号专罐专用。二类与三类油的调和罐与成品罐，在不影响质量的前提下，可以互用。

2.3.6 污油罐的数量

① 轻、重污油罐宜各设 2 个。

② 催化裂化油浆罐宜设 1～2 个。

2.4 储罐系列

2.4.1 拱顶罐系列

拱顶罐系列见表 24-6。

2.4.2 浮顶罐系列

浮顶罐系列见表 24-7。

2.4.3 内浮顶罐系列

内浮顶罐系列见表 24-8。

2.4.4 卧式罐系列

卧式罐系列见表 24-9。

2.4.5 球罐系列

球罐系列见表 24-10。

表 24-6　拱顶罐系列

序号	公称容积/m^3	计算容积/m^3	罐直径/m	拱顶曲率半径/m	罐高/m		参考设备总质量/kg
					总高	壁高	
1	100	110	5.00	6.00	6.15	5.60	5200
2	200	234	6.60	7.92	7.879	7.14	17680
3	300	319	6.50	7.80	10.32	9.60	11580
4	400	459	7.50	9.00	11.23	10.40	21800
5	500	523	8.00	9.60	11.28	10.40	19000
6	1000	1100	10.80	13.20	13.88	12.69	31000
7	2000	2200	14.00	16.80	15.81	14.27	52000
8	3000	3127	15.00	18.00	20.548	18.9	84300
9	5000	5049	23.7	28.44	15.129	12.53	125400
10	10000	10365	30.4	36.48	17.614	14.28	265000
11	20000	21612	37.00	37.00	25.05	20.10	410000
12	30000	30410	44.00	37.56	29.145	22	861860

表 24-7　浮顶罐系列

序号	公称容积/m^3	计算容积/m^3	罐直径/m	罐壁高/m	浮顶结构	参考设备总质量/kg
1	20000	20420	40.50	15.85	单盘	327790
2	30000	32158	46.00	19.35	单盘	5087670
3	50000	54710	60.00	19.35	单盘	1145000
4	100000	101536	80.00	21.80	单盘	1829000
5	125000	134590	84.5	24	单盘	2300000
6	125000	138686	90.0	21.8	单盘	—
7	150000	158650	100	21.8	单盘	3018630

表 24-8　内浮顶罐系列

序号	公称容积/m^3	罐直径/m	罐壁高度/m	内浮顶结构	参考设备总质量/kg	备注
1	500	8.5	9.90	铝浮盘	19000	总重不包括浮盘
2	1000	11	13	铝浮盘	39540	总重不包括浮盘
3	2000	14.5	13.86	铝浮盘	52000	总重不包括浮盘
4	3000	15	18.9	铝浮盘	88800	总重不包括浮盘
5	5000	19.5	18.7	铝浮盘	133820	总重不包括浮盘
6	10000	27.5	19	铝浮盘	210180	总重不包括浮盘
7	20000	40	17.5	铝浮盘	502390	网壳顶
8	30000	44.0	22	钢浮盘	710000	网壳顶
9	30000	46.0	19.8	钢浮盘	722000	网壳顶
10	50000	60.0	20.0	钢浮盘	1200000	网壳顶

表 24-9　卧式罐系列

序号	公称容积/m^3	计算容积/m^3	罐直径/m	筒体长度/m	罐体总长/m	参考设备总质量/kg
1	10	11.78	2.10	2.80	3.61	1080
2	15	16.38	2.10	4.13	4.94	1400
3	20	21.05	2.54	3.43	4.42	1560

续表

序号	公称容积 /m^3	计算容积 /m^3	罐直径 /m	筒体长度 /m	罐体总长 /m	参考设备总质量/kg
4	25	24.05	2.54	4.13	5.11	1760
5	40	40.56	3.20	4.13	5.38	3250
6	55	56.76	3.20	6.16	7.41	4470
7	60	62.46	3.20	6.86	8.11	4800
8	75	78.46	3.20	8.89	10.41	6030
9	85	84.26	3.20	9.59	10.84	6360
10	100	102.66	3.20	11.62	12.87	7580
11	105	106.66	3.20	12.32	13.57	7910
12	120	122.46	3.20	14.35	15.60	9120

注：表中所列卧式储罐可用于地上或者地下，用于地下时敷土深度不得超过2m。

表24-10 球罐系列

公称容积 /m^3	球壳内直径或球罐基础中心圆直径/mm	几何容积 /m^3	支柱底板底面至球壳赤道平面的距离/mm	支柱数量 /根
200	7100	187	5600	4/5
400	9200	408	6600	5/6
650	10700	641	7400	6/8
1000	12300	974	8200	8
1500	14200	1499	9000	8/10
2000	15700	2026	9800	8/10
3000	18000	3054	11000	10/12
4000	19700	4003	11800	10/12/14
5000	21200	4989	12600	12/14
6000	22600	6044	13200	12/14
8000	24800	7986	14400	14
10000	26800	10079	15400	14
12000	28400	11994	16200	14
15000	30600	15002	17200	16
18000	32500	17974	18200	16/18
20000	33700	20040	18800	18
23000	35300	23032	19600	18
25000	36300	25045	20200	18/20

3 常压和低压罐区

3.1 设计压力和设计温度确定

3.1.1 储罐设计压力

① 常压固定顶储罐设计压力小于或等于6.9kPa（罐顶表压），设计负压为0.5kPa。

② 低压储罐设计压力大于6.9kPa且小于0.1MPa（罐顶表压）。

③ 浮顶储罐、内浮顶储罐的设计压力应取常压。

3.1.2 储罐操作压力

① 低压储罐的操作压力，应为液体在最高储存温度下的饱和蒸气压或工艺操作所需的最高压力。

② 采用氮气密封保护的储罐，其操作压力宜为0.2～0.5kPa。其他设置有呼吸阀的储罐，其操作压力宜为1.0～1.5kPa。

③ 其他储罐的操作压力宜为常压。

3.1.3 储罐设计温度

储罐设计温度应取储罐在正常操作时，罐体可能达到的最高或最低温度。设计温度取值范围如下。

① 固定顶储罐的设计温度不高于250℃。

② 浮顶及内浮顶储罐的设计温度不高于90℃。

③ 储罐的最低设计温度高于－20℃。

④ 在寒冷地区，对无加热、无保温的储罐，设计温度应取建罐地区的最低日平均温度加13℃。

3.2 储罐布置

3.2.1 罐组布置

① 储罐应成组布置，并应符合下列要求。

a. 在同一罐组内，宜布置火灾危险性类别相同或相近的储罐；当单罐容积小于或等于1000m^3时，火灾危险性类别不同的储罐也可同组布置。

b. 沸溢性液体储罐不应与非沸溢性液体储罐同组布置。

c. 可燃液体的压力储罐可与液化烃的全压力储罐同组布置。

d. 可燃液体的低压储罐可与常压储罐同组布置。

e. 轻、重污油储罐宜同组布置。

② 罐组的总容积应符合下列要求。

a. 固定顶罐组的总容积不应大于 120000m^3。

b. 外浮顶罐组的总容积不应大于 600000m^3。

c. 浮顶用钢质材料制作的内浮顶储罐组的容量不应大于 360000m^3；浮顶用易熔材料制作的内浮顶储罐组的容量不应大于 240000m^3。

d. 固定顶罐和外浮顶、内浮顶罐的混合罐组的总容积不应大于 120000m^3；其中浮顶用钢制材料制作的外浮顶储罐、内浮顶储罐的容量可按 50%计入混合罐组的总容量。

③ 罐组内单罐容积大于或等于 10000m^3 的储罐数量不应多于 12 个；单罐容积小于 10000m^3 的储罐数量不应多于 16 个；但单罐容积均小于 1000m^3 的储罐以及丙$_B$ 类液体储罐的数量不受此限。

④ 罐组内相邻可燃液体地上储罐的防火间距不应小于表 24-11 的规定。

表 24-11 罐组内相邻可燃液体地上储罐的防火间距

液体类别	储罐型式			
	固定顶罐		外浮顶、内浮顶罐	卧罐
	≤1000m^3	>1000m^3		
甲$_B$、乙类	0.75D	0.6D	0.4D	0.8m
丙$_A$ 类	0.4D			
丙$_B$ 类	2m	5m		

注：1. 表中 D 为相邻较大罐的直径，单罐容积大于 1000m^3 的储罐取直径或高度的较大值。

2. 储存不同类别液体或不同型式的相邻储罐的防火间距应采用本表规定的较大值。

3. 现有浅盘式内浮顶罐的防火间距应同固定顶罐。

4. 可燃液体的低压储罐，其防火间距按固定顶罐考虑。

5. 储存丙$_B$ 类可燃液体的外浮顶、内浮顶罐，其防火间距大于 15m 时，可取 15m。

⑤ 罐组内的储罐不应超过 2 排；但单罐容积小于或等于 1000m^3 的丙$_B$ 类的储罐不应超过 4 排，其中润滑油罐的单罐容积和排数不限。

⑥ 两排立式储罐的间距应符合表 24-11 的规定，且不应小于 5m；两排直径小于 5m 的立式储罐及卧式储罐的间距不应小于 3m。

3.2.2 防火堤和隔堤设置规定

① 防火堤及隔堤内的有效容积应符合下列规定。

a. 防火堤内的有效容积不应小于罐组内 1 个最大储罐的容积，当外浮顶、内浮顶罐组不能满足此要求时，应设置事故存液池储存剩余部分，但罐组防火堤内的有效容积不应小于罐组内 1 个最大储罐容积的一半。

b. 隔堤内有效容积不应小于隔堤内 1 个最大储罐容积的 10%。

② 立式储罐至防火堤内堤脚线的距离不应小于罐壁高度的一半，卧式储罐至防火堤内堤脚线的距离不应小于 3m。

③ 相邻罐组防火堤的外堤脚线之间应留有宽度不小于 7m 的消防空地。

④ 设有防火堤的罐组内应按下列要求设置隔堤。

a. 单罐容积小于或等于 5000m^3 时，隔堤所分隔的储罐容积之和不应大于 20000m^3。

b. 单罐容积大于 5000m^3 且小于或等于 20000m^3 时，隔堤内的储罐不应超过 4 个。

c. 单罐容积大于 20000m^3 且小于 30000m^3 时，隔堤内的储罐不应超过 2 个。

d. 单罐容积大于或等于 30000m^3 时，应每 1 个罐一隔。

e. 隔堤所分隔的沸溢性液体储罐不应超过 2 个。

⑤ 多品种的液体罐组内应按下列要求设置隔堤。

a. 甲$_B$、乙$_A$ 类液体与其他类可燃液体储罐之间。

b. 水溶性与非水溶性可燃液体储罐之间。

c. 相互接触能引起化学反应的可燃液体储罐之间。

d. 助燃剂、强氧化剂及具有腐蚀性液体储罐与可燃液体储罐之间。

⑥ 防火堤及隔堤应符合下列要求。

a. 防火堤及隔堤应能承受所容纳液体的静压，且不应渗漏。

b. 立式储罐防火堤的高度应为计算高度加 0.2m，但不应低于 1.0m（以堤内设计地坪标高为准），且不宜高于 2.2m（以堤外 3m 范围内设计地坪标高为准）；卧式储罐防火堤的高度不应低于 0.5m（以堤内设计地坪标高为准）。

c. 立式储罐组内隔堤的高度不应低于 0.5m；卧式储罐组内隔堤的高度不应低于 0.3m。

d. 管道穿堤处应采用不燃烧材料严密封闭。

e. 在防火堤内雨水沟穿堤处应采取防止可燃液体流出堤外的措施。

f. 在防火堤的不同方位上应设置人行台阶或坡道，同一方位上两相邻人行台阶或坡道之间的距离不宜大于 60m；隔堤应设置人行台阶。

3.3 储罐附件

3.3.1 储罐附件选用

① 浮顶罐和内浮顶罐应设置量油孔、人孔、排污孔（或清扫孔）和排水管，其数量及规格宜按表 24-12 确定。

表 24-12　浮顶罐和内浮顶罐量油孔、人孔、排污孔（或清扫孔）及排水管的数量及规格

储罐容量 V /m^3	量油孔 /个	人孔 /个	排污孔(或清扫孔) /个	排水管(个)× 公称直径 DN(mm)
≤2000	1	1	1(1)	1×80
3000～5000	1	2	1(1)	1×100
10000	1	2	1(2)	1×100
20000～30000	1	2	2(2)	2×100
50000	1	3	2(2)	2×100
>50000	1	3	—	3×100

注：1. 原油和重油储罐宜设置清扫孔，轻质油品储罐宜设置排污孔。

2. 轻质油品储罐设有带排水槽的排水管时，可不设置排污孔。

3. 内浮顶罐宜至少设置1个带芯人孔。

表 24-13　固定顶储罐量油孔、透光孔、人孔、排污孔（或清扫孔）及排水管的数量和规格

储罐容量 V /m^3	量油孔 /个	透光孔 /个	人孔 /个	排污孔(或清扫孔) /个	排水管(个)× 公称直径 DN(mm)
≤2000	1	1	1	1(1)	1×80
3000～5000	1	2	2	1(1)	1×100
10000	1	3	2	2(2)	1×100
20000～30000	1	3	2	3(3)	2×100
50000	1	3	3	3(3)	2×100
>50000	1	3	3	—	2×100

注：原油、重油和易聚合的液体储罐宜设置清扫孔，轻质油品储罐宜设置排污孔。轻质油品储罐设有带排水槽的排水管时，可不设置排污孔。

② 固定顶储罐（包括采用氮气或其他惰性气体密封保护系统的内浮顶储罐）宜设置量油孔、透光孔、人孔、排污孔（或清扫孔）和排水管，其数量和规格宜按表24-13确定。

③ 下列储罐通向大气的通气管上应设呼吸阀。

a. 储存甲$_B$、乙类液体的固定顶储罐和地上卧式储罐。

b. 采用氮气或其他惰性气体密封保护系统的储罐。

④ 呼吸阀的排气压力应小于储罐的设计正压力，呼吸阀的进气压力应高于储罐的设计负压力。

⑤ 采用氮气或其他惰性气体密封保护系统的储罐应设事故泄压设备，并应符合下列规定。

a. 事故泄压设备的开启压力应高于呼吸阀的排气压力并应小于或等于储罐的设计正压力。

b. 事故泄压设备应满足氮封或其他惰性气体密封管道系统或呼吸阀出现故障时保障储罐安全的通气需要。

c. 事故泄压设备可直接通向大气。

d. 事故泄压设备宜选用直径不小于 DN500mm 的紧急放空人孔盖或呼吸人孔。

⑥ 通气管或呼吸阀的通气量，不得小于下列各项的呼出量之和或吸入量之和。

a. 液体出罐时的最大出液量所引起的空气吸入量，应按液体最大出液量考虑。

b. 液体进入固定顶储罐时所造成的罐内液体气体呼出量，当液体闪点（闭口）高于45℃时，应按最大进液量的1.07倍考虑；当液体闪点（闭口）低于或等于45℃时，应按最大进液量的2.14倍考虑。液体进入采用氮气或其他惰性气体密封保护系统的内浮顶储罐时所造成的罐内气体呼出量，应按最大进液量考虑。

c. 因大气最大温降导致罐内气体收缩所造成储罐吸入的空气量和因大气最大温升导致罐内气体膨胀而呼出的气体，宜按表24-14确定。

表 24-14　储罐热呼吸通气需要量

储罐容量 /m^3	吸入量(负压)/(m^3/h)	呼出量(负压)/(m^3/h)		储罐容量 /m^3	吸入量(负压)/(m^3/h)	呼出量(负压)/(m^3/h)	
		闪点≥37.8℃	闪点<37.8℃			闪点≥37.8℃	闪点<37.8℃
100	16.9	10.1	16.9	3000	507.0	304.0	507.0
200	33.8	20.3	33.8	4000	647.0	472.0	647.0
300	50.4	30.4	50.4	5000	787.0	538.0	787.0
500	84.5	50.7	84.5	10000	1210.0	726.0	1210.0
700	118.0	71.0	118.0	20000	1877.0	1126.0	1877.0
1000	169.0	101.0	169.0	30000	2495.0	1497.0	2495.0
2000	338.0	203.0	338.0				

⑦ 通气管或呼吸阀的规格应按确定的通气量和通气管或呼吸阀的通气量曲线来选定。当缺乏通气管或呼吸阀的通气量曲线时，可按表 24-15 和表 24-16 确定，但应在呼吸阀规格表中注明需要的通气量。

表 24-15 设有阻火器的通气管（或呼吸阀）规格和数量

储罐容量/m^3	进（出）储罐的最大液体量/(m^3/h)	通气管（或呼吸阀）（个）×公称直径 DN(mm)
100	≤60	1×50(1×80)
200	≤50	1×50(1×80)
300	≤150	1×80(1×100)
400	≤135	1×80(1×100)
500	≤260	1×100(1×150)
700	≤220	1×100(1×150)
1000	≤520	1×150(1×200)
2000	≤330	1×150(2×150)
3000	≤690	1×200(2×200)
4000	≤660	2×150(2×200)
5000	≤1600	2×200(2×250)
10000	≤2600	2×250(2×300)
20000	≤3500	2×300(3×300)
30000	≤5500	3×300(4×300)
50000	≤6400	3×300(4×350)

注：实际设计中，储罐容量所对应的通气管（或呼吸阀）与进（出）储罐的最大液体量所对应的通气管（或呼吸阀）不一致时，应选用两者中的较大者。

表 24-16 未设阻火器的通气管规格和数量

储罐容量/m^3	进（出）储罐的最大液体量/(m^3/h)	通气管（个）×公称直径 DN(mm)
100	≤60	1×50
200	≤50	1×50
300	≤160	1×80
400	≤140	1×80
500	≤130	1×80
700	≤270	1×100
1000	≤220	1×100
2000	≤750	1×150
3000	≤550	1×150
4000	≤1500	2×150
5000	≤1400	2×150
10000	≤3400	2×200
20000	≤2700	2×200
30000	≤5200	2×250
50000	≤8500	2×300

注：实际设计中，储罐容量所对应的通气管与进（出）储罐的最大液体量所对应的通气管不一致时，应选用两者中的较大者。

⑧ 需要从罐顶部扫入介质的固定顶储罐，应设置罐顶扫线接合管，其公称直径可按表 24-17 确定。

表 24-17 罐顶扫线接合管

单位：mm

罐壁进出口管道公称直径 DN	罐顶扫线接合管公称直径 DN
≤150	50
200～350	80
400～500	100
550～600	150
>600	200

⑨ 下列储罐通向大气的通气管或呼吸阀上应安装阻火器。

a. 储存甲$_B$、乙、丙$_A$ 类液体的固定顶储罐和地上卧式储罐。

b. 储存甲$_B$、乙类液体的覆土卧式储罐。

c. 采用氮气或其他惰性气体密封保护系统的储罐。

d. 内浮顶储罐罐顶中央通气管。

⑩ 当建罐地区历年最冷月份平均温度的平均值低于或等于 0℃时，呼吸阀及阻火器应有防冻功能或采取防冻措施。在环境温度下物料有结晶可能时，呼吸阀及阻火器应采取防结晶措施。

⑪ 有切水作业的储罐宜设自动切水装置。

⑫ 储存Ⅰ级和Ⅱ级毒性液体的储罐，应采用密闭采样器。

⑬ 储存Ⅰ级和Ⅱ级毒性液体的储罐，其凝液或残液应密闭排入专用收集系统。

3.3.2 储罐附件布置

① 量油孔应设置在罐顶梯子平台附近，距罐壁宜为 800～1200mm。从量油孔垂直向下至罐底板这段空间内，不得安装其他附件。

② 通气管、呼吸阀宜设置在罐顶中央顶板范围内。呼吸人孔和紧急放空人孔盖可兼做透光孔。

③ 透光孔应设置在罐顶并距罐壁 800～1000mm 处。透光孔只设一个时，应安装在罐顶梯子及操作平台附近；设两个或两个以上时，可沿罐圆周均匀布置，并宜与人孔、清扫孔或排污孔相对设置，但应有一个透光孔安装在罐顶梯子及操作平台附近。

④ 酸、碱等腐蚀性介质的储罐罐顶附件，应设置在平台附近。

⑤ 从罐顶梯子平台至呼吸阀、通气管和透光孔的通道应设踏步。

⑥ 人孔应设置在进出罐方便的位置，并应避开罐内附件，人孔中心宜高出罐底 750mm。

⑦ 排污孔（或清扫孔）和排水管应安装在距储罐液体物料进出口较近的位置。若设有两个排污孔和

放水管时，宜沿罐圆周均匀布置。排水管可单独设置，也可和排污孔（或清扫孔）结合在一起设置。

⑧ 罐下部采样器宜安装在靠近放水管的位置。

⑨ 梯子平台应设置在便于操作及检修的位置。

3.4 罐区管道布置

① 管道宜地上敷设。采用管墩敷设时，墩顶高出设计地面不宜小于300mm。

② 主管道上的固定点，宜靠近罐前支管道处设置。

③ 防火堤和隔堤不宜作为管道的支撑点。管道穿防火堤和隔堤处宜设钢制套管，套管长度不应小于防火堤和隔堤的厚度。套管两端应做防渗漏的密封处理。

④ 储罐需要蒸汽清洗时，应设不小于 DN20mm 的蒸汽甩头，蒸汽甩头与罐排污孔（或清扫孔、人孔）的距离不宜大于20m。采用软密封的浮顶罐、内浮顶罐，应至少设1个不小于 DN20mm 用于熏蒸软密封的蒸汽管道接口。

⑤ 在管带适当的位置应设跨桥，桥底面最低处距管顶（或保温层顶面）的距离不应小于80mm。

⑥ 可燃液体管道阀门应采用钢阀；对于腐蚀性介质，应采用耐腐蚀的阀门。

⑦ 储罐物料进出口管道靠近罐根处应设一个总的切断阀，每根储罐物料进出口管道上还应设一个操作阀。储罐放水管应设双阀。

⑧ 浮顶罐的浮顶排水装置出口管道应安装钢闸阀。

⑨ 罐前支管道应有不小于5‰的坡度，并应从罐前坡向主管道带。

⑩ 储罐的主要进出口管道，应采用柔性连接方式，并应满足地基沉降和抗震要求。

⑪ 温度变化可能导致体积膨胀而超压的液体管道，应采取泄压措施。

⑫ 罐内若设有调和喷嘴时，应另设调和喷嘴用的罐进口接合管。

⑬ 储罐的进料管，宜从罐体下部接入；内浮顶储罐的扫线管道及温度大于或等于120℃的可燃液体进罐管道，应从罐顶或罐体上部接入储罐。从罐顶或罐体上部接入时，甲$_B$、乙、丙$_A$类液体的进料管应延伸至距罐底200mm处，丙$_B$类液体的进料管应将液体导向罐壁。

⑭ 卧式储罐的通气管设置，应符合下列要求。

a. 卧式储罐通气管的公称直径应按储罐的最大进出流量确定，且单罐通气管的公称直径不应小于50mm；多罐同种液体共用通气干管的公称直径不应小于80mm。

b. 通气管横管应坡向储罐，坡度不应小于5‰。

c. 通气管管口距本设施内建筑物的门窗等洞口，不应小于4m。

d. 卧式储罐通气管管口的最小设置高度，应符合表24-18的规定。

表24-18 卧式储罐通气管管口的最小设置高度

储罐设置型式	通气管管口最小设置高度	
	甲$_B$、乙类液体	丙类液体
地上露天式	高于储罐周围地面4m，且高于罐顶1.5m	高于罐顶0.5m
覆土式	高于储罐周围地面4m，且高于覆土面层1.5m	高于覆土面层1.5m

注：沿建（构）筑物的墙（柱）向上敷设的通气管，其管口应高出建（构）筑物的顶面1.5m及以上。

3.5 储罐仪表选用一般要求

① 容量大于100m^{3}的储罐应设液位连续测量远传仪表。

② 应在自动控制系统中设高、低液位报警并应符合下列要求。

a. 储罐高液位报警的设定高度，不应高于储罐的设计储存高液位。

b. 储罐低液位报警的设定高度，不应低于储罐的设计储存低液位。

③ 储存Ⅰ级和Ⅱ级毒性液体的储罐、容量大于或等于3000m^{3}的甲$_B$和乙$_A$类可燃液体储罐、容量大于或等于10000m^{3}的其他液体储罐应设高高液位报警及联锁，高高液位报警应联锁关闭储罐进口管道控制阀。高高液位报警的设定高度，宜按下式计算。

$$h_6=h+h_2$$

式中 h_6——高高液位报警器的设定高度，m；

h——储罐的设计储存高液位，m；

h_2——10～15min储罐最大进液量折算高度，m。

④ 装置原料储罐宜设低低液位报警，低低液位报警宜联锁停泵。

⑤ 储罐高高、低低液位报警信号的液位测量仪表应采用单独的液位连续测量仪表或液位开关，报警信号应传送至自动控制系统。

⑥ 储罐应设温度测量仪表。浮顶罐和内浮顶罐上的温度计，宜安装在罐底以上700～1000mm处。固定顶罐上的温度计，宜安装在罐底以上700～1500mm处。罐内有加热器时，宜取上限；无加热器时，宜取下限。

⑦ 低压储罐应设压力测量就地指示仪表和压力远传仪表。压力就地指示仪表与压力远传仪表不得共用一个开口。压力表的安装位置，应保证在最高液位时能测量气相的压力并便于观察和维修。

⑧ 甲$_{B}$、乙$_{A}$类和有毒液体罐区内阀门集中处以及排水井处应设可燃气体或有毒气体检测报警器，并应符合 GB 50493 的规定。

⑨ 仪表的安装位置与罐的进出口接合管和罐内附件的水平距离不应少于 1000mm。

⑩ 当仪表或仪表元件安装在罐顶时，宜布置在罐顶梯子平台附近。

⑪ 应将储罐的液位、温度、压力测量信号传送至控制室集中显示。

3.6 储罐氮封系统设置

3.6.1 储罐氮封控制原理

在储罐上设置氮封系统，维持罐内气相空间压力在 0.2～0.5kPa，当气相空间压力高于 0.5kPa 时，氮封阀关闭，停止氮气供应；当气相空间压力低于 0.2kPa 时，氮封阀开启，开始补充氮气，保证储罐在正常运行过程中不吸进空气，防止形成爆炸性气体。

储罐氮封系统使用的氮气纯度不宜低于 99.96%，氮气压力宜为 0.5～0.6MPa。

3.6.2 储罐氮封工艺流程

① 在每台储罐上设置先导式氮封阀组和限流孔板旁路，正常情况下使用氮封阀组维持罐内气相空间压力在 0.2～0.5kPa，当气相空间压力高于 0.5kPa 时，氮封阀关闭，停止氮气供应；当气相空间压力低于 0.2kPa 时，氮封阀开启，开始补充氮气；当氮封阀需要检修或出现故障时，使用限流孔板旁路给储罐内补充氮气，压力高于 1.5kPa 时，通过带阻火器的呼吸阀外排（短时间连续补充氮气）。

② 当氮封阀因故障失灵不能及时关闭，造成罐内压力超过 1.5kPa 时，通过带阻火器的呼吸阀外排；当氮封阀因故障失灵不能及时开启，造成罐内压力降低至−0.3kPa 时，通过带阻火器的呼吸阀向罐内补充空气，确保罐内压力不低于储罐的设计压力低限（−0.5kPa）。

③ 为确保设置氮封储罐事故工况下的安全排放，应在储罐上设置紧急泄放阀，紧急泄放阀定压不应高于储罐的设计压力上限（2.0kPa）。

④ 当需要使用限流孔板旁路补充氮气时，流量宜等于油品出罐流量，氮气管道的管径为 DN50mm，氮气的操作压力为 0.5MPa。

⑤ 若在相同油品储罐之间设置有气相连通管道，每台储罐气相出口管道均应设置阻火器，以防止事故扩大。

⑥ 阻火器应选用安全性能满足要求的产品，且阻力降不应大于 0.3kPa。

3.6.3 氮封系统示意流程图

氮封系统示意流程图如图 24-1 所示。

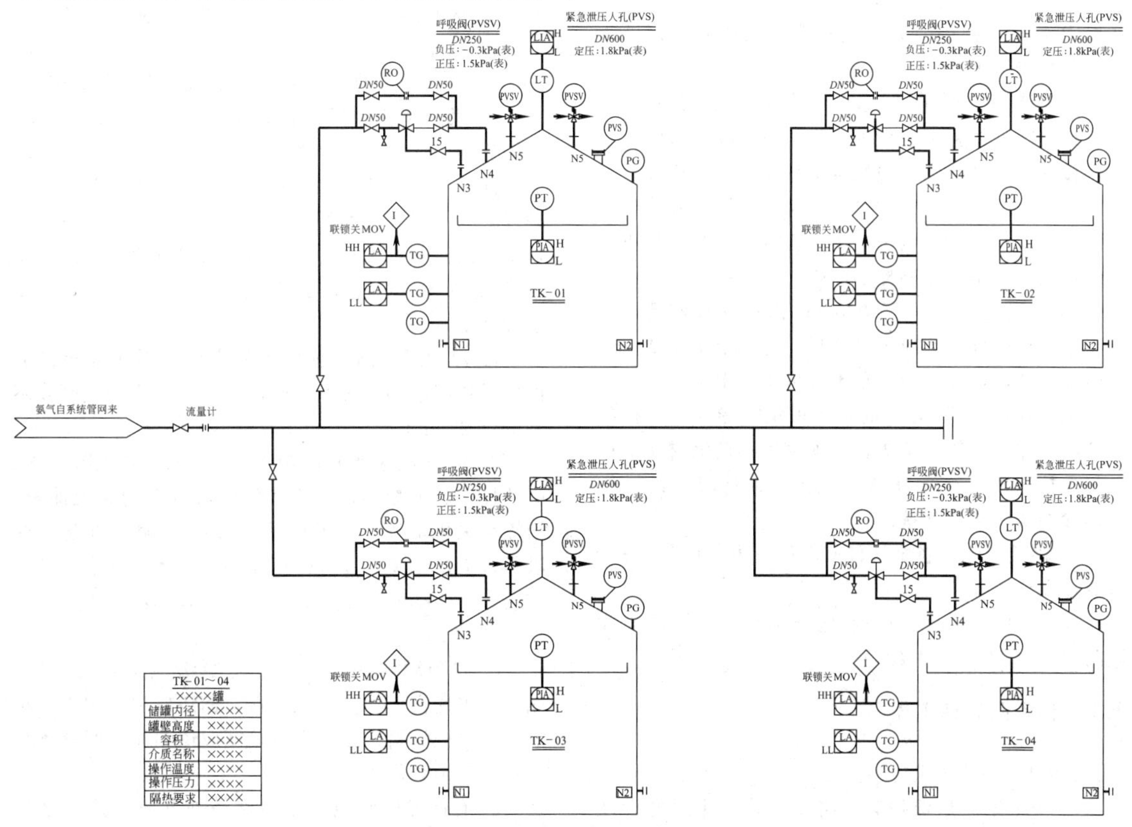

图 24-1　氮封系统示意流程图

3.7 储罐防雷、防静电

3.7.1 储罐防雷措施

① 钢制储罐顶板钢体厚度大于或等于4mm时，罐顶不应装设避雷针。

② 内浮顶储罐罐顶中央通气孔应加装阻火器。

③ 储罐应做环形防雷接地，接地点不应少于两处并沿罐周均匀或对称布置，接地点沿罐壁周长的间距不应大于30m。

④ 引下线应在距离地面0.3～1.0m之间装设断接卡，断接卡宜采用40mm×4mm不锈钢材料，断接卡用两个M12的不锈钢螺栓加防松垫片连接。

⑤ 外浮顶罐的浮顶与罐体、转动扶梯与罐体及浮顶各两处均应做电气连接，连接导线应采用扁平镀锡软铜复绞线或绝缘阻燃护套软铜复绞线，并用两个M12不锈钢螺栓加防松垫片连接，导线横截面积不小于$50mm^2$。

⑥ 外浮顶罐的浮顶与罐体的电气连接应沿罐周均匀布置，连接点沿罐壁周长的间距不应大于30m。

⑦ 与储罐罐体相接的电气、仪表配线应采用金属管屏蔽保护。配线金属管上下两端与罐壁应做电气连接。在相应的被保护设备处，应安装与设备耐压水平相适应的电涌保护器。

3.7.2 储罐防静电措施

① 储罐盘梯进口处应设置消除人体静电接地设施，并加警示牌。

② 储罐罐顶平台上量油口两侧1.5m之外应各设一组消除人体静电的设施，设施应与罐体做电气连接并接地。取样绳索、检尺等工具应与设施连接。

③ 量油孔盖、自动通气阀等活动金属附件应与罐顶（浮顶）进行等电位连接，连接导线两端加不锈钢线接头，用不锈钢螺栓加防松垫片连接。

④ 容积大于或等于$10000m^3$的内浮顶储罐，浮顶与罐顶连接导线不应少于4根；容积小于$10000m^3$的内浮顶储罐，浮顶与罐顶不应少于2根，连接导线应采用直径不小于5mm的不锈钢钢丝导线。连接导线两端应加不锈钢线接头，浮顶设置不锈钢材质专用电气连接端子，导线两端均应用不小于M10的不锈钢螺栓加防松垫片连接。

⑤ 浮顶（盘）各金属件间应保持可靠电气连接，避免存在绝缘导体。

⑥ 储罐内壁如使用导静电防腐涂料，涂层表面电阻率应为10^8～$10^{11}\Omega$。

3.8 储罐防腐蚀工程

3.8.1 一般要求

① 当采用涂层保护时，储罐防腐蚀涂层的设计寿命不宜低于7年。

② 罐径不小于8m的储罐，底板外表面除涂覆防腐涂层外，还可考虑采用阴极保护，阴极保护设计寿命不得低于20年。

③ 原油储罐底板内表面和油水分界线以下的壁板内表面应采用牺牲阳极和绝缘型防腐蚀涂层相结合的保护形式，并且应达到下列要求。

a. 防腐蚀涂层的表面电阻率不应低于$10^{13}\Omega$，涂层应具有耐热性、耐油性、耐盐性、耐水性和耐酸碱性。

b. 牺牲阳极应采用铝合金阳极。

c. 保护电流密度设计值不得低于$10mA/m^2$。

④ 防腐蚀工程的施工应按设计文件规定进行。

⑤ 防腐蚀工程所用材料，应具有产品质量证明文件，主要包括以下材料

a. 产品质量合格证及材料检测报告。

b. 质量技术指标及检测方法。

c. 复检报告或技术鉴定文件。

3.8.2 涂层保护设计

① 应根据储罐的材质、储存介质、温度、部位、外部环境等不同情况采取合理的涂层保护。

② 当储罐内采用绝缘型防腐蚀涂料时，涂层的表面电阻率应不低于$10^{13}\Omega$。

③ 当采用导静电型防腐蚀涂料时，应采用本征型导静电防腐蚀涂料或非碳系的浅色添加型导静电防腐蚀涂料，涂层的表面电阻率应为10^8～$10^{11}\Omega$。

④ 原油储罐的涂层保护工程应满足下列要求。

a. 原油储罐底板内表面和油水分界线以下的壁板内表面，应采用绝缘型防腐蚀涂料；底漆宜采用环氧类涂料，中间漆可采用厚浆型环氧玻璃鳞片、厚浆型环氧云母类等防腐蚀涂料，面漆应采用耐酸碱、耐盐水、耐硫化物、耐油和耐温的防腐蚀涂料；涂层干膜厚度应依据涂层配套体系而定，且不宜低于$300\mu m$。

b. 浮顶罐钢制浮顶底板外表面和浮顶侧板外表面应采用耐油的导静电防腐蚀涂料，涂层干膜厚度不宜低于$250\mu m$。

c. 浮顶罐内壁上部和浮顶外表面应采用耐水、耐油性防腐蚀涂料，底漆宜采用富锌类防腐蚀涂料，面漆可采用氟碳类、丙烯酸-聚氨酯等耐候性防腐蚀涂料，涂层干膜厚度应依据涂层配套体系而定，且不宜低于$200\mu m$；内壁上部的涂装高度宜为1.5～3.0m。

d. 拱顶罐内壁顶部应采用绝缘性防腐蚀涂料，底漆宜采用富锌类防腐蚀涂料，面漆应采用耐水、耐油的防腐蚀涂料；涂层干膜厚度应依据涂层配套体系确定，且不宜低于$200\mu m$。

e. 有保温层的地上原油储罐外壁应采用耐水性防腐蚀涂层，底漆宜采用富锌类防腐蚀涂料，面漆应

采用耐水性防腐蚀涂料；涂层干膜厚度不宜低于 150μm。

f. 无保温层的地上原油储罐外壁底漆应采用富锌类防腐蚀涂料，面漆可采用氟碳类、丙烯酸-聚氨酯等耐水、耐候性防腐蚀涂层；涂层干膜厚度应依据涂层配套体系确定，且不宜低于 200μm。

g. 除浮顶罐外的原油储罐顶的要求应符合上款的规定。

⑤ 石油产品储罐的涂层保护工程应满足下列要求。

a. 石油产品储罐内表面应采用耐油性导静电防腐蚀涂料，底漆宜采用富锌类防腐蚀涂料，面漆可采用本征型或浅色的环氧类或聚氨酯类等导静电防腐蚀涂料，涂层干膜厚度不宜低于 200μm，其中底板内表面不宜低于 300μm。

b. 石油产品储罐外壁的涂层保护工程应符合第④条第 e 款的要求。

⑥ 石油中间产品储罐的涂层保护工程应满足下列要求。

a. 石油中间产品储罐内表面底漆宜采用无机富锌类防腐蚀涂料，面漆应采用耐热、耐油性导静电防腐蚀涂层；涂层干膜厚度不宜低于 250μm，其中底板内表面不宜低于 350μm。

b. 石油中间产品储罐外壁的涂层保护工程应符合第④条第 e 款的要求。

c. 渣油储罐和污油储罐的内外涂层保护工程应符合本条第 a 款和第 b 款的要求。

⑦ 存储低黏度原油、中间馏分油及轻质产品油等易挥发油品的储罐外壁宜采用耐候性热反射隔热防腐蚀复合涂层；涂层干膜厚度应由涂层配套体系确定，且不宜小于 250μm。

⑧ 当储罐采用喷金属外加封孔涂层保护时，金属涂层厚度不宜低于 180μm，封孔涂层厚度不宜低于 60μm。

⑨ 储罐的边缘板可采用弹性防水涂料贴覆无蜡中碱玻璃布或防水胶带的防腐蚀措施；当采用弹性防水涂料贴覆玻璃布时，应符合下列要求。

a. 底漆的黏度应为 50～60s（涂-4 杯）。

b. 一次弹性胶泥应在罐壁与罐外边缘板之间填注压紧并形成平整的斜面；二次胶泥厚度不得小于 3mm，应使面漆的厚度均匀分布。

c. 底板与罐基础接触部分的空隙应采用弹性防水材料填充。

d. 玻璃布的贴覆接缝处重叠不应小于 50mm，且不应有褶痕。

⑩ 储罐加热盘管应根据加热介质的温度，选择合适的防腐蚀涂料，涂层干膜厚度不宜低于 250μm。

4 压力储罐区

4.1 设计压力和设计温度确定

4.1.1 设计压力确定

常温储存液化气体压力容器的设计压力，应当以规定温度下的工作压力为基础确定。

① 常温储存液化气体压力容器规定温度下的工作压力按照表 24-19 确定。

表 24-19 常温储存液化气体压力容器规定温度下的工作压力

液化气体临界温度/℃	规定温度下的工作压力		
	无保冷设施	有保冷设施	
		无试验实测温度	有试验实测最高工作温度并且能保证低于临界温度
≥50	50℃饱和蒸气压力	可能达到的最高工作温度下的饱和蒸气压力	
<50	在设计所规定的最大充装量下为 50℃的气体压力		试验实测最高工作温度下的饱和蒸气压力

② 常温储存液化石油气压力容器规定温度下的工作压力，按照不低于 50℃时混合液化石油气组分的实际饱和蒸气压来确定，设计单位在设计图样上注明限定的组分和对应的压力；若无实际组分数据或者不做组分分析，其规定温度下的工作压力不得低于表 24-20 的规定。

表 24-20 常温储存液化石油气压力容器规定温度下的工作压力

混合液化石油气 50℃饱和蒸气压力	规定温度下的工作压力	
	无保冷措施	有保冷措施
小于或等于 50℃异丁烷的饱和蒸气压力	等于 50℃异丁烷的饱和蒸气压力	可能达到的最高工作温度下异丁烷的饱和蒸气压力
大于 50℃异丁烷的饱和蒸气压力、小于或者等于 50℃丙烷的饱和蒸气压力	等于 50℃丙烷的饱和蒸气压力	可能达到的最高工作温度下丙烷的饱和蒸气压力
大于 50℃丙烷的饱和蒸气压力	等于 50℃丙烯的饱和蒸气压力	可能达到的最高工作温度下丙烯的饱和蒸气压力

表 24-21 液化烃、可燃气体、助燃气体的罐组内储罐的防火间距

介质	储存方式或储罐型式		球罐	卧(立)罐	全冷冻式储罐		水槽式气柜	干式气柜
					≤100m^3	>100m^3		
液化烃	全压力式或半冷冻式储罐	有事故排放至火炬的措施	0.5D	1.0D	*	*	*	*
		无事故排放至火炬的措施	1.0D		*	*	*	*
	全冷冻式储罐	≤100m^3	*	*	1.5m	0.5D	*	*
		>100m^3	*	*	0.5D	0.5D	*	*
助燃气体	球罐		0.5D	0.65D	*	*	*	*
	卧(立)罐		0.65D	0.65D	*	*	*	*
可燃气体	水槽式气柜		*	*	*	*	0.5D	0.65D
	干式气柜		*	*	*	*	0.65D	0.65D
	球罐		0.5D	*	*	*	0.65D	0.65D

注：1. D 为相邻较大储罐的直径。

2. 液氨储罐间的防火间距要求应与液化烃储罐相同。

3. 沸点低于45℃的甲$_B$类液体压力储罐，按全压力式液化烃储罐的防火间距执行。

4. * 表示不同组布置。

4.1.2 设计温度确定

① 设计温度是指压力容器在正常工作情况下，设定的元件金属温度，设计温度与设计压力一起作为设计载荷条件。

② 设计常温储存压力容器时，应当充分考虑在正常工作状态下大气环境温度条件对容器壳体金属温度的影响，其最低设计金属温度不得高于历年来月平均最低气温的最低值。

4.2 压力储罐区布置

4.2.1 压力储罐布置

① 液化烃储罐、可燃气体储罐和助燃气体储罐应分别成组布置。

② 液化烃储罐成组布置时应符合下列规定。

a. 液化烃罐组内的储罐不应超过2排。

b. 每组全压力式或半冷冻式储罐的数量不应多于12个。

c. 全冷冻式储罐的数量不宜多于2个。

d. 全冷冻式储罐应单独成组布置。

e. 储罐材质或结构不能适应该罐组内介质最低温度时，不应布置在同一罐组内。

f. 两排卧罐的间距不应小于3m。

③ 液化烃、可燃气体、助燃气体的罐组内，储罐的防火间距不应小于表24-21的规定。

④ 两个罐组相邻球罐之间的防火间距不应小于20m。

⑤ 罐区内的产品运输道路距离球罐外壁水平距离不应小于15m。

4.2.2 液化烃储罐防火堤及隔堤的设置

① 液化烃全压力式或半冷冻式储罐组宜设高度为0.6m的防火堤，防火堤内堤脚线距储罐不应小于3m，堤内应采用现浇混凝土地面，并应坡向外侧，防火堤内的隔堤不宜高于0.3m。

② 全压力式或半冷冻式储罐组的总容积不应大于40000m^3；隔堤内各储罐容积之和不宜大于8000m^3，单罐容积等于或大于5000m^3时应每个罐一隔。

③ 全冷冻式储罐组的总容积不应大于200000m^3，单防罐应每个罐一隔，隔堤应低于防火堤0.2m。

④ 沸点低于45℃的甲$_B$类液体压力储罐组的总容积不宜大于60000m^3；隔堤内各储罐容积之和不宜大于8000m^3，单罐容积等于或大于5000m^3时应每个罐一隔。

⑤ 沸点低于45℃的甲$_B$类液体的压力储罐，防火堤内有效容积不应小于1个最大储罐的容积。当其与液化烃压力储罐同组布置时，防火堤及隔堤的高度还应满足液化烃压力储罐组的要求，且两者之间应设

隔堤；当其独立成组时，防火堤距储罐不应小于3m。

⑥ 全压力式、半冷冻式液氨储罐的防火堤和隔堤的设置同液化烃储罐的要求。

⑦ 液化烃全冷冻式单防罐罐组应设防火堤，并应符合下列要求。

a. 防火堤内的有效容积不应小于1个最大储罐的容积。

b. 单防罐至防火堤内顶角线的距离 X 不应小于最高液位与防火堤堤顶的高度之差 Y 加上液面上气相当量压头的和（图24-2）；当防火堤的高度等于或大于最高液位时，单防罐至防火堤内顶角线的距离不限。

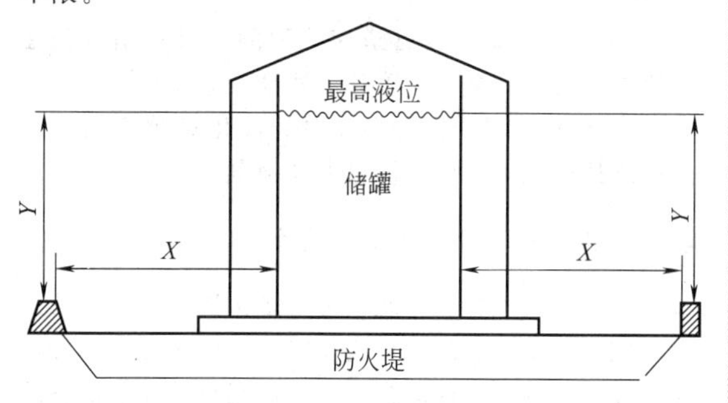

图24-2　单防罐至防火堤内顶角线的距离示意图

c. 应在防火堤的不同方位上设置不少于2个人行台阶或梯子。

d. 防火堤及隔堤应为不燃烧实体防护结构，能承受所容纳液体的静压及温度变化的影响，且不渗漏。

⑧ 液化烃全冷冻式双防或全防罐罐组可不设防火堤。

⑨ 全冷冻式液氨储罐应设防火堤，堤内有效容积应不小于1个最大储罐容积的60%。

4.3　压力储罐附件选用

① 压力储罐应设置人孔、放水管、进出口接合管、仪表管口，且宜少设开口。

② 人孔数量及安装位置应符合下列规定。

a. 球形储罐应设置2个人孔。一个人孔应安装在罐体上部顶端，另一个人孔应安装在罐体下部能方便检修人员进出储罐的位置。

b. 卧式储罐的筒体长度小于6000mm时，应设置1个人孔；筒体长度大于或等于6000mm时，宜设置2个人孔并宜分别设置在罐筒体的两端。人孔应安装在储罐的顶部。

③ 相邻液化烃球罐罐顶之间宜设联合平台。联合平台应设不少于2个通往地面的梯子，2个梯子之间的距离不应大于50m。

4.4　压力储罐管道布置

① 压力储罐液相进出口接合管宜安装在储罐底部。

② 排水管管径宜为 DN50mm，并应安装在罐体最低部位。罐体底部设有人孔并处于最低点时，排水管可设置在人孔盖上。

③ 储罐的气体放空管管径不应小于安全阀的入口直径，并应安装在罐体顶部。当罐体顶部设有人孔时，气体放空接合管可设置在人孔盖上。

④ 当储罐的设计压力相同、储存物料性质相同或相近，其气相混合后不影响物料质量时，储罐之间宜设气相平衡管。平衡管直径不宜大于储罐气体放空管直径，也不宜小于 DN40mm。

⑤ 与储罐连接的管道应采用柔性连接方式，并应满足抗震和防止储罐沉降的要求。不宜采用软管连接。

4.5　压力储罐仪表选用一般要求

① 压力储罐应设压力就地指示仪表和压力远传仪表。压力就地指示仪表和压力远传仪表不得共用一个开口。

② 压力储罐液位测量应设一套远传仪表和一套就地指示仪表，就地指示仪表不应选用玻璃板液位计。

③ 液位测量远传仪表应设高、低液位报警。高液位报警的设定高度应为储罐的设计储存高液位；低液位报警的设定高度，应满足从报警开始10～15min内泵不会汽蚀的要求。

④ 压力储罐应另设一套专用于高高液位报警并联锁切断储罐进料管道阀门的液位测量仪表或液位开关。高高液位报警的设定高度，不应大于液相体积达到储罐计算容积的90%时的高度。

⑤ 压力储罐应设温度测量仪表。

⑥ 压力储罐的压力、液位和温度测量信号应传送至控制室集中显示。

⑦ 压力储罐上的温度计的安装位置，应保证在最低液位时能测量液相的温度并便于观察和维修。

⑧ 压力储罐罐组应设可燃气体或有毒气体检测报警系统，并应符合GB 50493的规定。

⑨ 罐顶的仪表或仪表元件宜布置在罐顶梯子平台附近。

4.6　压力储罐安全防护

4.6.1　压力储罐的安全阀设置

① 安全阀的设置应符合《固定式压力容器安全技术监察规程》(TSG R0004) 的有关规定。

② 安全阀的规格应按《压力容器》(GB 150) 的有关规定计算出的泄放量和泄放面积确定。

③ 安全阀的开启压力（定压）不得大于储罐的设计压力。

④ 压力储罐安全阀应设在线备用安全阀和1个安全阀副线。安全阀前后应分别设1个全通径切断阀，并应在设计图纸上标注LO（铅封开）。

⑤ 安全阀应设置在罐体的气体放空接合管上，并应高于罐顶。

⑥ 安全阀应铅直安装。

⑦ 安全阀排出的气体应排入火炬系统。排入火炬系统确有困难时，除Ⅰ～Ⅲ级有毒气体外，其他可燃气体可直接排入大气，但其排气管口应高出8m范围内储罐罐顶平台3m以上，也可将安全阀排出的气体引至安全地点排放。

4.6.2　压力储罐安全阀的选型

① 应选用全启式安全阀。

② 下列情况应选用平衡波纹管式安全阀。

a. 安全阀的背压大于其整定压力的10%，而小于30%的。

b. 泄放气体具有腐蚀性、易结垢、易结焦等特点，会影响安全阀弹簧的正常工作。

③ 安全阀的背压大于其整定压力的30%及以上时，应选用先导式安全阀。对泄放有毒气体的安全阀，应选用不流动式导阀。

4.6.3　其他工艺要求

① 液化烃储罐底部的液化烃出入口管道应设可远程操作的紧急切断阀。紧急切断阀的执行机构应有故障安全保障措施。

② 易聚合的物料储罐的安全阀前宜设爆破片，在爆破片和安全阀排出管道上应有充氮接管。

③ 有脱水作业的液化烃储罐宜设置有防冻措施的二次脱水罐。二次脱水罐的设计压力应大于或等于液化烃储罐的设计压力与两容器最大液位差所产生的静压力之和。不设二次自动脱水罐时，脱水管道上的最后一道阀门应采用弹簧快关阀。

④ 寒冷地区的液化烃储罐罐底管道应采取防冻措施。液化烃罐的脱水管道上应设双阀。

⑤ 储存不稳定的烯烃、二烯烃等物质时，应采取防止生成过氧化物、自聚物的措施。丁二烯球罐应采取以下措施。

a. 设置氮封烯烃。

b. 储存周期在两周以内时，应设置水喷淋冷却系统，使球罐外表面温度保持在30℃以下；储存周期在两周以上时，应设置冷冻循环系统和阻聚剂添加系统，使丁二烯温度保持在10℃以下。

⑥ 储存甲$_B$类液体的压力储罐，当其不能承受所出现的负压时，应采取防真空措施。

4.6.4　防雷防静电措施

① 液化烃球罐应设防雷接地。接地引下线不应少于2根，并沿罐周长均匀分布，冲击接地电阻不应大于10Ω。

② 液化烃球罐支柱应设接地板，球罐的接地板直接焊接在支柱上，接地线应采用螺栓与接地板可靠连接，如果1台球罐设有n根接地引下线，则至少$n-1$根需要用螺栓连接，另外1根可以直接焊接于接地板上，能消除基础沉降产生的应力。

③ 接地引下线以及接地极宜采用铜材料，如果使用热镀锌扁钢，则腐蚀性土壤条件下宜采用75mm×5mm热镀锌扁钢，其余地区不应小于40mm×4mm。采用铜线或圆铜材料的接地引下线的有效截面积应≥50mm^2。

④ 液化烃储罐及管道应采取静电接地措施。在管道进出设施、泵房、防火堤处设静电接地。

⑤ 在防火堤外人行踏步处、液化烃泵房门口以及球罐扶梯入口处应设消除人体静电装置。

4.7　液化烃球罐注水系统设计

全压力式液化烃球罐应采取防止液化烃泄漏的注水措施，注水设施的设计应以安全、快速有效、可操作性强为原则，在此前提下，尽可能减少注水设备的一次性投入，以节省注水设备的运营费用和设备的检维修费用。

4.7.1　注水水源

可采用稳高压消防水系统作为事故状态下球罐的注水水源。在进行稳高压消防水系统管网的设计时需考虑球罐泄漏状态下50～100t/h的用水需求。

4.7.2　注水点位置

① 当物料泵的参数满足表24-22和表24-23中对注水水量的规定可以借用进行注水时则需分以下两种情况。

对于需要进行注水作业的液化烃球罐可以采用直接注水或借用工艺泵注水的方案。采用何种方案，用户在操作时要根据事故状况下高压消防管网压力和液化烃罐的压力指示进行综合判断后确定。当确定采用直接注水时，通过物料泵入口侧管线完成向球罐的注水操作。当确定采用间接注水时，则需通过物料泵提压后通过泵的出口倒罐线或泵进、出料管道的跨通线，利用泵的入口管道完成向球罐的注水。两种注水方式的接入点位置均设在泵入口过滤器与切断阀之间。

在利用物料泵完成注水时应满足4.7.4第（1）条和4.7.4第（2）条中对注水压力及流量的基本要求，同时要考虑进行注水操作时电动机能否满足其负荷的需要。

② 当物料泵不能满足4.7.4第（1）条和4.7.4第（2）条中对注水压力及流量的基本要求时，则需设置专用注水泵完成注水。专用注水泵的参数需符合

要求，与专用注水泵相连接的管线的管路等级与需注水的工艺物料的管路等级保持一致，与物料管线接入点位置见注水系统示意流程图。

4.7.3 注水点的连接方式

注水点宜采用半固定式连接，需要注水时连接快装接头，实现迅速注水。快装接头及连接软管宜采用 LPG 装卸车专用系列产品。实现半固定连接时除在连接端设双阀外，还应加设单向阀，单向阀流向为消防水管道流向工艺管道及检查阀。当采用半固定连接方式时，对要进行注水物料管线的快装接头需集中布置，加强管理。

寒冷地区的注水管道需采取必要保温、伴热等防冻措施。

4.7.4 注水泵排量确定及注水压力

(1) 设计原则

① 通过注水管道向储罐内注入的水量应大于等于从泄漏处流出的水量，以保证从泄漏处流出的是水而不是液化烃，从而防止液化烃的泄漏。罐内液位不上升，从泄漏处流出的完全是水时的水量就是保证注水管道能有效工作的最小水量。

② 注水管道内的水必须具备足够的压力，此压力应大于沿程摩阻、局部摩阻、升高的位能（注水点到球罐最高液位的位能差）及破损处的压力（为液化烃在操作温度下的饱和蒸气压和该处的位能差引起的压力之和）。

(2) 注水水量及破损处压头的确定

① 由于液化烃压力储罐的泄漏和起火部位通常发生在进出口管道阀门处，而阀门阀体本身泄漏和破坏的可能性非常小，因此设计中一般应考虑阀门法兰密封会被破坏或泄漏的因素。

② 可以把因法兰密封的破损而引起的泄漏近似地看作容器壁上开一个孔口，把此种泄漏近似看作孔口出流，泄漏量按下式计算。

$$Q=5091\mu A\sqrt{\frac{p-p_0+\rho gh}{\rho}}$$

式中 p——气相饱和蒸气压（绝），Pa；

p_0——大气压，Pa；

ρ——密度，kg/m^3；

Q——泄漏量，m^3/h；

μ——流量系数，0.62；

g——重力加速度，$9.8m/s^2$；

h——从罐的最高液位到泄漏点的高差，m；

A——破损处泄漏面积，m^2；

以最常用的 $1000m^3$、$2000m^3$、$3000m^3$ 的球罐高度，混合 C_4 和丙烯罐的操作压力为例，将球罐底部常用管径 *DN*150mm、*DN*200mm、*DN*250mm 破损后泄漏量的计算结果列于表 24-22 和表 24-23。表中的实际泄漏量即为可参考的注水量。在进行 C_3 和 C_4 类物料注水泵流量的确定时，可参考表 24-22 和表 24-23 的数据。

表 24-22 泄漏量计算表

储罐容积/m^3	球罐直径/m	最高点液位到泄漏点的高差/m	计算泄漏量/(m^3/h)		
			泄漏管 *DN*150mm	泄漏管 *DN*200mm	泄漏管 *DN*250mm
1000	12.3	11.29	25.5	34.06	42.57
2000	15.7	14.02	25.9	34.65	43.31
3000	18	15.87	26.25	35	44.00

注：1. 以 C_4 为例，物料密度为 $580kg/m^3$；罐底和管线的高差确定为 1.4m，罐的操作压力为 0.35MPa（表）。

2. 实际泄漏量宜按缠绕式垫片的破损裂缝一般不会超过圆周的 1/7（对应于圆心角约 51°）进行计算。

表 24-23 丙烯泄漏量计算表

储罐容积/m^3	球罐直径/m	最高点液位到泄漏点的高差/m	计算泄漏量/(m^3/h)		
			泄漏管 *DN*150mm	泄漏管 *DN*200mm	泄漏管 *DN*250mm
1000	12.3	11.29	53.79	71.71	89.6
2000	15.7	14.02	54	72	90
3000	18	15.87	54.21	72.3	90.36

注：1. 以 C_3 丙烯物料为例，物料密度为 $512kg/m^3$；罐底和管线的高差确定为 1.4m，罐的操作压力为 1.57MPa（表）。

2. 实际泄漏量宜按缠绕式垫片的破损裂缝一般不会超过圆周的 1/7（对应于圆心角约 51°）进行计算。

4.7.5 注水压力确定

① 对于操作压力低于 0.4MPa（表）的液化烃球罐，由于环罐组四周的高压消防水系统压力稳定在 0.7～1.2MPa 之间，因此，稳高压消防水管网的系统压力完全可以满足操作压力低于 0.4MPa（表）的液化烃球罐的注水压力要求。

当高压消防水系统压力不能保证稳定时，需考虑借用物料泵或设置专有泵进行提压的方案。

② 对于操作压力高于 0.4MPa（表）的液化烃球罐，借用工艺泵完成注水时，注水流量应大于或等于表 24-22 和表 24-23 的计算泄漏量，压力应大于需要注水液化烃球罐的最高操作压力和沿程阻力降（包括升高的位能和增大的动能）之和。如果不能满足上述两点要求，则需要设置专用泵完成注水。

4.7.6 注水系统示意流程图

(1) 直接注水及借用工艺泵注水系统示意流程图（图 24-3）

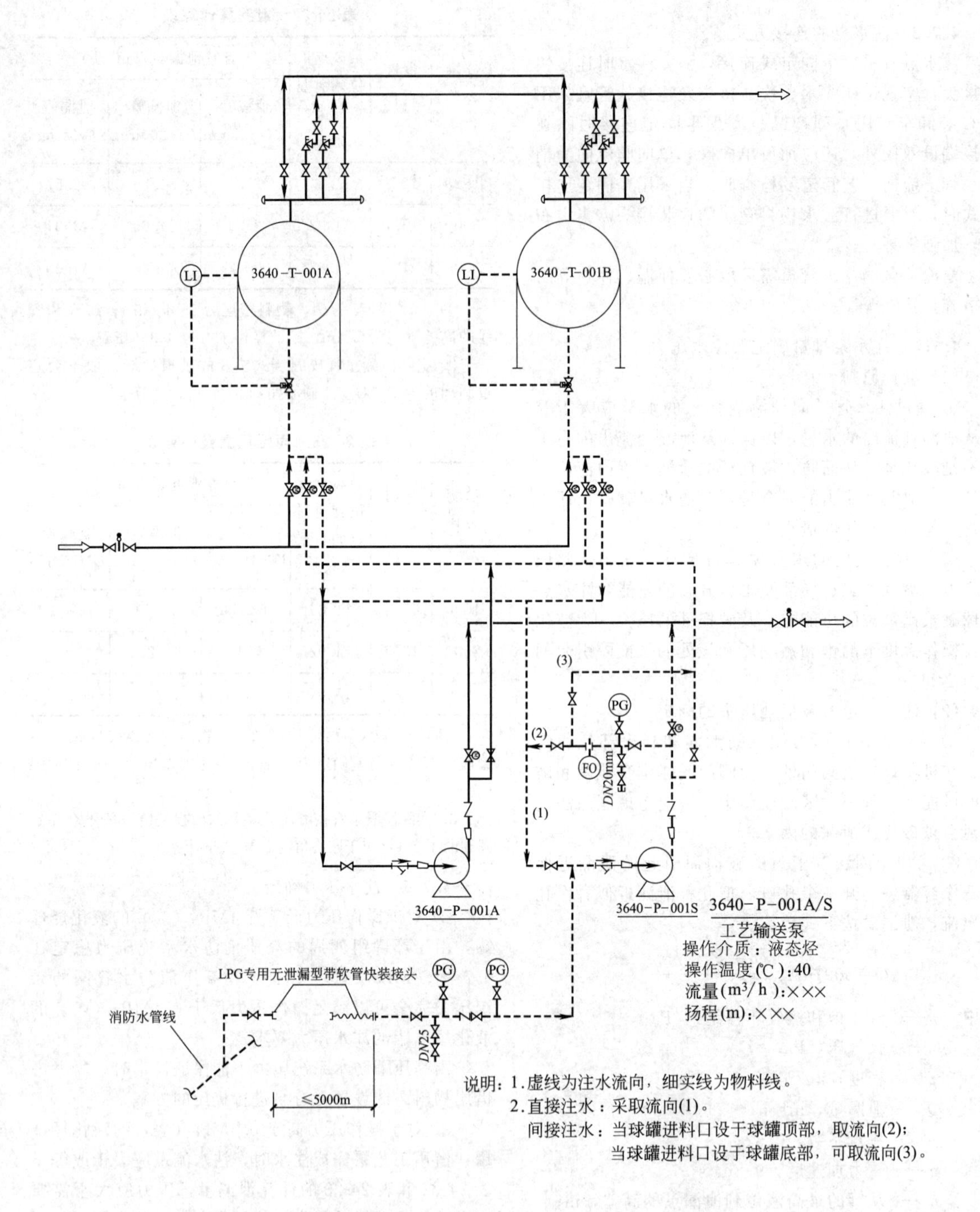

图 24-3 直接注水及借用工艺泵注水系统示意流程图

(2) 设置专有泵注水系统示意流程图（图 22-4）

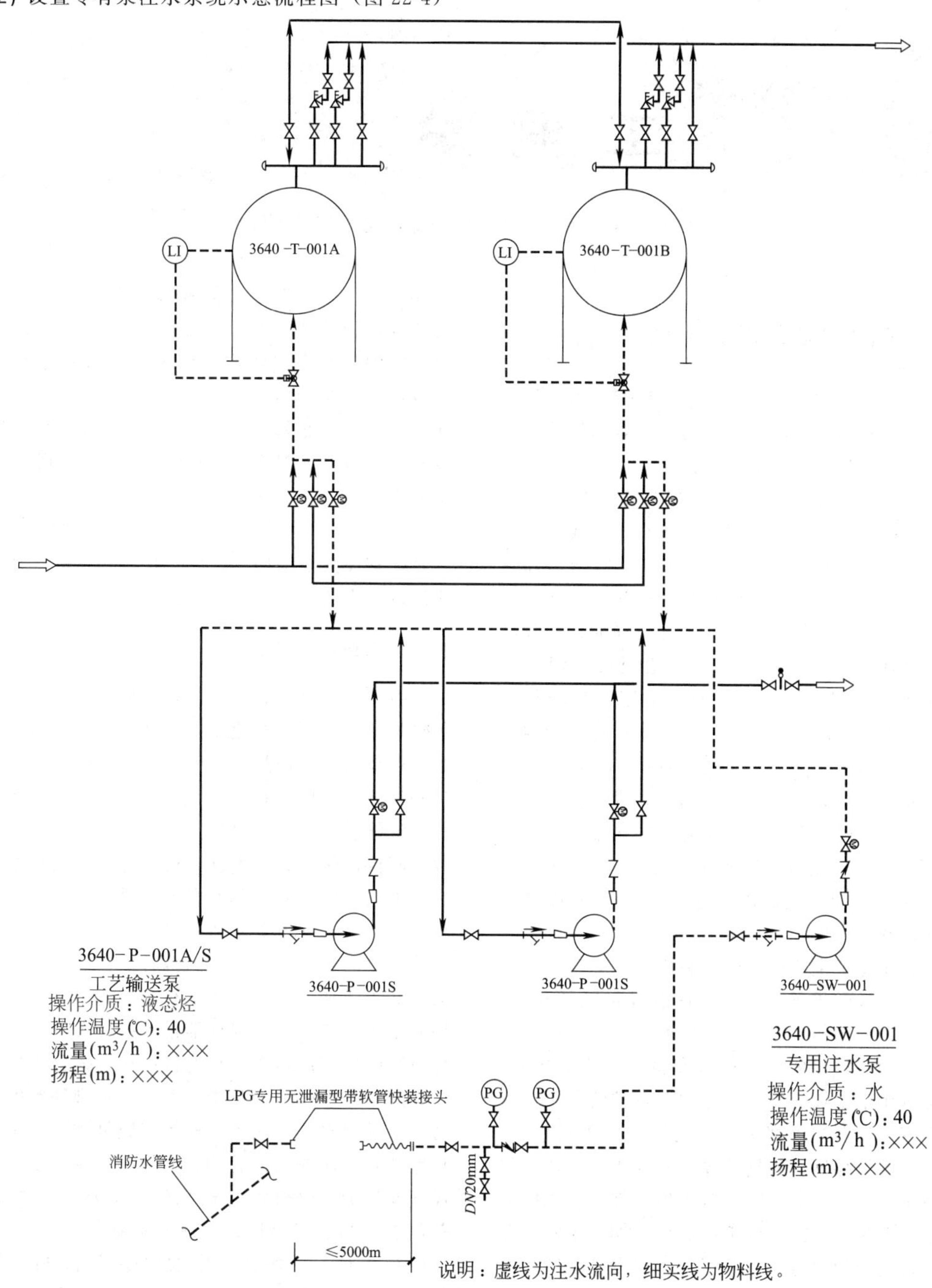

图 24-4　设置专有泵注水系统示意流程图

参考文献

[1] SH/T 3007—2014. 石油化工储运系统罐区设计规范.

[2] GB 50160—2008. 石油化工企业设计防火规范.

[3] GB 50393—2008. 钢制石油储罐防腐蚀工程技术规范.

[4] 中国石油化工集团公司文件关于印发《液化烃球罐区注水系统设计规定》和《液化烃球罐紧急切断阀选型设计规定》的通知，中国石化建（2011）518 号.

第25章 工 业 炉

1 工业炉的炉型和设计要点

化学工业炉是化工生产过程中，具有用耐火材料包围的炉体，利用燃料燃烧产生的热量对物料进行加热的高温反应设备和高温加热设备。

化工生产过程中很多反应需要在特定条件下进行。例如乙烯生产装置中的裂解炉将石脑油或轻柴油和一定比例的蒸汽在辐射段炉管内从600℃迅速加热到800℃以上，在很短时间内完成裂解反应，裂解是强烈吸热反应，燃料气、燃料油通过喷嘴喷入炉膛燃烧，炉管设计温度为1100℃左右，辐射段炉温一般为1260℃左右；以天然气为原料，采用蒸汽转化法制原料气的大型合成氨厂，其一段转化炉管的管内压力高达19.6～34.3MPa，管内物料在750～850℃进行反应；苯乙烯装置中的蒸汽过热炉，通过提供过热蒸汽的方式，向反应器提供反应需要的热量，过热蒸汽温度可达870℃左右，炉膛最高温度在1200℃左右；重油气化炉的反应温度高达1400℃；粉煤气化炉的气化区域也大多处于高温。

另外，在化工生产过程中有利用高温烟气进行焙烧、加热与干燥的炉子，有使用热载体加热的设备，这些热载体在专用的炉子里加热以循环使用，还有专门处理化工生产排出的有毒有害废料的焚烧炉装置。总之，随着化学工业的发展，化学工业炉的种类、型式日益繁多，许多炉子都是生产装置中的关键设备、核心设备。例如煤制合成气的煤气发生炉，乙烯装置中的裂解炉，合成氨装置中的转化炉，都是装置中的关键设备。近年来，国内外工业炉行业加大了对工业炉技术的研制开发力度，不断创新，开发了新的炉型以适应工艺技术的进步，炉子的热效率不断提高，单位产品的能耗降低，从而也使整个生产装置技术水平有所提高。

工业炉的设计主要有工艺设计及设备设计两个方面。炉子的工艺设计就是根据工艺条件，确定合适的炉型以满足工艺要求，同时力求使炉子的造价尽可能低和能耗尽可能小，因此炉子结构要合理、紧凑，并要充分利用炉子余热，降低排烟温度，以求炉子的高效率。工艺设计计算内容有基础数据与总热负荷计算；燃料燃烧计算；炉子热平衡计算，以求得燃料消耗量；炉子辐射段及对流段的传热计算，以确定所需的炉管传热面积；系统的阻力计算，以确定排气系统的烟囱高度或作为引风机的选择依据。炉子的设备设计包括对炉体结构强度、受压元件强度设计计算；炉体结构、尺寸的设计计算；附属设备及零部件的设计和选用；高温炉管材料、耐火隔热材料的选用等。

本章主要介绍炉子工艺设计及相关的炉衬材料的内容，有关其他结构、强度、材料等设备设计另见工业炉设计手册。

1.1 工业炉的炉型

按工业炉供热方式不同，可分为火焰加热炉和电加热炉两大类别，在化工及石油化工上较多的是采用燃料燃烧的火焰加热炉。而火焰加热炉又按不同的燃料种类分为固体燃料炉、液体燃料炉、气体燃料炉和气体液体燃料炉。按对被加热物料直接加热或通过热载体间接加热方式的不同，可分为直接加热及间接加热两大类，但因间接加热的热源也靠直接加热而得，故直接加热是基本的。若按所供燃烧空气供给方式，可分为自然通风和强制通风两种。按炉子形状又可分为圆筒管式加热炉和箱式加热炉，其中又有立管立式炉和横管立式炉。按燃烧器设置位置可分顶烧炉、底烧炉和侧壁燃烧炉等。再有按操作方式分为连续作业式和间歇作业式的加热炉。因此，炉型的类别及其命名方法是很多的。化工工业炉多数是按生产工艺的特殊性及其用途加以命名的。例如制合成气工业上的水煤气发生炉，碎煤加压汽化炉，重油汽化炉；烃类蒸气制乙烯的裂解炉；合成氨工业中的一段转化炉、二段转化炉；甲醇装置中的甲醇转化炉；制氢炉；蒸气过热炉；炼油厂的常压炉、减压炉；焦化炉；电石炉；石灰窑；热风干燥炉；回转煅烧炉；热载体加热炉；废物焚烧炉等。总之，化学工业炉的种类及炉型十分多，而且这些加热炉随着工艺技术的进步还有新炉型出现。此外，某些炉子，如焚烧炉，又将根据所处理的废物不同及使用不同的燃料或加热方式会有不同的炉型。化学工业炉炉型不同于工业蒸汽锅炉及机械、冶金行业用工业炉，相对而言，其类别、炉型更多，如有需要可参看有关专用资料及手册。

1.2 工业炉的设计要点

1.2.1 设计原则

① 工业炉设计必须符合国家有关技术政策，炉子的技术性能应满足生产工艺技术要求。

② 炉子设计应力求可靠，高效率，低能耗，较紧凑的外形尺寸，较少的投资及较长的使用寿命。

③ 积极采用新技术、新设备、新材料，消化吸收国外先进技术，结合本国实际，不断更新和完善炉子的技术性能。力求在现有炉子的基础上有所创新，使设计出的新炉子更符合国情，更具有先进性。

④ 掌握新的标准规范，了解国内外设备、材料及零部件产品情况，使设计出的炉子材料和零部件易于采购，便于维修和更换，且物美价廉。避免选用很难采购或已被淘汰的产品。

⑤ 要充分考虑保护环境，采取防止污染的措施。对排放的烟尘、氮氧化物、氧化硫、重金属及其化合物等国家环境保护控制的污染物，不仅要符合环保要求，还应尽可能减少甚至避免污染物的产生。例如对燃煤炉子尽量改为燃油、燃气燃料，或用煤气化代替层状燃煤炉；采用高效除尘设备以减少烟囱排尘量；采用高效低氮氧化物燃烧器减少氮氧化物的排放；对燃烧器及风机设置消声器，以减少噪声等。

1.2.2 原始资料的收集和有关专业互提条件

(1) 原始资料的收集

在设计炉子前，一定要做好调查研究、收集原始资料、分析判断工作，否则就会因为原始资料掌握不全，或分析研究不够而造成设计的返工。在设计化学工业炉之前，一般应具备下列设计资料。

① 所设计炉子的全称、数量、生产能力及其功用说明。

② 物料化学反应方程和热平衡计算。

③ 物料吸收的总热量和物料物理化学性质，物料系统允许的压力降。

④ 与炉子有关的流程图和布置图。

⑤ 同类型炉子的燃料消耗定额，生产能力，炉子各部分温度和压力，烟囱烟道的尺寸等实际生产数据和实际操作上存在的问题，如有条件，索取炉子图纸作为参考。

⑥ 炉子操作情况及工作制度和其他有关设计炉子的资料。

⑦ 炉子所在地块的地下水位，室内外温度和风、雨、雪等环境气象资料以及地质资料等。

⑧ 炉子所在地块，100m 范围内最高构筑物的高度。

⑨ 燃料种类，应包括以下内容。

煤：产地，煤种，粒度，元素分析，低发热量，灰熔点，黏性等。

燃料油：牌号，产地，成分，粒度，低发热量，重度。

煤气：低发热量，产地，重度，黏度，含水、灰、焦油的量，了解煤气进入界区的压力。

其他燃气：低发热量，成分，重度，黏度，进入界区的压力和温度等。

⑩ 对于焚烧炉应获得废物的详细成分及发热值，废物焚烧所需温度，停留时间，废物形态及理化特性，废物焚烧后产物的组成、有无二次污染和腐蚀情况等。

(2) 有关专业互提条件内容、要求

① 工业炉专业接受工艺设计的条件有：被加热物料的流量、组分及其物性，进、出口温度和压力，热负荷等设计所必需的条件。

② 炉子设计计算后，要返回给工艺的条件有：炉子燃料消耗量及燃料进炉子烧嘴前所需的温度和压力要求；燃料油雾化及蒸汽吹灰器所要求的蒸汽用量和蒸汽参数（温度、压力）要求；炉子设计总图及炉子自控要求。

③ 工业炉专业向配管和应力专业提出物料进、出炉子的接管管壁温度、管子材质、管口规格尺寸、连接方式和所在炉子上的位置；管口是固定支点还是活动支点、管口允许受力条件和炉管可能的位移条件。

④ 工业炉专业向仪表专业提出炉子上所有仪表、自控测点位置和有关被测对象的参数以及炉子自控、联锁方面的要求。对于有特殊要求的场合，如需UPS供电部分，还应向仪表专业提出用电负荷、电压等条件。对于特殊工艺专用炉子将由工艺专业提出自控要求，但炉子专业需配合提出测点在炉子上的最终确切安装位置，并与仪表专业相互核实测点接口的连接规格尺寸。如果承担单元系统工作任务时，还应协同工艺专业向仪表专业提出可燃气体检测报警条件等。

⑤ 工业炉专业向电气专业提出炉子所用动力设备的用电负荷及电压等参数要求；用电接线位置及有关电气联锁方面的要求。若有特殊的警示灯、特殊照明和电视监控的还需向电气（或电信）专业提出具体的要求及安装位置要求，并与电气专业核实电气设备的防爆等级要求。

⑥ 工业炉专业向土建结构专业提出炉子及其附属设备的荷重及荷载分布、结构尺寸、安装位置、标高及基础地脚螺栓的方位等要求，并提供炉子及其附属设备的装配图。

⑦ 工业炉专业向环保专业提出炉子排气高度、位置及其组分浓度与流量、排放温度，并与环保专业相互核实各检测口或在线检测口种类、数量、位置等。当有洗涤冷却水或炉渣排出时也应提出排出物的相关资料，如组分、排放温度、排放量等，以便环保专业确定是否允许排放和是否需做处理以及采取的措施。当工业炉专业承担小系统工作任务时，还应向环

保专业提出各部分设备的噪声条件。

⑧ 对于总图专业，一般炉子及附属设备由工艺专业根据炉子所需向总图专业提出条件，而对由工业炉专业承担单元系统性质的专业工作任务时，则工业炉专业先从总图专业获得条件，确定所在位置，待平面图布置后再返回给总图专业，并与总图专业相互核实系统内设备的布置是否满足相关法规及项目规定的要求。对火炬单元经计算后须向总图专业提出火炬影响区域范围的要求。

1.2.3　设计步骤和设计要点

(1) 设计步骤与方法

① 接受设计任务后，必须对有关专业的条件进行认真了解和研究，看条件是否齐全，如条件不齐全或不清楚，应向相关专业了解，要求补齐必要的条件。工艺条件是炉子设计的基本依据，为了使炉子满足工艺要求，必须保证工艺条件的完整并对其有正确的理解。

② 开展调研、收资工作，首先要了解同类炉子的工艺生产操作情况和炉子结构，材料的使用情况。如果要设计的炉子与现有的同类炉子情况基本相同，则尽量按现有炉子为蓝本进行设计。在有条件和确有把握的情况下，使设计出的炉子在现有基础上提高一步。

③ 在理解工艺要求及充分调研基础上进行炉子的方案设计，对较新型的设计要做多方案比较及论证，以充分的理由和数据证明其安全可靠性、技术先进性和经济性。经过有关评审，批准后才宜开展深入的设计工作。

④ 确定设计方案后开展基础设计，进行加热炉本体工艺计算，绘制工程图，编制和完善工业炉数据表。首先初步确定炉型及炉子有关结构尺寸、炉内炉管布置及传热面积，然后进行炉子工艺、热工计算及系统阻力计算，以求得准确的传热面积和炉管尺寸与布置方式，并确定烟道、烟囱尺寸和引风机型式。

⑤ 在进行炉子工艺设计的同时，须做好炉子的设备结构设计及受压元件强度计算等工作，还需计算出炉子设备及材料质量，以此做概算依据，并为向有关专业提条件做好准备。

⑥ 向有关专业提出炉子设计条件，以便各专业开展工程设计工作。

⑦ 绘制炉子施工图。设计成品提交各级进行校审，然后将最终设计图纸交相关专业进行会签；同时会签相关专业图纸，成品入库。

⑧ 设计专业向用户、设备制造厂以及施工、安装单位进行设计交底；同时听取各方意见，对合理的意见及设计错漏处进行必要的修改，及时提出修改通知及修改图。

⑨ 如合同有要求，还需设计绘制炉子竣工图。

⑩ 对于承担采购技术服务的项目，需根据项目进度，至少在进行炉子机械设计后，编写相关采购技术规格书；如单元系统整套采购时，至少在确定了方案的基础上，编写相关采购技术规格书等。

(2) 设计要点

① 炉型的选择。化学工业炉的工艺性较强，为适应工艺需要，往往按照现有炉型进行设计。但随着技术的进步，会有不断改进的新炉型出现。因此设计者必须对工艺技术及其近来的发展有所了解和掌握，使设计的炉型跟上时代步伐，而不应停留在老炉型上。

② 燃料的选择。通常设计者是由用户给定的燃料进行设计的。燃料对工业炉的运行十分重要，燃料是提供热量的来源，燃料燃烧的好坏对炉子加热是否均匀、炉温控制及炉子热效率的高低影响极大。气体燃料无疑是最理想的燃料，在有条件的情况下应优先使用，其次是燃料油，燃煤是三者中最差的。用煤作燃料不仅需较大的燃烧室，复杂的燃煤机械，且炉温控制困难，燃烧不完全，空气过剩量大，炉子热效率低，排烟、出渣对环境有污染，工人操作条件差，故不得已时才采用。对炉温控制较严的场合是不宜采用煤为燃料的。炉子设计者应与用户沟通，争取用较好的气体或液体燃料。

③ 燃烧装置或燃烧器的选择。在燃料已确定的情况下，选好燃烧装置或燃烧器是保证达到较满意燃烧效果、满足工艺要求的重要措施。燃烧装置及燃烧器种类、型式相当多，设计者必须了解和掌握各种燃烧装置或燃烧器的性能、优缺点及对燃料的适应性，使得燃料的燃烧工况在较好地满足工艺要求的同时，燃烧器能够长期、安全、稳定地工作，且有较好的调节性和易于控制。当设计选用燃烧器不当时会影响正常操作，甚至发生事故。例如对高含氢量的燃料，设计选用预混式燃烧器就易发生回火，甚至爆炸事故；对于较重的油品，采用机械雾化式燃油烧嘴，雾化效果不好，燃烧不完全，炉子冒黑烟，不仅热效率低，还污染传热面，排出的烟气污染环境。故设计人员不能随便选用燃烧器。

④ 炉子设计者须对炉子的热能利用知识全面理解。在力求做到节能，使其有较高热效率的同时，必须了解一定热负荷的工业炉有合理的热效率值。不适当地追求过高的热效率，会造成设备投资增加很多，而且当燃料中有一定硫含量时，过高的热效率必然使烟气温度过低，从而出现低温烟气硫酸腐蚀问题。这将使增加的传热面或余热回收设备腐蚀、损坏，致使停炉和频繁地检修。

⑤ 炉子辐射段和对流段的热负荷合理分配以及传热面的排列布置也是十分重要的，根据计算及经验，应使炉管的排列能够既受热均匀，又有较高的传热强度，而使合金炉管用量较少，投资较低。高温炉管选用合适的炉管表面热强度和单排管、双辐射加热

方式，就能做到较均匀的传热和用较少的合金炉管。不应随便选择一个单面辐射式圆筒加热炉用作加热高温物料的高温加热炉，因为单面辐射周向加热均匀性差，势必会提高最大热流强度，使合金炉管壁温提高，寿命缩短。而要降低平均热强度，则合金炉管的用量就多。为了提高圆筒加热炉的热效率，但又不想将对流段面积设计得过大，而使炉子变得头重脚轻，可增加辐射段热负荷，同时适当降低辐射段炉管平均热强度，使辐射段的温度低些，于是在同样的对流段传热面积情况下，可以降低炉子排烟温度，提高炉子热效率。

⑥ 采用新技术、新材料时，还要注意采用的新技术、新材料的先进性与可靠性、经济性相结合。因为化学工业炉的运转周期较长，有的装置要经几年才停炉检修，因此设备材料的可靠性要求特别高。新技术、新材料没有充分的可靠性保证，没有成熟使用经验时，是不宜采用的。此外，有些新材料价格过高，缺乏经济性，也难以推广，尤其在工程总承包及项目投标竞争中控制投资也是很重要的因素。

⑦ 用增加传热面积的方法来提高炉子热效率的时候，除要防止低温烟气硫酸腐蚀之外，还需要注意增加面积后对系统阻力的影响。如果原来是自然通风的炉子，稍加些面积对阻力的影响并不大，不会因此而使自然抽风一定要改用引风机，是可以的，如要增加引风机，这时应作经济性比较，看是否必要，特别对热负荷不大的炉子更要看是否经济。因为增加引风机不仅增加投资，也需耗用电能，增加运行费用，且风机的长期安全运行和维护工作也要予以考虑。

关于采用翅片管的设计要点以及采用吹灰器的有关要点等在“3 工业炉节能技术”中有说明。因不同的工艺装置有其专用的工业炉，它们会有自身独特的设计要点，这里难以一一列举。以上所列举的若干设计要点为一些普遍性原理，适用于一般的加热炉和专用工艺加热炉。

2 工业炉的热效率和燃料消耗量

2.1 工业炉的热效率

工业炉的热效率 η 是反映炉子总发热量被有效利用的程度，并以此衡量燃料消耗及加热炉设计和操作水平高低的一个指标。其简要计算式如下。

$$\eta=\frac{\text{总吸热量}}{\text{总输入热量}}\times 100\%$$

或

$$\eta=\left(1-\frac{\text{总损失热量}}{\text{总输入热量}}\right)\times 100\%$$

总吸热量为物料进入炉子到出炉子的吸收热量，对有化学反应的包括化学反应所需的热量。总损失热量是指总输入热量中未被利用的那部分热量，为排烟热损失、炉壁散热及燃料不完全燃烧损失的热量。总输入热量对火焰加热而言主要是燃料燃烧低位发热量，此外还包括燃料本身带入的显热和燃烧空气带入的热量，当采用液体燃料并用蒸汽雾化时还应计入雾化蒸汽带入的显热。

采用石化行业标准所规定的管式加热炉热效率计算方法，其计算公式如下。

$$e=\frac{3.6\times 10^{3}Q_{\rm d}}{B(h_{\rm L}+\Delta h_{\rm a}+\Delta h_{\rm f}+\Delta h_{\rm m})}\times 100\%$$

或

$$e=\left(1-\frac{h_{\rm u}+h_{\rm s}+h_{\rm L}\eta_{\rm r}}{h_{\rm L}+\Delta h_{\rm a}+\Delta h_{\rm f}+\Delta h_{\rm m}}\right)\times 100\%$$

式中 e——热效率，%；

$Q_{\rm d}$——设计热负荷，kW；

B——燃料量，kg/h；

$h_{\rm L}$——燃料低发热量，kJ/kg 燃料；

$\Delta h_{\rm a}$——由单位燃料量所需的燃烧用空气带入体系的热量，kJ/kg 燃料；

$\Delta h_{\rm f}$——由单位燃料量带入体系的显热，kJ/kg 燃料；

$\Delta h_{\rm m}$——由雾化单位燃料油所需雾化剂带入体系的显热，kJ/kg 燃料（当雾化剂为水蒸气时，雾化蒸汽带入的热量应等于雾化蒸汽在进入体系时的焓与等量的水蒸气在基准温度下的焓之差；在基准温度下水蒸气的焓为 2530kJ/kg）；

$h_{\rm s}$——按单位燃料量计算的排烟热损失，kJ/kg 燃料；

$h_{\rm u}$——按单位燃料量计算的不完全燃烧热损失，kJ/kg 燃料；

$\eta_{\rm r}$——散热损失占燃料低发热量的比例，%。

对于散热损失 $\eta_{\rm r}$，应根据炉子外表面积及外壁面温度计算而定。通常热负荷大的炉子散热损失所占比例要小些，而热负荷较小的炉子散热损失所占比例相对较大。对一般加热炉估算时为 2%～5%，中石化行业标准在炉子设计计算中规定，一般加热炉散热损失占供热量的比例应不大于 1.5%；对有余热回收系统时散热损失占供热量的比例不大于 2.5%。

对于燃料不完全燃烧热损失 $h_{\rm u}$，按燃料低位发热量的比例确定。用气体燃料或轻质燃料油可不考虑此项损失，对重质燃料油一般取不大于 0.5%低位发热量。对于采用固体燃料（煤）的加热炉，其未完全燃烧热损失应由每千克煤所产生的平均灰渣量及灰渣含碳量确定，在作规划估算时按 3%～5%计。

排烟热损失 $h_{\rm s}$ 是未被利用热中最大的一项热损失，因此排烟温度高低是决定热效率中最主要的一个因素。由于散热损失及燃料未完全燃烧热损失两项数据比较固定，故排烟温度高低决定了热效率值的大小。

排烟温度通常由预期的热效率确定，但它受对流段最接近烟气出口的被加热物料的入口温度制约。因为传热需一定的温度差（即传热推动力），故排烟温度必须高于加热物料的入口温度。通常排烟温度至少高出物料进口温度38℃为好，最好有50～60℃，以使烟气与传热面有一定传热温差，不至于使尾部传热面设计得太大，消耗过多的金属材料，增加设备投资费及系统阻力。

限制排烟温度的另一个重要因素是燃料中的含硫量，因为含硫高的燃料将使烟气中硫酸结露温度提高，会引起设备低温段传热面的腐蚀。这时排烟温度必须要提得更高，以避免低温烟气硫酸腐蚀问题。一般取排烟温度高于露点10～25℃，若能大于30℃则更安全些。因此对于冷的物料进入炉子烟气出口处时(冷进料)，使用含硫燃料时必须计算传热面壁面温度，使其不低于烟气结露温度，以防管材腐蚀。

炉子的热效率值越高说明能量利用率越高，即生产单位产品的热能耗值越低，无疑这是炉子设计所追求的，但热效率也有个合理的数值。过高的热效率将增加设备投资，当系统阻力高到需用引风机时则要消耗动能；过高热效率必然要求大大降低排烟温度，此时要考虑低温烟气硫酸腐蚀问题，否则设备使用寿命就要降低。应既做到能量合理利用，又避免提出过高的热效率要求。

对增加的设施费用应进行经济评价，增加投资回收年限一般不超过三年。

为了提高加热炉的热效率，当前工业上一般加热炉普遍采用空气预热系统。应用空气预热系统，其经济性是需要考虑的重要因素之一。

对于使用空气预热系统的经济性评价，应考虑系统一次投资、操作费用、维护费用、燃料节省费用，如果有因空气预热系统造成的处理量增加的效益也应考虑。如果是旧加热炉改造，经济性评价主要包括因安装空气预热系统造成的加热炉停工损失。

2.2 工业炉的燃料消耗量

在已确定了炉子的热效率值后按下式求出所需的燃料消耗量。

$$B=\frac{3.6\times10^{3}Q_{e}}{Q_{net}^{ar}\eta}$$

式中 B——燃料消耗量，kg/h或m^3/h；

Q_e——物料所需吸热量，即设计有效热负荷，kW；

Q_{net}^{ar}——燃料的低位发热量，kJ/kg或kJ/m^3；

η——炉子热效率。

如尚未计算炉子热效率时，可以用各项供给炉子的热量与各项支出的热量间的热平衡来计算燃料消耗量。供给炉子的热量包括燃料的有效发热量（指除了化学及机械不完全燃烧热损失后的低发热值）、燃料与所需雾化剂的显热及燃烧空气的显热。支出的热量有物料的吸热量、烟气离开炉子的热量及炉壁散热损失的热量。

3 工业炉节能技术

3.1 主要节能措施

工业炉的节能是指降低燃料消耗、提高热能利用，也就是习惯所说的提高炉子的热效率。因此工业炉的节能措施也就是提高炉子热效率的措施，主要措施如下。

3.1.1 回收烟气余热，降低排烟温度

排烟热损失是最主要的一项热损失，所以充分利用烟气热量降低排烟温度，是最有效的节能措施，这也是提高炉子热效率及效果最显著的方法。具体的措施有以下几种。

① 设置余热回收设备，即增加传热面积，使得烟气中的余热尽可能地回收，以达到降低烟气温度，提高热效率的目的。增加传热面积，应首先用来加热系统自身的工艺物料，当尚有多余热量时，再用作加热燃烧空气或加热水以产生蒸汽或加热锅炉给水等。增加传热面积，设置余热回收设备提高热效率时，应注意以下几个问题。

a. 设备投资费用随热效率的提高而增加，为此应做到先进性与合理性的统一。对于过高的热效率要求，必然要较大地提高设备的投资费，如果增加的投资可以从节能所获得的效益中予以回收，那么是可以考虑的，否则就不应该再无限制地要求提高热效率，除非是为了满足国家法规的强制性要求。通常要求三年中的节能效益应与增加设备的投资费相抵。所以设计者应对设备造价、燃料热能及运行费用作经济比较后才能决定热效率究竟还能提高多少为合理。

b. 增加传热面积、降低烟气温度时尚需注意系统的压力降，这对原来考虑采用自然抽风的炉子尤为重要。因为系统阻力若靠一定高度的烟囱来克服，过高的阻力会使烟囱太高而难以设计。否则要采用引风机，这不仅要增加设备，消耗电能，而且对风机安装位置也需考虑。有时装在炉子上部有困难，且对炉子钢结构要求较高；而装在地面则要将烟道引至炉底，需再设一定高度的烟囱将烟气排出。再者，采用风机对负压的调控及风机长期安全使用都有一定要求。所以对原来可以自然通风的炉子改至强制通风时应全面考虑，进行经济比较后再做出决定。

c. 增设传热面积、降低烟气温度的时候还需注意，勿因温度降得太低而使传热面末端产生低温烟气硫酸腐蚀问题。这对燃料中含有较高硫元素时更需予以重视。低温烟气硫酸腐蚀不仅对增设的吸热设备产生腐蚀，而且还对炉子壳板、烟道、烟囱及风机均产生腐蚀，这将影响炉子的使用寿命，导致炉子操作周

期缩短而能力降低，增加维修费用。对此设计者必须认真对待，而不能一味追求高热效率而得不偿失。

② 保持传热面的清洁，及时除去传热面上的积灰，也是一种间接降低排烟温度、提高热效率的方法。如果传热面被严重污染，不及时除去积灰，则传热系数会急剧下降，使得传热面吸收热量减少，排烟温度上升，热效率下降。如要维持原有工艺条件，势必要多耗燃料，即提高单位产量的耗能。所以清除传热面上的积灰是节能的一种方法。防止、减少传热面上的积灰或清除传热面上的积灰的方法有以下几种。

a. 采用蒸汽吹灰器　这是常用的传统方法。利用蒸汽的冲击力定时吹扫传热面表面，以保持传热面的清洁。根据吹灰器安装位置所处温度情况设置可伸缩式吹灰器或固定旋转式吹灰器。目前大多数工业炉采用固定旋转式吹灰器。固定旋转式吹灰器在烟气温度低于 900℃的场合采用，超过该温度应采用伸缩式吹灰器。吹灰器设置要求如下。

ⅰ. 吹灰器应装设在炉子对流室的侧墙上，与管长方向垂直；也可设置在端墙上，并与管长方向平行。

ⅱ. 沿水平方向，在每两块管板之间至少应装设一台吹灰器，每台吹灰器吹扫管子的最大长度不大于 2m。

ⅲ. 吹灰器宜水平安装。

ⅳ. 吹灰器的吹灰区域内，不得采用无保护层的耐火纤维制品。

ⅴ. 伸缩式吹灰器穿过炉墙的部位，应设置不锈钢衬管。

ⅵ. 吹灰器的轴线应与烟气流向垂直。

ⅶ. 吹灰管应装设在管束中间，且应使吹灰器内喷出的气流从管子中间通过，不得正对受热面管子的中心。

ⅷ. 为防止冲刷炉管，吹灰管外径与被吹炉管外表面间的最小距离应不小于 225mm。

ⅸ. 沿管排上下吹灰器设置数量：一般 3in（1in≈2.54cm，下同）以下的炉管，在顺烟气方向上的翅片管或钉头管，考虑可清扫 6 排炉管；在逆烟气流动方向上清扫 4 排炉管。即两排吹灰器间可有 10 排炉管。但对炉管尺寸较大的（大于 4in 管）宜减少炉管排数，以 6～8 排为好，以保证较好的吹灰效果。

ⅹ. 吹灰器的蒸汽集管应倾斜布置，以防冷凝水积聚，且在下部位置设置疏水器。

ⅺ. 吹灰器的蒸汽入口支管应有一定挠性，以免管子热膨胀而使吹灰器蒸汽入口受力。

b. 采用声波吹灰器　这是近年普遍采用的吹灰技术。它利用特殊高声强波使传热面上的积灰产生振动，破坏灰粒间及灰粒与传热面间的结合力，有时辅以蒸汽吹灰，使灰粒剥落呈悬浮状态并随气流被带走。该声波吹灰器结构简单，不像旧式蒸汽吹灰器那样需机械传动装置而使维修工作量大，且效果明显。

c. 采用钢球除灰即喷丸清垢技术　这是用大量的 ϕ3～6mm 的小钢丸定期经分配器打击传热面表面以达到清除灰垢的目的。该方法因设备设施复杂、技术要求高而未被广泛采用。

d. 采用化学清灰剂　它是一种以硝酸盐和铵盐为主的粉末药剂。将其投入炉中在高温下分解，由它产生的碱金属阳离子附在烟灰微粒表面，产生催化作用，使烟灰中的炭粒和油垢完全燃烧，清灰剂还起到降低灰垢黏性的作用，使其成为松散、干裂、易剥落的浮灰而便于清除。化学清灰剂一般是 10t 燃料（煤）用 1kg 药剂，在 1～2min 内喷入炉膛，结垢严重时加倍。中小型炉子两天喷一次即可。每隔几周用压缩空气吹扫传热面。以前该法在国内部分锅炉中应用。

③ 炉子传热面烟气通道上设置防止烟气短路的结构（例如对流段炉壁上的凸缘结构或挡气流管等），避免部分高温烟气没被充分利用而窜至炉子出口处，使得排烟温度有所提高而降低炉子热效率。

④ 将多台小型加热炉的烟气汇集起来，集中利用其烟气的余热，即可以利用换热设备回收分散的烟气余热，以提高整个炉区的热量利用率。

⑤ 将排出的烟气循环送入炉内以利用烟气的余热，这对某些加热炉需采用较低温度的烟气对传热面进行加热时，利用循环烟气代替冷空气冲淡风可以明显降低燃烧室的燃料用量。

3.1.2 减少炉壁散热损失

从热效率公式中可清楚地看到减少散热损失即可提高炉子热效率。减少炉壁散热损失是工业炉的节能措施之一。为此设计者应尽可能地设计较低的炉壁温度，而降低炉壁温度就要求炉衬有良好的隔热效果，这就需要用隔热性好的耐火隔热材料以及较厚的衬里厚度。增加衬里厚度及采用优良的衬里材料会提高衬里材料的费用，由此提高了炉子的造价。所以过高要求降低炉壁温度并不合适，这不仅仅是提高炉衬的投资，而且会使炉衬重量增加，导致炉子钢结构荷重及基础荷重的增加，这又将增加炉子钢结构的费用。另外由于炉子内部温度要远高于一般设备和管道的温度，为此工业炉的炉壳表面温度不像设备或管道保温层外表的温度那么低。对于一般加热炉，比较适当的炉壁温度已在炉子设计规范中作出了规定：在无风、环境温度为 27℃条件下，辐射段、对流段和热烟风管道的外壁温度应不超过 80℃。辐射段底部外表面温度应不超过 90℃。按此规定计算出炉衬的厚度，限制了炉子的散热损失量。对已运行的炉子，若外壁温度较高，应以此要求进行炉衬改造，达到降低壁温、减少散热损失的目的。降低壁温、减少散热损失的具体措施如下。

① 采用隔热性能好的新型耐火隔热材料。当前

耐火纤维材料是炉子的优选材料，只要能够选用该材料的则尽量选用。目前耐火纤维材料的新品种不断开发，对炉子的适应性更加广泛。该材料的优点突出，对炉子的节能贡献巨大。

② 采用合理的炉衬设计结构；提高炉衬的施工质量；重视对炉衬的及时修补。

③ 工艺上采用大型单台炉或二合一炉，以减少炉壁的表面积，减少炉壁表面散热损失。

少数特殊的炉子，采用高硫含量的燃料，为了防止烟气窜至炉壳处，温度降至露点以下而使炉壳金属材料腐蚀，设计时应提高炉壁温度，使该处壁温高于露点温度。这时可在炉壳外再包一层隔热层，既隔热防烫，又使接触烟气的炉壳壁温在露点温度以上。

3.1.3 减少空气过剩量

控制燃烧空气量，即控制空气过剩系数，是节约工业炉能源的又一措施。在保证燃料完全燃烧的前提下，减少空气过剩量是提高炉子热效率最经济、最简便的方法。在设计及操作上均要设法控制进入炉内的空气量，例如通过炉子烟道（烟囱）上的挡板开度来控制炉子的负压值，从而控制进入炉内的风量。故设计上要设置烟气氧含量分析仪，由此来调控烟道挡板开度，即调控炉子的负压值。当炉子运行中负荷发生变化，即燃料量发生变化时，空气量的调节尤为重要。这不仅是为保证燃料完全燃烧所必需的，而且也是为减少多余空气量，提高炉子热效率所必需的。

关于控制空气过剩量对热效率的影响以往不易被人们所重视，因为它不像增加传热面、降低排烟温度及降低炉壁温度那样直观地反映出对热效率的影响。其实，空气过剩系数大小对炉子热效率影响还是很大的。如果炉子的进风量失控（炉子上没设置氧含量分析仪及不注意调节炉内负压），导致大量冷风进入炉膛时，因空气过剩系数的增加，炉子热损失（排烟带走的热损失）是相当大的，由此直接影响炉子的热效率。从图25-1可以看出，在某一排烟温度下，不同空气过剩系数对炉子热效率的影响。例如排烟温度为300℃时，以空气过剩系数$\alpha=1.1$与$\alpha=1.6$相比较，热效率要从83%降至78%。由此可见当空气过剩量控制不好时会大大降低炉子的热效率，这就白白损失了能耗。虽然增加氧分析仪及烟气的调节装置要花些费用，但可以控制适当的空气过剩量，特别对大型工业炉，每提高1%的热效率都很不容易，其经济效益是很高的。不应该使多余空气量随便进入炉子，导致热效率轻而易举地损失掉几个百分点。控制、减少空气过剩系数的方法如下。

① 采用低空气过剩系数的高效率燃烧器是降低空气量的主要途径。燃烧器配风结构的好坏是保证空气与燃料充分接触，达到完全燃烧的必要条件。这对燃烧器的供应商应提出较高的要求。而且为降低燃烧

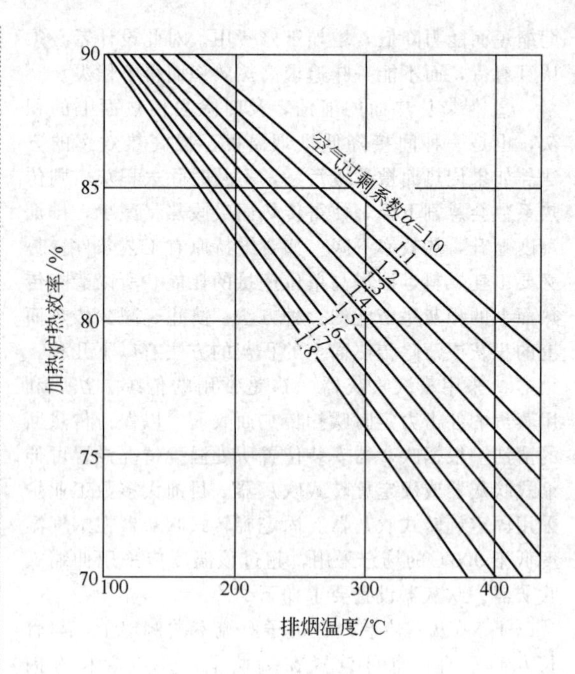

图25-1 加热炉排烟温度和热效率

产物中氧化氮的含量，也需要降低过剩空气量，故在设计选型时需充分考虑这个因素。

② 炉子负压需加以控制，通过烟囱的挡板或引风机前调节挡板保持炉内适当的负压。炉子不应有过高的负压，以免炉子的门孔及间隙处漏入过多的冷风。

③ 炉体结构设计密封性好，减少或防止炉体的某些结构处的间隙过大而漏入过多的冷风，例如炉管穿过炉体处的密封，炉子部件间的连接，炉子炉壳不连续焊缝，炉门缝隙等。

④ 自控上采用氧含量自动分析仪，以此来调控炉子负压，从而调控进风量，这是减少过剩空气最有效的方法。有条件的可采用燃料空气自动比例调节，使其维持合理的空气过剩量，从而做到燃料既完全燃烧，又使排烟散热损失最小。

3.1.4 减少不完全燃烧损失

减少不完全燃烧损失也是提高工业炉热效率的有效措施。采用高效、燃烧完全的燃烧器或燃烧装置，不仅减少了空气过剩量，而且减少了不完全燃烧热损失。对于某些组分较重的燃料油，如果燃烧器雾化效果不好，喷出的液滴直径较大，难以迅速完全燃烧时，来不及燃烧的油滴会产生热解和裂化，形成石油焦，在炉内出现冒黑烟现象。不仅污染环境，造成危害，而且会黏结在传热面上，造成较高热阻，减少传热量，导致烟气温度上升，热效率下降。在燃料不完全燃烧情况下要完成既定的发热量，必然要多消耗燃料。

对于燃煤装置（如炉排），漏失煤量多或将未燃

完的煤当作煤渣过早排出炉外，也使得不完全燃烧损失加大，增加了能耗。

对燃用劣质燃料油，为减少不完全燃烧损失，可以采用重油掺水的燃烧技术。通过油掺水（掺水量10%～25%），获得乳化油，使油的燃烧更加完全，从而可以节约燃料用量，达到节能的目的。油掺水技术需要用乳化器将油水混合物乳化成细小的油包水型的乳化油，该乳化油滴在炉内，高温下会使油中的水珠蒸发，将油爆裂形成更细的油滴，即相当于二次雾化。这可使油雾与空气混合得更好，燃烧也更完全，从而减少不完全燃烧损失，达到节能的效果。采用乳化油燃烧技术可明显减少燃烧产物中的烟尘量，故不仅节约了能耗，还改善了环境。

3.2 余热回收技术

充分利用工业炉的排烟余热是节约能源的最主要手段。利用排烟余热节能技术的主攻方向与目标，是增加传热面，充分吸收烟气热量，使排烟温度尽可能降低。

3.2.1 翅片管、钉头管的应用

增加传热面最简便有效的方式是增加炉子的对流传热面积，以此来多吸收烟气热量，降低排烟温度。采用翅片管和钉头管的方式能使传热面增加很多倍，它与增加光管数量相比投资小，所占空间少。由于环形翅片比钉头的表面积大，传热系数高，且在烟气流向上投影面积小、阻力不大，故它被优先推荐采用。以往考虑翅片管比钉头管易积灰，故对燃用重质燃料油积灰较严重的场合多采用钉头管。但事实上在钉头管的“小桥”区也是要积灰的，总体上虽然清除积灰比翅片管容易，但并不比宽间距翅片管容易。故国外在化学工业炉中多数采用环形翅片管，当使用燃料油时为了清灰容易，采用了片距较大的翅片管。只要所设置的吹灰器能正常工作，翅片管是可以用在燃油加热炉上的。

加热炉中翅片管的翅片厚度通常为1.3～2.5mm，以1.3～1.5mm为常用。对于腐蚀性较严重的情况才用2～2.5mm厚的翅片。翅片高度为10～25mm，国外较多使用13mm、16mm及19mm（相当于英制1/2in、5/8in及3/4in）。设计时应优先考虑尺寸较大的翅片，以求较大的扩展表面积。但需计算翅尖的温度，当翅尖温度超过材料允许温度致使要采用高一档的材料时，则适当降低翅片高度，以使翅片管的造价不太高。翅片的间距为5～15mm，这将视应用燃料情况而定。燃用干净的气体燃料时采用窄的间距；用油和含灰量较高的燃料及固体燃料要用较大的间距。国外较多的有118片/m、158片/m、198片/m（相当于片间距8.47mm、6.33mm、5mm）。

表25-1所列为某工况下，炉管规格为ϕ114.3mm的光管与翅片管（翅厚1.2mm，翅高19mm，翅距5mm）的性能比较，由此可说明应用翅片管的效果。

表25-1 ϕ114.3mm光管与翅片管比较结果

项 目	光管	螺旋翅片管
每米管长传热面积/m^2	0.36	3.48
翅片表面积/光管表面积	1.0	8.77
以光管为基准的传热系数/[kW/(m^2·K)]	0.00672	0.0592
传递单位热量所需管长之比	1.0	0.114

从该比较结果可看出，若原来要用10排炉管，现改用翅片管只需2排就足够了。这对于旧炉子的改造效果显著，对新炉子的设计则可以大大减小对流段的尺寸，减轻设备重量，节约投资。

翅片管的翅片材料应由其温度条件加以选取，由于翅片的尖端温度最高，故以该处的计算温度为依据。温度小于等于450℃时采用碳钢；450～620℃时采用含铬11%～13%的铬钢，对国内材料可取0Cr13（以往有关规范所提1Cr13硬度偏高，应改为0Cr13或00Cr12为好）；620～800℃时采用Cr18Ni8不锈钢；800～982℃时采用Cr25Ni20不锈钢。

对于管内物料温度较低，使管壁产生结露趋向时，为防止烟灰黏附于管壁而不易清灰，不宜采用扩大表面积的方法。因此有的对流段最末几排用光管，而不用翅片管。

纵向翅片用于烟气与炉管中心线平行流动的场合，该纵向翅片增加的面积显然要比螺旋翅片小，它用于少量的小型加热炉上，应用场合并不多，故在此不作介绍。

螺旋环状翅片管的翅片型式有整体式和切缝式两种，原则上对翅片高度不太高，可以方便缠绕于炉管上的情况，应采用整体式的翅片，而不用切缝式的所谓齿形翅片。因为整体式翅片强度好，传热面积大（它不会因开缝缠制后少掉一块面积）。切缝式适用于翅片高度过高，对缠绕加工有困难的场合。有资料显示，在推广齿形翅片时因翅片有缺口，烟气在此发生搅流，从而提高传热系数，但这一优势将被面积的缺损所抵消，且开齿后烟气流动阻力相对要大些，再者齿片强度、刚度均不如整体翅片好。所以除非翅片太高不便于整体缠制才采用切缝式，否则设计者一般都应采用整体不切缝的翅片。

对于翅片高度过高及翅片间距过小，无法采用高频焊的场合，可以采用钎焊翅片管；对于一些特殊材料钢种，高频焊质量难以保证时，采用钎焊可以保证焊着率和焊接强度。

钉头管应用于燃料质量较差的场合，在炼油厂用得较多。常用的钉头规格为直径ϕ12～25mm，高度25mm，钉头间距不小于16mm。钉头管材料的选取，与翅片管材料的选取原则相同。

为了提高钉头管的传热效果，已开发出椭圆形钉头、滴状钉头等。有关技术应用可参阅专门的资料。

3.2.2　余热锅炉的应用

炉子系统设置余热锅炉是工业炉最常用的措施之一。余热锅炉是回收炉子烟气余热很有效的方法，也是回收被加热物料热量的最常用的方法。

在化工工艺生产中，为满足物料发生化学反应的条件，常需把物料加热到较高的温度，当它完成反应后生成的产品又常需急剧冷却。例如乙烯工业的裂解炉，合成氨工业的转化炉，硫酸工业的沸腾焙烧炉等，都有大量的余热可以利用。与此同时在某些工艺生产过程中需要大量的蒸汽用于物料反应所需，也有用于系统中作为压缩机透平工作的工质。所以工艺系统需设置余热锅炉，以此生产工艺所需的高、中、低压不同等级的蒸汽。因此设置余热锅炉是既回收热量，又为工艺所用。

除工艺物料系统有大量余热可被利用外，就炉子本身而言，高温烟气在加热工艺物料之后还常有大量余热，也应将其回收下来，否则仅仅用来加热工艺物料是无法使烟气温度降至所希望的温度的，即不能达到炉子要求的热效率值，此时也常常会考虑采用余热锅炉的方案。当然如果系统中并不需要蒸汽，或可利用热量不多，工厂系统内又无锅炉给水，为设余热锅炉需另设置一套水处理装置而并不经济时，则也不一定采用余热锅炉方案，此时可采用预热空气方案，或加热部分热水的方案。对于焚烧炉，常常因高温烟气并不需加热系统物料，故大多数情况下均设置余热锅炉，与此同时也设置空气预热器，这样使焚烧炉的能耗减少，是比较经济合理的。

(1) 利用工艺物料热量的余热锅炉

由于工艺生产流程的不同及其自身的特殊性，故大多是根据工艺的特点开发与其相适应的余热锅炉，甚至锅炉名称也由工艺流程中的作用不同而不同。例如乙烯生产装置中的裂解气余热锅炉称为“急冷换热器”，或少数有按英文缩写 T. L. E. 直译为“输送管线换热器”；在合成氨装置中称为第一废热锅炉、第二废热锅炉等。这些余热锅炉往往是随着工艺装置的技术进步，其结构型式也相应与其适应，开发出新型更新换代产品。例如乙烯工业中裂解气急冷换热器较早应用的螺旋盘管式三菱急冷换热器，已被淘汰，较常应用的德国 Schmidt 型双套管椭圆集流板急冷换热器，为适应近年来双程炉管构型需要较多的炉管组，在换热器入口处由单根进口管改为多根（2根或4根），开发商根据进气室形状称为“浴缸式”急冷换热器，基本也已被更新换代；德国 Borsig 公司多年采用列管式急冷换热器之后，为适应多炉管组所需，也开发了成排的“线性”单套管式急冷换热器等。由于这些设备结构有一定的特殊性，针对于某一特定的应用场合，设备制造商往往是与工艺技术开发商共同研制的，且大多是申请了专利的。因此外商提供的工艺技术往往将该余热锅炉作为特殊专利设备加以选定。正因为这样，这种利用工艺物料热量的余热锅炉多数是作为专利设备从国外引进的。国内研究、设计单位及制造厂除少数型式的余热锅炉技术尚未掌握外，多数余热锅炉是可以自行设计和制造的。已有很多炉子上的余热锅炉是由国内设计、制造的。利用工艺物料为热源的余热锅炉具有以下特点。

① 余热锅炉的型式参数必须适应工艺的要求，其热负荷大小、规格尺寸更由工艺要求而定。随着装置规模的变化，余热锅炉能力、传热面积也随之变化。例如合成氨工业中的第一余热锅炉由年产10万吨装置的 $99.5m^2$ 到年产30万吨装置的 $341.87m^2$，大2倍之多。又如乙烯装置中有20多根炉管汇集一起流至一个能力较大的、由很多列管组成的余热锅炉；也有仅几根炉管接至一个单根套管式、能力小的余热锅炉，然后将其连成一排，组成排状余热锅炉组。其结构形状、能力大小差别很大。因此余热锅炉不像通常意义的蒸汽锅炉有较固定的型式和一定发汽量。

② 余热锅炉的工艺参数（温度、压力）也将由系统工艺的需要而定。当工艺本身需要某压力、温度的蒸汽，则余热锅炉应由此确定其相应的参数。此外从节能角度出发，要求余热锅炉所产生的蒸汽成为系统的动力，即送入汽轮机工作，则需要产出高参数的蒸汽，同时工艺所需蒸汽还可从压缩机某段抽汽加以应用。所以高参数的余热锅炉往往是现代余热锅炉的首选。这对余热锅炉本身及其系统的技术要求就要高多了。

③ 由于热源是工艺的物料，它的特性与燃料产生的烟气不一样，故设计、应用该种余热锅炉时须充分注意到工艺物料的特殊性。例如乙烯工艺中由于应用的裂解原料油品不一样，裂解产物的特性有所不同，为了防止裂解气在余热锅炉管壁上结露而引起焦油结聚及腐蚀，故在余热锅炉设计压力的选取上要取较高值（即有较高的饱和温度），使炉壁温度较高，乙烯裂解炉余热锅炉的工作压力高达9.4～12.7MPa。再如硫酸工业的余热锅炉由于炉气中氧化硫含量高，导致高的露点（270～330℃），因此该余热锅炉的设计压力也要相应提高（取4～6.5MPa），而不应用低压的余热锅炉（以往不注意该问题，取0.7～1.2MPa，而使炉气出口的低温区发生腐蚀），当然使用优良耐腐蚀材料也是提高锅炉使用寿命的一个措施。

④ 余热锅炉的操作自控要求较高。由于该锅炉是安装在工艺生产流程上的，它的操作运行是整个工艺流程的一部分，必须保证安全、可靠且长期稳定地运行，因此在工艺流程中的自动调控十分重要。对余热锅炉的汽包液位自动调节、连续排污、安全阀起跳

以及防止结垢而要求较高的水质等均需十分重视，以确保整个工艺流程的长期安全运行。此外在工艺上也采用了某些新技术以保证锅炉较长的运行周期，例如乙烯装置中在线清焦技术就大大延长了余热锅炉的运行周期。

(2) 利用炉子烟气余热的余热锅炉

用烟气作热源来产生蒸汽的锅炉常称为烟道式余热锅炉。该种锅炉与利用工艺物料作热源的余热锅炉有很大的不同，它类似于一般意义的蒸汽锅炉。在石化行业中这类锅炉分为两种型式。

① 在炉子后面直接设置一个定型或非定型的水管式余热锅炉，也可设置火管式余热锅炉。该余热锅炉可以根据锅炉热力计算标准进行设计计算。一般可以把烟气和所需蒸汽的有关参数提供给锅炉专业制造厂，由其选取一个与之负荷相适应的余热锅炉；当选型有困难时才作为非标设备，设计一个符合要求的余热锅炉。

② 在炉子的本体上设置传热面，用其加热水或水汽混合物，依靠强制循环或部分自然循环维持系统运行。例如在炉子对流段设置锅炉给水预热器、蒸汽过热器；在炉子辐射段（焚烧炉）设置蒸发传热面等。对这种方式的余热利用，其传热面将同炉子工艺物料加热段一样进行逐段传热计算，而不能像第一种方式那样可以比较独立地提交制造厂设计部门进行设计和选型。但相对于工艺物料而言，烟气的物理性质比较简单，故设计计算工作要比以工艺物料加热的余热锅炉容易些。

(3) 余热锅炉的设计计算

① 热力计算（即传热计算）　确定所需传热面积。

② 系统的阻力计算　包括热源侧（物料或烟气）阻力及水汽侧阻力（即水循环）计算。

③ 锅炉结构计算　包括锅炉筒体、封头、法兰、管板、集管与管件等受压元件计算以及有关钢结构强度计算。

④ 锅炉系统的上升、下降管强度计算　包括应力计算以及锅炉汽包的容积尺寸确定和汽包强度计算等。

以上说明整套余热锅炉设计计算的工作量是很大的。在完成以上计算后还需对设备的结构（包括气流分配结构，管子管板连接结构，为吸收温差而需设置的膨胀节结构等）进行仔细、周到的考虑，以确保余热锅炉设计合理，稳妥可靠，正常运行。

对于传热计算，以工艺物料为热源的余热锅炉与换热器的传热计算原则上是相同的；烟道式余热锅炉可按锅炉热力计算标准方法予以计算，在此均略。有关系统阻力计算可参考本章阻力计算原则进行。对于强度计算，则按压力容器设计规范及锅炉强度计算规范进行。对于汽包的容积尺寸，常根据经验选取适当的蒸汽允许容积负荷再由蒸汽产量求得。

$$V=\frac{Dv}{R_v}$$

式中　V——汽包内蒸汽容积（汽包容积通常为2V），m^3；

D——蒸汽产量，kg/h；

v——蒸汽比体积，m^3/kg；

R_v——汽包内蒸汽空间容积负荷，$m^3/(m^3 \cdot h)$。

蒸汽压力低于4.3MPa，可取$R_v=800m^3/(m^3 \cdot h)$；蒸汽压力$=4.3\sim10.8$MPa，可取$R_v=400m^3/(m^3 \cdot h)$；蒸汽压力$=10.8\sim15.2$MPa，可取$R_v=220m^3/(m^3 \cdot h)$，甚至取$R_v=160m^3/(m^3 \cdot h)$。

为了保证蒸汽有一定的空间以防水滴随蒸汽夹带，要求蒸汽空间的高度不小于500mm。通常工程上取0.6m已足够。

对于汽包的汽水分离结构，是根据蒸汽的湿度要求来考虑的，常采用分离效果较好的不锈钢丝网除沫器，有时还另有其他型式分离结构与其组合，使蒸汽质量满足工艺要求。

此外为使汽包有一定容积储存水，以保证万一失水时锅炉仍有一定的不断水时间，对汽包容积尺寸考虑时，还要满足低水位报警到水蒸发干的时间宜不小于6min的要求。

根据上述几个原则及余热锅炉布置上的需要可以确定出汽包的合适尺寸。如果有条件还应顾及上升、下降管管接头在汽包筒体上的开孔间距，使其开孔补强结构更加合理。

3.2.3 空气预热器的应用

设置空气预热器是工业炉常用的余热回收技术之一，它对工业炉的节能效果十分显著。预热空气加入炉内不仅可以提高燃烧温度、改善燃烧过程、减少化学不完全燃烧热损失，由此减少燃烧空气过剩量，使得在降低排烟温度基础上进一步提高炉子的热效率，更可明显减少燃料用量。燃烧空气预热温度越高，节约的燃料量越多，节能效果越显著。

当某些被加热的工艺物料进料温度较高，无法降低排烟温度时，采用预热空气的方案十分有效。某有机热载体加热炉（热油炉），其进炉油温高达260℃以上，排烟温度必然高于300℃，所以炉子热效率无法提高上去。此时设置空气预热器可把烟气温度降下来，并把热风送至燃烧系统，既提高了热效率，又节约了燃料用量。例如当炉子排烟温度为370℃，用它加热空气，使烟气温度降至210℃并将热空气加入炉内燃烧，可以提高炉子效率达8%。

空气预热器应用在低热值燃料时，对提高炉膛温度有重要作用。此外某些炉子，像垃圾焚烧炉，采用空气预热器还是必不可少的，否则将难以维持正常燃烧。

空气预热器有普通光管式空气预热器、板翅式空气预热器、热管式空气预热器、回转式（再生式）空气预热器、玻璃管空气预热器、铸铁空气预热器以及非金属陶瓷空气预热器、高温辐射式空气预热器、空气喷流式空气预热器等多种型式。前几种在石油化工上应用较多，后几种应用在冶金、机械行业中。石油化工生产中应用较多的几种空气预热器简介如下。

(1) 普通光管式空气预热器

该预热器是将直径为 ϕ15～120mm 的钢管做成管束置于烟气通道内，通过对流将烟气热量传给空气。根据炉型及预热器结构型式的不同可以设计成烟气在管内流动，空气在管外流动；也可设计成空气在管内流动，烟气在管外流动。鉴于空气必须用鼓风机送入，故相对而言空气的流速可高些，空气侧的流动阻力也允许大些。而烟气侧如不用引风机、靠烟囱抽力时必须注意其流阻不能太大，如果采用引风机，烟气侧也允许有较大的阻力降。

对于光管式空气预热器，当结构确定后按一般换热器的设计方法分别计算管内、外传热系数，然后求得总传热系数，由此再根据温差推动力 Δt_m 来求得所需传热量下的传热面积。

普通光管式空气预热器传热系数小，计算面积较大，应注意在烟气温度较低时在预热器的空气进口端（冷端）烟气会结露而对设备材料产生腐蚀。

(2) 热管式空气预热器

该预热器是采用特殊的高效传热元件（热管）组成的翅片式换热器，其烟气、空气分别在互不相通的通道，烟气通过翅片管内的工质将热量传给翅片管，然后再由翅片管内的工质将热量传给空气。温度不高（不大于 350℃）时可以用水作为工质，即碳钢-水热管换热器，这种热管元件成本低，技术成熟，故被广泛采用。

由于该种空气预热器烟气、空气通道分开，只要烟气温度不低于露点，翅片管是不会产生露点腐蚀的；而低温区在空气侧，空气中不含腐蚀成分，故也不会产生腐蚀。因此热管式空气预热器在耐低温烟气腐蚀性方面要明显优于普通光管式空气预热器。热管式空气预热器可以把烟气温度降得更低些，烟气余热回收利用率更高，炉子热效率可提得更高。这就是热管式空气预热器应用日益广泛的原因。

由于热管元件多为翅片管且工作原理多为重力式，其安装使翅片呈水平，故易于积灰，且较难清除。因此当烟气中含灰较多时，热管式空气预热器必须设置非常有效的除灰装置，以确保其长期有效运行。否则会由于积灰堵塞而迫使经常停炉，而不能发挥节能效益，甚至影响正常生产。

采用热管式空气预热器的系统布置如图 25-2 所示，该系统图也适用于其他型式的空气预热器。

对于热管式空气预热器的设计选用，可以根据所需的预热空气温度、流量和烟气的温度、流量，向热管设备专业制造厂提出条件，由设备制造商设计计算后返回有关设备尺寸及荷重等资料，经确认后可作为设备布置及配管的依据并向土建、仪电专业提出有关条件，开展详细工程设计。

(3) 回转式（再生式）空气预热器

回转式空气预热器是利用一组由特种成型金属板组成的转子式蓄热体，以 1～5r/min 转速不断缓慢旋转，交替通过烟气与空气的通道。经过烟气通道时，蓄热体吸收烟气热量，然后在空气通道中将热量传给空气。烟气由引风机送入烟囱，其在系统中的布置同图 25-2。

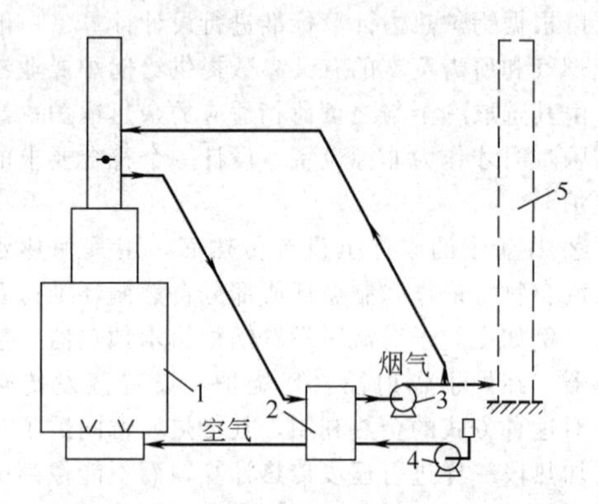

图 25-2　采用热管式空气预热器的系统布置

1—火焰加热炉；2—空气预热器；3—引风机；4—通风机；5—独立烟囱

由于蓄热体由间隙很小的波形板组成，故应用在含灰烟气条件下必须设置吹灰器装置并定期进行水洗以清除灰垢。

应用回转式空气预热器有传热量大、结构尺寸小、金属耗量少及比管式空气预热器的露点腐蚀小等优点，但也有漏风量大（达 15%以上）、转动部件易损坏、维修工作量大及当燃料不完全燃烧时会有可燃物积存在蓄热体上发生着火的可能等缺点，故近年已较少使用，特别在中小工业炉上是不适用的。它只适合于少数大型加热炉的大烟气量的废热回收。

(4) 玻璃管空气预热器

玻璃管空气预热器是针对烟气低温腐蚀而开发的，由于玻璃管耐腐蚀，故适用于烟气中氧化硫含量高的加热炉的余热回收。这种预热器比一般空气预热器的烟气热量回收率高，提高了工业炉的热效率，经济性更好。

玻璃管空气预热器所用的玻璃管既要耐热，又要有较高的强度，且能耐温度的急变。它是以硼硅酸为原料制成的特种耐热玻璃管。通常用的玻璃管规格为 ϕ32～36mm、壁厚 2mm 以及 ϕ40mm、壁厚 2.3mm，长度小于 4m。玻璃管空气预热器中管子与管板之间的连接是关键，既要求良好的密封性，又能使玻璃管自由膨胀，通常采用橡胶圈密封或特殊的石棉绒填料进行密封。

玻璃管空气预热器同样有积灰问题，通常可以用水冲洗，但此时应注意冲洗水温与玻璃管温差不能过大（小于 110℃），以防温差大使玻璃管炸裂。对有压缩空气的工厂，可以用压缩空气吹灰。玻璃管空气预热器的管束以卧式布置为好，堵灰少，也易清除，管子与管板密封性好，管子破损少。因玻璃管易碰碎，要求运输及安装时必须十分小心，故应用较少。

(5) 铸铁空气预热器

铸铁空气预热器适用于石油化工管式加热炉及各类锅炉的烟气余热回收系统。主要是针对烟气低温腐蚀而开发的，铸铁的材质决定了其具有抗冲蚀和耐腐蚀性能，尤其是炼化厂的酸性露点腐蚀，国外铸铁空气预热器的应用相当广泛。

铸铁空气预热器相比一般空气预热器具有耐腐蚀、抗冲蚀、寿命长、热量回收率高、阻力小、结构紧凑等优点，可以在很宽的烟气温度范围内（有资料显示为 140～650℃）较长期（一般 10 年）可靠运行。

铸铁空气预热器除灰的措施，通常有用水冲洗、压缩空气吹灰、蒸汽除灰等。

其他型式的空气预热器如非金属陶瓷空气预热器、辐射式空气预热器、喷流式空气预热器等大多用于冶金、机械行业中，在石油化工工业应用较少，故在此不作介绍。还有板翅式空气预热器，其传热效率高，结构紧凑，也有应用，但烟气必须很干净，以防堵塞。

此外对于烟气余热直接用来加热燃烧空气的自身预热烧嘴也是余热利用的一种方式，在机械、冶金行业中有所应用，但石油化工行业中并不适用，本小节不作介绍。

4 燃料和燃烧计算

4.1 燃料

工业炉使用的燃料有固体燃料（煤）、液体燃料（油）、气体燃料三大类。由于石油化工工业中生产操作自控要求较高，故以应用液体燃料和气体燃料为多。对缺少油、气资源及为节约燃料费用也有部分燃煤的加热炉，工业炉设计计算时一般都应有确定的燃料特性条件，但项目前期阶段往往在不具备详细的燃料各项指标的条件时需要进行估算，表 25-2～表25-9 即为广大设计人员提供的参考表。

表 25-2 工业锅炉设计用代表煤种参考表

煤的类别		产地	V^{daf} /%	C^{ar} /%	H^{ar} /%	O^{ar} /%	N^{ar} /%	S^{ar} /%	A^{ar} /%	M^{ar} /%	Q_{net}^{ar} /(kJ/kg)
石煤和煤矸石	Ⅰ类	湖南株洲(煤矸石)	45.03	14.80	1.19	5.30	0.29	1.50	67.10	9.82	5033
	Ⅱ类	安徽淮北(煤矸石)	14.74	19.49	1.42	8.34	0.37	0.69	65.79	3.9	6950
	Ⅲ类	浙江安仁(石煤)	8.05	28.04	0.62	2.73	2.87	3.57	58.04	4.13	9307
褐煤		黑龙江扎赉诺尔	43.75	34.65	2.34	10.48	0.57	0.31	17.02	34.63	12288
无烟煤	Ⅰ类	京西安家滩	6.18	54.70	0.78	2.23	0.28	0.89	33.12	8.00	18188
	Ⅱ类	福建天明山	2.84	74.15	1.19	0.59	0.14	0.15	13.98	9.80	25435
	Ⅲ类	山西阳泉三矿	7.85	65.65	2.64	3.19	0.99	0.51	19.02	8.00	24426
贫煤		四川芙蓉	13.25	55.19	2.38	1.51	0.74	2.51	28.67	9.00	20901
烟煤	Ⅰ类	吉林通化	21.91	38.46	2.16	4.65	0.52	0.61	43.10	10.50	13536
	Ⅱ类	山东良庄	38.5	46.55	3.06	6.11	0.86	1.94	32.48	9.00	17693
	Ⅲ类	安徽淮南	38.48	57.42	3.81	7.16	0.93	0.46	21.37	8.85	22211

表 25-3 煤的四种基换算

已知基	角标	欲求基			
		收到基	空气干燥基	干燥基	干燥无灰基
收到基	ar	1	$\frac{100-M^{ad}}{100-M^{ar}}$	$\frac{100}{100-M^{ar}}$	$\frac{100}{100-M^{ar}-A^{ar}}$
空气干燥基	ad	$\frac{100-M^{ar}}{100-M^{ad}}$	1	$\frac{100}{100-M^{ad}}$	$\frac{100}{100-M^{ad}-A^{ad}}$
干燥基	d	$\frac{100-M^{ar}}{100}$	$\frac{100-M^{ad}}{100}$	1	$\frac{100}{100-A^{d}}$
干燥无灰基	daf	$\frac{100-M^{ar}-A^{ar}}{100}$	$\frac{100-M^{ad}-A^{ad}}{100}$	$\frac{100-A^{d}}{100}$	1

表 25-4 常用燃料油的性质参考表

燃料油名称		组成(质量分数)/%					密度 ρ_{20} /(kg/m³)	动力黏度/×10^{-3}Pa·s		残碳(质量分数)/%	闪点/℃	凝固点/℃	干点/℃	高发热量 Q_g /(kJ/kg)	低发热量 Q_d /(kJ/kg)	理论空气量(α=1)		理论燃烧温度/℃
		C	H	S	O	N		80℃	100℃							L_0 /(kg/kg)	V_0/[m³(标)/kg]	
大庆原油	减压渣油	86.5	12.56	0.17		0.37	930	281.51	129.69		339	33		45130	42290	14.412	11.147	2018
胜利原油	减压渣油	86.82$^{\triangle}$	11.16$^{\triangle}$	1.32		0.7	989.5	606.5	164.7	16.7		48.5		43600	41080	14.012	10.837	2021
大港原油	减压渣油	86.69	12.7	0.29	0.07		949.6	429.8	159.1	10.4	>300	41	>500	45380	42510	14.489	11.205	2017
江汉原油	减压渣油	85.74$^{\triangle}$	11.24$^{\triangle}$	3.0			983.8		741.7	15.02			>557	43520	40980	13.989	10.819	2018
玉门原油	减压渣油	88.17$^{\triangle}$	11.58$^{\triangle}$	0.25			961	777	265	11.72	301	32		44480	41860	14.269	11.036	2022
克拉玛依原油	减压渣油	88.21$^{\triangle}$	11.58	0.21			961.5				322	20	>500	44480	41870	14.261	11.030	2023
大庆原油	常压重油	87.57$^{\triangle}$	12.26$^{\triangle}$	0.17$^{\triangle}$			916.2	58.4	29.2		257	38	>374	45110	42340	14.431	11.161	2020
胜利原油	常压重油	85.78	11.72	1.32$^{\triangle}$			965.6	779.6	286.9	11.36			>350	43960	41300	14.086	10.894	2018
大港原油	常压重油	87.91$^{\triangle}$	11.91	0.18			920.2	47.1	23.93	5.3	233	38	>350	44800	42150	14.421	11.153	2017
江汉原油	常压重油	84.83$^{\triangle}$	12.17$^{\triangle}$	3.0$^{\triangle}$			921.8		15.71	4.54		43	>354	44380	41630	14.206	10.987	2015
玉门原油	常压重油	88.03$^{\triangle}$	11.76$^{\triangle}$	0.21			949	101.55	46.63		220	27	>350	44650	41990	14.312	11.069	2021
克拉玛依原油	常压重油	87.57$^{\triangle}$	12.29$^{\triangle}$	0.14			914.3	102.55	39.86		208	−1	>350	45150	42370	14.441	11.169	2020
重柴油		86.26	13.74	0.1		0.03	850	5.59	3.0		92	19.5		46510	43410	14.328	11.082	2054

注：1. C、H项带△符号者为计算值。

2. S项带△符号者为相应原油的减压渣油计算值，缺少试验数据。

表 25-5 部分炼油厂瓦斯组成和特性参考表

名 称	组成[体积分数(质量分数)]/%												密度 γ_0 /[kg/m³(标)]	对空气的密度 S
	H_2S	CO_2	H_2	N_2+O_2	CH_4	C_2H_6	C_2H_4	C_3H_8	C_3H_6	C_4H_{10}	C_4H_8	C_5H_{12}		
炼厂瓦斯	4.2 (4.9)	0.64 (0.9)	9.5 (0.7)	13.3 (12.7)	28.01 (15.4)	11.09 (11.4)	2.12 (2)	9.65 (14.6)	9.46 (13.6)	4.39 (8.8)	7.25 (14)	0.39 (1)	1.304	1.009
催化瓦斯Ⅰ(干气)	6.3 (12.9)		32 (3)	21.9 (28.6)	16.7 (12.5)	6.8 (9.5)	4.0 (5.2)	1.6 (3.3)	6.0 (11.8)	1.4 (3.8)	2.3 (6)	1.0 (3.4)	1.242	0.961
催化瓦斯Ⅱ(干气)	0.59 (0.69)	6.61 (11.51)	6.6 (0.5)	27.2 (29.4)	26.4 (16.3)	26 (30.1)		0.5 (0.9)	4.7 (7.6)	0.6 (1.3)	0.8 (1.7)		1.159	0.896
焦化瓦斯(干气)	4.91 (6.6)	0.45 (0.8)	10.1 (0.8)	25.08 (27.5)	27.39 (17.2)	14.82 (17.5)	2.55 (2.8)	7.78 (13.5)	4.28 (7.4)	1.54 (3.5)	1.1 (2.4)		1.139	0.881
铂重整瓦斯			34.9 (2.5)		2 (1.1)	10 (10.5)		45.6 (70.4)		6.9 (14)		0.6 (1.5)	1.276	0.987
催化气态烃						0.6 (0.4)		18.3 (17)	48.1 (42.7)	14.7 (18)	17.7 (21)	0.6 (0.9)	2.188	1.693

名 称	平均分子量 M_C	气体常数 R /[kg·m/(kg·℃)]	绝热指数 K	0℃(100℃)时定容比热容 c /[kcal/(m³·℃)]	最大火焰传播速度时可燃气体在空气中的含量/%	最大火焰传播速度 u/(m/s)	高发热量 Q_h /[kcal/m³(标)]	低发热量 Q_l /[kcal/m³(标)]	理论空气量($\alpha=1$)		理论燃烧温度($\alpha=1$) t_{max}/℃	炼油厂所加工的原油
									L_0/(kg 空气/kg 瓦斯)	V_0/[m³(标)空气/m³(标)瓦斯]		
炼厂瓦斯	28.79	29.45	1.3	0.515 (0.567)	6.6	0.92	13347	12251	13.225	13.338	2090	胜利原油
催化瓦斯$_1$(干气)	27.821	30.48	1.27	0.409 (0.437)	10.1	1.28	7478	6840	7.55	7.252	2120	胜利原油
催化瓦斯$_2$(干气)	25.962	32.66	1.37	0.418 (0.453)	7.8	0.87	8606	7835	9.582	8.589	2040	大庆原油
焦化瓦斯(干气)	19.734	42.97	1.26	0.434 (0.47)	7.8	0.80	9682	8534	10.94	9.63	2020	胜利原油
铂重整瓦斯	28.582	29.67	1.14	0.577 (0.647)	6.8	1.07	16055	14659	16.12	15.9	2125	大庆原油
催化气态烃	49.01	17.3	1.13	0.807 (0.921)	4.1	0.82	25839	23990	14.816	25.07	2240	大庆原油

注：1. 各种瓦斯的组成为我国某些厂各装置标定或全厂标定时的实际分析数据，其余各项均为计算值。

2. 计算理论燃烧温度时，取 $\alpha=1$，$t_0=20$℃。1kcal=4.18kJ。

3. 进行燃烧计算时，如无现场气体成分数据，可参考本表数据进行计算；如考虑烟气污染要求时，因 H_2S 的含量对烟囱高度影响很大，故应根据具体情况进行考虑。

表 25-6　部分天然气典型成分参考表

油气田名称		含量(体积分数)/%											
		CH_4	C_2H_6	C_3H_8	$i\text{-}C_4H_{10}$	$n\text{-}C_4H_{10}$	$i\text{-}C_5H_{12}$	$n\text{-}C_5H_{12}$	C_6H_{14}	CO_2	H_2S	N_2	其他
大庆油田	伴生气	79.75	1.9	7.6		5.62		—	—		—	—	3.31
	气井气	91.3	1.96	1.34		0.90		—	—	0.20	—	0.38	—
胜利油田	伴生气	86.6	4.2	3.5	0.7	1.9	0.6	0.5	0.3	0.60	—	1.1	—
	气井气	90.7	2.6	2.8	0.6	0.1	0.5	0.5	0.2	1.3	—	0.7	1.1
大港油田		76.29	11.0	6.0	4.0	—	—	—		1.36		0.71	—
辽河油田		81.5	8.5	8.5	5.0	—	—	—	—	1.0	—	1.0	3.0
四川卧龙河气田		94.32	0.78	0.18	—	0.082	—	0.093	0.051	0.32	3.82	0.44	—

表 25-7　部分城市煤气成分参考表

地区及厂名	含量(体积分数)/%							密度/[g/m³(标)]		低发热量 Q_d /[kJ/m³(标)]
	CO_2	C_mH_n	O_2	CO	CH_4	H_2	N_2	H_2O	H_2S	
上海焦化厂	2.6	2.2	1.2	13.4	18.4	41.9	20.5		＜9	
吴松煤气厂	2.1	3.4	1.0	16.6	18.0	33.4	25.5	11.67	＜9	15490～16330
上海杨树浦煤气厂	4.4～4.6	1.4	0.8	21.8～26.8	10.1～14.1	48.5～52.3	3.7～9.1		＜9	15490～16330
北京焦化厂	1.8	1.4	0.2	7	19.7	68.1	1.8	11.67	0.34	17460～18210
沈阳焦炉气	3.9	4.4	1.1	8.7	24.8	49.6	7.5			20680
沈阳油裂解气	6.2	8.1	2.8	11.1	17.0	42.4	12.4			19360
长春	4～5	1.5～2.5	＜1	7～10	15～25	40～55	15～25		＜20	
锦州	3～4	3.5～4	1～2	6～9	15～19	35～40	余量		20～50	
大连	4	3～4	＜1	10	25	40	余量		15	
哈尔滨	4.8	2.4	4.4	7.4	17.6	30.3	余量			

表 25-8　部分液化石油气成分参考表

厂　名	炼制工艺	含量(体积分数)/%						
		CH_4	$C_2H_4+C_2H_6$	C_3H_8	C_3H_6	C_4H_{10}	C_4H_8	其他
大庆炼油厂	热裂化	—	21.70	27.40	20.10	—	24.50	6.3
大庆炼油厂	催化裂化	—	0.20	13.60	50.90	—	31.80	3.5
大庆炼油厂	延迟焦化	9.50	24.00	24.10	17.90	—	20.80	3.7
葫芦岛石油五厂	催化裂化	—	0.50	8.60	22.50	26.30	38.60	余量
锦州石油六厂	催化裂化	—	1.30	8.50	24.50	23.90	33.40	余量
北京东方红炼油厂	催化裂化	—	2.41	10.60	31.20	19.04	25.95	余量
北京东方红炼油厂	气体分馏	—	—	76.18	19.95	3.87	—	—
北京胜利化工厂	—	—	—	—	—	94～100	—	—

表 25-9　各种煤气的一般组成、密度和发热量参考表

煤气名称	干煤气的组成(体积分数)/%							密度/[kg/m³(标)]		低发热量 Q_d /[kJ/m³(标)]
	CO_2+H_2S	O_2	C_mH_n	CO	H_2	CH_4	N_2	煤气	烟气	
发生炉煤气(烟煤)	3～7	0.1～0.3	0.2～0.4	25～30	11～15	1.5～3	47～54	1.1～1.13	1.3～1.35	5020～6280
发生炉煤气(无烟煤)	3～7	0.1～0.3	—	24～30	11～15	0.5～0.7	47～54	1.13～1.15	1.34～1.36	5020～5230

续表

煤气名称	干煤气的组成(体积分数)/%							密度/[kg/m³(标)]		低发热量 Q_d /[kJ/m³(标)]
	CO_2+H_2S	O_2	C_mH_n	CO	H_2	CH_4	N_2	煤气	烟气	
富氧发生炉煤气	6～20	0.1～0.2	0.2～0.8	27～40	20～40	2.5～5	10～45	—	—	6280～7540
水煤气	10～20	0.1～0.2	0.5～1	22～32	42～50	6～9	2～5	0.7～0.74	1.26～1.3	10470～11720
半水煤气	5～7	0.1～0.2	—	35～40	47～52	0.3～0.6	2～6	0.7～0.71	1.28	8370～9210
焦炉煤气	2～5	0.3～1.2	1.6～3	4～25	50～60	18～30	2～13	0.45～0.55	1.21	14650～18840
天然气	0.1～6	0.1～0.4	0.5	0.1～4	0.1～2	98	1～5	0.7～0.8	1.24	33490～37680
高炉煤气	10～12	—	—	27～30	2.3～2.5	0.1～0.3	55～58	—	—	3730～4060

注：C_mH_n 泛指 C_2H_4、C_2H_6、C_4H_{10} 等。

4.1.1 固体燃料

按照煤炭分类国家标准，煤分为无烟煤、烟煤和褐煤三大类。

煤的成分以元素分析有碳（C)、氢（H)、氧(O)、氮（N)、硫（S）五种元素。以工业分析或实用分析包括水分 M、灰分 A、挥发分 V 和固定碳 C。现将煤的成分以收到基、空气干燥基、干燥基和干燥无灰基为分析基础和计算基础。四种基之间换算见表 25-3。四种基的定义如下。

① 收到基　以收到状态的煤为基准，符号 ar，曾称为应用基。

② 空气干燥基　以空气湿度达到平衡状态的煤为基准，符号 ad，曾称分析基，或元素分析基。

③ 干燥基　以假想无水状态的煤为基准，符号 d，曾称干基。

④ 干燥无灰基　以假想无水、无灰状态的煤为基准，符号 daf，曾称可燃基。

4.1.2 液体燃料

液体燃料发热量高，杂质少，便于输送，操作中易实现自动控制且可得到近似于气体燃料的火焰，燃烧热效应好，故被广泛用于石化工业炉上。

液体燃料分为重油、重柴油、轻柴油三类，早先工业炉上主要应用重油为燃料，少数要求高的场合用重柴油，轻柴油多用作化工生产原料而较少使用。此外以前石油化工厂自产重质油，例如减压渣油、常压重油、裂化残油等，常常当作加热炉的燃料，以减压渣油用得较多。

不同牌号的燃料油其元素组分变化不大，平均含C，87%～88%；H，10%～12%；(N＋O)，0.5%～1%。燃料中含有硫，会环境污染，并使烟气露点温度提高，易产生低温硫酸腐蚀。

4.1.3 气体燃料

气体燃料的燃烧完全且最易实现燃烧控制自动化，是加热炉最理想的燃料，气体燃料有天然气、高炉煤气、焦炉煤气、城市煤气、发生炉煤气、液化石油气以及石油化工厂自产的炼油厂燃料气和装置所产的燃料气等。

4.2 燃烧计算

燃料的燃烧计算是根据燃料中可燃组分的燃烧反应热之和求得其发热量，并由反应方程式获得燃烧所需空气量及燃烧产物（烟气）生产量，是炉子热力计算必需的基础数据。燃料的组分由燃料供应地获得，尚未确定燃料来源时，作为估算可以从上小节所给出的表中查取。

可燃物质的燃烧反应式及发热量见表 25-10。常用单一可燃气体的特性，包括所需燃烧空气量和烟气量见表 25-11～表 25-13。

4.2.1 燃料发热量

(1) 气体燃料发热量

$$Q_{net}=\sum Y_i Q_{i\,net}$$

式中　Q_{net}——混合气体燃料的低位发热量，kJ/m³；

Y_i——混合气体燃料中各组分的体积分数，%。

气体燃料的低位发热量计算只需将各气体组分的发热量求代数和即得。

表 25-10　可燃物质的燃烧反应式及发热量

序号	反应式	反应前物质的状态	分子量	物质的燃烧热量/kJ		
				1kmol	1kg	$1m^3$
1	$C+O_2=CO_2$	固	12+32=44	408841	34070	
2	$C+0.5O_2=CO$	固	12+16=28	125478	10457	
3	$CO+0.5O_2=CO_2$	气	28+16=44	283363	10120	12650
4	$S+O_2=SO_2$	固	32+32=64	296886	9278	
5	$H_2+0.5O_2=H_2O$(液) $H_2+0.5O_2=H_2O$(气)	气	2+16=18	286210 242039	143105 121020	12777 10805
6	H_2O(气)$\longrightarrow H_2O$(液)	气	18	44170	2454	1972
7	$H_2S+1.5O_2=SO_2+H_2O$(液) $H_2S+1.5O_2=SO_2+H_2O$(气)	气	34+48=64+18	563166 518995	16564 15265	25142 23169
8	$CH_4+2O_2=CO_2+2H_2O$(液) $CH_4+2O_2=CO_2+2H_2O$(气)	气	16+64=44+36	893882 805540	55868 50346	39904 35960
9	$C_2H_4+3O_2=2CO_2+2H_2O$(液) $C_2H_4+3O_2=2CO_2+2H_2O$(气)	气	28+96=88+36	1428117 1339776	51004 47849	63757 59813
10	$C_2H_6+3.5O_2=2CO_2+3H_2O$(液) $C_2H_6+3.5O_2=2CO_2+3H_2O$(气)	气	30+112=88+54	1558746 1426233	51958 47541	69585 63673
11	$C_3H_6+4.5O_2=3CO_2+3H_2O$(液) $C_3H_6+4.5O_2=3CO_2+3H_2O$(气)	液	42+144=132+54	2052369 1919857	48866 45711	
	$C_3H_6+4.5O_2=3CO_2+3H_2O$(液) $C_3H_6+4.5O_2=3CO_2+3H_2O$(气)	气	42+144=132+54	2080002 1947490	49524 46369	92855 86939
12	$C_3H_8+5O_2=3CO_2+4H_2O$(液) $C_3H_8+5O_2=3CO_2+4H_2O$(气)	气	44+160=132+72	2203513 2026830	50080 46064	98369 90485
13	$C_4H_8+6O_2=4CO_2+4H_2O$(液) $C_4H_8+6O_2=4CO_2+4H_2O$(气)	气	56+192=176+72	2709697 2533014	48387 45232	120969 113383
14	$C_4H_{10}+6.5O_2=4CO_2+5H_2O$(液) $C_4H_{10}+6.5O_2=4CO_2+5H_2O$(气)	气	58+208=176+90	2861259 2640405	49332 45524	128070 117875
15	$C_5H_{10}+7.5O_2=5CO_2+5H_2O$(液) $C_5H_{10}+7.5O_2=5CO_2+5H_2O$(气)	液	70+240=220+90	3332693 3111839	47610 44455	
	$C_5H_{10}+7.5O_2=5CO_2+5H_2O$(液) $C_5H_{10}+7.5O_2=5CO_2+5H_2O$(气)	气		3364512 3143659	48064 44909	150034 140375
16	$C_6H_6+7.5O_2=6CO_2+5H_2O$(液) $C_6H_6+7.5O_2=6CO_2+3H_2O$(气)	液	78+240=264+54	3279939 3147427	42051 40352	
	$C_6H_6+7.5O_2=6CO_2+3H_2O$(液) $C_6H_6+7.5O_2=6CO_2+3H_2O$(气)	气		3295849 3163337	42254 40556	147296 141221
17	$C_{10}H_8+12CO_2=10CO_2+4H_2O$(液) $C_{10}H_8+12CO_2=10CO_2+4H_2O$(气)	固	128+384=440+72	5157300 4980617	40291 38911	
18	$Fe+0.5O_2=FeO$	固	56+16=72	269756	4817	
19	$2Fe+1.5O_2=Fe_2O_3$	固	112+48=160	824423	7361	
20	$3Fe+2O_2=Fe_3O_4$	固	168+64=232	1113521	6628	
21	$FeS_2+2.5O_2=FeO+2SO_2$	固	120+80=72+128	191994	5767	

表 25-11 常用单一可燃气体的特性参考表

气体名称	分子式	分子量	密度/[kg/m³(标)]	完全燃烧需要量/(m³/m³)			燃烧生成气组成及湿、干气量/(m³/m³)					理论燃烧温度/℃	着火温度(在空气中)/℃	CO_2最大含量/%	发热量/[MJ/m³(标)]	
				O_2	N_2	空气	CO_2	H_2O	N_2	湿气量	干气量				Q_g	Q_d
一氧化碳	CO	28.01	1.250	0.5	1.88	2.38	1.0		1.88		2.88	2370	610	34.7	12.64	12.64
氢	H_2	2.02	0.090	0.5	1.88	2.38		1.0	1.88	2.88	1.88	2230	530		12.77	10.76
甲烷	CH_4	16.04	0.716	2.0	7.52	9.52	1.0	2.0	7.52	10.52	8.52	2030	645	11.8	39.77	35.71
乙烷	C_2H_6	30.07	1.342	3.5	13.16	16.66	2.0	3.0	13.16	18.16	15.16	2097	530	13.2	69.99	63.75
丙烷	C_3H_8	44.09	1.968	5.0	18.8	23.80	3.0	4.0	18.8	25.80	21.80	2110	510	13.8	99.12	91.25
丁烷	C_4H_{10}	58.12	2.595	6.5	24.44	30.94	4.0	5.0	24.44	33.44	28.44	2118	490	14.0	128.47	118.65
戊烷	C_5H_{12}	72.15	3.221	8.0	30.08	38.08	5.0	6.0	30.08	41.08	35.08	2119	510	14.2	157.87	146.09
乙烯	C_2H_4	28.05	1.252	3.0	11.28	14.28	2.0	2.0	11.28	15.28	13.28	2284	540	15.0	63.00	59.06
丙烯	C_3H_6	42.08	1.879	4.5	16.92	21.42	3.0	3.0	16.92	22.92	19.92	2224	455	15.0	91.84	86.02
丁烯	C_4H_8	57.10	2.549	6.0	22.56	28.56	4.0	4.0	22.56	30.56	26.56	2203	445	15.0	121.39	113.52
戊烯	C_5H_{10}	70.13	3.131	7.5	28.2	35.70	5.0	5.0	28.2	38.2	33.2	2189		15.0	150.70	140.90
硫化氢	H_2S	34.08	1.521	1.5	5.64	7.14	SO_2=1.0	1.0	5.64	7.64	6.64	1900		15.1	25.70	23.69

注：1. 气体密度为计算值。

2. 理论燃烧温度未考虑空气中水分的影响。

表 25-12 煤及燃料油燃烧计算表

可燃元素	燃料反应式及对应的质量和体积关系	1kg 可燃元素的燃烧反应量							
		消耗 O_2		燃烧生成物		残余 N_2		燃烧生成气	
		符号	数量	符号	数量	符号	数量	符号	数量
C	$C+O_2=CO_2$ 12kg 32kg 44kg 22.4m³(标) 22.4m³(标)	O_2	2.667kg 1.867m³(标)	CO_2	3.667kg 7.022m³(标)	N_2	8.827kg 7.022m³(标)	CO_2+N_2	12.49kg 8.89m³(标)
	$C+\frac{O_2}{2}=CO$ 12kg 16kg 28kg 11.2m³(标) 22.4m³(标)	O_2	1.333kg 0.933m³(标)	CO	4.41kg 3.511m³(标)	N_2	4.414kg 3.511m³(标)	$CO+N_2$	6.75kg 5.38m³(标)
H	$H_2+\frac{O_2}{2}=H_2O$ 2kg 16kg 18kg 11.2m³(标) 22.4m³(标)	O_2	8kg 5.6m³(标)	H_2O	26.48kg 21.07m³(标)	N_2	26.48kg 21.07m³(标)	H_2O+N_2	35.5kg 32.3m³(标)
S	$S+O_2=SO_2$ 32kg 32kg 64kg 22.4m³(标) 22.4m³(标)	O_2	1kg 0.7m³(标)	SO_2	3.31kg 2.63m³(标)	N_2	3.31kg 2.63m³(标)	OS_2+N_2	5.31kg 3.33m³(标)

表 25-13 气体燃料（以天然气为例）燃烧计算表［按 100m³（标）计算］

可燃成分	含量/%	燃烧反应式	空气量(标)/m³			燃烧生成气(标)/m³					
			O_2	N_2	O_2+N_2	CO_2	H_2O	SO_2	N_2	O_2	总计
CH_4	94	CH_4+2O_2 ══ CO_2+2H_2O	188	197.1×3.762≈740	197.1+740=937.1	94	188	—	740	—	—
C_2H_6	2.5	$C_2H_6+3\frac{1}{2}O_2$ ══ $2CO_2+3H_2O$	8.8	—	—	5	7.5	—	—	—	—
H_2S	0.2	$H_2S+1\frac{1}{2}O_2$ ══ SO_2+H_2O	0.3	—	—	—	0.2	0.2	—	—	—
N_2	3.3	—	—	—	—	—	—	3.3	—	—	
Σ	100	m³(标)	197.1	740	937.1	99	195.7	0.2	743.3	—	1038.2
α=1		%	21	79	100	9.54	18.85	0.0002	71.6	—	100
α=1.15		m³(标)	226	854	1080	99	195.7	0.2	855.4	29	1179.0

$\alpha=1$ 时，单位空气耗量 $L_0=9.371$m³(标)/m³(标)，单位燃烧生成气量 $V_0=10.382$m³(标)/m³(标)

$\alpha=1.15$ 时，单位空气耗量 $L_0=10.8$m³(标)/m³(标)，单位燃烧生成气量 $V_0=11.79$m³(标)/m³(标)

$$Q_{net}=126.39\varphi_{CO}+107.90\varphi_{H_2}+358.76\varphi_{CH_4}+234.06\varphi_{H_2S}+643.73\varphi_{C_2H_6}+594.89\varphi_{C_2H_4}+931.87\varphi_{C_3H_8}+876.73\varphi_{C_3H_6}$$

式中，φ_{CO}、φ_{H_2}、φ_{CH_4}、φ_{H_2S}、$\varphi_{C_2H_6}$、$\varphi_{C_2H_4}$、$\varphi_{C_3H_8}$、$\varphi_{C_3H_6}$为气体燃料中一氧化碳、氢气、甲烷、硫化氢、乙烷、乙烯、丙烷、丙烯的体积分数，%[❶]。

气体燃料的组成，分为干成分和湿成分两种。燃烧计算通常采用湿成分。气体干湿成分的换算如下。

$$y_i=y_i^g\frac{1}{1+0.00124G_{H_2O}^g}$$

式中 y_i——气体燃料的湿成分的含量，%；

y_i^g——气体燃料的干成分的含量，%；

$G_{H_2O}^g$——计算温度下 $1m^3$ 干气体所能够吸收的水蒸气质量，g/m^3。

不同温度下干空气中饱和水蒸气含量见表25-14。

(2) 液体燃料发热量

液体燃料按元素分析成分的低位发热量计算如下。

$$Q_{net}^{ar}=339C^{ar}+1030H^{ar}-109(O^{ar}-S^{ar})-25.1M^{ar}$$

式中 Q_{net}^{ar}——液体燃料收到基的低位发热量，kJ/kg；

O^{ar}，C^{ar}，H^{ar}，S^{ar}，M^{ar}——液体燃料中氧、碳、氢、硫、水分收到基的质量分数，%。

(3) 固体燃料发热量

煤的发热量根据不同基的组分计算高位发热量或低位发热量，燃烧计算中用收到基的低位发热量。各种基的高、低位发热量可按表25-15进行换算。当用元素分析时，按下面给出的公式进行计算。

$$Q_{net}^{ad}=12808+216.6C^{ad}+734.2H^{ad}-133A^{ad}-188M^{ad}$$

式中 Q_{net}^{ad}——煤的空气干燥基低位发热量，kJ/kg；

C^{ad}，H^{ad}——空气干燥基中碳、氢的质量分数，%；

A^{ad}——煤的空气干燥基的灰分质量分数，%；

M^{ad}——煤的空气干燥基的水分质量分数，%。

表25-14 不同温度下干空气中饱和水蒸气含量

温度/℃	干空气比体积/(m^3/kg)	水蒸气分压/Pa	$1m^3$干空气中含水量/(g/m^3)	1kg干空气中含水量/(g/kg)	温度/℃	干空气比体积/(m^3/kg)	水蒸气分压/Pa	$1m^3$干空气中含水量/(g/m^3)	1kg干空气中含水量/(g/kg)
−20	0.716	123.6	1.12	0.8	34	0.8701	5319	39.7	34.5
−15	0.731	186.7	1.64	1.2	36	0.8758	5942	44.3	38.8
−5	0.759	415.0	3.43	2.6	38	0.8815	6626	49.3	43.5
0	0.7738	610.8	4.91	3.8	40	0.8871	7377	55.0	48.8
5	0.7880	871.9	6.9	5.4	42	0.8928	8201	61.4	54.8
10	0.8021	1227	9.5	7.6	44	0.8985	9102	68.3	61.4
12	0.8078	1402	10.8	8.7	46	0.9041	10090	76.1	68.8
14	0.8135	1597	12.3	10.0	48	0.9098	11160	84.6	77.0
16	0.8191	1817	13.9	11.4	50	0.9155	12340	94.3	86.3
18	0.8248	2063	15.6	12.9	52	0.9211	13620	104.9	96.6
20	0.8305	2337	17.7	14.7	54	0.9268	15010	116.6	108.1
21	0.8333	2486	18.7	15.6	56	0.9325	16510	129.9	121.1
22	0.8361	2643	20.0	16.7	58	0.9381	18150	144.8	135.8
23	0.8390	2808	21.2	17.8	60	0.9438	19920	161.4	152.3
24	0.8418	2983	22.5	18.9	62	0.9495	21840	180.0	170.9
25	0.8446	3167	23.8	20.1	64	0.9551	23920	201.2	192.2
26	0.8475	3360	25.1	21.3	66	0.9608	26150	225.2	216.4
27	0.8503	3565	26.7	22.7	68	0.9665	28570	252.7	244.2
28	0.8531	3779	28.2	24.1	70	0.9721	31170	284.2	276.3
29	0.8560	4005	29.9	25.6	80	1.0004	47370	545.8	546.0
30	0.8588	4243	31.7	27.2	90	1.029	70110	1357.6	1397
32	0.8645	4755	35.4	30.6	100	1.057	101330	—	—

❶ 由于公式与上述表格来源不一，故发热值略有差异，鉴于公式中尚未包含所有组分，以及表格中列有反应式及部分其他有用数据，故一并收集于此，不必考虑少量的差异——编者注。

然后再把 Q_{net}^{ad} 换算到 Q_{net}^{ar}。当所得组分为干燥无灰基时，则以下面公式计算。

$$Q_{gr}^{daf}=335C^{daf}+1298H^{daf}+63S^{daf}-105O^{daf}-21(A^{d}-10)$$

式中 Q_{gr}^{daf}——煤的干燥无灰基高位发热量，kJ/kg；

C^{daf}，H^{daf}，S^{daf}，O^{daf}——煤的干燥无灰基中碳、氢、硫、氧的质量分数，%；

A^{d}——煤的干基中灰分的质量分数。

$C^{daf}>95\%$ 或 $H^{daf}\leqslant 1.5\%$ 的煤，C^{daf} 前面的数采用 327；$C^{daf}<77\%$ 的煤，H^{daf} 前面的数采用 1256。计算得到干燥无灰基的高位发热量 Q_{gr}^{daf} 后，按高、低位发热量换算表（表 25-15）直接换算到收到基的低位发热量 Q_{net}^{daf}。

4.2.2 燃烧所需空气量

(1) 固体和液体燃料燃烧时理论空气量

$$V_0=0.0889(C^{ar}+0.375S^{ar})+0.265H^{ar}-0.0333O^{ar}\quad m^3/kg$$

$$V_0=0.115(C^{ar}+0.375S^{ar})+0.342H^{ar}-0.431O^{ar}\quad kg/kg$$

式中 V_0——1kg 燃料燃烧时所需的理论空气量，m^3/kg 或 kg/kg。

(2) 气体燃料燃烧时理论空气量

表 25-15 煤的高低发热量换算

基准		高发热量 Q_{gr}/(kcal/kg)	高低发热量换算公式
无水分	干燥无灰基	Q_{gr}^{daf}	$Q_{net}^{daf}=Q_{gr}^{daf}-54H^{daf}$
	干燥基	Q_{gr}^{d}	$Q_{net}^{d}=Q_{gr}^{d}-54H^{daf}$ $Q_{net}^{d}=Q_{net}^{daf}\dfrac{100-A^{d}}{100}$
有水分	空气干燥基	Q_{gr}^{ad}	$Q_{net}^{ad}=Q_{gr}^{ad}-6(9H^{ad}+M^{ad})$ $Q_{net}^{ad}=Q_{net}^{d}\dfrac{100-M^{ad}}{100}-6M^{ad}$
	收到基	Q_{gr}^{ar}	$Q_{net}^{ar}=Q_{gr}^{ar}-6(9H^{ar}+M^{ar})$ $Q_{net}^{ar}=\dfrac{1}{100-M^{ad}}[Q_{net}^{ad}(100-M^{ar})-600(M^{ar}-M^{ad})]$ $Q_{net}^{ar}=Q_{gr}^{d}\dfrac{100-M^{ar}}{100}-6M^{ar}$ $Q_{net}^{ar}=Q_{gr}^{daf}\dfrac{100-M^{ar}-A^{ar}}{100}-6M^{ar}$

注：1kcal=4.18kJ。

$$V_0=0.0476\left[0.5\varphi_{H_2}+0.5\varphi_{CO}+\sum\left(m+\frac{n}{4}\right)\varphi_{C_mH_n}+1.5\varphi_{H_2S}-\varphi_{O_2}\right]\quad m^3/m^3$$

式中，φ_{H_2}、φ_{CO}、$\varphi_{C_mH_n}$、φ_{H_2S}、φ_{O_2} 表示气体燃料中氢、一氧化碳、烃类化合物、硫化氢、氧的体积分数，%；m、n 表示烃类化合物中碳、氢原子数目。

(3) 实际空气量

$$V_n=\alpha V_0\quad m^3/kg 或 m^3/m$$

式中 α——空气过剩系数，常用值参见表 25-16。

表 25-16 各种燃料通常采用的空气过剩系数

燃料种类	燃烧方式				
	人工加煤	机械化加煤	空气与燃料自动比例调节	空气与燃料人工比例调节	喷射式烧嘴
煤、焦炭	1.2～1.5	1.2			
煤粉				1.2～1.25	
液体燃料			1.15	1.2～1.25	
气体燃料			1.05～1.10	1.15～1.2	1.05～1.1

4.2.3 燃料生成烟气量

(1) 固体和液体燃料烟气生成量

$$V_y=V_{CO_2}+V_{SO_2}+V_{H_2O}+V_{O_2}+V_{N_2}$$

$$V_{CO_2}=0.01866C^{ar}$$

$$V_{SO_2}=0.007S^{ar}$$

$$V_{H_2O}=0.111H^{ar}+0.0124M^{ar}+0.00124G_{H_2O}^{g}V_n+1.24G_{H_2O}$$

$$V_{O_2}=0.21(\alpha-1)V_0$$

$$V_{N_2}=0.008N_2^{ar}+0.79V_n$$

式中 V_y——1kg 固体或液体燃料燃烧后的烟气生成量，m^3/kg；

V_{CO_2}，V_{SO_2}，V_{H_2O}，V_{O_2}，V_{N_2}——燃烧 1kg 固体或液体燃料时 CO_2、SO_2、H_2O、O_2、N_2 的生成量，m^3/kg；

G_{H_2O}——1kg 液体燃料雾化用蒸汽耗量，kg 蒸汽/kg。

(2) 气体燃料烟气生成量

$$V_y=V_{CO_2}+V_{SO_2}+V_{H_2O}+V_{O_2}+V_{N_2}$$

$$V_{CO_2}=0.01(\varphi_{CO_2}+\varphi_{CO}+\sum m\varphi_{C_mH_n})$$

$$V_{SO_2}=0.01\varphi_{H_2S}$$

$$V_{H_2O}=0.01\left(\varphi_{H_2}+\varphi_{H_2S}+\varphi_{H_2O}+\sum\frac{n}{2}\varphi_{C_mH_n}\right)+0.00124G_{H_2O}^{g}V_n$$

$$V_{O_2}=0.21(\alpha-1)V_0$$

$V_{N_2}=0.01\varphi_{N_2}+0.79V_n$

式中，V_y 表示 $1m^3$ 气体燃料燃烧后的烟气生成量，m^3/m^3；V_{CO_2}、V_{SO_2}、V_{H_2O}、V_{O_2}、V_{N_2} 表示燃烧 $1m^3$ 气体燃料时 CO_2、SO_2、H_2O、O_2、N_2 的生成量，m^3/m^3；φ_{H_2O} 表示气体燃料中 φ_{H_2O} 的体积分数，%。

单位燃料燃烧的理论空气量及燃烧生成气量经验计算公式见表25-17。

4.2.4　烟气密度

$$\gamma_y=(1.964V'_{CO_2}+0.804V'_{H_2O}+2.857V'_{SO_2}+1.250V'_{N_2}+1.429V'_{O_2})\times0.01$$

$$V'_{CO_2}=\frac{V_{CO_2}}{V_y}\times100\%$$

$$V'_{H_2O}=\frac{V_{H_2O}}{V_y}\times100\%$$

$$V'_{SO_2}=\frac{V_{SO_2}}{V_y}\times100\%$$

$$V'_{N_2}=\frac{V_{N_2}}{V_y}\times100\%$$

$$V'_{O_2}=\frac{V_{O_2}}{V_y}\times100\%$$

式中，γ_y 表示烟气密度，kg/m^3；V'_{CO_2}、V'_{H_2O}、V'_{SO_2}、V'_{N_2}、V'_{O_2} 表示烟气中 CO_2、H_2O、SO_2、N_2、O_2 的体积分数，%。

4.2.5　烟气热焓和温焓图

(1) 固体或液体燃料燃烧所生成烟气的热焓

$$I_t=I_{CO_2}+I_{SO_2}+I_{H_2O}+I_{O_2}+I_{N_2}$$

$$I_{CO_2}=V_{CO_2}c_{CO_2}t$$

$$I_{SO_2}=V_{SO_2}c_{SO_2}t$$

$$I_{H_2O}=V_{H_2O}c_{H_2O}t$$

$$I_{O_2}=V_{O_2}c_{O_2}t$$

$$I_{N_2}=V_{N_2}c_{N_2}t$$

式中，I_t 表示1kg固体或液体燃料燃烧产生的烟气在 t℃时的热焓，kJ/kg；I_{CO_2}、I_{SO_2}、I_{H_2O}、I_{O_2}、I_{N_2} 表示1kg固体或液体燃料燃烧产生的烟气中 CO_2、SO_2、H_2O、O_2、N_2 在温度为 t℃时的热焓，kJ/kg，其值见表25-18；V_{CO_2}、V_{SO_2}、V_{H_2O}、V_{O_2}、V_{N_2} 表示燃烧1kg固体或液体燃料时 CO_2、SO_2、H_2O、O_2、N_2 的生成量，m^3/kg；c_{CO_2}、c_{SO_2}、c_{H_2O}、c_{O_2}、c_{N_2} 表示烟气中 CO_2、SO_2、H_2O、O_2、N_2 组分的平均比定压热容，$kJ/(m^3\cdot℃)$，其值见表25-19。

表25-17　单位燃料燃烧的理论空气量及燃烧生成气量经验计算公式

燃料名称	低发热量 Q_d /(kJ/m^3)或(kJ/kg)	单位理论空气消耗量 L_0 /(m^3/m^3)或(m^3/kg)	单位燃烧生成气量 V_α /(m^3/m^3)或(m^3/kg)
固体燃料	23030～29310	$\frac{0.24}{1000}Q_d+0.5$	$\frac{0.21}{1000}Q_d+1.65+(\alpha-1)L_0$
液体燃料	37680～41870	$\frac{0.2}{1000}Q_d+2$	$\frac{0.27}{1000}Q_d+(\alpha-1)L_0$
高炉煤气	3770～4180	$\frac{0.19}{1000}Q_d$	$\alpha L_0+0.97-\frac{0.03}{1000}Q_d$
发生炉煤气	<5230	$\frac{0.2}{1000}Q_d-0.01$	$\alpha L_0+0.98-\frac{0.03}{1000}Q_d$
	5230～5650	$\frac{0.2}{1000}Q_d$	$\alpha L_0+0.98-\frac{0.03}{1000}Q_d$
	>5650	$\frac{0.2}{1000}Q_d+0.03$	$\alpha L_0+0.98-\frac{0.03}{1000}Q_d$
发生炉水煤气	10500～10700	$\frac{0.21}{1000}Q_d$	$\frac{0.26}{1000}Q_d+(\alpha-1)L_0$
混合煤气	<16250	$\frac{0.26}{1000}Q_d$	$\alpha L_0+0.68-0.1\left(\frac{0.238Q_d-4000}{1000}\right)$
焦炉煤气	15900～17600	$\frac{0.26}{1000}Q_d-0.25$	$\alpha L_0+0.68+0.06\left(\frac{0.238Q_d-4000}{1000}\right)$
天然气	34500～41870	$\frac{0.264}{1000}Q_d+0.02$	$\alpha L_0+0.38+\frac{0.018}{1000}Q_d$

表 25-18　烟气组分、空气及灰的焓　单位：kJ/m^3

t/℃	I_{SO_2}	I_{CO_2}	I_{N_2}	I_{O_2}	I_{H_2O}①	I_{air}②	I_{ash}③/(kJ/kg)
100	136.0	170.5	130.2	132.3	151.2	132.7	81.1
200	223.3	358.7	260.8	268.0	305.3	267.1	169.7
300	286.6	560.7	393.1	408.2	464.1	404.0	264.6
400	335.3	774.5	528.4	552.7	628.3	543.5	361.2
500	374.4	999.6	666.1	701.4	797.2	686.3	459.9
600	405.9	1226.4	806.4	852.6	970.2	832.4	562.0
700	433.0	1465.8	949.2	1008.0	1150.8	982.8	664.4
800	455.3	1709.4	1096.2	1163.4	1339.8	1134.0	769.4
900	475.0	1957.2	1247.4	1323.0	1528.8	1285.2	877.8
1000	491.5	2209.2	1398.6	1482.6	1730.4	1440.6	987.0
1100	506.4	2465.4	1549.8	1642.2	1932.0	1600.2	1100.4
1200	519.1	2725.8	1701.0	1806.0	2137.8	1759.8	1209.6
1300	—	2986.2	1856.4	1969.8	2352.0	1919.4	1365.0
1400	—	3250.8	2016.0	2133.6	2566.2	2083.2	1587.6
1500	551.4	3515.4	2171.4	2301.6	2788.8	2247.0	1764.0
1600	—	3780.0	2331.0	2469.6	3011.4	2410.8	1881.6
1700	—	4048.8	2490.6	2637.6	3238.2	2574.6	2070.6
1800	—	4317.6	2650.2	2805.6	3469.2	2738.4	2192.4
1900	—	4586.4	2814.0	2977.8	3700.2	2906.4	2394.0
2000	586.8	4859.4	2973.6	3150.0	3939.6	3074.4	2520.0

① 水蒸气的焓。
② 空气的焓。
③ 灰的焓。

表 25-19　烟气组分及空气的平均比定压热容　单位：$kJ/(m^3 \cdot ℃)$

t/℃	N_2	O_2	CO	CO_2	SO_2	空气	水蒸气
0	1.299	1.306	1.299	1.600	1.779	1.297	1.494
100	1.302	1.327	1.302	1.725	1.863	1.302	1.499
200	1.310	1.348	1.310	1.817	1.943	1.310	1.520
300	1.315	1.361	1.319	1.892	2.010	1.319	1.536
400	1.327	1.377	1.331	1.955	2.072	1.331	1.557
500	1.336	1.403	1.344	2.022	2.123	1.344	1.583
600	1.348	1.419	1.361	2.077	2.169	1.356	1.608
700	1.361	1.436	1.373	2.106	2.206	1.373	1.633
800	1.373	1.453	1.390	2.164	2.240	1.386	1.662
900	1.386	1.470	1.403	2.202	2.273	1.398	1.691
1000	1.398	1.482	1.415	2.236	2.294	1.411	1.716
1100	1.411	1.490	1.428	2.265	2.319	1.424	1.742
1200	1.424	1.503	1.440	2.294	2.340	1.436	1.767
1300	1.432	1.516	1.449	2.315	2.357	1.444	1.792
1400	1.444	1.524	1.461	2.340	2.374	1.453	1.817
1500	1.453	1.532	1.465	2.361	2.386	1.465	1.838
1600	1.461	1.541	1.478	2.382	2.399		
1800	1.478	1.557	1.490	2.416	2.424		
2000	1.490	1.574	1.503	2.445	2.441		

(2) 气体燃料燃烧所生成烟气的热焓

$$I_t = I_{CO_2} + I_{SO_2} + I_{H_2O} + I_{O_2} + I_{N_2}$$
$$I_{CO_2} = V_{CO_2} C_{CO_2} t$$
$$I_{SO_2} = V_{SO_2} C_{SO_2} t$$
$$I_{H_2O} = V_{H_2O} C_{H_2O} t$$
$$I_{O_2} = V_{O_2} C_{O_2} t$$
$$I_{N_2} = V_{N_2} C_{N_2} t$$

式中，I_t 表示 $1m^3$ 气体燃料燃烧产生的烟气在温度 t℃时的热焓，kJ/m^3；I_{CO_2}，I_{SO_2}，I_{H_2O}，I_{O_2}，I_{N_2} 表示 $1m^3$ 气体燃料燃烧产生的烟气中 CO_2、SO_2、H_2O、O_2、N_2 在温度 t℃时的热焓，kJ/m^3。

(3) 烟气温焓图

为计算方便，一般应作出温焓图，以直角坐标系的横坐标表示烟气的温度 t(℃)，以纵坐标表示烟气的焓 I（对固体和液体燃料为 kJ/kg，对气体燃料为

kJ/m³），作出各种空气过剩系数 α 下的温焓对应曲线，即烟气温焓图。

5 燃烧室和燃烧装置

5.1 燃烧室的容积

燃烧室或称炉膛是燃料进行燃烧的空间。炉膛容积过小，单位容积内热容量过大，会使炉膛温度过高，炉衬易损坏，缩短炉子寿命。如果燃料与空气混合不够充分和均匀，还可能使燃烧不完全，部分未燃尽的燃料移至炉后燃烧，或出现冒黑烟的现象。炉膛容积过大，会使炉子体积庞大，炉温可能上不去。所以炉膛容积尺寸应有个合理的取法，通常根据经验确定一个适当的容积热强度值，然后根据炉子热负荷大小算得炉膛（燃烧室）的容积。

$$V=\frac{0.278BQ}{q_v}$$

式中 V——炉膛容积，m³；

B——燃料消耗量，kg/h；

Q——燃料的低发热量，kW/kg；

q_v——炉膛容积热强度，kW/m³。

5.1.1 一般燃烧室的容积

这里所说的一般燃烧室是指燃料在其中燃烧所必需的容积，即纯属为满足燃料能较完全地燃烧所需的空间。该燃烧室容积热强度 q_v 的大小由燃料种类而定，见表25-20。根据该容积热强度值就可按上述计算公式求得燃烧室的容积。

表 25-20 燃烧室容积热强度

单位：kW/m³

燃料种类	容积热强度 q_v
气体燃料	230～465
重油	300～465
无烟煤	350～400
烟煤	290～400
褐煤	230～400

5.1.2 管式加热炉的炉膛容积

管式加热炉炉膛既作为燃烧室，又布置着辐射段的传热面积，为了防止火焰舔炉管，火焰与被加热的炉管间有一定的尺寸要求。因此，该炉膛不仅为燃料燃烧所需的空间，还需满足炉管布置的要求，故设计的炉膛容积热强度要比一般燃烧室的热强度小得多。以往管式炉容积热强度仅取35～70kW/m³，最多不超过93kW/m³，其实不是这样，这需要看被加热物料的性质。如果物料对过热很敏感，超温易产生变质或结焦等，那么火焰离炉管要远些，炉膛容积要大些。如果物料并不会因过热而出现问题，且管内介质传热很好，炉管也不会因炉膛温度高些而过热，则容积热强度是可以提高的。再者，管式加热炉的炉膛尺寸并不是根据这个热强度值来确定的，而是根据所需传热面积求得炉管及燃烧器的排列布置所确定的，作为燃料燃烧的空间是足够的，此时容积热强度只作为一种校核而已。管式炉炉膛中燃烧器至辐射管中心距离见表25-21和表25-22。通常校核用的管式加热炉容积热强度 q_v 对气体燃料不大于165kW/m³，对液体燃料不大于125kW/m³。

表 25-21 自然通风燃烧器的最小间距

燃烧器类型	每台燃烧器最大放热量		最小间距							
			A		B		C		D	
			燃烧器至顶部炉管中心或耐火材料的垂直距离（仅对于垂直燃烧）		燃烧器中心至靠墙炉管中心的水平距离		燃烧器中心至无遮蔽耐火材料的水平距离		对烧燃烧器间的水平距离（水平安装时）	
	/MW	/(×10⁶Btu/h)	/m	/ft	/m	/ft	/m	/ft	/m	/ft
烧油	1.0	3.41	4.3	14.1	0.8	2.6	0.6	1.9	6.5	21.4
	1.5	5.12	5.6	18.5	0.9	3.0	0.7	2.3	8.8	29.0
	2.0	6.8	7.0	22.9	1.1	3.5	0.8	2.7	11.2	36.7
	2.5	8.5	8.3	27.4	1.2	3.9	1.0	3.1	13.3	43.6
	3.0	10.2	9.7	31.8	1.3	4.3	1.1	3.6	14.8	48.7
	3.5	11.9	11.0	36.2	1.4	4.7	1.2	4.0	16.4	53.8
	4.0	13.6	12.4	40.7	1.6	5.2	1.4	4.4	18.0	59.0
烧气	0.5	1.7	2.6	8.5	0.6	1.9	0.4	1.4	3.4	11.1

续表

燃烧器类型	每台燃烧器最大放热量		最小间距							
			A		B		C		D	
			燃烧器至顶部炉管中心或耐火材料的垂直距离（仅对于垂直燃烧）		燃烧器中心至靠墙炉管中心的水平距离		燃烧器中心至无遮蔽耐火材料的水平距离		对烧燃烧器间的水平距离（水平安装时）	
	/MW	/($\times10^6$Btu/h)	/m	/ft	/m	/ft	/m	/ft	/m	/ft
烧气	1.0	3.4	3.6	11.9	0.7	2.4	0.6	1.9	4.9	16.2
	1.5	5.1	4.6	15.2	0.8	2.8	0.7	2.3	6.5	21.4
	2.0	6.8	5.6	18.5	1.0	3.2	0.8	2.7	8.1	26.5
	2.5	8.5	6.7	21.8	1.1	3.6	1.0	3.1	9.6	31.6
	3.0	10.2	7.7	25.2	1.2	4.1	1.1	3.6	11.1	36.4
	3.5	11.9	8.7	28.5	1.4	4.5	1.2	4.0	11.9	38.9
	4.0	13.7	9.7	31.8	1.5	4.9	1.4	4.4	12.6	41.5
	4.5	15.4	10.7	35.1	1.6	5.3	1.5	4.8	13.4	44.0
	5.0	17.1	11.7	38.5	1.8	5.7	1.6	5.3	14.2	46.6

(1)对于水平安装的燃烧器，燃烧器中心线与顶部炉管中心或耐火材料间的距离应比 B 列的数据大 50%

(2)对于油-气联合燃烧器，除仅在开工时烧油外，其间距均应按烧油考虑

(3)对于常规气体燃烧器(非低 NO_x)，允许减少距离。A 列应乘以 0.77 的系数，D 列应乘以 0.67 的系数

(4)表中所列数据的中间值，可用内插法查出

(5)对于烧天然气，过剩空气系数为 15%且炉膛温度 870℃，NO_x 的排放量低于 70mg/m^3 的燃烧器，A 列和 D 列的数据应增加 20%

注：燃料气的组成会影响火焰长度。

表 25-22　强制通风燃烧器的最小间距

每台燃烧器的最大放热量		燃烧器中心至靠墙炉管中心的水平距离	
/MW	/($\times10^6$Btu/h)	/m	/ft
烧油			
2.00	6.820	0.932	3.058
3.00	10.240	1.182	3.878
4.00	13.650	1.359	4.458
5.00	17.060	1.520	4.987
6.00	20.470	1.664	5.459
8.00	27.300	1.919	6.292
10.00	34.120	2.143	7.031
12.00	40.950	2.346	7.697
烧气			
2.00	6.820	0.932	3.058
3.00	10.240	1.182	3.878
4.00	13.650	1.359	4.458
5.00	17.060	1.520	4.987
6.00	20.470	1.664	5.459
8.00	27.300	1.786	5.860
10.00	34.120	1.923	6.309
12.00	40.950	2.035	6.677

(1)水平安装的燃烧器，燃烧器中心线与顶部炉管中心或耐火材料的距离应比表中的数据大 50%

(2)对于油气联合燃烧器，除仅在开工时烧油者外，其间距均应按烧油考虑

(3)表中所列数据的中间值，可用内插法查出

(4)由于缺乏相应的数据，其他间距本表未作规定

(5)当热强度接近允许的最高值时，可能需要增加表中所列间距

5.1.3 焚烧炉的炉膛容积

焚烧炉的炉膛也常是作为燃料燃烧的炉膛，所以它的容积也要满足一般燃烧室的要求。同时，对不同的炉型及焚烧不同的废物，其容积大小的要求也是不一样的。焚烧炉炉膛容积热强度见表25-23。

表25-23 焚烧炉炉膛容积热强度

单位：kW/m^3

焚烧炉类别	建议容积热强度 q_v
废气焚烧炉	200～300
废液焚烧炉	250～300
一般炉排式炉	150～300
流化床焚烧炉	400～700

对于焚烧含水量很高的废液，则需一定的水蒸发空间，经推算单位时间（以每小时计）焚烧1t含水量为90%的废液，需要8～10.5m^3炉膛空间；含水量为50%的废液，需要5m^3容积。以此可作为炉膛尺寸的核算。

5.2 燃烧装置

用来实现燃料燃烧过程的装置称为燃烧装置，对于火焰加热炉而言，燃烧装置是工业炉不可缺少的关键设备（或部件），通过燃烧装置使燃料充分燃烧，向炉内供热，以此保证工业炉的操作工况符合工艺条件及经济合理的要求。燃烧装置的选择应满足以下要求。

① 有足够的燃烧能力，保证炉子满负荷及超出一定负荷的条件下能充分达到完全燃烧。燃烧器能力应为炉子额定能力的1.1～1.25倍。

② 燃烧产生的火焰有良好的铺展性，火焰有一定的形状方向及刚性以符合炉型的要求。

③ 燃烧过程稳定，能给炉子连续供热，并有一定的调节比。对气体燃烧器要求调节比为5∶1，液体燃烧器为3∶1。

④ 结构简单，牢固，使用维修方便，能保证安全并符合环保要求。

⑤ 对于特殊工艺需求的燃烧器，一般由专业制造商开发和提供。

由于燃料种类分为固体、液体、气体三大类别，其燃烧过程不同，因而燃烧装置的结构也各不相同。这里将一般固体燃料（煤）、液体燃料（油）、气体燃料（煤气，天然气等）的燃烧装置（或称燃烧设备，对液体、气体称燃烧器）的种类、特点及选型基本原则简介如下。

5.2.1 固体燃料燃烧装置

固体燃料（煤）的燃烧方式有两种，其燃烧装置各异。

(1) 块煤层状燃烧的燃烧装置

块煤在炉箅上保持一定的层状厚度，称为层状燃烧法，各种结构形状的炉箅及其送煤设备构成了燃烧装置。例如链条式炉排、往复式阶梯炉排、下饲式螺旋给煤机等机械化燃煤装置及最简单的手工加煤的梁式炉条和板式炉箅组成的固定式炉排都是层状燃烧的燃烧装置。层状燃烧炉的结构尺寸确定主要是确定炉箅面积及炉膛尺寸。水平炉箅面积计算如下。

$$F_b=\frac{BQ}{q_R}\text{或}F_b=\frac{Q}{q_f}\quad m^2$$

式中 F_b——炉箅面积，m^2；

B——燃料消耗量，kg/h；

Q——燃料低位发热量，kJ/kg；

q_R——炉箅允许热强度，见表25-24，kW/m^2；

q_f——炉箅燃烧强度，见表25-25，$kg/(m^2\cdot h)$

表25-24 炉箅允许热强度 q_R

燃料种类	q_R /($\times10^3kW/m^2$)	燃料种类	q_R /($\times10^3kW/m^2$)
无烟煤	930～1395	泥煤	1163～1628
烟煤	1395～1860	焦炭	1046
褐煤	1046～1512	木柴	1163～1628

注：表中数据用于机械通风的人工炉；用于自然通风的人工炉时，表中数据应降低50%左右；用于机械化燃煤炉时，应提高10%～50%。

阶梯式或倾斜式炉箅面积，可按 $F_b/\cos\alpha$ 计算，α 为炉箅与水平面之间的夹角。

表25-25 炉箅燃烧强度 q_f 的参考值

燃料种类	$q_f/[kg/(m^2\cdot h)]$					
	强制通风		自然通风		半煤气化(强制通风)	
	人工加煤	机械加煤	人工加煤	机械加煤	人工加煤	机械加煤
无烟煤	60～150	80～180	30～75	40～90	80～195	120～230
烟煤	70～170	100～200 200～350	35～85	50～100	90～200	130～250 260～450
褐煤	200～300 150～200		100～150	100～175	260～390 195～260	

续表

燃料种类	q_f/[kg/(m²·h)]					
	强制通风		自然通风		半煤气化(强制通风)	
	人工加煤	机械加煤	人工加煤	机械加煤	人工加煤	机械加煤
泥煤	150 左右	200 左右	75～100			
			75 左右	100 左右		
焦炭	250～400		125～200		225～520	
木柴						

注：对同一种煤，当挥发分较高或煤块较大且均匀，或不易结渣时取高值，反之取低值。要求炉温较高时，也可取高值。

表 25-26　层状燃烧法的煤层厚度和鼓风压力

煤炭种类		煤层厚度/mm		鼓风压力/mmH_2O	
		薄煤层	厚煤层	薄煤层	厚煤层
泥煤	水分(35%)	500	1100		
	水分(25%)	300	600		
烟煤		100～150	200～400	25～80	50～160
褐煤		200～300	400～600	25～80	50～160
无烟煤		100～200	500	100～120	200～240

注：$1mmH_2O=9.80665Pa$。

炉膛的宽度和长度由炉箅面积而定，对于机械化的炉排，根据选定的燃烧设备产品样本确定。对于人工加煤的炉子则应考虑到加煤均匀、操作方便及加煤炉门数量。此时取炉箅长度约 1.2m，当只有一个加煤炉门时，炉膛宽度不超过 1.2m，有两个加煤炉门时宽度为 1.5～2.6m。当计算宽度更大时要考虑更多炉门，但通常不宜超过四个加煤炉门。

有关链条炉排，往复炉排及下饲式螺旋给煤机等设备的结构特点及对炉膛的设计要求和选型情况另见专业手册，这里不作详细介绍。

在供给适量空气的条件下，影响完全燃烧的因素在于空气的供给方式。当煤层较薄（200mm 以下）时，空气可全部由煤层下部的炉箅供入；当煤层较厚（200mm 以上）时，空气可分两部分供入，一部分（一次空气）由炉箅下供入，另一部分（二次空气）从煤层上部直接送入炉膛。一次空气量和二次空气量的比例，应由煤的挥发分含量确定。一般二次空气量为全部空气量的 10%～15%，煤层较厚或煤的挥发分较高时，二次空气量的比例可高达 30%～60%。由炉箅下供入的空气，可借炉膛负压自然吸入，或用风机鼓入。各种形式的层燃炉（如链条炉，往复炉等）都有规定的鼓风压力。对于其他形式的炉子或缺少设计数据时，可参照表 25-26 中的数据选择鼓风压力。

(2) 粉煤悬浮燃烧的燃烧器

由于粉煤的粒度很细，且采用粉煤喷嘴喷入炉内，如同液体和气体燃料经燃烧器喷嘴喷入炉膛燃烧一样，故其燃烧工况、特征及燃烧器也有些相似之处。与块煤的层燃相比，粉煤燃烧可与空气很好混合，故只需较小的空气过剩系数（$\alpha=1.3\sim1.4$）即可较完全地燃烧，并获得较稳定的火焰；燃烧过程较易调节，可实现自动控制；可采用层状炉不能应用的碎煤、煤末等劣质煤种。但由于煤粉制备环节多，费用大，设备复杂，煤粉在制备、运输、储存及应用过程中爆炸危险性大，煤粉燃烧对燃烧室衬里及对被加热的物料或传热面的侵蚀性大，炉内及系统的粉尘大，劳动条件差，故在石化及一般化工行业中很少或不予采用，因此对粉煤的燃烧器不作介绍。

(3) 水煤浆燃烧器

水煤浆由 70%煤粉、30%水及适量的活性添加剂制成，其物理性态更似液体燃料；水煤浆在储存、运输、泵送烧嘴雾化及燃烧和调控方面也与液体燃料相似。该种燃料曾被认为是一种可以代油的经济燃料。现有代表性的结构示意如图 25-3 所示，其技术性能见表 25-27。

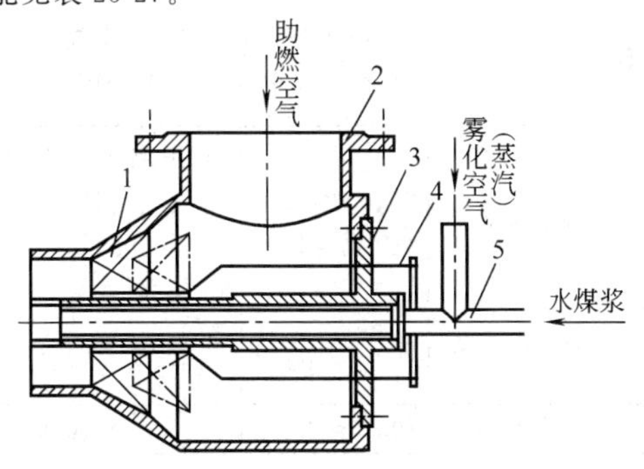

图 25-3　水煤浆烧嘴的结构示意
1—调风器；2—壳体；3—后盖；4—拉杆；5—喷枪

表 25-27　水煤浆烧嘴的技术性能

项　目	150 型	250 型	350 型
最大燃烧量/(kg/h)	150	250	350
水煤浆低发热量/(MJ/kg)	15～21	15～21	15～21
调节比	1∶3	1∶3	1∶3
雾化剂压力/MPa	＜0.5	＜0.4	＜0.35
雾化剂消耗率　＜	0.15	0.18	0.22
助燃空气温度/℃　＜	300	300	300
空气系数　＜	1.2	1.15	1.15
火炬最大长度/m	2.5	3.0	3.0
火炬张角/(°)	30	30	35

5.2.2　液体燃料燃烧器

液体燃料燃烧器也叫油燃烧器，或更简单地称油烧嘴或油嘴。燃料油燃烧必须对油进行雾化，雾化是在烧嘴内将油破碎为微小的液滴，喷到火道中，在高温下蒸发成雾状，然后与空气充分接触进行氧化燃烧。油燃烧得好坏关键是油的雾化，油雾化通常有机械雾化和雾化剂雾化两种方式，故燃烧器也多以此分类。

(1) 机械雾化油烧嘴

油以较高压力在油喷嘴内的旋流通道中高速旋流，依离心力作用使油破碎、雾化，称为涡流式机械雾化油烧嘴。该烧嘴结构简单紧凑，但雾化质量差，要求有较大的燃烧室空间才能燃烧完全。当油量少时，计算的喷孔尺寸很小；当油品质量差时，易堵塞喷孔，故不宜用在小能量场合。

以不高的油压，高速旋转的转杯，使油高速旋转而破碎成小油滴，称为转杯式机械雾化油烧嘴。它对油压几乎没什么要求，用高位槽即可，且不存在油堵塞的问题，故可适用于各种流量场合。但转杯喷出的油雾化角较大，也需较大的炉膛空间。该烧嘴自带风扇可适当进风，必要时可利用炉膛负压吸入空气，不需另行配备风机，故使用十分方便。

(2) 雾化剂雾化油烧嘴

用雾化介质（蒸汽或空气）的高速气流冲击油品，使其破碎成细小液滴。用蒸汽雾化的燃烧器称为蒸汽雾化燃烧器；用空气雾化的燃烧器称为空气雾化燃烧器。用高压空气（压缩机供风）雾化的油烧嘴称为高压空气雾化油烧嘴；用低压空气（鼓风机供风）雾化的油烧嘴称为低压空气雾化油烧嘴。有的分类中把蒸汽雾化和压缩空气雾化的油烧嘴统称为高压油烧嘴；把低压空气雾化的油烧嘴称为低压油烧嘴。

表 25-28　各类油烧嘴的特性参考表

特　性	低压油烧嘴	高压油烧嘴		涡流式机械雾化油烧嘴	转杯式机械雾化油烧嘴
		蒸汽、压缩空气雾化	蒸汽、机械雾化		
雾化方式	利用风机供入低压空气使油雾化	利用高速蒸汽或压缩空气冲击油流，使油雾化	利用蒸汽和机械双重作用使油雾化	利用高压燃料油，通过切向槽和旋流片使油强烈旋转，再经喷孔喷出，因离心力作用而雾化	使油随着转杯高速旋转，油在离心力作用下雾化
雾化及燃烧性能	雾化质量好，能使空气全部参加雾化，火焰较短	雾化质量好，火焰较长，形状容易控制		雾化质量差，但油雾流量密度分布较理想，火焰短粗	雾化质量好，扩张角大，火焰短而宽，易于控制
调节比	1∶5	(1∶6)～(1∶10)		1∶2[有回油时可达(1∶3)～(1∶5)]	1∶4
雾化介质参数	空气压力 3000～15000Pa	蒸汽、压缩空气压力 0.3～0.7MPa	蒸汽压力 0.5～0.6MPa	—	转杯转数 3000～5000r/min
雾化剂消耗量	100%的燃烧所需空气量	压缩空气 0.5～0.8m³/kg 油 蒸汽 0.3～0.6 kg/kg油	0.1kg/kg 油		
雾化剂喷出速度/(m/s)	50～100	300～400			
燃料油压力/MPa	0.03～0.15	外混 0.03～0.05，内混 0.5～0.6		1～3	0.03～0.15
燃油量/(kg/h)	2～300	10～1500		30～5000	10～1000
要求黏度/($\times10^{-4}$ m²/s)	0.2～0.353；≤0.578	0.277～0.429；≤1.094		0.115～0.236；≤0.503	0.158～0.353；≤0.578
助燃空气供给方式	不另行供给	部分或全部另行供给		全部另行供给	部分另行供给

续表

特　　性	低压油嘴	高　压　油　嘴		涡流式机械雾化油嘴	转杯式机械雾化油嘴
		蒸汽、压缩空气雾化	蒸汽、机械雾化		
空气最高预热温度/℃	≤300	800		800	—
能量消耗及费用	较低	较高			

由于在一般化工厂内较易得到蒸汽，且蒸汽雾化烧嘴比机械雾化烧嘴油的雾化质量好，故化工行业中多数采用蒸汽雾化烧嘴，特别是对于油品较差的燃料油更是需用蒸汽雾化烧嘴。

机械雾化烧嘴，尤其是涡流式机械雾化烧嘴只适用于较大空间的炉膛，故多数应用在锅炉行业以及较大型焚烧炉上。

空气雾化烧嘴中低压空气雾化烧嘴只需配鼓风机且空气本身是燃烧所必需的，应用它比高压空气雾化烧嘴及蒸汽雾化烧嘴费用低，燃烧过程易于调节，油与空气可自动按比例调节，结构较简单，维护使用方便，有系列定型产品，它在机械冶金行业中应用相当广泛，在化工中也是可以应用的。

有一种“枪式燃烧器”，它将风机、烧嘴组合在一起，除了可将油与空气自动按比例调节之外，还有炉温的测量与烧嘴能力的调控功能，因此更先进、更方便。它实际上是一种改进型的低压空气雾化烧嘴。

燃油烧嘴的种类基本上按上述两种雾化方式进行划分，表 25-28 给出了油烧嘴的分类，并将一些特性参数作了说明，以供参考。

目前一些行业中的设计单位及专业制造厂已有部分系列产品或针对某种炉型用的专用产品。例如，早些年曾比较通用的低压空气雾化比例调节燃油烧嘴（图 25-4，燃烧能力见表 25-29 和表 25-30）；转杯式系列燃油烧嘴（图 25-5，主要技术性能见表 25-31）；底烧式气体燃烧器系列（图 25-6，技术性能参数见表 25-32）和底烧式油气联合燃烧器（图 25-7，主要技术参数见表 25-33）；枪式自动比例调节燃油烧嘴（图 25-8，技术参数见表 25-34）。此外还有些针对某种炉子或某种油品开发、研制的专用燃烧器，本小节不作列举，使用时可参阅专门的资料和样本。

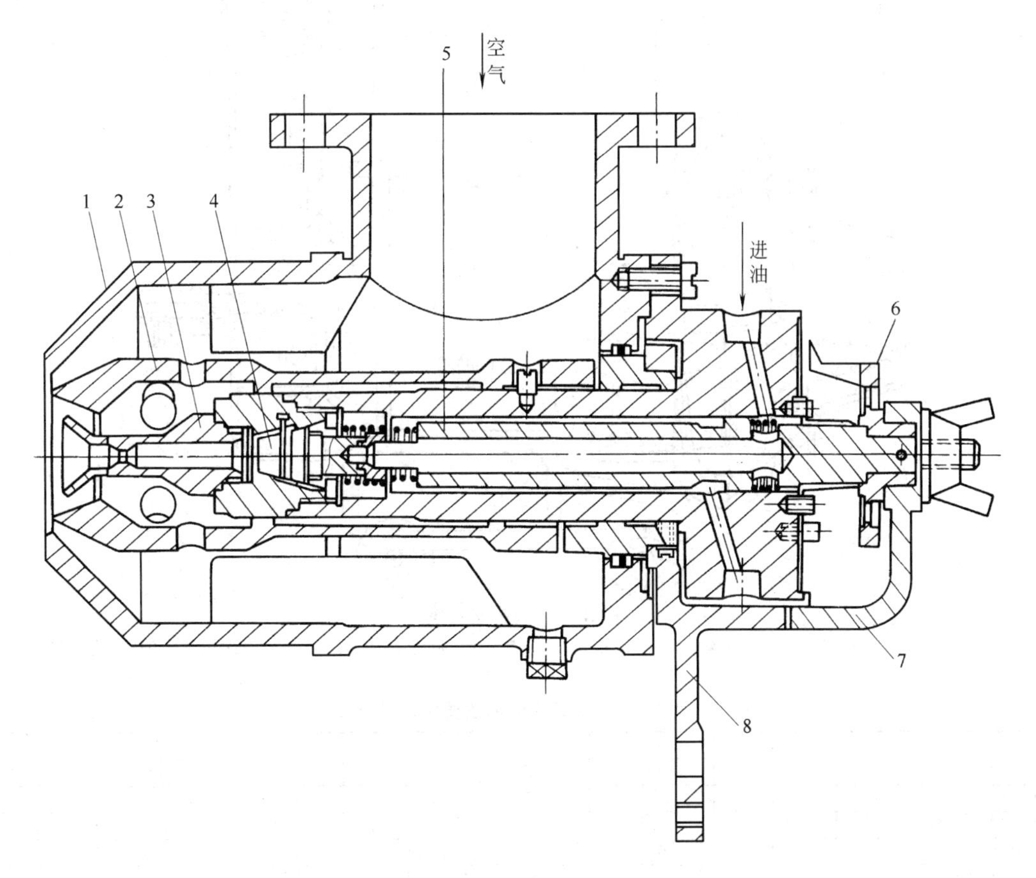

图 25-4　低压比调油嘴

1—油嘴外壳；2—风嘴；3—油喷嘴；4—旋塞；5—油管；6—手轮；7—联动杆；8—调节杆

表 25-29 低压比调油嘴燃烧能力（风套全闭无二次风时）

型号	风压/Pa 4000			6000			8000			10000			12000		
	风最大/(m³/h)	油最大/(L/h)	油最小/(L/h)	风最大/(m³/h)	油最大/(L/h)	油最小/(L/h)	风最大/(m³/h)	油最大/(L/h)	油最小/(L/h)	风最大/(m³/h)	油最大/(L/h)	油最小/(L/h)	风最大/(m³/h)	油最大/(L/h)	油最小/(L/h)
150	1104	100	12.5	1272	121	15.1	1470	140	17.5	1608	153	19.1	1722	164	20.5
100	486	46	5.8	582	55.2	6.9	666	63.5	7.9	732	69.5	8.7	786	75	9.4
80	282	26.9	3.4	342	32.4	4.0	396	37.5	4.7	426	40.3	5.1	456	43.6	5.5
50	126	11.8	1.5	150	14.2	1.8	174	16.5	2.1	186	17.8	2.2	198	19	2.4
40	78	7.2	0.9	90	8.5	1.0	102	9.8	1.2	114	10.7	1.3	120	11.4	1.4

注：炉压<20Pa，空气温度20℃。

表 25-30 低压比调油嘴燃烧能力（风套开启有二次风时）

型号	风压/Pa 4000(35%二次风)			6000(40%二次风)			8000(44%二次风)			10000(47%二次风)			12000(49%二次风)		
	风最大/(m³/h)	油最大/(L/h)	油最小/(L/h)	风最大/(m³/h)	油最大/(L/h)	油最小/(L/h)	风最大/(m³/h)	油最大/(L/h)	油最小/(L/h)	风最大/(m³/h)	油最大/(L/h)	油最小/(L/h)	风最大/(m³/h)	油最大/(L/h)	油最小/(L/h)
150	1104	142	17.8	1272	170	21.2	1470	201.5	25.2	1608	225	28.1	1722	244	30.5
100	486	57.1	7.1	582	77.3	9.7	666	91.4	11.4	732	102.6	12.8	786	111.4	13.9
80	282	36.3	4.5	342	45.4	5.7	396	54	6.8	426	60	7.5	456	65	8.1
50	126	15.9	2.0	150	19.8	2.5	174	23.8	3	186	26.2	3.3	198	28.4	3.6
40	78	9.7	1.2	90	11.9	1.4	102	14	1.7	114	15.8	1.9	120	17	2.1

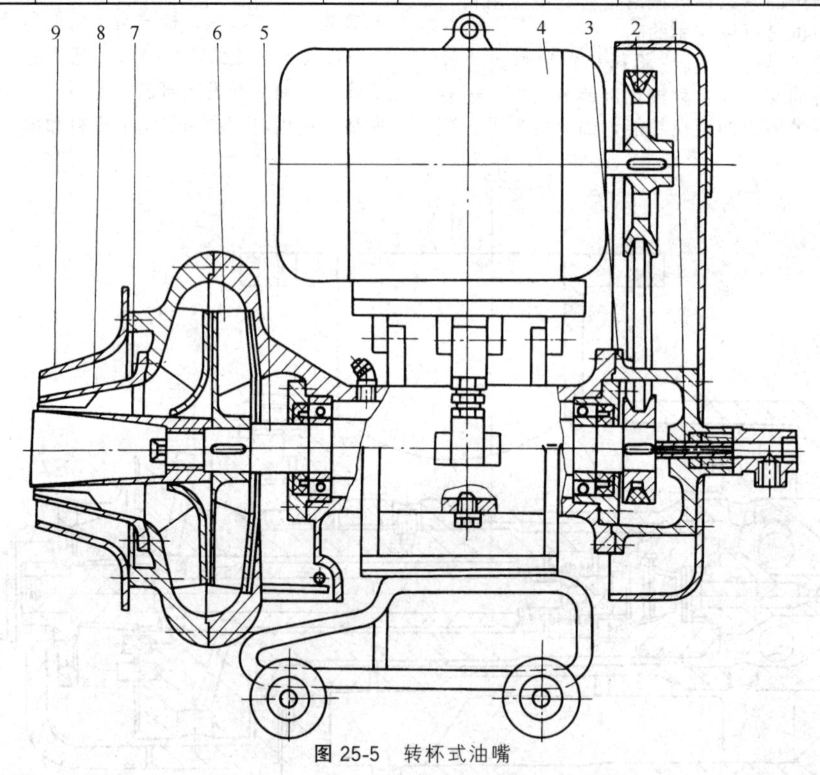

图 25-5 转杯式油嘴

1—进油管；2—带轮；3—进油体；4—电动机；5—转轴；6—叶轮；7—转杯；8——次风嘴；9—二次风嘴

表 25-31 转杯式油嘴主要技术性能

项目	0	1	2	3	4	5	6
最大燃油量/(kg/h)	20	50	150	250	500	700	1000
调节比	5	5	5	5	5	5	5
油嘴前油压/MPa	0.02	0.1	0.12	0.15	0.15	0.15	0.15
一次风量/(m³/h)	220	650	1030	1490	1490	2500	3600
一次风压/Pa	700	1900	3800	4300	4300	6000	6000
二次风量/(m³/h)	—	—	770	1510	4510	5900	8400
二次风压/Pa	—	—	—	—	6000	6000	6000

续表

项　　目	0	1	2	3	4	5	6
雾化粒度/μm	60	52	30	42	60	—	—
雾化炬射程/m	0.8	1.8	2.5	3.5	4	—	—
雾化炬张角/(°)	60	60～80	60～80	70～80	70～80	—	—
要求炉膛压力/Pa	0	0	－10～－20	－30～－50	0	0	0
电动机功率/kW	0.6	0.8	1.8	3	3	0.6	0.8
转杯转速/(r/min)	5040	5220	4700	4500	4500	4700	5000
油嘴质量/kg	36	48	111	149	173	111	123
油嘴尺寸/mm	486×454×240	565×554×332	720×680×430	820×744×480	876×750×814	716×538×410	700×660×550

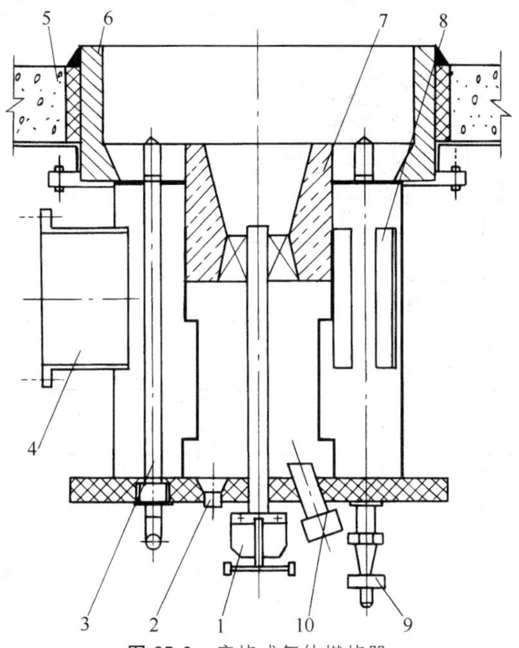

图 25-6　底烧式气体燃烧器

1—油枪；2—漏油口；3—燃气喷枪；4—进风口；5—炉底；6—二次火道砖；7—一次火道砖；8—可调风口；9—带自动点火的长明灯；10—火焰监测器

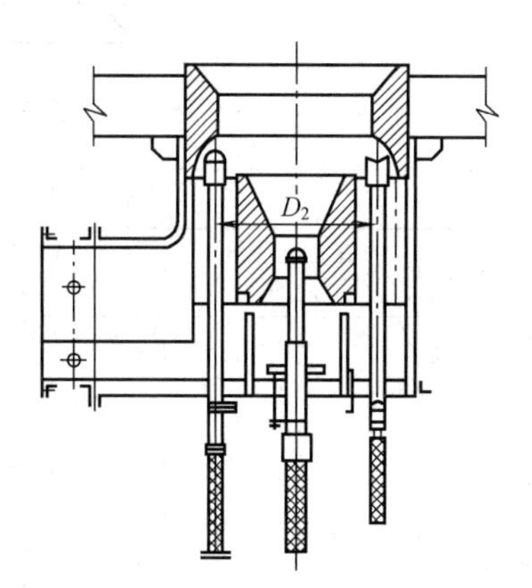

图 25-7　底烧式油气联合燃烧器

表 25-32　底烧式气体燃烧器的技术性能参数

型号			100	200	300	400	600	800	1000
热负荷/MW			1.16	2.33	3.49	4.65	6.98	9.30	11.63
燃气	密度/(kg/m³)		1.0～1.2						
	压力/MPa		0.05～0.6(按用户提供压力值设计)						
	低热值/[kJ/m³(标)]		20920～62760						
	适用燃气种类		炼厂气、天然气、液化气等						
燃油	黏度/°E		＜70						
	压力/MPa		0.35～0.8						
	温度/℃		＞85						
	适用燃油种类		柴油、重油、减压渣油、焦油、沥青油、奥里油等						
雾化介质	压缩空气	压力/MPa	0.5～1.0						
		温度/℃	＞70						
	蒸汽	压力/MPa	0.5～1.0						
		温度/℃	＞160						
助燃风	风量/(m³/h)		1270	2540	3810	5080	7620	10160	12700
	风压/mmH₂O		≥100						
	风温/℃		常温～500						
火焰	形状		按用户要求设计						
	锥角/(°)		按用户要求设计						
	长度/m		1.0～8.0(按用户要求设计)						
炉膛温度调节范围/℃			冷炉～1500						
流量调节比			1∶5						

注：$1mmH_2O=9.80665Pa$。

表 25-33 底烧式油气联合燃烧器主要技术参数

项目	参数	项目	参数
燃料油压力/MPa	0.5～0.7	燃料气压力/MPa	0.02～0.2
燃料油低热值/(kJ/kg)	42000	燃料气低热值/(kJ/kg)	35000～42000
燃料油黏度/(mm^2/s)(或°E)	≤34(或4.6)	燃料气密度/(kg/m^3)	1.3～1.4
雾化蒸气压力/MPa	0.65～0.85	点火燃料气压力/MPa	0.02～0.05
雾化蒸气温度/℃	220～230	点火燃料气低热值/(kJ/kg)	35000～42000
雾化蒸气汽耗/(kg汽/kg燃油)	≤0.3		

注：该燃烧器一般用于强制通风的条件，热风温度小于250℃。

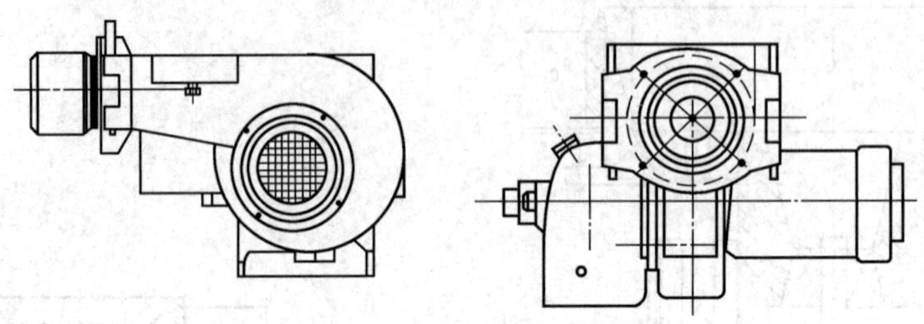

图 25-8 枪式自动燃油燃烧器

表 25-34 枪式自动燃油燃烧器技术参数

型号	最大燃油量/(L/h)	最大输出功率/kW	适用锅炉出力/(t/h) ≤	调节比	电机功率/kW
25	25	240	0.25	1∶2	0.25～0.37
45	45	440	0.50	1∶2	0.55～0.75
70	70	680	0.75	1∶2	0.75～1.1
100	100	980	1.0	1∶3	1.1～1.5
140	140	1380	1.5	1∶3	1.5～2.2
180	180	1770	2.0	1∶3	2.2～3.0
230	230	2260	2.5	1∶3	3.0～4.0
270	270	2660	3.0	1∶4	4.0～5.5
320	320	3150	3.5	1∶4	5.5～7.5
360	360	3550	4.0	1∶4	7.5～11.0
440	440	4330	5.0	1∶4	11.0～15.0
530	530	5220	6.0	1∶4	11.0～15.0

5.2.3 气体燃料燃烧器

(1) 气体燃烧器种类

① 按燃烧方式 分为有焰烧嘴和无焰烧嘴。

② 按火焰形状 分为长火焰烧嘴，短火焰烧嘴，扁平火焰烧嘴及平焰烧嘴等。

③ 按供风及混合方式 分为高压引射式、半引射式、预混式、内混式、外混式、低压涡流式、高速及亚高速烧嘴。

上述各种分类都是相对的。例如有焰烧嘴，其供风方式及火焰形状，多数是外混式、长火焰烧嘴；而无焰烧嘴则必定为预混式烧嘴。因此气体烧嘴的分类名称并不重要，但其功能用途是主要的。

(2) 气体燃烧器的特点和应用场合

为了便于对各种类型燃烧器的性能、特点有所了解，表25-35列出有焰烧嘴和无焰烧嘴的优缺点及应用情况，由此也可了解外混式（扩散式）烧嘴与预混式烧嘴的应用条件。

(3) 气体燃烧器选用的一般原则

① 从工艺要求和炉型上考虑

a. 对要求长的火焰以获得较长区域内加热段，则应选用有焰烧嘴，如很长的箱式炉、较高的圆筒炉等。此时若采用预混式短火焰烧嘴会使炉温不均匀，在烧嘴附近为高温区，后部温度显得不足。

b. 对要求避免火焰冲刷管的场合，如炉墙上安装的烧嘴，正对着炉管加热的，必须采用短火焰或无焰烧嘴，以避免火焰舔到炉管。

c. 工艺上要求被加热面的温度不一样，部分希望加热强烈的，则可考虑采用能量较小、较多的燃烧器（有条件的可用无焰烧嘴），以便分别调节其供应情况。此时用大能量的长火焰则较难控制温度的分布。

表 25-35　有焰烧嘴与无焰烧嘴性能特点比较

项　　目	有　焰　气　烧　嘴	无　焰　气　烧　嘴
优点	①燃料气与空气在烧嘴外混合，也称扩散式烧嘴，故燃烧速度慢，火焰长，但火焰黑度大，辐射能力强 ②烧嘴燃烧能力大 ③不宜回火，调节比大 ④能够预热空气和燃料气，可提高燃烧温度 ⑤煤气不需要高压，一般为 500～3000Pa ⑥可以适用各种燃料气	①燃料气与空气混合好(在喷嘴内预混式的，也称预混式烧嘴)，燃烧速度快，火焰短，温度高 ②空气过剩系数小，$\alpha=1.03\sim1.05$ ③通常用燃料气作为喷射介质，空气引射入烧嘴不需另设风机供风 ④热负荷变化时，一般自控燃料气压力，空气随燃料气压力、喷射多少，自动调节流量，自控简便
缺点	①燃料气与空气混合不够均匀，空气过剩系数大 ②供风需要设置鼓风机，并需风管	①烧嘴能力较小 ②不便对燃料气空气预热，因属预混式烧嘴，预热温度较高，易发生回火、爆炸 ③对含氮量高的燃料不适用，易发生回火 ④调节比小，且燃料气发热量变化不宜太大 ⑤要求燃料气压力较高
操作与调控	①燃料气与空气均用鼓风机送入，分别调节，空气必须用鼓风机 ②炉子供热发生变化，调节燃料气量时必须联锁调节空气量	操作、调节较为方便，适当调节好空气调节片开度后，一般情况下空气能自动比例调节
燃烧器型式及其应用	①常用低压涡流式烧嘴已有定型产品。DR 型低压涡流式烧嘴系列产品的燃料气要求压力为 400～1200Pa，额定压力为 800Pa，空气要求压力为 2000～2500Pa，额定压力为 2000Pa ②套管式、多喷孔细股式 ③半预混及外混式平焰烧嘴 ④常与油烧嘴结合使用，即油气联合烧嘴	常用的为高压引射式烧嘴、预混式烧嘴。针对不同种类煤气已有若干定型系列产品，包括平焰烧嘴。燃料气要求压力较高，具体由煤气种类而定。天然气 30000～180000Pa，焦炉煤气 30000～400000Pa，混合煤气、水煤气 15000～20000Pa，发生炉煤气 9000～16000Pa，高炉煤气 6000～8000Pa

② 从燃烧气种类和供气压力考虑

a. 当所供燃料气是低压气体，则在允许有焰条件下，采用外混扩散式有焰烧嘴。因为低压气体无条件选用引射式预混烧嘴，难以做到无焰。否则要对燃料气加压，比较麻烦，而且当燃料气较脏时，不便于加压。

b. 当燃料气中 H_2 含量很高（通常不小于 40%）时不宜采用预混式烧嘴，而应选用外混式有焰烧嘴。因为含氢量高，预混式烧嘴易发生回火，从而引起爆炸。

c. 当所供燃料气有较高压力，有条件采用引射式预混、半预混烧嘴时，为调控方便，且省掉空气鼓风机，则尽量采用引射式烧嘴。既可利用燃料气压力节约动能，又使空气过剩系数小、热效率高。但工艺上要求长火焰则要用外混式烧嘴。例如石化厂的圆筒炉，虽燃料气压力较高，但多数采用外混式烧嘴。

③ 从烧嘴本身的特点考虑　当烧嘴自身的特点不能适应炉子工艺要求时首先要服从工艺、炉型及燃料特性要求。例如无焰烧嘴虽有不少优点，但其能量小，且预混式也不适于高氢含量的燃料，故其不宜用于大能力场合及焦炉煤气、水煤气、城市煤气等高含氢量的燃烧气。

总之燃料气烧嘴的选型要综合考虑上述诸因素，做出既符合工艺要求，又能发挥烧嘴本身优点的合理选择。

烧嘴专业制造厂有适用于某些燃料的专用烧嘴系列产品（图 25-9～图 25-13）。设计者可根据工艺及炉型要求与燃料情况，提出有关要求和条件供燃烧器制造厂进行设计、选型，设计者对制造厂提供的图纸和技术性能确认后作为正式选用依据。

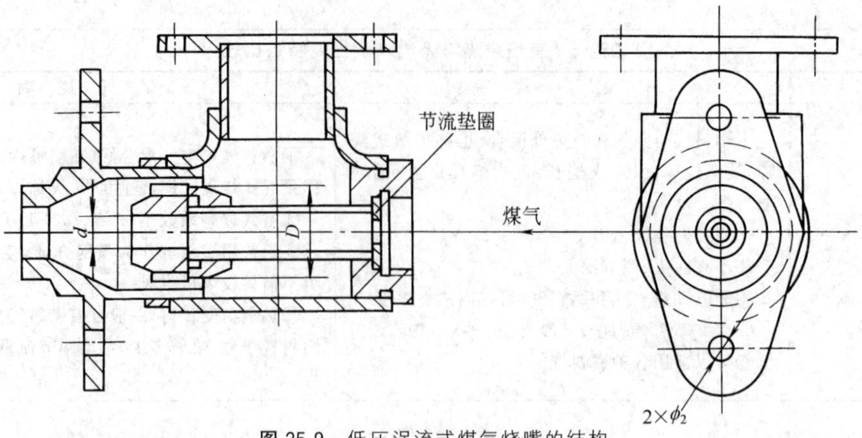

图 25-9 低压涡流式煤气烧嘴的结构

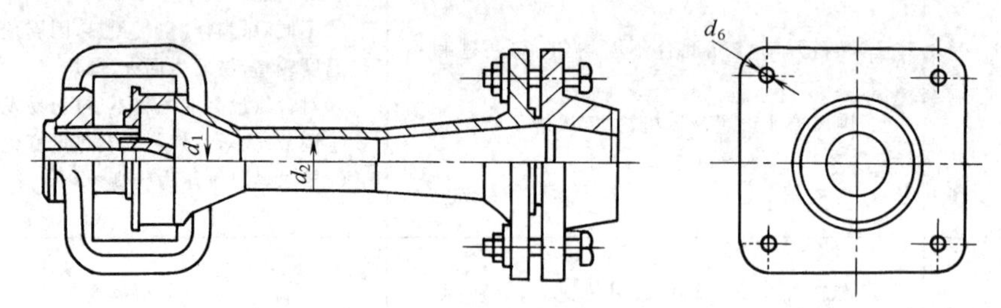

图 25-10 燃天然气的高压喷射式烧嘴的结构

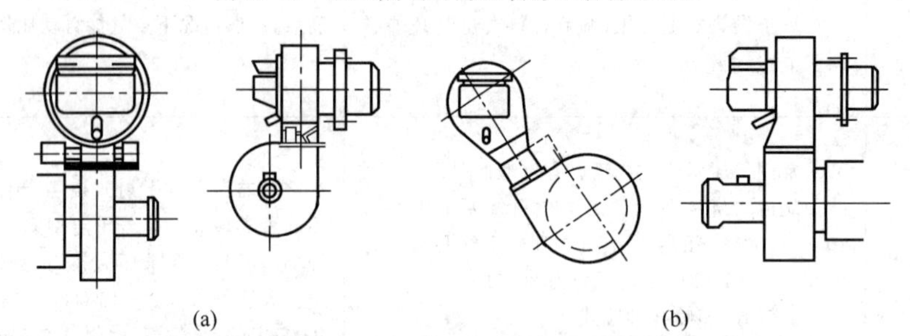

图 25-11 燃气燃油两用燃烧器的结构

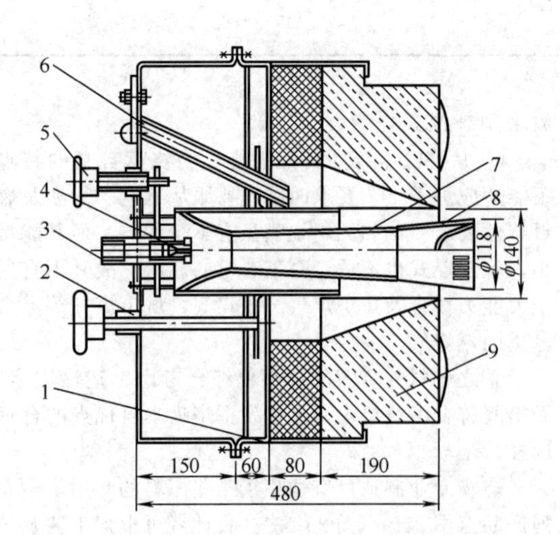

图 25-12 侧壁燃烧器的结构

1—消声器；2—二次风调节机构；3—管接头；4—喷嘴；5—一次风调节机构；6—点火口；7—引射器；8—燃烧嘴；9—烧嘴砖

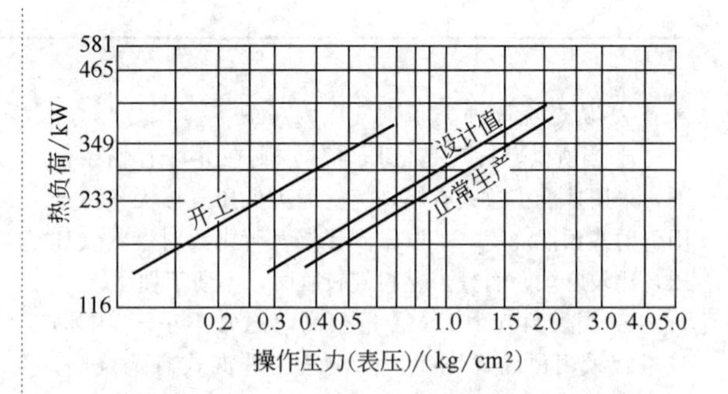

项　目	设计值	开工燃料气	正常燃料气
分子量 M	18.43	51.81	15.47
低热值LHV/kW	10.74	28.25	9.21

图 25-13 某炉子上用的侧壁燃烧器能力特性

$1kg/cm^2 = 0.098MPa$

6　工业炉传热计算

炉子传热计算是指燃料燃烧产生的烟气对管内物料传热的计算。在设计计算之前将根据经验，初步设定炉管的传热面积及炉管规格尺寸和排列，然后再进行校核计算。如不符合原先的假定，即不符合传热量的要求，则需重新设定后再进行计算，直至符合要求为止。加热炉的传热计算已有计算软件，目前较为通用的是国外引进的 FRNCS 计算软件。国内已有管式加热炉传热计算设计规定，规定中介绍了多种方法，本节仅介绍较适用于燃气、燃油的管式加热炉的计算方法。

6.1　辐射段传热

烟气对炉管的传热有辐射传热及对流传热，在辐射段中主要是以辐射传热为主，仅少量对流传热，其传热计算公式为

$$Q_{RT}=5.67\times10^{-11}\times H_r\phi(T_y^4-T_t^4)+\alpha_k H_p(T_y-T_t)$$

$$H_r=kH$$

式中　Q_{RT}——烟气传给炉管的热量，kW；

T_y——辐射段烟气有效平均温度，K；

T_t——炉管外壁平均温度，K；

H_r——有效传热面积，m^2；

H_p——受热面外表面积，m^2；

α_k——炉内烟气对炉管的对流传热系数，kW/(m^2·℃)；

k——炉管有效面积率，无量纲，由 $\frac{S}{d_0}$ 查图 25-14；

H——受热面基准面积，m^2。

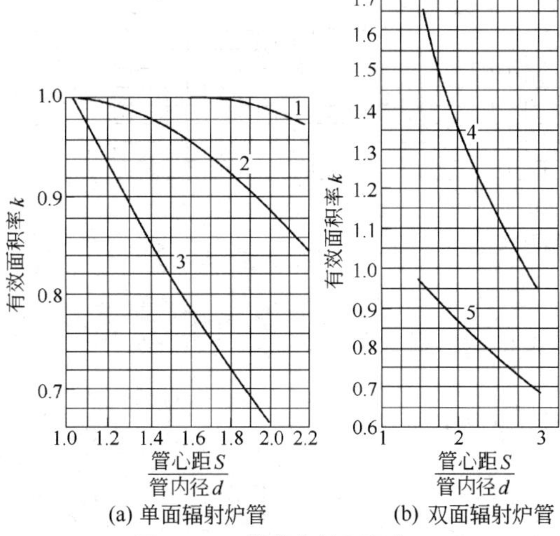

图 25-14　炉管有效面积率 k

1—双排管；2—单排管；3—第一排直接辐射；4—单排管；5—双排管每排管

对一般辐射段，取 $\alpha_k=0.01163\sim0.01396$ kW/(m^2·℃)。对梯台炉等特殊炉型，烟气流经管束速度大于 3m/s 时或带预燃筒的高效燃烧器时，α_k 要特殊考虑。

$$T_t=t_t+273$$

$$t_t=t_f+(\Delta t_1+\Delta t_2+\Delta t_3+\Delta t_4)$$

$$\Delta t_1=\frac{q_R}{\alpha_1}\times\frac{d_0}{d_i-2\delta_1}$$

$$\Delta t_2=q_R r_1\frac{d_0}{d_i-\delta_1}$$

$$\Delta t_3=q_R\frac{\delta_t}{\lambda_t}\times\frac{d_0}{d_0+\delta_t}$$

$$\Delta t_4=q_R r_2\frac{d_0}{d_0+\delta_2}$$

式中　t_t——炉管外壁平均温度，℃；

t_f——炉管内壁平均温度，℃；

Δt_1——管内介膜温差，℃；

Δt_2——管内焦层或污垢层温差，℃；

Δt_3——管壁温差，℃；

Δt_4——管外污垢层温差，℃；

q_R——炉管表面平均热强度，kW/m^2；

α_1——管壁对物料的传热系数，kW/(m^2·℃)；

r_1——管内焦层或污垢层热阻，(m^2·℃)/kW；

r_2——管外污垢层热阻，(m^2·℃)/kW；

d_0，d_i——炉管外径、内径，m；

δ_t——管子平均厚度，m；

δ_1，δ_2——管内、管外污垢层厚度，m；

λ_t——炉管金属热导率，kW/(m·℃)。

$$T_y=T_p+\Delta t_f$$

式中　T_p——辐射段出口烟气温度，K；

Δt_f——校正温度。

根据不同炉子，按经验得 $\Delta t_f=55\sim150$℃。对燃烧热强度高的炉子（如裂解炉）取上限；对普通管式加热炉，其容积热强度较低，取下限。

对列状排列的箱式炉排管

$$H=[S(n-1)+d_o]l_e$$

对环状排列的圆筒炉排管

$$H=nsl_e$$

式中　S——炉管管心距，m；

d_o——炉管外径，m；

n——炉管根数；

l_e——炉管有效长度，m。

$$H_T=H_r+H_R$$

式中　H_T——辐射室炉墙总表面积，m^2；

H_R——炉膛内所有裸墙面积，m^2；

总吸收系数 ϕ，无量纲。

$$\phi=\frac{1}{\frac{1}{\varepsilon_t}+\frac{1}{\varepsilon_s}-1}$$

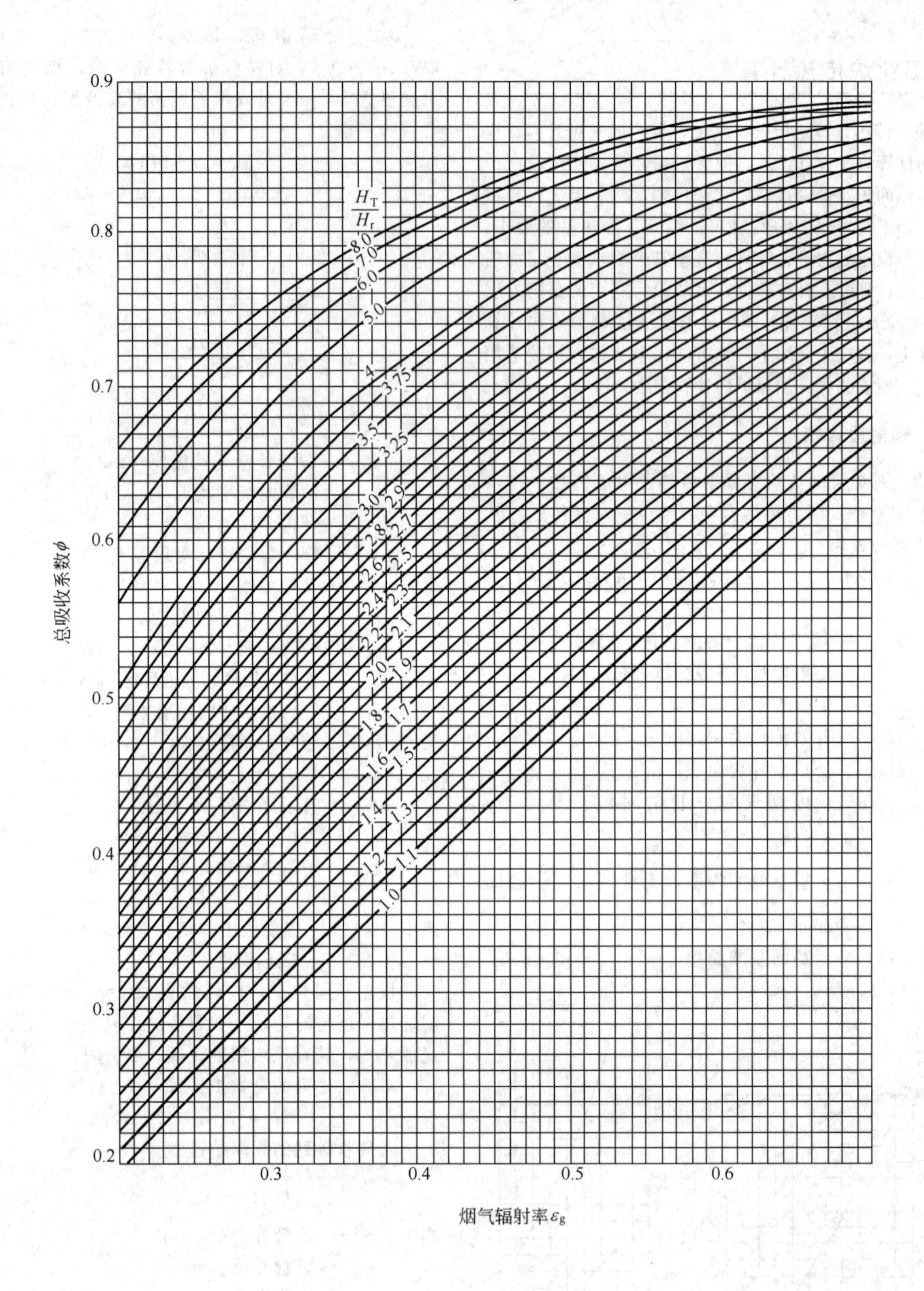

图 25-15 总吸收系数 ϕ

式中 ε_t——炉管表面辐射率，无量纲；

ε_s——炉膛有效辐射率，无量纲。

炉管表面有氧化层，多数取 $\varepsilon_t=0.9$。根据烟气辐射率及 H_T/H_r 值由图 25-15 查取总吸收系数 ϕ 值。

烟气辐射率 ε_g，无量纲。量纲由烟气的三原子气体分压与有效烟气层厚度的乘积 pl_m 及烟气温度查图 25-16 而得。

$$l_m=3.6\frac{V}{F}$$

式中 l_m——烟气层厚度，m；

V——气体层体积，m^3；

F——气体表面积，即辐射室内壁面积，m^2。

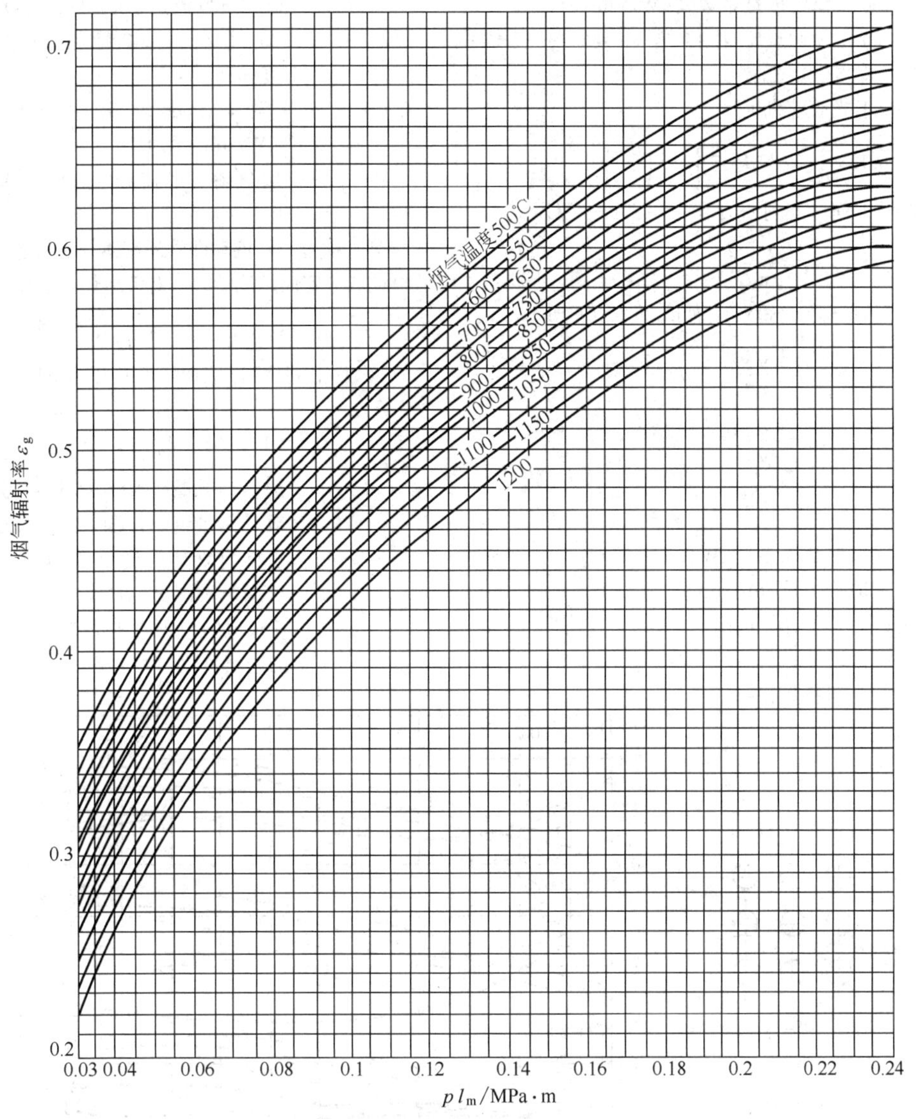

图 25-16 烟气辐射率 ε_g

6.2 对流段传热

对流段中烟气主要以对流方式传热给炉管，但也有少量辐射传热，在高温区段有一定烟气层厚度时有明显的辐射传热量。

(1) 对流传热的基本传热方程

$$Q_{cc}=KH_p\Delta t$$

$$K=\frac{1}{\dfrac{1}{\alpha_1}+\dfrac{\delta_1}{\lambda_1}+\dfrac{\delta_t}{\lambda_t}+\dfrac{\delta_2}{\lambda_2}+\dfrac{1}{\alpha_2}}$$

式中 Q_{cc}——对流段热负荷，即烟气传给对流传热面的热量，kW；

K——对流段总传热系数，kW/(m^2·℃)；

H_p——对流段被加热的炉管表面积，m^2；

Δt——对流传热平均温差，℃；

α_1——管壁对物料的传热系数，kW/(m^2·℃)；

α_2——烟气对管壁的传热系数，kW/(m^2·℃)；

δ_1，δ_2，δ_t——管内污垢、管外污垢、管壁的厚度，m；

λ_1，λ_2，λ_t——管内污垢、管外污垢、管壁的热导率，kW/(m·℃)。

热阻 $r_1=\delta_1/\lambda_1$，$r_2=\delta_2/\lambda_2$。热阻 r 可查表(见换热器一章)。

(2) 管壁对物料的传热系数 α_1

管壁对物料的传热系数，即管内传热系数的计算与一般工艺中对流传热计算相同，这里不再重复。

(3) 烟气对管壁的给热系数 α_2

① 烟气对光管管壁传热系数包括烟气对流传热系数、烟气辐射传热系数和炉墙反射传热系数，计算如下。

$$\alpha_2=(1+f)(\alpha_c+\alpha_r)$$

式中 α_c——烟气对流传热系数，kW/(m^2·℃)；

α_r——烟气辐射传热系数，kW/(m²·℃)；

f——考虑炉墙反射传热系数，一般取0.05～0.1。

烟气平行于光管流动时

$$\alpha_c=0.023\frac{\lambda_g}{d_e}Re^{0.8}Pr^{\frac{1}{3}}\left[1+\left(\frac{d_e}{l_e}\right)^{0.7}\right]$$

管子矩形排列（直列），如图25-17(a)所示。

$$d_e=\frac{4s_1s_2}{\pi d_0}-d_0$$

管子正三角形排列（错列），如图25-17(a)所示。

$$d_e=\frac{2\sqrt{3s_1^2}}{\pi d_0}-d_0$$

$$Re=\frac{d_eG_g}{\mu_g}$$

$$Pr=\frac{c_g\mu_g}{\lambda_g}$$

式中　λ_g——烟气热导率，kW/(m·℃)；

d_e——炉管当量直径，m；

d_0——炉管外径，m；

Re——雷诺数；

Pr——普朗特数；

G_g——烟气质量流速，kg/(m²·s)；

μ_g——烟气在平均温度下的动力黏度，Pa·s；

λ_g——烟气在平均温度下的热导率，kW/(m·℃)；

c_g——烟气在平均温度下的比定压热容，kJ/(kg·℃)。

烟气横过光管流动即管外流体与炉管轴线垂直顺列管群或成一定倾角流动时，对流给热系数按下式计算。

$$\alpha_c=0.33C_H\phi_1\phi_2\frac{\lambda_g}{d_0}Re^{0.6}Pr^{0.3}$$

当烟气横过错列管群时，可采用下面的简化公式计算。

$$\alpha_c=1.1\times10^{-3}\phi_1\phi_2\frac{G_g^{\frac{2}{3}}T_y^{0.3}}{d_0^{0.33}}$$

式中　C_H——炉管列和管心距对传热系数的修正系数，无量纲，按图25-17确定；

ϕ_1——管排列数对传热系数的修正系数，无量纲，按图25-18确定；

ϕ_2——流体流向与炉管中心线倾角对传热系数的修正系数，无量纲，按图25-19确定。

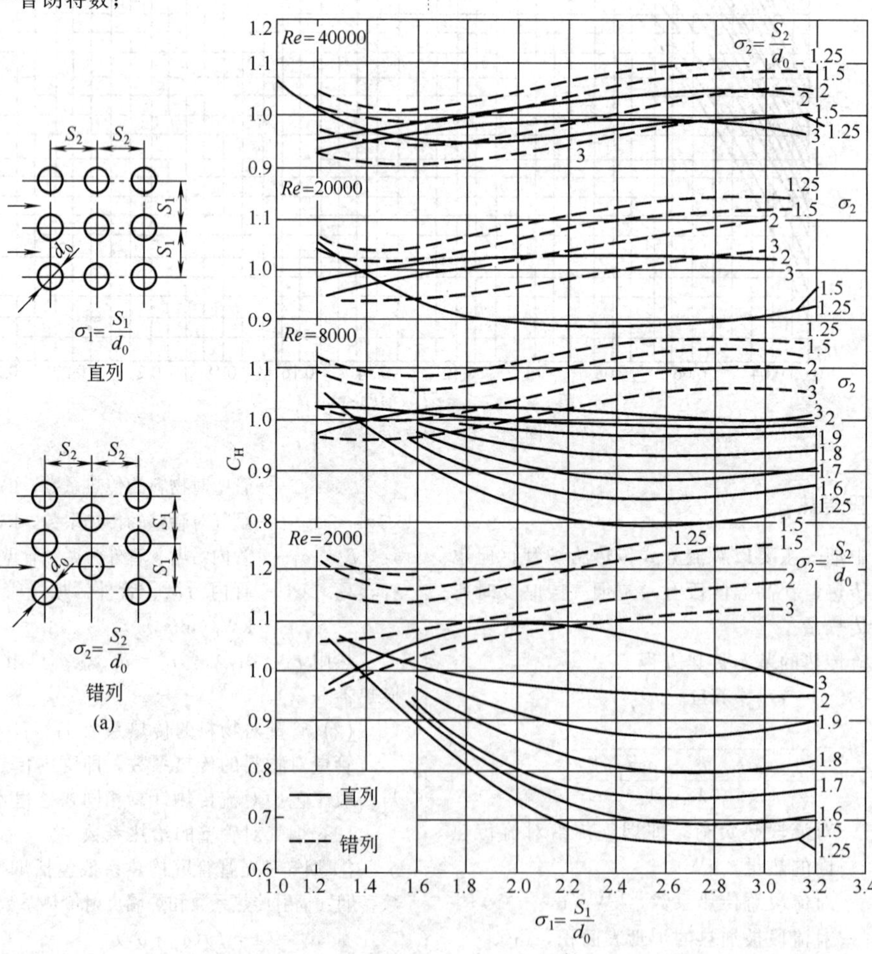

图25-17　修正系数 C_H

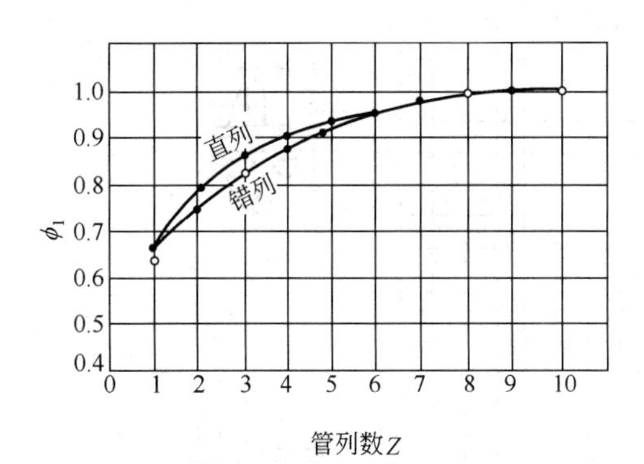

图 25-18　管排修正系数 ϕ_1

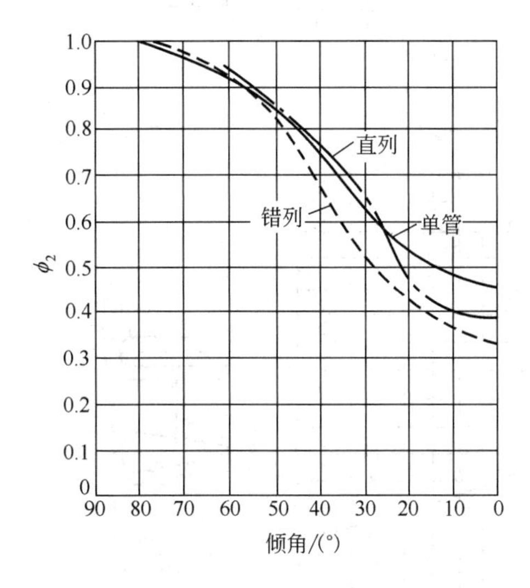

图 25-19　修正系数 ϕ_2

烟气辐射传热系数按下式计算。

$$\alpha_r = 5.67\times10^{-11}\frac{\varepsilon_t\varepsilon_g(T_y^4+T_t^4)}{T_y-T_t}$$

式中　ε_t——管壁材质辐射率，无量纲，常取 $\varepsilon_t=0.9$；

ε_g——烟气辐射率，无量纲，通过表 25-36 由有效烟气层厚度查得；

T_y——烟气平均温度，K；

T_t——管壁平均温度，K。

表 25-36　对流室烟气辐射率

有效烟气层厚度 l_m/m	烟气辐射率 ε_g
0.05	0.07
0.13	0.10
0.26	0.14
0.39	0.17

$$f = \frac{\alpha_w}{\alpha_c+\alpha_r+\alpha_w}\times\frac{F_w}{F_c}$$

$$\alpha_w = 3.91\times10^{-5}\varepsilon_w\left(\frac{1.8t_y+492}{100}\right)^3$$

式中　α_w——炉墙反射传热系数，kW/(m²·℃)；

ε_w——炉墙辐射率，一般取 0.8～0.95；

t_y——烟气平均温度，℃；

F_w——计算管数的炉墙表面积，m²；

F_c——光管外表面积，m²。

② 烟气对翅片管或钉头管的传热系数计算如下。

$$\alpha_2 = \frac{1}{\left(\frac{1}{\alpha_f}+r_2\right)\frac{F_c}{F_t+\Omega F_f}}$$

式中　α_2——烟气对翅片管或钉头管的传热系数，kW/(m²·℃)；

α_f——烟气对翅片管或钉头管的对流传热系数，kW/(m²·℃)；

r_2——管外污垢系数，(m²·℃)/kW；

F_f——翅片或钉头的表面积，m²；

F_t——翅片管或钉头管的光管面积（不包括翅片或钉头根部占据的部分），m²；

F_c——光管外表面积（包括翅片或钉头根部占据的部分），m²；

Ω——翅片或钉头的效率，无量纲，按图 25-20 和图 25-21 查取，考虑到焊接质量因素时，应将查得数乘以折减系数 0.75～0.9。

烟气沿着纵向翅片管流动时，对流传热系数为

$$\alpha_f = 0.023\frac{\lambda_g}{d_e}Re^{0.8}Pr^{\frac{1}{3}}\left(\frac{\mu_g}{\mu_{gt}}\right)^{0.14}$$

$$d_e = \frac{4F}{U}$$

式中　d_e——当量直径，m；

F——通道自由截面面积（对翅片管应减去翅片所占的面积），m²；

U——传热或投影“浸润”周边长度，m；

μ_{gt}——烟气在其管壁温度下的动力黏度，Pa·s。

烟气垂直于环状翅片管或螺旋翅片管流动时对流传热系数可用如下简化公式表示。

$$\alpha_f = 1.1\times10^{-3}\frac{G_g^{\frac{2}{3}}T_y^{0.3}}{d_e^{\frac{1}{3}}}$$

式中　G_g——烟气流过翅片管的质量流速，kg/(m²·s)；

T_y——烟气在该计算的翅片段内的平均温度，K。

(4) 传热温差 Δt

Δt 计算与化工传热设备中的 Δt 计算相同，这里不再重复。

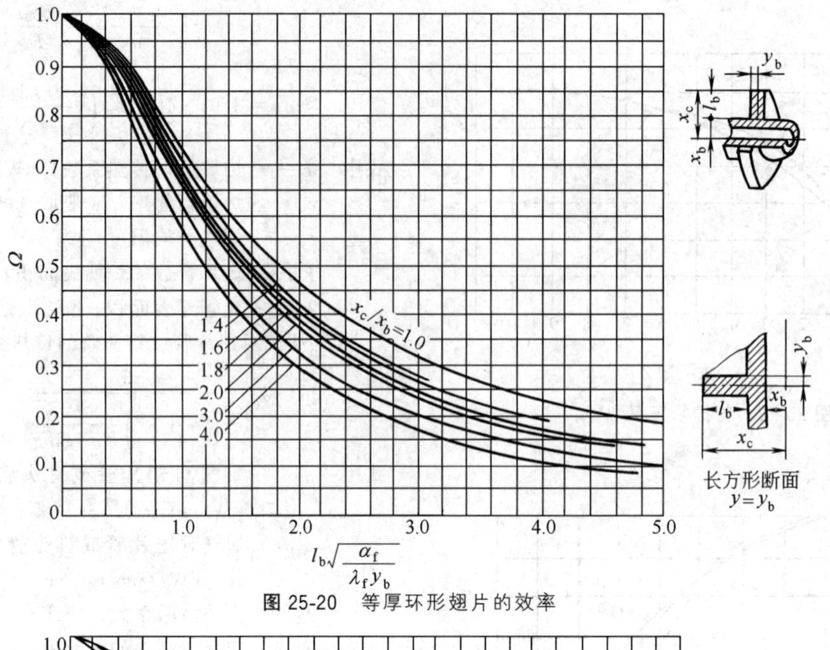

图 25-20 等厚环形翅片的效率

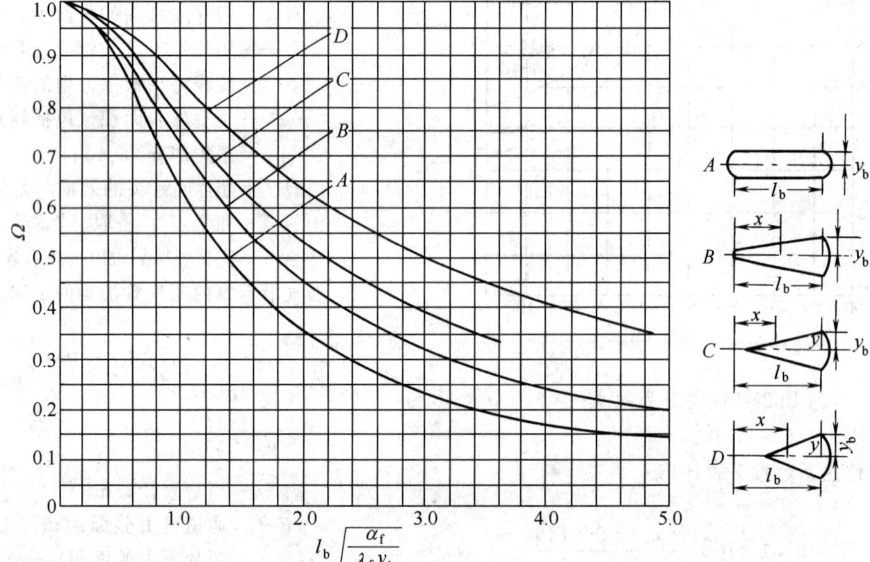

图 25-21 各种钉头的效率

$A—y=y_b$；$B—y=y_b\left(\frac{x}{l}\right)^{\frac{1}{2}}$；$C—y=y_b\left(\frac{x}{l}\right)$；$D—y=y_b\left(\frac{x}{l}\right)^2$

(5) 对流传热面积及管排数

所需传热面积为

$$H_p=\frac{Q_{cc}}{K\Delta t}$$

设计时应取一定余量，其实际面积为

$$H'_p=(1.1\sim1.2)H_p$$

所需管排数为

$$N=\frac{H'_p}{n\pi d_0 l}$$

式中 n——每排管根数。

当对流室中管束分成多段时，需自烟气进某管束至烟气出某管束方向逐段进行计算。可先根据不同的加热要求进行热平衡计算，求出各段管束的热负荷和温度分布，再按上述方法进行传热计算，确定每段传热面积及管排数。

6.3 炉壁散热损失

炉壁散热量按下式计算。

$$Q=qF$$

式中 Q——单位时间炉壁散热损失量，kW/h；

q——单位炉壁面积散热量，kW/m^2；

F——炉壁面积，m^2。

单位面积散热 q 取决于外壁温度、周围环境温度、环境风速及炉壁表面黑度几个因素，其中以外壁温度影响最大。而外壁温度是根据炉内壁温度及衬里层热阻而定，也与炉外环境温度及风速有关。

通过炉墙的传热计算可以得到炉外壁单位面积散热量，同时也可依据炉外环境情况求得外壁温度以及各层衬里层间的温度，由此决定衬里层的材料耐温等级。现已有计算程序可以通过输入炉内壁温度、外壁材料黑度、所选用衬里材料的厚度、热导率、炉外环境气温和风速数据即可获得炉壁的散热损失、外壁温度以及各层衬里间的温度。

单位散热量 q 可由下式求得。

$$q=\frac{t_r-t_a}{\sum\frac{\delta_i}{\lambda_i}+\frac{1}{\alpha_{rc}}}=\frac{t_r-t_s}{\sum\frac{\delta_i}{\lambda_i}}=\alpha_{rc}(t_s-t_a)$$

式中　t_a——炉外大气温度，℃；

t_r——炉内壁温度，℃；

δ_i——各层衬里层厚度，m；

λ_i——各层衬里热导率，kW/(m・℃)；

α_{rc}——炉外辐射对流混合传热系数，与炉膛黑度、温度、炉外环境温度及风速等因素有关，$kW/(m^2・℃)$；

t_s——炉壳外壁表面温度，℃。

当无炉管遮蔽时 t_r 取炉内烟气平均温度；当排有炉管时按下式计算。

$$T_r=\sqrt[4]{2(1-k)T_y^4+(2k-1)T_t^4}$$

k 按图 25-14（a）曲线 3 查取。

$$\alpha_{rc}=\alpha_r+\alpha_c$$

式中　α_r——辐射传热系数，$kW/(m^2・℃)$；

α_c——对流传热系数；$kW/(m^2・℃)$；

$$\alpha_r=\frac{5.67\times10^{-11}\varepsilon(T_s^4-T_a^4)}{t_s-t_a}$$

式中　ε——炉壁表面黑度，由材料表面粗糙度及表面涂漆颜色而定。

当炉外静止无风时

$$\alpha_c=1.163\times10^{-3}K_{l1}\frac{\sqrt[4]{t_s-t_a}}{t_s-t_a}$$

式中　K_{l1}——炉壁方位修正系数，立面（垂直的炉墙）$K_{l1}=1.5$，水平面朝上（炉顶）$K_{l1}=2.1$，水平面朝下（炉底）$K_{l1}=1.1$。

当炉子在室外有风时，散热量按下式计算。

$$q=\alpha_{rc}(t_s-t_a)K_{l2}$$

式中　α_{rc}——有风情况下辐射-对流传热系数，按图 25-22 查得，$kW/(m^2・℃)$；

K_{l2}——有风时炉墙方位修正系数，垂直面 $K_{l2}=1$，水平朝上 $K_{l2}=1.3$，水平朝下 $K_{l2}=0.7$。

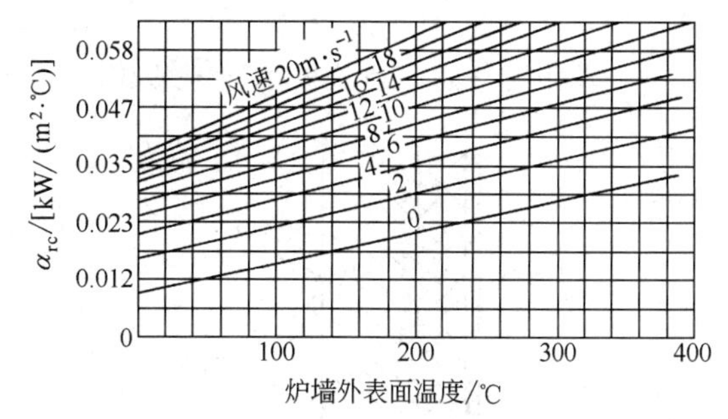

图 25-22　辐射-对流传热系数 α_{rc}

工程设计中查图 25-23，可方便地查得散热损失量，但要注意单位换算关系。

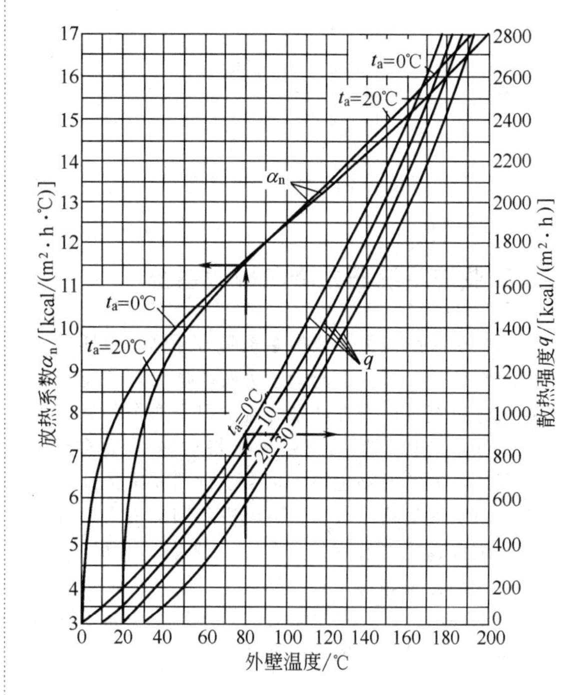

图 25-23　炉外壁放热系数及散热强度

$1kcal/(m^2・h・℃)=1.163W/(m^2・K)$

根据　$q=\frac{t_r-t_s}{\sum\frac{\delta_i}{\lambda_i}}$，得到　$q=\frac{\lambda_i}{\delta_i}\Delta t_i$。

分别求得各层衬里界面间的温度（图 25-24）。

$$q=\frac{\lambda_1}{\delta_1}(t_r-t_{1,2})=\frac{\lambda_2}{\delta_2}(t_{1,2}-t_{2,3})$$

$$=\frac{\lambda_3}{\delta_3}(t_{2,3}-t_s)=\frac{\lambda_t}{\delta_t}(t_{s1}-t_{s2})$$

式中　λ_1，λ_2，λ_3，λ_t——第一层、第二层、第三层耐火衬里材料和炉壳板平均温度热导率，kW/(m・℃)；

δ_1，δ_2，δ_3，δ_t——第一层、第二层、第三层材料和炉壳板厚度，m；

$t_{1,2}$——第一层与第二层界面的温度，℃；

$t_{2,3}$——第二层与第三层界面的温

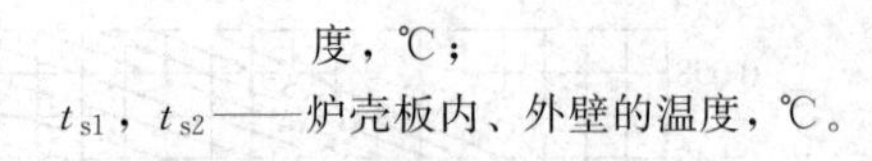
度，℃；

t_{s1}，t_{s2}——炉壳板内、外壁的温度，℃。

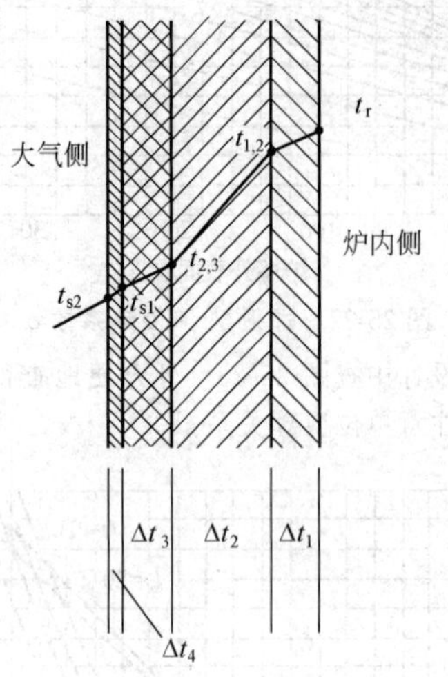

图 25-24　炉墙温度梯度

7　工业炉系统压力降和排烟系统

工业炉系统压力降或称系统阻力计算应包括被加热物料在传热面管内的流动阻力及燃烧后烟气流经炉子各部分直至排出炉外的系统流动阻力两个部分。

排烟是指利用烟囱或引风机将炉内烟气送至炉外，保证排烟的通畅是炉子正常运行的先决条件。排烟系统由炉气集箱、烟道、引风机及烟囱组成。自然通风且烟囱直接安装在炉子顶部，排烟系统很简单，只有烟气集箱及烟囱。对自然通风炉子的排烟系统设计就是烟囱的设计。系统阻力大，用烟囱不能克服其阻力时，则需进行引风机的选择。

7.1　炉管内物料的压力降

当炉子中被加热物料流经已确定的炉管系统，产生的沿程摩擦阻力和局部阻力的总和（即压力降值）应不大于工艺所给定的允许压降值。如果超过允许值，则可能要重新调整物料流通的管程数，使压降值符合工艺要求。一般情况下炉子设计者应在管内物料流动阻力值不超过工艺给定允许压力值前提下，尽量采用较高的物料流速而使系统压降值接近给定的允许值。这样不仅可以采用较小的炉管直径，节约用材，更因为较高流速可使管内给热系数高、传热性能好以及由此计算炉管壁温可低些，使管材的安全性及寿命更长些。

当工艺无规定允许压降值时，也需对管系的阻力进行计算，以便由进口压力得出口压力，或由要求的出口压力得出进口压力，以此返回工艺及自控的设计条件。

物料在炉管中的阻力包括沿所有管长摩擦阻力及各种弯头管件和流经集合管进出口各种局部阻力。若将各种管件的阻力以相当于流经直管的当量长度计算，则物料在管内的总阻力可以用沿程阻力公式计算，其管长为原管长加上各种局部阻力折算的当量长度。

管内物料的流动阻力可参见本手册第9章换热器中所列公式。也可按下面几个公式分别计算炉管内流体的摩擦阻力、局部阻力以及把流过管件阀门等局部阻力折成当量长度后得到的总阻力降。

沿程摩擦阻力为

$$\Delta h_m=\lambda\frac{l}{d_e}\times\frac{w^2}{2}\rho\times10^{-6}$$

局部阻力为

$$\Delta h_j=\xi\frac{\rho w^2}{2}\times10^{-6}$$

总阻力为

$$\Delta h=\Delta h_m+\Delta h_j$$

当局部阻力折成当量长度时总阻力可由下式计算。

$$\Delta h=\lambda\frac{l+\sum l_e}{d}\times\frac{w^2}{2}\rho\times10^{-6}$$

式中　Δh——物料在炉管中的流动总阻力，MPa；

Δh_m——沿程阻力，MPa；

Δh_j——局部阻力，MPa；

l——管内通道长度，m；

d——管子内径，m；

ρ——流体在操作状态下的平均密度，kg/m^3；

w——流体在操作状态下的平均速度，m/s；

λ——沿程摩擦阻力系数，它与流体雷诺数 Re 及管壁相对粗糙度有关，可查图 25-25；

$\sum l_e$——各种局部阻力折算的当量长度之和，可查表 25-37，m；

ξ——局部阻力系数，可查表 25-38。

$$Re=\frac{dw\rho}{\mu}=\frac{dw}{\upsilon}$$

式中　μ——流体的动力黏度，Pa·s；

υ——流体的运动黏度，m^2/s。

图 25-25 中 k 为绝对粗糙度，可查表 25-39。

对有相变的流体先求相变得汽化点，再求汽化段气液混合物的密度及混合物的流速，然后以相同方法分别计算汽化点前和汽化段的阻力降，汽化点的具体求法见有关手册。

7.2　烟气系统压力降

炉子烟气系统从炉膛开始，沿烟气流动方向依次计算各区段的阻力，并计算各区段的自生抽力，得到所要求的总压降值作为烟囱设计及引风机选择的依据。

烟气系统的压降主要是烟气流经对流传热面的阻力，当设置空气预热器、余热锅炉及除尘器等时，需分别计算流经这些设备以及连接烟道的阻力，此外还包括通过烟道挡板的阻力。

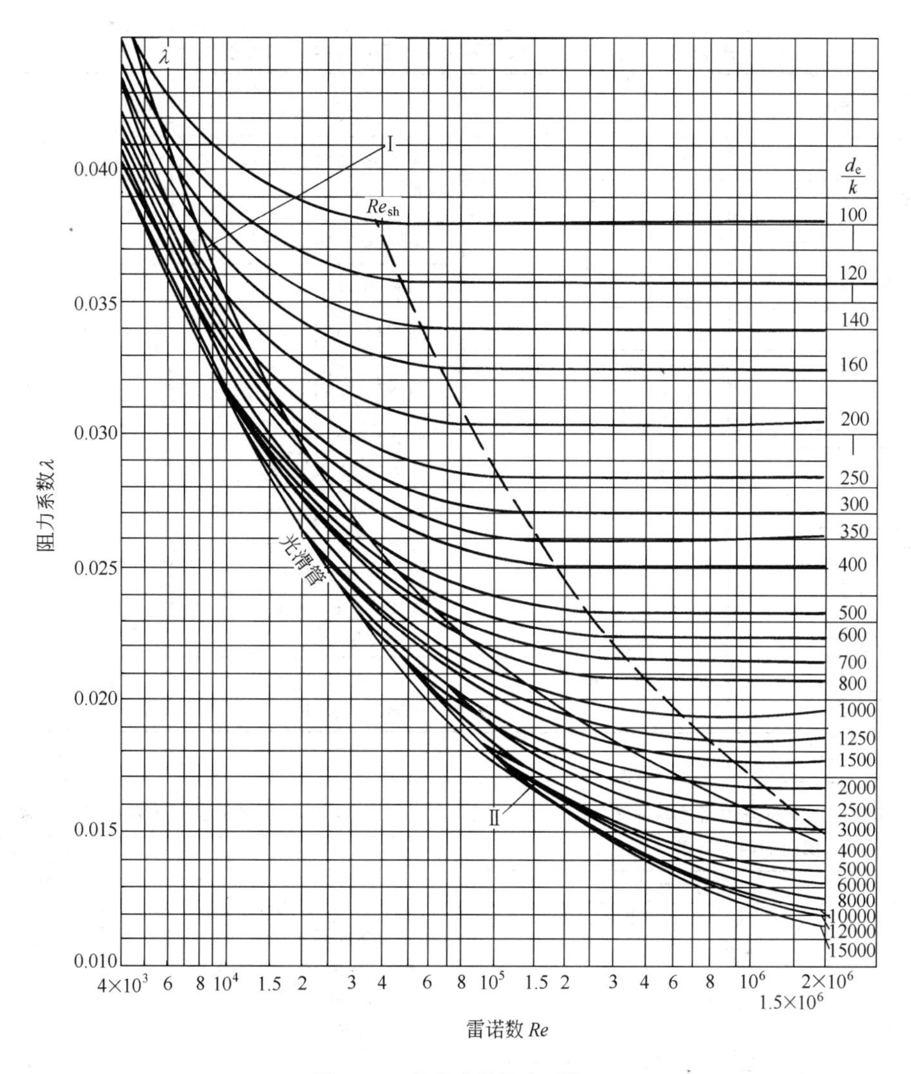

图 25-25 沿程摩擦阻力系数 λ

Re_{sh}—阻力平方定律区开始时的 Re 数极限值；Ⅰ—轻度腐蚀的无缝钢管和新的铸铁管；Ⅱ—无缝钢管、黄铜管和玻璃管

由于烟气通道截面变化多，沿程的烟气温度及流速不一样，故必须分很多区段分别计算其摩擦阻力及局部阻力，然后相加得总阻力降。

(1) 沿程摩擦阻力

当烟气通过等截面通道时（包括纵向冲刷管束），沿着壁面流动所产生的摩擦阻力计算公式与物料在管内的计算式是相同的，即

$$\Delta h_{\mathrm{m}}=\lambda \frac{l}{d_{\mathrm{e}}}\times\frac{w^2}{2}\rho \mathrm{Pa}$$

式中，d 以当量直径 d_{e} 代替（因流通直径并非管子）。此外，由于烟气在截面复杂多变的通道中流动，以局部阻力为主，摩擦阻力所占比例不大，故对摩擦阻力系数 λ 不必考虑流动雷诺数及通道粗糙度的影响，而当作常数，可直接查表 25-40。

(2) 局部阻力

局部阻力的计算方式与本章 7.1 小节中相同，只是因烟气侧压力值较低，单位用 Pa 表示。

$$\Delta h_{\mathrm{x}}=\xi\frac{\rho w^2}{2}\ \mathrm{Pa}$$

如前所述，烟气系统流经截面变化多，且各种结构形式的局部阻力系数受其尺寸影响较大，故通过实验及计算列出了许多不同结构尺寸下的局部阻力系数（表 25-41），供设计时查取。

烟气在炉子对流段管束中流动时阻力计算可参见本手册第 9 章换热器所列公式，本小节仅列出烟气横向流经错列翅片管束的线算图（图 25-26），以便查取。

鉴于计算公式及线算图均未考虑炉管上的积灰因素，故将计算所得阻力值再乘以修正系数 K_1（见表 25-42）。

(3) 烟气系统阻力降

烟气系统阻力降为各区段摩擦阻力与局部阻力之和。

$$\Delta h=\sum(h_{\mathrm{m}i}+\Delta h_{\mathrm{x}i})\quad \mathrm{Pa}$$

表 25-37　各种管件、阀门和流量计等以管径计的当量长度

名　称	$\frac{l_e}{d}$	名　称	$\frac{l_e}{d}$
45°标准弯头	15	截止阀(即球心阀,标准式,全开)	300
90°标准弯头	30～40	角阀(标准式,全开)	145
流体急剧转弯及内部急剧缩小的回弯头	100	闸阀(全开)	7
流体急剧转弯的回弯头	50～75	闸阀$\left(\frac{3}{4}开\right)$	40
三通管 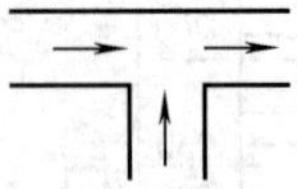	40	闸阀$\left(\frac{1}{2}开\right)$	200
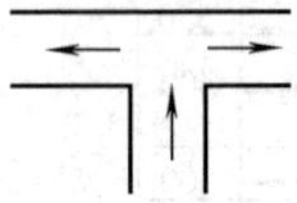	60	闸阀$\left(\frac{1}{4}开\right)$	800
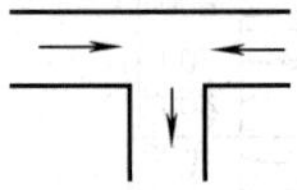	90	单向阀(摇板式)(全开)	135
		带有滤水器的底阀(全开)	420
		蝶阀(6in以上)(全开)	20
		吸入阀或盘形阀	70
		盘式流量计(水表)	400
		文氏流量计	12
		转子流量计	200～300
		由容器入管口	20

注：1in≈2.54cm。

表 25-38　湍流时流体通过各种管件和阀门的阻力系数

名　称	阻力系数ξ					
标准弯头	(45°)=0.35ξ (90°)=0.75ξ					
90°方形弯头	ξ=1.3					
180°回弯头	ξ=1.5					
标准三通管	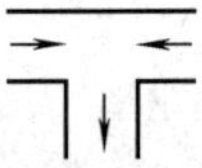	当弯头用 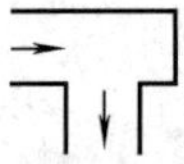	当弯头用 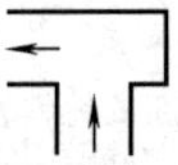	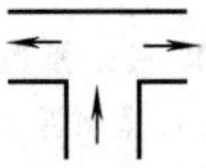		
	ξ=1.5	ξ=1.3	ξ=1.5	ξ=1.0		
活管接	ξ=0.4					
闸阀	全开	3/4开	1/2开	1/4开		
	0.17	0.9	4.5	24		
隔膜阀	全开	3/4开	1/2开	1/4开		
	2.3	2.6	4.3	21		
标准式截止阀(即球心阀)	全开,6.4		1/2开,9.5			
旋塞	θ	5°	10°	20°	40°	60°
	ξ	0.05	0.29	1.56	17.3	206
蝶阀	θ	5°	10°	20°	40°	60°
	ξ	0.24	0.52	1.54	10.8	118
单向阀(止逆阀)	摇板式,ξ=2		球形式,ξ=70			
水表(盘形)	ξ=7					
角阀 90°	ξ=5					
底阀	ξ=1.5					
滤水器(或滤水网)	ξ=2					

表 25-39　各种通道推荐的绝对粗糙度 k

通道形式	绝对粗糙度 k/mm
用焊接钢管制造的管式空气预热器、板式空气预热器、无缝钢管制炉管受热面(外壁)和特殊的空气预热器(考虑了沾污)	0.2
用钢板制造的烟风道(考虑了焊缝)	0.4
钢管主烟道	0.12
铸铁管和铸铁板	0.8
新的铸铁管	0.3
旧的铸铁管	0.85以上
无缝的黄铜管、铜、铅管	0.01～0.05
新的无缝钢管或镀锌铁管	0.1～0.2
具有轻度腐蚀的无缝钢管	0.2～0.3
具有显著腐蚀的无缝钢管	0.5以上(一般取0.7)
水泥砂浆勾缝的砖壁	0.8～6.0(平均2.5)
混凝土通道	0.8～9.0(平均2.5)
玻璃管	0.0015～0.01 (平均0.005)
石棉水泥管	0.03～0.8

表 25-40 近似不变的摩擦阻力系数 λ

通道形式	λ
屏式受热面	0.04
无内衬的钢烟风道	0.02
有内衬的钢烟风道、砖或混凝土烟道	
当 $d_e \geqslant 0.9$m 时	0.03
当 $d_e < 0.9$m 时	0.04
硅石混凝土的烟囱筒身	0.02
砖烟囱和钢筋混凝土烟囱	0.05
金属烟囱	
当 $d_i > 2$m 时	0.015
当 $d_i < 2$m 时	0.02

(4) 阻力降的实际应用

确定烟气系统阻力降时，应包括烟囱本身阻力，如果几个支烟道汇合成一个总烟道，或者几个炉子共用一个烟囱，都应该是按照阻力最大的一个系统计算烟气的总阻力降。

① 辐射室 底部烧嘴，燃烧气体向上流动，一般压力降为零，维持炉膛出口处（1～3mmH_2O，1mmH_2O＝133.32Pa）左右抽力即可；顶部烧嘴，燃烧气体向下流动，是烟气下行阻力，用抽力来克服。

② 辐射室到对流室 越过火墙的那些地方产生体积收缩、膨胀、折流等局部压力降。

表 25-41 局部阻力系数 ξ

序号	局部阻力图	局部阻力系数	计算流速
1	收缩 w_1A_1 → w_0A_0 扩大	见下表	w_0
2	w_0A_0 → α → w_1A_1；w_0A_0 → w_1A_1	见下表	w_0

序号 1：

$\frac{A_0}{A_1}$	ξ 收缩	ξ 扩大	$\frac{A_0}{A_1}$	ξ 收缩	ξ 扩大
0.1	0.47	0.81	0.6	0.25	0.16
0.2	0.42	0.64	0.7	0.20	0.09
0.3	0.38	0.49	0.8	0.15	0.04
0.4	0.34	0.36	0.9	0.09	0.01
0.5	0.30	0.25	1.0	0	0

序号 2：

$\frac{A_1}{A_0}$	ξ						
	角度 α/(°)						
	5	10	15	20	25	30	45
圆截面							
1.25	—	0.01	0.02	0.03	0.04	0.05	0.06
1.50		0.02	0.03	0.05	0.08	0.11	0.13
1.75		0.03	0.05	0.07	0.11	0.15	0.20
2.00		0.04	0.06	0.10	0.15	0.21	0.27
2.25		0.05	0.08	0.13	0.19	0.27	0.34
2.50		0.06	0.10	0.15	0.23	0.32	0.40
方截面							
1.25	—	0.02	0.03	0.05	0.06	0.07	—
1.50		0.03	0.06	0.10	0.12	0.13	
1.75		0.05	0.08	0.14	0.17	0.19	
2.00		0.06	0.13	0.20	0.23	0.26	
2.25		0.08	0.16	0.26	0.30	0.33	
2.50		0.09	0.19	0.30	0.36	0.39	
矩形截面							
1.25	0.03	0.02	0.02	0.02	0.03	0.04	—
1.50	0.06	0.03	0.03	0.05	0.07	0.08	
1.75	0.08	0.05	0.05	0.06	0.09	0.11	
2.00	0.11	0.07	0.07	0.09	0.13	0.15	
2.25	0.14	0.09	0.08	0.12	0.17	0.19	
2.50	0.17	0.10	0.10	0.14	0.20	0.23	

续表

<table>
<tr><th>序号</th><th>局部阻力图</th><th>局部阻力系数</th><th>计算流速</th></tr>
<tr><td>3</td><td>直管内流出</td><td>$\xi=1$</td><td>w</td></tr>
<tr><td>4</td><td>急转直角(90°)</td><td>$A_1=A_2,\xi=1.15$
$\frac{A_2}{A_1}=2,\xi=0.85$
$\frac{A_2}{A_1}=0.6,\xi=1.7$</td><td>$w_1$</td></tr>
<tr><td>5</td><td></td><td>
<table>
<tr><td rowspan="3">$\frac{A_0}{A_1}$</td><td colspan="7">ξ</td></tr>
<tr><td colspan="7">角度 α/(°)</td></tr>
<tr><td>5</td><td>10</td><td>15</td><td>20</td><td>25</td><td>30</td><td>45</td></tr>
<tr><td>1.25</td><td>0.15</td><td>0.22</td><td>0.27</td><td>0.31</td><td>0.33</td><td>0.38</td><td>0.47</td></tr>
<tr><td>1.50</td><td>0.22</td><td>0.31</td><td>0.38</td><td>0.44</td><td>0.48</td><td>0.55</td><td>0.68</td></tr>
<tr><td>1.75</td><td>0.30</td><td>0.43</td><td>0.52</td><td>0.61</td><td>0.65</td><td>0.75</td><td>0.93</td></tr>
<tr><td>2.00</td><td>0.39</td><td>0.56</td><td>0.68</td><td>0.79</td><td>0.85</td><td>0.98</td><td>1.21</td></tr>
<tr><td>2.25</td><td>0.50</td><td>0.70</td><td>0.86</td><td>1.00</td><td>1.08</td><td>1.23</td><td>1.53</td></tr>
<tr><td>2.50</td><td>0.62</td><td>0.87</td><td>1.07</td><td>1.24</td><td>1.33</td><td>1.52</td><td>1.89</td></tr>
</table>
</td><td>w_1</td></tr>
<tr><td>6</td><td>$Re\geqslant0.2\times10^6$</td><td>
<table>
<tr><td rowspan="3">$\frac{h}{b}$</td><td colspan="9">ξ</td></tr>
<tr><td colspan="9">角度 α/(°)</td></tr>
<tr><td>10</td><td>20</td><td>30</td><td>40</td><td>50</td><td>60</td><td>70</td><td>80</td><td>90</td></tr>
<tr><td>0.5</td><td>0.06</td><td>0.16</td><td>0.31</td><td>0.52</td><td>0.78</td><td>1.03</td><td>1.33</td><td>1.65</td><td>2.02</td></tr>
<tr><td>1.0</td><td>0.04</td><td>0.10</td><td>0.20</td><td>0.33</td><td>0.50</td><td>0.66</td><td>0.85</td><td>1.06</td><td>1.30</td></tr>
<tr><td>2.0</td><td>0.02</td><td>0.05</td><td>0.09</td><td>0.16</td><td>0.24</td><td>0.32</td><td>0.41</td><td>0.51</td><td>0.62</td></tr>
<tr><td>4.0</td><td>0.01</td><td>0.04</td><td>0.07</td><td>0.12</td><td>0.18</td><td>0.24</td><td>0.31</td><td>0.38</td><td>0.47</td></tr>
<tr><td>5.0</td><td>0.01</td><td>0.03</td><td>0.06</td><td>0.11</td><td>0.17</td><td>0.22</td><td>0.29</td><td>0.35</td><td>0.44</td></tr>
<tr><td>8.0</td><td>0.01</td><td>0.03</td><td>0.06</td><td>0.11</td><td>0.17</td><td>0.22</td><td>0.28</td><td>0.35</td><td>0.43</td></tr>
</table>
</td><td>w_0</td></tr>
<tr><td>7</td><td></td><td>
<table>
<tr><td rowspan="3">$\frac{R}{d}$</td><td colspan="9">ξ</td></tr>
<tr><td colspan="9">角度 α/(°)</td></tr>
<tr><td>15</td><td>30</td><td>45</td><td>60</td><td>70</td><td>80</td><td>90</td><td>120</td><td>180</td></tr>
<tr><td>0.75</td><td>0.12</td><td>0.23</td><td>0.31</td><td>0.39</td><td>0.43</td><td>0.47</td><td>0.50</td><td>0.58</td><td>0.70</td></tr>
<tr><td>1.00</td><td>0.06</td><td>0.12</td><td>0.16</td><td>0.19</td><td>0.22</td><td>0.24</td><td>0.25</td><td>0.29</td><td>0.35</td></tr>
<tr><td>1.25</td><td>0.05</td><td>0.09</td><td>0.12</td><td>0.15</td><td>0.17</td><td>0.19</td><td>0.20</td><td>0.23</td><td>0.28</td></tr>
<tr><td>1.50</td><td>0.04</td><td>0.08</td><td>0.11</td><td>0.14</td><td>0.16</td><td>0.17</td><td>0.18</td><td>0.21</td><td>0.25</td></tr>
<tr><td>2.00</td><td>0.04</td><td>0.07</td><td>0.09</td><td>0.12</td><td>0.13</td><td>0.14</td><td>0.15</td><td>0.17</td><td>0.21</td></tr>
</table>
</td><td>w_0</td></tr>
<tr><td>8</td><td></td><td>
<table>
<tr><td>$\frac{b}{h}$</td><td>0.25</td><td>0.5</td><td>0.66</td><td>0.8</td><td>1.0</td><td>1.5</td><td>2.0</td><td>2.5</td><td>3.0</td></tr>
<tr><td>ξ</td><td>1.8</td><td>1.5</td><td>1.30</td><td>1.17</td><td>1.0</td><td>0.67</td><td>0.46</td><td>0.4</td><td>0.4</td></tr>
</table>
</td><td>w_0</td></tr>
</table>

续表

<table>
<tr><th>序号</th><th>局部阻力图</th><th>局部阻力系数</th><th>计算流速</th></tr>
<tr><td>9</td><td> 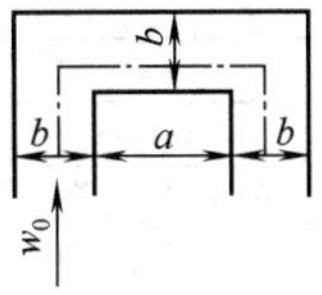</td><td>
<table>
<tr><td>$\frac{a}{b}$</td><td>0.2</td><td>0.4</td><td>0.6</td><td>0.8</td><td>1.0</td><td>1.2</td><td>1.4</td><td>1.6</td><td>1.8</td></tr>
<tr><td>ξ</td><td>2.5</td><td>1.8</td><td>1.4</td><td>1.3</td><td>1.2</td><td>1.2</td><td>1.3</td><td>1.4</td><td>1.5</td></tr>
</table>
</td><td>w_0</td></tr>
<tr><td>10</td><td>$Re \geqslant 5\times10^4, \xi_s = n\frac{s}{b}\alpha+\beta$
(n——纵向管排数)
$Re < 5\times10^4, \xi_s' = \overline{\alpha}_s \xi_s$
$Re \geqslant 5\times10^4, \xi_c = (0.8\sim0.9)\xi_s$
$Re < 5\times10^4, \xi_c' = \overline{\alpha}_c \xi_c$</td><td>
<table>
<tr><td>$\frac{2\delta}{b}$</td><td>α</td><td>β</td><td>$\frac{2\delta}{b}$</td><td>α</td><td>β</td></tr>
<tr><td>0.10</td><td>2.75</td><td>81</td><td>0.45</td><td>0.14</td><td>1.60</td></tr>
<tr><td>0.15</td><td>1.22</td><td>32</td><td>0.50</td><td>0.11</td><td>1.00</td></tr>
<tr><td>0.20</td><td>0.69</td><td>16</td><td>0.60</td><td>0.08</td><td>0.44</td></tr>
<tr><td>0.25</td><td>0.44</td><td>9</td><td>0.70</td><td>0.06</td><td>0.18</td></tr>
<tr><td>0.30</td><td>0.30</td><td>5.4</td><td>0.80</td><td>0.04</td><td>0.06</td></tr>
<tr><td>0.35</td><td>0.23</td><td>3.5</td><td>0.90</td><td>0.03</td><td>0.01</td></tr>
<tr><td>0.40</td><td>0.17</td><td>2.2</td><td>1.00</td><td>0.03</td><td>0</td></tr>
<tr><td>Re</td><td>$\overline{\alpha}_s$</td><td>$\overline{\alpha}_c$</td><td>Re</td><td>$\overline{\alpha}_s$</td><td>$\overline{\alpha}_c$</td></tr>
<tr><td>4×10^3</td><td>1.70</td><td>1.40</td><td>10^4</td><td>1.37</td><td>1.22</td></tr>
<tr><td>5×10^3</td><td>1.60</td><td>1.36</td><td>2×10^4</td><td>1.18</td><td>1.10</td></tr>
<tr><td>6×10^3</td><td>1.55</td><td>1.32</td><td>3×10^4</td><td>1.08</td><td>1.05</td></tr>
<tr><td>8×10^3</td><td>1.44</td><td>1.26</td><td>4×10^4</td><td>1.00</td><td>1.00</td></tr>
</table>
</td><td>w_1</td></tr>
<tr><td>11</td><td>流经孔板</td><td>
<table>
<tr><td>$\frac{A_0}{A_1}$</td><td>0.1</td><td>0.2</td><td>0.3</td><td>0.4</td><td>0.5</td><td>0.6</td><td>0.7</td><td>0.8</td><td>0.9</td><td>1.0</td></tr>
<tr><td>ξ</td><td>280</td><td>57</td><td>30</td><td>15</td><td>9</td><td>6.2</td><td>3.9</td><td>2.7</td><td>1.9</td><td>1.0</td></tr>
</table>
</td><td>w_1</td></tr>
<tr><td>12</td><td></td><td>
<table>
<tr><td>$\frac{A_0}{A_1}$</td><td>0.1</td><td>0.2</td><td>0.3</td><td>0.4</td><td>0.5</td><td>0.6</td><td>0.7</td><td>0.8</td><td>0.9</td><td>1.0</td></tr>
<tr><td>ξ</td><td>0.76</td><td>0.78</td><td>0.81</td><td>0.86</td><td>0.93</td><td>1.0</td><td>1.09</td><td>1.2</td><td>1.32</td><td>1.45</td></tr>
</table>
</td><td>w_0</td></tr>
<tr><td>13</td><td></td><td>
<table>
<tr><td colspan="2">$\frac{x}{d}$</td><td>1</td><td>2</td><td>3</td><td>4</td><td>5</td><td>6</td></tr>
<tr><td rowspan="2">ξ</td><td>光滑面</td><td>0.35</td><td>0.31</td><td>0.33</td><td>0.37</td><td>0.38</td><td>0.39</td></tr>
<tr><td>粗糙面</td><td>0.41</td><td>0.40</td><td>0.43</td><td>0.45</td><td>0.44</td><td>0.42</td></tr>
</table>
</td><td>w_0</td></tr>
<tr><td>14</td><td>$w_0=w_1=w_2$</td><td>
<table>
<tr><td>$\frac{A_2}{A_0}$</td><td>0.1</td><td>0.2</td><td>0.3</td><td>0.4</td></tr>
<tr><td>ξ_1</td><td>2.1</td><td>2.2</td><td>2.5</td><td>3.1</td></tr>
<tr><td>ξ_2</td><td>−0.1</td><td>0.1</td><td>0.05</td><td>−0.03</td></tr>
</table>
</td><td>w_0</td></tr>
<tr><td>15</td><td></td><td>
<table>
<tr><td>$\frac{A_2}{A_0}$</td><td>0.1</td><td>0.2</td><td>0.3</td><td>0.4</td></tr>
<tr><td>ξ_1</td><td>2.0</td><td>2.1</td><td>2.2</td><td>2.5</td></tr>
<tr><td>ξ_2</td><td>−0.1</td><td>0.1</td><td>0.05</td><td>−0.03</td></tr>
</table>
</td><td>w_0</td></tr>
</table>

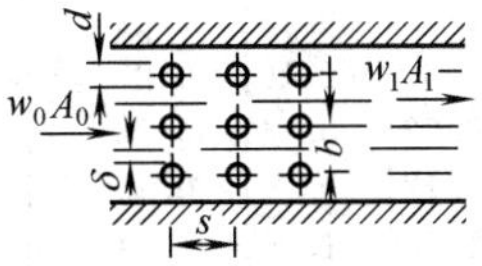

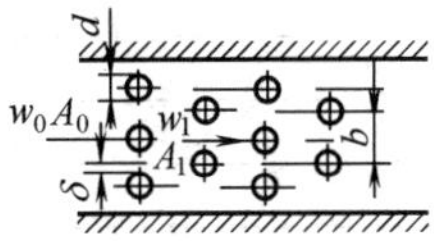

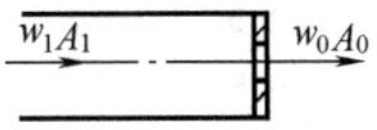

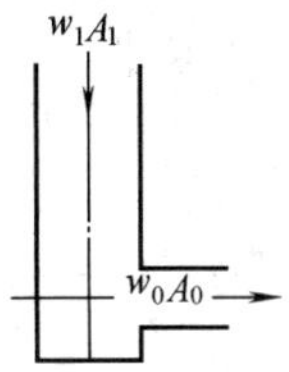

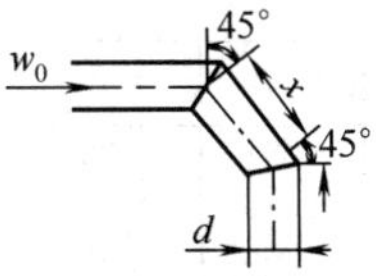

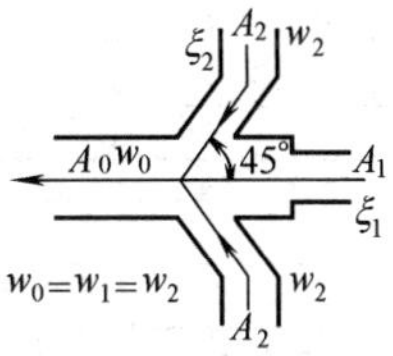

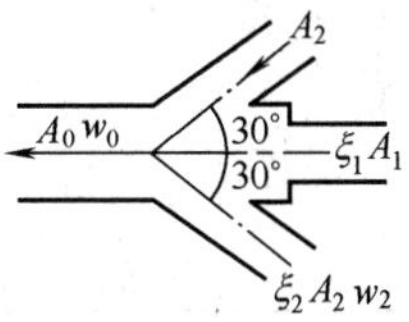

续表

序号	局部阻力图	局部阻力系数	计算流速

16

局部阻力图：w_0A_0，w_aA_a，90°，$A_a=A_b$，w_b A_b

计算流速：w_0

$\frac{V_b}{V_0}$	ξ						
	A_b/A_a						
	0.1	0.2	0.3	0.4	0.6	0.8	1.0
0	−1.15	−0.9	−0.62	−0.62	−0.64	−0.70	−0.95
0.1	−0.5	−0.3	−0.28	−0.28	−0.28	−0.39	−0.60
0.2	3.3	0.7	0.20	0.12	0.00	0.09	−0.25
0.3	8.8	2.1	0.80	0.60	0.36	0.16	0.03
0.4	13.0	4.0	1.52	1.10	0.72	0.44	0.26
0.5	22.0	7.0	2.40	1.68	1.12	0.70	0.45
0.6	31.2	9.8	3.52	2.33	1.54	1.00	0.62
0.7	—	—	4.92	3.04	2.00	1.28	0.76
0.8	—	—	6.64	3.88	2.45	1.60	0.90
0.9	—	—	—	4.86	3.00	1.96	1.01
1.0	—	—	—	6.20	3.65	2.40	1.12

17

局部阻力图：w_0A_0，w_aA_a，90°，$A_a=A_b$，w_b A_b

计算流速：主流方向 w_a　分流方向 w_b

$\frac{V_b}{V_0}$	ξ						
	A_b/A_a						
	0.1	0.2	0.3	0.4	0.6	0.8	1.0
0	0.94	1.14	1.26	1.32	1.30	1.17	0.98
0.1	1.88	1.52	1.42	1.30	1.10	1.00	0.94
0.2	3.50	2.20	1.65	1.35	1.02	0.91	0.89
0.3	6.50	3.20	2.10	1.52	1.08	0.91	0.85
0.4	10.9	4.75	2.90	1.85	1.20	0.92	0.85
0.5	16.4	6.90	3.96	2.40	1.40	1.00	0.88
0.6	26.0	9.80	5.30	3.20	1.70	1.10	0.94
0.7	36.0	13.4	6.90	4.20	2.00	1.30	1.00
0.8	41.0	17.6	8.70	5.30	2.40	1.45	1.08
0.9	—	22.5	10.70	6.50	2.90	1.70	1.17
1.0	—	—	12.90	7.80	3.40	1.85	1.28

18

局部阻力图：w_0A_0，w_aA_a，45°，$A_a=A_0$，w_bA_b

计算流速：主流方向 w_a　分流方向 w_b

$\frac{V_b}{V_0}$	ξ					
	A_b/A_a					
	0.1	0.2	0.4	0.6	0.8	1.0
0	1.02	0.96	0.92	0.91	0.91	0.90
0.2	0.97	0.70	0.47	0.46	0.46	0.68
0.4	6.90	2.20	0.36	0.00	0.00	0.50
0.6	19.4	5.10	0.90	−0.10	−0.10	0.37
0.8	35.3	9.00	1.90	0.40	0.10	0.33
1.0	50.4	13.40	3.40	1.30	0.50	0.50

19

局部阻力图：w_aA_a，w_0A_0，45°，$A_a=A_0$，w_b，A_b

计算流速：w_0

$\frac{V_b}{V_0}$	ξ					
	A_b/A_a					
	0.1	0.2	0.4	0.6	0.8	1.0
0	−1.0	−1.00	−0.97	−0.94	−0.90	−0.90
0.2	2.3	0.44	−0.28	−0.44	−0.46	−0.36
0.4	11.0	3.48	0.52	0.06	−0.08	−0.00
0.6	24.0	8.00	1.50	0.64	0.32	0.22
0.8	—	—	2.64	1.32	0.72	0.37
1.0	—	—	4.10	2.14	1.14	0.38

续表

序号	局部阻力图	局部阻力系数	计算流速

20　烟道闸板（w_0，d，h）　计算流速 w_0

$\frac{h}{d}$	0.1	0.2	0.3	0.4	0.5	0.6	0.7	0.8	0.9	1.0
ξ	193	44.5	17.8	8.12	4.02	2.08	0.95	0.39	0.09	0

21　（b，δ，w_0，D_0）$\frac{b}{D_0}\leqslant 0.5$　计算流速 w_0

$\frac{\delta}{D_0}$	ξ									
	b/D_0									
	0.002	0.005	0.01	0.02	0.05	0.1	0.2	0.3	0.5	0
0	0.57	0.63	0.68	0.73	0.80	0.86	0.92	0.97	1.00	0.5
0.004	0.54	0.58	0.62	0.67	0.74	0.80	0.87	0.91	0.94	
0.008	0.53	0.55	0.58	0.62	0.68	0.74	0.81	0.85	0.88	
0.012	0.52	0.53	0.55	0.58	0.63	0.68	0.75	0.79	0.83	
0.016	0.51	0.51	0.53	0.55	0.58	0.64	0.70	0.74	0.77	
0.020	0.51	0.51	0.52	0.53	0.55	0.60	0.66	0.69	0.72	
0.024	0.50	0.50	0.51	0.52	0.53	0.58	0.62	0.65	0.68	
0.030	0.50	0.50	0.51	0.51	0.52	0.54	0.57	0.59	0.61	
0.040	0.50	0.50	0.51	0.51	0.51	0.51	0.52	0.52	0.53	
0.050	0.50	0.50	0.50	0.50	0.50	0.50	0.50	0.50	0.50	

22　（r，w_0，D_0）　计算流速 w_0

$\frac{r}{D_0}$	0	0.01	0.02	0.03	0.04	0.06	0.08	0.12	0.16	≥0.2
ξ	0.50	0.44	0.37	0.31	0.26	0.19	0.15	0.09	0.06	0.03

23　（L，α，D_0，w_0）　计算流速 w_0

$\frac{L}{D_0}$	ξ								
	角度 α/(°)								
	0	10	20	30	40	60	100	140	180
0.025	0.5	0.47	0.45	0.43	0.41	0.40	0.42	0.45	0.5
0.05		0.45	0.41	0.36	0.33	0.30	0.35	0.42	
0.075		0.42	0.35	0.30	0.26	0.23	0.30	0.40	
0.10		0.40	0.33	0.25	0.21	0.18	0.27	0.38	
0.15		0.37	0.27	0.20	0.16	0.15	0.25	0.37	
0.60		0.28	0.18	0.13	0.11	0.12	0.23	0.36	

24　（$2D_0$，δ，h，D_0，w_0）　计算流速 w_0

$\frac{h}{D_0}$	0.20	0.25	0.30	0.40	0.50	0.60	0.70	0.80	1.00
ξ	4.40	2.90	2.15	1.58	1.35	1.23	1.13	1.10	1.06

25　（$0.3D$，$2D_0$，h，δ，D_0，w_0）　计算流速 w_0

$\frac{h}{D_0}$	0.10	0.15	0.20	0.25	0.30	0.40	0.60	0.80	1.00
ξ	4.0	3.0	2.3	1.9	1.6	1.3	1.1	1.0	1.0

续表

<table>
<tr><th>序号</th><th>局部阻力图</th><th>局部阻力系数</th><th>计算流速</th></tr>
<tr><td>26</td><td>$Re \geqslant 0.2 \times 10^6$</td><td>
<table>
<tr><td rowspan="3">$\frac{b_1}{b_0}$</td><td colspan="3">ξ</td></tr>
<tr><td colspan="3">h/b_0</td></tr>
<tr><td>0.25</td><td>1.0</td><td>4.0</td></tr>
<tr><td>0.6</td><td>1.76</td><td>1.70</td><td>1.46</td></tr>
<tr><td>0.8</td><td>1.43</td><td>1.36</td><td>1.10</td></tr>
<tr><td>1.0</td><td>1.24</td><td>1.15</td><td>0.90</td></tr>
<tr><td>1.2</td><td>1.14</td><td>1.02</td><td>0.81</td></tr>
<tr><td>1.4</td><td>1.09</td><td>0.95</td><td>0.76</td></tr>
<tr><td>1.6</td><td>1.06</td><td>0.90</td><td>0.72</td></tr>
<tr><td>2.0</td><td>1.06</td><td>0.84</td><td>0.66</td></tr>
</table>
</td><td>w_0</td></tr>
<tr><td>27</td><td>$w_0=w_1=w_2$</td><td>
<table>
<tr><td>α</td><td>90°</td><td>180°</td></tr>
<tr><td>ξ</td><td>1</td><td>1.5</td></tr>
</table>
</td><td>w_0
w_1
w_2</td></tr>
<tr><td>28</td><td>$w_0=w_1=w_2$</td><td>$\xi=1.15$</td><td>w_0
w_1
w_2</td></tr>
<tr><td>29</td><td></td><td>
<table>
<tr><td>$\frac{L}{b}$</td><td>ξ</td><td>$\frac{L}{b}$</td><td>ξ</td><td>$\frac{L}{b}$</td><td>ξ</td></tr>
<tr><td>0</td><td>0</td><td>1.6</td><td>4.18</td><td>5.0</td><td>2.92</td></tr>
<tr><td>0.4</td><td>0.62</td><td>1.8</td><td>4.22</td><td>6.0</td><td>2.80</td></tr>
<tr><td>0.6</td><td>0.89</td><td>2.0</td><td>4.18</td><td>7.0</td><td>2.70</td></tr>
<tr><td>0.8</td><td>1.61</td><td>2.4</td><td>3.75</td><td>9.0</td><td>2.50</td></tr>
<tr><td>1.0</td><td>2.63</td><td>2.8</td><td>3.31</td><td>10.0</td><td>2.41</td></tr>
<tr><td>1.2</td><td>3.61</td><td>3.2</td><td>3.20</td><td>∞</td><td>2.30</td></tr>
<tr><td>1.4</td><td>4.01</td><td>4.0</td><td>3.08</td><td></td><td></td></tr>
</table>
</td><td>w_0</td></tr>
<tr><td>30</td><td></td><td>
<table>
<tr><td>$\frac{L}{b}$</td><td>ξ</td><td>$\frac{L}{b}$</td><td>ξ</td><td>$\frac{L}{b}$</td><td>ξ</td></tr>
<tr><td>0</td><td>0</td><td>1.6</td><td>3.28</td><td>5.0</td><td>2.89</td></tr>
<tr><td>0.4</td><td>1.15</td><td>1.8</td><td>3.20</td><td>6.0</td><td>2.78</td></tr>
<tr><td>0.6</td><td>2.90</td><td>2.0</td><td>3.11</td><td>7.0</td><td>2.70</td></tr>
<tr><td>0.8</td><td>3.31</td><td>2.4</td><td>3.16</td><td>9.0</td><td>2.50</td></tr>
<tr><td>1.0</td><td>3.44</td><td>2.8</td><td>3.18</td><td>10.0</td><td>2.41</td></tr>
<tr><td>1.2</td><td>3.40</td><td>3.2</td><td>3.15</td><td>∞</td><td>2.30</td></tr>
<tr><td>1.4</td><td>3.36</td><td>4.0</td><td>3.00</td><td></td><td></td></tr>
</table>
</td><td>w_0</td></tr>
<tr><td>31</td><td></td><td>
<table>
<tr><td>$\frac{h}{D_0}$</td><td>ξ</td><td>$\frac{A}{A_0}$</td><td>$\frac{h}{D_0}$</td><td>ξ</td><td>$\frac{A}{A_0}$</td></tr>
<tr><td>0.125</td><td>97.8</td><td>0.16</td><td>0.6</td><td>0.98</td><td>0.71</td></tr>
<tr><td>0.2</td><td>35.0</td><td>0.25</td><td>0.7</td><td>0.44</td><td>0.81</td></tr>
<tr><td>0.3</td><td>10.0</td><td>0.38</td><td>0.8</td><td>0.17</td><td>0.90</td></tr>
<tr><td>0.4</td><td>4.6</td><td>0.50</td><td>0.9</td><td>0.06</td><td>0.96</td></tr>
<tr><td>0.5</td><td>2.06</td><td>0.61</td><td>1.0</td><td>0</td><td>1.0</td></tr>
</table>
</td><td>—</td></tr>
</table>

续表

<table>
<tr><th>序号</th><th>局部阻力图</th><th>局部阻力系数</th><th>计算流速</th></tr>
<tr><td>32</td><td>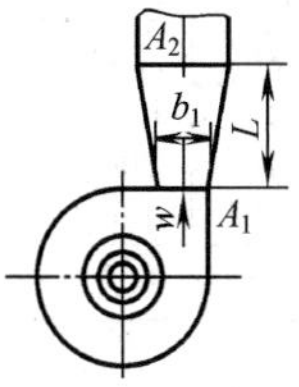</td><td>
<table>
<tr><th rowspan="2">L/b_1</th><th colspan="8">A_2/A_1</th></tr>
<tr><th>1.3</th><th>1.5</th><th>2.0</th><th>2.5</th><th>2.8</th><th>3.0</th><th>3.5</th><th>4.0</th></tr>
<tr><td>1.0</td><td>0.10</td><td>0.20</td><td>0.47</td><td>0.60</td><td>0.66</td><td>0.70</td><td>—</td><td>—</td></tr>
<tr><td>2.0</td><td>0.02</td><td>0.05</td><td>0.25</td><td>0.40</td><td>0.48</td><td>0.54</td><td>0.62</td><td>0.65</td></tr>
<tr><td>3.0</td><td>0</td><td>0</td><td>0.12</td><td>0.22</td><td>0.28</td><td>0.35</td><td>0.48</td><td>0.57</td></tr>
<tr><td>4.0</td><td>0</td><td>0</td><td>0.10</td><td>0.16</td><td>0.21</td><td>0.24</td><td>0.34</td><td>0.42</td></tr>
<tr><td>5.0</td><td>0</td><td>0</td><td>0.10</td><td>0.12</td><td>0.16</td><td>0.18</td><td>0.25</td><td>0.34</td></tr>
<tr><td>6.0</td><td>0</td><td>0</td><td>0.10</td><td>0.11</td><td>0.13</td><td>0.14</td><td>0.20</td><td>0.26</td></tr>
</table>
</td><td>w</td></tr>
<tr><td>33</td><td>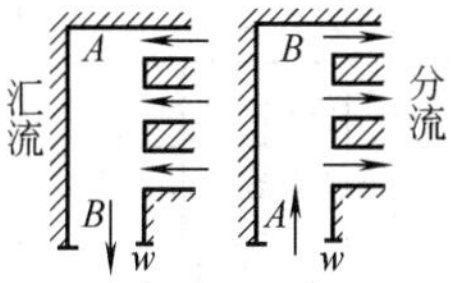</td><td>汇流时 $\xi=1.5$
分流时 $\xi=0.0$</td><td>w</td></tr>
<tr><td>34</td><td>换向 </td><td>$\xi=2.6$</td><td>w</td></tr>
<tr><td>35</td><td>换向 </td><td>$\xi=2.5$</td><td>w</td></tr>
<tr><td>36</td><td>沉渣室 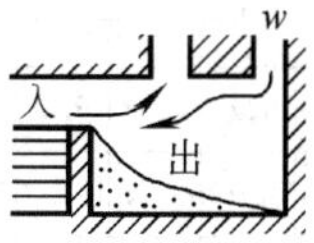</td><td>入口 $\xi=1.0$
出口 $\xi=2.0$</td><td>w</td></tr>
<tr><td>37</td><td>蝶阀 </td><td>
<table>
<tr><th colspan="2">$\alpha/(°)$</th><th>5</th><th>10</th><th>20</th><th>30</th><th>40</th><th>50</th><th>60</th><th>70</th></tr>
<tr><td rowspan="2">ξ</td><td>圆管</td><td>0.24</td><td>0.52</td><td>1.54</td><td>3.91</td><td>10.8</td><td>32.6</td><td>118</td><td>751</td></tr>
<tr><td>方管</td><td>0.28</td><td>0.45</td><td>1.34</td><td>3.54</td><td>9.27</td><td>24.9</td><td>77.4</td><td>368</td></tr>
</table>
</td><td>w</td></tr>
<tr><td>38</td><td>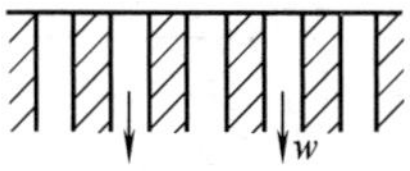</td><td>正方形孔 $\xi=2\sim2.5$
长方形孔 $\xi=1.5\sim2.0$
圆孔 $\xi=2.5\sim3.5$</td><td>w</td></tr>
<tr><td>39</td><td>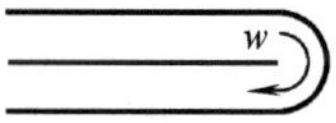</td><td>$\xi=4\sim4.5$</td><td>w</td></tr>
<tr><td>40</td><td>插板和闸阀
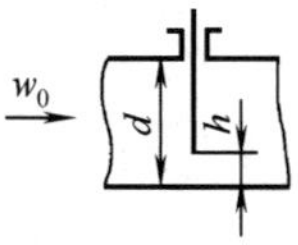</td><td>
<table>
<tr><th colspan="2">h/d</th><th>0.2</th><th>0.3</th><th>0.4</th><th>0.5</th><th>0.6</th><th>0.7</th><th>0.8</th><th>1.0</th></tr>
<tr><td rowspan="3">ξ</td><td>矩形插板</td><td rowspan="3">35</td><td>20</td><td>8.4</td><td>4.0</td><td>2.2</td><td>1.0</td><td>0.4</td><td>0.1</td></tr>
<tr><td>圆形插板</td><td>10</td><td>4.6</td><td>2.06</td><td>0.98</td><td>0.44</td><td>0.17</td><td>0.1</td></tr>
<tr><td>平行式闸阀</td><td>22</td><td>12</td><td>5.3</td><td>2.8</td><td>1.5</td><td>0.8</td><td>0.17</td></tr>
</table>
</td><td>w_0</td></tr>
</table>

续表

<table>
<tr><th>序号</th><th>局部阻力图</th><th>局部阻力系数</th><th>计算流速</th></tr>
<tr><td>41</td><td>w_0 A_0 α A_1
旋塞</td><td>
<table>
<tr><th>$\alpha/(°)$</th><th>$\frac{A_1}{A_0}$</th><th>ξ</th><th>$\alpha/(°)$</th><th>$\frac{A_1}{A_0}$</th><th>ξ</th></tr>
<tr><td>5</td><td>0.93</td><td>0.05</td><td>40</td><td>0.38</td><td>17.3</td></tr>
<tr><td>10</td><td>0.85</td><td>0.29</td><td>50</td><td>0.25</td><td>52.6</td></tr>
<tr><td>23</td><td>0.69</td><td>1.56</td><td>60</td><td>0.14</td><td>206</td></tr>
<tr><td>30</td><td>0.53</td><td>6.47</td><td>65</td><td>0.09</td><td>486</td></tr>
</table>
</td><td>w_0</td></tr>
<tr><td>42</td><td>w d α</td><td>
<table>
<tr><th colspan="2">$\alpha/(°)$</th><th>5</th><th>10</th><th>15</th><th>22.5</th><th>30</th><th>45</th><th>60</th><th>90</th></tr>
<tr><td rowspan="2">ξ</td><td>光滑</td><td>0.016</td><td>0.034</td><td>0.042</td><td>0.066</td><td>0.13</td><td>0.236</td><td>0.471</td><td>1.129</td></tr>
<tr><td>粗糙</td><td>0.024</td><td>0.044</td><td>0.062</td><td>0.154</td><td>0.165</td><td>0.32</td><td>0.634</td><td>1.265</td></tr>
</table>
</td><td>w</td></tr>
<tr><td>43</td><td>金属网
w_1A_1</td><td>
<table>
<tr><th colspan="2">A_0/A_1</th><th>0.1</th><th>0.2</th><th>0.3</th><th>0.4</th><th>0.5</th><th>0.6</th><th>0.7</th><th>0.8</th><th>0.9</th><th>1.0</th></tr>
<tr><td rowspan="2">ξ</td><td>进</td><td>80</td><td>16</td><td>6.6</td><td>3.4</td><td>2.0</td><td>1.3</td><td>1.0</td><td>0.93</td><td>0.91</td><td>1.14</td></tr>
<tr><td>出</td><td>100</td><td>25</td><td>12.5</td><td>7.6</td><td>5.2</td><td>3.9</td><td>3.1</td><td>2.5</td><td>1.9</td><td>1.0</td></tr>
</table>
A_1 为净面积</td><td>w_1</td></tr>
<tr><td>44</td><td>光滑弯管
a_0 b_0 R_0 w_0 α
$D_r=\frac{2a_0b_0}{a_0+b_0}$
$\xi=\xi_1\xi_2\xi_3$</td><td>
<table>
<tr><th>$\alpha/(°)$</th><th>20</th><th>30</th><th>45</th><th>60</th><th>75</th><th>90</th><th>110</th><th>130</th><th>150</th><th>180</th></tr>
<tr><td>ξ_1</td><td>0.31</td><td>0.45</td><td>0.6</td><td>0.78</td><td>0.9</td><td>1.0</td><td>1.13</td><td>1.20</td><td>1.28</td><td>1.40</td></tr>
</table>
<table>
<tr><th>R_0/D_r</th><th>0.5</th><th>0.6</th><th>0.7</th><th>0.8</th><th>0.9</th><th>1.0</th><th>1.25</th><th>1.50</th></tr>
<tr><td>ξ_2</td><td>1.18</td><td>0.77</td><td>0.51</td><td>0.37</td><td>0.28</td><td>0.21</td><td>0.19</td><td>0.17</td></tr>
</table>
<table>
<tr><th>a_0/b_0</th><th>0.25</th><th>0.5</th><th>0.75</th><th>1.0</th><th>1.5</th><th>2.0</th><th>3.0</th><th>4.0</th><th>5.0</th><th>6.0</th><th>7.0</th></tr>
<tr><td>ξ_3</td><td>1.30</td><td>1.17</td><td>1.09</td><td>1.00</td><td>0.90</td><td>0.85</td><td>0.85</td><td>0.90</td><td>0.95</td><td>0.98</td><td>1.00</td></tr>
</table>
</td><td>w_0</td></tr>
<tr><td>45</td><td>有导流片的90°弯头
w_0 a_0 R_0</td><td>
<table>
<tr><th>$\frac{R_0}{a_0}$</th><th>0.5</th><th>0.6</th><th>0.7</th><th>0.8</th><th>0.9</th><th>1.0</th><th>1.1</th><th>1.3</th><th>1.5</th></tr>
<tr><td>ξ</td><td>0.24</td><td>0.15</td><td>0.12</td><td>0.10</td><td>0.09</td><td>0.08</td><td>0.07</td><td>0.06</td><td>0.07</td></tr>
</table>
</td><td>w_0</td></tr>
<tr><td>46</td><td>两管汇流
w_2 w_1 w_1</td><td>$\xi=2$</td><td>w_2</td></tr>
<tr><td>47</td><td>阶梯形扩张管
w A w_1 A_1</td><td>$\xi_{15}=\left(1-\frac{A}{A_1}\right)^2$
纵轴 ξ：0、0.2、0.4、0.6、0.8、1.0
横轴 A/A_1：0、0.2、0.4、0.6、0.8、1.0</td><td>w_1</td></tr>
</table>

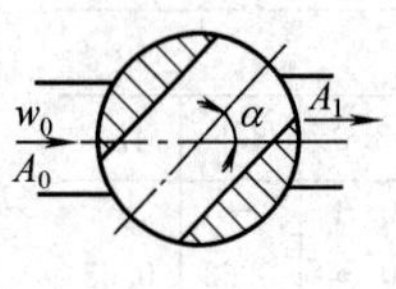

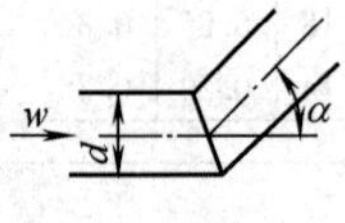

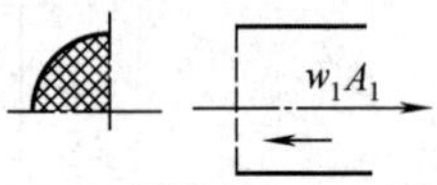

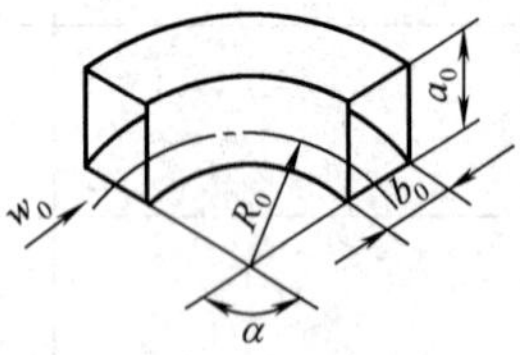

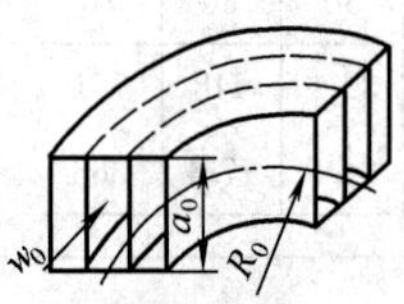

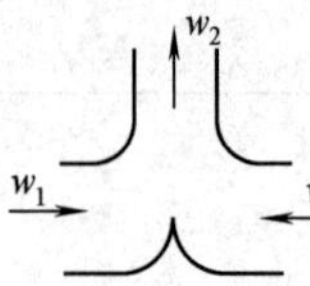

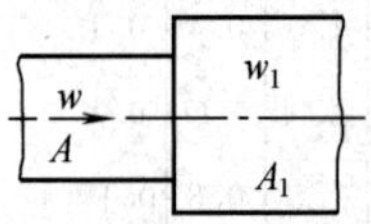

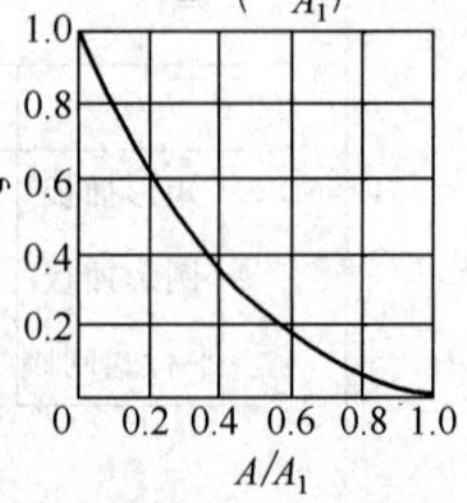

续表

序号	局部阻力图	局部阻力系数	计算流速
48	汇流箱 侧面流出 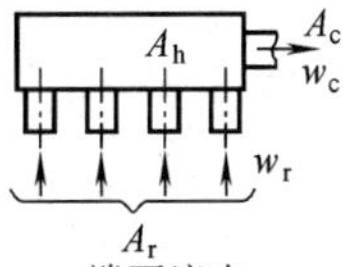 A_c A_h w_c w_r A_r 端面流出 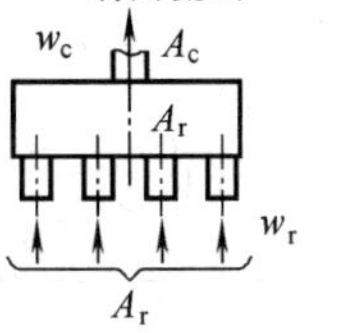 w_c A_c A_r w_r A_r	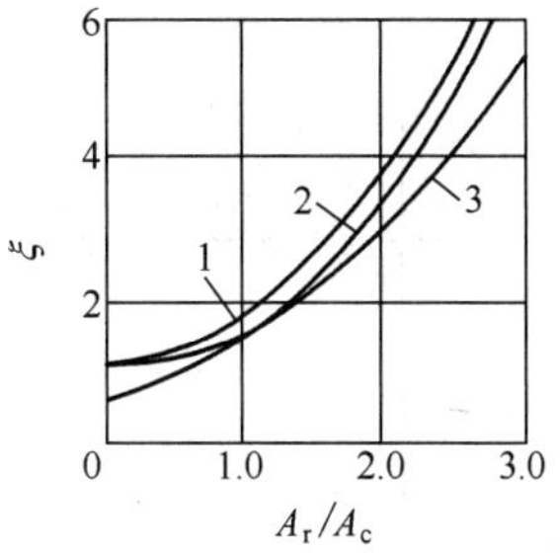 6 4 2 0 1.0 2.0 3.0 ξ A_r/A_c 1 2 3 1—侧面流出(流入)的分流(汇流箱); 2—端面流入的分流箱; 3—端面流出的汇流箱	w_r
49	分流箱 侧面流入 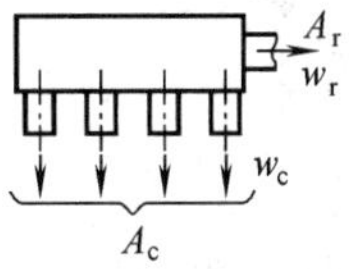 A_r w_r w_c A_c 端面流入 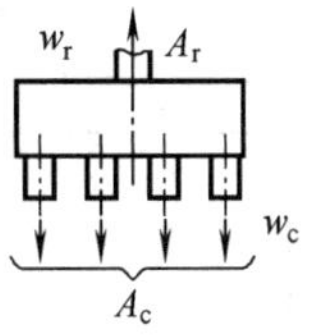 w_r A_r w_c A_c		w_c
50	喷口 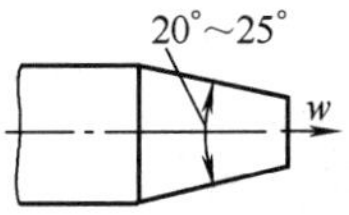 20°～25° w	$\xi=1.05$ 计算烧嘴时,采用 $\xi=1.2$	w
51	与壁面齐平的管道入口 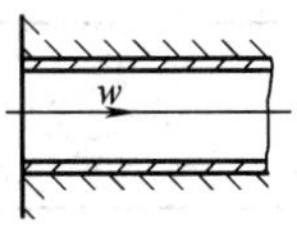 w	$\xi=0.5$	w
52	与壁面呈任意角度的管道入口 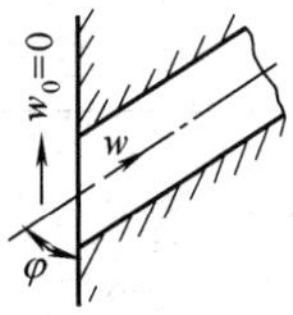 $w_0=0$ w φ	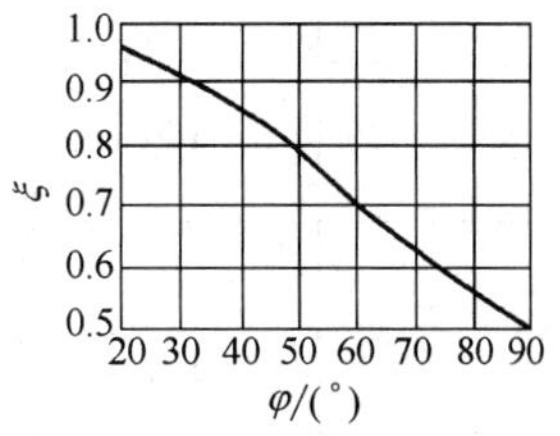 1.0 0.9 0.8 0.7 0.6 0.5 20 30 40 50 60 70 80 90 ξ φ/(°) $Re>10^4$	w

续表

序号	局部阻力图	局部阻力系数	计算流速
53	有流体通过情况下与壁面呈任意角度的管道入口 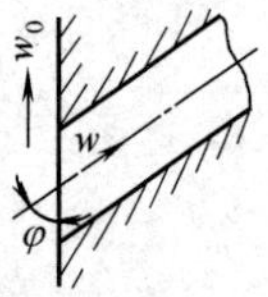	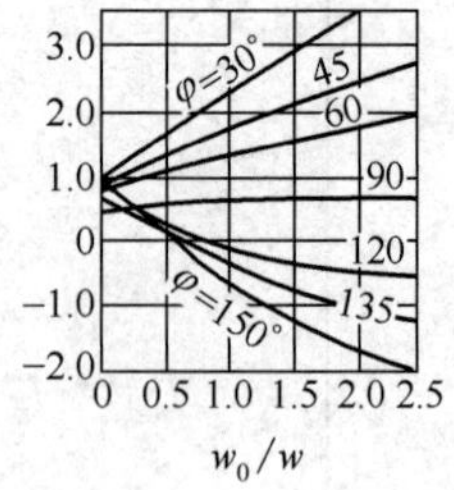 $Re>10^4$	w
54	砌入墙内的锥管入口 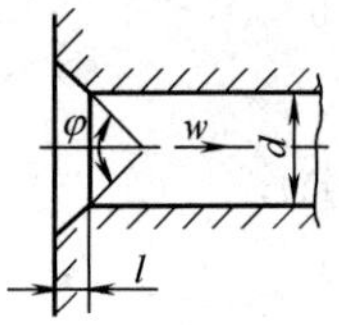	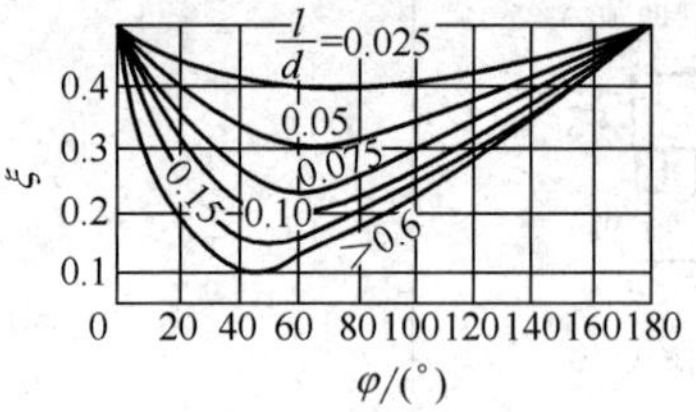	w
55	入口处有挡板 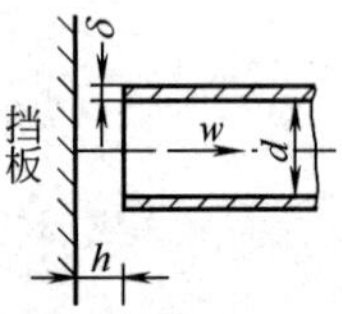	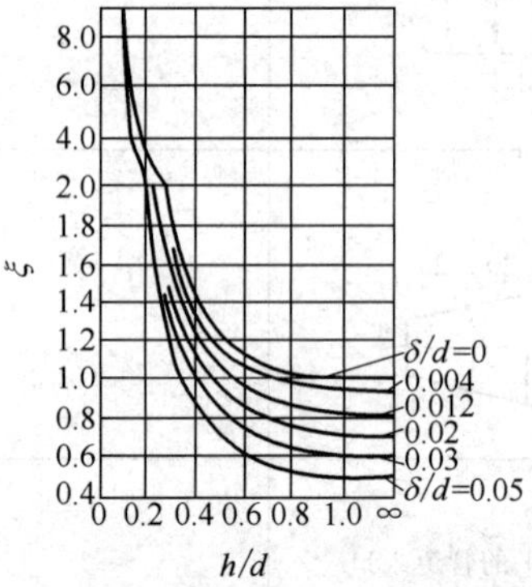	w

表 25-42 受热面计算阻力的修正系数① K_1

受热面	系数 K_1	受热面	系数 K_1
烟气外部冲刷光管管束		烟气在管内冲刷管束	1.1
燃煤	1.2	回转式空气预热器(设有有效吹灰器时)	
燃油	1.2	在燃用重油时	1.1
燃气	1.0	除重油以外的所有燃料	1.0
烟气外部冲刷翅片管管束		空气横向冲刷管束	
设有有效吹灰器时	1.4	当空气流程数 $n<2$ 时	1.05
无吹灰器时	1.8	当空气流程数 $n>3$ 时	1.15

① 交替燃用各种燃料时，修正系数应取其最大值。

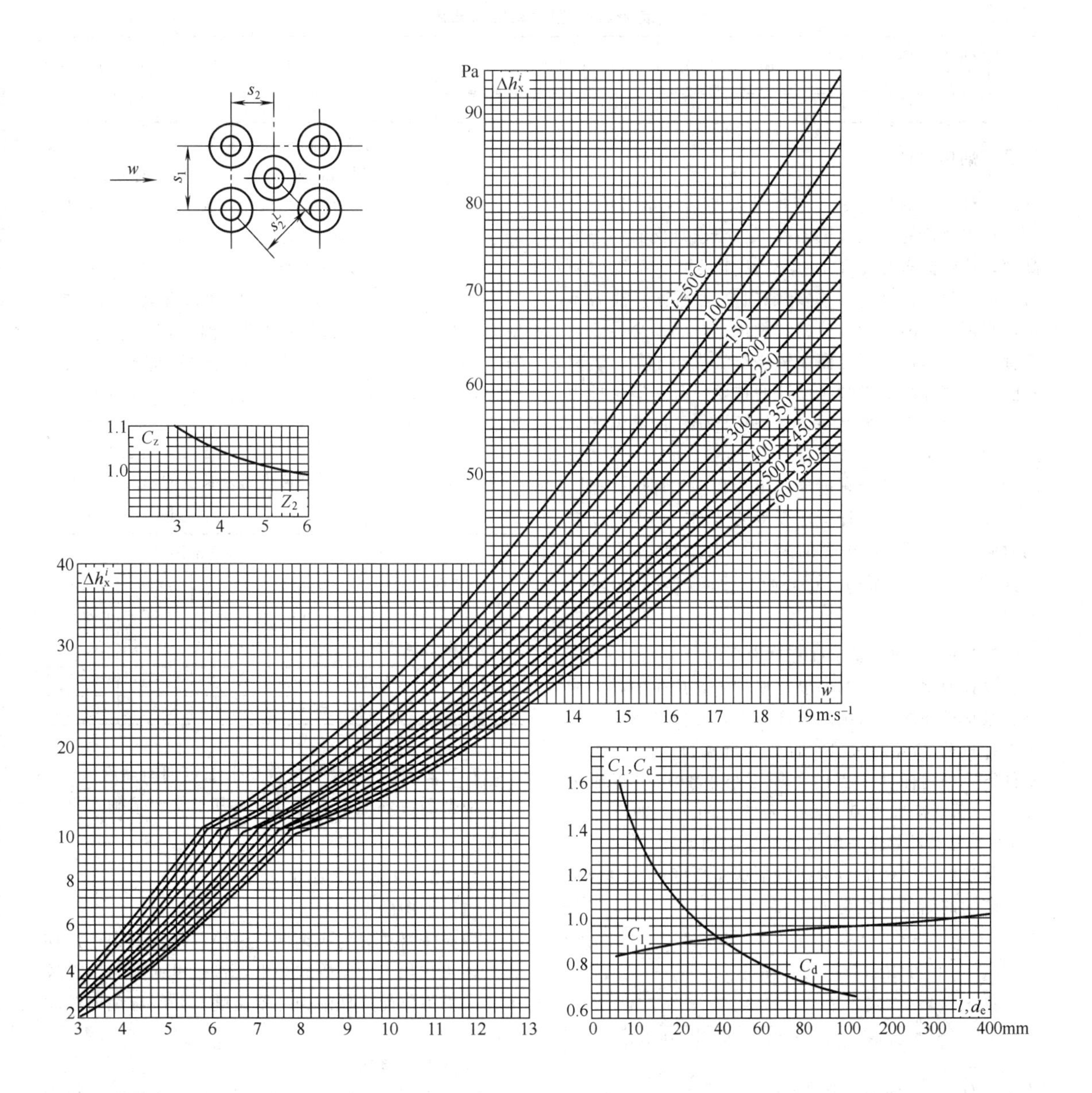

图 25-26　横向冲刷错列翅片管束时的线算图

$$\Delta h_x = \Delta h_0 Z_2 = C_d\ C_1\ C_z\ \Delta h_x^i\ Z_2$$

③ 对流室　通过管排的压力降，由管排的种类及流动状态决定，如果燃烧气体向下流动通过对流室，应考虑烟气的下行阻力。

④ 对流室到烟道　由结构尺寸决定烟气体积收缩、膨胀、折流等阻力。

⑤ 烟道　除考虑摩擦阻力外，还有烟气体积收缩、膨胀、转弯等阻力，如果烟气向上流动，应考虑烟囱效应抽力。烟气向下流动，应考虑烟气下行阻力。

⑥ 烟囱　烟囱里压力降包括速度头损失和摩擦损失之和的阻力。

⑦ 烟道挡板阻力　按局部阻力计算，其阻力系数取决于挡板开度，设计时挡板开度一般按自由截面占全截面的 50%～60% 选用，见表 25-43。

表 25-43 阻力系数的选用

自由截面占全截面的比例/%	5	10	20	30	40	50	60	70	80	90	100
ξ	1000	200	40	18	8	4	2	1.0	0.5	0.22	0.1

7.3 烟囱设计

设计烟囱的目的之一是把炉内的烟气排出炉外。在没有引风机的自然通风条件下，要求烟囱有一定的高度，使烟囱有足够的抽力足以克服炉子系统的阻力，把烟气排入大气。如果烟囱高度不够、抽力不足，则烟气会闷在炉内造成炉膛正压，不仅会导致炉子冒火，且因抽力不足而使燃烧空气供给不足，燃料不能完全燃烧。所以烟囱设计的首要任务是满足抽力的要求。设计烟囱的另一个目的是把炉子的高温气体或无用及有害气体（符合排放要求的）通过一定高度的烟囱排出，以免影响周围的生活和工作环境，即为符合环保要求，需设计一定高度的烟囱。烟囱高度要同时满足以上两个方面的要求。当烟囱周围半径200m距离内有构筑物时，其高度应高出最高构筑物3m以上。

7.3.1 按抽力要求确定烟囱高度

设计原则是烟囱的高度应使炉子所产生的抽力能够克服炉子和烟气系统的全部阻力，并应考虑留有炉子设计负荷20%的余量，且在大气温度25℃、无风条件下，炉内任何一点的负压不小于20Pa（正压炉除外）。通常烟囱不宜过高，系统总阻力一般不超过300Pa，否则要考虑采用引风机强制抽风。

从烟囱的引风能力考虑得到烟囱高度，其中烟囱引风能力的储备系数为1.2。

$$H_{yz} \geqslant \frac{1.2\Delta H^{y} + \Delta h_{yz}\dfrac{\rho_y^o}{1.293}\times\dfrac{101.32}{b}}{\left(\rho_k^o\dfrac{273}{271+t_{lk}} - \rho_y^o\dfrac{273}{273+\theta_{yz}}\right)\dfrac{b}{101.32}g}$$

式中 H_{yz}——烟囱高度，m；

ΔH^{y}——烟气通道全压降，其中不包括烟囱本身的自然通风和阻力，Pa；

Δh_{yz}——烟囱的总阻力，包括摩擦阻力和出口阻力，Pa；

ρ_k^o——在标准状态下空气的密度，kg/m³，$\rho_k^o=1.293\text{kg/m}^3$；

t_{lk}——外部冷空气的温度，一般取当地夏季最高温度，使计算比较安全，℃；

θ_{yz}——烟囱内烟气的平均温度，℃，根据烟气在烟囱内温降（表25-44）求得出口温度，再得到平均温度；

b——平均大气压力，根据炉子安装位置的海拔标高求得，kPa；

ρ_y^o——在标准状态下烟气的密度，kg/m³，由燃烧计算求得，缺乏数据时也可取$\rho_y^o\approx1.34\text{kg/m}^3$；

g——重力加速度，$g=9.81\text{m/s}^2$。

当烟气出炉后，需经一定长度烟道再送入烟囱，对自然通风炉子，该烟道的烟气温度降必须进行计算。烟气在烟道中温降由不同烟道结构及环境传热条件而定。粗略估算时也可参照表25-44查取每米烟道温降经验数据。

表 25-44 烟气在烟囱中每米长度的温度降

单位：℃/m

烟囱类别		温度范围/℃			
		300～400	400～500	500～600	600～800
砖烟囱及浇注料		1.5～2.5	2.5～3.5	3.5～4.5	4.5～5.5
金属烟囱	带衬里	2～3	3～4	4～5	5～7
	不带衬里	4～6	6～8	8～10	10～14

7.3.2 按有害物质排放要求确定烟囱高度

根据项目环境影响报告书及其批文要求确定烟囱高度。

7.3.3 其他参数确定

（1）烟囱的型式

烟囱按材质分为砖烟囱、钢筋混凝土烟囱、钢烟囱三种，在化工大型管式炉中，带衬里的烟囱用得较多，衬里不仅能降低烟囱外壁温度，并能避免内壁烟气腐蚀。

（2）烟气流速的选择

① 烟囱出口烟气流“下沉”现象的形成　当烟囱出口烟气流速 w 小于或等于当地风速时，流出烟囱的烟气不能形成向上浮动的气柱，而呈漩流形成下沉。

烟气“下沉”排烟将造成以下不良后果。

a. 使烟囱产生抽力的几何高度实际被降低。

b. 烟气中含有的腐蚀性气体成分将使烟囱顶部受到腐蚀和污染。

c. 增大了烟尘对厂区环境的污染。

② 消除烟气“下沉”的措施　由于影响烟气“下沉”的主要因素是烟囱出口烟气流速 w' 过低，或者是当地风速过大，其实 w/w' 过小是造成烟气“下沉”的主要原因。设计烟囱时，必须正确选择烟囱出

口烟气流速。根据实验：$w/w'=1.5$ 时，属正常排烟；$w/w'>1.5$ 时，属超高排烟；$w/w'=1$ 时，是消除气流"下沉"的界限值。

③ 烟气流速的选择　为消除烟气"下沉"，不同风速时比值 w/w' 的推荐值如下。

风速　$w'=3\text{m/s}$ 时　$\frac{w}{w'}=1.7$

$w'=7\text{m/s}$ 时　$\frac{w}{w'}=1.3$

$w'=11\text{m/s}$ 时　$\frac{w}{w'}=1.2$

在可能的条件下应尽量选取高的烟气流速，当然也必须兼顾到环保的要求，优点如下。

a. 可减小烟囱直径，从而可缩小占地面积并减少投资。

b. 能消除烟囱出口烟气流"下沉"现象，保证烟囱正常运行并减少对厂区的污染。

c. 由于烟气流速高，能有效地减少烟囱内部灰尘的沉积量。

(3) 烟囱直径的确定

$$d=0.0188\sqrt{\frac{V_{y2}}{w_2}}$$

式中　d——烟囱的内直径，m；

V_{y2}——通过烟囱的烟气量，由接入烟囱的全部炉子在额定负荷下运行时的情况确定，m^3/h；

w_2——烟囱出口烟气流度，由表 25-45 选取，m/s。

求得 d 后进行圆整，取常用的圆筒规格尺寸。

表 25-45　烟囱出口烟气流速　　单位：m/s

通风方式	运行情况	
	全负荷	最小负荷
机械通风	10～20	4～5
自然通风	6～10	2.5～3

注：流速选用时，考虑到以后改造负荷增大的可能，故不应取上限值。但为防止空气倒灌，出口最小流速不宜小于 2.5～3m/s。

(4) "破风圈"的作用

化学工业炉烟囱设计应避免涡流引起的共振，增加烟囱的刚度或附加混凝土衬里层，以提高烟囱的抗振能力，但最有效的办法是在烟囱最上一段加焊螺旋形外部"破风圈"。这种"破风圈"的设计方法如下。

① 临界风速计算　当实际最大风速 w 大于烟囱的临界风速 w_c 时，由于涡流将引起烟囱的共振，所以临界风速为

$$w_c=\frac{fD_0}{0.2}=\frac{5D_0}{T}$$

式中　w_c——烟囱的临界风速，m/s；

D_0——烟囱外径，m；

f——烟囱自振频率，s^{-1}；

T——烟囱自振周期，s；

a. 自振频率　对于等径等厚的圆筒，可将其简化为一端固定、一端自由的悬臂梁。仅受自重作用下，它的自振频率可按下式计算。

$$f=\frac{3.52}{2\pi}\sqrt{\frac{EJ}{ml^4}}$$

式中　f——烟囱自振频率，s^{-1}；

E——设计温度下材料的弹性模量，kgf/cm^2，$1kgf/cm^2=9.8\times10^4 Pa$；

J——截面惯矩，cm^4；

m——单位梁长的重量，kgf/m，1kgf=9.8N；

l——长度，m。

b. 自振周期　振动周期和频率间的关系是 $T=1/f$，所以得下式。

$$T=7.64\times10^{-6}\left(\frac{l}{D_0}\right)^2\left(\frac{mD_0}{\delta}\right)^{\frac{1}{2}}$$

式中　T——烟囱自振周期，s；

δ——壁厚，$\delta=s/12$，mm；

s——圆筒壁厚，mm。

② 防止烟囱共振的措施

a. 当 $w_c>24.6\text{m/s}$ 时，一般实际风速 $w<w_c$，这时不会发生烟囱共振。

b. 当 $w_c=13.4\sim24.6\text{m/s}$，且 $w>w_c$ 时，会发生烟囱共振，可采用改变烟囱高度、直径和厚度等办法来提高烟囱的临界风速 w_c，使 $w<w_c$ 避免共振。

c. 当 $w_c=6.7\sim13.4\text{m/s}$，且 $w>w_c$ 时，这时也可改变烟囱高度、直径和厚度，以及增加烟囱刚度来提高烟囱的临界风速 w_c，使 $w<w_c$，避免烟囱共振。这些措施不经济，也可以加"破风圈"。

d. 当 $w_c<6.7\text{m/s}$ 时，一般情况下，此时 w 均大于 w_c，很容易发生烟囱共振。这种条件下烟囱柔度很大，用提高烟囱刚度的方法来防止共振已不经济，通常都是加"破风圈"。

e. 当实际风速 $w=6.7\text{m/s}$ 时，一般不考虑共振问题，因为此时风速很小，即使高柔度的烟囱发生共振，其共振程度也有限。

③"破风圈"的结构尺寸（图 25-27）

"破风圈"螺旋线节距$=4.85D_0$；

"破风圈"螺旋线头数=3；

"破风圈"安装高度$=\frac{H}{3}$；

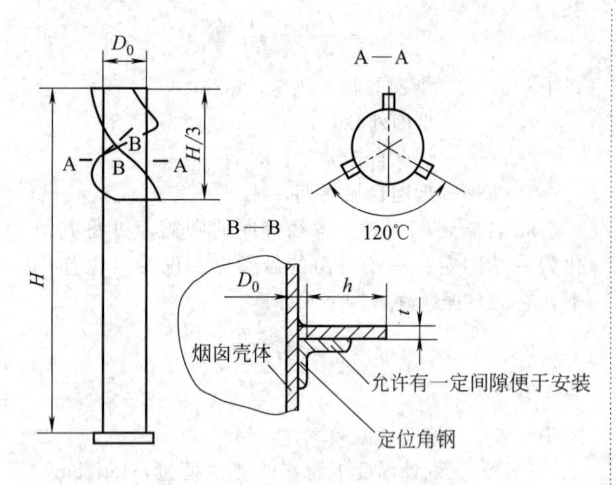

图 25-27　“破风圈”结构尺寸

“破风圈”板高 $h=0.125D_0$；

“破风圈”板厚 $t=4.76\text{mm}$；

其中 D_0 为烟囱外径，m；H 为烟囱总高，m。

7.4　引风机的选用

当系统阻力不能依靠烟囱的抽力来满足时，须采用引风机进行强制通风。但必须注意引风机转轴、轴承均不能承受高温，故采用引风机必须控制烟气温度不能超过 300℃，一般为 200～250℃，且风机轴承要有冷却措施。轴承冷却较多采用水冷，也有采用耐高温润滑脂而不用水冷的。

引风机设在炉子排烟烟道及烟囱之间，烟气经引风机后送至烟囱。该烟囱仍需一定的高度，以满足环境方面的要求。

(1) 引风机压头

引风机的全压头应能克服总阻力之后还有一定的余量，以备调节之用，余量至少应留 20%，全压头按下式计算。

$$\Delta h_{yf}=1.2\Delta H^{y}$$

式中　Δh_{yf}——要求引风机所具有的全压头，Pa；

ΔH^{y}——炉子烟气系统全压降，Pa。

(2) 引风机风量

选择引风机时其风量也应有一定余量，称为风机容量备用系数，一般取 1.1。风量按下式计算。

$$V_{yf}=1.1BV_{y}\frac{273+t_{y}}{273}$$

式中　V_{yf}——引风机风量，m^3/h；

B——燃料消耗，kg/h；

V_y——1kg 燃料的烟气生成量（由燃料燃烧计算得到），m^3/kg；

t_y——引风机入口处的烟气温度，℃。

当烟气出炉子到风机有一定路程，烟道、不密闭式膨胀节、旋风分离器或洗涤式除尘器等有冷风吸入时，则要考虑一定的漏风量。

(3) 引风机功率

如果引风机的使用条件与风机制造厂的给定条件相同，则风机所需功率可以从风机性能表中获得；如果使用条件与风机制造厂的给定条件不符，则可按下式进行计算，以求得使用条件下引风机所需的功率。

$$N_{f}=N\frac{\rho_{y}^{\circ}}{1.293}\times\frac{t_{gd}+273}{t_{y}+273}\times\frac{b}{101.32}$$

式中　N_f——使用条件下引风机所需功率，kW；

N——在制造厂给定条件下所需功率，kW，在样本上查取；

ρ_y°——标准状态下烟气的密度，kg/m^3；

t_y——使用条件下引风机入口处烟气温度，℃；

t_{gd}——风机制造厂给定条件下气体温度，℃，见风机样本；

b——当地大气压力，kPa。

引风机功率也可由风量和风压值直接计算得到。

$$N_{f}=\frac{V_{yf}\Delta h_{yf}}{3600\times102\eta\eta_{j}}$$

式中　η——风机在全压下的效率，通常由实验确定，在产品性能表中列出；

η_j——风机机械效率，皮带传动 $\eta_j=0.95$，联轴器传动 $\eta_j=0.98$。

(4) 电动机功率

由于风机在启动时需较大电流，故电动机功率配备时要取一个安全系数，对引风机取 1.3（送风机取 1.15 即可）。因此电动机计算功率 $N_d=1.3N_f$，电动机选用时不得少于此计算功率。

(5) 选用引风机

根据风机厂样本选择符合上述风量、风压的引风机时需注意风机样本中规定的风温，当风温与设计中的烟气温度不一致时必须进行折算，使得折算所得到的压头 Δh_{gd} 与风机制造厂提供的压头值一致，即风机厂样本上的压头值要满足折算压头值的要求。

$$\Delta h_{gd}=\frac{1.293}{\rho_{y}^{\circ}}\times\frac{273+t_{y}}{273+t_{gd}}\times\frac{101.32}{b}\Delta h_{yf}$$

式中　Δh_{gd}——折算压头，Pa；

Δh_{yf}——使用条件下要求引风机提供的压头，Pa。

风机选择时要求风机提供的压头和风量的点落在

风机特性曲线的最高效率区，其效率值通常应不低于风机特性曲线最高效率值的90%。

8　炉衬材料

炉壁的散热损失是炉子耗能的一部分。为降低炉壁散热损失，就要选对炉衬材料，合理地使用。炉衬材料主要包括耐火材料、隔热材料及其他辅助材料。或者说炉衬材料主要包括各种定形的耐火材料制品、隔热制品以及不定形的耐火材料制品、隔热制品，如耐火浇注料、可塑料、捣打料、填料、耐火砖、陶瓷纤维制品等。用于化学工业炉的耐火材料应具有足够的耐温性能和高温机械强度，在高温下体积要稳定，并且具有良好抗烟气冲刷的能力。化学工业炉的炉型多且复杂，炉衬材料的选择要特别注意应满足不同炉型、工艺特定的技术要求。为保证炉子砌筑质量，所选用的材料性能指标应符合现行国家、行业标准规定或设计要求，具有良好的施工性能。

8.1　炉衬材料的基本要求

① 耐火度要求　为适应高温操作的要求，应具有足够的在高温下不软化、不熔融的性能。

在实际使用中，由于要考虑高温机械强度，所以实际使用温度要比耐火度低。

② 荷重软化强度要求　为承受炉子载荷、热应力和时间的共同作用，不丧失结构强度、不发生软化变形和坍塌，其性能通常用制品的荷重软化开始温度来衡量。

③ 线膨胀率和加热永久线变化率要求　在高温下或冷却到室温后的体积稳定，不致因膨胀和收缩使砌体变形或出现裂纹，通常用材料的线膨胀率和加热永久线变化率来衡量。

④ 热震稳定性要求　当温度急变或受热不均匀时而不被崩裂破坏，要求制品具有一定的耐急冷/急热的性能。

⑤ 耐侵蚀能力要求　对于液态熔液、气态及固态物质的化学作用，应具有一定的耐侵蚀能力。

⑥ 耐磨、抗冲刷要求　应具有足够的高温强度和抗磨性能以承受高温火焰、烟尘及炉渣的冲刷。

⑦ 制品的外形尺寸要求　为保证炉子砌筑质量，制品的外形尺寸应符合有关标准或图纸规定的要求。

总之，选用耐火、隔热材料时，应充分考虑到炉内最高操作温度、操作压力、炉内介质气氛、燃料化学成分、熔渣侵蚀与气流夹带物的冲刷、炉型结构及砌筑方法等因素，并应针对不同的工况选择不同的耐火、隔热材料。一般在化工生产中，生产具有连续性，要求工业炉窑能在较长期内连续运行，故在选用耐火、隔热材料时要有足够的安全系数。

8.2　常用耐火隔热制品的用途和使用温度

8.2.1　黏土质耐火砖

黏土质耐火砖广泛用于一般炉窑的耐火砌体、衬里材料、炉墙、炉底和烟道等。使用温度为1250～1400℃。

8.2.2　高铝砖

高铝砖用于一般炉窑的耐高温、耐磨损区域或荷载较大区域的砌体、燃烧器砖以及有特殊要求的砌体，可用作大型竖式石灰窑内衬砖、燃烧室高温区的拱顶砖等。使用温度为1300～1450℃。

8.2.3　黏土质隔热耐火砖

黏土质隔热耐火砖可用于不受高温熔渣和侵蚀性气体侵蚀作用的炉窑内衬。使用温度为1150～1300℃。

8.2.4　高铝质隔热耐火砖

高铝质隔热耐火砖常用于使用温度低于1200～1300℃的耐火、隔热衬里。

8.2.5　低硅刚玉砖

低硅刚玉砖用于高温炉衬衬里，特别是用于强还原性气氛、氢分压高、有高温水蒸气存在的大型合成氨装置中气化炉衬砖和二段转化炉衬砖等场合。使用温度在1670℃以下。

8.2.6　一般刚玉制品

一般刚玉制品可用于重油气化炉向火面衬里、含盐废水焚烧炉衬里的重要部位及在高温下工作的辐射式燃烧器的烧嘴砖等。

8.2.7　碳化硅耐火制品

碳化硅制品具有优异的耐酸性氧化物性能和耐磨性能，高温下强度高、热膨胀系数小、导热性强、抗热冲击性强、热震稳定性好。其缺点是耐碱性金属氧化物差，对碱性熔渣、金属侵蚀的抵抗性差。多用在工作条件极为苛刻且氧化性不显著的部位，常用作耐热耐磨衬里、电热元件及需要有很好的热震稳定性、导热性和抗还原性气氛的场合。使用温度为1400～1600℃。

8.2.8　电石炉用自焙炭砖

电石炉用自焙炭砖用于砌筑大、中型电石炉炉底及熔池内衬。

8.2.9　高铬砖

高铬砖具有较好的抗煤熔渣的侵蚀性，在高温下及强还原性气氛下有优良的体积稳定性，高温强度好，具有抗高温、高速气流冲刷的特点。高铬砖主要用于水煤浆加压气化炉内衬，并可用于油气化炉、粉煤气化炉等高温热工设备。

8.3 常用隔热制品的用途和使用温度

8.3.1 硅藻土隔热制品

硅藻土隔热制品主要用于炉窑的隔热层。使用温度不大于900℃。

8.3.2 膨胀蛭石及膨胀蛭石制品

膨胀蛭石适用于使用温度不大于900℃的部位作填充隔热材料。

膨胀蛭石制品按黏结剂不同，可分为水泥膨胀蛭石制品、水玻璃膨胀蛭石制品、沥青膨胀蛭石制品。制品的外形分为板、砖、管壳、异形砖。水泥膨胀蛭石制品可用于使用温度不大于800℃的隔热部位。

8.3.3 膨胀珍珠岩及膨胀珍珠岩绝热制品

膨胀珍珠岩用于使用温度不大于800℃的部位作隔热材料及配制隔热制品、隔热耐火浇注料。

膨胀珍珠岩绝热。制品的形态为板、管壳。膨胀珍珠岩绝热制品用于使用温度不大于900℃的隔热部位。

8.3.4 岩棉及岩棉制品

岩棉制品分为棉、板、带、毡、缝毡、贴面毡、管壳。

岩棉制品具有体积密度小、热导率低、施工方便等优点，可用作隔音隔热材料，用于轻型炉墙、高温管道与设备隔热的场合。岩棉的使用温度不大于650℃。

岩棉制品的使用温度由其体积密度决定。体积密度为80kg/m^{3}的制品，使用温度应不大于400℃；体积密度为100kg/m^3、120kg/m^3、150kg/m^3、160kg/m^3、200kg/m^{3}的制品，使用温度应不大于600℃。

岩棉毡用布或金属网做外覆材料的制品：岩棉玻璃布缝板，使用温度在400℃以下；岩棉铁丝网缝板，使用温度宜在600℃以下。

8.3.5 矿渣棉及矿渣棉制品

矿渣棉制品分为棉、板、带、毡、缝毡、贴面毡和管壳。矿渣棉制品具有体积密度低、热导率小、吸湿性小的特点，可用于隔热材料。

矿渣棉使用温度应不大于650℃。

矿渣棉制品的使用温度由其体积密度决定。体积密度为80kg/m^{3}的制品，使用温度不大于400℃；体积密度为100kg/m^3、120kg/m^3、150kg/m^3、160kg/m^3、200kg/m^{3}的制品，使用温度不大于600℃。

8.3.6 绝热用玻璃棉及其制品

绝热用玻璃棉常用制品是指超细玻璃棉、无碱超细玻璃棉及高硅氧玻璃棉制品，包括棉、板、带、毯、毡、管壳。

玻璃棉及其制品具有体积密度特低、热导率很小的特点。绝热用玻璃棉及其制品用于使用温度为300～400℃的隔热部位。

由于玻璃棉在加工、安装过程中对人的皮肤有刺激性，应慎重选用，并应以其他优良的隔热材料所代替。

8.3.7 硅酸钙绝热制品

硅酸钙绝热制品具有体积小、强度高、热导率低、使用温度高、化学稳定性好、原料易得、施工方便且价格便宜等优点，用于在规定使用温度下的轻型炉墙、设备与管道及其附件需要隔热的部位。硅酸钙绝热制品在低于环境温度下使用时，应采取特殊措施。

硅酸钙绝热制品按使用温度可分为Ⅰ型（650℃）、Ⅱ型（1000℃）。按制品外形可分为平板、弧形板、管壳。

8.3.8 轻质氧化铝制品

轻质氧化铝制品用于高温炉窑的耐热、隔热衬里，特别是需要抗还原性气氛，受高温高压水蒸气侵蚀的衬里部位。一般可用于非向火面衬里。使用温度有1560℃、1700℃、1800℃三种。

8.3.9 常用隔热制品的物理性能及使用范围

常用隔热制品的物理性能及使用范围见表25-46。

表25-46　常用隔热制品的物理性能及使用范围

<table>
<tr><th colspan="3">隔热材料制品</th><th>体积密度/(kg/m³)</th><th>最高使用温度/℃</th><th colspan="2">热导率λ/[W/(m·K)]</th><th>用　途</th></tr>
<tr><td rowspan="6">硅藻土质制品</td><td rowspan="2">硅藻土粉</td><td>生料</td><td>680</td><td>900</td><td colspan="2">0.1047+0.28×10⁻³t</td><td>隔热层砌筑泥浆及抹面</td></tr>
<tr><td>熟料</td><td>600</td><td>900</td><td colspan="2">0.0826+0.94×10⁻³t</td><td>隔热层填充料</td></tr>
<tr><td>硅藻土砖</td><td>GG-0.7a</td><td>700</td><td>900</td><td rowspan="4">(平均温度：300℃±10℃)≤</td><td>0.20</td><td rowspan="4">炉墙、炉顶隔热层，热体侧温度在900℃以下</td></tr>
<tr><td>硅藻土砖</td><td>GG-0.7b</td><td>700</td><td>900</td><td>0.21</td></tr>
<tr><td>硅藻土砖</td><td>GG-0.6</td><td>600</td><td>900</td><td>0.17</td></tr>
<tr><td>硅藻土砖</td><td>GG-0.5a</td><td>500</td><td>900</td><td>0.15</td></tr>
</table>

续表

隔热材料制品			体积密度/(kg/m³)	最高使用温度/℃	热导率 λ/[W/(m·K)]	用途
硅藻土质制品	硅藻土砖	GG-0.5b	500	900	(平均温度：300℃±10℃)≤ 0.16	炉墙、炉顶隔热层，热体侧温度在 900℃以下
	硅藻土砖	GG-0.4	400	900	0.13	
	硅藻土焙烧板、管	A	450	850	$0.0388+0.19\times10^{-3}t$	850℃以下管道及炉墙隔热层之用
		B	550	850	$0.0477+0.2\times10^{-3}t$	
膨胀蛭石制品	膨胀蛭石	优等品	100	900	(平均温度：25℃±5℃)≤ 0.062	隔热填充料、蛭石制品原料
		一等品	200		0.078	
		合格品	300		0.095	
	水泥膨胀蛭石制品	优等品	350	800	0.090	以水泥为结合剂的制品可作 800℃以下的隔热材料
		一等品	480		0.112	
		合格品	550		0.142	
	水玻璃膨胀蛭石制品、沥青膨胀蛭石制品	—	由供需双方协议确定		—	参照水泥膨胀蛭石制品，用作相应使用温度下的隔热材料
膨胀珍珠岩	标号	70	70	800	(平均温度：25℃±5℃)≤ 优等品 0.047；一等品 0.049；合格品 0.051	作隔热制品的原料
		100	100		优等品 0.052；一等品 0.054；合格品 0.056	
		150	150		优等品 0.058；一等品 0.060；合格品 0.062	
		200	200		优等品 0.064；一等品 0.066；合格品 0.068	
		250	250		优等品 0.070；一等品 0.072；合格品 0.074	
膨胀珍珠岩绝热制品	200	优等品	200	900	(平均温度：25℃±5℃)≤ 0.056	作规定使用温度下的隔热材料
		合格品			0.060	
	250	优等品	250		0.064	
		合格品			0.068	
	300	优等品	300		0.072	
		合格品			0.076	
	350	优等品	350		0.080	
		合格品			0.087	
膨胀珍珠岩制品	硅酸盐水泥膨胀珍珠盐	1. 水泥：珍珠岩[80]=1：10	240	600	0.0535～0.0827	600℃以下隔热材料(配合比为体积比)
		2. 水泥：珍珠岩[80]=1：10	300		0.0616～0.092	
		3. 水泥：珍珠岩[130]=1：10	403		0.072～0.088	
		4. 水泥：珍珠岩[150]=1：10	425		0.08～0.122	
膨胀珍珠岩制品	水玻璃膨胀珍珠岩制品	1. 珍珠岩[80]：水玻璃=1：1	195	700	t_{cp}：57，162，217，271，326；λ：0.0543，0.0657，0.0708，0.076，0.0832	低于 700℃的隔热材料，具有抗水能力(配合比为质量比)，t_{cp}为平均温度(℃，下同)
		2. 珍珠岩[80]：水玻璃=1：1.2	220	700	t_{cp}：202，300，397；λ：0.0847，0.0987，0.112	
		3. 珍珠岩[80]：水玻璃=1：1.3	251	700	t_{cp}：202，298，395；λ：0.0893，0.103，0.115	
		4. 珍珠岩[120]：水玻璃=1：1	303	700	t_{cp}：205，303，404；λ：0.0975，0.109，0.121	
		5. 珍珠岩[120]：水玻璃=1：1	339	700	t_{cp}：207，304，404；λ：0.106，0.117，0.128	
		6. 珍珠岩[120]：水玻璃=1：1	351	700	t_{cp}：209，306，405；λ：0.11，0.118，0.129	

续表

隔热材料制品			体积密度/(kg/m³)	最高使用温度/℃	热导率λ/[W/(m·K)]						用途
膨胀珍珠岩制品	高铝水泥膨胀珍珠岩制品	1. 水泥∶珍珠岩[60]=1∶9	450	800	t_{cp}	20	196	309	498	638	800℃以下使用，作一段炉下集气管保温箱衬里用，但残余收缩大（配合比为体积比）
					λ	0.079	0.082	0.0867	0.101	0.114	
		2. 水泥∶珍珠岩[80]=1∶10	460	800	t_{cp}	20	191	310	494	630	
					λ	0.072	0.0767	0.085	0.0945	0.118	
		3. 水泥∶珍珠岩[100]=1∶10	457	800	t_{cp}	20	193	360	495	633	
					λ	0.0855	0.0908	0.0947	0.108	0.122	
	磷酸铝膨胀珍珠岩制品		—	900	0.0524～0.15						制品色白美观，900℃以下用
	低钙铝酸盐水泥膨胀珍珠岩制品		430～820	900	0.108～0.174						制品强度高，作耐高温隔热材料
岩棉、矿渣棉制品	棉	渣球含量/% 颗粒直径>0.25mm ≤：优等品 12.0；一等品 15.0；合格品 18.0	150	650	（平均温度：70℃±5℃，棉的试验密度为150kg/m³）≤	0.044					650℃以下隔热材料及制品原料
	板、带、毡、管壳	密度极限偏差/%：优等品 ±10；一等品 ±15；合格品 ±20	—	—		—					炉体及管道的隔热材料（带、毡的最高使用温度是指基材）
	板		80	400		0.044					
			100	600		0.046					
			120	600							
			150	600		0.048					
			160	600							
	带		80	400		0.054					
			100	600							
			150	600							
	毡、缝毡、贴面毡		60	400		0.049					
			80	400							
			100	600							
			120	600							
	管壳		≤200	600		0.044					
玻璃棉制品	棉	1号	试验密度 40	400	（平均温度：70℃±5℃）≤	0.041					作规定使用温度以下的隔热及填料用
		2号	试验密度 40	400		0.042					
		3号	试验密度 70	400		0.049					
	板	2号	24/32	300	（平均温度：70℃±5℃）≤	0.049/0.047					作规定使用温度下炉体、容器及管道的隔热用（带、毯、毡、管、壳的性能是指基材）
			40/48	350		0.044/0.043					
			64 80 96 120	400		0.042					
		3号	80 96 120	400		0.047					
	带	2号	≥25	<400		0.052					
	毯	2号	≥24	350		0.048					
			≥40	400		0.043					
	毡	2号	≥24	300		0.049					
	管壳	2号	≥45	350		0.043					

续表

隔热材料制品					体积密度/(kg/m³)	最高使用温度/℃	热导率 λ/[W/(m·K)]						用　途
	平板、管壳弧形板		平均抗压强度/MPa	平均抗折强度/MPa	—	—	平均温度/℃						
							100	200	300	400	500	600	
硅酸钙制品	Ⅰ型	170 号	≥0.40	≥0.20	≤170	650	≤0.058	≤0.069	≤0.081	≤0.095	≤0.112	≤0.130	用于热面温度不高于规定使用温度时作隔热材料 隔热层厚度大于100mm时，宜分为双层结构，低于环境温度时应慎用
		220 号	≥0.50	≥0.30	≤220		≤0.065	≤0.075	≤0.087	≤0.100	≤0.115		
		240 号			≤240								
	Ⅱ型	140 号	≥0.40	≥0.20	≤140	1000	≤0.058	≤0.069	≤0.081	≤0.095	≤0.112		
		170 号			≤170								
		220 号	≥0.50	≥0.30	≤220		≤0.065	≤0.075	≤0.087	≤0.100	≤0.115		
		240 号			≤240								

8.4 耐火陶瓷纤维制品的用途和使用范围

8.4.1 耐火陶瓷纤维制品的种类及使用温度（表 25-47）

表 25-47　耐火陶瓷纤维制品的种类及使用温度

种　类	分级温度/℃	使用温度/℃	
低温型 Al_2O_3 38%～42%	1000	≤	800
普通型 Al_2O_3≥45%	1200		1000
高纯型 Al_2O_3≥47%	1250		1100
高铝型 Al_2O_3 52%～55%	1350		1200
含锆型 ZrO_2>15%	1400		1300

8.4.2 耐火陶瓷纤维制品的形态分类及用途（表 25-48）

8.4.3 绝热用硅酸铝棉制品主要性能（表 25-49）

8.4.4 常用耐火纤维折叠式模块结构

耐火陶瓷纤维针刺毯折叠成的模块即耐火纤维折叠式模块，可用于炉墙和炉顶。常用的形式有如下几种。

① 中心孔吊装式模块（图 25-28）

② 穿刺式模块（图 25-29）

③ 滑槽式模块（图 25-30）

8.4.5 派罗块纤维模块

派罗块纤维模块具有普通纤维折叠模块的一切优点，相比同等级纤维制成的普通纤维折叠模块，派罗块纤维模块更节能，绝热均匀性更好且收缩小，各个方向都易于压缩，强度更高，表面抗气流冲刷能力更强，容重较高，易于安装，可以制成无缝整体大块，或被横向切割成各种形状的异形模块以符合结构形状需要，现场切割方便，更可以根据需要制成复合模块。安装派罗块纤维模块需要特殊的工具。

表 25-48　耐火陶瓷纤维制品的形态分类及用途

形状或形式	用　途
原棉	(1)用于湿法成型或生产其他形式纤维制品(如毯、毡、板、纸、真空浇注成型、分层制品等)的散状纤维原料 (2)在不同的高温场合下作为填充料和背衬材料，如膨胀缝、密封材料等
纤维毯	(1)在不同的高温场合下作为填充料和背衬材料 (2)作为炉内耐火或隔热衬里，如经预压缩制成折叠块、各种耐火炉衬的贴面等
纤维毡	(1)作为隔热材料 (2)可作为复合炉衬的背衬材料 (3)湿毡可作为炉衬缝隙的填充料和局部修复
纤维纸	(1)隔热耐火材料 (2)高温密封衬垫和电绝缘
纤维绳	(1)在不同的高温场合下作为填充料，如膨胀缝 (2)高温密封材料 (3)高温捆绑材料
纤维布	(1)隔热和绝热材料 (2)高温挠性密封结构材料或密封衬垫 (3)作为耐高温包扎材料
纤维板	作为炉衬材料，可制成看火孔砖、搁砖和管套等
纤维浇注料	作为炉内衬里材料，可浇注成看火孔砖及炉衬的耐火层或隔热层的整体浇注、炉衬局部修复、炉门或看火门的耐火隔热材料等，可适用于气流冲刷较高的部位
纤维喷涂料	目前多作为炉衬的隔热层，在气流冲刷较小的部位可作为迎火面耐火衬里材料使用
纤维可塑料	用于非火焰冲刷部位的炉窑的捣打内衬和炉窑内衬的局部修补

设计选用时直接咨询相关生产厂商。

表 25-49 绝热用硅酸铝棉制品主要性能

种类		分级温度/℃	使用温度/℃	体积密度/(kg/m³)	热导率 λ/[W/(m·K)]	
棉	1号低温型	1000	≤800	—	—	
	2号普通型	1200	≤1000			
	3号高纯型	1250	≤1100			
	4号高铝型	1350	≤1200			
	5号含锆型	1400	≤1300			
板、毡	—	同1号～5号棉	同1号～5号棉	≤150	试验温度:对应于分级温度≤	0.156
				>150		0.153
毯	—	同1号～5号棉	同1号～5号棉	64		0.176
				96		0.161
				128		0.156
				160		0.153

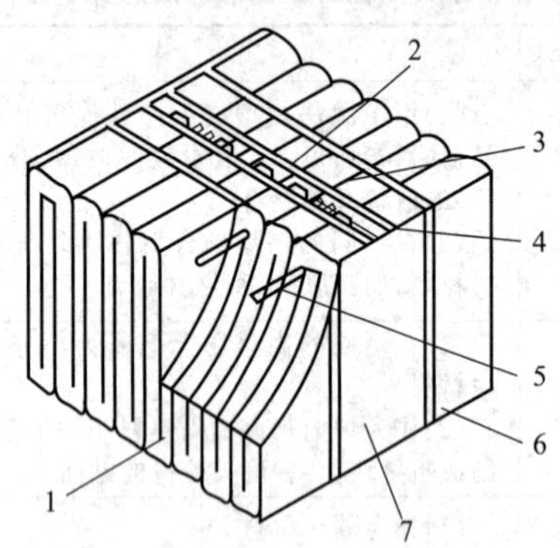

图 25-28 中心孔吊装式模块结构

1—纤维毯；2—钢夹；3—压紧件；4—安装槽；5—支承棒；6—捆扎带；7—硬板

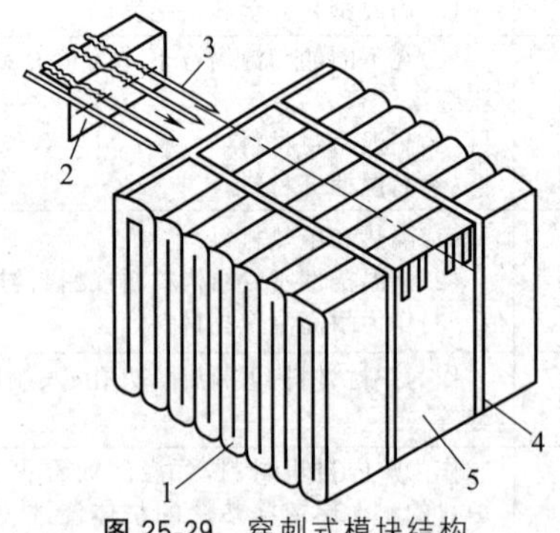

图 25-29 穿刺式模块结构

1—纤维毯；2—角钢；3—支承棒（插齿）；4—捆扎带；5—硬板

8.5 常用不定形耐火、隔热材料的用途和使用温度

8.5.1 致密不定形耐火材料

致密不定形耐火材料主要用于工业炉向火面内衬、吊挂预制件、特殊形状的砌体以及需要特殊要求衬里的场合。

(1) 黏土质和高铝质致密耐火浇注料

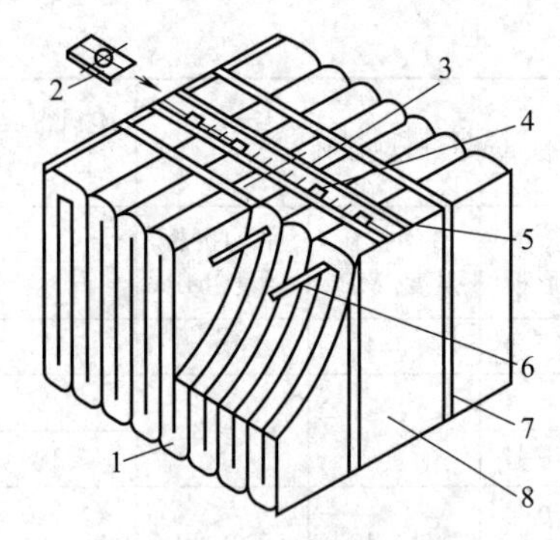

图 25-30 滑槽式模块结构

1—纤维毯；2—滑块；3—钢夹；4—压紧件；5—安装槽兼滑轨；6—支承棒；7—捆扎带；8—硬板

根据使用结合剂性质的不同，黏土质和高铝质致密耐火浇注料分为五类：黏土结合耐火浇注料、水泥结合耐火浇注料、低水泥结合耐火浇注料、磷酸盐结合耐火浇注料、水玻璃结合耐火浇注料。

① 黏土结合耐火浇注料　黏土结合耐火浇注料具有较高的耐火性能，常温强度低，在允许使用温度下随炉温的升高耐压强度不断提高，热震稳定性好和抗剥落性强的特点。常用作炉窑的高温内衬。使用温度不大于1450℃。

② 水泥结合耐火浇注料　水泥结合耐火浇注料具有快硬、硬度高、耐高温的特点。使用温度不大于1600℃。广泛用于无酸碱侵蚀的一般工业炉窑的高温衬里。

③ 低水泥结合耐火浇注料　低水泥结合耐火浇注料具有高密度、低气孔、高强度、低磨损、耐热震性、抗侵蚀、体积稳定性强和施工用水量低等特点。可用作比黏土结合耐火浇注料使用条件更为苛刻的炉窑的高温内衬。使用温度不大于1500℃。

必须注意的是，使用该种浇注料时，制定合理的烘炉曲线和采用优良的防爆外加剂尤为重要。

④ 磷酸盐结合耐火浇注料　磷酸盐结合耐火浇注料具有热震稳定性好、强度高、耐磨性好、中温强度下降少、高温使用性能好的特点，也存在成本较高、施工工序多、影响推广的缺点。常用作工业炉窑的高温区域及燃烧室高温部位的衬里，使用温度为1400～1600℃。使用该种浇注料要注意养护和烘烤制度。

⑤ 水玻璃结合耐火浇注料　水玻璃结合耐火浇注料具有强度高、中温强度下降少、耐磨性好和耐腐蚀性强等特点。

水玻璃结合耐火浇注料使用温度不大于1000℃，适用于介质呈酸性的炉窑衬里，不能用于经常有水、水蒸气作用的部位。

黏土质和高铝质致密耐火浇注料的理化指标见表25-50。

表 25-50　黏土质和高铝质致密耐火浇注料理化指标

分　类		黏土结合耐火浇注料			水泥结合耐火浇注料					低水泥结合耐火浇注料		磷酸盐结合耐火浇注料			水玻璃结合耐火浇注料
牌　号		NL-70	NL-60	NN-45	GL-85	GL-70	GL-60	GN-50	GN-42	DL-80	DL-60	LL-75	LL-60	LL-45	BN-40
指标	Al_2O_3/% ≥	70	60	45	85	70	60	50	42	80	60	75	60	45	40
	CaO/% ≤	—	—	—	—	—	—	—	—	2.5	2.5	—	—	—	—
	耐火度/℃ ≥	1760	1720	1700	1780	1720	1700	1660	1640	1780	1740	1780	1740	1700	—
	烧后线变化率不大于±1%的试验温度（保温 3h）/℃	1450	1400	1350	1500	1450	1400	1400	1350	1500	1500	1500	1450	1350	1000
	110℃±5℃烘干后 耐压强度/MPa ≥	10	9	8	35	35	30	30	25	40	30	30	25	20	20
	110℃±5℃烘干后 抗折强度/MPa ≥	2	1.5	1	5	5	4	4	3.5	6	5	5	4	3.5	—

(2) 钢纤维增强耐火浇注料

钢纤维增强耐火浇注料是在耐火浇注料中掺入短而细的耐热钢丝，具有较好的热稳定性和抗机械冲击、抗磨损、抗机械振动等特性，其使用寿命比不掺入耐热钢纤维的同类浇注料提高 2～5 倍。目前，国产钢纤维用含 Cr15%～25%、Ni 9%～35%的耐热钢制作，掺入量为 2%～8%（质量分数），国外采用的最大值为 18%，钢纤维长度 L 与其平均有效直径 d 之比多在50～70 范围内。此值大，增强效果好，但比值过大，纤维易打捆。钢纤维直径 d 在 ϕ0.4～0.5mm 范围内。因此，钢纤维增强耐火浇注料的使用温度取决于加入的钢纤维的熔融和氧化温度，而不取决于耐火浇注料本身的使用温度，一般使用温度为1000～1200℃，用于加热炉、催化裂化炉等炉窑的关键部位。

钢纤维增强耐火浇注料的体积密度由所采用的耐火浇注料所具有的体积密度及钢纤维外加质量决定。

钢纤维增强耐火浇注料的理化指标见表 25-51。

表 25-51　钢纤维增强耐火浇注料的理化指标

指　标		产品型号			
		普通类		高强类	
		FA	FC	FHA	FHC
Al_2O_3/% ≥		70	83	70	90
常温抗折强度/MPa ≥	110℃	9.0	9.0	10.0	12.0
	1100℃	5.5	6.5	10.0	12.0
常温耐压强度/MPa ≥	110℃	70	70	70	80
	1100℃	40	50	70	80
1100℃～室温水急冷急热循环 5 次后抗折强度/MPa ≥		4.5	5.5	5.0	5.0
1100℃烧后线变化率/%		±0.4	±0.5	±0.4	±0.5

(3) 纯铝酸钙水泥耐火浇注料

纯铝酸钙水泥耐火浇注料具有荷重软化温度高、高温强度大、抗渣性好、化学稳定性好、抗还原性气体能力强及速凝等特点。

纯铝酸钙水泥耐火浇注料由纯铝酸钙水泥、烧结氧化铝粉、刚玉集料和水组成，它的使用温度不大于1650℃，常用于二段转化炉的耐火衬里、重油气化炉衬里及工业炉窑的特殊部位等，也可作为预制块使用。

纯铝酸钙水泥的理化指标参考可见表 25-52。

纯铝酸钙水泥耐火浇注料的理化指标参考可见表25-53。

表 25-52　纯铝酸钙水泥的理化指标

项　目		牌号		
		铝-73.5	铝-75	铝-80
Al_2O_3/% ≥		73.5	75	80
Fe_2O_3/%	≤	0.5	0.5	0.5
SiO_2/%	≤	0.5	0.5	0.5
耐火度/℃ ≥		1710	1750	1790
细度≥0.088mm筛余/% ≤		5	5	5
抗折强度/MPa	3d	5	5	5
	7d	10	10	10
抗折强度/MPa	3d	40	40	40
	7d	60	60	60
初凝/h ≥		1	1	1
终凝/h ≤		12	12	12

(4) 耐热耐磨浇注料

耐热耐磨浇注料具有致密、高强、耐高温、抗介质高速气流冲刷、磨蚀的特点。常用于炉窑中需耐高温、抗磨损、抗冲刷的特殊部位。

使用温度不能大于 1250℃，其性能及配合比见表 25-54。

表25-53 纯铝酸钙水泥耐火浇注料的理化指标

项目			纯铝酸钙水泥高强刚玉浇注料		纯铝酸钙水泥刚玉浇注料
			高强CL	高强CL1	CL
Al_2O_3/%		≥	93	96	93
SiO_2/%		≤	0.5	0.5	0.5
CaO/%		≤	4	1.5	4
耐火度/℃			1790	1790	1790
烧后线变化率/%	1400℃,3h	≤	+0.5	—	+0.31
	1600℃,3h		—	+0.5	—
显气孔率/%			—	≤18	—
荷重软化点/℃		≥	1500	1600	—
体积密度(110℃,3h)/(g/cm^3)			2.7	2.9	2.7
常温耐压强度/MPa	3d	≥	50	—	—
	110℃,3h		60	35	20
	1100℃,3h		60	50	—
	1600℃,3h		—	30	—
常温抗折强度/MPa	3d	≥	5	—	—
	110℃,3h		6	5	8
	1100℃,3h		6	7	—
	1600℃,3h		—	10	—
使用温度/℃		≤	1700	1750	1700
适用部位			炉窑中需耐高温、耐磨、耐腐蚀的部位		二段转化炉、高温炉窑

表25-54 耐热耐磨浇注料的性能及配合比

编号	名称	体积密度/(kg/m^3)		抗压强度/MPa		热导率λ/[W/(m·K)]	材料及配合比	最高使用温度/℃
1	铝酸盐水泥-矾土熟料耐热耐磨浇注料	105℃	820℃	105℃	820℃	540℃	铝酸盐水泥∶矾土细粉∶矾土熟料=1∶0.5∶3(手工涂抹,体积比)=1∶(0.2～0.5)∶(3.5～4)(机械喷涂,体积比)	1250
		2180	2080	60.8～75.6	48.1～53.5	0.8025		
2	磷酸铝-矾土熟料耐热耐磨浇注料	(105℃) 2600		常温干燥(20d) >20.0	500℃ >70.0	—	矾土熟料∶低钙铝酸盐水泥∶氢氧化铝细粉∶磷酸铝溶液=100∶2.5∶2.5∶(20～24)(质量比)	—
3	磷酸铝-刚玉耐热耐磨浇注料	3000		常温干燥(20d) >20.0	500℃ >85.0	—	刚玉∶低钙铝酸盐水泥∶氢氧化铝细粉∶磷酸铝溶液=100∶2∶1∶15(质量比)	—

(5) 耐火可塑料

黏土质和高铝质耐火可塑料与水泥耐火浇注料相比，具有可塑性好、中温强度不下降、高温强度高、热震稳定好和抗剥落性强等特点。缺点是常温强度极低、施工效率低、劳动强度大。常用作炉窑的捣打内衬和炉窑内衬的局部修补。使用温度为1300～1600℃。

黏土质和高铝质耐火可塑料的理化性能指标见表25-55。

8.5.2 隔热不定形耐火材料

化学工业炉常用隔热不定形耐火材料包括硅酸盐水泥隔热浇注料、铝酸盐水泥隔热浇注料、纯铝酸钙水泥隔热浇注料。

表 25-55　黏土质和高铝质耐火可塑料的理化性能指标

类　别			A类						B类					
牌号			SG_1	SG_2	SG_3	SG_4	SG_5	SG_6	SD_1	SD_2	SD_3	SD_4	SD_5	SD_6
Al_2O_3/% ≥			—	—	—	48	60	70	—	—	—	48	60	70
耐火度/℃ ≥			1580	1690	1730	1770	1790	1790	1580	1690	1730	1770	1790	1790
烧后线变化率/%	1300℃	3h	±2	—	—	—	—	—	±2	—	—	—	—	—
	1350℃		—	±2	—	—	—	—	—	±2	—	—	—	—
	1450℃		—	—	±2	—	—	—	—	—	±2	—	—	—
	1500℃		—	—	—	±2	—	—	—	—	—	±2	—	—
	1600℃		—	—	—	—	±2	—	—	—	—	—	±2	—
	1600℃		—	—	—	—	—	±2	—	—	—	—	—	±2
110℃干燥后的强度/[kgf/cm²(MPa)] ≥		耐压	60(5.884)						20(1.961)					
		抗折	15(1.471)						5(0.490)					
可塑性指数/%			15～40						15～40					
含水率/% ≤			13.0						13.0					

隔热不定形耐火材料主要用作工业炉窑特殊形状内衬的隔热、隔热耐热层或低中温的直接向火面的砌体。如硅酸盐水泥隔热浇注料，一般用于使用温度不大于 900℃的对流段低温区、烟道衬里及吊顶、烟囱内衬；纯铝酸钙水泥隔热浇注料常用于 1400℃以下，作为炉窑的隔热层、二段转化炉的隔热衬里层和一般转化炉集气管内衬等；氧化铝空心球耐火浇注料常用于 1700℃以下，如水煤浆加压气化炉炉顶部位的隔热、耐火衬里层等；而铝酸盐水泥隔热浇注料则常常用在 850～1300℃ 的隔热耐热部位。表 25-56 和表 25-57列出了几种典型的隔热不定形耐火材料的品种、配合比、用途及性能。

8.5.3　耐火陶瓷纤维不定形材料

化学工业炉常用耐火陶瓷纤维不定形材料有耐火陶瓷纤维浇注料、耐火陶瓷纤维喷涂料和耐火陶瓷纤维可塑料。

(1) 耐火陶瓷纤维浇注料

耐火陶瓷纤维浇注料具有热导率小、热容小、重量轻、体积稳定性好、炉衬整体性好、耐气流冲刷、易于施工等特点。采用浇注法或涂抹法施工。在现场可根据使用部位的形状浇注施工，经自然养护后即可使用。

耐火陶瓷纤维浇注料用于炉窑耐火砖背衬隔热层、热风管道内衬、看火孔、炉衬耐火层或隔热层的整体浇注及炉门或看火孔的耐火隔热材料、炉衬工作层表面浇注与涂抹、炉衬局部修复等。耐火陶瓷纤维浇注料的理化性能指标见表 25-58。

(2) 耐火陶瓷纤维喷涂料

耐火陶瓷纤维喷涂料具有热导率小、热容小、重量轻、体积稳定性好、炉衬整体性好、耐气流冲刷、易于施工等特点。采用专用喷涂装置将喷涂料直接喷涂于使用表面。适用于定形制品难以施工的部位。喷涂层经自然养护后即可使用。常用作炉窑耐火砖背衬隔热层、热风管道内衬、炉衬整体喷涂、炉衬工作层表面喷涂及炉衬局部修补。耐火陶瓷纤维喷涂料的理化性能指标见表 25-59。

表 25-56　隔热耐火浇注料的品种和理化性能指标

品　种			配合比	体积密度/(kg/m^3)		最高使用温度/℃	用　途
硅酸盐水泥隔热浇注料 硅酸盐水泥：黏土砖粉：陶粒			1：1：3.5 (质量比)	1200～1250		900	900℃以下隔热层
铝酸盐水泥隔热浇注料	1	铝酸盐水泥：蛭石	1：7 (手工捣制，体积比)	105℃	900℃	850	850℃隔热层
				622	537		
	2	铝酸盐水泥： 陶粒：蛭石	1：2.5：4.5 (机械喷涂，体积比)	105℃	800℃	900	900℃以下隔热层
				923	826		
	3	铝酸盐水泥：黏土质隔热耐火砖粉：蛭石	1：2.5：4.5 (机械喷涂，体积比)	110℃	800℃	900	
				983	830		

续表

品种			配合比	体积密度/(kg/m³)		最高使用温度/℃	用途
铝酸盐水泥隔热浇注料	4	铝酸盐水泥：陶粒：蛭石	1：2：3.5（手工捣制,体积比）	105℃ 890	900℃ 780	900	900℃以下隔热层
	5	铝酸盐水泥：陶粒：蛭石	—	—		900	
	6	铝酸盐水泥：陶砂：陶粒	1：0.9：1.15（质量比）	1313		900	900℃以下隔热部位
	7	铝酸盐水泥：黏土质隔热耐火砖砂：黏土质隔热耐火砖块	1：0.62：1.1(质量比)	1455		1100	1100℃以下轻质承重结构
	8	铝酸盐水泥：高铝质隔热耐火砖粉：高铝质隔热耐火砖砂	1：0.625：1(质量比)	1350		1200	1200℃以下耐热、无冲刷部位及隔热部位
纯铝酸钙水泥隔热浇注料 纯铝酸钙水泥：氧化铝粉：氧化铝空心球			1：1.5：3.75	1700		1400	高温炉窑隔热部位，Fe_2O_3、SiO_2 含量低，适用于强还原性炉内介质气氛

表 25-57　隔热耐火浇注料的主要物理指标

品种			耐火度/℃	耐压强度/MPa		荷重软化温度/℃		烧后线变化率/%	热导率 λ /[W/(m·K)]		
						开始	变形4%				
铝酸盐水泥隔热浇注料	1	铝酸盐水泥：蛭石＝1：7(体积比)	1280	105℃ 1.86	900℃ 1.42	950	1020	900℃ −0.73	—		—
	2	铝酸盐水泥：陶粒：蛭石＝1：2.5：4.5(体积比)	1300～1400	110℃ 1.6	— —	915～975	1050～1070	800℃ −0.37	600℃ 0.275		800℃ 0.291
	3	铝酸盐水泥：轻质砖砂：蛭石＝1：2.5：4.5(体积比)	1370～1380	110℃ 0.53	800℃ 0.79	875～880	940～1005	800℃ −0.35	600℃ 0.25		800℃ 0.256
	4	铝酸盐水泥：陶粒：蛭石＝1：2：3.5(体积比)	1320	105℃ 3.4	900℃ 2.5	980	1050	900℃ −0.63			900℃ 0.18
	5	铝酸盐水泥：陶粒：蛭石＝1：2：4(体积比)	—	—		—	—	—	—		—
	6	铝酸盐水泥：陶砂：陶粒＝1：0.9：1.15(质量比)	—	15～18		1050～1100	1120～1150	900℃ −0.15～0.18	—		—
	7	铝酸盐水泥：黏土质隔热耐火砖砂：黏土质隔热耐火砖块＝1：0.62：1.1(质量比)	—	300℃ 9.1	900℃ 7.1	1140	1235	900℃ −0.085	—		—
	8	铝酸盐水泥：高铝质隔热耐火砖粉：高铝质隔热耐火砖砂＝1：0.62：1(质量比)	—	110℃ 5.8	900℃ 4.4	1160	1260	900℃ 0.31	24～34℃ 0.458	28～275℃ 0.57	30～357℃ 0.76
纯铝酸钙水泥隔热浇注料			＞1790	3天 12.1	7天 18.7	1380	—	—	750℃ 0.709		

表 25-58　耐火陶瓷纤维浇注料的理化性能指标

项目		品名		
		普通纤维浇注料	高铝纤维浇注料	含锆纤维浇注料
工作温度/℃　≤		1000	1200	1300
体积密度/(kg/m³)		400～800	500～1000	500～1000
热导率(热面温度 1000℃，体积密度 800kg/m³)/[W/(m·K)]　≤		0.24	0.24	0.24
加热 3h 线变化率(体积密度 500kg/m³)/%		−3.2(800℃)	−3.2(1200℃)	−3.2(1300℃)
耐压强度/MPa	110℃	0.8～1.0	0.8～1.0	0.8～1.0
	1000℃	1.0～1.3	—	—
	1200℃	—	1.0～1.3	—
	1350℃	—	—	1.0～1.5
化学组成/%	Al_2O_3　≥	45	56	50
	$Al_2O_3+ZrO_2$　≥	—	—	60
存放时间		不受冰冻或高温烘烤时，保存期 2 个月		

表 25-59　耐火陶瓷纤维喷涂料的理化性能指标

项目		品名				
		普通纤维喷涂料	标准纤维喷涂料	高纯纤维喷涂料	高铝纤维喷涂料	含锆纤维喷涂料
分类温度/℃		1260	1260	1260	1400	1400
工作温度/℃		<1000	1000	1100	1200	1350
体积密度/(kg/m³)		200～400				
热导率(体积密度 400kg/m³)/[W/(m·K)]		0.15～0.18(热面温度 1000℃)				
常温耐压强度/MPa		0.3～0.6				
加热永久线变化率(保温 24h，体积密度 400kg/m³)/%		−4(1000℃)	−3(1000℃)	−3(1100℃)	−5(1200℃)	−3(1350℃)
化学组成①/%	Al_2O_3	44	46	47～49	52～55	39～40
	$Al_2O_3+SiO_2$	96	97	99	99	—
	$Al_2O_3+SiO_2+ZrO_2$	—	—	—	—	99
	ZrO_2	—	—	—	—	15～17

① 化学组成指喷涂料用纤维的化学组成。

(3) 耐火陶瓷纤维可塑料

耐火陶瓷纤维可塑料除具有一般耐火陶瓷纤维不定形材料的特点外，还有无污染、施工工艺简单、强度较喷涂料有较大提高、配合比稳定且可进行施工前预控等特点。相对而言，耐火陶瓷纤维可塑料施工时的劳动强度大、工期较长。耐火陶瓷纤维可塑料可在使用部位以捣固或捣打的方法进行施工。

耐火陶瓷纤维可塑料常用作炉窑耐火砖背衬隔热层、烟囱衬里、弯头箱衬里、附墙烧嘴附近，也常用于炉窑的耐高温部位，但不能用于火焰直接冲刷到的炉衬向火面部位。耐火陶瓷纤维可塑料的理化指标见表 25-60。

表 25-60　耐火陶瓷纤维可塑料的理化性能指标

性能		指标				
最高使用温度/℃		600	1000	1200	1300	1400
长期使用温度 t/℃		550	900	1100	1250	1300
耐压强度/MPa	110℃	0.9～1.3	0.8～1.2	0.8～1.2	0.8～1.2	0.9～1.3
	t/℃	0.4～0.5	0.4～0.5	0.4～0.5	0.4～0.5	0.4～0.5
烧后线变化率/%		−1.2	−1.5	−2.5	−3.0	−3.0
热导率/[W/(m·K)]		0.10	0.13	0.15	0.17	0.20
体积密度(110℃)/(kg/m³)		450～550	500～600	500～600	550～650	600～700
用途		工业窑炉耐火砖背衬，烟囱和弯头箱衬里	工业窑炉辐射室，对流室烟道，烟囱，纤维喷涂衬的附墙火嘴附近		工业窑炉高温部分(含裂解炉辐射室)	

注：表中所示耐压强度、烧后线变化率、热导率的性能数据，除注明外均为表中所列长期使用温度 t(℃) 下的相对应数据。

8.5.4　耐火泥浆和表面涂层

(1) 耐火泥浆

化学工业炉各种耐火砌体，除个别部位（例炉底、炉门等）采用干砌外，绝大部分均使用泥浆砌筑。

质量优良的耐火泥浆具有一定的工作性质，并在以后的烘烤、加热及操作期间内应使耐火砖彼此牢结、砖缝致密、能抵抗高温及炉内烟气、炉渣的侵蚀。

泥浆应具备的工作性质如下。

① 以水或其他溶剂调和时，具有一定的工作稠度，便于泥浆涂抹在砖块上。

② 稳定性能，长时间内保持调和状态，不分层，不改变稠度。

表 25-61　砌筑化学工业炉常用耐火泥浆种类、牌号和用途

泥浆名称		牌号	用途
黏土质耐火泥浆	黏土质耐火泥浆	NN-30,NN-38 NN-42,NN-45A	用于砌筑黏土质耐火砖
	磷酸盐结合黏土质耐火泥浆	NN-45B	
高铝质耐火泥浆	普通高铝质耐火泥浆	LN-55A,LN-65A, LN-75A	用于砌筑高铝质耐火砖和刚玉砖
	磷酸盐结合高铝质耐火泥浆	LN-55B,LN-65B, LN-75B,LN-85B, GN-85B	
硅酸铝质隔热耐火泥浆	黏土质隔热耐火泥浆	NGN-120 NGN-100	用于砌筑黏土质隔热耐火砖
	高铝质隔热耐火泥浆	LGN-160 LGN-140	用于砌筑高铝质隔热耐火砖
磷酸铝耐火泥浆			用于砌筑高铝砖、刚玉砖或需要耐固体物料冲刷的砌体
粗缝糊			用于自培炭砖砌筑时找平基层、填充炭砖间隙和砌筑炭块时填充炭块与炉壳及炭块之间较宽的缝隙
碳素泥浆			用于自培炭砖砌筑炭块时填充较小的缝隙

③ 柔和性，能将施加于表面的压力传递于较深的各层中，填平凹部，不分层，不开裂。

④ 保持一定水分的能力。避免砌筑时由于砖块气孔吸水而发生过早的脱水现象。

采用的泥浆稠度与砖缝的厚薄有关：稠泥浆用于砌筑 4～6mm 砖缝；半稠泥浆用于砌筑 2～3mm 砖缝。

砌筑化学工业炉常用耐火泥浆种类、牌号和用途见表 25-61。

(2) 表面涂层

为了使耐火衬里表面形成起传热、耐热、保护作用的增强层，可用喷涂或涂刷的方法，在耐火衬里表面涂上表面涂层。一般情况下，这种涂层厚度在 1mm 以下。

常用表面涂层料有耐火涂料、喷涂结合剂和表面固化剂。

① 耐火涂料　耐火涂料的类型有辐射耐火涂料、高温耐火涂料和中温耐火涂料。

有一种常用的辐射耐火涂料为高温红外辐射涂料，适用于不接触物料的由耐火砖或耐火浇注料构成的炉窑内衬表面需要增加热辐射的场合，其性能指标见表 25-62。

高温耐火涂料、中温耐火涂料用于耐火陶瓷纤维衬里向火面涂层，能提高衬里表面的抗冲刷能力、使用温度和使用寿命。其理化指标见表 25-63。

② 喷涂结合剂　喷涂结合剂常用在耐火陶瓷纤维喷涂料在喷涂施工前对受喷涂面的预处理，目的是为了使喷涂料施工后形成牢固的喷涂纤维衬里。喷涂结合剂分低温喷涂结合剂、中温喷涂结合剂及高温喷涂结合剂，其性能指标参见表 25-64。

③ 表面固化剂　表面固化剂是喷涂在耐火陶瓷纤维衬里施工后的表面，以起到表面定型与固化作用。表面固化剂的性能指标可参见表 25-64。

表 25-62　高温红外辐射涂料性能指标

项目		指标		
		≤1000℃	1000～1400℃	1400～1650℃
发射率(常温)	≥	0.87		
耐火度/℃	≥	1140	1540	1780
抗热震性/次	≥	5		
涂料浆体密度/(g/cm³)	≥	1.60		
悬浮性(24h)		不分层		
线胀系数		必须进行此项检验，将实测料据在质量证书中注明		

表 25-63　耐火涂料理化指标

项目	品名	
	高温耐火涂料	中温耐火涂料
使用温度/℃　≤	1400	1200
外观	白色黏稠糊状	
黏度/cP①	18000～18500	
化学组成(Al_2O_3)/%	60～70	40～50
储存稳定性	2个月以上	
涂层性能(涂层厚约 1mm)	(1)常温涂抹，2h后硬化 (2)110℃干燥后无裂纹 (3)1200℃烧后无裂纹	

① $1cP=10^{-3}Pa\cdot s$，下同。

表 25-64 喷涂结合剂、表面固化剂性能指标

项 目	品 名			
	低温喷涂结合剂	中温喷涂结合剂	高温喷涂结合剂	表面固化剂
使用温度/℃ ≤	1000	1200	1350	—
黏度/cP	800～1000	600～800	850～1100	1×10^{-2}～1.5×10^{-2}①
密度/(g/cm³)	1.2	1.2	1.1	1.17
pH	8～9	8～9	8～9	8～9.5

① 表面固化剂的相对黏度单位为Pa·s。

9 一般加热炉的工艺计算电算化程序

一般炼油装置常见的加热炉多是管式加热炉，简称一般加热炉或加热型管式炉。其特点是在炉内加热过程中，管内被加热介质没有或基本上没有化学反应，其工艺计算主要包括以下内容：

① 燃料燃烧计算。

② 热平衡和热效率计算。

③ 辐射传热计算。

④ 对流传热计算。

⑤ 管内水力学计算。

⑥ 管外水力学计算。

这些计算的基本原理和方法在前面各章节中均已有讲述，其中辐射传热计算方法很多，对于加热型管式炉通常只采用经验法和Lobo Evans法。由于这些计算方法基本上都是核算式计算，因此通常需要先有参考的同类加热炉，用经验法并按结构设计的要点先初步规划出一台炉子，当然主要是初步规划出辐射段和对流段的管径、管排布置等，然后再进行详细计算。以前都是人工手算，需要经过几次反复试算、逐步调整原先的规划，不但耗时耗力，结果不精确，也难进行多种方案比较。炼油厂中加热型管式炉的数量最多，被加热的介质种类也多，炉型和操作条件各式各样，所用燃料种类和组成也不尽相同。现在已普遍使用电子计算机计算，而且已经有多套全面而又使用灵活的一般管式加热炉计算软件。

9.1 工艺计算电算化程序介绍

国外的加热炉软件开发时间较早，经过不断的版本升级，在功能、性能和灵活性等各方面都处于领先水平。

例如国外某公司开发的加热型管式炉工艺计算软件，适用范围几乎包括炼油厂的所有加热炉、石化厂的非反应型加热炉和油田及输油管线的水套炉与热媒炉等。既可以用于新炉子的设计校核计算，迅速地进行多方案比较和优化设计，也可以模拟在役炉子的操作工况，对操作数据进行评价，以改善工艺操作，预测物料组成、注汽（串）量和位置以及燃料类型等的改变对加热炉的影响。

该软件的计算内容包括以网格形式自动生成物理参数（温度和压力的函数）；燃料燃烧计算；局部及全炉的热平衡和热效率计算；炉管内复杂物流的传热及流体流动计算；炉管外多个辐射室、多个对流室、烟囱和烟道内烟气的辐射传热、对流传热及流体流动计算等。辐射室可以逐根计算，对流室可以逐排计算。计算结果除常规的热负荷、出入口温度和压力、辐射室和对流室出口的烟气温度和抽力等参数外，还包括辐射室和对流室平均热强度和峰值；袖膜温度的平均值和峰值，辐射管、遮蔽管和对流管的平均管壁温度及最高管壁温度；烟气的露点温度；两相流的传热、流型、沸腾形式（过冷沸腾，核状沸腾和膜状沸腾）和压降（考虑了水平管、垂直管及各种管件的摩擦、动能和势能）等。

该软件可以按两种方式进行模拟：一种是固定燃烧速率，即燃料流率由用户给定，软件计算出热负荷（吸热量）、每种物流的最终条件和中间结果以及其他性能参数；另一种是固定热负荷，即物流吸热量由用户给定，所需的供热量及燃料量由程序求出，同时计算出其他性能参数。

该软件由于采用通用模型系统，可以对于列任何一种加热炉系统进行计算。

① 1～5个辐射室。

② 不大于5个串联或并联的对流室及烟道。

③ 加热炉盘管（包括转油线、辐射盘管和对流盘管）总分段数不大于35。

④ 对流室管型：光管、钉头骨相翅片管。

⑤ 1～10种被加热介质。

⑥ 在盘管的任何部位注入水蒸气。

⑦ 多种燃料气或燃料油，单烧或混烧。

⑧ 用户给定结焦模型。

目前被广泛使用的是美国PFR公司（后被Heurtey-PetroChem兼并收购）编制的PFR系列的计算软件。

PFR软件被用得最多的两个部分是5PC和3PC。5PC主要是模拟一般的加热型管式炉，3PC可用于蒸汽转化炉的模拟。

9.2 程序框图

相关框图如图25-31～图25-33所示。

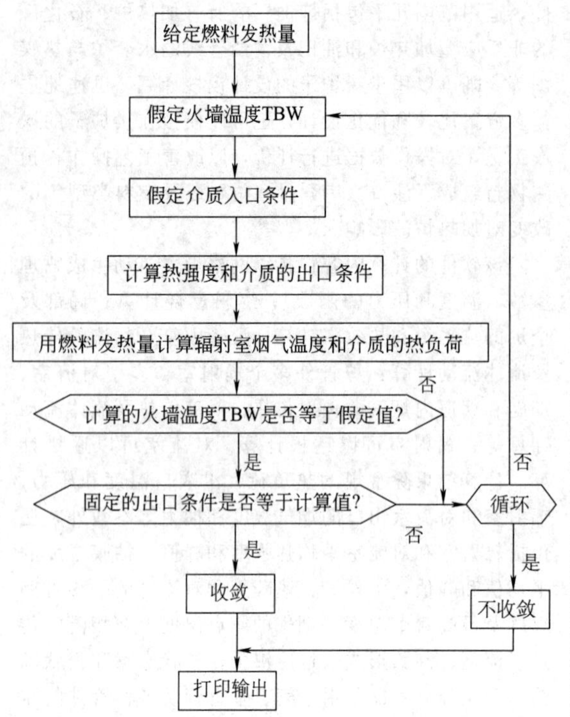

图 25-31　辐射室计算程序流程框图
固定燃料发热量（沿流动方向，出口条件固定）

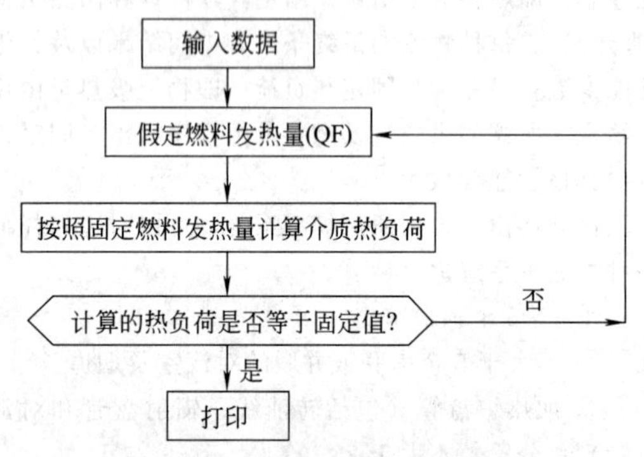

图 25-32　热平衡计算程序流程框图
固定燃料发热量

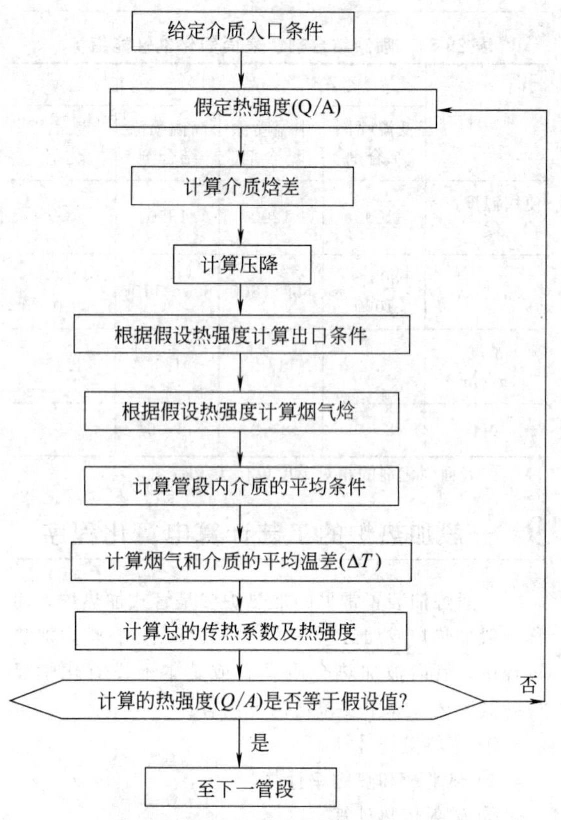

图 25-33　对流室计算程序流程框图
管段热强度计算（推进式计算）

参考文献

[1]　吴德荣等著. 化工工艺设计手册. 第4版. 北京：化学工业出版社，2009.

[2]　姚国俊等著. 化学工业炉设计手册. 北京：化学工业出版社，1988.

[3]　钱家麟等著. 管式加热炉. 第2版. 北京：中国石化出版社，2003.

[4]　王秉铨著. 工业炉设计手册. 第2版. 北京：机械工业出版社，1996.

[5]　梁军著，工业炉窑设计制造及节能环保治理技术手册. 第2卷. 哈尔滨：哈尔滨地图出版社，2003.

第26章 干 燥 器

1 干燥器的分类和选型

1.1 干燥器的分类

干燥是工业生产中一项重要的单元操作，在化工、医药、轻工、农产品加工等方面均有广泛的应用。

干燥器的分类方法很多。按操作方式，可分为连续式和间歇式；按加热方式，可分为对流、传导、辐射、高频和微波等。这些加热方式又可分为直接加热型和间接加热型两种。按干燥器的结构型式或运行型式，可分为管式、塔式、箱式、隧道式、回转圆筒式、滚筒式、气流式、射流式、喷雾干燥、沸腾干燥、真空干燥及冷冻干燥等。干燥器的分类可详见表26-1。

表26-1 干燥器的分类

类 型	举 例
间歇箱式	平行流 穿气流 真空
物料移动型	隧道 穿气流带式 喷流式 立式移动床
搅拌型	圆筒或槽形搅拌{真空、非真空} 多层圆盘
回转干燥器	通用型平行流转窑 带水蒸气加热管转窑 穿流式回转干燥器
物料悬浮态干燥器	喷雾 流化床干燥器{内加热、载体、搅式} 气流 旋流 强化（闪蒸）
其他特殊类型	红外干燥器　有机过热蒸汽干燥器 高频干燥器　冷冻干燥器 微波干燥器

1.2 干燥器的选型

干燥设备的操作性能必须适应被干燥物料的特性，满足干燥产品的质量要求，符合安全、环境和节能要求。因此，干燥器的选型要从被干燥物料的特性、产品质量要求等方面着手，选型条件如下。

(1) 与干燥操作有关的物料特性

① 物料形态　被干燥的湿物料除液体、泥浆状外，还有卫生瓷器，高压绝缘陶瓷，树木以及粉状、片状、纤维状、长带状等各种形态的物料。物料形态是考虑干燥器类型的一大前提。

② 物料的物理性能　通常包括密度、堆积密度、含水率、粒度分布状况、熔点、软化点、黏附性、融变性等。黏附性高的物料，往往对干燥过程中进、出料的顺利运行具有很大影响，融变性往往直接决定干燥器的类型。这些都是不可疏忽的条件。

③ 物料的热敏性能　是考虑干燥过程中物料温度上限的依据，也是确定热风（热源）温度的先决条件，物料受热以后的变质、分解、氧化等现象，都是直接影响产品质量的大问题。

④ 物料与水分结合状态　很多情况下，几种形态相同的不同物料，它们的干燥特性却差异很大，这主要是由于物料内部保存的水分的性质有亲水性和非亲水性之分的缘故；反之，若同一物料，形态改变，则其干燥特性也会有很大变化，这主要因为水分的结合状态的变化决定了水分失去的难易，从而决定了物料在干燥器中的停留时间，这就对选型提出了要求。

(2) 对产品品质的要求

① 产品外观形态，如染料、乳制品及化工中间体，要求产品呈空心颗粒，可以防止粉尘飞扬，改善操作环境，同时在水中可以速溶，分散性好，这就要求选择喷雾造粒技术等。如砂糖或糖精钠结晶体，要求保持晶形棱角而不失光泽，这就可以选择振动式浮动床干燥器。

② 产品终点水分的含量和干燥均匀性。

③ 产品品质，如对特殊产品的香味和色级保存。

④ 医药产品的成品干燥对异物黑点及细菌数有着严格的要求。接触物料的干燥设备部件将在净化车

间内安放或有严格的密闭措施，设备带有在线清洗和在线消毒措施，接触物料的干燥介质也需按GMP要求进行净化处理。

(3) 使用者所处地理环境及能源状况的考虑

① 地理环境及建设场地的考虑　如所处高湿或干旱地区，则对干燥器的选型及干燥工艺有直接影响。

② 环保要求　干燥排风应进行后处理，达到环保排放标准要求。

③ 能源状况　能源状况是影响到投资规模及操作成本的首要问题，这也是选型不可忽视的问题。

(4) 其他

① 遇上特殊物料，如毒性、流变性、表面易结壳硬化或收缩或开裂等性能，必须按实际情况进行特殊处理。

② 应考虑产品的商品价值状况。

③ 被干燥物料预处理，如被干燥物料的机械预脱水的手段及初含水率的波动状况。

(5) 净化产品的干燥介质的预处理

按照药品GMP要求，口服药品干燥的空气洁净度要符合D级净化要求，无菌产品的干燥需符合A级净化度要求。

一般空气净化处理系统采用粗效、中效和高效过滤器组合而成，其制备流程一般如下。

① 粗效过滤→风机→中效过滤→加热→高效过滤→D级洁净空气。

② 粗效过滤→风机→中效过滤→加热→二级高效过滤→A级洁净空气。

表26-2列出被干燥物料的形态与选择干燥器类型的推荐意见。表中将被干燥物料分成液体、浆状物、膏糊状物、粉粒状物、块状物、短纤维状物、片状物、一定形态物、长幅式涂覆液、冷冻物10类。其中第1～4、10类物料干燥后呈粉粒状，第5～9类物料干燥后形态不变。

2　干燥过程计算

2.1　干燥速率曲线

大多数物料的平衡含水量没有现成的经验关系可用，必须由实验来确定。同样，由于对干燥速率的基本机理了解得不够充分，在大多数情况下，必须用实验方法测定干燥速率。现定义

$$X = X_t - X^* \qquad (26\text{-}1)$$

式中　X——自由水分含量，kg自由水分/kg干固体；

X^*——平衡含水量，kg平衡水分/kg干固体；

X_t——总含水量，kg总水量/kg干固体

$$X_t = \frac{W - W_s}{W_s} \quad \frac{\text{kg总水}}{\text{kg干固体}} \qquad (26\text{-}2)$$

式中　W——湿固体的质量，kg；

W_s——干固体总质量，kg。

由实验可求得式(26-2)的X_t，通过式(26-1)对每一个X_t计算自由水分含量X。将自由水分含量X对时间t作图，如图26-1(a)所示。测量图26-1(a)曲线切线的斜率，得到在给定时间t时的dX/dt值。对于每个点，其速率R可由式(26-3)计算。

$$R = -\frac{L_s}{A} \times \frac{dX}{dt} \qquad (26\text{-}3)$$

式中　R——干燥速率，kg H_2O/(h·m^2)；

L_s——所用的干固体量，kg；

A——暴露的干燥表面积，m^2。

为了由图26-1(a)得到R，取L_a/A的值为21.5kg/m^2，然后以R对自由水分含水量作图，得到恒定干燥条件下的干燥速率曲线，如图26-1(b)所示。图26-1(b)中A点代表时间为零时最初的自由水分含量。开始干燥时的固体温度通常比终了时的温度要低，因此蒸发速率增加。随后到点B，表面温度升高到平衡值。另一种情况，如果开始时固体非常热，速率曲线在A'点开始，这一段最初的非稳态过渡时间通常非常短，因此在分析干燥时间时常可以忽略。

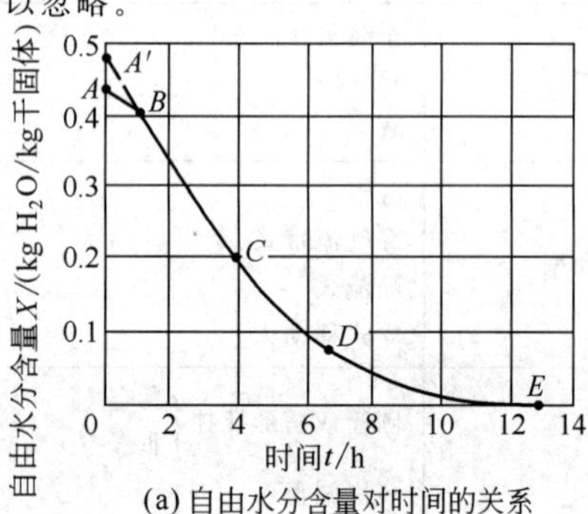

(a) 自由水分含量对时间的关系

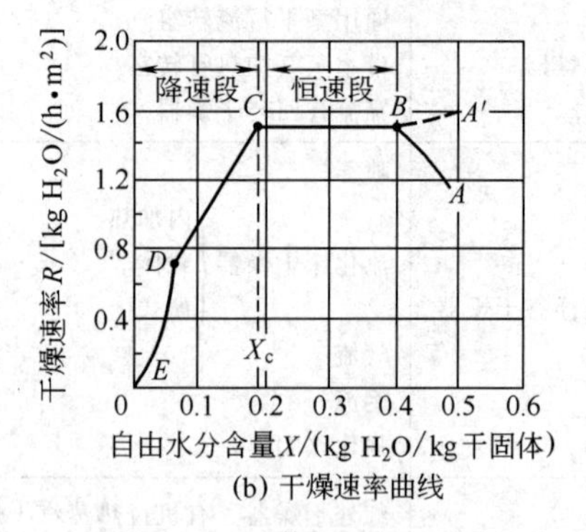

(b) 干燥速率曲线

图26-1　恒定干燥条件下的典型干燥速率曲线

表 26-2 干燥装置选型

加热型式	生产方式	干燥器型式		物料分类									
				1. 液体（盐类溶液、悬浮液、植物提取液、洗涤剂、乳浊液、牛奶、中药）	2. 浆状物（触变性滤饼、泥浆；聚酯类、纺织浆料；泡化碱、水玻璃）	3. 膏糊状物（滤饼、染料、颜料、黏土、淀粉、炭黑、粉煤灰、沉淀物、药物）	4. 粉粒状物（颜料、石膏、滤饼、水泥、PVC树脂、活性炭、化肥、砂土、污泥、菌尸、碱肥）	5. 块状物（煤粉、焦炭、矿砂、合成橡胶、某些过滤物或沉淀物）	6. 短纤维状物（人造纤维、棉绒纤维、乙酸纤维、硝酸纤维）	7. 片状物（豆类、植物切片、块片食物、烟叶木屑）	8. 一定形状物（陶瓷器、木材、层合板、砖瓦、烟叶、皮革）	9. 长幅式涂覆液（纺织品、纸张、墙纸、晒图纸、薄片物、印画纸、涂料品）	10. 冷冻物（食品、速溶咖啡、医药品冲剂）
热风加热	间歇式	箱式	平行流	×	△	√	√	√	√	√	√	×	×
			穿气流	×	×	×	√	√	√	√	√	×	×
			真空	△	△	√	√	○	√	○	×	×	×
	连续式	带式	单层平行流(隧道)	×	×	△	√	√	√	√	√	×	×
			多层平行流(隧道)	×	×	△	√	√	√	√	√	×	×
			穿气流(隧道)	×	×	√	√	√	√	√	√	×	×
		喷雾	压力式	√	√	△	○	×	×	×	×	×	×
			离心式(机械)	√	√	△	○	×	×	×	×	×	×
			气流式	√	√	△	○	×	×	×	×	×	×
		气流	直管	×	×	△	√	△	×	×	×	×	×
			多级直管	×	×	△	√	△	×	×	×	×	×
			脉冲	×	×	△	√	△	×	×	×	×	×
			套管	×	×	△	√	△	×	×	×	×	×
			旋风	×	×	×	√	△	×	×	×	×	×
		沸腾床	圆筒立式单层	×	×	×	√	√	×	△	×	×	×
			圆筒立式多层	×	×	×	√	√	×	×	×	×	×
			卧式多室	×	×	×	√	√	△	×	×	×	×
			卧式内热	×	×	×	√	√	△	×	×	×	×
			带搅拌	×	×	×	√	√	√	△	×	×	×
			振动式	×	△	×	√	√	√	△	×	×	×
			媒体(惰性粒子)	△	△	√	×	×	×	×	×	×	×
			强化沸腾干燥(闪蒸)	×	△	√	√	△	√	×	×	×	×
			立式通风移动床	×	×	×	△	√	×	×	×	×	×
			喷动床	×	×	×	√	√	△		×	×	×

续表

加热型式	生产方式	干燥器型式	1. 液体（盐类溶液、悬浮液、植物提取液、洗涤剂、乳浊液、牛奶、中药）	2. 浆状物（触变性滤饼、泥浆；聚酯类、纺织浆料；泡化碱、水玻璃）	3. 膏糊状物（滤饼、染料、颜料、黏土、淀粉、炭黑、粉煤灰、沉淀物、药物）	4. 粉粒状物（颜料、石膏、滤饼、水泥、PVC树脂、活性炭、化肥、砂土、污泥、菌尸、碱肥）	5. 块状物（煤粉、焦炭、矿砂、合成橡胶、某些过滤物或沉淀物）	6. 短纤维状物（人造纤维、棉绒纤维、乙酸纤维、硝酸纤维）	7. 片状物（豆类、植物切片、块片食物、烟叶木屑）	8. 一定形状物（陶瓷器、木材、层合板、砖瓦、烟叶、皮革）	9. 长幅式涂覆液（纺织品、纸张、墙纸、晒图纸、薄片物、印画纸、涂料品）	10. 冷冻物（食品、速溶咖啡、医药品冲剂）
热风加热	连续式	沸腾床 回转式 平行流回转窑	×	×	×	√	√	×	√	×	×	×
		带内蒸汽管回转窑	×	×	×	√	√	×	√	×	×	×
		穿流式回转干燥器	×	×	×	√	√	△	√	×	×	×
		多层圆盘干燥器	×	×	×	√	√	△	√	×	×	×
		立式涡轮干燥器	×	×	×	√	√	△	√	×	×	×
		槽形搅拌干燥器	×	×	△	√	√	△	△	×	×	×
		喷嘴喷射流干燥	×	×	×	×	×	×	×	○	√	×
	间歇式	真空 耙式	×	×	△	√	△	△	√	×	×	×
		双锥回转	×	×	△	√	△	△	√	×	×	×
		圆筒搅拌	×	×	△	√	△	△	√	×	×	×
		内热板式搅拌	×	△	△	√	△	△	△	×	×	×
间接加热	连续	空心桨叶干燥器	×	△	△	√	△	△	×	×	×	×
		滚筒 单滚筒	√	√	√	×	×	×	×	×	×	×
		双滚筒	√	√	√	×	×	×	×	×	×	×
		多圆筒	×	×	×	×	×	×	×	×	√	×
组合型		空心桨叶（气流）	×	△	△	√	△	○	×	×	×	×
		喷雾（流化床）	√	√	△	×	×	×	×	×	×	×
		滚筒（气流）	△	△	√	×	×	×	×	×	×	×
		滚筒（耙式）	△	△	√	×	×	×	×	×	×	×
冷冻		冷冻干燥器	○	○	○	○	×	○	×	×	×	√
辐射		红外线	○	○	○	○	○	○	○	√	√	△
		远红外线	○	○	○	○	○	○	○	√	√	√
其他		高频	○	○	○	○	○	○	○	√	△	△
		微波	○	○	○	○	○	○	○	√	√	√

注：√表示适合；△表示具有适当条件时也可适用；○表示经济许可时；×表示不适合。

在图26-1（a）中，B点到C点是一条直线。因此，在这一阶段内，斜率和速率是恒定的。这一恒速阶段在图26-1（b）中用BC线表示。

在两张图上的C点，干燥速率开始减少，进入降速阶段，直到D点。

在第一降速阶段，速率以图26-1（b）中的CD表示，这条线通常是直线。到D点，干燥速率下降得更快，一直到E点。在E点，平衡水含量为X^*，因此$X=X^*-X^*=0$。对某些被干燥物料，可能完全没有CD段，也可能是CD段构成全部降速阶段。

在不同的恒定干燥条件下，干燥不同的固体物料，在降速阶段内往往得到形状不同的干燥曲线。但是干燥速率曲线的两个主要部分——恒速阶段和降速阶段一般都是存在的。

在恒速干燥阶段，固体表面最初非常湿，存在一层连续的水膜。这些水全部是非结合水，它们的行为如同没有固体存在那样。在给定的空气条件下，蒸发速率与固体无关，基本上为自由液体表面的蒸发速率。然而，增加固体表面的粗糙度，可能得到比平滑平面较高的速度。

如果固体是多孔的，则恒速阶段蒸发的大部分水是由固体内部提供的。只要向固体表面供应水分的速度与表面蒸发速度一样快，这阶段将继续进行。

在图26-1中，C点的含水量为临界自由水分含量X_t。在这一点，表面的水分不足以保持连续的水膜，整个表面不再是全部润湿。在这第一降速阶段，润湿表面继续减少，直到图26-1（b）中的D点表面完全干燥为止。

当表面完全干燥以后，从D点开始第二降速阶段。这时蒸发面从固体表面慢慢向里推进，而蒸发所需的热则通过固体传到蒸发区，蒸发的水经过固体转移到空气流中。

降速阶段所除掉的水分量可能相当少，而需要的时间却相当长。这一点可以由图26-1看出。恒速阶段BC，延续了约3h，使X由0.40kg H_2O/kg干固体减少到0.19kg H_2O/kg干固体，即减少了0.21kg H_2O/kg干固体，降速阶段CE延续了大约9h，而X由0.19kg H_2O/kg干固体降到0。

2.2 恒速干燥阶段的计算

2.2.1 按X-t干燥曲线的计算方法

为了计算物料的干燥时间，最好的方法是使求取干燥曲线的实验条件与工业生产操作条件相同，即进料、相对暴露表面积、气体速度、温度和湿度等实验条件基本与实际应用的干燥器相同。这样在恒速阶段所需的干燥时间可以直接由自由水分含量对时间的干燥曲线来确定。

例1 由干燥曲线计算干燥时间。

解 某固体的干燥曲线如图26-1（a）所示，要将它从自由水分含量$X_1=0.38$kg H_2O/kg干固体干燥到$X_2=0.25$kg H_2O/kg干固体，计算所需要时间是

$$t=t_2-t_1=3.08-1.28=1.80\ (\mathrm{h})$$

2.2.2 按R-t干燥速率曲线的计算方法

将式（26-3）重新排列，并从$t_1=0$的X_1到$t_2=t$的X_2的时间间隔内积分。

$$t=\int_{t_1=0}^{t_2=t}\mathrm{d}t=\frac{-L_s}{AR}\int_{x_1}^{x_2}\mathrm{d}X \tag{26-4}$$

如果干燥是在恒速阶段进行的，即X_1和X_2都大于临界含水量X_c。式（26-4）对恒速阶段积分为

$$t=\frac{L_s}{AR_c}(X_1-X_2) \tag{26-5}$$

例2 由干燥速率曲线计算干燥时间。

题同例1。

解 取$L_s/A=21.5\mathrm{kg/m^2}$，由图26-1（a）作出图26-1（b），由图26-1（b）读得，$R_c=1.51$kg $H_2O/(\mathrm{h}\cdot\mathrm{m^2})$，代入式（26-5）得

$$t=\frac{21.5}{1.51}(0.38-0.25)=1.85\ (\mathrm{h})$$

2.2.3 按传热系数的计算方法

干燥速率计算式为

$$R=\frac{h}{\lambda_w}(T-T_w)\times3600\mathrm{kg\ H_2O/(h\cdot m^2)} \tag{26-6}$$

式中 T——气体温度，K；

T_w——固体表面温度，K。

式（26-6）忽略对固体表面的辐射传热，同时假定金属托盘或表面没有热传导。式中，h为传热膜系数，$\mathrm{W/(m^2\cdot K)}$。

当空气温度为45～150℃、质量流速$G=v\rho=2450\sim29300\mathrm{kg/(h\cdot m^2)}$或流速$v$为0.61～7.6m/s时

$$h=0.0204G^{0.8} \tag{26-7a}$$

当$G=3900\sim19500\mathrm{kg/(h\cdot m^2)}$或速度为0.9～4.6m/s，且垂直流向固体表面时

$$h=1.17G^{0.37} \tag{26-7b}$$

空气-水蒸气混合物的湿体积V_H为

$$V_H=(2.83\times10^{-3}+4.56\times10^{-3}H)T\quad \mathrm{m^3/kg}\text{干空气} \tag{26-8}$$

式中 H——湿度，kg水蒸气/kg干空气；

T——温度，K。

例3 一种不溶于水的湿粒状物料，放在长0.457m、

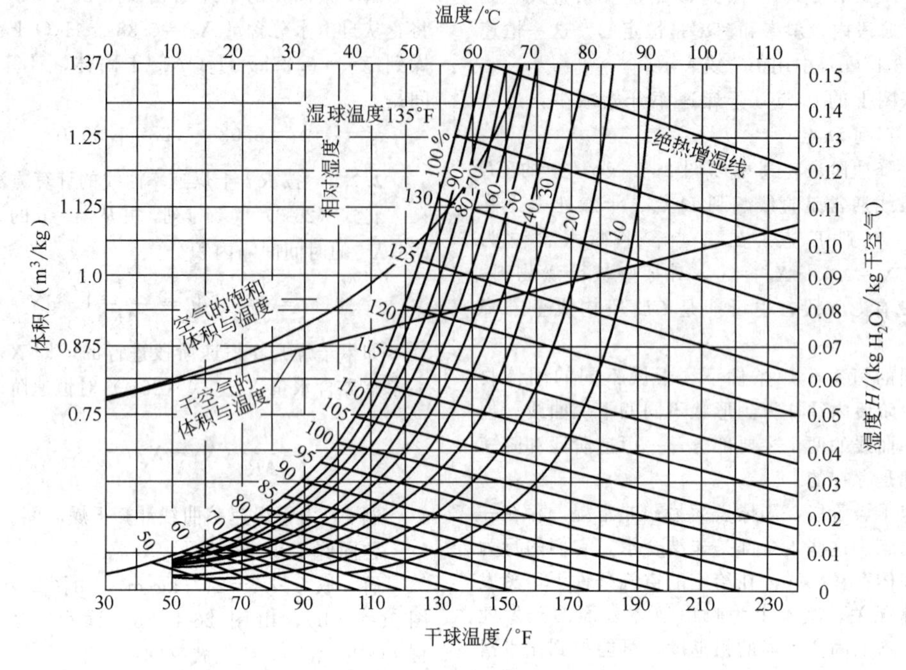

图 26-2　在 101.325kPa 的总压下空气和水蒸气混合物的湿度

宽 0.457m、深为 25.4mm 的容器里干燥，可以认为容器侧面和底部是绝热的。热量由平行流过表面、速度为 6.1m/s 的空气流对流供给。空气的温度是 65.5℃，湿度是 0.010kg H_2O/(kg 干空气)。试计算恒速阶段的干燥速率。

解　对于湿度 0.010kgH_2O/(kg 干空气) 和干球温度 65.6℃情况，由图 26-2，沿着绝热饱和线(与湿球线相同) 到饱和湿度线，得到湿球温度T_w=28.9℃。用式 (26-8) 计算湿体积为

$$V_H=(2.83\times10^{-3}+4.56\times10^{-3}H)T$$
$$=(2.83\times10^{-3}+4.56\times10^{-3}\times0.01)\times(273+65.6)$$
$$=0.974\ (m^3/kg\ 干空气)$$

1kg 干空气+0.10kg H_2O 的密度为

$$\rho=\frac{1.0+0.010}{0.974}=1.037\ (kg/m^3)$$

质量流速

$$G=v\rho=6.1\times3600\times1.037=22770\ [kg/(h\cdot m^2)]$$

由式 (26-7) 得

$$h=0.0204G^{0.8}=0.0204\times22770^{0.8}$$
$$=62.45\ [W/(m^2\cdot K)]$$

查表得：在 T_w=28.9℃时，λ_w=2433kJ/kg，将上述值代入式 (26-6)，得

$$R_c=\frac{h}{\lambda_w}(T-T_w)\times3600=\frac{62.45}{2433\times1000}\times(65.6-28.9)\times3600=3.39\ [kg/(h\cdot m^2)]$$

当表面积=0.457m×0.457m 时，其总蒸发速率为

$$R_cA=3.39\times0.457\times0.457=0.708\ (kg\ H_2O/h)$$

2.3　降速干燥阶段的计算

对于降速阶段，R 不是常数，式 (26-4) 改变为

$$t=\frac{L_s}{A}\int_{x_2}^{x_1}\frac{dX}{R}\qquad(26\text{-}9)$$

利用图解积分法，用 $1/R$ 对 X 作图，计算曲线下面的面积，即求得式 (26-9) 的图解积分值。

例 4　降速干燥阶段的图解积分。

一批湿的固体物料，其干燥速率曲线如图 26-1 (b) 所示，使其从自由水分含量 X_1=0.38kg H_2O/kg 干固体干燥到 X_2=0.04kg H_2O/kg 干固体。干固体的质量是 L_s=399kg，顶部干燥表面 A=18.58m²。L_s/A=21.5kg/m²。计算干燥所需的时间。

解　由图 26-1 (b) 读得临界自由水分含量 X_c=0.195kg H_2O/kg 干固体。显然，干燥过程处于曲线的恒速与降速阶段。

对恒速阶段，X_1=0.38kg H_2O/kg 干固体，$X_2=X_c$=0.195，由图 26-1 (b) 读得 R_c=1.5kg H_2O/(h·m²)。代入式 (26-5)，得

$$t=\frac{L_s}{AR_c}(X_1-X_2)$$
$$=\frac{399\times(0.38-0.195)}{18.58\times1.51}=2.63\ (h)$$

对于降速阶段，在图 26-1（b）中读得各种 X 下的 R 值，列于下表。

X	R	$1/R$	X	R	$1/R$
0.195	1.51	0.663	0.065	0.71	1.41
0.150	1.21	0.826	0.050	0.37	2.70
0.100	0.90	1.11	0.040	0.27	3.70

在图 26-3 中，用 $1/R$ 对 X 作图，并求出 $X_1=0.195$kg H_2O/kg 干固体（C 点）到 $X_2=0.040$kg H_2O/kg 干固体间曲线下面的面积为

$$A_1+A_2+A_3=(2.5\times0.024)+(1.18\times0.056)+(0.84\times0.075)=0.189\ (\mathrm{m^2})$$

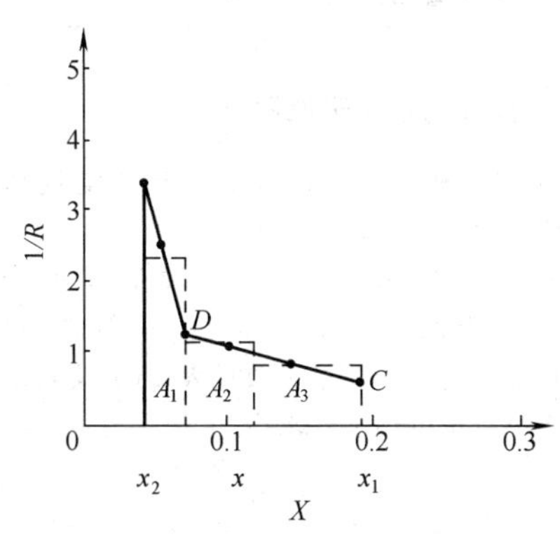

图 26-3　例 4 中降速阶段的图解积分图

代入式（26-9）。

$$t=\frac{L_s}{A}\int_{x_2}^{x_1}\frac{\mathrm{d}X}{R}=\frac{399}{18.58}\times0.189=4.06\ (\mathrm{h})$$

总时间 $t=2.63+4.06=6.69$（h）。

2.4　干燥器的热量衡算

为方便叙述，以热风型干燥器为例，说明热衡算在干燥设备中的应用。这类装置由空气预热器与干燥两个基本部分组成。

2.4.1　预热器的热量消耗

预热器热衡算如图 26-4 所示。

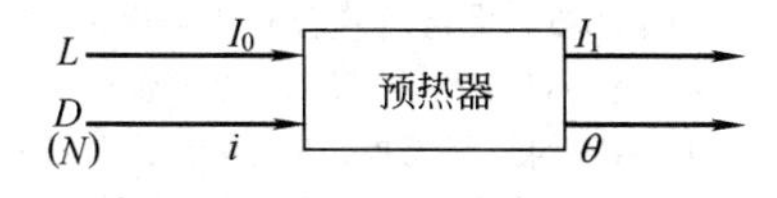

图 26-4　预热器热衡算

（1）蒸汽消耗量 D 计算

$$D=\frac{L(I_1-I_0)}{i-Q}=\frac{Lc_g(t_1-t_0)}{i-Q}\quad \text{kg 蒸汽/h} \tag{26-10}$$

式中　L——空气量，kg/h；

I_0——进气比热焓，kJ/kg；

I_1——排气比热焓，kJ/kg；

t_0——进气温度，℃；

t_1——排气温度，℃；

c_g——进或出口的湿比热容，J/(kg·℃)；

i——进口蒸汽比热焓量，J/kg；

Q——出口冷凝液热焓量，J/kg。

（2）电加热消耗的电功率 N 值计算

$$N=\frac{L(I_1-I_0)}{3600\eta}=\frac{Lc_g(t_1-t_0)}{3600\eta}\quad \mathrm{kW} \tag{26-11}$$

式中　3600——电功率转换系数，即每小时 3600kJ 相当于 1kW；

η——电阻加热效率，取 95%。

2.4.2　干燥器的热量衡算

干燥器的热量衡算如图 26-5 所示。干燥器输入、输出热量衡算见表 26-3。

湿物料带入的热量＝产品带入的热量＋汽化水分带入的热量

气体带出的热量＝进口气体带出的热量＋汽化水分带出的热量

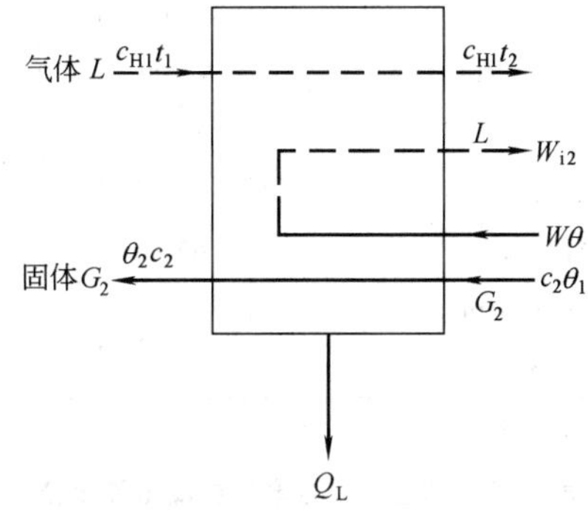

图 26-5　干燥器的热量衡算

表 26-3　干燥器输入、输出热量衡算

输入干燥室的热量	输出干燥室的热量
进口气体带入的热量 $Lc_{H1}t_1$	气体带出的热量 $Lc_{H1}t_2$
带入湿分汽化的热量 $W\theta$	湿分汽化带出的热量 W_{12}
产品带入的热量 $G_2c_2\theta_1$	产品带出的热量 $G_2c_2\theta_2$
	热损失 Q_L

输入与输出衡算

$$Lc_{H1}t_1+W\theta+G_2c_2\theta_1=Lc_{H1}t_2+W_{12}+G_2c_2\theta_2+Q_L$$

$$Lc_{H1}(t_1-t_2)=W(i_2-\theta)+G_2c_2(\theta_2-\theta_1)+Q_L$$

$$=Q_1+Q_2+Q_L$$

即　气体放热＝湿分汽化热＋产品升温热＋热损失

式中　Lc_{H1}——湿气体的干基比热容，J/(kg·℃)；

i_2——温度 t_2 下湿分蒸气的热焓量，J/kg；

c_2——产品的比热容，J/(kg·℃)。

2.4.3 热量衡算的应用示例

现以PVC树脂粉末，采用多室卧式流化床干燥器为例，说明热衡算在干燥过程中的应用。

PVC树脂粉末

原料水分 28.5%（干基）

干品水分 0.2%（干基）

生产能力 4500kg/h

密度 1400kg/m^3

表观密度 485kg/m^3

平均粒径 104μm

用两套干燥方案比较，一套为热风加热，另一套为在床内加内加热管并采用部分热风加热，详见表26-4和表26-5。

表26-4 两套干燥方案的操作条件

项　目	热风型	内加热型
水分蒸发量/(kg H_2O/h)	1270	1270
进口/出口温度/℃	85/50	85/50
出口空气露点/℃	34	50
耗空气量/(kg/h)	92000	18300
床面面积/m^2	72.5	14.4
内加热管面积/m^2	0	144
床层装料量/kg	6960	4150
平均干燥时间/min	93	55
料层高度/m	0.2	0.6

注：空气流速为0.37m/s。

表26-5 两套干燥方案的热量衡算比较

项　目	热风型	内加热型
干燥蒸发水潜热Q_{H_2O}/(kJ/h)	305600	305600
干物料带走显热Q_m/(kJ/h)	174170	174170
干燥器热损失Q_1/(kJ/h)	13200	81600
废气带出热量Q_g/(kJ/h)	4770000	114300
总计热量/(kJ/h)	8135000	4450000

注：内加热管总传热系数K=544kJ/(m^2·℃·h)。

从表26-4和表26-5中数据可以看出，由于床层内部加装了内加热管，增加了传热面积，在相同产量下，其所需的热风量比无内加热管型减少80%，相应的废气排气损失热量大约仅为热风型的26%。由于内加热管床层截面仅为热风型床层面积的19.9%，所以设备大大缩小，热损失也相应减少，投资也大大节约。两种干燥方案能量消耗的对比和节能效果见表26-6。

表26-6 两种干燥方案能量消耗的对比和节能效果

项　目	热风型	内加热型
耗用蒸汽总量/(kg/h)	3930	2143
加热空气耗用量/(kg/h)	3930	783
内加热管蒸汽耗用量/(kg/h)	0	1360
鼓风机轴功率/kW	245	72

每小时节约蒸汽量=3930－2140=1790（kg）。

年节约蒸汽量=1790×7200=12900（t）。

每小时节约用电量=245－72=173（kW·h）。

年用电节约量=1245600（kW·h）。

3 箱式（间歇式）干燥器

3.1 平行流式箱式干燥器

如图26-6所示，箱内设有风扇、空气加热器、热风整流板及进出风口。物料盘置于小车上，小车可方便地推进或推出，盘中物料填装厚度为20～30mm。平行流风速为0.5～3m/s，一般情况取1m/s为宜。其运转实例和技术参数见表26-7及表26-8。

箱式热风量可用下式求得。

$$W=3600v\frac{A}{\rho_r} \tag{26-12}$$

式中 W——热风量，kg/h；

v——风速，m/s；

A——空气流断面积，m^2；

ρ_r——空气湿比容，m^3/kg干空气。

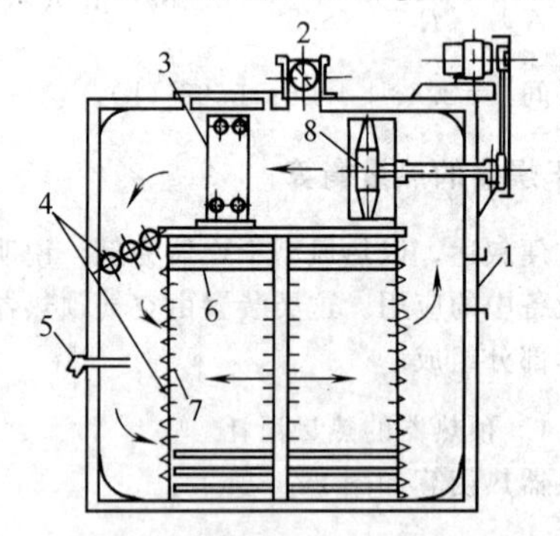

图26-6 平行流式箱式干燥器

1—进气口；2—排气口；3—空气加热器；4—整流板；5—调节温度用的温度计管；6—容器；7—承受容器的钢轨；8—送风机

3.2 穿流式箱式干燥器

穿流式箱式干燥器不同于平行流式，其差别仅在于料盘底部为金属网（孔板）结构（图26-7）。导风板强制热气流均匀地穿过堆积的料层。一般物料以片

表 26-7　平行流箱式干燥器的运转实例

物　　料	颜料	染料	医药品	催化剂	铁酸盐	氟硅酸钠	树脂	食品
处理量/kg	2000	850	150	900	3900	1450	200	300
原料水分(湿基)/%	80	75	40	75	40	30	5	15
制品水分(湿基)/%	1	1	0.5	2	0.5	8	0.5	4
原料堆积密度/(kg/L)	0.7	0.7	0.5	1.2	1.3	1.1	0.7	0.5
干燥时间/h	12	6	7	13	7	6	8	3
热风温度/℃	90～130	80～180	80	120	250	110	55	80
干燥面积/m^2	78	35	28	32	80	42	30	46
热源	蒸汽	蒸汽	蒸汽	蒸汽	重油	电力	蒸汽	蒸汽
动力/kW	11	7.5	1.5	6.25	14.7	4.45	1.5	2.2

表 26-8　C 型平行流箱式干燥器技术参数

规　格　型　号	C-Ⅰ型(双门)	C-Ⅱ型(双门)	C-Ⅲ型(双门)	C-Ⅳ型(前后双门)
外形尺寸(宽×深×高)/mm	2650×1200×2500	2650×2300×2500	2650×3400×2500	2650×4500×2500
内净尺寸(宽×深×高)/mm	1950×1040×1770	1950×2040×1770	1950×3040×1770	1950×4040×1770
配套烘车数(710mm×950mm×1760mm)/辆	2	4	6	8
配套烘盘数(460mm×640mm×50mm)/个	48	96	144	192
上、下温差/℃	±2	±2	±2	±2
每次干燥量(略值)/kg	100	200	300	400
配用电加热/kW	配用 15,实用 5～8	配用 30,实用 10～15	配用 45,实用 15～22	配用 60,实用 20～29
蒸汽用量/(kg/h)	20	40	60	80
电机功率/kW	0.38 或 0.76	0.76 或 1.52	1.14 或 2.28	1.52 或 3.08

注：干燥器可用电或蒸汽加热，两者取其一。使用温度为 40～60℃。

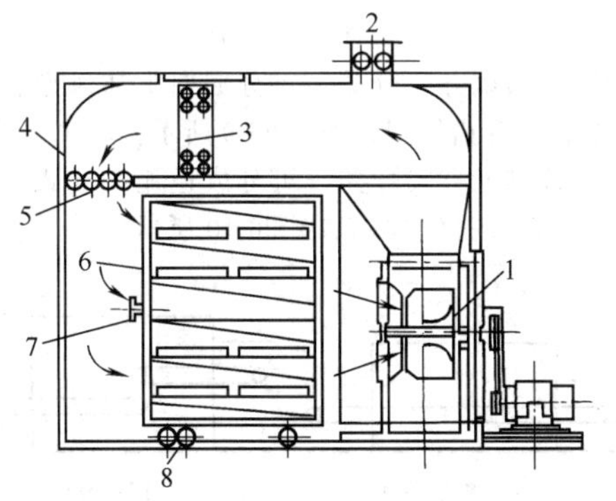

图 26-7　穿流式箱式干燥器

1—送风机；2—排气口；3—空气加热器；4—指针式温度计；5—整流板；6—容器；7—台车固定件；8—台车

状、颗粒状、短纤维状为主。如细粉状物料，则应先挤制成形（可制成 ϕ0.5～2mm 的短圆柱），置于盘中方可使用。其风速在 0.6～1.2m/s，料层高 50～70mm。对于特别疏松的物料，可填装高度达 300mm。据统计，其干燥速率为平行流式的 3～10 倍。体积传热膜系数 α 分别如下。

粉粒状物料

$$\alpha = 12000 \sim 32000 \mathrm{kJ/(m^3 \cdot h \cdot ℃)}$$

泥状成形物料

$$\alpha = 4000 \sim 12000 \mathrm{kJ/(m^3 \cdot h \cdot ℃)}$$

床层压降为 200～500Pa，动力消耗较大。运转实例见表 26-9。

3.3　真空箱式干燥器

主要传热方式为热传导和辐射。适用于少量、多品种物料的干燥，尤其适用于小批量、高附加值药品的干燥。

间接加热是典型热传导方式，这种方式是将热水或蒸汽通入加热夹板，再通过传导加热物料，箱体密闭在减压状态下工作，以热源和物料表面之间温差计算面积传热系数 K，$K = 11.6 \sim 17.4 \mathrm{W/(m^2 \cdot K)}$。真空（搁板式）箱式干燥的运转实例见表 26-10。

表 26-9 穿流式箱式干燥器的运转实例

物料	颜料	医药品	催化剂	树脂	窑业制品	氨基酸
处理量/kg	200	260	370	35	100	200
原料水分(湿基)/%	60	65	—	35	31	50
制品水分(湿基)/%	0.3	0.5	—	10	3	2
原料堆积密度/(kg/L)	0.56	0.5	0.92	0.8	0.51	0.5
热风温度/℃	60	80	400	150	100	80
干燥时间/h	5	6	—	3	40	1
干燥面积/m^2	6.5	5.8	4.6	0.63	6.6	6.8
热源	蒸汽	蒸汽	气体	蒸汽	电力	蒸汽
动力/kW	11	11	3.7	—	7.5	11

表 26-10 真空（搁板式）箱式干燥器的运转实例

物料	医药品	医药品	染料	铜粉	溶剂	树脂	酵母	糕点糖果
处理量/kg	200	130	90	500	960	150	70	350
原料水分(湿基)/%	15	40	66	5	92.2	15	80	10
制品水分(湿基)/%	0.5	1	4.5	0	0	0.8	11	4
原料堆积密度/(kg/L)	0.5	0.25	1.2	2.0	1.2	0.55	1.0	—
温度/℃	60	75	132	60	150	25～50	40	80
干燥时间/h	20	16	10	2	3	10	30	2.4
干燥面积/m^2	20	17	35	6.4	26	15	7	21
真空度/Pa	3333	667	4800	6670	—	1333～667	8000～533	1333
热源	温水	温水	蒸汽	温水	蒸汽	温水	温水	温水
动力/kW	11	7.5	7.5	1.5	—	3.7	11	11

4 隧道式干燥器

4.1 隧道式带式通风干燥器

这种干燥器按物料移动型式，分为平行流和穿气流两类，目前以穿气流式使用为多，其干燥速率比平行流式高 2～4 倍，主要用于片状、块状、粒状物料。穿流隧道式干燥装置运转操作数据见表 26-11。由于物料不受振动和冲击，故尤其适用于不允许破碎的颗粒状或成形产品。隧道气流速度为 0.5～3m/s，床层高 30～100mm。国内已用于电玉粉、香葵醛香料、人造纤维、皂基糖、丁苯橡胶、催化剂、微球催化剂、味精、矿石、二氧化钛等。由于处理量大，可以使干燥时间延长，因此，隧道式干燥器在发展低成本谷物干燥方面，具有潜在发展前途。其结构型式和分类如下。

① 按带的层数分类　有单层带型、复合型、多层带型（多至 7 层），如图 26-8 所示。

② 按通风方向分类　可分成向下通风型、向上通风型、复合通风型，如图 26-9 所示。

③ 按排气方式分类　可分成逆流排气式、并流排气式、单独排气式，如图 26-10 所示。

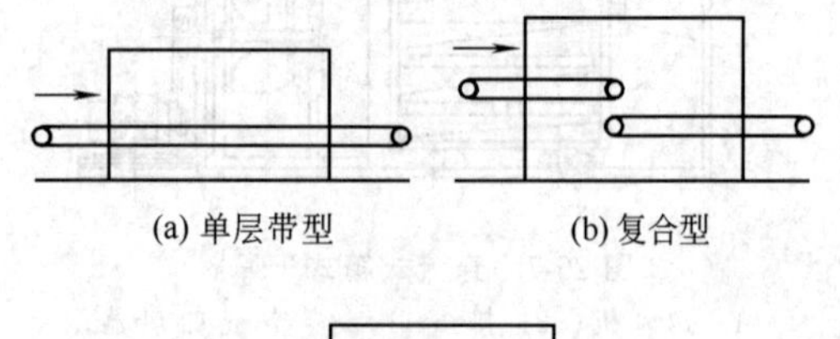

(a) 单层带型　(b) 复合型

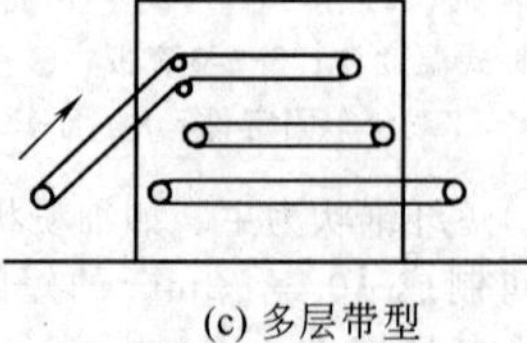

(c) 多层带型

图 26-8 按带的层数分类

表 26-11　穿流隧道式干燥装置运转操作数据

物　料　种　类	矿石颗粒	氧化钛	T 树脂	有机药品	碳酸镁	谷物	有机颗粒	短纤维
加料速度/(kg/h)	5000	250	42	150	210	420	109	
干燥器尺寸								
长/m	17.7	9.0	19.2	8.1	14.6	6	6.5	10.6
宽/m	3.5	3.2	2.4	2.4	3.2	1.7	1.3	2.5
高/m	2.5	2.4	2.5	2.3	2.4	3	3.1	2.5
带的尺寸								
长/m	14.5	5.6	16.2	5.6	11	5(三段)	3.05	22.5
宽/m	2.2	2.2	1.5	1.5	2.2	0.7	1.05	1.5
物料层厚度/cm	10	4～5	3	3	4.5	5～6	2.5	6～7
充填负荷/(kg 干料/m)	78.5	22.5	6.8	7.9	8.3	35.7	13.8	1～2.5
带的种类	金属网	金属网	金属网	金属网	金属网	金属网	尼龙网	筛板
加料方式	皮带输送	挤出机	气力加料	分散槽	挤出机	重力流动	造粒机	料斗
颗粒大小	—	ϕ6mm	—	ϕ15mm×(2～4)mm 长	ϕ6mm	3 目	16 目	ϕ3D×(10～60mm)长
物料含水率/%	18.0	82.0	150	64.5	166.5	35	11	40
产品含水率/%	2.0	0.005	0.01	0.001	0.01	16	0.2	6.5
蒸发速率/(kg/h)	800	204	62	97	410	75.6	14.7	40
空气温度/℃	150	130	80	70	150	60	60	约 90
空气湿度/(kg 水/kg 干空气)	0.08	0.044	0.03	—	—	0.039	—	0.04
干燥时间/h	0.5	1	3	0.4	5/6	2/3	0.4	$1/7$～$1/2$
单位带截面的空气速度/(m/s)	0.8	1.0	1.1	1.1	1.0	1.2	1.7	0.2
压力损失/Pa	4000～5320		—	4000	—	20000	—	500
风扇种类	涡轮风扇	涡轮风扇	涡轮风扇	涡轮风扇	涡轮风扇	—	—	多叶片风扇
风量/(m^3/min)	500×4	250×3	170×9	180×3	250×6	120×2	159×2	130×6
静压/Pa	10000	5320	9310	12000	5320	23300	13300	800
功率/kW	20	35	6	6	3.5	3.5×2	6×2	7.5
空气加热面积(带翅片时)/m	—	340	—	—	580		30	

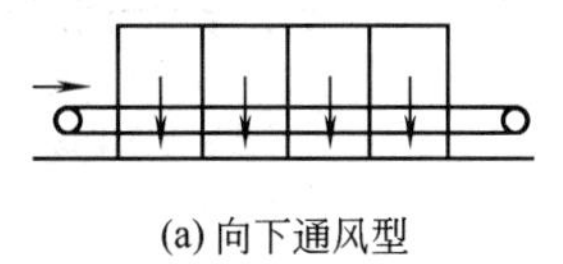

(a) 向下通风型

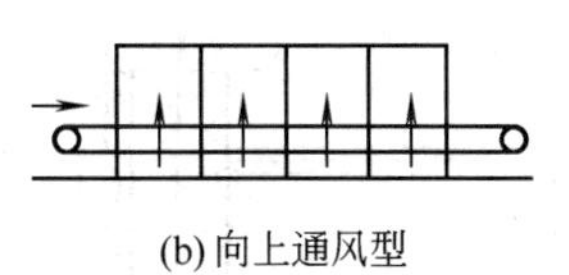

(b) 向上通风型

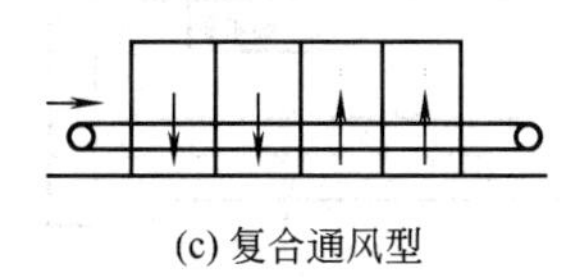

(c) 复合通风型

图 26-9　按通风方向分类

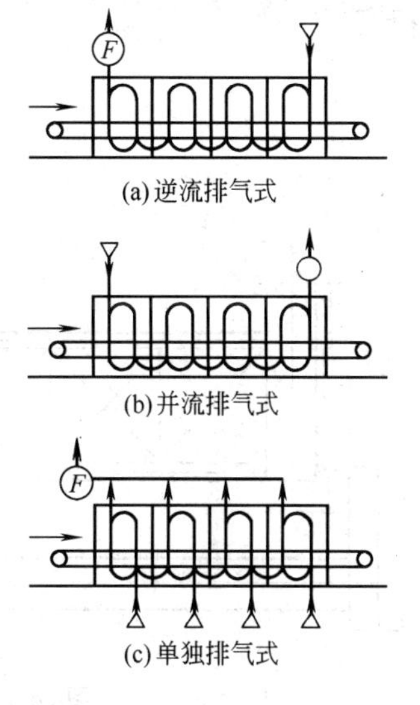

(a) 逆流排气式

(b) 并流排气式

(c) 单独排气式

图 26-10　按排气方式分类

4.2　洞道式干燥器

洞道式干燥器是一种连续运转的干燥器，被干燥的物料在干燥室中沿通道做前进运动，并只经过通道一次。物料可放置在小车、运输带、架子等上面，处于静止状态，加料和卸料在干燥室两端进行。

如图 26-11 所示为用小车输送物料的洞道式干燥器。其长度取决于物料干燥所需的时间及所选用的干燥介质的流速和所允许的阻力，一般不超过 50m。在干燥介质（热空气或烟道气）与物料呈并流流动时，会产生干燥不均匀的现象，干燥介质迅速冷却，干燥效率明显下降。为此，干燥介质在有效截面上的流速不应小于 2～3m/s。

根据干燥介质的温度，干燥器的器壁用砖或带有绝热层的金属材料构成。洞道的宽度一般不超过 3.5m。小车与洞道的器壁和洞顶的间隙，一般在 70～80mm 为宜。

当在一个洞道内铺有双轨时，小车之间的距离要求不大于 75mm，并采用不需中间支柱的升降式门、旁推式门和双扉式门。

为提高干燥效率，在洞道式干燥器内采用逆流-并流操作的原理（图 26-12）。其有两个热空气或烟道气的送入口，一个送入口在物料进口端（温高而量大），另一个在物料的出口端（温低而量少），废气由中央烟道抽出。

被干燥物料一般堆放在小车上进行干燥。如图 26-13（a）所示为在浅盘内盛放散状物料，料盘与搁架之间的距离约为 100mm，物料厚度为 20～30mm，或负荷在8～15kg/m² 以下；如图 26-13(b) 和(c) 所示为在平板上置放块状物料，高度方向间距为 250mm，宽度间距约为 100mm；如图 26-13(d)所示为在支柱上悬挂条状物料，支柱间的距离为 60～80mm。小车在长 1.6m、高 2m 时，约重 250kg。小车的结构尺寸见表 26-12 和图 26-14。计算举例如下。

例 5　采用洞道式干燥器干燥一种板状物料，使水分含量自 1.1 降至 0.5（干基准），物料的临界湿含量为 0.5，平衡水分为 0.05（干基准）。进入干燥器时的空气温度为 60℃，湿球温度为 30℃，离开干燥器时的空气温度为 35℃，在干燥器内状况的变化可认为符合理论干燥器的条件。物料每块长 2m，宽 0.6m，厚 1cm，进入干燥器时每块重 10kg，在干燥器内两面都受热。分成若干行悬挂于小车上，其长边与地面垂直，宽边与洞道壁平行，相邻两行物料之间的距离为 3cm，空气在行间的平均质量速度为

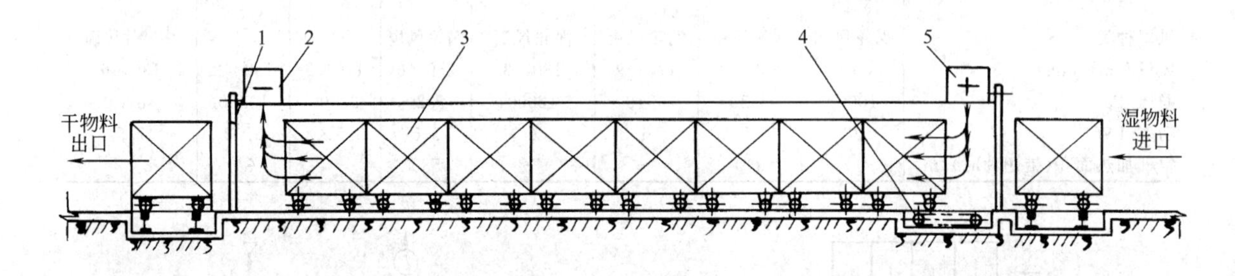

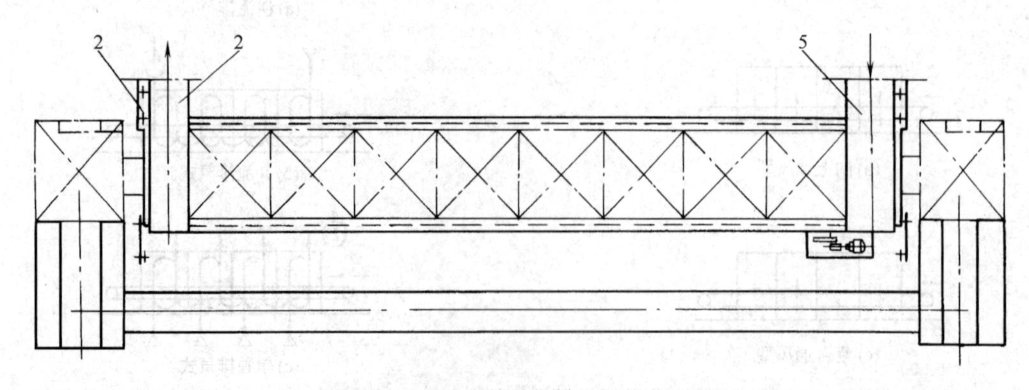

图 26-11　用小车输送物料的洞道式干燥器

1—拉开式门；2—废气出口；3—小车；4—移动小车的机构；5—干燥介质进口

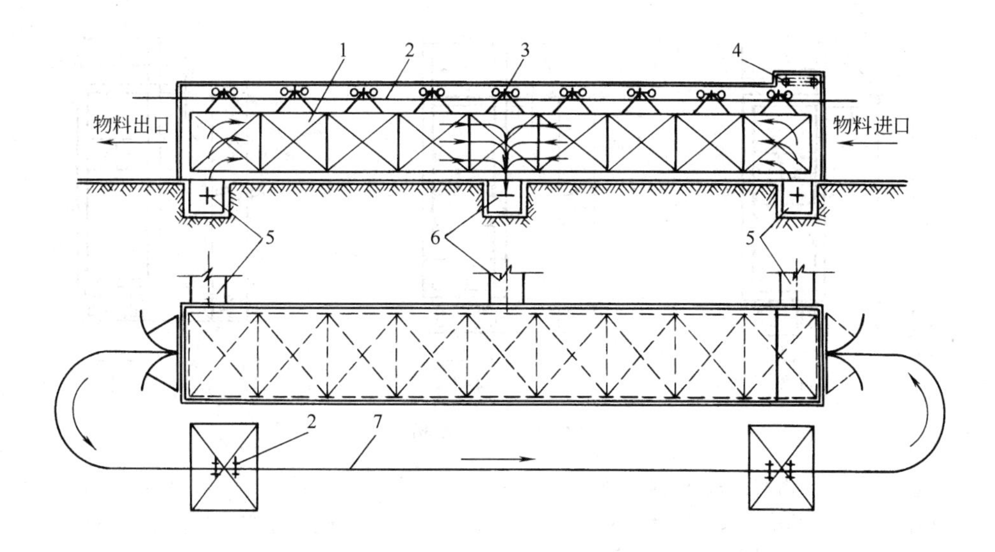

图 26-12 逆流-并流洞道式干燥器

1—小车；2—单轨；3—支架；4—推车机；5—干燥介质进口；6—废气出口；7—回车道

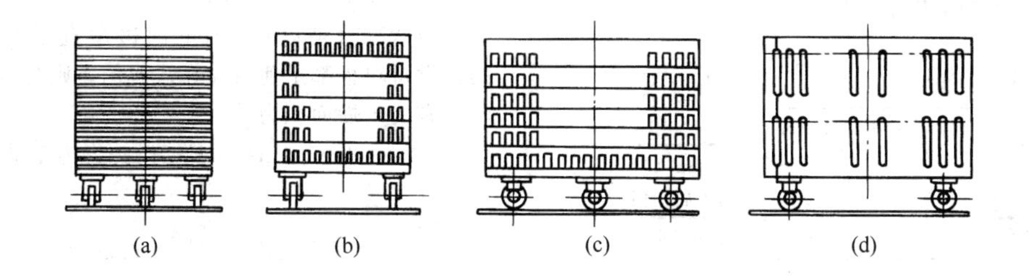

图 26-13 干燥物料堆放示意

表 26-12 小车的结构尺寸 单位：mm

型式	单台		双台		小车料盘间距 p		小车长度			总高 H	有效高度 B	H_1	S（L 型钢）
	总宽 L_w	有效宽度 L	总宽 L_w	有效宽度 L			1 型	2 型	3 型				
1-L	860	800	—	—	4 段 260	8 段 130	900	—	—	1265	1040	225	30
1-M	860	800	—	—	5 段 260	10 段 130	900	—	—	1525	1300	225	30
1-M	860	800	—	—	7 段 260	14 段 130	900	—	—	2040	1820	225	30
2-M	1360	1300	660	600	5 段 260	10 段 130	900	1400	—	1525	1300	225	30
2-H	1360	1300	660	600	7 段 260	14 段 130	900	1400	—	2040	1820	225	30
3-M	1860	1800	860	800	5 段 260	10 段 130	900	1400	1900	1525	1300	225	30
3-H	1860	1800	860	800	7 段 260	14 段 130	900	1400	1900	2040	1820	225	30

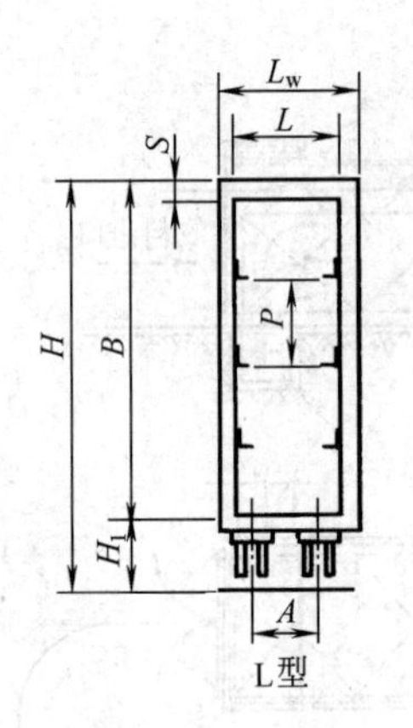

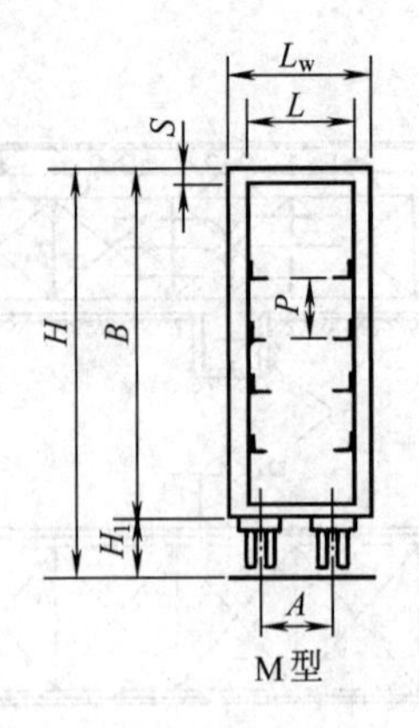

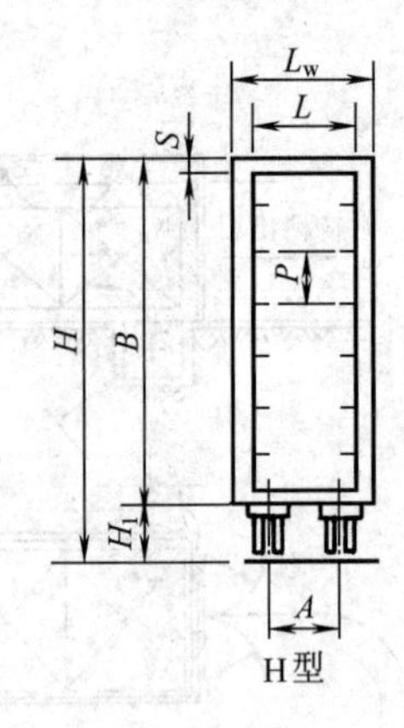

图 26-14 小车结构

20000kg 干空气/(h·m² 自由截面)，根据这种安排方式与空气流动速度，估计汽化系数 $K_x=85$kg 水分/(m²·h·单位 Δx)。试按逆流操作计算：每小时每行中可干燥出几块板物料；洞道的长度；小车的运行速度。

解 由于物料的最终湿含量为 0.5，而临界湿含量也为 0.5，故全部干燥过程都属于等速干燥阶段，干燥器所需干燥面积用下式计算（图 26-15）。

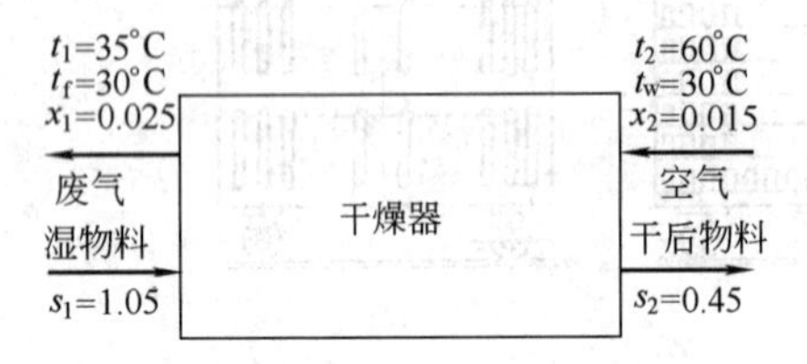

图 26-15 干燥器参数

$$W=G_C(s_1-s_2)=K_xF_1(\Delta x)\quad \mathrm{m}$$

以一行物料为基准进行计算。可以认为板状物料是受其两侧所流过的空气所干燥的，对一行物料进行干燥的空气量，也就是沿一道缝隙间流过的空气量。

一道缝隙的截面积=2×0.03=0.06(m²)。

每行流过的空气量=2000×0.06=1200(kg/h)。

由 I-x 图查得，进入的空气 $x_2=0.015$，离开的空气 $x_1=0.025$。所以，从每行物料中蒸发的水分为

$$W=1200\times(0.025-0.015)=12[\mathrm{kg/h}(每行)]$$

每块物料中应干燥的水分为

$$10\times\left(\frac{1}{1.1+1}\right)\times(1.1-0.5)=2.86\ (\mathrm{kg})$$

每小时、每行中可干燥出的板状物料数为

$$\frac{12}{2.86}=4.2\ (块)$$

为确定洞道的长度，应先求出洞道应具有的干燥面积 F_1。为此，应算出 Δx_m，也应算出物料表面的 x，在等速干燥阶段，此值与空气的饱和湿含量相等，由 I-x 图中查得，$t_w=30$℃时，$x_s=0.027$。

$$\Delta x_1=0.027-0.015=0.012$$

$$\Delta x_2=0.027-0.025=0.002$$

$$\Delta x_m=\frac{0.012-0.002}{\ln\frac{0.012}{0.002}}=0.00558$$

所以

$$F_1=\frac{W}{K_x(\Delta x_m)}=\frac{12}{85\times0.00558}=25.4[\mathrm{m}^2(每行)]$$

板状物料是以其长 2m 的边垂直于地面而悬挂的，设每块板都是前后连在一起的，则每米洞道长度所具有的干燥面积为

$$2\times2\mathrm{m}\times1\mathrm{m}=4\mathrm{m}^2\ (以一行为基准)$$

所以

$$洞道长度=\frac{25.4}{4}=6.35\ (\mathrm{m})$$

求运输车运行的速度，应先求出每块物料在洞道内的停留时间，也就是干燥时间。前已求出，每小时可出料 4.2 块，故干燥时间为

$$\tau=\frac{1}{4.2}=0.238\ (\mathrm{h})$$

运输车运行速度为

$$\frac{6.35}{0.238}=26.7(\mathrm{m/h})=0.445\ (\mathrm{m/min})$$

5 喷雾干燥器

喷雾干燥技术是使液体物料经过雾化，进入热的干燥介质后转变成粉状或颗粒状固体的工艺过程。在处理液态物料的干燥设备中，喷雾干燥有其无可匹敌的优点。首先，其干燥速率迅速，因被雾化的液滴一般为 10～200μm，其表面积非常大，在高温气流中，瞬间即可完成 95%以上的水分蒸发量，完成全部干燥的时间仅需 5～30s，其次，在恒速干燥段，液滴的温度接近于使用的高温空气的湿球温度（例如在热

空气为 180℃时，约为 45℃），物料不会因为高温空气影响其产品质量，故而热敏性物料、生物制品和药物制品基本上能接近真空下干燥的标准。同时，其生产过程简化，操作控制方便，容易实现自动化。但由于使用空气量大，干燥容积也必须很大，故其容积传热系数较低，为 58～116W/(m^2·K)。

5.1　喷雾干燥器的分类

喷雾干燥器主要根据流程布置、雾化器型式、气体流向与喷雾流向等进行分类，详见表 26-13、图 26-16～图 26-20。

表 26-13　喷雾干燥流程布置及其应用

流程型式	干燥介质	湿分	加热型式	主要应用范围
开式系统	空气	水	间接	含尘尾气允许排入大气
闭式系统	惰性气体	非水	间接(液体或气体换热)	蒸发、溶剂回收,防止着火、爆炸而产生公害
半闭式系统	空气	水	间接	被干燥物料不接触燃烧气体,防止污染大气
自惰式系统	低氧空气	水	直接	产品有爆炸特征,除去尾气中有异味粉尘

- 按流程布置分类
  - 开式喷雾干燥系统
  - 闭式喷雾干燥系统
  - 半闭式喷雾干燥系统
  - 自惰式喷雾干燥系统

- 按雾化器型式分类
  - 压力式喷雾干燥器
  - 离心式喷雾干燥器
  - 气流式喷雾干燥器

- 按雾焰与气体流动方向分类
  - 并流喷雾干燥器
    - 螺旋并流
      - 上喷下
      - 下喷上
    - 平行并流
      - 上喷下
      - 水平
      - 下喷上
  - 逆流(对流)喷雾干燥器
    - 螺旋逆流
      - 上喷下逆流
      - 下喷上逆流
    - 平行逆流
      - 上喷下逆流
      - 下喷上逆流
  - 混流喷雾干燥器
    - 螺旋混流，下喷上混流
    - 平行混流，下喷上混流

图 26-16　喷雾干燥器的分类

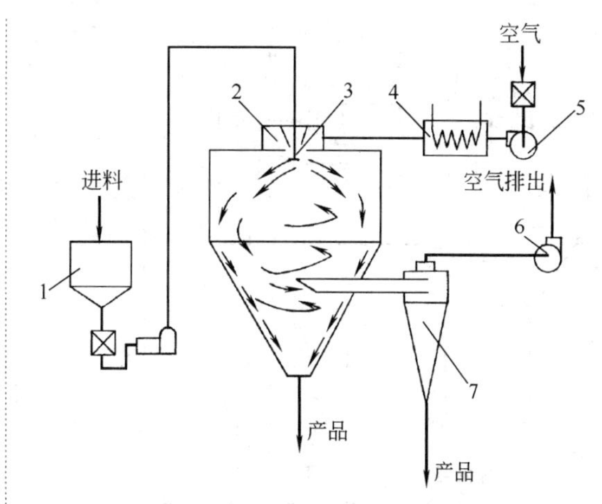

图 26-17　开式喷雾干燥系统流程
1—料仓；2—干燥塔；3—雾化器；4—换热器；5,6—风机；7—除尘器

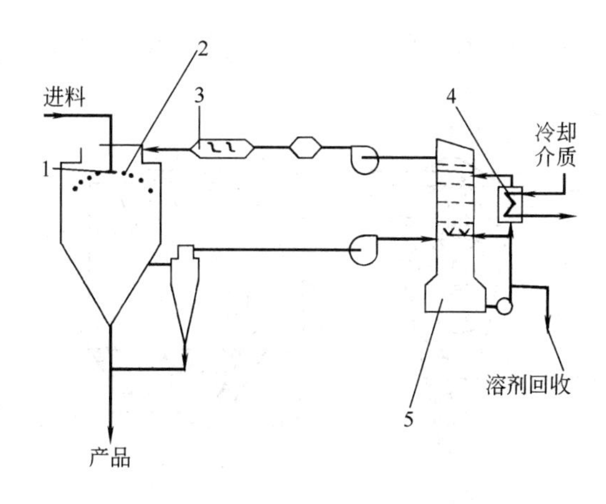

图 26-18　闭式喷雾干燥系统流程
1—雾化器；2—干燥室；3—间接加热器；4—热交换器；5—涤气器/冷凝器

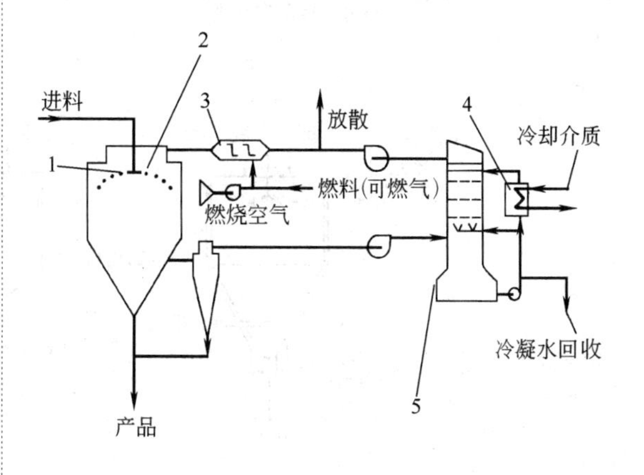

图 26-19　半闭式喷雾干燥系统流程
1—雾化器；2—干燥室；3—加热器；4—热交换器；5—涤气器/冷凝器

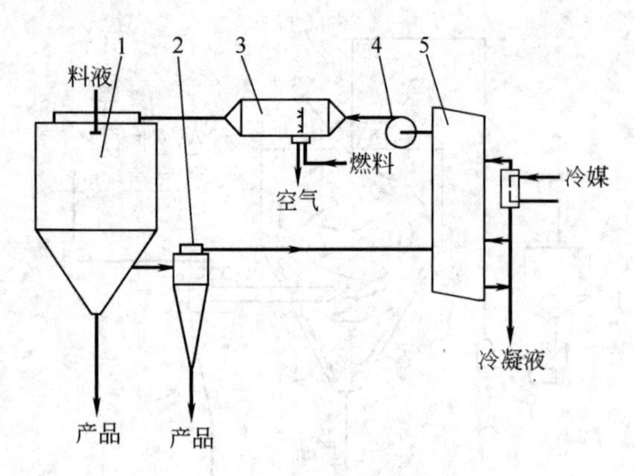

图 26-20 自惰式喷雾干燥系统流程

1—干燥塔；2—旋风除尘器；3—燃烧器；4—旁通出口；5—冷凝器

5.2 喷雾干燥室的设计

由于没有一种单一的喷雾干燥室的型式能适用于各种不同的要求，而不同的物料的干燥特性，或其各自干燥制品的要求也不同，因此就有各种不同结构的干燥室设计，如图 26-21～图26-23所示。

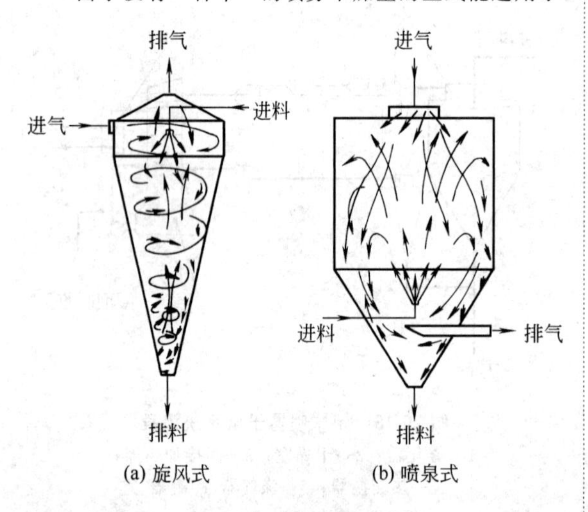

图 26-21 混流干燥室

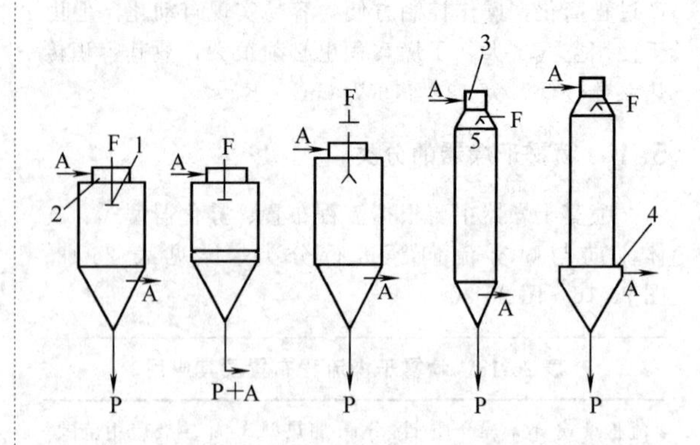

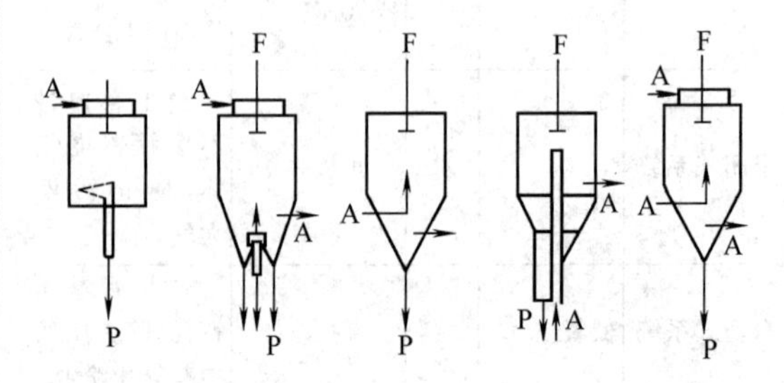

图 26-22 并流干燥室结构

A—热风；F—进液；P—成品；1—旋转式雾化器；2—室顶空气分布器；3—多孔板空气分布器；4—裙边；5—喷嘴

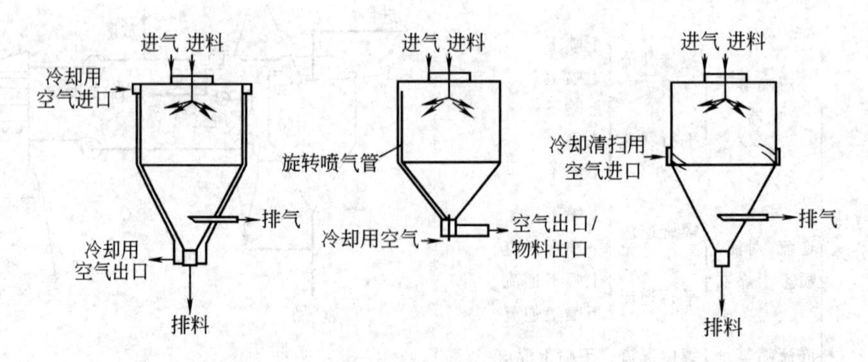

图 26-23 用于特殊物料的干燥室结构

5.3 雾化器

5.3.1 雾化器的类型

雾化器是将能量作用在液束上，使液体散裂为料雾的装置，雾化器的类型如下。

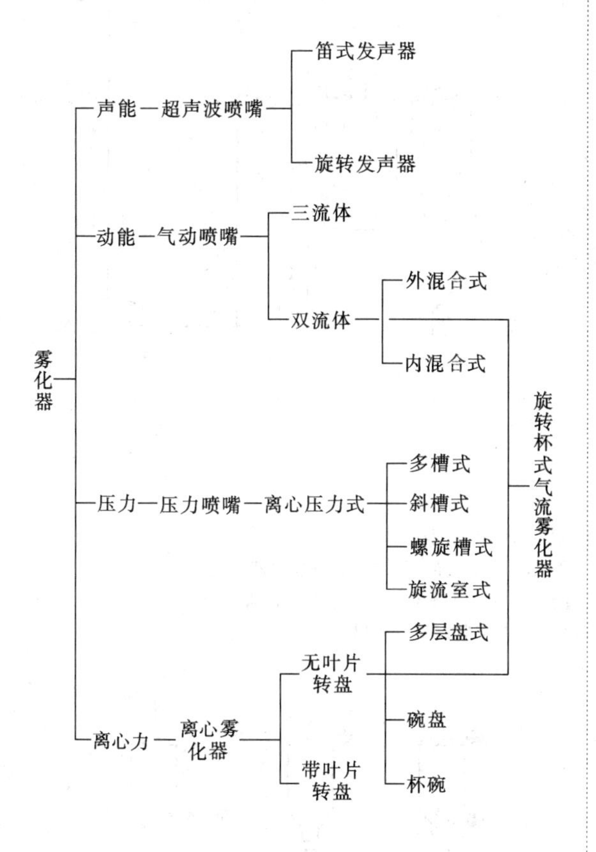

5.3.2 雾化器的选用原则

雾化器的选用原则包括干燥室的物流和热源的布置；进料特性；产量和对制品粉粒的要求等，详见表 26-14。

5.4 SZDB-40 型无菌系统喷雾干燥机

这种喷雾干燥机由上海大川原干燥设备有限公司生产，用于泰乐菌素无菌粉的制备，主要作用是保证进塔干燥热空气的洁净度（100 级）及系统的清洗和灭菌要求，其流程如图 26-24 所示。

进塔干燥热空气的洁净度是依赖于该机干燥热风系统中安装的粗效空气过滤器、中效空气过滤器、常温高效空气过滤器及高温高效空气过滤器来保证的。

干燥室的清洗是通过干燥室的清洗门，使用由无菌压缩空气加压的蒸馏水（去离子水）进行的。雾化器的清洗是将雾化器从干燥室中吊出，拆下雾化盘和料液分配器，用蒸馏水清洗后浸泡在酒精中灭菌。雾化器进液管道灌入酒精浸泡灭菌。灭菌是在开机后喷料前，使系统处于正压下，利用设备的干燥热风系统加热，当排风温度达到 100℃，并保温 1h 以上，对干燥室、管道、旋风分离器进行高温灭菌。

表 26-14　雾化器的选择原则

条　件	旋转雾化器	压力喷嘴	气流喷嘴
干燥室			
并流	√	√	√
逆流	×	√	√
混流	×	√	√
进料性质			
低黏度	√	√	√
高黏度	√	×	√
浆料特性			
无磨蚀性	√	√	√
弱磨蚀性	√	√	√
强磨蚀性	√	×	√
可泵送糊状物	√	√	√
进料速率			
$<3m^3/h$	√	√	√
$>3m^3/h$	√	△	△
雾滴粒度			
30～120μm	√	×	√
120～300μm	×	√	×

注：√表示可用，×表示不可用，△表示可采用多喷嘴。

设计条件如下。

(1) 料液条件

① 名称　泰乐菌素

② 水分蒸发量　100kg/h

③ 固含量　34.5%

④ 温度　10℃

(2) 工艺条件

① 雾化方式　离心式

② 雾滴和热空气接触方式　并流式

③ 热源和加热方式　第一级蒸汽加热，第二级电加热

④ 进风温度　140～150℃，灭菌温度 180℃

⑤ 排风温度　60～70℃

⑥ 制品捕集方式　旋风分离一点捕集

⑦ 尾气处理方式　袋滤器

(3) 设计气象条件（标准）

① 大气压力　101.325kPa

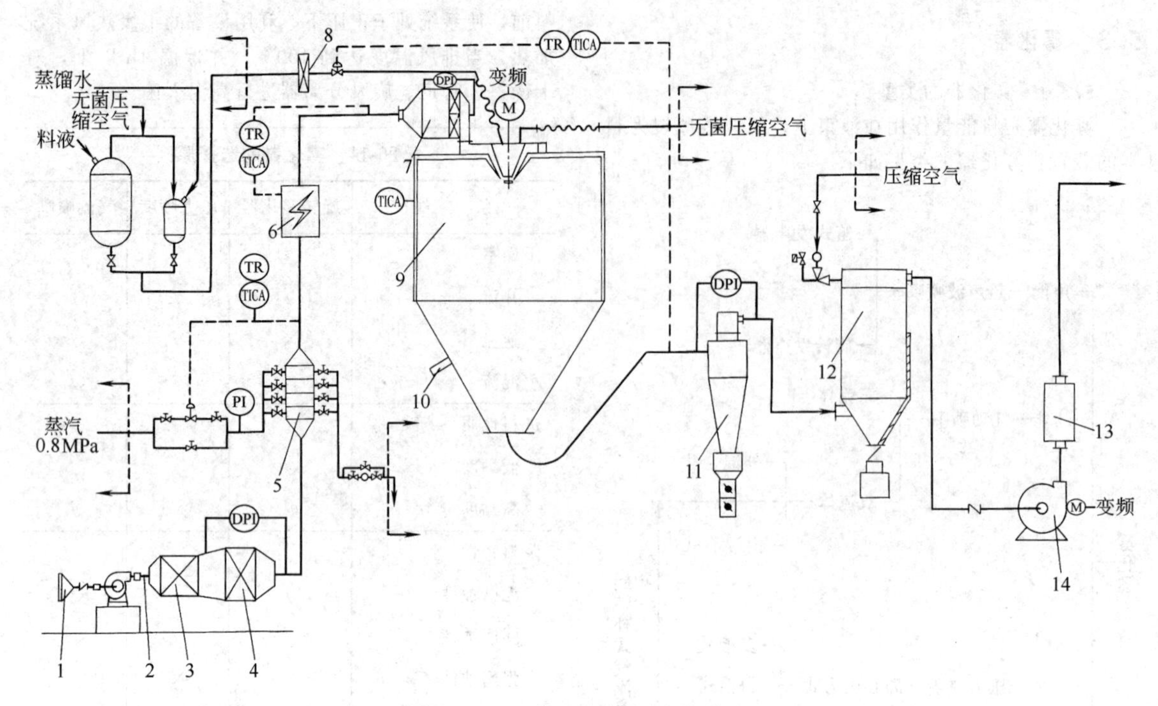

图 26-24 无菌系统喷雾干燥机流程

1—预过滤器；2—雾化器；3—中效过滤器；4—高效过滤器；5—蒸汽加热器；6—电加热器；7—高效过滤器；8—薄膜过滤器；9—干燥室；10—空气振打器；11—旋风分离器；12—袋滤器；13—消声器；14—排风机

② 环境温度　15℃

③ 绝对湿度　0.0074kg/kg

(4) 公用工程

① 电源

动力电源　380V，3ϕ，50Hz

功率　约170kW(其中117kW为电加热功率)

② 蒸汽

压力　0.6MPa

用量　约400kg/h

③ 无菌压缩空气

压力　0.1MPa

用量　约10L/min

④ 压缩空气

压力　0.7MPa

用量　约1m^3/min

5.5 P型喷雾干燥器系列产品

P型喷雾干燥器系列为规格较为齐全的喷雾干燥器产品，其水分蒸发量为7～8000kg/h。其中喷雾造粒粒径达200～400μm，成粒率达75%～85%。物流和热源的布置有数种不同方案，如图26-25所示。

喷雾干燥工艺流程很多，两种较通用的工艺流程，如图26-26所示。

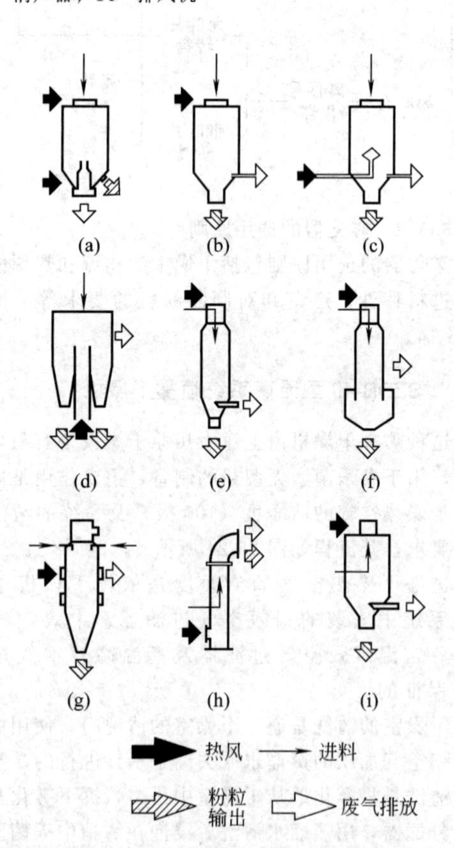

图 26-25 干燥物流和热源的布置

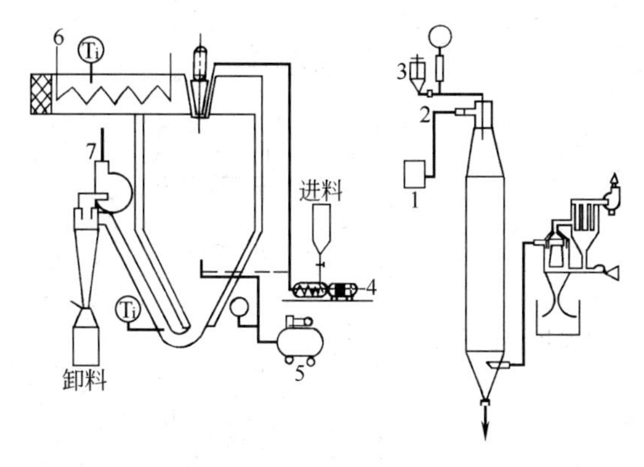

图 26-26 喷雾干燥工艺流程

1—空气加热系统；2—高压泵；3—液料储罐；4—送液泵；5—空压机；6—空气预热器；7—风机

5.6 PA、PB、PC、PD 系列喷雾干燥装置技术参数

① PA 系列（表 26-15）。

② PB 系列（表 26-16）。

③ PC 系列（表 26-17）。

④ PD 系列。本系列为小型组装机，组装机进风温度为 300℃，电加热，其技术参数示例见表 26-18。

表 26-15 PA 系列技术参数示例

型 号	水分蒸发量/(kg/h)	能耗(可任选其一)/(kg/h)			功率/kW
		油耗	煤气耗	煤耗	
PA-125	125	15.3	41.3	40	14～17
PA-160	160	19.6	52.8	50.3	17～20
PA-200	200	24.5	66	62.8	20～25
PA-250	250	30.6	82.5	78.5	25～32
PA-315	315	38.5	104	99	32～40
PA-400	400	48.9	132	126	40～50
PA-500	500	61.1	165	157	50～63
PA-630	630	77.0	208	198	63～80
PA-800	800	97.8	264	252	80～100
PA-1000	1000	122.2	330	314	100～125
PA-1250	1250	152.5	412.5	393	125～160
PA-1600	1600	195.3	528	503	160～200
PA-2000	2000	244.1	660	628	200～250
PA-2500	2500	305.2	825	785	250～350
PA-3150	3150	384.5	1040	990	315～400
PA-4000	4000	488.3	1320	1260	400～500

注：本表为进风温度 275℃的数据。

表 26-16 PB 系列技术参数示例

型 号	水分蒸发量/(kg/h)	蒸汽消耗量/(kg/h)	所需功率/kW
PB-50	50	161	5～8
PB-63	63	203	6～9
PB-80	80	258	8～11
PB-100	10	323	10～14
PB-125	125	403	12～16
PB-160	160	516	16～20
PB-200	200	645	20～25
PB-250	250	807	25～32
PB-315	315	1016	32～40
PB-400	400	1290	40～52
PB-500	500	1613	52～65
PB-630	630	2032	65～85
PB-800	800	2581	85～100
PB-1000	1000	3226	100～130
PB-1250	1250	4033	130～170
PB-1600	1600	5161	170～200

注：本表为进风温度 160℃的数据。

表 26-17 PC 系列技术参数示例

型 号	水分蒸发量/(kg/h)	总能耗/(kJ/h)
PC-315	315	1432
PC-400	400	1813
PC-500	500	2299
PC-630	630	2554
PC-800	800	3626
PC-1000	1000	4597
PC-1250	1250	5720
PC-1600	1600	7130
PC-2000	2000	9194
PC-2500	2500	11237
PC-3150	3150	14302
PC-4000	4000	17878
PC-5000	5000	25540
PC-6300	6300	28604
PC-8000	8000	36266

注：本表为进风温度 450℃的数据。

表 26-18 PD 系列技术参数示例

型 号	水分蒸发量/(kg/h)	所需功率/kW
PD-1	7	12
PD-2	14	35
PD-3	28	42

5.7　喷雾干燥计算举例

例6　设计处理含水率 W_1 为60%（湿基）的浓缩乳 $G_1=1.5t/h$ 的喷雾干燥塔一组，环境温度 $t_0=20℃$，相对湿度 $\phi=80\%$；加热蒸汽压力=0.8MPa，进风温度 $t_1=160℃$，排风温度 $t_2=80℃$，干品奶粉含水率 $W_2=1.8\%$。尾气用布袋除尘器处理，试计算：水分蒸发量；奶粉产量；进风量；排风量；总热耗；空气加热器面积；蒸汽耗用量；布袋除尘器面积和袋数。

解　(1) 水分蒸发量

$$W=G_1\frac{W_1-W_2}{100-W_2}=1500\times\frac{60-1.8}{100-1.8}=889(\text{kg 水/h})$$

(2) 奶粉产量

$$G_2=G_1\frac{100-W_1}{100-W_2}=1500\times\frac{100-60}{100-1.8}=611(\text{kg 奶粉/h})$$

(3) 进风量

根据 $t_0=20℃$，$\phi=80\%$，在 I-H 图上查得如下数据。

$X_0=0.0118$kg 水蒸气/kg 干空气

$I_0=49.24$kJ/kg 干空气

当 $t_1=160℃$、$t_2=80℃$ 时，在 I-H 图上查得如下数据。

$I_1=I_2=192.59$kJ/kg 干空气

$X=0.0425$kg 水蒸气/kg 干空气

所以

$$L=\frac{W}{X_2-X_0}=\frac{889}{0.0425-0.0118}=28958(\text{kg 干空气/h})$$

根据计算求得空气在20℃时的比容 $\nu_0=0.862m^3/kg$ 干空气，进风量则为

$$V_0=L\times\nu_0=28958\times0.862=24962(m^3/h)$$

(4) 排风量

根据计算，80℃尾气排出时的含湿空气比容 $\nu_2=1.088m^3/kg$ 干空气。

排风量 $V_2=L\nu_2=28958\times1.088=31506(m^3/h)$

(5) 总热耗

理论热耗

$$Q_t=L(I_2-I_0)=28958\times(192.59-49.24)=415.11\times10^4(\text{kJ/h})$$

设定设备热量损耗为8%，则实际总热耗为

$$Q_p=\frac{Q_t}{\eta_n}=\frac{415.11\times10^4}{0.92}=451.21\times10^4(\text{kJ/h})$$

(6) 空气加热器面积

查饱和水蒸气性质表得：当表压0.8MPa时，饱和蒸汽温度 $T=174.5℃$，其比热焓 $I=2777.5$kJ/kg，冷凝水比热焓 $i=739.4$kJ/kg。对数平均温度为

$$\Delta t_m=\frac{(T-t_0)-(T-t_1)}{\ln\frac{T-t_0}{T-t_1}}=\frac{(174.5-20)-(174.5-160)}{\ln\frac{174.5-20}{174.5-160}}=\frac{140}{\ln10.655}=59.17(℃)$$

加热器面积

$$F=\frac{Q_p}{K\Delta t_m}=\frac{451.21\times10^4}{83.74\times59.17}=910.6(m^2)$$

(7) 蒸汽耗用量

$$D=\frac{Q_p}{I-i}=\frac{451.21\times10^4}{2777.5-739.4}=2214(\text{kg 蒸汽/h})$$

(8) 布袋除尘器的面积和袋数

一般情况下布袋负荷取 $q=180m^3/(m^3\cdot h)$，则袋滤器面积为

$$F_d=\frac{V}{q}=\frac{31506}{180}=175(m^2)$$

若布袋直径 $\phi120\times L2000$，则布袋数为

$$Z=\frac{F}{\pi dL}=\frac{175}{3.14\times0.12\times2}=232(\text{袋})$$

5.8　喷雾干燥的闭路循环系统

闭路循环干燥系统是在密闭情况下进行操作（图26-27），系统中干燥介质可以是惰性气体，某些溶剂或水蒸气，以及惰性气体与溶剂蒸气的混合物。经过加热器加热以后的干燥介质进入喷雾干燥塔内，与被雾化器雾化了的物料接触，进行传热传质。被蒸发的湿分由干燥介质带走，失去湿分的产品颗粒在成品捕集器中收集下来。带有大量湿组分的干燥介质通过溶剂回收冷却器，冷却后回收溶剂。失湿后的干燥介质由循环风机重新送入加热器加热，然后进入循环系统。

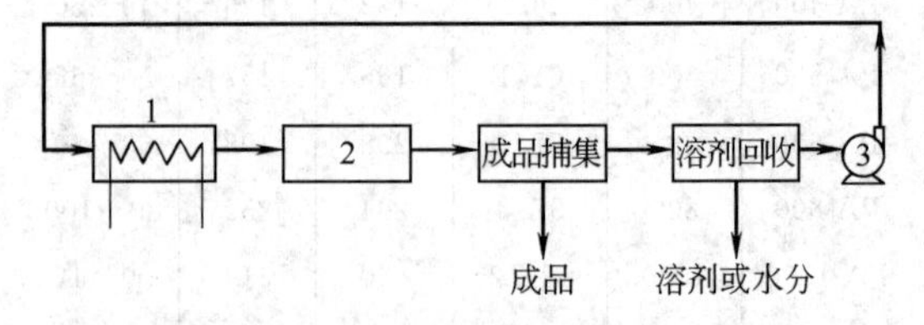

图26-27　闭路循环干燥系统

1—加热器；2—干燥塔；3—风机

例7　某物料含甲苯88%（湿基），每小时产量为5kg绝干物料，希望采用喷雾干燥闭路循环系统。

解　选用干燥介质为氮气与甲苯的混合气体，它们的质量分数为甲苯25.2%，氮气74.8%。45℃时为绝干甲苯的氮气。

(1) 干燥条件

混合气体由 45℃加热至 150℃，喷雾干燥器进口温度 150℃，喷雾干燥器出口温度 110℃，喷雾干燥器物料出口温度 60℃，进料温度 60℃，采用压力式雾化器雾化。

(2) 总热耗

甲苯蒸出热为

$$Q_1 = 16538\text{kJ/h}$$

由于物料进出温度相等，$Q_2 = 0$；热损失为 10%。总热耗为

$$\sum Q = 3950 \times 1.1 = 18192(\text{kJ/h})$$

(3) 循环气量计算

进塔混合气比热容为 10.802kJ/(kg·℃)。

混合气进出塔温度变化为 150℃→110℃(给热)。

进塔混合气用量为

$$W_i = \frac{18192}{10.802} \times (150 - 110)$$

$$= 421(\text{kg/h}) = \frac{421}{1.52} = 277(\text{m}^3/\text{h})$$

出喷雾干燥塔混合气组分如下。

甲苯：421 × 25.2% + 36.7 = 142.8 (kg)，占 31.2%。

氮气：421×74.8%=315(kg)，占 68.8%。

该气体比热容为

$$0.312 \times 1.34 + 0.688 \times 0.997 = 1.105[\text{kJ/(kg·℃)}]$$

该气体露点为 51.2℃。

出塔混合气量 W_0：混合气体质量为 457.8kg/h；混合气体体积为 286.13m³/h。

(4) 溶剂回收热量估算

拟采用二级冷却（图 26-28）。

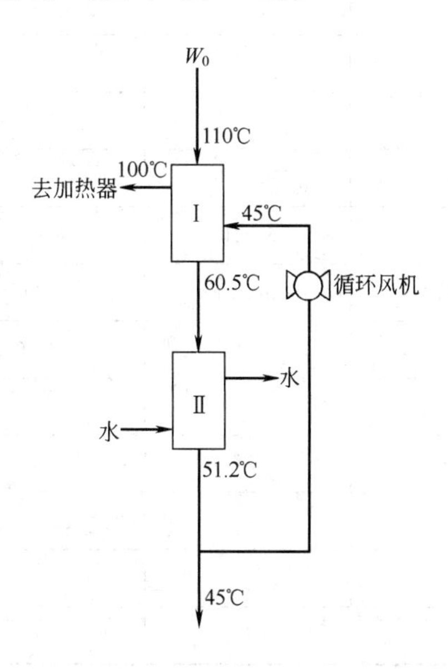

图 26-28　二级冷却

① 出干燥塔气 W_0 由 110℃→X，循环气由 45℃→100℃，可算得Ⅰ级冷却器循环气吸收热量为

$$Q_2 = 421 \times 10.802 \times (100 - 45) = 25012\ (\text{kJ/h})$$

出塔干燥气放热为

$$Q_1 = Q_2$$

所以　25012=505.8×(110℃−X)

X=60.5℃（即Ⅰ级冷却器出口温度）

② 干燥塔气由 60.50℃→51.2℃所需热量为

$$Q_1 = 457.8 \times 1.105 \times (60.5 - 51.2) = 4705\ (\text{kJ/h})$$

干燥塔气由 51.2℃→45℃。

$$Q'_2 = 36.7 \times 360 = 13212(\text{kJ/h})\ (\text{冷凝})$$

$$Q''_2 = 36.7 \times 1.8192 \times 0.5 \times (51.2 - 45) = 2070\ (\text{kJ/h})$$

$$Q_3 = 421 \times 10.802 \times (51.2 - 45) = 2820\ (\text{kJ/h})(\text{冷却})$$

所以　$\sum Q = Q_1 + Q'_2 + Q''_2 + Q_3 = 22807\text{kJ/h}$

(5) 热效率 η

通过加热器的混合气体从 100℃→150℃所需热

表 26-19　喷雾干燥在药品生产中的应用示例

物料名称	乳酸钙溶液	链霉素硫酸盐
物料固含率/%	70～80	37～40
干燥器直径/m	容积 33.5m³	1200
干燥器总高度/m		3000
雾化器型式	压力式	气流式
雾化器孔径/mm	4	1.4～1.5
工作压力/MPa	5～10	
进风温度/℃		130～135
排风温度/℃	40～30	88
物料与空气流向	并流	并流
加料泵型式	蒸汽	压缩空气+电
引风机风量/(m³/h)		
引风机压头/kPa		
鼓风机风量/(m³/h)	10000	900～950
鼓风机压头/kPa	600	
产品含水分/%		3.5
生产能力/(kg/h)		4～5
原料温度/℃	100	
处理量/(kg/h)		12～14
平均粒径/目		
表观密度/(g/cm³)		30～40
雾化器数/个		1

量为

$$q=421\times10.802\times(150-100)=22738(\text{kJ/h})$$

由于甲苯蒸出所需热量 $Q_1=16538\text{kJ/h}$，则 $\eta=16538/22738=72.73\%$。

(6) 喷雾干燥塔的尺寸计算

由循环气量 421kg/h，可以根据常规计算方法求得塔径及塔高等各项几何尺寸，并选定风机等。

由上例可以看出，循环气体中由于含有溶剂，其比热容要比惰性气体高得多，所以提高循环混合气体温度可以减少循环量，使整个喷雾干燥塔体积小而经济，尤其是在大规模生产时更有价值。

5.9 喷雾干燥的应用

医药工业中，为防止细菌感染，喷雾干燥一般为微正压操作，其在药品和微生物制品中的应用示例见表 26-19、表 26-20 和图 26-29。

表 26-20 喷雾干燥在微生物制品中的应用示例

物料名称	药用酵母		链霉素	卡那霉素	红霉素
物料固含率/%	30	40	40	40	40
干燥器直径/m		4370	1200	1200	1200
干燥器总高度/m		4100	3006	3006	3006
雾化器型式	压力式	离心式	气流式	气流式	气流式
雾化器孔径/mm	8	7000r/min,2.2kW	1.8	1.3	1.5
工作压力/MPa	10～15				
进风温度/℃	150	150	118～120	118～120	
排风温度/℃	70	75～80	84～86	84～86	
物料与空气流向	并流	并流	并流	并流	并流
加料泵型式	三柱塞高压泵				
蒸汽加热器面积/m^2	0.6MPa 蒸汽	√	压力 0.2～0.3MPa	压力 0.2～0.3MPa	压力 0.2～0.3MPa
旋风分离器规格		√	√	√	√
袋式除尘器面积/m^2	√		√	√	√
引风机风量/(m^3/h)	23000	6250			
引风机压头/kPa	1400	1280			
鼓风机风量/(m^3/h)		3720	800～900	800～900	800～900
鼓风机压头/kPa		900	10	8～10	8～10
产品含水率/%	5～6	4～5	3m 以下	3m 以下	3m 以下
生产能力/(kg/h)	130～140	60	4.0	0.5	0.8～0.9
原料温度/℃	100				
处理量/(kg/h)			8～9L/h	8～9L/h	
平均粒径/目	60 目 95%	80 目			
表观密度/(g/cm^3)					
雾化器数/个	6	1	1	1	1

注：√表示需要此设备。

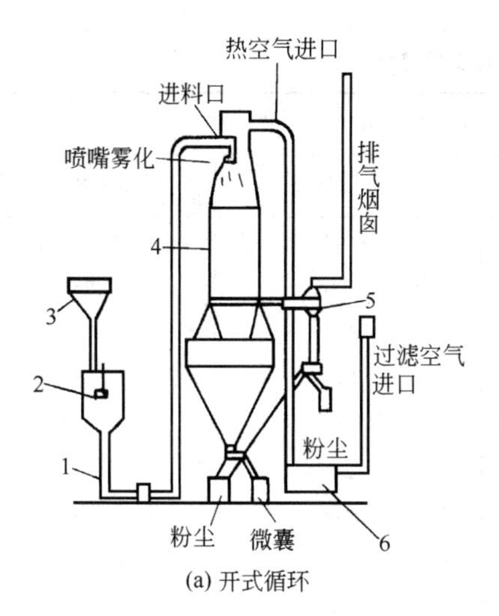

(a) 开式循环

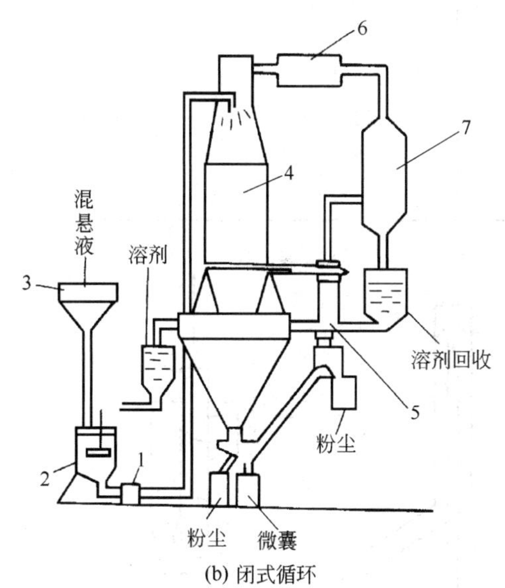

(b) 闭式循环

图 26-29 药物的喷雾干燥

1—泵；2—混悬物均化器；3—离心机；4—干燥室；5—分离器；6—换热器；7—溶剂冷凝器及洗滤器

按照“药品生产管理规范”即 GMP 要求，接触物料的空气需进行过滤净化，净化的要求需与药品的剂型和用途匹配，净化级别为 D 级。

6 气流干燥器

6.1 特性和运行参数

气流干燥属于高效的固体流态化连接干燥方法。其最明显的优点是，干燥强度大，干燥时间极短，一般在几秒钟内完成水分蒸发。又称其为闪蒸干燥器，热效率高（60%～75%），设备简单，而处理量极大，产品质量均匀可靠，因此应用范围极广。处理的湿物料的含湿量可在 10%～40%之间。

运行参数如下。

操作温度	150～600℃
排风温度	80～120℃
产品物料温度	60～90℃不会造成过热
干燥时间	0.5～2s
管内气速	10～30m/s
体积传热膜系数	8400～25000kJ/(m^3·h·℃)
全系统气阻压降	约 3500Pa

6.2 分类

(1) 根据湿物料加入方式分类

气流干燥器可分为直接加入型、带分散器型和带粉碎机型三种（图 26-30），其中，图 26-30(b) 和(c) 所示两种机型是用于结块滤饼进入热气流中仍不易分散的物料。所附加的进料装置有抛撒机、笼式粉碎机和盘击式粉碎机等。三种气流干燥装置的技术特性见表 26-21。

(2) 根据气流管型分类（图 26-31）

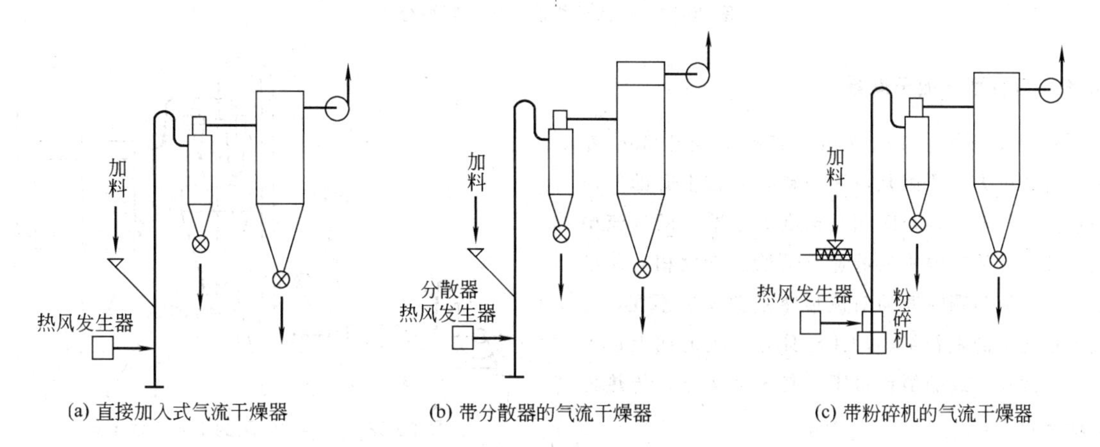

图 26-30 气流干燥器按湿物料加入方式分类

表 26-21 三种气流干燥装置的技术特性

项目	干燥装置型式		
	直接加入型	带分散器型	带粉碎机型
干燥物料	煤(6.35mm)	污泥渣(滤饼)	黏土
干燥器蒸发水量/(kg/h)	3400	1590	930
进口水分(湿基)/%	9	80	27
出口水分/%	3	10	5
进口气体温度/℃	650	700	530
出口气体温度/℃	80	120	74
空气用量/(m^3/min)	32000	7600	5000
生产量/(kg/h)	51400	450	3070
物料:空气(质量分数)/%	10	0.044	0.34
进口物料温度/℃	16	16	16
出口物料温度/℃	57	71	49
燃料种类	煤	发生炉气	重油
燃料消耗/(kJ/kg 蒸发水)	3713	4003	4085
动力消耗/(kW·h/kg 蒸发水)	0.022	0.0264	0.0814

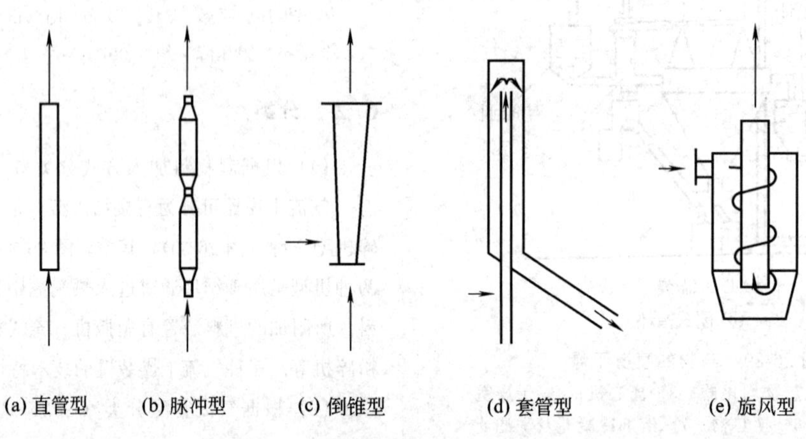

图 26-31 气流干燥器按气流管型分类

6.3 直管型气流干燥器

其管长一般为 10～20m，有的甚至达 30m 左右。管长度大的原因是，湿物料必须在上升的气流中达到热气流与颗粒间相对速度等于颗粒的气流中沉降速度，使颗粒进入等速运动段。气固相对速度不变，气流与颗粒间的对流传热系数 α 也不变，一般该情况下的颗粒细小，并已具有最大的向上运动速度，故在一定的给料量下，其 α 值较小，传热传质速率也低。

以干燥吡唑酮为例，其工艺流程示意如图 26-32 所示，生产操作数据见表 26-22。

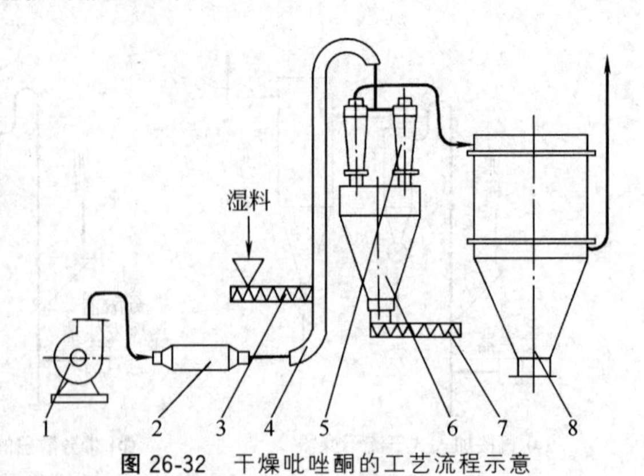

图 26-32 干燥吡唑酮的工艺流程示意

1—鼓风机；2—翅片加热器；3—螺旋加料器；4—干燥管；5—旋风除尘器；6—储料斗；7—螺旋出料器；8—袋式除尘器

表 26-22　气流干燥器生产操作数据

型　　式	直管型	脉冲型	倒锥型	套管型	旋风型
被干燥物料名称	吡唑酮	A. S. C	小苏打	癸二酸	S. M.
物料进口含水量/%	15	20	8	10～20	30
物料出口含水量/%	0.6	0.5～0.3	0.5	1	0.5～0.1
进干燥管空气温度/℃	90～110	130	120	110～120	100
出干燥管空气温度/℃	55～60	76～80	50		70
气流干燥管直径/mm	ϕ350	大直径 ϕ300 小直径 ϕ150	顶部 ϕ500 底部 ϕ250	外管：大端 ϕ412 小端 ϕ254 内管：大端 ϕ334 小端 ϕ193	ϕ500
气流干燥管高度/mm	13000	8100	16000	4000	2000
产量/(kg/h)	250～300	250	400	30	65
风量/(m^3/h)	6000	1800	3000	1000	4000

6.4　脉冲型气流干燥器

为了充分利用颗粒加速运动，强化气流干燥，可以使颗粒由收缩管进入扩大管，其惯性速度大于气速，如此反复交替，使颗粒与气流始终不会进入等速运动，从而强化了传热传质速率。脉冲型气流干燥器高度较低，而干燥能力有较大提高。一般取扩大管截面：缩小管截面＝4：1。处于扩大管中的气速不大于5m/s。

以干燥 A. S. C. 为例，其工艺流程示意如图 26-33所示，生产操作数据见表 26-22。

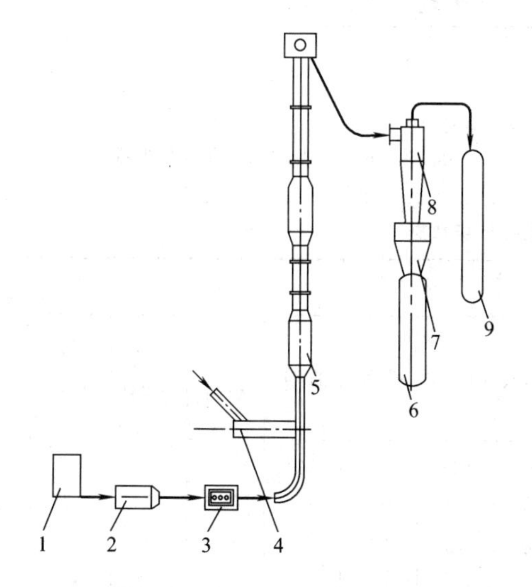

图 26-33　干燥 A. S. C. 的工艺流程示意
1—鼓风机；2—蒸汽加热器；3—电加热器；4—加料器；5—脉冲管；6—布袋；7—料斗；8—旋风除尘器；9—袋式除尘器

6.5　倒锥式气流干燥器

倒锥式气流干燥器采用气流干燥管直径逐渐增加的结构，因此气速由下向上渐减，增加了粒子在管内的停留时间，降低了气流干燥管的高度。如干燥小苏打的干燥器，其工艺流程示意如图 26-34 所示，生产操作数据见表 26-22。

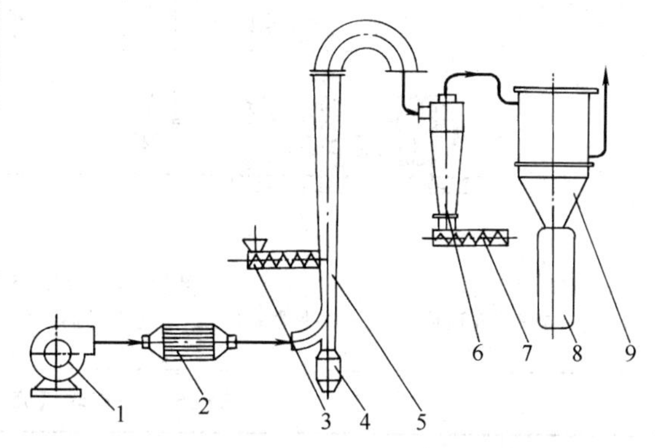

图 26-34　干燥小苏打的工艺流程示意
1—鼓风机；2—空气加热器；3—螺旋加料器；4—导向器；5—倒锥式气流干燥管；6—旋风除尘器；7—螺旋出料器；8—布袋；9—袋式除尘器

6.6　套管式气流干燥器

套管式气流干燥器的特点是具有一个套管式气流干燥管，物料和空气同时由内管下部进入后，由顶部进入内外管的环隙内，并从环隙底部排出。由于采用套管，可以降低干燥管高度和提高热效率。但不宜处理黏附性物料，否则容易在内管喷出口与外管排出口有黏附堵塞现象。

以干燥癸二酸为例，其工艺流程示意如图26-35所示，生产操作数据见表26-22。

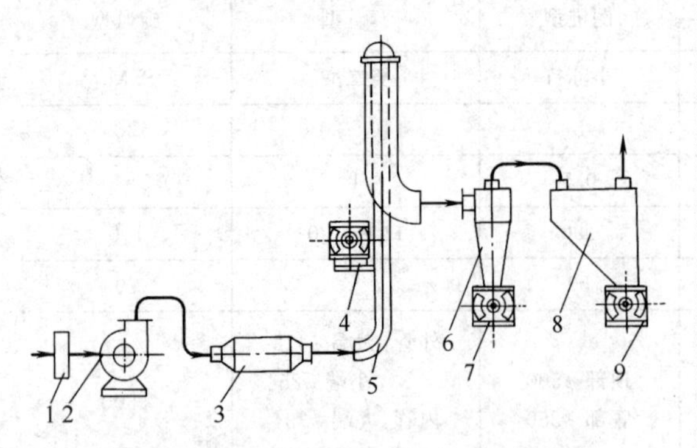

图26-35　干燥癸二酸的工艺流程示意

1—空气过滤器；2—鼓风机；3—翅片加热器；4—星形加料器；5—干燥管；6—旋风除尘器；7—星形出料器；8—袋式除尘器；9—星形出料器

6.7　旋风型气流干燥器

这是一种利用流态化和管壁传热的干燥器。其最大优点是颗粒处于旋转悬浮状态时，即使雷诺数较小，包围颗粒的气体边界层也处于高度湍流状态，大大增快干燥速率。其干燥时间仅几秒。它结构简单，体积小，最适宜不黏性和不怕破碎的物料。例如化工中间体、土霉素、四环素、无味合霉素等产品。

干燥S.M.的工艺流程示意如图26-36所示，生产操作数据见表26-22。

6.8　旋转气流干燥器

旋转气流干燥器是流化床干燥和气流干燥的组合，能处理非黏性、黏性甚至黏稠的膏状物料，物料在干燥器内的停留时间可调节（15～500s），有利于热敏物料的干燥。旋转气流干燥器的主要干燥数据见表26-23。

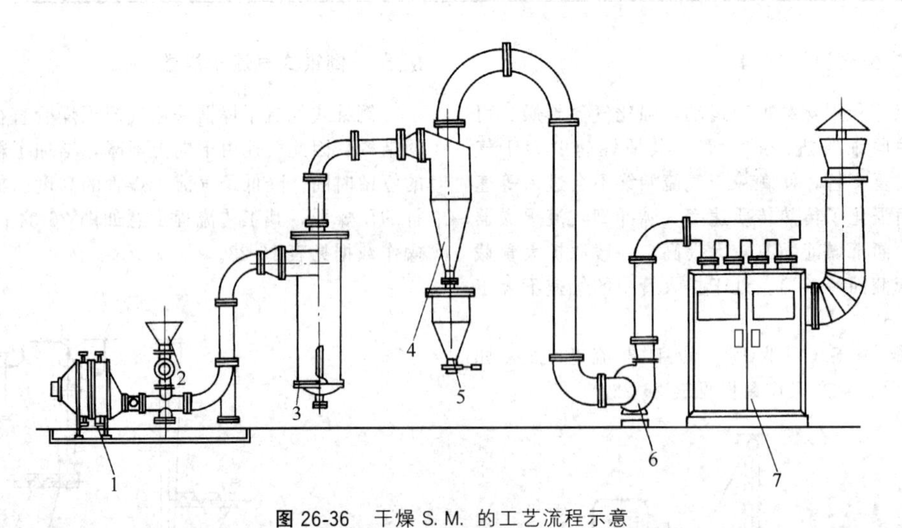

图26-36　干燥S.M.的工艺流程示意

1—空气预热器；2—加料器；3—旋风式干燥器；4—旋风除尘器；5—储料斗；6—鼓风机；7—袋式除尘器

表26-23　旋转气流干燥器的主要干燥数据

技术项目	物料名称											
	各种氢氧化物泥浆	白云石	黄色氧化铁	氧化铝	硅酸铝	带黏结剂的碳酸钙	食品黄	酒石黄	冻黄	淀粉	硬脂酸钙	轻质碳酸钙	二氧化钛
入口空气温度/℃	250	310	325	250	450	280	225	210	170	120	100	120	700
出口空气温度/℃	85	145	100	90	100	90	95	95	100	63	52	170	125
湿料温度/℃	15	15	13	18	15	13	20	10	20	20	20	0	15
湿含量/%	30	66	65	71	80	42	72	50	35	42	57	33	35
残留水分/%	4.5	0.4	0.6	12.5	5.5	0.3	9	5	5	12	0.32	0	0.5
平均粒径/μm	40	15	5	70	20	50	10	10	180	30	16	5	3
堆密度/(kg/m³)	800	450	300	400	200	450	300	700	527	610	0.14	800	600

旋转气流干燥系统的流程如图 26-37 所示，新鲜空气由送风机 1 经加热器 2，经气体分布器进入干燥器 3，被干燥湿物料由螺旋输送机推送至干燥器 3 中，经下搅拌器与旋转向上流动的热空气共同促使湿物料流态化与干燥，成为粒状或粉末状产品。通过分级器的筛选，颗粒适宜、湿分合格的物料从干燥器出口由空气携至分离器，收集成为产品。

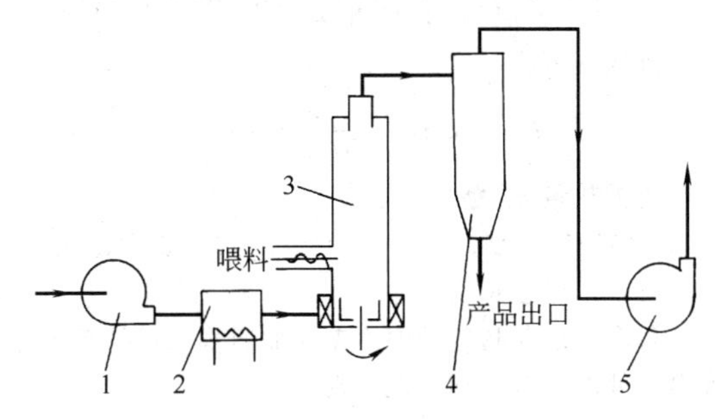

图 26-37 旋转气流干燥系统的流程
1—送风机；2—加热器；3—干燥器；
4—分离器；5—引风机

6.9 环形干燥器

环形干燥器特点是具有一个称为分流管的内部离心分离器，其内部的挡板是可调节的，以确定物料的停留时间，使小颗粒的物料只通过一次就成为产品被风送至产品收集器，而大颗粒的物料继续在气流管路系统中进行多次循环，直至成为合格产品。

如图 26-38 所示为闭路循环直热式环形干燥器，60%～70%的干燥尾气返回干燥器加热炉进行再循环，回收热量，节约能源。

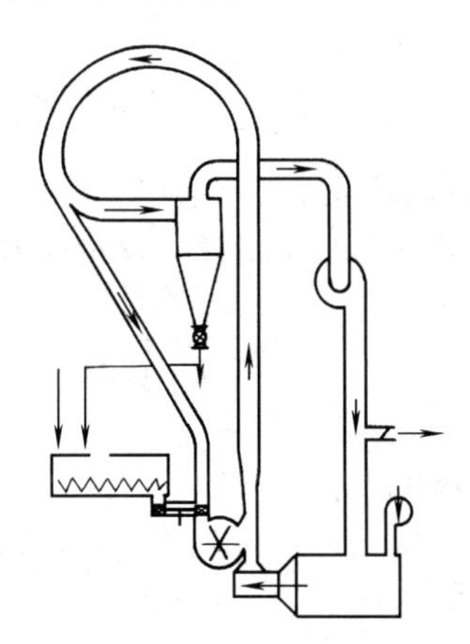

图 26-38 闭路循环直热式环形干燥器

6.10 文丘里气流干燥器

文丘里气流干燥器适用于干燥热敏性的物料，其喷嘴和文丘里管相结合的结构大大改善物料的分散性，有利于干燥过程。同时，气耗量为一般干燥器的50%。由于内部的空气循环，热损失也低。

如图 26-39 所示，湿物料由热风带入干燥室内的文丘里管，进行混合和干燥。较细的已干燥的物料进入旋风分离器进行分离成为成品。二次风切向进入干燥室，使较重的循环物料产生螺旋运动，延长停留时间，直至达到干燥要求。

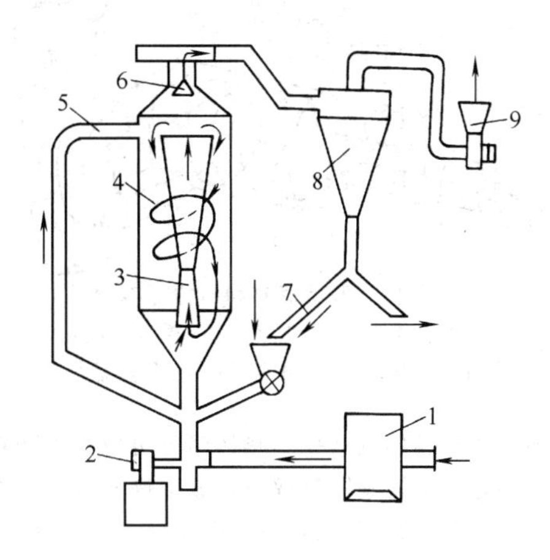

图 26-39 文丘里气流干燥器流程
1—空气预热器；2,9—风机；3—文丘里管；
4—干燥室；5—热风管；6—调节器；
7—返料管；8—旋风分离器

应用文丘里气流干燥器干燥杀虫剂、聚合物添加剂和碳化锰，其操作性能数据见表 26-24。

表 26-24 文丘里气流干燥器的操作性能数据

性能数据	产品		
	杀虫剂	聚合物添加剂	碳化锰
生产率(供料)/(kg/h)	2272	455	3508
湿含量(湿基)/%			
初始	15	19	30
终了	0.5	0.5	5
气体温度/℃			
入口	315	200	815
出口	77	65	130
气耗量/(m^3/h)	3924	1728	6948
蒸发率/(kg H_2O/h)	331	85	923
燃料消耗量①/(kg/h)	29	104	90
干燥器直径/m	1.3	0.94	1.3
干燥器高度/m	6.9	5.52	6.9

① 基于天然气，按 50777kJ/kg 计。

6.11 低熔点物料气流干燥器

低熔点物料气流干燥器用于干燥低熔点精细物料。被干燥物料在循环风中切向进入干燥室。

热风由轴向进入干燥室，缓慢地扩散到低温循环风和物料中，并沿干燥器壁进行螺旋运动。如图26-40所示。

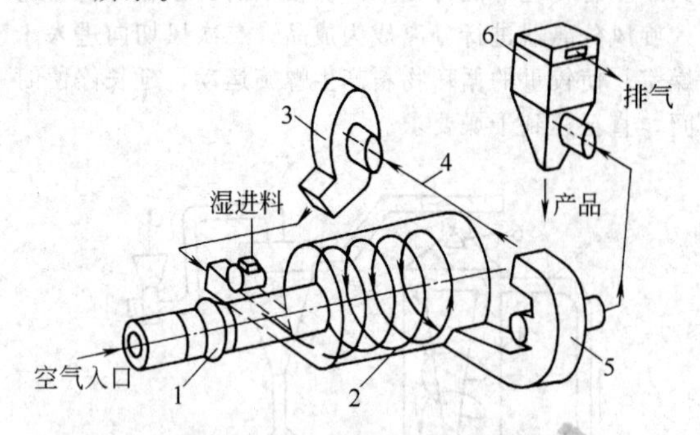

图26-40 低熔点物料气流干燥器

1—加热器；2—干燥室；3—循环风机；4—环形管；5—分离器；6—集尘器

为提高干燥器的效率，热风温度可以高于物料的熔点。例如，干燥硬脂酸锌时，该干燥器入口气温高达160℃（物料熔点120℃），而气体出口温度只有60℃，见表26-25。

表26-25 低熔点干燥器的操作性能数据

参数	产品		
	硬脂酸锌	硬脂酸镁	亚乙基马来酐共聚物
初始湿含量(湿基)/%	60～70	60～70	52
终了湿含量(湿基)/%	1	2～3	1
入口气体温度/℃	160	160	190
出口气体温度/℃	55～77	82～85	93
熔点/℃	105～138	116	—

6.12 气流干燥计算

气流干燥的设计计算方法很多，这里介绍其中一种。

例8 用气流干燥器将平均粒径为150μm的脱水滤饼以2000kg/h（干物料重），由水分20%（湿基）干燥到2%（湿基），试估算干燥管容积、所需热量、风量和排风机功率。取加速管入口热风温度为300℃，干燥管出口（旋风分离器入口）温度为85℃，产品温度为65℃，物料比热容为1.67kJ/(kg干品·℃)，用分散器将物料加入加速管。

解 (1) 干燥必需的能耗

物料干燥前的含水率 $W_1=0.2/0.8=0.25$，干燥后的含水率 $W_2=0.02/0.98=0.0204$。应除去的水分为

$$\Delta W=2000\times(0.25-0.0204)=459(\text{kg H}_2\text{O/h})$$

取水的蒸发潜热 $r_w=2365$kJ/kg，物料的比热容为1.67kJ/(kg干品·℃)，则干燥所需的热量 Q 为

$$Q=\{459\times[2365+(65-20)]+2000\times1.67\times(65-20)\}=132.3\times10^4(\text{kJ/h})$$

(2) 所需风量和热量

取设备热损失为15%，则所需风量 G 为

$$G=\frac{132.3\times10^4\times1.15}{1.05\times(300-85)}=6739(\text{kg/h})$$

排气湿度为

$$H_2=0.015+\frac{459}{6739}=0.083$$

所需热量 q_t 为

$$q_t=28307\times0.25\times(300-20)=198.149\times10^4(\text{kJ/h})$$

(3) 干燥管长度

若取热风与物料的温度差为加速管入口处与干燥管出口处的对数平均温差，则

$$\Delta t_m=\frac{(300-20)-(85-65)}{\ln\frac{300-20}{85-65}}=98.5(℃)$$

为安全起见，取干燥管的热容量系数为

$$h_a=4186\text{kJ/(h·℃·m}^3)$$

则所需的干燥管容积 V_t 为

$$V_t=\frac{1323000}{4186\times98.5}=3.21\text{m}^3$$

气流干燥管内热风的平均温度和湿度依次为

$$t_g=\frac{300+85}{2}=192.5(℃)$$

$$H_g=\frac{0.015+0.083}{2}=0.049$$

所以流经管内的平均风量为

$$6761\times(0.772+1.24\times0.049)\times\frac{273+192.5}{273}=9600(\text{m}^3/\text{h})=2.67(\text{m}^3/\text{s})$$

现设定管内热风平均流速为12m/s，则干燥管直径 D 为

$$D^2=\frac{2.67}{\frac{\pi}{4}\times12},\ D=0.53\text{m}$$

干燥管的长度为

$$L=\frac{V_t}{\frac{\pi}{4}\times D^2}=\frac{3.21}{\frac{\pi}{4}\times(0.53)^2}=14.55(\text{m})$$

最后可选定干燥管的尺寸为 ϕ530mm×14550mm。

(4) 引风机功率

取排气的温度和相对湿度为

$$t_{g2}=85℃\quad H_2=0.083$$

则排气量

$$V_g=6761\times(0.772+1.24\times0.083)\times\frac{273+85}{273}$$

$=775(m^3/h)=129.3(m^3/min)$

设定各部分压降为：加热器300Pa；空气过滤器300Pa；干燥管1000Pa；旋风分离器1200Pa；袋滤器2000Pa；管道及其他300Pa；压降总计为5100Pa。同时取引风机的效率为60%，则排气所需功率 P 为

$$P=\frac{129.3\times0.051\times10^4\times0.0098}{60\times0.6}=17.95(\text{kW})$$

7 流化床干燥器

流化床干燥器的类型极多，大多是在气态流化的基础上增加机械能，或在床层内增加内加热和搅拌等。

7.1 流化床干燥器的特点

(1) 传热效果好

由于物料的干燥介质接触面积大，同时物料在床内不断地进行激烈搅拌，传热效果良好，热容量系数大，可达8400～25000kJ/(m³·h·℃)。

(2) 温度分布均匀

由于流化床内温度分布均匀，避免了产品的任何局部过热，特别适用于某些热敏物料干燥。

(3) 操作灵活

在同一设备内可以进行连续操作，也可以进行间隙操作。

(4) 停留时间可调节

物料在干燥器内的停留时间，可以按需要进行调整，所以对产品含水量有波动的情况更适宜。

(5) 投资少

干燥装置本身不包括机械运动部件，装置投资费用低廉，维修工作量小。

7.2 流化床干燥器类型

① 按用流化被干燥物料可分为粒状物料；膏状物料；悬浮液和溶液等具有流动性的物料。

② 按操作条件可分为连续式、间歇式。

③ 按设备结构可分为一般流化型（包括卧式、立式、多层式等）；搅拌流化床；振动流化型；脉冲流化型；媒体流化床（即惰性粒子流化床）。

7.2.1 沸腾造粒包衣干燥器

沸腾造粒包衣干燥器是将流动层和喷射装置结合，通过从固体粒子（粉末、丸剂）在充填层的底部吸入加热的空气，将粒子群吹上，在流动状态下喷射黏结液或包衣液，进行造粒或包衣。一次完成混合-造粒、包衣-干燥工序。

产品的粒度能自由地改变，造粒速度极快，不损失效力及香味，形成稳定的多孔颗粒，由于喷射和干燥能同时且连续地进行，因此能在较短时间内完成造粒、包衣。目前已广泛地应用在制药、食品、精细化工等领域，并符合GMP的要求。

FL、FG系列沸腾造粒包衣干燥器技术参数见表26-26和表26-27。

表26-26 FL系列沸腾造粒包衣干燥器技术参数

技术参数		标准型					防爆型		
		FL-3	FL-5	FL-30	FL-60	FL-120	FL-30B	FL-60B	FL-120B
容器容量/L		20	30	150	250	420	150	250	420
容器直径/mm		300	400	700	1000	1200	700	1000	1200
风量/(m³/min)		12	16	35	50	75	35	60	100
鼓风电动机/kW		4	4	7.5	11	15	7.5	11	22
加热器容量/(kJ/h)		75000	105000	235000	335000	460000	235000	368000	586000
蒸汽用量/(kg/h)		8kW	11kW	110	160	220	110	180	280
喷枪/个		1	1	1	1	1	1	1	1
压缩空气量/(m³/h)		20	30	55	75	75	55	75	90
外形尺寸/m	宽	1.0	0.8	1.2	1.5	1.7	1.4	1.6	1.8
	深	0.8	1.5	1.6	1.9	2.2	2.2	2.5	2.7
	高	2.12	2.2	2.3	2.5	2.9	3.3	3.6	4.000
质量/kg		600	650	950	1250	1700	950	1600	2200

表 26-27 FG系列沸腾干燥器技术参数

技术参数		标准型			带搅拌		
		FG-30	FG-60	FG-120	FGA-30	FGA-60	FGA-120
容器容积/L		150	250	420	150	250	420
容器直径/mm		700	1000	1200	700	1000	1200
风量/(m^3/min)		35	50	75	35	50	75
鼓风功率/kW		7.5	11	15	7.5	11	15
加热容量/(kJ/h)		235000	335000	460000	235000	335000	460000
蒸气用量/kg		110	160	220	110	160	220
搅拌电动机/kW					0.5	0.5	0.75
外形尺寸/m	宽	1.2	1.5	1.7	1.2	1.5	1.7
	深	1.6	1.9	2.2	1.6	1.9	2.2
	高	2.3	2.5	2.9	2.3	2.5	2.9
质量/kg		900	1200	1650	950	1280	1750

7.2.2 强化沸腾干燥器

强化沸腾干燥器是一种应用于膏糊状物料连续干燥的专用设备，其流程示意如图26-41所示。图26-42中，图(a)、(b)所示结构，首先用于染料、颜料、氧化铁红、炭黑、氢氧化钼、染料中间体、催化剂等生产中，然后又研制了相类似的闪蒸干燥器，如图(c)～图(i)所示，能把膏糊状物料在10～400s内迅速干燥成粉粒产品，具有占地小，投资省，干燥强度高达400～960kgH_2O/(m^3·h)，是喷雾干燥器的30～170倍，热容量系数可达8400～25000kJ/(m^3·℃·h)等特点。QL型强化沸腾干燥器系列规格见表26-28。

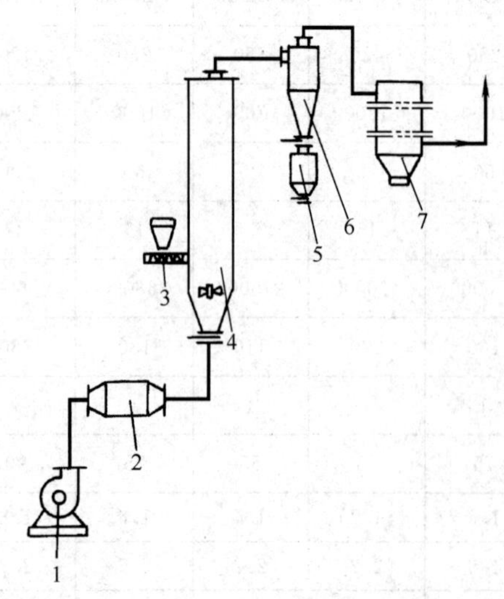

图 26-41 强化沸腾干燥流程示意

1—风机；2—加热器；3—加料器；4—干燥器；5—积料器；6—旋风分离器；7—袋滤器

(1) 空塔气速的确定

强化沸腾干燥器的空塔气速受下列因素影响：物料的密度，粒径的大小，粒度分布状况，物料被粉碎和分散的难易程度（即黏度因素）。

干燥室中颗粒在上升气流作用下的受力分析：

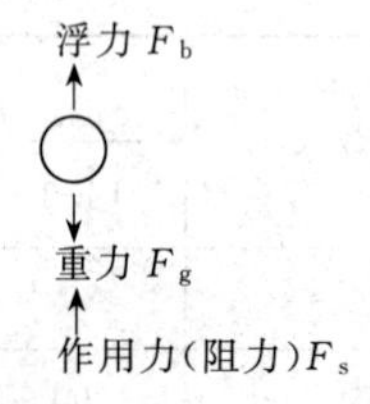

其中，颗粒重力为

$$F_g=V\gamma_m=\frac{\pi}{6}d^3\gamma_m \quad (26\text{-}13)$$

式中 d——颗粒直径，m；

γ_m——颗粒密度，kg/m^3。

一般来说 $\gamma_m \geqslant \gamma_g$（$\gamma_g$ 为气体密度）。当 F_b 忽略不计时，上升气流对颗粒的作用力能使颗粒做均匀上升运动。

$$F_s=F_g \quad (26\text{-}14)$$

而

$$F_a=\xi A_p\gamma_g\frac{(v_g-v_m)^2}{2g} \quad (26\text{-}15)$$

式中 ξ——粒子与气流的阻力系数，当 $Re=1\sim500$ 时，$\xi=\frac{70}{Re^{0.5}}$；

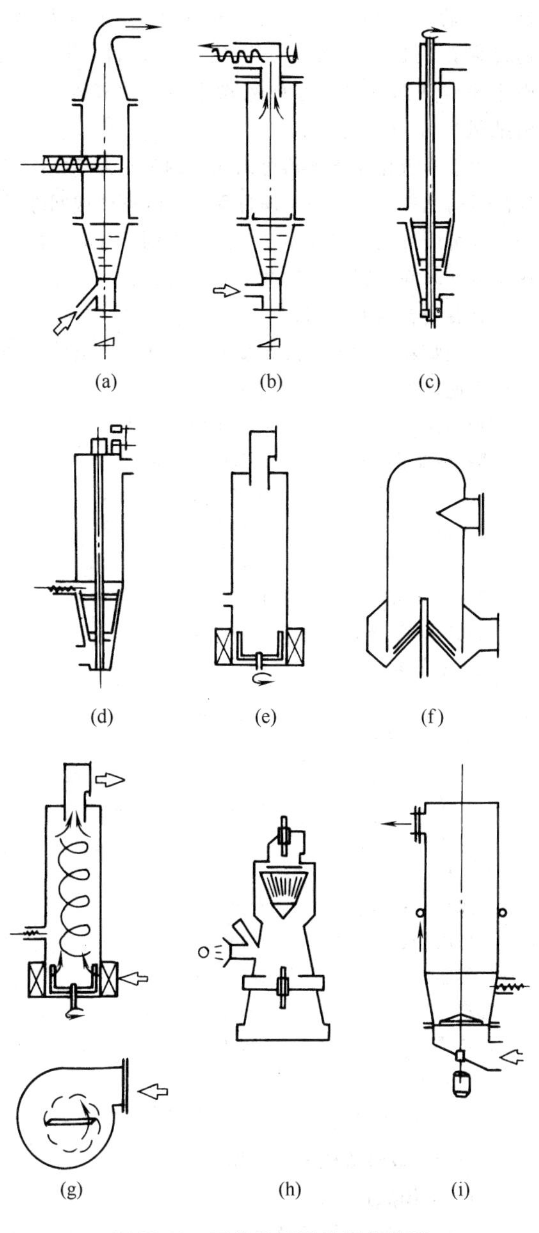

图 26-42 强化沸腾干燥器的类型

A_p——颗粒垂直于气流的最大截面积，$A_p=\frac{\pi}{4}d^2\,m^2$；

v_g——气速，m/s；

v_m——颗粒上升速度，m/s。

因为 $v_m=v_g-v_t$

所以 $v_t=v_g-v_m$ (26-16)

式中 v_t——颗粒沉降速度，m/s。

在等速运动时，可得到下列关系式，即

$$v_t=\sqrt{\frac{4}{3}\times\frac{d\gamma_m g}{\gamma_g \xi}}=v_g \tag{26-17}$$

通常，$v_g=(0.2\sim0.6)v_t$ 时，是一个较宽范围的流态化床层，这时的浓相颗粒床层具有液体般流动特性。当 $v_g=v_t$ 时，便处于流态化状态的第三阶段，即气体带出段，而不能获得理想的湍激热气流中的干燥效果。此时的作用力应为

$$F=F_b+F_s-F_g \tag{26-18}$$

颗粒很快进入加速段运动，这时的颗粒只能是达到含水要求，并达合格的粒径，其他大于此要求的颗粒仍迅速下降，而不被带出。因此，式（26-19）能较准确地描述气流干燥中颗粒运动的基本方程。

$$\frac{4\rho_m d^2}{3\mu_g}\times\frac{dRe}{d\tau}=\frac{4gd^3\rho_g\rho_m}{3\mu_g^2}-\xi Re^2 \tag{26-19}$$

式中 ρ_m——颗粒密度；

ρ_g，μ_g——气体密度和黏度。

在变速运动中，物料与气体间的传热系数随 Re 的提高（一般 $Re<400$）而提高。$Re=dv_r\rho_g/\mu_g$（式中，v_r 为气流与粒子的相对速度），可见提高 v_r 是有利于干燥效率的，通常气速为颗粒沉降速度的2倍左右，但最高不大于6m/s。

(2) 空气量的估算

$$L=\eta\frac{W\times560}{(t_1-t_0)\times0.25}\ \text{kg 干空气/h} \tag{26-20}$$

表 26-28 QL型强化沸腾干燥器系列规格

型 号	水分蒸发量/(kg H_2O/h)					能量消耗/($\times10^4$kJ/h)					风量/(m^3/h)	占地尺寸(长×宽×高)/m	装机容量/kW
	160℃	210℃	300℃	450℃	600℃	160℃	210℃	300℃	450℃	600℃			
QL-400	50	75	125	200	300	26.0	38.5	56.5	90.4	119.7	2000	2×4.3×7	22.5～26
QL-600	100	170	300	450	600	58.2	86.7	124.0	194.7	257.5	4500	3.0×5.5×8	35～38
QL-800	200	300	550	850	1150	105.1	155.7	227.8	361.7	479.0	8100	3.5×6.4×8.5	60～67
QL-1000	300	480	800	1250	1800	162.0	239.1	341.6	542.6	730.2	12500	4.0×7×9.5	73～81

式中　W——水分蒸发量，kg H_2O/h；

t_1——进口温度，℃；

t_0——出口温度，℃；

η——校正系数。

根据国内历年统计的操作参数，推荐 $\eta=2.7\sim2.8$（但也有例外，对一些无机化合物黏度较小、颗粒较大的物料，则 $\eta=1.96\sim2.0$），根据这一经验估算公式选择风机，一般来说均可符合要求。

(3) 干燥室截面积 A 的估计

$$A=\frac{L}{Qv_g 60}\quad \text{m}^2 \tag{26-21}$$

$$D=\sqrt{\frac{4A}{\pi}}\quad \text{m}$$

式中　L——空气量，kg/h；

Q——空气密度，kg/m^3；

v_g——流化气速，m/min；

D——干燥室直径。

7.2.3　卧式多室流化床干燥器

卧式多室流化床干燥器应用于干燥颗粒状、粉状、片状等散状物料和热敏性物料。初湿量一般在 10%～30%，终湿量在 0.02%～0.3%。

图 26-43 所示卧式多室流化床干燥器为一长方形箱式流化床，底部为多孔筛板，筛板的开孔率一般为 4%～13%，孔径为 1.5～2.0mm。筛板上方有竖向挡板，将流化床分隔成 8 个小室，每块挡板可上下移动，以调节其与筛板的间距。每一小室的下部，有一个进气支管，支管上有调节气体流量的阀门。

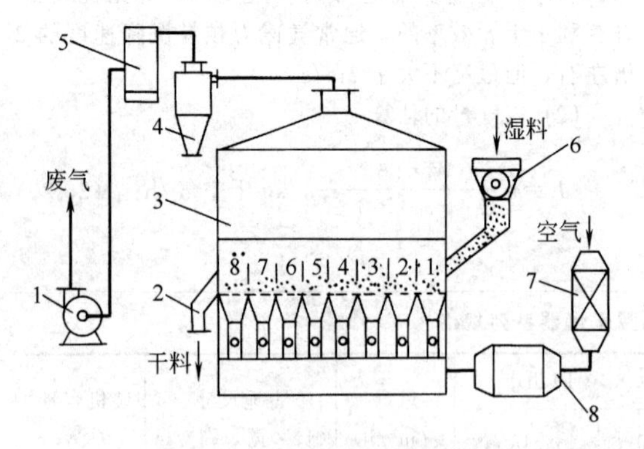

图 26-43　卧式多室流化床干燥器

1—抽风机；2—卸料管；3—干燥器；4—旋风除尘器；5—袋式除尘器；6—摇摆颗粒机；7—空气过滤器；8—加热器

湿物料由摇摆颗粒机连续加料于干燥器的第 1 室内，由第 1 室逐渐向第 8 室移动。干燥后的物料由第 8 室卸料口卸出。而空气经过滤器到加热器加热后，分别从 8 个支管进入 8 个室的下部，通过多孔板进入干燥室，流化干燥物料。其废气由干燥器顶部排出，经旋风除尘器、袋式除尘器，由抽风机排到大气。

由于本流化床干燥器可以通过调节底部多室的空气流量的比例，来控制干燥过程为连续操作或间隙操作，也可通过调节空气温度来满足不同干燥介质的干燥温度和时间，因此在医药产品和精细化工产品的干燥中有着较普遍的应用。

干燥颗粒状物料的卧式多室流化床干燥器的生产操作数据如下。

物料名称	各种颗粒状物料
物料湿含量/%	进口　13～30
	出口　0.1
物料温度/℃	进口　120
	出口 40～60
产量/(kg/h)	100～300
流化床高度/mm	300
静止床高度/mm	100～150
干燥器尺寸（长×宽×高）/mm	2000×263×2828
筛板结构	
孔径/mm	ϕ1.5，ϕ1.8，ϕ2.0
开孔率/%	13
鼓风机	
风量/(m^3/h)	2250
风压/Pa	5750
捕集器	旋风和袋滤
加料器	YK-140 型
加热器	52R-24-30 翅片式
出料方式	溢流式
操作方式	负压，连续或间歇

7.2.4　双级流化床干燥器

(1) 结构原理

该设备主要用来干燥含湿率较高的滤饼状和膏糊状物料。这种设备是融两级干燥器为一体的新颖干燥装置。第一级干燥器呈圆筒状，并设有搅拌器，以破碎大块物料和强化传热传质。第二级干燥器为矩形，物流呈活塞流，使已干物料不会和湿料返混。热风进入一级干燥器时，那里的床层便产生稳定的流态化运动。当湿物料由加料器定量、连续加入其中时，干物料和湿物料互相混合，并在搅拌器作用下，维持良好的流化状态，以确保干燥介质热量均匀传给湿物料。

当湿物料在一级干燥器中初步干燥后，即自动进入二级干燥器进行第二次干燥。上述物料经历二次干燥后，不仅产品含水率很低，且其含水率相当均匀。

即使初含水率高的物料，在这里也能获得满意结果。SLG 双级流化床干燥流程如图 26-44 所示。

(2) 装置特点

① 双级干燥器温度工况可分别合理配置，避免热敏性物料在干燥后期因高温而损害物性。

② 操作弹性大，停留时间调节方便，适合高湿物料干燥。

③ 双级干燥的平均尾气温度比通常一级干燥器低，节省能量消耗。

④ 设备紧凑，干燥和冷却一步完成，可代替转筒干燥器。

(3) 应用实例和系列型号

SLG 双级流化床干燥器应用实例见表 26-29，其系列型号见表 26-30。

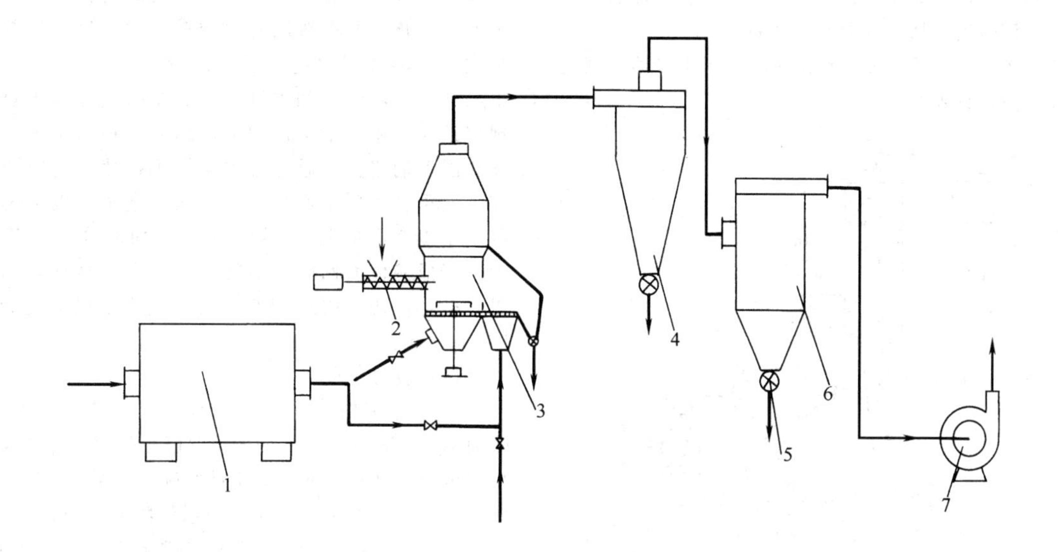

图 26-44　SLG 双级流化床干燥流程

1—热风炉；2—加料器；3—双级流化床；4—旋风分离器；5—出料器；6—细粉收集器；7—风机

表 26-29　SLG 双级流化床干燥器应用实例

物料名称	原料含水率/%	产品含水率/%	进风温度/℃	出风温度/℃	生产能力/(kg/h)
碳酸锌	57.5	2.5	250	85	150
活性白土	52.5	10	600	100	1500
亚硫酸钠	15	0.5	390	140	750
铝渣	70	15	350	75	200
特种 PVC	30	0.2	60	45	300
碳酸锌	50	2.5	280	90	1100
活性白土	50	10	600	95	750

表 26-30　SLG 双级流化床干燥器系列型号

型　号	主机尺寸/mm	干燥能力/(kg 水/h)	占地面积/m^2	型　号	主机尺寸/mm	干燥能力/(kg 水/h)	占地面积/m^2
SLG-500	ϕ500×2500	60～200	40	SLG-1200	ϕ1200×4500	350～1200	100
SLG-700	ϕ700×3000	120～400	50	SLG-1400	ϕ1400×4800	480～1700	120
SLG-850	ϕ850×3500	175～600	60	SLG-2000	ϕ2000×5500	960～3400	140
SLG-1000	ϕ1000×4000	250～800	80				

7.2.5 喷动床干燥器

喷动床干燥器适用于流化床内不易流化的粗颗粒和易黏结的物料，如谷物、豆类、合成树脂等。

喷动床干燥器底部为圆锥形，上部为圆筒形。气体从锥底进入，夹带固体颗粒向上运动，形成中心通道。在床层顶部，颗粒好似喷泉一样，从中心喷出向四周散落，然后沿周围向下运动，到锥底又被上升气流喷射上去，如此循环以达到干燥目的。干燥后的产品由气流带出，从旋风分离器出料。

如图26-45所示为玉米胚芽喷动床干燥器，其生产操作数据见表26-31。

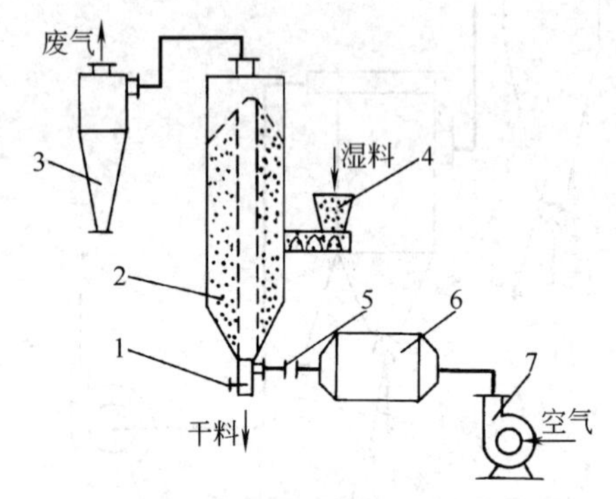

图26-45　玉米胚芽喷动床干燥器

1—放料阀；2—喷动床；3—旋风分离器；4—加料器；5—蝶阀；6—加热炉；7—鼓风机

表26-31　玉米胚芽喷动床干燥器生产操作数据

指标	参数	指标	参数
进口含水量/%	70	产量/(kg/h)	80(湿胚芽)
进风温度/℃	700	每批停留时间/min	15
进料时床温/℃	70～80	喉管风速/(m/s)	70
出料时床温/℃	120	圆筒风速/(m/s)	0.7

7.2.6 闭路循环流化床干燥器

(1) 结构原理

该装置主要用于干燥含有易燃易爆溶剂的物料，以及遇空气产生吸湿和变性的物料。装置主要由加热器、干燥器、冷却-冷凝器、气液分离器、循环风机和低露点氮气或空气源组成。操作时，物料通过加料器定量加入带搅拌的流化床干燥器中。然后在热风（氮气或空气）作用下，干燥器内物料产生稳定的流态化，并在热风与湿物料接触中进行传热和传质。干燥过程中物料所含湿分不断蒸发和分离，干燥介质不断载湿和去湿，产品便随之逐步干燥至规定的含湿率。干燥过程中扬起的细粉由干燥室上部袋滤器捕集，并通过自动振打机构使细粉脱离滤袋表面重新回到干燥室料层。从料层中蒸发的挥发分随干燥介质带出干燥器，并在后面的冷却-冷凝器中冷凝成液体而回收。不凝性干燥介质经加热器后重新循环使用。BLG闭路循环流化床干燥流程如图26-46所示。

(2) 装置特点

① 由于采用低露点即低含湿率（−50～−40℃，0.01%）干燥介质，它们的载湿能力较强，即使在较低温度（−40℃）下，仍能对物料进行深度干燥（含湿率0.02%～0.1%），适合热敏性物料干燥。

② 产品在不含氧条件下完成干燥，不易氧化、变性和降解，也没有发生燃烧和爆炸的危险。

③ 可以全部回收溶剂，降低消耗成本。

④ 因闭路操作，无废气和粉尘排入大气，不引起环境污染，劳动条件较佳。

⑤ 由于干燥器和除尘器制成一体，干燥产品性能均匀，质量稳定。同时在一个设备内还可以完成产品混合、复配和冷却等后续工序，而不会吸潮。

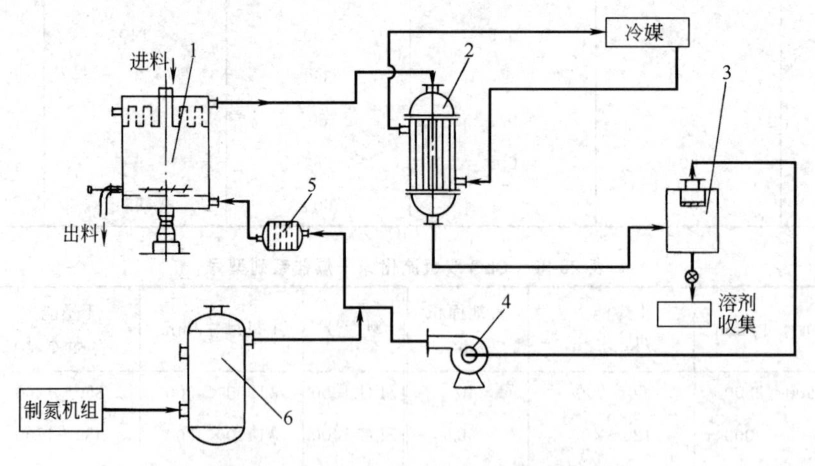

图26-46　BLG闭路循环流化床干燥流程

1—流化床干燥器；2—冷却-冷凝器；3—气液分离器；4—循环风机；5—氮气加热器；6—氮气储罐

⑥ 按闭路循环干燥技术特点，可设计选配不同形式干燥器以满足不同形态物料的干燥需求。

(3) 应用实例和系列型号

BLG 闭路循环流化床干燥器应用实例见表 26-32，其系列型号见表 26-33。

7.2.7　惰性粒子流化床干燥器

(1) 结构原理

惰性粒子流化床干燥器，又称媒体流化床干燥器，是干燥溶液、悬浮液、提取液和糊状料浆的新颖干燥装置。设备内填充颗粒状惰性载体，在热风作用下，这些载体颗粒便产生流态化运动。当料浆加至载体表面时，便在其上覆上一层湿物料薄膜，后者遇热空气迅速干燥，并在载体颗粒碰撞中完成膜层剥离过程。干燥产品细粉随气流带出设备，由系统中除尘设备捕集。ZLG 惰性粒子流化床干燥流程如图 26-47 所示。

表 26-32　BLG 闭路循环流化床干燥器应用实例

物料名称	原料含湿率/%	产品含湿率/%	挥发分名称	干燥温度/℃	干燥时间/h	每批产量/kg
聚氧化乙烯	45	0.5	汽油	40	3.5～4	500
抗氧化剂 1076	18	0.02	甲醇	40	2	600
抗氧化剂 168	6	0.06	异丙醇	120	1	800
染料中间体	30	0.5	二甲基甲酰胺	140	3	1300
K-树脂	56	0.06	乙酸乙酯	80	3	500
燃油添加剂	10	0.5	双环戊二烯	50	4	300
硝基丙醇①	10	0.1	水	40	4	500

① 干燥介质为低露点空气。

表 26-33　BLG 闭路循环流化床干燥器系列型号

型号	主机尺寸/mm	干燥能力/(kg 溶剂/h)	占地面积/m^2	型号	主机尺寸/mm	干燥能力/(kg 溶剂/h)	占地面积/m^2
BLG-1000	ϕ1000×4000	15～85	100	BLG-2800	ϕ2800×5500	130～680	200
BLG-1500	ϕ1500×4000	35～190	120	BLG-3500	ϕ3500×6000	190～1000	250
BLG-2000	ϕ2000×4500	65～350	150				

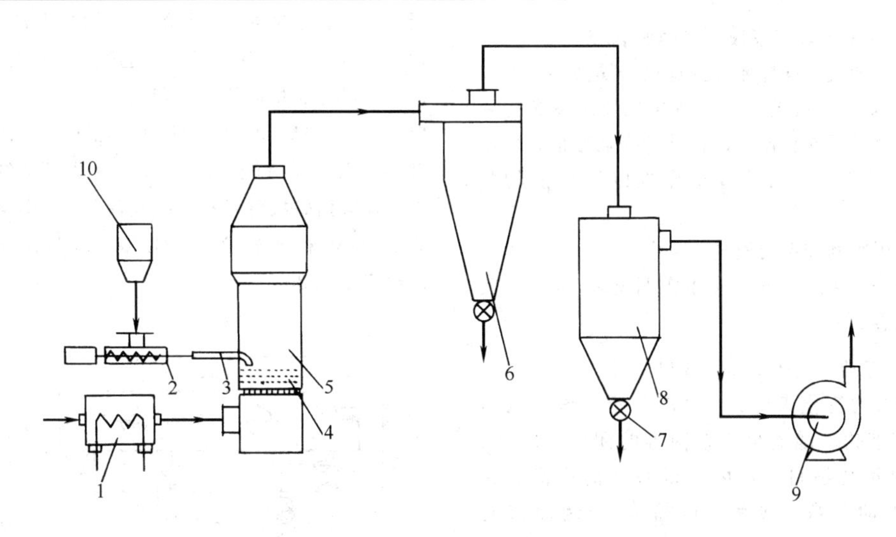

图 26-47　ZLG 惰性粒子流化床干燥流程

1—空气加热器；2—计量泵；3—喷嘴；4—载体；5—干燥器；6—旋风分离器；7—出料器；8—细粉捕集器；9—风机；10—料槽

表 26-34 惰性粒子流化床干燥器应用实例

物料名称	原料含水率/%	产品含水率/%	进风温度/℃	出风温度/℃	生产能力/(kg/h)
二氧化钛	50	0.4	400	120	500
氧化铁黄颜料	65	0.5	265	75	150
重质碳酸钙	30	0.3	130	70	420
荧光增白剂	72	5	180	80	150
生物膠	95	10	140	100	25
鞣料	50	1.5	535	170	300
白炭黑	80	7	300	100	85
莳萝	90	3	130	80	8.25
钒催化剂	80	7.5	600	125	700

表 26-35 惰性粒子流化床干燥器系列型号

型号	主机尺寸/mm	干燥能力/(kg水/h)	占地面积/m^2	型号	主机尺寸/mm	干燥能力/(kg水/h)	占地面积/m^2
ZLG-20	ϕ200×2000	3～35	20	ZLG-1000	ϕ1000×4500	90～950	60
ZLG-500	ϕ500×3000	25～230	35	ZLG-1200	ϕ1200×5000	150～1400	80
ZLG-700	ϕ700×3500	40～450	40	ZLG-1400	ϕ1400×5000	200～1900	100
ZLG-850	ϕ850×4000	70～670	50				

(2) 装置特点

① 料液在载体上形成的料膜很薄，且其两面受热（内层受载体传导传热，外层受热空气对流传热），故其干燥过程迅速，适用于热敏性物料干燥。

② 黏度和浓度较高浆液，在薄膜化条件下干燥，水分扩散大大加快，同样能达到理想干燥效果。

③ 装置紧凑，占地少，料液雾化要求低，物料沾壁少。同喷雾干燥相比，设备重量降低2倍，可用于停留时间需要长，而喷雾干燥难以干燥的物料干燥。

(3) 应用实例和系列型号

惰性粒子流化床干燥器应用实例见表 26-34，其系列型号见表 26-35。

7.2.8 振动流化床干燥（冷却）器

JZL型振动流化床干燥（冷却）器（图 26-48）通过振动流态化，能流化比较困难的团状、块状、黏膏状及热塑性物料，均可获得满意的产品。它通过调整振动参数（频率、振幅），控制停留时间。试验证明，振幅的增加有利于传热膜系数 α 的增大，许多研究证明，振幅 A 与 α 的关系见式(26-22)。

$$A=2.26\times10^{7}\times(2\alpha)^{0.96} \tag{26-22}$$

由于机械振动的加入，使得流化速度降低，因此动力消耗低，物料表面不易损伤，可用于易碎物料的干燥与冷却。应用振动流态化干燥器可干燥的产品有麦、酪朊、维生素C、硫酸钠、颗粒肥料、硫铵、奶粉（二级干燥）、甲酸钙、面包粉、玉米胚芽、硼酸、盐、结晶糖、蛋白质、聚苯乙烯、尿素、种子、山梨糖、二氧化钛、可可、硫黄、葡萄糖、酒石酸、苏打、泥煤、柠檬酸、己二酸、羧基甲基纤维素、型砂、托马斯碳酸钾颗粒。振动流化床干燥器应用实例见表 26-36 和表 26-37。JZL 型振动流态化干燥器系列规格见表 26-38。

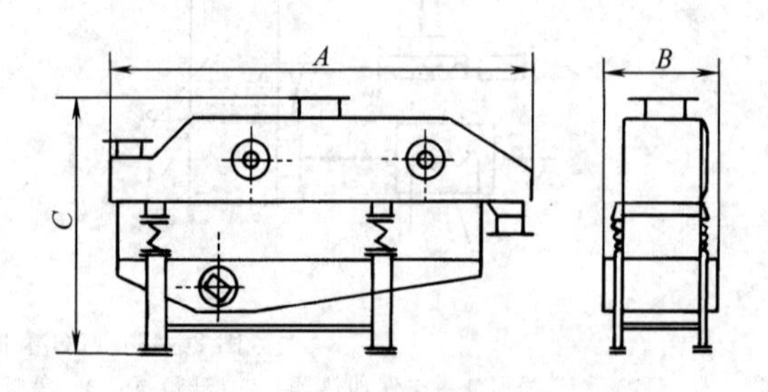

图 26-48 JZL 型振动流化床干燥器

表 26-36　JZL 型振动流化床干燥器应用实例（一）

项　目	被干燥物料		项　目	被干燥物料	
	工业级氯化铵	颗粒 N、P、K 三元复合肥料		工业级氯化铵	颗粒 N、P、K 三元复合肥料
物料初含水率/%	约 5	5～7	排风温度/℃	80	80～90
成品终含水率/%	<0.5	3～4	物料温度/℃	约 50	50～60
最大生产能力/t	1	8～10	采用设备型号	JZL-1.5 型	JZL-4 型
物料平均粒度/mm	0.41	1～4 含 80%	床层面积/m^2	1.5	4.5
进风温度/℃	140	120～140			

表 26-37　JZL 型振动流化床干燥器应用实例（二）

被干燥物料名称	物理状态	干燥前水分/%	干燥后水分/%	每小时处理量/kg	被干燥物料名称	物理状态	干燥前水分/%	干燥后水分/%	每小时处理量/kg
柠檬酸	颗粒	2.5	0.5	300～1500	铝溶胶小球		77.4	3	160～800
细贝粉	粉末	9.1	约 0	450～1500	焦炭		21.1	0.37	500～2500
粗贝粉	混粒	11	约 0	500～2000	淀粉		43.4	1.32	200～1000
钢砂	混粒	6.45	约 0	500～2000	催化剂		25.5	2.3	350～1750
麦饭石	颗粒	5	0.02	600～2500	玉米胚芽		54.3	1	130～650
羟乙基纤维	絮状	67.5	3.5	250～1000	脱骨胶		45	3.3	250～1250
石英砂	小颗粒	5	约 0	1000～3000	玉米蛋白粉		52.3	32.7	222～1100
酞酰亚胺	颗粒	33.3	0.1	190～500	豆粕		16.8	12.5	1400～7000
洗衣粉	粉末	10	1.75	300～900	聚乙烯		21	0.06	170～850
铜粉	粉末	8.5	0.5	500～1500	葡萄糖		14.6	8.68	600～3000
硼酸	小颗粒	10	0.1	500～1000	白术		58	6.8	50～250
硼砂	颗粒	6	0.1	500～1000	生地		13.7	4.5	50～250
对苯二酚		4.7	0.29	180～900					

表 26-38　JZL 型振动流化态干燥器系列规格

型　号	床面积/m^2	尺寸/mm			电机功率/kW	重量/t
		A	B	C		
JZL-0.36	0.36	1740	910	1300	0.4	0.2
JZL-0.50	0.50	1950	1010	1380	0.8	0.35
JZL-1.0	1.0	2200	1060	1450	0.8	0.58
JZL-1.5	1.5	3100	1250	1510	1.5	0.85
JZL-2.0	2.0	3570	1300	1620	1.5	0.98
JZL-2.5	2.5	4100	1380	1760	1.5	1.1
JZL-3.2	3.2	5110	1450	1850	3.0	1.7
JZL-4.0	4.0	5700	1490	2050	3.0	2.5
JZL-4.5	4.5	6100	1780	2210	4.4	2.8
JZL-5.0	5.0	6350	1820	2400	4.4	3.4
JZL-5.5	5.5	6600	1946	2600	7.4	4.2
JZL-7.6	7.6	7300	2000	3000	7.4	5.4
JZL-9.6	9.6	9000	2100	3100	7.4	6.5
JZL-12.8	12.8	9400	2200	3350	11.0	10.0

8　立式通风移动床干燥器

在这种设备中物料借自重以移动床方式下降，与上升的通过床层热风接触而进行干燥，用于大量地连续干燥可自由流动而含水分较少的颗粒状物料，其主要干燥物料是 2mm 以上的颗粒，例如玉米、麦粒、谷物、尼龙、聚酯切片等以及焦炭、煤等的大量干燥。

8.1　特点

立式通风移动床干燥器的特点如下。

① 适合大生产量连续操作。

② 结构简单，操作容易，运转稳定。

③ 功耗小，床层压降为 100～1000Pa。

④ 占地面积小。

⑤ 可以很方便地通过调节出料速度来调节物料的停留时间。

如图 26-49 所示为立式通风移动床干燥器的结

构，在床层内设置一系列三角形栅板，物料的热风各呈“之”字形相对流动，在松散流动中均匀进行热传递。其运转操作数据见表26-39。

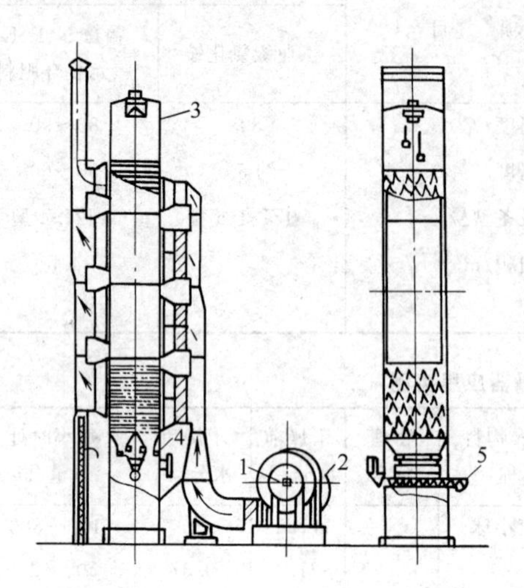

图26-49 立式通风移动床干燥器的结构
1—鼓风机；2—空气干燥器热风管；3—塔体；4—出料口；5—螺旋输送机

8.2 计算举例

立式移动床干燥器突出的特点是可以用于要求干燥到较低水分的聚酯切片干燥工艺流程中。近年来化纤涤纶长丝生产引进的装置中，聚酯切片的干燥使用了该项技术，可使产品含水量降到0.003%，供纺丝使用。

例9 聚酯主干燥段（立式移动床）工艺参数计算（图26-50）。

解 (1) 移动床的热量衡算

已知切片进入移动床的状态：$\theta_1=140℃$，$w_1=0.05\%$，$G_c=489.6\text{kg/h}$，$W_1=w_1G_c=0.245\text{kg/h}$。切片离开移动床时的状态：$\theta_2=165℃$，$w_2=0.003\%$，

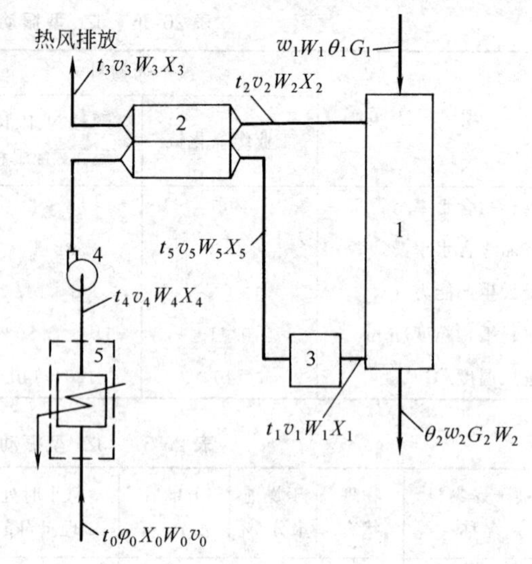

图26-50 聚酯切片干燥工艺流程
1—移动床；2—热管；3—加热器；4—鼓风机；5—空气干燥器

$W_2=w_2G_c=0.0147\text{kg/h}$。切片和剩余水分经过干燥塔时所吸收的热量为$Q_1$，切片比热容为1.36kJ/(kg·K)，水汽比热容为1.926kJ/(kg·K)。

$$Q_1=G_c\times1.36\times(\theta_2-\theta_1)+W_2\times1.926(\theta_2-\theta_1)=1664\text{kJ/h}$$

热风进入移动床时的状态如下。

$t_1=170℃$ $X_1=0.001$（露点温度为$-15℃$）

热风离开干燥塔时的温度$t_2=150℃$，热风所释放热量Q_2为

$$Q_2=v_1\times1.0\times(t_1-t_2)+X_1v_1\times1.926(t_1-t_2)=20.04v_1$$

从切片中除去的水分升温所吸收的热量为Q_3。

$$Q_3=(W_1-W_2)\times1.926\times(t_2-\theta_1)=4.45\text{kJ/h}$$

表26-39 立式通风移动床干燥器运转操作数据

物料	玉米	玉米	稻谷	大米	焦炭
操作目的	干燥	冷却	干燥	干燥	干燥
平均粒径/mm	10	10	6	5	15
物料含水率(干基)/%	22	16.3	35	20	11
产品含水率(干基)/%	16.3	16.3	17	8.7	0.7
处理量/(kg产品/h)	25000	25000	700	500	7800
干燥时间/min	60	30	16	300	48
装置截面积/m×m	2.65×300	1.60×2.00	2.2×2.4	2.2×2.4	ϕ208mm
有效高度/m	12.4	10	9.6	2.4	11
热风温度/℃	90	物料70	35～40	70	205
排气温度/℃	50	产品40	25	45	
热风量/(m³/min)	3500	1200	760	190	700

根据热衡算 $Q_2=Q_1+Q_3$，得

$$v_1=830.0\text{kg/h}$$
$$W_1'=X_1v_1=0.83\text{kg/h}$$

则热风离开移动床时的状态为

$$t_2=150℃ \quad v_2=v_1=830.9\text{kg/h}$$
$$W_2'=W_1'+W_1-W_2=1.06\text{kg/h}$$
$$X_2=\frac{W_2'}{v_2}=0.0013$$

(2) 空气干燥器中空气脱湿量

已知：$v_0=v_1=830.9\text{kg/h}$，$t_0=20℃$，$\varphi_0=70\%$，$X_0=0.0102$，$W_0=X_0v_0=8.47\text{kg/h}$。

新鲜空气离开空气干燥器时要求露点温度不大于$-15℃$。按$-15℃$计算得 $X_4=0.001$，$t_4=40℃$，$v_4=v_0=830.9\text{kg/h}$，

$W_4=X_4v_4=0.83\text{kg/h}$。空气干燥器的脱湿量为

$$W_0-W_4=7.64\text{kg/h}$$

(3) 吸入空气量

$$L_4=\left(\frac{v_4}{29}+\frac{W_4}{18}\right)\times22.4\times\frac{273+t_4}{273}$$
$$=695.76\text{m}^3/\text{h}$$
$$L_0=695.76\times\frac{273+t_0}{273+t_4}=651.3\text{m}^3(\text{标})/\text{h}$$
$$=10.85\text{m}^3(\text{标})/\text{min}$$

(4) 热管换热器的热负荷

当热风离开换热器时，$t_3=100℃$，$v_3=v_2$，$W_3=W_2$，$X_3=X_2$，则热风在热管换热器中放出的热量 Q_4 为

$$Q_4=v_3\times1.0\times(t_2-t_3)+W_3\times1.926\times(t_2-t_3)$$
$$=41647\text{kJ/h}$$

当 $t_5<100℃$时，鼓入新空气在换热器中吸收的热量 Q_5 为

$$Q_5=v_4\times1.0\times(t_5-t_4)+W_4\times1.926\times(t_5-t_4)$$
$$=832.5(t_5-40)$$

$$Q_4=Q_5$$

解方程得 $t_5=90℃$。

(5) 被预热的新空气经加热器的热负荷

$$Q_6=v_5\times1.0\times(t_1-t_5)+W_5[4.186\times(100-t_5)+2256+1.926(t_1-100)]=68491\text{kJ/h}$$

考虑 5%的热损失：$Q_6\times1.05=71916\text{kJ/h}$
$=19.98\text{kW}$

聚酯切片移动床干燥段工艺参数汇总于表 26-40。

表 26-40 聚酯切片移动床干燥器工艺参数

工艺参数	单 位	数 值	工艺参数	单 位	数 值
θ	℃	140	v_3	kg/h	830.9
w_1	%	0.05	W_3	kg/h	1.06
W_1	kg/h	0.245	X_3		0.0013
G_0	kg/h	439.6	t_4	℃	40
θ_2	℃	165	v_4	kg/h	830.9
w_2	%	0.03	W_4	kg/h	0.83
W_2	kg/h	0.0147	X_4		0.001
t_1	℃	170	t_5	℃	90
X_1		0.01	v_5	kg/h	830.9
v_1	kg/h	830.9	W_5	kg/h	0.83
W_1'	kg/h	0.83	X_5		0.001
t_2	℃	150	t_0	℃	20
v_2	kg/h	830.9	φ_0	%	70
W_2'	kg/h	1.06	X_0		0.0102
X_2		0.0013	W_0	kg/h	8.47
t_3	℃	100	v_0	kg/h	830

9 回转干燥器

回转干燥器是一种适用于处理量大、含水分较少的颗粒状物料的干燥器。其主体为略带倾斜的回转圆筒体，湿物料由一端加入，经过圆筒内部，与通过筒内的热风或加热壁面有效地接触而被干燥。如图 26-51 所示为一种典型的回转干燥器，圆筒壁有衬层，筒内装有抄板。

9.1 直接或间接加热式回转干燥器

9.1.1 技术参数

直径 ϕ0.4～3.0m 最大可达 ϕ5m
长度 2～30m 最大可达 150m 以上
L/D 6～10
处理物料含水量范围 3%～50%
干品含水量 <0.5%
停留时间 5～120min
气流速度 0.3～1.0m/s(颗粒略大的达 2.2m/s)
容积传热系数 419～1256kJ/(m³·h·℃)
流向 并流和逆流
热效率（见下表）

进气温度/℃	容积蒸发率/[kg H_2O/(m³·h)]	热效率/%
300	15	30～50
500	35	50～70

9.1.2 计算举例

例 10 干燥水分为 100%（干基）、平均粒径为 8mm 的粒状物料（10℃），以获得含水为 10%（干基）的产品。堆积密度为 700kg/m³，每小时处理量

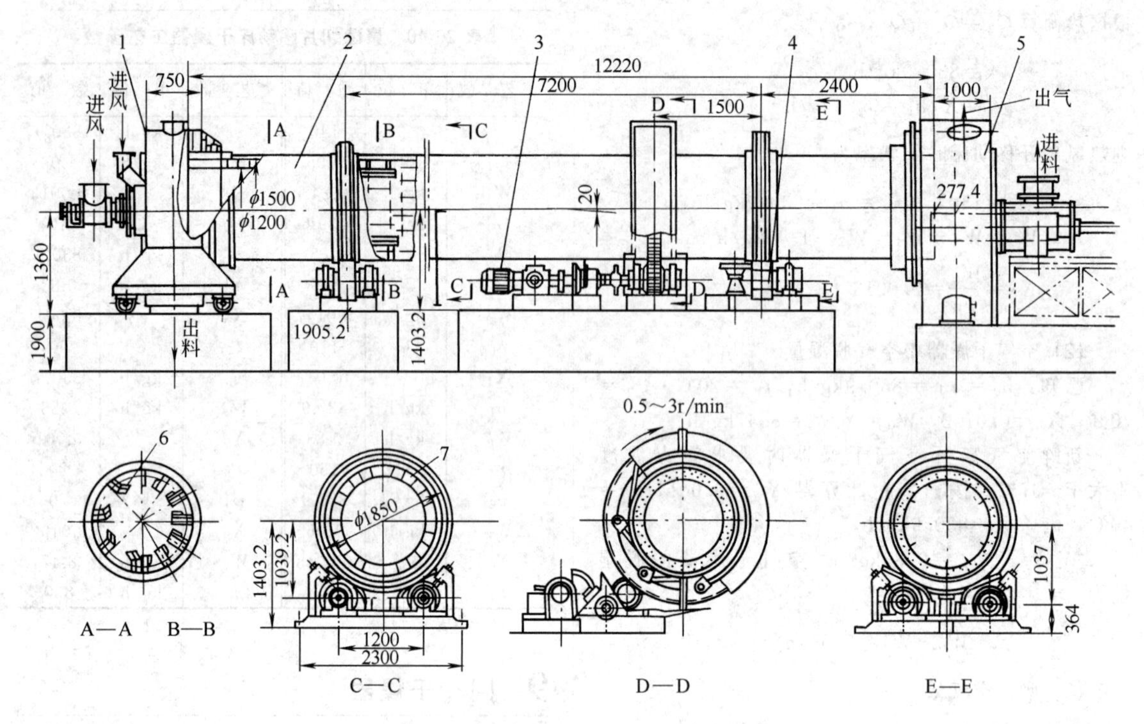

图 26-51 有衬里、带抄板的回转干燥器

1—干燥器头部；2—筒体；3—传动装置；4—托轮；5—干燥器尾部；6—抄板；7—衬层

为 5000kg，以 500℃烟气作干燥介质，试设计一个并流式回转干燥器。入口热风湿度 $H_1=0.03$kg/kg 干空气，排气温度为 140℃，产品温度为 75℃，筒内物料存留率为 10%，干物料比热容为 1.256kJ/(kg·℃)。

解 (1) 所需风量、入口处热风的比焓

$$i_1=1.038\times500+(2500+1.980\times500)\times0.03$$
$$=623.7\text{kJ/kg 干空气}$$

物料带入热量为

$$5000\times(1.256+4.186)\times10=272100\text{kJ/h}$$

设排气湿度为 H_2，然后采用求取入口热风比焓同样的方法求排气的焓 i_2。

$$i_2=1.005\times140+(2500+1.926\times140)H_2$$
$$=140.7+2770H_2 \quad \text{kJ/kg 干空气}$$

产品带出热量为

$$5000\times(1.256+0.418)\times75=627750(\text{kJ/h})$$

根据热衡算

$$623.7+272100=G_0(140.7+2770H_2)+627750$$

由蒸发水分的物料衡算

$$5000(1.0-0.1)=G_0(H_2-0.03)$$

式中 G_0——必需的干空气量。

由上述两式，$G_0=32000$kg 干空气/h，实际风量应考虑热损失的泄漏等，故取 $G_0=35000$kg 干空气/h。

$H_2=0.129$kg/kg 干空气。

(2) 圆筒直径

因物料粒径较大，取气体的质量速度为

$G=6000$kg 干空气/(m²·h)

故圆筒直径为

$$D=\sqrt{\frac{4G_0}{\pi G}}=2700\text{mm}$$

(3) 容积传热系数

由于容积传热系数有随圆筒直径成反比下降的倾向，故计算时通常取 $a=628$kJ/(m³·h·℃)。

(4) 圆筒容积与长度

筒内热风与物料平均温差为

$$\Delta t=\frac{(t_1-t_{m1})-(t_2-t_{m2})}{\ln\dfrac{t_1-t_{m1}}{t_2-t_{m2}}}$$
$$=\frac{(500-10)-(140-75)}{\ln\dfrac{500-10}{140-75}}=210\ (℃)$$

筒内湿球温度 $t_W=65$℃，65℃时的蒸发潜热为 2345kJ/kg，求此时的水分蒸发所需热量 q。

$$q=5000\times[(1.256+4.186)\times(65-10)+2345\times(1.0-0.1)+(1.256+0.418)\times(75-65)]$$
$$=1214\times10^4(\text{kJ/h})$$

回转圆筒的容积为

$$V=\frac{q}{\alpha\Delta t}=\frac{1214\times10^4}{628\times210}=92(\text{m}^3)$$

$$\text{圆筒长度 } L=\frac{V}{A}=\frac{V}{\dfrac{\pi}{4}D^2}=\frac{92}{0.785}\times2.7^2=16(\text{m})$$

表 26-41 直接及复合加热式回转干燥器的操作运转数据

形 式	直接加热顺流式	直接加热顺流式	直接加热逆流式	直接加热逆流式	复合加热	复合加热
物料种类	矿石	粉状物料	高炉矿渣	硫铵	磷肥	煤
产量/(kg产品/h)	10000	466	15000	20000	12000	15000
进料含水率/(kg水/kg绝干物料)	0.43	4.00	0.06	0.015	0.053	0.07
出口物料含水率/(kg水/kg绝干物料)	0.18	0.25	0.01	0.001	0.001	0.01
进料平均粒径/mm	6.5	0.05	4.7	0.5～1.7	0.5	5
物料堆积密度/(kg/m³)	770	800	1890	1100	1500	750
热风量/(kg/h)	39000	8470	10750	9800	6500	16000
入口气体温度/℃	600	165	500	180	650	570
物料出口温度/℃	—	42	100	70	80	75
燃料的种类	煤气	煤	重油	废气	煤	重油
燃料消耗量/(kg/h)	—	156	140	85	160	172
体积给热系数/[kJ/(m³·h·℃)]	500	710	400	356	400	210～250
装料系数/%	—	6.3	7	7.5	7.8	18
转速/(r/min)	4	4	3.5	3	4	2
倾斜度/mm	0.04	0.005	0.03	0.05	0.05	0.043
抄板数目	12	24	12	22	内筒外面8 外筒内面16	6 12
干燥器直径/m	2.0	1.5	2	2.3	外筒2 内筒0.84	外筒2.4 内筒0.95
干燥器长度/m	20	12	17	15	10	16

(5) 供给热耗

$$Q=G_0G_H(500-10)=35000\times1.1\times490$$
$$=1886.5\times10^4(\text{kcal/h},\ 1\text{kcal}=4.18\text{kJ})$$

式中 G_H——气体混合比热容。

热效率

$$\eta=\frac{q}{Q}=1214\times\frac{10^4}{1886.5}\times10^4=64.4\%$$

(6) 回转数 n

一般取 $nD=1\sim11$，因 $D=2.7$m，取 $nD=8$，则 $n=2.9$r/min。

(7) 平均停留时间 Q_{min}

$$Q_{min}=\frac{60L\rho_B X}{100F}=\frac{60\times16\times700\times10}{100\times5000}=11(\text{min})$$

式中 ρ_B——物料的堆积密度，kg/m³；

X——填充率，%，取10%；

F——物料的加入速度，kg/h。

9.1.3 应用实例

回转干燥器的运转可靠，操作弹性大，适应性强，广泛用于冶金、建材、轻工化工等行业，如水泥、矿石、硫酸铵、安福粉、硝酸铵、尿素、草酸、重铬酸钾、聚氯乙烯、二氧化锰、碳酸钙、磷酸三钠和三聚磷酸钠等生产。直接及复合加热式回转干燥器的操作运转数据见表26-41。

9.2 穿流式回转干燥器

穿流式回转干燥器又称通风回转干燥器，按热风吹入方式分端面吹入型（图26-52）和侧面吹入型（图26-53）两种。本小节仅介绍侧面吹入型通风回转干燥器的应用。

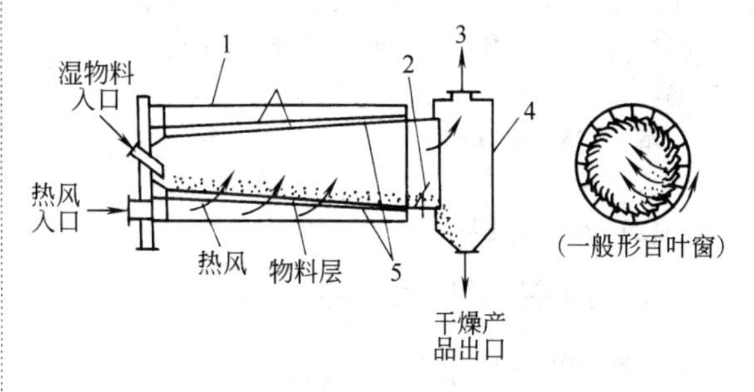

图 26-52 端面吹入型通风回转干燥器

1—回转筒体；2—调节隔板；3—排气口；4—出口风斗；5—百叶窗

9.2.1 结构

热风从开有许多小孔的筒体外吹入筒内，穿过三角形叶片的百叶窗孔进入物料层。其方向与筒内物料的移动方向成直角。再由三角形窗对物料起举升作用，并使物料朝出口方向移动。物料层的滞留部分则与从筒外四周吹入的热风接触，从而进行有效的干燥。全筒体沿长度方向为2～4个箱体所包容，箱体内为风机、空气加热器及吹入、排出口所构成的循环热风系统。筒体两端有两个轮箍，分别由托轮支承和通过齿轮驱动。

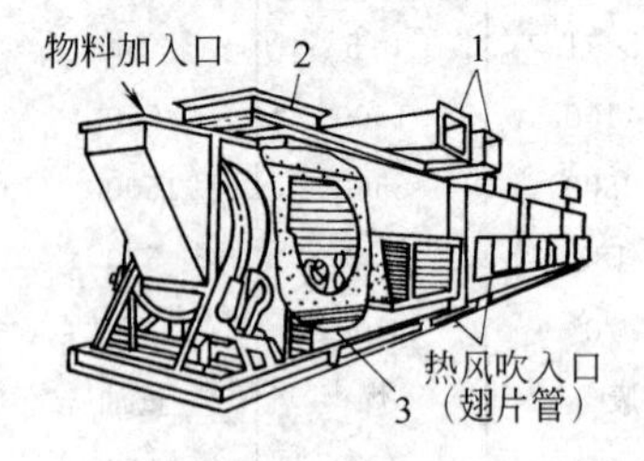

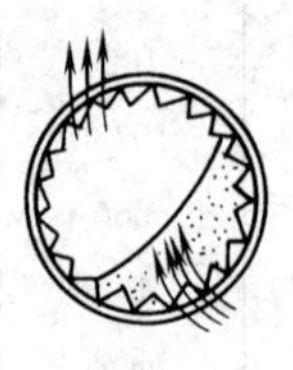

图 26-53 侧面吹入型通风回转干燥器

1—排气管；2—循环风管；3—圆筒（冲孔）

9.2.2 特点

① 穿流式回转干燥器的容积传热系数为平行流回转干燥器的1.5～5倍，达到1250～6280kJ/(m³·℃·h)。

② 干燥时间较短，为10～30min。

③ 物料破损较少。物料留存率较大，为20%～25%（平行流回转器为8%～13%）。

④ 操作稳定、可靠、方便。对干品水分要求很低的塑料颗粒干燥至0.02%，也有实例。它可以通过延长滞留时间来达到。也有对高含水率（达70%～75%）的高分子凝聚剂，同样可以有效地进行干燥。

9.2.3 计算举例

例 11 高分子凝聚剂聚丙烯酰胺含水率70%（经提纯后其含固率可提高至40%），干品含水率小于10%，产量50kg/h。分两段干燥，恒速段120～100℃，降速段100～80℃，环境温度20℃，ϕ=80%。

解 (1) 小时产量

$g=50\text{kg/h}$

(2) 水分蒸发量

$$U=g\times\frac{w_1-w_2}{100-w}=50\times\frac{70-10}{100-70}$$

$$=100(\text{kg } H_2O/\text{h})$$

(3) 投料量

$W=50+100=150$(kg 湿物料/h)

(4) 干空气进风量

$\varphi=80\%$ $t_0=20℃$

$t_1=120℃$ $t_2=100℃$

根据 I-d 图，t_0 时，$d_0=11.0$g 水分/kg 干空气；t_2 时，$d_2=19.5$ g 水分/kg 干空气。

$\Delta d=19.5-11.0=8.5$(kg 干空气/kg H_2O)

$$L=100\times\frac{1000}{8.5}=11764.7(\text{kg 干空气/h})$$

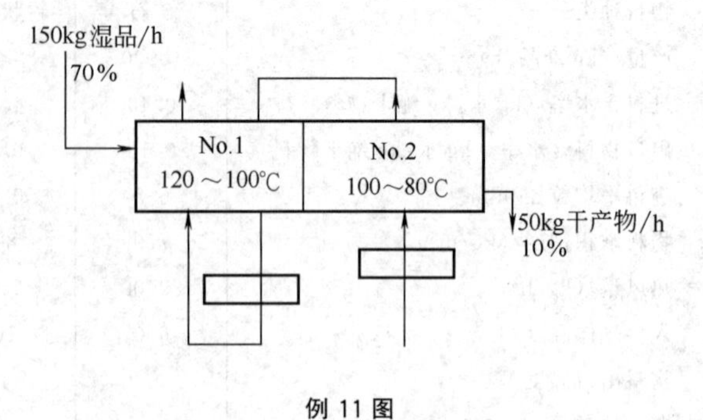

例 11 图

$V_0=v_0L=0.862\times11764.7=10141(\text{m}^3/\text{h})$

(5) 所需热耗

$I_0=49.4$ $I_1=I_2=152.8$ $\Delta I=103.4$

则理论热耗

$q_0=11764.7\times103.4=121.65\times10^4(\text{kJ/h})$

实际热耗

$Q=1.15q_0=139.90\text{kJ/h}$

另根据［日］桐荣良三推荐的穿气回转干燥器计算方法，计算如下。

干燥50kg干品必需的热量（取水的蒸发潜热γ_W=2366kJ/kg)，设定物料比热容c_g=1.7/(kg·℃)，则

$q_d=100\times2366+50\times1.7\times(90-20)=24.3\times10^4(\text{kJ/h})$

所需风量，取干燥本体的热损失为15%，则

$$L=24.3\times10^4\times\frac{1.15}{1.05\times(120-100)}$$

$$=13307(\text{kg 干空气/h})$$

所需实际热耗

$q_t=13307\times1.05\times(120-20)=13.98\times10^4(\text{kJ/h})$

本计算结果与上列计算结果近似。

(6) 干燥器容积

取物料平均温度为70℃，则对数平均温度Δt为

$$\Delta t=\frac{(120-70)-(100-70)}{\ln\frac{120-70}{100-70}}$$

$$=\frac{50-30}{\ln\frac{50}{30}}=39.15(℃)$$

按资料提供的容积传热系数 $ha=2093$ kJ/(h·℃·m²)

则干燥器容积

$$V=\frac{24.3\times10^4}{2093\times39.15}=2.96(\text{m}^3)$$

设定穿气速度为1m/s，进入回转筒热风量为

$V_{热风}=13300\times1.149=17587(\text{m}^3/\text{h})$

则热风吹入面积A为

$$A=\frac{17587}{3600\times 1}=4.885(\mathrm{m}^2)$$

若吹入热风占圆周筒体1/4，则得方程如下。

$$\pi\times D\times\frac{L}{4}=4.885$$

$$\pi\times D^2\times\frac{L}{4}=2.96$$

按照上述两个方程解：$D=0.605\mathrm{m}$；$L=10.26\mathrm{m}$。现设定筒体直径为0.96m，则调整长度：$L=4.10\mathrm{m}$；涉及两端在设备设计结构上的需要，各加0.75m，则总长为

$$L=4.10+1.5=5.6(\mathrm{m})$$

(7) 回转功率

回转筒体旋转线速度为9m/min；按经验公式

$P\approx 0.8\times DL=0.8\times 0.96\times 5.6=4.3(\mathrm{kW})$

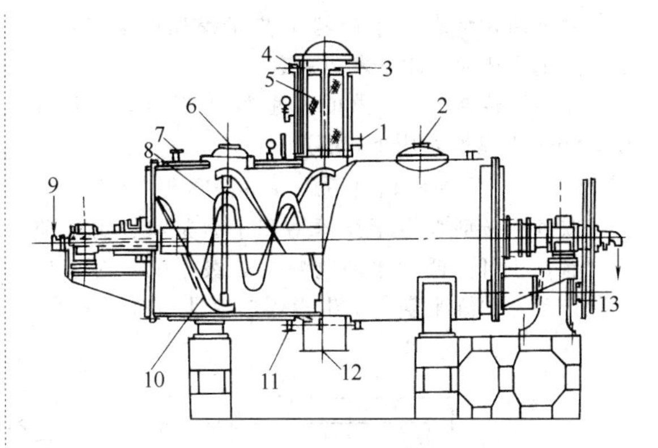

图26-55 圆筒搅拌型真空干燥器的结构

1,11,13—排空口；2—清扫口；3—排气口；4—蒸汽入口；5—布袋过滤器；6—供料口；7—蒸汽入口；8—短臂螺旋桨；9—进风口；10—长臂螺旋桨；12—排料口

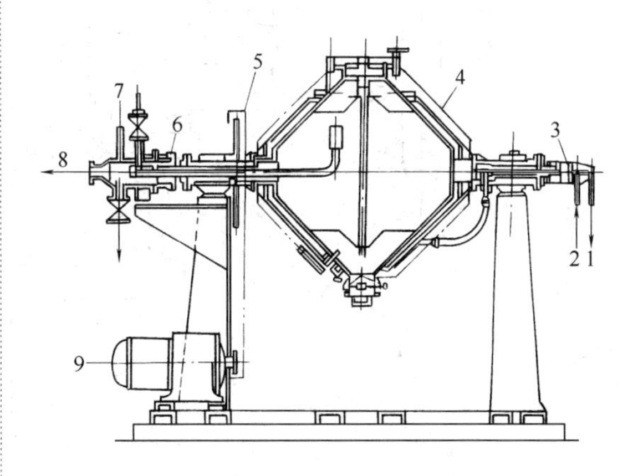

图26-56 双锥回转型真空干燥器的结构

1—排空口；2—蒸汽入口；3—回转接管；4—石棉保温层；5—安全罩；6—机械密封；7—温度计；8—L形温度计；9—变速电动机

10 真空干燥器

大多数密闭的常压干燥器都可用作真空干燥器。传统的有耙式真空干燥器（图26-54）、圆筒搅拌型真空干燥器（图26-55）和双锥回转型真空干燥器（图26-56）。

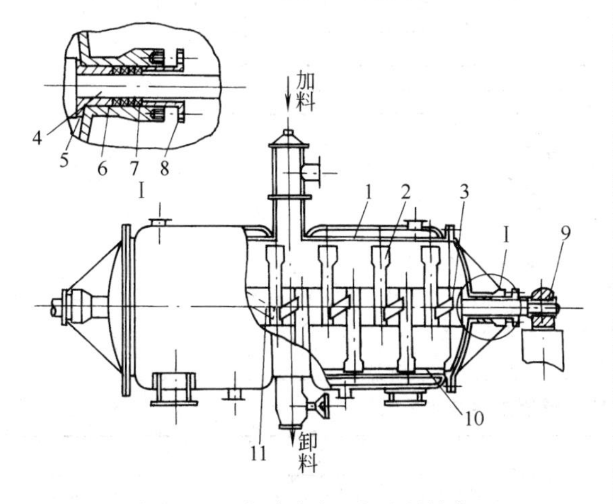

图26-54 耙式真空干燥器的结构

1—壳体；2—耙齿（左向）；3—耙齿（左向）；4—传动轴；5—压紧圈；6—封头；7—填料；8—压盖；9—轴承；10—无缝钢管；11—耙齿（右向）

10.1 特点

① 适用热敏性物料的干燥。能以低温方式干燥对温度不稳定或热敏性的物料。

② 适用在空气中易氧化物料的干燥。尤其适应易受空气中氧气氧化或有燃烧危险的物料，并可对所含溶剂进行回收。

③ 尤其适宜灭菌防污染的医药制品的干燥。

④ 热效率高，能以较低的温度，获得较高的干燥速度，具有较高的热效率。并且能将物料干燥到很低水分，所以可用于低含水率物料的第二级干燥器。

10.2 双锥回转型真空干燥器

目前以容积计，规格有6～5000L。干燥速度快，受热均匀，比传统烘箱可提高干燥速度3～5倍。其内部结构简单，故清扫容易，物料充填率高，可达30%～50%。对于干燥后容积有很大变化的物料，其充填率可达65%。该装置有下列特点。

① 符合GMP要求的整批均匀性，可满足大小不同批量的需要。

② 配置有CIP（在线清洗）等符合GMP对制药装备要求的设施。

③ 驱动系统配有可靠制动装置及60°锥顶，下料准确可靠。

双锥回转型真空干燥器工艺流程如图26-57所示，其主要技术特性见表26-42。

双锥回转真空干燥器的转速 N 可以最大回转直径 D(m) 为基准，用下式确定。

$$N=14.1\sqrt{D}\quad \text{r/min}$$

双锥回转型真空干燥器适用于淤浆状、糊状和粉粒状，也可作低含水率物料的二级干燥。对于易氧化产品，如维生素、抗生素等热敏性物料更适用。其动作和缓，可保证晶形不被破坏。对于黏附性物料，可以在干燥操作中加入金属球、瓷球或破碎棒。干燥速率为60～120kg $H_2O/(m^2\cdot s)$，其运转数据示例见表26-43。

图26-58、表26-44为搪玻璃双锥回转型真空干燥器的规格，其设计压力罐内为－0.1MPa，夹套内水或蒸汽加热压力为0.3MPa或常压，介质为有机粉料，最高温度为140℃，罐体转速为4～8r/min。

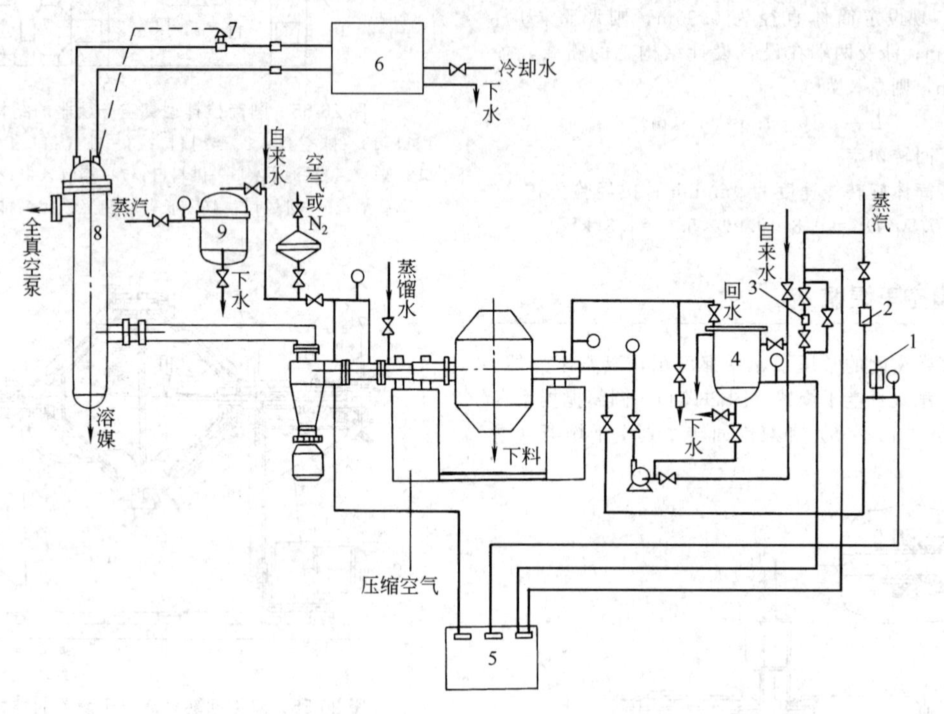

图26-57　双锥回转型真空干燥器工艺流程

1—安全阀；2—气动调节阀；3—温度调节器；4—热水缸；5—操纵箱；6—氧气；7—膨胀器；8—冷凝器；9—蒸汽过滤

表26-42　双锥回转型真空干燥器主要技术特性

技术特性	参数												
干燥器容积/L	100	200	300	500	750	1000	1200	1400	1600	2000	2500	3500	5000
干燥器操作压力(表)/MPa	－0.01～0												
夹套操作压力(表)/MPa	0～0.1												
设计温度/℃	80												
适用物料	结晶或不黏结粒状物料												
装料量/L	＜50	＜100	＜150	＜250	＜370	＜500	＜600	＜700	＜800	＜1000	＜1250	＜1750	＜2500
驱动功率/kW	0.75	1.1	1.1	2.2	2.2	7.5	7.5	7.5	7.5	7.5	7.5	11	11
干燥器转速/(r/min)	6	8	5	7	3.5	4	4	4	4	4	4	3.2	3.2
主机质量/kg	820		1210	1674	1995	3073	3137	3238	3359	3570	4065	7835	8347
配套冷凝器传热面积/m^2	3	3	7	7	7	10	12	14	16	20	25	35	50
配套制冷机	S2F-6.5					JZS-2F-10							
真空泵	2X3					2X15					2X-30A		

表 26-43　双锥回转型真空干燥器运转数据示例

项　　目	片状合成树脂	无机药品结晶体	粉状无机盐类	片状有机药品	粉状有机药品	粉状医药品
原料装入量/kg	340	300	800	250	1100	1400
原料含水率(干基)/%	0.5	5	2	0.1	19	4
产品含水率(干基)/%	0	0.1	0	0	0.2	0.5
原料粒径/mm	3×3×4	针状结晶	20 目以下		30 目以下	微粉
原料密度/(kg/m³)	700	420	800	700	550	460
干燥时间/h	2	5	4	1.5	7.5	5～6
干燥器大小						
容积/m³	0.96	1.5	1.87	0.6	3.3	9.16
直径/m	1.2	1.43	1.57	1.08	1.9	2.7
回转直径/m	1.55	1.75	1.83	1.2	2.3	3.65
物料充填率/%	50.5	48	53.5	59.5	60	33.2
总加热面积/m²	4.5	5.1	7.5	3.3	10.9	21.8
夹套内热源	热油	温水	温水	温水	蒸汽	温水
热载体入口温度/℃	80～120	60～90	40～80	45	—	70
操作真空度(表压)/Pa	13.3	4000	6650	3330	6650	107
回转数/(r/min)	5	4	4	5.1	6	1.25
功率/kW	2.2	1.5	1.5	0.75	7.5	5.5
真空装置	活塞式真空泵	蒸汽喷射泵	液环式真空泵	液环式真空泵	水喷射泵	回转真空泵
排气量/(m³/min)	10		4.7			
功率/kW	1.5		11			
集尘装置	0.8m² 袋式过滤器	无	无	旋风分离器	4m² 袋式过滤器	旋风分离器

表 26-44　搪玻璃双锥回转型真空干燥器规格

外　形　尺　寸	容　　积							
	200L	300L	500L	1000L	1500L	2000L	3000L	5000L
D/mm	812	912	1066	1316	1466	1666	1870	2080
L/mm	2050	2150	2750	3002	3222	3700	3865	4020
K/mm	890	890	1320	1320	1520	1520	1650	1800
H/mm	1760	1850	2490	2460	2130	3140	3500	3880
$G_{抽}$	G1in	G1in	M56×2	M56×2	G2½in	DN65	DN80	DN100
$G_{进}$	G½in	G½in	G1in	G1in	G2in	G2in	G2½in	G2½in
$G_{出}$	G½in	G½in	G1in	G1in	G1½in	G1½in	G2in	G2in
电机功率/kW	0.75	1.1	1.5	1.5	3	5.5	7.5	11
总质量/t	1.05	1.15	2.55	3.2	3.9	4.1	5.8	7.5

注：1in=2.54cm。

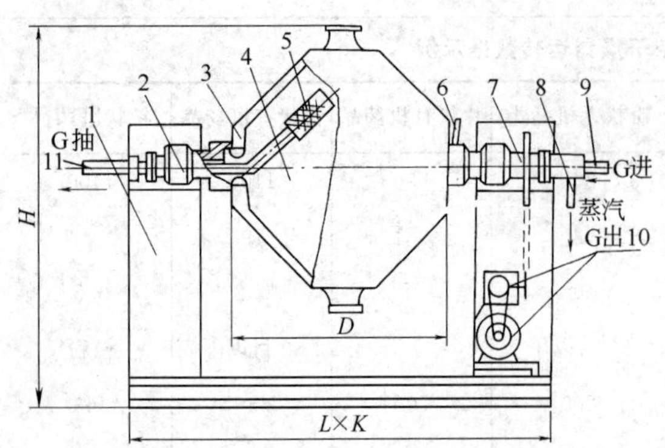

图 26-58 搪玻璃双锥回转型真空干燥器

1—支架；2—轴承；3—夹套；4—搪玻璃罐体；5—真空过滤器；6—回水管；7—链轮；8—出汽水管；9—进汽水管；10—电动机、减速机；11—抽气管

10.3 耙式真空干燥器

表 26-45 为天华化工机械及自动化研究设计院研制的新型耙式真空干燥器的主要规格参数。

耙式真空干燥器的规格、性能和应用见表 26-46。其改进后的结构如图 26-59 所示，特点如下。

① 搅拌轴及搅拌叶片为空心结构，流道先进，强化传热。

② 筒体为半管式折流型夹套，流速高，传热效果好。

③ 采用不泄漏的密封结构。

10.4 附属设备

真空干燥器的主要附属设备有真空泵、冷凝器、粉尘捕集器。用热载体加热时应有热载体加热器。这些设备的形式和大小应根据装置的各种条件，亦即容量、真空度、干燥温度、干燥时间、速率和有无蒸汽回收等来确定。

表 26-45 新型耙式真空干燥器的主要规格参数

型号	全容积/m^3	搅拌轴转速/(r/min)	电动机功率/kW
ZPG-300	0.3	3～12	2.2～4
ZPG-1000	1.0	3～12	3～5.5
ZPG-1500	1.5	3～12	4～7.5
ZPG-2000	2.0	3～12	7.5～15
ZPG-2500	2.5	3～12	7.5～15
ZPG-3000	3.0	3～12	11～18.5
ZPG-4000	4.0	3～12	15～22
ZPG-6000	6.0	3～12	22～37
ZPG-8000	8.0	3～12	37～55
ZPG-10000	10.0	3～12	45～75

10.5 回转真空干燥联合机

国内研究院研制的安瓿瓶胶塞-灭菌-干燥联合机组，用于医药粉针制剂分装生产中。将胶塞在盖瓶之前的清洗、灭菌、硅化、干燥等数道工序在本机内一次处理。操作过程为，胶塞由真空抽入机内，洗涤采用沸腾流化清洗法，洁净水和洁净空气由机底引入，采用洗涤剂清洗，硅油硅化，然后直接引入蒸汽灭菌。机身可摇摆和旋转，干燥至胶塞含水量小于 0.1%

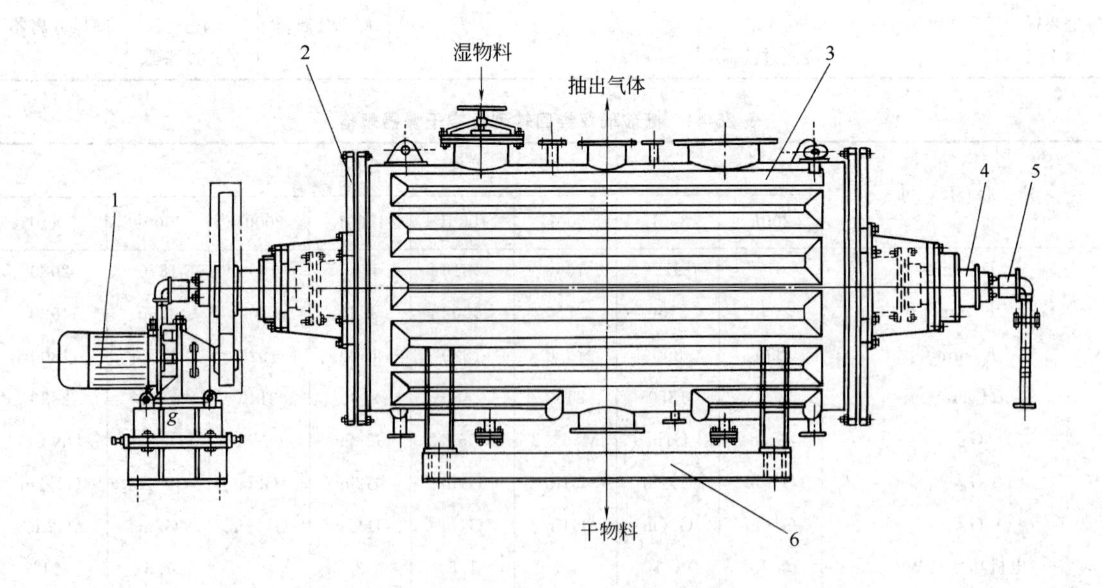

图 26-59 耙式真空干燥器改进后的结构

1—传动系统；2—端座；3—筒体；4—搅拌轴；5—旋转接头；6—机架

表26-46 耙式真空干燥器的规格、性能和应用

设备参数	粒状卡普隆聚合体	膏状卡叽2G	粗品水杨酸中间体	精品水杨酸中间体	蒽醌	GB染料	膏状AS中间体	浆状还原染料中间体	悬浮液还原橄榄绿B	淀粉
尺寸(直径×长度)/mm	φ600×1500	φ900×1800	φ1400×4000	φ1300×900	φ800×2000	φ800×2000	φ1130×2400	φ800×2000	φ800×2000	φ2140×1100
材料	不锈钢	碳钢	碳钢	不锈钢	碳钢	碳钢	碳钢	碳钢	碳钢	碳钢
转速×功率/[(r/min)×kW]	7×4.5	5×4.5	4.5×20	10×2.8	5×8	6×4.5	4×7.5	5×3	5×3	5×35
耙齿反向时间/min		15	5			15	15			
真空泵型号(功率/kW)	三级蒸汽喷射泵(1.1MPa)	U形(5.8)	往复泵(5.5)	水环式(7)	U_5(5.5)	水环真空泵(10)	水环真空泵(10)	水环真空泵(5.5～28)	(5.5)	PMK水环泵(28)
加料形式(功率/kW)		人工	人工	人工	人工	人工	人工	人工	用泵输送	螺旋加料(2.2)
卸料形式(功率/kW)		人工	星形下料阀(1)	人工	人工	人工	人工	人工	人工	螺旋下料(1.7)
加热方式	≤0.15MPa蒸汽加热	0.4MPa蒸汽	0.05MPa蒸汽	0.02MPa蒸汽	0.3MPa蒸汽	100℃热水	0.3MPa蒸汽	0.3MPa蒸汽		
进、出干燥器物料湿含量	10%、0.05%	60%、0.5%	30%、0.3%	20%～15%、0.5%	60%、1%	90%、0.5%		80%、<1%	65%～71%、5%	35%、10%
干燥器温度/℃	105×110	90	50～60		100～110		100～120	100	150	50
产量/(kg/h)	60～80	5.4	320～400	60	15	55	约130	16	18	1400
产品粒度	3mm正形									
物料在干燥器内的停留时间/h	8	30	2～3	50min	12	16	8～9	24	17	1.5
干燥器内的真空度/kPa	100	66～80	66～80	80	80～93	27	60～66	66～80	27～93	80
操作方式	间歇	间歇	间歇	间歇	间歇	间歇	间歇	间歇	间歇	间歇
辅助设备 干法除尘器				有	有	有	有	有		有
辅助设备 湿法除尘器				有	有	有	有	有		有
辅助设备 冷凝器				有	有	有	有	有		有
辅助设备 受槽				有	有	有	有	有		有

或小于0.05%。整批操作后，胶塞可在100级净化无菌区控制下分装。安瓿瓶胶塞清洗-灭菌-干燥联合机组操作步骤示意如图26-60所示，机组设备一览见表26-47。

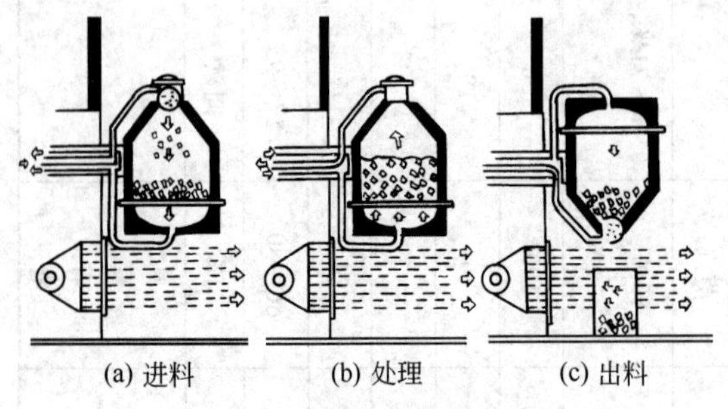

图26-60　安瓿瓶胶塞清洗-灭菌-干燥联合机组操作步骤示意

表26-47　JS-90、JS-140型胶塞清洗-灭菌-干燥联合机组设备一览

设备名称	规格/mm	件数	材　料
真空储罐	ϕ1000×2300	1	Q235-A
真空过滤器	ϕ500×1300	1	Q235-A
15m^2 冷凝器	ϕ470×2300	1	Q235-A
蒸汽过滤器	ϕ500×1150	1	Q235-A
蒸汽砂芯过滤器	ϕ430×930	1	0Cr18Ni9
自来水过滤器	ϕ273×1900	1	0Cr18Ni9
加料器	ϕ250×750	1	0Cr18Ni9
胶塞清洗干燥器	3100×1410×2400	1	0Cr18Ni9
			Q235-A
电器箱	1000×700×1000	1	Q235-A
空气储罐	ϕ1200×3400	1	Q235-A
集雾器	ϕ108×560	1	Q235-A
空气过滤器	ϕ159×450(JS-90型)	1	0Cr18Ni9
	ϕ325×450(JS-140型)		
翅片加热器	ϕ400×1700	1	0Cr18Ni9 紫铜
电加热器	15kW(JS-90型)	1	0Cr18Ni9
	25kW(JS-100型)		
无盐水过滤器	ϕ273×1208	1	0Cr18Ni9
无盐水储罐	ϕ1000×1690	1	0Cr18Ni9
F型耐腐蚀离心泵	F65-25	1	0Cr18Ni9

11　槽型搅拌干燥器

槽型搅拌式干燥器的槽身内配置带有中空翼片的单轴、双轴或四轴传热搅拌器，槽型机身带夹套传热，槽内物料在强制搅拌中接受热量而蒸发水分。一般难以在流化床干燥器中干燥或有较强黏附性的物料，均可在槽型搅拌干燥器中进行有效干燥。随着干燥技术的发展，近年来干燥器逐渐采用间壁传热方式来将干燥所需热量传递给物料，蒸发的水蒸气则以少量干燥介质或以抽真空方式移走。依据这一新动向，在槽型搅拌干燥器中出现了内热板式槽型真空干燥器。

11.1　特点

① 传热系数高，体积和占地小，具有较大传热面积，所以有较高热效率。

② 运行成本低。由于主要热量不是由热风供给，因此，所需热风量极少，使附属装置小型化。槽身夹套和翼片的间接给热省能，运行成本低，尾气处理容易。

③ 适宜高湿分原料处理。由于强制搅拌传热，特别对微粒子、高湿分原料的处理最合适。入口处的块状料在完成干燥后，不会凝集成块。

④ 操作弹性大。由于搅拌器可以调速，故操作弹性大；根据物料干燥特性，既可以连续操作，也可以间歇操作。

槽型搅拌干燥器存在以下问题。

① 出料排尽有难度。由于槽型机的结构特点，难以将滞留物完全排尽，残留量占10%～20%。故对操作结束后的排料和清洗带来一定不便，当然也可安装附属机构帮助清理，但较复杂。

② 使用时要注意含有结晶水原料的干燥。含有结晶水的原料在干燥时，固、液平衡被迅速破坏，会生成很多表面水分，造成设备过负荷。例如赖氨酸、磷酸三钠等水溶性物质，当产生表面水分时发生自溶现象，阻碍干燥操作的进行。另外，机内滞留物冷却后会再结晶形成固结再次启动或拆卸轴时，会很困难。应用时要予以注意。

11.2　结构类型

11.2.1　楔形翼片型搅拌干燥器

这种机型的传热翼片呈楔形，对应轴的翼片有部分重叠（图26-61）。用于进行高湿分、强附着性原料的干燥，楔形上端小叶片可起到自清理和推进作用。传热系数与媒体种类、原料特性关系密切，一般在干燥处理时为116～350W/(m^2·K)，冷却处理时为70～150W/(m^2·K)，使用温度为60～300℃，用于冷却处理时为5～32℃。

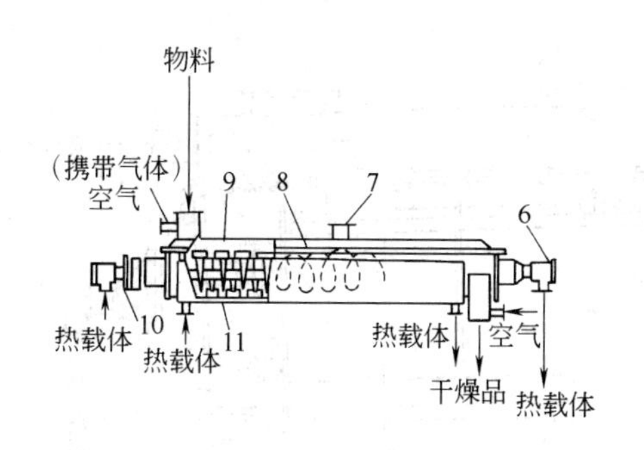

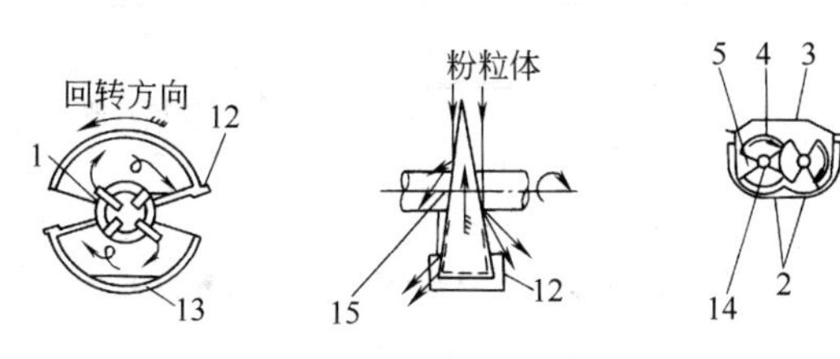

图 26-61 间接加热式槽型搅拌干燥器(低速搅拌型)

1,14,15—回转轴;2,11—简体夹套;3,8—上盖;4,9,13—空心楔形加热叶片;5—加热叶片缺口;6—回转接头;7—排气口;10—驱动电动机;12—搅拌辅助叶片

11.2.2 浆叶干燥器

浆叶干燥器是结构紧凑的热传导型干燥设备,主要由热轴、机身、端座、上盖及传动系统组成,热轴由叶片、轴管、轴头组成,其内部流道合理,使传热面积占总干燥器传热面积的80%左右。旋转的叶片对物料能产生挤压和松弛作用,提高干燥效率(图26-62)。

浆叶干燥器分蒸汽型和热水型(或导热轴型)两种,可连续或间隙操作,能适应各类物料的干燥。对黏稠状、浆液状等易粘壁物料进行干燥时,设置了内、外返料结构,使干、湿液按一定比例混合,避免物料与内壁的黏结。

表26-48为JG型浆叶干燥机的主要规格及参数。

例12 某厂进行催化剂项目改造,需要一台产量为500kg/h的浆叶干燥机,连续操作,要求根据以下条件进行设备选型。

设计条件	
被干燥物料	催化剂滤饼
物料中的湿分	水
产量 G_2	500kg/h
进口物料湿含量(湿基)w_1	约65%
出口物料湿含量(湿基)w_2	<40%
物料堆积密度 ρ_s	≥500kg/m³
物料比热容 c_s	0.8kJ/(kg·K)
加热蒸汽温度 T	150℃
进口物料温度 T_1	25℃
出口物料温度 T_2	95℃

解 ① 计算每小时水分蒸发量 W

$$W=G_c(x_1-x_2)\quad \mathrm{kg/h}$$

式中 G_c——绝干物料的产量,kg/h;

x_1,x_2——进、出口物料的干基湿含量。

$$G_c=G_2(1-w_2),\ x_1=\frac{w_1}{1-w_1},\ x_2=\frac{w_2}{1-w_2}$$

式中 w_1,w_2——进、出口物料的湿基湿含量。

由此得

$$W=G_c(x_1-x_2)=357\mathrm{kg/h}$$

② 干燥所需要的热量 Q

干燥过程消耗的热量由四部分组成:蒸发水分消耗热量 Q_1;干燥产品带走热量 Q_2;载气带走热量 Q_3;设备热损失 Q_4。在浆叶干燥过程中,进入干燥机的载气量很少,因此,在工程计算中,载气带走的热量可忽略不计,即 $Q_3=0$。

由于热轴是浆叶干燥机的主要传热表面,而热轴与外界隔离,这部分传热面没有热损失,因此,浆叶干燥机的干燥过程中,设备表面散热少,一般取 Q_4 为总热量的5%。由此得

$$Q=Q_1+Q_2+Q_3+Q_4=Q_1+Q_2+(Q_1+Q_2)\times 0.05$$

$$Q_1=W\ [r_i+(T_2-T_1)\times c_i]=9.16\times 10^5\mathrm{kJ/h}$$

$$Q_2=G_2(T_2-T_1)[(1-w_2)c_s+w_2c_i]=0.75\times 10^5\mathrm{kJ/h}$$

$$Q_3=0$$

$$Q_4=(Q_1+Q_2)\times 0.05=0.50\times 10^5\mathrm{kJ/h}$$

式中 r_i——水的汽化潜热,2271kJ/kg;

c_i——水的比热容,4.1868kJ/(kg·K)。

由此得干燥过程所需全部热量为

$$Q=(9.16+0.75+0.50)\times 10^5=10.41\times 10^5(\mathrm{kJ/h})$$

③ 计算传热面积 A

a. 对数平均温差

$$\Delta T_m=\frac{(T-T_1)-(T-T_2)}{\ln\dfrac{T-T_1}{T-T_2}}=85℃$$

b. 传热系数

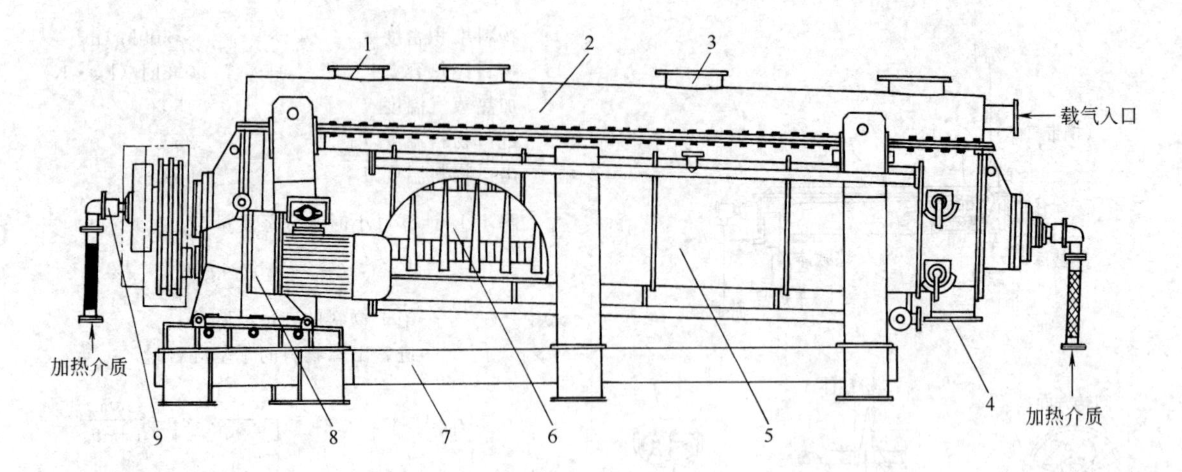

图 26-62　桨叶干燥机结构

1—进料口；2—上盖；3—排气口；4—出料口；5—夹套；6—桨叶轴；7—机架；8—传动系统；9—旋转接头

表 26-48　JG 型桨叶干燥机产品的主要规格及参数

规　格	传热面积/m^2	电机功率/kW	转速/(r/min)	参考外形尺寸/mm		
				长	宽	高
JG-3	3	3～5	2～20	2500	600	1200
JG-6	6	5～7.5	2～20	3721	900	1200
JG-10	10	7.5～11	2～20	4000	1250	1450
JG-15	15	15～18.5	2～20	5200	1400	1720
JG-20	20	15～22	2～20	5800	3120	2190
JG-25	25	15～22	2～20	6000	1700	2000
JG-30	30	22～30	2～20	6600	2920	1700
JG-35	35	22～30	2～20	6664	2965	1920
JG-40	40	30～45	2～20	7572	2987	2200
JG-50	50	45～55	2～20	7527	3025	2200
JG-60	60	45～55	2～20	8150	2150	2400
JG-75	75	45～55	2～20	9075	3780	3900
JG-85	85	55～75	2～20	9000	3800	3000
JG-100	100	75～2×55	2～20	9300	3000	2700
JG-105	105	75～2×55	2～20	9300	4600	3000
JG-115	115	2×55	2～20	10100	6050	2950
JG-120	120	2×75	2～20	9200	4500	2950
JG-140	140	2×75	2～20	10400	6050	2900
JG-160	160	2×75	2～20	10580	6050	4560
JG-185	185	2×75	2～20	9980	6530	3750

确定桨叶干燥机的传热系数有理论计算、经验关联、实验测定三种方法。

实验测定是通过相同或相似装置的运行参数，求取传热系数的方法。在本次计算中采用实验测定法确定桨叶干燥机的传热系数，本次实验值 $K=145\ \mathrm{W/(m^2 \cdot K)}$。由此得传热面积为

$$A=\frac{Q}{K\Delta T_{\mathrm{m}}}=23.46\mathrm{m}^2$$

圆整取 $A=25\mathrm{m}^2$。

④ 设备规格

型号　JG-25

传热面积　$25\mathrm{m}^2$

设备尺寸(长×宽×高)　6000mm×1700mm×2000mm

实际运行结果表明，设计选型是成功的，设备运行很稳定，能够满足生产要求。

11.2.3　单轴圆板型和单轴环型搅拌干燥器

如图 26-63 所示为单轴圆板型搅拌干燥器，圆板外缘线速度较高。在槽壁上安装有伸向搅拌圆板附近的固定杆。可以防止物料随圆板共同旋转，增加物料的搅动，以大幅度提高传热系数。

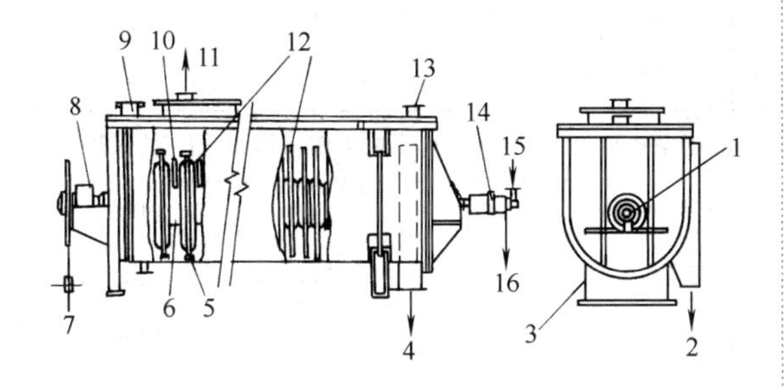

图 26-63　单轴圆板型搅拌干燥器

1,8—轴承；2,4—干燥品出口；3—支座；5—蒸汽夹套；6—回转轴；7—驱动电动机；9—物料加入口；10—固定杆；11—排气口；12—空心圆板（圆盘）加热体（搅拌叶片）；13—携带气体入口；14—回转联轴节；15—热载体入口；16—热载体出口

如图 26-64 所示为单轴环型搅拌干燥器。单轴型对于加压或真空干燥，就结构强度来说是十分有利的。

11.2.4　单轴圆盘型搅拌干燥器

如图 26-65 所示为单轴圆盘型搅拌干燥器。其特点是在两相邻的传热圆板外缘交叉装有搅拌桨，主要应用于流动性好的物料，帮助物料搅动，同时有利于滞留物料的排出。

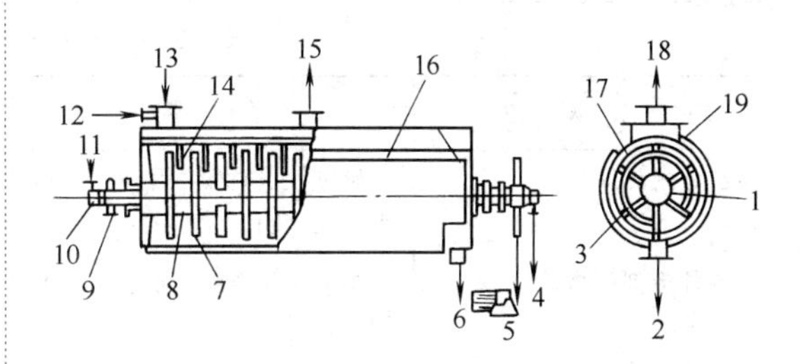

图 26-64　单轴环型搅拌干燥器

1—回转器；2,6—干燥品出口；3,16—筒体；4—热载体出口；5—驱动电动机；7,17—空心环状加热体（搅拌叶片）；8—回转轴；9—轴承；10—回转联轴节；11—热载体入口；12—气体入口；13—物料加入口；14,19—固定杆；15—排气口；18—排气口

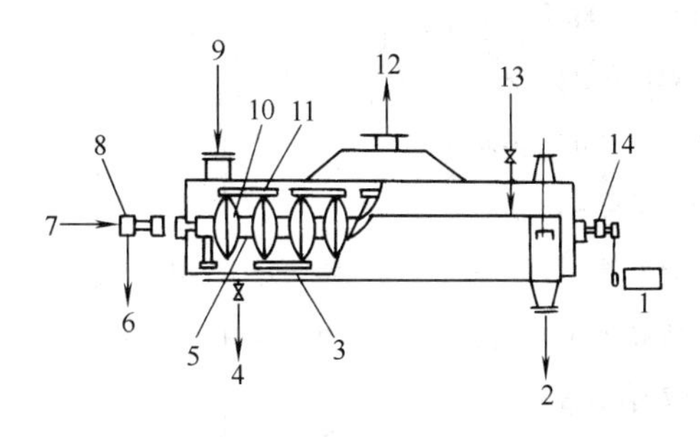

图 26-65　单轴圆盘型搅拌干燥器

1—驱动电动机；2—干燥品出口；3—筒体夹套；4,6—热载体出口；5—回转轴；7,13—热载体入口；8,14—回转联轴节；9—物料加入口；10—空心圆板(圆盘)型加热体；11—搅拌桨；12—排气口

11.2.5　单轴清扫齿型搅拌干燥器

如图 26-66 所示为单轴清扫齿型搅拌干燥器搅拌与清扫部件，各个传热翼顶端带有清洁齿，用于搅拌物料，并清扫槽体内壁。在主轴一侧，还有一根清洁轴，当主轴转动一圈，清洁轴转四圈，将板状传热翼面的附着物剥离，而且还有增加滞留物混合度的作用。

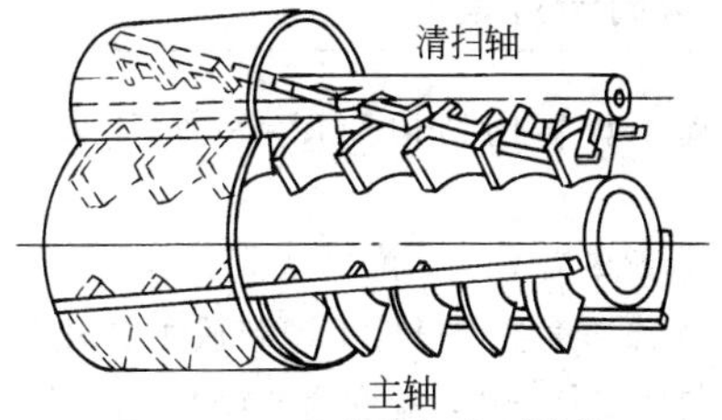

图 26-66　单轴清扫齿型搅拌干燥器的搅拌与清扫部件

除干燥外，这种机型还可用于混合、混炼、反应处理等。传热翼也相应有几种变型形式。

11.3　槽型搅拌干燥器的应用（表 26-49 和表 26-50）

表 26-49 槽型搅拌干燥器应用范围

应用对象	举例	应用对象	举例
高水分耐热原料	碳酸镁、氢氧化铝、陶土、造纸废泥、鱼粉	大粒径物料	小麦、豆类、聚合物切片
含各种溶剂的物料	高分子聚合物(可进行溶剂回收)	高磨性粉	三氧化二铝、硅石、陶瓷原料、萤石
微粉体物料的干燥及冷却	染料、石墨、二氧化锰、小麦粉淀粉		

表 26-50 槽型搅拌干燥装置运转实测数据

项目		碳酸钙	高岭土	聚丙烯粉末	酱油粕	煤粉	氯化钾	ABS树脂粉末
处理量/(kg/h)		1000	4000	6300	1670	670	360	1500
干燥前水分(干基)/%		11	31.6	有控溶剂	40.8	38.8	5.3	100
干燥后水分(干基)/%		0.5	6.9	0.01	3×1.5t	5.3	0.05	1.5
材料平均粒径/mm		0.01	0.22	0.23	鳞片状	0.05	0.18～0.84	0.27
热媒种类		水蒸气	水蒸气	水蒸气	水蒸气	水蒸气	水蒸气	水蒸气
热媒温度/℃		164	164	120	161	170	178	115
干燥时间/min		27	33	20	16	120	45	120
传热面积/m^2		17.7	49	82.5	26.3	34.8	10.4	195
搅拌轴回转数/(r/min)		30	18	18	20	27	16	9
电动机功率/kW		7.5	7.5×2	22×2	5.5×2	19	3.7	37
搅拌翼形式		中空楔形	中空楔形	中空楔形	中空楔形	中空圆板形	中空圆板形	中空圆板形
干燥器尺寸/mm	回转体直径	500	600	800	400	1210	660	2130
	机体宽度	920	1900	2700	1270	1370	780	2286
	机体高度	720	850	1050	600	1500	1050	2800
	机体长度	3100	4000	4600	3550	2250	2100	4500

12 滚筒干燥器

滚筒干燥器的结构如图 26-67 所示，其特点如下。

① 热效率为 70%～90%。

② 干燥速度快，筒壁上湿料膜的传热与传质过程由里向外方向一致，温度梯度较大，使料膜表面的蒸发强度较高，一般为 30～70kg $H_2O/(m^2 \cdot h)$。

③ 干燥时间短，为 10～15s，适用于热敏性物料。

④ 操作简便，质量稳定，节省劳动力，如果物料量很少，也同样可以处理。

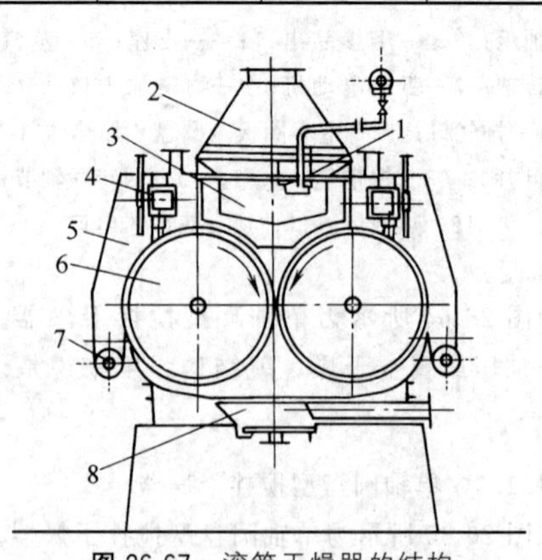

图 26-67 滚筒干燥器的结构

1—原料加入装置；2—罩子；3—加料器；4—刮刀机械；5—侧罩；6—圆筒；7—输送器；8—底罩

12.1 进料方式

滚筒干燥器原料液的进料方式如图 26-68 所示，刮刀机构装在圆筒的下部。

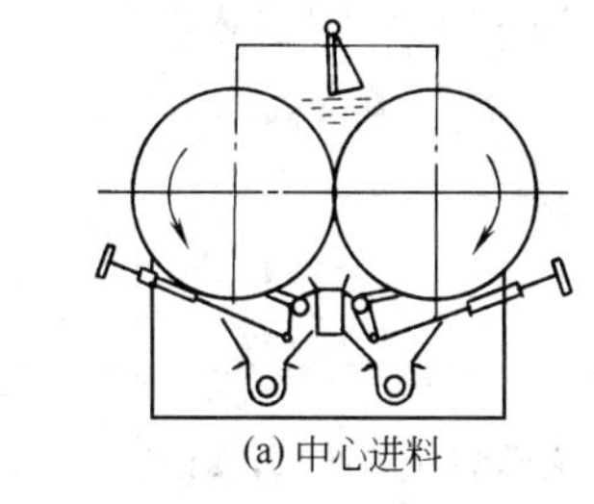
(a) 中心进料

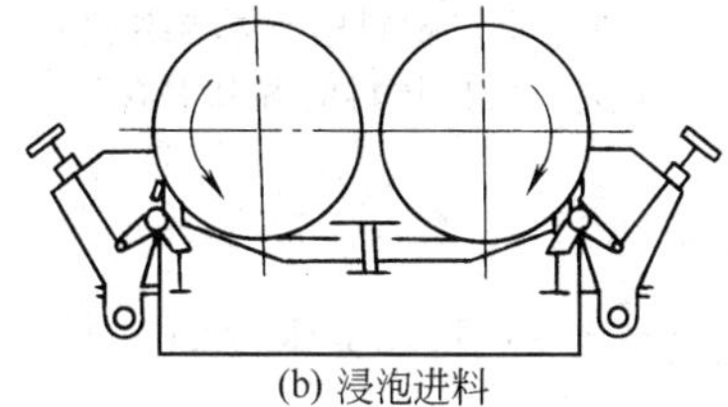
(b) 浸泡进料

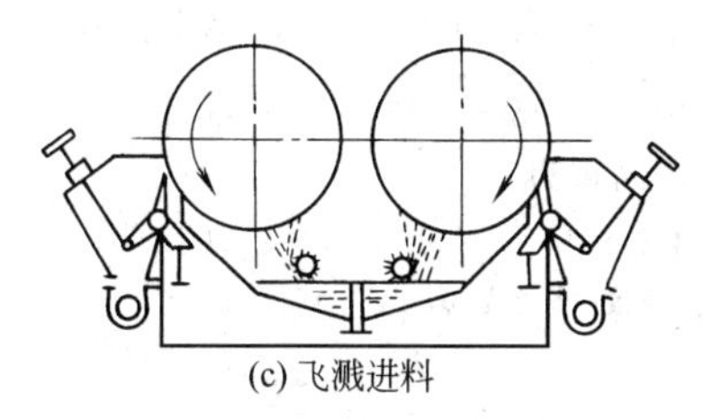
(c) 飞溅进料

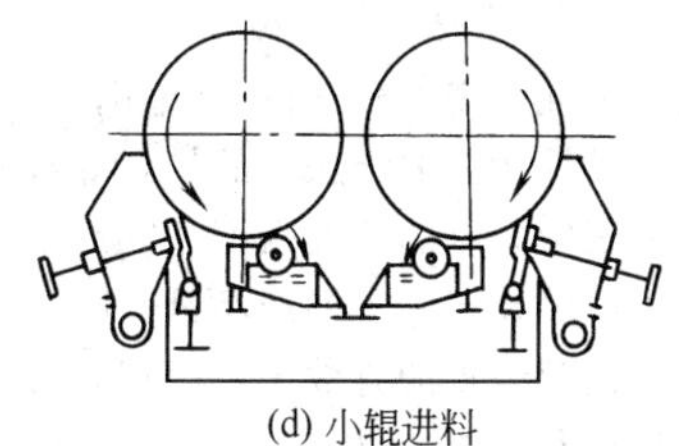
(d) 小辊进料

图 26-68 滚筒干燥器原料液的进料方式

(1) 中心进料

在圆筒上部装有进料箱，运转时，两圆筒间隙为零，物料从两圆筒之间的中心部位加入，适用于浓缩时有结晶析出的场合。

(2) 浸泡进料

在筒底有蝶形液槽，用它供给原料液。液槽有溢流管，使液面保持恒定。筒体浸泡深度往往直接影响在筒壁上形成液膜的厚度，这是操作时要十分注意的。在槽内还装有盘管用以加热或冷却料液，以保持料液之浓度。

(3) 飞溅进料

适宜于低浓度溶液的处理。

(4) 小辊进料

在液槽内安装有两个小辊，且浸没在液体中。小辊与滚筒之间保持一定的间隙。小辊转速的高低，决定在滚筒上形成液膜的厚薄，所以可根据溶液的浓度来调节小辊的转速。

12.2 一般技术参数

传热速度 v 523～700W/(m^2·K)

干燥时间 5～60 s

筒体转速 n 4～6r/min（对稀薄液体 n=10～20r/min）

液膜厚度 0.3～5mm

干燥速度 15～30kg H_2O/(h·m^2)

温差 Δt 40～50℃

功率 P 0.44～0.52kW/m^2

热效率 η 70%～90%

12.3 滚筒干燥器的应用

滚筒干燥器的运转实例示例见表 26-51。

表 26-51 滚筒干燥器的运转实例示例

形式	供液方式	处理物料	含水率(湿基)/%		加热源蒸汽压力(表压)/MPa	圆筒回转数/(r/min)	干燥能力/[kg/(h·m²)]	圆筒直径 ϕ×长度 L/mm
			原料液	产品				
双筒	顶部进料	啤酒酵母	84	5.0	0.7	8	12.71	1250×3000
双筒	顶部进料	活性污泥	92	10.0	0.7	3	2.12	1250×3000
双筒	顶部进料	石灰泥	60	12	0.6	5	23.53	900×2400
双筒	顶部进料	电镀废液	93	5.5	0.6	4	2.08	1250×3000
双筒	顶部进料	未过滤的酒的废液	85	14	0.7	2	5.73	1500×3500
单筒	侧向进料	氰化碱	90	3	0.7	4	3.57	1250×2500
单筒	浸泡进料	染料	50	0.4	0.3	4	14.04(真空度150mmHg)	1700×5000
双筒	小辊进料	食品添加物	60	4	0.3	4	211.73	1000×2500

注：1mmHg=133.32Pa。

12.4 单筒型转筒干燥器

单筒型转筒干燥器的技术参数和结构见表26-52和图26-69。

表26-52　单筒型转鼓干燥器的技术参数

鼓径×鼓长/mm	转鼓转速/(r/min)	有效干燥面积/m^2	电动机功率/kW
ϕ600×600	0.3~15	1.13	2.2~3
ϕ800×1200	0.3~15	3.01	3~5.5
ϕ1200×1200	0.3~15	4.52	5.5~7.5
ϕ1200×1500	0.3~15	5.65	5.5~7.5
ϕ1250×2000	0.3~15	7.85	7.5~11
ϕ1250×3000	0.3~15	11.78	11~15
ϕ1400×1600	0.3~15	7.03	5.5~11
ϕ1400×1800	0.3~15	7.91	5.5~11
ϕ1600×1800	0.3~15	9.04	7.5~15
ϕ1600×3600	0.3~15	18.09	15~18.5
ϕ1800×2400	0.3~15	13.57	11~18.5
ϕ2300×3000	0.3~15	21.67	15~22

例13　某厂生产磷酸二氢钠，要求根据以下条件选择一台合适的转鼓干燥机。

设计条件

物料名称	磷酸二氢钠
进料状态	溶液
溶剂	水
蒸汽温度 T	160℃
进口物料湿含量（湿基）w_1	约60%
出口物料湿含量（湿基）w_2	≤3%
进料量 G_1	约1000kg/h
液态物料的密度	约1050kg/m^3

试验计算法一般在保持相同的操作条件（转鼓转速、筒壁温度、布膜方式等）下，通过试验确定待干燥物料的蒸发强度等有关数据，根据工业中的产量采用类比法计算干燥面积，进一步确定设备尺寸。计算步骤如下。

解　① 物料衡算

根据设计要求，液料处理能力为

$$G_1=1000\text{kg/h}$$

蒸发水分量为

$$W=G_c(x_1-x_2)\quad \text{kg/h}$$

$$G_c=G_1(1-w_1),\ x_1=\frac{w_1}{1-w_1},\ x_2=\frac{w_2}{1-w_2}$$

式中　G_c——绝干物料的产量，kg/h；

x_1，x_2——进、出口物料的干基湿含量；

w_1，w_2——进、出口物料的湿基湿含量。

由此得到

$$G_c=1000\times(1-60\%)=400(\text{kg/h})$$

$$x_1=\frac{60\%}{1-60\%}=1.5(\text{kg 水/kg 绝干物料})$$

$$x_2=\frac{3\%}{1-3\%}=0.03(\text{kg 水/kg 绝干物料})$$

$$W=400\times(1.5-0.03)=588(\text{kg/h})$$

干燥产品量为

$$G_2=G_1-W=1000-588=412(\text{kg/h})$$

② 干燥面积（A_y）

$$A_y=\frac{W}{R'_m}=\frac{G_2A'_y}{G'_2}$$

式中　W——设计所需的蒸发量，kg/h；

G_2——设计所需的干燥产品量，kg/h；

R'_m——试验装置的蒸发强度，kg/(m^2·h)；

G'_2——试验装置的干燥产品量，kg/h；

A'_y——试验装置的有效干燥面积，m^2。

通过试验测得：在ϕ600mm×600mm（有效干燥面积为1.13m^2）的转鼓干燥机上进行试验，达到干燥要求能处理的干燥产品量为42kg/h，由此得

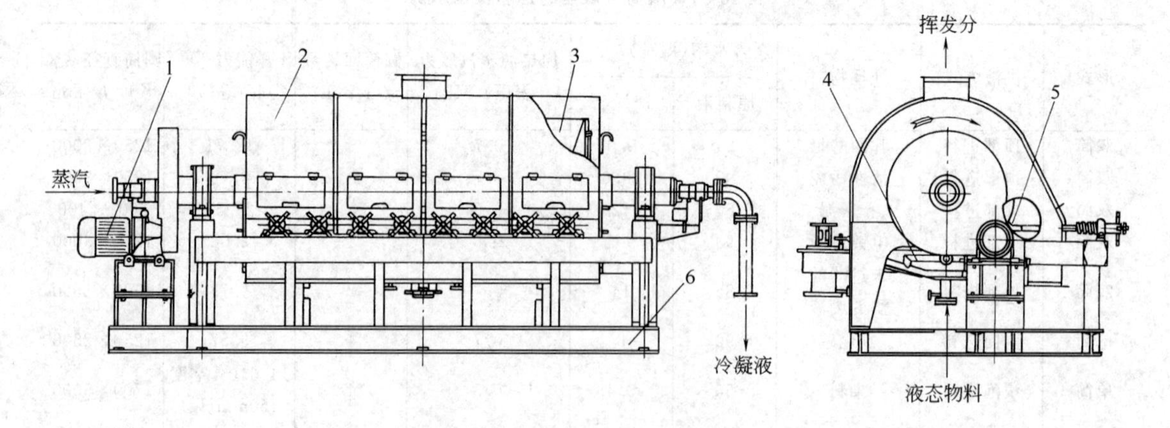

图26-69　单筒型转鼓干燥机结构

1—传动系统；2—机罩；3—转鼓；4—料盘；5—刮刀系统；6—机架

$$A_y = \frac{412\times1.13}{42} = 11.1(m^2)$$

③ 筒体直径 D 和筒体长度 L

$$D=\sqrt{\frac{360A_y}{\pi\beta\varphi_c}}$$

$$L=\beta D$$

式中　β——转鼓筒体的长径比，$\beta=L/D$，一般取 $\beta=0.8\sim2.5$；

φ_c——料膜自离开料液至刮料点的中心角，根据单鼓干燥机的结构，一般取 $\theta=220°$。

设筒体长径比 $\beta=L/D=1.0$、1.5、2.0，计算 D、L 值，见下表。

β	D/m	L/m
1.5	$D=\sqrt{\frac{360\times11.1}{\pi\times1.5\times220}}=1.964$	$L=1.964\times1.5=2.946$
2.0	$D=\sqrt{\frac{360\times11.1}{\pi\times2.0\times220}}=1.701$	$L=1.701\times2.0=3.402$
2.5	$D=\sqrt{\frac{360\times11.1}{\pi\times2.5\times220}}=1.521$	$L=1.521\times2.5=3.803$

④ 设备选型

按上表计算结果，考虑筒体加工、受力情况及系列化规格，取 $\beta=2.5$ 的计算参数。圆整后取筒径 $D=1600$mm，筒长 $L=3600$mm。从表 26-52 中选用 $\phi1600\text{mm}\times3600\text{mm}$ 的单鼓型转鼓干燥机。通过多年生产使用，证明选型正确，设备运行平稳，干燥效果良好。

13　真空冷冻干燥

真空冷冻干燥是将物料放在密封的干燥室内冷冻成固态，然后在真空下将冰升华为水蒸气，再用水冷凝器将水蒸气冷凝，其主要由物料的容器、水冷凝器和真空设备组成。冰的升华温度为－35～5℃，真空度为 0.1～0.3mmHg。真空冷冻干燥主要用于医药和食品工业。

真空冷冻干燥过程分为两个阶段，第一阶段，在远低于 0℃的温度下从冻结的物料内升华，有98%～99%的水分被除去；第二阶段，将物料升温到等于室温或略高于室温，水分减到低于 0.5%。

真空冷冻干燥所用的冻干机，主要种类如下。

(1) 柜式小型冻干机

如图 26-70 所示，适用于青霉素类冻干粉西林瓶或安瓿瓶冻干，可配自动加盖装置和取样机构，作为冻干研究和新产品工艺实验用。

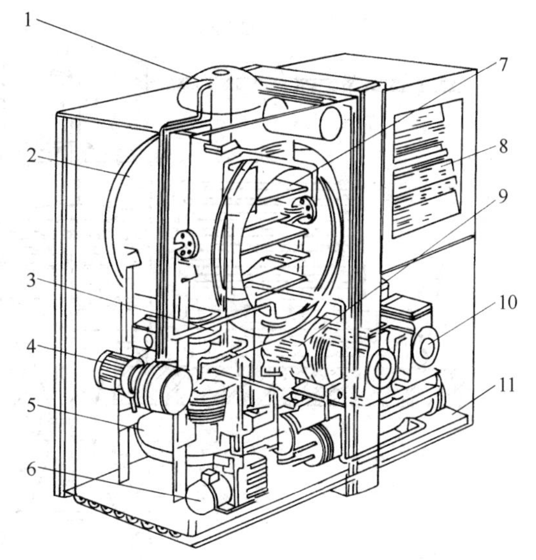

图 26-70　柜式小型冻干机的结构

1—液压油缸；2—冻干箱；3—蝶阀；4—液压泵；5—水汽凝结器；6—旋片泵；7—搁板；8—控制板；9—循环泵；10—制冷压缩机；11—机架

(2) 中型冻干机

如图 26-71 所示为中型医药用冻干机的典型结构，其冻干箱与无菌室相接，进入冻干箱内的是干燥无菌空气，以实现冻干药品无菌化。

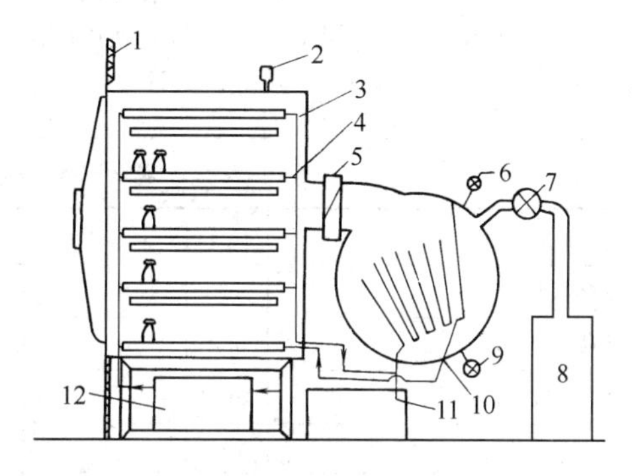

图 26-71　中型医药用冻干机的典型结构

1—无菌室墙壁；2—真空计；3—冻干箱；4—搁板；5—蝶阀；6—除霜水进口；7—电磁放气阀；8—真空泵；9—排水口；10—水汽凝结器；11—制冷系统；12—加热系统

(3) 工业生产用大型冻干机

目前医药用大型冻干机面积达 $60m^2$，食品用的达 $200m^2$。如图 26-72 所示为新型医药用冻干机的结构，其捕水器、制冷真空系统安装在底层。一层楼面是无菌室、装料、进料和卸料在不同室内进行，并实现自动压盖，达到无菌化、自动化操作。

表 26-53、表 26-54 是用于西林瓶和注射用水、去离子水的冻干机技术参数示例。

食品工业用的冻干机的特点是产量大，脱水量高，真空度低。表 26-55 为食品冻干机主要技术参数示例。

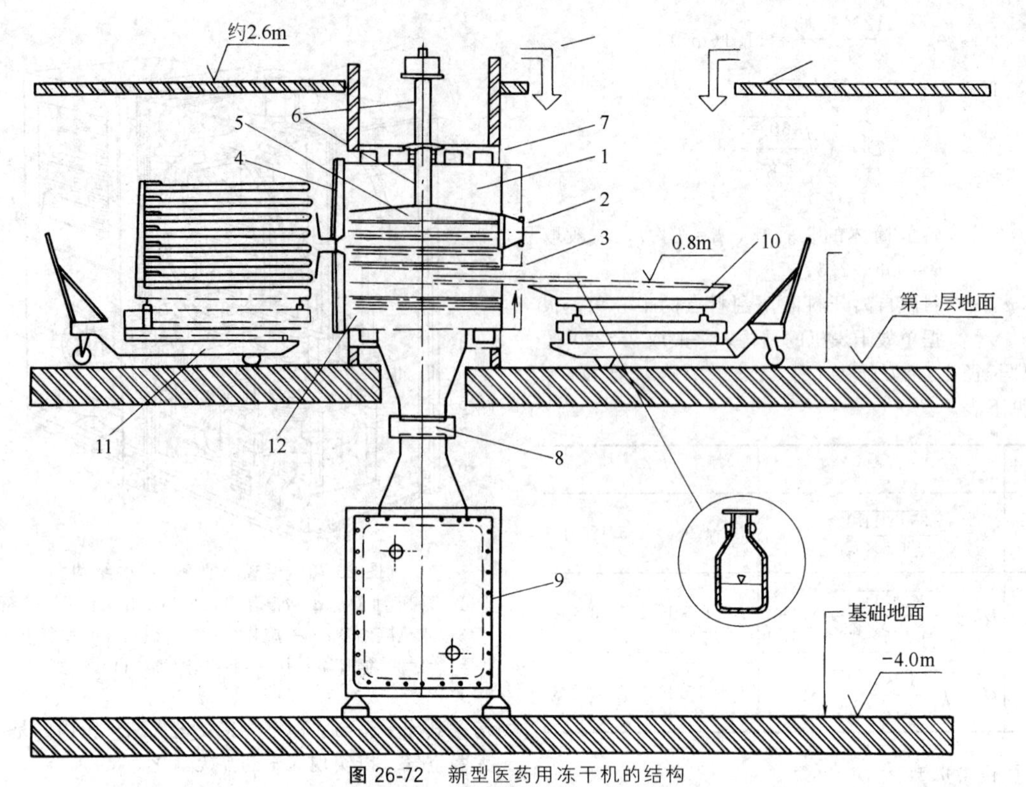

图 26-72 新型医药用冻干机的结构

1—干燥室；2—观察窗；3—自动小门通道；4—全开大门；5—加塞装置；6—密封装置；7—加强筋和灭菌后的冷却水管；8—蝶阀；9—捕水器；10—加料装置；11—卸料装置；12—搁板

表 26-53 药品冻干机技术参数示例

型号规格		0.4	1	2	3	5	8	10	13	15	20	25	30	40
有效搁板面积/m^2		0.41	1.08	2.16	3.24	5.02	7.78	10.01	13.29	14.76	19.80	24.75	29.70	42.00
西林瓶(ϕ22mm)/瓶		850	2200	4500	6800	10500	16000	21000	28000	31000	41500	52000	62500	88000
西林瓶(ϕ16mm)/瓶		1600	4400	9000	13600	21000	32000	42000	56000	62000	83000	104000	125000	175000
搁板尺寸/mm	长	450	600	900	900	915	1215	1215	1215	1215	1500	1500	1800	2000
	宽	300	450	600	600	915	915	915	1215	1215	1200	1500	1500	1500
搁板数量/块		3+1	4+1	4+1	6+1	6+1	7+1	9+1	9+1	10+1	11+1	11+1	11+1	14+1
搁板间距/mm		100(可根据用户要求另选尺寸)												
搁板温度范围/℃		−50～70		−55～70										
冷凝器捕水量/kg		8	20	40	60	100	150	200	260	300	400	500	600	800
冷凝器温度/℃		≤−55		≤−70										
极限真空/Pa		≤2.6		≤1										
装机功率/kW		4	9	18	25	30	38	55	65	75	100	120	145	165
冷却水(≤25℃)/(kg/h)		风冷	2000	4000	5000	8000	12000	15000	18000	25000	30000	35000	40000	50000
压缩空气/(m^3/min)		0.1(≥0.4MPa)												
外形尺寸/mm	长	950	2200	2500	3500	4500	4800	5200	5200	5800	6500	6500	7500	8000
	宽	850	1300	1500	1100	1400	1400	1400	1700	1800	1800	2300	2300	2300
	高	1800	2400	2500	2800	3000	3100	3400	3400	3500	3600	3600	3600	4000
质量/kg		1100	1400	2400	3200	4200	5200	6800	8500	10000	12000	15000	18000	22000

表 26-54　无菌药品冻干机技术参数示例

项目		型号规格/Lyo										
		2	3	5	8	10	13	15	20	25	30	40
有效搁板面积/m^2		2.16	3.24	5.02	7.78	10.01	13.29	14.76	19.80	24.75	29.70	42.00
搁板尺寸/mm	长	900	900	915	1215	1215	1215	1215	1500	1500	1800	2000
	宽	600	600	915	915	915	1215	1215	1200	1500	1500	1500
冻干箱设计压力/MPa		0.25										
冻干箱设计温度/℃		140										
冷凝器设计压力/MPa		0.25										
冷凝器设计温度/℃		140										
纯蒸汽/(kg/h)		60	80	120	150	200	220	250	300	350	400	500
去离子水/注射用水/(kg/次)		1500	2000	3000	3500	4000	3000	3000	3000	4000	4000	4000
装机功率/kW		20	25	32	40	55	65	75	110	125	150	170
外形尺寸/mm	长	3400	3800	4800	5300	5300	5400	5800	6500	7000	8000	8500
	宽	1500	1500	1500	1600	1600	1900	1900	1900	2400	2400	2400
	高	2700	2900	3100	3200	3500	3500	3600	3600	3700	3800	4000
质量/kg		3000	4000	5500	7500	10000	11000	12000	16000	20000	25000	30000

表 26-55　食品冻干机主要技术参数示例

型号	冻干面积/m	搁板层层数	加热温度/℃	真空度/Pa	水汽凝结能力/kg	水汽凝结器温度/℃	设备总装机功率/kW
SZDG50	50	16	20～120	100～130	700	−45～−40	180
SZDG75	75	18	约 120	100～130	1000	−45～−40	260
SZDG100	100	16×2	约 120	100～130	1400	−45～−40	300
SZDG150	150	18×2	约 120	100～130	2000	−45～−40	450
SZDG200	200	13	约 100	100～130	2000	−45～−40	122

14　远红外线干燥器

远红外线干燥器是利用远红外线辐射器发出的远红外线被加热的物质所吸收，直接转变为热能而达到干燥的目的。远红外线又称远红外辐射，波长为2.5～1000μm，界于可见光和微波之间。

远红外线干燥中，被干燥的物料中表面水分不断蒸发吸热，使物料表面温度低于内部温度，这样物料的热扩散方向是由内向外的。同时，水分由较多的内部向较小的外部进行湿扩散。所以，物料的湿扩散与热扩散方向是一致的，加速了干燥的速度。

远红外线干燥器具有高效快干、设备小、干燥质量好等优点，适用于各种有机物、高分子物质以及含有水分的各种物料的干燥。特别适用于大面积表面的加热干燥，其应用示例见表 26-56。

14.1　远红外线干燥器的结构和分类

远红外线干燥器主要由辐射器、反射集光装置等组成。

(1) 辐射器

其作用是发射远红外线。主要由以下三部分组成：涂层，其功能是在一定温度下发射出远红外线；能源，主要指电热式电阻发热体和非电热式的蒸汽、燃烧气或烟道气等，其功能是向涂层提供足够的热量，保证发射远红外线所必需的工作温度；基体，是用来安装涂层或能源体。远红外线辐射能发生器的分类见表 26-57。

远红外线干燥器除了少数为敞开式或移动式之外，一般都在一个加热装置中进行，加热装置的分类见表 26-58。

表 26-56 远红外线干燥器技术应用示例

干燥项目	干燥器型式	功率/kW	干燥时间/min
人造革增塑剂	烘 道	60	0.5
牙膏筒油墨	烘 道	4.8	3
聚碳酸酯	烘 箱	1	120
聚氯乙烯		1	
安瓿脱水	烘 房	14.5	180
聚苯砜醚	反应釜	8	360
橡胶硫化		2	
环氧树脂		远红外板	升温 78
电泳漆		62	保温 30
四环素药粉		远红外板	50kg/h
		8	
药片		远红外板	540
		1	
维尼纶丝束		钛锆喷涂	13
脱水干燥			
荧光粉干燥		远红外线	72
塑料树脂粉		远红外管	35
		7	

表 26-57 远红外线辐射能发生器的分类

特 征	类 别
辐射器的移动性	固定式和移动式
元件的外形特性	灯式、管式、板式、异形式
消耗能量形式	电加热的和热能加热的辐射器
元件自身加热方式	直热式和旁热式
隔热保温措施	敞开式和封闭式
工作空间压强	常压式和真空式
元件的操作状态	间歇式和连续式
元件工作温度	高温和低温(以 600℃为界)
通风方式	自然通风、局部或全面强制通风

表 26-58 加热装置的分类

分类方法	类 别
按体积大小分	加热炉、加热室、烘箱
按工件的移动性分	固定式、通过式(隧道式)
按工件的移动方式分	滚筒式、传送带式、叶片反板式

(2) 反射集光装置

它是利用远红外辐射线是直线传播的电磁波，在不同介质的分界面处会有反射、吸收和透射现象发生的特性，采用具有很高反射系数的金属制作反射器，以加强辐射能力。

按反射器剖面的形状可分为平面镜、球面镜、抛物面镜、双曲面镜和曲率可调反射器（图 26-73）。在反射镜的焦点上放上光源，反射出平行光源，也可把平行光束集中到焦点上（图 26-74）。

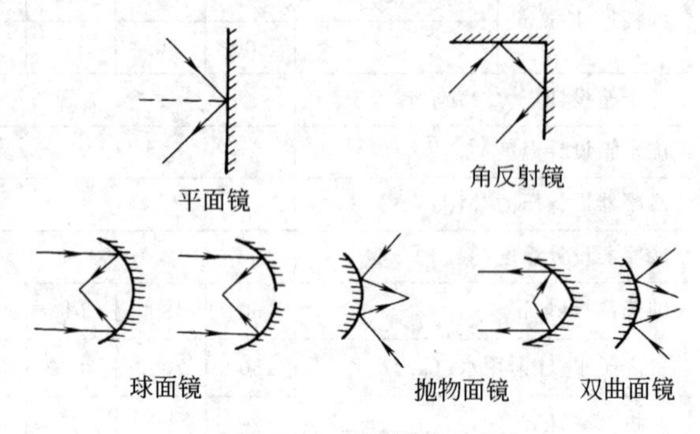

图 26-73 反射镜的形式

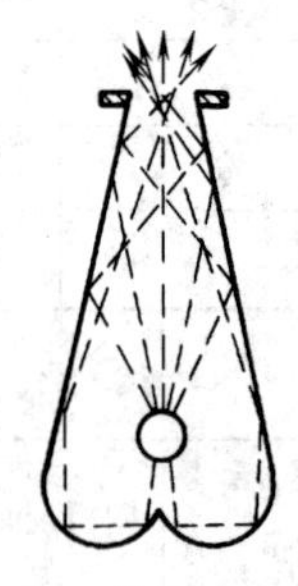

图 26-74 曲率可调反射器

反射器材料，镀金面的反射系数最大，一般使用表面进行化学或电化处理的工业铝板。

反射器的分类见表 26-59。

表 26-59 反射器的分类

特 征	类 别
平面张角	浅镜深反射镜和深镜深反射镜
剖面形状	平面镜和曲面镜
曲面形状	球面镜、抛物面镜、椭球镜、双曲面镜
曲率的变化	曲率可调镜和固定曲率镜
表面材料	镀金层、镀铬层、抛光铜、工业铝层
反射器的移动性	移动式和固定式

14.2 干燥炉的长度

固定式干燥炉的长度，主要取决于炉内工件工艺布置的总长度，即取决于一次干燥工件的批量。

有传送带的干燥炉的长度为

$$L=tv \tag{26-23}$$

式中 L ——干燥炉长度，m；

t ——干燥所需时间，min；

v ——工件移动速度，m/min。

14.3　干燥炉的功率

干燥炉的功率可由式（26-24）确定。

$$W=\frac{1.2Q}{860\eta} \tag{26-24}$$

$$Q=Q_1+Q_2+Q_3+Q_4$$

式中　W——干燥炉的功率，kW；

Q——加热所需热量，kcal/h（1kcal＝4.18kJ，下同）；

Q_1——加热工件基体所需热量，kcal/h；

Q_2——加热工件基体上附加物（油漆等）所需热量，kcal/h；

Q_3——加热输送设备（小车、悬链、挂具等）所需热量，kcal/h；

Q_4——通过炉壁、门缝、进出口孔洞及排放烟气损失的热量，kcal/h；

1.2——考虑到未可预见热损失的折合系数；

η——干燥炉效率，密封式加热干燥炉可取 η＝0.6～0.85，通过式干燥炉可取 η＝0.5～0.6；敞开炉可取 η＝0.25～0.35。

表 26-60　炉膛热强度的经验数据　单位：kJ/(h・m³)

炉膛有效容积/m³	炉膛的温度		
	＜200℃	＜300℃	＜450℃
＜1	6.3～8.4	16.7～33.5	37.7～50.1
＜10	4.2～6.3	6.3～8.4	16.7～33.5
＜100	3.1～4.2	4.2～6.3	6.3～8.4
＞100	2.1～3.1	2.1～4.1	4.2～6.3

炉膛热强度的经验数据见表 26-60，也可根据此表再折算为功率。

15　高频干燥器和微波干燥器

高频和微波干燥技术是在高频率的电磁场作用下，物料吸收电磁能量，在内部转化为热而进行干燥。高频干燥是指高频介质加热干燥，所使用的频率一般在 150MHz 以下。微波干燥所使用的频率一般在 300MHz 以上。

高频和微波加热干燥的分类及其对应的频谱见表 26-61。

15.1　高频干燥器

几种高频加热干燥器的技术参数见表 26-62。如图 26-75 所示为高频真空干燥器的结构。该高频设备功率为 100kW，被加工的物料是烟叶。

该机的生产特性如下。

生产能力　0.421～0.86t/(台・h)

脱水效能　3.61kW・h/kg 水

烟叶进机温度　0.75℃

烟叶出机温度　54℃

工作环境含尘量　2.35mg/m³

表 26-61　高频和微波加热干燥的分类及其对应的频谱

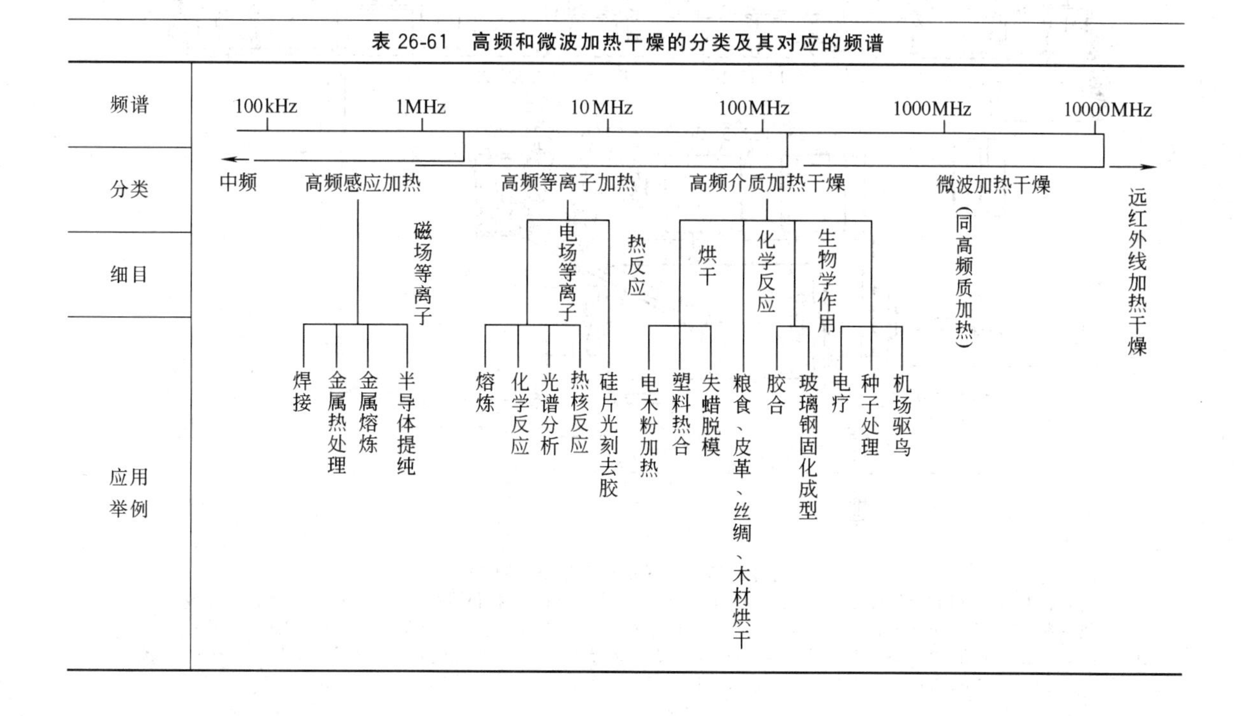

表26-62 几种高频加热干燥器的技术参数

项目	设备型号				
	GP06-J7	J-107	GP-3.5C	GP20-J9	GP8-J5
输出功率/kW	0.6	大于1	3.5	15～20	8
工作频率/MHz	13.56 27.12 40.68	30±5	40±10	60±5	27.12
负载情况	平板式工作电容器 (200×360×20)mm (200×250×40)mm	热合厚度0.2～2mm 热合速度2～10s 热合面积5000mm²	热合电极最长620mm 热合时间0.5～10s	输出端接工作电容器，工作电容器的 $C_p=150\sim50\mu F$，$R_p=50\sim10\Omega$	输出端接工作电容器的 $C_p=200\sim300\mu F$ $R_p=10\sim20\Omega$
振荡原理	栅极高频接地式电容三端自激振荡器	共栅极电路	共阴极双回路振荡器	推挽式共阳极双回路振荡器	共阳极型双回路振荡器
主要用途	电木粉预热、药片烘干、杀菌、塑料薄膜热合等	塑料薄膜热合	热合聚氯乙烯或聚乙烯薄膜	聚乙酸乙烯纤维烘干、丝绸印花间距快速烘干	玻璃钢制品固化等多种用途
主要优缺点	体积小、重量轻、结构紧凑、外形美观，频率稳定性差	设备主副机一体，紧凑美观，频率准确性和稳定性差	全机分高频振荡器和气动压机两大部分，主副机合为一体，既可手动又可半自动	由于采用方箱式谐振器，调节简便，屏蔽效果好，制作简单，频率较高，场型较复杂	配上适当的工作电容器，可实现多种用途
设备规格/mm	振荡器 400×500×600		机床尺寸 1010×1340×1330	2000×1300×1000	1400×800×1000
设备质量/kg	60		280	1000	600

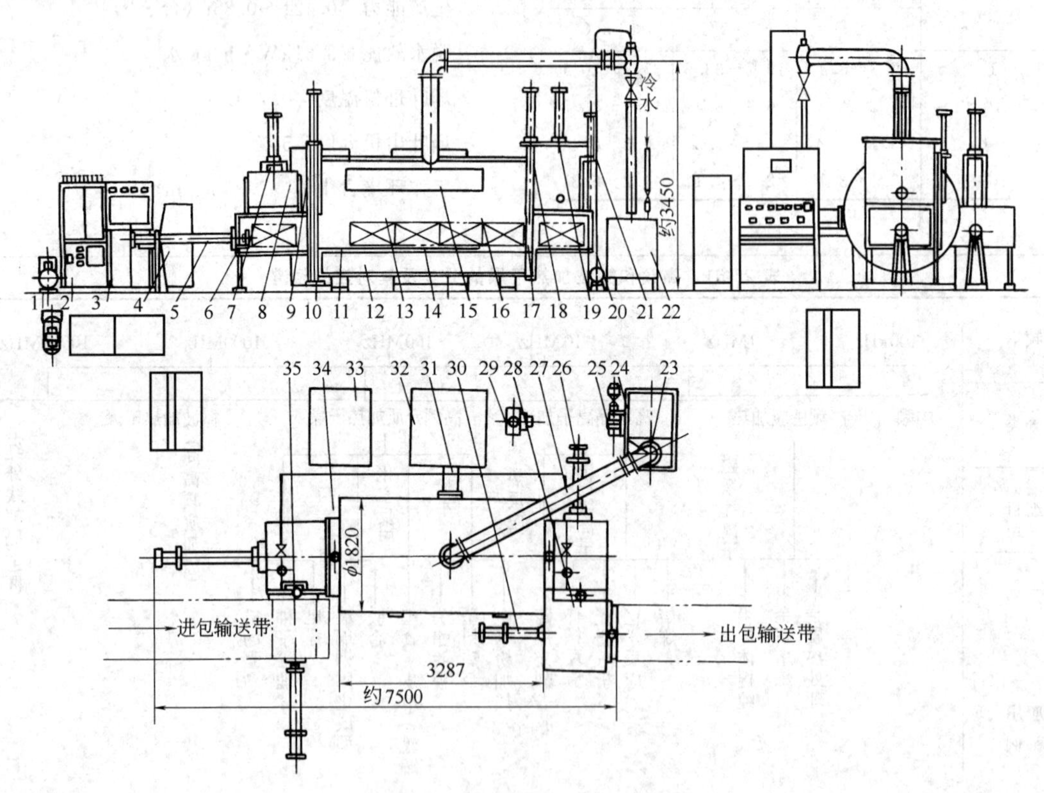

图26-75 高频真空干燥器的结构

1—空气压缩机；2—气动控制箱；3—电气箱；4—操纵台；5—主气缸；6—推包器；7,9,18,19,21—升门气缸；8—进包门；10—进主真空门；11—搁包架；12—主真空室；13—上极室；14—下极室；15—挡水板；16—窥视镜；17—出主真空门；20—出包门；22—水箱；23—水力喷射器；24—止逆阀；25—多级水泵；26—推包气缸；27—二次蒸汽管；28—出包预真空室；29—真空泵；30—出包气缸；31—馈线入口；32—振荡器；33—整流器；34—真空平衡管；35—进包气缸

15.2　微波灭菌干燥器

2450MHz 隧道式微波灭菌干燥机主要用于制药生产，其结构框图及结构如图 26-76 和图 26-77 所示。

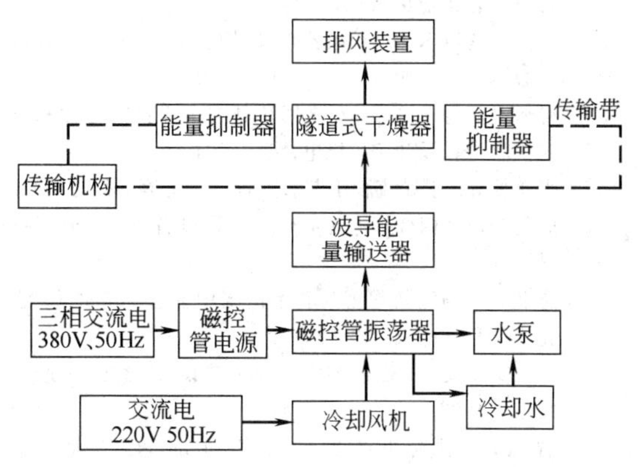

图 26-76　微波灭菌干燥机结构框图

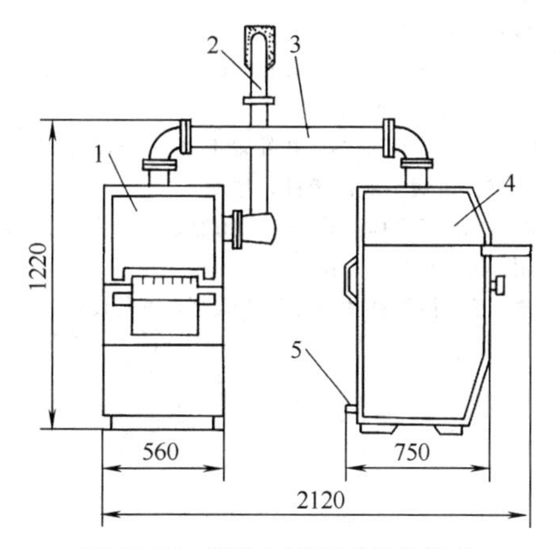

图 26-77　微波灭菌干燥机的结构
1—加热器；2—吸风管道；3—波导；
4—电源；5—冷却水管

主要技术特性如下。

电源输入　380V、50Hz。

输出微波功率　10～20kW 连续可调

微波频率　2450MHz±30MHz

允许最大负载驻波　$\rho \leqslant 2$

本机外形尺寸　4.12m×2.10m

15.3　平板型微波干燥器

可用于生产饮料、巧克力、蜂乳晶等。加工时间短，营养破坏少。

磁控管型号为 CK-603，频率为 2450Hz±30Hz，输入功率为 5～5.5kW，使用寿命为 1000h，承受的驻波比小于 5（图 26-78）。

15.4　计算举例

例 14　某物料的含水率为 35%，比热容为 1.05kJ/(kg·℃)，加热干燥前后的温度为 20℃和 100℃，加热效率为 80%，微波转换效率为 50%，处理量为 1.5kg/min，要求全部烘干需要多少微波功率？

解　物料干燥加热所需热量为

$$Q=M[W_1(T_2-T_1)\times 4.2+c(1-W_1)\times(T_2-T_1)+2257(W_1-W_2)] \quad (26\text{-}25)$$

物料干燥所需功率为

$$P=0.0167\frac{Q}{\eta_1\eta_2}\ \text{kW} \quad (26\text{-}26)$$

式中　T_1——物料干燥前的温度；

T_2——物料干燥后的温度；

W_1——物料干燥前的含水率；

W_2——物料干燥后的含水率；

M——物料处理量，kg/min；

c——物料的比热容；

η_1——加热效率；

η_2——微波转换效率，$\eta_2=50\%$。

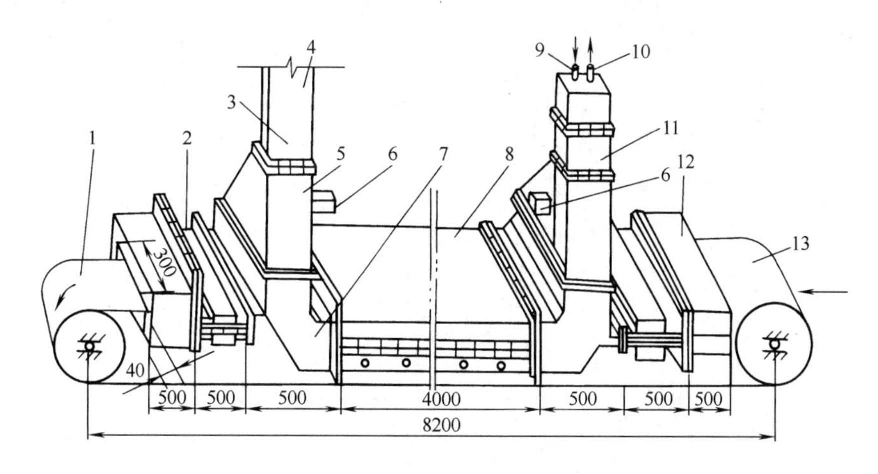

图 26-78　平板型微波干燥器的结构
1—输送带；2—抑制器；3—BJ22 标准波导；4—接波导输入口；5—锥形过渡器；6—接排风机；7—b 边放大直角弯头；8—主加热器；9—冷水进口；10—热水出口；11—水负载；12—吸收器；13—进料

在标准大气压下水的汽化热取为2257kJ/kg，水的比热容取为4.2kJ/(kg·℃)。代入式（26-25）和式（26-26），得

$$Q=1.5\times[0.35\times(100-20)\times4.2+1.05\times(1-0.35)\times(100-20)+2257\times(0.35-0)]$$
$$=1443(\text{kJ/min})$$

$$P=\frac{0.0167\times1443}{0.8\times0.5}=60(\text{kW})$$

参考文献

[1] 潘永康，王喜忠. 现代干燥技术. 北京：化学工业出版社，1998.
[2] 干燥学科专业组. 干燥技术发展规划建议. 大连：全国第三次干燥技术交流会论文集，1989.
[3] 王喜忠. 干燥技术的新进展. 北京：化学进展，1991.
[4] 桐荣良三. 干燥装置手册. 上海：上海科学技术出版社，1982.
[5] 黄志刚，毛志怀. 转筒干燥器的现状及发展趋势，北京：食品科学，2003.
[6] 金国森主编. 干燥设备设计. 上海：上海科学技术出版社，1983.
[7] 夏诚意，郭宜桔，王喜忠. 化学工程手册第16篇：干燥. 北京：化学工业出版社，1989.
[8] 金裕生. 喷雾干燥的闭路循环系统. 大连：全国第三次干燥技术交流会论文集. 1989.
[9] ［丹麦］K. 马斯托思. 喷雾干燥手册. 北京：中国建筑工业出版社，1983.
[10] 国外粮食干燥技术集锦. 谢桂芳，丁声俊等译. 北京：中国财政经济出版社，1985.
[11] ［苏］金兹布尔格 A C. 食品干燥原理与技术基础. 北京：轻工业出版社，1986.
[12] ［美］基伊 R B. 干燥原理及其应用. 上海：上海科学技术文献出版社，1986.
[13] 何咏涛，何崇勇等. 双锥回转真空干燥机的特性和影响因素分析及研究. 机电信息，2013.
[14] 张建林等. 干燥流程工艺参数计算. 化学工程，1992.
[15] 史美锋，刘国峰等. 真空连续干燥设备概述. 通用机械，2004.
[16] 俞书宏，马宝娇等. 振动流化床中流体力学的研究. 化学工程，1995.
[17] 吴叙美，吴坪. 强化沸腾干燥工艺设计. 化工生产与技术，1997.
[18] 曹惠兴. 乳粉生产基本知识. 北京：轻工业出版社，1984.
[19] 金克普利斯. 传递过程与单元操作. 北京：清华大学出版社，1985.
[20] 童景山，张克. 流态化干燥技术. 北京：中国建筑工业出版社，1985.
[21] 糜正瑜，褚治德等. 虹外辐射加热干燥原理与应用. 北京：机械工业出版社，1996.
[22] 俞厚忠. 王光风，徐玉堂. 闭路循环干燥装置及其应用. 化工机械，2001，5.
[23] 俞厚忠. 惰性载体流化床干燥器. 医药设计，1984.

第27章 泵

1 泵的选用

1.1 泵的分类和适用范围

根据工作原理和结构，泵可分为如下类型。

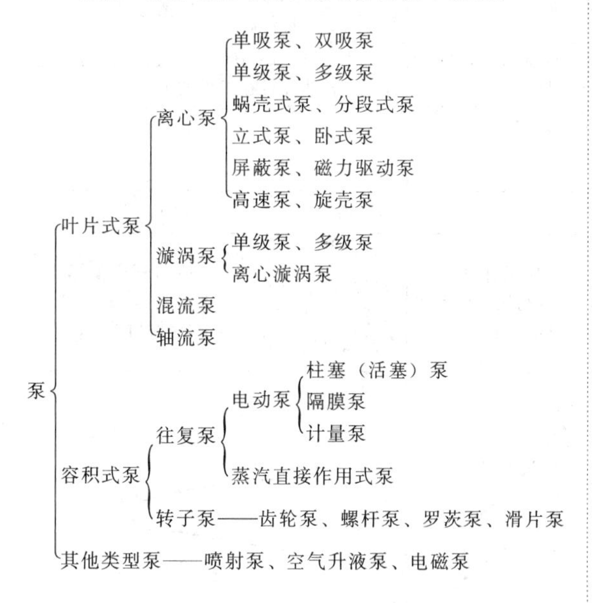

泵的适用范围和特性见图 27-1 及表 27-1。

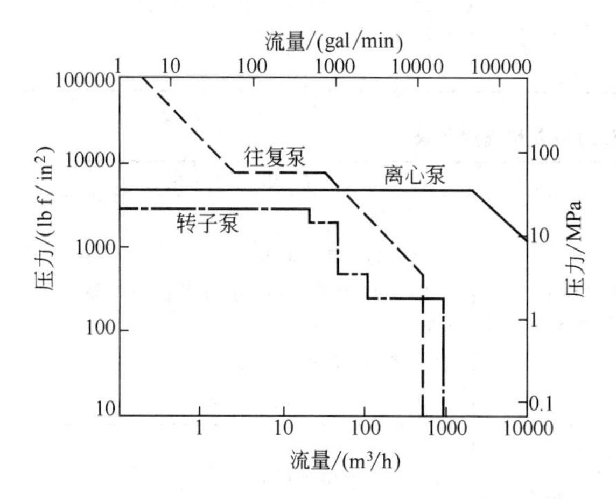

图 27-1　泵的适用范围

$1gal/min=4.54dm^3/min$；$1lbf/in^2=6894.76Pa$

1.2 工业用泵的选用要求和相关标准

1.2.1 工业用泵的特点和选用要求

工业生产中，典型的泵有进料泵、回流泵、塔底泵、循环泵、产品泵、注入泵（加药泵）、排污泵、燃料油泵、润滑油泵和封液泵等。典型化工用泵的特点和选用要求见表 27-2。

1.2.2 工业装置对泵的要求

(1) 石油、化工装置对泵的要求

① 必须满足流量、扬程、压力、温度、汽蚀余量等工艺参数的要求。

② 必须满足介质特性的要求。

a. 对输送易燃、易爆、有毒或贵重介质的泵，要求轴封可靠或采用无泄漏泵，如屏蔽泵、磁力驱动泵、隔膜泵等。

b. 对输送腐蚀性介质的泵，要求过流部件采用耐腐蚀材料。

c. 对输送含固体颗粒介质的泵，要求过流部件采用耐磨材料，必要时轴封应采用清洁液体冲洗。

③ 必须满足现场的安装要求。

a. 对安装在有腐蚀性气体存在场合的泵，要求采取防大气腐蚀的措施。

b. 对安装在室外环境温度低于－20℃的泵，要求考虑泵的冷脆现象，采用耐低温材料。

c. 对安装在爆炸危险区域的泵，应根据爆炸区域等级，采用相应的防爆电动机。

d. 对于要求每年一次大检修的工厂，泵的连续运转周期一般不应小于 8000h。为适应 3 年一次大检修的要求，API 610 标准规定石油、石油化工和天然气工业用泵的连续运转周期至少为 3 年。

e. 泵的设计寿命一般至少为 10 年。API 610 标准规定石油、石油化工和天然气工业用离心泵的设计寿命至少为 20 年。

f. 泵的设计、制造、检验应符合有关标准、规范的规定，泵的常用标准规范见表 27-3。

g. 泵厂应保证泵在电源电压、频率变化范围内的性能。我国供电电压、频率的变化范围如下。

电压：380V±38V，5580～6300V。

频率：50Hz±0.25Hz。

表 27-1 泵的特性

指标		叶片泵			容积式泵	
		离心泵	轴流泵	漩涡泵	往复泵	转子泵
流量	均匀性	均匀			不均匀	比较均匀
	稳定性	不恒定,随管道情况变化而变化			恒定	
	范围/(m^3/h)	1.6～30000	150～245000	0.4～10	0～600	1～600
扬程	特点	对应一定流量,只能达到一定的扬程			对应一定流量可达到不同扬程,由管道系统确定	
	范围	10～2600m	2～20m	8～150m	0.2～100MPa	0.2～60MPa
效率	特点	在设计点最高,偏离越远,效率越低			扬程高时,效率降低较小	扬程高时,效率降低较大
	范围(最高点)	0.5～0.8	0.7～0.9	0.25～0.5	0.7～0.85	0.6～0.8
结构特点		结构简单,造价低,体积小,重量轻,安装检修方便			结构复杂,振动大,体积大,造价高	同离心泵
操作与维修	流量调节方法	出口节流或改变转速	出口节流或改变叶片安装角度	不能用出口阀调节,只能用旁路调节	同漩涡泵,另外还可调节转速和行程	同漩涡泵,另外还可调节转速
	自吸作用	一般没有	没有	部分型号有	有	有
	启动	出口阀关闭	出口阀全开		出口阀全开	
	维修	简便			麻烦	简便
适用范围		黏度较低的各种介质	特别适用于大流量、低扬程、黏度较低的介质	特别适用于小流量、较高压力的低黏度清洁介质	适用于高压力、小流量的清洁介质(含悬浮液或要求完全无泄漏可用隔膜泵)	适用于中低压力、中小流量,尤其适用于黏性高的介质
性能曲线 H——扬程; Q——流量; η——效率; N——轴功率		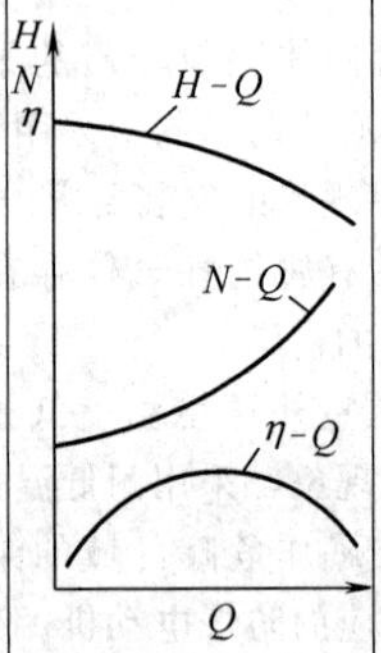 H、N、η 对 Q:$H-Q$、$N-Q$、$\eta-Q$	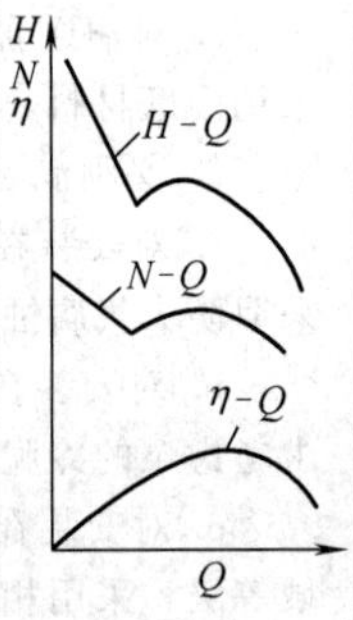 H、N、η 对 Q:$H-Q$、$N-Q$、$\eta-Q$	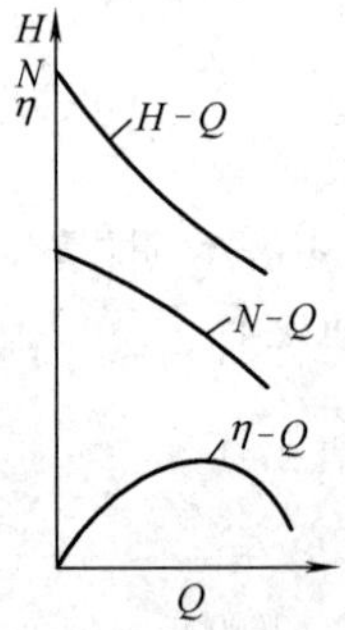 H、N、η 对 Q:$H-Q$、$N-Q$、$\eta-Q$	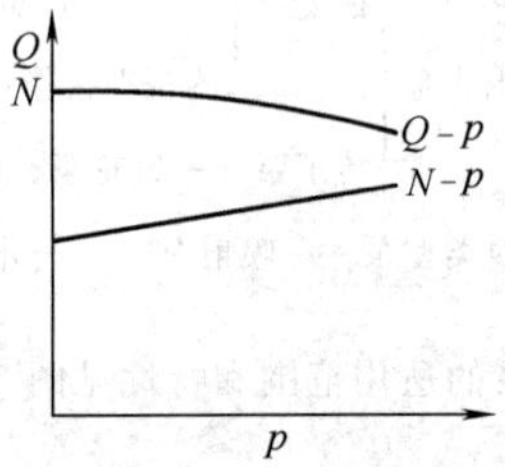 Q、N 对 p:$Q-p$、$N-p$	

表 27-2 典型化工用泵的特点和选用要求

泵名称	特点	选用要求
进料泵(包括原料泵和中间给料泵)	(1)流量稳定 (2)一般扬程较高 (3)有些原料黏度较大或含固体颗粒 (4)泵入口温度一般为常温,但某些中间给料泵的入口温度也可大于100℃ (5)工作时不能停车	(1)一般选用离心泵 (2)扬程很高时,可考虑用容积式泵或高速泵 (3)泵的备用率为100%
回流泵(包括塔顶、中段及塔底回流泵)	(1)流量变动范围大,扬程较低 (2)泵入口温度不高,一般为30～60℃ (3)工作可靠性要求高	(1)一般选用离心泵 (2)泵的备用率为50%～100%

续表

泵名称	特点	选用要求
塔底泵	(1)流量变动范围大(一般用液位控制流量) (2)流量较大 (3)泵入口温度较高,常大于 100℃ (4)液体一般处于气液两相态,$NPSH_a$ 小 (5)工作可靠性要求高 (6)工作条件苛刻,一般有污垢沉淀	(1)一般选用离心泵 (2)选用低气蚀余量泵,并采用必要的灌注头,参见表 27-35 (3)泵的备用率为 100%
循环泵	(1)流量稳定,扬程较低 (2)介质种类繁多	(1)选用离心泵 (2)按介质选用泵的型号和材料 (3)泵的备用率为 50%~100%
产品泵	(1)流量较小 (2)扬程较低 (3)泵入口温度低(塔顶产品一般为常温,中间抽出和塔底产品温度稍高) (4)某些产品泵间断操作	(1)宜选用离心泵 (2)对纯度高或贵重产品,要求密封可靠,泵的备用率为 100%;对连续操作的产品泵,备用率为 50%~100%;对间歇操作的产品泵,一般不设备用泵
注入泵	(1)流量很小,计量要求严格 (2)常温下工作 (3)排压较高 (4)注入介质为化学药品、催化剂等,往往有腐蚀性	(1)选用柱塞泵或隔膜计量泵 (2)对有腐蚀性介质,泵的过流元件通常采用耐腐蚀材料 (3)一般间歇操作,可不设备用泵
排污泵	(1)流量较小,扬程较低 (2)污水中往往有腐蚀性介质和磨蚀性颗粒 (3)连续输送时要求控制流量	(1)选用污水泵、渣浆泵 (2)常需采用耐腐蚀材料 (3)一般间歇操作,可不设备用泵
燃料油泵	(1)流量较小,泵出口压力稳定(一般为 1.0~1.2MPa) (2)黏度较高 (3)泵入口温度一般不高	(1)根据不同的黏度,选用转子泵或离心泵 (2)泵的备用率为 100%
润滑油泵和封液泵	(1)润滑油压力一般为 0.1~0.2MPa (2)机械密封封液压力一般比密封腔压力高 0.05~0.15MPa	(1)一般均随主机配套供应 (2)一般为螺杆泵和齿轮泵,但离心压缩机组的集中供油有时使用离心泵

表 27-3 泵的常用标准规范

泵类型	标准规范
泵选用	GB 51007—2014 石油化工用机泵工程设计规范
离心泵	SH/T 3139—2011 石油化工重载荷离心泵工程技术规范
	SH/T 3140—2011 石油化工中、轻载荷离心泵工程技术规范
	API 610,11th,2010 Centrifugal Pumps for Petroleum,Petrochemical and Natural Gas Industries(ISO 13709—2009 等同采用)
	ISO 5199—2002 Technical Specifications for Centrifugal Pumps—Class Ⅱ
	ISO 2858—2010 End-suction Centrifugal Pumps(rating 16 bar)—Designation,Nominal Duty Point and Dimensions
	ASME B73.1M—2012 Specification for Horizontal End Suction Centrifugal Pumps for Chemical Process
	ASME B73.2M—2003 Specification for Vertical In-line Centrifugal Pumps for Chemical Process
	GB/T 3215—2007 石油、重化学和天然气工业用离心泵
	GB/T 5656—2008 离心泵技术条件(Ⅱ类)
	GB/T 5657—2013 离心泵技术条件(Ⅲ类)
	GB/T 5662—2013 轴向吸入离心泵(16bar)标记、性能和尺寸(1bar=10^5Pa)
无密封离心泵	SH/T 3148—2016 石油化工无密封离心泵工程技术规范
	API 685,2nd,2011 Sealless Centrifugal Pumps for Petroleum,Petrochemical,and Gas Industry Services

续表

泵类型	标准规范
无密封离心泵	ISO 15783—2002 Seal-less Rotodynamic Pumps-Class Ⅱ-Specification
	ASME B73.3M—2003 Specification for Sealless Horizontal End Suction Centrifugal Pumps for Chemical Process
消防泵	GB 6245—2006　消防泵
	NFPA20,2013 Edition Standard for the Installation of Stationary Pumps for Fire Protection
计量泵和往复泵	SH/T 3141—2013　石油化工往复泵工程技术规范
	SH/T 3142—2015　石油化工计量泵工程技术规范
	API 674,3rd,2010 Positive Displacement Pumps——Reciprocating
	API 675,2nd,2012 Positive Displacement Pumps——Controlled Volume for Petroleum,Chemical,and Gas Industry Services
	GB/T 7782—2008　计量泵
	GB/T 9234—2008　机动往复泵
转子泵	SH/T 3151—2013　石油化工转子泵工程技术规范
	API 676,3rd,2009 Positive Displacement Pumps——Rotary
液环真空泵	SH/T 3162—2011　石油化工液环真空泵和压缩机工程技术规范
	API 681,1st,1996 Liquid Ring Vacuum Pumps and Compressors for Petroleum,Chemical,and Gas Industry Services
泵用密封	SH/T 3156—2009　石油化工离心泵和转子泵用轴封系统工程技术规范
	API 682,4th,2014 Pumps-Shaft Sealing Systems for Centrifugal and Rotary Pumps

h. 确定泵的型号和制造厂时，应综合考虑泵的性能、能耗、可靠性、价格和制造规范等因素。

(2) 医药装置对泵的要求

医药产品与人的健康息息相关，医药装置对泵有其特有的要求。

① 总体要求

a. 用于制药生产的泵应工作可靠、密封良好、结构紧凑、尺寸较小，以利于操作、清洁和维护。

b. 如无同类型泵、材料的使用经验，用于输送药液、中间体、纯水等介质的泵，应提供有关的测试数据，以判定使用该泵及材料是否影响药品质量。如过流部件采用新型的合成塑料，还应提供有关卫生部门允许在医药生产中使用的测试报告。

c. 用于输送药液、中间体、纯水等介质的泵应能易于消毒、清洁（使用清洁的材料，应保证介质、装置不造成新的污染）。

d. 洁净区内使用的泵，为便于全面清洗，泵与管道之间最好采用活性连接，其底座最好采用带脚支撑，使底座脱开地面。

② 结构要求

a. 泵过流部件表面应光滑、无死角、易清洗、耐腐蚀。铸件应无不易清洗的砂眼、凹陷和裂纹。

b. 泵的结构在保证性能和可靠性的前提下应尽量简化，装拆简便，以利清洁处理和维护保养。

c. 最好采用“原位清洗”（CIP）和“原位消毒”（SIP）技术。

③ 轴封要求　泵的泄漏会降低厂房地面的洁净度要求，使其不能满足GMP的要求，并会使设备和地面遭受腐蚀，使环境造成破坏。因此医药装置用泵对轴封要求高，应优先选用机械密封，如对泄漏有更高要求时，可考虑用屏蔽泵和磁力驱动泵。

④ 材料要求

a. 制作过流部件的金属材料，应能防止与药液发生化学反应、吸着渗透、氧化剥离等现象。

b. 泵过流部件材料，常可选用奥氏体不锈钢、氟塑料、超高分子量聚乙烯、陶瓷和搪玻璃等。对于接触高洁净物料（如蒸馏水）的泵，其过流部件应采用超低碳奥氏体不锈钢。

制作过流部件的非金属材料应选用不与药液发生化学反应，能与输送介质共存，且长期工作无释出物的材料。

c. 泵用辅助密封材料一般可选用聚四氟乙烯或聚四氟乙烯包覆材料。

d. 严禁使用含石棉纤维的材料。

e. 输送有机溶剂时，严禁使用橡胶材料。

f. 洁净区内使用的泵，其非过流部件不允许涂漆，因此也应采用不锈蚀的材料。

⑤ 实际使用中的注意问题

a. 区分泵的使用区间，即洁净区内使用还是非洁净区内使用。

b. 根据泵输送的介质，将公用工程使用的普通水泵、热水泵、凝水泵及废水处理系统的泵与输送药液、中间体、纯水、酸碱等工艺介质的泵区分开来。前者可按一般化工装置的泵处理，但对其轴封要求适当提高，以满足医药装置对环境的严格要求。输送药液、中间体、纯水、酸碱等工艺介质的泵应符合医药装置用泵的规定。

1.2.3 工业用泵常用的标准规范

(1) 常用标准规范

常用标准规范见表 27-3。

(2) 离心泵标准介绍

石油、石化、天然气装置中，离心泵的使用量占泵总量的 70%～80%，了解和掌握离心泵的常用标准，并根据不同装置、不同工况来选用不同标准的离心泵，做到既经济实用，又满足长周期和稳定运转，显得十分重要。

① 中、轻载荷离心泵　中、轻载荷离心泵指同时符合以下条件的离心泵。

a. 参数范围应同时满足以下条件。

额定排出压力（表）	≤1.9MPa
泵送温度（介质温度）	<225℃
额定转速（汽轮机驱动时+5%）	≤3000r/min
额定扬程	≤120m
最高吸入压力（表）	≤0.5MPa
悬臂泵的最大叶轮直径	≤333mm

b. 输送非易燃和无危险的介质。

c. 采用 ISO 2858 和 ISO 5199，或 GB 5662 和 GB/T 5656，或 ASME B73.1M/B73.2M 标准制造的轴向吸入化工离心泵。

中、轻载荷离心泵一般采用 SH/T 3140 标准，其在材料、设计、制造和试验等方面的要求比重载荷离心泵要低一些，因此可靠性相对要差一些，当然价格也便宜。这类泵能满足一般化工用途的需要，其涉及的泵型为悬臂式泵，可参考表 27-4。

② 重载荷离心泵　重载荷离心泵是指符合以下任一条件的离心泵。

a. 除另有规定外，输送易燃或危险的介质。

b. 用于输送非易燃的和无危险的介质，但操作条件超出下列任何限制。

ⓐ 额定排出压力大于 1.9MPa（表）。

ⓑ 操作温度（介质温度）大于或等于 225℃。

ⓒ 额定转速大于 3000r/min。

ⓓ 额定扬程大于 120m。

ⓔ 最高吸入压力大于 0.5 MPa（表）。

ⓕ 悬臂泵的最大叶轮直径大于 330mm。

ⓖ 泵反转运行，用作液力回收透平。

重载荷离心泵一般采用 SH/T 3139 和 API 610 标准。重载荷离心泵可靠性很高，一般要求连续运转周期至少为 3 年（不包括易损件）。其涉及的泵型涵盖了三大类泵，即悬臂式、两端支撑式和立式悬吊式，见表 27-4。其中 OH1、OH4、OH5、BB4 只有当买方指定和制造厂已证明对此种泵富有经验时才可以提供。

表 27-4　API 610 标准中关于离心泵的类型

型式	具体类型	
悬臂式	挠性联轴器传动	卧式：底脚安装式 OH1，中心线安装式 OH2 立式：管道泵（独立轴承架）OH3
	刚性联轴器传动	立式：管道泵 OH4
	共轴式传动	立式：管道泵 OH5，与高速齿轮箱成一体的泵 OH6
两端支撑式	单级和两级	轴向中开式 BB1，径向剖分式 BB2
	多级	轴向中开式 BB3，径向剖分式单壳体 BB4，双壳体 BB5
立式悬吊式	单层壳体	壳体上设排出口：导流壳式 VS1，涡壳式 VS2，轴流式 VS3 独立排出管（液下泵式）：有导轴承 VS4，无导轴承 VS5
	双层壳体	导流壳式 VS6，涡壳式 VS7

1.3 泵的选型

1.3.1 选型参数的确定

(1) 输送介质的物理化学性能

输送介质的物理化学性能直接影响泵的性能、材料和结构，是选型时需要考虑的重要因素。介质的物理化学性能包括介质名称、介质特性（如腐蚀性、磨蚀性、毒性等）、固体颗粒含量及颗粒大小、密度、黏度、汽化压力等。必要时还应列出介质中的气体含量，说明介质是否易结晶等。

(2) 工艺参数

工艺参数是泵选型的最重要依据，应根据工艺流程和操作变化范围慎重确定。

① 流量 Q　指工艺装置生产中，要求泵输送的介质量，工艺人员一般应给出正常、最小和最大流量。

泵数据表上往往只给出正常和额定流量。选泵时，要求泵的额定流量不小于装置的最大流量，或取正常流量的 1.1～1.15 倍。

② 扬程 H　指工艺装置所需的扬程值，也称计算扬程。一般要求泵的额定扬程为装置所需扬程的 1.05 倍。

③ 进口压力 p_s 和出口压力 p_d　指泵进出接管法兰处的压力，进出口压力的大小影响到壳体的承压和轴封的要求。

④ 温度 T　指泵的进口介质温度，一般应给出工艺过程中泵进口介质的正常温度、最低温度和最高温度。

⑤ 装置汽蚀余量 $NPSH_a$　也称有效汽蚀余量，计算方法见本章第 2.4 小节。

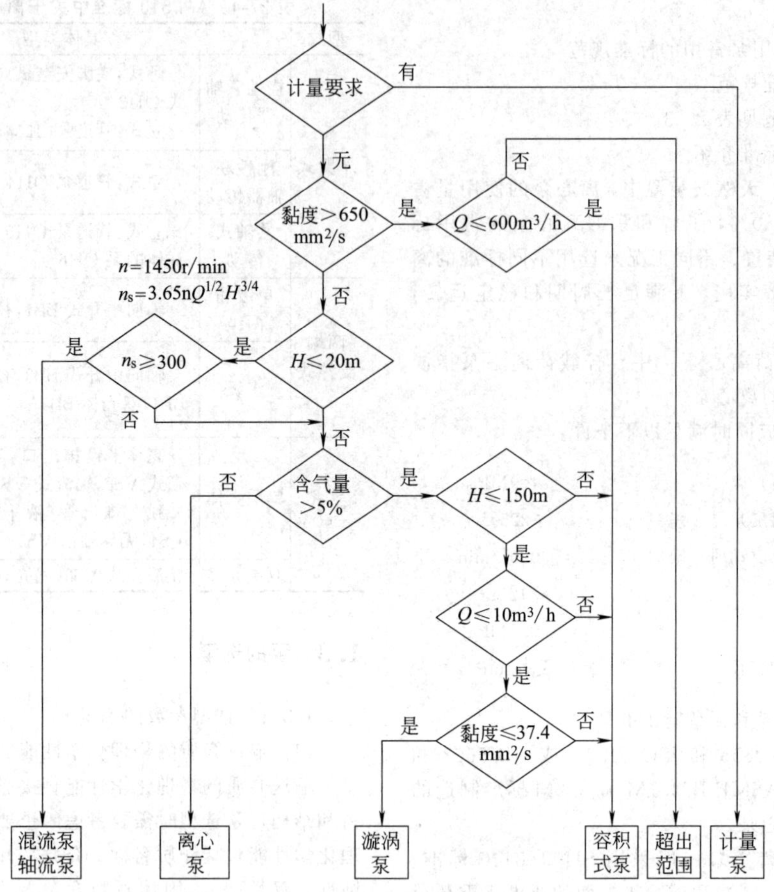

图 27-2　泵类型选择框图

本框图仅供一般情况时参考

⑥ 操作状态　分为连续操作和间歇操作两种。

(3) 现场条件

现场条件包括泵的安装位置（室内、室外）、环境温度、相对湿度、大气压力、大气腐蚀状况及爆炸危险区域的划分等条件。

1.3.2　泵类型、系列和型号的确定

(1) 泵的类型确定

泵的类型应根据装置的工艺参数、输送介质的物理和化学性质、操作周期和泵的结构特性等因素合理选择。如图 27-2 所示为泵类型选择框图，可供选型时参考。根据该框图可以初步确定符合装置参数和介质特性要求的泵类型。离心泵具有结构简单、输液无脉动、流量调节简单等优点，因此除以下情况外，应尽可能选用离心泵。

① 有计量要求时，选用计量泵。

② 扬程要求很高、流量很小且无合适小流量、高扬程离心泵可选用时，可选用往复泵，如汽蚀要求不高时也可选用漩涡泵。

③ 扬程很低、流量很大时，可选用轴流泵和混流泵。

④ 介质黏度较大（650～1000mm^2/s）时，可考虑选用转子泵，如螺杆泵或往复泵；黏度特别大时，可选用特殊设计的高黏度螺杆泵和高黏度往复泵。

⑤ 介质含气量大于 5%，流量较小且黏度小于 37.4mm^2/s 时，可选用漩涡泵。如允许流量有脉动，可选用往复泵。

⑥ 对启动频繁或灌泵不便的场合，应选用具有自吸性能的泵，如自吸式离心泵、自吸式漩涡泵、容积式泵等。

(2) 泵系列的确定

泵系列是指泵厂生产的同一类结构和用途的泵，如 IS 型清水泵、AY 型油泵、CZ 型化工流程泵、GSG 型卧式筒形泵等。当泵的类型确定后，就可以根据工艺参数和介质特性来选择泵的系列及材料。

如确定选用离心泵后，可进一步考虑如下项目。

① 根据介质特性决定选用哪种特性泵，如清水泵、耐腐蚀泵，或化工流程泵和杂质泵等。介质为剧毒、贵重或有放射性等不允许泄漏的物质时，应考虑选用无泄漏泵，如屏蔽泵、磁力泵或带有泄漏液收集和泄漏报警装置的双机械密封。介质为液化烃等易挥

发液体时，应选择低汽蚀余量泵，如立式筒袋泵。

② 根据现场安装条件选择卧式泵、立式泵（含液下泵、管道泵）。

③ 根据流量大小选用单吸泵、双吸泵或小流量离心泵。

④ 根据扬程高低选用单级泵、多级泵或高速离心泵、旋壳泵等。

以上各项确定后即可根据各类泵中不同系列泵的特点及生产厂的条件，选择合适的泵系列及生产厂。

最后根据装置的特点及泵的工艺参数，决定选用哪一类制造、检验标准。如要求较高时，可选 SH/T 3139 和 API 610 标准；要求一般时，可选 SH/T 3140 和 GB 5656（ISO 5199）或 ASME 73.1M/73.2M 标准，具体可参阅 1.2.3 中相关内容。

如确定选用计量泵后，可进一步考虑如下项目。

① 当介质为易燃、易爆、剧毒及贵重液体时，常选用隔膜计量泵。为防止隔膜破裂，介质与液压油混合引起事故，可选用双隔膜计量泵并带隔膜破裂报警装置。

② 流量调节一般为手动行程调节，如需自动调节时可选用电动或气动行程调节方式。

(3) 泵型号的确定

泵的类型、系列和材料选定后就可以根据泵厂提供的样本及有关资料确定泵的型号（即规格）。

① 容积式泵型号的确定

a. 工艺要求的额定流量 Q 和额定出口压力 p_d 的确定　额定流量 Q 一般直接采用最大流量，如缺少最大流量值时，取正常流量的 1.1～1.15 倍。额定出口压力 p_d 指泵出口处可能出现的最大压力值。通常为出口管道安全阀的设定压力。

b. 查容积式泵样本或技术资料给出的泵的额定流量 [Q] 和额定压力 [p]　额定流量 [Q] 指容积式泵输出的最大流量。可通过旁路调节和改变行程等方法达到工艺要求的流量。额定压力 [p] 指容积式泵允许的最大出口压力。

c. 选型判据　符合以下条件者即为初步确定的泵型号。

流量 $Q \leqslant [Q]$，且 Q 越接近 [Q] 越合理；压力 $p_d \leqslant [p]$，且 p 越接近 [p] 越合理。

d. 校核泵的汽蚀余量（参见本章 2.4 小节）　要求泵的必需汽蚀余量 $NPSH_r$ 小于装置汽蚀余量 $NPSH_a$，如不合乎此要求，需降低泵的安装高度，以提高 $NPSH_a$ 值；或向泵厂提出要求，以降低 $NPSH_r$ 值；或同时采用上述两种方法，最终使 $NPSH_r < (NPSH_a - 安全裕量\ S)$。

当符合以上条件的泵不止一种时，应综合考虑选择效率高、价格低和可靠性高的泵。

② 离心泵型号的确定

a. 额定流量和扬程的确定　额定流量一般直接采用最大流量，如缺少最大流量值时，常取正常流量的 1.1～1.15 倍。额定扬程一般取装置所需扬程的 1.05 倍。对黏度大于 $20mm^2/s$ 或含固体颗粒的介质，需换算成输送清水时的额定流量和扬程，再进行以下工作。参见本章 3.1 和 3.3 小节。

b. 查系列型谱图　按额定流量和额定扬程查出初步选择的泵型号，可能为一种，也可能为两种以上。

c. 校核　按性能曲线校核泵的额定工作点是否落在泵的高效工作区内；校核泵的装置汽蚀余量，即（$NPSH_a$－必需汽蚀余量 $NPSH_r$）是否符合要求。当不能满足时，应采取有效措施加以实现（参见本章 2.4 小节）。

当符合上述条件者有两种以上规格时，要选择综合指标高者为最终选定的泵型号。具体可以比较以下参数：效率（泵效率高者为优）和价格（泵价格低者为优）。

1.3.3　原动机的确定

(1) 类型的确定

泵的原动机类型应根据动力来源、工厂或装置能量平衡、环境条件、调节控制以及经济效益而定。

泵常用的原动机类型有电动机和汽轮机等。常用的电动机是三相交流异步鼠笼式电动机，如 Y 型电动机、YB 型隔爆型电动机、YA 增安型电动机等。当需要改善装置蒸汽平衡时，对装置中的大型泵或需调速等要求的泵，可采用汽轮机。

(2) 电动机类型的确定

根据石油和化工装置的特点，工业用泵的驱动电动机应选用全封闭电动机，其防护等级一般为 IP55 或 IP54。当泵在有气体或蒸汽爆炸危险场合使用时，应选用防爆电动机。

(3) 变速原动机

对于变速原动机，应设计成在调速器调节范围内（调速器的调节范围根据主机来确定）的任何转速下都能连续运转。

(4) 变频器

当采用变频器调速时，应满足以下要求。

① 除另有规定外，变频器应采用恒扭矩输出。

② 变频器的适用功率应大于或等于电动机额定输出功率的 1.1 倍。

(5) 原动机功率的确定

① 泵的轴功率 P_a 计算

a. 叶片式泵

$$P_a = \frac{HQ\rho}{102\eta} \quad kW \tag{27-1}$$

$$\eta = \eta_m \eta_h \eta_v$$

式中　H——泵的额定扬程，m；

Q——泵的额定流量，m^3/s；

ρ——介质密度，kg/m^3；

η——泵额定工况下的效率。

η_m——机械效率；

η_h——水力效率；

η_v——容积效率。

b. 容积式泵

$$P_a=\frac{10^5(p_d-p_s)Q}{102\eta}\quad kW \tag{27-2}$$

式中　Q——泵的流量（样本上标注的流量），m^3/s；

p_d——泵出口管道安全阀的设定压力，MPa；

p_s——泵入口压力，MPa；

η——泵的效率（样本上标注的效率）。

② 原动机的配用功率 P　原动机的配用功率 P 一般按式（27-3）计算

$$P=K\frac{P_a}{\eta_t}\quad kW \tag{27-3}$$

式中　η_t——泵传动装置效率，见表27-5；

K——原动机功率裕量系数，电动机按表27-6取值，汽轮机取1.1。

表 27-5　泵传动装置效率 η_t

直联传动	平皮带传动	三角皮带传动	齿轮传动	蜗杆传动
1.0	0.95	0.92	0.9～0.97	0.70～0.90

表 27-6　电动机功率裕量系数 K

电动机铭牌功率 P_a/kW	功率裕量系数 K
≤22	125%
$22<P_a\leqslant55$	115%
>55	110%

对于叶片式泵，有些工程公司或设计单位，为确保安全，采用全流量方式确定电动机功率，即在全流量范围内（$0\sim Q_{max}$），计算出最大轴功率 P_{max}，并比较$\frac{P_{max}}{\eta_t}$与$P\left(P=K\frac{P_a}{\eta_t}\right)$，取两者的大值确定为电动机功率。

1.3.4　轴封型式的确定

轴封是防止泵轴与壳体处泄漏而设置的密封装置。常用的轴封型式有填料密封、机械密封和动力密封。

往复泵的轴封通常是填料密封。当输送不允许泄漏的介质时，可采用隔膜式往复泵。旋转式泵（含叶片式泵、转子泵等）的轴封主要有填料密封、机械密封和动力密封。

（1）填料密封

填料密封结构简单、价格便宜、维修方便，但泄漏量大、功耗损失大。因此填料密封用于输送一般介质，如水；一般不适用于石油及化工介质，特别是不能用在贵重、易爆和有毒介质中。

（2）机械密封

机械密封（也称端面密封）的密封效果好，泄漏量很小，寿命长，但价格贵，加工、安装、维修、保养比一般密封要求高。

机械密封适用于输送石油及化工介质，可用于各种不同黏度、强腐蚀性和含颗粒的介质。

机械密封的选用详见本章1.4小节。

（3）动力密封

动力密封可分为背叶片密封和副叶轮密封两类。泵工作时靠背叶片（或副叶轮）的离心力作用使轴封处的介质压力下降至常压或负压状态，使泵在使用过程中不泄漏。停车时离心力消失，背叶片（或副叶轮）的密封作用失效，这时靠停车密封装置起到密封作用。

与背叶片（或副叶轮）配套的停车密封装置中较多地采用填料密封。填料密封有普通式和机械松紧式两种。普通式填料密封与一般的填料密封相似，要求轴封处保持微正压，以避免填料的干摩擦。机械松紧式填料停车密封采用配重，使泵在运行时填料松开，停车时填料压紧。

为保证停车密封装置的寿命，减少泵的泄漏量，对采用动力密封的泵，泵进口压力应有限制，即

$$p_s<10\%p_d \tag{27-4}$$

式中　p_s——泵进口压力，MPa；

p_d——泵出口压力，MPa。

动力密封性能可靠，价格便宜，维修方便，适用于输送含有固体颗粒较多的介质，如磷酸工业中的矿浆泵、料浆泵等。缺点是功率损失较机械密封大，且其停车密封装置的寿命较短。

1.3.5　联轴器的选用

泵用联轴器一般选用挠性联轴器，目的是传递功率，补偿泵轴与电动机轴的相对位移，降低对联轴器安装的精确对中要求，缓和冲击，改变轴系的自振频率和避免发生危害性振动等。

（1）泵用联轴器的种类

泵常用联轴器有弹性柱销联轴器和金属叠片式联轴器两种。

① 弹性柱销联轴器　弹性柱销联轴器以柱销与两半联轴器的凸缘相连，柱销的一端以圆锥面和螺母与半联轴器凸缘上的锥形销孔形成固定配合，另一端带有弹性套，装在另一个半联轴器凸缘的柱销孔中。弹性套用橡胶制成，其结构如图27-3和图27-4所示。

弹性套柱销联轴器属于非金属弹性元件联轴器，采用GB/T 5014—2003标准设计，其结构简单，无润滑，安装方便，更换容易，而且不要求很高的对中精度，常用于功率较小的泵组中。国内有许多厂家生产。

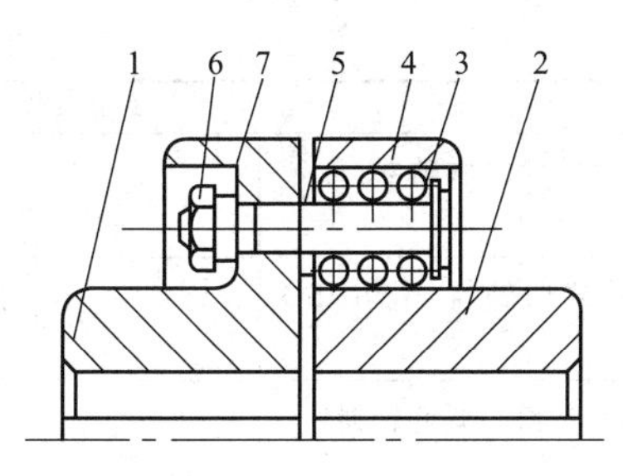

图 27-3　弹性柱销联轴器的结构

1—泵侧半联轴器；2—电动机侧半联轴器；3—柱销；4—弹性圈；5—挡圈；6—螺母；7—垫圈

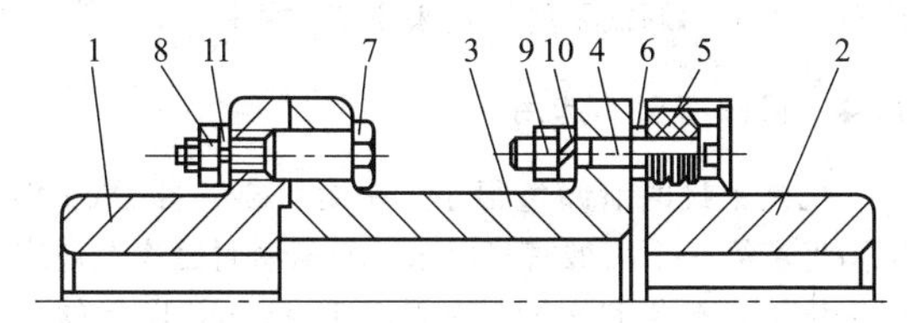

图 27-4　加长型弹性柱销联轴器的结构

1—泵侧半联轴器；2—电动机侧半联轴器；3—加长段；4—柱销；5—弹性圈；6—挡圈；7—螺栓；8,9—螺母；10,11—垫圈

② 金属叠片式联轴器　我国目前生产的金属叠片式联轴器，也称膜片式联轴器（如 JB/T 9147—1999），采用一组厚度很薄的金属弹簧片制成各种形状，用螺栓分别与主从动轴上的两半联轴器连接，其结构如图 27-5 所示。按 API 671 定义，应属于“disccoupling”（金属叠片式联轴器）范畴。其特点是结构简单，无润滑，抗高温，安装方便，更换容易，可靠性高，传递扭矩大。

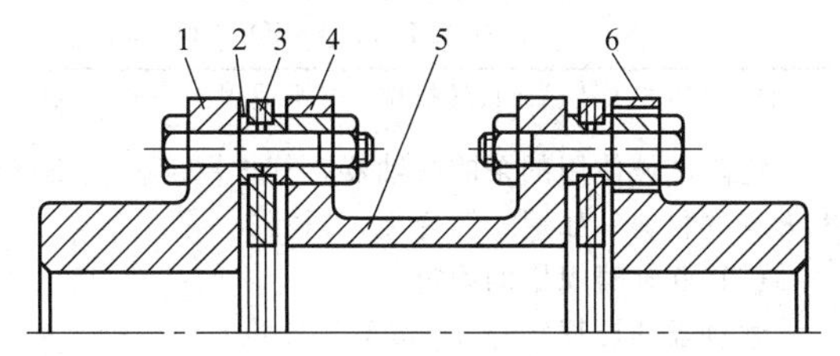

图 27-5　金属叠片式联轴器的结构

1,6—半联轴器；2—衬套；3—膜片；4—垫圈；5—中间轴

国内生产的厂家有无锡创明传动工程有限公司、丹东克隆集团有限责任公司等。

(2) 泵用联轴器的要求、标准和工况系数

API 有关泵标准对联轴器的要求见表 27-7。泵用联轴器的型式、标准及工况系数见表 27-8。

表 27-7　API 有关泵标准对联轴器的要求

类　型	API 标准对联轴器的要求
计量泵	API 675—2012 要求，应采用挠性联轴器 如果指定，联轴器、联轴器和轴的连接应符合 API 671① 的规定
往复泵	API 674—2010 要求，应采用挠性联轴器 如果指定，联轴器、联轴器和轴的连接应符合 API 671① 的规定
转子泵	API 676—2009 要求如下 带机械密封的泵应采用带中间轴(加长段)的挠性联轴器 如果指定，联轴器、联轴器和轴的连接应符合 API 671、ISO 10441 或 ISO 14691 的规定 联轴器、联轴器和轴的连接至少应按电动机的最大功率(包括电动机的工况系数)来计算
离心泵	API 610—2009 要求如下 带机械密封的泵应采用带中间轴(加长段)的挠性联轴器 如果指定，联轴器、联轴器和轴的连接应符合 API 671、ISO 10441 或 ISO 14691 的规定 泵转速≥3800r/min，应采用 ISO 10441 或 API 671 中规定的联轴器 联轴器、联轴器和轴的连接至少应按电动机的最大功率(包括电动机的工况系数)来计算

注：API 671 适用于旋转机械，并不适用于往复式机械。

表 27-8　泵用联轴器的型式、标准及工况系数

类型	型式和标准	工况系数 K
计量泵	按制造厂标准	2.5
往复泵	采用金属叠片式联轴器，如果制造厂有经验，也可采用刚性联轴器，但需买方批准，一般采用 ISO 14691 标准	4 缸及以上 1.75 4 缸以下 2.5
	特别要求时，可采用 ISO 10441 标准	以上系数再乘以 1.25
转子泵	轴功率＜50kW 时，可采用弹性柱销或金属叠片式联轴器，采用 ISO 14691 标准	1.5
	轴功率≥50kW 时，采用金属叠片式联轴器，采用 ISO 14691 标准	

续表

类型	型式和标准	工况系数 K
离心泵	轴功率<50kW时,可采用弹性柱销联轴器或金属叠片式联轴器,可采用ISO 14691标准	1.2
	轴功率≥50kW,但<1000kW时,采用金属叠片式联轴器,采用ISO 14691标准	1.2
	泵转速≥3800r/min或轴功率≥1000kW时,采用金属叠片式联轴器,采用API 671或ISO 10441标准	1.5

注：API 671适用于旋转机械，并不适用于往复式机械，因此推荐采用ISO 10441标准。

危险区域使用的泵的联轴器，其护罩应使用不产生火花的材料，如铝、铝合金、铜等。

(3) 联轴器规格的确定

联轴器的计算转矩 T_c 按下式计算。

$$T_c = \frac{9550 P_a K}{n} \quad \mathrm{N \cdot m} \tag{27-5}$$

式中 P_a——额定工况下的轴功率，kW；

K——工况系数，按表27-8选取；

n——联轴器转速，r/min。

查样本或技术资料上给出的联轴器具体规格的公称转矩 $[T_n]$、许用转速 $[n]$，应满足 $T_c \leqslant [T_n]$，$n < [n]$。

此外主、从动端的轴径应小于该规格的最大径向尺寸 $[D]$，原动机的脱扣转速（跳闸转速）应小于该规格的许用转速 $[n]$，轴向尺寸 $[L_O]$ 应满足泵布置的要求。当转矩、转速相同，主、从动端轴径不相同时，应按大轴径选择联轴器型号。

1.3.6 液力偶合器

液力偶合器通过工作液在泵轮与涡轮间的能量转化起到传递功率（扭矩）的作用。液力偶合器的启动平稳，有过载保护和无级调速等功能，缺点是存在一定的功率损耗，传动效率一般为96%～97%，且价格较贵。

液力偶合器有普通型、限矩型和调速型三种基本类型。普通型液力偶合器结构简单，无任何限矩、调速结构措施，主要用于不需过载保护和调速的传动系统，起隔离振动和减缓冲击作用。限矩型液力偶合器能在低转速比下有效地限制传递扭矩的升高，防止驱动机和工作机的过载。调速型液力偶合器通常是通过改变工作腔中的充液量来调节输出转速的，即所谓的容积式调节，调速型液力偶合器与普通型及限矩型液力偶合器不同，它必须有工作液的外部循环系统和冷却系统，使工作液体不断地进、出工作腔，以调节工作腔的充液量和散逸热量。

用于调速型液力偶合器的泵一般均为大功率或工况需经常改变的水泵。如城市、电厂供水泵，锅炉给水泵，石油管线的输油泵，炼厂的减压泵和增压泵等。其优点是电动机可全载启动；偶合器可起离合器的作用，有过载保护作用；可无级调速，调速范围一般为4∶1，最大可达5∶1；节约能耗，因降速调节比对于以闸阀调低泵的流量来说节省能耗。

1.4 机械密封的选用

机械密封的泄漏量很小，密封可靠。自1885年英国生产第一个机械密封以来，机械密封已逐渐被应用于化工、石化和医药装置中。目前80%以上的工业用泵均配备机械密封。

API 610要求泵预期的连续运转周期至少为3年，这就要求机械密封预期的连续运转周期也需达到3年以上。

1.4.1 选型参数

机械密封的选型参数如下。

① 输送介质的物理化学性质，如腐蚀性、固体颗粒含量和大小、密度、黏度、汽化压力、介质中的气体含量以及介质是否易结晶等。

② 安装密封的有效空间（D 与 L）等。

③ 工艺参数如下。

a. 密封腔压力 p 指密封腔内的流体压力，该参数是选用密封的主要参数之一。确定密封腔压力时，除需要知道泵进口和出口压力外，还需了解泵的类型和结构。对新采购的泵，最方便、可靠的办法是向泵制造厂了解密封腔的压力数据；对现场在役设备，确认密封腔压力最简单的办法是在密封腔上装设压力表。

为方便选用，不同类型泵的密封腔压力值 p_m 可参见表27-9。

b. 流体温度 T 指密封腔内的流体温度。

c. 密封圆周速度 v 指密封处轴的周向速度，按式（27-6）计算。

$$v = \frac{\pi n d}{60} \tag{27-6}$$

式中 d——轴径，m；

n——泵轴转速，r/min。

1.4.2 机械密封型式的确定

(1) 推压型密封和非推压型密封

① 推压型密封 指辅助密封沿轴或轴套机械推压来补偿密封面磨损的机械密封，通常是指弹簧压紧式密封，如图27-6所示。

表 27-9　不同类型泵的密封腔压力值 p_m（供参考）

泵的类型	估算公式
后盖板带背叶片、耐磨环	$p_m=p_s+0.25(p_d-p_s)$
后盖板带平衡孔	$p_m=p_s+0.10(p_d-p_s)$
带背叶片和平衡孔	$p_m=p_s$
后盖板有耐磨环，无平衡孔	$p_m=p_s+1.8\text{bar}$（$1\text{bar}=10^5\text{Pa}$）
开式叶轮，无后盖板和平衡孔	$p_m=p_s+C(p_d-p_s)$ 注：$C=0.1$(最大叶轮直径)，$C=0.3$(最小叶轮直径)
后盖板无耐磨环，无平衡孔	$p_m=p_s$(大部分立式泵均如此)
双级泵	$p_m=p_s$
多级泵	需根据平衡管、平衡盘和平衡鼓的布置来分析，密封腔压力有时等于进口压力，有时是某一中间级出口压力，有时是泵的出口压力

注：p_s 表示泵进口压力；p_d 表示泵出口压力。

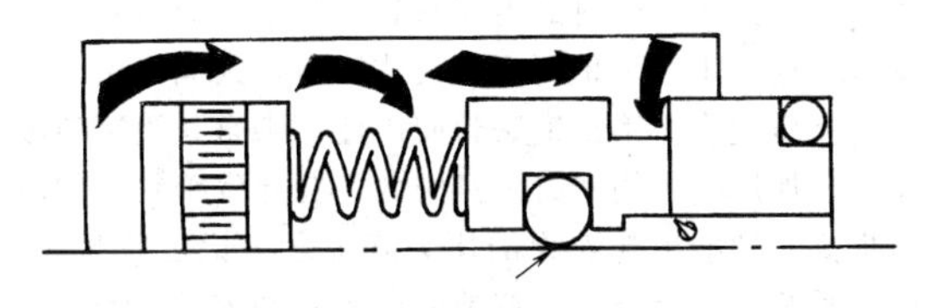

图 27-6　推压型机械密封

② 非推压型密封　辅助密封固定在轴上的机械密封，通常为波纹管密封，如图 27-7 所示。

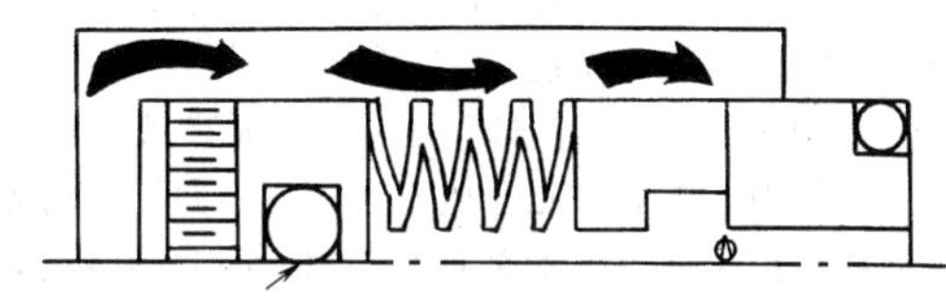

图 27-7　非推压型机械密封

(2) 平衡型密封和非平衡型密封

① 载荷系数 K

a. 内装式机械密封

$$K=\frac{d_2^2-d_b^2}{d_2^2-d_1^2} \tag{27-7}$$

b. 外装式机械密封

$$K=\frac{d_b^2-d_1^2}{d_2^2-d_1^2} \tag{27-8}$$

式中　d_2——密封环带的外径；

d_1——密封环带的内径；

d_b——密封的平衡直径，如图 27-8～图 27-10 所示。

推压型密封和非推压型密封特点的比较见表 27-10。

表 27-10　推压型密封和非推压型密封特点的比较

项　目	推压型密封	非推压型密封
压缩单元	单弹簧或多弹簧	金属波纹管或橡胶波纹管
轴的辅助密封	动态	静态
商业用尺寸范围/mm	13～508	18～305
温度范围/℃	−268～232	−268～427
压力范围/MPa	≤20.69	≤2.41
特点	尺寸范围大 高压 适宜于特殊设计 适宜于采用特殊金属	零部件少 固有的平衡型结构 静环磨损后，动环能自由前移 高温
价格	一般较低	一般较高

② 端面比压 p_c

$$p_c=p_s+p(K-\lambda) \tag{27-9}$$

式中　p_s——弹簧比压；

λ——反压系数，指密封端面间流体膜平均压力 p_m 与密封流体压力 p 的比值，对于水，$\lambda=0.5$。

③ 平衡型和非平衡型密封　密封腔中的压力作用在动环上形成闭合力，端面间的液膜形成开启力。

载荷系数 $K>1$ 的机械密封为非平衡型密封，如图 27-8 所示。一般非平衡型只能用于低压。当压力大于一定的限度时，密封面间的液膜就会被挤出。在丧失液膜润滑及高负荷的作用下，密封端面会很快损坏。非平衡型密封不能平衡液体对端面的作用，端面比压随流体压力的上升而上升。

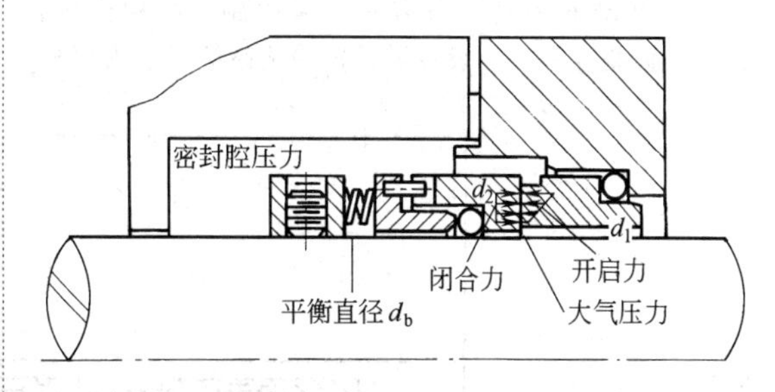

图 27-8　内装式非平衡型机械密封

载荷系数 $K<1$ 的机械密封为平衡型密封，如图 27-9 和图 27-10 所示。内装式密封轴上的台阶使密封端面沿径向内移，但不减少密封面的宽度。密封的开启力不变，但由于动环有较大的面积暴露在液体中，因此，闭合力被平衡了相当一部分。

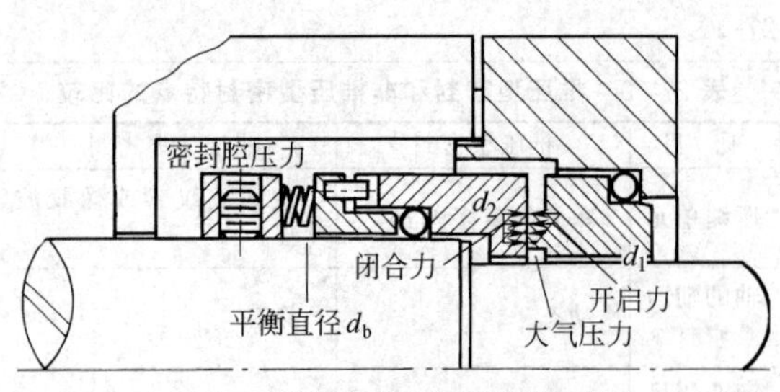

图 27-9　内装式平衡型机械密封

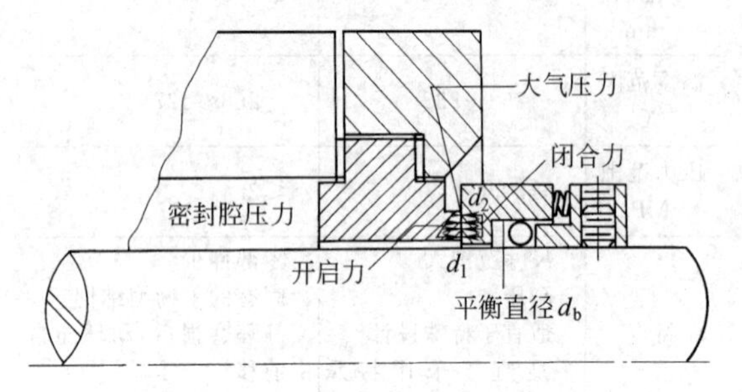

图 27-10　外装式平衡型机械密封

外装式密封的平衡方法除作用力方向恰好相反外，其余与内装式密封相同。在这种情况下，要增加闭合力中的液压的份额，以抵消密封端面间液膜的开启力，如图 27-10 所示。

平衡型密封能部分平衡液体对端面的作用，端面比压随流体压力的上升而缓慢上升。

一般非平衡型密封只能用于低压，但对润滑性能差，低沸点、易汽化介质及高速工况，即使在低压下，也应选用平衡型密封。因为对于非平衡型密封，当密封腔压力上升时，会将密封端面间的液膜挤出，使密封面很快损坏。

平衡型密封能用于各种压力场合。API 682 中规定除无压双密封的外侧密封允许采用非平衡型密封外，其余都应是平衡型密封。

(3) 单端面密封、有压双密封和无压双密封

① 单端面密封　只有一对摩擦副，结构简单，制造、拆装容易，一般只需设置冲洗系统，不需要外供封液系统，如图 27-8～图 27-10 所示。

② 有压双密封（双端面机械密封）　有两对摩擦副，结构复杂，需要外供封液系统，密封腔内通入比介质压力高（0.5～1.5）$\times10^5$ Pa 的隔离液，起封堵、润滑等作用，隔离液对内侧密封起到润滑作用。有压双密封如图 27-11 所示。

③ 无压双密封（串联密封）　有两对摩擦副，结构复杂，需要外供封液系统，密封腔内的缓冲液不加压，工艺介质对内侧密封起到润滑作用。无压双密封如图27-12 所示。

一般情况下，应优先选用单端面密封，因为单端面密封结构简单，使用方便，价格低。但在以下场合，优先选用双端面机械密封。

① 有毒及有危险性介质。

② 高浓度的 H_2S。

③ 易挥发的介质（如液化石油气等）。

随着社会对健康、安全和环境保护的要求日趋提高，无压双密封的使用量逐年上升，该种密封可广泛用于氯乙烯、一氧化碳、轻烃等有毒、易挥发、危险的介质。无压双密封的内侧密封（第一道密封）是主密封，相当于一个单端面内装式密封，其润滑由被密封的介质担当。第二道密封腔内注满来自封液罐的液体，未加压。内侧密封一旦失效，会导致密封腔的压力提高，即能由封液罐的压力表显示、记录或报警。同时外侧密封就能在维修前起到密封和容纳泄漏液体的作用。

对一些有毒、含颗粒介质（或腐蚀性相当严重的介质），一般可考虑以下方法。

① 采用合适的环境控制措施，如外冲洗＋带旋风分离器的管路冲洗系统。

② 采用有压双密封。有压双密封隔离液的压力高于介质压力，因而泵送介质不会进入密封腔。内侧密封起到阻止隔离液进入泵腔的作用。因此当输送诸如黏性、腐蚀性及高温介质时，内侧密封由于没有暴露在介质中，因此可以不用昂贵的合金制作。外侧密封仅仅起到不使隔离液漏入大气的作用。

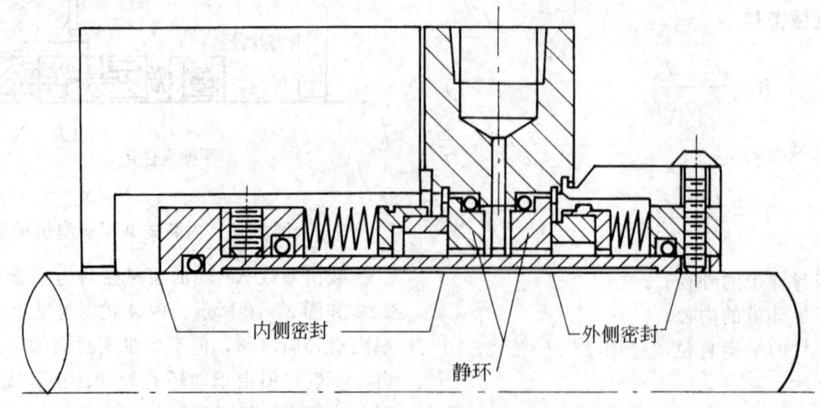

图 27-11　有压双密封

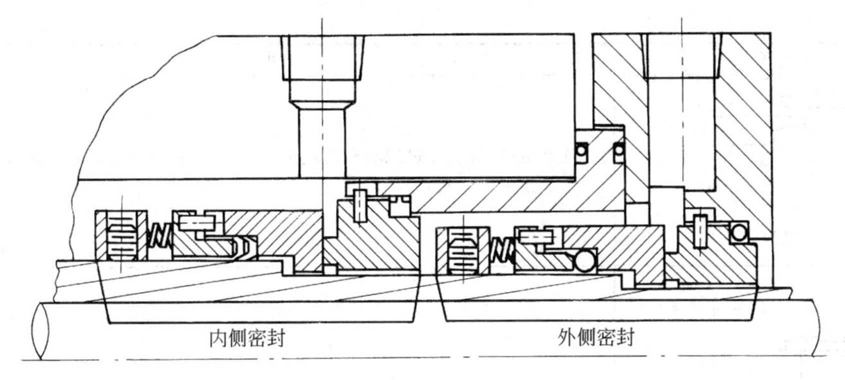

图 27-12　无压双密封

(4) 内装式密封和外装式密封

内装式密封是指机械密封安装在密封腔内，如图 27-8 和图 27-9 所示。

外装式密封是指机械密封安装在密封腔外，如图 27-10 所示。

由于内装式密封的受力情况好，比压随介质压力的增加而增加，其泄漏方向与离心力方向相反，因此一般情况均选用内装式机械密封。

API 682 中明确标准型的机械密封为内装式密封。只有当介质腐蚀性极强，又不考虑采用有压双密封时，才考虑选用外装式机械密封。

(5) 旋转式机械密封和静止式机械密封

旋转式机械密封是指补偿环随轴一起转动的机械密封。静止式机械密封是指补偿环不随轴一起转动的机械密封。

一般情况下均选用旋转式机械密封，但在轴径较大、转速较高（圆周速度不小于 25m/s）时，由于弹簧及其他旋转元件产生的离心力较大，动平衡要求高，消耗的搅拌功率也大，应选用静止式机械密封。此外如果介质受强烈搅动易结晶时，也推荐采用静止式机械密封。

(6) 单弹簧机械密封和多弹簧机械密封

单弹簧机械密封，结构简单，弹簧可兼起传动作用，但端面比压不均匀，不适用于高速运转。

多弹簧机械密封，结构复杂，弹簧不能兼起传动作用，但端面比压均匀，适用于高速运转。

一般情况下，推荐选用多弹簧机械密封。API 682 中明确推压型的标准密封为多弹簧机械密封。

1.4.3　密封管路系统的选择

单端面机械密封、无压双密封的主密封（内侧密封）的管路系统的选择见表 27-11。节流衬套、辅助密封装置和双密封的管路系统的选择见表 27-12。

表 27-11　单端面机械密封、无压双密封的主密封（内侧密封）的管路系统的选择

API 方案	说　明
方案1	从泵的出口引出，至密封的内部循环。只推荐用于清洁液体，必须保证充足的循环量以维持密封面的条件 不推荐用于立式泵
堵头（留作将来设置循环液接口用） 方案2	无冲洗液循环的封死的密封腔 不推荐用于立式泵
方案11	从泵出口引出，经孔板至密封，冲洗密封端面后进入泵腔 不推荐用于立式泵

续表

API方案	说明
方案12	从泵出口引出，经过滤器和孔板至密封，冲洗密封端面后进入泵腔 不推荐用于立式泵
方案13	从密封腔引出，经过孔板至泵进口
方案14	从泵出口引出，经孔板至密封，冲洗密封端面后进入泵腔。同时从密封腔引出，经过孔板至泵进口 方案 14 是方案 11 和方案 13 的结合
TI 方案21	从泵出口引出，经孔板和冷却器至密封，冲洗密封端面后进入泵腔
TI 方案22	从泵出口引出，经过滤器、孔板和冷却器至密封，冲洗密封端面后进入泵腔
TI 方案23	循环液通过一个泵送环从密封腔引出，经冷却器返回密封腔

续表

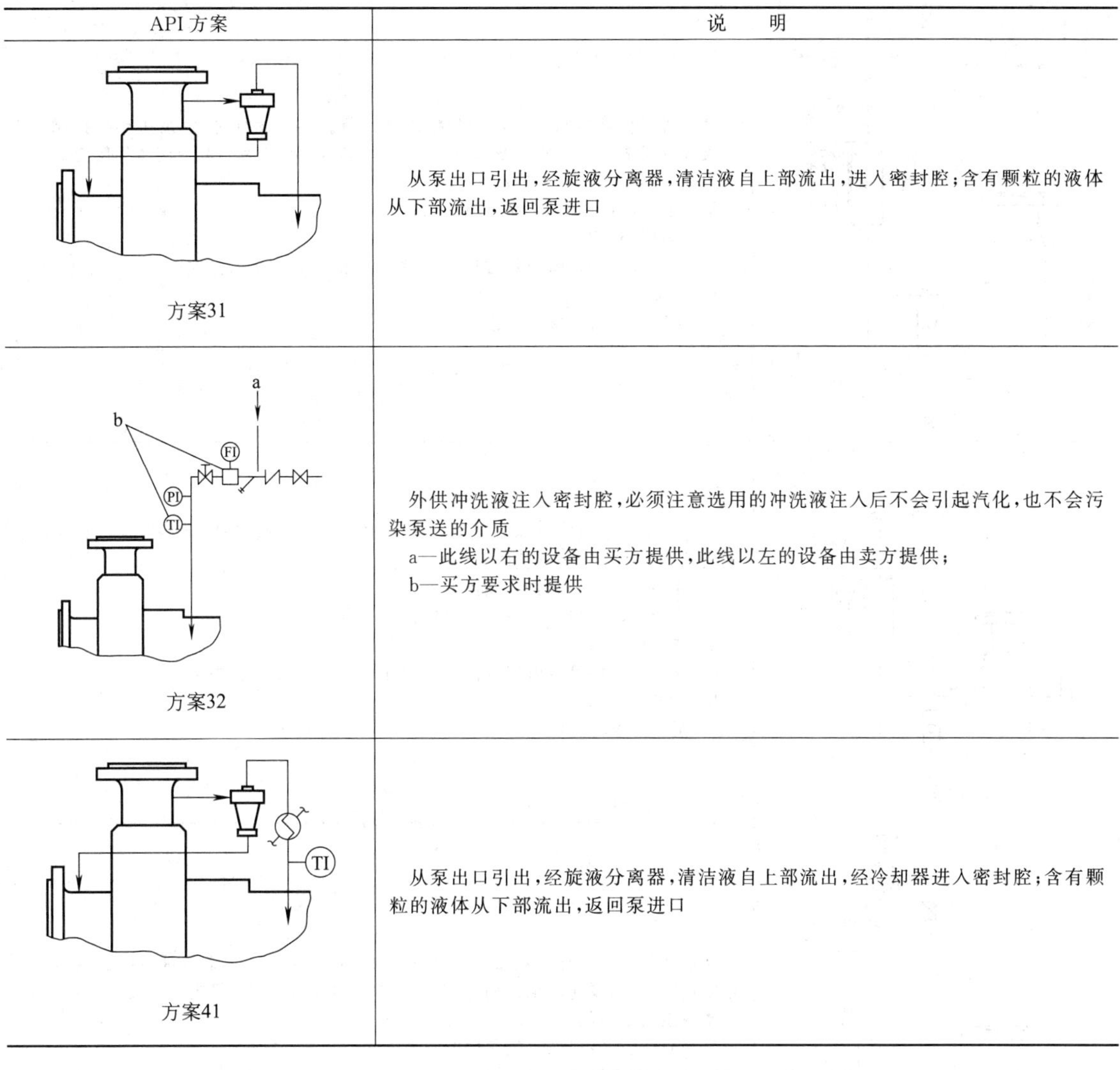

API 方案	说　明
方案31	从泵出口引出，经旋液分离器，清洁液自上部流出，进入密封腔；含有颗粒的液体从下部流出，返回泵进口
方案32	外供冲洗液注入密封腔，必须注意选用的冲洗液注入后不会引起汽化，也不会污染泵送的介质 a—此线以右的设备由买方提供，此线以左的设备由卖方提供； b—买方要求时提供
方案41	从泵出口引出，经旋液分离器，清洁液自上部流出，经冷却器进入密封腔；含有颗粒的液体从下部流出，返回泵进口

表 27-12　节流衬套、辅助密封装置和双密封的管路系统的选择

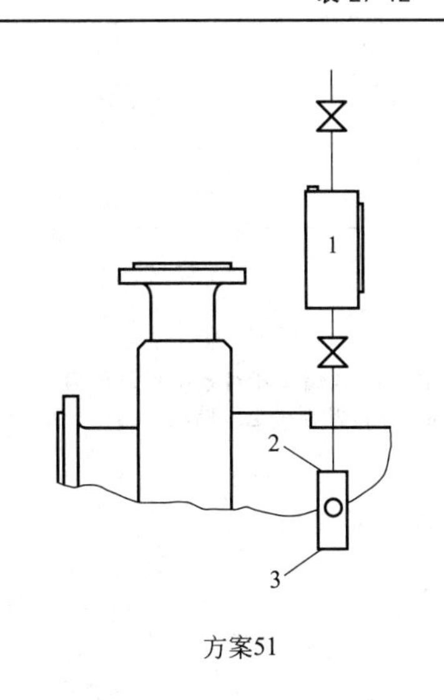 方案51	密封腔底部封死，外部的容器提供封液 1—储液罐；2—急冷； 3—排净，堵头封堵

续表

图	说明
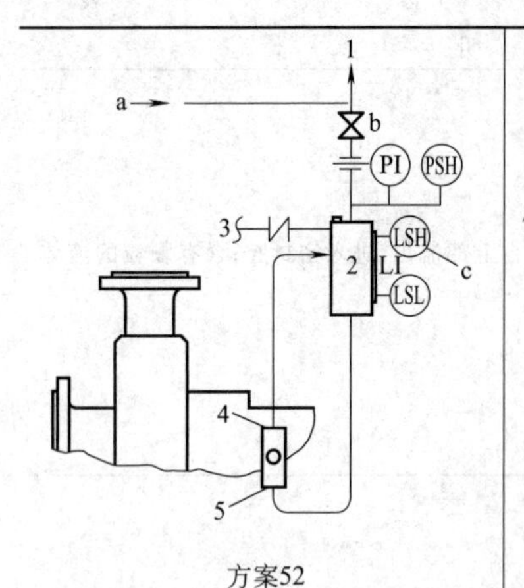 方案52	通过外部储液器向无压双密封提供缓冲液。正常运行时，由泵送环维持循环。储液器通常向废气回收系统连续排放气体，其压力低于密封腔内液体的压力 1—去回收系统；2—储液器； 3—缓冲液补液口；4—缓冲液出口； 5—缓冲液进口 a—此线以上的设备由买方提供，此线以下的设备由卖方提供； b—常开； c—买方要求时提供
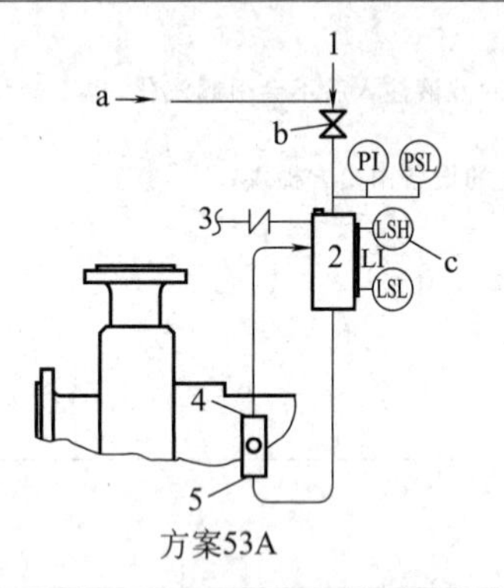 方案53A	通过外部储液器向有压双密封提供隔离液。正常运行时，由泵送环维持循环。储液器的压力高于密封腔内液体的压力 1—来自外部压力源；2—储液器； 3—隔离液补液口；4—隔离液出口； 5—隔离液进口 a—此线以上的设备由买方提供，此线以下的设备由卖方提供； b—常开； c—买方要求时提供
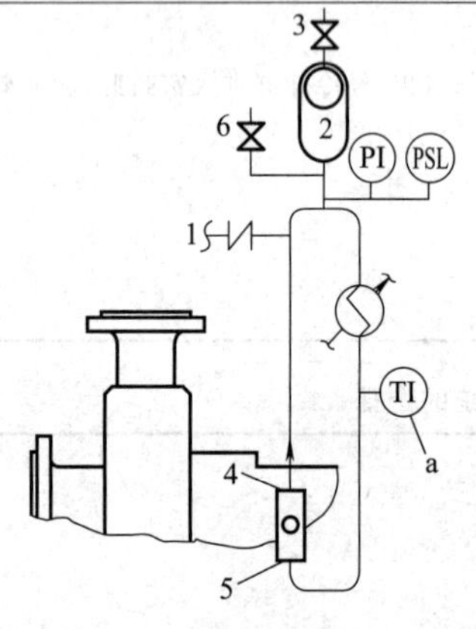 方案53B	通过外部管路向有压双密封提供隔离液，带压的气包储能器对系统提供压力。正常运行时，由泵送环维持循环，热量由空冷器或水冷却器带走。储液器的压力高于密封腔内液体的压力 1—隔离液补液口；2—气包储能器； 3—气包充气口；4—隔离液出口； 5—隔离液进口；6—排气口 a—买方要求时提供
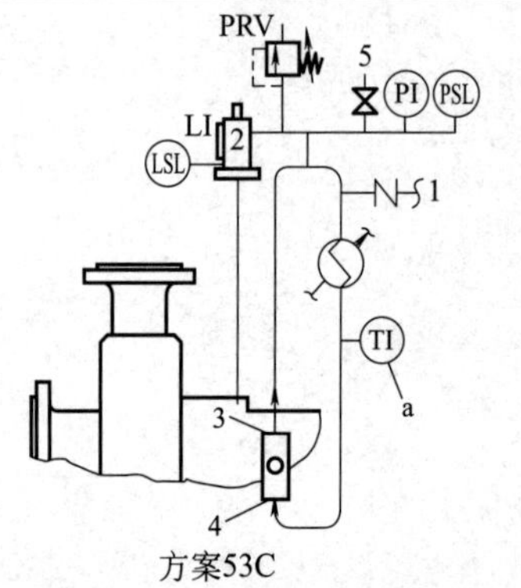 方案53C	通过外部管路向有压双密封提供隔离液，由柱塞式储能器对系统提供压力。正常运行时，由泵送环维持循环，热量由空冷器或水冷却器带走。储液器的压力高于密封腔内液体的压力 1—隔离液补液口；2—柱塞式储能器； 3—隔离液出口；4—隔离液进口；5—排气口 a—买方要求时提供

续表

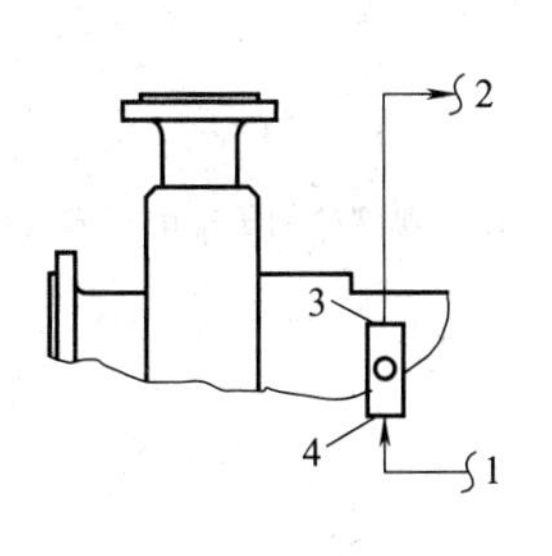方案54	外供清洁的隔离液，循环通过外部压力系统或泵来完成。隔离液的压力大于被密封的介质压力 1—来自外部液源；2—去外部液源； 3—隔离液出口；4—隔离液进口
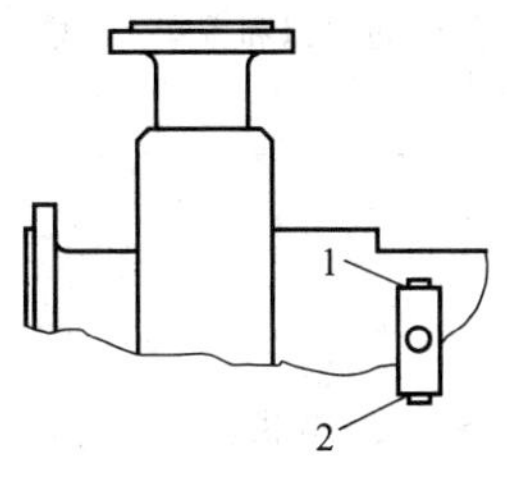方案61	密封压盖上设螺纹接头，出厂时堵上，供买方使用。典型的例子是由买方提供外侧密封需要的流体（如蒸汽、气体和水等） 1—急冷口，堵头封堵； 2—排净口，堵头封堵
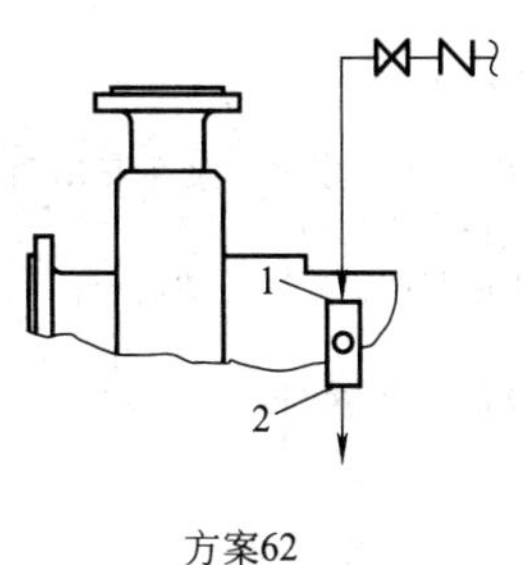方案62	采用外供液体进行急冷，以防固体在大气侧积聚。典型的用法是配合一个小间隙的节流衬套 1—急冷口，堵头封堵； 2—排净口
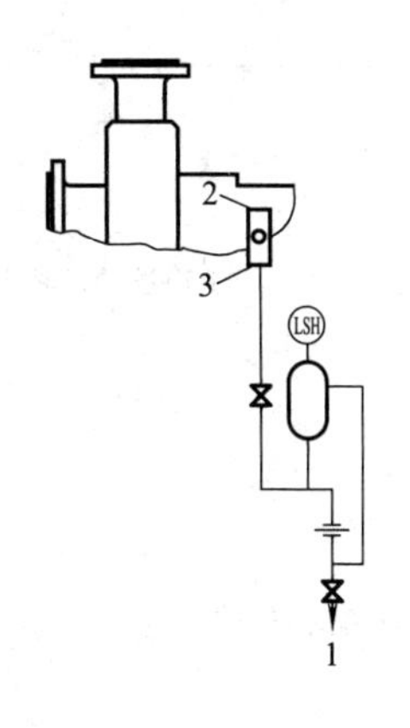方案63	密封液排液采用浮球式液位开关高液位报警 1—液体收集系统； 2—急冷口，堵头封堵； 3—排净口

续表

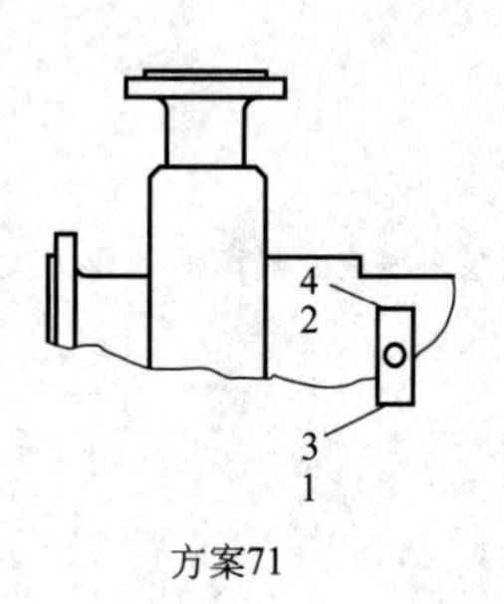 方案71	密封压盖上设螺纹接头，出厂时堵上，供买方使用。典型的例子是由买方提供缓冲气体 1—冲洗；2—外侧密封排气(CSV)，堵头封堵； 3—外侧密封排液(CSD)，堵头封堵； 4—缓冲气入口(GBI)，堵头封堵
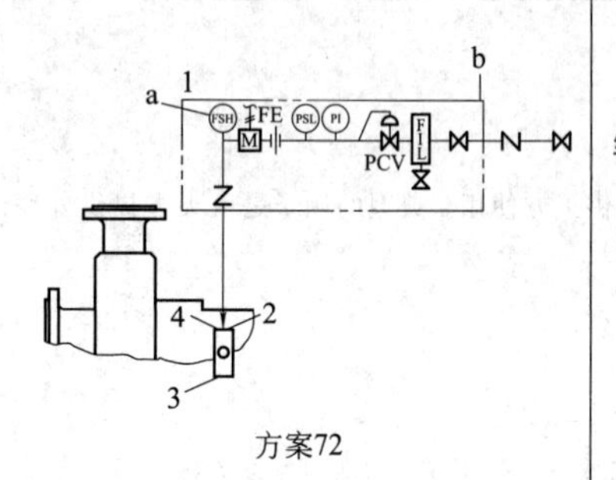 方案72	外部提供缓冲气，用于无压双密封。可以单独采用，也可以和方案75或方案76组合应用。缓冲气的压力低于密封腔内液体的压力 1—缓冲气表盘； 2—辅助密封(外侧密封)排气口(CSV)； 3—辅助密封(外侧密封)排液口(CSD)； 4—缓冲气入口(GBI) a—买方要求时提供； b—此线以右的设备由买方提供，此线以左的设备由卖方提供
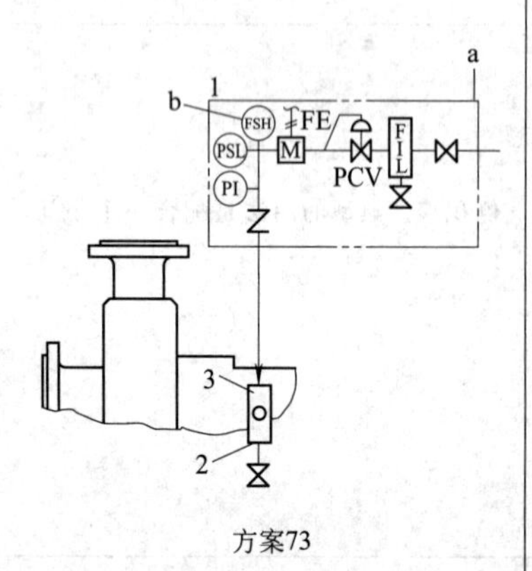 方案73	外部提供隔离气。隔离气的压力高于密封腔内液体的压力。泵在开车和运行中，为了防止气体在泵腔中积聚，需要时密封腔应设置排气口 1—隔离气表盘；2—隔离气出口(常开)，仅用于密封腔需要减压的场合； 3—隔离气入口 a—此线以右的设备由买方提供，此线以左的设备由卖方提供； b—买方要求时提供
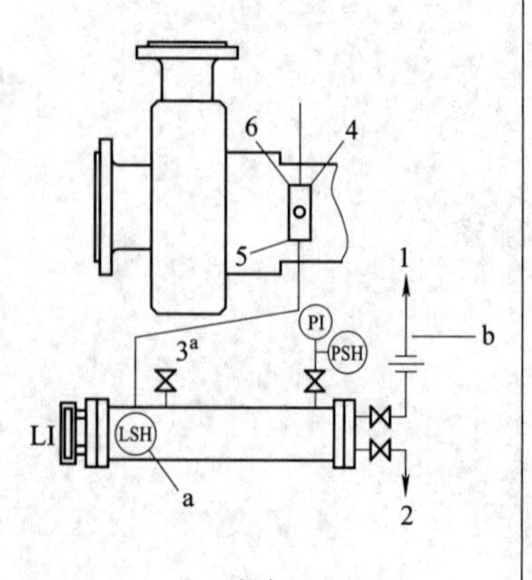 方案74	无压双密封的辅助密封(外侧密封)腔的凝液泄漏排净。用于输送的液体常温下有凝液产生的场合。系统由卖方提供 1—去蒸汽回收系统；2—去液体回收系统； 3—试验接头； 4—辅助密封(外侧密封)排气口(CSV)； 5—辅助密封(外侧密封)排净口(CSD)； 6—缓冲气入口(GBI) a—此线以上的设备由买方提供，此线以下的设备由卖方提供； b—买方要求时提供

续表

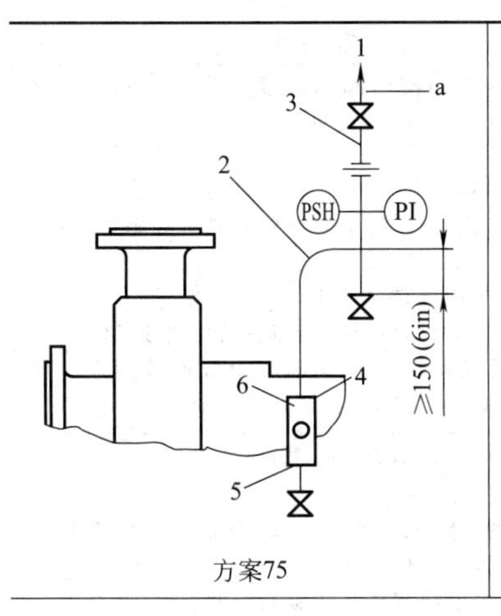

方案75

无压双密封的辅助密封(外侧密封)腔的非凝介质的泄漏排净。用于输送的液体常温下有无凝液产生的场合。系统由卖方提供

1—去蒸汽回收系统;2—tube 管;3—pipe 管;
4—辅助密封(外侧密封)排气口(CSV);
5—辅助密封(外侧密封)排净口(CSD);
6—缓冲气入口(GBI)
a—此线以上的设备由买方提供,此线以下的设备由卖方提供

图中的符号说明

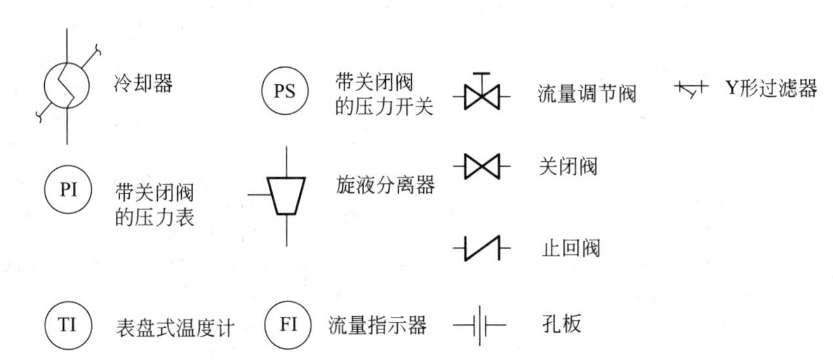

TI—温度计;PI—压力表;PSH—高压力开关;PSL—低压力开关;PRV—压力安全阀;PCV—压力控制阀;FIL—过滤器;FI—流量计;FE—电磁流量计;FSH—高流量开关;LI—液位指示;LSH—高液位开关;LSL—低液位开关

1.4.4　API 610 中有关机械密封的内容介绍

在 API 610 标准中指明，泵应装机械密封，且机械密封应当按 API 682 选取。

① 买方应指定密封的种类。

② 买方按 API 682 的密封数据表填写有关数据。

③ 对影响密封性能和寿命的尺寸及配合要求如下。

a. 密封压盖和密封室应准确对中，压盖与密封室内外止口的同心度应≤125μm。

b. 密封腔与轴套的间隙应大于或等于 3mm，轴向剖分的泵间隙另加 75μm，具体按 API 610 中表 6 的要求确定。

c. 密封室的端面跳动量不应超过 0.5μm/mm。

1.4.5　特殊介质的密封选型

特殊介质的密封选型见表 27-13。

表 27-13　特殊介质的密封选型

介质	介 质 类 型	密 封 措 施
易分解的介质	如一些烃类，当温度≥175℃时，和空气接触会炭化;温度继续升高，当温度≥260℃时，和空气接触，就会聚合和裂化，形成黏性的蜡状物和固态塑料	(1)采用金属波纹管密封 (2)同时采用热蒸汽急冷，并确保蒸汽连续不断地冲到密封端面上 (3)对温度较高的介质，停车时仍应需蒸汽急冷
常温固态介质	常温下为固态的介质，如重烃类、己内酰胺、硫黄等	(1)采用加热夹套 (2)采用静止型的机械密封，同时采用热蒸汽急冷，并确保蒸汽连续不断地冲到密封端面上 (3)密封座也应加热 (4)开车时应采取措施，确保介质在液态下工作

续表

介质	介 质 类 型	密 封 措 施
易结晶介质	温度下降容易结晶的介质	确保内侧密封间的温度始终在饱和温度之上，同时应采取蒸汽急冷
	温度下降容易结晶，且再加热不能熔化的介质，如氨基甲酸酯和己内酰胺等	选用静止型金属波纹管，同时加热密封压盖，采取蒸汽急冷，并设置防结焦挡板以阻止结焦
不相溶介质	指介质中有2种或2种以上相互不能溶解的组分，如油和水	(1)采用重载型的驱动元件 (2)配对材料应选用青铜-碳化钨或SiC-CW。因为不相溶介质在端面间形成的液膜极不稳定，造成动、静环受力也极不稳定
易聚合的液体	如ABS浆液、丙烯酸等(同时参见以下内容)	(1)应采取措施，防止聚合的发生 (2)采用有压波纹管进行双密封 (3)采用窄的密封端面(刀状密封面密封良好，缺点是易碎) (4)配对材料应采用硬质材料，如SiC-SiC，或TC动环-SiC静环
ABS浆液	ABS浆液与空气、水遇热会聚合	(1)使用橡胶波纹管进行有压双密封，水作为隔离液，以保证ABS浆液的纯净 (2)配对材料为窄的TC端面-SiC静环 (3)加大内侧密封的轴向间隙
丙烯酸	(1)丙烯酸在缺氧或加热下很容易聚合，且可能发生爆炸性聚合 (2)剧毒(空气中的含量不能大于2mL/m^3) (3)对皮肤有刺激性和腐蚀性 (4)易燃	(1)考虑到健康和安全，必须采用有压双密封 (2)定量导入冷的氧气，以防内侧密封面缺氧和过热而发生聚合 (3)对丙烯酸，用氮气作为隔离气 (4)对丙烯酸盐，可用清洁、干燥的压缩空气作为隔离液 (5)零泄漏
丁二烯	(1)剧毒(空气中的含量不能大于2mL/m^3) (2)高易燃(闪点−76℃) (3)爆炸空气极限2%～11% (4)与空气接触会形成易爆炸的过氧化物	(1)考虑到健康和安全，应采用有压双密封 (2)应采用工作时产生热量低的密封 (3)用氮气作为隔离气 (4)零泄漏

注：本表取自John Crane技术讲座资料，仅供参考。

1.5 泵的轴承和润滑

1.5.1 离心泵的轴承和润滑

泵和电动机的轴承需要润滑，齿轮箱（如果有的话）也需要润滑。常用的润滑方式有脂润滑、油润滑和压力润滑。

离心泵和转子泵一般采用滚动轴承。对于中、轻载荷离心泵和转子泵，可采用油润滑或脂润滑；对于重载荷离心泵，应采用油润滑。如果有条件，为改善润滑，可考虑采用集中的油雾润滑系统。

当泵的轴功率较大（如2000kW以上）时，应考虑是否应采用滑动轴承及压力润滑系统。

对此，API 610—2009有较为明确的规定，离心泵轴承的L10寿命应满足额定工况下25000h，且最大负荷下16000h；额定轴功率（kW）与额定转速（r/min）的乘积小于＜4×10^6时，可采用径向和推力滚动轴承，否则采用流体动压径向和推力滑动轴承。

采用径向和推力滚动轴承时，其额定转速不能高于轴承制造厂规定的转速限制，且对于油润滑的球轴承，额定转速（r/min）与轴承的平均直径的乘积应小于＜500000mm·r/min；对于脂润滑的球轴承，其乘积应小于＜350000mm·r/min。

对于齿轮增速一体式离心泵（高速泵），一般应采用压力润滑系统。

1.5.2 往复泵的润滑

(1) 机动往复泵动力端的润滑

采用油润滑，并配齐视镜（或液位计）等。当采用压力润滑系统时，应符合本章1.5.4小节的要求，且润滑油泵应为转子泵。

(2) 机动往复泵液力端和直接作用式往复泵汽缸的润滑

可采用单点单柱塞、油量可调的强制注入式注油器，注油器的每个润滑点均应有一个可观察的流动指示器。

当泵的额定功率大于或等于200kW时，其注油器应配备低油位及驱动失败的报警开关。

不同的润滑油应配不同的注油器，每个注油器都应有满足24h正常流量的储油量。

1.5.3　电动机的轴承和润滑

(1) 低压（380V）电动机

一般采用滚动轴承，脂润滑。

(2) 两极中、高压（3000V、6000V、10000V）电动机

功率<1400kW时，一般采用滚动轴承，脂润滑或油润滑；功率≥1400kW时，一般采用滑动轴承，压力油润滑。

(3) 四极及以上的中、高压（3000V、6000V、10000V）电动机

功率<2000kW时，一般采用滚动轴承，脂润滑或油润滑；功率≥2000kW时，一般采用滑动轴承，压力油润滑。

1.5.4　压力润滑油系统

对于重要使用场合，其润滑油系统应符合ISO 10438（API std 614）的Part 1和Part 3的规定。对于不符合ISO 10438（API std 614）标准的压力润滑油系统，其配置至少应包括下列内容。

① 带吸入滤网的轴头驱动的主油泵。

② 一台电动机驱动的辅助油泵，当系统油压低时，辅助油泵应能自动启动。

③ 带在线清洗功能和配压差计的全流量双（一对）油滤器，过滤精度至少应为25μm。

④ 一台管壳式油冷却器。

⑤ 一台具有最小停留时间为3min的奥氏体不锈钢油箱。如有必要，要有一个清洗孔和一个加热装置。

⑥ 必要的控制和仪器仪表，包括以下设备。

a. 低油压报警和停机开关。

b. 每个轴承排放管道中设置一个流量视镜。

c. 一个供油总管压力表和过滤器差压指示器。

⑦ 系统设备安装在一个底座上，且应尽可能同泵（含驱动机）安装在同一底座内。

1.6　泵的冷却

泵是否需要冷却水，哪些部位需要冷却，冷却水耗量多少，这和介质温度、泵型等有关，以下给出基本考虑方法，供参考，具体应用时应以泵的实际工况参数和泵厂经验确定。

输送介质温度高于100℃时，一般应考虑是否需要对轴承箱进行冷却。冷却水管路系统方案为A和K。

输送介质温度高于120℃时，一般宜对密封液（或缓冲液）进行冷却（金属波纹管密封除外），以降低密封腔的温度，改善密封的工作条件，延长其使用寿命。冷却水管路系统方案为K和M。

对于输送易结晶的液体，应考虑对机械密封设置外供液体（如水、蒸汽等）进行急冷，以冷却密封腔，并防止固体在大气侧积聚；对于输送饱和蒸气压较高的液体（如液化气、液氨等），应考虑对机械密封设置外供液体（如40℃热水、蒸汽等）进行急冷，以防止液化气或液氨等因压降气化而结冰，并防止辅助密封圈变硬发脆，失去密封作用。冷却水管路系统方案为D。

磁力驱动泵一般不需要冷却水。

冷却水耗量应以泵厂给出的数值为准。估算时可参考如下经验值。

冷却水耗量小泵为0～1.5m^3/h，大泵为0～3m^3/h。

注：对于采用压力润滑系统的泵取大值。

对于空-水冷的电动机，冷却水耗量较大，需10～50m^3/h。

注：电动机通常采用空-空冷，只有当功率较大（如大于2000kW时）且现场有合适水源时，才考虑采用空-水冷电动机。

对于泵用汽轮机，其冷却水主要用于油冷却器、汽封冷却器、轴承箱等，凝汽式汽轮机还需要增加表面冷凝器用的冷却水，以便将汽轮机排出的气体冷却成水。

汽轮机的冷却水耗量和汽轮机的型式、大小、结构等有关。其冷却水耗量范围很大，需仔细咨询汽轮机厂。

(1) 冷却水管路系统设计条件

API标准要求冷却水管路系统的设计应符合以下要求。

换热器表面的流速：1.5～2.5m/s。

最大允许工作压力（表）：0.7MPa。

试验压力（表）：1.05MPa。

最大压力降：0.1MPa。

最高供水温度：30℃。

最高回水温度：50℃。

最大温升：20℃。

污垢系数：0.35m^2·K/kW。

壳体腐蚀裕度（不是指管子）：3.0mm。

卖方提供的冷却水管路系统还应符合具体工程项目的冷却水公用工程条件，我国某石化装置的冷却水公用工程条件如下（供参考）。

最大允许工作压力（表）：0.7MPa。

供水压力（表）：0.4～0.6MPa。

最大压力降：0.2MPa。

回水压力（表）：0.2～0.4MPa。

最高供水温度：33℃。

最低回水温度：43℃。

最大温升：10℃。

污垢系数：$0.5m^2 \cdot K/kW$。

氯离子含量：$200g/m^3$。

(2) 冷却水管路系统布置

除另有规定外，冷却水管路系统的总管和每个支管均应设置必要的进口阀和出口阀，且每个冷却水出口管道上都应设流量视镜。

冷却水管路布置应符合表27-14的要求。卖方在技术报价时应明确冷却水管路系统的方案。

表27-14　冷却水管路布置

API管路方案	API管路方案
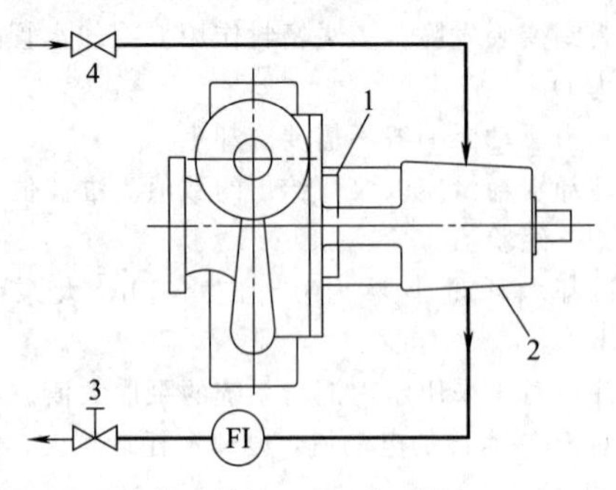 1—密封压盖；2—轴承箱；3—出口切断阀；4—入口切断阀；FI—流量视镜 方案A：冷却悬臂泵的轴承箱	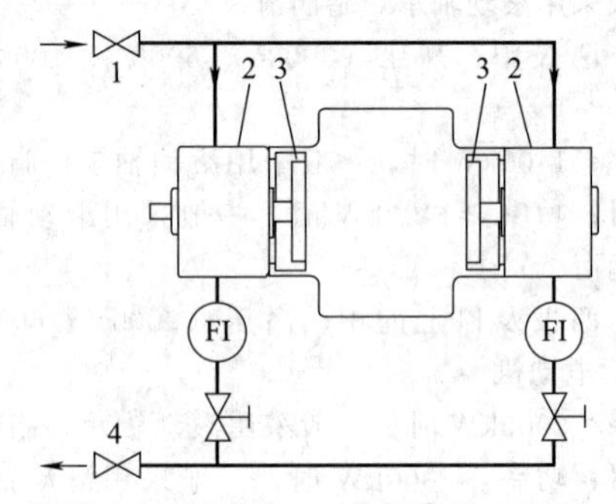 1—入口切断阀；2—轴承箱；3—密封压盖；4—出口切断阀；FI—流量视镜 方案A：冷却两端支撑泵的轴承箱
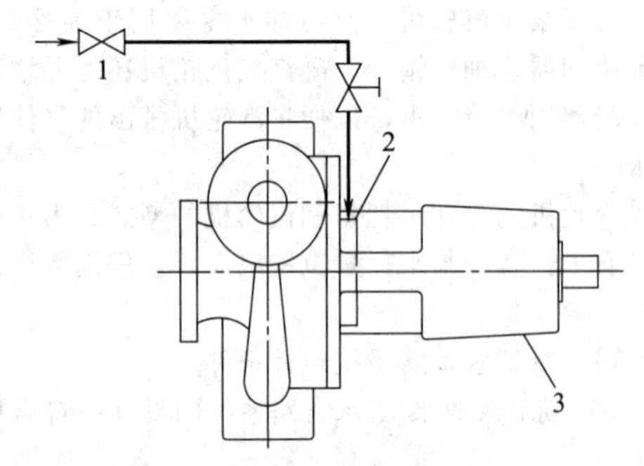 1—入口切断阀；2—密封压盖；3—轴承箱； —流量调节阀 方案D：悬臂泵密封压盖急冷	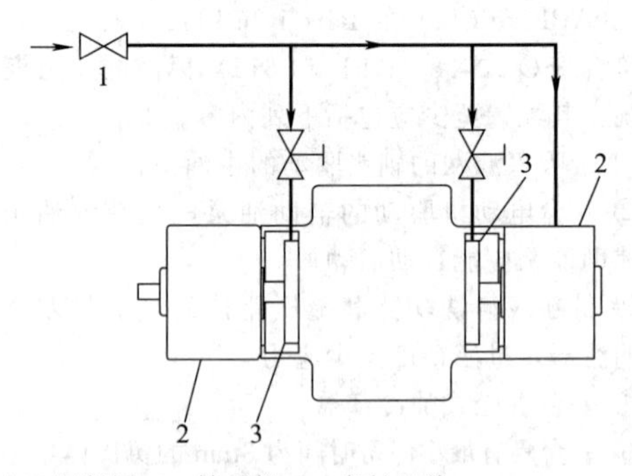 1—入口切断阀；2—轴承箱；3—密封压盖； —流量调节阀 方案D：两端支撑泵密封压盖急冷
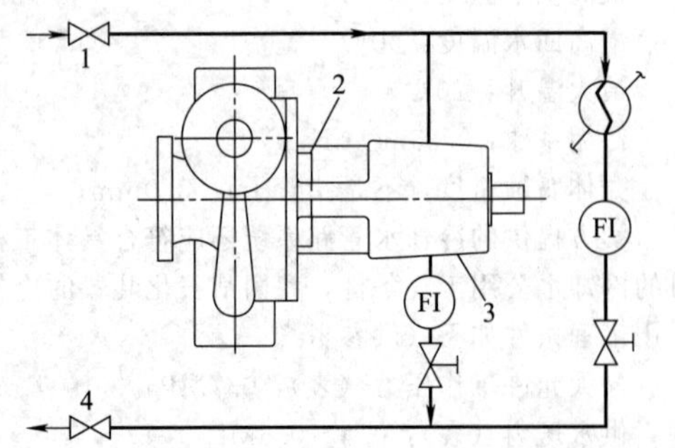 1—入口切断阀；2—密封压盖；3—轴承箱；4—出口切断阀；FI—流量视镜 方案K：冷却悬臂泵的轴承箱和密封用换热器	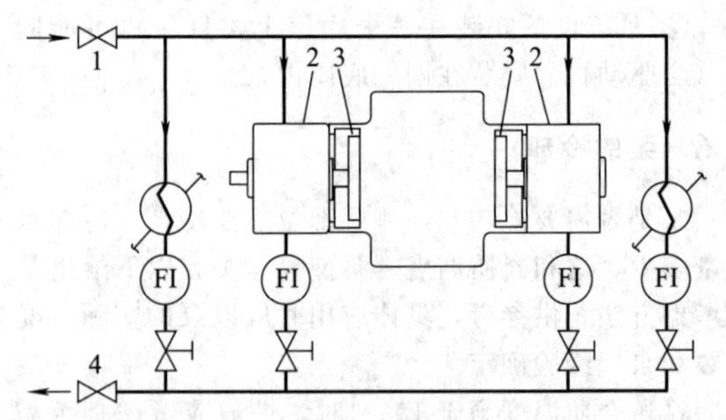 1—入口切断阀；2—轴承箱；3—密封压盖；4—出口切断阀；FI—流量视镜 方案K：冷却两端支撑泵的轴承箱和密封用换热器

续表

API 管路方案	API 管路方案
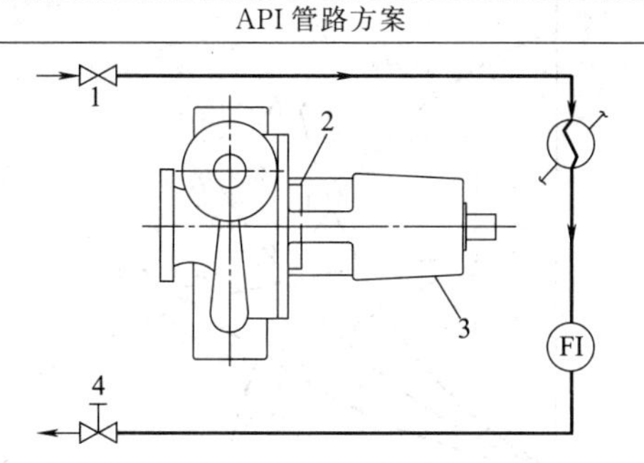 1—入口切断阀；2—密封压盖；3—轴承箱；4—出口切断阀；FI—流量视镜 方案 M：冷却悬臂泵密封用换热器	1 2 3 3 2 FI FI 4 1—入口切断阀；2—轴承箱；3—密封压盖；4—出口切断阀；FI—流量视镜 方案 M：冷却两端支撑泵密封用换热器

1.7　泵的串联和并联

化工生产中，一般一种用途的泵只设一台，当一台泵独立工作不能满足生产所需的流量或扬程时，可考虑采用泵的串联和并联，如图 27-13 所示。

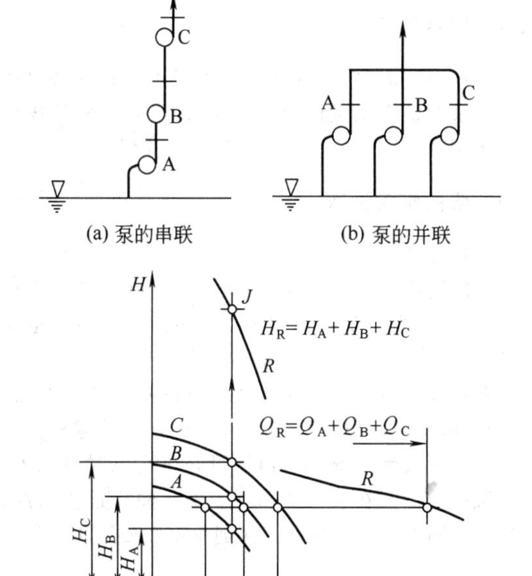

图 27-13　泵的串并联操作

串联时，流量不变，扬程相加，即

$$H_R = H_A + H_B + H_C$$

并联时，扬程不变，流量相加，即

$$Q_R = Q_A + Q_B + Q_C$$

(1) 泵的串联操作

两台相同特性泵的串联操作如图 27-14 所示，但通常不推荐这种方式。串联操作一般只适用于叶片式泵，如离心泵；一般不适用于容积式泵，如往复泵。可看出，两台泵串联时，在装置特性曲线不变的情况下，扬程和流量都增加，其增加程度又和装置特性曲线有关。串联工作时应考虑到后续泵体、泵轴的强度和密封，串联工作的泵选配电动机时应按串联条件下的参数选配功率。

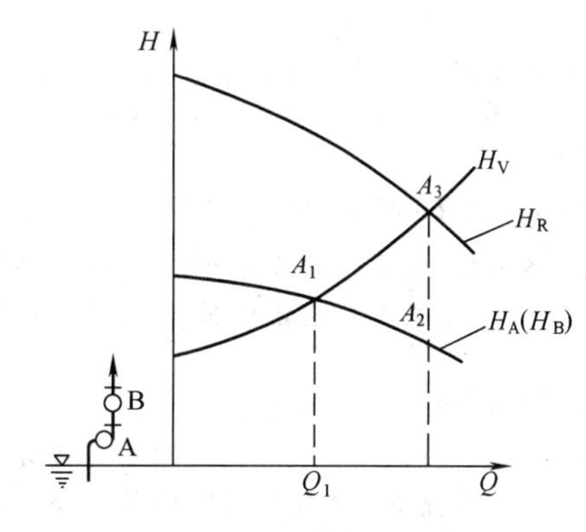

图 27-14　两台相同特性泵的串联操作

(2) 泵的并联操作

生产中当使用一台泵不能满足流量要求时，可以将两台或多台相同特性泵并联使用（图 27-15），并联操作适用于叶片式泵，也适用于容积式泵。两台泵并联时，在装置特性曲线不变时，扬程和流量都增加，

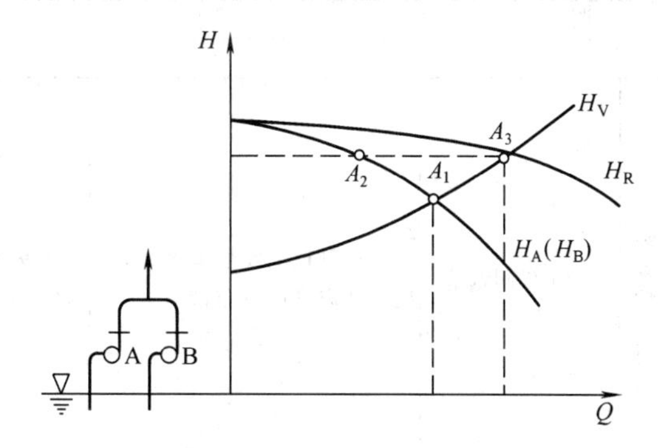

图 27-15　两台相同特性泵的并联操作

其增加程度又和装置特性曲线有关。

对某些需有备用泵的大型泵，可选用两台泵（流量各为50%）并联操作，一台泵备用，即两开一备的方式。对某些大型泵，可选用两台流量各为所需流量65%～70%的泵并联操作（不设备用泵）。当一台泵停车检修时，装置仍有65%～70%的流量供应。往复泵的并联操作实际上相当于一台多缸泵，但电动机数目多，给安装和拆卸带来困难。因此，应优先选用多缸泵。

(3) 往复泵和离心泵的并联操作

往复泵和离心泵的并联操作特性如图27-16所示。曲线A、B分别为离心泵和往复泵的特性曲线，H_V为装置特性曲线。根据并联操作的特性可得并联合成特性曲线R。

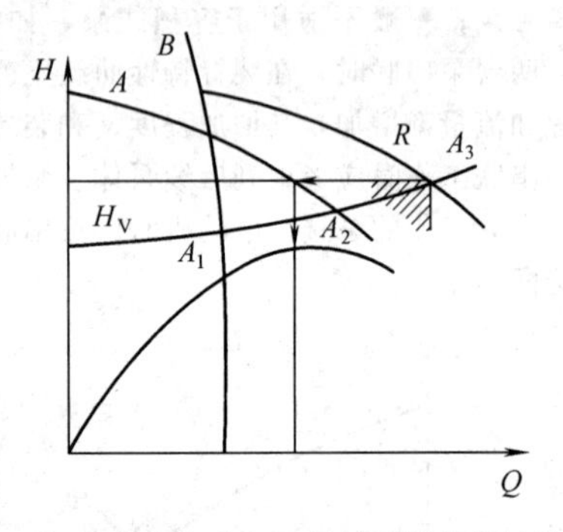

图27-16　往复泵和离心泵的并联操作的特性曲线

往复泵和离心泵的并联操作可克服往复泵不能用闸阀调节（节流调节）流量的缺点，但一般很少采用。

(4) 串联、并联操作的选择

泵的串联、并联均能使泵的流量有所提高（图27-17）。一般情况下，增加流量采用并联操作的方式，但在装置特性曲线较陡的情况（如H_{V_2}曲线），采用串联操作比并联操作不但扬程高而且流量也大。装置曲线H_V是选择串并联的分界线，当装置特性曲线在H_V曲线左边，即装置特性曲线较陡时，采

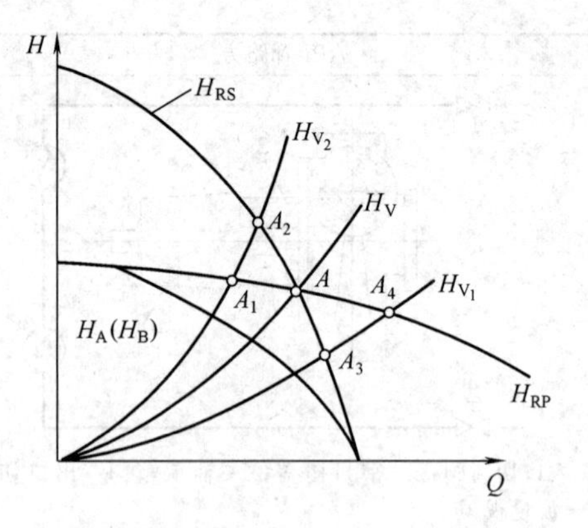

图27-17　两台泵串并联运转的选择

用串联操作（工作点为A_2）比并联操作（工作点为A_1）增加的流量扬程更大一些；当装置特性曲线在H_V曲线右边，即装置特性曲线较平坦时，采用并联操作（工作点为A_4）比串联操作（工作点为A_3）增加的流量、扬程更大一些。但是在实际工程应用中，几乎不采用串联操作的方法。

1.8　流量调节

生产中常需要根据操作条件的变化情况调节泵的流量，泵的常用流量调节方法见表27-15，实际操作中可选用其中一种方法，或多种方法并用。

1.9　泵的配管要求

(1) 管径

泵的进出口管道的管径一般应比泵的进出口直径大1～2级。为便于操作和维修，泵的进出口管道应分别设置切断阀，直径与管径相同。

螺杆泵、齿轮泵、柱塞泵等应设永久性过滤器，位于切断阀与泵进口之间；离心泵除特殊要求外，一般可不设永久性过滤器，但需设开车用临时过滤器。离心泵或漩涡泵在泵出口与切断阀之间应设止回阀，直径与切断阀相同。容积式泵通常不需要设止回阀。

表27-15　泵的常用流量调节方法

调节方法		含　义	特　点	图　示
离心泵				
改变装置特性曲线	①出口阀调节	出口管道上安装调节阀，靠阀的开启度调节流量	方法简单，但功率损失大，不经济	H　关小阀门　R_2　R_1　H_2　H_1　Q_2 Q_1　Q

续表

调节方法		含　　义	特　　点	图　　示
改变装置特性曲线	②旁路调节	利用旁路分流的方法调节流量	可解决泵在小流量下连续运转的问题，但功率损失和管线增加	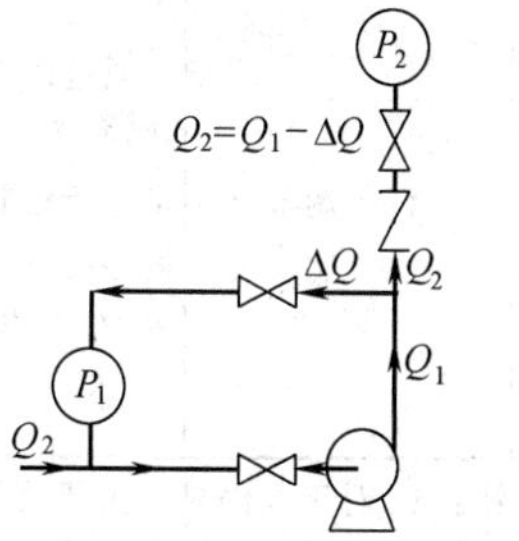
改变泵特性曲线	③转速调节	通过调节泵轴转速的方法调节泵的流量	功率损失很小，但需增加调速机构或选用调速电动机 改变转速的方法最适用于汽轮机、内燃机和直流电动机驱动的泵，也可用变频调节来改变电动机转速	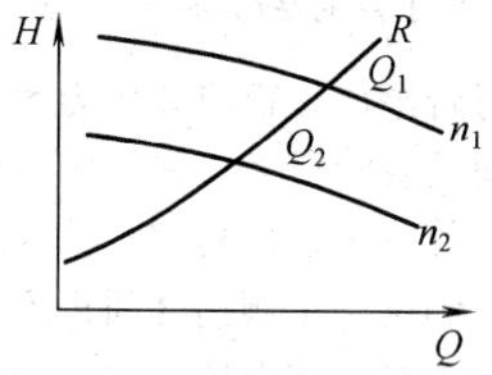
	④切割叶轮外径	通过调节切割叶轮外径的方法调节泵的流量	功率损失小，但叶轮切割后不能恢复，且叶轮的切割量有限。适用于需长期在较小流量下工作且流量改变不大的场合	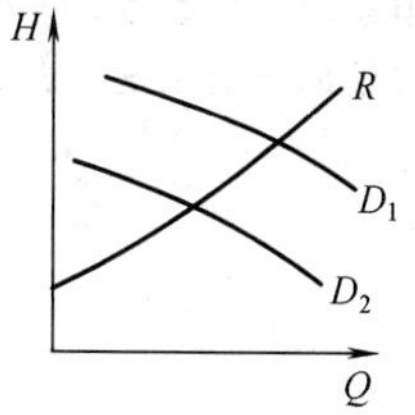
	⑤更换叶轮	通过调节更换不同直径的叶轮的方法调节泵的流量	功耗损失小，但需准备各种直径的叶轮，调节流量的范围有限	
	⑥堵死几个叶轮流道	通过堵死几个叶轮流道(偶数)的方法减少泵的流量	相当于节流调节，但比调节阀节流节能	
往复泵				
改变装置特性曲线	⑦旁路调节	通过利用旁路分流的方法调节流量	不能采用出口阀调节流量	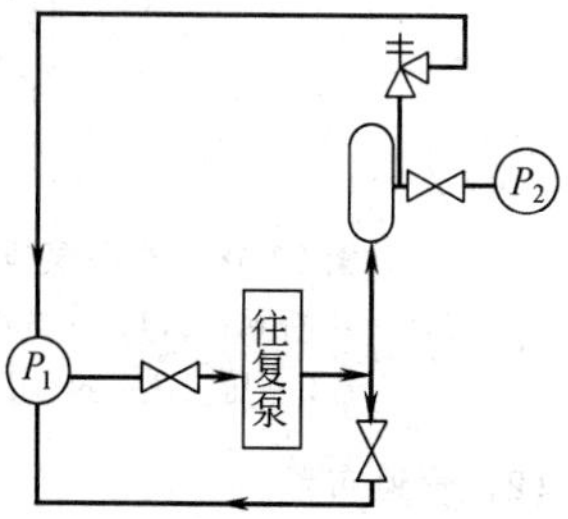
改变泵特性曲线	⑧转速调节	通过改变曲柄转速(往复次数)的方法调节流量	功率损失很小，调节方便(可采用电动机变频调节，对于蒸汽往复泵，只需调节进汽量)	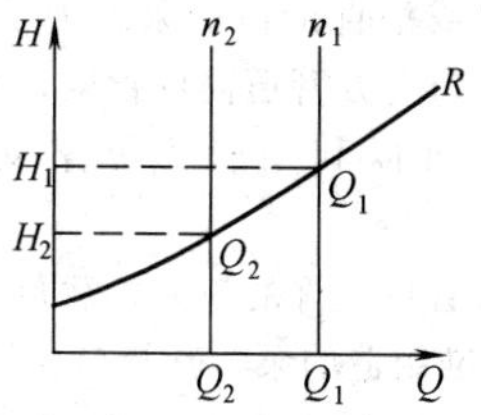

续表

调节方法		含义	特点	图示
改变泵特性曲线	⑨行程调节	通过改变往复泵活塞(或柱塞)行程长度的方法调节流量。行程调节方法包括改变偏心距、改变活塞(或柱塞)行程、改变连杆长度和位置	功率损失很小，调节方便	

注：1. 对于漩涡泵，主要选用第②、③种方法，不能选用方法①。混流泵和轴流泵在小幅度调节流量时，选用方法①和②，不能选用方法④和⑥。有些泵可以通过调节叶轮或导叶轮叶片角度的方法改变流量。

2. 转子泵主要选用第⑦、⑧种方法调节流量。

每台泵出口都应装压力表，位于出口和第一个阀门之间的直管段上。往复泵一般应在出口管道上设缓冲罐，使流量输出均匀，减少压力波动。容积式泵应在出口和第一个阀门之间设安全阀。

卧式泵壳体上应设放净阀。如果进出口切断阀之间的物料不能通过泵放净，应在管道上设放净阀。

如图27-18和图27-19所示分别为离心泵、往复泵的管道系统，供参考。为保证泵的可靠运行，必要时应设置辅助管道系统（表27-16）。

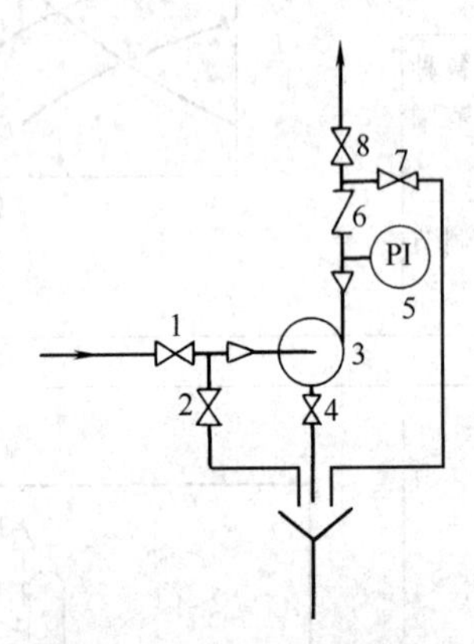

图27-18 离心泵典型管道

1,8—切断阀；2,4,7—放净阀；3—泵；5—压力表；6—止回阀

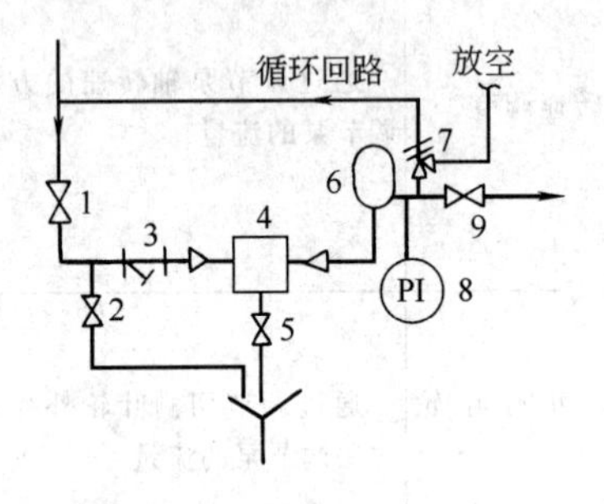

图27-19 往复泵典型管道

1,9—切断阀；2,5—放净阀；3—过滤器；4—往复泵；6—缓冲罐；7—安全阀；8—压力表

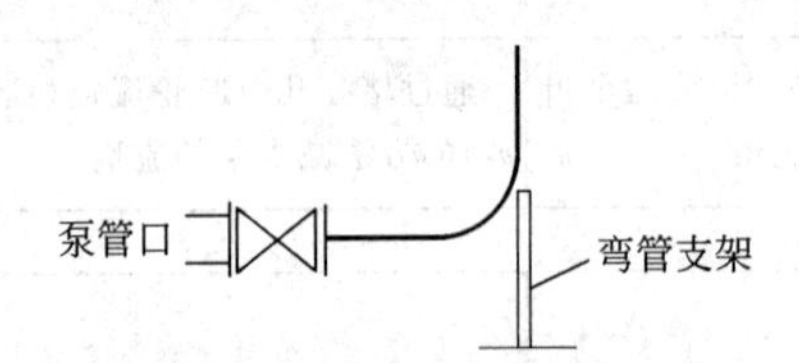

图27-20 泵管口的弯管支架

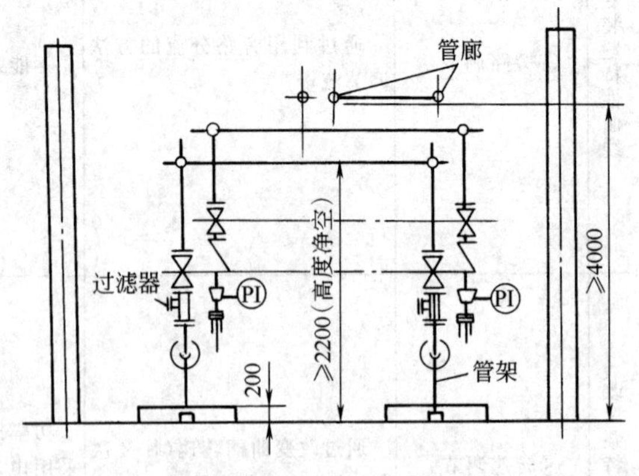

图27-21 泵的典型配管

(2) 管道布置

① 泵的管道应进行有效的支撑，以避免管道重量和管道热应力产生的力及力矩超出泵管口所允许的最大外载荷，泵管口的弯管支架如图27-20所示。垂直进口或垂直出口的泵，为了减少对泵管口的作用力，管口上方管道需设管架，其平面位置要尽量靠近管口，可以利用管廊纵梁支吊管道，如图27-21所示。

泵管口允许的最大外载荷应由泵厂给出。按API 610标准制造的泵，其管口允许的最大外载荷不应小于API 610标准中2.4规定的值。

对非金属泵，在管道设计时必须设置管架，严禁非金属泵进出口管道上阀门等重量压在泵体上。

② 避免采用不规则的管道和较小回转半径的弯头，以免增大阻力损失。

表 27-16　泵的辅助管道系统

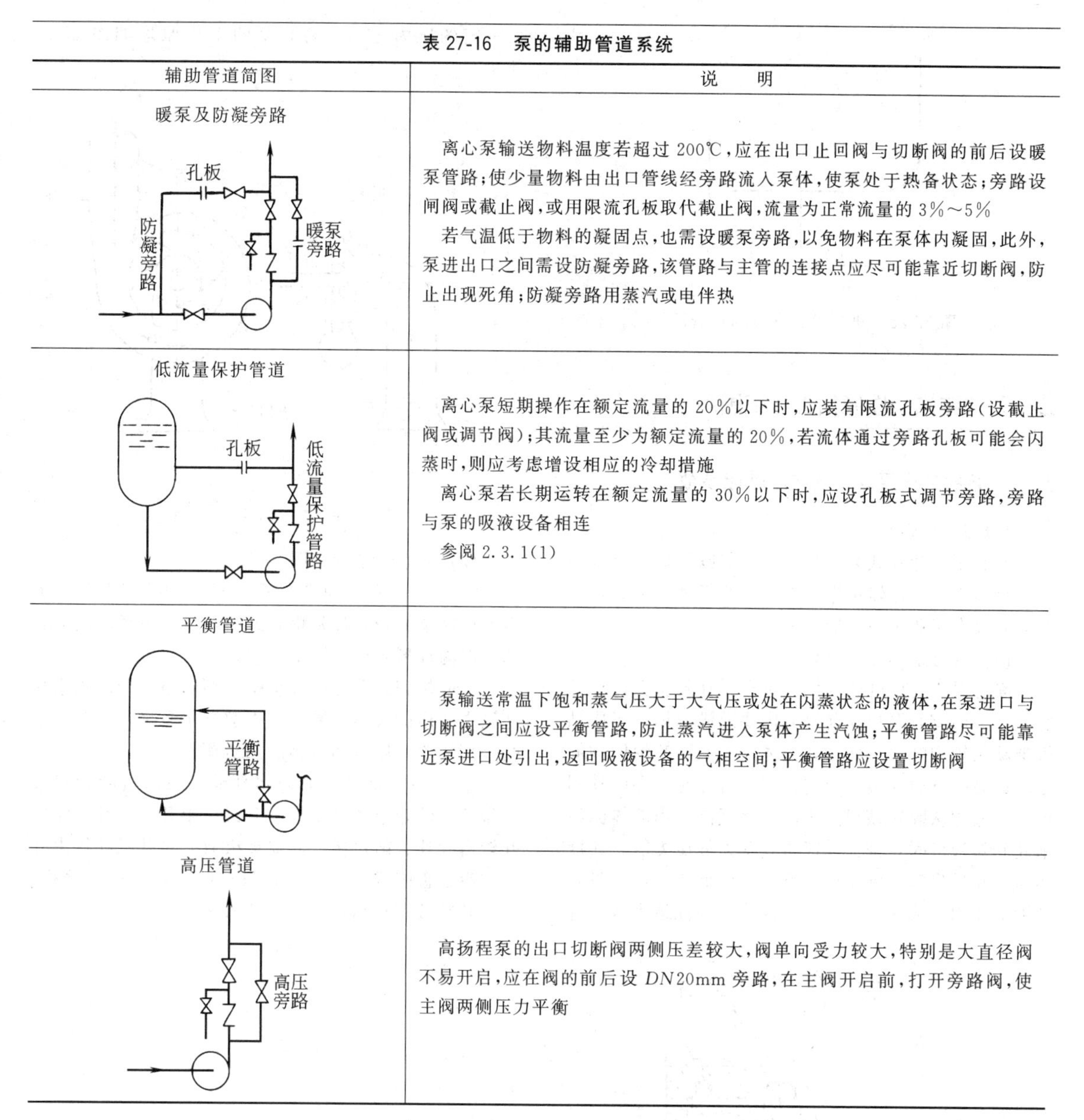

辅助管道简图	说　明
暖泵及防凝旁路	离心泵输送物料温度若超过 200℃，应在出口止回阀与切断阀的前后设暖泵管路；使少量物料由出口管线经旁路流入泵体，使泵处于热备状态；旁路设闸阀或截止阀，或用限流孔板取代截止阀，流量为正常流量的 3%～5% 若气温低于物料的凝固点，也需设暖泵旁路，以免物料在泵体内凝固，此外，泵进出口之间需设防凝旁路，该管路与主管的连接点应尽可能靠近切断阀，防止出现死角；防凝旁路用蒸汽或电伴热
低流量保护管道	离心泵短期操作在额定流量的 20%以下时，应装有限流孔板旁路(设截止阀或调节阀)；其流量至少为额定流量的 20%，若流体通过旁路孔板可能会闪蒸时，则应考虑增设相应的冷却措施 离心泵若长期运转在额定流量的 30%以下时，应设孔板式调节旁路，旁路与泵的吸液设备相连 参阅 2.3.1(1)
平衡管道	泵输送常温下饱和蒸气压大于大气压或处在闪蒸状态的液体，在泵进口与切断阀之间应设平衡管路，防止蒸汽进入泵体产生汽蚀；平衡管路尽可能靠近泵进口处引出，返回吸液设备的气相空间；平衡管路应设置切断阀
高压管道	高扬程泵的出口切断阀两侧压差较大，阀单向受力较大，特别是大直径阀不易开启，应在阀的前后设 *DN*20mm 旁路，在主阀开启前，打开旁路阀，使主阀两侧压力平衡

③ 当泵的进口管道为垂直方向时，进口管若配置异径管，应采用偏心异径管，以免形成气囊。

④ 进口管道应尽可能避免积聚气体的囊形部位，当不能避免时，应在囊形部位设 *DN*15mm 或 *DN*20mm 的排气阀，如图 27-22 所示。

⑤ 泵进口处应有不小于 3 倍管径的直管段，如图 27-23 所示。

⑥ 蒸汽往复泵的排气管道应少拐弯，在可能积聚冷凝水的部位设排放管，放空量大的还要装设消声器。排气应考虑回收利用或排至户外适宜地点。进气管道应在进气阀前设冷凝水排放管，防止水击汽缸。

蒸汽往复泵在运行中一般有较大的振动，故与泵连接的管道应很好地固定。

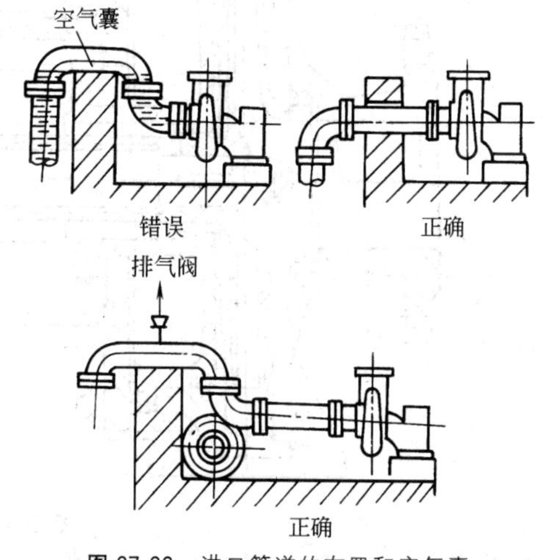

图 27-22　进口管道的布置和空气囊

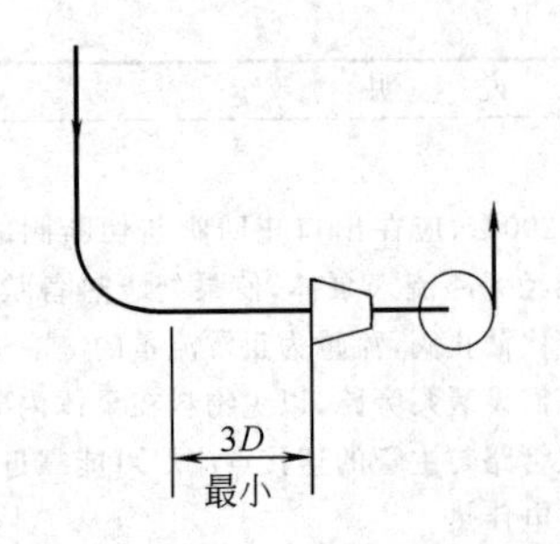

图 27-23　进口管的布置和直管段

2 泵的结构、性能和工作范围

2.1 泵的工作原理、结构和性能参数

2.1.1 离心泵

离心泵属叶片式泵，具有性能范围广泛、流量均匀、结构简单、运转可靠和维修方便等诸多优点，因此离心泵在工业生产中应用最为广泛。

(1) 离心泵的工作原理

离心泵主要由叶轮、轴、泵壳、轴封及密封环等组成。一般离心泵启动前泵壳内要灌满液体，当原动机带动泵轴和叶轮旋转时，液体一方面随叶轮做圆周运动；另一方面在离心力的作用下自叶轮中心向外周抛出，液体从叶轮获得压力能和速度能。当液体流经蜗壳到排液口时，部分动能将转变为静压力能。在液体自叶轮抛出时，叶轮中心部分造成低压区，与吸入液面的压力形成压力差，于是液体不断地被吸入，并以一定的压力排出。离心泵的工作原理如图 27-24 所示。

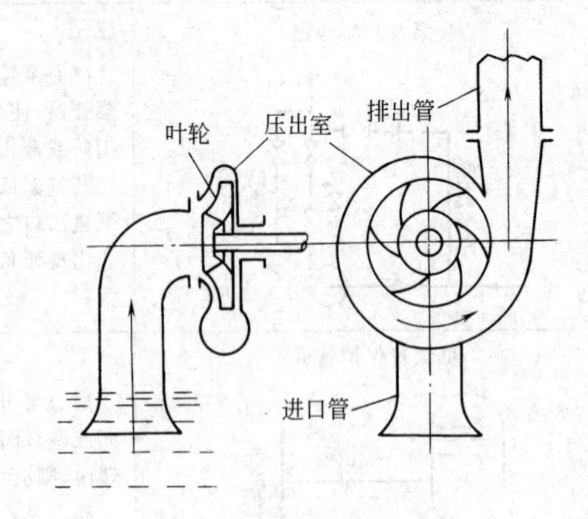

图 27-24　离心泵的工作原理

(2) 离心泵结构（图 27-25）

① 泵壳　有轴向剖分式和径向剖分式两种。大多数单级泵的壳体都是蜗壳式的，多级泵径向剖分壳体一般为环形壳体或圆形壳体。

一般蜗壳式泵壳内腔呈螺旋型液道，用以收集从叶轮中甩出的液体，并引向扩散管至泵出口。泵壳承受全部的工作压力和液体的热负荷。

② 叶轮　是唯一的做功部件，泵通过叶轮对液体做功。叶轮形式有闭式、开式、半开式三种。闭式叶轮由叶片、前盖板、后盖板组成。半开式叶轮由叶片和后盖板组成。开式叶轮只有叶片，无前后盖板。闭式叶轮效率较高，开式叶轮效率较低。

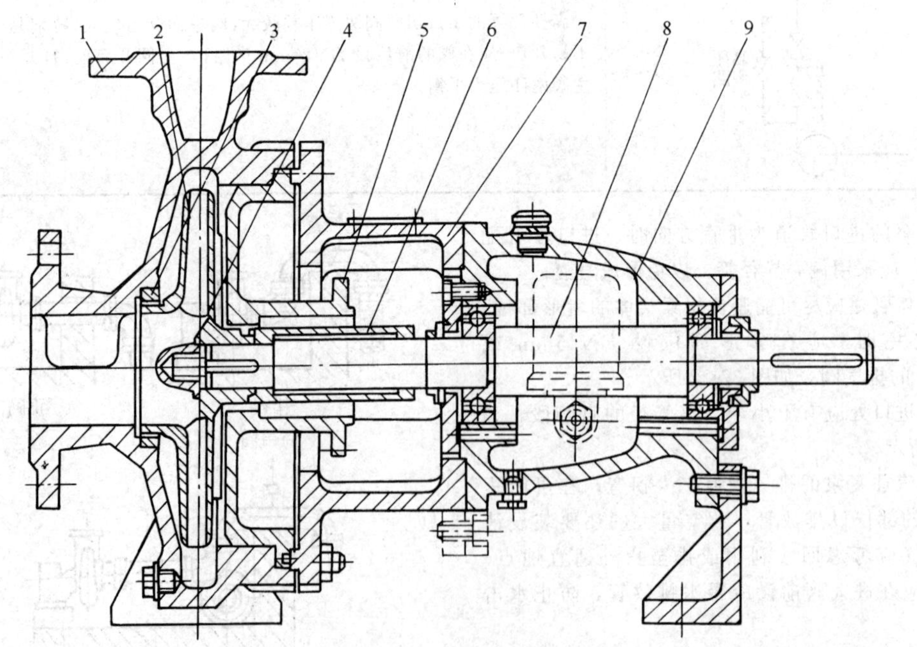

图 27-25　离心泵的结构

1—泵壳；2—叶轮；3—密封环；4—叶轮螺母；5—泵盖；6—密封部件；7—中间支承；8—轴；9—悬架部件

③ 密封环　密封环也称口环，其作用是防止泵的内泄漏和外泄漏，由耐磨材料制成的密封环，镶于叶轮前后盖板和泵壳上，磨损后可以更换。

④ 轴　泵轴一端固定叶轮，一端装联轴器。

⑤ 轴承　轴承形式需通过转速、轴承寿命以及泵的能量强度的核算进行选择。轴承按照其用途，可分为径向轴承和推力轴承。径向轴承的形式可以是滚动轴承、滑动轴承或者流体动压轴承；推力轴承的形式可以是滚动轴承或流体动压轴承。

⑥ 轴封　一般有机械密封和填料密封两种。一般泵均设计成既能装填料密封，又能装机械密封。

(3) 离心泵的性能参数

① 流量 Q　是指泵在单位时间内由泵出口排出液体的体积量，以 Q 表示，单位 m^3/h 或 m^3/s。

② 扬程 H　是指单位质量的液体通过泵后获得的能量，以 H 表示，单位是 m，即排出液体的液柱高度。

③ 转速 n　是指泵轴单位时间内的转数，以 n 表示，单位是 r/min。

④ 功率

a. 有效功率 P_u　是指单位时间内泵输送出的液体获得的有效能量，也称输出功率。

$$P_u=\frac{\rho gQH}{1000}\quad \text{kW} \tag{27-10}$$

式中　Q——泵的流量，m^3/s；

H——泵的扬程；m；

ρ——介质密度，kg/m^3；

g——重力加速度，$g=9.81m/s^2$。

b. 轴功率 P_a　是指单位时间内由原动机传到泵轴上的功，也称输入功率，单位是 W 或 kW。

⑤ 效率 η　是泵的有效功率与轴功率之比，即

$$\eta=\frac{P_u}{P_a} \tag{27-11}$$

(4) 离心泵的特性曲线

泵的特性曲线反映泵在恒定转速下的各项性能参数。国内泵厂提供的典型的特性曲线如图 27-26 所示，一般包括 H-Q 线、N-Q 线、η-Q 线和 $NPSH_r$-Q 线。

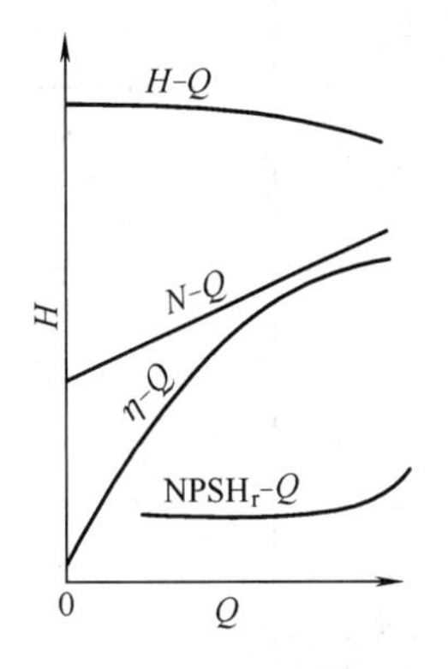

图 27-26　泵的典型特性曲线

国外很多泵厂及国内引进技术生产的一些泵，往往提供全特性曲线，如图 27-27 所示，该曲线包括不同叶轮直径下的 H-Q 线、等效率线、等轴功率线及 $NPSH_r$-Q 线。

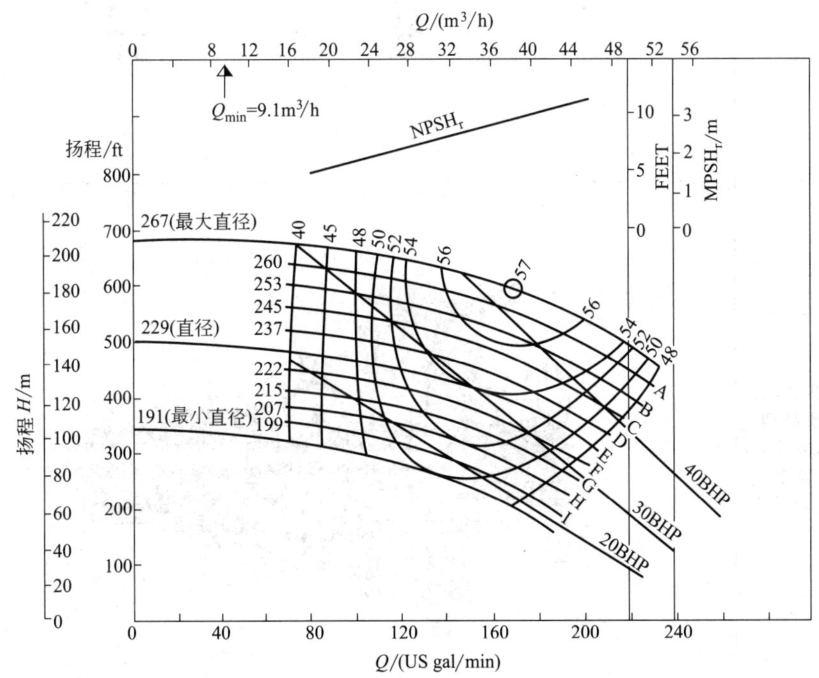

图 27-27　GSJH1½×3×10½型泵性能曲线（n＝2970r/min）

1US gal/min＝3.78dm^3/min

(5) 离心泵的分类

离心泵种类繁多，按吸入方式不同可以分为单吸泵和双吸泵；按级数不同可以分为单级泵和多级泵；按叶轮转子布置位置不同可分为悬臂泵和两端支撑泵；按泵轴方位不同可分为卧式泵和立式泵；按壳体剖分形式不同可分为蜗壳泵、分段式泵、中开式泵等。此外还有特殊结构的离心泵，如潜水泵、磁力泵、屏蔽泵、自吸泵等，GSJH1½×3×10½型泵性能曲线如图27-27所示。

实际上离心泵包含多项结构特点，如果仅根据某一单项特点进行分类，则过于笼统。为使得泵的分类简明准确，可参照API 610（第10版）《石油、石化和天然气工业用离心泵》并综合考虑多项结构特点，将离心泵分成不同的类型。按结构类型分类，详见表27-17，按工作介质分类，详见表27-18。

表27-17 离心泵的结构类型

分类代码	结构特点	图例
OH1	单级，单吸，径向剖分，悬臂型，卧式结构，泵体由底脚支撑	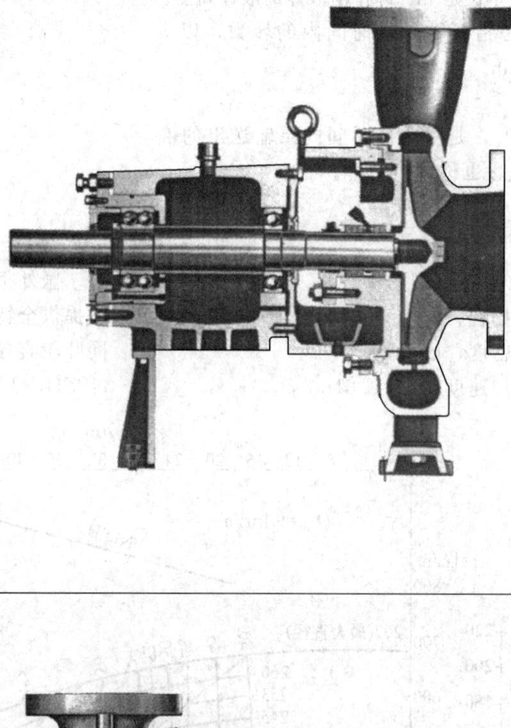
OH2	单级，单吸，径向剖分，悬臂型，卧式结构，泵体在中心线位置由底座支撑，后轴承座不设支撑	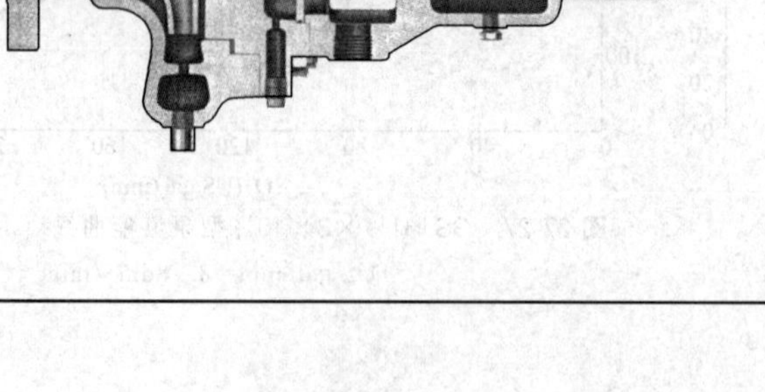

续表

分类代码	结构特点	图例
OH3	立式管道泵，泵入口和出口中心线重合，单级，单吸，径向剖分，悬臂型，泵设有独立轴承座，泵与驱动机采用挠性联轴器连接	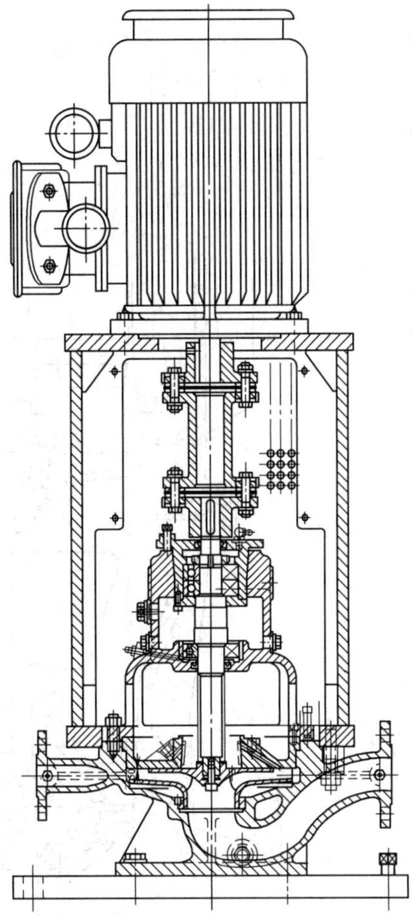
OH4	立式管道泵，泵入口和出口中心线重合，单级，单吸，径向剖分，悬臂型，泵与驱动机采用刚性联轴器连接	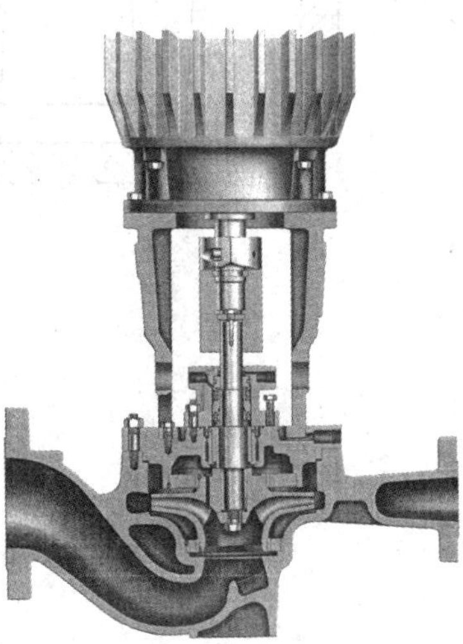

续表

分类代码	结构特点	图例
OH5	立式管道泵，泵入口和出口中心线重合，单级，单吸，径向剖分，悬臂型，叶轮直接安装在驱动机轴伸端	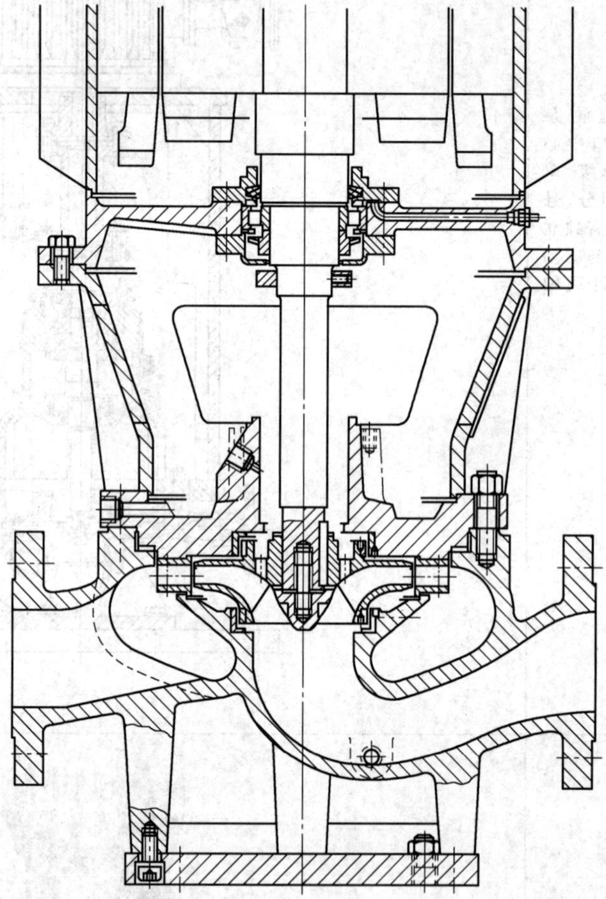

续表

分类代码	结构特点	图例
OH6	高速泵，单级，悬臂型，泵与齿轮箱集成一体，叶轮直接安装在齿轮箱输出轴上，齿轮箱输入轴采用挠性联轴器与驱动机连接，立式或卧式结构。驱动机经由齿轮箱增速后驱动泵转子高速运转，一般转速在 10000r/min 以上	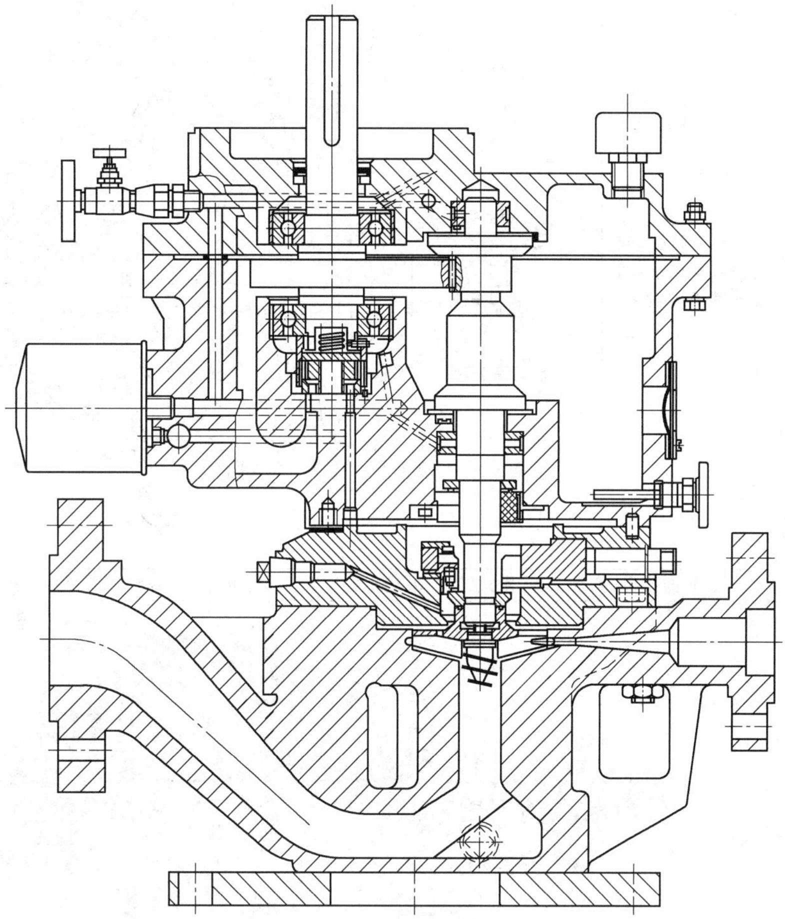
BB1	单级或两级，双吸，轴向剖分，两端支撑，卧式结构	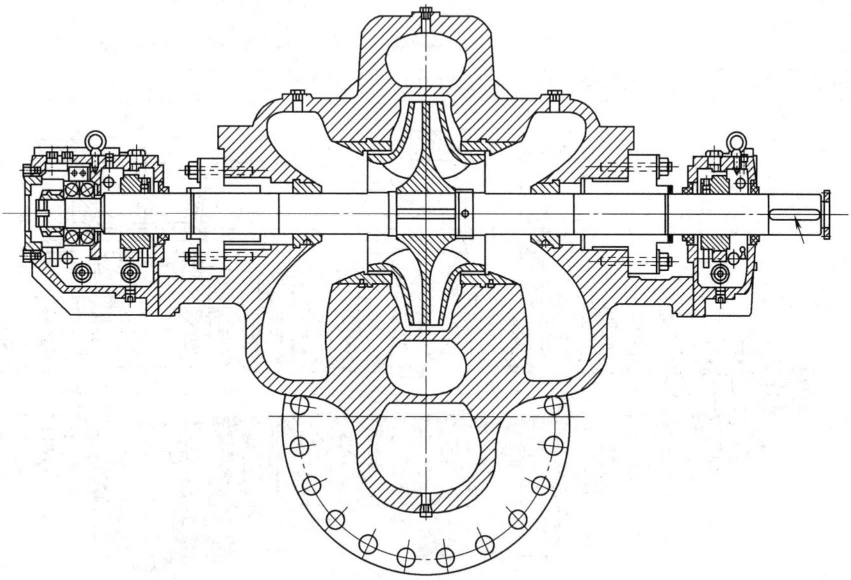

续表

分类代码	结构特点	图例
BB2	单级或两级，双吸，径向剖分，两端支撑，卧式结构	
BB3	多级，轴向剖分，两端支撑，卧式结构，泵进出口位于下方泵体上，维修泵不需要拆除进出口连接管道	
		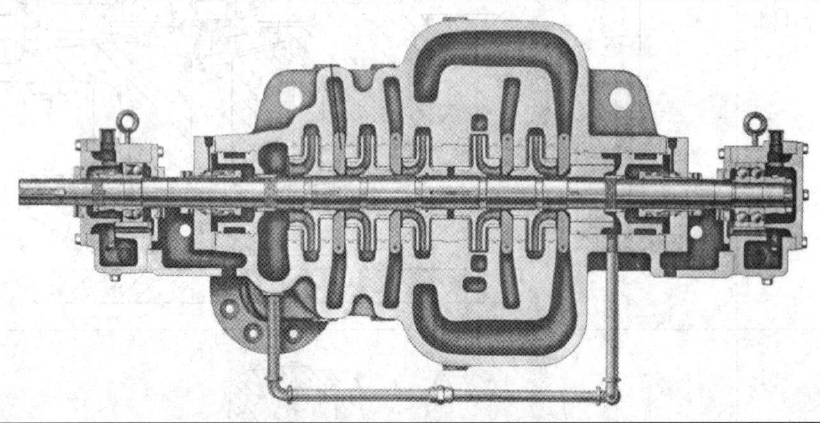
BB4	径向剖分节段式多级泵，节段与节段之间用长螺栓连接紧固	
		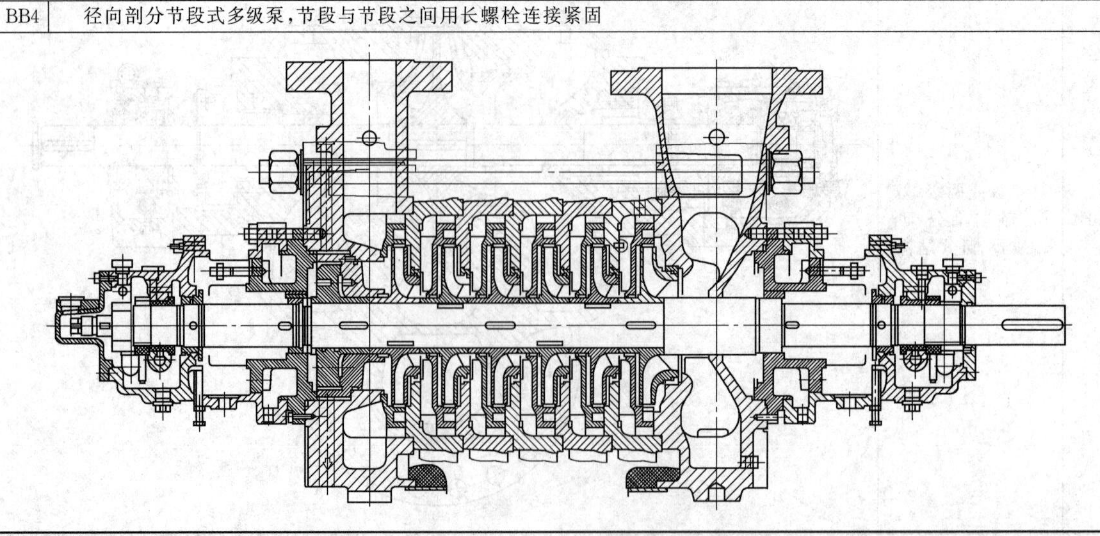

续表

分类代码	结构特点	图例
BB5	双壳体径向剖分多级泵。外壳体径向剖分，承受泵出口压力；内壳体可以是轴向剖分或径向剖分节段形式，承受泵出口与进口的压差	
		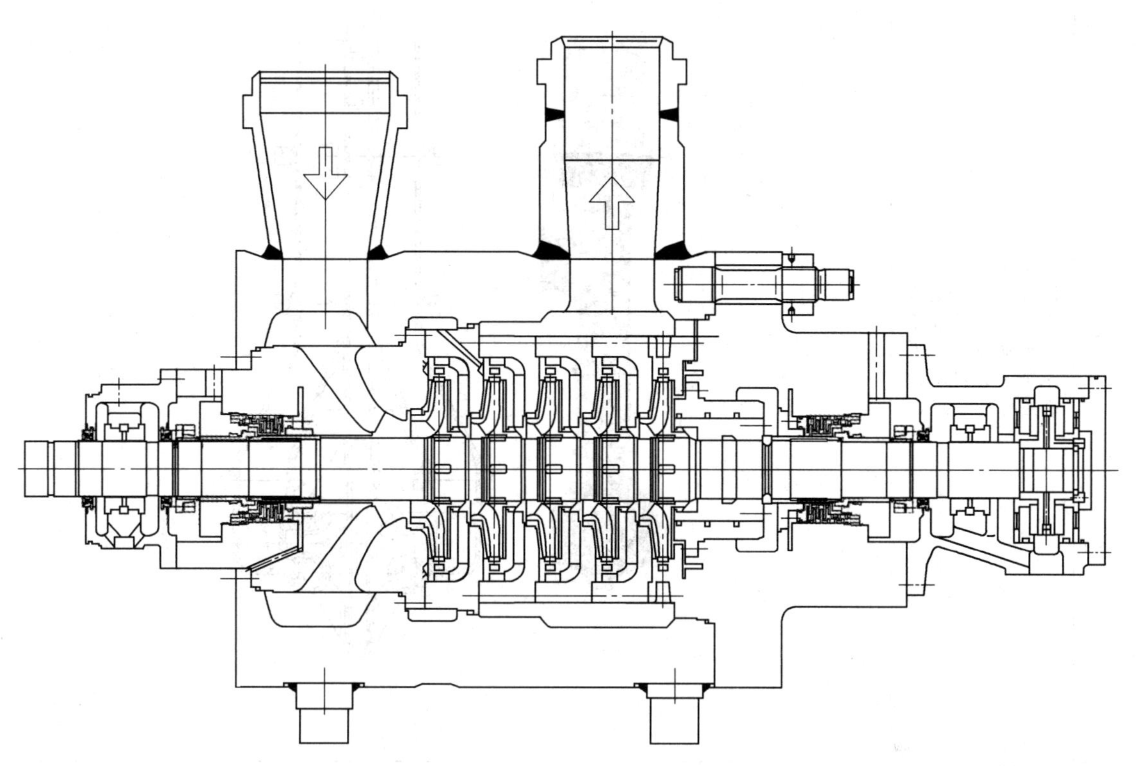
VS1	立式泵，单壳体，悬吊式，导叶式压水室，介质沿泵轴向排出	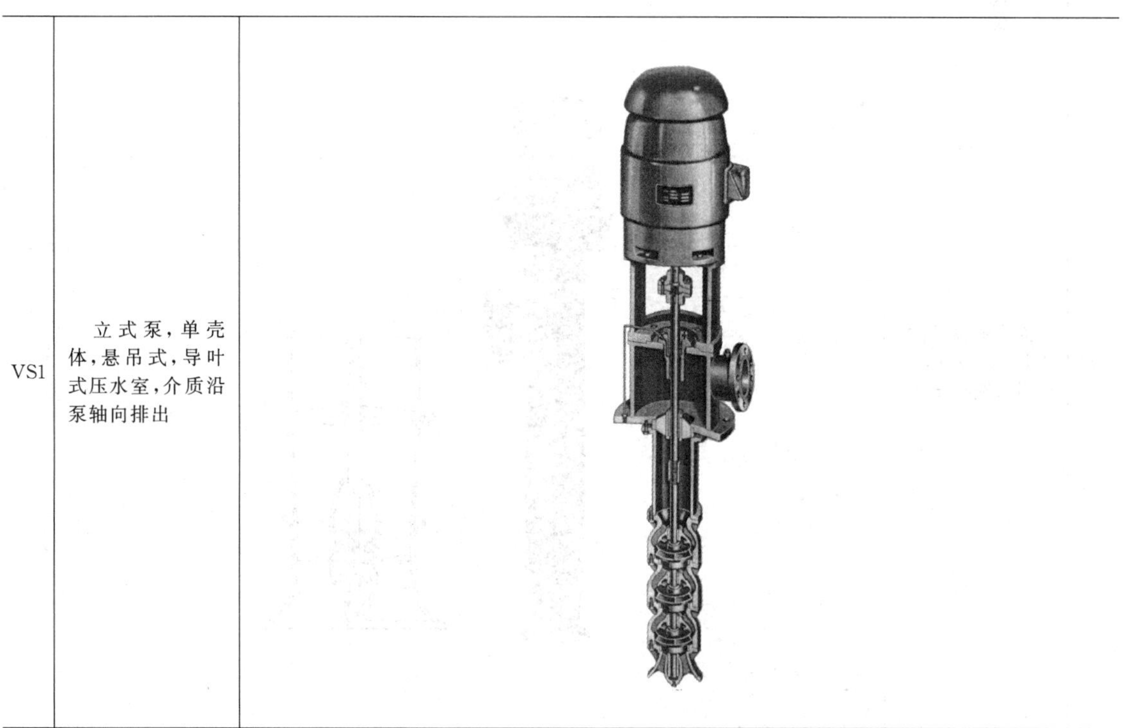

续表

分类代码	结构特点	图例
VS2	立式泵，单壳体，悬吊式，蜗壳式压水室，介质沿泵轴向排出。右图所示为双吸双蜗壳的VS2泵型	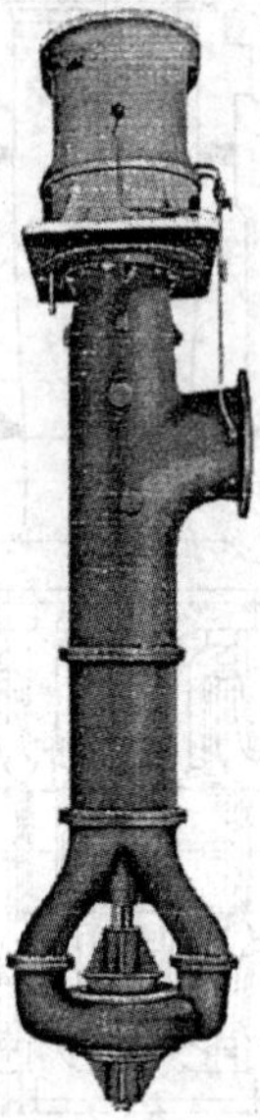 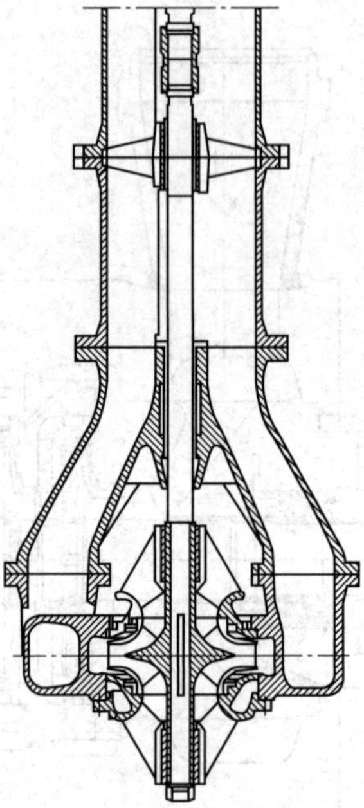
VS3	立式轴流泵，单壳体，悬吊式，介质沿泵轴向排出	 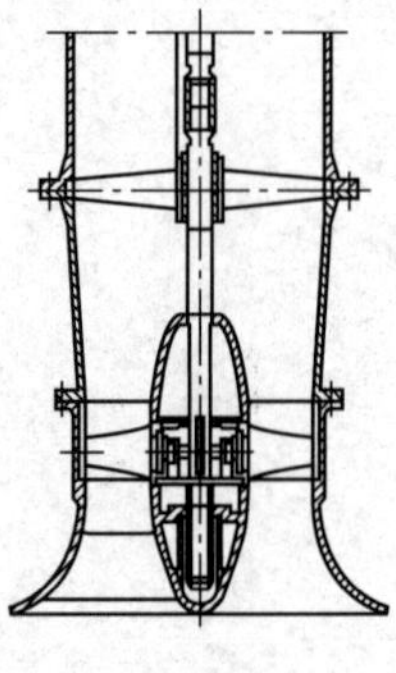

续表

分类代码	结构特点	图例
VS4	立式泵，单壳体，悬吊式，蜗壳式压水室，组合轴结构，设有导轴承，介质沿泵径向排入独立的出液管	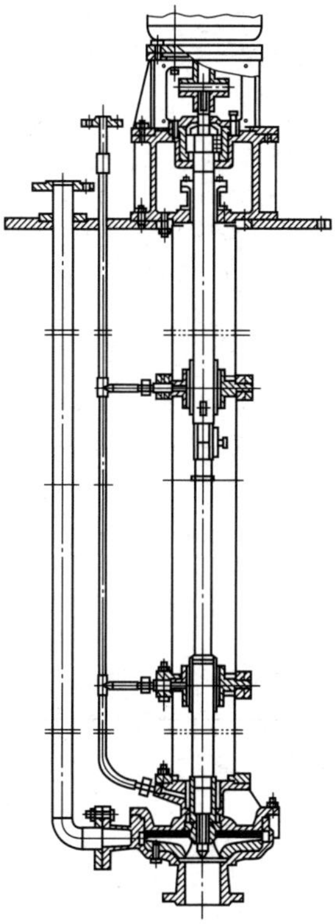
VS5	立式泵，单壳体，单轴悬臂式结构，蜗壳式压水室，介质沿泵径向排入独立的出液管	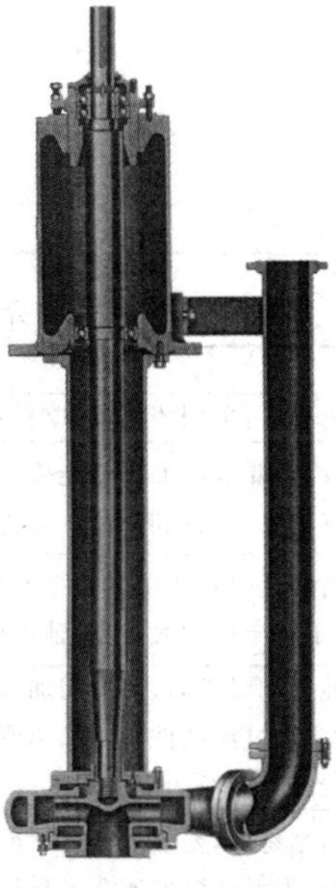

续表

分类代码	结构特点	图例
VS6	立式泵，双壳体，悬吊式，导叶式压水室，介质沿泵轴向排出	
VS7	立式泵，双壳体，悬吊式，蜗壳式压水室，介质沿泵轴向排出	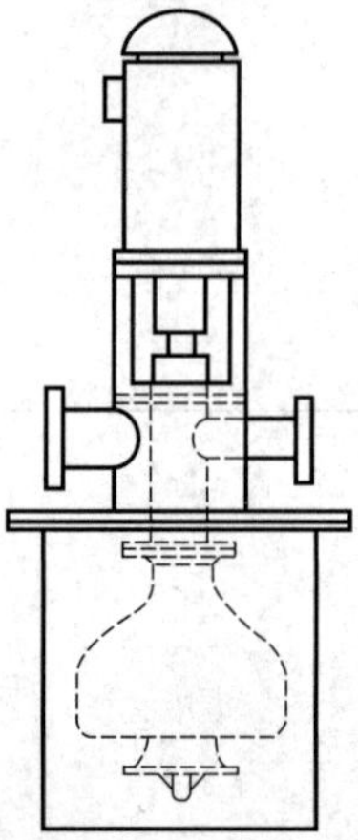

表 27-18　按工作介质分类的离心泵类型

类型		特点
水泵	清水泵	最常用的离心泵，采用铸铁泵，填料密封
	锅炉给水泵	泵的压力较高，要求保证法兰连接的紧密性；应防止泵进口处及轴封处产生汽蚀，过流部件应采用抗腐蚀性和抗电化学腐蚀的材料，防止温度变化引起不均匀变形
	热水循环泵	吸入压力高，温度高，要求泵的强度可靠；填料函处于高压、高温下，应考虑减压和降温；如采用端吸式悬臂泵，由于轴向推力大，要求轴承可靠
	凝结水泵	对泵的汽蚀性能要求高，常采用加诱导轮或加大叶轮入口直径和宽度的方法改善泵的汽蚀性能；泵运转易发生汽蚀，过流部件有时采用耐汽蚀的材料（如硬质合金、磷青铜等）；填料函处于负压下工作，应防止空气侵入
油泵	通用油泵	油品往往易燃易爆，要求泵密封性能好，常采用机械密封，采用隔爆电动机；泵的材质和结构上应考虑耐腐及耐磨；为保证泵的连续可靠运转，应采取专门的冷却、密封、冲洗和润滑等措施
	冷油泵	当黏度＞$20mm^2/s$时，应考虑黏度对泵性能的影响

续表

类型		特点
油泵	热油泵	应考虑各零部件的热膨胀，必要时采取保温措施；过流部件采用耐高温材料；要求第一级叶轮的吸入性能好；轴承和轴封处要冷却；开泵前应预热（常用热油循环升温来加热泵，一般泵体温度不应低于入口温度 40℃）
	液态烃泵	泵吸入压力高，应保证泵体的强度和密封性；铸件可靠性要求高，在低密度、高温工况时，须对泵铸件关键位置增加 UT 或 RT 等无损检验要求；要求第一级叶轮的吸入性能好；因液态烃易泄漏引起结冰，因此对轴封要求高，不允许泄漏；泵内应防止液态烃气化，并保证能分离出气体；选配电动机时应考虑装置开工试运转时的功耗，或采取限制泵试运转流量的措施，以免产生电动机过载
	油浆泵	由于介质中含固体颗粒，过流部件应采用耐磨蚀的材料和结构；为防止固体颗粒进入轴封，含颗粒较少时，可采用注入比密封腔压力高的清洁液冲洗轴封；含颗粒较多时一般采用副叶轮（或背叶片）加填料密封的轴封结构
耐腐蚀泵	通用特点：用于输送酸、碱及其他腐蚀性化学药品，过流部件应采用耐腐蚀材料；结构上应考虑到不耐蚀零部件（如托架）的防腐；密封环间隙比水泵应大些；应避免在小流量下工作，以免液体温度升高加剧腐蚀；停车时应及时关闭吸入阀，或采用停车密封，以免介质漏出泵体	
	耐蚀金属泵	常用的耐蚀金属泵，其过流部件的材质有普通铸铁、高硅铸铁、不锈钢、高镍合金钢、钛及其合金等，应根据介质特性和温度范围选用不同的材质；高镍合金钢、钛及其合金的价格高，一般应避免选用；耐蚀金属泵的耐温、耐压及工作稳定性一般优于非金属泵
	非金属泵	非金属泵过流部件的材料有聚氯乙烯、玻璃钢、聚丙烯、F46、氟合金、PVDF、超高分子量聚乙烯、石墨、陶瓷、搪玻璃、玻璃等。应根据介质的特性和温度范围选用不同材质；一般非金属泵的耐腐蚀性能优于金属，但非金属泵的耐温、耐压性一般比金属泵差。常用于流量不大且温度较低、使用压力较低的场合
	杂质泵	输送含有固体颗粒的浆液、料浆、污水、渣浆的泵总称为杂质泵。其过流部件应采用耐腐蚀的材料和结构。为防止堵塞，采用较宽的过流通道，叶轮的叶片数少，采用开式或半开式叶轮。轴封处应防止固体颗粒的侵入，含颗粒较少时，可采用注入比密封腔压力高的清洗液冲洗轴封；含颗粒较多时，可采用副叶轮（或背叶片）加填料密封（或带冲洗机械密封）的轴封结构

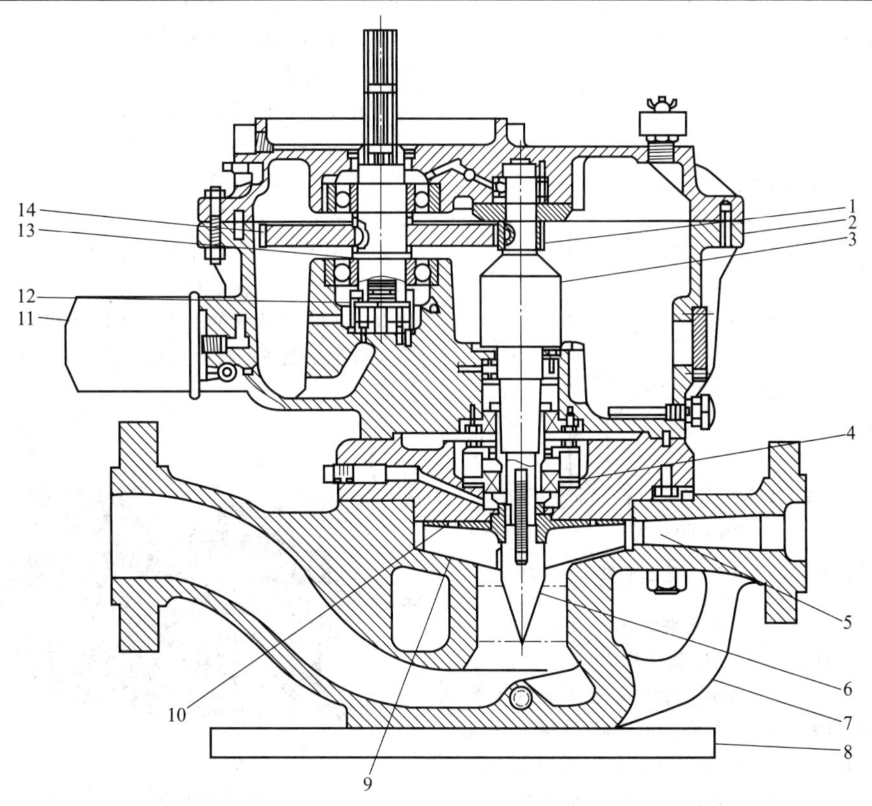

图 27-28　立式高速泵结构

1—从动齿轮；2—齿轮箱；3—高速轴；4—机械密封；5—扩散管；6—诱导轮；7—泵体；8—底座；9—叶轮；10—平衡孔；11—滤油器；12—润滑油泵；13—低速轴；14—主动齿轮

2.1.2　高速泵和旋壳泵

(1) 高速泵

高速泵，也称高速部分流泵，由泵体、叶轮、诱导轮、扩散管、齿轮箱、机械密封、润滑油系统等组成，如图27-28所示。

高速泵是由美国胜达因（SUNDYNE）公司于1962年发明的。现广泛用于石油炼制、石化、能源、化工、造纸、食品、采矿等行业。胜达因高速泵适用于小流量、高扬程场合：流量34～250m^3/h，扬程<2000m，转速<25000r/min。国内生产高速泵的厂家有北京航天动力研究所、嘉利特荏原、浙江天德等。

高速泵的性能和结构特点如下。

① 高速泵的性能曲线　高速泵扩散管的喉径对性能影响很大。当通过喉部的液体速度等于或略大于叶轮圆周速度时，就会破坏液流的连续性，造成扬程突然下降到零的现象。这就是高速泵的扬程中断特性，对于扬程中断时的流量称为中断流量值。高速泵的流量曲线如图27-29所示。当叶轮圆周速度不变时，扩散管喉径越大，中断流量值也越大，曲线的过渡也就越和缓。高速泵的这一特性，当发生过流量时对电动机有保护作用。另外其最高效率点往往就在中断流量附近，因此尽管设计工况取在最高效率点，但实际使用时须在略低于设计流量的条件下运转，以免发生扬程的不稳定现象。

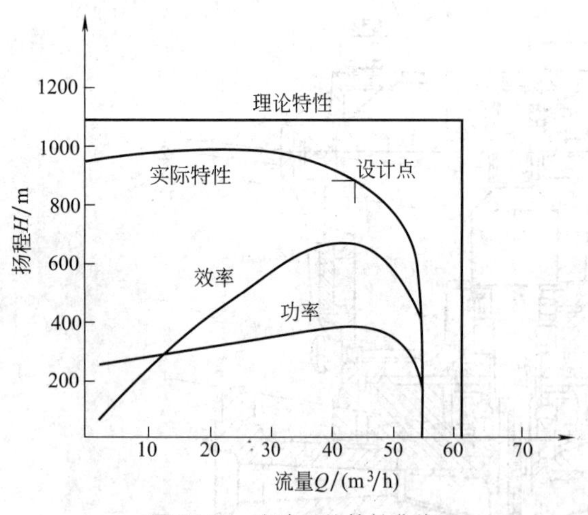

图27-29　高速泵的特性曲线

② 特殊的叶轮形式　高速泵大多采用开式径向直叶片叶轮（无前后盖板）。叶轮一般为直线辐射状，也有采用开式后弯叶片和闭式叶轮的，主要是为了改善 H-Q 曲线的曲率以及在大流量时提高效率。开式叶轮大大降低了叶轮产生的轴向推力，有时为进一步降低轴向推力，在靠近轮毂的后盖板上还开有平衡孔，从而使推力轴承的工作条件大大改善，即使在很高的转速下连续运行，轴承也能长期正常工作。

③ 无需耐磨密封环　虽然乙烯装置中输送的是黏度小、挥发性大的介质，但因为高速泵的输出液体只占压液室中的一小部分，所以高速泵不怕内泄漏，叶轮和泵体间不必装耐磨环，相反可以保持较大间隙，使高速泵可以输送黏度小于5000mPa·s的石油制品、化学腐蚀液、悬浮液以及含有少量颗粒的液体。

④ 轴封　高速泵采用特殊设计的机械密封，其轴向尺寸特别紧凑，以减小轴悬臂长度；轴套上固定极易平衡的动环，而其他带有弹簧、密封圈和浮动环的不易平衡部分作为密封的静止部分，以适应高转速的需要。同时由于转速高，对轴封的冷却是必不可少的。胜达因公司的标准配置是从泵出口引出液体，经泵内的悬液分离器后对单端面机械密封进行冷却。用户还可根据介质的特殊性选择这种标准配置或串联、双端面机械密封以及各种各样的冲洗、冷却和泄漏处理方式。

⑤ 吸入性能　高速下泵的汽蚀性能差，因此高速泵的入口均装有诱导轮，诱导轮可和泵的叶轮铸为一体。

⑥ 高精度增速箱　高速泵的增速箱有一级增速和二级增速两种，每一种都有许多档次不同的输出速度，使高速泵仅用几个型号就能覆盖广泛的扬程和流量范围，零部件的通用性非常好。对齿轮经过高精度加工，噪声不超过同级电动机。

(2) 旋壳泵

旋壳泵，也称毕托管泵，由转子部件、皮托管、轴承座部件、外壳体和进出液管等部分组成，如图27-30所示。旋壳泵的轴承座8与常规的离心泵相同，过流件叶轮4和转鼓（相当于离心泵的泵壳）6连成一体，用螺栓固定在主轴7上构成转子部件。转鼓6的外围有外壳体9起保护罩作用，用螺栓固定在轴承座8上。外壳体9的右端盖上固定机械密封2、进液管1和出液管3。核心件皮托管5固定在出液管3上，

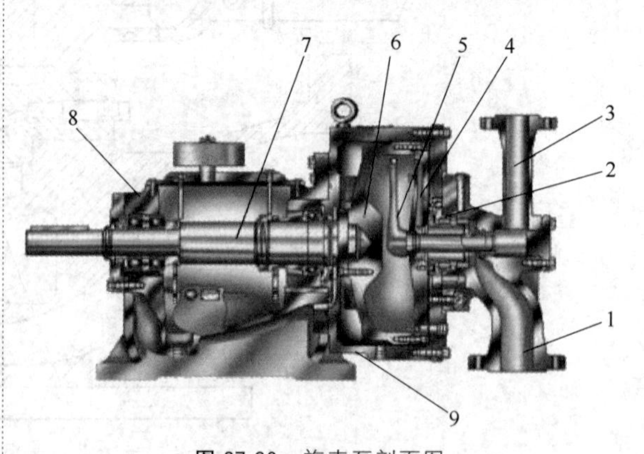

图27-30　旋壳泵剖面图

1—进液管；2—机械密封；3—出液管；4—叶轮；5—皮托管；6—转鼓；7—主轴；8—轴承座；9—外壳体

从轴线伸到接近转鼓 6 的圆筒内壁处。

① 旋壳泵的工作原理　液体从进液管 1 进入叶轮 4，因叶轮高速回转而获得动能，液体从叶轮外围沿轴向进入转鼓 6 的外围，高速液体从位于转鼓最外围处的皮托管 5 的入口进入。因皮托管的横截面积逐步扩大，液体流速逐步降低，从而将液体的动能转化为压力能。最后从出液管 3 排出高压液体。由于叶轮 4 与转鼓 6 连为一体，同步回转，因此液体在获得动能的过程中，无圆盘摩擦损失。这是旋壳泵比相同超低比转数的高速泵和多级离心泵效率高得多的根源所在。皮托管内流道设计以及尺寸精度和光洁度是决定动能转化为压力能效率高低的关键因素。皮托管的外部形状为翼型断面，以使绕流阻力最小。

② 旋壳泵性能参数范围　旋壳泵与高速泵一样，也属于部分流泵，性能曲线也相似。国外旋壳泵参数范围：流量 1～160m³/h，扬程≤1600m。国内江苏海狮旋壳泵参数范围：流量 1～120m³/h，扬程 120～920m。四川机械研究院的旋壳泵参数范围：流量 1～90m³/h，扬程 150～720m。

旋壳泵通常采用模块化设计。同一台泵，改变皮托管入口直径、皮托管根数和泵转速，就能大幅度改变泵的性能参数，从而满足不同流量和扬程的要求，并保证泵在高效区运行。

③ 旋壳泵的特点

a. 小流量场合效率高　流量＜100m³/h 时，旋壳泵的效率优于相同流量和扬程的高速泵及多级泵。泵的比转数越低，旋壳泵效率优势越明显。流量＞100m³/h 或扬程＞1600m 的场合，高速泵比旋壳泵具有效率优势。

b. 结构简单、可靠性高　旋壳泵为单级泵，结构简单，易损件少。旋壳泵机械密封安装在泵吸入口，承受入口低压，且泵转速比相同参数的高速泵要低，因此机封的 PV 值比高速泵低，寿命较长。

c. 对介质中的颗粒敏感　旋壳泵不适合输送固体含量大于 1% 的介质，否则皮托管入口会很快磨损，引起泵性能急剧下降。

2.1.3　液力回收透平

液力回收透平是利用工业生产装置中液体压力下降，通过液力透平回收的能量（有时也同时利用了降压期间蒸汽或气体的逸出所释放的能量）来驱动泵或发电机。目前国内外工业生产中采用的液力回收透平主要采用倒流运行的离心泵，即常规离心泵的出口作为进口，进口变为出口，并执行 API 610 标准。在液力回收透平的选型及配置时，应注意以下问题。

(1) 液体的特性

工艺专业提交的条件中，应指出液力透平进口处的工艺流体中是否含有蒸汽或气体。如有，应给出其组分、密度和体积分数。或者在流体降压期间才有蒸汽或气体的逸出时，应给出液力透平出口处蒸汽或/和气体的体积分数，以及闪发的蒸汽压力和温度。

至于在液力透平的叶轮流道中，不同压力下蒸汽或/和气体的体积分数以及密度，通常在泵制造厂的试验装置上测定，或根据泵制造厂的工程经验来确定。因此，对于有蒸汽或气体析出的工艺流体，液力透平中的流体为气液两相流，不同于普通的液力透平或水轮机。在液力透平的询价技术文件中应规定：投标者应有输送相同介质、相近或更苛刻的流量、进出口压力的机组三年以上成功运行经验，并提供符合上述条件的机组的业绩表（用户名称、装置名称、设备位号、液力透平的型号、输送介质名称、流量、进出口压力、转速、投产时间），以确保机组运行的可靠性。

(2) 超速脱扣设施

如果液力透平的进口液体中富含吸收的气体，或液体流经水力透平时会部分闪蒸时，出现的超速可能会比使用水时的超速高出几倍，因此应按 API 610 标准中 C.3.3 条款的要求，配置超速脱扣设施。典型的超速脱扣转速是额定转速的 115%～120%。

(3) 液力回收透平的布置

API 610 标准中，用于驱动泵或发电机的典型布置如图 27-31 所示。

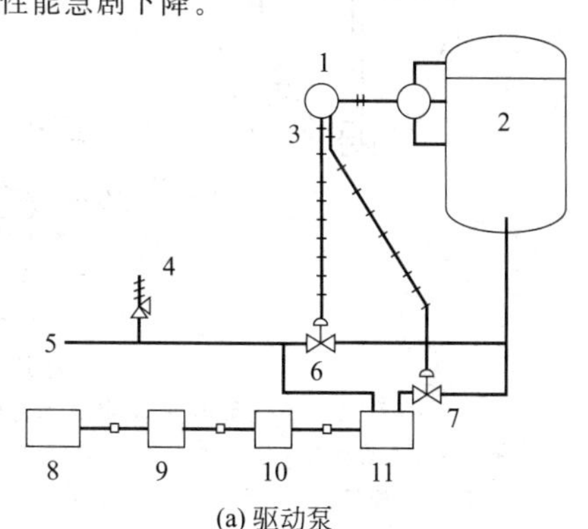

(a) 驱动泵

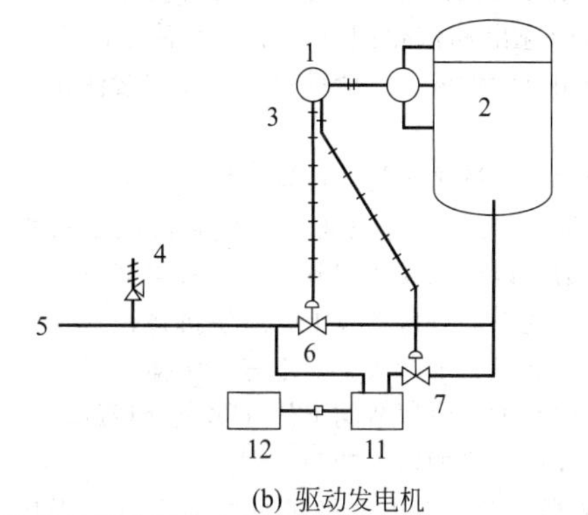

(b) 驱动发电机

图 27-31　用于驱动泵或发电机的典型布置图

1—液位指示器、控制器；2—高压容器；3—分配控制；4—安全阀；5—至低压容器；6—旁通阀；7—进口调节阀；8—泵；9—电动机；10—超速离合器；11—液力回收透平；12—发电机

对双驱动的要求，当液力透平回收的功率不足以驱动泵时，需增设辅助驱动机。

① 主驱动机的额定功率应在无液力透平的协助下能驱动机组，即主驱动机（电机或汽轮机）应按全功率选取。

② 液力透平应布置在机组的端头，绝不可布置在半贫液泵和电动机之间，否则在液力透平的流量或压差不足时无法从机组中脱开。

③ 在液力透平和被驱动设备之间应配置超速离合器，以便在液力透平维修或液力透平的工艺流体管路接通之前，被驱动设备可正常运转。如果流往液力透平的流量可能大幅度或频繁变化，当流量降到额定流量的大约40%时，液力透平将停止输出功率，且对主驱动机产生阻尼。对此，也应设置超速离合器。

双驱动的缺陷：液力透平回收的功率仅被部分被利用：由于主驱动机是按全功率选取，主驱动机将长期在低负荷下运行，效率低，其效率降低程度取决于透平回收的功率占总功率的比例。当电动机在与铭牌功率相差很大的工况下运行时，电动机效率和功率因数都很低，电动机实际消耗的功率将很大。

一旦离合器失效，将导致透平转速无法控制，严重时将发生超速。

与液力透平单驱动相比，需增加全功率电动机或汽轮机及其配套设施、一台超速离合器、两套膜片联轴器，附加费用增加较多，维护工作量也增多，机组长度成倍增加。此外，双驱动的四个转子串联，与单驱动的两个转子串联相比，机组的运行稳定性降低。

当前液力回收透平技术发展的趋势是尽量用单驱动取代双驱动。只要工艺、系统和机泵三个专业密切配合，即可以实现液力透平单驱动泵，取消主驱动机，使液力透平回收的功率能全部被利用，并节省投资。

(4) 液力回收透平的机封冲洗方案

为了避免缩短机械密封的寿命，应考虑密封冲洗流体中气体的逸出和汽化问题。如果这种可能性存在，应避免用自冲洗液，一般推荐采用外来液体作为密封冲洗液。

(5) 液力回收透平阀门的设置

① 流量调节阀 为避免液力透平的机械密封承受过高的压力，以延长其使用寿命，通常将流量调节阀布置在液力透平的进口管线上，应使机械密封在液力透平的出口低压力下工作。对于富含气体的工艺流体来源，这样布置流量调节阀可使气体充分释放，而气体释放可提高透平的输出功率。

② 旁通阀 无论液力透平机组如何布置，都应安装一个具有调节功能的全流量旁通阀。可调节的旁通阀和液力透平的入口调节阀共同控制流量。为避免机组超载，液力透平只按正常流量运行，额定流量与正常流量之差走旁路。

③ 安全阀 为保护液力透平的泵体和机械密封免受下游背压可能出现的升高，应在液力透平的出口管路上安装安全阀。

(6) 液力回收透平的应用场合

需要采用液力透平来回收能量的行业或装置举例如下。

① 合成氨厂脱碳工序（脱除 CO_2）。

② 天然气净化厂脱硫装置（脱除 H_2S、CO_2）。

③ 炼油厂渣油加氢脱硫装置。

④ 炼油厂高压加氢裂化装置。

⑤ 反渗透海水淡化系统余压能量回收装置。

2.1.4 轴流泵和混流泵

(1) 轴流泵

① 轴流泵的工作原理与结构 轴流泵是流量大、扬程低、比转数高的叶片式泵，轴流泵的液流沿转轴方向流动，但其设计的基本原理与离心泵基本相同。

轴流泵的主要零件有进水管、叶轮、导叶、泵轴、轴承、轴封、泵壳和出水管等，轴流泵按主轴的安装方式分有立式、卧式和斜式三种。

a. 进水管 进水管为中小型立式轴流泵的吸水室，用铸铁制造，它的作用是把水以最小的损失均匀地引向叶轮。进水管的进口部分呈圆弧形，进口直径约为叶轮直径的1.5倍左右。在大型轴流泵中，吸水室一般做成流道的形式。

b. 叶轮 叶轮是最主要的工作部件，由叶片、轮毂、导水锥等组成，如图27-32所示。

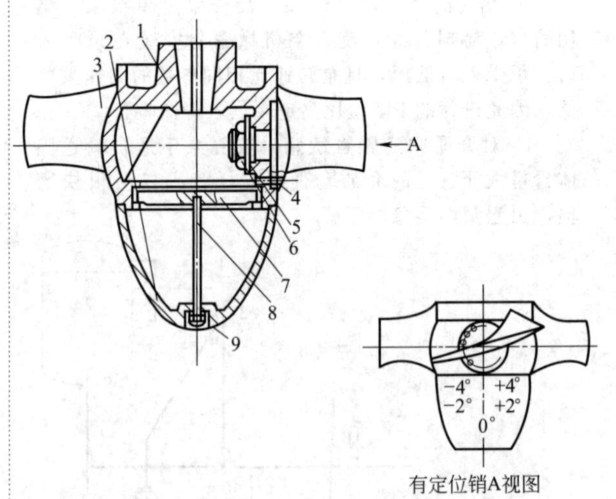

图27-32 半调节叶片轴流泵的叶轮

1—轮毂；2—导水锥；3—叶片；4—定位销；5—垫圈；6—紧叶片螺母；7—横闩；8—螺柱；9—六角螺母

轴流泵的叶片呈扭曲形装在轮毂上。根据叶片调节的可能性分为固定式、半调节式和全调节式三种。

固定式的叶片和轮毂成一体，叶片的安装角度是不能调节的。半调节式的叶片用螺母紧固在轮毂上，如图 27-32 所示，在叶片的根部刻有基准线，而在轮毂上刻有几个相应安装角度的位置线。叶片不同的安装角度，其性能曲线也不同，使用时可根据需要调节叶片安装角度。半调节式叶轮叶片需要停机并拆卸叶轮之后，才能进行调节。全调节式的叶片是通过机械或液压的一套调节机构来改变叶片安装角的。它可以在不停机或只停机而不拆卸叶轮的情况下改变叶片的安装角。

c. 导叶　导叶位于叶轮上方的导叶管中，并固定在导叶管上。它的主要作用是消除流体的旋转运动，减少水头损失。同时可将流体的部分动能转变为压能。

d. 轴和轴承　中小型轴流泵泵轴是实心的。对于大型轴流泵，为了布置叶片调节机构，泵轴做成空心的。轴腔内安置有操作油管或操作杆。

轴流泵的轴承按其功能可以分为三类，即径向轴承、推力轴承和导轴承。推力轴承用于承受泵运行过程中产生的轴向力。径向轴承导轴承主要用来承受转动部件的径向力，起径向定位作用。导轴承装在导叶锥体中，用于减小轴的摆动，导轴承常用介质润滑或外冲洗液润滑。

e. 轴封　轴流泵可根据应用场合的要求配置填料或机械密封，与离心泵轴封相似。

f. 泵壳　轴流泵的泵壳呈圆筒形，由于其中有固定导叶，故称导叶式泵壳。导叶装在叶轮后面，呈圆锥形，内有多片导叶。轴流泵的出水道是一根弯管。中小型轴流泵的进水道多采用喇叭形短管，而大型轴流泵则多采用肘弯形或钟形进水道。

② 轴流泵的性能特点

a. 轴流泵适用于大流量、低扬程。

b. 轴流泵的 H-Q 特性曲线很陡，关死扬程（流量 $Q=0$ 时）是额定值的 2 倍左右。轴流泵的特性曲线如图 27-33 所示。

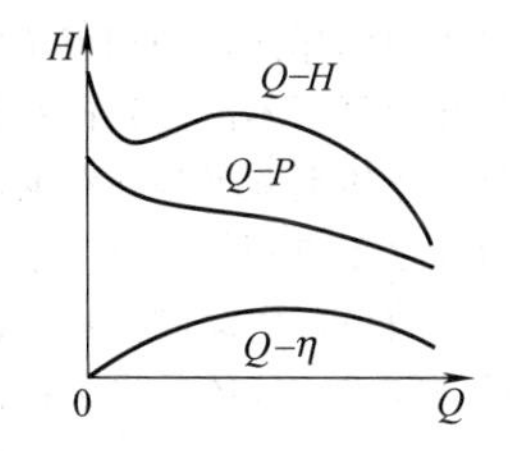

图 27-33　轴流泵的特性曲线

c. 与离心泵不同，轴流泵流量越小，轴功率越大，因此应开阀启动。

d. 高效操作区范围很小，在额定点两侧效率急剧下降。

e. 轴流泵的叶轮一般浸没在液体中，因此不需考虑汽蚀，启动时也不需灌泵。

③ 轴流泵的操作与流量调节　轴流泵一般不采用出口阀调节流量，常用采用改变叶轮转速，以及调节泵入口导叶或改变叶片安装角度的方法调节流量。

a. 变转速调节　与离心泵相似，轴流泵通过改变转速可获得多条性能曲线，使得工作点保持在高效区。变转速调节由于其调节的便捷性已经在大型轴流泵上得到越来越多的应用。

b. 入口导叶调节　轴流泵可在入口处设导叶，通过导叶改变入口液流的预选强度来实现泵特性曲线的改变。导叶调节适用于流量小范围变化而扬程大范围变化的场合。

c. 叶片安装角调节　改变叶片安装角调节相当于改变泵的比转速，适用于要求流量大范围变化而扬程变化范围较小的场合。由于每次调节需对泵进行拆卸，因此叶片半调节式轴流泵的适用场合较少。叶片全调节式轴流泵设有液压式或机械式调节机构。液压式调节机构源自水轮机叶片调节结构，具有输出力矩大的优点，但油系统复杂，一般用于功率在 2500kW 以上的大型轴流泵。机械式调节机构一般用于功率在 2500kW 以下的轴流泵。由于叶片安装角调节机构复杂，可靠性相对较差，正逐步被变转速调节所取代。

(2) 混流泵

混流泵是介于离心泵与轴流泵之间的一种泵。低比转速的混流泵叶轮结构接近离心泵叶轮，高比转速的混流泵叶轮结构接近轴流泵叶轮。当叶轮旋转时，流体同时承受着离心力和推力的作用，经过叶轮的流体流向介于径流和轴流之间。混流泵的特点介于离心泵与轴流泵之间，泵的高效区范围比轴流泵宽广，汽蚀性能也较好，使用维修较为方便。混流泵的特性曲线较轴流泵平坦，关死点扬程为额定扬程的 1.5～1.8 倍。混流泵的特性曲线如图 27-34 所示。

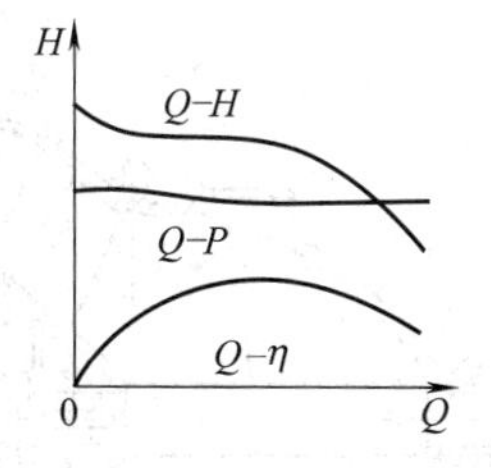

图 27-34　混流泵的特性曲线

混流泵按构造形式分为蜗壳式和导叶式两种。一般中小型泵多为蜗壳式，大型泵为导叶式或蜗壳式。

① 蜗壳式混流泵　图 27-35 所示为卧式蜗壳形混流泵的结构，其近似单级单吸卧式离心泵，区别在于叶轮形状有所不同，如图 27-36 所示。

② 导叶式混流泵　导叶式混流泵的结构如图 27-37和图 27-38 所示，其结构与轴流泵相似，但导

叶体部分向外凸出，而轴流泵导叶体部分是等直径的。

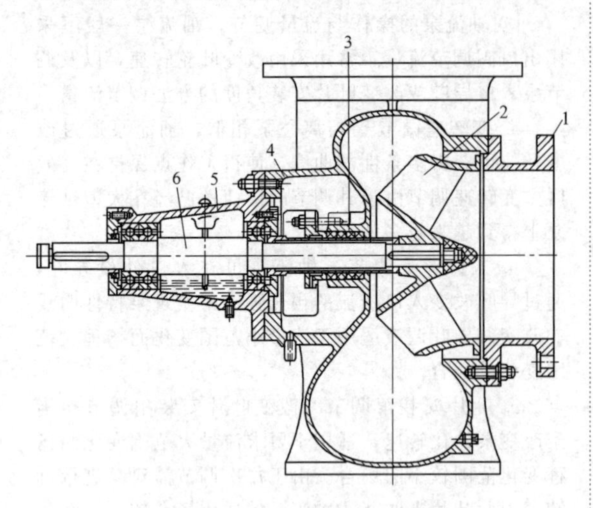

图 27-35 卧式蜗壳形混流泵的结构
1—泵盖；2—叶轮；3—轴封；
4—泵体；5—轴承座；6—泵

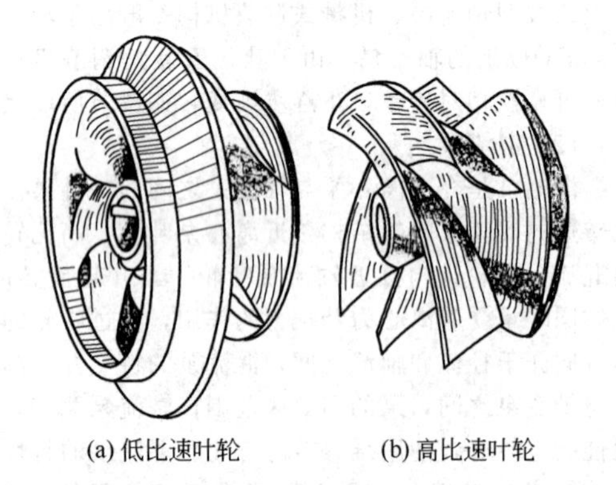

(a) 低比速叶轮 (b) 高比速叶轮

图 27-36 混流泵叶轮

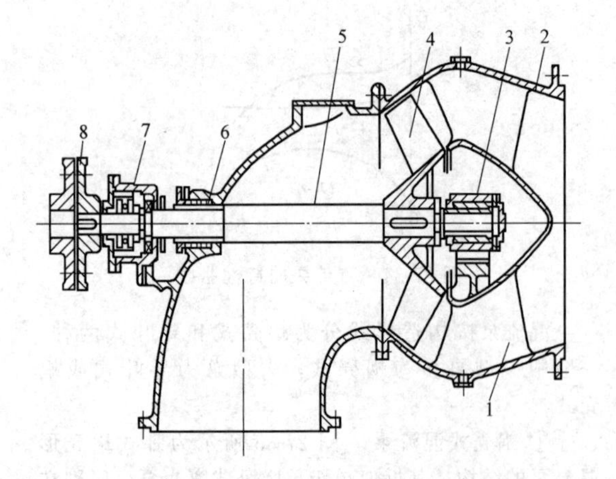

图 27-37 卧式导叶式混流泵的结构
1—导叶；2—泵壳；3—导轴承；4—叶轮；
5—泵轴；6—轴封；7—轴承；8—联轴器

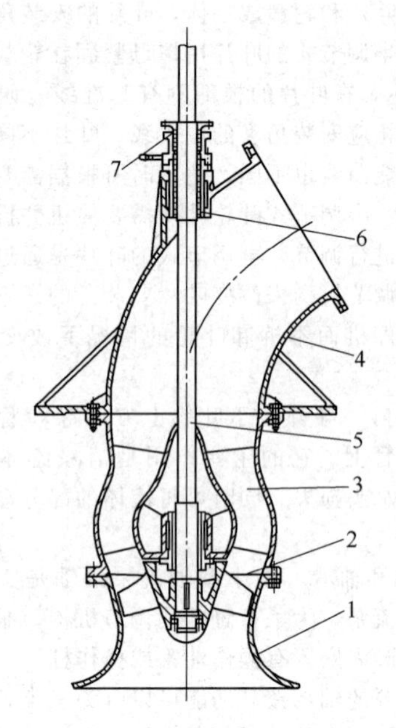

图 27-38 立式导叶片混流泵结构图
1—进水喇叭；2—叶轮；3—导叶；4—出水弯管；
5—泵轴；6—橡胶轴承；7—轴封

2.1.5 漩涡泵

(1) 漩涡泵的工作原理

漩涡泵（也称涡流泵）属于叶片式泵。

漩涡泵通过旋转的叶轮叶片对流道内的液体进行三维流动的动量交换而进行输送。

泵内的液体可分为两部分：叶轮凹槽间的液体和泵与叶轮间流道内的液体。当叶轮旋转时，流道内液体圆周速度小于叶轮圆周速度，叶轮内的液体在离心力作用下从叶轮凹槽甩到流道中，然后在液体间剪切力的作用下减速，将能量传递给流道中的液体。叶轮凹槽在甩出原有液体的同时，内部压力降低，从而将流道内的液体吸入凹槽。这样使得液体产生与叶轮转向相同的“纵向漩涡”（图 27-39）。此纵向漩涡使流道中的液体多次返回叶轮内，再度受到离心力作用，而每经过一次离心力的作用，扬程就增加一次，因此漩涡泵具有其他叶片泵所不能达到的高扬程。需要注意的是，同一个液体质点并不是在纵向漩涡作用下通过每个叶轮凹槽，也不是所有液体质点都通过叶轮。随着流量的增加，液体产生纵向漩涡的次数减少，扬程降低。当流量为零时，液体产生纵向漩涡的次数最多，扬程最高。

漩涡泵叶轮具有开式和闭式两种，闭式叶轮叶片凹槽内设有中间间隔板，如图 27-39 (a) 所示。开式叶轮无中间隔板。

(2) 闭式漩涡泵

① 闭式漩涡泵的结构 闭式漩涡泵的结构如图 27-40 所示，主要由叶轮、泵壳、隔舌等组成。图

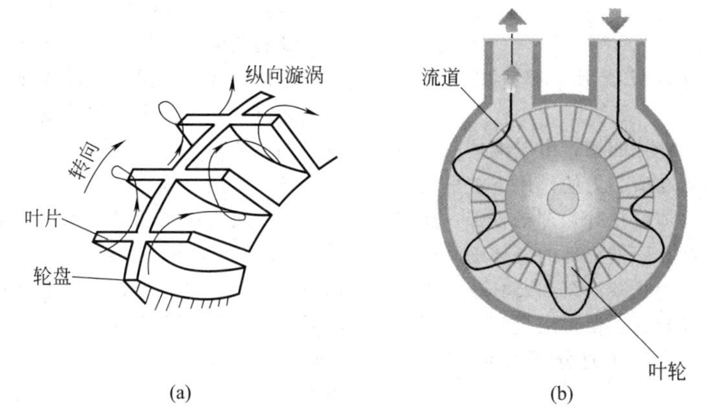

图 27-39　漩涡泵结构示意

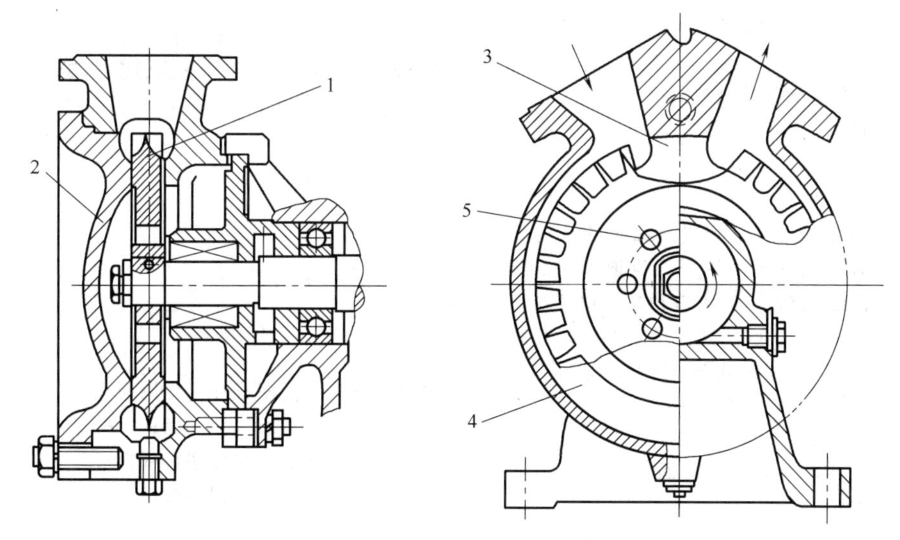

图 27-40　闭式漩涡泵的结构

1—叶轮；2—泵壳；3—隔舌；4—流道；5—平衡孔

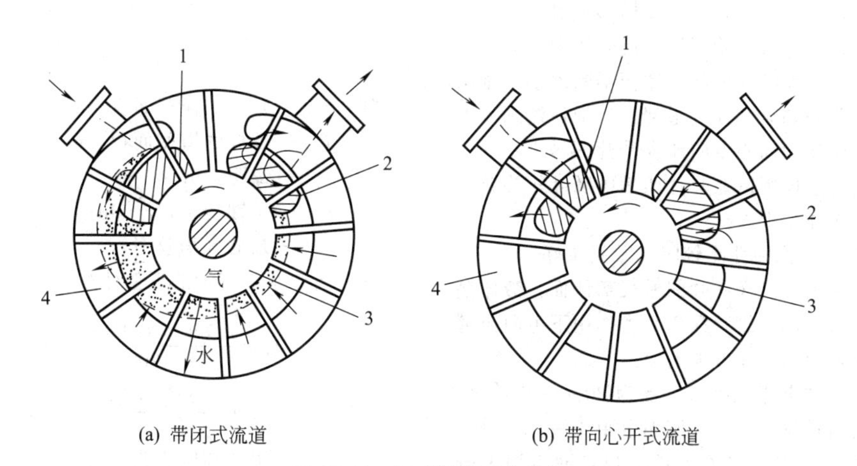

(a) 带闭式流道　　(b) 带向心开式流道

图 27-41　开式漩涡泵的结构

1—吸入口；2—排出口；3—叶轮；4—流道

27-40 中流道两端（或一端）与进口或出口相通，称为开式流道。叶轮上开有平衡孔，用于平衡轴向力。

液流由入口进入，在叶轮带动下做纵向漩涡运动而获得能量，由出口排出，靠近出口侧叶片间的液体随叶轮回到泵入口。

② 闭式漩涡泵的特点

a. 闭式自吸泵没有自吸能力，不适用于气液混输。

入口气体随液体混入叶片凹槽，由于液体和气体密度不同，密度大的液体在离心力的作用下被甩到叶片凹槽外侧和流道中，气体留在叶片凹槽根部，在出口侧液体由出口流出，叶片凹槽根部的气体随叶轮回到入口，无法实现排气。闭式漩涡泵如要具备自吸能力，需在出口侧加设辅助装置，使得液流流向叶片凹槽根部，将气体排出，并有气液分离和液体回流结构。

b. 闭式漩涡泵汽蚀性能较差。

入口液流由叶轮外缘流向叶片凹槽根部，流速分布不均，冲击较大，因此闭式漩涡泵汽蚀性能不如开式漩涡泵。

c. 闭式漩涡泵一般为单级或两级。

d. 闭式漩涡泵效率一般为35%～45%，高于开式漩涡泵。

(3) 开式漩涡泵

① 开式漩涡泵的结构　开式漩涡泵的结构如图27-41所示。与闭式漩涡泵采用开式流道不同，开式漩涡泵通常采用闭式流道，吸入口和排出口开在叶片根部，与流道互不相通。除闭式流道结构外，开式漩涡泵还有一种采用向心开式流道的结构[图27-41(b)]。两种结构均有自吸能力。

② 开式漩涡泵的特点

a. 开式漩涡泵配闭式流道或向心开式流道，具有自吸能力，可用于输送含气液体。

开式漩涡泵自吸过程由吸气、压缩、排气过程组成，与水环真空泵相似。当泵启动时，吸入口的叶片凹槽内的液体被甩入流道，叶片凹槽形成真空，将气体由吸入口吸入；随着叶轮回转，流体压力变大，气体密度小，被压缩在叶片根部，体积不断缩小；排出口开在流道尽头并靠近叶片的根部，当液体流到流道尽头时，会急剧变为向心方向流入叶片凹槽，将气体从排出口挤出，液体则留在叶片凹槽内随叶轮旋转回到入口；如此循环实现吸排气。

b. 开式漩涡泵汽蚀性能较闭式漩涡泵好。

开式漩涡泵吸入口开在叶凹槽根部侧面，液体侧向流入叶片凹槽根部，然后在离心力作用下甩向流道中，液流速度较均匀，冲击损失较少。

c. 开式漩涡泵效率较低，一般为20%～35%。

其中采用闭式流道的开式漩涡泵由于液流在排出口一侧由流道中急剧转向流入排出口，冲击损失较大，效率一般只有20%～27%。采用向心开式流道可以改善液流在排出口一侧的流动情况，效率提高到27%～35%。

d. 开式漩涡泵一般为单级或多级。

(4) 漩涡泵的性能特点和调节方式

漩涡泵的扬程流量曲线与轴流泵相似，是一条陡降的近似直线。漩涡泵轴功率随着流量增大而减小，在关死点轴功率最大。因此漩涡泵应开阀启动，采用旁路调节流量。

(5) 应用范围

漩涡泵常用于输送易挥发的介质（如汽油、酒精等），以及流量小、扬程要求高但对汽蚀性能要求不高或要求工作可靠和有自吸能力的场合（如移动式消防泵）等，但不适用于输送黏度大于115mPa·s的介质（否则泵的扬程和效率会大幅下降）和含固体颗粒的介质。

2.1.6 容积式泵

(1) 容积式泵的性能参数

① 流量Q　是指泵输出的最大流量，即样本和铭牌上标记的泵流量，也称额定流量。往复泵、螺杆泵和齿轮泵的流量可分别按下述各式计算。

a. 往复泵

单作用泵

$$Q=\frac{FSn\eta_{v}i}{60} \tag{27-12}$$

双作用泵

$$Q=\frac{(2F-f)Sn\eta_{v}i}{60} \tag{27-13}$$

式中　F——活塞或柱塞作用面积，m^2；

f——活塞杆截面面积，m^2；

S——活塞或柱塞行程，m；

η_v——泵的容积效率；

i——缸数。

b. 螺杆泵　流量的近似计算式为

$$Q=\frac{(F-f)tn\eta_{v}}{60}\quad m^3/s \tag{27-14}$$

式中　F——泵缸的横截面积，m^2；

f——螺杆的横截面积，m^2；

t——螺距，m；

n——泵轴转速，r/min；

η_v——泵的容积效率。

c. 齿轮泵　流量的近似计算式为

$$Q=\frac{\pi(D^2-d^2)bn\eta_{v}}{120}\quad m^3/s \tag{27-15}$$

或

$$Q=\frac{\pi m^2 Zbn\eta_{v}}{30}\quad m^3/s \tag{27-16}$$

式中　D——齿轮顶圆直径，m；

d——齿轮节圆直径，m；

m——齿轮模数，m；

Z——齿数；

b——齿宽，m；

n——泵轴转速，r/min；

η_v——泵的容积效率。

② 出口压力 p　是指泵允许的最大出口压力，以此来决定泵体的强度、密封和原动机功率。

泵实际操作时的出口压力取决于出口管道的背压，要求应小于泵允许的最大出口压力。

③ 轴功率 P_a

$$P_a = \frac{(p_d - p_s)10^5 Q}{102\eta} \quad \text{kW} \tag{27-17}$$

式中　p_d——泵出口压力，MPa；

p_s——泵入口压力，MPa；

Q——泵流量，m^3/s；

η——泵效率。

④ 效率 η　常见容积式泵的效率 η 见表 27-19，一般可查阅制造厂的产品样本。容积效率 η_v 按式 (27-18) 计算。

表 27-19　常见容积式泵的效率 η

泵形式	电动往复泵	蒸汽往复泵	齿轮泵	三螺杆泵
效率 η	0.65～0.85	0.8～0.9	0.6～0.75	0.55～0.8

$$\eta_v = \frac{Q}{Q + \Delta Q} \tag{27-18}$$

对往复泵　$\Delta Q = \Delta Q_1 + \Delta Q_2 + \Delta Q_3$

对转子泵　$\Delta Q = \Delta Q_1 + \Delta Q_3$

式中　ΔQ_1——液体压缩膨胀引起的容积损失量；

ΔQ_2——阀关闭滞后引起的容积损失量；

ΔQ_3——泄漏量。

常见容积式泵的容积效率 η_v 见表 27-20。

表 27-20　常见容积式泵的容积效率 η_v

泵类型		η_v/%
往复泵	大型泵($Q>200m^3/h$)	0.97～0.99
	中型泵($Q=20～200m^3/h$)	0.90～0.95
	小型泵($Q<20m^3/h$)	0.85～0.90
齿轮泵	一般	0.70～0.90
	制造良好	0.90～0.95
螺杆泵	一般	0.7～0.95

(2) 容积式泵的性能曲线

容积式泵的性能曲线包括排出压力-实际流量曲线（p-Q）、排出压力-轴功率曲线（p-N），详见图 27-42。

(3) 容积式泵的工作特点

① 容积式泵的理论流量 Q_T 与管道特性无关，只取决于泵本身，而提供的压力只取决于管道特性，与泵本身无关。容积式泵也称排代泵。容积式泵的排出压力升高时，泵内泄漏损失加大，因此泵的实际流量随压力的升高而略有下降（图 27-42）。

② 泵的轴功率随排出压力的升高而增大。泵的

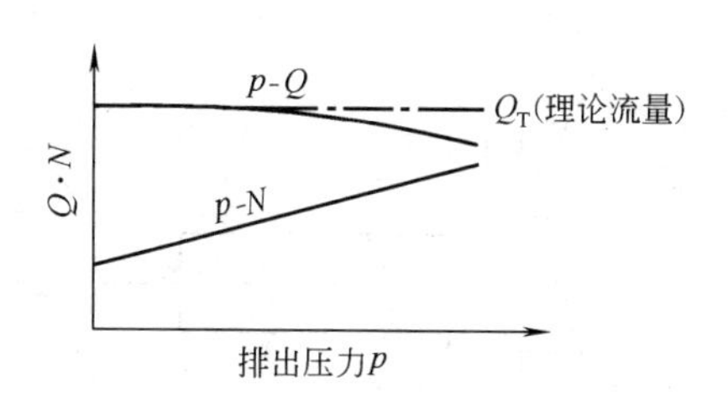

图 27-42　容积式泵的性能曲线

效率也随之而提高，但压力超过额定值后，由于内泄漏量的增大，效率会有下降。

③ 随着液体黏度增大和含气量的增加，泵的流量下降，效率下降。

④ 容积式泵必须装有安全阀。

⑤ 容积式泵的流量不能采用出口调节阀来调节。常用旁路调节、转速调节和行程调节的方法调节流量。

⑥ 容积式泵启动前不用灌泵，但启动前务必打开出口阀。

2.1.7　往复泵

往复泵包括活塞泵、柱塞泵和隔膜泵，适用于输送流量较小、压力较高的各种介质。当流量小于 $100m^3/h$、排出压力大于 10MPa 时，有较高的效率和良好的运行性能。

(1) 往复泵的结构

往复泵由液力端和动力端组成。液力端直接输送液体，把机械能转换成液体的压力能；动力端将原动机的能量传给液力端。动力端由曲轴、连杆、十字头、轴承和机架等组成。液力端由液缸、活塞（或柱塞）、吸入阀、排出阀、填料函和缸盖等组成。

(2) 往复泵的工作原理

如图 27-43 所示，当曲柄以角速度 ω 逆时针旋转时，活塞向右移动，液缸的容积增大，压力降低，被输送的液体在压力差的作用下克服吸入管道和吸入阀等的阻力损失进入到液缸。当曲柄转过 180°以后活塞向左移动，液体被挤压，液缸内液体压力急剧增加，在这一压力作用下吸入阀关闭而排出阀被打开，液缸内的液体在压力差的作用下被排送到排出管道中去。当往复泵的曲柄以角速度 ω 不停地旋转时，往复泵就不断地吸入和排出液体。

(3) 往复泵的分类

① 按工作机构可分为活塞泵、柱塞泵和隔膜泵；按作用特点可分为单作用泵、双作用泵和差动泵；按缸数可分为单缸泵、双缸泵和多缸泵。

② 根据动力端特点可分为曲柄连杆机构、直轴偏心轮机构等。

③ 根据驱动特点可分为电动往复泵、蒸汽往复泵和手动泵等。

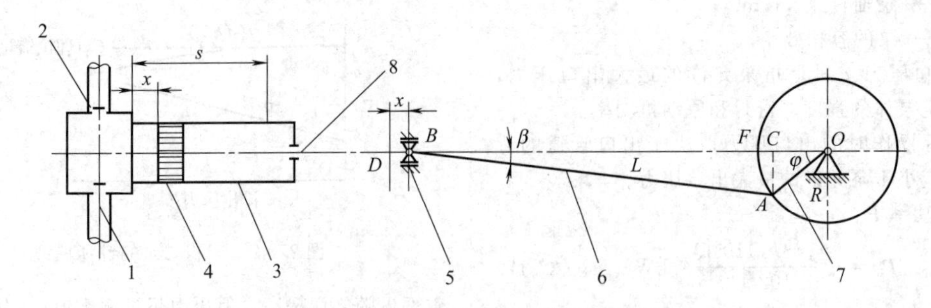

图 27-43 单作用往复泵工作原理示意

1—吸入阀；2—排出阀；3—液缸；4—活塞；5—十字头；6—连杆；7—曲轴；8—填料函

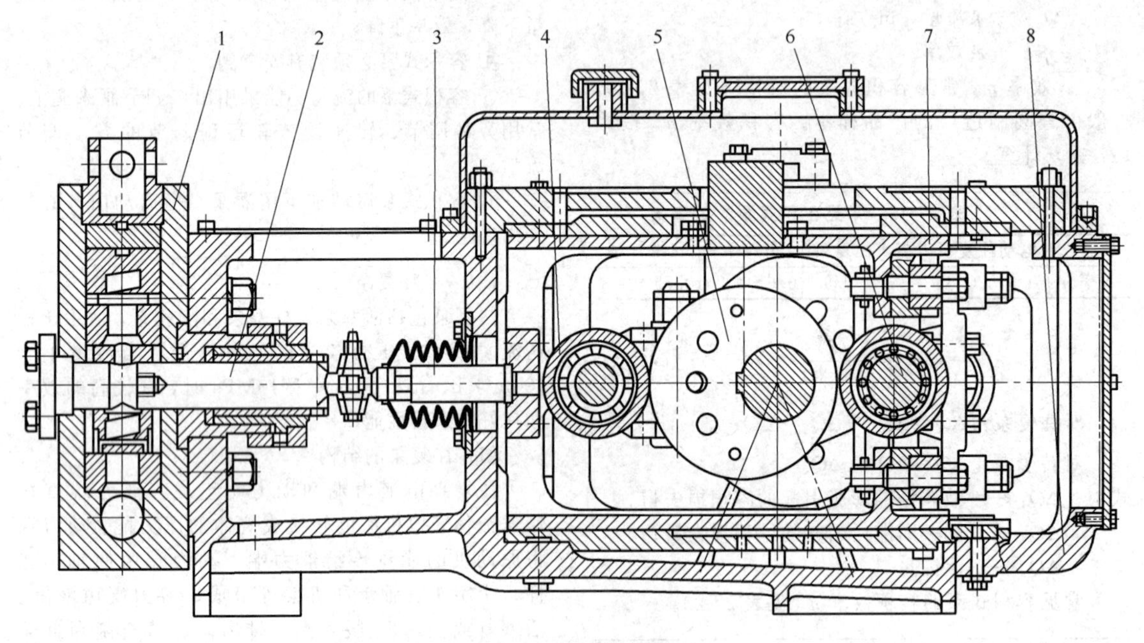

图 27-44 凸轮机构恒流量往复泵

1—阀箱总成（液力端）；2—柱塞；3—介杆；4—左滚子；5—凸轮；

6—左滚子架总成；7—复位框架总成（动力端）；8—泵壳总成

④ 根据排出压力 p_d 大小可分为低压泵（$p_d \leqslant$ 4MPa）、中压泵（4MPa $< p_d <$ 32MPa）、高压泵（32MPa $\leqslant p_d <$ 100MPa）和超高压泵（$p_d >$ 100MPa）。

⑤ 根据活塞（或柱塞）往复次数 n 可分为低速泵（$n \leqslant 80$r/min）、中速泵（80r/min $< n <$ 250r/min）、高速泵（250r/min $\leqslant n <$ 550r/min）和超高速泵（$n \geqslant 550$r/min）。按 API 674—2010 标准规定，对于连续运行的往复泵其推荐的转速上下限为 70 ～ 450r/min。

⑥ 几种新型的往复泵介绍如下。

a. 凸轮机构往复泵　以凸轮传动机构为例的恒流量无压力波动的往复泵结构如图 27-44 所示。该泵的动力端采用特殊廓线的凸轮传动机构取代传统往复泵动力端的曲柄连桥机构，3 个凸轮以相位角 $2\pi/3$ 装在传动轴上，每个凸轮与通过凸轮中心水平布置两个直径相同的滚轮对滚，两滚轮中心距为定值，其中一个滚轮为复位滚轮，另一个滚轮连接介杆、柱塞等往复运动件。随着凸轮转动，带动复位框架、介杆、柱塞等运动件做往复运动，从而完成吸排液过程。与曲柄连杆机构往复泵相比，凸轮机构往复泵的柱塞运动规律是等加速-等速-等减速运动规律的组合，能够实现恒流量输出，无压力波动。但凸轮机构恒流量往复泵柱塞运动存在柔性冲击，加速度有突变，动力端凸轮机构存在磨损，可靠性有待提高，所以只限用于中低压、小流量及功率不大的应用场合。

b. 液压驱动往复泵　液压驱动往复泵的动力端以液压泵和液压缸代替了机动往复泵的动力机和曲柄连杆机构，一般分为单缸双作用或双缸单作用两种形式。

理想状况下，单缸双作用液压驱动往复泵的理想流量图如图 27-45 所示。在平稳段，泵流量基本恒定；而在换向段，由于活塞速度要经历从定值到零，再从零到定值的过程，使得泵流量发生较大波动，因此需要在泵的出口安装稳压器来减小流量和压力的波动。同时，可以通过加大泵的冲程长度使得平稳均匀段相对变长。

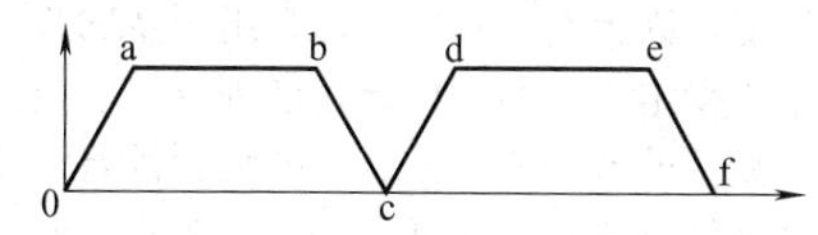

图 27-45　单缸双作用液压驱动往复泵的理想流量图

双缸单作用液压驱动往复泵工作示意图如图 27-46所示。通过换向控制系统调节两缸活塞的运动规律，使一缸排出时另一缸吸入，并且使两缸衔接时泵流量尽量保持无波动流量曲线，呈现如图 27-47 所示的变化规律。

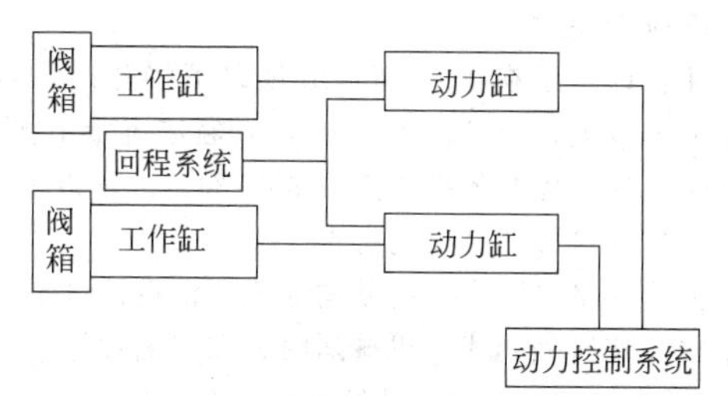

图 27-46　双缸单作用液压驱动往复泵工作示意图

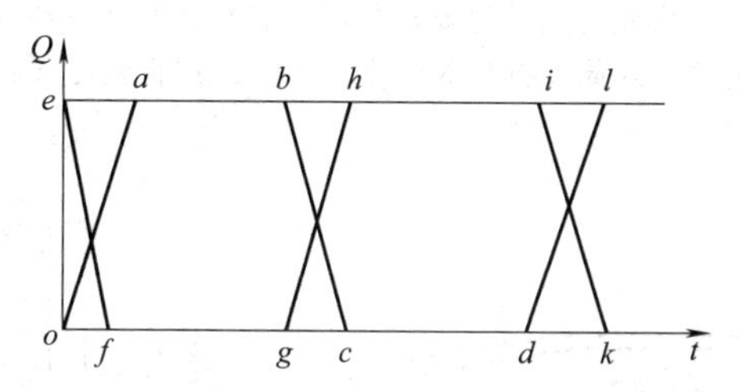

图 27-47　双缸单作用往复泵理论流量图

在图 27-47 中，*oabcdl* 是泵缸 1 的流量变化过程，*efghik* 是泵缸 2 的流量变化过程。在 *ab* 和 *hi* 段，活塞运行平稳，泵缸流量近似恒定。*ea*、*bh* 和 *il* 段是两缸流量叠加段，此时流量一般会发生波动。为了使得叠加结果尽量平稳，应对换向控制系统的设计提出较高的反应速度要求，一般在应用上要求换向时间控制在 50ms 内。

液压驱动往复泵一般应用在要求超高排出压力的场合，如 LDPE 和 EVA 装置上的过氧化物注入泵，泵排出压力一般达到 250～310MPa（表压）。生产该类超高压泵的典型厂家有德国的 UHDE 公司、奥地利的 BHDT（BFT）公司和美国的 KMT Gmbh-McCartney Products 公司等。

如图 27-48 所示为 BHDT（BFT）公司用于 LDPE 和 EVA 装置上的过氧化物注入泵。

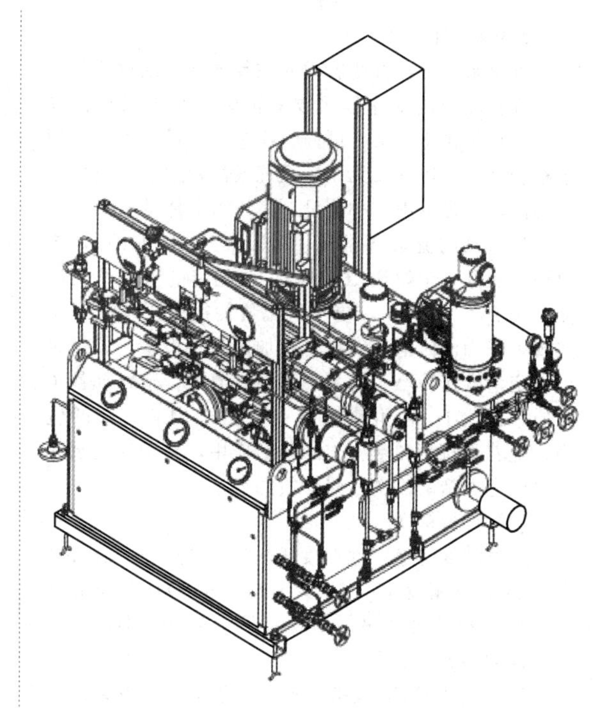

图 27-48　BHDT（BFT）公司用于 LDPE 和 EVA 装置上的过氧化物注入泵

(4) 往复泵流量的不均匀度

往复泵因流量不均匀会造成排出压力的脉动，当排出压力的变化频率与排出管道的自振频率相等或成整数倍时，将会引起共振。同时会使原动机的负载不均匀，缩短往复泵和管道的使用寿命，也使泵的吸入条件变坏。减少往复泵流量脉动的方法如下。

① 选用多缸往复泵或双作用泵。

② 在往复泵的进出口装设缓冲罐。缓冲罐的容积 V_o 可按式 (27-19) 计算。

$$V_o=\frac{\psi D^2 L(p_d+p_{rs})^2}{10\delta_Q p_{gas} p_d}\quad m^3 \tag{27-19}$$

式中　D——柱塞或活塞直径，m；

L——柱塞或活塞行程长度，m；

p_d——泵出口压力，MPa；

p_{rs}——泵出口管道的总阻力损失（不包括加速度头），MPa；

p_{gas}——缓冲罐充气压力，一般为泵出口压力的 60%，MPa；

δ_Q——工艺要求的允许流量不均匀度，一般泵进口的 δ_Q 控制在 0.0025 ～ 0.0125，出口的 δ_Q 控制在 0.005 ～0.04；

ψ——脉动系数，单缸泵 $\psi=1.1$，双缸泵 $\psi=0.42$，三缸泵 $\psi=0.05$。

经验表明，当往复泵采用 3 缸或 5 缸来替代 1 缸时，其流量不均匀度会得到较大的改善。

2.1.8　计量泵

计量泵是一种可变容积的往复式泵，通过调节有效行程长度或改变冲程次数来精确控制排量的往复泵，也被称作比例泵、可调容积泵、定量泵等。常用于精确地向有压（或无压）系统或流程中连续投加定量的液体，也可用于小流量、高压力液体的输送。

计量泵的流量通常从10mL/h到15000L/h，排出压力从几百千帕到100MPa，泵配带的电动机功率从0.12kW到55kW，更大的流量往往采用多联泵来实现。作为流体精确计量与投加的理想设备，计量泵可以定量输送易燃、易爆、腐蚀、磨蚀、浆料等各类介质，在化工、石化装置以及水处理中有广泛的应用。随着新材料和新工艺的不断应用，新型计量泵几乎可以完成精确输送任何介质的要求。

(1) 计量精度

计量精度是稳定性精度 E_S（steady state accuracy)、重复性精度 E_R（flow repeatability）和线形度 E_L（linearity）的总称，是衡量计量泵计量准确性和产品优劣的重要依据。

稳定性精度 E_S 是指在固定的系统条件下泵流量相对于平均流量的变动比例（%），稳定性精度适用于整个调节比范围。即在泵稳定运行的条件下，不改变泵的流量调节状态，进行连续测量获得的各个流量与这些流量的平均值之间的偏差（%），即

$$E_S=\frac{Q_{max}-Q_{min}}{2Q_{avr}}\times 100\% \qquad (27\text{-}20)$$

式中　Q_{max}——一组流量中的最大测量值，L/h；

Q_{min}——一组流量中的最小测量值，L/h；

Q_{avr}——一组流量的算术平均值，L/h。

重复性精度 E_R 是指在一组给定的条件下，调整流量设定点后再回复到原设定点时，泵流量的可重现性能，用额定流量的比例（%）来表示。即在要求的调节比范围内，在泵稳定运行的条件下，反复进行“改变泵的流量点后再回复到原设定点，测量该点的流量”，获得的一组流量的最大偏差相对泵额定流量（通常是100%流量设定点下的流量）的比例（%），即

$$E_R=\frac{Q_{max}-Q_{min}}{2Q_{Rated}}\times 100\% \qquad (27\text{-}21)$$

式中　Q_{max}——一组流量中的最大测量值，L/h；

Q_{min}——一组流量中的最小测量值，L/h；

Q_{Rated}——泵额定流量，L/h。

线性度 E_L 是指实际测得的流量与对应的标定流量线之间的线性偏差程度，用额定流量的比例（%）来表示，即

$$E_L=\frac{Q_i-Q_C}{Q_{Rated}}\times 100\% \qquad (27\text{-}22)$$

式中　Q_i——在某一流量设定点下测量的一组流量中任意一个测量值，L/h；

Q_C——流量标定曲线上同一流量设定点下对应的流量，L/h；

Q_{Rated}——泵额定流量，L/h。

由于线性度测量的目的在于衡量泵流量线性比例调节的精度，因此在实践中，通常用产品试验中实际测量的多个设定点下的不同流量值进行线性拟合，来直接获取测量的流量值与该直线的最大偏差，计算该偏差相对泵额定流量（通常是100%流量设定点下的流量）的比例（%）。

SH/T 3142—2004和API 675规定，泵在运转状态下，其流量应在规定的整个调节比范围内可以调节，泵额定流量应至少达到工艺要求的最大流量的110%，其调节比（turndown ratio，指额定流量与最小流量的比值）至少为10∶1。在规定的整个调节比范围内，稳定性精度应不超过±1%。重复性精度和线性度应不超过±3%。

注：计量泵在10%额定流量以下操作时，计量精度下降较大，故一般不宜在10%额定流量下操作。选型时最好考虑泵的操作点在30%额定流量以上。

(2) 计量泵的种类与特点

根据计量泵液力端的结构形式，常将计量泵分成柱塞式、液压隔膜式、机械隔膜式和电磁式等。

① 柱塞式计量泵　柱塞式计量泵（图27-49）与普通往复泵的结构基本一样，其液力端由液缸、柱塞、吸入阀、排出阀、密封填料等组成，除应满足普通往复泵液力端设计要求外，还应对泵的计量精度有影响的吸入阀、排出阀、密封等部件进行精心设计与选择。

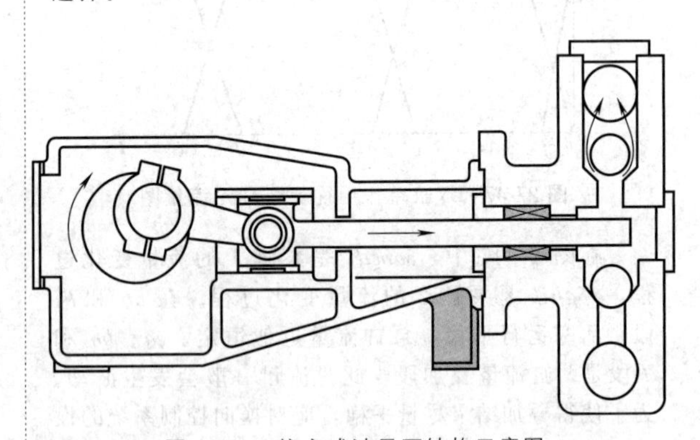

图27-49　柱塞式计量泵结构示意图

② 液压隔膜式计量泵　液压隔膜式计量泵是工业生产中应用最广泛的计量泵。液压隔膜式计量泵通常称隔膜计量泵，如图27-50所示为隔膜式计量泵结构示意图，在柱塞前端装有一层隔膜（柱塞与隔膜不接触），将液力端分隔成输液腔和液压腔。输液腔连接泵吸入阀和排出阀，液压腔内充满液压油（轻质油），并与泵体上端的液压油箱（补油箱）相通。当柱塞前后移动时，通过液压油将压力传给隔膜并使其前后挠曲变形引起容积的变化，起到输送液体的作用

及满足精确计量的要求。

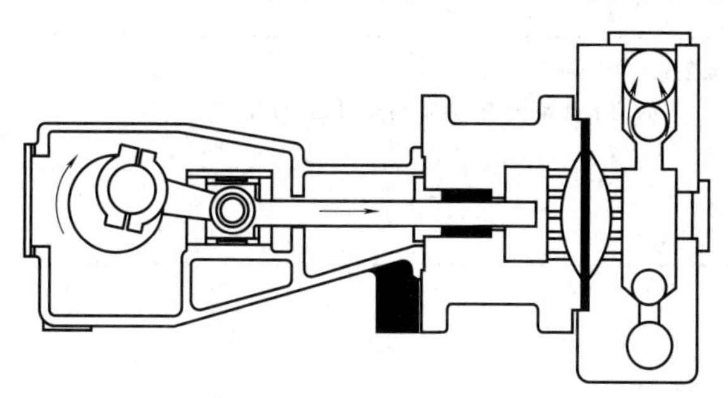

图 27-50　隔膜式计量泵结构示意图

液压隔膜式计量泵有单隔膜和双隔膜两种。单隔膜计量泵的隔膜一旦破裂，被输送的液体与液压油混合，对某些介质将容易产生事故。双隔膜泵在两层隔膜之间填充惰性液体，如软水、酒精、芳香烃及脂肪烃等，并要求惰性液体与被输送的介质或液压油混合时不会引起有害的反应。当其中一片隔膜破裂时可以通过压力表、声光装置或化学检验等方法及时报警。当不允许输送液体与任何惰性液体接触时，两层隔膜之间一般可采用抽真空的方式。

SH/T 3142—2004 规定危险介质、有害介质或与液压油会发生反应的介质应使用双隔膜计量泵。为增加泵的可靠性，其他场合也推荐使用双隔膜计量泵。

③ 机械隔膜式计量泵　机械隔膜式计量泵（图 27-51）的隔膜与柱塞机构连接，无液压油系统，柱塞的前后移动直接带动隔膜前后挠曲变形。由于其隔膜承受介质侧的压力，因此机械隔膜泵的最大排出压力一般不超过 1.2MPa。

④ 电磁式计量泵　计量泵电磁驱动技术打破了传统设计上用电动机作原动机，齿轮和曲柄连杆作为传动机构的结构形式，而采用电子控制线路产生电磁脉冲，利用通电螺线管线圈的电磁力来驱动柱塞做往复直线运动，并通过冲程速率来调节控制流量。但目前由于技术原因，电磁式计量泵的功率还是很小，如 Milton Roy 的电磁计量泵最大流量为 95L/h，最高压力为 70×10^5 Pa，计量精度为 1%。

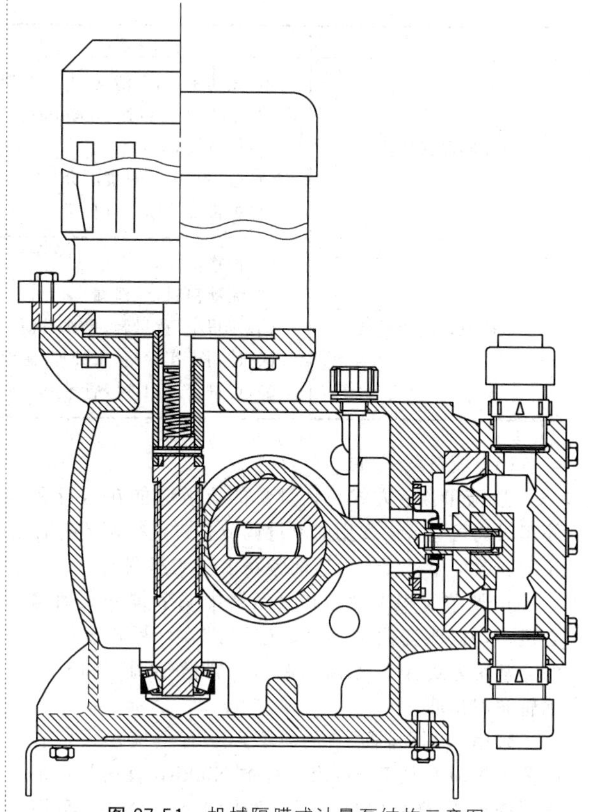

图 27-51　机械隔膜式计量泵结构示意图

不同类型计量泵的特点见表 27-21。

表 27-21　不同类型计量泵的特点

类　型	特　点
柱塞式计量泵	(1)价格较低 (2)流量可达 $76m^3/h$，流量在 10%～100% 范围内，计量精度可达 ±1%，压力最大可达 350MPa。出口压力变化时，流量几乎不变 (3)能输送高黏度介质，不适于输送腐蚀性浆料及危险性化学品 (4)轴封为填料密封，有泄漏，需周期性调节填料。填料与柱塞易磨损，需对填料环进行压力冲洗和排放 (5)无安全泄放装置 (6)可符合 API 575 标准
机械隔膜式计量泵	(1)价格较低 (2)无动密封，无泄漏 (3)能输送高黏度介质、磨蚀性浆料和危险性化学品 (4)隔膜承受高应力，隔膜寿命较低 (5)出口压力在 2MPa 以下，流量适用范围较小，计量精度为 ±2% (6)无安全泄放装置 (7)可符合 API 575 标准

续表

类　型	特　点
液压隔膜式计量泵	(1)无动密封,无泄漏,有安全泄放装置,维护简单 (2) 出口压力可达 100MPa;在 10∶1 的调节比范围内,计量精度可达±1% (3)价格较高 (4)适用于中等黏度的介质 (5)可符合 API 575 标准
电磁驱动式计量泵	(1)价格低 (2)无动密封,无泄漏 (3)体积小,重量轻,操作方便 (4)适用于实验室、水处理、游泳池、车辆清洗、小型塔、反渗透水处理系统等微量加药系统 (5)可符合 API 575 标准

(3) 流量调节与控制

① 流量调节方式　计量泵的流量应能在运行和停车时均可进行。常用的流量调节方式包括调节行程长度、改变空行程、液压油旁路以及变速调节。

a. 调节行程长度　在泵运转中调节螺杆驱动偏心机构，以改变曲柄半径，达到调节行程长度的目的。常用方式有 N 形曲轴调节、斜槽轴调节和改变蜗轮倾斜角度。

采用 N 形曲轴调节的典型厂家有重庆水泵厂有限公司等国内大部分厂家、日本 Nikkiso 公司等；采用斜槽轴调节的典型厂家是德国 LEWA 公司；采用改变蜗轮倾斜角度的典型厂家是美国 Milton Roy 公司。

b. 改变空行程　凸轮弹簧式调节机构利用可调整的限位装置使十字头在行程的一部分时间内不随凸轮运动，这样就缩短了行程的有效长度，从而改变流量。

采用改变空行程调节的典型厂家有美国 Idex 公司（Pulsafeeder）、德国 Prominent 公司等。

c. 液压油旁路　通过旁路液压油，使得液压油腔内的油量改变来达到改变柱塞有效行程的目的。液压油旁路调节可用于较小功率的计量泵上，其优点是调节机构非常简单，整机体积小，结构紧凑，且温度变化引起的液压油体积也不会影响计量精度，但对旁路控制滑阀、柱塞等的加工精度要求较高。其典型厂家是美国 Milton Roy 公司等。

d. 变速调节　通过改变驱动电动机的转速从而改变泵流量的控制方式。一般采用变频电动机来调节泵的转速。大多数计量泵的厂家都能提供这种流量控制方式。

② 运转中自动调节　如果买方有要求，计量泵应配备电动控制或气动控制装置，并可实现远程操作。电动控制是通过改变电信号达到自动调节行程的目的；气动控制是通过改变气源压力信号达到自动调节行程的目的。

2.2　泵的性能换算

2.2.1　泵叶轮切割

同一台离心泵，当转速不变时，将叶轮外径稍加切割，可以认为泵的效率几乎不变。叶轮外圆允许的最大切割量见表 27-22。其性能换算可按下述各式进行。

表 27-22　叶轮外圆允许的最大切割量

比转数 n_s	最大切割量 $\left(\frac{D_1-D_2}{D_1}\right)\times100\%$	效率下降
≤60	20	每车小 10%
60～120	15	下降 1%
120～200	11	每车小 4%
200～250	9	下降 1%
250～350	7	—
350 以上	0	

注：1. 对于漩涡泵和轴流泵，不能用车削叶轮的方法来改变泵的性能。

2. 叶轮外圆的切割一般不允许超过本表规定的数值，以免效率下降过多。

$$\frac{Q_1}{Q_2}=\frac{D_1}{D_2} \tag{27-23}$$

$$\frac{H_1}{H_2}=\left(\frac{D_1}{D_2}\right)^2 \tag{27-24}$$

$$\frac{N_1}{N_2}=\left(\frac{D_1}{D_2}\right)^3 \tag{27-25}$$

式中　Q_1，H_1，N_1——叶轮直径 D_1 时的流量、扬程和轴功率；

Q_2，H_2，N_2——叶轮直径 D_2 时的流量，扬程和轴功率。

2.2.2　泵转速改变

叶片泵的转速在±20%范围内变化时，流量仍保持相似，因此可近似地按式（27-26）～式(27-29）进行性能换算。

$$\frac{Q_1}{Q_2}=\frac{n_1}{n_2} \tag{27-26}$$

$$\frac{H_1}{H_2}=\left(\frac{n_1}{n_2}\right)^2 \tag{27-27}$$

$$\frac{NPSH_{r_1}}{NPSH_{r_2}}=\left(\frac{n_1}{n_2}\right)^2 \tag{27-28}$$

$$\frac{N_1}{N_2}=\left(\frac{n_1}{n_2}\right)^3 \tag{27-29}$$

式中　$Q_1,H_1,N_1,NPSH_{r_1}$——转速 n_1 时的流量、扬程、轴功率及必需汽蚀余量值；

$Q_2,H_2,N_2,NPSH_{r_2}$——转速 n_2 时的流量、扬程、轴功率及必需汽蚀余量值。

齿轮泵和螺杆泵的流量随转数而变化，液体黏度和排出压力不变而转数由 n_1 降至 n_2 时，将会引起流量 Q_1 和功率 N_1 的减少，可近似地按式（27-30）计算。

$$Q'_2=\frac{Q'_1}{\eta_v}\left[\frac{n_2}{n_1}-(1-\eta_v)\right] \tag{27-30}$$

式中　n_1，n_2——齿轮泵、螺杆泵转数变化前后的转数，r/min；

Q'_1，Q'_2——转数为 n_1、n_2 时的流量，m^3/h；

η_v——转数为 n_1 时的容积效率，%，如性能曲线中未表示出 η_v 时，可按排出压力为 p 时的流量 Q_1 与排出压力为零时的流量 Q_0 之比估算，即 $\eta_v=Q_1/Q_0$。

$$N_2=N_1\frac{\eta}{\eta_v}\frac{n_2}{n_1}\left(1+\frac{\eta_v-\eta}{\eta}\sqrt{\frac{n_2}{n_1}}\right) \tag{27-31}$$

式中　N_1，N_2——齿轮泵、螺杆泵转数变化前后的轴功率，kW；

η_v，η——转数为 n_1 和排出压力为 p 时的容积效率及总效率，%。

如果忽略往复次数对泵的容积效率的影响，往复泵的流量和轴功率与往复次数近似地或正比而变化。

2.2.3　介质密度改变

输送液体的密度与 20℃ 清水不同时，对泵的流量、扬程和效率不产生影响，只有泵的轴功率随之变化，其关联式为

$$N=N_w\frac{\gamma}{\gamma_w} \tag{27-32}$$

式中　N_w，N——常温清水和输送液体的轴功率，kW；

γ_w，γ——常温清水和输送液体的相对密度。

2.2.4　介质黏度变化

输送黏性介质的离心泵，其泵性能与输送清水时有较大变化。通常来说，当介质的黏度不大于 $20mm^2/s$（如一般的化工原料及汽油、煤油、洗涤油、轻柴油等）时，其性能参数可不必进行换算。

当黏度大于 $20mm^2/s$ 时，应进行泵性能换算。按最新美国水力学会标准 ANSI/HI 9.6.7—2010 规定，由介质黏度变化而进行的泵性能换算包括如下几个过程。

(1) 已知离心泵清水性能，求输送黏液时泵的性能

① 由泵输送清水时在最佳效率点的流量 $Q_{BEP\text{-}w}$ 和扬程 $H_{BEP\text{-}w}$ 来计算性能修正系数 B。

$$B=16.5\times\frac{\nu_{vis}^{0.50}H_{BEP\text{-}w}^{0.0625}}{Q_{BEP\text{-}w}^{0.375}N^{0.25}}$$

式中　ν_{vis}——介质黏度，mm^2/s。

当 $1.0<B<40$ 时，再进行下一步进行流量修正系数 C_Q、扬程修正系数 C_H 及效率修正系数 C_η 的计算。

当 $B\leqslant1.0$ 时，可以不进行性能换算（类似于黏度不大于 $20mm^2/s$ 的条件）。当 $B\geqslant40$ 时，以上换算方式将不适用，此时需要进行较为详尽的性能损失分析，这里不再论述。

② 计算流量修正系数 C_Q、扬程修正系数 C_H 及

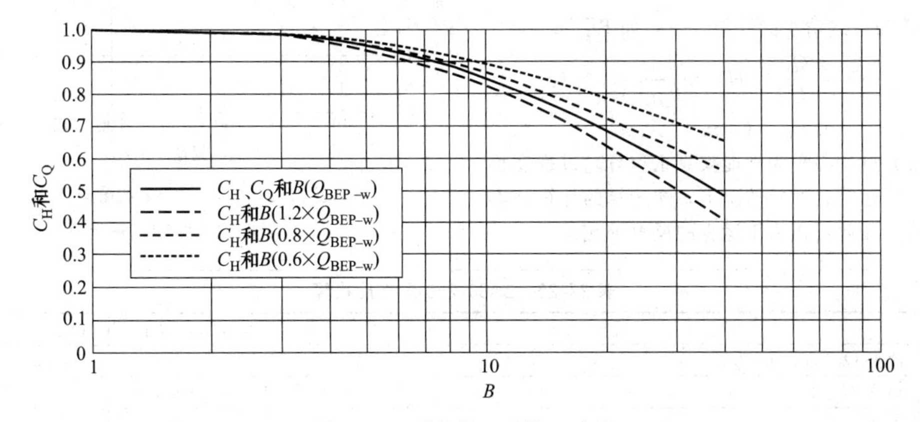

图 27-52　性能修正系数 B 查询

效率修正系数 C_η，公式如下。

$$C_Q=2.71^{-0.165(\lg B)^{3.15}}$$

$$C_H=1-\left[(1-C_{BEP\text{-}H})\times\left(\frac{Q_w}{Q_{BEP\text{-}w}}\right)^{0.75}\right]$$

$$C_\eta=B^{-(0.0547B^{0.69})}$$

式中　Q_w——已知的清水时的泵流量。

③ 换算为黏性介质时的泵性能，公式如下。

$$Q_{vis}=C_Q Q_w$$

$$H_{vis}=C_H H_w$$

$$\eta_{vis}=C_\eta \eta_w$$

当计算得到性能修正系数 B 时，也可以通过图27-52中获得泵性能修正系数。

同样也可以从图27-53中得到效率修正系数 C_η。

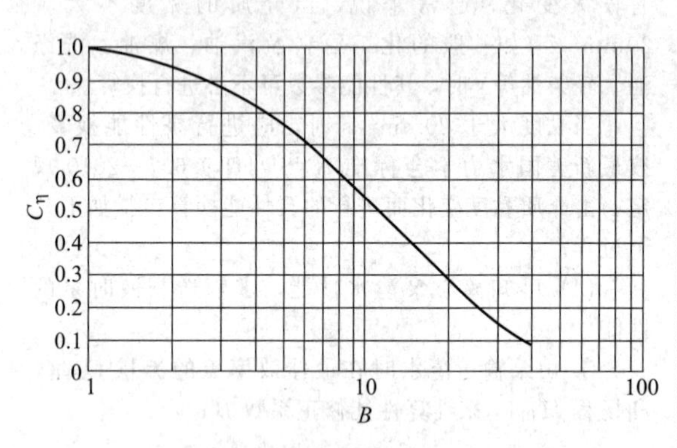

图27-53　效率修正系数 C_η 查询

(2) 已知黏性工况性能，求相当的清水泵性能

① 根据黏性工况的流量 Q_{vis} 和扬程 H_{vis} 来计算性能修正系数 B。

$$B=2.80\frac{\nu_{vis}^{0.50}}{Q_{vis}^{0.25}H_{vis}^{0.125}}$$

式中　ν_{vis}——介质黏度，mm^2/s。

② 计算流量修正系数 C_Q、扬程修正系数 C_H 及效率修正系数 C_η，公式如下。

$$C_Q=C_H=(2.71)^{-0.165(\lg B)^{3.15}}$$

$$C_\eta=B^{-(0.0547\times B^{0.69})}$$

③ 换算为泵送清水的性能，公式如下。

$$Q_w=\frac{Q_{vis}}{C_Q}\quad H_w=\frac{H_{vis}}{C_H}$$

$$\eta_{vis}=C_\eta \eta_w$$

以上换算过程①称为性能换算正运算，过程②称为性能换算逆运算；通常情况下，逆运算的计算精度低于正运算，因此可作为正运算的反算补充。

(3) $NPSH_3$ 的修正系数 C_{NPSH} 的计算

$$C_{NPSH}=1+A\times\left(\frac{1}{C_H}-1\right)\times 274000\times\frac{NPSH_{3BEP-w}}{Q_{BEP-w}^{0.667}N^{1.33}}$$

$$NPSH_{3vis}=C_{NPSH}\times NPSH_3$$

式中　A——变量，端吸泵，$A=0.1$；径向吸入泵（流体经90°弯管进入叶轮），$A=0.5$。

通常来讲，随着介质黏度的增加，一方面使介质在管道内的阻力增加而导致 $NPSH_3$ 增大；另一方面，黏性介质中的微气泡不容易生成和扩张，外界的传热降低会导致 $NPSH_3$ 适当减小。但总体上来说，$NPSH_3$ 还是趋于增大的。对于大尺寸或叶轮形状拥有平缓光滑过渡的泵，其 $NPSH_3$ 受介质黏度的影响较小。

例1　将ZA80-250型离心泵输送清水时的性能曲线换算成输送黏度为 $75mm^2/s$ 介质时的性能曲线。

解　在ZA80-250型泵性能曲线上取最佳效率点流量 Q_{BEP-w} 的0.6、0.8、1.0、1.2倍，并利用上面的换算方法或图表换算成 $75mm^2/s$ 下的 Q_v、H_v、η_v（表27-23）；在图27-54上连接这些点，即得输送黏度为 $75mm^2/s$ 下的性能曲线。

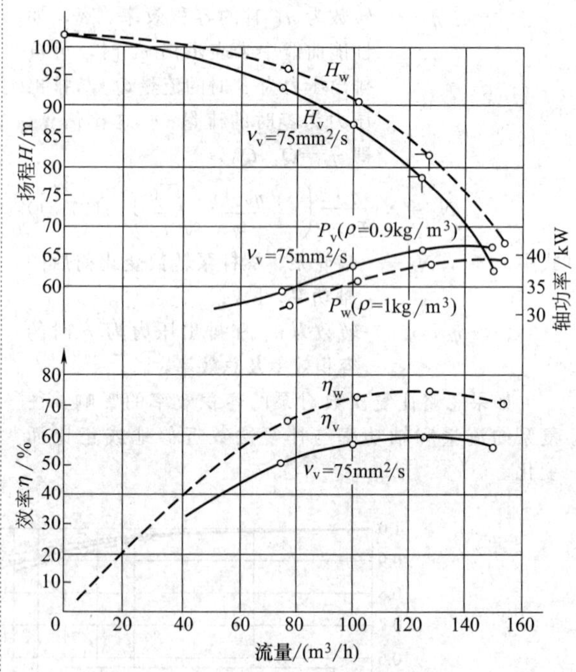

图27-54　ZA80-250泵输送清水及黏性介质时的性能曲线

表27-23　ZA80-250泵性能换算

项　目	Q	$0.6Q_{BEP-w}$	$0.8Q_{BEP-w}$	Q_{BEP-w}	$1.2Q_{BEP-w}$
清水	流量 $Q_w/(m^3/h)$	76.53	102	127.5	153
	扬程 H_w/m	96	90.5	82	67
	效率 $\eta_w/\%$	64	71.5	74	71
	轴功率$(P_w=1)/kW$	31.3	35.2	38.5	39.3

续表

项　目	Q		0.6$Q_{BEP\text{-}w}$	0.8$Q_{BEP\text{-}w}$	$Q_{BEP\text{-}w}$	1.2$Q_{BEP\text{-}w}$
油	运动黏度 υ_v/(mm²/s)		75			
	修正系数	C_Q	0.964			
		C_η	0.813			
		C_H	0.976	0.97	0.964	0.959
	流量 $Q_v(Q_v=Q_wC_Q)/(m^3/h)$		74	98	123	147.5
	扬程 $H_v(H_v=H_wC_H)$/m		93.7	87.8	79	64.3
	效率 $\eta_v(\eta_v=\eta_wC_\eta)$/%		52.03	58.13	60.16	57.72
	密度 $\rho_v/(kg/m^3)$		900			
	轴功率 P_v/kW		32.68	36.30	39.61	40.30

2.3 泵的工作范围

2.3.1 离心泵的工作范围和型谱

(1) 泵的极限工作范围

泵的极限工作范围是指图 27-55 中，由曲线 1、2、3、6 围成的区域 *EFGH*。曲线 1 表示最大叶轮直径 D_{2max} 下的 *H-Q* 曲线；曲线 2 表示最小叶轮直径 D_{2min} 下的 *H-Q* 曲线；曲线 3 表示最小连续流量 [Q_{min}] 的相似抛物线；曲线 6 表示由最大极限流量 [Q_{max}] 确定的相似抛物线。泵可以在极限工作范围内连续运行。

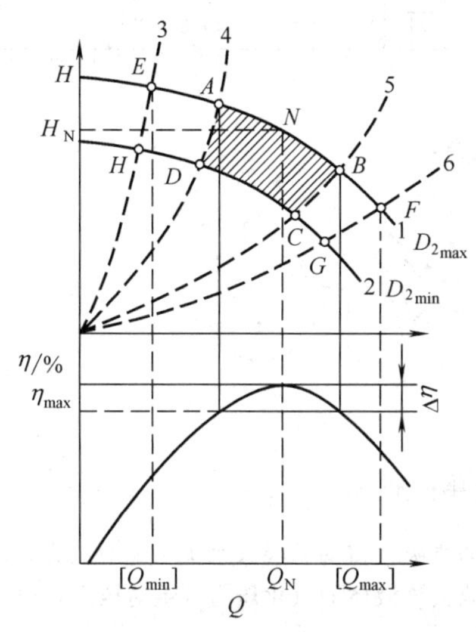

图 27-55　离心泵的极限工作范围和最佳工作范围

① 最小连续流量 [Q_{min}] 指泵在不超过标准规定的噪声、振动、温升下能够正常工作的最小流量，一般由泵厂提供。如果缺乏该值，可按以下方法估算。

a. 当轴功率≤100kW 时，[Q_{min}] 取泵最佳效率点流量 Q_N 的 25%～35%。

b. 当轴功率 Q>100kW 时，按图 27-56 取定。

② 最大极限流量 [Q_{max}] 随着泵流量上升，$NPSH_r$ 也上升，出现汽蚀的可能性随即增加；同时轴功率上升很快，泵有过载的可能。因此一般不允许泵在最佳效率点流量 Q_N 的 125%～135%以上操作，需求泵的最大极限流量为

$$[Q_{max}]\leqslant(125\%\sim135\%)Q_N$$

(2) 泵的最佳工作范围

图 27-55 中，*ABCD* 所围成的扇形阴影区域即为离心泵的最佳工况范围。泵在 *ABCD* 区域内的任意一点工作均认为是合适的。图中 *A*、*B* 两点为标准叶轮直径 D_{2max} 下，*H-Q* 曲线 1 上比最佳工况点 *N* 效率 η_{max} 低 Δη（我国通常取 Δη=5%～8%）的等效率工况点。过 *A*、*B* 两点可以作出两条等效率切割抛物线 4、5，并交最小叶轮直径 D_{2min} 下 *H-Q* 曲线于 *D*、*C* 两点。

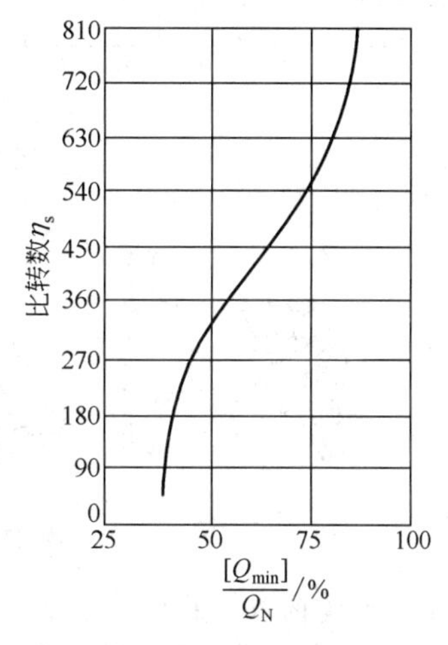

图 27-56　[Q_{min}] 的确定（轴功率>100kW 时）

(3) 系列型谱

将每种系列泵的最佳工作范围绘于一张坐标图上称为型谱。为了使图形协调，高扬程和大流量时的工作范围不致过大，通常采用对数坐标表示，一般每种系列泵有一个型谱。

系列型谱既便于用户选泵，又便于计划部门向泵制造厂提出开发新产品的方向。如图 27-57 所示为 IH 型化工泵的型谱图。

2.3.2 容积式泵的工作范围

容积式泵的流量是指泵排出的最大流量 [Q]；容积式泵的压力是指泵允许的最大出口压力 [p_d]。

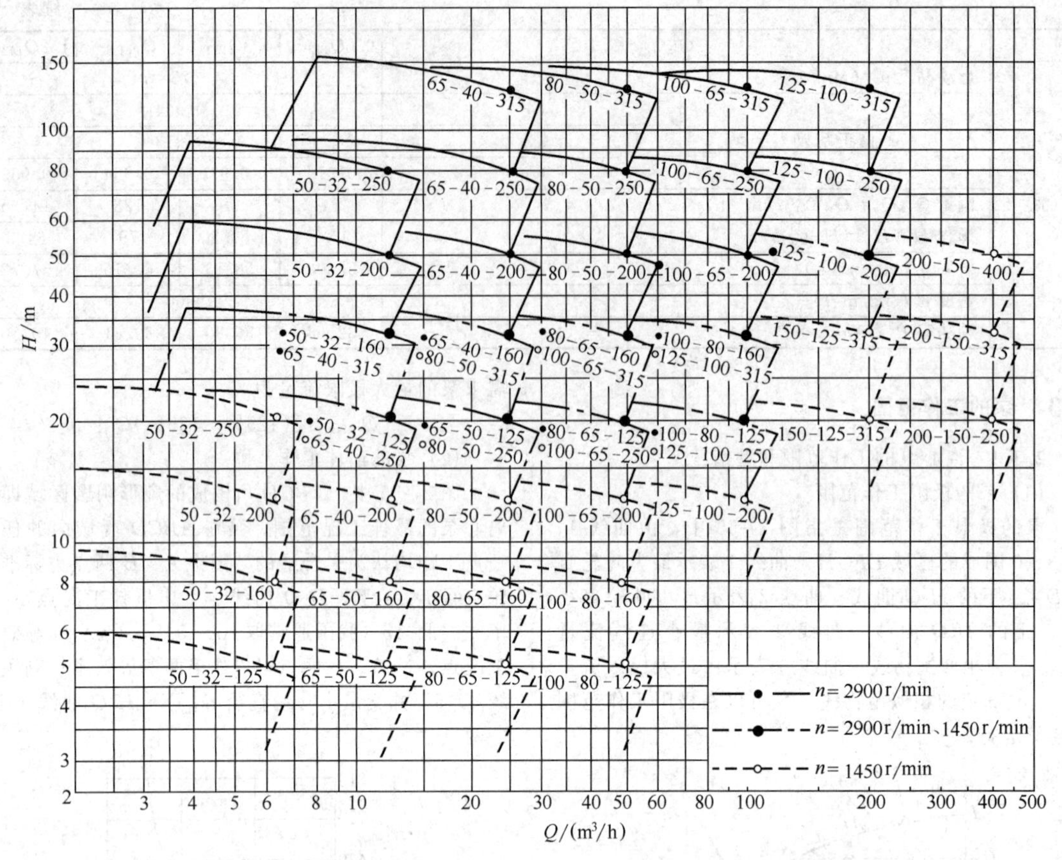

图 27-57　IH 型化工泵的型谱图

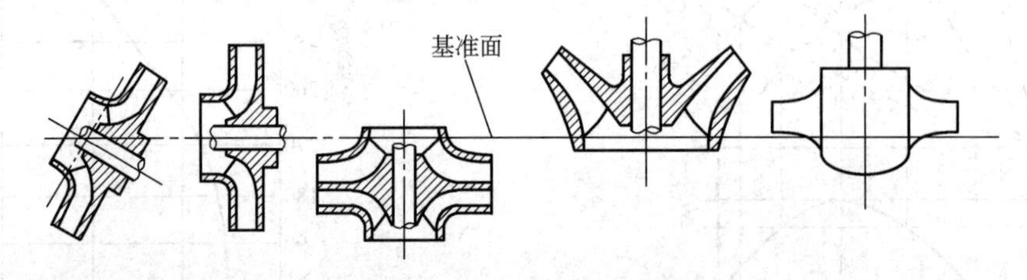

图 27-58　ISO、GB 标准中的基准面

只要工艺所需的流量和压力分别小于［Q］、［p_d］，都能正常工作。因为当转速恒定时容积式泵的出口流量是固定的，只通过旁路调节就能达到工艺的所需流量。而只要泵的实际操作压力小于泵允许的最大出口压力［p_d］，就能保证泵体的强度、密封的可靠性及原动机的不过载。

当然，当工艺所需流量 Q 与压力 p_d 越接近［Q］与［p_d］时，也就越合理、经济。

2.4　泵的汽蚀

2.4.1　装置汽蚀余量和必需汽蚀余量

(1) 汽蚀余量 NPSH

泵吸入口处单位质量液体超出液体汽化压力的富余能量（以米液柱计）称汽蚀余量，其值等于从基准面算起的泵吸入口的总吸入水头（绝对压力，以米液柱计）减去该液体的汽化压力（绝对压力，以米液柱计），即

$$\mathrm{NPSH}=\frac{p_s}{\rho g}+\frac{u_s^2}{2g}-\frac{p_v}{\rho g} \tag{27-33}$$

式中　p_s——从基准面算起的泵吸入口压力，Pa；

p_v——液体在该温度下的汽化压力，Pa；

u_s——泵吸入口平均流速，m/s；

ρ——液体密度，kg/m³。

基准面按以下两种原则选定位置。

① ISO 5199 标准、GB 5656 标准规定　基准面为通过叶轮叶片进口边的外端所描绘的圆中心的水平面。对于多级泵以第一级叶轮为基准；对于立式双吸泵以上部叶片为基准（图 27-58）。

表 27-24　汽蚀参数一览

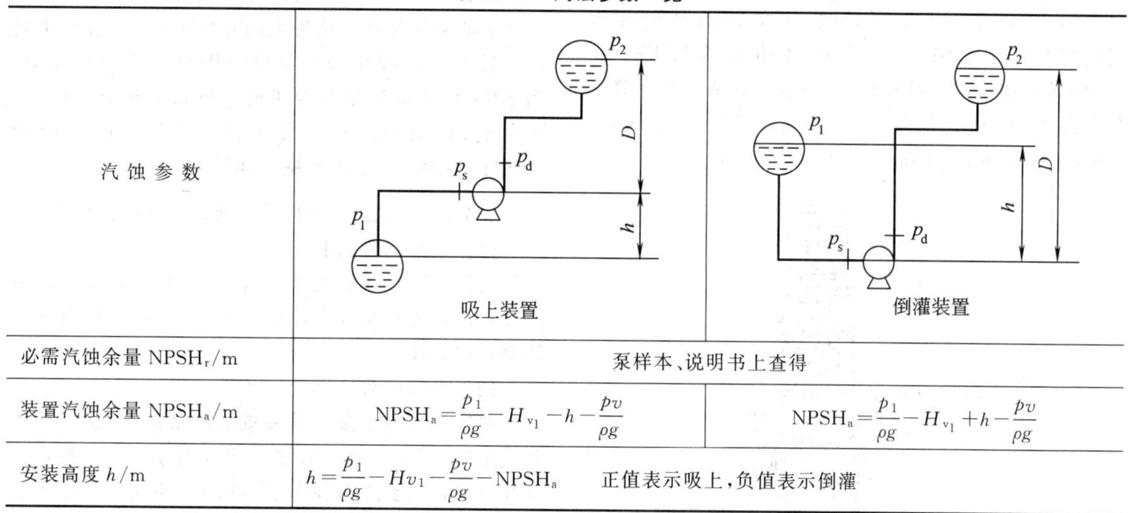

汽蚀参数	吸上装置	倒灌装置
必需汽蚀余量 $NPSH_r$/m	泵样本、说明书上查得	
装置汽蚀余量 $NPSH_a$/m	$NPSH_a=\dfrac{p_1}{\rho g}-H_{v_1}-h-\dfrac{pv}{\rho g}$	$NPSH_a=\dfrac{p_1}{\rho g}-H_{v_1}+h-\dfrac{pv}{\rho g}$
安装高度 h/m	$h=\dfrac{p_1}{\rho g}-Hv_1-\dfrac{pv}{\rho g}-NPSH_a$　　正值表示吸上，负值表示倒灌	

注：p_1——吸入液面压力，Pa；p_2——排出液面压力，Pa；p_s——泵吸入口压力，Pa；p_d——泵排出口压力，Pa；H_{v_1}——吸入管道阻力损失，m；D——排出几何高度，m。

② SH/T 3139、SH/T 3140 和 API 610 标准规定　对卧式泵，其基准面是泵轴中心线；对立式管道泵，其基准面是泵吸入口中心线；对其他立式泵，其基准面是基础的顶面。

(2) 装置汽蚀余量 $NPSH_a$

由泵装置系统（以液体在额定流量和正常泵送温度下为准）确定的汽蚀余量，称装置汽蚀余量，也称有效汽蚀余量或可用汽蚀余量（以米液柱计），其大小由吸液管道系统的参数和管道中流量所决定，而与泵的结构无关。

汽蚀参数一览见表 27-24。

(3) 必需汽蚀余量 $NPSH_r$

由泵厂根据试验（通常用 20℃ 的清水在额定流量下测定）确定的汽蚀余量，称泵的必需汽蚀余量（以米液柱计）。

必需汽蚀余量在吸入法兰处测定并换算到基准面。在比较 $NPSH_a$ 和 $NPSH_r$ 值时应注意基准面是否一致，如不一致应换算至同一基准面。

(4) 泵的安装高度 s

泵的安装高度 s 也称泵的吸液高度，是指泵的基准面至吸入液面之间的高度差。

(5) 汽蚀曲线

$NPSH_a$ 和 $NPSH_r$ 均随流量的变化而变化。一般 $NPSH_r$ 随流量的增加而增大，而 $NPSH_a$ 则随流量的增加而减小（图 27-59）。泵厂提供的泵性能曲线上一般应有 NPSHr-Q 曲线。

(6) 离心泵的 $NPSH_a$ 安全裕量 S

为确保不发生汽蚀，离心泵的 $NPSH_a$ 必须有一个安全裕量 S，满足 $NPSH_a-NPSH_r \geqslant S$。

对于一般离心泵，$S=0.6\sim1.0$m。按 SH/T 3139 和 SH/T 3140 规定，卧式泵在额定点的必需汽蚀余量 $NPSH_r$ 应至少比装置汽蚀余量 $NPSH_a$ 小 0.6m，且不应考虑对烃类液体的修正系数。对于立式筒袋泵及液下泵来说，此限制可以用 0.1m 代替 0.6m。

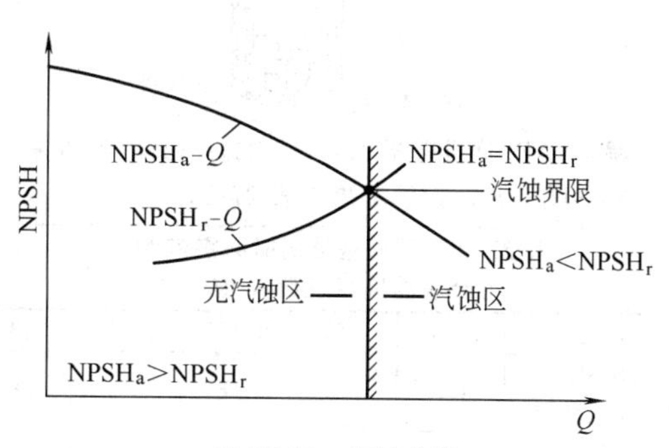

图 27-59　汽蚀曲线

另外当 $NPSH_a$ 与 $NPSH_r$ 的差值小于 1.0m，或询价文件/数据表有要求时，应进行 $NPSH_r$ 试验。

(7) 装置汽蚀余量和安装高度的计算

装置汽蚀余量和安装高度的计算可按表 27-24 和表 27-25 求得。

例 2　选用一台离心泵，输送介质为己烷，密度 $\rho=640kg/m^3$，汽化压力 $=0.04$MPa，工艺参数 $Q=45m^3/h$，$H=90$m，安装高度 $h=1$m，吸入液面压力 $p_1=0.1$MPa，吸入管道阻力损失 $H_{v_1}=1$m。现选用 80AY100，试校核其汽蚀性能。

解　查 80AY100 性能曲线图，得额定流量下 $NPSH_r$ 等于 3m。按表 27-24

$$NPSH_a=\frac{p_1}{\rho g}-h-H_{v_1}-\frac{pv}{\rho g}$$
$$=15.9-1-1-6.1=7.8\ (m)$$

取安全裕量 $S=1$m。

满足 $NPSH_a-NPSH_r>S$。

该泵工作时不会发生汽蚀。

例3 以TTMC40泵为例，计算按API标准规定的基准面的$NPSH'_r$值。已知TTMC40泵按ISO标准规定的基准面的$NPSH_r=1.8m$，K值（见下图）分别为0.535m、0.760m、0.985m、1.210m、1.435m、1.660m、1.885m、2.110m、2.335m、2.560m。

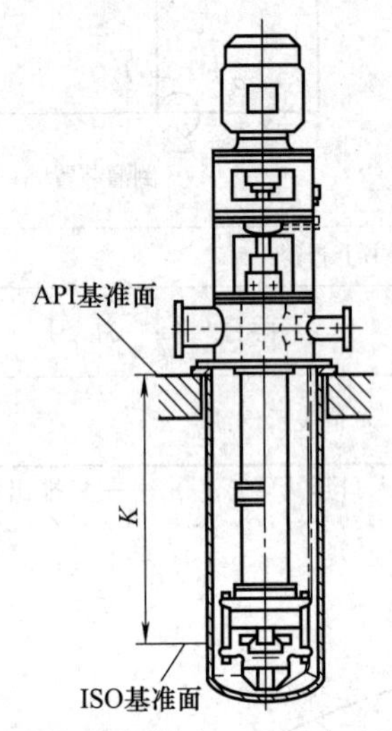

解 （API标准基准面）$NPSH'_r$=（ISO标准基准面）$NPSH_r-K$，计算结果见表27-25。

表27-25 不同基准面时必需汽蚀余量的换算系数K值

K值	0.535	0.760	0.985	1.216	1.435
$NPSH_r$（ISO基准面）	1.8	1.8	1.8	1.8	1.8
$NPSH'_r$（API基准面）	1.265	1.035	0.815	0.59	0.365
K值	1.660	1.885	2.110	2.335	2.560
$NPSH_r$（ISO基准面）	1.8	1.8	1.8	1.8	1.8
$NPSH'_r$（API基准面）	0.14	−0.085	−0.31	−0.535	−0.76

2.4.2 叶片式泵防止汽蚀产生的方法

离心泵（包括其他种类的叶片式泵）工作时不允许汽蚀产生，因此必须保证$NPSH_a-NPSH_r>S$。当$NPSH_a$不能满足此要求时，可采取买方（用户）设法提高$NPSH_a$值，或卖方（泵厂）设法降低$NPSH_r$值的方法予以解决，详见表27-26。

2.4.3 容积式泵和叶片式泵的汽蚀特性比较

(1) 基准面的选取

对转子泵（一般均为卧式泵），基准面是泵轴中心线；而对往复泵（含计量泵），基准面是柱塞（或活塞）中心线。

(2) 汽蚀参数计算

对容积式转子泵，其装置汽蚀余量$NPSH_a$与叶片式泵的$NPSH_a$计算方法一样（表27-24）。对容积式往复泵，其装置汽蚀余量$NPSH_a$还应计入加速度头损失H_{acc}（表27-27）。

加速度头损失产生的原因是吸入管道流量不均匀性。如果吸入管道上装有吸入缓冲罐，可不计加速度头损失。H_{acc}可按式(27-34)计算。

$$H_{acc}=\frac{L_{P_1}LN^2D^2\rho}{10^9K_1D_{P_1}^2}\ \text{m} \tag{27-34}$$

式中 L_{P_1}——吸入管道实际长度，m；

L——行程长度，mm；

N——泵往复转数，r/min；

D——活塞或柱塞直径，mm；

ρ——液体密度，kg/m³；

K_1——系数，单、双缸泵，$K_1=1.5$，三缸泵，$K_1=4$；

D_{P_1}——吸入管道直径，mm。

(3) 汽蚀的危害性

容积式泵发生汽蚀时也一样会产生噪声和振动，但一般不会发生过流部件的腐蚀破坏。

表27-26 防止汽蚀产生的方法

	方法	优点	缺点	备注
买方采取的方法	(1)降低泵的安装高度（提高吸液面位置或降低泵的安装位置），必要时采用倒灌方式	可选用效率较高、维修方便的泵	增加安装费用	此法最好且方便，建议尽可能采用
	(2)减小吸入管道的阻力，如加大管径，减少管道附件、底阀、弯管、闸阀等	可改进吸入条件，节约能耗	增加投资费用（指管径放大）	
	(3)增加一台升压泵	可降低主泵价格，提高主泵效率	增加设备和管道，维修量增大	
	(4)降低泵送液体温度，以降低气化压力	可选用效率较高、维修方便的泵	需增加冷却系统	
	(5)避免在进口管道采用阀节流	避免局部阻力损失		
	(6)在流量、扬程相同情况下，采用双吸泵，其$NPSH_r$值小			有时也可考虑采用

续表

	方　法	优　点	缺　点	备　注
卖方采取的方法	(1)提高流道表面光洁度,对流道进行打磨和清理	方法简单	加工成本上升	经常采用
	(2)加大叶轮进口处直径,以降低进口流速	方法简单	回流的可能性增大,不利于稳定运转	一般很少采用
	(3)降低泵的转速	简单易行	同样流量、扬程下,低速泵价格高、效率低	经常采用
	(4)在泵进口增加诱导轮	简单易行	泵的最大工作范围有所缩小	除高速泵外,较少采用
	(5)对叶片可调的混流泵和轴流泵,可采用调节叶片安装角度的方法			经常采用
	(6)对流部件采用耐汽蚀的材料,如硬质合金、磷青铜、Cr-Ni 钢等	泵的结构、性能曲线均不变	材料成本上升	

表 27-27　容积式泵和叶片式泵的汽蚀特性比较

项　目		叶片式泵	容积式泵	
			转子泵	往复泵
汽蚀原因		当泵内压力低于液体汽化压力时,即 $NPSH_a \leqslant NPSH_r$ 时,产生汽蚀		
汽蚀现象的危害性		(1)噪声和振动 (2)性能下降 (3)过流部件腐蚀破坏	(1)噪声和振动 (2)性能下降 (3)一般不发生腐蚀破坏	
必需汽蚀余量 $NPSH_r$/m		在室温和清水条件下试验测得,可查阅产品样本		
装置汽蚀余量 NPSHa/m	定义	$NPSHa=\frac{p_a}{\rho g}+\frac{u_s^2}{2g}-\frac{pv}{\rho g}$		
	吸上装置	$NPSHa=\frac{p_1}{\rho g}-Hv_1-h-\frac{pv}{\rho g}$		$NPSHa=\frac{p_1}{\rho g}-Hv_1-h-H_{acc}-\frac{pv}{\rho g}$
	倒灌装置	$NPSHa=\frac{p_1}{\rho g}-Hv_1+h-\frac{pv}{\rho g}$		$NPSHa=\frac{p_1}{\rho g}-Hv_1+h-H_{acc}-\frac{pv}{\rho g}$
安全裕量/m		0.6～1.0		

注：本表中各计算公式中的符号意义同表 27-24。

3　特殊介质的输送

3.1　黏性液体

液体黏性影响泵的流量、扬程和效率，一般随液体黏度的增大，泵的功耗增加，总效率下降（图 27-60）。常用黏度换算见表 27-28。不同类型泵的适用黏度见表 27-29，泵输送黏性液体时的性能换算见本章 2.2.4 小节。

表 27-28　常用黏度换算

名称	又名	符号	单位	与运动黏度的换算	名称	又名	符号	单位	与运动黏度的换算
动力黏度		μ	Pa·s	$\gamma=\frac{\mu}{\rho}$ ρ 为液体密度,kg/m³	国际赛氏秒	通用赛波尔特秒	SSU (SUS)	s	$\gamma=0.22SSU-\frac{180}{SSU}$
					商用雷氏秒	雷氏 1″s	″R RSS	s	$\gamma=0.26''R-\frac{172}{''R}$
运动黏度		γ	mm²/s		赛氏-氟氏秒	赛波尔特-费劳尔秒	SSF (SF)	s	$\gamma=2.2SSF-\frac{203}{SSF}$
条件黏度(恩氏黏度)	相对黏度	°E	度	$\gamma=7.31°E-\frac{6.31}{°E}$	巴氏秒	巴洛别度	°B	度	$\gamma=\frac{4850}{°B}$

注：1Pa·s=1000mPa·s=1000cP；1mm²/s=1cSt。

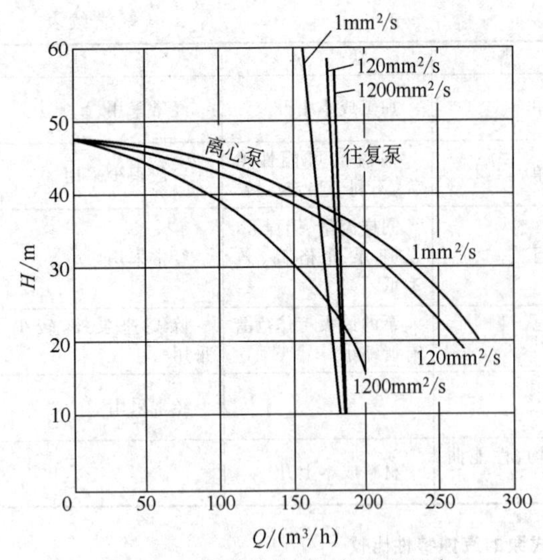

图 27-60 黏性液体对泵性能的影响

表 27-29 不同类型泵的适用黏度范围

类	型	适用黏度范围/(mm²/s)
叶片式泵	离心泵	<150
	漩涡泵	<37.5
容积式泵	往复泵	<850
	计量泵	<800
	旋转活塞泵	≤11000
	单螺杆泵	≤200000
	双螺杆泵	≤1500
	三螺杆泵	≤3750
	齿轮泵	1~440000
	滑片泵	≤10000
	软管泵（蠕动泵）	≤10000

注：1. 对 $NPSH_r$ 远小于 $NPSH_a$ 的离心泵，可用于黏度小于 500～650mm²/s 的场合。

2. 当黏度大于 650mm²/s 时，离心泵的性能下降很大，一般不宜用离心泵，但由于离心泵输液无脉动，不需安全阀且流量调节简单，因此在化工生产中也常可见到离心泵用于输送黏度达 1000mm²/s 的场合。

3. 漩涡泵最大黏度一般不超过 115mm²/s。

3.2 含气液体

泵输送含气液体时，泵的流量、扬程、效率均有所下降。含气量越大，效率下降越快。随着含气量的增加，泵出现额外的噪声、振动，严重时加剧腐蚀或出现断流、断轴现象。各类泵输送液体中的允许含气量见表 27-30。

表 27-30 各类泵输送液体中的允许含气量

泵类型	离心泵	漩涡泵	容积式泵
允许含气量极限(体积分数)/%	<5	5～20	5～20

为保证泵的运转可靠，可采用以下措施降低液体内的含气量。

① 吸液池的结构形式和泵吸入管的布置应使各并联泵能等量吸入液体，泵吸入量口在吸液池内应具有一定的淹没深度 H_1，离池底有一定悬空高度 H_2（图 27-60）。

② 吸液池的进液管、回流管、废液收集管要远离泵的吸入管口，以免气泡尚未消失时就被泵吸入。同时吸入管不能放在池中央，也不能太靠近池壁，一般要离池壁大于 1.5D，以免产生漩涡或抽空，如图 27-61 (b) 所示。

③ 保证管道接头处密封良好，避免空气漏入。

④ 吸入管道布置时应避免形成空气囊的部位，如图 27-61 所示。

3.3 含固体颗粒的液体

输送含固体颗粒的液体时，悬浮在液体中的固体颗粒既不能像液体那样吸收、储存或传递能量，又不能将其动能传递给液体。固体颗粒的存在使泵扬程、效率均较输送清水时低。

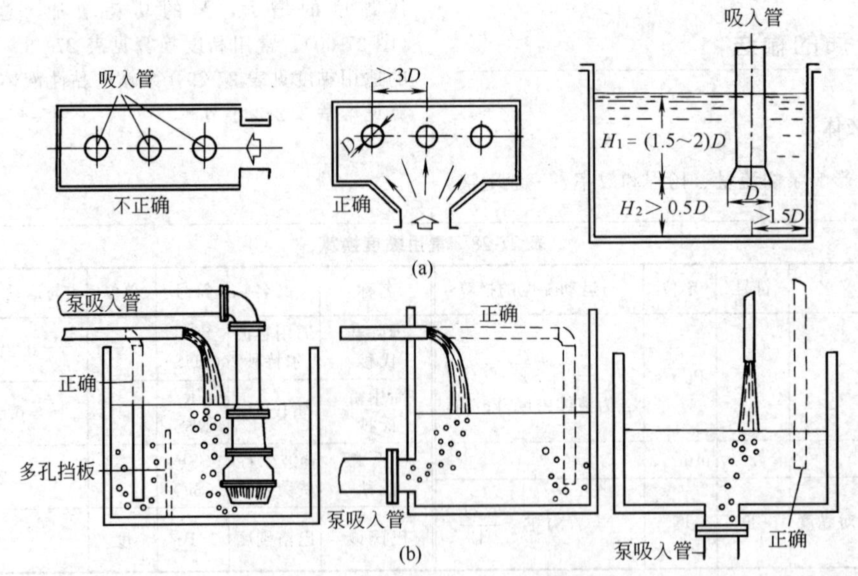

图 27-61 吸入管在吸液池中的布置

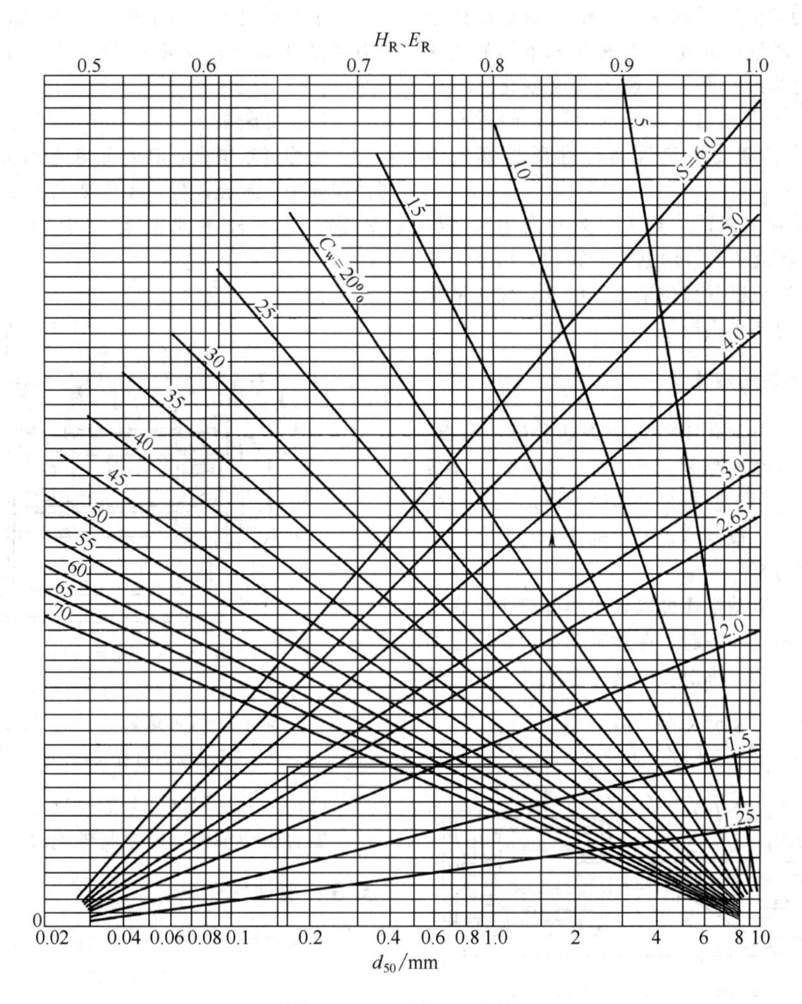

图 27-62　E_R 和 H_R 曲线

图中横坐标 d_{50} 是指试样筛分累积质量分数为 50%的颗粒粒径，它保证较该粒径大的颗粒粒径和小于该粒径的颗粒的质量份额相同

(1) 输送“非沉降类”均质浆体

“非沉降类”均质浆体指固体颗粒粒径 $d_{50} \leqslant 100\mu m$、浓度 $c_w \leqslant 30\%$（质量分数）、$c_v \leqslant 15\%$（体积分数）的介质。可按该介质的动力黏度及黏度变化时泵性能变化的程序修正，详见 2.2.4 小节。

(2) 输送“沉降类”浆体

① 扬程和效率比输送清水时的值下降同一个比率，见式 (27-35)。

$$\frac{H_m}{H}=\frac{\eta_m}{\eta}=H_R=E_R \tag{27-35}$$

式中　H_R，E_R——扬程比和效率比；

H_m，H——浆体、清水扬程，m；

η_m——泵输送浆体时的效率；

η——泵输送清水时的效率。

② 最佳效率点不变，扬程和效率比与流量无关。

③ 泵输送“沉降类”浆体的性能换算。按浆体的质量分数 c_w、固体颗粒相对密度 S 和颗粒粒径 d_{50}，查图 27-62 得

$$H_m=H_R H,\ \eta_m=E_R\eta,\ Q\text{ 不变}$$

渣浆离心泵输送液体时允许的最大含固率（质量分数）如下

水泥	60%～65%	硫铵	30%～40%
碳化钙、盐	35%	石灰乳	50%～60%
		挥发性灰粉（油渣）	55%

3.4　易气化液体

易气化液体主要指气化温度低的液体，如液态烃、液化天然气、液态氧、液态氢等。这些介质的温度通常为 −160～−30℃。输送易气化液体有如下特点。

① 泵入口压力高　液化气通常在常温常压下为气体，只有在一定压力和低温下才变成饱和液体。如甲烷的液化条件为 3MPa、−100℃；乙烯为 2MPa、−30℃。

② 气化压力随温度而剧变　液化气通常都处于饱和状态（或有微量过冷度）。这种饱和液体的气化压力随温度变化非常显著。一般当温度变化±25%时，气化压力可变化±(100%～200%)，同时介质的密度、比热容、蒸发潜热等物理性质也都发生变化。

③ 对泵的轴封要求严　绝大多数的液化气有腐蚀性和危险性，因此不允许泄漏，如漏出，由于液化气气化吸热极易造成密封部位结冰。因此，输送液化气的低温泵对轴封要求很严。

3.5　不允许泄漏的液体

化工、医药、石油化工等行业输送易燃、易爆、易挥发、有毒、有腐蚀及贵重液体时，要求泵只能微漏甚至不漏，应采用无密封泵（如磁力驱动泵和屏蔽泵）或带泄漏收集、报警等装置的机械密封泵。

(1) 磁力驱动泵

磁力驱动泵的电动机通过联轴器和外磁钢连在一起，叶轮和内磁钢连在一起。在外磁钢和内磁钢之间设有全密封的隔离套，将内外磁钢完全隔开，使内磁钢处于介质之中。电动机的转轴通过磁钢间磁极的吸力直接带动叶轮同步转动。其结构示意如图27-63所示。

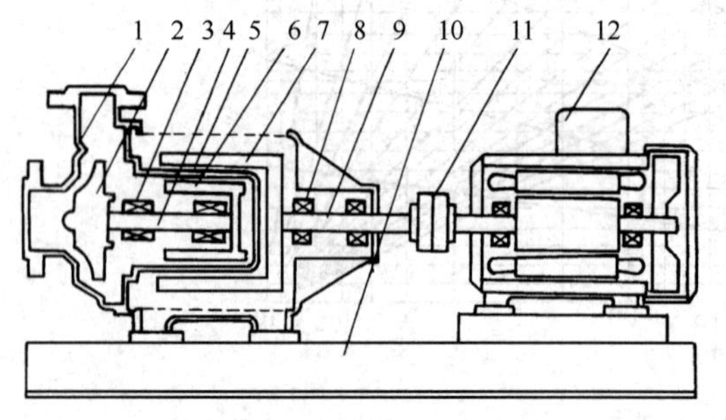

图27-63　磁力泵结构示意

1—泵体；2—叶轮；3—滑动轴承；4—泵内轴；5—隔离套；6—内磁钢；7—外磁钢；8—滚动轴承；9—泵外轴；10—底座；11—联轴器；12—电动机

(2) 屏蔽泵

也称屏蔽电泵，其叶轮和电动机转子连为一体，并在同一密封壳体内，不需要采用填料函或机械密封结构，是一种不泄漏泵。其结构示意如图27-64所示。

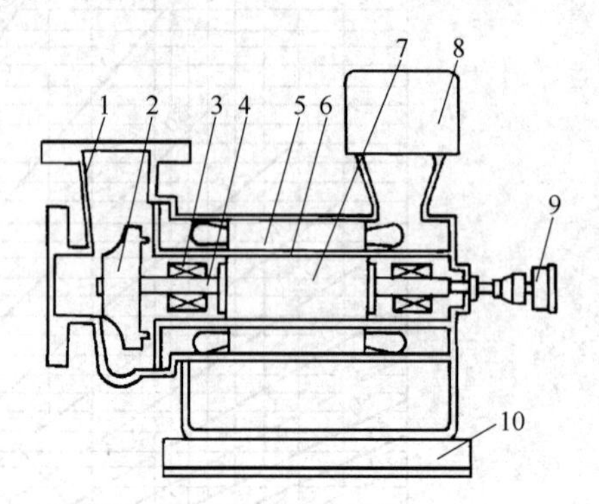

图27-64　屏蔽泵结构示意

1—泵体；2—叶轮；3—滑动轴承；4—轴；5—定子；6—屏蔽套；7—转子；8—接线盒；9—轴承监视器；10—底座

(3) 磁力泵和屏蔽泵的比较

磁力驱动泵和屏蔽泵特性比较见表27-31。

3.6　腐蚀性介质

输送腐蚀性介质的泵应选用耐腐蚀泵，其特点见表27-32。还应根据介质的性质和使用温度选用合适的材料，要求材料的机械加工性能好，已有类似介质的使用经验；泵厂有加工该种材料的经验。如有两种以上材料可满足腐蚀要求时，应选择价格相对便宜、加工性能好的材料，表27-33、表27-34可供选用时参考。

表27-31　磁力驱动泵和屏蔽泵特性比较

项　目	磁力驱动泵	屏蔽泵
隔离套(或屏蔽套)厚度	2～3倍于屏蔽泵屏蔽套的厚度	
隔离套(或屏蔽套)破坏的结果	介质漏向大气	定子腔外壳是第二层隔离套，可阻止介质漏向大气，但易损坏电动机定子
效率	基本相当	
滑动轴承	由于转子较短，一般磁力泵只有1个轴承座，这样前后轴承能精确对中，这使磁力泵可以采用碳化硅轴承，耐磨、耐温性能好	由于转子较长，需要前后2个轴承座，较难做到精确对中，因此屏蔽泵一般采用石墨轴承，耐磨、耐温相对较差
驱动机	标准电动机或汽轮机	专用电动机
是否可与机械密封泵互换	相同标准的磁力泵与通用机械密封泵可以互换	一般不能
振动	标准型磁力泵有电动机轴、泵外轴和内轴，因此轴与轴之间存在对中问题，每根轴需精确设计制造并经过动平衡检测，以使振动最小	单轴设计，振动很小。在大功率时需注意避开临界转速存在对中，但由于转子较长，需要前后2个轴承座

续表

项　目		磁力驱动泵	屏蔽泵
噪声		磁力驱动泵的噪声来自电动机风扇，而屏蔽泵没有电动机风扇，因此磁力驱动泵的噪声较屏蔽泵大	
轴向长度		与机械密封泵的长度基本一致	较小
联轴器		有联轴器	无联轴器
轴承磨损监视器		不需要	需要
结构复杂性		简单	复杂
正常检修		容易	难
适用范围	功率/kW	400	200
	最高温度/℃	450(不需冷却水)	400(需冷却水)
	最低温度/℃	−150	−200
	最大工作压力/MPa	35	14
价格		基本相近	

注：资料来自于汉胜工业设备（上海）有限公司、大连海密梯克泵业有限公司、上海日机装屏蔽泵有限公司、大连帝国屏蔽电泵有限公司等。

表 27-32　耐腐蚀泵的特点

项　目	特　点
通用特点	耐腐蚀泵用于输送酸、碱及其他腐蚀性化学药品，其过流部件采用耐腐蚀材料，其余不耐腐蚀的零件(如托架)应防止受到腐蚀；密封环(口环)间隙应比水泵大些，避免在小流量下工作，以免液体温度升高加剧腐蚀 停车时应及时关闭吸入阀，或采用停车密封以免介质漏出泵体
金属耐腐蚀泵	常用的金属泵，其过流部件的材质有普通铸铁、高硅铸铁、不锈钢、高合金钢、钛及其合金等，可根据介质特性和温度范围选用不同的材质 金属泵的耐温、耐压及工作稳定性一般优于非金属泵
非金属耐腐蚀泵(整体及衬里)	非金属泵的过流部件的材质有聚氯乙烯、玻璃钢、聚丙烯、F46、氟合金、PVDF、超高分子量聚乙烯、石墨、陶瓷、搪玻璃、玻璃等，也应根据介质的特性和温度范围选用材质 一般非金属泵的耐腐蚀性能优于金属，但非金属泵的耐温、耐压一般比金属泵差，因此常用于流量不大且温度、使用压力较低的场合

表 27-33　金属泵常用材料耐腐蚀性能

材　料	天然水(普通水)	处理水(软水矿化水)	不含氧的水、锅炉给水	盐　水			海水	有机介质(油、烃等)
				中性	酸性	碱性		
铸铁								
球墨铸铁	✓	×	✓	○	×	✓	×	✓
铸钢	✓	×	✓	○	×	✓	×	✓
镍基材料	✓	✓	✓	✓	○	✓	✓	✓
高硅铸铁	✓	✓	✓	✓	✓	✓	✓	✓
12%铬钢	✓	✓	✓	✓*	○	✓	×	✓
奥氏体不锈钢	✓	✓	✓	✓*	○	✓	×	✓
奥氏体 316 不锈钢	✓	✓	✓	✓	○	✓	✓	✓
哈氏合金	✓	✓	✓	✓	○	✓	✓	✓
GA-20 不锈钢	✓	✓	✓	✓	○	✓	✓	✓
青铜	✓	✓	○	✓**	×	×	○	✓

注：1. ✓表满意；○表适用；×表不适用。

2. “*”要求 Cl^- 含量较低；“**”要求无 NH_4^+。

表 27-34　非金属泵常用材料性能

材料名称	氟合金	聚全氟乙丙烯	聚偏氟乙烯	超高分子量聚乙烯	聚丙烯	酚醛玻璃钢	铬刚玉	增强聚丙烯
允许使用温度限/℃	约 150	约 150	约 120	约 80	约 90	约 100	约 100	约 100

续表

材料名称		氟合金	聚全氟乙丙烯	聚偏氟乙烯	超高分子量聚乙烯	聚丙烯	酚醛玻璃钢	铬刚玉	增强聚丙烯
耐腐蚀性	弱酸	耐	耐	耐	耐	耐	耐	耐	耐
	强酸	耐	耐	除热浓硫酸	除氧化性酸	除氧化性酸	除氧化性酸	耐	除氧化性酸
	弱碱	耐	耐	耐	耐	耐	高耐	耐	耐
	强碱	耐	耐	耐	耐	耐	不耐	不耐	耐
	有机溶剂	耐	耐	耐大多数溶剂	耐大多数溶剂	耐大多数溶剂（<80℃）	耐大多数溶剂	耐	耐大部分溶剂
	典型不耐蚀介质	氢氟酸 氟元素	氢氟酸 氟元素 发烟硝酸	铬酸 发烟硫酸 强碱	浓硝酸 浓硫酸 含氯有机溶剂	浓硝酸 铬酸	浓硝酸 浓碱 浓硫酸 热碱	氢氟酸 热碱	浓硝酸 铬酸
耐磨性能		不好	不好	较好	好	不好	较差	很好	较差
抗汽蚀性能		较好	较好	较好	较好	较好	较差	好	较好

4 真空泵

4.1 真空泵的性能指标和选型

4.1.1 真空泵的性能指标

(1) 真空度

一般有下述几种表示方法。

① 以绝对压力 p 表示，单位为kPa、Torr。

② 以相对压力 p_v 表示，单位为kPa、mmHg。

$$p_v(\mathrm{kPa})=101.32-p(\mathrm{kPa})$$

$$p_v(\mathrm{mmHg})=760-p(\mathrm{Torr})$$

$$1\mathrm{Torr}=1\mathrm{mmHg}$$

(2) 抽气速率 S

抽气速率 S 指单位时间内，真空泵吸入口在吸入状态下的气体体积量（指吸入压力和温度下的体积流量），单位是 m^3/h、m^3/min。真空泵的抽气速率 S 与吸入压力有关，吸入压力越低，抽气速率越小，直至极限真空时，抽气速率为零。

(3) 极限真空

极限真空指真空泵抽气时能达到的最低稳定压力值，也称最大真空度。

(4) 抽气时间 t

$$t=2.3\frac{V}{S}\lg\frac{p_1}{p_2} \qquad (27\text{-}36)$$

式中 t——抽气时间，min；

V——真空系统的容积，m^3；

S——真空泵的抽气速率，m^3/min；

p_1——真空系统初始压力，kPa；

p_2——真空系统抽气终了的压力，kPa。

4.1.2 空气泄漏量的估算

对于任何一个真空系统，总希望是完全气密的，以达到真空泵的最佳利用，但事实上总有空气泄漏入真空系统。对系统的空气泄漏量最好是由试验测定，但对一个新的设计或不能进行试验的场合，可通过估算求得。

(1) 根据接头密封长度进行的泄漏量估算（表27-35）

表27-35 泄漏量的估算

接头密封质量	泄漏量 k/[kg/(h·m)]
非常好	0.03
好	0.1
正常	0.2

注：kg/(h·m) 中的m是指密封长度。

(2) 根据真空系统的容积进行的泄漏量估算（表27-36）

表27-36 按真空系统容积进行的泄漏量的估算

容积/m^3	0.1	1.0	3	5	10	25	50	100	200
空气平均泄漏量/(kg/h)	0.1～0.5	0.5～1.0	1～2	2～4	3～6	4～8	5～10	8～20	10～30

4.1.3 真空泵的分类及工作压力范围

(1) 真空泵的分类

真空泵的分类见表27-37。

表 27-37　真空泵的分类

真空泵	按工作原理分	气体输送泵	变容真空泵	往复式		
				旋片式	油封式	旋片式
						滑阀式
						定片式
						余摆线式
						多室旋片式
					干式螺杆	
					液环式	
					罗茨真空泵	
			动量传输泵	分子真空泵	牵引分子泵	
					涡轮分子泵	
					复合分子泵	
				喷射真空泵	液体喷射真空泵	
					气体喷射真空泵	
					蒸汽喷射真空泵	
				扩散泵	自净化扩散泵	
					分馏式扩散泵	
				扩散喷射泵		
				离子输运泵		
		气体捕集泵	吸附泵			
			吸气剂泵			
			吸气剂离子泵	蒸发离子泵		
				溅射离子泵		
			低温泵			
	按真空度分	粗真空泵				
		高真空泵	滑阀式真空泵			
			旋片式真空泵			
			罗茨真空泵			
		超高真空泵				

按其工作原理可分为气体传输泵和气体捕集泵。

① 气体传输泵　气体传输泵是一种能使气体不断地吸入和排出，借以达到抽气目的的真空泵，这种泵基本上有两种类型。

a. 变容真空泵　利用泵腔容积的周期性变化来完成吸气和排气过程的一种真空泵，气体在排出前被压缩。这种泵分为往复式及旋片式两种。

ⓐ 往复式真空泵　利用泵腔内活塞做往复式运动，将气体吸入、压缩并排出。因此，又称为活塞式真空泵。

ⓑ 旋片式真空泵　利用泵腔内活塞做旋转运动，将气体吸入、压缩并排出。旋转真空泵又有如下几种形式。

ⅰ. 油封式真空泵　它是利用油类密封各运动部件之间的间隙，减少有害空间的一种旋转变容真空泵。这种泵通常带有气镇装置，故又称气镇式真空泵。按其结构特点分为如下五种形式。

• 旋片式真空泵　转子以一定的偏心距装在泵壳内，并与泵壳内表面的固定面靠近，在转子槽内装有两个（或两个以上）旋片，当转子旋转时旋片能沿其径向槽往复滑动且与泵壳内壁始终接触，此旋片随转子一起旋转，可将泵腔分成几个可变容积。

• 滑阀式真空泵 在偏心转子外部装有一个滑阀，转子旋转带动滑阀沿泵壳内壁滑动和滚动，滑阀上部的滑阀杆能在可摆动的滑阀导轨中滑动，而泵腔分成两个可变容积。

• 定片式真空泵 在泵壳内装有一个与泵内表面靠近的偏心转子，泵壳上装有一个始终与转子表面接触的径向滑片，当转子旋转时，滑片能上下滑动，将泵腔分成两个可变容积。

• 余摆线式真空泵 在泵腔内偏心装有一个型线为余摆线的转子，它沿泵腔内壁转动，并将泵腔分成两个可变容积。

• 多室旋片式真空泵 在一个泵壳内并联装有由同一个电动机驱动的多个独立工作室的旋片真空泵。

ⅱ. 干式螺杆真空泵 它是一种不用油类（或液体）密封的变容真空泵。

ⅲ. 液环式真空泵 带有多叶片的转子偏心装在泵壳内，当它旋转时，把液体（通常为水或油）抛向泵壳内，形成泵壳同心的环液，环液同转子叶片形成了容积周期性变化的几个小容积，故也称旋转变容真空泵。

ⅳ. 罗茨真空泵 泵内装有两个相反方向、同步旋转的双叶形或多叶形的转子，转子间、转子同泵壳内壁之间均保持一定的间隙。它属于旋转变容真空泵。机械增压泵即为这种形式的真空泵。

b. 动量传输泵 这种泵是依靠高速旋转的叶片或高速射流，把动量传输给气体或气体分子，使气体连续不断地从泵的入口传输到出口。具体可分为下述几种类型。

ⓐ 分子真空泵 它是利用高速旋转的转子把能量传输给气体分子，使其压缩、排气的一种真空泵。它有如下几种形式。

ⅰ. 牵引分子泵 气体分子与高速运动的转子相碰撞而获得力量，被送到出口，因此，是一种动量传输泵。

ⅱ. 涡轮分子泵 泵内装有带槽的圆盘或带叶片的转子，它在定子圆盘（或定片）间旋转。转子圆周的线速度很高。这种泵通常在分子流状态下工作。

ⅲ. 复合分子泵 它是由涡轮式和牵引式两种分子泵串联起来的一种复合式分子真空泵。

ⓑ 喷射真空泵 它是利用文丘里效应的压力降生产的高速射流把气体输送到出口的一种动量传输泵，适于在黏滞留和过渡流状态下工作。这种泵又可详细地分成以下几种。

ⅰ. 液体喷射真空泵 以液体（通常为水）为工作介质的喷射真空泵。

ⅱ. 气体喷射真空泵 以非可凝性气体作为工作介质的喷射真空泵。

ⅲ. 蒸汽喷射真空泵 以蒸汽（水、油或汞蒸气）作为工作介质的喷射真空泵。

ⓒ 扩散泵 以低压高速蒸汽流（油或汞等蒸气）作为工作介质的喷射真空泵。气体分子扩散到蒸汽射流中，被送到出口。在射流中气体分子密度始终是很低的，这种泵适于在分子流状态下工作。可分为以下几类。

ⅰ. 自净化扩散泵 泵液中易挥发的杂质经专门的机械输送到出口而不回到锅炉中的一种油扩散泵。

ⅱ. 分馏式扩散泵 这种泵具有分馏装置，使蒸汽压强较低的工作液蒸汽进入高真空工作的喷嘴，而蒸汽压强较高的工作液蒸汽进入低真空工作的喷嘴，它是一种多级油扩散泵。

ⓓ 扩散喷射泵 它是一种有扩散泵特性的单级或多级喷嘴与具有喷射真空泵特性的单级或多级喷嘴串联组成的一种动量传输泵。油增压泵即属于这种形式。

ⓔ 离子传输泵 它是将被电离的气体在电磁场或电场的作用下，输送到出口的一种动量传输泵。

② 气体捕集泵 这种泵是一种是气体分子被吸附或凝结在泵的内表面上，从而减小容器内的气体分子数目而达到抽气目的的真空泵，有以下几种形式。

a. 吸附泵 它是主要依靠具有大表面的吸附剂（如多孔物质）的物理吸附作用来抽气的一种捕集式真空泵。

b. 吸气剂泵 它是一种利用吸气剂以化学结合方式捕获气体的真空泵。吸气剂通常是以块状或沉积新鲜薄膜形式存在的金属或合金。升华泵即属于这种形式。

c. 吸气剂离子泵 它是使被电离的气体通过电磁场或电场的作用吸附在有吸气材料的表面上，以达到抽气的目的。它有如下几种形式。

ⓐ 蒸发离子泵 泵内被电离的气体吸附在以间断或连续方式升华（或蒸发）而覆在泵内壁的吸气材料上，以实现抽气的一种真空泵。

ⓑ 溅射离子泵 泵内被电离的气体吸附在由阴极连续溅射散出来的吸气材料上，以达到抽气目的的一种真空泵。

d. 低温泵 利用低温表面捕集气体的真空泵。

按其真空度可以分为粗真空、高真空、超高真空三大类。

① 粗真空泵 主要用于抽除空气和其他有一定腐蚀性、不溶于水、允许含有少量固体颗粒的气体。广泛用于食品、纺织、医药、化工等行业的真空蒸发、浓缩、浸渍、干燥等工艺过程中。该型泵具有真空度高、结构简单、使用方便、工作可靠、维护方便的特点。

该泵主要用于粗真空、抽气量大的工艺过程中，主要用来抽除空气和其他无腐蚀、不溶于水、含有少量固体颗粒的气体，以便在密闭容器中形成真空。所

表 27-38　真空泵的工作压力范围　　单位：mmHg

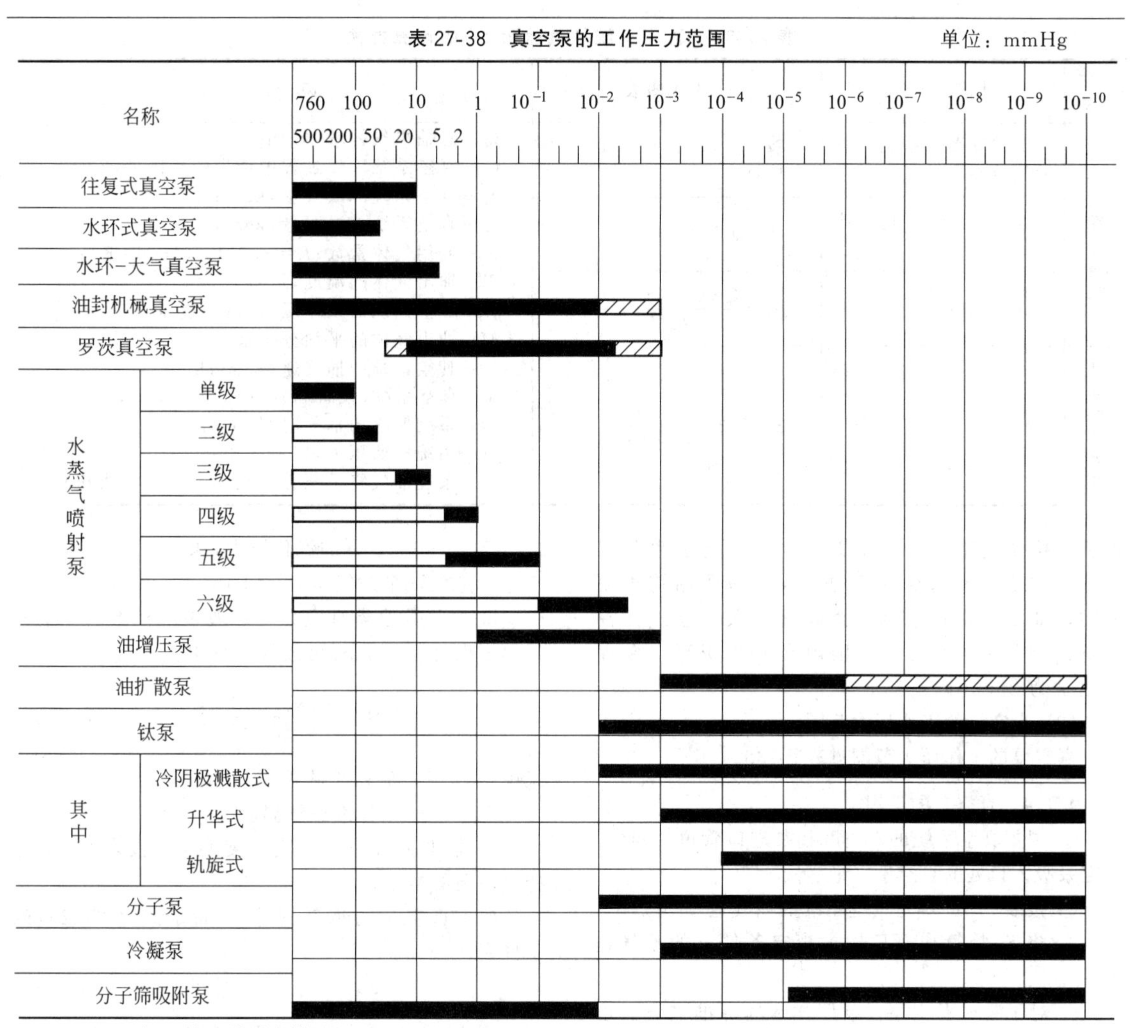

注：■表示一般工作压力范围；▨表示特别使用；□表示部分使用。1mmHg=133.32Pa。

吸气体中允许混有少量液体。它被广泛应用于机械、制药、食品、石油化工等行业中。

该泵是获得粗真空的主要真空设备之一。广泛应用于化工、食品、建材等部门，特别是在真空结晶、干燥、过滤、蒸发等工艺过程中更为适宜。

无油（耐腐蚀）立式往复真空泵是卧式真空泵的更新换代产品，是获得粗真空的主要设备。由于采用全密封装置，实现了曲轴箱和气缸的完全隔离；加上活塞环使用了自润滑材料，便实现了先进的无油润滑。由于无污水排放，所以该型真空泵特别适用于化工、医药和食品等行业的真空蒸馏、真空蒸发、真空干燥、真空浓缩、真空浸渍等工艺过程中。

② 高真空泵

a. 滑阀式真空泵　广泛应用于真空拉晶、真空镀膜、真空冶金、真空热处理、真空浸渍、真空干燥、真空蒸馏、真空练泥、航空航天模拟试验等新材料、新技术、新工艺的生产与研制中。

滑阀真空泵可单独使用，也可作为罗茨真空泵、油增压泵、油扩散泵的前级泵使用。当抽吸对黑色金属有腐蚀、对真空油起化学反应、含大量蒸汽、大量粉尘的气体时，需附加装置。优点：相比旋片式真空泵耐用性要高好几倍，且抽气速率大，价格相对略高。

该泵是用于抽除密闭容器的气体的基本设备之一。它可以单独使用，也可作为增压泵、扩散泵、分子泵的前级泵使用。该型泵广泛应用于冶金、机械、电子、化工、石油、医药等行业的真空冶炼、真空镀膜、真空热处理、真空干燥等工艺过程中。

b. 旋片式真空泵　具有结构紧凑、体积小、重量轻、噪声低、振动小等优点。所以，它适用于作扩散泵的前级泵，而且更适用于精密仪器配套和实验室使用。例如质谱仪器、冰箱流水线、真空冷冻干燥机等。

c. 罗茨真空泵　它是一种旋转式变容真空泵，须有前级泵配合方可使用在较宽的压力范围内，有较大的抽速，对被抽除气体中含有灰尘和水蒸气不

表 27-39 真空系统抽气速率 S_e 的计算方法

系统名称	计算步骤	公式或图表	说明
连续操作系统	①计算真空系统的总漏气量 Q_s	按 4.1.2 小节的相关内容估算	Q—总抽出气体量,kg/h; Q_1—真空系统工作过程中产生的气体量,kg/h; Q_2—真空系统的放气量,kg/h; Q_3—真空系统总泄漏量,kg/h; R—通用气体常数,$R=8.31$kJ/(kmol·K); T_s—抽出气体的温度,℃; p_s—真空系统的工作压力,kPa(表压); M—抽出气体的平均分子量; S_e—真空系统的抽气速率,m³/h; V—真空系统(设备和管道)的容积,m³; t—系统要求的抽气时间,min; p_1—系统初始压力,kPa(表压); p_2—系统抽气终了压力(t 时间后),kPa(表压)
	②计算总抽出气体量 Q	$Q=Q_1+Q_2+Q_3$	
	③计算 S_e	$S_e=\frac{QR(273+T_s)}{p_sM}$	
间歇操作系统	S_e	$S_e=138\frac{V}{t}\lg\frac{p_1}{p_2}$	

敏感。广泛用于冶金、化工、食品、电子镀膜等行业。主要用于真空机组的主泵,需要用前级泵辅助,如水环式真空泵、滑阀真空泵、立式无油真空泵、分子真空泵等。国内最大罗茨真空泵保持纪录为 20000L/s。

(2) 真空泵的工作压力范围

真空泵的工作压力范围见表 27-38。

4.1.4 真空泵的选用

① 根据真空系统的真空度和泵进口管道的压降,确定泵吸入口处的真空度(绝压)。

② 按表 27-39 确定真空系统的抽气速率 S_e。

③ 将 S_e 换算成泵厂样本规定条件下的抽气速率 S'_e。

a. 对于液环真空泵,泵厂样本的标准进气温度是 20℃,进水温度是 15℃。其 S'_e 按式(27-37)计算。

$$S'_e=\frac{S_e}{k_1k_2} \tag{27-37}$$

式中 k_1,k_2——工作水温度、气体温度的不同引起的修正,可按式(27-38)~式(27-40)计算。

单级液环真空泵

$$k_1=\frac{p_s(0.27\ln p_s+0.543)-1.05p_v}{p_s(0.27\ln p_s+0.543)-1.05[p_v]} \tag{27-38}$$

双级液环真空泵

$$k_1=\frac{p_s(0.35\ln p_s+0.706)-p_v}{p_s(0.27\ln p_s+0.543)-[p_v]} \tag{27-39}$$

$$k_2=1+\frac{0.66(T_s-20)}{273+T_w} \tag{27-40}$$

式中 p_s——泵进气压力,kPa;

T_s——泵进气温度,℃;

T_w——泵进水温度,℃;

p_v——T_w 下的汽化压力,kPa;

p_s——泵进气压力,kPa。

b. 对于其他类真空泵,一般泵厂样本的标准进气温度也是 20℃,S'_e可按式(27-41)计算。

$$S'_e=\frac{S_e(273+[T_s])}{273+T_s} \tag{27-41}$$

式中 T_s——泵进气温度,℃;

$[T_s]$——泵标准进气温度。

④ 根据抽气速率和真空度要求,按表 27-38 选择真空泵的类型。

要求真空泵的抽气速率 S 满足式(27-42)的条件。

$$S>(20\%\sim30\%)S'_e \tag{27-42}$$

例 4 某发酵装置需选用液环真空泵一台,参数如下:真空装置容积 50m³,密封长度 30m,压力 20kPa,温度 30℃,来自工艺系统的空气为 60kg,泵设计进水温度 30℃。

解 (1) 根据密封长度、真空容积确定真空系统总漏气量 Q_3。

a. 根据密封长度估算泄漏量

假设装置密封情况正常,取 $k=0.2$kg/(h·m)$^{-1}$。

$$Q_3=30\times0.2=6\ (\text{kg/h})$$

b. 根据真空容积估算泄漏量

查表 27-36,$Q_3=5\sim10$kg/h。

确定 $Q_3=8$kg/h。

(2) 计算总抽气量 Q。

$$Q=Q_1+Q_2+Q_3=60+8=68\ (\text{kg/h})$$

(3) 计算抽气速率 S_e。

空气的分子量 $M=28.96$。

$$S_e=\frac{QR(273+T_s)}{p_sM}$$

$$=\frac{68\times 8.31\times(273+30)}{20\times 28.96}=295.6\ (\mathrm{m^3/h})$$

(4) 将 S_e 换算成泵厂样本规定条件下的抽气速率 S_e'。

$$k_1=\frac{p_s(0.27\ln p_s+0.543)-1.05p_v}{p_s(0.27\ln p_s+0.543)-1.05[p_v]}$$

$$=\frac{20(0.27\ln 20+0.543)-1.05\times 4.243}{20(0.27\ln 20+0.543)-1.05\times 1.704}=0.73$$

$$k_2=1+\frac{0.66\times(T_s-20)}{273+T_w}=1+\frac{0.66\times(30-20)}{273+30}=1.022$$

$$S_e'=\frac{S_e}{k_1k_2}=\frac{295.6}{0.73\times 1.022}=396.3\ (\mathrm{m^3/h})$$

(5) 根据抽气速率和真空度要求，拟选用佛山水泵有限公司的 2BE1 153-0 液环真空泵，泵转速 1620r/min，电动机功率 18.5kW。其抽气速率在 20kPa 下，$S=9.22\mathrm{m^3/min}=553.2\mathrm{m^3/h}$。

$$\frac{S}{S_e}=\frac{553.2}{396.3}=1.396$$

能满足工艺条件。

4.2 真空泵的类型和参数范围

(1) W 型往复式真空泵

W 型往复式真空泵是获得粗真空的主要设备之一。用于从密闭容器中或反应锅中抽除空气与其他气体，不适用于抽除腐蚀性的气体或者带有硬颗粒灰粉的气体。W 型真空泵具有体积小、维修简单、阀片寿命较长等优点，适宜在较高压强范围内使用，极限真空为 2000Pa 左右。

(2) 旋片式真空泵

① 2X 型旋片式真空泵　2X 型旋片式真空泵为双级结构容积式真空泵，由偏心安装的带有旋片的转子高速旋转，使泵腔的容积不断变化而完成抽气作用。该泵装有气镇阀，当被抽气体中含有少量水蒸气时，开启气镇阀向泵的排气腔注入空气，水蒸气可以和空气一起排出，不致在泵中凝结成水，被油乳化。2X 型旋真空泵可以单独作为主泵使用，也可作为填压泵、扩散泵和分子泵的前级泵使用。

2X 型旋片式真空泵的工作原理如图 27-65 所示。转子 3 及 7 与高真空室 1 及低真空室 6 相切，转子 3 及 7 沿箭头方向旋转，带动转子槽内滑动的转片旋转，由于弹簧 8 及离心力的作用，转片外端紧贴高低真空室的内表面滑动，把转子与高低真空室所形成的月洼形空间从进气嘴 2 到排气阀门 5 和从过气管 4 到排气阀门 9 之间分隔开来，形成两个或三个容积，并且周期性地变化。当在图示旋片式真空泵位置继续旋转时 A 及 C 容积逐渐增大，被抽容积气体通过气嘴进入泵内，同时 B 及 D 容积逐渐减少，压力升高，随后冲开排气阀门 5 及 9，将气体排出真空室外，气体经过油面而排入大气之中，因为油是淹住排气门的，故能防止气体返回真空室。当抽气压强较高时，高低真空室的阀门都排气，相当于单级泵，当真空度较高时，全部气体进入真空室，再由排气阀门 9 排出，此时二级串联即进入双级泵工作。

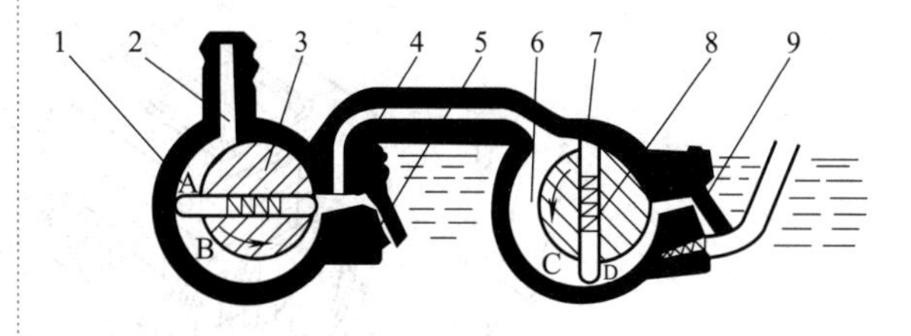

图 27-65　2X 型旋片式真空泵的工作原理

如被抽除的气体中含有较高压力的气体时，当气体受到压缩后，由于其蒸汽的分压强超过此蒸汽在该温度下的饱和压强，此时蒸汽被压缩成为液体，无法排出而混在真空油内，使泵的性能大大降低。如果掺入适量的空气，使蒸汽在受到压缩时，其分压强低于该温度下的饱和压强，则蒸汽在变成液体前就能被排出泵外，故本系列 2X-4 以上的旋片式真空泵都装有能放入一定量气体的掺气阀。

2X 型旋片式真空泵的结构特征如图 27-66 所示。

② 2XZ 型旋片式真空泵　2XZ 型旋片式真空泵为双级直联结构，其抽气原理与 2X 型旋片式真空泵相同。该泵有体积小、重量轻、噪声低、启动和移动方便等优点，适宜于实验室使用。2XZ 型真空泵可单独使用，也可作为增压泵、扩散泵和分子泵的前级泵、维持泵等。该泵不适用于腐蚀性气体及含颗粒灰粉的气体。

③ 2BE1 型水环真空泵　2BE1 型水环真空泵是引进西门子公司技术开发的节能产品。通常用于抽吸不含固体颗粒、不溶于水、无腐蚀性的气体。通过改变结构材料，也可用于抽吸腐蚀性气体或以腐蚀性液体作工作液（图 27-67）。

5 泵的采购

5.1 泵的采购程序

工程项目中，泵的采购程序通常由下列各步骤组成。

(1) 编制询价文件

编制询价文件，分技术和商务两部分。

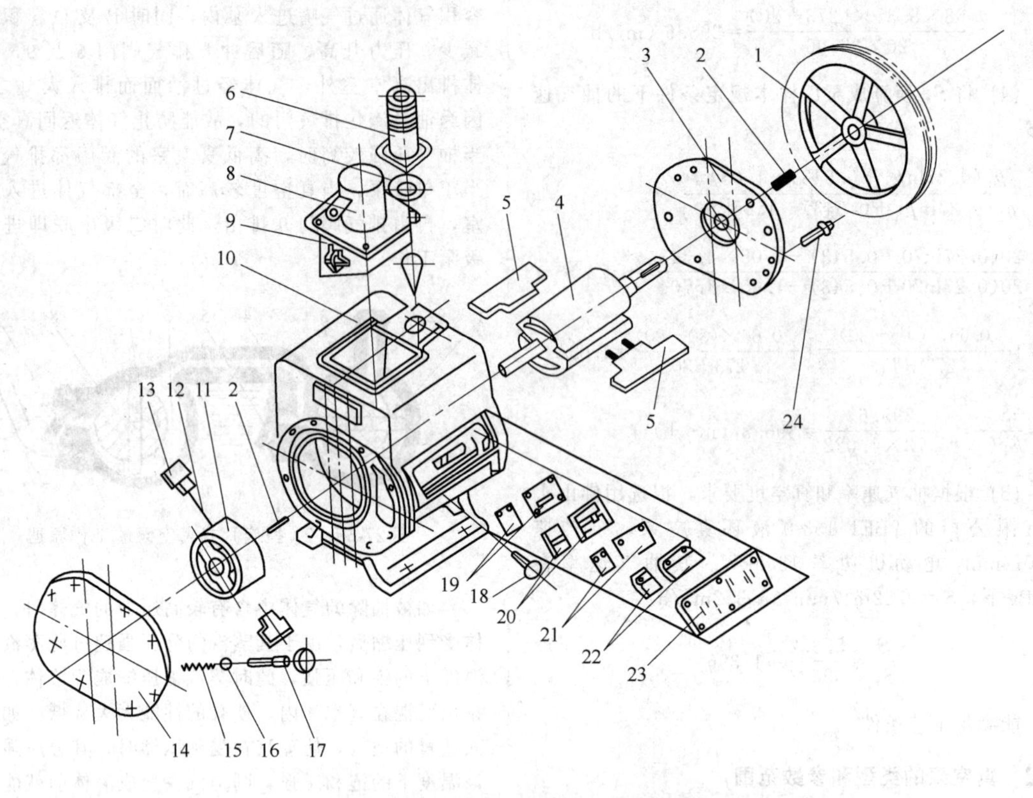

图 27-66 2X 型旋片式真空泵的结构特征

1—皮带轮；2—键；3—前端板；4—高转子；5—高转片；6—排气嘴；7—密封圈；8—排气罩；9—过滤网；10—泵体；11—低转子；12,15—弹簧；13—低转片；14—后端板；16—钢珠；17—手柄；18—放油塞；19—垫片；20—阀座；21—阀片；22—挡板；23—油盖；24—定位销

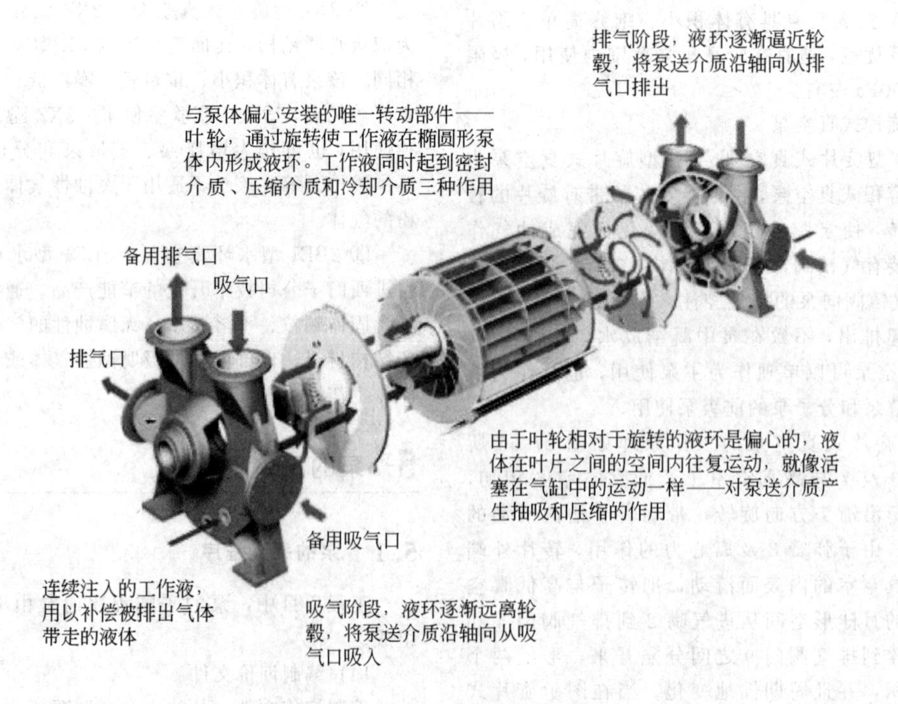

图 27-67 2BE1 系列液环泵的工作原理

① 工程技术规定 泵工程技术规定通常应包含以下内容。

a. 设计要求 包括泵的选型原则，对泵壳、叶轮、轴及轴套、密封的设计、制造上的最低限度要求，对驱动机、联轴器的选配要求，对底座及辅助接管（包括放空、排净、冲洗及冷却水管等）的要求，对所选用材料方面的特别要求和出厂铭牌的要求等。

b. 试验与检验要求 包括试验与检验的原则，所采用的标准规范，试验的偏差范围及修正方法等。

c. 泵性能保证值的允许偏差 如果在工程合同中规定所选用的泵应符合某特定标准（如 SH、GB、API 或 ASME 等）时，应在“工程技术规定”中对该特定标准有关的条款作必要的说明。

② 设备采购书应包括的内容

a. 供货范围。

b. 供货状态及机组分界线的划定。

c. 备品备件清单。

d. 试验和检验项目要求。

e. 产品应遵守的规范。

f. 对厂商图纸资料的要求，包括应提交资料的种类和提交时间等。

g. 推荐的分供货商清单。

h. 技术协议会要求。

i. 现场技术服务要求。

③ 数据表 详细内容见本章 5.2 小节。表中各项工艺参数、泵的主要零部件材料、轴封形式、冷却冲洗方式和对制造厂的特殊要求等均应填写清楚。

④ 商务条款

a. 投标邀请书，包括买方的主要信息，如设备全称，所需设备的使用场合和数量，以及投标地址和截止时间等。

b. 投标者须知，主要包括对投标文件的要求、投标形式、语言和评标原则等。

c. 合同基本条款，包括付款形式、交货地点、包装、运输、保险等一系列商务方面的说明与解释。

(2) 审查厂商报价

收到报价后，应确认厂商报价文件是否完整，是否符合询价书的要求。除了泵的性能必须符合数据表中的规定外，厂商的报价文件还应遵守“泵工程技术规定”及“询价文件”中的各项条款。厂商对上述两文件中的条款如有异议，可在报价文件中提出偏离修正表，供买方确认。厂商还应对“询价文件”中规定的产品须遵守的一系列相关规范提出偏离修正表。如果厂商在报价文件中没有提出任何偏离修正表，买方可认为厂商确认所报价产品完全符合询价文件的各项要求。

如果报价文件不完整，文件中有不明确的条款或者买方对厂商偏离修正表中的条款有异议时，应及时与厂商联系，详细指明其报价文件中不符合报价文件要求的条款，并要求对其报价文件进行补充、澄清及修正，厂商对此应做出明确答复。如果厂商不及时回复，可认为该厂商已自动放弃该项报价。

(3) 厂商报价评比及编制评比意见书

① 厂商报价评比 各厂商的报价经初步审查后，即应进行技术评比，并填写厂商报价技术评比表。评比表将不同厂商对同一位号泵的报价参数列在一个表格内，能直观显示各报价技术参数是否合乎询价要求，如果某些参数在报价文件中没有明确给出，应及时要求厂商补充提供。

在评比过程中，如果需要，可以召集厂商开协调会议，要求他们对报价文件做进一步的说明、澄清和补充。

② 编制评比意见书 包括以下内容：询价厂商名、报价厂商名、放弃报价的厂商名、各报价厂商的总体概况，即是否符合询价要求，能否满足各项特殊要求和存在的疑问等。

综合上述各项，即可决定各厂商的报价在技术上是否可以接受，再根据价格情况、厂商的信誉及同类产品业绩等，最终决定厂商的取舍。

(4) 发放订单

确定中标厂商后，即可发出订单。全部询价文件、报价文件、评比过程中的来往函件以及厂商会议纪要（如果有的话）等均为订单的组成部分，合同技术附件无需另写，以避免重写时漏项，订单中另写明成交价即可。

泵的采购工作通常由技术部门的机泵专业人员与采购部共同协作完成。机泵专业人员的责任是，编制全部技术文件，审查并评比厂商的报价文件，填写报价技术评比表和评比意见书，向采购部门提出在技术上可以接受的厂商名单，对厂商各阶段提供的图纸和文件进行审查并予以确认。

采购部门的责任通常是编制和审查询价文件中的商务文件，根据机泵组提供的评定意见及技术上可以接受的厂商名单，结合价格、交货进度、运输等条件，会同机泵专业人员，最终确定中标厂商并发出订单。采购部门的责任通常还包括产品的检验和试验、产品的催交及产品验收等工作。

5.2 泵的数据表

5.2.1 离心泵数据表

重载荷离心泵数据表见表 27-40，中、轻载荷离心泵数据表见表 27-41。

5.2.2 转子泵数据表

转子泵数据表见表 27-42。

5.2.3 计量泵数据表

计量泵数据表见表 27-43。

5.2.4 往复泵数据表

往复泵数据表见表 27-44。

5.2.5 无密封离心泵数据表

无密封离心泵数据表见表 27-45。

表 27-40　重载荷离心泵数据表

0

工程号________ 设备位号________
采购单号________
询价书编号________
版次________ 日期________
第____页 共____ 编制________

离心泵(重载荷 API 610)数据表

1 适用于：　○ 询价　○ 采购　○ 供制造用
2 客户________ 地点________ 装置________
3 操作方式________ 需要台数________
4 制造厂________ 型号________ 系列号________
5 注：以下资料的填写由　○ 买方　□ 制造厂　○ 由制造厂或买方
6 ○ 数据表

7–8	位号	附上	位号	附上	位号	附上	修改版次 编号	日期	修改者
9 泵		○		○		○	1		
10 电动机		○		○		○	2		
11 齿轮箱		○		○		○	3		
12 透平		○		○		○	4		

13 ○ 操作条件
14 流量，正常____(m³/h)　额定____(m³/h)
15 其它________
16 吸入压力最大/额定____/____(MPa，表压)
17 排出压力________(MPa，表压)
18 压差________(MPa)
19 扬程____(m)　有效汽蚀余量____(m)
20 工况变化________
21 起动工况________
22 操作方式：○ 连续　○ 间歇(启动次数/天)____
23 ○ 要求并联操作
24 ○ 现场数据
25
26 安装位置：
27 ○ 室内　○ 采暖　○ 室外　○ 无采暖
28 ○ 电气危险区域等级　级____组____区域____
29 ○ 要求防冻　○ 要求适应湿热气候
30 现场数据
31 ○ 海拔____(m)　大气压____(kPa)
32 ○ 环境温度范围：最低/最高____/____(℃)
33
34 ○相对湿度：最低/最高____/____(%)
35 异常条件：　○ 粉尘　○ 化学气体
36 ○ 其他________
37 ○ 驱动机类型
38
39 ○ 感应电动机　○ 汽轮机　○ 齿轮箱
40 ○ 其他________
41 ○电动机
42
43 ○制造厂________
44 □____(kW)　□____(r/min)
45 □机座____　○防护等级________
46 ○卧式　○立式　○服务系数____
47 ○电压(V)/相(ph)/频率(Hz)____/____/____
48 ○型号________
49 ○最小启动电压________
50 ○绝缘等级________　○温升________
51 ○满载电流(A)________
52 ○堵转电流(A)________
53 ○启动方式________
54 ○润滑________
55 轴承(型号/数量)：
56 □径向____/____
57 □推力____/____
58 □垂直推力能力
59 向上____(N)　向下____(N)
60

○ 流体
流体特征或名称________
○ 危险的　○ 易燃的　○

	最小	正常	最大
泵送温度(℃)			
蒸汽压(MPa)			
相对密度			
黏度(mPa·s)			

比热容 c_p________[kJ/(kg·K)]
○ 氯化物浓度________(mg/kg)
○ H_2S 浓度________(mol)　湿
腐蚀/腐蚀剂________

材料
○附录 D 中的材料等级________
○最低设计金属温度________(℃)
○要求降低材料硬度________
□筒体/壳体________叶轮________
□壳体/叶轮耐磨环________
□轴________
□导流壳________

○性能
报价的性能曲线号________□________(r/min)
□叶轮直径　额定____最大____最小____(mm)
□叶轮形式________
□额定功率____(kW)　效率____(%)
□最小连续流量：
热控的____(m³/h)　稳定的____(m³/h)
□优先工作区____至____(m³/h)
□允许工作区____至____(m³/h)
□额定叶轮的最大扬程________(m)
□额定叶轮的最大功率________(kW)
□额定流量时的必需汽蚀余量________(m)
○最大汽蚀比转速：________
○要求的最大声压级________(dB,A)
○预期的最大声压级________(dB,A)
○预期的最大声功率级________(dB,A)

○公用工程条件

电：	电压/V	相	频率/Hz
驱动机			
加热器			
系统电压压降	○ 80%	○ 其他	

	最高压力	最高温度	最低压力	最低温度
蒸汽：				
驱动机				
加热器				

冷却水：　来源________
供水温度____(℃)　最大回水温度____(℃)
正常压力____(MPa)　设计压力____(MPa)
最小回水压力____MPa　最大允许设计压力____(MPa)
氯化物浓度：________(mg/kg)

续表

0	工程号 ________ 设备位号 ________ 采购单号 ________ 询价书编号 ________ 版次 ________ 日期 ________ 第 ____ 页 共 ____ 编制 ________
离心泵(重载荷 API 610) 数据表	
1	备注
2	
3	
4	
5	
6	
7	
8	
9	
10	
11	
12	
13	
14	
15	
16	
17	
18	
19	
20	
21	
22	
23	
24	
25	
26	
27	
28	
29	
30	
31	
32	
33	
34	
35	
36	
37	
38	
39	
40	
41	
42	
43	
44	
45	
46	
47	
48	
49	
50	
51	
52	
53	
54	
55	
56	
57	
58	
59	

续表

0	工程号＿＿＿＿ 设备位号＿＿＿＿ 采购单号＿＿＿＿ 询价书编号＿＿＿＿ 版次＿＿＿＿ 日期＿＿＿＿ 第＿＿＿＿页 共＿＿＿＿ 编制＿＿＿＿
离心泵(重载荷)数据表 **单级悬臂式(OH型)**	

行	结构	表面处理及喷漆
1		
2	转向：　(从联轴器端看)　□顺时针　□逆时针	○制造厂标准　○其他(见下文)
3	泵形式：	○规范号＿＿＿＿
4	□OH2　□OH3　□OH6　□其他＿＿＿＿ 壳体安装	泵：
5	方式：	○底漆＿＿＿＿
6	□中心线　□管道　□其他＿＿＿＿	○表面涂层＿＿＿＿
7	壳体形式：	底座：
8	□单涡壳式　□双蜗壳式　□导流壳式	○底漆＿＿＿＿
9	壳体的额定压力：	○表面涂层＿＿＿＿
10	○OH6型泵吸入段按最大允许工作压力设计	○起吊装置的详细资料
11	□最大允许工作压力＿＿＿＿(MPa)	＿＿＿＿
12	@＿＿＿＿℃	储运：
13	□水压试验压力＿＿＿＿(MPa)	○国内　○出口　○出口装箱要求
14	□主要管口连接	○户外存放6个月以上
15		备用转子组件包装，用于：
16		○水平存放　○垂直存放
17		○发运准备形式＿＿＿＿
18		加热和冷却

	尺寸	法兰等级	密封面	位置
吸入口				
排出口				

辅助接头：

	数量	尺寸	类型
□排净口			
□放空口			
□加热口			

行	结构	加热和冷却 / 轴承和润滑 / 仪表 / 质量(kg)
19	辅助接头：	○要求加热套
20		□要求冷却
21	□排净口	□冷却水管路的平面布置图＿＿＿＿
22	□放空口	冷却水管路
23	□加热口	□pipe管　□tubing管　管配件＿＿＿＿
24	□机加工和双头螺柱的连接接头	冷却水管路材料
25	○要求圆柱管螺纹	□不锈钢　□碳钢　□镀锌
26	转子：	冷却水要求：
27	○部件进行ISO 1940-1 G1级动平衡	□轴承箱＿＿＿＿(m^3/h)
28	联轴器：	换热器＿＿＿＿(m^3/h)
29	○制造厂＿＿＿＿ □形式＿＿＿＿	冷却水用量总计＿＿＿＿(m^3/h)
30	□额定(kW每100r/min)	热介质　○蒸汽　○其他
31	□加长段长度＿＿＿＿(mm)　□服务系数＿＿＿＿	换热管　○tubing管　○pipe管
32	○联轴器平衡符合ISO 1994-1 G6.3级的要求	轴承和润滑
33	○专用的加紧装置	轴承(形式/数量)：
34	○联轴器应符合ISO 14691的规定	□径向轴承＿＿＿＿/＿＿＿＿
35	○联轴器应符合ISO 10441的规定	□推力轴承＿＿＿＿/＿＿＿＿
36	○联轴器应符合API 671的规定　○ASME B15.1	润滑：
37	○无火花联轴器护罩	□脂润滑　□油润滑
38	○联轴器护罩标准＿＿＿＿	○吹洗油雾润滑　○完全油雾润滑
39	底座：	○恒液位油杯：
40	□API底座号＿＿＿＿(附录D)	□ISO级油黏度
41	○无灌浆结构	仪表
42	○其他＿＿＿＿	○加速度计
43	机械密封：	○仅提供安装用的接口(螺纹)
44	○见所附的ISO 21049/API 682的数据表	○要求放置振动仪表处加工有平坦的表面
45		○温度计(配有热电偶套管)＿＿＿＿
46		○压力表形式＿＿＿＿
47		＿＿＿＿
48		备注：＿＿＿＿
49		质量(kg)
50		
51		泵＿＿＿＿
52		底座＿＿＿＿
53		驱动机＿＿＿＿
54		
55		总重＿＿＿＿

续表

0	工程号 ________ 设备位号 ________
离心泵(重载荷)数据表 单级悬臂式(OH 型)	采购单号 ________ 询价书编号 ________ 版次 ________ 日期 ________ 第 ____ 页 共 ____ 编制 ________

1 2 3 4 5 6 7 8 9 10 11 12 13 14 15 16 17 18 19 20 21 22 23 24 25 26 27 28 29 30 31 32 33 34 35 36 37 38 39 40 41 42 43

备件

○启动　　○正常的维护

○

买方的其他要求

○要求召开协调会
○最大排出压力涵盖以下工况
　○最大相对密度
　○最大叶轮直径和/或级数
　○运行到脱扣转速
○OH3 轴承箱吊耳
○接头设计方案的确认
☐需要扭转分析
○扭转分析报告
○进度报告
○选择性试验程序提纲
○要求存放 20 年的附加资料

管道及附件

汇总管道至单一的接口
　☐放空口　☐排净口　☐冷却水口
☐机械密封隔离液/缓冲液储罐安装在泵底座外
☐要求法兰代替承插焊接头
☐报价包括已安装的业绩清单
螺栓连接接头
　○聚四氟乙烯涂层　　○ASTM A153 镀锌
　○涂漆　　○不锈钢

检测与试验

○车间检测
○性能曲线的确认
☐试验时用代用密封
○要求材料合格证部件
　○壳体　○叶轮　○轴
　○其他________
○要求铸件的修复程序确认
☐要求对焊接接头检测
　☐磁粉检测　☐渗透检测
　☐射线检测　☐超声波检测
☐铸件要求检测
　☐磁粉检测　☐渗透检测
　☐射线检测　☐超声波检测
○要求硬度检测　________
○附加的表面检查
　用于________
　方法________

检测和试验(续)

试验	不见证	见证	观察
○水压试验	○	○	○
○性能试验	○	○	○
○发生密封泄漏重新进行试验	○	○	○
○必需汽蚀余量的检测	○	○	○
○轴承座未滤波振动速度峰值	○	○	○
○整机试验	○	○	○
○噪声试验	○	○	○
○装配前清洁度检查	○	○	○
○管口负载试验	○	○	○
○检查安装垫是否共面	○	○	○
○机械运转到油温稳定	○	○	○
○油温稳定后,进行 4h 机械运转试验	○	○	○
○4h 的机械运转试验	○	○	○
○轴承箱共振试验	○	○	○
○辅助设备试验	○	○	○
☐冲击试验	○	○	○
○符合 EN 13445 的规定			
○符合 ASME Ⅷ的规定			
○________	○	○	○

○卖方应保留修复和热处理的记录
○卖方提供试验的程序
○卖方在 24h 之内提供试验数据
○包含振动频谱图
○提供核查清单

44	备注
45	
46	
47	
48	
49	
50	
51	
52	
53	
54	
55	
56	
57	
58	
59	

续表

0

工程号________设备位号________
采购单号________
询价书编号________
版次________日期________
第____页 共____编制________

离心泵(重载荷)数据表
两端支承式(BB型)

结构

1 结构
2
3 转向：　从联轴器端看　□顺时针　□逆时针
4 泵形式：
5 ◙BB1　◙BB2　◙BB3　◙BB5
6 壳体安装方式：
7 □中心线　□靠近中心线
8 □底脚
9 壳体剖分形式：
10 ◙轴向　◙径向
11 壳体形式：
12 □单蜗壳式　□双蜗壳式　□导流壳式
13 □两端支承式　◙筒式
14 壳体额定压力：
15 □最大允许工作压力________(MPa)
16 @________(℃)
17 □水压试验压力________(MPa)
18 ○吸入部位设计成
19 最大允许工作压力
20 □主要管口连接：
21

	尺寸	法兰等级	密封面	位置
吸入口				
排出口				
平衡鼓				

26 辅助接头：

	数量	尺寸	类型
◙排净口			
◙放空口			
◙压力计口			
◙温度计口			
◙加热口			
◙平衡/泄放口			

34 ◙机加工和双头螺柱的连接接头
35 ○要求圆柱管螺纹
36 转子：
37 ○部件进行 ISO 1994 G1.0 级动平衡
38 ○热套配合，以限制叶轮移动
39 联轴器：
40 ○制造厂________◙形式________
41 □额定(kW 每 100r/min)________
42 ◙加长段长度________(mm)　◙服务系数________
43 驱动机半联轴器的安装由：
44 ○泵厂　○驱动机厂　○买方
45 ○联轴器用液压方法安装
46 ○联轴器的平衡符合 ISO 1994-1 G6.3 级的要求
47 ○联轴器符合 ISO 14691 的规定
48 ○联轴器符合 ISO 10441 的规定
49 ○联轴器符合 API 671 的规定
50 ○无火花联轴器护罩
51 ○联轴器护罩标准________
52 底座：
53 □API 底座号________
54 ○无灌浆结构
55 ○其他________
56 机械密封：
57 ○见 ISO 21049/API 682 的数据表
58
59

表面处理及喷漆

○制造厂标准　○其他
○规范号________
泵：
○泵的表面处理________
○底漆________
○表面涂层________
底座：
○底座的表面处理________
○底漆________
○表面涂层________
○起吊装置的详细资料________
储运：
○国内　○出口　○出口装箱要求
○户外存放6个月以上
备用转子的组件包装，用于
○运输包装箱　○垂直存放
○发运准备形式　○氮气保护

加热及冷却

○要求加热套　◙要求冷却
◙冷却水管路的平面布置图________
冷却水管路
◙pipe 管　◙tubing 管　管配件________
冷却水管路材料
◙不锈钢　◙碳钢　◙镀锌
冷却水要求
□轴承箱________(m^3/h)　@________(MPa)
□换热器________(m^3/h)　@________(MPa)
蒸汽管路：○tubing 管　○pipe 管

轴承和润滑

轴承(类型/数量)：
□径向轴承________/________
□推力轴承________/________
润滑：
◙油环　◙液压　○吹洗油雾润滑　○完全油雾润滑
○恒液位油杯
○强制润滑系统符合　○ISO 10438-3　○ISO 10438-2
◙ISO 级油黏度
○油压高于冷却液的压力
○审查和确定推力轴承的尺寸
◙要求油加热器　○蒸汽　○电

仪表

○见附上的 API 670 数据表
○加速度计________
○提供振动探头
○径向____每个轴承　○轴向____每个轴承
○仅提供安装用的接口(螺纹)
○要求放置振动仪表处加工有平坦的表面
○径向轴承的金属温度　○推力轴承的金属温度
○温度计(配有热电偶套管)________
○监视器和电缆的提供由________
备注：________
____

质量(kg)

泵________底座________
驱动机________总重________
齿轮________

续表

0	工程号＿＿＿＿ 设备位号＿＿＿＿ 采购单号＿＿＿＿ 询价书编号＿＿＿＿ 版次＿＿＿＿ 日期＿＿＿＿ 第＿＿页 共＿＿编制＿＿＿＿

离心泵(重载荷)数据表
两端支承式(BB 型)

1	备件
2	○启动　　○正常维护
3	○指定＿＿＿＿＿＿＿＿
4	买方的其他要求
5	
6	○要求召开协调会
7	○最大排出压力涵盖以下工况
8	○最大相对密度
9	○最大叶轮直径和/或级数
10	○运行到脱扣转速
11	○接头设计方案的确认
12	○储存期间允许惰性气体的保护-备用集装式
13	□要求扭转分析
14	○扭转分析报告
15	○进度报告
16	○选择性试验程序提纲
17	○要求存放 20 年的附加资料
18	□要求横向分析
19	□动平衡报告
20	汇总管道至单一的接口
21	□放空口　□排净口　□冷却水口
22	□机械密封隔离液/缓冲液储罐安装在泵底座外
23	□要求法兰代替承插焊接头
24	□报价包括已安装的业绩清单
25	螺栓连接接头
26	○聚四氟乙烯涂层　○ASTM A153 镀锌
27	○涂漆　○不锈钢
28	检测与试验
29	
30	○车间检测
31	○性能曲线的确认
32	□试验时用代用密封
33	○要求材料合格证的部件
34	○壳体　○叶轮　○轴
35	○其他＿＿＿＿＿＿＿＿
36	○要求铸件修复程序的确认
37	□要求对焊接接头检测
38	□磁粉检测　□渗透检测
39	□射线检测　□超声波检测
40	□铸件要求检测
41	□磁粉检测　□渗透检测
42	□射线检测　□超声波检测
43	○要求硬度检测＿＿＿＿
44	○附加的表面检测
45	用于＿＿＿＿＿＿＿＿
46	方法＿＿＿＿＿＿＿＿

检测和试验(续)

试验	不见证	见证	观察
○水压试验	○	○	○
○性能试验	○	○	○
○发生密封泄漏重新进行试验	○	○	○
○必需汽蚀余量的检测	○	○	○
○在最终的扬程调整之后要求重新试验	○	○	○
○整机试验	○	○	○
○噪声试验	○	○	○
○装配前清洁度检查	○	○	○
○管道负载试验	○	○	○
○检查安装垫是否共面	○	○	○
○机械运转到油温稳定	○	○	○
○油温稳定后，进行 4h 的机械运转试验	○	○	○
○4h 的机械运转试验	○	○	○
○轴承箱共振试验	○	○	○
○轴承座未滤波振动速度峰值	○	○	○
○拆卸/检查流体动压轴承，并在性能试验后对流体动压轴承重新装配	○	○	○
○辅助设备试验	○	○	○
□冲击试验(EN 13445/ASME Ⅷ)	○	○	○
○＿＿＿＿＿＿	○	○	○
○＿＿＿＿＿＿	○	○	○
○＿＿＿＿＿＿	○	○	○

○卖方应保留修复和热处理的记录
○卖方应提供试验程序
○卖方在 24h 之内提供试验数据
○包含振动频谱图
○提供核查清单

行	备注
47	
48	
49	
50	
51	
52	
53	
54	
55	
56	
57	
58	
59	

续表

0

工程号 ______ 设备位号 ______
采购单号 ______
询价书编号 ______
版次 ______ 日期 ______
第 ______ 页 共 ______ 编制 ______

离心泵(重载荷)数据表
立式悬吊式(VS型)

1 结构

2

3 转向: (从联轴器端看) □顺时针 □逆时针

4 泵形式:

5 ▨VS1 ▨VS2 ▨VS3 ▨VS4

6 ▨VS5 ▨VS6 ▨VS7

7 壳体安装方式: □油池盖板

8 ▨共轴的 □独立的安装板

9 □独立的基础板

10 壳体剖分形式:

11 ▨轴向 ▨径向

12 壳体形式:

13 □单涡壳式 □双涡壳式 □导流壳式

14 壳体额定压力:

15 □最大允许工作压力 ______ (MPa)

16 @______ (℃)

17 □水压试验压力 ______ (MPa)

18 ○吸入段设计成最大允许工作压力

19 □主要管口连接:

20–24

	尺寸	法兰等级	密封面	位置
吸入口				
排出口				
平衡鼓				

25 辅助接头:

26–30

	数量	尺寸	形式
▨排净口			
▨放空口			
▨加热口			
▨平衡/泄放口			

31 ▨机加工和双头螺柱的连接接头

32 ○要求圆柱管螺纹

33 转子:

34 ○部件进行 ISO 1994 G1.0 级动平衡

35 ○热套配合,以限制叶轮的移动

36 联轴器:

37 ○制造厂 ______ ▨形式 ______

38 □额定(kW 每 100r/min) ______

39

40 ▨加长段长度 ______ (mm) ▨服务系数 ______

41 ▨刚性

42 刚性驱动机半联轴器:

43 ○制造厂 ______ ▨形式 ______

44 □额定(kW 每 100r/min) ○润滑 ______

45 ▨加长段长度 ______ (mm) ▨服务系数 ______

46 ▨刚性

47 驱动机半联轴器的安装由:

48 ○泵厂 ○驱动机厂 ○买方

49 ○联轴器的平衡符合 ISO 1994-1 G6.3 级的要求

50 ○联轴器符合 ISO 14691 的规定

51 ○联轴器符合 ISO 10441 的规定

52 ○联轴器符合 API 671 的规定

53 ○无火花联轴器护罩

54 ○联轴器护罩标准 ______

55 机械密封:

56 ○见附上的 ISO 21049/API 682 数据表

57

表面处理及喷漆

○制造厂标准 ○其他

泵:

○泵的表面处理 ______

○底漆 ______

○表面涂层 ______

底座/排液管:

○底座的表面处理 ______

○底漆 ______

○表面涂层 ______

储运:

○国内 ○出口 ○出口装箱要求

○户外存放超过 6 个月

备用转子组件包装用于:

○水平存放 ○垂直存放

○发运准备形式 ______

加热及冷却

○要求加热夹套 ▨要求冷却

▨冷却水管路的平面布置图 ______

冷却水管路:

▨ pipe 管 ▨ tubing 管 管配件 ______

冷却水管路材料:

▨不锈钢 ▨碳钢 ▨镀锌

冷却水要求:

□轴承箱 ______ (m^3/h) @______ (MPa)

□换热器 ______ (m^3/h) @______ (MPa)

蒸汽管路: ○tubing 管 ○pipe 管

轴承和润滑

轴承(形式/数量):

□径向轴承 ______/______

□推力轴承 ______/______

润滑:

▨油脂润滑 ▨浸没 ○吹洗油雾润滑

▨甩油环 ○完全油雾润滑

○恒位油杯:

▨ ISO 级油黏度

○审查及确认推力轴承尺寸

▨油加热器的要求: ○蒸汽 ○电

仪表

○加速度计

○仅提供安装用的接口(螺纹)

○要求放置振动仪表处加工有平坦的表面

○压力表的型式

备注: ______

______

质量(kg)

泵 ______

驱动机 ______

齿轮 ______

底座 ______

总重 ______

续表

0	工程号 ______ 设备位号 ______ 采购单号 ______ 询价书编号 ______ 版次 ______ 日期 ______ 第 ____ 页 共 ____ 编制 ______
离心泵(重载荷)数据表 **立式悬吊式(VS 型)**	

1 备件

2 ○启动 ○正常维护

3 ○指定 ______

4 买方的其他要求

5

6 ○要求召开协调会

7 ○最大排出压力涵盖以下工况

8 ○最大相对密度

9 ○最大叶轮直径和/或级数

10 ○运转到脱扣转速

11 ○接头设计方案的确定

12 ○需要扭转分析

13 ○扭转分析报告

14 ○进度报告

15 ○选择性试验程序提纲

16 ○要求存放 20 年的附加资料

17 汇总管路到单一的接头

18 ◙放空口 ◙排净口 ◙冷却水口

19 ◙机械密封隔离液/缓冲液储罐安装在泵底座外

20 ◙要求法兰代替承插焊接头

21 ◙报价包括已安装的业绩清单

22 螺栓连接接头

23 ○聚四氟乙烯涂层 ○ASTM A153 镀锌

24 ○涂漆 ○不锈钢

25 立式泵

26 □泵推力： (+)向上 (−)向下

27 在最小流量时 ______(N)______(N)

28 在额定流量时 ______(N)______(N)

29 最大推力 ______(N)______(N)

30 ◙要求基础板(8.3.8.3.3) ____(m)× ____(m)

31 ○要求独立的安装板(8.3.8.3.1)

32 □基础板的厚度 ______(m)

33 排液管 □法兰连接 □螺纹连接

34 □直径 ____(mm) 长度 ____(mm)

35 导向轴承衬套 □ □

36 □数量 ______

37 □长轴轴承间隙 ______(mm)

38 导向轴承衬套润滑

39 □水 □油 □油脂 □泵送液体

40 长轴 ◙开式 ◙闭式

41 □长轴直径： ______(mm)

42 □tubing 管直径 ______(mm)

43

44 长轴联轴器

45 □总轴直径 □轴套 & 键 □螺纹

46 □吸入端筒体厚度 ______(mm)

47 □长度 ____(m) □直径 ____(m)

48 ○吸入口过滤器形式

49 ○浮子液位计 ○浮子液位开关

50 ○叶轮可以采用夹紧套筒固定

51 ○轴承处装有硬化处理的轴套

立式泵(续)

○泵及其结构的动态分析

○排液管通往地面

检测和试验

○车间检测 ○性能曲线的确认

◙试验时用代用密封

试验	不见证	见证	观察
○碗形导流壳和排液管的水压试验	○	○	○
○水压试验	○	○	○
○性能试验	○	○	○
○发生密封泄漏重新进行试验	○	○	○
○必需汽蚀余量的检测	○	○	○
○整机试验	○	○	○
○噪声试验	○	○	○
○装配前的清洁度检测	○	○	○
○管道负载试验	○	○	○
○机械运转到油温稳定	○	○	○
○油温稳定后，进行 4h 的机械运转试验	○	○	○
○4h 的机械运转试验	○	○	○
○轴承座未滤波振动速度峰值	○	○	○
○共振试验	○	○	○
○辅助设备试验	○	○	○
◙冲击试验	○	○	○

○符合 EN 13445 ○符合 ASME Ⅷ

○卖方保留修复和热处理的记录

○卖方提供试验程序

○卖方在 24h 之内提供试验数据

○包含振动频谱图

○提供核查清单

○记录最终装配的运转间隙

○要求材料合格证的部件

○壳体 ○叶轮 ○轴

○其他 ______

○要求铸件的修复程序确认

◙要求对焊接接头进行检测

◙磁粉检测 ◙渗透检测

◙射线检测 ◙超声波检测

◙要求对铸件进行检测

◙磁粉检测 ◙渗透检测

◙射线检测 ◙超声波检测

○要求硬度检测

○附加的表面检测

用于 ______

方法 ______

51 湿坑的布置

52

53 图解

54 1—地平面；2—低液位；3—排出口中心线；L_1—湿坑深度；L_2—泵长；

55 L_3—排出口中心线高度；L_4—地平面与低液位的高度差；L_5—第一级

56 叶轮的基准高度；L_6—需要浸没的高度；Φ_d—泵坑的直径

57 以上定义参照美国水力协会标准

58 ○L_1 ____ m ○Φ_d ____ m ○L_4 ____ m

59 □L_2 ____ m □L_6 ____ m □L_3 ____ m □L_5 ____ m

3 2 1 L_2 L_4 L_6 L_1 L_2 L_3 Φ_d

续表

0		工程号______设备位号______ 采购单号______ 询价书编号______ 版次______日期______ 第______页 共______编制______		
	离心泵 参考文献目录			
1	适用于： ○询价 ○采购 ○供制造用			
2	客户______ 地点______ 装置______			
3	操作方式______ 型号______ 需要台数______			
4	制造厂______ 系列号______			
5	注:以下资料的填写由 ○买方 □制造厂 ◯由制造厂或买方			
6				
7	压力容器设计规范参考文献			
8	□由制造厂列出这些参考文献			
9	设计中的铸件系数	□		
10	材料特性来源	□		
11				
12	焊接与修复			
13	买方必须列出这些参考目录(如果买方没有列出,则默认 API 610 中表 10 的适用规范或标准)			
14	○焊接规范和标准的替代			
15	焊接要求(适用的规范或标准)	买方-规定	默认表 10	
16	焊工/操作员的作业资格	○	○	
17	焊接工艺条件	○	○	
18	非承压构件的焊接(如底板或支架)	○	○	
19	板边缘的磁粉检测或渗透检测	○	○	
20	焊后热处理	○	○	
21	铸件焊缝的焊后热处理	○	○	
22				
23	材料检测			
24	买方必须列出这些参考目录(如果没有列出,则默认 API 610 中表 13 的内容)			
25	○可替代的材料检测和验收标准(见 API 610 中表 13)			
26	检测形式	方法	用于焊接件	用于铸件
27	射线检测	○	○	○
28	超声波检测	○	○	○
29	磁粉检测	○	○	○
30	渗透检测	○	○	○
31	备注			
32				
33				
34				
35				
36				
37				
38				
39				
40				
41				
42				
43				
44				
45				
46				
47				
48				
49				
50				
51				
52				
53				
54				
55				
56				
57				
58				
59				

表 27-41 中、轻载荷离心泵数据表

离心泵(中、轻载荷)数据表	文件号____ 页码 第 1 页 共 2 页 工程号____ 设备位号____ 采购单号____ 技术规范号____ 采购单号____ 询价单号____ 版次____ 日期____ 编制____

1 下列标记适用于 ○询价 ○采购 ○制造
2 客户____ 装置____
3 地点____ 设备名称____
4 需要台数____ 规格____ 形式____ 级数____
5 制造厂____ 泵型号____ 出厂编号____
6 注:○此标记表示该项由买方填写 □此标记表示该项由制造厂填写 ◯此标记表示该项由买方或制造厂填写
7 总则
8
9 泵与____ 电动机台数____ 汽轮机台数____
10 (并联)(串联)运行 泵位号____ 泵位号____
11 齿轮装置位号____ 电动机位号____ 汽轮机位号____
12 齿轮装置供货者____ 电动机供货者____ 汽轮机供货者____
13 齿轮装置安装者____ 电动机安装者____ 汽轮机安装者____
14 齿轮装置数据表编号____ 电动机数据表编号____ 汽轮机数据表编号____

15 操作条件
16 ○流量:最小____ 正常____ 额定____ (m^3/h)
17 ○入口压力:最高____ 额定____ (kPa,表压)
18 ○出口压力____ (kPa,表压)
19 ○压差:____ (kPa)
20 ○扬程:____ (m) $NPSH_a$ ____ (m)
21 ○操作状态 ○连续 ○间断
22 性能
23 预期的性能曲线号____ □转速(r/min)____
24 □叶轮直径:额定____ 最大____ 最小____ (mm)
25 □最大扬程(额定叶轮下):____ (m)
26 □额定功率:____ (kW)效率____ (%)
27 □最大功率(额定叶轮下):____ (kW)
28 □最小连续流量:热控____ 稳定____ (m^3/h)
29 □$NPSH_r$(额定流量下)____ (m)
30 □汽蚀比转速:____
31 结构

管口	口径	法兰压力等级	密封面	位置
入口				
出口				

35 泵体
36 支撑方式 □底脚 □中心线 □近中心线
37 □托架 □立式管道 □立式
38 剖分形式 □径向剖分 □轴向中开
39 耐磨环 □有 □无
40 最大允许工作压力____ 试验压力____ (kPa,表压)
41 叶轮
42 形式 □开式 □半开式 □闭式
43 □单吸 □双吸 □导流壳(导叶)
44 耐磨环 □有 □无
45 支承 □两端支承 □悬臂
46 传动方式 □直联 □三角皮带 □齿轮变速器
47 轴承
48 轴承类型: □径向____ □推力____
49 润滑类型:
50 □油脂 □油浴 □油环
51 □甩油环 □油雾 □强制润滑
泵转向(从联轴器端看) □顺时针 □逆时针

液体

液体的类型或名称____
○泵送温度:正常____ 最高____ 最低____ (℃)
○汽化压力:____ (kPa,表压)@____ (℃)
○相对密度(比重):
正常____ 最大____ 最小____
○比热容 c_p:____ [kJ/(kg·℃)]
○黏度:____ (mPa·s)@____ (℃)
○腐蚀/冲蚀剂:____
○氯离子浓度($\times10^{-6}$):____
○H_2S(硫化氢)浓度($\times10^{-6}$):____

现场条件

位置 ○室内 ○室外
○有采暖 ○无采暖 ○有遮篷
○电气危险场所分类____
○环境温度范围 最大/最小____/____ (℃)
○相对湿度 最大/最小____/____ %

材料

□泵体____ 叶轮____
□轴____ □轴套____
□耐磨环(泵体/叶轮)____
□____
机械密封
□动环____ □静环____
□辅助密封圈____ □弹簧____
□____
填料密封
□填料____ □封液环____
□____

辅助管路

密封冲洗管路
代号____ (按____) 材料____
外冲洗液
○名称____ 温度(℃)____
○压力(kPa,表压)____ □流量(m^3/h)____
急冷液____
辅助冲洗管路方案____

续表

离心泵(中、轻载荷)数据表

文件号______ 页码 第2页 共2页
工程号______ 设备位号______
采购单号______ 技术规范号______
采购单号______ 询价单号______
版次______ 日期______
编制______

行	结构(续)	辅助管路(续)
1	结构(续)	辅助管路(续)
2	联轴器	冷却
3	◎弹性套柱销 ◎膜盘式 ◎膜盘式 ◎中间轴	冷却部位 □密封函 □夹套 □轴承箱
4	夹套	冷却水: ○温度(℃) 进口______出口______
5	◎蒸汽 ◎导热油 ◎冷却水	○压力(kPa,表压):进水______出
6	压力(kPa,表压)______ 温度(℃)______	水______
7	机械密封	□流量(m³/h)______ 材料______
8	○API 682 密封 ○非 API 682 密封	立式泵
9	型号______ 轴套外径______(mm)	○槽深______(mm) ○最低液位______(mm)
10	制造厂______	□最小必需浸深______(mm) □泵底部至底板______(mm)
11	◎单端面 ◎双端面 ◎串联式	□驱动机顶部至底板______(mm)
12	◎非平衡型 ◎平衡型 ◎内装式 ◎外装式	试验和检验
13	◎密封冲洗方案______	试验 要求 见证 观察
14	◎制造厂______	水压试验 ○ ○ ○
15	填料密封	机械运转 ○ ○ ○
16	型号______ 填料圈数______	性能试验 ○ ○ ○
17	◎制造厂______	NPSH 试验 ○ ○ ○
18	□有副叶轮 □无副叶轮	○特殊要求______
19	□______密封 □停车密封	供货范围
20	底座	◎泵 ◎驱动机 ◎联轴器和护罩 ◎底座
21	○泵、驱动机公用 ○泵、驱动机分离	◎皮带轮、皮带和护罩 ◎润滑油系统 ◎地脚螺栓
22	○	◎辅助管路系统 ◎专用工具
23	驱动机	◎随机备件(附清单)
24	○电动机:	◎两年操作备件(附清单)
25	□制造厂______	其他
26	□型号______ 机座号______	质量(kg)
27	□功率(kW)______ 转速(r/min)______	□泵______ □驱动机______ □底座______
28	○电压(V)______ 相______	□传动装置______ □最大维修件______
29	○频率(Hz)______ 使用系数______	□总计______
30	○防护等级______ 绝缘等级______	外形尺寸(mm)
31	○防爆等级______	长______ 宽______ 高______
32	○汽轮机(参见独立的数据表)______	
33	○其他(参见独立的数据表)______	

行	
34	注:______
35	
36	
37	
38	
39	
40	
41	
42	
43	
44	
45	
46	
47	
48	
49	
50	
51	

表 27-42　转子泵数据表

转子泵数据表

（API 676 第 3 版）

第 1 页 共 3 页　　发布日期：

版次	日期	编制	校核	批准	说明

工程号：________　设备位号：________

请购单号：________　定单号：________

1　适用于：　○报价　○采购　◎制造

2　项目名称：________　装置名称：________

3　建设地址：________　设备名称：________

4　○表示由买方填写　□表示由卖方填写　◎表示由买方或卖方填写

5　○泵数量：________　○电动机数量：________　○透平数量：________

6　□泵制造商：________　○泵位号：________　○泵位号：________

7　□尺寸型号：________　○电动机位号：________　○透平位号：________

8　□级数：________　○电动机供货：________　○透平供货：________

9　□出厂编号：________　○电动机安装：________　○透平安装：________

10　○齿轮箱位号：________　○齿轮箱供货：________　○齿轮箱安装：________

11

12　○操作条件　　　　○输送流体

13		最小	正常	额定	最大
14	○流量：(m^3/h)				■
15	○其他工况：(m^3/h)				
16	○排放压力：(kPa，表压)				
17	○吸入压力：(kPa，表压)				
18	○压差：(kPa)				

19　○$NPSH_a$：________(m)

20　○$NPIP_a$：________(kPa，绝压)

21　○$NPSH_a/NPIP_a$ 基准：　○吸入口中心线

22　　○安装基础表面

23　○操作状态：　○连续　○间断

24　最大：指机械设计

○泵送介质的名称或类型

	最小	正常	最大
○温度，(℃)：			
○汽化压力(kPa，绝压)：			
○相对密度：			
○黏度(mPa·s)			

○比热容，[kJ/(kg·℃)]：________

○引起腐蚀/磨蚀的介质：

○磨蚀性介质________　○腐蚀性介质________

○氯离子浓度，($\times10^{-6}$)：________

○H_2S 浓度，($\times10^{-6}$)：________

流体特性：○有毒　○易燃　○其他________

○气体　○夹带　○气液混流　气液比例%：________

○固体　颗粒尺寸及分布情况(μm)：________

○形状　○浓度________　○硬度________

备注：________

25　□泵性能

26　□实际流量，(m^3/h)：________

27　□$NPSH_r/NPIP_r$，(m)：________

28　□额定转速，(r/min)：________

29　□额定容积效率，(%)：________

30　□额定泵效率，(%)：________

31　□最大介质黏度下的轴功率，(kW)：________

32　□限压阀设定压力下的轴功率，(kW)：________

33　□额定功率，(kW)：________

34　□最大允许转速，(r/min)：________

35　备注：________

36

37　□结构

管口	口径	压力等级	密封面	安装方位
吸入口				
排放口				
压盖冲洗口				
排净口①				
放空口①				
夹套				

45　① 管路放空及排净口应接至底座边缘

46　◎泵型

47　◎内啮合齿轮泵　◎双螺杆泵　◎滑片泵　◎凸轮泵

48　◎外啮合齿轮泵　◎三螺杆泵　◎单螺杆泵

49　◎其他：________

50

51

52　备注：________

53–56　________

○现场及公用工程条件

场所：　○室内　○室外

○有采暖　○无采暖　○有顶棚

○防爆区域划分________

○防冻保护要求　○防湿热要求

现场条件：○海拔高度，(m)：________　○大气压，(kPa，绝压)：________

○环境温度范围，最小/最大：____/____(℃)

异常天气：

○尘埃　○烟雾　○盐雾

○其他________

○公用工程条件

电气：	驱动机	电加热器	控制	紧急切断
电压，(V)				
频率，(Hz)				
相数				

冷却水：	进水		回水	设计	最大压降/温降
温度，(℃)：		最大			
压力，(kPa，表压)：		最小			

水源：________

仪表风：　最大　最小

压力(kPa，表压)____　____　露点温度，(℃)：____

○适用标准

API 676 容积式泵-转子泵

○政府法规(如有不同时)

○NACE MR 0103(6.13.2.13)　○NACE MR 0175

○其他________

续表

转子泵数据表	第 2 页 共 3 页					发布日期：
	版次	日期	编制	校核	批准	说明
工程号：______ 设备位号：______ 请购单号：______ 定单号：______						

1	□结构
2	泵壳
3	□最大许用壳体压力，(6.3.1)：____(kPa，表压)@____(℃)
4	□最大允许吸入压力：______(kPa，表压)@____(℃)
5	□水压试验压力-吸入段/吐出段：____/____(kPa，表压)
6	转动元件
7	转子安装方式：□两端支撑式 □悬臂式
8	同步齿轮： □是 □否 □形式：______
9	轴承形式： □径向______ □推力______
10	轴承数量： □径向______ □推力______
11	润滑形式： ○恒油位注油壶
12	○泵送介质 □甩油环 □油雾润滑
13	○强制润滑 ○油浴 ○润滑脂
14	□润滑剂信息(黏度等)______
15	○机械密封
16	□制造商及型号：______
17	□制造标准：______
18	○符合 API 682 及数据表：______
19	○API 682 密封冲洗方案：______
20	□API 682 密封代码：______
21	○驱动机形式
22	○异步电动机 ○汽轮机 ○齿轮箱 ○其他
23	□驱动机构
24	○直连 ○ASD ○其他
25	□联轴器制造商：______
26	□联轴器形式：______
27	□额定(最大)转矩：____(N·m)□型号：______
28	□加长段长度：____(mm) □服务系数：______
29	○联轴器平衡： ○制造商标准 ○AGMA9000 Class 10(7.2.3)
30	○API 671 联轴器(7.2.4)
31	○联轴器轮毂连接方式
32	○直连 ○键连接 ○锥形连接
33	联轴器护罩形式
34	○钢 ○铜 ○非金属 ○其他
35	□无火花型联轴器护罩，(7.2.15)：______
36	□电动机(见电动机数据表)
37	○IEEE841 ○API 541 ○API 546 ○其他
38	○变频器供货方： ○买方 ○电动机供货商
39	□制造商：______ □形式：______
40	□机座号：______ □外壳防护等级：______
41	□卧式 □立式
42	□功率：______(kW)转速：______(r/min)
43	○电压/相数/频率：______服务系数：______
44	○变速范围：______(r/min)
45	○最低启动电压，(7.1.2.2)：______(V)
46	□绝缘等级：______ ○温升：______(℃)
47	□满载电流：______
48	□堵转电流：______
49	□启动方法：______
50	□润滑方式：______
51	轴承(形式/数量)：
52	□径向：______
53	□推力：______
54	
55	
56	

□材料

○最低金属设计温度，(6.13.3.1)：______(℃)
□壳体：______
□定子/衬套：______
□转子：______
□滑片：______
□轴：______
□轴套：______
□压盖：______
□轴承箱：______
□同步齿轮：______
□弹性元件/垫片：______

○质量检查及试验

○特殊材料试验(见设计标准、焊接数据表及检验数据表)
○低温材料试验(6.13.6.5)
○与检验员核查清单一致
○材质证明(由用户指定需提供材质证明的部件)
○表面/内部的无损检测(由用户指定需提供无损检测的部件)
○射线探伤______
○超声波探伤______
○磁粉探伤______
○着色探伤______
○部件的 PMI 检测
○零部件硬度、焊接及热影响区的检查
○卖方提交试验程序，(8.3.1.2)
○供货商保留焊接修补及热处理记录文件，(8.3.1.1)

项目	非见证	见证	观察
○工厂检验，(8.1)	○	○	○
○水压试验，(8.3.2)	○	○	○
带表面活性剂	○	○	○
○性能试验，(8.3.4)	○	○	○
○密封泄漏后的再次试验	○	○	○
○NPSH/NPIP 汽蚀试验，(8.3.7.1)	○	○	○
○实际最大速度数据	○	○	○
○整机试验，(8.3.7.2)	○	○	○
○噪声测试，(8.3.7.3)	○	○	○
○最后组装前的清洁检查，(8.2.3.3)	○	○	○
○在限压阀整定压力下的运转试验，(8.3.7.4)	○	○	○
○安装垫铁表面的平面度检查，(7.4.7)	○	○	○
○油温稳定后 1h 机械运转试验，(8.3.5.1)	○	○	○
○油温稳定后 4h 机械运转试验，(8.3.5.2)	○	○	○
○辅助设备检查，(8.3.4.3)	○	○	○
○其他______	○	○	○

○使用替代密封试验，(8.3.5.3)
○供货商 24h 内提交试验数据
○包括带坐标的振动频谱图
○记录最后组装运行间隙，(8.2.1.1f)
○发运前性能曲线及数据的批准，(8.3.9)

续表

转子泵数据表	第 3 页 共 3 页					发布日期：
	版次	日期	编制	校核	批准	说明
工程号：＿＿＿＿ 设备位号：＿＿＿＿						
请购单号：＿＿＿＿ 定单号：＿＿＿＿						

1 ◎管路及辅助系统

2 与用户连接的各总管

3 ◎放空口　◎排净口　◎蒸汽/冷却水口

4 ○要求加热夹套，(6.3.6)　◎冷却夹套

5 ◎管路　◎管子　管接头：＿＿＿＿

6 ◎碳钢　◎镀锌钢　◎不锈钢

7 ◎阀门：　◎碳钢　◎不锈钢

8 ◎承插焊接头需要法兰连接

9 ◎在底座外安装密封罐

10 连接螺栓　○禁止采用锡板螺栓

11 ○PTFE 涂层　○ASTM A153 镀锌

12 ○涂漆　○不锈钢

13 ◎冷、热保温

14

15 热媒：　○蒸汽　○其他

16 ◎蒸汽夹套/冷却水压力：＿＿(kPa，表压)　@＿＿(℃)

17 冷却水消耗：

18 □轴承箱：＿＿＿＿(m^3/h)　@＿＿＿＿(kPa，表压)

19 □润滑油冷却器：＿＿＿＿(m^3/h)　@＿＿＿＿(kPa，表压)

20 □密封油冷却器：＿＿＿＿(m^3/h)　@＿＿＿＿(kPa，表压)

21 □其他：＿＿＿＿(m^3/h)　@＿＿＿＿(kPa，表压)

22 总冷却水消耗＿＿＿＿(m^3/h)　@＿＿＿＿(kPa，表压)

23

24 ○仪表

25 ○加速度计：＿＿＿＿

26 ○仅用于手动测试仪检测

27 ○表面测振平台

28 ○径向轴承测温　○推力轴承测温

29 ○温度表(带热电偶)：＿＿＿＿

30 ○压力表类型：＿＿＿　○其他：＿＿＿＿

31

32 备注：＿＿＿＿

33–56 ＿＿＿＿

○运输准备

○国内　○国外　○出口包装要求

○户外存放 6 个月以上

○表面处理及涂漆

○制造商标准　○其他

○规范名称：＿＿＿＿

泵，(8.4.3.1)：

○底漆：＿＿＿＿

○面漆：＿＿＿＿

底座，(8.4.3.1)：

○底漆：＿＿＿＿

○面漆：＿＿＿＿

□质量(kg)

□泵：＿＿＿＿　□底座：＿＿＿

□齿轮箱：＿＿＿　□驱动机：＿＿＿

总重：＿＿＿＿

○重量

○由泵制造商提供　○适于环氧灌浆

○延伸至：＿＿＿＿

○集液盘　○集液槽

○无灌浆底座，(7.4.2)

○其他采购要求

铭牌单位：○工程单位制(U.S.)　○国际单位制(SI.)

○泵制造商提供限压阀　○内置　○外置

密封冲洗管路供货方：

○泵供货商　○其他

冷却/加热管路供货方：

○泵供货商　○其他

○提供技术数据手册

○报价资料中提供安装清单，(9.2.3.1)

备注：＿＿＿＿

表 27-43　计量泵数据表

计量泵 数据表 国际单位制	第 1 页 共 2 页					发布日期：
	版次	日期	编制	校核	批准	说明
项目号：＿＿＿＿　设备位号：＿＿＿＿ 询价单号：＿＿＿＿　采购单号：＿＿＿＿						

1 用于：○报价　○采购　○制造

2 项目：＿＿＿＿　装置：＿＿＿＿

3 地址：＿＿＿＿　设备台数：＿＿＿＿

4 设备名称：＿＿＿＿　泵型号：＿＿＿＿　尺寸类型：＿＿＿＿

5 制造商：＿＿＿＿　出厂编号：＿＿＿＿

6 备注：　○表示由买方填写　□表示由制造商填写　◙表示由买方或制造商填写

7 总则

8 电动机数量：＿＿＿＿其他驱动机类型：＿＿＿＿

9 泵位号：＿＿＿＿泵位号：＿＿＿＿

10 电动机位号：＿＿＿＿驱动机位号：＿＿＿＿齿轮箱位号：＿＿＿＿

11 电动机供货：＿＿＿＿驱动机供货：＿＿＿＿齿轮箱供货：＿＿＿＿

12 电动机安装：＿＿＿＿驱动机安装：＿＿＿＿齿轮箱安装：＿＿＿＿

13 电动机数据表编号：＿＿＿＿驱动机数据表编号：＿＿＿＿齿轮箱数据表编号：＿＿＿＿

14 ○操作条件

15 ○正常泵送温度下工艺要求的流量（m^3/h）：

16 正常：＿＿＿＿最小：＿＿＿＿最大：＿＿＿＿

17 ○出口压力（kPa，表压）：

18 正常：＿＿＿＿最小：＿＿＿＿最大：＿＿＿＿

19 ○入口压力（kPa，表压）：

20 正常：＿＿＿＿最小：＿＿＿＿最大：＿＿＿＿

21 ○压差（kPa）：

22 最大：＿＿＿＿最小：＿＿＿＿

23 ○NPIPA（kPa，表压）：＿＿＿＿

24 （包含加速度损失）

○调节比：＿＿＿＿

25 □性能

26 □泵头数：＿＿＿＿额定流量（m^3/h）：＿＿＿＿

27 □NPIPR（包含加速度损失）（kPa，表压）：＿＿＿＿

28 □额定轴功率（kW）：＿＿@限压阀设定压力下轴功率（kW）：＿＿

29 □活塞速度（次/min）：＿＿＿＿设计最大值：＿＿＿＿

30 □直径（mm）：＿＿＿＿行程长度（mm）：＿＿＿＿

31 泵头：

32 最大允许工作压力（kPa，表压）：＿＿＿＿

33 □水压试验压力（kPa，表压）：＿＿＿＿

34 □在工作驱动机下的最大出口压力（kPa，表压）：＿＿＿＿

□齿轮允许载荷下的最大轴功率（kW）：＿＿＿＿

35 □结构

管口	口径	压力等级	密封面	安装方位
吸入口				
排放口				
冲洗口				

40 过流端：　○保温夹套

41 ○类型：　○隔膜　○柱塞

42 □隔膜直径（mm）：＿＿＿＿需要数量：＿＿＿＿

43 □阀　吸入口　排放口

44 类型　＿＿＿＿　＿＿＿＿

45 数量　＿＿＿＿　＿＿＿＿

46–49

○输送液体

○液体类型或名称：＿＿＿＿

○泵送温度（℃）：

正常：＿＿＿＿最大：＿＿＿＿最小：＿＿＿＿

○相对密度　正常：＿＿最大：＿＿最小：＿＿

○比热容 c_p：＿＿＿＿［kJ/(kg·℃)］

○黏度（mPa·s）　正常：＿＿最大：＿＿最小：＿＿

○汽化压力：＿＿＿＿（kPa(A)）

○引起腐蚀/侵蚀的介质：＿＿＿＿

○氯离子浓度（$\times10^{-6}$）：＿＿＿＿

○H_2S（硫化氢）浓度（$\times10^{-6}$）：＿＿＿＿

液体：　○有毒　○易燃　○其他：＿＿＿＿

○现场和公用条件

位置：　○室内　○室外

○有采暖　○无采暖　○有遮篷

○电气防爆区域等级：

＿＿＿＿

○防寒保护　○防湿热带保护

现场条件：

○环境温度范围（℃）最大：＿＿＿＿最小：＿＿＿＿

非常规条件

○粉尘　○烟雾　○盐雾环境

○其他：＿＿＿＿

○公用条件

电	驱动机	加热	控制	停车
电压（V）				
频率（Hz）				
相				

冷却水	进水口	回水口	设计	最大
温度（℃）：		最大		
压力（kPa，表压）：		最小		

水源：＿＿＿＿

仪表风	最大	最小	设计
压力（kPa，表压）：			

应用的技术规定

○API 675-2012 计量泵标准

○起主导的规定（如遇冲突时）：＿＿＿＿

○NACE MR-0103　○NACE MR-0175

○其他

50 备注：＿＿＿＿

51 ＿＿＿＿

续表

计量泵 数据表 国际单位制	第 2 页 共 2 页					发布日期：
	版次	日期	编制	校核	批准	说明
项目号：________ 设备位号：________ 请购单号：________ 采购单号：________						

1 □材料

2 过流端：________
3 压型板：________
4 液力隔膜：________
5 工艺隔膜：________
6 柱塞：________
7 封液环：________
8 填料压盖：________
9 阀：________
10 阀座：________
11 阀导杆：________
12 阀体：________
13 阀垫片：________
14 机架：________
15 特殊材料试验：________
16 ○低温材料试验：________
17 ________

18 检验和试验

19 ○符合检验员的检查清单
20 ○材料证明(用户需在备注中指定应提供证明的部件)
21 ○最终安装间隙检验(用户需在备注中指定要检查的部件)
22 ○表面及内部检验
23 ○射线探伤：________
24 ○超声波探伤：________
25 ○磁粉探伤：________
26 ○着色探伤：________
26 ○最终安装前的清洁检查
27 ○零部件硬度检查，焊缝及热影响区的检查
28 ○提供可选试验的试验程序

	试验	要求	目击	观察
29				
30	水压试验	○	○	○
31	稳态精度	○	○	○
32	复线率	○	○	○
33	线性度	○	○	○
34	性能试验	○	○	○
35	机械运转试验	○	○	○
36	NPIP 试验	○	○	○
37	整机运转试验	○	○	○
38	噪声试验	○	○	○
39	高出口压力试验	○	○	○
39	仪表 FAT	○	○	○

40 润滑液

41 □曲轴箱　□中间体
42 □液压油　□

43 附件

44 □减速箱制造商：________
45 ○整体　○分体
46 □ 型号：________
47 速比：________
47 □底座用于：________
48 □联轴器制造商：________
49 □类型：________

控制

类型：　信号：
○手动控制　○远程控制　○气动信号
○自动控制　○就地控制　○电动信号
行程控制：
气压控制(kPa，表压)：
最小：________ 最大：________
电动控制(mA)：
最小：________ 最大：________

其他采购要求

铭牌单位　○美制　○国际单位制(SI)
○供货商提供工艺管道：________
____
○供货商审查管路图纸
○供货商提供缓冲器
○供货商提供限压阀
○内置　○外置
○限压阀设定压力(kPa，表压)：________
○供货商提供背压阀
○供货商提供双止回阀
○要求采用充油型压力表
○供货商提供控制盘
○环氧灌浆底板
○提供技术参数手册
○________
○________

装运前的准备

○国内　○出口　○出口包装
○户外存放 6 个月以上

质量(kg)

□泵____□底板____□齿轮箱____□驱动机____

驱动机

○电动机：
□制造商：________
□类型：________
□机架号：________
○固定转速(r/min)：________
□变频转速(r/min)：________
□功率(kW)：________转速(r/min)：________
○电压(V)：________相数：________
○频率(Hz)：________功率因数：________
○防护等级：________
○其他(详见其他数据表)：
○燃气驱动：________
○蒸汽透平：________
○其他：________
____
____
____
____

50 备注：________
51 ________

表 27-44 往复泵数据表

用户：

项目名称：

项目号：

设备位号：

设备名称：

序号：

内容：

版次	日期	描述	设计	校对	审核		

	往复泵数据表	数据表编号

续表

往复泵数据表

行	注	内容	版次
1		适用于 ______	
2		用户 ______ 装置 ______	
3		地点 ______ 需要台数 ______	
4		设备名称 ______ 类型 ______	
5		制造厂 ______ 型号 ______ 出厂编号 ______	
6		综合	
7			
8		驱动电动机的台数 ______ 其他驱动机类型 ______	
9		泵位号 ______ 泵位号 ______	
10		驱动电动机位号 ______ 驱动机位号 ______ 齿轮箱位号 ______	
11		电动机供货者 ______ 驱动机供货者 ______ 齿轮箱供货者 ______	
12		电动机安装者 ______ 驱动机安装者 ______ 齿轮箱安装者 ______	
12		电动机数据表编号 ______ 驱动机数据表编号 ______ 齿轮箱数据表编号 ______	

行	注	操作条件	液体	版次
13				
14				
15		流量(m^3/h)：	液体类型或名称 ______	
16		在最大黏度时 ______ 在最小黏度时 ______	可压缩性(%)： ______	
17		出口压力(kPa，绝压)	泵送温度(℃)：	
18		最大 ______ 最小 ______	正常 ______ 最大 ______ 最小 ______	
19		进口压力(kPa，绝压)	密度：	
20		最大 ______ 最小 ______	正常 ______ 最大 ______ 最小 ______	
21		出口压力(kPa，绝压)	比热容(c_p)： ______ [kJ/(kg・℃)] ______	
22		最大 ______ 最小 ______	黏度(Pa・s)：正常 ______ 最大 ______	
23		无加速度压头下 $NPSH_a$ ______	腐蚀/冲蚀成分： ______	
24		加速度压头： 净 ______	氯离子浓度($\times 10^{-6}$) ______	
25		最大允许声压级： ______	H_2S 浓度($\times 10^{-6}$) ______	
			其他液体： ______	

行	注	现场和公用条件	泵性能	版次
26				
27		位置：		
28		______ ______ ______	额定流量 ______ m^3/h	
29		安装在： ______ ○ 热带要求	$NPSH_r$ ______ m	
30		电气危险区域： 区 ______	柱塞(活塞)速率 ______ m/s	
31		组 ______ 温度等级 ______	排量 ______ m^3/h	
32		现场条件：	容积效率 ______ %	
33		海拔： ______ m 大气压： ______ mmHg	机械效率 ______ %	
34		(1mmHg=133.32Pa)	最大黏度下轴功率 ______ kW	
35		环境温度范围：最低/最高 ______/______ ℃	安全阀设定压力下轴功率 ______ kW	
36		相对湿度：最低/最高 ______/______ %	最大允许转速 ______ r/min	
37		非常条件 ______	最小允许转速 ______ r/min	
38		公用工程条件	小齿轮轴转速 ______ r/min	
39		电：驱动机 / 加热 / 控制 L / 停车	水力功率 ______ kW	
40		电压	制动功率 ______ kW	
41		赫兹		
42		相		
43		冷却水	直接作用式往复泵：	
44		供水 / 回水 / 设计 / 最大△	驱动气体 ______	
45		温度(℃) ______ 最大	控制器类型 ______	
46		压力(kPa，表压) ______ 最小	进口压力 ______ kPa(表压)	
			进口温度 ______ ℃	
		水源 ______	出口压力 ______ kPa(表压)	
		仪表风(kPa，表压) 最大 ______ 最小 ______	停车压力 ______ kPa(表压)	
			耗气量(标准状态) ______ m^3/s	
47				

行	注	应用的技术规范	版次
48			
49		API 674 往复泵容积泵	
50		采用的技术规范(如果不同时) ______	
51		备注： ______	
52		______	
53		______	
54		______	

续表

往复泵数据表

注 | 版次

结构

液力端：

阀：

	每缸数量	面积/mm²	流速/(m/s)
进口			
出口			

阀类型：

接口	口径	压力等级	密封面	位置
	ANSI			
液力端进口				
液力端出口				
气力端进口				
气力端出口				
压盖冲洗				
排液口				
其他				
其他				
其他				

材料

部件	液力端	ASTM 标准号	气力端
缸体			
缸套			
柱塞或活塞			
活塞环			
活塞杆			
阀体/阀座			
填料压盖			
喉部衬套			
填料			
液封环			
隔离室			
螺栓			
夹套			
其他			

液力端润滑

填料润滑

冲洗液

润滑器制造厂

型号 喷嘴数量

填料

	液力端	气力端	阀杆
填料环数量			
填料环尺寸			
其他			

压力等级

	液力端缸体	气力端缸体
最大压力 kPa(表压)		
最大温度℃		
液压试验压力 kPa(表压)		
其他		

检验和试验

○依照检验员检验单
○材料证书
○维修图纸和程序
○最终装配间隙检查
○表面和局部表面检查
○X 射线 ○磁粉
○超声波 ○液体着色
○最终装配前清洗
○零件、焊缝及热影响区域的硬度检测
○提供可选检验项目的检查程序
○PMI 材质检验证书

试验
液压试验
性能试验
NPSH
其他

驱动机构

类型

联轴器制造厂

底座

○由泵制造厂提供 ○适合环氧灌浆
底座范围延伸
○垫铁由泵制造厂提供

○集液凸缘 ○集液盘
○调整垫片 ○适合于框架安装

备注：

行号：1 2 3 4 5 6 7 8 9 10 11 12 13 14 15 16 17 18 19 20 21 22 23 24 25 26 27 28 29 30 31 32 33 34 35 36 37 38 39 40 41 42 43 44 45 46 47 48 49 50 51 52 53 54

续表

往复泵数据表				
1	注	机动往复泵机座	控制	版次
2		最大额定功率：	形式 ____	
3		____ kW @ ____ r/min	____	
4		最大压力等级 ____ kPa（表		
5		压）	信号类型： ____	
6		曲轴材料 ____		
7		主轴承数量 ____	流量调节：	
8		____	○ ____	
9		内部齿轮 ____	供货商提供流量调节阀及控制器： ____	
10		传动比 ____	供货商提供控制盘： ____	
11		齿轮服务系数 ____	____ ____	
12		动力端润滑：		
13		形式： ____	要求带流量计： ____ 形式 ____	
14		油泵：	驱动机	
15		主油泵 ____	电机：	
16		辅油泵 ____	制造厂： ____	
17		驱动机构 主油泵 ____	额定功率： ____ kW	
18		辅油泵 ____	额定转速 ____ r/min	
19		油过滤器：	注：详见单独的驱动机数据表	
20		形式 ____ 制造厂 ____		
21		过滤精度 ____ 型号 ____		
22		油冷却器	其他（见各自数据表）： ____	
23		形式 ____	____	
24		尺寸 ____	其他采购要求	
25		油系统其他项目		
26		○流动指示器 ○压力表 ○温度计	铭牌单位制： ____	
27		○过滤器 ○其他	○卖方提供工艺管线 ____	
28		____	____	
29		要求带油加热器： ____	○卖方审查管线布置图： ____	
30		类型： ____	○卖方提供脉动抑制装置： ____	
31		要求强制润滑： ____	○卖方提供安全阀： ____	
32		齿轮减速机	形式： ____	
33		要求： ____	安全阀设定值 ____ kPa（表压）	
34		齿轮标准： ____	○要求带充油耐振压力表 ____	
35		制造厂 ____	○要求带技术数据手册 ____	
36		型号 ____	最大噪声声压等级	
37		类型 ____	____ dB(A)@ ____ m	
38		服务系数 ____	○卖方提供大管口配对法兰、垫片及紧固件	
39		额定功率 ____	○要求填料压盖带急冷： ____	
40			○带填料收集腔： ____	
41		V 形皮带或链条传动	○提供液封环冲洗： ____	
42		要求：	尺寸 ____	
43		皮带数量 ____	○要求设有油加热器安装口： ____	
44		皮带尺寸 ____	○隔离室护罩： ____	
45		链条详述 ____	形式： ____	
46		全封闭式护罩： ____	最小金属设计温度 ____ ℃	
47		调节滑轨： ____	压力 ____ kPa（表压）	
48			○联轴器应符合 API 671 标准要求： ____	
49		装运前的准备	质量	
50				
51		装运： ____	泵 ____ kg 齿轮 ____ kg	
52		要求出口包装： ____	底座 ____ kg 驱动机 ____ kg	
53		户外存放 6 个月以上： ____		
54		____		

续表

行	注	往复泵数据表		版次
1		用于往复泵的脉动抑制装置	设备名称______	
2		各位号或各级泵所带脉动抑制装置应分别填写本表	级______	
3		适用于：______		
4		用户______		
5		地点______	环境温度最低/最高______/______℃	
6		泵设备名称______	泵数量______	
7		泵制造厂______	型号/类型______	
8		缓冲罐制造厂______		
9		各缓冲罐概要信息		
10				
11		缓冲罐数量和级数______		
12		○ASME 规范钢印　采用第______章______节规定		
13		○其他适用的压力容器标准或规范______		
14		焊缝的X射线检查______	○冲击试验　○特殊焊接要求	
15		○工厂检验　液压试验：______	○专用涂漆规范______	
16		装运：	设计方法：	
17		要求出口包装：______	______	
18		户外存放6个月以上：______	见证仿真模拟分析：______	
19		操作参数及缓冲罐设计参数		
20				
21		缓冲罐所处泵头参数	缸体数量______内部流道______	
22		注：______	______	
23		______	缸体内孔直径____mm　行程____mm　____r/min	
24		______	泵阀数据	
25		______	形式______升程______mm　质量______kg	
26		______	弹簧预载荷______N　弹簧刚度____升程面积____	
27		______	全投影面积______　有效全升程面积______	
28		泵送介质参数见本数据表第2页	正常工况______	
29			介质中所含腐蚀性组分______	
30			相对密度______	
31			可压缩性(%)______	
32			并联操作______	
33		泵制造厂额定流量	______m^3/h	

行	项目	进口	出口
34	管道操作压力	进口______kPa(表压)	出口______kPa(表压)
35	缓冲罐操作温度	进口______℃	出口______℃
36	缓冲罐许用压降	Δp____kPa(表压)____%	Δp____kPa(表压)____%
37		进口缓冲罐	出口缓冲罐
38–39		是　是	是
40	缓冲罐集成入口分离器和内件	______	______
41	每级进口/出口缓冲罐数量		
42	允许脉动峰峰值(在管道管口处)	____kPa(表压)____%	____kPa(表压)____%
43	允许脉动峰峰值(在缸体管口法兰处)	____kPa(表压)____%	____kPa(表压)____%
44			
45	最低要求的工作压力和温度		
46	注：设计后，应根据最弱元件来确定实际的最大允许	____kPa(表压)@____℃	____kPa(表压)@____℃
47	工作压力和温度，并应打印在容器上		
48	实际最大允许工作压力应在本表第6页11行注明		
49			
50			
51			
52	备注：______		
53	______		
54	______		

续表

		往复泵数据表			
1	注	用于往复泵的脉动抑制装置(续)	设备名称		版次
2		各位号或各级泵所带脉动抑制装置应分别填写本表	级		
3		结构要求及数据	进口缓冲罐	出口缓冲罐	
4		最低要求的材料,碳钢、不锈钢等			
5		实际选用材料 ASTM 或 SA 牌号　　壳体/封头	/	/	
6		硬度特殊限制 R_c　　○是　　○否			
7		腐蚀裕量　　○要求	mm	mm	
8		壁厚　　壳体/封头	mm/　mm	mm/　mm	
9		名义壳体直径×总长/容积	×　mm/　m^3	×　mm/　m^3	
10		管道或轧制板结构			
11		实际最大允许工作压力和温度	kPa(表压)@　℃	kPa(表压)@　℃	
12		最大预期压降 Δp,kPa/管道压力百分比	Δp　kPa(表压)　%	Δp　kPa(表压)　%	
13		单个重量	kg	kg	
14		要求设有用于固定保温材料的支撑圈			
15		预期脉动峰峰值(在管道侧缸体法兰处)	%	%	
16		基于最终缓冲罐设计	%	%	
17		预期脉动峰峰值占管道压力的百分比			
18		支撑,形式/数量			
19		接口要求及参数			
20		管道侧法兰　　尺寸/等级/密封面			
21		泵法兰数量　　尺寸/等级/密封面			
22		密封面光洁度　　○特殊(指定)　○按 ASME B16.5 标准			
23		要求设检查孔			
24		规格,数量,尺寸,6000lb NPT 接头(1lb≈0.45kg,下同),法兰,类型和等级	______　______	______　______	
25					
26		*数量,尺寸,6000lb NPT 接头,法兰,类型和等级			
27		要求设排气口			
28		规格,数量,尺寸,6000lb NPT 接头,法兰,类型和等级	______	______	
29					
30		*数量,尺寸,6000lb NPT 接头,法兰,类型和等级			
31		要求设排液口			
32		规格,数量,尺寸,6000lb NPT 接头,法兰,类型和等级	______	______	
33					
34		*数量,尺寸,6000lb NPT 接头,法兰,类型和等级			
35		要求设压力表安装孔			
36		规格,数量,尺寸,6000lb NPT 接头,法兰,类型和等级	______	______	
37					
38		*数量,尺寸,6000lb NPT 接头,法兰,类型和等级			
39		要求设温度计安装孔			
40		规格,数量,尺寸,6000lb NPT 接头,法兰,类型和等级	______	______	
41					
42		○缸体管口　　○主机身			
43		*数量,尺寸,6000lb NPT 接头,法兰,类型和等级			
44					
45					
46					
47		其他参数和注意事项			
48		泵供货商缓冲罐外形图纸编号			
49		缓冲罐供货商外形图纸编号			
50		注 * 表示竣工版			
51					
52					
53					
54					

表 27-45　无密封离心泵数据表

无密封离心泵数据表	文件号＿＿＿＿ 页码　第 1 页　共 2 页 工程号＿＿＿＿ 设备位号＿＿＿＿ 采购单号＿＿＿＿ 技术规范号＿＿＿＿ 询价单号＿＿＿＿ 版次＿＿＿＿ 日期＿＿＿＿ 编制＿＿＿＿ 校核＿＿＿＿ 审核＿＿＿＿

1 适用于　○询价　○采购　○供制造用

2 客户＿＿＿＿　装置＿＿＿＿

3 地点＿＿＿＿　设备名称＿＿＿＿

4 需要台数＿＿＿＿ 规格＿＿＿＿　形式　屏蔽泵　级数＿＿＿＿

5 制造厂＿＿＿＿　泵型号＿＿＿＿ 出厂编号＿＿＿＿

6 注：　○此标记表示该项由买方填写　□此标记表示该项由制造厂填写

7 总则

8

9 泵与＿＿＿＿　电动机台数＿＿＿＿　汽轮机台数＿＿＿＿

10 （并联）（串联）运行　泵位号＿＿＿＿　泵位号＿＿＿＿

11 齿轮装置位号＿＿＿＿　电动机位号＿＿＿＿　汽轮机位号＿＿＿＿

12 齿轮装置供货者＿＿＿＿　电动机供货者＿＿＿＿　汽轮机供货者＿＿＿＿

13 齿轮装置安装者＿＿＿＿　电动机安装者＿＿＿＿　汽轮机安装者＿＿＿＿

14 齿轮装置数据表编号＿＿＿＿　电动机数据表编号＿＿＿＿　汽轮机数据表编号＿＿＿＿

15 操作条件

16 ○流量：最小＿＿ 正常＿＿ 额定＿＿（m³/h）

17 ○入口压力：最高＿＿ 额定＿＿（kPa，表压）

18 ○出口压力：＿＿（kPa，表压）　○压差＿＿（kPa）

19 ○扬程：＿＿（m）　NPSH$_a$＿＿（m）

20 泵的启动方式　○零流量　○全流量　○＿＿

21 操作状态　○连续　○间歇

22 排气方式　○自排气　○手动排气　○＿＿

23 性能

24 预期的性能曲线号＿＿　□转速（r/min）＿＿

25 □叶轮直径：额定＿＿ 最大＿＿ 最小＿＿（mm）

26 □最大扬程（额定叶轮下）＿＿（m）

27 □额定功率：＿＿（kW）效率＿＿（%）

28 □最大功率（额定叶轮下）＿＿（kW）

29 □最小连续流量：热控＿＿ 稳定＿＿（m³/h）

30 □NPSH$_r$（额定流量下）＿＿（m）

31 □汽蚀比转速＿＿

32 结构

33 管口

	口径	法兰压力等级	密封面	位置
34 入口				
35 出口				

36 泵体

37 支撑方式　□底脚　□中心线　□近中心线

38 □托架　□立式管道

39 壳体形式　□单蜗壳　□双蜗壳　□导流壳

40 耐磨环　□有　□无

41 最大允许工作压力＿＿ 试验压力＿＿（kPa，表压）

42 叶轮

43 形式　□开式　□半开式　□闭式

44 耐磨环　□有　□无

45 支承　□两端支承　□悬臂

45 磁力耦合器（磁力驱动泵）　○同步　○异步

46 □磁钢	外磁钢	内磁钢
47 固定方式		
48 极限温度（℃）		
49 是否全封闭		
50 磁条数量		

52 □泵所需扭矩	启动	额定工况	最大工况
53 （N·m）			

54

液体

液体的类型或名称＿＿＿＿

○泵送温度：　正常＿＿ 最高＿＿ 最低＿＿（℃）

○汽化压力＿＿（kPa，绝压）@＿＿（℃）

○密度（kg/m³）：

正常＿＿ 最大＿＿ 最小＿＿

○比热容 c_p ＿＿［kJ/（kg·℃）］

○黏度＿＿（mPa·s）@＿＿（℃）

○腐蚀/冲蚀剂＿＿

○氯离子浓度（mg/m³）＿＿

○H_2S（硫化氢）浓度（mg/m³）＿＿

○颗粒含量/尺寸/硬度＿＿

现场条件

位置　○室内　○室外

○有采暖　○无采暖　○有顶篷

○电气危险场所分类＿＿

○环境温度范围　最大/最小　＿＿/＿＿（℃）

○相对湿度　最大/最小　＿＿/＿＿%

○＿＿＿＿

材料

□泵体＿＿　叶轮＿＿

□轴＿＿　□轴套＿＿

□耐磨环（泵体/叶轮）＿＿

□滑动轴承＿＿

□屏蔽套（屏蔽泵）　定子/转子＿＿

□隔离套（磁力驱动泵）

□磁钢（磁力驱动泵）　内磁钢/外磁钢＿＿

□＿＿＿＿

辅助管路

辅助管路：＿＿＿＿

循环管路

○□钢管（tubing）　○□碳钢

○□钢管（pipe）　○□不锈钢

管路装配

○□螺纹连接　○□活接头　○□承插焊

○□法兰连接　○□管式接头

蒸汽管路　○钢管（tubing）　○钢管（pipe）

○其他＿＿＿＿

续表

无密封离心泵数据表	文件号＿＿＿＿ 页码 第 2 页 共 2 页 工程号＿＿＿＿ 设备位号＿＿＿＿ 采购单号＿＿＿＿ 技术规范号＿＿＿＿ 询价单号＿＿＿＿ 版次＿＿＿＿ 日期＿＿＿＿ 编制＿＿＿＿ 校核＿＿＿＿ 审核＿＿＿＿

结构(续)

□磁力耦合器额定扭矩 ＿＿＿＿(Nm)
□实际扭矩服务系数 ＿＿＿＿
泵转向(从电机接线盒侧看)　□顺时针　□逆时针
联轴器(磁力驱动泵)
　□弹性柱销　□膜片式　□带加长段
夹套
　□蒸汽　□导热油　□冷却水
　压力(kPa,表压)＿＿＿＿ 温度(℃)＿＿＿＿
外部轴承(磁力驱动泵)
　轴承类型：　□径向＿＿＿＿ □推力＿＿＿＿
　润滑类型：
　□油脂　□油浴　□油环
　□甩油环　□油雾　□强制润滑
第二层保护
○定子外壳(屏蔽泵)
　最大允许工作压力＿＿＿＿ 试验压力＿＿＿＿(kPa,表压)
○磁力耦合器箱体(磁力驱动泵)
　○按承压密闭容器设计
　最大允许工作压力＿＿＿＿ 试验压力＿＿＿＿(kPa,表压)
　○泵外轴和磁力耦合器箱体间应设节流衬套和机械密
封底座
　○泵、驱动机公用　○泵、驱动机分离

驱动机

○电动机：
□制造厂 ＿＿＿＿
□型号 ＿＿＿＿ 机座号＿＿＿＿
□功率(kW)＿＿＿＿ 转速(r/min)＿＿＿＿
○电压(V)＿＿＿＿ 相＿＿＿＿
○频率(Hz)＿＿＿＿ 使用系数＿＿＿＿
○防护等级＿＿＿＿ 绝缘等级＿＿＿＿
○防爆等级 ＿＿＿＿
○汽轮机(参见独立的数据表) ＿＿＿＿
○其他(参见独立的数据表) ＿＿＿＿
○

供货范围

○□泵　○□驱动机　○□联轴器和护罩　○□底座
○□辅助管路系统　○□润滑油系统　○□地脚螺栓
○□专用工具　○□随机备件(附清单)
○□两年操作备件(附清单)○□

辅助管路(续)

冷却管路
　冷却部位　□夹套　□轴承箱　□
　冷却水：　○温度(℃)　进口＿＿＿＿ 出口＿＿＿＿
　　○压力(kPa,表压)：进水＿＿＿＿ 出水＿＿＿＿
　□流量(m^3/h) ＿＿＿＿ 材料＿＿＿＿

立式泵

○槽深＿＿＿＿(mm)　○最低液位 ＿＿＿＿(mm)
□最小必需浸深＿＿＿＿(mm)　□泵底部至底板 ＿＿＿＿(mm)
□驱动机顶部至底板 ＿＿＿＿(mm)

仪表和控制

○□仪表盘　○卖方提供　○买方提供　形式＿＿＿＿
○□低功率保护　形式＿＿＿＿
轴承磨损监测器(屏蔽泵)　○□有　○□无
　○□机械式　○□电气式　○□机械电气式
○□隔离套(磁力驱动泵)上设 RTD
○□第二层保护设液体泄漏探头　形式＿＿＿＿
○□振动探头　○卖方提供　○买方提供
　位置＿＿＿＿ 形式＿＿＿＿ 数量＿＿＿＿
○□ ＿＿＿＿

试验和检验

试验	要求	目睹	观察
水压试验	○	○	○
机械运转	○	○	○
性能试验	○	○	○
NPSH 试验	○	○	○

○特殊要求＿＿＿＿

其它

质量(kg)
　□泵＿＿＿＿ □驱动机＿＿＿＿
　□传动装置＿＿＿＿ □最大维修件＿＿＿＿
　□底座＿＿＿＿ □＿＿＿＿
　□总计＿＿＿＿

外形尺寸(mm)
　长＿＿＿＿ 宽＿＿＿＿ 高＿＿＿＿

1 2 3 4 5 6 7 8 9 10 11 12 13 14 15 16 17 18 19 20 21 22 23 24 25 26 27 28 29 30 31 32 33 34 35 36 37 38 39 40 41 42 43 44 45 46 47 48 49 50 51 52 53

参考文献

[1] 工业泵选用手册. 化学工业出版社. 2010.9. ISBN978-7-122-09158-1.

[2] 真空泵的类型定义. [http://www.baike.baidu.com]. 百度百科.

[3] 美国水力学会标准. ANSI/HI 9.6.7—2010.

第28章 压缩和膨胀机械

1 理想气体的热力学计算

1.1 等温压缩

气体在等温压缩中，温度始终保持不变，此时

$$p_1V_1=p_2V_2=常数$$

在等温循环压缩过程中，所消耗的功率最小，此时所消耗的理论功率为

$$N=1.634\times9.81p_1V_1\ln\varepsilon \tag{28-1}$$

式中 N——功率，kW；

p_1，p_2——气体吸入和排出压力（绝），Pa；

V_1，V_2——吸入和排出状态下的体积流量，m^3/min；

ε——压缩比，$\varepsilon=p_2/p_1$。

1.2 绝热压缩

在绝热压缩过程中，气体同外界没有热交换，此时

$$p_1V_1^k=p_2V_2^k=常数$$

式中 k——绝热指数，对理想气体，$k=c_p/c_V$；

c_p——气体的等压比热容，J/(kg·℃)；

c_V——气体的等容比热容，J/(kg·℃)。

混合气体的绝热指数可按式（28-2）计算。

$$\frac{1}{k-1}=\sum\frac{y_1}{k_1-1} \tag{28-2}$$

式中 k——混合气体的绝热指数；

k_1——i 组分的绝热指数；

y_1——气体中 i 组分的摩尔分数。

气体的绝热指数和温度有关。一般可按进出口平均温度计算。在绝热压缩过程中所消耗的理论功率为

$$N=1.634\times9.81P_1V_1\frac{k}{k-1}(\varepsilon^{\frac{k-1}{k}}-1) \tag{28-3}$$

绝热压缩时，压缩终温为

$$T_2=T_1\varepsilon^{\frac{k-1}{k}} \tag{28-4}$$

式中 T_1——压缩机吸气温度，K；

T_2——压缩机排气温度，K。

1.3 多变压缩

在多变压缩过程中，气体和外界有热交换而且气体温度有变化，此时

$$p_1V_1^m=p_2V_2^m=常数$$

式中 m——多变指数。

比较上述公式，可以看出，当 $m=1$ 时，为等温压缩；当 $m=k$ 时，为绝热压缩；当 $1<m<k$ 时，外界取走热量，压缩终温低于绝热压缩时的终温，功率消耗也低于绝热压缩的功耗；当 $m>k$ 时，外界向气体传热，压缩终温高于绝热压缩时的终温，功率消耗高于绝热压缩的功率。

多变压缩的理论功率消耗可按式（28-5）计算。

$$N=\frac{1.634\times9.81p_1V_1\frac{m}{m-1}(\varepsilon^{\frac{m-1}{m}}-1)}{\eta_p} \tag{28-5}$$

$$\eta_p=\frac{\frac{m}{m-1}}{\frac{k}{k-1}}$$

式中 η_p——多变效率。

多变压缩的压缩终温可按式（28-6）计算。

$$T_2=T_1\varepsilon^{\frac{m-1}{m}} \tag{28-6}$$

2 真实气体的压缩

当被压缩气体压力较高而温度接近或低于临界温度时，气体的性质偏离理想气体太远，此时，为了得到较精确的计算结果，应采用真实气体的性质来计算。从真实气体和理想气体比较，计算公式的形式类似，关键是物性数据的求取。对于一些单纯物质的物性，常可用图表和数据汇总表直接查得。对于一些组成复杂的工艺气体或中间冷却过程中产生冷凝物的工况，其物性数据的求取比较复杂。除了一般的物性的混合计算外，还涉及汽液平衡计算。因此，读者可以参考一些常用图表用于计算物性。由于计算机和工艺软件的发展，目前，都运用计算机计算此类工况，其计算结果精度高，又节省时间。

2.1 临界常数和压缩系数

真实气体压缩计算时所需的临界常数有临界压力 p_c 和临界温度 T_c。

气体混合物的混合临界常数按式（28-7）和式（28-8）计算。

$$T_{mc}=\sum y_iT_{ci} \tag{28-7}$$

$$p_{mc}=\sum y_ip_{ci} \tag{28-8}$$

式中 T_{mc}——混合气体的临界温度，K；

p_{mc}——混合气体的临界压力（绝），MPa；

y_i——i 组分的摩尔分数；

T_{ci}——i 组分的临界温度，K；

p_{ci}——i 组分的临界压力（绝），MPa。

对比温度　　$T_r=\dfrac{T}{T_c}$　　(28-9)

对比压力　　$p_r=\dfrac{p}{p_c}$　　(28-10)

式中　p_c——气体的临界压力，MPa；

T_c——气体的临界温度，K。

真实气体的状态方程为

$$pV=ZRT \tag{28-11}$$

式中　Z——压缩系数。

压缩系数 Z 的数值反映了实际气体和理想气体之间的差别。其值可由 p_r 和 T_r 值从图 28-1～图 28-6 查取。

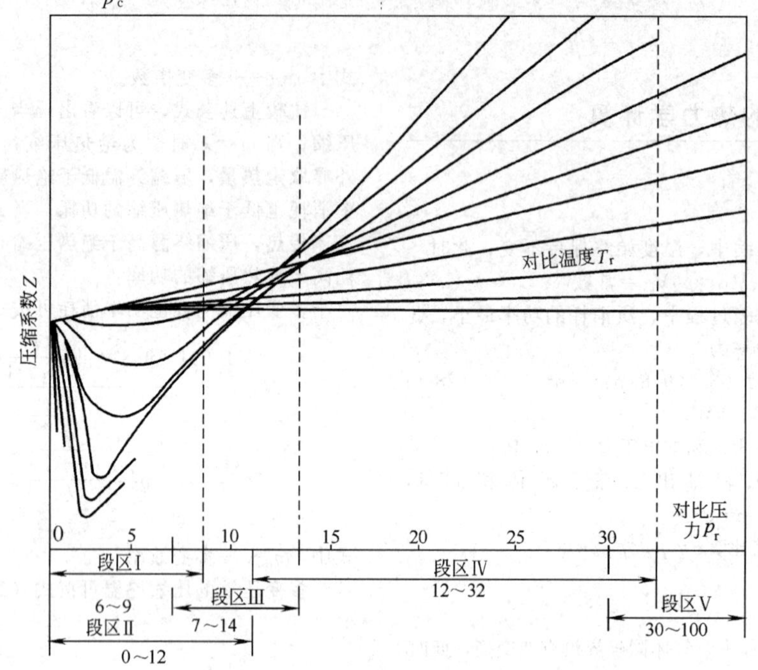

图 28-1　气体通用的压缩系数 Z 分段图

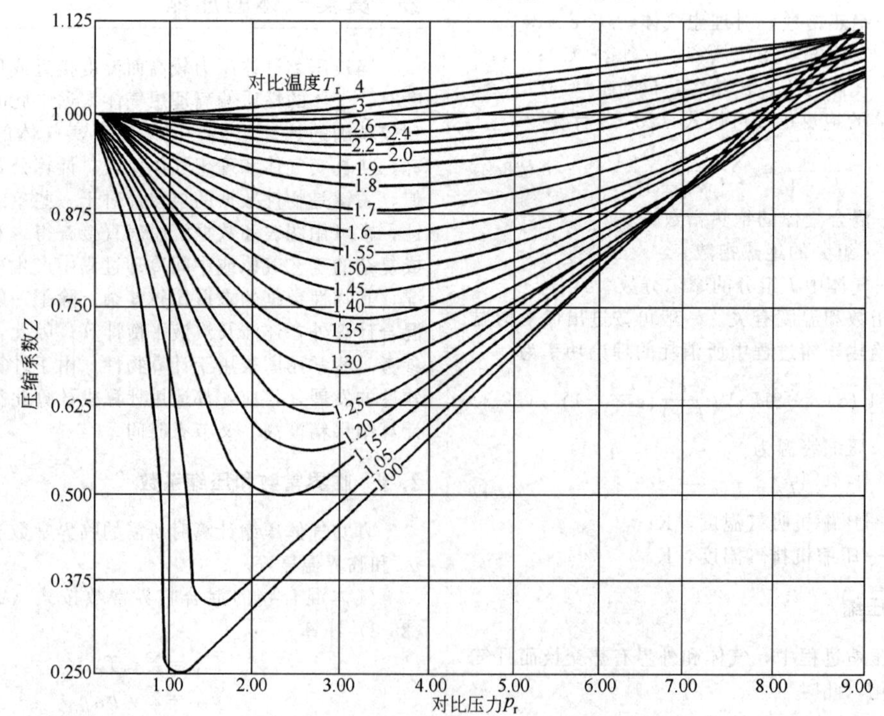

图 28-2　段区Ⅰ对比压力 0～9 的 Z 分段图

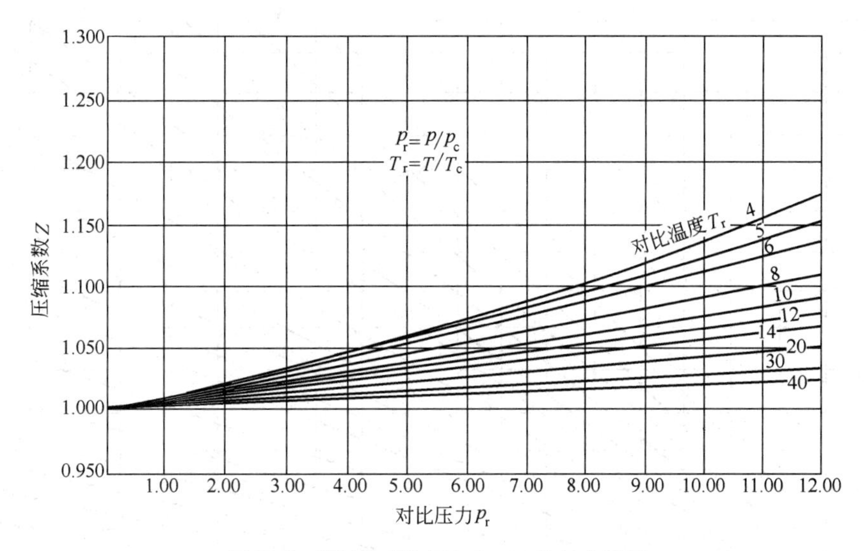

图 28-3　段区Ⅱ对比压力 0～12 的 Z 分段图

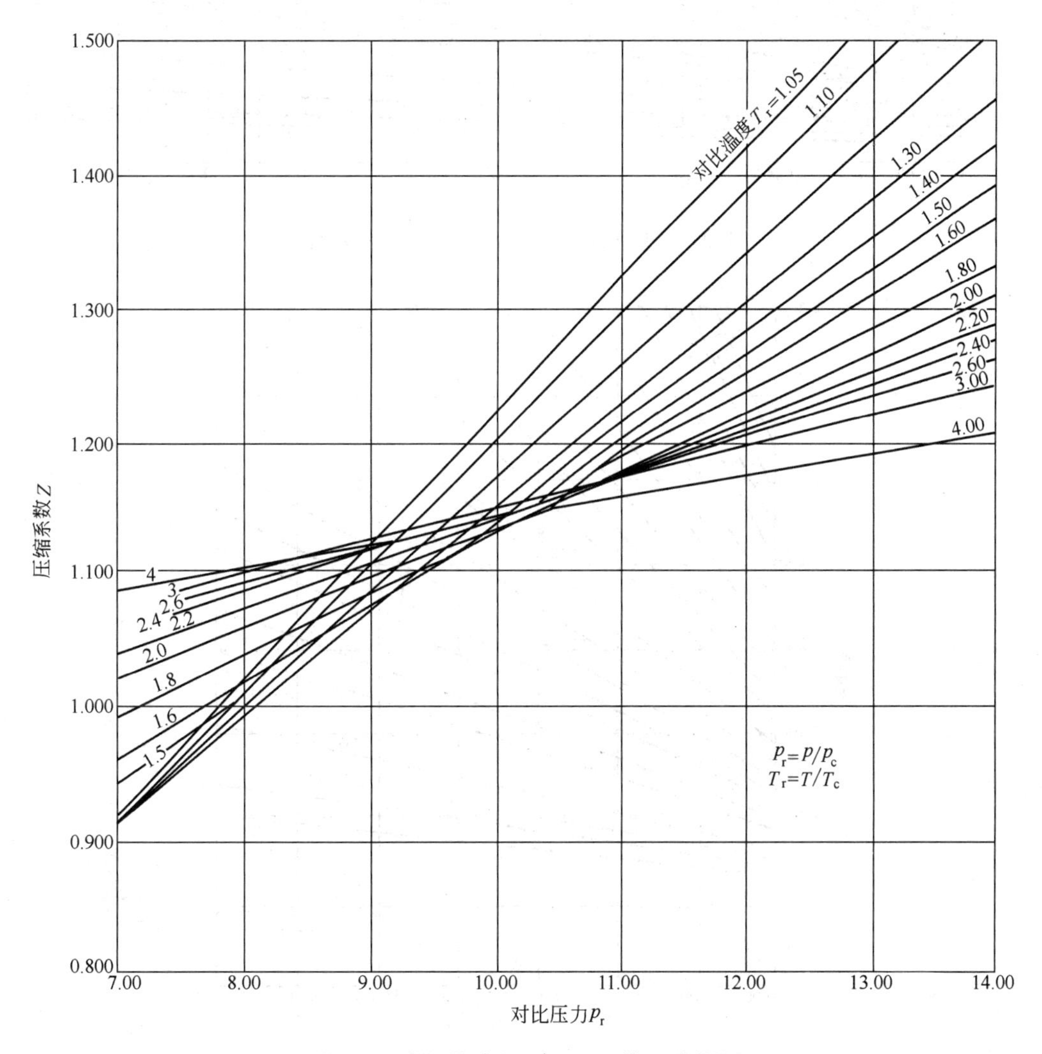

图 28-4　段区Ⅲ对比压力 7～14 的 Z 分段图

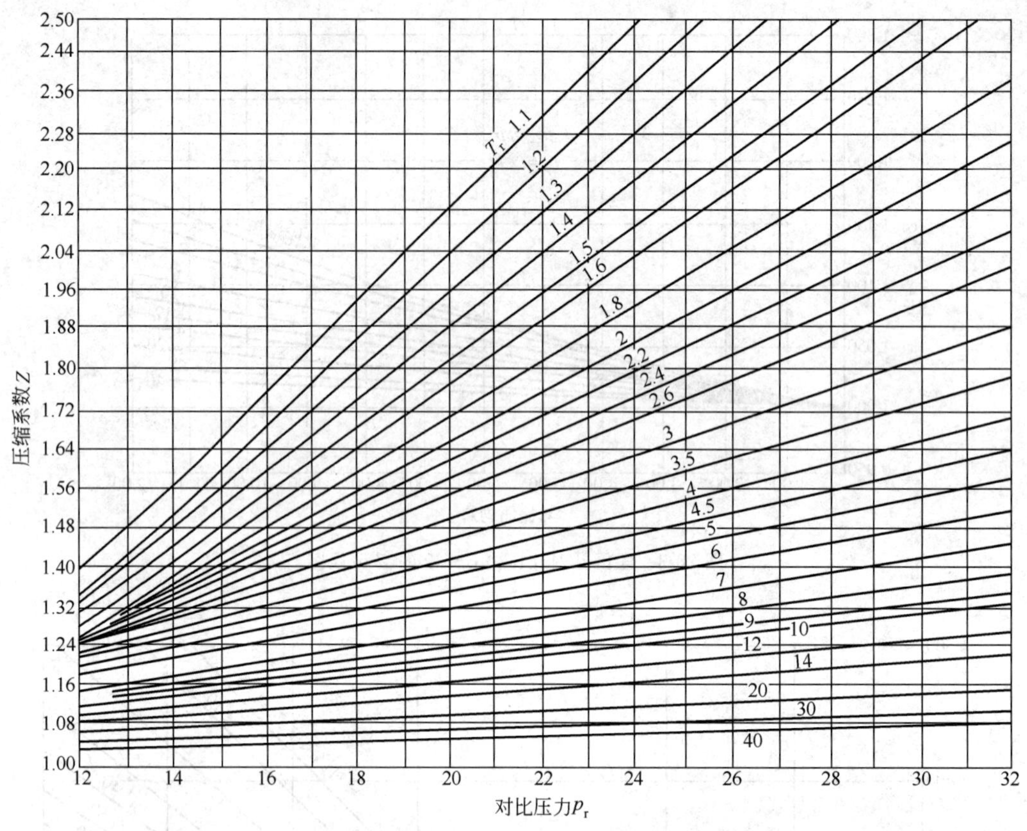

图 28-5　段区Ⅳ对比压力 12～32 的 Z 分段图

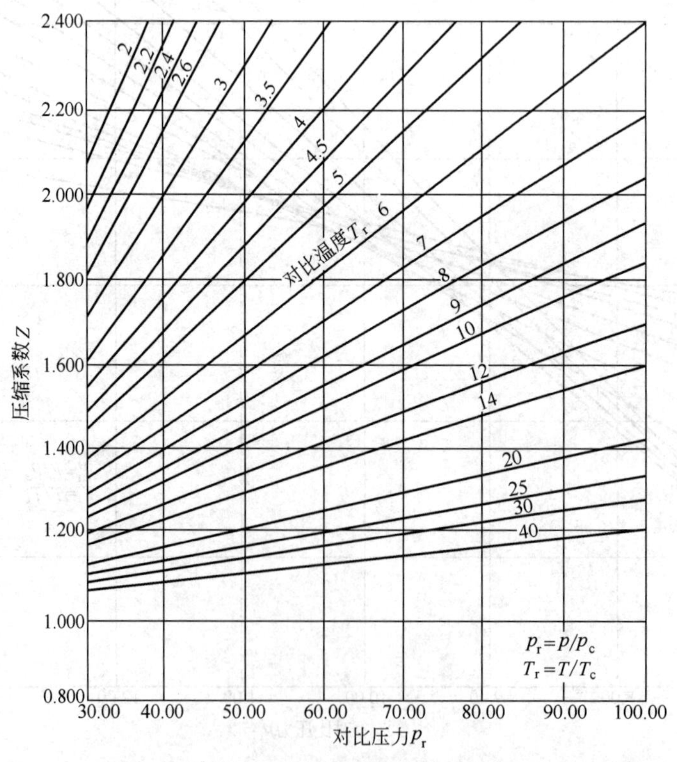

图 28-6　段区Ⅴ对比压力 30～100 的 Z 分段图

2.2 真实气体的压缩计算

绝热压缩时，对真实气体的理论功率为

$$N=1.634\times 9.81 p_1 V_1 \frac{k}{k-1}(\varepsilon^{\frac{k-1}{k}}-1)\frac{Z_1+Z_2}{2Z_1} \tag{28-12}$$

多变压缩时，真实气体的理论功率为

$$N=1.634\times 9.81 p_1 V_1 \frac{m}{m-1}(\varepsilon^{\frac{m-1}{m}}-1)\frac{Z_1+Z_2}{2Z_1} \tag{28-13}$$

式中 Z_1——压缩机进口状态下的压缩系数；

Z_2——压缩机出口状态下的压缩系数。

3 压缩机的选用

3.1 压缩机的分类和适用范围

(1) 压缩机的分类

① 按工作原理分类

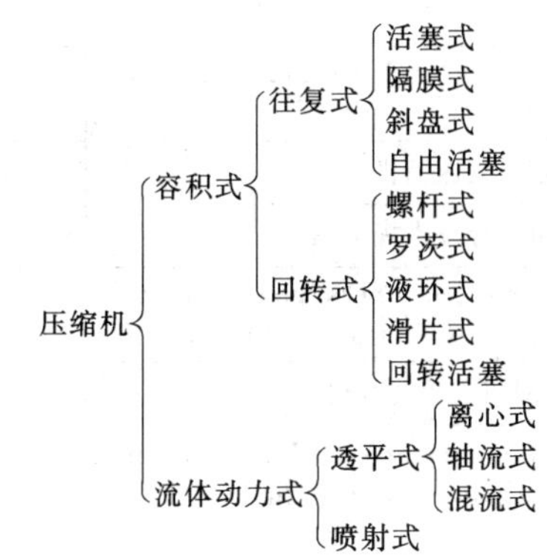

② 按排气压力分类

名称	压力/$\times 10^5$ Pa
鼓风机	≤2
低压压缩机	2～10
中压压缩机	10～100
高压压缩机	100～1000
超高压压缩机	>1000

(2) 压缩机的适用范围

压缩机的适用范围如图 28-7 所示。

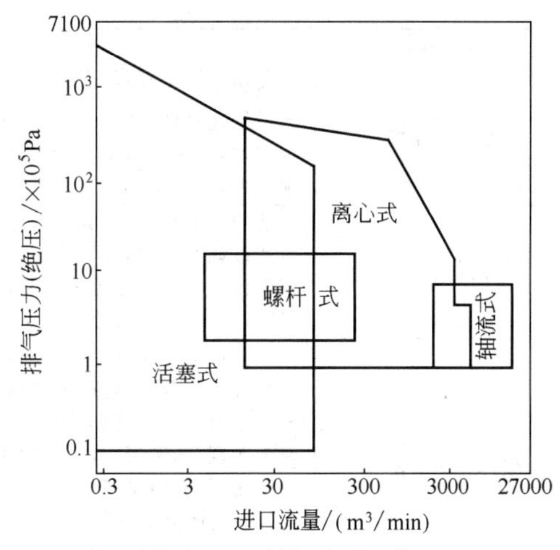

图 28-7 压缩机的适用范围

3.2 压缩机的选用要求和相关标准

3.2.1 化工、石化装置对压缩机的要求

① 必须满足气量、压力、温度等工艺参数的要求。

② 必须满足介质特性的要求。

a. 对于易燃、易爆、有毒或贵重的气体，要求轴封可靠。

b. 对于腐蚀性气体，要求接触介质的部件采用耐蚀材料。

③ 必须满足现场安装条件的要求。

a. 安装在有腐蚀性气体存在场合的压缩机，要求采取防大气腐蚀的措施。

b. 安装在室外环境温度低于－20℃的压缩机应采用耐低温材料。

c. 安装在爆炸危险环境内的压缩机，其防爆电动机的防爆等级应符合爆炸危险区域等级。

④ 压缩机应保证用户电源电压、频率变化范围内的性能。

⑤ 确定压缩机型号和制造厂时，应综合考虑压缩机的性能、能耗、可靠性、价格和制造规范等因素。

3.2.2 压缩机的特点及其比较

压缩机的特点及其比较见表 28-1。

3.2.3 压缩机的常用标准和规范

压缩机的常用标准和规范见表 28-2。

3.3 压缩机的主要参数和结构类型

3.3.1 选型参数的确定

(1) 压缩介质的物理化学性质

表 28-1 压缩机的特点及其比较

类 型	特 点
往复式压缩机	适用于中小气量；大多采用电动机拖动，一般不调速；气量调节通过辅助容积装置(余隙腔装置)或顶开进气阀装置(或称卸荷器)来执行，功率损失较大；压力范围广泛，尤其适用于高压和超高压；性能曲线陡峭，气量基本不随压力的变化而变化；排气不均匀，气流有脉动；绝热效率高，$\eta_{ad}=0.7\sim0.85$；机组结构复杂，外形尺寸和重量大；易损件多，维修量大

续表

类型	特点
离心式压缩机	适用于大中气量;要求介质为干净气体;高转速时常采用汽轮机或燃气轮机拖动;气量调节常通过调速实现,功率损失小;压力范围广泛,适用于高中低压;性能曲线平坦,操作范围较宽;排气均匀,气流无脉动;多变效率 $\eta_p=0.75\sim0.85$;体积小,重量轻;连续运转周期长,运转可靠;易损件少,维修量小
轴流式压缩机	适用于大气量;尤其要求介质为干净气体;高转速时常采用汽轮机或燃气轮机拖动;气量调节常通过调速实现,也可采用可调导叶和静叶,功率损失小;适用于低压;性能曲线陡峭,操作范围较窄;排气均匀,气流无脉动;多变效率 $\eta_p=0.83\sim0.93$;体积小,重量轻;连续运转周期长,运转可靠;易损件少,维修量小
螺杆式压缩机	一般适用于中小气量,近几年有往大型化发展的趋势,最大气量可达到 100000m^3/h 以上;对介质气体组分不敏感,可应用于含尘、湿、脏的气体;中小型螺杆压缩机一般采用电动机驱动,大型或重要工艺场合如苯乙烯尾气压缩机等大多采用汽轮机驱动;气量调节可通过滑阀调节或调速来实现,功率损失较小;适用于中低压;性能曲线较为平坦,操作范围较宽;气量基本不随压力的变化而变化;排气均匀,气流脉动比往复式压缩机小得多;绝热效率较高,低压力比、大气量时,$\eta_{ad}=0.75\sim0.85$;高压力比、小气量时,$\eta_{ad}=0.65\sim0.75$;机组结构简单,运转部件少,易损件少,维护方便;外形尺寸小,重量轻,安装施工简单,占地面积小;连续运转周期长,运转可靠;与往复式压缩机相比,无气阀和活塞环等易损件;与离心式压缩机相比,无喘振

表 28-2 压缩机的常用标准和规范

类型	标准号	标准名	备注
往复式压缩机	SH/T 3142—2012	石油化工往复压缩机工程技术规定	
	API 618,5th,2007	Reciprocating Compressors for Petroleum, Chemical, and Gas Industry Services	
	GB/T 13279—2002	一般用固定的往复活塞空气压缩机	
回转式压缩机	SH/T 3157—2009	石油化工回转式压缩机工程技术规定	
	API 619,5th,2010	Rotary-Type Positive-Displacement Compressors for Petroleum, Petrochemical, and Natural Gas Industries	
离心式压缩机	SH/T 3144—2012	石油化工离心、轴流压缩机工程技术规范	
	API 617,8th,2014	Axial and Centrifugal Compressors and Expander-compressors for Petroleum, Chemical and Gas Industry Services	
	API 672,4th,2004	Packaged, Integrally Geared Centrifugal Air Compressors for Petroleum, Chemical, and Gas Industry Services	
汽轮机	SH/T 3145—2012	石油化工特殊用途汽轮机工程技术规定	
	SH/T 3149—2007	石油化工一般用途汽轮机工程技术规定	
	API 611,5th,2008	General-Purpose Steam Turbines for Petroleum, Chemical, and Gas Industry Services	
	API 612,7th,2014	Petroleum, Petrochemical and Natural Gas Industries-Steam Turbines—Special-purpose Applications	
液环真空泵和压缩机	API 681,1st,1996	Liquid Ring Vacuum Pumps and Compressors for Petroleum, Chemical, and Gas Industry Services	
离心式通风机	API 673,3rd,2014	Centrifugal Fans for Petroleum, Chemical and Gas Industry Services	
	JB/T 10563—2006	一般用途离心通风机技术条件	
燃气轮机	API 616,5th,2011	Gas Turbines for the Petroleum, Chemical, and Gas Industry Services	
其他重要附属件的相关标准	API 671,4th,2007	Special-Purpose Couplings for Petroleum, Chemical, and Gas Industry Services	同 ISO 10441

续表

类　型	标　准　号	标　准　名	备注
其他重要附属件的相关标准	API 613, 5th, 2003	Special Purpose Gear Units for Petroleum, Chemical and Gas Industry Services	
	API 677, 3rd, 2006	General-Purpose Gear Units for Petroleum, Chemical and Gas Industry Services	
	API 614, 5th, 2008	Lubrication, Shaft-Sealing, and Control-Oil Systems and Auxiliaries for Petroleum, Chemical and Gas Industry Services	同 ISO 10438

包括气体组分、介质特性等。

(2) 工艺参数

① 排气量 Q_n　也称压缩机的流量或气量，指单位时间内压缩机最后一级排出的气体，换算到第一级进口状态时的气体容积值。常用的单位是 m^3/min、m^3/h。

工业生产中，压缩机所需的气量 Q_0（也称供气量）常以标准状态下（101325Pa，0℃）的干气容积值表示。供气量 Q_0 可按式（28-14）换算至进口状态时的排气量。

$$Q_n = Q_0 \frac{p_0 T_1}{(p_1 - \varphi p_{s1}) T_0} \tag{28-14}$$

式中　p_0，T_0——标准状态下的压力（绝）(101325Pa)，温度（273K）；

p_1，T_1——压缩机进口状态下的压力（绝）（bar，1bar = 10^5 Pa，下同），温度（K）；

φ——压缩机进气的相对湿度；

p_{s1}——进气温度 T_1 下的饱和水蒸气压力（绝），bar。

② 排气压力 p_d　通常指压缩机最终排出的气体压力，即压缩机末级排气压力，常用单位 MPa、bar。

③ 进气温度 T_s 和排气温度 T_d　进气温度 T_s 指进入压缩机首级的进气温度。压缩机的排气温度 T_d 通常指最终排出压缩机的气体温度，即压缩机末级的排气温度。常用温度单位℃、K。

(3) 现场条件

包括压缩机的安装位置、环境温度、相对湿度、大气压力、大气腐蚀状况及爆炸危险区域的划分等级等条件。

3.3.2　压缩机类型的确定

选用压缩机的结构类型时，可参考以下原则。

① 中小气量，高压力或超高压力时，可选用往复式压缩机。

② 中小气量，压力不高时，或含尘，湿、脏的气体，可选用螺杆式压缩机。

③ 大中流量，低、中、高压力时，可选用离心式压缩机。

④ 大流量，低压力时，可考虑选用轴流式压缩机。

⑤ 对排气温度严格限制的，可考虑选用液环式压缩机。

由于各类压缩机的应用范围重叠较宽，具体选用压缩机类型时，需根据气量、温度、压力、功率、效率和气体性质等主要技术参数，以及装置特性、使用经验等因素综合考虑，才能保证压缩机的可靠性和经济性。

3.4　往复式压缩机

3.4.1　往复式压缩机的分类

(1) 按排气量（进口状态下）分类

类型	排气量/(m^3/min)
微型压缩机	<1
小型压缩机	1～10
中型压缩机	10～60
大型压缩机	>60

(2) 按结构型式分类

可分为立式、卧式、角度式、对称平衡型和对置式等。一般立式用于中小型压缩机；卧式用于小型高压压缩机；角度式用于中小型压缩机；对称平衡型使用普遍，特别适用于大中型往复式压缩机；对置式主要用于超高压压缩机。

国内往复式压缩机通用结构代号的含义如下：立式——Z，卧式——P，角度式——L、S，星型——T、V、W、X，对称平衡型——H、M、D，对置式——DZ。

3.4.2　往复式压缩机的主要性能指标

(1) 额定排气量 [Q]

即为压缩机铭牌上标注的排气量，指压缩机在特定进口状态下的排气量，常用单位 m^3/min、m^3/h。

(2) 额定排气压力 [p_d]

即为压缩机铭牌上标注的排气压力，常用单位 MPa、bar。

往复式压缩机排气压力的高低不取决于机器本身，而是由压缩机排气系统的压力，即背压决定。压缩机可以在排气压力以内的任何压力下工作。如果强度和排气温度允许，压缩机也可以在超出排气压力的状况下工作。

(3) 排气温度 T_d

往复式压缩机的排气温度可按绝热压缩由式(28-15) 计算。

$$T_{dj}=T_{sj}\varepsilon_j^{\frac{k-1}{k}} \quad (28\text{-}15)$$

式中 ε_j——j 级的压力比，$\varepsilon_j=p_{dj}/p_{sj}$；

T_{sj}——往复式压缩机 j 级的进气温度，K；

k——绝热指数。

考虑到积炭和安全运行的需要，需对往复式压缩机的排气温度有所限制。对于分子量小于或等于 12 的介质，终了排气温度不超过 135℃；对乙炔、石油气、湿氯气，终了排气温度不超过 100℃。其他气体建议不超过 150℃。

(4) 容积系数 λ_v

活塞工作时气缸存在着余隙容积，存留的高压气体膨胀使气缸进气量减少了 ΔV。实际气体的容积系数可按式 (28-16) 计算。

$$\lambda_v=1-a\left(\frac{Z_s}{Z_d}\varepsilon^{\frac{1}{m}}-1\right) \quad (28\text{-}16)$$

式中 a——相对余隙容积，无实际数据时，可参见表 28-3；

Z_s，Z_d——进、排气状态下的压缩系数；

ε——压力比，$\varepsilon=p_d/p_s$；

m——多方膨胀系数，见表 28-4。

表 28-3 相对余隙容积

压力/bar	<10	10～100	100～1000	>1000
相对余隙容积 a	0.07～0.12	0.09～0.14	0.11～0.16	可达 0.25

注：1bar=10^5Pa，下同。

表 28-4 多方膨胀系数 m

进气压力(绝)/bar	多方膨胀系数 m
<1.5	$M=1+0.5(k-1)$
1.5～4	$m=1+0.62(k-1)$
4～10	$m=1+0.75(k-1)$
10～30	$m=1+0.88(k-1)$
>30	$m=k$

(5) 排气系数 λ_d

可按式 (28-17) 计算。

$$\lambda_d=\lambda_v\lambda_p\lambda_t\lambda_1 \quad (28\text{-}17)$$

式中 λ_v——容积系数；

λ_p——压力系数，第一级取 $\lambda_p=0.95$～0.98，第二级取 $\lambda_p=0.98$～1，第三级及以上取 $\lambda_p=1$；

λ_t——温度系数，由图 28-8 查取；

λ_1——泄漏系数，一般取 $\lambda_1=0.9$～0.98，对于多级压缩机，一般前面级取较小值，后面级取较大值；低转速、高压、无油润滑压缩机取较小值，高转速、低压压缩机取较大值；低密度、低黏度气体，如石油气、氢气等，也宜取较小值。

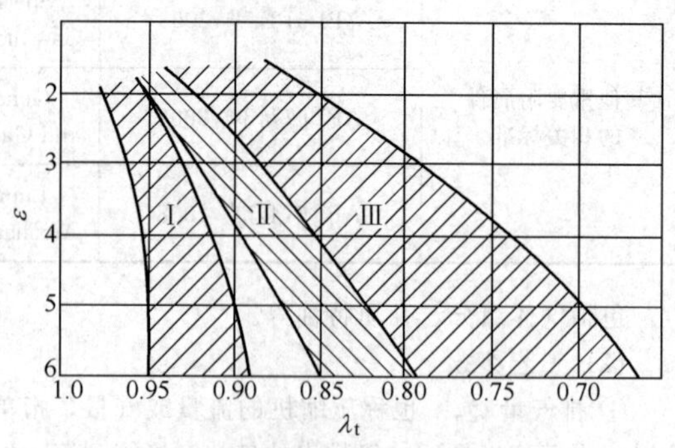

图 28-8 温度系数与压力比的关系

Ⅰ区适用于双原子气体，大中型压缩机取较大值，小型压缩机取较小值；对于多双原子气体，取较大值；对于高转速压缩机取较大值，低转压缩机速取较小值；对于氢气、氮气等热导率大的气体，取较小值。Ⅱ区适用于气缸不冷却的制冷机，进气阀在活塞顶上者取较大值，一般取较小值。Ⅲ区适用于进气温度低于－25℃的制冷机

(6) 活塞力

往复式压缩机中，活塞受到的作用力有气体力、惯性力、摩擦力等。由于活塞在止点处所受到的气体力最大，因此直接将这时的气体力称为活塞力，并按公称活塞力的大小来制定往复式压缩机的系列。当活塞杆受拉时，活塞力为正；当活塞杆受压时，活塞力为负。

(7) 级数

大中型往复式压缩机以省功原则选择级数，通常情况下其各级压力比 $\varepsilon_j\leqslant 4$。

往复式压缩机在大气压进气时，不同排气压力下的级数 m 见表 28-5，按等压力比分配原则，可求得平均压力比 ε_m。

$$\varepsilon_m=\sqrt[m]{\varepsilon} \quad (28\text{-}18)$$

多级压缩机，一般取第一级 $\varepsilon_1=(0.9$～$0.95)\varepsilon_m$，末级 $\varepsilon_n=(0.75$～$0.9)\varepsilon_m$。

对排气有限制的气体，可先确定排气温度，再根据进气、排气温度算出压力比，最后确定级数。

表 28-5 不同排气压力下的级数 m[①]

排气压力/bar	3～10	6～60	14～150	36～400	150～1000	800～1500
级数 m	1	2	3	4	5,6	7

① 往复式压缩机在大气压进气时。

(8) 功率

① 绝热功率 N_{ad} 级的绝热功率 N_{adj} 按式(28-19) 计算。

$$N_{adj}=1.634p_{sj}V_j\frac{k}{k-1}(\varepsilon_j^{\frac{k-1}{k}}-1)\frac{Z_{sj}+Z_{dj}}{2Z_{sj}}\quad \text{kW} \quad (28\text{-}19)$$

式中　p_{sj}——往复式压缩机 j 级的进气压力（绝），bar；

V_j——j 级的进气容积，m^3/min；

ε_j——j 级的压力比，$\varepsilon_j = p_{dj}/p_{sj}$；

k——绝热系数；

Z_{sj}，Z_{dj}——j 级的进排气状态下的压缩系数，但压力小于 20bar 时，可认为 $\frac{Z_{sj}+Z_{dj}}{2Z_{sj}}=1$。

往复式压缩机的绝热功率为各级绝热功率 N_{adj} 的总和，即

$$N_{ad} = \sum_{j=1}^{n} N_{adj} \tag{28-20}$$

② 指示功率 N_{id} 和轴功率 N_{sh}　各级的指示功率 N_{idj} 按式（28-21）计算。

$$N_{idj} = 1.634 p_{sj} V_{hj} \lambda_{vj} \frac{k}{k-1} (\varepsilon_j'^{\frac{k-1}{k}} - 1) \frac{Z_{sj}+Z_{dj}}{2Z_{sj}} \quad kW \tag{28-21}$$

式中　p_{sj}——往复式压缩机 j 级的进气压力（绝），bar；

V_{hj}——第 j 级的行程容积，m^3/min；

ε_j'——第 j 级气缸内实际的压力比，$\varepsilon_j' = p'_{dj}/p'_{sj}$；

p'_{dj}（p'_{sj}）——第 j 级气缸内实际的排气压力（进气压力）（绝），$p'_{dj} = p_{dj}(1+\delta_d)$，$p'_{sj} = p_{sj}(1-\delta_s)$，$\delta_d$、$\delta_s$ 值由图 28-9 查取，bar；

λ_{vj}——第 j 级的容积系数；

k——绝热系数；

Z_{sj}，Z_{dj}——第 j 级进排气状态下的压缩系数，当压力小于 20bar 时，可认为 $\frac{Z_{sj}+Z_{dj}}{2Z_{sj}}=1$。

往复式压缩机的指示功率 N_{id} 为各级指示功率 N_{idj} 的总和，即

$$N_{id} = \sum_{j=1}^{n} Ni_{idj} \tag{28-22}$$

轴功率 N_{sh} 按式（28-23）计算。

$$N_{sh} = \frac{N_{id}}{\eta_m} \tag{28-23}$$

式中　η_m——往复式压缩机的机械效率，一般大中型压缩机 $\eta_m=0.9\sim0.95$，中型取低值，小型 $\eta_m=0.85\sim0.92$。

③ 绝热效率 η_{ad}　即为绝热功率与轴功率之比。

$$\eta_{ad} = \frac{N_{ad}}{N_{ah}} \tag{28-24}$$

绝热效率用于评价相同级数压缩机的经济性。往复式压缩机的绝热效率：大型 $\eta_{ad}=0.8\sim0.85$，中型 $\eta_{ad}=0.7\sim0.8$，小型 $\eta_{ad}=0.65\sim0.7$。迷宫压缩机的绝热效率：大中型 $\eta_{ad}=0.7\sim0.75$，小型 $\eta_{ad}=0.6\sim0.65$。

④ 驱动机的功率 N_d　一般至少取压缩机所需轴功率的 110%，即 $N_d \geqslant 110\% N_{sh}$。

3.4.3　往复式压缩机选型的基本原则

① 往复式压缩机机组应具备结构合理（尽可能采用一列一缸的布置型式）、选用材料适当、动力平衡性能良好（对大中型压缩机应优先采用对称平衡式）、振动小、噪声低、密封性能好及易损件寿命长等特点。

② 机组性能必须满足并能在规定的操作条件下连续安全运转。其使用寿命最少为 20 年且预期的不间断连续操作最少为 3 年。

③ 当买方要求气体无油时，应采用无油润滑压缩机。当买方提出气体中的油含量的限制值时，卖方应采取可靠的除油措施并给以详细说明。

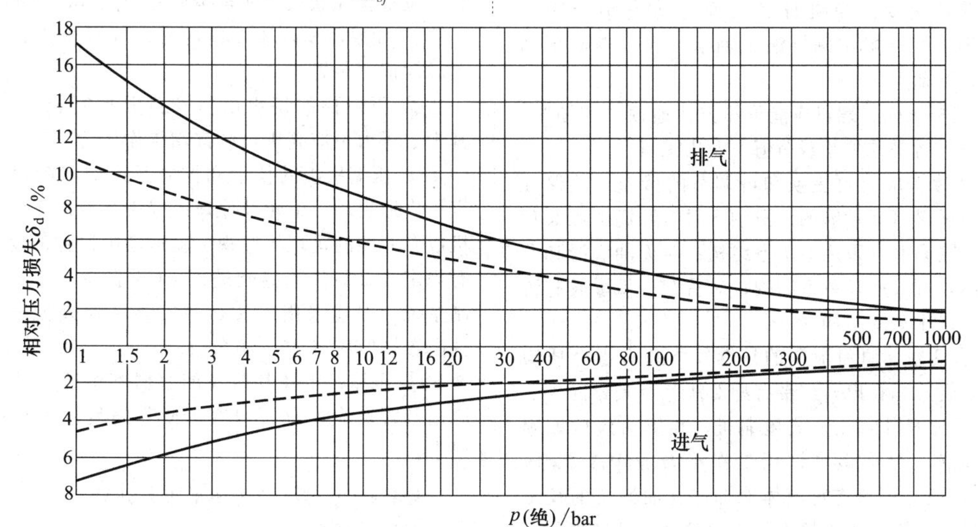

图 28-9　进排气相对压力损失参考值

气阀和管道阻力较小时，按图中虚线查取；气阀和管道阻力较大或小型高转速压缩机，按图中实线查取

④ 对无油润滑的压缩机，其活塞平均速度应适当降低（一般应小于3.6m/s）；对有油润滑的压缩机，其活塞平均速度也可根据成熟的使用经验由买卖双方协商确定。

⑤ 对压缩终了温度有限制的气体，必须设有超温报警和联锁，如对富氢介质，当介质的平均分子量小于或等于12时，终了排出温度不应超过135℃。当买方没有规定排出温度的限制值时，应由买卖双方协商确定，建议不超过149℃。

⑥ 当压缩机轴功率大于150kW时，应提供手动盘车装置。压缩机轴功率大于450kW，或许用活塞力大于160kN，或压缩机列数超过两列，应提供电动或者气动盘车装置。

⑦ 压缩机在任何规定的工况下，其活塞杆的最大许用连续负荷均应大于活塞杆的综合负荷。

⑧ 气缸的最高允许工作压力至少应超过其额定排出压力的10%，且至少应等于安全阀的规定设定压力。

⑨ 气阀可分为环状阀、网状阀和孔阀。环状阀结构简单，价格便宜。网状阀由Hoerbiger发明，结构复杂，寿命长，使用广泛。孔阀有蝶阀和菌状阀，多用于高压和超高压。

买方应根据介质和装置特点，和卖方一起精心选用合适的气阀型式和厂商，因为气阀的质量好坏直接影响到往复式压缩机的连续运转周期。

⑩ 活塞杆应与十字头和活塞可靠连接，其预紧力应是可控制的。活塞杆与填料的摩擦表面应做硬化处理，其硬度值不低于50HRC，表面粗糙度 $Ra=0.2\sim0.4\mu m$。

⑪ 机身应具有足够的刚度，曲轴箱应设有安全可靠的通气孔。

⑫ 主轴承和曲柄轴承应为薄壁滑动轴承，并可方便地进行更换。当机身名义额定功率小于等于150kW时，允许采用圆锥滚子轴承，但不得使用圆柱滚子和球轴承。

⑬ 连杆螺栓、螺母应能可靠方便地预紧和锁紧，卖方应提供需要的预紧载荷值及专用工具。

⑭ 十字头应有可更换和可调节的滑履，并保证十字头销和滑道有足够的润滑油。对有油润滑和非危险气体，隔离室可采用短单室结构；对无油润滑和非危险气体，可采用长单室结构；对易燃、易爆或有毒气体，应采用双室结构。

⑮ 从活塞杆填料泄漏的易燃气体和有毒介质应收集至总管，总管出口应带有配对法兰及其紧固件。

⑯ 无油润滑的往复式压缩机，其填料应以四氟乙烯为基体，气缸最高许用工作压力大于1.7MPa（表）时，应对填料进行液体冷却。有油润滑的往复式压缩机，采用四氟乙烯为基体的填料，且气缸最高许用工作压力大于3.5MPa(表）时，应对填料进行液体冷却。

⑰ 压缩机机身的润滑一般应采用强制润滑系统。其系统至少应包括带有粗过滤器的主辅油泵（可自动切换、油压可调)、油冷却器、双联可切换的油过滤器、必要的仪表和调节控制系统、供油和回油辅助系统等。

⑱ 对于普通的巴氏合金轴承，油过滤器的过滤精度至少为25μm。对于铝或微粒巴氏合金轴承，过滤器的精度至少为10μm。

⑲ 当油温高于27℃时，方可启动压缩机。在油温低于27℃的情况下，应在油箱外部装有可拆卸的蒸汽加热器或带有不锈钢外套的恒温控制浸入式电加热器，且应在规定的最低环境温度下，12h内能将油加热至27℃。

⑳ 气缸和填料函采用有油润滑时应采用单点单柱塞、油量可调的强制注入式注油器，注油器的每个润滑点均应有一个可观察的流动指示器。注油器应有满足30h正常流量的储油量。

㉑ 电动机铭牌功率至少应为压缩机在任何规定的操作条件下要求的最大功率（包括传动机构、联轴器的损失）的110%。

㉒ 联轴器应能满足最大扭矩及最大扭矩变化的要求。所有外露的旋转体（如联轴器、飞轮等）都应设置防护罩，当用于易燃易爆场合时，应采用无火花型防护罩。

㉓ 经买方同意后，方可使用V形皮带传动。

㉔ 级间气体冷却器如为管壳式，其管束应为可拆卸结构。

㉕ 对换热面积大于 $0.46m^2$ 的油冷却器，其管束应为可拆卸式，不允许使用U形弯管式。冷却液应走管程。

㉖ 气液分离器应设置安全可靠的排液系统。其高液位报警和联锁之间至少应有间隔5min的容量。

㉗ 如果需要，压缩机的每级气缸进出口均应设置脉动抑制装置。

㉘ 压缩机的每级出口管路上都应装设安全阀。其设定压力不应高于最高许用工作压力。

㉙ 压缩机组的仪表和控制系统应能确保机组安全可靠地启动、运转及停车。仪表和控制系统应随主机成套并能满足现场监视、就地集中监控的要求。如有规定，重要参数应能进入DCS监控。信号联锁控制系统一般应采用PLC，并安装在仪表盘内，其硬件配置一般应有20%的余量。

㉚ 压缩机组及其所属的容器和配管系统应进行脉动及管道应力分析研究，使其满足压缩机的运行要求。

3.4.4 往复式压缩机的工艺计算

(1) 手算实例

例1 现需一台氮气-氢气压缩机，具体参数如下。

气体各组分的体积分数　H_2 74.06%，N_2 24.74%，CH_4 0.9%，Ar 0.3%

该混合气体绝热指数　$k=1.41$

供气量　$Q_0=2250\text{m}^3/\text{h}$（干气）

进气压力（绝）　16bar

排气压力（绝）　321bar

进气温度　35℃

试用手算法估算该压缩机各级的排气温度及电动机功率。

解　估算过程如下。

(1) 级数

总压力比 $\varepsilon=p_d/p_s=321/16=20.06$。

选取 3 级压缩，等压力比分配，按式（28-18）计算，即

$$\varepsilon_m=\sqrt[3]{\varepsilon}=\sqrt[3]{20.06}=2.72$$

(2) 排气压力和排气温度

第 1、2 级压缩后的气体经级间冷却器充分冷却后进入下一级压缩，并设 $T_{s2}=T_{s3}=40$℃。各级的排气压力、排气温度按式（28-15）计算，其值见下表。

级数		压力/bar	气缸内实际压力/bar	温度/K	温度/℃
Ⅰ	进气	16	16(1−0.03)=15.5	308	35
	排气	43.5	43.5(1+0.055)=45.9	412	139
Ⅱ	进气	43.5	43.5(1−0.02)=42.6	313	40
	排气	118.3	118.3(1+0.04)=123	419	146
Ⅲ	进气	118.3	118.3(1−0.016)=116.4	313	40
	排气	321	321(1+0.025)=329	419	146

气缸内实际的排气压力、进气压力为

$$p'_{dj}=p_{dj}(1+\delta_d)$$

$$p'_{sj}=p_{sj}(1-\delta_s)$$

δ_d 和 δ_s 值查图 28-9。

(3) 各级压缩性系数

查相关的物性参数表，并按式（28-7）和式（28-8）计算混合气体的临界压力 p_c 和临界温度 T_c。由各级对比压力、对比温度查图 28-1～图 28-6，结果见下表。

级　数		对比压力 $p_r=p/p_c$	对比温度 $T_r=T/T_c$	压缩系数 Z
Ⅰ	进气	0.85	5.33	1.01
	排气	2.3	7.12	1.03
Ⅱ	进气	2.3	5.41	1.03
	排气	6.26	7.25	1.06
Ⅲ	进气	6.26	5.41	1.07
	排气	16.98	7.25	1.22

$p_c=y_i\,p_{ci}=13.2\times0.7406+34.6\times0.2474+47.3\times0.009+49.6\times0.003=18.91$ (bar)

$T_c=y_i\,T_{ci}=33.1\times0.7406+125.87\times0.2474+190.5\times0.009+150.6\times0.003=57.82$ (K)

(4) 容积系数 λ_v

各级气缸的膨胀系数可按表 28-4 计算，分别为

$$m_1=1+0.88(k-1)=1+0.88(1.41+1)=1.36$$

$$m_2=m_3=1.41$$

取相对余隙容积 $a=0.2$，按式（28-16）计算各级的容积系数分别为

$$\lambda_{v1}=1-0.2\left(\frac{1.01}{1.03}\times2.72^{\frac{1}{1.36}}-1\right)=0.791$$

$$\lambda_{v2}=1-0.2\left(\frac{1.03}{1.06}\times2.72^{\frac{1}{1.41}}-1\right)=0.805$$

$$\lambda_{v3}=1-0.2\left(\frac{1.07}{1.22}\times2.72^{\frac{1}{1.41}}-1\right)=0.843$$

(5) 排气系数 λ_d

第 1 级 $\lambda_p=0.96$，第 2 级 $\lambda_p=0.99$，第 3 级 $\lambda_p=1$；各级的 λ_t 均取为 0.93；第 1 级 $\lambda_l=0.94$，第 2 级 $\lambda_l=0.95$，第 3 级 $\lambda_l=0.96$。

按式（28-17）计算，可得

$$\lambda_{d1}=0.791\times0.96\times0.93\times0.94=0.664$$

$$\lambda_{d2}=0.805\times0.99\times0.93\times0.95=0.704$$

$$\lambda_{d3}=0.843\times1\times0.93\times0.96=0.753$$

(6) 各级的行程容积

① 各级的进气容积　按式（28-14）计算第 1 级进气容积

$$V_1=Q_N=Q_0\frac{p_0T_1}{(p_1-\varphi p_{s1})T_0}$$

$$=\frac{2250}{60}\times\frac{1.013}{16-0.05733}\times\frac{273+35}{273}=2.74(\text{m}^3/\text{min})$$

按式（28-11）计算第 2、3 级进气容积

$$V_2=\frac{p_{s1}}{p_{s2}}\times\frac{T_{s2}}{T_{s1}}\times\frac{Z_{s2}}{Z_{s1}}V_1$$

$$=\frac{16}{43.5}\times\frac{273+40}{273+35}\times\frac{1.03}{1.01}\times2.74=1.04(\text{m}^3/\text{min})$$

$$V_3=\frac{p_{s1}}{p_{s3}}\times\frac{T_{s3}}{T_{s1}}\times\frac{Z_{s3}}{Z_{s1}}V_1$$

$$=\frac{16}{118.3}\times\frac{273+40}{273+35}\times\frac{1.07}{1.01}\times2.74=0.40\ (\text{m}^3/\text{min})$$

② 各级的行程容积 V_h

$$V_{h1}=\frac{V_1}{\lambda_{d1}}=\frac{2.74}{0.664}=4.13\ (\text{m}^3/\text{min})$$

$$V_{h2}=\frac{V_2}{\lambda_{d2}}=\frac{1.04}{0.704}=1.48\ (\text{m}^3/\text{min})$$

$$V_{h3}=\frac{V_3}{\lambda_{d3}}=\frac{0.4}{0.753}=0.53\ (\text{m}^3/\text{min})$$

(7) 指示功率

按式（28-21）计算各级的指示功率 N_{idj}。

$$N_{id1}=1.634\times16\times4.13\times0.791\times\frac{1.41}{1.41-1}\times\left(2.96^{\frac{1.41-1}{1.41}}-1\right)$$

$$\times\frac{1.01+1.03}{2\times1.01}=113\ (\text{kW})$$

$$N_{\text{id2}}=1.634\times43.5\times1.48\times0.805\times\frac{1.41}{1.41-1}\times\left(2.89^{\frac{1.41-1}{1.41}}-1\right)$$

$$\times\frac{1.03+1.06}{2\times1.03}=109.4\ (\text{kW})$$

$$N_{\text{id3}}=1.634\times118.3\times0.53\times0.843\times\frac{1.41}{1.41-1}\times\left(2.83^{\frac{1.41-1}{1.41}}-1\right)\times$$

$$\frac{1.07+1.22}{2\times1.07}=114\ (\text{kW})$$

按式（28-22）计算往复压缩机指示功率 N_{id}。

$$N_{\text{id}}=\sum_{j=1}^{n}N_{\text{id}j}=113+109.3+114=336.3\ (\text{kW})$$

(8) 轴功率

取机械效率 $\eta_{\text{m}}=0.9$，轴功率 N_{sh} 可按式(28-23)计算。

$$N_{\text{sh}}=\frac{N_{\text{id}}}{\eta_{\text{m}}}=\frac{336.3}{0.9}=373.7\ (\text{kW})$$

(9) 电动机功率

取安全裕量系数为110%。

$N_{\text{d}}=110\%N_{\text{sh}}=1.1\times373.7=410.6\ (\text{kW})$

选用电动机的功率为420kW。

(2) 电算实例

例2 例题的已知条件和求解要求与手算实例相同，现用ASPEN PLUS工艺流程模拟计算软件进行计算。

(1) 主要输入数据见INPUT FILE，现加以简要说明。

5～7行：规定输入/输出单位。

8行：规定物料组成。

9、10行：规定物性计算方法和模型。

12～14行：规定进料流股。

16、17行：规定各模块的单元操作模型。

20～26行：采用多级压缩机计算模块MCOMPR进行计算，其中TYPE＝POS－DISP为多变正位移压缩机，PEFF为多变效率，取0.75；MEFF为机械效率，取0.95。

27、28行：要求输出报告输出绝热指数，以便和手算实例进行比较。

(2) 计算主要结果摘要如下，并作简要说明。

B1为采用的MCOMPR模块计算的输出报告，SYSOP2物性选择集采用Grayson-Streed状态方程，FREE－WATER＝YES是指进行游离水计算，使用缺省的ASME水蒸气表选择集SYSOP12来计算游离水相（本计算无游离水）。

在RESULTS一节可看出计算结果。

在PROFILE一节可以看出每一级的计算结果，同时给出了冷却器的热负荷。

STREAM SECTION列出了PFD所需的物料平衡数据（略）。

最后打印绝热指数（CPCVMX），该两个数据分别对应进、出口状态。

轴功率(BRAKE HORSEPOWER)为380.3kW，电算结果和手算实例1基本一致。

需要说明的是，压缩机的工艺计算均为估算，所有的数据除工艺条件外，都应以压缩机制造厂的最终数据为准，甚至包括工艺条件，也可能需根据压缩机制造厂返回的结果加以适当调整，如多级压缩的压缩比分配，制造厂根据压缩机的结构性能优化会提出修改工艺估算的压缩比，此时，压缩机每级的出口温度会有变化，将会引起段间换热器的热负荷变化，工艺设计人员必须调整整个工艺流程中相关的计算结果。一些有关压缩机本身的特性参数，如多变效率、指示功率、轴功率、电动机功率、额定工作点、最大能力等，都应以压缩机制造厂提供的数据为准。

INPUT FILE (S)

```
 5  IN－UNITS     MET PRES＝' KG/SQCM' TEMP＝C ENTHALPY－FLOW＝' KCAL/HR'
 6  OUT－UNITS  MET PRES＝' KG/SQCM' TEMP＝C ENTHALPY－FLOW＝' KCAL/HR' &
 7                      MASSFLOW＝' KG/HR'
 8  COMPONENTS   H2 H2/N2 N2/CH4 CH4/AR AR
 9  PROPERTIES     SYSOP2
10  SIM－OPTIONS  FREE－WATER＝YES
11
12  STREAM   11   TEMP＝35 PRES＝16.31 MOLE－FLOW＝100.45
13        Mole－FRAC   H2   74.06E－2/N2   24.74E－2/
14                          CH4   0.9E－2/AR   0.30E－2
16  FLOWSHEET
17        BLOCK B1 IN＝11 OUT＝22

20  BLOCK   B1   MCOMPR
21     PARAM   NSTAGE＝3 TYPE＝POS－DISP
```

```
22    FEEDS 11 1
23    PRODUCTS 22 3
24    COMPR-SPECS  1 PRATIO=2.71724 PEFF=0.75 MEFF=.95 CLFR=.2/
25                 2 PRATIO=2.71724 PEFF=0.75 MEFF=.95 CLFR=.2/
26                 3 PRATIO=2.71724 PEFF=0.75 MEFF=.95 CLFR=.2
27    COOLER-SPECS 1 TEMP=40/2 TEMP=40/3 DUTY=0
28  PROP-SET  SET1  CPCVMX  PHASE=V
29  STREAM-REPORT  STANDARD  PROPERTIES=SET1
30  REPORT INPUT
```

OVERALL FLOWSHEET BALANCE（略）

BLOCK：B1　　MODEL：MCOMPR

---

* * * INPUT DATA * * *

POLYTROPIC POSITIVE DISPLACEMENT COMPRESSOR

NUMBER OF STAGES　　3

COMPRESSOR SPECIFICATIONS PER STAGE

STAGE NUMBER	PRESSURE RATIO	MECHANICAL EFFICIENCY	POLYTROPIC EFFICIENCY	CLEARANCE FRACTION
1	2.717	0.9500	0.7500	0.2000
2	2.717	0.9500	0.7500	0.2000
3	2.717	0.9500	0.7500	0.2000

COOLER SPECIFICATIONS PER STAGE

STAGE NUMBER	PRESSURE DROP KG/SQCM	TEMPERATURE C
1	0.0000E+00	40.00
2	0.0000E+00	40.00

* * * RESULTS * * *

FINAL PRESSURE，KG/SQCM　　327.219

TOTAL WORK REQUIRED，KW　　381.672

* * * PROFILE * * *

COMPRESSOR PROFILE

STAGE NUMBER	OUTLET PRESSURE KG/SQCM	PRESSURE RATIO	OUTLET TEMPERATURE C
1	44.32	2.717	178.5
2	120.4	2.717	184.9
3	327.2	2.717	182.6

STAGE NUMBER	INDICATED HORSEPOWER KW	BRAKE HORSEPOWER KW	DISPLACEMENT	VOLUMETRIC EFFICIENCY
1	117.1	123.3	0.5589E-01	0.8060

2	120.5	126.8	0.2104E－01	0.8119
3	125.0	131.6	0.7919E－02	0.8270

COOLER PROFILE

STAGE NUMBER	OUTLET TEMPERATURE C	OUTLET PRESSURE KG/SQCM	COOLING LOAD KCAL/HR	VAPOR FRACTION
1	40.00	44.32	－.9710E＋05	1.000
2	40.00	120.4	－.1028E＋06	1.000

MIXED SUBSTREAM PROPERTIES:

＊＊＊ VAPOR PHASE ＊＊＊

CPCVMX 1.4150 1.4208

3.4.5 往复式压缩机的变工况计算

(1) 变工况对压缩机性能的影响

① 介质改变 当改变压缩气体使 k 值提高时，则会使容积系数 λ_v 增大、进气量增加、压缩功增大。对于多级压缩，若进排气压力不变，由于气量增加，使级的压力比改变，1级增加最大，逐级降低，末级反而减小。

压缩性系数不同时，排气量和功率稍有变化。

气体密度增大，阻力损失也大，排气量略有减少，功率稍有增加。

气体热导率增大，吸气过程加热气体，排气量稍微降低。

② 进气压力改变 进气压力降低，排气量减少。对多级压缩机末级压力比增大，排气温度升高；进气压力增大，则正好相反。进气压力改变，功率也变化；当设计压力比大于1.1(k＋1)时，进气压力降低，功率减少；但当设计压力比低于1.1(k＋1)时(如循环机)，进气压力降低，功率反而增加。

③ 排气压力改变 排气压力提高（进气压力不变)，多级压缩机主要末级压力比增大，各级压力比也微有上升，容积系数降低，排气量稍有减少而且功率大多是增加的；排气压力降低，情况相反，排气量稍有增加。

(2) 变工况复算

压缩机操作工况与设计工况有重大差异时，压力、排气温度、活塞力、流量、功率等就要产生变化，因此需要对压缩机进行复算。

通常是在已知压缩机的下列参数情况下，进行复算。

① 各级气缸行程容积和相对余隙容积。

② 各级进排气压力（中间分段，相应分段的排气、进气压力）和进气温度。

对理想气体，压缩机的各级常数 C_j 为

$$\frac{p_{sj}}{p_{s1}}\times\frac{T_{s1}}{T_{sj}}\times\frac{\lambda_{vj}}{\mu_{0j}}V_{hj}=C_j \tag{28-25}$$

式中 μ_{0j}——j 级的抽气系数，表示 j 级的进气容积 V_j 与第1级进气容积之比。

对实际气体，压缩机的各级常数 C_j 为

$$\frac{p_{sj}}{p_{s1}}\times\frac{T_{s1}}{T_{sj}}\times\frac{\lambda_{vj}}{\mu_{0j}}\times\frac{Z_{s1}}{Z_{sj}}V_{hj}=C_j \tag{28-26}$$

第一次近似计算各级进气压力

$$p_{sj}=\frac{p_{s1}V_{h1}}{V_{hj}} \tag{28-27}$$

计算得到的 C 值，其最小值与最大值应尽量接近，其精确度 B 应在式 (28-28) 范围内。

$$B=\frac{C_{min}}{C_{max}}=0.97\sim0.98 \tag{28-28}$$

B 值如低于式 (28-28) 范围，则应进行第二次复算。再次复算各级进气压力时，按式 (28-29) 进行。

$$p_{sj}'=\frac{p_{sj}}{2}\times1+\frac{C_1}{C_j} \tag{28-29}$$

用渐近法调整 C 值，直至 B 值达到要求。若差值太大，则要改变有关气缸直径或余隙容积。其改变值按下述确定。

$$V_{hj}'=V_{hj}\frac{C_1''}{C_j} \tag{28-30}$$

$$a_j'=a_j\frac{C_1''}{C_j} \tag{28-31}$$

式中 C_1''——第3次复算后的1级常数。

3.4.6 往复式压缩机的气量调节

(1) 管道调节

管道调节的调节方法如下。

① 进气管节流 在进气管安装节流阀，调节时逐渐关小阀的开启度，可连续调节。进气管节流常用于不频繁调节的中、大型压缩机装置中。

② 切断进气 将进气阀关闭，使排气量为零，压缩机空运转，功率消耗为额定工况的2%～3%。由于切断进气后使末级压力比增加，气缸内也出现真空，因此一般只用在动力用空气压缩机中。

③ 旁路调节 排气管通过旁路和进气管连接。调节时根据气量的需要，调节旁通阀的开度，使气体从旁路回流至进气管。该法可以获得气量的连续调节，操作简单，但经济性很差。一般可用于调节幅度小或不经常调节的场合。

(2) 连通补助容积

借助加大气缸余隙容积，使气缸的有效吸入容积减少，排气量降低。但连通的余隙容积足够大时，气缸的容积系数趋于零，若在第一级气缸连通，则压缩机的排气量为零。

(3) 顶开进气阀调节

顶开进气阀调节属于分级调节，对一级一缸单作用，气量调节为 0、100%；双作用气量调节为 0、50%、100%。一级两个双作用气缸，气量调节为 0、25%、50%、75%、100%。该方法调节经济性较好，但对于多级压缩机，由于受各级压力比及活塞力的限制，其调节范围有很大限制。特别是当进气阀行程部分被顶开时，阀片容易损坏，寿命短，故不经常采用。

(4) 转速调节

① 连续调节转速　内燃机和蒸汽机驱动的往复式压缩机可以连续调节转速，但使用场合很少。

② 间断停转调节　当采用转数不变速的交流电动机时，有时可以采用暂时停止压缩机运行的方法来调节气量，该方法一般需要配较大的储气罐，以便减少启动次数。该方法多用于小型或微型压缩机组。

工艺气往复压缩机的气量调节一般采用顶开进气阀或连通辅助容积的方法进行，也可将两者结合起来。除此以外，一般应再设置一定数量的旁路系统。其气量调节控制系统可以采用气控、电控、液控，操作可以自动、手动或程序控制。

3.4.7　往复式压缩机制造商

工业气往复式压缩机的制造商有沈阳鼓风机集团有限公司、沈阳远大压缩机股份有限公司、上海大隆机器厂有限公司、无锡压缩机股份有限公司等。

3.5　离心式压缩机

3.5.1　离心式压缩机的分类

按压缩机的结构型式，可分为单轴离心式压缩机和多轴齿轮式压缩机。

单轴离心式压缩机，只有一根主轴。根据气缸型式不同，可分为水平剖分型结构和筒型结构。水平剖分型结构装拆、维修方便，一般用于中低压；筒型结构采用垂直剖分结构，强度大、刚性好，对气体的密封性能好，用于高压。

多轴齿轮式压缩机，其驱动机先驱动大齿轮轴，然后大齿轮带动四周的多个小齿轮，每一小齿轮轴的两端各悬臂安装一个叶轮。多轴齿轮式压缩机与单轴离心式压缩机相比，其特点如下。

① 每级叶轮均有独立的蜗壳，能有效地回收动能。

② 每级叶轮均可以在最佳的转速下工作。

③ 每级叶轮均为轴向进气，毂径/外径比小，流动损失小，提高了级效率。

④ 级间设有气体冷却器，使压缩接近等温压缩。

⑤ 通常每级装设导叶，可扩大稳定工作范围，并提高部分负荷时的效率。

⑥ 每级可以单独拆装，便于维修和检验。

⑦ 在高压比和多种用途压缩机及膨胀机条件下，机组投资费用低。

与单轴离心式压缩机相比，缺点如下。

① 每一级均需采用密封，密封数量多。

② 级间冷却器数量多，布置复杂。

③ 轴承数量多，机械损失稍大。

目前多轴齿轮式压缩机的参数范围：进口流量小于等于 $300\times10^3\text{m}^3/\text{h}$，压力比小于等于 200，出口压力小于等于 20MPa。单轴离心式压缩机的参数范围参见图 28-7。

3.5.2　离心式压缩机的主要性能指标

(1) 额定排气量 $[Q]$、额定排气压力 $[p_d]$

其含义与往复式压缩机相同。离心式压缩机排气压力的高低由机器本身和管网共同决定。

(2) 排气温度 T_d

可按多变压缩过程由式 (28-32) 计算。

$$T_{dj}=T_{sj}\,\varepsilon_j^{\frac{m_j-1}{m_j}} \tag{28-32}$$

式中　T_{sj}——离心式压缩机 j 段的进气温度，K；

ε_j——j 段的压力比，$\varepsilon_j=p_{jd}/p_{js}$；

m_j——j 段的多变指数。

(3) 段的多变指数

段的多变指数可按式 (28-33) 计算。

$$m_j=\frac{\dfrac{k_j}{k_j-1}\eta_{p_j}}{\dfrac{k_j}{k_j-1}\eta_{p_j}-1} \tag{28-33}$$

式中　k_j——j 段的平均绝热指数；

η_{pj}——j 段的平均多变效率，可由图 28-10 查得。

(4) 段数

空气压缩机压力比与段数的关系见表 28-6。对排气有限制的气体，可先选定排气温度，再根据进气、排气温度算出压力比，最后确定段数。

表 28-6　空气压缩机压力比与段数的关系

压力比	3.5～5	5～9	10～20	20～35
段数	1	2～3	3～5	4～7

(5) 能量头

离心压缩机的能量头相当于泵的扬程，可按多变过程计算如下。

$$h_p=\frac{m}{m-1}ZRT_1\left[\left(\frac{P_d}{P_s}\right)^{\frac{m-1}{m}}-1\right] \tag{28-34}$$

式中　h_p——多变能量头，(kg·m)/kg；

Z——压缩系数；

R——气体常数，kg·m/(kg·K)。

(6) 马赫数

马赫数是气体速度和气体音速的比值，可由式

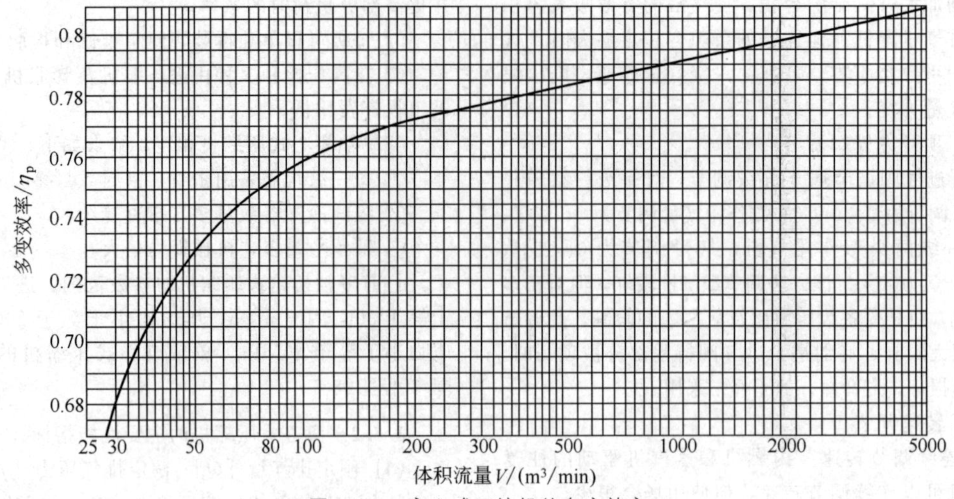

图28-10　离心式压缩机的多变效率

(28-35) 计算。

$$M_h=\frac{u_2}{\sqrt{gkRT_s}} \tag{28-35}$$

式中　M_h——马赫数，无量纲；

u_2——叶轮圆周速度，m/s；

k——气体绝热指数；

g——重力加速度，$g=9.81\text{m/s}^2$；

R——气体常数，kg·m/(kg·K)；

T_s——气体入口温度，K。

以上两个参数是离心式压缩机设计的重要参数。

(7) 功率

① 离心式压缩机的理论功率

a. 段的理论功率 N_j　按式 (28-36) 计算。

$$N_j=\frac{1.634p_{sj}V_j\frac{m}{m-1}\left[\varepsilon_j^{\frac{m-1}{m}}-1\right]}{\eta_{pj}}\frac{Z_{sj}+Z_{dj}}{2Z_{sj}}\quad \text{kW} \tag{28-36}$$

式中　p_{sj}——离心压缩机 j 段的进气压力(绝)，bar；

V_j——j 段的进气容积，m³/min；

ε_j——j 段的压力比，$\varepsilon_j=p_{jd}/p_{js}$；

m——多变指数；

η_{p_j}——j 段的平均多变效率，可由图28-10查得；

Z_{sj}，Z_{dj}——j 段的进排气状态下的压缩系数，当压力小于20bar时，可认为$\frac{Z_{sj}+Z_{dj}}{2Z_{sj}}=1$。

b. 离心式压缩机的理论功率　为各段理论功率 N_j 的总和，由式 (28-37) 计算。

$$N=\sum_{j=1}^{n}N_j \tag{28-37}$$

② 离心式压缩机的轴功率 N_{sh}，按式 (28-38) 计算。

$$N_{sh}=\frac{N}{\eta_m\eta_c}\quad \text{kW} \tag{28-38}$$

式中　η_m——机械效率，$N>2000$kW时 $\eta_m=97\%\sim98\%$，$N=1000\sim2000$kW时 $\eta_m=96\%\sim97\%$，$N<1000$kW时 $\eta_m=94\%\sim96\%$；

η_c——传动效率，直联 $\eta_c=1$，齿轮传动 $\eta_c=0.93\sim0.98$。

③ 驱动机功率 N_d　一般至少取压缩机所需轴功率的110%，即

$$N_d\geqslant110\%N_{sh} \tag{28-39}$$

3.5.3　离心式压缩机选型的基本原则

① 卖方应根据给定气体组分核算比热容、压缩系数及其他压缩机设计所需的气体物性参数等。

② 机组性能必须满足并能在规定的操作下连续安全运转。其使用寿命最少为20年且预期的不间断连续操作最少为5年。

③ 对于变转速压缩机，卖方应保证额定工况下的流量和压头无负容差，轴功率容差在+4%～0之间。对于定转速压缩机，卖方应保证额定工况下的流量无负容差，压头容差为正常操作点压头+5%～0，轴功率容差为保证点+7%～0。

④ 压缩机的压力-流量的性能曲线从额定点到喘振点应连续上升。

⑤ 机壳的设计压力至少应等于最高吸入压力与跳闸转速时所有规定工况条件的最恶劣的组合条件下操作压缩机可能产生的最大升压之和，或等于买方规定的安全阀设定值。

⑥ 除非另有规定，当压力超过3.923MPa(表)时或当氢分压超过1.38MPa(表)时，机壳应为垂直剖分结构。

⑦ 所有内部密封处都应设置可更换的迷宫密封元件，以减少内部泄漏量。优先选用静止式易更换的

迷宫密封。

⑧ 在所有规定的运行条件范围内，包括启动和停车，轴封应能防止工艺气体向大气泄漏或密封介质向压缩机内泄漏。密封应适应启动、停车和买方规定的各种其他特殊运行时进口条件的变化。

⑨ 轴封和轴套应便于检查和更换，且不必拆卸轴向剖分的上机壳或径向剖分的端盖。

⑩ 轴封可以采用迷宫密封、碳环密封、机械密封（接触型）、液膜密封和干气密封等。干气密封除另有说明外，应采用串联密封。当需要注入缓冲气时，卖方应提供与此有关的部分设施。

⑪ 轴承应采用压力润滑。径向轴承应是套筒式或可倾瓦式，水平剖分结构，钢质壳体带可更换的衬里或瓦块。止推轴承应是可倾瓦式，能承受两个方向的轴向推力。

⑫ 卖方应对压缩机及压缩机-驱动机机组进行临界转速分析。如临界转速与操作转速的隔离裕度不满足标准中的规定值时，转子应进行高速动平衡试验。

⑬ 卖方应对压缩机-驱动机机组的各组件进行扭转分析，其共振频率与操作转速的间隔应符合相关标准要求。

⑭ 转子的主要部件，如叶轮、轴、联轴器、齿轮、平衡盘等都应分别单独进行动平衡。

⑮ 润滑和密封油系统应符合 API 614 最新版次的要求。油系统应包括油箱、脱气槽、高位槽、泵、过滤器、冷却器、压力表、阀及调节阀的阀体和阀盖等设备。从过滤器出口到压缩机和驱动机机组的供油管应采用不锈钢管。

⑯ 主油泵应由单独的汽轮机驱动，还应设置一台由单独的电动机驱动的全流量和压力的辅助油泵。一旦主油泵出现故障或由于其他原因引起压力降，辅助油泵应能自动启动。

⑰ 油箱容量应满足在最低操作液位下保持 8min 的正常供油量。在油箱外部应设置可更换的蒸汽加热盘管。油箱应有排气孔，以防超压。

⑱ 油过滤器应是全流量双联型油过滤器，过滤精度不低于 10μm。配有连续工作的切换阀。在设计温度和流量下，清洁的油过滤器滤芯压力降不应超过 0.035MPa。

⑲ 油冷却器应采用双联型油，并联配管，带连续工作的切换阀。冷却水应在管侧。清洁的水侧的压力降不应超过 0.103MPa，且油压应高于冷却水压力。

⑳ 对于油膜密封型压缩机，应设置碳钢制密封油高位槽。槽的尺寸应满足：高于低液位报警的容量可供 2min 正常油封流量，并包括从低液位报警到跳闸期间 3min 的流量，另加至少 10min 的停车过程需要的流量。如用户要求或所有润滑油泵都由电动机驱动，又无一与不间断电源相连，压缩机组应设置润滑油高位油槽。

㉑ 电动机或汽轮机驱动的机组，驱动机的铭牌额定值按能连续输出的最大功率计，至少应为压缩机额定轴功率（包括传动损失）的 110%。

㉒ 对于燃气轮机驱动的机组，在现场额定条件下，燃气轮机的最大连续输出功率，原则上，至少应是压缩机设计轴功率（包括传动损失）的 110%。

㉓ 齿轮箱应符合 API 613 的要求，其额定值至少应为被驱动压缩机的额定功率的 110%。

㉔ 联轴器应符合 API 671 标准的规定。联轴器与轴连接处应能在最大预期扭矩的 175% 和所有操作转速中预期最大传递扭矩的 115% 条件下连续使用。

3.5.4　离心式压缩机的特性和操作性能

(1) 稳定工况区域

如图 28-11 所示为离心式压缩机的性能曲线，图中喘振工况线和堵塞工况线之间的区域称为稳定工况区域。离心压缩机的级数越多或者转速越高，性能曲线就越陡，稳定工况区域就越窄。

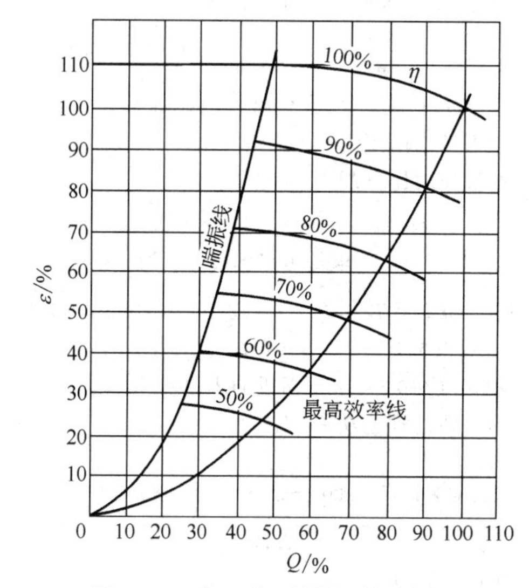

图 28-11　离心式压缩机的性能曲线

(2) 离心式压缩机的串联和并联

① 离心式压缩机的串联　两台压缩机串联时，其性能曲线由同一质量流量下的压力比叠加而得。

② 离心式压缩机的并联　两台压缩机并联时，其性能曲线由同一压力比下的质量流量叠加而得。

当一台主压缩机压力不能满足要求时，可以考虑在主压缩机前增设一台增压机，并应充分考虑主压缩机的耐压以及主压缩机、增压机之间的匹配。

当一台主压缩机流量不能满足要求时，可以考虑使用串联或并联操作。主要应综合考虑两者的匹配、性能、操作特点和费用等，才能做最终决定。

3.5.5　离心式压缩机的工艺计算

(1) 手算实例

例 3　某一用于催化裂化气的离心式压缩机，其进口流量为 $220m^3/min$，压力（绝）为 1.15bar，温度为40℃，出口压力（绝）为9.5bar。试分别估算一段压缩和两段压缩的排气温度及轴功率。

解　由工艺数据得知，该气体的绝热指数$K=1.130$。

由图28-10，查得$\eta_p=0.773$。

按式（28-33），计算多变指数$m=1.175$。

压缩比$\varepsilon=9.5/1.15=8.26$。

① 一段压缩　按式（28-32），求得出口温度T_d为

$$T_d=T_s\varepsilon^{\frac{m_j-1}{m_j}}=(273+40)\times 8.26^{\frac{1.175-1}{1.175}}$$
$$=429(K)=156(℃)$$

按式（28-36）求压缩机的理论功率N。

$$N=\frac{1.634\times 1.15\times 220\dfrac{1.175}{1.175-1}\times\left(8.26^{\frac{1.175-1}{1.175}}-1\right)}{0.773}$$
$$=1330\ (kW)$$

取传动效率$\eta_c=0.93$，机械效率$\eta_m=96\%$。按式（28-38）求压缩机的轴功率N_{sh}为

$$N_{sh}=\frac{N}{\eta_m\eta_c}=\frac{1330}{0.93\times 0.96}=1490\ (kW)$$

② 两段压缩　气体经第一段压缩后，经冷却器冷却进入第二段压缩（$T_{s2}=T_{s1}$）。

按等压力比分配

$$\varepsilon_1=\varepsilon_2=\sqrt{\varepsilon}=\sqrt{8.26}=2.88$$

按式（28-32）求得出口温度T_d为

$$T_{d1}=T_{d2}=T_s\varepsilon^{\frac{mj-1}{mj}}=(273+40)\times 2.88^{\frac{1.175-1}{1.175}}$$
$$=366\ (K)=93\ (℃)$$

按式（28-36）求压缩机的理论功率N。

第一段的理论功率N_1为

$$N_1=\frac{1.634\times 1.15\times 220\dfrac{1.175}{1.175-1}\times\left(2.88^{\frac{1.175-1}{1.175}}-1\right)}{0.773}$$
$$=610\ (kW)$$

第二段的理论功率N_2为

$$N_2=N_1=610kW$$

压缩机的理论功率N为

$$N=N_1+N_2=1220kW$$

取传动效率$\eta_c=0.93$，机械效率$\eta_m=96\%$。按式（28-38）求得压缩机的轴功率N_{sh}为

$$N_{sh}=\frac{N}{\eta_m\eta_c}=\frac{1220}{0.93\times 0.96}=1366\ (kW)$$

由上述计算可见，压缩机段数增加，压缩机的排气温度、功耗都下降。

(2) 电算实例

例4　某乙烯装置裂解气压缩机的工艺计算。其工艺条件见INPUT FILE，试计算包括压缩机的出口温度、功率在内的所有工艺物料平衡和热量平衡数据。

解　工艺流程简解如下。裂解气由压缩机第一段吸入罐进入，经五段压缩到37.76kgf/cm²（1kgf/m² = 0.098MPa)(绝)，每段均有中间冷却器，且冷却后可能有相变，需分离出液相，段间还有进料，第三段出口进入碱洗，除去酸性气体，工艺流程如下图所示。

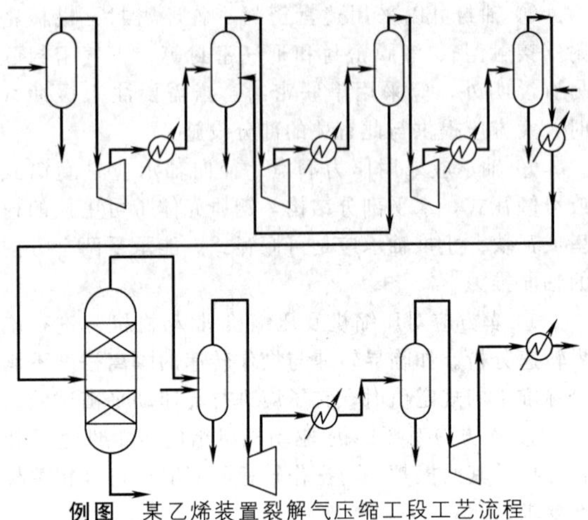

例图　某乙烯装置裂解气压缩工段工艺流程

这是一个复杂压缩系统计算，由于涉及多组分的相平衡，手算不仅费时，而且无法保证计算精度，所以目前均采用软件进行电算。

电算软件仍以ASPEN PLUS为例，仅列出输入、输出文件的主要内容，并加以简要说明，前例已说明的不再重复。

输入文件

23行：游离水单独计算。

24～27行：重组分160C通过规定160C的分子量和正常沸点，来引入用户定义的虚拟组分。

94～101行：碱洗塔的简化计算模块。

每级压缩机的模块选用COMPR模块，而没有选用多级压缩模块MCOMPR，主要原因是计算过程中调节参数比较方便。

其中：PARAM语段是压缩机的参数选择。TYPE＝POLYTROPIC规定了此压缩机以多变压缩机模型进行计算，PEFF为多变效率。

计算结果主要摘录了每级压缩机的计算结果，换热器计算结果略。最终列出了物流表中的一小节，略去了大部分，物流表中列出的数据可直接用于PFD。

经计算，一段出口温度为86.9℃，轴功率为3017kW；二段出口温度为84.3℃，轴功率为2875kW；三段出口温度为86℃，轴功率为2422kW。

```
INPUT FILE
  9   IN-UNITS    MET PRES=' KG/SQCM' TEMP=C ENTHALPY-FLOW=' KCAL/HR'
  10  OUT-UNITS MET PRES=' KG/SQCM' TEMP=C ENTHALPY-FLOW=' KCAL/HR' &
```

```
11                 MASSFLOW=' KG/HR'
12  COMPONENTS H2     H2        / CO      CO        / CO2      CO2       / N2   N2 /
13             H2O    H2O       / H2S     H2S       / CH4      CH4 /
14             C2H2   C2H2      / C2H4    C2H4      / C2H6     C2H6 /
15             C3H4A  C3H4-1    / C3H4B   C3H4-2    / C3H6     C3H6-2 /
16             C3H8   C3H8      / C4H6A   C4H6-3    / C4H6B    C4H6-2 /
17             C4H8   C4H8-1    / C4H10   C4H10-1   / C5H10    C5H10-2 /
18             C5H12  C5H12-1   / C6H12   C6H12-3   / C6H14    C6H14-1 /
19             C7H14  C7H14-7   / C7H16   C7H16-1   / C8H18    C8H16-16 /
20             C6H6   C6H6      / C7H8    C7H8      / C8H10A   C8H10-2 /
21             C8H10B C8H10-4   / C8H8    C8H8      / 160C
22  PROPERTIES SYSOP3
23  SIM-OPTIONS FREE-WATER=YES
24  PC-USER
25      PC-DEF API-METH 160C MW=130 NBP=160
29  STREAM 2504 TEMP=24.9 PRES=12.18 MASS-FLOW=7736
30      MOLE-FRAC H2    1.23E-2 / CO       .00E-2 / CO2       .0E-2 /
31                H2S    .0E-2 / CH4       11.64E-2/ C2H2     0.60E-2 /
32                C2H4   41.83E-2/ C2H6    10.15E-2 / C3H4A   1.29E-2 /
33                C3H4B  0.0E-2 / C3H6     21.24E-2 / C3H8    0.49E-2 /
34                C4H6A  4.20E-2 / C4H6B   .0E-2 / C4H8       4.98E-2 /
35                C4H10  .29E-2 / C5H10    1.27E-2 / C5H12    .0E-2 /
36                C6H12  0.03E-2 / C6H14   .0E-2 / C7H14      .05E-2 /
37                C7H16  .00E-2 / C8H18    .05E-2 / C6H6      0.37E-2 /
38                C7H8   0.01E-2 / C8H10A  0.00E-2 / C8H10B   .00E-2 /
39                C8H8   0.00E-2 /
40                160C   0.00E-2 /
41                H2O    0.27E-2
43  STREAM 2507 TEMP=42.4 PRES=1.67 MASS—FLOW=131950
44      MOLE-FRAC H2    13.30E-2 / CO      .17E-2 / CO2       .05E-2 /
45                H2S    .01E-2 / CH4      24.34E-2 / C2H2    0.46E-2 /
46                C2H4   29.78E-2 / C2H6   5.28E-2 / C3H4A    .70E-2 /
47                C3H4B  0.0E-2 / C3H6     10.09E-2 / C3H8    0.24E-2 /
48                C4H6A  2.62E-2 / C4H6B   .0E-2 / C4H8       2.86E-2 /
49                C4H 10 .14E-2 / C5H 10   1.21E-2 / C5H 12   .0E-2 /
50                C6H 12 0.39E-2 / C6H 14  .0E-2 / C7H 14     .20E-2 /
51                C7H 16 .00E-2 / C8H 18   .20E-2 / C6H6      1.92E-2 /
52                C7H8   1.00E-2 / C8H 10A 0.27E-2 / C8H 10B  .00E-2 /
53                C8H8   0.16E-2 /
54                160C   0.22E-2 /
55                H 20   4.39E-2
56  STREAM 5536 TEMP=15 VFRAC=1 MASS-FLOW=204
57      MOLE-FRAC H2    22.09E-2 / CO      .00E-2 / CO2       .0E-2 /
58                H2S    .0E-2 / CH4       29.24E-2 / C2H2    0.00E-2 /
59                C2H4   0.01E-2 / C2H6    0.19E-2 / C3H4A    .0E-2 /
60                C3H4B  0.0E-2 / C3H6     46.65E-2 / C3H8    1.82E-2
62  FLOWSHEET
63      BLOCK FA1201  IN=2507            OUT=2508
64      BLOCK COMP1   IN=2508            OUT=2511
65      BLOCK FA1202  IN=2511 2519       OUT=2515 2510 W3
67      BLOCK COMP2   IN=2515            OUT=2516
68      BLOCK FA1203  IN=2516            OUT=2518 2519 W1
```

```
69        BLOCK COMP3   IN=2518                  OUT=2522
70        BLOCK FA1204  IN=2522                  OUT=2524 2521 W2
71        BLOCK M1203   IN=2524 5536             OUT=2526
72        BLOCK DA1203  IN=2526                  OUT=2527 ACID
74        BLOCK FA1205  IN=2527 2504             OUT=2528 2529
75        BLOCK COMP4   IN=2528                  OUT=2530
76        BLOCK FA1206  IN=2530                  OUT=2534 2548
77        BLOCK COMP5   IN=2534                  OUT=2535
79        BLOCK FA1201 HEATER
80          PARAM PRES=1.65 TEMP=42.3
81        BLOCK COMP1 COMPR
82          PARAM TYPE=POLYTROPIC PRES=3.23 PEFF=0.824
83        BLOCK FA1202 FLASH2
84          PARAM PRES=3.12 TEMP=39
85        BLOCK COMP2 COMPR
86          PARAM TYPE=POLYTROPIC PRES=6.14 PEFF=0.83
87        BLOCK FA1203 FLASH2
88          PARAM PRES=6.11 TEMP=40
89        BLOCK COMP3 COMPR
90          PARAM TYPE=POLYTROPIC PRES=12.32 PEFF=0.855
91        BLOCK FA1204 FLASH2
92          PARAM PRES=11.75 TEMP=41
93        BLOCK M1203 MIXER
94        BLOCK DA1203 SEP
95          FRAC STRM=ACID COMPS=H2 CO CO2 H2O H2S CH4 C2H2 C2H4 C2H6 &
96                  C3H4A C3H6 C3H8 C4H6A C4H6B C4H8 C4H 10 C5H 10 C6H 12 &
97                  C7H 14 C8H 18 C6H6 C7H8 C8H 10A C8H 10B C8H8 160C &
98            FRACS=0 0 1 0 1 0 0 0 0 &
99              0 0 0 0 0 0 0 0 0 &
100             0 0 0 0 0 0 0 0 0 0
101           FLASH-SPECS 2527 VFRAC=1 PRES=10.77
103       BLOCK FA1205 FLASH2
104         PARAM PRES=10.93 TEMP=42
105       BLOCK COMP4 COMPR
106         PARAM TYPE=POLYTROPIC PRES=22.29 PEFF=0.831
107       BLOCK FA1206 FLASH2
108         PARAM PRES=21.14 TEMP=41
109       BLOCK COMP5 COMPR
110         PARAM TYPE=POLYTROPIC PRES=37.76 PEFF=0.773
```

```
BLOCK: COMP1   MODEL: COMPR
-----------------------------------------------
   INLET STREAM:              2508
   OUTLET STREAM:             2511
   PROPERTY OPTION SET:       SYSOP3  REDLICH-KWONG-SOAVE EQUATION OF STATE
   FREE WATER OPTION SET:     SYSOP12 ASME STEAM TABLE
   SOLUBLE WATER OPTION:      THE MAIN PROPERTY OPTION SET (SYSOP3).

                        * * * MASS AND ENERGY BALANCE * * *
                                     IN              OUT            RELATIVE DIFF.
   TOTAL BALANCE
      MOLE (KMOL/HR)              4782.13          4782.13          0.000000E+00
```

```
    MASS (KG/HR)                 131950.           131950.          0.000000E+00
    ENTHALPY (KCAL/HR)        -0.846821E+07     -0.587387E+07      -0.306363

                          * * * INPUT DATA * * *
  TYPE: POLYTROPIC CENTRIFUGAL COMPRESSOR
  OUTLET PRESSURE KG/SQCM                                          3.23000
  POLYTROPIC EFFICIENCY                                            0.82400
  MECHANICAL EFFICIENCY                                            1.00000

                          * * * RESULTS * * *

  INDICATED HORSEPOWER REQUIREMENT KW                            3,017.18
  BRAKE     HORSEPOWER REQUIREMENT KW                            3,017.18
  NET WORK, KW                                                  -3,017.18
   CALCULATED OUTLET TEMP C                                        86.8545
   OUTLET VAPOR FRACTION                                           1.00000
BLOCK: COMP2   MODEL: COMPR
------------------------------------------------
  INLET STREAM:              2515
  OUTLET STREAM:             2516
  PROPERTY OPTION SET:       SYSOP3   REDLICH-KWONG-SOAVE EQUATION OF STATE
  FREE WATER OPTION SET:     SYSOP12  ASME STEAM TABLE
  SOLUBLE WATER OPTION:      THE MAIN PROPERTY OPTION SET (SYSOP3).

                   * * * MASS AND ENERGY BALANCE * * *
                                   IN               OUT          RELATIVE DIFF.
ASPEN PLUS VER: PC-DOS REL: 9.2-1 INST: ASPENTEC 05/31/02 PAGE 12
                             YANGZI C2H4 PLANT
                            U-O-S BLOCK SECTION
BLOCK: COMP2   MODEL: COMPR (CONTINUED)
  TOTAL BALANCE
    MOLE (KMOL/HR)             4628.40          4628.40          0.000000E+00
    MASS (KG/HR)               124906.          124906.          0.233005E-15
    ENTHALPY (KCAL/HR)      -0.319506E+07     -722685.          -0.773812

                          * * * INPUT DATA * * *

  TYPE: POLYTROPIC CENTRIFUGAL COMPRESSOR
  OUTLET PRESSURE KG/SQCM                                          6.14000
  POLYTROPIC EFFICIENCY                                            0.83000
  MECHANICAL EFFICIENCY                                            1.00000

                          * * * RESULTS * * *
  INDICATED HORSEPOWER REQUIREMENT KW                            2,875.33
  BRAKE     HORSEPOWER REQUIREMENT KW                            2,875.33
  NET WORK, KW                                                  -2,875.33
  CALCULATED OUTLET TEMP C                                         84.3015
  OUTLET VAPOR FRACTION                                            1.00000

BLOCK: COMP3   MODEL: COMPR
------------------------------------------------
  INLET STREAM:              2518
```

```
OUTLET STREAM:           2522
PROPERTY OPTION SET:        SYSOP3   REDLICH-KWONG-SOAVE EQUATION OF STATE
FREE WATER OPTION SET:      SYSOP12 ASME STEAM TABLE
SOLUBLE WATER OPTION:       THE MAIN PROPERTY OPTION SET (SYSOP3).

                    * * * MASS AND ENERGY BALANCE * * *
                                 IN                  OUT           RELATIVE DIFF.
TOTAL BALANCE
    MOLE (KMOL/HR)              4515.64             4515.64            0.000000E+00
    MASS (KG/HR)                118811.             118811.           -0.244959E-15
    ENTHALPY (KCAL/HR)      -0.119351E+07        0.121197E+0.7      -1.98477

                          * * * INPUT DATA * * *

OUTLET STREAM:                  2535
PROPERTY OPTION SET:      SYSOP3   REDLICH-KWONG-SOAVE EQUATION OF STATE
FREE WATER OPTION SET:    SYSOP12 ASME STEAM TABLE
SOLUBLE WATER OPTION:     THE MAIN PROPERTY OPTION SET (SYSOP3).

                    * * * MASS AND ENERGY BALANCE * * *
                              IN            OUT           RELATIVE DIFF.
TOTAL BALANCE
    MOLE (KMOL/HR)           4568.08        4568.08        0.000000E+00
    MASS (KG/HR)             116157.        116157.        0.501111E-15
    ENTHALPY (KCAL/HR)      -43275.8       0.203955E+07    -1.02122

                          * * * INPUT DATA * * *

TYPE: POLYTROPIC CENTRIFUGAL COMPRESSOR
OUTLET PRESSURE KG/SQCM                                       37.7600
POLYTROPIC EFFICIENCY                                          0.77300
MECHANICAL EFFICIENCY                                          1.00000

                            * * * RESULTS * * *

INDICATED   HORSEPOWER REQUIREMENT KW                       2,422.29
BRAKE       HORSEPOWER REQUIREMENT KW                       2,422.29
NET WORK , KW                                              -2,422.29
CALCULATED OUTLET TEMP C                                      85.9574
OUTLET VAPOR FRACTION                                          1.00000
STREAM ID          2504          2507          2508          2510          2511
  FROM:            ------        ------        FA1201        FA1202        COMP1
  TO    :          FA1205        FA1201        COMP1         DW3           FA1202

  SUBSTREAM: MIXED
  PHASE:        MIXED           VAPOR         VAPOR         LIQUID        VAPOR
  COMPONENTS: KMOL/HR

    H2           2.8739        636.0235      636.0235      2.3111-02     636.0235
    CO           0.0             8.1296        8.1296      6.5717-04       8.1296
    CO2          0.0             2.3910        2.3910      3.0523-03       2.3910
    N2           0.0             0.0           0.0         0.0             0.0
```

H2O	0.6308	209.9355	209.9355	107.3832	209.9355
H2S	0.0	0.4782	0.4782	1.6611-03	0.4782
CH4	27.1973	1163.9709	1163.9709	0.3045	1163.9709
C2H2	1.4019	21.9978	21.9978	3.5827-02	21.9978
C2H4	97.7374	1424.1189	1424.1189	1.5728	1424.1189
C2H6	23.7158	252.4965	252.4965	0.4142	252.4965
C3H4A	3.0141	33.4749	33.4749	0.3245	33.4749
C3H4B	0.0	0.0	0.0	0.0	0.0
C3H6	49.6281	482.5171	482.5171	2.4092	482.5171
C3H8	1.1449	11.4771	11.4771	6.3850-02	11.4771
C4H6A	9.8134	125.2918	125.2918	3.7480	125.2918
C4H6B	0.0	0.0	0.0	0.0	0.0
C4H8	11.6359	136.7689	136.7689	2.2057	136.7689
C4H10	0.6776	6.6949	6.6949	0.1237	6.6949
C5H10	2.9674	57.8638	57.8638	2.8387	57.8638
C5H12	0.0	0.0	0.0	0.0	0.0
C6H12	7.0096-02	18.6503	18.6503	2.7505	18.6503
C6H14	0.0	0.0	0.0	0.0	0.0
C7H14	0.1168	9.5642	9.5642	4.0184	9.5642
C7H16	0.0	0.0	0.0	0.0	0.0
C8H18	0.1168	9.5642	9.5642	7.0602	9.5642
C6H6	0.8645	91.8169	91.8169	26.5210	91.8169
C7H8	2.3365-02	47.8213	47.8213	30.8645	47.8213
C8H10A	0.0	12.9117	12.9117	12.0136	12.9117
C8H10B	0.0	0.0	0.0	0.0	0.0
C8H8	0.0	7.6514	7.6514	7.2146	7.6514
160C	0.0	10.5206	10.5206	10.2494	10.5206
TOTAL FLOW:					
KMOL/HR	233.6306	4782.1319	4782.1319	222.1453	4782.1319
KG/HR	7736.0000	1.3195+05	1.3195+05	1.2340+04	1.3195+05
L/MIN	7080.4265	1.2663+06	1.2814+06	279.6831	7.4553+05
STATE VARIABLES:					
TEMP C	24.9000	42.4000	42.3000	39.0000	86.8545
PRES KG/SQCM	12.1800	1.6700	1.6500	3.1200	3.2300
VFRAC	0.9772	1.0000	1.0000	0.0	1.0000
LFRAC	2.2753-02	0.0	0.0	1.0000	0.0
SFRAC	0.0	0.0	0.0	0.0	0.0
ENTHALPY:					
CAL/MOL	3994.8863	-1769.7855	-1770.7775	-3.1870+04	-1228.2766
CAL/GM	120.6473	-64.1405	-64.1765	-573.7076	-44.5152
KCAL/HR	9.3334+05	-8.4635+06	-8.4682+06	-7.0798+06	-5.8739+06
ENTROPY:					
CAL/MOL-K	-27.2255	-16.9496	-16.9290	-56.6757	-16.6436
CAL/GM-K	-0.8222	-0.6142	-0.6135	-1.0202	-0.6032
DENSITY:					
MOL/CC	5.4994-04	6.2939-05	6.2199-05	1.3238-02	1.0691-04
GM/CC	1.8210-02	1.7366-03	1.7162-03	0.7353	2.9498-03
AVG MW	33.1121	27.5923	27.5923	55.5506	27.5923

3.5.6 离心式压缩机的性能换算

离心式压缩机的性能参数发生变化时，可按式(28-40)～式(28-43)进行性能参数的换算。

$$n'=n\sqrt{\frac{\frac{m'}{m'-1}Z_s'R'T_s'\left(\varepsilon'^{\frac{m'}{m'-1}}-1\right)}{\frac{m}{m-1}Z_sRT_s\left(\varepsilon^{\frac{m}{m-1}}-1\right)}} \quad (28\text{-}40)$$

$$\varepsilon'=\varepsilon^{\frac{m'}{m}} \quad (28\text{-}41)$$

$$Q'=\frac{n'}{n}Q \quad (28\text{-}42)$$

$$N'=\left(\frac{n'}{n}\right)^3\frac{\gamma_s'}{\gamma_s}N \quad (28\text{-}43)$$

式中 n，n'——原工况和现工况下压缩机的转速；

ε，ε'——原工况和现工况下的压力比；

Q，Q'——原工况和现工况下的排气量，m^3/h；

N，N'——原工况和现工况下的轴功率，kW；

m，m'——原工况和现工况下的多变指数，按式(28-33)计算；

T_s，T_s'——原工况和现工况下的进气温度，K；

Z_s，Z_s'——原工况和现工况进排气状态下的压缩性系数；

R，R'——原工况和现工况下的气体常数。

3.5.7 离心式压缩机的气量调节

(1) 改变转速

压缩机的转速改变后，流量会相应地发生变化，变化情况必然与管道特性有关。

采用该方法调速是最经济的，但一般用于驱动机是蒸汽透平或燃气轮机。用电动机作驱动机时，由于变速困难，一般在工业上不采用。

(2) 出口节流

在压缩机的出口处安装阀门，调节阀门的开度即可改变管道特性，进行调节流量。这种方法不经济，调节范围有限，并且不易得到管道特性曲线，所以一般仅在小范围流量调节中用。

(3) 进气节流

在压缩机的吸气管上安装调节阀门来调节流量。这种方法比出口节流操作稳定，调节范围更大，同时功耗较小，用电动机带动的压缩机常采用此方法调节流量。

(4) 旁路或放空调节

一般都作为防喘振用方法，否则功耗太大。

3.5.8 离心式压缩机的喘振及其控制

离心式压缩机发生喘振时，会引起压力和流量脉动，运转极不稳定，对机器的结构有很大损伤。多级离心式压缩机的喘振点见表28-7。

表28-7 多级离心式压缩机的喘振点

压缩机级数	喘振点
2～5	60%的额定流量
6	65%的额定流量
7	70%的额定流量
8	75%的额定流量
9	80%的额定流量

喘振控制就是当压缩机达到某一流量（接近喘振流量）时，机器会自动打开旁路阀或放空阀，以避免喘振的发生。离心压缩机允许的最小工作流量一般比喘振流量大5%～10%。

3.5.9 离心式压缩机制造商

工业离心式压缩机制造商有沈阳鼓风机集团有限公司，陕西鼓动力股份有限公司等。

3.6 轴流式压缩机

轴流式压缩机主要用于大流量、低压力比的场合，只适宜于输送干净气体。其流道内气流速度有亚音速、跨音速和超音速之分。动叶片进口气流相对马赫数从叶根到叶尖全部小于1为亚音速级；从叶根到叶尖全部大于1为超音速级；叶根处小于1，叶尖处大于1为跨音速级。石油化工行业通常采用亚音速轴流式压缩机。

3.6.1 轴流式压缩机的主要性能指标

基本同离心式压缩机。估算用的效率值及级数的估算方法如下。

(1) 效率

① 轴流式压缩机的多变效率η_p

亚音速级：$\eta_p=0.84\sim0.93$。

跨音速级：$\eta_p=0.80\sim0.89$。

② 多变效率η_p与绝热效率η_{ad}的换算关系

$$\eta_{ad}=\frac{\varepsilon_j^{\frac{k-1}{k}}-1}{\varepsilon_j^{\frac{m-1}{m}}-1}=\frac{\varepsilon_j^{\frac{k-1}{k}}-1}{\varepsilon_j^{\frac{k-1}{k\eta_p}}-1} \quad (28\text{-}44)$$

式中 ε_j——压力比，$\varepsilon_j=p_d/p_s$；

p_d，p_s——离心压缩机的排气压力及进气压力（绝压），bar；

k——绝热指数；

m——多变指数。

(2) 级数

轴流式压缩机的级数i按式(28-45)计算。

$$i=\frac{h_p}{h_{adm}} \quad (28\text{-}45)$$

式中 h_p——轴流式压缩机的总能量头h_p可按式(28-34)计算；

h_{adm}——级的平均能量头，$h_{adm}=1500\sim2500$kg·m/kg。

3.6.2　轴流式压缩机选型的基本原则

可参见离心式压缩机选型的基本原则。

3.6.3　轴流式压缩机的特性和操作性能

与离心式压缩机相比，轴流式压缩机的性能曲线很陡，喘振与堵塞之间的稳定工况区域很窄，气量调节和操作时应特别小心。其余基本同离心式压缩机。

3.6.4　轴流式压缩机的气量调节

可参见离心式压缩机的气量调节。轴流式压缩机的气量调节主要采用调节转速和静叶调节的方式。

所谓静叶调节就是利用旋转导叶调节叶片安装角来改变级的气流预旋速度，使气流流入动叶轮的相对速度方向，在流量改变时仍保持设计状态的方向，从而避免了气流的分离和喘振，扩大了稳定工况区，改善了变工况下压缩机的效率。

可调导叶和静叶调节流量范围为设计点的70%～125%。

3.6.5　轴流式压缩机的喘振及其控制

当轴流式压缩机在小流量区域工作时，叶片背面的气流会严重脱流，通道受到堵塞，机组发生喘振。

一般情况下，压缩比越高、级数越多以及进排气口气体流动不均匀的压缩机均容易发生喘振。对多级压缩机，发生在最后几级的喘振要比前几级发生的喘振更加危险。

喘振控制，就是当流量减少到喘振区时，能自动打开防喘振阀，避免喘振的发生。不喘振时又可自动继续运转。

除防喘振装置外，还有流量控制、防阻塞控制、气体排出压力控制、可调导叶和静叶定位控制，以及振动、油系统、冷却水系统的控制等。

3.7　螺杆式压缩机

螺杆式压缩机包含双螺杆压缩机和单螺杆压缩机。一般而言，螺杆式压缩机主要是指双螺杆压缩机（以下简称螺杆式压缩机）。螺杆式压缩机属于双轴回转容积式压缩机，主要通过阴阳转子的旋转，使得转子之间与壳体所形成的腔体产生容积的变化，实现对气体压缩。

螺杆式压缩机的作用原理与往复式压缩机相似，运行方式与离心式压缩机相似。因此，螺杆式压缩机的许多性能参数介于往复式压缩机和离心式压缩机之间（如转速和气量），具备了两者的许多优点。

与往复式压缩机比较：由于没有做往复运动的气阀和零件，因而工作可靠，使用寿命长；进排气均匀，不需要大容积的缓冲罐；相同吸气量的外形尺寸和金属用量大为减少；转子运行平稳，无不平衡力矩，因而不需要重型基础。

与离心式压缩机比较：没有喘振区；压力比和气体组分在大范围内变化时，螺杆式压缩机的吸气量和效率变化不大；无油螺杆压缩机对含尘带液的“脏湿气”和易聚合气体工作可靠，不会影响压缩机的特性；通过喷液方式，单级能够实现高压缩比。

螺杆式压缩机按工作方式又可分为喷油螺杆式压缩机和无油螺杆式压缩机，两者在主机结构、工作范围、调节方式存在显著的区别。

(1) 喷油螺杆压缩机

所谓的“油”是特指润滑油，包括矿物油和合成油。喷油螺杆式压缩机一般不设置同步齿轮，阳转子直接带动阴转子。转子的工作段和轴承处于同一个腔室，与压缩的气体直接接触。整机通常仅有一个轴封装置，一般设置在转子的伸出端。由于工作腔存在润滑油的润滑，部分喷油螺杆压缩机设置了滑阀调节机构。该机构能够对压缩机的吸气量和内压缩比进行无级调节，具有良好的调节节能性。

喷油螺杆式压缩机主要应用于较为洁净的气体压缩。常见的应用包括空气螺杆式压缩机、制冷螺杆式压缩机和部分工艺气螺杆式压缩机［例如闪蒸汽(BOG)螺杆式压缩机、沼气螺杆式压缩机、煤层气螺杆式压缩机等］。

目前，进口喷油螺杆式压缩机的吸气量最大在250m^3/min；排气压力最高可达10MPa（表压）；单级压比超过50。国产螺杆式压缩机的各项指标相对较低，绝大部分应用在150m^3/min以内、排气压力低于4.5MPa（表压）、单级压比小于20的场合。

润滑油在压缩机内部起到润滑、冷却、密封和降噪的作用。润滑油的选用是喷油螺杆压缩机选型的重要内容，在工艺气喷油螺杆压缩机中更为突出。通常需要考虑气体与润滑油之间的溶解性，以及润滑油的黏温特性。喷油螺杆压缩机的使用温度范围上限取决于润滑油的最低黏度和压缩机的内部间隙等，下限取决于气体的露点温度。

(2) 无油螺杆式压缩机

无油螺杆式压缩机阳转子不直接带动阴转子，主要是通过一对同步齿轮实现传动。阳转子和阴转子之间存在一定的间隙。整机设置四个轴封装置，将转子的工作段和轴承相互隔离。工艺气不与轴承直接接触，因此，润滑油与工艺气之间不会相互污染，通常采用普通的汽轮机油即可满足使用。工作段由于缺乏必要的润滑油，因此无油螺杆压缩机一般不设置滑阀调节机构。

无油螺杆式压缩机可分为干式无油螺杆式压缩机和湿式无油螺杆式压缩机。两者的结构大致相同，主要区别在于压缩机在工作时，是否往工作段内喷入一定量的冷却液。

① 干式无油螺杆式压缩机工作时无冷却液，排

气温度是干式无油螺杆式压缩机的重要指标。排气温度主要取决于气体的性质、进排气的压缩比和压缩机的效率。在较高的排气温度下，为了控制转子的热膨胀，防止压缩机的咬合，有时采用空心转子，并在空心部位注入润滑油进行冷却。同时，为了防止壳体温度不均造成变形，有时在壳体外部设置夹套，通入循环水进行壳体冷却。无论是转子注油或壳体通水，对压缩机的排气温度均影响甚微。

目前，常规的干式无油螺杆式压缩机最大吸气量可达 $1200m^3/min$，排气温度一般在150℃以内。部分高温的干式无油螺杆式压缩机的排气温度可达250℃。干式无油螺杆式压缩机的最高压比取决于气体性质和操作工况。一般绝热指数越低，气量越大，吸气温度越低，干式无油螺杆式压缩机所能达到的压比越大。例如，在压缩0℃的 C_4 气体时，干式无油螺杆式压缩机的单级压缩比可达6以上。而在压缩40℃的氢气时，干式无油螺杆式压缩机的单级压比一般不超过2.5。

② 湿式无油螺杆式压缩机工作时，直接往压缩机的工作段注入一定量的冷却液。冷却液与压缩机的气体直接接触，通过潜热和显热的方式吸收气体压缩过程产生的热量。通过控制冷却液的量可较好地控制压缩机的排气温度。这使得湿式无油螺杆式压缩更能适应工况和组分的波动。冷却液除了冷却作用外，还能够起到密封、降噪、冲洗和其他特殊功能（例如阻聚等)。

冷却液的选用是湿式无油螺杆压缩机选型的重要内容。通常，选用冷却液时需要考虑安全性、经济性、稳定性和无腐蚀性。常见的冷却液有水、柴油、石脑油、氨水、二乙苯、液态烃等。原则上，只要不对压缩机的转子和壳体造成腐蚀，均可作为冷却液。但从工艺的角度考虑，越来越多的方案倾向于采用原工质所含有的组分作为冷却液，以避免冷却液对工艺气产生污染，影响后续工艺分离。例如，丙烷闪蒸气(BOG) 压缩机，部分工艺为了避免润滑油对丙烷的污染，无法采用前述的喷油螺杆式压缩机。选型时通常采用两级的湿式无油螺杆压缩机，所选用的冷却液即为液态丙烷。

冷却液通常为循环使用，注入的冷却液经过压缩、冷却后分离（部分系统为分离后冷却），分离出的液体在进排气压差下，经过过滤和调节阀，循环进入压缩机的入口。冷却液的实际消耗量绝大部分为分离时的气化量。很多情况下，冷却液不但不消耗，反而增加需要外排。例如，焦炉煤气螺杆式压缩机，采用介质中的水作为冷却液。气体本身含有饱和水蒸气，经过压缩和冷却后，相当一部的饱和水蒸气将液化为液态水，经系统外排。

目前，湿式无油螺杆式压缩机的吸气量能够达到 $1200m^3/min$。进口机型的排气压力最高可达到5.0MPa（表压）。国产机型的排气压力也能够达到2.5MPa（表压）。单级压比最高可达11。排气温度大多控制在100℃以内。

3.7.1 螺杆式压缩机的主要性能指标

(1) 额定吸气量 [Q]

计算方法与往复式压缩机相同。

(2) 额定排气压力 [p_d]

计算方法与往复式压缩机相同。

(3) 压缩终了压力 [p_f]

螺杆式压缩机齿间容积与排气口连通之前，腔体的气体压力成为压缩终了压力。一般情况下，压缩终了压力越接近于排气压力，压缩机的效率越高，运行也越稳定。压缩终了压力可由式 (28-46) 计算。

$$p_f = p_s \varepsilon_v^m \tag{28-46}$$

式中 p_s——吸气压力；

ε_v——内容积比；

m——气体的多变指数。

(4) 排气温度 [T_d]

① 喷油螺杆式压缩机的排气温度 喷油螺杆式压缩机的排气温度受喷油量的控制。为了防止气体在压缩过程中产生液体，乳化润滑油，造成润滑不良，控制的排气温度一般需高于排气压力下的露点温度5～10℃。控制的排气温度一般不超过所需最低黏度下对应的最高油温。喷油螺杆式压缩机的压缩过程较为短暂，润滑油和压缩气体在短时间内难于实现充分换热。因此整个压缩过程仍然不能看做等温压缩，而是更接近于绝热压缩。实际润滑油和气体之间的换热过程往往发生在排气管道中。

喷油量的计算由压缩机的功率、被压缩气体的比热容、润滑油的比热容和气化特性共同决定的。

② 干式无油螺杆式压缩机的排气温度 可按多变压缩由式 (28-47) 计算

$$T_d = T_s \varepsilon_p^{\frac{m-1}{m}} \tag{28-47}$$

式中 T_s——吸气温度，K；

ε_p——外压力比，$\varepsilon_p = p_d/p_s$；

m——气体的多变指数。

③ 湿式无油螺杆式压缩机的排气温度 与喷油螺杆式压缩机的排气温度类似，主要由冷却液的喷入量控制。但与喷油螺杆式压缩机不同的是，湿式无油螺杆式压缩机的温度区间不受润滑油的影响。湿式无油螺杆式压缩机控制的排气温度下限主要受压缩机气液比的影响。通常情况下，喷液量越大，排气温度越低，压缩机的轴功率越大。控制的排气温度上限主要受压缩机内部间隙影响。

喷液量的计算与喷油螺杆式压缩机的喷油量计算相似。主要的区别为，部分冷却液的气化量比润滑油大，因此气化吸收的潜热远大于润滑油温升的显热。

(5) 多变指数

多变指数可按式（28-33）计算。

(6) 功率

① 螺杆式压缩机的绝热功率 P_{ad} 按式（28-18）计算，螺杆式压缩机的轴功率 N_{sh} 按式（28-23）计算。

② 螺杆式压缩机的绝热效率　低压力比，大气量，大分子量时，$\eta_{ad}=0.75\sim0.85$；高压力比，小气量，小分子量时，$\eta_{ad}=0.65\sim0.75$。

③ 驱动机功率 N_d　$N_d\geqslant110\%N_{sh}$

3.7.2　螺杆式压缩机选型的基本原则

① 卖方应根据给定气体组分核算比热容、压缩性系数及其他压缩机设计所需的气体物性参数等。当压缩气体为可燃、易爆、有毒有害气体时，螺杆式压缩机应优先考虑机组的安全性。

② 机组的设计应遵循 API 619 的规定；必须满足并能在规定的操作下连续安全运转；其使用寿命最少为 20 年且不间断连续操作最少为 3 年。

③ 卖方应保证额定工况下的流量和压头无负容差，轴功率容差在＋4％～0 之间。

④ 当螺杆式压缩机应用在高进排气压差的场合时，转子应采用整体锻造的加工方式，以提高转子的可靠性。

⑤ 大型湿式无油螺杆式压缩机应采用上部进气、下部排气的方式，防止压缩机出入口管道积液。

⑥ 低分子量、高排气压力的工况上，尽量采用径向剖分的结构，提高壳体的密封性。

⑦ 卖方应根据现场的公用工程条件制定合理的轴封方案。在所有规定的运行条件范围内，包括启动和停车，轴封应能防止工艺气体向大气泄漏或密封介质向压缩机内泄漏。密封应适应于启动、停车和买方规定的各种其他特殊运行时进口条件的变化。

⑧ 轴承的选择应根据 API 619 的规定进行。使用滚动轴承时，所设计的寿命应能满足要求。使用滑动轴承时，径向轴承应是套筒式或可倾瓦式，水平剖分结构，钢质壳体带可更换的衬里或瓦块。止推轴承应是可顷瓦块式，能承受两个方向的轴向推力。

⑨ 卖方应对压缩机及压缩机-驱动机组进行临界转速分析。如临界转速与操作转速的隔离裕度不满足标准中的规定值时，转子应进行高速动平衡试验。

⑩ 卖方应对压缩机-驱动机机组的各组件进行扭转分析，其共振频率至少应低于操作转速的 10％ 或高于脱扣转速的 10％。

⑪ 转动部件，如阴阳转子、联轴器、齿轮等都应分别单独进行动平衡。

⑫ 润滑和密封油系统应符合 API 614 的要求。

⑬ 电动机或汽轮机驱动的机组，驱动机的铭牌额定值按能连续地输出最大功率计，至少应为压缩机额定轴功率（包括传动损失）的 110％。

⑭ 齿轮箱应符合 API 613 的要求，其额定值至少应为被驱动压缩机的额定功率的 110％。

⑮ 联轴器应符合 API 671 的规定。

⑯ 卖方应采取必要的措施，降低螺杆式压缩机的噪声至规定值。通常可采用加装消音器或隔音罩的方式实现。

3.7.3　螺杆式压缩机的特性和操作性能

螺杆式压缩机的特性和操作性能见表 28-1。

3.7.4　螺杆式压缩机的气量调节

(1) 变转速调节

适用于可变速的驱动机，如变频电动机、汽轮机等。变转速调节具有良好的节能性。调节的范围主要取决于驱动机的变速范围。通常情况下，变频电动机范围为额定转速的 30％～100％，汽轮机范围为额定转速的 70％～100％。

(2) 停转调节

用暂停运转的方式调节气量，适用于间歇运行的工艺中，以及多机组运行或小型机组的场合。若压缩机的采用的是滑动轴承或干气密封，频繁启停将影响压缩机的使用寿命。

(3) 进气节流调节

在进气管安装节流阀，调节时逐渐关小阀的开启度，可连续调节。压缩机的内容积比在 2.5 以上，采用节流调节能够实现节能，且内容积比越大，调节的节能效果越明显；压缩机的内容积比在 2.0～2.5 时，采用节流调节功耗基本不变；压缩机的内容积比在 2.0 以下，采用节流调节将造成功耗增大，且内容积比越小，调节造成的功耗越大。常压的可燃易爆气体一般较少采用节流调节，防止空气内漏进入工艺系统，造成安全隐患。

(4) 切断进气

关闭进气阀，使排气量为零，压缩机空运转。这种调节方法，功率损失大大降低。但此法造成压缩机内部处于真空，因此一般只用在动力用空气压缩机中。

(5) 旁路调节

将压缩机排出的气体通过旁路调节阀返回至压缩机的入口。为了防止高温的排出气体引起压缩机入口温度的升高，一般需要设置旁路冷却器（部分系统采用先冷却后分离的工艺不需要设置）。旁路调节是一种耗能的调节方式，适用于低内压力比及压缩介质不允许与空气相混合的场合。

(6) 滑阀调节

通过控制滑阀的开度调节气量。其原理是使齿间容积在接触线从吸入端向排出端移动的前一段时间内仍与进气孔口相通，从而减少螺杆的有效轴向长度，以达到调节气量的目的。通常，喷油螺杆压缩机才设置滑阀调节机构，无油螺杆压缩机难于实现滑阀调节。滑阀能够实现无级调节，适用于工况频繁变化的场合，可调范围一般为15%～100%，但在50%以下时，滑阀调节的节能性较差。

国内主要工艺气螺杆式压缩机制造厂有上海大隆机器厂有限公司、中国船舶重工集团公司第七一一研究所、无锡压缩机股份有限公司等。

3.8 其他结构型式的压缩机

3.8.1 液环式压缩机

液环式压缩机利用密封液与偏心安装带叶片的转子所形成的密封腔体积的变化来压缩气体。由于使用液体密封，所以可用于被压缩气体夹带液体的工况。液环式压缩机的特点如下。

① 结构简单、使用方便。

② 气缸不需要润滑，可作为特殊用途的无油润滑压缩机。

③ 由于液体的充分冷却，排气温度很低。

④ 叶片扰动液体的能量损失很大，效率较低。其等温效率为0.30～0.45。

液环式压缩机性能参数示例参见表28-8。

表28-8 液环式压缩机性能参数示例

型号/参数	2BV/2BE系列	2BK系列	2BG系列	特殊设计
吸气量/(m^3/h)	10～2400	10～2400	10～1400	10～750
出口压力(绝压)/bar	2.3	3.5	8	13

注：本表为佶缔纳什机械有限公司产品性能参数。

液环式压缩机常用于高温下易于分解的气体，如乙炔、硫化氢、硫化碳等，也适合于高温时易于聚合的气体。此外由于气体不与气缸表面直接接触，故也适用于压缩具有腐蚀性的气体，如氯气等。

3.8.2 罗茨鼓风机

罗茨鼓风机在“8”字形的气缸内配置两个“8”字形的转子，通过一对同步齿轮的作用，使两个转子按一定传动比进行相反方向的旋转，在气缸两侧开有吸气和排气孔口。

转子的叶数多为两叶，也可以做成三叶或多叶。两个转子的叶数可以不相等，为便于制造，一般两个转子的叶数均相等，形状也相同。转子的形状有直叶与扭叶之分。

其压缩过程为等容压缩，功率消耗比活塞式压缩机增加很多，压力比越高，越不经济，只适用于低压比范围。此外罗茨鼓风机的噪声较大，需采取消声措施。

单级压力比$\varepsilon=1.2\sim1.7$，两级串联可大于2；容积效率为$\eta_v=0.7\sim0.9$，绝热效率$\eta_{ad}=0.55\sim0.75$。

3.8.3 通风机

通风机属于提升压力较低的机器，它通过叶片或叶轮的旋转来输送气体。一般它给予气体速度能或压头或两者兼有。它提升压力的能力一般在进出口间小于0.01MPa，而强力的通风机也不过0.02MPa。常用的通风机有离心式和轴流式两种，在石油化工生产的工艺流程中使用不多，有关其性能等可参阅其他著作和文献。

4 膨胀机械

4.1 工业汽轮机

工业汽轮机是指利用蒸汽来驱动泵、风机、压缩机等的汽轮机，如合成氨、乙烯装置中的离心压缩机、大型风机等大都采用汽轮机驱动。除了采用工业蒸汽锅炉生产的蒸汽外，化工装置还大量利用了工艺装置副产蒸汽，因此合理有效地对装置做蒸汽平衡、确定蒸汽参数，并选择恰当的工业汽轮机，能显著降低装置的能耗，提高经济效益。

国内生产工业汽轮机的厂家主要有杭州汽轮机股份有限公司、杭州中能汽轮动力有限公司和杭州大路实业有限公司、西安陕西鼓汽轮机有限公司、嘉利特荏原泵业有限公司。

4.1.1 工业汽轮机的分类

工业汽轮机的分类见表28-9。

4.1.2 汽轮机的选用参数和主要性能指标

汽轮机的选用参数有被驱动机械的功率和转速，进汽参数（温度、压力），按热力特性确定的汽轮机的类型，以及控制系统、调节和保安系统的要求等。

(1) 进汽参数

表28-9 工业汽轮机的分类

分类	形式	简要说明
按工作原理分	冲动式	蒸汽主要在喷嘴(或静叶栅)中进行膨胀
	反动式	蒸汽在喷嘴(静叶栅)和动叶栅中都进行膨胀(一般各膨胀50%)
	复速级	蒸汽在喷嘴(静叶栅)中膨胀并在两列以上的动叶栅中做功

续表

分　类	形　式	简要说明
按热力特性分	凝汽式 背压式 抽汽式 注汽式	排汽在低于大气压力的真空状态下进入凝汽器凝结成水 排汽压力大于大气压力,供热用户使用 中间抽出蒸汽供热用户使用,并能控制抽汽量,包括抽汽凝汽式和抽汽背压式 利用工艺系统中的副产蒸汽注入相应的中间级
按用途分	工业驱动 厂用电站	驱动各种压缩机、风机、泵,也可同时满足工艺或其他热用户用汽驱动自备电站发电机
按结构分	单级 多级	悬臂式 双支座式

提高进汽参数能提高进汽焓值。推荐的蒸汽进汽参数见表 28-10。

表 28-10　推荐的蒸汽进汽参数

进气压力 p_0/bar	进气温度 T_0/℃
8～13	230～320
11～15	280～360
16～20	320～400
22～26	340～420
32～37	380～460
42～47	400～470
62～68	420～500
75～85	450～540

注：饱和蒸汽下的压力称为饱和压力，对应的温度称为饱和温度。如果蒸汽的温度高于饱和状态下的温度，则称该蒸汽为过热蒸汽。

(2) 排汽压力

对凝汽式机组，排汽压力越低，汽轮机的能耗就越低。但其排汽压力又受冷却水温度、冷凝器温差以及结构、材料等方面的限制。因此凝汽式汽轮机的排汽压力一般为 0.1～0.2bar(绝压)。

对背压式汽轮机，其背压的确定主要根据热用户的管网压力来确定。常用背压等级有 3bar、5bar、10bar、13bar、25bar、37bar 等。

(3) 蒸汽流量

蒸汽流量指单位时间内汽轮机所需的蒸汽量。可分为额定蒸汽流量、最大蒸汽流量和最小蒸汽流量。单位为 kg/s、kg/h、t/h。

(4) 汽耗率和热耗率

汽轮机的汽耗率是指汽轮机产生单位功率所需要的蒸汽量，可分为正常汽耗率和额定汽耗率。单位为 kg/(kW・h)。

汽轮机的热耗率是指汽轮机产生单位功率所需要的热量，可分为正常热耗率和额定热耗率。单位为 MJ/(kW・h)。

(5) 内效率和功率

① 等熵焓降　汽轮机理想的热力过程为等熵过程，其等熵膨胀的焓降可按式 (28-48) 计算。

$$H_t = i_1 - i_2 \quad kJ/kg \qquad (28\text{-}48)$$

式中　i_1——进汽焓值，可由水蒸气焓熵图(H-S 图)查得，kJ/kg；

i_2——等熵排汽焓值，可由水蒸气焓熵图(H-S 图)查得，kJ/kg。

② 内效率　汽轮机在实际运行过程中存在排汽节流损失、喷嘴损失、叶栅损失、排汽余速损失、漏气损失等，因此汽轮机的相对内效率 η_i 可按式 (28-49) 计算。

$$\eta_i = \frac{H_i}{H_t} \qquad (28\text{-}49)$$

式中　H_t——等熵膨胀的焓降，kJ/kg；

H_i——实际有效焓降，kJ/kg。

③ 汽轮机的轴功率 N_e　可按式 (28-50) 计算。

$$N_e = H_t D \eta_i \eta_m \quad kW \qquad (28\text{-}50)$$

式中　H_t——等熵膨胀的焓降，kJ/kg；

D——蒸汽流量，kg/s；

η_i——汽轮机的相对内效率，参见表 28-11 或由图 28-12 查取；

η_m——机械效率 (考虑轴承摩擦损失、带动主油泵等消耗的功率)，按表 28-12 取值。

表 28-11　汽轮机的相对内效率

额定功率/kW	相对内效率 η_i
50～100	0.35～0.4
100～200	0.4～0.5
200～1000	0.5～0.7
1000～5000	0.65～0.8
5000 以上	0.76～0.88

表 28-12　汽轮机的机械效率

额定功率/kW	<200	200～1000	1000～5000	5000 以上
机械效率 η_m	0.8～0.9	0.9～0.95	0.95～0.97	0.97～1

4.1.3　汽轮机选型的基本原则

① 汽轮机选型常用的标准规范有 API 611 石油、化工和天然气工业用一般用途汽轮机，及 API 612 石油、石油化工和天然气工业用特殊用途汽轮机。

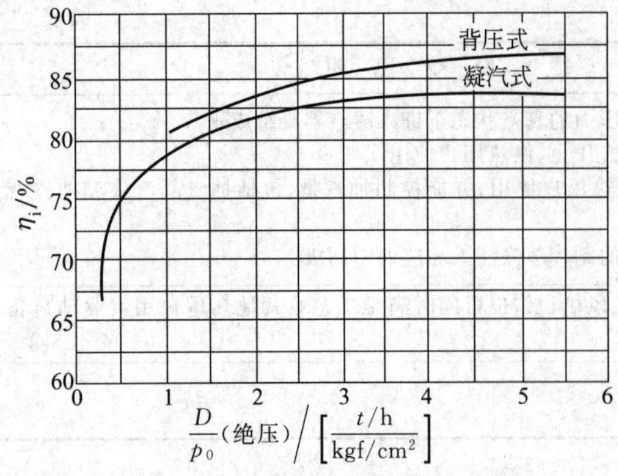

图 28-12 汽轮机的相对内效率曲线

$1kgf/cm^2=0.098MPa$，下同

② 卖方应保证汽轮机机组的输出功率、转速以及各项性能指标在规定的工况下达到买方的要求，汽轮机的汽耗率在被驱动机的额定工况点以及正常的进汽工况下不得超过卖方在报价书中的给定值。

③ 汽轮机应设置盘车装置。

④ 缸体的最大允许工作压力至少应为规定安全阀的整定值。凝汽式汽轮机排汽缸的最大允许工作压力至少应为0.135MPa(绝压)，当凝汽式汽轮机在排汽压力为大气压及相应的排汽温度下工作时不会产生任何损坏。

⑤ 汽轮机的汽缸应为水平剖分式，高低压缸之间可以设垂直剖分面。

⑥ 汽轮机的轴功率至少应为被驱动机额定工况下所需功率的110%（包括各种机械损失）。

⑦ 轴封应采用可更换的迷宫密封，以减少蒸汽泄漏量。优先选用静止式易更换的迷宫密封。

⑧ 汽轮机应加以保温并提供外部金属套，保温层的厚度应保证金属套表面温度维持在75℃以下。所有保温材料都应由卖方提供。

⑨ 刚性转子的第一临界转速至少应为其最大连续转速的120%。挠性转子的第一实际临界转速至少应在其工作转速以下15%，而第二临界转速至少应为其最大连续转速的120%。

⑩ 整个汽轮机组应进行完整的扭振分析，其共振频率至少应低于操作转速的10%或高于脱扣转速的10%。

⑪ 转子的主要部件如叶轮、轴、联轴器、齿轮、平衡盘等应分别进行动平衡。装配时，转动部件应进行多面动平衡。

⑫ 齿轮箱应符合 API 613 的要求，其额定值至少应为被驱动设备的额定功率的110%。

4.1.4 汽轮机的工艺计算

(1) 手算实例

例5 已知凝汽式汽轮机的工艺条件为进汽压力 $p_0=40bar$；进汽温度 $T_0=400℃$；排汽压力 $p_d=0.14bar$；轴功率 $N_e=10000kW$。试估算凝汽式汽轮机所需的进汽量。

解 ① 进汽焓值 i_1　由水蒸气焓熵图（H-S图）查得，$i_1=3220kJ/kg$。

② 排汽焓值 i_2　由水蒸气焓熵图（H-S图）查得，$i_2=2160kJ/kg$。

③ 等熵焓降 H_t　按式（28-48）计算。

$$H_t=i_1-i_2=3220-2160=1040\ (kJ/kg)$$

④ 进汽量 D　按式（28-49），进汽量可按下式计算。

$$D=\frac{N_e}{H_t\eta_i\eta_m}\quad kg/s$$

取 $\eta_i=0.8$，$\eta_m=1$

$$D=\frac{10000}{1040\times0.8\times1}=12\ (kg/s)\ =43.2\ (t/h)$$

经估算，凝汽式汽轮机所需的进汽量约为43.2t/h。

(2) 电算实例

例6 取上小节裂解气压缩机计算例题的计算结果，选一个抽汽凝汽式汽轮机作为驱动机。进汽压力（绝压）$118kgf/cm^2$，进汽温度520℃。根据装置蒸汽平衡要求，该汽轮机需抽出（绝压）$44.4kgf/cm^2$的高压蒸汽160.5t/h，试求汽轮机总的蒸汽消耗量和凝液量。

解 流程简图如下。

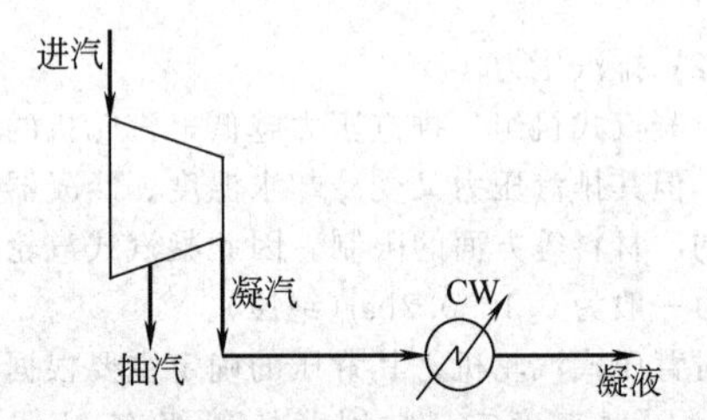

采用 ASPEN PLUS 软件进行模拟计算。以下对输入文件加以简要说明。

由于该汽轮机为抽汽凝汽式，总汽量需迭代计算，简化流程计算框图如下图。

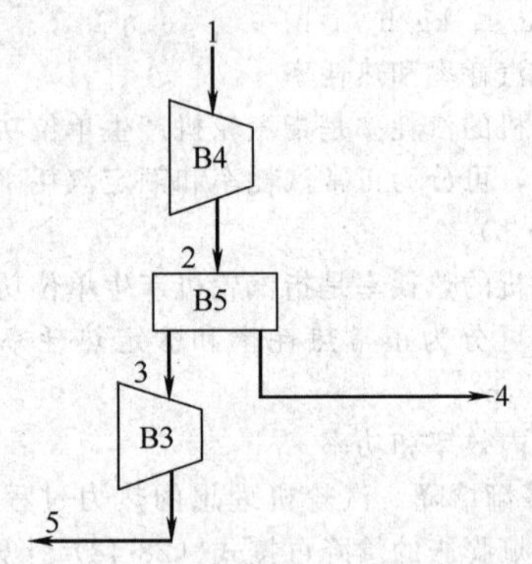

15～18 行：进汽量为一个初始值。

20～21 行：采用压缩机计算模块 COMPR 进行计算，其中 TYPE＝ISENTROPIC 为等熵压缩机和（或）透平，SEFF 为等熵效率，取 0.85；MEFF 为机械效率，缺省者为 1。NPHASE＝2 表示两相闪蒸，NPHASE＝1 表示只进行气相计算，该值为缺省值。

25～33 行：建立一个设计规定和存取变量，其中：－14098 为压缩机的正常功率（透平产生的功率为负），压缩机的额定功率为正常功率的 105%，汽轮机的额定功率为压缩机额定功率的 110%，所以汽轮机的额定功率为 14098 × 105% × 110% ＝ 16283kW。

输出结果说明如下。

B3 所做功为 4388.92kW，B4 所做功为 11894.3kW，合计为 16283.22kW。从最后的物流表上可以看出，迭代收敛后，总进汽量为 178.18t/h，抽汽量为 160.5t/h，凝液量为 17.68t/h。

INPUT FILE (S)

```
 3  IN-UNITS    MET PRES='KG / SQCM' TEMP=C ENTHALPY-FLOW='KCAL / HR'
 4  OUT-UNITS MET PRES='KG / SQCM' TEMP=C ENTHALPY-FLOW='KCAL / HR' &
 5              MASSFLOW='KG/HR'
 6  COMPONENTS  H2O  H2O
 7  ;
 8  PROPERTIES     SYSOP2
 9  SIM-OPTIONS  FREE-WATER=YES
10  FLOWSHEET
11      BLOCK B3 IN=3 OUT=5
12      BLOCK B4 IN=1 OUT=2
13      BLOCK B5 IN=2 OUT=3 4
14  ;
15  STREAM 1
16      SUBSTREAM MIXED TEMP=520 PRES=118
17      MASS-FLOW H2O 200000
18  BLOCK B5 FSPLIT
19      MASS-FLOW 4 160500
20  BLOCK B3 COMPR
21      PARAM TYPE=ISENTROPIC PRES=0.1 NPHASE=2 SEFF=.85
22  BLOCK B4 COMPR
23      PARAM TYPE=ISENTROPIC PRES=44.4 SEFF=.85
24  ;
25  DESIGN-SPEC DS-1
26      DEFINE V1 BLOCK-VAR BLOCK=B4 VARIABLE=BRAKE-POWER &
27          SENTENCE=RESULTS
28      DEFINE V2 BLOCK-VAR BLOCK=B3 VARIABLE=BRAKE-POWER &
29          SENTENCE=RESULTS
30      SPEC " V1+V2" TO " -14098 * 1.155"
31      TOL-SPEC " .000001"
32      VARY STREAM-VAR STREAM=1 SUBSTREAM=MIXED VARIABLE=MASS-FLOW
33      LIMITS "1" "1000000"
```

BLOCK：B3　MODEL：COMPR

```
    INLET STREAM:               3
    OUTLET STREAM:              5
    PROPERTY OPTION SET:        SYSOP2  SCATCHARD-HILDEBRAND / REDLICH-KWONG
    FREE WATER OPTION SET: SYSOP12 ASME STEAM TABLE
    SOLUBLE WATER OPTION: THE MAIN PROPERTY OPTION SET (SYSOP2).

                          * * * MASS AND ENERGY BALANCE * * *
                                       IN              OUT           RELATIVE DIFF.
    TOTAL BALANCE
       MOLE (KMOL / HR)              981.339         981.339         0.000000E+00
       MASS (KG / HR)                17679.1         17679.1         0.000000E+00
       ENTHALPY (KCAL / HR)     -0.541102E+08   -0.578841E+08        0.651966E-01

                              * * * INPUT DATA * * *

    TYPE: ISENTROPIC TURBINE
    OUTLET PRESSURE KG / SQCM                                       0.100000
    ISENTROPIC EFFICIENCY                                           0.85000
    MECHANICAL EFFICIENCY                                           1.00000

                               * * * RESULTS * * *

    INDICATED HORSEPOWER REQUIREMENT KW                         -4,388.92
    BRAKE     HORSEPOWER REQUIREMENT KW                         -4,388.92
    NET WORK, KW                                                 4,388.92
    ISENTROPIC HORSEPOWER REQUIREMENT KW                        -5,163.43
    CALCULATED OUTLET TEMP C                                       45.4503
    ISENTROPIC TEMPERATURE C                                       45.4503
    OUTLET VAPOR FRACTION                                          0.87003

BLOCK: B4  MODEL: COMPR
------------------------------------------
    INLET STREAM:               1
    OUTLET STREAM:              2
    PROPERTY OPTION SET:        SYSOP2  SCATCHARD-HILDEBRAND / REDLICH-KWONG
    FREE WATER OPTION SET: SYSOP12 ASME STEAM TABLE
    SOLUBLE WATER OPTION: THE MAIN PROPERTY OPTION SET (SYSOP2).
                          * * * MASS AND ENERGY BALANCE * * *
                                       IN              OUT           RELATIVE DIFF.
    TOTAL BALANCE
       MOLE (KMOL / HR)              9890.44         9890.44        -0.161419E-09
       MASS (KG / HR)                178179.         178179.        -0.161419E-09
       ENTHALPY (KCAL / HR)     -0.535123E+09   -0.545351E+09        0.187538E-01

                              * * * INPUT DATA * * *
    TYPE: ISENTROPIC TURBINE
    OUTLET PRESSURE KG / SQCM                                       44.4000
    ISENTROPIC EFFICIENCY                                           0.85000
    MECHANICAL EFFICIENCY                                           1.00000
                               * * * RESULTS * * *
```

```
    INDICATED HORSEPOWER REQUIREMENT KW                        -11,894.3
    BRAKE     HORSEPOWER REQUIREMENT KW                        -11,894.3
    NET WORK, KW                                                11,894.3
    ISENTROPIC HORSEPOWER REQUIREMENT KW                       -13,993.3
    CALCULATED OUTLET TEMP C                                      374.361
    ISENTROPIC TEMPERATURE C                                      355.275
    OUTLET VAPOR FRACTION                                           1.00000

BLOCK: B5   MODEL: FSPLIT
---------------------------------------
    INLET STREAM:          2
    OUTLET STREAMS:        3        4
    PROPERTY OPTION SET:   SYSOP2    SCATCHARD-HILDEBRAND / REDLICH-KWONG
    FREE WATER OPTION SET: SYSOP12   ASME STEAM TABLE
    SOLUBLE WATER OPTION:  THE MAIN PROPERTY OPTION SET (SYSOP2).

                         * * * MASS AND ENERGY BALANCE * * *
                                      IN              OUT           RELATIVE DIFF.
    TOTAL BALANCE
       MOLE (KMOL/HR)              9890.44          9890.44          0.000000E+00
       MASS (KG/HR)                178179.          178179.          0.000000E+00
       ENTHALPY (KCAL/HR)      -0.545351E+09    -0.545351E+09        0.000000E+00

                              * * * INPUT DATA * * *
    MASS-FLOW (KG/HR)       STRM=4   FLOW=   160,500.   KEY=0

                               * * * RESULTS * * *
    STREAM=3          SPLIT=          0.099221      KEY=   0
           4                          0.90078              0
    STREAM ID            1            2            3            4            5
      FROM:            -----          B4           B5           B5           B3
      TO:               B4            B5           B3         -----        -----

     SUBSTREAM: MIXED
     PHASE:           VAPOR        VAPOR        VAPOR        VAPOR        MIXED
     COMPONENTS:KMOL / HR
       H2O          9890.4431    9890.4431     981.3393    8909.1038     981.3393
     COMPONENTS:MOLE FRAC
       H2O             1.0000       1.0000       1.0000       1.0000       1.0000
     TOTAL FLOW:
       KMOL / HR    9890.4431    9890.4431     981.3393    8909.1038     981.3393
       KG / HR     1.7818+05    1.7818+05    1.7679+04    1.6050+05    1.7679+04
       L / MIN     8.4435+04    1.8948+05    1.8800+04    1.7068+05    3.8398+06
     STATE VARIABLES:
       TEMP C        520.0000     374.3606     374.3606     374.3606      45.4502
       PRES KG / SQCM 118.0000     44.4000      44.4000      44.4000       0.1000
       VFRAC           1.0000       1.0000       1.0000       1.0000       0.8700
       LFRAC           0.0          0.0          0.0          0.0          0.1299
       SFRAC           0.0          0.0          0.0          0.0          0.0
```

ENTHALPY:					
CAL/MOL	−5.4104+04	−5.5138+04	−5.5138+04	−5.5138+04	−5.8984+04
CAL/GM	−3003.2450	−3060.6436	−3060.6436	−3060.6436	−3274.1040
KCAL/HR	−5.3512+08	−5.4535+08	−5.4110+07	−4.9124+08	−5.7884+07
ENTROPY:					
CAL/MOL-K	−12.1666	−11.8805	−11.8805	−11.8805	−9.6342
CAL/GM-K	−0.6753	−0.6594	−0.6594	−0.6594	−0.5347
DENSITY:					
MOL/CC	1.9523−03	8.6998−04	8.6998−04	8.6998−04	4.2595−06
GM/CC	3.5171−02	1.5673−02	1.5673−02	1.5673−02	7.6736−05
AVG MW	18.0152	18.0152	18.0152	18.0152	18.0152

4.1.5 汽轮机的调节和保安系统

(1) 汽轮机的调节

汽轮机调速器的调节范围通常为额定转速的75%～105%，可通过调节汽轮机的进汽量来实现。

电子式调速器应具有双重速度传感系统，以保证如果有一套系统发生故障时不会导致调速器失效。

汽轮机应在就地和控制室内两处设置转速表，转速表应为数字显示型仪表。

(2) 保安系统

汽轮机应设置独立的超速紧急脱扣装置，通过该紧急脱扣装置应能进行手动停机并能在进汽管维持正常压力的情况下进行复位。

4.2 燃气轮机

燃气轮机装置主要由压气机、燃烧室和燃气透平三部分组成。燃气轮机的作用与汽轮机一样，也起拖动作用。

4.2.1 燃气轮机的分类

燃气轮机可分为开式循环燃气轮机装置和闭式循环燃气轮机装置，如图 28-13 和图 28-14 所示。

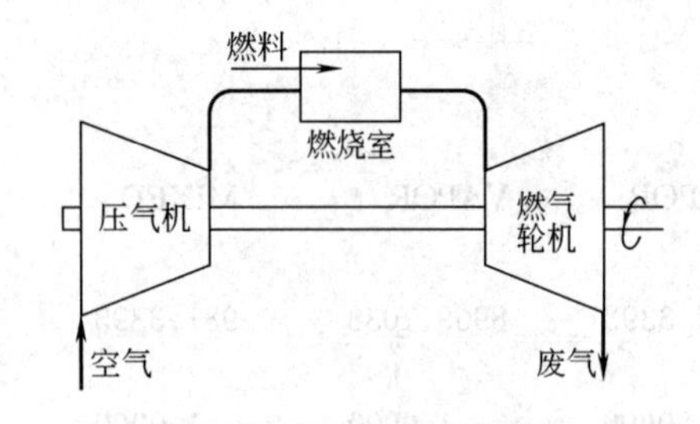

图 28-13 开式循环燃气轮机

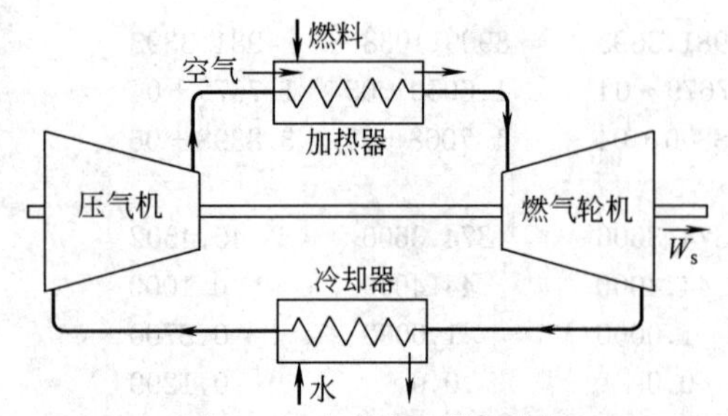

图 28-14 闭式循环燃气轮机

开式循环燃气轮机装置，压气机由大气中吸入空气并进行压缩，然后在燃烧室中与燃料一起混合燃烧，成为一定压力的高温燃气，再进入燃气透平膨胀做功后排至大气。

闭式循环燃气轮机装置的工质循环使用，工质膨胀做功后不排入大气，而是经冷却器冷却后重新进入压气机进行下一个循环。

大多数的燃气轮机采用开式循环。

4.2.2 燃气轮机的主要性能指标

(1) 空气流量

空气流量指单位时间内燃气轮机的空气进气量。可分为额定流量、最大流量和最小流量。单位为kg/s、kg/h。

(2) 燃油/燃气耗量

如果燃气轮机用燃油在燃烧室内产生高温燃气，燃气轮机产生额定功率所需的燃油量，称燃油耗量。单位为 kg/s、kg/h。

如果燃气轮机用燃气在燃烧室内产生高温燃气，燃气轮机产生额定功率所需的燃气量，称燃气耗量。单位为 m^3/s、m^3/h。

(3) 热耗率

燃气轮机的热耗率是指燃汽轮机产生单位功率所需要的热量。可分为正常热耗率和额定热耗率。单位为 MJ/(kW·h)。

(4) 热效率

空气的热效率指燃料中的热量转化成机械功的比例（%）。燃气轮机的热效率一般为30%～40%。

(5) 额定功率

燃气轮机中燃气透平与压气机的额定功率之差即为燃气轮机额定功率。

ISO 额定功率是指燃气轮机在标准工况（空气进气温度为15℃，进气压力为1.0133bar，进气相对湿度为60%，排气压力为1.0133bar，参见 ISO 2314）下的额定功率。

4.2.3 燃气轮机选型的基本原则

① 常用的标准规范为 API 616《石油、化工和天然气工业用燃气轮机》。

② 对于燃气轮机装置，压气机可采用轴流式压气机或离心式压气机。大中型燃气轮机一般采用轴流式压气机，其绝热效率可达 0.85～0.9。小功率燃气轮机一般采用离心式压气机，其绝热效率为 0.7～0.84。较大功率的小型燃气轮机及较小功率的中型燃气轮机，常采用轴流式加离心式的组合式压气机。

③ 燃气透平一般采用轴流式透平，其特点是功率大、流量大、效率高，透平效率可达 0.85～0.92。小功率燃气轮机可以采用向心式透平。燃气透平的进汽温度很高，常达 1000℃左右，航空用燃气轮机的进汽温度可高达 1400℃左右。

④ 燃气轮机的排汽温度较高，一般大于 400℃，故应充分利用。如采用回热循环来预热进入燃烧室的高压空气（图 28-15），也可将燃气轮机的排汽引至余热锅炉中，产生的蒸汽至汽轮机中做功等。

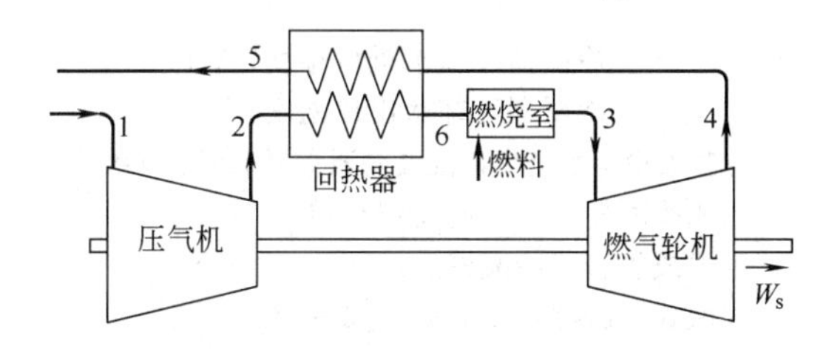

图 28-15 回热循环

⑤ 燃气轮机应设置盘车装置。

⑥ 燃气轮机机组应能适应至少 3 周的停机时间，在此时间内应无需采用任何特殊的维护程序。

⑦ 单轴燃气轮机的速度调节范围至少应为额定转速的 80%～105%；多轴燃气轮机的速度调节范围至少应为额定转速的 50%～105%。单轴燃气轮机的速度调节范围至少应为额定转速的 80%～105%；多轴燃气轮机的速度调节范围至少应为额定转速的 50%～105%。

⑧ 卖方应保证燃气轮机机组的额定功率、转速以及各项性能指标在规定的工况下达到买方的要求，其额定功率应无负容差。

⑨ 卖方应保证买方提出的燃气轮机机组的排放指标。如对排放气体中 NO_x、CO 以及其他尚未燃尽的烃类含量作出限制。

⑩ 如果需要，卖方应提供开车用或辅助驱动机，其型式可以是汽轮机、电动机、膨胀机、内燃机或小型的燃气轮机。

⑪ 整个燃气轮机组应进行完整的扭振分析，其共振频率至少应低于操作转速 10%或高于脱扣转速 10%。

⑫ 转子的主要部件如叶轮、轴、联轴器、齿轮、平衡盘等都应分别进行动平衡。装配时，转动部件应进行多面动平衡。

⑬ 齿轮箱应符合 API 613 的要求，其额定值至少应为被驱动设备的额定功率的 110%。

⑭ 联轴器应符合 API 671 的要求。

4.3 膨胀机

膨胀机是使气体膨胀做功，同时产生冷量的机器。主要用于节能和制取冷量。

4.3.1 膨胀机的分类

按工作原理，膨胀机可分为容积型、透平型（包括径流式、轴流式和径轴流式）和混合型。

在化工、石油生产装置中，应用最广泛的是透平型膨胀机。主要用于节能，如高炉气、烟道气透平膨胀机，尾气透平膨胀机，以及油田气、天然气透平膨胀机等。

与汽轮机一样，透平型膨胀机也有反作用式和冲动式之分。一般推荐采用反作用式膨胀机。

透平型膨胀机按工作压力可分为高压膨胀机，$p\geqslant 60$bar；中压膨胀机，$p=20\sim 40$bar；低压膨胀机，$p\leqslant 20$bar。

透平型膨胀机按级数分，可分为单级、双级和多级。双级和多级膨胀机的操作及控制很复杂，较少采用。

4.3.2 膨胀机的主要性能指标

(1) 绝热效率

膨胀机的绝热效率 η_{ad}按式（28-51）计算。

$$\eta_{ad}=\frac{H_i}{H_t} \tag{28-51}$$

式中 H_t——等熵膨胀的焓降，kJ/kg；

H_i——实际有效焓降，kJ/kg；

(2) 膨胀机的轴功率

轴功率 N_e 按式（28-52）估算。

$$N_e=H_t D\eta_{ad}\eta_m \quad \text{kW} \tag{28-52}$$

式中 H_t——等熵膨胀的焓降，kJ/kg；

D——膨胀机工质流量，kg/s；

η_{ad}——膨胀机的绝热效率，$\eta_{ad}=0.76\sim 0.86$；

η_m——机械效率，$\eta_m=96\%\sim 98\%$。

4.3.3 膨胀机选型的基本原则

可参考汽轮机选型的基本原则。

4.3.4 膨胀机的调节

膨胀机常用的调节方法有以下几种。

(1) 降低进口压力

即在膨胀机进口管道上装设气动或电动调节阀，控制进口压力。这种调节方法简单可靠、操作方便，具有无级调节的特点，可以与多机组调节联合使用。缺点是能量利用很不经济。

(2) 部分进气调节

即关闭部分喷嘴。透平膨胀机的喷嘴环，分成若干互相隔开的喷嘴组，每组用单独的阀门控制供气，关闭部分喷嘴即可改变膨胀机的工质流量。这种调节方法简便可靠，比降低进口压力的调节性能有所改善，适合于冲动式透平膨胀机的调节。

(3) 转动喷嘴叶片调节

改变喷嘴叶片倾斜角，可以改变喉部宽度、喷嘴总通流面积和工质流量。这种方法具有调节性能好、操作方便、能实现无级调节等特点，是一种先进的调节方法，在大中型透平膨胀机中得到了广泛应用。

5 制冷机

5.1 活塞式制冷机

5.1.1 制冷剂

制冷剂（又称制冷工质），是制冷机中完成热力循环的工质。它在低温下吸取被冷却物体的热量，然后在较高温度下转移给冷却水或空气。

(1) 常用制冷剂

常用制冷剂有氨、氟里昂、丙烯、丙烷等。

① 氨（代号：R717）是使用最为广泛的一种中压、中温制冷剂，标准蒸发温度为－33.3℃，在常温下冷凝压力一般为1.1～1.3MPa，氨的单位标准容积制冷量大约为520kcal/m^3（1kcal≈4.18kJ）。缺点是毒性较大，可燃，可爆，有强烈刺激性臭味，等熵指数较大，对锌和铜有腐蚀作用。

② 氟里昂-22（代号：R22），目前广泛应用于－40～－60℃的双级压缩或空调制冷系统中。

③ 四氟乙烷（代号：R-134a），化学稳定性很好，是国际公认的主要制冷工质之一，常用于车用空调，商业和工业用制冷系统。

④ 丙烯（代号：R-1270）、丙烷（代号：R-290）等属于天然工质，拥有节能和环保两大优点，比用R134、R22等节省能耗15%～35%，对臭氧层无破坏，温室效应几乎为零。

(2) 制冷剂的环保要求和前景预测

基于国际上环保的要求，目前对制冷剂的使用已有一定的限制。

① 氟里昂-22由于对大气臭氧层有轻微破坏作用，并产生温室效应，我国将在2040年1月1日起禁止生产和使用。

② R290与R22的标准沸点、凝固点、临界点等基本物理性质非常接近，具备替代R22的基本条件。在饱和液态时，R290的密度比R22小，因此相同容积下R290的灌注量更小，试验证明相同系统体积下R290的灌注量是R22的43%左右。另外，由于R290的汽化潜热大约是R22的2倍，因此采用R290的制冷系统制冷剂循环量更小。R290具有良好的材料相容性，与铜、钢、铸铁、润滑油等均能良好相容，因此环保型制冷剂R290未来将拥有广阔的市场应用前景。

5.1.2 选用计算

(1) 确定制冷工况（即确定蒸发温度和冷凝温度）

① 蒸发温度t_o 即制冷剂在蒸发器中的沸腾温度。

a. 采用壳管式、螺旋管式或立管式蒸发器，蒸发温度可按下式计算。

$$t_o = t_2 - (4 \sim 6) \quad ℃$$

式中 t_2——蒸发器中制冷剂出口温度，℃。

b. 采用直接蒸发、表面式空气冷却器或冷库排管时

$$t_o = t_2 - (8 \sim 10) \quad ℃$$

式中 t_2——空气冷却器中空气出口的干球温度或冷库温度。

② 冷凝温度t_k 即制冷剂在冷凝器中冷凝时的温度。

a. 采用水冷凝器时，冷凝温度可由式(28-53)计算。

$$t_k = \frac{t_{s_1} + t_{s_2}}{2} + (5 \sim 7) \quad ℃ \tag{28-53}$$

式中 t_{s_1}——冷凝器冷却水进口温度，℃；

t_{s_2}——冷凝器冷却水出口温度，℃。

冷凝器冷却水进出口温度差通常可采用下列数值。

立式冷凝器：$t_{s_2} - t_{s_1} = 2 \sim 4$℃。

卧式或组合式冷凝器：$t_{s_2} - t_{s_1} = 4 \sim 8$℃。

淋激式冷凝器：$t_{s_2} - t_{s_1} = 2 \sim 3$℃。

一般情况下，当冷却水进水温度偏高时，温差取下限；进水温度较低时，温差取上限。

b. 采用风冷式冷凝器或蒸发式冷凝器时，可用下式计算。

$$t_k = t_2 + (5 \sim 10) \quad ℃$$

式中 t_2——空气出口的湿球温度，按历年夏季室外平均每年不保证50h的湿球温度计算。

(2) 单级制冷压缩机制冷量和功率计算

压缩机的选择计算，主要是根据用户所需的总冷量（包括设备、管道的冷损失）及运行工况来确定制冷压缩机的台数、型号和每台压缩机的制冷量和所消耗的功率。

① 压缩机台数的确定 压缩机台数与制冷装置总冷量有关。制冷装置的总冷量应包括用户实际需要的冷量及制冷装置和载冷剂（冷水或盐水）系统的冷量损失。冷量损失可以由计算确定，一般可采用用户需要冷量的5%～15%。因此计算冷量为

$$Q_T = AQ_m \quad kW \tag{28-54}$$

式中 Q_m——用户所需总冷量，kW(kJ/h)；

A——冷量损失附加系数，一般对直接蒸发式系统取$A=1.05 \sim 1.07$，间接式系统取$A=1.10 \sim 1.15$。

根据计算的制冷量就可确定压缩机台数m。

$$m = \frac{Q_T}{Q_o} \tag{28-55}$$

式中 Q_o——每台压缩机在设计工况下的制冷量，kW；

m——压缩机台数。

② 制冷量的计算　设计工况下，每台活塞式制冷压缩机的制冷量有三种计算方法。

a. 按理论输气量计算　制冷量 Q_o、q_v 可由式（28-56）或式（28-57）、式（28-58）计算。

$$Q_o=V_d q_v \quad \text{kJ/h} \tag{28-56}$$

式中　V_d——压缩机的实际输气量；

q_v——单位容积制冷量。

$$Q_o=\lambda V_h q_v \quad \text{kJ/h} \tag{28-57}$$

$$Q_o=60\frac{\pi D^2}{4}szn\lambda q_v \quad \text{kJ/h} \tag{28-58}$$

式中　q_v——单位容积制冷量；

V_h——压缩机理论输气量；

λ——输气系数；

D——气缸直径，m；

s——活塞行程，m；

z——压缩机气缸数，个；

n——压缩机转速，r/min。

式（28-57）和式（28-58）中，λ、q_v 值可在制冷工程设计手册中查得。

b. 按冷量换算公式计算同一台制冷压缩机在不同工况下的制冷量　例如厂方提供的制冷压缩机，标明为标准工况下（蒸发温度 $t_o=-15$℃，冷凝温度 $t_k=30$℃）的制冷量，但用作空调的制冷压缩机的蒸发温度高于标准工况，因此，同一台压缩机的制冷量也就产生变化，其制冷量可按式（28-59）进行换算。

$$Q_{oB}=K_i Q_{oA} \quad \text{kW(kJ/h)} \tag{28-59}$$

已知标准工况下压缩机制冷量 Q_{oA} 和实际工况下制冷量的换算系数 K_i。利用式（28-59）便能求得实际工况下的制冷量 Q_{oB}。标准工况制冷量可查制造厂提供的样本资料，冷量换算系数 K_i 可查制冷工程设计手册。

c. 按特性曲线确定压缩机的制冷量　在压缩机的型号确定以后，即可以根据每一种型号制冷压缩机的特性曲线，查得在该工况下的制冷量。制冷循环在 $\lg p$-i 图上的过程可见图 28-16 和图 28-17。

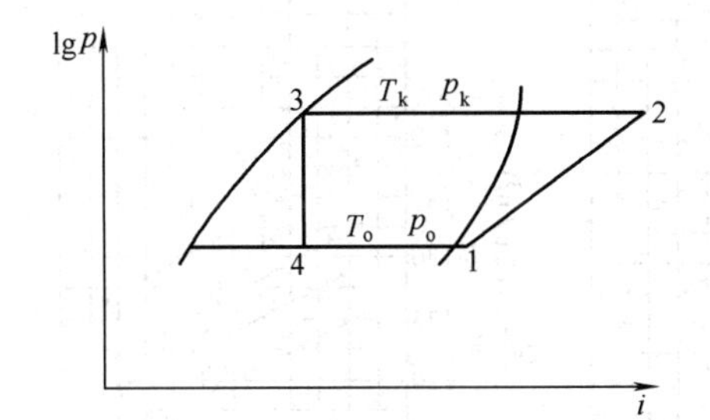

图 28-16　制冷循环的 $\lg p$-i 图

利用特性曲线不但能找出不同工况下的制冷量，还能找出不同工况下的轴功率。

③ 压缩机消耗功率的计算

a. 指示功率 N_i　即气缸内活塞压缩制冷剂所消耗的功率。

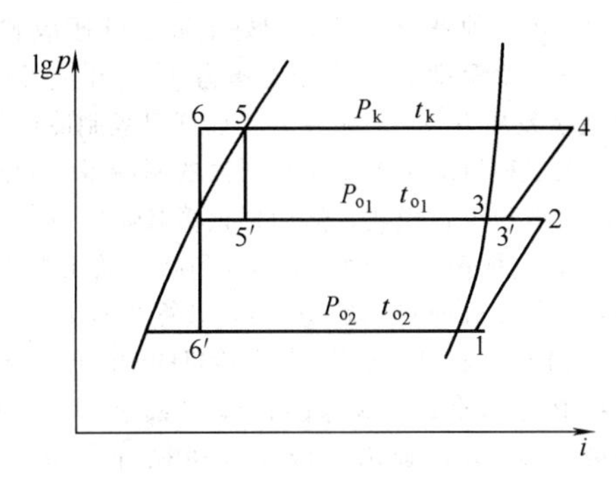

图 28-17　双级制冷机循环的 $\lg p$-i 图

$$N_i=\frac{GAL}{860\eta_i} \quad \text{kW} \tag{28-60}$$

式中　AL——理论绝热压缩功，即 $\lg p$-i 图上压缩机排气与吸气的焓差(i_2-i_1)，见图 28-16；

G——制冷剂循环量，kg/h；

η_i——指示效率，立式压缩机可由经验公式 $\frac{T_o}{T_k}+bt_o$ 求得，b 为系数，立式氨压缩机取 $b=0.001$，V 形氨压缩机和其他形式压缩机可在制冷手册上查找。

b. 压缩机的轴功率 N_b

$$N_b=\frac{N_i}{\eta_m}+N_{TP} \quad \text{kW} \tag{28-61}$$

式中　N_b——轴功率，kW；

η_m——机械效率，一般取 0.8～0.9；

N_{TP}——压缩机摩擦功率，kW；

$$N_{TP}=\frac{P_{TP}V_{理}}{36.72} \quad \text{kW} \tag{28-62}$$

式中　$V_{理}$——压缩机理论排气量，m³/h。

$P_{TP}\approx 0.6$。

c. 电动机的功率 N

$$N=(1.10\sim1.15)N_b \quad \text{kW}$$

式中　1.10～1.15——选择电动机功率时的附加系数。

(3) 双级氨压缩机制冷能力

双级氨制冷压缩机的制冷能力一般可直接从制造厂提供的压缩机性能曲线图（或表）查得，双级压缩机计算包括中间压力、制冷量和轴功率、电动机功率。

① 中间压力

$$p_{o1}=\psi\sqrt{p_{o2}p_k} \quad \text{MPa} \tag{28-63}$$

式中　p_{o1}——中间压力，MPa；

ψ——修正系数，与制冷剂性质有关，对于 $R22$，$\psi=0.9\sim0.95$，对于 $R717$，$\psi=0.95\sim1.0$；

p_k——冷凝压力，MPa；

p_{o2}——蒸发压力，MPa。

② 制冷量　配组式双级制冷压缩机（由 2 台独立的制冷压缩机配套成双级制冷机）的冷量计算方法

有两种，第一种是根据已选配好的高、低压级容量，在给定的冷凝温度 t_k（或冷凝压力 p_k）和蒸发温度 t_{o2}（或蒸发压力 p_{o2}）条件下，计算双级制冷机的制冷量；第二种情况是根据用户所需的制冷量，确定所需的高、低压级容积比，然后再核算其制冷量。

a. 第一种情况 已知 t_k、t_{o2} 和高、低压级容量，计算双级制冷机的制冷量 Q_o 值，计算步骤如下。

ⓐ 由式（28-63）确定双级制冷机的中间压力 p_{o1}。

ⓑ 按已知的 t_k（或 p_k）、t_{o2}（或 p_{o2}）和求得的中间压力 p_{o1}，画出双级制冷机循环的 lg$p$-i 图（见图 28-17），并列出各有关点的热力参数值。最后，按式（28-64）计算双级制冷机的制冷量 Q。

$$Q_o = q_v V_{h低} \lambda_{低} = \frac{q_{o2}}{\nu_1} V_{h低} \lambda_{低} \qquad (28\text{-}64)$$

式中 q_v——制冷剂在蒸发温度 t_{o2} 时的单位容积制冷量，kJ/m³；

q_{o2}——制冷剂在 t_{o2} 时的单位制冷量，kJ/kg；

$V_{h低}$——低压级理论输气量，m³/h；

$\lambda_{低}$——低压级输气系数；

ν_1——低压级吸入蒸汽的比容，m³/kg。

为简化配组式双级制冷机制冷量的计算，对蒸发温度为－28℃、－33℃、－40℃三种配组式双级制冷机可按图 28-18 计算制冷量。

例 7 冷凝温度 t_k＝38℃（p_k＝1.5MPa），蒸发温度 t_{o2}＝－33℃（p_{o2}＝0.105MPa），采用 2 台 8AS-12.5 和 4AV-12.5 氨压缩机配组式双级制冷机，求制冷量。

解 已知 t_k＝38℃，t_{o2}＝－33℃，$V_{h低}$＝566m³/h，$V_{h高}$＝283m³/h，查产品样本即高压级与低压级容积比 $\zeta=\frac{V_{h高}}{V_{h低}}=0.5$。由图 28-18 查得

$$\frac{Q_o}{V_{h低}} = 803\text{kJ/m}^3\ (191.7\text{kcal/m}^3)$$

所以 $Q_o = 803 \times 566 = 454498$ (kJ/h)

b. 第二种情况 已知需要的制冷量，确定高、低压级的容量，然后再核算其制冷量，计算步骤如下。

ⓐ 根据用户需要的制冷量和温度条件（t_k，t_{o_2}）以及中间压力（$p_{o_1}=\psi\sqrt{p_k p_{o_2}}$），按式（28-65）和式（28-66）计算高、低压级的理论输气量分别为

$$V_{h低} = \frac{Q_o}{q_{o_2}} \times \frac{V_1}{\lambda_{低}} \quad \text{m}^3/\text{h} \qquad (28\text{-}65)$$

$$V_{h高} = \frac{Q_o}{q_{o_2}\lambda_{高}}(1+a)\nu_3 \quad \text{m}^3/\text{h} \qquad (28\text{-}66)$$

式中 ν_3——高压级吸入蒸汽比容，m³/kg；

$\lambda_{高}$——高压级输气系数；

Q_o——用户需要的制冷量，kJ/h；

a——中间冷却器内液体制冷剂的蒸发量按式(28-67)计算，kg/kg。

$$a = \frac{(i_2-i_3)+(i_5-i_6)}{i_3-i_5} \quad \text{kg/kg} \qquad (28\text{-}67)$$

式中 i_2——低压级排出的过热蒸汽热焓，kJ/kg；

i_3——高压级吸入的干饱和蒸汽热焓，kJ/kg；

i_5，i_6——进入和流出中间冷却器蛇形冷却管组的高压流态制冷剂热焓，kJ/kg。

ⓑ 根据求得的高、低压级容积比 ζ，选配适当的压缩机，组成配组式双级制冷机。

上述所选配的压缩机，其高、低压级理论输气量与计算求得的不一定正好相符，需要核算所选配的双级制冷机的制冷量，使其能满足制冷工艺所要求的制冷量 Q_o。核算方法，可用第一种情况所列举的步骤进行。

③ 轴功率和电动机功率 计算方法同单级氨压缩机。压缩机指示功率和摩擦功率包括低压缸及高压缸两项功率之和。

低压缸指示功率

$$N_{i低} = \frac{G_1'(i_2-i_1)}{860\eta_{i低}} \qquad (28\text{-}68)$$

$$\eta_{i低} = \frac{T_{o2}}{T_{o1}} + bt_o$$

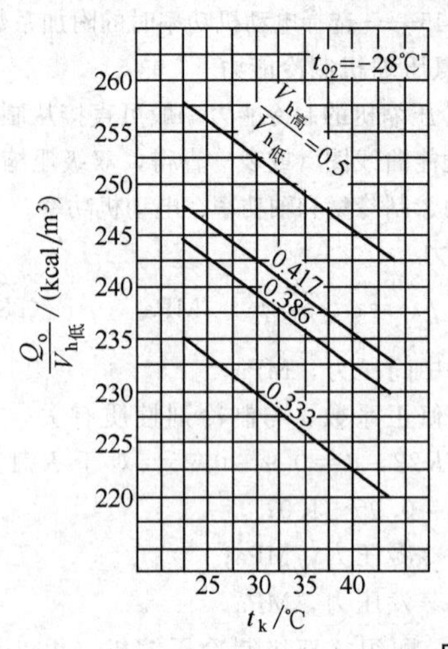

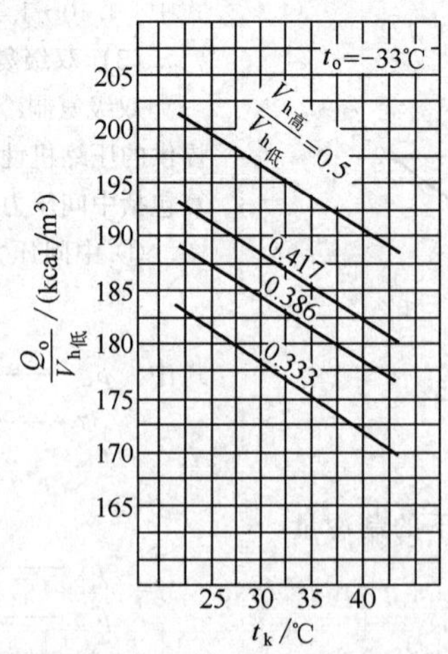

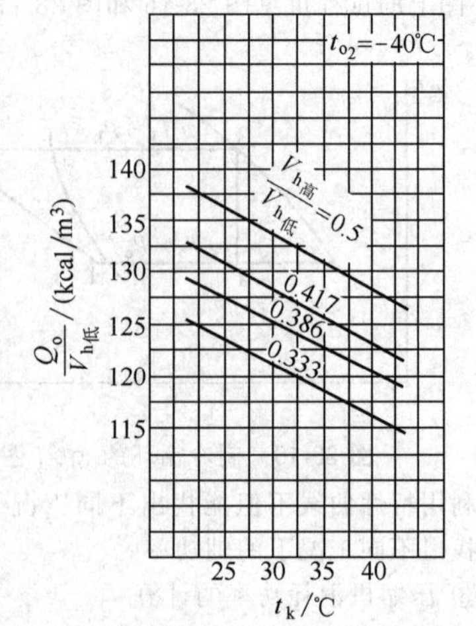

图 28-18 配组式双级制冷机的制冷量

1kcal≈4.18kJ

式中　b——与压缩机结构型式及制冷剂种类有关，对立式氨压缩机可取 $b=0.001$。

高压缸指示功率为

$$N_{i高}=\frac{G_3'(i_4-i_3')}{860\eta_{i高}} \tag{28-69}$$

$$\eta_{i高}=\frac{T_{o1}}{T_k}+bt_{o1}$$

$$N_i=N_{i低}+N_{i高}$$

高、低压缸摩擦功率为

$$N_{TP}=\frac{P_{TP}V_{理}}{36.72}$$

轴功率为

$$N_{轴}=\frac{N_i+N_{TP}}{\eta_M}\ \text{kW} \tag{28-70}$$

5.1.3　辅助设备的选择

氨冷凝器、氨液分离器、油分离器、储氨器、蒸发器、中间冷却器、集油器、空气分离器、过冷器等辅助设备的选择可参阅有关的制冷工程设计手册。

5.1.4　活塞式制冷压缩机及机组的生产厂

活塞式制冷压缩机及机组的生产厂有大连冷冻机股份有限公司、上海第一冷冻机有限公司、烟台冷冻机总厂、北京冷冻机厂等。

5.2　离心式制冷机

离心式制冷机的特点是制冷能力大、体积小和便于实现多级蒸发温度运行等，近年来在石油化工、大型空调工程中得到了推广和应用。

如图 28-19 所示为以丙烯为制冷剂的单级离心式制冷机组的流程图。机组由下列部分组成：封闭式单级离心式压缩机（包括增速器和电动机）；冷凝器；蒸发器（附浮球阀装置）；抽气回收装置；自动安全保护装置；自动温度调节装置；仪表及开关柜。

离心式制冷机的生产厂有：上海第一冷冻机厂有限公司、重庆通用工业（集团）有限责任公司等。

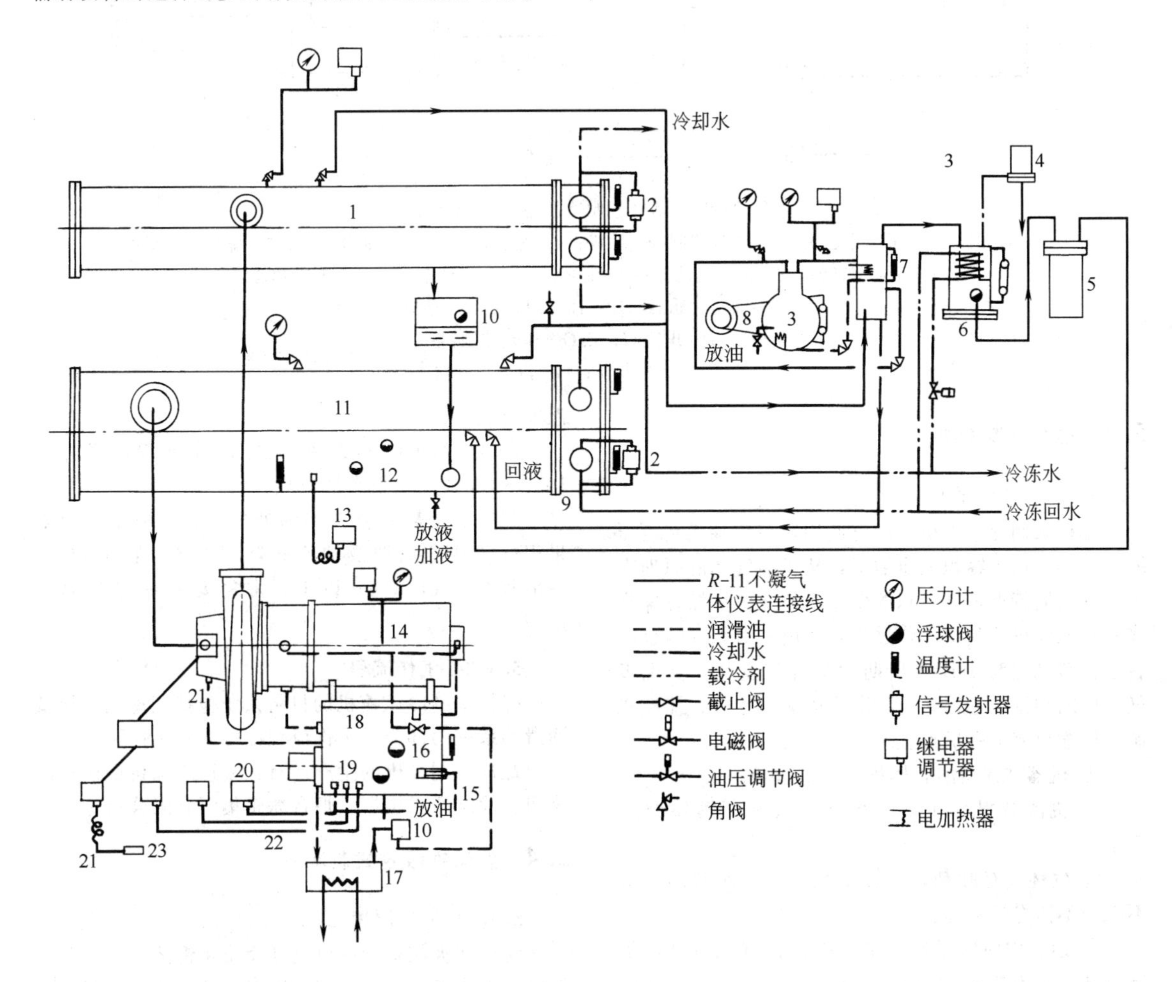

图 28-19　单级离心式制冷机组流程

1—冷凝器；2—流量发送器；3—抽气回收装置；4—放空阀；5—干燥器；6—分离器；7—分油器；8—压缩机；9—孔板；10—浮球阀室；11—蒸发器；12—液面计；13—温度继电器；14—离心式压缩机；15—电加热器；16—滤油器；17—油冷却器；18—油箱；19—油泵；20—平衡管；21—电动执行机构；22—电加热温度继电器；23—最高油温继电器

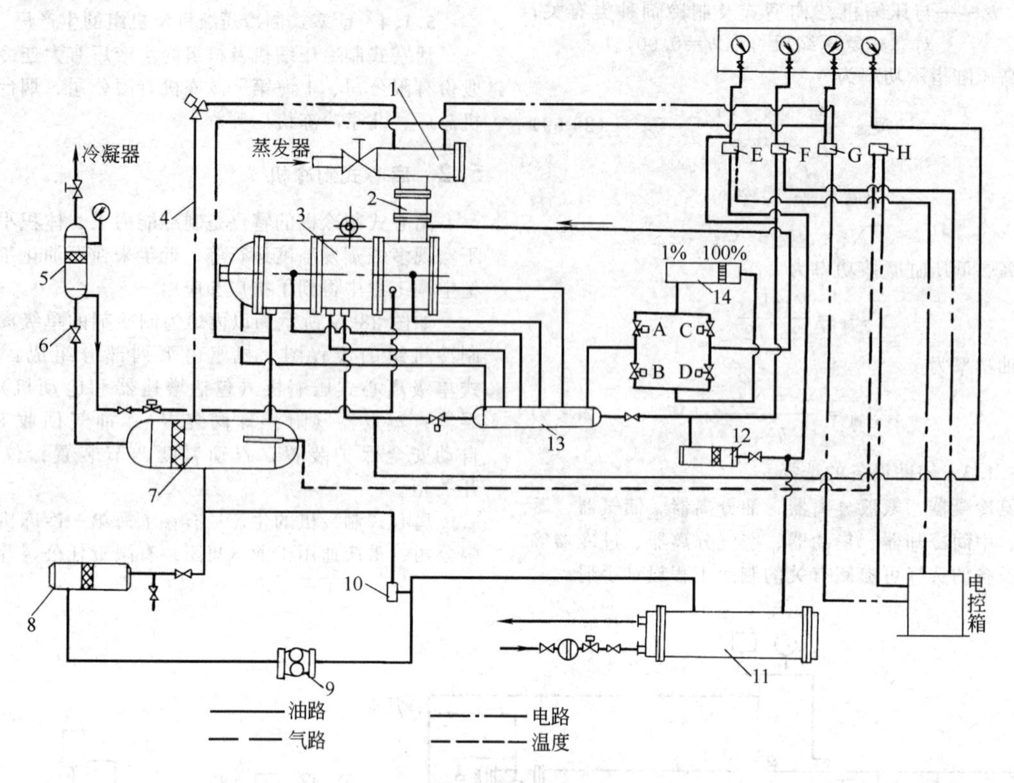

图 28-20 螺杆式制冷压缩机机组系统

1—过滤器；2—吸气止逆阀；3—螺杆式制冷压缩机；4—旁通管路；5—次油分离器；6—排气止逆阀；7—主油分离器；8—油粗过滤器；9—油泵；10—油压调节阀；11—油冷却器；12—油精过滤器；13—油分配管；14—油缸；A～D—电磁阀；E,G—压差控制器；F——压力控制器；H—温度控制器

5.3 螺杆式制冷机

5.3.1 工作原理

螺杆式制冷压缩机的广泛使用，与活塞式制冷压缩机一样均属于容积型压缩机，从压缩气体的原理来看，其共同特点是靠容积的变化而使气体压缩。螺杆式制冷压缩机的基本工作过程是，由一对相互啮合的转子在转动过程中产生周期性的容积变化，实现吸气、压缩和排气过程。与活塞式压缩机比较，螺杆式制冷压缩机有下列优点。

① 机器结构紧凑，体积小，重量轻。

② 机器易损件少，运行安全可靠，操作维护简单。

③ 气体没有脉动，运转平稳，机组对基础要求不高，不需专门基础。

④ 运行中向转子腔喷油，因此排气温度低，氨制冷剂一般不超过 90℃。

⑤ 对湿行程不敏感，湿蒸汽或少量液体进入机内，没有液击危险。

⑥ 可在较高压比下运行，单级压缩时，氨蒸发温度可达－40℃。

⑦ 可借助滑阀改变压缩有效行程，可进行10%～100%的无级冷量调节。

其缺点是需要复杂的油处理设备，要求分离效果很好的油分离器及油冷却器等设备；噪声较大，一般都在 85dB（A）以上，常需要一些专门隔声措施。

5.3.2 工作流程

螺杆式制冷压缩机的机组系统包括制冷剂系统及润滑油系统两部分，工作流程如图 28-20 所示。

螺杆式制冷机的生产厂有：大连冷冻机股份有限公司、武汉冷冻机厂、烟台冰轮集团有限公司等。

5.4 溴化锂吸收式制冷机

5.4.1 工作原理

溴化锂吸收式制冷机是利用溴化锂溶液在常温下能吸收水蒸气，而在一定的压力下被加热时水蒸气很容易蒸发的特性来工作的。通过加热或冷却使溶液在机内产生状态变化，从而使冷剂水在真空［通常在 7mmHg（1mmHg=133.32Pa）以下］下蒸发吸热获得制冷效应。

5.4.2　工作流程

溴化锂吸收式制冷机的工作流程如图 28-21 所示。机组主要由发生器、冷凝器、蒸发器、吸收器、溶液热交换器和泵等组成。发生器中的稀溶液被工作蒸汽加热或热水加热，水分蒸发为冷剂蒸汽，溶液浓缩。冷剂水蒸气通过挡液板除去液滴后进入冷凝器，被管内流动的冷却水冷凝为冷剂水，聚集在下方水盘内，然后通过节流装置进入蒸发器，通过蒸发器泵将冷剂水均匀地喷淋在蒸发管的外表面，使其在真空下吸收管内冷水的热量而蒸发，从而产生制冷效应。

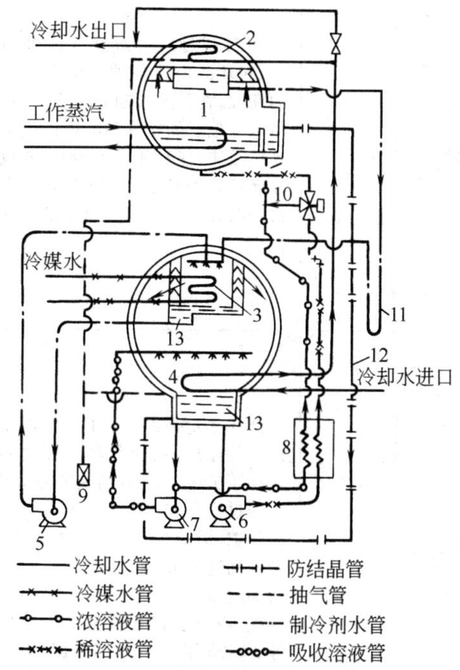

图 28-21　溴化锂吸收式制冷机的工作流程

1—发生器；2—冷凝器；3—蒸发器；4—吸收器；5—冷剂水循环泵（即蒸发器泵）；6—发生器泵；7—吸收器泵；8—热交换器；9—抽真空装置；10—溶液三通阀；11—U 形管；12—防结晶管；13—液囊

蒸发器中产生的冷剂水蒸气经挡液板除去液滴后，进入吸收器，与由吸收器泵送来的中间溶液（浓溶液与稀溶液在液囊中混合而成）接触，被其吸收，在吸收过程中放出的热量则被冷却水带走。吸收了冷剂水蒸气而形成的稀溶液被发生器泵经热交换器后送入发生器，如此反复循环。

由上述可知，溴化锂溶液只在发生器与吸收器之间循环，冷剂水则流经发生器、冷凝器、蒸发器和吸收器。在发生器中水则由稀溶液被蒸汽加热而蒸发出来，在吸收器中又被溴化锂溶液吸收。循环中产生 1kg 冷剂水所需的溶液量称为循环倍率，以 a 表示。根据质量平衡可得

$$a=\frac{\zeta_r}{\zeta_r-\zeta_a} \tag{28-71}$$

式中　ζ_r——浓溶液溴化锂的质量分数，一般为 60%～64%；

ζ_a——稀溶液溴化锂的质量分数，一般为 56%～60%；

$\zeta_r-\zeta_a$——放气范围，说明由稀溶液中释放出冷剂蒸汽而变成浓溶液的程度，一般为 4%～5%，若 $(\zeta_r-\zeta_a)<4\%$，则蒸汽消耗量剧增，若 $(\zeta_r-\zeta_a)>5\%$，则蒸汽消耗量减小，但易产生结晶。

溴化锂制冷机的热力系数是指蒸发器中获得的制冷量 Q_o（或单位制冷量 q_o）与发生器中所消耗的热量 Q_h（或发生器单位热负荷 q_L）之比，见式 (28-72)。

$$\zeta=\frac{q_o}{q_h}=\frac{Q_o}{Q_h} \tag{28-72}$$

单效溴化锂制冷机，$\zeta=0.6\sim0.7$。

双效溴化锂制冷机，$\zeta=0.9\sim1.1$。

5.4.3　制冷量的调节方法

(1) 调节热源蒸汽压力

用蒸汽入口调节阀调节，在制冷量大于 50%范围内，单位蒸汽消耗量几乎不变，低于 50%后即急剧增加。

(2) 控制加热蒸汽凝结水量

用改变加热管内水位的方法来调节加热面积大小，其效果与上述 (1) 相同。

(3) 控制冷却水量

对制冷量的影响与冷却水温相似。冷却水量变化还引起吸收器和冷凝器中传热系数的变化。冷却水量减少，制冷量减少，经济性下降，故此法很少应用。

(4) 控制稀溶液进入发生器的流量

当制冷量在整个调节范围内变化时，单位蒸汽消耗量几乎不变，经济性较好。

5.4.4　溴化锂制冷机的生产厂

溴化锂制冷机的生产厂有江苏双良集团、上海第一冷冻机厂有限公司、大连冰山集团有限公司等。

6　压缩机轴封

6.1　密封种类的选择

6.1.1　密封种类及原理

常见的压缩机轴封型式主要有迷宫密封、碳环密封、浮环密封、机械密封和干气密封等，这些密封的结构示意及原理见表 28-13。

表 28-13 常见压缩机密封结构示意及原理

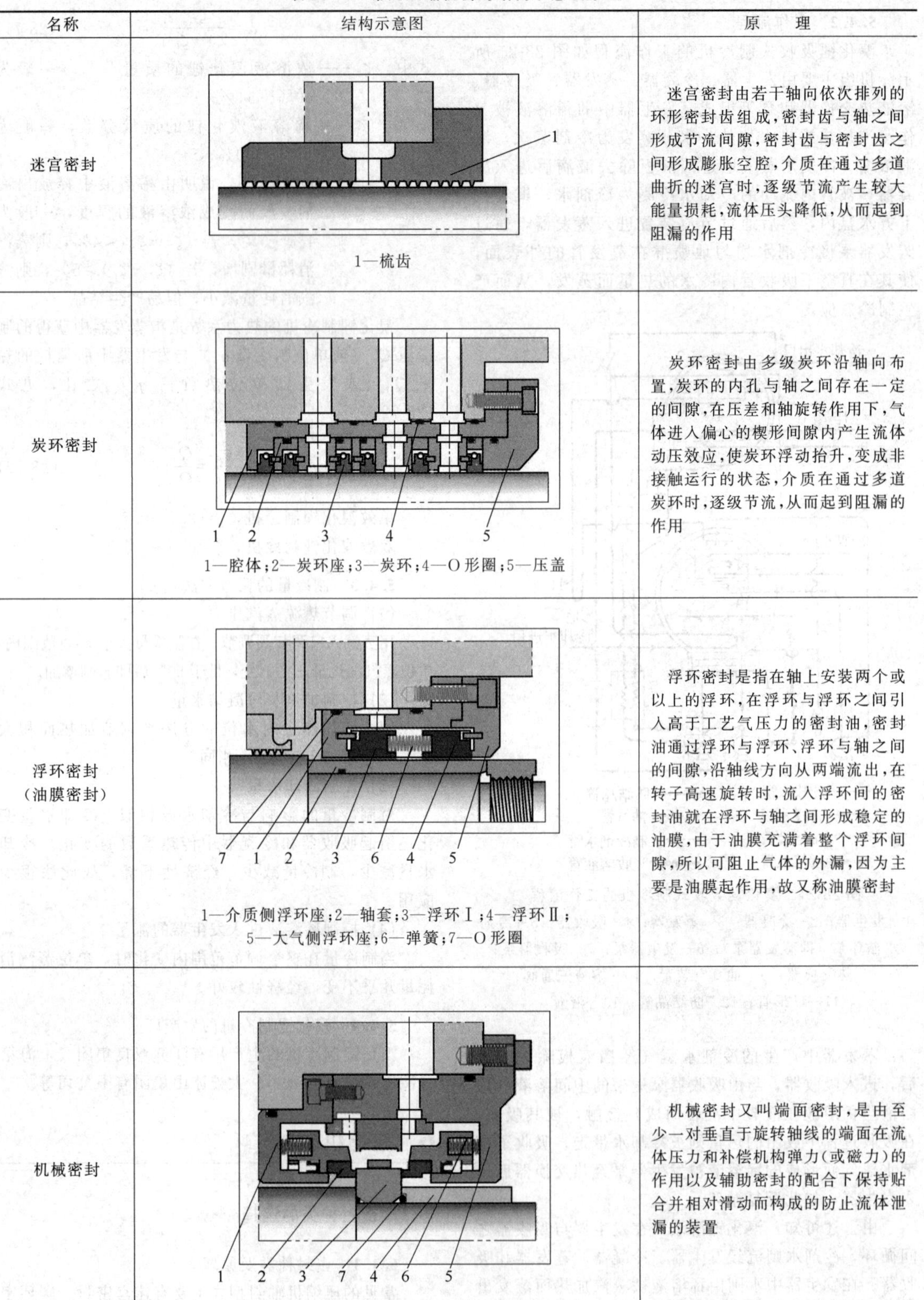

名称	结构示意图	原 理
迷宫密封	1—梳齿	迷宫密封由若干轴向依次排列的环形密封齿组成，密封齿与轴之间形成节流间隙，密封齿与密封齿之间形成膨胀空腔，介质在通过多道曲折的迷宫时，逐级节流产生较大能量损耗，流体压头降低，从而起到阻漏的作用
炭环密封	1—腔体；2—炭环座；3—炭环；4—O 形圈；5—压盖	炭环密封由多级炭环沿轴向布置，炭环的内孔与轴之间存在一定的间隙，在压差和轴旋转作用下，气体进入偏心的楔形间隙内产生流体动压效应，使炭环浮动抬升，变成非接触运行的状态，介质在通过多道炭环时，逐级节流，从而起到阻漏的作用
浮环密封（油膜密封）	1—介质侧浮环座；2—轴套；3—浮环Ⅰ；4—浮环Ⅱ；5—大气侧浮环座；6—弹簧；7—O 形圈	浮环密封是指在轴上安装两个或以上的浮环，在浮环与浮环之间引入高于工艺气压力的密封油，密封油通过浮环与浮环、浮环与轴之间的间隙，沿轴线方向从两端流出，在转子高速旋转时，流入浮环间的密封油就在浮环与轴之间形成稳定的油膜，由于油膜充满着整个浮环间隙，所以可阻止气体的外漏，因为主要是油膜起作用，故又称油膜密封
机械密封	1—介质侧弹簧座；2—静环组件；3—动环组件；4—压紧套；5—大气侧弹簧座；6—弹簧；7—O 形圈	机械密封又叫端面密封，是由至少一对垂直于旋转轴线的端面在流体压力和补偿机构弹力（或磁力）的作用以及辅助密封的配合下保持贴合并相对滑动而构成的防止流体泄漏的装置

续表

名称	结构示意图	原　理
干气密封	1—弹簧蓄能圈；2—轴套；3—动环；4—介质侧弹簧座；5—动环座；6—推环；7—中间梳齿环；8—静环；9—大气侧弹簧座；10—压紧套；11—弹簧；12—隔离梳齿环；13—O 形圈；14—梳齿环座	干气密封属于非接触式气体润滑机械密封，在干气密封的动环端面上加工有流体动压槽，高速旋转的动环产生的黏性剪切力带动气体进入流体动压槽内，由外径朝中心运动，密封坝提供流动阻力，节制气体流向低压侧，于是气体被压缩，压力升高，密封面分开，形成一定厚度的气膜（一般为 3～5μm），由此密封，实现非接触运转

表 28-14　不同种类密封的选择及应用

密封类型	工作型式	工作特征	基本特点	系统特点	价格	能耗	应用
迷宫密封	非接触式	气封气	结构简单、安装简便、泄漏量非常大、价格低	简单	密封及系统价格均低	能耗较低	非危险性介质及压力较低的场合
碳环密封	非接触式	气封气	结构相对简单、安装简便、泄漏量较大（一般为迷宫密封的 1/10～1/5）、性价比高	较简单	密封及系统价格均较低	能耗较低	非危险性介质及压力较低的场合，如用于危险介质，需配置充气系统
浮环密封	非接触式	液封气	结构相对复杂、安装较简便、封油泄漏量较大，可能污染工艺气、可靠性中等	封油系统较复杂，维护麻烦，可靠性低	密封及系统价格中等	能耗高	输送危险性气体的高速、低中高压的场合
机械密封	接触式	液封气	结构复杂、安装要求高、封油泄漏量较小，可能污染工艺气、可靠性高	封油系统较复杂，维护麻烦，可靠性低	密封及系统价格中等	能耗高	输送危险性气体的高速、中低压的场合
干气密封	非接触式	气封气	结构复杂、安装要求高、泄漏量小、寿命长、可靠性高、环保性好	控制系统复杂，维护简单，可靠性高	密封及系统价格均较高	能耗极低	输送危险性气体的高速、低中高压的场合

6.1.2　密封种类的选择及应用

密封种类的选择应综合考虑介质的特性、外部工艺条件、密封性能及使用寿命等因素。不同种类密封的选择及应用见表 28-14。

6.2　干气密封类型、系列和型号的选择

6.2.1　干气密封的分类

干气密封通常可分为以下四种结构型式，即单端面密封、双端面密封、串联式密封及带中间迷宫密封的串联式密封。

6.2.2　干气密封类型的选择（表 28-15）

表 28-15 干气密封类型的选择

干气密封类型	结构图	特点	应用
单端面干气密封	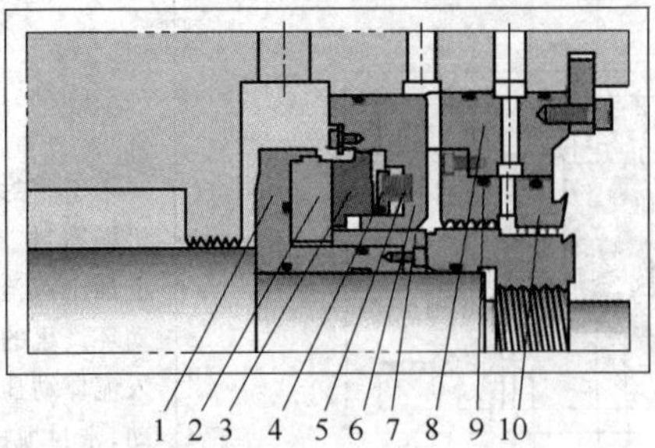 1—轴套；2—动环；3—静环；4—推环；5—弹簧；6—弹簧座；7—压紧套；8—梳齿环座；9—O形圈；10—隔离梳齿环	优点：结构紧凑、密封成本低，系统较简单 缺点：有少量工艺介质会泄漏到大气中，无安全密封，可靠性、安全性较低	常用于非危险性介质，例如二氧化碳、氮气、空气等对环境无污染的各种介质
双端面干气密封	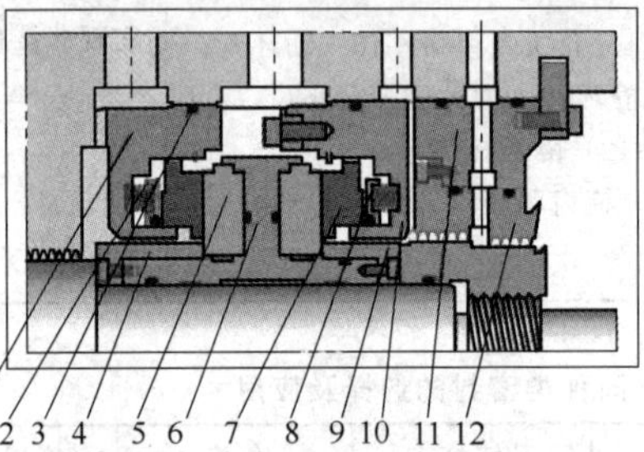 1—介质侧弹簧座；2—弹簧；3—O形圈；4—介质侧压紧套；5—动环座；6—轴套；7—静环；8—推环；9—大气侧压紧套；10—大气侧弹簧座；11—梳齿环座；12—隔离梳齿环	优点：可以做到工艺介质的零泄漏，密封成本较低，系统较简单 缺点：不适用于高压场合，微量的氮气会进入工艺流程	常用于允许少量氮气进入工艺流程，且入口压力不高的易燃、易爆、有毒、易结焦的介质
串联式干气密封	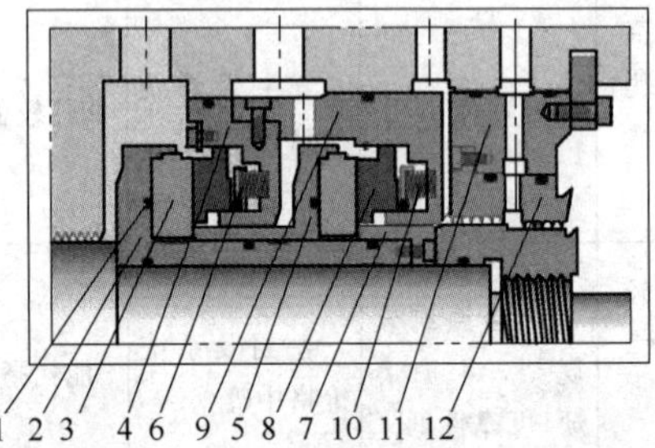 1—O形圈；2—轴套；3—动环；4—介质侧弹簧座；5—动环座；6—推环；7,10—压紧套；8—静环；9—大气侧弹簧座；11—梳齿环座；12—隔离梳齿环	优点：安全性、可靠性较高。仅有微量的工艺介质会泄漏至大气环境中。压力应用范围宽 缺点：结构、控制系统较复杂，成本较高。会有微量工艺气外泄至大气环境中	基本适用于所有易燃、易爆、有毒的介质，常用于压缩机密封腔体轴向尺寸短，或者密封气比较昂贵，需要回收的场合 一级密封承受全部工作压力，二级密封为安全密封，可避免一级密封失效时工艺介质的大量外漏
带中间迷宫的串联式干气密封	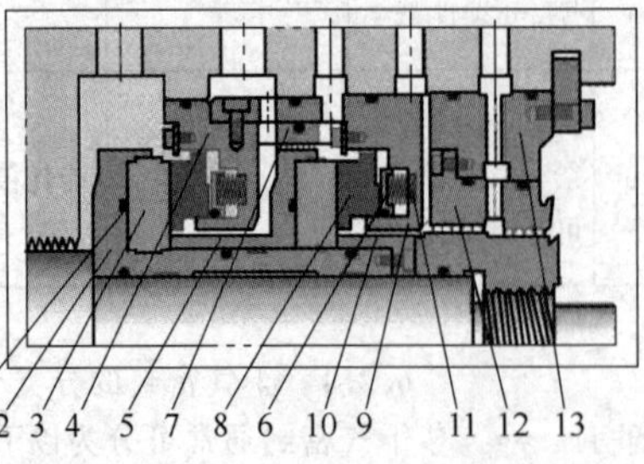 1—O形圈；2—轴套；3—动环；4—介质侧弹簧座；5—动环座；6—推环；7—中间梳齿环；8—静环；9—大气侧弹簧座；10—压紧套；11—弹簧；12—隔离梳齿环；13—梳齿环座	优点：安全性、可靠性最高。可使工艺气完全不泄漏至大气环境中，外部氮气也不会进入工艺流程内。压力应用范围宽 缺点：结构、控制系统复杂，成本高	基本适用于所有易燃、易爆、有毒的介质，常用于压缩机密封腔体轴向尺寸较大，且安全环保性要求较高的场合

6.2.3　干气密封系列和型号

表 28-16 是部分国内外知名密封厂家的压缩机用干气密封产品的型号及参数范围。

表 28-16　部分国内外知名密封厂家的压缩机用干气密封产品的型号及参数范围

厂家	干气密封型号	最大压力/bar	温度范围/℃	线速度/(m/s)	轴径/mm
Flowserve	Gaspac S	250	−100～230	1～250	40～360
	Gaspac D	60	−100～200	1～140	40～360
	Gaspac T	650	−100～230	1～250	40～360
	Gaspac L	650	−100～230	1～250	40～360
John Crane	28 AT	125	−140～315	最大 200	最大 350
	28 XP	200	−140～315	最大 200	最大 350
	28 EXP	450	−140～315	最大 200	最大 350
Eagle Burgmann	MDGS	50	−20～200	0.6～200	48～200
	DGS	120	−20～200	0.6～200	29～264
	PDGS	450	−170～230	0.6～200	29～355
四川日机密封件股份有限公司	GCS	200	−150～260	最大 180	25～350
	GCD	20	−150～200	最大 180	25～350
	GCT	200	−150～260	最大 180	25～350
	GCTL	200	−150～260	最大 180	25～350
成都一通密封有限公司	YTG801	150	−104～280	最大 195	50～350
	YTG802	80	−104～280	最大 195	50～350
	YTG803	172	−104～280	最大 195	50～350
	YTG804	190	−104～280	最大 195	50～350

注：表中的数据来源于各密封厂家的干气密封样本。1bar=10^5Pa。

6.2.4　干气密封材料的选择

零部件材料的选择要考虑介质的腐蚀性、压力、温度、转速等因素，其主要零部件的常用材料及主要性能见表 28-17。

表 28-17　干气密封零部件常用材料及主要性能

零件名称	常用材料及主要性能	
动环	SiC	硬度高,线胀系数低,热导率高,弹性模量大,密度低
	WC	硬度高,线胀系数低,热传导率高,弹性模量大,密度高,不适用于大轴径密封,对介质腐蚀性有要求
	Si3N4	硬度高,线胀系数低,热传导率高,弹性模量大,密度低,适用于高压、高线速度密封,价格较贵
静环	石墨	硬度低,良好的自润滑性,热导率高,适用于中低压力场合
	SiC 表面喷涂 DLC 涂层	硬度高,热导率高,弹性模量大,表面喷涂 DLC 涂层后具有较低的摩擦系数,适用于压力较高的工况
辅助密封圈	FKM、NBR、HNBR、VITON	适用于压力低于 10MPa、温度为−40～176℃的工况,材料的选择与介质相关
	FFKM	适用于压力低于 10MPa、温度为 176～230℃的工况
	聚合物密封圈	适用于压力高于 10MPa、温度为低于−40℃或者高于 230℃的工况
弹簧	Hast. C	强度高、弹性模量大,具有良好的耐腐蚀性
金属结构件	1Cr13、2Cr13	马氏体不锈钢,良好的耐腐蚀性,较高的硬度和韧性
	17-4PH	马氏体沉淀、硬化不锈钢,强度、硬度高,热处理之后具有高达 1100～1300MPa 的耐压强度,常用于高参数场合
	316L	奥氏体不锈钢,优异的耐腐蚀性能,低温性能良好

6.2.5 干气密封控制系统

干气密封控制系统是干气密封的重要组成部分，控制系统为干气密封的长期稳定、可靠运行提供了保障。控制系统通常由过滤、控制和检测三大功能组件组成。

过滤组件的作用是对进入密封腔的气体进行净化和分液处理，以确保进入密封腔气体的干净和干燥。过滤组件由密封气过滤和隔离气过滤两部分组成；控制组件的作用是对进入密封腔的气体进行压力和流量控制，以满足密封的要求；检测组件通过检测密封泄漏量，以监测密封运行状态。

各种结构的密封控制系统的流程简图及流程描述见表28-18。

表28-18 各种结构的密封控制系统的流程简图及流程描述

密封结构	控制系统流程简图	流程描述
单端面干气密封	安全放空 泄漏监测组件 密封气控制组件 隔离气 气体过滤组件 隔离气控制组件 气体过滤组件 密封气	密封气一般选用压缩机出口气体，经过滤组件过滤，通过密封气控制组件调节流量后进入密封腔。密封气大部分进入压缩机内，小部分经密封端面泄漏，经泄漏检测组件监测压力和流量后安全放空 隔离气一般选用氮气，经过滤组件和隔离气控制组件后进入隔离气腔。隔离气的主要作用是防止润滑油串入密封腔后对密封造成影响，对干气密封起保护作用，同时防止干气密封泄漏出来的工艺气进入轴承箱
双端面干气密封	隔离气 气体过滤组件 隔离气控制组件 安全放空 缓冲气控制组件 PDICA 泄漏监测组件 气体过滤组件 密封气	密封气(一般为氮气)经气体过滤组件过滤后分为两部分：一部分经缓冲气(前置气)控制组件限流后进入缓冲气腔，作为缓冲气(前置气)，其作用是阻止压缩机内工艺气向外扩散污染密封端面，影响密封正常运行；另一部分经泄漏监测组件进入主密封腔，作为主密封气。向内侧泄漏的主密封气和缓冲气(前置气)混合进入压缩机内，向外侧泄漏的主密封气和隔离气混合安全放空 双端面干气密封中，主密封气全部通过密封端面泄漏，其耗量由密封的运行状况决定。也就是说，主密封气的流量反映了密封端面的运行状况，因此，泄漏监测组件安装在主密封的进气管线上 隔离气一般选用氮气，经过滤组件和隔离气控制组件后进入隔离气腔室
串联式干气密封	安全放空 放火炬 泄漏监测组件 密封气控制组件 密封气 气体过滤组件 隔离气控制组件 隔离气 气体过滤组件	密封气一般选用压缩机出口气体，经过滤组件、控制组件后进入一级密封气腔，其中大部分密封气进入压缩机内，剩余的一部分经一级密封泄漏，泄漏的密封气中大部分排放至火炬系统，另外一小部分通过二级密封泄漏和隔离气混合后放空 隔离气一般选用氮气，经过滤组件和隔离气控制组件后进入隔离气腔室 串联密封运行状况的监测主要是监测放火炬管线压力和流量
带中间迷宫密封的串联式干气密封	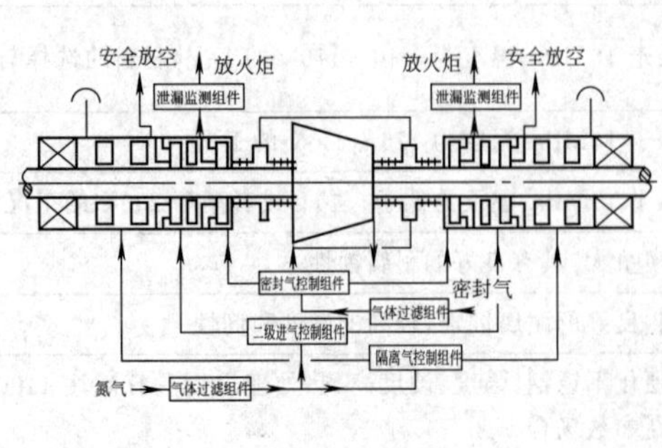	与串联式干气密封控制系统相比，除了用压缩机出口气体作为密封气以外，还需要另引一路氮气作为二级密封气 密封气一般选用压缩机出口气体，经过滤组件、控制组件后进入一级密封气腔，其中大部分密封气进入压缩机内，剩余的一部分经一级密封泄漏，被二级密封气(氮气)封堵，一同排放至火炬系统，从而保证了后密封泄漏出的气体仅仅是氮气 二级密封气中，一部分随一级密封泄漏气一同排放至火炬系统，剩余部分和隔离气混合后放空 隔离气一般选用氮气，经过滤组件和隔离气控制组件后进入隔离气腔室 密封的监测与串联式干气密封相同，主要是监测放火炬管线的压力和流量

表 28-19　常见机器振动限值

类型	振动测量位置	轴承类型	振动限值
回转压缩机	轴承座	滑动轴承	无油螺杆压缩机< 5mm/s 喷油螺杆压缩机<8mm/s
		滚动轴承	<8mm/s
	轴承处轴颈	滑动轴承	无油螺杆压缩机< $\sqrt{(1.03\times10^7/N)}$ μm 与 50%轴承间隙的小值
离心/轴流压缩机	轴承处轴颈	滑动轴承	<25.4 $\sqrt{(12000/N)}$ μm，其中 N 为最大连续转速
汽轮机	轴承处轴颈	滑动轴承	<25.4 $\sqrt{(12000/N)}$ μm，其中 N 为最大连续转速
液环真空泵和压缩机	轴承座	滚动轴承	<7.6mm/s
离心式通风机	轴承座	滚动轴承或滑动轴承	<2.8mm/s
燃气轮机	轴承处轴颈	滑动轴承	<25.4 $\sqrt{(12000/N)}$ μm，其中 N 为最大连续转速

7　机器的振动和噪声控制

7.1　机器的振动及其控制

(1) 机器自身的振动及其控制

机器自身的振动一般是由于转动部件的不平衡或对中不佳引起的。因此应对转子的主要部件如叶轮、轴、联轴器、齿轮、平衡盘等分别进行动平衡；装配时，转动部件应进行多面动平衡。对中时应严格控制有关的位置公差。

实际测定的机器的振动值应严格控制在标准规定的振动极限范围之内。

此外离心式压缩机和轴流式压缩机的喘振会引起机器的剧烈振动，因此应避免喘振的发生。常见机器振动限值见表 28-19。

(2) 管道振动及其控制

引起管道振动的原因：一是压缩机自身的振动；二是气流脉动。一般情况下，往复式压缩机的管道振动大多是由气流脉动所引起的。

由于往复式压缩机周期性、间歇性的进气、排气，引起管道内气流压力的脉动，气体压力波沿气柱以音速传播，在管道转弯处或截面变化处就形成激振力。当压缩机进气、排气激发的频率与气柱固有频率或管道固有频率重合或相近，就会引起共振，造成管道的强烈振动。

降低管道振动的措施：降低气流脉动，选取足够大的缓冲器，以限制压力不均匀度在允许的范围以内；避免管道急弯、减少转折等。

7.2　机器的噪声及其控制

除另有规定外，根据日接触噪声时间的不同，离机器 1m 处测定的泵机组的总体噪声（声压级）应不超过表 28-20 规定的限值。当此值超过表 28-20规定的限值时，卖方应提交机组的频带声压级［按 1/1 频程的中心频率（Hz）来测定］，供买方批准。

表 28-20　工作地点噪声声级的卫生限值

日接触噪声时间/h	卫生限值(A)/dB	日接触噪声时间/h	卫生限值(A)/dB
8	85	1/2	97
4	88	1/4	100
2	91	1/8	103
1	94		

注：本表根据 GBZ2.2 第 11.2 条，按 GB/T 189.8 中所列公式计算所得。

8　采购

8.1　采购程序

采购程序参阅本手册第 27 章。

8.2　数据表

8.2.1　往复式压缩机数据表（表 28-21）

表 28-21 往复式压缩机数据表

往复压缩机 数据表	文件号________页码 第1页 共5页 工程号________设备位号________ 采购单号________技术规范号________ 询价单号________ 版次________日期________ 编制________

1 下列标记适用于 ○ 询价 ○ 采购 ◙供制造用

2 客户________装置________

3 地点________设备名称________

4 需要台数________型式________操作方式 ○ 连续 ○ 间歇________/24h

5 驱动方式 ○ 直联 ○ 齿轮连接 ○ 皮带轮连接 供货者________安装者________

6 驱动机型式________位号________数据表编号________供货者________安装者________

7 制造厂________型号________系列号________

8 注:○ 此标记表示该项由买方填写 □此标记表示该项由制造厂填写 ◙ 此标记表示该项由买方或制造厂填写

序号	操作条件 (单机)	单位						
10	○ 级							
11	○ 正常或其他工况							
12	○ 压缩介质(详见第2页)							
13	○ 流量(1.013kPa、0℃干基)	m^3(标)/h						
14	○ 质量流量 ○ 湿 ○ 干	kg/h						
15	进口条件							
16	○ 压力(绝)	kPa						
17	○ 温度	℃						
18	○ 相对湿度	%						
19	○ 分子量							
20	○ 绝热指数 $c_p/c_V(k_1)$或($k_{平均}$)							
21	□ 压缩性系数(Z_1)或($Z_{平均}$)							
22	□ 进口容积流量 ○ 湿 ○ 干	m^3/h						
23	出口条件							
24	□ 压力(绝)	kPa						
25	□ 温度	℃						
26	□ 绝热指数 $c_p/c_V(k_1)$或($k_{平均}$)							
27	□ 压缩性系数(Z_2)或($Z_{平均}$)							
28	性能参数							
29	□ 轴功率(压缩机曲轴处)	kW						
30	□ 轴功率(包括全部传动损失)	kW						
31	□ 容积效率	%						
32	□ 绝热效率	%						
33	□							
34	□							

35 气量调节

36 调节范围________到________%

37 调节方式 ○ 吸气阀顶开 ○ 固定余隙容积 ○ 变速 速度范围________到________%

38 ○ 吸气阀减荷器 ○ 变余隙容积 ○ 旁路

39 信号源________

40 ○ 电动 ○ 气动 ○ 其他________

41 范围________mA________kPa(绝)

42

序号	备注:	压缩机布置及流程图
43		
44		
45		
46		
47		
48		
49		
50		

续表

往复压缩机 数据表	文件号______页码　第 2 页　共 5 页 工程号______设备位号______ 采购单号______技术规范号______ 询价单号______ 版次______日期______ 编制______

行	气体组分		正常	额定	其他工况				备注
1	操作条件　（续）								
3	○ %(摩尔分数)	分子量							
4	空气	28.966							
5	氧气	32							
6	氮气	28.016							
7	水蒸气	18.016							
8	一氧化碳	28.01							
9	二氧化碳	44.01							
10	硫化氢	34.076							
11	氢	2.016							
12	甲烷	16.042							
13	乙烯	28.052							
14	乙烷	30.068							
15	丙烯	42.078							
16	丙烷	44.094							
17	异丁烷	58.12							
18	正丁烷	58.12							
19	异戊烷	72.146							
20	正戊烷	72.146							
21	正乙烷								
22									
23	总计								
24	平均分子量(干)								

行	安装位置	异常条件
26	○ 室内　○ 采暖　○ 顶棚	○ 尘埃　○ 腐蚀气　○ 化工区域
27	○ 室外　○ 不采暖　○ 部分墙	
28	○ 平台　○ 中间层　○	噪声规范
29	○ 电气危险区域______	○ 适用于机器______
30	○ 冰冻防护　○ 湿热带防护	参见规范______
31	现场数据	○ 适用于相邻物______
32	○ 海拔______m	参见规范______
33	○ 环境温度范围	隔声房　○ 需要　○ 不需要
34	设计______正常______最高______最低______℃	
35	采用的规范	油漆
36	API 617，炼油厂用往复压缩机	○ 制造厂标准
37		○ 其他______
38	○ 卖方对整个机组承担责任______	
39	______	储运
40	○ 适用的其他规范(如果不同)______	○ 国内　○ 出口　○ 需要出口包装箱
41	______	○ 户外存放 6 个月以上
42	______	备用转子组件包装，用于
43	______	○ 水平存放　○ 垂直存放
44		
45	备注：	
46		
47		
48		
49		
50		

续表

往复压缩机 数据表	文件号______页码 第3页 共5页 工程号______设备位号______ 采购单号______技术规范号______ 询价单号______ 版次______日期______ 编制______

1	结构特点						
2	□ 级数	1	2	3	4	5	6
3	□ 各级气缸数/作用形式						
4	□ 缸内径 mm						
5	□ 余隙容积 %						
6	□ 气阀数目(吸气/排气)						
7	□ 气阀形式						
8	□ 活塞杆直径 mm						
9	□ 各列活塞力(拉/压) t						
10	□ 最大允许活塞力 t						
11	□ 安全阀整定压力(表) kPa						
12	□ 水压试验压力(表) kPa						
13	□ 转速(额定/最大) r/min						
14	□ 平均活塞速度 m/s						
15	□ 行程 mm						
16	□						

17	气缸润滑 ○ 无油 ○ 有油	活塞杆填料函
18	气缸冷却 □ 有 □ 无	润滑 □ 有 □ 无 冷却 □ 有 □ 无
19	中体形式 □ 开式 □ 闭式 □ 标准型	密封/缓冲气体 ○ 氮气 ○ 其他______
20	□ 加长单室型 □ 双室型	□ 流量______ m^3/h,压力(表)______ kPa
21	传动方式 □ 直联 □ 三角皮带 □ 齿轮箱	□ 排放气压力(表)______ kPa,排放至______
22	转动方向(从驱动机侧看) □ 顺时针 □ 逆时针	盘车装置 ○ 有 ○ 电动 ○ 气动
23		○ 手动

24	结构材料						
25	级数	1	2	3	4	5	6
26	气缸						
27	气缸套						
28	活塞						
29	活塞环						
30	支承环						
31	活塞杆						
32	阀片						
33	阀座						
34	阀弹簧						
35	阀限程器						
36	十字头						
37	填料						
38	中体						
39	连杆						
40	曲轴						
41	机身						
42							
43	备注:						
44							
45							
46							
47							
48							
49							
50							

续表

往复压缩机 数据表	文件号____ 页码 第 4 页 共 5 页 工程号____ 设备位号____ 采购单号____ 技术规范号____ 询价单号____ 版次____ 日期____ 编制____

1	主电动机　型式____ 型号____	减速机　型式____ 型号____
2	额定功率____ kW,转速____ r/min	速比____ 质量____ kg
3	防护等级____ 绝缘等级____ 电压____ V	
4		皮带传动　皮带规格____ 根数____
5	汽轮机　型式____ 型号____	大皮带轮外径____ mm
6	最大功率____ kW,转速____ r/min	小皮带轮外径____ mm
7	额定汽耗量____ kg/h	
8		
9	润滑油系统	
10	机身润滑　型式 ○ 飞溅 ○ 压力(强制)	油冷却器　型式____ 材料____
11	循环量____ m^3/h,油牌号____	换热面积____ m^2
12	主油泵　型式 ○齿轮泵 ○ 螺杆泵	油过滤器　过滤精度____ μm 壳体材料____
13	型号____	数量____ 滤筒材料____
14	流量____ m^3/h,压力(表)____ kPa	油管材料　过滤器前 ○ 碳钢 ○ 不锈钢
15	驱动型式 ○曲轴 ○ 电动机	过滤器后 ○ 碳钢 ○ 不锈钢
16	辅油泵　型式 ○ 齿轮泵 ○ 螺杆泵	油箱　容积____ m^3 材料____
17	型号____	加热方式 ○ 电 ○ 蒸汽
18	流量____ m^3/h,压力(表)____ kPa	气缸润滑　注油量____ kg/h 油牌号____
19	驱动型式 ○曲轴 ○ 电动机	一次充油量____ kg
20		注油器驱动型式 ○ 曲轴 ○ 电动机 ○
21		

22 壳体接口

行	接口	○ 设计要求经买方批准	□ 规格	□ 密封面	○ 位置	○ 法兰或双头螺栓	○ 卖方供配对法兰垫片	□ 气速/(m/s)
23-25								
26								
27								
28								
29								

行	□ 其他接口			
31	用途	数量	规格	型式
32	润滑油进口/出口			
33	机壳排放			
34	排气			
35	冷却水			
36				
37				

□ 允许的管道外力和外力矩	进口		出口			
	力/N	力矩/N·m	力/N	力矩/N·m	力/N	力矩/N·m
轴向						
垂直						
水平 90°						

38 公用工程条件

行			主驱动机	主油泵电动机	辅油泵电动机	注油器电动机	电加热器	仪表电源
40	电	型式						电压 V
41		功率 kW						

行			压缩机气缸	油冷却器	气体冷却器	
43	冷却水	进口压力(表) kPa				
44		进水温度 ℃				
45		用量 m^3/h				
46		压力降 kPa				

47 蒸汽　压力：进汽____ 排汽(表)____ kPa,耗汽量____ kg/h

48 温度：进汽____ 排汽____ ℃

49 仪表空气　正常压力(表)____ kPa,总耗量____ m^3/h

50

续表

往复压缩机 数据表	文件号____ 页码 第5页 共5页 工程号____ 设备位号____ 采购单号____ 技术规范号____ 询价单号____ 版次____ 日期____ 编制____		

行	功能	就地	盘	功能	就地	盘装
1	控制和仪表					
2	控制系统 形式 ○气动 ○电动 ○液压 ○电子 ○					
3	方式 ○手动 ○自动 ○程控 ○					
4	功能	就地	盘	功能	就地	盘装
5	压力测量					
6	主润滑油泵出口	○	○	冷却水进出口总管	○	○
7	辅润滑油泵出口	○	○	工艺气进口 ○最初 ○每级	○	○
8	润滑油过滤器压差	○	○	工艺气出口 ○最终 ○每级	○	○
9		○	○		○	○
10	温度测量					
11	工艺气 ○进口 ○出口 ○每级	○	○	气缸冷却水 ○进口 ○出口	○	○
12	中冷器 ○进口 ○气体 ○水	○	○	主径向轴承	○	○
13	后冷器 ○进口 ○气体 ○水	○	○	电动机轴承	○	○
14	润滑油(机身处) ○进 ○出	○	○		○	○
15	润滑油(冷却器) ○进 ○出	○	○		○	○
16	填料冷却水 ○进 ○出	○	○		○	○
17	其他仪表					
18	冷却水流量计	○	○		○	○
19	压力变送器	○	○		○	○
20	液位变送器	○	○		○	○
21	报警蜂鸣器	○	○		○	○
22	功能	报警	停机	功能	报警	停机
23	报警和停机					
24	排气压力高 ○最终 ○每级	○	○	压缩机振动大	○	○
25	排气温度高,每一级	○	○	主轴承温度高	○	○
26	进气压力低,第一级	○	○	氮封压力低	○	○
27	排气温度高 ○最终 ○每级	○	○		○	○
28	润滑油压力低	○	○		○	○
29	油过滤器压降高	○	○		○	○
30	辅助油泵启动故障	○	○		○	○

行	项目	要求	见证	观察	项目	要求	见证	观察
31	检查和试验							
32		要求	见证	观察		要求	见证	观察
33	制造厂标准试验	○	○	○	气缸套水压试验	○	○	○
34	气缸液压试验	○	○	○	润滑油控制台运行试验	○	○	○
35	气缸气密性试验	○	○	○		○	○	○
36	机械运转试验	○	○	○		○	○	○
37	盘车检查余隙	○	○	○		○	○	○

行	其他	
38	其他	
39	质量(kg)	空间要求(mm)
40	压缩机____ 齿轮箱____ 驱动机____	整机 长____ 宽____ 高____
41	底座____	润滑油控制台 长____ 宽____ 高____
42	最大维修件(确定名称)____	冷却水控制台 长____ 宽____ 高____
43	总装运质量____	独立安装的控制盘 长____ 宽____ 高____
44	润滑油/冷却水控制台____	活塞拆卸距离 长____ ____ ____
45	独立安装的控制盘____	
46		
47	备注:	
48		
49		
50		

8.2.2 离心压缩机数据表(表 28-22)

表 28-22 离心压缩机数据表

	文件号______ 页码 第 1 页 共 6 页
	工程号______ 设备位号______
	采购单号______ 技术规范号______
离心压缩机 数据表	询价单号______
	版次______ 日期______
	编制______

1 下列标记适用于 ○ 询价 ○ 采购 ◙ 供制造用

2 客户______ 装置______

3 地点______ 设备名称______

4 需要台数______ 型式______ 操作方式 ○ 连续 ○ 间歇 /24h

5 ○ 齿轮装置位号______ 数据表编号______ 供货者______ 安装者______

6 驱动机型式______ 位号______ 数据表编号______ 供货者______ 安装者______

7 制造厂______ 型号______ 系列号______

8 注:○ 此标记表示该项由买方填写 □ 此标记表示该项由制造厂填写 ◙ 此标记表示该项由买方或制造厂填写

9 操作条件 (参阅压缩机布置及流程简图)

行	(所有数据表示在一个机组上)	单位	正常	额定	其他工况			
10/11								
12	○ 压缩介质(详见第 页)							
13	○ 流量(1.013kPa、0℃干基)	m^3/h						
14	○ 质量流量 ○ 湿 ○ 干	kg/h						
15	进口条件							
16	○ 压力(表)	kPa						
17	○ 温度	℃						
18	○ 相对湿度	%						
19	○ 分子量							
20	○ 绝热指数 $c_p/c_V(k_1)$或($k_{平均}$)							
21	□ 压缩性系数(Z_1)或($Z_{平均}$)							
22	□ 进口容积流量 ○ 湿 ○ 干	m^3/h						
23	出口条件							
24	□ 压力(绝)	kPa						
25	□ 温度	℃						
26	□ 绝热指数 $c_p/c_V(k_1)$或($k_{平均}$)							
27	□ 压缩性系数(Z_2)或($Z_{平均}$)							
28	性能参数							
29	□ 轴功率(包括全部损失)	kW						
30	□ 转速	r/min						
31	□ 预计的喘振范围(上述转速)	m^3/h						
32	□ 多变能量头	m/kg						
33	□ 多变效率	%						
34	○ 保证点/允差							
35	□ 性能曲线号							

36 流程调节

37 方式 ○ 进口节流 从______到______kPa(表)速度范围 从______%到______%

38 ○ 带冷却旁路 从______到______出口放空 从______%到______%

39 ○ 可调进口导叶

40 信号源______

41 形式 ○ 电动 ○ 气动 ○ 其他

42 范围______mA______kPa(表)______

43 防喘振旁路 ○ 手动 ○ 自动 ○ 无

44 备注:	压缩机布置及流程图
45	
46	
47	
48	
49	
50	

续表

离心压缩机 数据表	文件号____ 页码 第2页 共6页 工程号____ 设备位号____ 采购单号____ 技术规范号____ 询价单号____ 版次____ 日期____ 编制____

行	操作条件（续）								
2	气体组分		正常	额定	其他工况				备注
3	○ %(摩尔分数)	MW							
4	空气	28.966							
5	氧气	32							
6	氮气	28.016							
7	水蒸气	18.016							
8	一氧化碳	28.01							
9	二氧化碳	44.01							
10	硫化氢	34.076							
11	氢气	2.016							
12	甲烷	16.042							
13	乙烯	28.052							
14	乙烷	30.068							
15	丙烯	42.078							
16	丙烷	44.094							
17	异丁烷	58.12							
18	正丁烷	58.12							
19	异戊烷	72.146							
20	正戊烷	72.146							
21	正乙烷								
22									
23	总计								
24	平均分子量(干)								

25 安装位置
26 ○ 室内　○ 采暖　○ 顶棚
27 ○ 室外　○ 不采暖　○ 部分墙
28 ○ 平台　○ 中间层　○
29 ○ 电气危险区域
30 ○ 冰冻防护　○ 湿热带防护
31 现场数据
32 ○ 海拔____m　大气压____kPa(表)
33 ○ 环境温度范围
34 　　干球　　湿球
35 　正常 ____ ____℃
36 　最高 ____ ____℃
37 　最低 ____ ____℃
38 采用的规范
39 API 617，石油、化工和天然气工业用离心压缩机
40
41 ○ 卖方对整个机组承担责任____
42 ____
43 ○ 适用的其他规范（如果不同）____
44 ____
45 ____
46 ____
47

异常条件
○ 尘埃　○ 腐蚀气　○ 化工区域

噪声规范
○ 适用于机器____
　参见规范____
○ 适用于相邻物____
　参见规范____
隔声房　○ 需要　○ 不需要

油漆
○ 制造厂标准
○ 其他____

储运
○ 国内　○ 出口　○ 需要出口包装箱
○ 户外存放6个月以上
备用转子单独包装，采用
○水平存放　○ 垂直存放

48 备注：
49
50

续表

		文件号______页码　第 3 页　共 6 页
		工程号______设备位号______
		采购单号______技术规范号______
	离心压缩机 数据表	询价单号______
		版次______日期______
		编制______
1	结构特点	
2	☐ 转速	☐ 叶轮
3	最大连续______r/min　跳闸______r/min	数量______直径______mm
4	最大线速度______m/s(100%转速)	每一叶轮的叶片数______
5	______m/s(最大连续转速)	型式(开式、闭式等)______
6	☐ 横向临界转速(阻尼)	制造方法______
7	一阶______r/min______模太	材料______
8	二阶______r/min______模太	最大屈服强度______MPa
9	三阶______r/min______模太	布氏硬度　max.______min.______
10	四阶______r/min______模太	叶轮出口内部最小宽度______mm
11	○ 要求对机组进行横向分析	叶轮进口最大转数______r/min
12	○ 要求无阻尼刚性图	最大能量头(100%转速)______N·m/kg
13	○ 要求对机组进行扭转分析(透平驱动机组)	☐ 轴
14	☐ 扭转临界转速	材料______
15	一阶______r/min	叶轮处直径______mm　联轴器处直径
16	二阶______r/min	______mm
17	三阶______r/min	轴端型式　☐ 圆锥　☐ 圆柱
18	四阶______r/min	最大屈服强度______N
19	☐ 振动	轴硬度______(BNH)(RC)
20	振动试验允许值______mm	最大承受的扭矩______N·m
21	(峰-峰)	☐ 平衡鼓
22	☐ 转动方向(从驱动机侧看)　☐ 顺时针　☐ 逆时针	材料______面积______mm²
23	○ 要求进行材料试验	固定方法______
24	○ 低温冲击试验______	☐ 轴套
25	○ 射线检测______	级间密封处　材料______
26	○ 超声波检测______	轴密封处　材料______
27	○ 磁粉检测______	☐ 迷宫密封
28	○ 液体着色渗透检测______	级间　材料______
29	☐ 缸体	平衡鼓处　材料______
30	型号______	☐ 轴封
31	壳体剖分______	○ 密封型式______
32	材料______	○ 稳定压力(表压)______kPa
33	厚度______mm,腐蚀裕量______mm	○ 特殊操作条件______
34	最大工作压力(表)______kPa	○ 接触型密封的附加设备______
35	最大设计压力(表)______kPa	型式______
36	试验压力　氦气______液压(表)______kPa	○ 需要缓冲气系统
37	最高工作温度______℃　最低工作温度______℃	○ 缓冲气类别______
38	每缸最多叶轮数______	○ 卖方提供缓冲气控制系统图
39	缸体最大流量______(m^3/h)	○ 负压密封的加压气体
40	壳体剖分处密封______	☐ 密封型式______
41	○ 系统安全阀设定压力(表)______kPa	☐ 内漏油保证值(密封)______m^3/天
42	☐ 隔板	缓冲气同时用于
43	材料______	☐ 空气试车　☐ 其他
44	☐ 轴承箱结构	☐ 缓冲气流量(每个密封)
45	○ 型式(独立,整体)______剖分______	正常______kg/min,Δp　kPa
46	材料______	最大______kg/min,Δp　kPa
47		
48	备注:	
49		
50		

续表

离心压缩机 数据表	文件号______页码　第4页　共6页 工程号______设备位号______ 采购单号______技术规范号______ 询价单号______ 版次______日期______ 编制______

	结构特点（续）					
2	轴承和轴承箱					
3	径向	出口	出口	推力	工作面	非工作面
4	□ 型式			□ 型式		
5	□ 制造厂			□ 制造厂		
6	□ 长度　mm			□ 单位载荷(最大)　kPa		
7	□ 轴径　mm			□ 单位载荷(极限)　kPa		
8	□ 单位载荷(实际/允许)　kPa			□ 面积　mm^2		
9	□ 基体材料　mm			□ 瓦块数		
10	□ 巴氏合金厚度　mm			□ 支点：中心/偏心　%		
11	□ 瓦块数			□ 瓦块基体材料		
12	□ 载荷：瓦块间/瓦块上			润滑　○ 溢流式　○ 直供式　○ 强制式		
13	□ 支点：中心/偏心　%			推力盘　○ 整体　○ 可拆式		
14	□			材料______		
15	□ 轴承跨距　mm					
16						

	左	右
17	轴承测温装置　○ 见所附的 API 670 数据表	振动探测器　○ 见所附的 API 670 数据表
18	□ 热敏电阻	○ 型式______□ 型号______
19	○ 型式______正温度系数______负温度系数______	○ 制造厂______
20	○ 温度开关及指示器供货者　○ 买方　○ 制造厂	○ 每个轴承数量______总数______
21	□ 热电偶	○ 放大器供货者______
22	○ 温度开关及指示器供货者　○ 买方　○ 制造厂	○ 制造厂______□ 型号______
23	○ 测温电阻(RTD)	□ 监测器供货者______
24	○ 电阻材料______□______Ω	○ 安装位置______防护等级______
25	○ 选择器开关及指示器供货者　○ 买方　○ 制造厂	○ 制造厂______□ 型号______
26	○ 用于径向轴承	□ 量程______○ 报警______□ 设定______μm
27	数量______每一瓦______每一其他瓦______每一轴承	○ 停车　□ 设定______μm　○ 延时______s
28	其他______	轴位移监测器　○ 见所附的 API 670 数据表
29	○ 用于推力轴承	○ 型式______□ 型号______
30	数量______每一瓦______每一其他瓦______每一轴承	○ 制造厂______○ 数量______
31	其他______	○ 振荡探测器供货者______
32	数量(工作面)__每一瓦____每一其他瓦____每一轴承	○ 制造厂______□ 型号______
33	其他______	○ 监测器供货者______
34	○ 监测器供货者______	○ 安装位置______防护等级______
35	○ 安装位置______防护等级______	○ 制造厂______□ 型号______
36	○ 制造厂______□ 型号______	□ 量程______○ 报警______□ 设定______μm
37	□ 量程______○ 报警　□ 设定______℃	○ 停车　□ 设定______μm　○ 延时______s
38	○ 停车　□ 设定______℃　○ 延时______s	

	壳体接口							
40	接口	○ 设计要求经	□ 规格	□ 密封面	○ 位置	○ 法兰或双	○ 卖方供配对	□ 气速/(m/s)
41		买方批准				头螺栓	法兰垫片	
42								
43								
44								
45								
46								
47								
48	备注：							
49								
50								

续表

离心压缩机 数据表	文件号______页码 第 5 页 共 6 页 工程号______设备位号______ 采购单号______技术规范号______ 询价单号______ 版次______日期______ 编制______

1 结构特点（续）

2 □ 其他接口 | □ 允许的管道外力和外力矩

行	用途	数量	规格	型式
4	润滑油进口			
5	润滑油出口			
6	密封油进口			
7	密封油出口			
8	密封气进口			
9	密封气出口			
10	机壳排放			
11	级间排放			
12	排气			
13	冷却水			
14	压力计			
15	温度计			
16	溶剂喷入			
17	吹扫用于：			
18	轴承箱			
19	轴承与密封间			
20	密封与气体间			

	进口		出口			
	力/N	力矩/N·m	力/N	力矩/N·m	力/N	力矩/N·m
轴向						
垂直						
水平 90°						

	进口		出口			
	力/N	力矩/N·m	力/N	力矩/N·m	力/N	力矩/N·m
轴向						
垂直						
水平 90°						

15 ○ 壳体振动传感器

16 ○ 参阅所附的 API 670 数据表

17 ○ 型式______型号______

18 ○ 制造厂______数量______

19 ○ 安装位置______

20 ○ 放大器供货者______

21 ○ 独立的级间排放 | ○ 制造厂______□ 型号______

22 ○ 阀和盲板 | ○ 监测器供货者______

23 ○ 阀、盲板和集合管 | ○ 安装位置______□ 防护等级______

24 ○ | ○ 制造厂______□ 型号______

25 □ 量程______○ 报警 □ 设定______mm/s²

26 ○ 停车______□ 设定______mm/s² ○ 延时______s

27 辅助设备

28 联轴器和护罩

29 ○ 参阅所附的 API 671 数据表 | 注：参见转动部件轴端

30 联轴器供货者______ | 联轴器护罩供货者______

31 制造厂______型式______ | 型式 ○ 全封闭 ○ 半封闭 ○ 其他

32 型号______ | ○ 卖方安装半联轴器

33 联轴器详细情况 | ○ 要求惰轮适配器/调节垫片

34 □ 最大外径______mm | 润滑要求

35 □ 轮毂质量______kg | ○ 非润滑 ○ 脂 ○ 连续润滑 ○ 其他

36 □ 间距套长度______mm | 每个轮毂需要润滑量______kg 或 m³/h

37 □ 间距套质量______kg

38 底座

39 底座供货者______ | ○ 底板供货者______

40 ○ 仅用于压缩机 ○ 驱动机 ○ 齿轮箱 | □ 厚度______mm

41 ○ 其他______ | ○ 要求提供辅助底板

42 ○ 集液槽 ○ 调水平凸台

43 ○ 圆柱安装 ○ 要求提供辅助底板 | □ 不锈钢垫铁厚度(mm)

44 □ 不锈钢垫铁厚度______mm | ○ 驱动机______○ 齿轮箱______○ 压缩机______

45 ○ 用环氧树脂灰浆时底漆牌号______ | ○ 用环氧树脂灰浆时底漆牌号______

46 ○ 底座直接安装在混凝土基础上______

47 ○ 要求安装板进行机加工

48 备注：

49

50

续表

离心压缩机 数据表	文件号＿＿＿ 页码 第6页 共6页 工程号＿＿＿ 设备位号＿＿＿ 采购单号＿＿＿ 技术规范号＿＿＿ 询价单号＿＿＿ 版次＿＿＿ 日期＿＿＿ 编制＿＿＿

1 公用工程

2 ○ 公用工程条件

行	蒸汽	驱动机		加热器	
4	进口 最小	kPa(表)	℃	kPa(表)	℃
5	正常	kPa(表)	℃	kPa(表)	℃
6	最大	kPa(表)	℃	kPa(表)	℃
7	出口 最小	kPa(表)	℃	kPa(表)	℃
8	正常	kPa(表)	℃	kPa(表)	℃
9	最大	kPa(表)	℃	kPa(表)	℃

10 电

行		驱动机	加热	控制	停车
12	电压				
13	频率				
14	相				

15 冷却水

16 温度,进口＿＿＿℃ 最大回水＿＿＿℃

17 压力,正常(表)＿＿＿kPa 设计＿＿＿kPa(表)

18 最小回水(表)＿＿＿kPa 最大允许 ΔP＿＿＿kPa

19 水源＿＿＿

20 仪表空气＿＿＿

21 最大压力(表)＿＿＿kPa 最小压力(表)＿＿＿kPa

22 车间检验和试验

行	项目	要求	见证	观察
24	车间检查	○	○	○
25	清洁度	○	○	○
26	质量管理程序检查	○	○	○
27	液压试验	○	○	○
28	叶轮超速试验	○	○	○
29	机械运转	○	○	○
30	改变润滑油和密封油压力和温度	○	○	○
31				
32	轴端密封检查	○	○	○
33	气体泄漏试验(出口压力下)	○	○	○
34	○ 机械运转前 ○ 机械运转后			
35	性能试验(工艺气)(空气)	○	○	○
36	整体机组试验	○	○	○
37	扭转振动测量	○	○	○
38	齿轮箱试验	○	○	○
39	氦检漏试验	○	○	○
40	噪声试验	○	○	○
41	全载荷/全速/全压试验	○	○	○
42	确认的试验数据副本	○	○	○

43

44

45

46

47

□ 公用工程总消耗

冷却水＿＿＿m^3/h

蒸汽,正常/最大＿＿＿kg/h

仪表空气＿＿＿m^3(标)/h

功率,驱动机＿＿＿kW

功率,辅助设备＿＿＿kW

加热器＿＿＿kW

吹扫(空气或氮气)＿＿＿m^3(标)/h

其他

□ 推荐按管路直径进行运转试验

进口前＿＿＿

○ 卖方对买方的管路布置和基础进行审核

○ 压缩机适用于现场用空气试验

○ 提供液体注入装置＿＿＿

○ 卖方对买方的控制系统进行审核

○ 卖方提供的工艺管线的范围＿＿＿

○ 卖方提供工艺管线的车间装配

○ 焊接区硬度试验

○ 辅助设备电机防爆证明

○

□ 质量(kg)

压缩机＿＿＿齿轮箱＿＿＿驱动机＿＿＿底座

转子 压缩机＿＿＿驱动机＿＿＿齿轮箱＿＿＿

压缩机上壳体＿＿＿

油气分离器＿＿＿

润滑油站＿＿＿密封油站＿＿＿

高位密封油箱＿＿＿

最大维修件(确定名称)＿＿＿

总装运质量＿＿＿

□ 空间要求(mm)

整机 长＿＿＿宽＿＿＿高＿＿＿

润滑油站 长＿＿＿宽＿＿＿高＿＿＿

密封油站 长＿＿＿宽＿＿＿高＿＿＿

油气分离器＿＿＿

高位密封油箱＿＿＿

48 备注:

49

50

8.2.3 特殊用途汽轮机数据表(表 28-23)

表 28-23 特殊用途汽轮机数据表

特殊用途汽轮机 数据表	文件号______ 页码 第 1 页 共 8 页 工程号______ 设备位号______ 采购单号______ 技术规范号______ 询价单号______ 版次______ 日期______ 编制______

1 下列标记适用于 ○ 询价 ○ 采购 ◙ 供制造用

2 客户______ 装置______

3 地点______ 设备名称______

4 需要台数______ 型式______ 操作方式 ○ 连续 ○ 间歇 ______/24h

5 被驱动设备______ 位号______ 数据表编号______ 供货者______ 安装者______

6 制造厂______ 型号______ 系列号______

7 注：○ 此标记表示该项由买方填写 □ 此标记表示该项由制造厂填写 ◙ 此标记表示该项由买方或制造厂填写

8 性能 (参阅下一页的汽轮机布置和流程简图)

9 运行点	主轴		进气			抽气/补气			排气	
10 (按适用要求)	功率 /kW	转速 /(r/min)	流量 /(kg/h)	压力(表) /kPa	温度 /℃	流量 /(kg/h)	压力(表) /kPa	温度 /℃	压力(表) /kPa	湿度 %
11 额定										
12 正常										
13 最小										
14 其他										

15 □ 汽耗 正常： kg/(kW·h)，额定： kg/(kW·h) 抽汽 ○ 控制 ○ 不控制

16 □ 热耗 正常： MJ/(kW·h)，额定： MJ/(kW·h) 补汽 ○ 控制 ○ 不控制

17 □ 抽汽量(kg/h) 最小/最大： □ 补汽量(kg/h) 最小/最大：

18 蒸汽参数

19 参数 / 20 范围	进口(表)		抽汽		补汽			排汽		备注
	/kPa(表)	/℃	/kPa(表)	/(kg/h)	/kPa(表)	℃	/(kg/h)	/kPa(表)	/℃	
21 最小										
22 正常										
23 最大										

24 安装和现场条件

25 现场条件	位置
26 ○ 海拔____ m，○ 气压____ kPa(绝)/mm Hg(绝)	○ 室内 ○ 采暖 ○ 不采暖
27 ○ 温度 夏______℃，冬______℃	○ 室外 ○ 顶棚 ○ 部分墙
28 ○ 相对湿度______%，设计湿球温度______℃	○ 平台 ○ 中间层
29 异常条件	○ 冰冻防护 ○ 湿热带防护
30 ○ 尘埃 ○ 腐蚀气 ○ 其他 ______	○ 低温 ○ 腐蚀气______
31 区域分类： ○ 电器危险区域______	

32 电	驱动机	加热	控制及控制	报警/停车	冷却水	正常	最大
33					进(表)		kPa
34 电压					出(表)		kPa
35 相					进		℃
36 Hz					出		℃
37 kW					速度		
38					污垢系数		W/(m²·℃)

39 水源______ 许用温升______℃，最大 Δp______ kPa

40 辅助蒸汽条件 最大 正常 最小

41 进口压力/温度 kPa(表)/℃ ______ ______ ______

42 排出压力 kPa(表) ______ ______ ______

43 仪表空气压力 正常(表)______ kPa，最大(表)______ kPa，最小(表)______ kPa，正常露点温度______℃

44 □ 辅助系统-装置要求	
45 冷却水，正常______ 额定______ m³/h	辅助驱动机(电)______ kW
46 辅助蒸汽，正常______ 最大______ kg/h	辅助驱动机(蒸汽)______ kW
47 仪表空气______ m³/h	加热器功率______ kW
48	

49 备注：

50

续表

<table>
<tr><td colspan="2">特殊用途汽轮机
数据表</td><td colspan="2">文件号____ 页码 第2页 共8页
工程号____ 设备位号____
采购单号____ 技术规范号____
询价单号____
版次____ 日期____
编制____</td></tr>
<tr><td>1</td><td colspan="3"></td></tr>
<tr><td>2</td><td>参考规范</td><td colspan="2">噪声规范</td></tr>
<tr><td>3</td><td>○ API 612 特殊用途汽轮机</td><td colspan="2">○ 适用于机器____</td></tr>
<tr><td>4</td><td>○ 卖方对整个机组承担责任____</td><td colspan="2">参见规范____</td></tr>
<tr><td>5</td><td>____</td><td colspan="2">○ 适用于相邻物____</td></tr>
<tr><td>6</td><td>○ 适用的其他规范(如果不同)____</td><td colspan="2">○ 参见规范____</td></tr>
<tr><td>7</td><td></td><td colspan="2">隔声房 ○ 需要 ○ 不需要</td></tr>
<tr><td>8</td><td colspan="3">汽轮机结构特点</td></tr>
<tr><td>9</td><td colspan="3">气轮机型式 ○ 背压 ○ 凝汽 ○ 转向(从进口端看) ○ 顺时针 ○ 逆时针</td></tr>
<tr><td>10</td><td colspan="3">转速 □ 最大许用____r/min,脱扣____r/min 最大连续____r/min</td></tr>
<tr><td>11</td><td colspan="3">□ 横向临界 1阶____r/min,2阶____r/min,3阶____r/min,4阶____r/min</td></tr>
<tr><td>12</td><td colspan="3">□ 扭转临界 1阶____r/min,2阶____r/min,3阶____r/min,4阶____r/min</td></tr>
<tr><td>13</td><td colspan="3">□ 振动试验允许值(峰-峰)____mm ○ 要求对机组进行横向分析</td></tr>
<tr><td>14</td><td colspan="3">○ 要求对机组进行扭转分析 ○ 要求无阻尼刚性图</td></tr>
<tr><td>15</td><td colspan="3">气缸、进出口管口、隔板</td></tr>
<tr><td>16</td><td colspan="3">□ 最大工作压力 进口段____出口段____抽汽段/补汽段____其他(表)____kPa</td></tr>
<tr><td>17</td><td colspan="3">□ 最大工作温度 进口段____出口段____抽汽段/补汽段____其他____℃</td></tr>
<tr><td>18</td><td colspan="3">□ 液压试验压力</td></tr>
<tr><td>19</td><td colspan="3">高压缸(表)____kPa,中压缸(表)____kPa,排气缸(表)____kPa 其他(表)____kPa</td></tr>
<tr><td>20</td><td colspan="3">○ 焊接喷嘴环 喷嘴环____%ADM.</td></tr>
<tr><td>21</td><td colspan="3">隔板静叶固定位 □ 整体 □ 焊接 □ 其他</td></tr>
<tr><td>22</td><td colspan="3">隔板轴向定位 □ 逐个定位 □ 堆叠式</td></tr>
<tr><td>23</td><td colspan="3">气缸接管</td></tr>
</table>

行	接口	○ 设计要求经买方批准	□ 规格	□ 密封面	○ 位置	○□ 法兰或双头螺栓	○ 卖方供配对法兰垫片
26	进气						
27	排气						
28	抽气						
29	加气						
30							

31 许用的外力和外力矩

行		进气管		排气管		抽气/加气管		备注
33								
34		/N	/N·m	/N	/N·m	/N	/N·m	
35	□ 与主轴平行							
36	□ 垂直							
37	□ 水平 90°							
38								

39	材料-气缸和隔板	
40	○ 含蒸汽杂质____	□ 隔板____
41	○ 蒸汽流通部件要求硬度不低于Rc22	□ 隔板喷嘴____
42	○ 要求特低温材料	□ ____
43	□ 高压缸____	□ ____
44	□ 中压缸____	□ ____
45	□ 排气缸____	□ ____
46	□ 蒸汽室____	□ ____
47	□ 喷嘴环____	□ ____
48	□ ____	□ ____
49		

续表

特殊用途汽轮机 数据表	文件号______页码 第 3 页 共 8 页 工程号______设备位号______ 采购单号______技术规范号______ 询价单号______ 版次______日期______ 编制______

1	转动部件	
2	轴类型	轴端 联轴器处轴径______mm
3	□ 整锻轮盘式 □ 套装式 □ 组合式	○ 圆柱 ○ 锥形______mm/m
4	□ 双出轴	○ 带键 ○ 单键 ○ 双键
5	□ 级数______轴承跨距______mm	○ 液压配合 ○ 整锻法兰
6	□ 主轴材料______	○ 要求现场平衡环
7	□ 汽封内轴段材料	□ 数量______ □ 位置______
8	适用 □ 电镀 □ 轴套 □ 喷镀	
9	动叶	
10	□ 叶顶最高线速度______m/s	
11	□ 末级叶片长度______mm，最大长度______mm	

行	材料	第 1 级	第 2 级	第 3 级	第 4 级	第 5 级	
13	□ 轮盘						
14	□ 动叶						
15	□ 动叶固定件						
16	□ 拉紧筋						
17	□ 围带						
18	□ 围带固定件						
19	□						
20	□						

21 气封

行		进气端	排气端	轴端气封
23	□ 密封表面线速度 m/s			□ 型式 ○ 迷宫式 ○ 其他______
24	□ 最大密封压力(表压) kPa			材料______
25	□ 蒸汽泄漏量 kg/h			□ ○ ○
26	□ 空气泄漏量 m^3/h			级间气封
27	□ 密封处轴径 mm			□ 型式 ○ 迷宫式 ○ 其他______
28	□ 每一密封的环数			材料______
29	□ 每一密封环的压差 kPa			
30	□ 静体迷宫式类型			
31	□ 动体迷宫式类型			
32	□ 材料			

33 轴承和轴承箱

行	径向轴承	进气端	排气端	推力轴承	工作面	非工作面
35	□ 型式			□ 型式		
36	□ 制造厂			□ 制造厂		
37	□ 长度 mm			□ 机组载荷(最大) kPa		
38	□ 轴径 mm			□ 机组载荷(极限) kPa		
39	□ 机组载荷 N			□ 面积 mm^2		
40	□ 基体材料			□ 瓦块数		
41	□ 巴氏合金厚度 mm			□ 支点:中心/偏移%		
42	□ 瓦块数			□ 瓦块基体材料		
43	□ 载荷:瓦块间/瓦块上			润滑方式 ○ 强制式 ○ 直供式		
44	□ 支点:中心/偏移%			推力盘 ○ 整锻式 ○ 可拆式		
45	□			材料______		
46	□ 轴承跨距 mm					

47	备注：
48	
49	
50	

续表

	文件号______页码　第4页　共8页 工程号______设备位号______ 采购单号______技术规范号______ 询价单号______ 版次______日期______ 编制______
特殊用途汽轮机 数据表	

行	左	右
1	轴承测温装置	振动探测器
2	□ 热敏电阻	○ 型式______□ 型号______
3	○ 型式______正温度系数______负温度系数______	○ 制造厂______
4	○ 温度开关及指示器供货者　○ 买方　○ 制造厂	○ 每个轴承数量______总数______
5	□ 热电偶	○ 放大器供货者______
6	○ 温度开关及指示器供货者　○ 买方　○ 制造厂	○ 制造厂______□ 型号______
7	○ 测温电阻(RTD)	□ 监测器供货者______
8	○ 电阻材料______□______Ω	○ 安装位置______防护等级______
9	○ 选择器开关及指示器供货者 ○ 买方　○ 制造厂	○ 制造厂______□ 型号______
10	○ 用于径向轴承	□ 量程______○ 报警______□ 设定______μm
11	数量______每一瓦______每一其他瓦______每一轴承	○ 停车　□ 设定______μm　○ 延时______s
12	其他______	轴位移监测器　○ 见所附的API 670数据表
13	○ 用于推力轴承	○ 型式______□ 型号______
14	数量______每一瓦______每一其他瓦______每一轴承	○ 制造厂______○ 数量______
15	其他______	○ 放大器供货者______
16	数量(工作面)___每一瓦___每一其他瓦___每一轴承	○ 制造厂______□ 型号______
17	其他______	○ 监测器供货者______
18	○ 监测器供货者______	○ 安装位置______防护等级______
19	○ 安装位置______防护等级______	○制造厂______□ 型号______
20	○ 制造厂______□ 型号______	□ 量程______○ 报警______□ 设定______μm
21	□ 量程______○ 报警______□ 设定______℃	○停车　□ 设定______μm　○ 延时______s
22	○ 停车　□ 设定______℃　○ 延时______s	
23	润滑和控制油系统	

行	左	油的要求：	单位	控制油	润滑油
24	参考规范：				
25	供货者　○ 汽轮机厂　○ 被驱动机制造厂	□ 正常流量	m^3/h		
26	○ 汽轮机单独用	□ 瞬时流量	m^3/h		
27	◎ 和被驱动机及其他设备公用	□ 油压(表)	kPa		
28		□ 油温	℃		
29	汽轮机制造厂提供	□ 排除总热量	MJ/h		
30	○ 控制油储能器	□ 油类型(烃类/合成油)			
31	○ 不锈钢供油总管	□ 黏度	mm^2/s		
32	○ 回油总管	□ 过滤精度	μm		
33	○ 不锈钢　○ 碳钢	□			
34	○ 油流视镜	□			
35					

行	左	右
36	辅　助　设　备	
37	联轴器和护罩	
38	注:参见转子轴端	○ 参阅所附的API 671数据表
39	联轴器供货者______	
40	制造厂______	型式______型号______
41	联轴器护罩供货者______	
42	型式　○ 全封闭　○ 半开	○ 其他______
43	联轴器详细参数	○ 卖方安装半联轴器
44	□ 最大外径______mm	○ 要求空转接套/专用接盘
45	□ 轮毂质量______kg	润滑要求
46	□ 间距套长度______mm	○ 脂　○ 连续供油润滑　○ 其他
47	□ 间距套质量______kg	每一轮毂的耗量______g或L/min
48	备注：	
49		
50		

续表

特殊用途汽轮机 数据表	文件号______页码　第 5 页　共 8 页 工程号______设备位号______ 采购单号______技术规范号______ 询价单号______ 版次______日期______ 编制______

1 底座

2 底座供货者　|　底板供货者

3 ○ 仅在汽轮机下有　○ 其他______　|　厚度______mm

4 ○ 开式　○ 无滑动盖板　|　○ 要求附加底板

5 ○ 边缘集漏槽　○ 调水平凸台　|　○ 固定螺栓，供货者______

6 ○ 柱座安装　○ 要求附加底板　|　○ 用环氧树脂灰浆时所需底漆，供货者______

7 ○ 要求可调垫铁，供货者______　|　○ 地脚螺栓，供货者______

8 ○　|　○

9

10 齿轮箱

11 供货者______　|　见数据表______

12 ○ 参考标准 API 613　○ 其他______

13

14 控制和仪表

15 仪表和控制盘技术规定和供货范围参见所附的数据表　|　附加要求______

16 ______

17 ______

18 ○ API 614 ______

19 ○ 买方的数据表______

20 ○ API 670 ______

21 ○ 其他______

22 ○

23 保护装置

行	保护装置	排汽安全阀	抽汽安全阀	报警阀	真空破坏器	止逆阀	
24–25	保护装置						
26	安装位置					X	
27	释压压力(表)　kPa				X		
28	蒸汽流量　kg/h				X		
29	阀门类型/制造厂						
30	阀门规格						
31	法兰密封面						
32	供货者						
33							

34 脱扣和节流阀

35 位置　○ 主进汽　○ 补汽　|　☐ 滤网孔口尺寸______mm，材料______

36 供货者　○ 卖方　○ 买方　|　☐ 阀杆材料______硬度______RC

37 制造厂______型号______　|　☐ 阀座材料______硬度______RC

38 规格______额定值______端面情况______　|　☐ 密封件材料______泄漏量______kg/h

39 规格______额定值______端面情况______

40 结构特点　|　☐ 阀门的弹性支座

41 复位　○ 手动　○ 液力　|　○ 卖方提供　○ 买方提供

42 脱扣　○ 就地(手动)　○ 遥控

43 执行器　○ 就地(手动)　○ 遥控

44

45 备注：

46

47

48

49

50

续表

特殊用途汽轮机 数据表	文件号____ 页码 第6页 共8页 工程号____ 设备位号____ 采购单号____ 技术规范号____ 询价单号____ 版次____ 日期____ 编制____

行	控制阀					
2/3	位置	主进汽（调节器）	补气	抽气	排气	备注
4	脱扣位置(开/关)					
5	阀的数量					
6	供货者					
7	制造厂					
8	接口尺寸					
9	压力等级 MPa					
10	密封面(凸面、环槽面、其他)					
11	动作机构(凸轮、顶杆、其他)					
12	阀杆材料					
13	阀杆材料硬度 RC					
14	阀座材料					
15	阀座材料硬度 RC					
16	密封材料					
17	密封泄漏量 kg/h					

18 盘车装置
19 ○ 需要盘车装置
20 ○ 供货者 ○ 卖方 ○ 买方
21 ○ ○ 型式____盘车速度____r/min
22 ○ 啮合 ○ 自动 ○ 手动
23 ○ 制造厂____型号____
24 ○ 安装者____
25 ○ 驱动器，参考规定____
26 型式 ○ 电动 ○ 其他
27 操作状态 ○ 就地 ○ 遥控
28

其他
○ 参加开车协助____工作日
○ 卖方对买方的管道和基础图进行审查并提出意见
○ 卖方验证初始对中情况
○ Y形过滤器
○ 水清洗接口
○ 光学对中板
○
○
○

29 调速器
30 NEMA 等级
31 供货者____
32 制造厂____型号____
33 ○ 用于机械驱动
34 ○ 转速控制 ○ 其他
35
36 ○ 用于发电机驱动
37 ○ 同步控制 ○ 转速不等率控制
38 ○ 组合控制(指定的)
39
40 ○ 就地转速变换器，类型____
41 ○ 遥控设备，类型____
42 供货者____
43

控制变量	工作范围	控制信号的范围
速度	到 r/min	到 kPa/mA
压力	到 kPa(表)	到 kPa/mA
	到	到

○ 调速器的转速传感器，数量____
供货者____
○ 直联 ○ 60个齿的齿轮
○ 其他
○ 手动阀，数量____
○ 手动 ○ 自动
操作方式____
超速保安器
○ 机械式，设定点____r/min
型式____
○ 电气式，设定点____r/min
供货者 ○ 卖方 ○ 买方
○ 制造厂____
○ 型号____
○ 转速传感器，数量____
型式 ○ 直联 ○ 60个齿的齿轮
○ 其他
○ 供货者 ○ 卖方 ○ 买方
○ 传感器位置远离调速器

49 备注：
50

续表

特殊用途汽轮机 数据表	文件号______ 页码 第 7 页 共 8 页 工程号______ 设备位号______ 采购单号______ 技术规范号______ 询价单号______ 版次______ 日期______ 编制______

1	气封和真空系统	
2	系统按:API 612 ○ 附录 B-1 ○ 附录 B-2	○ 真空系统供货者______
3	○ 其他______	○ 散装运输 ○ 小成套装运
4	□ 密封蒸汽:压力(表)____ kPa,流量____ kg/h	○ 其他______
5	□ 密封蒸汽安全阀,设定压力(表)____ kPa	○ 气封凝汽器,参见______
6	供货者(表)____ kPa	○ 蒸汽喷射器 ○ 蒸汽压力(表)____ kPa
7	□ 流量调节阀,类型______	□ 蒸汽流量____ kg/h
8	供货者______	○ 真空泵,参见技术规定______
9		○ 凝结水槽 ○ 水环密封,高度____ m
10	绝热层和罩壳	专用工具
11	○ 绝热层	○ 空转接套/专用接盘
12	类型______	○ 联轴器环规和塞规
13	○ 罩壳	○ 液压套装联轴器装拆工具
14	型式和罩盖范围______	○ 其他______
15	检验和试验	
16	总则	机械运转试验
17	○ 车间试验	观察 见证
18	范围______	○ 合同转子 ○ ○
19		○ 备用转子 ○ ○
20	检验和材料试验	○ 试验工作/现场用联轴器 ○ ○
21	○ 要求最终装配记录	○ 要求试验记录带 ○ ○
22	特殊材料检验和试验要求______	○ 向买方提供试验记录带 ○ ○
23		○ ○ ○

行	部件	磁粉	着色探伤	射线	超声波	观察	见证
24							
25							
26	脱扣和节流阀					○	○
27	蒸汽室					○	○
28	汽缸					○	○
29	管道					○	○
30	转子					○	○
31						○	○
32						○	○

行		观察	见证
33	○ 热稳定性	○	○
34	○ 清洁度	○	○
35	○ 硬度	○	○
36	○ 液压试验	○	○
37	○ 叶片振动(静态)	○	○
38	转子平衡		
39	○ 标准方式	○	○
40	○ 高速平衡	○	○
41	○ 最终的表面检验	○	○
42	○ 包装箱检查	○	○
43	○ 备用转子安装	○	○
44	○	○	○
45	○	○	○

行(右栏)		观察	见证
24	○	○	○
25	选择试验		
26		观察	见证
27	○ 性能试验	○	○
28	○ 整机	○	○
29	○ 扭转振动	○	○
30	○ 噪声级试验	○	○
31	辅助设备		
32	○ 脱扣和节流阀	○	○
33	○ 气封密封系统	○	○
34	○ 气封真空系统	○	○
35	○ 润滑油系统	○	○
36	○ 安全阀	○	○
37	○	○	○
38	○ 汽缸内部检查	○	○
39	○ 联轴器与轴的配合	○	○
40	○ 盘车装置	○	○
41	附加试验和检验		
42	○ 轴承检验	○	○
43	○ 超速和脱扣试验	○	○
44	○	○	○
45	○	○	○

46	备注:
47	
48	
49	
50	

续表

<table>
<tr><td colspan="2" rowspan="2">特殊用途汽轮机
数据表</td><td>文件号______页码 第8页 共8页
工程号______设备位号______
采购单号______技术规范号______
询价单号______
版次______日期______
编制______</td></tr>
<tr></tr>
<tr><td>1</td><td colspan="2">其他</td></tr>
<tr><td>2</td><td>油漆</td><td>质量(kg)</td></tr>
<tr><td>3</td><td>○ 制造厂的标准</td><td>□ 汽轮机______</td></tr>
<tr><td>4</td><td>○ 其他______</td><td>□ 转子______</td></tr>
<tr><td>5</td><td>○</td><td>□ 汽轮机上半汽缸______</td></tr>
<tr><td>6</td><td>装运</td><td>□ 最大维修件 (名称:)______</td></tr>
<tr><td>7</td><td>○ 国内 ○ 出口</td><td>□ 脱扣和节流阀______</td></tr>
<tr><td>8</td><td>○ 要求出口包装箱 ○ 室外存放6个月</td><td>□ ______</td></tr>
<tr><td>9</td><td>○ 要求防水包装箱</td><td>□ ______</td></tr>
<tr><td>10</td><td>备用转子组件</td><td>□ 总装运质量______</td></tr>
<tr><td>11</td><td>○ 水平存放 ○ 垂直存放</td><td></td></tr>
<tr><td>12</td><td></td><td></td></tr>
<tr><td>13</td><td>空间要求(mm)</td><td>卖方图纸、参数要求</td></tr>
<tr><td>14</td><td>□ 整机 长______宽______高______</td><td>○ 附录C</td></tr>
<tr><td>15</td><td>□ 控制盘 长______宽______高______</td><td>○ 其他</td></tr>
<tr><td>16</td><td>□ 其他 长______宽______高______</td><td>○ 要求进度报告</td></tr>
<tr><td>17</td><td>□ 其他</td><td>间隔时间______</td></tr>
<tr><td>18</td><td>□</td><td></td></tr>
<tr><td>19</td><td colspan="2">备注:</td></tr>
<tr><td>20</td><td colspan="2"></td></tr>
<tr><td>21</td><td colspan="2"></td></tr>
<tr><td>22</td><td colspan="2"></td></tr>
<tr><td>23</td><td colspan="2"></td></tr>
<tr><td>24</td><td colspan="2"></td></tr>
<tr><td>25</td><td colspan="2"></td></tr>
<tr><td>26</td><td colspan="2"></td></tr>
<tr><td>27</td><td colspan="2"></td></tr>
<tr><td>28</td><td colspan="2"></td></tr>
<tr><td>29</td><td colspan="2"></td></tr>
<tr><td>30</td><td colspan="2"></td></tr>
<tr><td>31</td><td colspan="2"></td></tr>
<tr><td>32</td><td colspan="2"></td></tr>
<tr><td>33</td><td colspan="2"></td></tr>
<tr><td>34</td><td colspan="2"></td></tr>
<tr><td>35</td><td colspan="2"></td></tr>
<tr><td>36</td><td colspan="2"></td></tr>
<tr><td>37</td><td colspan="2"></td></tr>
<tr><td>38</td><td colspan="2"></td></tr>
<tr><td>39</td><td colspan="2"></td></tr>
<tr><td>40</td><td colspan="2"></td></tr>
<tr><td>41</td><td colspan="2"></td></tr>
<tr><td>42</td><td colspan="2"></td></tr>
<tr><td>43</td><td colspan="2"></td></tr>
<tr><td>44</td><td colspan="2"></td></tr>
<tr><td>45</td><td colspan="2"></td></tr>
<tr><td>46</td><td colspan="2"></td></tr>
<tr><td>47</td><td colspan="2"></td></tr>
<tr><td>48</td><td colspan="2"></td></tr>
<tr><td>49</td><td colspan="2"></td></tr>
<tr><td>50</td><td colspan="2"></td></tr>
</table>

8.2.4 回转式正位移压缩机数据表（表 28-24）

表 28-24　回转式正位移压缩机数据表

回转式正位移压缩机数据表 (API 619-3RD) SI 单位制	第　1　页　共　7　页					发布日期：
	版次	日期	编制	校核	批准	说明
工程号：＿＿＿＿设备位号：＿＿＿＿						
请购单号：＿＿＿＿订单号：＿＿＿＿						

1	适用于：　○ 报价　○采购　○ 制造						
2	项目名称：＿＿＿＿　装置名称：＿＿＿＿						
3	建设地址：＿＿＿＿　设备出厂编号：＿＿＿＿						
4	设备名称：＿＿＿＿　购买台数：＿＿＿＿						
5	制造商：＿＿＿＿　型号：＿＿＿＿　驱动机类型(5.1.1)：＿＿＿＿						
6	注：　○表示由买方填写　□表示由制造商填写						
7	操作条件						
8		正常	额定	其他条件(5.1.2)			
9	所有数据都基于单台机组	(3.1.24 & 4.1.3)	(4.14)	A	B	C	D
10							
11	○ 保证点：						
12	○ 压缩介质(详见第 2 页)						
13	○ 标准气体体积流量(标准状态)m^3/h(1.013×10^5Pa、0℃干)(3.1.38)						
14	○ 质量流量(kg/h)　○ 湿　○ 干						
15	进口条件：　○ 压缩机进口法兰	○ 消音器进口法兰					
16	○ 压力(绝)(kPa)						
17	○ 温度(℃)						
18	○ 相对湿度(%)						
19	○ 分子量(M)						
20	□ 绝热指数 c_p/c_V(K_1)或(K_{AVG})						
21	□ 压缩因子(Z_1)或(Z_{AVG})						
22	□ 进口体积流量(m_n^3/h)(3.1.13)　○ 湿　○ 干						
23	出口条件：　○ 压缩机出口法兰	○ 消音器出口法兰					
24	○ 压力(绝)(kPa)						
25	□ 温度(℃)						
26	□ 绝热指数 c_p/c_V(K_2)或(K_{AVG})						
27	□ 压缩因子(Z_2)或(Z_{AVG})						
28							
29	□ 需要功率 kW(包括全部损失)						
30	□ 转速(r/min)						
31	□ 压缩比(R)						
32	□ 容积效率(%)						
33	□ 消音器压降　Δp						
34	○ ＿＿＿＿						
35	□ 性能曲线号：						
36	＿＿＿＿						
37	工艺控制						
38	调节方式：　○旁路调节，从：＿＿＿＿　至：＿＿＿＿						
39	○旁路调节：　○手动　○自动						
40	○转速调节，从：＿＿＿＿　至：＿＿＿＿压缩机额定转速						
41	○其他：＿＿＿＿						
42	信号：　○来源：＿＿＿＿						
43	○类型：＿＿＿＿						
44	○范围：　气动控制：＿＿＿＿r/min@＿＿(kPa，表)　&　＿＿r/min@＿＿(kPa，表)						
45	○其他：＿＿＿＿						
46	用途：　○特殊用途(3.1.37)　○一般用途(3.1.9)						
47	○连续　○间断　○备用(3.1.39)　○干螺杆(3.1.6)　○分离器(4.10.5.8)						
48	备注：＿＿＿＿						
49							
50							
51							
52							
53							
	FORM No.：　CONFIDENTIAL　DOC. No.：	Rev					

续表

回转式正位移压缩机数据表 (API 619-3RD) SI单位制	第 2 页 共 7 页					发布日期：
	版次	日期	编制	校核	批准	说明
工程号：______设备位号：______ 请购单号：______订单号：______						

	压缩介质组分		正常	最大	其他条件				○ 备注(5.1.2)
1									
2	○%(摩尔分数) ○____				A	B	C	D	
3		分子量							
4	空气	28.966							
5	氧气	32.000							
6	氮气	28.016							
7	水蒸气	18.016							
8	一氧化碳	28.010							
9	二氧化碳	44.010							
10	硫化氢	34.076							(4.11.1.5)
11	氢气	2.016							
12	甲烷	16.042							
13	乙烯	28.052							
14	乙烷	30.068							
15	丙烯	42.078							
16	丙烷	44.094							
17	异丁烷	58.120							
18	正丁烷	58.120							
19	异戊烷	72.146							
20	正戊烷	72.146							
21	正己烷								
22	苯	78.11							
23	甲苯	92.14							
24	乙苯	106.17							
25	苯乙烯	104.15							
26	非芳烃	112.22							
27	二甲苯	106.17							
28	α-甲基苯乙烯	118.18							
29	异丙苯	120.19							
30									
31	○腐蚀介质								(4.11.1.4)
32	总计								
33	平均分子量：								

34	安装位置：	噪声规定：(4.1.13)
35	○室内 ○有采暖 ○有顶棚	○ 适用于机组
36	○室外 ○无采暖 ○部分侧墙	参见规范：____
37	○平台 ○中间层 ○____	○ 适用于相邻物：
38	○防爆区域等级： 级别：____ 组别：____ 温度组别：____	参见规范：____
39	○防冻要求 ○防湿热要求	隔音罩： ○需要 ○不需要
40	现场条件：	○最大许用噪声值(声压)：____ dBA @ 1m
41	○平均海拔高度(m)：____大气压(绝)(kPa)：____	□预计最大噪声值(声压)：____ dBA @ 1m
42	○环境温度(℃) 最大：____ 最小：____ 平均：____	适用的标准、规定：
43	○最低金属设计温度(℃) ____	○API 619 石油、化学和天然气工业用回转式正位移压缩机
44	○相对湿度(%) 最大：____ 最小：____ 平均：____	○声学：____
45	异常条件： ○粉尘 ○烟雾	○其他：____
46	○其他：____	
47		油漆：
48		○制造商标准：
49		○其他：____
50		
51		包装运输：
52		○国内 ○出口 ○需要出口包装箱
53		○适合长期存放：____月
54		
55	备注：____	
56		
57	FORM No.： CONFIDENTIAL	DOC. No.： Rev

续表

回转式正位移压缩机数据表 (API 619-3RD) SI 单位制	第 3 页 共 7 页					发布日期：
	版次	日期	编制	校核	批准	说明
工程号：____ 设备位号：____						
请购单号：____ 订单号：____						

行		
1	□转速：	□轴：
2	最大连续转速(3.1.19)：____(r/min) 跳闸转速：____(r/min)	材料：____
3	最大线速度：____ m/s@最大操作转速	转子处直径：____(mm) 联轴器处直径：____(mm)
4	最小允许转速(3.1.22)：____(r/min)	轴端型式：　□圆锥　□圆柱
5	□横向临界转速(4.7.1.6)	____
6	一阶临界转速：____(r/min)	轴套：
7	阻尼：____无阻尼：____	○轴封处采用轴套：____□材料：____
8	模型形状：____	____
9	横向临界转速—基础：	____
10	○阻尼不平衡响应分析	□同步齿轮：(4.5.2)
11	□车间试验	节线圆直径：____(mm)型式：____
12	□其他型式分析：____	材料：____
13	□袋口通过频率：____(Hz)	轴封：
14	□扭转临界转速：(4.7.2)	○型式：____
15	一阶临界转速：____(r/min)	○密封系统类型：____
16	二阶临界转速：____(r/min)	□内漏油保证值：____[L/(天·每处密封)]
17		○密封缓冲气名称 (4.6.3.3 & 4.6.7)：____
18	□振动：____	□缓冲气流量(每处密封)：
19	振动允许值：____试验	正常：____ kg/min @____(kPa,表)
20	(峰—峰)：____现场	最大：____ kg/min @____(kPa,表)
21	____	□轴承箱：(4.9)
22	□转向(从被驱动端看)　□顺时针　□逆时针	型式：　□独立　□整体　剖分：____
23	□机壳：	材料：____
24	型式：____	□径向轴承：(承载最高负荷的轴承) (4.8)
25	剖分型式：____	型式：____间距：____(mm)
26	主体材料：____○覆层材料(4.2.9)：____	面积：____(mm^2)载荷(MPa)　实际值：____许用值：____
27	操作方式：　□干式　□湿式，含有：____液体	瓦块数：____在转子上：____或在：____瓦块之间
28	壁厚：____(mm)腐蚀裕量：____(mm)	瓦块材料：____
29	□最大许用工作压力(3.1.18)(表)：____(kPa)	巴氏合金类型：____厚度：____(mm)
30	安全阀设定压力(表)：____(kPa)	____
31	积累富余量(表)：____(kPa)	____
32	试验压力—氦气试验(表)：____水压试验(表)：____(kPa)	○温度传感器 (4.9.3)：____
33	最高许用工作温度：____(℃)最低工作温度：____(℃)	○TC 温度控制器　○RTD 电阻式温度检测器型式：____
34	冷却夹套：　□需要　□不需要	单个轴承上安放数量：____
35	采用射线探伤，质量等级：　□需要____□不需要____	
36	□转子：(4.5.1)	□推力轴承：(承载最高负荷的轴承) (4.8)
37	直径：____(mm)	位置：____型式：____
38	齿数(阳转子/阴转子)：____	制造商：____面积：____(mm^2)
39	型式：____	载荷(MPa)：____实际值：____许用值：____
40	制造方式：____	瓦块数：____
41	材料：____	瓦块材料：____
42	最大屈服强度：____(N)	巴氏合金类型：____厚度：____(mm)
43	布氏硬度　最大：____最小：____	○温度传感器 (4.9.3)：____
44	转子长径比(L/D)：____	○TC 温度控制器　○RTD 电阻式温度检测器型式：____
45	转子之间间隙：____(mm)	每个轴承上数量：____□作用面：____□非作用面：____
46	最大挠度：____(mm)	____
47	冷却：　□内部冷却____□不需冷却____	____
48		____
49	备注：____	
50		
51		
52		
53		

FORM No.：　CONFIDENTIAL　DOC. No.：　Rev

续表

回转式正位移压缩机数据表 (API 619-3RD) SI单位制	第 4 页 共 7 页				发布日期:
	版次	日期	编制	校核	批准	说明

工程号:______ 设备位号:______

请购单号:______ 订单号:______

1 □主管口

2-3	尺寸	ANSI 压力等级	密封面	位置
4 机壳(4.3)				
5 进口				
6 出口				
7 消音器(5.8.13)				
8 进口				
9 出口				

10 □允许管路外力及外力矩

11	进口		出口			
12-13	力/N	力矩/N·m	力/N	力矩/N·m	力/N	力矩/N·m
14 轴向						
15 垂直						
16 水平90°						
17-18	力/N	力矩/N·m	力/N	力矩/N·m	力/N	力矩/N·m
19 轴向						
20 垂直						
21 水平90°						

22 □其他管口

23 作用:	数量	规格	型式
24 润滑油进口			
25 润滑油出口			
26 密封油进口			
27 密封油出口			
28 机壳排液口(4.3.4)			
29 放空口			
30 冷却水进出口			
31 测压口			
32 测温口			
33 吹扫口			
34 轴承箱			
35 轴承与密封之间			
36 密封与工艺气之间			
37 ○油雾润滑接口			
38			
39			

40 振动探测器:(5.4.3.5)

41 ○符合 API 670 标准:______

42 ○其他指定的标准:______

43 ○型式:______ □型号:______

44 ○制造商:______

45 ○每个轴承上的探测器数量:______ 总共数量:______

46 ○发生器—探测器供货方:______

47 ○制造商:______ □型号:______

48 ○监视器供货方:______

49 ○位置:______ □防护:______

50 ○制造商:______ □型号:______

51 □量程:______ ○报警 □设定值@:______ (μm)

52 ○停车: □设定值@:______ (μm) ○延时:______ (s)

53 ○相位参考转换器:______

轴向位移探测器:

○符合 API 670 标准:______

○其他标准:______

○型式:______ □型号:______

○制造商:______ □需要数量:______

○振荡式检波器供货方:______

○制造商:______ □型号:______

○监视器供货方:______

○位置:______ 防护:______

○制造商:______ □型号:______

□量程:______ ○报警 □设定值@:______ (μm)

○停车: □设定值@:______ (μm) ○延时:______ (s)

联轴器:(5.2)

○符合 API 671 标准:______

○其他指定的标准:______

	驱动机-压缩机 或 驱动机	齿轮箱-压缩机
○制造商		
□型号		
○润滑方式		
○需要安装半联轴器		
○采用加长型联轴器		
○要求限制轴端浮动		
○需要空载适配器		
□联轴器等级(kW/100r/min)		
□链连接(1)或(2)或液压安装		

底座及安装底板:(5.3)

安装底板用于: ○压缩机 ○齿轮箱 ○驱动机

底座:

○共用(压缩机、齿轮箱及驱动机)

○仅供压缩机之用 ○其他:______

○提供防滑甲板 ○敞开结构

○集液槽 ○开放式排液口 ○垫板(5.3.2.7)

○设备的水平调节螺钉

○适合支柱支撑(5.3.2.3)

○适合周边支撑

○环氧灌浆/表层环氧涂覆(5.3.1.2.5)

润滑油系统(4.10)

○符合 API 614 的润滑系统(4.10.3)

○共用油系统(4.10.4) ○专用油系统

○可选润滑油系统(4.10.5)

○油冷器(4.10.5.4)

○油过滤器(4.10.5.5)

○加热器(4.10.5.8)

○油分离器(4.10.5.8)

○残留物(4.10.5.8.1)

○仪表(4.10.5.8.4;j&k)

FORM No.: CONFIDENTIAL DOC. No.: Rev

续表

回转式正位移压缩机数据表 (API 619-3RD) SI 单位制	第 5 页 共 7 页					发布日期:
	版次	日期	编制	校核	批准	说明
工程号:______ 设备位号:______						
请购单号:______ 订单号:______						

1 公用工程条件:
2 蒸汽: 驱动机 伴热
3 进口 最小:___(kPa,表)___(℃)___(kPa,表)___(℃)
4 正常:___(kPa,表)___(℃)___(kPa,表)___(℃)
5 最大:___(kPa,表)___(℃)___(kPa,表)___(℃)
6 排气 最小:___(kPa,表)___(℃)___(kPa,表)___(℃)
7 正常:___(kPa,表)___(℃)___(kPa,表)___(℃)
8 最大:___(kPa,表)___(℃)___(kPa,表)___(℃)
9
10 电: 驱动机 伴热 控制 停车
11 电压 ___ ___ ___ ___
12 频率 ___ ___ ___ ___
13 相 ___ ___ ___ ___
14 冷却水:
15 进口温度:_____(℃)最大回水温度:_____(℃)
16 正常压力:_____(kPa,表)设计压力:_____(kPa,表)
17 最小返回压力:___(kPa,表)最大允许压降 Δp:__(kPa,绝)
18 水源:__________
19 仪表空气:
20 最大压力:_____(kPa,表)最小压力:_____(kPa,表)
21 □公用工程总消耗:
22 冷却水:__________(m^3/h)
23 蒸汽,正常:__________(kg/h)
24 蒸汽,最大:__________(kg/h)
25 仪表空气(标准状况):__________(m^3/h)
26 驱动机消耗功率:__________(kW)
27 辅助设施消耗功率:__________(kW)
28 __________
29 __________

		要求	见证	观察
30	车间检查和试验:(6.1)			
31	车间检查(6.2)	○	○	○
32	水压试验 (6.3.2)	○	○	○
33	氦气泄漏试验 (6.3.4.5)	○	○	○
34	机械运转试验 (6.3.3)	○	○	○
35	备用转子机械运转试验 (6.3.3.4.3)	○	○	○
36	机壳泄漏试验 (6.3.3.4.4)	○	○	○
37	性能试验(空气) (6.3.4.1)	○	○	○
38	整机试验 (6.3.4.2)	○	○	○
39	除驱动机之外的整机试验	○	○	○
40	使用车间润滑油系统和密封系统试验	○	○	○
41	使用合同润滑油系统和密封系统试验(6.3.4.7)	○	○	○
42	使用车间振动探测器等进行试验	○	○	○
43	使用合同轴振动和轴向位移探测器,			
44	振动传感器和监测器进行试验	○	○	○
45	使压缩机的压力达到操作压力	○	○	○
46	试验后,进行压缩机拆卸-			
47	重新组装的检测 (6.3.4.8)	○	○	○
48	试验后检查轴承和密封(6.3.3.4.1)	○	○	○
49	噪音声压试验 (6.3.4.6)	○	○	○
50	串联试验 (6.3.4.3)	○	○	○
51	辅助设备试验(6.3.4.7)	○	○	○
52	全压试验(6.3.4.9)	○	○	○
53	残余不平衡力的检查 (4.7.3.3)	○	○	○

□质量(kg):
压缩机____齿轮箱____驱动机____底座____
转子: 压缩机____驱动机____齿轮箱____
压缩机的上半部壳体:________
润滑油站:________密封油站:________
最大维修件(指出部件名称):________
总运输质量(kg):________

□空间要求(mm):
整机: *L* ___ *W* ___ *H* ___
润滑油站: *L* ___ *W* ___ *H* ___
密封油站: *L* ___ *W* ___ *H* ___

其他:
□推荐的吸入口前直管端要求:____倍管路直径
○卖方对买方的管路图及土建安装图进行审核,并提供审核意见(4.1.11)
○卖方代表在安装现场的监督 (4.1.11)
○压缩机、齿轮箱及驱动机的光学对中找平要求
○打开机壳前的冲洗用水装备提供方:

○需要横向分析报告 (4.7.1.6)
○需要扭转分析报告(4.7.2.5)
○提供机壳扭转数据采集设备
需要除凝设备:
○需要:________ ○不需要:________
○消音器供货方: ________

○备品备件 (7.2.3F)
○转子部件
○密封 ○垫片,O 形圈
○开车、试车备件
○2 年备品备件
○其他: ________

备注: ________

FORM No.: CONFIDENTIAL DOC. No.: Rev

续表

回转式正位移压缩机数据表 (API 619-3RD) SI单位制	第 6 页 共 7 页					发布日期：
	版次	日期	编制	校核	批准	说明
工程号：＿＿＿＿设备位号：＿＿＿＿ 请购单号：＿＿＿＿订单号：＿＿＿＿						

卖方在返还本数据表之前必须填写完整与其相关的下列数据：
设备位号：＿＿＿＿　设备名称：＿＿＿＿　工作号：＿＿＿＿
制造商：＿＿＿＿

1 参考标准规范：(5.4.1.2)　　电机用控制和仪表电压：
2 API 614　○是　○否　　电压：＿＿ 相位：＿＿ 频率：＿＿
3
4 　　报警和停车电压：
5 　　电压：＿＿ 相位：＿＿ 频率：＿＿ 或：＿＿ 直流
6
7
8 就地控制盘(5.4.1.3)
9 供货方：　□卖方　□买方　□其他：＿＿＿＿
10 □自立式　□有遮棚　□完全封闭　□其他开口
11 □振动隔离器　□电热丝式加热器　□吹扫口
12 □报警器供货方：　□卖方　□买方　□其他：＿＿＿＿
13 报警器安装位置：　□就地仪表盘　□主控制板(LCP)
14 □由供货商将用户的接口连到接线盒处
15 仪表供应商：

行	仪表	制造商	尺寸及型号
16	○压力表：(5.4.3.4)	制造商：＿＿＿＿	尺寸及型号：＿＿＿＿
17	○温度计：(5.4.3.2)	制造商：＿＿＿＿	尺寸及型号：＿＿＿＿
18	○液位计：	制造商：＿＿＿＿	尺寸及型号：＿＿＿＿
19	○压差计：	制造商：＿＿＿＿	尺寸及型号：＿＿＿＿
20	○压力开关：	制造商：＿＿＿＿	尺寸及型号：＿＿＿＿
21	○压差开关：	制造商：＿＿＿＿	尺寸及型号：＿＿＿＿
22	○温度开关：	制造商：＿＿＿＿	尺寸及型号：＿＿＿＿
23	○液位开关：	制造商：＿＿＿＿	尺寸及型号：＿＿＿＿
24	○控制阀：	制造商：＿＿＿＿	尺寸及型号：＿＿＿＿
25	○压力泄放阀：(5.4.3.6)	制造商：＿＿＿＿	尺寸及型号：＿＿＿＿
26	○温度泄放阀：	制造商：＿＿＿＿	尺寸及型号：＿＿＿＿
27	○液流视镜指示器：(5.4.3.7)	制造商：＿＿＿＿	尺寸及型号：＿＿＿＿
28	○气体流量指示器：	制造商：＿＿＿＿	尺寸及型号：＿＿＿＿
29	○振动设备：	制造商：＿＿＿＿	尺寸及型号：＿＿＿＿
30	○转速计：(5.4.3.1)	制造商：＿＿＿＿	量程和型式：＿＿＿＿
31	○电磁阀：	制造商：＿＿＿＿	尺寸及型号：＿＿＿＿
32	○报警器：	制造商：＿＿＿＿	型号及点数：＿＿＿＿
33		制造商：＿＿＿＿	尺寸及型号：＿＿＿＿
34	＿＿＿＿	制造商：＿＿＿＿	尺寸及型号：＿＿＿＿

35 压力计要求：　注：□卖方提供　○买方提供

行	功能	就地安装 (3.1.14)	就地盘 (3.1.27)	功能	就地安装 (3.1.14)	就地盘 (3.1.27)
38	润滑油泵出口	□○	□○	调速器控制油	□○	□○
39	润滑油过滤器压降 Δp	□○	□○	调速器控制油压降 Δp	□○	□○
40	润滑油供油	□○	□○	联轴器油压降 Δp	□○	□○
41	密封油泵出口	□○	□○	主蒸汽入口	□○	□○
42	密封油过滤器 Δp	□○	□○	1级蒸汽	□○	□○
43	密封油供油(每一等级)	□○	□○	蒸汽腔	□○	□○
44	密封油压差	□○	□○	排出蒸汽	□○	□○
45	参考气	□○	□○	抽出蒸汽	□○	□○
46	平衡管线	□○	□○	蒸汽喷射器	□○	□○
47	密封喷射器	□○	□○	压缩机进口	□○	□○
48	缓冲气	□○	□○	压缩机出口	□○	□○
49	＿＿＿＿	□○	□○	＿＿＿＿	□○	□○

FORM No.：　　CONFIDENTIAL　　DOC. No.：　　Rev

续表

	回转式正位移压缩机数据表 (API 619-3RD) SI 单位制	第 7 页 共 7 页					发布日期:
		版次	日期	编制	校核	批准	说明
工程号:______设备位号:______ 请购单号:______订单号:______							

卖方在返还本数据表之前必须填写完整与其相关的下列数据:

设备位号:______ 设备名称:______ 工作号:______

制造商:______

行	用途	就地安装 (3.1.14)	就地盘 (3.1.27)	用途	就地安装 (3.1.14)	就地盘 (3.1.27)
1	温度计要求:					
2		就地安装	就地盘		就地安装	就地盘
3	用途	(3.1.14)	(3.1.27)	用途	(3.1.14)	(3.1.27)
4	来自于各处的润滑油排放温度:	□○	□○	油冷器进出口	□○	□○
5	压缩机径向轴承	□○	□○	密封油出口	□○	□○
6	驱动机径向轴承	□○	□○	压缩机入口	□○	□○
7	齿轮箱径向轴承	□○	□○	压缩机出口	□○	□○
8	压缩机推力轴承	□○	□○	润滑油箱	□○	□○
9	驱动机推力轴承	□○	□○	______	□○	□○
10	齿轮箱推力轴承	□○	□○	______	□○	□○

11 其他仪器仪表:

12 □○驱动机启/停　□就地盘　□单独控制盘　□就地控制盘　(DCS)

13 □○每个径向轴承、推力轴承以及每个同步齿轮回油管线上的液流视镜

14 □○每条密封油回油管线上的液流视镜

15 □○润滑油箱和/或密封油箱,密封油排放油气分离罐,密封油高位油槽液位计

16 □○振动、轴位移探测器及驱进器

17 □○振动、轴位移读数显示设备

18 □○振动读数显示设备安放位置　□就地盘　□单独控制盘　□就地控制盘　(DCS)

19 □○汽轮机转速探头

20 □○汽轮机转速指示器

21 □○汽轮机转速指示器安装位置　□就地仪表盘　□就地控制盘　(DCS)

22 □○远程手动调速-安放在就地控制盘上

23 □○报警器及获知开关

24 报警及停车开关:(5.4.4.1)

行	用途	报警	跳闸	用途	报警	跳闸
25	用途	报警	跳闸	用途	报警	跳闸
26	□○润滑油压低　每一等级	____	____	□○压缩机振动	____	____
27	□○润滑油过滤器压降 Δp 高	____	____	□○压缩机轴向位移	____	____
28	□○密封油过滤器压降 Δp 高	____	____	□○汽轮机振动	____	____
29	□○润滑油箱油位低	____	____	□○汽轮机轴向位移	____	____
30	□○密封油箱油位低	____	____	□○齿轮箱振动	____	____
31	□○密封油箱油位高	____	____	□○齿轮箱轴向位移	____	____
32	□○密封气压力低	____	____	□○压缩机的电机停机	____	____
33	□○密封油压力高	____	____	□○主汽阀(TTV 阀)关闭	____	____
34	□○密封油压力低	____	____	□○汽轮机汽封泄漏量高	____	____
35	□○辅助密封油泵启动	____	____	□○压缩机推力轴承温度高	____	____
36	□○辅助润滑油泵启动	____	____	□○驱动机推力轴承温度高	____	____
37	□○密封油出口温度高(冷却器)	____	____	□○压缩机压降 Δp	____	____
38	□○进口分离器液位高	____	____	□○主润滑油泵停车	____	____
39	□○压缩机出口温度高	____	____	□○压缩机径向轴承温度高	____	____
40	□○润滑油出口温度高(冷却器)	____	____	□○	____	____
41	□○密封 N_2 压力低	____	____	□○	____	____
42	□○压缩机进气压力低	____	____	□○	____	____

43 开关闭合:

44 报警触点应该:　□开启　□闭合　报警且正常工况为　□通电　□失电

45 停车触点应该:　□开启　□闭合　跳车且正常工况为　□通电　□失电

46 注:正常工况是指压缩机运行时

47 其他:

48 ○仪表铭牌要求:

49 报警和停车开关要求分开

50 底座及油站范围内的买方仪表及电气接线应该:

51 □接到接线箱　□由买方直接引出

52 有关仪器仪表的说明:______

53

FORM No.:　CONFIDENTIAL　DOC. No.:　Rev

参考文献

API 617，API 618，API 619 美国石油协会标准。

第29章 固体物料输送和储存

1 气力输送

气力输送是一种利用气体流作为输送动力在管道中输送粉粒状颗粒料的方法，其主要目的是将固体物料由一个位置移到另一位置。由于气力输送比机械输送具有许多明显的优点，故其在实际应用中发展很快，已成为比较理想的输送方式之一，近年来在石油化工、冶金、采矿、电力、铸造、建材、粮食、轻纺等工业领域中不断地得到应用和完善。

1.1 术语的定义

① 真密度　单位体积内颗粒的质量，不包括颗粒之间的空隙称为真密度。

② 填积密度　单位体积内颗粒的质量，包括颗粒之间的空隙，称为堆积密度或表现密度。

③ 硬度　固体物料的硬度是指其被另一种物质穿透的阻力。

④ 安息角（或休止角、静止角）　散料自然堆成的圆锥状料堆表面与水平面的夹角。

⑤ 内摩擦角　沿散料层内部某一面产生剪切滑动时，作用于其面的剪切力与垂直力之比的反正切值，其角度即为内摩擦角。

⑥ 壁面摩擦角　散料与壁面之间的摩擦角。

⑦ 滑动摩擦角　散料在倾斜面上能滑落时的最小角度。

⑧ 磨琢性　固体物料的磨琢性是表示磨琢其所接触物料的能力，它和固体物料的硬度、强度、颗粒大小、形状有关。

⑨ 黏着性和附着性　颗粒的比表面活性随其粒度增大而减小，并随其比表面积增加而增加。表面活性会引起相同固体颗粒黏结在一起的趋势叫作黏着性；黏结其他不同颗粒的趋势叫作附着性。

⑩ 固气两相流（俗称气力输送）　气体和固体颗粒料两者不相溶物质的混合流动，称为固气两相流。

⑪ 固气比　固气两相流中物料质量流量与气体质量流量的比值，称为固气比。

⑫ 沉降速度　在标准大气压下固体颗粒自由落下的速度称为沉降速度。

⑬ 悬浮速度　气体以等于固体颗粒的沉降速度向上运动时，固体颗粒将处在一个水平上呈摆动的状态，既不上升也不下降，此时的气体速度称为悬浮速度。

1.2 气力输送特点

散料输送按照输送原理可以分为机械输送方式、流体管道输送方式和容器输送方式。其中流体管道输送方式是一种正在被应用和很有发展前途的效率高、占地少、成本低、公害小的现代化输送方式。气力输送属于该输送系统并在其中占有重要的地位。气力输送的输送机理和应用实践均表明它具有一系列的特点：输送效率高，设备构造简单，维护管理方便，易于实现自动化以及有利于环境保护等。特别是用于工厂车间内部输送时，可以将输送过程和生产工艺过程相结合，这样有助于简化工艺过程和设备。为此，可以大大地提高劳动生产率和降低成本。

气力输送的优点如下。

① 输送管道能灵活地布置，从而使工厂设备工艺配置合理。

② 实现散料输送，效率高，降低包装和装卸运输费用。

③ 系统密闭，粉尘飞扬逸出少，环境卫生条件好。

④ 运动零部件少，维修保养方便，易于实现自动化。

⑤ 能够避免物料受潮、污损或混入其他杂物，可以保证输送物料的质量。

⑥ 在输送过程中可以实现多种工艺操作，如混合、粉碎、分级、干燥、冷却、除尘和其他化学反应。

⑦ 可以进行由数点集中送往一处或由一处分散送往数点的远距离操作。

⑧ 对于化学性能不稳定的物料，可以采用惰性气体输送。

气力输送的缺点如下。

① 与其他输送相比较，动力消耗大。

② 输送物料的粒度、黏性与湿度受一定的限制。

1.2.1 流动状态

物料颗粒群在气力输送管道中的运动是个很复杂

的过程，它涉及固气两相流的理论。除了与其被输送的物料的物理性质和几何性质等有关外，主要是随输送气流速度的大小及气流中所含物料量的不同而显著变化。水平输料管中输送气流的速度与物料的流动状态的关系如下。

① 当管道内输送气流速度很高而物料量又很少时，物料颗粒在管道中基本上接近均匀分布状态，物料在气流中呈悬浮状态被输送。

② 随着气流速度逐渐减小，部分较大颗粒趋向下沉接近管底，这时管底物料分布变密，但物料仍然正常地被输送。

③ 当气流速度再减小时，物料在管中呈疏密不均的流动状态，部分颗粒在气流的作用下，在管底向前滑移。

④ 当气流速度开始低于悬浮速度时，大部分较大的颗粒会失去悬浮能力，不仅出现颗粒停滞在管底，而且在局部地段甚至因物料堆积形成“沙丘”。气流通过“沙丘”上部的狭窄通道时速度加快，可以在一瞬间又将“沙丘”吹走。颗粒的这种时而停滞、时而吹走的现象是交替进行的。

⑤ 如果局部存在的“沙丘”突然大到充填整个管道截面时，就会导致物料在管道中不再前进。如果设法使物料在管道中形成短的料栓，则也可以利用料栓前后气流的压力差推动它前进。

1.2.2　气力输送状态的分类

利用输送气流速度和输送压力损失之间关系的状态相图，能对气力输送过程的实质作出清晰的描绘，并有助于分类（图 29-1）。根据状态相图分析可知，在固气两相流动时，物料的运动状态是随输送气流速度的变化而变化的。概括起来，气力输送系统可以分为如下两种。

(1) 稀相气力输送

在最低稀相输送速度线的右边，气流速度较高，物料悬浮在管道中或部分颗粒沉积在管底，物料的输送主要依靠较高速度的气流所持有的能量。

(2) 密相气力输送

在最低稀相输送速度线的左边和最低密相输送速度线的右边（不包括不稳定区和危险区）之间的这段范围内。一种情况，物料在管道内已不再均匀分布，而呈密集状态，但管道并未被物料堵塞，仍然依靠气流所持有的能量来输送；另一种情况，物料密集而栓塞管道，人为地把料柱预先以气力切割成较短的料栓，气栓把料柱相间地分开，依靠气流的静压来推动物料。

1.3　气力输送装置的类型

(1) 吸送式气力输送装置

吸送式气力输送装置采用罗茨风机或真空泵作为

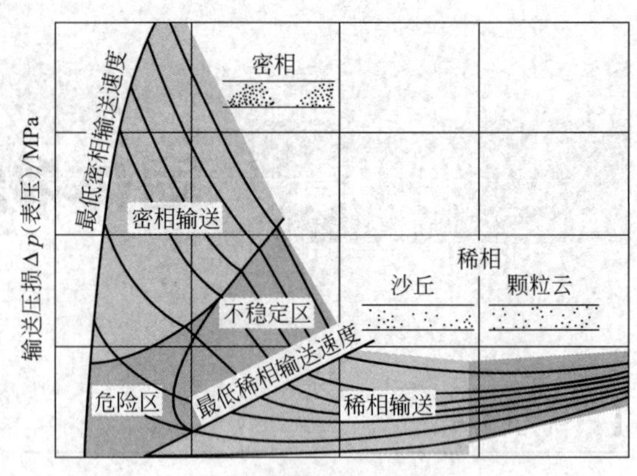

图 29-1　气力输送状态相图

气源设备，气源设备装在系统的末端，当风机运转后，整个系统形成负压，由管道内外存在的压力差将空气吸入输送管。与此同时物料和一部分空气便同时被吸入，并被输送到分离器，在分离器中，物料与空气分离；被分离出来的物料由分离器底部卸至接收料仓，空气被送到除尘器中净化，净化后的空气经风机排入大气，如图 29-2 所示。由于吸送式气力输送系统的输送压差小，故仅适用于短距离输送。

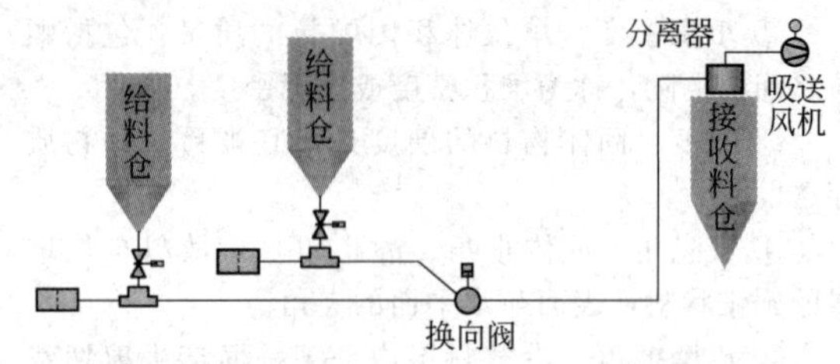

图 29-2　吸送式气力输送装置

(2) 压送式气力输送装置

由于气源设备设在系统的进料端，物料不能自由流畅地进入输料管，必须使用有密封压力的供料装置。当风机开动后，管道中的压力高于大气压力，物料从给料仓经给料器加入输送管道中，随即物料被压送至接收料仓，压送气体则经除尘器净化后排入大气，如图 29-3 所示。压送式气力输送系统又分为低压式和高压式两种。低压式气力输送系统的气源压力一般低于 0.1MPa(表)；高压式气力输送系统的气源压力一般为 0.1～0.7MPa(表)。

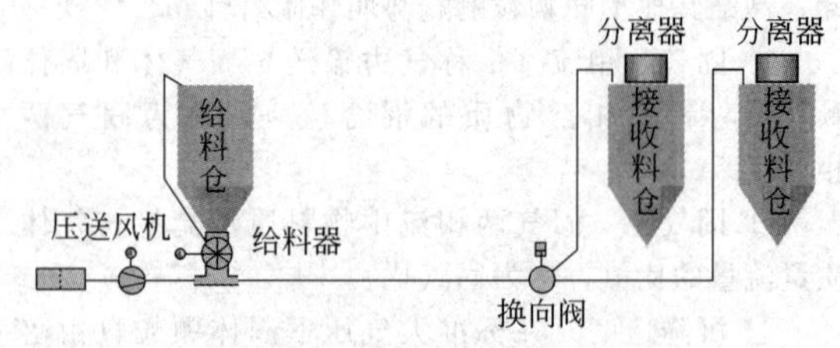

图 29-3　压送式气力输送装置

(3) 混合式气力输送装置

将吸送式气力输送装置与压送式气力输送装置相结合称为混合式气力输送装置。其兼有吸送式和压送式装置的特点，可从数处吸入物料，然后将物料压送到较远处，如图 29-4 所示。

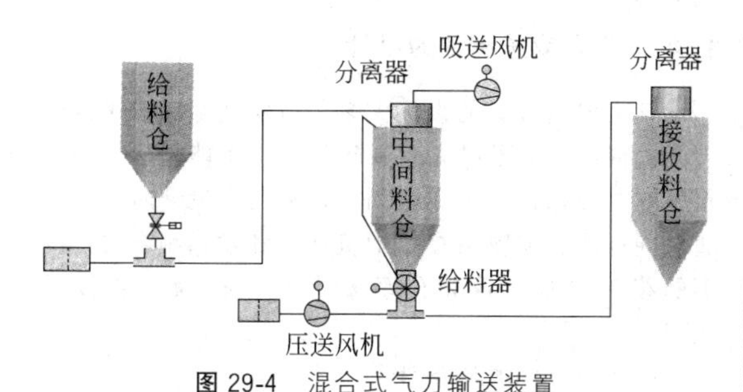

图 29-4　混合式气力输送装置

1.4　气力输送主要设备的选择

设备选型时应对所选设备的生产能力进行核定，必要时应对该设备的实际生产能力进行调查或测试后予以确定。选用的设备应与被设备输送的物料特性相适应，同时也应与工程建设所在地区的自然环境、地理条件（包括气象条件、海拔高度、地震烈度等）相适应。

1.4.1　气源设备

在气力输送系统中，气源设备处于核心的地位，是最为重要的设备，它提供的输送风量和压力有力地保证了系统的有效性和可靠性。由于气力输送的方式、使用的场所、输送距离、所需输送的容量以及被输送物料的物性均不同，故可选作气力输送系统的气源设备常用的有气体压缩机、罗茨风机、罗茨真空泵、离心风机等。

① 气源设备的选择要点如下。

a. 风量和风力要满足输送系统的要求。

b. 排气量受排气压力变化的影响要小。

c. 对灰尘的灵敏性要小。

d. 对压送用的气源设备，应尽可能减少排气中的油分和水分。

e. 要持久耐用，运转可靠。

f. 噪声的限制等。

② 稀相气力输送系统用得最多的气源设备是离心风机、罗茨风机和罗茨真空泵。

③ 密相气力输送系统用得最多的气源设备是气体压缩机。

1.4.2　供料装置

供料装置是气力输送系统的主要部件之一，用以将输送物料连续或间歇地供入输送管道。

(1) 供料装置的分类

按输送系统进行分类，可以将供料装置分为压送式系统和吸送式系统两类。

① 压送式系统的供料装置，按运行的压力极限分为三个压力范围。

a. 低压　最大运行压力为 0.1MPa(表)。

b. 中压　最大运行压力为 0.3MPa(表)。

c. 高压　最大运行压力为 1.0MPa(表)。

② 吸送式系统的供料装置，按用途不同，分为固定式和移动式。

(2) 供料装置的选择

① 物料特性。

② 工厂（车间）的工艺布置能提供多少可用的面积和净空高度。

③ 费用方面，必须考虑装置的设计是为了短期应用还是属于长期规划。

④ 根据生产需要，选用连续的还是间歇的运行方式，看哪一种既经济又恰当。

⑤ 整个系统要求的输送气体压力。

⑥ 精确的供料控制。

1.4.3　输送管道和管件

气力输送装置所用管道可分为两类：输料管道和气体管道。输料管道主要用以输送物料，按照输送工艺要求及特点，一般由直向输料管和转向输料管组成，并且有足够的强度和刚度，较好的气密性和耐磨性，内壁面光滑，可拆管段要有较好的同轴性，以及能够快速安装、便于清理堵塞等特点。气体管道是用以输送纯气体或输送气体中含尘浓度小于 10% 的管道。此外，通常还要根据工艺需要，配置一定数量和种类的管件等。

(1) 管道布置设计

① 管道布置设计应符合 PID 的要求，做到安全可靠、经济合理，满足施工、操作及检修的要求，并力求整齐美观。

② 管道应架空或在地上敷设。

③ 管道优先采用法兰连接。一般沿管道长度每 6～12m 设一对法兰连接。弯头两端应设连接法兰。

④ 焊接焊缝最小间距 50mm。

⑤ 管道与管道、管道与设备间的法兰连接，必须设导线跨接。

⑥ 输送管道与目的料仓进料管口应采用柔性连接。

⑦ 管道净高应符合管道布置规范的要求，人员通行处管道底部的净高不宜小于 2.2m，需通行车辆处，管底的净高视车辆的类型而有所不同，通行小型检修机械或车辆时不宜小于 3.0m，通行大型检修机械或车辆时不应小于 4.5m。

⑧ 阀门应设在容易接近、便于操作和维修的地方。旋转阀、换向阀宜设支撑。

(2) 管道和管件选用

① 管道和管件应符合国家强制性标准和行业标

准要求。

② 输送管道采用的公称直径（mm）：*DN*80、*DN*100、（*DN*125）、*DN*150、*DN*200、（*DN*225）、*DN*250、*DN*300、*DN*350、*DN*400，括号内的规格尽量不用。

③ 输送管道壁厚采用SCH 5S、10S。

④ 输送管道材质应根据输送介质特性确定，一般选用不锈钢或铝合金。

⑤ 国产无缝钢管及不锈钢管按《石油化工钢管尺寸系列》（SH/T 3405—2012）的规格选用。

⑥ 输送管道压力等级采用 *pN*2.0MPa（150lb）。

⑦ 输送管道弯头应选用 $R/D=5\sim10$，优先选用 $R/D=10$。

1.4.4 分离和除尘设备

分离器是用以将被送物料从气固两相流中分离出来的装置。分离器和除尘器在本质上属于同一类设备，不同的只是分离器主要用来分离输送的物料，而除尘器则主要是气力输送系统中用来回收粉尘或净化输送气体，以保证气体设备和减小环境污染。

按作用原理和结构特点，分离器可分为容积式、离心式、惯性式和组合式等；除尘器可分为重力式、惯性式、离心式、袋滤式、静电式等。

选择分离和除尘设备应考虑的因素如下。

① 分离效果要好，应保证被输送物料的绝大部分（粉状物料）或全部（颗粒状物料）都能从气固两相流中分离出来。

② 性能稳定，即当输送条件稍有变化时（如风量或混合比发生变化），也要具有稳定的分离能力。

③ 结构简单，体积紧凑，重量轻。

④ 压力损失小。

⑤ 容易磨损的部位能拆卸更换，检查维修方便。

⑥ 需净化气体的物料的化学性质（化学组成、温度、含湿量、处理风量、含尘浓度、腐蚀性等）。

⑦ 气体中所带粉尘的物料的化学性质（化学组成、密度、粒度分布、腐蚀性、黏结性、摩擦角、爆炸性等）。

⑧ 对净化后气体的允许含尘浓度和粉尘处理的要求等。

⑨ 安装地点的公用工程情况等。

1.5 气力输送装置的类型选择

在设计气力输送装置的时候，必须对物料的输送特性和生产工艺要求有充分的了解。同时，对气力输送装置本身的类型、型式、特点和应用范围也必须进行全面的考察，才能正确地选择气力输送装置的类型。

在选型时应考虑以下几个主要方面。

① 根据物料的形状选用气力输送装置。

② 根据物料的粒度、堆积密度、含水量等特性选用气力输送装置。

③ 根据输送距离和输送速度选用气力输送装置。

④ 根据技术经济指标和总投资选用气力输送装置。

1.6 气力输送装置的设计

气力输送装置的设计大多仍以实践经验及设计经验公式或曲线为基础，目前还没有一个能包含一切物料特性的通用计算公式，因此，在实际设计时，必须通过同样或类似物料在类似输送量和输送距离的条件下的模拟试验，取得经验和数据，作为装置设计依据。

(1) 设计的原始条件

在开始进行设计和调查有关的原始条件之前，首先必须明确：气力输送并不是对所有物料输送都最适用的方式。只有对设计和应用的条件进行细致的调查了解，才能正确选定方案和开展设计。需要了解掌握的有关设计和应用的条件主要包括以下方面。

① 输送物料的物理化学特性，包括粒度分布、形状、堆积密度、含水率、吸湿性、流动性、磨琢性、腐蚀性等。

② 输送量和操作频繁程度。

③ 输送起点和终点的具体情况，包括输送装置前后机械连接情况、后方存仓容量等。

④ 输送距离和管路布置情况，包括水平、垂直输送管长度、弯管数量等。

⑤ 装置运转管理条件，包括是否自动控制、遥控和联锁，以及装置修理和保养要求等。

⑥ 安装地点的自然环境和地理条件等。

⑦ 电源，包括了解当地供电方式及电压等情况。

⑧ 其他，包括对噪声、粉尘处理要求等。

(2) 设计程序

在掌握设计的原始条件之后，根据全面分析，通过计算和已掌握的实践经验，确定气力输送的设计方案及主要技术参数，主要包括如下。

① 分析原始资料。根据设计要求，分析物料特性、输送条件，并收集有关参数。

② 拟定气力输送系统型式。采用吸送式系统、压送式系统，还是混合式系统。

③ 选定输料管道布置及各主要部件的结构型式，绘制系统布置示意图。

④ 绘制程序框图（图29-5）。设计气力输送装置的一般程序框图；设计悬浮稀相气力输送的程序框图；设计高压压送气力输送的程序框图。

⑤ 确定计算生产率。如果已给出输送线的平均昼夜输送量 G_d，则气力输送装置的计算生产率 G_s 可按式（29-1）确定。

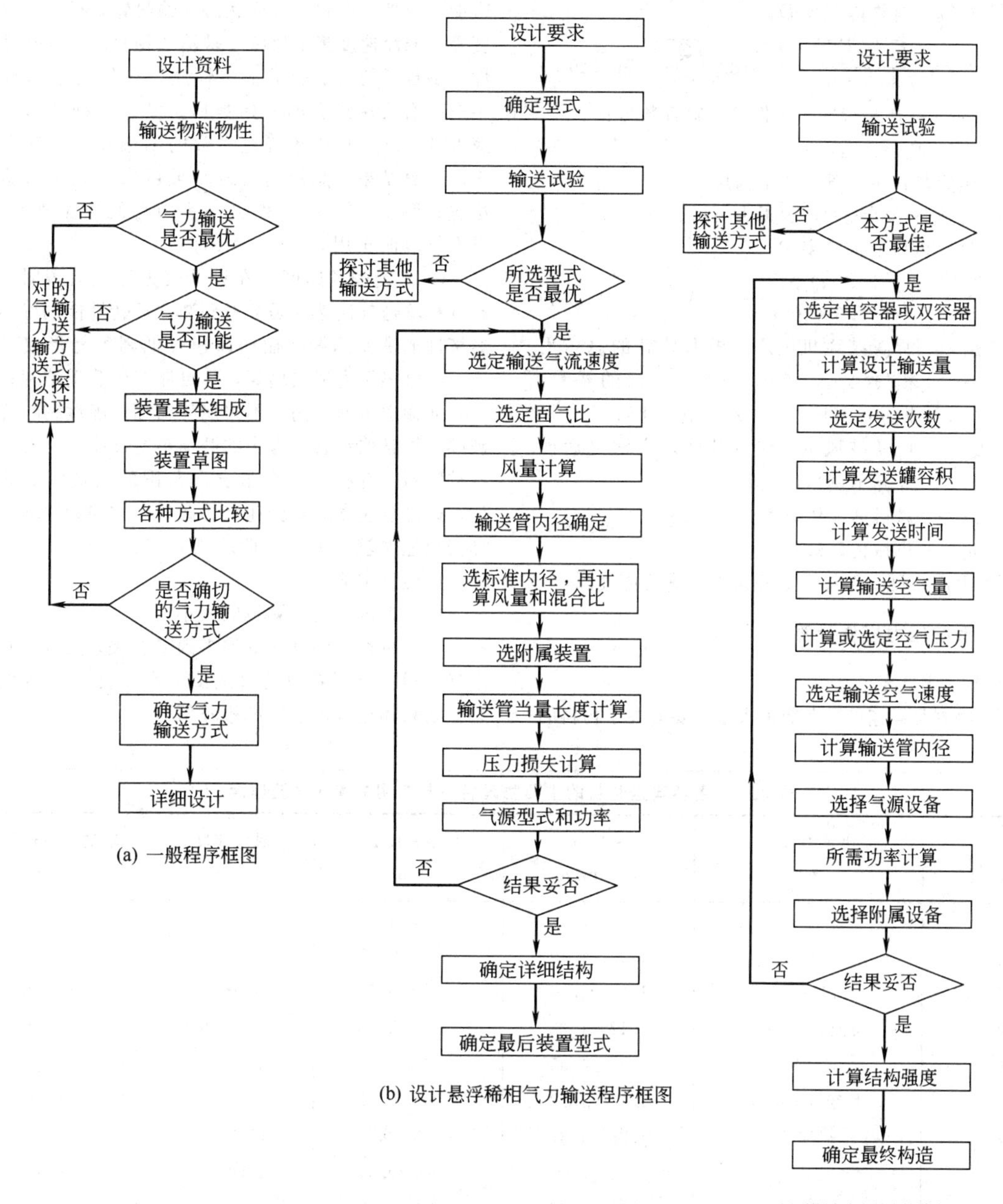

(a) 一般程序框图

(b) 设计悬浮稀相气力输送程序框图

(c) 设计高压压送式气力输送的程序框图

图 29-5　设计气力输送装置的程序框图

$$G_s=\frac{G_d K_1 K_2}{T}\quad \text{t/h} \tag{29-1}$$

式中　T——装置一昼夜工作时间，h；

K_1——物料发送不均匀系数，与工艺过程特点、物料发送机械型式有关，如果物料通过供料器送入输送线，则 $K_1=1.15\sim1.2$；

K_2——考虑远景发展的系数，一般 $K_2\leqslant1.25$；

G_d——平均昼夜输送量，t。

⑥ 选定固气比 m。

⑦ 确定输送风速 v_a。

⑧ 由式 (29-2) 确定输送物料所需风量 Q_a。

$$Q_a=\frac{G_s}{m\rho_a}\quad \text{m}^3/\text{h} \tag{29-2}$$

式中　G_s——装置计算生产率，kg/h；

ρ_a——输送气体密度

在确定风机（或其他气源）的风量 Q_a 时，应加上管道系统的漏气量。它通常占系统总风量的 10%～20%。

⑨ 计算输料管内直径 D_s。

$$D_s=\sqrt{\frac{4Q_a}{3600\pi n v_a}}=0.0188\sqrt{\frac{Q_a}{n v_a}}\quad \text{m} \qquad (29\text{-}3)$$

式中　n——一台装置同时工作的输料管数目；

v_a——输送风速，m/s。

⑩ 确定装置主要部件的结构尺寸。

⑪ 计算整个系统的压力损失 Δp_t。

⑫ 计算风机所需功率 P。

$$P=\frac{Q_f p_f}{3.6\times10^6\eta_e\eta_z}\quad \text{kW} \qquad (29\text{-}4)$$

式中　p_f——所需鼓风机风压，根据计算的总压力损失 Δp_t，考虑 10%～20% 的裕量，即 $p_f=(1.10\sim1.20)\Delta p_t$，Pa；

Q_f——所需鼓风机风量（其确定方法见后面计算示例），m^3/h；

η_e——风机的流体效率；

η_z——机械传动效率。

⑬ 由产品目录选择合适的风机（或其他气源）。

1.7　系统压力损失计算

(1) 主要参数

① 物料悬浮速度　其数值大小主要取决于物料的密度、粒度、形状、表面状态和输料管直径、空气密度等。悬浮速度集中反映了被输送物料的主要物理特性，是粒子动力学的最基本性质，在气力输送计算中是具有实用意义的原始数据。已有多种计算悬浮速度的公式，但由于确定系数的困难和难以获得精确的计算结果，悬浮速度通常最可靠的是用试验方法进行测定。表 29-1 列出一些物料的悬浮速度值，可在计算时选用。

② 气流输送速度　在设计气力输送装置时，正确选择输送气流速度是关系到装置运转性能的好坏和经济性的重要问题。输送风速过低则容易形成脉动流，使摩擦压力损失增高，且可能产生管道堵塞；反之，如输送风速过高，不仅能耗增加，脆性物料容易破碎，而且输料管、弯头的磨损也会加剧。因此，对各种物料，皆存在一个最合适范围的输送气流速度值，即经济速度或安全速度。对粒度均匀的物料，选择安全速度较方便。一般取为悬浮速度的 1.5～2.5 倍，即能正常输送。

安全速度与物料颗粒的大小、密度、形状表面状态及管道特性、固气比等许多因素有关，用计算很难准确求得，最可靠的是由试验确定。表 29-1 提供了某些物料输送气流速度的推荐值。

表 29-1　各种输送物料的主要物理特性与常用的输送气流速度

物料名称	平均粒度 d /mm	密度 ρ /(t/m³)	松散密度 ρ_m /(t/m³)	悬浮速度 v_t /(m/s)	输送气流速度 v_a /(m/s)
稻谷		1.02	0.55	7.5	16～25
小麦	4～4.5	1.27～1.49	0.65～0.81	9.8～11	18～25
大麦	3.5～4.2	1.23～1.30	0.6～0.7	9.0～10.5	15～25
糙米	长径 5.0～6.9	1.12～1.22	0.82	7.7～9.0	15～25
玉米	9×8×6	1.24～1.35	0.708	9.8～13.5	18～30
大豆	长径 3.5×10	1.18～1.22	0.50～0.75	10	18～30
豌豆	6×5.5	1.26～1.37	0.75～0.8	15.0～17.5	
花生	21×12	1.02	0.62～0.64	12～14	16
棉籽		1.02～1.06	0.4～0.6	9.5	23
亚麻籽	4×2.5×1.2	1.12	0.63～0.73	4.5～5.2	
菜籽		1.22		8.2	
聚丙烯	2～3	0.9	0.46	6.5～7.3	
砂		2.6	1.41	6.8	25～35
水泥		3.2	1.1	0.223	10～25
熟石灰		2.0			26～30
葵花籽	11×6×4	0.79～0.94	0.26～0.44	7.3～8.4	
砂糖	0.51～1.5	1.58	0.79～0.90	8.7～12	25
干细盐	<1.0	2.2	0.9～1.3	9.8～12	
细粒盐	5			12.8～14	27～30

续表

物料名称	平均粒度 d /mm	密度 ρ /(t/m³)	松散密度 ρ_m /(t/m³)	悬浮速度 v_t /(m/s)	输送气流速度 v_a /(m/s)
粗粒盐	7.0～7.2	1.09	0.72	14.8～15.5	
荞麦	6×4×3	1.18～1.28	0.51～0.7	7.8～8.7	
裸麦	7.5×2.3×2.2	1.26～1.44	0.66～0.79	8.4～10.5	
燕麦	2.5×4	1.13～1.25	0.39～0.5	7～7.5	
黑胡椒	2.5×4	1.13～1.25	0.39～0.5	11～12.5	
麦芽			0.5	8.1	20
精白粉	<163μm	1.41	0.56	1.0～1.5	
上白粉	163～179μm		0.61	1.2～1.5	10～17
标准粉	185～800μm		0.67	1.3～2.0	
玉米淀粉	0.06	1.53～1.62		1.5～1.8	
黄豆粉			0.45～0.64	2.2～3.0	
洗衣粉	<0.5	1.27	0.48	2.0	
糖粉	0.13μm	1.56	0.6～0.8	2.0	
苏打	<0.12	2.48	0.53	2.5	
滑石粉	>10μm	2.6～2.85	0.56～0.95	0.5～0.8	
锌氧粉	1.5～2.0μm	5.7	0.55	6.0	
茶叶		1.36	0.4	6.9	
烟叶	35～110			3.2～3.7	
统煤	<1	1.0～1.7	0.72～0.94	2.3～3.5	
	1～3	1.0～1.7	0.72～0.94	4～5.3	18～40
	3～5	1.0～1.7	0.72～0.94	4.2～6.8	
	5～7	1.0～1.7	0.72～0.94	6～10.2	
	10～15	1.0～1.7	0.72～0.94	11～13.3	
矿石	0～5			10.2～15.5	
	5～10			9.8～19.5	
	10～20			18.9～22.5	
	20～30			19.2	
	扁的碎片			13.9	
木材碎片				25～27	
	24.1×23.8×25.8			14～16	
	30×29.7×15.5			13.8～15	30～40
	40.4×20.8×17.3			14	
	16.7×17.2×40.5			13	
	40×40×8.5			9.0	
锯屑	3×3×3～5×20×40			6.5～7.0	15～25
型砂				8.1～10	
磷矿粉	<3.2	2.58	1.467	6.9～10.1	
炉渣	粉粒状			5～17.7	
炭黑			0.36	3.4	
尿素	0.8～2.5		0.776	8.7～9.4	

续表

物料名称	平均粒度 d /mm	密度 ρ /(t/m³)	松散密度 ρ_m /(t/m³)	悬浮速度 v_t /(m/s)	输送气流速度 v_a /(m/s)
硫酸铵	1.5	1.77	0.955	10.1～13.1	25
聚丙烯	粉状	0.91	0.32	4.3～6.1	

表 29-2 α 系数值

物料品种	颗粒大小/mm	α 值	物料品种	颗粒大小/mm	α 值
灰状	0～1	10～16	细块状	10～20	20～22
均质粒状	1～10	16～20	中块状	40～80	22～25

在无经验数据的情况下，输送速度可用式(29-5)估算。

$$v_a=\alpha\sqrt{\rho_m g}+\beta L \tag{29-5}$$

式中 v_a——输送气流速度，m/s；

α——考虑被输送物料粒度的系数，见表 29-2；

ρ_m——物料松散密度，t/m³；

g——重力加速度，$g=9.81\text{m/s}^2$；

β——被运送物料的特性系数，$\beta=(2\sim5)\times10^{-5}$，对于干燥的灰状物料可取较小数值；

L——输送距离，当 $L\leqslant100$m 时，式 (29-5) 中第二项很小，可略而不计。

在计算压力损失时，常会涉及颗粒在输料管中的运动速度，由于目前双相流测试技术所限，尚无法提供完整而准确的数据。近似的求解方法如下。

对垂直输料管，颗粒达到稳定运动时的速度为

$$v_m=v_a-v_t \quad \text{m/s} \tag{29-6}$$

式中 v_t——物料悬浮速度，m/s。

处于垂直加速段的颗粒速度 v_{m_1}，可根据系数 m_1 及 v_a/v_t 的值由图 29-6 查得 v_{m_1}/v_a，其中

$$m_1=2g\frac{h}{v_t^2} \tag{29-7}$$

式中 h——垂直输料管的高度，m；

g——重力加速度，$g=9.81\text{m/s}^2$。

对水平输料管，颗粒达到稳定运动时的速度为

$$v_m=(0.70\sim0.85)v_a \text{ m/s} \tag{29-8}$$

处于水平加速段的颗粒速度 v_{m_2} 可根据系数 m_2 和稳定输送时的 v_m/v_a 值由图 29-7 查得 v_{m_2}/v_a。其中

$$m_2=2g\frac{l}{v_t^2} \tag{29-9}$$

式中 l——水平管长度，m。

③ 固气比 m　指单位时间内输送物料的质量 G_m 与输送所需的空气质量 G_a 的比值。

$$m=\frac{G_m}{G_a} \tag{29-10}$$

固气比 m 越大，越有利于增大输送能力。在规定的生产率条件下，m 大则所需风量小，这样可用管径较小的管道及容量较小的分离、除尘设备，且单位能耗也较低。然而，m 过大，则在料栓状态下输送时，输料管易产生堵塞，且管道压力损失也增大，故要求采用高压风机。因而，固气比的数值受风机性能、物料的物理性质、输送方式以及输送条件等因素的限制。在设计计算时应参考各种实例以及上述条件来选定或调整合适的固气比。一般选取的范围见表 29-3。

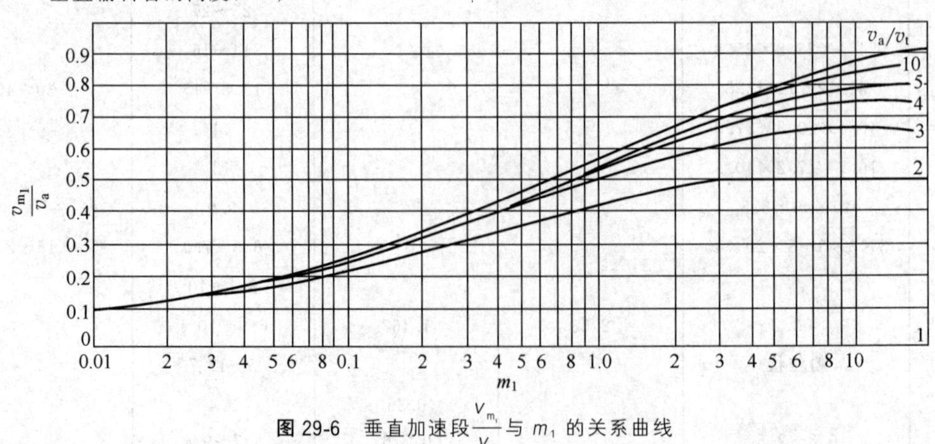

图 29-6 垂直加速段 $\frac{V_{m_1}}{V_a}$ 与 m_1 的关系曲线

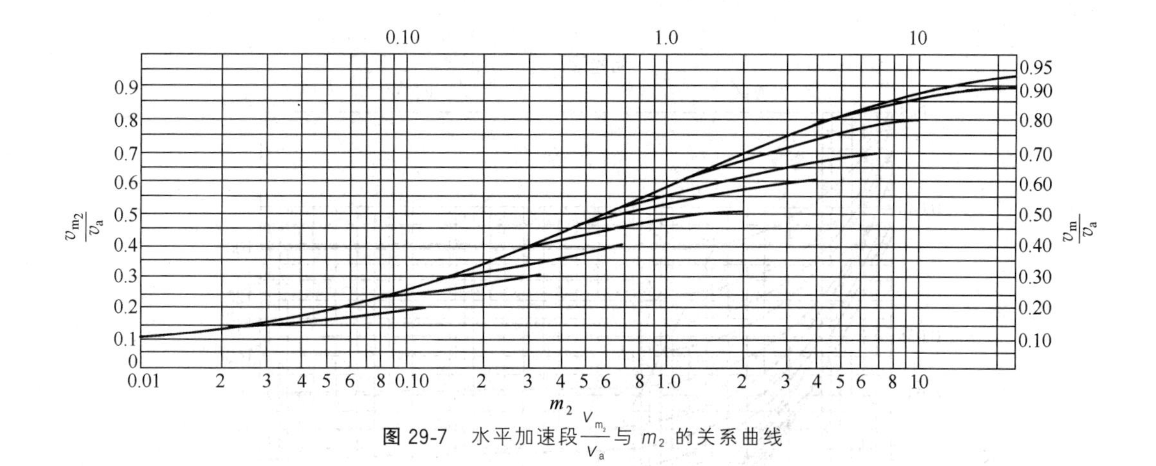

图 29-7　水平加速段$\frac{v_{m_2}}{v_a}$与 m_2 的关系曲线

表 29-3　固气比 m 的推荐范围

输送方式		m	输送方式		m
吸送式	低真空	0.1～8	压送式	低压	1～10
	高真空	8～20		高压	10～40
				流态化	40～80

(2) 压力损失计算

气力输送装置的总压力损失 Δp_t 为

$$\Delta p_t=\Delta p_a+\Delta p_p+\Delta p_j+\Delta p_{sh}+\Delta p_w+\Delta p_q+\Delta p_g \quad \text{Pa} \qquad (29\text{-}11)$$

式中　Δp_a——纯气体（气体中不含物料）运动产生的压力损失，Pa；

Δp_p——沿直管中输送气流与管壁、颗粒的摩擦，颗粒与管壁及颗粒之间相互碰撞摩擦产生的压力损失，Pa；

Δp_j——将颗粒加速到稳定输送速度所产生的压力损失，主要发生在供料器和弯管之后，Pa；

Δp_{sh}——在垂直输料管中提升物料时克服重力所产生的压力损失，Pa；

Δp_w——弯管压力损失，主要是由流动方向改变而产生离心力作用，引起涡流以及物料沿外壁滑行所产生的压力损失，Pa；

Δp_q——各主要部件如供料装置、分离器、除尘器、消声器等产生的压力损失，Pa；

Δp_g——在压送式中物料直接向大气排出时，产生的排气压力损失，Pa。

① 纯空气运动产生的压力损失 Δp_a

a. 直管沿程摩擦压力损失 Δp_{a_1}　纯气流沿圆形断面管道流动所产生的压力损失，对低真空或低压输送情形，可视为等容过程，按式 (29-12) 计算。

$$\Delta p_{a_1}=\lambda_a\frac{l}{D}\times\frac{\rho_a v_a^2}{2} \quad \text{Pa} \qquad (29\text{-}12)$$

式中　λ_a——纯气体运动时的摩擦阻力系数；

l——管道长度，m；

D——管道内直径，m；

ρ_a——气体密度，kg/m^3；

v_a——气流速度，m/s。

对高真空或高压输送情形，由于沿管道长度气体的密度和速度产生变化，若按等容过程进行计算就会带来较大的误差。因此，应按等温过程进行压降计算。高压压送式装置的压降按式 (29-13) 计算，高真空吸送式装置的压降按式 (29-14) 计算。

$$\Delta p_{a_1}=\sqrt{p_z^2+2p_z\lambda_a\frac{l}{D}\times\frac{\rho_a v_a^2}{2}}-p_z \quad \text{Pa} \qquad (29\text{-}13)$$

$$\Delta p_{a_1}=p_s-\sqrt{p_s^2-2p_s\lambda_a\frac{l}{D}\times\frac{\rho_a v_a^2}{2}} \quad \text{Pa} \qquad (29\text{-}14)$$

式中　p_z——输料管终端的压力，对压送式装置为已知数，该处排气压力为大气压；

p_s——输料管入口端的压力，对吸送式装置为已知数，在供料端该处为大气压。

λ_a 值主要取决于雷诺数$\left(Re=\frac{v_a D}{\nu}，\nu \text{ 为气体运动黏度}\right)$和管壁粗糙度 k。气力输送大多呈紊流流动状态。对输料管可按光滑管进行计算；对风管及输送无磨削性的物料，则要考虑管道特性 D/k 的影响，表 29-4、图 29-8 中的数值可供计算时查用。

表 29-4　k 的平均值

表面状态	k/mm
新钢管	0.06
存放露天一年以上的钢管	0.20
精细镀锌的钢管	0.25
普通的镀锌钢管	0.39
普通的新铸钢管	0.25～0.42
旧的生锈钢管	0.60
强烈生锈的钢管	0.67
橡胶软管	0.01～0.03
腐蚀严重的旧管	1.00
钢板制成的管道	0.33

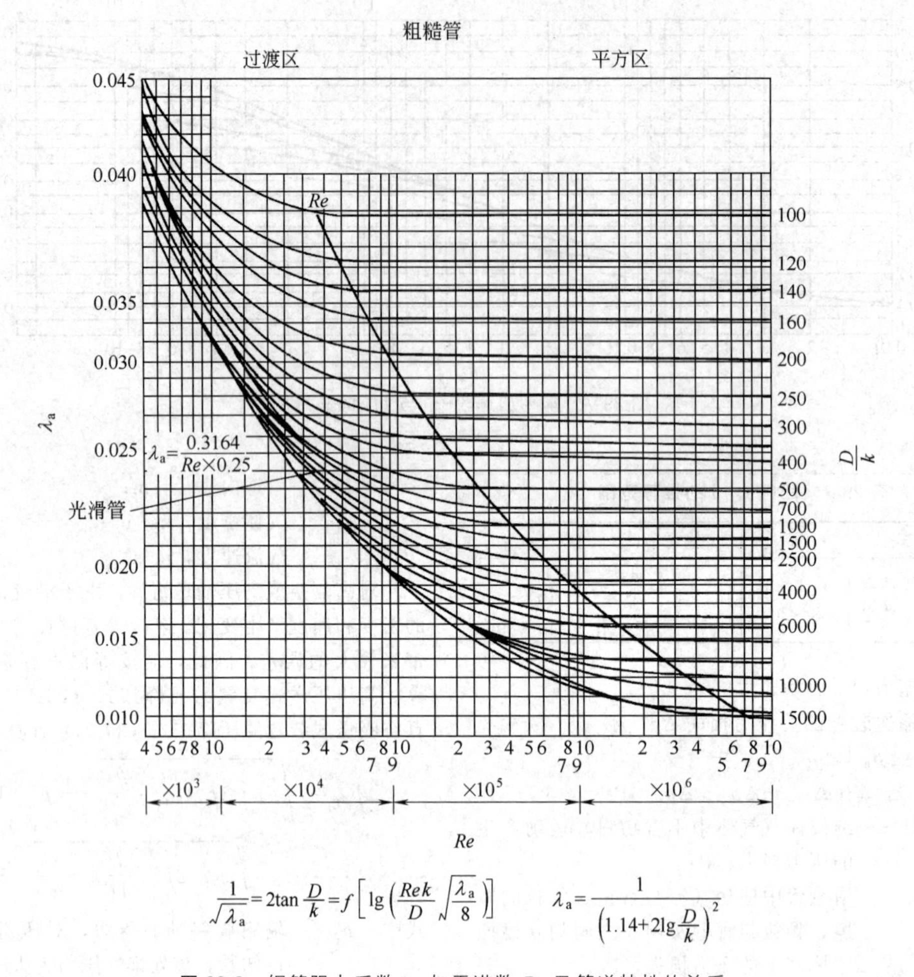

图 29-8 钢管阻力系数 λ_a 与雷诺数 Re 及管道特性的关系

工程设计时，按经验式（29-15）计算，已能满足要求。

$$\lambda_a=0.0125+\frac{0.0011}{D} \tag{29-15}$$

b. 局部压力损失 Δp_{a_2} 对管系中所设的弯管、渐缩或渐扩过渡管、排气管、集风管、三通管等附属管件，其所产生的局部压力损失可按式（29-16）计算。

$$\Delta p_{a_2}=\xi\frac{\rho_a v_a^2}{2}\quad \text{Pa} \tag{29-16}$$

式中 ξ——局部阻力系数，主要取决于管件的具体结构、尺寸，可由通风设备或风管计算等有关资料查得。

② 双相流运动时产生的摩擦压力损失 Δp_p

对低压或低真空输送装置情况

$$\Delta p_p=\lambda_a\frac{l}{D}\times\frac{\rho_a v_a^2}{2}(1+mk_p)\quad \text{Pa} \tag{29-17}$$

对高压压送式输送装置情况

$$\Delta p_p=\left[\sqrt{p_z^2+2p_z\lambda_a\frac{l}{D}\times\frac{\rho_a v_a^2}{2}}-p_z\right](1+mk_p)\quad \text{Pa} \tag{29-18}$$

对高真空吸送式输送装置情况

$$\Delta p_p=\left[p_s-\sqrt{p_s^2-2p_s\lambda_a\frac{l}{D}\times\frac{\rho_a v_a^2}{2}}\right](1+mk_p)\quad \text{Pa} \tag{29-19}$$

式中 m——固气比；

k_p——由实验确定的经验系数。

据有关实验资料分析，k_p 值一般随输料管管径及颗粒直径的增大而增大；水平输料管中的 k_p 值较垂直输料管中的 k_p 值大；随着输送气流速度增大，k_p 值减小。当输送气流速度增大到使物料完全处于均匀悬浮状态时，k_p 值基本上为常数。此外，k_p 值还与物料的形状、悬浮速度等有关，而与固气比无关。

如图 29-9 所示为输送小麦时 k_p 值与弗劳德数 $\left(\frac{v_a}{\sqrt{gD}}\right)$ 之间的关系。如图 29-10 所示是输送矿石时

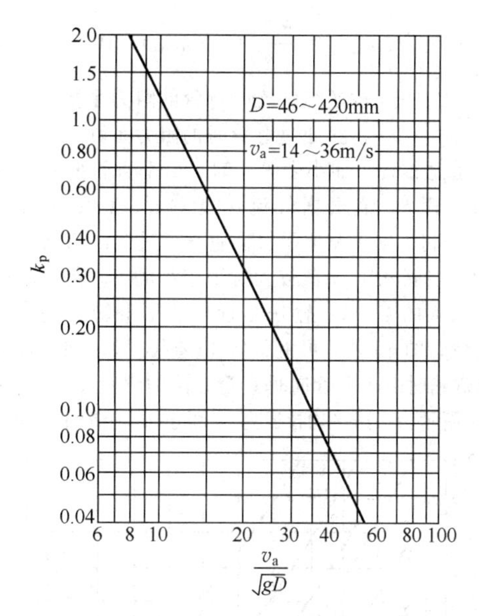

图 29-9　输送小麦时 k_p 值与弗劳德数之间的关系

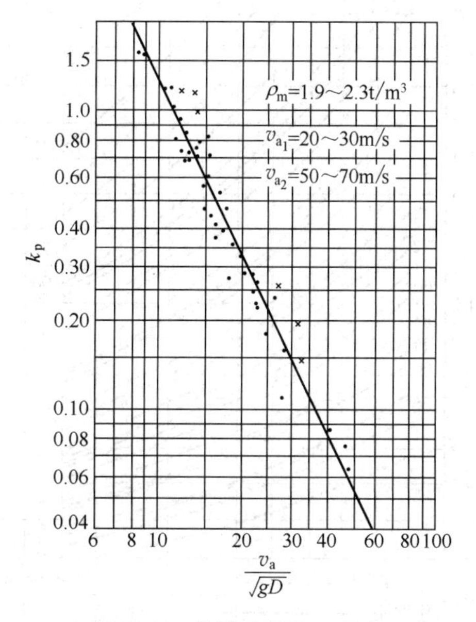

图 29-10　输送矿石时 k_p 值与弗劳德数的关系

k_p 值与弗劳德数的关系。对其他输送物料，如无试验数据，可按式（29-20）估算。

$$k_p=81\frac{gD}{v_a^2}\times\frac{\rho_m}{\sqrt{C}}\qquad(29\text{-}20)$$

式中　ρ_m——物料松散密度，见表 29-1；

C——颗粒的阻力系数，对不规则形状物料，$C=C_d\phi$；

C_d——当量圆球颗粒的阻力系数，可根据 Re 值由图 29-11 查得；

ϕ——颗粒的形状系数，可参照表 29-5 选取。

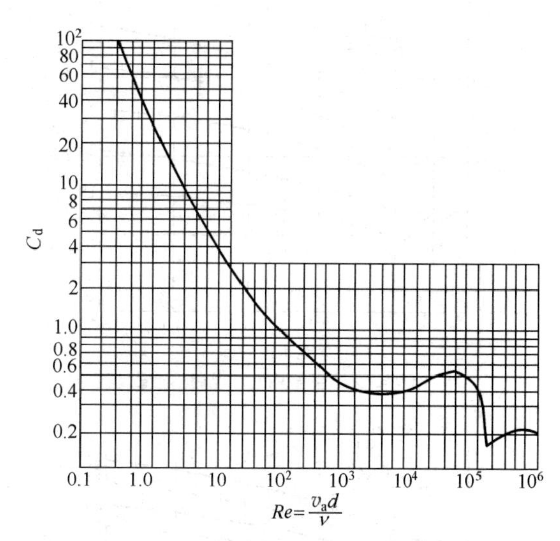

图 29-11　当量圆球颗粒的阻力系数 C_d 与 Re 的关系

d—颗粒当量圆球直径；v_a—颗粒悬浮速度，m/s

表 29-5　颗粒形状系数

物体形状	形状系数 ϕ
圆球	1
表面不光滑的圆形	2.5
椭圆形	3
板片	5
圆柱体	
高度：直径=2	3.1
高度：直径=10	3.72
高度：直径=40	4.45

③ 加速压力损失 Δp_j

$$\Delta p_j=\xi_j m\frac{\rho_a v_a^2}{2}\quad \text{Pa}\qquad(29\text{-}21)$$

式中　ξ_j——加速压力损失系数。

$$\xi_j=2\left(\frac{v_{m_1}}{v_a}-\frac{v_{m_2}}{v_a}\right)\qquad(29\text{-}22)$$

式中　v_{m_1}——物料处在稳定运动状态时的速度，对垂直管可由式（29-6）求得，对水平管可由式（29-8）求得，m/s；

v_{m_2}——加速区物料初速度，m/s。

由垂直向水平方向过渡的 90°弯管，弯管出口的颗粒初速度比进口的速度减小 1/3～1/5（其中大的数值适用于重和大的颗粒，小的数值适用于轻和小的粉末）；由水平向垂直方向过渡的 90°弯管，出口的颗粒速度比进口的速度减小 1/2～1/2.5；90°弯管出口处的颗粒速度也可由图 29-12 和图 29-13 确定。

若物料在加速区段的初速度为零（例如供料器后），则

$$\xi_j=2\frac{v_{m_1}}{v_a}\qquad(29\text{-}23)$$

④ 弯管压力损失 Δp_w

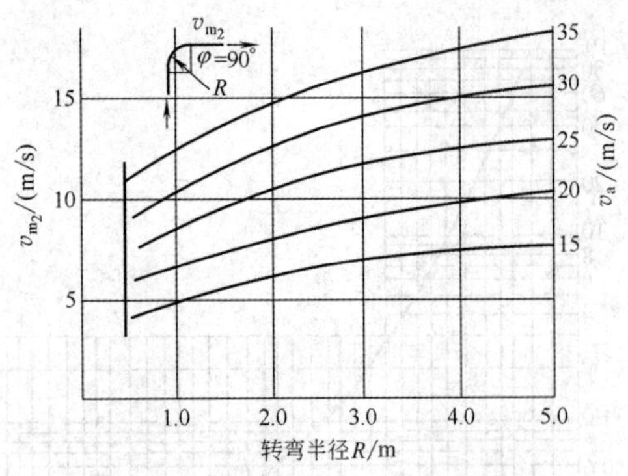

图 29-12 弯管出口处颗粒速度

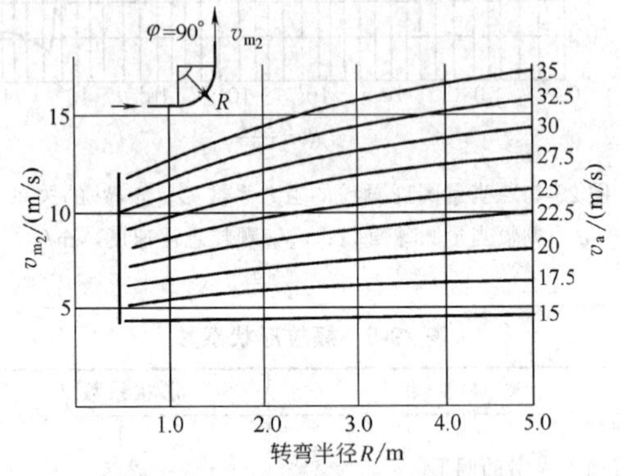

图 29-13 空管出口处颗粒速度

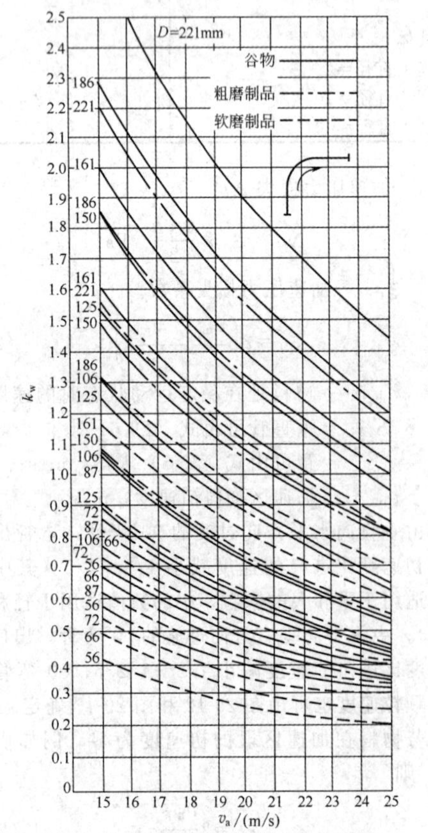

图 29-14 由垂直向水平过渡的弯管输送谷物及其制品的 k_w 值

$$\Delta p_w=\xi_w \frac{\rho_a v_a^2}{2}(1+mk_w) \quad \text{Pa} \tag{29-24}$$

式中 ξ_w——输送纯气流时弯管的阻力系数；

k_w——物料通过弯管时的阻力系数。

输送粮食（如小麦等）时，由垂直管向水平管过渡的弯管 k_w 值根据气流速度 v_a 及管径 D 可由图29-14查得。对于从水平管向垂直管过渡的弯管，$k_w=2\sim3$。在固气比 m 值较大时采用小的 k_w 值，而 m 值小时取大的 k_w 值。输送粮食时从水平管向垂直管过渡的弯管的 k_w 值，可由图29-15查得。如图29-16所示为输送煤粉时由水平管向垂直管过渡的弯管 k_w 值，如图29-17所示为输送平均粒径为0.82mm碎炉渣的 k_w 值。

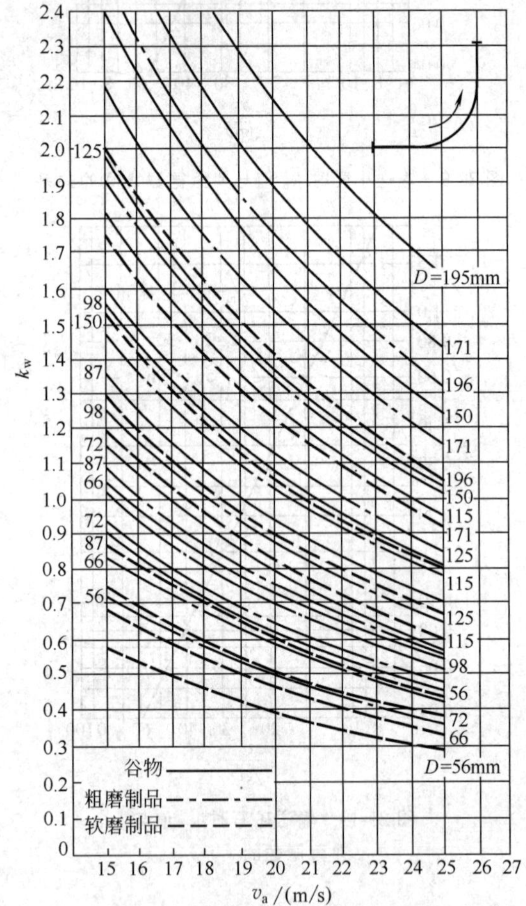

图 29-15 由水平向垂直过渡的弯管输送谷物及其制品 k_w 值

⑤ 提升压力损失 Δp_{sh}

$$\Delta p_{sh}=m\rho_a gh\frac{v_a}{v_m} \quad \text{Pa} \tag{29-25}$$

式中 v_m——垂直管内物料颗粒的运动速度。

当垂直管高度 $h>10$m 时，v_m 可按式（29-6）计算；当 $h<10$m 时，采用 v_{m_1} 值，由图29-6查得 v_m/v_a。

⑥ 排料压力损失 Δp_g 在压送式气力输送装置中，物料有时从输料管末端直接向大气或分离室排出，

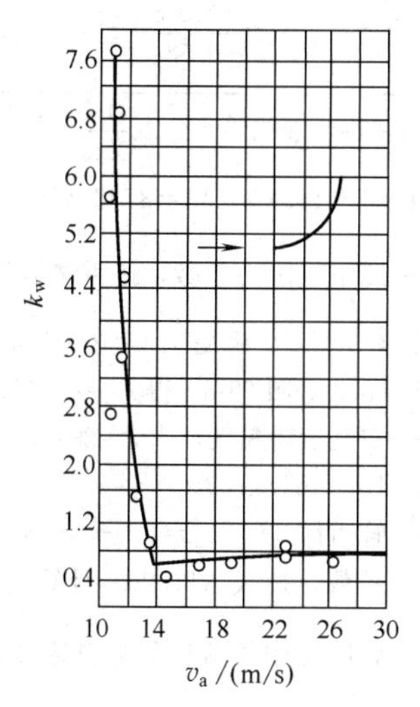

图 29-16　输送煤粉时由水平管向垂直管过渡的弯管的 k_w 值

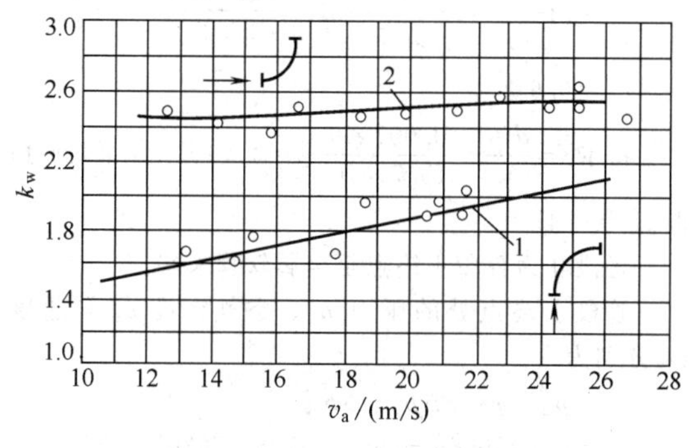

图 29-17　输送平均粒径为 0.82mm 碎炉渣的 k_w 值

1—双相流由垂直管向水平管过渡；

2—双相流由水平管向垂直管过渡

因而产生排气压力损失 Δp_g。

$$\Delta p_g=\frac{\rho_a v_a^2}{2}(1+0.64m)\quad \text{Pa} \qquad (29\text{-}26)$$

式中　ρ_a，v_a——输料管末端卸出口处空气密度和速度。

为减少压力损失，通常应把卸料口制成喇叭形以减小气流速度。

⑦ 各主要部件的压力损失 Δp_q 根据选用部件所给的计算公式计算。

1.8　计算举例

(1) 吸送式气力输送装置计算举例

例1　根据煤炭专用码头卸船作业要求，拟设计一台大型吸煤机，其计算产率 $G_s=200\text{t/h}$。煤炭为粉煤到最大粒度为 200mm 的混合统煤，其中粒度 7mm 以下的细粒级煤占 60%～70%。煤的平均松散密度 $\rho_m=1.4\text{t/m}^3$，水分约 10%，粒度为 7mm 的煤炭悬浮速度 $v_t=9\text{m/s}$。选用下列主要部件：转动式吸嘴；输料管，单根垂直段长度 20～22m，水平段长度18～19m，设有垂直伸缩管和水平伸缩管；弯管（方形断面）；柱铰式回转弯头；分离器（容积式）；采用两级旋风除尘器；旋转给料器手动阀门式卸灰器；消声器。系统流程如图29-18所示。

解　① 选定固气比 m，取 $m=27$。

② 按式（29-2）确定计算风量 Q_a

$$Q_a=\frac{200000}{27\times1.2}=6173\ (\text{m}^3/\text{h})$$

③ 确定吸嘴内管风速 v_a。根据测试资料，吸嘴内管风速可取 $v_a\approx20\text{m/s}$。

④ 按式（29-3）确定吸嘴及垂直输送管初始段内管径。

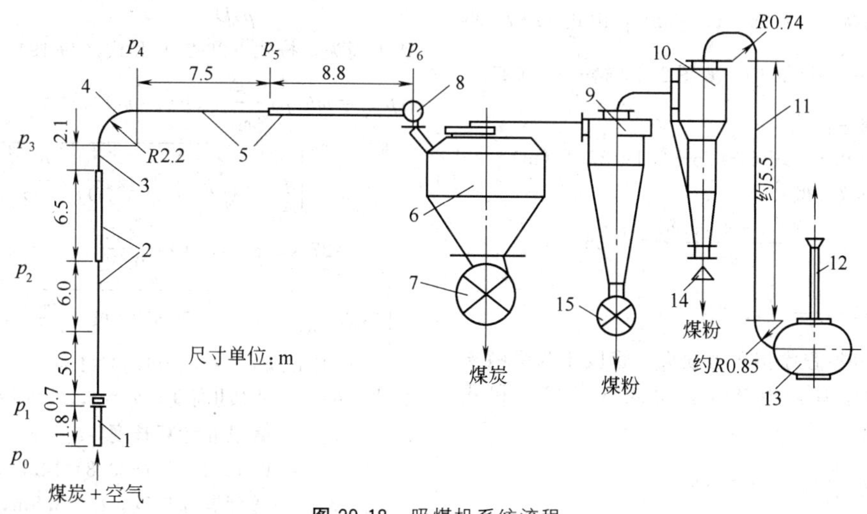

图 29-18　吸煤机系统流程

1—转动式吸嘴；2—垂直伸缩管；3—软管；4—弯管；5—水平伸缩管；6—分离器；7—旋转给料器；8—回转弯头；9—第一级除尘器；10—第二级除尘器；11—吸风管；12—消声器；13—罗茨鼓风机；14—阀门式卸灰器；15—旋转给料器

$$D_{s_1}=\sqrt{\frac{4\times6173}{20\times3.14\times3600}}=0.3305\ (\mathrm{m})$$

取 $D_{s_1}=330\mathrm{mm}$，则吸嘴处起始风速为

$$v_a=\frac{4Q_a}{3600\pi D_{s_1}^2}=20.1\mathrm{m/s}$$

⑤ 主要部件的结构计算（从略）。

⑥ 压力损失计算。

a. 吸嘴压力损失。由局部压力损失公式得

$$\Delta p_x=\xi\frac{\rho_a v_a^2}{2}(1+mk_0)$$

$$=1.7\times\frac{1.2\times20.1^2}{2}\times(1+27\times1.2)=13764\ (\mathrm{Pa})$$

式中 ξ——净空气局部阻力系数，$\xi=1.7$；

k_0——系数，取 $k_0=1.2$。

b. 垂直输料管的压力损失。

ⓐ 吸嘴终点处的压力 p_1、空气密度 ρ_1 和速度 v_1 分别为

$$p_1=p_0-\Delta p_x=103330-13764=89566\ (\mathrm{Pa})$$

$$\rho_1=\rho_a\frac{p_1}{p_0}=1.2\times\frac{89566}{103330}=1.04\ (\mathrm{kg/m^3})$$

$$v_1=v_a\frac{\rho_a}{\rho_1}=20.1\times\frac{1.2}{1.04}=23.2\ (\mathrm{m/s})$$

式中 p_0——大气压，在标准状态下 $p_0=103330\mathrm{Pa}$。

ⓑ 吸嘴后垂直管段加速压力损失。由式(29-22)和式（29-23）求得。

$$\Delta p_j=2\left(\frac{v_{m_1}}{v_a}-\frac{v_{m_2}}{v_a}\right)m\frac{\rho_a v_a^2}{2}=2\times(0.52-0.37)\times27\times\frac{1.2\times20.1^2}{2}=1963\ (\mathrm{Pa})$$

式中 $\frac{v_{m_2}}{v_a}$——垂直管始端物料速度和空气速度之比；

$\frac{v_{m_1}}{v_a}$——垂直管终端物料速度和空气速度之比。

按吸嘴总高 $h_x=1.8\mathrm{m}$、$v_t=9\mathrm{m/s}$，由式（29-7）得 $m_{sh_1}=\frac{1.8\times2\times9.81}{9^2}=0.436$。查图 29-7，得 $\frac{v_{m_2}}{v_a}=0.37$。

垂直料管总高为

$$h=1.8+0.7+5+6+6.5+2.1=22.1\ (\mathrm{m})$$

由式（29-7）得

$$m_{sh_2}=\frac{22.1\times2\times9.81}{9^2}=5.35$$

查图 29-6 得 $\frac{v_{m_1}}{v_a}=0.52$。

ⓒ 提升和沿程摩擦压力损失。管段Ⅰ为吸嘴末端至垂直伸缩管内管末端。由式（29-25）和式（29-19）求得。

$$\Delta p_{sh_1}=mh_1\rho_1\frac{v_1}{v_{m_1}}g+(1+k_1 m)\times\left[p_1-\sqrt{p_1^2-2p_1\lambda_a\frac{h_1}{D_{s_1}}\times\frac{\rho_1 v_1^2}{2}}\right]$$

$$=27\times11.7\times1.04\times\frac{1\times9.8}{0.52}+(1+0.6\times27)\times\left[89566-\sqrt{89566^2-2\times89566\times0.015\times\frac{11.7}{0.33}\times\frac{1.04\times23.2^2}{2}}\right]$$

$$=6191.64+17.2\times148=8738\ (\mathrm{Pa})$$

式中 λ_a——纯空气阻力系数，按雷诺数 $Re=\frac{D_{s_1}v_1}{\nu}=4.9\times10^5$、粗糙度 $k=0.06\mathrm{mm}$、$D_{s_1}/k=5500$ 查图 29-8，得 $\lambda_a=0.015$；

ν——空气运动黏度，当 $t=20℃$ 时，$\nu=15.7\times10^{-6}\mathrm{m^2/s}$；

h_1——管道Ⅰ高度，$h_1=0.7+5+6=11.7(\mathrm{m})$；

k_1——系数，按式（29-20）计算。

$\frac{v_1}{v_{m_1}}$——管段Ⅰ中气流速和物料速度之比，近似取 $\frac{v_1}{v_{m_1}}=\frac{1}{0.52}$。

$$k_1=81\frac{gD_{s_1}}{v_1^2}\times\frac{\rho_m}{\sqrt{\phi C_d}}=81\times\frac{9.81\times0.33}{23.2^2}\times\frac{1.4}{\sqrt{3\times0.4}}=0.6$$

按 $Re=\frac{dv_t}{\nu}=\frac{0.007\times9.0}{15.7\times10^{-6}}=4\times10^3$，查图 29-11 得 $C_d=0.4$。

管段Ⅱ为管段Ⅰ终点至金属软管末端。

管段Ⅰ终点处的压力 p_2、空气密度 ρ_2 和速度 v_2 分别为

$$p_2=p_1-\Delta p_j-\Delta p_{sh_1}=89566-1963-8738=78865\ (\mathrm{Pa})$$

$$\rho_2=\rho_a\frac{p_2}{p_0}=1.2\times\frac{78865}{103330}\approx0.9\ (\mathrm{kg/m^3})$$

$$v_2=\frac{v_1\rho_1 D_{s_1}^2}{\rho_2 D_2^2}=21.7\mathrm{m/s}$$

压力损失，按式（29-26）和式（29-19）求得。

$$\Delta p_{sh_2}=mh_2\rho_2\frac{v_2 g}{v_{m_1}}+(1+k_2 m)\times\left[p_2-\sqrt{p_2^2-2p_2\lambda_a\frac{l_2}{D_2}\times\frac{\rho_2 v_2^2}{2}}\right]$$

$$=27\times8.6\times0.91\times\frac{1\times9.8}{0.52}+(1+0.77\times27)\times\left[78865-\sqrt{78865^2-2\times78865\times0.015\times\frac{14.5}{0.365}\times\frac{0.91\times21.7^2}{2}}\right]$$

$$=6766.46\ (\mathrm{Pa})\approx6766\ (\mathrm{Pa})$$

式中 h_2——管段Ⅱ高度，$h_2=6.5+2.1=8.6\ (\mathrm{m})$；

l_2——管段Ⅱ计算长度，$l_2=h_a+h_b+l_c=6.5+2\times2.1+3.8=14.5\ (\mathrm{m})$；

l_c——弯管展开长度，$l_c=3.8\mathrm{m}$；

D_2——管段Ⅱ内管径，$D_2=0.365\mathrm{m}$；

k_2——系数。

$$k_2=81\times\frac{9.81\times0.365}{21.7^2}\times\frac{1.4}{\sqrt{3\times0.4}}=0.77$$

ⓓ 垂直输料管总压力损失。

$$\Delta p_{sh}=\Delta p_j+\Delta p_{sh_1}+\Delta p_{sh_2}=1963+8738+6766=17467\ (Pa)$$

c. 弯管压力损失。垂直管终点处的压力 p_3、空气密度 ρ_3 和速度 v_3 分别为

$$p_3=p_1-\Delta p_{sh}=89566-17467=72099\ (Pa)$$

$$\rho_3=\rho_a\frac{p_3}{p_0}=1.2\times\frac{72099}{103330}=0.82\ (kg/m^3)$$

$$v_3=\frac{v_2\rho_2}{\rho_3}=21.7\times\frac{0.9}{0.82}=23.8\ (m/s)$$

弯管压力损失，按式（29-25）求得。

$$\Delta p_w=\xi_w\frac{\rho_3v_3^2}{2}(1+k_wm)=0.089\times\frac{0.82\times23.8^2}{2}\times(1+2.0\times27)=1137\ (Pa)$$

$$\xi_w=0.089,\ k_w=2.0$$

d. 水平输料管压力损失。弯管终点处的压力 p_4、空气密度 ρ_4 和速度 v_4 分别为

$$p_4=p_3-\Delta p_w=72099-1137=70962\ (Pa)$$

$$\rho_4=\rho_3\frac{p_4}{p_3}=\frac{0.82\times70962}{72099}=0.81\ (kg/m^3)$$

$$v_4=v_3\frac{\rho_3}{\rho_4}=23.8\times\frac{0.82}{0.81}=24.1\ (m/s)$$

ⓐ 加速压力损失，按式（29-22）和式（29-23）求得。

$$\Delta p_{jp}=2\left(\frac{v_{m_3}}{v_4}-\frac{v_{m_4}}{v_4}\right)m\frac{\rho_4v_4^2}{2}=2\times(0.7-0.42)\times27\times\frac{0.81\times24.1^2}{2}=3557\ (Pa)\approx3600\ (Pa)$$

式中　$\frac{v_{m_4}}{v_4}$——水平管始端的速度比，设弯管出口处的颗粒速度比弯管进口处的颗粒速度减小1/5，则近似取$\frac{v_{m_4}}{v_4}=\frac{v_{m_1}}{v_3}\left(1-\frac{1}{5}\right)=0.42$；

$\frac{v_{m_3}}{v_4}$——水平管终端的速度比，按式（29-8），取$\frac{v_{m_3}}{v_4}=0.7$。

ⓑ 沿程摩擦压力损失。管段Ⅲ为弯管末端至水平伸缩管内管末端，按式（29-19）求得。

$$\Delta p_{p_1}=(1+k_3m)\left[p_4-\sqrt{p_4^2-2p_4\lambda_a\frac{l_1}{D_3}\times\frac{\rho_4v_4^2}{2}}\right]=(1+0.64\times27)\times\left[70962-\sqrt{70962^2-2\times70962\times0.015\times\frac{7.5}{0.365}\times\frac{0.81\times24.1^2}{2}}\right]=1326\ (Pa)$$

式中　l_1——管段Ⅲ计算长度，$l_1=7.5m$；

D_3——管段Ⅲ管径，$D_3=0.365m$；

k_3——系数。

$$k_3=81\times\frac{9.81\times0.365}{24.1^2}\times\frac{1.4}{\sqrt{3\times0.4}}=0.64$$

管段Ⅳ为水平伸缩管内管末端至回转弯头，管段Ⅲ终点处的空气压力、密度和速度分别为

$$p_5=p_4-\Delta p_{jp}-\Delta p_{p_1}=70962-3600-1326\approx66000\ (Pa)$$

$$\rho_5=\rho_4\frac{p_5}{p_4}=0.81\times\frac{66000}{70962}=0.754\ (kg/m^3)$$

$$v_5=\frac{v_4\rho_4D_3^2}{\rho_5D_4^2}=\frac{24.1\times0.81}{0.754}\times\frac{0.365^2}{0.4^2}=21.6\ (m/s)$$

沿程压力损失，由式（29-19）求得。

$$\Delta p_{p_2}=(1+k_4m)\left[p_5-\sqrt{p_5^2-2p_5\lambda_a\frac{l_{p_2}}{D_4}\times\frac{\rho_5v_5^2}{2}}\right]=(1+0.86\times27)\times\left[66000-\sqrt{66000^2-2\times66000\times0.015\times\frac{8.8}{0.4}\times\frac{0.76\times21.6^2}{2}}\right]=1429\ (Pa)$$

式中　l_{p_2}——管段Ⅳ的计算长度，$l_{p_2}=8.8m$；

D_4——管段Ⅳ管径，$D_4=0.4m$；

k_4——系数。

$$k_4=81\times\frac{9.81\times0.4}{21.7^2}\times\frac{1.4}{\sqrt{3\times0.4}}=0.86$$

水平输料管总压力损失为

$$\Delta p_p=\Delta p_{jp}+\Delta p_{p_1}+\Delta p_{p_2}=3600+1326+1429=6355\ (Pa)$$

e. 分离器压力损失。分离器进口处的空气压力、密度和速度分别为

$$p_6=p_5-\Delta p_{p_2}=66000-1429=64571\ (Pa)$$

$$\rho_6=\rho_5\frac{p_6}{p_5}=0.754\times\frac{64571}{66000}=0.737\ (kg/m^3)$$

$$v_6=\frac{v_5\rho_5D_4^2\pi}{4\rho_6a^2}=\frac{21.6\times0.754\times0.4^2\times3.14}{4\times0.737\times0.5^2}=11.1\ (m/s)$$

式中　a——分离器进口（方形）边长，$a=0.5m$。

分离器压力 Δp_f 损失为

$$\Delta p_f=\xi_f\frac{\rho_6v_6^2}{2}(1+k_fm)=4\times\frac{0.74\times11.1^2}{2}\times(1+0.3\times27)=1659\ (Pa)$$

式中　ξ_f——分离器阻力系数，取 $\xi_f=4$；

k_f——系数，取 $k_f=0.3$。

f. 45 型旋风除尘器及其与分离器之间连接风管的压力损失为

$$\Delta p_{ch_1}=1450Pa$$

g. DF型除尘器及其与乌兹型除尘器之间的连接风管的压力损失为

$$\Delta p_{ch_2}=720\text{Pa}$$

h. 其他压力损失（包括鼓风机进气管、排气管及消声器的压力损失）

$$\Delta p_q=740\text{Pa}$$

i. 系统总压力损失按式（29-11）计算。

$$\Delta p_t=\Delta p_x+\Delta p_{sh}+\Delta p_w+\Delta p_p+\Delta p_f+\Delta p_{ch_1}+\Delta p_{ch_2}+\Delta p_q=13764+17467+1137+6355+1659+1450+720+740=43292\ (\text{Pa})$$

⑦ 选择鼓风机　考虑13%的裕量，则所需鼓风机风压为

$$p_g=1.13\Delta p_t=1.13\times 43292=48920(\text{Pa})\approx 50000\ (\text{Pa})$$

考虑20%的漏气量，则所需鼓风机风量为

$$Q_g=\frac{1.2\rho_a Q_a}{\rho_j}=\frac{1.2\times 1.2\times 6173}{0.62}=14337\ (\text{m}^3/\text{h})=239\ (\text{m}^3/\text{min})$$

$$\rho_j=\frac{p_0-p_g}{RTg}=\frac{103330-50000}{29.27\times 293\times 10}=0.62\ (\text{kg/m}^3)$$

式中　ρ_a——鼓风机进口处空气密度；

T——热力学温度，$T=293\text{K}$；

R——空气的气体常数，$R=29.27$。

根据上述计算，选择RG-445型罗茨鼓风机，铭牌风量239.7m³/min，风压49.0kPa，功率280kW，电动机Y450-59-10。

(2) 压送式气力输送装置计算例题

例2　车间拟设计一台输送催化剂的压送式气力输送装置，要求技术生产率$G_s=25000\text{kg/h}$，颗粒当量直径$d_当=0.3\text{mm}$，松散密度$\rho_m=2.65\text{t/m}^3$，悬浮速度$v_t=6.8\text{m/s}$。压送式输送系统如图29-19所示。

解　① 选定固气比$m=10$

② 确定计算风量

$$Q_a=\frac{G_s}{m\rho_a}=\frac{25000}{10\times 1.2}=2083\ (\text{m}^3/\text{h})$$

③ 确定输料管风速　参照表29-1取供料点起始风速$v_{a_1}=25\text{m/s}$。

输料管终端的风速与料性、工况等有关，无实测数据时取$v_{a_2}<40\text{m/s}$。

$$v_{a_2}\leqslant 35\text{m/s}\qquad 取\ v_{a_2}=32\text{m/s}$$

④ 压送式气力输送的计算　一般从终端开始，再逐步推向始端。系统排气管Ⅵ、泡沫除尘器、连接风管（Ⅳ、Ⅴ）、DF型除尘器和离心分离器的压力损失，考虑风速为25m/s左右时，由经验估算为

$$\Delta p_q=3230\text{Pa}$$

进分离器前的输料管终端的绝对压力和空气密度为

$$p_z=p_0+\Delta p_q=103330+3230=106560\ (\text{Pa})$$

$$\rho_2=\rho_a\frac{p_j}{p_0}=1.2\times\frac{106560}{103330}=1.24\ (\text{kg/m}^3)$$

输料管终端风量为

$$Q=\frac{Q_a\rho_a}{\rho_2}=\frac{2083\times 1.2}{1.24}=2016\ (\text{m}^3/\text{h})$$

⑤ 确定输料管直径

$$D=\sqrt{\frac{4Q}{v_{a_2}\pi 3600}}=\sqrt{\frac{4\times 2016}{32\times 3.14\times 3600}}=0.15\ (\text{m})=150\ (\text{mm})$$

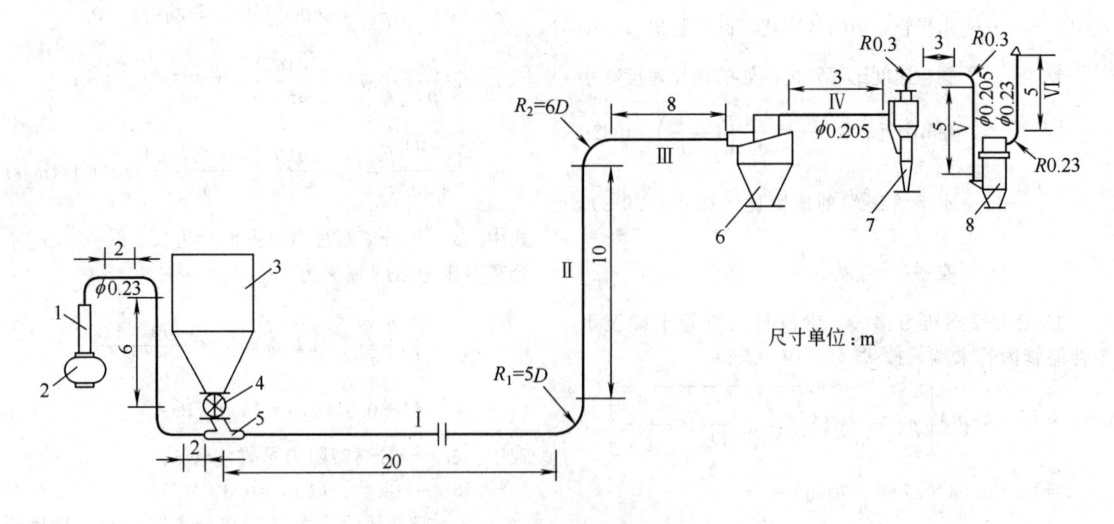

图29-19　压送式输送系统

1—消声器；2—罗茨鼓风机；3—料斗；4—旋转给料器；5—喷嘴；6—离心分离器；7—DF型除尘器；8—泡沫除尘器

选用壁厚4.5mm、外径ϕ159mm的无缝钢管。

⑥ 输料管压力损失的计算

a. 分离器以前水平输料管段Ⅲ的摩擦压力损失和弯管的加速度压力损失，按式（29-17）和式（29-23）计算。

$$\Delta p_{p_3}=\lambda_a\frac{l_{p_3}}{D}\times\frac{\rho_2 v_{a_2}^2}{2}(1+mk)+2\left(\frac{v_{m_5}}{v_a}-\frac{v_{m_4}}{v_a}\right)m\frac{\rho_2 v_{a_2}^2}{2}$$

$$=0.017\times\frac{8}{0.15}\times\frac{1.24\times32^2}{2}\times(1+10\times0.25)+2\times(0.7-0.57)\times10\times\frac{1.24\times32^2}{2}=3672\ (\text{Pa})$$

式中　λ_a——纯空气阻力系数，按$k_p=0.06$mm，$\frac{D}{k_p}=2500$，$Re=\frac{v_{av}D}{\nu}=\frac{28\times0.15}{15.7\times10^{-6}}=2.7\times10^5$查图29-8，得$\lambda_a=0.017$；

v_{av}——输料管中平均风速，$v_{av}=\frac{v_{a_1}+v_{a_2}}{2}=\frac{25+32}{2}\approx28$（m/s）；

l_{p_3}——水平管段Ⅲ长度，$l_{p_3}=8$m；

k_p——系数，按$\frac{v_{av}}{\sqrt{gD}}=\frac{28}{\sqrt{9.81\times0.15}}=23.2$，查图29-9得$k_p=0.25$；

$\frac{v_{m_5}}{v_a}$——水平料管段终点处的物料速度和风速之比，按式（29-8），$\frac{v_{m_5}}{v_a}=0.7$；

$\frac{v_{m_4}}{v_a}$——水平料管段起点处物料速度与风速之比，近似取$\frac{v_{m_4}}{v_a}=\frac{v_{m_3}}{v_a}\left(1-\frac{1}{4}\right)=0.76\times\left(1-\frac{1}{4}\right)=0.57$；

$\frac{v_{m_3}}{v_a}$——垂直料管段Ⅱ终点处物料速度和风速之比，取

$$\frac{v_{m_3}}{v_a}=\frac{v_{av}-v_t}{v_{av}}=\frac{28-6.8}{28}=0.76$$

$$v_{av}=\frac{v_{a_1}+v_{a_2}}{2}=\frac{25+32}{2}=28\ (\text{m/s})$$

b. 弯管2的压力损失。水平输料管Ⅲ起点的压力、空气密度和速度分别为

$$p_{p_3}=p_z+\Delta p_{p_3}=106560+3672=110232\ (\text{Pa})$$

$$\rho_3=\rho_a\frac{p_{p_3}}{p_0}=1.2\times\frac{110232}{103330}=1.28\ (\text{kg/m}^3)$$

$$v_3=\frac{\rho_{a_2}v_{a_2}}{\rho_3}=\frac{1.24\times32}{1.28}=31\ (\text{m/s})$$

垂直管Ⅱ后的弯管压力损失Δp_{w_2}，按式（29-25）计算为

$$\Delta p_{w_2}=\xi_{w_2}\frac{\rho_3 v_3^2}{2}(1+mk_{w_2})=0.083\times\frac{1.28\times31^2}{2}\times(1+10\times2.2)=1174\ (\text{Pa})$$

式中　ξ_{w_2}——弯管纯空气阻力系数，取$\xi_{w_2}=0.083$；

k_{w_2}——弯管阻力系数，取$k_{w_2}=2.2$。

c. 垂直输料管段Ⅱ的摩擦压力损失、提升压力损失和加速压力损失管段Ⅱ终点的压力、空气密度和速度分别为

$$p_{sh_2}=p_{p_3}+\Delta p_{w_2}=110232+1174=111406\ (\text{Pa})$$

$$\rho_{sh_2}=1.2\times\frac{111406}{103330}=1.294\ (\text{kg/m}^3)$$

$$v_{sh_2}=\frac{v_3\rho_3}{\rho_{sh_2}}=\frac{31\times1.28}{1.29}=30.6\ (\text{m/s})$$

故垂直管压力损失为

$$\Delta p_{sh_2}=\lambda_a\frac{l_{sh_2}}{D}\times\frac{\rho_{sh_2}v_2^2}{2}(1+mk)+ml_2\rho_{sh_2}\frac{gv_a}{v_{m_3}}+2\left(\frac{v_{m_3}}{v_a}-\frac{v_{m_2}}{v_a}\right)m\frac{\rho_2 v_2^2}{2}=0.017\times\frac{10}{0.15}\times\frac{1.294\times30.6^2}{2}\times(1+10\times0.25)+10\times10\times1.294\times\frac{9.81}{0.76}+2\times(0.76-0.39)\times10\times\frac{1.294\times30.6^2}{2}=8556\ (\text{Pa})$$

式中　l_{sh_2}——垂直输料管段Ⅱ长度，$l_{sh_2}=10$m；

$\frac{v_{m_2}}{v_a}$——垂直料管Ⅱ起点物料速度和空气速度之比，$\frac{v_{m_2}}{v_a}=\frac{v_{m_1}}{v_a}\left(1-\frac{1}{2.0}\right)=0.39$；

$\frac{v_{m_1}}{v_a}$——水平输料管段Ⅰ终点处物料速度和空气速度之比，按式（29-8），取终速比$\frac{v_m}{v_a}=0.8$，取$m_2=\frac{l_{p_1}2g}{v_s^2}=\frac{20\times2\times9.81}{6.8^2}=8.5$，查图29-7得$\frac{v_{m_1}}{v_a}=0.78$；

l_{p_1}——水平输料管段Ⅰ长度，$l_{p_1}=20$m。

d. 水平管段Ⅰ后的弯管的压力损失。垂直管段Ⅱ起点的压力、空气密度和速度分别为

$$p_2=p_{sh_2}+\Delta p_{sh_2}=111406+8556=119962\ (\text{Pa})$$

$$\rho_2=\rho_0\frac{p_2}{p_0}=1.2\times\frac{119962}{103330}=1.393\ (\text{kg/m}^3)$$

$$v_2=\frac{\rho_{sh_2}v_{sh_2}}{\rho_2}=\frac{1.294\times30.6}{1.393}=28.4\ (\text{m/s})$$

管段Ⅰ后的弯管压力损失为

$$\Delta p_{w_1}=\xi_{w_1}\frac{\rho_2 v_2^2}{2}(1+mk_{w_1})=0.09\times\frac{1.393\times28.4^2}{2}\times(1+10\times2.6)=1365\ (\text{Pa})$$

式中 ξ_{w_1}——弯管中纯空气阻力系数，取$\xi_{w_1}=0.09$；

k_{w_1}——阻力系数，取$k_{w_1}=2.6$。

e. 水平输料管段Ⅰ的压力损失。管段Ⅰ终点处的压力、空气密度和速度分别为

$$p_1=p_2+\Delta p_1=119962+1365=121327\ (\text{Pa})$$

$$\rho_1=\rho_0\frac{p_1}{p_0}=1.2\times\frac{121327}{103330}=1.41\ (\text{kg/m}^3)$$

$$v_1=\frac{\rho_2 v_2}{\rho_1}=\frac{1.393\times28.4}{1.41}=28\ (\text{m/s})$$

水平管Ⅰ的压力损失，按式（29-17）、式（29-22）、式（29-24）计算为

$$\Delta p_{p_1}=\lambda_a\frac{l_{p_1}}{D}\times\frac{\rho_1 v_1^2}{2}(1+mk)+2\frac{v_{m_1}}{v_a}m\frac{\rho_1 v_1^2}{2}$$

$$=0.017\times\frac{20}{0.15}\times\frac{1.41\times28^2}{2}(1+0.25\times10)+$$

$$2\times0.78\times10\times\frac{1.41\times28^2}{2}=13007\ (\text{Pa})$$

f. 验算供料点处起始风速。供料点的压力和空气密度分别为

$$p_{a_1}=p_1+\Delta p_1=121327+13007=134334\ (\text{Pa})$$

$$\rho_{a_1}=1.2\times\frac{134334}{103330}=1.56\ (\text{kg/m}^3)$$

供料点的起始风速则为

$$v_{a_1}=\frac{\rho_1 v_1}{\rho_{a_1}}=\frac{1.41\times28}{1.56}=25.3\ (\text{m/s})$$

与原来选定的起始风速（25m/s）相近，故所定参数是适宜的。

g. 通过鼓风机和供料器之间连接风管的风量。

$$Q_f=C\frac{\rho_a Q_a}{\rho_{a_1}}=1.13\times\frac{1.2\times2083}{1.56}=1811\ (\text{m}^3/\text{h})$$

式中 C——考虑管系及供料器漏气的系数，取$C=1.13$。

h. 连接风管的压力损失。据估算为

$$\Delta p_f\approx500\text{Pa}$$

i. 消声器的压力损失

$$\Delta p_{q_1}\approx600\text{Pa}$$

j. 鼓风机进气管的压力损失

$$\Delta p_{q_2}\approx250\text{Pa}$$

k. 输送系统的总压力损失

$$\Delta p_t=\Delta p_q+\Delta p_{p_3}+\Delta p_{w_2}+\Delta p_{sh_2}+\Delta p_{w_1}+\Delta p_{p_1}+\Delta p_f+\Delta p_{q_1}+\Delta p_{q_2}$$

$$=3230+3672+1174+8556+1365+13007+500+600+250=32354\ (\text{Pa})$$

l. 选择鼓风机。考虑计算的不准确性，需要风机风压应有一定裕量，若按压力备用系数$k=1.07$，则

$$p_f=1.07\Delta p_t\approx1.1\times32354\approx35589.4\ (\text{Pa})$$

鼓风机所需风量（标准状态）为

$$Q_j=\frac{\rho_a Q_f}{\rho_a}=\frac{1.56\times1811}{1.2}=2354\ (\text{m}^3/\text{h})=39.23\ (\text{m}^3/\text{min})$$

选用R362罗茨鼓风机，铭牌风压39.2kPa，铭牌风量42m³/min，电动机Y225M-4，45kW。

2 栓流气刀式气力输送装置

(1) 主要参数的确定

① 计算生产量G_j 是指一台气力输送机在符合设计技术条件时每小时输送的物料数量（t/h或m³/h）。

如果已给出输送线的平均昼夜输送量G_d，则气力输送装置的计算输送量G_j可按式（29-27）确定。

$$G_j=\frac{G_d k_1 k_2}{T}\quad \text{t/h} \tag{29-27}$$

式中 T——装置一昼夜工作时间，h；

k_1——物料发送不均匀系数，与工艺过程特点、物料发送机械型式有关，如果物料通过供料器送入输送线，则$k_1=1.15$；

k_2——考虑远景发展的系数，一般不大于1.25；

G_d——平均昼夜输送量，t。

② 固气比m 是指气力输送机在同一时间内所输送的物料质量G_s(kg/h)与气体质量G_a(kg/h)之比。

$$m=\frac{G_s}{G_a} \tag{29-28}$$

计算固气比的经验公式见式（29-29）。

$$m=227\frac{\left(\dfrac{\rho_b}{W_a}\right)^{0.38}}{L^{0.75}} \tag{29-29}$$

式中 ρ_b——物料的密度，kg/m³；

W_a——输料管高压端（气刀处）的气体质量速度，kg/(m²·s)；

L——输料管长度，m。

③ 输送风速v_a 栓流气力输送的气流输送风速范围比较广，一般取$v_a=3\sim8$m/s。

④ 计算风量Q_j 标准状态下输送物料所需风量，由式（29-30）确定。

$$Q_j=\frac{G_j}{m\rho_a}\quad \text{m}^3/\text{h} \tag{29-30}$$

式中 G_j——装置计算输送量，kg/h；

ρ_a——空气密度，在标准状态下，$\rho_a=1.29\text{kg/m}^3$。

在决定提供气源的风量Q_a时，应加上管道系统的漏气量，通常占系统总风量的10%～20%。

⑤ 输料管内径D_s

$$D_s=\sqrt{\frac{4Q_a}{3600\pi n v_a}}=0.0188\sqrt{\frac{Q_a}{n v_a}}\quad \text{m} \tag{29-31}$$

式中 n——一个装置同时工作的输料管数目。

⑥ 装置主要部件的结构尺寸 栓流输送系统主

要部件尺寸的确定，除上面所述输送管径外，还有受压容器发送罐，其容积为每台 0.3～2m³，主要根据工艺条件及输送系统所在厂房标高选定。

⑦ 压力降　栓流气力输送是特殊的气固两相流，目前对栓状气固两相流的压力降研究，尚处于建立数学物理模型的初级阶段。曾使用过附加压力降计算方法。在此推荐透气式压力降计算方法。

⑧ 压气机械所需的功率 P　若确定了输送所需的空气量 Q_s(m³/min) 和压力损失 Δp(Pa)，就可从产品目录中选择满足该数值的压气机械的型式和规格。

理论上压气机所需的功率 P 为

$$P=\frac{Q_s\Delta p}{6000\eta}\quad \text{kW} \tag{29-32}$$

(2) 主要参数计算例题

例 3　某化学纤维厂投料车间输送 PTA（对苯二甲酸），要求最大输送量 8t/h，输送距离：倾斜段 (30°) $L_1=15$m，水平段 $L_2=3$m，垂直段 $L_3=33$m，该物料松散密度 $\rho_b=1000\text{kg/m}^3$。试确定：输送物料需气体量 G_a(kg/min) 或 Q_a(m³/min)，输送气体压力（MPa），输料管内径 D_s(mm)。

解　① 固气比 m 的估算　生产上常用固气比 m 来衡量气力输送中气体的利用率。推荐估算固气比公式为

$$m=\frac{227\left(\dfrac{\rho_b}{W_a}\right)^{0.38}}{L^{0.75}}$$

式中　m——固气比；

ρ_b——固体物料松散密度，kg/m³；

L——输料管长度，m；

W_a——高压段气体质量流速，kg/(m²·s)。

根据 PTA 物料性质及输送管长度，取 $v_a=5$m/s，$p_a=25\times10^4$Pa。故气体质量流速（高压端）为

$$W_a=5\times1.2\times(2.5+1)/1=21\text{kg/(m}^2\cdot\text{s)}$$

式中　1.2——输送氮气常压常温下的密度，kg/m³。

所以，估算固气比为

$$m=227\frac{\left(\dfrac{\rho_b}{W_a}\right)^{0.38}}{L^{0.75}}=227\times\frac{\left(\dfrac{1000}{21}\right)^{0.38}}{51^{0.75}}$$

$$=227\times\frac{47.62^{0.38}}{19.1}=227\times\frac{4.34}{19.1}=51.6$$

② 气体消耗量的计算　已知单位时间的物料输送量 G_s(kg/min) 和固气比 m 的估算后，可由下式求得气体消耗量为

$$G_a=\frac{G_s}{m}\quad \text{kg/min}$$

或

$$Q_a=\frac{G_s}{m\rho_a}\quad \text{m}^3\text{/min}$$

式中　G_a——气体的质量流量，kg/min；

m——固气比；

Q_a——气体的体积（指标准状态下，下同）流量，m³/min；

ρ_a——常温常压下气体的密度 kg/m³，由于取氮气输送，故 $\rho_a=1.2\text{kg/m}^3$。

根据已知条件，单位时间物料最大输送量为

$$G_s=8000\text{kg/h}=133.4\text{kg/min}$$

故输送物料时气体单位时间消耗量为

$$Q_a=\frac{1.2G_s}{m\rho_a}=\frac{1.2\times133.4}{51.6\times1.2}=2.58\ (\text{m}^3\text{/min})$$

上式分子中系数 1.2 为考虑的富裕系数。

③ 输料管内径 (D_s)　可由下式计算。

$$D_s=\sqrt{\frac{4G_a}{60\pi v_a m\rho_a}}=\sqrt{\frac{4G_s}{60\pi m W_a}}\quad \text{m}$$

式中　G_a——气体的质量流量，kg/min；

v_a——管内高压端的气体流速现取，$v_a=5$m/s；

W_a——管内气体质量流速，kg/(m²·s)。

把已知数据代入上式

$$D_s=\sqrt{\frac{4\times133.4}{60\pi\times51.6\times21}}=0.051\ (\text{m})=51\ (\text{mm})$$

取 $D_s=50$mm。

④ 脉冲频率 f 及料时气时比 Z_t 确定　设计时除了选择与计算上述参数外，还需确定脉冲频率 f 及料时 (t_1) 气时 (t_2) 比 Z_t，即 $Z_t=\dfrac{t_1}{t_2}$。

实践证明在一定范围内，脉冲频率 f 的高低及 Z_t 比例对输送量、固气比、输送气压（克服物料在管内流动阻力）影响较大。一般来说，在其他条件相同的情况下，料时比 Z_t 增大，固气比 m 随着增大，输送能力 G_s 降低，但由于不同物料的物性有差异，在不同操作条件下，有不同的 Z_t 与 mG_s 的关系曲线，因此，设计新装置时除参考现有装置的数据外，只能先确定脉冲频率 f 及 Z_t 值，待新装置进行调试时再调整 f 及 Z_t 值，使其达到最佳输送状态。

根据输送 PTA 细粉料及管道布置，采用气体输送压力等因素，建议采用脉冲频率 $f=30$ 次/min，$Z_t=1.2/0.8=1.5$。

⑤ 物料在管中输送压力损失 Δp　任意倾斜管道时

$$\Delta p_1=(\sin\alpha+\frac{8}{3\pi}f_w\cos\alpha)\rho_s l_s\text{（一个料栓）} \tag{29-33}$$

水平管道时

$$\Delta p_2=\frac{8}{3\pi}f_w\rho_s l_s\text{（一个料栓）} \tag{29-34}$$

垂直管道时

$$\Delta p_3=l_s\rho_s\text{（一个料栓）} \tag{29-35}$$

式中已知：倾斜角 $\alpha=30°$，壁摩擦因数 $f_w=0.385$，$\rho_s=1000\text{kg/m}^3$。

在脉冲输送时一般取 $W_a\approx W_s$（即气速≈料速）。

又因脉冲频率 $f=30$ 次/min，$Z_t=1.2/0.8=1.5$，故一个料栓长（高压端）$l_s=v_a t_1=5\times1.2=6$ (m)，一个气栓长（高压端）$l_a=v_a t_2=5\times0.8=4$ (m)。

所以，倾斜段料栓数为

$$n_1=\frac{15}{l_s+l_a}=\frac{15}{6+4}=1.5$$

水平段料栓数为

$$n_2=\frac{3}{l_s+l_a}=\frac{3}{6+4}=0.3$$

垂直段料栓数为

$$n_3=\frac{33}{l_s+l_a}=\frac{33}{6+4}=3.3$$

倾斜段压力损失为

$$\Delta p_1=n_1\Delta p_1=1.5\times6\times1000\times\left(\sin30°+\frac{8}{3\pi}\times 0.385\times\cos30°\right)$$

$$=9.0\times10^4\times(0.5+0.28)=7\times10^4\ (\text{Pa})$$

水平段压力损失为

$$\Delta p_2=n_2\Delta p_2=0.3\times\frac{8}{3\pi}\times0.385\times10^4\times6$$

$$=0.59\times10^4\ (\text{Pa})\approx0.6\times10^4\ (\text{Pa})$$

垂直段压力损失为

$$\Delta p_3=n_3\Delta p_3=3.3\times10^4\times6.0=19.8\times10^4\ (\text{Pa})$$

设出口处残余压力为

$$p_0=1\times10^4\,\text{Pa}$$

则总压力损失为

$$\Delta p=\Delta p_0+\Delta p_1+\Delta p_2+\Delta p_3$$

$$=(1+7+0.6+19.8)\times10^4=28.4\times10^4\ (\text{Pa})$$

从计算知最初选定高压端（气刀处）气体输送压力是正确的。

3 空气槽输送机

3.1 结构和特点

(1) 结构和工作原理

空气槽输送机的结构如图 29-20 所示。输送槽断面为长方形，中间用多孔板隔开，上部是物料层，下部是通风室。进入通风室的空气，在一定风压下穿过多孔板，使上部物料层产生膨胀、充气及轻微流化，物料堆积角剧减，流动性增加，呈现类似液体的流动性质。如把空气槽向下 4°～10°倾斜放置，槽内物料即在重力作用下向下流动而实现输送。

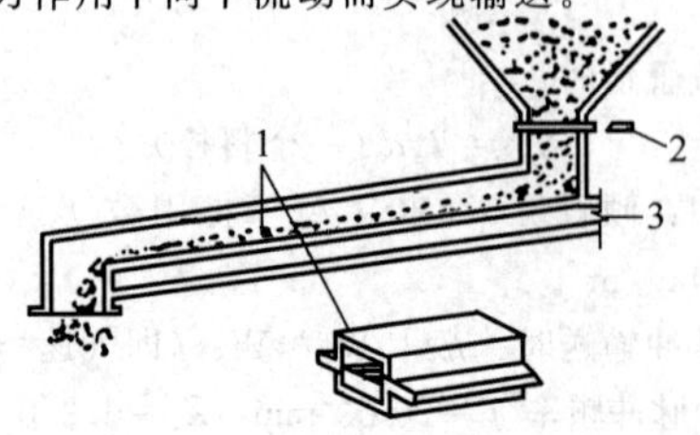

图 29-20 空气槽输送机的结构
1—多孔板；2—调节闸板；3—空气入口

输送槽外壳用钢板焊制而成，较长的输送槽可多段连接，为了制作和安装方便，每段输送槽做成 3m 长左右，但每隔 40～50m 需设置一个空气入口，使空气能均匀通过多孔板。另外在上部适当位置，还应设有排气孔。

为了使物料均匀充气，多孔板必须有非常密的连续小孔。如孔大而不连续，则在粉体层中会产生气沟，空气将从裂缝中穿过，以致无法形成均匀轻微流化。此外多孔板的透气阻力要大于物料层阻力，以避免料层厚度变化而影响空气的均匀分布。多孔板一般用厚帆布、多孔陶瓷板或多孔水泥板做成。

(2) 输送特点

空气槽输送机的最大特点是节省动力，其动力消耗仅为其他输送方式的 1/100～1/10。另外是输送可靠，当送气中断时，粉体就停止流动，一旦恢复送气，又能正常输送。此外它还有输送量大、设备简单、无噪声、磨损小、操作方便等优点。

但空气槽只有在向下倾斜时才能输送物料，其输送距离也不能太长。适用于某些流化性能好的物料，如水泥、矾土、粉煤灰、氧化铝粉、石膏粉及面粉等粉料。

3.2 设计计算

设计计算的任务是确定装置的生产率、空气压力和空气消耗量。

(1) 生产率 G_s(t/h)

空气槽的输送量随物料层的厚度、槽的倾角及气流速度等参数而变化，其中影响最大的是粉体层的厚度。一般输送量由试验或类似输送实例确定，也可用式 (29-36) 估算。

$$G_s=3600\lambda F_s\rho' v_s=3600\lambda Bh\rho' v_s\quad \text{t/h}\qquad(29\text{-}36)$$

式中 λ——物料流动阻力系数，取 $\lambda=0.9$；
F_s——斜槽内物料层断面积，m^2；
B——槽体内壁宽，m；
h——料层高度，m；
ρ'——物料充气堆积密度，$\rho'=0.75\rho$，t/m^3；
ρ——物料堆积密度，t/m^3；
v_s——物料流动速度，m/s。

物料流动速度与槽体斜度、槽体宽度及料层高度有关，根据流体力学原理，液体在明渠内作无压流动时，与物料在槽中流动十分相似，其计算式为

$$v_s=c\sqrt{Ri}\quad \text{m/s}\qquad(29\text{-}37)$$

式中 c——系数，$c=\frac{R^{\frac{1}{6}}}{n}$；
i——槽体斜度，一般槽体斜度为 0.04～0.18；
R——水力半径，m，$R=\frac{Bh}{2h+B}$；
n——粗糙度系数，可取 $n=0.026$。

式 (29-37) 可改写为

$$v_s=38.5\left(\frac{Bh}{2h+B}\right)^{\frac{2}{3}}\sqrt{i} \qquad (29\text{-}38)$$

式中　B——槽体内壁宽，取 $B=(1.0\sim1.6)H$，m；

H——上壳体高度，m；

h——料层高度，取 $h=0.25H$，m。

根据有关资料介绍，v_s 也可按下列经验数值选取：$i=0.04$ 时，取 $v_s=1.0$m/s；$i=0.05$ 时，取 $v_s=1.25$m/s；$i=0.06$ 时，取 $v_s=1.50$m/s。空气槽输送机长度单级不宜大于 60m。

(2) 空气压力

空气压力主要克服气流通过多孔板的阻力 Δp_1、气流透过物料层阻力 Δp_2 及输气管阻力 Δp_3。多孔板阻力可根据式 (29-39) 计算。

$$\Delta p_1=\xi\mu S^2\delta v\frac{(1-\varepsilon)^2}{\varepsilon} \quad \text{Pa} \qquad (29\text{-}39)$$

式中　ξ——透气层阻力系数，其值与小孔形状和数量有关，$\xi=5$；

μ——空气黏性系数，Pa·s；

S——透气层比表面积，即单位体积透气层的透气空隙表面积，m^{-1}；

δ——多孔板厚度，m；

v——空气表观速度，m/s；

ε——空隙率，即透气空隙占多孔板面积的比例。

物料层阻力可根据式 (29-40) 计算。

$$\Delta p_2=10\frac{W}{F}=10000h\rho' \quad \text{Pa} \qquad (29\text{-}40)$$

式中　W——物料层质量，kg；

F——多孔板面积，m^2；

h——料层高度，m；

ρ'——物料充气堆积密度，$\rho'=0.75\rho$，t/m^3；

ρ——物料堆积密度，t/m^3。

输气管道的压力损失 Δp_3 可按一般纯空气流动时的阻力计算。

空气总压力 $\Delta p=\Delta p_1+\Delta p_2+\Delta p_3$　　(29-41)

根据经验，空气压力一般为 3500～6000Pa，设计时可选用 $\Delta p\approx5000$Pa。

(3) 空气消耗量 Q (m^3/h)

空气槽的空气消耗量可由式 (29-42) 确定。

$$Q=3600BLv \quad m^3/h \qquad (29\text{-}42)$$

式中　L——输送槽长度，m；

v——气流速度，取 $v=0.015\sim0.025$m/s；

B——输送槽宽度，m。

4　成件物料气力输送

生产物流中，成件物料的气力输送技术，主要用于装有粉粒或液体的特定容器的输送，以保证被传送物料的质量。

4.1　成件物料气力输送的工艺计算

成件物料气力输送装置计算的基本任务是确定整个装置系统的输送工艺、气体动力学和动力参数，以保证得到最佳运转状况，本小节所述的是工厂内部气力输送成件物料（集装筒或小件物品）装置的工程计算方法，该方法推荐用于管径为 50～150mm、工作压力（负压）达 15kPa 的吸送式与压送式装置的计算。在用于其他输送条件时，如增大管径、提高压力或用非圆形截面输送管时，其计算方法要做相应的修改。大件物料高压力的集装筒装置的计算方法，需要考虑空气运动过程的气体动力学特性。

(1) 气力输送工艺计算

主要是确定输送参数和选择风机。首先应给出成件物料的质量与尺寸、装置的生产率、输送管和风管长度与形状。用集装筒（胶囊）输送时，载货体的尺寸应根据被输送物料的质量和尺寸用经验公式 (29-43) 确定。

$$l_u=(2.5\sim3.5)d \qquad (29\text{-}43)$$

气力输送装置管道部分，工程上推荐用光滑工业管制作（例如钢的，铝合金或塑料的）。输送管内径按物料（胶囊）最大直径由下列关系式与所研究的 l/d 值范围的相应关系式 (29-44) 确定。

$$D=(1.03\sim1.12)d \qquad (29\text{-}44)$$

由式 (29-44) 所得的直径范围，取最小标准尺寸为输送管直径 D。

输送管曲线部分最小曲率半径 R_o（按管的中心线）由式 (29-45) 和式 (29-46) 确定。

圆柱形物料

$$R_o=c_o\frac{l_u^2}{8(D-d)} \qquad (29\text{-}45)$$

式中　c_o——安全系数，$c_o=1.3\sim1.50$；

l_u——集装筒长度，mm；

d——集装筒直径，mm。

D——输送管道内径，mm。

有密封垫的圆柱形胶囊，密封垫直径 d 应大于壳体直径 d_k，R_o 按式 (29-46) 计算。

$$R_o=\frac{(l_u-r_c)^2}{4(2D-d-d_k-2\delta_1)}-\frac{D}{2} \qquad (29\text{-}46)$$

式中　r_c——胶囊前边倒圆半径；

d——密封垫直径，d 应大于壳体直径 d_k，mm；

δ_1——弯管内壁与胶囊壳体之间的缝隙，$\delta_1=3\sim5$mm。

(2) 成件物料的气体动力学计算

① 端部带尖棱、横卧在水平管壁上的圆柱形物料（胶囊）的局部阻力系数按式 (29-47) 计算。

$$\xi_1=\alpha\left(\frac{l_u}{d}\right)^{0.21} \tag{29-47}$$

式中 ξ_1——局部阻力系数；

α——系数，按图29-21选取；

l_u——集装筒长度，mm；

d——集装筒直径，mm。

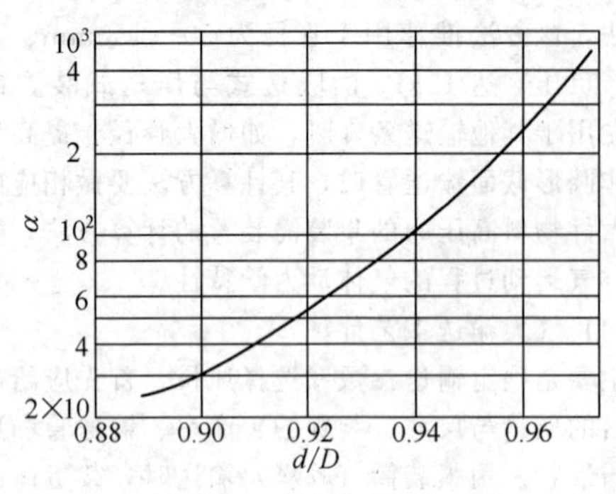

图29-21 α 和 d/D 的关系

当物料在管道中心时，阻力系数按式(29-48)求得。

$$\xi_1^k=1.1\xi_1 \tag{29-48}$$

上述两式适用于尺寸比为 $d/D=0.89\sim0.97$ 和 $l_u/d=1\sim4$ 的圆柱形物料。

当物料的端部边缘倒圆时（$r_c=5\sim10$mm），由上述两式确定的阻力系数值减小15%～30%（考虑到倒圆的1个或2个端部边缘）。

② 物料在水平管中启动速度 v_{tp} 按式(29-49)确定。

$$v_{tp}=\sqrt{\frac{2fmg}{C_xS_\mu\rho}} \tag{29-49}$$

物料的悬浮速度 v_e 按式(29-50)确定。

$$v_e=\sqrt{\frac{2mg}{C_xS_\mu\rho}} \tag{29-50}$$

式中 C_x——与管道中物料同心位置相适应的系数。

4.2 周期工作气力输送装置的设计计算

(1) 物料和空气的速度

按下式确定气流的速度。

$$q_1v^3-q_2v^2-q_3=0 \tag{29-51}$$

$$q_1=2\left(\lambda\frac{L}{D}+\sum\xi\right) \tag{29-52}$$

$$q_2=3\left(\lambda\frac{L}{D}+\sum\xi\right)v_{tp} \tag{29-53}$$

$$q_3=\xi_t v_{tp}^3 \tag{29-54}$$

铝制输送管的沿程阻尼系数 λ 按式(29-55)计算。

$$\lambda=\frac{1}{(1.8\lg Re-1.64)^2} \tag{29-55}$$

通常取与工厂内部气力输送系统相适应的气流速度 $v=15\sim20$m/s，并确定雷诺数 Re。在进一步计算时，在最终确定速度之后，才详细计算雷诺数 Re 和系数 λ 值。

输送管道的局部阻力系数取决于管道的形状，表29-6列出部分研制装置有代表性的局部阻力系数 ξ 值。

表29-6 部分研制装置有代表性的局部阻力系数 ξ 值

局部位置	ξ 值	局部位置	ξ 值
管道衔接点	0.01	线路接触器	0.05
管道进口	0.5～0.7	中间发送站	1.5
出口[①]	0.5～0.8	空气三通管	4～5
接收站处岔道	3～4	线路三通管	2.0

① 当 $R_o>500$mm 和 $\psi=\frac{\pi}{2}$ 弧度时。

求解方程式 $q_1v_{on}^3-q_2v_{on}^2-q_3=0$，即可得到空气速度。再按物料在垂直段和出口处稳定运动条件[式(29-56)]进行校验。

$$v\geqslant(1.5\sim2.1)v_\xi \tag{29-56}$$

如果最佳空气速度值比按式(29-56)计算的值小。那么计算中采用后一个速度值。物料的平均速度由式(29-57)确定。

$$u_{cp}=\frac{v-v_{tp}}{k_T} \tag{29-57}$$

取管道系数 $k_T=1.1\sim1.5$，较复杂的输送管道取较大值。

在某些情况下，如传送试样时，速度 u_{cp} 值只好给定，以保证所要求的物料发送频率，而按此发送频率，由关系式

$$u_{cp}=\frac{u_p}{k_T}=\frac{v-v_{tp}}{k_T}$$

就可确定气流速度。

(2) 空气运动时的压力损失

包括输送管和风管内的压力损失。

① 输送管内压力损失 Δp_β 按式(29-58)计算。

$$\Delta p_\beta=\left(\lambda\frac{L}{D}+\sum\xi\right)\frac{\rho v^2}{2} \tag{29-58}$$

② 风管中压力损失 包括过滤器、消声器、管道附件，可按式(29-59)计算。

$$\Delta p_\beta=1\sim2\text{kPa} \tag{29-59}$$

③ 物料运动时的压力损失 是指在复杂线道情况下，物料依次通过各种管段（水平、垂直、弯管）而形成的各种运动阻力。同时物料速度的变化也会导致空气速度的相应改变。其结果使气流绕物料流动时，阻力发生变化。

在水平管内，物料启动时压力损失 Δp_{tp} 近似按式(29-60)计算。

$$\Delta p_{tp}=\frac{m(v-v_{tp})}{S_mt_p} \tag{29-60}$$

式中 Δp_{tp}——启动压力损失；

m——集装筒的质量；

S_m——集装筒的横截面积；

t_p——启动时间；

v——气速；

v_{tp}——启动速度。

当 $\alpha=0$ 时，启动时间 t_p 按式（29-61）确定。

$$t_p=\frac{v_{tp}}{2gf}\ln\frac{(v+v_{tp}-u_p)(v-v_{tp})}{(v-v_{tp}-u_p)(v+v_{tp})} \quad (29\text{-}61)$$

式中 t_p——启动时间；

v_{tp}——启动速度；

g——重力加速度；

f——摩擦阻力系数；

v——气流速度；

u_p——集装筒速度，$u_p=0.95\sim0.98(v-v_{tp})$。

物料在管道水平段等速运动时，压力损失按式（29-62）确定。

$$\Delta p_{u1}=\xi_{u1}\frac{\rho v_{tp}^2}{2} \quad (29\text{-}62)$$

物料在管道的垂直上升段等速运动时，压力损失为

$$\Delta p_{u2}=\xi_{u2}^k\frac{\rho v\beta^2}{2} \quad (29\text{-}63)$$

物料在水平弯管运动时，压力损失为

$$\Delta p_{lo}=\xi_{lo}\frac{\rho v_o^2}{2} \quad (29\text{-}64)$$

式中，空气相对速度 v_o 按式（29-65）确定。

$$v_o=v-(v-v_{tp})\beta_T \quad (29\text{-}65)$$

式中 β_T——弯管里物料阻尼系数。

当启动速度 $v_{tp}=1\sim6\text{m/s}$ 时，转角为 $\frac{\pi}{2}$ 弧度的弯管，阻尼系数 β_T 值近似取为 $R_o\leqslant1.5\text{m}$ 时，$\beta_T=0.7\sim0.8$；$R_o>1.5$ 时，$\beta_T=0.85\sim0.9$（这些值由实验得到）。

物料在垂直弯管（由下向上）运动时，压力损失大体上可取 $1.5\Delta p_{u3}$。物料在管道的下降段不受阻尼限制，它主要是靠重力作用运动。因此，物料沿这段管道运动的压力损失可以不考虑。

输送系统的总压力损失 Δp 则为

$$\Delta p=\Delta p_1=k_3(\Delta p_\beta+\Delta p_{u1}+\Delta p_{u2}+\Delta p_{lo}+\Delta p_{u3}+\Delta p_{tp}) \quad (29\text{-}66)$$

式中 k_3——安全系数，$k_3=1.1\sim1.15$。

式（29-66）中应代入输送管中最不利区段可能产生的最大压力损失 Δp_t。

（3）鼓风机风量和功率

考虑到可能漏风，所需风量 Q 应确定为

$$Q=1.1vS \quad (29\text{-}67)$$

按算得的 Q 和 Δp 值选择鼓风机。鼓风机所需要的功率 N 按式（29-68）确定。

$$N=1.1\frac{\Delta pQ}{1000\eta_B\eta_{II}} \quad (29\text{-}68)$$

式中 η_B，η_{II}——鼓风机效率和传动效率。

4.3 连续工作气力输送装置的设计计算

（1）气流的速度 v

由式（29-69）确定，即

$$c_1v^4-c_2v^3+c_3v^2-c_4=0 \quad (29\text{-}69)$$

式中

$$c_1=3\left(\lambda\frac{L}{D}+\sum\xi\right)$$

$$c_2=2c_1v_{tp}$$

$$c_3=c_1v_{tp}^2$$

$$c_4=\frac{k_TL\xi_tv_{tp}^3}{\Delta t}$$

按式（29-56）的条件来检验所求出的空气速度。然后按公式 $u_{cp}=u_p/k_T=(v-v_{tp})k_T$ 求出物料平均速度 u_{cp}，在气力输送线工作制固定的情况下，输送管道装载均匀。因此，假定在任何瞬间物料位置不变，即可以确定物料在输送管中可能存在的相互位置。物料之间的距离 l_a 可近似按式（29-70）求出。

$$l_a=u_{cp}\Delta t \quad (29\text{-}70)$$

用 l_a 值除以输送管各区段的长度 L_i，即可得到在各区段内的物料个数 n_i。

$$n_i=\frac{L_i}{l_a} \quad (29\text{-}71)$$

（2）水平启动段的长度 l_p

按下式确定，当 $\alpha=0$ 时

$$l_p=\frac{v_{tp}}{2gf}\left[(v-v_{tp})\ln\frac{v-v_{tp}}{v-v_{tp}-u_p}-(v+v_{tp})\times\ln\frac{v+v_{tp}}{v+v_{tp}-u_p}\right]$$

式中，速度 $u_p=0.95\sim0.98(v-v_{tp})$。

（3）输送物料时的总压力损失为各个部分损失之和。

$$\sum\Delta p_i=\sum\Delta p_in_i \quad (29\text{-}72)$$

式中 Δp_i——物料在 i-M 区段运动时的压力损失。可用上面的公式求出。

装置中的全部压力损失 Δp 为

$$\Delta p=k_3(\Delta p_\beta+\Delta p'_\beta+\sum\Delta p_i) \quad (29\text{-}73)$$

与总管连接的几条输送线同时工作时，按干线的最大压力损失和所需的总风量来选择鼓风机。

4.4 计算举例

例 4 某车间向化验室传送试样，试计算周期工作的单管气力输送装置，已知原始资料：胶囊 $d=7\text{mm}$，$d_k=60\text{mm}$，$l_4=200\text{mm}$，$r_c=5\text{mm}$，当量输送距离 $L=300\text{m}$ 时（包括水平、垂直弯管和垂直段），$\sum\xi=15$，$k_T=1.2$，装有试样的胶囊重 $m=$

1kg，发送量40个/h。

解 ① 按式（29-44）计算输送管内径

$$D=(1.03\sim1.12)d=0.072\sim0.078\text{m}$$

按标准选用ϕ75mm×1.5mm、内径$D=72$mm的铝管。弯管曲率半径R_o按式（29-45）计算，即

$$R_o=\frac{(0.2-0.005)^2}{4\times(2\times0.072-0.07-0.06-2\times0.003)}-\frac{0.072}{2}=1.15(\text{m})$$

② 按图29-21，根据$d/D=0.97$求得$\alpha=420$，胶囊的局部阻尼系数如下：

$$\xi_1=\alpha\left(\frac{l_4}{d}\right)^{0.21}=420\left(\frac{0.2}{0.07}\right)^{0.21}=525$$

按公式$\xi_1^k=1.1\xi_1$求出与胶囊同心位置的系数为

$$\xi_1^k=1.1\times525=578$$

考虑到胶囊壳体前端倒圆阻力系数减少15%，$\xi_1=445$和$\xi_1^k=490$，当$f=0.35$和$\rho=1.2\text{kg/m}^3$时，胶囊启动速度按v_{tp}为

$$v_{tp}=\sqrt{\frac{2fmg}{C_xS_\mu\rho}}=\sqrt{\frac{2\times9.81\times0.35\times1}{445\times0.00384\times1.2}}=1.8(\text{m/s})$$

胶囊的悬浮速度为

$$v_\beta=\sqrt{\frac{2mg}{C_xS_\mu\rho}}=\sqrt{\frac{2\times9.81\times1}{490\times0.00384\times1.2}}=3.0(\text{m/s})$$

③ 输送周期$\Delta t=\frac{3600}{40}=90\text{s}$；胶囊平均速度$u_{cp}=\frac{300}{90}\approx3.3$（m/s），考虑到保证空胶囊也沿着这根输送管道返回，取平均安全速度$u_{cp}=7\text{m/s}$。按照公式$v=v_{cp}k_T+v_{tp}$算出空气速度为

$$v=1.2\times7+1.8=10.2\ (\text{m/s})$$

所得到的v值与式（29-56）相符。

④ 气流的雷诺数

$$Re=\frac{10.2\times0.072}{1.5\times10^{-5}}=49000$$

由式（29-56）计算输送管沿程阻力系数λ为

$$\lambda=\frac{1}{(1.8\lg49000-1.64)^2}=0.033$$

输送管的纯空气压力损失Δp_β为

$$\Delta p_\beta=\left(\lambda\frac{L}{D}\sum\xi\right)\frac{\rho v^2}{2}=\left(0.033\times\frac{300}{0.072}+15\right)\times\frac{10.2^2\times1.2}{2}=9600(\text{Pa})$$

其他风管的纯空气压力损失$\Delta p_\beta=1000$Pa。

⑤ 胶囊的速度计算

$$u'_p=0.975\times(10.2-1.8)=8.2(\text{m/s})$$

当$\alpha=0$时，胶囊启动时间t_p为

$$t_p=\frac{v_{tp}}{2g(f\cos\alpha\pm\sin\alpha)}\ln\frac{(v+v_{tp}-u_p)(v-v_{tp})}{(v-v_{tp}-u_p)(v+v_{tp})}=\frac{1.8}{2\times9.81\times0.35}\times\ln\frac{(10.2+1.8-8.2)\times(10.2-1.8)}{(10.2-1.8-8.2)\times(10.2+1.8)}=0.7\ (\text{s})$$

胶囊启动时，压力损失Δp_{tp}按式（29-60）计算，即

$$\Delta p_{tp}=\frac{1\times(10.2-1.8)}{0.00384\times0.7}=3120(\text{Pa})$$

胶囊在管道水平段运动时，压力损失Δp_{u1}按式（29-62）计算，即

$$\Delta p_{u1}=445\times\frac{1.8^2\times1.2}{2}=860(\text{Pa})$$

胶囊在垂直上升段运动时，压力损失Δp_{u2}按式（29-63）计算。

$$\Delta p_{u2}=490\times\frac{3^2\times1.2}{2}=2650(\text{Pa})$$

当胶囊在水平弯管内运动时，空气相对速度v_o按式（29-66）求出，当$\beta_T=0.8$时

$$v_o=10.2-(10.2-1.8)\times0.8=3.5(\text{m/s})$$

当胶囊在水平弯管内运动时，压力损失Δp_{lo}按式（29-65）计算。

$$\Delta p_{lo}=445\times\frac{3.5^2\times1.2}{2}=3270(\text{Pa})$$

当胶囊在垂直弯管内运动时，压力损失可取为

$$1.5\Delta p_{u2}=1.5\times2650=3975\ (\text{Pa})$$

⑥ 输送系统的总压力损失　按式（29-67）计算，即

$$\Delta p=k_3(\sum\Delta p_\beta+\Delta p_{u1}+\Delta p_{u2}+\Delta p_{lo}+\Delta p_{u3}+\Delta p_{tp})=1.1\times(9600+1000+860+2650+3270+3975+3120)=1.1\times24475=26923(\text{Pa})$$

⑦ 所需要的空气流量　按式（29-67）计算。

$$Q=1.1vS=1.1\times0.785\times0.072^2\times10.2=0.046(\text{m}^3/\text{s})$$

按求得的Q和Δp值选用回转式煤气鼓风机，所需传动功率由式（29-69）求得为

$$N=1.1\times\frac{26923\times0.046}{1000\times0.6}=2.27(\text{kW})$$

例5　试计算某一连续工作的装置从包装材料车间向分装车间输送金属罐头盒。已知原始资料：$d=76$mm；$l_4=120$mm；$m=0.1$kg；$Q_4=4800$个/h；$l=150$m$\left(\text{水平线有两个角度为}\frac{\pi}{2}\text{弧度的水平弯管}\right)$；$\lambda=0.02$；$\sum\xi=10$；$k_T=1.1$；$f=0.35$。

解 ① 输送管直径

$D=(1.03\sim1.12)\times0.076=0.078\sim0.085$（m）。取内径$D=81$mm、$\phi$85mm×2.0mm的管子。

弯管曲率半径按式（29-45）计算，即

$$R_o=1.4\times\frac{0.12^2}{8\times(0.081-0.076)}=0.5(\text{m})$$

为便于弯管制作，取$R_o=1.0$m。

当$d/D=0.94$时，系数$\alpha=110$。盒子的局部阻力

系数为

$$\xi_t=110\times\left(\frac{0.12}{0.076}\right)^{0.21}=121$$

② 罐头盒启动速度 v_{tp} 按式（29-49）计算。

$$v_{tp}=\sqrt{\frac{2\times9.81\times0.35\times0.1}{121\times0.0045\times1.2}}=1.1(m/s)$$

输送周期为

$$\Delta t=\frac{3600}{4800}=0.75\ (s)$$

由式（29-70）确定系数 $c_1\sim c_4$，即

$$c_1v_{on}^4-c_2v_{on}^3+c_3v_{on}^2=0$$

$$c_1=3\left(\lambda\frac{L}{D}+\sum\xi\right)=3\times\left(0.02\times\frac{150}{0.081}+10\right)=141$$

$$c_2=2c_1v_{tp}=2\times141\times1.1=310(m/s)$$

$$c_3=c_1v_{tp}^2=141\times1.1^2=171(m^2/s^2)$$

$$c_4=\frac{k_TL\xi_1v_{tp}^3}{\Delta t}=\frac{1.1\times150\times121\times1.1^3}{0.75}=35400\ (m^4/s^4)$$

将 $c_1\sim c_4$ 值代入式（29-70）中得到

$$141v^4-310v^3+171v^2-35400=0$$

采用“黄金分割”简化法求解上述方程，计算出最适宜的气流在 $v=2\sim10$m/s 范围内。根据这种方法首先用 1/1.62 将速度分 2～10 段，将相应点速度 v_1 值代入方程。也就是 $v_1=2+\frac{10-2}{1.62}=7.0$ (m/s)。代入 v_1 值并简化后得到

$$7^4-2.2\times7^3+1.2\times7^2-251>0$$

相应点的下一个速度 v_2 值，是从其末端以同样的比例除剩下部分（2～7），即

$$v_2=7-\frac{7-2}{1.62}=3.9\ (m/s)$$

代入后得到

$$3.9^2-2.2\times3.9^3+1.2\times3.9^2-251<0$$

③ 用逐步逼近的近似方法求得：$v=5$m/s，雷诺数 $Re=\frac{5.0\times0.081}{1.5\times10^{-5}}=27000$，即可确定沿程阻力系数 λ。

$$\lambda=\frac{1}{(1.81g27000-1.64)^2}=0.025$$

④ 输送管的压力损失

$$\Delta p_\beta=\left(0.025\times\frac{150}{0.081}+10\right)\times\frac{5.0^2\times1.2}{2}=845\ (Pa)$$

风管里压力损失取 $\Delta p_\beta=700$Pa。罐头盒的平均速度 u_{cp} 按下式计算。

$$u_{cp}=\frac{5.0-1.1}{1.1}=3.5(m/s)$$

罐头盒间的距离按式（29-70）计算。

$$l_a=3.5\times0.75=2.6m>30D$$

启动段的长度计算，当 $a=0$ 和 $u_p=3.8$m/s 时，则

$$L_P=\frac{1.1}{2\times9.81\times0.35}\left[(5.0-1.1)\ln\frac{5.0-1.1}{5.0-1.1-3.8}-(5.0+1.1)\times\ln\frac{5.0+1.1}{5.0+1.1-3.8}\right]=1.3(m)$$

弯管展开长度 $L_{OT}=1.57\times1.0=1.57$ (m)。

输送管长度（启动段和弯管段长度除外）共计约 145.5m；在这段长度上罐头盒的个数为

$$\frac{145.5}{2.6}=56\ (个)$$

可以认为，启动段和弯管段每一瞬间只存一个罐头盒。

罐头盒启动时间为

$$t_p=\frac{1.1}{2\times9.81\times0.35}\times\ln\frac{(5.0+1.1-3.8)(5.0-1.1)}{(5.0-1.1-3.8)(5.0+1.1)}=0.43(s)$$

罐头盒启动时压力损失为

$$\Delta p_{tp}=\frac{0.1\times(5.0-1.1)}{0.0045\times0.43}=206(Pa)$$

罐头盒在水平段运动时的压力损失为

$$\Delta p_{ul}=121\times\frac{1.1^2\times1.2}{2}=88(Pa)$$

当 $\beta_t=0.75$ 时，罐头盒在水平弯管内运动时空气的相对速度为

$$v_o=5.0-(5.0-1.1)\times0.75=2.1(m/s)$$

罐头盒在弯管内运动时压力损失为

$$\Delta p_{lo}=121\times\frac{2.1^2\times1.2}{2}=324(Pa)$$

输送罐头盒的总压力损失按式（29-73）计算，即

$$\sum\Delta p_1=206\times1+88\times56+324\times2=5782(Pa)$$

输送系统的全部压力损失为

$$\Delta p=1.15\times(845+700+5782)=8450(Pa)$$

所需空气流量为

$$Q=1.1\times5.0\times0.0052=0.029\ (m^3/s)$$

故采用回转式风机。

⑤ 电动机所需功率

$$N=1.1\times\frac{8450\times0.029}{1000\times0.6}=0.5(kW)$$

5　液固相物流输送

目前，液固两相流输送技术已是生产中重要的组成部分，是不可缺少的一个环节。如有些矿山的矿产品经加工后通过浆体管道输送至应用地，陆地输送间距达几千千米，年输送量可达到几十个百万吨级。在石化系统中应用液固两相流技术，进行远距离输送聚烯烃颗粒物料等，改变了过去的传统思路，使总体布置更合理。

5.1　浆体管道水力学计算

在浆体管道内输送的固体物料呈悬浮状态，当固体颗粒在中途沉淀下来并形成滑动或成固定的床底时，管道的稳定运行将受到干扰，因此浆体系统的淤积流速即为最低运行流速。工程设计中选用的物料流

速通常稍高于淤积流速，这虽会引起较高的摩阻损失，但减少了风险，并可避免接近淤积时出现的高度不均匀状态，从而减轻对管壁的磨蚀。

(1) 淤积流速的计算

$$V_D = Fr\left[2gD\left(\frac{\rho_s-\rho_l}{\rho_l}\right)\right]^{\frac{1}{2}} \tag{29-74}$$

式中　V_D——淤积流速；

Fr——修正的弗劳德数，见表29-7；

g——重力加速度；

D——管径；

ρ_s——固体颗粒的密度；

ρ_l——液体的密度。

对于整理成给定系统，Fr 为常数，它随系统的不同而变化，是颗粒大小和固体浓度的函数。

$$Fr = \frac{V_D}{\sqrt{2gD}} \times \frac{1}{\left(\frac{\rho_s-\rho_l}{\rho_l}\right)^{\frac{1}{2}}} \tag{29-75}$$

上述方程可用于粒径均匀的颗粒，但在工业生产中大部分物料均为混合粒径，故目前工程设计中通常采用悬浮液的平均粒径来计算浆体淤积流速。

(2) 摩阻损失的计算

管道的摩阻损失除用压力梯度及边壁切应力表示外，还可以用无量纲的摩阻系数 f 表达。f 值取决于流动状态，即取决于雷诺数。层流和紊流的流体特性不同，例如流速分布的剖面有明显的区别，层流流速剖面呈抛物线形，平均流速与最大流速之比为0.5；紊流流速剖面的实际形状取于流动的雷诺数，对于雷诺数平均流速及最大流速之比约为0.85；在相同的条件下紊流的摩阻损失比层流大；管道的粗糙度对摩阻损失影响不大，而对紊流则十分敏感。

最常用的摩阻系数通称为范宁摩阻系数 f，适用于层流及紊流，其定义如下。

$$f = \frac{\tau_w}{\frac{\rho v^2}{2}} \tag{29-76}$$

式中　τ_w——边壁切应力；

v——平均流速。

根据上述定义，科列布鲁克对工业管道提出下列经验方程式。

$$\frac{1}{\sqrt{f}} = 4\lg\frac{D}{2\varepsilon} + 3.48 - 4\lg\left(1 + 9.35\frac{D}{2\varepsilon Re\sqrt{f}}\right) \tag{29-77}$$

式中　ε——管道粗糙度。

式(29-77)已被广泛使用，是现代摩阻系数图表的基础。

单位长度上的摩阻损失 Δp 可由式(29-78)求出。

$$\Delta p = \frac{4fv^2}{2gD} \tag{29-78}$$

由于浆体输送中多数颗粒是经磨碎后进入管道的，因此浆体的组成为，固体颗粒的非均质悬液处于均质浆体的载体中。根据瓦斯普等人使用“两相载体”的概念来分析复合系统，可认为在管道顶部出现的颗粒分布和浓度也存在于管道的其他点，这部分构成了浆体的载体，剩余的固体颗粒为被运载的非均质悬液，则总的浆体摩阻损失应等于载体的摩阻损失加上底床（非均质）的摩

表29-7　*Fr* 参考值

浆体名称	固体颗粒的体积分数/%	粒径/mm	管径/mm	颗粒密度/(t/m³)	*Fr*
煤浆体	1～18	2.2	15	1.4	0.725
			30		0.807
	50	1.0	250		1.085①
石灰石浆体	65	0.3	250	2.7	0.367①
磷矿浆体	70②	0.075	100	3.2	0.673③
砂浆体	12～40	0.15	50	2.66	1.064
			100		0.993
			200		0.942
			250		0.926
			300		0.868
河泥	15	0.47	300	2.65	1.756①

① *Fr* 是根据文献列出的浆体管道设计流速推算而得，数值偏高。

② 为质量分数。

③ *Fr* 值是根据工厂浆体管道设计流速推算而得。

阻损失。计算中采用 C/C_A（距管顶 $0.08D$ 处与位于管轴线处固体颗粒体积分数之比）来衡量每一种粒径的固体是载体或是底床部分。根据每个粒径组的 C/C_A 值可算得底床的体积分数，从而求出底床的摩阻损失。由伊斯梅尔试验证实的瓦斯普关系式为

$$\lg\frac{C}{C_A}=-1.8\left(\frac{W}{\beta k u^*}\right) \tag{29-79}$$

式中　W——固体颗粒在静止流体中的沉降速度；

k——卡门常数，取 $k=0.4$；

β——质量交换系数与动量交换系数的比例常数，取 $\beta=1$；

u^*——摩阻速度。

摩阻速度 u^* 是在管道紊流理论和分析中使用的一个参数。它从速度方面对流体流动的特征加以描述，其定义如下。

$$u^*=\sqrt{\frac{\tau_w}{\rho}} \tag{29-80}$$

从式（29-76）摩阻系数的定义及摩阻速度的定义，可得摩阻速度、摩阻系数及平均流速之间的关系式为

$$u^*=v\sqrt{\frac{f}{2}} \tag{29-81}$$

令 Z 为式（29-79）中颗粒沉降速度 w 表示湍动强度的数群 $\beta k u^*$ 之比，即

$$Z=\frac{w}{\beta k u^*}$$

则式（29-81）可改写为

$$\frac{C}{C_A}=10^{-1.8Z} \tag{29-82}$$

将 C/C_A 乘以固体颗粒体积分数可得载体的体积分数，从而得出底床的体积分数。由底床部分而产生的摩阻损失可用下列鸠兰特方程计算，其中以水的性质来计算方程中的阻力系数值。

$$\Delta p_{底床}=82\Delta p_{水}\phi_{底床}\left[\frac{gD(s-1)}{v^2\sqrt{C_D}}\right]^{1.5} \tag{29-83}$$

式中　$\Delta p_{底床}$——水的摩阻损失（流动速度与浆体相同）；

$\phi_{底床}$——以分数表示的底床百分数；

s——固体颗粒密度；

C_D——阻力系数。

浆体的摩阻损失为

$$\Delta p_{浆体}=\Delta p_{浆体}+\Delta p_{浆体}$$

5.2　浆体制备和输送设备

浆体制备和输送的设备主要指磨细、储存设备及泵等设备。在确定设备的结构形式及操作条件时，均要考虑浆体输送系统技术及经济上的合理性。

(1) 磨细设备

矿石磨细一般采用湿磨流程，根据需用浆体的浓度，控制给水量。此外要确定固体颗粒的上限粒径。磨得过细虽易于输送，却增加了管道终端脱水的困难；粒径过粗会造成浆体的极大非均质性，从而要求较高的泵送流速及费用，并引起较大的磨损。

湿法磨矿的生产率计算式为

$$Q=qV_mK_1K_2K_3K_4K_5 \tag{29-84}$$

式中　Q——磨机生产率；

q——磨机单位容积的生产能力，可通过实验求得此值；

V_m——磨机的有效容积；

K_1——考虑物料和给料粒度的修正系数，见表 29-12；

K_2——考虑排料粒度的修正系数，见表 29-13；

K_3——考虑磨机类型系数，见表 29-14；

K_4——考虑磨机循环负荷的系数，见表 29-15；

K_5——考虑磨机直径的修正系数，可按式（29-85）求出。

$$K_5=\frac{\sqrt{D_{m_1}}}{\sqrt{D_{m_2}}} \tag{29-85}$$

式中　D_{m_1}——设计磨机的筒体内径；

D_{m_2}——实验型磨机的筒体内径；

磨机的电动机功率 N_m，可按经验公式（29-86）求得。

$$N_m=CG_m\sqrt{D_{m_1}} \tag{29-86}$$

式中　G_m——装入的介质和物料量；

C——系数，见表 29-16。

(2) 浆体储存设备

储存设备的规模及类型取决于制浆厂的产量、管路输送量、制浆装置的运行因素及成品浆体的类型。根据生产经验一般采用 8h 产量的注浆量。

搅拌器的计算可采用工程设计计算公式。

(3) 泵的选择

选择泵类型的主要依据是浆体管道要求的输送压力和物料的磨蚀性。当输送压力较低时可选用离心泵，因其设备购置费低于正排量泵；输送压力较高时宜选正排量泵，因离心泵机壳的耐压力较差。正排量泵的选型取决于浆体的磨蚀性，强腐蚀性浆体一般选用柱塞泵并配备清水冲洗系统，以保证柱塞上没有腐蚀性的颗粒；弱腐蚀性浆体可使用活塞泵。

5.3　计算举例

试求在内径 100mm 的水平管道中，磷矿浆体的淤积流速、摩阻速度及摩阻损失；当浆体输送距离为 5000m 时，制浆及浆送设备所需的功率。

(1) 已知数据

① 磷矿浆体的粒径组成（表 29-8)。

② 固体物料密度，$3200kg/m^3$。

③ 液体密度（水是运载流体），$1000kg/m^3$。

④ 浆体内固体颗粒的质量分数为70%。

⑤ 浆管粗糙度，0.0508mm。

表 29-8 泰勒筛目

目/in^2	孔目大小 /mm	组成（质量分数）/%
−150	0.1	10
−200	0.075	85
−300	0.046	5

注：1in≈2.54cm，下同。

(2) 求解

① 临界淤积流速 据式 (29-74)

$$v_D=Fr\left[2gD\left(\frac{\rho_s\rho_l}{\rho_l}\right)\right]^{\frac{1}{2}}=0.673\times\left[2\times9.81\times0.1\times\frac{3200-1000}{1000}\right]^{\frac{1}{2}}=1.398\ (m/s)$$

选用平均流速 $v=1.44m/s$，$v>v_D$。

② 各种粒径的体积分数

$$C_V=\frac{C_w\rho_m}{\rho_s} \tag{29-87}$$

式中 C_V——固体体积分数，%；

C_w——固体质量分数，70%；

ρ_m——浆体（混合体）密度，kg/m^3；

$$\rho_m=\frac{100}{\dfrac{C_w}{\rho_s}+\dfrac{100-C_w}{\rho_l}} \tag{29-88}$$

$$\rho_m=\frac{100}{\dfrac{700}{3200}+\dfrac{100-70}{1000}}=1927.7\ (kg/m^3)$$

$$C_V=0.422\approx42\%$$

将磷酸盐矿浆的粒径组成从质量分数换算为体积分数，见表 29-9。

表 29-9 组成换算

粒径组成		组成（质量分数）/%	组成（体积分数）/%
目/in^2	/mm		
150	0.1	10	4.2
200	0.075	85	35.7
300	0.046	5	2.1
		100	42.0

③ 浆体黏度 据托马斯公式

$$\frac{\mu_m}{\mu_o}=1+25\phi+10.05\phi^2+A\exp(B\phi) \tag{29-89}$$

式中 μ_m——浆体动力黏度，Pa·s；

μ_o——悬浮流体动力黏度，1Pa·s；

A——常数，$A=0.00273$；

B——常数，$B=16.6$；

ϕ——固体的体积分数，%。

$$\phi=\frac{C_V}{100}=0.42$$

$$\frac{\mu_m}{\mu_o}=1+2.5\times0.42+10.05\times0.42^2+0.00273\exp(16.6\times0.42)=6.73\times10^{-3}\ (Pa\cdot s)$$

根据式 (29-89) 计算的动力黏度（表 29-10)，可供计算摩阻损失用。

表 29-10 动力黏度

固体颗粒体积分数/%	动力黏度/Pa·s
42	6.73×10^{-3}
40	5.70×10^{-3}
38	4.90×10^{-3}
36	4.28×10^{-3}

④ 摩阻损失 因不知道哪些固体颗粒是载体部分和非均质（底床）部分，故假设全部固体颗粒都是载体部分，第一次试算中，则无底床压降。

a. 第一次试算

ⓐ 管内流体的 Re 数

$$Re=\frac{\rho_m vD}{\mu_m}=\frac{1927.7\times1.44\times0.1}{6.73\times10^{-3}}=4.13\times10^4 \tag{29-90}$$

ⓑ 管道的相对粗糙度

$$\frac{\varepsilon}{D}=\frac{0.0508}{100}=0.000508$$

ⓒ 摩阻系数 根据式 (29-77)

$$\frac{1}{\sqrt{f}}=4\lg\frac{D}{2\varepsilon}+3.48-4\lg\left(1+9.35\frac{D}{2\varepsilon Re\sqrt{f}}\right)=4\lg\frac{100}{2\times0.0508}+3.48-4\lg\times\left(1+9.35\frac{100}{2\times0.0508\times4.13\times10^4\sqrt{f}}\right)$$

以试差法求得 $f\approx0.00584$。

ⓓ 单位长度摩阻损失 根据式 (29-78)，则

$$\Delta p_{载体}=\frac{4fu^2}{2gD}=\frac{4\times0.00584\times1.44^2}{2\times9.81\times0.1}=0.0247m\ 载体/m=0.247\ (kPa)$$

ⓔ 摩阻流速　根据式（29-81）

$$u^{*}=v\sqrt{\frac{f}{2}}=1.44\times\sqrt{\frac{0.00584}{2}}=0.078\ (\mathrm{m/s})$$

ⓕ 浆体摩阻损失

$$\Delta p_{浆体}=\Delta p_{载体}+\Delta p_{底床}=0.247+0=0.247\mathrm{kPa/m}$$

b. 第二次试算

ⓐ 固体颗粒在静止流体中的沉降速度

$$W=\frac{g(\rho_s-\rho)d^2}{18\mu_m} \tag{29-91}$$

式中　d——固体颗粒直径，mm

根据不同粒径分别计算

$$w_1=\frac{9.81\times(3200-1928)\times(0.1\times10^{-3})^2}{18\times6.73\times10^{-3}}$$

$$=0.00103\ (\mathrm{m/s})$$

$$w_2=0.00058\mathrm{m/s}$$

$$w_3=0.00022\mathrm{m/s}$$

$$Re_1=\frac{0.00103\times1928\times0.1\times10^{-3}}{6.73\times10^{-3}}=0.0295<1$$

$$Re_3<Re_2<Re_1<1$$

ⓑ 以 C/C_A 计算每种粒径固体颗粒的载体和底床部分

据式（29-79）

$$\lg\frac{C}{C_A}=-1.8\left(\frac{W}{\beta ku^{*}}\right)$$

令

$$Z=\frac{W}{\beta ku^{*}}$$

$$Z_1=\frac{0.00103}{1\times0.4\times0.078}=0.033$$

$$Z_2=0.0186\qquad Z_3=0.00705$$

$$\frac{C}{C_A}=10^{-1.8z}\qquad \frac{C_1}{C_{A1}}=10^{-1.8\times0.033}=0.8722$$

$$\frac{C_2}{C_{A2}}=0.9258\qquad \frac{C_3}{C_{A3}}=0.9712$$

$$100\phi_{载体}=100\phi\times\frac{C}{C_A}$$

$$100\phi_{载体_1}=4.2\times0.8722=3.66$$

$$100\phi_{载体_2}=33.05$$

$$100\phi_{载体_3}=2.040$$

$$100\phi_{底床}=100\phi-100\phi_{载体}$$

$$100\phi_{底床_1}=4.2-3.66=0.54$$

$$100\phi_{底床_2}=2.65$$

$$100\phi_{底床_3}=0.06$$

ⓒ 固体颗粒在水中的沉降速度和 Re

$$w_{H_2O(1)}=\frac{9.81\times(3200-1000)\times(0.1\times10^{-3})^2}{18\times1000\times10^{-6}}\approx0.012$$

$$w_{H_2O(2)}=0.0067\qquad w_{H_2O(3)}=0.0025$$

$$Re_1=\frac{0.012\times0.1\times10^{-3}}{10^{-8}}=1.2$$

$$Re_2=0.5\qquad Re_3=0.115$$

$$Re_1>1\qquad Re_3>Re_2<1$$

采用 $1000<Re<2\times10^5$ 区内沉降速度计算式，求 $w_{H_2O(1)}$，然后求其插值。

$$w=\left[\frac{33.3(\rho_s-\rho)d}{\rho}\right]^{\frac{1}{2}} \tag{29-92}$$

$w_{H_2O(1)}=0.0271\mathrm{m/s}$，插值为 0.000015，可不计。

ⓓ 阻力系数

$$C_D=\frac{24}{Re} \tag{29-93}$$

$$C_{D1}=\frac{24}{1.2}=20\qquad C_{D2}=48$$

$$C_{D3}=208.7\qquad C_{D1}^{-\frac{3}{4}}=0.1057$$

$$C_{D2}^{-\frac{3}{4}}=0.0548\qquad C_{D3}^{-\frac{3}{4}}=0.0182$$

ⓔ 底床摩阻损失

据式（29-84）

$$\Delta p_{底床}=82\times\Delta p_{水}\times\phi_{底床}\left[\frac{gD(s-1)}{V^2\sqrt{C_D}}\right]^{1.5}$$

首先求 $\Delta p_{水}$。

$$Re=\frac{1.44\times0.1}{10^{-8}}=1.44\times10^5$$

$$\frac{\varepsilon}{D}=0.000508$$

以试差法求得 $f=0.00487$，则 $\Delta p_{水}=0.0206\mathrm{mH_2O/m}$

$$\Delta p_{底床}=82\times0.0206\times\phi_{底床}\left[\frac{9.81\times0.1(3.2-1)}{1.44^2\sqrt{C_D}}\right]^{1.5}$$

$$=1.7936\phi_{底}C_D^{-\frac{3}{4}}$$

$$\Delta p_{底床_1}=1.7936\times0.54\%\times0.1057$$

$$=0.001\ (\mathrm{mH_2O/m})=0.01\ (\mathrm{kPa/m})$$

$$\Delta p_{底床_2}=0.00260\mathrm{mH_2O/m}=0.026\mathrm{kPa/m}$$

$$\Delta p_{底床_3}=0.00002\mathrm{mH_2O/m}=0.0002\mathrm{kPa/m}$$

共计 $0.00362\mathrm{mH_2O/m}=0.0362\mathrm{kPa/m}$

ⓕ $\Delta p_{载体}$　在载体中固体颗粒的体积分数为 38.75%，以内插法求得

$$\mu_m=5.2\times10^{-3}\mathrm{kg/(m\cdot s)}$$

$$\rho_m=0.3875\times3.2+0.6125=1.8525\ (\mathrm{kg/m^3})$$

$$Re=\frac{1852.5\times1.44\times0.1}{5.2\times10^{-3}}=5.13\times10^4$$

$$\frac{\varepsilon}{D}=0.000508$$

以试差法求得 $f=0.00563$

$$\Delta p_{载体}=\frac{4\times0.00563\times1.44^2}{2\times9.81\times0.1}=0.0238\ (\text{m 载体柱/m})$$

$$=0.0441\ (\text{mH}_2\text{O/m})=0.441\ (\text{kPa/m})$$

$$\Delta p_{浆体}=0.0441+0.00362=0.04772\ (\text{mH}_2\text{O/m})$$

$$=0.4772\ (\text{mkPa/m})$$

此数值与第一次试算相比较，两者仅差0.25%，因此可以0.4772mkPa/m为摩阻损失的最终值。如两次计算差值太大，则需第三次试算，据第二次算得的$\Delta p_{浆体}$算出f，得出v^*，然后再计算C/C_A及$\Delta p_{底床}$。

浆体管道流量为

$$G_{浆}=vF=40.7\text{m}^3/\text{h}=78.45\text{t/h}$$

储浆槽可储8h的量，故要求湿式磨生产能力为9.8t/h浆体，折合投矿量（设原矿含水6%）7.27t/h。

⑤ 湿式球磨机的生产率及功率　根据式（29-84）计算磨机生产能力为

$$Q=qV_mK_1K_2K_3K_4K_5$$

选用ϕ3200mm×4500mm湿式格子型球磨机，$V_m=32\text{m}^3$，自表29-11选得$q=0.65$，从表29-12选得$K_1=0.92$。

表29-11　单位生产能力概略值

占全部产品90%～95%的最终产品粒度/mm	单位生产能力q概略值/[t/(h·m³)]
0.6	2.50
0.42	2.06
0.30	1.73
0.20	1.46
0.15	1.17
0.10	0.85
0.075	0.65

注：表中所列q值，是在用直径为1.8m格子型球磨机、闭路循环负荷为300%的条件下，磨机给料粒度为0～20mm、密度为3.4t/m³的中硬物料得出的概略数。如处理软物料，硬度修正系数可取1.2～1.3；处理硬物料可取0.8～0.85。

表29-12　K_1值

物料性质	给料粒度/mm				
	0～40	0～20	0～10	0～5	0～3
软物料	1.0	1.1	1.2	1.26	1.30
中硬物料	0.83	0.92	1.01	1.05	1.08
硬物料	0.78	0.87	0.96	0.99	1.00

由表29-13选得$K_2=0.47$；由表29-14选得$K_3=1.0$；由表29-15选得$K_4=0.66$，据式（29-86）

$$K_5=\frac{\sqrt{D_{m1}}}{\sqrt{D_{m2}}}=\frac{\sqrt{3.2}}{\sqrt{1.8}}=1.33$$

表29-13　K_2值

占全部产品的90%～95%的排料粒度/mm	K_2
0.6	1.71
0.42	1.41
0.30	1.18
0.20	1.0
0.15	0.8
0.10	0.58
0.075	0.47

表29-14　K_3值

磨机类型	格子型	棒磨机	溢流型
K_3	1.0	0.85	0.9

表29-15　K_4值

循环负荷占原物料的比例/%	0	100	200	300	400	500	600
K_4	0.66	0.855	0.935	1	1.05	1.08	1.12

注：表中数值是在排料粒度为0～0.2mm下得出的。

$$Q=0.65\times32\times0.92\times0.47\times1.0\times0.66\times1.33=7.89\text{t/h}$$

磨机功率计算：根据式（29-86）

$$N_m=CG_m\sqrt{D_{m1}}$$

自表29-16选得$C=8.2$。

表29-16　C值

介质情况	充填系数		
	0.2	0.3	0.4
大钢球	11.0	9.9	8.5
小钢球	10.6	9.5	8.2

磨内装球量按式（29-94）计算。

$$G_{球}=\gamma\,\phi_{球}\frac{\pi}{4}D_{m1}{}^2L \tag{29-94}$$

式中　γ——钢球密度，$\gamma=4.8\text{t/m}^3$；

$\phi_{球}$——钢球充填系数，$\phi_{球}=0.4$；

L——磨机长度，$L=4.5\text{m}$。

$$G_{球}=4.8\times0.4\times0.785\times3.2^2\times4.5=69.5(\text{t})$$

$$G_m=G_{球}+0.14G_{球}=79.23\text{t}$$

$$N_m=8.2\times79.23\times\sqrt{3.2}=1162\text{hp}=871.5(\text{kW})$$

⑥ 储浆槽透平搅拌器需用功率　储浆槽有效容积为 40.7m^3，取装载系数为 0.6，$V_T=67.83\text{m}^3$，选 $H_T=1.3D_T$

$$D_T=\sqrt[3]{\frac{67.83}{0.785\times1.3}}\approx4(\text{m})$$

$$H_T=5.2\text{m}$$

按搅拌器功率计算式

$$N_T=4.65\times10^{-9}\xi n^3 D_i^5 \rho_m$$

取　$n=80\text{r/min}$，$D_i=\frac{D_T}{3.3}\approx1.2\text{m}$

ξ 可根据雷诺数由“功率系数-雷诺数曲线图”查得。

$$Re=0.167\times10^2\ \frac{nD_i^2\rho_m}{\mu_m} \quad (29\text{-}95)$$

$$Re=\frac{0.167\times10^2\times80^3\times1.2^2\times1927.7}{6.73\times10^{-3}}=5.5\times10^5$$

查得 $\xi=1.75$

$$N_T=4.65\times10^{-9}\times1.75\times80^3\times1.2^5\times1927.7\approx20(\text{kW})$$

现为双层透平桨

$$\sum N_T=1.4\times20=28(\text{kW})$$

⑦ 输送泵功率　根据式 $N_p=\frac{G_{浆}\Delta p}{1716e}$，由英制单位换算成米制单位增加系数 6.26，则

$$N_p=\frac{6.26\times40.7\times0.04772\times5000}{1716\times0.85}=41.68\text{hp}=31.3\text{kW}$$

制浆及泵送设备所需的功率为

$$N=N_M+N_T+N_P=930.8\text{kW}$$

在浆体管道设计中还应考虑下列问题。

① 运载流体、最佳粒径组成及固体颗粒含量的选择。

② 确定最低运行速度及作为直径和流速函数的摩阻损失。

③ 选择泵站数量、位置，考虑管道的配置及支承。

④ 重视经济因素，分析投资、运行费用、最优管径及动力费用。

6　仓储设施及物流设备

6.1　起重机械

起重机是一种间歇性的装卸机械，其生产能力与机械性能、每一作业周期和劳动组织等有密切关系，一般可用式（29-96）计算。

$$G=\frac{3600Q_{钩}TK_1K_2}{T_{周}}\ \ \text{t/d} \quad (29\text{-}96)$$

式中　G——机械生产能力，t/d；

$Q_{钩}$——每钩起重的额定载荷，其值根据起重机的性能决定，t/钩；

K_2——机械额定载荷利用系数；

T——每昼夜工作时间，h；

K_1——时间利用系数；

$T_{周}$——机械每装（卸）一钩货物的周期，s/钩；

3600——时间换算系数，s/h。

6.2　仓储设备

仓储有封闭型的仓库及露天堆场之分，用于储存原材料、半成品、成品。

按储存不同性质物料的要求，可选择不同的仓储形式及工艺，满足先进先出，安全保障的要求。

现代化的仓储系统，是生产的晴雨表。通过计算机管理，可直接反应企业的经营状况，故必须重视企业仓储系统的设计与管理。

6.2.1　仓库面积计算方法

(1) 荷重法计算

$$S=\frac{Qt}{TqK} \quad (29\text{-}97)$$

式中　S——仓库计算面积，m^2；

Q——库内物料年入库量，t；

t——物料的库存天数，d；

T——仓库全年理论利用天数，d；

q——仓库单位堆料面积的平均有效载荷量，t/m^2；

K——仓库面积利用系数，K 值与仓库设计情况有关，可根据表 29-17 选取。

式中，T 和 Q 通常是定值，说明实际库存量 Qt/T 是随库存周期 t 变化的。影响仓库计算面积的主要因素也是库存周期 t，设计时应根据库存物料特性、储运方式以及产、供、销等具体条件，以不影响工厂连续生产的前提下，合理选定仓库的库存周期桶装物料和袋装物料的储存周期见表 29-18 和表 29-19。

表 29-17　K 值选用

仓库设计情况	K 值
一般情况下采用斗轮堆取料机的散料库	>0.7
桥式抓斗、单一物料库	0.75～0.8
桥式抓斗、单一物料、设地坑	0.8～0.85
装载机、推土机、无桥抓	0.65～0.75
列车入库卸料	～0.6

(2) 袋装仓库的计算方法

① 按物料种类的荷重法

$$F_{有效}=\frac{M}{F_m} \quad (29\text{-}98)$$

式中　$F_{有效}$——有效存放面积，m^2；

M——仓库储备定额，t；

F_m——仓库的允许荷重，t/m^2。

仓库总面积为

$$F_o=\frac{M}{F_c} \quad (29\text{-}99)$$

式中　F_o——仓库总面积，m^2；

F_c——每平方米仓库总面积上平均荷重，t/m^2。

② 按容积计量法

$$F_{有效}=\frac{MABHF_A}{TabhK_oK_gn} \quad (29\text{-}100)$$

式中　$F_{有效}$——有效存放面积，m^2；

A，B，H——每一存放位置的长、宽、高，m；

T——物料的堆积质量，t；

a，b，h——物料包每袋尺寸长、宽、高，m；

n——堆垛（货架）存放位置数；

F_A——堆垛占地面积，即货架占地面积，m^2；

K_o——每个存放位置容积的利用系数，$K_o=0.75\sim0.85$；

K_g——存放位置的物料堆积紧密系数，一般 $K_g=0.35\sim0.5$。

③ 按堆积法

$$F_k=3F_nu \quad (29\text{-}101)$$

式中　F_k——收发物料成品仓库面积，m^2；

F_n——铁路车辆、汽车等的底板面积，m^2；

u——同时进入仓库或由仓库发出的运输工具数。

(3) 桶装仓库面积的计算方法

可选用式（29-102）或式（29-103）计算

$$F=\frac{Q}{n\gamma HKa} \quad (29\text{-}102)$$

式中　F——桶装库房使用面积，m^2；

Q——桶装库容量，与 Q 值有关的基本数据，见表29-18；

n——桶堆放层数，油桶设计，一般按一层考虑；

γ——物料密度，t/m^3；

H——桶的高度，m；

K——库房体积充满系数，即桶圆柱体积与桶所占其六面长立方体的空间体积之比；

a——库房体积的利用系数，主要根据通道宽度而定，叉车各操作位置通道宽度见表29-20，一般通道宽为2～3m，辅助通道宽为1m，可取 $a=0.3\sim0.4$。

$$F=\frac{QD^2}{n\gamma Vha} \quad (29\text{-}103)$$

式中　V——包装桶容量，见表29-21，L；

D——桶的最大外径，m；

h——桶的容积充实系数，桶一般为立放。

其他符号含义同式（29-102）。

表29-18　桶装物料储存周期　　单位：d

化工原料	储存周期	化工原料	储存周期
铝粉浆	60～100	甲苯	10～20
粉体颜料(包括各种颜色)	60～100	硝酸铵	2～4(最大储量为1500t)
硫酸铜	60～100	硫黄	5～15
低碳酸钡	60～100	镁粉	5～15
闪光铝粉	60～100	硝化纤维色片	5～15
红丹粉	30～45	电石	2～4(单库最大储量1000t)
黄丹	30～45	重铬酸钠	10～20
片状氯化钙	30～45	金属钾	10～20
聚氯乙烯	10～60	樟脑	10～20
氰化钠	10～20	铬酸钾	30～45
催化剂	30～45	天然橡胶	30～45
甲烷	5～15	玻璃晶粒	30～45
磷化钙	5～15	氯酸钾	10～20
生松香	30～45	氯酸钠	10～20
炭黑	30～45		

注：1. 有些化工原料是易燃、易爆物品，储存时应考虑仓库的耐火、防爆规定。

2. 有些化工原料不能和其他类物品共同储存时，应单独设储存仓库。

表 29-19 袋装物料的储存周期 单位：d

成品名称	储存周期	成品名称	储存周期
尿素	2～12	合成橡胶	7～15
碳酸氢铵	2～4	硝酸铵	2～4(最大储量为 1500t)
氯化铵	2～4	碳酸锶	5～10
硫酸铵	2～4	三聚氰胺	5～10
磷肥	2～15	红矾钠	10～20
普通过磷酸钙	10～15	钛白粉	30～45
磷铵	5～10	硫酸铵	5～10
纯碱	4～8	钙镁磷肥	2～6
固体烧碱	4～8	硝酸磷肥	2～4
聚氯乙烯	7～15	复合肥 NPK	5～10
聚乙烯	2～15	碳酸钡	5～10
聚丙烯	2～15	钛精矿	60～80
聚苯乙烯	7～15	氯化钠(食盐)	45～60
聚乙烯醇	7～15	醋酸乙烯	45～60
粉体颜料(包括各种颜色)	60～100	红土	30～45
过氯乙烯树脂	45～60	铸石粉	30～45
季戊四醇	45～60	氧化亚铜	60～100
苯酐	30～45	云母粉	45～60
轻质碳酸钙	30～45	硝化棉	20～30
冶炼氧化锌	45～60	赛璐珞板(片)	20～30
硫酸钡	45～60	樟脑粉	30～45
红丹粉	45～60	生松香	30～45
水磨石粉	45～60	滑石粉	30～45
偏硼酸钡	60～80	电玉粉	30～45
硬脂酸铝	60～80	漂白粉	30～45
立德粉	60～100	氯乙烯	45～60
重晶石粉	45～60	酚醛塑料	45～60

表 29-20 叉车各操作位置通道宽度

操作位置	拖盘尺寸/mm		操作位置	拖盘尺寸/mm	
	1200×1000	1000×800		1200×1000	1000×800
标准通道宽	1930	1725	15°堆垛	3125	2925
45°堆垛	2200	2100	平行堆垛	3575	3375
30°堆垛	2700	2550	调头通道宽	4050	3850

表 29-21 常用包装桶规格

桶号	产品名称	容量/L	内径×外形高度/mm	钢板厚度/mm
小口钢桶	15 格令镀锌小口桶	60	ϕ382×(645±3)	1～1.25
	25 格令小口黑铁桶	100	ϕ442×(730±3)	1～1.25
	25 格令小口涂料桶	100	ϕ442×(730±3)	1～1.25
	5 格令小口黑铁桶	215	ϕ860×(900±3)	1.25

续表

桶号	产品名称	容量/L		内径×外形高度/mm	钢板厚度/mm
中口桶	17in×13in 中口桶	120	140	442×(786±3)	0.5
	16in×26in 中口桶	86	208	408×(665±3)	0.8
	53 格令中口桶	215	208	560×(900±3)	1.25
	14in×18in 中口缩底桶	45	208	335×(472±3)	0.6
缩口桶	14in×18in 缩口桶	44		320×(472±3)	0.6
	16in×19in 缩口桶	60		328×(490±3)	0.8
大口桶	22in×35in 大口桶	215		560×(910±3)	1.25
	17in×27in 大口桶	98		442×(675±3)	1～1.25
	16in×31in 大口桶	100		408×(790±3)	0.8～1
	16in×23in 大口桶	72		408×(600±3)	0.8
	16in×19in 大口桶	62		408×(490±3)	0.8
	15in×21½in 大口桶	60		382×(558±3)	0.8
	14in×18in 大口桶	45		355×(472±3)	0.6
	14in×16in 大口桶	42		355×(435±3)	0.6
	14in×14in 大口桶	35		355×(380±3)	0.6
	14in×12in 大口桶	30		355×(320±3)	0.6

注：一般桶装成品单件容积不宜超过 215L（53 格令）。

6.2.2 叉车用的特殊机具

在下述情况下，应使用特殊机具。

① 仓库净高小于 4m 时，为增加空间利用率，可用货叉能在货架上下移动的特殊机具。

② 仓库内货位空间紧密时，为能准确对准货位而不用倒车，可用货叉架能在门架上左右移动的特殊机具。

③ 仓库通道狭小，叉车不能开进仓库时，可用货叉架能前移货叉的特殊机具。

④ 仓库狭小时，可用能上下转动的倾翻货叉装卸和堆垛的特殊机具。

⑤ 仓库内货物较长时，可用加长货叉进行搬运的特殊机具。

⑥ 当仓库内储存化工产品及其他桶装固体物料时，宜用旋转抱夹叉具，旋转抱夹叉具分为单桶旋转抱夹和双桶旋转抱夹两种。

采用码垛机的托盘成组配叉车的仓库，净空高度一般为 4.5～8m。

采用桥式联合堆包机的机械化仓库，净空高度一般为 8～10m。

仓库大门宽度和高度，应根据运输设备及包装的外形尺寸来确定，一般不小于表 29-22 中规定数据。

表 29-22 仓库大门尺寸

运输设备（工具）	宽度/m	高度/m
蓄电池搬运车及叉车	2	2.5
4t 载重汽车	3.3	3.6
8t 载重汽车	3.6～3.9	4～4.2
3～5t 内燃叉车、装卸车	3.6	4
手推车	1.5～1.8	2～2.2
铁路进库	4.2～4.5	5～5.5

6.2.3 仓库站台的设计要求

仓库装卸站台一般应与仓库紧邻且平行于仓库纵向轴线，站台的高度应与运输车辆相适应，铁路运输站台应高出轨顶 1.10m，铁路中心距站边为 1.75m。其他运输车辆站台应高出轨顶0.8～1.3m。

站台宽度应考虑搬运作业和堆放部分物料的需要。采用人工搬运时，站台宽度应不小于 2.50m；采用叉车搬运时，站台宽度应不小于 4.0m；采用移动式输送机时，站台宽度应不小于 4.5～6.0m；采用移动式悬挂装车机时，站台宽度应不小于4.5～6.0m。

装车站台应设置防雨棚。

汽车站台应设置手动、液压或电动气袋式高度调节板，便于叉车作业。

6.2.4　叉车作业仓库的设计

(1) 叉车作业通道宽度的计算

① 叉车通道（会车）宽度

$$B_{行}=B_1+B_2+0.5\text{m} \qquad (29\text{-}104)$$

式中　$B_{行}$——通道宽度，m；

B_1，B_2——叉车和货物宽度，m。

若叉车的宽度为 0.92m、货物宽度为 1.35m 时，据式（29-104）计算叉车会车需要通道宽度（$B_{行}$）：两辆叉车不带托盘时，$B_{行}=2.34$m；两辆叉车均载货物时，$B_{行}=3.20$m；一辆叉车重载、另一辆叉车空载时，$B_{行}=2.77$m。在大中型货场的仓库里，因装卸作业比较繁忙，宜采用 3.30m，小型货场可采用 2.87m。

② 叉车转弯的最小宽度（图 29-22）

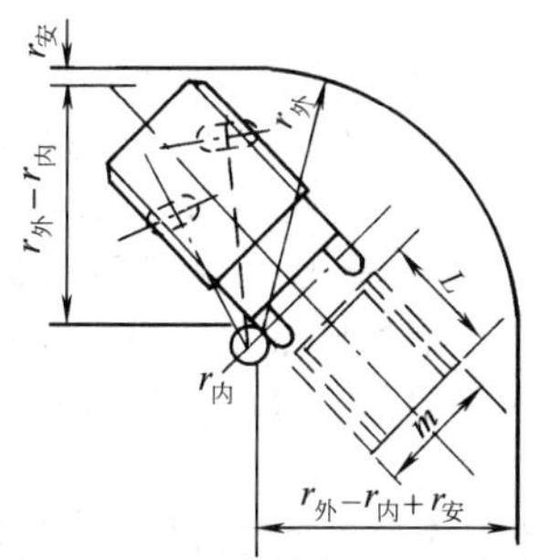

图 29-22　叉车转弯的最小宽度

$$B_{转}=r_{外}-r_{内}+r_{安}\quad \text{m} \qquad (29\text{-}105)$$

式中　$B_{转}$——叉车转弯的最小宽度，m；

$r_{外}$——叉车外侧转弯半径，m；

$r_{内}$——叉车内侧附加转弯半径，m；

$r_{安}$——叉车转弯时至建筑物的安全距离，m。

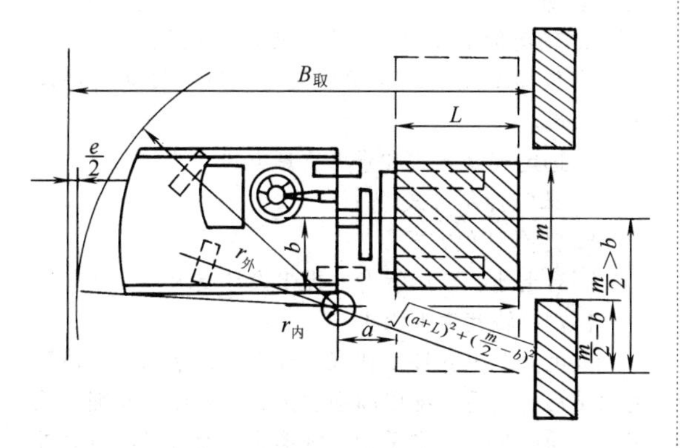

图 29-23　叉车取货时的最小通道宽度

如 DC-1 型叉车，$r_{外}=1.72$m、$r_{内}=0.15$m、$r_{安}=0.2$m时，则 $B_{转}=1.77$m。因为站台走道宽和仓库内最小通道宽均不少于 3m，故能满足 $B_{转}$ 要求，设计时 $B_{转}$ 不需另行计算。

③ 叉车取货时的最小通道宽度　根据取出托盘或往货位上送托盘时叉车的运行轨迹计算，如图 29-23所示。

当 $m<2b$ 时

$$B_{取_1}=r_{外}+a+L_{货}+c\quad \text{m} \qquad (29\text{-}106)$$

当 $m>2b$ 时

$$B_{取_2}=r_{外}+\sqrt{(a+L_{货})^2+\left(\frac{m}{2}-b\right)^2}+c\quad \text{m} \qquad (29\text{-}107)$$

式中　$B_{取_1}$，$B_{取_2}$——$m<2b$ 或 $m>2b$ 时，取货通道的最小宽度，m；

b——1/2 叉车宽加内侧回转半径，m；

a——前轴至叉子升降架后壁间的距离，m；

$r_{外}$——外侧最小回转半径，m；

$L_{货}$——货物长度，m；

c——最小间隙，m；

m——货物宽度，m。

如叉车的 1/2 宽度为 0.46m 时，$r_{外}=1.72$m，$c=0.2$m，$L_{货}=0.85+0.04+0.04=0.93$（m），$m=1.25+0.05+0.05=1.35$（m），$a=0.315$m，$b=0.46+0.15=0.61$（m），按式（29-106）和式（29-107）计算求得

$$B_{取_1}=3.165\text{m},\ B_{取_2}=3.17\text{m}$$

综上计算叉车的通道宽度，为满足两辆叉车会车及取货后转向要求，最小通道宽不宜小于 3.2m，若有条件时应取 3.5m。

(2) 叉车生产能力的计算

叉车的生产能力是指在单位时间内完成装（卸）和搬运货物吨数，一般可用式（29-108）计算。

$$G=\frac{3600QTK_1K_2}{T_{周}}\quad \text{t/d} \qquad (29\text{-}108)$$

式中　G——生产能力，t/d；

Q——叉车的额定载荷，t；

K_2——额定载荷利用系数；

T——每昼夜工作时间，h；

K_1——时间利用系数；

$T_{周}$——叉车升、降及往返搬运一次货物所需的总时间，可用式（29-109）计算，s。

$$T_{周}=t_{抓}+3t_{转}+2t_{行}+t_{升}+t_{降}+t_{放}\quad \text{s} \qquad (29\text{-}109)$$

$$t_{升(降)}=\frac{60H_{升(降)}}{v_{升(降)}}\quad \text{s} \qquad (29\text{-}110)$$

式中　$t_{抓}$——叉车抓取货物所需时间，一般取 $t_{抓}=$

10～40s，托盘直接送达时，取 $t_{抓}=10s$，托盘仅限于仓库内应用时，取 $t_{抓}=40s$；

$t_{转}$——转向时间，一般 $t_{转}=7s$；

$t_{放}$——放下货物时间，一般 $t_{放}=3s$；

$t_{升(降)}$——货物起升（降）所需时间，此值根据叉车的起升（降）速度以及起升高度按式（29-110）计算，s；

$H_{升(降)}$——起升高度，平均取 $H_{升(降)}=1.5m$；

$v_{升(降)}$——起升（降）速度，内燃叉车的 $v_{升(降)}=12\sim15.6m/min$，蓄电池叉车的 $v_{升(降)}=7\sim8m/min$；

60——换算系数。

$$t_{行}=\frac{S}{0.278v_{行}}\quad s \tag{29-111}$$

式中　$t_{行}$——搬运货物（单程）所需时间按式（29-111）计算，s；

S——搬运货物运行距离，由于叉车一般是在仓库与篷车之间进行搬运作业，因此搬运距离与仓库的长度有关，通常可按仓库长度的一半计算，即取为50m、100m或150m等；

$v_{行}$——叉车的运行速度，内燃叉车，$v_{行}=8km/h$、$12km/h$、$15km/h$、$17km/h$，蓄电池叉车，$v_{行}=6.5km/h$；

0.278——单位换算系数。

6.2.5　高层货架仓库的物料搬运设备

高层货架仓库简称高架仓库，一般指采用几层、十几层乃至几十层高的货架储存单元货物，用相应的物料搬运设备进行货物入库和出库作业的仓库。

高架仓库一般由高层货架、物料搬运设备、控制和管理设备及土建公用设施等部分组成。

(1) 高层货架的分类

① 按高层货架的构造分类

a. 单元货格式仓库　其应用最广，通用性也较强。

b. 贯通式仓库　又可进一步细分成循环货架仓库等。其面积利用率高，但取货只能“先入先出”。

② 按仓库存取方式分类

a. 以整个货物单元存取的仓库　货物放在标准容器中或托盘上储存，出库和入库都以整个单元进行。

b. 拣选式仓库　货物虽以单元化方式入库和储存，但出库时并非整个单元一起出，而是根据出库单的要求从货物单元中拣选一部分出库。这种拣选又可分为“人到货前拣选”和“货到人处拣选”两种。

③ 按仓库在生产和流通中的作用分类

a. 单纯储存的仓库　货物以单元化形式入库之后，在货架上储存一定时间，需要时，出库供使用，绝大多数高层货架仓库都是这样的。

b. 储存兼选配的仓库　货物以各自的货物单元的形式储存在货架上，出库时需要根据订单的要求将不同货物以不同的数量进行选配，组成新的货物单元，送往需要的地方供使用。典型例子是“配送中心”。

(2) 高架仓库的优点和用途

高架仓库的特点是，能大幅度地增加仓库高度；提高仓库出入库频率和仓库管理水平；可以很容易地实现先入先出的物流系统；采用自动化技术后，能较好地适应黑暗、有毒、低温等特殊场合的需要。

(3) 高层货架仓库的总体设计

① 总体设计前的准备工作　为做好高架仓库总体设计，首先需进行下列各主要方面的调查。

a. 有关物料的情况　包括物料的品名、特征、外形尺寸、单件质量、平均库存量、最大库存量、每日入库数量、每日出库数量、出库和入库频率。

b. 有关现场条件　要了解地形、地质条件、地耐力、风雪荷载、地震情况以及其他环境条件。

c. 有关物流情况

② 总体设计的主要内容

a. 确定货物单元的形式、尺寸和重量。

b. 需要对所有入库品种进行“ABC”分析，选择最为经济合理的方案。

c. 确定仓库型式、作业方式和物料搬运设备的主要参数。

d. 确定货格尺寸、初定货架总体尺寸。

e. 货物单元出入高层货架的位置：贯通式和同端出入式。

f. 选定控制方式和仓库管理方式

g. 选定控制方式

h. 选择管理方式

i. 对土建、公用等专业提出设计要求

(4) 有轨巷道堆垛机

该机分有单立柱型和双立柱型两种结构，主体采用优质钢材制造，配以高强度传动链条或钢丝绳，具有全自动、半自动和手动三种形式，通过光电自动控制、远距离红外线（无线）信息传输等系统，实现货物快速、平稳、准确出入库，是立体仓库的重要起重手段。

有轨巷道堆垛机的结构和主要技术参数示例见图29-24、表29-23、表29-24。

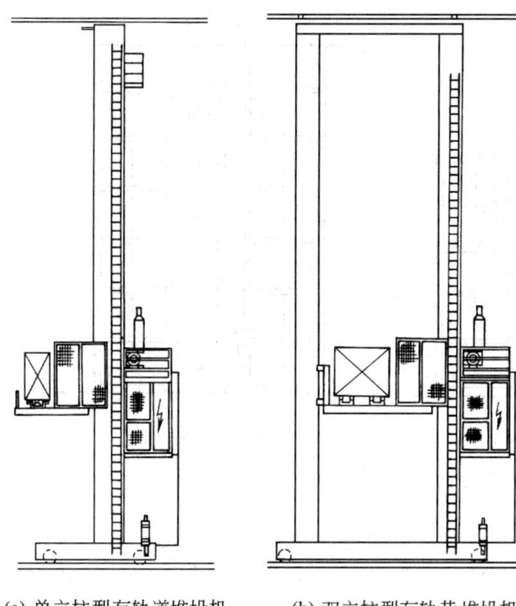

(a) 单立柱型有轨道堆垛机　(b) 双立柱型有轨巷堆垛机

图 29-24　有轨巷道堆垛机

(5) 叉车

叉车在仓储系统中广泛用于单元货物的装卸、喂料、堆取与搬运，特别是可以把空架库区与收发货区方便地联系起来。主要有平衡重式、前移式和三向堆垛式三种叉车，如图 29-25 所示为三种叉车占用货架通道的宽度以及相同仓储面积下堆存能力的相对比较。

表 29-23　标准单立柱型巷道堆垛机主要技术参数示例

主要技术与参数	数　值
额定起升质量/t	0.1；0.25；0.5；0.8；1.0；1.5，…
托盘规格尺寸/mm	800×1000；800×1200；1000×1200 或任意
货叉类型	单货叉；双货叉
货叉伸缩速度/(m/min)	3～15(变频调速)
水平运行速度/(m/min)	5～180(变频调速)
垂直起升速度/(m/min)	2/12；4/16；5/20(双速)或者变频调速 3～30
总功率/kW	>10
最低货位标高/m	≥0.56
最高货位标高/m	≤28
整机全高/m	≤30
导电方式	滑导线；电缆小车
通信方式	载波通信；远红外通信
控制方式	手动；半自动；单机自动；联机自动
出入库作业方式	拣选式；单元式；混合式

表 29-24　标准双立柱型巷道堆垛机主要技术参数示例

主要技术参数	数　值	主要技术参数	数　值
额定起升质量/t	0.8；1.0；1.5；1.8；2.0；2.3；2.5；3.0；5.0；8.0…	最低货位标高/m	≥0.56
托盘规格尺寸/mm	800×1000；800×1200；1000×1200 或任意	最高货位标高/m	≤43
货叉类型	双货叉；三货叉；四货叉	整机全高/m	≤45
货叉伸缩速度/(m/min)	3～15(变频调速)	导电方式	滑导线；电缆小车
水平运行速度/(m/min)	5～180(变频调速)	通信方式	载波通信；远红外通信
垂直起升速度/(m/min)	2/12；4/16；5/20(双速)或者变频调速 3～30	控制方式	手动；半自动；单机自动；联机自动
总功率/kW	>10	出入库作业方式	拣选式；单元式；混合式

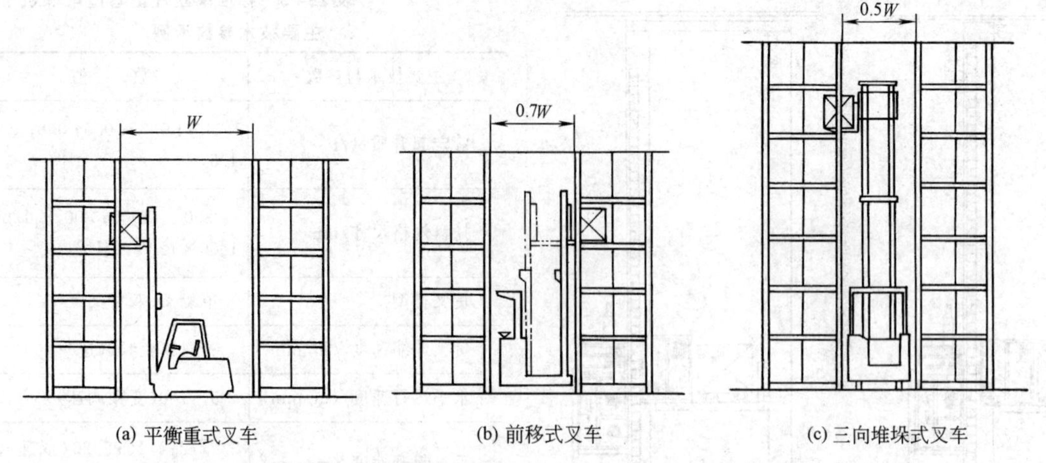

图 29-25　三种叉车占用货架通道的宽度以及相同仓储面积下堆存能力的相对比较

(6) 无轨巷道堆垛机（图 29-26、表 29-25）

(7) 高层货架

高层货架是高架仓库的承重构筑物，不仅需具备必要的强度、刚度和稳定性，而且必须具有能满足仓库设备运行工艺要求的较高的制造和安装精度。以下主要介绍单元货格式仓库的高层货架。

单元货架式仓库的高层货架按其与仓库建筑物之间的相互关系可分为库架合一的整体式货架和库架分离的分离式货架两类，如图 29-27 和图 29-28 所示。根据每一货格内的货位数，高层货架可分为单货位式和多货位式两种，如图 29-29 所示。

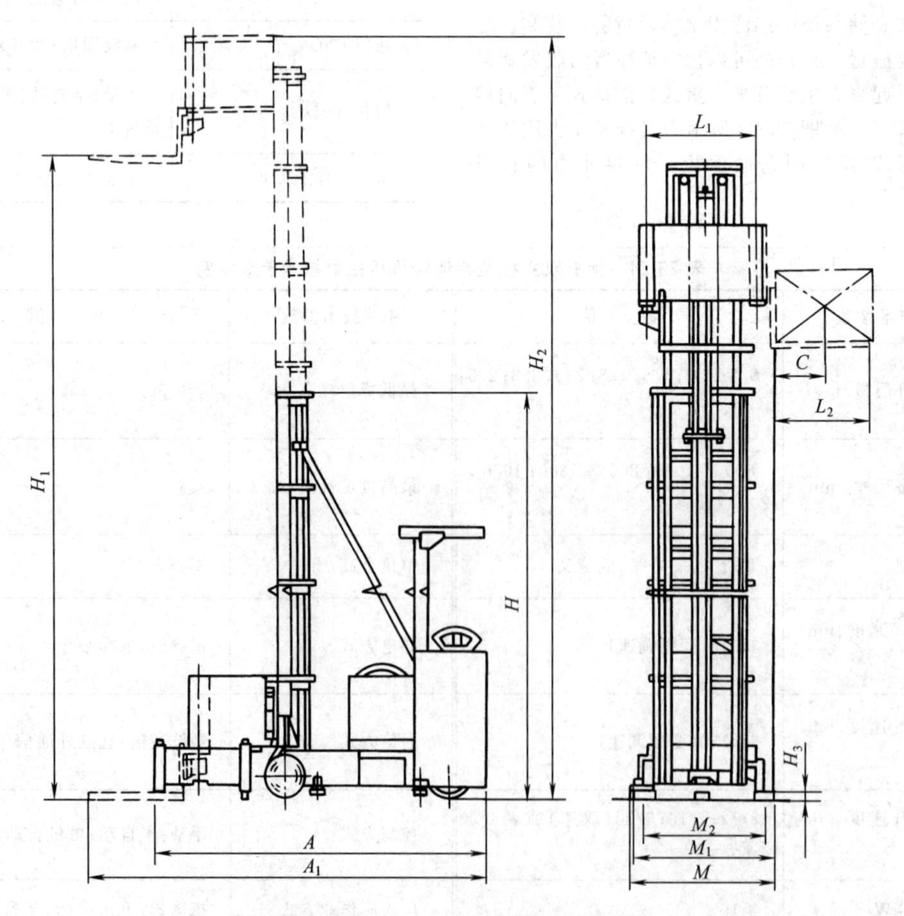

图 29-26　CXD0.5-5.5 无轨巷道堆垛机

表 29-25　CXD0.5-5.5 无轨巷道堆垛机主要技术参数和规格尺寸示例

规格尺寸	数值	技术参数	数值
巷道最小宽度 M/mm	1420	额定起质量/kg	500
载荷中心距 C/mm	500	回转角度/(°)	180
门架不起升时车总高 H/mm	3600	最小转弯半径/mm	1900
最大起升高度时车总高 H_1/mm	6564	行驶速度(满载/空)/(km/h)	5.2/6
最大起升高度 H_2/m	5.5	最大起升速度(满载/空)/(m/min)	10/12
导向轮下沿离地高度 H_3/mm	52.5	侧移速度(满载)/(r/min)	4.2
货叉侧移距离 L_1/mm	1120	货叉回转速度/(r/min)	3.5
最大侧移时叉尖距导向轮外距离 L_2/mm	923	自重(包括蓄电池)/kg	3300
货叉侧向位置时车总长 A/mm	3034	蓄电池型号	D336
货叉纵向位置时车总长 A_1/mm	3670	电压等级/V	48
导向轮外侧距离 M_1/mm	1393	最小离地间隙(车体下沿)/mm	84
车体最大宽度 M_2/mm	1150	运行调速	SCR 无级
最大托盘尺寸/mm×mm	1000×1000	高度认址	预选

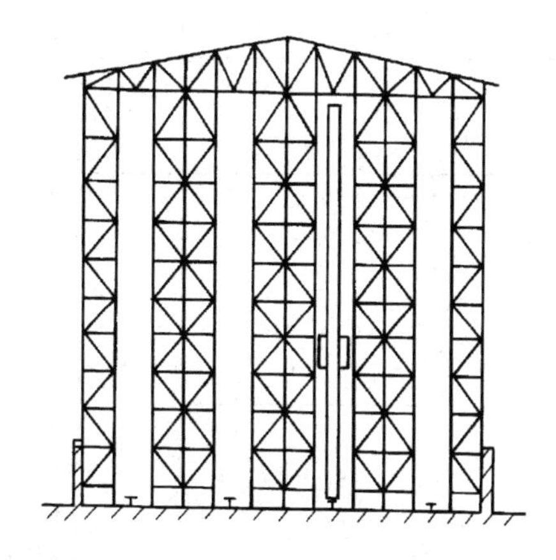

图 29-27　整体式货架

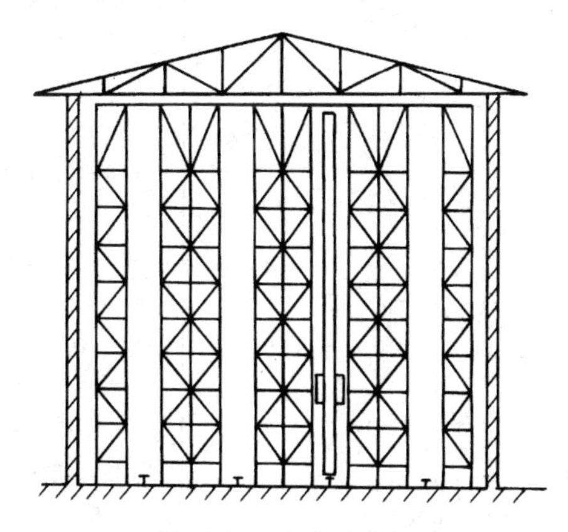

图 29-28　分离式货架

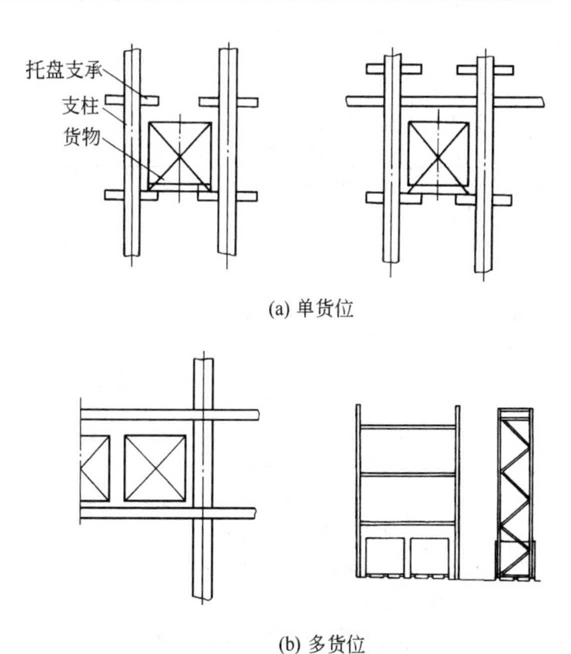

图 29-29　单货位和多货位式高层货架

6.2.6　叉车

(1) 电动平衡重式叉车

① 特点　电动平衡重式叉车的性能优越，具有如下特性。

a. 节能的数字控制系统，控制平稳，精确。

b. 结构紧凑，工作尺寸小，适用于各种工况。

c. 长轴距，低重心，大支撑面，稳定性极高。

d. 维修费用低，如果用耐磨制动器，会使本叉车具有较高的经济性。

e. 根据人机工程学优化设计的驾驶室。

② 驾驶室　根据人机工程学原理设计的舒适驾驶室，台阶低，方便司机上下。叉车行驶由双踏板系统控制。门架的所有基本功能（提升，下降，倾斜）均可由集中操纵杆控制。转向柱和悬浮式司机座均可调，为司机创造一个舒适的工作环境。

③ 车架　驱动电动机和提升电动机均安装在全封闭式车架里，使得电动机和液压元件免受灰尘及污水污染。车架结构紧凑，坚固耐用。转向桥安装在平衡重内，减少了不平路面对车架的振动。

④ 电动机　前轮由装在整体式驱动桥上的双电动机驱动，使叉车具有优良的加速性能、爬坡能力及大牵引力。双踏板控制系统可保证叉车换向平稳、精确。

⑤ 数字控制　数字控制系统体现出极佳的准确驱动特性；启动、加速平稳且反向灵活，可提高工作效率；转弯性能也极大提高；特殊诊断模块能记录所有的运行参数，方便维修人员读取数据，缩短检测时间，简化维护过程。

⑥ 实例　以某公司E12C型电动平衡重式叉车为例，其制造参数与设计特征见表29-26，载荷曲线和外形尺寸见图29-30、图29-31，总体高度和提升高度见表29-27。

表29-26　E12C型电动平衡重式叉车的制造参数与设计特征

项目			数值
特性	1.1	制造厂商	
	1.2	型号	E12C
	1.3	动力	蓄电池
	1.4	驾驶方式	生驾式
	1.5	额定承载能力 Q/t	1.2
	1.6	载荷中心距 c/mm	500
	1.7	前悬距 x/mm	350
	1.8	轴距 y/mm	1095
质量	2.1	自重/kg	2646
	2.2	满载时的桥负荷(前/后)/kg	3405/441
	2.3	空载时的桥负荷(前/后)/kg	1280/1370
车轮和轮胎	3.1	轮胎(前/后)	SE/SE
	3.2	轮胎尺寸(前轮)	18×7-8SE
	3.3	轮胎尺寸(后轮)	15×4½-8SE
	3.4	车轮数量(前/后,X=驱动轮)	2×2
	3.5	轮距(前/后)b_{10}/b_{11}	910/168
尺寸	4.1	门架倾角(前/后)α、β/(°)	5/8
	4.2	门架缩回时的高度 h_1/mm	2137(2080)
	4.3	自由提升高度 h_2/mm	150
	4.4	提升高度 h_3/mm	3250(4675)
	4.5	作业时门架最大高度 h_4/mm	3813(5238)
	4.6	护顶架高度 h_6/mm	1953
	4.7	驾驶座离地高度 h_7/mm	923
	4.8	总体长度 H/mm	2515
	4.9	车体长度(不含货叉)L_2/mm	1615(1640)
	4.10	车体宽度 b_1,b_2/mm	1083
	4.11	货叉尺寸(厚×宽×长)/mm	40×80×900
	4.12	货叉架,根据DIN 15173安装等级/形式A,B	2A
	4.13	货叉架宽度 b_3/mm	1040
	4.14	轴距中心离地间隙 m_2/mm	110
	4.15	门架离地间隙 m_1/mm	95
	4.16	直角堆垛最小通道宽度,托盘1000×1200(1200跨货叉位置)A_{st}/mm	2942(2965)
	4.17	直角堆垛最小通道宽度,托盘800×1200(1200沿货叉位置)A_{st}/mm	3065(3090)
	4.18	转弯半径 W_a/mm	1265

续表

项目			数值
性能	5.1	行驶速度(满/空载)/(km/h)	11/12.5
	5.2	提升速度(满/空载)/(m/s)	0.27/0.48
	5.3	下降速度(满/空载)/(m/s)	0.56/0.47
	5.4	额定牵引力(60min)(满/空载)/N	2050/2226
	5.5	最大牵引力(5min)(满/空载)/N	5768/5894
	5.6	爬坡能力(30min)(满/空载)/%	74/11.5
	5.7	最大爬坡能力(5min)(满/空载)/%	15.5/23.3
	5.8	加速时间(满/空载)/s	6.2/5.4
	5.9	行车制动	机械/电动
驱动	6.1	驱动电动机(60min)/kW	2×3
	6.2	提升电动机(15%功率)/kW	5
	6.3	蓄电池(根据 IEC)	254-2
	6.4	蓄电池电压/容量(5h 放电量)/[V/(A·h)]	24/500
	6.5	蓄电池质量(±5%)/kg	445
其他	7.1	驱动控制方式	微处理器控制
	7.2	属具工作油压/bar	170

注：1. 其他可选用的门架参数，参见门架表。
2. 括号内参数适用于三级门架。
3. 带 150mm 自由提升。
4. 括号内的数值适用于二级/三级门架。

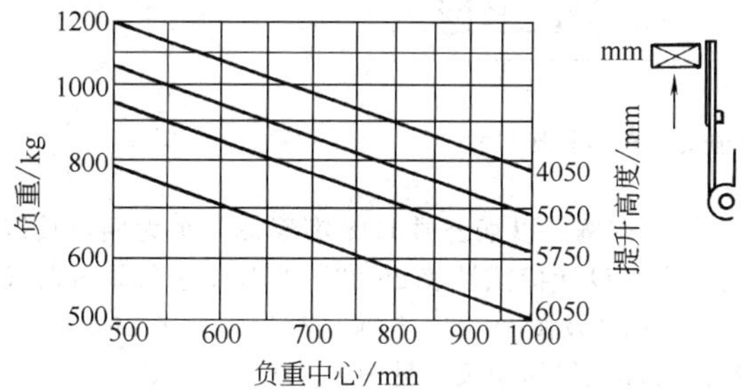

图 29-30　E12C 型电动平衡重式叉车的载荷曲线

kg　　mm

(2) 柴油叉车

① 特点

a. 最低的维修费用，较长的维修周期，使叉车具有较高的经济性。

b. 高扭矩发动机与静压传动控制系统匹配，叉车效率高，能耗低。

c. 在尾气排放和噪声方面，对发动机进行了环保优化设计，驾驶室的周围环境噪声水平低。

d. 根据人机工程学原理设计的驾驶室，配备双踏板系统、集中操纵杆和舒适的司机座椅。

② 发动机　专门为本系列叉车研制的水冷式柴油发动机，是一种低速度、大扭矩发动机，可降低能耗、减少排放以及降低噪声，同时延长了寿命。

③ 驾驶室　根据最新的人机工程学原理对驾驶室进行了优化设计，驾驶室与车身之间由减振垫隔离，大大地降低了振动和噪声；司机座下有弹簧和液压减振装置，可根据驾驶员的身高和体重进行调整；双踏板控制系统具有无需切换即可实现灵敏换向的功

表 29-27　E12C 型电动平衡重式叉车的总体高度和提升高度　　单位：mm

项目	数值					
提升高度 h_3	2950	3250	3750	4750	4675	5975
门架回缩时高度 $h_1^{\#}$(带 150mm 自由提升-标准门架)	1987	2137	2387	2887	—	—
门架缩回时的高度(二级/三级门架)h_1	1930	2080	—	—	2080	2580
作业时门架的最大高度(二级/三级门架)h_4	3513	3813	—	—	—	—
全自由提升高度(二级/三级门架)h_2	1367	1517	—	—	1517	2017

注：安全距离 a=200mm。

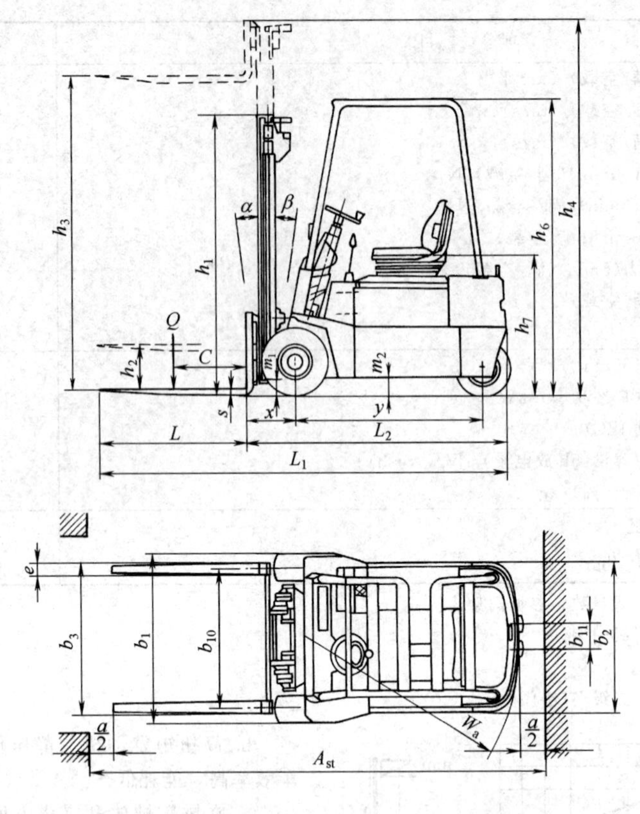

图 29-31　E12C型电动平衡重式叉车的外形尺寸

能。集中操纵杆控制门架的提升、下降和倾斜动作；发动机的转速可根据提升和其他功能的要求自动调节；护顶架与司机座做成一体，并可装配成舒适的全封闭式驾驶室。

④ 实例　以某公司 H18 型柴油叉车为例，其制造参数与设计特征见表 29-28，外形尺寸和载荷曲线见图 29-32 及图 29-33，标准门架尺寸见表 29-29，二级门架和三级门架尺寸见表 29-30。

表 29-28　H18 型柴油叉车的制造参数与设计特征

项目			数值
特性	1.1	制造厂商	
	1.2	型号	H18D
	1.3	动力	柴油
	1.4	驾驶方式	坐驾式
	1.5	额定承载能力 Q/t	1.8
	1.6	载荷中心距 c/mm	500
	1.7	前悬距 x/mm	355(380)
	1.8	轴距 y/mm	1500
质量	2.1	自重/kg	2910
	2.2	满载时的桥负荷(前/后)/kg	4120/590
	2.3	空载时的桥负荷(前/后)/kg	1285/1625
车轮	3.1	轮胎(SE 表示实心胎，P 表示充气胎)	P/P
	3.2	前轮轮胎尺寸规格	18×7-8/16PR
	3.3	后轮轮胎尺寸规格	18×7-8/16PR
	3.4	车轮数量(前/后)	2×/2(X 表示驱动轮)
	3.5	轮距(前/后)/mm	910/874

续表

项目			数值
尺寸	4.1	门架倾角(前/后)/(°)	6/10(6)
	4.2	门架缩回时的高度 h_1/mm	2137
	4.3	自由提升高度 h_2/mm	150
	4.4	提升高度 h_3/mm	3150
	4.5	作业时门架最大高度 h_4/mm	3763
	4.6	护顶架(驾驶室)高度 h_6/mm	2070
	4.7	驾驶座离地高度 h_7/mm	1000
	4.8	车体长度(不含货叉)L_2/mm	2240(2265)
	4.9	车体宽度 B/mm	1087(1168)
	4.10	货叉尺寸 $s \times e \times l$(厚×宽×长)/mm	45×100×1000
	4.11	货叉架(根据 DIN 15173)	2A
	4.12	门架离地间隙 m_1/mm	85(95)
	4.13	轴距中心离地间隙 m_2/mm	120
	4.14	直角堆垛最小通道宽度[托盘 1000×1200(跨货叉位置)]A_{st}/mm	3581
	4.15	直角堆垛最小通道宽度[托盘 800×1200(沿货叉位置)]A_{st}/mm	3781
	4.16	转弯半径 W_a/mm	2026
性能	5.1	行驶速度(满/空载)/(km/h)	18/18
	5.2	提升速度(满/空载)/(m/s)	0.55/0.58
	5.3	下降速度(满/空载)/(m/s)	0.55/0.47
	5.4	额定牵引力(满/空载)/N	14200/9220
	5.5	爬坡能力(满/空载)/%	31/26
	5.6	加速时间(满/空载)/s	4.9/4.4
	5.7	行车制动	静压传动
驱动	6.1	发动机制造厂商/型号	VW/ADG
	6.2	发动机最大额定功率(参照 DIN 70020)/kW	28
	6.3	额定转速(参照 DIN 70020)/(r/min)	2300
	6.4	气缸数量/(排量)/mL	(4)/1900
	6.5	燃料消耗(参照 VDI 标准)/(L/h)	2.3
其他	7.1	属具工作油压/bar	230
	7.2	司机耳边噪声(A)/dB	78

表 29-29　标准门架尺寸

项目	尺寸/mm					
提升高度 h_3	3150	3650	4150	4650	5150	5650
缩回高度 h_1	2080	2330	2580	2830	3080	3330
缩回高度(150mm 自由提升)$h_1^{\#}$	2137	2387	2637	2887	3137	3387
作业时门架最大高度 h_4	150	150	150	150	150	150
自由提升高度 h_2	3763	4263	4763	5263	5763	6263

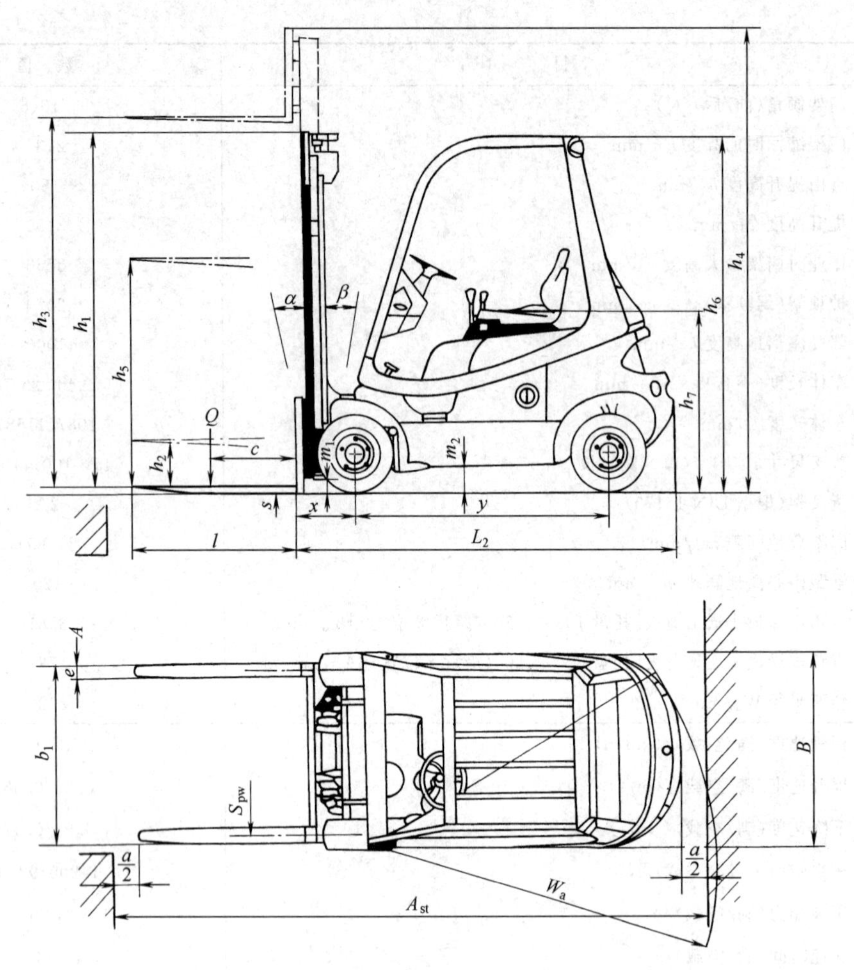

图 29-32　H18 型柴油叉车的外形尺寸

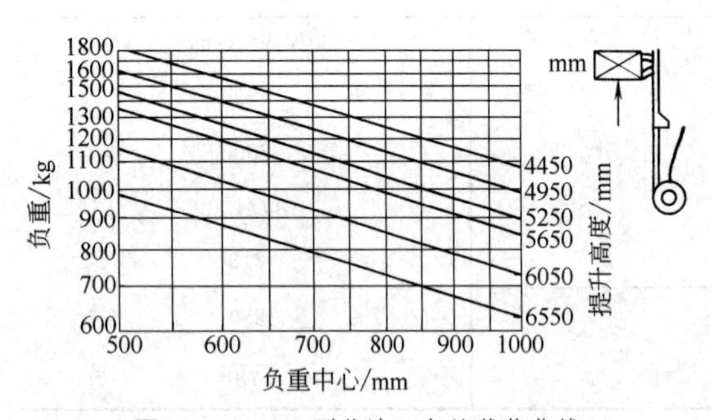

图 29-33　H18 型柴油叉车的载荷曲线

kg　　mm

表 29-30　二级门架和三级门架尺寸

项　　目	尺寸/mm				
提升高度 h_3	3150	3650	4525	5825	6575
缩回高度 h_1	2080	2330	2080	2580	2830
作业时门架的最大高度 h_5	1468	1718	1468	1968	2218
全自由提升高度 h_4	3763	4263	5138	6438	7188

(3) 内燃叉车

整车小巧，重心低，稳定性好，离地间隙增大，起升速度快，大大提高了装卸效率；“双变”增加油散热器和换挡油压优先阀，既降低了整机噪声，又提高了传动系统的可靠性；发动机冷却系统采用大容量水箱，增装辅助小水箱，大大改善了冷却效果；操作系统按人机工程学设计，各操纵手柄、踏板易操作；方向盘采用万向节可调装置，操纵舒适；内部空间更大，维修保养方便；门架系统同样采用日本尼桑技术，强度、刚度好；电气系统采用新颖组合式仪表盘，带有夜间照明的内部光源，整体性能好，不易进水，配有报警指示灯，易于发现问题和避免发生事故；整车配重块下部非常饱满，重心低。

该系列叉车可配装各种门架、属具。三级 4.3m、4.5m 和二级 3m 全自由起升门架均可进集装箱作业，配上侧移叉，即为集装箱叉车。

其外形尺寸和载荷曲线如图 29-34、图 29-35 所示，主要技术参数见表 29-31。

(4) 集装箱内作业内燃叉车

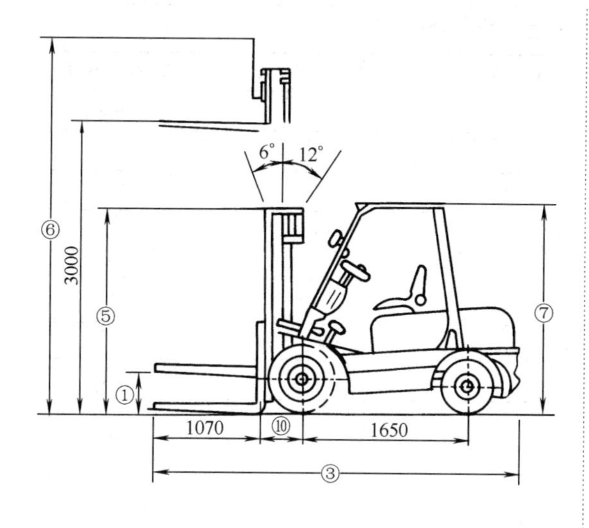

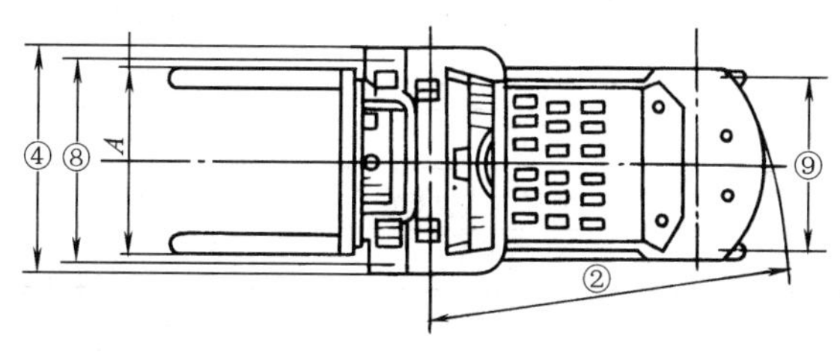

图 29-34　内燃叉车的外形尺寸

2～25t，A＝240～1038mm；3t，A＝290～1200mm

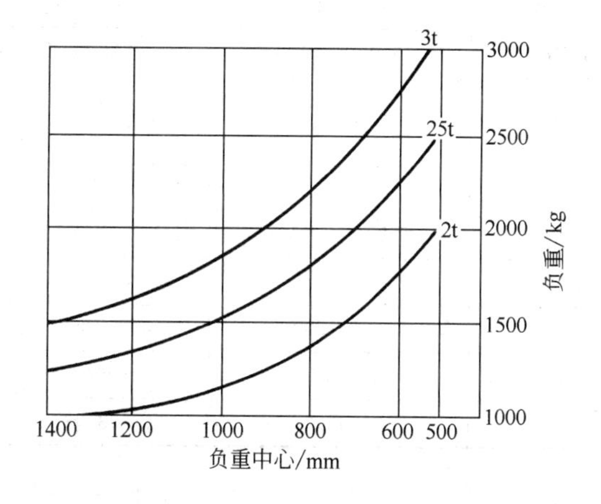

图 29-35　内燃叉车的载荷曲线

通用集装箱叉车是在通用叉车基础上，专为集装箱内作业设计的内燃平衡重式叉车。该系列叉车除具有通用叉车的优点外，采用液力传动，全液压转向，操作平衡，质量优良。有全自由提升带侧移装置的门架，特别适用于集装箱内作业和低矮库房、船舱等作业，也可用于车站、港口、货场等进行货物装卸、堆垛和短途运输作业。配以各种不同的属具，可提高工作效率。

CXCD25～30H（W15A）集装箱叉车的外形尺寸和载荷曲线如图 29-36 和图 29-37 所示，主要技术参数见表 29-32。

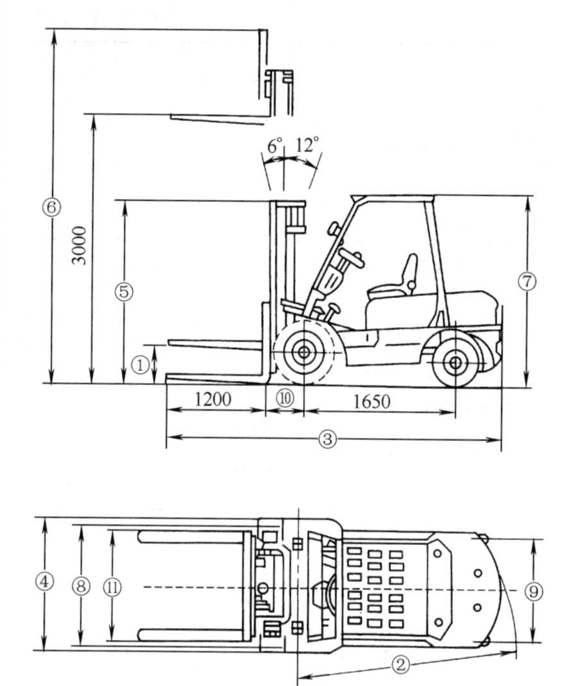

图 29-36　CXCD25～30H（W15A）集装箱叉车的外形尺寸

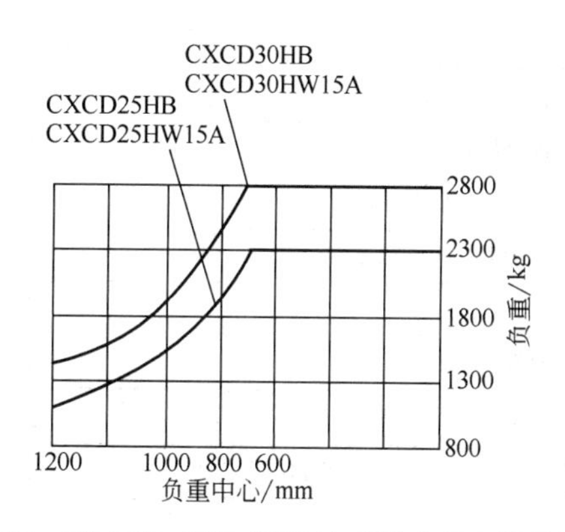

图 29-37　CXCD25～30H（W15A）集装箱叉车的载荷曲线

（5）手动液压搬运车

俗称“地牛”，是一种操作简单、灵活方便、结实耐用的货物搬运工具。主要应用于需要水平搬运而空间拥挤的场合。

手动液压搬运车的外形尺寸如图 29-38 所示，主要技术参数参见表 29-33。

（6）全自动液压托盘搬运车

2t NPE20 全自动液压托盘搬运车为最新流线型设计，美观大方，操作高效、简易，维修保养方便。本车采取全电动升降和驱动。在手柄上端装有紧急制动装置按钮，可确保使用者人身安全。全车采用进口无段式电控系统和液压泵站，使用更容易上手，给工作带来更多便利。

表 29-31 内燃叉车的主要技术参数

型号		CPCD20HW15A	CPCD25HW15A	CPCD30HW15A
额定起质量/kg		2000	2500	3000
载荷中心距/mm		500	500	500
最大起升高度/mm		3000	3000	3000
自由起升高度/mm ①		145	145	150
运行速度	机械传动(前/后)(一挡/二挡)/(km/h)			
	液力传动(前/后)/(km/h)	18	18	18
最小转弯半径/mm ②		2190	2250	2350
最小离地间隙/mm		110	110	120
最大爬坡度(满载)/%		>20	>20	>20
轴距/mm		1650	1650	1650
轮距(前轮/后轮)/mm ⑧/⑨		960/980	960/980	1010/980
护顶架高度/mm ⑦		2070	2070	2100
自重/kg		3600	3900	4500
货叉(长×宽×厚)/mm		1070×130×40	1070×130×40	1070×130×45
最大起升速度(满载)/(mm/s)		550	550	450
外形尺寸	车长(包括货叉长)/mm ③	3585	3650	3760
	车宽/mm ④	1150	1150	1240
	门架高/mm ⑤/⑥	2030/4030	2030/4030	2100/4150
轮胎	前轮规格/mm	7.00-12-12PR	7.00-12-12PR	28×9-15-12PR
	后轮规格/mm	6.00-9-10PR	6.00-9-10PR	6.50-10-10PR
最小直角通道宽度/mm		2000	2020	2070
最小直角堆垛通道宽度/mm		3785	3850	3960
前悬距/mm ⑩		455	455	475
发动机	型号	TD27(NISSAN)	TD27(NISSAN)	TD27(NISSAN)
	功率(kW)/转速(r/min)	44/2500	44/2500	44/2500
	最大扭矩(N·m)/转速(r/min)	171/1600	171/1600	171/1600
	缸数-缸径×行程/mm×mm	4-96×92	4-96×92	4-96×92
	最低燃油消耗率/[g/(kW·h)]	258.3	258.3	258.3

注：表中①～⑩的含义与图 29-34 对应。

表 29-32 CXCD25～30H（W15A）集装箱叉车的主要技术参数

型号	CXCD25HB CXCD25HW15A	CXCD30HB CXCD30HW15A
额定起质量/kg	2500	3000
载荷中心距/mm	500	
最大起升高度 i/mm	3000	
自由起升高度 a/mm ①	1550	
最大起升速度(满载)/(mm/s)	500	450
运行速度/(km/h)	0～18	
最小转弯半径 b/mm ②	2250	2350
最小离地间隙/mm	110	120

续表

型　号		CXCD25HB CXCD25HW15A	CXCD30HB CXCD30HW15A
最大爬坡度(满载)/%		20	
轴距/mm		1650	
轮距(前轮/后轮 h)/mm　⑧/⑨		960/980	1010/980
护顶架高度 f/mm　⑦		2025	2055
侧移距(左右)		100	
外形尺寸($c\times d\times e$)/mm　③×④×⑤/⑥		3710×1150×2025	3835×1240×2100
轮胎	前轮规格	7.00-12～12PR	28×9-15～12PR
	后轮规格	6.00-9～10PR	6.50-10～10PR
货叉(长×宽×厚)/mm		1200×130×40	1200×130×45
自重/kg		4000	4600
最小直角通道宽度/mm		2250	2350
最小直角堆垛通道宽度/mm		3705	3825
前悬距/mm　⑩		515	550
发动机	型　号	TD27(NISSAN)	490TA(DI)
	功率(kW)/转速(r/min)	44/2500	35/2650
	最大扭矩(N·m)/转速(r/min)	171/1600	145/1900
	缸数-缸径×行程/mm×mm	4-96×92	4-90×100
	最低燃油消耗率/[g/(kW·h)]	258.3	238

注：表中①～⑩的含义与图 29-36 对应。

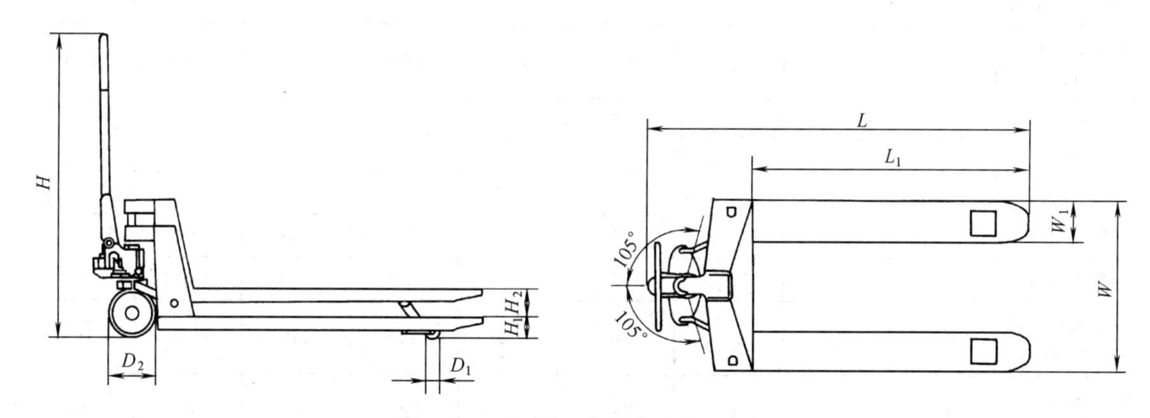

图 29-38　手动液压搬运车的外形尺寸

表 29-33　手动液压搬运车的技术参数

型　号	CBY23-Ⅱ		型　号	CBY23-Ⅱ	
额定起质量/kg	2500		总长 L/mm	L_1+360	
总宽 W/mm	540	685	前轮材质	聚氨酯双轮	
货叉宽度 W_1/mm	160		前轮直径 D_1/mm	ϕ73	
总高 H/mm	1200		后轮材质	聚氨酯	
最低高度 H_1/mm	85		后轮直径 D_2/mm	ϕ180	
最大起升高度 H_2/mm	≥110		自重/kg	95	100
标准货叉长度 L_1/mm	1120	1200			

2t NPE20全自动液压托盘搬运车的主要技术参数和外形尺寸见图29-39及表29-34。蓄电池搬运车的主要技术参数示例见表29-35。

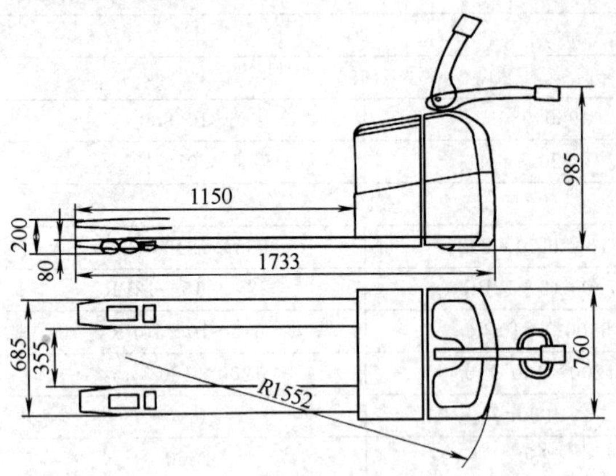

图29-39　2t NPE20全自动液压托盘搬运车的外形尺寸

表29-34　2t NPE20全自动液压托盘搬运车的主要技术参数

型　号	NPE20
载重量/kg	2000/4400
货叉最大起升量/mm	200
货叉最低高度/mm	80
货叉宽度	685mm/27in
货叉长度	1150mm/45in
单叉宽度/mm	165
电动机(行走)	22V，0.75kW
电动机(起升)/kW	2.2
蓄电池	6V×4=24V,180A·h(5h)
制动装置	电磁式
制动距离/mm	<1000
外形尺寸/mm	1731.5×760×1462

表29-35　蓄电池搬运车的主要技术参数示例

技术参数	产品型号								
	1DB	2DB-X	2DB	3DB	BD2B	ZD2	4DBM	5DBM	BD3M
载重量/kg	1000	2000	2000	3000	2000	2000	4000	5000	3000
载货平台尺寸($L×B$)/mm	1400×1000	1630×1150	2180×1350	2400×1350	2000×1400	2080×1400	2240×1400	2500×1400	2240×1400
平台离地高度/mm	560	680	700	820	700	820	820	720	820
外形尺寸(长×宽)/mm	2400×1000	2650×1150	3540×1350	3695×1350	3360×1400	3800×1400	3540×1400	3820×1400	3540×1400
前轮距/mm	835	917	1060	1070	1060	1060	1070	1070	1070
后轮距/mm	850	981	1085	1115	1085	1115	1115	1115	1115
轴距/mm	1135	1370	1800	1900	1560	1650	1900	2185	1900
最小离地间隙/mm	100	120	120	140	120	120	140	120	140
空载速度/(km/h)	10	15	12	12	18	18	18	18	18
满载速度/(km/h)	8	12	10	10	15	15	15	11.5	15
最小转弯半径/mm	3000	3400	4000	4500	3500	3500	3900	4100	3900
制动距离/m	2.5	2.5	2.5	2.5	2.5	2.5	2.5	2.5	2.5
最大爬坡能力/%×m	5×12	5×12	5×12	5×12	10×12	10×12	5×12	5×12	10×12
行走电动机额定功率/kW	1.35	2.5	2.5	5	3	3	5	6.3	5
行走电动机额定电流/A	78	78	78	139	83	83	139	173	139

续表

技术参数	产品型号								
	1DB	2DB-X	2DB	3DB	BD2B	ZD2	4DBM	5DBM	BD3M
油泵电动机额定功率/kW						1.5			
油泵电动机额定电流/A						52			
蓄电池电压/V	24	40	40	48	48	48	48	48	48
蓄电池容量(5h)/A·h	250	250	250	308	250	250	330	440	308
前轮及后轮轮胎型号	500-8	600-9	700-9	700-12	700-9	700-9	700-12	700-9	700-12
轮胎直径/mm	470	535	560	660	560	560	660	560	660
轮胎气压/MPa	0.618	0.618	0.618	0.618	0.618	0.618	0.618	0.618	0.618
电控	KP2-150	KP2-150	KP2-150	QPK-41/48N	KP2-150	KP2-150	QPK-41/48N	QPK-41/48N	QPK-41/48N
总传动比	7.51	7.51	7.51	11.32	11.69	11.32	11.32	11.32	11.32

注：1. 以上为基本规格，如需特殊规格及需用进口电控、蓄电池、充电机等可订购。
2. 产品型号意义说明：M 为满篷车头；C 为半棚开式；CM 为半满棚式；F 为篷架式；X 为狭小型。

6.2.7 高度调节板

(1) 机械式高度调节板（图 29-40、表 29-36）

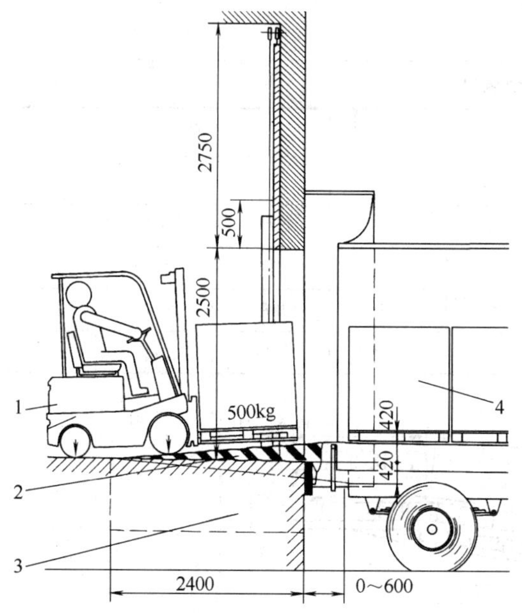

图 29-40 高度调节板、叉车站台与货柜的关系
1—叉车；2—高度调节板；3—站台；4—货柜

(2) 液压系列高度调节板

① 特点

a. 全液压驱动，操作方便，运行可靠。

b. 唇板与平台采用整长轴连接，强度高，可靠性好。

表 29-36 机械式高度调节板

型式	型号	台面长/mm	台面宽/mm	工作行程/cm		额定载荷/kg
				H_1	H_2	
固定式	1070000	2000	2000	42	33	7000
	1080000	2500	2000	40	42	7000
	1090000	3000	2000	39	50	7000

c. 采用进口密封件，保障液压系统具有优良的密封性能。

d. 采用进口整体模块式液压站，密封性好，使用寿命长。

e. 高强度“U”形梁设计，能保障其高负载长时间运行不变形。

f. 采用防滑花纹钢板，使平台有良好的防滑性能。

g. 平台两侧设防扎脚安全裙板，防止脚趾伸入平台造成意外伤害。

h. 使平台保持张开的安全撑杆，方便人员进入登车桥内部进行维护保养。

② 安装要求

a. 两根预埋管分别走动力电源线及控制电源线，管径大于 25mm，走向视电源接线位置及按钮安装位置。

b. 月台的高度视用户通常使用货车的车厢高度，通常在 1400mm 左右。

c. 地坑尺寸误差应小于 5mm，地坑平面矩形方正，坑壁垂直，坑底平整。

③ 规格和地坑尺寸（表 29-37、图 29-41）。

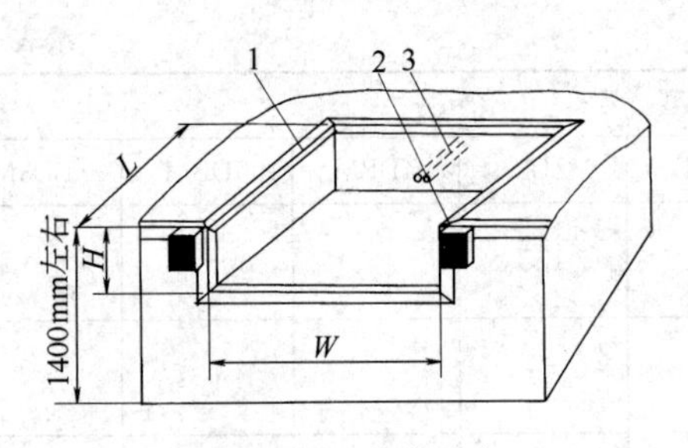

图 29-41　地坑尺寸

1—5#角钢护角；2—橡胶防撞垫；3—动力电源和控制电源线预埋管

(3) 移动式液压高度调节板

① 特点

a. 纽康特移动式登车桥台面采用特制的超强防滑的波形栅格板，有可靠的强度，能保证长期使用而不变形。它的波形栅格网状结构，充分保证了卓越的防滑性能，使叉车有更好的爬坡性和可操纵性，即使在雨、雪天气，仍能保证正常使用。

b. 登车桥搁置于车辆尾部进行装卸时，当叉车装载重物行驶至车尾，由于重力集中在车辆尾部，可能会使车辆发生倾覆，纽康特为每位用户随机提供了防止车辆倾覆的可调式安全支撑座，用于装卸作业时(特别是轻型货车或空载货车装卸作业时) 防止车辆倾覆，从而保证作业安全。它的支撑高度可以随车辆高度调节，能满足多种车辆的使用性。

c. 可调节长度的索链可方便地钩住货车，使登车桥与货车始终紧密贴合。

d. 采用手摇液压泵作动力，不需外接动力电源即可轻松实现登车桥的高度调节。配置的刹车垫可有效防止货车装卸时登车桥移位。

② 规格参数 (表 29-38、图 29-42)

(4) FX 系列电动气袋式高度调节板

该产品特点如下。

a. 依据低压高容量充气原理，利用气袋提升高度调节板，安全快捷。气袋由特种纤维原料制成，坚固耐用。工作温度由－50～65℃。

b. 气袋及设备零部件有防化学反应及防侵蚀功能。

c. 整个操作范围均有安全挡板设计，防止操作时脚部意外受伤。

d. 坚固耐用的特种风扇有安全过滤网设计，隔除尘埃；更利用回流空气自动清理过滤网。

e. 备有全新简易清洁坑槽设计，大大增加坑槽底各部件的寿命及保持厂房/仓库的环境卫生。备有两只耐用防撞胶，安全保护高度调节板。

f. 在不伸展活页情况下，仍可将高度调节板降至最低点操作。特别适合满载货物的矮车进行起卸货。

表 29-37　规格和地坑尺寸

型　号	载荷/kg	平台尺寸/mm	唇板宽度/mm	行程/mm		功率/kW	地坑尺寸/mm		
				A	B		L	W	H
DCQ 6-0.55	6000	2000×2000	400	300	250	0.75	2080	2040	600
DCQ 6-0.7	6000	2500×2000	400	400	300	0.75	2580	2040	600
DCQ 10-0.55	10000	2000×2000	400	300	250	0.75	2080	2040	600
DCQ 10-0.7	10000	2500×2000	400	400	300	0.75	2580	2040	600

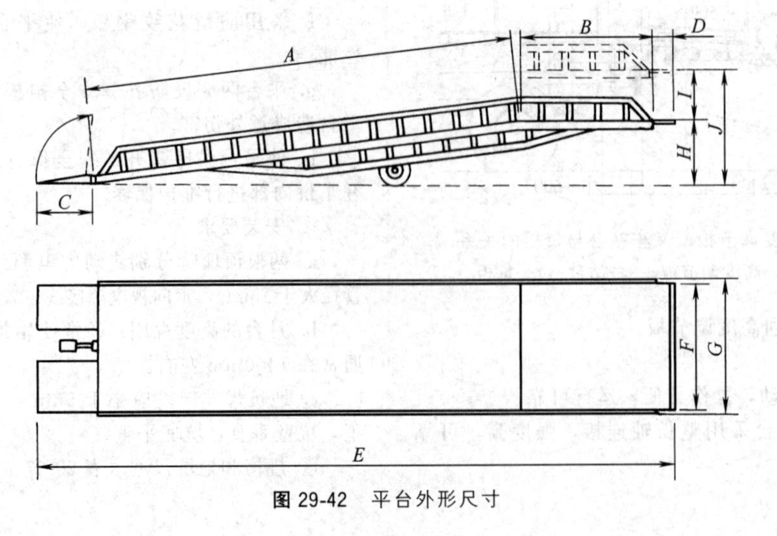

图 29-42　平台外形尺寸

表 29-38 规格参数

型号	载荷/t	平台尺寸/mm							工作高度/mm		
		A	B	C	D	E	F	G	H	I	J
DCQY 6-0.8	6	7000	2200	1000	300	10500	2000	2080	1000	800	1800
DCQY 10-0.8	10	7500	2400	1000	300	11200	2000	2100	1000	300	1800

g. 专利设计的支撑架，特别针对在非工作状态时，安全地承托高度调节板上的起卸车辆/货物。按钮式开关控制，安全可靠。

h. 安装简单，只需将高度调节板电焊固定于预留坑位上，然后接通电源即可使用。

i. 操作容易，按动电掣，高度调节板便慢慢提升至其最高位置；松开手掣，高度调节板下降，其前端活页搭板也自动伸出，最后搭在货车车厢或货柜上，即可开始装卸货。

j. 完全没有一般液压/电子部件经常引起的维修问题。

可供各种不同长宽规格及承重标准，灵活地满足实际需要。宽度为 6ft、6.5ft、7ft；长度为 6ft、8ft、10ft（1ft=0.30m）装运质量见表 29-39。

表 29-39 装运质量 单位：lb

型号	宽×长/ft	承重			
		25000	35000	45000	50000
FX	6×6	1380	1485	1638	1695
FX	6×8	1634	1751	1940	2024
FX	6×10	2097	2418	2418	2418
FX	6.5×6	1479	1604	1704	1762
FX	6.5×8	1764	1909	2108	2193
FX	6.5×10	2260	2629	2629	2629
FX	7×6	1524	1632	1769	1827
FX	7×8	1818	1947	2155	2239
FX	7×10	2322	2686	2686	2686

注：1lb=0.45359kg，1ft=0.30m。

6.2.8 电梯

① 曳引式载货电梯（图 29-43、表 29-40）。

② 液压载货电梯（图 29-44、表 29-41）。

③ 杂货电梯（图 29-45、表 29-42）。

④ 防爆电梯。

防爆电梯适用于有爆炸危险性的场所。其布置示意如图 29-46 所示，规格参数见表 29-43。

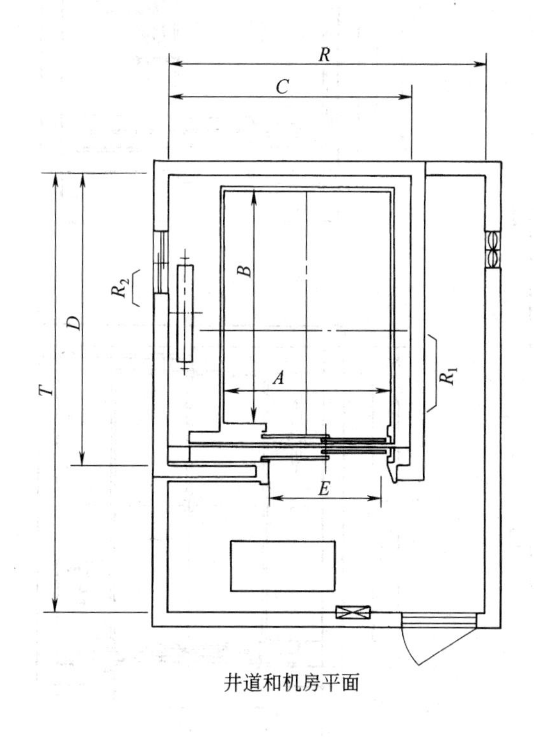

井道和机房平面

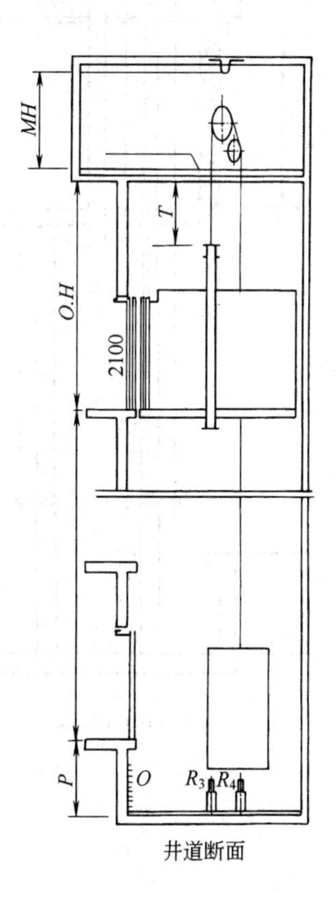

井道断面

图 29-43 曳引式载货电梯布置示意

表 29-40 曳引式载货电梯的主要技术参数

型号	载重量/kg	速度/(m/s)	操纵方式	控制方式	开门		最大停站数	最大行程/m	最小层站距/mm	轿厢尺寸		井道					机房			机房反力/kg		底坑撞击力/kg		电源容量/kV·A
					形式	E/mm				A	B	C	D	T	$O.H$	P	R	T	MH	R_1	R_2	R_3	R_4	
THJ630/1.0	630	1.0	交流集选	ACVV	双折式	1100	24	80	2700	1100	1400	2100	1900	1000	4000	1700	3000	4500	3000	3900	7000	5400	4450	6
THJ630/1.6		1.6																						8
THJ1000/1.0	1000	1.0				1300				1300	1750	2400	2300	1200	4200	1900	3200	5000		5300	8200	3850	6200	10
THJ1000/1.6		1.6																						12
THJ1600/1.0	1600	1.0		VVVF		1500				1500	2250	2700	2800	1400	4400	1900	3500	5500		5550	8550	4850	3550	12
THJ1600/1.6		1.6																						14

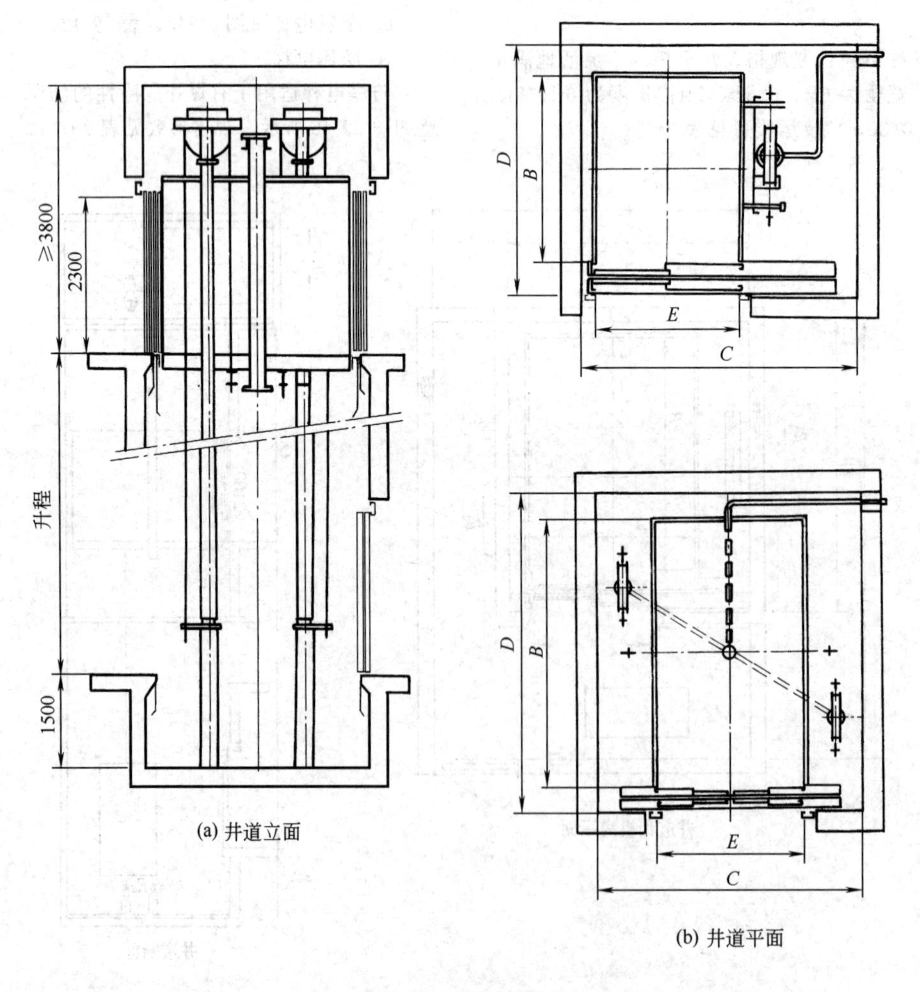

(a) 井道立面

(b) 井道平面

图 29-44 液压载货电梯布置示意

表 29-41　液压载货电梯的主要技术参数

<table>
<tr><th rowspan="2">型　号</th><th rowspan="2">载重量
/kg</th><th rowspan="2">速度
/(m/s)</th><th rowspan="2">轿厢最大升程
/m</th><th colspan="2">轿厢
/mm</th><th colspan="2">井道
/mm</th><th>门宽
/mm</th><th rowspan="2">厅门</th><th colspan="2">机房/mm</th></tr>
<tr><th>A</th><th>B</th><th>C</th><th>D</th><th>E</th><th>R</th><th>T</th></tr>
<tr><td>THY630-XHW</td><td>630</td><td rowspan="3">0.25
～
0.63</td><td rowspan="3">40</td><td>1100</td><td>1400</td><td>2100</td><td>1900</td><td>1100</td><td rowspan="3">双折式</td><td rowspan="3">≥2000</td><td rowspan="3">≥2000</td></tr>
<tr><td>THY1000-XHW</td><td>1000</td><td>1300</td><td>1750</td><td>2250</td><td>2250</td><td>1300</td></tr>
<tr><td>THY1600-XHW</td><td>1600</td><td>1500</td><td>2250</td><td>2700</td><td>2800</td><td rowspan="2">1500</td></tr>
<tr><td>THY2000-XHW</td><td>2000</td><td rowspan="2">0.25～
0.5</td><td rowspan="5">20</td><td>1500</td><td>2700</td><td>2700</td><td>3200</td><td rowspan="5">中分
双折式</td><td rowspan="5">≥2500</td><td rowspan="5">≥2000</td></tr>
<tr><td>THY2500-XHW</td><td>2500</td><td rowspan="3">2200</td><td>2200</td><td rowspan="3">3700</td><td>2700</td><td rowspan="3">2200</td></tr>
<tr><td>THY3200-XHW</td><td>3200</td><td rowspan="3">0.25</td><td>2700</td><td>3200</td></tr>
<tr><td>THY4000-XHW</td><td>4000</td><td>3200</td><td>3700</td></tr>
<tr><td>THY5000-XHW</td><td>5000</td><td>2400</td><td>3600</td><td>3900</td><td>4100</td><td>2400</td></tr>
</table>

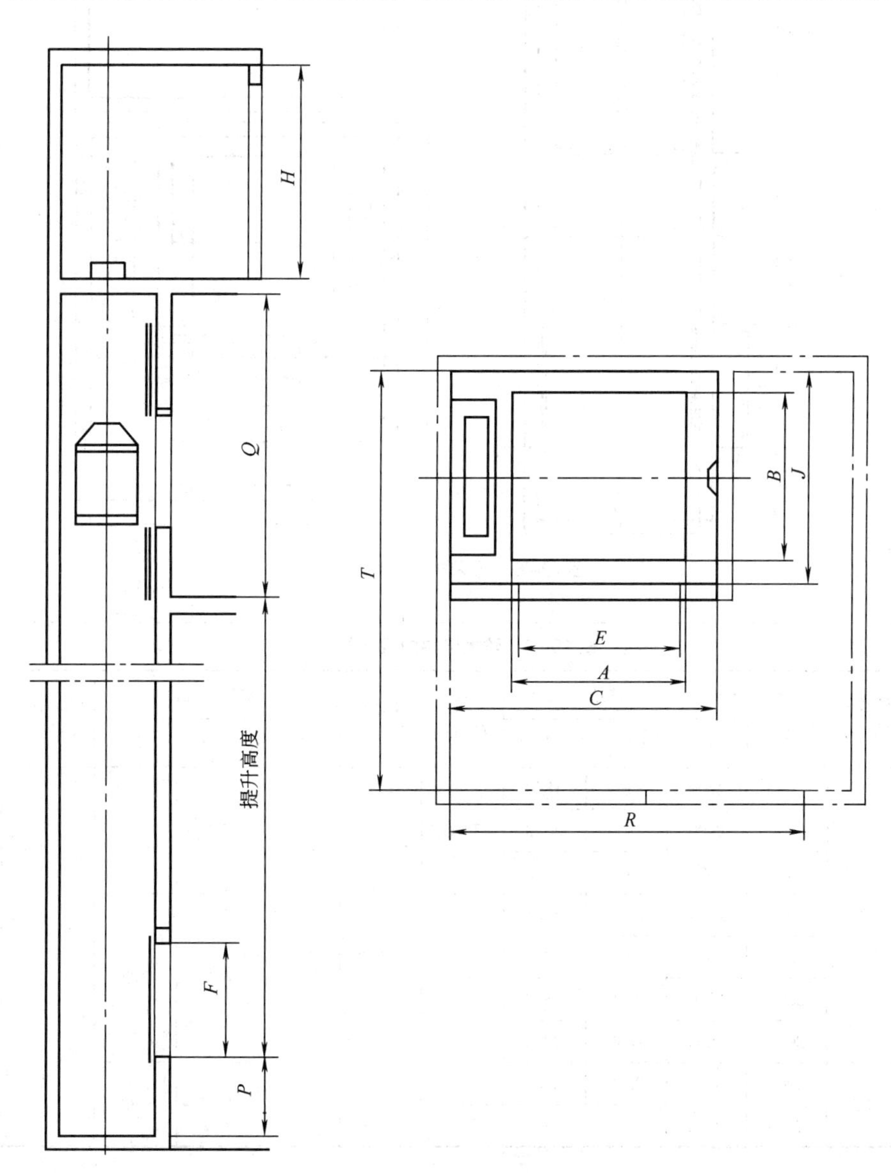

图 29-45　杂货电梯布置示意

表 29-42　杂货电梯的主要技术参数

<table>
<tr><th rowspan="2">载重量
/kg</th><th rowspan="2">速度
/(m/s)</th><th colspan="2">轿厢/mm</th><th colspan="2">井道/mm</th><th rowspan="2">门宽
E/mm</th><th rowspan="2">门高
F/mm</th><th colspan="3">机房/mm</th><th rowspan="2">顶层高
Q/mm</th><th rowspan="2">底坑深
P/mm</th></tr>
<tr><th>A</th><th>B</th><th>C</th><th>D</th><th>R</th><th>T</th><th>H</th></tr>
<tr><td>100</td><td>0.4</td><td>800</td><td>800</td><td>1350</td><td>990</td><td>800</td><td>1000</td><td>2000</td><td>2000</td><td>2000</td><td>3000</td><td>750</td></tr>
<tr><td>250</td><td>0.4</td><td>1000</td><td>1000</td><td>1550</td><td>1190</td><td>1000</td><td>1400</td><td>2000</td><td>2500</td><td>2000</td><td>3000</td><td>1000</td></tr>
</table>

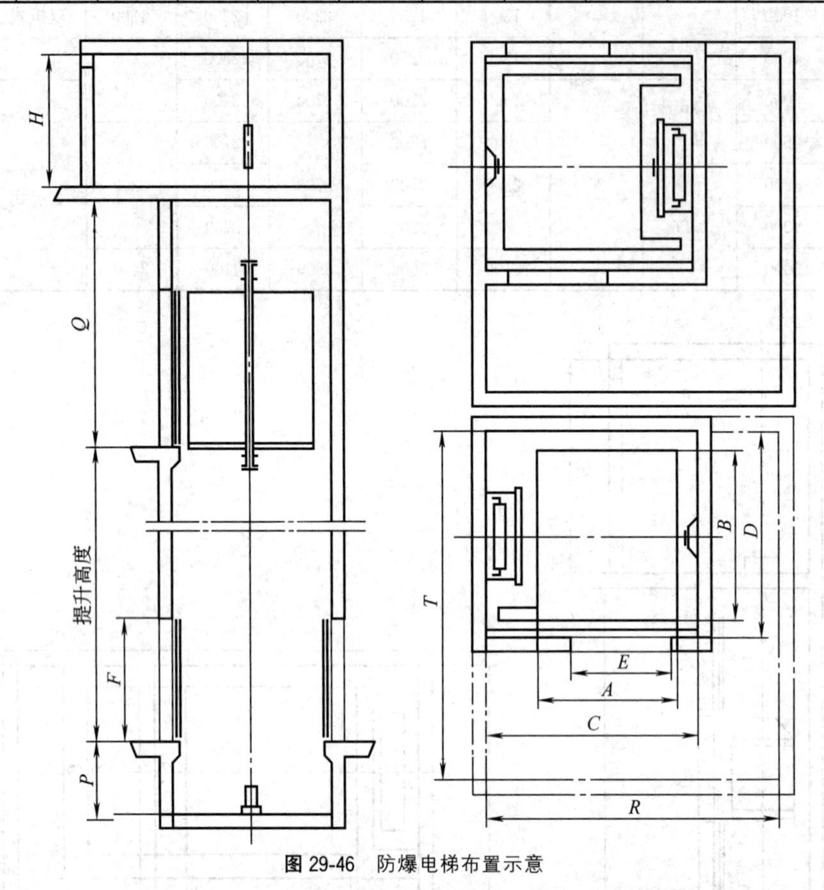

图 29-46　防爆电梯布置示意

表 29-43　防爆电梯的规格数据

<table>
<tr><th rowspan="2">载重量
/kg</th><th rowspan="2">速度
/(m/s)</th><th colspan="2">轿厢/mm</th><th colspan="2">井道/mm</th><th rowspan="2">门宽
E/mm</th><th rowspan="2">门高
F/mm</th><th colspan="3">机房/mm</th><th rowspan="2">顶层高
Q/mm</th><th rowspan="2">底坑深
P/mm</th></tr>
<tr><th>A</th><th>B</th><th>C</th><th>D</th><th>R</th><th>T</th><th>H</th></tr>
<tr><td rowspan="2">500</td><td rowspan="7">0.5</td><td>1500</td><td>1500</td><td>2300</td><td>1850</td><td rowspan="3">1000</td><td rowspan="9">2200</td><td rowspan="9">2500</td><td rowspan="3">3500</td><td rowspan="3">4000</td><td rowspan="9">4500</td><td rowspan="9">1500</td></tr>
<tr><td>1500</td><td>2000</td><td>2300</td><td>2350</td></tr>
<tr><td rowspan="2">1000</td><td>1500</td><td>2000</td><td>2850</td><td>2350</td></tr>
<tr><td>2000</td><td>2000</td><td>2850</td><td>2350</td><td rowspan="5">1500</td><td rowspan="4">4000</td><td rowspan="4">5000</td></tr>
<tr><td rowspan="3">2000</td><td>2000</td><td>2000</td><td>2850</td><td>2350</td></tr>
<tr><td>2000</td><td>2500</td><td>2850</td><td>2850</td></tr>
<tr><td>2000</td><td>3000</td><td>2850</td><td>3350</td></tr>
<tr><td rowspan="2">3000</td><td rowspan="2">0.32</td><td>2000</td><td>3000</td><td>2850</td><td>3350</td><td rowspan="2">4000</td><td rowspan="2">5500</td></tr>
<tr><td>2500</td><td>2500</td><td>3450</td><td>2850</td><td>2000</td></tr>
</table>

7 固体物料输送设备

(1) 理论生产率计算

带式输送机的理论生产率由式（29-112）确定。物料在输送带上的堆积面积，取决于带条宽度 B、物料的动堆积角 Q_d 和输送带的成槽角 λ。已知被运物料性质后，带式输送机的生产率随着输送带运行速度、带条宽度的增大而增大。

$$Q=3600v F\rho C \quad t/h \tag{29-112}$$

式中　v——输送带运行速度，m/s；

F——被运物料在输送带上的堆积面积，m^2；

ρ——散粒物料的堆积密度，t/m^3；

C——倾角系数。

(2) 输送量的计算

① 输送散状物料时，各种带宽的输送量见表 29-44。

② 输送成件物品时，输送量按式（29-113）计算。

$$Q=3.6\frac{Gv}{T} \tag{29-113}$$

式中　G——单件物品质量，kg；

T——物件在输送机上的间距，m。

③ 每小时输送的件数 n

$$n=\frac{3600v}{T} \tag{29-114}$$

式中　v——带速，m/s；

T——时间，h。

表 29-44　带速 v、带宽 B 与输送能力 I_v 的匹配关系

带宽 B/mm	带速 v/(m/s)											
	0.8	1.0	1.25	1.6	2.0	2.5	3.15	4	(4.5)	5.0	(5.6)	6.5
	输送能力 I_v/(m^3/h)											
500	69	87	108	139	174	217						
650	127	159	198	254	318	397						
800	198	248	310	397	496	620	781					
1000	324	405	507	649	811	1014	1278	1622				
1200		593	742	951	1188	1486	1872	2377	2674	2971		
1400		825	1032	1321	1652	2065	2602	3304	3718	4130		
1600					2186	2733	3444	4373	4920	5466	6122	
1800					2795	3494	4403	5591	6291	6989	7829	9083
2000					3470	4338	5466	6941	7808	8676	9717	11277
2200							6843	8690	9776	10863	12166	14120
2400							8289	10526	11842	13158	14737	17104

注：1. 输送能力 I_v 值是按水平运输、动堆积角 $\theta=20°$、托辊槽角 $\lambda=35°$、密度 $\rho=1$、倾角系数 $c=1$ 时计算的。

2. 表中括号内为非标准值，一般不推荐选用。

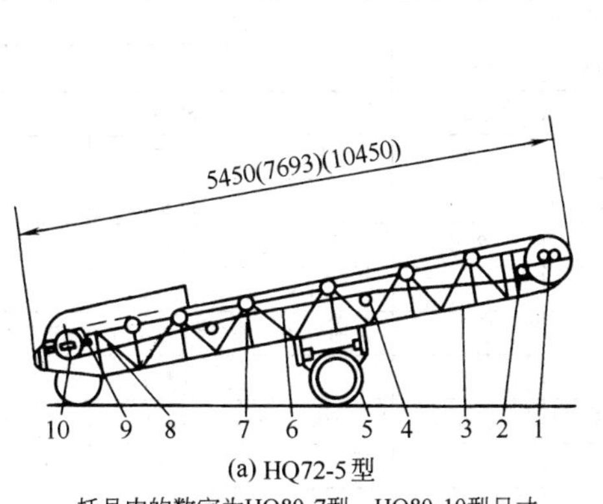

(a) HQ72-5型

括号内的数字为HQ80-7型、HQ80-10型尺寸

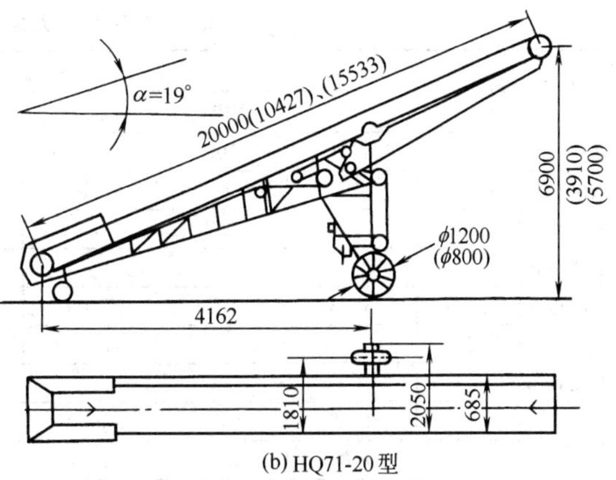

(b) HQ71-20型

括号内数字为HQ69-10、HQ69-15型尺寸

图 29-47　HQ 系列移动式胶带输送机的外形结构

1—驱动装置；2—拉托辊；3—机架；4—下托辊；5—走轮；6—输送胶带；

7—上托辊；8—清扫器；9—料斗；10—拉紧装置

7.1 移动式胶带输送机

① HQ系列移动式胶带输送机。

本机适用于矿山、工厂、建筑工地、车站、码头输送散状或成件物品；工作环境的温度或输送物料的温度不得高于60℃或低于－15℃，不能输送酸、碱性物料以及油类、有机溶剂等。其外形结构和技术参数见图29-47、表29-45。

② YP系列移动式胶带输送机（图29-48、表29-46）。

③ 气垫带式输送机（图29-49）。

④ DDJ大倾角挡边带式输送机（图29-50、表29-47）。

表29-45 HQ系列移动式胶带输送机的技术参数

技术参数	规格					
	HQ72-5	HQ80-7	HQ80-10	HQ69-10	HQ69-15	HQ71-20
输送长度/m	5	7.2	10	10	15	20
输送带宽度/mm	400	400	400	500	500	500
输送带速度/(m/s)	1.25	1.25	1.25	1.6	1.6	90
输送能力/(m^3/h)	74	74	74	110	110	120
输送最大高度/m	1	1.15	1	3.91	5.7	6.9
拉紧行程/mm	150	220	220	300	300	300
配套电动机功率/kW	1.1	1.1	1.5	2.2	3	7.5
总重量/kg	333	425	511	1550	1800	2500

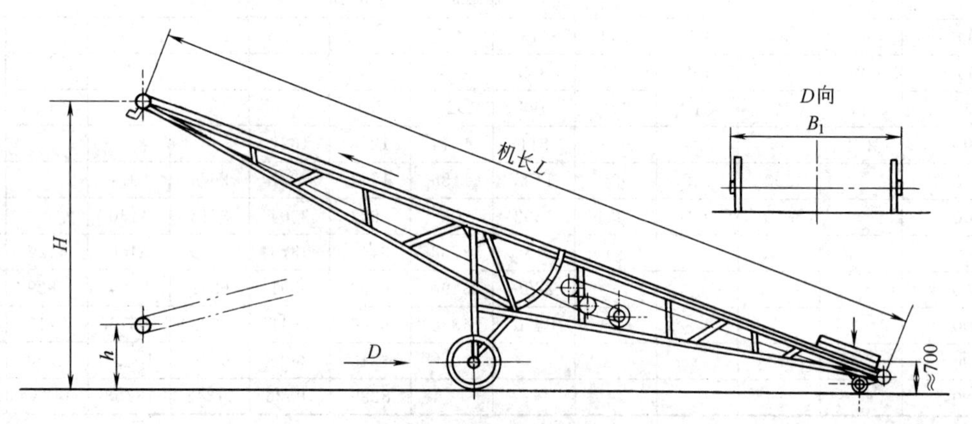

图29-48 YP系列移动式胶带输送机的外形结构

表29-46 YP系列移动式胶带输送机的技术参数

技术参数		型号							
		YP50			103-53	104-20	YP65		
带宽/m		500			800	800	650		
输送机长度/m		10	15	20	15	20	10	15	20
带速/(m/s)		1.2			1.6	1.6	1.2		
输送量/(m^3/h)		80			262	296	135		
输送高度/m	最大H	3.73	5.44	7.09	5.4	2.7	3.73	5.44	7.09
	最小h	约0.5	约1.27	约1.27	约2.9	—	约0.5	约1.27	约1.27
最大输送倾角/(°)		19			20	7	19		
外形尺寸/m	L	10.2	15.2	20.2	15.3	20.8	10.2	15.2	20.2
	B_1	1.34	1.84	1.84	2.6	2	1.34	2.010	2.010
	H	3.73	5.44	7.09	5.56	3	3.73	5.44	7.09
质量/kg		847	1123	1540	2700	3100	1189	1950	2300
电动机	型号	Y100L2-4	Y112M-4	Y132S-4	Y132M-4	Y132M-4	Y112M-4	Y132S-4	Y132M-4
	功率/kW	3	4	5.5	7.5	7.5	4	5.5	7.5

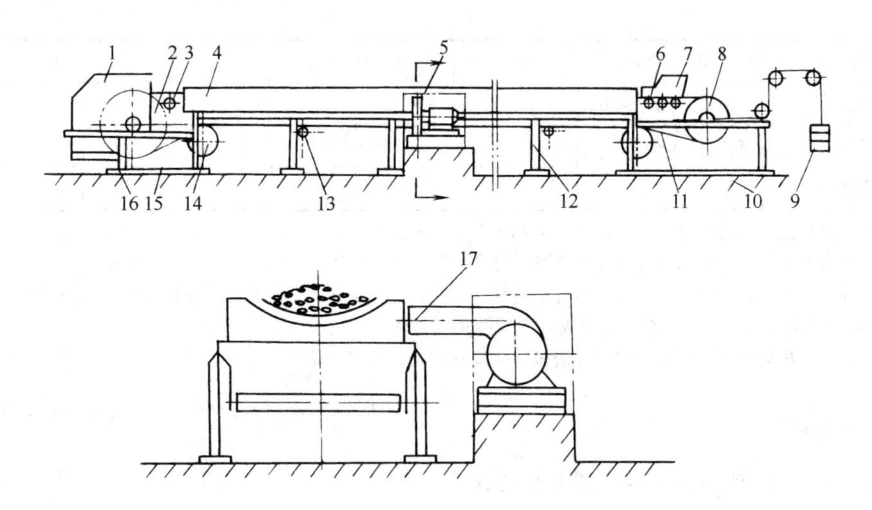

图 29-49　气垫带式输送机的外形结构

1—头罩；2—驱动滚筒；3—槽形过渡托辊；4—气室；5—通风机；6—缓冲托辊；7—漏斗；8—尾部改向滚筒；9—拉紧装置；10—尾架；11—输送带；12—中间架；13—下平行托辊；14—改向托辊；15—头架；16—弹簧清扫器；17—消声器

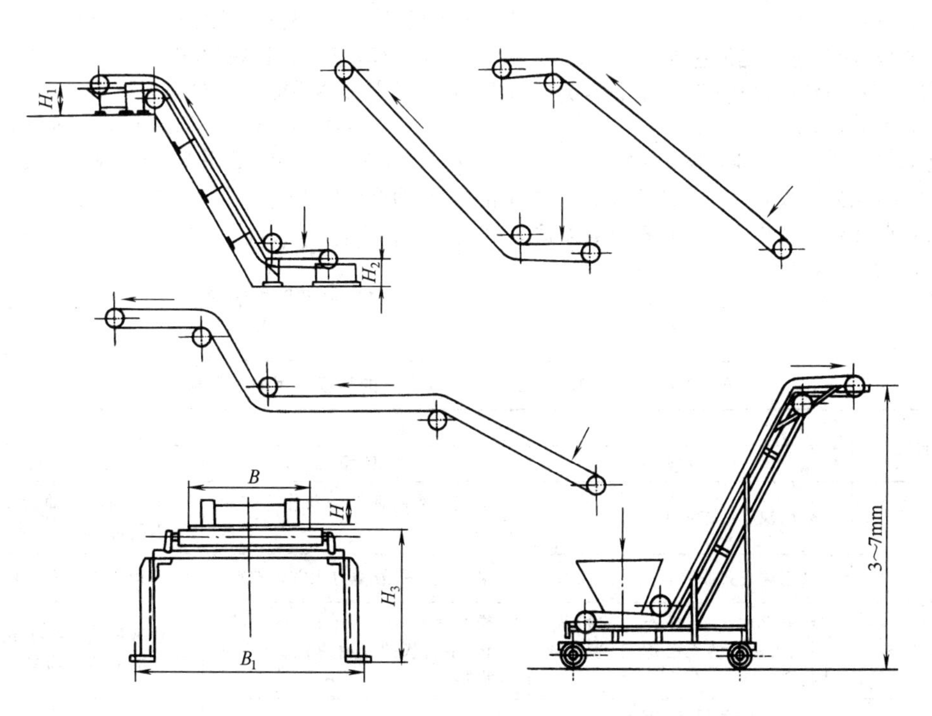

图 29-50　DDJ 大倾角挡边带式输送机的外形结构

表 29-47　DDJ 大倾角挡边带式输送机的技术参数

带宽 B/mm		300	400		500		650			800			1000		
挡边高 H/mm		40	60	80	80	120	80	120	160	120	160	200	160	200	240
输送量/(m^3/h)	30°时	16	28	36	50	70	74	105	122	135	164	204	240	300	359
	45°时	12	19	25	33	60	49	90	106	116	142	175	195	240	310
	60°时	9	15	19	23	41	35	61	75	73	100	120	137	165	210

续表

外形尺寸/mm	头轮中心高 H_1	350～1000		1100～2000	1300～2000	1600～2000	
	尾轮中心高 H_2	350	330～490	600		800	
	中间段带面高 H_3	450	500～700	760～800	760～850	1000～1135	1050～1135
	中间段地脚宽 B_1	480	580	870	1020	1220	1440

注：1. 表中“输送量”是指输送原煤，带速1m/s时的实际输送量。

2. 头尾架、中间架的外形尺寸和地脚均与DT型固定式皮带机相同（B＝300mm、400mm除外）。

3. 规格参数选用方法：先确定输送物料的名称及特性，确定提升高度和水平距离（及输送倾角）及每小时输送量，进而选定带宽、挡边高和隔板间距。其中物料块度越大，挡边应相应加高。

4. 如不用皮带廊，机架必须制成桁架式，并安排好支腿和固定的方式及位置。

7.2 常用斗式提升机

常用的TD型、TH型、TB型斗式提升机的其主要特征、用途及型号见表29-48。

(1) 斗式提升机选用

① 原始参数 物料名称；物料特性，包括粒度(mm)、松散密度ρ(t/m^3)、温度、湿度、黏度、磨琢性等；实际输送量Q(m^3/h)；需要提升高度H(m)。

② 选择步骤

a. 根据物料的湿度、黏度选择料斗形式。

b. 根据物料的粒度、湿度及黏度查有关产品品样本求出填充修正系数ψ。

c. 根据Q及斗型初选斗式提升机型号。

d. 以物料填充系数ψ乘以初选斗式提升机的给定输送量，求出斗式提升机对该物料的能力输送量Q'，并要求$Q'\geqslant Q$，当$Q'<Q$时，应选择上一挡斗式提升机。

(2) 斗式提升机输送能力Q的计算

$$Q=3.6\frac{i_0}{a}v\psi\rho \quad \text{t/h} \tag{29-115}$$

式中 Q——输送能力，t/h；

i_0——料斗容积，L；

a——料斗间距，m；

v——提升速度，m/s；

ψ——填充系数；

ρ——物料松散密度，t/m^3。

(3) TD型斗式提升机

① 技术性能（表29-49）

② TD型斗式提升机外形结构和外形尺寸如图29-51和表29-50。选用YZ型驱动装置时，其安装尺寸与制造厂联系。

7.3 螺旋输送机

(1) 水平螺旋输送机

表29-48 TD、TH、TB型斗式提升机的特征、用途及型号

项目	型式		
	TD型	TH型	TB型
结构特征	采用橡胶带作牵引构件	采用锻造的环形链条作为牵引构件	采用板式套筒滚子链条作为牵引构件
卸载特征	采用离心式或混合式方式卸料	采用混合式或重力式方式卸料	采用重力式方式卸料
适用输送物料	松散密度ρ＜1.5t/m^{3}的粉状、粒状、小块状的无磨琢性、半磨琢性物料	松散密度ρ＜1.5t/m^{3}的粉状、粒状、小块状的无磨琢性、半磨琢性物料	松散密度ρ＜2t/m^{3}的中、大块状的磨琢性物料
适用温度	被输送物料温度不得超过60℃，如采用耐热橡胶带时温度不超过200℃	被输送物料的温度不超过250℃	被输送物料的温度不超过250℃
型号	TD100、TD160、TD250、TD315、TD400、TD500、TD630	TH315、TH400、TH500、TH630（TH800）、（TH1000）①	TB250、TB315、TB400、TB500、TB630、TB800、TB1000
提升高度/m	4～40	4.5～40	5～50
输送量/(m^3/h)	4～238	35～185	20～563

① TH800、TH1000型斗式提升机需要与制造厂协商后才能订货，表中未列入其输送量。

表 29-49　TD 型斗式提机技术性能

项　目	斗式提升机型号													
	TD100		TD160				TD250				TD315			
料斗形式	Q	H	Q	H	Zd	Sd	Q	H	Zd	Sd	Q	H	Zd	Sd
输送量①/(m^3/h)	4	7.6	9	16	16	27	20	36	38	59	28	50	42	67
料斗容积/L	0.15	0.3	0.49	0.9	1.2	1.9	1.12	2.24	3.0	4.6	1.95	3.55	3.75	5.8
料斗运行速度/(m/s)	1.4		1.4				1.6				1.6			
滚筒转速/(r/min)	67		67				61				61			

项　目	斗式提升机型号											
	TD400				TD500				TD630			
料斗形式	Q	H	Zd	Sd	Q	H	Zd	Sd	Q	H	Zd	Sd
输送量①/(m^3/h)	40	76	68	110	63	116	96	154	—	142	148	238
料斗容积/L	3.1	5.6	5.9	9.4	4.84	9.0	9.3	14.9	—	14	14.6	23.5
料斗运行速度/(m/s)	1.8				1.8				2.0			
滚筒转速/(r/min)	55				55				48			

① 表中料斗容积为料斗盛水时容积，与实际填充量相近，故输送量计算时未考虑填充系数 ψ。

表 29-50　TD 型斗式提升机外形尺寸　单位：mm

项　目		斗式提升机型号						
		TD100	TD160	TD250	TD315	TD400	TD500	TD630
轮廓高度 L		C+1100	C+1363	C+1535	C+1640	C+1790	C+1865	C+2045
整机结构	H	C-820	C-930	C-1250	C-1245	C-1500	C-1700	C-1730
	H_4	600	700	800	850	950	900	1060
	S	200	250	250	250	250	250	315
料斗	t	200	350/280	450/360	500/400	560/480	625/500	710
	b	100	160	250	315	400	500	630
地脚孔	a_8	200	250	300	300	400	400	380
	b_8	310	400	538	648	768	900	1020
	n_3	8	8	8	8	8	8	10
	d_3	ϕ18	ϕ18	ϕ18	ϕ18	ϕ22	ϕ22	ϕ30
上、下部机壳及外形轮廓	H_3	970	1185	1320	1488	1500	1655	1750
	H_6	1210	1500	1800	1800	2000	2300	2500
	A_2	692	985	1175	1200	1350	1410	1590
	A_6	776	996	1266	1266	1558	1610	1890
	A_7	1050	1235	1600	1700	1980	2200	2500
	B_2	220	295	394	440	535	605	660
	B_4	370	461	596	706	828	980	1110
	B_5	330	475	610	710	835	1000	1110

① 连续输送机生产率　可按式（29-116）计算。

$$Q=3600F\rho v \quad t/h \qquad (29\text{-}116)$$

式中　F——被输送物料层的横断面积，m^2；

ρ——被输送物料的堆积密度，kg/m^3；

v——被输送物料的轴向输送速度，m/s。

② 料层横断面积　按式（29-117）计算。

$$F=\psi c\frac{\pi D^2}{4} \quad m^2 \qquad (29\text{-}117)$$

式中　D——螺旋直径，m；

ψ——充填系数，与物料的特性有关；

c——倾斜修正系数。

(2) GX 型螺旋输送机

主要用于粉状、颗粒状和小块状物料的输送，对易变质、黏性大和易结块的物料不宜采用。机长 3～40m，级差 0.5m，工作环境 −20～50℃，物料温度不超过 200℃。物料输送方向有：一端进料，另一端卸料；两端进料，中间卸料；中间进料，两端卸料几种。单向输送时，输送机倾角不超过 20°。驱动装置有左装、右装（电机＋联轴器＋减速器＋联轴器）和直装（针轮减速机＋联轴器）三种形式。其技术参数示例见图 29-52 和表 29-51。

(3) LS 型螺旋输送机

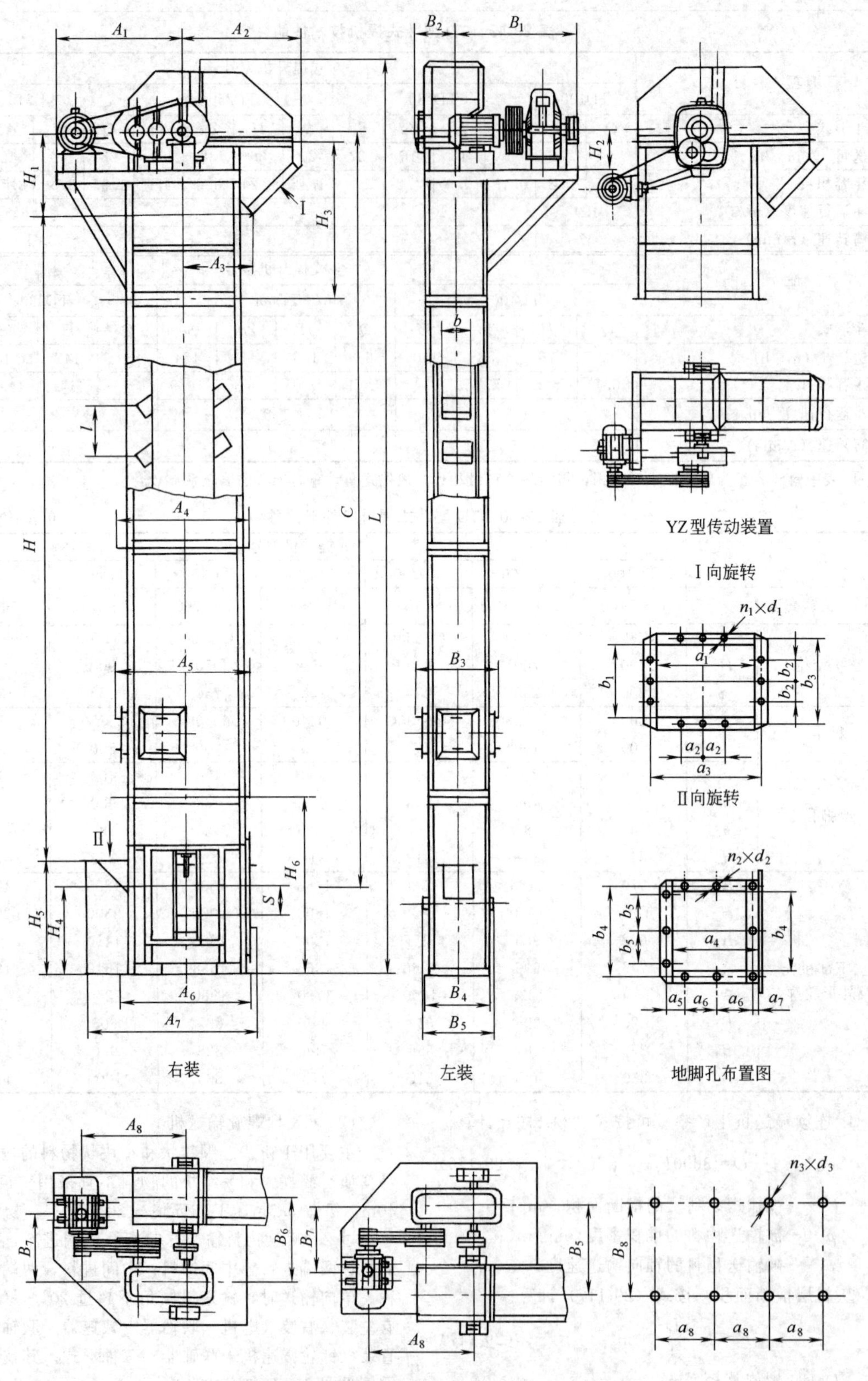

图 29-51　TD 型斗式提升机的外形结构

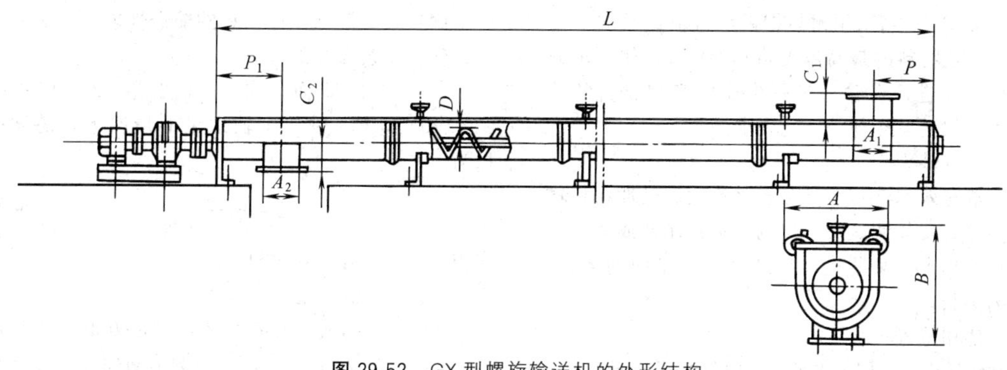

图 29-52　GX 型螺旋输送机的外形结构

表 29-51　GX 型螺旋输送机的技术参数

项　目		型号						
		GX15	GX20	GX25	GX30	GX40	GX50	GX60
螺旋叶直径/mm		150	200	250	300	400	500	600
输送量/(t/h)	煤粉	4.5	8.5	16.5	23.3	54	79	139
	水泥	4.1	7.9	15.6	21.2	51	85	134
	纯碱	3	6.7	10.7	18	35.5	70	97
最大外形尺寸/mm	机身宽 A	272	342	392	468	572	706	806
	机身高 B	314	384	464	555	685	823	973
进料口/mm	最短布置 P_1	190	220	270	300	350	450	550
	方口 A_1	170	220	270	320	420	528	628
	高 C_1	75	100	120	140	160	160	180
方形出料口/mm	最短布置 P_1	190	220	270	300	350	450	550
	方口 A_2	176	226	276	328	428	536	636
	高 C_2	135	165	195	225	280	340	430

LS 型螺旋输送机螺旋直径为 100～1250mm，共 11 种规格，分为单驱动和双驱动两种形式。单驱动螺旋输送机最大长度可达 35m，其中 LS1000、LS1250 型最大长度为 30m。螺旋输送机长度每 0.5m 一挡，可根据需要选定。螺旋输送机中间吊轴承采用滚动、滑动可互换的两种结构，阻力小，密封性强，耐磨性好。还可根据用户要求配置测速报警装置及电动出料阀。

① LS 型螺旋输送机分类

a. 按螺旋输送机驱动方式分类

ⓐ C_1 制法　螺旋输送机长度小于 35m 时，单端驱动。

ⓑ C_2 制法　螺旋输送机长度大于 35m 时，双端驱动。

b. 按螺旋输送机中间吊轴承种类分类

ⓐ M_1　为滚动吊轴承。采用 80000 型密封轴承，轴盖上另有防尘密封结构，常用在不易加油、不加油或油对物料有污染的地方，密封效果好，吊轴承寿命长，输送物料温度 $t \leqslant 80℃$。

ⓑ M_2　为滑动吊轴承。设有防尘密封装置，包括铸钢瓦、合金耐磨铸铁瓦以及铜基石墨少油润滑瓦，常用于输送物料温度比较高（$t>80℃$）或输送液状物料的情况。订货时要注明轴瓦材质，不注明则按 M_1 供货。

② LS 型螺旋输送机的选用

a. 螺旋输送机的型号说明

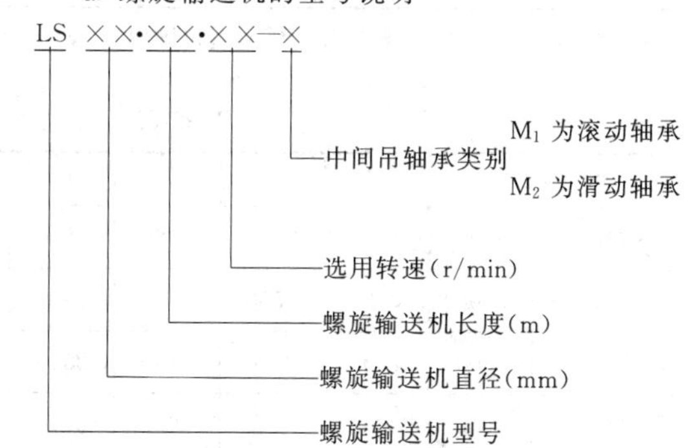

b. LS 型螺旋输送机规格和技术参数　相关内容见表 29-52、表 29-53 和图 29-53。

7.4　振动输送机

(1) 优点

结构简单，重量较轻，造价不高；能量消耗较少，设备运行费用低；润滑点与易损件少，维护保养方便；物料呈抛掷状态输送，对承载体磨损小，可输送磨琢性物料；可以多点给料和多点卸料；便于对含尘的、有毒的、带挥发性气体的物料进行密闭输送，温度可达200℃，当采用耐热钢做承载体或采取冷却措施时，输送物料的最高温度可达700℃；如对承载体结构稍加改进，在输送过程中还可实现物料的筛选、干燥、加温、冷却等工艺要求。

(2) 缺点

向上输送效率低；粉状和含水量大、黏性物料输送效果不佳；安装调试有一定的要求；制造或调试不良时，噪声加大；某些机型对地基有一定的动载荷；输送距离不长。

(3) 应用范围

振动输送机主要用于水平或小倾角的情况下，输送松散的块状或颗粒状物料，也可输送粒度不大于74μm的粉状物料。振动输送机也可垂直提升散粒状物料。

(4) 常见散状固体物料的输送性能（表29-54）

(5) 工艺参数的计算

① 槽体的断面尺寸　可按式（29-118）或式（29-119）计算。在给定输送量的情况下，槽体截面积为

$$S=\frac{Q}{3600\psi v\rho} \tag{29-118}$$

式中　S——槽体截面积，m^2；

Q——输送量，t/h；

ψ——物料的充满系数，对正方形和矩形断面$\varphi=0.5\sim0.7$，对圆形断面$\varphi=0.4\sim0.6$；

v——物料的平均速度，m/s；

ρ——物料松散密度，t/m^3。

表29-52　LS型螺旋输送机规格和技术参数

项目		型号										
		LS100	LS160	LS200	LS250	LS315	LS400	LS500	LS630	LS800	LS1000	LS1250
螺旋直径/mm		100	160	200	250	315	400	500	630	800	1000	1250
螺距/mm		100	160	200	250	315	355	400	450	500	560	630
技术参数	n	140	112	100	90	80	71	63	50	40	32	25
	Q	2.2	8	14	24	34	64	100	145	208	300	388
	n	112	90	80	71	63	56	50	40	32	25	20
	Q	1.7	7	12	20	26	52	80	116	165	230	320
	n	90	71	63	56	50	45	40	32	25	20	16
	Q	1.4	6	10	16	21	41	64	94	130	180	260
	n	71	50	50	45	40	36	32	25	20	16	13
	Q	1.1	4	7	13	16	34	52	80	110	150	200

注：n—转速，r/min（偏差允许在10%范围内）；Q—输送量，m^3/h；表中Q值的填充系数为0.33。

表29-53　LS型螺旋输送机的外形尺寸　单位：mm

型号	F	E	W	l	l_1	l_3	G	l_2	Q	Y	N	K
LS100[①]	2500	2500	2500	2480	2500	2640	1500 2000 2500	1500 2000 2500	180	180	63	112
LS160	2500	2500	2500	2480	2500	2640			200	180	90	150
LS200	2500	2500	2500	2480	2500	2640			225	180	112	180
LS250	3000	3000	3000	2980	3000	3140			250	200	140	224
LS315	3000	3000	3000	2980	3000	3140			330	220	180	280
LS400	3000	3000	3000	2980	3000	3140			350	227	224	355
LS500	3000	3000	3000	3000	3000	3160			400	250	280	400
LS630	3000	3000	3000	3000	3000	3160			450	300	355	500
LS800	3000	3000	3000	3000	3000	3160			550	340	450	630
LS1000	3000	3000	3000	3000	3000	3160			650	360	560	710
LS1250	3000	3000	3000	3000	3000	3160			800	380	710	800

续表

型　号	R	S	Z	O	H	V	J	e	P	T	d	l_4	b
LS100①	180	112	40	178	120	160	14	208	60	163	30	58	10
LS160	200	150	50	266	120	160	14	240	60	190	35	58	10
LS200	225	180	60	320	160	200	14	280	60	212	40	82	12
LS250	250	224	70	370	200	250	16	285	60	240	50	82	14
LS315	390	250	80	443	300	350	20	320	60	340	60	105	18
LS400	390	280	90	533	320	400	24	395	60	384	80	130	22
LS500	400	340	105	653	400	500	24	397.5	80	440	90	130	25
LS630	450	420	120	790	500	630	24	445	80	555	100	165	28
LS800	550	520	135	970	632	800	30	457.5	80	650	120	165	32
LS1000	650	630	150	1190	710	1000	30	455	80	760	150	200	36
LS1250	800	760	170	1440	800	1250	30	465	80	910	140	200	36

① LS 型螺旋输送机中 LS100 型为不常用规格，在驱动装置进出料口选配中均未列出，如需订货应与制造商协商。

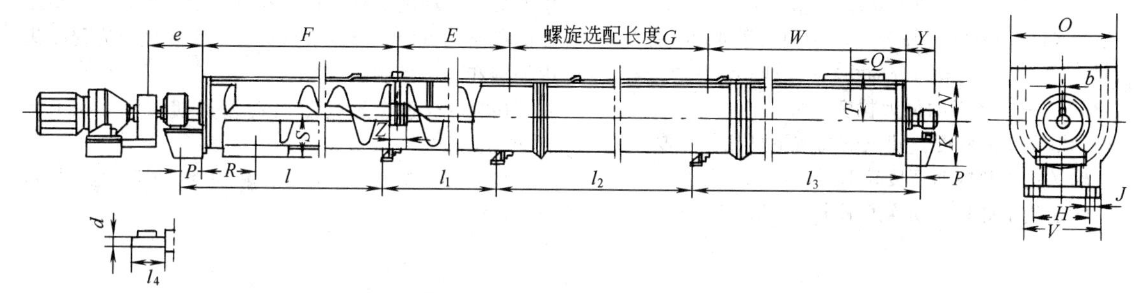

图 29-53　LS 型螺旋输送机的外形

表 29-54　常见散状固体物料的输送性能

物料名称	输送性能	物料名称	输送性能	物料名称	输送性能
铝块	好	12～3mm	好	疏松烟煤	好
碎铝土矿	好	3～0mm	好	咖啡豆	好
硼砂粉	好	碎木炭(各种大小)	好	焦炭,块	好
碳化钙(疏松的)	好	高炉炉渣	好	块状石油焦	好
90～50mm	好	炉渣、煤灰和熔渣	好	碎白云石(50～0mm)	好
50～12mm	好	干黏土(疏松的块)	好	片状木屑	中等
湿黏土(疏松的)	好	湿砂子(疏松的)	好	碎石棉	不好
碎长石(疏松堆状)	好	砂子和砾石	好	干灰粉(疏松的)	不好
耐火砖	好	矿渣、砂石(压碎的)	好	烘干粉末	不好
碎萤石(疏松堆状)	好	矿渣(粉状)	好	水泥(疏松)	不好
玻璃配料	好	苏打灰(密实的)	好	白云石(煅烧的)	不好
碎花岗岩(疏松堆状)	好	粒状淀粉	好	萤石粉(<147μm)	不好
碎花岗岩(1651～40μm)	好	碎石头(<25mm)	好	石膏粉(疏松)	不好
砾石(各种大小,疏松)	好	湿灰粉(疏松的)	中等	生石灰(粉)	不好
碎石膏(疏松)	好	重晶石粉	中等	石灰石(<74μm)	不好
铸铁屑(干燥、细小)	好	焦炭,粉	中等	肥皂粉	不好
铁粒	好	铁矿石(疏松)	中等	肥皂片	不好
生石灰(12～40mm)	好	生石灰(由牡蛎壳制成)	中等	硫黄(147μm)	不好
碎石灰石	好	奶粉	中等	木屑	不好
锰矿石	好	磷酸盐(特级的)	中等	氧化锌	不好
牡蛎壳	好	橡胶碎片	中等	硅藻土	很不好
花生	好	细盐	中等	干硅藻土	很不好
磷矿粉,疏松堆状	好	精制盐	中等	熟石灰(<74μm)	很不好
磷矿粉,卵石	好	型砂(疏松的)	中等	硅石粉状	很不好
碳酸钾(40mm×12mm)	好	型砂(夯实的)	中等	硫黄(<14μm)	很不好
粗盐	好	型砂(振动落砂或新的)	中等	水泥熟料	好
岩盐(粉碎的,疏松)	好	锯屑(干的)	中等	碎玻璃	好
粗盐饼	好	砂糖(疏松)	中等	干黏土(疏松的)	好
细盐饼	好	红糖	中等		
干砂子(疏松的)	好	疏松无烟煤	好		

或 $$S=BH \quad 或 \quad S=\frac{\pi D^2}{4} \tag{29-119}$$

式中　B——槽体宽度，m；

H——槽体高度，m；

D——圆形槽体直径，m。

一般对较细物料和要求冷却、干燥的物料，料层宜薄，而对粒度大的物料，料层可稍厚，输送距离长时，料层也不宜过厚。料层厚度推荐值：对细颗粒物料，宜小于0.04m，对小块物料，宜小于0.1m；对大块物料，宜小于0.2m。

确定槽体宽度或直径时，必须满足式（29-120）的条件。

$$B 或 D \geqslant K_1 d_{max} \tag{29-120}$$

式中　K_1——系数，筛分后的物料一般取 $K_1=3\sim5$，未筛分的物料一般取 $K_1=2\sim3$；

d_{max}——物料的最大粒度，m。

考虑到输送槽的刚度，建议槽高按下列比值选取。

输送量小和振动强度较弱时，取 $H=0.5B$。

输送量中等和振动强度适中时，取 $H=0.8B$。

输送量大和振动强度较强时，取 $H \geqslant 0.8B$。

② 输送能力　当槽体宽度、高度和物料的平均速度确定后，输送量 Q 可按式（29-121）计算。

$$Q = 3600\psi v S\rho \tag{29-121}$$

式中，各符号意义同式（29-118）。

(6) GZ型管式电磁振动输送机选用说明

GZ型管式电磁振动输送机适用于输送粉尘较大、具有挥发性的物料，以及300℃以下的高温物料。管式电磁振动输送机还可以把几节输送管连接起来同步输送，也可实现多点进料和排料。

该机型具有结构简单、安装方便、不许润滑、使用寿命长、耗电少等优点。本机采用可控硅半波整流控制线路，可以无级调节输送量，实现生产流程的集中控制和自动控制。

(7) GZ型管式电磁振动输送机（图29-54和表29-55）

(8) ZC型垂直振动输送机（图29-55和表29-56）

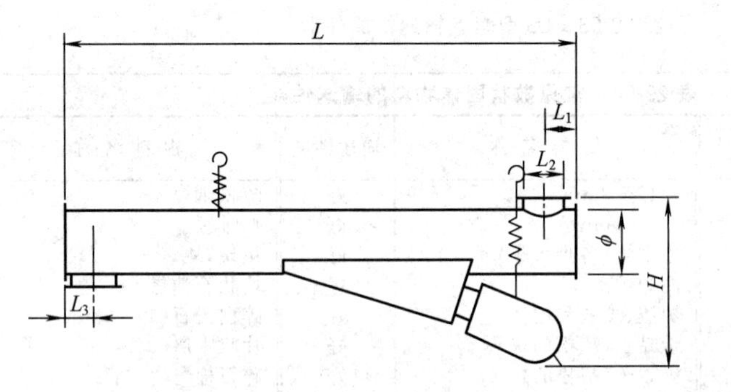

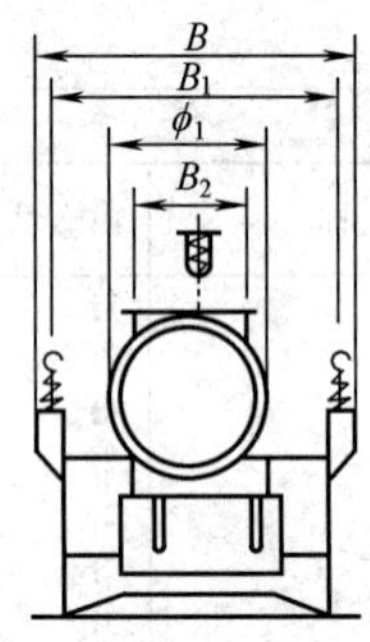

图29-54　GZ型管式电磁振动输送机的结构

表29-55　GZ型管式电磁振动输送机的技术参数

型号	生产率/(t/h)	给料粒度/mm	频率/(次/min)	电压/V	管体直径/mm	输送机长度/m	配电振器		
							规格	功率/W	每节长度/m
GZ_3G	10	60	3000	220	250	2～10	DZ_3	200	2～2.5
GZ_4G	15	70	3000	220	300	2.5～12	DZ_4	450	2.5～3
GZ_5G	20	80	3000	220	340	2.5～12	DZ_5	650	2.5～3

型号	L/mm	L_1/mm	L_2/mm	L_3/mm	B/mm	B_1/mm	B_2/mm	ϕ/mm	ϕ_1/mm	H/mm
GZ_3G	2000	160	250	175	585	542	230	250	340	655
GZ_4G	2500	190	320	210	762	686	300	320	390	780
GZ_5G	3000	200	340	220	863	761	300	340	430	900

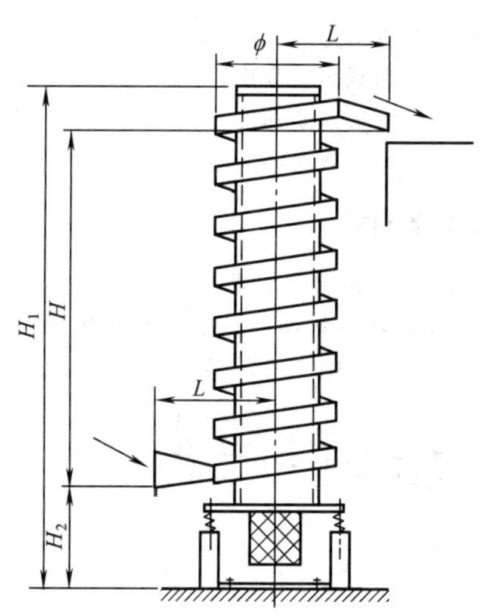

图 29-55　ZC 型垂直振动输送机的结构

表 29-56　ZC 型垂直振动输送机的技术参数

项　　目	型　　号		
	ZC3000	ZC5000	ZC8000
生产率/(t/h)	约 5	约 8	约 12
工作频率/(次/min)	960	960	960
合成振幅/mm	约 4	约 4	约 4
功率/kW	2×1.1	2×2.2	2×4.0
供电电压/V	380	380	380
额定电流/A	2×2.44	2×5.52	2×9.15
ϕ/mm	600	800	950
L/mm	450	550	600
H/mm	3000	5000	8000
H_1/mm	4130	6097	10320
H_2/mm	1010	1010	1610

7.5　通用型埋刮板输送机

(1) 应用范围

通用型埋刮板输送机是一般用途的机型，可用于化工、冶金、矿山、机械、轻工、电力、交通、粮食、油脂和公共设施等部门输送粉尘状、小颗粒和小块状物料。其应用范围如下。

① 物料松散密度 $\rho=0.2\sim1.8\text{t/m}^3$（MZ 型推荐 $\rho<1.0\text{t/m}^3$）。

② 物料温度 $t\leqslant120$℃。

③ 物料含水率与物料的粒度、黏度有关，一般情况以物料用手捏成团后而不易松散为界限。

④ 输送物料的粒度与其硬度有关，其推荐值见表 29-57。

表 29-57　适用的粒度　　单位：mm

型 号	硬度低的物料		硬度高的物料	
	适宜粒度	最大粒度（允许含有 10%）	适宜粒度	最大粒度（允许含有 10%）
MS16	<8	16	<4	8
MS20	<10	20	<5	10
MS25	<13	25	<7	13
MS32	<16	32	<8	16
MS40	<20	40	<10	20
MS50	<25	50	<13	25
MC16	<5	10	<3	5
MC20	<6	12	<3	6
MC25	<8	16	<4	8
MC32	<10	20	<5	10
MC40	<12	25	<6	12
MZ16	<5	10	<3	5
MZ20	<6	12	<3	6
MZ25	<8	16	<4	8
MZ32	<10	20	<5	10
MZ40	<10	20	<5	10

注：硬度低的物料是指能用脚踩碎的物料。

⑤ 可输送物料举例：碎煤、煤粉、碎炉渣、飞灰、烟灰、炭黑、磷矿粉、碳酸氢铵、尿素、氯化铵、苏打粉、硫铁矿渣、塑料单体、活性炭、固体农药、焦炭粉、石灰石粉、铬矿粉、白云石粉、铜精矿粉、氧化铝粉、氧化铁粉、石英砂、烧结返矿、水泥、黏土粉、陶土、黄沙、铸造旧砂、小麦、大豆、玉米、菜子、米、糠、淀粉、谷物粉、谷物壳、木片、竹片、锯末等；MZ 型埋刮板输送机推荐用于锅炉房上煤及输送谷物类（如小麦、玉米、大豆等）和轻物料类（如木片、锯末等）。

⑥ 具有下列性能的物料不宜采用普通型埋刮板输送机：高温的，有毒的，易爆的，磨损性很强的，黏性（附着性）强的，悬浮性很强的，流动性特好的和极脆而又不希望被破碎的物料。

⑦ 当输送密度大的物料时，物料中较大粒度物料所占的比例较高时，细粒状或粉状物料含水率较高而易于黏结、压结时，往往会产生刮板链条浮于输送物料之上，这种现象称为“浮链”或“漂链”，多见于水平输送。

对于输送易于产生浮链的物料，在选型设计时应考虑采取以下措施：输送机单机长度不宜过长，型号选择可适当放大；MS16～MS25 型应优先采用滚子链；刮板可按 70°倾斜焊接在链条上；用压板防止链条浮起等。

(2) 布置形式

埋刮板输送机的机型如图 29-56 所示。

MS 型埋刮板输送机可适用于水平或倾斜度较小的

布置，倾角 0°≤α≤15°。单台设备长度不得大于 80m。

MC 型埋刮板输送机可适用于倾斜度较大或垂直的布置，倾角 30°≤α≤90°。单台设备的输送高度不大于 30m。

MZ 型埋刮板输送机可以垂直或水平布置。单台设备输送高度不大于 20m，上水平部分总长度不大于 30m。

(3) 输送量计算

$$Q_0=3600BHv\eta \tag{29-122}$$

式中 Q_0——计算输送量，m^3/h；

B——机槽宽度，m；

H——承载机槽高度，m；

v——刮板链条速度，m/s；

η——输送效率，%。

7.6 旋转给料器

(1) HXF 型旋转给料器

HXF 型旋转给料器的基本技术参数见表 29-58，结构和外形尺寸见图 29-57、表 29-59。

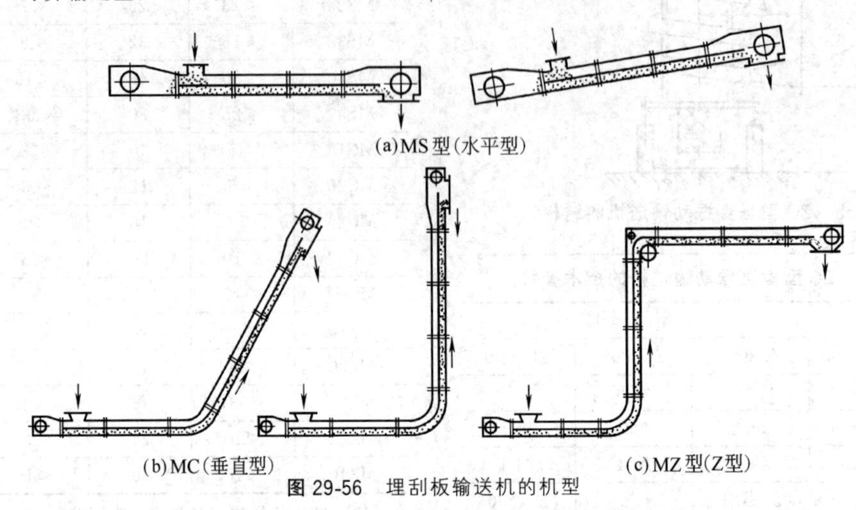

图 29-56 埋刮板输送机的机型

表 29-58 HXF 型旋转给料器的基本技术参数

项目		型号											
		HXF200		HXF250		HXF300		HXF350		HXF400		HXF500	
生产能力/(m^3/h)		2.5	5	6.4	12.7	10	20	17.4	35.5	22.7	45	37.9	75
叶轮转速/(r/min)		15.6	30.9	15.6	30.9	15.6	30.9	15.6	30.9	15.6	30.9	15.6	30.9
叶轮直径/mm		ϕ200		ϕ250		ϕ300		ϕ350		ϕ400		ϕ500	
减速机齿轮电	转速/(r/min)	15.6	30.9	15.6	30.9	15.6	30.9	15.6	30.9	15.6	30.9	15.6	30.9
	功率/kW	0.55											
	型号	YCJ132-B5											

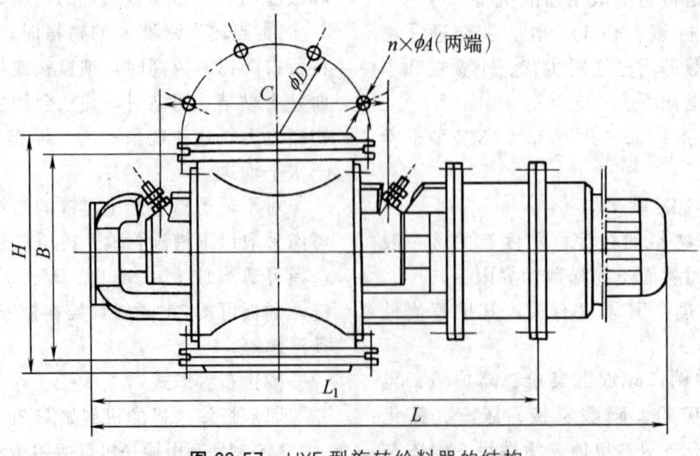

图 29-57 HXF 型旋转给料器的结构

表 29-59　HXF 型旋转给料器的外形尺寸　单位：mm

型　号	L	L_1	H	A	B	C	D	n
HXF200	1204	718	398	22	310	323	295	8
HXF250	1254	768	492	22	410	410	350	12
HXF300	1298	812	542	22	450	446	400	12
HXF350	1358	872	616	22	510	500	460	16
HXF400	1398	912	662	26	580	548	515	16
HXF500	1498	1012	787	26	650	653	620	20

(2) HT 型旋转给料器

本产品系列符合 JIS 5K 规定。主要材料为不锈钢，适用于颗粒及粉末物料。其结构和外形尺寸见图 29-58、表 29-60。

(3) GR、AGR 旋转给料器

① 供料器能力计算

$$W=60VN\eta \tag{29-123}$$

式中　W——卸料量，m^3/h；

V——转子的容积，m^3；

N——转子的转速，r/min；

η——转子的容积效率，%。

② 选型（图 29-59）。

③ 标准旋转供料器的漏气量的估算（图29-60）。

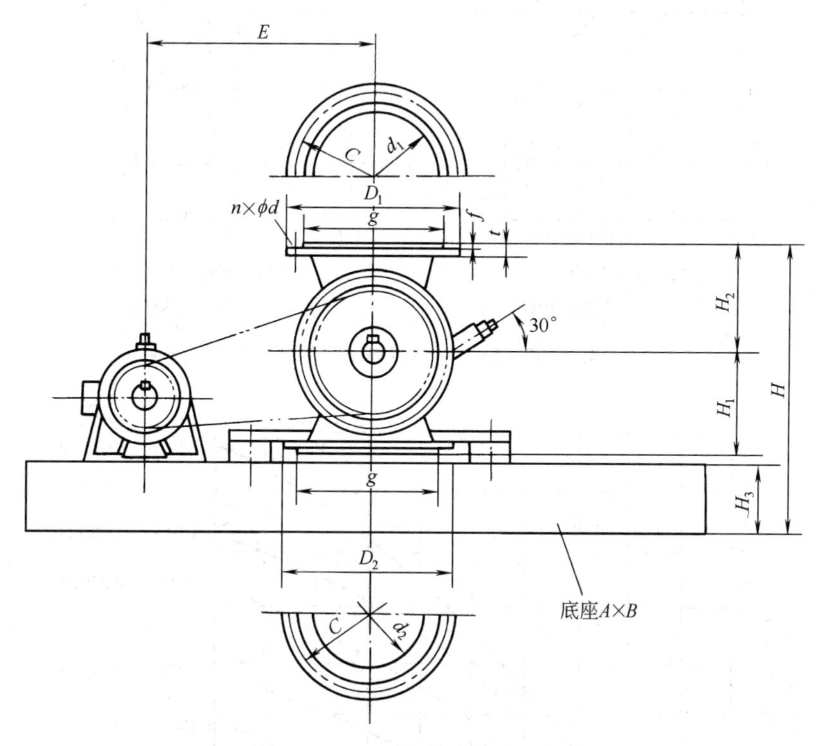

图 29-58　HT 型旋转给料器的结构

表 29-60　HT 型旋转给料器的外形尺寸　单位：mm

公称直径 DN	d_1	d_2	D_1	D_2	C	g	A	B	E	H	H_1	H_2	H_3	f	t	ϕd	n
200	210	200	320	330	280	255	760	640	370	435	190	190	50	2	20	23	8
300	310	300	430	445	390	365	1660	860	550	655	250	250	150	3	22	23	12
350	350	340	480	490	435	405	1160	1000	550	680	300	300	75	3	24	25	12
450	450	440	605	620	555	520	1315	950	650	860	350	350	150	3	24	25	16
550	550	540	720	745	665	630	1830	1080	1000	1060	450	450	150	3	26	25	20

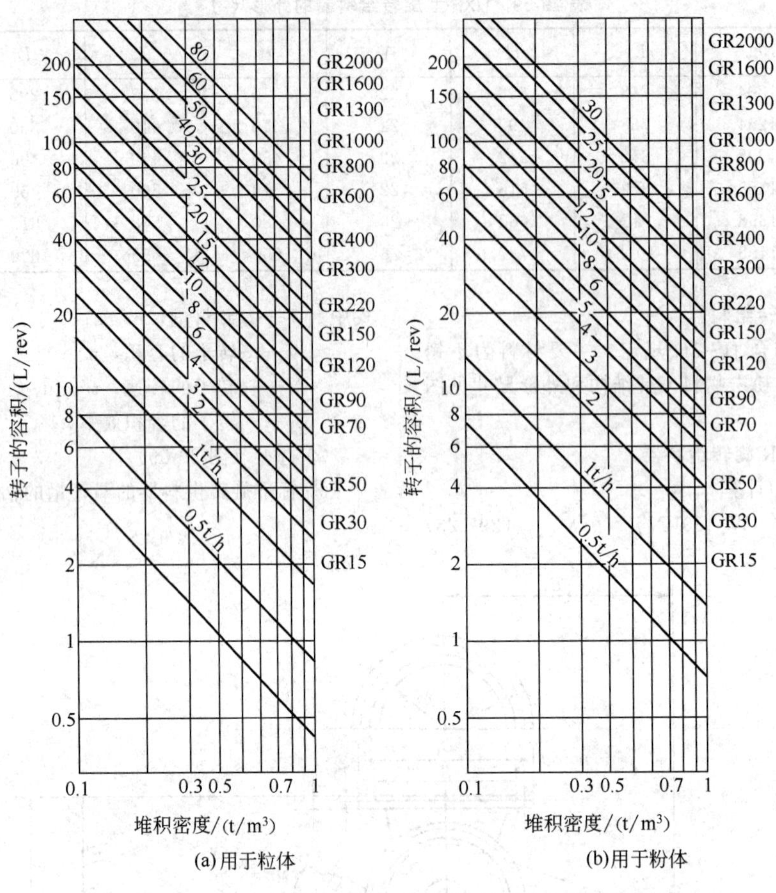

图 29-59　GR、AGR旋转给料器的选型

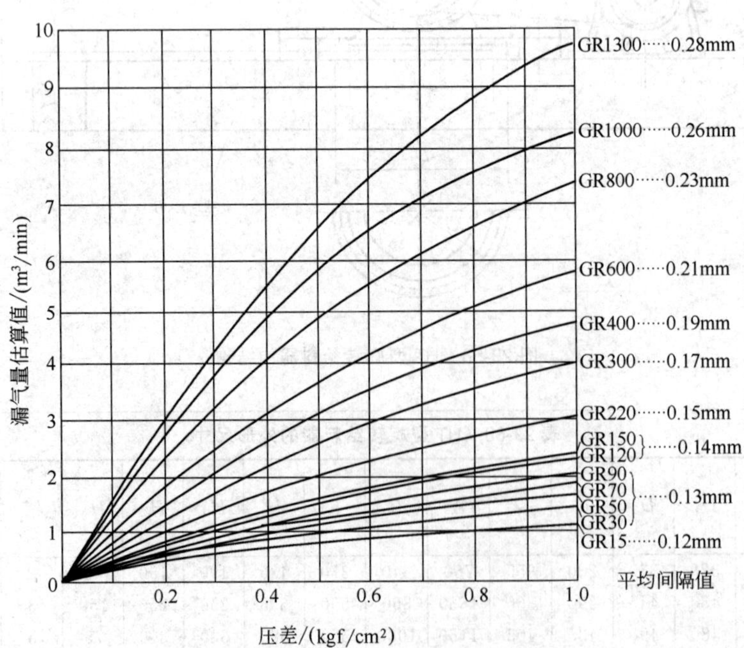

图 29-60　标准旋转给料器的漏气量估算

$1kgf/cm^2 = 0.098MPa$

④ GR 标准型旋转给料器（图 29-61、表 29-61）。

⑤ AGR 型耐磨耗旋转给料器（图 29-62、表29-62）。

(4) 高压型旋转给料器

① 应用范围　在气流输送系统中，旋转给料器可用来可靠地计量传送来自料仓和给料装置的各种粉料及粒料。

② 设计特点

a. 经优化设计的阀门进出口截面可避免粒料的挤压和剪切。

b. 与阀门成一体的导向板不影响物料流的输入。

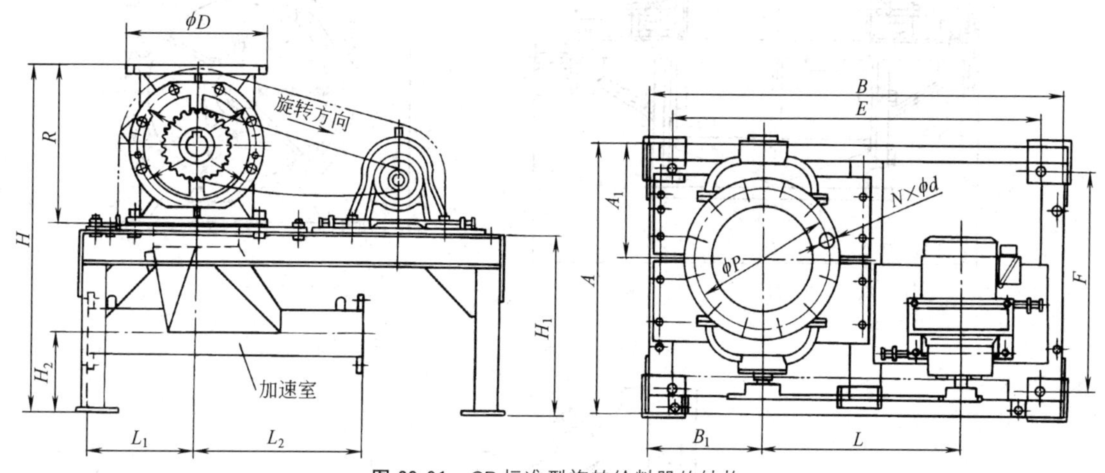

图 29-61　GR 标准型旋转给料器的结构

表 29-61　GR 标准型旋转给料器的标准尺寸

型　号	口径/in	容积/L	电动机功率/kW	外形尺寸/mm													质量/kg
				A	A_1	B	B_1	E	F	H	H_1	H_2	R	L	L_1	L_2	
GR15	5	1.8	0.37	570	255	805	220	655	420	716	420	183	280	390	180	270	101
GR30	5	2.8	0.37	570	245	805	220	655	420	736	420	183	300	390	180	270	118
GR50	6	4.3	0.37	570	230	805	220	655	420	796	450	188	330	390	200	300	140
GR70	8	6.6	0.75	680	285	1020	270	870	530	820	450	167	350	490	320	480	160
GR120	10	12.6	0.75	730	300	1090	305	940	580	940	500	191	420	525	330	520	200
GR220	12	22.3	1.5	820	350	1300	355	1150	670	1063	550	245	490	625	370	530	310
GR300	12	31.4	1.5	910	350	1300	355	1150	760	1119	550	221	545	625	370	530	400
GR400	14	41.5	2.2	960	380	1350	380	1200	810	1233	620	270	585	650	400	550	425
GR600	16	59	2.2	1020	415	1410	410	1260	870	1323	650	278	645	680	480	720	520
GR800	18	80	4.0	1140	440	1450	430	1250	940	1431	700	303	700	710	500	800	650

型号	口径/in	法　兰　规　格/mm								
		JIS5K			JIS10K			GB1.0MPa		
		D	P	$n\times\phi d$	D	P	$n\times\phi d$	D	P	$N\times\phi d$
GR15	5	235	200	8×ϕ19	250	210	8×ϕ23	250	210	8×ϕ23
GR30	5	235	200	8×ϕ19	250	210	8×ϕ23	250	210	8×ϕ23
GR50	6	265	230	8×ϕ19	280	240	8×ϕ23	285	240	8×ϕ23
GR70	8	320	280	8×ϕ23	330	290	12×ϕ23	340	295	8×ϕ23
GR120	10	385	345	12×ϕ23	400	355	12×ϕ25	395	350	12×ϕ23
GR220	12	430	390	12×ϕ23	445	400	16×ϕ25	445	400	12×ϕ23
GR300	12	430	390	12×ϕ23	445	400	16×ϕ25	445	400	12×ϕ23
GR400	14	480	435	12×ϕ25	490	445	16×ϕ25	505	460	16×ϕ23
GR600	16	540	495	16×ϕ25	560	510	16×ϕ27	565	515	16×ϕ27
GR800	18	605	555	16×ϕ25	620	565	20×ϕ27	615	565	20×ϕ27

注：1in≈2.54cm，下同。

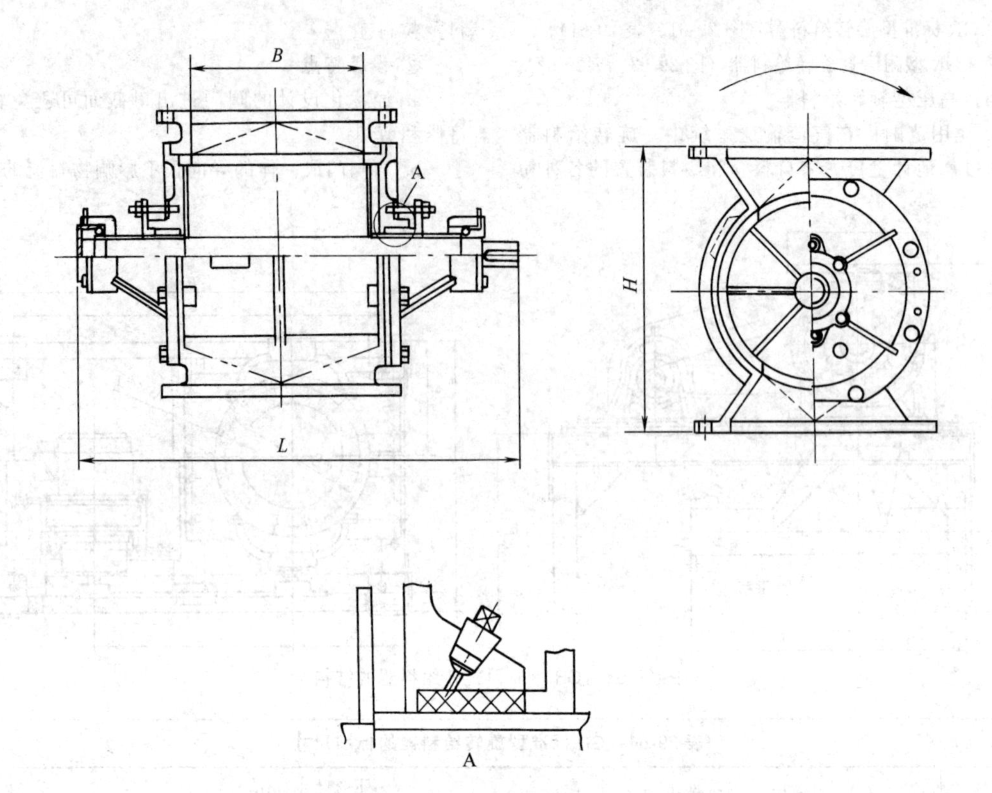

图 29-62　AGR 型耐磨耗旋转给料器的结构

表 29-62　AGR 型耐磨耗旋转给料器的标准尺寸

型　号	口径 /in	排出量 /(m^3/h)	电动机功率 /kW	法兰间距 H/mm	L /mm	质量 /kg
AGR-50	6	4	0.37	330	560	70
AGR-70	8	6	0.75	350	670	105
AGR-120	10	11	0.75	420	720	135
AGR-220	12	19	1.5	490	792	225
AGR-300	12	27	1.5	545	954	300
AGR-400	14	37	2.2	585	986	355
AGR-600	16	50	2.2	645	1036	430
AGR-800	18	70	4.0	700	1166	575

c. 阀体内设计有平衡压力用的排气道和排气管接口。

d. 经优化设计的排气道使气道内不会积存物料。

e. 所输送物料的温度范围为－10～60℃，其工作环境温度范围为－10～40℃。

f. 特殊的制造工艺和12叶片槽转子，能保证最小的漏气量。

g. 阀门具有圆滑的入口，无过渡部件。阀体上设有固定用螺栓孔。

h. 法兰部位便于安装操作，无需特殊螺栓。

i. 结构紧凑，便于维修保养。

j. 标准化的驱动机构使阀门能迅速适应新的工艺条件。

k. 驱动机构与阀体可完全分离。阀体耐压达10bar（1bar＝10^5Pa，下同），转子的转速可在现场随时监控。

③ 性能指标

流量　7.5～160m^3/h

转子直径　200mm/250mm/320mm/400mm/500mm

工作压差　＜3.5bar

④ 规格种类　中压型旋转阀（工作压差小于1.5bar）；超高压型旋转送料阀；避免物料塑化的特殊齿顶叶片；可迅速清洗型（供选择）；法兰连接螺栓执行 DIN 2501 PN 10，ANS 150# 标准或厂标；特殊类型旋转送料阀根据用户需要制造。

⑤ 外形尺寸（图 29-63、表 29-63）

⑥ 型号意义

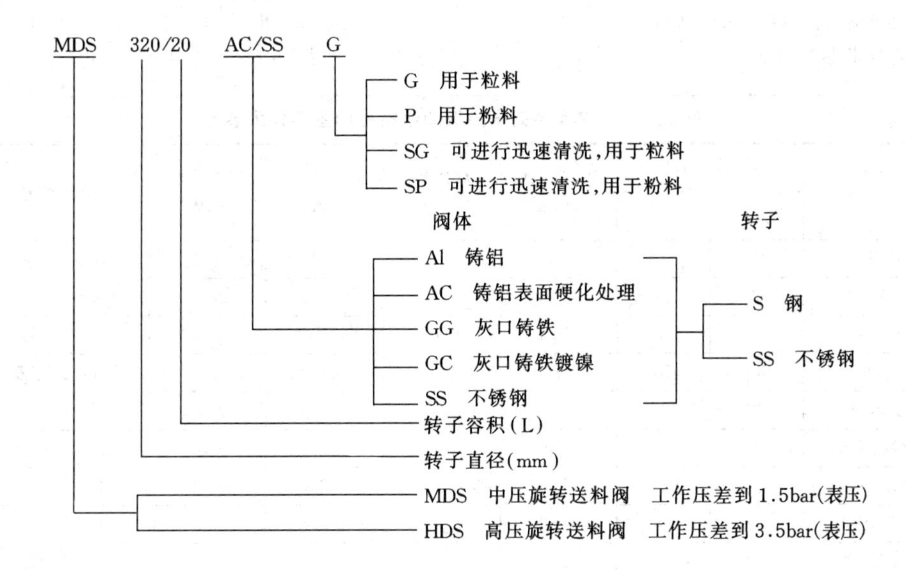

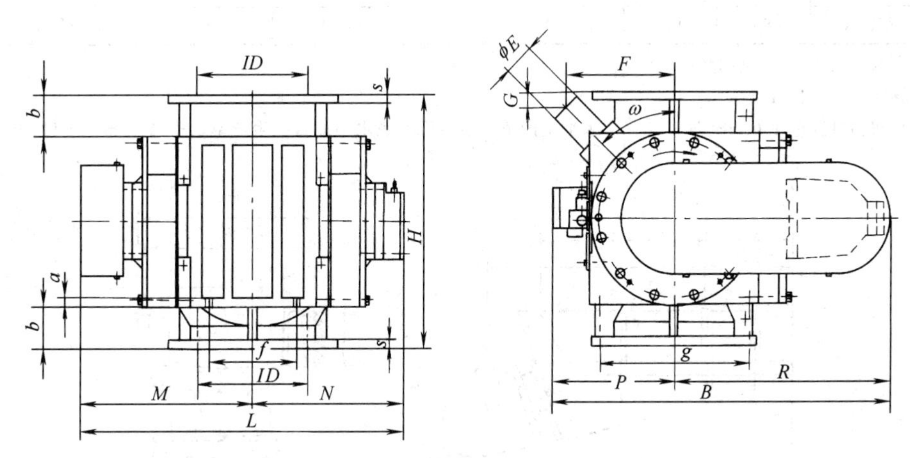

图 29-63　高压型旋转给料器的结构

表 29-63　高压型旋转给料器的标准尺寸

型　号	转子容积/L	法兰 DIN	法兰 ANSI/in	*ID*	*ϕE*	*F*	*G*	*H*	*M*	*N*	*L*
				/mm							
HDS 200	5	150	6	151	48.3	206	27	450	325	290	615
HDS 250	10	200	8	213	60.3	248	17	530	370	335	705
HDS 320	19	250	10	233	76.1	272	28	600	405	355	760
HDS 400	41	300	12	314	88.9	318	47	730	498	443	941
HDS 500	84	350	14	350	88.9	421	40	850	585	455	1040

型　号	*B*	*P*	*R*	*b*	*a*	*s*	*f*	*g*	*ω*/(°)	质量(AC/SS，无电动机)/kg
	/mm									
HDS 200	685	245	440	105	20	25	115	250	50	150
HDS 250	740	270	470	120	20	25	160	300	50	190
HDS 320	910	315	595	120	20	25	170	390	45	260
HDS 400	1000	350	650	120	35	25	250	440	45	370
HDS 500	1235	455	780	140	35	30	280	600	45	450

(5) GZ-A 系列电磁振动给料机

① 主要技术参数（表 29-64）

② 主要外形尺寸（图 29-64、图 29-65、表 29-65、表 29-66）

表 29-64 GZ-A 系列电磁振动给料机的主要技术参数

型式	型 号	生产率/(t/h)		给料粒度/mm	双振幅/mm	表示电流/A	有功功率/kW	控制箱型号	整机质量/kg
		水平	−10°						
普通型	GZ1-A	5	7	≤50	1.75	≤1	0.05	XKZ-5 GZ	52
	GZ2-A	10	14	≤50		≤2.3	0.15	XKZ-10 GZ	100
	GZ3-A	25	35	≤75		≤3.8	0.20	XKZ-10 GZ	140
	GZ4-A	50	70	≤100		≤7	0.45	XKZ-20 GZ	300
	GZ5-A	100	140	≤150		≤10.6	0.65	XKZ-20 GZ	445
封闭型	GZ1F-A	4	5.6	≤40	1.75	≤1	0.05	XKZ-5 GZ	53
	GZ2F-A	8	11.2	≤40		≤2.3	0.15	XKZ-10 GZ	100
	GZ3F-A	20	28	≤60		≤3.8	0.20	XKZ-10 GZ	150
	GZ4F-A	40	56	≤60		≤7	0.45	XKZ-20 GZ	310
	GZ5F-A	80	112	≤80		≤10.6	0.65	XKZ-20 GZ	450

注：1. 电源电压 220V，电源频率 50Hz。

2. 振动频率 3000 次/min。

3. 生产率按物料容重 1.6t/m³ 河砂计算。水平生产率为给料机槽底水平放置时生产率，−10°为槽体前倾 10°时生产率。

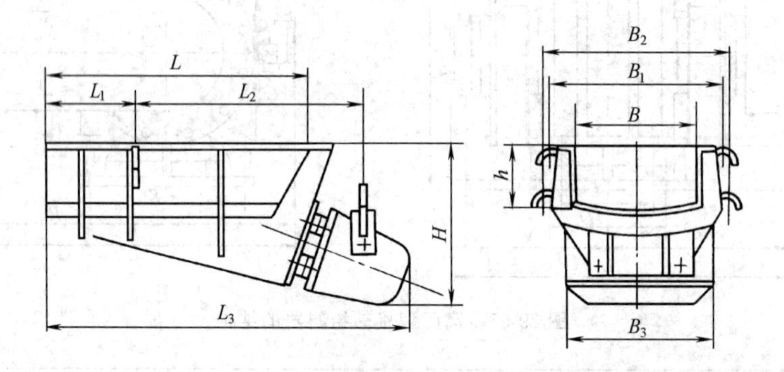

图 29-64 GZ-A 型电磁振动给料机的结构

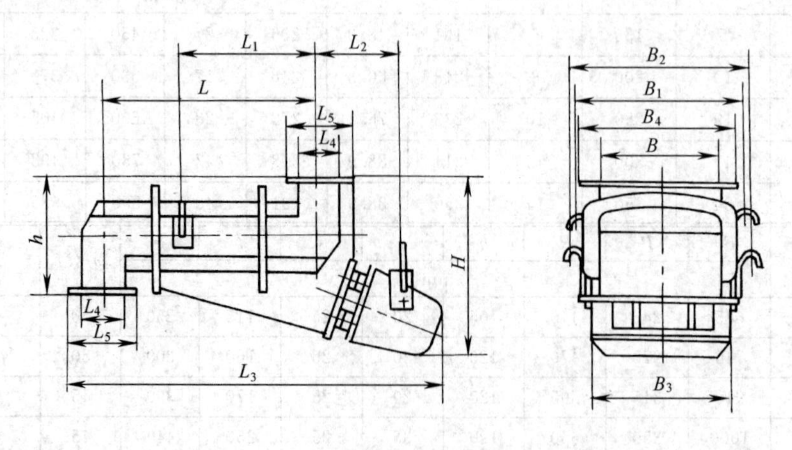

图 29-65 GZF-A 型电磁振动给料机的结构

表 29-65　GZ-A 型电磁振动给料机的外形尺寸　单位：mm

型　号	B	B_1	B_2	B_3	L	L_1	L_2	L_3	h	H
GZ1-A	200	289	296	250	600	209	507	846	116	350
GZ2-A	300	388	326	310	800	310	680	1080	146	440
GZ3-A	400	496	402	360	900	311	714	1170	188	465
GZ4-A	500	620	494	450	1100	413	645	1470	246	620
GZ5-A	700	850	560	500	1200	465	900	1750	308	780

表 29-66　GZF-A 型电磁振动给料机的外形尺寸　单位：mm

型　号	B	B_1	B_2	B_3	B_4	L	L_1	L_2	L_3	L_4	L_5	h	H
GZ1F-A	200	250	296	250	254	600	470	176	1010	120	174	215	400
GZ2F-A	300	358	326	310	364	800	615	270	1280	160	224	270	475
GZ3F-A	400	464	402	360	484	1000	782	241	1420	200	286	340	565
GZ4F-A	500	574	494	450	598	1100	855	253	1740	220	318	415	670
GZ5F-A	700	784	560	500	808	1200	955	295	2050	240	348	510	850

7.7　阀门

(1) HT 型换向阀

HT 型换向阀的主要材料是不锈钢。其技术性能见表 29-67，外形尺寸见图 29-66、表 29-68。

(2) V 形换向阀

① 应用范围　推荐用于密相和稀相气流输送系统中切换物料流向，阀芯的几何形状使得该阀门适用于任意方向的物料导向。

② 设计特点

a. 适用于密相和稀相气流输送系统。

b. 阀门入口的流道形状可防止产生积料。密封性由阀芯上的自动压紧密封保证，标准阀门的压力密封性达到 $P_e=3.5$bar。

c. 无需维修保养的执行机构可保证高度的运行可靠性。驱动部分不需额外的绝缘保护。

d. 标准阀门的工作温度范围为－20～100℃。

e. 阀门外部无运动部件，不需额外的安全保护设施。与阀门铸成一体的法兰使阀门的安装操作简单易行。

表 29-67　HT 型换向阀的技术性能

法兰标准	工作介质	强度试验	密封试验	驱动方法
DIN2632 或 JIS B2210	聚乙烯颗粒、粉末 聚丙烯颗粒、粉末	0.15MPa	0.1MPa	气缸

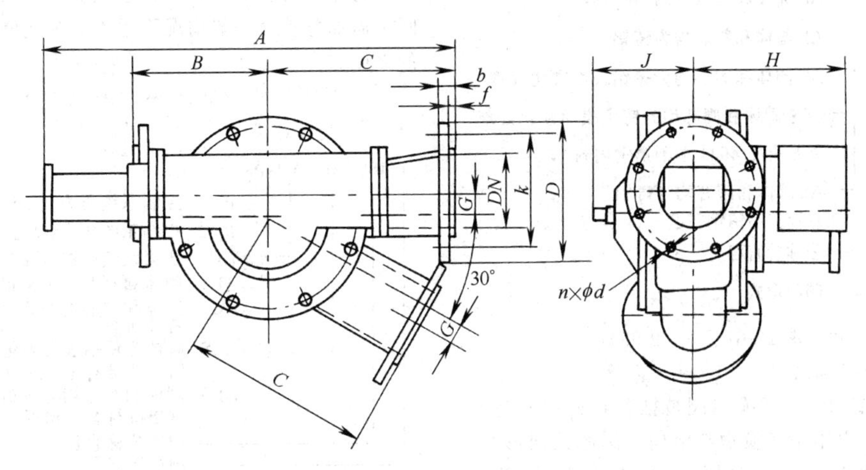

图 29-66　HT 型换向阀的结构

表 29-68　HT 型换向阀的外形尺寸　　单位：mm

公称直径 DN	A	B	C	D	G	H	J	b	k	f	d	n
50	520	170	230	165	21	340	130	16	125	3	18	4
65	530	170	240	185	28	350	140	16	145	3	18	4
80	560	170	270	200	28	356	145	18	160	3	18	8
100	610	190	300	220	35	365	155	18	180	3	18	8
125	660	215	325	250	40	375	165	18	210	3	18	8
150	750	260	370	285	46	442	198	18	240	3	22	8
175	1020	285	385	315	54	340	210	20	270	3	22	8
200	1070	310	410	340	63	350	220	20	295	3	22	8
250	1210	385	475	395	78	430	282	22	350	3	22	12
300	1350	430	570	445	92	480	302	26	400	4	22	12

f. 整个驱动部分可事后根据需要由阀门的左边换到右边。

g. 具有明确的阀芯位置指示装置，所有螺栓均由不锈钢制造。法兰的位置便于操作，无需采用特殊连接部件。

h. 整体重量轻。电器连接执行 IP 67 标准；流道偏角 45°。

③ 规格

a. 公称直径　80mm/100mm/125mm/150mm/185mm/200mm/250mm/300mm。

b. 法兰盘螺栓孔执行 DIN 2501 PN 10，ANSI 150# 标准或厂标。

c. 根据需要可选配充压膨胀式密封（推荐用于粉料输送系统）。

④ 型号意义如下。

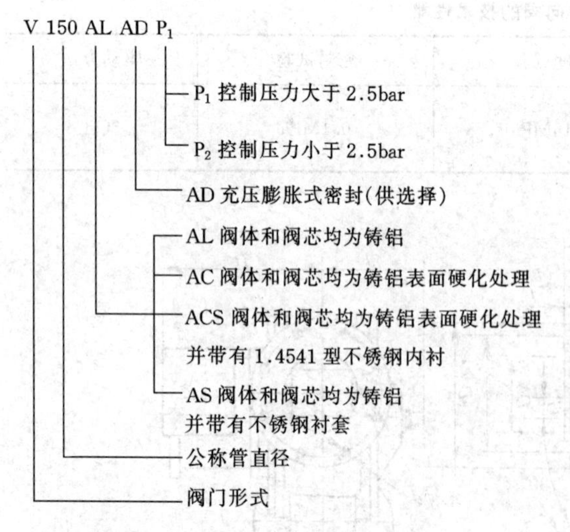

⑤ 外形尺寸（图 29-67、表 29-69）

(3) Y 形换向阀

① 应用范围　Y 形换向阀被推荐在密相和稀相气流输送系统中用来切换物料流向。阀芯几何形状，使该阀门适用于输送系统中任意方向料流的分流或汇合。

② 型号意义

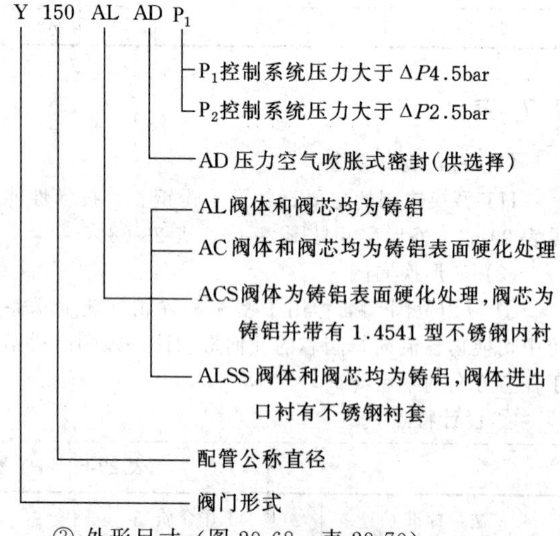

③ 外形尺寸（图 29-68、表 29-70）

(4) T 形换向阀

① 应用范围　该阀门适用于一条输送管道向多个料仓输送物料的场合。可直接安装在入料口上，中间不需加弯管。一般情况下也不需为此增加料仓顶部的强度。

② 外形尺寸（图 29-69、表 29-71）

③ 型号意义

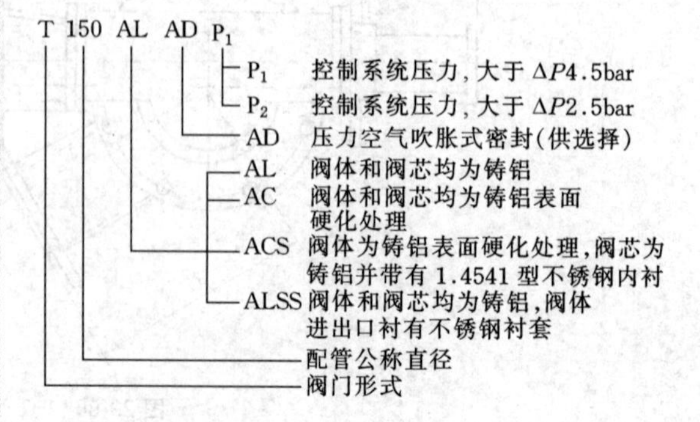

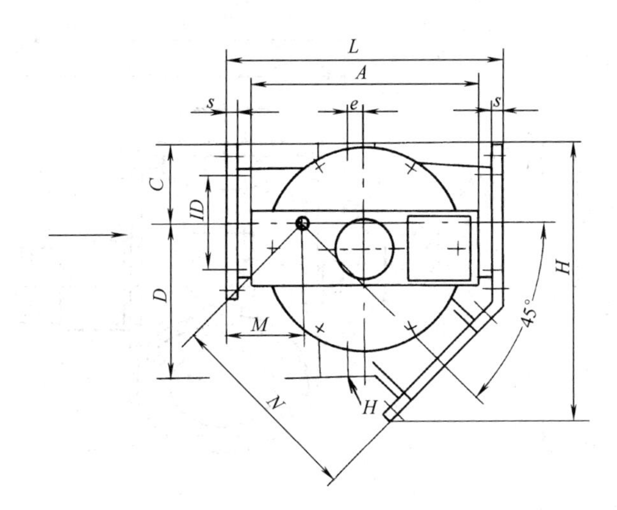

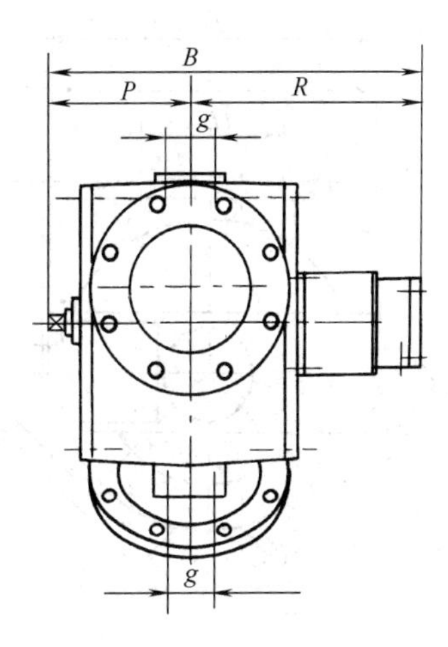

图 29-67　V 形换向阀的结构

表 29-69　V 形换向阀的外形尺寸　　单位：mm

型　号	DN /mm	ANSI /in	ID	L	A	H	M	P	R
			/mm						
V-80	80	3	84	390	445	404	92	140	320
V-100	100	4	109	390	445	475	99	150	330
V-125	125	5	127	490	520	481	132	190	360
V-150	150	6	151	530	520	562	160	210	380
V-200/185			184	620	625	682	160.5	250	420
V-200	200	8	211	620	625	679	170	250	420
V-250	250	10	250	700	750	766	190	270	500
V-300	300	12	300	800	750	886	212	310	535

型　号	B	F	C	D	N	s	e	g	质量/kg
	/mm								
V-80	460	M16	122.5	207.5	298	18	0	50	40
V-100	480	M16	125	220	291	18	0	50	45
V-125	550	M16	138	267	358	18	0	70	55
V-150	590	M16	136	284	370	20	0	70	65
V-200/185	670	M16	173	347	459.5	25	40	80	82
V-200	670	M16	177	343	450	25	40	80	80
V-250	770	M16	199	401	510	25	40	80	96
V-300	845	M16	237	458	587.5	25	40	80	116

表 29-70　Y 形换向阀的外形尺寸　　单位：mm

型号	DN /mm	ANSI /in	ID	C	A	L	M	N	H	P	R	s	e	g	f	B	质量 /kg
			/mm														
Y-150	150	6	151	400	520	520	225	225	485	210	380	20	0	70	M16	590	75
Y-200	200	8	211	500	625	631	275	275	591	250	420	25	40	80	M16	670	120
Y-250	250	10	250	560	750	747	325	325	698	270	500	25	0	80	M16	770	172
Y-300	300	12	300	640	750	872	375	375	811	310	535	25	0	80	M16	845	208

注：尺寸 A/C 比值的大小取决于换向阀的公称直径。

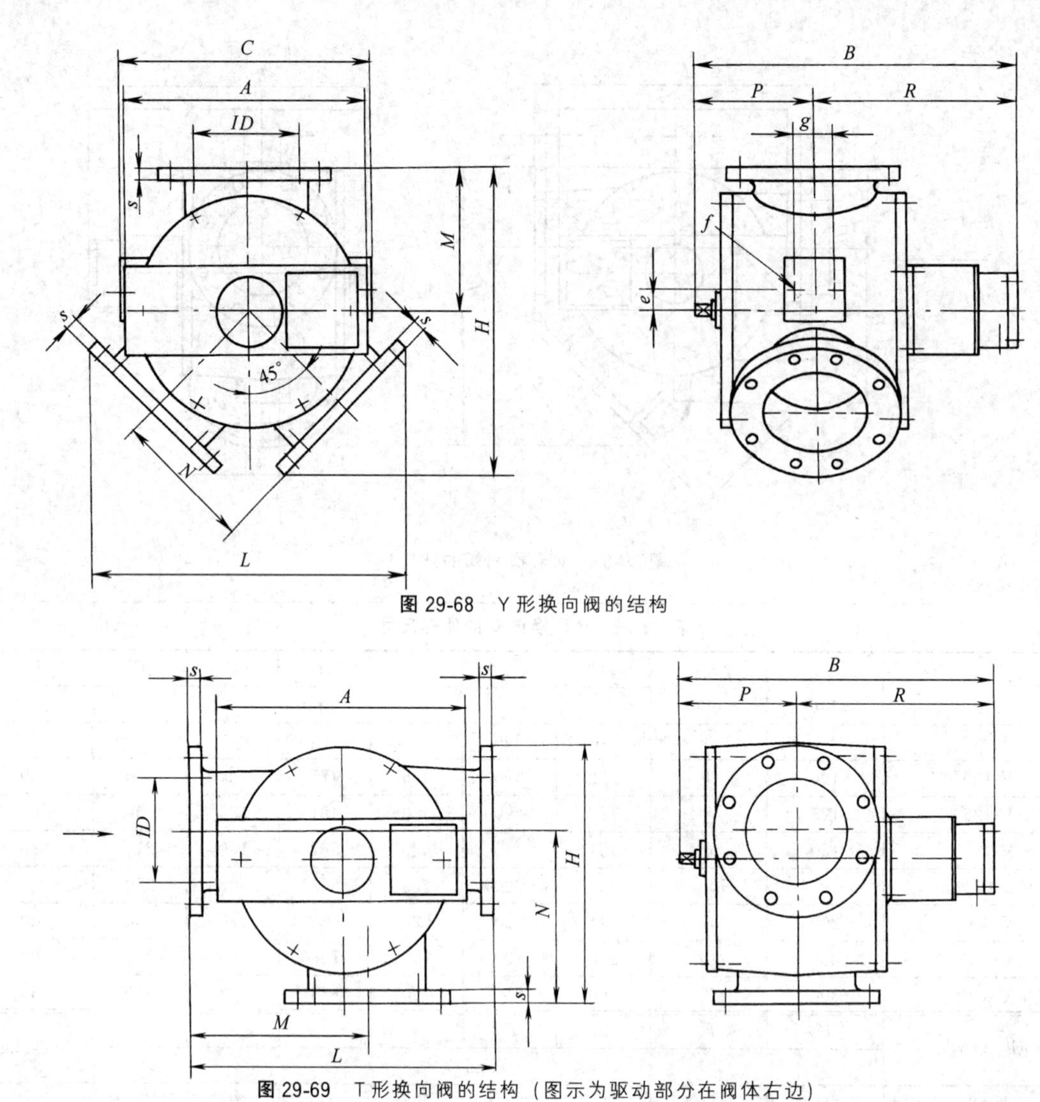

图 29-68 Y形换向阀的结构

图 29-69 T形换向阀的结构（图示为驱动部分在阀体右边）

表 29-71 T形换向阀的外形尺寸

型 号	DN /mm	ANSI /in	ID	L	A	B	H	M	N	P	R	s	质量 /kg
			/mm										
T-80	80	3	84	390	445	460	360	238	237	140	320	18	42
T-100	100	4	109	390	445	480	360	235	235	150	330	18	45
T-125	125	5	127	450	520	570	478	264	269	200	370	20	68
T-150	150	6	151	450	520	590	478	264	269	210	380	20	71
T-200/185			184	580	625	645	535	351	352	220	425	25	122
T-200	200	8	211	580	625	670	593	343	348	250	420	25	116
T-230			230	650	750	750	601	395	394	260	490	25	167
T-250	250	10	250	650	750	770	658	386	391	270	500	25	170
T-300	300	12	300	750	750	845	752	448	453	310	535	25	220

(5) M形换向阀

① 应用范围　该阀门被推荐在气流输送系统中作为分流阀使用。其阀芯中的流道可将任意一输送管道中的物料流分为四股，或反过来将四股料流汇成一股。

② 外形尺寸（图 29-70、表 29-72）

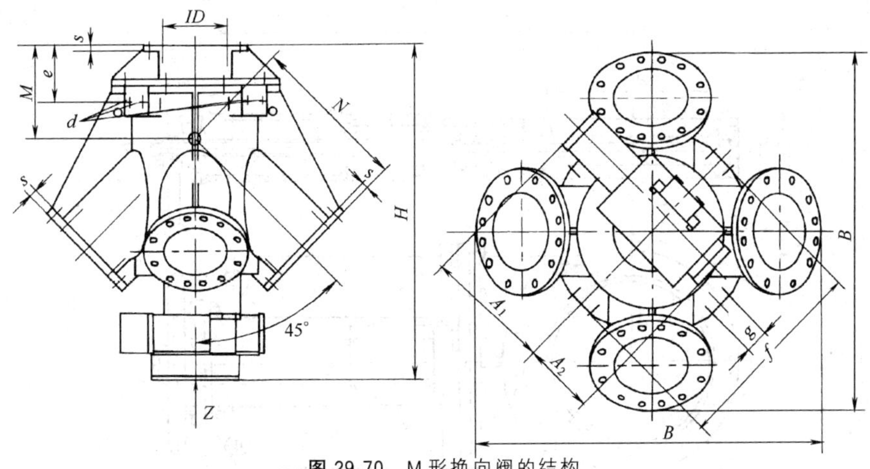

图 29-70　M 形换向阀的结构

表 29-72　M 形换向阀的外形尺寸

型　号	DN /mm	ANSI /in	ID	H	e	B	A_2	A_1
			/mm					
M-150-4	150	6	151	1085	210	903.9	230	400
M-250-4	250	10	250	1250	210	1139.5	230	400

型　号	M	N	f	g	d	s	质量/kg
	/mm						
M-150-4	283	497	570	80	M16	20	260
M-250-4	350	603	650	80	M16	25	335

③ 型号意义

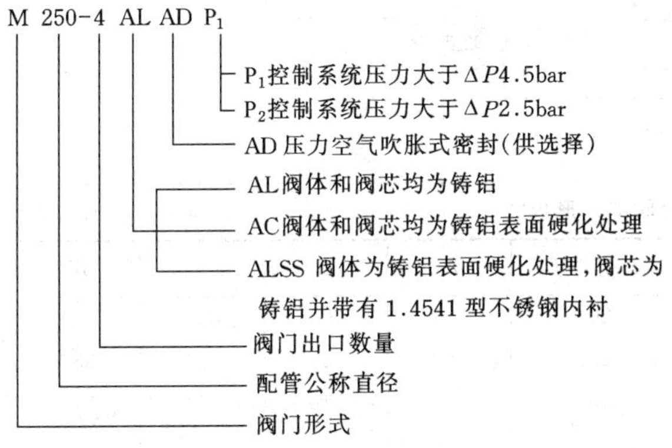

(6) 手动滑阀和气动滑阀

① 使用说明

a. 组装时必须保证气缸、阀体、连接件（块）三者中心线一致。闸板与压环间隙均匀。

b. 填料函必须调节到既可达到密封要求，又能使闸板在其中轻松活动。

c. 气缸带有磁性开关，待阀门开关位置调定后，将磁性开关位置固定，并打上标记。

d. 阀门组合后，必须达到开关到位，动作灵活，无撞击，密封良好。

e. 手动滑阀和气动滑阀主要材料是不锈钢，外形尺寸见图 29-71、图 29-72 和表 29-73。

② 主要技术特性

a. 密封试验　在 0.06MPa 气压下，粉末介质无泄漏。

b. 强度试验　在 0.2MPa 水压下，保持 3min 无渗漏。

c. 工作温度　−20～80℃。

d. 工作介质　腐蚀性粉末或颗粒物料。

(7) HT 型手动插板阀

HT 型手动插板阀的主要材料为不锈钢，其外形尺寸见图 29-73、表 29-74，技术性能见表 29-75。

(8) HT 型粉粒体料仓顶 ϕ200mm 呼吸阀（图 29-74）

① 应用范围　适用气力输送系统中，用作储仓顶的呼吸阀，对储仓起升安全保护作用。

② 材料　不锈钢。

③ 规格　根据用户要求。

④ 安装　必须水平安装。

(9) 常压方形手动螺旋插板阀（图 29-75、表 29-76）

(10) 常压圆形手动螺旋插板阀（图 29-76、表 29-77）

(11) 常压方形气动插板阀（图 29-77、表 29-78、图 29-78、表 29-79）

(12) 常压圆形气动插板阀（图 29-79、表 29-80、图 29-80、表 29-81）

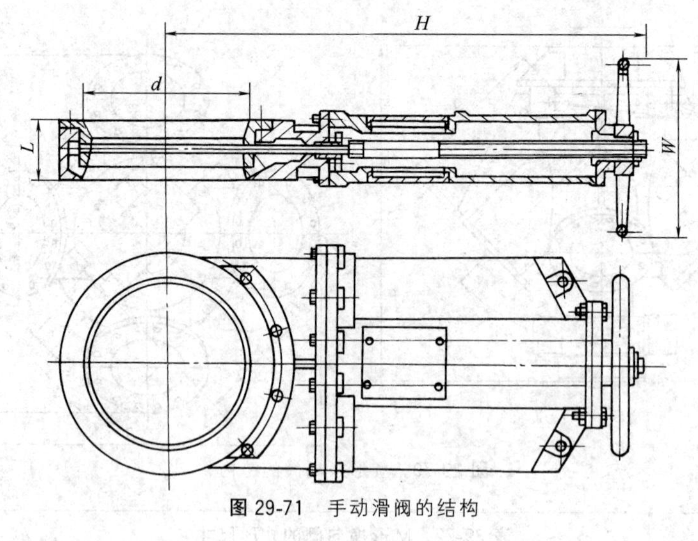

图 29-71　手动滑阀的结构

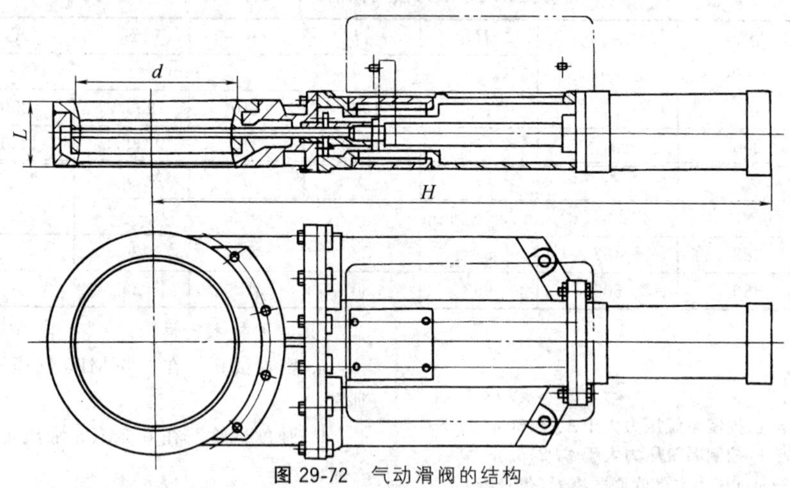

图 29-72　气动滑阀的结构

表 29-73　手动滑阀的外形尺寸　　单位：mm

公称直径 DN	d	L	H	W	公称直径 DN	d	L	H	W
80	80	90	250	180	200	200	89	625	300
100	100	64	410	200	250	260	110	764	350
125	125	70	470	200	300	310	110	(1306)887	350
150	150	76	530	300					

注：括号内的尺寸用于气动。

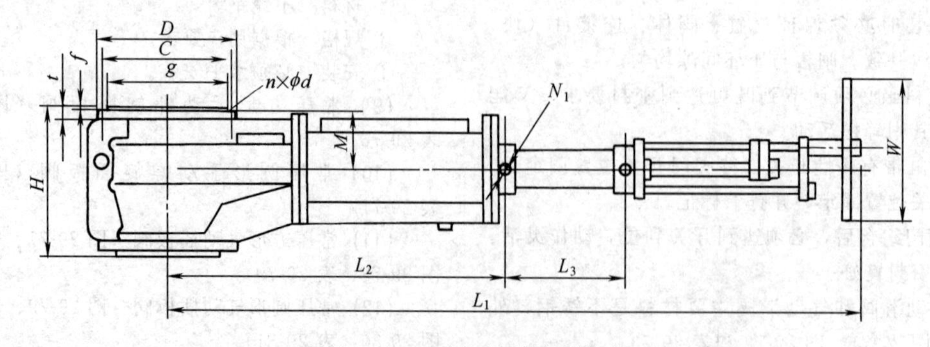

图 29-73　HT 型手动插板阀的结构

表 29-74　HT 型手动插板阀的外形尺寸　单位：mm

公称直径 DN	L_1	L_2	L_3	H	M	W	D	C	g	t	f	N_1	n	ϕd
150	1395	568	250	280	117	280	279	241.5	216	27	2	M18×1.5	8	22
300	2133	1109	405	320	139	280	430	390	355	24	2	M18×1.5	12	23

表 29-75　HT 型手动插板阀的技术性能　单位：MPa

法 兰 标 准	工 作 介 质	强度试验	密封试验	阀座密封试验
JIS B2210；ANSI B16.5	聚乙烯颗粒、粉末 聚丙烯颗粒、粉末	0.1	0.075	0.05

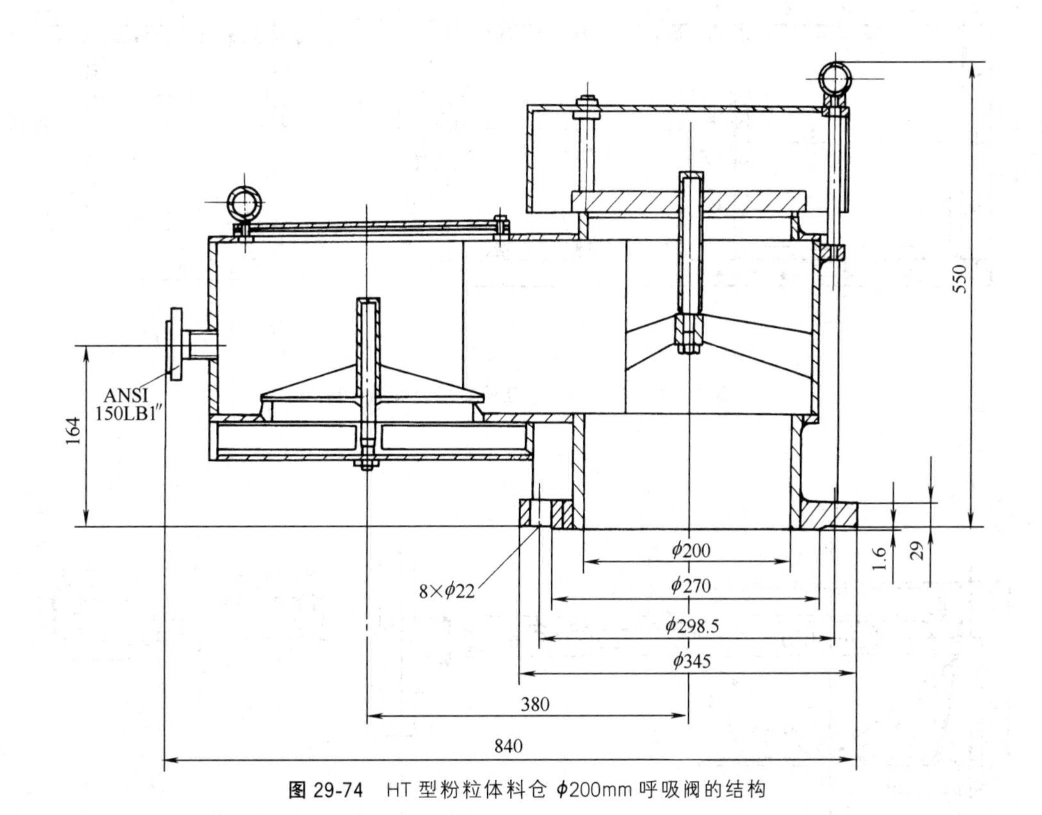

图 29-74　HT 型粉粒体料仓 ϕ200mm 呼吸阀的结构

表 29-76　常压方形手动螺旋插板阀的外形尺寸　单位：mm

仓口尺寸	型　号		A	A_1	A_2	D	H	H_1	H_2
300×300	SLC300		300	406	358	250	126	35	40
400×400	SLC400		400	516	465	320	140	45	47.5
500×500	SLC500		500	616	564	320	140	45	47.5
600×600	SLC600		600	710	670	500	260	131	131
仓口尺寸	L	L_1	a	b	d	m	n	δ	质量/kg
300×300	861	799	179	24	ϕ14	2	8	12.4	48
400×400	1096	1019	155	25.5	ϕ18	3	16	13.3	76
500×500	1278	1219	141	26	ϕ18	4	16	13.3	167
600×600	1573	1498	335	20	ϕ18	2	8	12	176

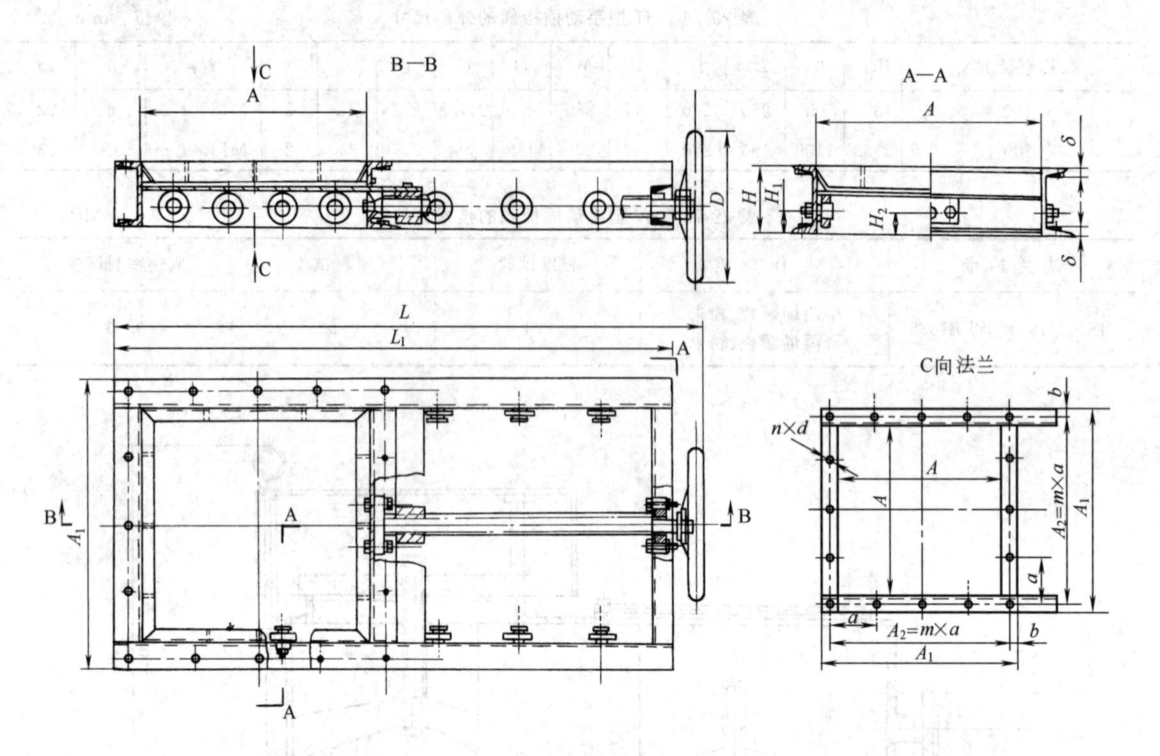

图 29-75　常压方形手动螺旋插板阀的结构

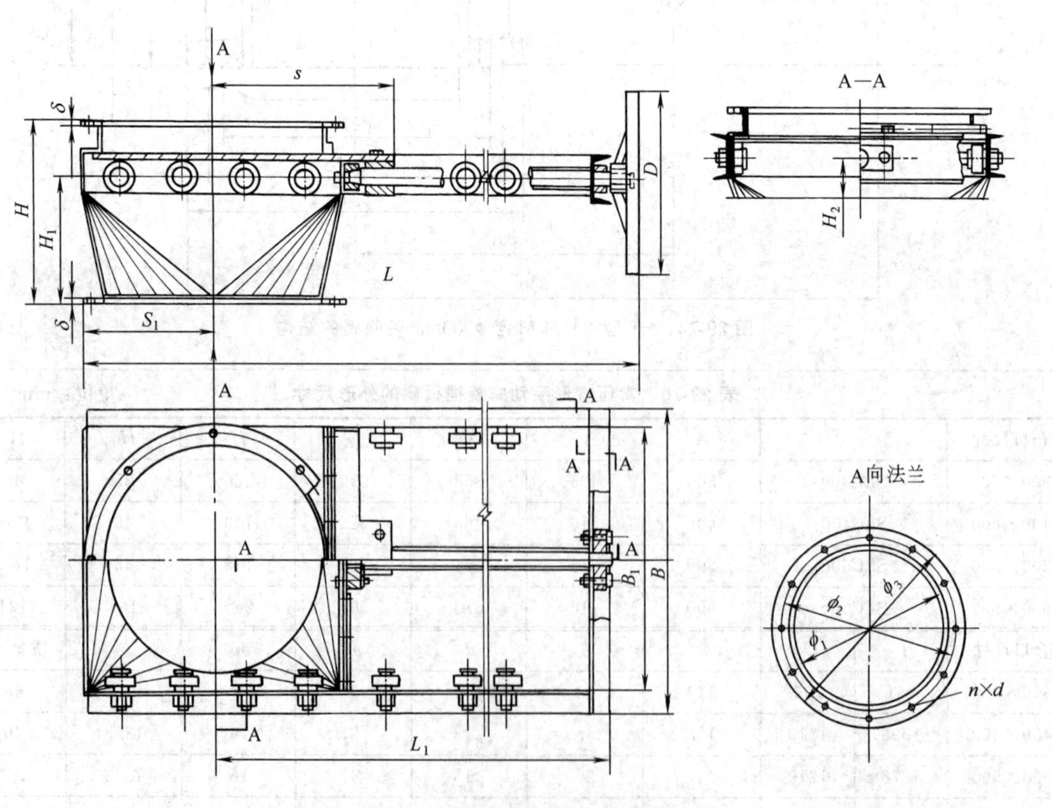

图 29-76　常压圆形手动螺旋插板阀的结构

表 29-77　常压圆形手动螺旋插板阀的外形尺寸　单位：mm

仓口尺寸	型　号	A	S	S_1	H	H_1	H_2	δ	D
ϕ300	SLCϕ300	—	—	200	270	172	175	10	250
ϕ400	SLCϕ400	—	—	255	330	225	223	10	320
ϕ500	SLCϕ500	75	420	305	355	244	242	12	320
ϕ600	SLCϕ600	85	488	355	400	271	271	12	500

仓口尺寸	型　号	L	L_1	B	B_1	$\phi1$	$\phi2$	$\phi3$	n	d	质量/kg
ϕ300	SLCϕ300	888	655	395	380	300	360	400	6	ϕ14	47
ϕ400	SLCϕ400	1130	823	566	475	400	470	510	6	ϕ14	86
ϕ500	SLCϕ500	1362	1003	666	580	500	570	610	8	ϕ18	120
ϕ600	SLCϕ600	1591	1161	776	680	600	670	710	8	ϕ18	171

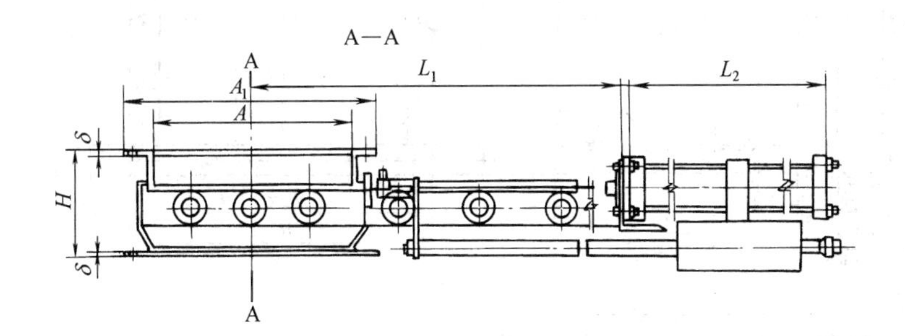

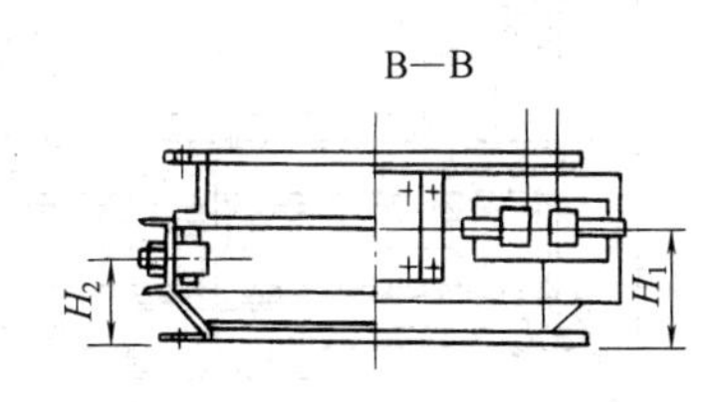

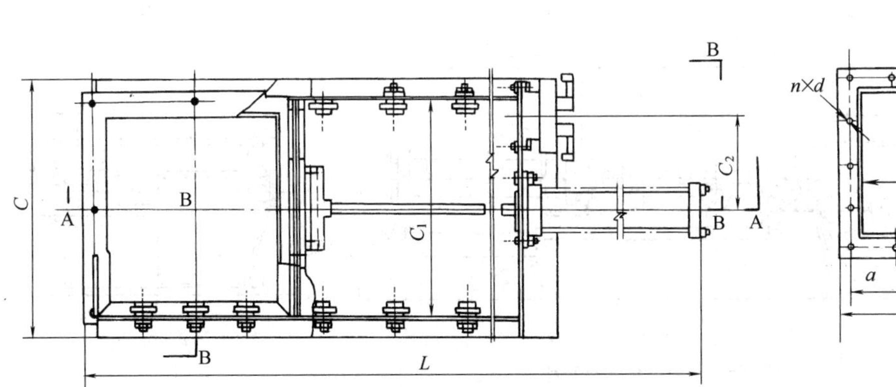

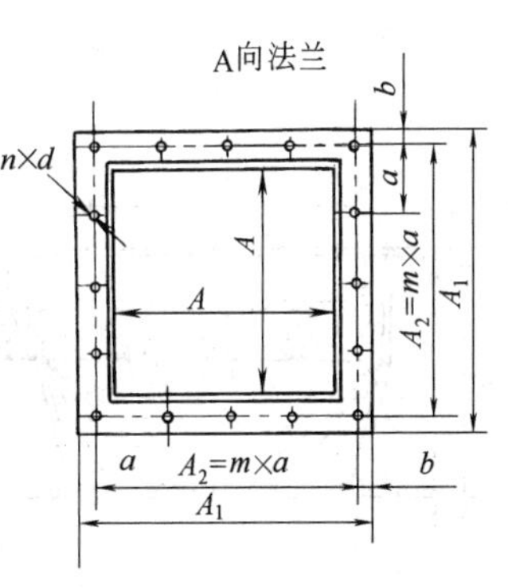

图 29-77　常压方形气动插板阀的结构（一）

表 29-78　常压方形气动插板阀的外形尺寸（一）　单位：mm

仓口尺寸	型号	A	A_1	A_2	C	C_1	C_2	L	L_1	L_2
300×300	QC300	300	400	360	466	380	150	1284	617	450
400×400	QC400	400	510	460	566	480	200	1667	761	635

仓口尺寸	H	H_1	H_2	a	b	m	n	d	δ	质量/kg
300×300	230	164	130	180	20	2	8	ϕ14	10	84
400×400	230	125	159	230	25	2	8	ϕ18	10	120

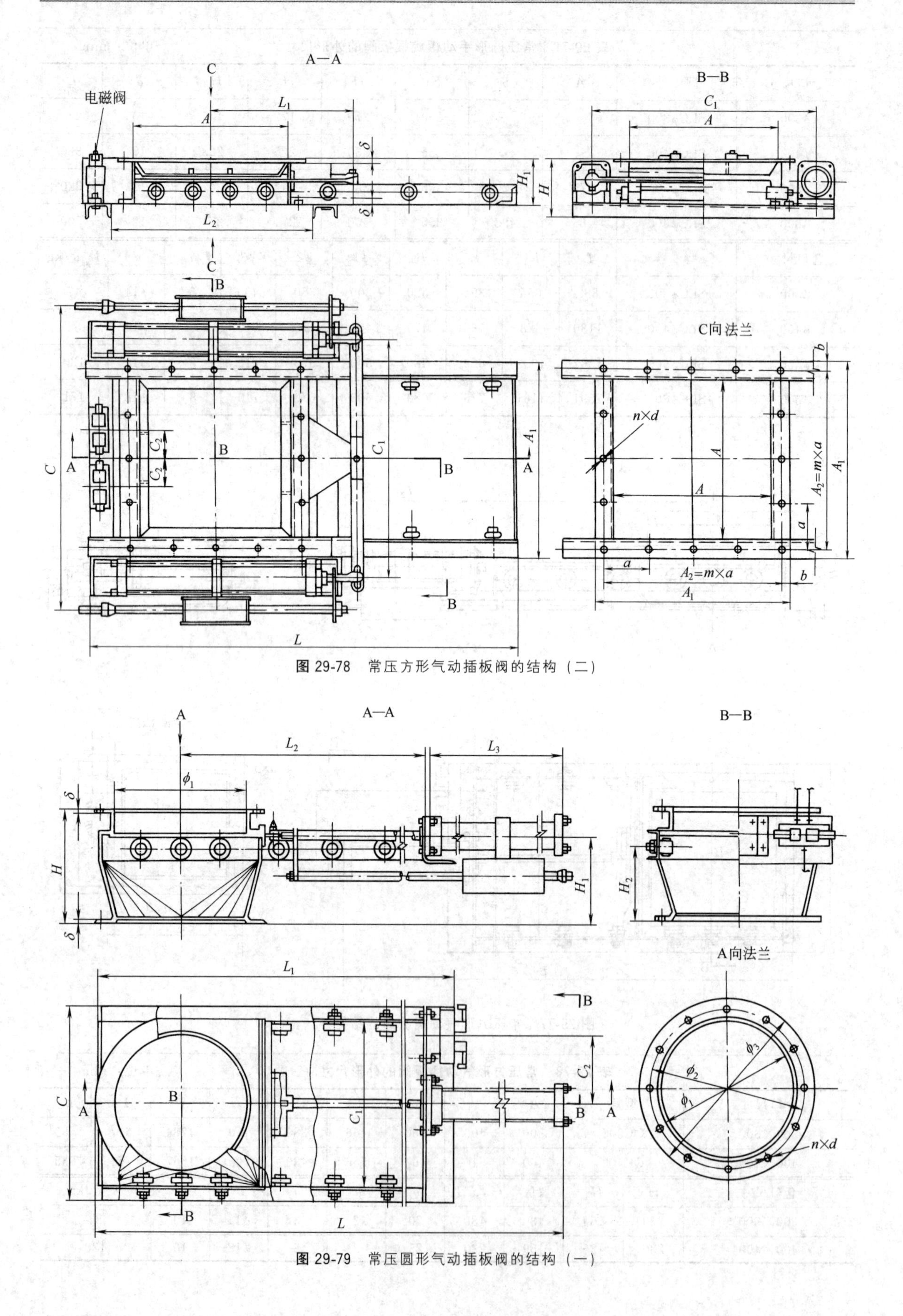

图 29-78　常压方形气动插板阀的结构（二）

图 29-79　常压圆形气动插板阀的结构（一）

表 29-79 常压方形气动插板阀的外形尺寸（二） 单位：mm

仓口尺寸	型号		A	A_1	A_2	C	C_1	C_2	H	H_1
500×500	QC500		500	616	564	988	750	90	183	140
600×600	QC600		600	736	676	1173	900	90	228	180
700×700	QC700		700	854	780	1368	1055	150	273	220
仓口尺寸	L	L_1	L_2	a	b	d	m	n	δ	质量/kg
500×500	1395	461	655	141	26	ϕ14	4	16	12.9	190
600×600	1647	523	770	169	30	ϕ18	4	16	14.3	326
700×700	1935	626	894	195	37	ϕ22	4	16	16.5	465

表 29-80 常压圆形气动插板阀的外形尺寸（一） 单位：mm

仓口尺寸	型号		ϕ_1	ϕ_2	ϕ_3	L	L_1	L_2	L_3	H
ϕ300	QCϕ300		300	360	400	1302	880	617	450	280
ϕ400	QCϕ400		400	470	510	1722	1070	771	635	330
仓口尺寸	H_1	H_2	C	C_1	C_2	n	d	δ	质量/kg	
ϕ300	214	180	466	380	150	6	14	10	80	
ϕ400	260	225	566	480	200	6	14	10	120	

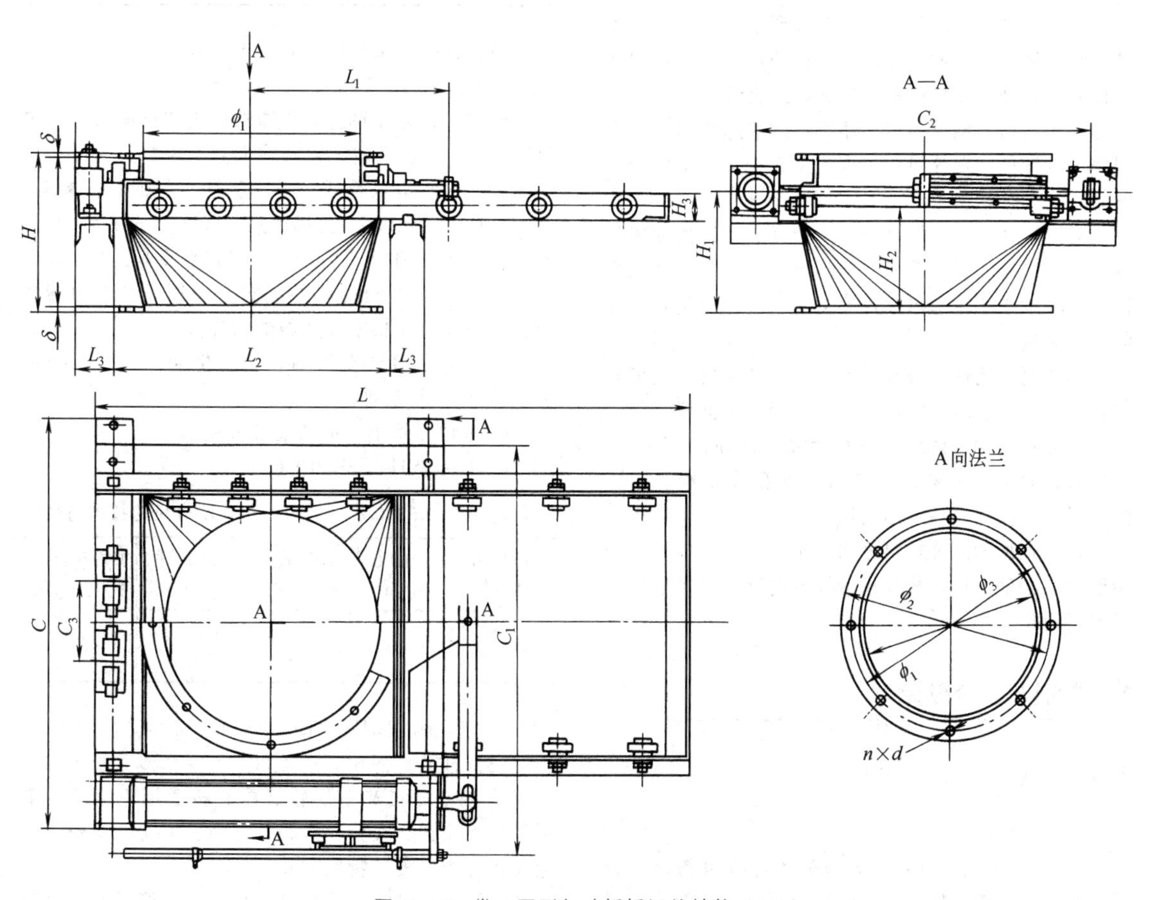

图 29-80 常压圆形气动插板阀的结构（二）

表29-81　常压圆形气动插板阀的外形尺寸（二）　　单位：mm

仓口尺寸	型　号	ϕ_1	ϕ_2	ϕ_3	L	L_1	L_2	L_3	H	H_1
ϕ500	QCϕ500	500	570	610	1393	461	645	80	355	283
ϕ600	QCϕ600	600	670	710	1675	536	770	100	400	323
ϕ700	QCϕ700	700	780	820	1981	636	910	126	450	358
仓口尺寸	H_2	H_3	C	C_1	C_2	C_3	d	n	δ	质量/kg
ϕ500	244	63	910	1033	795	180	ϕ18	8	12	200
ϕ600	273	80	1090	1213	940	180	ϕ18	8	12	340
ϕ700	308	100	1270	1393	1080	300	ϕ22	8	12	480

7.8　固体物料输送设备的设计要求

固体物料输送设备及其系统的设计选型，应贯彻执行国家有关法律法规、标准，保证工程质量和安全，做到技术先进和经济合理。应根据装置生产规模和远景规划相应地留有扩建余地或产能设计余量。

固体物料输送设备及其系统的设计选型，应根据输送量、输送距离、给/卸料方式、物料特性（如堆积密度、休止角、粒径、含水率等）、工作制度、环境要求、自然条件等方面因素，合理地进行机械输送方案的选择。

当输送易飞扬或有毒、有害的粉体物料时，应选用封闭的输送机械。

当输送物料对产品纯度有较高要求时，不宜采用物料与金属机体接触而又不易清扫的输送机械，如斗式提升机、埋刮板输送机、螺旋输送机等。

对于输送易燃、易爆粉体物料的输送机械，应根据使用区域的防爆等级要求选用符合相关标准的合格产品。

对于输送含水率较高或具有较强黏附性的粉体物料，不宜采用斗式提升机、埋刮板输送机和振动输送机。当采用带式输送机输送此类物料时，应配置可靠的清扫装置。

固体物料输送设备及其系统的工艺布置，应缩短物料输送距离、减少转运环节、减少占地面积。

固体物料输送系统平面布置除生产使用面积外，还应考虑通道、安装、维修占用面积以及配电、除尘、通风、控制室等占用面积。

较长距离的固体物料输送系统工艺布置应充分利用地形和场地特点，减少机械提升高度，力求输送布置形式简化、紧凑。

8　粉碎机、分级筛

8.1　粉碎机

(1) JBL粉碎机

① 应用范围　JBL棒式机械粉碎机可粉碎各种干、湿壳物和粉状物、各种磷酸盐、矿石、颜料、树脂、烧结矿以及其他不黏结的易碎物料。某些热敏性物料也能无损地粉碎。

② 工作原理　在机械内部，物料受到离心力的作用，在动针和静针之间猛烈撞击，被反复打击而粉碎。其特点是，处理量大，当时产量为2～4t（干玉米）；磨损小，靠物料互相撞击，无磨面，故耐用；收率高，物料相互撞击致使皮胚分离，使淀粉得率提高。

③ 主要技术特性（表29-82）。

表29-82　JBL粉碎机的主要技术特性

规格	处理量/(kg/h)	转速/(r/min)	细度/mm	电动机功率/kW
JCW400	1500	4200	0.3～1	22
JBL600	3000	3400	0.3～1	45～55

(2) QS350水平圆盘式气流粉碎机

① 特点

a. QS350水平圆盘式气流粉碎机依靠压力气体绝热膨胀产生降温效应，粉碎在低温下进行，因此适用于热敏性、低熔点物质、干式脆性物料的超微粉碎，很容易获得微米级和亚微级的粒子，粒度分布均匀。

b. 依靠粉体间自磨作用，可以获得高纯度产品。

c. 可更换不同材料的内衬，适用于莫氏硬度8级以下硬物料和粘壁性物料的粉碎。

d. 容器、管道全密封，无粉尘泄漏飞扬。噪声低于70dB，无振动。

e. 占地面积小，拆卸清洗方便。

② 技术特性（表29-83）

表29-83　QS350水平圆盘式气流粉碎机的技术特性

粉碎压力/MPa	生产能力/(kg/h)	耗气量/(m^3/min)	外形尺寸/mm	主机功率/kW	质量/kg
0.6～1.0	30～150	7.2～10.8	960×800×1050	65～75	195

③ 工艺流程配置（图29-81）。

(3) HW型涡轮式粉碎机

① 特点　HW型涡轮式粉碎机适用于化工、染料颜料、涂料、农药、医药、食品、饲料、陶瓷、非金属矿等中低硬度物料的粉碎。

该机具有结构紧凑合理、体积小、能耗低、效率

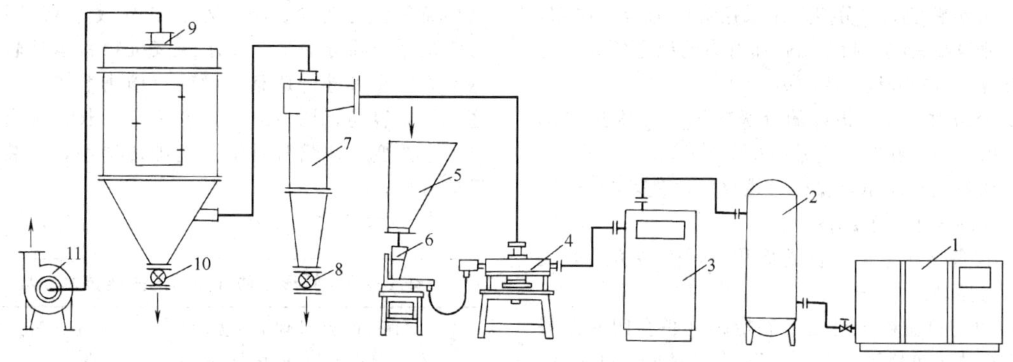

图 29-81　QS350 水平圆盘式气流粉碎机的工艺流程

1—空压机；2—储气罐；3—空气冷冻干燥器；4—QS350 型气流粉碎机；5—料仓；6—电磁振动加料器；7—旋风捕集器；8,10—旋转给料器；9—布袋捕集器；11—引风机

产量指标视物料不同有所变化

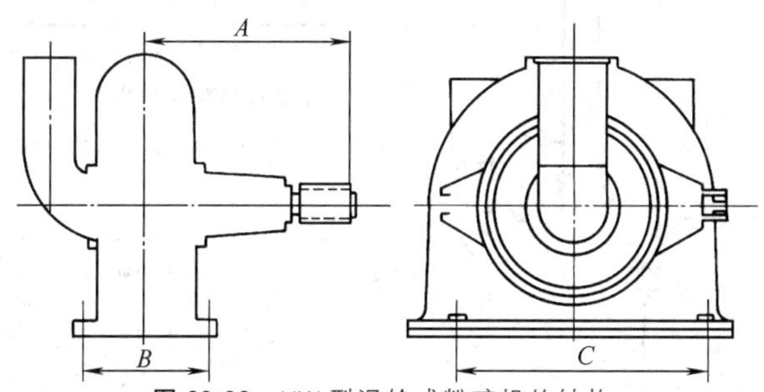

图 29-82　HW 型涡轮式粉碎机的结构

高、传动平稳、噪声小、密封可靠、自冷功能好、安装维修方便等特点。

② 技术特性（表 29-84）

③ 外形尺寸（图 29-82、表 29-85）

8.2 分级机

(1) FQZ500 和 FQZ750G 分级机

① 特点

a. 该机为干式空气分级机，是带有二次进风和分级转子的离心式分级机。该机适用于化工、矿产、建材、电子、制药、农药、涂料、染料、食品、冶金、饲料等行业，能对各种有机物和无机物等几千种物料进行干式分级。一般适用于不黏性物料的分级。

b. 分级范围宽广，在 3～150μm 范围内可供选择，一般情况下能获得小于 10μm、含量达 97%～100%的超微粉。

c. 可分级球状、薄片状和纤维状的颗粒。也可对不同密度的物料进行分离，如从再生橡胶中分离纤维和木屑。

表 29-84　HW 型涡轮式粉碎机的技术特性

机　　型	HW-130	HW-220	HW-350	HW-400	HW-50
转子直径/mm	130	220	350	400	500
电动机功率/kW	2.2	5.5	11	15～18.5	18.5～30
涡轮转速/(r/min)	7500	6000	4500	4170	3250
粉碎细度/μm	350～40				
产量/(kg/h)	50～10	150～75	500～200	800～300	1200～500
质量/kg	30	70	235	320	430

表 29-85　HW 型涡轮式粉碎机的外形尺寸　单位：mm

型　号	A	B	C	主机(长×宽×高)	型　号	A	B	C	主机(长×宽×高)
HW-130	204	125	170	321×320×225	HW-400	370	225	500	1400×700×1350
HW-220	235	170	260	450×505×405	HW-500	435	300	600	1600×850×1500
HW-350	346	225	500	1300×700×1200					

d. 分级精度高，分级转子采用流体力学的原理，产生一种强制涡流，制造出强而有力的稳定的离心力场，获得精密的分级（$d_{75}/d_{25}=1.1\sim1.5$）。

e. 分级效率高，极好的分级转子和二次进风的风筛作用，使牛顿效率达 $\eta=60\%\sim90\%$。

f. 该机结构简单，操作、维修、清洗均较方便，分级粒径的大小易于调整。

g. 设备结构紧凑，占地面积小，安装方便，无噪声，低振动。

h. 可与机械粉碎机或气流粉碎机联合闭回路操作，生产能力可增加一倍。闭路操作时允许热敏性、低熔点物料在机械粉碎机中粉碎。

② 工艺流程（图 29-83）

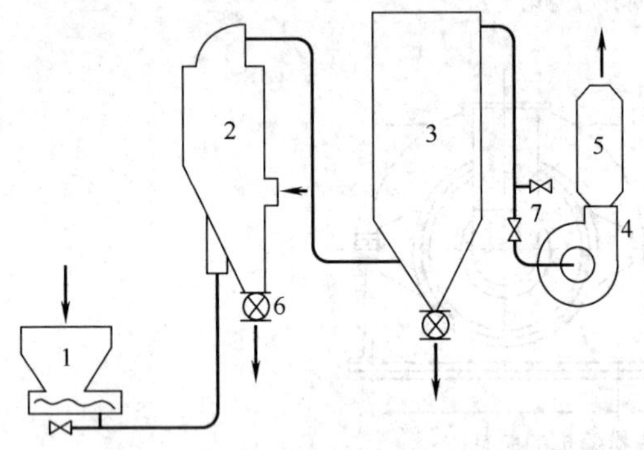

图 29-83 FQZ500 和 FQZ750G 分级机的工艺流程
1—加料器；2—超微分级机；3—高效除尘器；4—高压风机；5—消声器；6—旋转给料器；7—蝶阀

③ 技术参数（表 29-86）

表 29-86 FQZ500 和 FQZ750G 分级机的主要技术参数

型号	FQZ500	FQZ750G
转子电动机功率/kW	1.5	11
最大转速/(r/min)	1700	2300
空气量/(m^3/min)	25～40	40～70
生产能力/(kg/h)	约 350	300～700
主机外形尺寸/mm	ϕ470×2150	1603×1190×2720
主机质量(包括电机)/kg	428	762
风机压力/mmH_2O	500	1214
风机风量/(m^3/min)	40	70
风机功率/kW	5.5	37

注：$1mmH_2O=133.32Pa$。

(2) 圆形振动分级筛

该机用于干湿、粗细、轻重不同的各种物料的筛分作业，也可用于固液分离、废污水处理等，广泛用于化工、冶金、建材、陶瓷、造纸、医药、食品和饲料加工等各行各业的生产流水线及单独作业。与往复式振动筛相比有更多的工艺适应性，并具有结构简单、功耗少、噪声小、筛分效率高等特点，可满足多级筛分的工艺要求，该机物料运动轨迹和振动力大小可进行调整。筛网有撞击装置，不易堵塞，张紧容易，调换方便，使用寿命长，排出方向可随意改变，动载荷对安装基础传递小，安装调试简单方便。

① 技术参数（表 29-87）

表 29-87 圆形振动分级筛的主要技术参数

型号	筛网直径/mm	处理量/(t/h)	振动频率/(次/min)	电动机功率/kW	质量/kg
GD-1000	ϕ1000	4～6	930	1.1	500
GD-800	ϕ800	2～4	930	0.75	400
GD-600	ϕ600	1.5～2	1450	0.75	300
GD-400	ϕ400	1～1.5	1450	0.25	160

注：处理量按标准物料河砂计算（$1.67t/m^3$），选型时按处理物料密度换算。

② 外形尺寸（图 29-84、表 29-88）。

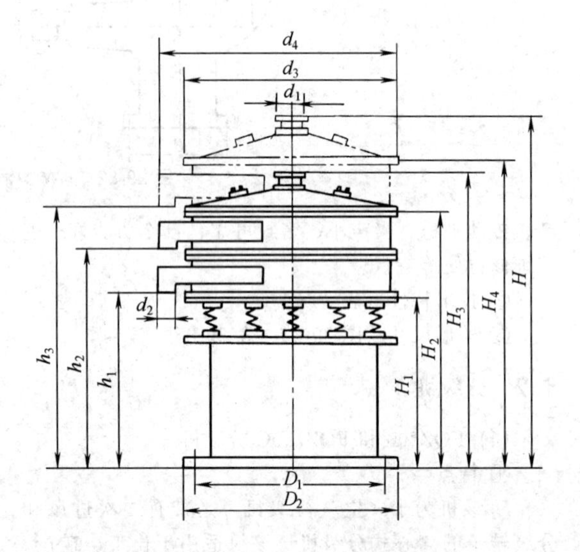

图 29-84 圆形振动分级筛的结构

表 29-88 圆形振动分级筛的外形尺寸

单位：mm

型号	d_1	d_2	d_3	d_4	D_1	D_2	h_1	h_2	h_3
GD-1000	220	140	1120	1520	975	1040	565	695	825
GD-800	200	130	850	1160	780	850	540	665	790
GD-600	130	110	710	980	610	660	480	600	720
GD-400	120	100	470	700	400	445	435	525	615

型号	H_1	H_2	H_3	H_4	H	有效面积/m^2
GD-1000	580	840	1040	970	1170	0.74
GD-800	560	810	950	935	1075	0.44
GD-600	490	730	850	850	970	0.265
GD-400	440	620	700	700	780	0.1

9 计量、包装设备

9.1 计量设备

(1) 电子地上衡

① 技术参数（表 29-89）

表 29-89 电子地上衡的技术参数

计量方式	电阻应变式传感器		
量程/kg	30	60	150
分度/g	10	20	50
承重板尺寸/mm	520×350		
显示/mm	液晶 38(*H*)×20(*W*)		
电源	使用 4 节 1 号干电池可选配 220V(AC)适配器		
使用温度范围/℃	0～40		
指示灯显示	显示零点(◀)、去皮(◀)、预置去皮(◀)、净重(▼)、毛重(▼)、过量(▲)、适量(▮)、轻量(▼)、电量不足(LOW)		
去皮	(去皮◀)键触摸式、设定键置数式		
制品质量/kg	13		

② 外形尺寸（图 29-85）

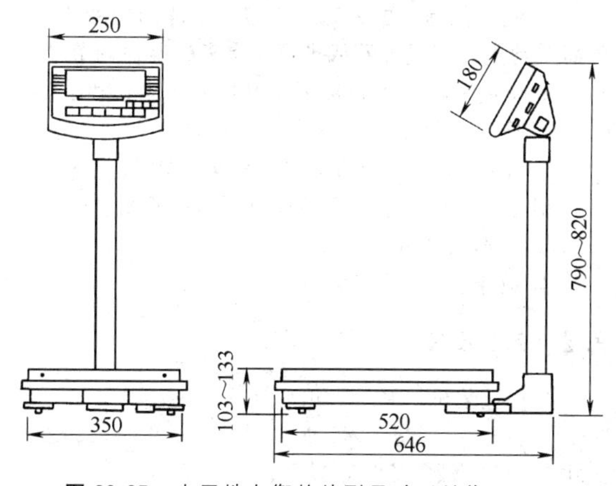

图 29-85 电子地上衡的外形尺寸（单位：mm）

(2) SCS-D、ZCS-D 型数字式汽车衡

按国家标准，SCS 型为地上衡形式（无基坑式），ZCS 型为地中衡型式（浅基坑式）。

① 基坑形式 梅特勒-托利多汽车衡由于其独特的平板式模块化秤台结构，可以很方便地选择无基坑式或浅基坑式使用（图 29-86）。

② 技术参数见表 29-90 和表 29-91。

(3) SCS 型汽车衡

① 技术参数（表 29-92）。

② 基坑形式和技术参数（图 29-87、表29-93）。

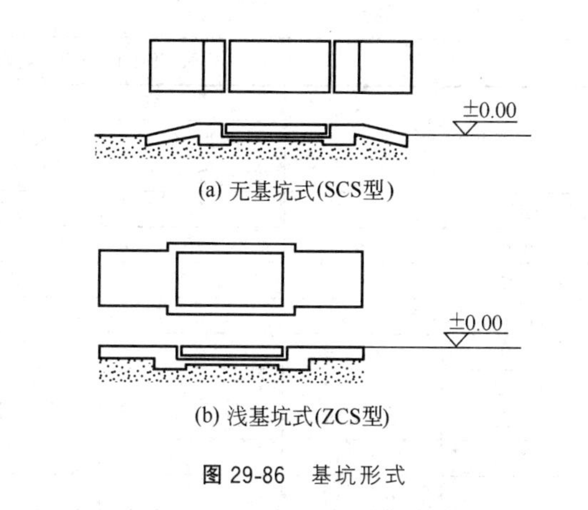

(a) 无基坑式(SCS型)

(b) 浅基坑式(ZCS型)

图 29-86 基坑形式

表 29-90 汽车衡的技术参数

项目	数值
准确度等级	Ⅲ
称量范围/t	30～100
秤台组合长度/m	10～24
安全过载	最大 130%
信号传输最大距离/m	300
工作温度/℃	
仪表	－10～40
传感器	－30～65
相对湿度/%	＜95
工作电压	
电压(AC)/V	220
频率/Hz	50

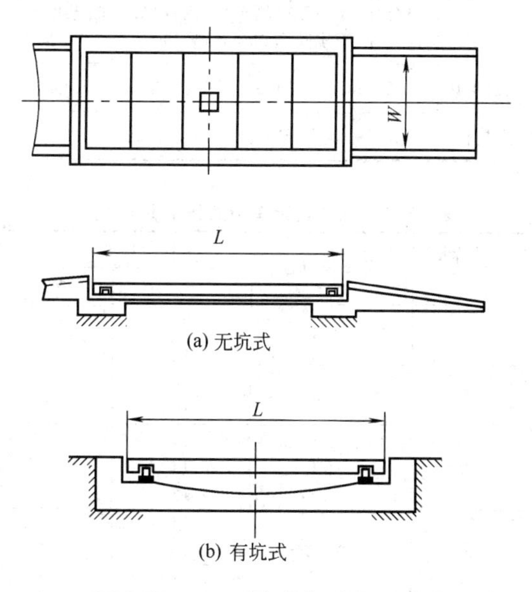

(a) 无坑式

(b) 有坑式

图 29-87 SCS 型汽车衡的基坑形式

(4) 冲板式散状固体流量计

冲板式散状固体流量计广泛用于化工、水泥、冶金、电力等各个工业生产过程中的各种散状固体物料的计量和定量控制。可与斗式提升机、皮带给料机、振动给料机及旋转阀等配合使用。适用于各种配料系统。

表 29-91 SCS 型汽车衡的技术参数（一）

项目		型号				
		SCS-30D ZCS-30D	SCS-50D ZCS-50D	SCS-60D ZCS-60D	SCS-80D ZCS-80D	SCS-100D ZCS-100D
最大称量/t		30	50	60	80	100
分度值 d/kg		10	20	20	20	20
传感器容量/t		22.5	22.5	22.5	45	45
台面尺寸(宽×长)/m		优选规格				
3×10	3.4×10	△				
3×12	3.4×12	△	△	△		
3×14	3.4×14	△	△	△		
3×15	3.4×15	△	△	△	△	△
3×16	3.4×16		△	△	△	△
3×18	3.4×18		△	△	△	△
	3.4×20				△	△
	3.4×22				△	△
	3.4×24				△	△

注：台面规格及材料可按用户需要定制。

表 29-92 SCS 型汽车衡的技术参数（二）

准确度	Ⅲ
显示	7段荧光数码管 重量:6位。设定重量:6位。车号:7位；货名显示:3位。次数:4位。日期:6位
功能	量程、超载显示熄灭范围、最小分度、自动跟踪任意设定；快速自动/手动校准零位和称量；个别、累计、车号、皮重打印；车号、客户累计；月报合计；存储300辆车号；内存修改；断电保护；计时；防干扰防微动和差错显示
额定电压	220VAC$^{+10\%}_{-15\%}$50Hz 工作温度:−10～50℃
选构件	大屏幕显示,RS-232C,定值控制

表 29-93 SCS 型汽车衡的技术参数（三）

最大称量/t	分度值/kg	秤台尺寸/m	
		L	W
20	10/5	8 10	3
30	10/5	12 14	3
50	20/10	12 14 16	3.5
60	20/10	14 16 18	3.5
100	50/20	16 18 20	4
120	50/20	24	4.5
300	100	10	8

① 特点 环境温度最低可达−40℃；量程为5～10000t/h；精度优于1%；粉状、颗粒状及块状物料均可；高度的可靠性和最少的保养作业；无因附着而发生的零点漂移；体积小、重量轻、占空间少。

② 选型要求

选用冲板式散状固体流量计时，可参见以下选型要求。

a. 物料流量在一次表最大流量的30%～80%为宜。

b. 流量范围变更大时需改型；小范围内变更时，可简单地更换测量弹簧或进行二次表的增益调节。

c. 流量是在以下条件下定义的。落料高度：$h=0.7$m。检测板角度：$\alpha=60°$。物料角度：$\gamma=30°$。

d. ILE型适合于高粉尘环境下物料的测量。ILH型适合于低粉尘、高温环境下物料的测量。

③ 外形尺寸（图29-88、表29-94）

④ 应用实例（图29-89）

9.2 包装设备

(1) 包装机（系统）选型计算

$$Q=VK_1K_2 \quad 袋/h \tag{29-124}$$

式中 V——额定流量，袋/h；

K_1——来料不均匀系数，$K_1=1.2$；

K_2——发展系数，$K_2=1.16$。

(2) 全自动包装码垛生产线

全自动包装码垛生产线适用于石油化工、粮食、港口等行业，可对化肥、塑料粒子（PP、PE）、PVC、粮食等粉颗粒物料进行全自动包装码垛作业。

① 整个系统的工作过程 散状物料经电子秤自动称重，自动供袋机供袋，自动上袋机自动上袋，称好重量的物料自动装入枕形包装袋内，对袋口自动折边，高速封口，然后进行倒袋整形、金属检测、质量检测、检选机筛选、批号打印，最后合格产品输送进入自动码垛机，码垛成形。

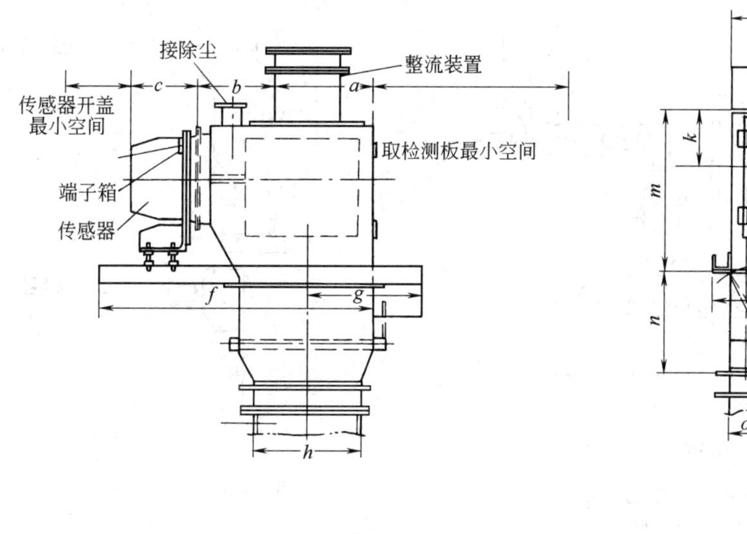

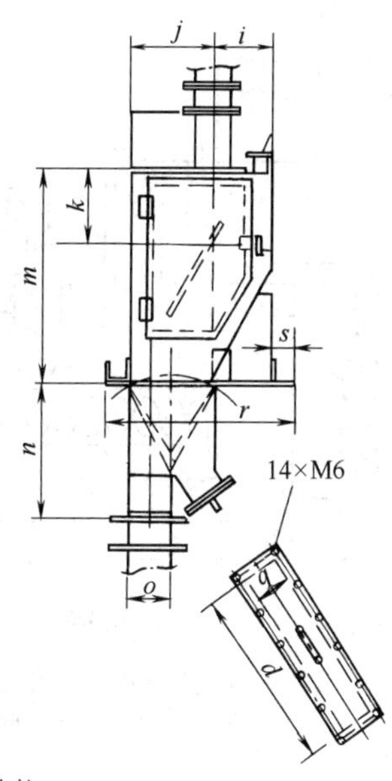

图 29-88　冲板式散状固体流量计的结构

表 29-94　冲板式散状固体流量计的外形尺寸　单位：mm

发信器	*a*	*b*	*c*	*d*	*e*	*f*	*g*	*h*	*i*	*j*	*k*	*l*	*m*	*n*	*o*	*p*	*q*	*r*	*s*
ILE-37	260	410	320	750	300	1230	430	400	200	350	338	300～800	723	475	180	520	160	680	275
ILE-61	400	600	425	1100	350	2100	700	600	300	500	396	400～1000	906	800	290	800	250	1000	400

② CZQ 系列技术参数（表 29-95）

(3) CQD-25 型强流包装机

CQD-25 型强流包装机适用于各种堆积密度小、空气亲和性强的微粉或超微粉物料，如各类合成树脂粉、颜料粉、炭黑、白炭黑、石墨、氧化铝、钛白粉等的自动计量包装。

该机是机电一体化的新型设备。采用进口原装称重控制器、高精度传感器、重量数字显示、顺序控制仪表等先进技术及器件。采用二级流量控制的充填方法，具有称量快、计量精度高的优点。

该机用低压空气强制压送物料装袋，成功地解决了自流性差、密度小、微粒度等特性的粉末物料的自动计量包装。由于采用了新颖合理的填注嘴、防堵塞机构和阀式袋（插口袋）包装，物料粉尘小。结构先进合理，操作、维护方便，应用范围广，是微粉物料理想的包装机。

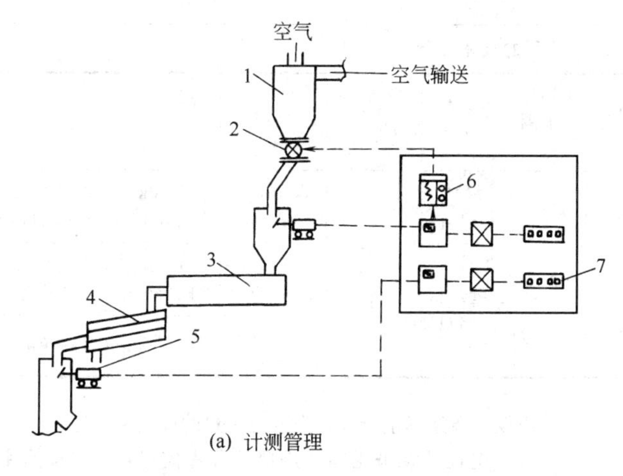

(a) 计测管理

1—旋风分离器；2—旋转阀；3—塑料颗粒成型机；4—筛；5—冲板式固体流量计；6—调节器；7—积算器

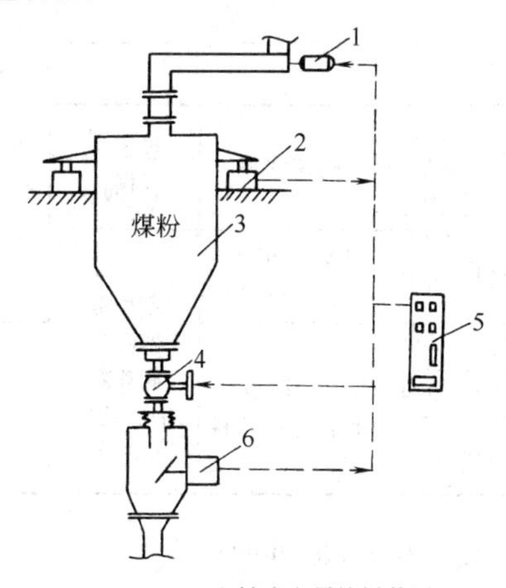

(b) 高精度定量给料装置

1—给料机；2—压力传感器；3—检测仓；4—球阀；5—控制器；6—冲板式流量计

图 29-89

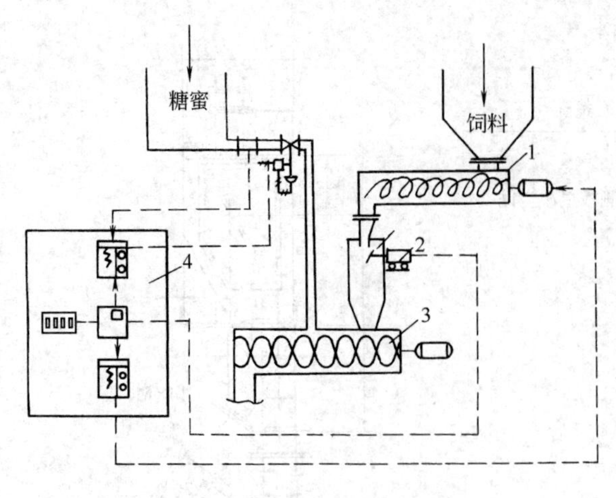

(c) 比例配料

1—螺旋给料机；2—冲板式流量计；
3—混合机；4—级联控制

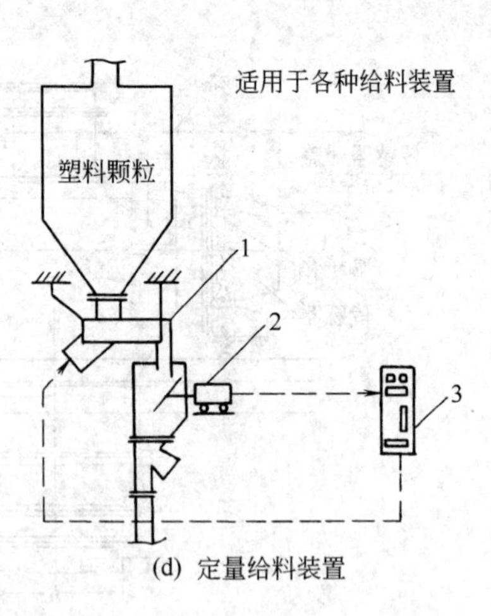

(d) 定量给料装置

1—振动给料机；2—冲板式固体流量计；
3—控制器

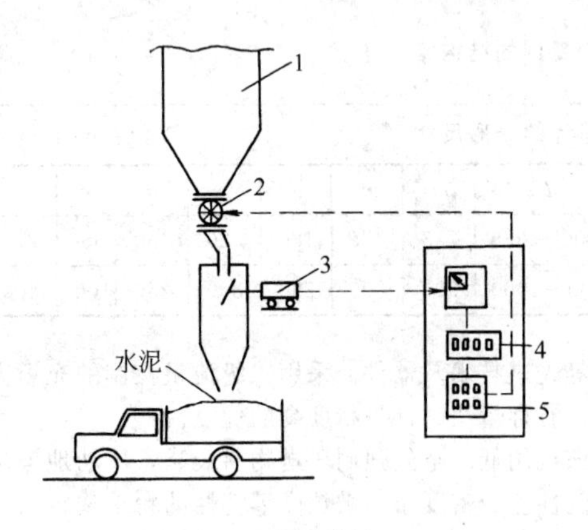

(e) 间歇给料

1—储仓；2—旋转式阀门；3—冲板式流量计；
4—积算器；5—批量计数器

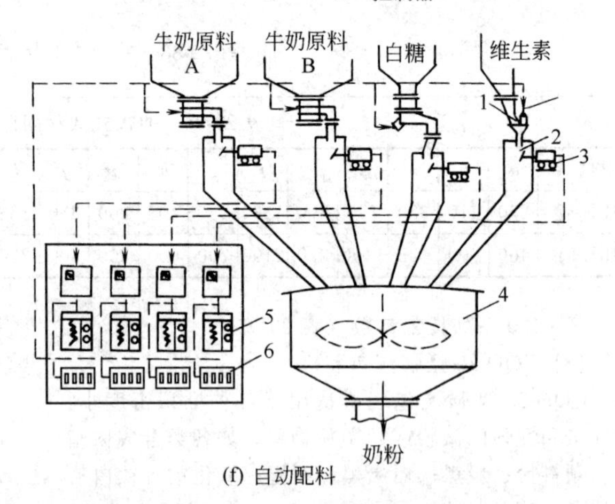

(f) 自动配料

1—加料斗；2—给料装置；3—冲板式流量计；
4—混合机；5—调节器；6—积算器

图 29-89 冲板式散状固体流量计的应用实例

表 29-95 CZQ 系列的技术参数

型号	最大工作能力/(袋/h)	包装物料	包装袋材料	称量精度/%	称量范围/(kg/袋)	封包形式	电源(AC)	气源	质量
CZQ-650F	650	PVC、PE 等流动性好的粉料	聚丙烯/聚乙烯编织袋，牛皮纸袋	±0.2～±0.4	25～50	缝纫/热合	220V/380V 50Hz	0.6MPa 2.5m^3/min	约 7500kg(不含码垛机) 约 14000kg(含码垛机)
CZQ-800	800	塑料粒子、化肥、粮食等颗粒料		±0.1～±0.2		缝纫机封口		0.6MPa 2.5m^3/min	约 6500kg(不含码垛机) 约 13500kg(含码垛机)
CZQ-950	950								
CZQ-1600	1600							0.6MPa 6m^3/min	约 15000kg(含码垛机)

① 技术参数（表 29-96）

② 外形尺寸（图 29-90）

(4) LGC 粒料灌装秤

LGC 粒料灌装秤是专为 500～1000kg/袋的各种粉、粒料包装设计的包装设备。与托盘库、辊道机等设备可组成一条连续生产线，完成对物料的称重和输送。

电控系统采用国外进口的称重控制器，采样速率 100 次/s，A/D 转换 16 位；具有粗细给料设定值、单包质量设定值、包装袋计数、质量累计显示以及自动去皮、自动调零、自动误差修正、超差报警和故障自诊断等功能。其技术参数见表 29-97。

表 29-96　CQD-25 型强流包装机的技术参数

项　目		参　数
称量范围/(kg/袋)		5～25
包装能力/(袋/h)		100～300
称量误差/%	10 包平均	±0.25
	任抽一包	±0.5
包装袋形式		阀袋(插口袋)
控制气源	压力/MPa	0.5～0.6
	耗量/(m^3/袋)	0.07
强流气源	压力/MPa	0.02～0.04
	耗量/(m^3/袋)	0.1～0.12
电源	电压/V	220±22 380±38
	频率/Hz	50.0±2.5
	功率/kW	2.2
粉尘收集(用户自备)		在 22.4m/s 流速下为 0.2m^3/s
质量/kg		约 500

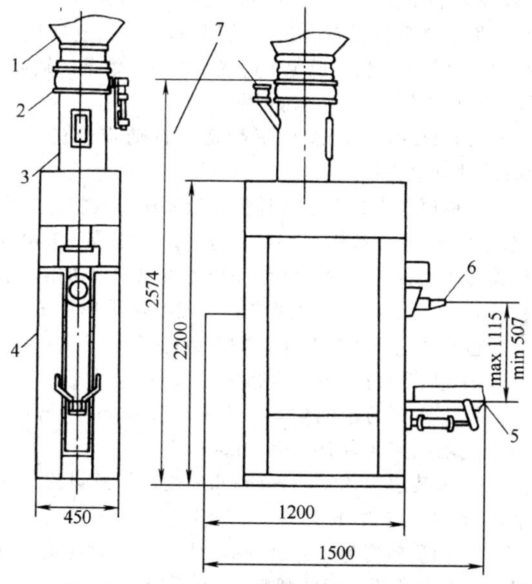

图 29-90　CQD-25 型强流包装机外形尺寸
1—料仓；2—蝶阀；3—料筒；4—机架；
5—袋椅；6—喷注口；7—小蝶阀

(5) CMD50H 自动定量包装机

CMD50H 自动定量包装机为毛重式电子秤，进料采用电磁振动给料形式，是专为片状物料（片碱、脂肪醇、硫黄等）的计量、包装而设计的，也适用类似粒料和流动性差的其他物料。该设备具有防爆特性，能安装在具有防爆要求的场合。与 PS20 破碎机、不锈钢履式输送机、塑料薄膜连续封口机、封包缝纫机等设备可组成一条生产线，完成对片状物料的破碎、称重、包装以及内袋热合，外袋缝口的整个生产工序。

表 29-97　LGC 料粒灌装秤的技术参数

项　目		参　数
每袋称重范围/kg		500～1000
每小时最大包装能力/袋		40～60
称重误差/%		±0.1
适用包装物料		粉、粒状物料
包装袋材料		外袋塑料编织袋、内袋塑料薄膜
包装袋尺寸/mm		用户提供
气源	压力/MPa	0.5～0.6
	耗量/[m^3(标)/min]	1.8
电源	电压(AC)/V	220/380
	频率/Hz	50
	功率/kW	约 10
质量/kg		3000

电控系统中采用国外进口的称重控制器，具有 100 次/s 的高速 A/D 转换和 100 次/s 的高速数字处理能力，采用贝塞尔低通滤波器，可消除机械系统震动对称量所造成的影响，从而达到快速、准确的计量，称重控制器采用全面板式数字调校及参数设定，使操作过程十分简便；具有粗、细给料设定值、单包重量设定值、包装袋计数、重量累计显示以及自动去皮、自动调零、自动落差修正、超差报警和故障自诊断等功能。其技术参数见表 29-98。

表 29-98　GMD50H 自动定量包装机的技术参数

项　目		参　数
每袋称重范围/kg		20～50
每小时最大包装能力/袋		120
称重误差/%	10 包平均	≤±0.2
	任抽一包	≤±0.4
适用包装物料		片状、粒状物料
包装袋材料		外袋塑料编织袋、内袋塑料薄膜
包装袋尺寸/mm		外袋 830×500
		内袋 900×520
气源	压力/MPa	0.5～0.6
	耗量/(m^3/min)	0.2
电源	电压/V	380±38
	频率/Hz	50.0±2.5
	功率/kW	1
质量/kg		600

(6) CMD50L 自动定量包装机

① 技术参数（表 29-99）。

② 外形尺寸（图 29-91）。

(7) 全自动称重包装码垛生产线

① 技术参数（双秤式电子称重机）

称重能力：称量速度 1000 袋/h。

称重质量：25kg/袋。

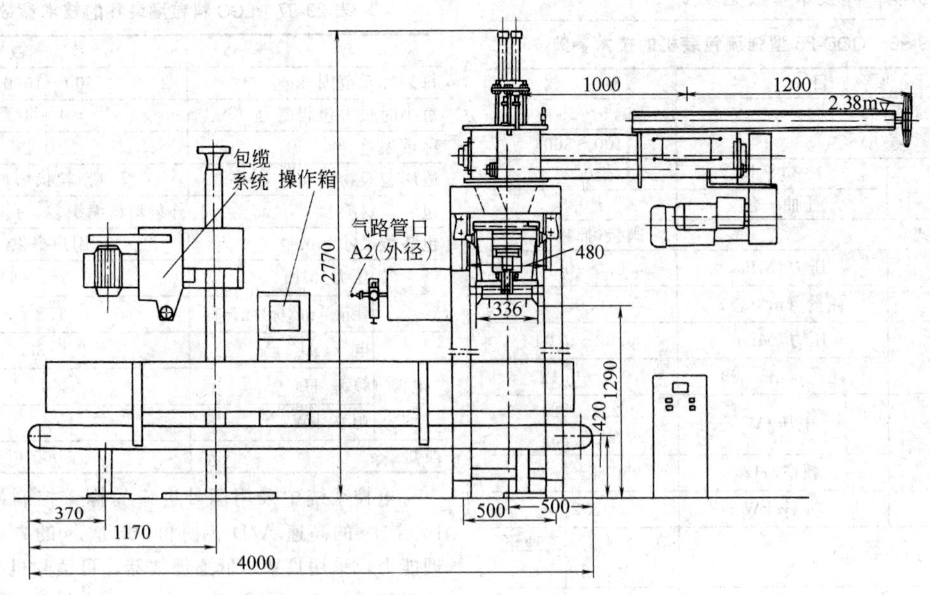

图 29-91　CMD50L 自动定量包装机的外形尺寸

表 29-99　CMD50L 自动定量包装机的技术参数

项　　目		参　　数
称重范围/(kg/袋)		20～50
最大包装能力/(袋/h)		350
称重误差/%	10包平均	≤±0.2
	任抽一包	≤±0.4
适用包装物料		粉状物料(如纯碱等)
包装袋材料		外袋塑料编织袋、内袋塑料薄膜
包装袋尺寸/mm		900×575
气源	压力/MPa	0.5～0.6
	耗量/(m^3/min)	0.3
电源	电压/V	380±38
	频率/Hz	50.0±2.5
	功率/kW	4.5
质量/kg		约1000

称重精度：±0.1%（单袋）。

系统精度：0.16%。

抽样概率：2σ。

② 工作原理及特点　给料箱采用四连杆式并联气缸控制的二次重力式给料。粗给料主要控制称重速度，精给料主要控制称重精度。

称重箱采用框架式结构，稳定、密封性好。两个称重压力传感器固定在称重箱的框架上，具有独立的罩体，防尘，防碰。

称重料斗通过关节轴承与称重压力传感器相连。称重料斗由两根钢丝拉在称重箱的框架上。这种结构有效地限制了称重料斗水平方向的振动，使称重料斗处于非常稳定的状态，又不会在垂直方向上产生任何分力，在机械上保证了电子称重机的称重精度。

称重料斗的底开门为45°斜放料门，由立式气缸控制，放料速度快，避免了卧式气缸容易泄漏的缺点。

布线采用封闭的不锈钢管。

(8) DaM6-1000A 型聚酯切片自动定量包装机（皮重法计量系统）

本机属于半自动定量计量包装系统，其特点为皮重法计量、重力喂料、重力灌包、人工套袋，采用链板输送机为称重平台，灌包完毕后可以就地送出。系统具有完善的控制及检测功能，现场显示单秤重量、累积包数及运行工作状态，并有故障提示。

① 包装系统主要技术指标

包装物料为聚酯切片，颗粒 ϕ2.5mm×4mm×4mm，堆积密度为700～800kg/m^3。

a. 包装质量为500～1000kg/袋，任意设定。包装能力30～25袋/h。

b. 计量精度为±0.1%Fs，计量方式为皮重法计量，灌包方式为重力式喂料，二级投料。

c. 工作电源为AC380V±38V，50Hz，功耗20kW。

d. 工作气源：仪表风0.5MPa±0.1MPa，控制系统耗气量10m^3/h，吹袋耗气量80m^3/h。

e. 工作环境：温度−10～40℃；相对湿度≤90%

f. 材料：凡与物料接触的部分均采用SUS304不锈钢，并抛光处理。

g. 包装袋尺寸由业主提供。

② 包装系统主要功能

a. 人工挂袋，链板机输送、除皮、吹袋、灌包、计量、夹袋、松夹、排气等过程按设定程序自动完成。

b. 称量方式：采用电子秤以皮重法计量，即产品质量=1000kg+包装袋质量。

c. 具有单包重量、累积包数、工作状态显示及故障提示功能。

d. 具有零点自动跟踪功能和额定参数自整定功能。

③ 外形尺寸（图 29-92）

(9) CYD 型液体灌装机

该设备工作原理：当包装桶进入灌装正确位置后，按动启动按钮，喷枪自动放下，并确认喷枪进入桶的灌装孔内，喷枪开始注液，称重控制器以每秒 100 次的速度进行采样，并转换成数字量，按预先设定的数据进行大给料、细给料称量，当灌装结束后，喷枪升至顶部，包装桶离开灌装区，灌装一个循环结束。

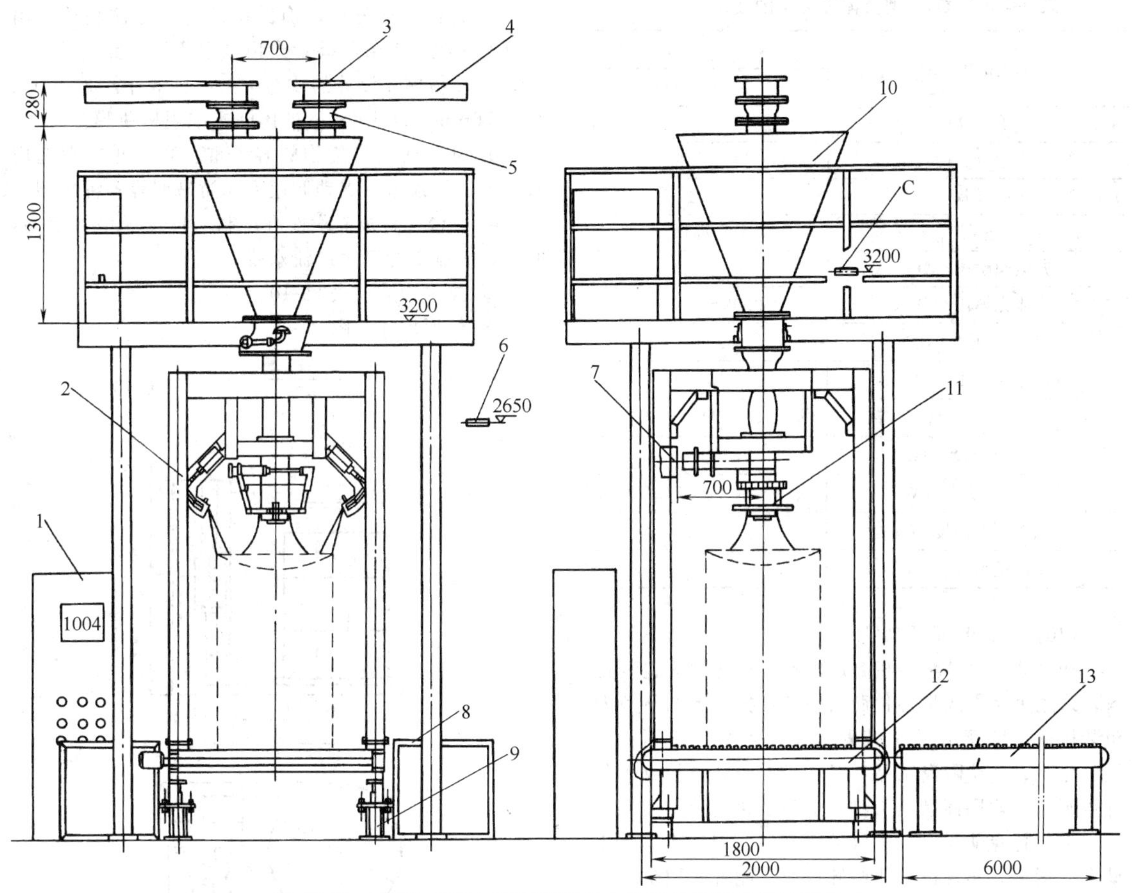

图 29-92　DaM6-1000A 型聚酯切片自动定量包装机的外形尺寸

1—电控柜；2—拉钩；3—进料口；4—闸板阀；5—软连接；6—开关；7—吊袋支架；8—工作台；9—地秤；10—料仓；11—计量夹袋器；12—小链板；13—大链板输送机

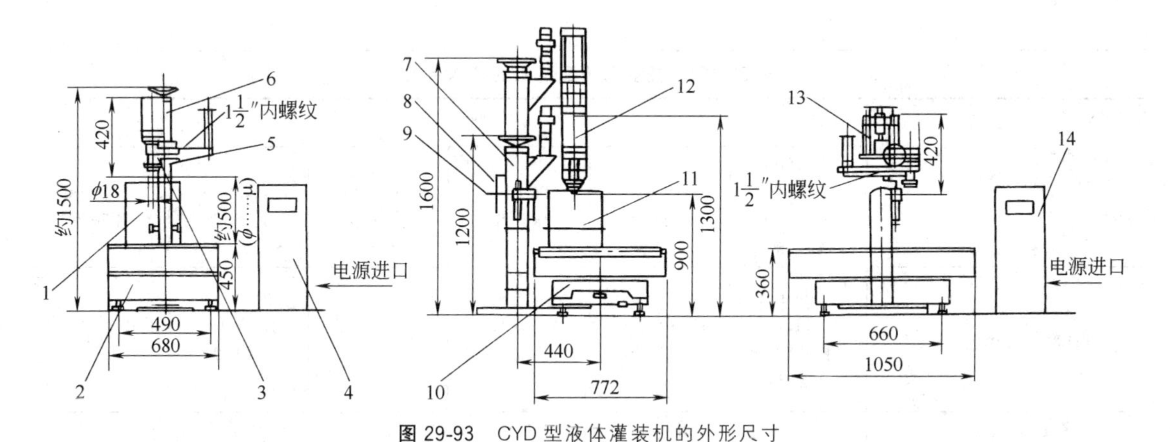

图 29-93　CYD 型液体灌装机的外形尺寸

1,11—容器；2,10—称量平台；3,12—注满阀；4,14—电控箱；5,8—气控板（气源进 ϕ10）；6,7—立柱；9—气源进（ϕ10）；13—升降系统

目前试制的设备其桶口由人工对位（这对于中小桶比较合适），主机可以达到防爆要求 dⅡBT_4，电控部分应安装在远离防爆区内。主体设备均为 SUS304 材料。

① 技术参数（表 29-100）

② 外形尺寸（图 29-93）

表 29-100　CYD 型液体灌装机的技术参数

项目		A类	B类
称重范围/kg		10～50	100～200
质量/kg		约150	约195
灌装能力/(桶/h)		200	80～120
称重误差/%		±0.1	
容器		客户提供	
充填阀耐压/MPa		最大0.2	
液体充填压/MPa		0.02～0.05	
气源	压力/MPa	0.5	
	耗量/[L(标)/min]	100	
电源	电压(AC)/V	380	
	频率/Hz	50	
	功率/kW	主机<1	
工作环境温度/℃		0～40	
环境湿度/%		<95	

（10）托盘薄膜裹绕机

托盘薄膜自动裹绕机是以塑料拉伸薄膜为包装材料，采用裹绕方式将各种商品固定在托盘上的新型大包装机械。广泛适用于外贸出口、食品、印刷、造纸、化工、玻璃陶瓷制品、轻工机电产品等行业的各种规则与不规则商品的大型托盘集装化包装。

采用托盘薄膜自动裹绕的商品，便于货物集装化储存、运输，实现机械化装卸作业，能有效地防止货物的倒状和搬运过程中的损坏，能防止商品受潮霉变和提高商品保洁度，有利于商品生产周转与外贸出口。

托盘薄膜自动裹绕机与大型热收缩膜包装设备相比，具有设备占地面积小、包装材料成本低、能源消耗省、设备投资低等特点。

① 特点

a. 采用 PLC 计算机控制，性能可靠，可根据需要变更缠绕方式和次数。具有光电探头，自动测高。

b. 转台自动复位，确保托盘进出定位精确。用户可选用阻拉型薄膜装置或预拉型薄膜装置。

c. 简易更卷设计的放卷座，可容纳外径 250mm、纸芯 76mm、高 500mm 的国际标准规格薄膜。

d. 可根据用户货物的轻、重、高、低分别选用常规型、压顶型、缓动调速型和简易型等各种机型。

e. 转台、斜板等附件可定制。特殊规格可定制，并设计、制造配套生产流水线。

② 技术参数（表 29-101）

③ 外形尺寸（图 29-94）

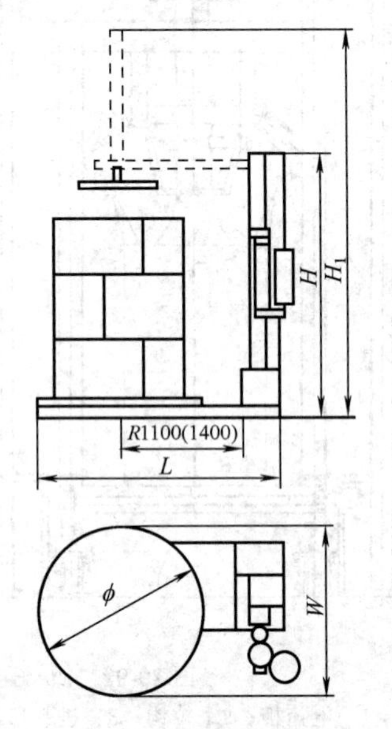

图 29-94　托盘薄膜裹绕机的外形尺寸

表 29-101　托盘薄膜裹绕机的技术参数

项　目	型号					
	TG1600简易型 TG2200简易型	TG1600标准型	TG1600压顶型	TG2200标准型	TG2200压顶型	TG2800压顶型
裹绕规格/m	1.4×1.4×1.6 (1.4×1.4×2.2)	1.4×1.4×1.6	1.4×1.4×1.6	1.4×1.4×2.2	1.4×1.4×1.9	1.4×1.4×2.5
转台承重/kg	1500					
模架选择	阻拉伸型;预拉伸型					

续表

项　目		型　号					
		TG1600 简易型 TG2200 简易型	TG1600 标准型	TG1600 压顶型	TG2200 标准型	TG2200 压顶型	TG2800 压顶型
包装材料/mm		500×(0.017～0.025),拉伸薄膜					
工作速度/(托/h)		10～30					
转台直径/mm		ϕ1300/ϕ1500/ϕ1800					
转台高度/mm		110					
功率（kW)/电压(V)/频率(Hz)		1.6/380/50					
外形尺寸/mm	H	1850(2450)	1850	2700(H_1)	2450	3200(H_1)	3900(H)
	L	2200/2300/2450					
	W	1300/1500/1800					
整机质量/kg		650(680)	650	690	680	720	750

10　料仓

料仓是用于储存固体松散物料的容器，因具有占地面积小（相比于散料堆场）、方便散料处理、对环境污染小以及物料不受自然环境的影响等优点，料仓在粮食、建材、煤炭、石油化工等行业有着广泛的应用。料仓的结构形式和制造材料，也因使用的行业和储存的物料不同而有所差异。

本小节主要对化工装置中使用的金属板制圆筒形料仓作简要介绍。

10.1　料仓的特点

料仓是区别于储存气体、液体的容器，主要特点体现在如下方面。

① 气体和液体在常温的自然状态下是无形的物质，松散的固体物料在自然状态有堆积形态。

② 气体充满于所储存的容器内，以自身的压力对整个容器壁产生作用力，整个容器内的压力相等。

③ 液体盛装在容器里，对液面以下的容器壁，以液柱的静压对不同高度的壁面产生不同的作用力。压力与液体的深度成正比关系，同一水平面上的压力相等。

④ 松散的固体物料盛装在容器里，对物料面以下的容器壁产生垂直压力和水平压力。在物料流动的情况下，对壁面还产生摩擦力。

因此，料仓的设计除要考虑容器的共性外，还要考虑到它的特殊性。

10.2　物料在料仓中的流动形态

固体物料从料仓中流出时的形态一般分为中心流动和整体流动，如图 29-95 所示。

中心流动是指物料在料仓中心形成的垂直通道落下，而通道周围的物料发生滞留的现象。其实质上是不规则的流动形态。在中心流动形态下，物料在流出过程中会产生离析、卸料量不稳定、先进后出、“鼠洞”等不好的现象。中心流动的料仓由于仓壁处物料的滞留或崩塌，使料仓的受力变得复杂，是料仓设计过程中应尽量避免的问题。

整体流动形态是最为理想的流动形态，避免了中心流动形态所产生的一系列问题的产生，符合先进先出的原则，仓壁的受力也比较均匀。

10.3　料仓的结构

料仓主要由仓壳顶、仓壳圆筒、仓壳锥体和支撑结构组成。

仓壳顶一般采用锥形仓壳顶和拱形仓壳顶。仓壳顶一般布置有进料口、呼吸阀（安全阀）、过滤器、料位计、检修平台等设施。在进行仓壳顶计算时，设计者可根据料仓的直径、顶部附加载荷和设计压力，在仓壳顶上设置加强筋以满足设计要求。

仓壳圆筒是实现料仓储存能力的主要部分。因固体物料的受力特点，仓壳圆筒部件的计算也较为复杂，产生了多种理论计算方法。目前，国内在料仓设计时通常采用以赖姆伯特（Reimebert）理论为基础的计算方法，即采用“物料对仓壳的垂直压力与水平压力的比值随料仓高度变化而变化”的理论来分析料仓壳体的受力。具体计算方法，请查询国内相关料仓设计标准。

仓壳锥体部分设计的合理性是体现料仓工艺功能和保证料仓流动性的关键。

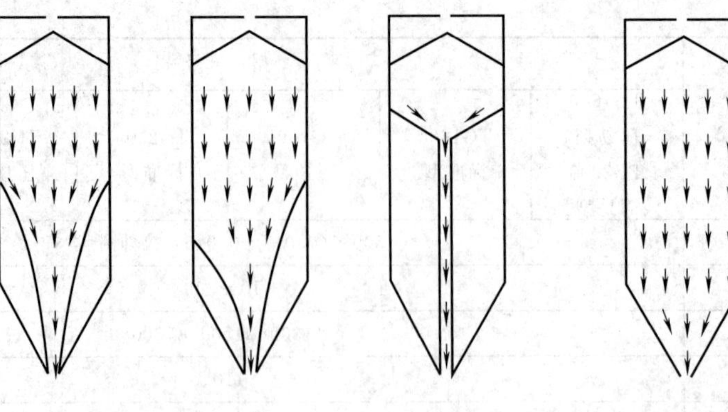

(a) 三种典型的中心流动形态　　(b) 整体流动形态

图 29-95 物料在料仓中的流动形态

在化工装置中，为满足工艺要求，对料仓锥体部分的结构加以改进，便形成了用于去除物料中残留有害气体的“脱气料仓”和用于均衡不同生产批次物料品质的“掺混料仓”。对于这两种料仓锥体的设计，一般由掌握核心技术的专业公司承担。

保证料仓中物料整体流动的条件主要包括较小的锥体半顶角、足够大的出料口直径以及锥体材质的光滑度。同时，对于某些吸湿性强、流动性差、卸料过程中易产生“架桥”现象的物料，在进行料仓锥体设计时，往往需要考虑借助某些卸料辅助设备来保证卸料的可靠性。

10.4 料仓的卸料辅助措施

在工程设计中，常用的卸料辅助措施可以分为振动设施、气动设施和机械设施。

(1) 振动设施

振动设施是指利用机械振动辅助卸料的设施，例如振动卸料锥斗、仓壁振荡器等。其工作原理是通过机械振动使物料变得松散，从而降低物料之间以及物料与仓壳之间的摩擦力。在使用振动设施辅助卸料时，不能在出料口关闭的状态下实施振动操作，因为这样只会使物料之间更加密实，增大物料之间以及物料与仓壳间的摩擦力，产生更恶劣的卸料工况。

(2) 气动设施

气动设施是指依靠气体作用于物料内部辅助卸料的设施，例如助流气垫、空气炮等。其工作原理是通过空气使物料在锥体内流态化，从而降低物料之间以及物料与仓壳之间的摩擦力。

(3) 机械设施

机械设施是借助特殊的机械设备从料仓中泄出物料，例如旋转式料斗卸料器、螺旋卸料装置等。机械设施相对前两种设施来讲，造价较高，结构复杂，故障率较高。一般在前两种设施都不能有效工作的情况下使用。

在工程设计中，应按照所需处理物料的性质特点，结合具体的工况及行业内使用经验，有选择地运用合适的辅助卸料设施。

10.5 料仓的安全防护措施

料仓安全防护措施的设置是料仓设计过程中不可或缺的重要环节。设计者应考虑料仓在使用过程中可能出现的各种不安全因素，采取合理有效的措施，防止因料仓事故造成的环境污染、人员设备安全以及财产损失的发生。

在工程设计中，通常考虑的安全防护措施主要包括压力保护、料位保护、防静电燃爆等。

(1) 压力保护

料仓在装卸料过程中，随着物料体积的变化，料仓内的压力也随之波动。一般情况下，在装料时，料仓处于正压状态，而卸料时则处于负压状态。同时，由于料仓往往与气力输送系统相连，在不利工况下(例如料仓上气固分离设备堵塞时)，料仓内的压力会急剧升高，可能造成料仓内压力大于设计压力，带来风险。因此，在料仓设计过程中，除考虑设置相应的压力传感器外，往往根据具体工况要求，配备相应的呼吸阀和安全阀。

(2) 料位保护

料仓的料位保护可以使料仓内的物料装填处于受控状态，避免过量填充或下游工序的无料空运转。通常，料仓的料位保护设置的种类和用途包括高料位报警、超高料位停车、低料位显示、连续料位显示或通过称重传感器控制的料位保护措施。

(3) 防静电燃爆

在料仓设计过程中，特别是在设计用于储存有粉尘爆炸危险的粉体料仓时，必须重视防静电燃爆措施的设计。应着重从防止料仓静电积聚和放电，防止粉尘燃爆，可靠的结构设计与选材等方面进行考虑。具体的规范要求，请查阅 GB 50813—2012《石油化工粉体料仓防静电燃爆设计规范》。

参考文献

[1] 王荣兴. 加工中心培训教程 [M]. 2 版. 北京：机械工业出版社，2014.
[2] 蒋兆宏. 典型机械零件的加工工艺 [M]. 2 版. 北京：机械工业出版社，2014.
[3] 褚守云. Mastercam X6 数控加工范例教程 [M]. 2 版. 北京：科学出版社，2015.
[4] 陈明，安庆龙，刘志强. 高速切削技术基础与应用 [M]. 上海：上海科学技术出版社，2012.
[5] 朱耀祥，浦林祥. 现代夹具设计手册 [M]. 北京：机械工业出版社，2010.
[6] 王先逵. 机械加工工艺手册 [M]. 2 版. 北京：机械工业出版社，2007.
[7] 袁哲俊，王先逵. 精密和超精密加工技术 [M]. 3 版. 北京：机械工业出版社，2016.
[8] 杨叔子. 机械加工工艺师手册 [M]. 2 版. 北京：机械工业出版社，2011.
[9] 黄伟九. 刀具材料速查手册 [M]. 北京：机械工业出版社，2011.

泰兴新型工业泵厂

TAIXING NEW-TYPE INDUSTRY PUMP WORKS

本厂是真空获得设备的专业制造厂家，是中国真空行业协会会员单位、中国真空学会会员单位、全国真空技术标准化技术委员会委员、《往复真空泵》标准起草单位。本厂具有近三十年开发、生产无油立式真空泵的历程和经验。同时也是国内首家开发生产无油立式真空泵的企业，在国内真空泵生产商中，本厂生产的各类无油立式真空泵品种多，规格全，且均为自主开发设计，至今已自行开发设计了WLW-A系列无油真空泵、WLW-B系列无油耐溶剂真空泵、WLW-B2系列无油耐腐耐溶剂真空泵、WLW-F系列无油防腐真空泵、WGF系列气体增压泵、VKT系列防氯化物专用真空泵。规格从15L/S-4800L/S。上述各系列产品已广泛应用，并获得用户认可与好评。

“以人为本，质优求实”是本厂的企业精神。为用户提供“先进、可靠、节能、环保、质优、廉价”的产品是本厂的宗旨，我们坚持以“一流的产品，一流的服务”来满足广大用户的需求。我厂的全体职工热忱欢迎各界人士莅临指导。

WLW4800B 无油立式耐腐真空泵

WLW1200B、2400B 无油立式真空泵

WLW-B/F/T 系列无油立式耐腐真空泵

WLW-B2 系列无油立式耐腐真空泵

JZJW 系列罗茨往复真空机组

WLW-B/B2/F/T系列无油立式耐腐真空泵规格参数

项目 / 参数 / 型号	抽气速率 L/s(m³/h)	极限压力 mmHg(×10²Pa)	电机		吸气通径 (mm)	排气通径 (mm)	噪声 dB(A)	整机重量 (kg)
			型号	功率kW				
WLW-30B/B2/F/T	30(108)	15(2.0)	Y132S-6	3	ϕ50	ϕ50	≤70	410
WLW-50B/B2/F/T	50(180)	15(2.0)	Y132M$_1$-6	4	ϕ50	ϕ50	≤70	580
WLW-70B/B2/F/T	70(252)	15(2.0)	Y132M$_2$-6	5.5	ϕ50	ϕ50	≤75	590
WLW-100B/B2/F/T	100(360)	15(2.0)	Y160M-6	7.5	ϕ100	ϕ100	≤78	900
WLW-150B/B2/F/T	150(540)	15(2.0)	Y160L-6	11	ϕ125	ϕ125	≤80	1050
WLW-200B/B2/F/T	200(720)	15(2.0)	Y180L-6	15	ϕ125	ϕ125	≤80	1150
WLW-300B/B2/F/T	300(1080)	15(2.0)	Y200L$_2$-6	22	ϕ160	ϕ160	≤80	1700
WLW-400B/B2/F/T	400(1440)	15(2.0)	Y225M-6	30	ϕ160	ϕ160	≤80	1900
WLW-600B/B2/F/T	600(2160)	15(2.0)	Y280S-6	45	ϕ250	ϕ250	≤80	3100
WLW-1200B/F/T	1200(4320)	15(2.0)	Y315S-6	90	ϕ350	ϕ350	≤90	6800
WLW-2400B/F/T	2400(8640)	15(2.0)	Y355M$_1$-6	185	ϕ450	ϕ450	≤105	15000
WLW-4800B/F/T	4800(17280)	15(2.0)	Y400-6	355	ϕ600	ϕ600	≤110	26500

无油真空泵真空机组

中国真空行业协会会员 泰兴新型工业泵厂 ☎ 0523-87

泰兴新型工业泵厂

TAIXING NEW TYPE INDUSTRY PUMP WORKS

地址：江苏省泰兴市大生工业园区南园路1号

邮编：225400

电话：0523-87684442、87596777

传真：0523-87684442

E-mail:lgx0523@163.com

Http://www.jstxtl.com